PASS

2025 한번에 끝내기

최신 CBT
기출유형
100% 반영

2025
공조냉동기계 산업기사
핵심 기출문제+복원문제
무료동영상

조성안·이승원·강희중 공저

필기

이론편+핵심 기출문제+복원문제

3과목 공조냉동 설치·운영
핵심 기출문제 15회분
복원 기출문제 2022-2024년 기출문제

下

한솔아카데미

2025 공조냉동기계기사 필기

2025 공조냉동기계기사 필기

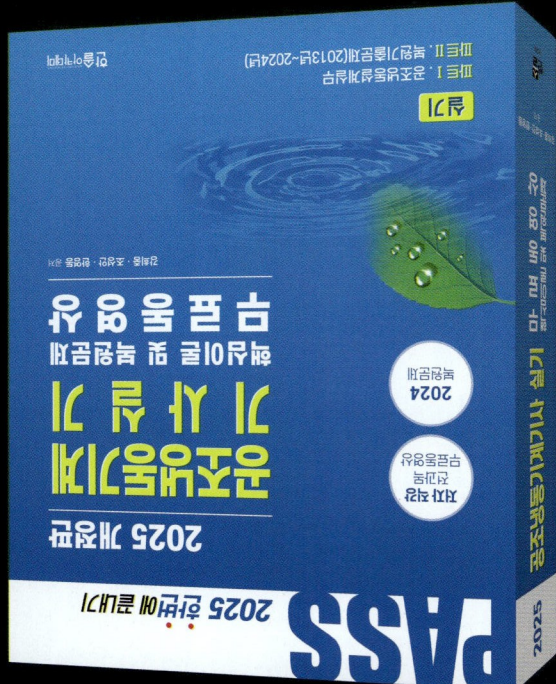

2025 개정판
공조냉동기계 기사 필기
핵심이론 및 적중문제
조성안, 이용인, 장호철 편저
필기 | 38,000원

공조냉동기계산업기사 필기
2025 공조냉동기계산업기사 필기
조성안, 이용인, 장호철
1,236쪽 | 36,000원

공조냉동기계기사 필기
2025 공조냉동기계기사 필기
조성안, 이용인, 장호철
1,362쪽 | 41,000원

※ 가격차는 전국대형서점에서 구매하실 수 있습니다.

2025 학습플랜 기본서+15회 핵심 기출문제+3개년 복원문제(22-24년)

공조냉동기계산업기사 필기 완전학습플랜

5주 학습플랜

주차	일차	과목	장	학습한 날		부족	완료
1주차	1일차	1. 공기조화설비	1장	월	일	☐	☐
	2일차		2장-1	월	일	☐	☐
	3일차		2장-2	월	일	☐	☐
	4일차		3장	월	일	☐	☐
	5일차		4장	월	일	☐	☐
	6일차		5장	월	일	☐	☐
	7일차		6장	월	일	☐	☐
2주차	8일차	2. 냉동냉장설비	1장-1	월	일	☐	☐
	9일차		1장-2	월	일	☐	☐
	10일차		1장-3	월	일	☐	☐
	11일차		2장-1	월	일	☐	☐
	12일차		2장-2	월	일	☐	☐
	13일차		3~4장	월	일	☐	☐
	14일차		5~6장	월	일	☐	☐
3주차	15일차	3. 공조냉동설치운영	1장-1	월	일	☐	☐
	16일차		1장-2	월	일	☐	☐
	17일차		2장-1	월	일	☐	☐
	18일차		2장-2	월	일	☐	☐
	19일차		2장-3	월	일	☐	☐
	20일차		3~4장	월	일	☐	☐
	21일차		5~6장	월	일	☐	☐
4주차	22일차		7장	월	일	☐	☐
	23일차		8장	월	일	☐	☐
	24일차		9장	월	일	☐	☐
	25일차		10장	월	일	☐	☐
	26일차		11장	월	일	☐	☐
	27일차		12장-1	월	일	☐	☐
	28일차		12장-2	월	일	☐	☐
5주차	29일차	핵심 기출문제 복원 기출문제	1-3회	월	일	☐	☐
	30일차		4-7회	월	일	☐	☐
	31일차		8-11회	월	일	☐	☐
	32일차		12-15회	월	일	☐	☐
	33일차		22년 복원문제(1~3회)	월	일	☐	☐
	34일차		23년 복원문제(1~3회)	월	일	☐	☐
	35일차		24년 복원문제(1~3회)	월	일	☐	☐

2025 학습플랜 기본서+15회 핵심 기출문제+3개년 복원문제(22-24년)
공조냉동기계산업기사 필기 완전학습플랜

7주 학습플랜

주차	일차	과목	장	학습한 날	부족	완료
1주차	1일차	1. 공기조화설비	1장-1	월 일	☐	☐
	2일차		1장-2	월 일	☐	☐
	3일차		2장-1	월 일	☐	☐
	4일차		2장-2	월 일	☐	☐
	5일차		2장-3	월 일	☐	☐
	6일차		3장-1	월 일	☐	☐
	7일차		3장-2	월 일	☐	☐
2주차	8일차		4장	월 일	☐	☐
	9일차		5장	월 일	☐	☐
	10일차		6장	월 일	☐	☐
	11일차	2. 냉동냉장설비	1장-1	월 일	☐	☐
	12일차		1장-2	월 일	☐	☐
	13일차		1장-3	월 일	☐	☐
	14일차		1장-4	월 일	☐	☐
3주차	15일차		2장-1	월 일	☐	☐
	16일차		2장-2	월 일	☐	☐
	17일차		2장-3	월 일	☐	☐
	18일차		3장	월 일	☐	☐
	19일차		4장	월 일	☐	☐
	20일차		5장	월 일	☐	☐
	21일차		6장	월 일	☐	☐
4주차	22일차	3. 공조냉동설치운영	1장-1	월 일	☐	☐
	23일차		1장-2	월 일	☐	☐
	24일차		2장-1	월 일	☐	☐
	25일차		2장-2	월 일	☐	☐
	26일차		2장-3	월 일	☐	☐
	27일차		3~4장	월 일	☐	☐
	28일차		5~6장	월 일	☐	☐
5주차	29일차		7장	월 일	☐	☐
	30일차		8장	월 일	☐	☐
	31일차		9장	월 일	☐	☐
	32일차		10장	월 일	☐	☐
	33일차		11장	월 일	☐	☐
	34일차		12장-1	월 일	☐	☐
	35일차		12장-2	월 일	☐	☐
6주차	36일차	핵심 기출문제 복원 기출문제	1회	월 일	☐	☐
	37일차		2회	월 일	☐	☐
	38일차		3회	월 일	☐	☐
	39일차		4~5회	월 일	☐	☐
	40일차		6~7회	월 일	☐	☐
	41일차		8~9회	월 일	☐	☐
	42일차		10~11회	월 일	☐	☐
7주차	43일차		12~13회	월 일	☐	☐
	44일차		14~15회	월 일	☐	☐
	45일차		22년 1~2회	월 일	☐	☐
	46일차		22년 3회, 23년 1회	월 일	☐	☐
	47일차		23년 2~3회	월 일	☐	☐
	48일차		24년 1~2회	월 일	☐	☐
	49일차		24년 3회	월 일	☐	☐

공조냉동기계산업기사 교재를 펴내며...

새로운 출제기준 적용에 따른 일러두기!

　최근의 경제 발전과 기계분야의 고도화로 공조냉동기계산업 분야는 기계화, 고급화, 스마트자동화가 급속히 진행되고 있으며, 에너지절약과 쾌적한 실내환경 조성, 냉동냉장설비의 확대로 기계분야의 대표적인 성장동력산업으로 발전하고 있습니다. 이에 발맞추어 공조냉동기계산업기사 분야의 우수한 기술인력을 배출하고자 공조냉동기계산업기사 자격 제도가 시행되고 있습니다. 특히 2025년부터 새로운 출제기준을 적용하여 그동안의 4과목에서 3과목으로 통폐합하며 새롭게 문제가 출제됩니다. 여기에 발맞추어 이 책은 공조냉동기계산업기사를 준비하는 미래 기술자들이 수험준비를 하는 데 좀 더 짧은 시간에 정확하고, 쉽게 전문지식을 습득하고 시험 준비에 만전을 기할 수 있도록 아래와 같이 새로운 출제기준에 따라 이론과 예상문제를 정리하고 기출문제를 분석, 해설하여 핵심 기출문제 형식으로 꾸며졌으며, 저자들의 강의 경험과 현장 경험을 최대한 살려서 수험생 여러분의 이해와 숙달을 돕고 자격검정 시험에 도움을 주고자 최선을 다해서 교재를 만들었습니다.

본서의 특징을 요약하면

첫째, 2025년부터 적용되는 새로운 출제기준을 분석하여 과목(4과목-3과목 축소)통합에 따라 이론과 예상문제를 추가하고 부록편에 15회분의 핵심 기출문제를 새로운 출제기준에 알맞게 편집 정리 수록하였습니다.

둘째, 기출문제와 출제 예상문제를 해설하면서 관련 내용을 함께 정리하여 문제풀이를 통하여 전체 이론내용이 정리되도록 노력하였습니다.

셋째, 각 편마다 문제 풀이에 필요한 해당 내용을 간결하고 되도록 자세하게 요약 정리하였으며, 특히 새로운 출제기준에 포함된 공조프로세스분석, 냉동냉장부하계산, 설비적산 등은 내용과 문제를 추가로 정리하였습니다.

넷째, 출제기준이 새롭게 변경되었지만 문제 출제 방향은 이전의 기출문제를 반영 할 것이기에 그동안의 기출문제를 근간으로 핵심 기출문제를 해설하면서 수험준비와 최근 공조냉동설비의 경향을 알 수 있도록 하였습니다.

다섯째, 본 교재는 10년간의 기출문제를 분야별로 정리하고 출제기준에 알맞게 편집하여 수험생들의 수험준비가 명확하고 간결하도록 하였습니다. 문제 해설에 있어서 SI단위변경 등 변경된 내용들을 현재를 기준으로 비교 설명하였습니다.

　끝으로 본 교재를 통하여 공조냉동기계산업기사를 준비하는 수험생들의 목적하는 바가 성취되길 기원하며 더욱 더 노력하여 공조냉동기계 분야의 유능한 기술인이 되기를 부탁하는 바입니다. 앞으로의 시대는 실질적인 능력을 가진 자가 경쟁력 있는 인재이며 꾸준히 노력하여 자기 자신을 개발하고 창의력을 키우는 능동적이고 스마트한 사람만이 인정받고 성공할 수 있다는 냉엄한 현실을 직시하시기 바랍니다. 그리고 이 책이 나오기까지 물심양면으로 수고하여 주신 한솔아카데미 편집, 제작자 여러분께 감사의 뜻을 표합니다.

조성안, 이승원, 강희중 씀

2025
단기완성의 신개념 교재
지금부터 시작합니다!!

한솔아카데미 교재
3단계 합격 프로젝트

1단계 단원별 핵심이론
- 각 편마다 학습에 필요한 내용을 간결하고 자세하게 요약 정리
- 문제풀이를 통하여 전체 이론 내용을 정리

2단계 핵심 기출문제
- 출제문제 분석을 토대로 구성한 15회 핵심 기출문제를 통해 실전감각을 키울 수 있도록 구성

3단계 복원 기출문제
- 최근 3개년 복원 기출문제로 필기합격을 위한 마무리

시험정보
공조냉동기계산업기사

공조냉동기계산업기사 시험일정(예정)

	필기시험	필기합격(예정) 발표	실기시험	최종합격 발표일
정기 1회	2025년 2월	2025년 3월	2025년 4월	2025년 6월
정기 2회	2025년 5월	2025년 6월	2025년 7월	2025년 9월
정기 3회	2025년 8월	2025년 9월	2025년 11월	2025년 12월

공조냉동기계산업기사 시험시간 및 합격기준

시험시간	과목당 30분(3과목) 총 1시간 30분
합격기준	100점을 만점으로 하여 과목당 40점 이상, 전 과목 평균 60점 이상

공조냉동기계산업기사 응시자격

① 기능사 등급 이상의 자격을 취득한 후 응시하려는 종목이 속하는 동일 및 유사 직무분야에 1년 이상 실무에 종사한 사람
② 응시하려는 종목이 속하는 동일 및 유사 직무분야의 다른 종목의 산업기사 등급 이상의 자격을 취득한 사람
③ 관련학과의 2년제 또는 3년제 전문대학졸업자 등 또는 그 졸업예정자
④ 관련학과의 대학졸업자 등 또는 그 졸업예정자
⑤ 동일 및 유사 직무분야의 산업기사 수준 기술훈련과정 이수자 또는 그 이수예정자
⑥ 응시하려는 종목이 속하는 동일 및 유사 직무분야에서 2년 이상 실무에 종사한 사람
⑦ 고용노동부령으로 정하는 기능경기대회 입상자
⑧ 외국에서 동일한 종목에 해당하는 자격을 취득한 사람

공조냉동기계산업기사 필기시험 검정현황

연도	공조냉동기계산업기사		
	응시	합격	합격률(%)
2023	10,032	2,341	23.3%
2022	9,698	2,087	21.5%
2021	9,333	3,323	35.6%
2020	6,198	1,968	31.8%
2019	4,765	1,558	32.7%

공조냉동기계산업기사 수행직무

냉동고압가스제조시설, 냉동기제조시설, 냉동기계와 공기조화설비를 운용하는 사업체에서 고압가스 및 냉동기의 제조공정을 관리하며, 위해(危害)예방을 위한 안전관리규정을 시행하거나 또는 공기조화냉동설비를 설치·시공하고 관리유지 및 보수, 점검 등의 업무를 수행한다.

공조냉동기계산업기사 진로 및 전망

- 주로 냉동고압가스 제조·저장·판매업체, 냉난방 및 냉동장치 제조업체, 공조냉동설비관련 업체, 저온유통, 식품냉동업체 등으로 진출하며, 일부는 건설업체, 감리전문업체, 엔지니어링업체 등으로 진출한다. 「고압가스안전관리법」에 의한 냉동제조시설, 냉도기제조시설의 안전관리책임자, 「건설기술관리법」에 의한 감리전문회사의 감리원 등으로 고용될 수 있다.

- 공조냉동기술은 주로 제빙, 식품저장 및 가공분야 외에 경공업, 중화학공업분야, 의학, 축산업, 원자력공업 및 대형건물의 냉난방시설에 이르기까지 광범위한 산업분야에 응용되고 있다. 특히 생활수준의 향상으로 냉난방 설비수요가 증가하고 있다. 이들 요인으로 숙련기능인력에 대한 수요가 증가할 전망이다. 공조냉동분야에 대한 높은 관심은 자격응시인원의 증가로 이어지고 있다.

단기완성의 신개념 교재 구성
공조냉동기계산업기사 필기

1 한 눈에 파악되는 중요내용

한국산업인력공단의 출제 기준에 맞춰 과목별 세부항목을 구성하였으며 단원별 '학습핵심이론'을 요약정리하여 학습에 중심이 되는 목표 내용을 쉽게 파악할 수 있게 하였으며, 필요한 중요한 이론을 요약 정리하여 담았습니다. 또한 시험에 출제되었던 기출문제 중에서 출제빈도가 높고 출제가 예상되는 문제들을 선정하여 종합예상문제로 구성하고 해설을 자세히 달아 본교재를 통하여 혼자서도 쉽게 학습할 수 있도록 하였습니다.

[1단계]

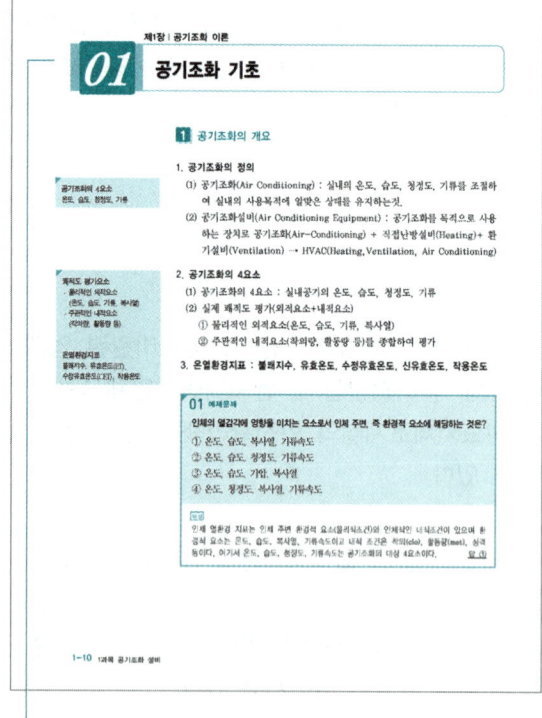

● 학습 목표 내용 및 핵심정리

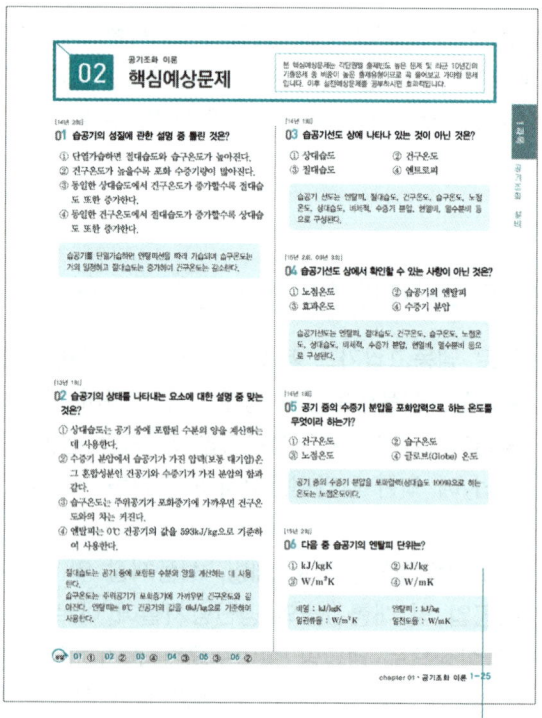

● 출제빈도 분석에 따른 예상문제 및 해설

2 15회 핵심 기출문제로 실전감각 키우고
최근 3개년 복원 기출문제로 합격완성

핵심이론 학습 후 핵심 기출문제를 풀어봄으로써 내용 다지기와 더불어 시험에서 실전감각을 키울 수 있도록 하였고, 왜 정답인지를 문제해설을 통해 바로 확인할 수 있도록 하였습니다. 또한, 공조냉동기계산업기사에 출제되었던 최근 3개년 복원 기출문제를 풀어봄으로써 스스로를 진단하면서 필기합격을 위한 마무리가 될 수 있도록 하였습니다.

[2단계]

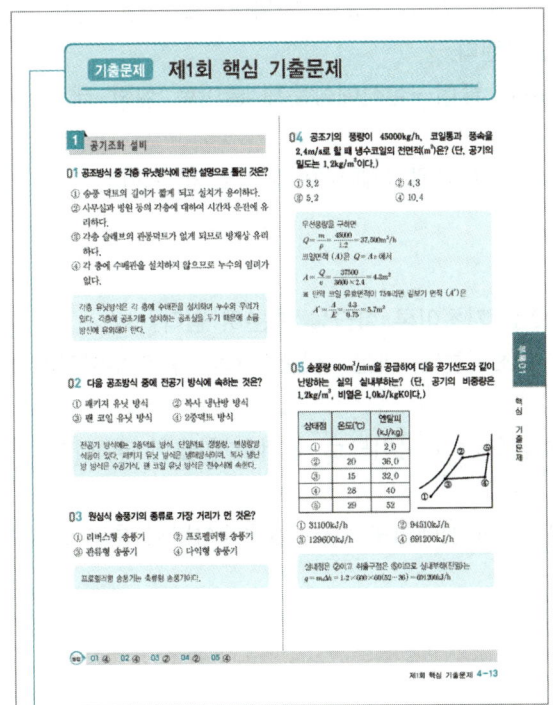

◉ 15회분 핵심 기출문제로 내용다지기 및 실전감각 키우기

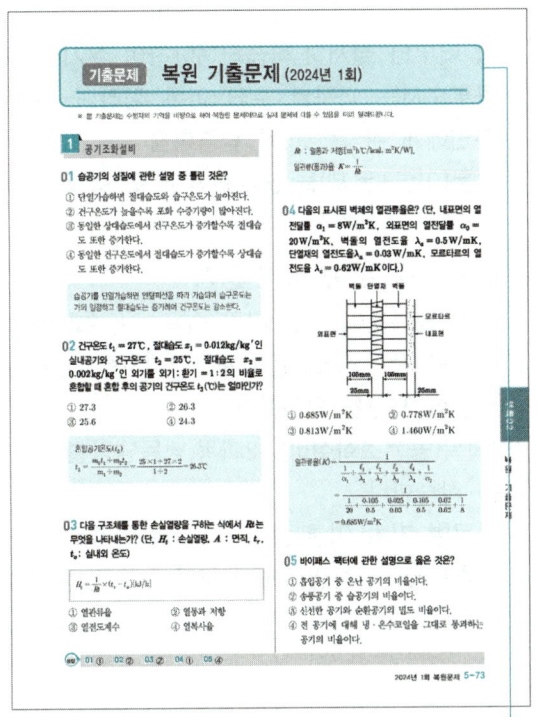

◉ 최근 복원 기출문제로 합격완성하기

2025 공조냉동기계산업기사 학습전략

❶ 전략적 학습순서

1. 공조냉동기계산업기사 출제기준 (25.1.1 ~ 29.12.31)적용 : 3과목 (시험시간 90분)
2. 3과목 공부순서는 각자 조건에 알맞게 하되 1과목부터 대비하여 준비한다.
   - 1과목 : 공기조화설비
   - 2과목 : 냉동냉장설비(냉동공학+기초열역학)
   - 3과목 : 공조냉동 설치 운영(배관일반+전기제어)
3. 1, 2과목은 기초부터 이해위주로 먼저 공부하고 3과목은 상대적으로 암기성 과목으로 후반부에 공부하는 것이 효과적이다.

❷ 개인별 전략 수립

1. **공조냉동 분야 전공자**
   - 전공자라도 1과목(공기조화설비) 2과목(냉동냉장설비)은 가장 중요한 과목이므로 처음 공부 시작할 때부터 철저히 학습하여야하며 실기공부와도 연관된다.
   - 공부순서는 과목별 주요 이론 정리 → 핵심예상문제 풀이 → 실전예상문제 풀이로 실력 테스트 → 본인에게 취약한 과목 집중학습
   - 본문(이론+문제)을 공부한후 부록 핵심 기출문제와 최근 복원 기출문제 풀이로 접근한다.

2. **공조냉동 분야 비 전공자**
   - 공조 냉동분야 기초 이론 습득 : 1, 2과목을 중심으로 기초이론 학습을 충분히 한다.
     비전공자는 공조냉동기계산업기사를 공부하면서 기초이론에 대한 충분한 학습이 이루어져야하고 상당한 시간을 요구한다.
   - 1과목(공기조화설비), 2과목(냉동냉장설비)은 가장 중요한 과목이므로 철저히 학습한 후 다른 과목을 학습한다.
   - 과목별 기초 이론 습득 → 과목별 주요 이론 정리 → 핵심예상문제 → 실전예상문제 풀이 → 핵심 기출문제 → 본인에게 취약한 과목 집중학습

2025
공조냉동기계산업기사

3과목 공조냉동 설치·운영

2025 공조냉동기계산업기사 학습방법

3과목 | 공조냉동 설치·운영 학습법

✔ 3과목 이해

- 3과목은 배관(12문항)과 전기 자동제어(8문항)에 대한 과목으로 상대적으로 공부가 어렵지 않다.
- 전기와 자동제어에 관련한 내용은 비전공자에게는 상당히 어려운 과목으로 본인 능력에 알맞게 대응한다.
- 배관재료, 배관공작 교류회로, 전기기기, 자동제어, 공조냉동 관련법, 안전관리 등에 대한 이해와 학습이 필요하다.

✔ 3과목 공략방법

- 전기와 자동제어에 대한 기초가 부족한 비전공자에게는 상당히 어려운 과목이며, 단순 암기로 접근해도 곤란하고 깊이 있게 접근하는 것도 시간적인 제한이 있다.
- 3과목이야말로 본인에게 알맞은 전략적인 학습이 필요하다.
- 전기에 대하여 기초적인 것은 이해하여 공부하고, 전문적인 내용은 필요에 따라 암기식 문제풀이로 접근하는 전략이 필요하다.
- 목표점수는 60점 이상

✔ 3과목 핵심내용

1. 배관재료 및 공작
2. 배관관련설비
3. 설비적산
4. 공조급배수설비 설계도면작성
5. 공조설비점검 관리
6. 유지보수공사 안전관리
7. 교류회로
8. 전기계측
9. 전기기기
10. 제어계의 구성과 분류
11. 제어용 기기
12. 시퀀스 제어

✔ 공조냉동 설치·운영 출제기준

적용기간 2025.01.01 ~ 2029.12.31

주요항목	중요도	세부항목	세세항목
1. 배관재료 및 공작	★★★	배관재료	관의 종류와 용도, 관이음 부속 및 재료 등, 관지지장치, 보온·보냉 재료 및 기타 배관용 재료
		배관공작	배관용 공구 및 시공, 관 이음방법
2. 배관관련 설비	★★★	급수설비	급수설비의 개요, 급수설비 배관
		급탕설비	급탕설비의 개요, 급탕설비 배관
		배수통기설비	배수통기설비의 개요, 배수통기설비 배관
		난방설비	난방설비의 개요, 난방설비 배관
		공기조화설비	공기조화설비의 개요, 공기조화설비 배관
		가스설비	가스설비의 개요, 가스설비 배관
		냉동 및 냉각설비	냉동설비의 배관 및 개요, 냉각설비의 배관 및 개요
		압축공기 설비	압축공기설비 및 유틸리티 개요
3. 설비적산	★	냉동설비 적산	냉동설비 자재 및 노무비 산출
		공조냉난방설비 적산	공조냉난방설비 자재 및 노무비 산출
		급수급탕오배수설비 적산	급수급탕오배수설비 자재 및 노무비 산출
		기타설비 적산	기타설비 자재 및 노무비 산출
4. 공조급배수설비 설계도면 작성	★	공조,냉난방,급배수설비 설계도면 작성	공조·급배수설비 설계도면 작성
5. 공조설비 점검 관리	★	방음/방진 점검	방음/방진 종류별 점검
6. 유지보수 공사 안전관리	★	관련법규 파악	고압가스안전관리법(냉동), 기계설비법
		안전작업	산업안전보건법

2025 공조냉동기계산업기사 학습방법

✔ 공조냉동 설치·운영 출제기준

적용기간 2025.01.01 ~ 2029.12.31

주요항목	중요도	세부항목	세세항목
7. 교류회로	★★★	교류회로의 기초	정현파 교류, 주기와 주파수, 위상과 위상차, 실효치와 평균치
		3상 교류회로	3상 교류의 성질 및 접속, 3상 교류전력(유효전력, 무효전력, 피상전력) 및 역률
8. 전기기기	★★	직류기	직류전동기의 종류, 직류전동기의 출력, 토크, 속도, 직류전동기의 속도제어법
		변압기	변압기의 구조와 원리, 변압기의 특성 및 변압기의 접속, 변압기 보수와 취급
		유도기	유도전동기의 종류 및 용도, 유도전동기의 특성 및 속도 제어, 유도전동기의 역운전, 유도전동기의 설치와 보수
		동기기	구조와 원리, 특성 및 용도, 손실, 효율, 정격 등, 동기전동기의 설치와 보수
		정류기	정류기의 종류, 정류회로의 구성 및 파형
9. 전기계측	★★	전류, 전압, 저항의 측정	전류계, 전압계, 절연저항계, 멀티메타 사용법 및 전류, 전압, 저항 측정
		전력 및 전력량의 측정	전력계 사용법 및 전력측정
		절연저항 측정	절연저항의 정의 및 절연저항계 사용법, 전기회로 및 전기기기의 절연저항 측정
10. 시퀀스 제어	★	제어요소의 작동과 표현	시퀀스제어계의 기본구성, 시퀀스제어의 제어요소 및 특징
		논리회로	불대수, 논리회로
		유접점회로 및 무접점회로	유접점회로 및 무접점회로의 개념, 자기유지회로, 선형우선회로, 순차작동회로, 정역제어회로, 한시회로 등
11. 제어기기 및 회로	★	제어의 개념	제어의 정의 및 필요성, 자동제어의 분류
		조절기용기기	조절기용기기의 종류 및 특징
		조작용기기	조작용기기의 종류 및 특징
		검출용기기	검출용기기의 종류 및 특성

CONTENTS

3과목 공조냉동 설치·운영

CHAPTER 01 배관재료 및 공작

1. 배관재료   3-12
   핵심예상문제   3-25
2. 배관공작   3-35
   핵심예상문제   3-43
3. 배관제도   3-46
   핵심예상문제   3-57
- 실전예상문제   3-60

CHAPTER 02 배관관련설비

1. 급수설비   3-76
   핵심예상문제   3-89
2. 급탕설비   3-93
   핵심예상문제   3-102
3. 배수통기설비   3-106
   핵심예상문제   3-118
4. 난방설비   3-122
   핵심예상문제   3-130
5. 공기조화설비   3-137
   핵심예상문제   3-142
6. 가스설비   3-147
   핵심예상문제   3-159
7. 냉동 및 냉각설비   3-162
   핵심예상문제   3-167
8. 압축공기설비   3-170
   핵심예상문제   3-175
- 실전예상문제   3-176

CHAPTER 03 설비적산

1. 설비적산   3-206
   핵심예상문제   3-207
- 실전예상문제   3-208

CHAPTER 04 공조급배수설비 설계도면작성

1. 공조급배수설비 설계도면작성   3-212
   핵심예상문제   3-221
- 실전예상문제   3-222

CHAPTER 05 공조설비점검 관리

1. 공조설비점검 관리   3-226

CHAPTER 06 유지보수공사 안전관리

1. 유지보수공사 안전관리   3-230
   핵심예상문제   3-241

CONTENTS

3과목　공조냉동 설치·운영

CHAPTER 07 교류회로

1. 교류회로　　　　　　　　　3-244
　 핵심예상문제　　　　　　　3-258

CHAPTER 08 전기계측

1. 전기계측　　　　　　　　　3-274
　 핵심예상문제　　　　　　　3-279

CHAPTER 09 전기기기

1. 전기기기　　　　　　　　　3-286
　 핵심예상문제　　　　　　　3-317

CHAPTER 10 제어계의 구성과 분류

1. 제어계의 구성과 분류　　　3-336
　 핵심예상문제　　　　　　　3-344

CHAPTER 11 제어용 기기

1. 제어용기기　　　　　　　　3-358
　 핵심예상문제　　　　　　　3-363

CHAPTER 12 시퀀스 제어

1. 시퀀스 제어　　　　　　　　3-368
　 핵심예상문제　　　　　　　3-376

공조냉동기계산업기사
공조냉동 설치·운영

03 공조냉동 설치·운영

1. 배관재료 및 공작　11
2. 배관관련설비　75
3. 설비적산　205
4. 공조급배수설비 설계도면작성　211
5. 공조설비점검 관리　225
6. 유지보수공사 안전관리　229
7. 교류회로　243
8. 전기계측　273
9. 전기기기　285
10. 제어계의 구성과 분류　335
11. 제어용 기기　357
12. 시퀀스 제어　367

공조냉동 설치·운영

단원별 출제비중

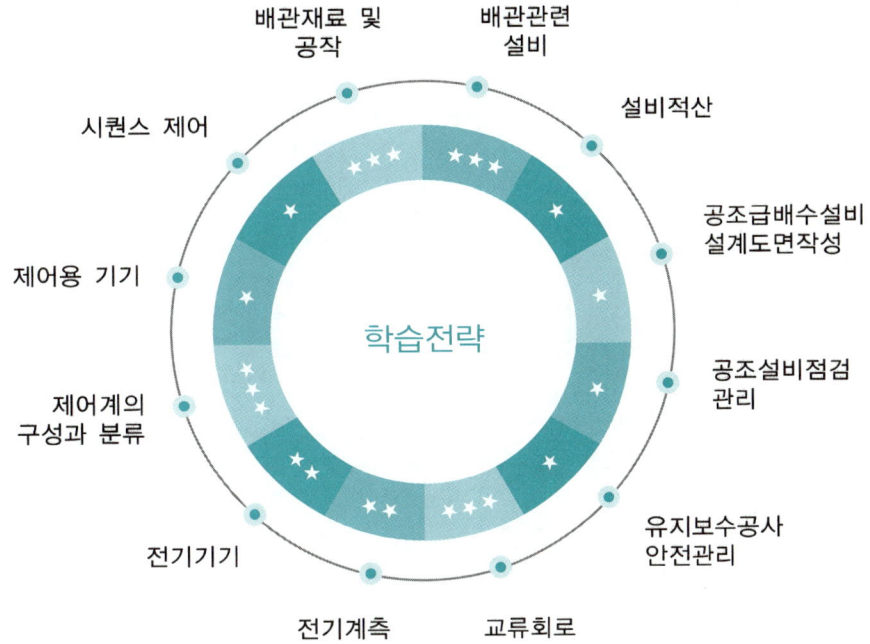

출제경향분석

- 공조냉동 설치·운영 과목은 배관관련 60% 정도 전기분야 40% 정도가 출제되므로 출제 분포에 따라 균형 잡힌 대응이 필요하다.
- 목표점수는 60점 이상입니다.

2025
공조냉동기계산업기사 필기

제1장

배관재료 및 공작

01 배관재료
02 배관공작
03 배관제도

제1장 | 배관재료 및 공작

 배관재료

1 관의 종류와 용도

분류	내용
배관 구비조건	배관은 다음의 조건에 적합해야 한다. 1) 관내 흐르는 유체의 화학적 성질 2) 관내 유체의 사용압력에 따른 허용압력 한계 3) 관외 외압에 따른 영향 및 외부 환경조건 4) 유체의 온도에 따른 열영향 5) 유체의 부식성에 따른 내식성 6) 열팽창에 따른 신축 흡수 7) 관의 중량과 수송조건 등
강관	강관은 일반적으로 건축물, 공장, 선박 등의 급수, 급탕, 냉난방, 증기, 가스배관 외에 산업설비에서의 압축 공기관, 유압배관 등 각종 수송관으로 또는 일반 배관용으로 광범위하게 사용된다. 1) 강관의 특징 　① 연관, 주철관에 비해 가볍고 인장강도가 크다. 　② 관의 접합방법이 용이하다. 　③ 내충격성 및 굴요성이 크다. 　④ 주철관에 비해 내압성이 양호하다. 2) 강관 종류 　SPPW : 수도용 아연도금 강관(수두압 100m 이하) 　SPPS : 압력배관용 탄소강관(수두압 1000m 이하) 　SPPH : 고압배관용 탄소강관(수두압 1000m 이상) 　SPHT : 고온배관용 탄소강관(350℃ 이상) 　SPLT : 저온배관용 탄소강관(0℃ 이하)
주철관	주철관은 순철에 탄소가 일부 함유되어 있는 것으로 내압성, 내마모성이 우수하고, 특히 강관에 비하여 내식성, 내구성이 뛰어나므로 수도용 급수관(수도본관), 가스 공급관, 공업용배관, 건축설비 오배수배관 등에 광범위하게 사용한다. 1) 재질상 분류 　① 보통 주철관 : 내구성과 내마모성은 고급주철관과 같으나 외압이나 충격에 약하다. 　② 고급 주철관(덕타일 주철관, DCIP) : 주철 중의 흑연 함량을 적게 하고 강성을 첨가하여 금속조직을 개선한 것으로 기계적 성질이 좋고 강도가 크다.

강관의 특징
가볍고 인장강도가 크다. 관의 접합이 용이하다. 내충격성 및 내압성, 시공성이 양호하다.

강관 종류
SPPW : 수도용 아연도금 강관
　　　(수두압 100m 이하)
SPPS : 압력배관용 탄소강관
　　　(수두압 1000m 이하)

주철관의 특징
내식성이 커서 매설배관에 적합하다. 취성이 커서 충격에 약하다.

주철관	2) 주철관의 특징 　① 내구력이 크다. 　② 내식성이 커 지하 매설배관에 적합하다. 　③ 다른 배관에 비해 압축강도가 크나 인장강도는 약하다(취성이 크다). 　④ 충격에 약해 크랙(Crack)의 우려가 있다. 　⑤ 압력이 낮은 저압(0.7 ~ 1MPa 정도)에 사용한다.
스테인리스강관	스테인리스 강관(STS)은 내식성이 커서 상수도, 기계설비 등에 이용도가 증대되고 있다. 1) 스테인리스 강관의 종류 　① 배관용 스테인리스 강관(STS) 　② 보일러 열교환기용 스테인리스 강관(STS-TB) 　③ 위생용 스테인리스 강관 　④ 배관용 아크용접 대구경 스테인리스 강관 　⑤ 일반배관용 스테인리스 강관(Su) 　⑥ 구조 장식용 스테인리스 강관 2) 스테인리스 강관의 특징 　① 내식성이 우수하고 위생적이다. 　② 강관에 비해 기계적 성질이 우수하다. 　③ 두께가 얇아 가벼워 운반 및 시공이 용이하다. 　④ 저온에 대한 충격성이 크고, 추운 곳에도 배관이 가능하다. 　⑤ 나사식, 용접식, 프레스식, 플랜지이음 등 시공이 용이하다.
동관	동(銅)은 전기 및 열전도율이 좋고 내식성이 뛰어나며 전연성이 풍부하고 가공도 용이하여 판, 봉, 관 등으로 제조되어 전기재료, 열교환기, 급수관, 급탕관, 냉매관, 연료관 등 널리 사용되고 있다. 1) 동관의 분류 	두께별 분류	K-type	가장 두껍다. | 　|---|---|---| 		L-type	두껍다. | 		M-type	보통 | 		N-type	얇은 두께(KS규격은 없음) | 2) 동관의 특징 　① 전기 및 열전도율이 좋아 열교환용으로 우수하다. 　② 전·연성이 풍부하여 가공이 용이하고 동파의 우려가 적다. 　③ 내식성 및 알칼리에 약하고 산성에는 강하다. 　④ 무게가 가볍고 마찰저항이 적다. 　⑤ 아세톤, 에테르, 프레온가스, 휘발유 등 유기약품에 강하다.
연관	1) 연관(납관) 　일명 납(Pb)관이라 하며, 연관은 용도에 따라 1종(화학공업용), 2종(일반용), 3종(가스용)으로 나눈다. 연질이고 가요성이 커서 도기 연결부에 쓰이나 최근에는 사용실적이 적다.

> **스테인리스 강관의 특징**
> 내식성이 우수하고 위생적이다. 접합방법에 나사식, 용접식, 프레스식, 플랜지이음 등 시공이 용이하다.

> **동관의 특징**
> 전기 및 열전도율이 좋아 열교환용으로 우수하다. 전·연성이 풍부하여 가공이 용이하고 알칼리에 약하고 산성에는 강하다

Al관	2) 알루미늄관(Al관) 은백색을 띠는 관으로 구리 다음으로 전기 및 열전도성이 양호하며 전·연성이 풍부하여 가공이 용이하며 건축재료 및 화학공업용 재료로 널리 사용된다. 알루미늄은 알칼리에는 약하고, 특히 해수, 염산, 황산, 가성소다 등에 약하다.
플라스틱관	플라스틱관(Plastic Pipe) : 합성수지관은 석유, 석탄, 천연가스 등으로부터 얻어지는 에틸렌, 프로필렌, 아세틸렌, 벤젠 등을 원료로 만들어진 관이다. 1) 경질염화비닐관(PVC관 : Poly Vinyl-Chloride) : 염화비닐을 주원료로 압축가공하여 제조한 관으로 내식성이 크고 산·알칼리, 해수 등에도 강하다. 전기절연성이 크고 마찰저항이 적다. 2) 폴리에틸렌관(PE관 : Poly-Ethylene Pipe) : 에틸렌에 중합체, 안전체를 첨가하여 압출 성형한 관으로 화학적, 전기적 절연 성질이 염화비닐관보다 우수하고, 내충격성이 크고 내한성이 좋아 −60℃에서도 취성이 나타나지 않아 한랭지 배관으로 적합하나 인장강도가 작다. 3) 폴리부틸렌관(PB관 : Poly-Butylene Pipe) : 폴리부틸렌관은 강하고 가벼우며, 내구성 및 자외선에 대한 저항성, 화학작용에 대한 저항 등이 우수하여 온수온돌의 난방배관, 음용수 및 온수배관, 농업 및 원예용 배관, 화학배관 등에 사용된다. 4) 가교화 폴리에틸렌관(XL관 : Cross-Linked Polyethylene Pipe) : 폴리에틸렌 중합체를 주체로 하여 적당히 가열한 압출성형기에 의하여 제조되며 일명 엑셀파이프라고도 하며, 온수온돌 난방코일용으로 가장 많이 사용된다. 5) PPC관(Poly-Propylene Copolymer관) : 폴리프로필렌 공중합체를 원료로 하여 열변형 온도가 높아 굴곡가공으로 시공이 편리하며 녹이나 부식으로 인한 독성이 없어 많이 사용된다.
흄관	1) 원심력 철근 콘크리트관(흄관)은 원통으로 조립된 철근형틀에 콘크리트를 주입하여 고속으로 회전시켜 균일한 두께의 관으로 성형시킨 것으로 상하수도, 배수관에 사용된다. 2) 석면 시멘트관(에터니트관) : 석면과 시멘트를 1:5~1:6정도의 중량비로 배합하고 물을 혼합하여 롤러로 압력을 가해 성형시킨 관으로 금속관에 비해 내식성이 크며 특히 내알칼리성이 좋고, 수도용, 가스관, 배수관, 공업용수관 등의 매설관에 사용되며 재질이 치밀하여 강도가 강하다.

스케줄 번호	스케줄 번호(Schedule No.) : 관의 두께를 표시하는 방법 1) 공학단위(스케줄 번호는 전통적으로 공학단위를 사용하므로 참조하세요) $$Sch = 10\left(\frac{P}{S}\right) \quad P : 최고사용압력(kg/cm^2)$$ $$\quad\quad\quad\quad\quad\quad S : 배관허용응력(kg/mm^2)$$ 2) SI 단위(현재는 SI 위주로 사용합니다) $$Sch = 1000\left(\frac{P}{S}\right) \quad P : 최고사용압력(MPa)$$ $$\quad\quad\quad\quad\quad\quad S : 배관허용응력(MPa = N/mm^2)$$ (단, S : 허용응력 = 인장강도 / 안전율)

스케줄 번호(Schedule No.)
관의 두께를 표시
· 공학단위
$$Sch = 10\left(\frac{P}{S}\right)$$
P : 최고사용압력(kg/cm^2)
S : 배관허용응력(kg/mm^2)
· SI단위
$$Sch = 1000\left(\frac{P}{S}\right)$$
P : 최고사용압력(MPa)
S : 배관허용응력
 (Mpa=N/mm^2)
(단, S : 허용응력=인장강도/안전율)

---

01 예제문제

배관에 관한 설명 중 틀린 것은?

① 강관은 주철관이나 납관에 비해 가볍다.
② 주철관은 내식성이 강해 지하 매설 시 부식이 적다.
③ 도관은 내산 및 내알칼리성이 우수하고 내마모성이 있다.
④ 연관은 알칼리성에는 내식성이 강하며 신축에 잘 견딘다.

[해설]
연관은 산에는 강하나 알칼리에는 약하며 신축에 약하다.   답 ④

---

02 예제문제

압력 배관용 탄소강관의 두께를 나타내는 스케줄 번호(Sch No.)에 대한 설명으로 잘못된 것은? (단, P는 사용압력 MPa, S는 허용응력 N/mm^2이다.)

① 관의 두께를 나타내는 계산식 Sch No. $= 1,000 \times \frac{P}{S}$이다.
② 스케줄 번호는 10, 20, 30, 40, 60, 80 등이 있다.
③ 스케줄 번호가 커질수록 관의 두께가 두꺼워진다.
④ 허용응력은 안전율을 인장강도로 나눈 값이다.

[해설]
안전율 = $\frac{인장강도}{허용응력(사용압력)}$에서 허용응력 = $\frac{인장강도}{안전율}$
(허용응력은 인장강도를 안전율로 나눈 값이다)   답 ④

> **03 예제문제**
>
> 관의 종류와 이음방법 연결이 잘못된 것은?
> ① 강관-나사이음 ② 동관-압출이음
> ③ 주철관-칼라이음 ④ 스테인리스강관-몰코이음
>
> **해설**
> 주철관은 기계식이음(메커니컬 조인트)을 주로 사용하고, 칼라이음은 콘크리트관에 주로 이용한다.
> 답 ③

2 K.S에 정해진 강관 용도별 분류

제품명		용도
배관용	배관용 탄소강관(SPP)	사용압력이 비교적 낮은 물, 증기, 기름, GAS 및 공기 등의 배관
	배관용 합금강관(SPA)	주로 고온도에서 사용되는 배관
	압력배관용 탄소강관(SPPS)	350℃ 정도 이하에서 사용되는 압력배관
	고온배관용 탄소강관(SPHT)	주로 350℃를 넘는 온도에서 사용되는 배관
	배관용 ARC용접 탄소강관(SPW)	사용압력이 비교적 낮은 증기, 물, 기름, GAS 및 공기 등의 배관
	저온 배관용 강관(SPLT)	빙점, 특히 저온도에서 사용되는 배관
	수도용 아연도금 강관(SPPW)	SPP관에 아연도금을 한 관정수두 100m 이하의 수도로서 주로 급수에 사용되는 배관
	수도용 도복장강관(STPW)	SPP관 또는 아크 용접 탄소강관에 피복한 관정수두 100m 이하의 수도용 및 공업용 수용 배관
	수도용 도복장강관 이형관	수도용 도복장강관의 계수용 배관
열전달용	보일러 열교환기용 탄소강관(STH)	보일러의 물, 연기, 공기가열 및 화학공업, 석유공업의 열교환기, 콘덴서관, 촉매관, 가열로관 등으로 사용되는 관
	저온 열교환기용 강관(STLT)	빙점 이하 특히 저온도에서 관의 내외에 열교환을 목적으로 하여, 열교환기관, 콘덴서관 등에 사용되는 배관
	보일러 열교환기용 합금강관(STHB)	보일러 열교환기용 목적 합금강관
	보일러 열교환기용 스테인리스 강관(STSxTB)	보일러 열교환기용 목적 스테인리스 강관

구조용	일반구조용 각형강관(SPSR)	토목, 건축 기타 구조용
	일반구조용 탄소강관(SPS)	토목, 건축, 철탑 기타 지주 구조물에 사용
	기계구조용 탄소강관(SM)	기계, 항공기, 자동차, 자전거, 가구 등의 기계부품에 사용
	구조용 합금강관(STA)	항공기, 자동차 기타의 구조물에 사용
	고압가스 용기용 이음매 없는 강관(STHG)	고압가스 충전기용, 배관용
기타	이음매 없는 유정용 강관(STO)	유정의 굴삭 및 채유용관
	석유공업 배관용 아크 용접 탄소강관	GAS, 물, 기름 등의 배관
	시추용 이음매 없는 강관	원유 시추용관

3 관이음 부속 및 재료 등

분류	내용
부속 사용 목적	이음부속 사용목적에 따른 분류 1) 관의 방향을 바꿀 때 : 엘보, 벤드 등 2) 관을 도중에 분기할 때 : 티, 와이, 크로스 등 3) 동일 지름의 관을 직선연결할 때 : 소켓, 유니온, 플랜지, 니플(부속연결) 등 4) 지름이 다른 관을 연결할 때 : 리듀서(이경소켓), 이경엘보, 이경티, 부싱(부속연결) 등 5) 관의 끝을 막을 때 : 캡, 막힘(맹)플랜지, 플러그 등 6) 관의 분해, 수리, 교체를 하고자 할 때 : 유니온, 플랜지 등
이음 부속류	(a) 엘보 (b) 45° 엘보 (c) 이경 엘보 (d) 티 (e) 이경티 (f) 이경티 (g) 이경티 (h) 편심 이경티 (i) 삼방 이경티 (j) 크로스 (k) 소켓 (l) 이경 소켓 (m) 캡 (n) 부싱 (o) 로크 너트

(p) 플러그　(q) 니플　(r) 이경 니플　(s) 유니언　(t) 플랜지
(u) 플랜지　(v) 벤드　(w) 45° 벤드　(x) 크로스형 리턴벤드　(y) 오픈형 리턴벤드

4 배관지지장치

행거 종류
리지드 행거, 스프링 행거, 콘스턴트 행거

서포트 종류
파이프 슈, 리지드 서포트, 스프링 서포트, 롤러 서포트

분류	내용
행거	- 행거(Hanger) : 천장 배관 등의 하중을 위에서 달아매어 받치는 지지기구이다. 1) 리지드 행거(Rigid Hanger) : I 빔에 턴버클을 이용하여 지지한 것으로 상하방향에 변위가 없는 곳에 사용 2) 스프링 행거(Spring Hanger) : 턴버클 대신 스프링을 사용한 것 3) 콘스턴트 행거(Constant Hanger) : 배관의 상하이동에 관계없이 관지지력이 일정한 것으로 중추식과 스프링식이 있다.
서포트	- 서포트(Support) : 바닥 배관 등의 하중을 밑에서 위로 떠받치는 지지기구이다. 1) 파이프 슈(Pipe Shoe) : 관에 직접 접속하는 지지기구로 수평배관과 수직배관의 연결부에 사용된다. 2) 리지드 서포트(Rigid Support) : H빔이나 I빔으로 받침을 만들어 지지한다. 3) 스프링 서포트 (Spring Support) : 스프링의 탄성에 의해 상하이동을 허용한 것이다. 4) 롤러 서포트 (Roller Support) : 관의 축 방향의 이동을 허용한 지지기구이다.
레스트 레인트	- 레스트레인트(Restraint) : 열팽창에 의한 배관의 상하·좌우 이동을 구속 또는 제한하는 것이다. 1) 앵커(Anchor) : 리지드 서포트의 일종으로 관의 이동 및 회전을 방지하기 위하여 지지점에 완전히 고정하는 장치이다. 2) 스톱(Stop) : 배관의 일정한 방향과 회전만 구속하고 다른 방향은 자유롭게 이동하게 하는 장치이다. 3) 가이드(Guide) : 배관의 곡관부분이나 신축 조인트 부분에 설치하는 것으로 회전을 제한하거나 축방향의 이동을 허용하며 직각방향으로 구속하는 장치이다.
브레이스	- 브레이스 (Brace) : 펌프, 압축기 등에서 발생하는 기계의 진동, 서징, 수격작용 등에 의한 진동, 충격 등을 완화하는 완충기로 플랙시블조인트, 캔버스등이다.

04 예제문제

관지지장치 중 서포트(support)의 종류로 틀린 것은?

① 파이프 슈 ② 리지드 서포트
③ 롤러 서포트 ④ 콘스턴트 행거

해설
서포트는 배관을 아래에서 위로 지지하는 것이며 행거는 위에서 배관을 달아맨다. **답 ④**

05 예제문제

열팽창에 의한 배관의 측면이동을 구속 또는 제한하는 역할을 하는 배관지지와 관계 없는 것은?

① 앵커(Anchor) ② 행거(Hanger)
③ 스토퍼(Stopper) ④ 가이드(Guide)

해설
열팽창에 의한 관의 신축으로 배관의 이동을 구속 또는 제한하는 장치인 레스트레인트는 앵커, 스토퍼, 가이드로 구성된다. 행거는 관을 천장에서 매어단다. **답 ②**

5 보온·보냉 재료 및 기타 배관용 재료

분류	내용
단열재	- 정의 : 보온 보냉재(단열재)는 단열성능이 우수한 것으로 기기, 관, 덕트 등에 있어서 고온의 유체나 저온의 유체로 부터 열이 외부로 이동되는 것을 차단하여 열손실을 줄이는 것으로 안전사용온도에 따라 보냉재(100℃ 이하), 보온재(100~800℃), 내화재(800~1,200℃), 내화단열재(1,300℃ 이상), 내화재(1,580℃ 이상) 등의 재료가 있다.
구비 조건	- 보온재의 구비조건 • 열전도율이 적을 것 • 안전사용온도 범위에 적합할 것 • 부피, 비중이 작을 것 • 불연성이고 내흡습성이 클 것 • 다공질이며 기공이 균일할 것 • 물리·화학적 강도가 크고 시공이 용이할 것

보온재의 분류
- 유기질 보온재 : 펠트, 코르크, 텍스류, 기포성 수지
- 무기질 보온재 : 석면, 암면, 규조토, 규산칼슘, 유리섬유, 세라믹파이버

유기질 보온재	유기질 보온재에 펠트, 코르크, 텍스, 기포성수지등이 있다. • 펠트 : 양모펠트와 우모펠트가 있으며 －60℃ 정도까지 유지할 수 있어 보냉용에 사용하며 곡면 부분의 시공이 가능하다. • 코르크 : 액체, 기체의 침투를 방지하는 작용이 있어 보냉, 보온효과가 좋다. 냉수, 냉매배관, 냉각기, 펌프 등의 보냉용으로 사용된다. • 텍스류 : 톱밥, 목재, 펄프를 원료로 해서 압축판 모양으로 제작한 것으로 실내벽, 천장 등의 보온 및 방음용으로 사용한다. • 기포성 수지 : 합성수지 또는 고무질 재료의 다공질 제품으로 열전도율이 극히 낮고 가벼우며 흡수성은 좋지 않으나 굽힘성은 풍부하다. 보온성, 보냉성이 좋다.
무기질 보온재	－ 무기질 보온재에는 석면, 암면, 유리면(유리솜)등이 있다. • 석면(石綿) : 아스베스트질 섬유로 되어 있으며 400℃ 이하의 파이프, 탱크, 노벽 등의 보온재로 적합하다. 석면은 발암물질로 사용을 억제한다. • 암면(Rock Wool, 岩綿) : 안산암, 현무암에 석회석을 섞어 용융하여 섬유모양으로 만든 것으로 비교적 값이 싸지만 섬유가 거칠고 유연성이 부족하다. 보냉용으로 사용할 때에는 방습을 위해 아스팔트 가공을 한다. • 규조토 : 규조토에 석면을 섞어 물반죽하여 시공하며 500℃ 이하의 파이프, 탱크, 노벽 등에 사용하며 진동이 있는 곳에 사용을 피한다. • 탄산마그네슘($MgCO_3$) : 염기성 탄산마그네슘 85%와 석면 15%를 배합하여 물에 개어서 사용할 수 있고, 205℃ 이하의 파이프, 탱크의 보냉용으로 사용된다. • 규산칼슘 : 규조토와 석회석을 주원료로 한 것으로 열전도율은 0.047W/mK로서 보온재 중 가장 낮은 것 중의 하나이며 사용온도 범위는 600℃까지이다. • 유리섬유(Glass Wool) : 용융상태인 유리에 압축공기 또는 증기를 분사시켜 짧은 섬유모양 으로 만든 것으로 흡수성이 높아 습기에 주의하여야 하며 단열, 내열, 내구성이 좋고 가격도 저렴하여 많이 사용한다. • 폼그라스(발포초자) : 유리분말에 발포제를 가하여 가열 용융 발포 경화시켜 만들며 기계적 강도와 흡습성이 크며 판이나 통으로 사용하고 사용온도는 300℃ 정도이다. • 펄라이트 : 진주암 등을 고온가열(1,000℃)하여 팽창시킨 것으로 가볍고 흡습성이 크며 내화도가 높고, 열전도율은 작으며 사용온도는 650℃이다. • 실리카파이버 : SiO_2(이산화 규소)를 주성분으로 압축성형한 것으로 안전사용온도는 1,100℃로 고온용이다. • 세라믹파이버 : ZrO_2(지르코늄 옥사이드)를 주성분으로 압축성형한 것으로 안전사용온도는 1,300℃로 고온용이다. • 금속질 보온재 : 금속 특유의 열 반사특성을 이용한 것으로 대표적으로 알루미늄박이 사용된다.

패킹	- 패킹(Packing) : 이음부나 회전부의 기밀을 유지하기 위한 것으로 나사용, 플랜지, 그랜드 패킹 등이 있다. 1) 나사용 패킹 　• 페인트 : 페인트와 광명단을 혼합하여 사용하며 고온의 기름배관을 제외하고는 모든 배관에 사용할 수 있다. 　• 일산화연 : 냉매배관에 많이 사용하며 빨리 응고되어 페인트에 일산화연을 조금 섞어서 사용한다. 　• 액상합성수지 : 화학약품에 강하고 내유성이 크며, 내열범위는 −30~130℃ 정도로 증기, 기름, 약품배관 등에 사용한다. 2) 플랜지 패킹 　• 고무패킹 : 탄성이 우수하고 흡수성이 없으며 산, 알칼리에 강하나 열과 기름에는 침식된다. 　• 석면 조인트 시트 : 광물질의 미세한 섬유로 450℃까지의 고온배관에도 사용된다. 　• 합성수지 패킹 : 테플론은 가장 우수한 패킹 재료로서 약품이나 기름에도 침식되지 않으며 내열범위는 −260 ~ 260℃이지만 탄성이 부족하여 석면, 고무, 금속 등과 조합하여 사용한다. 　• 금속패킹 : 납, 구리, 연강, 스테인리스강 등이 있으며 탄성이 적어 누설의 우려가 있다. 　• 오일실 패킹 : 한지를 일정한 두께로 겹쳐서 내유 가공한 것으로 내열도는 낮으나 펌프, 기어박스 등에 사용한다. 3) 그랜드 패킹 : 밸브의 회전부분에 사용하여 기밀을 유지하는 역할을 한다. 　• 석면 각형패킹 : 석면을 각형으로 짜서 흑연과 윤활유를 침투시킨 것으로 내열, 내산성이 좋아 대형 밸브에 사용한다. 　• 석면 야안패킹 : 석면실을 꼬아서 만든 것으로 소형밸브에 사용한다. 　• 아마존 패킹 : 면포와 내열고무 콤파운드를 가공하여 성형한 것으로 압축기에 사용한다. 　• 몰드 패킹 : 석면, 흑연, 수지 등을 배합 성형하여 만든 것으로 밸브, 펌프 등에 사용한다.

06 예제문제

보온재의 두께 결정 시 고려하여야 할 대상에서 거리가 먼 것은?

① 외기온도　　　　　　　　② 보온재의 열전도율
③ 내용연수　　　　　　　　④ 보온재의 강도

해설
보온재 두께는 열손실 방지를 위해 외기 온도, 열전도율, 내용연수를 고려한다.　　**답 ④**

07 예제문제

배관용 보온재에 관한 설명으로 틀린 것은?

① 내열성이 높을수록 좋다.
② 열전도율이 적을수록 좋다.
③ 비중이 작을수록 좋다.
④ 흡수성이 클수록 좋다.

해설
배관용 보온재는 흡수성이 적어야 한다. 보온재는 보통 흡수하면 열전도율이 증가한다.

답 ④

6 밸브류

> 게이트밸브(슬루스밸브) 특징
> 개폐용으로 가장 많이 사용하는 밸브로서 유체의 흐름을 차단(개폐)하는 대표적인 밸브

> 체크밸브(Check Valve, 역지변)
> 유체를 한쪽으로만 흐르게 하여 역류를 방지하는 역류방지밸브로 스윙형, 리프트형, 풋밸브형이 있다.

분류	내용
제수 밸브 종류 특징	제수밸브(스톱밸브) : 넓은 의미로는 유체의 유량조절, 흐름의 단속, 방향전환, 압력 등을 조절하는데 사용하는밸브를 말하며 좁은의미로는 게이트밸브를 말한다. 1) 게이트밸브, 슬루스 밸브(Gate Valve, Sluice Valve, 사절변) 개폐용으로 가장 많이 사용하는 밸브로서 유체의 흐름을 차단(개폐)하는 대표적인 밸브로서 가장 많이 사용하며 개폐시간이 길다. 2) 글로브 밸브(Glove Valve, Stop Valve, 옥형변) 밸브시트에서 유체의 흐름방향이 바뀌게 되어 유량조절이 용이하지만 유체의 마찰저항이 크다. 3) 니들밸브(Needle Valve, 침변)는 디스크의 형상이 원뿔모양으로 유체가 통과하는 단면적이 극히 적어 고압 소유량의 조절에 적합하다. 4) 앵글밸브(Angle Valve)는 글로브 밸브의 일종으로 유체의 입구와 출구의 각이 90°로 되어 있는 것으로 유량의 조절 및 방향을 전환시켜주며 주로 방열기의 입구 연결밸브나 보일러 수증기 밸브로 사용한다. 5) 체크밸브(Check Valve, 역지변)는 유체를 한쪽으로만 흐르게 하여 역류를 방지하는 역류방지밸브로서 밸브의 구조에 따라 다음과 같이 구분할 수 있다. • 스윙형(Swing Type) : 수직, 수평배관에 사용한다. • 리프트형(Lift Type) : 수평배관에만 사용한다. • 풋형(Foot Type) : 펌프 흡입관 선단의 여과기와 역지변을 조합한다. 6) 볼밸브(Ball Valve)는 구의 형상을 가진 볼에 구멍이 뚫려 있어 구멍의 방향에 따라 개폐 조작이 되는 밸브이며 90° 회전으로 개폐 및 조작도 용이하여 게이트 밸브 대신 많이 사용된다.

	7) 버터플라이 밸브(Butterfly Valve)는 일명 나비밸브라 하며 원통형의 몸체 속에 밸브봉을 축으로 하여 원형 평판이 회전함으로써 밸브가 개폐된다. 밸브의 개도를 알 수 있고 조작이 간편하며 경량이고, 설치공간을 작게 차지하므로 설치가 용이하다. 작동방법에 따라 레버식, 기어식 등이 있다. 8) 콕(Cock)은 원통 혹은 원뿔에 구멍을 뚫고 축을 회전시켜 개폐하는 것으로 플러그 밸브라고도 하며 90° 회전으로 급속한 개폐가 가능하나 기밀성이 좋지 않아 고압 대유량에는 적당하지 않다.
조정 밸브 (제어 밸브)	조정밸브(콘트롤밸브)는 배관계통에서 장치의 냉온열원의 부하 경감 시 자동으로 밸브의 열림을 조절하는 밸브류를 말하는 것으로 다음과 같은 종류가 있다. 1) 감압밸브(Pressure Reducing Valve : PRV): 감압밸브는 고압의 압력을 저압으로 일정하게 유지하여 주는 밸브로서 사용유체에 따라 물과 증기용으로 분류된다. 2) 안전밸브(Safety Valve):고압의 유체를 취급하는 고압용기나 보일러, 배관 등에서 규정압력 이상으로 되면 자동적으로 밸브가 열려 장치나 배관의 파손을 방지하는 밸브로서 스프링식과 중추식, 지렛대식이 있다. 3) 전자밸브(Solenoid Valve) : 전자코일에 전류를 흘러서 전자력에 의한 플런저가 들어 올려지는 전자석의 원리를 이용하여 밸브를 개폐(ON-OFF)시키는 것으로 솔레노이드 밸브라 한다. 4) 전동밸브(Modutrol Motor) : 모터로 작동되는 밸브로 이방밸브(2-Way Valve)와 삼방밸브 (3-Way Valve)가 있으며 이방변은 유량을 변화시켜 제어하고(변유량), 3방변은 유량을 방향을 조절(정유량)하여 제어한다. 5) 공기빼기밸브(Air Vent Valve : AVV):배관이나 기기 중의 공기를 제거할 목적으로 사용되며, 배관의 최상단에 설치한다. 6) 온도조절밸브(Temperature Control Valve : TCV):열교환기나 급탕탱크, 가열기기 등의 내부온도를 감지하여 일정한 온도로 유지시키기 위하여 증기나 온수공급량을 자동적으로 조절하여 주는 자동밸브이다. 7) 정유량 조절밸브:팬코일 유닛이나 방열기 등에서 각 배관계통이나 기기로 일정량의 유량이 공급되도록 하는 자동밸브이다. 8) 차압조절밸브(DPCV) : 공급배관과 환수배관 사이에 설치하여 공급관과 환수관의 압력차를 일정하게 유지시켜 주는 밸브이다.
냉매용 밸브	- 냉매 스톱밸브는 글로브 밸브와 같은 밸브 몸체와 밸브시트를 갖는 것으로 암모니아용과 프레온용이 있다. 1) 팩드밸브(Packed Valve): 밸브 스템(봉)의 둘레에 석면, 흑연패킹 또는 합성고무 등의 그랜드로 냉매가 누설되는 것을 방지한다.

> 버터플라이 밸브 (Butterfly Valve) 일명 나비밸브라 하며 디스크의 90도 회전으로 밸브가 개폐된다. 조작이 간편하며 경량이고, 설치공간을 작게 차지하고, 설치가 용이하다. 작동방법에 따라 레버식, 기어식 등이 있다.

냉매용 밸브		2) 팩리스밸브(Packless Valve) : 팩리스 밸브는 그랜드 패킹을 사용하지 않고 벨로스나 다이어프램을 사용하여 외부와 완전히 격리하여 누설을 방지하게 되어 있다. 3) 서비스밸브(Service Valve) : 배관내의 냉매 보급 및 차단과 공기제거 기능을 수행하며, 또한 압력계를 부착하여 배관내의 압력을 측정 할 수 있다.
여과기 (스트레이너)		여과기(Strainer)는 배관에 설치되는 각종 조절밸브, 증기트랩, 펌프 등의 앞에 설치하여 유체 속에 섞여 있는 마모성 이물질을 제거하여 밸브 및 기기의 파손을 방지하는 기구로 Y형, U형, V형 등이 있으며 여과기 내부에는 금속제 여과망(Mesh)이 내장되어 있어 주기적으로 청소를 해주어야 한다.

여과기(Strainer)
배관에 설치되는 각종 조절밸브, 증기트랩, 펌프 등의 앞에 설치하여 유체 속에 섞여 있는 이물질을 제거하여 밸브 및 기기의 파손을 방지하는 기구로 Y형, U형, V형 등이 있다.

---

08 예제문제

체크밸브의 종류에 대한 설명으로 옳은 것은?

① 리프트형-수평, 수직 배관용
② 풋형-수평 배관용
③ 스윙형-수평, 수직 배관용
④ 리프트형-수직 배관용

해설
리프트형, 풋형 : 수직배관용, 스윙형 : 수평, 수직배관용   답 ③

01 핵심예상문제

배관재료

본 핵심예상문제는 각단원별 출제빈도 높은 문제 및 최근 10년간의 기출문제 중 비중이 높은 출제유형이므로 꼭 풀어보고 가야할 문제입니다. 이후 실전예상문제를 공부하시면 효과적입니다.

[15년 3회, 08년 1회]

01 배관재료 선정 시 고려해야 할 사항으로 가장 거리가 먼 것은?

① 관 속을 흐르는 유체의 화학적 성질
② 관 속을 흐르는 유체의 온도
③ 관의 이음방법
④ 관의 압축성

> 배관재료 선정 시 고려사항은 관의 압축성보다는 관의 신축성이 중요하다.

[09년 1회]

02 배관설비에 관한 설명 중 올바른 것은?

① 밀폐 배관 속에 공기가 혼입되면 냉온수의 순환이 양호해진다.
② 냉수배관 속의 이물을 포착하여 이것을 배출하기 위하여 통기관을 설치한다.
③ 배관 도중의 유량을 조절하려면 글로브 밸브를 사용한다.
④ 배수관은 급수관에 비하여 두껍다.

> 배관 속에 공기가 혼입되면 냉온수의 순환이 나빠지고, 이물질을 포착하여 제거하기 위하여 스트레이너(여과기)를 설치한다. 유량을 조절하려면 글로브 밸브를 사용하고, 개폐용으로는 게이트밸브를 사용한다. 배수관은 급수관보다 압력이 낮아서 얇아도 된다.

[15년 3회]

03 주철관의 특징에 대한 설명으로 틀린 것은?

① 충격에 강하고 내구성이 크다.
② 내식성, 내열성이 있다.
③ 다른 배관재에 비하여 열팽창계수가 크다.
④ 소음을 흡수하는 성질이 있으므로 옥내배수용으로 적합하다.

> 주철관 내구력이 크나 외압이나 충격에는 약하다.

[06년 1회]

04 스케줄 번호는 다음 중 무엇을 나타내기 위함인가?

① 관의 바깥지름
② 관의 안지름
③ 관의 두께
④ 관의 길이

> 스케줄 번호(SCH)는 관의 두께를 표시하며 번호가 클수록 관의 두께가 두껍다.

[06년 2회]

05 강관에 대한 설명 중 틀린 것은?

① 고온이나 저온에서도 강도가 크다.
② 가격이 싸다.
③ 부식에 강하다.
④ 내충격성, 굴요성(휭성)이 크다.

> 강관은 많은 장점과 부식에 약한 단점을 갖고 있어서 도복장 강관을 이용한다.

[06년 3회]

06 다음의 압력배관용 탄소강관 중에서 두께가 가장 두꺼운 것은?

① SCH 60
② SCH 40
③ SCH 30
④ SCH 20

> 스케줄 번호(SHC)가 클수록 관의 두께가 두껍다.

정답 01 ④ 02 ③ 03 ① 04 ③ 05 ③ 06 ①

제1장 배관재료 및 공작

[13년 1회]

07 고온배관용 탄소강관은 몇 ℃의 고온배관에 사용되는가?

① 230℃ 이하　② 250 ~ 270℃
③ 280 ~ 310℃　④ 350℃ 이상

> 고온배관용 탄소강관(SPHT)은 350℃ 이상의 고온배관에 사용한다.

[14년 2회]

08 스테인리스 관의 특성이 아닌 것은?

① 내식성이 좋다.
② 저온 충격성이 크다.
③ 용접식, 몰코식 등 특수시공법으로 시공이 간단하다.
④ 강관에 비해 기계적 성질이 나쁘다.

> 스테인리스 관(STS)은 강관에 비해 기계적 성질이 우수하다.

[13년 3회, 13년 2회]

09 스테인리스강관에 대한 설명으로 적당하지 않은 것은?

① 위생적이어서 적수의 염려가 적다.
② 내식성이 우수하다.
③ 몰코 이음법 등 특수 시공법으로 대체로 배관시공이 간단하다.
④ 저온에서 내충격성이 적다.

> 스테인리스강관은 저온에서 내충격성이 크고 부식이 방지된다.

[11년 3회, 06년 1회]

10 다음 중 동관의 장점이 아닌 것은?

① 내식성이 좋다.
② 강관보다 가볍고 취급이 쉽다.
③ 동결파손에 강하다.
④ 내충격성이 좋다.

> 동관은 연질이므로 내충격성이 약하며, 신축성으로 동결파손에는 강한편이다.

[09년 3회]

11 열전도가 좋아 열교환기의 가열관으로 사용하기에 가장 적합한 파이프는?

① 주철관　② 동관
③ 강관　④ 플라스틱관

> 동관은 열전도가 좋아 열교환기의 가열관(튜브)으로 많이 쓰인다.

[15년 2회]

12 다음의 경질염화비닐관에 대한 설명 중 틀린 것은?

① 전기 절연성이 좋으므로 전기부식 작용이 없다.
② 금속관에 비해 차음효과가 크다.
③ 열전도율이 동관보다 크다.
④ 극저온 및 고온배관에 부적당하다.

> 경질염화비닐관 열전도율은 동관보다 적다.

[06년 3회]

13 다음 일반용 폴리에틸렌 관에 설명 중 틀린 것은?

① 경질 염화 비닐관 보다 조직이 치밀하므로 중량이 무겁다.
② 충격에 강하고 내한성이 우수하다.
③ 내열성과 보온성이 경질 염화 비닐관보다 우수하다.
④ 전기의 절연성이 크다.

> 폴리에틸렌관은 경질 염화 비닐관보다 중량이 가볍다.

[14년 2회, 07년 3회]

14 내식성 및 내마모성이 우수하여 지하매설용 수도관으로 적당한 것은?

① 주철관　② 알루미늄관
③ 황동관　④ 강관

> 주철관(DCIP)은 내식성이 강하여 지하매설용 수도관으로 많이 사용한다.

정답　07 ④　08 ④　09 ④　10 ④　11 ②　12 ③　13 ①　14 ①

[11년 1회]
15 다음 중 연관이나 황동관을 가장 잘 부식시키는 것은?

① 극연수　② 연수
③ 적수　④ 경수

> 연관이나 황동관은 극연수(증류수)에 침식된다. 공조설비에서 극연수(순수)를 사용할 때 동관은 주의해야한다.

[07년 3회]
16 다음 덕트 재료 중에서 일반적으로 공조덕트설비에 가장 많이 사용되는 것은?

① 아연 도금 강판　② 납 도금판
③ 콘크리트　④ 황동판

> 공조덕트 재료에는 함석(아연 도금강판)을 주로 사용한다.

[15년 1회]
17 비중이 약 2.7로서 열 전기 전도율이 좋으며, 가볍고, 전연성이 풍부하여 가공성이 좋으며 순도가 높은 것은 내식성이 우수하여 건축재료 등에 주로 사용되는 것은?

① 주석관　② 강관
③ 비닐관　④ 알루미늄관

> 알루미늄관은 동관과 유사한 성질을 가지며 전성 및 연성이 풍부하고 전기 전도율이 좋다.

[09년 2회, 13년 1회]
18 배관 내 마찰저항에 의한 압력손실의 설명으로 옳은 것은?

① 관의 유속에 비례한다.
② 관 내경의 2승에 비례한다.
③ 관 내경의 5승에 비례한다.
④ 관의 길이에 비례한다.

> 배관 내 마찰저항은 유속의 제곱에 비례하고, 관 내경에 반비례하며, 관의 길이에 비례한다.

[13년 3회]
19 체크밸브에 대한 설명으로 옳은 것은?

① 스윙형, 리프트형, 풋형 등이 있다.
② 리프트형은 배관의 수직부에 한하여 사용한다.
③ 스윙형은 수평배관에만 사용한다.
④ 유량조절용으로 적합하다.

> 체크밸브에서 리프트형과 풋형은 수평배관에 사용하고, 스윙형은 수직·수평배관에 사용되며 유량조절기능은 없다.

[23년 2회]
20 배관에서 역류방지를 위해 사용하는 체크밸브에 대한 설명으로 틀린것은?

① 펌프 토출측에는 체크밸브를 설치하여 정전시 펌프를 보호한다
② 스윙식 체크밸브는 수직배관에 사용이 곤란하며 수평배관에만 사용한다.
③ 리프트식 체크밸브는 수직배관에 사용이 곤란하며 수평배관에만 사용한다.
④ 체크밸브를 설치할때는 유체 흐름방향을 고려하여 설치한다.

> 스윙식 체크밸브는 수평, 수직배관에 모두 이용되고, 리프트식 체크밸브는 수평배관에만 이용된다.

[12년 2회, 11년 1회]
21 배관의 신축이음 중 고압에 잘 견디며 고온고압의 옥외 배관 신축이음쇠로 가장 좋은 것은?

① 루프형 신축이음쇠
② 슬리브형 신축이음쇠
③ 벨로스형 신축이음쇠
④ 스위블형 신축이음쇠

> 루프형 신축이음은 고온 고압의 옥외 배관에 주로 이용하고 신축흡수가 가장 크다.

정답 15 ① 16 ① 17 ④ 18 ④ 19 ① 20 ② 21 ①

[06년 1회]

22 벨로스형 신축이음쇠의 특징이 아닌 것은?

① 설치공간을 차지하지 않는다.
② 신축량은 벨로스의 산수와 피치의 구조에 따라 다르다.
③ 장시간 사용 시 패킹의 마모로 누수의 원인이 된다.
④ 곡선배관 부분에서 각도변위를 흡수한다.

> 벨로스형 신축이음쇠는 벨로스의 신축을 이용하기 때문에 패킹이 없는 신축이음으로 패킹마모 우려가 없다. 슬리브형은 패킹 마모 우려가 있다.

[15년 1회, 10년 1회]

23 슬리브형 신축 이음쇠의 특징이 아닌 것은?

① 신축 흡수량이 크며, 신축으로 인한 응력이 생기지 않는다.
② 설치 공간이 루프형에 비해 크다.
③ 곡선배관 부분이 있는 경우 비틀림이 생겨 파손의 원인이 된다.
④ 장시간 사용 시 패킹의 마모로 인해 누설될 우려가 있다.

> 슬리브형 신축이음쇠는 루프형보다 설치 공간이 적다.

[11년 1회]

24 다음 중 밸브를 완전히 열었을 때 유체의 저항손실이 가장 큰 밸브는?

① 슬루스 밸브　　② 글로브 밸브
③ 버터플라이 밸브　④ 볼 밸브

> 글로브 밸브는 밸브를 완전히 열어도 구조상 유체의 저항손실이 크며 게이트밸브는 밸브를 완전히 열면 저항이 거의 없다.

[11년 2회]

25 유체의 흐름을 단속하는 대표적인 밸브로서 슬루스밸브 또는 사절변이라고도 하는 밸브는?

① 게이트밸브　　② 글로브 밸브
③ 체크밸브　　　④ 플랩밸브

> 게이트밸브는 슬루스밸브(제수변)이라하며 주로 개폐용으로 사용된다.

[23년 2회]

26 다음 밸브 중에서 전개하였을 때 저항이 가장 작아 개폐용밸브로 가장 널리 사용되는 것은?

① 슬루스밸브
② 글로브밸브
③ 버터플라이밸브
④ 스윙체크밸브

> 슬루스밸브(게이트밸브)는 전개하였을 때 저항이 가장 작아서 개폐용(ON-OFF)밸브로 가장 이상적이다.

[15년 2회]

27 유체의 저항은 크나 개폐가 쉽고 유량 조절이 용이하며, 직선 배관 중간에 설치하는 밸브?

① 슬루스 밸브　　② 글로브 밸브
③ 체크밸브　　　④ 전동 밸브

> 글로브밸브(옥형 밸브)는 유체의 저항이 크나 유량 조절이 가능하여 직선배관 중간에 설치하는 밸브이다.

[12년 3회]

28 다음 배관 부속 중 사용 목적이 서로 다른 것과 연결된 것은?

① 플러그-캡　　② 유니언-플랜지
③ 니플-소켓　　④ 티-리듀서

> 플러그, 캡은 관말단을 막을 때, 유니언과 플랜지는 관의 분해 조립이 필요한곳, 니플과 소켓은 관의 직선 연결, 티는 분기부, 리듀서는 축소 확대부분에 사용된다.

정답 22 ③　23 ②　24 ②　25 ①　26 ①　27 ②　28 ④

[10년 1회, 06년 3회]

29 관연결용 부속을 사용처별로 구분하여 나열하였다. 잘못된 것은?

① 관 끝을 막을 때 : 리듀서, 부싱, 캡
② 배관의 방향을 바꿀 때 : 엘보, 벤드
③ 관을 도중에서 분기할 때 : 티, 와이, 크로스
④ 동경관을 직선 연결할 때 : 소켓, 유니온, 니플

> 리듀서(이경 소켓)와 부싱은 관경이 다른 배관의 연결에 사용한다. 관끝을 막을 때는 캡이나 플러그를 사용한다.

[09년 1회, 06년 2회]

30 구경이 서로 다른 관을 접속할 때 사용하는 관이음쇠는?

① 유니언(Union)
② 리듀서(Reducer)
③ 니플(Nipple)
④ 플러그(Plug)

> 리듀서(이경 소켓)와 부싱은 관경이 다른 관을 접속할 때 사용한다.

[22년 3회]

31 배관의 끝에 소켓으로 마감된 경우 이 말단을 막을 때 사용하는 이음쇠는?

① 유니언
② 니플
③ 플러그
④ 소켓

> 배관의 끝(숫나사)을 막을 때 사용하는 이음쇠는 캡이며 배관의 끝에 소켓등 부속(암나사)을 막을 때 사용하는 이음쇠는 플러그이다. 통상 배관의 말단은 캡이나 플러그로 막는다고 배우지만 이 2가지 부속의 용도를 구분해두세요.

[23년 3회]

32 일반적으로 관의 지름이 크고 관의 수리를 위해 분해할 필요가 있는 경우 사용되는 파이프 이음에 속하는 것은?

① 신축 이음
② 엘보 이음
③ 턱걸이 이음
④ 플랜지 이음

> 관의 지름이 크고(50A 이상) 관의 수리를 위해 분해할 필요가 있는 곳은 플랜지 이음을 한다. 작은관(50A 이하) 일때 유니언 이음을 사용한다.

[15년 1회]

33 배관 부속기기인 여과기(Strainer)에 대한 설명으로 틀린 것은?

① 여과기의 종류에는 형상에 따라 Y형, U형, V형 등이 있다.
② 여과기의 설치 목적은 관 내 유체의 이물질을 제거하여 수량계, 펌프 등을 보호하는데 있다.
③ U형 여과기는 유체의 흐름이 수평이므로 저항이 작아 주로 급수배관용에 사용한다.
④ V형 여과기는 유체가 스트레이너 속을 직선적으로 흐르므로 Y형이나 U형에 비해 유속에 대한 저항이 적다.

> U자형 여과기는 원통형 여과기를 사용하므로 구조상 유체가 직각으로 흐르며 Y형에 비해 저항이 크다.

[11년 2회, 06년 3회]

34 배관계의 도중에 설치하여 유체 속에 혼입된 토사나 이물질 등을 제거하는 배관부품은?

① 트랩(Trap)
② 밸브(Valve)
③ 스트레이너(Strainer)
④ 저수조

> 스트레이너(여과기)는 관 내 유체의 이물질을 제거한다.

정답 29 ① 30 ② 31 ③ 32 ④ 33 ③ 34 ③

[08년 1회]

35 배관장치의 도중에 설치하는 기구들의 설명으로 맞는 것은?

① 스트레이너는 유체의 유동방향을 따라갈 때 트랩 다음에 설치한다.
② 저압 트랩의 설치 시에는 바이패스(Bypass) 배관이 필요하다.
③ 감압 트랩의 설치 시에는 바이패스(Bypass) 배관이 불필요하다.
④ 증기 트랩의 설치장소는 증기공급이 시작되는 위치이다.

> 스트레이너는 트랩 전(상류측)에 설치하며 감압 밸브나 유량계 설치시 바이패스가 필요하고, 증기 트랩은 배관 끝이나 방열기 출구에 설치한다.

[15년 1회]

36 다음 중 각 장치의 설치 및 특징에 대한 설명으로 틀린 것은?

① 슬루스 밸브는 유량조절용보다는 개폐용(ON-OFF)에 주로 사용된다.
② 슬루스 밸브는 일명 게이트 밸브라고도 한다.
③ 스트레이너는 배관 속 먼지, 흙, 모래 등을 제거하기 위한 부속품이다.
④ 스트레이너는 밸브 뒤에 설치한다.

> 스트레이너는 밸브 등을 보호하기 위하여 기기류 앞에 설치한다.

[15년 1회]

37 이음쇠 중 방진, 방음의 역할을 하는 것은?

① 플렉시블형 이음쇠 ② 슬리브형 이음쇠
③ 스위블형 이음쇠   ④ 루프형 이음쇠

> 플렉시블형 이음쇠는 펌프나 팬, 압축기 등에서 발생하는 진동이 주변 배관으로 전달되는 것을 막기 위하여 전후단에 설치한다.

[23년 2회]

38 공조 배관 설치를 위해 벽, 바닥 등에 관통 배관 시공을 할 때, 슬리브(sleeve)를 사용하는 이유로 가장 거리가 먼 것은?

① 열팽창에 따른 배관신축에 적응하기 위해
② 관 교체 시 편리하게 하기 위해
③ 고장 시 수리를 편리하게 하기 위해
④ 슬리브와 관통 배관은 견고히 결합하여 이탈하지 않게 한다.

> 슬리브와 관통배관은 독립적으로하여 배관 신축이 자유롭게 한다.

[12년 3회, 07년 2회]

39 배관길이 200m, 관경 100mm의 배관 내 20℃의 물을 80℃로 상승시킬 경우 배관의 신축량은?(단, 강관의 선팽창계수는 12.5×10^{-6}/℃이다.)

① 10cm   ② 15cm
③ 20cm   ④ 25cm

> 신축량 $= L \times a \times \Delta t = 200m \times 12.5 \times 10^{-6} \times (80-20)$
> $= 0.15m = 15cm$

[15년 3회, 09년 5회]

40 유속 2.4m/s, 유량 15,000L/h일 때 관경은 몇 mm인가?

① 42   ② 47
③ 51   ④ 53

> 관경(d) $= \sqrt{\dfrac{4Q}{\pi V}} = \sqrt{\dfrac{4 \times (15000/1000 \times 3,600)}{3.14 \times 2.4}} = 0.047m$
> $= 47mm$

정답 35 ② 36 ④ 37 ① 38 ④ 39 ② 40 ②

[14년 1회, 06년 3회]

41 연단에 아마인유를 배합한 것으로 녹스는 것을 방지하기 위하여 사용되며 도료의 막이 굳어서 풍화에 대해 강하고 다른 착색도료의 밑칠용으로 널리 사용되는 것은?

① 알루미늄 도료
② 광명단 도료
③ 합성수지 도료
④ 산화철 도료

> 광명단 도료(방청도료)는 녹 발생을 방지하며 착색도료의 밑칠용에 주로 사용한다.

[08년 3회]

42 다음 중 네오프렌 패킹을 사용할 수 없는 배관은?

① 60℃의 급탕배관
② 15℃의 배수배관
③ 20℃의 급수배관
④ 180℃의 증기배관

> 네오프렌 패킹은 열과 기름에 약하여 100℃ 이상에는 사용이 곤란하다.

[08년 1회]

43 관지름 25A(안지름 27.6mm)의 강관에 매분 30 L/min의 가스를 흐르게 할 때 유속은 약 얼마인가?

① 0.14m/s
② 0.34m/s
③ 0.64m/s
④ 0.84m/s

> $Q = Av$에서 $v = \dfrac{Q}{A} = \dfrac{30/1000}{60\left(\dfrac{\pi \times 0.0276^2}{4}\right)} = 0.84\text{m/s}$

[09년 1회]

44 배관지지 방법이 틀린 것은?

① 2본 이상의 수평배관이 병행 배관인 경우에는 공통지지 형강을 사용하여 지지한다.
② 수평배관을 지지하는 현수 볼트 길이는 가능한 길게 한다.
③ 배관이 변경되는 배관의 지지는 공통현수로 시공하지 않는다.
④ 열에 의한 배관의 이동량이 큰 지지 개소는 롤러지지 또는 슬라이드 지지로 한다.

> 수평 배관 지지 현수(달대) 볼트 길이는 가능한 짧게 하여 견고하게 한다.

[08년 3회]

45 배관지지의 필요조건이 아닌 것은?

① 배관 충격에 견딜 것
② 배관 소음을 방지할 것
③ 열팽창에 의한 신축에 대응할 수 있을 것
④ 배관 중량에 견딜 것

> 배관지지와 소음방지는 연관성이 없다.

[13년 2회, 06년 3회]

46 열팽창에 의한 관의 신축으로 배관의 이동을 구속 또는 제한하는 장치는?

① 턴버클
② 브레이스
③ 리스트레인트
④ 행거

> 리스트레인트(앵커, 스톱, 가이드)는 열팽창에 의한 관의 신축으로 배관의 이동을 구속 또는 제한하는 장치이다.

정답 41 ② 42 ④ 43 ④ 44 ② 45 ② 46 ③

[10년 1회]
47 배관의 행거(Hanger)용 지지철물을 달아매기 위해 천장에 매입하는 철물은?

① 턴버클(Turnbuckle) ② 가이드(Guide)
③ 스토퍼(Stopper) ④ 인서트(Insert)

> 인서트는 배관의 행거용 지지철물(달대 볼트)을 달아매기 위해 천장 슬래브 콘크리트 타설시 인서트를 매입한다.

[08년 2회]
48 배관이 응력을 받아서 휘어지는 것을 방지하고 팽창 시 움직임을 바르게 유도하는 장치이며 배관의 굽힘장소나 신축이음 부분에 설치하여 관의 회전을 방지하는 역할을 하는 것은?

① 가이드(Guide)
② 롤러 서포트(Roller Support)
③ 리지드(Rigid)
④ 파이프 슈(Pipe Shoe)

> 가이드는 배관이 팽창할 때 휘어지는 것을 방지하고 신축이음쪽으로 유도한다.

[09년 1회, 08년 3회]
49 배관의 이동 및 회전을 방지하기 위하여 지지점의 위치에 완전히 고정하는 장치는?

① 앵커 ② 행거
③ 스포트 ④ 브레이스

> 앵커는 배관을 어떤 위치에 완전히 고정하는 것으로 일정 구간의 배관 신축을 신축이음으로 한정한다.

[15년 1회]
50 배관이나 밸브 등의 시공한 부분의 서포트부에 설치되며 관의 자중 또는 열팽창에 의한 보온재의 파손을 방지하기 위해 사용되는 것은?

① 가이드(Guide) ② 파이프 슈(Pipe Shoe)
③ 브레이스(Brace) ④ 앵커(Anchor)

> 파이프 슈는 서포트의 일종이며 관의 자중, 열팽창에 의한 보온재의 파손 방지용으로 배관을 감싸서 지지한다.

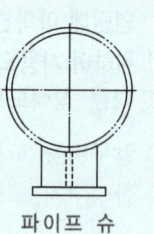

파이프 슈

[15년 3회]
51 배관은 길이가 길어지면 관 자체의 하중, 열에 의한 신축, 유체의 흐름에서 발생하는 진동이 배관에 작용한다. 이것을 방지하기 위한 관지지 장치의 종류가 아닌 것은?

① 서포트(Support)
② 레스트레인트(Restraint)
③ 익스팬더(Expander)
④ 브레이스(Brace)

> **배관지지장치**
>
> | | |
> |---|---|
> | 서포트(Support) | 파이프 슈, 리지드 서포트, 스프링 서포트, 롤러 서포트 |
> | 행거(Hanger) | 리지드 행거, 스프링 행거, 콘스턴트 행거 |
> | 레스트레인트(Restraint) | 앵커, 스토퍼, 가이드 |
> | 브레이스(Brace) | 완충기 |
>
> 익스팬더(Expander)는 동관 확관기이다.

[06년 2회]
52 다음 이음쇠 중 방음의 역할을 하는 것은?

① 플렉시블형 이음쇠
② 슬리브형 이음쇠
③ 스위블형 이음쇠
④ 루프형 이음쇠

> 플렉시블형 이음쇠는 방진 또는 방음의 기능이 있어서 펌프나 팬 등의 전후단에 설치한다.

정답 47 ④ 48 ① 49 ① 50 ② 51 ③ 52 ①

[23년 1회]

53 강관 50A 배관을 수평으로 설치할 때 지지대 간격으로 알맞은 것은?

① 1.8m 이내 ② 2m 이내
③ 3m 이내 ④ 5m 이내

> 강관지지대 간격 20A 이하 : 1.8m 이내, 25-40A : 2m 이내, 50-80A : 3m 이내, 100-150A : 4m 이내, 200A 이하 : 5m 이내

[14년 2회, 07년 2회, 06년 1회]

54 관의 보온재로서 구비해야 할 조건으로 부적당한 것은?

① 내식성이 클 것
② 흡습률이 적을 것
③ 열전도율이 클 것
④ 비중이 작고 가벼운 것

> 보온재는 열전도율이 작아야 한다.

[22년 2회]

55 보온재의 구비조건으로 틀린 것은?

① 표면시공이 좋아야 한다.
② 재질자체의 모세관 현상이 커야 한다.
③ 보냉 효율이 좋아야 한다.
④ 난연성이나 불연성이어야 한다.

> 보온재는 흡수성이 적어야하며 재질자체의 모세관 현상이 적어야 한다.

[23년 1회]

56 공조설비 배관에 사용하는 무기질, 유기질 보온재 종류에서 종류가 다른 것은?

① 우모펠트 ② 규조토
③ 탄산마그네슘 ④ 글래스 울

> 우모펠트는 유기질 보온재이고, 규조토, 탄산마그네슘, 글래스 울은 무기질 보온재이다.

[10년 3회]

57 다음 보온재의 사용온도 범위로 옳지 않은 것은?

① 규산칼슘 : 650℃ 이하
② 우모펠트 : 100℃ 이하
③ 탄화코르크 : 200℃ 이상
④ 탄산마그네슘 : 250℃ 이하

> 탄화 코르크는 보냉용 보온재로 100℃ 이하에 사용된다.

[23년 2회]

58 보온재 중 사용온도 범위가 가장 높은 것은?

① 규조토 보온재
② 암면 보온재
③ 탄산마그네슘 보온재
④ 규산칼슘

> 보온재 사용온도 범위 : 규조토(500℃), 암면(400℃), 탄산마그네슘(250℃), 규산칼슘(600℃), 세라믹 파이버(1,300℃)

정답 53 ③ 54 ③ 55 ② 56 ① 57 ③ 58 ④

제1장 배관재료 및 공작

[10년 1회]

59 다공질 보온재의 보온효과는 보온재 속에 어떤 물질의 존재 때문인가?

① 공기　　② 박테리아
③ 유류　　④ 수분

> 섬유질의 다공질 보온재는 공기 입자의 낮은 열전도 특성으로 보온 효과가 우수하다.

[10년 2회, 07년 2회]

60 다음 중 보온을 하지 않아도 되는 배관은?

① 통기관　　② 증기관
③ 온수관　　④ 냉수관

> 통기관은 보온이 필요 없다. 방열기 주변배관, 쿨링레그, 외기덕트, 배기덕트, 드레인배관등은 보온하지 않는다.

[15년 3회]

61 다음 중 배관의 부식방지 방법이 아닌 것은?

① 전기절연을 시킨다.
② 도금을 한다.
③ 습기와의 접촉을 피한다.
④ 열처리를 한다.

> 배관 열처리는 부식과 직접적인 관계가 없으며 일반적으로 열을 가하면 부식은 증가한다.

[12년 2회]

62 수격작용 방지법에 관한 설명 중 부적합한 것은?

① 수전류 가까이에 공기실을 설치한다.
② 관내 유속을 느리게 한다.
③ 관의 지름을 크게 한다.
④ 밸브의 개폐를 신속히 한다.

> 밸브의 개폐를 신속히 하면 유속의 급변으로 수격작용(워터해머)이 발생할 우려가 있다.

정답 59 ①　60 ①　61 ④　62 ④

02 배관공작

1 배관용 공구 및 시공

분류	내용
배관용 공구	1) 파이프 바이스(Pipe Vise) : 관의 절단, 나사 작업 시 관이 움직이지 않게 고정하는 것 2) 수평 바이스 : 관의 조립 및 열간 벤딩 시 관이 움직이지 않도록 고정하는 것 3) 파이프 커터(Pipe Cutter) : 강관 절단용 공구로 1개의 날과 2개의 롤러로 된 것, 그리고 3개의 날로 된 것 두 종류가 있으며 날의 전진과 커터의 회전에 의해 절단되므로 거스러미가 생기는 결점이 있다. 4) 파이프 렌치(Pipe Wrench) : 관의 결합 및 해체 시 사용하는 공구로 200mm 이상의 강관은 체인 파이프 렌치(Chain Pipe Wrench)를 사용한다. 5) 파이프 리머(Pipe Reamer) : 수동 파이프커터, 동력용 나사절삭기의 커터로 관을 절단하게 되면 내부에 거스러미(Burr)가 생기게 된다. 이러한 거스러미는 관 내부 마찰저항을 증가시키므로 절단 후 거스러미를 제거하는 공구이다. 6) 수동식 나사 절삭기(Die Stock) : 관 끝에 나사산을 만드는 공구로 오스타형, 리드형 두 종류가 있다. 7) 동력용 나사 절삭기 : 동력을 이용하는 나사 절삭기는 작업능률이 좋아 최근에 많이 사용한다. 다이헤드식, 오스터식, 호브식 나사 절삭기가 있다.
관절단용 공구	1) 쇠톱(Hack Saw) : 관 및 공작물 절단용 공구로서 200mm, 250mm, 300mm 3종류가 있다. 2) 기계톱(Hack Sawing Machine) : 활모양의 프레임에 톱날을 끼워서 크랭크 작용에 의한 왕복 절삭운동과 이송운동으로 재료를 절단한다. 3) 고속 숫돌 절단기(Abrasive Cut Off Machine) : 두께가 0.5∼3mm 정도의 얇은 연삭원판을 고속으로 회전시켜 재료를 절단하는 기계로 강관용과 스테인리스용으로 구분하며 숫돌 그라인더, 연삭 절단기, 커터 그라인더라고도 하고, 파이프 절단공구로 가장 많이 사용한다. 4) 띠톱기계(Band Sawing Machine) : 모터에 장치된 원동 풀리를 동종 풀리와의 둘레에 띠톱날을 회전시켜 재료를 절단한다.

> 배관용 공구류
> 파이프 바이스, 파이프 커터, 파이프 렌치, 파이프 리머

	5) 가스 절단기 : 강관의 가스절단은 산소절단이라고 하며, 산소와 철과의 화학반응을 이용하는 절단방법으로 산소-아세틸렌 또는 산소-프로판가스 불꽃을 이용하여 절단 토치로 절단부를 800~900℃로 미리 예열한 다음 팁의 중심에서 고압의 산소를 뿜어내어 절단한다.
강관 벤딩용 기계	강관 벤딩용 기계는 수동 벤딩과 기계 벤딩으로 구분하며 수동 벤딩에는 수동 롤러나 수동 벤더에 의한 상온 벤딩을 냉간 벤딩이라 하며, 강관 벤딩(800~900℃정도) 동관 벤딩(600~700℃)로 가열하여 관 내부에 마른 모래를 채운 후 벤딩하는 것을 열간 벤딩이라 한다. 1) 램식(Ram Type, 유압식) : 유압을 이용하여 관을 구부리는 것으로 현장용이다. 2) 로터리식(Ratary Type) : 관에 심봉을 넣어 구부리는 것으로 공장 등에 설치하여 동일 치수의 모양을 다량 생산할 때 편리하다. 3) 수동 롤러식 : 32A 이하의 관을 구부릴 때 관의 크기와 곡률 반경에 맞는 포머(Former)를 설치하고 핸들을 돌려 180°까지 자유롭게 구부릴 수 있다.
동관용 공구	1) 토치램프 : 납땜, 동관접합, 벤딩 등의 작업을 하기 위한 가열용 공구이다. 2) 플레어링 툴 : 20mm 이하의 동관의 끝을 나팔형으로 만들어 압축 접합시 사용하는 공구 3) 익스팬더(확관기) : 동관 끝을 넓히는 공구 4) 튜브커터 : 동관 절단용 공구 5) 리머 : 튜브커터로 동관 절단 후 내면에 생긴 거스러미를 제거하는 공구 6) 티뽑기 : 동관 직관에서 분기관을 만들 때 사용하는 공구

> **동관용 공구**
> 토치램프, 플레어링 툴, 익스팬더(확관기), 튜브커터, 리머, 티뽑기

01 예제문제

배관작업용 공구에 관한 설명으로 틀린 것은?

① 파이프 리머(Pipe Reamer) : 관을 파이프커터 등으로 절단한 후 관 단면의 안쪽에 생긴 거스러미(Burr)를 제거
② 플레어링 툴(Flaring Tools) : 동관을 압축이음하기 위하여 관 끝을 나팔모양으로 가공
③ 파이프 바이스(Pipe Vice) : 관을 절단하거나 나사이음 할 때 관이 움직이지 않도록 고정
④ 사이징 툴(Sizing tools) : 동일 지름의 관을 이음쇠 없이 납땜이음을 할 때 한쪽 관 끝을 소켓모양으로 가공

해설
사이징 툴은 동관의 관끝을 원형으로 교정하는 공구이며, 한쪽 관 끝을 소켓모양으로 가공하는 공구는 익스팬더이다.   답 ④

> **02 예제문제**
>
> 동관작업용 사이징 툴(Sizing Tool) 공구를 바르게 설명한 것은?
>
> ① 동관의 확관용 공구
> ② 동관의 끝부분을 원형으로 정형하는 공구
> ③ 동관의 끝을 나팔형으로 만드는 공구
> ④ 동관 절단 후 생긴 거스러미를 제거하는 공구
>
> **해설**
> 동관 공구 중 사이징 툴은 동관의 끝부분을 원형으로 만드는 공구이다.   답 ②

2 관종별 이음방법(강관 주철관)

분류	내용
강관 나사 이음	강관의 이음 방법에는 나사에 의한 방법, 용접에 의한 방법, 플랜지에 의한 방법 등이 있다. 1) 나사이음 : 배관에 수나사를 내어 부속 등과 같은 암나사와 결합하는 것으로 이때 테이퍼진 원뿔나사로 누수를 방지하고 기밀을 유지한다. 2) 직선 배관 절단 길이 계산 배관 도면에서의 치수는 관의 중심에서 중심까지를 mm 단위로 나타내는 것을 원칙으로 하며, 부속의 중심에서 단면까지의 중심 길이와 파이프의 유효나사길이, 또는 삽입 길이로 절단 길이를 구한다. 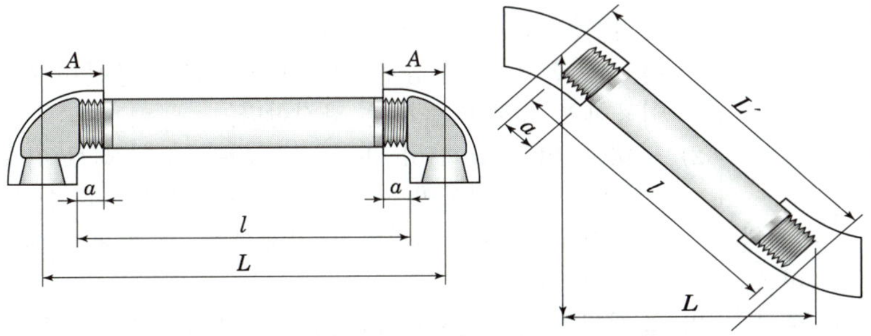 파이프의 실제(절단) 길이(ℓ) 산출 위 그림에서 도면상 배관길이가 (L) 인 경우 절단 길이(ℓ)은 $\ell = L - 2(A-a)$ 〈 A : 부속의 중심길이, a : 나사 삽입길이〉 3) 45° 관의 길이 산출 (파이프의 실제(절단)길이(ℓ) 산출) $\ell = L' - 2(A-a)$ 여기서, 45° 파이프 전체길이 $L' = \sqrt{2}\,L = 1.414L$ A : 부속의 중심길이, a : 나사 삽입길이

강관 이음법
나사이음, 용접이음, 플랜지 이음

제1장 배관재료 및 공작

강관 용접 이음	1) 용접이음 : 전기용접과 가스용접 두 가지가 있으며 가스용접은 용접속도가 전기용접보다 느리고 변형이 심하다. 전기용접은 용접봉을 전극으로 하고 아크를 발생시켜 그 열(약 6,000℃)로 순간에 모재와 용접봉을 녹여 용접하는 야금적 접합법이다. • 맞대기 용접 : 관 끝을 베벨가공 한 다음 관을 롤러작업대 또는 V블록 위에 올려놓고 접합부관 안지름과 관축이 일치되게 조정하여 회전시키면서 아래보기 자세로 용접한다. • 슬리브 용접 : 주로 특수 배관용 삽입 용접 시 이음쇠를 사용하여 이음하는 방법이다. 2) 용접이음의 특징 • 나사이음보다 이음부의 강도가 크고 누수의 우려가 적다. • 두께의 불균일한 부분이 없어 유체의 압력손실이 적다. • 부속사용으로 인한 돌기부가 없어 보온공사가 용이하다. • 배관 중량이 적고, 재료비 및 유지비, 보수비가 절약된다. • 작업의 공정수가 감소하고, 배관상의 공간효율이 좋다.
플랜지 이음	- 플랜지 이음 : 관의 보수, 점검을 위하여 관의 해체 및 교환을 필요로 하는 곳에 사용한다. • 관 끝에 용접이음 또는 나사이음을 하고, 양 플랜지 사이에 패킹(Packing)을 넣어 볼트로 결합한다. • 배관의 중간이나 밸브, 펌프, 열교환기 등의 각종 기기의 접속을 위해 많이 사용한다. • 플랜지에 따른 볼트 수는 15~40A : 4개, 50~125A : 8개, 150~250A : 12개, 300~400A : 16개가 소요된다.
주철관 이음 종류 특징	1) 소켓 이음(Hub-Type) : 허브이음이라고도 하며, 주로 건축물의 배수배관 지름이 작은 관에 많이 사용된다. 주철관의 소켓(Hub) 쪽에 삽입구(Spigot)를 넣어 맞춘 다음 마(얀)를 감고 다져 넣은 후 충분히 가열한 다음 용융된 납(연)을 한번에 충분히 부어 넣은 후 정을 이용하여 충분히 틈새를 코킹한다. 2) 노허브 이음(No Hub Joint) : 최근 소켓(허브)이음의 단점을 개량한 것으로 스테인리스 커플링과 고무링만으로 쉽게 이음할 수 있는 방법으로 시공이 간편하고 경제성이 커 현재 오배수관에 많이 사용하고 있다. 3) 플랜지 이음(Flange Joint) : 플랜지가 달린 주철관을 플랜지끼리 맞대고 그 사이에 패킹을 넣어 볼트와 너트로 이음한다. 4) 기계식 이음(Mechanical Joint) : 고무링을 압륜으로 죄어 볼트로 체결한 것으로 소켓이음과 플랜지이음의 특징을 채택한 것으로 주철관에서 주로 쓰이며 기계식 이음(메커니컬조인트)의 특징은 다음과 같다. • 고압에 잘 견디고 기밀성이 좋다. • 간단한 공구로 신속하게 이음이 되며 분해 조립이 가능하다. • 지진 기타 외압에 대하여 굽힘성이 풍부하므로 누수되지 않는다.

> **주철관 이음법**
> 소켓 이음 (Hub-Type), 노허브 이음 (No Hub Joint), 플랜지 이음, 기계식 이음(Mechanical Joint), 타이튼 이음, 빅토리 이음

5) 타이튼 이음(Tyton Joint) : 소켓 내부 홈은 고무링을 고정시키고 돌기부는 고무링이 있는 홈 속에 테이퍼지게 들어가 결합한다.
6) 빅토릭 이음(Victoric Joint) : 주철관의 끝에 홈을 내고 고무링과 가단 주철제의 칼라(Collar)를 죄어 이음하는 방법으로 배관내의 압력이 높아지면 더욱 밀착되어 누설을 방지한다.

03 예제문제

강관작업에서 아래 그림처럼 15A 나사용 90° 엘보 2개를 사용하여 길이가 200mm가 되게 연결작업을 하려고 한다. 이때 실제 15A 강관의 길이는 얼마인가? (단, a : 나사가 물리는 최소길이는 11mm, A : 이음쇠의 중심에서 단면까지의 길이는 27mm로 한다.)

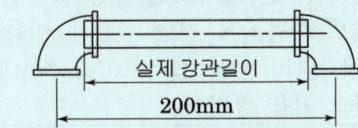

① 142mm
② 158mm
③ 168mm
④ 176mm

해설
도면상길이 L일 때, 절단 실제 길이 l은(a : 나사물리는 최소길이) 이음쇠의 중심에서 단면까지의 길이A 일 때 $l = L - 2(A-a) = 200 - 2(27-11) = 168\mathrm{mm}$

답 ③

3 관종별 이음방법(동관, STS등)

분류	내용
동관 이음	동관이음에는 납땜이음, 플레어이음, 플랜지(용접)이음 등이 있다. 1) 납땜 이음(Soldering Joint) : 확관된 관이나 부속 또는 스웨이징 작업을 한 동관을 끼워 모세관 현상에 의해 흡인되어 틈새 깊숙이 빨려드는 일종의 겹침이음이다. 연납과 경납이 있다. 2) 플레어 이음(압축이음, Flare Joint) : 동관 끝부분을 플레어 공구(Flaring Tool)로 나팔 모양으로 넓히고 압축이음쇠를 사용하여 체결하는 이음 방법으로 지름 20mm 이하의 동관에 이용하고 분해 조립이 필요한 장소나 기기를 연결할 때 이용된다. 3) 플랜지 이음(Flange Joint) : 관 끝에 플랜지를 연결하고 양쪽을 맞대어 패킹을 삽입한 후 볼트로 체결하는 방법이다.

> **동관 이음법**
> 납땜이음, 플레어이음, 플랜지(용접) 이음 등이 있다.

제1장 배관재료 및 공작

스테인리스강관 이음
나사이음, 용접이음, 플랜지 이음, 프레스이음(몰코이음, MR조인트)

연관 스테인리스 강관	1) 연(납)관 이음 연관의 이음 방법으로는 플라스턴 이음, 살올림 납땜이음, 용접이음 등이 있다. 2) 스테인리스강관 이음 스테인리스강관 이음은 강관 이음과 비슷하다. ① 나사이음 : 일반적으로 강관의 나사이음과 동일하다. ② 용접이음 : 용접방법에는 전기용접과 불활성가스인 아르곤 용접, TIG 용접법이 있다. ③ 플랜지 이음 : 배관의 끝에 플랜지를 맞대어 볼트와 너트로 조립한다. ④ 프레스이음 : 일반배관용 스테인리스 강관(SU배관)에서 이음쇠에 삽입하고 전용 압착공구를 사용하여 접합하는 프레스 이음에는 몰코이음, 완(One)조인트 등 다양한 방법이 있다. ⑤ MR조인트 이음쇠 : 청동 주물제 이음쇠 본체에 관을 삽입하고 동합금제 링(Ring)을 캡너트(Cap Nut)로 죄어 고정시켜 접속하는 프레스 이음 방법이다.
PVC관	경질염화비닐관(PVC관)이음법에는 1) 냉간이음 : 가열하지 않고 접착제를 발라 관 및 이음관의 표면을 녹여 붙여 이음하는 방법으로 작업이 간단하여 시간이 절약된다. 2) 열간이음 : 열간 접합을 할 때에는 열가소성, 복원성 및 융착성을 이용해서 접합한다. 3) 용접이음 : 염화비닐관을 용접으로 연결할 때에는 열풍용접기(Hot Jet Gun)를 사용하며 주로 대구경관의 분기접합, T접합 등에 사용한다.
PE관	폴리에틸렌관(PE관)은 테이퍼조인트 이음, 인서트 이음, 플랜지 이음, 테이퍼코어 플랜지이음, 융착 슬리브이음, 나사이음 등이 있으며 융착 슬리브 이음(버트 용접)은 관 끝의 바깥쪽과 이음부속의 안쪽을 동시에 가열, 용융하여 이음하는 방법으로 접합강도가 좋고 안전한 방법으로 가장 많이 사용된다.
흄관	1) 철근 콘크리트관(흄관)이음법에는 모르타르 접합과 칼라 이음, 소켓 이음, 수밀밴드 이음 등이 있다. 2) 석면 시멘트관(에터너트관)이음법에는 기볼트 접합, 칼라 이음, 심 플렉스 이음 등이 있다.

> **04 예제문제**
>
> 다음 중 폴리에틸렌관의 접합법이 아닌 것은?
>
> ① 나사접합 ② 인서트접합
> ③ 소켓접합 ④ 융착접합
>
> [해설]
> 폴리에틸렌관은 주로 냉간 나사접합, 인서트접합, 열간 융착접합을 사용하며 소켓접합은 주철관 접합에 주로 쓰인다. 답 ③

4 신축이음(Expansion Joint)

분류	내용
신축이음 설치목적	1) 설치목적 : 긴 배관에 있어 온도차에 의한 배관의 신축은 접합부나 기기의 접속부가 파손될 우려가 있어 이를 미연에 방지하기 위하여 신축을 흡수하는 신축이음을 배관 중에 설치한다. 2) 신축길이(배관 팽창 길이) ① 일반적으로 신축이음은 강관의 경우 직선 길이 30m당, 동관은 20m마다 1개씩 설치한다. ② 선팽창계수(강관 $\alpha = 1.2 \times 10^{-5}$ m/mK) ③ 배관 팽창 길이(ΔL) $\Delta L = L \times \alpha \times \Delta t$ 　L : 관의 길이(m)　Δt : 온도차(배관 운전 정지 시)
신축이음 종류 및 특징	1) 루프(Loop)형 신축이음 : 신축곡관이라고도 하며 강관 또는 동관 등을 루프(Loop)모양으로 구부려서 그 탄성에 의하여 신축을 흡수하는 것으로 특징은 다음과 같다. 　• 설치장소를 많이 차지하여 고온 고압의 옥외 배관에 설치한다. 　• 배관 신축에 따른 자체 응력이 발생한다. 　• 곡률반경은 관 지름의 6배 이상으로 한다. 2) 슬리브(미끄럼)형 신축이음 : 본체와 슬리브 파이프로 되어 있으며 관의 신축은 본체속의 슬리브관에 의해 흡수되며 그 사이에 패킹을 넣어 누설을 방지한다. 3) 벨로스(Bellows)형 신축이음 : 일반적으로 급수, 냉난방 배관에서 가장 많이 사용되는 신축이음으로 일명 팩리스(Packless) 신축이음이라고도 하며 인청동제 또는 스테인리스제의 벨로스를 주름잡아 신축을 흡수하는 형태의 신축이음이다. 그 특징은 　• 설치공간을 많이 차지하지 않으나 고압배관에는 부적당하다. 　• 신축에 따른 자체 응력 및 누설이 없으나 주름에 이물질이 쌓이면 부식의 우려가 있다.

신축이음 종류
루프(Loop)형, 미끄럼(Sleeve)형, 벨로스(Bellows)형, 스위블(Swivel)형, 볼조인트(Ball Joint)형, 플렉시블 이음(Flexible Joint)

4) 스위블(Swivel)형 신축이음 : 회전이음으로 불리며 2개 이상의 나사 엘보를 사용하여 이음부 나사의 회전과 벤딩으로 배관의 신축을 흡수하는 것으로 주로 온수 또는 저압의 증기난방 등의 방열기 주위배관용으로 사용된다.
5) 볼조인트(Ball Joint)형 신축이음 : 볼조인트는 평면상의 변위뿐만 아니라 입체적인 변위까지 흡수하므로 굴곡배관, 수직배관에서 수평배관 분기부, 회전 신축 등에 사용하며 설치공간이 적다.
6) 플렉시블 이음 (Flexible Joint) : 굴곡이 많은 곳이나 기기의 진동이 배관에 전달되지 않도록 하여 배관이나 기기의 파손을 방지할 목적으로 펌프 주변 배관에 주로 쓰인다.

05 예제문제

신축곡관이라고 통용되는 신축이음은?

① 스위블형　　　　　　　　② 벨로스형
③ 슬리브형　　　　　　　　④ 루프형

해설
신축이음 중 루프형은 신축곡관으로 불리며 배관 자신의 탄성을 이용하므로 응력이 생기나 고압의 옥외 배관에 널리 사용된다.　　　　　　　　　　　　　　　　　　　　**답 ④**

02 배관공작 핵심예상문제

본 핵심예상문제는 각단원별 출제빈도 높은 문제 및 최근 10년간의 기출문제 중 비중이 높은 출제유형이므로 꼭 풀어보고 가야할 문제입니다. 이후 실전예상문제를 공부하시면 효과적입니다.

[08년 2회, 06년 2회]
01 주철관 이음방법이 아닌 것은?

① 플라스턴 이음
② 빅토릭 이음
③ 타이튼 이음
④ 플랜지 이음

> 플라스턴 이음은 연관의 이음 방법이다.

[08년 1회]
02 배관이음에 있어서 나사이음에 비하여 용접이음의 이점이 아닌 것은?

① 이음부의 강도가 크고 누설의 우려가 적다.
② 이음부위의 관두께가 일정하여 유체의 저항손실이 적다.
③ 이음시간이 단축되며, 이음 재료비가 절약된다.
④ 돌기부는 없지만 배관상의 공간효율이 나쁘고 중량도 무겁다.

> 용접이음은 이음부가 돌기부가 없어서 공간효율이 좋고 중량도 가벼운 배관이음이다.

[15년 3회]
03 일반적으로 관의 지름이 크고 가끔 분해할 경우 사용되는 파이프 이음은?

① 플랜지 이음   ② 신축 이음
③ 용접 이음   ④ 턱걸이 이음

> 플랜지 이음은 최종 조립부나 분해가 필요한 곳에 적용하며 관경 50mm 이상에 적용하고, 50mm 이하는 유니언 이음을 적용할 수 있다.

[10년 3회, 06년 1회]
04 강관의 나사접합 시 주의사항으로 틀린 것은?

① 파이프 커터보다는 쇠톱으로 관을 절단하는 것이 좋다.
② 나사부의 길이는 필요 이상으로 길게 하지 않는다.
③ 나사 절삭 후 연결부속은 순서적으로 접합하며 필요 개소에 분해 가능한 유니온 등을 설치한다.
④ 연결부속을 나사부에 끼우기 전에 마를 충분히 감아 주는 게 좋다.

> 파이프 커터는 절단 시에 내경이 축소될 우려가 있고, 나사부에 패킹용으로 마(섬유질)를 감으면 변질의 우려가 있어 나사용 패킹은 테플론테이프나 페인트, 일산화연, 액상합성수지가 사용된다.

[10년 3회]
05 다음 중 동관 이음 방법의 종류가 아닌 것은?

① 빅토릭 이음   ② 플레어 이음
③ 용접 이음   ④ 납땜 이음

> 빅토릭 이음은 주로 주철관이나 강관의 무용접 이음법이다.

[09년 3회]
06 주철관 접합방법의 일종으로 소켓접합과 플랜지접합의 장점을 채택한 것으로 주로 150mm 이하의 수도관에 사용되며, 작업이 간단하고 다소의 굴곡에도 누수하지 않는 접합방법은?

① 기계적 접합(Mechanical Joint)
② 빅토릭 접합(Victoric Joint)
③ 플레어 접합(Flare Joint)
④ 타이튼 집합(Tyton Joint)

> 기계적 접합(메커니컬 조인트)은 소켓 접합을 플랜지 형식으로 접합한 주철관 접합법이다.

정답 01 ① 02 ④ 03 ① 04 ④ 05 ① 06 ①

제1장 배관재료 및 공작

[13년 2회, 09년 2회]

07 지름 20mm 이하의 동관을 이음할 때나 기계의 점검, 보수 등으로 관을 떼어내기 쉽게 하기 위한 동관의 이음 방법은?

① 슬리브 이음   ② 플레어 이음
③ 사이징 이음   ④ 플라스턴 이음

> 플레어 이음(압착이음)은 지름 20mm 이하의 동관을 플레어링 하여 나사식의 플레어 기구로 압착이음하는 기계식 이음법이다.

[23년 1회]

08 공조설비 동관 작업에서 분기관을 설치하고자 할 때 사용하는 공구로 적합한 것은?

① 플레어기구   ② 익스펜더
③ 티뽑기   ④ 사이징 툴

> 플레어기구 : 동관끝을 나팔 모양으로 확대하는 공구
> 익스펜더 : 동관 확관용 공구
> 티뽑기 : 분기관을 낼 때 사용
> 사이징 툴 : 동관 끝부분을 원형으로 가공

[06년 1회]

09 강관 공작용 공구가 아닌 것은?

① 나사절삭기
② 파이프 커터
③ 파이프 리머
④ 익스팬더

> 익스팬더는 동관의 확관용 공구로 소켓 부속 없이 동관을 직접 확관하여 삽입 이음하는 데 이용한다.

[13년 3회]

10 주철관의 소켓이음 시 코킹작업의 주목적으로 가장 적합한 것은?

① 누수방지   ② 경도증가
③ 인장강도 증가 ④ 내진성 증가

> 주철관의 소켓이음(허브이음)시 코킹작업은 얀과 납을 다짐 하는 것으로 주목적은 누수방지이다. 근래에는 노허브를 주로 사용하므로 코킹작업은 하지 않는 편이다.

[12년 2회]

11 동관용 공구에 대한 설명 중 틀린 것은?

① 튜브커터 : 동관 절단용
② 익스팬더 : 동관을 압축 접합용
③ 튜브벤더 : 동관 굽힘용
④ 사이징 툴 : 동관의 끝부분을 원형으로 성형

> 익스팬더는 동관 끝의 확관용 공구로 소켓 납땜이음을 할 수 있고 플레어링 툴 셋는 동관의 끝을 나팔형으로 만들어서 플레어링 압축이음을 할 수 있다. 익스팬더와 플레어링은 동관용 공구로 목적이 비슷하여 혼동하기 쉽다.

[10년 3회]

12 배관이 바닥이나 벽 등을 관통할 때는 슬리브를 사용하는데 그 이유로서 가장 적당한 것은?

① 방진을 위하여
② 신축흡수 및 수리를 용이하게 하기 위하여
③ 방식을 위하여
④ 수격작용을 방지하기 위하여

> 슬리브는 콘크리트 타설 시에 미리 덧관을 심어 놓고 여기에 배관을 통과 시키는 것으로 슬리브를 사용하는 목적은 신축흡수 및 수리를 용이하게 하고, 배관의 진동이 건물에 전달되지 않도록 하기 위함이다.

정답 07 ②   08 ③   09 ④   10 ①   11 ②   12 ②

[14년 1회]

13 호칭지름 25A인 강관을 반경 R = 150으로 90° 구부림 할 경우 곡선부의 길이는 약 몇 mm인가? (단, π는 3.14이다.)

① 118mm
② 236mm
③ 354mm
④ 547mm

> 곡선부의 길이(L)계산
> $L = 2\pi R \times \dfrac{\theta}{360} = 2 \times 3.14 \times 150 \times \dfrac{90}{360} = 236mm$

[07년 2회]

14 동관을 납땜이음으로 배관하다가 끝에 숫나사가 달린 수도꼭지를 설치하기 위하여 엘보를 사용하려고 한다. 여기에 사용되는 엘보의 기호로 올바른 것은?

① Ftg×C
② C×M
③ M×F
④ C×F

> 수나사가 달린 수도꼭지를 설치하려면 엘보의 말단은 암나사(F)라야 하고 한쪽은 본관에 납땜(C)하여야 하므로 엘보(C×F)를 사용한다.

정답 13 ② 14 ④

제1장 | 배관재료 및 공작

 배관제도

1 배관제도

(1) 제도 개요

1) 제도용지 규격 및 용도

규격	SIZE(mm)	주용도	비고
A0	841×1,189	기본, 실시 설계(FORMAT SIZE 클 때)	
A1	594×841	기본, 실시 설계(최종 납품용)	
A1S	594×1,189	기본, 실시 설계(경우에 따라 적용)	
A2	420×594	심의용(지역에 따라)	
A3(소판)	297×420	심의용, 허가용	

2) 치수기입법

① 치수표시

치수는 mm 단위로 하되 치수선에는 숫자만 기입한다.

강관의 호칭지름 (A : mm, B : inch)

② 높이표시

㉠ GL(Ground Level) 표시 : 지면의 높이를 기준으로 하여 높이를 표시한 것

㉡ FL(Floor Level) 표시 : 층의 바닥면을 기준으로 하여 높이를 표시한 것

㉢ EL(Elevation Line) 표시 : 관의 중심을 기준으로 높이를 표시한 것

㉣ TOP(Top Of Pipe) 표시 : 관의 윗면까지의 높이를 표시한 것

㉤ BOP(Bottom Of Pipe) 표시 : 관의 아랫면까지의 높이를 표시한 것

---

01 예제문제

호칭지름 20A의 강관을 곡률 반지름 200mm로 120℃의 각도로 구부릴 때 강관의 곡선길이는 약 몇 mm인가?

① 390　　② 405　　③ 419　　④ 487

해설

$$L = 2\pi R \times \frac{\theta}{360} = 2 \times 3.14 \times 200 \times \frac{120}{360} = 419\text{mm}$$

답 ③

3) 배관도면의 표시법

① 배관의 도시법

관은 하나의 실선으로 표시하며 동일 도면에서 다른 관을 표시할 때도 같은 굵기 선으로 표시함을 원칙으로 한다.

② 유체의 종류와 표시 기호

유체의 종류	공기	가스	유류	수증기	물
기호	A	G	O	S	W

③ 물질의 종류와 식별색

종류	식별색	종류	식별색
물	청색	산, 알칼리	회자색
증기	진한적색	기름	진한 황색
공기	백색	전기	엷은 황적색
가스	황색		

④ 관의 접속상태와 도시기호

접속상태	실제모양	도시기호	굽은상태	실제모양	도시기호
접속하지 않을 때		┼┼	파이프 A가 앞쪽 수직으로 구부러질 때(오는 엘보)		A─⊙
접속하고 있을 때		┼	파이프 B가 뒤쪽 수직으로 구부러질 때(가는 엘보)		B─○ B─┼○
분기하고 있을 때		┬	파이프 C가 뒤쪽으로 구부러져서 D에 접속될 때		C─○─D C─┼○─D

2 배관 설계도 종류

분류	특징
개요	설계도란 플랜트 등에서 기계 및 배관 등의 구조, 치수, 재료 등을 결정하고 시설을 배치하고 건설하는데 예정된 계획을 공학적으로 그린 도면으로 Plot Plan DWG., P&ID, Isometric DWG. 등의 도면이 있다.
배관도 종류	① 평면 배관도(Plane Drawing) : 배관 장치를 위에서 아래로 내려다 보고 그린 그림이다. ② 입면 배관도(Side View Drawing) : 배관 장치를 측면에서 보고 그린 그림이다.

③ 입체 배관도(Isometric Piping Drawing) : 입체공간을 X축, Y축, Z축으로 나누어 입체적인 형상을 평면에 나타낸 그림으로 일반적으로 Y축에는 수직배관을 수직선으로 그리고, 수평면에 존재하는 X축과 Z축을 120°로 만나게 선을 그어 그린 그림이다.

④ 부분조립도(Isometric Each Drawing)
입체(조립)도에서 발췌하여 상세히 그린 그림으로 각부의 치수와 높이를 기입하며, 플랜트 접속의 기계 및 배관 부품과 플랜지면 사이의 치수도 기입하는 것으로 스풀 드로잉(Spool Drawing)이라고도 한다.

⑤ 계통도(Flow Diagram)
입상관(立上管)이나 입하관(立下管) 등 수직관이 많아 평면도로서는 배관계통을 이해하기 힘들 경우관의 접속관계 등 계통을 쉽게 이해하기 위해 그린 그림이다.

⑥ 공정도(Block Diagram)
제작 공정과 제조의 상태를 표시한 도면으로 특히 제조 공정 등을 그린 도면을 플랜트 공정도라 한다.

⑦ 배치도(Plot Plan)
건물의 대지 및 도로와의 관계나 건물의 위치나 크기, 방위, 옥외 급배수관 계통 및 장치들의 위치 등을 나타낸다.

3 배관 도시기호와 부속류

분류	특징
배관 도시 기호	① 관 A가 지면에 대하여 직각으로 구부러져 앞으로 나온 상태 : ─A─┤● ② 관 A가 지면에 대하여 직각으로 뒤로 구부러진 상태 : ─A─┤○ ③ 나사 이음 : ──┼──　　⑩ 배수관 : ④ 플랜지형 이음 : ──┤├──　　⑪ 통기관 : ---------- ⑤ 암수형 이음 : ──)(──　　⑫ 막힘 플랜지 : ──┤│ ⑥ 유니언형 이음 : ──┤├──　　⑬ 캡 : ──⊐ ⑦ 신축 이음　　　　　　　　　⑭ 플러그 : ──◁ 　㉠ 슬리브형 : ─□─　　⑮ 급탕관 : ─┤─┤─ 　㉡ 벨로스형 : ─◇─　　⑯ 반탕관 : ─╫─╫─ 　㉢ 신축 곡관 : ─○─　　⑰ 바닥위 청소구 : ─⊕ 　㉣ 스위블 조인트 : ⋈　　⑱ 볼탭 : ──○ ⑧ 체크 밸브(역지 밸브) : ─⋈─　⑲ 샤워 : ⏇ ⑨ 급수관 : ─ ・ ─ ・ ─　　⑳ 송수구 : ⋎

배관 부속류	배관 연결 부속 기구와 설치목적
	① 엘보(엘보, 45° 엘보, 이경 엘보) : 배관을 방향 전환시킬 때
	② 티(이경티, 편심 이경 티) : 분기관을 낼 때
	③ 소켓(이경 소켓, 암수소켓, 편심 이경 소켓) : 배관을 직선 연결
	④ 니플(이경 니플) : 부속과 부속을 연결할 때
	⑤ 유니언, 플랜지 : 배관의 최종 조립시, 분해시 이용
	⑥ 플러그, 캡 : 배관 말단을 막을 때
	⑦ 리듀서(이경소켓) : 관경이 다른 두 관을 직선 연결
	⑧ 부싱(암수 이경 소켓) : 지름이 다른 배관과 부속을 연결

> **배관 연결 부속 기구**
> 1) 엘보(엘보, 45° 엘보, 이경 엘보) : 배관을 방향 전환시킬 때
> 2) 티(이경티, 편심 이경 티) : 분기관을 낼 때
> 3) 소켓(이경 소켓, 암수소켓, 편심 이경 소켓) : 배관을 직선 연결
> 4) 니플(이경 니플) : 부속과 부속을 연결할 때
> 5) 유니언, 플랜지 : 배관의 최종 조립시, 분해시 이용
> 6) 플러그, 캡 : 배관 말단을 막을 때
> 7) 리듀서(이경소켓) : 관경이 다른 두 관을 직선 연결
> 8) 부싱(암수 이경 소켓) : 지름이 다른 배관과 부속을 연결

02 예제문제

관이음 도시기호 중 유니언 이음은?

① —+— ② —‖—
③ —⊂— ④ —⫽—

[해설]
① : 나사이음 ② : 플랜지이음 ③ : 소켓이음 ④ : 유니언이음 **답 ④**

03 예제문제

배관 용접작업 중 다음과 같은 결함을 무엇이라고 하는가?

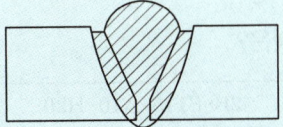

① 용입불량 ② 언더컷
③ 오버랩   ④ 피트

[해설]
그림과 같이 용접부위가 움푹 패인 결함은 언더컷이라 한다. **답 ②**

4 밸브류 도시기호

종 류	기 호	종 류	기 호
글로브밸브		일반조작밸브	
게이트(슬루스)밸브		전자밸브	Ⓢ
역지밸브(체크밸브)		전동밸브	Ⓜ
Y-여과기(Y-스트레이너)		도출밸브	
앵글밸브		공기빼기밸브	
안전밸브(스프링식)		닫혀있는 일반밸브	
안전밸브(추식)		닫혀있는 일반코크	
일반코크(볼밸브)		온도계·압력계	Ⓣ Ⓟ
버터플라이밸브(나비밸브)		감압밸브	
다이어프램밸브		봉함밸브	

04 예제문제

아래 관의 표시설명이 틀린 것은?

> 2B-S115-A10-H20

① S115-유체의 종류, 상태
② 2B-관의 길이
③ A10-배관계의 시방
④ H20-관의 외면에 실시하는 설비, 재료

[해설]
2B : 관의 호칭지름 (2인치=50A)

답 ②

05 예제문제

다음 그림과 같은 방열기 표시 중 "5"의 의미는?

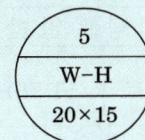

① 방열기의 섹션 수 ② 방열기 사용 압력
③ 방열기의 종별과 형 ④ 유입관의 관경

해설
5 : 방열기 섹션 수,   W-H : 벽걸이-수평형,   20×15(유입-유출관경)   답 ①

5 배관및 덕트 관련 도시기호(덕트)

기 호	명 칭	Description	Code
덕 트 일 반			
⊠ ⊠	급기 덕트	SUPPLY AIR DUCT SECTION	DD001
⊠ ⊠	환기 덕트	RETURN AIR DUCT SECTION	DD002
⊠ ⊠	배기 덕트	EXHAUST AIR DUCT SECTION	DD003
⊠ ⊠	외기 덕트	FRESH AIR DUCT SECTION	DD004
⊗	급기 덕트	SUPPLY AIR DUCT SECTION	DD005
⊘	환기 덕트	RETURN AIR DUCT SECTION	DD006
⊗	배기 덕트	EXHAUST AIR DUCT SECTION	DD007

6 배관 및 덕트 관련 도시기호(덕트부속류)

기 호	명 칭	Description	Code
덕 트 일 반			
	외기 덕트	FRESH AIR DUCT SECTION	DD008
-----SA-----	급기 덕트	SUPPLY AIR DUCT	DD009
-----RA-----	환기 덕트	RETURN AIR DUCT	DD010
-----EA-----	배기 덕트	EXHAUST AIR DUCT	DD011
-----OA-----	외기 덕트	FRESH AIR DUCT	DD012
	점검구	ACCESS DOOR	DD013
	덕트 슬리브	DUCT SLEEVE	DD014
	취출구	SUPPLY DIFFUSER	DD015
	흡입구	RETURN DIFFUSER	DD016
	노즐	NOZZLE DIFFUSER	DD017

기 호	명 칭	Description	Code
덕 트 부 속 류			
V.D	풍량 조절 댐퍼	VOLUME DAMPER	DF001
F.D	방화 댐퍼	FIRE DAMPER	DF002
F.V.D	풍량 조절 및 방화 댐퍼	FIRE VOLUME DAMPER	DF003
S.D	전자식 개폐 댐퍼	SOLENOID DAMPER	DF004
M.D	전동 풍량 조절 댐퍼	MOTORIZED VOLUME DAMPER	DF005

기 호	명 칭	Description	Code
덕트부속류			
B.D	역류 방지 댐퍼	BACK DRAFT DAMPER	DF006
	캔버스 이음	CANVAS DUCT CONNECTION	DF007
	플렉시블 덕트	FLEXIBLE DUCT	DF008
	원형 디퓨저	ROUND TYPE DIFFUSER	DF009
	각형 디퓨저	SQUARE TYPE DIFFUSER	DF010
	라인 디퓨저	LINE DIFFUSER	DF011
	레지스터 및 그릴	REGISTER OR GRILLE	DF012
	루버	LOUVER	DF013
V.A.V	가변 풍량 유닛	VARIABLE AIR VOLUME UNIT	DF014
C.A.V	정풍량 유닛	CONSTANT AIR VOLUME UNIT	DF015
	흡음 라이닝	ACOUSTICAL LINING	DF016
S.D	분할 덕트	SPLIT DUCT	DF017
	덕트의 분기	BRANCH SUPPLY OR RETURN	DF018
TV	터닝 베인	TURNING VANE	DF019

7 배관 및 덕트 관련 도시기호(덕트부속류)

기호	명 칭	Description	Code
덕 트 부 속 류			
	흡음 엘보	ACOUSTICAL ELBOW	DF020
	흡음 챔버	ACOUSTICAL CHAMBER	DF021
	챔버	DUCT CHAMBER FAN	DF022
덕 트 기 타			
	재열 코일	REHEATING COIL	DM001
SA	덕트 소음기	DUCT SOUND ATTENUATOR	DM002
→U	덕트의 오름	CHANGE OF ELEVATION (UP)	DM003
→D	덕트의 내림	CHANGE OF ELEVATION (DOWN)	DM004
▷	유체의 흐름 방향	DIRECTION OF FLOW	DM005

8 배관 및 덕트 관련 도시기호(공조배관)

기호	명 칭	Description	Code
공 조 배 관			
-/-/-/-SS-----	고압 증기 공급관	HIGH PRESSURE STEAM SUPPLY	PA001
-/-/-/-SR-----	고압 증기 환수관	HIGH PRESSURE STEAM RETURN	PA002
--/-/--SS-----	중압 증기 공급관	MEDIUM PRESSURE STEAM SUPPLY	PA003
--/-/--SR-----	중압 증기 환수관	MEDIUM PRESSURE STEAM RETURN	PA004
---/--SS-----	저압 증기 공급관	LOW PRESSURE STEAM SUPPLY	PA005
---/--SR-----	저압 증기 환수관	LOW PRESSURE STEAM RETURN	PA006
-----HTS-----	고온수 공급관	HIGH TEMPERATURE WATER SUPPLY	PA007
-----HTR-----	고온수 환수관	HIGH TEMPERATURE WATER RETURN	PA008
-----MTS-----	중온수 공급관	MEDIUM TEMPERATURE WATER SUPPLY	PA009

기 호	명 칭	Description	Code
공 조 배 관			
-----MTR-----	중온수 환수관	MEDIUM TEMPERATURE WATER RETURN	PA010
-----HS-----	온수 공급관	HOT WATER SUPPLY	PA011
-----HR-----	온수 환수관	HOT WATER RETURN	PA012
-----CHS-----	냉온수 공급관	HOT & CHILLED WATER SUPPLY	PA013
-----CHR-----	냉온수 환수관	HOT & CHILLED WATER RETURN	PA014
-----CS-----	냉수 공급관	CHILLED WATER SUPPLY	PA015
-----CR-----	냉수 환수관	CHILLED WATER RETURN	PA016
-----CWS-----	냉각수 공급관	CONDENSER WATER SUPPLY	PA017
-----CWR-----	냉각수 환수관	CONDENSER WATER RETURN	PA018
-----ED-----	장비 배수관	EQUIPMENT DRAIN	PA019

9 배관 및 덕트 관련 도시기호(공조기타배관)

기 호	명 칭	Description	Code
공 조 배 관			
----- E -----	팽창관	EXPANSION	PA020
-----RG-----	냉매 가스관	REFRIGERANT SUCTION	PA021
-----RL-----	냉매 액관	REFRIGERANT LOQUID	PA022
-----HPWS-----	열원수 공급관	HEAT PUMP WATER SUPPLY	PA023
-----HPWR-----	열원수 환수관	HEAT PUMP WATER RETURN	PA024
-----CD-----	응축 배수관	CONDENSATE DRAIN	PA025
-----DOS-----	경유 공급관	DIESEL OIL SUPPLY	PA026
-----DOR-----	경유 환유관	DIESEL OIL RETURN	PA027
-----DOV-----	경유 통기관	DIESEL OIL VENT	PA028
-----BOS-----	중유 공급관	BUNKER "C" OIL SUPPLY	PA029
-----BOR-----	중유 환수관	BUNKER "C" OIL RETURN	PA030
-----BOV-----	중유 통기관	BUNKER "C" OIL VENT	PA031
-----AV-----	통기관	AIR VENT	PA032
-----BFW-----	보일러 보급수관	BOILER FEED WATER	PA033
-----BS-----	브라인 공급관	BRINE SUPPLY	PA034
-----BR-----	브라인 환수관	BRINE RETURN	PA035
-----BBD-----	블로우 다운관	BOILER BLOW DOWN	PA036

10 배관 및 덕트 관련 도시기호(위생배관)

기 호	명 칭	Description	Code
위 생 배 관			
----- °ㅤ-----	급수관	DOMESTIC COLD WATER	PP001
----- °ㅤ° -----	급탕관	DOMESTIC HOT WATER SUPPLY	PP002
----- °ㅤ° ° -----	환탕관	DOMESTIC HOT WATER RETURN	PP003
----- + -----	정수관	WELL WATER	PP004
----- E -----	팽창관	EXPANSION	PP005
-----RW-----	중수관	RECYCLED WATER	PP006
-----IW-----	공업용수	INDUSTRIAL WATER	PP007
----- D -----	배수관	DRAIN	PP008
----- S -----	오수관	SOIL	PP009
----- V -----	통기관	VENT	PP010
-----DWS-----	음용수 공급관	DRINKING WATER SUPPLY	PP011
-----DWR-----	음용수 환수관	DRINKING WATER RETURN	PP012
-----KD-----	주방 배수관	KITCHEN DRAIN	PP013
-----PD-----	주차장 배수관	PARKING DRAIN	PP014
-----RD-----	우수 배수관	ROOF DRAIN	PP015
-----WD-----	폐수관	WASTE DRAIN	PP016
-----WV-----	폐수 통기관	WASTE VENT	PP017
-----P°-----	급수 양수관	PUMPING COLD WATER SUPPLY	PP018
-----P+-----	정수 양수관	PUMPING WELL WATER SUPPLY	PP019

11 배관 및 덕트 관련 도시기호(가스배관)

기 호	명 칭	Description	Code
배 관 기 타			
----- G -----	가스관	GAS	PM001
-----PG-----	프로판 가스	PETROLEUM GAS	PM002
-----O2-----	산소 공급관	OXYGEN	PM003
-----N2-----	질소 공급관	NITROGEN	PM004
-----N2O-----	마취 가스관	NITROUS OXIDE	PM005
-----CA-----	압축 공기	COMPRESSED AIR	PM006
-----VA-----	진공 배관	VACUUM	PM007
-----AW-----	산배수관	ACID WASTE	PM008

03 배관제도 핵심예상문제

본 핵심예상문제는 각단원별 출제빈도 높은 문제 및 최근 10년간의 기출문제 중 비중이 높은 출제유형이므로 꼭 풀어보고 가야할 문제 입니다. 이후 실전예상문제를 공부하시면 효과적입니다.

[07년 2회, 06년 1회]

01 냉동용 그림기호  는 무슨 밸브인가?

① 체크 밸브
② 글로브 밸브
③ 슬루스 밸브
④ 앵글 밸브

 : 체크 밸브

[10년 2회, 07년 3회]

02 스케줄 번호(Sch, No)에 의해 관의 살 두께를 나타내는 강관이 아닌 것은?

① 배관용 탄소강관(SPP)
② 압력배관용 탄소강관(SPPS)
③ 고압배관용 탄소강관(SPPH)
④ 고온배관용 탄소강관(SPHT)

배관용 탄소강관은 사용압력이 $1MPa$ 이하로 비교적 낮아서 스케줄 번호로 관두께를 나타내지 않는다.

[11년 3회]

03 배관용 탄소강 강관의 기호는?

① SPP
② SPA
③ SPPH
④ STBH

SPP : 배관용 탄소강 강관
SPA : 배관용 합금강 강관
SPPH : 고압배관용 탄소강 강관
STBH : 보일러 열 교환기용 합금강 강관

[09년 3회, 07년 3회, 06년 2회]

04 냉동용 그림 기호 중 게이트 밸브를 표시한 것은?

① ─▶●◀─
② ─▶⋛◀─
③ ─▶◁─
④ ─▶●◀─

① ─▶●◀─ 글로브밸브
② ─▶⋛◀─ 안전밸브(스프링식)
③ ─▶◁─ 게이트 밸브
④ ─▶●◀─ 버터플라이밸브

[08년 2회]

05 다음 중 배관의 이음에 있어서 플랜지형 기호는?

① ─┼─
② ─╫─
③ ─⌒─
④ ─╫╫─

① : 일반나사 이음   ② : 플랜지 이음
③ : 턱걸이(소켓) 이음   ④ : 유니온 이음

[14년 1회]

06 관의 결합방식 표시방법 중 용접식 기호로 옳은 것은?

① ─┼─
② ─╫─
③ ─●─
④ ─╫╫─

① : 플랜지   ② : 턱걸이(소켓)
③ : 용접   ④ : 나사용

정답 01 ① 02 ① 03 ① 04 ③ 05 ② 06 ③

[06년 2회]

07 다음의 배관 도시기호 중 앵글 밸브를 나타낸 것은?

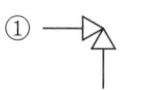

① : 앵글 밸브   ② : 안전밸브(추식)
③ : 감압밸브   ④ : 역지밸브

[23년 2회]

08 다음 중 엘보를 용접이음으로 나타낸 기호는?

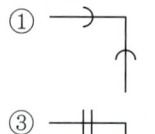

① : 소켓, ③ : 플랜지, ④ : 용접

[13년 2회]

09 다이어프램 밸브의 KS 그림기호로 맞는 것은?

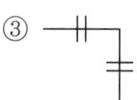 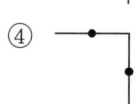

① : 다이어프램 밸브
② : 글로브 밸브
③ : 체크 밸브
④ : 앵글 밸브

[11년 1회]

10 그림과 같이 호칭 지름이 표시될 때 강관 이음쇠의 규격을 바르게 표시한 것은? (단, 그림의 부속은 티(Tee)이다.)

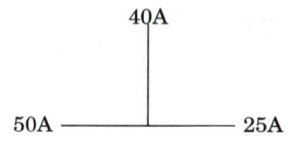

① 50×40×25
② 40×50×25
③ 50×25×40
④ 25×40×50

티 규격 표시법은 수평방향 규격을 큰 순서부터 먼저 표기하고 분기관(수직) 규격을 표기한다.
수평방향 50과 25중에 50이 크므로 (50×25×40)로 표기한다.

[07년 1회]

11 온도 350℃ 이하, 압력 10MPa 이상의 고압관에 사용되며 관의 치수 표시는 호칭지름 × 호칭두께로 나타내는 것은?

① SPP   ② SPPW
③ SPPS   ④ SPPH

SPPH(Steel Pipes for High Pressure)
압력 10MPa이상 고압배관용, 온도 350℃ 이하용

정답 07 ① 08 ④ 09 ① 10 ③ 11 ④

[06년 1회]

12 그림과 같은 크로스의 치수를 옳게 표기한 것은?

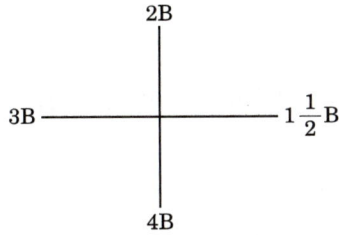

① $4B \times 3B \times 2B \times 1\frac{1}{2}B$

② $4B \times 2B \times 1\frac{1}{2}B \times 3B$

③ $4B \times 2B \times 3B \times 1\frac{1}{2}B$

④ $4B \times 3B \times 1\frac{1}{2} \times 2B$

크로스의 치수 표시는 가장 큰 관부터 수평방향을 표기한 후 다른 쪽 큰 관부터 표기한다.
$4B \times 2B \times 3B \times 1\frac{1}{2}B$로 표시한다.

[22년 1회]

13 다음 평면도와 같이 엘보를 이용하여 배관(20A)을 구성하고자 할 때 실제 소요되는 배관길이 A,B를 각각 구하시오 (단, 엘보에 삽입되는 배관길이는 10mm이고, 엘보 중심에서 단면까지 길이는 25mm이다.)

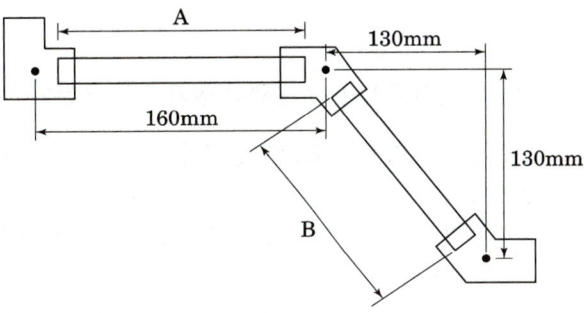

① A : 123mm,　B : 145mm
② A : 130mm,　B : 183.8mm
③ A : 130mm,　B : 153.8mm
④ A : 153mm,　B : 165.6mm

A를 구하기위해 엘보 중심에서 배관끝단 까지길이는
25−10=15mm
그러므로 배관길이는 A=160−(2×15)=130mm
B를 구하기위해 엘보 중심에서 중심까지 길이는
$\sqrt{2} \times 130 = 183.8$mm
배관끝단 까지길이는 25−10=15mm
그러므로 배관길이는 B=183.8−(2×15)=153.8mm

정답 12 ③　13 ③

제1장 배관재료 및 공작 실전예상문제

> 본 실전예상문제는 각장 핵심예상문제에서 다루지 못한 실무적이고 난이도가 높은 문제들로 핵심예상문제를 보충해 주는 문제입니다. 핵심예상문제를 충분히 공부한 후 실전예상문제를 공부하면 효과적입니다.

1 배관재료

[07년 1회]
01 다음의 관재료에 관한 설명이 옳지 않은 것은?

① 동관 – 탄산가스를 포함한 공기 중에서는 푸른 녹이 생긴다.
② 스테인리스강관 – 저온 충격성이 크고 한랭지 배관이 가능하다.
③ 연관 – 해수나 천연수에도 관 표면에 불활성 탄산연막을 만들어 부식을 방지한다.
④ 알루미늄관 – 해수, 가성소다, 염산 등 알칼리에 강하다.

> 알루미늄관은 해수, 가성소다, 염산 등에 약하다.

[12년 1회, 06년 1회]
02 주철관의 용도로 적합하지 않은 것은?

① 수도용　② 가스용
③ 배수용　④ 냉매용

> 주철관의 용도는 수도용, 배수용, 가스용에 쓰이며 냉매용으로는 부적합하다.

[12년 1회, 07년 2회]
03 스케줄 번호에 의해 두께를 나타내는 관이 아닌 것은?

① 수도용 아연도금 강관
② 압력배관용 탄소강관
③ 고압 배관용 탄소강관
④ 배관용 합금강관

> 수도용 아연도금 강관(SPPW)은 정수두 100m 이하 급수배관용에 사용하며 스케줄 번호로 두께를 표기하지 않는다.

[13년 2회]
04 강관을 재질상으로 분류한 것이 아닌 것은?

① 탄소 강관
② 합금 강관
③ 스테인리스 강관
④ 전기용접 강관

> 전기용접 강관은 제조방법에 따른 분류에 해당한다.

[10년 1회]
05 고압배관용 탄소강의 사용온도와 사용압력은 얼마인가?

① 350℃ 이상, 10MPa 이상
② 350℃ 이하, 10MPa 이상
③ 100℃ 이상, 10MPa 이상
④ 100℃ 이하, 10MPa 이상

> 고압배관용 탄소강관(SPPH)은 압력 10MPa(1000mAq) 이상, 사용온도 350℃ 이하에 적합하다.

[11년 3회]
06 압력배관용 탄소강관(SPPS)의 최대 사용압력은 얼마인가?

① 4.5MPa　② 1.0MPa
③ 6.5MPa　④ 10MPa

> 압력배관용 탄소강관(SPPS) 최대 사용압력은 1~10MPa이다.

[09년 2회]
07 다음 동관 중 가장 높은 압력에서 사용되는 것은?

① K형　② L형
③ M형　④ N형

> 동관의 표준치수(두께)는 K > L > M형 순이다.

정답 01 ④　02 ④　03 ①　04 ④　05 ②　06 ④　07 ①

[09년 1회]
08 동 및 동합금관의 특징이 아닌 것은?

① 전성과 연성이 풍부하여 가공이 용이하다.
② 전기 및 열의 전도율이 좋다.
③ 내식성이 뛰어나며, 열교환기, 급수관으로 널리 사용된다.
④ 담수에는 내식성이 작으나 연수에는 크나 연수에는 부식된다.

> 동관은 담수에는 내식성이 크나 연수에는 부식되기 쉽다.

[10년 2회]
09 다음 중 열전도율이 가장 큰 관은?

① 강관　　　　② 알루미늄관
③ 동관　　　　④ 연관

> 동관 열전도율은 400W/mK로 강관 80W/mK 보다 크다.
> 금속의 열전도율 순서는 은(429) > 구리(동400) > 금(318) > 알루미늄(237) > 강관(80) > 납(35) > STS(12~45)순이다.

[14년 3회]
10 경질염화비닐관의 특징 중 틀린 것은?

① 내열성이 좋다.　　② 전기절연성이 크다
③ 가공이 용이하다.　　④ 열팽창률이 크다.

> 경질염화비닐관(PVC)은 저온이나 고온에서 강도가 약하며, 내열성이 나쁘다.

[12년 2회, 06년 2회]
11 경질염화비닐관의 특성으로 옳지 못한 것은?

① 급탕관, 증기관으로 사용되는 것은 적합하지 않다.
② 다른 배관에 비해 관내 마찰손실이 커서 불리하다.
③ 온도의 상승에 따라 인장강도는 떨어진다.
④ 열팽창률이 커서 철의 7~8배가 된다.

> 경질염화비닐관은 매끄럽고 스케일형성이 적어 관내 마찰손실이 적은 편이다.

[14년 2회]
12 폴리부틸렌관 이음(polybutylene Pipe Joint)에 대한 설명으로 틀린 것은?

① 강한 충격, 강도 등에 대한 저항성이 크다.
② 온돌난방, 급수위생, 농업원예배관 등에 사용된다.
③ 가볍고 화학작용에 대한 우수한 내식성을 가지고 있다.
④ 에이콘 파이프의 사용가능 온도는 10℃~70℃로 내한성과 내열성이 약하다.

> 폴리부틸렌관(에이콘 파이프)은 내한성, 내열성에 강하여 급수, 급탕, 난방용에 주로 사용된다.

[12년 3회, 07년 1회]
13 연관의 장점이 아닌 것은?

① 가공성이 좋다.
② 신축성이 풍부하다.
③ 중량이 가벼우며 충격에 강하다.
④ 산에는 강하지만 알칼리성에는 약하다.

> 연관(납관)은 중량이 무거우며 충격에 약하다.

[10년 3회]
14 배관재료를 선정할 때 고려해야 할 사항으로 가장 관계가 적은 것은?

① 사용압력　　② 유체의 온도
③ 부식성　　　④ 유체의 비열

> 유체의 비열과 배관재료는 직접적인 관계가 없다.

정답 08 ④　09 ③　10 ①　11 ②　12 ④　13 ③　14 ④

제1장 배관재료 및 공작

[14년 1회]
15 흄(Hume)관이라고도 하는 관은?

① 주철관　　　② 경질염화비닐관
③ 폴리에틸렌관　④ 원심력 철근콘크리트관

> 흄관은 원심력 철근콘크리트관을 말하며 상하수도, 배수로용으로 이용된다.

[13년 2회]
16 다음은 한랭지에서의 배관요령이다. 틀린 것은?

① 동결할 위험이 있는 장소에서의 배관은 가능한 피한다.
② 동결이 염려되는 배관에는 물 빼기 장치를 수전 가까이 설치한다.
③ 물 빼기 장치 이후 배관은 상향구배로 하여 물 빼기가 용이하게 한다.
④ 한랭지에서의 배관은 외벽에 매입한다.

> 한랭지의 배관은 내벽에 매입하고 보온을 철저히 한다.

[10년 1회]
17 역류방지용으로 사용되는 밸브의 종류가 아닌 것은?

① 리프트형 체크밸브　② 더블디스크형 체크밸브
③ 해머리스형 체크밸브　④ 풋형 체크밸브

> 역류방지용 밸브에 스윙형, 리프트형, 해머리스형, 풋형, 스프링형 등이 있다.

[13년 2회, 07년 3회]
18 다음 중 체크밸브의 종류가 아닌 것은?

① 스윙형 체크밸브　② 해머리스형 밸브
③ 리프트형 체크밸브　④ 플랩형 체크밸브

> 체크밸브(역류 방지 밸브)에 스윙형, 리프트형, 해머리스형, 풋형, 스프링형 등이 있으며 플랩형은 없다.

[14년 3회, 07년 3회]
19 배관 신축이음의 종류로 가장 거리가 먼 것은?

① 빅토릭 조인트 신축이음
② 슬리브 신축이음
③ 스위블 신축이음
④ 루프형 밴드 신축이음

> 빅토릭 접합(Victoric Joint)은 주철관의 가용성 접합이며 신축 기능은 없다.

[15년 2회, 07년 3회]
20 밸브의 일반적인 기능으로 가장 거리가 먼 것은?

① 관내 유량 조절 가능
② 관내 유체의 유동 방향 전환 가능
③ 관내 유체의 온도 조절 가능
④ 관내 유체 유동의 개폐 가능

> 밸브와 관내 유체의 온도 조절은 관계가 없다.

[07년 1회]
21 다음 중 밸브를 설치하지 않는 관은?

① 급수관　　② 드레인관
③ 통기관　　④ 급탕관

> 통기관은 밸브를 설치하지 않는다.

[14년 3회, 06년 3회]
22 밸브의 종류 중 콕(Cock)에 관한 설명으로 틀린 것은?

① 콕의 종류에는 대표적으로 글랜드 콕과 메인 콕이 있다.
② 0～90℃ 회전시켜 유량조절이 가능하다.
③ 유체저항이 크며, 개폐 시 힘이 드는 단점이 있다.
④ 콕은 흐르는 방향을 2방향, 3방향, 4방향으로 바꿀 수 있는 분배 밸브로 적합하다.

정답 15 ④　16 ④　17 ②　18 ④　19 ①　20 ③　21 ③　22 ③

콕은 유체의 저항이 적고, 개폐 시 힘이 적게 든다. 가스 중간밸브 형태이다.

[07년 3회]
23 구조가 간단하고 개폐가 빠르며 유체의 저항이 적은 밸브는?

① 앵글밸브　　② 체크 밸브
③ 글로브 밸브　④ 콕

콕은 구조가 간단하고 90도 회전으로 개폐가 빠르며 유체의 저항이 적다.

[07년 3회]
24 구조상 유량조절과 흐름의 개폐용으로 사용되며, 흔히 스톱 밸브라고 하는 것은?

① 콕(Cock)
② 앵글 밸브(Angle Valve)
③ 안전 밸브(Safety Valve)
④ 글로브 밸브(Glove Valve)

글로브 밸브는 유량조절이 가능하고 일명 스톱 밸브라 한다. 완전히 열어도 저항은 크다.

[07년 2회]
25 게이트 밸브(G.V)라고도 하며 유체 흐름의 개폐용으로 사용되는 대표적인 밸브는?

① 다이어프램 밸브
② 콕
③ 글로브 밸브
④ 슬루스 밸브

슬루스 밸브는 게이트 밸브이다.

[07년 2회]
26 회전운동을 링크 기구에 의한 왕복운동으로 바꾸어서 제어 밸브를 개폐하는 밸브는?

① 전자밸브　　② 전동 밸브
③ 감압 밸브　　④ 체크 밸브

전동 밸브는 회전운동을 링크기구에 의한 왕복운동으로 바꾸어서 제어 밸브를 개폐한다.

[15년 2회]
27 난방, 급탕, 급수배관의 높은 곳에 설치되어 공기를 제거하여 유체의 흐름을 원활하게 하는 것은?

① 안전밸브　　② 에어벤트밸브
③ 팽창밸브　　④ 스톱밸브

에어벤트는 공기가 발생하는 배관의 최상부에 설치한 후 발생되는 공기를 제거하여 유체의 흐름을 원활하게 한다.

[14년 3회]
28 바이패스 관의 설치장소로 적절하지 않은 곳은?

① 증기배관　　② 감압밸브
③ 온도조절밸브　④ 인젝터

바이패스 관은 조절밸브류(감압변, 온도조절변, 증기트랩, 2방변, 3방변 등)가 고장 시 바이패스 시키면서 분해 수리하기 위한 배관으로 인젝터에는 사용하지 않는다.

[14년 2회]
29 관경이 다른 강관을 직선으로 연결할 때 사용되는 배관 부속품은?

① 티　　　　② 리듀서
③ 소켓　　　④ 니플

리듀서는 관경이 다른 관과 관을 연결하며 니플은 관경이 다른 부속과 부속을 연결한다.

정답 23 ④ 24 ④ 25 ④ 26 ② 27 ② 28 ④ 29 ②

제1장 배관재료 및 공작

[15년 3회, 06년 1회]

30 배관 부속 중 분기관을 낼 때 사용되는 것은?

① 벤드 ② 엘보
③ 티 ④ 유니온

> 티는 분기관을 낼 때 사용하는 부속이다.

[23년 1회]

31 배관의 방향을 바꾸는데 적합한 부속류는 무엇인가?

① 게이트밸브 ② 엘보
③ 티이 ④ 리듀서

> 배관에서 엘보는 45도 90도 방향 전환용이며, 티이는 분기용, 리듀서는 이경관 접속용 부속이다.

[11년 1회]

32 다음 중 스트레이너에 관한 설명으로 틀린 것은?

① 관내 유체 속의 토사 또는 칩 등의 불순물을 제거한다.
② 종류로는 Y형, U형, V형이 있다.
③ 스트레이너는 중요한 기기의 뒤쪽에 장착한다.
④ 스트레이너는 유체흐름의 방향에 따라 장착해야 한다.

> 스트레이너는 관 내 유체의 이물질을 제거하여 밸브, 펌프 등을 보호하기 때문에 대상 기기의 앞쪽에 설치한다.

[23년 2회]

33 증기 및 물배관 등에서 조절밸브나 펌프 유입측에 설치하여 찌꺼기를 제거하여 기기를 보호하는 부속품은?

① 유니온 ② P트랩
③ 부싱 ④ 스트레이너

> 스트레이너는 이물질을 제거하여 펌프 임펠러를 보호하고 조절밸브 작동을 돕는다. 형식에 Y형, U형, T형이 있다.

[13년 1회]

34 배관 재료에서 열응력 요인이 아닌 것은?

① 열팽창에 의한 응력
② 열간가공에 의한 응력
③ 용접에 의한 응력
④ 안전밸브의 분출에 의한 응력

> 안전밸브의 분출은 열응력과는 관계가 없으며 진동과 소음을 발생시킨다.

[12년 3회]

35 나사용 배관에 사용되는 패킹은?

① 몰드패킹 ② 일산화연
③ 고무패킹 ④ 아마존패킹

> 나사용 패킹에는 일산화연이나, 테플론테이프를 사용하고, 몰드패킹은 밸브류 등에, 고무패킹은 플랜지 등에 사용한다.

[15년 2회]

36 일반적으로 루프형 신축이음의 굽힘 반경은 사용관경의 몇 배 이상으로 하는가?

① 1배 ② 3배
③ 4배 ④ 6배

> 루프형 신축이음의 굽힘 반경은 관경의 6배 이상으로 한다.

[15년 2회]

37 배관이 바닥 또는 벽을 관통할 때 슬리브(Sleeve)를 사용하는데 그 이유로 가장 적당한 것은?

① 방진을 위하여
② 신축흡수 및 수리를 용이하게 하기 위하여
③ 방식을 위하여
④ 수격작용을 방지하기 위하여

> 바닥이나 벽을 관통할 때 슬리브를 사용하는 이유는 배관의 신축이 벽체에 응력을 주지 않고 수리 시 배관 교체를 용이하게 하기 위함이다.

 정답 30 ③ 31 ② 32 ③ 33 ④ 34 ④ 35 ② 36 ④ 37 ②

[08년 3회, 07년 1회]

38 허용응력이 350MPa이고, 사용압력이 7MPa인 강관의 스케줄 번호(Schedule Number)는?

① 20 ② 35
③ 70 ④ 105

스케줄 번호(Sch) = $1000 \times \dfrac{p}{s} = 1000 \times \dfrac{70}{350} = 20$

[13년 3회, 07년 3회]

39 다음 중 열을 잘 반사하고 확산하므로 난방용 방열기 표면 등의 도장용으로 사용되는 도료는?

① 광명단 ② 산화철
③ 합성수지 ④ 알루미늄

알루미늄 도료는 열을 잘 반사하여 방열기 표면의 도장용으로 사용된다.

[09년 1회]

40 다음 중 녹방지용 도료로서 방청효과가 가장 적은 것은?

① 광명단 도료 ② 에폭시 수지 도료
③ 석면각형 패킹 ④ 알루미늄 도료

방청효과는 광명단 도료가 우수하고, 석면각형 패킹은 누설 방지용 패킹재이며 방청 도료가 아니다.

[14년 1회]

41 나사용 패킹으로 냉매배관에 많이 사용되며 빨리 굳는 성질을 가진 것은?

① 일산화 연 ② 페인트
③ 석면 각형 패킹 ④ 아마존 패킹

페인트에 소량의 일산화연을 섞어서 사용하면 나사용 패킹으로 우수하다.

[08년 2회]

42 배관용 패킹재료를 선택할 때 고려해야 할 사항으로 옳지 않은 것은?

① 탄력 ② 진동의 유무
③ 유체의 압력 ④ 재료의 부식성

패킹재료 선택 시 고려사항은 진동의 유무, 유체의 압력, 온도, 재료의 부식성 등이다.

[15년 2회, 06년 2회]

43 탄성이 크고 엷은 산이나 알칼리에는 침해되지 않으나 열이나 기름에 약하며 급수, 배수, 공기 등의 배관에 쓰이는 패킹은?

① 고무 패킹 ② 금속 패킹
③ 글랜드 패킹 ④ 액상 합성수지

천연고무 패킹은 기름이나 100℃ 이상의 고온배관에서는 부적당하나 신축성이 좋아서 급수나 배수, 공기의 밀폐용에 주로 쓰인다.

[06년 3회]

44 다음 중 배관 침식에 영향을 크게 미치지 않는 것은?

① 수속 ② 사용시간
③ 배관계의 소음 ④ 물속의 부유물질

배관계의 소음은 배관 침식과는 연관성이 없다.

[07년 1회]

45 고정된 배관 지지부 간의 거리가 10m라 할 때 만일 온도가 현재보다 150℃ 상승한다면 몇 mm나 팽창되겠는가? (단, 금속배관 재료의 열팽창률은 6×10^{-6}/℃이다.)

① 9 ② 60
③ 90 ④ 900

신축량 = $L \times a \times \Delta t = 10m \times 6 \times 10^{-6} \times 150 = 0.009m = 9mm$

정답 38 ① 39 ④ 40 ③ 41 ① 42 ① 43 ① 44 ③ 45 ①

[08년 2회]

46 지름 40mm인 파이프에 매분 1.2m³의 물을 공급하려고 한다. 물의 속도(m/sec)를 약 얼마로 해야 하는가?

① 8.7 ② 12.4
③ 15.9 ④ 17.6

$Q=Av$에서 $v=\dfrac{Q}{A}=\dfrac{1.2}{60\left(\dfrac{\pi\times 0.04^2}{4}\right)}=15.9\,m/s$

[09년 2회, 07년 1회]

47 배관의 지지 목적이 아닌 것은?

① 배관계의 중량의 지지
② 진동에 의한 지지
③ 열에 의한 신축의 제한지지
④ 부식과 보온 지지

배관의 지지 목적은 중량과 진동, 신축에 대응하는 것으로 부식은 관계가 없다.

[08년 2회]

48 배관지지에 대한 설명이 옳지 않은 것은?

① 배관의 외관 보호를 위해 지지한다.
② 진동 충격에 대해 지지한다.
③ 열팽창에 의한 배관계를 지지한다.
④ 배관계의 중량을 지지한다.

배관지지는 배관의 진동 충격과 직접적인 관계가 없다.

[09년 3회]

49 배관지지의 구조와 위치를 정하는 데 있어서 고려해야 할 사항 중 중요한 것은?

① 중량과 지지간격 ② 유속 및 온도
③ 압력과 유속   ④ 배출구

배관지지의 구조와 위치 결정시 중요한 고려사항은 배관 중량과 지지간격이다.

[08년 1회]

50 배관의 지지 간격 결정조건에 포함되지 않는 사항은?

① 관경의 대소
② 수압시험 압력
③ 보온 및 보냉의 유무
④ 유체의 흐름에 따른 진동

수압시험 압력과 배관의 지지 간격 결정과는 관계가 없다.

[09년 3회]

51 다음 그림은 배관의 지지에 필요한 쇠붙이인데 그 명칭은?

① 파이프 행거 ② U형 볼트
③ 아이너트   ④ 새들 밴드

그림의 배관지지 철물은 새들 밴드로 배관을 고정하며 U형 볼트와 기능이 비슷하다.

[13년 3회]

52 배관지지장치에서 수직방향 변위가 없는 곳에 사용되는 행거는 어느 것인가?

① 리지드 행거 ② 콘스턴트 행거
③ 가이드 행거 ④ 스프링 행거

리지드 행거는 수직방향 변위가 없는 곳에 사용되는 행거로 턴버클로 고정하며, 스프링행거는 턴버클대신 스프링을 사용하며, 콘스턴트행거는 배관의 수직방향 변위가 있는곳에서 상하이동에 관계없이 관지지력이 일정한 것으로 중추식과 스프링식이 있다.

정답 46 ③ 47 ④ 48 ② 49 ① 50 ② 51 ④ 52 ①

[11년 1회]

53 빔(Beam)에 턴버클을 연결하여 파이프 아래 부분을 받쳐 달아 올리는 것으로 수직 방향의 변위가 없는 곳에 사용되는 것은?

① 리스트레인트
② 리지드 행거
③ 스프링 행거
④ 콘스턴트 행거

> 리지드 행거는 빔에 턴버클을 연결하여 파이프 아래를 받쳐 달아 매는 것으로 수직 방향의 변위가 없는 곳에 주로 사용된다.

[13년 1회]

54 배관지지 금속 중 레스트레인트(Restraint)에 속하지 않는 것은?

① 행거
② 앵커
③ 스토퍼
④ 가이드

> 레스트레인트란 배관을 구속하거나 제한하는 것으로 앵커, 스토퍼, 가이드 등이다.

[11년 3회]

55 배관진동의 원인으로 거리가 먼 것은?

① 펌프 및 압축기 등의 작동 불균형
② 유체의 열팽창
③ 펌프의 서징
④ 수격작용

> 유체의 열팽창은 진동의 원인은 아니다.

[14년 2회]

56 관경 50A 동관(L-type)의 관 지지간격에서 수평주관인 경우 행거 지름(mm)과 지지간격(m)으로 적당한 것은?

① 지름 : 9mm, 간격 : 1.0m 이내
② 지름 : 9mm, 간격 : 1.5m 이내
③ 지름 : 9mm, 간격 : 2.0m 이내
④ 지름 : 13mm, 간격 : 2.5m 이내

강관 지지간격

호칭지름(A)	20 이하	25~40	50~80	100~150	200 이상
최대간격(m)	1.8	2.0	3.0	4.0	5.0

동관 지지간격

호칭지름(A)	20 이하	25~40	50	65~80	100 이상
최대간격(m)	1.0	1.5	2.0	2.5	3.0

[15년 1회]

57 배관에서 보온재 선택 시 고려할 사항으로 가장 거리가 먼 것은?

① 안전 사용 온도 범위
② 열전도율
③ 내용연수
④ 운반비용

> 운반비용은 보온재 선택 시 고려사항과 거리가 멀다.

[08년 1회]

58 보온재의 구비조건이 아닌 것은?

① 열전도도가 작고 방습성이 클 것
② 인화성이 우수할 것
③ 내압강도가 클 것
④ 사용온도가 범위가 클 것

> 인화성이란 불이 잘 붙는 것을 말하는데 보온재(유기질, 무기질)는 인화성이 적어야한다.

[08년 2회]

59 보온재의 구비조건으로 틀린 것은?

① 내구성과 내식성이 클 것
② 안전 사용온도 범위에 적합할 것
③ 열전도율이 크고 가벼울 것
④ 흡습성이 작고 시공이 용이할 것

정답 53 ② 54 ① 55 ② 56 ③ 57 ④ 58 ② 59 ③

제1장 배관재료 및 공작

보온재는 열전도율이 작아야한다.

[08년 2회]

60 유기질 보온재로 냉수, 냉매배관, 냉각기 등의 보냉용으로 사용되는 것은?

① 암면
② 글라스 울
③ 규조토
④ 코르크

유기질 보온재 : 펠트, 코르크, 텍스류, 기포성수지
무기질 보온재 : 암면, 규조토, 글라스울(유리섬유), 규산칼슘 등

[08년 2회]

61 단열시공시 곡면부의 시공에 적합하고 표면에 아스팔트 피복을 하면 −60℃까지 보냉이 되며 양모, 우모 등의 모(毛)를 이용한 피복재는?

① 실리카 울(Silica Wool)
② 아스베스토스(Asbestos)
③ 섬유유리(Glass Wool)
④ 펠트(Felt)

펠트는 모를 이용한 유기질 보온재로 곡면 시공성이 우수하다. 아스팔트 천으로 방습가공한 것은 −60℃까지 보냉용으로 사용이 가능하다.

[09년 1회]

62 저온 단열시공 중 가장 양호한 단열효과를 나타내는 시공법은?

① 상압 단열시공법
② 고압 단열시공법
③ 분말 단열시공법
④ 다층 고진공 단열시공법

다층 고진공 단열공법은 저온 단열시공 중 단열효과가 가장 우수하다.

[12년 2회]

63 다음 중 보온, 보냉이 필요한 배관은?

① 천장 속의 냉, 온수배관
② 지중 매설된 급수관
③ 방열기 주위 배관
④ 공기빼기 및 물 빼기 밸브 이후의 배관

천장 등에 노출된 냉 온수배관은 보냉, 보온이 필요하다.

[10년 1회]

64 사용 가능 온도가 가장 높은 보온재는?

① 암면
② 글라스울
③ 경질우레탄폼
④ 루핑

암면은 무기질 보온재로 650℃ 이하에서 사용이 가능하다.

[10년 3회]

65 다음 배관 중 보온 및 보냉을 필요로 하는 곳은?

① 방열기 주위배관
② 각종 탱크류의 오버 플로관
③ 환기용 덕트
④ 냉·온수 배관

냉·온수 배관이나 냉온풍 공급 덕트는 보온 및 보냉이 필요하다.

[12년 2회]

66 보온피복 재료로 적당하지 않은 것은?

① 우모펠트, 코르크
② 유리섬유, 기포성수지
③ 탄산마그네슘, 규산칼슘
④ 광명단, 에폭시수지

광명단, 에폭시수지는 배관 도장(페인트) 재료이다.

정답 60 ④ 61 ④ 62 ④ 63 ① 64 ① 65 ④ 66 ④

[06년 3회]
67 무기질 보온재에 관한 설명으로 맞지 않는 것은?

① 규산 칼슘 보온재는 규조토와 석회석을 주성분으로 하며 불에 타지 않는다.
② 세라믹 파이버 보온재는 유리섬유와 같아서 내열성이 가장 낮다.
③ 펄라이트 보온재는 방수·방습성이 우수하다.
④ 무기질은 유기질보다 열전도율이 약간 크다.

> 세라믹 파이버는 사용온도가 1,300℃로서 내열성이 매우 높다.

[09년 1회]
68 배관 내면의 부식원인과 관계 없는 것은?

① 유체의 온도
② 유체의 속도
③ 유체의 pH
④ 용존수소

> 배관 내면의 용존수소는 부식과 관계가 없고 용존산소나 탄산가스는 부식을 초래한다.

[11년 2회]
69 부식은 주위 환경과의 사이에 발생되는 전기화학적 반응으로 강관을 부식하게 된다. 이를 방지하는 전기방식법의 종류가 아닌 것은?

① 희생양극법   ② 선택배류법
③ 강제배류법   ④ 내부전원법

> 전기방식에는 음극보호법(희생 양극법, 외부전원법)과 양극보호법(선택 배류법, 강제배류법)이 있으며 내부전원법은 없다.

[06년 1회]
70 배관 금속재료의 부식 억제방법으로 적당치 않은 것은?

① 부식 환경의 처리에 의한 방식법
② 인히비터에 의한 방식법
③ 건 방식법
④ 전기 방식법

> 부식 억제법에 건 방식법은 거리가 멀다. 전기방식, 인히비터(부식억제제)에 의한 방식등이 사용된다.

2 배관공작

[15년 1회, 13년 2회, 10년 1회, 08년 3회, 06년 3회]
71 주철관의 이음방법이 아닌 것은?

① 소켓 이음(Socket Joint)
② 플레어 이음(Flare Joint)
③ 플랜지 이음(Flange Joint)
④ 노허브 이음(No – hub Joint)

> 플레어 이음은 20mm 이하의 동관의 나사식 압착이음(기계적 접합법)으로 분해나 조립이 필요한 곳에 적용한다.

[15년 2회]
72 관의 용접 이음에 대한 설명으로 가장 거리가 먼 것은?

① 돌기부가 없어서 보온시공이 용이하다.
② 나사이음보다 이음부의 강도가 크고 누수의 우려가 적다.
③ 누설의 염려가 없고 시설유지비가 절감된다.
④ 관 두께의 불균일한 부분으로 인해 유체의 압력 손실이 크다.

> 용접이음은 관 두께가 균일하고 관 내면의 직경의 감소가 없어서 유체의 압력손실이 적다.

정답 67 ② 68 ④ 69 ④ 70 ③ 71 ② 72 ④

제1장 배관재료 및 공작

[12년 2회]

73 강관의 일반적인 접합방법에 해당되지 않는 것은?

① 나사 접합 ② 플랜지 접합
③ 압축 접합 ④ 용접 접합

> 압축(압착) 접합(플레어 이음)은 동관의 20mm 이하에 적용한다.

[13년 1회, 07년 2회]

74 동관의 이음으로 적합하지 않은 것은?

① 납땜 이음 ② 플레어 이음
③ 플랜지 이음 ④ 타이튼 이음

> 타이튼 이음(주철관 이음)은 원형의 고무링으로 주철관을 접합한다.

[14년 2회]

75 강관의 이음방법이 아닌 것은?

① 나사이음 ② 용접이음
③ 플랜지이음 ④ 코터 이음

> 강관 이음법에는 나사이음, 플랜지 이음, 용접이음, 빅토릭이음 등이 있다.

[13년 3회, 07년 1회]

76 배관된 관의 수리, 교체에 편리한 이음방법은?

① 용접이음 ② 신축이음
③ 플랜지이음 ④ 스위블이음

> 완성된 배관의 수리, 교체가 편리한 이음은 분해가 가능한 플랜지이음, 유니온 이음, 빅토릭이음 등이다.

[08년 1회]

77 기밀성, 수밀성이 뛰어나고 견고한 배관 접속방법은?

① 플랜지 접합
② 나사접합
③ 소켓접합
④ 용접접합

> 용접 접합은 배관 접속법 중에서 기밀성, 수밀성이 가장 좋은 편이다.

[23년 2회]

78 배관의 이음에 관한 설명으로 틀린 것은?

① 동관의 압축 이음(flare joint)은 지름이 작은 관에서 분해·결합이 필요한 경우에 주로 적용하는 이음방식이다.
② 주철관의 타이튼 이음은 고무링을 압륜으로 죄어 볼트로 체결하는 이음방식이다.
③ 스테인리스 강관의 프레스 이음은 고무링이 들어 있는 이음쇠에 관을 넣고 압축공구로 눌러 이음하는 방식이다.
④ 경질염화비닐관의 TS이음은 접착제를 발라 이음관에 삽입하여 이음하는 방식이다.

> 주철관의 타이튼 이음(Tyton Joint)은 고무링 하나만으로 이음이 되며 소켓내부 홈에 고무링을 고정시켜 홈 속에 삽입하는 방식이다. 빅토리 이음(Victoric Joint)은 고무링을 압륜(칼라)으로 죄어 볼트로 체결하는 이음방식이다.

[06년 2회]

79 동관을 압축이음하기 위하여 관 끝을 나팔모양으로 가공하는 기구는?

① 티 뽑기(Tee Extractor)
② 튜브 벤더(Tube Bender)
③ 플레어링 툴(Flaring Tools)
④ 파이프 리머(Pipe Reamer)

> 플레어링 툴은 동관의 압축이음에서 관 끝을 나팔모양으로 가공한다.

정답 73 ③ 74 ④ 75 ④ 76 ③ 77 ④ 78 ② 79 ③

[10년 2회, 09년 1회]
80 동관작업과 관계가 없는 공구는?

① 사이징 툴 ② 익스팬더
③ 플레어링 툴 셋 ④ 오스타

> 오스타는 수동, 자동이 있으며 강관류의 나사 절삭 기계이다.

[12년 1회]
81 플레어 관 이음쇠에 의한 접합은 어느 관에서 사용하는가?

① 강관 ② 동관
③ 염화비닐관 ④ 시멘트관

> Flare Joint(압축접합)는 동관의 압축식(나사식) 접합법으로 분해 조립이 가능하다.

[11년 3회, 06년 3회]
82 납관의 이음용 공구가 아닌 것은?

① 사이징 툴 ② 드레서
③ 맬릿 ④ 턴핀

> 사이징 툴은 동관용 원형 교정용 공구이다.

[12년 1회]
83 플랜지 관이음쇠의 시트모양에 따른 용도에서 위험성이 있는 유체의 배관 및 기밀을 요하는 배관에 가장 적합한 것은?

① 홈꼴형 시트 ② 소평면 시트
③ 대평면 시트 ④ 삽입형 시트

> 홈꼴형 시트는 1.6MPa 이상의 유체배관 및 기밀을 요하는 배관용 플랜지이다.

[14년 3회]
84 대구경 강관을 보수 및 점검을 위해 분해·결합을 쉽게 할 수 있도록 사용되는 연결방법은?

① 나사 접합
② 플랜지 접합
③ 용접 접합
④ 슬리브 접합

> 플랜지 접합은 50mm 이상의 대구경 강관의 분해, 결합을 쉽게 할 수 있도록 연결하는 이음이다. 50mm 이하는 유니언 접합

[08년 3회]
85 맞대기 용접의 홈 형상이 아닌 것은?

① V형 ② U형
③ X형 ④ Z형

> 맞대기 용접의 홈형상은 V자형, U자형, X자형을 쓴다.

[07년 2회]
86 대구경 소구경 경질 염화 비닐관의 용접 접합 시 사용되는 용접기는?

① 압축 용접기
② 산소 아세틸렌 용접기
③ 열풍 용접기
④ TIC 용접기

> 열풍 용접기는 경질염화비닐관의 용접 접합 시 사용되는 용접기이다.

정답 80 ④ 81 ② 82 ① 83 ① 84 ② 85 ④ 86 ③

3 배관제도

[08년 2회, 06년 1회]

87 다음은 배관의 K.S 도시 기호이다. 이 중 옳지 않은 것은?

① 고압배관용 탄소강 강관 – SPPH
② 저온 배관용 강관 – SPLT
③ 수도용 아연도 강관 – SPTW
④ 일반 구조용 탄소강 강관 – SPS

수도용 아연도금 강관 – SPPW
수도용 도복장강관 – STPW

[07년 1회]

88 다음 배관 밸브 기호 중 콕 일반의 기호는?

① ⋈
② ⋈ (변형)
③ ⋈ (채움)
④ ⋈ (원)

① ⋈ — 게이트밸브
② ⋈ — 콕
③ ⋈ — 글로브밸브
④ ⋈ — 안전밸브

[06년 1회]

89 다음 중 강관 호칭지름의 기준이 되는 것은?

① 파이프의 유효지름
② 파이프의 안지름
③ 파이프의 중간지름
④ 파이프의 바깥지름

강관의 호칭지름은 원칙적으로 파이프의 안지름을 기준하여 정한다. 하지만 호칭지름이 안지름과 같지는 않다. 예를 들면 호칭지름 25A관은 두께가 3.25t이고 바깥지름이 34.0mm 이다. 따라서 내경은 27.5mm 가 된다.

[07년 3회]

90 SPPS 38 – E –50A×SCH40 – SESCO의 배관 표기 중 "E"는 무엇을 뜻한 것인가?

① 제조법
② 제조자명
③ 관의 종류
④ 관의 재질

SPPS 38 : 관의 종류(압력배관용 탄소강관)
E : 제조방법(전기저항용접)
50A : 호칭방법(지름50mm)
SCH40 : 스케줄번호(SCH40)
SESCO : 제조회사명

[08년 1회]

91 배관계의 계기표시 방법 중 온도 지시계를 나타낸 것은?

FI : 유량 지시계, TI : 온도 지시계

[11년 1회]

92 강관에서 직관을 이용하여 중심각 135°의 6편 마이터를 제작하려고 한다. 절단 각으로 맞는 것은?

① 11.25°
② 13.5°
③ 22.5°
④ 27.0°

그림에서 중심각 135°의 6편 마이터는 접합부 5개소에서 135도가 변화하므로 1군데 변화각 = 135÷5 = 27도, 그러므로 1군데는 2개의 절단각이 생기므로 27÷2 = 13.5°

식으로는 절단각 (a) = $\dfrac{\theta}{2(n-1)}$ = $\dfrac{135}{2\times(6-1)}$ = 13.5°

정답 87 ③ 88 ② 89 ② 90 ① 91 ④ 92 ②

[06년 3회]

93 다음의 도시기호는?

① 슬리브 턱걸이 이음
② 엘보 턱걸이 이음
③ 디스트리뷰터 용접이음
④ 리듀서 용접이음

 : 리듀서 (용접형)

[13년 3회]

96 다음 그림 기호가 나타내는 밸브는?

① 증발압력 조정밸브
② 유압 조정밸브
③ 용량 조정밸브
④ 흡입압력 조정밸브

OPR : 유압 조정밸브 (O : Oil(오일))
 P : Pressure(압력)
 R : Regulator(조정)

[09년 2회]

94 다음 중 KS 배관 도시 기호에서 리듀서 표시는?

① 　　②
③ 　　④

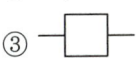 : 동심 리듀서

[15년 3회]

97 100A 강관을 B호칭으로 표시하면 얼마인가?

① 4B　　② 10B
③ 16B　　④ 20B

100A의 A는 mm치수이고, 1인치(1B)는 25.4mm이지만 배관 규격표기는 대략 1B＝25mm로 본다 B＝$\frac{100A}{25}$＝4B

예) 1B＝25mm, 2B＝50mm, 4B＝100mm,
 6B＝150mm, 8B＝200mm

[08년 2회]

95 다음 기호가 나타내는 것은?

① 모세관
② 신축이음
③ 오리피스
④ 스프레이

 : 모세관

[06년 2회]

98 냉동기, LPG탱크용 배관 등 0℃ 이하의 온도에 사용되는 강관의 KS 표시 기호로서 올바른 것은?

① SPLT　　② SPHT
③ SPA　　④ SPP

SPLT(Steel Pipes for Low Temperature) : 저온배관용 탄소강관

정답 93 ④　94 ①　95 ①　96 ②　97 ①　98 ①

제1장 배관재료 및 공작

[10년 3회]

99 강관의 표시기호 중 상수도용 도복장 강관은?

① STWW ② SPPW
③ SPPH ④ SPHT

> STWW : 상수도용 도복장 강관
> STPW : 수도용 도복장 강관

[13년 3회]

100 아래 그림과 같이 호칭직경 20A인 강관을 2개의 45° 엘보를 사용하여 그림과 같이 연결하였다면 강관의 실제 소요길이는 얼마인가?(단, 엘보에 삽입되는 나사부의 길이는 10mm이고, 엘보의 중심에서 끝 단면까지의 길이는 25mm이다.)

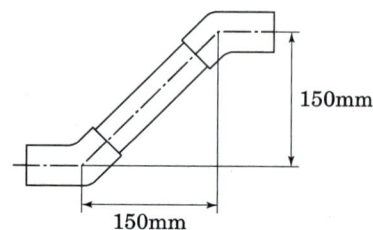

① 212.1mm ② 200.3mm
③ 170.3mm ④ 182.1mm

> $L = L' - 2(A-a)$ 에서
> 엘보 중심에서 중심까지 전체 길이(L')
> = 수직 치수 × $\sqrt{2}$ = 150 × $\sqrt{2}$ = 212mm
> 엘보 중심에서 끝단까지 A = 25mm이고 삽입깊이가
> a = 10mm이므로
> 엘보 내부 한 쪽당 배관 없는 길이 = A − a = 25 − 10 = 15mm
> 그러므로 실제 소요길이(L) = 212 − (2×15) = 182mm

정답 99 ① 100 ④

제2장
배관관련설비

01 급수설비
02 급탕설비
03 배수통기설비
04 난방설비
05 공기조화설비
06 가스설비
07 냉동 및 냉각설비
08 압축공기설비

제2장 | 배관관련설비

01 급수설비

1 급수설비의 개요

분류	특징
개요	급수설비라 함은 넓은 의미로는 수원(水源)으로부터 위수하여 도수, 정수, 송수, 배수, 등의 과정을 거쳐 소비자에게 물을 공급하는 전과정을 말하며 좁은 의미로는 배수관(配水管)으로부터 사용처까지의 배관설비를 급수설비라 한다. 여기에서는 좁은 의미의 급수에 관하여 설명한다.

수원의 종류	• 수원의 종류에는 상수, 정수등이 있다.
	  1) 상수(시수) : 보통 지표수를 정수처리하여 공급하며 음료, 목욕, 공업용수 등에 쓰인다.
	  2) 정수 : 취수 방법에 따라 관정호, 굴정호로 나누고 깊이에 따라 천장호, 심정호로 나누어지며, 일반적으로 철분 등을 많이 함유하여 경도가 높은 변기세척, 소화용수, 냉각수 등으로 쓰인다.
	  3) 건물에 있어서 시수와 정수의 사용비율은 연면적 $3000\,m^2$ 이하인 경우는 시수만 쓰는 것이 경제적이며 건물연면적 $3000\,m^2$ 이상인 경우에는 시수와 정수를 7 : 3 정도로 운영함이 좋다.

먹는 물 수질 기준	1) 미생물에 관한 기준 • 일반 세균은 $1\,mL$ 중 $100\,CFU$(Colony Forming Unit)를 넘지 아니할 것. 다만, 샘물의 경우 저온 일반세균은 $20\,CFU/mL$, 중온 일반세균은 $5\,CFU/mL$를 하며, 먹는 샘물의 경우 병에 넣은 후 $4℃$를 유지한 상태에서 12시간 이내에 검사하여 저온 일반세균은 $100\,CFU/mL$, 중온 일반세균은 $20\,CFU/mL$를 넘지 아니할 것. • 총대장균군은 $100\,mL$(샘물 및 먹는 샘물의 경우 $250\,mL$)에서 검출되지 아니할 것. 다만, 제4조제1항제1호의 나목 및 다목의 규정에 의하여 매월 실시하는 총대장균군의 수질검사시료수가 20개 이상인 정수시설의 경우에는 검출된 시료수가 5%를 초과하지 아니할 것. • 대장균·분원성대장균군은 $100\,mL$에서 검출되지 아니할 것. 다만, 샘물 및 먹는 샘물의 경우에는 그러하지 아니한다. • 분원성연쇄상구균·녹농균·살모넬라 및 쉬겔라는 $250\,mL$에서 검출되지 아니할 것. (샘물 및 먹는 샘물의 경우에 한한다.) • 아황산환원혐기성포자형성균은 $50\,mL$에서 검출되지 아니할 것. (샘물 및 먹는 샘물의 경우에 한한다.) • 여시니아균은 $2L$에서 검출되지 아니할 것. (먹는 물 공동시설의 경우)

2) 건강상 유해영향 무기물질에 관한 기준
- 납은 0.05 mg/L를 넘지 아니할 것
- 불소는 1.5 mg/L(샘물 및 먹는 샘물의 경우 2.0 mg/L)를 넘지 아니할 것.

3) 심미적 영향물질에 관한 기준
- 경도는 300 mg/L(먹는 샘물의 경우 500 mg/L)를 넘지 아니할 것. 다만, 샘물의 경우에는 그러하지 아니한다.
- 동은 1 mg/L를 넘지 아니할 것.
- 세제(음이온계면활성제)는 0.5 mg/L를 넘지 아니할 것. 다만, 샘물 및 먹는 샘물의 경우에는 검출되지 아니할 것.
- 수소이온농도는 pH 5.8 ~ 8.5이어야 할 것.

2 경도(hardness)

> 경도(hardness)
> 물속에 용해되어 있는 Ca^{++}, Mg^{++}, Fe^{++}등과 같은 2가지 양이온들의 총합을 말하는 것으로 $CaCO_3$로 환산한 값이다. 경도가 높은 물은 보일러에 스케일을 형성

분류	특징
정의	• 경도란 물속에 용해되어 있는 Ca^{++}, Mg^{++}, Fe^{++} 등과 같은 2가지 양이온들의 총합을 말하는 것으로, 경도가 높은 물은 세탁에 방해가 되고, 보일러 등에 스케일을 형성하고 다량인 경우 음료용으로 부적당하여 물의 성질 중에서 중요하게 다루는 요소이다.
경도의 계산	1) 경도는 물 속의 +2 이온들의 양을 $CaCO_3$로 환산한 값이다. $$\frac{Ca}{20} \times 50 + \frac{Mg}{12} \times 50 = 총\ 경도$$ 2) 물 속의 경도는 +2 이온이면 모두 발생하지만 Ca^{++}과 Mg^{++}이 거의 대부분(98% 이상)을 차지하므로 경도하면 일반적으로 Ca^{++}과 Mg^{++}을 해석한다.
물의 분류	1) 연수(軟水, soft water) : 단물이라고도 하며 비누가 잘 풀리는 물로 세탁, 공업용수 등에 쓰인다. (먹는 물 기준 경도 90 mg/L 이하) 2) 적수(경도 90 mg/L ~ 100 mg/L) : 먹는 물에 적합 3) 경수(硬水, hard water) : 센물이라 하며 광물질의 함량이 많아서 세탁, 공업용수에 부적합하다. (먹는 물 기준 경도 110 mg/L 이상) • 연수 : 순수한 빗물, 지표수 • 경수 : 지하수
경도 영향	• 경도의 영향(경도가 높을 경우) 1) 세탁이 잘 되지 않는다. 2) 보일러 등의 접촉면에 스케일(scale)을 형성한다. 3) 열교환면에 열전도가 낮아져 열효율이 감소한다. 4) 보일러 등이 과열되어 파손될 우려가 있다. 5) 자동차 라디에이터 등에는 연수를 써야 하므로 지하수보다는 지표수 (하천, 저수지, 수돗물)를 사용한다.

연수 처리	• 원수의 성질과 사용수의 요구 조건에 따라서 수처리 방식은 여러 가지가 있지만, 일반적으로 물리적, 화학적 방법을 이용하여 처리한다. 1) 물리적 처리 : 침전, 여과, 침사 등 　화학적 처리 : 응집, 중화, 산화, 환원 등 2) 원수를 정수하는 대략적인 과정은 아래와 같다. 　취수 → 침사지 → 응집조 → 침전지 → 여과조 → 소독조 → 공급 3) 연수처리방법 : 석회소다법, 이온교환법, 전기투석법등 4) 물 속에 철분 등이 많이 함유되어 있을 때는 폭기시켜 철분을 산화하여 산화철로 만들어 침전(여과)제거시키는 폭기 침전법(여과)이 쓰이기도 한다.

01 예제문제

급수에 사용되는 물은 탄수칼슘의 함유량에 따라 연수와 경수로 구분된다. 경수 사용 시 발생 될 수 있는 현상으로 틀린 것은?

① 비누거품의 발생이 좋다.
② 보일러용수로 사용 시 내면에 관석이 많이 발생한다.
③ 전열효율이 저하하고 과열의 원인이 된다.
④ 보일러의 수명이 단축된다.

해설
연수 사용 시 비누거품 발생이 풍부하고 경수에서는 비누거품 발생이 억제된다.　　**답 ①**

3 급수의 조닝 및 급수압력

분류	특징
조닝 목적	1) 고층 건물에 있어서 위의 급수방식 중 어느 한 계통으로 배관할 경우, 최상층과 최하층의 수압차가 커져 수격작용(water hammering)이나 밸브류의 고장 등을 발생시키므로 7~10층마다 구역으로 나누어 급수하는 조닝(zoning)이 필요하다. 2) 이때 급수압력은 APT의 경우 0.3~0.4 MPa, 사무소 빌딩의 경우 0.4~0.5 MPa 이하가 되도록 조정한다. 죠닝 방법에는 층별식, 중계식, 압력 조정 펌프식, 압력 탱크식, 감압밸브식 등이 있고 필요에 따라 복합하여 사용할 수도 있다.

급수량 산정	1) 급수설비 용량산정 및 관경 결정시 우선 급수량부터 산출해야 하는데, 기구 수에 의한 방법과 건물 종류별 인원수에 의한 방법으로 대별되며 탱크, 펌프, 주관 등은 인원수에 따라, 지관은 기구 수에 따라 관경이 결정된다.
	2) 급수량 산정은 원칙적으로 사무소 건물에서는 인원수에 의하여, 시험 시설이 있는 건물에서는 급수 기구 수에 의하여 구한다.
	3) 수수조, 고가 수조 등 설비 용량은 시간 최대 급수량에 근거하여 구한다.
	    소화용수, 비상 발전용 냉각수는 급수량 산정에서 제외한다.
	4) 피크아워와 피크로드 : 하루 중 최대 사용 수량과 그때의 시간을 각각 피크로드, 피크아워라 하는데, 피크아워는 주로 아침 식사 때에 나타난다.
	  ① 피크로드 : 1시간 동안에 일일 평균 급수량의 15～20% 정도가 피크로드이다.
	  ② 시간 평균 급수량 : 1일 평균 급수량÷8(사용시간)
	  ③ 시간 최대 급수량 : 시간 평균 급수량×(1.5～2.0)
	  ④ 순간 최대 급수량 : (3～4)×시간 평균 급수량/60(L/min)
	  ※ 피크로드는 시간 최대 급수량에 해당하며 보통 1일 급수량의 15～20%로 잡는다.

급수 압력	1) 건물 내의 각 기구마다 알맞은 수압을 얻을 수 있어야 한다. 최저 필요압력 이하일 경우 능력을 발휘할 수 없고 필요 압력 이상일 경우 수격작용 발생 및 기구 파손에 의한 누구 등의 영향을 가져온다. 2) 기구별 최고 압력은 보통 0.3～0.5MPa을 넘지 않도록 한다. 3) 기구별 최저 필요압력은 다음 표와 같다. 표. 기구의 최저 필요 압력 | 기구명	필요압력(kPa)	기구명	필요압력(kPa)
---	---	---	---
세정밸브	70(최저) 표준 100	순간온수기(대)	50
보통밸브	30 표준 100	순간온수기(중)	40
자동밸브	70	순간온수기(소)	10(저압용)
샤워	70			

4 급수 관경 및 기기용량 설계

> **급수 관경 설계법**
> 위생기구별 급수관경, 균등표에 의한 관경 결정, 마찰 저항 선도법(급수부하 단위 fu 이용)

분류	특징
급수 관경 설계	1) 급구 관경은 최소한의 배관 시설비로서 목적하는 수압과 수량을 급수할 수 있도록 결정되어야 한다. 급수관의 용도에 따라 위생기구별 접속관경, 균등표에 의한 관경 결정(지관), 마찰저항선도에 의한 방법(주관)등의 급수관경 설계법을 적용한다. 2) 위생기구별 급수관경 : 일반적으로 기구에 연결되는 관경은 다음의 표준치를 적용한다. 표. 위생기구의 연결 관경 	위생기구	급수관경	위생기구	급수관경
---	---	---	---
세면기	15 mm	대변기(플러시 밸브)	25 mm
소변기(일반)	15 mm	욕조	15 ~ 20 mm
소변기(플러시 밸브)	20 ~ 25 mm	비데	15 mm	
균등법	1) 균등표에 의한 관경 결정: 옥내 배수관 등과 같이 간단한 배관의 관경 결정에 사용하는 방법으로 식으로 구하는 법은 다음 식에 의하고 도표화 하면 아래 균등표와 같다.(단, 동시 사용률을 고려해야 한다.) $$N = \left(\frac{D}{d}\right)^{5/2}$$ N : 작은관 개수, d : 작은관 직경(mm), D : 큰관 직경(mm) 표. 기구의 동시 사용률(%) | 기구수	2	3	4	5	10	15	20	30	50	100
---	---	---	---	---	---	---	---	---	---	---
동시사용률(%)	100	80	75	70	53	48	44	40	36	33	

급수 부하 단위법	2) 마찰 저항 선도에 의한 결정(급수부하 단위 이용법)
	• 설계순서
	  급수부하 단위 → 동시 사용량 계산 → 허용마찰 손실 수두계산 (동수구배) → 마찰저항 선도에 의한 관경 결정
	• 동시 사용량 계산
	  동시 사용률과 같은 의미인데 그래프를 활용한다. 급수 부하단위(fu)구한 뒤 아래 그래프에서 동시 사용량을 구한다. 이때 세면기의 급수량($14\,L/min$)을 기준($fu = 1$)한다.

표. 기구급수부하단위

기구명	수전	급수부하단위 공중용	급수부하단위 개인용	기구명	수전	급수부하단위 공중용	급수부하단위 개인용
대변기	세정밸브	10	6	세면싱크 (수세1개당)	급수전	2	
대변기	세정탱크	5	3	조리장싱크	급수전	4	2
소변기	세정밸브	5		청소용싱크	급수전	4	3
소변기	세정탱크	3		욕조	급수전	4	2
세면기	급수전	2	1	샤워	혼합밸브	4	2
수세기	급수전	1	0.5				

주) 급탕전 병용의 경우에는 1개의 급수전에 기구급수부하단위를 상기수치의 3/4으로 한다.

- 허용마찰 손실 수두 계산
  사용가능한 수압을 배관 길이당 허용 손실수두(사용 수두)로 바꾼 값이다.

$$R = \frac{H_1 - H_2}{L(1+k)} \times 1000 \, (\text{mmAq/m})$$

  R : 허용마찰손실수두(mmAq/m)
  H_1 : 고가탱크에서 각층 기구까지의 수직높이(m)
  H_2 : 각층기구의 최저 필요수두(mAq)
  L : 고가탱크에서 최원기구까지의 배관길이(m)
  k : 국부저항비율 (소규모 : 0.5 ~ 1.0, 대규모 : 0.3 ~ 0.5)

- 관경 결정
  위에서 구한 동시 사용량과 허용마찰 손실수두를 이용하여 배관 마찰 저항선도에서 교점을 찾아 알맞은 관경을 찾는다. 이때 유속(소구경 1m/s, 대구경 2m/s 이내)이 지나치게 크지 않도록 설계함이 좋다.

02 예제문제

세정밸브식 대변기에서 급수관의 관경은 얼마 이상이어야 하는가?

① 15A ② 25A
③ 32A ④ 40A

[해설]
세정밸브식 대변기 급수 관경은 최소 25A 이상으로 하며 7~10m 수두(70~100kPa) 이상의 수압을 필요로 한다.

답 ②

5 펌프설계

분류	특징
펌프의 종류	1) 왕복동 펌프 : 피스톤 펌프, 플런저 펌프, 워싱턴 펌프 2) 원심펌프(와권 펌프) : 벌류트 펌프, 터빈 펌프, 보어홀 펌프, 수중 펌프, 논클록 펌프 3) 축류 펌프 : 스크루식 4) 사류 펌프 : 원심 펌프와 축류 펌프의 중간형 5) 특수 펌프 : 에어리프트 펌프, 제트 펌프 등
펌프의 특성	1) 왕복동 펌프 - 수압 변동이 심하다.(공기실을 설치하여 완화시킨다.) - 양수량이 적고 양정이 클 때 적합하다. - 양수량 조절이 어렵다. - 고속회전시 용적효율이 저하한다. 2) 원심 펌프 - 고속회전에 적합하며 진동이 적다. - 양수량 조절이 용이하다. - 양수량이 많고 고·저양정에 모두 이용된다. 3) 보어홀 펌프(borehole pump) - 수직 터빈 펌프로서, 임펠러와 스트레이너는 물 속에 있고 모터는 땅 위에 있어 이 2개를 긴 축으로 연결하여 깊은 우물의 양수에 사용한다. - 입형 다단 터빈 펌프로 장축에 의하여 구동하기 때문에 고장이 많고 수리가 어려우며 동력비가 많이 소요된다. - 최근에는 수중펌프로 대체되고 있다. 4) 수중 모터 펌프 - 수직형 터빈 펌프 밑에 모터를 직결하여 양수하며 모터와 터빈은 수중에서 작동한다. - 흡입양정이 큰 심정의 양수에 많이 쓰인다.
양수량	왕복동 펌프의 양수량 $Q = A \cdot L \cdot N \cdot E_v$ Q : 양수량(m^3/min), A : 피스톤 단면적(m^2) L : 행정(m), N : 회전수(rpm), E_v : 용적효율
펌프 설치시의 주의 사항	1) 펌프 설치시의 주의 사항 ① 펌프와 전동기는 일직선상에 배치한다. ② 되도록 흡입양정을 낮춘다. ③ 흡입구는 수면 위에서 관경의 2배 이상 잠기게 한다. ④ 소화 펌프는 화재 시 불의 접근을 막도록 구획한다.

	1) 펌프 설치시의 주의 사항 　① 펌프와 전동기는 일직선상에 배치한다. 　② 되도록 흡입양정을 낮춘다. 　③ 흡입구는 수면 위에서 관경의 2배 이상 잠기게 한다. 　④ 소화 펌프는 화재 시 불의 접근을 막도록 구획한다. 2) 펌프의 과부하 운전 조건 　① 원동기와의 직결 불량 　② 주파수 증가에 의한 회전 수 증가 　③ 베어링 마모 및 이물질 침투 　④ 흡입 양정이 현저히 감소할 때
특성 곡선과 상사 법칙	1) 펌프특성곡선 : 펌프의 특성 곡선은 양수량 Q(L/min), 전양정 H(m), 효율(%), 축동력(kW)의 관계를 다음 그림과 같이 표시한 것으로 펌프의 종류에 따라 회전수 변화에 의해 각각 다르게 나타난다. 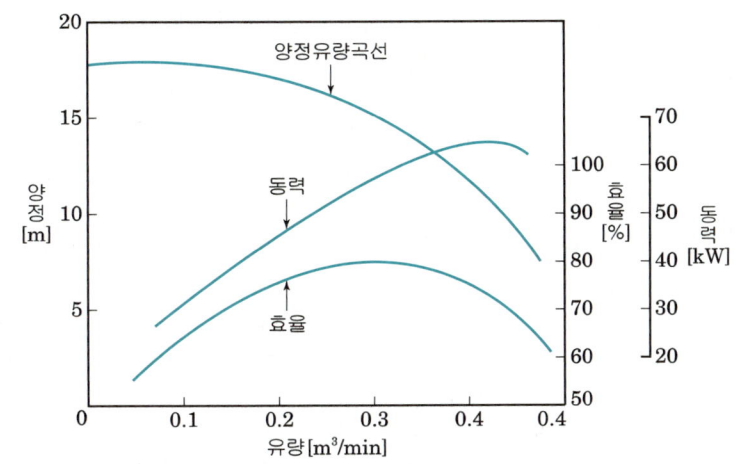 2) 상용 양정 : 위 특성곡선에서 효율이 최고점일 때의 양정을 상용양정으로 하면 펌프 운전 동력이 가장 적게 들고 에너지 절약적인 운전이 가능하다. 3) 상사법칙 (회전수 변화에 따른 양수량과 양정 및 축 마력의 변화) : 특성 곡선에 나타난 양수량 $Q(L/s)$, 전양정 $H(m)$, 축마력 P는 펌프의 회전수 N을 N'로 변화 했을 경우 다음 식으로 나타낸다. 　・양수량 : $\dfrac{Q'}{Q} = \dfrac{N'}{N}, \quad Q' = Q\left(\dfrac{N'}{N}\right)$ 　・양정 : $\dfrac{H'}{H} = \left(\dfrac{N'}{N}\right)^2, \quad H' = H\left(\dfrac{N'}{N}\right)^2$ 　・축 마력 : $\dfrac{P'}{P} = \left(\dfrac{N'}{N}\right)^3, \quad P' = P\left(\dfrac{N'}{N}\right)^3$

6 급수설비 배관

> **교차연결(크로스 커넥션)**
> 급수계통에 오수가 유입되어 오염되도록 배관된 것을 크로스 커넥션(교차연결)이라 한다. 이를 방지하기 위해서는 역류 방지 밸브(플러그 밸브)나 플러시 밸브에서와 같이 진공 방지기(vacuum breaker)를 설치한다.

분류	특징
교차 연결	• 교차연결(크로스 커넥션) : 위생 기구는 급수 계통과 배수 계통의 접점에 설치하는 것으로 오수가 역류하여 상수를 오염시킬 우려가 있다. 수조의 청소, 수리 및 기타 이유로 잘못된 배관연결과 급수관내 압력차로 오염된 물이 급수관에 유입되는 경우가 있다. 이렇게 급수계통에 오수가 유입되어 오염되도록 배관된 것을 크로스 커넥션(교차 연결)이라 한다.
수질 오염 방지	급수배관에서 오염 방지의 기본은 충분한 토수구의 공간을 확보하는 것이다. 토수구의 공간(3cm 이상)을 취하는 일은 일반 수전뿐만 아니라, 모든 물을 사용하는 기기에 대하여 요구되는 점이다. 그러나 공간을 확보할 수 없는 기기도 많으며, 이 경우에는 역류 방지 밸브(플러그 밸브)나 플러시 밸브에서와 같이 진공 방지기(vacuum breaker)를 설치하게 된다.
급수 배관 설계시 유의 사항	1) 배관 구배는 적절히 잘 잡아서 물이 정체되지 않도록 직선 배관을 하도록 한다. 2) 지수 밸브(stop valve)를 적절히 달아서 국부적 단수로 처리하고 수량 및 수압을 조정할 수 있도록 한다. 3) 수격 작용(water hammering)이 생기지 않도록 배관 설계를 해야 한다. 4) 바닥 또는 벽을 관통하는 배관은 슬리브(sleeve)배관을 한다. 5) 부식하기 쉬운 곳은 방식 도장을 한다. 6) 겨울과 여름철에 대비하여 방동 및 방로 피복을 해야 한다. 관경 15~50mm는 20~25mm 두께로, 관경 50~150mm는 25~30mm 정도로 피복한다. 7) 배관 공사가 끝난 다음은 반드시 수압 시험을 행한다. 공공 수도 직결관은 1.75MPa, 탱크 및 급수관의 경우는 1.05MPa에 견디어야 하며 시간은 최소 60분이다. 8) 상수도 배관 계통은 물이 오염되지 않도록 하고 물탱크 등에서는 수질 오염이 일어나지 않도록 해야 한다. 9) 초고층 건물은 과대한 급수압이 걸리지 않도록 적절히 조닝을 한다. 10) 음료용 급수관과 기타 배관을 교차 연결(크로스 커넥션)해서는 안 된다. 11) 급수 배관 최소 관경은 15mm이다.
수격 작용	1) 정의 : 급수관 내의 유속의 급변에 의한 충격압은 소음·진동을 유발하고 기구 파손의 우려도 있다. 이와 같은 현상을 수격 작용(워터해머)이라 한다. 2) 수격작용 원인 • 유속의 급정지 시에 충격압에 의해 발생한다. • 관경이 적을 때, 수압 과대, 유속이 클 때

> **수격작용(워터해머) 원인**
> 유속의 급정지, 관경이 작을 때, 수압 과대, 유속이 클 때

> **수격작용 방지 대책**
> 공기실(Air chamber)설치, 밸브 조작을 서서히

- 밸브의 급조작시
- 플러시 밸브나 콕 사용 시

3) 방지 대책
- 공기실(Air chamber)설치 : 배관 말단에 설치하는 공기실은 공기가 물에 용해되어 소멸되므로 최근에는 중요부에 밀폐형의 수격방지기(Water Hammer Cushion)를 주로 쓴다.
- 관경 확대, 수압감소
- 밸브 조작을 서서히 한다.
- 도피 밸브(버터플라이 밸브)사용

7 급수방식 종류와 특징

분류	특징
급수방식 개요	건물 내의 급수 방식에는 수도 직결 방식, 고가 탱크(옥상탱크)방식, 압력탱크방식, 조압펌프식(탱크 없는 부스터식) 등이 있고 각기 단독 혹은 병용되어 급수한다.
수도 직결 방식	일반적으로 도로 밑의 배수관말(수도본관)에서 분기하여 건물 내에 직접 급수하는 방식으로 주택 등의 소규모 건물에 적합하다. 1) 특징 • 구조가 간단하고 설비비가 싸다. • 정전 시 급수가 가능하다. • 단수 시 급수가 전혀 불가능 하다. • 오염 우려가 타방식에 비하여 적다. • 소요지의 상황에 따라 급수압의 변동이 있다. (일반적으로 5층 이상에는 부적합하다.) • 규모가 커질 경우 수압이 떨어져 대규모에는 부적당하다. • 운전 관리비가 필요 없고 고장이 없다. 2) 수도본관의 필요수압(MPa) $$P \geq P_1 + \frac{H_f}{100} + \frac{H}{100}$$ P : 수도본관 최저 필요압력(MPa) P_1 : 기구별 소요압력(MPa) H_f : 마찰손실수두(mAq) H : 수도본관에서 최고층수전까지 높이(m)
고가 탱크 방식	1) 정의 : 고가 탱크 방식은 대규모 시설에서 일정한 수압을 얻고자 할 때 많이 이용되며 수돗물을 저수 탱크(receiving tank)에 모은 후 양수 펌프에 의하여 고가 탱크에 양수하여 탱크에서 급수관에 의해 급수한다. 옥상 탱크식과 같은 말이다.

> **급수방식 종류**
> 수도직결 방식, 고가 탱크 방식, 압력탱크 방식, 부스터 방식, 조합방식

2) 특징
- 항상 일정한 수압을 얻을 수 있다.
- 정전, 단수 시 탱크에 받은 물을 사용할 수 있다.
- 옥상 탱크 때문에 건물의 구조계산 시 하중을 고려해야 하며 건축비가 증가한다.
- 탱크에서 오염 우려가 있고 수시로 청소해야 한다.
- 운전비는 압력 탱크식이나 부스터식에 비하여 적다.
- 화재 시 소화용수를 사용할 수 있다.

3) 고가탱크 설치 높이

$$H \geq P_1 \times 100 + H_f + H_h$$
- H : 고가탱크높이(m),
- P_1 : 최고층 수전 필요수압(MPa)
- H_f : 고가탱크에서 수전까지의 마찰손실수두(mAq)
- H_h : 최고층 급수전까지 높이

4) 옥상 탱크의 구조 및 크기
- 구조 : 오버플로 관경은 양수관경의 2배 이상으로 한다.
- 크기 : 정전으로 인한 단수, 저수 탱크 크기, 건물 구조의 하중 등을 고려하여 결정한다.

  V = 피크로드(peak load) × (1 ~ 3)시간

  V : 옥상 탱크 용량,

  피크로드 : 1일 사용수량의 15 ~ 20%,

  1 ~ 3시간 : 대규모 1시간분, 소규모 3시간분
- 플로트 수위치(전극봉)를 설치하여 양수펌프를 제어한다.
- 탱크의 재질은 FRP, STS 등이 주로 쓰인다.

5) 양수 펌프
- 양수량 : 옥상 탱크의 유량을 30분에 양수할 수 있는 능력
- 양정 : $H = H_s + H_d + H_f + P$

  H : 전양정(m), H_s : 흡입양정(m),

  H_f : 마찰손실수두(mAq)

  H_d : 토출양정(m), P : 출구수압(출구측동압) (mAq)

- 소요동력 $kW = \dfrac{Q \cdot g \cdot H}{1000 \times E}$

  Q : 양수량(kg/s), g : 중력가속도

  H : 전양정(mAq), E : 펌프효율

  - 공학단위 $kW = \dfrac{QH}{60 \times 102 E}$ Q : L/min, H : m
  - SI단위 $kW = \dfrac{QgH}{60 \times 1000 E}$ Q : L/min, H : m

  (공학단위의 1/102은 중력가속도 g와 W를 kW로 환산하기 위한 1/1000에서 나온 것이다. 결국 $g/1000 = 1/102$이다.)

고가 탱크 방식

압력 탱크 방식	1) 정의 : 압력 탱크 방식(pressure tank system): 고가 탱크식과 같이 저수탱크에 저장된 물을 급수 펌프로, 압력 탱크 내로 공급하면 가압된 공기압에 의하여 건물 상부로 급수된다. 2) 특징 • 공기 압축기 등의 시설비와 관리비가 많이 든다. • 특정 부위의 고압이 요구될 때 적합하다. • 옥상 탱크식에 비하여 건축 구조물 보강이 필요없다. • 정전, 고장 시 즉시 급수가 중단된다. • 수압 변동이 심한 편이다. (기계적 특성상 고저압의 차를 적게 하기가 곤란하다.) 3) 압력 탱크의 최고 최저 압력 • 최저압력 : $P_L = \dfrac{H}{100} + P_1 + \dfrac{H_f}{100}$ P_L : 최저압력(MPa), P_1 : 기구별 필요압력(MPa) H : 압력탱크에서 최고층 수전 수직높이(m) H_f : 탱크에서 수전까지 마찰손실수두(mAq) • 최고 압력 : $P_H = P_L + (0.07 \sim 0.14\mathrm{MPa})$ 4) 압력 탱크 설계 • 탱크용적 $V = \dfrac{V_e}{A - B}$ V_e : 유효저수량=시간 최대급수량 $\times \dfrac{1}{3}$ A : 최고 압력일 때 탱크 내 수량비, B : 최저 압력일 때 수량비 • 양수 펌프 양수량 : $Q = 2 \times$ 시간 최대 급수량 • 펌프의 전양정 : $H = (P_H \times 10 +$ 흡입양정$) \times 1.2$(m) • 탱크 강판 두께 $t = \dfrac{P_H D}{2\sigma}$ t : 두께(cm) D : 탱크내경(cm) P_H : 탱크 최고압력(MPa), σ : 재료허용응력(MPa)
부스터 방식	1) 정의 : 부스터 방식(tankless booster system)은 저수탱크에 물을 받은 후 펌프에 의하여 수전까지 직송하는 방식으로 옥상 탱크나 압력 탱크에 비하여 장소를 적게 차지하는 장점이 있지만 설비비가 고가이고 고장 시 수리가 어렵다는 단점이 있다. 2) 적용추세 : 사용량의 변화에 대응하여 토출량을 변화시키기 위해 자동제어반이 요구되는 고급설비로서 요즘 많이 보급되고 있다. 3) 특징 • 옥상 탱크나 압력 탱크가 필요없다. • 정전이나 단수 시 압력 탱크와 동일하다 • 설비비가 고가이다. • 자동제어 시스템이어서 고장 시 수리가 어렵다. • 수압조절이 안정적이고 수질오염이 적어 최근 적용이 확산되고 있다.

제2장 배관관련설비

4) 부스터 펌프 제어 방식 종류
- 정속 방식 : 여러 대의 펌프를 병렬로 설치하고 펌프의 회전속도를 일정하게 하고 토출관의 압력변화를 감지하여 몇 대의 펌프를 ON-OFF 시키는 자동제어 시스템이다.
- 변속 방식 : 1대의 펌프를 설치하고 토출관의 압력변화에 따라 변속전동기(VVVF, 인버터)또는 변속장치를 통하여 펌프의 회전수를 변화시켜 양수량을 조정하는 시스템이다.

---

03 예제문제

다음 보기에서 설명하는 급수 공급 방식은?

【보 기】
- 고가탱크를 필요로 하지 않는다.
- 일정수압으로 급수할 수 있다.
- 자동제어 설비에 비용이 든다.

① 층별식 급수 조닝방식
② 고가수조방식
③ 압력수조방식
④ 부스터방식

해설
자동제어 설비를 이용하여 급수량에 따라 일정수압으로 급수할 수 있는 급수 공급 방식은 부스터방식(펌프직송방식)이다. **답 ④**

---

04 예제문제

급수배관 시공 중 옳지 않은 것은?

① 급수지관의 구배는 상향구배로 한다.
② 급수관의 구배는 $\frac{1}{250}$ 로 한다.
③ 배관 사정상 공기가 모이는 곳에는 공기빼기밸브를 설치한다.
④ 고가 탱크식에서 수평주관은 상향구배로 한다.

해설
고가 탱크식(옥상탱크식)은 수평주관을 하향구배로 한다. **답 ④**

01 급수설비 핵심예상문제

> 본 핵심예상문제는 각단원별 출제빈도 높은 문제 및 최근 10년간의 기출문제 중 비중이 높은 출제유형이므로 꼭 풀어보고 가야할 문제입니다. 이후 실전예상문제를 공부하시면 효과적입니다.

[09년 3회]

01 급수관에서 수격현상이 일어나는 원인은 다음 중 어느 것인가?

① 직선 배관일 때
② 관경이 확대되었을 때
③ 관내 유수가 급정지할 때
④ 다른 관과 분기가 있을 때

> 관내 유속이 갑자기 변화(급변)할 때 수격작용(워터해머)이 발생한다.

[15년 3회, 12년 1회]

02 급수설비에서 급수펌프 설치 시 캐비네이션(Cavitation) 방지책에 대한 설명으로 틀린 것은?

① 펌프의 회전수를 빠르게 한다.
② 흡입배관은 굽힘부를 적게 한다.
③ 단흡입 펌프를 양흡입 펌프로 바꾼다.
④ 흡입 관경은 크게 하고 흡입 양정은 짧게 한다.

> 캐비네이션 방지를 위해서는 유속을 느리게 하고 흡입압력이 높게 한다. 회전수는 느리게 하기 위하여 다극 모터(6극-12극)를 사용한다.

[13년 3회]

03 급수펌프의 설치 시 주의사항으로 틀린 것은?

① 펌프는 기초볼트를 사용하여 기초 콘크리트 위에 설치 고정한다.
② 풋 밸브는 동 수위면 보다 흡입관경의 2배 이상 물속에 들어가게 한다.
③ 토출 측 수평관은 상향 구배로 배관한다.
④ 흡입양정은 되도록 길게 한다.

> 급수펌프 설치 시 흡입양정은 되도록 짧게 하여 캐비테이션을 방지한다.

[14년 5회, 10년 3회]

04 급수 본관 내에서 적절한 유속은 몇 m/s 이내인가?

① 0.5
② 2
③ 4
④ 6

> 급수본관 내 유속은 약 2m/s 이내가 이상적이다.

[09년 1회]

05 급수설비에서 마찰저항선도를 이용하여 관 지름을 구할 때 관계가 먼 것은?

① 압력(kPa)
② 유속(m/sec)
③ 유량(L/min)
④ 마찰저항(mmAq/m)

> 급수설비에서 관경 선정 시 고려사항은 유속, 유량, 마찰저항이다.

[15년 3, 12년 2회]

06 수도 직결식 급수설비에서 수도본관에서 최상층 수전까지 높이가 10m일 때 수도본관의 최저 필요 수압은? (단, 수전의 최저 필요압력은 30kPa, 관내 마찰손실 수두는 20kPa으로 한다.)

① 100kPa
② 150kPa
③ 200kPa
④ 250kPa

> 급수설비 필요 최저압력(PL)=실양정+마찰손실+수전요구압
> PL = 100 + 20 + 30 = 150kPa (실양정 10m = 100kPa)

정답 01 ③ 02 ① 03 ④ 04 ② 05 ① 06 ②

[14년 3회]

07 급수방식 중 수도직결방식의 특징으로 틀린 것은?

① 위생적이고 유지관리 측면에서 가장 바람직하다.
② 저수조가 있으므로 단수 시에도 급수할 수 있다.
③ 수도본관의 영향을 그대로 받아 수압 변화가 심하다.
④ 고층으로의 급수가 어렵다.

> 수도직결식은 저층의 낮은 건물 등에서 수도 본관으로부터 급수관을 직접 연결하여 급수하기 때문에 저수조가 필요 없는 급수방식이다.

[23년 2회]

08 급수방식 중 옥상탱크 급수방식의 특징으로 옳은 것은?

① 옥상에 탱크를 설치하여 자연수두압을 이용하므로 급수압력이 일정하다.
② 탱크의 압력으로 급수하므로 탱크 설치위치에 제한을 받지 않는다.
③ 양수펌프 용량은 옥상탱크를 1시간동안에 채울 수 있는 용량으로 한다.
④ 부스터(인버터)펌프를 이용하여 급수하므로 시설비가 많이 든다.

> 옥상탱크 방식은 탱크의 압력으로 자연 급수하므로 탱크 설치위치에 제한을 받으며, 양수펌프 용량은 옥상탱크를 30분 동안에 채울 수 있는 용량으로한다. 부스터(인버터)펌프를 이용하는 펌프직송식은 옥상탱크가 필요없으며 시설비가 많이 든다.

[23년 2회]

09 급수배관 관경결정법에 대한 설명중 틀린 것은?

① 각각 위생기구에 필요한 수량을 공급할 수 있도록 알맞은 관경을 선정한다.
② 급수배관 지관에서 급수관경 결정은 균등표와 동시사용률을 이용하여 결정한다.
③ 급수배관 본관에서 관경결정시 급수부하단위(FU)를 이용하여 배관선도에서 구한다.
④ 배관선도에서 관경을 구할 때 배관 허용마찰저항(kPa/100m)을 크게할수록 관경은 커진다.

> 배관선도에서 관경을 구할 때 배관 허용마찰저항(kPa/100m)을 크게할수록 관경은 작아진다.

[14년 3회]

10 옥상탱크식 급수방식의 배관계통의 순서로 옳은 것은?

① 저수탱크 → 양수펌프 → 옥상탱크 → 양수관 → 급수관 → 수도꼭지
② 저수탱크 → 양수관 → 양수펌프 → 급수관 → 옥상탱크 → 수도꼭지
③ 저수탱크 → 양수관 → 급수관 → 양수펌프 → 옥상탱크 → 수도꼭지
④ 저수탱크 → 양수펌프 → 양수관 → 옥상탱크 → 급수관 → 수도꼭지

> 옥상탱크 급수방식 배관계통 순서
> 수도 본관 →저수탱크 → 양수펌프 → 양수관 → 옥상탱크 → 급수관 → 수도꼭지

[14년 2회]

11 압력탱크식 급수법에 대한 설명으로 틀린 것은?

① 압력탱크의 제작비가 비싸다.
② 고양정의 펌프를 필요로 하므로 설비비가 많이 든다.
③ 대규모의 경우에도 공기압축을 설치할 필요가 없다.
④ 취급이 비교적 어려우며 고장이 많다.

> 압력탱크식 급수법은 지상에 압력탱크를 설치하고 고양정의 펌프로 탱크 내에 고압을 만들어 상향 급수하는데 대규모설비에서는 압축기로 탱크 내에 압력을 가하기도 한다.

[08년1회]

12 압력 수조식 급수법의 설명으로 옳지 않은 것은?

① 공기 압축기를 설치하여 공기를 보급해야 한다.
② 펌프는 고가 수조에 비하여 양정이 낮다.
③ 탱크의 설치 위치에 제한을 받지 않는다.
④ 최고, 최저의 압력차가 크고 급수압이 일정하지 않다.

> 압력 수조식에서 펌프의 양정은 고가수조식에 비하여 크다.

정답 07 ② 08 ① 09 ④ 10 ④ 11 ③ 12 ②

[07년 3회]

13 급수방식 중 펌프 직송방식의 펌프운전을 위한 검지 방식이 아닌 것은?

① 압력검지식　② 유량검지식
③ 수위검지식　④ 저항검지식

> 펌프 직송방식은 일명 부스터 방식이라 하는 자동 조절방식 인데 이때 자동조절 검지방식에 따라 압력검지식(토출압력, 말단압력), 유량검지식, 수위검지식이 있다.

[11년 2회]

14 급수배관설비에서 옥상탱크의 양수관 관경이 25A 일 때 오버플로(Over Flow)관의 가장 적합한 것은?

① 25A　② 40A
③ 50A　④ 65A

> 옥상탱크에서 오버플로관은 일수관이라 하며 양수관의 2배 이상으로 한다.

[11년 3회]

15 음용수 배관과 음용수 이외의 배관과의 접속 또는 음용수와 일단 배출된 물이 혼합하게 되어 음용수가 오염되는 배관접속은?

① 하트포드 이음(Hartford Connection)
② 리버스리턴 이음(Reverse Return Connection)
③ 크로스 이음(Cross Connection)
④ 역류방지 이음(Vacuum Breaker Connection)

> 크로스 이음(교차 연결)은 급수관에서 잘못된 접속으로 음용수가 오염되는 현상을 말하며 이를 방지하기위해 역류방지밸브를 설치한다.

[22년 3회]

16 급수배관에서 세정밸브를 사용할 때 크로스 커넥션을 방지하기 위하여 설치하는 기구는?

① 감압밸브　② 워터햄머 어레스터
③ 신축이음　④ 버큠브레이커

> 크로스 커넥션이란 역류등으로 오염된 물이 급수관으로 공급되는 것으로 세정밸브에서 버큠브레이커(진공방지기)나 역지밸브를 사용하여 방지할 수 있다.

[15년 2회]

17 급수배관에 관한 설명으로 틀린 것은?

① 배관 시공은 마찰로 인한 손실을 줄이기 위해 최단거리로 배관한다.
② 주 배관에는 적당한 위치에 플랜지 이음을 하여 보수·점검을 용이하게 한다.
③ 불가피하게 산형 (∩)배관이 되어 공기가 체류할 우려가 있는 곳에는 공기실(Air Chamber)을 설치한다.
④ 수질오염을 방지하기 위하여 수도꼭지를 설치할 때는 토수구 공간을 충분히 확보한다.

> 산형 배관(∩)이 되어 공기가 체류할 우려가 있는 곳에는 공기빼기 밸브(에어벤트)를 설치한다. 에어챔버(air chamber)는 수격작용 방지에 사용된다.

[22년 2회]

18 급수배관 시공 시 수격작용의 방지 대책으로 틀린 것은?

① 세정탱크형 대변기 대신 플러시(세정)밸브를 사용한다.
② 관 지름을 키워서 유속이 2.0~2.5m/s 이내가 되도록 설정한다.
③ 배관 계통에 공기실(Air Chamber)를 설치한다.
④ 급수관에서 분기할 때에는 T 이음을 사용한다.

> 플러시 밸브는 유속의 급변으로 수격작용의 원인이 된다.

정답 13 ④　14 ③　15 ③　16 ④　17 ③　18 ①

제2장 배관관련설비

[13년 1회]

19 급수설비에서 수격작용 방지를 위하여 설치하는 것은?

① 에어챔버(Air Chamber)
② 앵글밸브(Angle Valve)
③ 서포트(Support)
④ 볼탭(Ball Tap)

> 에어챔버(Air Chamber)는 수격작용 방지설비이다.

[22년 3회]

21 수도 직결식 급수설비에서 수도본관에서 최상층 수전까지 높이가 18m일 때 수도본관의 최저 필요 수압은? (단, 수전의 최저 필요압력은 50kPa, 관내 마찰손실수두는 2mAg으로 한다.)

① 100kPa
② 150kPa
③ 200kPa
④ 250kPa

> 급수설비 필요 최저압력(PL) = 실양정 + 마찰손실 + 수전요구압
> PL = 180 + 20 + 50 = 250kPa
> (실양정 18m = 180kPa, 2mAq = 20kPa)

[12년 1회]

20 옥내 급수관에서 20A 급수전 4개에 급수하는 주관의 관경을 정하는 방법 중에서 아래의 급수관 균등표를 사용하여 관경을 구한 것으로 맞는 것은?

표. 기구의 동시 사용률

가구수	2	3	4	5	10	15	20
동시 사용률(%)	100	80	75	70	53	48	44

표. 급수관의 균등표

관지름(A)	15	20	25	32	40	50
15	1					
20	2	1				
25	3.7	1.8	1			
32	7.2	3.6	2	1		
40	11	5.3	2.9	1.5	1	
50	20	10.0	5.5	2.8	1.9	1

① 20A
② 32A
③ 40A
④ 50A

> 균등표에서 우선 20A(15A 2개) 급수전 4개를 15A로 환산하면 2×4=8이며 기구수 4개 동시사용률은 75%이므로 동시 개구수는 8×0.75=6
> 균등표에서 15A항 6개는 7.2에 속하므로 32A를 선정한다.

[22년 1회]

22 고가수조형 급수방식에서 고가수조의 용량이 V(m³)일때 양수펌프의 용량으로 적합한 것은?

① 1시간동안에 고가수조의 용량 V(m³)만큼 양수할 수 있는 용량
② 30분 동안에 고가수조의 용량 V(m³)만큼 양수할 수 있는 용량
③ 1시간동안에 고가수조의 용량 V(m³)의 2배를 양수할 수 있는 용량
④ 1시간동안에 고가수조의 용량 V(m³)의 3배를 양수할 수 있는 용량

> 양수펌프는 고가수조를 30분 동안에 고가수조 용량 V(m³)을 채울 수 있는 용량으로 한다. 그러므로 1시간 동안에는 고가수조의 용량 V(m³)의 2배를 양수할 수 있는 용량도 같은 용량이다.

정답 19 ① 20 ② 21 ④ 22 ②,③

제2장 | 배관관련설비

급탕설비

1 급탕설비의 개요

분류	특징
급탕 온도	1) 용도별 급탕 온도는 아래 표와 같고, 급탕 온도를 높이면 사용 시 물을 혼합하여 사용하므로 급탕량이 적어져 경제적이다. 2) 일반적으로 급탕 온도를 60℃ 정도로 볼 때 급탕 부하는 $60 \times 4.19 = 250\,\text{kJ/kg}$ 정도로 한다. 표. 용도별 급탕 사용온도 | 용 도		사용온도(℃)	용 도		사용온도(℃)
---	---	---	---	---	---
음료용		50~55	주방용	일반용	45
목욕용	성 인	42~45		접시 세정용	45
	소 아	40~42		접시 세정 시 행구기용	70~80
샤 워		43	세탁용	상업일반	60
세면용(수세용)		40~42		모직물	33~37
의료용(수세용)		43		린넨	49~52
면 도 용		46~52		수영장용	21~27
				세차용	24~30	
급탕량	1) 급탕량은 급수량과 같이 시간대에 따라 변동이 심하므로 급탕량 산정시 주의해야 한다. 산정 방법은 기구 수에 의한 방법, 사용 인원에 의한 방법이 있으나 인원에 의한 방법이 정확하다. 2) 사용인원 : $Q_d = N \cdot q_d$ Q_d : 1일 급탕량, N : 사용 인원, q_d : 1일 1인 급탕량 3) q_d는 다음 표와 같다. 표. 건물 종류별 급탕량 	건물종류	1인 1일 급탕량
주택, 아파트, 호텔	75~150L
사무실	7.5~11.5L
공장	20L	

2 급탕방식

분류	특징
개요	급탕 공급 방식을 크게 개별식과 중앙식 그리고 태양열 이용 방식으로 나눌 수 있는데 설비형식에 따라 구분이 애매한 경우도 있다. 본서에서는 기수혼합식은 개별식으로 분류한다.
개별식	1) 정의 : 개별식은 주택이나 이용소 등 소규모 건축물에서 사용장소에 급탕기를 설치하여 간단히 온수를 얻을 수 있다. 개별식 급탕방식에는 순간온수기, 저탕형 탕비기, 기수 혼합식이 있으며 2) 특징은 다음과 같다. • 배관 열손실이 적다. • 급탕 개소가 적을 경우 시설비가 싸다. • 가열기 열효율은 낮은 편이다. • 최근 가스연료의 공급과 급탕기 효율증대 및 제어효율증대로 보급이 확대되고 있다.
중앙식	1) 정의 : 중앙식 급탕법은 중앙 기계실에서 보일러에 의해 가열된 온수를 배관을 통하여 각 사용소에 공급하는 방식으로 연료는 석탄, 중유, 가스, 등을 사용한다. 중앙식 급탕법에는 직접 가열식, 간접 가열식이 있으며 2) 특징은 다음과 같다. • 연료비가 적게 든다. • 대규모이므로 열효율이 좋다. • 건설비는 비싸지만 경상비는 싸다. • 대규모인 경우 개별식보다 경제적이다. • 호텔, 병원, 아파트 등과 같이 급탕개소가 많은 대규모 건축물에 적합하다.
순간 온수기	1) 정의 : 순간온수기는 즉시 탕비기라하며 일반적으로 가스 또는 전기를 열원으로 하고 원리는 수전을 열면 벤츄리관에서 동압차가 생겨 다이아프램 밸브를 작동시켜 가스가 버너에 공급되면 항상 점화되어 있는 파일럿 플레임에 의하여 연소 되고 가열 코일에서 즉시가열 된다. 또는 물 사용을 감지하여 작동하는 전자식도 있다. 2) 특징은 다음과 같다. • 급탕온도 60 ~ 70℃까지 얻는다. • 처음에는 찬물이 나온다. • 적은 양의 탕을 필요로 하는 곳에 적합하다.
저탕형 탕비기	1) 정의 : 저탕형 탕비기는 항상 일정량의 탕이 저장되어 있어 학교, 공장, 기숙사 등과 같이 일정시간에 다량의 온수를 요하는 곳에 적합하다. 2) 특징은 다음과 같다. • 비등점(100℃)에 가까운 온수를 얻는다. • 처음부터 온수가 나온다.

중앙식 급탕법에는 직접 가열식, 간접 가열식이 있으며 특징은 연료비가 적고, 대규모인 경우 개별식보다 경제적이다. 급탕개소가 많은 대규모 건축물에 적합하다.

저탕형 탕비기	• 서모스탯에 의하여 항상 일정한 온도의 탕을 공급한다. 3) 서모스탯(thermostat) : 제어 대상의 온도를 검출하여 바이메탈이나 벨로스를 이용하여 접점을 on-off시킨다. 결국 일정한 온도를 유지하는 자동온도 조절기이다.
기수 혼합식	1) 정의 : 기수혼합식은 병원이나 공장에서 증기를 열원으로 하는 경우, 증기를 직접 물 속에 불어 넣어 가열하는 방식으로 사용개소에 따라 개별식과 중앙식으로 분류가 가능하다. 2) 특징은 다음과 같다. • 열효율이 100%이다. • 증기 주입 시 소음이 나고 소음제거를 위해 스팀 사일런서(steam silencer)를 사용한다.
직접 가열식	1) 정의 : 직접가열식은 온수 보일러에서 가열된 온수를 저탕조에 저장하여 급탕관에 의해 각 기구에 공급한다. 주철제 보일러인 경우 고층빌딩에서는 높은 수압이 걸리므로 사용이 곤란하다. 2) 특징은 다음과 같다. • 난방 보일러 이외 별도 보일러가 필요하다. • 대규모 건물에는 부적당하다. • 냉수가 보일러에 직접 공급되므로 보일러 온도 변화가 심하고 수명이 짧다. • 보일러에 스케일이 많이 형성되어 과열 위험이 있고, 전열 효율이 저하한다. • 간접 가열식에 비해 열효율은 좋다. • 팽창탱크(중력탱크) 위치는 최상수전과 5m 이상 높이에서 수전에 적당한 수압을 준다.
간접 가열식	1) 정의 : 간접 가열식은 증기 보일러에서 공급된 증기로 열교환기에서 냉수를 가열하여 온수를 공급한다. 이때 저장 탱크(storage tank)에 설치된 서모스탯에 의해 증기 공급량이 조절되어 일정한 온도의 온수를 얻을 수 있다. 2) 특징은 다음과 같다. • 난방 보일러로 동시에 급탕이 가능하다. • 건물 높이에 따른 수압이 보일러에 작용하지 않으므로 저압 보일러로도 가능하다. • 대규모 설비에 적합하다. • 스케일 형성이 적고 보일러 수명이 길다.
태양열 이용	1) 정의 : 태양열 이용 방식은 태양열에 의한 급탕은 주택, 수영장, 골프장 등에 다양하게 이용되고 있는데 이때 일사량 취득에 대한 충분한 검토가 필요하다. 2) 구성요소는 집열판, 축열조, 순환펌프, 이용부이고 보조보일러가 필요하다 집열판에는 평판형, 진공형 등이 있다.

01 예제문제

다음 중에서 간접가열 급탕법과 거리가 먼 장치는?

① 증기 사일런서(Steam Silencer)   ② 저탕조
③ 보일러   ④ 고가수조

해설
급탕방법중 증기 사일런서는 기수혼합식에 사용된다.

답 ①

02 예제문제

급탕온도가 80℃, 급수온도가 15℃, 사용하는 가스의 발열량이 40,000kJ/m³, 보일러의 효율이 70%일 때 매시 200L의 급탕을 필요로 하는 건물의 가스 사용량(m³/h)은 약 얼마인가? (단, 물의 비열은 4.2kJ/kgK)

① $1.95 m^3/h$ ② $2.65 m^3/h$
③ $3.55 m^3/h$ ④ $4.65 m^3/h$

해설
보일러 출력과 연료발열량 사이에 열평형식을 세우면
$q = WC\Delta t = GH\eta$
$G = \dfrac{WC\Delta t}{H\eta} = \dfrac{200 \times 4.2(80-15)}{40,000 \times 0.7} = 1.95\,m^3/h$

답 ①

3 급탕설비 배관

분류	특징
개요	급탕 배관 방식은 다음과 같이 분류한다. <table><tr><td rowspan="2">단관식</td><td>상향식</td></tr><tr><td>하향식</td></tr><tr><td rowspan="4">복관식</td><td>상향식</td></tr><tr><td>하향식</td></tr><tr><td>리버스 리턴 방식</td></tr><tr><td>상하 혼용식</td></tr></table>
단관식	단관식은 급탕관만 있고 환탕관은 없으며 특징은 ① 주택 등의 소규모 설비에 적합하다. ② 처음에는 찬물이 나온다.(배관에 있던 물이 모두 나올 때까지) ③ 시설비가 싸다. ④ 보일러에서 탕전까진 15m 이내가 되게 한다.

분류	특징
복관식	1) 복관식 특징 　① 수전을 열면 즉시 온수가 나온다. 　② 시설비가 비싸다. 　③ 아파트 등의 중·대규모에 적합하다. 2) 상향식 특징 　저탕조로부터 급탕 수평 주관을 배관하고 여기에서 수직관을 세워 상향으로 공급한다. 이때 선상향(역구배)배관한다. 3) 하향식 특징 　급탕주관을 건물 최고층까지 끌어 올린 후 수직관을 아래로 내려 하향으로 공급한다. 이때 선하향(순구배)배관한다. 4) 상·하 혼용식은 건물의 일부는 상향식, 일부는 하향식으로 배관하는 경우
리버스 리턴 방식	1) 정의 : 리버스 리턴 방식(역환수 방식)은 각 층의 온도차를 줄이기 위하여 층마다의 순환 배관 길이를 같게 하도록 환탕관을 역환수시켜 배관한다. 2) 특징은 　① 이 방법은 각 층의 온수 순환을 균등하게 할 목적으로 사용한다. 　② 배관길이는 길어지므로 설비비는 증가한다. 　③ 각존별로 온도분포가 균등하다.

> **리버스 리턴 방식(역환수 방식)**
> 복관식 급탕배관에서 각 존의 온도차를 줄이기 위하여 층마다의 순환 배관 길이를 같게 하여 온수 순환을 균등하게 할 목적으로 환탕관을 역환수시켜 배관한다.

4 급탕 순환 펌프 계산

분류	특징
자연 순환 수두	$H = (r_1 - r_2)h \, (\text{mmAg})$ 　　H : 자연순환수두(mmAg) 　　r_1, r_2 : 환탕, 급탕의 비중량(kg/m^3) 　　h : 탕비기에서 최고 수전까지 높이(m)
강제 순환식	강제순환식 순환수두(전양정) 　　$H = 0.01(L/2 + L')\text{m}$ 　　$W = \dfrac{Q_L}{60 \times C \times \Delta t}$ 　　H : 전양정,　　L, L' : 급탕 및 환탕관의 길이 　　W : 순환수량(L/mn),　Q_L : 배관손실열량(kJ/h) 　　Δt : 급탕 및 환탕 온도차　C : 물비열

배관 손실 열량	배관손실열량 $Q_L = KFL(1-e)\Delta t'$ Q_L : 배관손실열량(W) K : 배관전열계수(W/m²k) F : 단위길이당 표면적(m²/m) L : 배관길이(m),　　e : 보온효율 $\Delta t'$: 탕과 주변공기온도차
배관 구배 및 공기 제거	1) 배관구배 : 급탕배관에는 물빼기, 공기제거, 순환 등을 위하여 적절한 구배를 주어야 하는데 상향식에서는 급탕관은 역구배, 환탕관은 순구배로 하며 하향식에서는 모두 순구배로 한다. 구배는 중력순환식인 경우 1/150, 기계식인 경우 1/200 정도가 좋다. 2) 공기제거 : 물을 가열하면 용존 공기가 분리되어 배관 내에 공기가 고인다. 배관에 구배를 주어 팽창관으로 유도하든가 배관 상층부분에는 공기 빼기 밸브(air vent)를 설치한다. 배관도중 밸브는 슬루스 밸브를 사용하여 밸브에 공기가 고이지 않도록 한다.
급탕 관경 및 기기 용량 결정	1) 급탕관경 • 급탕관경은 급수관 설계 방법과 동일하게 한다. 다만, 급수 관경 보다 한 치수 크게 한다. • 환탕관은 급탕관의 2/3 정도로 한다. • 또 급탕관과 환탕관은 20A 이상을 사용한다. 표. 급·반탕관경 (단위 : mm) | 급탕관경 | 20~32 | 40 | 50 | 65~80 | |---|---|---|---|---| | 반탕관경 | 20 | 25 | 32 | 40 | 2) 기기용량 결정 • 팽창관 높이 : 고가 탱크 최고 수위면에서 팽창관 수직 높이 H는 $H > h\left(\dfrac{\rho}{\rho'} - 1\right)$　　h : 고가탱크 정수두(m) ρ : 급수 밀도　　ρ' : 탕의 밀도 • 직접 가열식 저탕조 용량 V = (시간 최대 급탕량 − 온수 보일러 용량) × 1.25 • 간접 가열식 저탕조 용량 V = 시간 최대 급탕량 × (0.6 ~ 0.9) (시간최대 급탕 1,000 L/h 이하 : 0.9, 7,500 L/h 이상 : 0.6)

03 예제문제

급탕설비 계획에서 급탕온도가 60℃, 복귀탕온도가 55℃일 때 온수순환 펌프의 수량은? (단, 배관 중의 총 손실열량은 18900kJ/h이다.)

① 10 L/min
② 15 L/min
③ 21 L/min
④ 25 L/min

[해설]
급탕설비에서 순환량은 배관열손실을 보충할 만큼으로 한다.
$q = WC\Delta t$에서 $W = \dfrac{q}{C\Delta t} = \dfrac{18900}{4.2 \times (60-50) \times 60} = 15 \text{L/min}$

답 ②

04 예제문제

급탕설비의 배관에 대한 설명 중 틀린 것은?

① 공기를 신속히 도피시키기 위해 요철(凹凸)부를 만들지 않고 가능하면 큰 구배로 한다.
② 가급적 곡부배관보다 직선배관을 하는 것이 좋다.
③ 급탕용 배관재료는 부식작용을 고려하여 내식성이 있는 재료를 사용한다.
④ 수평관의 지름을 축소할 때는 동심 리듀서를 사용한다.

[해설]
급탕배관에서 수평관의 지름을 축소 시에는 편심 리듀서를 사용하여 윗면이 일치하도록 배관하여 공기가 정체하지 않게 한다.

답 ④

05 예제문제

급탕배관과 온수난방배관에 사용하는 팽창탱크에 관한 설명이다. 적합하지 않은 것은?

① 고온수 난방에는 밀폐형 팽창탱크를 사용한다.
② 물의 체적변화에 대응하기 위한 것이다.
③ 팽창탱크를 통한 열손실은 고려하지 않아도 좋다.
④ 안전밸브의 역할을 겸한다.

[해설]
팽창탱크에서의 오버플로 등으로 열손실이 발생하지 않도록 한다.

답 ③

5 급탕 배관 신축이음 및 시공상 주의사항

분류	특징
배관의 신축량	급탕 배관은 온수 공급 시와 중지 시 온도차가 심하여 길이의 신축이 커져서 제거하지 않을 경우, 이음쇠, 밸브류, 서포트 등에 큰 응력이 생겨 파손의 위험이 있다. 신축량(ΔL)은, $\Delta L = L \cdot \alpha \cdot \Delta t (m)$, L : 관 길이(m) α : 선팽창 계수, Δt : 온도차 표. 관의 선팽창 계수 | 관 종류 | 선팽창 계수 | 관 종류 | 선팽창 계수 | |---|---|---|---| | 연 철 관 | 0.000012348 | 동 관 | 0.00001710 | | 강 관 | 0.00001098 | 황 동 관 | 0.00001872 | | 주 철 관 | 0.00001062 | 연 관 | 0.00002862 |
신축 이음의 종류	1) 배관의 신축을 흡수하는 이음쇠의 종류에는 슬리브형, 벨로스형, 신축곡관, 스위블조인트가 있고 시공 시 잡아당겨 연결하는 콜드스프링법이 있다. 2) 누수 여부의 크기순서는 스위블조인트 > 슬리브형 > 벨로스형 > 신축곡관이며 일반적으로 강관은 30m마다 동관은 20m마다 신축이음쇠 1개씩 설치한다. 3) 슬리브형(sleeve type) • 신축량이 크고 소요공간이 작다. • 활동부 패킹의 파손 우려가 있어 누수되기 쉽다. • 보수가 용이한 곳에 설치한다. 4) 벨로스형(bellows type) • 주름모양의 원형판에서 신축을 흡수한다. • 일반적으로 사용되며 설치 공간은 작은 편이다. • 누수의 염려가 있고 고압에는 부적당 하다. 5) 신축곡관(expansion loop) • 파이프를 원형 또는 ㄷ자 형으로 벤딩하여 벤딩부에서 신축을 흡수한다. • 고압에 잘 견딘다. • 신축 길이가 길며 설치에 넓은 장소를 필요로 하므로 천장 수평관 및 옥외 배관에 적당하다. • 보수할 필요가 거의 없다. 6) 스위블 조인트(swivel joint) • 2개 이상의 엘보를 이용하여 나사부의 회전으로 신축 흡수 • 방열기 주변 배관에 많이 이용된다. • 누수의 염려가 있다.

	7) 볼 조인트(ball joint) : 최근에 쓰이기 시작한 것이며 내측 케이스와 외측 케이스로 구성되어 있고, 일정 각도 내에서 자유로이 회전한다. 볼 조인트를 2~3개 사용하여 배관하면 관의 입체적인 신축을 흡수할 수 있다. 수직관에서 분기되는 횡지관의 신축이음, 직각 배관 등에 주로 쓰인다. • 신축 곡관에 비해 설치 공간이 적다. • 고온 고압에 잘 견디는 편이나 개스킷이 열화되는 경우가 있다. 8) 콜드 스프링 : 배관연결 시 잡아당겨 늘려 놓으면 나중에 온도 상승으로 팽창할 때 팽창량이 감소하여 신축 이음쇠 사용개소를 감소시킬 수 있다.
신축 이음쇠 형상	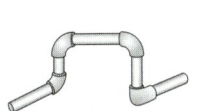  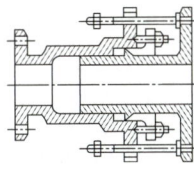 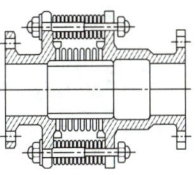 (a) 스위블조인트　(b) 신축곡관　(c) 슬리브형 이음쇠　(d) 벨로스형 이음쇠
급탕 배관 주의 사항	1) 팽창 탱크는 최상층 수전보다 5 m 이상 높게 개방형으로 하며 팽창관에는 밸브 부착을 금한다. 2) 관이나 저탕조는 규조토, glass wool, rock wool, 마그네샤 등으로 보온한다. 3) 온도가 10℃ 상승할 때마다 부식 정도가 2배 정도 심해진다. 4) 행거나 서포트는 신축이음쇠 근처에 설치한다. 5) 환관에 여과기(strainer)를 설치하고 찌꺼기를 제거하여 관막힘이나 기구류 손실을 방지한다. 6) 배관 완성 후 보온하기 전에 최고 사용압력 2배 이상으로 10분간 수압 시험한다. 수압시험 시 신축 이음쇠는 설치를 피하고 짧은 관으로 대체하여 시험한다.

06 예제문제

급탕배관에서 강관의 신축을 흡수하기 위한 신축이음쇠의 설치간격으로 적합한 것은?

① 10m 이내　　　　　　　　② 20m 이내
③ 30m 이내　　　　　　　　④ 40m 이내

해설
급탕관에서 강관은 30m 이내마다, 동관은 20m 이내마다 신축이음쇠를 설치한다.　　답 ③

02 급탕설비 핵심예상문제

> 본 핵심예상문제는 각단원별 출제빈도 높은 문제 및 최근 10년간의 기출문제 중 비중이 높은 출제유형이므로 꼭 풀어보고 가야할 문제입니다. 이후 실전예상문제를 공부하시면 효과적입니다.

[11년 2회]

01 급탕설비에서 팽창관의 역할과 거리가 먼 것은?

① 온도에 따른 관의 길이팽창을 흡수한다.
② 보일러, 저탕조 등 밀폐가열장치 내의 상승압력을 도피시킨다.
③ 물의 체적팽창을 흡수한다.
④ 안전밸브의 역할을 한다.

> 팽창관은 시스템과 팽창탱크를 연결하는 관으로 관길이 팽창흡수와는 거리가 멀다.

[23년 1회]

02 급탕배관이 벽이나 바닥을 관통할 때 슬리브(sleeve)를 설치하는 이유로 가장 적절한 것은?

① 배관의 진동을 건물 구조물에 전달되지 않도록 하기 위하여
② 배관의 중량을 건물 구조물에 지지하기 위하여
③ 관의 신축이 자유롭고 배관의 교체나 수리를 편리하게 하기 위하여
④ 배관의 마찰저항을 감소시켜 온수의 순환을 균일하게 하기 위하여

> 슬리브(sleeve)는 배관이 콘크리트 벽이나 바닥을 관통할 때 관의 신축이 자유롭고 배관의 교체나 수리를 편리하게 하기 위하여 콘크리트 타설전에 미리 설치하는 덧관이다.

[09년 3회]

03 급탕속도가 1m/s이고 순환탕량이 8m³/h일 때 급탕주관의 관경은 약 얼마인가?

① 36.3mm   ② 40.5mm
③ 53.2mm   ④ 75.7mm

> 관경(d) = $\sqrt{\dfrac{4Q}{\pi V}} = \sqrt{\dfrac{4 \times 8}{3600 \times 3.14 \times 1}} = 0.0532\text{m}$
> $= 53.2\text{mm}$

[13년 2회]

04 급탕설비에서 80℃의 물 300L와 20℃의 물 200L를 혼합시켰을 때 혼합탕의 온도는 얼마인가?

① 42℃   ② 48℃
③ 56℃   ④ 62℃

> 혼합온도 = $\dfrac{m_1 t_1 + m_2 t_2}{m_1 + m_2} = \dfrac{300 \times 80 + 200 \times 20}{300 + 200} = 56℃$

[07년 3회]

05 급탕주관의 길이가 40m, 반탕주관의 길이가 30m이다. 배관부속저항은 무시하고, 반탕주관의 전체 길이와 급탕주관 길이의 50% 미만 양정에 고려할 때 순환 펌프의 양정은 약 몇 m인가?

① 1.5m   ② 1.2m
③ 0.9m   ④ 0.5m

> 급탕설비에서 순환펌프 양정은 $H = 0.01\left(\dfrac{L}{2} + L'\right)$ 식으로 계산한다. (L: 급탕배관길이, L': 반탕배관길이)
> $H = 0.01\left(\dfrac{L}{2} + L'\right) = 0.01 \times \left(\dfrac{40}{2} + 30\right) = 0.5\text{m}$

[14년 3회]

06 급탕배관 계통에서 배관 중 총 손실열량이 15,000kJ/h이고, 급탕온도가 70℃, 환수온도가 60℃일 때, 순환수량은?

① 약 1,000kg/min
② 약 50kg/min
③ 약 100kg/min
④ 약 6kg/min

> $q = mC\Delta t$ 에서
> $m = \dfrac{q}{C\Delta t} = \dfrac{15000}{4.2(70-60)} = 357\text{kg/h} = 5.95\text{kg/min}$

정답 01 ① 02 ③ 03 ③ 04 ③ 05 ④ 06 ④

[15년 1회, 12년 1회]
07 중앙식 급탕방법의 장점으로 옳은 것은?

① 배관길이가 짧아 열손실이 적다.
② 탕비장치가 대규모이므로 열효율이 좋다.
③ 건물 완성 후에도 급탕개소의 증설이 비교적 쉽다.
④ 설비규모가 작기 때문에 초기 설비비가 적게 든다.

> 중앙식 급탕설비는 배관길이가 길어서 열손실이 많고, 장치가 대규모이므로 열효율은 좋고, 건물 완성 후에는 증설이 어렵다. 설비 규모가 크기 때문에 초기 설비비가 많이 든다.

[13년 1회]
08 개별식 급탕법에 비해 중앙식 급탕법의 장점으로 적합하지 않은 것은?

① 배관의 길이가 짧아 열손실이 적다.
② 탕비장치가 대규모이므로 열효율이 좋다.
③ 초기 시설비가 비싸지만 경상비가 적어 대규모 급탕에는 경제적이다.
④ 일반적으로 다른 설비기계류와 동일한 장소에 설치되므로 관리상 유효하다.

> 중앙식 급탕법은 기계실에서 각 급탕전으로의 관의 길이가 길어져서 열손실이 크다.

[06년 2회]
09 개별식 급탕방법의 장점이 아닌 것은?

① 배관의 길이가 짧아 열손실이 적다.
② 사용이 쉽고 시설이 편리하다.
③ 대규모의 설비이기 때문에 급탕비가 적게 든다.
④ 필요한 즉시 높은 온도의 물을 쓸 수 있고 설비비가 싸다.

> 개별식은 소규모 설비에 적합하다.

[10년 2회, 08년 3회]
10 간접가열식 급탕설비에서 증기가열장치의 주위 배관에 증기트랩을 설치하는 이유는?

① 배관 내의 소음을 줄이기 위하여
② 열팽창에 따른 신축을 흡수하기 위하여
③ 응축수만을 보일러로 환수시키기 위하여
④ 보일러나 저탕탱크로 배수나 역류되는 것을 방지하기 위하여

> 증기트랩은 증기 사용 장치에서 응축수를 회수하여 보일러로 환수시킨다.

[08년 2회]
11 다음 중 간접 가열식 급탕방식의 특징이 아닌 것은?

① 호텔, 병원 등의 대규모 설비에 적합하다.
② 보일러의 내면에 스케일 부착이 적다.
③ 증기난방을 할 때 그 증기의 일부를 급탕 가열 코일에 도입하도록 설치하면 별도로 급탕용 보일러가 필요 없다.
④ 고압 보일러에 적합하다.

> 간접 가열식은 건물 높이의 수압이 가열장치에 미치고 보일러는 압력이 작용하지 않으므로 저압 보일러로 고층 건물에 급탕 공급이 가능하다.

[07년 2회]
12 증기를 직접 불어 넣어 가열하는 방식으로 소음을 줄이기 위해 사용하는 급탕설비는?

① 안전 밸브
② 스팀 사일렌서
③ 응축수 트랩
④ 가열코일

> 증기를 직접 탕에 주입하여 가열하는 기수혼합식에서 증기가 물에 용해할 때 소음이 발생하는데 이 소음을 줄이는 장치가 스팀 사일렌서(S형, F형)이다.

정답 07 ② 08 ① 09 ③ 10 ③ 11 ④ 12 ②

제2장 배관관련설비

[12년 2회]

13 급탕설비 중에서 증기 사이렌서(Steam Silencer)를 필요로 하는 방식은?

① 순간급탕기 ② 저탕식 급탕기
③ 간접가열 급탕기 ④ 기수혼합 급탕기

> 스팀 사일렌서(S형, F형)는 기수혼합식에서 소음을 줄이는 장치이다.

[10년 1회]

14 급탕설비 배관에 대한 설명 중 옳지 않은 것은?

① 순환방식은 중력식과 강제식이 있다.
② 배관의 구배는 중력순환식의 경우 1/150, 강제순환식의 경우 1/200 정도이다.
③ 신축이음쇠의 설치는 강관은 20m, 동관 30m마다 1개씩 설치한다.
④ 급탕량은 사용 인원이나 사용 기구수에 의해 구한다.

> 신축이음쇠의 설치는 동관이 신축량이 크므로 강관 30m, 동관 20m 마다 1개씩 설치한다.

[15년 1회]

15 급탕 배관 시공 시 배관 구배로 가장 적당한 것은?

① 강제순환식 : 1/100 · 중력순환식 : 1/50
② 강제순환식 : 1/50 · 중력순환식 : 1/100
③ 강제순환식 : 1/100 · 중력순환식 : 1/100
④ 강제순환식 : 1/200 · 중력순환식 : 1/150

> 급탕 배관 시공 시 배관 기울기(구배)를 주는 이유는 공기 정체로 인한 탕의 순환이 방해 받지 않도록 공기 배출이 주목적이다. 강제순환식은 1/200 이상, 중력순환식은 1/150 이상이다.

[12년 3회]

16 급탕배관의 시공상 주의 사항이다. 틀린 것은?

① 하향식 공급방식에서는 급탕관은 끝올림, 복귀관은 끝내림 구배로 한다.
② 급탕관은 보통 아연도금 강관을 사용한다.
③ 팽창탱크의 설치높이는 탱크의 저면이 급수원보다 5m 이상 높은 곳에 설치한다.
④ 물이 가열되면 공기가 생기므로 공기빼기 밸브를 설치한다.

> 급탕배관의 구배는 하향 공급식에서 급탕관, 복귀관 모두 끝내림 구배를 준다. 급탕관은 아연도금 강관도 가능하지만 최근에는 동관이나 STS를 주로 쓴다.

[13년 3회]

17 급탕배관에 관한 설명 중 틀린 것은?

① 건물의 벽 관통부분 배관에는 슬리브(Sleeve)를 끼운다.
② 공기빼기 밸브를 설치한다.
③ 배관기울기는 중력순환식인 경우 보통 1/150로 한다.
④ 직선배관 시에는 강관인 경우 보통 60m마다 1개의 신축이음쇠를 설치한다.

> 강관인 경우 직선배관에서 보통 30m마다 1개의 신축이음쇠가 필요하다.

[07년 2회]

18 순환식(2관식) 급탕배관의 장점은?

① 연료비가 적게 든다.
② 항시 온수를 사용할 수 있다.
③ 보일러의 압력이 낮아도 된다.
④ 배관이 간단하다.

> 급탕배관에서 복관식을 적용하는 이유는 배관내에서 탕이 순환하여 항시 급탕 사용이 가능하도록 하기 위해서 이다.

정답 13 ④ 14 ③ 15 ④ 16 ① 17 ④ 18 ②

[15년 2회]

19 급탕배관에서 안전을 위해 설치하는 팽창관의 위치는 어느 곳인가?

① 급탕관 반탕관 사이
② 순환펌프와 가열장치 사이
③ 반탕관과 순환펌프 사이
④ 가열장치와 고가탱크 사이

> 급탕배관에서 팽창관은 배관계통과 팽창탱크를 연결하는관으로 접속위치는 순환펌프 근처(반탕관과 순환펌프사이)에 설치한다.

[14년 2회]

20 급탕배관 시공 시 현장 사정상 그림과 같이 배관을 시공하게 되었다. 이 때 그림의 Ⓐ부에 부착해야 할 밸브는?

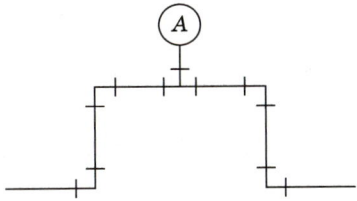

① 앵글밸브　　② 안전밸브
③ 공기빼기 밸브　　④ 체크밸브

> 급탕에서 그림과 같이 곡선부가 있으면 공기가 고이므로 Ⓐ 부분에는 공기빼기 밸브 설치가 필요하다.

정답 19 ③　20 ③

03 배수통기설비

1 배수설비

분류	특징
개요	1) 정의 : 배수 설비란 건물에서 발생한 각종 오수 및 잡배수를 신속히 밖으로 배출시키는 배관을 말하며 이를 원활히 수행하기 위하여 통기 설비가 부수된다. 2) 종류 : 배수 설비는 크게 옥내 배수, 옥외 배수 설비로 나누어지며 배수의 종류에는 오수, 잡배수, 우수, 특수배수 등이 있다.
옥외 배수 설비	1) 정의 : 옥외 배수 설비는 건물의 외벽으로부터 1m 외부 경계선 밖의 부지 내 배수 설비를 옥외 배수라 한다. 혹은 경계선으로부터 공공하수관, 정화조까지의 배수 설비를 말한다. 옥외 배수 설비는 합류식과 분류식으로 나누어진다. 2) 합류식 : 합류식은 공용 하수도(하수도 및 오수 처리 시설)의 오수, 잡배수 등 모든 하수를 처리하는 방식으로 질적으로는 생활 배수에 대한 오수 처리 시설을 가지며, 양적으로는 다량의 오수 처리 능력을 가진 방식이다. 3) 분류식 : 분류식 배수 설비에는 우수 처리관을 별도 계통으로 처리하는 방식과 공공 오수 처리 시설을 설치하지 않는 경우에 사용하는 방식으로 등으로 나눌 수 있다.
옥내 배수 설비	1) 정의 : 건물 외벽 외부 1m 경계선으로부터 내부 배수 설비를 옥내 배수 설비라 하며 배수 방식에는 중력 배수, 기계배수가 있다. 2) 배수 방식에 의한 분류 • 중력배수 : 중력에 의하여 자연 배수하는 방식으로 공공하수관보다 높은 곳의 배수에 적용 • 기계배수 : 지하층에서의 배수 등에 사용하며 배수 탱크에 모았다가 펌프로 공공하수관에 배출시킨다. 3) 배수의 성질에 의한 종류 • 오수 : 대변기, 소변기, 비데 등에서의 배설물에 관련한 배수 • 잡배수 : 세면기, 욕조, 싱크대 등에서의 배수 • 우수 : 옥상, 마당 등의 빗물 • 특수 배수 : 공장, 실험실 등에서의 폐수, 화학 물질 배수 4) 배수 접속 방식에 의한 분류 • 직접배수 : 각 기구에서의 배수를 배수관에 직접 접속시키는 것으로 세면기, 대변기, 욕조, 싱크대 등이 여기에 속하며 배수관의 악취 유입을 막기 위해 트랩이 설치된다. • 간접배수 : 배수를 배수관에 직접 접속시키지 않고 공간을 두고 배수하는 것으로 냉장고, 세탁기, 음료기 등의 배수, 식품 저장용기의 배수, 탱크 오버 플로관, 각종 드레인관 등이 여기에 속한다.

직접배수
각 기구에서의 배수를 배수관에 직접 접속시키는 것으로 세면기, 대변기, 욕조, 싱크대 등이 여기에 속하며 배수관의 악취 유입을 막기 위해 트랩이 설치된다.

간접배수
배수를 배수관에 직접 접속시키지 않고 공간을 두고 배수하는 것으로 냉장고, 세탁기, 음료기 등의 배수, 식품 저장용기의 배수, 탱크 오버플로관, 각종 드레인관 등이 여기에 속한다.

> **01 예제문제**
>
> 배수의 성질에 의한 구분에서 수세식 변기의 대·소변에서 나오는 배수는?
> ① 오수   ② 잡배수
> ③ 특수배수   ④ 우수배수
>
> 해설
> 대·소변에서 나오는 수세식 변기의 배수를 오수라 한다. 잡배수는 세면기, 욕조, 싱크대 배수이다.
>
> 답 ①

2 트랩설비

분류	특징
정의	1) 배수관에서 물이 흐르지 않을 경우 배수관 내의 악취가 배수관을 통하여 역류하는 일이 발생한다. 이것을 방지하기 위하여 배수관 중에 물을 채워 둠으로서 악취의 침입을 방지한다. 이를 트랩이라 한다. 2) 트랩 설치 목적 : 위생기구에서 배수된 오수의 악취가 실내로 들어오지 못하도록 막아준다.
분류	• 사이펀식 트랩 : S트랩, P트랩, U트랩 • 비사이펀 트랩 : 드럼트랩, 벨 트랩, 그리스 트랩, 가솔린 트랩, 샌드 트랩, 헤어 트랩, 플라스터 트랩
트랩의 구비 조건	트랩의 구비 조건 • 구조가 간단할 것 • 내식성, 내구성 재료로 만들어질 것 • 자체의 유수로 세정하고 오물이 정체하지 않을 것 • 봉수가 파괴되지 않는 구조로 가동부나 칸막이에 의해 봉수를 만들지 않을 것
트랩의 종류	트랩의 종류 • S, P트랩 : 세면기, 소변기, 대변기 등에 사용하며 S트랩은 바닥 횡지관에 접속시키며 사이펀작용에 의한 봉수파괴가 쉽고 P트랩은 입관에 접속시 이용된다. • U트랩 : 가옥 트랩 또는 메인 트랩 이라고도 하며 가옥 배수 본관과 공공 하수관 연결 부위에 설치하여 공공하수관의 악취가 옥내에 유입되는 것을 막는다. • 드럼 트랩 : 싱크대 배수 트랩으로 사용된다. 다량의 물이 고이게 한 것으로 봉수보호가 잘 된다. • 벨 트랩 : 화장실 등의 바닥 배수 트랩에 이용된다. • 그리스 트랩 : 주방 배수 중의 지방분 제거에 이용되며 양식부주방 등에 주로 쓰인다.

		• 가솔린 트랩 : 차고, 세차장 등에서의 배수 중 휘발성기름 제거용 • 샌드 트랩은 모래제거에, 헤어트랩은 머리카락제거, 플라스터 트랩은 석고 등의 부스러기, 런드리 트랩은 세탁기의 섬유조각을 제거한다.
봉수 파괴 원인 자기 사이펀 작용, 흡출 작용(흡인 작용), 분출 작용(역압 작용), 모세관 현상, 증발, 자기 운동량에 의한 관성	봉수 파괴 원인	1) 정의 : 트랩에서 가스 역류 방지를 위해 봉수가 채워져 있는데 봉수의 깊이는 보통 5~10cm이다. 봉수의 깊이가 5cm 이하이면 봉수가 파괴되기 쉽고 10cm 이상이면 배수저항이 증가한다. 또한 트랩의 역할을 완수하기 위하여 봉수가 잘 보존되어야 한다. 2) 봉수의 파괴 원인 종류와 특징 • 자기 사이펀 작용 : S트랩의 경우에 심하게 나타나는 현상으로 트랩 및 배수관이 자기 사이펀을 형성하여 트랩내의 봉수가 배수관 쪽으로 흡인 배출된다. • 흡출 작용(흡인 작용) : 수직관 가까이에 있는 트랩인 경우 수직관에서 다량의 물이 배수 될 때 순간적으로 진공 상태가 되어 트랩의 봉수를 흡인한다. • 분출 작용(역압 작용) : 수직관 가까이 설치된 트랩인 경우 바닥 횡주관에 물이 정체되어 있고 수직관에 다량의 물이 배수될 때 트랩의 봉수가 실내 쪽으로 역류하게 된다. • 모세관 현상 : 트랩에 걸레조각이나 머리카락이 낀 경우 모세관 현상에 의하여 봉수가 빠져 나가는 것 • 증발 : 트랩에 오래 동안 배수가 되지 않을 때 증발에 의하여 봉수가 파괴되는 현상 • 자기 운동량에 의한 관성 : 스스로의 운동량에 의하여 트랩의 오버 플로면을 빠져 나가는 것. 또는 강풍 등에 의해 배수관내의 기압 변동으로 봉수가 분출된다.

> **02 예제문제**
>
> **배수트랩의 구비조건으로서 옳지 않은 것은?**
>
> ① 트랩 내면이 거칠고 오물 부착으로 유해가스 유입이 어려울 것
> ② 배수 자체의 유수에 의하여 배수로를 세정할 것
> ③ 봉수가 항상 유지될 수 있는 구조일 것
> ④ 재질은 내식 및 내구성이 있을 것
>
> 해설
> 배수 트랩 내면은 매끄럽고 오물이 부착하지 않아야 한다.   답 ①

3 통기 설비

분류	특징
개요	트랩 봉수파괴 원인 중 압력차에 의한 봉수파괴를 방지하기 위하여 통기관을 설치하며 또한 배수관 내의 흐름을 원활히 하고 배수관의 환기를 목적으로 통기관을 설치한다.
설치 목적	통기관 설치 목적 1) 트랩의 봉수 보호 2) 배수 흐름의 원활과 압력 변동 방지 3) 배수관 환기 및 청결 유지
통기 방식의 분류	1) 배관 방식에 따른 분류 • 1관식 : 별도의 통기관 없이 배수관이 통기의 기능을 겸하도록 한 것으로 신정 통기관이 이에 속한다. • 2관식 : 배수관과 별도로 통기관을 두는 것으로 대규모 건물에 주로 쓰인다. 2) 통기 계통에 따른 분류 • 각개 통기 : 위생기구마다 통기관을 접속시킨다. • 환상 통기 : 여러 개의 위생기구를 묶어 통기관 1개를 접속시킨다.
통기관 종류	1) 각개 통기관 : 위생기구마다 통기관을 설치하는 것으로 가장 이상적인 방법이나 경비가 많이 소요되어 사용이 적다. 2) 회로 통기관(환상 통기관) : 2개 이상의 트랩을 보호하기 위하여 최상류 기구 바로 아래에서 통기관을 세워 통기 수직관에 연결한다. 회로 통기 1개가 담당할 수 있는 최대 기구 수는 8개 이내이며 배수관 길이는 7.5m 이내가 되게 한다. 3) 도피 통기관 : 루프 통기관에서 8개 이상의 기구를 담당하거나 대변기가 3개 이상 있는 경우 통기 능률을 향상시키기 위하여 배수 횡지관 최하류와 통기 수직관을 연결한다. 이때의 통기관을 도피 통기관이라 한다. 4) 신정 통기관 : 배수 수직관 상부를 그대로 연장하여 옥상 등에 개구시킨 것을 신정 통기관이라 하며 간단한 설비로 많은 효과를 얻는다. 5) 습식(습윤)통기관 : 통기와 배수의 역할을 동시에 하는 통기관이다. 6) 결합 통기관 : 고층 건물에서 통기 효과를 높이기 위해 5층마다 통기 수직관과 배수 수직관을 연결한 관을 말한다. 결합통기관경은 50mm 이상으로 한다. 7) 특수 통기 방식 • 소벤트 방식 : 배수 수직관에 각층마다 공기 주입장치(aerator fitting)를 설치하여 배수에 공기를 주입함으로써 유속을 감소시키고 완충 작용으로 봉수를 보호한다. • 섹스티어 방식 : 배수 수직관에 섹스티어 이음쇠를 통하여 선회류를 주어 수직관에 공기 코어를 형성하여 통기 역할을 하도록 한다.

통기관 설치 목적
트랩의 봉수 보호, 배수 흐름의 원활, 배수관 환기

통기관 종류
각개 통기, 회로 통기, 도피 통기, 신정 통기, 습식통기, 결합 통기,

소벤트 통기 방식
배수 수직관에 공기 주입장치(aerator fitting)를 설치하여 배수에 공기를 주입함으로써 유속을 감소시키고 완충 작용으로 봉수를 보호한다.

섹스티어 통기 방식
배수 수직관에 섹스티어 이음쇠를 통하여 선회류를 주어 수직관에 공기 코어를 형성하여 통기 역할을 하도록 한다.

통기관 관경 결정	통기관은 배수관 내에 배수의 흐름에 따른 압력 변화를 제거시킬 수 있도록 설정되어야 한다. 길이가 길수록 관경은 커져야 한다. 모든 통기관은 그와 접속하는 배수관경의 1/2 이상을 유지하면 다음 사항을 만족해야 한다. 1) 각개 통기관 : 32A 이상 2) 환상 통기관, 도피 통기관 : 40A 이상 3) 결합 통기관 : 50A 이상
통기 배관상 유의 사항	1) 바닥 아래의 통기관은 금지해야 한다. 우리나라에서는 아직 법적으로 정해진 급배수 설비 기준이 없으나 통기관의 수평관을 바닥 밑으로 빼내어 통기 수직관에 연결하는 소위 바닥 아래의 통기관 배관은 하지 말아야 한다. 2) 만일 바닥 밑으로 통기관을 빼내는 경우 배수 계통의 어느 한 곳이 막히면 그 곳 보다 상류에서 흘러내리는 배수가 배수관 속에 충만하여 통기관 속으로 침입하게 되므로 통기관이 제 구실을 할 수 없게 된다. 3) 우물 정화조의 배기관은 단독으로 대기 중에 개구해야 하며, 일반 통기관과 연결해서는 안 된다. 4) 통기 수직관을 빗물 수직관과 연결해서는 안 된다. 5) 오수 피트 및 잡배수 피트 통기관은 양자 모두 개별 통기관을 갖지 않으면 안 된다. 또 이 통기 수직관은 간접 배수 계통의 통기 수직관이나 신정 통기관에 연결해서는 안 된다. 6) 통기관은 실내 환기용 덕트에 연결하여서는 안 된다. 7) 간접 배수 계통의 통기관, 간접 배수 계통의 신정 통기관 및 통기 수직관은 일반가정 오수 계통의 시정 통기관과 통기 수직관 및 통기 헤더에 연결하지 말고 단독으로 대기 중에 개구해야 한다.

03 예제문제

통기관의 설치목적 중 가장 적합한 것은?

① 배수의 유속을 조절한다.
② 배수트랩의 봉수를 보호한다.
③ 배수관 내의 진공을 완화한다.
④ 배수관 내의 청결도를 유지한다.

해설
통기관의 설치목적은 배수트랩의 봉수를 보호하고, 배수를 원활히 흐르게 하며, 배수관 환기 등이다.

답 ②

04 예제문제

통기관의 종류에서 최상부의 배수 수평관이 배수 수직관에 접속된 위치보다도 더욱 위로 배수 수직관을 끌어올려 대기 중에 개구하여 사용하는 통기관은?

① 각개 통기관
② 루프 통기관
③ 신정 통기관
④ 도피 통기관

해설
신정 통기관은 배수 수직관을 연장하여 대기 중에 개구하여 사용하는 통기관으로 길이에 비하여 통기효과가 크다.   답 ③

05 예제문제

다음 보기에서 설명하는 통기관 설비 방식으로 적합한 것은?

【 보 기 】
1. 배수관의 청소구 위치로 인해서 수평관이 구부러지지 않게 시공한다.
2. 수평주관의 방향전환은 가능한 없도록 한다.
3. 배수관의 끝 부분은 항상 대기 중에 개방되도록 한다.
4. 배수 수평 분기관이 수평주관의 수위에 잠기면 안 된다.

① 섹스티어(Sextia) 방식
② 소벤트(Sovent) 방식
③ 각개통기 방식
④ 신정통기 방식

해설
섹스티어(Sextia) 방식은 수직관에서 섹스티어 이음쇠를 이용하여 원심력으로 공기코어를 형성하는 것으로 청소구 위치로 인해서 수평관이 구부러지지 않게 시공하고 수평주관의 방향전환은 가능한 없도록 한다.   답 ①

4 배수통기설비 배관

분류	특징
배수관의 관경	배수관의 관경은 단위 시간당 최대 유량을 기준으로 결정하는 것이 합리적이며 여기에 동시 사용률과 사용빈도수 등을 감안한 기구배수 부하단위(F.U라 한다.)를 이용하여 결정한다. 이때 세면기의 배수량을 28.5L/min로 하여 F.U = 1로 한다. 표. 위생기구의 최대 배수시 유량(단위 : L/초) 	대변기	소변기	세면기	욕조(주택)	세탁용 싱크
---	---	---	---	---
2.8	0.9	0.5	0.9	1.4 | 표. 배수관경의 최소 구경(단위 : mm) | 기구	배수관의 최소 구경	배수 부하(fu)	기구	배수관의 최소 구경	배수 부하(fu)
---	---	---	---	---	---
대변기	75mm (보통 100)	10	욕조	40~50	2~3
소변기(벽걸이)	40	4	비데	40	2.5
소변기(스토올)	50	4	주방싱크	40	2
세면기	30	1	바닥배수	40~75	1~2	
배수관의 구배	1) 배수 관경과 구배는 상관관계를 가지며 유속이 적당하므로 과대 과소를 피한다. 2) 옥내 배수관의 표준구배는 관경(mm)의 역수보다 크게 한다. 3) 배수의 평균 유속은 1.2m/s 정도가 되게 하고, 최소 0.6m/s, 최대 2.4m/s로 한다. 옥내 배수관에서는 적정유속을 0.6~1.2m/s로 한다. 4) 최대 최소 구배 : 배수관에서는 최소구배를 기준한다. 	배수관경(mm)	최대구배	최소구배
---	---	---
32~75	1/25	1/50
100~200	1/50	1/100
250 이상	1/100	1/100	
배수 관경의 결정	일반적인 배수 관경의 결정 원칙은 다음과 같다. 1) 배수관의 최소 관경은 32mm로 한다. 2) 잡배수관으로서 고형물을 포함하여 배수하는 관의 최소 관경은 50mm로 한다. 3) 매설 배수 관경은 50mm 이상으로 한다. 4) 배수 수평 지관의 관경은 이에 연결하는 위생 기구 트랩의 최대 구경 이상으로 한다. 5) 배수 수직관의 관경은 이에 연결하는 배수 수평 지관의 최대 관경 이상으로 한다. 6) 배수가 흐르는 방향으로 관경을 축소시키지 않는다.

	7) 기구 배수 단위의 누계에 의해 결정한다. 8) 기구 배수 부하 단위(fuD)의 정의 : 표준 기구로 세면기를 이용한다. 트랩 구경이 32mm인 세면기의 분당 배수량(28.5L/min)을 1로 하고, 이를 기준으로 모든 위생 기구의 동시 사용률, 기구 종류에 의한 사용 횟수, 사용자의 유형 등을 고려하여 결정한 부하 단위이다.
통기관의 관경	1) 통기관의 관경은 통기관의 길이와 그 통기관에 접속되는 기구 배수 부하 단위의 합계로 자료에 의하여 결정하고, 전체 길이의 20%를 수평 주관으로 설치할 수 있다. 2) 루프 통기관의 관경 : 통기 수직관 길이는 배수 수직관 또는 건물 배수 수평 지관과 그 통기 계통의 최하부와의 접속점으로부터 그것이 단독으로 대기 중에 개방할 경우는 통기 수직관의 말단까지 또는 두 개 이상의 통기관이 접속해서 하나가 되어 대기 중에 수직될 경우는 통기 수직관이 신정 통기관에 접속할 때까지의 신정 통기관의 길이를 가산한 것이다. 3) 통기 주관의 관경 : 통기 주관의 관경은 가장 먼 수직관 하부의 교점으로부터, 대기에 개방된 통기관 말단까지의 거리를 기준으로 구한다.
중수 설비	1) 정의 : 중수설비란 배수 재이용 계획으로 물의 수요가 증가하면서 안정적인 물공급을 위하여 합리적인 대책이 필요한데 이때 배수를 재이용하는 방안이 연구되어야 하며 냉각 배수, 하수처리 등이 변소 용수, 세정 용수 등으로 이용된다. 2) 중수사용시 고려해야 할 사항은 다음과 같다. ① 재이용수의 수량과 수질의 안정성 ② 경제성 : 시설투자비와 유지관리비를 포함한 전체비용에 대한 경제성을 검토한다. ③ 요구수량과 수질에 알맞은 처리시설 등이다. ④ 처리 시스템에는 오수와 잡배수를 합해 처리한 후 세정수로 이용하는 방안과 잡배수만 처리해 사용하는 방안이 있으며 보통 후자가 주로 쓰이는데 수량이 부족한 것이 문제점이다.

06 예제문제

배수 및 통기배관에 대한 설명으로 틀린 것은?

① 회로 통기식은 여러 개의 기구 군에 1개의 통기 지관을 빼내어 통기주관에 연결하는 방식이다.
② 도피 통기관의 관경은 배수관의 1/4 이상이 되어야 하며, 최소한 40mm 이하가 되어서는 안 된다.
③ 루프 통기식 배관에 의해 통기할 수 있는 기구의 수는 8개 이내이다.
④ 한랭지의 배수관은 동결되지 않도록 피복을 한다.

[해설]
통기관의 관경은 접속하는 배수관의 관경의 1/2 이상으로하고 최소관경은 32mm 이상이다.

답 ②

5 배수 및 통기 배관 시공상의 주의사항

분류	특징
발포 Zone	1) 정의 : 발포 Zone이란 아파트와 같은 공동주택 등에서는 세탁기, 주방 싱크 등에서 세제를 포함한 배수가 상부층에서 배수되면, 아래층에서 세제 거품이 발생하는데 이 구역을 말한다. 2) 영향 : 발포존에서는 기구 트랩의 봉수가 파괴되어 세제 거품이 실내로 유입되는 경우가 있다. 위층에서 세제를 포함한 배수는 수직관을 거쳐 유하함에 따라, 물 또는 공기와 혼합하여 거품이 생기고 다른 지관에서의 배수와 합류하면 이 현상은 더욱 심해진다. 3) 대책 : 발포 Zone에서는 기구 배수관이나 배수 수평 지관을 접속하는 것을 피해야 한다. 물은 거품보다 무겁기 때문에 먼저 흘러내리고 거품은 배수 수평주관 혹은 45°이상의 오프셋부의 수평부에 충만하여 오랫동안 없어지지 않는다.
청소구	1) 정의 : 청소구(clean out)는 배수 배관은 관이 막혔을 때 이것을 점검 수리하기 위해 배관 굴곡부나 분기점에 반드시 청소구를 설치해야 한다. 2) 설치위치 : 청소구를 필요로 하는 곳은 다음과 같다. ① 가옥 배수관과 부지 하수관이 접속되는 곳 ② 배수 수직관의 최하단부 ③ 수평 지관의 최상단부 ④ 가옥 배수 수평 주관의 기점 ⑤ 배관이 45°이상의 각도로 구부러지는 곳 ⑥ 수평관 (관경 100mm 이하)의 직선거리 15m 이내마다, 100mm 이상의 관에서는 직진 거리 30m 이내마다 설치 ⑦ 각종 트랩 및 기타 배관상 특히 필요한 곳
통기관 시공상 주의점	1) 통기관은 기구 일수선(오버플로면)까지 올려 세운 다음 배수 수직관에 접속해야 한다. 2) 자동차 차고 내의 바닥 배수는 가솔린을 함유하므로 일단 이것을 개러지 트랩에 모아 가스를 분리 분산시킨 다음 가옥 배수관에 방류한다. 개러지 트랩의 통기관은 단독으로 옥상까지 올려 대기 중에 개구해야 하며, 다른 통기관에 접속해서는 안 된다. 3) 2중 트랩이 안 되도록 배관해야 한다. 4) 기구 배수관의 곡관부에 다른 배수지관을 접속해서는 안 된다. 5) 드럼 트랩 등 트랩의 청소구를 열었을 때 하수 가스가 누설되지 않게 배관해야 한다. 6) 욕조의 일수관은 트랩의 상류에 접속되도록 배관을 해야 한다.

> 청소구(clean out) 설치위치
> 가옥 배수관과 부지 하수관이 접속되는 곳, 배수 수직관의 최하단부, 수평 지관의 최상단부, 배수 수평주관의 기점, 배관이 45 이상의 곡부, 수평관 (관경 100mm 이하)의 직선거리 15m 이내마다, 100mm 이상의 관에서는 직진 거리 30m이내마다 설치

배수 및 통기 배관의 설치 후 각종 시험	1) 배수 및 통기 배관 공사 완료 후 트랩과 각 접속 부분의 누수, 누기 여부를 파악하기 위해 다음과 같은 시험을 한다. ① 수압시험 : 30 kPa(3mH$_2$O)에 해당하는 압력에 30분간 이상 견디어야 한다. 수압시험과 기압시험은 위생기기 부착 전 배수, 통기배관에 대하여 실시한다. ② 기압시험 : 35 kPa(250 mmHg 이상)에 해당하는 압력에 15분간 이상 견디어야 하며 공기 압축기 또는 시험기를 배수관의 적절한 장소에 접속하여 개구부를 모두 밀폐한 후 관내에 공기압을 걸어 누출의 유무를 검사한다. 시험법 중에서 가장 정확하다. ③ 기밀시험 : 위생기기 부착 후 기밀상태를 검사한다. • 연기 시험(smoke test) : 시험 수두 25 mm 이상, 15분간 유지한다. • 박하 시험(peppermint test) : 시험 대상 부분의 모든 트랩을 밀폐한 다음, 입관 7.5 m당 박하유 50 g을 4L 이상의 열탕에 녹여 그 용액을 입관 정부의 통기구에서 주입한 다음 그 통기구를 밀폐하여 박하의 누출 여부를 검사한다. ④ 통수시험 : 최후로 하는 통수 시험의 목적은 배수 유하에 따른 지장 유무를 검사하고 각 기구의 사용 상태에 대응한 수량으로 배수하고 배수의 유하 상황이나 트랩의 봉수 등에 이상 소음의 발생 유무를 검사한다.

07 예제문제

배수 배관 시공상의 주의점으로 가장 옳지 않은 것은?

① 통기관은 기구 일수선(오버플로면)까지 올려 세운 다음 배수 수직관에 접속해야 한다.
② 가능하면 2중 트랩으로 안전하게 한다.
③ 기구 배수관의 곡관부에 다른 배수지관을 접속해서는 안 된다.
④ 욕조의 일수관(오버플로관)은 트랩의 상류에 접속되도록 배관을 해야 한다.

해설
배수관의 트랩은 2중 트랩이 되지 않도록 한다.   답 ②

6 위생기구

분류	특징
개요	1) 정의 : 위생기구란 급수관과 배수관 사이에서 사용한 물을 배수관으로 흘려보내는 각종 장치 및 기구를 말한다. 2) 위생기구 소요개수 : 건축물의 용도 및 규모에 따라 적당한 수의 위생기구를 설치해야 한다. 표. 위생 기구의 소요수(기구 1개에 대한 인원수) | 건 물	대변기	소변기	세면기	수세기	청소수채 | |---|---|---|---|---|---| | 사무실 | 30~60 | 25~50 | 30~60 | 50~120 | 100~150 | | 은행 | 20~40 | 20~40 | 20~40 | 35~80 | 80~130 | | 병원 | 17~50 | 8~25 | 8~25 | 30~90 | 50~180 | | 백화점 | 130~160 | 140~180 | 140~180 | 450~550 | 280~320 | 주) 대변기 사용 남녀 비율 : 일반 건물 남 : 여＝2 : 1
위생기구 조건	1) 흡수성이 적을 것 2) 항상 청결하게 유지할 수 있을 것 3) 내식성, 내마모성이 있을 것 4) 제작 용이, 설치 용이
위생기구의 재료	1) 도기질 : 가장 일반적으로 쓰인다. 2) 법랑 : 강판 표면에 도기질 도포 3) 플라스틱, FRP : 표면경도가 문제된다. 4) 스테인리스제 : 충격이 있는 곳에 좋다 5) 마블 : 시멘트 성형품에 표면처리(인조대리석)
위생 도기의 장·단점	1) 경질이고 산, 알칼리에 침식되지 않으며 내구성이 풍부하다. 2) 백색이어서 위생적이나 충격에 약하다. 3) 흡수성이 없어 악취가 없다. 4) 복잡한 형태도 제작이 가능하나 파손되면 수리하지 못한다. 5) 팽창계수가 작아 금속이나 콘크리트에 접속 시 주의를 요한다.
위생 도기의 종류	도기의 종류 : 소지의 질에 따라 용화 소지질(V), 화장 소지질(A), 경질 도기질(E)이 있다. 1) 용화 소지질(Vireous China) : 도기 중 가장 우수하다. 2) 화장 소지질(ALL Clay) : 내화 점토를 주원료로 용화 소지질의 피막을 입힌다. 3) 경질 도기질(Earthen Ware) : 도기의 질이 가장 낮으며 다공성이므로 흡수되기 쉽다.

08 예제문제

위생기구의 구비 조건으로 적합하지 않은 것은?

① 흡수성이 적을 것
② 항상 청결하게 유지할 수 있을 것
③ 내식성, 내마모성이 있을 것
④ 위생기구의 재질로 도기질은 제작이 어려워 사용하지 않는 편이다.

해설
대변기, 세면기등 위생기구의 재질로 도기질은 널리 이용되며 복잡한 구조의 형태를 만들기가 쉽다.

답 ④

7 위생기구의 종류

분류	특징
대변기 종류	대변기의 급수방식에 따라 대별하면 세정탱크식, 세정 밸브식, 기압탱크식 등이있다. 1) 하이 탱크식 • 탱크 표준 높이 : 1.9m, 탱크 용량 : 15L • 특징 : 설치 면적이 작다. 세정 시 소리가 크다. 급수관경 15A, 세정 관경 32A, 사용 실적이 감소하고 있다. 2) 로우 탱크식 : 인체공학적이어서 대변기의 대부분을 차지한다. • 소음이 적어 주택, 호텔 등에 널리 이용되나 설치 면적이 크다. • 탱크가 낮아 세정관은 50mm 이상으로 한다. 급수관경은 15A 3) 세정 밸브식(플러시밸브): 한 번 밸브를 누르면 일정량의 물이 나오고 잠긴다. 밸브 작동 수압이 0.07MPa 이상이어야 한다. • 급수관의 최소관경은 25A 이다. 레버식, 버튼식, 전자식이 있다. • 연속사용이 가능하나 소음이 크다.
세정 방식	대변기 세정방식에 따라 세출식(wash-out type), 세락식(wash-down type), 사이펀식(siphon type), 사이펀제트식(siphon jet type), 블로아웃식(blow-out type : 취출식), 절수식(siphon jet vortex type) 등이 있다.
소변기	소변기는 벽걸이형과 스톨형으로 대별되며 작동방식에 따라 세락식과 블로아웃식이 있고 자동식과 수동식이 있다.
유니트화	1) 정의 : 화장실 내의 위생기구 및 타일 등을 각각 설치하려면 시간과 인건비가 많이 소요된다. 따라서 공장에서 몇 개의 제품(판넬)으로 제작하여 현장에서 조립할 수 있도록 할 것을 유닛화라 한다. 2) 설비 유닛화의 목적 : 공사 기간 단축, 공정의 단순화, 시공정도 향상 현장 인건비, 재료 절감 3) 설비 유닛화의 조건 ① 가볍고 운반 용이, 현장 조립 용이, 가격 저렴 ② 유닛 내의 배관이 단순할 것 ③ 배관이 방수부를 통과하지 않고 바닥 위에서 처리가 가능할 것

03 배수통기설비 핵심예상문제

본 핵심예상문제는 각단원별 출제빈도 높은 문제 및 최근 10년간의 기출문제 중 비중이 높은 출제유형이므로 꼭 풀어보고 가야할 문제입니다. 이후 실전예상문제를 공부하시면 효과적입니다.

[15년 3회]

01 수직관 가까이에 기구가 설치되어 있을 때 수직관 위로부터 일시에 다량의 물이 흐르게 되면 그 수직관과 수평관의 연결관에 순간적으로 진공이 생기면서 봉수가 파괴되는 현상은?

① 자기 사이펀작용 ② 모세관작용
③ 분출작용 ④ 흡출작용

> 수직관 가까이에 기구가 설치되어 있을 때 다량의 물이 흐르게 되면 사이펀 작용으로 순간적으로 진공이 생기고 주변 트랩의 봉수를 흡인(흡출)해서 봉수 파괴가 발생한다.

[13년 3회]

02 사이펀 작용이나 부압으로부터 트랩의 봉수를 보호하기 위하여 설치하는 것은?

① 통기관 ② 볼밸브
③ 공기실 ④ 오리피스

> 통기관은 사이펀 작용이나 부압처럼 압력차로 인한 봉수 파괴를 막기 위해 설치한다.

[15년 3회, 10년 2회]

03 배수관에서 발생한 해로운 하수가스의 실내 침입을 방지하기 위해 배수트랩을 설치한다. 배수트랩의 종류가 아닌 것은?

① 가솔린트랩 ② 디스크트랩
③ 하우스트랩 ④ 벨트랩

> 디스크 트랩은 열 유체역학적 특성을 이용한 증기(스팀)트랩의 일종이다.

[08년 3회]

04 배수관에 U자 트랩을 설치하는 이유는?

① 배수관의 흐름을 좋게 하기 위해서이다.
② 통기 작용을 돕기 위함이다.
③ 배수 속도를 높이기 위함이다.
④ 유독가스 침입을 방지하기 위함이다.

> 배수관에서 U자 트랩(하우스트랩)은 가옥 배수관이 공공하수관에 접속하는 부위에 설치하는데 하수관의 악취가 가옥내로 침입하는것을 방지한다.

[11년 1회]

05 트랩의 봉수가 파괴되는 원인은 여러 가지가 있는데 위생기구에서 배수가 만수상태로 트랩을 통과할 때 봉수가 빨려나가 파괴되는 원인은 무엇인가?

① 감압에 의한 흡입 작용
② 자기 사이펀 작용
③ 증발 작용
④ 모세관 작용

> 주로 배수용 S트랩에서 배수가 만수상태로 흐를 때 트랩의 봉수가 파괴되는 원인을 자기 사이펀(Self-Siphon)작용 이라 하는데, 대변기는 이 사이펀 현상을 이용하여 세정한다.

[08년 2회]

06 배수관 설치시 유의사항으로 틀린 것은?

① 배수관은 하류방향으로 갈수록 관의 지름을 작게 설계한다.
② 지중 혹은 지하층 바닥에 매설하는 배수관은 50mm 이상으로 한다.
③ 배수 수평지관의 지름은 이것과 접속하는 기구 배수관의 최대 관의 지름 이상으로 한다.
④ 배수 수직관의 지름은 이것과 접속하는 배수 수평지관의 최대 관의 지름 이상으로 한다.

정답 01 ④ 02 ① 03 ② 04 ④ 05 ② 06 ①

배수관은 하류방향으로 갈수록 지름은 크게 한다.

[09년 1회]
07 배수설비에 대한 설명 중 틀린 것은?

① 오수란 대소변기, 비데 등에서 나오는 배수이다.
② 잡배수란 세면기, 싱크대, 욕조 등에서 나오는 배수이다.
③ 특수배수는 그대로 방류하거나 오수와 함께 정화하여 방류시키는 배수이다.
④ 우수는 옥상이나 부지 내에 내리는 빗물의 배수이다.

특수배수는 오수나 잡배수 이외의 배수로 실험실 등에서 나오는 배수이며 별도로 처리하여 배수한다.

[10년 3회]
08 배수관의 관경결정에서 기구배수 부하단위의 기준이 되는 것은?

① 세면기 배수량
② 대변기 배수량
③ 소변기 배수량
④ 싱크대 배수량

배수관의 관경결정에서 기구배수 부하 단위(fu) 기준은 세면기 배수량(30L/min)이다. 즉 세면기 배수량이 fu=1이다.

[09년 2회]
09 배수 배관에서 관경이 100A 이상인 경우 청소구를 몇 m 마다 설치하는가?

① 30
② 50
③ 70
④ 90

직선 배수관에서 100 A 이상의 배수관은 청소구를 30m이내 마다, 100 A 이하의 배수관은 청소구를 15m이내 마다 설치한다.

[22년 3회]
10 배수 배관이 막혔을 때 이것을 점검, 수리하기 위해 청소구를 설치하는데, 다음 중 설치 필요 장소로 적절하지 않은 곳은?

① 배수 수평 주관과 배수 수평 분기관의 분기점에 설치
② 배수관이 45° 이상의 각도로 방향을 전환하는 곳에 설치
③ 길이가 긴 수평 배수관인 경우 관경이 100A 이하일 때 5m 마다 설치
④ 배수 수직관의 제일 밑 부분에 설치

길이가 긴 수평 배수관인 경우 관경이 100A 이하일 때 15m 마다 설치, 100A 초과 시 30m 마다 설치

[09년 2회]
11 옥내 파이프가 옥외 파이프로 연결되어 있을 때 옥외 파이프에서 발생한 유취, 유해가스가 옥외 파이프로 역류하는 것을 방지하는 것은?

① 배수트랩
② 신축조인트
③ 팽창밸브
④ 턴버클

배수트랩(하우스 트랩)은 옥외 하수관에서 발생한 악취, 유해가스가 옥내 하수관으로 역류하는 것을 방지한다.

[06년 1회]
12 대변기의 세정급수방식에 대한 다음 설명 중 잘못된 것은?

① 하이탱크식에서 급수탱크식의 설치는 변기 상부로부터 보통 1.9m 높이로 한다.
② 로우탱크식은 하이탱크식보다 다소 물의 사용량이 많고 소음이 크다.
③ 세정 밸브식에서는 급수관의 관지름이 25mm 이상이어야 한다.
④ 급수관에 직결해서 세정 밸브가 배관된 경우에는 반드시 역류방지용 진공방지기(Vacuum Breaker)를 부착한 세정 밸브를 사용해야 한다.

정답 07 ③ 08 ① 09 ① 10 ③ 11 ① 12 ②

로우탱크식은 하이탱크식보다 다소 물의 사용량이 많고 소음은 적다.

[13년 2회]

13 우수 수직관 관경에 따른 허용 최대 지붕 면적(m²)으로 적당하지 않은 것은? (단, 지붕 면적은 수평으로 투영한 면적이며, 강우량은 100mm/h를 기준으로 산출한 것이다.)

수직관의 지름 (DN)[1]	수평 투명 지붕면적(m²)							
	강우량(mm/h)							
	25	50	75	100	125	150	175	200
50	268	134	89	67	54	45	38	34
80	816	408	272	204	164	16	117	102
100	1708	854	570	427	342	285	244	214
125	3216	1608	1072	804	643	536	460	402
150	5016	2508	1672	1254	1003	836	717	627
200	10776	5388	3592	2694	2155	1796	1540	1347

① 50A - 67m²   ② 80A - 204m²
③ 100A - 427m²   ④ 125A - 1072m²

설비기준에서 제시하는 우수 수직배관 관경은 강우강도 100mm/h일 때 관경 125A에서 허용 최대지붕 면적은 804m²이다.

[10년 2회]

14 통기설비의 통기방식에 해당하지 않는 것은?

① 루프 통기 방식   ② 각개 통기 방식
③ 신정 통기 방식   ④ 사이펀 통기 방식

배수설비 통기방식에는 회로(루프)통기, 각개통기, 신정통기, 결합통기, 도피통기, 습식통기등이 있다.

[11년 1회]

15 각 기구의 트랩마다 통기관을 설치하여 통기방식 중 안정도가 높고 자기 사이펀 작용에도 효과가 있으며 배수를 안전하게 할 수 있는 이상적인 통기방식은?

① 각개 통기   ② 루프 통기
③ 신정 통기   ④ 회로 통기

각개 통기방식은 기구 마다 각각의 통기관을 빼내는 방식으로 가장 이상적이나 비경제적이다.

[11년 3회, 09년 3회]

16 통기 입관을 하나로 묶어 대기로 개방시키기 위해 설치하는 관을 무엇이라고 하는가?

① 습통기관   ② 통기수직관
③ 통기헤더   ④ 공용통기관

통기헤더는 통기 입관과 배수수직관을 최상부에서 하나로 묶어 대기로 개방시키는 관이다.

[15년 1회]

17 특수 통기방식 중 배수 수직관에 선회력을 주어 공기 코어를 형성하여 통기관 역할을 하는 것은?

① 소벤트 방식(Sovent System)
② 섹스티어 방식(Sextia System)
③ 스택 벤트 방식(Stack Vent System)
④ 에어 챔버 방식(Air Chamber System)

섹스티어 통기 방식은 특수통기 방식으로 배수 수직관에 선회력을 주어 공기 코어를 형성한 통기관이다. 별도의 통기관을 설치하지 않고 배수 수직관을 통기관으로 이용하기 때문에 one pipe 통기방식이라 한다.

정답 13 ④ 14 ④ 15 ① 16 ③ 17 ②

[13년 1회]

18 고층 건물이나 기구 수가 많은 건물에서 입상관까지의 거리가 긴 경우, 루프통기관의 효과를 높이기 위해 설치된 통기관은?

① 도피 통기관
② 결합 통기관
③ 공용 통기관
④ 신정 통기관

> 도피 통기관은 통기 수직관 가까이에 설치하는 통기관으로 수평배수관 최상부에 설치되는 루프통기의 효과를 돕는다.

[14년 3회, 13년 3회, 08년 1회]

19 배수설비에서 관 트랩의 종류로 가장 거리가 먼 것은?

① S트랩
② P트랩
③ U트랩
④ V트랩

> 배수트랩에서 관트랩은 S, P, U트랩이 있다. 저집기에는 드럼트랩, 벨트랩, 가솔린트랩, 샌드트랩, 런드리트랩, 그리스트랩이 있다.

[13년 2회]

20 배수트랩이 하는 역할로 가장 적합한 것은?

① 배수관에서 발생한 유해가스가 건물 내로 유입되는 것을 방지한다.
② 배수관 내의 찌꺼기를 제거하여 물의 흐름을 원활하게 한다.
③ 배수관 내로 공기를 유입하여 배수관 내를 청정하는 역할을 한다.
④ 배수관 내의 공기와 물을 분리하여 공기를 밖으로 빼내는 역할을 한다.

> 배수트랩의 주기능은 배수관에서 발생한 유해가스가 건물 내로 유입되는 것을 방지한다.

[11년 3회]

21 배수 트랩의 봉수깊이로 적당한 것은?

① 30~50mm
② 50~100mm
③ 100~150mm
④ 150~200mm

> 배수 트랩의 봉수깊이는 50~100 mm 정도로 한다.

[09년 3회]

22 배수트랩 중에서 관 트랩이 아닌 것은?

① P트랩
② S트랩
③ U트랩
④ 그리스 트랩

> 그리스 트랩은 용적형 트랩으로 동식물성 기름기를 제거하는 저집기이다.

[23년 3회]

23 배수 배관에 관한 설명으로 틀린 것은?

① 배수 수평 주관과 배수 수평 분기관의 분기점에는 청소구를 설치해야 한다.
② 배수관경의 결정방법은 기구 배수 부하 단위나 정상 유량을 사용하는 2가지 방법이 있다.
③ 배수관경이 100A 이하일 때는 청소구의 크기를 배수관경과 같게 한다.
④ 배수 수직관의 관경은 수평 분기관의 최소 관경 이하가 되어야 한다.

> 배수 수직관의 관경은 수평 분기관의 최소 관경 이상이 되어야 한다.

정답 18 ① 19 ④ 20 ① 21 ② 22 ④ 23 ④

제2장 | 배관관련설비

04 난방설비

1 난방설비의 개요

분류	특징		
난방설비의 분류	개별난방	직접난방, 복사난방	히트펌프, 온풍로, 개별보일러
	중앙난방	직접난방	증기난방, 온수난방
		간접난방	온풍난방
		복사난방	복사난방

난방 방식별 특징	1) 직접난방 : 증기, 온수난방 등으로 방열기에 열매를 공급하여 실내공기를 직접 가열하여 난방(온도조절 가능, 습도조절 불가능)
	 2) 간접난방 : 일정장소에서 외부 공기를 가열하여 덕트를 통해 실내에 공급하여 난방
	 3) 복사난방 : 실내의 벽 및 바닥, 천장에 코일파이프를 배관하여 열매 공급(쾌감도가 좋음)
	 4) 지역난방 : 다량의 고압증기 또는 고온수를 이용하여 어느 한 일정지역을 공급하는 방식
	 5) 난방방식 특성 비교
	  ① 쾌감도 : 복사난방 > 온수난방 > 증기난방
	  ② 열용량 : 복사난방 > 온수난방 > 증기난방
	  ③ 설비비 : 복사난방 > 온수난방 > 증기난방
	  ④ 제어성 : 온수난방은 비례제어성이 있지만 증기난방은 ON-OFF 제어만 가능		

증기 난방	1) 장점
	  • 잠열을 이용하므로 열의 운반 능력이 크다.
	  • 예열 시간이 짧고 증기 순환이 빠르다.
	  • 방열 면적과 관경이 작아서 설비비가 싸다..
	 2) 단점
	  • 쾌감도가 나쁘다.
	  • 스팀소음(스팀 해머)가 많이 난다.
	  • 부하 변동에 대응이 곤란하다.
	  • 보일러 취급 시 기술자(자격 소유자)를 요한다.
	 3) 증기 난방의 설계 순서
	 난방부하계산 ⇒ 필요방열면적산출 ⇒ 각실방열기배치(layout) ⇒ 배관관경결정 ⇒ 보일러 용량산출 ⇒ 응축수 펌프 등 부속기기 용량 결정		

> 난방방식별 특징 비교
> (1) 쾌감도
>   복사난방>온수난방>증기난방
> (2) 열용량
>   복사난방>온수난방>증기난방
> (3) 설비비
>   복사난방>온수난방>증기난방
> (4) 제어성
>   온수난방은 비례제어성이 있지만 증기난방은 ON-OFF 제어만 가능

> 증기난방 특징
> 잠열을 이용하므로 열의 운반 능력이 크고, 예열 시간이 짧고 증기 순환이 빠르다. 설비비가 싸다. 방열 면적과 관경이 작아도 된다. 쾌감도가 나쁘다. 부하 변동에 대응이 곤란하다.

증기 난방	4) 응축수 환수 방식에 의한 분류 　방열기 또는 설비에서 증기트랩을 통해 배출된 응축수를 환수하는 방식에 따라 중력환수식, 진공환수식, 기계환수식으로 구분할 수 있다. 5) 증기압력에 의한 분류 　• 저압증기 난방 0.1 MPa 이하(일반적 15 ~ 35 kPa) 　• 고압증기 난방 0.1 MPa 이상 6) 상당 증발량 : 보일러 발생 열량을 표준상태(100℃ 증기)로 계산하여 발생증기량(kgh)으로 환산한 값 $G_e = \dfrac{G_a(h_2 - h_1)}{2257}$ 　　G_e : 상당 증발량(kg/h), 100℃ 증기잠열 : 2257(kJ/kg) 　　G_a : 실제 증발량(kg/h), h_2 : 발생 증기 엔탈피(kJ/kg) 　　h_1 : 급수 엔탈피(kJ/kg) 7) 상당방열 면적(EDR) : 보일러의 능력을 방열기 방열 면적으로 환산한 값　$EDR = \dfrac{G_e \times 2257}{3,600 \times 0.756} = \dfrac{방열량(kW)}{0.756}$ (증기)
온수 난방	1) 원리 : 온수난방은 방열기에서의 온수의 온도강하 즉 현열에 의한 난방이므로 쾌감도가 좋다. 2) 장점 　① 부하 변동에 따라 온수 온도와 수량을 조절할 수 있다. 　② 난방을 정지하여도 여열이 오래 간다. 　③ 방열기 표면 온도가 낮아 쾌감도가 좋다. 3) 단점 　① 예열 시간이 길어 임대 사무실 등에 부적합하다. 　② 방열 면적과 관경이 커져서 설비비가 비싸다. 　③ 한랭지에서 난방 정지 시 동결 우려가 있다. 　④ 대규모 빌딩에서는 수압 때문에 주철제 온수 보일러인 경우, 수두 50 m로 제한하고 있다. 4) 온수 온도에 따른 분류 　• 보통온수식 : 100℃ 이하(60 ~ 80℃)온수를 사용하고 팽창탱크가 필요하다. 　• 고온수식 : 100℃ 이상(120 ~ 180℃)고온수를 사용하고 밀폐형 팽창탱크가 필요하다.
복사 난방	1) 원리 : 복사난방은 코일을 벽 천장 등에 매입시켜 복사열을 내는 코일식과 반사판을 이용하여 직접 복사열을 만드는 패널식 두 가지가 있다. 2) 장점 　① 실내 온도 분포가 균등하여 쾌감도가 좋다. 　② 방을 개방 상태로 하여도 난방 효과가 좋은 편이다.

온수난방 특징
부하 변동에 따라 온수 온도와 수량을 조절할 수 있고, 난방을 정지하여도 여열이 오래 간다. 방열기 표면 온도가 낮아 쾌감도가 좋다. 예열 시간이 길어 간헐난방에 부적합하다.

복사난방 특징
실내 온도 분포가 균등하여 쾌감도가 좋다. 방을 개방 상태로 하여도 난방 효과가 좋은 편이다. 천정이 높은 실에서도 난방 효과가 좋다.
열용량이 크기 때문에 예열 시간이 길다. 코일 매입 시공이 어려워 설비비가 고가이다.

③ 바닥 이용도가 높다.
④ 실온이 낮기 때문에 열손실이 적다.
⑤ 천장이 높은 실에서도 난방 효과가 좋다.
3) 단점
① 열용량이 크기 때문에 예열 시간이 길다.
② 코일 매입 시공이 어려워 설비비가 고가이다.
③ 고장시 발견이 어렵고 수리가 곤란하다.
④ 열손실을 막기 위해 단열층이 필요하다.
4) 패널의 종류
바닥패널(30℃ 이내), 천장패널(50 ~ 100℃까지 가능), 벽패널
5) 코일배관방식
벤드식(유량균일, 온도차 커짐), 그리드식(유량불균형, 온도차 균일)
6) 평균복사온도(MRT) : 복사면의 평균온도를 말하며 복사면의 면적과 표면온도로 가중평균으로 구한다.

$$MRT = \frac{\Sigma A \cdot t}{\Sigma A}$$

평균복사온도(MRT)
복사면의 평균온도를 말하며 복사면의 면적과 표면온도로 가중평균으로 구한다.

$$MRT = \frac{\Sigma A \cdot t}{\Sigma A}$$

---

01 예제문제

다음 중 증기난방 설비의 특징이 아닌 것은?

① 증발잠열을 이용하여 열의 운반능력이 크다.
② 예열시간이 온수난방에 비해 짧고 증기순환이 빠르다.
③ 방열면적을 온수난방보다 적게 할 수 있다.
④ 실내 상하 온도차가 작다.

[해설]
증기난방은 온도가 높아서 실내 상하 온도차가 크다.   답 ④

---

02 예제문제

복사난방을 대류난방과 비교할 때 복사난방의 장단점을 열거한 것 중 틀린 것은?

① 실의 높이에 따른 온도편차가 비교적 균일하며 쾌감도가 좋다.
② 방열기가 없으므로 공간의 이용도가 좋다.
③ 배관의 수리가 곤란하고, 외기의 급 변화에 따른 온도조절이 곤란하다.
④ 공기의 대류가 많아 실내의 먼지가 상승한다.

[해설]
복사난방은 복사열을 이용하므로 공기의 대류가 적고 실내 먼지 유동이 적다.   답 ④

2 증기난방 배관

분류	특징
증기 난방 배관	1개관에서 증기 공급과 응축수 환수가 병행되는 단관식(선상향구배)과 증기관과 응축수관이 2개로 구성된 복관식이 있으며 복관식에서는 증기관 말단에 증기 트랩이 설치되고 증기트랩은 응축수만을 통과시킨다.
냉각 레그와 관말 트랩	증기 주관의 관 끝에서 응축수를 제거하기 위해 관말트랩을 설치하는데 이때 증기 주관에서부터 트랩에 이르는 냉각 레그(cooling leg)는 완전한 응축수를 트랩에 보내는 관계로 보온 피복을 하지 않으며, 또 냉각 면적을 넓히기 위해 그 길이도 1.5m 이상으로 한다.
하트포드 배관	저압증기 난방장치에 있어서 보일러 주변의 환수주관을 보일러 하단에 직접 접속하면 보일러 내의 증기 압력에 의해 보일러 내의 수면이 안전수위 이하로 내려간다. 이런 위험을 막기 위하여 밸런스관을 달고 안전 저수면보다 높은 위치에 환수관을 접속하는데 이런 배관법을 하트포드(hartford) 접속법이라고 한다.
리프트 피팅	1) 정의 : 진공 환수식 난방 장치에 있어서 부득이 방열기보다 높은 곳에 환수관을 배관하지 않으면 안 될 때 또는 환수 주관보다 높은 위치에 진공 펌프를 설치할 때는 리프트 이음(lift fittings)을 사용한다. 2) 기능 : 리프트이음은 환수관의 응축수를 끌어올릴 수 있다. 이 수직관은 주관보다 한 치수 가느다란 관으로 하는 것이 보통이며, 빨아올리는 높이는 1.5m 이내이고, 또 2단, 3단 직렬 연속으로 접속하여 빨아올리는 경우도 있다. 드레인은 난방을 정지했을 때 동결을 방지하는 역할을 하기도 한다.
방열기 주변 배관	1) 스위블 이음 : 방열기 주변배관은 열팽창에 의한 배관의 신축이 방열기에 미치지 않도록 스위블 이음으로 하는 것이 좋다. 2) 방열기의 설치 위치는 열손실이 가장 많은 곳에 설치하되 실내 장치로서의 미관에도 유의하여 설치할 것이며, 벽면과의 거리는 보통 5~6cm 정도가 가장 적합하다. 이 배관법의 요점을 들면 다음과 같다. ① 증기의 유입과 응축수의 유출이 잘되게 배관 구배를 정한다. ② 방열기는 적당한 경사를 주어 응축수 유출이 용이하게 이루어지게 하며 적당한 크기의 트랩을 단다. ③ 방열기의 방열 작용이 잘 되도록 배관해야 하며 진공 환수식을 제외하고는 공기빼기 밸브를 부착해야 한다.
증기관 도중의 밸브	증기 배관의 도중에 밸브를 다는 경우 글로브 밸브는 응축수가 고이게 되므로 슬루스 밸브를 사용한다. 글로브 밸브를 달 때에는 밸브축을 수평으로 하여 응축수가 흐르기 쉽게 해야 한다. 한랭지에서는 동파를 막기 위해 이중 서비스 밸브를 설치한다.

냉각 레그(cooling leg)
증기 주관에서부터 관말 트랩에 이르는 냉각 레그(cooling leg)는 완전한 응축수를 트랩에 보내는 관계로 보온 피복을 하지 않으며, 또 냉각 면적을 넓히기 위해 그 길이도 1.5m 이상으로 한다.

하트포드(hartford) 배관
증기 보일러 내의 수면이 안전수위 이하로 내려가지 않도록 하는 밸런스관

리프트 피팅
진공 환수식 난방 배관에서 저층의 응축수를 끌어올릴 수 있는 배관으로 흡상 높이는 1.5m 이내이고, 또 2단, 3단 직렬 연속으로 접속할 수 있다.

증발 탱크	1) 정의 : 증발탱크(flash tank)는 고압증기의 응축수는 그대로 대기에 개방하거나, 저압 환수 탱크에 보내면 압력강하 때문에 일부가 재증발하여 저압 환수관 내의 압력을 올려, 증기 트랩의 배압을 상승시킴으로써 트랩 능력을 감소시키게 된다. 이것을 방지하기 위하여 고압 환수를 증발 탱크로 끌어 들여 저압 하에서 재증발시켜, 발생한 증기는 그대로 이용하고 탱크 내에 남은 저압 응축수만을 환수관에 송수하기 위한 장치를 말하는 것이다.
스팀 헤더	1) 원리 : 보일러에서 발생한 증기를 각 계통으로 분배할 때는 일단 이 스팀 헤더에 보일러로부터 증기를 모은 다음 각 계통별로 분배한다. 2) 규격 : 스팀 헤더의 관경은 그것에 접속하는 증기관 단면적 합계의 2배 이상의 단면적을 갖게 하여야 한다. 3) 구성요소 : 스팀 헤더에는 압력계, 드레인 포켓, 트랩장치 등을 함께 부착시킨다. 스팀 헤더의 접속관에 설치하는 밸브류는 조작하기 좋도록 바닥 위 1.5 m 정도의 위치에 설치하는 것이 좋다.
배관 기울기	증기난방의 배관 기울기는 응축수 환수에 지장이 없도록 하며 또한 지관의 기울기는 주관의 신축에 의하여 기울기가 변화하여 지장이 생기지 않도록 충분한 기울기를 둔다. 표. 증기 난방의 배관 기울기 <table><tr><td>증기관</td><td>앞내림배관(선하향) 1/250 이상 앞올림배관(선상향) 1/50 이상</td></tr><tr><td>환수관</td><td>앞내림배관 1/250 이상</td></tr></table>
감압 밸브	1) 증기는 고압을 저압으로 감압하기 위하여 감압 밸브를 설치하는데 감압 밸브 선정 시는 1차측과 2차측의 압력차에 특히 주의해야 한다. 압력차가 클 경우는 2개의 감압 밸브를 직렬 접속하여 2단 감압한다. 2) 감압밸브의 주변 배관 시공 시 주의 사항 ① 감압밸브는 본체에 표시된 화살표 방향과 유체 방향이 일치하도록 설치한다. ② 위 아래에 충분한 공간을 취해 분해 수리 시 무리가 없도록 한다. ③ 바이패스관은 1차측 관보다 한 치수 작은 관을 사용한다. ④ 리듀서는 편심 리듀서를 사용하여 바닥에 찌꺼기가 고이지 않게 한다. ⑤ 시운전 시에는 바이패스관으로 찌꺼기를 먼저 없앤 다음 감압 밸브를 사용한다.

> **03 예제문제**
>
> 하트포드(Hart Ford) 배관법과 관계없는 것은?
>
> ① 보일러 내의 안전 저수면보다 높은 위치에 환수관을 접속한다.
> ② 저압 증기난방에서 보일러 주변의 배관에 사용한다.
> ③ 보일러 내의 수면이 안전수위 이하로 내려가기 쉽다.
> ④ 환수주관에 침적된 찌꺼기를 보일러에 유입시키지 않는다.
>
> **해설**
> 하트포드 배관은 보일러 내의 수면이 안전수위 이하로 내려가지 않게 한다.   **답 ③**

3 온수난방 배관

분류	특징
분류	- 온수순환방식에 의한 분류 • 중력환수식 : 보일러에서 가열된 온수는 방열기에서 냉각되며 이때 온도차에 따른 현열을 이용하여 난방하는데 온도차에 의한 밀도차를 이용하여 온수를 순환시키는 방식을 중력순환(자연순환)방식이라 하며 보일러가 방열기 하부에 설치되어야 한다. 중력순환식은 순환펌프가 없고 순환력이 적어 관경이 커진다. • 기계환수식 : 온수 순환을 순환 펌프를 이용하는 방식으로 순환력이 크고 관경이 작아진다. 방열기 설치 위치에 제한이 없으며 대부분의 온수 난방이 기계순환방식을 채택한다.
배관 방식	- 배관방식에 의한 분류 • 단관식 : 온수공급과 환수가 1개 관으로 구성되며 온수 순환이 불규칙하다 • 복관식 : 공급관과 환수관이 독립적이며 온수 순환이 원활하다. 배관방식에 직접환수식과 역환수식(리버스 리턴방식)이 있다. 배관 설비비는 역환수식이 증가하나 온수순환이 균등하여 대규모인 경우 적용이 바람직하다.
팽창 탱크	1) 정의 : 팽창탱크는 온수난방에서 온도차에 따른 물의 팽창을 흡수하기 위한 팽창탱크가 필요하며 개방식과 밀폐식이 있으며 최근에는 주로 밀폐형을 적용한다. 2) 온수팽창량(ΔV) $\Delta V = \left(\dfrac{1}{\rho_2} - \dfrac{1}{\rho_1}\right) \cdot V$, V : 전수량(L), ρ_1 : 가열 전 물의 밀도 ρ_2 : 가열 후 물의 밀도

온수난방 배관 분류
중력환수식, 기계환수식

	3) 개방형 팽창탱크 용량 : $V = (1.5 \sim 2.0) \cdot \Delta V$ 4) 밀폐형 팽창탱크 용량 : 탱크용량 $V = \dfrac{\Delta V}{1 - (P_o/P_m)}$ P_o : 팽창탱크 최저 절대압력(MPa) P_m : 최고사용 절대압력(MPa)
방열기	1) 구조에 따른 방열기 종류 • 주형방열기 : 2주, 3주, 3세주, 5세주형 • 벽걸이형 방열기 : 세로형, 가로형 • 길드방열기 : 휜 튜브를 붙인 것으로 전열면적 확대 • 대류방열기(컨벡터) : 대류작용을 촉진시키기 위해 상자 속에 방열기를 넣은 구조 • 베이스보드형 : 컨벡터를 무릎 높이로 낮게 설치한 것으로 의자로 사용이 가능하다. • 관방열기 : 파이프를 연결하여 현장 등에 사용하는 것으로 고압에도 잘 견디나 효율은 낮다.
표준 방열량	• 증기난방(증기온도 102℃ 실온 18.5℃)일 때 증기 방열기 1m^2에서 방열량을 표준 방열량이라 하며 $756\,\text{W/m}^2$이다. • 온수난방(온수온도 80℃ 실온 18.5℃)일 때 온수 방열기 1m^2에서 방열량을 표준 방열량이라 하며 $523\,\text{W/m}^2$이다

열매 종류	표준 방열량 Q_c (kW/m^2)	표준 상태에서의 온도(℃)	
		열매온도	실내온도
증기	0.756	102	18.5
온수	0.523	80	18.5

EDR	상당방열면적(EDR, m^2) : 방열량(손실열량)을 표준상태의 방열기 면적으로 환산한 값이다. • 증기난방 EDR=손실열량 (kW)÷0.756=손실열량(W)÷756 • 온수난방 EDR=손실열량 (kW)÷0.523=손실열량(W)÷523
방열기 설치	1) 방열기는 틈새바람이 많은 창문 아래에 설치하여 콜드드래프트를 방지하고 대류작용을 이용 실내온도가 균일하게 한다.(벽과 5~6cm 이격) 2) 방열기 호칭법 예) 15 / Ⅲ-650 / 3/4×3/4 3주형 방열기, 높이 650mm, 섹션 수 15, 유입관과 유출관의 관경 3/4인치 2주형 : Ⅱ, 3세주 : 3, 5세주 : 5 예) 3 / W-V / 1/2×1/2 벽걸이 세로형 방열기, 섹션 수 3, 유입관과 유출관의 관경 1/2인치 벽걸이 : W 세로(수직형) : V(Vertical) 가로(수평형) : H(Horizontal)

신축이음	배관의 신축을 흡수하는 이음쇠의 종류에는 슬리브형, 벨로스형, 신축곡관, 스위블조인트, 볼조인트가 있고 시공 시 잡아당겨 연결하는 콜드스프링법이 있다. 누수 여부의 크기 순서는 스위블조인트 〉슬리브형 〉벨로스형 〉신축곡관이며 일반적으로 냉온수관에서 강관은 30m마다 동관은 20m마다 신축이음쇠 1개씩 설치한다.

04 예제문제

방열량이 2000W인 방열기에 공급하여야 하는 온수량(L/min)은 약 얼마인가? (단, 방열기 입구온도 80℃, 출구온도 70℃, 온수 평균온도의 물의 비열 4.2kJ/kgK, 물의 밀도 987.5kg/m³이다.)

① 2.9L/min ② 12.9L/min
③ 22.9L/min ④ 32.9L/min

해설
물의 밀도 $q = W C \Delta t$ 에서
$$W = \frac{q}{C \Delta t} = \frac{2000/1000}{4.2(80-70)} = 0.0476\,kg/s = 2.86\,kg/min = \frac{2.86}{0.9875} = 2.90\,L/min$$

답 ①

05 예제문제

공기 가열기, 열 교환기 등 다량의 응축수를 처리하는 데 적합하며, 작동원리에 따라 다량트랩, 부자형 트랩으로 구분하는 트랩은?

① 벨로스 트랩 ② 바이메탈 트랩
③ 플로트 트랩 ④ 벨 트랩

해설
플로트(부자형) 트랩은 많은 양의 응축수를 제거하므로 다량 트랩이라 한다.

답 ③

04 핵심예상문제 — 난방설비

본 핵심예상문제는 각단원별 출제빈도 높은 문제 및 최근 10년간의 기출문제 중 비중이 높은 출제유형이므로 꼭 풀어보고 가야할 문제입니다. 이후 실전예상문제를 공부하시면 효과적입니다.

[07년 1회]

01 다음 중 연결이 맞는 것은?

① 온수난방 : 잠열
② 증기난방 : 팽창탱크
③ 온풍난방 : 팽창관
④ 복사난방 : 평균복사 온도

> 증기난방은 잠열을 이용하고, 온수난방은 현열을 이용하며 팽창탱크와 팽창관이 필요하다. 복사난방에서 난방효과를 평가할 때 평균복사 온도(MRT)를 이용한다.

[11년 3회, 10년 1회, 06년 2회]

04 온수난방에서 상당 방열면적이 200m²이고, 한 시간의 최대 급탕량이 700L/h일 때 보일러 크기(출력)는 몇 kW인가?(단, 배관손실 부하는 총부하의 20%로 하며, 급탕 공급 온도차는 60℃로 한다.)

① 104.6kW   ② 145.51kW
③ 184.3kW   ④ 196.6kW

> 난방부하 $= EDR \times 0.523 = 200 \times 0.523 = 104.6 kW$
> 급탕부하 $= WC\Delta t = 700 \times 4.2 \times 60 = 176,400 kJ/h$
> $\qquad = 49 kW$
> 보일러출력 $=$ 난방부하$+$급탕부하$+$배관손실부하
> $\qquad = (104.6 + 49) \times (1 + 0.2) = 184.3 kW$

[12년 1회]

02 관내에 분리된 증기나 공기를 배출하고 물의 팽창에 따른 위험을 방지하기 위해 설치하는 것은?

① 순환탱크   ② 팽창탱크
③ 옥상탱크   ④ 압력탱크

> 팽창탱크는 온수난방에서 증기나 공기(개방형)를 배출하고 물의 팽창을 흡수한다.

[10년 3회]

05 스팀헤더(Steam Header)의 사용목적으로서 가장 적합한 것은?

① 배관 내의 압력을 조절하기 위하여
② 증기의 유량배분을 원활하게 하기 위하여
③ 열매의 효율을 높이기 위해서
④ 배관대의 부식방지를 위하여

> 스팀헤더는 보일러의 증기를 각 존별로 균등히 배분하기 위해 설치한다.

[12년 2회]

03 패널 난방(Panel Heating)은 열의 전달방법 중 주로 어느 것을 이용한 것인가?

① 전도   ② 대류
③ 복사   ④ 전파

> 패널난방은 벽, 천장, 바닥 속에 온수관을 설치하여 벽체를 가열하여 벽면에서 방출하는 복사열을 이용하는 난방방식이다.

[13년 1회]

06 증기 또는 온수난방에서 2개의 이상의 엘보를 이용하여 배관의 신축을 흡수하는 신축이음쇠는?

① 스위블형 신축이음쇠
② 벨로스형 신축이음쇠
③ 볼 조인트형 신축이음쇠
④ 슬리브형 신축이음쇠

> 스위블 조인트는 2개의 이상의 엘보를 사용하여 엘보와 배관의 비틀림으로 신축을 흡수하며 방열기 주변 배관에 주로 이용한다.

정답 01 ④ 02 ② 03 ③ 04 ③ 05 ② 06 ①

[15년 3회]

07 다음 보기에서 설명하는 난방 방식은?

- 공기의 대류를 이용한 방식이다.
- 설비비가 비교적 작다.
- 예열시간이 짧고 연료비가 작다.
- 실내 상하의 온도차가 크다.
- 소음이 생기기 쉽다.

① 지역 난방 ② 온수 난방
③ 온풍 난방 ④ 복사 난방

> 온풍 난방은 팬을 이용하여 공기의 강제 대류 작용으로 난방하는 방식이다.

[10년 1회]

08 증기난방과 비교한 온수난방법의 장점의 아닌 것은?

① 증기보일러에 비해 온수보일러의 취급이 용이하다.
② 동일 방열량에 대해 증기난방보다 방열면적이 크다.
③ 증기트랩을 사용할 필요가 없다.
④ 난방부하에 따른 온도조절이 비교적 쉽다.

> 온수난방은 방열량이(W/m²)이 적어서 증기난방에 비해 방열면적이 커지는데 이는 단점이다.

[14년 3회, 12년 1회]

09 온수난방에서 역귀환방식을 채택하는 주된 이유는?

① 순환펌프를 설치하기 위해
② 배관의 길이를 축소하기 위해
③ 열손실과 발생소음을 줄이기 위해
④ 건물 내 각 실의 온도를 균일하게 하기 위해

> 온수난방 역귀환방식(역환수식, 리버스 리턴방식)의 채택 이유는 각 존별로 배관 저항을 균등히 하여 순환이 균등해지고 결국 온도를 균등하게 하기 위함이다.

[07년 2회]

10 온수배관을 시공할 때 고려해야 할 사항으로 짝지어진 설명이 옳지 않은 것은?

① 열에 의한 배관의 신축 – 신축이음
② 온도차에 의한 물의 자연순환 – 순환펌프
③ 열에 의한 온수의 부피팽창 – 팽창관
④ 혼입된 공기에 의한 설비의 장애 – 공기빼기 밸브

> 온도차(밀도차)에 의한 자연순환에는 펌프가 필요없고 물의 강제순환에는 순환 펌프가 필요하다.

[22년 2회]

11 온수난방 배관 시 유의사항으로 틀린 것은?

① 온수 방열기마다 반드시 수동식 에어벤트를 부착한다.
② 배관 중 공기가 고일 우려가 있는 곳에는 에어벤트를 설치한다.
③ 수리나 난방 휴지시의 배수를 위한 드레인 밸브를 설치한다.
④ 보일러에서 팽창탱크에 이르는 팽창관에는 밸브를 2개 이상 부착한다.

> 온수난방에서 보일러에서 팽창탱크에 이르는 팽창관에는 밸브를 설치하지 않는다.

[15년 2회]

12 고온수 난방의 배관에 관한 설명으로 옳은 것은?

① 온수 순환력이 작아 순환펌프가 필요하다.
② 고온수 난방에서는 개방식 팽창탱크를 사용한다.
③ 관내압력이 높기 때문에 관 내면의 부식문제가 증기난방에 비해 심하다.
④ 특수 고압기기가 필요하고 취급·관리가 복잡 하다.

> 고온수 난방(100℃ 이상) 배관은 순환력이 크며, 밀폐형 팽창탱크를 사용하고, 부식은 적은 편이나 고압을 유지하기위한 특수 고압기기가 필요하고 취급·관리가 복잡하다.

정답 07 ③ 08 ② 09 ④ 10 ② 11 ④ 12 ④

[13년 2회]
13 온수난방에 대한 설명 중 옳지 않은 것은?

① 배관을 1/250 정도의 일정구배로 하고 최고점에 배관 중의 기포가 모이게 한다.
② 고장 수리를 위하여 배관 최저점에 배수 밸브를 설치한다.
③ 보일러에서 팽창탱크에 이르는 팽창관에 밸브를 설치한다.
④ 난방배관의 소켓은 편심 소켓을 사용한다.

> 보일러에서 팽창탱크에 이르는 팽창관 사이에는 안전을 위하여 어떠한 밸브도 설치하지 않는다.

[13년 1회]
14 방열기의 환수구에 설치하여 증기와 드레인을 분리하여 환수시키고 공기도 배출시키는 트랩?

① 열동식 트랩　② 플로트 트랩
③ 상향식 버킷트랩　④ 충격식 트랩

> 방열기에 환수측에 사용하는 트랩은 열동식 트랩(벨로스 트랩)을 주로 적용한다.

[15년 2회, 11년 3회]
15 고압증기 난방에서 환수관이 트랩 장치보다 높은 곳에 배관되었을 때 버킷 트랩이 응축수를 리프팅 하는 높이는 증기 파이프와 환수관의 압력차 100kPa에 대하여 얼마로 하는가?

① 2m 이하　② 5m 이하
③ 3m 이하　④ 7m 이하

> 압력차 100kPa는 이론적으로 10m에 해당하지만 고압증기 난방에서 환수관이 트랩보다 높을 때 응축수를 리프팅 하는 높이는 압력차 100kPa에 5m 이하로 제한한다.

[22년 3회]
16 증기보일러 배관에서 환수관의 일부가 파손된 경우 보일러 수의 유출로 안전수위 이하가 되어 보일러 수가 빈 상태로 되는 것을 방지하기 위해 하는 접속법은?

① 하트포드 접속법　② 리프트 접속법
③ 스위블 접속법　④ 슬리브 접속법

> 하트포드 접속법은 증기관과 환수관을 균압관(하트포트배관)으로 연결하여 보일러 안전수위를 유지한다.

[08년 3회]
17 증기난방배관 시공법에 관한 설명으로 틀린 것은?

① 주관에서 지관을 입상관 분기하는 경우 천장과의 간격이 적을 때에는 주관에서 티를 45° 상향으로 하여 45° 엘보를 사용하여 배관한다.
② 주관에서 지관을 분기하는 경우에는 배관의 신축을 고려하여 2개의 이상의 엘보를 사용한 스위블 이음으로 한다.
③ 증기 수평주관의 입상개소 하부에는 트랩 장치를 한다.
④ 증기관이나 환수관이 보 또는 출입문 등 장애물과 교차할 때는 장애물을 관통하여 배관 한다.

> 증기관이나 환수관이 장애물과 교차 시는 장애물을 우회하여 배관하다.

[12년 2회]
18 증기보일러에서 환수방법을 진공환수방법으로 할 때 설명으로 맞는 것은?

① 증기주관은 선하향 구배로 한다.
② 환수관은 습식 환수관을 사용한다.
③ 리프트 피팅의 1단 흡상고는 2 m로 한다.
④ 리프트 피팅은 펌프 부근에 2개 이상 설치한다.

> 진공 환수식에서 증기주관은 $\frac{1}{200} \sim \frac{1}{300}$ 정도 선하향 구배로 하고 환수관은 건식환수로 하며 리프트 피팅 1단 흡상 높이는 1.5m 이내로 한다.

정답 13 ③　14 ①　15 ②　16 ①　17 ④　18 ①

[22년 2회]

19 증기난방의 환수방법 중 증기의 순환이 가장 빠르며 방열기의 설치위치에 제한을 받지 않고 대규모 난방에 주로 채택되는 방식은?

① 단관식 상향 증기 난방법
② 단관식 하향 증기 난방법
③ 진공환수식 증기 난방법
④ 기계환수식 증기 난방법

> 진공환수식 증기 난방법은 응축수를 진공 펌프로 강제 회수하므로 증기의 순환이 가장 빠르며 방열기의 설치 위치에 제한을 받지 않고 대규모 난방에 주로 채택한다.

[15년 1회]

20 진공 환수식 증기난방법에 탱크 내 진공도가 필요 이상으로 높아지면 밸브를 열어 탱크 내에 공기를 넣는 안전밸브의 역할을 담당하는 기기는?

① 버큠 브레이커(Vacuum Breaker)
② 스팀 사이렌서(Steam Silencer)
③ 리프트 피팅(Lift Fitting)
④ 냉각 레그(Cooling Leg)

> 버큠 브레이커는 진공 환수식에서 탱크 내 진공도를 제어하는 기기이다.

[13년 3회]

21 배관의 지름은 유속에 따라 결정된다. 저압증기관에서 권장유속으로 적당한 것은?

① 10~15m/s　② 20~30m/s
③ 30~50m/s　④ 50m/s 이상

> 저압증기관의 권장 증기 유속 : 20~30m/s
> 고압증기관 : 30~50m/s

[14년 1회]

22 증기난방 설비의 수평배관에서 관경을 바꿀 때 사용하는 이음쇠로 가장 적합한 것은?

① 편심 리듀서　② 동심 리듀서
③ 유니언　　　④ 소켓

> 증기배관에서 응축수가 고이지 않도록 편심 리듀서를 배관 바닥면을 일치하게 설치한다.

[22년 2회]

23 증기배관 중 냉각 레그(cooling leg)에 관한 내용으로 옳은 것은?

① 트랩으로 완전한 응축수를 회수하기 위함이다.
② 고온증기의 동파 방지설비이다.
③ 열전도 차단을 위한 보온단열 구간이다.
④ 익스팬션 조인트이다.

> 증기배관 중 냉각 레그(cooling leg)는 냉각배관으로 트랩으로 가는 응축수를 냉각시켜 회수하여 트랩의 작동을 확실하게 하기위함이다.

[06년 2회]

24 하트포드 접속법(Hartford Connection)은 증기난방 배관 중 어디에 배관하는가?

① 관말 트랩 장치에 배관
② 증기 주관에 배관
③ 증기관과 환수관 사이에 배관
④ 방열기 주위에 배관

> 하트포드 접속은 증기 보일러 주변 배관으로 보일러 안전수위를 유지하기 위한 것으로 증기관과 환수관 사이에 설치한다.

[06년 3회]

25 증기주관 관말 트랩 바이패스관 설치시 필요 없는 것은?

① 스트레이너
② 유니온
③ 열동식 트랩
④ 안전 밸브

정답 19 ③　20 ①　21 ②　22 ①　23 ①　24 ③　25 ④

제2장 배관관련설비

관말 트랩장치에 안전 밸브는 설치하지 않는다.

[09년 1회]
26 증기난방설비 시공시 수평주관으로부터 분기 입상시키는 경우 관의 신축을 고려하여 설치하는 신축 이음은?

① 스위블 이음 ② 슬리브 이음
③ 벨로스 이음 ④ 플랙시블 이음

스위블 이음은 배관의 신축을 흡수한다.

[08년 1회]
27 증기난방 배관방법에 이어서 리프트 피팅(Lift Fitting)의 빨아올리는 높이는 1단을 몇 m 이내로 하는가?

① 0.7m ② 1m
③ 1.5m ④ 3m

진공환수식 증기난방에서 리프트 피팅은 1단이 1.5m 이내가 되도록 한다.

[07년 2회]
28 플로트 트랩의 특징이 아닌 것은?

① 항상 응축수가 생기는 대로 배출되므로 최대의 열효율을 요구하는 곳에 적합하다.
② 자동 에어벤트가 내장되어 있으므로 공기배출 능력이 뛰어나다.
③ 고압에서도 사용이 가능하며 견고하고 수격작용에도 강하다.
④ 동파의 위험이 있으므로 외부에 설치할 때는 보온해야 한다.

플로트 트랩(Flort Trap)은 저압증기용 트랩으로 부력을 이용하는 기계식 트랩으로 응축수량이 많을 때 적합하다.

[14년 2회]
29 트랩 중에서 응축수를 밀어올릴 수 있어 환수관을 트랩보다도 위쪽에 배관할 수 있는 것은?

① 버킷 트랩 ② 열동식 트랩
③ 충동증기 트랩 ④ 플로트 트랩

상향 버킷 증기트랩은 응축수를 트랩보다 위쪽의 환수관에 배출이 가능하다.

[12년 3회]
30 증기배관에서 워터해머를 방지하기 위한 방법 중 틀린 것은?

① 보일러에서 프라이밍(Priming)이 없도록 한다.
② 감압밸브를 설치하는 것이 좋다.
③ 역구배를 충분히 크게 하고 관경을 크게 한다.
④ 트랩은 확실하게 작동되고 고장이 없는 것을 사용한다.

증기배관에서 역구배를 주면 공급되는 증기와 역류하는 응축수가 충돌하여 워터해머가 발생하기 쉬워서 순구배를 주는 것이 좋다.

[07년 1회]
31 다음과 같은 증기 난방배관에 관한 설명으로 옳은 것은?

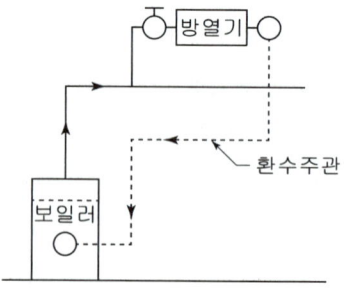

① 진공 환수식으로 습식 환수방식이다.
② 중력 환수방식이며 건식 환수방식이다.
③ 중력 환수방식으로서 습식 환수방법이다.
④ 진공 환수방식이며 건식 환수방식이다.

정답 26 ① 27 ③ 28 ③ 29 ① 30 ③ 31 ②

증기배관에서 중력 환수식이며 환수주관이 보일러 수면 위에 있으므로 건식 환수방식이다.

저압증기난방 보일러 주변 배관에 하트포드 이음을 사용하고 방열기 주변 배관은 스위블 이음을 사용한다.

[14년 1회, 10년 3회, 10년 2회, 06년 3회]

32 열팽창에 의한 배관의 신축이 방열기에 영향을 주지 않도록 방열기 주위 배관에 일반적으로 설치하는 신축이음쇠는?

① 신축곡관
② 스위블 조인트
③ 슬리브형 신축이음
④ 벨로스형 신축이음

스위블 조인트는 방열기 주위 배관에 일반적으로 적용하는 배관법으로 열팽창에 의한 배관의 신축이 방열기에 영향을 주지 않도록 한다.

[22년 1회]

35 어느 실내에 설치된 온수 방열기의 방열면적이 $10m^2$ EDR일 때의 방열량(W)은?

① 4500
② 6500
③ 7558
④ 5233

온수방열기 1EDR = 523.3W
그러므로 $10 \times 523.3 = 5233W$
증기방열기 1EDR = 755.8W

[09년 1회]

33 방열기의 입구온도 70℃, 출구온도 55℃, 방열계수 $6.8(W/m^2K)$이고 실내온도가 18℃일 때 이 방열기의 방열량(W/m^2)은 얼마인가?

① 102.6
② 203.6
③ 302.6
④ 406.6

방열계수란 열매(온수)온도와 실내온도차(Δt) 1℃당 방열량으로

열매 평균온도(t) = $\frac{70+55}{2}$ = 62.5℃.
Δt = 열매와 실내온도차 = 62.5 − 18 = 44.5℃
방열기 방열량
q = 방열계수 × 온도차 = 6.8 × 44.5 = 302.6 W/m^2

[14년 1회]

36 3세주형 주철제 방열기를 설치할 때 사용증기의 온도가 120℃이고, 실내공기의 온도가 20℃, 난방부하 42,000 kJ/h를 필요로 하면 설치할 방열기의 소요 쪽수는 얼마인가?(단, 방열계수는 $9.2 W/m^2K$이고, 1쪽당 방열면적은 $0.13m^2$이다.)

① 88쪽
② 98쪽
③ 108쪽
④ 118쪽

이 문제에서 방열계수 $9.2W/m^2K$의 의미는 증기온도와 실내온도 1℃당 $9.2W/m^2$의 방열을 말한다. 그러므로 단위면적당 방열기 방열량 = $9.2 \times (120-20) = 920 W/m^2$

방열기 면적 $\frac{난방부하}{방열량} = \frac{42000 \times 1000}{3600 \times 920} = 12.68 m^2$

방열기 쪽수 $\frac{방열면적}{1쪽당 면적} = \frac{12.68}{0.13} = 97.5 = 98쪽$

(여기서, 42,000kJ/h 부하를 1000을 곱하고 3600으로 나누어 방열량 단위 W로 환산한다.)

[07년 3회]

34 방열기의 설치와 주위배관에 관한 설명이 틀린 것은?

① 방열기 주위는 하트포드 이음으로 배관한다.
② 환수관은 끝내림으로 한다.
③ 설치위치는 일반적으로 방의 외벽측 창문 밑으로 한다.
④ 방열기와 벽면관의 사이에 60mm 정도의 간격을 준다.

정답 32 ② 33 ③ 34 ① 35 ④ 36 ②

제2장 배관관련설비

[22년 2회]

37 가열면의 면적은 5m²이고 가열면 온도는 200℃, 이에 접하는 공기온도는 30℃ 일 때 열전달을 통하여 전달되는 열량은 얼마인가?(가열면의 열전달률은 13.2 W/m²K 이다)

① 2.2kW
② 5.2kW
③ 8.2kW
④ 11.2kW

$q = \alpha A \Delta t = 13.2 \times 5(200-30) = 11,220W = 11.2kW$

[23년 1회]

38 단관식 증기배관에서 방열기 밸브로 적합한 것은?

① 앵글밸브
② 글로브밸브
③ 버터플라이밸브
④ 슬루스밸브

증기 입상 분기관과 방열기를 접속하는데는 90도로 접속이 가능한 앵글밸브가 적합하다.

05 공기조화설비

1 공기조화설비의 개요

분류	특징
개요	1) 공기조화 설비 배관은 시공 시 관의 신축을 고려하고, 또한 균등한 기울기를 유지하며 역 구배 및 공기 발생 등 순환을 저해할 우려가 있는 배관을 해서는 안 된다. 2) 관의 이음은 강관일 경우 관 지름이 50mm 이하일 때는 나사 이음, 65mm 이상일 때는 용접이음 또는 플랜지 이음 방식으로 한다. 3) 냉·온수 및 냉각수 배관에 사용하는 밸브는 특기가 없을 때 50mm 이하는 게이트 밸브로, 65mm 이상은 버터플라이 밸브로 한다. 4) 주관의 곡부에는 곡관을 사용한다. 5) 배관계에서 공기가 체류할 우려가 있는 곳에는 반드시 공기 빼기 밸브를 설치하여야 한다.
공기 조화 설비 배관	1) 냉·온수 배관 횡주관은 위쪽 또는 아래쪽 구배 배관으로 하고, 구배는 1/250 이상으로 한다. 2) 입상 분기는 횡주관의 상부로부터 뽑아내어 공기가 쉽게 빠지도록 한다. 입하 분기는 하부로부터 뽑아내어 배수가 용이하게 되도록 한다. 3) 설계 도서에 나타낸 장소 및 H형 배관이 되는 부분에는 자동 또는 수동의 공기 빼기 밸브를 설치하거나 또는 개방형 팽창 탱크로 배기할 수 있는 배관으로 한다. 4) 설계 도서에 나타난 장소 및 드레인이 잔류할 우려가 있는 개소에는 드레인 밸브를 설치하여 간접 배수한다. 5) 배관의 온도 변화에 따른 신축을 고려한다. 6) 전환 밸브 및 조작용 밸브는 소정의 개소에 설치한다.
증기 배관	1) 횡주관에서 관경이 다른 경우 편심 이경 이음을 사용하고, 드레인이 잔류하지 않도록 한다. 2) 횡주관의 구배는 순 구배에서는 1/250 이상으로 하고, 역구배의 경우에는 관경을 1사이즈 크게 하고, 1/80 이상의 구배로 한다. 환수관은 반드시 1/250 이상의 순 구배로 한다. 3) 트랩은 주 배관 내의 드레인을 충분히 배출할 수 있는 방법으로 시공한다. 4) 배관에는 온도 변화에 따른 신축을 고려한다. 5) 고압 증기의 환수관을 저압 증기의 환수관에 접속하는 경우는 증발 탱크를 경유하여 저압 환수관에 접속한다. 6) 저압 진공 환수관을 고소에 세워 올리는 개소에는 리프트 피팅(lift fitting)을 설치한다.

7) 고압 환수에서 환수 주관이 트랩보다 상부에 있는 경우에는 체크 밸브를 설치한다.
8) 일반적으로 저압 증기, 환수용에는 게이트 밸브를 사용하고, 고압용은 볼 밸브를 사용한다.
9) 감압 밸브 장치의 안전밸브의 압력은 상용의 1.15 ~ 1.2배 정도로 한다.
10) 압력계, 온도계 등은 설계 도서에 기재된 개소에 설치한다.

01 예제문제

공기조화설비의 전공기 방식에 속하지 않는 것은?

① 단일덕트 방식 ② 이중덕트 방식
③ 팬코일 유닛 방식 ④ 멀티 존 유닛 방식

해설
팬코일 유닛 방식(F.C.U 방식)은 전수방식에 속한다. **답 ③**

02 예제문제

다음의 냉·난방 배관에 대한 설명 중 옳지 않은 것은?

① 증기관이나 응축수 배관에 설치하는 글로브밸브는 일반적으로 밸브 축이 수직으로 되게 설치한다.
② 팽창관에는 밸브를 설치해서는 안 된다.
③ 지름이 다른 관을 나사 이음할 때는 부싱을 사용하지 않는 것이 바람직하다.
④ 공조기기의 물빼기용 배수는 간접배수로 한다.

해설
증기관이나 응축수 배관에 설치하는 글로브밸브는 물이 정체하지 않도록 밸브 축이 수평으로 되게 설치한다. **답 ①**

2 공기조화설비 배관

분류	특징
신축 이음	배관의 신축을 흡수하는 이음쇠의 종류에는 슬리브형, 벨로스형, 신축곡관, 스위블조인트, 볼조인트가 있고 시공 시 잡아당겨 연결하는 콜드 스프링법이 있다. 누수 여부의 크기 순서는 스위블조인트 > 슬리브형 > 벨로스형 > 신축곡관이며 일반적으로 냉온수관에서 강관은 30m마다 동관은 20m마다 신축이음쇠 1개씩 설치한다. 1) 슬리브형(sleeve type) 　① 직선배관에 사용되며 신축량이 크고 소요공간이 작다. 　② 활동부 패킹의 파손 우려가 있어 누수되기 쉽다. 　③ 보수가 용이한 곳에 설치한다. 2) 벨로스형(bellows type) 　① 주름 모양의 원형판에서 신축을 흡수한다. 　② 설치공간은 작은 편이며 일반적으로 많이 이용된다. 　③ 누수의 염려가 있고 고압에는 부적당하다. 3) 신축곡관(expansion loop) 　① 파이프를 원형 또는 ㄷ자 형으로 벤딩하여 벤딩부에서 신축을 흡수한다. 　② 고압에 잘 견딘다. 　③ 신축 길이가 길며 설치에 넓은 장소를 필요로 하므로 옥외배관에는 적당하다. 　④ 보수할 필요가 거의 없다. 4) 스위블조인트(swivel joint) 　① 2개 이상의 엘보를 이용하여 나사부의 회전으로 신축 흡수 　② 방열기 주변 배관에 많이 이용된다. 　③ 누수의 염려가 있다. 5) 볼조인트 이음(balll joint) 　최근 쓰이기 시작한 것이며 내측 케이스와 외측 케이스로 구성되어 있고 일정 각도 내에서는 자유로이 회전한다. 이 조인트를 2~3개 사용하여 배관을 하면 관의 신축을 흡수할 수 있다. 신축곡관에 비해 설치 공간이 적고 기타 신축이음에 비해 고온, 고압에 잘 견디나 개스킷이 열화되는 경우가 있다.
온수 배관	1) 온수순환방식에 의한 분류 　① 중력환수식 : 보일러에서 가열된 온수는 방열기에서 냉각되며 이때 온도차에 따른 현열을 이용하여 난방하는데 온도차에 의한 밀도차를 이용하여 온수를 순환시키는 방식을 중력순환(자연순환)방식이라 하며 보일러가 방열기 하부에 설치되어야한다. 중력순환식은 순환펌프가 없고 순환력이 적어 관경이 커진다.

> 신축이음 누수 여부의 순서는 스위블조인트>슬리브형>벨로스형>신축곡관이며 일반적으로 냉온수관에서 강관은 30m마다 동관은 20m마다 신축이음쇠 1개씩 설치한다.

제2장 배관관련설비

	2) 온수 온도에 따른 분류 　① 보통온수식 : 100℃ 이하(60 – 80℃)온수를 사용하고 팽창탱크가 필요하다. 　② 고온수식 : 100℃ 이상(120 – 180℃)고온수를 사용하고 밀폐형 팽창탱크가 필요하다. 3) 배관방식에 의한 분류 　① 단관식 : 온수공급과 환수가 1개 관으로 구성되며 온수 순환이 불규칙하다. 　② 복관식 : 공급관과 환수관이 독립적이며 온수 순환이 원활하다. 배관 방식에 직접환수식과 역환수식(리버스 리턴방식)이 있다. 배관 설비비는 역환수식이 증가하나 온수순환이 균등하여 대규모인 경우 적용이 바람직하다.
기기 주변 배관	1) 하트포트배관 : 저압증기 난방의 보일러 주변배관으로 보일러 수면이 안전수위 이하로 내려가지 않게 하기 위한 안전장치이다. 2) 관말트랩배관 : 증기주관에서 발생하는 응축수를 제거하기 위해 설치(냉각래그 : 1.5m 이상, 보온하지 않음) 3) 리프트 휘팅 : 진공환수식에서 환수관보다 방열기가 낮은 위치에 있을 때 응축수를 끌어올리기 위하여 설치(1개 높이 : 1.5m 이내) 4) 스위블조인트 : 방열기주변 배관시 배관의 신축이 방열기에 영향을 주지 않도록 배관(2개 이상 엘보사용) 5) 감압밸브 : 증기압을 감압시켜 사용코자할 때 사용(벨로스형, 다이어프램형, 피스톤형) 6) 증기트랩 : 공기관내 생긴 응축수만을 보일러에 환수시키기 위해 설치(열교환기 최말단부, 방열기 환수부에 설치) 　- 종류 : 방열기트랩, 버킷트랩, 플로트트랩, 충동식트랩 등 7) 이중서비스 밸브 : 한랭지에서 하향급기증기관의 경우 입상관내 응축수가 고여 동결하는데 이를 방지하는 밸브(방열기 밸브와 열동트랩을 결합) 8) 공기빼기 밸브 : 배관내부의 공기를 제거하기 위해 배관의 굴곡부위(⌐⌐)에 설치 9) 인젝터 : 증기압을 이용한 예비용 급수장치

배관 부속설비
1) 하트포트배관 : 보일러 안전수위 유지
2) 스위블조인트 : 방열기 주변 신축배관(2개 이상 엘보 사용)
3) 증기트랩 : 응축수만을 보일러에 환수(방열기트랩, 버킷트랩, 플로트트랩, 충동식트랩 등)

03 예제문제

펌프의 양수량이 60m³/min이고 전양정이 20m일 때 벌류트펌프(Volute Pump)로 구동할 경우 필요한 동력은 약 몇 kW인가?(단, 펌프의 효율은 60%로 한다.)

① 196.1kW ② 200kW
③ 326.8kW ④ 405.8kW

해설

동력(kW) = $\dfrac{Q \cdot H}{102 \times 60 \times \eta} = \dfrac{60 \times 1000 \times 20}{60 \times 102 \times 0.6} = 326.8\,\text{kW}$

답 ③

04 예제문제

공기조화설비에서 수 배관 시공 시 주요 기기류의 접속배관에는 수리 시에 전계통의 물을 배수하지 않도록 서비스용 밸브를 설치한다. 이때 밸브를 완전히 열었을 때 저항이 적은 밸브가 요구되는 데 가장 적당한 밸브는?

① 나비밸브 ② 게이트밸브
③ 니들밸브 ④ 글로브밸브

해설

밸브 중 저항이 적게 걸리는 밸브는 게이트 밸브이다.

답 ②

05 공기조화설비 핵심예상문제

본 핵심예상문제는 각단원별 출제빈도 높은 문제 및 최근 10년간의 기출문제 중 비중이 높은 출제유형이므로 꼭 풀어보고 가야할 문제입니다. 이후 실전예상문제를 공부하시면 효과적입니다.

[11년 3회]
01 공기조화설비 중 냉수코일 설계기준으로 틀린 것은?

① 공기와 물의 흐름은 대향류로 한다.
② 가능한 한 대수평균온도차를 작게 한다.
③ 코일을 통과하는 냉수의 유속은 1m/s로 한다.
④ 코일을 통과하는 공기의 풍속은 2∼3m/s 정도로 한다.

> 냉수코일 설계기준에서 대수평균온도차는 크게 할수록 전열교환 효율이 증가한다.

[06년 3회]
02 밀폐식 팽창 탱크에서 필요 없는 것은?

① 수위계   ② 압력계
③ 넘침관   ④ 안전 밸브

> 밀폐식 팽창 탱크는 가스 봉입식으로 밀폐되어 있어 넘침관은 필요 없으며 넘침관(오버플로관)은 개방식 팽창 탱크에 부착한다.

[12년 1회]
03 개방형 팽창탱크의 특징이 아닌 것은?

① 설치가 어렵고 설치비가 고가이다.
② 산소가 용해되어 배관 부식의 원인이 된다.
③ 설치 위치에 제약이 따른다.
④ 공기배출을 위하여 탱크를 대기에 개방시킨다.

> 개방형 팽창탱크는 밀폐식 팽창탱크에 비하여 설치가 쉽고 설치비가 저렴하나 설치위치가 시스템의 최상부로 주로 옥상기계실에 설치하기 때문에 유지관리가 어려워 최근에는 밀폐형 팽창탱크를 지하 기계실에 설치하여 운전하는 경우가 많다.

[07년 3회]
04 밀폐형 팽창 탱크의 장점이 아닌 것은?

① 공기침입 우려가 없다.
② 설비 부식 우려가 적다.
③ 개방에 따른 열손실이 없다.
④ 구조가 간단하고 설비비가 저렴하다.

> 밀폐형 팽창 탱크는 개방식에 비하여 구조가 복잡하고 가스 공급관등 부속설비가 많고 설비비가 비싸다.

[15년 1회, 11년 1회]
05 공기조화설비에서 덕트 주요 요소인 가이드 베인에 대한 설명으로 옳은 것은?

① 소형 덕트의 풍량 조절용이다.
② 대형 덕트의 풍량 조절용이다.
③ 덕트 분기 부분의 풍량 조절을 한다.
④ 덕트 밴드부에서 기류를 안정시킨다.

> 덕트의 가이드 베인은 덕트 굴곡부(밴드부)에서 기류를 안정시키는 기능을 하며 확대·축소하는 부분의 급격한 기류 변화를 줄이는 기능도 한다. 직각 엘보에서는 성형 가이드베인(터닝베인)을 사용한다.

[14년 3회, 11년 3회]
06 펌프의 설치 배관상의 주의를 설명한 것 중 틀린 것은?

① 펌프는 기초 볼트를 사용하여 기초 콘크리트 위에 설치 고정한다.
② 펌프와 모터의 축 중심을 일직선상에 정확하게 일치시키고 볼트로 죈다.
③ 펌프의 설치 위치를 되도록 높여 흡입양정을 크게 한다.
④ 흡입구는 수면 위에서부터 관경의 2배 이상 물속으로 들어가게 한다.

정답 01 ② 02 ③ 03 ① 04 ④ 05 ④ 06 ③

펌프 설치 시 흡입양정은 가능한 작게 하기 위하여 펌프 설치위치를 낮게 한다. 흡입양정이 크면 캐비테이션(공동현상)의 원인이 된다.

[14년 3회]
07 펌프의 캐비테이션(Cavitation) 발생 원인으로 가장 거리가 먼 것은?

① 흡입양정이 클 경우
② 날개차의 원주속도가 큰 경우
③ 액체의 온도가 낮을 경우
④ 날개차의 모양이 적당하지 않을 경우

캐비테이션은 배관내의 압력이 유체의 포화증기압 이하에서 발생하는 것으로 흡입양정이 크거나 유체의 온도가 높을 때 발생 가능성이 높다.

[09년 3회]
08 냉각탑 설치에 관한 설명 중 틀린 것은?

① 바람에 의한 물방울의 비산에 주의한다.
② 냉각탑은 통풍이 잘되는 곳에 설치한다.
③ 고열배기의 영향을 받지 않는 곳에 설치한다.
④ 탑에서 배출되는 공기가 다시 탑 안으로 흡입되도록 설치한다.

냉각탑 냉각원리는 유입되는 공기에 의해 증발잠열로 냉각되는데 유입공기가 습도가 높으면 증발 속도가 감소하므로 건조한 신선 공기가 유입 되도록 한다. 따라서 냉각탑에서 배출되는 습한 공기는 냉각탑에 다시 유입되지 않도록 냉각탑 외부로 방출시킨다. 그러므로 대부분의 냉각탑은 환기가 잘되는 옥상에 설치한다.

[22년 1회]
09 냉각탑 운전 중 보충수가 필요한데 이때 보충수의 원인은 무엇인가?

① 증발량+비산량+블로우다운
② 응축수량+비산량+블로우다운
③ 증발량+냉각수량+블로우다운
④ 증발량+비산량+응축수량

냉각탑 보충수량은 증발량+비산량+블로우다운량으로 순환수량의 2%정도이다.

[09년 2회]
10 냉각탑 주위 배관시 유의사항 중 틀린 것은?

① 2대 이상의 개방형 냉각탑을 병렬로 연결할 때 냉각탑의 수위를 동일하게 한다.
② 개방형 냉각탑은 냉각탑의 수위를 펌프와 응축기보다 낮은 곳에 설치한다.
③ 냉각탑을 동절기에 운전할 때는 동결방지를 고려한다.
④ 냉각수 출입구측 배관은 방진이음을 설치하여 냉각탑의 진동이 배관에 전달되지 않도록 한다.

개방식 냉각탑은 펌프나 응축기보다 높은 곳에 설치하며 낮은 곳에 설치하려면 운전 정지 시 냉각수가 역류하지 않도록 주변 배관이 복잡해진다.

[12년 2회, 09년 1회]
11 공기조화 배관설비 중 냉수코일을 통과하는 일반적인 설계 풍속으로 가장 적당한 것은?

① 2~3m/s
② 4~5m/s
③ 6~7m/s
③ 8~10m/s

공기조화설비에서 냉수코일 풍속은 2~3m/s 정도, 가열코일 풍속은 3~4m/s 정도로 한다.

정답 07 ③ 08 ④ 09 ① 10 ② 11 ①

[15년 1회, 08년 3회, 06년 1회]

12 배관 회로의 환수방식에 있어 역환수방식이 직접 환수방식보다 우수한 점은?

① 순환펌프의 동력을 줄일 수 있다.
② 배관의 설치 공간을 줄일 수 있다.
③ 유량을 균등하게 배분시킬 수 있다.
④ 재료를 절약 할 수 있다.

> 역환수방식(리버스 리턴 방식)은 배관길이를 연장하여 저항을 균등히 하고 유량 분배를 균등하게 하는 배관방식으로 배관 설치비용도 증가하고 펌프 동력도 증가한다.

[08년 3회, 06년 2회]

13 냉각 코일, 가열 코일을 부착한 덕트의 분기 확대 각도로 적합한 것은?

① 상류측 : 최대 15°, 하류측 : 최대 30°
② 상류측 : 최대 30°, 하류측 : 최대 45°
③ 상류측 : 최대 30°, 하류측 : 최대 15°
④ 상류측 : 최대 45°, 하류측 : 최대 30°

> 덕트 내에 코일을 설치하는 경우 확대 축소 분기 각도는 상류측(확대) 최대 30°, 하류측(축소) 최대 45°로 한다. 그 이상의 각도일 때 분류판을 설치하여 기류를 안정시킨다. 일반적인 덕트 확대 축소는 확대 최대 15°, 축소 최대 30°로 한다.

[14년 1회, 10년 2회]

14 하나의 장치에서 4방 밸브를 조작하여 냉·난방 어느 쪽도 사용할 수 있는 공기조화용 펌프는?

① 열펌프   ② 냉각펌프
③ 원심펌프   ④ 왕복펌프

> 열펌프(히트펌프)는 4방 밸브를 조작하여 여름철 냉방과 겨울철 난방용으로 겸용이 가능하여 최근에 널리 사용되고 있다.

[13년 2회, 10년 1회, 08년 1회]

15 팬 코일 유닛의 배관방식 중 냉수 및 온수관이 각각 있어서 혼합손실이 없는 배관방식은?

① 1관식   ② 2관식
③ 3관식   ④ 4관식

> 팬 코일 유닛의 배관방식 중 4관식은 냉수 공급, 환수(2관)와 온수 공급 환수관(2관)을 각각 설치하는 방식이며 혼합손실이 없는 배관 방식이다.

[22년 1회, 09년 1회]

16 다음 중 냉온수 배관에 관한 설명으로 옳은 것은?

① 배관이 보·천장·바닥을 관통하는 개소에는 플랙시블 이음을 한다.
② 수평관이 공기 체류부에는 슬리브를 설치한다.
③ 팽창관(도피관)에는 슬루스밸브를 설치한다.
④ 주관의 굽힘부에는 엘보 대신 벤드(곡관)를 사용한다.

> 배관이 보·천장·바닥을 관통하는 개소에는 슬리브를 설치하며, 수평관이 공기 체류부에는 공기밸브를 설치하고, 팽창관(도피관)에는 밸브를 설치하지 않으며 주관의 굽힘부에는 엘보 대신 벤드(곡관)를 사용하고, 방열기 등 기구 접속관에는 엘보를 사용하여(스위블조인트) 신축을 흡수한다.

[14년 1회, 10년 2회]

17 컴퓨터실의 공조방식 중 바닥 아래 송풍방식(프리엑세스 취출방식)의 특징이 아닌 것은?

① 컴퓨터에 일정 온도의 공기 공급이 용이하다.
② 급기의 청정도가 천장 취출 방식보다 높다.
③ 바닥온도가 낮게 되고 불쾌감을 느끼는 경우가 있다.
④ 온·습도 조건이 국소적으로 불만족한 경우가 있다.

> 공조방식 중 바닥 아래에서 송풍하는 바닥 급기방식은 국소적인 온습도 조절이 잘되는 편이다.

정답 12 ③   13 ②   14 ①   15 ④   16 ④   17 ④

[15년 3회, 12년 3회]

18 송풍기의 토출 측과 흡입측에 설치하여 송풍기의 진동이 덕트나 장치에 전달되는 것을 방지하기 위한 접속법은?

① 크로스 커넥션(Cross Connection)
② 캔버스 커넥션(Canvas Connection)
③ 서브 스테이션(Sub station)
④ 하트포드(Hartford)

> 캔버스는 송풍기와 덕트의 연결되는 토출 측과 흡입 측에 설치하여 송풍기의 진동이 덕트나 장치에 전달되는 것을 방지하는 플렉시블 접속법이다.

[23년 3회]

19 덕트 이음공법 중에서 겹으로 접은 판사이로 싱글로 접은 판을 끼워 넣고 때려 접은 형식으로 기밀이 좋아서 공조설비 공사 현장에서 주로 사용되는 공법은 무엇인가?

① 보턴펀치 스냅록
② 피츠버그 스냅록
③ 터닝베인
④ 다이아몬드 브레이크

> 덕트 제작(SMACNA공법)시 피츠버그 스냅록은 공조덕트 제작법으로 가장 많이 이용되며 겹으로 접은 판사이로 싱글로 접은 판을 끼워 넣고 때려 접은 형식이다.

[09년 3회]

20 공기조화설비 배관에 관한 설명으로 틀린 것은?

① 진동·소음이 건물 구조체에 전달될 우려가 있는 곳은 방진지지를 한다.
② 배관은 관의 신축을 고려하여 시공한다.
③ 엘리베이터 샤프트 내에는 유체를 통과시킬 목적으로 배관을 하지 않는다.
④ 증기관이나 응축수관의 수평배관에 설치하는 글로브 밸브는 밸브축을 수직으로 한다.

> 증기관이나 응축수관의 수평배관에는 응축수가 체류하지 않도록 글로브 밸브를 설치하지 않는 것이 원칙이며 수평배관에서 글로브 밸브를 설치할때는 응축수가 통과하도록 밸브축을 수평으로 설치한다.

[23년 2회]

21 다음 취출구중 풍량 조절은 곤란하고 기류방향을 조절할 수 있는 것은?

① 레지스터형 취출구
② 그릴형 취출구
③ 아네모스탯형 취출구
④ 팬형 취출구

> 그릴형 취출구는 기류방향은 조절할수있으나 풍량조절은 곤란하다.

[10년 3회]

22 동일 송풍기에서 임펠러의 지름을 2배로 했을 경우 특성 변화의 법칙에 대해 옳은 것은?

① 풍량은 크기비의 2제곱에 비례한다.
② 정압은 크기비의 3제곱에 비례한다.
③ 동력은 크기비의 5제곱에 비례한다.
④ 회전수 변화에만 특성화가 있다.

> 상사법칙에서 $Q_2 = Q_1 \times \left(\dfrac{N_2}{N_1}\right)\left(\dfrac{D_2}{D_1}\right)^3$
>
> $P_2 = P_1 \times \left(\dfrac{N_2}{N_1}\right)^2 \left(\dfrac{D_2}{D_1}\right)^2$
>
> $L_2 = L_1 \times \left(\dfrac{N_2}{N_1}\right)^3 \left(\dfrac{D_2}{D_1}\right)^5$
>
> 풍량은 임펠러 크기비의 3제곱에 비례하고, 정압은 크기비의 2제곱에 비례하며, 동력은 크기비의 5제곱에 비례한다.

[12년 2회, 08년 2회, 06년 2회]

23 다음 그림은 감압밸브 주위의 배관도이다. 명칭이 틀린 것은?

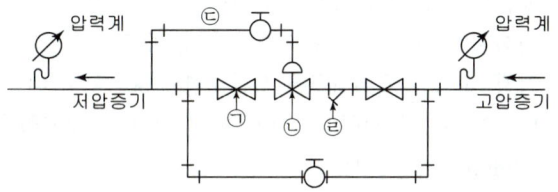

① ㉠ 스톱밸브
② ㉡ 감압밸브
③ ㉢ 파일럿관
④ ㉣ 티

정답 18 ② 19 ② 20 ④ 21 ② 22 ③ 23 ④

ⓓ은 스트레이너(여과기)이다.

직관 배관에 대한 마찰저항은 1m당 50mmAq저항이 걸리므로 직관부 저항 = 160×50 = 8000mmAq = 8mAq
국부저항 = 8×0.5 = 4mAq 공조기저항은 1대(4mAq)만 계산한다.
전체마찰저항=직관+국부+기기= 8+4+4 = 16mAq

[07년 1회]

24 다음 그림과 같은 배관장치에서 부하의 변동에 대하여 장치에 흐르는 수량은 변화시키지 않고, 순환수의 온도차로서 대응 시키도록 Ⓐ부에 설치하는 밸브는?

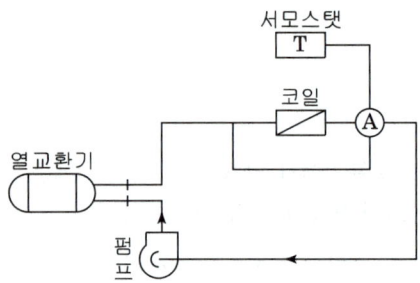

① 3방 밸브(3 Way Valve)
② 혼합 밸브(Mixing Valve)
③ 2방 밸브(2 Way Valve)
④ 바이패스 장치 밸브

Ⓐ부에 3방 밸브를 설치하면 코일 부하의 변동에 대응하여 코일내로 흐르는 유량은 변화하지만 장치 전체에 흐르는 수량은 변화하지 않는 정유량 방식이다.

[23년 1회]

26 공조배관에서 배관계통의 배수(물빼기)기능 확보가 필요한 부분으로 가장 거리가 먼 것은?

① 공조배관 입상관 상부
② 장비주위 및 최저부
③ 냉난방 운전모드 전환에 따른 비사용 배관계통
④ 배관청소 및 보수, 교체를 위한 구획된 부문(층별, 실별)

공조배관 입상관 하부에 드레인밸브를 설치한다.

[22년 1회]

25 다음 조건과 같은 냉온수 배관계통에서 순환펌프 양정(mAq)을 구하시오.

【조건】
냉온수 계통에 공조기 2대 병렬 설치, 가장 먼 공조기까지 배관 직관 순환 길이 160m, 공조기 코일저항 각각 4mAq, 국부저항은 직관저항의 50%로 하며 기타 손실은 무시한다. 배관경 선정시 마찰저항은 50mmAq/m 이하로 한다.

① 8 mAq   ② 12 mAq
③ 16 mAq   ④ 18 mAq

[23년 1회]

27 냉온수 순환펌프 유량은 60m³/h 양정은 50mAq 일때 펌프 축동력은 얼마로 예상되는가?
(단, 물 밀도 1000kg/m³, 펌프 효율 70%)

① 약 7.36kW   ② 약 9.36kW
③ 약 11.67kW   ④ 약 15.36kW

펌프 축동력 공식에서
$$kW = \frac{QH}{102 \times E} = \frac{60 \times 1000 \times 50}{3600 \times 102 \times 0.7} = 11.67kW$$

정답 24 ①   25 ③   26 ①   27 ③

06 가스설비

1 가스설비의 개요

분류	특징
가스 연료의 특성	1) 개요 : 가스는 근래로 오면서 각광 받는 연료로 부상하고 있으며 LNG를 중심으로 한 도시가스는 몇 년 이내에 대중 연료로서의 자리를 차지할 것이다. 2) 가스연료의 특성 • 연소 시 재나 매연이 생기지 않는다. • 무공해 연료이다. • 중량비 열량이 크다. • 보일러 등의 부식이 적다. • 폭발 위험이 있다. • 무색무취이므로 누설 시 감지가 어려워 위험하다.
웨버 지수 (WI)	1) 가스 연료의 공급: LPG는 주로 용기에 의한 공급 방식을 취하고 도시가스는 배관에 의하여 공급하는데 공급 압력 및 발열량은 다음과 같다.

표. 가스 압력의 종류(게이지 압력)

종류	도시가스(MPa)	LPG 35℃에서(MPa)
고압	1 이상	0.2 이상
중압	0.1 이상 1 미만	0.01 이상 0.2 미만
저압	0.1 미만	0.01 미만

2) 웨버지수(WI)와 도시가스의 특성

항목			웨버지수(WI) 55(높음) ←――――――→ 16(낮음)
연소 속도 종별	느림 ↕ 빠름	A	13A, 12A, 11A, 6A, 5A, 5AN, 4A
		B	6B, 5B, 4B
		C	7C, 6C, 5C, 4C

주) 웨버지수(WI)란 가스 비중에 대한 발열량으로 웨버지수가 클수록 단위 중량당 발열량이 큰 것이다.

$$WI = \frac{H}{\sqrt{d}}, \quad H : \text{가스 고위 발열량(MJ/Nm}^3\text{)}, \quad d : \text{가스 비중}$$

3) 가스연소시의 발열량 소요 공기량, 배기량

가스명칭	가스발열량 MJ/m³	가스 1(m³) 연소시		
		소요 공기량(m³)	배기 가스량(m³)	배기온도 150℃(m³)
도시가스	15	4~5	5~6	8~9
	21	6~7	7~8	10~12
천연가스(LNG)	38	11~14	12~15	18~22
LP 가스	92	26~32	27~33	40~50

> 웨버지수(WI)란 가스 비중에 대한 발열량으로 웨버지수가 클수록 단위 중량당 발열량이 큰 것이다.
> $$WI = \frac{H}{\sqrt{d}}$$
> H : 가스 고위 발열량(MJ/Nm³)
> d : 가스 비중

01 예제문제

중·고압 가스배관의 유량 (Q)을 나타내는 일반식으로 옳은 것은? (단, P_1(MPa) : 초압, P_2 : 종압, D(cm) : 관경, L(m) : 관길이, S : 비중, K : 유량계수)

① $Q= K\sqrt{\dfrac{(P_1-P_2)^2 D^5}{S\cdot L}}$ ② $Q= K\sqrt{\dfrac{(P_2-P_1)^2 D^4}{S\cdot L}}$

③ $Q= K\sqrt{\dfrac{(P_1^2-P_2^2) D^5}{S\cdot L}}$ ④ $Q= K\sqrt{\dfrac{(P_2^2-P_1^2) D^4}{S\cdot L}}$

[해설]
중·고압 가스배관의 유량(Q)
$Q= K\sqrt{\dfrac{(P_1^2-P_2^2) D^5}{S\cdot L}}$ (m³/h)

답 ③

02 예제문제

도시가스에서 고압이라 함은 얼마 이상의 압력을 뜻하는가?

① 0.1MPa 이상 ② 1MPa 이상
③ 10MPa 이상 ④ 100MPa 이상

[해설]
도시가스 저압 0.1MPa(1kg/cm²) 이하, 중압 0.1~1MPa(1~10kg/cm²), 고압 1MPa(10kg/cm²) 이상

답 ②

2 L.P.G(Liquefide Petroleum Gas)와 도시가스(LNG)

> **L.P.G**
> 프로판(G_3H_8) 부탄(C_4H_{10})등, 특징은 공기보다 무거워서 누설 시 위험성이 크다.

분류	특징
LPG	1) 정의 : 석유 중에 액화하기 쉬운 프로판(G_3H_8) 부탄(C_4H_{10}) 등을 액화한 것으로 주성분이 프로판이므로 프로판 가스라고도 한다. 2) 특징 • 공기보다 무거워서 누설 시 위험성이 크다. • 누설 시 무색무취이므로 부취제(메르캅탄 등)를 첨가한다. • 표준 상태에서는 1 kg이 차지하는 부피가 510 L 정도이다. 3) 용기 설치 방법 프로판가스는 주로 용기에 의해 공급되며 설치방법은, • 용기는 통풍이 잘되는 옥외에 설치하고 직사광선은 피한다. • 용기는 40℃ 이하로 보관한다. • 용기 2 m 이내에는 화기 접근을 피한다. • 부식되지 않도록 습기 등을 피한다.

도시 가스 (LNG)	1) 정의 : 도시 가스는 천연가스(LNG), 액화석유 가스(LPG), 나프타, 석탄 가스 등을 주체로 제조 혼합하여 소정의 열량을 내도록 만든후 배관을 통하여 일정지역에 공급하는 것이다. 2) 도시 가스 원료와 특성 LNG, LPG, 나프타 등을 절절하게 혼합하여 제조하는데 근래로 오면서 LNG의 비율이 증가하고 있어 도시 가스의 특성은 LNG의 특성과 유사하다. 3) LNG(Liquefied Natual Gas)의 특성 • 메탄(CH_4)을 주성분 (99.6%)으로 한다. • 1kg이 표준상태(0℃ 1atm)에서는 약 $1.4m^3$이지만 −163℃로 냉각액화시키면 8.4L 정도의 부피를 차지한다. • 무공해, 무독성으로 열량이 높은 편이다. • 공기보다 가벼워 창문으로 배기 가능하여 밑바닥에 고이는 LPG보다 안전하다. • 누설감지기는 LPG는 바닥 30m, LNG는 천장 30m 이내에 설치한다. ※ 나프타(Naptha) : 원유의 종류에 의해 얻어지는 비점이 200℃ 이하의 유분으로서 도시 가스, 비료, 석유화학 등의 원료로 이용된다. 4) 공급 방식 도시가스 공급 방식은 고압, 중압, 저압으로 나누어지며 보통 원거리 공급에 고압방식이 이용되고 수용가에는 감압하여 중압, 저압으로 공급한다. ① 저압 공급 방식 – 공급압력 0.1MPa 이하 – 공급구역이 좁은 소규모에 적합하며 공급계통이 간단하다. – 홀더압력을 이용 배관으로 공급(보통 가정으로 공급하는 가스 압력은 250mmAq 정도이다) ② 중압 공급 방식 – 공급 압력 0.1 ~ 1MPa – 공급 구역이 넓거나 공급량이 많은 경우에 적합하다. – 공장에서 중압으로 송출하여 수용가에서 정압기에 의해 저압으로 감압하여 사용한다. – 저압 공급 방식과 병용하는 경우가 있다. ③ 고압 공급 방식 – 공급 압력 1MPa 이상 – 먼 곳에 많은 양의 가스를 공급할 때 적합하다. – 공장에서 고압으로 송출하여 수요지에서 중압 저압으로 감압하여 사용한다.

> 도시가스(LNG)는 메탄(CH_4)이 주성분 (99.6%)으로 공기보다 가볍다. 누설감지기는 LPG는 바닥 30cm, LNG는 천장 30cm이내에 설치한다.

가스 정압기(governor)는 도시가스 압력을 낮추는 감압 기능, 압력 조정기(regulator)는 압력을 일정하게 조정하는 기능	1) 정의 : 가스 정압기(governor)는 도시가스 압력을 사용처에 맞게 낮추는 감압 기능, 2차 측의 압력을 허용 압력 범위 내의 압력으로 유지하는 정압 기능 및 가스의 흐름이 없을 때 밸브를 완전히 폐쇄하여 압력 상승을 방지하는 폐쇄 기능을 가진 기기로서 정압기용 압력 조정기(regulator)와 부속 설비로 구성되어 있다.

<table>
<tr><td rowspan="2">가스 정압기</td><td>

2) 가스 정압기의 기본 구성품
　① 정압기용 압력 조정기
　② 필터 : 1차 측 배관에 설치하여 불순물(토사, 녹, 철분 등)을 제거하는 기기로서 불순물이 정압기 및 그 외 부속 설비로 유입되는 것을 방지하기 위하여 설치하는 기기를 말한다.
　③ 긴급 차단 장치 : 2차 측 압력이 상승할 경우 자동적으로 1차 측의 가스 흐름을 차단하도록 2차 측 압력이 설정치 이상으로 상승하는 것을 방지하는 밸브를 말한다.
　④ 안전 밸브 : 2차 측 압력이 상승할 경우 상승한 압력을 대기로 방출하여 2차 측의 압력 상승을 방지하는 밸브를 말한다.
　⑤ 압력 기록 장치 : 정압기의 1차 및 2차 측의 압력을 기록지상에 기록하여 정압기의 압력 조정 상태 및 기능을 분석할 수 있는 장치를 말한다.
　⑥ 이상 압력 통보 장치 : 정압기의 입출구 압력을 감시하는 장치로 고압과 저압 범위를 설정하여 가스 압력이 설정 압력 범위를 벗어나면 안전 관리자가 상주하는 곳에 경보음이 나도록 하는 장치이다.
3) 가스 정압기의 원리와 구조(정압기의 용도상 분류)
　① 지구 정압기
　　가스 도매 사업자로부터 1MPa의 압력으로 공급받아 0.1MPa 이상으로 공급하는 설비로서 일반 도시가스 사업자가 설치, 관리하는 정압기를 말한다.
　② 지역 정압기
　　일정 구역별로 설치하는 중압의 가스 압력을 다수의 사용자가 사용하기 적정한 사용 압력으로 조정하는 정압기로서 도시가스 사업자가 설치, 관리하는 것을 말한다.
　③ 단독 정압기
　　관리 주체가 1인이고 특정 가스 사용자가 가스를 공급받기 위하여 설치, 관리하는 정압기를 말한다.
4) 가스 정압기의 작동 원리상 분류
　① 직동식 정압기 : 직동식 정압기는 작동에 필요한 3요소(감지부, 부하부, 제어부)가 조정기 본체 안에 들어가 있으며, 조정 압력은 다이어프램이 감지하여 밸브(플러그)를 움직인다. 감지 요소는 본체 내에서 직접 또는 하류 측 배관에서 온 감지 라인을 통하여 조정 압력을 스프링이 감지하여 압력을 조절하는 것을 직동식 정압기라고 한다.

</td></tr>
</table>

② 파일럿식 정압기 : 파일럿(pilot)식 정압기에는 언로딩(unloading) 형과 로딩(loading)형의 두 가지로 나눌 수 있으며, 파일럿의 설치 목적은 2차 측의 미세한 압력을 감지하여 다이어프램에 구동 압력을 증폭시켜 보내 주는 것으로서 국내에서 사용되는 것은 A.F.V(언로딩 : unloading)와 피셔식(로딩 : loading)이 대부분이다. 파일럿 정압기는 출구 압력이 안정된 형태로 공급되며 대량 수요처 및 지구 정압기 등에 주로 사용된다.

3 가스설비 배관

분류	특징
배관 설계	1) 가스배관 설계는 다음의 순서에 의한다. 　① 가스 기구배치 　② 사용량 추정 　③ 가스미터 용량 및 위치 결정 　④ 배관 경로 결정 　⑤ 배관 길이 및 사용량에 의해 배관 구경 결정 2) 가스 사용량 표시 　① 도시가스 : m^3/h 　② LPG : kg/h, m^3/h
배관 시험	1) 기밀시험 및 관재료 　① 기밀시험은 최고 사용압력의 1.1배 이상의 압력으로 행한다. 　② 배관 재료는 노출관인 경우 강관 나사이음이나 용접이음이 주로 이용되고 지하매립인 경우 폴리에틸렌 피복강관 또는 폴리에틸렌(P.E)관을 사용한다. 　③ 건물에서의 가스배관은 노출 배관을 원칙으로 하되 동관, 스테인리스관으로 이음매 없이 매립 배관할 수 있다. 2) 배관 매립깊이 　전선, 상하수도관 등의 관과 같이 매립할 때는 이들 관보다 아래에 매립한다. 매립깊이는 0.6~1.2m 이상으로 한다.
가스 계량기	1) 가스 계량기 설치 기준 　① 전기 계량기, 전기 개폐기, 전기 안전기와는 60cm 이상 이격시킬 것 　② 굴뚝, 콘센트와는 30cm 이상 이격 　③ 저압전선과 15cm 이상 이격 　④ 설치 높이는 지면상 1.6~2m 　⑤ 계량기는 화기와 2m 이상의 우회거리를 유지하고 환기를 양호하게 한다.

가스 사용량 표시
도시가스(m^3/h)
LPG(kg/h, m^3/h)

가스 계량기 설치 기준
1) 전기 계량기, 전기 개폐기, 전기 안전기와는 60cm 이상 이격시킬 것
2) 굴뚝, 콘센트와는 30cm 이상 이격
3) 저압전선과 15cm 이상 이격
4) 계량기는 화기와 2m 이상의 우회 거리

⑥ LPG의 저장시설 및 처리 설비는 제1종, 2종 보호시설로부터 30m 이상 이격

2) 가스계량기(가스미터)

가스계량기는 가스 사용량을 계량하기 위한 것으로 가스 종류, 가스 사용량에 따라 결정된다. 현재 사용되고 있는 가스계량기는 도시가스용, LP가스용, 도기가스와 LP가스 겸용이 있으며 구조상 분류하면 다음과 같다.

가스계량기(가스미터)	실측식	건식계량기(막식, 회전식)
		습식 계량기(루츠미터)
	추측식	터빈, 임펠러식
		벤투리식
		오리피스식
		와류식

4 도시 가스 공급 배관

분류	특징
배관 종류 정의	1) '배관'이라 함은 본관, 공급관 및 내관을 말한다. 2) '본관'이라 함은 도시가스 제조 사업소(액화 천연 가스의 인수 기지를 포함한다)의 부지 경계에서 정압기에 이르는 배관을 말한다. 3) '공급관'이라 함은 공동 주택, 오피스텔 콘도미니엄 그밖에 안전 관리를 위하여 산업 통상자원부 장관이 필요하다고 인정하여 정하는 건축물(이하 '공동 주택 등'이라 한다)에 가스를 공급하는 경우에는 정압기에서 가스 사용자가 구분하여 소유하거나 점유하는 건축물의 외벽에 설치하는 계량기의 전단 밸브(계량기가 건축물의 내부에 설치된 경우에는 건축물의 외벽)까지 이르는 배관을 말한다. 4) '사용자 공급관'이라 함은 공급관 중 가스 사용자가 소유하거나 점유하고 있는 토지의 경계에서 가스 사용자가 구분하여 소유하거나 점유하는 건축물의 외벽에 설치된 계량기의 전단 밸브(계량기가 건축물의 내부에 설치된 경우에는 그 건축물의 외벽)까지에 이르는 배관을 말한다. 5) '내관'이라 함은 가스 사용자가 소유하거나 점유하고 있는 토지의 경계(공동 주택 등으로서 가스 사용자가 구분하여 소유하거나 점유하는 건축물의 외벽에 계량기가 설치된 경우에는 그 계량기의 전단 밸브, 계량기가 건축물의 내부에 설치된 경우에는 건축물의 외벽)에서 연소기까지 이르는 배관을 말한다.

LPG 배관	• 배관을 지하에 매설할 경우는 지면으로부터 1m 이상 깊게 매설하되, 차량이 통행하는 도로일 때는 1.2m 이상으로 하거나 2중관으로 해야 한다. • 배관용 밸브는 8~50A의 나사식 볼 밸브, 15~80A의 플랜지식 볼 밸브, 25~50A의 플랜지식 글로브 밸브 중에서 적당한 것을 선택하여 배관한다. • 염화비닐호스를 사용할 경우는 1종(안지름 6.3mm), 2종(안지름 9.5mm), 3종(안지름 12.7mm) 중 용도에 맞는 것을 사용한다. • 가스미터는 화기로부터 8m 이상의 우회거리를 유지할 수 있도록 설치해야 한다.
도시 가스 배관	① 전선, 상수도관, 하수도관, 다른 가스관 등이 매설된 도로에서는 이것들의 최하부에 매설해야 한다. ② 배관 외부에는 사용가스명칭, 최고사용압력, 가스흐름방향 등을 표시하고, 지상배관은 황색, 매설배관은 적색으로 표시해야 한다. ③ 배관접합은 용접을 원칙으로 하며, 용접이 곤란한 경우는 기계적 접합 또는 나사접합(관용 테이퍼 나사)으로 할 수 있다. ④ 건물 내의 배관은 외부에 노출시켜 시공하며, 동관이나 스테인리스관 등 이음매 없는 관은 매몰하여 설치할 수 있다. ⑤ 배관과 전기계량기 및 전기 안전기와의 거리는 60cm 이상, 전기 개폐기 및 전기 콘센트와는 30cm 이상을 유지시키고, 전선과는 15cm 이상의 거리를 띄어서 시공해야 한다. ⑥ 가스계량기의 설치 높이는 지면으로부터 1.6cm 이상 2m 이내의 높이에 수직, 수평으로 설치하고, 화기로부터 2m 이상, 저압 전선으로부터 15cm 이상, 전기개폐기 및 전기 안전기로부터 60cm 이상의 거리를 두어 설치해야 한다. ⑦ 입상배관의 밸브는 분리 가능한 것으로 지상으로 부터 1.6cm 이상 2m 이내의 높이에 설치하며, 배관은 움직이지 않도록 관지름 13mm 미만은 1m마다, 13~33mm 미만은 2m마다, 33mm 이상은 3m마다 고정장치를 부착해야 한다. ⑧ 지하에 매설하는 배관은 그 외면으로부터 다른 시설물과 30cm 이상, 산이나 들에서는 1m 이상, 그밖에 지역에서는 1.2m 이상 깊게 매설해야 한다. ⑨ 도로 밑에 매설할 경우는 배관외면으로부터 도로경계까지 수평거리로 1m 이상, 차량이 통행하는 폭 8m 이상의 도로에서는 1.2m 이상 깊게 매설해야 한다. ⑩ 시가지 도로 밑에 매설할 경우는 노면으로부터 1.5m 이상으로 하되, 방호 구조물로 되어 있거나 시가지 외에서는 1.2m 이상 깊이로 매설해도 된다.

> **03 예제문제**
>
> 공동주택 외의 건축물 등에 가스를 공급하는 경우 정압기에서 가스사용자가 점유하고 있는 토지의 경계까지 이르는 배관은?
>
> ① 내관　　　　　　　　② 공급관
> ③ 본관　　　　　　　　④ 중압관
>
> **[해설]**
> (1) 공급관이란 공동주택 등에서 정압기에서 가스사용자가 구분하여 소유하거나 점유하는 건축물의 외벽에 설치하는 계량기의 전단밸브까지 이르는 배관을 말하며, 공동주택 등 외의 건축물 등에 도시가스를 공급하는 경우에는 정압기에서 가스사용자가 소유하거나 점유하고 있는 토지의 경계까지 이르는 배관을 말한다.
> (2) 사용자공급관이란 가스 사용자가 소유하거나 점유하고 있는 토지의 경계에서 가스사용자가 구분하여 소유하거나 점유하는 건축물의 외벽에 설치된 계량기의 전단밸브까지 이르는 배관을 말한다.
> (3) 내관이란 가스사용자가 소유하거나 점유하고 있는 토지의 경계에서 연소기까지 이르는 배관을 말한다.
>
> 　　　　　　　　　　　　　　　　　　　　　　　　　　답　②

5　도시 가스 공급 방식 (압력에 따른 분류)

가스공급방식	공급압력	특 징
저압 공급방식	0.1MPa 미만	- 홀더 압력을 이용해서 저압 배관만으로 공급하므로 공급계통이 간단하고 공급구역이 좁으며 공급량이 적은 경우에 적합하다. - 홀더 압력과 수요가의 압력차가 100~200mmAq 정도로 공급가스량이 많은 경우, 큰 관의 저압 본관이 필요하다.
중앙 공급방식	0.1~1MPa 미만	- 공장에서 중압으로 송출하여 정압기에 의해 저압으로 정압시켜 수요가에 공급하는 방식 - 가스 공급량이 많거나 공급구역이 넓어 저압공급으로는 배관비가 많아지는 경우 채택된다. - 이 방식에는 저압공급과 병용하는 경우가 있으며 공급의 안전성이 높다.
고압 공급방식	1MPa 이상	- 공장에서 고압으로 보내서 고압 및 중압의 공급배관과 저압의 공급용 저관을 조합하여 공급하는 방식을 말한다. - 이 방식은 공장에서의 수송능력의 크기 때문에 먼 곳에 많은 양의 가스를 공급하는 경우 채용한다.

6 가스 계량기 설치

분류	특징
가스 계량기	• 가스계량기는 화기(그 시설 안에서 사용하는 자체 화기를 제외한다.)와 2m 이상의 우회 거리를 유지하는 곳으로서 수시로 환기가 가능한 장소에 설치하되, 직사광선 또는 빗물을 받을 우려가 있는 곳에 설치하는 경우에는 격납 상자 안에 설치한다. • 가스계량기($30\,m^3/h$ 미만에 한한다)의 설치 높이는 바닥으로부터 1.6m 이상 2m 이내에 수직·수평으로 설치하고 벤드·보호가대 등 고정 장치로 고정시켜야 한다. 다만, 격납 상자 내에 설치하는 경우에는 설치 높이를 제한하지 않는다. • 가스계량기와 전기 계량기 및 전기 개폐기와의 거리는 60cm 이상, 굴뚝(단열 조치를 하지 아니한 경우에 한한다.)·전기 점멸기 및 전기 접속기와의 거리는 30cm 이상, 절연 조치를 하지 아니한 전선과의 거리는 15cm 이상의 거리를 유지한다.
가스 누설 자동 차단 장치	－가스 누설 자동 차단 장치의 구성과 설치 • 검지부 천장에서 검지부 하단까지의 거리가 30cm 이하가 되도록 설치한다. 그러나 공기보다 무거운 가스를 사용하는 경우에는 바닥면에서 검지부 상단까지의 거리가 30cm 이하가 되도록 설치한다. • 차단부 건축물의 외부 또는 건축물 벽에서 가장 가까운 내부 배관에 설치한다. • 제어부 가스 사용실의 연소기 주위의 조작하기 쉬운 위치에 설치한다.
가스 누설 경보기의 설치	• 경보기의 검지부는 가스가 누설되기 쉬운 설비가 있는 장소의 주위로, 누설된 가스가 체류하기 쉬운 장소에 설치한다. • 경보기의 검지부 설치 위치는 가스의 성질, 주위 상황, 각 설비의 구조 등의 조건에 따라 정한다. • 경보기 설치 위치는 관계자가 상주하거나 경보를 식별할 수 있고, 경보가 울린 후 각종 조치를 취하기에 적절한 장소로 한다.
밸브 및 콕의 설치	• 밸브는 조작이 용이하고 일상 작업에 장애가 되지 않는 장소에 설치한다. • 콕은 연소 기구로부터 화염, 복사열을 받지 않는 위치에 설치한다. • 연소기에 호스 등을 접속하는 경우의 호스 길이는 3m 이내로 하되, 호스는 T형으로 연결하지 않는다. • 과류 차단 안전 기구가 부착된 퓨즈 콕을 설치할 때는 가스의 흐름 방향에 맞게 설치한다.
관의 접합	• 관은 그 단면이 변형되지 않도록 관 축심에 대해 직각으로 절단하고, 절단 부분은 리머 또는 연삭 다듬질을 한다. • 관은 접합하기 전에 그 내부를 점검하고, 이물질이 없는지 확인한 후, 쇳가루, 먼지 등의 이물질을 완전히 제거한다.

	• 배관의 접합은 용접을 원칙으로 하되, 도시가스 공급 및 사용 시설의 시설 기준 및 기술 기준에 따른다. • 용접하기가 곤란할 경우에는 기계적 접합 또는 나사 접합으로 할 수 있으며, 나사 접합 방법은 KS B 0222에 의한다. • 나사 접합을 할 경우라도 유니언은 사용하지 않는다. • 배관의 시공을 일시 중지하는 등의 경우에는 관내에 이물질이 들어가지 않도록 배관 끝을 플러그 또는 캡 등으로 밀폐하여 보호 조치한다.
관의 지지	• 관 지름이 15mm 미만의 것에는 1m마다, 20mm 이상 32mm 미만의 것에는 2m마다, 40mm 이상의 것에는 3m마다 지지 쇠붙이를 설치한다. • 배관 장치에는 안전 확보를 위하여 필요한 경우에는 지지물을 그 밖의 구조물과 절연시킨다.
매설 깊이	• 배관이 특별 고압 지중 전선과 접근하거나 교차하는 경우에는 "전기 설비 기술기준에 관한 규칙"에 따라 1m 이상 이격한다. • 공동 주택 등의 부지 내로 보도 및 차량의 통행이 없는 곳은 0.6m 이상 • 차량이 통행하는 폭 8m 이상의 도로에서는 1.2m 이상 • 차량이 통행하는 폭 4m 이상 8m 미만 도로에서는 1.0m 이상 • (1), (2), (3)에 해당하지 아니하는 곳에서는 8m 이상 • 지하 구조물, 암반 및 그 밖의 특수한 사정으로 매설 깊이를 확보할 수 없는 곳의 배관은 산업통상자원부 장관이 정하는 재질 및 설치 방법 등에 의하여 보호관 또는 보호판으로 보호조치를 하되 보호관 또는 보호판 외면은 지면과 0.3m 이상 깊이를 유지하도록 한다.
가스 배관 매설 심도	• 배관의 매설 깊이 : 지면으로부터 도로는 1.2m, 단지는 0.6m 이상으로 한다. • 배관의 매설 심도가 장애물 등으로 인하여 상부 횡단 시 1.2m 이내가 될 경우 관보호를 위한 케이싱 콘크리트 방호 등 적절한 보호 조치를 취할 것 • 지하 매설 시 상·하수도, 기타 매설 관리의 이격 거리는 평행 시 30cm 이상 둔다.

이격 거리	• 콘크리트 바닥 및 벽체를 관통하는 배관 부분에는 콘크리트를 타설하기 전에 충분한 강도를 지닌 슬리브를 설치한다.
	• 배관은 천장 및 공동구 등 환기가 잘 되지 않는 장소에는 설치하지 않는다.
	• 배관 이음부와의 이격 거리 (용접 이음부는 제외)
	  – 전기 계량기, 전기 개폐기 : 60cm 이상
	  – 굴뚝(단열 조치를 아니한 경우) : 30cm 이상
	  – 전기 점멸기 및 전기 접속기 : 30cm 이상
	  – 절연 조치를 하지 않은 전선 : 15cm 이상

신축 흡수	입상 배관의 신축 흡수 확인하기 • 분기관은 1회 이상의 굴곡(90° 엘보 1개 이상)이 반드시 있어야 하며, 외벽(베란다 또는 창문 포함) 관통 시 사용하는 보호관의 내경은 분기관 외경의 1.2배 이상으로 할 것 • 노출되는 배관의 연장이 10층 이하로 설치되는 경우 분기관의 길이를 50 cm 이상으로 할 것 • 노출되는 배관의 연장이 11층 이상 20층 이하로 설치되는 경우 분기관의 길이를 50 cm 이상으로 하고, 곡관은 1개 이상 설치할 것	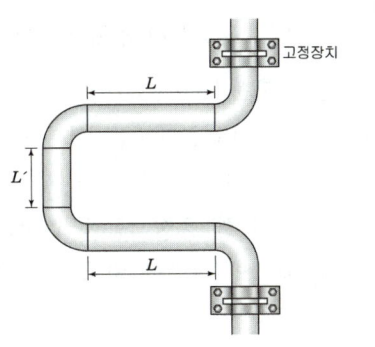 그림. 가스배관 신축이음(루프)

04 예제문제

가스배관의 설치요령으로 옳지 않은 것은?

① 배관의 최고사용압력은 중압 이하일 것
② 배관은 하천(하천을 횡단하는 경우는 제외한다.) 또는 하수구 등 암거 내에 설치한 것
③ 지반이 약한 곳에 설치되는 배관은 지반침하에 의하여 배관이 손상되지 아니하도록 필요한 조치를 하고 배관을 설치할 것
④ 본관 및 공급관은 건축물의 내부 또는 기초 밑에 설치하지 아니할 것

[해설]
가스배관은 하수구 등 암거 내에 설치하지 않고 노출배관이 우선이다. **답 ②**

05 예제문제

가스 사용 시설의 건축물 내의 매설 배관으로 적합하지 않은 배관은?

① 이음매 없는 동관
② 배관용 탄소강관
③ 스테인리스 강관
④ 가스용 금속 플렉시블 호스

[해설]
건축물 내의 매립 가능한 배관의 재료는 스테인리스강관, 동관, 가스용 금속 플렉시블배관용 호스로 한다. **답 ②**

> **06 예제문제**
>
> **가스배관 시공상의 주의사항으로 잘못된 것은?**
>
> ① 건축물의 벽을 관통하는 부분의 배관에는 보호관 및 부식방지 피복을 한다.
> ② 건물 내의 배관은 외부에 노출시켜 시공한다.
> ③ 지하에 매설하는 배관은 기계적 이음 또는 나사 이음을 원칙으로 하고 가능한 한 용접시공을 피한다.
> ④ 배관의 경로와 위치는 안전성, 시공성, 장래의 계획 등을 고려하여 정한다.
>
> [해설]
> 지하에 매설하는 배관은 가능한 한 용접시공을 한다.　　　　　　　　　　답 ③

06 핵심예상문제

가스설비

본 핵심예상문제는 각단원별 출제빈도 높은 문제 및 최근 10년간의 기출문제 중 비중이 높은 출제유형이므로 꼭 풀어보고 가야할 문제입니다. 이후 실전예상문제를 공부하시면 효과적입니다.

[12년 2회]

01 LP가스의 주성분으로 맞는 것은?

① 프로판(C_3H_8)과 부틸렌(C_4H_8)
② 프로판(C_3H_8)과 부탄(C_4H_{10})
③ 프로필렌(C_3H_6)과 부틸렌(C_4H_8)
④ 프로필렌(C_3H_6)과 부탄(C_4H_{10})

> 액화석유가스(LPG) 주성분은 프로판(C_3H_8)과 부탄(C_4H_{10})이며 도시가스(LNG) 주성분은 메탄(CH_4)이다.

[14년 2회, 11년 2회]

02 가스관으로 많이 사용하는 일반적인 관의 종류는?

① 주철관
② 주석관
③ 연관
④ 강관

> 가스배관은 주로 일반배관용 강관을 사용한다.

[13년 2회]

03 가스미터 부착상의 유의점으로 잘못된 것은?

① 온도, 습도가 급변하는 장소는 피한다.
② 부식성의 약품이나 가스가 미터기에 닿지 않도록 한다.
③ 인접 전기설비와는 충분한 거리를 유지한다.
④ 가능하면 미관상 건물의 주요 구조부를 관통한다.

> 가스미터기는 건물의 구조부를 관통하여 설치하지 않고 눈에 잘 보이는 곳에 부착한다.

[10년 2회, 08년 2회]

04 저압 가스배관의 유량을 산출하는 식으로 맞는 것은? (단, Q: 유량(m^3/h), D: 관지름(cm), ΔP: 압력손실(mmAq), S: 비중, K: 유량계수, L: 관의 길이(m))

① $Q = K\sqrt{\dfrac{S \cdot L}{D \cdot \Delta P}}$
② $Q = K\sqrt{\dfrac{D \cdot \Delta P}{S \cdot L}}$
③ $Q = K\sqrt{\dfrac{L \cdot \Delta P}{S \cdot D^5}}$
④ $Q = K\sqrt{\dfrac{D^5 \cdot \Delta P}{S \cdot L}}$

> 저압 가스배관 유량 산출식(Q) - 폴(Pole)식
> $Q = K\sqrt{\dfrac{D^5 \cdot \Delta P}{S \cdot L}}$

[12년 1회]

05 정압기 종류에서 구조와 기능이 우수하고 중압을 저압으로 감압하며, 일반 소비기기용이나 지구정압기에 널리 쓰이는 것은?

① 레이놀드식 정압기
② 피셔식 정압기
③ 엠코 정압기
④ 부종식 정압기

> 레이놀드식 정압기는 중압을 저압으로 감압하기에 적합하다.

[15년 3회]

06 가스배관에 있어서 가스가 누설될 경우 중독 및 폭발사고를 미연에 방지하기 위하여 조금만 누설되어도 냄새로 충분히 감지할 수 있도록 설치하는 장치는?

① 부스터설비
② 정압기
③ 부취설비
④ 가스홀더

> 가스배관에서 가스 누설시 감지가 쉽도록 부취제(메르갑탄류, 양파 썩는 냄새, 마늘냄새, 석탄가스 냄새 등)를 부취설비로 주입한다. 부취제 주입량은 가스량의 1/1000 정도로 한다.

정답 01 ② 02 ④ 03 ④ 04 ④ 05 ① 06 ③

제2장 배관관련설비

[15년 1회]

07 가스설비 배관 시 관의 지름은 폴(Pole)식을 사용하여 구한다. 이때 고려할 사항이 아닌 것은?

① 가스의 유량
② 관의 길이
③ 가스의 비중
④ 가스의 온도

> 폴(Pole)식에 의한 관지름(D) 계산식
> $Q = K\sqrt{\dfrac{D^5 \cdot \Delta P}{S \cdot L}}$ 또는 $D = \sqrt[5]{\dfrac{Q^2 \cdot S \cdot L}{K^2(P_1^2 - P_2^2)}}$ (cm)
> ※ Q(가스량), L(관의 길이), P(가스압), S(가스비중), K(유량계수)

[12년 1회]

08 도시가스 입상관에 설치하는 밸브는 바닥으로부터 몇 m 이상에 설치해야 하는가?

① 0.5m 이상 1m 이하
② 1m 이상 1.5m 이하
③ 1.6m 이상 2m 이하
④ 2m 이상 2.5m 이하

> 도시가스 입상관에 설치하는 밸브는 조작이 편리하도록 바닥으로부터 1.6m 이상 2m 이하에 설치한다.

[15년 3회, 11년 1회]

09 도시가스 배관의 손상을 방지하기 위하여 도시가스배관 주위에서 다른 매설물을 설치할 때 적절한 이격거리는?

① 20cm 이상   ② 30cm 이상
③ 40cm 이상   ④ 50cm 이상

> 도시가스배관 주위에서 다른 매설물을 설치할 때 30cm 이상 이격 거리를 확보한다.

[15년 2회, 10년 3회, 08년 2회]

10 도시가스 배관을 매설할 경우 기준으로 틀린 것은?

① 배관의 외면으로부터 도로의 경계까지 1m 이상 수평거리를 유지 할 것
② 배관을 철도부지에 매설하는 경우에는 배관의 외면으로부터 궤도 중심까지 4m이상 거리를 유지할 것
③ 시가지 외의 도로 노면 밑에 매설하는 경우에는 노면으로부터 배관의 외면까지 깊이를 2m 이상으로 할 것
④ 인도 등 노면 외의 도로 밑에 매설하는 경우에는 지표면으로부터 배관의 외면까지 깊이를 1.2m 이상으로 할 것

> 도시가스 배관을 시가지 도로 밑에 매설할 경우는 노면으로부터 1.5m 이상으로 하되, 방호 구조물로 되어 있거나 시가지 외에서는 1.2m 이상 깊이로 매설해도 된다.

[10년 3회]

11 가스배관을 실내에 설치할 때의 기준으로 틀린 것은?

① 배관은 환기가 잘 되는 곳으로 노출하여 시공할 것
② 배관은 환기가 잘되지 아니하는 천장·벽·공동구 등에는 설치하지 아니할 것
③ 배관의 이음부와 전기 계량기와는 60cm 이상 거리를 유지할 것
④ 배관 이음부와 단열조치를 하지 않은 굴뚝과의 거리는 5cm 이상의 거리를 유지할 것

> 배관 이음부와 단열조치를 하지 않은 굴뚝과의 거리는 15cm 이상 거리 유지한다.

정답 07 ④ 08 ③ 09 ② 10 ③ 11 ④

[10년 2회]
12 도시가스배관에 관한 설명이다. 틀린 것은?

① 상수도관, 하수도관 등이 매설된 도로에서는 이들의 최하부에 매설한다.
② 배관 외부에 사용가스명칭, 최고압력, 흐름방향 등을 표시하고 지상배관은 황색으로 표시한다.
③ 배관접합은 나사를 원칙으로 하며 나사가 곤란한 경우는 기계적 접합 또는 용접 접합을 한다.
④ 건물 내의 배관은 외부에 노출시켜 시공하며 동관이나 스테인리스관 등 이음매 없는 관을 매몰하여 설치할 수 있다.

> 도시가스배관은 원칙적으로 누설방지를 위해 용접배관을 원칙적으로 한다.

[22년 3회]
13 가스설비에서 정압기의 종류 중 구조에 따라 분류할 때 아닌 것은?

① 피셔식 정압기
② 액셜 플로우식 정압기
③ 가스미터식 정압기
④ 레이놀드식 정압기

> 정압기는 구조에 따라 직동식(레이놀드식 정압기)과 파일럿식(피셔식 정압기, 액셜 플로우식 정압기)가 있다.

정답 12 ③ 13 ③

07 냉동 및 냉각설비

1 냉동설비의 배관 설계 및 공사

분류	특징
냉매 배관 설계	- 냉매배관공사 설계 시 주의 사항 ① 지정된 배관경 및 두께를 사용하고, 배관 길이는 최단거리를 선정할 것 ② 배관 지지는 확실하게 고정시켜 줄 것 ③ 종축 배관일 경우 가스관 측에 10m마다 오일 트랩을 설치할 것 ④ 흡입 가스 배관 내에 냉동기유, 냉매액의 체류를 방지하기 위해 불필요한 트랩을 설치하지 말 것 ⑤ 천장면 등과 같은 축을 넘을 경우 냉매가 부족할 때 냉동기유의 회수를 악화시키지 않도록 배관할 것 ⑥ 가스관을 수평으로 설치할 경우에는 냉매의 흐름을 용이하게 하기 위하여 흐름 방향에 대해 1/200 정도 하향 구배하여 시공할 것 ⑦ 가스관은 반드시 보온할 것(보온할 때 액관과 같이 묶어서 보온하게 되면 가스관의 과열이 심해져 압축기의 능력이 저하됨.)
냉매 배관 공사	- 냉매배관공사 시공 시 주의 사항 ① 각종 배관의 최대 지지 또는 행거 간격은 시방서에 따른다. ② 강관의 이음 부분을 용접 시공할 때에는 용접에 의한 잔류 응력이 남아 있지 않도록 하며 냉매의 온도가 내려감에 따라 용접부에서 크랙이 발생하는 일이 없도록 한다. ③ 배관 공사 및 내부 청소가 끝나면 냉매 배관 검사 기준에 따라 소정의 기밀 및 진공시험을 실시한다. ④ 냉매 배관에 사용되는 모든 밸브류는 설치 전에 작동이 확실한가를 확인하고 가능한 상부에서 조작할 수 있도록 설치한다. ⑤ 냉매 배관은 가능한 이음부가 적고 용접 부위가 겹치지 않도록 시공하고 벤드 또는 엘보의 구부러진 부위에 분기관을 설치하여서는 안 된다. ⑥ 분지관 시공 시에는 적합한 부속품을 사용하여야 하며 분지 배관의 티뽑기 공법으로 시공할 때에는 가지관의 지름이 주관 지름의 1/3 이하인 경우로서 적절한 공구와 부속품을 사용한다. ⑦ 냉매 배관에 사용하는 플랜지의 개스킷은 팽창으로 인한 냉매의 누설을 고려하여 요철형을 사용한다. ⑧ 이중 입상관을 설치할 때에는 최소 부하 시에 냉동유가 회수되도록 유속을 확보할 수 있는 크기로 정한다. 사이즈가 작은 관과 큰 관의 사이는 되도록 좁게 하고 U벤드를 사용한 트랩을 설치한다. ⑨ 두 개의 관이 분기되거나 합병되는 곳에는 가능하면 Y 이음이 되도록 배관하여야 한다. ⑩ 직관부에서의 냉매 배관은 신축을 흡수하기 위하여 루프 또는 오프셋을 설치하고 양단에는 관 지름에 알맞은 관 고정 철물을 설치하여 배관의 신축에 따라 생기는 응력에 대응하도록 한다.

> **이중 입상관**
> 프레온 냉매에서 냉매와 혼합되어 순환되는 오일회수를 쉽게 하기 위해 입상 흡입관에서 작은 관과 큰 관으로 이중관을 설치하여 오일을 회수한다.

01 예제문제

냉동장치에서 압축기의 진동이 배관에 전달되는 것을 흡수하기 위하여 압축기 토출, 흡입 배관 등에 설치해 주는 것은?

① 팽창밸브
② 안전밸브
③ 수수탱크
④ 플렉시블 튜브

[해설]
압축기와 토출, 흡입 배관 사이에는 플렉시블 튜브를 설치하여 압축기 진동이 배관에 전달되지 않도록 한다. **답 ④**

02 예제문제

냉동장치의 냉매배관에 관한 설명으로 틀린 것은?

① 사용하는 배관재료와 관 두께는 냉매의 종류, 사용온도 및 압력에 적합한 것을 사용한다.
② 압축기와 응축기가 동일선상에 있는 경우의 수평관은 1/50의 올림 구배로 한다.
③ 토출관 및 흡입 가스관은 냉매에 혼합되어 순환되는 냉동기의 기름이 계통 내에 체류하는 일이 없이 압축기에 돌아오도록 한다.
④ 배관의 진동을 방지하고 적당한 간격으로 적합한 지지용 받침대를 설치한다.

[해설]
압축기와 응축기가 동일선상에 있는 경우 수평관은 응축기 쪽으로 하향구배 한다. **답 ②**

03 예제문제

암모니아 냉매를 사용하는 흡수식 냉동기의 배관재료로 가장 좋은 것은?

① 주철관
② 동관
③ 강관
④ 동합금관

[해설]
암모니아에는 강관을 사용하고 프레온에는 동관을 사용한다. **답 ②**

2 냉방설비의 설치

분류	특징
실내기 설치	① 공기 흡입구와 배출구의 공기 흐름을 방해할 만한 장애물이 없는 장소일 것 ② 실외기와의 배관 접속이 쉬운 장소일 것 ③ 공기 필터를 청소할 수 있도록 흡입판을 열 수 있는 장소일 것 ④ 에어컨 실내기와 텔레비전 사이를 1m 이상 떨어지게 설치할 것
실외기 설치	① 실외기의 진동과 무게에 충분히 견딜 수 있는 장소를 이용할 것 ② 안전을 위하여 실외기를 건물 외벽, 베란다 바깥쪽에 매달아 설치하지 말 것 ③ 공기의 흐름을 방해하지 않을 만큼 충분한 공간이 있어야 할 것 ④ 뜨거운 공기가 집중되는 곳이나 햇빛이 비치는 곳은 피할 것 ⑤ 염분이 많은 대기 중이나 황산염 가스가 닿는 곳은 피할 것 ⑥ 흡입구, 배출구에는 장애물이 없을 것 ⑦ 실외기에서 나오는 더운 바람이나 소음이 사용자나 옆집에 피해가 가지 않도록 설치할 것

작업 순서	1) 냉방 설비 설치 적합성 검토 및 주의 사항
	  ① 실내기와 실외기의 설치 위치에 따라 오일 트랩과 액 루프를 올바르게 설치할 것
	  ② 배관 허용 낙차는 최고 15m 이내로 할 것
	  ③ 배관의 굽힘 가공은 한 번에 정확하게 굽힐 것 2회 이상 굽혔다 폈다 하면 배관이 파손될 우려가 있음.
	  ④ 최소 굽힘 반경은 100mm 이상이 되게 할 것
	2) 냉매 배관 작업 순서
	  배관 설계 → 배관 가공 → 실내, 실외기 접속 → 공기 빼기 → 가스 누설 검사 → 냉매 추가 충전

배관 길이와 높이	- 패키지형 공조기의 배관 길이와 높이 ① 패키지형 공조기의 배관 길이는 제한되므로 제한 범위 내에 들어가도록 실외 유닛, 실내 유닛의 배치를 결정해야 한다. ② 실외 유닛, 실내 유닛 상하의 관계에서 높이차 제한이 있다. 실외 유닛이 위의 경우와 아래의 경우에서 제한 값에 차가 있는 경우도 많으므로 주의해야 한다. ④ 액관이 입상되어 있을 때는 헤드 차에 의한 압력 저하가 크게 영향을 끼친다. 지점 이상으로 입상되면 액이 재증발하여 불안정하게 될 뿐만 아니라 결국에는 운전 불능이 된다. ⑤ 가스 배관에서는 냉동기유의 움직임에 유의하여 압축기로부터 토출 가스와 함께 배출된 냉동기유는 냉매와 더불어 시스템을 순환하여 다시 압축기로 되돌아가도록 설계되어 있다.

> **냉매 배관 작업 순서**
> 배관 설계-배관 가공-실내, 실외기 접속-공기 빼기-가스 누설 검사 - 냉매 추가 충전

04 예제문제

냉매유속이 낮아지게 되면 흡입관에서의 오일 회수가 어려워지므로 오일 회수를 용이하게 하기 위하여 설치하는 것은?

① 이중입상관 ② 루프 배관
③ 액 트랩 ④ 리프팅 배관

해설
이중입상관은 프레온 냉매에서 입상 흡입관의 냉매 속도가 감소하면 오일 회수가 어려워지므로 오일 회수를 용이하게 하기 위하여 작은 관과 큰 관으로 이중관을 설치하여 오일을 회수한다.

답 ①

3 냉각설비의 배관 및 개요

분류	특징
냉각탑의 종류	- 공조용 냉각탑의 종류와 특징 1) 개방형 냉각탑 　① FRP 제품 본체 구조로 내식성과 내구성 우수하고 설치 및 보수 유지가 간편하다. 　② 양산 체제로 가격이 저가이며 설치 장소의 제한을 받지 않으며 5~1,000RT 용량 생산 가능 2) 대향류 사각형 냉각탑 　① 현장 조립이 가능하여 설치기간이 단축되고 설치 면적 축소와 운전 중량의 경량화가 가능하다. 　② 편리한 수질 관리와 비산 방지 효과가 우수한 일리미네이터를 사용하고 80 ~ 16,000RT 용량 생산 가능 3) 직교류형 냉각탑 　① 고성능 제품으로 공간 절약과 가벼운 중량으로 설치와 보수 점검이 용이하다. 　② 저소음 축류 송풍기(axial fan) 사용으로 수적 비산의 방지 효과가 우수하다. 4) 압입 송풍기 냉각탑 　① 벽면에 붙여서 한쪽 면(single side)에서만 팬(fan) 설치가 가능하여 실내외 설치가 가능하다. 　② 정숙 운전과 용량 제어가 가능하다. 5) 밀폐형 냉각탑 　① 냉각수 증발 손실이 방지되고 용량 조절 및 에너지 절약이 가능하다 　② 정숙한 운전과 계절에 관계없이 전천후 운전이 가능하다.

냉각탑의 종류
개방형, 대향류사각형, 직교류형, 압입 송풍기형, 밀폐형

냉각탑 설치 장소	- 냉각탑 설치 장소 선정 시 유의 사항 : 냉각탑의 설치 장소는 냉각탑의 성능과 수명, 효율에 직접 관계되므로 다음 조건에 맞는 설치 장소를 선정할 것 ① 냉각탑 공기 흡입에 영향을 주지 않는 곳 ② 냉각탑 흡입구 측에 습구 온도가 상승하지 않는 곳 ③ 송풍기 토출 측에 장애물이 없는 곳 ④ 토출되는 공기가 천장에 부딪혀 공기 흡입구에 재순환 되지 않는 곳 ⑤ 온풍이 배출되는 배기구와 멀리 떨어져 있는 곳 ⑥ 기온이 낮고 통풍이 잘 되는 곳 ⑦ 냉각탑 반향음이 발생되지 않는 곳 ⑧ 산성, 먼지, 매연 등의 발생이 적은 곳 특히 대량으로 매연을 흡입할 경우 냉각탑뿐만 아니라 냉각수관, 콘덴서 튜브까지 부식시킬 우려가 있으므로 주의할 것
냉각탑 배관	- 냉각탑 배관 시 유의 사항 ① 냉각수 펌프가 냉각탑 수조의 운전 수위 이하에 설치되어 있는 것을 확인한 후에 배관 시공을 할 것 ② 배관의 중량이 냉각탑에 걸리지 않도록 냉각탑 이외의 장소에 지지할 것 ③ 냉각탑 운전 수위보다 높은 위치의 배관, 특히 수평 배관은 짧게 할 것 (펌프 운전 시 공기가 들어가며 펌프 정지 시 오버플로의 원인이 됨.) ④ 2대 이상을 병렬로 운전할 경우 수위를 동일하게 유지하기 위해 균압관을 설치할 것 ⑤ 반드시 오버플로 또는 드레인(drain) 배관을 시행할 것 ⑥ 보급수 배관에는 밸브를 설치할 것

07 냉동 및 냉각설비 핵심예상문제

본 핵심예상문제는 각단원별 출제빈도 높은 문제 및 최근 10년간의 기출문제 중 비중이 높은 출제유형이므로 꼭 풀어보고 가야할 문제입니다. 이후 실전예상문제를 공부하시면 효과적입니다.

[13년 2회, 11년 1회]
01 흡수식 냉동기의 단점으로 맞는 것은?

① 기기 내부가 진공상태로서 파열의 위험이 있다.
② 설치면적 및 중량이 크다.
③ 냉온수기 한 대로는 냉·난방을 겸용할 수 없다.
④ 소음 및 진동이 크다.

> 흡수식 냉동기(냉방목적)는 설치면적이 크고 중량이 무겁다. 흡수식 냉동기는 기기 내부가 진공이라 파열의 위험이 적고 한 대로 냉난방이 가능하며 소음이나 진동이 적다.

[13년 3회]
02 2원 냉동장치의 구성기기 중 수액기의 설치 위치는?

① 증발기과 압축기 사이
② 압축기와 응축기 사이
③ 응축기와 팽창밸브 사이
④ 팽창밸브와 증발기 사이

> 2원 냉동장치란 약 -70℃ 이하의 초저온을 얻기 위한 냉동방법으로, 고온측 증발기를 저온측 응축기 냉각용으로 사용한다. 수액기 설치위치는 응축기와 팽창밸브 사이이다.

[11년 2회]
03 냉매용 밸브 중에서 냉동부하와 증발온도에 따라 증발기에 들어가는 냉매량을 조절하는 밸브로 맞는 것은?

① 팩드 밸브
② 팩리스 밸브
③ 전자 밸브
④ 팽창 밸브

> 팽창 밸브는 응축기에서 액화한 냉매가 증발기로 들어가는 냉매량을 조절하고 증발압력까지 팽창 감압한다.

[12년 3회]
04 냉동 설비에서 고온·고압의 냉매 기체가 흐르는 배관은?

① 증발기와 압축기 사이 배관
② 응축기와 수액기 사이 배관
③ 압축기와 응축기 사이 배관
④ 팽창밸브와 증발기 사이 배관

> 증발기와 압축기 사이 배관은 저압 저온의 냉매 기체, 응축기와 수액기 사이는 고압의 냉매 액, 압축기와 응축기 사이는 고온, 고압의 냉매기체, 팽창밸브와 증발기 사이는 저압의 냉매액(플래시 가스 약간 포함)이 흐른다.

[10년 3회]
05 암모니아 냉매 사용시 일반적으로 사용하는 배관재료는?

① 알루미늄 합금관 ② 동관
③ 아연관 ④ 강관

> 암모니아는 강관을 사용하고, 프레온 냉매는 동관을 사용한다.

[10년 1회, 08년 1회, 06년 3회]
06 냉매배관 중 액관은?

① 압축기와 응축기까지의 배관
② 증발기와 압축기까지의 배관
③ 응축기와 수액기까지의 배관
④ 팽창밸브와 압축기까지의 배관

> 응축기와 팽창밸브 까지는 고압부로 액 냉매가 흐르고, 증발기와 압축기 까지는 저압부로 냉매 기체가 흐른다. 응축기-수액기-팽창밸브 순이므로 응축기와 수액기까지의 배관은 액관이다.

정답 01 ② 02 ③ 03 ④ 04 ③ 05 ④ 06 ③

[14년 3회, 10년 2회]
07 냉매 배관 시 주의사항으로 틀린 것은?

① 배관의 굽힘 반지름은 크게 한다.
② 불응축 가스의 침입이 잘 되어야 한다.
③ 냉매에 의한 관의 부식이 없어야 한다.
④ 냉매 압력에 충분히 견디는 강도를 가져야 한다.

> 냉매배관에는 불응축 가스(공기 등)의 침입이 없어야 한다. 불응축 가스가 유입되면 응축이 불량해지고 응축압력이 높아진다.

[23년 3회]
08 냉동장치의 토출배관 시공 시 유의사항으로 틀린 것은?

① 관의 합류는 T이음보다 Y이음으로 한다.
② 압축기 정지 중에도 관내에 응축된 냉매가 압축기로 역류하지 않도록 한다.
③ 압축기에서 입상된 토출관의 수평 부분은 응축기 쪽으로 상향 구배를 한다.
④ 여러 대의 압축기를 병렬 운전할 때는 가스의 충돌로 인한 진동이 없게 한다.

> 압축기에서 입상된 토출관의 수평 부분은 응축기 쪽으로 하향 구배를 한다.

[13년 1회, 10년 2회, 08년 3회]
09 냉매배관 설계 시 잘못된 것은?

① 2중 입상관(Riser) 사용 시 트랩을 크게 한다.
② 과도한 압력강하를 방지한다.
③ 압축기로 액체 냉매의 유입을 방지한다.
④ 압축기를 떠난 윤활유가 일정 비율로 다시 압축기로 되돌아오게 한다.

> 냉매배관 설계 시 2중 입상관(Double Riser)의 트랩은 되도록 작게 한다. 트랩이 너무 크면 여기에 모아진 오일이 회수될 때 압축기에 과부하가 발생할 수 있다. 일반 냉매배관의 굽힘 반경은 크게, 2중 입상관 반경은 작게 한다.

[15년 1회]
10 냉동배관 재료로서 갖추어야 할 조건으로 틀린 것은?

① 저온에서 강도가 커야 한다.
② 내식성이 커야 한다.
③ 관 내 마찰저항이 커야 한다.
④ 가공 및 시공성이 좋아야 한다.

> 냉동배관 재료는 관 내 냉매 흐름 시 마찰저항이 적어야 한다.

[12년 3회, 07년 1회]
11 냉동배관 중 액관 시공상 주의할 점을 열거한 것이다. 잘못된 것은?

① 매우 긴 입상 배관의 경우 압력이 증가하게 되므로 충분한 과냉각이 필요하다.
② 배관은 가능한 한 짧게 하여 냉매가 증발하는 것을 방지한다.
③ 2대 이상의 증발기를 사용하는 경우 액관에서 발생한 증발가스(Flash Gas)가 균등하게 분배되도록 배관한다.
④ 증발기가 응축기 또는 수액기보다 8m 이상 높은 위치에 설치되는 경우에는 액을 충분히 과냉각시켜 액 냉매가 관내에서 증발하는 것을 방지하도록 한다.

> 매우 긴 입상배관에서 마찰손실로 압력이 강하하여 증발가스가 발생할 우려가 있으므로 충분한 과냉각이 필요하다.

[09년 1회]
12 다음 프레온 냉매 배관에 관한 설명 중 맞지 않는 것은?

① 주로 동관을 사용하나 강관도 사용한다.
② 증발기와 압축기가 같은 위치인 경우 냉동기를 향해서 내림구배 1/200로 한다.
③ 동관의 접속은 플레어 이음 또는 용접 이음 등이 있다.
④ 관의 굽힘 반경을 작게 한다.

> 모든 관의 굽힘 반경은 다소 크게 하여 마찰손실을 줄인다.

정답 07 ② 08 ③ 09 ① 10 ③ 11 ① 12 ④

[23년 3회, 14년 3회]
13 다음과 같이 압축기와 응축기가 동일한 높이에 있을 때, 배관방법으로 가장 적합한 것은?

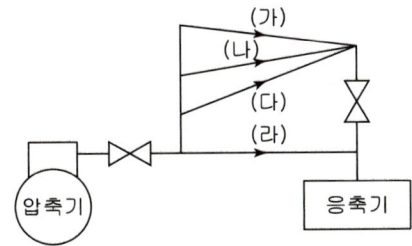

① (가) ② (나)
③ (다) ④ (라)

> 압축기, 응축기가 동일한 높이라면 압축기에서 응축기로 가는 가스관은 입상관을 거쳐 응축기 쪽으로 하향구배 (가)를 준다.

정답 13 ①

08 압축공기설비

제2장 | 배관관련설비

1 압축공기설비 및 유틸리티 개요

분류	특징
공기 압축기	공기압축설비는 컴프레셔(Compressor)라 부르는 공기압축기를 이용하여 대기 중에 있는 공기를 빨아들여 밀폐된 공간 내에서 압축기로 압축하며 압축된 공기는 산업 현장에서 각종 동력원으로 사용되거나 연소, 건조 등 제조 프로세스를 목적으로, 또는 각종 공정 기기를 제어하기 위한 공압식 제어설비에 사용된다.
공기 압축기 종류	• 공기 압축기 종류 : 공기압축기는 유체의 작용에 따라 양변위식과 동적형(회전식)으로 나눌 수 있다. 1) 양변위식 공기압축기 • 양변위식 공기압축기는 부피와 위치가 변하는 특징이 있다. • 양변위식은 다시 직선왕복운동을 하는 왕복압축기와 원형의 경로로 움직이는 회전압축기로 나눌 수 있다. • 양변위식 공기압축기에서 누출량을 무시하면 압축기를 지나는 유량은 넓은 범위의 배출압력에 걸쳐 항상 일정하다. 2) 동적 공기압축기 동적 공기압축기는 회전자를 통해 방사상으로 흐르게 하는 원심형 공기압축기, 회전자를 통해 회전축과 나란히 흐르게 하는 축류형 공기압축기, 유체분사형 공기압축기로 나눌 수 있다.
압축기의 선정	1) 압축기 선정시 고려사항 ① 공기 압축기의 선정시에는 설치면적, 소음, 유지보수성 등을 고려하여 적정용량 및 적정사양의 공기 압축기를 선정하여야 한다. ② 용량산정시의 사용빈도(부하율)의 보정, 공기청정기기 및 배관에서의 압력강하, 배관 접속부위에서의 누설, 압축기의 수명에 따른 보수 유지의 고려 등을 감안하여 설계 계산용량의 1.5~2배 크기로 선정하는 것이 바람직하다.

분류		종류
양변위식 (용적형)	왕복식	피스톤식
		다이어프램식
	회전식	스크루식(무급유식, 급유식)
		벤식(로터식)
동적형	원심식	터보식, 축류형
		기타(유체분사식)

> 공기 압축기 종류
> 양변위식(왕복압축기, 회전압축기),
> 동적형(원심식)

2) 공기 압축과 제습설비
① 공기를 압축하면 공기중의 수증기가 응축하여 응축수가 발생하는데 이를 제거하는 제습설비가 공기 압축시스템에서는 중요하다.
② 제습장치에는 다음과 같은 3가지가 주로 쓰인다.
- 자연냉각 : 압축기 토출측에 에프터 쿨러(After Cooler)라는 탱크를 설치하여 자연 냉각 시키면 응축된 수분을 제거할 수 있다.
- 냉각제습 : 압축공기를 강제로 냉각시키면 응축작용으로 수분을 제거할 수 있다.
- 제습제 : 액체나 고체의 흡착식 드라이어(제습제)를 사용하여 공기중의 수분을 제거한다. 위 3가지 방식을 적당하게 조합하여 사용하면 더욱 효율적이다.

2 압축기 설치 및 압축공기 배관

분류	특징
압축기 설치	- 각종 압축기 설치시 유의점 • 계절 및 주야간에 따른 급격한 온도 변화 없을 것 • 옥외에 설치하여 눈, 비, 강풍, 직사광선, 흡입공기의 오염 등에 노출되지 않도록 할 것 • 진동 및 충격이 없을 것 • 운반도로, 반입구, 분해점검에 필요한 공간을 확보할 것
기초 설치	- 기초 설치시 유의점 • 기계의 중량과 운전중량에 대한 충분한 내구력을 갖출 것 • 기초의 고유 진동수가 기계의 가진력과 공진하는 범위를 피할 것 • 진동이 건물에 영향을 주지 않도록 유의하고 절연시킬 것
압축 공기 배관	- 압축 공기 배관 선정시 고려사항 1) 압축공기의 공급배관구경의 결정은 배관내의 압축공기의 유속과 압력손실을 고려하여 선정하되 공기압력 저장조와 사용기기 사이의 배관 압력손실을 10MPa 이하로 하여 선정한다. 2) 공기사용량은 반드시 순간 부하 조건으로 하여 계산되어야 한다. 순간 최대 부하 조건이 고려되지 않을 경우 공기압 부족으로 기기의 오작동이 발생할 수 있다. 3) 배관의 길이는 공기청정기기로부터 시작하여 최종 제조설비까지의 길이를 산출한다. 4) 허용 가능한 압력강하(압력손실)는 배관 길이 상에서 발생되는 압력손실의 허용량을 결정 한다. 5) 압축공기의 배관내 표준유속은 배관구경의 크기에 따라 다르나 통상 12m/sec 이하로 하는 것이 좋으며 배관경이 60mm 이하일 때는 표준 유속은 10m/sec 이하로 하는 것이 좋다.

> 압축공기의 배관 내 표준유속 통상 12m/sec 이하, 배관경이 60mm 이하일 때 10m/sec 이하

	6) 배관에서의 압력강하는 다음 식으로 나타낼 수 있다. $$\Delta P = \frac{f \times L \times v^2 \times \rho}{d \times 2g} + 보정길이$$ 여기서, ΔP : 압력강하(mmAg), f : 마찰계수, L : 관의 길이(m), ρ : 유체의 밀도(kg/m³) v : 유체의 평균속도(m/sec), d : 관의 내경(m) g : 중력 가속도(9.8 m/sec²)
압축기 윤활 관리	압축기에서 오일의 기능은 윤활작용, 냉각작용, 밀봉작용, 방청작용, 응력 분산작용 등의 기능이 있으며 적절치 못한 윤활유를 사용할 경우, 베어링의 고착은 물론이고 밸브의 하드 카본 생성에 따른 밸부의 파손, 각 밀봉부(로터와 케이싱간 및 피스톤과 피스톤 링 및 실린더부)의 누설로 성능저하와 함께 수명을 단축시킨다.

01 예제문제

공기 압축설비에 대한 설명중 가장 잘못된 설명은?

① 압축기 설치 시 계절 및 주야간에 따른 급격한 온도 변화 없는 곳에 설치할 것.
② 기계의 중량과 운전중량에 대한 충분한 내구력을 갖출 것.
③ 기초의 고유 진동수가 기계의 가진력과 공진하도록 설치할 것.
④ 진동이 건물에 영향을 주지 않도록 유의하고 절연시킬 것.

해설
기초의 고유 진동수가 기계의 가진력과 공진하는 범위를 피하여 설치할 것. 답 ③

3 공기 압축기 제습

> **압축공기 제습 방법**
> 냉각제습, 압축제습, 화학제습(흡착제, 흡수제)

분류	특징
개요	제습이란 공기 또는 각종 가스(GAS)의 기체에 함유되어 있는 수분을 제거하여 공기 또는 가스 등을 건조한 상태로 변환시키는 작업을 총칭하는 것으로서 일반적으로 냉각제습, 압축제습과 화학제습이 있다.
냉각 제습	1) 정의 : 냉각제습은 공기를 노점(이슬점)온도 이하로 냉각하여 공기 중의 습기를 응축시켜 수분화하고 응축되는 수분을 제거한 후 재가열하여 낮은 습도의 공기를 얻는 방법으로 공기의 냉각원으로 냉동기의 냉매, 냉수, 브라인 등이 이용된다. 2) 특징 ① 냉각코일의 표면온도를 0℃ 이하로 하면 응축된 수분이 코일 표면에 결빙되어 냉각 효율이 떨어지므로 일정상태의 습도를 얻기가 곤란하다.

	② 장마철 등 상대습도가 높을 때에는 냉각 효율이 떨어진다. ③ 제습의 한계는 일반적인 사용방법에서는 노점 온도가 0℃ 이상이다. ④ 설비가 대형화되고 소비전력량이 증대하여 설비운전비가 높다.
압축 제습	1) 개요 : 압축제습은 공기를 압축, 체적을 줄여 냉각하면 공기중의 습기가 응축되어 수분이 되고 이 수분을 제거한 후 공기를 재가열하여 낮은 습도의 공기를 얻는 방법 2) 특징 ① 적은 풍량 낮은 습도의 제습에 적용된다. ② 압축동력비가 많이 소요된다. ③ 계장용등 고압 제습공기를 필요로 하는 경우에 적용된다.
화학 제습 (고체 흡착제)	1) 개요 : 화학 제습은 흡착제 BATCH TYPE과 흡수제 액체 TYPE이 있으며 각각의 특징은 다음과 같다. 흡착제 BATCH TYPE은 고체 흡착제(실리카겔, 활성알루미나, 제올라이트 등)를 원통형의 탑에 충진하며 2개 이상의 탑을 사용한다. 2) 특징 ① 고체흡착제의 선정에 따라 낮은 노점의 제습공기를 얻을 수 있다. ② 제습과 재생이 일정시간에 절환 되기 때문에 연속적이고 일정한 제습공기를 얻을 수 없다. ③ 정기적으로 흡착제의 교환을 필요로 한다. ④ 장치 압력손실이 크고 재생후 온도가 고온이다.
흡수제 액체 TYPE	1) 개요 : 흡수제 액체 TYPE은 흡수제로서 염화리튬 용액이 쓰이고 제습부와 재생부로 나누어진 장치로 구성되며 제습부 내부로 분무된 흡수액과 제습을 요하는 공기가 접촉할 때 습수제 용액과 공기와의 수증기 분압차에 의해 공기중의 수분이 용액에 습수되어 제습이 이루어진다. 2) 흡수작용으로 발생되는 응축열과 흡수열은 냉각코일로서 제거하며 특징은 ① 제습, 재생이 연속적으로 이루어지기 때문에 일정한 제습공기를 얻을 수 있다. ② 용액의 캐리오버(CARRY - OVER : 재생부에서 대기로 방출되는 습공기 중에 용액이 함유되어 배출되는 현상)를 방지하지 않으면 안 된다. ③ 용액농도와 온도에 따라 염화리튬의 석출이 생기므로 용액농도 관리가 필요하다. ④ 정기적인 용액보충, 용액교체가 필요하다.

02 예제문제

공기 냉각제습에 대한 설명으로 잘못된 설명은?

① 공기의 냉각원으로 냉동기의 냉매, 냉수, 브라인등이 이용된다.
② 냉각코일의 표면온도를 0℃ 이하로 하면 수분이 잘 응축하여 제습 효율이 증가한다.
③ 장마철 등 상대습도가 높을 때에는 냉각 효율이 떨어진다.
④ 설비가 대형화되고 소비전력량이 증대하여 설비운전비가 높다.

[해설]
냉각제습에서 냉각코일의 표면온도를 0℃ 이하로 하면 응축된 수분이 코일 표면에 결빙되어 냉각 효율이 떨어지므로 습도제거가 곤란하다. **답 ②**

08 핵심예상문제 — 압축공기설비

본 핵심예상문제는 각단원별 출제빈도 높은 문제 및 최근 10년간의 기출문제 중 비중이 높은 출제유형이므로 꼭 풀어보고 가야할 문제입니다. 이후 실전예상문제를 공부하시면 효과적입니다.

[13년 1회]

01 압축공기 배관 시공 시 일반적인 주의사항으로 틀린 것은?

① 공기 공급배관에는 필요한 개소에 드레인용 밸브를 장착한다.
② 주관에서 분기관을 취출 할 때에는 관의 하단에 연결하여 이물질 등을 제거한다.
③ 용접개소는 가급적 적게 하고 라인의 중간 중간에 여과기를 장착하여 공기 중에 섞인 먼지 등을 제거한다.
④ 주관 및 분기관의 관 끝에는 과잉의 압력을 제거하기 위한 불어내기(Blow)용 게이트 밸브를 달아준다.

주관에서 분기관을 취출할 때에는 관의 상단에 연결하여 이물질 등이 유입되지 않게 한다.

[14년 2회]

02 압축기의 진동이 배관에 전해지는 것을 방지하기 위해 압축기 근처에 설치하는 것은?

① 팽창밸브　　② 리듀서
③ 플렉시블 조인트　　④ 엘보

플렉시블 조인트는 펌프나 압축기의 진동이 배관으로 전해지는 것을 방지하기 위한 연결 부속이다.

[예상문제]

03 압축공기 설비에서 양변위식 공기압축기에 속하지 않는 것은?

① 피스톤식　　② 다이어프램식
③ 터보식　　④ 스크루식

공기압축기에서 터보식은 동적형에 속한다.

[예상문제]

04 공기 압축설비에 대한 설명 중 가장 잘못된 설명은?

① 압축기 설치 시 계절 및 주야간에 따른 급격한 온도 변화 없는 곳에 설치할 것
② 기계의 중량과 운전중량에 대한 충분한 내구력을 갖출 것
③ 기초의 고유 진동수가 기계의 가진력과 공진하도록 설치할 것
④ 진동이 건물에 영향을 주지 않도록 유의하고 절연시킬 것

기초의 고유 진동수가 기계의 가진력과 공진하는 범위를 피하여 설치해야하는데 공진이 발생하면 압축기에 이상 진동이 발생하여 손상의 우려가 있다.

정답　01 ②　02 ③　03 ③　04 ③

제2장 배관관련설비 실전예상문제

본 실전예상문제는 각장 핵심예상문제에서 다루지 못한 실무적이고 난이도가 높은 문제들로 핵심예상문제를 보충해 주는 문제입니다. 핵심예상문제를 충분히 공부한 후 실전예상문제를 공부하면 효과적입니다.

1 급수설비

[11년 2회]
01 급수배관에서 플러시밸브나 급속 개폐식 수전을 사용할 때 발생될 수 있는 현상과 거리가 먼 것은?

① 수격작용이 발생
② 소음이 발생
③ 진동이 발생
④ 수온의 저하가 발생

> 급수배관에서 플러시밸브, 급속 개폐식 수전을 사용하면 유속의 급변으로 수격작용, 소음, 진동 등이 발생한다.

[11년 2회]
02 중수도에서 처리한 물의 용도로 적당하지 않은 것은?

① 청소용수
② 소방용수
③ 조경용수
④ 음용수

> 중수도는 음용수(먹는물) 용도로는 부적합하며 청소, 조경용수 등으로 사용한다.

[11년 2회]
03 주거용 건물에서 물의 사용량이 가장 많은 시각을 피크타임(Peak Time)이라 하고 그 시각의 사용수량을 피크로드(Peak Load)라 부르는데 피크로드는 1일 사용수량의 약 얼마인가?

① 3~8% 정도
② 10~15% 정도
③ 20~35% 정도
④ 30~35% 정도

> 피크타임 피크로드(시간최대 급수량)는 1일 사용수량의 10~15% 정도로 시간 평균 사용량의 1.5~2.5배 정도이다.

[12년 1회]
04 급수장치에서 세정밸브를 사용하는 경우 최저 필요수압은 얼마인가?

① 10kPa
② 100kPa
③ 50kPa
④ 30kPa

> 세정밸브(Flush Valve)의 급수장치에서 최저 필요수압은 70-100kPa(7-10mAq) 정도이다.

[10년 1회, 07년 2회]
05 각 기구 또는 밸브별 최저 필요수압이 가장 적은 것은?

① 샤워
② 자동밸브
③ 세정밸브
④ 저압용 순간온수기(소)

> 〈최저 필요 수압〉 샤워, 자동밸브, 세정밸브 : 70kPa
> 저압용 순간 온수기(소) : 10kPa, 순간 온수기(대) : 50kPa,
> 순간 온수기(중) : 40kPa

[09년 2회]
06 공동주택에서의 급수 허용 최고 사용압력은?

① 0.1~0.2MPa
② 0.3~0.4MPa
③ 0.6~0.8MPa
④ 0.9~1.0MPa

> 1) 공동주택 급수 허용 최고 사용압력은
>   0.3~0.4MPa(30~40mAq) 이다.
> 2) 사무소 건물 급수 허용 최고 사용압력은
>   0.4~0.5MPa(40~50mAq) 이다.
> 기계설비법에서 정하는 기술기준을 적용하면 위생기구의 최대 급수압력은 0.55MPa(550kPa) 이하로 제한하고 있다.

정답 01 ④ 02 ④ 03 ② 04 ② 05 ④ 06 ②

[07년 2회]

07 고가 탱크 급수방식의 특징이 아닌 것은?

① 탱크는 고압으로 제작되어야 하기 때문에 비싸다.
② 항상 일정한 수압으로 급수할 수 있다.
③ 저수량을 언제나 확보할 수 있으므로 단수가 되지 않는다.
④ 수압 과대로 인한 밸브류 등 배관 부속품의 피해가 적다.

> 고가 탱크 방식에서 탱크는 대기압 하에서 물탱크 수심만큼의 저압을 받는다.

[09년 3회]

08 급수방식 중 고가탱크방식의 특징을 설명한 것이 아닌 것은?

① 다른 방식에 비해 오염가능성이 적다.
② 저수량을 확보하여 일정 시간 동안 급수가 가능하다.
③ 사용자의 수도꼭지에서 항상 일정한 수압을 유지한다.
④ 대규모 급수 설비에 적합하다.

> 고가탱크방식(옥상탱크방식)은 지하의 저수조와 옥상탱크를 거쳐 급수되기 때문에 수질 오염가능성이 크다.

[06년 3회]

09 고가 탱크 급수방식의 특징이 아닌 것은?

① 항상 일정한 수압으로 급수할 수 있다.
② 수압의 과대 등에 따른 밸브류 등 배관 부속품의 파손이 적다.
③ 취급이 비교적 간단하고 고장이 적다.
④ 탱크는 기밀 제작이므로 값이 비싸진다.

> 고가 탱크 방식은 개방식이며 기밀 제작할 필요는 없다.

[14년 2회]

10 고가 탱크식 급수설비에서 급수경로를 바르게 나타낸 것은?

① 수도본관 → 저수조 → 옥상탱크 → 양수관 → 급수관
② 수도본관 → 저수조 → 양수관 → 옥상탱크 → 급수관
③ 저수조 → 옥상탱크 → 수도본관 → 양수관 → 급수관
④ 저수조 → 옥상탱크 → 양수관 → 수도본관 → 급수관

> 옥상탱크 급수방식 배관계통 순서
> 수도 본관 → 저수조 → 양수펌프 → 양수관 → 옥상탱크 → 급수관 → 수도꼭지

[11년 1회]

11 압력탱크식 급수방법에서 압력탱크를 설계할 때 직접 필요한 요소로 틀린 것은?

① 최고층 수전에 해당하는 압력
② 기구별 소요압력
③ 관내 손실 수두압
④ 급수펌프의 토출압력

> 압력 탱크 설계 시 탱크가 받는 압력은 최고층 수전높이와 압력, 관내 마찰손실수두인데 이것은 급수 펌프 토출압력과 같다. 기구별 소요압력을 고려할 필요는 없다.

[10년 1회]

12 옥상 급수탱크의 부속장치는 다음 중 어느 것인가?

① 압력 스위치   ② 압력계
③ 안전밸브   ④ 오버플로관

> 옥상 급수탱크의 부속장치는 볼탭과 오버플로관(일수관), 드레인관등이 필요하다.

정답 07 ① 08 ① 09 ④ 10 ② 11 ② 12 ④

제2장 배관관련설비

[예상문제]

13 수도 직결식 급수배관의 수압시험 기준압력은 얼마인가?

① 0.2MPa ② 0.4MPa
③ 0.7MPa ④ 1.0MPa

> 기계설비법 기술기준에서 수도직결식 급수배관 수압시험은 1.0MPa을 기준한다.

[15년 3회, 11년 1회]

14 급수 배관을 시공할 때 일반적인 사항을 설명한 것 중 틀린 것은?

① 급수관에서 상향 급수는 선단 상향구배로 한다.
② 급수관에서 하향 급수는 선단 하향구배로 하며, 부득이한 경우에는 수평으로 유지한다.
③ 급수관 최하부에 배수 밸브를 장치하면 공기빼기를 장치할 필요가 없다.
④ 수격작용 방지를 위해 수전 부근에 공기실을 설치한다.

> 급수관 최하부의 배수 밸브는 청소나 동파방지를 위한 물빼기를 위한 것이며 공기빼기 밸브는 배관내의 공기를 배출하기 위한 것으로 수직관 최상부에 설치한다.

[15년 2회, 11년 3회]

15 건축설비의 급수배관에서 기울기에 대한 설명으로 틀린 것은?

① 급수관의 모든 기울기는 1/250을 표준으로 한다.
② 배관 기울기는 관의 수리 및 기타 필요시 관 내의 물을 완전히 퇴수시킬 수 있도록 시공하여야 한다.
③ 배관 기울기는 관 내를 흐르는 유체의 유속과 관련이 없다.
④ 옥상 탱크식의 수평 주관은 내림 기울기를 한다.

> 배관의 기울기는 관 내 유속과 관계가 있으며 유속이 빠를수록 기울기도 크게 한다.

[13년 3회]

16 급수배관에서 수격작용 발생개소와 거리가 먼 것은?

① 관 내 유속이 빠른 곳
② 구배가 완만한 곳
③ 급격히 개폐되는 밸브
④ 굴곡개소가 있는 곳

> 급수배관의 구배(기울기)가 완만한 곳보다는 급경사진 곳에서 수격작용이 발생되기 쉽다.

[06년 2회]

17 급수 배관에서 수격 작용을 방지하기 위하여 설치하는 것은?

① 신축이음 ② 워터 해머 어레스터
③ 체크 밸브 ④ 버큠 브레이커

> 워터 해머 어레스터(워터해머쿠션)는 수충격 흡수기로 수격작용을 방지하며, 버큠 브레이커는 크로스커넥션을 방지하는 진공방지기이다.

[22년 3회]

18 급수배관에서 수격현상을 방지하는 방법으로 가장 적절한 것은?

① 도피관을 설치하여 옥상탱크에 연결한다.
② 수압관을 갑자기 높인다.
③ 밸브는 수도꼭지를 갑자기 열고 닫는다.
④ 급폐쇄형 밸브 근처에 공기실을 설치한다.

> 급폐쇄형 밸브는 급격한 유속변화로 수격작용 가능성이 큰데 이때 주변에 공기실을 설치하면 완충작용으로 수격작용을 방지할 수 있다.

정답 13 ④ 14 ③ 15 ③ 16 ② 17 ② 18 ④

[10년 2회]
19 급수배관에서 워터해머 발생을 방지하거나 경감하는 방법으로 거리가 먼 것은?

① 배관은 가능한 한 직선으로 한다.
② 공기빼기 밸브를 설치한다.
③ 급격히 개폐되는 밸브의 사용을 제한한다.
④ 관내 유속을 1.5 ~ 2m/s 이하로 제한한다.

> 급수배관에서 공기빼기 밸브는 워터해머(수격작용) 방지와는 관련성이 없다.

[10년 2회]
22 급수배관 시공시 공공수도 직결배관에 대해서는 몇 MPa의 수압시험을 하는가?

① 1.75　　② 1.55
③ 1.35　　④ 1.15

> 급수배관 수압시험은 공공수도 직결관 : 1.75MPa, 탱크 및 급수관 : 1.0MPa로 한다.

[09년 2회, 07년 1회]
20 급수배관에서 워터해머 방지 또는 경감시키는 방법으로 옳지 않은 것은?

① 급격히 개폐되는 밸브의 사용을 제한한다.
② 피스톤형, 벨로스형, 다이어프램형 등의 워터해머 흡수기를 설치한다.
③ 관내 유속을 1.5 ~ 2m/s 이하로 제한한다.
④ 배관은 가능한 구부러지게 한다.

> 급수배관에서 배관은 가능한 직선으로 한다.

[14년 2회]
23 급수설비에서 물이 오염되기 쉬운 배관은?

① 상향식 배관
② 하향식 배관
③ 크로스커넥션(Cross Connection) 배관
④ 조닝(Zoning) 배관

> 크로스커넥션(Cross Connection)배관이란 급수배관에서 오접이거나 압력차가 발생할 수 있는 배관으로 물이 오염될 가능성이 있는 배관이다.

[10년 3회, 07년 1회]
21 급수 설비배관에서 수평배관에 구배를 주는 이유로 적당하지 않은 것은?

① 시공 및 재료비 감소
② 관내유수의 흐름 원활
③ 공기 정체 방지
④ 장치 전체 수리 시 물을 완전히 배수

> 급수 수평배관의 구배를 주는 주목적은 배관 수리 시 물을 배수하기 위한 것이며 기타 공기 정체 방지, 관내유수의 흐름 원활 등이다.

[13년 2회]
24 급수배관 시공 시 바닥 또는 벽의 관통배관에 슬리브를 이용하는 이유로 적합한 것은?

① 관의 신축 및 보수를 위해
② 보온효과의 증대를 위해
③ 도장을 위해
④ 방식을 위해

> 배관공사 시 벽의 관통배관에 슬리브를 이용하는 이유는 관의 신축이 자유롭고 보수할 때 교체가 쉽게 하기 위함이다.

정답 19 ②　20 ④　21 ①　22 ①　23 ③　24 ①

[11년 3회]
25 급수관의 내면부식과 직접적인 관계가 없는 것은?

① 물의 경도 ② 물의 온도
③ 물의 산도 ④ 물의 수질(불순물)

> 급수관에서 물의 온도는 큰 차이가 없어서 내면 부식의 요소는 아니다.

[23년 3회]
26 급수관의 직선관로에서 마찰손실에 관한 설명으로 옳은 것은?

① 마찰손실은 관 지름에 정비례한다.
② 마찰손실은 속도수두에 정비례한다.
③ 마찰손실은 배관 길이에 반비례한다.
④ 마찰손실은 관 내 유속에 반비례한다.

> 마찰손실수두 $h = f \dfrac{L \times v^2}{d \times 2g}$ 에서
> 마찰손실은 관 지름에 반비례하며 속도수두($v^2/2g$)에 정비례한다. 마찰손실은 배관 길이에 비례하며 관 내 유속 제곱에 비례한다.

2 급탕설비

[12년 3회]
27 급탕의 사용온도가 가장 높은 것은?

① 접시 헹구기용 ② 음료용
③ 성인 목욕용   ④ 면도용

> 급탕온도는 접시 헹구기용이 기름기 제거와 건조를 위하여 70~80℃를 필요로 한다.

[13년 2회]
28 저탕조 내의 온수가열관으로 가장 적합한 것은?

① 강관   ② 폴리부틸렌관
③ 주철관   ④ 연관

> 저탕조 내의 온수가열관 재료는 동관을 주로 사용하는데 보기 중에서는 강관이 가장 적합하다.

[10년 2회]
29 급탕배관에서 슬리브(Sleeve)를 사용하는 목적은?

① 보온효과 증대
② 배관의 신축 및 보수
③ 배관 부식방지
④ 배관의 고정

> 급탕배관에서 Sleeve를 사용하는 목적은 배관의 신축 및 보수를 위함이다.

[13년 3회, 10년 3회]
30 급탕설비에 있어서 팽창관의 역할을 설명한 것으로 적당하지 않은 것은?

① 보일러 내면에 생기기 쉬운 스케일 부착을 방지한다.
② 물의 온도 상승에 따른 용적 팽창을 흡수한다.
③ 배관 내의 공기나 증기의 배출을 돕는다.
④ 안전밸브의 역할을 한다.

> 팽창관은 시스템과 팽창탱크를 연결하는 관으로 스케일 부착과는 거리가 멀다.

[09년 2회, 08년 2회]
31 급탕설비 시공시 강관용 신축이음은 직관 m마다 한 개씩 설치하는 것이 좋은가?

① 40 ② 30
③ 20 ④ 10

> 급탕설비에서 원칙적으로 강관의 신축이음은 30m 이내 마다, 동관의 신축이음은 20m 이내 마다 설치한다.

정답 25 ② 26 ② 27 ① 28 ① 29 ② 30 ① 31 ②

[08년 3회]

32 급탕설비 시스템에서의 안전장치가 아닌 것은?

① 팽창관
② 안전 밸브
③ 팽창 탱크
④ 전자 밸브

> 전자밸브(솔레노이드밸브)는 유체회로에서 개폐용으로 사용된다.

[23년 3회, 06년 3회]

33 열탕의 탕비기 출구의 온도를 85℃(밀도 0.96876 kg/L), 환수관의 환탕온도를 65℃(밀도 0.98001kg/L)로 하면 이 순환계통의 순환수두는 얼마인가? (단, 가장 높은 곳의 급탕전의 높이는 10m이다.)

① 11.25mmAq
② 112.5mmAq
③ 15.34mmAq
④ 153.4mmAq

> 순환수두 = $(\rho_1 - \rho_2)h = (0.98001 - 0.96876)10 = 0.1125$m
> $= 112.5$mm

[14년 2회]

34 급탕 사용량이 4,000L/h인 급탕설비 배관에서 급탕 주관의 관경으로 적합한 것은? (단, 유속은 0.9m/s이고 순환탕량은 사용량의 약 2.5배이다.)

① 40A
② 50A
③ 65A
④ 80A

> 순환탕량(Q) = 4,000L/h×2.5배 = 10,000L/h=10m³/h
> 관경(d) = $\sqrt{\dfrac{4Q}{\pi V}} = \sqrt{\dfrac{4 \times 10}{3600 \times 3.14 \times 0.9}} = 0.0627$m
> $= 63$mm $= 65$A

[14년 3회]

35 중앙식 급탕방식의 장점으로 가장 거리가 먼 것은?

① 기구의 동시 이용률을 고려하여 가열장치의 총용량을 적게 할 수 있다.
② 기계실 등에 다른 설비 기계와 함께 가열장치 등이 설치되기 때문에 관리가 용이하다.
③ 배관에 의해 필요 개소에 어디든지 급탕할 수 있다.
④ 설비 규모가 작기 때문에 초기 설비비가 적게 든다.

> 중앙식 급탕법은 설비가 대규모이므로 초기 설비비가 비싸다.

[09년 2회]

36 개별식(극소식) 급탕방법의 특징으로 틀린 것은?

① 배관설비 거리가 짧고 배관 중 열손실이 적다.
② 급탕장소가 많은 경우 시설비가 싸다.
③ 수시로 급탕하여 사용할 수 있다.
④ 건물의 완성 후에도 급탕장소의 증설이 비교적 쉽다.

> 개별식 급탕방식은 급탕장소가 많아지면 급탕 가열장치 설치가 많아져 시설비가 비싸진다.

[08년 1회]

37 중앙식 급탕법인 간접가열식에 대한 설명 중 옳지 않은 것은?

① 고압 보일러가 불필요하다.
② 소규모 주택에 적합하다.
③ 저탕조 내에 가열 코일을 설치하여 가열하는 방식이다.
④ 보일러 내에 스케일이 잘 끼지 않으며 전열효율이 크다.

> 중앙식 급탕법에서 간접가열식은 대규모 건물에 적합하다.

정답 32 ④ 33 ② 34 ③ 35 ④ 36 ② 37 ②

제2장 배관관련설비

[15년 2회]

38 기수 혼합식 급탕기를 사용하여 물을 가열할 때 열효율은?

① 100% ② 90%
③ 80% ④ 70%

> 기수 혼합식은 증기를 물에 주입하여 100% 흡수되므로 열효율은 100%이다.

[11년 1회]

39 급탕배관의 신축이음과 관계없는 것은?

① 신축곡관 이음 ② 슬리브형 이음
③ 벨로스형 이음 ④ 플랜지형 이음

> 신축이음 종류에는 신축곡관, 슬리브형, 벨로스형, 스위블조인트, 볼조인트 등이 있다.

[22년 3회]

40 슬리브 신축 이음쇠에 대한 설명으로 틀린 것은?

① 신축량이 크고 신축으로 인한 응력이 생기지 않는다.
② 직선으로 이음하므로 설치 공간이 루프형에 비하여 적다.
③ 배관에 곡선부가 있어도 파손이 되지 않는다.
④ 장시간 사용 시 패킹의 마모로 누수의 원인이 된다.

> 슬리브형 신축 이음쇠는 배관 직선부에만 사용할 수 있다.

[11년 2회, 06년 1회]

41 급탕배관 내의 압력이 70kPa 이면 수주로 몇 m와 같은가?

① 0.7m ② 1.7m
③ 7m ④ 10m

> 9.8 kPa = 1m Aq(H_2O)이지만 실무에서는 대략 10 kPa = 1m H_2O를 사용한다.
> 70 kPa = 7m H_2O(수주)

[11년 3회]

42 급탕배관에서 관의 팽창과 수축을 흡수할 목적으로 설치하는 것은?

① 도피관을 설치한다.
② 팽창관을 설치한다.
③ 스팀사일렌서를 설치한다.
④ 신축이음쇠를 설치한다.

> 신축이음쇠(곡관형, 슬리브형, 벨로스형, 스위블형)는 관의 팽창 수축을 흡수하고 팽창탱크(팽창관)는 장치내의 물의 팽창을 흡수한다.

[13년 1회]

43 급탕 주관의 배관길이가 300m, 환탕 주관의 배관길이가 50m일 때 강제순환식 온수순환 펌프의 전 양정은 얼마인가?

① 5m ② 3m
③ 2m ④ 1m

> 급탕순환펌프의 전 양정(H) = $0.01 \times (\frac{L}{2} + L')$
> $= 0.01 \times (\frac{300}{2} + 50) = 2m$

[14년 3회]

44 급탕배관 시공 시 고려사항으로 틀린 것은?

① 자동 공기 빼기 밸브는 계통의 가장 낮은 위치에 설치한다.
② 복귀탕의 역류 방지를 위해 설치하는 체크밸브는 탕의 저항을 적게 하기 위해 2개 이상 설치하지 않는다.
③ 배관의 구배는 중력 순환식의 경우 1/150정도로 해준다.
④ 하향공급식은 급탕관, 복귀관 모두 선하향 배관 구배로 한다.

> 급탕배관에서 공기는 상부에 고이므로 자동 공기빼기 밸브는 계통에서 가장 높은 곳에 설치한다.

정답 38 ① 39 ④ 40 ③ 41 ③ 42 ④ 43 ③ 44 ①

[14년 1회]
45 급탕배관에 대한 설명으로 옳지 않은 것은?

① 공기빼기 밸브를 설치한다.
② 벽 관통 시 슬리브를 넣어서 신축을 자유롭게 한다.
③ 관의 부식을 고려하여 노출 배관하는 것이 좋다.
④ 배관의 신축은 고려하지 않아도 좋다.

> 급탕 배관은 온도차에 의한 신축을 고려하여 배관을 설치한다.

[10년 1회]
46 급탕주관에서 멀리 떨어진 급탕전에서 처음에 냉탕이 나오는 경우가 있는 것은?

① 2관식 상향공급식
② 단관식 상향공급식
③ 2관식 하향공급식
④ 순환식 혼합식

> 단관식 배관은 탕의 순환이 안되므로 처음 사용할 때 급탕주관에서 멀리 떨어진 수전은 찬물이 나오게 된다.

[06년 2회]
47 다음 중 급탕배관 시공 시 신축방지를 위한 조치가 아닌 것은?

① 배관의 굽힘 부분에는 스위블 이음으로 접합한다.
② 건물의 벽 관통부분 배관에는 슬리브를 끼운다.
③ 배관에 신축 이음쇠를 사용할 때는 배관을 고정시켜서는 안 된다.
④ 배관 중간에 신축 이음을 설치한다.

> 배관에 신축 이음쇠를 사용할 때는 양 끝단을 고정하고 중간에 신축이음을 설치한다.

3 배수통기설비

[14년 2회]
48 하수관 또는 오수탱크로부터 유해가스나 녹내로 침입하는 것을 방지하는 장치는?

① 통기관　　　② 볼탭
③ 체크밸브　　④ 트랩

> 하수관에 설치하는 배수트랩은 유해가스의 실내 침입을 방지한다.

[14년 1회]
49 트랩의 봉수 유실 원인이 아닌 것은?

① 증발작용　　② 모세관작용
③ 사이펀 작용　④ 배수작용

> 배수 트랩의 봉수 파괴 원인은 증발, 모세관, 사이펀작용, 분출작용, 흡인작용등이다.

[12년 2회]
50 S트랩에서 잘 일어나며 관내에 배수가 가득 차서 흐를 경우 발생하는 봉수 파괴 현상은?

① 자기사이펀작용　② 분출작용
③ 모세관현상　　　④ 증발작용

> S트랩에서 관내에 배수가 가득 차서 흐를 경우 자기사이펀작용으로 봉수가 파괴된다.

정답 45 ④　46 ②　47 ③　48 ④　49 ④　50 ①

제2장 배관관련설비

[14년 1회, 10년 1회]
51 배수배관의 시공상 주의사항으로 틀린 것은?

① 배수를 가능한 한 빨리 옥외 하수관으로 유출할 수 있을 것
② 옥외 하수관에서 유해가스가 건물 안으로 침입하는 것을 방지할 수 있을 것
③ 배수관 및 통기관은 내구성이 풍부하고 물이 새지 않도록 접합을 완벽히 할 것
④ 한랭지일 경우 동결 방지를 위해 배수관은 반드시 피복을 하며 통기관은 그대로 둘 것

> 한랭지일 경우 동결 방지를 위해 배수관은 동결심도 이하로 매설한다.

[22년 1회] [13년 3회, 11년 2회]
52 배수관 설치 기준에 대한 내용 중 틀린 것은?

① 배수관의 최소 관경은 20mm 이상으로 한다.
② 지중에 매설하는 배수관의 관경은 50mm 이상이 좋다.
③ 배수관의 배수의 유하방향으로 관경을 축소해서는 안 된다.
④ 기구배수관의 관경은 이것에 접속하는 위생기구의 트랩구경 이상으로 한다.

> 배수관에서 최소 관경은 32 A 이상으로 한다.

[13년 1회]
53 배수설비에 대한 설명으로 틀린 것은?

① 건물 내에서 나오는 오수와 잡수 등을 배출한다.
② 펌프 유무에 따라 중력식과 기계식으로 분류한다.
③ 정화조에서 정화되어 나오는 것은 처리할 수 없다.
④ 오수, 잡수 등을 모아서 내보내는 합류식이 있다.

> 배수설비는 정화조에서 정화되어 나오는 것을 옥외 하수관에 유출하도록 처리할 수 있다.

[14년 2회, 08년 3회]
54 각종 배수관에 사용되는 재료로 적합하지 않은 것은?

① 오수 옥내배관 : 경질염화비닐관
② 잡배수 옥외배관 : 경질염화비닐관
③ 우수배수 옥외배관 : 원심력 철근콘크리트관
④ 통기 옥내배관 : 원심력 철근콘크리트관

> 통기 옥내배관은 주로 경질염화비닐관이나 아연도금백관을 사용한다.

[12년 3회]
55 배수 설비를 옥내 배수로 구분할 때 그 기준은?

① 1.5m 담장
② 건물 외벽
③ 건물 외벽에서 밖으로 1m 경계선
④ 가옥부지 경계선

> 건물 외벽에서 밖으로 1m 경계선 안쪽을 옥내배수, 경계선 밖을 옥외배수라 한다.

[14년 3회, 08년 3회]
56 대·소변기를 제외한 세면기, 싱크대, 욕조 등에서 나오는 배수는?

① 오수   ② 우수
③ 잡배수   ④ 특수배수

> 잡배수란 대변기, 소변기를 제외한 세면기, 싱크대, 샤워기, 욕조, 세탁기 등에서 나오는 배수이다.

[09년 1회]
57 배수 펌프의 용량은 일정한 배수량이 유입하는 경우 시간 평균 유입량의 몇 배로 하는 것이 적당한가?

① 1.2 ~ 1.5배
② 2 ~ 3배
③ 3.5 ~ 4배
④ 4.5 ~ 5배

> 배수 펌프의 용량은 평균 유입량의 1.2~1.5배 정도로 한다.

정답 51 ④ 52 ① 53 ③ 54 ④ 55 ③ 56 ③ 57 ①

[15년 2회, 08년 2회]
58 오수만을 정화조에서 단독으로 정화처리한 후 공공하수도에 방류하는 반면에 잡배수 및 우수는 그대로 공공하수도로 방류되는 방식은?

① 합류식　　② 분류식
③ 단도식　　④ 일체식

> 분류식은 오수와 우수를 별도로 처리하는 것으로 정화조에서 오수만을 단독 정화 처리 후 공공하수도에 방류한다.

[13년 1회]
59 배수관이나 통기관의 배관 후 누설 검사방법으로 적당하지 않은 것은?

① 수압시험　　② 기압시험
③ 연기시험　　④ 통관시험

> 배수관이나 통기관의 배관 후 누설 검사방법에 수압시험, 기압시험, 연기시험, 통수시험등이 있다.

[12년 3회, 09년 3회]
60 배수설비의 통기방식 종류가 아닌 것은?

① 회로통기방식　　② 일체통기방식
③ 각개통기방식　　④ 신정통기방식

> 배수설비 통기방식에는 회로통기, 각개통기, 신정통기, 회로통기, 결합통기, 도피통기, 습식통기등이 있다.

[12년 2회]
61 통기관의 관경을 정할 때 기본 원칙으로 틀린 것은?

① 결합통기관은 배수수직관과 통기수직관 중 관경이 작은 쪽의 관경 이상으로 한다.
② 신정통기관의 관경은 그것에 접속하는 배수수직관 관경의 1/2 이상으로 한다.
③ 도피통기관의 관경은 그것에 접속하는 배수수평지관 관경의 1/2 이상으로 한다.
④ 각개통기관의 관경은 그것에 접속하는 배수관 관경의 1/2 이상으로 한다.

> 신정통기관의 관경은 그것에 접속하는 배수수직관 관경 이상으로 한다. 일반적인 통기관경은 연결하는 배수관경의 1/2이상으로한다.

[12년 1회]
62 통기관의 종류가 아닌 것은?

① 각개통기관　　② 루프통기관
③ 신정통기관　　④ 분해통기관

> 통기관의 종류에 분해통기관은 없다.

[22년 1회, 09년 1회]
63 통기관 말단의 대기 개구부에 관한 설명으로 틀린 것은?

① 외벽면을 관통하여 개구한 통기관은 비막이를 충분히 한다.
② 건물의 돌출부 하부에 통기관의 말단을 개구해서는 안 된다.
③ 통기구는 원칙적으로 하향이 되도록 한다.
④ 지붕이나 옥상을 관통하는 통기관은 지붕면보다 50mm 이상 올려서 대기 중에 개구한다.

> 통기관은 지붕이나 옥상을 관통하는 경우 150mm 이상 올려서 대기 중에 개구한다.

[08년 1회]
64 트랩 위어(Weir)로부터 통기관까지의 기울기로서 적당한 것은?

① $\dfrac{1}{25} \sim \dfrac{1}{50}$　　② $\dfrac{1}{50} \sim \dfrac{1}{100}$
③ $\dfrac{1}{100} \sim \dfrac{1}{150}$　　④ $\dfrac{1}{150} \sim \dfrac{1}{200}$

> 트랩 위어(Weir)로부터 통기관까지 구배(기울기)는 $\dfrac{1}{50} \sim \dfrac{1}{100}$ 정도를 주어 트랩에서 도약한 배수가 통기관으로 유입되지 않도록한다.

정답 58 ②　59 ④　60 ②　61 ②　62 ④　63 ④　64 ②

제2장 배관관련설비

[07년 1회]

65 다음 중 배수관 통기방식에서 가장 통기효과가 큰 것은?

① 각개 통기식
② 회로 통기식
③ 환상 통기식
④ 신정 통기식

> 배수관 통기방식에서 각개 통기방식이 통기 효과가 우수하다.

[14년 1회]

66 배수계통에 설치된 통기관의 역할과 거리가 먼 것은?

① 사이펀 작용에 의한 트랩의 봉수 유실을 방지한다.
② 배수관 내를 대기압과 같게 하여 배수흐름을 원활히 한다.
③ 배수관 내로 신선한 공기를 유통시켜 관 내를 청결히 한다.
④ 하수관이나 배수관으로부터 유해가스의 옥내 유입을 방지한다.

> 통기관은 트랩의 봉수를 보호 하며 유해가스 유입 방지는 트랩의 기능이다.

[23년 3회, 12년 1회]

67 배수 및 통기 설비에서 배수 배관의 청소구 설치를 필요로 하는 곳이다. 틀린 것은?

① 배수 수직관의 제일 밑부분 또는 그 근처
② 배수 수평 주관과 배수 수평 분기관의 분기점
③ 길이가 긴 배수관의 중간지점으로 하되 100A 이상의 배수관은 10m 마다 설치
④ 배수관 45° 이상의 각도로 방향을 전환하는곳

> 배수 수평관 청소구는 관경 100A 미만은 15m 이내마다, 100A 이상은 30m 이내마다 설치한다.

[15년 1회, 09년 2회]

68 배수관에 설치하는 트랩에 관한 내용으로 틀린 것은?

① 트랩의 유효수심은 관 내 압력 변동에 따라 다르나 일반적으로 최저 50mm가 필요하다.
② 트랩은 배수 시 자기세정이 가능해야 한다.
③ 트랩의 봉수파괴 원인은 사이펀 작용, 흡출작용, 봉수의 증발 등이 있다.
④ 트랩의 봉수깊이는 가능한 한 깊게 하여 봉수가 유실 되는 것을 방지한다.

> 배수트랩의 봉수 깊이는 50~100mm 정도로 하며 봉수가 너무 깊으면 저항이 증가하여 배수능력이 감소된다.

[11년 2회]

69 배수용 트랩에 대한 설명으로 틀린 것은?

① U트랩은 수평주관에 설치하여 건물 배수주관에서 유해가스의 침입을 방지한다.
② S트랩은 세면기, 소변기 등에 설치하며 수평배수관에 연결할 때 사용된다.
③ P트랩은 세면기, 소변기 등에 설치하며 수직배수관에 연결할 때 사용된다.
④ 배수트랩을 작용하는 면에서 구별하면 사이펀식과 비사이펀식이 있다.

> U트랩은 가옥트랩으로 건물 내의 수평주관 끝에 설치하여 공공하수관에서 유독가스가 건물 안으로 침입하는 것을 방지한다.

[12년 3회]

70 배수관에 트랩을 설치하는 이유는?

① 배수관에서 배수의 역류를 방지한다.
② 배수관의 이물질을 제거한다.
③ 배수의 속도를 조절한다.
④ 배수관에 발생하는 유취와 유해가스의 역류를 방지한다.

> 배수트랩의 설치 목적은 하류측 배수관에서 발생하는 유해가스의 실내측으로 역류를 방지한다.

정답 65 ① 66 ④ 67 ③ 68 ④ 69 ① 70 ④

[22년 1회]
71 위생기구의 구비 조건으로 적합하지 않은 것은?

① 흡수성이 적을 것
② 항상 청결하게 유지할 수 있을 것
③ 내식성, 내마모성이 있을 것
④ 위생기구의 재질로 도기질은 제작이 어려워 사용하지 않는 편이다.

> 대변기, 세면기등 위생기구의 재질로 도기질은 널리 이용되며 복잡한 구조의 형태를 만들기가 쉽다.

4 난방설비

[07년 1회]
72 다음의 개방식 팽창탱크 주위에 설치되는 배관 중 관련 없는 것은?

① 배기관
② 팽창관
③ 오버플로관
④ 압축 공기관

> 압축 공기관은 압축기 부착형 밀폐형 팽창탱크 주위에 설치된다.

[13년 1회]
73 보일러를 장기간 사용하지 않을 때 부식 방지를 위하여 내부에 충전하는 가스로 적합한 것은?

① 이산화탄소
② 아황산가스
③ 질소가스
④ 산소가스

> 질소 가스는 부식방지에 적합하여 보일러를 장기간 보존할 때 내부 충전용으로 사용한다.

[08년 3회]
74 난방, 급탕, 급수배관에서 높은 곳에 설치하여 공기를 제거하여 유체의 흐름을 원활하게 하는 것은?

① 안전밸브
② 에어벤트 밸브
③ 팽창밸브
④ 스톱 밸브

> 배관 내에 공기가 차면 물의 흐름을 방해하므로 수직관 상부에 에어벤트 밸브를 설치하여 공기를 제거한다.

[12년 3회]
75 다음 보기에서 설명하는 난방 방식은?

- 설비비가 비교적 적다.
- 예열시간이 짧고 연료비가 적다.
- 실내상하의 온도차가 크다.
- 소음이 생기기 쉽다.

① 지역 난방
② 온수 난방
③ 온풍 난방
④ 복사 난방

> 온풍 난방은 예열시간이 짧고, 설비비가 적으나 실내 온도 분포가 나쁘고 쾌감도가 나쁜 편이다.

[09년 3회]
76 리프팅 피팅(Lift Fittings)과 관계 없는 것은?

① 빨아올리는 높이는 1.5m 이내
② 방열기보다 높은 곳에 환수관을 설치
③ 환수주관보다 높은 곳에 진공펌프를 설치
④ 리프트관은 환수주관보다 한 치수 큰 관을 사용

> 리프트 피팅은 진공환수식 증기난방에서 방열기가 환수관보다 낮을 때 사용하며 리프트관은 환수주관보다 지름이 1~2 계단 작은 관을 사용한다.

[12년 3회, 08년 2회]
77 복사난방을 바닥패널로 시공할 경우 적당한 가열면의 온도범위는?

① 30 ~ 33℃
② 40 ~ 43℃
③ 50 ~ 53℃
④ 60 ~ 63℃

> 바닥패널 복사난방은 좌식, 입식 문화에 따라 달라지나 보통 가열면의 온도범위는 30 ~ 33℃ 정도로 한다.

정답 71 ④ 72 ④ 73 ③ 74 ② 75 ③ 76 ④ 77 ①

제2장 배관관련설비

[13년 3회, 11년 2회]

78 증기난방에 비해 온수난방의 특징으로 틀린 것은?

① 예열시간이 길지만 가열 후에 냉각시간도 길다.
② 공기 중의 미진(먼지)이 늘어 생기는 나쁜 냄새가 적어 실내의 쾌적도가 높다.
③ 보일러의 취급이 비교적 쉽고 안전하여 주택 등에 적합하다.
④ 난방부하 변동에 따른 온도조절이 어렵다.

> 온수난방은 증기난방에 비해 열용량(시스템 전체 보유수량이 크다)이 크므로 예열시간과 여열시간이 길지만 부하변동 시 온도조절이 가능하다.

[08년 1회]

79 온수난방을 할 수 있는 온수를 증기의 열을 이용해서 생산하는 장치는?

① 스토리지 탱크　② 열교환기
③ 증발 탱크　　　④ 팽창 탱크

> 열교환기는 증기와 온수를 열교환시켜 증기의 잠열을 이용하여 온수(급탕)를 생산한다.

[07년 2회]

80 고온수 난방의 온수 온도로 적당한 것은?

① 30 ~ 40℃
② 100 ~ 150℃
③ 300 ~ 350℃
④ 450 ~ 500℃

> 고온수 난방은 100 ~ 180℃ 정도의 온수를 사용한다. 100℃ 이상의 온수를 얻기 위해서는 밀폐형 팽창탱크가 필요하다.

[06년 1회]

81 온수난방의 보온재로서 부적당한 것은?(단, 관내 흐르는 온수의 온도는 80℃이다.)

① 유리 섬유
② 폼 폴리에틸렌
③ 우모 펠트
④ 염기성 탄화 마그네슘

> 폼 폴리에틸렌은 80℃ 이하의 보냉재로 사용한다.

[13년 3회]

82 온수난방용 개방식 팽창탱크에 대한 설명 중 맞지 않는 것은?

① 탱크용량은 전체 팽창량과 같은 체적이어야 한다.
② 저온수난방에 흔히 사용된다.
③ 배관계통상 최고 수위보다 1m 이상 높게 설치한다.
④ 탱크의 상부에 통기관을 설치한다.

> 개방식 팽창탱크 용량은 온수 팽창량의 1.5 ~ 2배 정도로 한다.

[22년 1회]

83 온수배관의 시공 시 주의사항으로 옳은 것은?

① 각 방열기에는 필요시에만 공기배출기를 부착한다.
② 배관 최저부에는 배수밸브를 설치하며, 하향구배로 설치한다.
③ 팽창관에는 안전을 위해 반드시 밸브를 설치한다.
④ 배관 도중에 관 지름을 바꿀 때에는 편심이음쇠를 사용하지 않는다.

> 각 방열기에는 공기배출기를 부착하며 팽창관에는 밸브를 설치하지 않는다. 배관 도중에 관 지름을 바꿀 때에는 편심이음쇠를 사용하여 배관 윗면을 일치시켜 공기가 고이지 않게 한다.

정답 78 ④　79 ②　80 ②　81 ②　82 ①　83 ②

[14년 3회]

84 지역난방방식 중 온수난방의 특징으로 가장 거리가 먼 것은?

① 보일러 취급은 간단하며, 어느 정도 큰 보일러라도 취급 주임자가 필요 없다.
② 관 부식은 증기난방보다 적고 수명이 길다.
③ 장치의 열용량이 작으므로 예열시간이 짧다.
④ 온수 때문에 보일러의 연소를 정지해도 예열이 있어 실온이 급변되지 않는다.

> 온수난방은 장치의 열용량이 커서 예열시간이 증기에 비하여 길다.

[13년 2회]

85 팽창탱크를 설치하지 않은 온수난방장치를 작동하였을 때 일어나는 현상으로 적당한 것은?

① 온수 저장이 곤란하다.
② 온수 순환이 안 된다.
③ 배관의 파열을 일으키게 된다.
④ 온수 순환이 잘 된다.

> 물은 비압축성 유체이므로 온수보일러 등에서 팽창탱크를 설치하지 않으면 물의 팽창으로 배관 파열을 일으키게 된다.

[12년 2회]

86 온수 배관에 관한 설명 중 틀린 것은?

① 배관재료는 내열성을 고려해야 한다.
② 온수보일러의 팽창관에는 슬루스 밸브를 설치한다.
③ 공기가 고일 염려가 있는 곳에는 공기 배출밸브를 설치한다.
④ 배관의 지지는 처짐이 생기지 않도록 한다.

> 온수보일러 팽창관에는 어떠한 밸브도 설치하지 않는다.

[12년 1회]

87 온수난방 배관의 분류와 합류를 나타낸 것으로 적합하지 않은 것은?

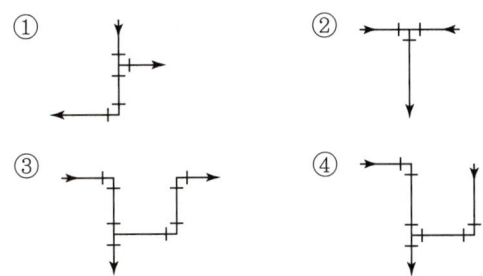

> 배관에서 합류나 분류는 서로 충돌하지 않게 한다. ②의 합류는 서로 충돌하여 적합하지 않다.

[06년 1회]

88 다음 중 증기트랩(Steam Trap)의 종류에 들어가지 않는 것은?

① 버킷 트랩   ② 플로트 트랩
③ 열동식 트랩   ④ 그리스 트랩

> 그리스 트랩은 배수 트랩이며 배수중의 기름기를 제거한다.

[11년 1회]

89 증기난방 배관에서 증기트랩을 사용하는 주목적은?

① 관 내의 온도를 조절하기 위하여
② 관 내의 압력을 조절하기 위하여
③ 관 내의 증기와 응축수를 분리하기 위하여
④ 배관의 신축을 흡수하기 위하여

> 증기트랩의 설치목적은 증기는 차단하고 응축수는 배출하기 위함이다. 즉, 응축수(사용한 증기)는 버리고 생증기(살아있는 증기)는 보유한다.

정답 84 ③ 85 ③ 86 ② 87 ② 88 ④ 89 ③

[13년 1회, 12년 1회]
90 증기난방의 응축수 환수방법이 아닌 것은?

① 중력 환수식 ② 기계 환수식
③ 상향 환수식 ④ 진공 환수식

> 증기난방의 응축수 환수 방식은 중력식, 기계식, 진공환수식이 있다.

[15년 3회]
91 진공환수식 증기난방법에 관한 설명으로 옳은 것은?

① 다른 방식에 비해 관 지름이 커진다.
② 주로 중·소규모 난방에 많이 사용된다.
③ 환수관 내 유속의 감소로 응축수 배출이 느리다.
④ 환수관 진공도는 100 ~ 250mmHg 정도로 한다.

> 진공환수식은 응축수 순환이 빨라서 관 지름이 작아도 되며 주로 중·대규모 난방에 사용된다.

[12년 3회, 07년 3회, 06년 1회]
92 암거 내에 증기난방 배관 시공을 하고자 할 때 나관(Bare Pipe) 상태라면 관 표면에 무엇을 바르는가?

① 시멘트   ② 석면
③ 테이론 테이프 ④ 콜타르

> 암거 내(공동구내)에 증기난방 배관 시공 시 나관(보온을 하지 않은 관)은 보통 관 표면에 콜타르를 바른다.

[14년 3회]
93 증기난방식 중 대규모 난방에 많이 사용하고 방열기의 설치 위치에 제한을 받지 않으며 응축수 환수가 가장 빠른 방식은?

① 진공환수식   ② 기계환수식
③ 중력환수식   ④ 자연환수식

> 진공환수식은 진공도 100 ~ 250mmHg로 강제 환수하므로 응축수 환수가 빨라서 대규모 증기난방에 사용하고, 방열기 설치위치에 제한을 받지 않는다.

[13년 3회, 10년 3회]
94 증기난방에서 고압식인 경우 증기압력은?

① 15 ~ 35kPa 미만   ② 35 ~ 72kPa 미만
③ 72 ~ 100kPa 미만 ④ 100kPa 이상

> 증기난방에서 저압식은 15-35kPa 미만, 고압식은 100kPa 이상을 적용한다.

[22년 2회]
95 고압 증기관에서 권장하는 유속기준으로 가장 적합한 것은?

① 5~10m/s   ② 15~20m/s
③ 30~50m/s   ④ 60~70m/s

> 고압 증기관에서 권장하는 유속 : 30~50m/s
> 저압 증기관에서 권장하는 유속 : 20~30m/s

[15년 2회]
96 온수난방과 비교하여 증기난방 방식의 특징이 아닌 것은?

① 예열시간이 짧다.   ② 배관부식 우려가 적다.
③ 용량제어가 어렵다. ④ 동파 우려가 크다.

> 증기난방은 공기와 접촉할 가능성이 커서 부식 우려가 크다.

[23년 3회]
97 증기난방에 비해 온수난방의 특징을 설명한 것으로 틀린 것은?

① 예열하는 데 많은 시간이 걸린다.
② 부하 변동에 대응한 온도 조절이 어렵다.
③ 방열면의 온도가 비교적 높지 않아 쾌감도가 좋다.
④ 설비비가 다소 고가이나 취급이 쉽고 비교적 안전하다.

> 온수난방은 부하 변동에 대응하여 온수 유량을 조절하여 온도를 조절할 수 있다.

정답 90 ③ 91 ④ 92 ④ 93 ① 94 ④ 95 ③ 96 ② 97 ②

[15년 3회, 09년 3회]

98 증기 트랩 장치에서 벨로스 트랩을 안전하게 작동시키기 위해 트랩 입구 쪽에 최저 몇 m 이상을 냉각관으로 해야 하는가?

① 0.5 ② 0.7
③ 1   ④ 1.2

> 벨로스 열동식 트랩은 온도차로 작동하는 트랩이기 때문에 트랩 입구 쪽에 최저 1.2m 이상의 냉각관이 필요하다. 관말 트랩에 설치하는 냉각다리는 1.5m 이상으로 한다.

[15년 3회]

99 건식 환수배관의 증기주관의 적절한 구배는?

① 1/100 ~ 1/150의 선하향구배
② 1/200 ~ 1/300의 선하향구배
③ 1/350 ~ 1/400의 선하향구배
④ 1/450 ~ 1/500의 선하향구배

> 건식 증기 배관 기울기는 (1/200)~(1/300)의 앞내림 구배(선하향)를 준다.

[09년 2회]

100 다음은 증기난방 배관 시공법에 관한 설명이다. 틀린 것은?

① 분기관은 주관에 대해 45° 이상으로 취출해 낸다.
② 고압증기의 환수관을 저압증기의 환수관에 접속하는 경우 증발탱크를 경유시킨다.
③ 이경 증기관 접합 시공시 편심 이경 조인트를 사용하여 응축수의 고임을 방지한다.
④ 암거 내 배관시에는 밸브 등을 가능하면 근처에서 멀게 집결시킨다.

> 암거 내 배관 시에는 밸브 트랩 등을 가능하면 근처 가까이에 설치하여 유지관리가 편리하게 한다.

[07년 2회]

101 증기 관말 트랩 바이패스 설치시 필요 없는 부속은?

① 엘보   ② 유니온
③ 글로브 밸브 ④ 안전 밸브

> 안전 밸브는 증기 압력이 높은 고압 증기배관에 설치한다.

[07년 3회]

102 난방배관에서 리프트 이음(Lift Fitting)을 하는 응축수 환수방식은?

① 중력환수식
② 기계환수식
③ 진공환수식
④ 상향환수식

> 진공환수식에서 방열기(환수관)가 하부에 설치되는 경우 1.5m 높이마다 리프트 이음을 설치하여 진공 펌프로 응축수를 환수시킨다.

[22년 3회]

103 증기와 응축수의 온도 차이를 이용하여 응축수를 배출하는 트랩은?

① 버킷 트랩
② 디스크 트랩
③ 벨로즈 트랩
④ 플로트 트랩

> 벨로즈 트랩은 증기와 응축수의 온도 차이를 이용하여 응축수를 배출하는 열동식 증기트랩이다. 버킷트랩과 플로트 트랩은 응축수량에 따라 부력으로 작동하는 기계식이다.

[08년 1회]

104 사용압력은 400kPa정도 이하이며, 공기, 가열기, 열교환기 등 다량의 응축수를 처리하는데 적합한 증기 트랩은?

① 플로트 트랩   ② 열동식 트랩
③ U트랩   ④ 버킷 트랩

정답 98 ④ 99 ② 100 ④ 101 ④ 102 ③ 103 ③ 104 ①

> 플로트 트랩은 일명 다량 증기 트랩이며 플로트(부자)를 이용한 기계식 트랩이다.

> 증기트랩은 증기는 잡아두고 응축수나 공기를 배출한다.

[09년 3회, 06년 1회]
105 주증기관의 관경 결정에 직접적인 관계가 없는 것은?

① 압력손실 ② 팽창탱크
③ 증기의 속도 ④ 관의 길이

> 팽창탱크는 증기 배관과 관계가 없으며 온수난방에서 온수의 팽창을 흡수하는 장치이다.

[11년 1회]
109 방열기의 종류에서 구조 및 형태에 따라 분류하였다. 라디에이터류에 속하지 않는 것은?

① 패널형 ② 컨벡터형
③ 핀 튜브형 ④ 목책형

> Convector는 케이싱이 있는 강제대류 방열기이다.
> 라디에이터류는 케이싱이 없이 자연대류를 이용한다.

[12년 3회]
106 증기트랩 중 기계식에 해당되지 않는 것은?

① 벨로스 트랩 ② 버킷 트랩
③ 플루트 트랩 ④ 다량 트랩

> 벨로스 트랩은 온도차로 작동하는 열동식이다.

[13년 1회]
110 열을 잘 반사하고 확산하므로 난방용 방열기 표면 등의 도장용으로 사용되는 도료는?

① 광명단 도료 ② 산화철 도료
③ 합성수지 도료 ④ 알루미늄 도료

> 알루미늄 도료는 열을 잘 반사하고 확산하므로 난방용 방열기 표면 도장용에 주로 쓰인다. 일명 은분이라고도 한다.

[09년 3회, 08년 3회]
107 증기배관에서 증기와 응축수의 흐름방향이 동일할 때 증기관의 구배는?(단, 특수한 경우를 제외한다.)

① $\frac{1}{50}$ 이상의 역구배 ② $\frac{1}{50}$ 이상의 순구배
③ $\frac{1}{250}$ 이상의 순구배 ④ $\frac{1}{250}$ 이상의 역구배

> 증기배관에서 증기와 응축수 흐름방향 동일할때 $\frac{1}{250}$ 이상 순구배를 준다.

[11년 1회]
111 다음 중 증기에 사용하는 벨로스식 방열기 트랩(최고 사용압력 100kPa)의 성능에서 밸브가 열리기 시작하는 작동온도로 맞는 것은?

① 98℃ ② 100℃ 이상
③ 102℃ 이하 ④ 105℃ 이상

> 벨로스식 방열기는 온도차에 의한 트랩이며 열동식 트랩이라 하고 최고 사용압력 100kPa에서는 102℃ 이하에서 밸브가 열린다.

[14년 1회]
108 방열기의 환수관이나 증기 배관의 말단에 설치하고 응축수나 공기를 증기와 분리하는 장치는?

① 배수트랩 ② 전자 밸브
③ 팽창밸브 ④ 증기 트랩

[15년 1회, 11년 2회]
112 강판제 케이싱 속에 열전도성이 우수한 핀(Fin)을 붙여 대류작용만으로 열을 이동시켜 난방하는 방열기는?

① 콘백터 ② 길드 방열기
③ 주형 방열기 ④ 벽걸이 방열기

정답 105 ②　106 ①　107 ③　108 ④　109 ②　110 ④　111 ③　112 ①

컨벡터 방열기는 강판제 케이싱 속에 열전도성이 우수한 핀을 붙여 대류작용을 이용한 방열기이다.

증기코일에서 응축수의 배제를 위하여 배관에 약 $\frac{1}{100}$ 정도의 순구배(선하향 구배)를 준다.

[23년 1회]

113 증기배관에 사용하는 부력식 증기트랩으로 가장 적합한 것은?

① 버킷트랩
② 벨로스트랩
③ 바이메탈트랩
④ 써모다이나믹트랩

버킷트랩이나 플로트트랩은 응축수 액위에 따라 작동하는 부력식 트랩이다.

[14년 2회]

116 개방형 팽창탱크에 설치되는 부속기기가 아닌 것은?

① 안전밸브
② 배기관
③ 팽창관
④ 안전관

개방형 팽창탱크는 대기압에 노출되어 있으므로 안전밸브는 불필요하며 안전밸브는 밀폐식 팽창탱크나 보일러의 부속기구이다.

5 공기조화설비

[15년 3회, 07년 3회]

117 다음 중 개방식 팽창탱크 주위의 관으로 해당되지 않는 것은?

① 압축공기 공급관
② 배기관
③ 오버플로관
④ 안전관

압축공기(질소가스 등) 공급관은 온수난방에 사용되는 밀폐식 팽창탱크의 부속설비이다.

[12년 2회, 08년 1회]

114 공기조화 설비의 구성과 거리가 먼 것은?

① 냉동기 설비
② 보일러, 실내기기 설비
③ 위생기구 설비
④ 송풍기, 공조기 설비

공기조화 설비란 실내 쾌적도를 위한 냉난방과 관련한 설비이며 위생기구 설비는 공조설비가 아닌 급 배수 위생설비에 속한다.

[11년 2회]

118 중앙관리방식의 공기조화설비에서 건물의 환경 위생유지에 필요한 실내 환경기준 중 온도, 실내습도, 기류를 옳게 나열한 것은?

① 실내온도 17 ~ 28℃, 상대습도 40 ~ 70%, 기류 0.5m/s 이하
② 실내온도 20 ~ 30℃, 상대습도 50 ~ 70%, 기류 0.8m/s 이하
③ 실내온도 22 ~ 35℃, 상대습도 60 ~ 80%, 기류 1.0m/s 이하
④ 실내온도 24 ~ 40℃, 상대습도 70 ~ 90%, 기류 1.2m/s 이하

[14년 3회, 11년 2회]

115 공기조화설비에서 증기코일에 대한 설명으로 틀린 것은?

① 코일의 전면풍속은 3 ~ 5m/s로 선정한다.
② 같은 능력의 온수코일에 비하여 열수를 작게 할 수 있다.
③ 응축수의 배제를 위하여 배관에 약 $\frac{1}{150} \sim \frac{1}{200}$ 정도의 순구배를 붙인다.
④ 일반적인 증기의 압력은 0.1 ~ 2kgf/cm² 정도로 한다.

공기조화설비에서 권장하는 실내기준은 실내온도(17 ~ 28℃), 상대습도(40 ~ 70%), 기류(0.5m/s 이하) 정도이다.

제2장 배관관련설비

[12년 1회]
119 펌프의 베이퍼로크 발생요인이 아닌 것은?

① 액(물) 자체 또는 흡입배관 외부의 온도가 상승할 경우
② 펌프 냉각기가 작동하지 않거나 설치되지 않은 경우
③ 흡입관 지름이 크거나 펌프 설치위치가 적당하지 않을 때
④ 흡입 관로의 막힘, 스케일 부착 등에 의한 저항의 증대

> 베이퍼로크란 배관에 진공이 걸려서 기화하는 것으로 흡입관의 지름이 작을 때 발생된다.

[08년 2회]
120 냉각탑에서 냉각수는 수직 하향 방향이고 공기는 수평방향인 형식은?

① 평행류형   ② 직교류형
③ 혼합형   ④ 대향류형

> 냉각탑은 물과 공기의 접촉 형태에 따라 대향류형과 직교류형, 병류(평행류)형으로 나누어지는데 냉각수와 공기가 서로 직각으로 접촉하면(냉각수는 수직 공기는 수평) 직교류형 냉각탑이다.

[14년 1회, 10년 2회]
121 냉각탑을 사용하는 경우의 일반적인 냉각수 온도 조절방법이 아닌 것은?

① 전동 2way valve를 사용하는 방법
② 전동 혼합 3way valve를 사용하는 방법
③ 전동 분류 4way valve를 사용하는 방법
④ 냉각탑 송풍기를 on-off제어하는 방법

> 냉각탑(쿨링 타워)의 냉각수 온도조절 방법은 냉각수량 조절(2way valve, 3way valve 사용)과 송풍량 조절 방법이 있다.

[12년 1회]
122 덕트 제작에 이용되는 심의 종류가 아닌 것은?

① 스탠딩 심   ② 포켓펀치 심
③ 피츠버그 심   ④ 로크 그루브 심

> 덕트 제작(SMACNA공법) 심(seam)의 종류에 스탠딩 심, 피츠버그 심, 보턴펀치 심, 포켓 로크 심, 더블 심, 로크 그루브 심 등이 있다.

[13년 2회]
123 감압밸브 주위 배관에 사용되는 부속장치이다. 적당하지 않은 것은?

① 압력계   ② 게이트밸브
③ 안전밸브   ④ 콕(cook)

> 감압밸브 주위 배관에 사용되는 부속설비는 게이트밸브, 압력계, 스트레이너, 안전밸브, 글로브밸브 등이다.

[07년 3회]
124 공기조화 수배관 제어방식 중 2방 밸브를 사용하는 방식은?

① 변유량 방식   ② 정유량 방식
③ 개방회로 방식   ④ 중력 방식

> 2방 밸브를 사용하면 배관내 유량이 변화하므로 변유량 방식이고, 3방 밸브를 사용하면 바이패스 유량을 포함한 전체 유량은 일정한 정유량 방식이 된다.

[13년 1회, 09년 1회]
125 다음 중 냉·온수 헤더에 설치하는 부속품이 아닌 것은?

① 압력계   ② 드레인관
③ 트랩장치   ④ 급수관

> 트랩장치는 증기관에 필요한 부속으로 냉·온수 헤더에는 불필요하다.

정답 119 ③ 120 ② 121 ③ 122 ② 123 ④ 124 ① 125 ③

[11년 3회]

126 공기조화방식의 분류 중 유인 유닛방식 공조장치에 대한 설명으로 틀린 것은?

① 잠열부하에 다른 조절이 불가능하다.
② 온도, 습도 조절이 엄격한 곳에 적합하다.
③ 감열부하에 대해 2차 유인공기를 가열, 냉각해서 대응한다.
④ 덕트 내의 소음을 줄이기 위해 플리넘 챔버(Plenum Chamber)를 사용한다.

> 유인 유닛방식은 공기 수방식으로 잠열부하 처리 능력이 약하여 온도, 습도의 엄격한 조절은 곤란하다.

[14년 1회]

127 공기 여과기의 분진 포집 원리에 의해 분류한 집진 형식에 해당되지 않는 것은?

① 정전식　　② 여과식
③ 가스식　　④ 충돌점착식

> 공기 여과기의 분진 포집 형식에 따라 여과식, 정전식(전기식), 습식, 충돌점착식 등이 있다.

[08년 2회]

128 운반되는 열매체에 의해 공조설비를 분류한 것이다. 해당되지 않는 것은?

① 전공기 방식　　② 전수 방식
③ 수·공식 방식　　④ 부분 공기 방식

> 공조 방식은 기계실에서 실내로 열을 운반하는 열매 종류에 따라 전공기 방식, 전수식, 수공기 방식, 냉매방식으로 나눈다.

[10년 3회]

129 다음 중 순환식 덕트의 장점이 아닌 것은?

① 실내의 온·습도가 균일하다.
② 실내의 청정도가 높고 소음이 적다.
③ 덕트가 차지하는 스페이스가 크다.
④ 유지관리가 용이하다.

> 순환식 덕트(환기덕트)란 실내로 공급한 송풍 공기의 일부를 순환하여 사용하는 것으로 전공기방식을 의미하며 덕트가 차지하는 스페이스가 큰 것은 단점이다.

[10년 2회]

130 공조기 분출구 중 가장 좋은 유인 성능을 가지고 있으며 원형 및 각형 모양으로 주로 천장에 부착하는 분출구는?

① 팽커루버형　　② 아네모스탯형
③ 베인격자형　　④ 다공판형

> 아네모스탯형 취출구는 복류형 취출구로 가장 큰 유인 성능(유인비가 크다)을 가지며 원형 및 각형으로 천장형 분출구(취출구)이다.

[11년 1회]

131 다음 습공기 선도(i-x)에서 1→7의 변화를 맞게 설명한 것은?

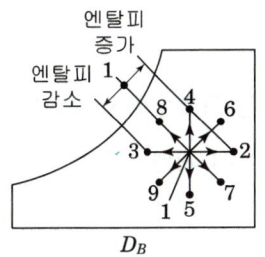

① 감온감습　　② 감온가습
③ 가열감습　　④ 가열가습

> 1→9 : 냉각(감온)감습　　1→8 : 감온가습(단열가습)
> 1→7 : 가열 감습　　1→6 : 가열 가습

정답 126 ② 127 ③ 128 ④ 129 ③ 130 ② 131 ③

[07년 2회]

132 다음은 송풍기와 덕트(Duct)의 연결방식을 나열한 것이다. 올바르게 된 것은?
(단, 송풍기 : ◯⌐ 덕트 : ▭)

①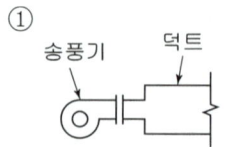
②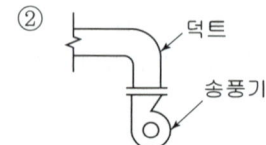
③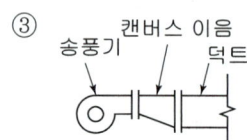
④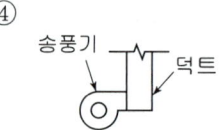

① 그림은 송풍기에서 덕트 연결이 급격한 확대로 ③과 같이 확대관(리듀서)를 사용해야하며 ②와 ④는 기류 회전 방향과 덕트 방향이 잘못된 경우이다. ③에서 덕트 연결관은 점차 확대하는 리듀서를 사용하며 송풍기 토출측에는 리듀서형 캔버스 이음을 사용하여 적합하다.

[12년 2회]

133 클린룸(Clean Room)의 실내 기류방식이 아닌 것은?

① 수직 수평 정류방식
② 수직 정류방식
③ 수평 정류방식
④ 비 정류방식

클린룸의 실내기류방식에는 수직 정류(층류)방식, 수평 정류방식, 비 정류(난류)방식이 있다.

[22년 2회]

134 공조설비 중 덕트설계 시 주의사항으로 틀린 것은?

① 소음 및 진동이 적게 설계할 것
② 덕트의 경로는 가능한 최단거리로 할 것
③ 덕트 내 정압손실을 적게 하기위해 풍속을 증가시킨다.
④ 건물의 구조에 맞도록 설계할 것

덕트 내 정압손실을 적게 하기위해 풍속을 감소시킨다.

[23년 3회]

135 다음 조건과 같은 냉온수 배관계통에서 순환펌프 양정(mAq)을 구하시오.

【조 건】
냉온수 계통에 공조기 3대 병렬 설치, 가장 먼 공조기까지 배관 직관 순환 길이 120m, 공조기 코일저항 각각 6mAq, 국부저항은 직관저항의 50%로 하며 기타 손실은 무시한다. 배관경 선정시 마찰저항은 30mmAq/m 이하로 한다.

① 3.6 mAq   ② 5.4 mAq
③ 11.4 mAq ④ 15.8 mAq

직관 배관에 대한 마찰저항은 1m당 30mmAq저항이 걸리므로
직관부 저항=120×30=3600mmAq=3.6mAq
국부저항=3.6×0.5=1.8mAq
공조기저항은 1대(6mAq)만 계산한다.
전체마찰저항=3.6+1.8+6=11.4mAq

[23년 2회]

136 냉온수 배관 유량은 $10m^3/h$, 유속이 1.5m/s 일때 적합한 관경은?

① 25mm   ② 32mm
③ 40mm   ④ 50mm

$Q = Av = \dfrac{\pi d^2}{4}v$ 에서

$d = \sqrt{\dfrac{4Q}{\pi v}} = \sqrt{\dfrac{4 \times 10/3600}{\pi \times 1.5}} = 0.0485m = 48.5mm$
= 50mm 선정

정답 132 ③   133 ①   134 ③   135 ③   136 ④

6 가스설비

[09년 3회]

137 도시가스 공급방식에 속하지 않은 것은?

① 저압공급방식 ② 중앙공급방식
③ 고압공급방식 ④ 초압공급방식

> 도시가스 공급방식은 저압공급방식(0.1MPa 이하), 중압공급방식(0.1~1MPa 이하), 고압공급방식(1MPa 초과)으로 나눈다.

[14년 1회, 10년 1회]

138 도시가스를 공급하는 배관의 종류가 아닌 것은?

① 본관   ② 공급관
③ 내관   ④ 주관

> 도시가스법에서 '배관'이라 함은 본관, 공급관 및 내관을 말한다. '본관'이라 함은 도시가스 제조 사업소에서 정압기에 이르는 배관을 말하고, '공급관'이라 함은 정압기에서 건축물의 외벽에 설치하는 계량기의 전단 밸브까지 이르는 배관을 말하고, '내관'이라 함은 계량기의 전단 밸브에서 연소기까지 이르는 배관을 말한다.

[11년 3회, 11년 2회]

139 도시가스 사업법에서 정한 가스의 중압공급 시 공급압력은 얼마인가?

① 0.1MPa 이상 1MPa 미만
② 0.5MPa 이상 1.5MPa 미만
③ 1MPa 이상 10MPa 미만
④ 10MPa 이상 20MPa 미만

> 도시가스 공급방식은 저압공급방식(0.1MPa 이하), 중압공급방식(0.1~1MPa 이하), 고압공급방식(1MPa 초과)으로 나눈다.

[14년 1회]

140 도시가스 배관의 나사이음부와 전기계량기 및 전기개폐기의 거리로 옳은 것은?

① 10cm 이상   ② 30cm 이상
③ 60cm 이상   ④ 80cm 이상

> 도시가스 배관의 나사이음부와 전기계량기 및 전기개폐기와는 60cm 이상 거리를 둔다.
>
> 도시가스 나사 이음부 —60cm 이상→ 전기계량기

[11년 2회]

141 도시가스배관을 지하에 매설하는 중압 이상인 배관과 지상에 설치하는 배관의 표면 색상으로 맞는 것은?

① 적색, 회색   ② 백색, 적색
③ 적색, 황색   ④ 백색, 황색

> 도시가스 배관 색상은 지하매설 중압 이상(적색) 지상에 설치한 배관(황색)

[10년 2회, 8년 3회]

142 일반 수용가용 가스미터이며 값이 싸고 저압용에 사용되는 것은?

① 습식 가스미터
② 레이놀드식 가스미터
③ 다이어프램식 가스미터
④ 루트식 가스미터

> 일반 가정용 가스미터기는 가격이 싸고 저압용인 다이어프램식을 사용한다.

[12년 3회]

143 도시가스 공급시설의 기밀시험 및 내압시험압력은 최고사용압력의 몇 배인가?

① 1.5배, 1.1배   ② 1.1배, 2배
③ 2배, 1.1배   ④ 1.1배, 1.5배

정답 137 ④ 138 ④ 139 ① 140 ③ 141 ③ 142 ③ 143 ④

제2장 배관관련설비

도시가스 공급시설 기밀시험(최고 사용압의 1.1배) 내압시험 (최고 사용압의 1.5배)

[12년 2회]
144 정압기 설치 시공상 주의사항으로 틀린 것은?

① 출구에는 가스차단장치를 설치할 것
② 출구에는 압력이상 상승방지장치를 설치할 것
③ 출구에는 경보장치 및 불순물 제거장치를 설치할 것
④ 출구에는 압력 측정장치를 설치할 것

가스배관 설비에서 정압기 입구에 불순물 제거장치를 설치한다.

[11년 1회]
145 다음 중 폭발한계 하한이 10% 이하인 것과 폭발한계의 상한과 하한의 차가 20% 이상인 고압가스는?

① 가연성 가스
② 조연성 가스
③ 불연성 가스
④ 비독성 가스

가연성 가스란 가스의 폭발한계가 10% 이하인 것과 폭발한계의 상한과 하한의 차가 20% 이상인 가스를 말한다.

[11년 3회]
146 액화 천연가스의 지상 저장탱크에 대한 설명 중 잘못된 것은?

① 지상식 저장탱크는 금속 2중벽 탱크이다.
② 내부탱크는 −162℃의 초저온에 견딜 수 있어야 한다.
③ 외부탱크는 연강으로 만들어진다.
④ 증발 가스량이 지하 저장탱크보다 많고 저렴하며 안전하다.

지상 저장탱크는 냉각에 필요한 증발 가스량이 지하 저장탱크보다 많고 안전성면에서 지하 탱크보다는 못하다.

[13년 1회, 10년 1회]
147 도시가스 내 부취제의 액체 주입식 부취설비 방식이 아닌 것은?

① 펌프 주입 방식
② 적하 주입 방식
③ 미터연결 바이패스 방식
④ 워크식 주입 방식

부취제는 가스 누설 시 감지가 쉽도록 인위적으로 냄새물질을 주입하는 것인데 이때 워크식 주입방식은 증발식 주입방식에 속한다.

[09년 2회, 06년 2회]
148 가스배관에서 가스공급을 중단시키지 않고 분해·점검할 수 있는 것은?

① 바이패스관
② 가스미터
③ 부스터
④ 수취기

바이패스관은 가스 공급기기의 분해·점검 시 가스공급을 중단시키지 않도록 가스를 우회 시켜 공급하도록 꾸민 배관이다.

[12년 3회]
149 도시가스 제조 공정에 해당하지 않은 것은?

① 열분해 공정
② 접촉분해 공정
③ 압축연소 공정
④ 수소화분해 공정

도시가스 제조 방식은 열분해 공정, 부분연소공정, 촉매분해 공정, 접촉분해 공정, 수소화 분해 공정 등이 있다.

정답 144 ③ 145 ① 146 ④ 147 ④ 148 ① 149 ③

[11년 3회]
150 제조소 및 공급소 밖의 도시가스 배관 설비 기준으로 맞는 것은?

① 철도부지에 매설하는 경우에는 배관의 외면으로부터 궤도 중심까지 3m 이상 거리를 유지해야 한다.
② 철도부지에 매설하는 경우 지표면으로부터 배관의 외면까지의 깊이를 1.2m 이상 해야 한다.
③ 하천을 횡단하는 배관의 매설은 하천의 경우 2m 이상 깊게 매설해야 한다.
④ 수로 밑을 횡단하는 배관의 매설은 1.5m 이상, 기타 좁은 수로인 경우 0.8m 이상 깊게 매설해야 한다.

> 철도부지에 매설시 배관의 외면과 궤도 중심까지 4m 이상, 지표면에서 배관의 외면까지의 깊이를 1.2m 이상, 하천 횡단 시 1.5m 이상 깊게 매설, 수로 밑을 횡단 시 배관의 매설은 1.5m 이상, 기타 좁은 수로인 경우 1.2m 이상 깊게 매설해야 한다.

[14년 1회, 09년 3회]
151 가스배관의 기밀시험 방법에 관한 설명으로 옳은 것은?

① 질소 등의 불활성 가스를 사용하여 시험한다.
② 수압(水壓)시험을 한다.
③ 매설 후 산소를 사용하여 시험한다.
④ 배관의 부식에 의하여 시험한다.

> 가스배관 기밀시험은 부식 방지를 위해 질소 등의 불활성 가스를 시험용 가스로 사용하여 기압시험한다.

[08년 3회]
152 가스배관을 지하에 매설하는 경우 기준으로 틀린 것은?

① 배관은 그 외면으로부터 수평거리로 건축물까지 1.5m 이상을 유지할 것
② 배관은 그 외면으로부터 지하의 다른 시설물과 0.5m 이상의 거리를 유지할 것
③ 배관은 지반의 동결에 의하여 손상을 받지 아니하는 깊이로 매설할 것
④ 굴착 및 되메우기는 안전확보를 위하여 적절한 방법으로 실시할 것

> 배관은 그 외면으로부터 지하의 다른 시설물과 0.3m 이상의 거리를 유지할 것

[07년 1회]
153 다음은 가스배관시 유의해야 할 사항을 열거한 것이다. 잘못된 것은?

① 배관은 지반이 동결됨에 따라 손상을 받지 아니하도록 적절한 깊이에 매설한다.
② 내관은 유지관리상 건물지하에 배관하지 않는다.
③ 매설관의 접속부나 매설관이 옥내로 들어오는 부분은 방식처리를 한다.
④ 유지관리를 위해 가능한 콘크리트 내 매설을 해주는 것이 좋다.

> 가스배관은 될수록 노출배관이어야 누설시 검지가 용이하고 유지관리가 편리하다.

[06년 2회]
154 가스배관의 관지름을 결정하는 요소와 관계가 먼 것은?

① 가스 발열량　　② 가스관의 길이
③ 허용 압력손실　④ 가스 비중

> 가스배관의 관지름 결정 요소에서 가스 발열량은 관계가 없다.

[07년 1회]
155 다음 중 고압가스 배관재료의 배관 기호에 대한 설명으로 틀린 것은?

① SPP : 배관용 탄소강관
② SPPH : 저압 배관용 탄소강관
③ SPLT : 저온 배관용 탄소강관
④ SPHT : 고온 배관용 탄소강관

> SPPH : 고압 배관용 탄소강관

정답　150 ②　151 ①　152 ②　153 ④　154 ①　155 ②

[09년 1회, 06년 1회]

156 가스관의 설비에 대한 설명 중 옳지 않은 것은?

① 배관은 $\frac{1}{50}$ 이상의 하향구배를 원칙으로 한다.
② 지하에 매설하는 배관은 용접이음으로 한다.
③ 호스의 길이는 연소기까지 3m 이내로 하되 T형으로 연결하지 않는다.
④ 수 · 변전실 등 고압전기 설비를 갖춘 실내는 피하여 배관한다.

> 가스배관은 도로등에서 $\frac{1}{500} - \frac{1}{1000}$ 정도의 하향구배를 준다.

[12년 1회, 09년 3회, 09년 2회]

159 암모니아 냉동설비의 배관으로 사용되지 못하는 것은?

① 배관용 탄소강 강관
② 이음매 없는 동관
③ 저온 배관용 강관
④ 배관용 스테인리스 강관

> 암모니아는 구리, 알루미늄, 아연등과 착이온을 일으키기 때문에 동관은 암모니아 냉매에 부적당하다.

7 냉동 및 냉각설비

[14년 2회, 11년 2회]

157 2단 압축기의 중간냉각기 종류에 속하지 않는 것은?

① 액냉각형 중간 냉각기
② 흡수형 중간 냉각기
③ 플래시형 중간 냉각기
④ 직접 팽창형 중간 냉각기

> 2단 압축기의 중간 냉각기는 액냉각형, 플래시형, 직접 팽창형이 있다.

[07년 2회]

160 냉매배관에서 가스 균입관이 설치되는 기기는?

① 냉각탑   ② 응축기
③ 유분리기   ④ 팽창밸브

> 냉동기는 수액기와 응축기의 고압부 압력이 동일하도록 가스 균입관을 설치한다.

[06년 3회]

158 냉동장치에서 증발기와 응축기가 동일 위치에 있을 때 설치하는 것은?

① 역 기울기 루프 배관
② 냉매 액송 메인 밸브
③ 균압배관
④ 안전 밸브

> 냉동장치에서 증발기와 응축기가 동일한 위치에 있으면 냉매가 역류하지 않도록 역 기울기 루프 배관이 필요하다.

[06년 3회]

161 냉매배관의 시공상의 주의사항 중 틀린 것은?

① 팽창 밸브 부근에서 배관길이는 가능한 짧게 한다.
② 지나친 압력강하를 방지한다.
③ 암모니아 배관의 관이음에 쓰이는 패킹 재료는 천연고무를 사용한다.
④ 두 개의 입상관 사용 시 트랩 반경은 되도록 크게 한다.

> 이중 입상관(더블라이저)은 프레온 냉매에서 오일회수를 위한 트랩장치인데 이때 트랩 반경은 되도록 작게 한다. 트랩이 너무 크면 여기에 모아진 오일이 회수될 때 압축기에 과부하가 발생할 수 있다.

정답 156 ① 157 ② 158 ① 159 ② 160 ② 161 ④

[15년 2회, 10년 3회]
162 냉매배관의 시공 시 유의사항으로 틀린 것은?

① 배관 재료는 각각의 용도, 냉매종류, 온도 등에 의해 선택한다.
② 온도변화에 의한 배관의 신축을 고려한다.
③ 배관 중에 불필요하게 오일이 체류하지 않도록 한다.
④ 관경은 가급적 작게 하여 플래시 가스와 발생을 줄인다.

> 냉매배관은 관경이 가급적 커야 압력손실에 의한 플래시 가스(냉매액이 배관상에서 기화된 가스)의 발생을 줄일 수 있다.

[15년 2회]
163 냉매 배관 시 주의사항으로 틀린 것은?

① 배관은 가능한 한 간단하게 한다.
② 굽힘 반지름은 작게 한다.
③ 관통 개소 외에는 바닥에 매설하지 않아야 한다.
④ 배관에 응력이 생길 우려가 있을 경우에는 신축이음으로 배관한다.

> 냉매 배관에서 굽힘 반지름을 크게 하여야 마찰손실이 적어서 냉매 흐름을 원활하게 할 수 있다.

[11년 3회]
164 냉매배관 시공법에 관한 설명으로 틀린 것은?

① 압축기와 응축기가 동일 높이 또는 응축기가 아래에 있는 경우 배출관은 하향 기울기로 한다.
② 증발기가 응축기보다 아래에 있을 때 냉매액이 증발기에 흘러내리는 것을 방지하기 위해 2m 이상 역루프를 만들어 배관한다.
③ 외부 균압관은 감온통이 있는 위치에서 약간 상류에 설치한다.
④ 액관 배관 시 증발기 입구에 전자밸브가 있을 때는 루프이음을 할 필요가 없다.

> 온도식 자동팽창밸브는 감온통을 설치하는데 외부 균압관은 감온통보다 약간 하류에 설치한다.

[13년 2회]
165 프레온 냉동장치의 배관에 있어서 증발기와 압축기가 동일 레벨에 설치되는 경우 흡입 주관의 입상높이는 증발기 높이보다 몇 mm 이상 높게 하여야 하는가?

① 10 ② 40
③ 70 ④ 150

> 프레온 냉동장치의 배관에 있어서 증발기와 압축기가 동일 레벨에 설치되는 경우 증발기 냉매액이 압축기에 유입되지 않도록 흡입 주관을 증발기 상부보다 150mm 이상 높게 입상하여 배관한다.

[14년 1회]
166 냉매배관 중 토출 측 배관 시공에 관한 설명으로 틀린 것은?

① 응축기가 압축기보다 높은 곳에 있을 때 2.5m 보다 높으면 트랩 장치를 한다.
② 수직관이 너무 높으면 2m마다 트랩을 1개씩 설치한다.
③ 토출관의 합류는 Y이음으로 한다.
④ 수평관은 모두 끝 내림 구배로 배관한다.

> 냉매배관에서 수직관이 너무 높으면 10m마다 트랩을 1개씩 설치하여 오일회수를 원활히한다.

[10년 1회, 08년 1회]
167 냉장설비의 단열방식에 있어서 내부 단열방식이 적합하지 않은 곳은?

① 사용조건이 서로 다른 냉장실이 필요한 냉장실
② 단층 건물 또는 저 흡수 냉장실
③ 층별로 구획된 냉장실
④ 각층 각실이 구조체로 구획되고 구조체의 안쪽에 맞추어 단열 시공되는 냉장실

> 층별로 구획된 냉장실이나 단일조건의 대형 고층냉장고는 외부 단열방식을 적용한다.

정답 162 ④ 163 ② 164 ③ 165 ④ 166 ② 167 ③

[09년 2회]
168 냉매액관 시공시의 유의점이 아닌 것은?

① 액관의 마찰손실압력을 $20 kPa$ 이하로 제한한다.
② 액관 내의 유속은 0.5~1.5 m/s 정도로 한다.
③ 액관 배관은 가능한 길게 한다.
④ 2대 이상의 증발기를 사용하는 경우 액관에서 발생한 증발가스는 균등하게 분배되도록 배관한다.

> 냉매 액관은 가능한 짧게 배관한다.

[09년 2회]
169 흡수식 냉동기 주변배관에 대한 설명으로 틀린 것은?

① 증기조절밸브와 감압밸브장치는 가능한 냉동기 가까이에 설치한다.
② 공급 주관의 응축수가 냉동기 내에 유입되도록 한다.
③ 증기관에는 신축이음 등을 설치하여 배관의 신축으로 발생하는 응력이 냉동기에 전달되지 않도록 한다.
④ 증기 드레인 제어 방식은 진공펌프로 냉동기 내의 드레인을 직접 압축하도록 한다.

> 흡수식 냉동기에서 냉매인 증기가 응축수로 되면 응축수 탱크로 배출시킨다.

[12년 3회]
170 수액기를 나온 냉매액을 팽창밸브를 통해 교축되어 저온·저압의 증발기로 공급된다. 팽창밸브의 종류가 아닌 것은?

① 온도식 ② 플로트식
③ 인젝터식 ④ 압력자동식

> 인젝터 팽창밸브는 없으며 인젝터는 증기 보일러에서 비상시 증기를 이용하여 급수를 하는 급수 설비의 일종이다.

[08년 3회]
171 다음은 횡형 셸 튜브 타입 응축기의 구조도이다. 냉매가스의 입구 측 배관은 어느 곳에 연결 하여야 하는가?

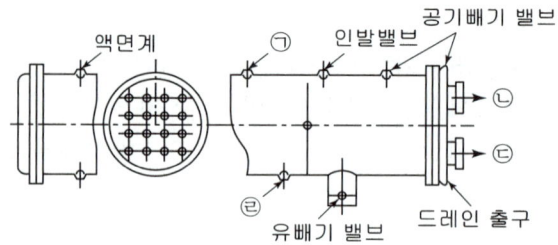

① ㉠ ② ㉡
③ ㉢ ④ ㉣

> 냉매가스는 ㉠으로 유입되어 응축된 냉매액은 ㉣로 나가고, 냉각수는 ㉢으로 유입되어 ㉡으로 나간다.

8 압축공기설비

[예상문제]
172 공기 압축설비에 대한 설명 중 가장 잘못된 설명은?

① 공기 압축설비 용량 산정 시 배관 접속부위에서의 누설, 압축기의 수명에 따른 보수 유지의 고려 등을 감안하여 설계 계산 용량보다 작게(0.5~1.0배) 선정하는 것이 바람직하다
② 공기를 압축하면 공기중의 수증기가 응축하여 응축수가 발생하는데 이를 제거하는 제습설비가 공기 압축시스템에서는 중요하다.
③ 냉각제습은 압축공기를 강제로 냉각시키면 응축작용으로 수분을 제거할 수 있다.
④ 제습제를 이용한 제습은 액체나 고체의 흡착식 드라이어(제습제)를 사용하여 공기중의 수분을 제거한다.

> 압축설비 용량 산정 시 설계 계산용량의 1.5~2배 크기로 선정하는 것이 바람직하다.

정답 168 ③ 169 ② 170 ③ 171 ① 172 ①

[예상문제]

173 공기 압축배관에 대한 설명 중 가장 잘못된 설명은?

① 공기사용량은 반드시 순간 부하 조건으로 하여 계산되어야 한다. 순간 최대 부하 조건이 고려되지 않을 경우 공기압 부족으로 기기의 오작동이 발생할 수 있다.
② 압축기로부터 공급되는 압력이 공기 청정 기기를 통과하면 압력손실이 발생되므로 이를 고려한 압력을 배관 1차측 압력으로 설정해야 하며 이후 배관에 적용되는 관이음쇠류, 밸브류 등의 교축 손실은 포함하지 않는다.
③ 압축공기의 배관내 표준유속은 배관구경의 크기에 따라 다르나 통상 12m/sec 이하로 하는 것이 좋으며 배관경이 60mm 이하일 때는 표준 유속은 10m/sec 이하로 하는 것이 좋다.
④ 최종 수요처의 작업 요구 압력을 검토한다.

> 압축기로부터 공급되는 압력은 이후 배관에 적용되는 관이음쇠류, 밸브류 등의 교축 손실을 포함해야 한다.

[예상문제]

174 공기 압축배관에서 발생하는 마찰손실에 대한 설명 중 잘못된 설명은?

① 압력강하는 관의 길이에 비례한다.
② 압력강하는 관의 직경에 비례한다.
③ 압력강하는 공기 유속의 제곱에 비례한다.
④ 압력강하는 유체의 밀도에 비례한다.

> 압력강하는 관의 직경에 반비례한다.

[예상문제]

175 공기 냉각제습에 대한 설명으로 잘못된 설명은?

① 공기의 냉각원으로 냉동기의 냉매, 냉수, 브라인 등이 이용된다.
② 냉각코일의 표면온도를 0℃ 이하로 하면 수분이 잘 응축하여 제습 효율이 증가한다.
③ 장마철 등 상대습도가 높을 때에는 냉각 효율이 떨어진다.
④ 설비가 대형화되고 소비전력량이 증대하여 설비운전비가 높다.

> 냉각제습에서 냉각코일의 표면온도를 0℃ 이하로 하면 응축된 수분이 코일 표면에 결빙되어 냉각 효율이 떨어지므로 습도 제거가 곤란하다.

[예상문제]

176 흡착제 BATCH TYPE 화학제습에 대한 설명으로 잘못된 설명은?

① 고체 흡착제(실리카겔, 활성알루미나, 제올라이트 등)를 사용한다.
② 고체흡착제의 선정에 따라 낮은 노점의 제습공기를 얻을 수 있다.
③ 제습과 재생이 일정시간에 절환되기 때문에 연속적이고 일정한 제습공기를 얻을 수 없다.
④ 제습장치가 간단하여 액체 타입에 비하여 장치 압력손실이 작다.

> 흡착제 BATCH TYPE 제습장치는 액체 타입에 비하여 장치 압력손실이 크다.

정답 173 ② 174 ② 175 ② 176 ④

2025
공조냉동기계산업기사 필기

제3장

설비적산

제3장 | 설비적산

01 설비적산

1 냉동설비 자재 및 노무비 산출

분류	관련내용
적산 개념	적산이란 공조 냉동 분야의 설계 시공 과정에서 도면이 완성되면 → 공사에 필요한 배관, 덕트, 자재등의 수량을 산출하고 → 자재비, 인건비(자재단가표, 노임단가, 품셈표, 일위대가표등 적용)를 산출하여 직접공사비(직접재료비, 직접노무비)를 계산하고 → 각종 제경비(간접노무비, 경비, 보험료, 일반관리비, 이윤 등)을 계산하여 → 원가계산서에 의한 총공사금액을 산출하는 것을 말한다.
적산의 뜻	일반적으로 공사비를 산출하는 일을 적산 또는 견적이라 말하고 있는데 관습상 적산은 금액으로 환산하기 이전의 재료의 수량산출 수단과 그 경과를 말하고, 견적이란 적산으로 결과 된 요소를 금액으로 환산한 것을 의미한다.
적산의 중요성	건축 산업의 특성은 도급 제도에 의해 수주 생산, 대량 생산이 아닌 개별적인 제품, 불안정한 입지 조건, 직업 환경, 노무중심적 생산 등을 갖는다. 따라서 주문 생산하기 위한 수주자는 적산을 잘하지 않으면 기업의 사활이 좌우된다. 그러므로 건축 산업에서는 적산이 타 분야와는 달리 아주 중요한 역할을 한다.
적산순서	① 공사 내용을 파악한다(공사 내용을 확실하게 파악한다.) ② 기기, 재료의 수량산출(누락되지 않게 한다.) ③ 수량 산출 근거서 작성(품셈표에 의거) ④ 내역서에 기입 ⑤ 단가 가입 ⑥ 직접 공사비 산출(직접노무비, 직접재료비, 경비) ⑦ 제경비 산출(간접재료비, 간접노무비, 경비, 일반관리비, 이윤) ⑧ 총원가 산출(순공사 원가+일반관리비+이윤)
공조냉난방설비	공조냉난방설비 자재 및 노무비 산출(핵심 예상문제 참조)
급수급탕오배수설비	급수급탕오배수설비 자재 및 노무비 산출(핵심 예상문제 참조)

01 핵심예상문제

설비적산

본 핵심예상문제는 각단원별 출제빈도 높은 문제 및 최근 10년간의 기출문제 중 비중이 높은 출제유형이므로 꼭 풀어보고 가야할 문제입니다. 이후 실전예상문제를 공부하시면 효과적입니다.

[22년 3회]

01 아래 암모니아 냉동 배관 평면도를 보고 엘보 수량을 구하시오.

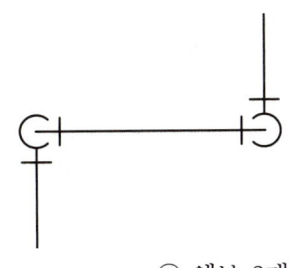

① 엘보 2개   ② 엘보 3개
③ 엘보 4개   ④ 엘보 5개

> 위 평면도를 겨냥도(입체도)로 그려보면 아래와 같이 엘보는 4개이다.

[예상 문제]

02 아래 프레온 배관(동관) 평면도를 보고 엘보와 티이 수량을 구하시오

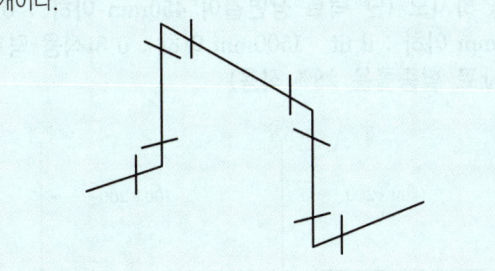

① 엘보 5개, 티이 1개
② 엘보 6개, 티이 1개
③ 엘보 7개, 티이 2개
④ 엘보 8개, 티이 2개

> 위 평면도를 겨냥도(입체도)로 그려보면 아래와 같이 엘보는 7개이고 티이는 2개이다.

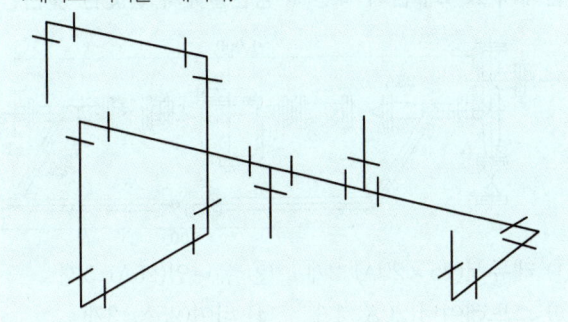

[예상 문제]

03 위 2번 문제에서 동관 용접개소는 몇 개소인가?

① 9개소   ② 16개소
③ 20개소   ④ 28개소

> 위 평면도를 겨냥도(입체도)로 그려보면 엘보는 7개이고 티이는 2개이며 엘보 1개당 용접 2개소, 티이 1개당 3개소 이므로 용접개소는 총 20개소이다.

[예상 문제]

04 아래 급수 배관 평면도에 대한 부속 명칭으로 가장 거리가 먼 것은?

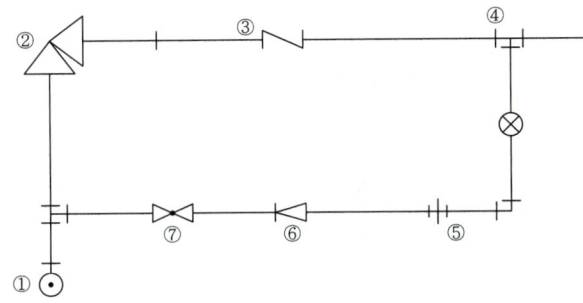

① 엘보   ② 앵글밸브
③ 글로브밸브   ④ 티이

> ③ 체크밸브, ⑤ 유니언, ⑥ 레듀서, ⑦ 글로브밸브

정답 01 ③   02 ③   03 ③   04 ③

제3장 설비적산 실전예상문제

본 실전예상문제는 각장 핵심예상문제에서 다루지 못한 실무적이고 난이도가 높은 문제들로 핵심예상문제를 보충해 주는 문제입니다. 핵심예상문제를 충분히 공부한 후 실전예상문제를 공부하면 효과적입니다.

[예상 문제]

01 아래 버킷형 증기트랩(25×20×25) 주변 바이패스배관에서 A-B구간에 대한 수량산출에서 잘못된 것은?

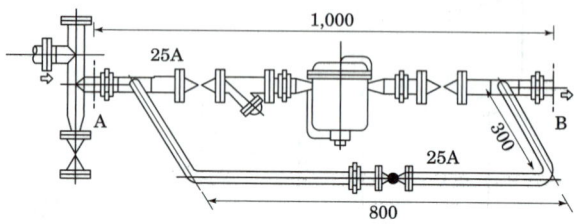

① 레듀서(25×20A) 2개   ② 유니언(25A) 5개
③ 스트레이너(20A) 1개   ④ 티이(25A) 2개

> 스트레이너는 레듀서 외측이므로 (25A, 1개)이며, 증기트랩은 (20A) 1개 이고, 글로브밸브(25A) 1개, 플랜지(25A) 7개 이다.

[예상 문제]

02 다음과 같은 동관 정유량밸브 바이패스 조립도에 대하여 현장에서 실제 용접타입으로 설치하는 경우 최소한의 용접개소를 산출하시오.

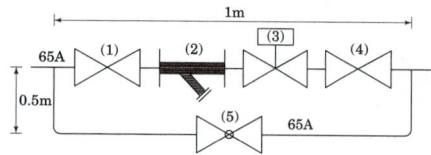

[정유량밸브 부속]
(1), (4) 주철 게이트 밸브 65A(플랜지형)
(2) 주철 스트레이너 65A (플랜지형)
(3) 주철 정유량 밸브 50A (플랜지형)
(5) 주철 글로브 밸브 65A (플랜지형)

① 65ϕ ; 16개소, 50ϕ : 0개소
② 65ϕ ; 18개소, 50ϕ : 2개소
③ 65ϕ ; 20개소, 50ϕ : 4개소
④ 65ϕ ; 24개소, 50ϕ : 6개소

> 밸브가 플랜지타입이므로 연결 동배관에 플랜지를 용접해야 한다.
> 그러므로 각 밸브 마다 양단에 용접개소가 2개소씩이며, 65A 밸브와 스트레이너 4개이므로 플랜지는 2×4=8개소이며, 정유량밸브는 50A, 양쪽 2개소, 65A 티이가 2개이므로 3개소씩 6개소, 65A 엘보가 2개이므로 2개소씩 4개소, 그리고 도면에 생략되었지만 정유량밸브 양단에 65A를 50A로 축소하기 위한 레듀서(65A×50A)가 2개 필요하다. 레듀서에 각각 65ϕ, 1개소, 50ϕ, 1개소가 있다. 합해보면
> 65ϕ=(2×4)+(2×3)+(2×2)+1+1=20개소,
> 50ϕ=2+1+1=4개소

[예상 문제]

03 아래 덕트(저속덕트) 평면도를 보고 0.5t 철판 면적을 산출 하시오 (단 덕트 장변길이 450mm 이하 : 0.5t , 750mm 이하 : 0.6t, 1500mm 이하 : 0.8t적용 덕트 철판 재료 할증률은 28% 적용)

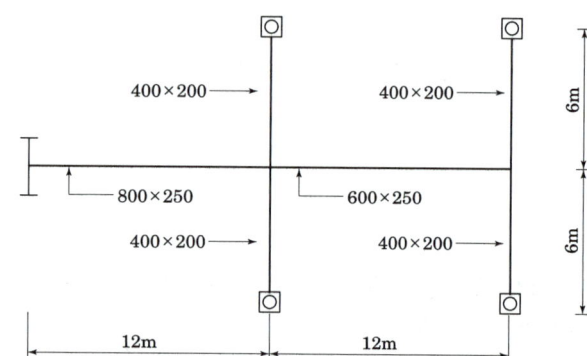

① 0.5t = 28.80m^2
② 0.5t = 32.86m^2
③ 0.5t = 36.86m^2
④ 0.5t = 46.86m^2

> 0.5t는 450 이하이며 도면에서 400×200 덕트만 해당한다.
> 400×200 덕트 총길이는 6m가 4개이므로 24m 이다.
> 400×200 덕트는 둘레길이가 (0.4+0.2)×2=1.2m 이고 길이가 24m 이므로
> 덕트 면적=1.2×24=28.8m^2
> 철판 면적은 28% 할증=28.8×1.28=36.86m^2

정답 01 ③ 02 ③ 03 ③

[예상 문제]

04 위 6번 덕트(저속덕트) 평면도에서 0.6t 철판 면적을 산출 하시오. (조건 동일)

① 0.6t = 20.40m²
② 0.6t = 26.11m²
③ 0.6t = 32.86m²
④ 0.6t = 36.16m²

위 평면도에서 0.6t는 750 이하이며 도면에서 600×250 덕트만 해당한다.
600×250 덕트 총길이는 12m, 1개이므로 12m 이다.
600×250 덕트는 둘레길이가 (0.6+0.25)×2=1.7m 이고 길이가 12m 이므로
덕트 면적=1.7×12=20.4m²
칠판 면적은 28% 할증=20.4×1.28=26.11m²

[예상 문제]

05 6번 덕트(저속덕트) 평면도에서 0.8t 철판 면적을 산출 하시오.(조건 동일)

① 0.6t = 25.20m²   ② 0.6t = 29.11m²
③ 0.6t = 30.26m²   ④ 0.6t = 32.26m²

위 평면도에서 0.8t는 1500 이하이며 도면에서 800×250 덕트만 해당한다.
800×250 덕트 총길이는 12m, 1개이므로 12m 이다.
800×250 덕트는 둘레길이가 (0.8+0.25)×2 = 2.1m 이고 길이가 12m 이므로
덕트 면적 = 2.1×12 = 25.2m²
철판 면적은 28% 할증 = 25.2×1.28 = 32.26m²

[예상 문제]

06 6번 덕트(저속덕트) 평면도에서 0.5t 철판 제작설치 직접재료비와 직접인건비를 산출하시오.

① 직접재료비=159,044   직접 인건비=584,450
② 직접재료비=179,044   직접 인건비=584,450
③ 직접재료비=199,044   직접 인건비=684,450
④ 직접재료비=219,044   직접 인건비=684,450

1) 0.5t는 450 이하이며 도면에서 400×200 덕트만 해당한다.
재료비는 철판면적(28%할증)과 재료비(5400원/m²)로 구한다
- 덕트 금속판의 재료할증률 28% 적용
- 덕트 제작설치의 공량할증률 20% 적용
- 덕트 크기별 철판두께는 저속덕트 기준
- 덕트 제작 설치에 필요한 재료비(철판면적 m²당)

철판두께(mm)	0.5	0.6	0.8
재료비	5400	6000	6800

- 덕트 제작 설치에 필요한 공량(철판 면적 m²당)

철판두께(mm)	0.5	0.6	0.8
공량(인)	0.44	0.48	0.50

- 덕트공의 노임단가는 45,000(원) 적용
직접재료비= 36.86m² ×5400=199,044

2) 인건비를 구하려면 공량을 산출해야하는데 공량이란 덕트 제작설치를 위한 사람수이다.
위 7번 풀이에서 덕트 면적=1.2×24=28.8m² 인데 여기서 주의할점은 덕트 공량산출은 덕트면적을 기준한다. 즉 철판면적은 덕트를 제작할 때 손실되는 부분 때문에 할증을 주지만 공량은 손실되는 부분에 인력을 공급하지는 않기 때문에 공량은 덕트 면적만 적용한다. 단, 공량할증(여기서 20%)은 덕트 설치 위치가 어렵다거나 할 때 주는 할증이다. (공량할증은 줄때만 적용한다.)
철판 면적 28.8m²에 대한 공량(20% 할증)은
28.8m²×0.44×1.2=15.21
직접인건비=15.21×45000=684,450

정답 04 ③ 05 ④ 06 ③

[예상 문제]

07 냉동창고의 수량산출에 의한 재료비, 직접노무비가 아래와 같을 때 제경비율을 참조하여 이윤과 총공사금액을 구하시오

- 재료비 : 175,000,000원
- 노무비 : 직접노무비=80,000,000원, 간접노무비는 직접노무비의 15%
- 경비 : 23,000,000원
- 일반 관리비는 순공사원가의 5.5%
- 이윤은 관련항목의 15%로 한다.

① 이윤 = 19,642,500 총공사금액 = 325,592,500
② 이윤 = 19,642,500 총공사금액 = 290,000,000
③ 이윤 = 15,950,000 총공사금액 = 325,592,500
④ 이윤 = 15,950,000 총공사금액 = 290,000,000

> 1) 이윤=(노무비+경비+일반관리비)에서
>   일반관리비=(재료비+노무비+경비)5.5%=순공사비×5.5%
>   −순공사비=(175,000,000+80,000,000×1.15+23,000,000)
>   =290,000,000
>   일반관리비=290,000,000×0.055=15,950,000
>   이윤=(노무비+경비+일반관리비)0.15
>   =(80,000,000×1.15+23,000,000+15,950,000)0.15
>   =19,642,500원
> 2) 총공사원가=순공사비+일반관리비+이윤
>   =290,000,000+15,950,000+19,648,500=325,592,500원

[예상 문제]

08 허브타입 주철관을 사용하는 배수관 공사에서 자재 수량이 아래표와 같을 때 규격별 수구수를 구하시오. (단, 소제구는 배관 수구에 삽입하는 것으로 본다)

	규격	단위	수량
직관	150φ×1600L	개	5
	100φ×1000L	개	3
	100φ×600L	개	4
90° 곡관	100φ	개	3
45° 곡관	100φ	개	2
Y−T관	150φ×100φ	개	1
Y관	100φ	개	2
소재구	100φ	개	3

① 100φ 15개, 150φ 5개
② 100φ 17개, 150φ 6개
③ 100φ 20개, 150φ 7개
④ 100φ 22개, 150φ 7개

> 허브타입(소켓형) 주철관 접속법은 전통적인 납코킹 방식과 플랜지 방식이 있으며 최근에는 플랜지 방식이 선호된다. 수구수란 수구(암놈)와 삽구(숫놈)를 끼워맞춤하는 개소를 말하며 소켓방식에서는 수량산출의 기초가 된다. 직관은 1개당 수구 1개소이며, Y관 Y-T관은 1개당 수구 2개소(규격별)로 산출한다. 수구수는 배관길이와는 관계 없다.
> 100φ : 직관(3+4개소), 곡관(3+2개소),
>   Y-T관(100φ 1개소), Y관(2×2개소)
> 150φ : 직관(5개소), Y-T관(150φ 1개소)
> 그러므로 수구수는
> 100φ : 3+4+3+2+1+(2×2)=17 개소
> 150φ : 5+1=6 개소

정답 07 ① 08 ②

제4장

공조급배수설비 설계도면작성

제4장 | 공조급배수설비 설계도면작성

 공조급배수설비 설계도면작성

1 공조배관 계통도 검토

분류	특징
공조 도면 계통도 검토	① 배관도면 범례에 준한 표기의 정확성 확인 : 배관, 장비 ② 입상관 표시기호의 일관성 유지 : 계통도, 평면도, 샤프트 상세도 ③ 장비의 배치 및 배관입상의 위치가 건물배치와 동일하도록 계통도를 작성할 것 ④ 횡주관 및 입상주관의 관경, 유량, 공급압력을 명기할 것 ⑤ 입상관에 대한 앵카 및 신축이음은 유체별로 신축량을 구분하여 설치 ⑥ 분기부에는 원칙적으로 분기밸브를 설치할 것 ⑦ 옥외에 노출되거나 외기의 영향을 받기 쉬운 곳에 설치되는 배관은 동파대책과 열화대책을 확보할 것 ⑧ 정지시/운전시의 배관계통내의 압력분포를 파악하여 최고압에 대한 내압성능이 확보되었는지 확인하고 요구내압을 명기할 것 　• 내압강도를 고려해야할 장비 : 보일러, 냉동기, 열교환기, 급탕탱크, FCU등 　• 압력, 온도, 사용시간이 상이한 zone이 있을 경우 계통 구성의 타당성 확인 　• 공기 정체역에 대한 공기빼기 기능 확보 　• 운전 요구압력 고려하여 차압변, 감압변 적용 검토 ⑨ 배관계통 및 구역별로물 채움배관 및 배수배관을 설치 ⑩ 장비 보급수 계통에서 보급에 필요한 적절한 급수압 및 요구수질 확보 ⑪ 계통내에 유입된 이물질의 제거기능은 확보 ⑫ 배관의 종류, 유체의 흐름방향을 요소요소에 정확히 표현할 것 ⑬ 냉온수 겸용코일인 경우, 냉온수의 유량차이가 클 경우에 적정한 제어방법의 선정 ⑭ 각 층별로 유량을 균등하게 분배할 수 있도록 배관방식(역환수방식)의 선정 또는 정유량 밸브의 설치 ⑮ 각 유량분배 방식별 장단점 검토후 결정(정유량, 변유량, 1차 펌프방식, 1-2차 펌프 방식) ⑯ 건물특성 고려하여 동시에 냉난방 필요시 4-pipe방식의 필요성 검토 ⑰ 밀폐배관의 압력 유지 계획이 적정한지 검토 ⑱ 팽창탱크의 위치와 초기 압력 적정한지 확인 ⑲ 차압밸브의 용량산정이 합당한지 검토 ⑳ 유량제어밸브(2-way, 3-way, 차압변)의 설치위치 및 유량제어 범위, 배관계통 구성을 확인

분류	특징
배관 구경 산출	① 공고배관 도면에서 아래 표기 사항을 확인한다. 　• 배관의 종류　　　　• 관경 　• 유체의 흐름방향　　• 입상관종류 　• 설치장비기호 및 수량　• 신축접수 ② 배관관경 산출 : 배관경은 공급 유량을 만족해야하며 배관 허용마찰손실수두(mmAq/m)를 고려하여 균등표나 배관저항선도에서 구한다.

2 덕트 도면 작성방법

분류	특징
덕트 도면 작성 순서	① 냉난방 부하계산로 부터 송풍량결정 ② 취출구 흡입구 위치 결정 ③ 덕트 경로 결정 ④ 원형덕트치수 결정(기본적으로 정압법(1Pa/m) 적용) ⑤ 각형덕트로 환산(층고 고려 종횡비 적용) ⑥ 덕트저항 계산 송풍기 결정 ⑦ 설계도 작성
공조기 검토	공조기 덕트 도면 검토 • 공조기의 형식은 공조실의 면적·높이 등을 고려하여 가장 적절한 형식 선정(수평형, 수직형, 조합형, return fan내장형, 슬림형 등) 　- 공조기 상세와 일치 여부를 확인한다. • fan의 설치방법 (토출방향 등)은 공조기 위치, 공조실의 높이 등을 고려하여 원활한 덕트가 되도록 설치한다. • 공조실내 공조덕트의 경우는 공조덕트 도면의 공통사항 참조 • 중간기 외기냉방이 가능하도록 외기 및 배기덕트 크기 검토한다. • 공조실 자체의 플레넘(plenum)챔버 검토 • 각종 댐퍼의 정확한 설치위치 확인 • 공조기·fan연결덕트의 규정에 맞는 설계
덕트 도면 검토	공조덕트 도면 검토 사항 • 덕트의 형상 : 덕트의 굴곡, 변형, 확대, 축소, 분기, 합류시 덕트내 공기저항이 최소가 되도록 설계되었는가 확인한다. • 덕트 방식별 (저속·고속)적정 풍속 유지 및 사각, 원형, 타원형 덕트 등 최적덕트 선정 • 덕트의 표기방법(split damper을 사용하지 않고 cone식으로 분지)확인 • VAV system의 경우 VAV unit 1차측 접속 덕트의 직관부 확보, FMS 설치 기준, 최소환기량 확보, 동시사용율을 고려한 덕트치수 결정, VAV unit의 작동 압력 확인(fan 정압계산시 반영 여부 확인) • 덕트의 경로 확인 : 덕트길이 최단거리로 연결, 균등한 정압 손실이 되도록 설계, 천장내 space 최소로 덕트경로 확인, 덕트의 열손실·열획득 경로를 피할 것

- 공용덕트내 풍속 억제 (5m/s 이하), 역류방지 대책 (BDD 또는 MVD)
- 내화구조, 방화구획내 덕트 통과 방지(전기실, 비상용 ELEV의 승강 로비, 특별 피난계단의 부속실)
- 덕트의 소음 및 방진 대책 수립(소음기, 소음엘보, 소음챔버, 라이닝 덕트, 흡음 flexible 등)
- 회의실, 중역실 등 특별히 소음대책이 필요한 곳은 별도의 소음대책을 마련한다.
- 과다한 TV(터닝베인), GV(가이드베인), split damper 등의 사용금지
- Main duct에서 직접 취출구로 분기는 가능한 억제한다.
- 덕트를 타고 전달되는 진동 소음 대책 검토
- 덕트를 통한 Cross talk방지 (소음 box, 흡음 flexible)
- 취출구 흡입구의 위치 및 선정시 온도의 균일성, 공기분포, 기류의 유인성(Cold draft 방지), 도달거리 (난방시 기준으로 선정), 상하온도차(draft 발생), 발생소음 확인
- 천장이 낮고 상부 공간이 작은 경우에는 유인비가 큰 기구를 선정한다.
- 취출기류가 흡입구에 의해 short circuit이 되지 않도록 위치 선정 (실내 열부하를 제어하지 못함)

3 공조배관 도면 검토 사항

분류	특징
배관의 지지	• 배관의지지, 고정방법별 배관중량 (유체 및 단열포함)에 충분히 견딜 수 있는 구조여부인지 확인 • 배관종류(직관, 분기부분, 장비주위배관)별 지지점 위치 및 설치간격의 적정성 확인 • 공통가대를 설치한 경우, 공통가대 설치 평면도를 작성하고 가대의 제원을 명기 • 배관중량이 큰 구간에 대해서는 공통가대 및 행가에 의한지지, 고정 이외에 서포트에 의한 보강을 고려한다.
배관의 신축	• 신축접수 설치구간에 대하여 배관재질, 사용용도, 사용 유체별로 신축량이 허용범위 이내인지 확인한다. • 앵카, 가이드, 신축접속의 위치 및 설치상세의 적절성여부 확인 • 점검 및 보수를 위한 공간 및 접근로를 확보한다.
배관의 방진	• 진동이 발생하는 장비의 진동전달 차단 및 감쇄를 위한 대책수립 여부를 확인한다. • 입상배관 방진의 경우 샤프트내 설치 space의 적정성을 검토한다. • 방진설계시 장비중량은 장비주위 배관 및 유체중량을 포함한 중량으로 결정하였는지 확인한다.

분류	특징
물빼기	– 배관계통의 배수(물빼기)기능 확보 여부 확인 • 입상관 하부 • 장비주위 및 최저부 • 냉난방 운전모드 전환에 따른 비사용 배관계통 • 배관청소 및 보수,교체를 위한 구획부문(층별, 실별)
유지 관리	– 유지관리를 위한 고려사항 • 유지관리를 고려하여 일정구간별 분기 밸브, 유니온(플랜지)의 설치를 고려할 것 • 운전상태의 확인나 조정, 고장개소의 발견등을 위하여 온도계, 압력계, 유량계 및 측정용 웰, 압력계 부착용의 밸브붙이 단관을 필요한 곳에 확보할 것

01 예제문제

냉동기주변 냉온수 배관 도면 검토시 설명으로 가장 거리가 먼 것은?

① 점검, 수리를 위한 배수밸브를 최저부에 설치하고 배관 및 장치의 탈착을 위한 플렌지를 설치할 것
② 공기정체가 쉬운부분에 대한 공기빼기 밸브 설치(입상배관의 최상부, 수온이 올라 가는 곳, 수압이 내려 가는 곳, 물의 방향이 바뀌는 곳 등)
③ 기기 및 유량제어용 밸브 하류측에는 스트레나를 설치할 것
④ 장비 진동의 전달방지를 위한 방진대책 수립(방진상세도와 부분상세도를 일치시킬 것)

[해설]
기기 및 유량제어용 밸브 상류측(입구)에는 스트레나를 설치하여 이물질을 제거 할 것

답 ③

02 예제문제

공조 배관 도면 검토시 확인사항으로 가장 부적합한 것은?

① 장비의 배치 및 배관입상의 위치가 건물배치와 동일하도록 계통도를 작성할 것
② 옥외에 노출되거나 외기의 영향을 받기 쉬운 곳에 설치되는 배관은 동파대책과 열화대책을 확보할 것
③ 입상관에 대한 앵카 및 신축이음은 유체별로 신축량을 구분하여 설치
④ 분기부에는 원칙적으로 체크밸브를 설치할 것

[해설]
분기부에는 원칙적으로 분기밸브를 설치할 것 **답 ④**

03 예제문제

공조배관 도면에서 표기할 사항으로 가장거리가 먼 것은?

① 배관의 종류
② 관경
③ 유체의 흐름방향
④ 배관 작용 압력

[해설]
일반적으로 도면에 배관 작용 압력은 표기하지 않는다. **답 ④**

04 예제문제

공조기와 덕트 설치시 검토 사항으로 가장 부적합한 것은?

① 공조기의 형식은 공조실의 면적·높이 등을 고려하여 가장 적절한 형식 선정(수평형, 수직형, 조합형, return fan내장형, 슬림형 등) - 공조기 상세와 일치 여부 확인
② fan의 설치방법 (토출방향 등)은 공조기 위치, 공조실의 높이 등을 고려하여 원활한 덕트가 되도록 설치
③ 여름철 외기냉방이 가능하도록 외기 및 배기덕트 크기 검토
④ 공조실 자체의 플레넘(plenum) 챔버 검토

[해설]
외기냉방은 외기조건이 실내조건보다 온도가 낮을 때 사용하므로 중간기(봄, 가을)에 적용한다. **답 ③**

05 예제문제

덕트 설계, 설치시 검토 확인사항으로 가장 부적합한 것은?

① 덕트의 형상은 굴곡, 변형, 확대, 축소, 분기, 합류시 덕트내 공기저항이 최소가 되도록 설계되었는가 확인
② 덕트는 층고를 낮추기위해 종횡비를 8:1 이상으로하여 덕트 높이를 최소화한다.
③ 덕트길이 최단거리로 연결, 균등한 정압 손실이 되도록 설계, 덕트의 열손실·열획득 경로를 피할 것
④ 소음기, 소음엘보, 소음챔버, 라이닝덕트, 흡음 flexible등 적용으로 덕트의 소음 및 방진 대책 수립

[해설]
덕트는 층고가 허용하는 한 정사각형에 가깝게 하며 층고를 낮추기위해서라도 종횡비를 4:1 이상으로하지 않는 것이 좋다. **답 ②**

06 예제문제

공조배관에서 배관계통의 배수(물빼기)기능 확보가 필요한 부분으로 가장 거리가 먼 것은?

① 공조배관 입상관 상부
② 장비주위 및 최저부
③ 냉난방 운전모드 전환에 따른 비사용 배관계통
④ 배관청소 및 보수,교체를 위한 구획된 부문(층별, 실별)

[해설]
공조배관 입상관 하부에 드레인밸브를 설치한다. **답 ①**

07 예제문제

다음과 같은 급수 계통과 조건을 참조하여 균등관법으로 (e)구간의 급수 관경을 구하시오.

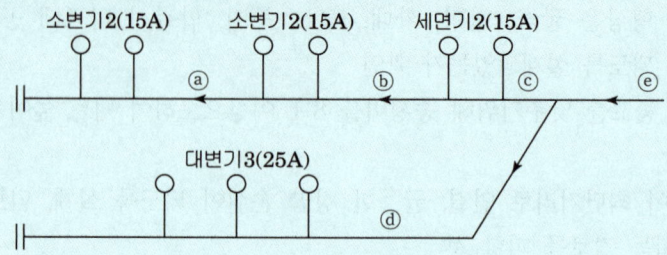

표. 상당관표

관경	15A	20A	25A	32A	40A
15A	1				
20A	2	1			
25A	3.7	1.8	1		
32A	7.2	3.6	2	1	
40A	11	5.3	2.9	1.5	1
50A	20	10	5.5	2.8	1.9
65A	31	15	8.5	4.3	2.9

표. 동시사용률

기구수	2	3	4	5	6	7	8	9	10	17
%	100	80	75	70	65	60	58	55	53	46

① 20A ② 25A
③ 32A ④ 40A

해설

균등관(상당관)법은 모든 급수관경을 15A로 환산한다. 대변기25A는 15A로 3.7개이다.
그러므로 (e)구간 상당수(15A) 합계는 2+2+2+(3×3.7)=17.1
동시사용률은 기구수로 구하고 기구는 9개이므로 55% 일때
동시개구수=17.1×0.55=9.4
다시 상당관표에서 15A, 9.4는 11개항에서 40A를 선정

답 ④

08 예제문제

그림과 같은 냉방 시스템에서 각실의 냉방부하를 냉각코일로 제거하며 배관의 마찰손실을 50mmAq/m로 하는 경우 ② 구간의 관경을 구하시오. (물비열 4.2kJ/kgK), 냉수 공급온도 7℃, 환수온도 12℃이며 마찰선도을 이용)

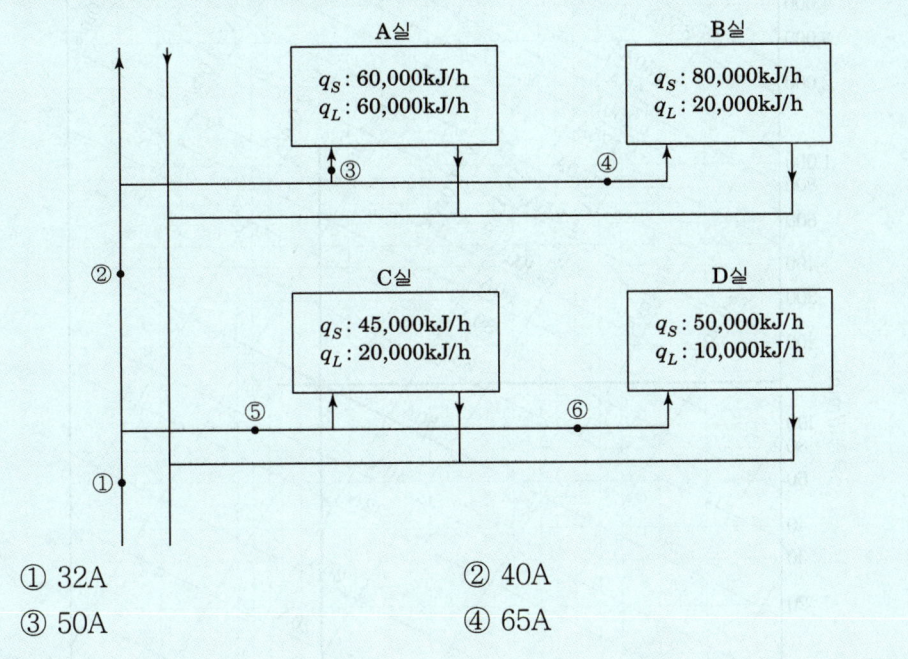

① 32A ② 40A
③ 50A ④ 65A

해설

우선 ②구간은 A, B실을 담당하므로 냉수유량을 구하는데 이때 냉각코일은 현열과 잠열을 모두 제거하므로

$q_T = WC\Delta t$ 에서

$W = \dfrac{q_T}{C\Delta t} = \dfrac{60{,}000 + 20{,}000 + 80{,}000 + 20{,}000}{4.2(12-7)} = 8{,}571.43 \text{L/h} = 142.86 \text{L/min}$

유량 142.86과 마찰손실 50mmAq/m 교점을 찾으면 선도에서 관경 50A에 딱걸리는 정도이다. 만약 50A를 조금만 넘어가도 65A를 선택해야하는데 이 정도면 50A를 선정하면 됩니다.

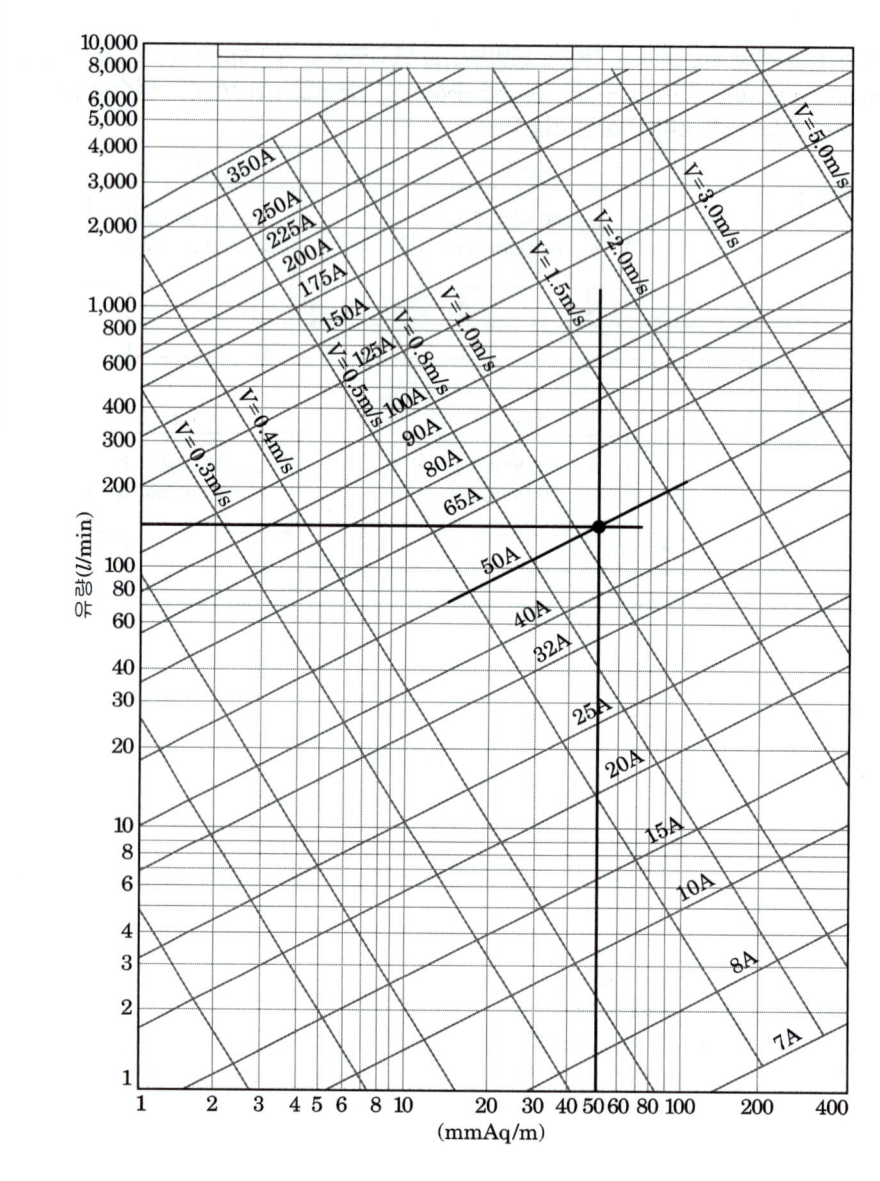

답 ③

01 공조급배수설비 설계도면작성 핵심예상문제

본 핵심예상문제는 각단원별 출제빈도 높은 문제 및 최근 10년간의 기출문제 중 비중이 높은 출제유형이므로 꼭 풀어보고 가야할 문제입니다. 이후 실전예상문제를 공부하시면 효과적입니다.

[예상문제]

01 냉동기주변 냉온수 배관 도면 검토시 설명으로 가장 거리가 먼 것은?

① 점검, 수리를 위한 배수밸브를 최저부에 설치하고 배관 및 장치의 탈착을 위한 플렌지를 설치할 것
② 공기정체가 쉬운부분에 대한 공기빼기 밸브 설치(입상배관의 최상부, 수온이 올라 가는 곳, 수압이 내려 가는 곳, 물의 방향이 바뀌는 곳 등)
③ 기기 및 유량제어용 밸브 하류측에는 스트레나를 설치할 것
④ 장비 진동의 전달방지를 위한 방진대책 수립(방진상세도와 부분상세도를 일치시킬 것)

> 기기 및 유량제어용 밸브 상류측(입구)에는 스트레나를 설치하여 이물질을 제거 할 것

[예상문제]

02 공조 배관 도면 검토시 확인사항으로 가장 부적합한 것은?

① 장비의 배치 및 배관입상의 위치가 건물배치와 동일하도록 계통도를 작성할 것
② 옥외에 노출되거나 외기의 영향을 받기 쉬운 곳에 설치되는 배관은 동파대책과 열화대책을 확보할 것
③ 입상관에 대한 앵카 및 신축이음은 유체별로 신축량을 구분하여 설치
④ 분기부에는 원칙적으로 체크밸브를 설치할 것

[예상문제]

03 공조배관 도면에서 표기할 사항으로 가장거리가 먼 것은?

① 배관의 종류 ② 관경
③ 유체의 흐름방향 ④ 배관 작용 압력

> 일반적으로 도면에 배관 작용 압력은 표기하지 않는다.

[예상문제]

04 공조기와 덕트 설치시 검토 사항으로 가장 부적합한 것은?

① 공조기의 형식은 공조실의 면적·높이 등을 고려하여 가장 적절한 형식 선정(수평형, 수직형, 조합형, return fan내장형, 슬림형 등) - 공조기 상세와 일치 여부 확인
② fan의 설치방법 (토출방향 등)은 공조기 위치, 공조실의 높이 등을 고려하여 원활한 덕트가 되도록 설치
③ 여름철 외기냉방이 가능하도록 외기 및 배기덕트 크기 검토
④ 공조실 자체의 플레넘(plenum)챔버 검토

> 외기냉방은 외기조건이 실내조건보다 온도가 낮을 때 사용하므로 중간기(봄, 가을)에 적용한다.

[예상문제]

05 공조배관에서 배관계통의 배수(물빼기)기능 확보가 필요한 부분으로 가장 거리가 먼 것은?

① 공조배관 입상관 상부
② 장비주위 및 최저부
③ 냉난방 운전모드 전환에 따른 비사용 배관계통
④ 배관청소 및 보수, 교체를 위한 구획된 부문(층별, 실별)

> 공조배관 입상관 하부에 드레인밸브를 설치한다.

[23년 3회]

06 파이프 내 흐르는 유체가 "물"임을 표시하는 기호는?

① $\overset{A}{\diagdown}$
② $\overset{O}{\diagdown}$
③ $\overset{}{\diagup}S$
④ $\overset{}{\diagup}W$

> 물 : W, 공기 : A, 오일 : O, 증기 : S

정답 01 ③ 02 ④ 03 ④ 04 ③ 05 ① 06 ④

제4장 공조급배수설비 설계도면작성
실전예상문제

본 실전예상문제는 각장 핵심예상문제에서 다루지 못한 실무적이고 난이도가 높은 문제들로 핵심예상문제를 보충해 주는 문제입니다. 핵심예상문제를 충분히 공부한 후 실전예상문제를 공부하면 효과적입니다.

[예상문제]

01 덕트 설계, 설치시 검토 확인사항으로 가장 부적합한 것은?

① 덕트의 형상은 굴곡, 변형, 확대, 축소, 분기, 합류시 덕트내 공기저항이 최소가 되도록 설계되었는가 확인
② 덕트는 층고를 낮추기위해 종횡비를 8:1 이상으로 하여 덕트 높이를 최소화한다.
③ 덕트길이 최단거리로 연결, 균등한 정압 손실이 되도록 설계, 덕트의 열손실·열획득 경로를 피할 것
④ 소음기, 소음엘보, 소음챔버, 라이닝덕트, 흡음 flexible등 적용으로 덕트의 소음 및 방진 대책 수립

> 덕트는 층고가 허용하는 한 정사각형에 가깝게 하며 층고를 낮추기 위해서라도 종횡비를 4:1 이상으로하지 않는 것이 좋다.

[예상문제]

02 그림과 같은 냉방 시스템에서 각실의 냉방부하를 냉각코일로 제거하며 배관의 마찰손실을 50mmAq/m로 하는 경우 ② 구간의 관경을 구하시오.
(물비열 4.2kJ/kgK), 냉수 공급온도 7℃, 환수온도 12℃이며 마찰선도을 이용)

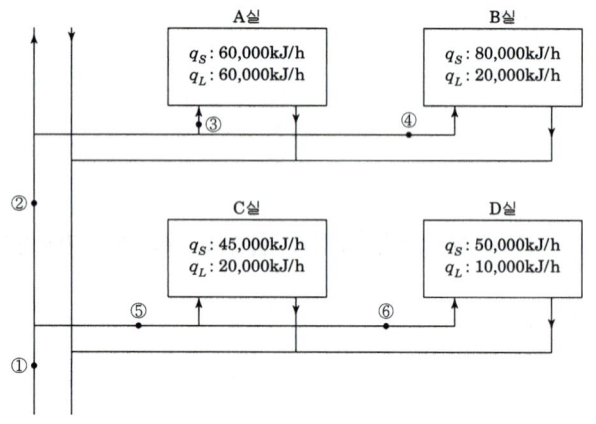

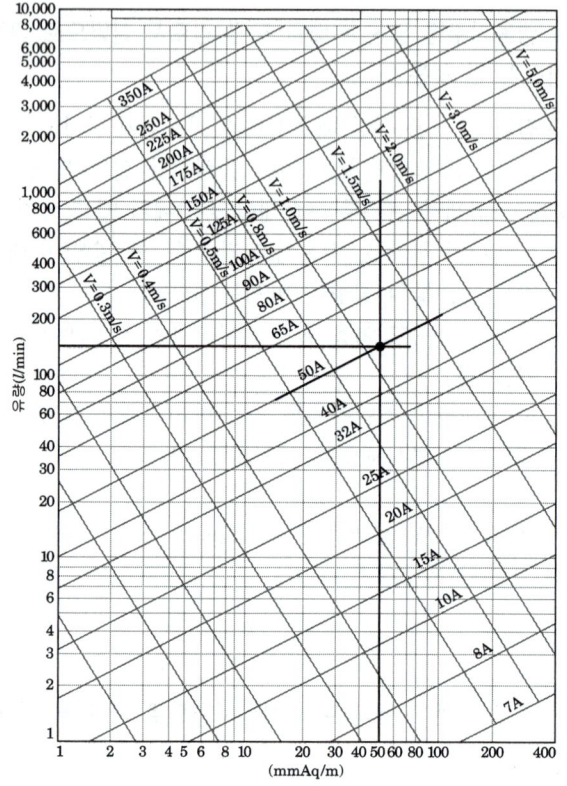

① 32A
② 40A
③ 50A
④ 65A

우선 ②구간은 A, B실을 담당하므로 냉수유량을 구하는데 이때 냉각코일은 현열과 잠열을 모두 제거하므로
$q_T = WC\Delta t$ 에서
$$W = \frac{q_T}{C\Delta t} = \frac{60000+20000+80000+20000}{4.2(12-7)}$$
$= 8571.43 L/h = 142.86 L/min$
유량 142.86과 마찰손실 50mmAq/m 교점을 찾으면 선도에서 관경 50A에 딱걸리는 정도이다. 만약 50A를 조금만 넘어가도 65A를 선택해야하는데 이 정도면 50A를 선정하면 됩니다.

정답 01 ② 02 ③

[22년 2회]

03 다음과 같은 급수 계통과 조건을 참조하여 균등관법으로 (e)구간의 급수 관경을 구하시오.

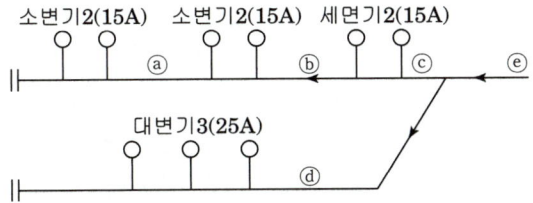

표. 상당관표

관경	15A	20A	25A	32A	40A
15A	1				
20A	2	1			
25A	3.7	1.8	1		
32A	7.2	3.6	2	1	
40A	11	5.3	2.9	1.5	1
50A	20	10	5.5	2.8	1.9
65A	31	15	8.5	4.3	2.9

표. 동시사용률

기구수	2	3	4	5	6	7	8	9	10	17
%	100	80	75	70	65	60	58	55	53	46

① 20A   ② 25A
③ 32A   ④ 40A

> 균등관(상당관)법은 모든 급수관경을 15A로 환산한다. 대변기 25A는 15A로 3.7개이다. 그러므로 (e)구간 상당수(15A) 합계는 $2+2+2+(3 \times 3.7) = 17.1$
> 동시사용률은 기구수로 구하고 기구는 9개이므로 55% 일때 동시개구수 $= 17.1 \times 0.55 = 9.4$
> 다시 상당관표에서 15A, 9.4는 11개항에서 40A를 선정

정답 03 ④

2025
공조냉동기계산업기사 필기

제5장

공조설비점검 관리

제5장 | 공조설비점검 관리

01 공조설비점검 관리

1 방음·방진 점검

분류	관련내용
1. 일반적인 방음 방진 점검관리	(1) 현황 조사 및 분석 　현재 문제점 인식 → 영향 분석(측정 및 평가)을 통한 기준에 의 적합성 검토 → 방음·방진 목표레벨 설정 　① 발생원과 피해지점의 소음진동 문제로 인한 인과관계를 밝혀내야 함 　② 발생원의 정상가동시 소음진동 영향을 측정 평가 　③ 기준 만족을 위한 방음방진 목표레벨 설정 (2) 방음·방진 대책 　발생원 전달 경로에 따른 대책 수립을 실시(기본적으로는 발생원 대책이 가장 우선함) 　① 발생원에서 대책 찾기 　　→ 기본 개념은 발생원의 레벨 저감을 기본 원칙으로 함 　　→ 발생원만의 독특한 특성을 고려한 대책 적용 　② 전달경로에서 대책찾기 　　→ 시각적인 전달 경로와 비시각적인 전달 경로 대책 　　→ 공기전달음과 고체전달음의 음 전반 특성에 따른 대책 　　→ 방진처리(방진고무, 스프링, 마운트패드) 　③ 피해지점에서 대책 찾기 　　→ 구조적인 개선을 통한 대책 　　→ 주요 구성요소(창, 문, 지붕, 벽)의 구조적인 개선을 통한 성능개선 (3) 방음방진 유지관리 　① 지속적인 관리를 통해 성능이 유지될 수 있도록 주기적인 점검이 필요 　② 추가적인 보완이 필요할 경우에는 이에 대응하는 대책 필요 　③ 피해자의 감성평가 수반 : 피해의 정도를 물리적인 수치만으로 해결이 어려운 경우가 있으므로 감성평가가 필요한 경우 병행 처리 필요

분류	관련내용

2. 공조 냉동 분야 방음·방진 대책 및 점검	공조분야의 소음 진동 문제는 대부분 기계실의 소음(보일러, 냉동기, 공조기, 각종 펌프류, 송풍기등)이 부적합한 경로(덕트, 배관, 입상피트)를 통해 거주공간에 도달하는 것으로 이들에 대한 종합적인 대책과 점검이 필요하다.
	(1) 소음 발생원 대책
	    기계실이나 공조실에 설치된 각종 소음원(보일러, 냉동기, 공조기, 각종 펌프류, 송풍기등)에서 저소음, 방진시스템등을 최대한 적용한다.
	(2) 덕트의 소음 및 방진
	    소음계획에 합당한 대책을 수립하고 확인
	    ① 덕트 소음기, 소음엘보, 캔버스, 소음챔버, 흡음 flexible등 적용여부 확인
	    ② 회의실, 중역실 등 특별히 소음대책이 필요한곳은 별도의 소음대책 수립
	    ③ 소음기 설계 풍속 확인
	(3) 과다한 터닝베인, 가이드베인, split damper등의 사용을 억제한다.
	(4) 주덕트에서 직접 취출구를 분기하는 방식은 가능한 억제한다.
	(5) 소음기등 흡음재 사양의 적합성과 소음기 설치 위치의 적정성 검토
	(6) 덕트 크기를 무리하게 작게 하는경우 공기저항이 크고, 통과 풍속이 커짐에 따라 소음이 발생하므로 대책필요
	(7) 덕트를 타고 전달되는 소음의 차단또는 제거 대책 검토
	(8) 취출구를 통한 Cross talk방지를 위해 소음 box, 흡음 flexible 사용 검토
	(9) 덕트와 천정판의 간섭에 의한 소음 대책을 검토 대형 덕트가 중요실 천장내를 통과하지 않도록 하고, 덕트는 충분한 보강 필요
	(10) 달대(방진 달대), 지지철물의 방진대책의 필요성 검토
	(11) 층별 공조시 특히 각층에 설치된 공조실의 소음·차음·흡음 대책(이중바닥 잭업시스템, 바닥패드등)

3. 펌프류의 방음·방진	펌프를 설치 할 때 시공상 다음 사항을 고려한다. (1) 펌프실과 다른 거주공간사이에는 충분히 차음시설(기밀 중량벽)을 할 것 (2) 펌프와 콘크리트 기초는 방진패드 정도의 방진조치를 할 것 (3) 펌프는 수평으로 설치하고 펌프 연결 축 중심 맞추기를 정밀하게 할 것 (4) 펌프의 접속배관에는 성능이 좋은 절연이음(플랙시블 조인트)을 사용할 것 (5) 배관과 구조체는 접촉하지 않도록 할 것

2025
공조냉동기계산업기사 필기

제6장

유지보수공사 안전관리

제6장 | 유지보수공사 안전관리

 유지보수공사 안전관리

1 고압가스 안전관리법에 의한 냉동기 관리

1. 가스(냉동)설비 유지관리
냉동설비의 안전성 및 작동성을 확보하고 냉매설비 주위에서의 위해요소 발생을 방지하기 위하여 다음 기준에 따라 필요한 조치를 강구한다.
(1) 안전밸브 또는 방출밸브에 설치된 스톱밸브는 항상 완전히 열어 놓는다.
(2) 냉동설비의 설치공사 또는 변경공사가 완공된 때에는 산소외의 가스를 사용하여 시운전 또는 기밀시험을 실시(공기를 사용하는 때에는 미리 냉매설비 중의 가연성가스를 방출한 후에 실시 한다)하여 정상인 것을 확인한 후에 사용한다.
(3) 가연성가스의 냉동설비부근에는 작업에 필요한양 이상의 연소하기 쉬운 물질을 두지 아니한다.

2. 수리·청소 및 철거기준
가연성가스 또는 독성가스의 냉매설비를 수리·청소 및 철거하는 때에는 그 작업의 안전확보와 그 설비의 작동성 유지를 위하여 다음 작업안전수칙에 따라 수리·청소 및 철거를 한다.
(1) 수리·청소 및 철거준비가스설비의 수리·청소 및 철거(이하 "수리등"이라 한다)를 할 때에는 해당 수리 등의 작업내용, 일정, 책임자, 그밖의 작업담당 구분, 지휘체제, 안전상의 조치, 소요자재 등을 정한 작업계획을 미리 해당 작업의 책임자 및 관계자에게 주지시키는 동시에 그 작업계획에 따라 해당책임자의 감독하에 실시 한다.
(2) 가스의 치환가연성가스 또는 독성가스설비의 수리 등을 할 때에는 다음 기준에 따라 미리 그 내부의가스를 불활성가스 또는 물 등 해당 가스와 반응하지 아니하는 가스 또는 액체로 치환한다.

3. 독성가스 가스설비
(1) 가스설비의 내부가스를 그 압력이 대기압 가까이 될 때까지 다른 저장탱크 등에 회수한 후 잔류가스를 대기압이 될 때까지 제해설비로 유도하여 제해시킨다.
(2) 해당가스와 반응하지 아니하는 불활성가스 또는 물 그밖의 액체등으로 서서히 치환한다. 이 경우 방출하는 가스는 제해설비에 유도하여 제해시킨다.

(3) 치환결과를 가스검지기 등으로 측정하고 해당 독성가스의 농도가 TLV-TWA 기준농도 이하로 될 때까지 치환을 계속한다.
(4) 수리 · 청소 및 철거작업(독성가스 가스설비)
　① 독성 가스설비의 재치환작업은 가스설비 내부에 남아있는 가스 또는 액체가 공기와 충분히 혼합되어 혼합된 가스가 방출관, 맨홀 등으로부터 대기중에 방출되어도 유해한 영향을 끼칠 염려가 없는 것을 확인한 후 치환방법에 따라 실시한다.
　② 공기로 재치환 한 결과를 산소측정기 등으로 측정하여 산소의 농도가 18% 부터 22% 까지로 된 것이 확인 될 때까지 공기로 반복하여 치환한다. 이 경우 가스검지기등으로 해당 독성가스의 농도가 TLV-TWA 기준 농도 이하인 것을 재확인한다.
(5) 수리 및 청소 사후조치 : 가스설비의 수리등을 완료한때에는 다음 기준에 따라 그 가스설비가 정상으로 작동하는지를 확인한다.
　① 내압강도에 관계가 있는 부분으로서 용접에 따른 보수실시 또는 부식 등으로 내압강도가 저하 되었다고 인정될 경우에는 비파괴검사, 내압시험 등으로 내압강도를 확인한다.
　② 기밀시험을 실시하여 누출이 없는지 확인한다.
　③ 계기류가 소정의 위치에서 정상으로 작동하는지 확인한다.
　④ 수리 등을 위하여 개방된 부분의 밸브등은 개폐상태가 정상으로 복구되고 설치한 맹판 및 표시등이 제거되어 있는지 확인한다.
　⑤ 안전밸브 · 역류방지밸브 및 긴급차단장치 그 밖의 과압안전장치가 소정의 위치에서 이상 없이 작동하는지 확인한다.
　⑥ 회전기계 내부에 이물질이 없고 구동상태의 정상여부 및 이상진동, 이상음이 없는지 확인한다.
　⑦ 가연성가스의 가스설비는 그 내부가 불활성가스 등으로 치환되어 있는지 확인한다.

2 기계설비법

(1) 기계설비법 17조 (기계설비 유지관리에 대한 점검 및 확인 등) 대통령령으로 정하는 일정 규모 이상의 건축물등에 설치된 기계설비의 소유자 또는 관리자(이하 "관리주체"라 한다)는 유지관리 기준을 준수하여야 한다.
(2) 관리주체는 유지관리기준에 따라 기계설비의 유지관리에 필요한 성능을 점검(이하 "성능점검"이라 한다)하고 그 점검기록을 작성하여야 한다. 이

경우 관리주체는 기계설비성능점검업자에게 성능점검 및 점검기록의 작성을 대행하게 할 수 있다.
(3) 관리주체는 작성한 점검기록을 대통령령으로 정하는 기간(10년) 동안 보존하여야 하며, 특별자치시장·특별자치도지사·시장·군수·구청장이 그 점검기록의 제출을 요청하는 경우 이에 따라야 한다.
(4) 기계설비법 제17조 "대통령령으로 정하는 일정 규모 이상의 건축물등"은 다음과 같다.
　① "용도별 건축물" 중 연면적 1만제곱미터 이상의 건축물(공동주택 및 창고시설은 제외)
　② 공동주택 중 500세대 이상의 공동주택, 300세대 이상으로서 중앙집중식 난방방식(지역난방방식을 포함한다)의 공동주택
　③ 다음 각 목의 건축물등 중 해당 건축물등의 규모를 고려하여 국토교통부장관이 정하여 고시하는 건축물등
　　㉠ 「시설물의 안전 및 유지관리에 관한 특별법」 제2조 제1호에 따른 시설물
　　㉡ 「학교시설사업 촉진법」 제2조 제1호에 따른 학교시설
　　㉢ 「실내공기질 관리법」 제3조 제1항 제1호에 따른 지하역사(이하 "지하역사"라 한다) 및 같은 항 제2호에 따른 지하도상가(이하 "지하도상가"라 한다)
　　㉣ 중앙행정기관의 장, 지방자치단체의 장 및 그 밖에 국토교통부장관이 정하는 자가 소유하거나 관리하는 건축물 등

3 에너지 관리기준 법규

(1) 보일러의 효율, 급수·배가스 성분 및 공기비는 사용연료별로 열사용기자재 검사기준 이상이어야 한다.
(2) 보일러는 기준 공기비를 기준으로 설비의 성능, 환경보전 등을 감안하여 공기비를 낮게 유지하도록 관리표준을 설정하여 이행한다.
(3) 보일러는 배가스에 의한 열손실을 최소화하고, 대기환경을 보전하기 위하여 NOX 및 불완전 연소에 의한 그을음, CO 발생이 최소화되도록 최종배기온도 및 CO농도에 대한 관리표준을 설정하여 이행한다.
(4) 보일러는 부하조건에 따라 최고의 성능을 유지할 수 있도록 비례제어운전이 되도록 하며, 부하의 변동이 예상되는 경우에는 보일러 설비를 대수 분할하여 대수제어 운전을 하여야 한다.

(5) 보일러 수 및 보일러 급수에 관한 사항은 제10조 4항 (보일러 급수 및 보일러 수는 KS 기준 「보일러 급수 및 보일러수의 수질」에 따라 수질관리 기준을 수립하고, 그에 따라 보일러 급수처리 및 보일러 수의 블로 다운 등을 실시하여 전열관의 스케일 부착 및 슬러지 등의 침적을 예방한다)에 따른다.
(6) 난방 및 급탕설비 계측 및 기록 : 보일러설비 계측 및 기록에 관련된 사항은 기준에 따른다.
(7) 난방을 실시하는 구획마다 온도를 정기적으로 측정하고 그 결과를 기록하여 적정 실내온도를 유지할 수 있도록 한다.
(8) 급탕설비는 급수량, 급탕온도, 기타 급탕의 효율개선에 필요한 사항을 정기적으로 계측하고 그 결과를 기록한다.
(9) 난방 및 급탕설비 점검 및 보수 : 보일러는 본체 및 부속장치, 보온 및 단열부 등의 정기적인 점검 및 보수를 실시하여 양호한 상태를 유지한다.
(10) 과열방지를 위한 유류저장온도, 누설과 손상감지, 유류탱크 단열상태 및 가스연료의 누설경보, 차단제어설비 등을 점검한다.
(11) 열전달 표면, 필터와 급기경로, 유인유니트(Induction Unit), 팬코일유니트(Fan Coil Unit) 등의 청결을 유지한다.

4 안전·보건 및 환경관리

(1) 모든 공사는 산업안전보건법에 준용하여 산업재해 예방을 위한 기준을 준수하여야 하며, 산업재해 발생방지에 노력하여야 한다.
(2) 공사현장의 안전, 보건을 유지하기 위하여 안전보건관리체제를 구성하여야 하며, 안전 보건규정을 작성한다.
(3) 발주자 및 시공자는 공사계약을 체결할때에 노동부장관이 정하는바에 따라 산업재해 예방을 위한 표준안전 관리비를 공사금액에 계상하여야 한다.

5 근로자 안전관리교육

산업안전보건법에서는 근로자의 산업재해예방을 위해 법적으로 안전교육을 정하고 있으며, 교육대상, 시간, 항목을 규정하고 있다.

1. 안전교육의 구분
(1) 근로자 안전보건교육 : 근로자 정기교육, 채용시 교육, 작업 변경 내용시 교육, 특별교육
(2) 안전보건관리책임자 등에 관한 교육 : 안전보건관리책임자, 안전관리자, 보건관리자, 안전보건담당자 등
(3) 특수 형태근로종사자에 대한 교육
(4) 검사원 성능검사 교육

2. 안전교육 정의
(1) 사업주는 소속 근로자에게 고용노동부령으로 정하는 바에 따라 정기적으로 안전보건교육을 하여야 한다.
(2) 사업주는 근로자(건설 일용근로자는 제외한다. 이하 이 조에서 같다)를 채용할 때와 작업내용을 변경할 때에는 그 근로자에게 고용노동부령으로 정하는 바에 따라 해당 작업에 필요한 안전보건교육을 하여야 한다.
(3) 사업주는 근로자를 유해하거나 위험한 작업에 채용하거나 그 작업으로 작업내용을 변경할 때에는 제2항에 따른 안전보건교육 외에 고용노동부령으로 정하는 바에 따라 유해하거나 위험한 작업에 필요한 안전보건교육을 추가로 하여야 한다.
(4) 사업주는 제1항부터 제3항까지의 규정에 따른 안전보건교육을 제33조에 따라 고용노동부장관에게 등록한 안전보건교육기관에 위탁할 수 있다.

6 안전사고 예방의 4원칙

(1) **예방 가능의 원칙** : 인적 재해의 특성은 천재와는 달리 그 발생을 미연에 방지할 수 있는 것이다. 안전관리에 체계적이고 과학적인 예방 대책이 요구된다.
(2) **손실 우연의 법칙** : 인적 재해에 대해서는 Heinrich의 법칙이 있다. 이 법칙은 사고와 상해 정도 사이에 항상 우연적인 확률이 존재한다는 이론이다. 동종의 사고가 되풀이 되었을 경우 상해가 없는 경우 300회, 경상의 경우 29회, 중상의 경우가 1회의 비율로 발생된다. 이를 1 : 29 : 300의 하인리히 법칙이라고한다. 재해 예방에 있어 근본적으로 중요한 것은 손실 유무에 불구하고 사고 발생을 미연에 방지하는 것이다.

(3) **원인 계기의 원칙** : 사고 발생과 원인의 관계는 반드시 필연적인인과 관계가 있다. 일반적으로 사고 발생의 직접 원인은 인적, 물적 원인으로 구분되며 간접 원인은 기술적, 교육적, 관리적, 신체적, 정신적, 학교 교육적 원인 및 역사적 사회적 원인으로 구분하고 있다.

(4) **대책 선정의 원칙** : 안전 사고에 대한 예방책으로는 기술적(Engineering), 교육적(Education), 관리적(Enforcement)의 3E를 모두 활용함으로써 효과를 얻을 수 있으며 합리적인 관리가 가능하다.

7 재해예방의 기본적 자세

(1) 사고는 우연의 법칙에 의하여 반복적으로 발생할 수 있다.
(2) 재해는 우연적 손실의 반복보다는 사고 발생의 예방이 가능하다.
(3) 재해는 원칙적으로 모두 예방이 가능하다. 이를 위한 과학적이고 체계적인 관리가 중요하다.
(4) 모든재해는 필연적 원인에 의해 발생한다.
(5) 조속한 예방대책이 실시되어야 한다.
(6) 재해 예방을 위한 적절한 대책 및 3E 및 4M에 대한 시정책으로 재해를 최소화할수 있다.

8 안전보호구 종류

안전모, 안전화, 보안경, 안전장갑, 안전벨트, 보호복, 방진, 방독마스크 등

9 산업안전보건법 발췌(출제빈도 높음)

분류	내용
목적	이 법은 산업 안전 및 보건에 관한 기준을 확립하고 그 책임의 소재를 명확하게 하여 산업재해를 예방하고 쾌적한 작업환경을 조성함으로써 노무를 제공하는 사람의 안전 및 보건을 유지·증진함을 목적으로 한다.
정의	제2조(정의) 이 법에서 사용하는 용어의 뜻은 다음과 같다. 1. "산업재해"란 노무를 제공하는 사람이 업무에 관계되는 건설물·설비·원재료·가스·증기·분진 등에 의하거나 작업 또는 그 밖의 업무로 인하여 사망 또는 부상하거나 질병에 걸리는 것을 말한다. 2. "중대재해"란 산업재해 중 사망 등 재해 정도가 심하거나 다수의 재해자가 발생한 경우로서 고용노동부령으로 정하는 재해를 말한다. 3. "근로자"란 「근로기준법」 제2조 제1항 제1호에 따른 근로자를 말한다. 4. "사업주"란 근로자를 사용하여 사업을 하는 자를 말한다. 5. "근로자대표"란 근로자의 과반수로 조직된 노동조합이 있는 경우에는 그 노동조합을, 근로자의 과반수로 조직된 노동조합이 없는 경우에는 근로자의 과반수를 대표하는 자를 말한다. 6. "도급"이란 명칭에 관계없이 물건의 제조·건설·수리 또는 서비스의 제공, 그 밖의 업무를 타인에게 맡기는 계약을 말한다. 7. "도급인"이란 물건의 제조·건설·수리 또는 서비스의 제공, 그 밖의 업무를 도급하는 사업주를 말한다. 다만, 건설공사발주자는 제외한다. 8. "수급인"이란 도급인으로부터 물건의 제조·건설·수리 또는 서비스의 제공, 그 밖의 업무를 도급받은 사업주를 말한다. 9. "관계수급인"이란 도급이 여러 단계에 걸쳐 체결된 경우에 각 단계별로 도급받은 사업주 전부를 말한다. 10. "건설공사발주자"란 건설공사를 도급하는 자로서 건설공사의 시공을 주도하여 총괄·관리하지 아니하는 자를 말한다. 다만, 도급받은 건설공사를 다시 도급하는 자는 제외한다. 11. "건설공사"란 다음 각 목의 어느 하나에 해당하는 공사를 말한다. 　가. 「건설산업기본법」 제2조 제4호에 따른 건설공사 　나. 「전기공사업법」 제2조 제1호에 따른 전기공사 　다. 「정보통신공사업법」 제2조 제2호에 따른 정보통신공사 　라. 「소방시설공사업법」에 따른 소방시설공사 　마. 「문화재수리 등에 관한 법률」에 따른 문화재수리공사 12. "안전보건진단"이란 산업재해를 예방하기 위하여 잠재적 위험성을 발견하고 그 개선대책을 수립할 목적으로 조사·평가하는 것을 말한다. 13. "작업환경측정"이란 작업환경 실태를 파악하기 위하여 해당 근로자 또는 작업장에 대하여 사업주가 유해인자에 대한 측정계획을 수립한 후 시료(試料)를 채취하고 분석·평가하는 것을 말한다.

분류	내용
안전보건관리책임자	(안전보건관리책임자) ① 사업주는 사업장을 실질적으로 총괄하여 관리하는 사람에게 해당 사업장의 다음 각 호의 업무를 총괄하여 관리하도록 하여야 한다. 1. 사업장의 산업재해 예방계획의 수립에 관한 사항 2. 제25조 및 제26조에 따른 안전보건관리규정의 작성 및 변경에 관한 사항 3. 제29조에 따른 안전보건교육에 관한 사항 4. 작업환경측정 등 작업환경의 점검 및 개선에 관한 사항 5. 제129조부터 제132조까지에 따른 근로자의 건강진단 등 건강관리에 관한 사항 6. 산업재해의 원인 조사 및 재발 방지대책 수립에 관한 사항 7. 산업재해에 관한 통계의 기록 및 유지에 관한 사항 8. 안전장치 및 보호구 구입 시 적격품 여부 확인에 관한 사항 9. 그 밖에 근로자의 유해·위험 방지조치에 관한 사항으로서 고용노동부령으로 정하는 사항 ② 제1항 각 호의 업무를 총괄하여 관리하는 사람(이하 "안전보건관리책임자"라 한다)은 제17조에 따른 안전관리자와 제18조에 따른 보건관리자를 지휘·감독한다. ③ 안전보건관리책임자를 두어야 하는 사업의 종류와 사업장의 상시근로자 수, 그 밖에 필요한 사항은 대통령령으로 정한다.
관리감독자	(관리감독자) ① 사업주는 사업장의 생산과 관련되는 업무와 그 소속 직원을 직접 지휘·감독하는 직위에 있는 사람(이하 "관리감독자"라 한다)에게 산업 안전 및 보건에 관한 업무로서 대통령령으로 정하는 업무를 수행하도록 하여야 한다. ② 관리감독자가 있는 경우에는 「건설기술 진흥법」 제64조 제1항 제2호에 따른 안전관리책임자 및 같은 항 제3호에 따른 안전관리담당자를 각각 둔 것으로 본다.
안전관리자	(안전관리자) ① 사업주는 사업장에 제15조 제1항 각 호의 사항 중 안전에 관한 기술적인 사항에 관하여 사업주 또는 안전보건관리책임자를 보좌하고 관리감독자에게 지도·조언하는 업무를 수행하는 사람(이하 "안전관리자"라 한다)을 두어야 한다. ② 안전관리자를 두어야 하는 사업의 종류와 사업장의 상시근로자 수, 안전관리자의 수·자격·업무·권한·선임방법, 그 밖에 필요한 사항은 대통령령으로 정한다. ③ 대통령령으로 정하는 사업의 종류 및 사업장의 상시근로자 수에 해당하는 사업장의 사업주는 안전관리자에게 그 업무만을 전담하도록 하여야 한다. ④ 고용노동부장관은 산업재해 예방을 위하여 필요한 경우로서 고용노동부령으로 정하는 사유에 해당하는 경우에는 사업주에게 안전관리자를 제2항에 따라 대통령령으로 정하는 수 이상으로 늘리거나 교체할 것을 명할 수 있다. ⑤ 대통령령으로 정하는 사업의 종류 및 사업장의 상시근로자 수에 해당하는 사업장의 사업주는 제21조에 따라 지정받은 안전관리 업무를 전문적으로 수행하는 기관(이하 "안전관리전문기관"이라 한다)에 안전관리자의 업무를 위탁할 수 있다.

분류	내용
보건 관리자	(보건관리자) ① 사업주는 사업장에 제15조 제1항 각 호의 사항 중 보건에 관한 기술적인 사항에 관하여 사업주 또는 안전보건관리책임자를 보좌하고 관리감독자에게 지도·조언하는 업무를 수행하는 사람(이하 "보건관리자"라 한다)을 두어야 한다. ② 보건관리자를 두어야 하는 사업의 종류와 사업장의 상시근로자 수, 보건관리자의 수·자격·업무·권한·선임방법, 그 밖에 필요한 사항은 대통령령으로 정한다. ③ 대통령령으로 정하는 사업의 종류 및 사업장의 상시근로자 수에 해당하는 사업장의 사업주는 보건관리자에게 그 업무만을 전담하도록 하여야 한다. ④ 고용노동부장관은 산업재해 예방을 위하여 필요한 경우로서 고용노동부령으로 정하는 사유에 해당하는 경우에는 사업주에게 보건관리자를 제2항에 따라 대통령령으로 정하는 수 이상으로 늘리거나 교체할 것을 명할 수 있다. ⑤ 대통령령으로 정하는 사업의 종류 및 사업장의 상시근로자 수에 해당하는 사업장의 사업주는 제21조에 따라 지정받은 보건관리 업무를 전문적으로 수행하는 기관(이하 "보건관리전문기관"이라 한다)에 보건관리자의 업무를 위탁할 수 있다.
안전 보건 관리 담당자	(안전보건관리담당자) ① 사업주는 사업장에 안전 및 보건에 관하여 사업주를 보좌하고 관리감독자에게 지도·조언하는 업무를 수행하는 사람(이하 "안전보건관리담당자"라 한다)을 두어야 한다. 다만, 안전관리자 또는 보건관리자가 있거나 이를 두어야 하는 경우에는 그러하지 아니하다. ② 안전보건관리담당자를 두어야 하는 사업의 종류와 사업장의 상시근로자 수, 안전보건관리담당자의 수·자격·업무·권한·선임방법, 그 밖에 필요한 사항은 대통령령으로 정한다. ③ 고용노동부장관은 산업재해 예방을 위하여 필요한 경우로서 고용노동부령으로 정하는 사유에 해당하는 경우에는 사업주에게 안전보건관리담당자를 제2항에 따라 대통령령으로 정하는 수 이상으로 늘리거나 교체할 것을 명할 수 있다. ④ 대통령령으로 정하는 사업의 종류 및 사업장의 상시근로자 수에 해당하는 사업장의 사업주는 안전관리전문기관 또는 보건관리전문기관에 안전보건관리담당자의 업무를 위탁할 수 있다.
안전 관리자 등의 지도· 조언	(안전관리자 등의 지도·조언) 사업주, 안전보건관리책임자 및 관리감독자는 다음 각 호의 어느 하나에 해당하는 자가 제15조 제1항 각 호의 사항 중 안전 또는 보건에 관한 기술적인 사항에 관하여 지도·조언하는 경우에는 이에 상응하는 적절한 조치를 하여야 한다. 1. 안전관리자 2. 보건관리자 3. 안전보건관리담당자 4. 안전관리전문기관 또는 보건관리전문기관(위탁)

분류	내용

안전보건관리규정의 작성	(안전보건관리규정의 작성) ① 사업주는 사업장의 안전 및 보건을 유지하기 위하여 다음 각 호의 사항이 포함된 안전보건관리규정을 작성하여야 한다.
	  1. 안전 및 보건에 관한 관리조직과 그 직무에 관한 사항
	  2. 안전보건교육에 관한 사항
	  3. 작업장의 안전 및 보건 관리에 관한 사항
	  4. 사고 조사 및 대책 수립에 관한 사항
	  5. 그 밖에 안전 및 보건에 관한 사항
	② 제1항에 따른 안전보건관리규정(이하 "안전보건관리규정"이라 한다)은 단체협약 또는 취업규칙에 반할 수 없다. 이 경우 안전보건관리규정 중 단체협약 또는 취업규칙에 반하는 부분에 관하여는 그 단체협약 또는 취업규칙으로 정한 기준에 따른다.
	③ 안전보건관리규정을 작성하여야 할 사업의 종류, 사업장의 상시근로자 수 및 안전보건관리규정에 포함되어야 할 세부적인 내용, 그 밖에 필요한 사항은 고용노동부령으로 정한다.

직무교육	(안전보건관리책임자 등에 대한 직무교육) ① 사업주(제5호의 경우는 같은 호 각 목에 따른 기관의 장을 말한다)는 다음 각 호에 해당하는 사람에게 제33조에 따른 안전보건교육기관에서 직무와 관련한 안전보건교육을 이수하도록 하여야 한다. 다만, 다음 각 호에 해당하는 사람이 다른 법령에 따라 안전 및 보건에 관한 교육을 받는 등 고용노동부령으로 정하는 경우에는 안전보건교육의 전부 또는 일부를 하지 아니할 수 있다. 1. 안전보건관리책임자 2. 안전관리자 3. 보건관리자 4. 안전보건관리담당자 5. 다음 각 목의 기관에서 안전과 보건에 관련된 업무에 종사하는 사람 가. 안전관리전문기관 나. 보건관리전문기관

안전조치	(안전조치) ① 사업주는 다음 각 호의 어느 하나에 해당하는 위험으로 인한 산업재해를 예방하기 위하여 필요한 조치를 하여야 한다.
	  1. 기계·기구, 그 밖의 설비에 의한 위험
	  2. 폭발성, 발화성 및 인화성 물질 등에 의한 위험
	  3. 전기, 열, 그 밖의 에너지에 의한 위험
	② 사업주는 굴착, 채석, 하역, 벌목, 운송, 조작, 운반, 해체, 중량물 취급, 그 밖의 작업을 할 때 불량한 작업방법 등에 의한 위험으로 인한 산업재해를 예방하기 위하여 필요한 조치를 하여야 한다.
	③ 사업주는 근로자가 다음 각 호의 어느 하나에 해당하는 장소에서 작업을 할 때 발생할 수 있는 산업재해를 예방하기 위하여 필요한 조치를 하여야 한다.
	  1. 근로자가 추락할 위험이 있는 장소
	  2. 토사·구축물 등이 붕괴할 우려가 있는 장소
	  3. 물체가 떨어지거나 날아올 위험이 있는 장소
	  4. 천재지변으로 인한 위험이 발생할 우려가 있는 장소
	④ 사업주가 제1항부터 제3항까지의 규정에 따라 하여야 하는 조치(이하 "안전조치"라 한다)에 관한 구체적인 사항은 고용노동부령으로 정한다.

분류	내용
보건 조치	(보건조치) ① 사업주는 다음 각 호의 어느 하나에 해당하는 건강장해를 예방하기 위하여 필요한 조치(이하 "보건조치"라 한다)를 하여야 한다. 1. 원재료·가스·증기·분진·흄(fume, 열이나 화학반응에 의하여 형성된 고체증기가 응축되어 생긴 미세입자를 말한다)·미스트(mist, 공기 중에 떠다니는 작은 액체방울을 말한다)·산소결핍·병원체 등에 의한 건강장해 2. 방사선·유해광선·고온·저온·초음파·소음·진동·이상기압 등에 의한 건강장해 3. 사업장에서 배출되는 기체·액체 또는 찌꺼기 등에 의한 건강장해 4. 계측감시(計測監視), 컴퓨터 단말기 조작, 정밀공작(精密工作) 등의 작업에 의한 건강장해 5. 단순반복작업 또는 인체에 과도한 부담을 주는 작업에 의한 건강장해 6. 환기·채광·조명·보온·방습·청결 등의 적정기준을 유지하지 아니하여 발생하는 건강장해

01 핵심예상문제

유지보수공사 안전관리

본 핵심예상문제는 각단원별 출제빈도 높은 문제 및 최근 10년간의 기출문제 중 비중이 높은 출제유형이므로 꼭 풀어보고 가야할 문제입니다. 이후 실전예상문제를 공부하시면 효과적입니다.

[22년 3회]

01 산업안전보건법령상 냉동·냉장 창고시설 건설공사에 대한 유해위험방지계획서를 제출해야 하는 대상시설의 연면적 기준은 얼마인가?

① 3천제곱미터 이상
② 4천제곱미터 이상
③ 5천제곱미터 이상
④ 6천제곱미터 이상

산업안전보건법령상 냉동·냉장 창고시설 건설공사에 대한 유해위험방지계획서를 제출해야 하는 대상시설의 연면적 기준은 5천제곱미터 이상이다.

[22년 3회]

02 실내 공기질 관리법상 실내 공기질 관리 항목 중 폼알데하이드는 지하역사, 지하도상가, 철도역사의 대합실, 여객자동차터미널의 대합실에서 유지기준치는 얼마인가?

① 10ug/m³ 이하
② 30ug/m³ 이하
③ 80ug/m³ 이하
④ 100ug/m³ 이하

실내공기질 관리항목은 미세먼지(PM-10), 이산화탄소(CO_2), 폼알데하이드, 총부유세균, 일산화탄소, 이산화질소(NO_2), 라돈, 휘발성유기화합물, 석면, 오존, 초미세먼지(PM-2.5), 곰팡이, 벤젠, 톨루엔등이며 지하도상가등에서 폼알데하이드 100ug/m³ 이하를 유지기준으로한다.

[22년 2회]

03 산업안전 보건법에서 사업주는 다음에 해당하는 위험으로 인한 산업재해를 예방하기 위하여 필요한 안전조치를 해야 하는 위험으로 가장 거리가 먼것은?

① 기계·기구, 그 밖의 설비에 의한 위험
② 폭발성, 발화성 및 인화성 물질 등에 의한 위험
③ 전기, 열, 그 밖의 에너지에 의한 위험
④ 방사선·유해광선·고온·저온·초음파·소음·진동·이상기압 등에 의한 건강위험

①,②,③은 안전조치에 해당하고, ④는 보건조치 사항에 해당한다.

[22년 1회]

04 산업안전 보건법에서 안전보건관리자로 가장 거리가 먼 사람은?

① 안전보건관리책임자
② 안전관리자
③ 안전보건담당자
④ 품질관리자

안전보건관리자로 품질관리자는 관계가 없다.

[예상 문제]

05 에너지 관리기준에 대한 설명으로 거리가 먼 것은?

① 보일러는 기준 공기비를 기준으로 설비의 성능, 환경보전 등을 감안하여 공기비를 낮게 유지하도록 관리표준을 설정하여 이행한다.
② 보일러는 배가스에 의한 열손실을 최소화하고, 대기환경을 보전하기 위하여 NOX 및 불완전 연소에 의한 그을음, CO 발생이 최소화되도록 최종배기온도 및 CO농도에 대한 관리표준을 설정하여 이행한다.
③ 보일러는 부하의 변동 조건에 관계없이 최고의 성능을 유지할 수 있도록 100% 정상부하 상태에서 운전이 되도록 하여야 한다.
④ 난방 및 급탕설비 점검 및 보수 : 보일러는 본체 및 부속장치, 보온 및 단열부 등의 정기적인 점검 및 보수를 실시하여 양호한 상태를 유지한다.

보일러는 부하조건에 따라 최고의 성능을 유지할 수 있도록 비례제어운전이 되도록 하며, 부하의 변동이 예상되는 경우에는 보일러 설비를 대수 분할하여 대수제어 운전을 하여야 한다.

정답 01 ③ 02 ④ 03 ③ 04 ④ 05 ③

01 유지보수공사 안전관리

[22년 2회]

06 냉각탑 운전중 보충수가 필요한데 이때 보충수의 원인은 무엇인가?

① 증발량+비산량+블로우다운
② 응축수량+비산량+블로우다운
③ 증발량+냉각수량+블로우다운
④ 증발량+비산량+응축수량

> 냉각탑 보충수량은 증발량 + 비산량 + 블로우다운량으로 순환수량의 2%정도이다.

[23년 3회]

07 산업안전보건법령상 유해·위험 방지를 위한 방호조치가 필요한 기계·기구에 해당하는 것은?

① 응축기
② 저장 탱크
③ 공기 압축기
④ 냉각기

> 산업안전보건법 시행령 (별표20) 유해·위험 방지를 위한 방호조치가 필요한 기계·기구에는 예초기, 원심기, 공기압축기, 금속절단기, 지게차, 진공포장기, 랩핑기 등이다.

[23년 1회]

08 펌프의 흡입 배관 설치에 관한 설명으로 틀린 것은?

① 흡입관은 가급적 길이를 짧게 한다.
② 흡입관의 하중이 펌프에 직접 걸리지 않도록 한다.
③ 흡입관에는 펌프의 진동이나 관의 열팽창이 전달되지 않도록 신축이음을 한다.
④ 흡입 수평관의 관경을 확대시키는 경우 동심 리듀서를 사용한다.

> 흡입 수평관의 관경을 확대시키는 경우 편심 리듀서를 사용하여 배관 윗면을 일치시켜서 공기가 고이지 않게 한다.

[예상 문제]

09 에어벤트 설치 위치로 가장 적합한 곳은?

① 배관 굴곡부 최상단
② 펌프 흡입측
③ 배관 최저부
④ 수평배관 말단

> 에어벤트는 공기배출구로 공기가 고일수 있는 배관 굴곡부 최상단에 설치한다.

[23년 1회]

10 산업안전보건법령상 냉동.냉장 창고시설 건설공사에서 연면적 얼마이상일때 위험 방지 계획서를 제출해야 하는가?

① 1000제곱미터
② 3000제곱미터
③ 5000제곱미터
④ 10000제곱미터

> 산업안전보건법령상 냉동.냉장 창고시설 건설공사에서 연면적 5000 제곱미터 이상일때 위험 방지 계획서를 제출해야 한다.

[23년 2회]

11 냉동장치를 운전하면서 안전을 고려하여 감시하는 항목으로 가장 거리가 먼 것은?

① 안전밸브 적정여부
② 냉각수 단수 보호장치 작동여부
③ 유압계 작동여부
④ 냉매온도 검지기 작동여부

> 냉동장치 운전 점검항목에서 안전과 가장 거리가 먼 것은 냉매온도 감시이다.

정답 06 ① 07 ③ 08 ④ 09 ① 10 ③ 11 ④

제7장

교류회로

제7장 | 교류회로

01 교류회로

주기와 주파수
- 주기 : 똑같은 변화가 반복할 때 1회의 변화에 소요되는 시간으로 단위는 [sec]이다.
- 주파수 : 1초 동안의 진동수로서 단위는 [Hz]이다.
- 주기와 주파수는 서로 역수 관계에 있다.

$T = \dfrac{1}{f}$ [sec], $f = \dfrac{1}{T}$ [Hz]

각속도(또는 각주파수 : ω)

$\omega = \dfrac{\theta}{t} = \dfrac{2\pi}{T} = 2\pi f$ [rad/sec]

여기서 T : 주기[sec],
f : 주파수[Hz]

주기율(π)
- 원주의 길이를 구할 때 사용되는 수학 기호로 3.14[rad]이다.
- 삼각함수와 함께 표현할 때에는 각도로 표현할 수 있는데 이 경우에는 180°이다.

실효값
교류의 모든 크기를 실효값으로 표현하기 때문에 조건이 없는 경우의 모든 교류값은 실효값으로 적용하여야 한다.

1 교류의 표현

1. 순시값(교류의 파형을 식으로 표현할 때의 호칭)

E_m, I_m은 파형의 최대값을 표현하며 $\sin\omega t$는 정현파형을 나타내고 θ_e, θ_i는 각각 전압, 전류 파형의 위상각을 의미한다. 그리고 소문자 알파벳으로 표현하는 $e(t)$, $i(t)$를 전압, 전류의 순시값이라 한다.

(1) 전압의 순시값 : $e(t)$
$$e(t) = E_m \sin(\omega t + \theta_e) \text{ [V]}$$

(2) 전류의 순시값 : $i(t)$
$$i(t) = I_m \sin(\omega t + \theta_i) \text{ [A]}$$

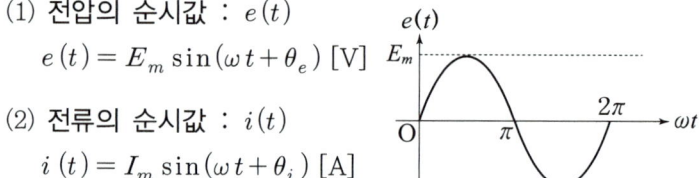

2. 실효값(교류의 크기를 숫자로 표현할 때 호칭 : I)

같은 저항에 교류와 직류를 같은 시간동안 인가하였을 때 각 저항에서 소비되는 전력량이 같아지는 경우, 이 때의 직류처럼 표현되는 교류의 값을 실효값이라 한다. 실효값을 구하는 공식은 다음과 같다.

$$I = \sqrt{\dfrac{1}{T}\int_0^T i(t)^2 dt} \text{ [A]}$$

여기서, I : 전류의 실효값, T : 주기, $i(t)$: 전류의 순시값

3. 평균값(교류의 직류성분 : I_a)

교류의 순시값이 정류과정을 통해 변화된 직류성분을 평균값이라 한다. 평균값을 구하는 공식은 다음과 같다.

$$I_{av} = \dfrac{1}{T}\int_0^T i(t)\, dt \text{ [A]}$$

여기서, I_a : 전류의 평균값, T : 주기, $i(t)$: 전류의 순시값

4. 파고율과 파형율

교류의 최대값과 실효값, 그리고 직류성분인 평균값을 서로 비교하여 나타내는 것으로 공식은 다음과 같다.

$$\text{파고율} = \dfrac{\text{최대값}}{\text{실효값}}, \quad \text{파형률} = \dfrac{\text{실효값}}{\text{평균값}}$$

5. 각종 파형별 실효값과 평균값, 파고율과 파형율

파형 및 명칭	실효값(I)	평균값(I_{av})	파고율	파형률
정현파	$\dfrac{I_m}{\sqrt{2}}$ $=0.707\,I_m$	$\dfrac{2I_m}{\pi}$ $=0.637\,I_m$	$\sqrt{2}=1.414$	$\dfrac{\pi}{2\sqrt{2}}=1.11$
반파정류파	$\dfrac{I_m}{2}=0.5\,I_m$	$\dfrac{I_m}{\pi}$ $=0.319\,I_m$	2	$\dfrac{\pi}{2}=1.57$
구형파	I_m	I_m	1	1
반파구형파	$\dfrac{I_m}{\sqrt{2}}$	$\dfrac{I_m}{2}$	$\sqrt{2}$	$\sqrt{2}$
톱니파	$\dfrac{I_m}{\sqrt{3}}$ $=0.577\,I_m$	$\dfrac{I_m}{2}=0.5\,I_m$	$\sqrt{3}=1.732$	$\dfrac{2}{\sqrt{3}}=1.155$
삼각파	〃	〃	〃	〃

---

01 예제문제

정현파 교류의 실효값(V)과 최대값(V_m)의 관계식으로 옳은 것은?

① $V=\sqrt{2}\,V_m$
② $V=\dfrac{1}{\sqrt{2}}\,V_m$
③ $V=\sqrt{3}\,V_m$
④ $V=\dfrac{1}{\sqrt{3}}\,V_m$

해설
정현파 교류의 실효값은 최대값의 $\dfrac{1}{\sqrt{2}}$ 배이다.   **답** ②

2 R·L·C 회로정수의 특성

리액턴스
교류회로에서 L[H]과 C[F]의 단위를 [Ω] 단위로 환산한 저항 성분으로 표현된 값. 단, 저항과는 달리 허수부로 취급한다.

단위
$e = L\dfrac{di}{dt}$ [V] 식에서 단위를 해석해 보면 [V]=[H]$\dfrac{[A]}{[sec]}$ 과 같다.

∴ [H]=$\dfrac{[V][sec]}{[A]}$=[Ω·sec]

축적에너지
• 자기 축적에너지
$W = \dfrac{1}{2}LI^2$ [J]
• 정전 축적에너지
$W = \dfrac{1}{2}CV^2 = \dfrac{Q^2}{2C}$ [J]

1. R(저항)[Ω]

① $I = \dfrac{V}{R}$ [A]

② 전류의 위상이 전압과 같다. - (동상전류)
여기서, I : 전류, V : 전압, R : 저항

2. L(인덕턴스 : 코일)[H]

① 전압과 전류 : $e = L\dfrac{di}{dt}$ [V], $i = \dfrac{1}{L}\int e\,dt$ [A]

② 유도 리액턴스 : $jX_L = j\omega L = j2\pi fL$ [Ω]

③ 전류 : $-jI = -j\dfrac{V}{X_L} = -j\dfrac{V}{2\pi fL}$ [A]

④ 전류의 위상이 전압보다 90° 늦다. - (지상전류)
여기서, e : 전압, L : 인덕턴스, i : 전류, t : 시간,
X_L : 유도 리액턴스, ω : 각주파수, f : 주파수

3. C(커패시턴스 : 콘덴서)[F]

① 전압과 전류 : $e = \dfrac{1}{C}\int i\,dt$ [V], $i = C\dfrac{de}{dt}$ [A]

② 용량 리액턴스 : $-jX_C = -j\dfrac{1}{\omega C} = -j\dfrac{1}{2\pi fC}$ [Ω]

③ 전류 : $+jI = +j\dfrac{V}{X_C} = +j2\pi fCV$ [A]

④ 전류의 위상이 전압보다 90° 빠르다. - (진상전류)
여기서, e : 전압, C : 커패시턴스, i : 전류, t : 시간,
X_C : 용량 리액턴스, ω : 각주파수, f : 주파수

---

02 예제문제

어떤 회로에 정현파 전압을 가하니 90° 위상이 뒤진 전류가 흘렀다면 이 회로의 부하는?

① 저항　　　　　　　　② 용량성
③ 무부하　　　　　　　④ 유도성

해설
전류의 위상이 전압보다 90° 뒤진 경우는 인덕턴스 코일에 흐르는 전류로서 유도성 회로를 나타낸다.

답 ④

> 비공진 직렬회로
> · $X_L > X_C$: 유도성
> · $X_L < X_C$: 용량성

3 R·L·C 직·병렬회로

1. $R-L-C$ 직렬회로

(1) 직렬 임피던스(Z)

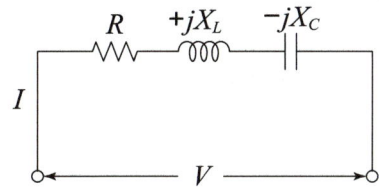
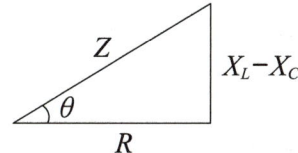

$$Z = Z_1 + Z_2 + Z_3 = R + j(X_L - X_C)$$
$$= \sqrt{R^2 + (X_L - X_C)^2} \angle \tan^{-1} \frac{X_L - X_C}{R} \, [\Omega]$$

여기서, Z : 임피던스, R : 저항, X_L : 유도 리액턴스,
X_C : 용량 리액턴스

(2) 전류(I)

$$I = \frac{V}{Z} = \frac{V}{\sqrt{R^2 + (X_L - X_C)^2}} \angle -\tan^{-1} \frac{X_L - X_C}{R} \, [A]$$

여기서, $\cos\theta$: 역률, R : 저항, Z : 임피던스
X_L : 유도 리액턴스, X_C : 용량 리액턴스

(3) 역률($\cos\theta$)

$$\cos\theta = \frac{R}{Z} = \frac{R}{\sqrt{R^2 + (X_L - X_C)^2}}$$

여기서, I : 전류, V : 전압, Z : 임피던스, R : 저항,
X_L : 유도 리액턴스, X_C : 용량 리액턴스

(4) 직렬공진

$Z = R + j(X_L - X_C) ≒ R[\Omega]$이 되기 위한 조건을 공진조건이라 하며 공진 시 저항만의 회로가 되기 때문에 전압과 전류는 동위상이 된다.

$X_L - X_C = 0$이므로 $X_L = X_C$ 또는 $\omega L = \frac{1}{\omega C}$ 이다.

① 최소 임피던스로 되고 최대전류가 흐르며 소비전력이 최대가 된다.

② 공진주파수는 $f = \frac{1}{2\pi\sqrt{LC}}$ [Hz]이다.

비공진 병렬회로
• $X_L > X_C$: 용량성
• $X_L < X_C$: 유도성

2. $R-L-C$ 병렬회로

(1) 병렬어드미턴스(Y)

$$Y = Y_1 + Y_2 + Y_3 = \frac{1}{R} + j\left(\frac{1}{X_C} - \frac{1}{X_L}\right) = G + j(B_C - B_L)$$

$$= \sqrt{G^2 + (B_C - B_L)^2} \angle \tan^{-1}\frac{B_C - B_L}{G} \; [\mho]$$

여기서, Y : 어드미턴스, G : 콘덕턴스, B_C : 용량 서셉턴스,
 B_L : 유도 서셉턴스

(2) 전류(I)

$$I = YV = \frac{V}{R} - j\frac{V}{X_L} + j\frac{V}{X_C} = I_R - jI_L + jI_C \; [A]$$

여기서, I : 전류, Y : 어드미턴스, V : 전압, R : 저항,
 X_L : 유도 리액턴스, X_C : 용량 리액턴스
 I_R : R에 흐르는 전류, I_L : L에 흐르는 전류,
 I_C : C에 흐르는 전류

(3) 역률($\cos\theta$)

$$\cos\theta = \frac{G}{Y} = \frac{G}{\sqrt{\left(\frac{1}{R}\right)^2 + \left(\frac{1}{X_C} - \frac{1}{X_L}\right)^2}} = \frac{X_0}{\sqrt{R^2 + X_0^2}}$$

↳ $R.L.C$ 병렬 회로에서 적용
↳ $R.L$ 병렬 또는 $R.C$ 병렬 회로에서 적용

여기서, $\cos\theta$: 역률, G : 콘덕턴스, Y : 어드미턴스, R : 저항,
 X : 리액턴스, X_L : 유도 리액턴스, X_C : 용량 리액턴스

(4) 병렬공진

$$Y = \frac{1}{R} + j\left(\frac{1}{X_C} - \frac{1}{X_L}\right) \fallingdotseq \frac{1}{R} \; [\mho]$$ 이 되기 위한 조건을 공진조건이라 하며

$\frac{1}{X_C} - \frac{1}{X_L} = 0$ 이므로 $X_L = X_C$ 또는 $\omega L = \frac{1}{\omega C}$ 이다.

① 최소 어드미턴스로 되고 최소전류가 흐른다.

② 공진주파수는 $f = \frac{1}{2\pi\sqrt{LC}}$ [Hz]이다.

> **03 예제문제**
>
> $R-L-C$ 병렬회로에서 회로가 병렬 공진 되었을 때 합성전류는 어떻게 되는가?
>
> ① 최소가 된다. ② 최대가 된다.
> ③ 전류가 흐르지 않는다. ④ 무한대 전류로 흐른다.
>
> [해설]
> 병렬 공진시 회로에 흐르는 전류는 최소로 흐른다. 답 ①

$R-X$ 직렬회로의 유효전력
$$P = I^2 R = \frac{V^2 R}{R^2 + X^2} \text{[W]}$$

삼각함수 기본공식
$\sin^2\theta + \cos^2\theta = 1$인 성질을 이용하여 $\sin\theta$와 $\cos\theta$를 각각 구할 수 있다.
- $\sin\theta = \sqrt{1 - \cos^2\theta}$
- $\cos\theta = \sqrt{1 - \sin^2\theta}$

4 교류전력

1. 교류전력의 표현

(1) **피상전력(S)**

교류회로의 피상전력은 전압(V)과 전류(I)의 곱으로 표현된다. 그리고 단위는 [VA]를 사용한다.

$$S = VI = \sqrt{P^2 + Q^2} \text{ [VA]}$$

여기서, S : 피상전력, V : 전압, I : 전류, P : 유효전력,
Q : 무효전력

(2) **유효전력(P)**

유효전력은 소비전력이라 표현하기도 하며 피상전력(S)에 역률($\cos\theta$)을 곱하여 표현한다. 그리고 단위는 [W]를 사용한다.

$$P = S\cos\theta = VI\cos\theta = \sqrt{S^2 - Q^2} \text{ [W]}$$

여기서, P : 유효전력, V : 전압, I : 전류, $\cos\theta$: 역률,
θ : 전압과 전류의 위상차, S : 피상전력, Q : 무효전력

(3) **무효전력(Q)**

무효전력은 부하에서 유효하게 소모되지 않는 전력으로서 피상전력(S)에 무효율($\sin\theta$)을 곱하여 표현한다. 그리고 단위는 [VAR]를 사용한다.

$$Q = S\sin\theta = VI\sin\theta = \sqrt{S^2 - P^2} \text{ [VAR]}$$

여기서, Q : 무효전력, V : 전압, I : 전류, $\sin\theta$: 무효율
($\sin\theta = \sqrt{1 - \cos^2\theta}$), S : 피상전력, P : 유효전력

켤레복소수

복소수의 실수부와 허수부의 크기는 변하지 않고 허수부의 부호만 바꾼 복소수를 켤레복소수 또는 공액복소수라 한다.
- $a+jb$의 켤레복소수는 $a-jb$이다.
- $A\angle+\theta$의 켤레복소수는 $A\angle-\theta$이다.

진상용콘덴서

부하의 역률이 저하되는 이유는 유도전동기에 흐르는 지상 전류 때문이므로 콘덴서를 병렬로 접속하여 진상전류를 공급하면 병렬공진의 영향으로 역률이 개선된다.

04 예제문제

역률이 80 [%]이고, 유효전력이 80 [kW]라면 피상전력은 몇 [kVA]인가?

① 100　　　　　　② 120
③ 160　　　　　　④ 200

해설

$P = S\cos\theta = VI\cos\theta = \sqrt{S^2 - Q^2}$ [W] 식에서
$\cos\theta = 0.8$, $P = 80$[kW]일 때
∴ $S = \dfrac{P}{\cos\theta} = \dfrac{80}{0.8} = 100$[kVA]

답 ①

2. 복소전력과 역률

(1) 복소전력

전압과 전류가 복소수로 표현되는 경우 피상전력은 유효전력과 무효전력의 복소수로 표현된다. 이것을 복소전력이라 한다. 복소전력을 구하기 위해서는 전압과 전류 중 어느 하나에 켤레복소수를 취하여야 하며 이 때 계산된 피상전력의 실수부를 유효전력으로, 허수부를 무효전력으로 표현한다.

$$S = {}^*VI = P \pm jQ \text{ [VA]}$$

여기서, S : 피상전력, $^*V$: 전압의 켤레복소수, I : 전류,
　　　　P : 유효전력, Q : 무효전력

(2) 역률

$$\cos\theta = \frac{P}{S} = \frac{P}{\sqrt{P^2 + Q^2}}$$

여기서, $\cos\theta$: 역률, P : 유효전력, S : 피상전력, Q : 무효전력

(3) 역률 개선용 진상콘덴서 용량

$$Q_C = P\left(\frac{\sin\theta_1}{\cos\theta_1} - \frac{\sin\theta_2}{\cos\theta_2}\right)\text{[VA]}$$

여기서, Q_C : 진상콘덴서 용량, $\cos\theta_1$: 개선전 역률,
　　　　$\cos\theta_2$: 개선후 역률, $\sin\theta_1$: 개선전 무효율,
　　　　$\sin\theta_2$: 개선후 무효율

05 예제문제

어떤 회로의 유효전력이 80 [W], 무효전력이 60 [Var]이면 역률은 몇 [%]인가?

① 20[%]   ② 60[%]
③ 80[%]   ④ 100[%]

해설

$\cos\theta = \dfrac{P}{S} = \dfrac{P}{\sqrt{P^2+Q^2}}$ 식에서 $P=80[\text{W}]$, $Q=60[\text{Var}]$일 때

$\therefore \cos\theta = \dfrac{P}{\sqrt{P^2+Q^2}} = \dfrac{80}{\sqrt{80^2+60^2}} = 0.8[\text{pu}] = 80[\%]$

답 ③

5 최대전력과 브리지회로

1. 최대전력

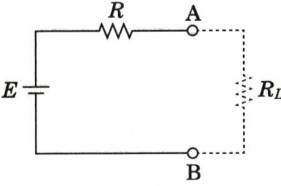 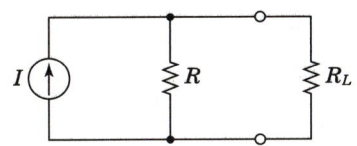

(1) **최대전력 전달조건**

전원측 내부저항과 부하저항이 크기가 같을 때 부하전력은 최대전력으로 공급 받을 수 있게 된다.

$R_L = R [\Omega]$

여기서, R_L : 부하저항, R : 전원의 내부저항

(2) **최대전력 공식**

$P_m = \dfrac{E^2}{4R} = \dfrac{1}{4}I^2 R [\text{W}]$

여기서, P_m : 최대전력, E : 전원전압, R : 전원의 내부저항, I : 전원전류

휘스톤 브리지 평형회로
휘스톤 브리지 회로에서 평형이 된다는 것은 검류계의 양 단자의 전압이 서로 같게 되거나 또는 검류계에 흐르는 전류가 0이 된다는 것을 의미한다.

06 예제문제

다음 회로에서 부하 R_L에 전달되는 최대전력은?

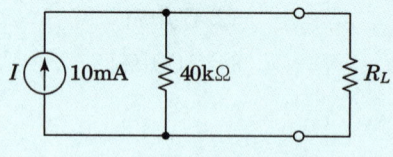

① 1[W] ② 2[W]
③ 3[W] ④ 4[W]

해설
$P_m = \dfrac{1}{4}I^2R$[W] 식에서
$I = 10$[mA], $R = 40$[kΩ]일 때
$\therefore P_m = \dfrac{1}{4}I^2R = \dfrac{1}{4} \times (10 \times 10^{-3})^2 \times 40 \times 10^3 = 1$[W]

답 ①

2. 브리지회로

(1) 휘스톤브리지 회로

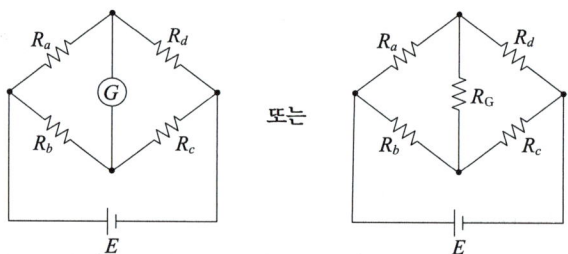

위와 같은 회로를 브리지 회로라 하며 아래와 같은 조건을 만족하게 될 경우를 휘스톤 브리지 평형회로라 한다. 휘스톤 브리지 회로가 평형조건을 만족하게 될 경우 검류계가 접속된 브리지 회로를 개방 또는 단락시켜도 서로 같은 회로로 동작하게 된다. 다음은 휘스톤 브리지 평형조건과 회로의 합성저항에 대해서 표현하였다.

① 평형조건
$R_a \times R_c = R_b \times R_d$

② 합성저항
$R_0 = \dfrac{(R_a + R_d) \times (R_b + R_c)}{(R_a + R_d) + (R_b + R_c)} = \dfrac{R_a \times R_b}{R_a + R_b} + \dfrac{R_d \times R_c}{R_d + R_c}$[$\Omega$]

(2) 캠벨브리지 회로

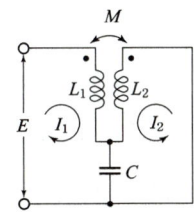

두 개의 코일이 서로 결합하고 있을 때 코일과 코일 사이에 브리지 회로를 구성하여 콘덴서를 삽입할 경우 브리지 회로 내의 I_2 전류가 0이 되는 조건을 캠벨브리지 평형회로라 한다. 캠벨브리지 회로가 평형회로가 되기 위해서는 I_2 전류가 흐르는 회로망 내에서 공진조건을 만족하여야 하며 그 때의 조건은 다음과 같이 표현된다.

$\omega^2 MC = 1$

07 예제문제

회로에서 A와 B간의 합성저항은 몇 [Ω]인가? (단, 각 저항의 단위는 모두 [Ω]이다.)

① 2.66
② 3.2
③ 5.33
④ 6.4

해설
$4 \times 8 = 4 \times 8$이 성립되어 휘스톤 브리지 평형조건을 만족하기 때문에 C, D 사이의 저항은 개방시킨다. 그러면 A, C 사이의 저항 4[Ω]과 C, B 사이의 저항 4[Ω]은 직렬접속이 된다. 또한 A, D 사이의 저항 8[Ω]과 D, B 사이의 저항 8[Ω]은 직렬접속이 되어 위쪽과 아래쪽은 서로 병렬회로가 구성된다. 따라서 합성저항은

$\therefore R = \dfrac{(4+4) \times (8+8)}{(4+4)+(8+8)} = 5.33 [\Omega]$

답 ③

6 3상 교류회로

불평형 3상 회로의 대칭분
- 영상분(Z_0)
$$Z_0 = \frac{1}{3}(Z_a + Z_b + Z_c)$$
- 정상분(Z_1)
$$Z_1 = \frac{1}{3}(Z_a + aZ_b + a^2Z_c)$$
- 역상분(Z_2)
$$Z_2 = \frac{1}{3}(Z_a + a^2Z_b + aZ_c)$$

a와 a^2의 의미
- $a = \angle 120° = -\frac{1}{2} + j\frac{\sqrt{3}}{2}$
- $a^2 = \angle -120° = -\frac{1}{2} - j\frac{\sqrt{3}}{2}$

1. 대칭 3상 교류의 특징

발전기나 변압기 및 전동기를 3개의 상으로 분할하여 3상 교류 전기기기를 만드는데 3상의 각 상간의 위상차를 120°(또는 $\frac{2\pi}{3}$[rad])로 하여 각 상의 크기 및 주파수를 동일하게 하는 교류를 대칭 3상 교류라 한다.

2. 3상 Y결선과 3상 △결선의 특징

종류 \ 구분	Y 결선	△ 결선
선간전압(V_L)과 상전압(V_P) 관계	$V_L = \sqrt{3}\, V_P$ [V]	$V_L = V_P$ [V]
선전류(I_L)와 상전류(I_P) 관계	$I_L = I_P = \frac{V_L}{\sqrt{3}\,Z}$ [A]	$I_L = \sqrt{3}\,I_P = \frac{\sqrt{3}\,V_L}{Z}$ [A]
소비전력(P)	$P = \sqrt{3}\, V_L I_L \cos\theta\,\eta$ [W]	$P = \sqrt{3}\, V_L I_L \cos\theta\,\eta$ [W]

여기서, Z : 부하 한상의 임피던스, $\cos\theta$: 역률, η : 효율

3. Y-△ 결선 변환

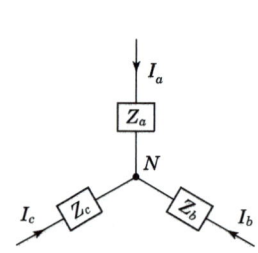

(1) $Y \to \Delta$ 변환

$$Z_{ab} = \frac{Z_aZ_b + Z_bZ_c + Z_cZ_a}{Z_c}$$

$$Z_{bc} = \frac{Z_aZ_b + Z_bZ_c + Z_cZ_a}{Z_a}$$

$$Z_{ca} = \frac{Z_aZ_b + Z_bZ_c + Z_cZ_a}{Z_b}$$

(2) $\Delta \to Y$ 변환

$$Z_a = \frac{Z_{ab} \cdot Z_{ca}}{Z_{ab} + Z_{bc} + Z_{ca}}$$

$$Z_b = \frac{Z_{ab} \cdot Z_{bc}}{Z_{ab} + Z_{bc} + Z_{ca}}$$

$$Z_c = \frac{Z_{bc} \cdot Z_{ca}}{Z_{ab} + Z_{bc} + Z_{ca}}$$

※ 평형 3상인 경우 등가변환된 임피던스는 △결선일 때가 Y결선인 경우보다 3배 크다. : $Z_\Delta = 3Z_Y$

> **08 예제문제**
>
> 3상 유도전동기의 출력이 5[kW], 전압 200[V], 역률 80[%], 효율 90[%]일 때 유입되는 선전류[A]는?
>
> ① 14   ② 17
> ③ 20   ④ 25
>
> **해설**
> $P = \sqrt{3}\,VI\cos\theta\,\eta\,[\text{W}]$ 식에서
> $P = 5[\text{kW}],\ V = 200[\text{V}],\ \cos\theta = 0.8,\ \eta = 0.9$ 일 때
> $\therefore\ I = \dfrac{P}{\sqrt{3}\,V\cos\theta\,\eta} = \dfrac{5 \times 10^3}{\sqrt{3} \times 200 \times 0.8 \times 0.9} = 20[\text{A}]$
>
> 답 ③

7 비정현파 교류와 시정수

1. 비정현파 기본 이론

비정현파는 "푸리에 급수"(또는 "푸리에 분석")에 의해 표현되며 일반적으로 "직류분+기본파+고조파" 성분으로 구성된다. 교류발전기에서 발생하는 교류전압 및 전류는 주파수 $f = 60\,[\text{Hz}]$에 의한 정현파로서 이 파형을 "기본파"로 둔다. 또한 기본파의 3배인 $3f = 180\,[\text{Hz}]$, 5배인 $5f = 300\,[\text{Hz}]$, 7배인 $7f = 420\,[\text{Hz}]$, … 등과 같이 홀수 배수의 주파수로 전개되는 여러 개의 파형을 포함하게 되는데 이들을 모두 "고조파"라 일컫는다. 이들의 파형을 모두 합성하면 주기적인 구형파 신호가 얻어지는데 결국 비정현파란 구형파 신호로서 "무수히 많은 주파수 성분들의 합성"이라 표현할 수 있다. 푸리에 급수의 일반식은 다음과 같다.

$$f(t) = a_0 + \sum_{n=1}^{\infty} a_n \cos n\omega t + \sum_{n=1}^{\infty} b_n \sin n\omega t$$

$R-L$ 직렬회로의 과도전류

• 스위치 ON 한 경우

$$i(t) = \frac{E}{R}(1-e^{-\frac{R}{L}t}) \text{[A]}$$

• 스위치 OFF한 경우

$$i(t) = \frac{E}{R}e^{-\frac{R}{L}t} \text{[A]}$$

$R-L-C$ 과도응답

• 비진동 조건

$$R^2 > \frac{4L}{C}$$

• 임계진동 조건

$$R^2 = \frac{4L}{C}$$

• 진동 조건

$$R^2 < \frac{4L}{C}$$

2. 비정현파의 실효값

비정현파 전압 $v(t)$, 비정현파 전류 $i(t)$를 아래와 같이 표현할 때 비정현파 전압의 실효값(V), 비정현파 전류의 실효값(I)는 다음과 같이 정의할 수 있다.

$$v(t) = V_0 + V_{m1}\sin\omega t + V_{m3}\sin 3\omega t + V_{m5}\sin 5\omega t + \cdots \text{[V]}$$

$$i(t) = I_0 + I_{m1}\sin\omega t + I_{m3}\sin 3\omega t + I_{m5}\sin 5\omega t + \cdots \text{[A]}$$

$$V = \sqrt{V_0^2 + \left(\frac{V_{m1}}{\sqrt{2}}\right)^2 + \left(\frac{V_{m3}}{\sqrt{2}}\right)^2 + \left(\frac{V_{m5}}{\sqrt{2}}\right)^2 + \cdots} \text{[V]}$$

$$I = \sqrt{I_0^2 + \left(\frac{I_{m1}}{\sqrt{2}}\right)^2 + \left(\frac{I_{m3}}{\sqrt{2}}\right)^2 + \left(\frac{I_{m5}}{\sqrt{2}}\right)^2 + \cdots} \text{[A]}$$

여기서, V, I : 전압과 전류의 실효값, V_0, I_0 : 전압과 전류의 직류분,

V_{m1}, I_{m1} : 전압과 전류의 기본파 최대값,

V_{m3}, I_{m3} : 전압과 전류의 3고조파 최대값,

V_{m5}, I_{m5} : 전압과 전류의 5고조파 최대값

3. 비정현파의 왜형률

비정현파는 고조파로 인해 정현파형이 일그러지게 되는 파형으로 이 때 파형의 일그러짐의 정도를 왜형률이라 하며 공식은 다음과 같다.

$$\epsilon = \frac{\text{전 고조파의 실효값}}{\text{기본파의 실효값}} \times 100 \text{[\%]} \quad \text{또는} \quad \epsilon = \sqrt{\epsilon_3^2 + \epsilon_5^2 + \epsilon_7^2 + \cdots} \text{[\%]}$$

여기서, ϵ_3 : 3고조파 왜형률, ϵ_5 : 5고조파 왜형률, ϵ_7 : 7고조파 왜형률

4. 시정수

$R-L-C$ 회로에 직류전원을 접속하여 공급하면 정상상태에 도달하기 전까지 전류가 시간에 따라 변화하는 현상이 나타난다. 이를 과도현상이라 하는데 이 때 과도시간을 결정하는 정수를 시정수 또는 시상수라 하여 다음과 같이 표현하고 있다.

(1) $R-L$ 과도현상

① 스위치를 ON 한 경우 정상값의 63.2[%]에 도달하는데 소요되는 시간으로 정의하며 그 때의 시정수는 $\tau = \frac{L}{R}$ [sec]이다.

$$i(\tau) = \frac{0.632E}{R} \text{[A]}$$

② 스위치를 OFF 한 경우 정상값의 36.8[%]에 도달하는데 소요되는 시간으로 정의하며 그 때의 시정수는 $\tau = \frac{L}{R}$ [sec]이다.

$$i(\tau) = \frac{0.368E}{R} \text{[A]}$$

(2) $R-C$ 과도현상

스위치를 ON 한 경우 정상값의 36.8[%]에 도달하는데 소요되는 시간으로 정의하며 그 때의 시정수는 $\tau = RC$[sec]이다.

---

09 예제문제

비정현파에서 왜형률(Distortion Factor)을 나타내는 식은?

① $\dfrac{\text{전 고조파의 실효값}}{\text{기본파의 실효값}}$
② $\dfrac{\text{전 고조파의 최대값}}{\text{기본파의 실효값}}$
③ $\dfrac{\text{전 고조파의 실효값}}{\text{기본파의 최대값}}$
④ $\dfrac{\text{전 고조파의 최대값}}{\text{기본파의 최대값}}$

해설

비정현파의 왜형률

비정현파는 고조파로 인해 정현파형이 일그러지게 되는 파형으로 이 때 파형의 일그러짐의 정도를 왜형률이라 하며 공식은 다음과 같다.

∴ $\epsilon = \dfrac{\text{전 고조파의 실효값}}{\text{기본파의 실효값}} \times 100[\%]$ 또는 $\epsilon = \sqrt{\epsilon_3^2 + \epsilon_5^2 + \epsilon_7^2 + \cdots}\,[\%]$

답 ①

01 교류회로 핵심예상문제

본 핵심예상문제는 각단원별 출제빈도 높은 문제 및 최근 10년간의 기출문제 중 비중이 높은 출제유형이므로 꼭 풀어보고 가야할 문제입니다. 이후 실전예상문제를 공부하시면 효과적입니다.

[12, (유)18]

01 $v = 200\sin\left(120\pi t + \dfrac{\pi}{3}\right)$ [V]인 전압의 순시값에서 주파수는 몇 [Hz]인가?

① 50 ② 55
③ 60 ④ 65

$\omega = 2\pi f = 120\pi$ [rad/sec] 이므로
$\therefore f = \dfrac{120\pi}{2\pi} = 60$ [Hz]

[17]

02 $v = 141\sin\left(377t - \dfrac{\pi}{6}\right)$ [V]인 전압의 주파수는 약 몇 [Hz]인가?

① 50 ② 60
③ 100 ④ 377

$\omega = 2\pi f = 377$ [rad/sec] 이므로
$\therefore f = \dfrac{377}{2\pi} = 60$ [Hz]

[14, 18]

03 정현파 전압 $v = 50\sin\left(628t - \dfrac{\pi}{6}\right)$ [V]인 파형의 주파수는 얼마인가?

① 20 ② 50
③ 60 ④ 100

$\omega = 2\pi f = 628$ [rad/sec] 이므로
$\therefore f = \dfrac{628}{2\pi} = 100$ [Hz]

[07, 09]

04 120°를 라디안[rad]으로 표시하면?

① $\dfrac{\pi}{3}$ [rad] ② $\dfrac{2}{3}\pi$ [rad]
③ $\dfrac{\pi}{4}$ [rad] ④ $\dfrac{\pi}{6}$ [rad]

$\pi = 3.14$ [rad] $= 180°$ 이므로
$\therefore 120° = 120° \times \dfrac{\pi}{180°} = \dfrac{2}{3}\pi$ [rad]

[11]

05 주파수 50[Hz]인 교류의 위상차가 $\dfrac{\pi}{3}$ [rad]이다. 이 위상차를 시간으로 나타내면 몇 [sec]인가?

① $\dfrac{1}{60}$ ② $\dfrac{1}{120}$
③ $\dfrac{1}{300}$ ④ $\dfrac{1}{720}$

$\theta = \omega t = 2\pi f t$ [rad] 식에서
$f = 50$ [Hz], $\theta = \dfrac{\pi}{3}$ [rad]일 때
$\therefore t = \dfrac{\theta}{2\pi f} = \dfrac{\dfrac{\pi}{3}}{2\pi \times 50} = \dfrac{1}{300}$ [sec]

정답 01 ③ 02 ② 03 ④ 04 ② 05 ③

[11, 20]

06 주파수 60[Hz]의 정현파 교류에서 $\frac{\pi}{6}$[rad]은 약 몇 초의 시간 차인가?

① 2.4×10^{-3}
② 2×10^{-3}
③ 1.4×10^{-3}
④ 1×10^{-3}

$\theta = \omega t = 2\pi f t$ [rad] 식에서
$f = 60$[Hz], $\theta = \frac{\pi}{6}$[rad]일 때
∴ $t = \frac{\theta}{2\pi f} = \frac{\frac{\pi}{6}}{2\pi \times 60} = \frac{1}{720} = 1.4 \times 10^{-3}$[sec]

[16]

07 $I_m \sin(\omega t + \theta)$의 전류와 $E_m \cos(\omega t - \phi)$인 전압 사이의 위상차는?

① $\theta - \phi$
② $\theta + \phi$
③ $\frac{\pi}{2} - (\theta + \phi)$
④ $\frac{\pi}{2} + (\theta + \phi)$

먼저 전압과 전류의 파형을 하나로 통일시켜야 하므로 전압의 피형을 sin파형으로 변환한다.
$E_m \cos(\omega t - \phi) = E_m \sin(\omega t - \phi + \frac{\pi}{2})$일 때
전류와 전압의 위상차는 $+\theta$와 $-\phi + \frac{\pi}{2}$를 빼줘야 하므로
∴ 위상차= $\frac{\pi}{2} - \phi - \theta = \frac{\pi}{2} - (\theta + \phi)$이다.

참고
(1) $\cos \omega t = \sin(\omega t + \frac{\pi}{2})$
(2) 위상차를 구할 때에는 큰 위상에서 작은 위상을 빼준다.

[08]

08 "가정용 전원 전압이 200[V]이다."라고 하는 것은 정현파 교류에서 어느 값을 나타내는가?

① 실효값
② 평균값
③ 최대값
④ 순시값

실효값
교류의 모든 크기를 실효값으로 표현하기 때문에 조건이 없는 경우의 모든 교류값은 실효값으로 적용하여야 한다.

[12, 16]

09 교류의 실효치에 관한 설명 중 틀린 것은?

① 교류의 진폭은 실효치의 $\sqrt{2}$ 배이다.
② 전류나 전압의 한 주기의 평균치가 실효치이다.
③ 실효치 100[V]인 교류와 직류 100[V]로 같은 전등을 점등하면 그 밝기는 같다.
④ 상용전원이 220[V]라는 것은 실효치를 의미한다.

보기 ②번은 평균값의 정의이다.

[07, 14]

10 교류의 크기는 보통 실효값으로 나타내나 실효값으로 파형을 알 수 없으므로 개략을 알기 위한 방법으로 파형률 이라는 계수를 쓴다. 다음 중 파형률을 나타내는 것은?

① $\frac{실효값}{평균값}$
② $\frac{최대값}{평균값}$
③ $\frac{최대값}{실효값}$
④ $\frac{실효값}{최대값}$

파고율과 파형율
교류의 최대값과 실효값, 그리고 직류성분인 평균값을 서로 비교하여 나타내는 것으로 공식은 다음과 같다.

파고율 = $\frac{최대값}{실효값}$, 파형률 = $\frac{실효값}{평균값}$

제7장 교류회로

[14, 17, (유)12, 18]

11 교류에서 실효값과 최대값의 관계는?

① 실효값 = $\dfrac{최대치}{\sqrt{2}}$ ② 실효값 = $\dfrac{최대치}{\sqrt{3}}$

③ 실효값 = $\dfrac{최대치}{2}$ ④ 실효값 = $\dfrac{최대치}{3}$

정현파의 특성값

실효값	평균값	파고율	파형률
$\dfrac{I_m}{\sqrt{2}}$	$\dfrac{2I_m}{\pi}$	$\sqrt{2}$	1.11

여기서, I_m은 최대치이다.

[13]

12 $i(t) = 141.4\sin\omega t$ [A]의 실효값은 몇 [A]인가?

① 81.6   ② 100
③ 173.2   ④ 200

$I = \dfrac{I_m}{\sqrt{2}}$ [A] 식에서

$I_m = 141.4$ [A] 이므로

∴ $I = \dfrac{I_m}{\sqrt{2}} = \dfrac{141.4}{\sqrt{2}} = 100$ [A]

[08]

13 정현파 교류에서 최대값은 실효값의 몇 배인가?

① $\sqrt{2}$ ② $\sqrt{3}$
③ 2   ④ 3

정현파 교류의 실효값은 최대값의 $\dfrac{1}{\sqrt{2}}$ 배 이므로
∴ 최대값은 실효값의 $\sqrt{2}$ 배이다.

[16]

14 정현파 전압의 평균값이 119[V]이면 최대값은 약 몇 [V]인가?

① 119   ② 187
③ 238   ④ 357

정현파 교류의 평균값은
$V_a = \dfrac{2V_m}{\pi} = 0.637 V_m$ [V] 이므로
$V_a = 119$[V]일 때 최대값은
∴ $V_m = \dfrac{V_a}{0.637} = \dfrac{119}{0.637} = 187$[V]

[16]

15 그림과 같은 파형의 평균값은 얼마인가?

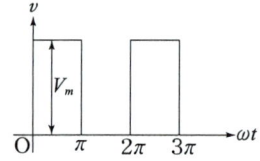

① $2V_m$ ② V_m
③ $\dfrac{V_m}{2}$ ④ $\dfrac{V_m}{4}$

반파구형파의 특성값

실효값	평균값	파고율	파형률
$\dfrac{V_m}{\sqrt{2}}$	$\dfrac{V_m}{2}$	$\sqrt{2}$	$\sqrt{2}$

정답 11 ① 12 ② 13 ① 14 ② 15 ③

[06, 09]

16 그림과 같은 파형의 파고율은 얼마인가?

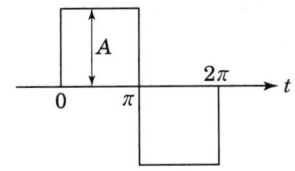

① 1
② $\sqrt{2}$
③ $\sqrt{3}$
④ 2

구형파의 특성값

실효값	평균값	파고율	파형률
I_m	I_m	1	1

[15]

17 파형률이 가장 큰 것은?

① 구형파
② 삼각파
③ 정현파
④ 포물선파

파형의 파형율

파형	정현파	반파 정류파	구형파	톱니파	삼각파
파형율	1.11	1.57	1	1.155	1.155

[11]

18 다음 중 인덕터의 특징을 요약한 것중 옳지 않은 것은?

① 인덕터는 직류에 대하여 단락회로로 작용한다.
② 일정한 전류가 흐를 때 전압은 무한대이지만 일정량의 에너지가 축적된다.
③ 인덕터의 전류가 불연속적으로 급격히 변화하면 전압이 무한대가 되어야 하므로 인덕터 전류가 불연속적으로 변할 수 없다.
④ 인덕터는 에너지를 축적하지만 소모하지는 않는다.

$e = L\dfrac{di(t)}{dt}$ [V] 식에서

$di(t)$는 전류의 변화이고 dt는 시간의 변화를 의미하기 때문에 인덕터에 전압이 발생하는 조건은 전류의 변화가 시간에 대해서 변화할 때 전압이 발생하게 된다.

∴ 일정한 전류가 흐를 때에는 $di(t) = 0$이 되어 인덕터에는 전압이 나타나지 않게 된다.

[07]

19 그림은 인덕턴스 회로에서 전압 v와 전류 i의 관계를 설명하고 있다. 그 특징에 대한 설명으로 옳은 것은?

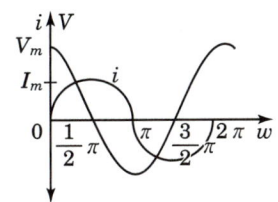

① 전압과 전류는 동일 주파수의 정현파이다.
② 전류가 전압보다 위상이 90° 앞선다.
③ 실효치의 비가 $\dfrac{1}{\omega L}$ 이다
④ 콘덴서회로와 같이 다른 주파수의 정현파이다.

인덕턴스 회로에서 전압과 전류의 관계는 리액턴스 크기에 따라서 비율이 결정되며 위상차는 90° 관계로 전류가 전압보다 위상이 90° 뒤지며 주파수는 동일한 정현파이다.

제7장 교류회로

[08, 19]

20 자기 인덕턴스 100[mH]의 코일에 5[A]의 전류가 흘렀을 때 코일에 저장되는 에너지는 몇 [J]인가?

① 1.25
② 2.5
③ 5.0
④ 12.05

> $W = \frac{1}{2}LI^2$[J] 식에서
> $L = 100$[mH], $I = 5$[A]일 때
> $\therefore W = \frac{1}{2}LI^2 = \frac{1}{2} \times 100 \times 10^{-3} \times 5^2 = 1.25$[J]

[15]

21 100[V], 60[Hz]의 교류전압을 어느 콘덴서에 가하니 2[A]의 전류가 흘렀다. 이 콘덴서의 정전용량은 약 몇 [μF]인가?

① 26.5
② 36
③ 53
④ 63.6

> $I_C = \frac{V}{X_C} = 2\pi f CV$[A] 식에서
> $V = 100$[V], $f = 60$[Hz], $I_C = 2$[A] 이므로
> $\therefore C = \frac{I_C}{2\pi f V} = \frac{2}{2\pi \times 60 \times 100} = 53 \times 10^{-6}$[F]
> $= 53$[μF]

[06, 13, 17]

22 콘덴서만의 회로에서 전압과 전류의 위상관계는?

① 전압이 전류보다 180도 앞선다.
② 전압이 전류보다 180도 뒤진다.
③ 전압이 전류보다 90도 앞선다.
④ 전압이 전류보다 90도 뒤진다.

> 콘덴서에 흐르는 전류의 위상은 전압보다 90° 앞선다. 이를 진상전류라 하며 용량성 회로의 특징이다.
> $\therefore$ 전압이 전류보다 90° 뒤진다.

[12]

23 전압 $v = 125\sin 377t$[V]를 인가하여 전류 $i = 50\cos 377t$[A]가 흘렀다면 이것은 어떤 소자에 전류를 흘린 것인가?

① 저항
② 저항과 사이리스터
③ 콘덴서
④ 인덕터

> $\cos 377t$ 파형은 $\sin 377t$ 보다 90° 앞선 파형이기 때문에 결국 전류의 위상이 전압보다 90° 앞선다는 것을 알 수 있다. 따라서 회로는 콘덴서 소자라는 것을 알 수 있다.

[16]

24 교류전류의 흐름을 방해하는 소자는 저항 이외에도 유도코일, 콘덴서 등이 있다. 유도코일과 콘덴서 등에 대한 교류전류의 흐름을 방해하는 저항력을 갖는 것을 무엇이라 하는가?

① 리액턴스
② 임피던스
③ 컨덕턴스
④ 어드미턴스

> **리액턴스**
> 교류회로에서 L[H]과 C[F]의 단위를 [Ω] 단위로 환산한 저항 성분으로 표현된 값. 단, 저항과는 달리 허수부로 취급한다.

[06]

25 R-C 직렬회로의 임피던스를 나타내는 식은?

① $\sqrt{R^2 + \omega^2 C^2}$
② $\sqrt{R^2 + \frac{1}{\omega^2 C^2}}$
③ $\frac{1}{\sqrt{R^2 + \omega^2 C^2}}$
④ $\frac{1}{R^2 + \omega^2 C^2}$

> R-C 직렬회로에서 임피던스 Z는
> $Z = R - jX_C = R - j\frac{1}{\omega C}$[Ω] 이므로
> $\therefore Z = \sqrt{R^2 + \frac{1}{\omega^2 C^2}}$[Ω]

정답 20 ① 21 ③ 22 ④ 23 ③ 24 ① 25 ②

[19]

26 R-L 직렬회로에서 100[V]의 교류 전압을 가했을 때 저항에 걸리는 전압이 80[V] 이었다면 인덕턴스에 걸리는 전압[V]은?

① 20 ② 40
③ 60 ④ 80

$V = ZI = (R+jX_L)I = RI + jX_LI$ [V] 식에서
$V_R = RI$ [V], $V_L = X_LI$ [V] 이므로
$V = \sqrt{V_R^2 + V_L^2}$ [V] 임을 알 수 있다.
$V = 100$ [V], $V_R = 80$ [V]이었다면 V_L은
∴ $V_L = \sqrt{V^2 - V_R^2} = \sqrt{100^2 - 80^2} = 60$ [V]

[20]

27 어떤 회로에 220[V]의 교류 전압을 인가했더니 4.4[A]의 전류가 흐르고, 전압과 전류와의 위상차는 60°가 되었다. 이 회로의 저항 성분[Ω]은?

① 10 ② 25
③ 50 ④ 75

$Z = \dfrac{V}{I} \angle \theta$ [Ω] 식에서
$V = 220$ [V], $I = 4.4$ [A], $\theta = 60°$ 이므로
$Z = \dfrac{V}{I} \angle \theta = \dfrac{220}{4.4} \angle 60°$ [Ω]이다.
$Z = \dfrac{220}{4.4}(\cos 60° + j\sin 60°) = 25 + j25\sqrt{3}$ [Ω]일 때
$Z = R + jX$ [Ω]으로 표현되기 때문에 저항은
∴ $R = 25$ [Ω]

참고 오일러의 공식
$A \angle \theta = A(\cos\theta + j\sin\theta)$

[13]

28 그림과 같은 RLC 직렬회로에서 직렬공진 회로가 되어 전류와 전압의 위상이 동위상이 되는 조건은?

① $X_L > X_C$
② $X_L < X_C$
③ $X_L - X_C = 0$
④ $X_L - X_C = R$

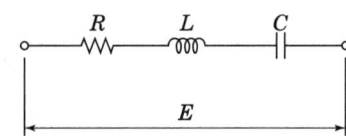

직렬공진
(1) $X_L - X_C = 0$, $X_L = X_C$, $\omega L = \dfrac{1}{\omega C}$
(2) 최소 임피던스로 되고 최대전류가 흐르며 소비전력이 최대가 된다.
(3) 공진주파수는 $f = \dfrac{1}{2\pi\sqrt{LC}}$ [Hz]이다.

[15, 17]

29 그림과 같은 R-L-C 직렬회로에서 단자전압과 전류가 동상일 되는 조건은?

① $\omega = LC$
② $\omega LC = 1$
③ $\omega^2 LC = 1$
④ $\omega L^2 C^2 = 1$

직렬공진
(1) $X_L - X_C = 0$, $X_L = X_C$, $\omega L = \dfrac{1}{\omega C}$
(2) 최소 임피던스로 되고 최대전류가 흐르며 소비전력이 최대가 된다.
(3) 공진주파수는 $f = \dfrac{1}{2\pi\sqrt{LC}}$ [Hz]이다.
∴ $\omega^2 LC = 1$

제7장 교류회로

[07]

30 R, L, C 직렬회로에서 임피던스가 최소가 되기 위한 조건은?

① $\omega L + \dfrac{1}{\omega C} = 1$ ② $\omega L - \dfrac{1}{\omega C} = 0$

③ $\omega L + \dfrac{1}{\omega C} = 0$ ④ $\omega L - \dfrac{1}{\omega C} = 1$

직렬공진
(1) $X_L - X_C = 0$, $X_L = X_C$, $\omega L = \dfrac{1}{\omega C}$
(2) 최소 임피던스로 되고 최대전류가 흐르며 소비전력이 최대가 된다.
(3) 공진주파수는 $f = \dfrac{1}{2\pi\sqrt{LC}}$ [Hz]이다.

∴ $\omega L - \dfrac{1}{\omega C} = 0$

[08, 15]

31 R-L-C 직렬회로에서 전류가 최대로 되는 조건은?

① $\omega L = \omega C$ ② $\dfrac{\omega^2 L}{R} = \dfrac{1}{\omega CR}$

③ $\omega LC = 1$ ④ $\omega L = \dfrac{1}{\omega C}$

직렬공진
(1) $X_L - X_C = 0$, $X_L = X_C$, $\omega L = \dfrac{1}{\omega C}$
(2) 최소 임피던스로 되고 최대전류가 흐르며 소비전력이 최대가 된다.
(3) 공진주파수는 $f = \dfrac{1}{2\pi\sqrt{LC}}$ [Hz]이다.

[11, 15, 20]

32 R-L-C 직렬회로에서 소비전력이 최대가 되는 조건은?

① $\omega L - \dfrac{1}{\omega C} = 1$ ② $\omega L + \dfrac{1}{\omega C} = 0$

③ $\omega L + \dfrac{1}{\omega C} = 1$ ④ $\omega L - \dfrac{1}{\omega C} = 0$

직렬공진
(1) $X_L - X_C = 0$, $X_L = X_C$, $\omega L = \dfrac{1}{\omega C}$
(2) 최소 임피던스로 되고 최대전류가 흐르며 소비전력이 최대가 된다.
(3) 공진주파수는 $f = \dfrac{1}{2\pi\sqrt{LC}}$ [Hz]이다.

∴ $\omega L - \dfrac{1}{\omega C} = 0$

[13]

33 직렬공진 시 RLC 직렬회로에 대한 설명으로 잘못된 것은?

① 회로에 흐르는 전류는 최대가 된다.
② 회로에는 유효전력이 발생되지 않는다.
③ 회로의 합성 임피던스가 최소가 된다.
④ R에 걸리는 전압이 공급전압과 같게 된다.

직렬공진
(1) $X_L - X_C = 0$, $X_L = X_C$, $\omega L = \dfrac{1}{\omega C}$
(2) 최소 임피던스로 되고 최대전류가 흐르며 소비전력이 최대가 된다.
(3) 공진주파수는 $f = \dfrac{1}{2\pi\sqrt{LC}}$ [Hz]이다.

∴ 직렬공진이 되면 회로의 전력은 유효전력만 남는다.

정답 30 ② 31 ④ 32 ④ 33 ②

[10, 19]

34 그림과 같은 병렬공진회로에서 전류 I가 전압 E보다 앞서는 관계로 옳은 것은?

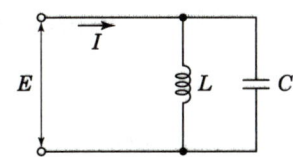

① $f < \dfrac{1}{2\pi\sqrt{LC}}$ ② $f > \dfrac{1}{2\pi\sqrt{LC}}$

③ $f = \dfrac{1}{2\pi\sqrt{LC}}$ ④ $f = \dfrac{1}{\sqrt{2\pi}LC}$

전류가 전압보다 앞선다는 것은 콘덴서에 흐르는 전류가 더 크다는 것을 의미하는 것이다.
그러므로 $I_C > I_L$ 식에서 $\dfrac{E}{X_C} > \dfrac{E}{X_L}$ 이 된다.
$X_L > X_C$, $\omega L > \dfrac{1}{\omega C}$, $\omega^2 LC > 1$ 이므로
∴ $f > \dfrac{1}{2\pi\sqrt{LC}}$

[19]

35 60[Hz], 100[V]의 교류전압이 200[Ω]의 전구에 인가될 때 소비되는 전력은 몇 [W]인가?

① 50 ② 100
③ 150 ④ 200

$P = \dfrac{V^2}{R}$ [W] 식에서
$f = 60$[Hz], $V = 100$[V], $R = 200$[Ω]일 때
∴ $P = \dfrac{V^2}{R} = \dfrac{100^2}{200} = 50$[W]

[10]

36 위상차가 30°이고 단상 220[V]교류전압을 인가했더니 15[A]의 전류가 흘렀다. 소비전력은 약 몇 [kW]인가?

① 3.2 ② 2.9
③ 29.1 ④ 13.2

$P = S\cos\theta = VI\cos\theta$ [W] 식에서
$\theta = 30°$, $V = 220$[V], $I = 15$[A]일 때
∴ $P = VI\cos\theta = 220 \times 15 \times \cos 30° = 2,857$[W]
≒ 2.9[kW]

[14]

37 $V = 100\angle 60°$[V], $I = 20\angle 30°$[A]일 때 유효전력은 약 몇 [W]인가?

① 1,000 ② 1,414
③ 1,732 ④ 2,000

$P = S\cos\theta = VI\cos\theta$ [W] 식에서
$V = 100$[V], $I = 20$[A], $\theta = 60° - 30° = 30°$일 때
∴ $P = VI\cos\theta = 100 \times 20 \times \cos 30° = 1,732$[W]

[10]

38 저항 3[Ω]과 유도리액턴스 4[Ω]이 직렬로 연결된 회로에 $e = 100\sqrt{2}\sin\omega t$[V]인 전압을 가하였을 때 이 회로에서 소비하는 전력은 몇 [kW]인가?

① 1.2 ② 2.2
③ 3.2 ④ 4.2

$P = I^2 R = \dfrac{V^2 R}{R^2 + X^2}$ [W] 식에서
$R = 3$[Ω], $X = 4$[Ω], $V_m = 100\sqrt{2}$ [V]일 때
전압의 실효값 V는
$V = \dfrac{V_m}{\sqrt{2}} = \dfrac{100\sqrt{2}}{\sqrt{2}} = 100$[V] 이므로
∴ $P = \dfrac{V^2 R}{R^2 + X^2} = \dfrac{100^2 \times 3}{3^2 + 4^2} = 1,200$[W]
$= 1.2$[kW]

정답 34 ② 35 ① 36 ② 37 ③ 38 ①

제7장 교류회로

[08, 16]
39 무효전력을 나타내는 단위는?

① VA   ② W
③ Var ④ Wh

> **단위**
> ① [VA] : 피상전력 ② [W] : 유효전력
> ③ [Var] : 무효전력 ④ [Wh] : 유효전력량

[07, 14]
40 역률 80[%]인 부하에 전압과 전류의 실효값이 각각 100[V], 5[A]라고 할 때 무효전력[Var]은?

① 100 ② 200
③ 300 ④ 400

> $Q = S\sin\theta = VI\sin\theta[\text{Var}]$ 식에서
> $\cos\theta = 0.8$, $V = 100[\text{V}]$, $I = 5[\text{A}]$일 때
> $\sin\theta = \sqrt{1-\cos^2\theta} = \sqrt{1-0.8^2} = 0.6$ 이므로
> $\therefore Q = VI\sin\theta = 100 \times 5 \times 0.6 = 300[\text{Var}]$

[14]
41 역률 80[%]인 부하의 유효전력이 80[kW]이면 무효전력은 몇 [kVar]인가?

① 40   ② 60
③ 80   ④ 100

> $Q = S\sin\theta = VI\sin\theta[\text{Var}]$ 식에서
> $\cos\theta = 0.8$, $P = 80[\text{kW}]$일 때
> $S = \dfrac{P}{\cos\theta} = \dfrac{80}{0.8} = 100[\text{kVA}]$,
> $\sin\theta = \sqrt{1-\cos^2\theta} = \sqrt{1-0.8^2} = 0.6$ 이므로
> $\therefore Q = S\sin\theta = 100 \times 0.6 = 60[\text{kVar}]$

[09]
42 역률 80[%], 80[kW]의 단상 부하에서 2시간 동안의 무효전력량은?

① 60[kVarh]   ② 80[kVarh]
③ 100[kVarh] ④ 120[kVarh]

> $Q = S\sin\theta = VI\sin\theta[\text{Var}]$ 식에서
> $\cos\theta = 0.8$, $P = 80[\text{kW}]$일 때
> $S = \dfrac{P}{\cos\theta} = \dfrac{80}{0.8} = 100[\text{kVA}]$,
> $\sin\theta = \sqrt{1-\cos^2\theta} = \sqrt{1-0.8^2} = 0.6$ 이므로
> $Q = S\sin\theta = 100 \times 0.6 = 60[\text{kVar}]$이다.
> 무효전력량은 $Qt[\text{kVarh}]$ 식에서
> $t = 2[\text{h}]$일 때
> $\therefore Qt = 60 \times 2 = 120[\text{kVarh}]$

[09, 19]
43 교류회로의 역률은?

① $\dfrac{\text{무효전력}}{\text{피상전력}}$ ② $\dfrac{\text{유효전력}}{\text{피상전력}}$
③ $\dfrac{\text{무효전력}}{\text{유효전력}}$ ④ $\dfrac{\text{유효전력}}{\text{무효전력}}$

> 역률 $\cos\theta$는
> $\cos\theta = \dfrac{P}{S} = \dfrac{P}{\sqrt{P^2+Q^2}}$ 식에서
> $\therefore \cos\theta = \dfrac{\text{유효전력}}{\text{피상전력}}$

[09]
44 커피포트를 이용하여 물을 끓였을 때 얻은 열량은 7,200[cal]였다. 이 커피포트에는 200[V], 1[A]의 전기를 5분 동안 입력하였다면 역률은 얼마인가?

① 0.1 ② 0.25
③ 0.5 ④ 0.7

> $H = 0.24Pt = 0.24VI\cos\theta\, t[\text{cal}]$ 식에서
> $H = 7,200[\text{cal}]$, $V = 200[\text{V}]$, $I = 1[\text{A}]$,
> $t = 5[\text{min}] = 5 \times 60[\text{sec}]$ 이므로
> $\therefore \cos\theta = \dfrac{H}{0.24VIt} = \dfrac{7,200}{0.24 \times 200 \times 1 \times 5 \times 60}$
> $= 0.5$

정답 39 ③ 40 ③ 41 ② 42 ④ 43 ② 44 ③

[06, 09, 19]

45 유도전동기의 역률을 개선하기 위하여 일반적으로 많이 사용되는 방법은?

① 조상기 병렬접속   ② 콘덴서 병렬접속
③ 조상기 직렬접속   ④ 콘덴서 직렬접속

> **진상용콘덴서**
> 부하의 역률이 저하되는 이유는 유도전동기에 흐르는 지상전류 때문이므로 콘덴서를 병렬로 접속하여 진상전류를 공급하면 병렬공진의 영향으로 역률이 개선된다.
> ∴ 역률개선하기 위한 콘덴서는 병렬 접속한다.

[10]

46 저항을 측정할 때 전원 공급 장치, 검출계 및 4개의 저항으로 구성하여 이 4개의 저항 중 하나는 미지저항이고 이 미지저항은 다른 3개의 저항의 관계로 구한다. 이것을 무엇이라 하는가?

① DC전위차계   ② 휘트스톤 브리지
③ 메거   ④ 영상변류기

> 문제의 내용은 휘스톤 브리지 회로에 대한 평형조건을 설명하고 있다.

[08]

47 그림과 같은 회로에서 a, b에 흐르는 전류는 몇 [A]인가? (단, 저항의 단위는 모두 [Ω]이다.)

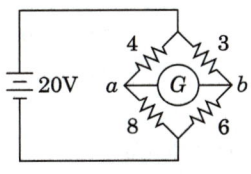

① 0   ② 5[A]
③ 10[A]   ④ 20[A]

> 휘스톤 브리지 회로에서 평형이 된다는 것은 검류계의 양 단자의 전압이 서로 같게 되거나 또는 검류계에 흐르는 전류가 0이 된다는 것을 의미한다.

[12]

48 평형 상태인 브리지에서 $L_1 : L_2$ 길이의 비율은 1 : 2이다. $R = 20$ [Ω]일 때 저항 X의 값은 몇 [Ω]인가?

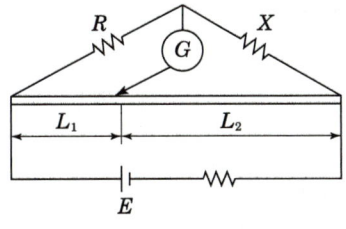

① 5   ② 10
③ 20   ④ 40

> 저항은 전선의 길이에 비례하기 때문에 저항을 대신하여 전선의 길이로 휘스톤 브리지 평형조건을 유도하면 된다.
> $RL_2 = XL_1$, $L_2 = 2L_1$ 식에서
> ∴ $X = \dfrac{RL_2}{L_1} = \dfrac{20 \times 2L_1}{L_1} = 40$ [Ω]

[07, 16, 19]

49 평형 3상 Y결선에서 상전압 V_p와 선간전압 V_l과의 관계는?

① $V_l = V_p$ ② $V_l = \sqrt{3}\, V_p$
③ $V_l = \dfrac{1}{\sqrt{3}} V_p$ ④ $V_l = 3 V_p$

> **Y결선의 특징**
> (1) $V_L = \sqrt{3}\, V_P$ [V]
> (2) $I_L = I_P = \dfrac{V_L}{\sqrt{3}\, Z}$ [A]
> (3) $P = \sqrt{3}\, V_L I_L \cos\theta$ [W]
> 여기서, V_L : 선간전압, V_P : 상전압, I_L : 선전류,
> I_P : 상전류, Z : 한 상의 임피던스, $\cos\theta$: 역률

정답 45 ② 46 ② 47 ① 48 ④ 49 ②

제7장 교류회로

[13, 20]

50 대칭 3상 Y부하에서 각 상의 임피던스 $Z=3+j4$ [Ω]이고, 부하전류가 20[A]일 때, 부하의 선간 전압은 약 몇 [V]인가?

① 141 ② 173
③ 220 ④ 282

$I_L = \dfrac{V_L}{\sqrt{3}\,Z}$ [A] 식에서

$Z=3+j4[\Omega]$, $I_L=20[A]$일 때

∴ $V_L = \sqrt{3}\,ZI = \sqrt{3} \times \sqrt{3^2+4^2} \times 20 = 173[V]$

[12]

51 부하 1상의 임피던스가 $60+j80[\Omega]$인 △결선의 3상 회로에 100[V]의 전압을 가할 때 선전류는 몇 [A]인가?

① 1 ② $\sqrt{3}$
③ 3 ④ $\dfrac{1}{\sqrt{3}}$

$I_L = \dfrac{\sqrt{3}\,V_L}{Z}$ [A] 식에서

$Z=60+j80[\Omega]$, $V_L=100[V]$일 때

∴ $I_L = \dfrac{\sqrt{3}\,V_L}{Z} = \dfrac{\sqrt{3}\times 100}{\sqrt{60^2+80^2}} = \sqrt{3}$ [A]

[11]

52 전원과 부하가 다 같이 △결선된 3상 평형 회로에서 전원전압이 600[V], 환상 부하 임피던스가 $6+j8[\Omega]$인 경우 선전류는 몇 [A]인가?

① $60\sqrt{3}$ ② $\dfrac{60}{\sqrt{3}}$
③ 20 ④ 60

$I_L = \dfrac{\sqrt{3}\,V_L}{Z}$ [A] 식에서

$V_L=600[V]$, $Z=6+j8[\Omega]$일 때

∴ $I_L = \dfrac{\sqrt{3}\,V_L}{Z} = \dfrac{\sqrt{3}\times 600}{\sqrt{6^2+8^2}} = 60\sqrt{3}$ [A]

[13]

53 3상 평형 부하의 전압이 100[V]이고, 전류가 10[A]이다. 역률이 0.8이면 이때의 소비전력은 약 몇 [W]인가?

① 1,386 ② 1,732
③ 2,100 ④ 2,430

$P = \sqrt{3}\,VI\cos\theta$ [W] 식에서
$V=100[V]$, $I=10[A]$, $\cos\theta=0.8$일 때
∴ $P = \sqrt{3}\,VI\cos\theta = \sqrt{3}\times 100\times 10\times 0.8$
$\quad = 1,386[W]$

[18]

54 3상 유도전동기의 출력이 15[kW], 선간전압이 220[V], 효율이 80[%], 역률이 85[%]일 때 이 전동기에 유입되는 전류는 약 몇 [A]인가?

① 33.4 ② 45.6
③ 57.9 ④ 69.4

$P = \sqrt{3}\,VI\cos\theta\,\eta$ [W] 식에서
$P=15[kW]$, $V=220[V]$, $\eta=0.8$, $\cos\theta=0.85$일 때
∴ $I = \dfrac{P}{\sqrt{3}\,V\cos\theta\,\eta} = \dfrac{15\times 10^3}{\sqrt{3}\times 220\times 0.85\times 0.8}$
$\quad = 57.9[A]$

[12]

55 3상 유도전동기의 출력이 5마력, 전압 220[V], 효율 80[%], 역률 90[%]일 때 전동기에 유입되는 선전류는 약 몇 [A]인가?

① 11.6 ② 13.6
③ 15.6 ④ 17.6

$P = \sqrt{3}\,VI\cos\theta\,\eta$ [W] 식에서
$P=5[HP]=5\times 746[W]$, $V=220[V]$, $\eta=0.8$,
$\cos\theta=0.9$일 때
∴ $I = \dfrac{P}{\sqrt{3}\,V\cos\theta\,\eta} = \dfrac{5\times 746}{\sqrt{3}\times 220\times 0.9\times 0.8}$
$\quad = 13.6[A]$

정답 50 ② 51 ② 52 ① 53 ① 54 ③ 55 ②

[09, 15]

56 다음 중 상용의 3상 교류에 대한 설명으로 옳지 않은 것은?

① 각 전압이나 전류를 합하면 0이 된다.
② 전압이나 전류는 각각 $\frac{2\pi}{3}$ 의 위상차를 갖고 있다.
③ 단상 교류보다 3상의 교류가 회전자장을 얻기가 쉽다.
④ 기기에 Y결선을 하면 △ 결선보다 높은 전압을 얻을 수 있다.

> 3상 기기에 공급되는 전압은 선간전압으로 결선에 관계없이 일정하게 공급된다. 단, 기기의 상전압은 Y결선일 때가 △결선일 때 보다 $\frac{1}{\sqrt{3}}$ 배만큼 감소하게 된다.

[16, 19]

57 다음과 같은 Y결선 회로와 등가인 △결선 회로의 A, B, C 값은 몇 [Ω]인가?

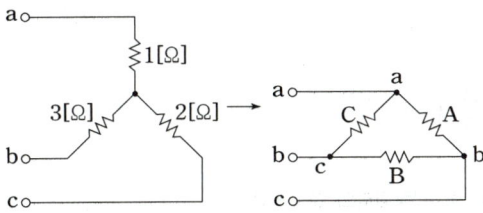

① $A = \frac{7}{3}$, $B = 7$, $C = \frac{7}{2}$
② $A = 7$, $B = \frac{7}{2}$, $C = \frac{7}{3}$
③ $A = 11$, $B = \frac{11}{2}$, $C = \frac{11}{3}$
④ $A = \frac{11}{3}$, $B = 11$, $C = \frac{11}{2}$

> Y결선에서 △결선으로 변환
> $R_a = 1[\Omega]$, $R_b = 2[\Omega]$, $R_c = 3[\Omega]$이라 하면
> $R_A = \dfrac{R_a R_b + R_b R_c + R_c R_a}{R_c}$
> $\quad = \dfrac{1 \times 2 + 2 \times 3 + 3 \times 1}{3} = \dfrac{11}{3}$
> $R_B = \dfrac{R_a R_b + R_b R_c + R_c R_a}{R_a}$
> $\quad = \dfrac{1 \times 2 + 2 \times 3 + 3 \times 1}{1} = 11$
> $R_C = \dfrac{R_a R_b + R_b R_c + R_c R_a}{R_b}$
> $\quad = \dfrac{1 \times 2 + 2 \times 3 + 3 \times 1}{2} = \dfrac{11}{2}$

[12]

58 그림과 같은 회로에서 a, b 간에 100[V]를 가했을 때 c, d 사이에 나타나는 전압은 몇 [V]인가?

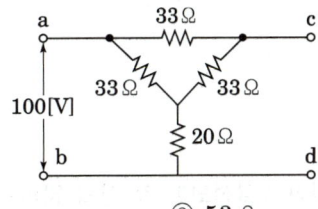

① 43.8
② 53.8
③ 63.8
④ 73.8

> 33[Ω]의 저항 3개가 △결선을 이루고 있으므로 이것을 Y결선으로 바꾸게 되면 저항은 $\frac{1}{3}$ 배로 감소하여 11[Ω]의 저항과 20[Ω]의 저항이 아래 그림과 같이 결선하게 된다.
>
>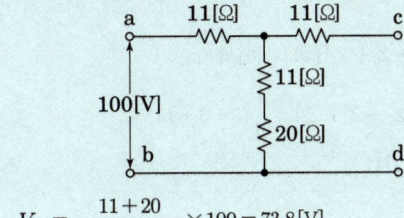
>
> $\therefore V_{cd} = \dfrac{11 + 20}{11 + 11 + 20} \times 100 = 73.8[V]$

정답 56 ④ 57 ④ 58 ④

제7장 교류회로

[06, 11]

59 그림과 같은 회로의 합성저항은 몇 [Ω]인가?

① 25
② 30
③ 35
④ 50

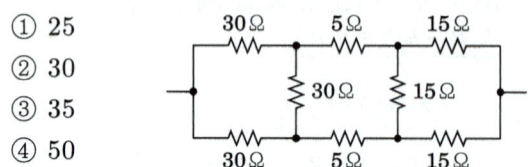

그림에서 30[Ω] 저항과 15[Ω] 저항은 각각 △결선을 이루고 있으므로 이것을 Y결선으로 바꾸게 되면 저항은 $\frac{1}{3}$배로 감소하여 각각 10[Ω]과 5[Ω]으로 바뀌면서 그림은 아래와 같은 등가회로가 완성된다.

그러므로 중간 병렬회로에서 $10+5+5=20\Omega$ 2회로의 병렬 합성은 10Ω이 되므로 합성저항 $R=10+10+5=25\Omega$

[06, 13]

60 3상 부하가 Y결선되어 각 상의 임피던스가 $Z_a = 3$ [Ω], $Z_b = 3$[Ω], $Z_c = j3$[Ω]이다. 이 부하의 영상 임피던스는 몇 [Ω]인가?

① $2+j1$
② $3+j3$
③ $3+j6$
④ $6+j3$

영상분(Z_0)
$Z_0 = \frac{1}{3}(Z_a + Z_b + Z_c)$[Ω] 식에서
$\therefore Z_0 = \frac{1}{3}(Z_a + Z_b + Z_c) = \frac{1}{3}(3+3+j3)$
$= 2+j1$[Ω]

[13]

61 정전용량 C[F]의 콘덴서를 △결선해서 3상 전압 V [V]를 가했을 때의 충전용량은 몇 [VA]인가?
(단, 전원의 주파수는 f[Hz]이다.)

① $2\pi fCV^2$
② $6\pi fCV^2$
③ $2\pi f^2 CV$
④ $18\pi fCV^2$

$\therefore Q_c = 3\frac{V^2}{X_c} = 3\omega CV^2 = 3 \times 2\pi fCV^2$
$= 6\pi fCV^2$[VA]

[13]

62 그림과 같은 회로에서 스위치 S를 닫을 때의 전류 $i(t)$[A]는?

① $\frac{E}{R}e^{-\frac{R}{L}t}$
② $\frac{E}{R}(1-e^{-\frac{R}{L}t})$
③ $\frac{E}{R}e^{-\frac{L}{R}t}$
④ $\frac{E}{R}(1-e^{-\frac{L}{R}t})$

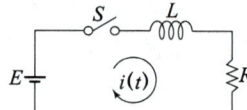

$R-L$ 직렬회로의 과도전류
(1) 스위치를 ON 했을 때
$i(t) = \frac{E}{R}(1-e^{-\frac{R}{L}t})$[A]
(2) 스위치를 OFF 했을 때
$i(t) = \frac{E}{R}e^{-\frac{R}{L}t}$[A]

정답 59 ① 60 ① 61 ② 62 ②

[20]

63 R-L-C 직렬 회로에서 t=0에서 교류 전압 $v(t) = V_m \sin(\omega t + \theta)$를 인가할 때 $R^2 - 4\dfrac{L}{C} > 0$이면 이 회로는?

① 완전진동   ② 비진동
③ 임계진동   ④ 감쇠진동

> $R-L-C$ 과도응답
> (1) 비진동 조건 : $R^2 > \dfrac{4L}{C}$
> (2) 임계진동 조건 : $R^2 = \dfrac{4L}{C}$
> (3) 진동 조건 : $R^2 < \dfrac{4L}{C}$

[12]

64 저항 10[Ω]과 정전용량 20[μF]를 직렬로 연결하였을 때, 이 회로의 시정수는 몇 [ms]인가?

① 0.2   ② 0.8
③ 1.2   ④ 1.6

> $\tau = RC$[s] 식에서
> $R = 10[\Omega]$, $C = 20[\mu F]$일 때
> ∴ $\tau = RC = 10 \times 20 \times 10^{-6} = 2 \times 10^{-4}$[s]
> $= 0.2$[ms]

정답 63 ② 64 ①

2025
공조냉동기계산업기사 필기

제8장

전기계측

제8장 | 전기계측

01 전기계측

1 전기계측

1. 전기계측기의 구성과 계측기 선정시 고려사항

(1) 계측기의 구성

전기계측기는 전기적인 물리량으로서 전압, 전류, 저항, 전력, 주파수 등을 수치적으로 지시해 줄 수 있는 측정용 계기를 말한다. 이 지시계기의 3대 구성 요소는 구동장치, 제어장치, 제동장치로 이루어져 있다.

(2) 계측기 선정시 고려사항
① 정확도와 신뢰도
② 신속도

2. 전압계와 전류계

(1) 전압계
① 전압계는 측정하려는 단자에 병렬로 접속하는 계기로서 내부저항은 크게 설계하여야 한다.
② 전압계의 측정범위를 확대하기 위해서는 전압계와 직렬로 배율기를 설치하여야 한다.

(2) 전류계
① 전류계는 측정하려는 단자에 직렬로 접속하는 계기로서 내부저항은 작게 설계하여야 한다.
② 전류계의 측정범위를 확대하기 위해서는 전류계와 병렬로 분류기를 설치하여야 한다.

> **계측기의 제동장치**
> • 공기제동
> • 전자제동
> • 와류제동
>
> **직류용 계기와 교류용 계기**
> • 직류용 계기 : 가동 코일형
> • 교류용 계기 : 가동 철편형, 정전형, 유도형, 열선형, 전류력계형 등

---

01 예제문제

지시계기의 구성 3대 요소가 아닌 것은?
① 유도장치　　② 제어장치
③ 제동장치　　④ 구동장치

해설
지시계기의 3대 구성 요소는 구동장치, 제어장치, 제동장치로 이루어져 있다.

답 ①

2 배율기와 분류기

1. 배율기

배율기란 "전압계의 측정범위를 넓히기 위하여 전압계와 직렬로 접속하는 저항기"로서 배율과 배율기 저항은 다음과 같다.

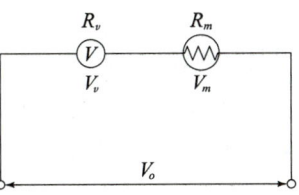

배율(m)	배율기 저항(r_m)
$m = \dfrac{V_0}{V_v} = 1 + \dfrac{r_m}{r_v}$	$r_m = (m-1)r_v\,[\Omega]$

여기서, m : 배율, V_0 : 피측정 전압, V_v : 전압계의 최대눈금,
r_m : 배율기 저항, r_v : 전압계의 내부저항

2. 분류기

분류기란 "전류계의 측정범위를 넓히기 위하여 전류계와 병렬로 접속하는 저항기"로서 배율과 분류기 저항은 다음과 같다.

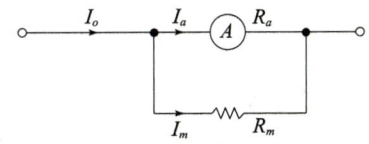

배율(m)	분류기 저항(r_m)
$m = \dfrac{I_0}{I_a} = 1 + \dfrac{r_a}{r_m}$	$r_m = \dfrac{r_a}{m-1}\,[\Omega]$

여기서, m : 배율, I_0 : 피측정 전류, I_a : 전류계의 최대눈금,
r_a : 전류계의 내부저항, r_m : 분류기 저항

---

02 예제문제

전류계와 병렬로 연결되어 전류계의 측정범위를 확대해 주는 것은?

① 배율기　　　　② 분류기
③ 절연저항　　　④ 접지저항

해설
분류기란 "전류계의 측정범위를 넓히기 위하여 전류계와 병렬로 접속하는 저항기"이다.

답 ②

> **계기의 지시값**
> 교류 전압, 교류 전류, 교류 전력 등을 측정하는 계기들의 지시값들은 모두 교류의 실효값을 의미한다.
>
> **1전력계법**
> 3상 부하가 순저항 부하인 경우 역률이 1이고 무효전력이 0이기 때문에 3상 전체 전력은 전력계 지시값의 2배인 2W[W]가 된다.
>
> **3전력계법**
> 3상 4선식 불평형 부하인 경우에는 각 상에 전력계를 설치하여 3상 전력을 측정하여야 하기 때문에 전력계가 3대 필요하다.

3 3전압계법과 2전력계법

1. 3전압계법

전압계 3대의 지시값으로 단상 부하의 역률과 전력을 구할 수 있는 방법으로 역률과 부하전력에 대한 공식은 다음과 같다.

(1) 역률

$$\cos\theta = \frac{V_3^2 - V_1^2 - V_2^2}{2V_1 V_2}$$

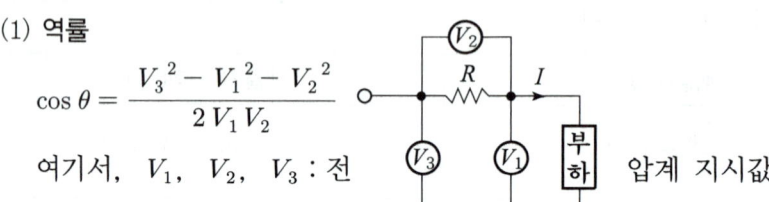

여기서, V_1, V_2, V_3 : 전압계 지시값

(2) 부하전력

$$P = \frac{1}{2R}(V_3^2 - V_1^2 - V_2^2)[\text{W}]$$

여기서, V_1, V_2, V_3 : 전압계 지시값, P : 부하전력, R : 저항, $\cos\theta$: 역률

2. 2전력계법

전력계 2대의 지시값으로 3상 부하의 전력과 역률을 구할 수 있는 방법으로 전력과 역률에 대한 공식은 다음과 같다.

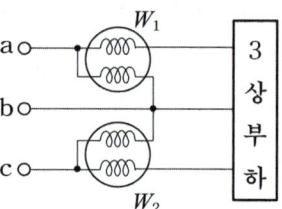

(1) 3상 소비전력

$$P = W_1 + W_2 = \sqrt{3}\,VI\cos\theta\,[\text{W}]$$

여기서, P : 소비전력, W_1, W_2 : 전력계 지시값, V : 전압, I : 전류

(2) 3상 피상전력

$$S = 2\sqrt{W_1^2 + W_2^2 - W_1 W_2} = \sqrt{3}\,VI\,[\text{VA}]$$

여기서, S : 피상전력, W_1, W_2 : 전력계 지시값, V : 전압, I : 전류

(3) 역률

$$\cos\theta = \frac{W_1 + W_2}{2\sqrt{W_1^2 + W_2^2 - W_1 W_2}} \times 100 = \frac{P}{\sqrt{3}\,VI} \times 100\,[\%]$$

여기서, $\cos\theta$: 역률, W_1, W_2 : 전력계 지시값, P : 소비전력, V : 전압, I : 전류,

03 예제문제

2전력계법으로 3상 전력을 측정할 때 전력계의 지시가 $W_1 = 200[\text{W}]$, $W_2 = 200[\text{W}]$ 이다. 부하전력[W]은?

① 200
② 400
③ $200\sqrt{3}$
④ $400\sqrt{3}$

해설

$P = W_1 + W_2 = \sqrt{3}\,VI\cos\theta\,[\text{W}]$ 식에서
∴ $P = W_1 + W_2 = 200 + 200 = 400[\text{W}]$

답 ②

> **계기의 스프링 피로도**
> 지시 전기 계기에 장시간 전류를 흘린 후 전류를 끊어도 지침이 0점으로 복구되지 않는 이유는 계기 내부의 스프링 피로도 때문이다.
>
> **제벡효과**
> 서로 다른 두 금속을 접합하여 접합점에 온도차를 주게 되면 기전력이 발생하여 전류가 흐르는 현상이다.

4 계측기와 센서의 종류

1. 계측기의 종류 및 측정 방법

① 멀티 테스터(회로시험기) : 직류전압, 직류전류, 교류전압, 교류전류, 저항을 측정할 수 있는 계기
② 검류계 : 미소한 전류나 전압의 유무를 검출하는데 사용되는 계기
③ 절연저항계(메거) : 절연저항을 측정하여 전기기기 및 전로의 누전 여부를 알 수 있는 계기로서 무전압 상태에서 측정하여야 한다.
④ 엔코더 : 회전하는 각도를 디지털량으로 출력하는 검출기
⑤ 콜라우시브리지법 : 축전지의 내부저항을 측정하는 방법
⑥ 영위법 : 측정하고자 하는 양을 표준량과 서로 평형을 이루도록 조절하여 측정량을 구하는 방법

2. 센서의 종류

① CdS(광 센서) : 빛의 양에 의해 저항값이 변하는 광 가변저항 센서이다.
② 광전형센서 : 광전효과를 이용하여 빛이 직접 전기신호로 바뀌어 동작하게 되는 전압 변화형 센서로서 반도체의 pn접합 기전력을 이용한다. 포토 다이오드나 포토 TR등이 있다.
③ 열기전력형 센서 : 열전효과(제벡효과)를 이용하여 열전대 쌍에 응용되는 철, 콘스탄탄과 같은 금속을 이용하는 전압 변화형 센서로서 열전온도계 등에 이용된다.

04 예제문제

절연저항을 측정하기 위해 사용되는 계측기는?

① 메거
② 휘트스톤 브리지
③ 캘빈 브리지
④ 저항계

해설
절연저항계(메거) : 절연저항을 측정하여 전기기기 및 전로의 누전 여부를 알 수 있는 계기

답 ①

01 핵심예상문제

전기계측

본 핵심예상문제는 각단원별 출제빈도 높은 문제 및 최근 10년간의 기출문제 중 비중이 높은 출제유형이므로 꼭 풀어보고 가야할 문제입니다. 이후 실전예상문제를 공부하시면 효과적입니다.

[07, 14]
01 다음 중 지시 계측기의 구성요소와 거리가 먼 것은?

① 구동장치 ② 제어장치
③ 제동장치 ④ 유도장치

> **계측기의 구성**
> 전기계측기는 전기적인 물리량으로서 전압, 전류, 저항, 전력, 주파수 등을 수치적으로 지시해 줄 수 있는 측정용 계기를 말한다. 이 지시계기의 3대 구성요소는 구동장치, 제어장치, 제동장치로 이루어져 있다.

[06]
02 다음 중 계측기의 제동장치가 될 수 없는 것은?

① 공기제동 ② 전자제동
③ 와류제동 ④ 베어링제동

> **계측기의 제동장치**
> (1) 공기제동
> (2) 전자제동
> (3) 와류제동

[13]
03 그림과 같이 저항 R을 전류계와 내부저항 20[Ω]인 전압계로 측정하니 15[A]와 30[V]이었다. 저항 R은 몇 [Ω]인가?

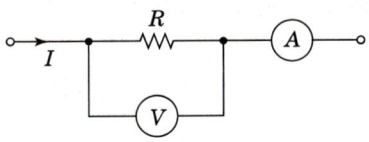

① 1.54 ② 1.86
③ 2.22 ④ 2.78

> 전압계 내부에 흐르는 누설전류를 먼저 구해보면
> $I_v = \dfrac{V}{r_v} = \dfrac{30}{20} = 1.5$[A]이다.
> 이때 저항 R에 흐르는 전류는 전류계의 지시값과 전압계 내부의 누설전류의 차가 되므로
> $I_R = I - I_v = 15 - 1.5 = 13.5$[A] 임을 알 수 있다.
> 따라서 전압계의 단자전압이 30[V] 이므로
> $\therefore R = \dfrac{V}{I_R} = \dfrac{30}{13.5} = 2.22$[Ω]

정답 01 ④ 02 ④ 03 ③

제8장 전기계측

[15]

04 전류계와 전압계가 측정범위를 확장하기 위하여 저항을 사용하는데, 다음 중 저항의 연결 방법으로 알맞은 것은?

① 전류계에는 저항을 병렬연결하고, 전압계에는 저항을 직렬연결 해야 한다.
② 전류계 및 전압계에 저항을 병렬연결 해야 한다.
③ 전류계에는 저항을 직렬연결하고 전압계에는 저항을 병렬연결 해야 한다.
④ 전류계 및 전압계에 저항을 직렬연결 해야 한다.

> **전압계와 전류계**
> (1) 전압계
> ㉠ 전압계는 측정하려는 단자에 병렬로 접속하는 계기로서 내부저항은 크게 설계하여야 한다.
> ㉡ 전압계의 측정범위를 확대하기 위해서는 전압계와 직렬로 배율기를 설치하여야 한다.
> (2) 전류계
> ㉠ 전류계는 측정하려는 단자에 직렬로 접속하는 계기로서 내부저항은 작게 설계하여야 한다.
> ㉡ 전류계의 측정범위를 확대하기 위해서는 전류계와 병렬로 분류기를 설치하여야 한다.

[06]

05 전류계의 측정범위를 넓히기 위하여 이용되는 기기는 무엇이며, 이것은 전류계와 어떻게 접속하는가?

① 분류기-직렬접속
② 분류기-병렬접속
③ 배율기-직렬접속
④ 배율기-병렬접속

> **전류계**
> (1) 전류계는 측정하려는 단자에 직렬로 접속하는 계기로서 내부저항은 작게 설계하여야 한다.
> (2) 전류계의 측정범위를 확대하기 위해서는 전류계와 병렬로 분류기를 설치하여야 한다.

[11]

06 직류회로에 사용되고 자계와 전류 사이에 작용하는 전자력을 이용한 계측기는?

① 정전형
② 유도형
③ 가동철편형
④ 가동코일형

> **직류용 계기와 교류용 계기**
> (1) 직류용 계기 : 가동 코일형
> (2) 교류용 계기 : 가동 철편형, 정전형, 유도형, 열선형, 전류력계형 등

[07]

07 최대 눈금이 1,000[V], 내부저항은 10[kΩ]인 전압계를 가지고 그림과 같이 전압을 측정하였다. 전압계의 지시가 200[V]일 때 전압 E는 몇 [V]인가?

① 800
② 1,000
③ 1,800
④ 2,000

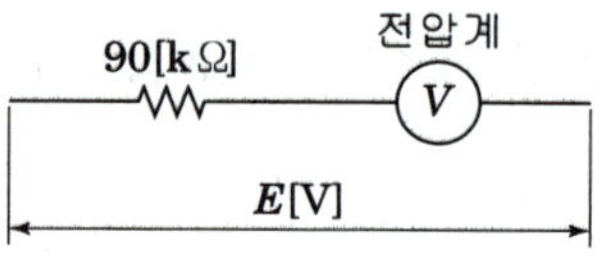

> $m = \dfrac{E}{E_v} = 1 + \dfrac{r_m}{r_v}$ 식에서
> $E_{mv} = 1,000[V]$, $r_v = 10[k\Omega]$, $E_v = 200[V]$,
> $r_m = 90[k\Omega]$일 때
> $\therefore E = \left(1 + \dfrac{r_m}{r_v}\right)E_v = \left(1 + \dfrac{90}{10}\right) \times 200 = 2,000[V]$

정답 04 ① 05 ② 06 ④ 07 ④

08 다음은 분류기이다. 배율은 어떻게 표현되는가? (단, R_s : 분류기의 저항, R_a : 전류계의 내부저항)

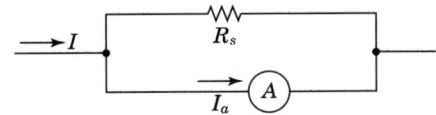

① $\dfrac{R_s}{R_a}$ ② $1+\dfrac{R_s}{R_a}$

③ $1+\dfrac{R_a}{R_s}$ ④ $\dfrac{R_a}{R_s}$

분류기
(1) 배율(m) : $m = \dfrac{I_0}{I_a} = 1 + \dfrac{r_a}{r_m}$

(2) 분류기 저항(r_m) : $r_m = \dfrac{r_a}{m-1}[\Omega]$

$r_a = R_a[\Omega]$, $r_m = R_s[\Omega]$일 때

∴ $m = 1 + \dfrac{r_a}{r_m} = 1 + \dfrac{R_a}{R_s}$

09 최대눈금 10[mA], 내부저항 6[Ω]의 전류계로 40[mA]의 전류를 측정하려면 분류기의 저항은 몇 [Ω]인가?

① 2   ② 20
③ 40   ④ 400

$m = \dfrac{I_0}{I_a} = 1 + \dfrac{r_a}{r_m}$ 식에서

$I_a = 10[\text{mA}]$, $r_a = 6[\Omega]$, $I_0 = 40[\text{mA}]$일 때

∴ $r_m = \dfrac{r_a}{\dfrac{I_0}{I_a}-1} = \dfrac{6}{\dfrac{40}{10}-1} = 2[\Omega]$

10 2전력계법으로 전력을 측정하였더니 $P_1 = 4[\text{W}]$, $P_2 = 3[\text{W}]$이었다면 부하의 소비전력은 몇 [W]인가?

① 1   ② 5
③ 7   ④ 12

2전력계법
$P = W_1 + W_2 = \sqrt{3}\,VI\cos\theta[\text{W}]$ 식에서
$W_1 = P_1 = 4[\text{W}]$, $W_2 = P_2 = 3[\text{W}]$일 때
∴ $P = W_1 + W_2 = 4 + 3 = 7[\text{W}]$

11 그림과 같은 평형 3상 회로에서 전력계의 지시가 100[W]일 때 3상 전력은 몇 [W]인가? (단, 부하의 역률은 100[%]로 한다.)

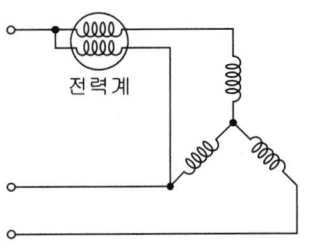

① $100\sqrt{2}$ ② $100\sqrt{3}$
③ 200   ④ 300

1전력계법
3상 부하가 순저항 부하인 경우 역률이 1이고 무효전력이 0이기 때문에 3상 전체 전력은 전력계 지시값의 2배인 $2W$[W]가 된다.
$W = 100[\text{W}]$ 이므로
∴ $P = 2W = 2 \times 100 = 200[\text{W}]$

정답 08 ③ 09 ① 10 ③ 11 ③

제8장 전기계측

[14]

12 3상 4선식 불평형 부하의 경우, 단상전력계로 전력을 측정하고자 할 때 몇 대의 단상전력계가 필요한가?

① 2　　　② 3
③ 4　　　④ 5

3전력계법
3상 4선식 불평형 부하인 경우에는 각 상에 전력계를 설치하여 3상 전력을 측정하여야 하기 때문에 전력계가 3대 필요하다.

[08]

13 그림과 같이 전압계와 전류계를 사용하여 직류 전력을 측정하였다. 가장 정확하게 측정한 전력[W]은? (단, R_i : 전류계의 내부저항, R_e : 전압계의 내부저항이다.)

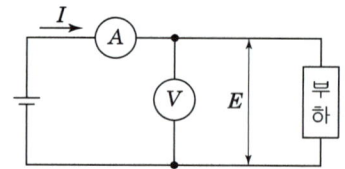

① $P = EI - \dfrac{E^2}{R_e}$

② $P = EI - \dfrac{2E^2}{R_i}$

③ $P = EI - 4R_e I^2$

④ $P = EI - 2R_e I^2$

부하전력은 전원에서 공급된 전력인 EI[W]에서 전압계로 흐르는 누설전류에 의한 전력인 $\dfrac{E^2}{R_e}$[W]를 뺀 값으로 측정되어야 한다.
∴ $P = EI - \dfrac{E^2}{R_e}$ [W]

[20]

14 회로시험기(Multi Meter)로 직접 측정할 수 없는 것은?

① 저항　　　② 교류전압
③ 직류전압　④ 교류전력

계측기의 종류 및 측정 방법
(1) 멀티 테스터(회로시험기) : 직류전압, 직류전류, 교류전압, 교류전류, 저항을 측정할 수 있는 계기
(2) 검류계 : 미소한 전류나 전압의 유무를 검출하는데 사용되는 계기
(3) 절연저항계(메거) : 절연저항을 측정하여 전기기기 및 전로의 누전 여부를 알 수 있는 계기로서 무전압 상태(정전 상태)에서 측정하여야 한다.
(4) 엔코더 : 회전하는 각도를 디지털량으로 출력하는 검출기
(5) 콜라우시 브리지법(또는 코올라시 브리지법) : 축전지의 내부저항을 측정하는 방법
(6) 영위법 : 측정하고자 하는 양을 표준량과 서로 평형을 이루도록 조절하여 측정량을 구하는 방법

[07]

15 소형 전동기의 절연저항 측정에 사용되는 것은?

① 브리지　　② 검류계
③ 메거　　　④ 훅크온메터

절연저항계(메거) : 절연저항을 측정하여 전기기기 및 전로의 누전 여부를 알 수 있는 계기로서 무전압 상태(정전 상태)에서 측정하여야 한다.

정답 12 ②　13 ①　14 ④　15 ③

[12]
16 절연저항 측정에 관한 설명으로 틀린 것은?

① 절연체에 직류 고전압을 가하면 누설 전류가 흐르는 것을 이용한 것이다.
② 선로의 사용전압에 관계없이 절연저항 측정시 선로에 일정한 전압을 인가한다.
③ 절연저항의 측정단위는 [MΩ]이다.
④ 옥내선로의 절연저항 측정 시에는 모든 부하 쪽의 선로를 개방해야 한다.

> 절연저항계(메거) : 절연저항을 측정하여 전기기기 및 전로의 누전 여부를 알 수 있는 계기로서 무전압 상태(정전 상태)에서 측정하여야 한다.

[15]
17 어떤 계기에 장시간 전류를 통전한 후 전원을 OFF시켜도 지침이 0으로 되지 않았다. 그 원인에 해당되는 것은?

① 정전계 영향
② 스프링의 피로도
③ 외부자계 영향
④ 자기가열 영향

> 지시 전기 계기에 장시간 전류를 흘린 후 전류를 끊어도 지침이 0점으로 복구되지 않는 이유는 계기 내부의 스프링 피로도 때문이다.

[11, 15, 18]
18 제벡 효과(Seebeck Effect)를 이용한 센서에 해당하는 것은?

① 저항 변화용
② 인덕턴스 변화용
③ 용량 변화용
④ 전압 변화용

> 센서의 종류
> (1) CdS(광 센서) : 빛의 양에 의해 저항값이 변하는 광 가변 저항 센서이다.
> (2) 광전형센서 : 광전효과를 이용하여 빛이 직접 전기신호로 바뀌어 동작하게 되는 전압 변화형 센서로서 반도체의 pn 접합 기전력을 이용한다. 포토 다이오드나 포토 TR등이 있다.
> (3) 열기전력형 센서 : 열전효과(제벡효과)를 이용하여 열전대 쌍에 응용되는 철, 콘스탄탄이 같은 금속을 이용하는 전압 변화형 센서로서 열전온도계 등에 이용된다.

[15]
19 종류가 다른 금속으로 폐회로를 만들어 두 접속점에 온도를 다르게 하면 전류가 흐르게 되는 것은?

① 펠티에 효과
② 평형현상
③ 제벡 효과
④ 자화현상

> 제벡효과
> 서로 다른 두 금속을 접합하여 접합점에 온도차를 주게 되면 기전력이 발생하여 전류가 흐르는 현상이다.

[09]
20 센서를 변위센서, 속도센서, 열센서, 광센서로 분류하였다. 분류방법으로 알맞은 것은?

① 계측의 대상
② 계측의 형태
③ 소자의 재료
④ 변환의 원리

> 변위센서는 위치나 각도, 속도센서는 속도, 열센서, 온도, 광센서는 빛에 의해서 동작하는 센서의 종류이기 때문에 계측의 대상에 대해서 분류한 것이다.

[09]
21 다음 중 교류 대전류의 계측에 적합한 것은?

① 진동 검류계
② 계기용 변압기
③ 계기용 변류기
④ 교류 전위차계

> 전압계나 전류계, 그리고 전력계는 고압 회로에서 측정하기 곤란하다. 그 이유는 계측기의 절연강도가 그다지 높지 못하기 때문에 변성기를 이용하여 고압을 저압으로, 대전류를 저전류로 변성하여 전압, 전류, 전력을 측정하고 있다. 다음과 계기와 변성기의 조합이다.
> (1) 계기용변압기 : 고압을 저압인 110[V] 정격전압으로 변성하는 장치로 2차측에 전압계를 연결한다.
> (2) 계기용변류기 : 대전류를 저전류인 5[A] 이하로 변성하는 장치로 2차측에 전류계를 연결한다.

정답 16 ② 17 ② 18 ④ 19 ③ 20 ① 21 ③

[12]

22 그림과 같이 교류의 전압을 직류용 가동코일형 계기를 사용하여 측정하였다. 전압계의 눈금은 몇 [V]인가? (단, 교류전압의 최댓값은 V_m이고, 전압계의 내부저항 R의 값은 충분히 크다고 한다.)

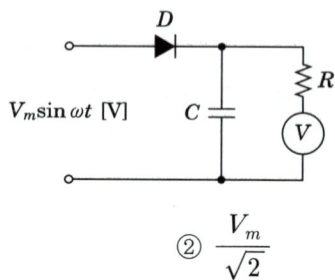

① V_m
② $\dfrac{V_m}{\sqrt{2}}$
③ $\dfrac{V_m}{2}$
④ $\dfrac{V_m}{2\sqrt{2}}$

> 다이오드르 거쳐 출력단에 나타나는 전압은 반파정류전압으로 직류가 얻어지지만 반파정류파형의 최대치는 V_m[V]이기 때문에 콘덴서에 나타나는 전압과 전압계의 지시값은 최대값인 V_m[V]가 나타난다.

정답 22 ①

제9장
전기기기

제9장 | 전기기기

01 전기기기

1 직류기

1. 직류기의 구조

직류기의 3요소는 계자, 전기자, 정류자를 의미하며 브러시 또한 포함하고 있다.

(1) **계자** : 주자속(자기장)을 만든다.

(2) **전기자** : 기전력을 유도한다.

전기자 철심은 규소 강판을 사용하여 히스테리시스 손실을 줄이고 또한 성층하여 와류손(=맴돌이손)을 줄인다.
철심 내에서 발생하는 손실을 철손이라 하며 철손은 히스테리시스손과 와류손을 합한 값이다.
따라서 규소 강판을 성층하여 사용하기 때문에 철손이 줄어들게 된다.

(3) **정류자 및 브러시**
① 정류자 : 전기자 권선에서 발생한 교류를 직류로 바꿔주는 부분이다.
② 브러시 : 정류자 면에 접촉하여 전기자 권선과 외부회로를 연결시켜주는 부분이다.

---

01 예제문제

전기자철심을 규소 강판으로 성층하는 주된 이유는?
① 정류자면의 손상이 적다.   ② 가공하기 쉽다.
③ 철손을 적게 할 수 있다.   ④ 기계손을 적게 할 수 있다.

[해설]
전기자 철심은 규소 강판을 사용하여 히스테리시스 손실을 줄이고 또한 성층하여 와류손(=맴돌이손)을 줄인다. 철심 내에서 발생하는 손실을 철손이라 하며 철손은 히스테리시스손과 와류손을 합한 값이다. 따라서 규소 강판을 성층하여 사용하기 때문에 철손이 줄어들게 된다.

답 ③

2. 직류기의 전기자 반작용

(1) 전기자 반작용의 원인
전기자 권선에 흐르는 전기자 전류에 의한 자속이 계자극에서 발생한 주자속에 영향을 주어 주자속의 분포가 찌그러지면서 주자속이 감소되는 현상을 말한다.

(2) 전기자 반작용의 영향
① 주자속이 감소하여 직류 발전기에서는 유기기전력(또는 단자전압)이 감소하고 직류 전동기에서는 토크가 감소하고 속도가 상승한다.
② 편자작용에 의하여 중성축이 직류 발전기에서는 회전방향으로 이동하고 직류 전동기에서는 회전방향의 반대방향으로 이동한다.
③ 기전력의 불균일에 의한 정류자 편간전압이 상승하여 브러시 부근의 도체에서 불꽃이 발생하며 정류불량의 원인이 된다.

(3) 전기자 반작용에 대한 대책
① 계자극 표면에 보상권선을 설치하여 전기자 전류와 반대방향으로 전류를 흘린다.
② 보극을 설치하여 평균 리액턴스 전압을 없애고 정류작용을 양호하게 한다.
③ 브러시를 새로운 중성축으로 이동시킨다. 직류 발전기는 회전방향으로 이동시키고 직류 전동기는 회전방향의 반대방향으로 이동시킨다.

---

02 예제문제

직류기의 전기자 반작용에 대한 설명으로 옳지 않은 것은?

① 중성축이 이동한다. ② 전동기는 속도가 저하된다.
③ 국부적 섬락이 발생한다. ④ 발전기는 기전력이 감소한다.

해설
직류기의 전기자 반작용으로 인하여 주자속이 감소하여 직류 발전기에서는 유기기전력(또는 단자전압)이 감소하고 직류 전동기에서는 토크가 감소하고 속도가 상승한다.

답 ②

3. 직류기의 정류작용

(1) 정류란?

교류를 직류로 바꾸는 작용

(2) 정류곡선

① 불꽃없는 정류(양호한 정류)

정류곡선 (d)는 직선정류로서 가장 이상적인 정류곡선이고 정류곡선 (c)는 정현파 정류로서 보극을 설치하여 전압정류가 되도록 한 양호한 정류곡선이다.

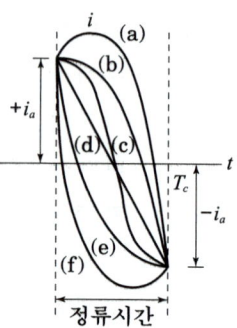

② 부족정류(정류 불량)

정류곡선 (a)와 (b)는 전류변화가 브러시 후반부에서 심해지고 평균 리액턴스 전압의 증가로 브러시 후반부에서 불꽃이 생긴다.

③ 과정류(정류 불량)

정류곡선 (e)와 (f)는 지나친 보극의 설치로 전류변화가 브러시 전반부에서 심해지고 브러시 전반부에서 불꽃이 생긴다.

(3) 정류개선책

① 전압정류 : 보극을 설치하여 평균 리액턴스 전압을 감소시킨다.

② 저항정류 : 코일의 자기 인덕턴스가 원인이므로 접촉저항이 큰 탄소브러시를 채용한다.

③ 브러시를 새로운 중성축으로 이동시킨다. : 발전기는 회전방향, 전동기는 회전방향의 반대방향으로 이동시킨다.

④ 보극 권선을 전기자 권선과 직렬로 접속한다.

---

03 예제문제

직류기에서 전압 정류의 역할을 하는 것은?

① 탄소브러시　　② 보상권선
③ 리액턴스 코일　　④ 보극

해설

전압정류
보극을 설치하여 평균 리액턴스 전압을 감소시킨다.

답 ④

4. 직류발전기의 종류 및 특징

(1) 타여자 발전기

① 구조 : 계자 권선이 전기자 권선과 접속되어 있지 않고 독립된 여자회로를 구성하고 있다.

② 특징 : 계자 철심에 잔류자기가 없어도 발전이 가능한 직류발전기이다.

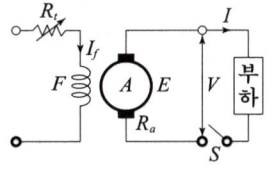

그림. 직류 타여자 발전기

> **자여자 발전기의 구조**
> • 분권기 : 계자권선이 전기자 권선과 병렬로 접속된다.
> • 직권기 : 계자권선이 전기자 권선과 직렬로 접속된다.
> • 복권기 : 계자권선이 전기자 권선과 직·병렬로 접속된다.

(2) 직류 자여자 발전기(분권기, 직권기, 복권기)

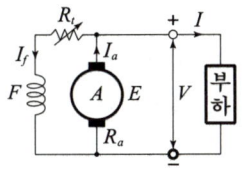 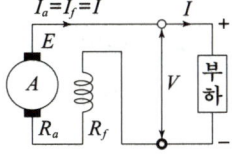 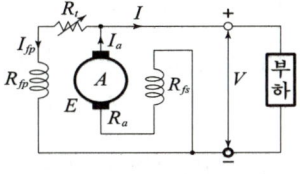

  (a) 직류 분권발전기   (b) 직류 직권발전기   (c) 직류 외분권 복권발전기

① 다른 여자기가 필요 없으며 잔류자속에 의해서 잔류전압을 만들고 이 때 여자 전류가 잔류자속을 증가시키는 방향으로 흐르면, 여자 전류가 점차 증가하면서 단자 전압이 상승하게 된다. 이것을 전압확립이라 한다.

② 회전방향을 반대로 하여 역회전하면 전기자전류와 계자전류의 방향이 바뀌게 되어 잔류자기가 소멸되고 더 이상 발전이 되지 않는다. 따라서 자여자 발전기는 역회전하면 안 된다.

---

04 예제문제

직류 분권발전기를 운전 중 역회전시키면 일어나는 현상은?

① 단락이 일어난다.   ② 정회전 때와 같다.
③ 발전되지 않는다.   ④ 과대 전압이 유기된다.

[해설]
직류 자여자 발전기는 회전방향을 반대로 하여 역회전하면 전기자전류와 계자전류의 방향이 바뀌게 되어 잔류자기가 소멸되고 더 이상 발전이 되지 않는다. 따라서 자여자 발전기는 역회전하면 안 된다.

답 ③

제9장 전기기기

직류전동기의 속도 특성

$n = \dfrac{E}{k\phi}$ [rps] 식에서와 같이 직류전동기의 계자저항을 운전 중 증가시키게 되면 계자전류가 감소하여 결국 주자속이 감소하게 되므로 전동기의 속도는 증가하게 된다.

직류전동기의 출력

$P = EI_a = \omega\tau$ [W]이다.

분권전동기의 토크 특성

$\tau \propto I_a$, $\tau \propto \dfrac{1}{N}$

직권전동기의 토크 특성

$\tau \propto I_a^2$, $\tau \propto \dfrac{1}{N^2}$

5. 직류전동기의 역기전력과 속도-토오크 특성

(1) 직류전동기의 역기전력

$$E = V - R_a I_a = k\phi N \text{[V]}$$

여기서, E : 역기전력, V : 단자전압, R_a : 전기자 저항,
I_a : 전기자 전류, k : 기계적 상수, ϕ : 한 극당 자속, N : 회전수

(2) 직류전동기의 속도 특성

$$n = \frac{E}{k\phi} = \frac{V - R_a I_a}{k\phi} = k'\frac{V - R_a I_a}{\phi} \text{[rps]}$$

여기서, n : 전동기의 속도, E : 역기전력, k : 기계적 상수,
ϕ : 1극당 자속수, V : 단자전압, R_a : 전기자 저항, I_a : 전기자 전류

(3) 직류전동기의 토크 특성

① 전동기의 출력(P)과 전동기의 회전수(N)에 의한 토오크 표현

$$\tau = 9.55\frac{P}{N}\text{[N·m]} = 0.975\frac{P}{N}\text{[kg·m]}$$

여기서, τ : 전동기의 토크, P : 전동기 출력, N : 전동기의 회전수

② 기계적 상수(k)에 의한 토오크 표현

$$\tau = \frac{EI_a}{\omega} = \frac{pZ\phi I_a}{2\pi a} = k\phi I_a \text{[N·m]}$$

여기서, τ : 전동기의 토크, E : 역기전력, I_a : 전기자 전류,
ω : 각속도, p ; 자극수, Z : 총도체수, ϕ : 1극당 자속수,
a : 전기자 병렬회로수, k : 기계적 상수

---

05 예제문제

전기자 전류가 100[A]일 때 50[kg·m]의 토크가 발생하는 전동기가 있다. 전동기의 자계의 세기가 80[%]로 감소되고 전기자 전류가 120[A]로 되었다면 토크[kg·m]는?

① 39　　　　② 43
③ 48　　　　④ 52

해설

$\tau = \dfrac{EI_a}{\omega} = \dfrac{pZ\phi I_a}{2\pi a} = k\phi I_a$ [N·m] 식에서 토크는 자속과 전기자 전류에 비례하므로

$I_a = 100\text{[A]}$, $\tau = 50\text{[kg·m]}$, $\phi' = 0.8\phi\text{[Wb]}$, $I_a' = 120\text{[A]}$일 때

$\therefore \tau' = \dfrac{\phi' I_a'}{\phi I_a}\tau = \dfrac{0.8\phi \times 120}{\phi \times 100} \times 50 = 48\text{[kg·m]}$

답 ③

6. 직류전동기의 속도제어

직류전동기의 속도공식은 $N = k\dfrac{V - R_a I_a}{\phi}$ [rps] 이므로 공급전압(V)에 의한 제어, 자속(ϕ)에 의한 제어, 전기자저항(R_a)에 의한 제어 3가지 방법이 있다.

(1) 전압제어법
전압제어법은 정토크 제어로서 전동기의 공급전압 또는 단자전압을 변화시켜 속도를 제어하는 방법으로 광범위한 속도제어가 되고 제어가 원활하며 운전 효율이 좋은 특성을 지니고 있다. 종류는 다음과 같이 구분된다.

① 워드 레오너드 방식 : 광범위한 속도제어가 되며 제철소의 압연기, 고속 엘리베이터 제어 등에 적용된다.

② 일그너 방식 : 워드 레오너드 방식에 플라이 휠 효과를 추가하여 부하 변동이 심한 경우에 적용된다.

③ 정지 레오너드 방식 : 사이리스터를 이용하여 가변 직류전압을 제어하는 방식이다.

④ 초퍼방식 : 트랜지스터와 다이오드 등의 반도체 소자를 이용하여 속도를 제어하는 방식이다.

⑤ 직병렬제어법 : 직권전동기에서만 적용되는 방식으로 전차용 전동기의 속도제어에 적용된다.

(2) 계자제어법
정출력 제어로서 계자전류를 조정하여 자속을 직접 제어하는 방식이다.

(3) 저항제어법
저항손실이 많아 효율이 저하하는 특징을 지닌다.

---

06 예제문제

부하 변동이 심한 직류분권전동기의 광범위한 속도제어방식으로 가장 적당한 방법은?

① 직렬저항제어방식 ② 일그너 방식
③ 계자제어방식 ④ 워드 레오나드 방식

해설
일그너 방식
워드 레오너드 방식에 플라이 휠 효과를 추가하여 부하변동이 심한 경우에 적용된다.

답 ②

제9장 전기기기

> **차동복권전동기**
> 부하가 증가하면 전류 증가로 인하여 자속이 감소하게 되고 속도는 증가하게 되어 토크는 감소하는 직류전동기이다.
>
> **직류전동기의 역회전 방법**
> 직류전동기를 역회전 시키려면 전기자 전류와 계자 전류 중 어느 하나의 방향만 바꿔주어야 한다. 따라서 전기자의 접속을 반대로 바꾸면 전기자 전류의 방향이 반대가 되어 직류 전동기는 역회전한다.

7. 직류 분권전동기와 직류 직권전동기의 특성

(1) 직류 분권전동기
 ① 특징
  ㉠ 부하전류에 따른 속도 변화가 거의 없는 정속도 특성뿐만 아니라 계자 저항기로 쉽게 속도를 조정할 수 있으므로 가변속도제어가 가능하다.
  ㉡ 무여자 상태에서 위험속도로 운전하기 때문에 계자회로에 퓨즈를 넣어서는 안 된다.
 ② 용도 : 공작기계, 콘베이어, 송풍기

(2) 직류 직권전동기
 ① 특징
  ㉠ 부하전류가 증가하면 속도가 크게 감소하기 때문에 가변속도 전동기이다.
  ㉡ 직류전동기 중 기동토크가 가장 크다.
  ㉢ 무부하 운전은 과속이 되어 위험속도로 운전되기 때문에 직류 직권전동기로 벨트를 걸고 운전하면 안 된다.(벨트가 벗겨지면 위험속도로 운전되기 때문)
 ② 용도
  기동 토오크가 매우 크기 때문에 기중기, 전기 자동차, 전기 철도, 크레인 등과 같이 부하 변동이 심하고 큰 기동 토오크가 요구되는 부하에 적합하다.

---

07 예제문제

벨트 운전이나 무부하 운전을 해서는 안 되는 직류전동기는?

① 분권   ② 가동복권
③ 직권   ④ 차등복권

해설
직류 직권전동기의 특징
(1) 부하전류가 증가하면 속도가 크게 감소하기 때문에 가변속도 전동기이다.
(2) 직류전동기 중 기동토크가 가장 크다.
(3) 무부하 운전은 과속이 되어 위험속도로 운전되기 때문에 직류 직권전동기로 벨트를 걸고 운전하면 안 된다.(벨트가 벗겨지면 위험속도로 운전되기 때문)

답 ③

8. 직류기의 손실과 효율

(1) 직류기의 손실

직류기의 손실은 크게 고정손과 가변손으로 구분된다. 이때 고정손은 부하와 관계 없이 나타나는 손실로서 무부하손(P_0)이라고도 하며 가변손은 부하에 따라 값이 변화하는 손실로서 부하손(P_L)이라고도 한다.

① 고정손=무부하손(P_0)
- 철손(P_i) : 히스테리시스손과 와류손의 합으로 나타난다.
- 기계손(P_m) : 마찰손과 풍손의 합으로 나타난다.

② 가변손=부하손(P_L)
- 동손(P_c) : 전기자 저항에서 나타나기 때문에 저항손이라 표현하기도 한다.
- 표유부하손(P_s) : 측정이나 계산으로 구할 수 없는 손실로서 부하전류가 흐를 때 도체 또는 철심 내부에서 생기는 손실이다.

(2) 직류기의 규약효율(η)

① 직류 발전기 : $\eta = \dfrac{출력}{출력+손실} \times 100\ [\%]$

② 직류 전동기 : $\eta = \dfrac{입력-손실}{입력} \times 100\ [\%]$

---

08 예제문제

직류 전동기의 규약효율을 구하는 식은?

① $\dfrac{손실}{입력} \times 100\%$
② $\dfrac{입력-손실}{입력} \times 100\%$
③ $\dfrac{출력-손실}{출력+손실} \times 100\%$
④ $\dfrac{출력}{출력-손실} \times 100\%$

해설

직류기의 규약효율(η)

(1) 직류 발전기 $\eta = \dfrac{출력}{출력+손실} \times 100[\%]$

(2) 직류 전동기 $\eta = \dfrac{입력-손실}{입력} \times 100[\%]$

답 ②

> **우산형 발전기**
> 저속도 대용량의 교류 수차발전기로서 구조가 간단하고 가벼우며, 조립과 설치가 용이할 뿐만 아니라 경제적이다.

2 동기기

1. 동기발전기의 종류 및 결선

(1) 동기발전기의 종류

동기발전기를 회전자를 기준으로 구분하면 다음과 같다.
① 회전계자형 : 전기자를 고정자로 두고, 계자를 회전자로 한 것으로 대부분의 교류발전기(수차발전기와 터빈발전기)로 사용되고 있다.
② 회전전기자형 : 계자를 고정자로 두고, 전기자를 회전자로 한 것으로 소용량의 특수한 경우 외에는 거의 사용되지 않는다.
③ 유도자형 : 전기자와 계자를 모두 고정자로 두고, 유도자를 회전자로 한 것으로 고주파 발전기(100~20,000[Hz] 정도)에 사용된다.

(2) 동기발전기를 회전계자형으로 하는 이유

① 전기자 권선은 전압이 높아 고정자로 두는 것이 절연하기 용이하다.
② 전기자 권선에서 발생한 고전압을 슬립링 없이 간단하게 외부로 인가할 수 있다.
③ 계자극은 기계적으로 튼튼하게 만드는데 용이하다.
④ 계자 회로에는 직류 저압이 인가되므로 전기적으로 안전하다.

(3) 동기발전기의 결선

동기발전기는 3상 교류발전기로서 3상 전기자의 결선을 Y결선으로 채용하고 있는데 그 이유는 다음과 같다.
① 중성점을 이용하여 지락계전기 등을 동작시키는데 용이하다.
② 선간전압이 상전압의 $\sqrt{3}$ 배 이므로 고전압 송전에 용이하다.
③ 상전압이 선간전압의 $\frac{1}{\sqrt{3}}$ 배 이므로 같은 선간전압의 결선에 비해 절연이 쉽다.
④ 고조파 순환전류 통로가 없어 3고조파가 선간전압에 나타나지 않는다.

2. 동기기의 전기자 권선법

동기기의 전기자 권선법은 고상권, 폐로권, 2층권, 중권과 파권, 그리고 단절권과 분포권을 주로 채용하고 있다. 이 외에 환상권과 개로권, 단층권과 전절권 및 집중권도 있지만 이 권선법은 사용되지 않는 권선법이다.

(1) 단절권의 특징

① 권선이 절약되고 코일 길이가 단축되어 기기가 축소된다.
② 고조파가 제거되고 기전력의 파형이 좋아진다.

③ 유기기전력이 감소하고 발전기의 출력이 감소한다.

④ 단절권 계수 : $k_p = \sin\dfrac{n\beta\pi}{2}$

　여기서, k_p : 단절권 계수, n : 고조파 차수, β : $\dfrac{코일\ 간격}{극\ 간격}$

(2) 분포권의 특징

① 누설리액턴스가 감소한다.
② 고조파가 제거되고 기전력의 파형이 좋아진다.
③ 슬롯 내부와 전기자 권선의 열방산에 효과적이다.
④ 유기기전력이 감소하고 발전기의 출력이 감소한다.

⑤ 분포권 계수 : $k_d = \dfrac{\sin\dfrac{n\pi}{2m}}{q\sin\dfrac{n\pi}{2mq}}$

　여기서, k_d : 분포권 계수, n : 고조파 차수, m : 상수,

　　　　 q : $\dfrac{슬롯수(z)}{극수(p)\times 상수(m)}$

3. 동기기의 전기자 반작용

(1) 동기발전기의 전기자 반작용

① 교차자화작용 : 전기자 전류에 의한 자기장의 축과 주자속의 축이 항상 수직이 되면서 자극편 왼쪽의 주자속은 증가되고, 오른쪽의 주자속은 감소하여 편자작용을 하는 전기자 반작용으로서 전기자 전류와 기전력은 위상이 서로 같아진다.-저항(R)부하의 특성과 같다.

② 증자작용 : 전기자 전류에 의한 자기장의 축이 주자속의 자극축과 일치하며 주자속을 증가시켜 전기자 전류의 위상이 기전력의 위상보다 90°($\dfrac{\pi}{2}$[rad]) 앞선 진상전류가 흐르게 된다. 그리고 주자속의 증가로 유기기전력은 상승한다.-콘덴서(C)부하의 특성과 같다.

③ 감자작용 : 전기자 전류에 의한 자기장의 축이 주자속의 자극축과 일치하며 주자속을 감소시켜 전기자 전류의 위상이 기전력의 위상보다 90°($\dfrac{\pi}{2}$[rad]) 뒤진 지상전류가 흐르게 된다. 그리고 주자속의 감소로 유기기전력은 감소한다.-리액터(L)부하의 특성과 같다.

단절권과 분포권의 공통점
- 고조파가 제거되고 기전력의 파형이 좋아진다.
- 유도기전력이 감소하고 출력이 감소한다.

동기발전기의 자기여자작용
동기발전기의 전기자 반작용 중 증자작용에 의해 단자전압이 유기기전력보다 증가하게 되는 현상을 말한다. 이를 방지하기 위해 단락비를 증가시키고 발전기 또는 변압기의 병렬운전 및 분로리액터 등을 설치한다.

> **동기발전기의 여자전류의 영향**
> 동기발전기의 병렬운전시 어느 한쪽 발전기의 여자전류를 증가시키면 그 발전기의 역률은 저하하고 다른쪽 발전기의 역률은 좋아진다.

> **동기발전기의 부하분담**
> 동기발전기의 병렬운전시 부하부담을 크게 하고자 하는 발전기의 속도를 증가시켜야 한다.

(2) 동기전동기의 전기자 반작용

① 교차자화작용 : 전기자 전류와 기전력은 위상이 서로 같아진다.

② 증가작용 : 전기자 전류의 위상이 기전력의 위상보다 $90°(\frac{\pi}{2}[rad])$ 뒤진 지상전류가 흐르게 된다.

③ 감자작용 : 전기자 전류의 위상이 기전력의 위상보다 $90°(\frac{\pi}{2}[rad])$ 앞선 진상전류가 흐르게 된다.

4. 동기발전기의 병렬운전

(1) 병렬운전 조건

① 발전기 기전력의 크기가 같을 것.
② 발전기 기전력의 위상가 같을 것.
③ 발전기 기전력의 주파수가 같을 것.
④ 발전기 기전력의 파형이 같을 것.
⑤ 발전기 기전력의 상회전 방향이 같을 것.

(2) 병렬운전을 만족하지 못한 경우의 현상

① 기전력의 크기가 다른 경우 : 무효순환전류가 흘러 권선이 가열되고 감자작용이 생긴다.
② 기전력의 위상이 다른 경우 : 유효순환전류(또는 동기화전류)가 흘러 동기화력이 생기게 되고 두 기전력이 동상이 되도록 작용한다.
③ 기전력의 주파수가 다른 경우 : 난조가 발생하여 출력이 요동치고 권선이 가열된다.

---

09 예제문제

3상 동기발전기를 병렬 운전하는 경우 고려하지 않아도 되는 것은?

① 기전력 파형의 일치 여부   ② 상회전방향의 동일 여부
③ 회전수의 동일 여부   ④ 기전력 주파수의 동일 여부

해설
동기발전기의 병렬운전 조건
(1) 발전기 기전력의 크기가 같을 것.
(2) 발전기 기전력의 위상가 같을 것.
(3) 발전기 기전력의 주파수가 같을 것.
(4) 발전기 기전력의 파형이 같을 것.
(5) 발전기 기전력의 상회전 방향이 같을 것.

답 ③

5. 동기발전기의 기본 이론

(1) 동기속도(N_s)

$$N_s = \frac{120f}{p} \text{[rpm]} = \frac{2f}{p} \text{[rps]}$$

여기서, N_s : 동기속도, f : 주파수, p : 극수(2극 이상)

(2) 비돌극형 동기기의 출력(P)

단상 출력	3상 출력
$P_1 = \dfrac{EV}{X_s}\sin\delta \text{ [W]}$	$P_3 = 3 \cdot \dfrac{EV}{X_s}\sin\delta \text{ [W]}$

여기서, P_1 : 동기기의 단상 출력, P_3 : 동기기의 3상 출력,
E : 기전력, V : 공급전압, X_s : 동기 리액턴스, δ : 부하각

(3) 단락비(k_s), 단락전류(I_s), 정격전류(I_n)

단락비(k_s)	단락전류(I_s)	정격전류(I_n)
$k_s = \dfrac{100}{\%Z_s} = \dfrac{I_s}{I_n}$	$I_s = \dfrac{100}{\%Z} I_n \text{[A]}$	$I_n = \dfrac{P_n}{\sqrt{3}\,V} \text{[A]}$

여기서, k_s : 단락비, $\%Z_s$: % 동기 임피던스, I_s : 단락전류,
I_n : 정격전류, P_n : 정격용량, V : 정격전압

6. 동기전동기의 특징

(1) 동기전동기의 장점
① 여자전류에 관계없이 일정한 속도로 운전할 수 있다.
② 진상 및 지상으로 역률조정이 쉽고 역률을 1로 운전할 수 있다.
③ 전부하 효율이 좋다.
④ 공극이 넓어 기계적으로 견고하다.

(2) 동기전동기의 단점
① 속도조정이 어렵다.
② 난조가 발생하기 쉽다.
③ 기동토크가 작다.
④ 직류여자기가 필요하다.

비돌극형 동기발전기의 특징
- 부하각(δ)이란 동기발전기의 유기기전력 또는 동기전동기의 역기전력과 전원의 공급전압 사이의 위상차를 의미한다.
- 비돌극형 동기발전기는 부하각이 90°일 때 발전기 최대출력을 갖는다.

동기발전기의 단락전류 제한
동기발전기의 돌발 단락전류는 순간 단락전류로서 단락된 순간 단시간동안 흐르는 대단히 큰 전류를 의미한다. 이 전류를 제한하는 값은 발전기의 내부 임피던스(또는 내부 리액턴스)로서 누설 임피던스(또는 누설 리액턴스)뿐이다.

(3) 동기전동기의 용도
  ① 정속도 전동기로 비교적 회전수가 낮고 큰 출력이 요구되는 부하에 적합하다.
  ② 전력계통의 전류, 역률 등을 조정할 수 있는 동기조상기로 사용된다.
  ③ 가변 주파수에 의해 정밀 속도제어 전동기로 사용된다.
  ④ 시멘트 공장의 분쇄기, 압축기, 송풍기 등

---

10 예제문제

동기전동기의 특징이 아닌 것은?

① 정속도 전동기이다.   ② 저속도에서 효율이 좋다.
③ 난조가 일어나기 쉽다.   ④ 기동 토크가 크다.

[해설]
동기전동기는 기동 토오크가 매우 작다.

답 ④

---

7. 동기전동기의 위상특성곡선과 동기조상기

(1) 동기전동기의 위상특성곡선(V곡선)
  ① 가로축을 계자전류와 역률, 세로축을 전기자전류로 정하여 계자전류를 조정하면 역률과 전기자전류의 크기가 조정되는 특성이다.
  ② V곡선의 최소점은 역률이 1인 점으로써 전기자전류도 최소이다.
  ③ 역률이 1인 점을 기준으로 왼쪽은 부족여자로서 역률이 뒤지고 오른쪽은 과여자로서 역률이 앞선다.

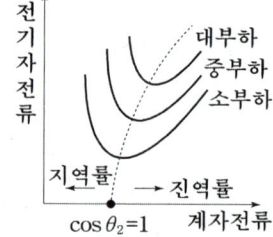

(2) 동기조상기
  ① 동기전동기의 위상특성을 이용하여 전력계통 중간에 동기전동기를 무부하로 운전하는 위상조정 및 전압조정 목적으로 사용되는 조상설비 중 하나이다.
  ② 역률이 1인 점을 기준으로 왼쪽은 부족여자로서 지상 역률이 되어 리액터로 작용하고 오른쪽은 과여자로서 진상 역률이 되어 콘덴서로 작용한다.
  ③ 동기조상기는 전력용콘덴서(진상 조정용)와 분로리액터(지상 조정용)에 비해서 진상 및 지상 역률을 모두 얻을 수 있는 장점이 있다.

(3) 특수 동기전동기
① 초 동기전동기는 회전계자형인 동기전동기에 고정자인 전기자 부분도 회전자의 주위를 회전할 수 있도록 2중 베어링 구조로 되어 있는 전동기로 부하를 건 상태에서 운전하는 전동기이다.
② 반동전동기는 속도가 일정하고 구조가 간단하여 동기이탈이 없는 전동기로서 전기시계, 오실로그래프 등에 많이 사용되는 전동기이다.

> **변압기 무부하 전류**
> 무부하 전류란 변압기 2차측을 개방하여 무부하인 상태에서 변압기 1차측에 공급되는 전류로서 자속을 발생하는 자화전류와 철손을 발생하는 철손전류로 이루어져 있으며 여자전류라고도 한다.
>
> **변압기의 등가회로**
> 변압기는 권수비에 따라 전압, 전류, 임피던스, 저항, 리액턴스가 변하며 이러한 관계를 이용하여 복잡한 전기회로를 간단한 등가회로로 바꾸어 해석하는데 이용된다.

3 변압기

1. 변압기 이론

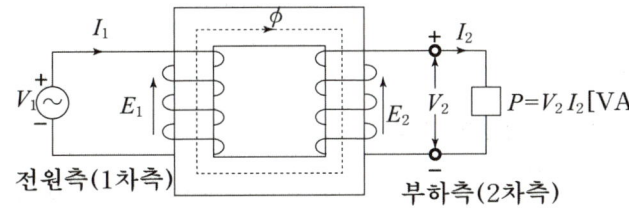

그림에서와 같이 환상철심을 자기회로로 사용하여 1차측(전원측)과 2차측(부하측)에 권선을 감고 1차측에 교류전원을 인가하면 전자유도작용에 의해서 2차측에 유기기전력이 발생하게 된다.

(1) **변압기의 1차, 2차측 유기기전력(E_1, E_2)**

$$E_1 = 4.44 f \phi N_1 k_{w1} [\text{V}], \quad E_2 = 4.44 f \phi N_2 k_{w2} [\text{V}]$$

여기서, E_1, E_2 : 변압기의 1차, 2차 유기기전력, f : 주파수,
ϕ : 자속, N_1, N_2 : 변압기의 1차, 2차 코일권수,
k_{w1}, k_{w2} : 변압기의 1차, 2차 권선계수

(2) **변압기 권수비(전압비 : N)**

$$N = \frac{N_1}{N_2} = \frac{E_1}{E_2} = \frac{I_2}{I_1} = \sqrt{\frac{Z_1}{Z_2}} = \sqrt{\frac{R_1}{R_2}} = \sqrt{\frac{X_1}{X_2}}$$

여기서, N : 권수, E : 전압, I : 전류, Z : 임피던스,
R : 저항, X : 리액턴스

변압기의 정격과 단위
정격용량[kVA], 정격전압[V],
정격전류[A], 정격주파수[Hz]

변압기의 정격전류
변압기 1차, 2차 정격전류 계산시 단상 변압기에 적용하는 경우에는 $\sqrt{3}$을 적용하지 않는다.

11 예제문제

변압기의 1차 및 2차의 전압, 권선수, 전류를 E_1, N_1, I_1 및 E_2, N_2, I_2라 할 때 성립하는 식으로 알맞은 것은?

① $\dfrac{E_2}{E_1} = \dfrac{N_1}{N_2} = \dfrac{I_2}{I_1}$ ② $\dfrac{E_1}{E_2} = \dfrac{N_2}{N_1} = \dfrac{I_1}{I_2}$

③ $\dfrac{E_2}{E_1} = \dfrac{N_2}{N_1} = \dfrac{I_1}{I_2}$ ④ $\dfrac{E_1}{E_2} = \dfrac{N_1}{N_2} = \dfrac{I_1}{I_2}$

해설
변압기 권수비(전압비 : N)
$\therefore N = \dfrac{N_1}{N_2} = \dfrac{E_1}{E_2} = \dfrac{I_2}{I_1} = \sqrt{\dfrac{Z_1}{Z_2}} = \sqrt{\dfrac{R_1}{R_2}} = \sqrt{\dfrac{X_1}{X_2}}$

답 ③

2. 변압기 정격

(1) 변압기 1차측과 2차측의 구분

변압기는 $N = \dfrac{E_1}{E_2} = \dfrac{I_2}{I_1}$ 식에서 $E_1 I_1 = E_2 I_2$를 만족하게 되므로 변압기의 정격용량은 $P_1 = E_1 I_1$ 또는 $P_2 = E_2 I_2$로 구할 수 있다. 하지만 변압기의 1차측은 전원측(입력측), 2차측은 부하측(출력측)으로 구분하여 2차측을 출력으로 사용하기 때문에 변압기의 정격출력은 정격 2차 전압과 정격 2차 전류의 곱으로 표현하고 또한 단위도 [VA] 또는 [kVA]로 표기한다.

(2) 변압기의 정격전류 계산(3상 변압기)

① 1차 정격전류(I_1)

$$I_1 = \dfrac{P[\text{VA}]}{\sqrt{3}\,V_1} = \dfrac{P[\text{W}]}{\sqrt{3}\,V_1 \cos\theta}\,[\text{A}]$$

여기서, P [VA] : 변압기 정격용량(피상분), P [W] : 부하용량(유효분),
V_1 : 변압기 1차 정격전압, $\cos\theta$: 부하역률

② 2차 정격전류(I_2)

$$I_2 = \dfrac{P[\text{VA}]}{\sqrt{3}\,V_2} = \dfrac{P[\text{W}]}{\sqrt{3}\,V_2 \cos\theta}\,[\text{A}]$$

여기서, P [VA] : 변압기 정격용량(피상분), P [W] : 부하용량(유효분),
V_2 : 변압기 2차 정격전압, $\cos\theta$: 부하역률

12 예제문제

1차 전압 3,300[V], 권수비 30인 단상변압기가 전등부하에 20[A]를 공급하고자 할 때의 입력전력 [kW]은?

① 2.2
② 3.4
③ 4.6
④ 5.2

해설

$P_1 = E_1 I_1$ [VA], $N = \dfrac{E_1}{E_2} = \dfrac{I_2}{I_1}$ 식에서 $E_1 = 3,300$[V], $N = 30$, $I_2 = 20$[A] 일 때

$I_1 = \dfrac{I_2}{N} = \dfrac{20}{30} = \dfrac{2}{3}$ 이므로

∴ $P_1 = E_1 I_1 = 3,300 \times \dfrac{2}{3} = 2,200$ [VA] = 2.2 [kVA]

답 ①

절연물의 등급 및 최고허용온도

등급	최고허용온도
Y종	90[℃]
A종	105[℃]
E종	120[℃]
B종	130[℃]
F종	155[℃]
H종	180[℃]
C종	180[℃] 초과

변압기의 절연내력시험
변압기 절연내력시험의 대표적인 방법으로는 가압시험, 유도시험, 충격시험 3가지가 있다.

---

3. 변압기 절연유의 특징

(1) 변압기 절연유의 사용 목적
유입변압기는 변압기 권선의 절연을 위해 기름을 사용하는데 이를 절연유라 하며 절연유는 절연뿐만 아니라 냉각 및 열방산 효과도 좋게 하기 위해서 사용된다.

(2) 절연유가 갖추어야 할 성질
① 절연내력이 커야 한다.
② 인화점은 높고 응고점은 낮아야 한다.
③ 비열이 커서 냉각효과가 커야 한다.
④ 점도가 낮아야 한다.
⑤ 절연재료 및 금속재료에 화학작용을 일으키지 않아야 한다.
⑥ 산화하지 않아야 한다.

(3) 절연유의 열화 방지 대책
① 콘서베이터 방식 : 변압기 본체 탱크 위에 콘서베이터 탱크를 설치하여 사이를 가느다란 금속관으로 연결하는 방법으로 변압기의 뜨거운 기름을 직접 공기와 닿지 않도록 하는 방법
② 질소봉입 방식 : 절연유와 외기의 접촉을 완전히 차단하기 위해 불활성 질소를 봉입하는 방법
③ 브리더 방식 : 변압기의 호흡작용으로 유입되는 공기 중의 습기를 제거하는 방법

단락전류(I_s)

변압기 정격전류 I_n에 대해서 %임피던스 강하인 %Z와의 관계로 구할 수 있다.

$$\therefore I_s = \frac{100}{\%Z} I_n \text{ [A]}$$

용어
- 임피던스 전압 : 변압기 2차측을 단락한 상태에서 1차 전류가 정격전류로 흐르도록 하는 변압기 1차측 공급전압
- 임피던스 와트 : 변압기에 임피던스 전압을 공급한 상태에서 변압기 내부의 동손

변압기의 전압변동률
- 지역률일 경우(뒤진 역률일 때)
  $\epsilon = p\cos\theta + q\sin\theta$
- 진역률일 경우(앞선 역률일 때)
  $\epsilon = p\cos\theta - q\sin\theta$

---

13 예제문제

유입식 변압기의 절연유 구비조건이 아닌 것은?

① 절연내력이 클 것 ② 응고점이 높을 것
③ 점도가 낮고 냉각효과가 클 것 ④ 인화점이 높을 것

[해설]
변압기의 절연유는 응고점이 낮아야 한다.

답 ②

---

4. 변압기의 %전압강하 및 전압변동률

(1) 변압기의 %전압강하

① %저항강하(p)

$$p = \frac{I_2 r_2}{V_2} \times 100 = \frac{I_1 r_{12}}{V_1} \times 100 = \frac{P_s}{P_n} \times 100 \, [\%]$$

여기서, I_2 : 2차 전류, V_2 : 2차 전압, r_2 : 2차 저항, I_1 : 1차 전류, V_1 : 1차 전압, r_{12} : 2차를 1차로 환산한 등가저항, P_s : 임피던스 와트(동손), P_n : 정격 용량

② %리액턴스 강하(q)

$$q = \frac{I_2 x_2}{V_2} \times 100 = \frac{I_1 x_{12}}{V_1} \times 100 \, [\%]$$

여기서, I_2 : 2차 전류, V_2 : 2차 전압, x_2 : 2차 리액턴스, I_1 : 1차 전류, V_1 : 1차 전압, x_{12} : 2차를 1차로 환산한 등가리액턴스

③ %임피던스 강하(z)

$$z = \frac{I_2 Z_2}{V_2} \times 100 = \frac{I_1 Z_{12}}{V_1} \times 100 = \frac{V_s}{V_{n1}} \times 100 \, [\%]$$

여기서, I_2 : 2차 전류, V_2차 전압, Z_2 : 2차 임피던스, I_1 : 1차 전류, V_1 : 1차 전압, Z_{12} : 2차를 1차로 환산한 등가임피던스, V_s : 임피던스 전압, V_{n1} : 1차 정격전압

(2) 변압기의 전압변동률(ϵ)

① 무부하 2차 단자전압과 2차 정격전압으로 표현하는 방법

$$\epsilon = \frac{V_{02} - V_{n2}}{V_{n2}} \times 100 \, [\%]$$

여기서, V_0 : 무부하 2차 단자전압, V_n : 2차 정격전압

② %저항강하과 %리액턴스강하로 표현하는 방법

$$\epsilon = p\cos\theta + q\sin\theta \, [\%] - (\text{지역률인 경우})$$

여기서, p : %저항강하, q : %리액턴스강하

14 예제문제

변압기 내부의 저항과 누설리액턴스의 %강하는 3[%] 및 4[%]이다. 부하역률이 지상 60[%]일 때 이 변압기의 전압변동률은 몇 [%]인가?

① 1.4
② 4
③ 4.8
④ 5

해설

$\epsilon = p\cos\theta + q\sin\theta$ [%] 식에서 $p=3$[%], $q=4$[%], $\cos\theta=0.6$일 때 $\sin\theta=0.8$ 이므로
∴ $\epsilon = p\cos\theta + q\sin\theta = 3\times 0.6 + 4\times 0.8 = 5$[%]

답 ④

5. 변압기 결선의 종류 및 특징

(1) △-△ 결선의 특징
 ① 3고조파가 외부로 나오지 않으므로 통신장해의 염려가 없다.
 ② 단상 변압기 3대 중 1대의 고장이 생겼을 때 2대를 이용하여 V결선으로 운전하여 사용할 수 있다.
 ③ 중성점 접지를 할 수 없으며 주로 저전압 단거리 선로로서 30[kV] 이하의 계통에서 사용된다.

(2) Y-Y 결선의 특징
 ① 3고조파를 발생시켜 통신선에 유도장해를 일으킨다.
 ② 송전계통에서 거의 사용되지 않는 방법이다.
 ③ 중성점 접지를 시설할 수 있다.

(3) △-Y 결선과 Y-△ 결선의 특징
 ① △-Y 결선은 승압용(송전용), Y-△ 결선은 강압용(배전용)으로 채용된다.
 ② 1차측과 2차측은 위상차 각이 30° 발생한다.
 ③ 중성점 접지를 잡을 수 있으며 또한 3고조파의 영향이 나타나지 않는다.

(4) V-V 결선의 특징
 ① 변압기 3대로 △결선 운전 중 변압기 1대 고장으로 2대만을 이용하여 3상 전원을 공급할 수 있는 결선이다.
 ② V결선의 출력은 변압기 1대 용량의 $\sqrt{3}$ 배이다.
 ③ V결선의 출력비는 57.7[%], 이용률은 86.6[%]이다.

단상 변압기의 채용
3상 부하에 3상 변압기를 결선하여 채용하면 경제적으로 유리한 면이 있지만 변압기 결선과 용량을 바꾸기 어려워 부하 증설에 대한 대처가 불가능하다. 따라서 단상 변압기를 채용하게 되면 자유로운 결선 및 부하 증설에 따른 대처가 용이해 진다.

V결선의 출력비와 이용률
- V결선의 출력비란 원래 △결선으로 운전할 때의 변압기 출력에 대한 V결선의 출력과의 비율로서 변압기 1대 고장 전과 고장 후의 출력의 비율을 의미한다.
- V결선의 이용률이란 변압기 2대를 운전하여 만들어낼 수 있는 최대 출력의 비를 의미한다.

스코트 결선(T결선)
변압기 스코트결선은 3상 전원을 2상 전원으로 공급하기 위한 결선으로서 변압기 권선의 86.6[%]인 부분만을 사용하기 때문에 변압기 이용률이 86.6[%]로 운전된다.

변압기의 이상적인 병렬운전조건
- 변압기의 병렬운전조건에 모두 만족할 것.
- 부하분담이 용량에 비례하며, 임피던스에 반비례할 것.
- 변압기 상호간에 순환전류가 흐르지 않을 것.

15 예제문제

기전력에 고조파를 포함하고 있으며, 중성점이 접지되어 있을 때에는 선로에 제3고조파의 충전전류가 흐르고 통신장애를 주는 변압기 결선법은?

① Δ-Δ 결선
② Y-Y 결선
③ Δ-Y 결선
④ Y-Δ 결선

해설
3고조파로 인해 통신상의 유도장해가 발생할 수 있는 결선법은 Y-Y 결선이다.

답 ②

6. 변압기의 병렬운전 조건

부하용량이 변압기 용량보다 큰 경우에는 변압기를 추가하여 병렬로 운전할 수 있는데 이 때 변압기를 병렬로 운전하기 위한 조건을 만족하여야 순환전류로 인한 변압기 사고를 방지할 수 있게 된다.

(1) 단상 변압기와 3상 변압기 공통 사항
① 극성이 같아야 한다.
② 정격전압이 같고, 권수비가 같아야 한다.
③ %임피던스강하가 같아야 한다.
④ 저항과 리액턴스의 비가 같아야 한다.

(2) 3상 변압기에만 적용
① 위상각 변위가 같아야 한다.
② 상회전 방향이 같아야 한다.

(3) 변압기 병렬운전이 가능한 경우와 불가능한 경우의 결선

가능	불가능
Δ-Δ 와 Δ-Δ	Δ-Δ 와 Δ-Y
Δ-Δ 와 Y-Y	Δ-Δ 와 Y-Δ
Y-Y 와 Y-Y	Y-Y 와 Δ-Y
Y-Δ 와 Y-Δ	Y-Y 와 Y-Δ

16 예제문제

두 대 이상의 변압기를 병렬 운전하고자 할 때 이상적인 조건으로 옳지 않은 것은?

① 용량에 비례해서 전류를 분담할 것
② 각 변압기의 극성이 같을 것
③ 변압기 상호 간 순환전류가 흐르지 않을 것
④ 각 변압기의 손실비가 같을 것

해설
변압기의 이상적인 병렬운전조건과 손실비와는 무관하다.

답 ④

변압기의 손실
- 부하손은 부하전류에 따라 크기가 변하는 손실로서 대표적인 손실이 동손이며, 동손은 부하전류의 제곱에 비례하여 변화한다.
- 무부하손은 부하전류와 관계없이 나타나는 손실로서 대표적인 손실이 철손이다.

주상변압기의 고압측에 몇 개의 탭을 두는 이유
배전선로의 전압을 조정하기 위해서이다.

변압기 내부고장 검출 계전기
- 차동계전기 또는 비율차동계전기
- 부흐홀츠계전기

7. 변압기 손실과 효율

(1) 변압기의 손실
  ① 부하손(가변손) : 동손, 표유부하손
  ② 무부하손(고정손) : 철손, 풍손

(2) 변압기의 효율
  ① 전부하 효율(η)

  $$\eta = \frac{P}{P+P_i+P_c} \times 100\,[\%]$$

  여기서, P : 출력[W], P_i : 철손[W], P_c : 동손[W]

  ② $\frac{1}{m}$ 부하인 경우 효율 $\left(\eta_{\frac{1}{m}}\right)$

  $$\eta_{\frac{1}{m}} = \frac{\frac{1}{m}P}{\frac{1}{m}P+P_i+\left(\frac{1}{m}\right)^2 P_c} \times 100\,[\%]$$

  여기서, P : 출력[W], P_i : 철손[W], P_c : 동손[W]

(3) 최대효율 조건
  ① 전부하시 : $P_i = P_c$

  여기서, P_i : 철손, P_c : 동손

  ② $\frac{1}{m}$ 부하시 : $P_i = \left(\frac{1}{m}\right)^2 P_c$

  여기서, P_i : 철손, P_c : 동손, $\frac{1}{m}$: 부하율

> 상대속도(=슬립속도)
> 동기속도(N_s)와 유도전동기 회전자 속도(N)의 차에 해당하는 속도로서 $sN_s = N_s - N$[rpm]으로 정의한다.
>
> 유도전동기 슬립의 범위
> 정회전시 슬립의 범위는
> $0 < s < 1$ 이다.

> **17 예제문제**
>
> 변압기의 부하손(동손)에 대한 특성 중 맞는 것은?
> ① 동손은 주파수에 의해 변화한다.
> ② 동손은 온도 변화와 관계없다.
> ③ 동손은 부하 전류에 의해 변화한다.
> ④ 동손은 자속 밀도에 의해 변화한다.
>
> **해설**
> 부하손은 부하전류에 따라 크기가 변하는 손실로서 대표적인 손실이 동손이며, 동손은 부하 전류의 제곱에 비례하여 변화한다.
>
> 답 ③

4 유도기

1. 유도전동기의 슬립과 속도

(1) 동기속도(N_s)와 슬립(s)

고정자의 동기속도(N_s)에 대한 고정자의 동기속도와 회전자의 회전자 속도(N) 사이에 나타나는 속도차 상수를 슬립 "s"라 한다.

$$s = \frac{N_s - N}{N_s}, \quad N_s = \frac{120f}{p} \text{[rpm]}$$

여기서, s : 슬립, N_s : 동기속도, N : 회전자 속도, f : 주파수, p : 극수

① 슬립이 1이면 회전자 속도가 $N = 0$[rpm]일 때 이므로 유도전동기가 정지되어 있거나 또는 기동할 때임을 의미한다.
② 슬립이 0이면 회전자 속도가 동기속도와 같은 $N = N_s$[rpm]일 때 이므로 유도전동기가 무부하 운전을 하거나 또는 정상속도에 도달하였음을 의미한다.

(2) 회전자 속도(N)

$$N = (1-s)N_s = (1-s)\frac{120f}{p} \text{[rpm]}$$

여기서, N : 회전자 속도, s : 슬립, N_s : 동기속도, f : 주파수, p : 극수

18 예제문제

유도전동기에서 슬립이 "0"이라고 하는 것은?

① 유도전동기가 제동기의 역할을 한다는 것이다.
② 유도전동기가 정지 상태인 것을 나타낸다.
③ 유도전동기가 전부하 상태인 것을 나타낸다.
④ 유도전동기가 동기속도로 회전한다는 것이다.

[해설]
슬립이 0이면 회전자 속도가 동기속도와 같은 $N = N_s$[rpm]일 때 이므로 유도전동기가 무부하 운전을 하거나 또는 정상속도에 도달하였음을 의미한다.

답 ④

유도전동기의 회전시 1, 2차 전압비

$$\frac{E_1}{E_{2s}} = \frac{E_1}{sE_2} = \frac{\alpha}{s}$$

여기서 α : 실효권수비

유도전동기의 기계적 출력
유도전동기의 기계적 출력은 전기적 출력값과 기계손을 합산한 값으로 기계손이 주어지지 않는 경우에는 전기적 출력값과 같다고 해석한다. 하지만 기계손이 주어지는 경우에는 전기적 출력값에 기계손을 합산해 주어야 한다.

유도전동기의 2차 효율(η_2)

$$\eta_2 = \frac{P_0}{P_2} = 1 - s = \frac{N}{N_s}$$

여기서, P_0 : 기계적 출력,
P_2 : 2차 입력,
s : 슬립,
N : 회전자 속도,
N_s : 동기속도

2. 유도전동기의 운전시 2차 유기기전력 및 2차 주파수

유도전동기가 정지 상태에 있을 때 2차 유기기전력을 E_2[V], 2차 주파수를 f_1[Hz]라 하면 운전시 2차 유기기전력을 E_{2s}[V], 2차 주파수를 f_{2s}[Hz]는 다음과 같은 공식으로 표현한다.

$$E_{2s} = sE_2 \text{[V]}, \quad f_{2s} = sf_1 \text{[Hz]}$$

여기서, s : 슬립

3. 유도전동기의 전력변환식

구분	$\times P_2$	$\times P_{c2}$	$\times P_0$
$P_2 =$	1	$\dfrac{1}{s}$	$\dfrac{1}{1-s}$
$P_{c2} =$	s	1	$\dfrac{s}{1-s}$
$P_0 =$	$1-s$	$\dfrac{1-s}{s}$	1

여기서, P_2 : 2차 입력(동기와트), P_{c2} : 2차 동손(2차 저항손),
P_0 : 기계적 출력, s : 슬립

- $P_2 = \dfrac{1}{s}P_{c2} = \dfrac{1}{1-s}P_0$[W]

- $P_{c2} = sP_2 = \dfrac{s}{1-s}P_0$[W]

- $P_0 = (1-s)P_2 = \dfrac{1-s}{s}P_{c2}$[W]

제9장 전기기기

유도전동기의 토크와 전압 관계
유도전동기의 토크는 출력과 입력에 비례하고, 또한 출력과 입력은 전압의 제곱에 비례하기 때문에 토크는 전압의 제곱에 비례함을 알 수 있다.

유도전동기의 전부하 슬립과 전압 관계
유도전동기의 전부하 슬립은 전압의 제곱에 반비례한다.
$s \propto \dfrac{1}{V^2}$

비례추이의 원리
- 권선형 유도전동기에 적용한다.
- 2차 저항을 크게 하면 슬립이 증가하고 기동토크도 증가한다.
- 속도가 감소하고 기동전류도 감소한다.
- 최대토크는 변하지 않는다.

19 예제문제

정격 10[kW]의 3상 유도전동기가 기계손 200[W], 전부하 슬립 4[%]로 운전될 때 2차 동손은 약 몇 [W]인가?

① 400
② 408
③ 417
④ 425

해설

$P_{c2} = sP_2 = \dfrac{s}{1-s}P_0[\text{W}]$ 식에서 $P_0 = 10 \times 10^3 + 200[\text{kW}]$, $P_l = 200[\text{W}]$, $s = 0.04$일 때

$\therefore P_{c2} = \dfrac{s}{1-s}P_0 = \dfrac{0.04}{1-0.04} \times (10 \times 10^3 + 200) = 425[\text{W}]$

답 ④

4. 유도전동기의 토크와 비례추이의 원리

(1) 유도전동기의 토크(τ)

① 기계적 출력(P_0)과 회전자 속도(N)에 의한 토크

$$\tau = 9.55 \dfrac{P_0}{N}[\text{N} \cdot \text{m}] = 0.975 \dfrac{P_0}{N}[\text{kg} \cdot \text{m}]$$

여기서, τ : 토크, P_0 : 기계적 출력[W], N : 회전자 속도[rpm]

② 2차 입력(P_2)과 동기속도(N_s)에 의한 토크

$$\tau = 9.55 \dfrac{P_2}{N_s}[\text{N} \cdot \text{m}] = 0.975 \dfrac{P_2}{N_s}[\text{kg} \cdot \text{m}]$$

여기서, τ : 토크, P_2 : 2차 입력[W], N_s : 동기속도[rpm]

참고 2차 입력을 "동기 와트"라고도 한다.

(2) 비례추이의 원리

① 특징

권선형 유도전동기는 회전자 권선에 외부 저항(2차 저항)을 접속하여 기동시 2차 저항이 최대일 때 기동전류를 제한하고 또한 최대토크를 발생하기 위한 슬립을 2차 저항에 비례 증가시켜 기동토크를 크게 할 수 있는 원리를 말한다. 하지만 최대토크는 변화하지 않는다.

② 비례추이를 할 수 있는 특성

토크, 1차 입력, 2차 입력(또는 동기와트), 1차 전류, 2차 전류, 역률

③ 비례추이를 할 수 없는 특성

출력, 효율, 2차 동손, 동기속도

20 예제문제

전동기 2차측에 기동저항기를 접속하고 비례추이를 이용하여 기동하는 전동기는?

① 단상 유도전동기 ② 농형 유도전동기
③ 권선형 유도전동기 ④ 2중 농형 유도전동기

해설

비례추이원리 특징
권선형 유도전동기는 회전자 권선에 외부 저항(2차 저항)을 접속하여 기동시 2차 저항이 최대일 때 기동전류를 제한하고 또한 최대토크를 발생하기 위한 슬립을 2차 저항에 비례 증가시켜 기동토크를 크게 할 수 있는 원리를 말한다.

답 ③

농형 유도전동기의 Y-△ 기동법
Y-△ 기동법은 기동전류와 기동토크를 전전압 기동에 비해 $\frac{1}{3}$배만큼 감소시킨다.

농형 유도전동기의 주파수제어법
주파수를 변환하기 위하여 인버터 장치로 VVVF(가변전압 가변주파수) 장치가 사용되고 있다. 이 때 공급전압과 주파수는 비례관계에 있어야 한다. 전동기의 고속운전에 필요한 속도제어에 이용되며 선박의 추진모터나 인견공장의 포트모터 속도제어 방법에 적용되고 있다.

유도전동기의 속도제어에 사용되는 전력변환기
• 인버터(VVVF)
• 위상제어기(SCR)
• 사이클로 컨버터

5. 유도전동기의 기동법과 속도제어법

(1) 유도전동기의 기동법

구분	종류	특징
농형 유도전동기	전전압 기동법	5.5[kW] 이하의 소형에 적용
	Y-△ 기동법	5.5[kW]를 초과하고 15[kW] 이하에 적용
	리액터 기동법	15[kW]를 넘는 전동기에 적용
	기동 보상기법	15[kW]를 넘는 전동기에 적용
권선형 유도전동기	2차 저항 기동법	비례추이원리를 이용
	2차 임피던스 기동법	-
	게르게스 기동법	-

(2) 유도전동기의 속도제어법

구분	종류	특징
농형 유도전동기	주파수제어법	VVVF(가변전압 가변주파수) 장치를 이용
	전압제어법	-
	극수변환법	-
권선형 유도전동기	2차 저항 제어법	비례추이원리를 이용
	2차 여자법	회전자 권선에 슬립 주파수와 슬립 전압을 공급
	종속법	-

와류 브레이크

맴돌이 브레이크라고도 하며 와전류에 의해 브레이크 토크를 발생시켜 전동기를 제동하는 방법으로서 다음과 같은 특징을 갖는다.
- 전자기적 제동으로 마모가 생기지 않는다.
- 정지시에는 제동토크가 걸리지 않는다.
- 제동토크는 코일의 여자전류에 비례한다.
- 제동시에 와전류 손실에 의한 열이 많이 발생한다.

21 예제문제

권선형 유도전동기의 기동방법으로 가장 적당한 것은?

① 전전압기동법　　② 리액터기동법
③ 기동보상기법　　④ 2차 저항법

해설
2차 저항 기동법은 비례추이의 원리를 이용한 권선형 유도전동기의 기동법에 해당된다.
답 ④

6. 유도전동기의 역회전과 제동법

(1) 유도전동기의 역회전

3상 유도전동기의 회전방향을 반대로 바꾸기 위해서는 3선 중 임의의 2선의 접속을 바꿔야 한다.

(2) 유도전동기의 제동법

① 역상제동 : 정회전 하는 전동기에 전원을 끊고 역회전 토크를 공급하여 정방향의 공회전 운전을 급속히 정지시키기 위한 방법으로 역회전 방지를 위해 플러깅 릴레이를 이용하기 때문에 플러깅 제동이라 표현하기도 한다.

② 발전제동 : 유도전동기를 제동하는 동안 유도발전기로 동작시키고 발전된 전기에너지를 저항을 이용하여 열에너지로 소모시켜 제동하는 방법

③ 회생제동 : 유도전동기를 제동하는 동안 유도발전기로 동작시키고 발전된 전기에너지를 다시 전원으로 되돌려 보내줌으로서 제동하는 방법

7. 유도전동기의 주파수에 따른 변화

일정전압에서 주파수가 감소할 때 유도전동기의 특성 변화는 다음과 같다.

$$f \propto \frac{1}{B_m} \propto \frac{1}{P_h} \propto \frac{1}{P_i} \propto \frac{1}{I_0} \propto N_s \propto \cos\theta \propto X_L$$

여기서, f : 주파수, B_m : 자속밀도, P_h : 히스테리시스 손실, P_i : 철손, I_0 : 여자전류, N_s : 동기속도, $\cos\theta$: 역률, X_L : 누설리액턴스

① 자속밀도, 히스테리시스 손실, 철손, 여자전류는 증가한다.
② 동기속도와 회전자 속도 및 역률은 감소한다.
③ 누설리액턴스는 감소한다.

22 예제문제

유도전동기를 유도발전기로 동작시켜 그 발생전력을 전원으로 반환하여 제동하는 유도전동기 제동방식은?

① 발전제동 ② 역상제동
③ 단상제동 ④ 회생제동

해설
회생제동이란 유도전동기를 제동하는 동안 유도발전기로 동작시키고 발전된 전기에너지를 다시 전원으로 되돌려 보내줌으로서 제동하는 방법

답 ④

8. 단상 유도전동기

단상 유도전동기는 회전자계가 없으므로 회전력을 발생하지 않는다. 이 때문에 주권선(또는 운동권선) 외에 보조권선(또는 기동권선)을 삽입하여 보조권선으로 회전자기장을 발생시키고 또한 회전력을 얻는다. 주로 가정용으로서 선풍기, 드릴, 믹서, 재봉틀 등에 사용된다.

(1) 단상 유도전동기의 종류 및 특징

① 반발 기동형 : 기동토크가 가장 크고 정류자와 브러시를 사용하기 때문에 보수가 불편한 특징이 있다.

② 반발 유도형 : 반발 기동형에 이어 기동토크가 크며 무부하에서 이상 고속도가 되지 않도록 보호한다.

③ 콘덴서 기동형 : 분상 기동형이나 또는 영구 콘덴서 전동기에 기동 콘덴서를 병렬로 접속하여 역률과 효율을 개선할 뿐만 아니라 기동토크 또한 크게 할 수 있다.

④ 분상 기동형 : 콘덴서가 접속되지 않는 일반적인 단상 유도전동기로서 보조권선으로 기동하고 동기속도의 80[%]에 가까워지면 보조권선에 접속된 원심력개폐기를 작동시켜 회전을 지속할 수 있도록 한다.

⑤ 세이딩 코일형 : 기동토크가 작고 출력이 수 십[W] 이하인 소형 전동기에 사용되며 구조는 간단하고 역률과 효율이 낮다. 또한 운전 중에도 세이딩 코일에 전류가 계속 흐르고 속도변동률이 크다. 회전자는 농형이고 고정자의 성층철심은 몇 개의 돌극으로 되어 있으며 회전방향을 바꿀 수 없는 단상 유도전동기이다.

(2) 단상 유도전동기의 기동토오크 순서
반발기동형 > 반발유도형 > 콘덴서기동형 > 분상기동형 > 세이딩코일형

영구 콘덴서 전동기
보조권선에 직렬로 콘덴서를 접속시킨 전동기로 주로 가정용 선풍기나 세탁기 등에 사용된다.

단상 유도전동기의 역회전 방법
주권선(또는 운동권선)이나 보조권선(또는 기동권선) 중 어느 한쪽의 단자 접속을 반대로 한다.

유도전동기의 손실
- 고정손 : 철손, 마찰손, 풍손
- 가변손 : 동손, 표유부하손

유도전동기의 원선도 작성에 필요한 시험
- 무부하 시험
- 구속시험
- 저항시험

유도전동기의 게르게스 현상
3상 중 1선 단선 또는 개방시 반부하 운전으로 속도가 감소하고 전류는 증가하여 전동기가 소손된다.

용어
- 애벌런치 항복전압이란 역방향 전압이 과도하게 증가되어 역방향 전류가 급격히 증가하게 되는 역방향 전압을 말한다.
- 다이오드의 정특성이란 직류전압을 걸었을 때 다이오드에 걸리는 전압과 전류의 관계를 말한다.

23 예제문제

단상유도전동기를 기동할 때 기동토크가 가장 큰 것은?

① 분상기동형 ② 콘덴서기동형
③ 반발기동형 ④ 반발유도형

해설
단상 유도전동기의 기동토오크 순서
∴ 반발기동형 〉 반발유도형 〉 콘덴서기동형 〉 분상기동형 〉 세이딩코일형

답 ③

5 반도체와 정류기

1. P-N접합 다이오드의 특징

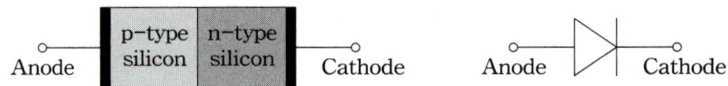

① 다이오드의 부성저항 특성에 의해 온도가 올라가면 저항이 감소하여 순방향 전류와 역방향 전류가 모두 증가한다.
② 순방향 도통시 다이오드 내부에는 약간의 전압강하가 발생한다.
③ 역방향 전압에서는 극히 작은 전류(또는 누설전류)만이 흐르게 된다.
④ 정류비가 클수록 정류특성은 좋아진다.
⑤ 애벌런치 항복전압은 온도가 증가함에 따라 증가한다.
⑥ 다이오드는 과전압 및 과전류에서 파괴될 우려가 있으므로 과전압으로부터 보호하기 위해서는 다이오드 여러 개를 직렬로 접속하고 과전류로부터 보호하기 위해서는 다이오드 여러 개를 병렬로 접속한다.

2. 다이오드의 종류와 특징

① 제너 다이오드 : 전원전압을 안정하게 유지하는데 이용된다.
② 터널 다이오드 : 발진, 증폭, 스위칭 작용으로 이용된다.
③ 버렉터 다이오드 : 가변 용량 다이오드로 이용된다.
④ 포토 다이오드 : 빛을 전기신로로 바꾸는데 이용된다.
⑤ 발광 다이오드(LED) : 전기신호를 빛으로 바꿔서 램프의 기능으로 사용하는 반도체 소자이다.

24 예제문제

전원전압을 안정하게 유지하기 위하여 사용되는 다이오드로 가장 옳은 것은?

① 제너 다이오드 ② 터널 다이오드
③ 보드형 다이오드 ④ 바랙터 다이오드

[해설]
제너 다이오드는 전원전압을 안정하게 유지하는데 이용된다.

답 ①

> **GTO(Gate Turn Off)**
> · 게이트 신호로도 정지(턴오프 : Turn-Off) 시킬 수 있다.
> · 자기소호기능을 갖는다.
>
> **TRIAC**
> · SCR 2개를 서로 역병렬로 접속시킨 구조이다.
> · 양방향성 3단자 소자로서 5층 구조이다.

3. 반도체 소자의 종류 및 특징

(1) 실리콘 제어 정류기(SCR : silicon controlled rectifier)의 특징

```
          Gate
           (G)
            |    (K)
Anode ——▶|——Cathode
 (A)
```

① 전원은 애노드에 ⊕전압, 캐소드에 ⊖전압, 게이트에 ⊕전압을 공급한다.
② pnpn 접합의 4층 구조로서 3단자를 갖는다.
③ 역방향은 저지하고 순방향으로만 제어하는 단일방향성 사이리스터이다.
④ 정류 작용 및 스위칭 작용을 한다.
⑤ 직류나 교류의 전력제어용으로 사용된다.
⑥ 게이트(gate) 신호를 가해야만 동작(턴온 : Turn-On)할 수 있다.
⑦ SCR을 정지(턴오프 : Turn-Off) 시키려면 애노드 전류를 유지전류 이하로 감소시키거나 또는 전원의 극성을 반대로 공급한다.

(2) 바리스터와 서미스터
① 바리스터 : 비직선적인 전압-전류 특성을 갖는 2단자 반도체 소자로서 불꽃 아크(서지) 소거용으로 이용된다.
② 서미스터 : 열을 감지하는 감열 저항체 소자로서 온도보상용으로 이용된다.

> **반도체의 온도 특성**
> 반도체는 금속 도체와 달리 온도가 올라가면 저항이 감소하는 부성저항특성 또는 (-) 온도계수특성을 갖는다.

25 예제문제

SCR에 관한 설명으로 틀린 것은?

① PNPN 소자이다. ② 스위칭 소자이다.
③ 양방향성 사이리스터이다. ④ 직류나 교류의 전력제어용으로 사용된다.

[해설]
SCR은 역방향은 저지하고 순방향으로만 제어하는 단일방향성 사이리스터이다.

답 ③

4. 단상 반파 정류회로와 단상 전파 정류회로

(1) 단상 반파 정류회로

다이오드 1개를 단상 교류회로에 접속하면 반파 정류회로가 구성되며 다이오드를 통과한 부하측 전압 또는 전류는 단상 반파 정류된 직류 전압 또는 직류 전류를 얻을 수 있게 된다.

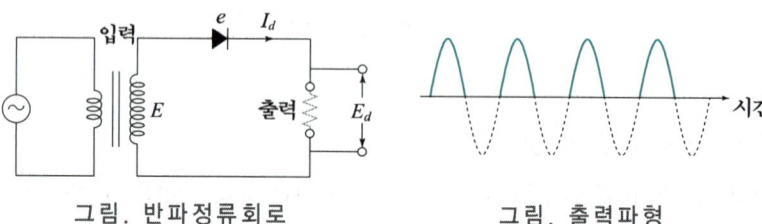

그림. 반파정류회로   그림. 출력파형

① 교류 실효값과 직류 평균값 관계

$$E_d = \frac{\sqrt{2}}{\pi}E = 0.45E\,[\text{V}]$$

여기서, E_d : 직류 평균값, E : 교류 실효값

② 최대 역전압(PIV)

$$PIV = \sqrt{2}\,E = \pi E_d\,[\text{V}]$$

여기서, E : 교류 실효값, E_d : 직류 평균값

---

26 예제문제

단상 반파정류로 직류전압 100[V]를 얻으려고 한다. 최대 역전압(Peak Inverse Voltage : PIV)이 약 몇 [V] 이상인 다이오드를 사용하여야 하는가?

① 100[V] ② 141[V]
③ 222[V] ④ 314[V]

해설

$PIV = \sqrt{2}\,E = \pi E_d\,[\text{V}]$ 식에서 $E_d = 100[\text{V}]$일 때
∴ $PIV = \pi E_d = \pi \times 100 = 314[\text{V}]$

답 ④

(2) 단상 전파 정류회로

다이오드 2개를 이용하는 방법과 다이오드 4개를 브리지 회로로 구성하는 방법이 있으며 정류회로는 아래와 같다.

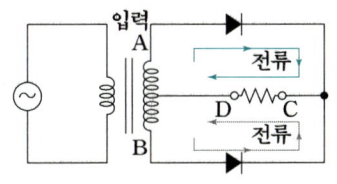

그림. 전파정류회로

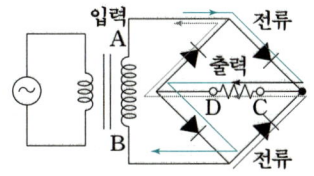

그림. 브리지 전파정류회로

> **브리지 전파정류회로**
> 브리지 전파정류회로를 연결하는 방법은 전원측(입력측) 단자와 접속된 다이오드의 극성은 서로 반대가 되도록 하여야 하며, 부하측(출력측) 단자와 접속된 다이오드의 극성은 서로 같아야 한다.

그림. 출력파형

① 교류 실효값과 직류 평균값 관계

$$E_d = \frac{2\sqrt{2}}{\pi} E = 0.9 E \,[\text{V}]$$

여기서, E_d : 직류 평균값, E : 교류 실효값

② 최대 역전압(PIV)

$$PIV = 2\sqrt{2}\, E = \pi E_d \,[\text{V}]$$

여기서, E : 교류 실효값, E_d : 직류 평균값

---

27 예제문제

단상전파 정류로 직류전압 100[V]를 얻으려면 변압기 2차 권선의 상전압은 몇 [V]로 하면 되는가? (단, 부하는 무유도저항이고, 정류회로 및 변압기의 전압강하는 무시한다.)

① 90　　　　　　　② 111
③ 141　　　　　　　④ 200

해설

$E_d = \dfrac{2\sqrt{2}}{\pi} E = 0.9 E\,[\text{V}]$ 식에서 $E_d = 100\,[\text{V}]$일 때

∴ $E = \dfrac{E_d}{0.9} = \dfrac{100}{0.9} = 111\,[\text{V}]$

답 ②

5. 맥동률과 맥동주파수 및 전력변환기기

(1) 맥동률과 맥동주파수

구분	맥동주파수	맥동률
단상 반파 정류	$f_\tau = f$	121[%]
단상 전파 정류	$f_\tau = 2f$	48[%]
3상 반파 정류	$f_\tau = 3f$	17[%]
3상 전파 정류	$f_\tau = 6f$	4[%]

참고 정류회로 상수와 맥동주파수는 비례하며 맥동률과는 반비례한다.

(2) 전력변환기기

구분	기능	용도
컨버터(순변환 장치)	교류를 직류로 변환	정류기
인버터(역변환장치)	직류를 교류로 변환	인버터
초퍼	직류를 직류로 변환	직류변압기
사이클로 컨버터	교류를 교류로 변환	주파수변환기

---

28 예제문제

사이클로 컨버터의 작용은?

① 직류-교환 변환　　② 직류-직류 변환
③ 교류-직류 변환　　④ 교류-교류 변환

해설
전력변환기기

구분	기능	용도
컨버터(순변환 장치)	교류를 직류로 변환	정류기
인버터(역변환장치)	직류를 교류로 변환	인버터
초퍼	직류를 직류로 변환	직류변압기
사이클로 컨버터	교류를 교류로 변환	주파수변환기

답 ④

01 전기기기 핵심예상문제

본 핵심예상문제는 각단원별 출제빈도 높은 문제 및 최근 10년간의 기출문제 중 비중이 높은 출제유형이므로 꼭 풀어보고 가야할 문제입니다. 이후 실전예상문제를 공부하시면 효과적입니다.

[08, 14]
01 직류발전기의 철심을 규소강판으로 성층하여 사용하는 이유로 가장 알맞은 것은?

① 브러시에서의 불꽃 방지 및 정류 개선
② 와류손과 히스테리시스손의 감소
③ 전기자 반작용의 감소
④ 기계적으로 튼튼함

> **직류기의 전기자 철심**
> 전기자 철심은 규소 강판을 사용하여 히스테리시스 손실을 줄이고 또한 성층하여 와류손(=맴돌이손)을 줄인다. 철심 내에서 발생하는 손실을 철손이라 하며 철손은 히스테리시스손과 와류손을 합한 값이다. 따라서 규소 강판을 성층하여 사용하기 때문에 철손이 줄어들게 된다.

[11]
02 다음 중 전기 기계에서 철심을 성층하여 사용하는 이유로 알맞은 것은?

① 와류손을 줄이기 위하여
② 맴돌이 전류를 증가시키기 위하여
③ 동손을 줄이기 위하여
④ 기계적 강도를 크게 하기 위하여

> **직류기의 전기자 철심**
> 전기자 철심은 규소 강판을 사용하여 히스테리시스 손실을 줄이고 또한 성층하여 와류손(=맴돌이손)을 줄인다.

[10, 17]
03 직류발전기의 전기자 반작용의 영향이 아닌 것은?

① 중성축의 이동
② 자속의 크기 감소
③ 절연내력의 저하
④ 유기기전력의 감소

> **직류기의 전기자 반작용의 영향**
> (1) 주자속이 감소하여 직류 발전기에서는 유기기전력(또는 단자전압)이 감소하고 직류 전동기에서는 토크가 감소하고 속도가 상승한다.
> (2) 편자작용에 의하여 중성축이 직류 발전기에서는 회전방향으로 이동하고 직류 전동기에서는 회전방향의 반대방향으로 이동한다.
> (3) 기전력의 불균일에 의한 정류자 편간전압이 상승하여 브러시 부근의 도체에서 불꽃이 발생하며 정류불량의 원인이 된다.

[15]
04 직류기에서 불꽃 없이 정류를 얻는 데 가장 유효한 방법은?

① 탄소브러시와 보상권선
② 자기포화와 브러시 이동
③ 보극과 탄소브러시
④ 보극과 보상권선

> **양호한 정류개선책**
> (1) 전압정류 : 보극을 설치하여 평균 리액턴스 전압을 감소시킨다.
> (2) 저항정류 : 코일의 자기 인덕턴스가 원인이므로 접촉저항이 큰 탄소브러시를 채용한다.
> (3) 브러시를 새로운 중성축으로 이동시킨다. : 발전기는 회전방향, 전동기는 회전방향의 반대방향으로 이동시킨다.
> (4) 보극 권선을 전기자 권선과 직렬로 접속한다.

정답 01 ② 02 ① 03 ③ 04 ③

제9장 전기기기

[19]

05 직류기의 브러시에 탄소를 사용하는 이유는?

① 접촉저항이 크다.
② 접촉저항이 작다.
③ 고유저항이 동보다 작다.
④ 고유저항이 동보다 크다.

> 양호한 정류개선책
> 저항정류 : 코일의 자기 인덕턴스가 원인이므로 접촉저항이 큰 탄소브러시를 채용한다.

[08, 15]

06 100[V], 10[A], 전기자저항 1[Ω], 회전수 1,800[rpm]인 직류 전동기의 역기전력은 몇 [V]인가?

① 80 ② 90
③ 100 ④ 110

> $E = V - R_a I_a = k\phi N$[V] 식에서
> $V = 100$[V], $I_a = 10$[A], $R_a = 1$[Ω],
> $N = 1,800$[rpm]일 때
> $\therefore E = V - R_a I_a = 100 - 1 \times 10 = 90$ [V]

[07]

07 직류 타 여자 전동기의 계자전류를 $\frac{1}{n}$로 하고 전기자 회로의 전압을 n배로 하면 속도는 어떻게 되는가?

① $\frac{1}{n^2}$배 ② $\frac{1}{n}$배
③ $2n$배   ④ n^2배

> $E = V - R_a I_a = k\phi N$[V] 식에서
> 속도(N)는 전압(E)에 비례하고 자속(ϕ)에 반비례한다.
> 또한 계자전류는 자속에 비례하기 때문에
> $\therefore N' = \frac{E'}{\phi'} = \frac{nE}{\frac{1}{n}\phi} = n^2 \frac{E}{\phi} = n^2 N$ [rpm]

[10]

08 부하전류가 100[A]일 때 900[rpm]으로 10[N·m]의 토크를 발생하는 직류 직권전동기가 50[A]의 부하전류로 감소되었을 때 발생하는 토크는 약 몇 [N·m]인가?

① 2.5 ② 3.2
③ 4   ④ 5

> 직류 직권전동기의 토크 특성
> $\tau \propto I_a^2$, $\tau \propto \frac{1}{N^2}$ 식에서
> $I_a = 100$[A], $N = 900$[rpm], $\tau = 10$[N·m],
> $I_a' = 50$[A]일 때
> $\therefore \tau' = \left(\frac{I_a'}{I_a}\right)^2 \tau = \left(\frac{50}{100}\right)^2 \times 10 = 2.5$[N·m]

[11]

09 출력 3[kW], 1,500[rpm]인 전동기의 토크는 몇 [kg·m]인가?

① 0.49 ② 1.95
③ 20.5 ④ 37.5

> 직류전동기의 토크
> $\tau = 9.55\frac{P}{N}$[N·m] $= 0.975\frac{P}{N}$[kg·m] 식에서
> $P = 3$[kW], $N = 1,500$[rpm]일 때
> $\therefore \tau = 0.975\frac{P}{N} = 0.975 \times \frac{3 \times 10^3}{1,500} = 1.95$[kg·m]

정답 05 ① 06 ② 07 ④ 08 ① 09 ②

[07, 09]

10 직류전동기에서 전기자 전도체수 Z, 극수 P, 전기자 병렬 회로수 a, 1극당의 자속 ϕ[Wb], 전기자 전류 I_a [A]일 때 토크는 몇 [N·m]인가?

① $\dfrac{aZ\phi I_a}{2\pi P}$ ② $\dfrac{PZ\phi I_a}{2\pi a}$

③ $\dfrac{aPZI_a}{2\pi \phi}$ ④ $\dfrac{aPZ\phi}{2\pi I_a}$

직류전동기의 토크
$\tau = \dfrac{EI_a}{\omega} = \dfrac{pZ\phi I_a}{2\pi a} = k\phi I_a$ [N·m]

[06, 19]

11 직류 전동기의 속도제어 방법이 아닌 것은?

① 전압제어 ② 계자제어
③ 저항제어 ④ 슬립제어

직류전동기의 속도제어
직류전동기의 속도공식은 $N = k\dfrac{V - R_a I_a}{\phi}$ [rps] 이므로 공급전압(V)에 의한 제어, 자속(ϕ)에 의한 제어, 전기자저항(R_a)에 의한 제어 3가지 방법이 있다.
(1) 전압제어 (2) 계자제어 (3) 저항제어

[17]

12 직류 전동기의 속도제어법이 아닌 것은?

① 저항제어 ② 계자제어
③ 전압제어 ④ 주파수제어

직류전동기의 속도제어
직류전동기의 속도공식은 $N = k\dfrac{V - R_a I_a}{\phi}$ [rps] 이므로 공급전압(V)에 의한 제어, 자속(ϕ)에 의한 제어, 전기자저항(R_a)에 의한 제어 3가지 방법이 있다.
(1) 전압제어 (2) 계자제어 (3) 저항제어

[07, 19]

13 직류 전동기의 속도제어방법이 아닌 것은?

① 계자제어법 ② 직렬저항법
③ 병렬제어법 ④ 전압제어법

직류전동기의 속도제어
직류전동기의 속도공식은 $N = k\dfrac{V - R_a I_a}{\phi}$ [rps] 이므로 공급전압(V)에 의한 제어, 자속(ϕ)에 의한 제어, 전기자저항(R_a)에 의한 제어 3가지 방법이 있다.
(1) 전압제어 (2) 계자제어 (3) 저항제어

[18, (유)12]

14 직류전동기의 속도제어 방법 중 속도제어의 범위가 가장 광범위하며, 운전 효율이 양호한 것으로 워드 레오너드 방식과 정지 레오너드 방식이 있는 제어법은?

① 저항제어법 ② 전압제어법
③ 계자제어법 ④ 2차 여자제어법

전압제어법
전압제어법은 정토크 제어로서 전동기의 공급전압 또는 단자전압을 변화시켜 속도를 제어하는 방법으로 광범위한 속도제어가 되고 제어가 원활하며 운전 효율이 좋은 특성을 지니고 있다. 종류는 다음과 같이 구분된다.
(1) 워드 레오너드 방식 : 광범위한 속도제어가 되며 제철소의 압연기, 고속 엘리베이터 제어 등에 적용된다.
(2) 일그너 방식 : 워드 레오너드 방식에 플라이 휠 효과를 추가하여 부하변동이 심한 경우에 적용된다.
(3) 정지 레오너드 방식 : 사이리스터를 이용하여 가변 직류 전압을 제어하는 방식이다.
(4) 초퍼방식 : 트랜지스터와 다이오드 등의 반도체 소자를 이용하여 속도를 제어하는 방식이다.
(5) 직병렬제어법 : 직권전동기에서만 적용되는 방식으로 전차용 전동기의 속도제어에 적용된다.

정답 10 ② 11 ④ 12 ④ 13 ③ 14 ②

제9장 전기기기

[20]
15 직류전동기의 속도제어 방법 중 광범위한 속도제어가 가능하며 정토크 가변속도의 용도에 적합한 방법은?

① 계자제어
② 직렬저항제어
③ 병렬저항제어
④ 전압제어

> **전압제어법**
> 전압제어법은 정토크 제어로서 전동기의 공급전압 또는 단자전압을 변화시켜 속도를 제어하는 방법으로 광범위한 속도제어가 되고 제어가 원활하며 운전 효율이 좋은 특성을 지니고 있다.

[14]
16 워드 레오너드방식의 속도제어는 어느 제어에 속하는가?

① 직렬저항제어
② 계자제어
③ 전압제어
④ 직병렬제어

> **전압제어법**
> (1) 워드 레오너드 방식 : 광범위한 속도제어가 되며 제철소의 압연기, 고속 엘리베이터 제어 등에 적용된다.
> (2) 일그너 방식 : 워드 레오너드 방식에 플라이 휠 효과를 추가하여 부하변동이 심한 경우에 적용된다.
> (3) 정지 레오너드 방식 : 사이리스터를 이용하여 가변 직류 전압을 제어하는 방식이다.
> (4) 초퍼방식 : 트랜지스터와 다이오드 등의 반도체 소자를 이용하여 속도를 제어하는 방식이다.
> (5) 직병렬제어법 : 직권전동기에서만 적용되는 방식으로 전차용 전동기의 속도제어에 적용된다.

[15]
17 직류전동기는 속도제어를 비교적 간단하게 할 수 있고 기동토크가 크므로 엘리베이터나 전차 등에 많이 사용되고 있다. 직류전동기에 가해지는 전압을 제어하여 속도제어로 많이 사용하는 방법은?

① 전압제어방식
② 계자저항제어방식
③ 1단 속도제어방식
④ 워드 레오너드 방식

> **전압제어법**
> 워드 레오너드 방식 : 광범위한 속도제어가 되며 제철소의 압연기, 고속 엘리베이터 제어 등에 적용된다.

[16, (유)13]
18 다음 중 직류 분권전동기의 용도에 적합하지 않은 것은?

① 압연기
② 제지기
③ 송풍기
④ 기중기

> **직류 분권전동기의 특징과 용도**
> (1) 특징
> ㉠ 부하전류에 따른 속도 변화가 거의 없는 정속도 특성뿐만 아니라 계자 저항기로 쉽게 속도를 조정할 수 있으므로 가변속도제어가 가능하다.
> ㉡ 무여자 상태에서 위험속도로 운전하기 때문에 계자회로에 퓨즈를 넣어서는 안 된다.
> (2) 용도 : 공작기계, 콘베이어, 송풍기
> ∴ 기중기는 기동토크가 커야하므로 직류 직권전동기의 용도로 적합하다.

[13]
19 부하 증대에 따라 속도가 오히려 증대되는 특성을 갖는 직류전동기의 종류는?

① 타여자전동기
② 분권전동기
③ 가동복권전동기
④ 차동복권전동기

> **차동복권전동기**
> 부하가 증가하면 전류 증가로 자속이 감소하게 되고 속도는 증가하게 되어 토크가 감소하는 직류전동기이다.

정답 15 ④ 16 ③ 17 ④ 18 ④ 19 ④

[10]
20 직류전동기 회전 방향을 바꾸려면 어떻게 하는가?

① 입력단자의 극성을 바꾼다.
② 전기자의 접속을 바꾼다.
③ 보극권선의 접속을 바꾼다.
④ 브러시의 위치를 조정한다.

직류전동기의 역회전 방법
직류전동기를 역회전 시키려면 전기자 전류와 계자 전류 중 어느 하나의 방향만 바꿔주어야 한다. 따라서 전기자의 접속을 반대로 바꾸면 전기자 전류의 방향이 반대가 되어 직류전동기는 역회전한다.

[11, 16]
21 60[Hz], 6극인 교류발전기의 회전수는 몇 [rpm]인가?

① 1,200
② 1,500
③ 1,800
④ 3,600

동기속도
$N_s = \dfrac{120f}{p}$[rpm]$= \dfrac{2f}{p}$[rps] 식에서
$f=60$[Hz], $p=6$일 때
$\therefore N_s = \dfrac{120f}{p} = \dfrac{120 \times 60}{6} = 1,200$[rpm]

[18]
22 동기속도가 3,600[rpm]인 동기발전기의 극수는 얼마인가? (단, 주파수는 60[Hz]이다.)

① 2극
② 4극
③ 6극
④ 8극

동기속도
$N_s = \dfrac{120f}{p}$[rpm]$= \dfrac{2f}{p}$[rps] 식에서
$N_s = 3,600$[rpm], $f=60$[Hz]일 때
$\therefore p = \dfrac{120f}{n_s} = \dfrac{120 \times 60}{3,600} = 2$극

[06, 08, 14, (유)11]
23 변압기는 어떤 작용을 이용한 전기기계인가?

① 정전유도작용
② 전자유도작용
③ 전류의 발열작용
④ 전류의 화학작용

변압기 이론
환상철심을 자기회로로 사용하여 1차측(전원측)과 2차측(부하측)에 권선을 감고 1차측에 교류전원을 인가하면 전자유도작용에 의해서 2차측에 유기기전력이 발생하게 된다.

[12]
24 변압기의 무부하 전류에 대한 설명으로 틀린 것은?

① 철심에 자속을 만드는 전류로서 여자전류라고도 한다.
② 1차 단자 간에 전압을 가했을 때 흐르는 전류이다.
③ 전압보다 약 90도 뒤진 위상의 전류이다.
④ 부하에 흐르는 전류가 0이며, 전압이 존재하지 않는 무저항 전류이다.

변압기 무부하 전류
변압기 무부하 전류란 변압기 2차측을 개방하여 무부하인 상태에서 변압기 1차측에 공급되는 전류이다. 자속을 발생하는 자화전류와 철손을 발생하는 철손전류로 이루어져 있으며 여자전류라고도 한다. 또한 전압보다 90도 뒤진 위상의 지상전류이다.

정답 20 ② 21 ① 22 ① 23 ② 24 ④

제9장 전기기기

[08, 14]

25 그림과 같이 1차측에 직류 10[V]를 가했을 때 변압기 2차측에 걸리는 전압 V_2는 몇 [V]인가? (단, 변압기는 이상적이며, $n_1 = 100$회, $n_2 = 500$회이다.)

① 0
② 2
③ 10
④ 50

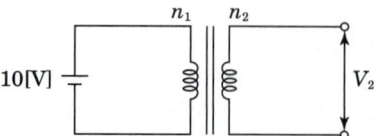

> **변압기 이론**
> 환상철심을 자기회로로 사용하여 1차측(전원측)과 2차측(부하측)에 권선을 감고 1차측에 교류전원을 인가하면 전자유도작용에 의해서 2차측에 유기기전력이 발생하게 된다.
> ∴ 1차측 전원이 직류전원일 때에는 자속이 시간적으로 변화하지 않기 때문에 전자유도작용이 생기지 않는다. 따라서 2차측 단자에는 전압이 유도되지 않는다.

[09]

26 240[V], 60[Hz] 전압원을 사용하여 16[V] 전구가 점등할 수 있도록 변압기를 사용하였다. 1차측의 권선수가 360회라고 할 때 2차측에 필요한 권선수는?

① 8회
② 12회
③ 16회
④ 24회

> **변압기 권수비(전압비 : N)**
> $N = \dfrac{N_1}{N_2} = \dfrac{E_1}{E_2} = \dfrac{I_2}{I_1} = \sqrt{\dfrac{Z_1}{Z_2}}$ 식에서
> $E_1 = 240[V]$, $f = 60[Hz]$, $E_2 = 16[V]$, $N_1 = 360$일 때
> ∴ $N_2 = \dfrac{E_2}{E_1} N_1 = \dfrac{16}{240} \times 360 = 24$

[06, 10]

27 변압기 정격 1차 전압의 의미를 바르게 설명한 것은?

① 정격 2차 전압에 권수비를 곱한 것이다.
② $\dfrac{1}{2}$ 부하를 걸었을 때의 1차 전압이다.
③ 무부하일 때의 1차 전압이다.
④ 정격 2차 전압에 효율을 곱한 것이다.

> **변압기 권수비(전압비 : N)**
> $N = \dfrac{N_1}{N_2} = \dfrac{E_1}{E_2} = \dfrac{I_2}{I_1} = \sqrt{\dfrac{Z_1}{Z_2}}$ 식에서
> $E_1 = NE_2[V]$ 이므로
> ∴ 변압기 1차 정격전압은 2차 정격전압에 권수비를 곱한 것이다.

[12]

28 변압기의 용도가 아닌 것은?

① 전압의 변환
② 임피던스의 변환
③ 전류의 변환
④ 주파수의 변환

> **변압기 권수비(전압비 : N)**
> $N = \dfrac{N_1}{N_2} = \dfrac{E_1}{E_2} = \dfrac{I_2}{I_1} = \sqrt{\dfrac{Z_1}{Z_2}}$
> 변압기의 권수비의 식에서 알 수 있듯이 변압기는 전압, 전류, 임피던스, 저항, 리액턴스, 인덕턴스 값은 변환할 수 있지만 주파수 변환은 하지 못한다.
> ∴ 변압기의 1차측과 2차측의 주파수는 서로 같다.

[09, 15]

29 변압기의 정격용량은 2차 출력단자에서 얻어지는 어떤 전력으로 표시하는가?

① 피상전력
② 유효전력
③ 무효전력
④ 최대전력

> **변압기의 정격과 단위**
> 정격용량[kVA], 정격전압[V], 정격전류[A], 정격주파수[Hz]
> ∴ 변압기의 정격용량은 [kVA] 단위로 표현하는 피상전력 성분이다.

정답 25 ① 26 ④ 27 ① 28 ④ 29 ①

[11, 17]

30 임피던스 강하가 4[%]인 어느 변압기가 운전 중 단락되었다면 그 단락전류는 정격전류의 몇 배가 되는가?

① 10   ② 20
③ 25   ④ 30

단락전류(I_s)
변압기 정격전류 I_n에 대해서 %임피던스 강하인 %z와 관계로 구할 수 있다.
$I_s = \dfrac{100}{\%z} I_n$ [A] 식에서
%z = 4[%]일 때
∴ $I_s = \dfrac{100}{\%z} I_n = \dfrac{100}{4} I_n = 25 I_n$ [A]

[08]

31 한 대의 용량이 P[kVA]인 변압기 2대를 가지고 V결선으로 했을 경우의 용량은 어떻게 나타낼 수 있는가?

① P[kVA]   ② $\sqrt{3}P$[kVA]
③ $2P$[kVA]   ④ $3P$[kVA]

V-V 결선의 특징
(1) 변압기 3대로 △결선 운전 중 변압기 1대 고장으로 2대만을 이용하여 3상 전원을 공급할 수 있는 결선이다.
(2) V결선의 출력은 변압기 1대 용량의 $\sqrt{3}$ 배이다.
(3) V결선의 출력비는 57.7[%], 이용률은 86.6[%]이다.
∴ $\sqrt{3}P$[kVA]

[13]

32 10[kVA]의 단상변압기 3대가 있다. 이를 3상 배전선에 V결선했을 때의 출력은 몇 [kVA]인가?

① 11.73   ② 17.32
③ 20   ④ 30

V결선의 출력
V결선은 변압기 1대의 용량의 $\sqrt{3}$배 곱한 용량을 출력으로 사용할 수 있기 때문에 변압기 1대의 용량이 10[kVA]라 하면 V결선의 출력은
∴ $\sqrt{3}P = \sqrt{3} \times 10 = 17.32$ [kVA]

[12]

33 50[kVA]단상변압기 4대를 사용하여 부하에 공급할 수 있는 3상 전력은 최대 몇 kVA인가?

① 100   ② 150
③ 173   ④ 200

V결선의 출력
변압기가 4대일 때 3상 출력으로 부하에 공급할 수 있는 방법은 변압기 2대를 V결선하여 2뱅크로 운전하면 된다.
2뱅크 V결선의 출력은 변압기 1대 용량의 $2\sqrt{3}$ 배 이므로
∴ $2\sqrt{3}P = 2\sqrt{3} \times 50 = 173$ [kVA]

[10]

34 단상 변압기 2대를 V결선으로 3상 결선하는 경우 변압기의 이용률[%]은 얼마인가?

① 57.7   ② 70.7
③ 86.6   ④ 96

V-V 결선의 특징
V결선의 출력비는 57.7[%], 이용률은 86.6[%]이다.

[06, 10]

35 단상 변압기 3대를 사용하는 것과 3상 변압기 1대를 사용하는 것을 비교할 때 단상 변압기를 사용할 때의 장점에 해당되는 것은?

① 철심재료 및 부싱, 유량 등이 적게 들어 경제적이다.
② 단위방식이 늘어 결선이 용이하다.
③ 부하시 탭 변환장치를 채용하는 데 유리하다.
④ 부하의 증가에 대처하기가 용이하다.

단상 변압기의 채용
3상 부하에 3상 변압기를 결선하여 채용하면 경제적으로 유리한 면이 있지만 변압기 결선과 용량을 바꾸기 어려워 부하 증설에 대한 대처가 불가능하다. 따라서 단상 변압기를 채용하게 되면 자유로운 결선 및 부하 증설에 따른 대처가 용이해진다.

정답 30 ③ 31 ② 32 ② 33 ③ 34 ③ 35 ④

[07, 14]

36 변압기를 스코트(Scott) 결선할 때 이용률은 몇 [%]인가?

① 57.7
② 86.6
③ 100
④ 173

> **스코트 결선(T 결선)**
> 변압기 스코트 결선은 3상 전원을 2상 전원으로 공급하기 위한 결선으로서 변압기 권선의 86.6[%]인 부분만을 사용하기 때문에 변압기 이용률이 86.6[%]로 운전된다.

[10, 16]

37 변압기의 병렬운전에서 필요하지 않은 조건은?

① 극성이 같을 것
② 1차, 2차 정격전압이 같을 것
③ 출력이 같을 것
④ 권수비가 같을 것

> **변압기의 병렬운전 조건**
> (1) 단상 변압기와 3상 변압기 공통 사항
> ㉠ 극성이 같아야 한다.
> ㉡ 정격전압이 같고, 권수비가 같아야 한다.
> ㉢ %임피던스강하가 같아야 한다.
> ㉣ 저항과 리액턴스의 비가 같아야 한다.
> (2) 3상 변압기에만 적용
> ㉠ 위상각 변위가 같아야 한다.
> ㉡ 상회전 방향이 같아야 한다.

[09]

38 2대의 단상변압기를 병렬운전할 때 다음 중 병렬운전의 필요조건이 아닌 것은?

① 극성이 같을 것
② 용량이 같을 것
③ 권수비가 같을 것
④ %임피던스 강하가 같을 것

> **변압기의 병렬운전 조건**
> (1) 단상 변압기와 3상 변압기 공통 사항
> ㉠ 극성이 같아야 한다.
> ㉡ 정격전압이 같고, 권수비가 같아야 한다.
> ㉢ %임피던스강하가 같아야 한다.
> ㉣ 저항과 리액턴스의 비가 같아야 한다.
> (2) 3상 변압기에만 적용
> ㉠ 위상각 변위가 같아야 한다.
> ㉡ 상회전 방향이 같아야 한다.

[15]

39 단상 변압기 3대를 3상 병렬 운전하는 경우에 불가능한 운전 상태의 결선방법은?

① $\Delta-\Delta$와 $Y-Y$
② $\Delta-Y$와 $Y-\Delta$
③ $\Delta-\Delta$와 $\Delta-Y$
④ $\Delta-Y$와 $\Delta-Y$

> **변압기 병렬운전이 가능한 경우와 불가능한 경우의 결선**
>
> | 가능 | 불가능 |
> | --- | --- |
> | $\Delta-\Delta$ 와 $\Delta-\Delta$ | $\Delta-\Delta$ 와 $\Delta-Y$ |
> | $\Delta-\Delta$ 와 $Y-Y$ | $\Delta-\Delta$ 와 $Y-\Delta$ |
> | $Y-Y$ 와 $Y-Y$ | $Y-Y$ 와 $\Delta-Y$ |
> | $Y-\Delta$ 와 $Y-\Delta$ | $Y-Y$ 와 $Y-\Delta$ |

정답 36 ② 37 ③ 38 ② 39 ③

[09, 15]

40 변압기의 특성 중 규약 효율이란?

① $\dfrac{출력}{출력-손실}$ ② $\dfrac{출력}{출력+손실}$

③ $\dfrac{입력}{입력-손실}$ ④ $\dfrac{입력}{입력+손실}$

> 변압기의 규약효율(η)
> $\therefore \eta = \dfrac{출력}{출력+손실} \times 100[\%]$

[09]

41 200[kVA]의 단상변압기에서 철손이 1[kW], 전부하동손이 4[kW]이다. 이 변압기의 최대효율은 약 몇 [%]의 부하에서 나타나는가?

① 25 ② 50
③ 75 ④ 100

> 변압기 최대효율 조건
> (1) 전부하시 : $P_i = P_c$
> (2) $\dfrac{1}{m}$ 부하시 : $P_i = \left(\dfrac{1}{m}\right)^2 P_c$
> 여기서, P_i : 철손, P_c : 동손, $\dfrac{1}{m}$: 부하율
> $P_n = 200[\text{kVA}]$, $P_i = 1[\text{kVA}]$, $P_c = 4[\text{kVA}]$일 때
> $\therefore \dfrac{1}{m} = \sqrt{\dfrac{P_i}{P_c}} = \sqrt{\dfrac{1}{4}} = 0.5[\text{pu}] = 50[\%]$

[16]

42 주상변압기의 고압측에 몇 개의 탭을 두는 이유는?

① 선로의 전압을 조정하기 위하여
② 선로의 역률을 조정하기 위하여
③ 선로의 잔류전하를 방전시키기 위하여
④ 단자에 고장이 발생하였을 때를 대비하기 위하여

> 주상변압기의 고압측에 몇 개의 탭을 두는 이유는 배전선로의 전압을 조정하기 위해서이다.

[17, 19]

43 변압기 내부 고장 검출용 보호계전기는?

① 차동계전기 ② 과전류계전기
③ 역상계전기 ④ 부족전압계전기

> 변압기 내부고장 검출 계전기
> (1) 차동계전기 또는 비율차동계전기
> (2) 부흐홀츠계전기

[15]

44 유도전동기에서 동기속도는 3,600[rpm]이고, 회전수는 3,420[rpm]이다. 이때의 슬립은 몇 [%]인가?

① 2 ② 3
③ 4 ④ 5

> $s = \dfrac{N_s - N}{N_s}$ 식에서
> $N_s = 3,600[\text{rpm}]$, $N = 3,420[\text{rpm}]$ 이므로
> $\therefore s = \dfrac{N_s - N}{N_s} = \dfrac{3,600 - 3,420}{3,600} = 0.05[\text{pu}] = 5[\%]$

[16]

45 60[Hz], 6극 3상 유도전동기의 전부하에 있어서의 회전수가 1,164[rpm]이다. 슬립은 약 몇 [%]인가?

① 2 ② 3
③ 5 ④ 7

> $N_s = \dfrac{120f}{p}[\text{rpm}]$, $s = \dfrac{N_s - N}{N_s}$ 식에서
> $f = 60[\text{Hz}]$, $p = 6$, $N = 1,164[\text{rpm}]$일 때
> $N_s = \dfrac{120f}{p} = \dfrac{120 \times 60}{6} = 1,200[\text{rpm}]$ 이므로
> $\therefore s = \dfrac{N_s - N}{N_s} = \dfrac{1,200 - 1,164}{1,200} = 0.03[\text{pu}] = 3[\%]$

정답 40 ② 41 ② 42 ① 43 ① 44 ④ 45 ②

[16, 20]

46 회전 중인 3상 유도전동기의 슬립이 1이 되면 전동기 속도는 어떻게 되는가?

① 불변이다. ② 정지한다.
③ 무구속 속도가 된다. ④ 동기속도와 같게 된다.

> 유도전동기의 슬립과 속도
> (1) 슬립이 1이면 회전자 속도가 $N=0$[rpm]일 때 이므로 유도전동기가 정지되어 있거나 또는 기동할 때임을 의미한다.
> (2) 슬립이 0이면 회전자 속도가 동기속도와 같은 $N=N_s$ [rpm]일 때 이므로 유도전동기가 무부하 운전을 하거나 또는 정상속도에 도달하였음을 의미한다.

[08, 14]

47 회전자가 슬립 s로 회전하고 있을 때 고정자 및 회전자의 실효 권수비를 α라 하면, 고정자 기전력 E_1과 회전자 기전력 E_2와의 비는 어떻게 표현되는가?

① $\dfrac{\alpha}{s}$ ② $s\alpha$
③ $(1-s)\alpha$ ④ $\dfrac{\alpha}{1-s}$

> 유도전동기의 회전시 1, 2차 전압비
> $\therefore \dfrac{E_1}{E_{2s}} = \dfrac{\alpha}{s}$

[17]

48 권선형 유도전동기의 회전자 입력이 10[kW]일 때 슬립이 4[%]였다면 출력은 약 몇 [kW]인가?

① 4 ② 8
③ 9.6 ④ 10.4

> $P_0 = (1-s)P_2 = \dfrac{1-s}{s}P_{c2}$ 식에서
> $P_2 = 10$[kW], $s = 4$[%]일 때
> $\therefore P_0 = (1-s)P_2 = (1-0.04) \times 10 = 9.6$[kW]

[07, 11, 18]

49 다음 중 유도전동기의 회전력에 관한 설명으로 옳은 것은?

① 단자전압과는 무관하다.
② 단자전압에 비례한다.
③ 단자전압의 2승에 비례한다.
④ 단자전압의 3승에 비례한다.

> 유도전동기의 토크와 전압 관계
> 유도전동기의 토크는 출력과 입력에 비례하고, 또한 출력과 입력은 전압의 제곱에 비례하기 때문에 토크는 전압의 제곱에 비례함을 알 수 있다.

[12]

50 170[V], 50[Hz], 3상 유도전동기의 전부하 슬립이 4[%]이다. 공급전압이 5[%] 저하된 경우의 전부하 슬립은 약 몇 [%]인가?

① 4.4 ② 5.1
③ 5.6 ④ 7.4

> 유도전동기의 전부하 슬립은 전압의 제곱에 반비례하므로
> $s \propto \dfrac{1}{V^2}$ 식에서
> $V = 170$[V], $f = 50$[Hz], $s = 4$[%],
> $V' = 170 \times (1-0.05) = 161.5$[V]일 때
> $\therefore s' = \left(\dfrac{V}{V'}\right)^2 s = \left(\dfrac{170}{161.5}\right)^2 \times 0.04 = 0.044$[pu]
> $= 4.4$[%]

정답 46 ② 47 ① 48 ③ 49 ③ 50 ①

51 권선형 3상 유도전동기의 비례추이에 관한 설명으로 가장 알맞은 것은?

① 2차 저항 r_2를 변화하면 최대 토크를 발생하는 슬립이 커진다.
② 2차 저항 r_2를 크게 하면 기동 토크가 커진다.
③ 2차 저항 r_2를 변화하면 최대 토크가 변화한다.
④ 2차 저항 r_2를 크게 하면 기동 전류가 증대한다.

비례추이의 원리
(1) 권선형 유도전동기에 적용한다.
(2) 2차 저항을 크게 하면 슬립이 증가하고 기동토크도 증가한다.
(3) 속도가 감소하고 기동전류도 감소한다.
(4) 최대토크는 변하지 않는다.

52 권선형 3상 유도전동기에서 2차 저항을 변화시켜 속도를 제어하는 경우, 최대토크는 어떻게 되는가?

① 최대토크가 생기는 점의 슬립에 비례한다.
② 최대토크가 생기는 점의 슬립에 반비례한다.
③ 2차 저항에만 비례한다.
④ 항상 일정하다.

비례추이의 원리
(1) 권선형 유도전동기에 적용한다.
(2) 2차 저항을 크게 하면 슬립이 증가하고 기동토크도 증가한다.
(3) 속도가 감소하고 기동전류도 감소한다.
(4) 최대토크는 변하지 않는다.

53 3상 권선형 유도전동기의 2차 회로에 저항기를 접속시키는 이유가 될 수 없는 것은?

① 속도를 제어하기 위해서
② 기동전류를 제한시키기 위해서
③ 기동토크를 크게 하기 위해서
④ 최대토크를 크게 하기 위해서

비례추이의 원리
(1) 권선형 유도전동기에 적용한다.
(2) 2차 저항을 크게 하면 슬립이 증가하고 기동토크도 증가한다.
(3) 속도가 감소하고 기동전류도 감소한다.
(4) 최대토크는 변하지 않는다.

54 농형 유도전동기의 기동법이 아닌 것은?

① 전전압기동법
② 기동보상기법
③ Y−△기동법
④ 2차 저항법

유도전동기의 기동법

구분	종류	특징
농형 유도전동기	전전압 기동법	5.5[kW] 이하의 소형에 적용
	Y−△ 기동법	5.5[kW]를 초과하고 15[kW] 이하에 적용
	리액터 기동법	15[kW]를 넘는 전동기에 적용
	기동 보상기법	15[kW]를 넘는 전동기에 적용
권선형 유도전동기	2차 저항 기동법	비례추이원리를 이용
	2차 임피던스 기동법	−
	게르게스 기동법	−

[11]

55 유도전동기와 기동방법 중 용량이 5[kW] 이하인 소용량 전동기에는 주로 어떤 기동법이 사용되는가?

① 전전압 기동법   ② Y-△ 기동법
③ 기동보상기법   ④ 리액터 기동법

> 용량이 5.5[kW] 이하인 소용량의 3상 농형 유도전동기 기동법에는 전전압 기동법이 사용된다.

[08, 14]

56 유도전동기의 1차 접속을 △에서 Y로 바꾸면 기동 시의 1차 전류는 어떻게 변화하는가?

① $\frac{1}{3}$로 감소한다.   ② $\frac{1}{\sqrt{3}}$로 감소
③ $\sqrt{3}$ 배로 증가   ④ 3배로 증가

> 농형 유도전동기의 Y-△ 기동법
> Y-△ 기동법은 기동전류와 기동토크를 전전압 기동에 비해 $\frac{1}{3}$ 배만큼 감소시킨다.

[09]

57 유도전동기의 속도제어 방법이 아닌 것은?

① 극수변환   ② 주파수제어
③ 전기자 전압 제어   ④ 2차 저항 제어

> 유도전동기의 속도제어법
>
> | 구분 | 종류 |
> |---|---|
> | 농형 유도전동기 | 주파수제어법 |
> | | 전압제어법 |
> | | 극수변환법 |
> | 권선형 유도전동기 | 2차 저항 제어법 |
> | | 2차 여자법 |
> | | 종속법 |

[12]

58 유도전동기의 속도를 제어하는 데 필요한 요소가 아닌 것은?

① 슬립   ② 주파수
③ 극수   ④ 리액터

> 유도전동기의 속도제어법
>
> | 구분 | 종류 |
> |---|---|
> | 농형 유도전동기 | 주파수제어법 |
> | | 전압제어법 |
> | | 극수변환법 |
> | 권선형 유도전동기 | 2차 저항 제어법 |
> | | 2차 여자법 |
> | | 종속법 |

[13]

59 일정 토크부하에 알맞은 유도전동기의 주파수 제어에 의한 속도제어 방법을 사용할 때, 공급전압과 주파수의 관계는?

① 공급전압과 주파수는 비례되어야 한다.
② 공급전압과 주파수는 반비례되어야 한다.
③ 공급전압은 항상 일정하고, 주파수는 감소하여야 한다.
④ 공급전압의 제곱에 비례하는 주파수를 공급하여야 한다.

> 농형 유도전동기의 주파수제어법
> 주파수를 변환하기 위하여 인버터 장치로 VVVF(가변전압 가변주파수) 장치가 사용되고 있다. 이때 공급전압과 주파수는 비례관계에 있어야 한다. 전동기의 고속운전에 필요한 속도 제어에 이용되며 선박의 추진모터나 인견공장의 포트모터 속도제어 방법에 적용되고 있다.

정답 55 ① 56 ① 57 ③ 58 ④ 59 ①

[11, 17]

60 유도 전동기의 속도제어에서 사용할 수 없는 전력 변환기는?

① 인버터
② 사이클로 컨버터
③ 위상제어기
④ 정류기

> 유도전동기의 속도제어에 사용되는 전력변환기
> (1) 인버터(VVVF 장치)
> (2) 위상제어기(SCR 사용)
> (3) 사이클로 컨버터
> ∴ 정류기는 교류를 직류로 변환하는 장치이다.

[20]

61 유도전동기의 1차 전압 변화에 의한 속도제어 시 SCR을 사용하여 변화시키는 것은?

① 주파수
② 토크
③ 위상각
④ 전류

> 유도전동기의 속도제어에 사용되는 전력변환기
> (1) 인버터(VVVF 장치)
> (2) 위상제어기(SCR 사용)
> (3) 사이클로 컨버터

[08, 14, 17, 19, (유)06]

62 다음 중 3상 유도전동기의 회전방향을 바꾸려고 할 때 옳은 방법은?

① 전원 3선중 2선의 접속을 바꾼다.
② 기동보상기를 사용한다.
③ 전원 주파수를 변환한다.
④ 전동기의 극수를 변환한다.

> 유도전동기의 역회전 방법
> 3상 유도전동기의 회전방향을 반대로 바꾸기 위해서는 3선 중 임의의 2선의 접속을 바꿔야 한다.

[15]

63 3상 유도전동기의 제어방법에 대한 설명 중에서 틀린 것은?

① Y−Δ 기동방식으로 기동 토크를 줄일 수 있다.
② 역상 제동 기법으로 전동기를 급속정지 또는 감속시킬 수 있다.
③ 속도제어 시에는 전압, 주파수 일정 제어 기법이 유리하다.
④ 단자전압이 정격전압보다 낮을 경우에는 슬립이 감소한다.

> 유도전동기의 전부하 슬립과 전압 관계
> 유도전동기의 전부하 슬립은 전압의 제곱에 반비례한다. 따라서 전압이 낮아질 경우 슬립은 증가한다.

[15]

64 유도전동기에서 인가전압은 일정하고 주파수가 수[%] 감소할 때 발생되는 현상으로 틀린 것은?

① 동기속도가 감소한다.
② 철손이 약간 증가한다.
③ 누설리액턴스가 증가한다.
④ 역률이 나빠진다.

> 유도전동기의 주파수에 따른 변화
> 일정전압에서 주파수가 감소할 때 유도전동기의 특성 변화는 다음과 같다.
> $$f \propto \frac{1}{B_m} \propto \frac{1}{P_h} \propto \frac{1}{P_i} \propto \frac{1}{I_0} \propto N_s \propto \cos\theta$$
> $$\propto X_L$$
> 여기서, f : 주파수, B_m : 자속밀도,
> P_h : 히스테리시스 손실, P_i : 철손, I_0 : 여자전류,
> N_s : 동기속도, $\cos\theta$: 역률, X_L : 누설리액턴스
> (1) 자속밀도, 히스테리시스 손실, 철손, 여자전류는 증가한다.
> (2) 동기속도와 회전자 속도 및 역률은 감소한다.
> (3) 누설리액턴스는 감소한다.

정답 60 ④ 61 ③ 62 ① 63 ④ 64 ③

[12]
65 3상 농형 유도전동기의 특징으로 틀린 것은?

① 슬립링이나 브러시 등을 사용하지 않으므로, 간단한 구조로 고장이 적으며, 유지보수가 간단하다.
② 회전자의 구조가 간단하여 제작이 쉽다.
③ 상용전원을 직접 입력하여 운전시, 발생토크와 고정자 전류 사이에는 선형관계가 성립하지 않는다.
④ 기동시에는 회전자장을 만들 수 없어 기동장치를 필요로 한다.

> **단상 유도전동기**
> 단상 유도전동기는 회전자계가 없으므로 회전력을 발생하지 않는다. 이 때문에 주권선(또는 운동권선) 외에 보조권선(또는 기동권선)을 삽입하여 보조권선으로 회전자기장을 발생시키고 또한 회전력을 얻는다. 주로 가정용으로서 선풍기, 드릴, 믹서, 재봉틀 등에 사용된다.

[13, 20]
66 다음 중 기동 토크가 가장 큰 단상 유도전동기는?

① 분상기동형 ② 반발기동형
③ 반발유도형 ④ 콘덴서기동형

> **단상 유도전동기의 기동토오크 순서**
> 반발기동형 > 반발유도형 > 콘덴서기동형 > 분상기동형 > 세이딩코일형

[09, 15]
67 분상기동형 단상 유도전동기를 역회전시키는 방법은?

① 주권선과 보조권선 모두를 전원에 대하여 반대로 접속한다.
② 콘덴서를 주권선에 삽입하여 위상차를 갖게 한다.
③ 콘덴서를 보조권선에 삽입한다.
④ 주권선과 보조권선 중 하나를 전원에 대하여 반대로 접속한다.

> **단상 유도전동기의 역회전 방법**
> 주권선(또는 운동권선)이나 보조권선(또는 기동권선) 중 어느 한쪽의 단자 접속을 반대로 한다.

[07, 14, 20]
68 유도전동기의 고정손에 해당하지 않는 것은?

① 1차 권선의 저항손 ② 철손
③ 베어링 마찰손 ④ 풍손

> **유도전동기의 손실**
> (1) 고정손 : 철손, 마찰손, 풍손
> (2) 가변손 : 동손, 표유부하손

[11, 13]
69 유도전동기의 원선도 작성에 필요한 기본량이 아닌 것은?

① 무부하 시험 ② 저항 측정
③ 회전수 측정 ④ 구속 시험

> **유도전동기의 원선도 작성에 필요한 시험**
> (1) 무부하 시험
> (2) 구속시험
> (3) 저항 시험

[12]
70 3상 유도전동기가 85[%]의 부하를 가지고 운전하고 있던 중 1선이 개방되면?

① 즉시 정지한다.
② 역방향으로 회전한다.
③ 계속 운전하며 전동기에 큰 지장이 없다.
④ 계속 운전하나 결국엔 소손된다.

> **유도전동기의 게르게스 현상**
> 3상 중 1선 단선 또는 개방시 반부하 운전으로 속도가 감소하고 전류는 증가하여 전동기가 소손된다.

정답 65 ④ 66 ② 67 ④ 68 ① 69 ③ 70 ④

[19]

71 전원 전압을 일정 전압 이내로 유지하기 위해서 사용되는 소자는?

① 정전류 다이오드 ② 브리지 다이오드
③ 제너 다이오드 ④ 터널 다이오드

다이오드의 종류와 특징
(1) 제너 다이오드 : 전원전압을 안정하게 유지하는데 이용된다.
(2) 터널 다이오드 : 발진, 증폭, 스위칭 작용으로 이용된다.
(3) 버렉터 다이오드 : 가변 용량 다이오드로 이용된다.
(4) 포토 다이오드 : 빛을 전기신로로 바꾸는데 이용된다.
(5) 발광 다이오드(LED) : 전기신호를 빛으로 바꿔서 램프의 기능으로 사용하는 반도체 소자이다.

[09, 12, 17]

72 배리스터(Varistor)란?

① 비직선적인 전압 – 전류 특성을 갖는 2단자 반도체 소자이다.
② 비직선적인 전압 – 전류 특성을 갖는 3단자 반도체 소자이다.
③ 비직선적인 전압 – 전류 특성을 갖는 4단자 반도체 소자이다.
④ 비직선적인 전압 – 전류 특성을 갖는 리액턴스 소자이다.

바리스터와 서미스터
(1) 바리스터 : 비직선적인 전압-전류 특성을 갖는 2단자 반도체 소자로서 불꽃 아크(서지) 소거용으로 이용된다.
(2) 서미스터 : 열을 감지하는 감열 저항체 소자로서 온도보상용으로 이용된다.

[10, 15, 18]

73 배리스터의 주된 용도는?

① 서지전압에 대한 회로 보호용
② 온도 측정용
③ 출력전류 조절용
④ 전압 증폭용

바리스터와 서미스터
(1) 바리스터 : 비직선적인 전압-전류 특성을 갖는 2단자 반도체 소자로서 불꽃 아크(서지) 소거용으로 이용된다.
(2) 서미스터 : 열을 감지하는 감열 저항체 소자로서 온도보상용으로 이용된다.

[15, 20]

74 계전기 접점의 아크를 소거할 목적으로 사용되는 소자는?

① 배리스터(Varistor) ② 버랙터다이오드
③ 터널다이오드 ④ 서미스터

바리스터와 서미스터
(1) 바리스터 : 비직선적인 전압-전류 특성을 갖는 2단자 반도체 소자로서 불꽃 아크(서지) 소거용으로 이용된다.
(2) 서미스터 : 열을 감지하는 감열 저항체 소자로서 온도보상용으로 이용된다.

정답 71 ③ 72 ① 73 ① 74 ①

제9장 전기기기

[09, 13]

75 서미스터에 대한 설명으로 옳은 것은?

① 열을 감지하는 감열 저항체 소자이다.
② 온도 상승에 따라 전자유도현상이 크게 발생되는 소자이다.
③ 구성은 규소, 아연, 납 등을 혼합한 것이다.
④ 화학적으로는 수소화물에 해당한다.

> **바리스터와 서미스터**
> (1) 바리스터 : 비직선적인 전압–전류 특성을 갖는 2단자 반도체 소자로서 불꽃 아크(서지) 소거용으로 이용된다.
> (2) 서미스터 : 열을 감지하는 감열 저항체 소자로서 온도보상용으로 이용된다.

[10, 15, 18, (유)12, 18]

76 다음 중 온도 보상용으로 사용되는 것은?

① 다이오드　　② 다이악
③ 서미스터　　④ SCR

> **바리스터와 서미스터**
> (1) 바리스터 : 비직선적인 전압–전류 특성을 갖는 2단자 반도체 소자로서 불꽃 아크(서지) 소거용으로 이용된다.
> (2) 서미스터 : 열을 감지하는 감열 저항체 소자로서 온도보상용으로 이용된다.

[07, 14]

77 그림은 일반적인 반파정류회로이다. 변압기 2차 전압의 실효값을 E[V]라 할 때 직류전류의 평균값은? (단, 변류기의 전압강하는 무시한다.)

① $\dfrac{E}{R}$
② $\dfrac{E}{2R}$
③ $\dfrac{2E}{\pi R}$
④ $\dfrac{\sqrt{2}\,E}{\pi R}$

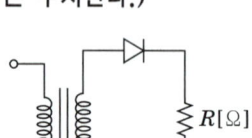

> **단상 반파 정류회로**
> $E_d = \dfrac{\sqrt{2}}{\pi}E = 0.45E$[V] 식에서
> 직류전류의 평균값 I_d는
> $\therefore I_d = \dfrac{E_d}{R} = \dfrac{\sqrt{2}\,E}{\pi R}$ [A]

[07]

78 단상 전파정류로 직류전압 48[V]를 얻으려면 변압기 2차 권선의 상전압 V_s는 약 몇 [V]인가? (단, 부하는 무유도저항이고, 정류회로 및 변압기에서의 전압강하는 무시한다.)

① 43　　② 53
③ 58　　④ 65

> **단상 전파 정류회로**
> $V_d = \dfrac{2\sqrt{2}}{\pi}V_s = 0.9V_s$ [V] 식에서
> $V_d = 48$[V]일 때 V_s는
> $\therefore V_s = \dfrac{V_d}{0.9} = \dfrac{48}{0.9} = 53$[V]

[06, 16]

79 그림과 같은 브리지 정류기는 어느 점에 교류입력을 연결해야 하는가?

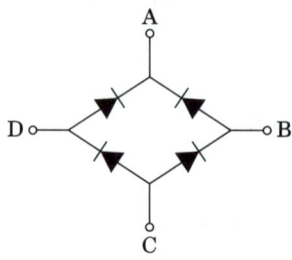

① B – D점　　② B – C점
③ A – C점　　④ A – B점

정답　75 ①　76 ③　77 ④　78 ②　79 ①

브리지 전파정류회로
브리지 전파정류회로를 연결하는 방법은 전원측(입력측) 단자와 접속된 다이오드의 극성은 서로 반대가 되도록 하여야 하며, 부하측(출력측) 단자와 접속된 다이오드의 극성은 서로 같아야 한다.
∴ B-D 점이다.

[13, 20]
80 맥동 주파수가 가장 많고 맥동률이 가장 적은 정류방식은?

① 단상 반파정류   ② 단상 전파정류
③ 3상 반파정류   ④ 3상 전파정류

맥동률과 맥동주파수

구분	맥동주파수	맥동률
단상 반파 정류	$f_\tau = f$	121[%]
단상 전파 정류	$f_\tau = 2f$	48[%]
3상 반파 정류	$f_\tau = 3f$	17[%]
3상 전파 정류	$f_\tau = 6f$	4[%]

[15]
81 사이리스터를 이용한 정류회로에서 직류전압의 맥동률이 가장 작은 정류회로는?

① 단상 반파   ② 단상 전파
③ 3상 반파   ④ 3상 전파

맥동률과 맥동주파수

구분	맥동주파수	맥동률
단상 반파 정류	$f_\tau = f$	121[%]
단상 전파 정류	$f_\tau = 2f$	48[%]
3상 반파 정류	$f_\tau = 3f$	17[%]
3상 전파 정류	$f_\tau = 6f$	4[%]

[17]
82 다음의 정류회로 중 리플전압이 가장 작은 회로는? (단, 저항부하를 사용하였을 경우이다.)

① 3상 반파 정류회로   ② 3상 전파 정류회로
③ 단상 반파 정류회로 ④ 단상 전파 정류회로

리플(ripple)이란 교류를 직류로 정류 한 후에 직류에 포함되어 있는 교류성분 주파수로서 맥동이라고 한다. 따라서 리플이 가장 작은 회로는 맥동률이 가장 작은 회로인 3상 전파 정류회로이다.

[11]
83 단상 정류회로에서 3상 정류회로로 변환했을 경우 옳은 것은?

① 맥동률은 감소하고 직류 평균전압은 증가한다.
② 맥동률은 증가하고 직류 평균전압은 감소한다.
③ 맥동률과 맥동주파수가 증가한다.
④ 맥동률은 증가하고 맥동주파수는 감소한다.

단상 정류회로를 3상 정류회로로 변환하면 맥동률이 감소하고 직류 평균 전압은 증가한다.

참고
(1) 단상 반파 정류회로 : $E_d = 0.45E$[V]
(2) 단상 전파 정류회로 : $E_d = 0.9E$[V]
(1) 3상 반파 정류회로 : $E_d = 1.17E$[V]
(1) 3상 전파 정류회로 : $E_d = 1.35E$[V]

정답 80 ④   81 ④   82 ②   83 ①

2025
공조냉동기계산업기사 필기

제10장

제어계의 구성과 분류

01 제어계의 구성과 분류

1 제어계의 구성

1. 제어계의 구성

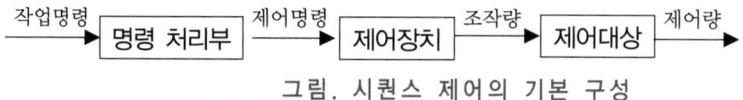

그림. 시퀀스 제어의 기본 구성

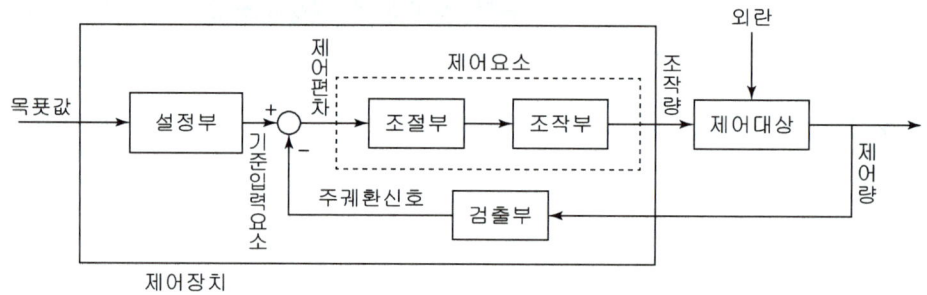

그림. 피드백 제어의 기본 구성

> **제어란?**
> 목표값을 설정하여 제어량이 목표값에 도달할 수 있도록 행해지는 일련의 모든 과정을 제어라 한다.
>
> **작업명령과 제어명령**
> • 작업명령 : 기동, 정지 등과 같이 장치 외부에서 주어지는 입력신호를 말한다.
> • 제어명령 : 전압, 변위, 온도 등과 같이 장치 내부에서 제어량을 원하는 상태로 하기 위한 입력신호를 말한다.
> (예)
> 발전기의 단자전압을 200[V]로 일정하게 유지하기 위하여 전압계를 보면서 계자저항을 조정하여 계전전류를 조정한다. 이러한 동작에 대한 제어시스템은 다음과 같이 지정할 수 있다.
> • 200[V] : 목표값
> • 단자전압 : 제어량
> • 발전기 : 제어대상
> • 계자저항 : 조절부
> • 계자전류 : 조작량
> • 전압계 : 검출부

다음은 폐루프 제어 시스템(피드백 제어 시스템)의 블록 다이어그램에서 각 부분의 용어에 대한 역할과 기능을 설명한 것이다.

① 목표값 : 궤환제어계에 속하지 않는 신호로서 외부에서 제어량이 그 값에 맞도록 제어계에 직접 가해지는 입력신호를 말한다.

② 설정부 : 목표값을 기준입력신호로 바꾸는 역할을 하는 요소로서 목표값을 직접 사용하기 곤란할 때, 주 되먹임 요소와 비교하여 사용하는 것을 말한다. 기준입력요소(또는 기준입력장치)라 표현하기도 한다.

③ 기준입력신호 : 목표값에 비례한 신호로서 제어계를 동작시키는 기준으로 직접 제어계에 가해지는 신호를 말한다.

④ 제어편차(동작신호) : 기준입력신호에서 궤환신호의 제어량을 뺀 값으로서 제어계의 동작결정의 기초가 되는 동작신호를 말한다. 또한 제어요소의 입력신호이기도 하다.

⑤ 제어요소 : 조절부와 조작부로 이루어져 있으며 동작신호를 조작량으로 변환하는 장치이다.

⑥ 조작량 : 제어장치 또는 제어요소가 제어대상에 가하는 제어 신호로서 제어장치 또는 제어요소의 출력임과 동시에 제어대상의 입력인 신호이다.

⑦ 제어대상 : 제어장치에 속하는 않는 부분, 또는 기계장치, 프로세스 및 시스

템 등에서 제어되는 전체 또는 부분으로서 제어량을 발생시키는 장치이다.
⑧ 외란 : 목표값 또는 기준입력신호 이외의 외부 입력으로 제어량의 변화를 일으키며 인위적으로 제어할 수 없는 값을 말한다.
⑨ 제어량 : 제어하려는 물리량으로 제어계의 출력신호이다.
⑩ 검출부 : 제어량을 검출하여 피드백 신호를 통해 비교부에 전달한 후 다시 조절부와 조작부를 거쳐 조작량을 변화시키기 위한 장치이다.(예) 센서)

01 예제문제

피드백 제어계에서 제어요소에 대한 설명으로 옳은 것은?

① 동작신호를 조작량으로 변화시키는 요소이다.
② 조절부와 검출부로 구성되어 있다.
③ 조작부와 검출부로 구성되어 있다.
④ 목표값에 비례하는 신호를 발생하는 요소이다.

[해설]
제어요소란 조절부와 조작부로 이루어져 있으며 동작신호를 조작량으로 변환하는 장치이다.

답 ①

02 예제문제

발전기의 단자전압을 200[V]로 일정하게 유지하기 위하여 전압계를 보면서 계자저항을 조정하여 계자전류를 조정한다. 다음 중 잘못 짝지어진 것은?

① 목표값-200[V]   ② 조작량-계자전류
③ 제어량-계자저항   ④ 제어대상-발전기

[해설]
제어량은 제어계의 출력값으로서 제어하려는 값이 무엇인지에 따라 결정된다. 문제에서 제시하는 내용은 목표값을 200[V]로 정하여 단자전압이 200[V]로 일정하게 유지하려는 것이 목적이기 때문에 제어량은 단자전압이다.

답 ③

> **연속데이터 제어**
> 제어량이 목표값과 일치하는가를 항상 비교하여 편차가 있을 때는 수시로 수정하여 늘 제어량이 목표값과 일치하도록 하는 피드백 제어계와 같은 의미를 갖는 제어이다.

2. 피드백 제어계와 시퀀스 제어계의 특징

(1) 피드백 제어계의 특징
① 폐회로로 구성되어 있으며 정량적인 제어명령에 의하여 제어한다.
② 기억과 판단기구 및 검출기를 가진 제어계로서 기계 스스로 판단하여 수정동작을 하는 제어계이다.
③ 입력과 출력을 비교할 수 있는 비교부를 반드시 필요로 한다.
④ 제어계의 특성을 향상시켜 목표값에 정확히 도달할 수 있다.
⑤ 제어량에 변화를 주는 외란의 영향은 받지만 그 외란으로부터의 영향은 제거할 수 있다.
⑥ 외부 조건의 변화에 대한 영향을 줄일 수 있다.
⑦ 입력과 출력 사이의 오차가 감소하여 입력 대 출력비의 전체 이득 및 감도가 감소한다.
⑧ 정확성, 대역폭, 감대폭이 증가한다.
⑨ 구조가 복잡하고 설치비가 많이 들며 제어기 부품들의 성능이 나쁘면 큰 영향을 받는다.
⑩ 발진을 일으키며 불안정한 상태로 될 우려가 있다.
⑪ 비선형과 왜형에 대한 효과가 감소한다.

(2) 시퀀스 제어계의 특징
① 미리 정해진 순서 또는 일정의 논리에 의해 정해진 순서에 따라 제어의 각 단계를 순차적으로 진행시켜 가는 제어이다.
(예) 무인자판기, 컨베이어, 엘리베이터, 세탁기 등)
② 구성하기 쉽고 시스템의 구성비가 낮다.
③ 개루프 제어계로서 유지 및 보수가 간단하다.
④ 자체 판단능력이 없기 때문에 원하는 출력을 얻기 위해서는 보정이 필요하다.
⑤ 조합논리회로 및 시간지연요소나 제어용 계전기가 사용되며 제어결과에 따라 조작이 자동적으로 이행된다.

03 예제문제

기억과 판단기구 및 검출기를 가진 제어방식은?

① 시한 제어 ② 피드백 제어
③ 순서프로그램 제어 ④ 조건 제어

[해설]
피드백 제어계는 기억과 판단기구 및 검출기를 가진 제어계로서 기계 스스로 판단하여 수정 동작을 하는 제어계이다.

답 ②

> **서보기구의 특징**
> • 원격제어의 경우가 많다.
> • 제어량이 기계적인 변위이다.
> • 추치제어에 해당하는 제어장치가 많다.
> • 신호는 아날로그 방식이 많다.

2 제어계의 분류

1. 목표값에 따른 분류

(1) 정치제어

목표값이 시간에 관계없이 항상 일정한 경우로 정전압장치, 일정 속도제어, 연속식 압연기 등에 해당하는 제어이다.

(2) 추치제어

출력의 변동을 조정하는 동시에 목표값에 정확히 추종하도록 설계한 제어
① 추종제어 : 제어량에 의한 분류 중 서보 기구에 해당하는 값을 제어한다.
  (예 비행기 추적레이더, 유도미사일)
② 프로그램제어 : 목표값이 미리 정해진 시간적 변화를 하는 경우 제어량을 변화시키는 제어로서 무인 운전 시스템이 이에 해당된다.
  (예 무인 엘리베이터, 무인 자판기, 무인 열차)
③ 비율제어 : 목표값이 다른 양과 일정한 비율 관계로 변화하는 제어
  (예 보일러의 자동 연소제어)

2. 제어량에 따른 분류

(1) 서보기구 제어

기계적 변위를 제어량으로 해서 목표값의 임의의 변화에 항상 추종되도록 하는 추종제어인 경우이다. 위치, 방향, 자세, 각도, 거리 등을 제어한다.

(2) 프로세스 제어

공정제어라고도 하며 제어량이 피드백 제어계로서 주로 정치제어인 경우이다. 온도, 압력, 유량, 액면, 습도, 밀도, 농도 등을 제어한다.

미분요소
입력을 계단전압으로 주어질 때 출력값은 임펄스 전압을 얻는다.

진상보상요소
출력전압의 위상을 입력전압의 위상보다 앞서도록 보상하는 회로

지상보상요소
출력전압의 위상을 입력전압의 위상보다 뒤지도록 보상하는 회로

(3) 자동조정 제어

전압, 전류, 주파수 등의 양을 주로 제어하는 것으로 응답속도가 빨라야 하는 것이 특징이며, 정전압장치나 발전기 및 조속기의 제어 등에 활용하는 제어이다.

04 예제문제

다음 중 무인 엘리베이터의 자동제어로 가장 적합한 것은?

① 추종 제어
② 정치 제어
③ 프로그램 제어
④ 프로세스 제어

해설
프로그램제어는 목표값이 미리 정해진 시간적 변화를 하는 경우 제어량을 변화시키는 제어로서 무인 운전 시스템이 이에 해당된다.

답 ③

3. 동작에 따른 분류

(1) 연속동작에 의한 분류

① 비례동작(P 제어) : off-set(오프셋, 잔류편차, 정상편차, 정상오차)가 발생, 속응성(응답속도)이 나쁘다.

$$G(s) = K$$

여기서, $G(s)$: 전달함수, K : 비례감도

② 미분동작(D 제어) : 제어편차가 검출될 때 편차가 변화하는 속도에 비례하여 조작량을 가감하도록 하는 제어로서 오차가 커지는 것을 미연에 방지하는 제어이다.

$$G(s) = T_d s$$

여기서, $G(s)$: 전달함수, T_d : 미분시간

③ 비례 미분동작(PD 제어) : 비례동작과 미분동작이 결합된 제어기로서 미분동작의 특성을 지니고 있으며 진동을 억제하여 속응성(응답속도)을 개선할 뿐만 아니라 진상보상요소를 지니고 있다.

$$G(s) = K(1 + T_d s)$$

여기서, $G(s)$: 전달함수, K : 비례감도, T_d : 미분시간

④ 적분동작(I 제어) : 오차 발생시간과 오차의 크기로 둘러싸인 면적에 비례하여 동작하는 제어로서 물탱크에 일정 유량의 물을 공급하여 수위를 올려주는 역할을 하는 제어기이다.

$$G(s) = \frac{1}{T_i s}$$

여기서, $G(s)$: 전달함수, T_i : 적분시간

⑤ 비례 적분동작(PI 제어) : 비례동작과 적분동작이 결합된 제어기로서 적분동작의 특성을 지니고 있으며 정상특성이 개선되어 잔류편차와 사이클링이 없을 뿐만 아니라 지상보상요소를 지니고 있다.

$$G(s) = K\left(1 + \frac{1}{T_i s}\right)$$

여기서, $G(s)$: 전달함수, K : 비례감도, T_i : 적분시간

⑥ 비례 미적분동작(PID 제어) : 비례동작과 미분·적분동작이 결합된 제어기로서 오버슈트를 감소시키고, 정정시간을 적게 하여 정상편차와 응답속도를 동시에 개선하는 가장 안정한 제어 특성이다.

$$G(s) = K\left(1 + T_d s + \frac{1}{T_i s}\right)$$

여기서, $G(s)$: 전달함수, K : 비례감도, T_d : 미분시간, T_i : 적분시간

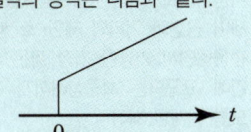

비례적분동작
입력으로 단위계단함수를 가했을 때 출력의 동작은 다음과 같다.

제어동작의 이해
- 비례동작 : 편차에 비례한 조작신호를 출력하여 자기 평형성이 없는 보일러 드럼의 액위제어와 같이 입력신호와 파형은 같고 크기만 변화하는 제어 동작이다.
- 미분동작 : 편차의 변화속도에 비례한 조작신호를 출력한다.
- 적분동작 : 편차의 적분값에 비례한 조작신호를 출력한다.

(2) **불연속동작에 의한 분류**

① 2위치 제어(ON-OFF 제어) : 간단한 단속제어 동작이고 사이클링과 오프-셋을 발생시킨다. 2위치 제어계의 신호는 동작하거나 아니면 동작하지 않도록 2가지로만 결정되기 때문에 2진 신호로 해석한다.

② 샘플링 제어

그 밖의 제어 해석
- **최적제어** : 제어대상의 상태를 자동적으로 제어하며, 목표값이 제어 공정과 기타의 제한 조건에 순응하면서 가능한 가장 짧은 시간에 요구되는 최종상태까지 가도록 설계한 제어
- **수치제어** : 펄스 신호를 이용한 프로그램 제어로서 공작기계에 의한 제품가공에 이용된다.
- **순서제어** : 시퀀스 제어로서 동작명령의 순서에 따라 미리 프로그램으로 짜여 있는 제어이다.

---

05 예제문제

제어편차가 검출될 때 편차가 변화하는 속도에 비례하여 조작량을 가감하도록 하는 제어로 오차가 커지는 것을 미연에 방지하는 제어동작은?

① ON/OFF 제어 동작　　② 미분 제어 동작
③ 적분 제어 동작　　　　④ 비례 제어 동작

[해설]
미분동작(D 제어)은 제어편차가 검출될 때 편차가 변화하는 속도에 비례하여 조작량을 가감하도록 하는 제어로서 오차가 커지는 것을 미연에 방지하는 제어이다.

답 ②

---

06 예제문제

PI 제어동작은 공정제어계의 무엇을 개선하기 위하여 사용되고 있는가?

① 이득　　　② 속응성
③ 안정도　　④ 정상특성

[해설]
비례적분동작(PI 제어)은 정상특성이 개선되어 잔류편차와 사이클링이 없다.

답 ④

---

4. 구동장치에 따른 분류

(1) 자력제어
조작부를 움직이는데 외부의 동력을 필요로 하지 않고 제어신호 자체를 이용하는 제어로 구조가 간단하고 동작이 확실하며 저가이다. 타력제어에 비해 정보처리와 조작속도가 느리다.

(2) 타력제어
조작부를 움직이는데 외부의 동력을 필요로 하는 제어로 구조가 복잡하고 고가이지만 자력제어에 비해 정보처리와 조작속도가 빠르다. 외부 에너지원으로 공기, 유압, 전기 등을 사용한다.

5. 제어방식에 의한 분류

(1) 아날로그 제어

제어를 하는데 있어서 신호의 크기나 시간적 길이를 연속적으로 변화하는 양으로 제어하는 방식을 말한다.

(2) 디지털 제어

신호가 펄스 신호이거나 디지털 코드라는 점에서 연산속도는 샘플링계에서 결정된다. 디지털 제어를 채택하면 조정 개수나 부품수가 아날로그 제어에 비해 대폭적으로 줄어들며 부품편차 및 경년변화의 영향을 덜 받는다. 또한 분해능이 높기 때문에 정밀한 속도제어에 적합하다.
(예) 스텝모터의 속도제어)

> **A/D 변환기와 D/A 변환기**
> - A/D 변환기 : 아날로그 신호를 디지털 신호로 변환하는 장치로서 아날로그 신호의 최대값을 M, 변환기의 bit수를 n이라 할 때 양자화 오차는 $\dfrac{M}{2^n}$으로 구할 수 있다.
> - D/A 변환기 : 디지털 신호를 아날로그 신호로 변환하는 장치로서 디지털 신호에 따라 전압이나 전류의 아날로그 출력값을 얻을 수 있다.
> (예)
> $101_{(2)} = 1 \times 2^2 + 0 \times 2^1 + 1 \times 2^0$
> $= 5$

---

07 예제문제

제어장치의 에너지에 의한 분류에서 타력제어와 비교한 자력제어의 특징 중 맞지 않는 것은?

① 저비용　　　　② 단순구조
③ 확실한 동작　　④ 빠른 조작 속도

해설
자력제어는 조작작부를 움직이는데 외부의 동력을 필요로 하지 않고 제어신호 자체를 이용하는 제어로 구조가 간단하고 동작이 확실하며 저가이다. 타력제어에 비해 정보처리와 조작 속도가 느리다.

답 ④

01 핵심예상문제

제어계의 구성과 분류

본 핵심예상문제는 각단원별 출제빈도 높은 문제 및 최근 10년간의 기출문제 중 비중이 높은 출제유형이므로 꼭 풀어보고 가야할 문제입니다. 이후 실전예상문제를 공부하시면 효과적입니다.

[15]

01 어떤 대상물의 현재 상태를 사람이 원하는 상태로 조절 하는 것을 무엇이라 하는가?

① 제어량　　　　② 제어대상
③ 제어　　　　　④ 물질량

> 제어란 목표값을 설정하여 제어량이 목표값에 도달할 수 있도록 행해지는 일련의 모든 과정을 제어라 한다.

[19]

02 제어계에서 제어량이 원하는 값을 갖도록 외부에서 주어지는 값은?

① 동작신호　　　② 조작량
③ 목표값　　　　④ 궤환량

> 목표값은 궤환제어계에 속하지 않는 신호로서 외부에서 제어량이 그 값에 맞도록 제어계에 직접 가해지는 입력신호를 말한다.

[10, 18]

03 피드백 제어계의 구성요소 중 동작신호에 해당되는 것은?

① 기준입력과 궤환신호의 차
② 제어요소가 제어대상에 주는 신호
③ 제어량에 영향을 주는 외적 신호
④ 목표값과 제어량의 차

> 제어편차(동작신호)는 기준입력신호에서 궤환신호의 제어량을 뺀 값으로서 제어계의 동작결정의 기초가 되는 동작신호를 말한다. 또한 제어요소의 입력신호이기도 하다.

[10, 16, (유)17]

04 제어요소는 무엇으로 구성되는가?

① 입력부와 조절부　　② 출력부와 검출부
③ 피드백 동작부　　　④ 조작부와 조절부

> 제어요소는 조절부와 조작부로 이루어져 있으며 동작신호를 조작량으로 변환하는 장치이다.

[15, 19, (유)17]

05 궤환제어계에서 제어요소란?

① 조작부와 검출부
② 조절부와 검출부
③ 목표값에 비례하는 신호 발생
④ 동작신호를 조작량으로 변화

> 제어요소는 조절부와 조작부로 이루어져 있으며 동작신호를 조작량으로 변환하는 장치이다.

[10, 15, 19, (유)17]

06 동작신호를 조작량으로 변환하는 요소로서 조절부와 조작부로 이루어진 요소는?

① 기준입력 요소　　② 동작신호 요소
③ 제어 요소　　　　④ 피드백 요소

> 제어요소는 조절부와 조작부로 이루어져 있으며 동작신호를 조작량으로 변환하는 장치이다.

정답　01 ③　02 ③　03 ①　04 ④　05 ④　06 ③

[14, 17]

07 자동제어계의 구성 중 기준입력과 궤환신호와의 차를 계산해서 제어계가 보다 안정된 동작을 하도록 필요한 신호를 만들어 내는 부분은?

① 목표설정부 ② 조절부
③ 조작부 ④ 검출부

> 기준입력과 궤환신호의 제어량을 뺀 값은 제어편차(동작신호)이며 제어편차를 계산해서 안정된 동작에 필요한 신호를 만들어내는 부분은 제어편차를 입력으로 하는 조절부이다.

[13]

08 조절부로부터 받은 신호를 조작량으로 바꾸어 제어대상에 보내주는 피드백 제어의 구성요소는?

① 궤환신호 ② 조작부
③ 제어량 ④ 신호부

> 제어요소는 조절부와 조작부로 이루어져 있으며 제어대상에 조작량을 보내주는 장치이다. 따라서 조작부는 제어요소의 출력이기 때문에 제어대상에 조작량을 보내주는 구성요소는 조작부이다.

[12, 13]

09 제어명령을 증폭시켜 직접 제어대상을 제어시키는 부분을 무엇이라 하는가?

① 조작부 ② 전송부
③ 검출부 ④ 조절부

> 제어대상을 제어시키는 부분은 제어대상의 입력을 의미하므로 제어요소의 조작부를 의미한다.

[12, 16, 18]

10 제어요소가 제어대상에 주는 양은?

① 조작량 ② 제어량
③ 기준입력 ④ 동작신호

> 조작량은 제어장치 또는 제어요소가 제어대상에 가하는 제어신호로서 제어장치 또는 제어요소의 출력임과 동시에 제어대상의 입력인 신호이다.

[17]

11 제어요소의 출력인 동시에 제어대상의 입력으로 제어요소가 제어대상에게 인가하는 제어신호는?

① 외란 ② 제어량
③ 조작량 ④ 궤환신호

> 조작량은 제어장치 또는 제어요소가 제어대상에 가하는 제어신호로서 제어장치 또는 제어요소의 출력임과 동시에 제어대상의 입력인 신호이다.

[13]

12 제어대상에 속하는 양으로 제어장치의 출력신호가 되는 것은?

① 제어량 ② 조작량
③ 목푯값 ④ 오차

> 조작량은 제어장치 또는 제어요소가 제어대상에 가하는 제어신호로서 제어장치 또는 제어요소의 출력임과 동시에 제어대상의 입력인 신호이다.

[17]

13 궤환제어(feedback control system)에서 제어장치에 속하지 않는 것은?

① 설정부 ② 조작부
③ 검출부 ④ 제어대상

> 제어대상은 제어장치에 속하는 않는 부분, 또는 기계장치, 프로세스 및 시스템 등에서 제어되는 전체 또는 부분으로서 제어량을 발생시키는 장치이다.

[13, (유)19]

14 자동 제어계의 출력 신호를 무엇이라 하는가?

① 동작신호 ② 조작량
③ 제어량 ④ 제어 편차

> 제어량은 제어하려는 물리량으로 제어계의 출력신호이다.

정답 07 ② 08 ② 09 ① 10 ① 11 ③ 12 ② 13 ④ 14 ③

[17]

15 그림과 같은 제어계에서 ⓐ 부분에 해당하는 것은?

① 조절부
② 조작부
③ 검출부
④ 비교부

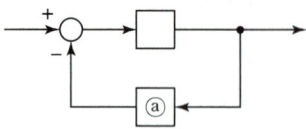

> 검출부는 제어량을 검출하여 피드백 신호를 통해 비교부에 전달한 후 다시 조절부와 조작부를 거쳐 조작량을 변화시키기 위한 장치이다.(예 센서)

[10]

16 다음 중 제어계의 기본 구성요소가 아닌 것은?

① 제어목적
② 제어대상
② 제어요소
④ 추치제어

> 추치제어는 제어계를 목표값에 따른 분류 중 하나이다.

[06, 11, 13, 16]

17 전기로의 온도를 1,000℃로 이정하게 유지시키기 위하여 열전온도계의 지시값을 보면서 전압조정기로 전기로에 대한 인가전압을 조절하는 장치가 있다. 이 경우 열전온도계는 다음 중 어느 것에 해당 되는가?

① 조작부
② 검출부
③ 제어량
④ 조작량

> (1) 조작부 : 전압조정기 (2) 검출부 : 열전온도계
> (3) 제어량 : 온도 (4) 조작량 : 인가전압

[09]

18 3상 교류전압 및 주파수를 변화시켜 유도전동기의 회전수를 1,750[rpm]으로 하고자 한다. 이 경우 "회전수"는 자동제어계의 구성요소 중 어느 것에 해당하는가?

① 제어량
② 목표값
③ 조작량
④ 제어대상

> (1) 제어량 : 회전수 (2) 목표값 : 1,750[rpm]
> (3) 조작량 : 전압 및 주파수 (4) 제어대상 : 유도전동기

[12]

19 직류전동기의 회전수를 일정하게 유지시키기 위하여 전압제어를 하고 있다. 전압의 크기는 어느 것에 해당하는가?

① 목표값
② 조작량
③ 제어량
④ 제어대상

> (1) 조작량 : 전압의 크기 (2) 제어량 : 회전수
> (3) 제어대상 : 직류전동기

[14]

20 제어방식에서 기억과 판단기구 및 검출기를 가진 제어방식은?

① 순서 프로그램 제어
② 피드백 제어
③ 조건제어
④ 시한제어

> **피드백 제어계의 특징**
> (1) 폐회로로 구성되어 있으며 정량적인 제어명령에 의하여 제어한다.
> (2) 기억과 판단기구 및 검출기를 가진 제어계로서 기계 스스로 판단하여 수정동작을 하는 제어계이다.
> (3) 입력과 출력을 비교할 수 있는 비교부를 반드시 필요로 한다.
> (4) 제어계의 특성을 향상시켜 목표값에 정확히 도달할 수 있다.
> (5) 제어량에 변화를 주는 외란의 영향은 받지만 동작상태를 교란하는 외란의 영향은 제거할 수 있다.
> (6) 외부 조건의 변화에 대한 영향을 줄일 수 있다.
> (7) 입력과 출력 사이의 오차가 감소하여 입력 대 출력비의 전체 이득 및 감도가 감소한다.
> (8) 정확성, 대역폭, 감대폭이 증가한다.
> (9) 구조가 복잡하고 설치비가 많이 들며 제어기 부품들의 성능이 나쁘면 큰 영향을 받는다.
> (10) 발진을 일으키며 불안정한 상태로 될 우려가 있다.
> (11) 비선형과 왜형에 대한 효과가 감소한다.

정답 15 ③ 16 ④ 17 ② 18 ① 19 ② 20 ②

[08, 10, 11, 14, 16, 18]
21 피드백제어에서 반드시 필요한 장치는?

① 안정도를 향상시키는 장치
② 응답속도를 개선시키는 장치
③ 구동장치
④ 입력과 출력을 비교하는 장치

> 피드백 제어계는 입력과 출력을 비교할 수 있는 비교부를 반드시 필요로 한다.

[08, 20]
22 목표치가 정하여져 있으며, 입·출력을 비교하여 신호전달 경로가 반드시 폐루프를 이루고 있는 제어는?

① 비율차동제어   ② 조건제어
③ 시퀀스제어   ④ 피드백제어

> 피드백 제어계는 입력과 출력을 비교할 수 있는 비교부를 반드시 필요로 한다.

[17]
23 출력의 일부를 입력으로 되돌림으로써 출력과 기준입력의 오차를 줄여나가도록 제어하는 제어방법은?

① 피드백제어   ② 시퀀스제어
③ 리세트제어   ④ 프로그램제어

> 출력을 입력으로 되돌려주는 제어계를 피드백 제어계라 하며 입력과 출력을 비교하여 발생하는 오차를 줄임으로써 목표값에 정확하게 도달할 수 있도록 하는 제어계이다.

[12, 17]
24 되먹임 제어를 바르게 설명한 것은?

① 입력과 출력을 비교하여 정정동작을 하는 방식
② 프로그램의 순서대로 순차적으로 제어하는 방식
③ 외부에서 명령을 입력하는데 따라 제어되는 방식
④ 미리 정해진 순서에 따라 순차적으로 제어되는 방식

> 피드백 제어계는 입력과 출력을 비교할 수 있는 비교부를 반드시 필요로 한다.

[15, 18, 20]
25 피드백 제어계의 특징으로 옳은 것은?

① 정확성이 떨어진다.
② 감대폭이 감소한다.
③ 계의 특성 변화에 대한 입력 대 출력비의 감도가 감소한다.
④ 발진이 전혀 없고 항상 안정한 상태로 되어 가는 경향이 있다.

> 피드백 제어계는 입력과 출력 사이의 오차가 감소하여 입력 대 출력비의 전체 이득 및 감도가 감소한다.

[11②]
26 폐루프 제어계의 장점이 아닌 것은?

① 생산품질이 좋아지고, 균일한 제품을 얻을 수 있다.
② 수동제어에 비해 인건비를 줄일 수 있다.
③ 제어장치의 운전, 수리에 편리하다.
④ 생산속도를 높일 수 있다.

> 피드백 제어계는 구조가 복잡하여 제어장치의 운전, 수리가 어렵다.

정답 21 ④ 22 ④ 23 ① 24 ① 25 ③ 26 ③

[11]

27 다음 중 피드백 제어계의 장점이 아닌 것은?

① 생산 속도를 상승시키고 생산량을 크게 증대시킬 수 있다.
② 생산품질향상이 현저하며 균일한 제품을 얻을 수 있다.
③ 제어장치의 운전, 수리 및 보관에 고도의 지식과 능숙한 기술이 있어야 한다.
④ 생산 설비의 수명을 연장할 수 있고, 설비의 자동화로 생산원가를 절감할 수 있다.

> 보기 ③항은 피드백 제어계의 단점에 해당된다.

[10]

28 피드백(Feedback) 제어의 특징이 아닌 것은?

① 제어량 값을 일치시키기 위한 목표값이 있다.
② 입력측의 신호를 출력측으로 되돌려 준다.
③ 제어신호의 전달 경로는 폐루프를 형성한다.
④ 측정된 제어량이 목표치와 일치하도록 수정 동작을 한다.

> 피드백 제어란 출력측 신호를 입력측으로 되돌려 주는 제어계를 말한다.

[12]

29 자동제어에서 미리 정해 놓은 순서에 따라 제어의 각 단계가 순차적으로 진행되는 제어 방식은?

① 프로세스제어 ② 시퀀스제어
③ 서보제어   ④ 되먹임제어

> **시퀀스 제어계의 특징**
> (1) 미리 정해진 순서 또는 일정의 논리에 의해 정해진 순서에 따라 제어의 각 단계를 순차적으로 진행시켜 가는 제어이다.(예 무인자판기, 컨베이어, 엘리베이터, 세탁기 등)
> (2) 구성하기 쉽고 시스템의 구성비가 낮다.
> (3) 개루프 제어계로서 유지 및 보수가 간단하다.
> (4) 자체 판단능력이 없기 때문에 원하는 출력을 얻기 위해서는 보정이 필요하다.
> (5) 조합논리회로 및 시간지연요소나 제어용계전기가 사용되며 제어결과에 따라 조작이 자동적으로 이행된다.

[08]

30 커피 자동 판매기에 동전을 넣으면 일정량의 커피가 나오도록 되어 있는데 다음 중 어느 제어에 해당하는가?

① 프로세스제어 ② 피드백제어
③ 시퀀스제어   ④ 비율제어

> 시퀀스 제어계는 미리 정해진 순서 또는 일정의 논리에 의해 정해진 순서에 따라 제어의 각 단계를 순차적으로 진행시켜 가는 제어이다.(예 무인자판기, 컨베이어, 엘리베이터, 세탁기 등)

[08]

31 다음 중 시퀀스제어에 속하지 않는 것은?

① 컨베이어 제어 ② 엘리베이터 제어
③ 주파수 조정   ④ 세탁기

> **시퀀스 제어계의 특징**
> 미리 정해진 순서 또는 일정의 논리에 의해 정해진 순서에 따라 제어의 각 단계를 순차적으로 진행시켜 가는 제어이다.
> (예 무인자판기, 컨베이어, 엘리베이터, 세탁기 등)

정답 27 ① 28 ② 29 ② 30 ③ 31 ③

[10, 17, 19]
32 시퀀스 제어에 관한 설명 중 옳지 않은 것은?

① 조합 논리회로로도 사용된다.
② 전력계통에 연결된 스위치가 일시에 동작한다.
③ 시간 지연요소로도 사용된다.
④ 제어 결과에 따라 조작이 자동적으로 이행된다.

> 시퀀스 제어계는 미리 정해진 순서 또는 일정의 논리에 의해 정해진 순서에 따라 제어의 각 단계를 순차적으로 진행시켜 가는 제어이다.(예 무인자판기, 컨베이어, 엘리베이터, 세탁기 등)

[15]
33 출력이 입력에 전혀 영향을 주지 못하는 제어는?

① 프로그램제어 ② 피드백제어
③ 시퀀스제어   ④ 폐회로제어

> 시퀀스 제어계는 피드백 신호가 없기 때문에 출력이 입력에 전혀 영향을 주지 못한다.

[13, 19]
34 시퀀스 제어에 관한 설명 중 옳지 않은 것은?

① 미리 정해진 순서에 의해 제어된다.
② 일정한 논리에 의해 정해진 순서에 의해 제어된다.
③ 조합논리회로로 사용된다.
④ 입력과 출력을 비교하는 장치가 필수적이다.

> 보기 ④항은 피드백 제어계의 특징에 해당된다.

[16]
35 시퀀스 제어에 관한 설명 중 틀린 것은?

① 조합 논리회로도 사용된다.
② 시간 지연요소도 사용된다.
③ 유접점 계전기만 사용된다.
④ 제어결과에 따라 조작이 자동적으로 이행된다.

> 시퀀스 제어계는 조합논리회로 및 시간지연요소나 제어용계전기가 사용되며 제어결과에 따라 조작이 자동적으로 이행된다.

[16]
36 시퀀스 제어에 관한 사항으로 옳은 것은?

① 조절기용이다.
② 입력과 출력의 비교장치가 필요하다.
③ 한시동작에 의해서만 제어되는 것이다.
④ 제어결과에 따라 조작이 자동적으로 이행된다.

> 시퀀스 제어계는 조합논리회로 및 시간지연요소나 제어용계전기가 사용되며 제어결과에 따라 조작이 자동적으로 이행된다.

[16]
37 자체 판단능력이 없는 제어계는?

① 서보기구   ② 추치 제어계
③ 개회로 제어계 ④ 폐회로 제어계

> 시퀀스 제어계는 자체 판단능력이 없기 때문에 원하는 출력을 얻기 위해서는 보정이 필요하다.

[14]
38 다음 중 개루프 제어계(open-loop control system)에 속하는 것은?

① 전등점멸시스템 ② 배의 조타장치
③ 추적시스템   ④ 에어컨디션시스템

> 시퀀스 제어계는 자체 판단능력이 없기 때문에 전등점멸시스템이 적당하다.

[18]
39 되먹임 제어의 종류에 속하지 않는 것은?

① 순서제어 ② 정치제어
③ 추치제어 ④ 프로그램제어

> 시퀀스 제어계는 미리 정해진 순서 또는 일정의 논리에 의해 정해진 순서에 따라 제어의 각 단계를 순차적으로 진행시켜 가는 제어이기 때문에 순서제어는 시퀀스 제어에 속한다.

정답 32 ② 33 ③ 34 ④ 35 ③ 36 ④ 37 ③ 38 ① 39 ①

제10장 제어계의 구성과 분류

[10, 20, (유)18]

40 제어량을 어떤 일정한 목표값으로 유지하는 것을 목적으로 하는 제어법은?

① 추종제어 　　② 비율제어
③ 정치제어 　　④ 프로그램제어

> 정치제어는 목표값이 시간에 관계없이 항상 일정한 경우로 정전압장치, 일정 속도제어, 연속식 압연기 등에 해당하는 제어이다.

[11]

41 목표값이 시간에 대하여 변화하지 않는 제어로 정전압장치나 일정 속도제어 등에 해당하는 제어는?

① 프로그램제어 　　② 추종제어
③ 정치제어 　　　　④ 비율제어

> 정치제어는 목표값이 시간에 관계없이 항상 일정한 경우로 정전압장치, 일정 속도제어, 연속식 압연기 등에 해당하는 제어이다.

[11]

42 자동제어장치의 종류에서 연속식 압연기의 자동제어는?

① 추종제어 　　② 프로그래밍제어
③ 비례제어 　　④ 정치제어

> 정치제어는 목표값이 시간에 관계없이 항상 일정한 경우로 정전압장치, 일정 속도제어, 연속식 압연기 등에 해당하는 제어이다.

[13]

43 컴퓨터실의 온도를 항상 18℃로 유지하기 위하여 자동 냉난방기를 설치하였다. 이 자동 냉난방기의 제어는?

① 정치제어 　　② 추종제어
③ 비율제어 　　④ 서보제어

> 정치제어는 목표값이 시간에 관계없이 항상 일정한 경우로 정전압장치, 일정 속도제어, 연속식 압연기 등에 해당하는 제어이다.

[15, 16]

44 출력의 변동을 조정하는 동시에 목표값에 정확히 추종하도록 설계한 제어계는?

① 추치제어 　　② 프로세스제어
③ 자동조정 　　④ 정치제어

> 추치제어는 출력의 변동을 조정하는 동시에 목표값에 정확히 추종하도록 설계한 제어로서 다음과 같이 분류된다.
> (1) 추종제어 : 제어량에 의한 분류 중 서보 기구에 해당하는 값을 제어한다.(예 비행기 추적레이더, 유도미사일)
> (2) 프로그램제어 : 목표값이 미리 정해진 시간적 변화를 하는 경우 제어량을 변화시키는 제어로서 무인 운전 시스템이 이에 해당된다.(예 무인 엘리베이터, 무인 자판기, 무인 열차)
> (3) 비율제어 : 목표값이 다른 양과 일정한 비율 관계로 변화하는 제어

[08]

45 추치제어에 대한 설명으로 옳은 것은?

① 제어량의 종류에 의하여 분류한 자동제어의 일종이다.
② 임의로 변화하는 목표값을 추종하는 제어를 뜻한다.
③ 제어량의 공업 프로세스의 상태량일 경우의 제어를 뜻한다.
④ 정치제어의 일종으로 주로 유량, 위치, 주파수, 전압 등을 제어한다.

> 추치제어는 출력의 변동을 조정하는 동시에 목표값에 정확히 추종하도록 설계한 제어로서 다음과 같이 분류된다.

정답 40 ③　41 ③　42 ④　43 ①　44 ①　45 ②

[09, 16]
46 목표값이 시간적으로 임의로 변하는 경우의 제어로서 서보기구가 속하는 것은?

① 정치제어 ② 추종제어
③ 프로그램 제어 ④ 마이컴 제어

> 추종제어는 제어량에 의한 분류 중 서보 기구에 해당하는 값을 제어한다.(예 비행기 추적레이더, 유도미사일)

[08]
47 목표값이 임의의 변화에 추종하도록 구성되어 있는 것을 무엇이라 하는가?

① 자동조정 ② 프로세스제어
③ 서보기구 ④ 정치제어

> 추종제어는 제어량에 의한 분류 중 서보 기구에 해당하는 값을 제어한다.(예 비행기 추적레이더, 유도미사일)

[16]
48 서보기구와 관계가 가장 깊은 것은?

① 정전압 장치 ② A/D 변환기
③ 추적용 레이더 ④ 가정용 보일러

> 추종제어는 제어량에 의한 분류 중 서보 기구에 해당하는 값을 제어한다.(예 비행기 추적레이더, 유도미사일)

[11, 13, 19, 20②]
49 목표치가 미리 정해진 시간적 변화를 하는 경우 제어량을 변화시키는 제어를 무엇이라고 하는가?

① 정치제어 ② 프로그래밍제어
③ 추종제어 ④ 비율제어

> 프로그램제어는 목표값이 미리 정해진 시간적 변화를 하는 경우 제어량을 변화시키는 제어로서 무인 운전 시스템이 이에 해당된다.(예 무인 엘리베이터, 무인 자판기, 무인 열차)

[17]
50 목표값이 다른 양과 일정한 비율 관계를 가지고 변화하는 경우의 제어는?

① 추종제어 ② 정치제어
③ 비율제어 ④ 프로그램제어

> 비율제어는 목표값이 다른 양과 일정한 비율 관계로 변화하는 제어이다.(예 보일러의 자동연소제어)

[12, 16, 19]
51 연료의 유량과 공기의 유량과의 관계 비율을 연소에 적합하게 유지하고자 하는 제어는?

① 프로세스제어 ② 비율제어
③ 프로그래밍제어 ④ 시퀀스제어

> 비율제어는 목표값이 다른 양과 일정한 비율 관계로 변화하는 제어이다.(예 보일러의 자동연소제어)

[17, 20]
52 기계적 변위를 제어량으로 해서 목표값의 임의의 변화에 추종하도록 구성되어 있는 것은?

① 자동조정 ② 서보기구
③ 정치제어 ④ 프로세스제어

> 서보기구 제어는 기계적 변위를 제어량으로 해서 목표값의 임의의 변화에 항상 추종되도록 하는 추종제어인 경우이다. 위치, 방향, 자세, 각도, 거리 등을 제어한다.

[12]
53 기계적 추치제어계로 그 제어량이 위치, 각도 등인 것은?

① 자동조정 ② 정치제어
③ 프로그래밍제어 ④ 서보기구

> 서보기구 제어는 기계적 변위를 제어량으로 해서 목표값의 임의의 변화에 항상 추종되도록 하는 추종제어인 경우이다. 위치, 방향, 자세, 각도, 거리 등을 제어한다.

정답 46 ② 47 ③ 48 ③ 49 ② 50 ③ 51 ② 52 ② 53 ④

제10장 제어계의 구성과 분류

[11, 13, 15, 19]

54 서보기구의 제어량에 속하는 것은?

① 유량　　② 압력
③ 밀도　　④ 위치

> 서보기구 제어는 기계적 변위를 제어량으로 해서 목표값의 임의의 변화에 항상 추종되도록 하는 추종제어인 경우이다. 위치, 방향, 자세, 각도, 거리 등을 제어한다.

[09]

55 인공위성을 추적하는 레이더에 이용되는 제어는?

① 프로세스제어　　② 서보제어
③ 자동조정　　④ 프로그램제어

> 서보기구 제어는 기계적 변위를 제어량으로 해서 목표값의 임의의 변화에 항상 추종되도록 하는 추종제어인 경우이다. 위치, 방향, 자세, 각도, 거리 등을 제어한다.

[11]

56 피드백제어로서 서보기구에 해당하는 것은?

① 석유화학공장　　② 발전기 정전압장치
③ 전철표 자동판매기　　④ 선박의 자동조타

> 서보기구 제어는 기계적 변위를 제어량으로 해서 목표값의 임의의 변화에 항상 추종되도록 하는 추종제어인 경우이다. 위치, 방향, 자세, 각도, 거리 등을 제어한다.

[13, 15, (유)19]

57 물체의 위치, 방위, 자세 등의 기계적 변위를 제어량으로 해서 목표값의 임의의 변화에 추종하도록 구성된 제어계는?

① 공정 제어　　② 정치 제어
③ 프로그램 제어　　④ 추종 제어

> 서보기구 제어는 기계적 변위를 제어량으로 해서 목표값의 임의의 변화에 항상 추종되도록 하는 추종제어인 경우이다. 위치, 방향, 자세, 각도, 거리 등을 제어한다.

[08, 17]

58 추종제어에 속하지 않는 제어량은?

① 위치　　② 방위
③ 유량　　④ 자세

> 서보기구 제어는 기계적 변위를 제어량으로 해서 목표값의 임의의 변화에 항상 추종되도록 하는 추종제어인 경우이다. 위치, 방향, 자세, 각도, 거리 등을 제어한다.
> ∴ 유량은 프로세스제어의 제어량이다.

[16]

59 공업 공정의 제어량을 제어하는 것은?

① 비율제어　　② 정치제어
③ 프로세스제어　　④ 프로그램제어

> 프로세스 제어는 공정제어라고도 하며 제어량이 피드백 제어계로서 주로 정치제어인 경우이다. 온도, 압력, 유량, 액면, 습도, 밀도, 농도 등을 제어한다.

[12]

60 프로세스제어에 대한 설명으로 옳은 것은?

① 공업공정의 상태량을 제어량으로 하는 제어를 말한다.
② 생산된 전기를 각 수용기에 배전하는 것도 프로세스 제어의 일종이다.
③ 회전수, 방위, 전압과 같은 제어량이 일정 시간 안에 목표값에 도달되는 제어이다.
④ 임의로 변화하는 목표값을 추종하는 제어의 일종이다.

> 프로세스 제어는 공정제어라고도 하며 제어량이 피드백 제어계로서 주로 정치제어인 경우이다. 온도, 압력, 유량, 액면, 습도, 밀도, 농도 등을 제어한다.

정답　54 ④　55 ②　56 ④　57 ④　58 ③　59 ③　60 ①

[10, (유)18]
61 제어량이 온도, 압력, 유량 및 액면 등일 경우 제어하는 방식은?

① 프로그램제어　② 시퀀스제어
③ 추종제어　　　④ 프로세스제어

> 프로세스 제어는 공정제어라고도 하며 제어량이 피드백 제어계로서 주로 정치제어인 경우이다. 온도, 압력, 유량, 액면, 습도, 밀도, 농도 등을 제어한다.

[09, 15]
62 다음 중 프로세스 제어에 속하는 것은?

① 장력　② 압력
③ 전압　④ 저항

> 프로세스 제어는 공정제어라고도 하며 제어량이 피드백 제어계로서 주로 정치제어인 경우이다. 온도, 압력, 유량, 액면, 습도, 밀도, 농도 등을 제어한다.

[14]
63 프로세스 제어(process control)에 속하지 않는 것은?

① 온도　② 압력
③ 유량　④ 자세

> 프로세스 제어는 공정제어라고도 하며 제어량이 피드백 제어계로서 주로 정치제어인 경우이다. 온도, 압력, 유량, 액면, 습도, 밀도, 농도 등을 제어한다.

[16]
64 프로세스 제어계의 제어량이 아닌 것은?

① 방위　② 유량
③ 압력　④ 밀도

> 프로세스 제어는 공정제어라고도 하며 제어량이 피드백 제어계로서 주로 정치제어인 경우이다. 온도, 압력, 유량, 액면, 습도, 밀도, 농도 등을 제어한다.

[18]
65 열처리 노의 온도제어는 어떤 제어에 속하는가?

① 자동조정　② 비율제어
③ 프로그램제어　④ 프로세스제어

> 프로세스 제어는 공정제어라고도 하며 제어량이 피드백 제어계로서 주로 정치제어인 경우이다. 온도, 압력, 유량, 액면, 습도, 밀도, 농도 등을 제어한다.

[09]
66 전압, 주파수 등의 제어를 자동조정이라 하는데 이는 주로 어디에 속하는가?

① 서보기구　② 공정제어
③ 추치제어　④ 정치제어

> 프로세스 제어는 공정제어라고도 하며 제어량이 피드백 제어계로서 주로 정치제어인 경우이다. 온도, 압력, 유량, 액면, 습도, 밀도, 농도 등을 제어한다.

[13②]
67 자동제어를 분류할 때 제어량의 종류에 의한 분류가 아닌 것은?

① 정치제어　② 서보기구
③ 프로세스제어　④ 자동조정

> 프로세스 제어는 공정제어라고도 하며 제어량이 피드백 제어계로서 주로 정치제어인 경우이다. 온도, 압력, 유량, 액면, 습도, 밀도, 농도 등을 제어한다.

[18]
68 제어량은 회전수, 전압, 주파수 등이 있으며 이 목표치를 장기간 일정하게 유지시키는 것은?

① 서보기구　② 자동조정
③ 추치제어　④ 프로세스제어

> 자동조정 제어는 전압, 전류, 주파수 등의 양을 주로 제어하는 것으로 응답속도가 빨라야 하는 것이 특징이며, 정전압장치나 발전기 및 조속기의 제어 등에 활용하는 제어이다.

정답 61 ④　62 ②　63 ④　64 ①　65 ④　66 ④　67 ①　68 ②

제10장 제어계의 구성과 분류

[11, 17②, (유)19]
69 잔류편차가 존재하는 제어계는?

① 적분제어계
② 비례제어계
③ 비례적분 제어계
④ 비례적분 미분 제어계

> **비례동작(P 제어)의 특징**
> (1) 편차에 비례한 조작신호를 출력하며 자기 평형성이 없는 보일러 드럼의 액위제어와 같이 입력신호와 파형은 같고 크기만 변화하는 제어동작이다.
> (2) off-set(오프셋, 잔류편차, 정상편차, 정상오차)가 발생한다.
> (3) 속응성(응답속도)이 나쁘다.

[11]
70 제어계에서 동작 신호(편차)에 비례하는 조작량을 만드는 제어 동작을 무엇이라 하는가?

① 비례 동작(P 동작)
② 비례 적분 동작(PI 동작)
③ 비례 미분 동작(PD 동작)
④ 비례 적분 미분 동작(PID 동작)

> **비례동작(P 제어)의 특징**
> 편차에 비례한 조작신호를 출력하며 자기 평형성이 없는 보일러 드럼의 액위제어와 같이 입력신호와 파형은 같고 크기만 변화하는 제어동작이다.

[09, 11, 18]
71 자기 평형성이 없는 보일러 드럼의 액위제어에 적합한 제어동작은?

① P동작
② I동작
③ PI동작
④ PD동작

> **비례동작(P 제어)의 특징**
> 편차에 비례한 조작신호를 출력하며 자기 평형성이 없는 보일러 드럼의 액위제어와 같이 입력신호와 파형은 같고 크기만 변화하는 제어동작이다.

[09, 12]
72 계단응답이 입력신호와 파형이 같고 크기만 증가하였다. 이 계의 요소는?

① 미분요소
② 비례요소
③ 1차 뒤진 요소
④ 2차 뒤진 요소

> **비례동작(P 제어)의 특징**
> 편차에 비례한 조작신호를 출력하며 자기 평형성이 없는 보일러 드럼의 액위제어와 같이 입력신호와 파형은 같고 크기만 변화하는 제어동작이다.

[10]
73 제어동작에 대한 설명 중 틀린 것은?

① ON-OFF동작 : 제어량이 설정값과 어긋나면 조작부를 전폐 또는 전개하는 것
② 비례동작 : 검출값 편차의 크기에 비례하여 조작부를 제어하는 것
③ 적분동작 : 적분값의 크기에 비례하여 조작부를 제어하는 것
④ 미분동작 : 미분값의 크기에 비례하여 조작부를 제어하는 것

> 미분동작(D 제어)은 제어편차가 검출될 때 편차가 변화하는 속도에 비례하여 조작량을 가감하도록 하는 제어로서 오차가 커지는 것을 미연에 방지하는 제어이다.

[08, 11, 18]
74 제어계의 응답 속응성을 개선하기 위한 제어동작은?

① D동작
② I동작
③ PD동작
④ PI동작

> 비례 미분동작(PD 제어)은 비례동작과 미분동작이 결합된 제어로서 미분동작의 특성을 지니고 있으며 진동을 억제하여 속응성(응답속도)을 개선할 뿐만 아니라 진상보상요소를 지니고 있다.
> 전달함수는 $G(s) = K(1 + T_d s)$이다.

정답 69 ② 70 ① 71 ① 72 ② 73 ④ 74 ③

[08, 14]

75 그림과 같이 실린더의 한쪽으로 단위시간에 유입하는 유체의 유량을 $x(t)$라 하고 피스톤의 움직임을 $y(t)$로 한다. t시간이 경과한 후의 전달함수를 구해보면 어떤 요소가 되는가?

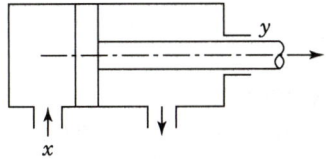

① 비례요소   ② 미분요소
③ 적분요소   ④ 미적분요소

> 적분동작(I 제어)은 오차 발생시간과 오차의 크기로 둘러싸인 면적에 비례하여 동작하는 제어로서 물탱크에 일정 유량의 물을 공급하여 수위를 올려주는 역할을 하는 제어기이다.

[12]

76 자동제어에서 제어동작의 특징 중 정상편차가 없는 것은?

① 2위치동작(사이클링이 있음)
② P동작(사이클링을 방지함)
③ PI동작(뒤진 회로의 특성과 같음)
④ PD동작(앞선 회로의 특성과 같음)

> 비례 적분동작(PI 제어)은 비례동작과 적분동작이 결합된 제어기로서 적분동작의 특성을 지니고 있으며 정상특성이 개선되어 잔류편차와 사이클링이 없을 뿐만 아니라 지상보상요소를 지니고 있다.
> 전달함수는 $G(s) = K\left(1 + \dfrac{1}{T_i s}\right)$이다.

[10]

77 다음 중 제어기의 설명으로 틀린 것은?

① PD제어기 : 응답속도 개선
② PI제어기 : 외란에 의한 잔류편차 제거 불가
③ P제어기 : 잔류편차 발생
④ D제어기 : 오차확대 방지

> 비례 적분동작(PI 제어)은 비례동작과 적분동작이 결합된 제어기로서 적분동작의 특성을 지니고 있으며 정상특성이 개선되어 잔류편차와 사이클링이 없을 뿐만 아니라 지상보상요소를 지니고 있다.

[08, 10, 11②, 15]

78 PI제어동작은 프로세스제어계의 정상특성 개선에 흔히 사용된다. 이것에 대응하는 보상요소는?

① 동상 보상요소   ② 지상 보상요소
③ 진상 보상요소   ④ 지상 및 진상 보상요소

> 비례 적분동작(PI 제어)은 비례동작과 적분동작이 결합된 제어기로서 적분동작의 특성을 지니고 있으며 정상특성이 개선되어 잔류편차와 사이클링이 없을 뿐만 아니라 지상보상요소를 지니고 있다.

[08, 16]

79 입력으로 단위계단함수 $u(t)$를 가했을 때, 출력이 그림과 같은 동작은?

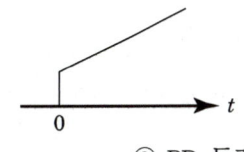

① P 동작   ② PD 동작
③ PI 동작   ④ 2위치 동작

> 그림은 입력을 단위계단함수로 가했을 때 비례 적분동작(PI 동작)의 출력 곡선이다.

제10장 제어계의 구성과 분류

[13, 19]
80 정상편차를 없애고, 응답속도를 빠르게 한 동작은?

① 비례동작 ② 비례적분동작
③ 비례미분동작 ④ 비례적분미분동작

> 비례 미적분동작(PID 제어)은 비례동작과 미분·적분동작이 결합된 제어기로서 오버슈트를 감소시키고, 정정시간을 적게 하여 정상편차와 응답속도를 동시에 개선하는 가장 안정한 제어 특성이다.
> 전달함수는 $G(s) = K\left(1 + T_d s + \dfrac{1}{T_i s}\right)$ 이다.

[10, 18]
81 자동제어의 조절기기 중 연속동작이 아닌 것은?

① 비례제어 동작 ② 적분제어 동작
③ 2위치 동작 ④ 미분제어 동작

> 불연속동작에 의한 분류
> (1) 2위치 제어(ON-OFF 제어) : 간단한 단속제어 동작이고 사이클링과 오프-셋을 발생시킨다. 2위치 제어계의 신호는 동작하거나 아니면 동작하지 않도록 2가지로만 결정되기 때문에 2진 신호로 해석한다.
> (2) 샘플링 제어

[14]
82 제어부의 제어동작 중 연속동작이 아닌 것은?

① P동작 ② ON-OFF동작
③ PI동작 ④ PID동작

> 불연속동작에 의한 분류
> (1) 2위치 제어(ON-OFF 제어) : 간단한 단속제어 동작이고 사이클링과 오프-셋을 발생시킨다. 2위치 제어계의 신호는 동작하거나 아니면 동작하지 않도록 2가지로만 결정되기 때문에 2진 신호로 해석한다.
> (2) 샘플링 제어

[13]
83 정성적 제어에서 전열기의 제어 명령이 되는 신호는 전열기에 흐르는 전류를 흐르게 한다든가 아니면 차단하면 된다. 이와 같은 신호를 무엇이라 하는가?

① 목표값 신호 ② 제어 신호
③ 2진 신호 ④ 3진 신호

> 불연속동작에 의한 분류
> (1) 2위치 제어(ON-OFF 제어) : 간단한 단속제어 동작이고 사이클링과 오프-셋을 발생시킨다. 2위치 제어계의 신호는 동작하거나 아니면 동작하지 않도록 2가지로만 결정되기 때문에 2진 신호로 해석한다.
> (2) 샘플링 제어

[14]
84 PC에 의한 계측에 있어서, 센서에서 측정한 데이터를 PC에 전달하기 위해 필요한 필수적인 요소는?

① A/D 변환기 ② D/A 변환기
③ RAM ④ ROM

> A/D 변환기는 아날로그 신호를 디지털 신호로 변환하는 장치로서 아날로그 신호의 최대값을 M, 변환기의 bit수를 n이라 할 때 양자화 오차는 $\dfrac{M}{2^n}$으로 구할 수 있다.

[13]
85 컴퓨터 제어의 아날로그 신호를 디지털 신호로 변환하는 과정에서, 아날로그 신호의 최댓값을 M, 변환기의 bit수를 3이라 하면 양자화 오차의 최댓값은 얼마인가?

① M ② $\dfrac{M}{2}$
③ $\dfrac{M}{7}$ ④ $\dfrac{M}{8}$

> A/D 변환기는 아날로그 신호를 디지털 신호로 변환하는 장치로서 아날로그 신호의 최대값을 M, 변환기의 bit수를 n이라 할 때 양자화 오차는 $\dfrac{M}{2^n}$으로 구할 수 있다.
> ∴ 양자화 오차 $= \dfrac{M}{2^n} = \dfrac{M}{2^3} = \dfrac{M}{8}$

정답 80 ④ 81 ③ 82 ② 83 ③ 84 ① 85 ④

제11장

제어용 기기

제11장 | 제어용 기기

01 제어용 기기

1 조작기기

조작기기는 직접 제어대상에 작용하는 장치이고, 응답이 빠르며 조작력이 큰 것이 요구된다. 조작기기의 종류와 특징은 다음과 같다.

1. 조작기기의 종류

조작기기는 전기계와 기계계로 구분하여 다음과 같은 종류로 구분한다.

전 기 계	기 계 계
전동밸브 전자밸브 2상 서보 전동기 직류서보 전동기 펄스 전동기	다이어프램 밸브 클러치 밸브 포지셔너 유압식 조작기(안내 밸브, 조작 실린더, 조작 피스톤, 분사관)

2. 조작기기의 특징

조작기기를 전기식, 공기식, 유압식으로 구분할 때 각각에 대한 특징은 다음과 같이 정리할 수 있다.

	전 기 식	공 기 식	유 압 식
적응성	대단히 넓고 특성의 변경이 쉽다.	PID동작을 만들기 쉽다.	관성이 적고 대출력을 얻기가 쉽다.
전송	장거리 전송이 가능하고 지연이 적다.	장거리가 되면 지연이 크게 된다.	지연은 적으나 배관에 장거리는 어렵다.
안전성	방폭형이 필요하다.	안전하다.	인화성이 있다.
속응성	늦다.	장거리에서는 어렵다.	빠르다.
부피, 무게에 대한 출력	감속 장치가 필요하고 출력은 작다.	출력이 크지 않다.	저속이고 큰 출력을 얻을 수 있다.

01 예제문제

자동제어기기의 조작용 기기가 아닌 것은?

① 전자밸브   ② 서보전동기
③ 클러치   ④ 앰플리다인

해설
조작기기는 전기계와 기계계로 구분하여 다음과 같은 종류로 구분한다.

전 기 계	기 계 계
전동밸브	다이어프램 밸브
전자밸브	클러치
2상 서보 전동기	밸브 포지셔너
직류 서보 전동기	유압식 조작기(안내 밸브, 조작 실린더,
펄스 전동기	조작 피스톤, 분사관)

답 ④

02 예제문제

서보전동기(Servo Motor)는 다음의 제어기기 중 어디에 속하는가?

① 증폭기   ② 조작기기
③ 변환기   ④ 검출기

해설
서보전동기는 조작기기에 해당된다.

답 ②

03 예제문제

공기식 조작기기의 장점을 나타낸 것은?

① 신호를 먼 곳까지 보낼 수 있다.
② 선형의 특성에 가깝다.
③ PID 동작을 만들기 쉽다.
④ 큰 출력을 얻을 수 있다.

해설
공기식 조작기기는 PID 동작을 만들기 쉽다.

답 ③

2 검출용 기기

온도, 압력, 유량 등의 물리량을 증폭 및 전송이 용이한 양으로 변환하는 검출 기기를 변환기라 한다. 검출용 기기의 종류와 변환요소는 다음과 같다.

1. 검출기의 종류

제 어	검 출 기	비 고
자동 조정용	(1) 전압 검출기 (2) 속도 검출기	자기 증폭기, 전자관 및 트랜지스터 증폭기 주파수 검출기, 스피더, 회전계 발전기
서보 기구용	(1) 전위차계 (2) 차동변압기 (3) 싱크로 (4) 마이크로 신	권선형 저항을 이용하여 변위, 변각을 측정 변위를 자기 저항의 불균형으로 변형 변각을 검출 변각을 검출
공정 제어용	압력계	① 기계식 압력계(부르동관, 벨로스, 다이어프램) ② 전기식 압력계[전기저항 압력계(스트레인게이지), 피라니 진공계, 전리 진공계]
	유량계	① 교축식 유량계 ② 면적식 유량계 ③ 전자 유량계
	액면계	① 차압식 액면계(오리피스, 플로 노즐, 벤투리관) ② 플로트식 액면계
	온도계	① 열전 온도계(백금-백금 로듐, 크로멜-알루멜, 철-콘스탄탄) ② 저항 온도계(백금, 니켈, 구리, 서미스터) ③ 바이메탈 온도계 ④ 압력형 온도계(부르동관) ⑤ 방사 온도계 ⑥ 광 온도계
	가스 성분계	① 열전도식 가스 성분계 ② 연소식 가스 성분계 ③ 자기 산소계 ④ 적외선 가스 성분계
	습도계	① 전기식 건습구 습도계 ② 광전관식 노점 습도계
	액체 성분계	① PH계 ② 액체 농도계

2. 변환요소의 종류

변환량	변환요소
압력 → 변위	벨로스, 다이어프램, 스프링
변위 → 압력	노즐 플래퍼, 유압 분사관, 스프링
변위 → 임피던스	가변 저항기, 용량형 변환기, 가변 저항 스프링
변위 → 전압	퍼텐쇼미터, 차동변압기, 전위차계
전압 → 변위	전자석, 전자 코일
빛 → 임피던스	광전관, 광전도 셀, 광전 트랜지스터
빛 → 전압	광전지, 광전 다이오드
방사선 → 임피던스	GM관, 전리함
온도 → 임피던스	측온 저항(열선, 서미스터, 백금, 니켈)
온도 → 전압	열전대(백금-백금 로듐, 크로멜-알루멜, 동-콘스탄탄, 철-콘스탄탄)

04 예제문제

다음 중 탄성식 압력계에 해당되는 것은?

① 경사관식　　　　② 환상평형식
③ 압전기식　　　　④ 벨로스식

[해설]
압력계
(1) 기계식 압력계(부르동관, 벨로스, 다이어프램)
(2) 전기식 압력계[전기저항(스트레인게이지) 압력계, 피라니 진공계, 전리 진공계]

답 ④

05 예제문제

다음의 제어기기에서 압력을 변위로 변환하는 변환요소가 아닌 것은?

① 벨로스　　　　② 다이어프램
③ 스프링　　　　④ 노즐플래퍼

[해설]
노즐플래퍼는 변위를 압력으로 변환하는 변환요소에 해당된다.

답 ④

3 증폭기기

증폭기는 제어계에서 가장 많이 이용되는 전자요소로서 연산증폭기나 자기증폭기가 있다. 증폭기의 종류로는 전기식, 공기식, 유압식이 있으며 다음과 같이 구분하고 있다.

	전 기 계	기 계 계
정지기	진공관, 트랜지스터, 사이리스터(SCR), 사이러트론, 자기증폭기	공기식(노즐플래퍼, 벨로스) 유압식(안내 밸브) 지렛대
회전기	앰플리다인, 로토트롤	

핵심예상문제

제어용 기기

본 핵심예상문제는 각단원별 출제빈도 높은 문제 및 최근 10년간의 기출문제 중 비중이 높은 출제유형이므로 꼭 풀어보고 가야할 문제입니다. 이후 실전예상문제를 공부하시면 효과적입니다.

[08, 14, 16]
01 제어기기의 대표적인 것으로 검출기, 변환기, 증폭기, 조작기기를 들 수 있는데 서보모터는 어디에 속하는가?

① 검출기
② 변환기
③ 증폭기
④ 조작기기

조작기기의 종류
조작기기는 전기계와 기계계로 구분하여 다음과 같은 종류로 구분한다.

전 기 계	기 계 계
전동밸브 전자밸브 2상 서보 전동기 직류서보 전동기 펄스 전동기	다이어프램 밸브 클러치 밸브 포지셔너 유압식 조작기(안내 밸브, 조작 실린더, 조작 피스톤, 분사관)

[19]
02 자동제어의 기본 요소로서 전기식 조작기기에 속하는 것은?

① 다이어프램
② 벨로스
③ 펄스전동기
④ 파일럿 밸브

조작기기의 종류
전기식 조작기기에 속하는 것은 펄스전동기이다.

[13]
03 제어기기 중 전기식 조작기기에 대한 설명으로 옳지 않은 것은?

① 장거리 전송이 가능하고 늦음이 적다.
② 감속장치가 필요하고 출력은 작다.
③ PID 동작이 간단히 실현된다.
④ 많은 종류의 제어에 적용되어 용도가 넓다.

조작기기

	전 기 식	공 기 식	유 압 식
적응성	대단히 넓고 특성의 변경이 쉽다.	PID동작을 만들기 쉽다.	관성이 적고 대출력을 얻기가 쉽다.
전송	장거리 전송이 가능하고 지연이 적다.	장거리가 되면 지연이 크게 된다.	지연은 적으나 배관에 장거리는 어렵다.
안전성	방폭형이 필요하다.	안전하다.	인화성이 있다.
속응성	늦다.	장거리에서는 어렵다.	빠르다.
부피, 무게에 대한 출력	감속 장치가 필요하고 출력은 작다.	출력이 크지 않다.	저속이고 큰 출력을 얻을 수 있다.

[08]
04 저속이지만 큰 출력을 얻을 수 있고, 속응성이 빠른 조작기기는?

① 유압식 조작기기
② 공기압식 조작기기
③ 전기식 조작기기
④ 기계식 조작기기

저속이지만 큰 출력을 얻을 수 있고, 속응성이 바른 조작기기는 유압식 조작기기의 특징이다.

제11장 제어용 기기

[12]
05 제어기기 중 조작기기에 대한 설명으로 옳은 것은?

① 전기식은 적응성이 대단히 넓고 특성의 변경은 어렵다.
② 공기식은 PID동작을 만들기 쉬우나 장거리 전송은 빠르다.
③ 유압식은 관성이 적고 큰 출력을 얻기가 쉽다.
④ 전기식에는 전자밸브, 직류 서보전동기, 클러치 등이 있다.

> 유압식 조작기기는 관성이 적고 큰 출력을 얻기가 쉽다.

[08]
07 다음 중 압력을 감지하는데 가장 널리 사용되는 것은?

① 마이크로폰 ② 스트레인 게이지
③ 회전자기 부호기 ④ 전위차계

검출기의 종류

제 어	검 출 기	비 고
공정제어용	압력계	① 기계식 압력계(부르동관, 벨로스, 다이어프램) ② 전기식 압력계[전기저항 압력계(스트레인게이지), 피라니 진공계, 전리 진공계]

[09]
06 공정제어용 검출기가 아닌 것은?

① 싱크로 ② 유량계
③ 온도계 ④ 습도계

검출기의 종류

제 어	검 출 기
자동조정용	(1) 전압 검출기 (2) 속도 검출기
서보기구용	(1) 전위차계 (2) 차동변압기 (3) 싱크로 (4) 마이크로 신
공정제어용	(1) 압력계 (2) 유량계 (3) 액면계 (4) 온도계 (5) 습도계

[10, 15]
08 다음 중 압력을 변위로 변환시키는 장치로 알맞은 것은?

① 노즐플래퍼 ② 다이어프램
③ 전자석 ④ 차동변압기

변환요소의 종류

변환량	변환요소
압력 → 변위	벨로스, 다이어프램, 스프링
변위 → 압력	노즐 플래퍼, 유압 분사관, 스프링
변위 → 임피던스	가변 저항기, 용량형 변환기, 가변 저항 스프링
변위 → 전압	퍼텐쇼미터, 차동변압기, 전위차계
전압 → 변위	전자석, 전자 코일
빛 → 임피던스	광전관, 광전도 셀, 광전 트랜지스터
빛 → 전압	광전지, 광전 다이오드
방사선 → 임피던스	GM관, 전리함
온도 → 임피던스	측온 저항(열선, 서미스터, 백금, 니켈)
온도 → 전압	열전대(백금-백금 로듐, 크로멜-알루멜, 동-콘스탄탄, 철-콘스탄탄)

정답 05 ③ 06 ① 07 ② 08 ②

[09, 17]

09 변위를 전압으로 변환시키는 장치가 아닌 것은?

① 퍼텐쇼미터   ② 차동변압기
③ 전위차계   ④ 측온저항

> **변환요소의 종류**
>
> | 변환량 | 변환요소 |
> |---|---|
> | 변위 → 전압 | 퍼텐쇼미터, 차동변압기, 전위차계 |
>
> ∴ 측온저항은 온도를 임피던스로 변환하는 요소이다.

[14]

10 다음 중 제어계에 가장 많이 이용되는 전자요소는?

① 증폭기   ② 변조기
③ 주파수 변환기 ④ 가산기

> **증폭기기**
> 증폭기는 제어계에서 가장 많이 이용되는 전자요소로서 연산증폭기나 자기증폭기가 있다. 증폭기기의 종류로는 전기식, 공기식, 유압식이 있다.

정답 09 ④ 10 ①

2025
공조냉동기계산업기사 필기

제12장
시퀀스 제어

01 시퀀스 제어

제12장 | 시퀀스 제어

1 시퀀스 제어

1. 시퀀스 제어의 개요

(1) 정의

미리 정해진 순서 또는 일정의 논리에 의해 정해진 순서에 따라 제어의 각 단계를 순차적으로 진행시켜 가는 제어를 말한다.
(예 무인자판기, 컨베이어, 엘리베이터, 세탁기 등)

(2) 특징

① 구성하기 쉽고 시스템의 구성비가 낮다.
② 개루프 제어계로서 유지 및 보수가 간단하다.
③ 자체 판단능력이 없기 때문에 원하는 출력을 얻기 위해서는 보정이 필요하다.
④ 조합 논리회로 및 시간지연 요소나 제어용 계전기가 사용되며 제어결과에 따라 조작이 자동적으로 이행된다.

2. 시퀀스 제어에 사용되는 각종 요소

(1) 접점

① a 접점 : 평상시에 열려 있으며 동작할 때 닫히는 접점으로 make 접점이라고도 한다.
② b 접점 : 평상시에 닫혀 있으며 동작할 때 열리는 접점으로 break 접점이라고도 한다.

(2) 수동 스위치

① 단로 스위치 : 수동으로 ON, OFF 시키는 스위치로 일반 전등용 스위치를 말한다.
② 3로 스위치 : 수동으로 ON, OFF 시키는 스위치로 2개소에서 점멸할 수 있는 스위치이다.
③ 누름버튼 스위치 : 수동으로 조작한 후 손을 떼면 자동으로 복구되는 스위치로서 전동기 운전 회로에 주로 사용된다.

시퀀스 제어의 명령처리 기능에 따른 분류
- 순서제어 : 기억과 판단기구
- 시한제어 : 기억과 시한기구
- 조건제어 : 판단기구
- 프로그램제어 : 기억과 시한기구 및 판단기구

a 접점과 b 접점의 심볼
- a 접점 : ─o o─
- b 접점 : ─o/o─

수동스위치의 심볼
- 단로 스위치 : ─o⋯o─
- 3로 스위치 : ─o⟨o o─
- 누름단추 스위치 : ─o_o─

(3) **검출 스위치**

리미트 스위치, 액면 스위치(플로트 스위치), 광전 스위치, 센서 등에 의한 외부에서 입력되는 임의의 상태 또는 변화된 값을 검출하여 동작하는 스위치를 말한다.

---

01 예제문제

시퀀스 제어에 관한 설명으로 옳지 않은 것은?

① 조합논리회로도 사용된다.
② 기계적 계전기도 사용된다.
③ 전체 계통에 연결된 스위치가 일시에 작동할 수도 있다.
④ 시간지연요소도 사용된다.

[해설]
시퀀스 제어란 미리 정해진 순서 또는 일정의 논리에 의해 정해진 순서에 따라 제어의 각 단계를 순차적으로 진행시켜 가는 제어를 말한다.(예 무인자판기)

답 ③

---

02 예제문제

시퀀스회로에서 a접점에 대한 설명으로 옳은 것은?

① 수동으로 리셋 할 수 있는 접점이다.
② 누름버튼스위치의 접점이 붙어있는 상태를 말한다.
③ 두 접점이 상호 인터록이 되는 접점을 말한다.
④ 전원을 투입하지 않았을 때 떨어져 있는 접점이다.

[해설]
a 접점은 평상시에 열려 있으며 동작할 때 닫히는 접점으로 make 접점이라고도 한다.

답 ④

---

03 예제문제

검출용 스위치에 속하지 않는 것은?

① 광전 스위치   ② 액면 스위치
③ 리미트 스위치   ④ 누름버튼 스위치

[해설]
누름버튼 스위치는 수동 스위치이다.

답 ④

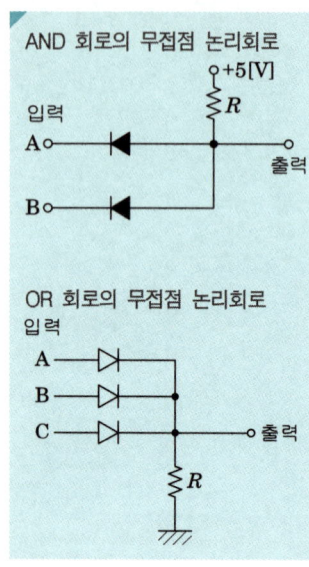

2 시퀀스 제어회로 명칭

1. AND 회로

(1) 의미 : 입력이 모두 "1" 일 때 출력이 "1"인 회로

(2) 논리식과 논리회로

① 논리식 : $X = A \cdot B$

② 논리회로 :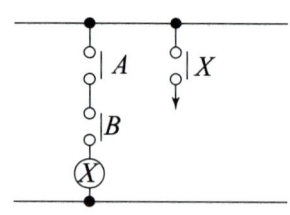

(3) 유접점과 진리표

① 유접점 ② 진리표

A	B	X
0	0	0
0	1	0
1	0	0
1	1	1

2. OR 회로

(1) 의미 : 입력 중 어느 하나 이상 "1" 일 때 출력이 "1"인 회로

(2) 논리식과 논리회로

① 논리식 : $X = A + B$

② 논리회로 :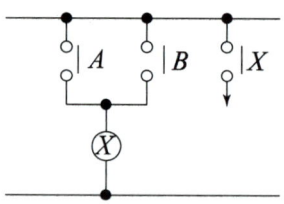

(3) 유접점과 진리표

① 유접점 ② 진리표

A	B	X
0	0	0
0	1	1
1	0	1
1	1	1

3. NOT 회로

(1) 의미 : 입력과 출력이 반대로 동작하는 회로로서 입력이 "1"이면 출력은 "0", 입력이 "0" 이면 출력은 "1"인 회로

(2) 논리식과 논리회로

① 논리식 : $X = \overline{A}$

② 논리회로 :

(3) 유접점과 진리표

① 유접점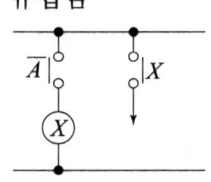

② 진리표

A	X
0	1
1	0

4. NAND 회로

(1) 의미 : AND 회로의 부정회로로서 입력이 모두 "1" 일 때만 출력이 "0" 되는 회로

(2) 논리식과 논리회로

① 논리식 : $X = \overline{A \cdot B}$

② 논리회로 :

(3) 유접점과 진리표

① 유접점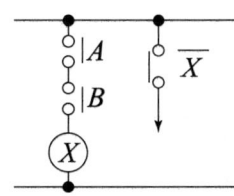

② 진리표

A	B	X
0	0	1
0	1	1
1	0	1
1	1	0

반가산기(HALF – ADDER) 회로
AND회로와 Exclusive OR회로를 이용하여 AND회로는 두 입력의 합에 대한 자리 올림수(carry)로 출력하고 Exclusive OR회로는 두 입력의 합(Sum)으로 출력하는 회로이다.

일치회로
- 의미 : 배타적 논리합 회로의 역회로로서 입력이 서로 같은 동작을 할 때에만 출력이 동작하게 되는 회로이다.
- 논리식 : $\overline{X}\cdot\overline{Y}+X\cdot Y$
- 유접점

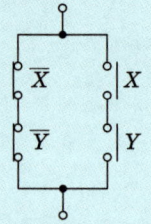

- 진리표

A	B	X
0	0	1
0	1	0
1	0	0
1	1	1

5. NOR 회로

(1) 의미 : OR회로의 부정회로로서 입력이 모두 "0"일 때만 출력이 "1"되는 회로

(2) 논리식과 논리회로

① 논리식 : $X = \overline{A+B}$

② 논리회로 :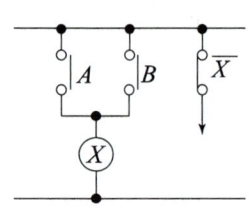

(3) 유접점과 진리표

① 유접점

② 진리표

A	B	X
0	0	1
0	1	0
1	0	0
1	1	0

6. Exclusive OR회로(=배타적 논리합 회로)

(1) 의미 : 입력 중 어느 하나만 "1"일 때 출력이 "1"되는 회로

(2) 논리식과 논리회로

① 논리식 : $X = A\cdot\overline{B}+\overline{A}\cdot B$

② 논리회로 :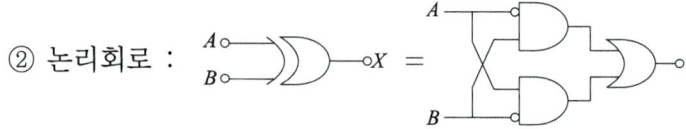

(3) 유접점과 진리표

① 유접점

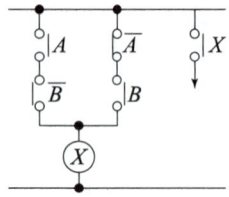

② 진리표

A	B	X
0	0	0
0	1	1
1	0	1
1	1	0

04 예제문제

입력 신호가 모두 "1"일 때만 출력이 생성되는 논리회로는?

① AND 회로 ② OR 회로
③ NOR 회로 ④ NOT 회로

해설
입력 신호가 모두 "1"일 출력이 동작하는 회로를 AND 회로라 한다.

답 ①

05 예제문제

그림과 같은 계전기 접점회로의 논리식은?

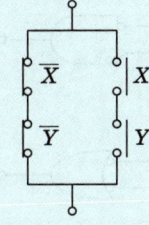

① $X \cdot Y$
② $\overline{X} \cdot \overline{Y} + X \cdot Y$
③ $X + Y$
④ $(\overline{X} + \overline{Y})(X + Y)$

해설
그림의 시퀀스 회로는 배타적 논리합 회로의 NOT 회로인 일치회로로서 입력이 서로 같은 동작을 할 때에만 출력이 나오는 회로를 의미한다. 출력식은 다음과 같다.
∴ $\overline{X} \cdot \overline{Y} + X \cdot Y$

답 ②

NAND 회로와 NOR 회로를 많이 활용하는 이유
• 논리회로의 간소화 • 가격이 저렴하다. • 속도가 빠르다. • 전력소모가 작다.

3 불대수와 드모르강 법칙

1. 불대수 정리

(1) 입력과 동일한 출력이 나오는 불대수 연산식

$$A+A=A, \quad A \cdot A=A, \quad A+0=A, \quad A \cdot 1=A$$

(2) 입력에 관계없이 출력이 항상 1과 0인 불대수 연산식

$$A+1=1, \quad A \cdot 0=0$$

(3) 하나의 입력이 서로 다른 동작을 하는 경우의 불대수 연산식

$$A+\overline{A}=1, \quad A \cdot \overline{A}=0$$

2. 드모르강 정리

(1) $\overline{A+B} = \overline{A} \cdot \overline{B}$

(2) $\overline{A \cdot B} = \overline{A} + \overline{B}$

---

06 예제문제

논리식 $X + \overline{X} + Y$를 불대수의 정리를 이용하여 간단히 하면?

① $X + Y$ ② Y
③ 1   ④ 0

[해설]
불대수에서 $X + \overline{X} = 1$ 이며, 또한 $1 + Y = 1$ 이므로
∴ $X + \overline{X} + Y = 1 + Y = 1$

답 ③

4 자기유지 기능과 인터록 기능

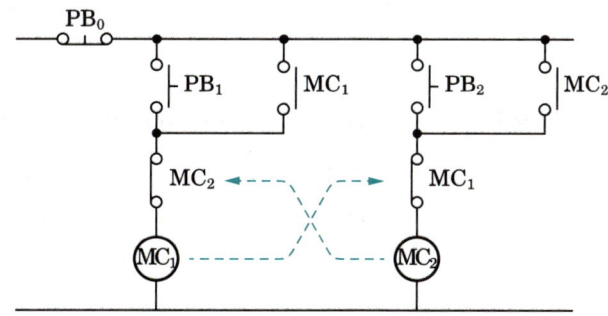

> **플립플롭회로**
> 두 개의 안정된 상태를 갖는 쌍안정 멀티바이브레이터를 이용한 것으로 세트(SET) 입력으로 출력이 ON되고 리세트(RESET) 입력으로 출력이 OFF되는 회로이다.

1. 자기유지 기능

유접점 시퀀스 회로에서 MC_1의 a접점과 MC_2의 a접점은 각각의 입력 PB를 누른 후에 손을 떼어도 MC_1과 MC_2의 출력이 계속하여 여자상태가 유지되도록 하는 기능을 자기유지 기능이라 한다. 따라서 MC_1의 a접점과 MC_2의 a접점을 자기유지접점이라 한다.

2. 인터록 기능

MC_1의 b접점과 MC_2의 b접점은 상대방의 출력이 ON되는 동작을 금지하는 기능으로 MC_1과 MC_2의 출력 중 어느 하나가 먼저 ON되면 다른 하나의 출력은 ON될 수가 없는 회로를 인터록 회로라 한다. 따라서 MC_1의 b접점과 MC_2의 b접점을 인터록접점이라 한다.

5 우선회로

(1) 선입력 우선회로

입력 중 가장 먼저 수신된 입력에 대한 출력이 동작하면 그 다음으로 수신된 입력에 대한 출력은 동작하지 않는 회로이다. 입력 스위치와 상대방 출력 계전기의 b접점을 직렬로 접속하여 회로를 구성한다.

(2) 신입력 우선회로

최종으로 수신한 입력이 우선되어 동작되는 회로로서 먼저 동작하고 있던 회로는 복구시켜 항상 최신의 신호에 대한 출력이 우선 되도록 하는 회로이다. 자기유지 접점과 상대방 출력 계전기의 b접점을 직렬로 접속하여 회로를 구성한다.

01 핵심예상문제

시퀀스 제어

본 핵심예상문제는 각단원별 출제빈도 높은 문제 및 최근 10년간의 기출문제 중 비중이 높은 출제유형이므로 꼭 풀어보고 가야할 문제입니다. 이후 실전예상문제를 공부하시면 효과적입니다.

[14]
01 시퀀스 제어를 명령 처리 기능에 따라 분류할 때 속하지 않는 것은?

① 순서제어　② 시한제어
③ 병렬제어　④ 조건제어

시퀀스 제어의 명령처리기능에 따른 분류
(1) 순서제어 : 기억과 판단기구에 의한 제어
(2) 시한제어 : 기억과 시한기구에 의한 제어
(3) 조건제어 : 판단기구에 의한 제어
(4) 프로그램제어 : 기억과 시한기구 및 판단기구에 의한 제어

[13]
02 시퀀스 회로에서 접점이 조작하기 전에는 열려 있고 조작하면 닫히는 접점은?

① a접점　② b접점
③ c접점　④ 공통접점

접점
(1) a 접점 : 평상시에 열려 있으며 동작할 때 닫히는 접점으로 make 접점이라고도 한다.
(2) b 접점 : 평상시에 닫혀 있으며 동작할 때 열리는 접점으로 break 접점이라고도 한다.

[13]
03 다음 중 입력장치에 해당되는 것은?

① 검출 스위치　② 솔레노이드 밸브
③ 표시램프　④ 전자개폐기

검출 스위치
리미트 스위치, 액면 스위치(플로트 스위치), 광전 스위치, 센서 등에 의한 외부에서 입력되는 임의의 상태 또는 변화된 값을 검출하여 동작하는 스위치를 말한다.

[13]
04 검출용 스위치에 해당하지 않는 것은?

① 리밋 스위치　② 광전 스위치
③ 온도 스위치　④ 복귀형 스위치

검출 스위치
리미트 스위치, 액면 스위치(플로트 스위치), 광전 스위치, 센서 등에 의한 외부에서 입력되는 임의의 상태 또는 변화된 값을 검출하여 동작하는 스위치를 말한다.
∴ 복귀형 스위치는 누름버튼 스위치로 수동 스위치이다.

[10, 20]
05 그림과 같은 유접점 회로의 논리식과 논리회로명칭으로 옳은 것은?

① $X = \overline{A \cdot B \cdot C}$, NOT회로
② $X = \overline{A + B + C}$, NOT회로
③ $X = A + B + C$, OR회로
④ $X = A \cdot B \cdot C$, AND회로

AND 회로
(1) 입력이 직렬접속된 유접점 회로는 AND 회로이다.
(2) 논리식 : $X = A \cdot B \cdot C$

정답 01 ③　02 ①　03 ①　04 ④　05 ④

[16]

06 그림과 같은 회로는?

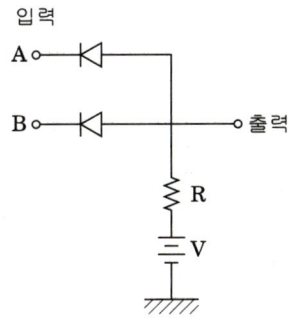

① OR회로 ② AND회로
③ NOR회로 ④ NAND회로

AND 회로의 무접점 논리회로와 진리표
(1) 무접점 논리회로 (2) 진리표

A	B	X
0	0	0
0	1	0
1	0	0
1	1	1

[15]

07 그림과 같은 회로의 출력단 X의 진리값으로 옳은 것은? (단, L은 Low, H는 High이다.)

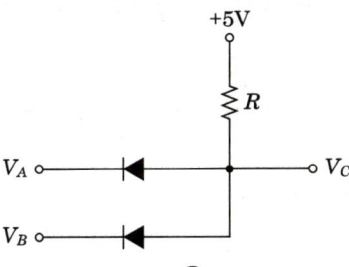

① L, L, L, H ② L, H, H, H
③ L, L, H, H ④ H, L, L, H

AND 회로의 무접점 논리회로와 진리표
(1) 무접점 논리회로 (2) 진리표

A	B	X
0	0	0
0	1	0
1	0	0
1	1	1

[08, 14]

08 다음 그림의 논리회로는?

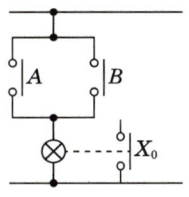

① AND회로 ② OR회로
③ NOT회로 ④ NOR회로

OR 회로의 유접점과 무접점 논리회로
(1) 유접점 (2) 무접점 논리회로

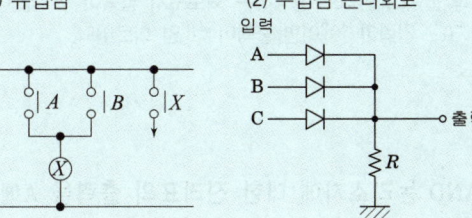

[14]

09 그림과 같은 회로는 어떤 논리회로인가?

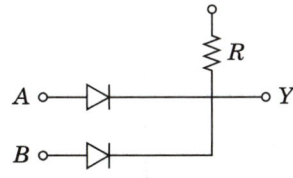

① AND 회로 ② OR 회로
③ NOT 회로 ④ NOR 회로

OR 회로의 유접점과 무접점 논리회로
(1) 유접점 (2) 무접점 논리회로

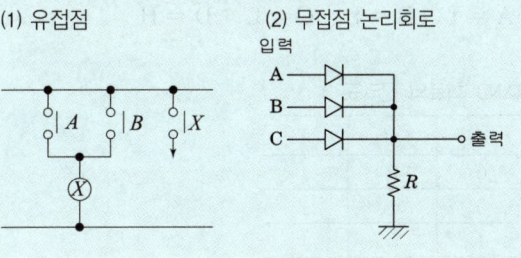

정답 06 ② 07 ① 08 ② 09 ②

제12장 시퀀스 제어

[08, 09, 12, 18]

10 그림과 같은 논리회로는?

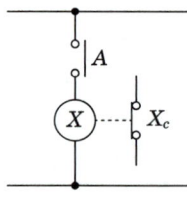

① OR회로   ② AND회로
③ NOT회로 ④ NAND 회로

> **NOT 회로**
> 입력과 출력이 반대로 동작하는 회로로서 입력이 "1"이면 출력은 "0", 입력이 "0"이면 출력이 "1"인 회로이다.

[09]

11 NAND 논리소자에 대한 진리표의 출력을 A에서 D까지 옳게 표현한 것은? (단, L은 Low이고, H는 High이다.)

입력		출력
X	Y	Z
L	L	A
L	H	B
H	L	C
H	H	D

① A = L, B = H, C = H, D = H
② A = L, B = L, C = H, D = H
③ A = H, B = H, C = H, D = L
④ A = L, B = L, C = L, D = H

> **NAND 회로의 진리표**
>
> | A | B | X |
> |---|---|---|
> | 0 | 0 | 1 |
> | 0 | 1 | 1 |
> | 1 | 0 | 1 |
> | 1 | 1 | 0 |

[11, 19]

12 그림과 같은 계전기 접점회로의 논리식은?

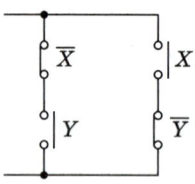

① XY ② $\overline{X}Y + X\overline{Y}$
③ $(\overline{X}+\overline{Y})(X+Y)$ ④ $(\overline{X}+Y)(X+\overline{Y})$

> **Exclusive OR회로(=배타적 논리합 회로)**
> (1) 유접점
>
>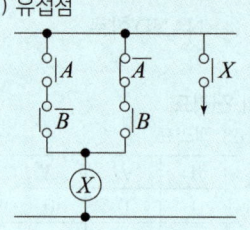
>
> (2) 논리식
> $X = A \cdot \overline{B} + \overline{A} \cdot B$

[13]

13 그림과 같은 계전기 접점회로의 논리식은?

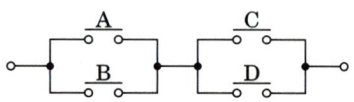

① $(\overline{A}+B)\cdot(C+\overline{D})$ ② $(\overline{A}+\overline{B})\cdot(C+D)$
③ $(A+B)\cdot(C+D)$ ④ $(A+B)\cdot(\overline{C}+\overline{D})$

> 논리식 = $(A+B)\cdot(C+D)$

[08, 12]

14 그림과 같은 계전기 접점회로의 논리식으로 알맞은 것은?

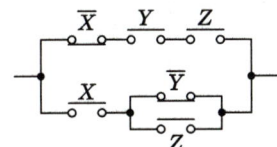

① $(X+\overline{Y}+Z)(\overline{X}+Y+Z)$
② $X(\overline{Y}+Z)+\overline{X}YZ$
③ $(X+\overline{Y}Z)(\overline{X}+Y+Z)$
④ $(X\overline{Y}+Z)(\overline{X}YZ)$

논리식= $\overline{X}YZ+X(\overline{Y}+Z)$

[08]

15 그림과 같은 계전기 접점회로의 논리식은?

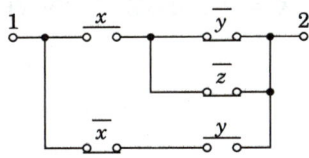

① $(x+\overline{y}z)(\overline{x}+y)$ ② $(x\overline{y}+z)\overline{x}y$
③ $(x+\overline{y}+z)(\overline{x}+y)$ ④ $x(\overline{y}+\overline{z})+\overline{x}y$

논리식= $x(\overline{y}+\overline{z})+\overline{x}y$

[14]

16 그림의 계전기 접점회로를 논리회로로 변환시킬 때 점선 안(C, D, E)에 사용되지 않는 소자는?

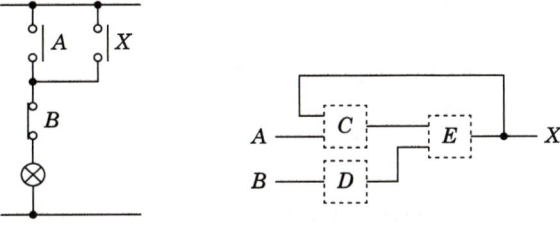

① AND   ② OR
③ NOT   ④ NOR

출력 X 논리식은
$X=(A+X)\cdot\overline{B}$ 이므로
(1) C : $A+X$의 OR 회로 소자
(2) D : $\overline{B}$의 NOT 회로 소자
(3) E : C와 D의 AND 회로 소자

[11]

17 그림과 같은 논리회로에서 출력 Y는?

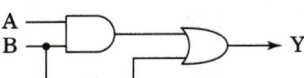

① $Y=AB+A$ ② $Y=AB+B$
③ $Y=AB$ ④ $Y=A+B$

$Y=AB+B$

[10, 14, 18]

18 그림과 같은 논리회로의 출력 Y는?

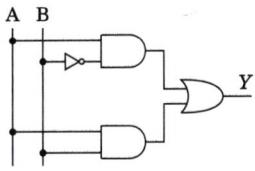

① $Y=AB+A\overline{B}$ ② $Y=\overline{A}B+AB$
③ $Y=\overline{A}B+A\overline{B}$ ④ $Y=\overline{A}\,\overline{B}+A\overline{B}$

$Y=A\overline{B}+AB$

[12]

19 그림과 같은 회로도의 논리식은 어떻게 되는가?

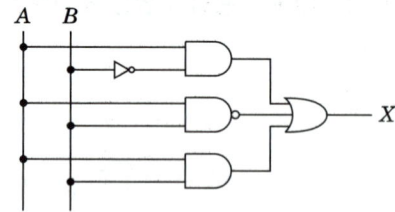

① $\overline{A}\cdot B+\overline{A\cdot B}+A\cdot B=X$
② $\overline{A}\cdot B+\overline{A\cdot B}+A\cdot\overline{B}=X$
③ $A\cdot\overline{B}+\overline{A\cdot B}+A\cdot B=X$
④ $(A\cdot B+A\cdot\overline{B})\cdot\overline{A\cdot B}=X$

$X=A\cdot\overline{B}+\overline{A\cdot B}+A\cdot B$

[11, 15, 20]

20 그림과 같은 회로에서 해당되는 램프의 식으로 옳은 것은?

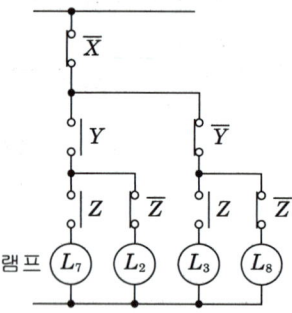

① $L_7=\overline{X}\cdot Y\cdot Z$ ② $L_2=\overline{X}\cdot Y\cdot Z$
③ $L_3=\overline{X}\cdot Y\cdot Z$ ④ $L_8=\overline{X}\cdot Y\cdot Z$

각 램프의 출력은
(1) $L_2=\overline{X}\cdot Y\cdot\overline{Z}$
(2) $L_3=\overline{X}\cdot\overline{Y}\cdot Z$
(3) $L_7=\overline{X}\cdot Y\cdot Z$
(4) $L_8=\overline{X}\cdot\overline{Y}\cdot\overline{Z}$

[14, 20]

21 다음 그림은 무엇을 나타낸 논리연산 회로인가?

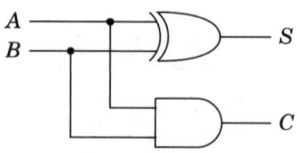

① HALF – ADDER 회로
② FULL – ADDER 회로
③ NAND 회로
④ EXCLUSIVE OR 회로

반가산기(HALF – ADDER) 회로
AND회로와 Exclusive OR 회로를 이용하여 AND 회로는 두 입력의 합에 대한 자리 올림수(carry)로 출력하고 Exclusive OR 회로는 두 입력의 합(sum)으로 출력하는 회로이다.

[16]

22 논리함수 $X=A+AB$를 간단히 하면?

① $X=A$ ② $X=B$
③ $X=A\cdot B$ ④ $X=A+B$

$X=A+AB=A(1+B)=A\cdot 1=A$

[09, 13, (유)18]

23 논리함수 $X=B(A+B)$를 간단히 하면?

① $X=A$ ② $X=B$
③ $X=A\cdot B$ ④ $X=A+B$

$X=B(A+B)=AB+B=B(A+1)=B\cdot 1=B$

정답 19 ③ 20 ① 21 ① 22 ① 23 ②

[12, 18]

24 그림과 같은 유접점 회로를 간단히 한 회로는?

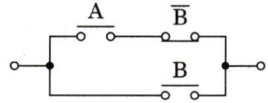

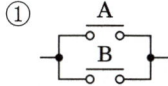

출력식 $= A\overline{B} + B = (A+B)\cdot(B+\overline{B})$
$= (A+B)\cdot 1 = A+B$ 이므로
∴ A와 B의 OR 회로인 ①번이다.

[13]

25 논리식 $X = \overline{A}\cdot B + \overline{A}\cdot \overline{B}$ 를 간단히 하면?

① $\overline{A}$ ② A
③ 1 ④ B

$X = \overline{A}\cdot B + \overline{A}\cdot \overline{B} = \overline{A}(B+\overline{B}) = \overline{A}\cdot 1 = \overline{A}$

[08]

26 논리식 $(A+B)(\overline{A}+B)$와 등가인 것은

① A ② B
③ $\overline{A}B$ ④ $A\overline{B}$

논리식 $= (A+B)(\overline{A}+B) = A\cdot\overline{A} + A\cdot B + B\cdot\overline{A} + B$
$= B(A+\overline{A}+1) = B\cdot 1 = B$

[09, 13]

27 다음의 논리식 중 다른 값을 나타내는 논리식은?

① $XY + X\overline{Y}$ ② $X(X+Y)$
③ $X(\overline{X}+Y)$ ④ $X+XY$

각 보기의 논리식은 다음과 같다.
① $XY+X\overline{Y} = X(Y+\overline{Y}) = X\cdot 1 = X$
② $X(X+Y) = X+XY = X(1+Y) = X\cdot 1 = X$
③ $X(\overline{X}+Y) = X\overline{X}+XY = XY$
④ $X+XY = X(1+Y) = X\cdot 1 = X$

[14, 17]

28 다음의 논리식 중 다른 값을 나타내는 논리식은?

① $\overline{X}Y + XY$ ② $(Y+X+\overline{X})Y$
③ $X(\overline{Y}+X+Y)$ ④ $XY+Y$

각 보기의 논리식은 다음과 같다.
① $\overline{X}Y+XY = (\overline{X}+X)Y = 1\cdot Y = Y$
② $(Y+X+\overline{X})Y = (Y+1)Y = 1\cdot Y = Y$
③ $X(\overline{Y}+X+Y) = X(X+1) = X\cdot 1 = X$
④ $XY+Y = (X+1)Y = 1\cdot Y = Y$

[17]

29 $L = \overline{x}\cdot y\cdot \overline{z} + \overline{x}\cdot y\cdot z + x\cdot \overline{y}\cdot z + x\cdot y\cdot z$ 을 간단히 나타낸 식으로 옳은 것은?

① $\overline{x}\cdot y + x\cdot z$ ② $x\cdot y + \overline{x}\cdot z$
③ $x\cdot \overline{y} + \overline{x}\cdot \overline{z}$ ④ $\overline{x}\cdot \overline{y} + x\cdot z$

$L = \overline{x}\cdot y\cdot \overline{z} + \overline{x}\cdot y\cdot z + x\cdot \overline{y}\cdot z + x\cdot y\cdot z$
$= \overline{x}\cdot y\cdot(\overline{z}+z) + x\cdot z\cdot(\overline{y}+y)$
$= \overline{x}\cdot y\cdot 1 + x\cdot z\cdot 1$
$= \overline{x}\cdot y + x\cdot z$

제12장 시퀀스 제어

[11, 14, 19]

30 다음과 같은 유접점 회로의 논리식은?

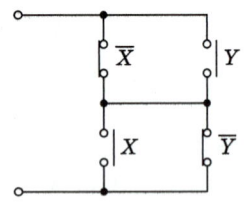

① $X\overline{Y}+X\overline{Y}$
② $(\overline{X}+\overline{Y})(X+Y)$
③ $\overline{X}Y+\overline{X}\ \overline{Y}$
④ $XY+\overline{X}\ \overline{Y}$

> 논리식 $=(\overline{X}+Y)(X+\overline{Y})=\overline{X}X+\overline{X}\ \overline{Y}+XY+Y\overline{Y}$
> $=XY+\overline{X}\ \overline{Y}$

[15]

31 진리표의 논리식과 같지 않은 것은?

입력		출력
A	B	X
0	0	0
0	1	1
1	0	1
1	1	1

① $X=B+A\cdot\overline{B}$
② $X=A+B$
③ $X=A\cdot B+\overline{A}\cdot B$
④ $X=A+\overline{A}\cdot B$

> 진리표의 출력은 OR 회로이기 때문에 논리식은 $X=A+B$가 되어야 한다.
> 보기 ③의 논리식을 전개해 보면
> $X=A\cdot B+\overline{A}\cdot B=(A+\overline{A})\cdot B=1\cdot B=B$이기 때문에 논리식이 같지 않다.

[11]

32 논리식 $\overline{x}+\overline{y}$와 같은 식은?

① $\overline{x}\cdot\overline{y}$
② $x+\overline{y}$
③ $\overline{x\cdot y}$
④ $\overline{x}+y$

> 드모르강 정리
> (1) $\overline{A+B}=\overline{A}\cdot\overline{B}$
>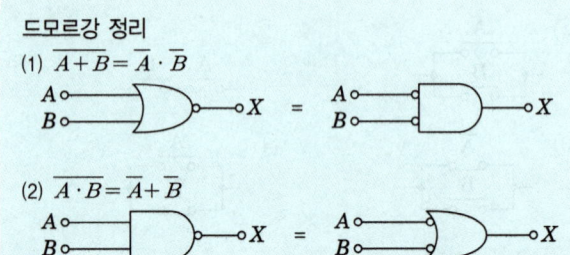
> (2) $\overline{A\cdot B}=\overline{A}+\overline{B}$

[12②]

33 그림과 같은 게이트회로에서 출력 Y는?

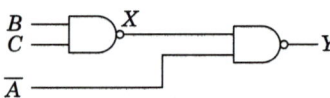

① $B+A\cdot C$
② $A+B\cdot C$
③ $\overline{A}+B\cdot C$
④ $B+\overline{A}\cdot C$

> $Y=\overline{\overline{B\cdot C}\cdot\overline{A}}=A+B\cdot C$

[08]

34 그림과 같은 논리회로와 등가인 게이트는?

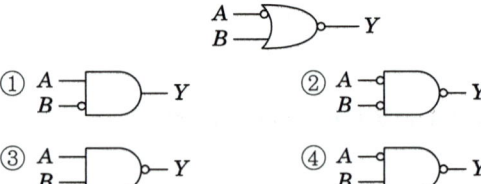

① A B Y
② A B Y
③ A B Y
④ A B Y

> $Y=\overline{A+B}=\overline{A}\cdot\overline{B}$ 이므로 보기 ①번이 등가회로이다.

정답 30 ④ 31 ③ 32 ③ 33 ② 34 ①

[10, 16]

35 그림과 같은 시퀀스 제어 회로가 나타내는 것은? (단, A와 B는 푸시버튼스위치, R은 전자접촉기, L은 램프이다.)

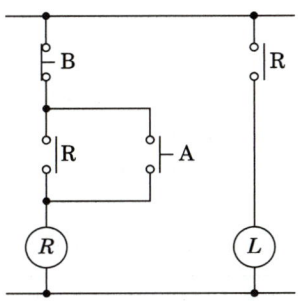

① 인터록 ② 자기유지
③ 지연논리 ④ NAND논리

> **자기유지회로**
> 유접점 시퀀스 회로에서 입력 A를 누른 후에 손을 떼어도 R의 출력이 계속하여 여자상태가 유지되도록 하는 기능을 자기유지 기능이라 하며 이러한 시퀀스 제어 회로를 자기유지 회로라 한다.

[15]

36 그림은 제어회로의 일부이다. 회로의 설명이 틀린 것은?

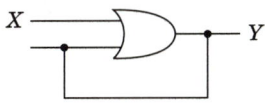

① 자기유지회로이다.
② 논리식은 $Y = X + Y$이다.
③ X가 "1"이면, 항상 Y는 "1"이다.
④ Y가 "1"인 상태에서 X가 0이면, Y는 0이 되는 회로이다.

> **자기유지회로**
> 자기유지회로는 운전 입력이 ON되고 난 후 출력이 ON 되고 나면 별도의 정지 기능의 입력이 들어오지 않는 이상 출력은 OFF되지 않는 회로를 의미한다. 따라서 운전 입력인 X가 0이 되더라도 출력 Y는 0이 되지 않는다.

[11]

37 전기기기의 보호와 운전자의 안전을 위해 사용되는 그림의 회로를 무엇이라고 하는가? (단, A와 B는 스위치, X_1과 X_2는 릴레이이다.)

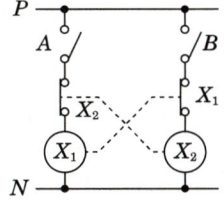

① 자기유지회로 ② 일치회로
③ 변환회로 ④ 인터록회로

> **인터록회로**
> X_1의 b접점과 X_2의 b접점은 상대방의 출력이 ON되는 동작을 금지하는 기능으로 X_1과 X_2의 출력 중 어느 하나가 먼저 ON되면 다른 하나의 출력은 ON될 수가 없는 회로를 인터록 회로라 한다.

[20]

38 전동기 정역회로를 구성할 때 기기의 보호와 조작자의 안전을 위하여 필수적으로 구성되어야 하는 회로는?

① 인터록회로
② 플립플롭회로
③ 정지우선 자기유지회로
④ 기동우선 자기유지회로

> **인터록회로**
> 출력이 동시에 동작하는 것을 금지하는 회로로서 전동기의 정역운전 회로 또는 전동기 Y-Δ 기동회로 등에 적용하여 기기의 보호와 조작자의 안전을 위하여 필수적으로 구성되어야 하는 회로이다.

정답 35 ② 36 ④ 37 ④ 38 ①

[13]

39 회로에서 세트입력(S), 리셋입력(R), 출력(Q)의 진리표에 대한 설명중 옳지 않은 것은? (단, L은 Low, H는 High이다.)

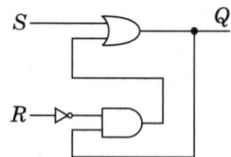

① S는 L, R은 H일 때 Q는 L로 된다.
② S는 H, R은 L일 때 Q는 H로 된다.
③ S는 L, R은 L일 때 Q는 L로 된다.
④ S는 H, R은 H일 때 Q는 L로 된다.

동작설명
입력 S가 세트되면 출력 Q가 여자 되어 자기유지 되고 입력 S가 복귀되어도 출력 Q는 계속 여자 된다. 그리고 입력 R이 리셋되면 출력 Q는 소자되고 자기유지 기능은 해제되어 회로는 원래 상태로 되돌아간다. 이 동작을 반복한다.
∴ S는 H, R은 H일 때 Q는 H로 된다.

[15]

40 물건을 오르내리는 소형 호이스트의 로직회로의 일부이다. L_{sh}는 어떤 기능인가?

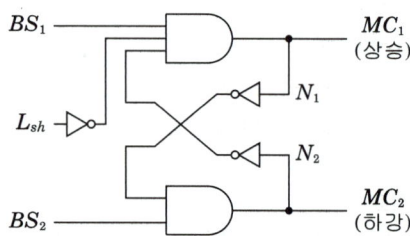

① 인터록
② 상승정지(상부에서)
③ 기동입력
④ 하강정지(하부에서)

L_{sh}는 b접점으로 정지 기능을 갖고 있으며 출력 MC_1에 대한 정지 입력으로 사용되기 때문에 상승정지 기능을 갖는다.

[16, 18]

41 2진수 $0010111101011001_{(2)}$을 16진수로 변환하면?

① 3F59
② 2G6A
③ 2F59
④ 3G6A

(1) $0010 = 0 + 0 + 2^1 + 0 = 2$
(2) $1111 = 2^3 + 2^2 + 2^1 + 2^0 = 15 = F$
(3) $0101 = 0 + 2^2 + 0 + 2^0 = 5$
(4) $1001 = 2^3 + 0 + 0 + 2^1 = 9$
∴ 2F59

별해 4입력 진리표에서 쉽게 구하는 방법

0	0	0	0	0
0	0	0	1	1
0	0	1	0	2
0	0	1	1	3
0	1	0	0	4
0	1	0	1	5
0	1	1	0	6
0	1	1	1	7
1	0	0	0	8
1	0	0	1	9
1	0	1	0	A
1	0	1	1	B
1	1	0	0	C
1	1	0	1	D
1	1	1	0	E
1	1	1	1	F

2025 공조냉동기계산업기사

부록1 핵심 기출문제

CBT 온라인 실전테스트

홈페이지(www.bestbook.co.kr)에서 CBT 온라인 실전테스트를 체험하실 수 있습니다.

1. CBT 필기시험문제 1회(24년 제1회 복원문제)
2. CBT 필기시험문제 2회(24년 제2회 복원문제)
3. CBT 필기시험문제 3회(24년 제3회 복원문제)
4. CBT 필기시험문제 4회(23년 제1회 복원문제)
5. CBT 필기시험문제 5회(23년 제2회 복원문제)
6. CBT 필기시험문제 6회(23년 제3회 복원문제)
7. CBT 필기시험문제 7회(22년 제1회 복원문제)
8. CBT 필기시험문제 8회(22년 제2회 복원문제)
9. CBT 필기시험문제 9회(22년 제3회 복원문제)
10. CBT 필기시험문제 10회(핵심 기출문제 11회)
11. CBT 필기시험문제 11회(핵심 기출문제 12회)
12. CBT 필기시험문제 12회(핵심 기출문제 13회)
13. CBT 필기시험문제 13회(핵심 기출문제 14회)
14. CBT 필기시험문제 14회(핵심 기출문제 15회)

01 부록
핵심 기출문제

기출문제 분석에 의한
CBT대비 핵심 기출문제

제1회	핵심 기출문제		7
제2회	핵심 기출문제		20
제3회	핵심 기출문제		33
제4회	핵심 기출문제		46
제5회	핵심 기출문제		58
제6회	핵심 기출문제		71
제7회	핵심 기출문제		84
제8회	핵심 기출문제		96
제9회	핵심 기출문제		109
제10회	핵심 기출문제		122
제11회	핵심 기출문제	온라인TEST	134
제12회	핵심 기출문제	온라인TEST	147
제13회	핵심 기출문제	온라인TEST	160
제14회	핵심 기출문제	온라인TEST	172
제15회	핵심 기출문제	온라인TEST	184

학습전략

공조냉동기계산업기사는 21년까지 4과목(공기조화, 냉동공학, 배관일반, 전기제어공학)으로 문제가 출제되어 왔으나, 22년부터는 3과목(공기조화 설비, 냉동냉장 설비, 공조냉동 설치·운영)으로 변경되어 출제되고 있습니다. 25년부터 적용되는 출제기준(25.1.1 ~ 29.12.31)을 기준으로 기존 (전기제어 + 배관일반)2과목이 → 공조냉동 설치운영 1과목으로 내용을 통합하고 설비적산, 냉동냉장 부하계산 등 일부 내용이 추가되어 새롭게 변경되었으며 이에 알맞게 수정하여 핵심 기출문제를 구성하였습니다.

공조냉동기계산업기사 OMR답안지

성 명

종목 및 등급
공조냉동기계산업기사

수험자가 기재	문제지형별	
◎문제지형별 ( )형 ※우측문제지 형별은 마킹		Ⓐ

수험번호							
⓪	⓪	⓪	⓪	⓪	⓪	⓪	⓪
①	①	①	①	①	①	①	①
②	②	②	②	②	②	②	②
③	③	③	③	③	③	③	③
④	④	④	④	④	④	④	④
⑤	⑤	⑤	⑤	⑤	⑤	⑤	⑤
⑥	⑥	⑥	⑥	⑥	⑥	⑥	⑥
⑦	⑦	⑦	⑦	⑦	⑦	⑦	⑦
⑧	⑧	⑧	⑧	⑧	⑧	⑧	⑧
⑨	⑨	⑨	⑨	⑨	⑨	⑨	⑨

감독위원확인
inup

1	① ② ③ ④	21	① ② ③ ④	41	① ② ③ ④	61	① ② ③ ④	81	① ② ③ ④	101	① ② ③ ④
2	① ② ③ ④	22	① ② ③ ④	42	① ② ③ ④	62	① ② ③ ④	82	① ② ③ ④	102	① ② ③ ④
3	① ② ③ ④	23	① ② ③ ④	43	① ② ③ ④	63	① ② ③ ④	83	① ② ③ ④	103	① ② ③ ④
4	① ② ③ ④	24	① ② ③ ④	44	① ② ③ ④	64	① ② ③ ④	84	① ② ③ ④	104	① ② ③ ④
5	① ② ③ ④	25	① ② ③ ④	45	① ② ③ ④	65	① ② ③ ④	85	① ② ③ ④	105	① ② ③ ④
6	① ② ③ ④	26	① ② ③ ④	46	① ② ③ ④	66	① ② ③ ④	86	① ② ③ ④	106	① ② ③ ④
7	① ② ③ ④	27	① ② ③ ④	47	① ② ③ ④	67	① ② ③ ④	87	① ② ③ ④	107	① ② ③ ④
8	① ② ③ ④	28	① ② ③ ④	48	① ② ③ ④	68	① ② ③ ④	88	① ② ③ ④	108	① ② ③ ④
9	① ② ③ ④	29	① ② ③ ④	49	① ② ③ ④	69	① ② ③ ④	89	① ② ③ ④	109	① ② ③ ④
10	① ② ③ ④	30	① ② ③ ④	50	① ② ③ ④	70	① ② ③ ④	90	① ② ③ ④	110	① ② ③ ④
11	① ② ③ ④	31	① ② ③ ④	51	① ② ③ ④	71	① ② ③ ④	91	① ② ③ ④	111	① ② ③ ④
12	① ② ③ ④	32	① ② ③ ④	52	① ② ③ ④	72	① ② ③ ④	92	① ② ③ ④	112	① ② ③ ④
13	① ② ③ ④	33	① ② ③ ④	53	① ② ③ ④	73	① ② ③ ④	93	① ② ③ ④	113	① ② ③ ④
14	① ② ③ ④	34	① ② ③ ④	54	① ② ③ ④	74	① ② ③ ④	94	① ② ③ ④	114	① ② ③ ④
15	① ② ③ ④	35	① ② ③ ④	55	① ② ③ ④	75	① ② ③ ④	95	① ② ③ ④	115	① ② ③ ④
16	① ② ③ ④	36	① ② ③ ④	56	① ② ③ ④	76	① ② ③ ④	96	① ② ③ ④	116	① ② ③ ④
17	① ② ③ ④	37	① ② ③ ④	57	① ② ③ ④	77	① ② ③ ④	97	① ② ③ ④	117	① ② ③ ④
18	① ② ③ ④	38	① ② ③ ④	58	① ② ③ ④	78	① ② ③ ④	98	① ② ③ ④	118	① ② ③ ④
19	① ② ③ ④	39	① ② ③ ④	59	① ② ③ ④	79	① ② ③ ④	99	① ② ③ ④	119	① ② ③ ④
20	① ② ③ ④	40	① ② ③ ④	60	① ② ③ ④	80	① ② ③ ④	100	① ② ③ ④	120	① ② ③ ④

기출문제 제1회 핵심 기출문제

1 공기조화 설비

01 공조방식 중 각층 유닛방식에 관한 설명으로 틀린 것은?

① 송풍 덕트의 길이가 짧게 되고 설치가 용이하다.
② 사무실과 병원 등의 각층에 대하여 시간차 운전에 유리하다.
③ 각층 슬래브의 관통덕트가 없게 되므로 방재상 유리하다.
④ 각 층에 수배관을 설치하지 않으므로 누수의 염려가 없다.

> 각층 유닛방식은 각 층에 수배관을 설치하며 누수의 우려가 있다. 각층에 공조기를 설치하는 공조실을 두기 때문에 소음 방진에 유의해야 한다.

02 다음 공조방식 중에 전공기 방식에 속하는 것은?

① 패키지 유닛 방식 ② 복사 냉난방 방식
③ 팬 코일 유닛 방식 ④ 2중덕트 방식

> 전공기 방식에는 2중덕트 방식, 단일덕트 정풍량, 변풍량방식등이 있다. 패키지 유닛 방식은 냉매방식이며, 복사 냉난방 방식은 수공기식, 팬 코일 유닛 방식은 전수식에 속한다.

03 원심식 송풍기의 종류로 가장 거리가 먼 것은?

① 리버스형 송풍기 ② 프로펠러형 송풍기
③ 관류형 송풍기 ④ 다익형 송풍기

> 프로펠러형 송풍기는 축류형 송풍기이다.

04 공조기의 풍량이 45000kg/h, 코일통과 풍속을 2.4m/s로 할 때 냉수코일의 전면적(m²)은? (단, 공기의 밀도는 1.2kg/m³이다.)

① 3.2 ② 4.3
③ 5.2 ④ 10.4

> 우선풍량을 구하면
> $Q = \dfrac{m}{\rho} = \dfrac{45000}{1.2} = 37,500 \text{m}^3/\text{h}$
> 코일면적 (A)은 $Q = Av$ 에서
> $A = \dfrac{Q}{v} = \dfrac{37500}{3600 \times 2.4} = 4.3 \text{m}^2$
> ※ 만약 코일 유효면적이 75%라면 겉보기 면적 (A')은
> $A' = \dfrac{A}{E} = \dfrac{4.3}{0.75} = 5.7 \text{m}^2$

05 송풍량 600m³/min을 공급하여 다음 공기선도와 같이 난방하는 실의 실내부하는? (단, 공기의 비중량은 1.2kg/m³, 비열은 1.0kJ/kgK이다.)

상태점	온도(℃)	엔탈피 (kJ/kg)
①	0	2.0
②	20	36.0
③	15	32.0
④	28	40
⑤	29	52

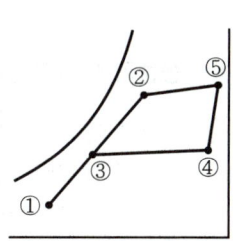

① 31100kJ/h ② 94510kJ/h
③ 129600kJ/h ④ 691200kJ/h

> 실내점은 ②이고 취출구점은 ⑤이므로 실내부하(전열)는
> $q = m\Delta h = 1.2 \times 600 \times 60(52-36) = 691200 \text{kJ/h}$

정답 01 ④ 02 ④ 03 ② 04 ② 05 ④

06 취급이 간단하고 각 층을 독립적으로 운전할 수 있어 에너지 절감효과가 크며 공사시간 및 공사비용이 적게 드는 방식은?

① 패키지 유닛 방식 ② 복사 냉난방 방식
③ 인덕션 유닛 방식 ④ 2중 덕트 방식

> 취급이 간단하고 각 층을 독립적으로 운전할 수 있는 방식은 개별식으로 냉매방식인 패키지 유닛 방식(P/A)이다.

07 다음의 송풍기에 관한 설명 중 ( ) 안에 알맞은 내용은?

> 동일 송풍기에서 정압은 회전수 비의 (㉠)하고, 소요동력은 회전수 비의 (㉡) 한다.

① ㉠ 2승에 비례   ㉡ 3승에 비례
② ㉠ 2승에 반비례 ㉡ 3승에 반비례
③ ㉠ 3승에 비례   ㉡ 2승에 비례
④ ㉠ 3승에 반비례 ㉡ 2승에 반비례

> 송풍기에서 상사법칙에 따라 정압(전압)은 회전수 비의 2승에 비례하고, 소요동력은 회전수 비의 3승에 비례한다.

08 송풍기에 관한 설명 중 틀린 것은?

① 송풍기 특성곡선에서 팬 전압은 토출구와 흡입구에서의 전압 차를 말한다.
② 송풍기 특성곡선에서 송풍량을 증가시키면 전압과 정압은 산형(山形)을 이루면서 강하한다.
③ 다익형 송풍기는 풍량을 증가시키면 축 동력은 감소한다.
④ 팬 동압은 팬 출구를 통하여 나가는 평균속도에 해당되는 속도압이다.

> 다익형 송풍기는 풍량을 증가시키면 축 동력은 증가한다.

09 난방설비에 관한 설명으로 옳은 것은?

① 온수난방은 증기난방에 비해 예열시간이 길어서 충분한 난방감을 느끼는데 시간이 걸린다.
② 증기난방은 실내 상하 온도차가 적어 유리하다.
③ 복사난방은 급격한 외기 온도의 변화에 대해 방열량 조절이 우수하다.
④ 온수난방의 주 이용열은 온수의 증발잠열이다.

> 증기난방은 온도가 높아서 실내 상하 온도차가 크며, 복사난방은 구조체를 가열하므로 급격한 외기 온도의 변화에 대해 방열량 조절이 곤란하다. 온수난방은 온수의 현열을 이용하고 증기난방은 증기의 잠열을 이용한다.

10 난방기기에서 사용되는 방열기 중 강제대류형 방열기에 해당하는 것은?

① 유닛히터   ② 길드 방열기
③ 주철제 방열기 ④ 베이스보드 방열기

> 유닛히터는 가열코일과 팬을 조합한 것으로 강제 대류형 가열 장치로 넓은 공간의 난방에 이용된다.

11 31℃의 외기와 25℃의 환기를 1 : 2의 비율로 혼합하고 바이패스 팩터가 0.16인 코일로 냉각 제습할 때의 코일 출구온도는? (단, 코일의 표면온도는 14℃이다.)

① 약 14℃   ② 약 16℃
③ 약 27℃   ④ 약 29℃

> 1 : 2로 혼합한 공기 온도 $t = \dfrac{31 \times 1 + 25 \times 2}{1+2} = 27$
> 코일 출구 온도 $= t_c + BF(t - t_c) = 14 + 0.16(27-14)$
> $\qquad\qquad\quad = 16.08℃$

정답 06 ① 07 ① 08 ③ 09 ① 10 ① 11 ②

12 전열량에 대한 현열량의 변화의 비율로 나타내는 것은?

① 현열비   ② 열수분비
③ 상대습도   ④ 비교습도

현열비 = $\dfrac{현열}{전열}$ = $\dfrac{현열}{현열+잠열}$

13 증기난방 설비에서 일반적으로 사용 증기압이 어느 정도부터 고압식이라고 하는가?

① 0.1 kPa 이상   ② 35 kPa 이상
③ 0.1 MPa 이상   ④ 1 MPa 이상

증기난방 설비 고압 : 0.1MPa 이상,
　　　　　　저압 : 0.1MPa 이하

14 다음 그림과 같은 덕트에서 점 ①의 정압 P_1= 15mmAq, 속도 V_1=10m/s일 때, 점 ②에서의 전압은? (단, ①-② 구간의 전압손실은 2mmAq, 공기의 밀도는 1kg/m³로 한다.)

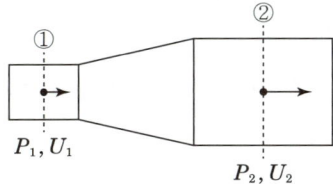

① 15.1mmAq   ② 17.1mmAq
③ 18.1mmAq   ④ 19.1mmAq

①점의 동압은 $p_v = \dfrac{v^2}{2g}\gamma = \dfrac{10^2 \times 1}{2 \times 9.8} = 5.1$mmAq

①점의 전압 = 정압+동압 = 15+5.1 = 20.1mmAq

② 전압 = ①전압-①-② 구간의 전압손실
　　　= 20.1-2 = 18.1mmAq

15 바이패스 팩터에 관한 설명으로 옳은 것은?

① 흡입공기 중 온난 공기의 비율이다.
② 송풍공기 중 습공기의 비율이다.
③ 신선한 공기와 순환공기의 밀도 비율이다.
④ 전 공기에 대해 냉·온수코일을 그대로 통과하는 공기의 비율이다.

바이패스 팩터(BF)란 코일을 통과하는 전 공기에 대해 코일을 접촉하지 않고 그대로 통과하는 공기의 비율이다.

16 건구온도 32℃, 습구온도 26℃의 신선외기 1800m³/h를 실내로 도입하여 실내공기를 27℃(DB), 50%(RH)의 상태로 유지하기 위해 외기에서 제거해야 할 전열량은? (단, 32℃, 27℃에서의 절대습도는 각각 0.0189kg/kg, 0.0112kg/kg이며, 공기의 비중량은 1.2kg/m³, 비열은 1.01kJ/kgK이다.)

① 약 43724kJ/h   ② 약 52488kJ/h
③ 약 56266kJ/h   ④ 약 72488kJ/h

외기 엔탈피
$h = C_{pa}t + x(2501 + C_{pv}t)$ 에서 $C_{pv}t$ 를 무시하면
$h = 1.01 \times 32 + 0.0189(2501) = 79.6$kJ/kg
실내공기 엔탈피 $h = C_{pa}t + x(2501)$
　　　　　　　　　$= 1.01 \times 27 + 0.0112(2501) = 55.3$kJ/kg
외기제거열량 = $m\triangle h = 1800 \times 1.2(79.6-55.3)$
　　　　　　　= 52488kJ/h

17 현열 및 잠열에 관한 설명으로 옳은 것은?

① 여름철 인체로부터 발생하는 열은 현열뿐이다.
② 공기조화 덕트의 열손실은 현열과 잠열로 구성되어 있다.
③ 여름철 유리창을 통해 실내로 들어오는 열은 현열뿐이다.
④ 조명이나 실내기구에서 발생하는 열은 현열뿐이다.

> 여름철 인체로부터 발생하는 열은 현열과 잠열이 있으며, 덕트의 열손실은 현열만 고려한다. 여름철 유리창을 통해 실내로 들어오는 열은 현열(관류+일사)뿐이며, 조명에서 발생하는 열은 현열뿐이 실내기구(전열기구)에서 발생하는 열은 현열과 잠열이 있다.

18 건물의 11층에 위치한 북측 외벽을 통한 손실열량은? (단, 벽체면적 $40m^2$, 열관류율 $0.43W/m^2 \cdot ℃$, 실내온도 26℃, 외기온도 -5℃, 북측 방위계수 1.2 복사에 의한 외기온도 보정 3℃이다.)

① 약 495.36W ② 약 525.38W
③ 약 577.92W ④ 약 639.84W

> 겨울철 손실열량 계산에서 복사에 의한 외기온도 보정은 3℃를 감한다.
> $q = KA\Delta tk = 0.43 \times 40(26-(-5)-3) \times 1.2 = 577.92W$

19 다음 가습방법 중 가습효율이 가장 높은 것은?

① 증발 가습
② 온수 분무 가습
③ 증기 분무 가습
④ 고압수 분무 가습

> 가습방법 중 증기 분무 가습이 효율이 가장 좋다.

20 다음 중 수관식 보일러 특성과 가장 가까운 것은?

① 지름이 큰 동체를 몸체로하여 그 내부에 노통과 연관을 동체 축에 평행하게 설치하고, 노통을 지나온 연소가스가 연관을 통해 연도로 빠져나가도록 되어있는 보일러이다.
② 상부 드럼과 하부 드럼 사이에 작은 구경의 많은 수관을 설치한 구조로 고온 및 고압에 적당하고 발생열량이 크며, 용량에 비하여 크기가 작아 설치면적이 적고 전열면적은 넓어서 효율이 매우 높다
③ 드럼없이 수관만으로 설계한 강제순환식 보일러로 급수가 공급될 때 수관의 예열부→증발부→과열부를 순차적으로 통과하면서 증기가 발생하게 된다.
④ 보일러 내부가 진공상태로 유지되면서 화염으로부터 열을 받아 온수를 가열해 주는 열매체로 물을 사용하며 정상적인 상태에서는 열매의 손실은 없다.

> ① - 노통연관 보일러 ③ - 관류보일러
> ④ - 진공식 온수 보일러

2 냉동냉장 설비

21 흡수식 냉동기에 사용되는 냉매와 흡수제의 연결이 잘못된 것은?

① 물(냉매) - 황산(흡수제)
② 암모니아(냉매) - 물(흡수제)
③ 물(냉매) - 가성소다(흡수제)
④ 염화에틸(냉매) - 취화리튬(흡수제)

흡수식 냉동기의 냉매와 흡수제의 조합	
냉매	흡수제
암모니아(NH_3)	물
물	취화리튬(LiBr) 염화리튬(LiCl) 가성소다(NaOH) 황산(H_2SO_4)

정답 17 ③ 18 ③ 19 ③ 20 ② 21 ④

22 표준냉동사이클에 대한 설명으로 옳은 것은?

① 응축기에서 버리는 열량은 증발기에서 취하는 열량과 같다.
② 증기를 압축기에서 단열압축하면 압력과 온도가 높아진다.
③ 팽창밸브에서 팽창하는 냉매는 압력이 감소함과 동시에 열을 방출한다.
④ 증발기내에서의 냉매증발온도는 그 압력에 대한 포화온도보다 낮다.

> ① 응축기에서 버리는 열량은 증발기에서 취한 열량에 압축일을 더한 것과 같다.
> ③ 팽창밸브에서 냉매의 과정은 단열팽창으로 외부로의 열의 출입은 없다.
> ④ 표준냉동사이클에서 증발기내에서의 증발과정은 등압, 등온과정으로 냉매증발온도는 그 압력에 대한 포화온도와 같다.

23 내압시험에 대한 다음 설명 중 옳지 않은 것을 고르시오.

① 내압시험은 압축기와 압력용기 등에 대하여 행하는 액압시험을 원칙으로 한다.
② 내압시험은 기밀시험전에 행하는 시험으로 액의 압력으로 내압강도를 조사한다.
③ 내압시험시 내부의 공기는 완전히 배출하여야 하며 이 작업이 불충분하면 큰 사고를 일으킬 우려가 있다.
④ 내압시험은 냉매의 종류에 따라 정해지고 최소기밀시험압력의 15/8배의 압력으로 한다.

> ④ 내압시험은 냉매의 종류에 따라 정해지지 않는다. 또한 내압시험은 원칙적으로 설계압력의 1.5배 이상의 액압으로 한다. 액체를 사용하기 어려울 경우에는 설계압력의 1.25배 이상 압력의 기체로 할 수도 있다.

24 쇠고기(지방이 없는 부분) 10ton을 10시간 동안 35℃에서 2℃까지 냉각할 때의 냉동능력으로 옳은 것은? (단, 쇠고기의 동결점은 −2℃로, 쇠고기의 동결전 비열(지방이 없는 부분)은 3.25kJ/(kg·K)로, 동결후 비열은 1.76kJ/(kg·K), 동결잠열은 234.5kJ/kg으로 한다.)

① 약 30kW ② 약 35kW
③ 약 37kW ④ 약 42kW

> 이문제는 동결전까지 냉각하므로 동결전 비열로 냉각 현열만 계산한다.
> $Q_2 = m \cdot C \cdot \triangle t = \dfrac{10\,000 \times 3.25 \times (35-2)}{10h \times 3600} = 29.79\,kJ/s = 30\,kW$

25 아래의 설명 중 냉동장치에서 정상운전에 대하여 가장 옳지 않은 것을 고르시오.

① 흡입압력은 증발압력보다 약간 낮다.
② 토출가스는 과열증기이다.
③ 액관 중의 액체의 온도는 응축온도보다 약간 높다.
④ 흡입가스는 일반적으로 과열증기이다.

> ③ 액관 중의 액체의 온도는 응축온도보다 약간 낮다.

26 증기압축식 냉동기에서 일반적으로 냉매 흐름방향에 대하여 냉매 배관이 가장 굵어야하는 부분은 어디인가?

① 압축기 출구 ② 응축기 출구
③ 팽창밸브 출구 ④ 증발기 출구

> 냉매가 증발기에서 증발하여 증발기 출구에서 기체상태일 때 부피가 가장 크며 배관도 가장 굵다. 응축기에서 응축된 상태에서 배관이 가늘다.

27 10냉동톤의 능력을 갖는 역카르노 사이클이 적용된 냉동기관의 고온부 온도가 25℃, 저온부 온도가 −20℃ 일 때, 이 냉동기를 운전하는데 필요한 동력은? (단, 1RT ＝3.86kW이다)

① 1.8kW ② 3.1kW
③ 6.9kW ④ 9.4kW

$$COP = \frac{Q_2}{W} = \frac{T_2}{T_1 - T_2} \text{에서}$$

$$W = Q_2 \frac{T_1 - T_2}{T_2} = 10 \times 3.86 \times \frac{(273+25)-(273-20)}{273-20}$$

$$\fallingdotseq 6.9[kW]$$

28 다음 중 증발식 응축기의 구성요소로서 가장 거리가 먼 것은?

① 송풍기
② 응축용 핀-코일
③ 물분무 펌프 및 분배장치
④ 일리미네이터, 수공급장치

증발식 응축기(Evaporative Condenser)
냉매가스가 흐르는 냉각관 코일의 외면에 냉각수를 노즐(Nozzle)에 의해 분사시킨다. 여기에 송풍기를 이용하여 건조한 공기를 3m/sec의 속도로 보내 공기의 대류작용 및 물의 증발 잠열로 냉각하는 형식이다. 즉, 수냉식 응축기와 공랭식응축의 작용을 혼합한 형으로 볼 수 있다.
[특징]
㉠ 물의 증발잠열 및 공기, 물의 현열에 의한 냉각방식으로 냉각소비량이 작다.
㉡ 상부에 일리미네이터(Eliminator)를 설치한다.
㉢ 겨울에는 공랭식으로 사용된다.
㉣ 대기 습구온도 및 풍속에 의하여 능력이 좌우된다.
㉤ 냉각관 내에서 냉매의 압력강하가 크다.
㉥ 냉각탑을 별도로 설치할 필요가 없다.
㉦ 팬(Fan), 노즐(Nozzle), 냉각수 펌프 등 부속설비가 많이 든다.

29 냉동장치의 증발압력이 너무 낮은 원인으로 가장 거리가 먼 것은?

① 수액기 및 응축기내에 냉매가 충만해 있다.
② 팽창밸브가 너무 조여 있다.
③ 증발기의 풍량이 부족하다.
④ 여과기가 막혀 있다.

증발압력(온도)의 저하 원인
㉠ 냉매 충전량이 부족할 때
㉡ 팽창밸브가 너무 조여 있을 때
㉢ 여과기가 막혔을 때
㉣ 증발기의 풍량이 부족할 때
㉤ 증발기 냉각관에 유막이나 적상(積霜 : 서리)이 형성되어 있을 때
㉥ 액관에서 플래시 가스가 발생하였을 때

30 왕복동 압축기의 유압이 운전 중 저하되었을 경우에 대한 원인을 분류한 것으로 옳은 것을 모두 고른 것은?

㉠ 오일 스트레이너가 막혀 있다.
㉡ 유온이 너무 낮다.
㉢ 냉동유가 과충전 되었다.
㉣ 크랭크실 내의 냉동유에 냉매가 너무 많이 섞여 있다.

① ㉠, ㉡ ② ㉢, ㉣
③ ㉠, ㉣ ④ ㉡, ㉢

유압저하의 원인
㉠ 유온이 높을 경우
㉡ 흡입압력이 극도로 저하하여 크랭크실내가 고진공상태인 경우
㉢ liquid back을 일으켜 oil foaming 현상이 발생한 경우 (크랭크실내의 냉동유에 냉매가 너무 많이 섞여 있다)
㉣ 오일여과기가 막혔을 경우

정답 27 ③ 28 ② 29 ① 30 ③

31 냉동사이클이 다음과 같은 T-S 선도로 표시되었다. T-S 선도 4-5-1의 선에 관한 설명으로 옳은 것은?

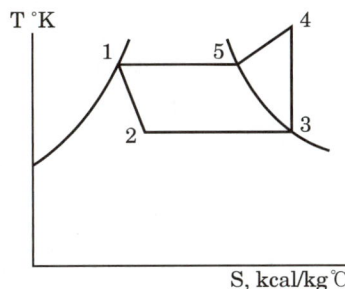

① 4-5-1은 등압선이고 응축과정이다.
② 4-5는 압축기 토출구에서 압력이 떨어지고 5-1은 교축과정이다.
③ 4-5는 불응축 가스가 존재할 때 나타나며, 5-1만이 응축과정이다.
④ 4에서 5로 온도가 떨어진 것은 압축기에서 흡입가스의 영향을 받아서 열을 방출했기 때문이다.

- ㉠ 1-2과정 : 팽창과정(등엔탈피 변화)
- ㉡ 2-3과정 : 증발과정(등압, 등온 변화)
- ㉢ 3-4과정 : 압축과정(등엔트로피 변화)
- ㉣ 4-5-1과정 : 응축과정(등압변화)

32 증발온도(압력)하강의 경우 장치에 발생되는 현상으로 가장 거리가 먼 것은?

① 성적계수(COP) 감소
② 토출가스 온도상승
③ 냉매 순환량 증가
④ 냉동 효과 감소

- 증발압력(온도)강하 시 발생되는 현상
  - ㉠ 압축비의 증대
  - ㉡ 토출가스 온도 상승
  - ㉢ 체적 효율 감소
  - ㉣ 냉매 순환량 감소
  - ㉤ 냉동효과 감소
  - ㉥ 성적계수 감소
  - ㉦ 흡입가스 비체적 증가
  - ㉧ 실린더 과열
  - ㉨ 윤활유 열화 및 탄화
  - ㉩ 소요 동력 증대

33 냉동사이클 중 P-h 선도(압력-엔탈피 선도)로 계산할 수 없는 것은?

① 냉동능력
② 성적계수
③ 냉매순환량
④ 마찰계수

- 냉동사이클 중 P-h 선도(압력-엔탈피 선도)로 계산할 수 있는 것
  - ㉠ 냉동효과
  - ㉡ 압축일량(소요동력)
  - ㉢ 응축기 방열량
  - ㉣ 성적계수
  - ㉤ 냉동능력
  - ㉥ 냉매순환량
  - ㉦ 압축비

34 터보 압축기의 특징으로 틀린 것은?

① 부하가 감소하면 서징 현상이 일어난다.
② 압축되는 냉매증기 속에 기름방울이 함유되지 않는다.
③ 회전운동을 하므로 동적균형을 잡기 좋다.
④ 모든 냉매에서 냉매회수장치가 필요 없다.

④ 냉매회수장치가 필요하다.

터보압축기의 특징
- ㉠ 왕복동 및 회전식은 용적압축 방식이나 터보 압축기는 임펠러(impeller)에 하여 냉매가스에 속도에너지를 주고 임펠러 주위에 고정된 디퓨저(Diffuser)에 의해 속도에너지를 압력에너지로 변환시켜 압축하는 방식을 취하고 있다.
- ㉡ 왕복운동이 아닌 회전운동이므로 동적인 밸런스를 잡기 쉽고 진동이 적다.
- ㉢ 마찰부분이 적어 고장이 적고 수명이 길다.
- ㉣ 단위 냉동능력당 중량 및 설치면적이 적어 모든 설비비가 적다.
- ㉤ 저압의 냉매를 사용하므로 위험이 적고 취급이 쉽다.
- ㉥ 용량제어가 쉽고 정밀한 제어를 하기 쉽다.
- ㉦ 소용량의 것은 제작이 곤란하고 제작비가 많이 든다.
- ㉧ 소음이 크다.
- ㉨ 대용량의 공기조화용으로 많이 사용한다. (회전수는 10,000~12,000rpm)
- ㉩ 부하가 감소하면 서징(surging)현상이 발생할 수 있다.

정답 31 ① 32 ③ 33 ④ 34 ④

35 2단압축 냉동장치에서 게이지 압력계의 지시계가 고압 1.47MPa, 저압 100mmHg(vac)을 가리킬 때, 저단압축기와 고단압축기의 압축비는? (단, 저·고단의 압축비는 동일하다.)

① 3.6
② 3.8
③ 4.0
④ 4.2

> 압축비 $m = \dfrac{P_m}{P_2} = \dfrac{P_1}{P_m}$ 에서 중간압 P_m은
> $P_m^2 = P_2 \times P_1$
> ∴ $P_m = \sqrt{P_1 \cdot P_2} = \sqrt{1.57 \times 0.087} ≒ 0.370$
> 여기서, P_1 : 고압측(응축) 절대압력[MPa]
> $= 0.1 + 1.47 = 1.57$ (대기압=0.1MPa)
> P_2 : 저압측 절대압력[MPa]
> $= 0.1 \times \dfrac{760 - 100}{760} = 0.087$
> ∴ 저단 압축비 $m = \dfrac{0.370}{0.087} = 4.25$
>   고단 압축비 $m = \dfrac{1.57}{0.370} = 4.24$

36 냉매에 대한 설명으로 틀린 것은?

① 응고점이 낮을 것
② 증발열과 열전도율이 클 것
③ R-500은 R-12와 R-152를 합한 공비 혼합냉매라 한다.
④ R-21은 화학식으로 $CHCl_2F$이고, $CClF_2-CClF_2$는 R-113이다.

> R-113 : $CClF-CClF_2$
> R-114 : $CClF_2-CClF_2$

37 압축기의 체적효율에 대한 설명으로 옳은 것은?

① 이론적 피스톤 압출량을 압축기 흡입직전의 상태로 환산한 흡입가스량으로 나눈 값이다.
② 체적 효율은 압축비가 증가하면 감소한다.
③ 동일 냉매 이용 시 체적효율은 항상 동일하다.
④ 피스톤 격간이 클수록 체적효율은 증가한다.

> ① 체적효율 $\eta_v = \dfrac{\text{실제적 피스톤 압출량 } V[m^3/h]}{\text{이론적 피스톤 압출량 } V_a[m^3/h]}$
> ② 압축비가 클수록 체적효율이 감소한다.
> ③ 같은 냉매를 사용하여도 운전조건에 따라서 체적효율은 변동한다.
> ④ 피스톤 격간(clearance)이 클수록 체적효율은 감소한다.

38 1단 압축 1단 팽창 냉동장치에서 흡입증기가 어느 상태일 때 성적계수가 제일 큰가?

① 습증기
② 과열증기
③ 과냉각액
④ 건포화증기

> 응축압력과 증발압력이 동일한 조건에서는 과열증기의 경우가 성적계수가 제일 크다.

39 냉동장치의 압축기 피스톤 압출량이 $120m^3/h$, 압축기 소요동력이 1.1kW, 압축기 흡입가스의 비체적이 $0.65m^3/kg$, 체적효율이 0.81일 때, 냉매 순환량은?

① 100kg/h
② 150kg/h
③ 200kg/h
④ 250kg/h

> 냉매순환량 $G[kg/h]$
> $G = \dfrac{V_a \cdot \eta_v}{v} = \dfrac{120 \times 0.81}{0.65} ≒ 150$
> 여기서, V_a : 압축기 피스톤 압출량이 $[m^3/h]$
> η_v : 체적효율
> v : 흡입가스 비체적$[m^3/kg]$

정답 35 ④ 36 ④ 37 ② 38 ② 39 ②

40 물 10kg을 0℃에서 70℃까지 가열하면 물의 엔트로피 증가는? (단, 물의 비열은 4.18kJ이다.)

① 4.14kJ/K   ② 9.54kJ/K
③ 12.74kJ/K ④ 52.52kJ/K

엔트로피 변화
$\Delta s_{12} = mC_p \ln \frac{T_2}{T_1} = 10 \times 4.18 \times \ln \frac{273+70}{273+0} ≒ 9.54$

3 공조냉동 설치·운영

41 증기보일러에서 환수방법을 진공환수 방법으로 할 때 설명이 옳은 것은?

① 증기주관은 선하향 구배로 설치한다.
② 환수관은 습식 환수관을 사용한다.
③ 리프트 피팅의 1단 흡상고는 3m로 설치한다.
④ 리프트 피팅은 펌프부근에 2개 이상 설치한다.

진공환수식에서 환수관은 건식 환수관을 사용하고 리프트 피팅의 1단 흡상고는 1.5m 이내로 설치한다.

42 증기 난방 배관에서 고정 지지물의 고정방법에 관한 설명으로 틀린 것은?

① 신축 이음이 있을 때에는 배관의 양끝을 고정한다.
② 신축 이음이 없을 때에는 배관의 중앙부를 고정한다.
③ 주관의 분기관이 접속되었을 때에는 그 분기점을 고정 한다.
④ 고정 지지물의 설치 위치는 시공 상 큰 문제가 되지 않는다.

고정 지지물의 설치 위치는 하중이나 응력 등 구조상 문제가 없는 곳으로 한다.

43 펌프의 흡입 배관 설치에 관한 설명으로 틀린 것은?

① 흡입관은 가급적 길이를 짧게 한다.
② 흡입관의 하중이 펌프에 직접 걸리지 않도록 한다.
③ 흡입관에는 펌프의 진동이나 관의 열팽창이 전달되지 않도록 신축이음을 한다.
④ 흡입 수평관의 관경을 확대시키는 경우 동심 리듀서를 사용한다.

흡입 수평관의 관경을 확대시키는 경우 편심 리듀서를 사용하여 배관 윗면을 일치시켜서 공기가 고이지 않게 한다.

44 아래 암모니아 냉동 배관 평면도를 보고 부속 수량을 구하시오.

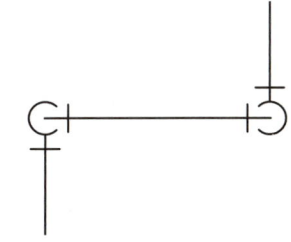

① 엘보 2개, 티이 1개
② 엘보 3개, 티이 2개
③ 엘보 4개
④ 엘보 5개

위 평면도를 겨냥도(입체도)로 그려보면 아래와 같고 부속류는 엘보이고 수량은 4개이다.

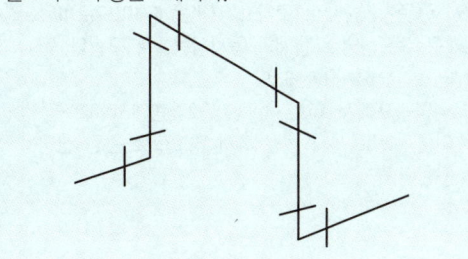

45 다음과 같은 급수 계통과 조건(상당관표, 동시사용률)을 참조하여 균등관법으로 (c)구간의 급수 관경을 구하시오.

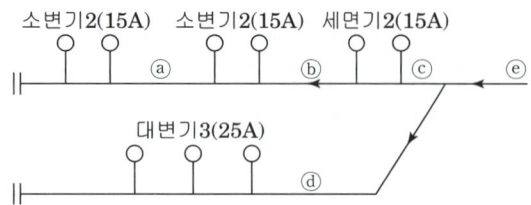

표. 상당관표

관경	15A	20A	25A	32A	40A
15A	1				
20A	2	1			
25A	3.7	1.8	1		
32A	7.2	3.6	2	1	
40A	11	5.3	2.9	1.5	1
50A	20	10	5.5	2.8	1.9
65A	31	15	8.5	4.3	2.9

표. 동시사용률

기구수	2	3	4	5	6	7	8	9	10	17
%	100	80	75	70	65	60	58	55	53	46

① 20A ② 25A
③ 32A ④ 40A

> 균등관(상당관)법은 모든 급수관경을 15A로 환산한다.
> 모두 15A이므로 (c)구간 상당수(15A) 합계는 2+2+2=6
> 동시사용률은 기구수로 구하고 기구는 6개이므로 65% 일때
> 동시개구수는 상당수 합계와 동시사용률로 구한다.
> 동시개구수 = 6×0.65=3.9
> 다시 상당관표에서 15A, 3.9는 7.2개항에서 32A를 선정(설계는 이론적으로 작게 선정 하지 않으므로 관경 산정은 직상으로 구한다.)

46 냉동기가 기동하지 않는 경우 원인으로 가장 거리가 먼 것은?

① 단로기(Disconnect SW)의 열림
② 냉동기 스타터의 결함
③ 제어회로의 열림(고압, 과냉, 고유온, 모터과열)
④ 안전장치나 인터록장치가 닫혀있다.

> 안전장치나 인터록장치가 열려있을 때 기동되지 않으며 닫혀 있을 때는 정상이다.

47 보일러의 장기보전법에 대한 설명으로 가장 부적합한 것은?

① 정지기간이 2~3개월 이상일 때 사용하는 방법으로, 만수보존은 만수 후 소오다를 넣어 보존하는 방법이다.
② 석회밀폐 보존법은 보일러 내외부를 깨끗이 정비한 후 외부에서 습기가 스며들지 않게 조치한 후, 노내에 장작불등을 피워 충분히 건조시킨 후 생석회나 실리카켈등을 보일러내에 집어넣는다.
③ 질소가스봉입법 : 질소가스를 보일러내에 주입하여 압력을 60kPa 정도 유지하는 것으로서 효과가 좋고 간단하여 일반적으로 이용한다.
④ 만수보존법은 동절기에는 동파가 될 수가 있으므로 겨울철에는 이 방법을 해서는 안된다.

> 질소가스봉입법은 질소가스를 보일러내에 주입하여 압력을 60kPa 정도 유지하는 것으로서 효과는 좋으나 작업기법이나 압력유지등 전문적인 기술이 필요하여 일반적으로 이용하지는 않는편이다.

정답 45 ③ 46 ④ 47 ③

48 가스식 순간 탕비기의 자동연소장치 원리에 관한 설명으로 옳은 것은?

① 온도차에 의해서 타이머가 작동하여 가스를 내보낸다.
② 온도차에 의해서 다이어프램이 작동하여 가스를 내보낸다.
③ 수압차에 의해서 다이어프램이 작동하여 가스를 내보낸다.
④ 수압차에 의해서 타이머가 작동하여 가스를 내보낸다.

> 순간 탕비기는 수압차를 이용하여 베르누이 정리로 다이어프램이 작동하여 가스를 공급한다.

49 관 이음 중 고체나 유체를 수송하는 배관, 밸브류, 펌프, 열교환기 등 각종 기기의 접속 및 관을 자주 해체 또는 교환할 필요가 있는 곳에 사용되는 것은?

① 용접접합　　② 플랜지접합
③ 나사접합　　④ 플레어접합

> 플랜지 접합은 관의 최종 접합, 분해가 자유로워서 수리를 위해서 해체할 필요가 있는 위치에 설치한다.

50 동일 송풍기에서 임펠러의 지름을 2배로 했을 경우 특성 변화에 법칙에 대해 옳은 것은?

① 풍량은 송풍기 크기비의 2제곱에 비례한다.
② 압력은 송풍기 크기비의 3제곱에 비례한다.
③ 동력은 송풍기 크기비의 5제곱에 비례한다.
④ 회전수 변화에만 특성변화가 있다.

> 상사법칙에 따라 송풍기 임펠러 직경을 변화 시키면 풍량은 크기비의 3제곱에, 압력은 크기비의 2제곱에, 동력은 크기비의 5제곱에 비례한다.

51 대칭 3상 Y부하에서 각 상의 임피던스 $Z=3+j4$ [Ω]이고, 부하전류가 20[A]일 때, 부하의 선간 전압은 약 몇 [V]인가?

① 141　　② 173
③ 220　　④ 282

> $I_L = \dfrac{V_L}{\sqrt{3}\,Z}$[A] 식에서
> $Z=3+j4$[Ω], $I_L=20$[A]일 때
> ∴ $V_L = \sqrt{3}\,ZI = \sqrt{3} \times \sqrt{3^2+4^2} \times 20 = 173$[V]

52 단상 변압기 3대를 사용하는 것과 3상 변압기 1대를 사용하는 것을 비교할 때 단상 변압기를 사용할 때의 장점에 해당되는 것은?

① 철심재료 및 부싱, 유량 등이 적게 들어 경제적이다.
② 단위방식이 늘어 결선이 용이하다.
③ 부하시 탭 변환장치를 채용하는 데 유리하다.
④ 부하의 증가에 대처하기가 용이하다.

> 단상 변압기의 채용
> 3상 부하에 3상 변압기를 결선하여 채용하면 경제적으로 유리한 면이 있지만 변압기 결선과 용량을 바꾸기 어려워 부하 증설에 대한 대처가 불가능하다. 따라서 단상 변압기를 채용하게 되면 자유로운 결선 및 부하 증설에 따른 대처가 용이해진다.

53 변위를 전압으로 변환시키는 장치가 아닌 것은?

① 퍼텐쇼미터　　② 차동변압기
③ 전위차계　　　④ 측온저항

> 변환요소의 종류
>
> | 변환량 | 변환요소 |
> | --- | --- |
> | 변위 → 전압 | 퍼텐쇼미터, 차동변압기, 전위차계 |
>
> ∴ 측온저항은 온도를 임피던스로 변환하는 요소이다.

정답 48 ③　49 ②　50 ③　51 ②　52 ④　53 ④

54 전기력선의 성질로 틀린 것은?

① 양전하에서 나와 음전하로 끝나는 연속곡선이다.
② 전기력선 상의 접선은 그 점에 있어서의 전계의 방향이다.
③ 전기력선은 서로 교차한다.
④ 단위 전계강도 1[V/m]인 점에 있어서 전기력선 밀도를 1[개/m²]라 한다.

전기력선의 특성
(1) 전기력선은 정(+)전하에서 시작하여 부(-)전하에서 끝난다.
(2) 전기력선은 전위가 높은 곳에서 낮은 곳으로 향한다.
(3) 전기력선은 도체 표면(또는 등전위면)에서 수직으로 나온다.
(4) 전기력선은 서로 반발하여 교차하지 않는다.
(5) 전기력선의 방향은 그 점의 전계의 방향과 같고 또한 전기력선의 밀도는 그 점의 전계의 세기와 같다.

55 목표치가 미리 정해진 시간적 변화를 하는 경우 제어량을 변화시키는 제어를 무엇이라고 하는가?

① 정치제어   ② 프로그래밍제어
③ 추종제어   ④ 비율제어

프로그램제어는 목표값이 미리 정해진 시간적 변화를 하는 경우 제어량을 변화시키는 제어로서 무인 운전 시스템이 이에 해당된다.(예 무인 엘리베이터, 무인 자판기, 무인 열차)

56 다음 중 온도 보상용으로 사용되는 것은?

① 다이오드   ② 다이악
③ 서미스터   ④ SCR

바리스터와 서미스터
(1) 바리스터 : 비직선적인 전압-전류 특성을 갖는 2단자 반도체 소자로서 불꽃 아크(서지) 소거용으로 이용된다.
(2) 서미스터 : 열을 감지하는 감열 저항체 소자로서 온도보상용으로 이용된다.

57 15 [C]의 전기가 3초간 흐르면 전류[A]값은?

① 2   ② 3
③ 4   ④ 5

$I = \dfrac{Q}{t}$ [A] 식에서

$Q = 15[C]$, $t = 3[sec]$일 때

$\therefore I = \dfrac{Q}{t} = \dfrac{15}{3} = 5[A]$

58 PLC제어의 특징이 아닌 것은?

① 제어시스템의 확장의 용이하다.
② 유지보수가 용이하다.
③ 소형화가 가능하다.
④ 부품간의 배선에 의해 로직이 결정된다.

PLC의 특징
무접점 제어 방식이므로 부품간의 배선작업이 필요 없다.

59 피드백 제어계의 구성요소 중 동작신호에 해당되는 것은?

① 기준입력과 궤환신호의 차
② 제어요소가 제어대상에 주는 신호
③ 제어량에 영향을 주는 외적 신호
④ 목표값과 제어량의 차

제어편차(동작신호)는 기준입력신호에서 궤환신호의 제어량을 뺀 값으로서 제어계의 동작결정의 기초가 되는 동작신호를 말한다. 또한 제어요소의 입력신호이기도 하다.

정답 54 ③ 55 ② 56 ③ 57 ④ 58 ④ 59 ①

60 다음 중 지시 계측기의 구성요소와 거리가 먼 것은?

① 구동장치 ② 제어장치
③ 제동장치 ④ 유도장치

> **계측기의 구성**
> 전기계측기는 전기적인 물리량으로서 전압, 전류, 저항, 전력, 주파수 등을 수치적으로 지시해 줄 수 있는 측정용 계기를 말한다. 이 지시계기의 3대 구성요소는 구동장치, 제어장치, 제동장치로 이루어져 있다.

정답 60 ④

기출문제 제2회 핵심 기출문제

1 공기조화 설비

01 건구온도 10℃, 습구온도 3℃의 공기를 덕트 중 재열기로 건구온도 25℃까지 가열하고자 한다. 재열기를 통하는 공기량이 1500 m³/min인 경우, 재열기에 필요한 열량은? (단, 공기의 비체적은 0.849 m³/kg이다.)

① 36,823 kJ/min
② 33,252 kJ/min
③ 30,186 kJ/min
④ 26,767 kJ/min

> 재열기 가열량 계산에서 건구온도로 구하며 습구온도는 관계가 없다.
> $q = m \cdot C \cdot \triangle t = \dfrac{1500}{0.849} \times 1.01(25-10) = 26,767$ kJ/min

02 공기조화설비에 사용되는 냉각탑에 관한 설명으로 옳은 것은?

① 냉각탑의 어프로치는 냉각탑의 입구 수온과 그때의 외기 건구온도와의 차이다.
② 강제통풍식 냉각탑의 어프로치는 일반적으로 약 5℃이다.
③ 냉각탑을 통과하는 공기량(kg/h)을 냉각탑의 냉각수량(kg/h)으로 나눈 값을 수공기비라 한다.
④ 냉각탑의 레인지는 냉각탑의 출구 공기온도와 입구 공기온도의 차이다.

> 냉각탑의 어프로치는 냉각탑의 출구 수온과 그때의 외기 습구온도와의 차이며, 강제통풍식 냉각탑의 어프로치와 쿨링레인지는 일반적으로 약 5℃이다. 냉각탑의 냉각수량(kg/h)과 냉각탑을 통과하는 공기량(kg/h)의 비를 수공기비라 하며, 냉각탑의 쿨링레인지는 냉각탑의 입출구 냉각수 온도의 차이다.

03 아래 그림은 공기조화기 내부에서의 공기의 변화를 나타낸 것이다. 이 중에서 냉각코일에서 나타나는 상태변화는 공기선도상 어느 점을 나타내는가?

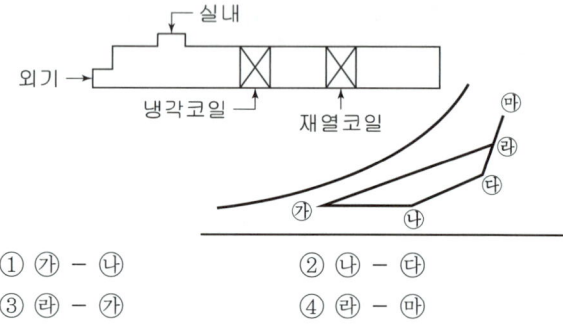

① ㉮ − ㉯
② ㉯ − ㉰
③ ㉱ − ㉮
④ ㉱ − ㉲

> 공기선도상 재열기가 있는 냉방시스템으로 외기(㉲)와 환기(㉰)를 혼합하여(㉱) 냉각한 후 ㉮ 재열하여 (㉯)취출하는 것이다. 냉각코일에서는 혼합공기(㉱) 가 (㉮)로 냉각된다.

04 외기온도 13℃(포화 수증기압 12.83mmHg)이며 절대습도 0.008kg/kg일 때의 상대습도 RH는? (단, 대기압은 760mmHg이다.)

① 약 37%
② 약 46%
③ 약 75%
④ 약 82%

> 절대습도 $x = 0.622(\dfrac{p_v}{p_a}) = 0.622(\dfrac{\phi p_s}{p_o - \phi p_s})$에서 대입하면
> $0.008 = 0.622(\dfrac{\phi \times 12.83}{760 - \phi \times 12.83})$
> $0.01286(760 - \phi \times 12.83) = \phi \times 12.83$
> $9.775 = \phi(12.83 + 0.01286)$
> $\phi = \dfrac{9.775}{12.83 + 0.01286} = 0.76 = 76\%$

정답 01 ④ 02 ② 03 ③ 04 ③

05 공기 세정기에 관한 설명으로 틀린 것은?

① 공기 세정기의 통과풍속은 일반적으로 약 2~3m/s이다.
② 공기 세정기의 가습기는 노즐에서 물을 분무하여 공기에 충분히 접촉시켜 세정과 가습을 하는 것이다.
③ 공기 세정기의 구조는 루버, 분무노즐, 플러딩노즐, 일리미네이터 등이 케이싱 속에 내장되어 있다.
④ 공기 세정기의 분무 수압은 노즐 성능상 약 20~50kPa 이다.

> 공기 세정기의 분무 수압은 노즐 성능상 약 150~200kPa이다.

06 다음 그림에 대한 설명으로 틀린 것은?

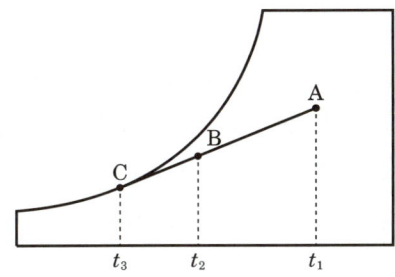

① A → B는 냉각감습 과정이다.
② 바이패스팩터(BF)는 $\dfrac{t_2 - t_3}{t_1 - t_3}$ 이다.
③ 코일의 열수가 증가하면 BF는 증가한다.
④ BF가 작으면 공기의 통과저항이 커져 송풍기 동력이 증대될 수 있다.

> 코일의 열수가 증가하면 BF는 감소한다. BF가 작으려면 열수를 증가시켜야하며 그때 공기의 통과저항이 커져 송풍기 동력이 증대될 수 있다.

07 상당외기온도차를 구하기 위한 요소로 가장 거리가 먼 것은?

① 흡수율
② 표면 열전달률(W/m²·K)
③ 직달 일사량(W/m²)
④ 외기온도(℃)

> 상당외기온도차란 여름철 외벽에 대한 부하계산 시 일사에 의한 열취득을 계산하기위해서 일사 취득량을 외기온도로 환산하는 것이다. 그러므로 표면 일사량과 흡수율, 표면 열전달률을 이용하여 아래와 같이 구한다.
> $t_e = t_o + \dfrac{Ia}{\alpha_o}$ t_e : 상당외기온도, t_o : 외기온도,
> I : 표면일사량, a : 일사흡수율

08 다음 중 중앙식 공조방식이 아닌 것은?

① 정풍량 단일 덕트방식
② 2관식 유인유닛방식
③ 각층 유닛방식
④ 패키지 유닛방식

> 패키지 유닛방식은 개별식으로 각 실마다 패키지 유닛(가정용 에어컨 등)을 설치하는 것이다.

09 냉방부하 계산 시 상당외기온도차를 이용하는 경우는?

① 유리창의 취득열량
② 내벽의 취득열량
③ 침입외기 취득열량
④ 외벽의 취득열량

> 외벽의 취득열량 계산 시 일사에 의한 취득열량을 구하기 위해 상당외기온도차를 이용한다.

10 600 rpm으로 운전되는 송풍기의 풍량이 400m³/min, 전압 40 mmAq, 소요동력 4 kW의 성능을 나타낸다. 이때 회전수를 700 rpm으로 변화시키면 몇 kW의 소요동력이 필요한가?

① 5.44kW
② 6.35kW
③ 7.27kW
④ 8.47kW

> 상사법칙에 따라 소요동력은 회전수의 3제곱에 비례하므로
> $kW = 4 \times (\frac{700}{600})^3 = 6.35 kW$

11 다음 중 건축물의 출입문으로부터 극간풍 영향을 방지하는 방법으로 가장 거리가 먼 것은?

① 회전문을 설치한다.
② 이중문을 충분한 간격으로 설치한다.
③ 출입문에 블라인드를 설치한다.
④ 에어커튼을 설치한다.

> 출입문에 블라인드를 설치하는 것은 일사를 차단하는 효과는 있지만 극간풍 제어효과는 거의 없다.

12 공기조화의 분류에서 산업용 공기조화의 적용범위에 해당하지 않는 것은?

① 실험실의 실험조건을 위한 공조
② 양조장에서 술의 숙성온도를 위한 공조
③ 반도체 공장에서 제품의 품질 향상을 위한 공조
④ 호텔에서 근무하는 근로자의 근무환경 개선을 위한 공조

> 근로자의 근무환경 개선을 위한 공조는 보건용 공조이다.

13 대사량을 나타내는 단위로 쾌적상태에서의 안정 시 대사량을 기준으로 하는 단위는?

① RMR
② clo
③ met
④ ET

> met는 대사량(활동성)을 나타내는 단위로 쾌적상태에서의 안정 시 대사량을 1met로 정한다.

14 난방부하를 줄일 수 있는 요인이 아닌 것은?

① 극간풍에 의한 잠열
② 태양열에 의한 복사열
③ 인체의 발생열
④ 기계의 발생열

> 극간풍에 의한 부하는 난방부하를 증대시킨다.

15 물 또는 온수를 직접 공기 중에 분사하는 방식의 수분무식 가습장치의 종류에 해당되지 않는 것은?

① 원심식
② 초음파식
③ 분무식
④ 가습팬식

> • 수분무 가습방식 : 노즐분무식, 원심식, 초음파식
> • 증기식 : 증기발생식(전열식, 전극식, 가습팬식) 증기공급식 (노즐분무식)
> • 기화식 : 회전식, 모세관식

16 어느 실의 냉방장치에서 실내취득 현열부하가 40000W, 잠열부하가 15000W인 경우 송풍공기량은? (단, 실내온도 26℃, 송풍 공기온도 12℃, 외기온도 35℃, 공기밀도 1.2kg/m³, 공기의 정압비열은 1.005kJ/kJ · K이다.

① 1.658m³/s
② 2.280m³/s
③ 2.369m³/s
④ 3.258m³/s

> 현열부하 40000W를 40kW로 환산하여 계산한다.
> $Q = \frac{q_s}{\rho C \Delta t} = \frac{40000 \div 1000}{1.2 \times 1.005(26-12)} = 2.369 m^3/s$

정답 10 ② 11 ③ 12 ④ 13 ③ 14 ① 15 ④ 16 ③

17 다음 공기조화 장치 중 실내로부터 환기의 일부를 외기와 혼합한 후 냉각코일을 통과시키고, 이 냉각코일 출구의 공기와 환기의 나머지를 혼합하여 송풍기로 실내에 재순환시키는 장치의 흐름도는?

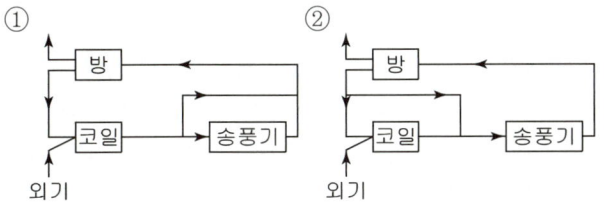

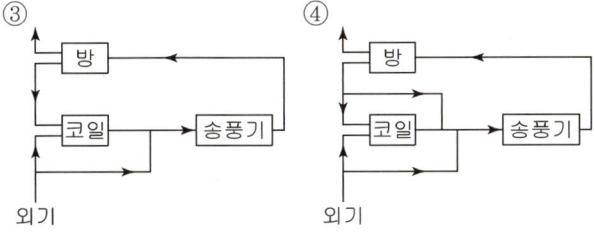

흐름도 ②는 환기의 일부와 외기를 혼합하여 코일을 통과 시킨 공기와 환기 중 일부를 바이패스 시켜 혼합한 후 송풍기로 실내에 급기하는 계통도이다.

18 아래의 그림은 공조기에 ① 상태의 외기와 ② 상태의 실내에서 되돌아온 공기가 공조기로 들어와 ⑥ 상태로 실내로 공급되는 과정을 습공기 선도에 표현한 것이다. 공조기 내 과정을 알맞게 나열한 것은?

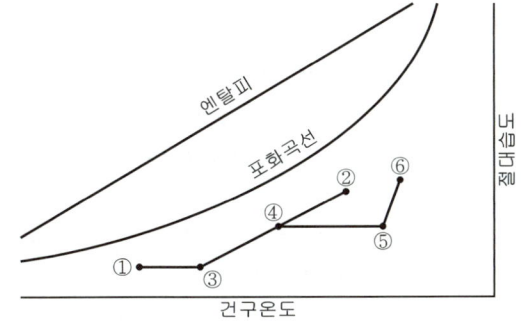

① 예열 – 혼합 – 증기가습 – 가열
② 예열 – 혼합 – 가열 – 증기가습
③ 예열 – 증기가습 – 가열 – 증기가습
④ 혼합 – 제습 – 증기가습 – 가열

선도는 외기 ①을 예열하여 ③으로 만든 후 실내공기 ②와 혼합하여 ④로 하고 가열하여 ⑤로 만든 후 증기가습하여 ⑥으로 만들어 실내에 급기한다.

19 다음중 보일러 부속품으로 가장 거리가 먼것은?

① 압력계
② 수면계
③ 고저수위경보장치
④ 차압계

차압계는 공조기에서 필터 오염에 따른 교체(세정) 시기를 알 수 있는 계기이다.

20 공기조화의 단일덕트 정풍량 방식의 특징에 관한 설명으로 틀린 것은?

① 각 실이나 존의 부하변동에 즉시 대응할 수 있다.
② 보수관리가 용이하다.
③ 외기냉방이 가능하고 전열교환기 설치도 가능하다.
④ 고성능 필터 사용이 가능하다.

단일덕트 정풍량 방식은 각 실이나 존의 부하변동에 대응하기에는 부적합하다.

정답 17 ② 18 ② 19 ④ 20 ①

2 냉동냉장 설비

21 냉동효과에 대한 설명으로 옳은 것은?

① 증발기에서 단위 중량의 냉매가 흡수하는 열량
② 응축기에서 단위 중량의 냉매가 방출하는 열량
③ 압축 일을 열량의 단위로 환산한 것
④ 압축기 출·입구 냉매의 엔탈피 차

> **냉동효과**
> 냉동효과란 단위중량의 냉매가 증발기에서 흡수한 열량으로 다음 식으로 나타낸다.
> 냉동효과 = 증발기 출구 냉매엔탈피 − 증발기 입구 냉매엔탈피

22 아래와 같이 운전되어 지고 있는 냉동사이클의 성적계수는?

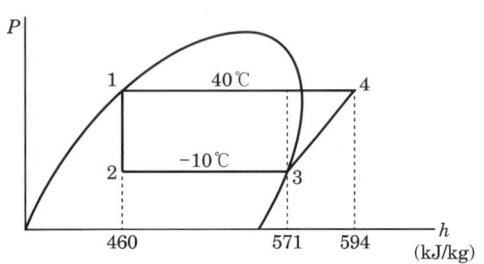

① 2.1 ② 3.3
③ 4.8 ④ 5.9

> **성적계수 COP**
> $COP = \dfrac{q_2}{w} = \dfrac{571-460}{594-571} = 4.8$

23 다음 중에서 암모니아 냉동장치의 운전에 관하여 가장 올바른 것을 고르시오.

① 냉장실의 온도가 상승하고 액복귀현상이 계속되므로 냉각작용을 증대시키기 위해 팽창밸브의 개도를 크게 하였다.
② 냉장실에 한꺼번에 대량의 물품을 저장하여 빨리 냉각시키기 위하여 팽창밸브를 급히 완전히 열었다.
③ 고압이 너무 높아서 압축기를 정지하고 응축기에 냉각수를 계속 보냈더니 고압이 냉각수의 온도에 상당하는 포화압력까지 되었으므로 냉각관을 청소하기로 했다.
④ 응축기의 운전을 정지하기 위하여 팽창밸브를 닫고 수액기의 출구를 닫았다.

> ① 팽창밸브의 개도를 크게 하면 오히려 액복귀현상이 증대하므로 팽창밸브의 개도를 줄여야 한다.
> ② 팽창밸브의 개도는 서서히 열어야 한다.
> ③ 설명으로는 장치내로 공기침입은 없는 것으로 판단되기 때문에 고압이 높은 원인은 냉각관의 오염이 원인이라고 생각된다. 따라서 냉각관의 청소는 맞는 답이다.
> ④ 압축기의 운전을 정지하기 위하여 팽창밸브와 수액기 출구 밸브를 닫으면 액봉을 일으킬 우려가 있다. 따라서 수액기 출구밸브를 먼저 닫고 액관의 액을 회수한 후 팽창밸브를 닫아야 한다.

24 냉동장치에서 사용되는 각종 제어동작에 대한 설명으로 틀린 것은?

① 2위치 동작은 스위치의 온, 오프 신호에 의한 동작이다.
② 3위치 동작은 상, 중, 하 신호에 따른 동작이다.
③ 비례동작은 입력신호의 양에 대응하여 제어량을 구하는 것이다.
④ 다위치 동작은 여러 대의 피제어기기를 단계적으로 운전 또는 정지시키기 위한 것이다.

> **3위치 동작**
> 자동 제어계에서 동작 신호가 어느 값을 경계로 하여 조작량이 세 값으로 단계적으로 변화하는 제어 동작

정답 21 ① 22 ③ 23 ③ 24 ②

25 냉동기 속 두 냉매가 아래 표의 조건으로 작동될 때, A 냉매를 이용한 압축기의 냉동능력을 Q_A, B 냉매를 이용한 압축기의 냉동능력을 Q_B 인 경우, Q_A/Q_B의 비는? (단, 두 압축기의 피스톤 압출량은 동일하며, 체적효율도 75%로 동일하다.)

	A	B
냉동효과(kJ/kg)	1130	170
비체적(m³/kg)	0.509	0.077

① 1.5 ② 1.0
③ 0.8 ④ 0.5

냉동능력 $Q_2 = G \cdot q_2 = \dfrac{V_a \times \eta_v}{v} \times q_2$ 에서

$Q_A = \dfrac{V_a \times 0.75}{0.509} \times 1130 ≒ 1165.03 V_a$

$Q_B = \dfrac{V_a \times 0.75}{0.077} \times 170 ≒ 1655.84 V_a$

∴ $Q_A/Q_B = \dfrac{1165.03 V_a}{1155.84 V_a} ≒ 1.0$

26 냉동용 스크루 압축기에 대한 설명으로 틀린 것은?

① 왕복동식에 비해 체적효율과 단열효율이 높다.
② 스크루 압축기의 로터와 축은 일체식으로 되어 있고, 구동은 수 로터에 의해 이루어진다.
③ 스크루 압축기의 로터 구성은 다양하나 일반적으로 사용되고 있는 것은 수 로터 4개, 암 로터 4개인 것이다.
④ 흡입, 압축, 토출과정인 3행정으로 이루어진다.

스크루압축기는 깊은 홈이 있는 여러 개의 치형을 갖는 수 로터(male rotor)와 암 로터(female rotor)로 구성되어 있고 최근 널리 사용되고 있는 치형 조합은 수 로터의 잇수 + 암 로터의 잇수 조합이 4+5, 4+6, 5+6, 5+7 Profile등이 있다.

27 다음 내압시험에 대한 설명 중 옳지 않은 것은?

① 내압시험은 압축기, 압력용기 등의 내압강도를 확인 하는 시험으로 구성기기 또는 그 부품을 대상으로 하며 배관은 대상에서 제외된다.
② 압력시험에 사용하는 압력계의 최고 눈금은 내압시험압력의 1.25배 이상 2배 이하로 한다.
③ 압력용기의 내경이 200mm 이상의 것이나 자동제어기기, 축봉장치는 내압시험을 하지 안아도 좋다.
④ 길이 450mm, 내경 200mm의 유분리기는 압력용기이므로 내압시험을 하여야 한다.

③ 내경 160mm 이하의 압력용기일 경우에는 배관으로 인정 받기 때문에 내압시험 대상이 아니다.

28 쇠고기(지방이 없는 부분) 5ton을 12시간 동안 30℃에서 0℃까지 냉각할 때의 냉동능력으로 옳은 것은? (단, 쇠고기의 동결점은 -2℃로, 쇠고기의 동결전 비열(지방이 없는 부분)은 3.25kJ/(kg·K)로, 동결후 비열은 1.76kJ/(kg·K), 동결잠열은 234.5kJ/kg으로 한다.)

① 11.28kW ② 13.56kW
③ 15.55kW ④ 18.77kW

이문제는 동결전까지 냉각하므로 동결전 비열로 냉각 현열만 계산한다.

$Q_2 = m \cdot C \cdot \Delta t = \dfrac{5000 \times 3.25 \times (30-0)}{12h \times 3600} = 11.28 kJ/s$
  $= 11.28 kW$

29 저온유체 중에서 1기압에서 가장 낮은 비등점을 갖는 유체는 어느 것인가?

① 아르곤 ② 질소
③ 헬륨   ④ 네온

초저온 물질의 비등점
① 아르곤 : -185.86℃   ② 질소 : -195.82℃
③ 헬륨 : -268.8℃   ④ 네온 : -246.08℃

정답 25 ② 26 ③ 27 ③ 28 ① 29 ③

30 냉동제조시설의 정밀안전기준에서 사고예방 설비기준에 대한 설명으로 가장 거리가 먼 것은?

① 냉매설비에는 그 설비 안의 압력이 상용압력을 초과하는 경우 즉시 그 압력을 상용 압력 이하로 되돌릴 수 있는 안전장치를 설치하는 등 필요한 조치를 마련할 것
② 독성가스 및 공기보다 무거운 가연성가스를 취급하는 제조시설 및 저장설비에는 가스가 누출될 경우 이를 신속히 연소 할 수 있도록 하기 위한 연소 장치를 마련할 것
③ 가연성가스(암모니아, 브롬화메탄 및 공기 중에서 자기 발화하는 가스는 제외한다)의 가스설비 중 전기설비는 그 설치장소 및 그 가스의 종류에 따라 적절한 방폭성능을 가지는 것일 것
④ 가연성가스 또는 독성가스를 냉매로 사용하는 냉매설비의 압축기·유분리기·응축기 및 수액기와 이들 사이의 배관을 설치한 곳에는 냉매가스가 누출될 경우 그 냉매가스가 체류하지 않도록 필요한 조치를 마련할 것

> 독성가스 및 공기보다 무거운 가연성가스를 취급하는 제조시설 및 저장설비에는 가스가 누출될 경우 이를 신속히 검지하여 효과적으로 대응할 수 있도록 하기 위하여 필요한 조치중 연소장치는 거리가 멀다.

31 기계적인 냉동방법 중 물을 냉매로 쓸 수 있는 냉동방식이 아닌 것은?

① 증기분사식　　② 공기압축식
③ 흡수식　　　　④ 진공식

> 공기압축식 냉동방법은 공기의 압축과 팽창을 이용한 냉동법으로 공기를 냉매로 사용하다.

32 냉동능력 20RT, 축동력 12.6kW인 냉동장치에 사용되는 수냉식 응축기의 열통과율 786W/m²K 전열량의 외표면적 15m², 냉각수량 279L/min, 냉각수 입구온도 30℃일 때, 응축온도는? (단, 냉매와 물의 온도차는 산술평균 온도차를 사용하고 냉각수 비열 4.2kJ/kgK, 1RT=3.86kW를 사용한다.)

① 35℃　　　　② 40℃
③ 45℃　　　　④ 50℃

> 응축기 방열량 Q_1
> $Q_1 = mc(t_{w2} - t_{w1}) = Q_2 + W$ 에서
> 응축기 출구온도 t_{w2}
> $t_{w2} = t_{w1} + \dfrac{Q_2 + W}{mc} = 30 + \dfrac{20 \times 3.86 + 12.6}{\left(\dfrac{279}{60}\right) \times 4.2} ≒ 34.6℃$
> $Q_1 = KA\left(t_c - \dfrac{t_{w1} + t_{w2}}{2}\right) = Q_2 + W$ 에서
> ∴ 응축온도 $t_c = \dfrac{Q_2 + W}{KA} + \dfrac{t_{w1} + t_{w2}}{2}$
> $= \dfrac{20 \times 3.86 + 12.6}{0.786 \times 15} + \dfrac{30 + 34.6}{2} ≒ 40℃$

33 증발기의 분류 중 액체 냉각용 증발기로 가장 거리가 먼 것은?

① 탱크형 증발기
② 보데로형 증발기
③ 나관코일식 증발기
④ 만액식 셸 엔드 튜브식 증발기

> 공기냉각용 증발기
> ㉠ 나관코일 증발기
> ㉡ 판형 증발기
> ㉢ 핀 튜브식 증발기
> ㉣ 캐스케이드 증발기
> ㉤ 멀티피드 멀티섹션 증발기

34 -10℃의 얼음 10kg을 100℃의 증기로 변화하는데 필요한 전열량[kJ]은? (단, 얼음의 비열은 2.1kJ/kg·K 이고 융해잠열은 333.6kJ/kg, 물의 증발잠열은 2256kJ/kg이다.)

① 18500 ② 25450
③ 30306 ④ 35306

(1) -10℃ 얼음 10kg을 0℃의 얼음으로 만드는데 필요한 열량
$q_s = mc\Delta t = 10 \times 2.1 \times \{0-(-10)\} = 210$ [kJ]
(2) 0℃ 얼음 10kg을 0℃의 물로 만드는데 필요한 열량
$q_L = mr = 10 \times 333.6 = 3336$ [kJ]
(3) 0℃ 물 10kg을 100℃의 물(포화수)로 만드는데 필요한 열량
$q_s = mc\Delta t = 10 \times 4.2 \times (100-0) = 4200$ [kJ]
(4) 100℃ 물 10kg을 100℃의 증기로 만드는데 필요한 열량
$q_L = mr = 10 \times 2256 = 22560$ [kJ]
∴ -15℃ 얼음 10g을 100℃의 증기로 만드는 데 필요한 열량 q는
$q = 210 + 3336 + 4200 + 22560 = 30306$[kJ]

35 2단압축 사이클에서 증발압력이 계기압력으로 235 kPa이고, 응축압력은 절대압력으로 1225 kPa일 때 최적의 중간 절대압력(kPa)은? (단, 대기압은 101 kPa이다.)

① 514.5 ② 536.06
③ 641.56 ④ 668.36

중간압력
2단 압축냉동 사이클에서 가장 이상적인 형식은 각 단의 압축비를 동일하게 취하는 것이다.
압축비 $m = \dfrac{P_m}{P_2} = \dfrac{P_1}{P_m}$ 에서 $P_m^2 = P_2 \times P_1$
∴ $P_m = \sqrt{P_1 \cdot P_2} = \sqrt{1225 \times 336} ≒ 641.56$ [kPa]
여기서, P_1 : 고압측(응축)절대압력 ; [1225kPa·a]
P_2 : 저압측(증발)절대압력 ; 101+235=336[kPa·a]

36 팽창밸브를 통하여 증발기에 유입되는 냉매액의 엔탈피를 F, 증발기 출구 엔탈피를 A, 포화액의 엔탈피를 G 라 할 때, 팽창밸브를 통과한 곳에서 증기로 된 냉매의 양의 계산식으로 옳은 것은? (단, P : 압력, h : 엔탈비를 나타낸다.)

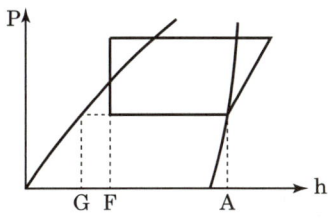

① $\dfrac{A-F}{A-G}$ ② $\dfrac{A-F}{F-G}$
③ $\dfrac{F-G}{A-G}$ ④ $\dfrac{F-G}{A-F}$

(1) 건조도(증기로 된 냉매의 양) = $\dfrac{F-G}{A-G}$
(2) 습도(액체 상태의 냉매의 양) = $\dfrac{A-F}{A-G}$

37 냉동장치에서 고압측에 설치하는 장치가 아닌 것은?

① 수액기 ② 팽창밸브
③ 드라이어 ④ 액분리기

액분리기(Accumulator)
액분리기는 흡입가스 중의 냉매액을 분리하여 압축기에 액이 흡입되는 것을 방지한다.
(1) 설치위치
  증발기와 압축기 사이의 흡입관(냉동장치 저압측)
(2) 설치용량
  증발기 내용적의 20~25% 이상의 크기
(3) 설치의 경우
  만액식 증발기를 갖는 냉동장치 및 부하변동이 심한 장치
(4) 액분리기 내에서의 가스의 유속
  1m/sec 정도

정답 34 ③ 35 ③ 36 ③ 37 ④

38 -20℃의 암모니아 포화액의 엔탈피가 315kJ/kg이며, 동일 온도에서 건조포화증기의 엔탈피가 1693kJ/kg이다. 이 냉매액이 팽창밸브를 통과하여 증발기에 유입될 때의 냉매의 엔탈피가 672kJ/kg이었다면 중량비로 약 몇 %가 액체 상태인가?

① 16% ② 26%
③ 74% ④ 84%

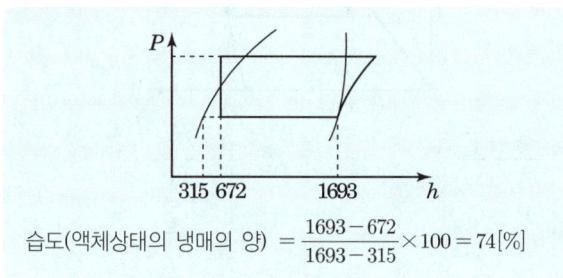

습도(액체상태의 냉매의 양) = $\frac{1693-672}{1693-315} \times 100 = 74[\%]$

39 암모니아를 냉매로 사용하는 냉동장치에서 응축압력의 상승원인으로 가장 거리가 먼 것은?

① 냉매가 과냉각 되었을 때
② 불응축가스가 혼입되었을 때
③ 냉매가 과충전되었을 때
④ 응축기 냉각관에 물 때 및 유막이 형성되었을 때

응축압력(온도)의 상승원인
㉠ 응축기의 냉각수온 및 냉각공기의 온도가 높을 경우
㉡ 냉각수량이 부족할 경우
㉢ 증발부하가 클 경우
㉣ 냉각관에 유막 및 스케일이 생성되었을 경우
㉤ 냉매를 너무 과충전 했을 경우
㉥ 응축기의 용량이 너무 작을 경우
㉦ 증발식 응축기에서 대기습구 온도가 높을 경우
㉧ 불응축 가스가 혼입되었을 경우

40 표준냉동사이클에서 팽창밸브를 냉매가 통과하는 동안 변화되지 않는 것은?

① 냉매의 온도 ② 냉매의 압력
③ 냉매의 엔탈피 ④ 냉매의 엔트로피

팽창과정
표준 냉동장치에서 팽창밸브의 냉매 통과 과정은 단열팽창과정으로 엔탈피 변화가 없고 온도는 하강하고 엔트로피는 상승한다.

3 공조냉동 설치·운영

41 급탕배관이 벽이나 바닥을 관통할 때 슬리브(sleeve)를 설치하는 이유로 가장 적절한 것은?

① 배관의 진동을 건물 구조물에 전달되지 않도록 하기 위하여
② 배관의 중량을 건물 구조물에 지지하기 위하여
③ 관의 신축이 자유롭고 배관의 교체나 수리를 편리하게 하기 위하여
④ 배관의 마찰저항을 감소시켜 온수의 순환을 균일하게 하기 위하여

슬리브(sleeve)는 배관이 콘크리트 벽이나 바닥을 관통할 때 관의 신축이 자유롭고 배관의 교체나 수리를 편리하게 하기 위하여 콘크리트 타설전에 미리 설치하는 덧관이다.

42 냉동 설비에서 고온·고압의 냉매 기체가 흐르는 배관은?

① 증발기와 압축기 사이 배관
② 응축기와 수액기 사이 배관
③ 압축기와 응축기 사이 배관
④ 팽창밸브와 증발기 사이 배관

고온·고압의 냉매 기체 : 압축기와 응축기 사이 배관
저온·저압의 냉매 기체 : 증발기와 압축기 사이 배관
고온·고압의 냉매 액체 : 응축기와 수액기 사이 배관

43 냉매 배관 시공 시 주의사항으로 틀린 것은?

① 온도 변화에 의한 신축을 충분히 고려해야 한다.
② 배관 재료는 냉매종류, 온도, 용도에 따라 선택한다.
③ 배관이 고온의 장소를 통과할 때에는 단열조치한다.
④ 수평 배관은 냉매가 흐르는 방향으로 상향구배 한다.

> 냉매 배관 시공 시 수평 배관은 냉매가 흐르는 방향으로 하향구배(순구배) 한다.

44 디스크 증기 트랩이라고도 하며 고압, 중압, 저압 등의 어느 곳에나 사용 가능한 증기 트랩은?

① 실로폰 트랩   ② 그리스 트랩
③ 충격식 트랩   ④ 버킷 트랩

> 충격식 트랩은 열충동식이라 하며 열유체역학적 성질을 이용하여 디스크의 상하 동작으로 작동되는 증기 트랩이다.

45 급탕설비에 대한 설명으로 틀린 것은?

① 순환방식은 중력식과 강제식이 있다.
② 배관의 구배는 중력순환식의 경우 1/150, 강제순환식의 경우 1/200 정도이다.
③ 신축이음쇠의 설치는 강관은 20m, 동관은 30m마다 1개씩 설치한다.
④ 급탕량은 사용 인원이나 사용 기구 수에 의해 구한다.

> 급탕설비 배관에서 신축이음쇠의 설치는 강관은 30m, 동관은 20m이내마다 1개씩 설치한다.

46 다음중 냉동기의 유지관리항목으로 가장 거리가 먼 것은?

① 증발압력, 응축압력의 정상여부 점검
② 냉수, 냉각수 출입구온도, 압력의 계측
③ 추기회수 기능 점검
④ 엘리미네이터의 점검

> 엘리미네이터는 냉각탑이나 에어와셔 점검항목이다.

47 냉동기 운전중 응축압력이 상승하는 경우 원인으로 가장 거리가 먼 것은?

① 응축기 냉각수 유량이 부족하거나 온도가 높다.
② 냉각수 계통에 공기가 있다.
③ 응축기내 튜브가 오염되었다.
④ 냉매계통에 냉매액의 존재

> 응축기에서 냉매액의 존재는 응축이 양호하다는 의미이며 응축이 양호하면 응축압력은 상승하지 않는다. 냉매계통에 불응축가스가 존재하는 경우 응축압력은 상승할 수 있다.

48 아래 프레온 배관(동관) 평면도를 보고 부속류 수량을 구하시오.

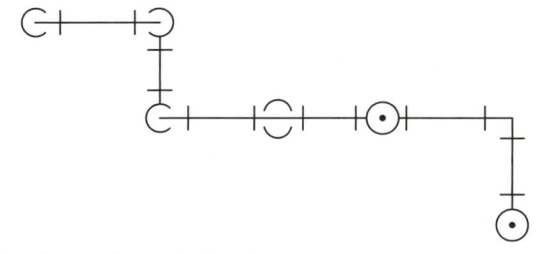

① 엘보 5개,   티이 1개
② 엘보 6개,   티이 1개
③ 엘보 7개,   티이 2개
④ 엘보 8개,   티이 2개

> 위 평면도를 겨냥도(입체도)로 그려보면 아래와 같고 엘보는 7개이고 티이는 2개이다.

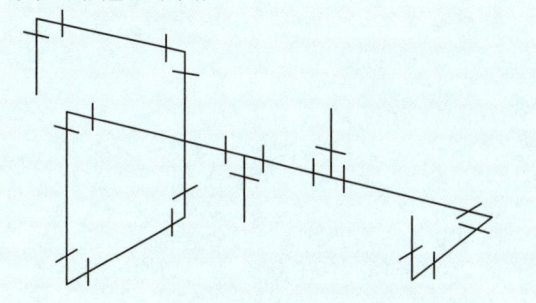

정답 43 ④ 44 ③ 45 ③ 46 ④ 47 ④ 48 ③

49 냉동기주변 냉온수 배관 도면 검토시 설명으로 가장 거리가 먼 것은?

① 점검, 수리를 위한 배수밸브를 최저부에 설치하고 배관 및 장치의 탈착을 위한 플렌지를 설치할 것
② 공기정체가 쉬운부분에 대한 공기빼기 밸브 설치(입상배관의 최상부, 수온이 올라 가는 곳, 수압이 내려 가는 곳, 물의 방향이 바뀌는 곳 등)
③ 기기 및 유량제어용 밸브 하류측에는 스트레나를 설치할 것
④ 장비 진동의 전달방지를 위한 방진대책 수립(방진상세도와 부분상세도를 일치시킬 것)

> 기기 및 유량제어용 밸브 상류측(입구)에는 스트레나를 설치하여 이물질을 제거 할 것

50 공조배관에서 배관계통의 배수(물빼기)기능 확보가 필요한 부분으로 가장 거리가 먼 것은?

① 공조배관 입상관 상부
② 장비주위 및 최저부
③ 냉난방 운전모드 전환에 따른 비사용 배관계통
④ 배관청소 및 보수,교체를 위한 구획된 부문(층별, 실별)

> 공조배관 입상관 하부에 드레인밸브를 설치한다.

51 그림과 같은 직병렬회로에 180 [V]를 가하면 3[μF]의 콘덴서에 축적된 에너지는 약 몇 [J]인가?

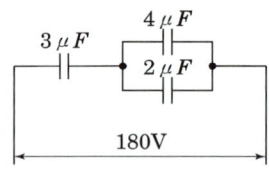

① 0.01[J] ② 0.02[J]
③ 0.03[J] ④ 0.04[J]

> 4[μF]과 2[μF] 콘덴서는 병렬연결이므로 합성하면 6[μF]이 되어 3[μF]과 직렬로 접속된 회로와 같아진다. 이 때 3[μF]의 단자전압은
> $V = \dfrac{6}{3+6} \times 180 = 120[V]$가 됨을 알 수 있다.
> $W = \dfrac{1}{2}CV^2 [J]$ 식에서
> $C = 3[\mu F]$, $V = 120[V]$일 때
> ∴ $W = \dfrac{1}{2}CV^2 = \dfrac{1}{2} \times 3 \times 10^{-6} \times 120^2 = 0.02[J]$

52 배리스터의 주된 용도는?

① 서지전압에 대한 회로 보호용
② 온도 측정용
③ 출력전류 조절용
④ 전압 증폭용

> 바리스터와 서미스터
> (1) 바리스터 : 비직선적인 전압-전류 특성을 갖는 2단자 반도체 소자로서 불꽃 아크(서지) 소거용으로 이용된다.
> (2) 서미스터 : 열을 감지하는 감열 저항체 소자로서 온도보상용으로 이용된다.

53 $i = 2t^2 + 8t$ [A]로 표시되는 전류가 도선에 3초 동안 흘렀을 때 통과한 전체 전기량은 몇 [C]인가?

① 18   ② 48
③ 54   ④ 61

> $Q = \int_0^t i\,dt$ [C] 식에서
> $\therefore Q = \int_0^t i\,dt = \int_0^3 (2t^2 + 8t)\,dt$
> $= \left[\dfrac{2}{3}t^3 + \dfrac{8}{2}t^2\right]_0^3 = \dfrac{2}{3} \times 3^3 + \dfrac{8}{2} \times 3^2$
> $= 54$ [C]

54 제어요소는 무엇으로 구성되는가?

① 입력부와 조절부   ② 출력부와 검출부
③ 피드백 동작부   ④ 조작부와 조절부

> 제어요소는 조절부와 조작부로 이루어져 있으며 동작신호를 조작량으로 변환하는 장치이다.

55 전류계와 전압계가 측정범위를 확장하기 위하여 저항을 사용하는데, 다음 중 저항의 연결 방법으로 알맞은 것은?

① 전류계에는 저항을 병렬연결하고, 전압계에는 저항을 직렬연결 해야 한다.
② 전류계 및 전압계에 저항을 병렬연결 해야 한다.
③ 전류계에는 저항을 직렬연결하고 전압계에는 저항을 병렬연결 해야 한다.
④ 전류계 및 전압계에 저항을 직렬연결 해야 한다.

> **전압계와 전류계**
> (1) 전압계
>   ㉠ 전압계는 측정하려는 단자에 병렬로 접속하는 계기로서 내부저항은 크게 설계하여야 한다.
>   ㉡ 전압계의 측정범위를 확대하기 위해서는 전압계와 직렬로 배율기를 설치하여야 한다.
> (2) 전류계
>   ㉠ 전류계는 측정하려는 단자에 직렬로 접속하는 계기로서 내부저항은 작게 설계하여야 한다.
>   ㉡ 전류계의 측정범위를 확대하기 위해서는 전류계와 병렬로 분류기를 설치하여야 한다.

56 연료의 유량과 공기의 유량과의 관계 비율을 연소에 적합하게 유지하고자 하는 제어는?

① 프로세스제어   ② 비율제어
③ 프로그래밍제어 ④ 시퀀스제어

> 비율제어는 목표값이 다른 양과 일정한 비율 관계로 변화하는 제어이다.(예 보일러의 자동연소제어)

57 평형 3상 Y결선에서 상전압 V_p와 선간전압 V_l과의 관계는?

① $V_l = V_p$
② $V_l = \sqrt{3}\, V_p$
③ $V_l = \dfrac{1}{\sqrt{3}} V_p$
④ $V_l = 3 V_p$

> **Y결선의 특징**
> (1) $V_L = \sqrt{3}\, V_P [\text{V}]$
> (2) $I_L = I_P = \dfrac{V_L}{\sqrt{3}\, Z}[\text{A}]$
> (3) $P = \sqrt{3}\, V_L I_L \cos\theta [\text{W}]$
> 여기서, V_L : 선간전압, V_P : 상전압, I_L : 선전류,
> I_P : 상전류, Z : 한 상의 임피던스, $\cos\theta$: 역률

59 PLC(Programmable Logic Controller)를 사용하더라도 대용량 전동기의 구동을 위해서 필수적으로 사용하여야 하는 기기는?

① 타이머
② 릴레이
③ 카운터
④ 전자개폐기

> **PLC의 특징**
> (1) 무접점 제어 방식이므로 부품간의 배선작업이 필요 없다.
> (2) 계전기, 타이머, 카운터의 기능까지 프로그램 할 수 있다.
> (3) 산술연산 뿐만 아니라 비교연산도 처리할 수 있다.
> (4) 시퀀스 제어방식과 병행하여 프로그램 할 수 있으므로 제어시스템의 확장이 용이하다.
> (5) 제어반의 소형화, 오류 정정의 신속성, 동작의 신뢰성 등을 확립할 수 있다.

58 제어기기의 대표적인 것으로 검출기, 변환기, 증폭기, 조작기기를 들 수 있는데 서보모터는 어디에 속하는가?

① 검출기
② 변환기
③ 증폭기
④ 조작기기

> **조작기기의 종류**
> 조작기기는 전기계와 기계계로 구분하여 다음과 같은 종류로 구분한다.
>
> | 전 기 계 | 기 계 계 |
> | --- | --- |
> | 전동밸브
전자밸브
2상 서보 전동기
직류서보 전동기
펄스 전동기 | 다이어프램 밸브
클러치
밸브 포지셔너
유압식 조작기(안내 밸브,
조작 실린더, 조작 피스톤,
분사관) |

60 임피던스 강하가 4[%]인 어느 변압기가 운전 중 단락되었다면 그 단락전류는 정격전류의 몇 배가 되는가?

① 10
② 20
③ 25
④ 30

> **단락전류(I_s)**
> 변압기 정격전류 I_n에 대해서 %임피던스 강하인 %z와 관계로 구할 수 있다.
> $I_s = \dfrac{100}{\%z} I_n [\text{A}]$ 식에서
> %$z = 4[\%]$일 때
> $\therefore I_s = \dfrac{100}{\%z} I_n = \dfrac{100}{4} I_n = 25 I_n [\text{A}]$

정답 57 ② 58 ④ 59 ④ 60 ③

기출문제 제3회 핵심 기출문제

1 공기조화 설비

01 송풍량 2500m³/h 공기(건구온도 12℃, 상대습도 60%)를 20℃까지 가열하는 데 필요로 하는 열량은? (단, 처음 공기의 비체적 $v = 0.815 \text{m}^2/\text{kg}$, 가열 전후의 엔탈피는 각각 $h_1 = 24 \text{kJ/kg}$, $h_2 = 32 \text{kJ/kg}$이다.)

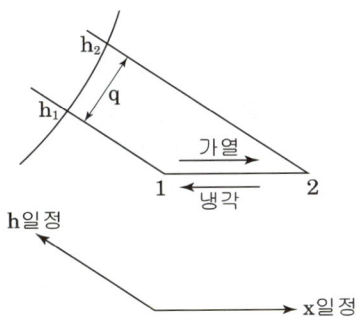

① 16320 kJ/h
② 21450 kJ/h
③ 24540 kJ/h
④ 28780 kJ/h

> 엔탈피로 가열량을 구해보면
> $q = m \triangle h = \dfrac{Q}{v}(\triangle h) = \dfrac{2500}{0.815}(32-24)$
> $= 24540 \text{kJ/h}$
>
> **참고** 만약 엔탈피가 주어지지 않았다면 온도차로 구한다.
> $q = mC\triangle t = \dfrac{Q}{v}(C\triangle t) = \dfrac{2500}{0.815} \times 1.01(20-12)$
> $= 24785 \text{kJ/h}$

02 A, B 두 방의 열손실은 각각 4kW이다. 높이 600mm인 주철제 5세주 방열기를 사용하여 실내온도를 모두 18.5℃로 유지시키고자 한다. A실은 102℃의 증기를 사용하며, B실은 평균 80℃의 온수를 사용할 때 두 방 전체에 필요한 총 방열기의 절수는? (단, 표준방열량을 적용하며, 방열기 1절(節)의 상당 방열 면적은 0.23m²이다.)

① 23개   ② 34개
③ 42개   ④ 56개

> 이 문제는 A, B 2개의 방을 증기난방(A)과 온수난방(B)을 하는 것으로 방열기 면적은 각각 구한다.
>
> A) $EDR = \dfrac{4000\text{W}}{756} = 5.29 \text{m}^2$
>
> B) $EDR = \dfrac{4000\text{W}}{523} = 7.65 \text{m}^2$
>
> 각방의 방열기 절수는
>
> A) 절수(섹션) $= \dfrac{EDR}{0.23} = \dfrac{5.29}{0.23} = 23$절
>
> B) 절수(섹션) $= \dfrac{EDR}{0.23} = \dfrac{7.65}{0.23} = 33.3 = 34$절
>
> 전체 방열기 절수 = 23+34=57절
>
> **참고** 답은 56개를 택한다. B방에서 33.3개는 반올림하면 33개이지만 설비 용량 선정에서는 가까운쪽 작은값을 택하지 않고 여유있게 큰쪽을 선정하므로 설계 이론적으로는 34개가 맞다. 하지만 1-2개가 아니고 수십개의 수량 산정에서는 반올림도 큰문제는 없다.

03 6인용 입원실이 100실인 병원의 입원실 전체 환기를 위한 최소 신선 공기량(m³/h)은? (단, 외기 중 CO_2 함유량은 0.0003m³/m³이고 실내 CO_2의 허용온도는 0.1%, 재실자의 CO_2 발생량은 개인당 0.015m³/h이다.)

① 6857   ② 8857
③ 10857 ④ 12857

> CO_2 발생량 $(M) = 6 \times 100 \times 0.015 = 9 \text{m}^3/\text{h}$
> 환기량 $Q = \dfrac{M}{C_i - C_o} = \dfrac{9}{0.001 - 0.0003} = 12,857 \text{m}^3/\text{h}$
> $(0.1\% = 0.001 \text{m}^3/\text{m}^3)$

정답 01 ③   02 ④   03 ④

04 다음과 같은 특징을 가지는 보일러로 가장 알맞은 것은?

> 여러대의 소형 온수보일러를 병렬로 조합하여 필요한 용량에 대응하도록 구성하고, 난방이나 급탕 부하의 변동에 따라 대수제어를 하여 고효율의 운전이 가능하도록 패키지 형태로 만든 보일러.

① 주철제 보일러 ② 노통연관식 보일러
③ 수관식 보일러 ④ 캐스케이드 보일러

> 캐스케이드 보일러는 여러대의 소형 온수보일러를 병렬로 조합하여 필요한 용량에 대응하도록 구성하고, 난방이나 급탕 부하의 변동에 따라 대수제어를 하여 고효율의 운전이 가능하도록 패키지 형태로 만든 보일러로 최근에는 열효율이 우수한 콘덴싱 보일러를 병렬로 조합하여 중대형 용량을 구현하는 경우도 있다.

05 온수배관의 시공 시 주의사항으로 옳은 것은?

① 각 방열기에는 필요시에만 공기배출기를 부착한다.
② 배관 최저부에는 배수밸브를 설치하며, 하향구배로 설치한다.
③ 팽창관에는 안전을 위해 반드시 밸브를 설치한다.
④ 배관 도중에 관 지름을 바꿀 때에는 편심이음쇠를 사용하지 않는다.

> 각 방열기에는 공기배출기를 부착하며 팽창관에는 밸브를 설치하지 않는다. 배관 도중에 관 지름을 바꿀 때에는 편심이음쇠를 사용하여 배관 윗면을 일치시켜 공기가 고이지 않게 한다.

06 주철제 방열기의 표준 방열량에 대한 증기 응축수량은? (단, 증기의 증발잠열은 2257kJ/kg이다.)

① $0.8 \text{kg/m}^2 \cdot \text{h}$ ② $1.0 \text{kg/m}^2 \cdot \text{h}$
③ $1.2 \text{kg/m}^2 \cdot \text{h}$ ④ $1.4 \text{kg/m}^2 \cdot \text{h}$

> 증기 방열기 $1\text{m}^2 = 756\text{W}$이므로
> 응축수량 $= \dfrac{756 \times 3600}{1000 \times 2257} = 1.21 \text{ kg/m}^2\text{h}$ 이다.

07 밀봉된 용기와 윅(wick) 구조체 및 증기공간에 의하여 구성되며, 길이 방향으로는 증발부, 응축부, 단열부로 구분되는데 한쪽을 가열하면 작동유체는 증발하면서 잠열을 흡수하고 증발된 증기는 저온으로 이동하여 응축되면서 열교환하는 기기의 명칭은?

① 전열 교환기 ② 플레이트형 열교환기
③ 히트 파이프 ④ 히트 펌프

> 히트 파이프는 열을 운반하는 파이프로 각종 열회수 장치에 사용된다.

08 다음은 공기조화에서 사용되는 용어에 대한 단위, 정의를 나타낸 것으로 틀린 것은?

절대 습도	단위	kg/kg(DA)
	정의	건조한 공기 1kg속에 포함되어 있는 습한 공기중의 수증기량
수증기 분압	단위	Pa
	정의	습공기 중의 수증기 분압
상대 습도	단위	%
	정의	절대습도(x)와 동일온도에서의 포화공기의 절대습도(x_s)와의 비
노점 온도	단위	℃
	정의	습한 공기를 냉각시켜 포화상태로 될 때의 온도

① 절대습도 ② 수증기분압
③ 상대습도 ④ 노점온도

> 상대습도는 어떤 수증기압과 동일 온도에서의 포화공기의 수증기압의 비이다.

정답 04 ④ 05 ② 06 ③ 07 ③ 08 ③

09 멀티 존 유닛 공조방식에 대한 설명으로 옳은 것은?

① 이중덕트 방식의 덕트 공간을 천장속에 확보할 수 없는 경우 적합하다.
② 멀티 존 방식은 비교적 존 수가 대규모인 건물에 적합하다.
③ 각 실의 부하변동이 심해도 각 실에 대한 송풍량의 균형을 쉽게 맞춘다.
④ 냉풍과 온풍의 혼합시 댐퍼의 조정은 실내 압력에 의해 제어한다.

> 멀티 존 유닛 공조방식은 이중덕트 방식 보다 덕트 스페이스가 적어서 덕트 공간을 확보할 수 없는 경우에 적합하며, 비교적 존 수가 작은 건물에 적합하다. 각 실의 부하변동이 심하면 송풍량의 균형을 잡기 어렵고 각 존별로 송풍량의 균형을 잡을 수 있다. 냉풍과 온풍의 혼합시 댐퍼의 조정은 실내 온도에 의해 제어한다.

10 온수 순환량이 560kg/h인 난방설비에서 방열기의 입구온도가 80℃, 출구온도가 72℃라고 하면 이 때 실내에 발산하는 현열량은?

① 16820kJ/h
② 17820kJ/h
③ 18820kJ/h
④ 19880kJ/h

> $q = WC\Delta t = 560 \times 4.2(80-72) = 18816$ kJ/h

11 아래 조건과 같은 병행류형 냉각코일의 대수평균온도 차는?

공기온도	입구	32℃
	출구	18℃
냉수코일온도	입구	10℃
	출구	15℃

① 8.74℃
② 9.54℃
③ 12.33℃
④ 13.10℃

> 병행류는 공기와 냉수의 흐름이 같은 방향이므로 공기 입구와 냉수 입구 온도차를 $\Delta t_1 = 32-10 = 22$
> 공기 출구와 냉수 출구 온도차를 $\Delta t_2 = 18-15 = 3$
> $$MTD = \frac{\Delta t_1 - \Delta t_2}{\ln \frac{\Delta t_1}{\Delta t_2}} = \frac{22-3}{\ln \frac{22}{3}} = 9.54$$
>
> **참고** 만약 대향류라면 대수평균온도차는 공기와 냉수의 흐름이 반대 방향이므로 공기 입구와 냉수 출구 온도차를 $\Delta t_1 = 32-15 = 17$
> 공기 출구와 냉수 입구 온도차를 $\Delta t_2 = 18-10 = 8$
> $$MTD = \frac{\Delta t_1 - \Delta t_2}{\ln \frac{\Delta t_1}{\Delta t_2}} = \frac{17-8}{\ln \frac{17}{8}} = 11.94$$

12 팬코일유닛 방식의 배관 방법에 따른 특징에 관한 설명으로 틀린 것은?

① 3관식에서는 손실열량이 타방식에 비하여 거의 없다.
② 2관식에서는 냉·난방의 동시운전이 불가능하다.
③ 4관식은 혼합손실은 없으나 배관의 양이 증가하여 공사비 등이 증가한다.
④ 4관식은 동시에 냉·난방운전이 가능하다.

> 3관식 팬코일유닛은 냉온수가 각각 공급되고 환수는 공통으로 1개 관에서 이루어지므로 혼합 손실이 발생한다.

13 난방 설비에 관한 설명으로 옳은 것은?

① 온수난방은 온수의 현열과 잠열을 이용한 것이다.
② 온풍난방은 온풍의 현열과 잠열을 이용한 것이다.
③ 증기난방은 증기의 현열을 이용한 대류 난방이다.
④ 복사난방은 열원에서 나오는 복사에너지를 이용한 것이다.

> 온수난방은 온수의 현열을 이용하고, 온풍난방은 온풍의 현열을 이용하며 증기난방은 증기의 잠열을 이용한 대류 난방이다.

정답 09 ① 10 ③ 11 ② 12 ① 13 ④

14 콜드 드래프트(cold draft) 원인으로 틀린 것은?

① 인체 주위의 공기온도가 너무 낮을 때
② 인체 주위의 기류속도가 작을 때
③ 주위 벽면의 온도가 낮을 때
④ 주위 공기의 습도가 낮을 때

> 콜드 드래프트는 인체 주위의 기류속도가 클 때 심해진다.

15 기계환기 중 송풍기와 배풍기를 이용하며 대규모 보일러실, 변전실 등에 적용하는 환기법은?

① 1종 환기   ② 2종 환기
③ 3종 환기   ④ 4종 환기

> 송풍기와 배풍기를 동시에 이용하는 환기를 1종 환기라 하며 대규모 건물의 공조설비나, 변전실, 보일러실 등에 적용한다.

16 유인 유닛(IDU)방식에 대한 설명으로 틀린 것은?

① 각 유닛마다 제어가 가능하므로 개별실 제어가 가능하다.
② 송풍량이 많아서 외기 냉방효과가 크다.
③ 냉각, 가열을 동시에 하는 경우 혼합손실이 발생한다.
④ 유인 유닛에는 동력배선이 필요 없다.

> 유인 유닛(IDU)방식은 수공기 방식으로 송풍량이 적어서 외기 냉방효과는 적다.

17 매 시간마다 50ton의 석탄을 연소시켜 압력 8MPa, 온도 500℃의 증기 320ton을 발생시키는 보일러의 효율은? (단, 급수 엔탈피는 505kJ/kg, 발생증기 엔탈피 3413kJ/kg, 석탄의 저위발열량은 23100kJ/kg이다.)

① 78%   ② 81%
③ 88%   ④ 92%

> 효율 = $\dfrac{출력}{입력}$ = $\dfrac{320 \times 1000(3413-505)}{50 \times 1000 \times 23100}$
> = 0.806 = 81%

18 습공기 선도에서 상태점 A의 노점온도를 읽는 방법으로 옳은 것은?

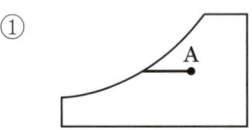 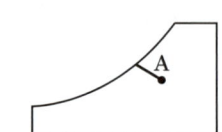

 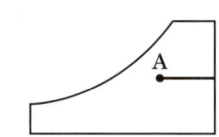

> ① : 노점온도, ② : 습구온도, ③ : 건구온도, ④ : 절대습도

19 온풍 난방의 특징으로 틀린 것은?

① 실내온도분포가 좋지 않아 쾌적성이 떨어진다.
② 보수, 취급이 간단하고, 취급에 자격자를 필요로 하지 않는다.
③ 설치 면적이 적어서 설치장소에 제한이 없다.
④ 열용량이 크므로 착화 즉시 난방이 어렵다.

> 온풍 난방은 열용량이 적어서 착화 즉시 난방이 쉽고 정지 시 금방 상온으로 회복된다.

20 실내에 존재하는 습공기의 전열량에 대한 현열량의 비율을 나타낸 것은?

① 바이패스 팩터   ② 열수분비
③ 현열비   ④ 잠열비

> 현열비 = $\dfrac{현열량}{전열량}$ = $\dfrac{현열}{현열+잠열}$

2 냉동냉장 설비

21 다음 설명 중 옳지 않은 것을 고르시오.

① 냉매설비의 내압시험과 기밀시험에 사용하는 압력은 게이지압력이다.
② 암모니아 냉동장치의 기밀시험에는 누설을 용이하게 확인할 수 있도록 이산화탄소(CO_2)로 설계압력까지 승압한다.
③ 압력용기의 기밀시험은 내압시험 후에 행하는 시험이다.
④ 냉매배관 공사를 완료한 냉동장치는 냉매의 충전 전에 냉매계통 전체에 대하여 기밀시험을 행하여야 한다.

> ② 암모니아 냉동장치의 기밀시험에는 이산화탄소를 사용할 수 없다. 잔류한 이산화탄소와 암모니아가 탄산암모늄의 분말을 생성하기 때문이다.

22 쇠고기(지방이 없는 부분) 5ton을 12시간 동안 30℃에서 0℃까지 냉각할 때의 냉동능력으로 옳은 것은? (단, 쇠고기의 동결점은 -2℃로, 쇠고기의 동결전 비열(지방이 없는 부분)은 0.88Wh/(kg·K)로, 동결후 비열은 0.49Wh/(kg·K), 동결잠열은 65.14Wh/kg으로 한다.)

① 11kW
② 13kW
③ 15kW
④ 17kW

> 이문제는 동결전까지 냉각하므로 동결전 비열로 냉각 현열만 계산한다.
> (여기서 비열단위
> Wh/(kg·K)=W×3600s/(kg·K)=3600J/(kg·K)
> =3.6kJ/(kg·K)이다.)
> $Q_2 = m \cdot C \cdot \Delta t = \dfrac{5000 \times 0.88 \times 3.6 \times (30-0)}{12h \times 3600} = 11\text{kJ/s}$
> =11kW

23 다음의 냉동장치 운전상태에 대한 설명 중 가장 옳지 않은 것을 고르시오.

① 냉장고에 고온의 물품이 들어오면 증발기의 부하가 증대하여 온도자동팽창밸브의 냉매유량이 증대하고 증발압력이 상승한다.
② 냉장고내의 물품이 냉각되어 증발기부하가 감소하면 증발압력이 저하하고, 응축부하는 증대하여 응축압력은 상승한다.
③ 냉장고의 증발기에 두껍게 착상하면 착상에 의해 열전도저항이 증가하여 증발기의 열 통과율이 감소한다.
④ 냉장고의 증발기에 두껍게 착상하면 증발압력이 저하되고, 팽창밸브의 냉매유량이 감소하므로 증발기의 냉각능력은 감소한다.

> ② 냉장고내에 물품이 냉각되어 증발기 열부하가 감소하면 증발온도가 낮아지고 과열도가 적게 된다. 이 때문에 온도자동 팽창밸브의 개도가 축소되어 냉매유량이 감소하게 되므로 증발압력, 압축기 흡입압력은 저하하며 또한 응축부하는 감소하고 응축압력은 저하한다.

24 냉동제조시설의 정밀안전기준에서 다음 냉매가스 중 누출될 경우 가장 위험성이 적은 가스는 무엇인가?

① 독성가스
② 가연성가스
③ 공기보다 무거운 가스
④ 공기보다 가벼운 가스

> 냉매가스가 누출될 경우 공기보다 가벼운 가스는 공기중으로 확산되어 무거운 가스보다 위험성이 적다.

25 냉매액이 팽창밸브를 지날 때 냉매의 온도, 압력, 엔탈피의 상태변화를 순서대로 올바르게 나타낸 것은?

① 일정, 감소, 일정
② 일정, 감소, 감소
③ 감소, 일정, 일정
④ 감소, 감소, 일정

> 팽창밸브에서는 냉매의 교축작용에 의해 압력과 온도는 저하되고 엔탈피가 일정한 등엔탈피 변화를 한다.

정답 21 ② 22 ① 23 ② 24 ④ 25 ④

26 자연계에 어떠한 변화도 남기지 않고 일정온도의 열을 계속해서 일로 변환시킬 수 있는 기관은 존재하지 않는다를 의미하는 열역학 법칙은?

① 열역학 제0법칙 ② 열역학 제1법칙
③ 열역학 제2법칙 ④ 열역학 제3법칙

> **열역학 제 2법칙**
> Kelvin-Planck표현 : 자연계에 어떠한 변화도 남기지 않고 일정온도의 열을 계속해서 일로 변환시킬 수 있는 기관은 존재하지 않는다. 즉, 열기관에서 작동유체가 외부에 일을 할 때에는 그 보다 더욱 저온의 물체를 필요로 한다는 것으로 저온의 물체에 열의 일부를 버릴 필요가 있다는 것을 설명하고 있다.

27 다음 냉동기의 T-S선도 중 습압축 사이클에 해당되는 것은?

①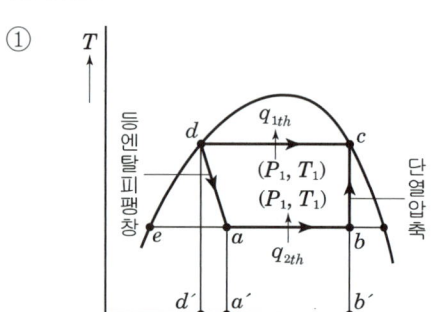

②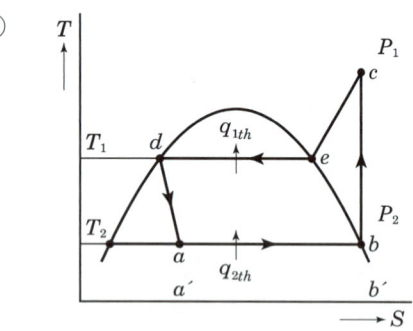

③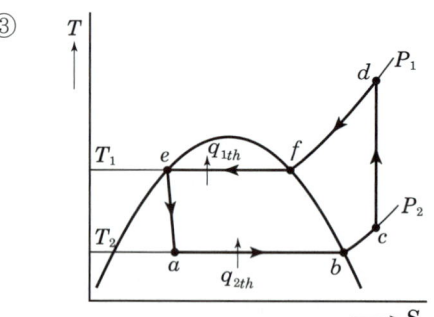

④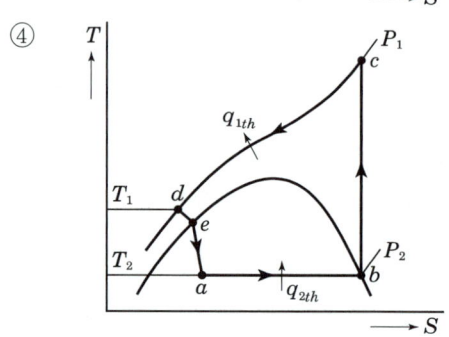

② 건압축 사이클
③ 과열압축 사이클
④ 임계압력 이상의 압축 사이클

28 압축기의 클리어런스가 클 때 나타나는 현상으로 가장 거리가 먼 것은?

① 냉동능력이 감소한다.
② 체적효율이 저하한다.
③ 토출가스 온도가 낮아진다.
④ 윤활유가 열화 및 탄화된다.

> 압축기의 톱 클리어런스가 크면 압축가스의 재 팽창 및 압축에 의해 토출가스온도가 상승한다.

정답 26 ③   27 ①   28 ③

29 냉동장치의 냉매 액관 일부에서 발생한 플래쉬 가스가 냉동장치에 미치는 영향으로 옳은 것은?

① 냉매의 일부가 증발하면서 냉동유를 압축기로 재순환시켜 윤활이 잘된다.
② 압축기에 흡입되는 가스에 액체가 혼입되어서 흡입체적효율을 상승시킨다.
③ 팽창밸브를 통과하는 냉매의 일부가 기체이므로 냉매의 순환량이 적어져 냉동능력을 감소시킨다.
④ 냉매의 증발이 왕성해짐으로서 냉동능력을 증가시킨다.

> **플래시 가스**
> 냉동장치의 냉매 액관 일부에서 발생한 플래시 가스는 팽창밸브의 능력을 감퇴시켜 냉매순환량이 줄어들어 냉동능력을 감소시킨다.

30 왕복동 압축기에서 -30~-70℃ 정도의 저온을 얻기 위해서는 2단 압축 방식을 채용한다. 그 이유로 틀린 것은?

① 토출가스의 온도를 높이기 위하여
② 윤활유의 온도 상승을 피하기 위하여
③ 압축기의 효율 저하를 막기 위하여
④ 성적계수를 높이기 위하여

> 증발온도가 대단히 낮거나 응축온도가 높을 경우 냉동효과가 감소하고, 압축일량이 증가하여 성적계수가 감소한다. 그러므로 2단 압축방식을 채택할 때의 장점은 다음과 같다.
> ㉠ 냉동효과의 증대　　㉡ 압축일량의 감소
> ㉢ 성적계수의 향상　　㉣ 토출가스온도 강하
> ㉤ 윤활유의 온도 상승방지　㉥ 압축기 효율저하 방지

31 하루에 10ton의 얼음을 만드는 제빙장치의 냉동부하[kJ/h]는? (단, 물의 온도는 20℃, 생산되는 얼음의 온도는 -5℃이며, 이 때 제빙장치의 효율은 0.8이다.)

① 180572　　② 200482
③ 222969　　④ 283009

> (1) 20℃ 물 10ton을 0℃의 물로 만드는 데 제거해야 할 열량
> $q_s = mc\Delta t = 10 \times 10^3 \times 4.2 \times (20-0) = 840000$ [kJ]
> (2) 0℃ 물 10ton을 0℃의 얼음으로 만드는 데 제거해야 할 열량
> $q_L = mr = 10 \times 10^3 \times 333.6 = 3336000$ [kJ]
> (3) 0℃ 얼음 10ton을 -5℃의 얼음으로 만드는 데 제거해야 할 열량
> $q_s = mc\Delta t = 10 \times 10^3 \times 2.1 \times \{0-(-5)\} = 105000$ [kJ]
> ∴ 냉동부하 $= \dfrac{(840000+3336000+105000)/24}{0.8}$
> $= 222969$ [kJ/h]

32 상태 A에서 B로 가역 단열변화를 할 때 상태변화로 옳은 것은? (단, S : 엔트로피, h : 엔탈피, T : 온도, P : 압력이다.)

① $\Delta S = 0$　　② $\Delta h = 0$
③ $\Delta T = 0$　　④ $\Delta P = 0$

> **단열변화**
> ① 엔트로피 $\Delta S = \dfrac{\Delta Q}{T}$ 에서 $dQ=0$이므로 $\Delta S=0$이다.
> ② 엔탈피 $\Delta h = C_P(T_2 - T_1) = -W_t$
> ③ 온도 $\Delta T =$ 상승 또는 하강
> ④ 압력 $\Delta P =$ 상승 또는 하강

33 다음 중 스크롤 압축기에 관한 설명으로 틀린 것은?

① 인벌류트 치형의 두 개의 맞물린 스크롤의 부품이 선회운동을 하면서 압축하는 용적형 압축기이다.
② 토그 변동이 적고 압축요소의 미끄럼 속도가 늦다.
③ 용량제어 방식으로 슬라이드 밸브방식, 리프트밸브 방식 등이 있다.
④ 고정스크롤, 선회스크롤, 자전방지 커플링, 크랭크축 등으로 구성되어 있다.

> 스크롤 압축기의 용량제어방식은 회전식과 같이 발정(on-off)제어 이외의 방식은 하기 힘들다. 슬라이드 밸브방식은 스크루 압축기의 용량제어방식이고 리프트밸브 방식은 고속다기통 압축기에서 행하는 방식이다.
> 최근 스크롤 압축기는 인버터를 부착하여 회전수로 용량을 제어하고 있다.

정답　29 ③　30 ①　31 ③　32 ①　33 ③

34 고온가스에 의한 제상 시 고온가스의 흐름을 제어하기 위해 사용되는 것으로 가장 적절한 것은?

① 모세관
② 전자밸브
③ 체크밸브
④ 자동팽창밸브

> **고온가스 제상(hot gas defrost)**
> 핫가스(Hot gas)제상을 하는 소형 냉동장치에 있어서 핫가스의 흐름을 제어하는 것은 솔레노이드밸브(전자밸브)이다.

35 냉동장치의 운전 중에 저압이 낮아질 때 일어나는 현상이 아닌 것은?

① 흡입가스 과열 및 압축비 증대
② 증발온도 저하 및 냉동능력 증대
③ 흡입가스의 비체적 증가
④ 성적계수 저하 및 냉매순환량 감소

> **증발압력(온도)강하 = 저압이 낮아질 때**
> ㉠ 압축비의 증대
> ㉡ 토출가스 온도 상승
> ㉢ 체적 효율 감소
> ㉣ 냉매 순환량 감소
> ㉤ 냉동 효과 감소
> ㉥ 성적계수 감소
> ㉦ 흡입가스 비체적 증가
> ㉧ 실린더 과열
> ㉨ 윤활유 열화 및 탄화
> ㉩ 소요 동력 증대

36 다음 냉동기의 안전장치와 가장 거리가 먼 것은?

① 가용전
② 안전밸브
③ 핫 가스장치
④ 고, 저압 차단스위치

> **고온가스 제상(hot gas defrost)**
> 건식 증발기와 같이 냉매 공급량이 적은 증발기에 많이 사용하는 방법으로 고온, 고압의 토출 가스를 증발기에 보내어 응축시킴으로써 그 응축열을 이용하여 제상하는 방법이다.

37 응축기에 대한 설명으로 틀린 것은?

① 응축기는 압축기에서 토출한 고온가스를 냉각시킨다.
② 냉매는 응축기에서 냉각수에 의하여 냉각되어 압력이 상승한다.
③ 응축기에는 불응축가스가 잔류하는 경우가 있다.
④ 응축기 냉각관의 수측에 스케일이 부착되는 경우가 있다.

> ② 냉매는 응축기에서 냉각수에 의해 냉각되며 압력은 유입되는 양만큼 응축이 되는 과정으로 압력이 일정하게 유지된다. 다만 어떤 원인으로 응축 불량이 되었을 경우에는 응축압력이 상승하고 응축이 과대할 경우에는 압력이 강하한다.

38 냉동장치의 부속기기에 관한 설명으로 옳은 것은?

① 드라이어 필터는 프레온 냉동장치의 흡입배관에 설치해 흡입증기 중의 수분과 찌꺼기를 제거한다.
② 수액기의 크기는 장치내의 냉매순환량만으로 결정한다.
③ 운전 중 수액기의 액면계에 기포가 발생하는 경우는 다량의 불응축가스가 들어있기 때문이다.
④ 프레온 냉매의 수분 용해도는 작으므로 액 배관 중에 건조기를 부착하면 수분제거에 효과가 있다.

> ① 드라이어 필터는 프레온 냉동장치의 냉매 액관에 설치해 냉매 중의 수분과 찌꺼기를 제거한다.
> ② 수액기의 크기는 장치내의 냉매 충전량으로 결정하고 수리할 때에 냉매액의 대부분을 회수할 수 있는 크기로 하고, 회수하는 용량은 내용적의 80% 이내로 한다.
> ③ 운전 중 수액기의 액면계에 기포가 발생하는 경우는 냉매의 일부의 증발현상 때문이다.

39 냉매가 암모니아일 경우는 주로 소형, 프레온일 경우에는 대용량까지 광범위하게 사용되는 응축기로 전열에 양호하고, 설치면적이 적어도 되나 냉각관이 부식되기 쉬운 응축기는?

① 이중관식 응축기
② 입형 셸 엔드 튜브식 응축기
③ 횡형 셸 엔드 튜브식 응축기
④ 7통로식 횡형 셸 앤드식 응축기

정답 34 ② 35 ② 36 ③ 37 ② 38 ④ 39 ③

횡형 셸 엔드 튜브식 응축기
㉠ 암모니아, 프레온용으로 소형에서 대형까지 많이 사용된다.
㉡ 냉각수 소비량이 비교적 적다.(증발식 응축기 다음으로 1RT당 12L가 소비된다.)
㉢ 수액기와 겸용으로 사용된다.
㉣ 일반적으로 쿨링 타워(Cooling tower)를 사용한다.
㉤ 전열이 양호하고, 설치면적이 비교적 적다.
㉥ 냉각관 청소가 곤란하고 청소시 운전을 정지해야 한다.
㉦ 과부하 운전이 곤란하고 냉각관의 부식이 잘된다.

40 비열에 관한 설명으로 옳은 것은?

① 비열이 큰 물질일수록 빨리 식거나 빨리 더워진다.
② 비열의 단위는 kJ/kg 이다.
③ 비열이란 어떤 물질 1kg을 1℃ 높이는데 필요한 열량을 말한다.
④ 비열비는 $\dfrac{정압비열}{정적비열}$ 로 표시되며 그 값은 R-22가 암모니아 가스보다 크다.

① 비열이 작은 물질일수록 빨리 식거나 빨리 더워진다.
② 비열의 단위는 kJ/kg·℃(공학단위 : kcal/kg·℃) 이다.
④ 비열비 = $\dfrac{정압비열}{정적비열}$ 로 표시되며 암모니아는 1.313, R-22는 1.18로 암모니아 가스가 크다.

3 공조냉동 설치·운영

41 암모니아 냉동설비의 배관으로 사용하기에 가장 부적절한 배관은?

① 이음매 없는 동관
② 저온 배관용 강관
③ 배관용 탄소강 강관
④ 배관용 스테인리스 강관

암모니아는 동관을 부식시키므로 주로 강관을 사용한다.

42 압축공기 배관시공 시 일반적인 주의사항으로 틀린 것은?

① 공기 공급배관에는 필요한 개소에 드레인용 밸브를 장착한다.
② 주관에서 분기관을 취출할 때에는 관의 하단에 연결하여 이물질 등을 제거한다.
③ 용접개소를 가급적 적게 하고 라인의 중간 중간에 여과기를 장착하여 공기 중에 섞인 먼지 등을 제거한다.
④ 주관 및 분기관의 관 끝에는 과잉의 압력을 제거하기 위한 불어내기(blow)용 게이트 밸브를 설치한다.

압축공기 배관시공 시 주관에서 분기관을 취출할 때에는 관의 상단에 연결하여 물기나이물질 등이 유입되지 않도록 한다.

43 캐비테이션 현상의 발생조건으로 옳은 것은?

① 흡입양정이 작을 경우 발생한다.
② 액체의 온도가 낮을 경우 발생한다.
③ 날개차의 원주속도가 작을 경우 발생한다.
④ 날개차의 모양이 적당하지 않을 경우 발생한다.

캐비테이션 발생 조건은 압력이 낮은 경우 이므로 흡입양정이 클 때, 액체의 온도가 높을 경우, 날개차의 원주 속도가 클 경우 발생한다.

44 건물의 시간당 최대 예상 급탕량이 2000kg/h 일 때, 도시가스를 사용하는 급탕용 보일러에서 필요한 가스 소모량은? (단, 급탕온도 60℃, 급수온도 20℃, 도시가스 발열량 63000kJ/kg, 보일러 효율이 95%이며, 열손실 및 예열부하는 무시한다.)

① 5.6kg/h ② 6.6kg/h
③ 7.6kg/h ④ 8.6kg/h

급탕부하와 가스발열량의 열평형식에서
$GH\eta = WC\Delta t$
$G = \dfrac{WC\Delta t}{H\eta} = \dfrac{2000 \times 4.2(60-20)}{63000 \times 0.95} = 5.6 kg/h$

정답 40 ③ 41 ① 42 ② 43 ④ 44 ①

45 냉동장치의 안전장치 중 압축기로의 흡입압력이 소정의 압력 이상이 되었을 경우 과부하에 의한 압축기용 전동기의 위험을 방지하기 위하여 설치되는 밸브는?

① 흡입압력 조정밸브
② 증발압력 조정밸브
③ 정압식 자동팽창밸브
④ 저압측 플로트밸브

> 흡입압력 조정밸브는 압축기로의 흡입압력이 일정 압력 이상이 되었을 경우 작동하여 압축기용 전동기의 위험을 방지한다.

46 아래와 같은 동관배관 평면도에서 용접용 부속을 사용하여 공사할 때 동관 용접개소는 몇 개소인가?

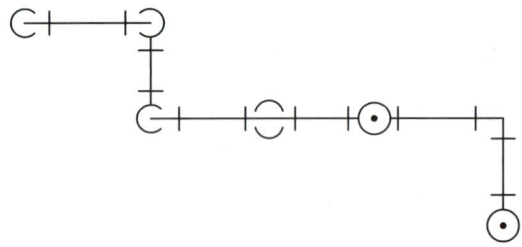

① 9개소
② 16개소
③ 20개소
④ 28개소

> 위 평면도를 겨냥도(입체도)로 그려보면 엘보는 7개이고 티이는 2개이며 엘보 1개당 용접 2개소, 티이 1개당 3개소 이므로 용접개소는 총 20개소이다.

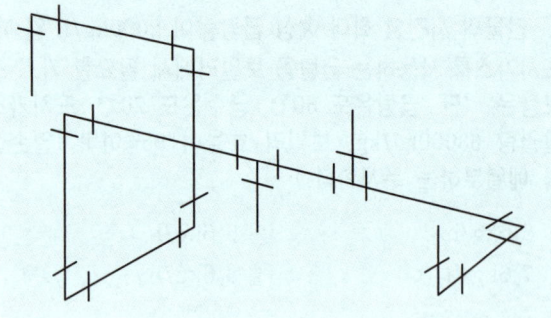

47 공조 배관 도면 검토 시 확인사항으로 가장 부적합한 것은?

① 장비의 배치 및 배관입상의 위치가 건물배치와 동일하도록 계통도를 작성할 것
② 옥외에 노출되거나 외기의 영향을 받기 쉬운 곳에 설치되는 배관은 동파대책과 열화대책을 확보할 것
③ 입상관에 대한 앵카 및 신축이음은 유체별로 신축량을 구분하여 설치
④ 분기부에는 원칙적으로 체크밸브를 설치할 것

> 분기부에는 원칙적으로 분기밸브를 설치할 것

48 냉동기 운전중 냉수온도가 상승하는 경우 원인으로 가장 거리가 먼 것은?

① 냉매 충전 과다
② 베인콘트롤 혹은 베인동작레버의 부정확한 동작
③ 압축기의 회전방향이 틀림
④ 응축기나 증발기의 튜브오염

> 냉매 충전 과다는 냉수 온도 상승 원인은 아니다.

49 아래 상당관표와 동시사용율표를 이용하여 조건과 같은 급수 배관 본관 관경을 구하시오.

【조건】
급수 배관 본관에 세면기(15A) 17대가 연결되는 경우 본관의 관경 선정

① 20A ② 25A
③ 32A ④ 40A

표. 상당관표

관경	15A	20A	25A	32A	40A
15A	1				
20A	2	1			
25A	3.7	1.8	1		
32A	7.2	3.6	2	1	
40A	11	5.3	2.9	1.5	1
50A	20	10	5.5	2.8	1.9
65A	31	15	8.5	4.3	2.9

표. 동시사용률

기구수	2	3	4	5	6	7	8	9	10	17
%	100	80	75	70	65	60	58	55	53	46

세면기 1대는 15A상당관으로 1이며 세면기 17대인 경우 17이다.
동시사용률은 46%이므로 동시개구수는 17×0.46=7.82
상당관표에서 15A 7.82는 직상으로 11항에서 40A를 선정한다.

50 다음중 보일러의 유지관리항목으로 가장 거리가 먼 것은?

① 사용압력(사용온도)의 점검
② 버너노즐의 carbon부착상태 점검
③ 증발압력, 응축압력의 정상여부 점검
④ 수면측정장치의 기능점검

증발압력, 응축압력의 정상여부 점검은 냉동기 점검항목이다.

51 서보전동기에 대한 설명으로 틀린 것은?

① 정·역운전이 가능하다.
② 직류용은 없고 교류용만 있다.
③ 급가속 및 급감속이 용이하다.
④ 속응성이 대단히 높다.

서보 전동기의 특징
(1) 기동, 정지, 정·역 운전을 자주 반복할 수 있어야 한다.
(2) 저속이며 거침없이 운전이 가능하여야 한다.
(3) 제어범위가 넓고 특성 변경이 쉬워 급가속 및 급감속이 용이하여야 한다.
(4) 전기자를 작고 길게 제작하여 관성모멘트를 작게 하여야 한다.
(5) 시정수가 작고, 속응성이 커서 신뢰도가 높아야 한다.
(6) 직류용과 교류용이 있으며 기동토크는 직류용이 더 크다.
(7) 발열이 심하여 냉각장치를 필요로 한다.

52 반지름 1.5[mm], 길이 2[km]인 도체의 저항이 32[Ω]이다. 이 도체가 지름이 6[mm], 길이가 500[m]로 변할 경우 저항은 몇 [Ω]이 되는가?

① 1 ② 2
③ 3 ④ 4

$R = \rho \dfrac{l}{A} = \rho \dfrac{l}{\pi r^2} = \rho \dfrac{4l}{\pi D^2}$ [Ω] 식에서

$r = 1.5$[mm], $l = 2$[km]일 때 $R = 32$[Ω]일 때

$\rho = \dfrac{R\pi r^2}{l} = \dfrac{32\pi \times (1.5 \times 10^{-3})^2}{2 \times 10^3}$

$= 1.13 \times 10^{-7}$ [Ω·m] 이므로

$D' = 6$[mm], $l' = 500$[m]인 경우 저항 R'는

$\therefore R' = \rho \dfrac{4l'}{\pi (D')^2}$

$= 1.13 \times 10^{-7} \times \dfrac{4 \times 500}{\pi \times (6 \times 10^{-3})^2}$

$= 2$[Ω]

정답 49 ④ 50 ③ 51 ② 52 ②

53 기계적 변위를 제어량으로 해서 목표값의 임의의 변화에 추종하도록 구성되어 있는 것은?

① 자동조정 ② 서보기구
③ 정치제어 ④ 프로세스제어

> 서보기구 제어는 기계적 변위를 제어량으로 해서 목표값의 임의의 변화에 항상 추종되도록 하는 추종제어인 경우이다. 위치, 방향, 자세, 각도, 거리 등을 제어한다.

54 그림과 같은 신호 흐름선도에서 $\dfrac{C}{R}$를 구하면?

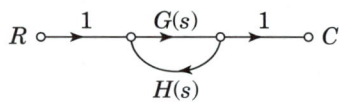

① $\dfrac{G(s)}{1+G(s)H(S)}$ ② $\dfrac{G(s)H(s)}{1-G(s)H(S)}$

③ $\dfrac{G(s)H(s)}{1+G(s)H(S)}$ ④ $\dfrac{G(s)}{1-G(s)H(S)}$

> $G(s) = \dfrac{\text{전향이득}}{1-\text{루프이득}}$ 식에서
> 전향이득 = $G(s)$,
> 루프이득 = $G(s)H(s)$ 이므로
> ∴ $G(s) = \dfrac{C}{R} = \dfrac{G(s)}{1-G(s)H(s)}$

55 변압기의 정격용량은 2차 출력단자에서 얻어지는 어떤 전력으로 표시하는가?

① 피상전력 ② 유효전력
③ 무효전력 ④ 최대전력

> 변압기의 정격과 단위
> 정격용량[kVA], 정격전압[V], 정격전류[A], 정격주파수[Hz]
> ∴ 변압기의 정격용량은 [kVA] 단위로 표현하는 피상전력 성분이다.

56 유도전동기의 역률을 개선하기 위하여 일반적으로 많이 사용되는 방법은?

① 조상기 병렬접속 ② 콘덴서 병렬접속
③ 조상기 직렬접속 ④ 콘덴서 직렬접속

> 진상용콘덴서
> 부하의 역률이 저하되는 이유는 유도전동기에 흐르는 지상전류 때문이므로 콘덴서를 병렬로 접속하여 진상전류를 공급하면 병렬공진의 영향으로 역률이 개선된다.
> ∴ 역률개선하기 위한 콘덴서는 병렬 접속한다.

57 그림과 같은 시퀀스 제어 회로가 나타내는 것은?
(단, A와 B는 푸시버튼스위치, R은 전자접촉기, L은 램프이다.)

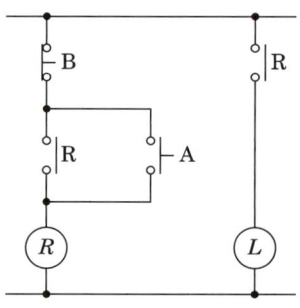

① 인터록 ② 자기유지
③ 지연논리 ④ NAND논리

> 자기유지회로
> 유접점 시퀀스 회로에서 입력 A를 누른 후에 손을 떼어도 R의 출력이 계속하여 여자상태가 유지되도록 하는 기능을 자기유지 기능이라 하며 이러한 시퀀스 제어 회로를 자기유지회로라 한다.

58 궤환제어계에서 제어요소란?

① 조작부와 검출부
② 조절부와 검출부
③ 목표값에 비례하는 신호 발생
④ 동작신호를 조작량으로 변화

> 제어요소는 조절부와 조작부로 이루어져 있으며 동작신호를 조작량으로 변환하는 장치이다.

59 플레밍(Fleming)의 오른손 법칙에 따라 기전력이 발생하는 원리를 이용한 기기는?

① 교류발전기   ② 교류전동기
③ 교류정류기   ④ 교류용접기

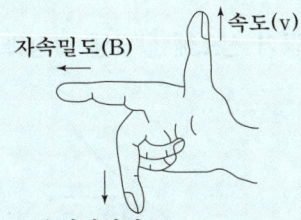

플레밍의 오른손 법칙

그림. 플레밍의 왼손법칙

> 자속밀도 $B[Wb/m^2]$가 균일한 자기장 내에서 도체가 속도 $v[m/s]$로 운동하는 경우 도체에 발생하는 유기기전력 $e[V]$의 크기를 구하기 위한 법칙으로서 발전기의 원리에 적용된다.
> $e = \int (v \times B) \cdot dl = vBl\sin\theta [V]$
> 여기서 e : 유기기전력(중지), v : 도체의 운동속도(엄지),
> B : 자속밀도(검지), l : 도체의 길이

60 전류계의 측정범위를 넓히기 위하여 이용되는 기기는 무엇이며, 이것은 전류계와 어떻게 접속하는가?

① 분류기-직렬접속   ② 분류기-병렬접속
③ 배율기-직렬접속   ④ 배율기-병렬접속

> **전류계**
> (1) 전류계는 측정하려는 단자에 직렬로 접속하는 계기로서 내부저항은 작게 설계하여야 한다.
> (2) 전류계의 측정범위를 확대하기 위해서는 전류계와 병렬로 분류기를 설치하여야 한다.

기출문제 제4회 핵심 기출문제

1 공기조화 설비

01 온수난방의 특징에 대한 설명으로 틀린 것은?

① 증기난방보다 상하온도 차가 적고 쾌감도가 크다.
② 온도조절이 용이하고 취급이 증기보일러보다 간단하다.
③ 예열시간이 짧다.
④ 보일러 정지 후에도 실내난방은 여열에 의해 어느 정도 지속된다.

> 온수난방에서 온수량이 많고 열용량이 커서 예열시간은 증기난방보다 길다.

02 냉방시의 공기조화 과정을 나타낸 것이다. 그림과 같은 조건일 경우 냉각코일의 바이패스 팩터는?
(단, ① 실내공기의 상태점, ② 외기의 상태점, ③ 혼합공기의 상태점, ④ 취출공기의 상태점, ⑤ 코일의 장치노점온도 이다.)

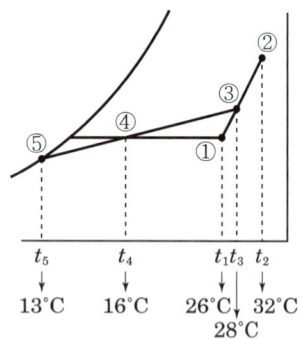

① 0.15 ② 0.20
③ 0.25 ④ 0.30

> 바이패스 팩터(BF) = $\dfrac{④-⑤}{③-⑤} = \dfrac{16-13}{28-13} = 0.2$

03 공기정화를 위해 설치한 프리필터 효율을 η_p, 메인필터 효율을 η_m이라 할 때 종합효율을 바르게 나타낸 것은?

① $\eta_T = 1 - (1-\eta_p)(1-\eta_m)$
② $\eta_T = 1 - (1-\eta_P)/(1-\eta_m)$
③ $\eta_T = 1 - (1-\eta_p) \cdot \eta_m$
④ $\eta_T = 1 - \eta_p \cdot (1-\eta_m)$

> 종합효율 = 유입농도 – 유출농도 로 표현할 수 있다.
> 유입농도를 1이라할 때 프리필터(η_p)를 통과하면 $1-\eta_p$가 되고 다시 메인필터(η_m)를 통과하면 $(1-\eta_p)(1-\eta_m)$가 최종 유출농도이므로 종합효율은 $\eta_T = 1-(1-\eta_p)(1-\eta_m)$이다.

04 아래 습공기 선도에 나타낸 과정과 일치하는 장치도는?

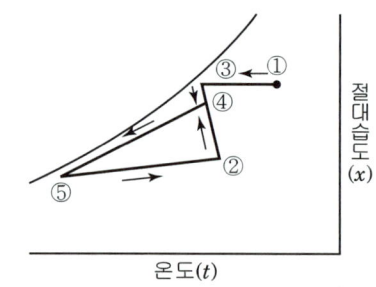

①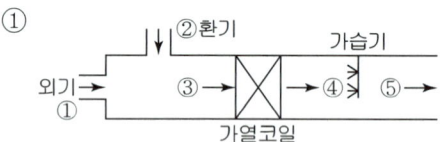

②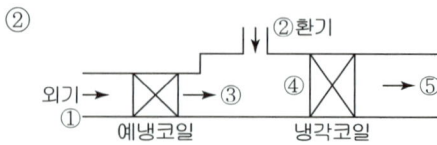

정답 01 ③ 02 ② 03 ① 04 ②

③
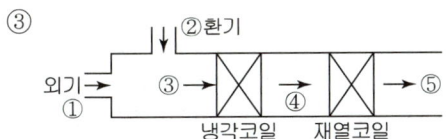

④
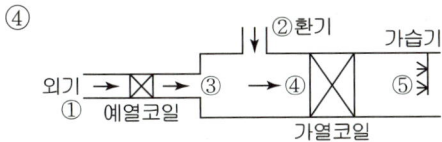

습공기선도는 외기(①)를 예냉한 후(③) 환기(②)와 혼합한 후 (④) 냉각코일로 냉각하여(⑤) 실내에 취출한다.

05 전공기 방식에 의한 공기조화의 특징에 관한 설명으로 틀린 것은?

① 실내공기의 오염이 적다.
② 계절에 따라 외기냉방이 가능하다.
③ 수배관이 없기 때문에 물에 의한 장치부식 및 누수의 염려가 없다.
④ 덕트가 소형이라 설치공간이 줄어든다.

전공기 방식은 덕트가 대형이고 설치공간이 커서 천장 속 공간이 커지므로 고층건물에서 층고와 건물 높이가 증가한다.

06 여름철을 제외한 계절에 냉각탑을 가동하면 냉각탑 출구에서 흰색 연기가 나오는 현상이 발생할 때가 있다. 이 현상을 무엇이라고 하는가?

① 스모그(smog) 현상
② 백연(白煙) 현상
③ 굴뚝(stack effect) 현상
④ 분무(噴霧) 현상

냉각탑 출구 주변공기 온도가 습공기의 노점온도 보다 낮을 경우 흰색 안개가 발생하는 현상을 백연현상이라 한다.

07 단일 덕트 방식에 대한 설명으로 틀린 것은?

① 단일 덕트 정풍량 방식은 개별제어에 적합하다.
② 중앙기계실에 설치한 공기조화기에서 조화한 공기를 주 덕트를 통해 각 실내로 분배한다.
③ 단일 덕트 정풍량 방식에서는 재열을 필요로 할 때도 있다.
④ 단일 덕트 방식에서는 큰 덕트 스페이스를 필요로 한다.

단일 덕트 정풍량 방식은 부하 변동에 대응하기가 어려워 개별제어에는 부적합하다

08 팬코일 유닛에 대한 설명으로 옳은 것은?

① 고속덕트로 들어온 1차 공기를 노즐에 분출시킴으로써 주위의 공기를 유인하여 팬코일로 송풍하는 공기조화기이다.
② 송풍기, 냉온수 코일, 에어필터 등을 케이싱 내에 수납한 소형의 실내용 공기조화기이다.
③ 송풍기, 냉동기, 냉온수코일 등을 기내에 조립한 공기조화기이다.
④ 송풍기, 냉동기, 냉온수코일, 에어필터 등을 케이싱 내에 수납한 소형의 실내용 공기조화기이다.

① – 유인유닛 방식,
② – 팬코일유닛 방식,
③, ④ – 패키지에어컨

09 풍량 450m³/min, 정압 50mmAq, 회전수 600rpm인 다익 송풍기의 소요동력은? (단, 송풍기의 효율은 50%이다.)

① 3.5 kW
② 7.4 kW
③ 11 kW
④ 15 kW

$$kW = \frac{Q \times p_s}{102 \times \eta} = \frac{450 \times 50}{60 \times 102 \times 0.5} = 7.4 kW$$

10 배관 계통에서 유량이 다르더라도 단위 길이당 마찰 손실이 일정하도록 관경을 정하는 방법은?

① 균등법 ② 정압재취득법
③ 등마찰손실법 ④ 등속법

> 등마찰손실법은 단위 길이당 마찰 손실이 일정하도록 관경을 정하는 방법이다.

11 다수의 전열판을 겹쳐 놓고 볼트로 연결시킨 것으로 판과 판 사이를 유체가 지그재그로 흐르면서 열교환 능력이 매우 높아 필요 설치면적이 좁고 전열관의 증감으로 기기 용량의 변동이 용이한 열교환기는?

① 플레이트형 열교환기 ② 스파이럴형 열교환기
③ 원통다관형 열교환기 ④ 회전형 전열교환기

> 플레이트형(판형) 열교환기는 판과 판 사이를 유체가 지그재그로 흐르도록 하여 열교환 효율이 높아 최근에 현장에서 주로 쓰이고 있다.

12 다음 그림에 대한 설명으로 틀린 것은? (단, 하절기 공기조화 과정이다.)

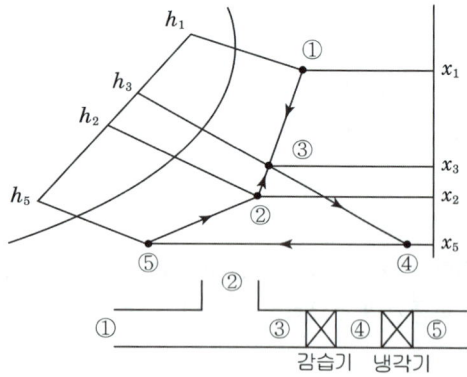

① ③을 감습기에 통과시키면 엔탈피 변화 없이 감습된다.
② ④는 냉각기를 통해 엔탈피가 감소되며 ⑤로 변화된다.
③ 냉각기 출구 공기 ⑤를 취출하면 실내에서 취득열량을 얻어 ②에 이른다.
④ 실내공기 ①과 외기②를 혼합하면 ③이 된다.

> 위 공조프로세스는 외기 ①과 실내공기 ②를 혼합하면 ③이 되고 ③을 감습기에 통과시키면 수분은 감소하고 온도는 상승하여 엔탈피 변화 없이 ④로 감습된다. ④는 냉각기를 통해 온도와 엔탈피가 감소되며 ⑤로 변화된다. 냉각기 출구 공기 ⑤를 실내에 취출하면 실내부하(취득열량)를 얻어 ②에 이른다.

13 다음과 같은 특징을 가지는 보일러로 가장 알맞은 것은?

> 지름이 큰 동체를 몸체로하여 그 내부에 노통과 연관을 동체 축에 평행하게 설치하여 연소실에서 화염은 1차적으로 노통 내부에서 열전달을 한후 2차적으로 연소가스는 연관 속으로 흘러가면서 내부에 있는 보일러수와 열전달을 한 후 연도로 배출되는 구조이다.

① 주철제 보일러
② 노통연관식 보일러
③ 수관식 보일러
④ 캐스케이드 보일러

> 노통연관식 보일러는 지름이 큰 동체를 몸체로하여 그 내부에 노통과 연관을 동체 축에 평행하게 설치하여 연소실에서 화염은 1차적으로 노통 내부에서 열전달을 한후 2차적으로 연소가스는 연관 속으로 흘러가면서 내부에 있는 보일러수와 열전달을 한 후 연도로 배출되는 구조이다.

14 바이패스 팩터에 관한 설명으로 틀린 것은?

① 공기가 공기조화기를 통과할 경우, 공기의 일부가 변화를 받지 않고 원상태로 지나쳐갈 때 이 공기량과 전체 통과 공기량에 대한 비율을 나타낸 것이다.
② 공기조화기를 통과하는 풍속이 감소하면 바이패스 팩터는 감소한다.
③ 공기조화기의 코일열수 및 코일 표면적이 작을 때 바이패스 팩터는 증가한다.
④ 공기조화기의 이용 가능한 전열 표면적이 감소하면 바이패스 팩터는 감소한다.

공기조화기의 이용 가능한 전열 표면적이 감소하면 바이패스 팩터는 증가한다.

15 온도 30℃, 절대습도 0.0271 kg/kg인 습공기의 엔탈피는?

① 99.58 kJ/kg ② 47.88 kJ/kg
③ 23.73 kJ/kg ④ 11.98 kJ/kg

$h = C_{pa}t + x(\gamma + C_{pv}t)$
$= 1.01 \times 30 + 0.0271(2501 + 1.85 \times 30)$
$= 99.58 \, kJ/kg$

16 염화리튬, 트리에틸렌 글리콜 등의 액체를 사용하여 감습하는 장치는?

① 냉각감습장치 ② 압축감습장치
③ 흡수식감습장치 ④ 세정식감습장치

흡수식 감습장치는 염화리튬, 트리에틸렌 글리콜 등의 액체 흡수제를 사용하여 감습한다.

17 수관식 보일러에 관한 설명으로 틀린 것은?

① 보일러의 전열면적이 넓어 증발량이 많다.
② 고압에 적당하다.
③ 비교적 자유롭게 전열 면적을 넓힐 수 있다.
④ 구조가 간단하여 내부 청소가 용이하다.

수관식 보일러는 구조가 복잡하여 내부 청소가 어렵고 고도의 수처리가 필요하다.

18 실내 취득 현열량 및 잠열량이 각각 3000W, 1000W, 장치 내 취득열량이 550W이다. 실내 온도를 25℃로 냉방하고자 할 때, 필요한 송풍량은 약 얼마인가? (단, 취출구 온도차는 10℃이다.)

① 105.6 L/s ② 150.8 L/s
③ 295.8 L/s ④ 346.6 L/s

취출구 온도차를 이용하여 송풍량을 계산할 때는 실내 취득 현열량(3000W)과 장치취득열량(550W)을 고려한다.

$Q = \dfrac{q_s}{\gamma C \Delta t} = \dfrac{3000 + 550}{1.2 \times 1.0 \times 10} = 295.8 L/s$

현열부하가 kW이면 풍량은 m³/s이고 W이면 풍량은 L/s이다.

19 축열시스템의 특징에 관한 설명으로 옳은 것은?

① 피크 컷(peak cut)에 의해 열원장치의 용량이 증가한다.
② 부분부하 운전에 쉽게 대응하기가 곤란하다.
③ 도시의 전력수급상태 개선에 공헌한다.
④ 야간운전에 따른 관리 인건비가 절약된다.

축열시스템은 피크 컷(peak cut)에 의해 열원장치의 용량이 감소하며, 부분부하 운전에 쉽게 대응하고, 피크부하에 따른 전력소비가 적어 도시의 전력수급상태 개선에 공헌하며 야간 운전에 따른 관리 인건비가 증가한다.

20 실내 온도분포가 균일하여 쾌감도가 좋으며 화상의 염려가 없고 방을 개방하여도 난방효과가 있는 난방방식은?

① 증기난방 ② 온풍난방
③ 복사난방 ④ 대류난방

복사난방은 복사열을 이용하므로 쾌감도가 좋으며 화상의 염려가 없고 방을 개방하여도 난방효과가 우수하여 고천장에 쓰인다.

정답 15 ① 16 ③ 17 ④ 18 ③ 19 ③ 20 ③

2 냉동냉장 설비

21 암모니아 냉동장치에서 팽창밸브 직전의 엔탈피가 538kJ/kg, 압축기 입구의 냉매가스 엔탈피가 1667kJ/kg이다. 이 냉동장치의 냉동능력이 12냉동톤일 때, 냉매순환량은? (단, 1냉동톤은 3.86 kW이다.)

① 3320 kg/h
② 3328 kg/h
③ 269 kg/h
④ 148 kg/h

> 냉매순환량 G
> $Q_2 = G \times q_2$ 에서
> $G = \dfrac{Q_2}{q_2} = \dfrac{12 \times 3.86 \times 3600}{1667 - 538} ≒ 148 [kg/h]$
> 여기서, Q_2 : 냉동능력[kW]
> q_2 : 냉동효과(압축기출구 냉매 엔탈피 - 압축기 입구 냉매 엔탈피)[kJ/kg]

22 다음 설명 가운데 옳지 않은 것을 고르시오.

① 진공시험에 사용하는 진공계는 문자판의 크기는 75mm 이상으로 하며 냉동장치의 연성계를 이용할 수 없다.
② 진공방치시험이란 냉동장치의 운전될 때 진공이 되는 부분에 대하여 행하는 시험이다.
③ 진공방치시험에서 방치시간은 수시간(4시간) 이상으로 방치 후, 시험하기 전보다도 5K(℃) 정도의 온도 변화에 대하여 진공도의 저하가 0.7kPa 이하로 되면 합격으로 한다.
④ 진공시험은 누설을 확인할 수 있으나 누설개소를 알 수는 없다.

> ② 진공방치시험은 냉매설비의 기밀을 최종적으로 확인하는 시험이며 동시에 장치나 배관내부에 침입한 수분제거도 행한다.

23 쇠고기(지방이 없는 부분) 5ton을 12시간 동안 30℃에서 −15℃까지 냉각할 때의 냉동능력으로 옳은 것은? (단, 쇠고기의 동결점은 −2℃로, 쇠고기의 동결전 비열(지방이 없는 부분)은 0.88Wh/(kg·K)로, 동결후 비열은 0.49Wh/(kg·K), 동결잠열은 65.14Wh/kg으로 한다.)

① 31.5kW
② 41.5kW
③ 51.7kW
④ 61.7kW

> 1) 30℃에서 −2℃까지 냉각현열부하
> $q = mC\Delta t = 5000 \times 0.88 \times 3.6 \times \{30-(-2)\} = 506,880 kJ$
> (여기서 비열단위
> Wh/(kg·K)=W×3600s/(kg·K)=3600J/(kg·K)
> =3.6kJ/(kg·K)이다.)
> 2) −2℃ 동결 시 잠열부하 :
> $q = m\gamma = 5000 \times 65.14 \times 3.6 = 1,172,520 kJ$
> 3) −2℃에서 −15℃까지 동결 냉각시킬 경우 냉각현열부하
> $q = mC\Delta t = 5000 \times 0.49 \times 3.6 \times \{-2-(-15)\} = 114,660 kJ$
> 따라서 12시간동안 5ton에 대한 전동결부하(냉동능력)는
> $kW = \dfrac{506,880 + 1,172,520 + 114,660 (kJ)}{12(h)} = 149,505 kJ/h$
> $= 41.53 kW$
> (냉동, 냉장 부하 문제는 냉각 시간 동안의 전체 동결부하(kJ)인지 단위시간 동안의 냉동 능력(kW)인지 정확히 구분해야한다)

24 다음의 설명은 냉동장치의 운전상태에 관한 것이다. 가장 옳지 않은 것을 고르시오.

① 일정한 응축압력 하에서 압축기의 흡입압력이 저하하면 압축비가 크게 되어 냉동능력은 증대한다.
② 암모니아 냉매의 경우 증발과 응축의 각각의 온도가 동일한 운전상태에서도 플루오르카본 냉매에 비하여 압축기 토출가스온도가 높다.
③ 냉장고의 냉동부하가 감소하면 증발온도는 저하하고 압축기 흡입압력은 저하한다.
④ 냉동장치를 운전개시 할 때에는 응축기의 냉각수 입·출구밸브가 열려있는 것을 확인한다.

> ① 일정한 응축압력 하에서는 압축기의 흡입압력의 저하에 의해 압축비가 증대하므로 압축기의 체적효율이 저하하고 또한 흡입증기의 비체적이 크게 되므로 냉매순환량이 감소하여 냉동능력이 감소한다.

정답 21 ④ 22 ② 23 ② 24 ①

25 매시 30℃의 물 2000 kg을 -10℃의 얼음으로 만드는 냉동장치가 있다. 이 냉동장치의 냉각수 입구온도가 32℃, 냉각수 출구온도가 37℃이며, 냉각수량이 60m³/h 일 때, 압축기의 소요동력은?

① 83 kW
② 88 kW
③ 90 kW
④ 117 kW

소요동력 W
$Q_1 = Q_2 + W$에서
$W = Q_1 - Q_2 = 350 - 267 = 83$
여기서,
응축부하 $Q_1 = 60 \times 10^3 \times 4.2 \times (37-32)/3600 = 350$ [kW]
냉동능력 $Q_2 = 2000 \times (4.2 \times 30 + 334 + 2.1 \times 10)/3600$
$= 267$ [kW]

26 두께 20cm인 콘크리트 벽 내면에, 두께 15cm인 스티로폼으로 방열을 하고, 그 내면에 두께 1cm의 내장 목재 판으로 벽을 완성시킨 냉장실의 벽면에 대한 열관류율 [W/m² K]은? (단, 열전도율 및 열전달률은 아래와 같다.)

재료	열전도율	
콘크리트	1.05 W/mK	
스티로폼	0.05 W/mK	
내장목재	0.18 W/mK	
공기막계수	외부	23 W/m²K
	내부	9.3 W/m²K

① 1.35
② 0.29
③ 0.13
④ 0.02

$$K = \frac{1}{\frac{1}{23} + \frac{20 \times 10^{-2}}{1.05} + \frac{15 \times 10^{-2}}{0.05} + \frac{1 \times 10^{-2}}{0.18} + \frac{1}{9.3}} \approx 0.29$$

27 카르노 사이클과 관련 없는 상태 변화는?

① 등온팽창
② 등온압축
③ 단열압축
④ 등적팽창

카르노 사이클(carnot cycle)
카르노 사이클은 이상적인 열기관 사이클로 아래 그림과 같이 등온팽창 → 단열팽창 → 등온압축 → 단열압축의 4과정으로 되어있다.

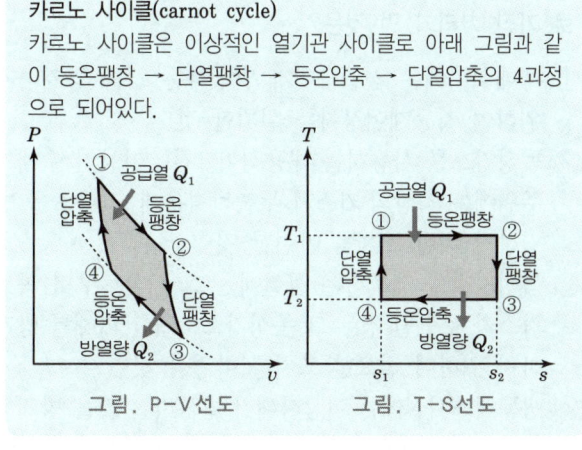

그림. P-V선도   그림. T-S선도

28 액봉발생의 우려가 있는 부분에 설치하는 안전장치가 아닌 것은?

① 가용전
② 파열관
③ 안전밸브
④ 압력도피장치

가용전(Fusible plug)
가용전은 75℃ 이하에서 용융하는 금속을 채운 것으로 내용적 500L 미만의 압력용기(응축기, 수액기)에 설치하여 용기 내의 온도가 이상(異常)상승 하였을 때 금속이 용융하여 내부의 냉매를 분출시켜 압력용기를 보호하는 안전장치이다.

29 냉동부하가 30RT이고, 냉각장치의 열통과율이 7W/m²K, 브라인의 입·출구 평균온도 10℃, 냉매의 증발 온도가 4℃일 때 전열면적은?

① 1825 m²
② 2757 m²
③ 2932 m²
④ 3123 m²

$Q_2 = KA \triangle t_m$ 에서
전열면적 $A = \dfrac{Q_2}{K \triangle t_m} = \dfrac{30 \times 3.86 \times 10^3}{7 \times (10-4)} \approx 2757$ [m²]
여기서, Q_2 : 냉동능력[kW]
K : 열통과율[kW/m²K]
$\triangle t_m$: 브라인 입·출구 평균온도와 증발온도차

정답 25 ① 26 ② 27 ④ 28 ① 29 ②

30 냉동제조시설의 안전을 위한 설비기준에 대한 설명으로 가장 거리가 먼 것은?

① 냉매설비에는 긴급사태가 발생하는 것을 방지하기 위하여 자동제어장치를 설치할 것
② 독성가스를 사용하는 내용적이 1천L 이상인 수액기 주위에는 액상의 가스가 누출될경우에 그 유출을 방지하기 위한 조치를 마련할 것
③ 독성가스를 제조하는 시설에는 그 시설로부터 독성가스가 누출될 경우 그 독성가스로인한 피해를 방지하기 위하여 필요한 조치를 마련할 것
④ 냉동제조시설에는 이상사태가 발생하는 것을 방지하고 이상사태 발생 시 그 확대를 방지하기 위하여 압력계 · 액면계 등 필요한 부대설비를 설치할 것

> 독성가스를 사용하는 내용적이 1만L 이상인 수액기 주위에는 액상의 가스가 누출될경우에 그 유출을 방지하기 위한 조치를 마련할 것

31 냉동사이클에서 증발온도는 일정하고 응축온도가 올라가면 일어나는 현상이 아닌 것은?

① 압축기 토출가스 온도상승
② 압축기 체적효율 저하
③ COP(성적계수) 증가
④ 냉동능력(효과) 감소

> 증기압축식 냉동 장치에서 증발온도를 일정하게 유지하고 응축온도가 상승되거나 응축온도가 일정한 상태에서 증발온도가 저하되면 압축비가 증대하여 다음과 같은 현상이 발생한다.
> ㉠ 압축비 증대
> ㉡ 토출가스 온도 상승
> ㉢ 실린더 과열
> ㉣ 윤활유의 열화 및 탄화
> ㉤ 체적효율 감소
> ㉥ 냉매순환량 감소
> ㉦ 냉동능력 감소
> ㉧ 소요동력 증대
> ㉩ 성적계수(COP) 감소
> ㉪ 플래시 가스 발생량이 증가

32 균압관의 설치 위치는?

① 응축기 상부 – 수액기 상부
② 응축기 하부 – 팽창변 입구
③ 증발기 상부 – 압축기 출구
④ 액분리기 하부 – 수액기 상부

> 균압관
> 응축기에서 수액기로 냉매액을 원활하게 유입하려고 할 경우에는 응축기 상부와 수액기 상부에 직경이 충분한 균압관을 설치한다.

33 증기압축식 이론 냉동사이클에서 엔트로피가 감소하고 있는 과정은?

① 팽창과정　　② 응축과정
③ 압축과정　　④ 증발과정

> 증기압축식 이론 냉동사이클에서 응축기의 응축과정은 정압 하에서 응축열을 방열하는 과정으로 엔트로피는 감소한다.

34 영화관을 냉방하는 데 1512000 kJ/h의 열을 제거해야 한다. 소요동력을 냉동톤당 1PS로 가정하면 이 압축기를 구동하는데 약 몇 kW의 전동기가 필요한가?

① 80 kW　　② 69.8 kW
③ 59.8 kW　　④ 49.8 kW

> (1) 냉방부하를 냉동톤으로 환산하면
> $$냉동톤(RT) = \frac{1512000}{3600 \times 3.86} = 108.81 RT$$
> (2) 1RT당 1PS로 가정한다고 하였으므로
> $108.81 \times 1 \times 0.735 = 80[kW]$

정답　30 ②　31 ③　32 ①　33 ②　34 ①

35 플래시 가스(flash gas)의 발생 원인으로 가장 거리가 먼 것은?

① 관경이 큰 경우
② 수액기에 직사광선이 비쳤을 경우
③ 스트레이너가 막혔을 경우
④ 액관이 현저하게 입상했을 경우

> **플래시 가스**
> 냉동장치의 냉매 액관 일부에서 발생한 플래시 가스는 팽창밸브의 능력을 감퇴시켜 냉매순환량이 줄어들어 냉동능력을 감소시킨다.
>
> **발생원인**
> ㉠ 액관의 입상높이가 매우 높을 때
> ㉡ 냉매순환량에 비하여 액관의 관경이 너무 작을 때
> ㉢ 배관에 설치된 스트레이너, 필터 등이 막혀 있을 때
> ㉣ 액관이 직사광선에 노출될 때
> ㉤ 액관이 냉매액 온도보다 높은 장소를 통과할 때

36 어떤 냉동장치의 냉동부하는 63000 kJ/h, 냉매증기 압축에 필요한 동력은 4 kW, 응축기 입구에서 냉각수 온도 32℃, 냉각수량 62 L/min일 때, 응축기 출구에서 냉각수 온도는? (단, 냉각수 비열 4.2 kJ/kgK로 한다)

① 37℃
② 38℃
③ 42℃
④ 46℃

> $Q_1 = Q_2 + W = mc(t_{w2} - t_{w1})$ 에서
>
> $t_{w2} = t_{w1} + \dfrac{Q_2 + W}{mc} = 32 + \dfrac{\left(\dfrac{63000}{3600}\right) + 4}{\left(\dfrac{62}{60}\right) \times 4.2} = 37[℃]$
>
> 여기서, Q_1 : 응축부하[kW]
> Q_2 : 냉동능력[kW]
> W : 소요동력[kW]
> m : 냉각수량[kg/s]
> c : 냉각수 비열[kJ/kgK]
> t_{w1}, t_{w2} : 냉각수 입구 및 출구 수온[℃]

37 압축기의 흡입 밸브 및 송출 밸브에서 가스누출이 있을 경우 일어나는 현상은?

① 압축일의 감소
② 체적 효율이 감소
③ 가스의 압력이 상승
④ 성적계수 증가

> **압축기의 흡입 밸브 및 송출 밸브에서 가스누출이 있을 경우**
> ㉠ 체적효율 감소   ㉡ 냉동능력 감소
> ㉢ 소요동력 증대   ㉣ 압축효율 감소
> ㉤ 토출가스온도 상승 ㉥ 압축일 증대

38 온도식 팽창밸브에서 흐르는 냉매의 유량에 영향을 미치는 요인으로 가장 거리가 먼 것은?

① 오리피스 구경의 크기
② 고·저압측 간의 압력차
③ 고압측 액상 냉매의 냉매온도
④ 감온통의 크기

> **온도식 자동팽창밸브(TEV : thermostatic expansion valve)**
> 온도식 자동팽창밸브의 냉매 유량에 영향을 미치는 요인은 오리피스 구경의 크기, 고·저압 측간의 압력차 고압측 액상 냉매의 온도에 의해 영향을 받으며 감온통의 크기에는 영향을 받지 않는다.

39 정압식 팽창 밸브는 무엇에 의하여 작동하는가?

① 응축 압력
② 증발기의 냉매 과냉도
③ 응축 온도
④ 증발 압력

> **정압식 팽창밸브**
> 정압식 팽창밸브는 증발기의 압력으로 작동하고, 증발압력이 상승하면 밸브가 닫히고 압력이 감소하면 밸브가 열려서 냉매유량을 조정하여 증발압력을 항상 일정하게 하는 작용을 하는 팽창 밸브로 증발온도가 일정한 냉장고와 같은 부하변동이 적은 소용량의 것에 적합하다.

정답 35 ① 36 ① 37 ② 38 ④ 39 ④

40 브라인의 구비조건으로 틀린 것은?

① 비열이 크고 동결온도가 낮을 것
② 점성이 클 것
③ 열전도율이 클 것
④ 불연성이며 불활성일 것

> 브라인의 구비조건
> ㉠ 열용량이 크고 전열(열전도율이 클 것)이 좋을 것
> ㉡ 점도가 적당할 것
> ㉢ 응고점(동결점)이 낮을 것
> ㉣ 금속에 대한 부식성이 적고 불연성일 것
> ㉤ 상변화가 잘 일어나지 않을 것
> ㉥ 비열이 클 것

3 공조냉동 설치·운영

41 다음과 같은 증기 난방배관에 관한 설명으로 옳은 것은?

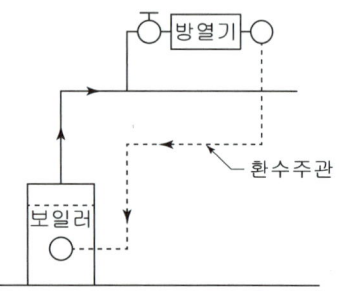

① 진공환수방식으로 습식 환수방식이다.
② 중력환수방식으로 건식 환수방식이다.
③ 중력환수방식으로 습식 환수방식이다.
④ 진공환수방식으로 건식 환수방식이다.

> 환수주관이 보일러 수위보다 위에 위치하므로 건식이며 중력환수식이다.

42 다음중 공기조화기의 유지관리항목으로 가장 거리가 먼 것은?

① 에어필터의 오염, 파손 및 기능점검
② spray 노즐의 점검
③ 버너노즐의 carbon부착상태 점검
④ 냉온수 코일 출입구의 온도측정(증기코일의 경우, 압력)

> 버너노즐의 carbon부착상태 점검은 보일러 점검항목이며, spray 노즐은 에어와셔 구성요소이다.

43 냉동기 유지 보수관리(오버홀 정비)에 대한 설명으로 가장 거리가 먼 것은?

① 유지보수관리 목적은 냉동기의 본래기능과 성능을 유지하고, 안정되고 효율적인 운전과 냉동기수명을 연장하는데 있다.
② 일반적으로 보수관리에 문제가 생겼을때 고장난 부분을 수리하는 방법을 "사후보전(유지관리)"이라 말한다.
③ 사전에 보수관리항목을 정해 계획적으로 대응하여 문제발생을 사전에 예방하는 방법을 "예방보전(오버홀)"이라 부른다.
④ 예방보전은 비용을 절약할 수 있을 것 같이 생각될 수 있지만 결과적으로 냉방시즌 최성수기에 불시에 문제가 발생하여 냉동기를 가동할 수 없게 되던가 치명적인 손상을 입는 경우가 많고 복구비용등 2차적인 피해를 고려하면 오히려 비경제적이다.

> ④는 사후보전을 설명하는 말이다.

44 다음 조건과 같은 냉온수 배관계통에서 전체 마찰저항(mAq)을 구하시오.

【조 건】
배관 직관 길이 100m, 국부저항은 직관저항의 50%로 한다. 배관경 선정시 마찰저항은 40mmAq/m 이하로 한다.

① 2 mAq 이하 ② 4 mAq 이하
③ 6 mAq 이하 ④ 8 mAq 이하

직관 배관에 대한 마찰저항은 1m당 40mmAq저항이 걸리므로
직관부 저항=100×40=4000mmAq=4mAq
국부저항=4×0.5=2mAq   전체마찰저항=4+2=6mAq

45 아래 버킷형 증기트랩(25×20×25) 주변 바이패스배관에서 A-B구간에 대한 수량산출에서 잘못된 것은?

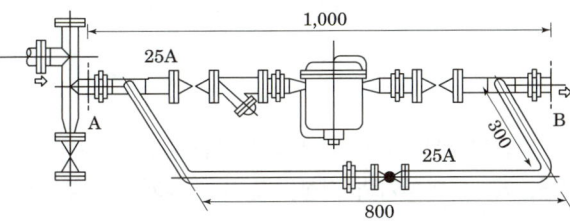

① 레듀서(25×20A) 2개
② 유니언(25A) 5개
③ 스트레이너(20A) 1개
④ 티(25A) 2개

버킷형 증기트랩(25×20×25) 주변 바이패스배관에서 트랩은 20A이므로 트랩 양단에 레듀서(25×20A)를 사용한다. 스트레이너는 레듀서 외측이므로 (25A, 1개)이며, 증기트랩은 (20A) 1개 이고, 글로브밸브(25A) 1개, 플랜지(25A) 7개이다. 이 도면은 부속류 수량 산출을 위하여 인위적으로 작도한 것으로 실제 플랜지 타입에서는 플랜지에서 분해 조립이 가능하여 유니언은 사용하지 않는 편이다.

46 공조배관 도면에서 표기할 사항으로 가장거리가 먼 것은?

① 배관의 종류
② 관경
③ 유체의 흐름방향
④ 배관 작용 압력

일반적으로 도면에 배관 작용 압력은 표기하지 않는다.

47 배수 배관에 관한 설명으로 틀린 것은?

① 배수 수평 주관과 배수 수평 분기관의 분기점에는 청소구를 설치해야 한다.
② 배수관경의 결정방법은 기구 배수 부하 단위나 정상 유량을 사용하는 2가지 방법이 있다.
③ 배수관경이 100A 이하일 때는 청소구의 크기를 배수관경과 같게 한다.
④ 배수 수직관의 관경은 수평 분기관의 최소 관경 이하가 되어야 한다.

배수 수직관의 관경은 수평 분기관의 최소 관경 이상이 되어야 한다.

48 증기난방에 비해 온수난방의 특징을 설명한 것으로 틀린 것은?

① 예열하는 데 많은 시간이 걸린다.
② 부하 변동에 대응한 온도 조절이 어렵다.
③ 방열면의 온도가 비교적 높지 않아 쾌감도가 좋다.
④ 설비비가 다소 고가이나 취급이 쉽고 비교적 안전하다.

온수난방은 부하 변동에 대응하여 온수 유량을 조절하여 온도를 조절할 수 있다.

정답 44 ③ 45 ③ 46 ④ 47 ④ 48 ②

49 자연순환식으로써 열탕의 탕비기 출구온도를 85℃(밀도 0.96876 kg/L), 환수관의 환탕온도를 65℃(밀도 0.98001 kg/L)로 하면 이 순환계통의 순환수두는 얼마인가? (단, 가장 높이 있는 급탕전의 높이는 10m이다.)

① 11.25 mmAq ② 112.5 mmAq
③ 15.34 mmAq ④ 153.4 mmAq

> $h = H(\rho_1 - \rho_2) = 10(0.98001 - 0.96876)$
> $= 0.1125\,\text{mAq} = 112.5\,\text{mmAq}$

50 급수관의 직선관로에서 마찰손실에 관한 설명으로 옳은 것은?

① 마찰손실은 관 지름에 정비례한다.
② 마찰손실은 속도수두에 정비례한다.
③ 마찰손실은 배관 길이에 반비례한다.
④ 마찰손실은 관 내 유속에 반비례한다.

> 마찰손실수두 $h = f \dfrac{L \times v^2}{d \times 2g}$ 에서
> 마찰손실은 관 지름에 반비례하며 속도수두($v^2/2g$)에 정비례한다. 마찰손실은 배관 길이에 비례하며 관 내 유속 제곱에 비례한다.

51 서로 같은 방향으로 전류가 흐르고 있는 두 도선 사이에는 어떤 힘이 작용하는가?

① 서로 미는 힘
② 서로 당기는 힘
③ 하나는 밀고, 하나는 당기는 힘
④ 회전하는 힘

> **평행 도선 사이의 작용력**
> 평행한 두 도선 간에 단위 길이당 작용하는 힘은 두 도선에 흐르는 전류의 곱에 비례하고 거리에 반비례하며 두 도선에 흐르는 전류 방향이 서로 같으면 흡인력이 작용하고 서로 반대로 흐르면 반발력이 작용한다.
> $F = \dfrac{\mu_o I_1 I_2}{2\pi d} = \dfrac{2I_1 I_2}{d} \times 10^{-7}\,[\text{N/m}]$

52 동작신호를 조작량으로 변환하는 요소로서 조절부와 조작부로 이루어진 요소는?

① 기준입력 요소 ② 동작신호 요소
③ 제어 요소   ④ 피드백 요소

> 제어요소는 조절부와 조작부로 이루어져 있으며 동작신호를 조작량으로 변환하는 장치이다.

53 커피포트를 이용하여 물을 끓였을 때 얻은 열량은 7,200[cal]였다. 이 커피포트에는 200[V], 1[A]의 전기를 5분 동안 입력하였다면 역률은 얼마인가?

① 0.1   ② 0.25
③ 0.5   ④ 0.7

> $H = 0.24Pt = 0.24VI\cos\theta\, t\,[\text{cal}]$ 식에서
> $H = 7,200[\text{cal}]$, $V = 200[\text{V}]$, $I = 1[\text{A}]$,
> $t = 5[\text{min}] = 5 \times 60[\text{sec}]$ 이므로
> $\therefore \cos\theta = \dfrac{H}{0.24VIt} = \dfrac{7,200}{0.24 \times 200 \times 1 \times 5 \times 60}$
> $= 0.5$

54 다음은 분류기이다. 배율은 어떻게 표현되는가?
(단, R_s : 분류기의 저항, R_a : 전류계의 내부저항)

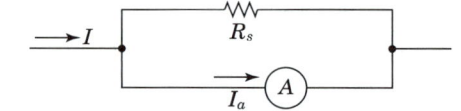

① $\dfrac{R_s}{R_a}$ ② $1 + \dfrac{R_s}{R_a}$
③ $1 + \dfrac{R_a}{R_s}$ ④ $\dfrac{R_a}{R_s}$

> **분류기**
> (1) 배율(m) : $m = \dfrac{I_0}{I_a} = 1 + \dfrac{r_a}{r_m}$
> (2) 분류기 저항(r_m) : $r_m = \dfrac{r_a}{m-1}\,[\Omega]$
> $r_a = R_a[\Omega]$, $r_m = R_s[\Omega]$일 때
> $\therefore m = 1 + \dfrac{r_a}{r_m} = 1 + \dfrac{R_a}{R_s}$

정답 49 ② 50 ② 51 ② 52 ③ 53 ③ 54 ③

55 그림의 신호흐름선도에서 $\dfrac{C}{R}$의 값은?

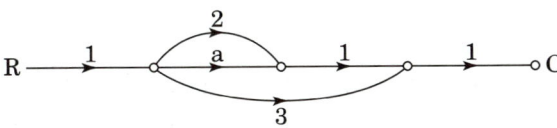

① $a+2$　　　　② $a+3$
③ $a+5$　　　　④ $a+6$

$G(s) = \dfrac{\text{전향이득}}{1-\text{루프이득}}$ 식에서

전향이득$=2+a+3$, 루프이득$=0$ 이므로

$\therefore\ G(s) = \dfrac{C}{R} = a+5$

56 분상기동형 단상 유도전동기를 역회전시키는 방법은?

① 주권선과 보조권선 모두를 전원에 대하여 반대로 접속한다.
② 콘덴서를 주권선에 삽입하여 위상차를 갖게 한다.
③ 콘덴서를 보조권선에 삽입한다.
④ 주권선과 보조권선 중 하나를 전원에 대하여 반대로 접속한다.

단상 유도전동기의 역회전 방법
주권선(또는 운동권선)이나 보조권선(또는 기동권선) 중 어느 한쪽의 단자 접속을 반대로 한다.

57 그림과 같은 게이트회로에서 출력 Y는?

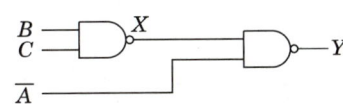

① $B + A \cdot C$　　　② $A + B \cdot C$
③ $\overline{A} + B \cdot C$　　　④ $B + \overline{A} \cdot C$

$Y = \overline{\overline{B \cdot C} \cdot \overline{A}} = A + B \cdot C$

58 서보기구의 제어량에 속하는 것은?

① 유량　　　　② 압력
③ 밀도　　　　④ 위치

서보기구 제어는 기계적 변위를 제어량으로 해서 목표값의 임의의 변화에 항상 추종되도록 하는 추종제어인 경우이다. 위치, 방향, 자세, 각도, 거리 등을 제어한다.

59 변압기 정격 1차 전압의 의미를 바르게 설명한 것은?

① 정격 2차 전압에 권수비를 곱한 것이다.
② $\dfrac{1}{2}$ 부하를 걸었을 때의 1차 전압이다.
③ 무부하일 때의 1차 전압이다.
④ 정격 2차 전압에 효율을 곱한 것이다.

변압기 권수비(전압비 : N)

$N = \dfrac{N_1}{N_2} = \dfrac{E_1}{E_2} = \dfrac{I_2}{I_1} = \sqrt{\dfrac{Z_1}{Z_2}}$ 식에서

$E_1 = NE_2$ [V] 이므로

$\therefore$ 변압기 1차 정격전압은 2차 정격전압에 권수비를 곱한 것이다.

60 옴의 법칙을 바르게 설명한 것은?

① 전압은 전류에 비례한다.
② 전류는 저항에 비례한다.
③ 전압은 저항의 제곱에 비례한다.
④ 전압은 전류의 제곱에 비례한다.

옴의 법칙
전기회로에 인가된 전압(V)에 의한 저항(R)에 흐르는 전류(I)의 크기는 전압에 비례하고 저항에 반비례하여 흐르게 되는 것을 의미하며 공식은 다음과 같이 표현한다.

$\therefore\ I = \dfrac{V}{R}$ [A],　　$V = IR$ [V],　　$R = \dfrac{V}{I}$ [Ω]

정답　55 ③　56 ④　57 ②　58 ④　59 ①　60 ①

기출문제 제5회 핵심 기출문제

1 공기조화 설비

01 다음은 어느 방식에 대한 설명인가?

- 각 실이나 존의 온도를 개별제어하기 쉽다.
- 일사량 변화가 심함 페리미터 존에 적합하다.
- 실내부하가 적어지면 송풍량이 적어지므로 실내공기의 오염도가 높다.

① 정풍량 단일덕트방식 ② 변풍량 단일덕트방식
③ 패키지방식 ④ 유인유닛방식

> 변풍량 단일덕트방식(VAV)은 각 실이나 존의 온도를 개별제어하기 쉬우나 실내부하가 적어지면 송풍량이 적어지므로 실내 공기의 오염도가 높다.

02 환기(ventilation)란 A에 있는 공기의 오염을 막기 위하여 B로부터 C를 공급하여, 실내의 D를 실외로 배출하고 실내의 오염 공기를 교환 또는 희석시키는 것을 말한다. 여기서 A, B, C, D로 적절한 것은?

① A - 일정 공간, B - 실외, C - 청정한 공기, D - 오염된 공기
② A - 실외, B - 일정 공간, C - 청정한 공기, D - 오염된 공기
③ A - 일정 공간, B - 실외, C - 오염된 공기, D - 청정한 공기
④ A - 실외, B - 일정 공간, C - 오염된 공기, D - 청정한 공기

> 환기(ventilation)란 일정공간에 있는 공기의 오염을 막기 위하여 실외로부터 청정한 공기를 공급하여, 실내의 오염된 공기를 실외로 배출하여 실내의 오염 공기를 교환 또는 희석시키는 것을 말한다.

03 실내의 냉방 현열부하가 20000kJ/h, 잠열부하가 3200kJ/h인 방을 실온 26℃로 냉각하는 경우 송풍량은? (단, 취출온도는 15℃이며, 건공기의 정압비열은 1.01kJ/kgK, 공기의 비중량은 1.2kg/m³이다.)

① 1500 m³/h ② 1200 m³/h
③ 1000 m³/h ④ 800 m³/h

> 실내 송풍량은 현열부하와 열평형식에서 구한다.
> $$Q = \frac{q_s}{\gamma C \Delta t}$$
> $$= \frac{20000}{1.2 \times 1.01(26-15)} = 1500 \, m^3/h$$

04 다음과 같은 특징을 가지는 보일러로 가장 알맞은 것은?

> 드럼없이 수관만으로 설계한 강제순환식 보일러로 급수가 공급될 때 수관의 예열부→증발부→과열부를 순차적으로 통과하면서 증기가 발생하며 수관만으로 이루어져 있기 때문에 고압에 잘 견디고 관을 자유로이 배치할 수 있어 전체를 소형화하여 제작할 수 있어서 최근에 일반건물에서 소규모의 건물 난방, 급탕용이나 식당의 주방, 상가의 증기 공급용으로 주로 사용되고 있다.

① 주철제 보일러 ② 노통연관식 보일러
③ 수관식 보일러 ④ 관류 보일러

> 관류보일러는 드럼없이 수관만으로 설계한 강제순환식 보일러로 급수가 공급될 때 수관의 예열부→증발부→과열부를 순차적으로 통과하면서 증기가 발생하며 전체를 소형화하여 제작할 수 있어서 최근에 일반건물에서 소규모의 건물 난방, 급탕용이나 식당의 주방, 상가의 증기 공급용으로 주로 사용되고 있다.

정답 01 ② 02 ① 03 ① 04 ④

05 실내의 거의 모든 부분에서 오염가스가 발생되는 경우 실 전체의 기류분포를 계획하여 실내에서 발생하는 오염 물질을 완전히 희석하고 확산시킨 다음에 배기를 행하는 환기방식은?

① 자연 환기   ② 제3종 환기
③ 국부 환기   ④ 전반 환기

> 일반적인 공조방식에 적용하는 실내 전체를 환기하는 방식을 전반환기 또는 희석 환기라 한다.

06 공기설비의 열회수장치인 전열교환기는 주로 무엇을 경감시키기 위한 장치인가?

① 실내부하   ② 외기부하
③ 조명부하   ④ 송풍기부하

> 전열교환기는 배기의 버려지는 현열과 잠열을 회수하여 외기를 가열 또는 냉각하는 것으로 외기부하를 경감시킨다.

07 공기조화 방식에서 변풍량 유닛방식(VAV unit)을 풍량제어 방식에 따라 구분할 때, 공조기에서 오는 1차 공기의 분출에 의해 실내공기인 2차 공기를 취출하는 방식은 어느 것인가?

① 바이패스형   ② 유인형
③ 슬롯형   ④ 교축형

> 변풍량유닛의 가장 일반적인 형태는 슬롯형(교축형, 벤트리형)이며 1차공기에 의한 2차공기의 유인작용을 이용하는 것은 유인형(인덕션형)이다.

08 보일러 동체 내부의 중앙 하부에 파형노통이 길이 방향으로 장착되며 이 노통의 하부 좌우에 연관들을 갖춘 보일러는?

① 노통보일러   ② 노통연관보일러
③ 연관보일러   ④ 수관보일러

> 노통형과 연관형을 조합한 것은 노통연관 보일러이다.

09 물·공기 방식의 공조방식으로서 중앙기계실의 열원설비로부터 냉수 또는 온수를 각 실에 있는 유닛에 공급하여 냉난방하는 공조방식은?

① 바닥취출 공조방식
② 재열방식
③ 팬코일 방식
④ 패키지 유닛방식

> 팬코일 방식은 냉수 온수만 이용하면 전수식이고 덕트를 병용하면 수공기방식이다.

10 결로현상에 관한 설명으로 틀린 것은?

① 건축 구조물 사이에 두고 양쪽에 수증기의 압력차가 생기면 수증기는 구조물을 통하여 흐르며, 포화온도, 포화압력 이하가 되면 응결하여 발생된다.
② 결로는 습공기의 온도가 노점온도까지 강하하면 공기 중의 수증기가 응결하여 발생된다.
③ 응결이 발생되면 수증기의 압력이 상승한다.
④ 결로방지를 위하여 방습막을 사용한다.

> 결로 현상으로 응결이 발생되면 절대습도가 감소하고 수증기의 압력(분압)도 감소한다.

11 패널복사 난방에 관한 설명으로 옳은 것은?

① 천정고가 낮은 외기 침입이 없을 때만 난방효과를 얻을 수 있다.
② 실내온도 분포가 균등하고 쾌감도가 높다.
③ 증발잠열(기화열)을 이용하므로 열의 운반능력이 크다.
④ 대류난방에 비해 방열면적이 적다.

정답 05 ④ 06 ② 07 ② 08 ② 09 ③ 10 ③ 11 ②

패널 복사난방은 천정고가 높고 외기 침입이 있어도 난방효과를 얻을 수 있고 실내온도 분포가 균등하고 쾌감도가 높다. 복사난방은 방열면의 온도가 낮아서 대류난방에 비해 방열면적이 크다. 증기난방은 증발잠열(기화열)을 이용하므로 열의 운반능력이 크다.

12 두께 20cm의 콘크리트벽 내면에 두께 5cm의 스티로폼 단열 시공하고, 그 내면에 두께 2cm의 나무판자로 내장한 건물 벽면의 열관류율은? (단, 재료별 열전도율(W/mK)은 콘크리트 0.7, 스티로폼 0.03, 나무판자 0.15이고, 벽면의 표면 열전달률(W/m²K)은 외벽 20, 내벽 8이다.)

① $0.31\,W/m^2K$
② $0.39\,W/m^2K$
③ $0.41\,W/m^2K$
④ $0.44\,W/m^2K$

$\dfrac{1}{K} = \dfrac{1}{\alpha_o} + \dfrac{l}{\lambda} + \dfrac{1}{\alpha_i}$ 에서

$\dfrac{1}{K} = \dfrac{1}{20} + \dfrac{0.2}{0.7} + \dfrac{0.05}{0.03} + \dfrac{0.02}{0.15} + \dfrac{1}{8}$

$K = 0.442\,W/m^2K$

13 1925kg/h의 석탄을 연소하여 10550kg/h의 증기를 발생시키는 보일러의 효율은? (단, 석탄의 저위발열량은 25271kJ/kg, 발생증기의 엔탈피는 3717kJ/kg, 급수엔탈피는 221kJ/kg으로 한다.)

① 45.8%
② 64.6%
③ 70.5%
④ 75.8%

$E = \dfrac{출력}{입력} = \dfrac{10550(3717-221)}{1925 \times 25271} = 0.758 = 75.8\%$

14 다음 중 냉방부하에서 현열만이 취득되는 것은?

① 재열 부하
② 인체 부하
③ 외기 부하
④ 극간풍 부하

재열부하는 가열만 하므로 잠열부하가 없다.

15 냉수코일의 설계법으로 틀린 것은?

① 공기흐름과 냉수흐름의 방향을 평행류로 하고 대수평균온도차를 작게 한다.
② 코일의 열수는 일반 공기 냉각용에는 4~8열(列)이 많이 사용된다.
③ 냉수 속도는 일반적으로 1m/s 전후로 한다.
④ 코일의 설치는 관이 수평으로 놓이게 한다.

냉수코일은 공기흐름과 냉수흐름의 방향을 대향류로 하여 대수평균온도차를 크게 한다.

16 가습장치의 가습방식 중 수분무식이 아닌 것은?

① 원심식
② 초음파식
③ 분무식
④ 전열식

수분무식에 원심식, 초음파식, 분무식이 있으며, 증기식에 전열식, 증기분무식, 증기발생식등이 있다.

17 일반적으로 난방부하의 발생요인으로 가장 거리가 먼 것은?

① 일사 부하
② 외기 부하
③ 기기 손실부하
④ 실내 손실부하

일사부하는 냉방부하의 주요요소이지만 난방에서는 일사에 의한 열취득은 무시한다.

정답 12 ④ 13 ④ 14 ① 15 ① 16 ④ 17 ①

18 보일러의 종류에 따른 특징을 설명한 것으로 틀린 것은?

① 주철제 보일러는 분해, 조립이 용이하다.
② 노통연관 보일러는 수질관리가 용이하다.
③ 수관 보일러는 예열시간이 짧고 효율이 좋다.
④ 관류 보일러는 보유수량이 많고 설치면적이 크다.

> 관류 보일러는 수관 보일러의 원리를 이용한 소형 보일러로 보유수량이 적고 설치면적이 작다.

19 겨울철 침입외기(틈새바람)에 의한 잠열부하(kJ/h)는? (단, Q는 극간풍량(m^3/h)이며, t_o, t_r은 각각 실외, 실내온도(℃), x_o, x_r은 각각 실외, 실내 절대습도(kg/kg′)이다.)

① $q_L = 0.24 \cdot Q \cdot (t_r - t_o)$
② $q_L = 0.29 \cdot Q \cdot (t_r - t_o)$
③ $q_L = 539 \cdot Q \cdot (x_r - x_o)$
④ $q_L = 3001 \cdot Q \cdot (x_r - x_o)$

> 틈새부하의 현열부하 G는 극간풍량(kg/h)
> $q_S = 1.01 \times G(t_r - t_o) = 1.21 \cdot Q \cdot (t_r - t_o)$
> 잠열부하
> $q_L = 2501 \times G(x_r - x_o) = 3001 \cdot Q \cdot (x_r - x_o)$

20 시로코 팬의 회전속도가 N_1에서 N_2로 변화하였을 때, 송풍기의 송풍량, 전압, 소요동력의 변화 값은?

	451 rpm(N_1)	632 rpm(N_2)
송풍량(m^3/min)	199	㉠
전압(Pa)	320	㉡
소요동력(kW)	1.5	㉢

① ㉠ 278.9 ㉡ 628.4 ㉢ 4.1
② ㉠ 278.9 ㉡ 357.8 ㉢ 3.8
③ ㉠ 628.9 ㉡ 402.8 ㉢ 3.8
④ ㉠ 357.8 ㉡ 628.4 ㉢ 4.1

> 송풍량은 회전수에 비례하므로 $Q = 199\left(\dfrac{632}{451}\right) = 278.9$
> 전압은 회전수 제곱에 비례하므로 $P = 320\left(\dfrac{632}{451}\right)^2 = 628.4$
> 동력은 회전수 3제곱에 비례 하므로 $L = 1.5\left(\dfrac{632}{451}\right)^3 = 4.13$

2 냉동냉장 설비

21 증발식 응축기의 특징에 관한 설명으로 틀린 것은?

① 물의 소비량이 비교적 적다.
② 냉각수의 사용량이 매우 크다.
③ 송풍기의 동력이 필요하다.
④ 순환펌프의 동력이 필요하다.

> **증발식 응축기(Evaporative Condenser)**
> 냉매가스가 흐르는 냉각관 코일의 외면에 냉각수를 노즐(Nozzle)에 의해 분사시킨다. 여기에 송풍기를 이용하여 건조한 공기를 3m/sec의 속도로 보내 공기의 대류작용 및 물의 증발 잠열로 냉각하는 형식이다. 즉, 수냉식응축기와 공랭식응축의 작용을 혼합한 형으로 볼 수 있다.
> [특징]
> ㉠ 물의 증발잠열 및 공기, 물의 현열에 의한 냉각방식으로 냉각수소비량이 작다.
> ㉡ 상부에 일리미네이터(Eliminator)를 설치한다.
> ㉢ 겨울에는 공랭식으로 사용된다.
> ㉣ 대기 습구온도 및 풍속에 의하여 능력이 좌우된다.
> ㉤ 냉각관 내에서 냉매의 압력강하가 크다.
> ㉥ 냉각탑을 별도로 설치할 필요가 없다.
> ㉦ 펜(Fen), 노즐(Nozzle), 냉각수 펌프 등 부속설비가 많이 든다.

22 응축기의 냉매 응축온도가 30℃, 냉각수의 입구 수온이 25℃, 출구수온이 28℃일 때, 대수평균온도차(LMTD)는?

① 2.27℃
② 3.27℃
③ 4.27℃
④ 5.27℃

정답 18 ④ 19 ④ 20 ① 21 ② 22 ②

대수평균온도차(LMTD)
$$LMTD = \frac{\Delta t_1 - \Delta t_2}{\ln \frac{\Delta t_1}{\Delta t_2}} = \frac{(30-25)-(30-28)}{\ln \frac{30-25}{30-28}} = 3.27°C$$

23 카르노 사이클을 행하는 열기관에서 1사이클당 790J의 일량을 얻으려고 한다. 고열원의 온도(T_1)를 300°C, 1사이클당 공급되는 열량을 4.2kJ라고 할 때, 저열원의 온도(T_2)와 효율(η)은?

① $T_2 = 85°C$, $\eta = 0.154$
② $T_2 = 97°C$, $\eta = 0.154$
③ $T_2 = 192°C$, $\eta = 0.188$
④ $T_2 = 197°C$, $\eta = 0.188$

(1) 열효율 $\eta = \frac{\text{유효열}}{\text{공급열}} = \frac{W}{Q_1} = 1 - \frac{T_2}{T_1}$
$\eta = \frac{790}{4.2 \times 10^3} = 0.188$
(2) $T_2 = T_1(1-\eta) = (273+300) \times (1-0.188) ≒ 465[K]$
$= 192°C$

24 다음의 압력시험에 관한 설명 중 옳지 않은 것은?

① 내압시험과 기밀시험을 실시한 압력은 유지관리 상 중요한 사항으로 피시험품 본체의 명판이나 각인에 절대압력으로 표시하여야 한다.
② 암모니아 냉매설비의 기기를 기밀시험하는 경우 이산화탄소를 사용하면 시험 후 기기 내에 잔류하는 이산화탄소와 암모니아가 반응하여 탄산암모늄의 분말을 생성하게 된다. 따라서 암모니아 냉매설설의 기기에는 이산화탄소를 사용할 수 없다.
③ 내압시험은 일반적으로 액압시험을 원칙으로 하는데 액체를 사용하는 것이 곤란한 경우에는 일정 조건을 만족시키면 공기나 질소 등의 기체를 이용하여 시험하여도 인정하고 있다.
④ 진공시험은 냉매설비의 기밀의 최종확인을 하는 시험으로 미소한 누설을 확인 할 수 있으나 누설 개소를 알 수는 없다. 또한 진공시험은 고진공을 필요로 하므로 진공펌프을 사용해야 한다.

① 내압시험과 기밀시험을 실시한 압력은 유지관리 상 중요한 사항으로 피시험품 본체의 명판이나 각인에 표시하여야 한다. 그리고 압력시험의 압력은 모두 게이지압력으로 한다.

25 1kg의 쇠고기(지방이 없는 부분)를 20°C에서 -15°C까지 동결시킬 경우 동결부하[kJ]를 구한 것으로 옳은 것은? (단, 쇠고기(지방이 없는 부분)의 동결전 비열은 3.25kJ/(kg·K), 동결후 비열은 1.76kJ/(kg·K), 동결잠열은 234.5kJ/kg으로 쇠고기의 동결점은 -2°C로 한다.)

① 285.5   ② 315.4
③ 328.9   ④ 376.3

(1) 20°C에서 -2°C까지 냉각현열부하 :
$q = mC\Delta t = 1 \times 3.25 \times \{20-(-2)\} = 71.5kJ$
(2) 동결 시 잠열부하 : $q = m\gamma = 1 \times 234.5 = 234.5 kJ$
(3) -2°C에서 -15°C까지 동결 냉각시킬 경우 냉각부하 :
$q = mC\Delta t = 1 \times 1.76 \times \{-2-(-15)\} = 22.88kJ$
따라서 1kg에 대한 전동결부하(냉동능력)는
$71.5 + 234.5 + 22.88 = 328.88kJ$
(냉동, 냉장 부하 문제는 냉각 시간 동안의 전체 동결부하(kJ)인지 단위시간 동안의 냉동 능력(kW)인지 정확히 구분해야한다)

26 다음의 냉동장치의 운전상태에 대한 설명 가운데 가장 옳지 않은 것을 고르시오.

① 밀폐형 플루오르카본 압축기에서는 냉매 충전량이 규정량보다 부족하면 흡입증기에 의한 전동기의 냉각이 불충분하게 된다.
② 압축기의 토출가스압력이 높게 되면 증발압력이 일정 하에서는 압축비가 크게 되므로 압축기의 체적효율은 증대한다.
③ 수냉응축기의 냉각수온도가 상승하면 압축기 토출가스압력이 높게 된다.
④ 냉동장치의 운전을 수동으로 정지하는 경우 수액기의 액출구밸브를 닫고 잠시 운전하여 액봉이 생기지 않도록 하고 압축기를 정지시킨다.

정답 23 ③ 24 ① 25 ③ 26 ②

② 압축비가 크게 되면 체적효율은 감소한다.

27 냉동장치의 저압차단 스위치(LPS)에 관한 설명으로 옳은 것은?

① 유압이 저하되었을 때 압축기를 정지시킨다.
② 토출압력이 저하되었을 때 압축기를 정지시킨다.
③ 장치 내 압력이 일정압력 이상이 되면 압력을 저하시켜 장치를 보호한다.
④ 흡입압력이 저하되었을 때 압축기를 정지시킨다.

저압 차단 스위치 (LPS)
냉동부하 등의 감소로 인하여 압축기의 흡입압력이 일정 이하가 되면 전기회로를 차단시켜 압축기의 운전을 정지시키거나 전자밸브와 조합시켜 고속 다기통 압축기의 언로드 기구를 작동시키는 데 사용된다. 즉 저압이 현저하게 낮아졌을 경우 압축비의 상승으로 인한 압축기 소손을 방지하기 위하여 압축기를 보호하는 안전장치의 일종이다.

28 다음 그림은 역카르노 사이클을 절대온도(T)와 엔트로피(S) 선도로 나타내었다. 면적(1-2-2′-1′)이 나타내는 것은?

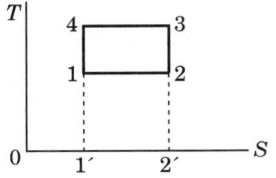

① 저열원으로부터 받는 열량
② 고열원에 방출하는 열량
③ 냉동기에 공급된 열량
④ 고·저열원으로부터 나가는 열량

① 저열원으로부터 받는 열량 : 면적(1-2-2′-1′)
② 고열원에 방출하는 열량 : 면적(3-4-1-1′-2′-2-3)
③ 냉동기에 공급된 일량(압축일량) : 면적(1-2-3-4-1)

29 압축냉동 사이클에서 엔트로피가 감소하고 있는 과정은?

① 증발과정　　　② 압축과정
③ 응축과정　　　④ 팽창과정

압축냉동 사이클에서의 엔트로피 변화
① 증발과정 : 엔트로피 상승
② 압축과정 : 등엔트로피 과정
③ 응축과정 : 엔트로피 감소
④ 팽창과정 : 엔트로피 상승

30 스크루 압축기의 특징에 관한 설명으로 틀린 것은?

① 경부하 운전 시 비교적 동력 소모가 적다.
② 크랭크 샤프트, 피스톤링, 커넥팅 로드 등의 마모 부분이 없어 고장이 적다.
③ 소형으로써 비교적 큰 냉동능력을 발휘할 수 있다.
④ 왕복동식에서 필요한 흡입밸브와 토출밸브를 사용하지 않는다.

스크루(screw) 압축기의 특징
㉠ 소형으로 대용량의 가스를 처리할 수 있다.
㉡ 마모 부분(크랭크샤프트, 피스톤링, 커넥팅로드 등)이 없어 고장이 적다.
㉢ 1단의 압축비를 크게 할 수 있고 액 압축의 영향도 적다.
㉣ 흡입 및 토출밸브가 없다.
㉤ 냉매의 압력손실이 적어 체적효율이 향상된다.
㉥ 무단계, 연속적인 용량제어가 가능하다.
㉦ 고속회전 (3500rpm 이상)에 의한 소음이 크다.
㉧ 독립된 유펌프 및 유냉각기가 필요하다.
㉨ 경부하운전시 동력소비가 크다.
㉩ 유지비가 비싸다.

31 흡수식 냉동기에 관한 설명으로 옳은 것은?

① 초저온용으로 사용된다.
② 비교적 소용량보다는 대용량에 적합하다.
③ 열교환기를 설치하여도 효율은 변함없다.
④ 물 - LiBr식에서는 물이 흡수제가 된다.

정답　27 ④　28 ①　29 ③　30 ①　31 ②

① 흡수식 냉동기는 냉매로 주로 물을 사용하므로 0℃ 이하에서는 사용할 수 없다. 암모니아(NH3)를 냉매로 사용하는 공업용 흡수식 냉동기도 암모니아의 대기압에서의 비등점이 -33.3℃로 초저온용으로는 사용할 수 없다.
③ 흡수식 냉동기는 효율이 낮은 냉동기로 효율을 높이기 위해 각종 열교환기를 이용하고 있다.
④ 물-LiBr식에서는 물이 냉매, LiBr(취화리튬)이 흡수제이다.

32 내부균압형 자동팽창밸브에 작용하는 힘이 아닌 것은?

① 스프링 압력
② 감온통 내부압력
③ 냉매의 응축압력
④ 증발기에 유입되는 냉매의 증발압력

감온 팽창 밸브는 다음 세 가지 힘의 평형상태(平衡常態)에 의해서 작동된다.
㉠ 감온통에 봉입(封入)된 가스압력 : Pf
㉡ 증발기 내의 냉매의 증발 압력 : PO
㉢ 과열도 조절나사에 의한 스프링 압력 : PS
  Pf = PO + PS
  Pf > PO + PS : 밸브의 개도가 커지는 상태(과열도 감소)
  Pf < PO + PS : 밸브의 개도가 작아지는 상태
              (과열도 증가)

33 압축기의 압축방식에 의한 분류 중 용적형 압축기가 아닌 것은?

① 왕복동식 압축기   ② 스크루식 압축기
③ 회전식 압축기   ④ 원심식 압축기

압축기의 분류
용적(체적)식 : 왕복식 압축기, 회전식 압축기, 스크류식압축기, 스크롤식 압축기
원심식 : 원심식(turbo)압축기

34 입형 셸 앤드 튜브식 응축기에 관한 설명으로 옳은 것은?

① 설치 면적이 큰 데 비해 응축 용량이 적다.
② 냉각수 소비량이 비교적 적고 설치장소가 부족한 경우에 설치한다.
③ 냉각수의 배분이 불균등하고 유량을 많이 함유하므로 과부하를 처리할 수 없다.
④ 전열이 양호하며, 냉각관 청소가 용이하다.

입형 셸 앤드 튜브식 응축기
① 입형 셸 튜브 응축기는 설치면적이 작고 전열이 양호하며 운전 중에도 냉각관의 청소가 가능하다.
② 충분한 냉각수가 있고 수질이 우수한 곳에서 사용된다.
③ 대형 암모니아 냉동기에 사용되며 과부하 처리를 할 수 있다.

35 냉각수 입구온도 33℃, 냉각수량 800L/min인 응축기의 냉각면적이 100m², 그 열통과율이 870W/m²K이며, 응축온도와 냉각수온도의 평균온도 차이가 6℃일 때, 냉각수의 출구온도는?

① 36.5℃   ② 38.9℃
③ 42.3℃   ④ 45.5℃

응축기 방열량 Q_1
$Q_1 = mc(t_{w2} - t_{w1}) = KA\Delta t_m$ 에서
$t_{w2} = t_{w1} + \dfrac{KA\Delta t_m}{mc} = 33 + \dfrac{0.87 \times 100 \times 6}{\left(\dfrac{800}{60}\right) \times 4.2} ≒ 42.3℃$

여기서, m : 냉각수량 [L/s]
       c : 냉각수 비열 4.2[kJ/kgK]
       t_{w1}, t_{w2} : 냉각수 입구 및 출구 온도[℃]
       K : 열통과율[kW/m²K]
       A : 전열면적[m²]
       Δt_m : 응축온도와 냉각수 온도와의 평균온도차[℃]

정답 32 ③   33 ④   34 ④   35 ③

36 열펌프 장치의 응축온도 35℃, 증발온도가 −5℃일 때, 성적계수는?

① 3.5
② 4.8
③ 5.5
④ 7.7

열펌프의 성적계수
$$COP_H = \frac{T_1}{T_1 - T_2} = \frac{273+35}{(273+35)-(273-5)} = 7.7$$

37 냉동장치에서 펌프다운의 목적으로 가장 거리가 먼 것은?

① 냉동장치의 저압 측을 수리하기 위하여
② 기동 시 액 해머 방지 및 경부하 기동을 위하여
③ 프레온 냉동장치에서 오일포밍(oil foaming)을 방지하기 위하여
④ 저장고 내 급격한 온도저하를 위하여

(1) 펌프다운(pump down) : 냉동기의 저압측의 수리나 장기간 휴지 때에 냉매를 응축기에 회수하기 위한 운전으로 기동 시 액 해머 방지 및 경부하 기동을 할 수 있고 프레온 냉동장치에서 오일 포밍을 방지할 수 있다.
(2) 펌프아웃(pump out) : 냉동설비 고압측의 이상으로 냉매를 증발기나 용기에 회수할 경우에 행하는 운전

38 냉동설비의 설치공사 또는 변경공사가 완공되어 기밀시험이나 시운전을 할 때에 사용하는 가스로 가장 부적합한 것은?

① 공기
② 질소
③ 산소
④ 헬륨

냉동설비의 설치공사 또는 변경공사가 완공된후 기밀시험이나 시운전을 할 때에 사용하는 가스로 산소는 산화제로 위험성이 크다.

39 냉동설비의 각 시설별 정기검사 항목으로 가장 거리가 먼 것은?

① 안전밸브
② 긴급차단장치
③ 독성가스 제해설비
④ 고수위 경보기

고수위 경보기는 보일러 안전장치에 속한다.

40 팽창밸브 종류 중 모세관에 대한 설명으로 옳은 것은?

① 증발기 내 압력에 따라 밸브의 개도가 자동적으로 조정된다.
② 냉동부하에 따른 냉매의 유량조절이 쉽다.
③ 압축기를 가동할 때 기동동력이 적게 소요된다.
④ 냉동부하가 큰 경우 증발기 출구 과열도가 낮게 된다.

모세관 팽창변
㉠ 모세관은 밸브가 없고 교축 정도가 일정하다.
㉡ 모세관은 조절장치가 없어 냉동부하에 따른 냉매의 유량 조절이 어렵다.
㉢ 모세관을 사용하는 냉동장치는 정지 시 고·저압이 균압(均壓)을 이루므로 압축기를 가동할 때 기동동력이 적게 소요된다.
㉣ 냉동부하가 큰 경우 증발기 출구 과열도가 크게 된다.

정답 36 ④ 37 ④ 38 ③ 39 ④ 40 ③

3 공조냉동 설치·운영

41 다음 그림에서 나타낸 배관시스템 계통도는 냉방설비의 어떤 열원방식을 나타낸 것인가?

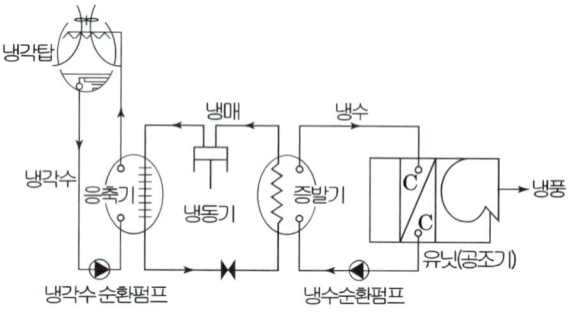

① 냉수를 냉열매로 하는 열원방식
② 가스를 냉열매로 하는 열원방식
③ 증기를 온열매로 하는 열원방식
④ 고온수를 온열매로 하는 열원방식

> 냉동기(칠러)에서 냉수를 생산하여 공조기에 공급하여 냉풍을 급기하는 냉방설비이다.

42 하나의 장치에서 4방밸브를 조작하여 냉·난방 어느 쪽도 사용할 수 있는 공기조화용 펌프를 무엇이라고 하는가?

① 열펌프   ② 냉각펌프
③ 원심펌프   ④ 왕복펌프

> 열펌프(Heat Pump)는 냉동기를 이용하여 냉난방을 할 수 있는 장치로 최근에 많이 이용된다.

43 급수펌프의 설치 시 주의사항으로 틀린 것은?

① 펌프는 기초볼트를 사용하여 기초 콘크리트 위에 설치 고정한다.
② 풋 밸브는 동수위면보다 흡입관경의 2배 이상 물속에 들어가게 한다.
③ 토출측 수평관은 상향구배로 배관한다.
④ 흡입양정은 되도록 길게 한다.

> 펌프 설치시 흡입양정은 되도록 짧게 한다. 흡입양정이 길어지면 흡입측에 진공압이 걸리고 캐비테이션의 원인이 된다.

44 배수 및 통기설비에서 배수 배관의 청소구 설치를 필요로 하는 곳으로 가장 거리가 먼 것은?

① 배수 수직관의 제일 밑부분 또는 그 근처에 설치
② 배수 수평 주관과 배수 수평 분기관의 분기점에 설치
③ 100A 이상의 길이가 긴 배수관의 끝 지점에 설치
④ 배수관이 45° 이상의 각도로 방향을 전환하는 곳에 설치

> 배수관경이 100A 이상의 길이가 긴 배수관은 30m마다, 100A 이하의 길이가 긴 배수관은 15m마다 중간에 설치한다.

45 다음과 같이 압축기와 응축기가 동일한 높이에 있을 때, 배관 방법으로 가장 적합한 것은?

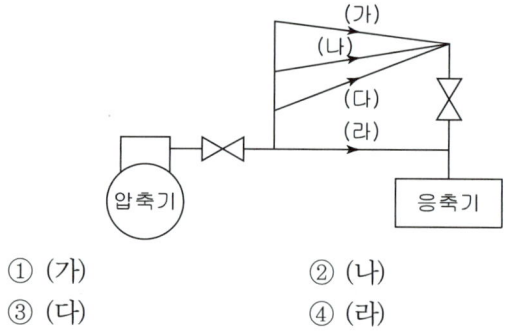

① (가)   ② (나)
③ (다)   ④ (라)

> 배관에서 발생하는 응축 냉매가 응축기로 회수 되도록 (가) 처럼 배관한다.

46 다음 조건과 같은 냉온수 배관계통에서 순환펌프 양정(mAq)을 구하시오.

【조 건】
냉온수 계통에 공기조화기 3대 병렬 설치, 가장 먼 공조기까지 배관 직관 순환 길이 120m, 공조기 코일저항 각각 6mAq, 국부저항은 직관저항의 50%로 하며 기타 손실은 무시한다. 배관경 선정시 마찰저항은 30mmAq/m 이하로 한다.

① 3.6 mAq   ② 5.4 mAq
③ 11.4 mAq ④ 15.8 mAq

직관 배관에 대한 마찰저항은 1m당 30mmAq저항이 걸리므로 직관부 저항= 120×30 = 3600mmAq= 3.6mAq
국부저항= 3.6×0.5 = 1.8mAq 공조기저항은 1대(6mAq)만 계산한다.
전체마찰저항= 3.6+1.8+6 = 11.4mAq

47 공조기와 덕트 설치시 검토 사항으로 가장 부적합한 것은?

① 공조기의 형식은 공조실의 면적·높이 등을 고려하여 가장 적절한 형식 선정(수평형, 수직형, 조합형, return fan내장형, 슬림형 등)- 공조기 상세와 일치 여부 확인
② fan의 설치방법 (토출방향 등)은 공조기 위치, 공조실의 높이 등을 고려하여 원활한 덕트가 되도록 설치
③ 여름철 외기냉방이 가능하도록 외기 및 배기덕트 크기 검토
④ 공조실 자체의 플레넘(plenum)챔버 검토

외기냉방은 외기조건이 실내조건보다 온도가 낮을 때 사용하므로 중간기(봄, 가을)에 적용한다.

48 다음과 같은 동관 정유량밸브 바이패스 조립도에 대하여 현장에서 실제 용접타입으로 설치하는 경우 최소한의 용접개소를 산출하시오.

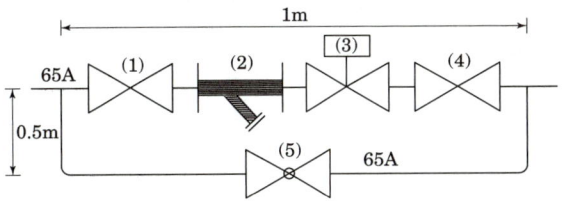

[정유량밸브 부속]
(1), (4) 주철 게이트 밸브 65A(플랜지형)
(2) 주철 스트레이너 65A (플랜지형)
(3) 주철 정유량 밸브 50A (플랜지형)
(5) 주철 글로브 밸브 65A (플랜지형)

① 65φ : 16개소, 50φ : 0 개소
② 65φ : 18개소, 50φ : 2개소
③ 65φ : 20개소, 50φ : 4개소
④ 65φ : 24개소, 50φ : 6개소

밸브가 플랜지타입이므로 연결 동배관에 플랜지를 용접해야 한다.
그러므로 각 밸브 마다 양단에 용접개소가 2개소씩 이며, 65A 밸브와 스트레이너 4개 이므로 플랜지는 2×4=8개소이며, 정유량밸브는 50A, 양쪽 2개소, 65A 티가 2개 이므로 3개소씩 6개소, 65A 엘보가 2개 이므로 2개소씩 4개소, 그리고 도면에 생략되었지만 정유량밸브 양단에 65A를 50A로 축소하기 위한 레듀서(65A×50A)가 2개 필요하다.
레듀서에 각각 65φ, 1개소, 50φ, 1개소가 있다. 합해보면
65φ = (2×4)+(2×3)+(2×2)+1+1 = 20개소,
50φ = 2+1+1 = 4개소

49 냉동기 세관공사에 대한 설명으로 가장 거리가 먼 것은?

① 증발기, 응축기등 열교환기를 최상의 상태로 유지하기 위해서 물때와 이물질을 제거하기위해 세관공사를 한다.
② 전열관을 청소하는 방법(세관)은 중성약품을 순환시켜서 청소하는 화학식방법과 황동브러쉬를 사용하는 기계식 청소방법이 있다.

정답 46 ③ 47 ③ 48 ③ 49 ③

③ 황동브러쉬(Brush)를 긴 막대나 줄 끝에 매달아 전열관내의 녹이나 물때를 제거하고 물로 세척하는 방법은 화학식 청소방법중 가장 일반적으로 사용된다.
④ 화학식 청소방법은 녹이나 물때를 제거하는데 가장 효과적인 방법이다.

③은 기계식 청소방법을 설명한 것이다.

50 다음과 같은 항목을 점검해야하는 공조설비로 가장 적합한 것은?

송풍기의 소음, 진동, 기능의 점검, 냉온수 코일의 오염 점검, 드레인팬, 드레인파이프의 점검, 에어 필터의 오염 점검

① 보일러, 냉동기
② 공기조화기, 팬코일유닛
③ 팬, 펌프
④ EHP, GHP

송풍기의 소음, 진동, 기능의 점검, 냉온수 코일의 오염 점검, 드레인팬 점검등은 팬과 코일을 내장하는 공기조화기, 팬코일유닛의 점검항목이다.

51 직류회로에서 일정 전압에 저항을 접속하고 전류를 흘릴 때 25[%]의 전류 값을 증가시키고자 한다. 이때 저항을 몇 배로 하면 되는가?

① 0.25
② 0.8
③ 1.6
④ 2.5

$R = \dfrac{V}{I}[\Omega]$ 식에서
$I' = 1.25I$[A]일 때
$\therefore R' = \dfrac{V}{I'} = \dfrac{V}{1.25I} = 0.8R[\Omega]$

52 그림과 같이 1차측에 직류 10[V]를 가했을 때 변압기 2차측에 걸리는 전압 V_2는 몇 [V]인가? (단, 변압기는 이상적이며, $n_1 = 100$회, $n_2 = 500$회이다.)

① 0
② 2
③ 10
④ 50

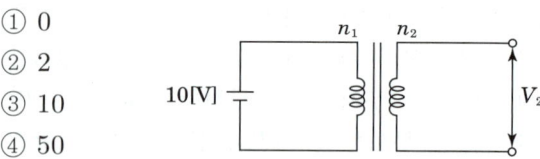

변압기 이론
환상철심을 자기회로로 사용하여 1차측(전원측)과 2차측(부하측)에 권선을 감고 1차측에 교류전원을 인가하면 전자유도작용에 의해서 2차측에 유기기전력이 발생하게 된다.
∴ 1차측 전원이 직류전원일 때에는 자속이 시간적으로 변화하지 않기 때문에 전자유도작용이 생기지 않는다. 따라서 2차측 단자에는 전압이 유도되지 않는다.

53 역률 80[%]인 부하에 전압과 전류의 실효값이 각각 100[V], 5[A]라고 할 때 무효전력[Var]은?

① 100
② 200
③ 300
④ 400

$Q = S\sin\theta = VI\sin\theta$[Var] 식에서
$\cos\theta = 0.8$, $V = 100$[V], $I = 5$[A]일 때
$\sin\theta = \sqrt{1 - \cos^2\theta} = \sqrt{1 - 0.8^2} = 0.6$ 이므로
$\therefore Q = VI\sin\theta = 100 \times 5 \times 0.6 = 300$[Var]

54 제어요소가 제어대상에 주는 양은?

① 조작량
② 제어량
③ 기준입력
④ 동작신호

조작량은 제어장치 또는 제어요소가 제어대상에 가하는 제어신호로서 제어장치 또는 제어요소의 출력임과 동시에 제어대상의 입력인 신호이다.

55 다음 블록선도 입력과 출력이 성립하기 위한 A의 값은?

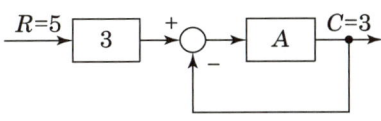

① $\dfrac{1}{2}$
② 3
③ $\dfrac{1}{4}$
④ 5

$G(s) = \dfrac{\text{전향이득}}{1-\text{루프이득}}$ 식에서
전향이득=$3A$, 루프이득=$-A$ 이므로
$G(s) = \dfrac{C}{R} = \dfrac{3}{5} = \dfrac{3A}{1+A}$ 이기 위한 A 값은
$5A = 1+A$ 식에서
$\therefore A = \dfrac{1}{4}$

56 다음 중 3상 유도전동기의 회전방향을 바꾸려고 할 때 옳은 방법은?

① 전원 3선중 2선의 접속을 바꾼다.
② 기동보상기를 사용한다.
③ 전원 주파수를 변환한다.
④ 전동기의 극수를 변환한다.

유도전동기의 역회전 방법
3상 유도전동기의 회전방향을 반대로 바꾸기 위해서는 3선 중 임의의 2선의 접속을 바꿔야 한다.

57 다음과 같은 유접점 회로의 논리식은?

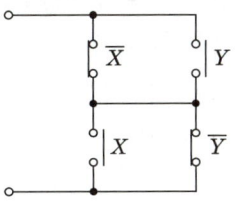

① $X\overline{Y} + X\overline{Y}$
② $(\overline{X}+\overline{Y})(X+Y)$
③ $\overline{X}Y + \overline{X}\,\overline{Y}$
④ $XY + \overline{X}\,\overline{Y}$

논리식 $= (\overline{X}+Y)(X+\overline{Y}) = \overline{X}X + \overline{X}\,\overline{Y} + XY + Y\overline{Y}$
$= XY + \overline{X}\,\overline{Y}$

58 물체의 위치, 방위, 자세 등의 기계적 변위를 제어량으로 해서 목표값의 임의의 변화에 추종하도록 구성된 제어계는?

① 공정 제어
② 정치 제어
③ 프로그램 제어
④ 추종 제어

서보기구 제어는 기계적 변위를 제어량으로 해서 목표값의 임의의 변화에 항상 추종되도록 하는 추종제어인 경우이다. 위치, 방향, 자세, 각도, 거리 등을 제어한다.

59 최대눈금 10[mA], 내부저항 6[Ω]의 전류계로 40[mA]의 전류를 측정하려면 분류기의 저항은 몇 [Ω]인가?

① 2
② 20
③ 40
④ 400

$m = \dfrac{I_0}{I_a} = 1 + \dfrac{r_a}{r_m}$ 식에서
$I_a = 10[\text{mA}]$, $r_a = 6[\Omega]$, $I_0 = 40[\text{mA}]$일 때
$\therefore r_m = \dfrac{r_a}{\dfrac{I_0}{I_a}-1} = \dfrac{6}{\dfrac{40}{10}-1} = 2[\Omega]$

정답 55 ③ 56 ① 57 ④ 58 ④ 59 ①

60 내부장치 또는 공간을 물질로 포위시켜 외부 자계의 영향을 차폐시키는 방식을 자기차폐라 한다. 다음 중 자기차폐에 가장 좋은 물질은?

① 강자성체 중에서 비투자율이 큰 물질
② 강자성체 중에서 비투자율이 작은 물질
③ 비투자율이 1보다 작은 역자성체
④ 비투자율과 관계없이 두께에만 관계되므로 되도록 두꺼운 물질

> **자성체의 종류**
> 비투자율 μ_s, 자화율 χ_m 라 하면
> (1) 반자성체 : $\mu_s < 1$, $\chi_m < 0$(구리, 금, 은, 수소, 탄소 등)
> (2) 상자성체 : $\mu_s > 1$, $\chi_m > 0$(산소, 칼륨, 백금, 알루미늄 등)
> (3) 강자성체 : $\mu_s \gg 1$, $\chi_m \gg 0$(철, 니켈, 코발트)-강자성체는 자기차폐에 가장 좋은 재료이다.

정답 60 ①

기출문제 제6회 핵심 기출문제

1 공기조화 설비

01 냉각수 출입구 온도차를 5℃, 냉각수의 처리 열량을 16380kJ/h로 하면 냉각수량(L/min)은? (단, 냉각수의 비열은 4.2kJ/kg·℃로 한다.)

① 10 ② 13
③ 18 ④ 20

$q = WC\Delta t$ 에서
$W = \dfrac{q}{C\Delta t} = \dfrac{16380}{4.2(5)} = 780\text{L/h} = 13\text{L/min}$

02 다음 습공기 선도의 공기조화과정을 나타낸 장치도는? (단, ① = 외기, ② = 환기, HC = 가열기, CC = 냉각기이다.)

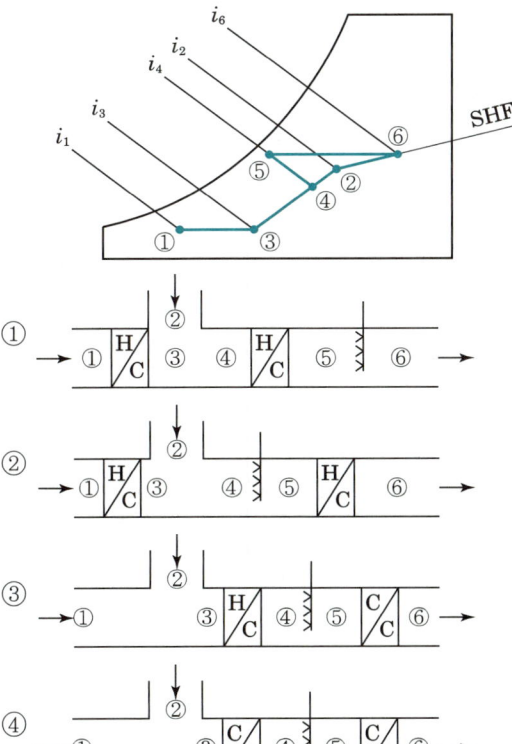

습공기 선도에서 조화과정은 외기 ①을 가열하여 ③ 환기 ②와 혼합 ④ 하고 가습 ⑤ 한후 가열하여 ⑥ 취출한다. 그러므로 ②번이 답이다.

03 에어와셔 단열 가습시 포화효율은 어떻게 표시하는가? (단, 입구공기의 건구온도 t_1, 출구공기의 건구온도 t_2, 입구공기의 습구온도 t_{w1}, 출구공기의 습구온도 t_{w2}이다.)

① $\eta = \dfrac{(t_1 - t_2)}{(t_2 - t_{w2})}$ ② $\eta = \dfrac{(t_1 - t_2)}{(t_1 - t_{w1})}$

③ $\eta = \dfrac{(t_2 - t_1)}{(t_{w2} - t_1)}$ ④ $\eta = \dfrac{(t_1 - t_{w1})}{(t_2 - t_1)}$

에어와셔 포화효율 = $\dfrac{입구건구 - 출구건구}{입구건구 - 입구습구} = \dfrac{(t_1 - t_2)}{(t_1 - t_{w1})}$

∴ $\eta = \dfrac{(t_1 - t_2)}{(t_1 - t_{w1})}$

04 복사 냉·난방 방식에 관한 설명으로 틀린 것은?

① 실내 수배관이 필요하며, 결로의 우려가 있다.
② 실내에 방열기를 설치하지 않으므로 바닥이나 벽면을 유용하게 이용할 수 있다.
③ 조명이나 일사가 많은 방에 효과적이며, 천장이 낮은 경우에만 적용된다.
④ 건물의 구조체가 파이프를 설치하여 여름에는 냉수, 겨울에는 온수로 냉·난방을 하는 방식이다.

복사 냉·난방 방식은 복사열을 이용하므로 천장이 높은 경우에 적용하면 효과가 좋다.

정답 01 ② 02 ② 03 ② 04 ③

05 난방부하의 변동에 따른 온도조절이 쉽고, 열용량이 커서 실내의 쾌감도가 좋으며, 공급온도를 변화시킬 수 있고, 방열기 밸브로 방열량을 조절할 수 있는 난방방식은?

① 온수난방방식　② 증기난방방식
③ 온풍난방방식　④ 냉매난방방식

> 온수난방은 온수의 열용량이 커서 난방부하의 변동에 따른 온도조절이 쉽고, 온도가 낮아 실내의 쾌감도가 좋으며, 온수 공급온도를 변화시킬 수 있고, 방열기 밸브로 유량을 조절하여 방열량을 조절할 수 있다.

06 다음 중 개방식 팽창탱크에 반드시 필요한 요소가 아닌 것은?

① 압력계　② 수면계
③ 안전관　④ 팽창관

> 개방식 팽창탱크에 압력계는 설치하지 않는다.

07 단효용 흡수식 냉동기의 능력이 감소하는 원인이 아닌 것은?

① 냉수 출구온도가 낮아질수록 심하게 감소한다.
② 압축비가 작을수록 감소한다.
③ 사용 증기압이 낮아질수록 감소한다.
④ 냉각수 입구온도가 높아질수록 감소한다.

> 흡수식 냉동기의 능력은 압축비(고압/저압)가 작을수록 증가한다.

08 다음 중 습공기선도 상에 표시되지 않는 것은?

① 비체적　② 비열
③ 노점온도　④ 엔탈피

> 습공기선도 상에 비열은 없다.

09 32W 형광등 20개를 조명용으로 사용하는 사무실이 있다. 이때 조명기구로부터의 취득 열량은 약 얼마인가? (단, 안정기의 부하는 20%로 한다.)

① 550W　② 640W
③ 660W　④ 768W

> $q = 32 \times 20 \times 1.2 = 768W$

10 습공기선도상에서 ①의 공기가 온도가 높은 다량의 물과 접촉하여 가열, 가습되고 ③의 상태로 변화한 경우를 나타내는 것은?

①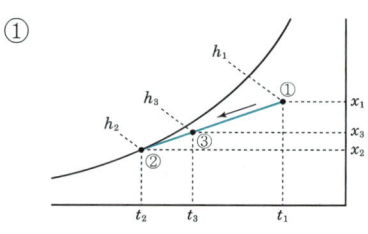

②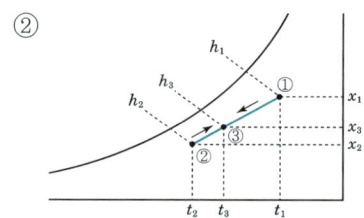

③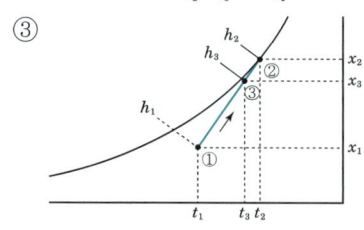

④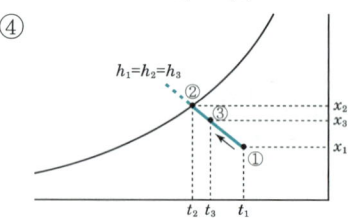

정답 05 ①　06 ①　07 ②　08 ②　09 ④　10 ③

①은 ①공기를 ② 코일에 통과 시킬 때 ③의 상태로 냉각 감습되는 공정이고 ②는 ①공기와 ②공기를 혼합하여 혼합공기 ③이 된다.
③은 ①공기를 고온다습한 다량의 ②온수를 가습하면 가열 가습된③공기가 된다.
④는 ①공기를 단열분무하는 것으로 ②상태의 분무수로 가습 하면 ③공기가 된다.

11 다음과 같은 특징을 가지는 보일러로 가장 알맞은 것은?

주철을 주조 성형하여 1개의 섹션(쪽)을 각각 만들어 보일러 용량에 맞추어 여러개의 섹션을 조립하여 사용하는 저압 보일러로 복잡한 구조 제작이 가능하고, 전열면적 크고 효율이 높아 주로 난방에 사용되며 증기 보일러와 온수 보일러가 있다.

① 주철제 보일러
② 노통연관식 보일러
③ 수관식 보일러
④ 관류 보일러

주철제 보일러는 섹셔널 보일러(sectional boiler)라고도 하며, 주철을 주조 성형하여 1개의 섹션(쪽)을 각각 만들어 보일러 용량에 맞추어 약 5개내지 18개정도의 섹션을 조립하여 사용하는 저압 보일러로 주물 제작으로 복잡한 구조 제작이 가능하고, 전열면적이 크고 효율이 높아 주로 난방에 사용되며 증기 보일러와 온수 보일러가 있다.

12 그림과 같은 단면을 가진 덕트에서 정압, 동압, 전압의 변화를 나타낸 것으로 옳은 것은? (단, 덕트의 길이는 일정한 것으로 한다.)

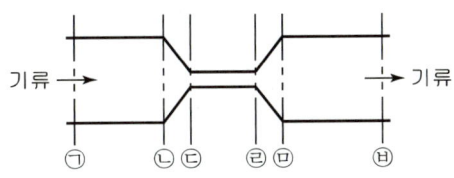

①
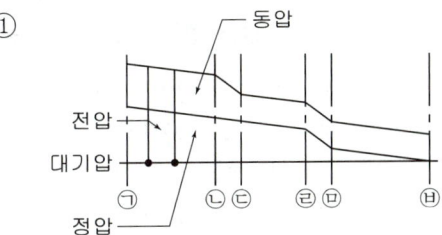

②
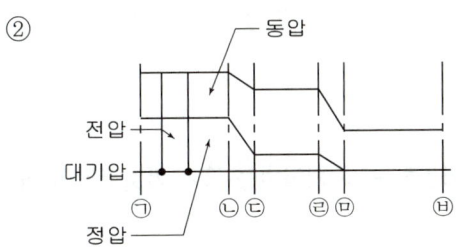

③
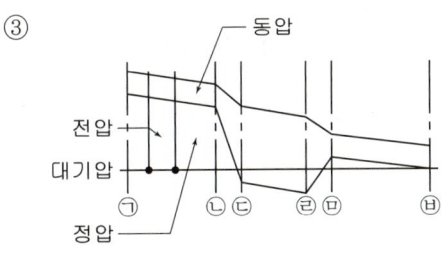

④
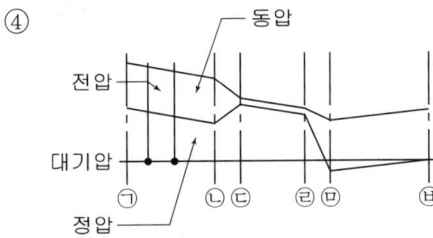

㉠-㉡과 ㉤-㉥구간은 동압이 일정하며 풍속이 작아 동압도 작으며 ㉢-㉣구간은 풍속이 커서 동압도 크다.
그러므로 ③번 항의 그림이 적합하다.

13 온수난방 방식의 분류에 해당되지 않는 것은?

① 복관식
② 건식
③ 상향식
④ 중력식

건식이란 증기난방에서 환수관에 응축수가 고이지 않는 방식이다.

정답 11 ① 12 ③ 13 ②

14 수관식 보일러의 특징에 관한 설명으로 틀린 것은?

① 드럼이 작아 구조상 고압 대용량에 적합하다.
② 구조가 복잡하여 보수·청소가 곤란하다.
③ 예열시간이 짧고 효율이 좋다.
④ 보유수량이 커서 파열 시 피해가 크다.

> 수관식 보일러는 보유수량이 작아서 파열시 피해가 적다.

15 공기를 가열하는 데 사용하는 공기 가열코일이 아닌 것은?

① 증기코일　　② 온수코일
③ 전기히터코일　④ 증발코일

> 증발코일은 냉각코일의 일종이다.

16 공기조화방식 중 중앙식 전공기방식의 특징에 관한 설명으로 틀린 것은?

① 실내공기의 오염이 적다.
② 외기냉방이 가능하다.
③ 개별제어가 용이하다.
④ 대형의 공조기계실을 필요로 한다.

> 중앙식 전공기방식은 개별제어는 곤란하다.

17 통과 풍량이 350m³/min일 때 표준 유닛형 에어필터의 수는? (단, 통과 풍속은 1.5m/s, 통과 면적은 0.5m²이며, 유효면적은 80%이다.)

① 7개　　② 8개
③ 9개　　④ 10개

> $n = \dfrac{350}{60 \times 1.5 \times 0.5 \times 0.8} = 9.7 = 10$개

18 냉각코일로 공기를 냉각하는 경우에 코일표면 온도가 공기의 노점온도보다 높으면 공기 중의 수분량 변화는?

① 변화가 없다.　　② 증가한다.
③ 감소한다.　　　④ 불규칙적이다.

> 냉각코일에서 코일표면 온도가 공기의 노점온도보다 높으면 건코일로 결로가 없으며 공기 중의 수분량 변화는 없다.

19 직교류형 및 대향류형 냉각탑에 관한 설명으로 틀린 것은?

① 직교류형은 물과 공기 흐름이 직각으로 교차한다.
② 직교류형은 냉각탑의 충진재 표면적이 크다.
③ 대향류형 냉각탑의 효율이 직교류형보다 나쁘다.
④ 대향류형은 물과 공기 흐름이 서로 반대이다.

> 대향류형 냉각탑의 효율이 직교류형보다 좋다.

20 어느 실내에 설치된 온수 방열기의 방열면적이 10m² EDR일 때의 방열량(W)은?

① 4500　　② 6500
③ 7558　　④ 5233

> 온수방열기 1EDR = 523.3W
> 그러므로 10 × 523.3 = 5233W
> 증기방열기 1EDR = 755.8W

정답　14 ④　15 ④　16 ③　17 ④　18 ①　19 ③　20 ④

2 냉동냉장 설비

21 어느 재료의 열통과율이 0.35W/m²·K, 외기와 벽면과의 열전달률이 20W/m²·K, 내부공기와 벽면과의 열전달률이 5.4W/m²·K이고, 재료의 두께가 187.5mm일 때, 이 재료의 열전도도는?

① 0.032 W/m·K   ② 0.056 W/m·K
③ 0.067 W/m·K   ④ 0.072 W/m·K

$R = \dfrac{1}{K} = \dfrac{1}{\alpha_o} + \dfrac{d}{\lambda} + \dfrac{1}{\alpha_i}$ 에서

$\lambda = \dfrac{d}{\dfrac{1}{K} - \dfrac{1}{\alpha_o} - \dfrac{1}{\alpha_i}} = \dfrac{187.5 \times 10^{-3}}{\dfrac{1}{0.35} - \dfrac{1}{20} - \dfrac{1}{5.4}} ≒ 0.072$

22 축열장치에서 축열재가 갖추어야 할 조건으로 가장 거리가 먼 것은?

① 열의 저장은 쉬워야 하나 열의 방출은 어려워야 한다.
② 취급하기 쉽고 가격이 저렴해야 한다.
③ 화학적으로 안정해야 한다.
④ 단위체적당 축열량이 많아야 한다.

축열재의 구비조건
㉠ 열의 흡수나 방출이 단시간내 용이 할 것
㉡ 취급하기 쉽고 가격이 저렴할 것
㉢ 화학적으로 안정하고 인체에 무해할 것
㉣ 단위체적당 출열량(열용량)이 클 것
㉤ 공조장치의 열매로 직접 이용할 수 있을 것
㉥ 기기나 배관계를 부식하지 않을 것

23 1kg의 공기가 온도 20℃의 상태에서 등온변화를 하여, 비체적의 증가는 0.5m³/kg, 엔트로피의 증가량은 0.06kJ/kgK였다. 초기의 비체적은 얼마인가? (단, 공기의 기체상수는 0.287kJ/kg·K이다.)

① 1.17 m³/kg   ② 2.17 m³/kg
③ 3.17 m³/kg   ④ 4.27 m³/kg

$\Delta s = R \ln \dfrac{v_2}{v_1}$ 에서

초기의 비체적을 v_1이라 하면 $v_2 = v_1 + 0.5$이므로

$\Delta s = R \ln \dfrac{v_2}{v_1} = R \ln \dfrac{v_1 + 0.5}{v_1}$

$\ln \dfrac{v_1 + 0.5}{v_1} = \dfrac{\Delta s}{R} = \dfrac{0.06}{0.287} = 0.21$

$\dfrac{v_1 + 0.5}{v_1} = e^{0.21} = 1.23$

$\therefore v_1 ≒ 2.17 \, m^3/kg$

24 다음 중 냉각탑의 용량제어 방법이 아닌 것은?

① 슬라이드 밸브 조작 방법
② 수량변화 방법
③ 공기 유량변화 방법
④ 분할 운전 방법

냉각탑의 용량제어 방법
㉠ 공기 유량변화 방법(인버터, 극수변환 등에 의한 송풍기의 회전수 제어)
㉡ 수량변화 방법(냉각수의 냉각탑 바이패스제어(2방변 제어, 또는 3방변 제어)
㉢ 송풍기 발정제어
㉣ 분할 운전 방법(냉각탑 대수제어)

25 다음 중 무기질 브라인이 아닌 것은?

① 염화나트륨
② 염화마그네슘
③ 염화칼슘
④ 에틸렌글리콜

무기질 브라인 : 염화칼슘($CaCl_2$), 염화나트륨(NaCl), 염화마그네슘($MgCl_2$)
유기질 브라인 : 에틸렌글리콜, 프로필렌글리콜, 알코올, 염화메틸렌(R-11), 메틸렌클로라이드

정답 21 ④ 22 ① 23 ② 24 ① 25 ④

26 증발식 응축기에 관한 설명으로 옳은 것은?

① 증발식 응축기는 많은 냉각수를 필요로 한다.
② 송풍기, 순환펌프가 설치되지 않아 구조가 간단하다.
③ 대기온도는 동일하지만 습도가 높을 때는 응축압력이 높아진다.
④ 증발식 응축기의 냉각수 보급량은 물의 증발량과는 큰 관계가 없다.

> **증발식 응축기**
> 냉각수가 부족한 곳에서는 한 번 사용한 냉각수는 냉각탑을 사용하여 온도를 낮춰서 반복 사용해야 하지만 응축기와 냉각탑을 별도로 설치하는 것은 불편하다. 따라서 이 양자의 기능을 하나로 합쳐서 혼합한 형태의 장치로 한 것이 증발식 응축기이다.
> ① 증발식 응축기는 냉각수가 부족한 곳에서 주로 사용한다.
> ② 송풍기, 순환펌프가 설치되고 구조가 복잡하다.
> ③ 증발식 응축기는 외기습구온도의 영향을 받고, 외기습구온도(습도)가 높을 때 응축압력이 높아진다.
> ④ 공급수의 양은 증발량, 비산수량에 농축을 방지하기 위한 분출량을 가산한 양이다.

27 저온장치 중 얇은 금속판에 브라인이나 냉매를 통하게 하여 금속판의 외면에 식품을 부착시켜 동결하는 장치는?

① 판 송풍 동결장치
② 접촉식 동결장치
③ 송풍 동결장치
④ 터널식 공기 동결장치

> 접촉식 동결장치는 얇은 금속판에 브라인이나 냉매를 통하게 하여 금속판의 외면에 식품을 부착시켜 동결하는 장치이다.

28 다음 $h-x$(엔탈피-농도) 선도에서 흡수식 냉동기 사이클을 나타낸 것으로 옳은 것은?

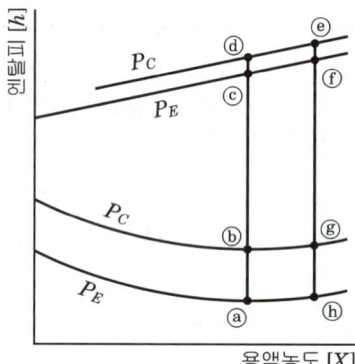

① ⓒ - ⓓ - ⓔ - ⓕ - ⓒ
② ⓑ - ⓒ - ⓕ - ⓖ - ⓑ
③ ⓐ - ⓑ - ⓖ - ⓗ - ⓐ
④ ⓐ - ⓓ - ⓔ - ⓗ - ⓐ

> 주어진 선도는 물+LiBr계의 $h-x$(엔탈피-농도) 선도이다. 이 선도는 증발잠열 등 설계에 필요한 열량을 선도 상에서 간단히 구할 수 있으므로 상당히 편리하다.
> 흡수 사이클은 ⓐ - ⓑ - ⓖ - ⓗ - ⓐ이다.

29 1000kg의 쇠고기(지방이 없는 부분)를 20℃에서 -15℃까지 동결시킬 경우 동결부하[MJ]를 구한 것으로 옳은 것은? (단, 쇠고기(지방이 없는 부분)의 동결전 비열은 3.25kJ/(kg·K), 동결후 비열은 1.76kJ/(kg·K), 동결잠열은 234.5kJ/kg으로 쇠고기의 동결점은 -2℃로 한다.)

① 280
② 330
③ 390
④ 420

> (1) 20℃에서 -2℃까지 냉각현열부하
> $q = mC\Delta t = 1000 \times 3.25 \times \{20-(-2)\} = 71,500$ kJ
> (2) 동결 시 잠열부하 : $q = m\gamma = 1000 \times 234.5 = 234,500$ kJ
> (3) -2℃에서 -15℃까지 동결 냉각시킬 경우 냉각부하 :
> $q = mC\Delta t = 1000 \times 1.76 \times \{-2-(-15)\} = 22,880$ kJ
>   따라서 1kg에 대한 전동결부하(냉동능력)는
> $71,500 + 234,500 + 22,880 = 328,880$ kJ $= 330$ MJ
>   (냉동, 냉장 부하 문제는 냉각 시간 동안의 전체 동결부하(kJ)인지 단위시간 동안의 냉동 능력(kW)인지 정확히 구분해야한다)

정답 26 ③ 27 ② 28 ③ 29 ②

30 다음의 기술은 압력시험에 관한 설명이다. 가장 옳지 않은 것은?

① 내압시험과 기밀시험을 실시한 압력은 유지관리 상 중요한 사항으로 피시험품 본체의 명판이나 각인에 표시하여야 한다. 그리고 압력시험의 압력은 모두 게이지압력으로 한다. 내압 시험은 실제 사용상태에서 내압성능이 만족한 상태인가를 확인하고, 기밀시험은 조립품 및 배관이 완료된 설비에 대해 기밀을 확인하기 위해 실시한다.

② 내압시험을 액체로 실시하는 경우는 피시험품에 액체를 채우고, 공기를 완전히 배제한 후 압력을 내압 시험 압력까지 높여서 그 시험압력을 1분 이상 유지하고 그 다음에 압력을 내압시험 압력의 8/10까지 내려서 이상이 없는가를 확인한다.

③ 냉매설비의 배관을 제외한 구성기기 각각의 조립품에 대해 실시하는 기밀시험은 내압강도가 확인된 기기에 대해 누설 확인이 용이하게 될 수 있도록 가스 압력 시험으로 실시하고 시험에 사용하는 가스는 공기 또는 불연성, 비독성 가스를 사용한다.

④ 진공시험에 있어서 장치 내에 수분이 존재하면 진공 펌프를 정지할 때 압력이 상승하기 때문에 충분한 시간을 들여 냉동장치내의 수분을 배출시킨다. 또한 아주 미소한 누설에서 누설 장소를 특정하기 위해서는 기밀시험보다 진공방치시험이 적합하다.

> ④ 진공시험에 있어서 장치 내에 수분이 존재하면 진공펌프를 정지할 때 압력이 상승하기 때문에 충분한 시간을 들여 냉동장치내의 수분을 배출시킬 필요가 있다. 진공 상태에서는 미량의 누설도 판정할 수 있으나 누설 장소를 특정 할 수는 없다. "아주 미소한 누설에서 누설 장소를 특정하기 위해서는 기밀시험이 진공방치시험보다 적합하다"

31 다음의 설명 가운데 냉동장치의 유지관리에 대하여 가장 옳지 않은 것을 고르시오.

① 암모니아 냉동장치의 냉매계통에 수분이 침입하여도 미량이면 장치에 장해를 일으키는 것은 아니다.
② 액봉된 배관이 외부로부터 가열되면 배관이나 지변이 파손하는 사고가 일어날 위험성이 있다.
③ 질소가스를 이용하여 기밀시험을 실시하였다.
④ 냉동장치의 냉매계통에 공기가 침입하여도 응축압력은 변하지 않는다.

> ① 암모니아와 물은 용해하므로 소량의 수분이 침입하여도 그다지 큰 영향은 없다.
> ③ 기밀시험에는 공기 또는 불연성, 비독성가스(질소가스, 이산화탄소 등)를 이용한다.
> ④ 냉동장치의 냉매계통에 공기 등의 불응축가스가 침입하면 응축기의 전열성능이 저하되어 응축온도가 상승하고, 더욱 불응축가스의 분압 상당분이 더해져 응축압력이 상승한다.

32 15℃의 물로 0℃의 얼음을 100kg/h 만드는 냉동기의 냉동능력은 몇 냉동톤(RT)인가? (단, 1RT는 3.86kW 이다. 물의 비열은 4.2kJ/kgK으로 한다)

① 1.43　　② 1.78
③ 2.12　　④ 2.86

> (1) 15℃ 물을 0℃까지 냉각시키는데 필요한 현열량
> $q_s = 100 \times 4.2 \times 15 = 6300$ [kJ/h]
> (2) 0℃ 물을 0℃ 얼음으로 변화시키는데 필요한 잠열량
> $q_L = 100 \times 334 = 33400$ [kJ/h]
> ∴ 제거열량$(RT) = \dfrac{6300 + 33400}{3600 \times 3.86} = 2.86$

33 이론 냉동사이클을 기반으로 한 냉동장치의 작동에 관한 설명으로 옳은 것은?

① 냉동능력을 크게 하려면 압축비를 높게 운전하여야 한다.
② 팽창밸브 통과 전후의 냉매 엔탈피는 변하지 않는다.
③ 냉동장치의 성적계수 향상을 위해 압축비를 높게 운전하여야 한다.
④ 대형 냉동장치의 암모니아 냉매는 수분이 있어도 아연을 침식시키지 않는다.

> ① 압축비가 증대하면 실린더 과열에 의한 냉매순환량 감소로 냉동능력은 감소한다.
> ③ 압축비가 상승하면 소요동력의 증대에 의해 냉동장치의 성적계수는 감소한다.
> ④ 암모니아 냉매는 수분이 혼입하면 냉동기유의 유화(乳化)나, 금속재료의 부식의 원인이 된다.

34 냉동사이클에서 증발온도가 일정하고 압축기 흡입가스의 상태가 건포화 증기일 때, 응축온도를 상승시킬 경우 나타나는 현상이 아닌 것은?

① 토출압력 상승
② 압축비 상승
③ 냉동효과 감소
④ 압축일량 감소

> 증기압축식 냉동 장치에서 증발온도를 일정하게 유지하고 응축온도가 상승되거나 응축온도가 일정한 상태에서 증발온도가 저하되면 다음과 같은 현상이 발생한다.
> ㉠ 압축비 상승
> ㉡ 토출가스 온도(압력) 상승
> ㉢ 실린더 과열
> ㉣ 윤활유의 열화 및 탄화
> ㉤ 체적효율 감소
> ㉥ 냉매순환량 감소
> ㉦ 냉동능력 감소(냉동효과 감소)
> ㉧ 소요동력 증대(압축일량 증대)
> ㉨ 성적계수 감소
> ㉩ 플래시 가스 발생량이 증가

35 실제기체가 이상기체의 상태식을 근사적으로 만족하는 경우는?

① 압력이 높고 온도가 낮을수록
② 압력이 높고 온도가 높을수록
③ 압력이 낮고 온도가 높을수록
④ 압력이 낮고 온도가 낮을수록

> 실제 기체를 이상기체로 간주할 수 있는 조건
> ㉠ 분자량이 작을수록
> ㉡ 압력이 낮을수록
> ㉢ 온도가 높을수록
> ㉣ 비체적이 클수록

36 흡수식 냉동기 안전장치의 기능으로 가장 거리가 먼 것은?

① 고온재생기 압력 스위치는 고온재생기의 냉매 증기 압력이 설정치 이하가 되면 작동하여 용기를 보호한다.
② 용액 액면 스위치는 고온 재생기 용액 액면의 저하를 검출하여 고온 재생기의 수위가 저하되는 것을 막아 용액의 결정을 방지한다.
③ 가스 압력 스위치는 연료가스의 압력이 설정치 이하(저압공급시) 또는 이상(중간압, 중앙공급시)이 되면 작동하여 연소장치의 안전을 확보한다.
④ 풍압 스위치는 버너 팬 흡입구와 토출구에 이물질이 혼입이 있을 경우 또는 팬이 정지한 경우에 풍압 스위치가 토출압력의 이상을 검출하여 연소를 정지한다

> 고온재생기 압력 스위치는 고온재생기의 냉매 증기 압력이 설정치 이상이 되면 작동하여 용기를 보호한다.

37 냉동장치의 P-i(압력-엔탈피) 선도에서 성적계수를 구하는 식으로 옳은 것은?

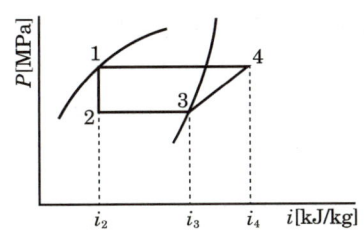

① $COP = \dfrac{i_4 - i_3}{i_3 - i_2}$ ② $COP = \dfrac{i_3 - i_2}{i_4 - i_2}$

③ $COP = \dfrac{i_3 - i_2}{i_4 - i_3}$ ④ $COP = \dfrac{i_4 - i_2}{i_3 - i_2}$

> $COP = \dfrac{i_3 - i_2}{i_4 - i_3} = \dfrac{q_2(냉동효과)}{w(압축일)}$

38 암모니아 냉동장치에서 팽창밸브 직전의 냉매액 온도가 20℃이고 압축기 직전 냉매가스 온도가 –15℃의 건포화 증기이며, 냉매 1kg당 냉동량은 1134kJ이다. 필요한 냉동능력이 14RT일 때, 냉매순환량은?
(단, 1RT는 3.86kW이다.)

① 123 kg/h ② 172 kg/h
③ 185 kg/h ④ 212 kg/h

> 냉매순환량 $G = \dfrac{Q_2}{q_2} = \dfrac{14 \times 3.86 \times 3600}{1134} = 172 [kg/h]$

39 수냉식 응축기를 사용하는 냉동장치에서 응축압력이 표준압력보다 높게 되는 원인으로 가장 거리가 먼 것은?

① 공기 또는 불응축 가스의 혼입
② 응축수 입구온도의 저하
③ 냉각수량의 부족
④ 응축기의 냉각관에 스케일이 부착

> ②의 응축수 입구온도의 저하는 수냉식 응축기에서 응축압력의 저하현상을 일으킨다. 따라서 수냉식 응축기를 사용하는 냉동장치의 응축압력이 높게 되는 원인과 가장 거리가 멀다.

40 2원 냉동사이클의 특징이 아닌 것은?

① 일반적으로 저온측과 고온측에 서로 다른 냉매를 사용한다.
② 초저온의 온도를 얻고자 할 때 이용하는 냉동사이클이다.
③ 보통 저온측 냉매로는 임계점이 높은 냉매를 사용하며, 고온측에는 임계점이 낮은 냉매를 사용한다.
④ 중간열교환기는 저온측에서는 응축기 역할을 하며, 고온측에서는 증발기 역할을 수행한다.

> **2원 냉동**
> ㉠ 2원 냉동은 –70℃ 이하의 초저온을 얻고자 할 때 사용되며, 일반적으로 저온측에는 비점 및 임계점이 낮은 냉매를, 고온측에는 비점 및 임계점이 높은 냉매를 사용한다.
> ㉡ 저온냉동장치의 응축기가 고온냉동장치의 증발기에 의해서 냉각되도록 되어 있다.(중간열교환기는 저온측에서는 응축기 역할을 하며, 고온측에서는 증발기 역할을 수행한다.)
> ㉢ 저온측에 사용하는 냉매는 R-13, R-14, 에틸렌 등이다.
> ㉣ 고온측에 사용하는 냉매는 R-12, R-22, 프로판 등이다.

3 공조냉동 설치·운영

41 냉온수 배관에 관한 설명으로 옳은 것은?

① 배관이 보·천장·바닥을 관통하는 개소에는 플렉시블 이음을 한다.
② 수평관의 공기체류부에는 슬리브를 설치한다.
③ 팽창관(도피관)에는 슬루스 밸브를 설치한다.
④ 주관이 굽힘부에는 엘보 대신 벤드(곡관)를 사용한다.

> 배관이 보·천장·바닥을 관통하는 개소에는 슬리브를 설치하고, 수평관의 공기체류부에는 공기밸브를 설치하며 팽창관(도피관)에는 밸브를 설치하지 않고, 주관의 굽힘부에는 엘보 대신 벤드(곡관)를 사용하여 신축을 흡수한다.

42 파이프 내 흐르는 유체가 "물"임을 표시하는 기호는?

① $\overset{A}{\diagdown}$ ② $\overset{O}{\diagdown}$
③ $\overset{\diagdown}{S}$ ④ $\overset{\diagdown}{W}$

물 : W, 공기 : A, 오일 : O, 증기 : S

43 냉동장치의 토출배관 시공 시 유의사항으로 틀린 것은?

① 관의 합류는 T이음보다 Y이음으로 한다.
② 압축기 정지 중에도 관내에 응축된 냉매가 압축기로 역류하지 않도록 한다.
③ 압축기에서 입상된 토출관의 수평 부분은 응축기 쪽으로 상향 구배를 한다.
④ 여러 대의 압축기를 병렬 운전할 때는 가스의 충돌로 인한 진동이 없게 한다.

압축기에서 입상된 토출관의 수평 부분은 응축기 쪽으로 하향 구배를 한다.

44 다음 조건과 같은 냉온수 배관계통에서 순환펌프 양정(mAq)을 구하시오

【 조 건 】

냉온수 계통에 공조기 2대 병렬 설치, 가장 먼 공조기까지 배관 직관 순환 길이 160m, 공조기 코일저항 각각 4mAq, 국부저항은 직관저항의 50%로 하며 기타 손실은 무시한다. 배관경 선정시 마찰저항은 50mmAq/m 이하로 한다.

① 8 mAq   ② 12 mAq
③ 16 mAq ④ 18 mAq

직관 배관에 대한 마찰저항은 1m당 50mmAq저항이 걸리므로 직관부 저항= 160×50 = 8000mmAq= 8mAq
국부저항= 8×0.5 = 4mAq 공조기저항은 1대(4mAq)만 계산한다.
전체마찰저항=직관+국부+기기= 8+4+4 = 16mAq

45 다음중 일반적인 공랭식 히트펌프의 유지관리항목으로 가장 거리가 먼 것은?

① 압축기용 전동기의 전류, 전압의 Check
② 냉온수 코일 출입구의 온도 점검
③ 각종 냉매 배관의 누설 기타 점검
④ 실외기의 점검

공랭식 히트펌프는 냉매가 직접 팽창하며 냉각시키는 직팽형으로 냉온수 코일은 구성요소가 아니다.

46 보일러 정비시의 주의사항(안전관리)으로 가장 거리가 먼 것은?

① 작업전에 보일러의 잔압을 완전히 제거하고 충분히 냉각을 시켜야 한다.
② 타보일러와 증기관이 연결이 되어 있을 때는 주증기 밸브를 잠근 후 핸들을 떼어 놓거나, 맹판을 삽입하여 증기가 누입되지 않도록 한다.
③ 분출관이 타보일러와 연결이 되어 있을 때는 분출밸브 토출측을 떼어놓는다.
④ 보일러내에 들어갈 때는 충돌 방지를 위하여 1인 씩만 작업하는 것이 바람직하다.

안전을 위하여 보일러내에 들어갈 때는 2인1조로 하던가, 한 사람은 바깥에서 보일러내의 작업자를 감시하는 것이 바람직하다.

정답 42 ④ 43 ③ 44 ③ 45 ② 46 ④

47 아래 덕트(저속덕트) 평면도를 보고 0.5t 철판 면적을 산출 하시오 (단 덕트 장변길이 450mm 이하 : 0.5t, 750mm 이하 : 0.6t, 1500mm 이하 : 0.8t적용 덕트 철판 재료 할증률은 28% 적용)

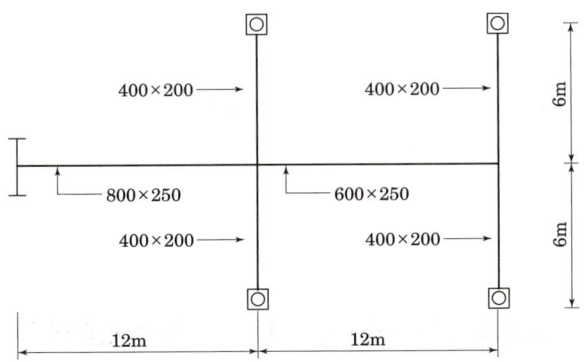

① 0.5t = 28.80m²
② 0.5t = 32.86m²
③ 0.5t = 36.86m²
④ 0.5t = 46.86m²

> 0.5t는 450 이하이며 도면에서 400×200 덕트만 해당한다.
> 400×200 덕트 총길이는 6m가 4개이므로 24m 이다.
> 400×200 덕트는 둘레길이가 (0.4+0.2)×2 = 1.2m 이고 길이가 24m 이므로
> 덕트 면적= 1.2×24 = 28.8m²
> 철판 면적은 28% 할증= 28.8×1.28 = 36.86m²

48 덕트 설계, 설치시 검토 확인사항으로 가장 부적합한 것은?

① 덕트의 형상은 굴곡, 변형, 확대, 축소, 분기, 합류시 덕트내 공기저항이 최소가 되도록 설계되었는가 확인
② 덕트는 층고를 낮추기위해 종횡비를 8:1 이상으로하여 덕트 높이를 최소화한다.
③ 덕트길이 최단거리로 연결, 균등한 정압 손실이 되도록 설계, 덕트의 열손실·열획득 경로를 피할 것
④ 소음기, 소음엘보, 소음챔버, 라이닝덕트, 흡음 flexible등 적용으로 덕트의 소음 및 방진 대책 수립

> 덕트는 층고가 허용하는 한 정사각형에 가깝게 하며 층고를 낮추기 위해서라도 종횡비를 4:1 이상으로하지 않는 것이 좋다.

49 관경 25A(내경 27.6mm)의 강관에 30L/min의 가스를 흐르게 할 때 유속(m/s)은?

① 0.14
② 0.34
③ 0.64
④ 0.84

$$v = \frac{Q}{A} = \frac{30 \times 10^{-3}}{60 \times \frac{\pi(0.0276)^2}{4}} = 0.84[m/s]$$

50 냉온수 배관을 시공할 때 고려해야 할 사항으로 옳은 것은?

① 열에 의한 온수의 체적 팽창을 흡수하기 위해 신축이음을 한다.
② 기기와 관의 부식을 방지하기 위해 물을 자주 교체한다.
③ 열에 의한 배관의 신축을 흡수하기 위해 팽창관을 설치한다.
④ 공기체류장소에는 공기빼기밸브를 설치한다.

> 열에 의한 온수의 체적 팽창을 흡수하기 위해 팽창탱크를, 물을 자주 교체하면 기기와 관의 부식은 심해지고, 열에 의한 배관의 신축을 흡수하기 위해 신축이음을 설치한다. 팽창관은 물의 팽창을 흡수하는 팽창탱크로의 연결관이다.

51 변압기는 어떤 작용을 이용한 전기기계인가?

① 정전유도작용
② 전자유도작용
③ 전류의 발열작용
④ 전류의 화학작용

> 변압기 이론
> 환상철심을 자기회로로 사용하여 1차측(전원측)과 2차측(부하측)에 권선을 감고 1차측에 교류전원을 인가하면 전자유도작용에 의해서 2차측에 유기기전력이 발생하게 된다.

정답 47 ③ 48 ② 49 ④ 50 ④ 51 ②

52 8[Ω], 12[Ω], 20[Ω], 30[Ω]의 4개 저항을 병렬로 접속할 때 합성저항은 약 몇 [Ω]인가?

① 2.0[Ω] ② 2.35[Ω]
③ 3.43[Ω] ④ 70[Ω]

> 저항의 병렬접속일 때 합성저항 R_0는
> $$R_0 = \frac{1}{\frac{1}{R_1}+\frac{1}{R_2}+\frac{1}{R_3}+\cdots}[\Omega]$$ 식에서
> $$\therefore R_0 = \frac{1}{\frac{1}{R_1}+\frac{1}{R_2}+\frac{1}{R_3}+\cdots}$$
> $$= \frac{1}{\frac{1}{8}+\frac{1}{12}+\frac{1}{20}+\frac{1}{30}} = 3.43[\Omega]$$

53 제어량이 온도, 압력, 유량 및 액면 등일 경우 제어하는 방식은?

① 프로그램제어 ② 시퀀스제어
③ 추종제어 ④ 프로세스제어

> 프로세스 제어는 공정제어라고도 하며 제어량이 피드백 제어계로서 주로 정치제어인 경우이다. 온도, 압력, 유량, 액면, 습도, 밀도, 농도 등을 제어한다.

54 어떤 코일에 흐르는 전류가 0.01초 사이에 일정하게 50[A]에서 10[A]로 변할 때 20[V]의 기전력이 발생한다고 하면 자기인덕턴스는 몇 [mH]인가?

① 5 ② 40
③ 50 ④ 200

> $e = -N\frac{d\phi}{dt} = -L\frac{di}{dt}[V]$ 식에서
> $dt = 0.01[s]$, $-di = 50-10 = 40[A]$, $e = 20[V]$일 때
> 자기 인덕턴스 L은
> $\therefore L = e\frac{dt}{-di} = 20 \times \frac{0.01}{40} = 5 \times 10^{-3}[H] = 5[mH]$

55 2전력계법으로 전력을 측정하였더니 $P_1 = 4[W]$, $P_2 = 3[W]$이었다면 부하의 소비전력은 몇 [W]인가?

① 1 ② 5
③ 7 ④ 12

> 2전력계법
> $P = W_1 + W_2 = \sqrt{3}\,VI\cos\theta[W]$ 식에서
> $W_1 = P_1 = 4[W]$, $W_2 = P_2 = 3[W]$일 때
> $\therefore P = W_1 + W_2 = 4+3 = 7[W]$

56 다음의 논리식 중 다른 값을 나타내는 논리식은?

① $\overline{X}Y + XY$ ② $(Y + X + \overline{X})Y$
③ $X(\overline{Y} + X + Y)$ ④ $XY + Y$

> 각 보기의 논리식은 다음과 같다.
> ① $\overline{X}Y + XY = (\overline{X}+X)Y = 1 \cdot Y = Y$
> ② $(Y+X+\overline{X})Y = (Y+1)Y = 1 \cdot Y = Y$
> ③ $X(\overline{Y}+X+Y) = X(X+1) = X \cdot 1 = X$
> ④ $XY + Y = (X+1)Y = 1 \cdot Y = Y$

57 자동 제어계의 출력 신호를 무엇이라 하는가?

① 동작신호 ② 조작량
③ 제어량 ④ 제어 편차

> 제어량은 제어하려는 물리량으로 제어계의 출력신호이다.

58 무효전력을 나타내는 단위는?

① VA ② W
③ Var ④ Wh

> 단위
> ① [VA] : 피상전력 ② [W] : 유효전력
> ③ [Var] : 무효전력 ④ [Wh] : 유효전력량

59 그림과 같은 블록선도의 전달함수는?

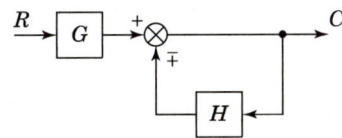

① $\dfrac{1}{1 \pm GH}$ ② $\dfrac{G}{1 \pm GH}$

③ $\dfrac{G}{1 \pm H}$ ④ $\dfrac{1}{1 \pm H}$

> $G(s) = \dfrac{\text{전향이득}}{1 - \text{루프이득}}$ 식에서
>
> 전향이득 $= G$, 루프이득 $= \mp H$ 이므로
>
> ∴ $G(s) = \dfrac{G}{1 \pm H}$

60 유도 전동기의 속도제어에서 사용할 수 없는 전력 변환기는?

① 인버터 ② 사이클로 컨버터
③ 위상제어기 ④ 정류기

> 유도전동기의 속도제어에 사용되는 전력변환기
> (1) 인버터(VVVF 장치)
> (2) 위상제어기(SCR 사용)
> (3) 사이클로 컨버터
> ∴ 정류기는 교류를 직류로 변환하는 장치이다.

정답 59 ③ 60 ④

기출문제 제7회 핵심 기출문제

1 공기조화 설비

01 덕트 내 공기가 흐를 때 정압과 동압에 관한 설명으로 틀린 것은?

① 정압은 항상 대기압 이상의 압력으로 된다.
② 정압은 공기가 정지상태일지라도 존재한다.
③ 동압은 공기가 움직이고 있을 때만 생기는 속도압이다.
④ 덕트 내에서 공기가 흐를 때 그 동압을 측정하면 속도를 구할 수 있다.

> 일반적으로 덕트 내 정압은 흡입덕트에서 진공압, 토출측에서 대기압 이상의 압력을 가진다.

02 고온수 난방 배관에 관한 설명으로 옳은 것은?

① 장치의 열용량이 작아 예열시간이 짧다
② 대량의 열량공급은 용이하지만 배관의 지름은 저온수 난방보다 크게 된다.
③ 관내 압력이 높기 때문에 관내면의 부식문제가 증기난방에 비해 심하다.
④ 공급과 환수의 온도차를 크게 할 수 있으므로 열수송량이 크다.

> 고온수 난방은 장치의 열용량이 커서 예열시간이 길고, 대량의 열량공급이 가능하고 배관의 지름은 저온수 난방보다 작게 된다. 관내 압력이 높으나 관내면의 부식문제는 증기난방에 비해 작다. 공급과 환수의 온도차를 크게 할 수 있으므로 열수송량이 크다.

03 어떤 방의 취득 현열량이 8360kJ/h로 되었다. 실내온도를 28℃로 유지하기 위하여 16℃의 공기를 취출하기로 계획 한다면 실내로의 송풍량은? (단, 공기의 비중량은 $1.2kg/m^3$, 정압비열은 $1.004kJ/kg \cdot ℃$이다.)

① $426.2m^3/h$
② $467.5m^3/h$
③ $578.7m^3/h$
④ $612.3m^3/h$

> $q = mC\Delta t$ 에서 송풍량
> $Q = \dfrac{m}{\gamma} = \dfrac{q}{1.2C\Delta t} = \dfrac{8360}{1.2 \times 1.004(28-16)} = 578m^3/h$

04 덕트 내 풍속을 측정하는 피토관을 이용하여 전압 23.8mmAq, 정압 10mmAq를 측정하였다. 이 경우 풍속은 약 얼마인가?

① 10m/s
② 15m/s
③ 20m/s
④ 25m/s

> 동압 = 전압 − 정압 = 23.8 − 10 = 13.8mmAq
> 동압$(P_v) = \dfrac{v^2}{2g} \cdot \gamma$에서
> $13.8 = \dfrac{v^2}{2 \times 9.8} \times 1.2$
> $v^2 = \dfrac{13.8 \times 2 \times 9.8}{1.2} = 225$
> $\therefore v = \sqrt{\dfrac{13.8 \times 2 \times 9.8}{1.2}} = 15m/s$

정답 01 ① 02 ④ 03 ③ 04 ②

05 공기 냉각·가열 코일에 대한 설명으로 틀린 것은?

① 코일의 관 내에 물 또는 증기, 냉매 등의 열매를 통과시키고 외측에는 공기를 통과시켜서 열매와 공기 간의 열교환을 시킨다.
② 코일에 일반적으로 16mm 정도의 동관 또는 강관의 외측에 동, 강 또는 알루미늄제의 판을 붙인 구조로 되어 있다.
③ 에로핀 중 감아 붙인 핀이 주름진 것을 스무드 핀, 주름이 없는 평면상의 것을 링클핀이라고 한다.
④ 관의 외부에 얇게 리본모양의 금속판을 일정한 간격으로 감아 붙인 핀의 형상을 에로핀 형이라 한다.

> 에로핀 중 감아 붙인 핀이 주름진 것을 링클핀, 주름이 없는 평면상의 것을 스무드 핀 이라고 한다.

06 다음중 보일러 부속품으로 보일러 내부 증기 압력이 일정압력 이상으로 증가 할 때 증기를 외부로 배출하여 보일러 파손을 방지하는 기능을 가지는것은?

① 압력계 ② 안전밸브
③ 고저수위경보장치 ④ 차압계

> 안전밸브는 보일러 내부 증기 압력이 일정 압력 이상으로 증가 할 때 증기를 외부로 배출하여 보일러 파손을 방지하는 안전장치이다.

07 다음 냉방부하 종류 중 현열부하만 이용하여 계산하는 것은?

① 극간풍에 의한 열량
② 인체의 발생열량
③ 기구의 발생열량
④ 송풍기에 의한 취득열량

> 송풍기에 의한 취득열량은 잠열부하가 없다.

08 일반적인 덕트설비를 설계할 때 덕트 설계순서로 옳은 것은?

① 덕트 계획 → 덕트치수 및 저항 산출 → 흡입·취출구 위치결정 → 송풍량 산출 → 덕트 경로결정 → 송풍기 선정
② 덕트 계획 → 덕트 경로결정 → 덕트치수 및 저항 산출 → 송풍량 산출 → 흡입·취출구 위치결정 → 송풍기 선정
③ 덕트 계획 → 송풍량 산출 → 흡입·취출구 위치결정 → 덕트 경로결정 → 덕트치수 및 저항 산출 → 송풍기 선정
④ 덕트 계획 → 흡입·취출구 위치결정 → 덕트치수 및 저항 산출 → 덕트 경로결정 → 송풍량 산출 → 송풍기 선정

> 덕트 계획(부하계산) → 송풍량 산출 → 흡입·취출구 위치결정 → 덕트 경로결정 → 덕트치수 및 저항 산출(정압 산출) → 송풍기 선정

09 공기 조화방식의 열매체에 의한 분류 중 냉매방식의 특징에 대한 설명으로 틀린 것은?

① 유닛에 냉동기를 내장하므로 국소적인 운전이 자유롭게 된다.
② 온도조절기를 내장하고 있어 개별제어가 가능하다.
③ 대형의 공조실을 필요로 한다.
④ 취급이 간단하고 대형의 것도 쉽게 운전할 수 있다.

> 냉매방식은 별도의 공조실이 필요 없다.

10 건구온도 10[℃], 상대습도 60[%]인 습공기를 30[℃]로 가열하였다. 이때의 습공기 상대습도는? (단, 10[℃]의 포화수증기압은 9.2[mmHg]이고, 30[℃]의 포화수증기압은 23.75[mmHg]이다.)

① 17% ② 20%
③ 23% ④ 27%

정답 05 ③ 06 ② 07 ④ 08 ③ 09 ③ 10 ③

> 상대습도는 그 온도의 포화수증기압에 대한 수증기압의 비이다.
> 10[℃], 상대습도 60[%]인 습공기의 수증기압은
> $9.2 \times 0.6 = 5.52$[mmHg]
> 30[℃]일 때 상대습도는
> $[\%] = \dfrac{수증기압}{포화수증기압} = \dfrac{5.52}{23.75} = 0.23 = 23[\%]$

11 온도가 20[℃], 절대압력이 1[MPa]인 공기의 밀도 [kg/m³]는? (단, 공기는 이상기체이며, 기체상수(R)는 0.287[kJ/kg·K]이다.)

① 9.55
② 11.89
③ 13.78
④ 15.89

> 이상기체 상태방정식 $Pv = RT$에서
> $v = \dfrac{RT}{P} = \dfrac{0.287 \times (273+20)}{1000} = 0.0841$[m³/kg]
> $\rho = \dfrac{1}{v} = \dfrac{1}{0.0841} = 11.89$[kg/m³]
> 밀도(ρ)는 비체적(v)의 역수이다.

12 겨울철에 난방을 하는 건물의 배기열을 효과적으로 회수하는 방법이 아닌 것은?

① 전열교환기 방법
② 현열교환기 방법
③ 열펌프 방법
④ 축열조 방법

> 축열조 방법은 건물의 배기열을 회수하는 방법은 아니다.

13 보일러에서 물이 끓어 증발할 때 보일러수가 물방울 또는 거품으로 되어 증기에 섞여 보일러 밖으로 분출되어 나오는 장해의 종류는?

① 스케일 장해
② 부식 장해
③ 캐리오버 장해
④ 슬러지 장해

> 캐리오버란 보일러에서 물이 끓어 증발할 때 보일러수가 물방울 또는 거품으로 되어 증기에 섞여 보일러 밖으로 분출되는 현상이다.

14 송풍 공기량을 Q[m³/s] 외기 및 실내온도를 각각 t_o, t_r[℃]이라 할 때 침입외기에 의한 손실 열량 중 현열부하[kW]를 구하는 공식은? (단, 공기의 정압비열은 1.0[kJ/kg·K], 밀도는 1.2[kg/m³]이다.)

① $1.0 \times Q \times (t_o - t_r)$
② $1.2 \times Q \times (t_o - t_r)$
③ $597.5 \times Q \times (t_o - t_r)$
④ $717 \times Q \times (t_o - t_r)$

> 현열부하 $= mC\Delta t = 1.2 \times Q \times 1.0 (t_o - t_r)$
> 손실열량을 구할 때는 난방이므로 실내온도가 높기 때문에 $t_r - t_o$가 맞지만 문제에서 $t_o - t_r$로 주어졌으므로 Δt의 개념으로 해석한다.

15 증기난방의 장점이 아닌 것은?

① 방열기가 소형이 되므로 비용이 적게 든다.
② 열의 운반능력이 크다.
③ 예열시간이 온수난방에 비해 짧고 증기순환이 빠르다.
④ 소음(steam hammering)을 일으키지 않는다.

> 증기난방은 소음(steam hammering)을 일으키는 단점이 있다.

16 전열교환기에 대한 설명으로 틀린 것은?

① 회전식과 고정식 등이 있다.
② 현열과 잠열을 동시에 교환한다.
③ 전열교환기는 공기 대 공기 열교환기라고도 한다.
④ 동계에 실내로부터 배기 되는 고온·다습공기와 한랭·건조한 외기와의 열교환을 통해 엔탈피 감소효과를 가져온다.

> 전열교환기는 동계(겨울)에 실내로부터 배기 되는 고온·다습공기와 한랭·건조한 외기와의 열교환을 통해 엔탈피 증가효과를 가져오고, 하계(여름)에 실내로부터 배기 되는 저온·건조공기와 고온·다습한 외기와의 열교환을 통해 엔탈피 감소효과를 가져온다.

정답 11 ② 12 ④ 13 ③ 14 ② 15 ④ 16 ④

17 가변 풍량 방식에 대한 설명으로 옳은 것은?

① 실내온도제어는 부하변동에 따른 송풍온도를 변화시켜 제어한다.
② 부분부하시 송풍기 제어에 의하여 송풍기 동력을 절감할 수 있다.
③ 동시 사용률을 적용할 수 없으므로 설비용량을 줄일 수 없다.
④ 시운전시 취출구의 풍량조절이 복잡하다.

> 가변 풍량 방식은 실내온도제어는 부하변동에 따른 송풍량을 변화시켜 제어한다. 부분부하시 송풍기 제어에 의하여 송풍기 동력을 절감할 수 있고 동시 사용률을 적용할 수 있으므로 설비용량을 줄일 수 있다. 시운전시 취출구의 풍량조절이 간단하다.

18 증기 트랩(Steam trap)에 대한 설명으로 옳은 것은?

① 고압의 증기를 만들기 위해 가열하는 장치
② 증기가 환수관으로 유입되는 것을 방지하기 위해 설치한 밸브
③ 증기가 역류하는 것을 방지하기 위해 만든 자동밸브
④ 간헐운전을 하기 위해 고압의 증기를 만드는 자동밸브

> 증기 트랩은 응축수는 배출하고 증기가 환수관으로 배출되는 것을 방지하기 위해 설치한 밸브이다. 증기는 잡아두고 응축수를 제거하는 선택적인 기능을 한다.

19 에어 핸들링 유닛(Air Handling Unit)의 구성요소가 아닌 것은?

① 공기 여과기 ② 송풍기
③ 공기 냉각기 ④ 압축기

> 에어 핸들링 유닛(공조기)에 압축기나 냉동기는 없다.

20 공기조화기(AHU)의 냉·온수 코일 선정에 대한 설명으로 틀린 것은?

① 코일의 통과풍속은 약 2.5m/s를 기준으로 한다.
② 코일 내 유속은 1.0m/s 전후로 하는 것이 적당하다.
③ 공기의 흐름방향과 냉온수의 흐름방향은 평행류보다 대향류로 하는 것이 전열효과가 크다
④ 코일의 통풍저항을 크게 할수록 좋다.

> 냉·온수 코일에서 코일의 통풍저항을 작게 할수록 정압이 작아서 송풍동력이 작다.

2 냉동냉장 설비

21 핫가스(hot gas) 제상을 하는 소형 냉동장치에서 핫가스의 흐름을 제어하는 것은?

① 캐필러리튜브(모세관)
② 자동팽창밸브(AEV)
③ 솔레노이드밸브(전자밸브)
④ 증발압력조정밸브

> **고온가스 제상(hot gas defrost)**
> 건식 증발기와 같이 냉매 공급량이 적은 증발기에 많이 사용하는 방법으로 고온, 고압의 토출 가스를 증발기에 보내어 응축시킴으로써 그 응축열을 이용하여 제상하는 방법이다.
> 핫가스(Hot gas)제상을 하는 소형 냉동장치에 있어서 핫가스의 흐름을 제어하는 것은 솔레노이드밸브(전자밸브)이다.

22 10[kg]의 산소가 체적 5[m³]로부터 11[m³]로 변화하였다. 이 변화가 일정 압력 하에 이루어졌다면 엔트로피의 변화[kJ/K]는? (단, 산소는 완전가스로 보고, 정압비열은 0.221[kJ/kg·K]로 한다.)

① 3.42   ② 7.33
③ 14.62 ④ 28.33

정답 17 ② 18 ② 19 ④ 20 ④ 21 ③ 22 ②

> 엔트로피 변화(정압변화)
> $\triangle S = m \cdot C_p \cdot \ln \dfrac{V_2}{V_1} = 10 \times 0.93 \times \ln \dfrac{11}{5} = 7.33 \text{kJ/K}$

23 냉동장치의 액관 중 발생하는 플래시 가스의 발생 원인으로 가장 거리가 먼 것은?

① 액관의 입상높이가 매우 작을 때
② 냉매 순환량에 비하여 액관의 관경이 너무 작을 때
③ 배관에 설치된 스트레이너, 필터 등이 막혀 있을 때
④ 액관이 직사광선에 노출될 때

> 플래시 가스 발생원인
> ㉠ 액관의 입상높이가 매우 높을 때
> ㉡ 냉매 순환량에 비하여 액관의 관경이 너무 작을 때
> ㉢ 배관에 설치된 스트레이너, 필터 등이 막혀 있을 때
> ㉣ 액관이 직사광선에 노출될 때
> ㉤ 액관이 냉매액 온도보다 높은 장소를 통과할 때

24 다음 상태변화에 대한 설명으로 옳은 것은?

① 단열변화에서 엔트로피는 증가한다.
② 등적변화에서 가해진 열량은 엔탈피 증가에 사용된다.
③ 등압변화에서 가해진 열량은 엔탈피 증가에 사용된다.
④ 등온변화에서 절대일은 0이다.

> ① 단열변화에서는 가열량 $dq=0$이므로 $\dfrac{dq}{T}=0$, 따라서 엔트로피 변화는 없다.
> ② 등적변화에서 에너지식 $dq=du+Pdv$에서 $dv=0$이므로 $Pdv=0$, 따라서 $dq=du$로 가열량은 내부에너지 증가에 사용된다.
> ③ 등압변화에서 열역학 제2기초식 $dq=dh-vdP$에서 $dP=0$이므로 $vdP=0$, 따라서 $dq=dh$로 가열량은 엔탈피 증가에 사용된다.
> ④ 등온변화에서 절대일 $W_{12}=RT\ln\dfrac{P_1}{P_2}$이다.

25 다음 설명 중 옳지 않은 것을 고르시오.

① 진공건조를 행할 때에는 소정의 진공도에 도달하면 즉시 진공펌프를 정지해야 한다.
② 플루오르카본 저온냉동설비에서 진공건조가 불충분하면 팽창밸브에서 동결폐쇄현상이 생길 수 있다.
③ 진공건조를 행할 때 주위온도가 저온의 경우에는 장치내의 수분이 증발하기 어려우므로 필요에 따라서 수분이 잔류하기 쉬운 개소를 가열하면 좋다.
④ 주위온도가 낮을 때에 진공건조를 행하면 장치내의 수분이 동결하여 건조가 충분히 제거되지 않을 수가 있다.

> ① 수분의 증발에는 시간이 걸리므로 설비 내부가 고진공으로 되어도 즉시 진공펌프를 정지하지 말고 장시간 진공펌프의 운전을 계속해야 한다.

26 냉동창고에서 외기온도 32.5℃, 고내온도 -25℃일 때 아래와 같은 구조의 방열재를 사용한 냉동창고 방열벽의 침입열량[W]을 구하시오. (단, 방열벽의 면적은 150m², 각 벽 재료의 열전도율은 아래 표와 같고 방열벽 외측 열전달율은 23.26W/(m²·K), 내측 열전달율은 8.14W/(m²·K)로 한다.)

재료	열전도율[W/(m·K)]	두께[m]
철근콘크리트	1.4	0.2
폴리스틸렌 폼	0.045	0.2
방수 몰탈	1.3	0.01
라스 몰탈	1.3	0.02

① 약 1600W　　② 약 1800W
③ 약 2000W　　④ 약 2200W

> • 방열벽의 열통과율 K
> $K=\dfrac{1}{\dfrac{1}{8.14}+\dfrac{0.02}{1.3}+\dfrac{0.01}{1.3}+\dfrac{0.2}{0.045}+\dfrac{0.2}{1.4}+\dfrac{1}{23.26}}$
> $\fallingdotseq 0.209 \text{W/(m}^2\cdot\text{K)}$
> ∴ 방열벽을 통한 침입열량
> $Q=KA(t_1-t_2)=0.209\times150\times\{32.5-(-25)\}$
> $\fallingdotseq 1802.63\text{W}$

정답 23 ①　24 ③　25 ①　26 ②

27 아래의 설명은 냉동장치의 유지관리에 대한 내용이다. 가장 옳지 않은 것은?

① 압축기가 습증기를 흡입하면 압축기의 토출가스온도가 저하하고, 오일포밍이 발생하여 급유 펌프의 유압이 저하하고 윤활불량이 되기 쉽다.
② 플루오르카본냉동장치에 소량의 수분이 침입하면, 저온의 운전에서는 팽창밸브에서 수분이 동결할 수가 있다.
③ 냉매계통 내에 물질이 혼입하면 압축기 실린더, 피스톤, 축수 등의 마모를 촉진할 수 있으나 샤프트 실에는 영향이 없다.
④ 냉매를 과충전하는 경우에 응축기에서 냉매가 응축하기 위한 유효한 전열면적이 감소하여 응축압력이 높게 될 수가 있다.

> ① 압축기가 습증기를 흡입하면 오일이 용해된 냉매가 급격히 증발하여 오일포밍이 발생하여 급유 펌프의 유압이 저하하고 윤활불량이 되기 쉽다.
> ② 플루오르카본냉매는 수분의 용해도가 낮기 때문에 저온운전에서 팽창밸브에서 수분이 동결하여 막혀서 냉매가 흐를 수 없게 되어 운전불능이 된다.
> ③ 냉매계통 내에 물질이 혼입하면 압축기 실린더, 피스톤, 축수 등의 마모를 촉진하여 압축기 고장의 원인이 된다. 또한 개방형압축기의 샤프트 실에 오염된 오일이 들어가면 실면을 손상시켜 냉매누설을 일으킬 수 있다.
> ④ 냉매를 과충전하는 경우에 응축기에서 유효냉각면적의 감소로 응축압력이 상승한다.

28 흡수식 냉동기 안전장치의 기능으로 가장 거리가 먼 것은?

① 냉수 단수 스위치는 냉수의 흐름을 검출하여, 냉수의 유량이 설정치 이하로 되면 작동하여 냉수량의 저하에 의한 사이클의 온도 저하, 용량 부족 및 냉수 동결 등을 방지한다.
② 냉매 저온 센서는 냉매액 온도가 설정치 이하로 되면 작동하여 냉수의 동결을 방지한다.
③ 용액 고온 스위치는 흡수기를 지나온 묽은 용액의 온도가 설정치 이상에서 고농도에 의한 용액의 결정을 방지한다.
④ 용액 희석 센서는 운전정지시 재생기를 떠난 진한 용액의 온도가 설정치 이하로 되면 작동하여 용액펌프와 냉매펌프를 정지시킨다.

> 용액 고온 스위치는 고온 재생기를 떠난 진한 용액의 온도가 설정치 이상이 작동하여 고농도에 의한 용액의 결정을 방지한다.

29 압축기의 체적효율에 대한 설명으로 틀린 것은?

① 압축기의 압축비가 클수록 커진다.
② 틈새가 작을수록 커진다.
③ 실제로 압축기에 흡입되는 냉매증기의 체적과 피스톤이 배출한 체적과의 비를 나타낸다.
④ 비열비 값이 적을수록 적게 된다.

> (1) 체적효율 $\eta_v = \dfrac{\text{실제적 피스톤 압출량 } V[m^3/h]}{\text{이론적 피스톤 압출량 } V_a[m^3/h]}$
> (2) 체적효율이 작아지는 이유
> ㉠ 간극(Clearance)이 클수록
> ㉡ 압축비가 클수록
> ㉢ 실린더 체적이 적을수록
> ㉣ 회전수가 많을수록

30 다음과 같은 냉동기의 냉동능력[RT]은? (단, 응축기 냉각수 입구온도 18[℃], 응축기 냉각수 출구온도 23[℃], 응축기 냉각수 수량 1500[L/min], 압축기 주전동기 축마력은 80[PS], 1[RT]는 3.86kW이다.)

① 135 ② 120
③ 150 ④ 125

> 냉동능력(RT) $= \dfrac{Q_2}{3.86} = \dfrac{Q_1 - W}{3.86} = \dfrac{525 - 58.8}{3.86} = 120$
> 여기서
> $Q_1 = m \cdot c \cdot \Delta t = \left(\dfrac{1500}{60}\right) \times 4.2 \times (23-18) = 525[kW]$
> $W = 80 \times 0.735 = 58.8[kW]$

정답 27 ③ 28 ③ 29 ① 30 ②

31 냉동효과에 관한 설명으로 옳은 것은?

① 냉동효과란 응축기에서 방출하는 열량을 의미한다.
② 냉동효과는 압축기의 출구 엔탈피와 증발기의 입구 엔탈피 차를 이용하여 구할 수 있다.
③ 냉동효과는 팽창밸브 직 전의 냉매액 온도가 높을수록 크며, 또 증발기에서 나오는 냉매 증기의 온도가 낮을수록 크다.
④ 냉동효과를 크게 하려면 냉매의 과냉각도를 증가시키는 방법을 취하면 된다.

> ① 냉동효과란 증발기에서 냉매 1[kg]이 흡수하는 열량을 의미한다.
> ② 냉동효과는 압축기의 입구 엔탈피와 증발기의 입구 엔탈피 차를 이용하여 구할 수 있다.
> ③ 냉동효과는 팽창밸브 직 전의 냉매 액온도가 낮을수록 크며, 또 증발기에서 나오는 냉매 증기의 온도가 높을수록 크다.
> ④ 냉매의 과냉각도를 증가시키면 플래시가스의 발생이 적어지므로 냉동효과가 증가한다.

32 조건을 참고하여 산출한 이론 냉동사이클의 성적계수는?

【조 건】
㉠ 증발기 입구 냉매엔탈피 : 250[kJ/kg]
㉡ 증발기 출구 냉매엔탈피 : 390[kJ/kg]
㉢ 압축기 입구 냉매엔탈피 : 390[kJ/kg]
㉣ 압축기 출구 냉매엔탈피 : 440[kJ/kg]

① 2.5   ② 2.8
③ 3.2   ④ 3.8

> $COP = \dfrac{q_2}{w} = \dfrac{390-250}{440-390} = 2.8$

33 다음 그림은 어떤 사이클인가? (단, P=압력, h=엔탈피, T=온도, S=엔트로피이다.)

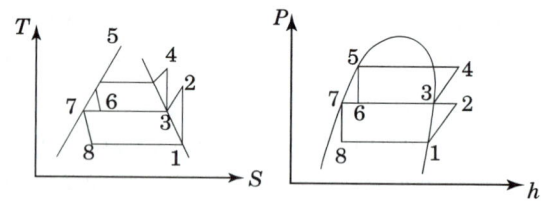

① 2단압축 1단팽창 사이클
② 2단압축 2단팽창 사이클
③ 1단압축 1단팽창 사이클
④ 1단압축 2단팽창 사이클

> 그림은 중간 냉각이 완전한 2단압축 2단팽창 사이클이다.

34 냉동장치 내 불응축가스가 존재하고 있는 것이 판단되었다. 그 혼입의 원인으로 가장 거리가 먼 것은?

① 냉매충전 전에 장치 내를 진공건조시키기 위하여 상온에서 진공 750mmHg까지 몇 시간 동안 진공 펌프를 운전하였기 때문이다.
② 냉매와 윤활유의 충전작업이 불량했기 때문이다.
③ 냉매와 윤활유가 분해하기 때문이다.
④ 팽창밸브에서 수분이 동결하고 흡입가스 압력이 대기압 이하가 되기 때문이다.

> **불응축가스 발생원인**
> ㉠ 냉매의 충전 시 부주의
> ㉡ 윤활유의 충전 시 부주의
> ㉢ 진공 시험 시 저압부의 누설
> ㉣ 오일 포밍 현상의 발생 및 오일의 열화, 탄화 시
> ㉤ 장치의 신설이나 휴지 후 완전 진공을 하지 못하여 남아 있는 공기

35 조건을 참고하여 산출한 흡수식냉동기의 성적계수는?

【 조 건 】
㉠ 응축기 냉각열량 : 20000[kJ/h]
㉡ 흡수기 냉각열량 : 25000[kJ/h]
㉢ 재생기 가열량 : 21000[kJ/h]
㉣ 증발기 냉동열량 : 24000[kJ/h]

① 0.88　　　② 1.14
③ 1.34　　　④ 1.52

> 흡수식 냉동기의 성적계수 COP
> $$COP = \frac{증발기\ 냉동열량}{재생기\ 가열량} = \frac{24000}{21000} = 1.14$$

36 중간냉각기에 대한 설명으로 틀린 것은?

① 다단압축냉동장치에서 저단측 압축기 압축압력(중간 압력)의 포화온도까지 냉각하기 위하여 사용한다.
② 고단측 압축기로 유입되는 냉매증기의 온도를 낮추는 역할도 한다.
③ 중간냉각기의 종류에는 플래시형, 액냉각형, 직접팽창형이 있다.
④ 2단압축 1단팽창 냉동장치에는 플래시형 중간냉각방식이 이용되고 있다.

> ④ 2단압축 1단팽창 냉동장치에는 직접팽창형 중간냉각방식이 이용되고 있다.
> **참고** 다단압축 냉동장치의 중간냉각기의 역할
> ㉠ 저단 압축기의 토출가스 과열도를 낮춘다.
> ㉡ 고압 냉매액을 과냉각시켜 냉동효과를 증대시킨다.
> ㉢ 흡입가스 중의 액을 분리하여 리키드 백을 방지한다.

37 냉동장치의 안전장치 중 압축기로의 흡입압력이 소정의 압력 이상이 되었을 경우 과부하에 의한 압축기용 전동기의 위험을 방지하기 위하여 설치되는 기기는?

① 증발압력 조정밸브(EPR)
② 흡입 압력 조정 밸브(SPR)
③ 고압 스위치
④ 저압 스위치

> **흡입 압력 조정 밸브(SPR)**
> 흡입 압력 조정 밸브(SPR)은 압축기 흡입압력이 일정 이상 상승하지 않도록 제어하는 압력조정밸브로 압축기 흡입배관에 설치한다. 이 밸브에 의해 압축기의 기동 시나 증발기의 제상을 행할 때에 압축기 흡입압력이 상승하여 압축기 구동용 전동기가 과부하의 상태로 될 때 작용하여 전동기의 과열, 소손을 방지한다.

38 수냉식 냉동장치에서 단수되거나 순환수량이 적어질 때 경고 또는 장치보호를 위해 작동하는 스위치는?

① 고압 스위치
② 저압 스위치
③ 유압 스위치
④ 플로우(flow) 스위치

> **단수릴레이**
> 단수릴레이는 수냉응축기나 수냉각기에서 단수되거나 순환수량이 적어질 때 전기회로를 차단하여 압축기를 정지시키거나 경고 또는 장치보호를 위해 작동하는 스위치로 압력식과 유량식(flow스위치)식이 있다.

39 공기냉동기의 온도가 압축기 입구에서 -10[℃], 압축기 출구에서 110[℃], 팽창밸브 입구에서 10[℃], 팽창밸브 출구에서 -60[℃]일 때, 압축기의 소요일량[kJ/kg]은? (단, 공기 비열은 1.0[kJ/kgK])

① 50　　　② 60
③ 80　　　④ 100

공기냉동기

(a) 장치도

(b) P-V선도

(c) T-S선도

㉠ 흡열량(냉동효과) $q_2 = c_p(T_1 - T_4)$
㉡ 방열량 $q_1 = c_p(T_2 - T_3)$
㉢ 소요일량(입력)
$w = q_1 - q_2 = c_p\{(T_2 - T_3) - (T_1 - T_4)\}$
$= 1.0 \times \{(110 - 10) - (-10 - (-60))\} = 50[kJ/kg]$

40 어떤 냉매의 액이 30[℃]의 포화온도에서 팽창밸브로 공급되어 증발기로부터 5[℃]의 포화증기가 되어 나올 때 1냉동톤당 냉매의 양[kg/h]은? (단, 5[℃]의 엔탈피는 589.51[kJ/kg], 30[℃]의 엔탈피는 450.62[kJ/kg]이다.)

① 100.1
② 50.6
③ 10.8
④ 5.3

$Q_2 = G \cdot q_2$ 에서
$G = \dfrac{Q_2}{q_2} = \dfrac{3.86 \times 3600}{589.51 - 450.62} = 100.1[kg/h]$

3 공조냉동 설치·운영

41 급탕배관 계통에서 배관 중 총 손실열량이 63000[kJ/h]이고, 급탕온도가 70[℃], 환수온도가 60[℃]일 때, 순환수량[kg/min]은? (물비열 4.2kJ/kg·K)

① 1500
② 100
③ 25
④ 5

$q = WC\Delta t$ 에서
$W = \dfrac{q}{C\Delta t} = \dfrac{63000}{4.2(70-60)} = 1500 kg/h = 25[kg/min]$

42 배관설계 시 유의사항으로 틀린 것은?

① 가능한 동일 직경의 배관은 짧고, 곧게 배관한다.
② 관로의 색깔로 유체의 종류를 나타낸다.
③ 관로가 너무 길어서 압력손실이 생기지 않도록 한다.
④ 곡관을 사용할 때는 관 굽힘 곡률 반경을 작게 한다.

곡관을 사용할 때는 관 굽힘 곡률 반경을 크게 하여 마찰저항을 줄이고 소음, 와류를 줄인다.

43 다음 냉동 기호가 의미하는 밸브는 무엇인가?

① 체크 밸브
② 글로브 밸브
③ 슬루스 밸브
④ 앵글 밸브

체크 밸브(역지밸브)이다

정답 40 ① 41 ③ 42 ④ 43 ①

44 냉매 배관 시공 시 주의사항으로 틀린 것은?

① 배관재료는 각각의 용도, 냉매종류, 온도를 고려하여 선택한다.
② 배관 곡관부의 곡률 반지름은 가능한 한 크게 한다.
③ 배관이 고온의 장소를 통과할 때는 단열조치 한다.
④ 기기 상호 간 배관길이는 되도록 길게 하고 관경은 크게 한다.

기기 상호 간 배관길이는 되도록 짧게 하고 관경은 적당하게 한다.

45 온수난방 배관 시공 시 배관의 구배에 관한 설명으로 틀린 것은?

① 배관의 구배는 1/250 이상으로 한다.
② 단관 중력 환수식의 온수 주관은 하향구배를 준다.
③ 상향 복관 환수식에서는 온수 공급관, 복귀관 모두 하향 구배를 준다.
④ 강제 순환식은 배관의 구배를 자유롭게 한다.

상향 복관 환수식에서는 온수 공급관은 상향구배, 복귀관은 하향 구배를 준다.

46 아래 덕트(저속덕트) 평면도를 보고 0.6t 철판 면적을 산출 하시오 (단 덕트 장변길이 450mm 이하 : 0.5t, 750mm 이하 : 0.6t, 1500mm 이하 : 0.8t적용 덕트 철판 재료 할증률은 28% 적용)

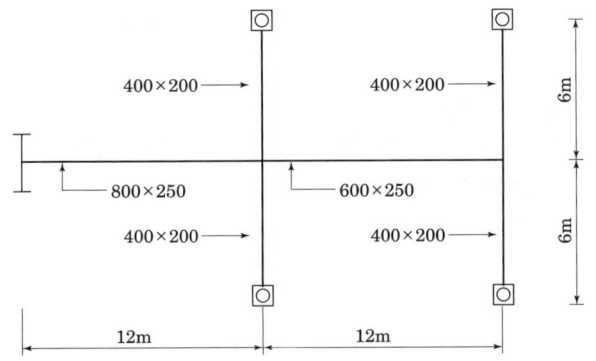

① 0.6t = 20.40m² ② 0.6t = 26.11m²
③ 0.6t = 32.86m² ④ 0.6t = 36.16m²

위 평면도에서 0.6t는 750 이하이며 도면에서 600×250 덕트만 해당한다.
600×250 덕트 총길이는 12m, 1개이므로 12m 이다
600×250 덕트는 둘레길이가 (0.6+0.25)×2 = 1.7m 이고 길이가 12m 이므로
덕트 면적 = 1.7×12 = 20.4m²
철판 면적은 28% 할증 = 20.4×1.28 = 26.11m²

47 공조배관에서 배관계통의 배수(물빼기)기능 확보가 필요한 부분으로 가장 거리가 먼 것은?

① 공조배관 입상관 상부
② 장비주위 및 최저부
③ 냉난방 운전모드 전환에 따른 비사용 배관계통
④ 배관청소 및 보수,교체를 위한 구획된 부문(층별,실별)

공조배관 입상관 하부에 드레인밸브를 설치한다.

48 보일러 정비시의 정비방법으로 가장 거리가 먼 것은?

① 오버홀 작업 착수전에 보일러 취급책임자가 내부에 들어가 스케일 및 슬러지의 상태, 급수내관이나 기수분리기등 내부 구성 부속품의 상황이나 동, 드럼, 연관, 스테이 같은 각부의 상황을 잘 점검해서 이를 기록하여 정기적인 정비시 참고하도록 한다.
② 동내부의 비수방지판이나 기수분리기, 급수내관, 안전장치나 수면계등을 본체에서 분리하여 정비하도록 한다.
③ 물때만 낀 것은 굳이 화학세관을 하지 않고 고압세정기로 불어낼 수 있으나 스케일부착이 심하고 단단한 것은 기계세관이나 화학세관으로 처리하여야 한다.
④ 연도에 부착된 그을음 제거방법으로 가장 효과적인 것은 화학세관을 통하여 제거하는것이다.

부착된 그을음은 와이어브러쉬나 스크레퍼등을 사용하여 제거하고, 연도내에 쌓여 있는 그으름과 재 등을 제거한다.

정답 44 ④ 45 ③ 46 ② 47 ① 48 ④

49 다음 중 냉각탑 점검항목으로 가장 거리가 먼 것은?

① 냉각탑, 수조내의 오염, 부식의 점검
② 충진재의 파손, 노후화 점검
③ 살수장치의 기능 점검
④ Gland Packing 점검

> Gland Packing 점검은 펌프류에 해당한다.

50 송풍기의 토출측과 흡입측에 설치하여 송풍기의 진동이 덕트나 장치에 전달되는 것을 방지하기 위한 접속법은?

① 크로스 커넥션(cross connection)
② 캔버스 커넥션(canvas connection)
③ 서브 스테이션(sub station)
④ 하트포드(hartford) 접속법

> 캔버스 커넥션은 송풍기나 덕트의 이음에 이용하여 진동을 차단한다.

51 R-L-C 직렬회로에서 소비전력이 최대가 되는 조건은?

① $\omega L - \dfrac{1}{\omega C} = 1$
② $\omega L + \dfrac{1}{\omega C} = 0$
③ $\omega L + \dfrac{1}{\omega C} = 1$
④ $\omega L - \dfrac{1}{\omega C} = 0$

> **직렬공진**
> (1) $X_L - X_C = 0$, $X_L = X_C$, $\omega L = \dfrac{1}{\omega C}$
> (2) 최소 임피던스로 되고 최대전류가 흐르며 소비전력이 최대가 된다.
> (3) 공진주파수는 $f = \dfrac{1}{2\pi\sqrt{LC}}$ [Hz]이다.
> ∴ $\omega L - \dfrac{1}{\omega C} = 0$

52 전기력선의 기본 성질에 관한 설명으로 틀린 것은?

① 전기력선의 밀도는 전계의 세기와 같다.
② 전기력선의 방향은 그 점의 전계의 방향과 일치한다.
③ 전기력선은 전위가 높은 점에서 낮은 점으로 향한다.
④ 전기력선은 부전하에서 시작하여 정전하에서 그친다.

> **전기력선의 특성**
> 전기력선은 정(+)전하에서 시작하여 부(-)전하에서 끝난다.

53 잔류편차가 존재하는 제어계는?

① 적분제어계
② 비례제어계
③ 비례적분 제어계
④ 비례적분 미분 제어계

> **비례동작(P 제어)의 특징**
> (1) 편차에 비례한 조작신호를 출력하며 자기 평형성이 없는 보일러 드럼의 액위제어와 같이 입력신호와 파형은 같고 크기만 변화하는 제어동작이다.
> (2) off-set(오프셋, 잔류편차, 정상편차, 정상오차)가 발생한다.
> (3) 속응성(응답속도)이 나쁘다.

54 유도전동기의 1차 접속을 △에서 Y로 바꾸면 기동 시의 1차 전류는 어떻게 변화하는가?

① $\dfrac{1}{3}$로 감소한다.
② $\dfrac{1}{\sqrt{3}}$로 감소
③ $\sqrt{3}$ 배로 증가
④ 3배로 증가

> **농형 유도전동기의 Y-△ 기동법**
> Y-△ 기동법은 기동전류와 기동토크를 전전압 기동에 비해 $\dfrac{1}{3}$ 배만큼 감소시킨다.

55 그림과 같은 피드백 블록선도의 전달함수는?

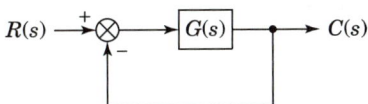

① $\dfrac{G(s)}{1+G(s)}$ ② $\dfrac{G(s)}{1+G(s)C(s)}$
③ $\dfrac{G(s)}{1+R(s)}$ ④ $\dfrac{C(s)}{1+R(s)}$

> $\dfrac{C(s)}{R(s)} = \dfrac{전향이득}{1-루프이득}$ 식에서
> 전향이득$= G(s)$, 루프이득$= -G(s)$ 이므로
> $\therefore \dfrac{C(s)}{R(s)} = \dfrac{G(s)}{1+G(s)}$

56 60[Hz], 6극인 교류발전기의 회전수는 몇 [rpm]인가?

① 1,200 ② 1,500
③ 1,800 ④ 3,600

> 동기속도
> $N_s = \dfrac{120f}{p}$[rpm] $= \dfrac{2f}{p}$[rps] 식에서
> $f = 60$[Hz], $p = 6$일 때
> $\therefore N_s = \dfrac{120f}{p} = \dfrac{120 \times 60}{6} = 1,200$[rpm]

57 어떤 회로의 전압이 V[V]이고 전류 I[A]이며 저항이 R[Ω]일 때 저항이 10[%]감소되면 그때의 전류는 처음 전류 I[A]의 몇 배가 되는가?

① 1.11배 ② 1.41배
③ 1.73배 ④ 2.82배

> $I = \dfrac{V}{R}$[A] 식에서
> $R' = 0.9R$[Ω]일 때
> $\therefore I' = \dfrac{V}{R'} = \dfrac{V}{0.9R} = 1.11I$[A]

58 다음의 논리식 중 다른 값을 나타내는 논리식은?

① $XY + X\overline{Y}$ ② $X(X+Y)$
③ $X(\overline{X}+Y)$ ④ $X+XY$

> 각 보기의 논리식은 다음과 같다.
> ① $XY + X\overline{Y} = X(Y+\overline{Y}) = X \cdot 1 = X$
> ② $X(X+Y) = X + XY = X(1+Y) = X \cdot 1 = X$
> ③ $X(\overline{X}+Y) = X\overline{X} + XY = XY$
> ④ $X + XY = X(1+Y) = X \cdot 1 = X$

59 전기로의 온도를 1,000℃로 이정하게 유지시키기 위하여 열전온도계의 지시값을 보면서 전압조정기로 전기로에 대한 인가전압을 조절하는 장치가 있다. 이 경우 열전온도계는 다음 중 어느 것에 해당 되는가?

① 조작부 ② 검출부
③ 제어량 ④ 조작량

> (1) 조작부 : 전압조정기 (2) 검출부 : 열전온도계
> (3) 제어량 : 온도 (4) 조작량 : 인가전압

60 그림과 같은 평형 3상 회로에서 전력계의 지시가 100[W]일 때 3상 전력은 몇 [W]인가? (단, 부하의 역률은 100[%]로 한다.)

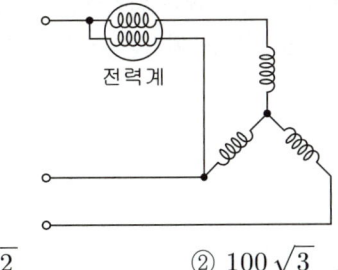

① $100\sqrt{2}$ ② $100\sqrt{3}$
③ 200 ④ 300

> 1전력계법
> 3상 부하가 순저항 부하인 경우 역률이 1이고 무효전력이 0이기 때문에 3상 전체 전력은 전력계 지시값의 2배인 $2W$[W]가 된다.
> $W = 100$[W] 이므로
> $\therefore P = 2W = 2 \times 100 = 200$[W]

제8회 핵심 기출문제

1 공기조화 설비

01 겨울철에 어떤 방을 난방하는 데 있어서 이 방의 현열 손실이 12000kJ/h이고 잠열 손실이 4000kJ/h이며, 실온을 21℃, 습도를 50%로 유지하려 할 때 취출구의 온도차를 10℃로 하면 취출구 공기상태 점은?

① 21℃, 50%인 상태점을 지나는 현열비 0.75에 평행한 선과 건구온도 31℃인 선이 교차하는 점
② 21℃, 50%인 점을 지나고 현열비 0.33에 평행한 선과 건구온도 31℃인 선이 교차하는 점
③ 21℃, 50%인 점을 지나고 현열비 0.75에 평행한 선과 건구온도 10℃ 인 선이 교차하는 점
④ 21℃, 50%인 점과 31℃, 50%인 점을 잇는 선분을 4:3으로 내분하는 점

> 겨울철 난방시 취출구 공기상태점을 구하는 방법은 습공기선도에서 실내점 21℃, 50%를 잡고, 이 점에서 현열비 0.75에 평행한 선과 취출온도(21+10=31℃) 선이 교차하는 점을 구한다.

02 다음의 공기조화 장치에서 냉각코일 부하를 올바르게 표현한 것은? (단, G_F는 외기량(kg/h)이며, G는 전풍량(kg/h)이다.)

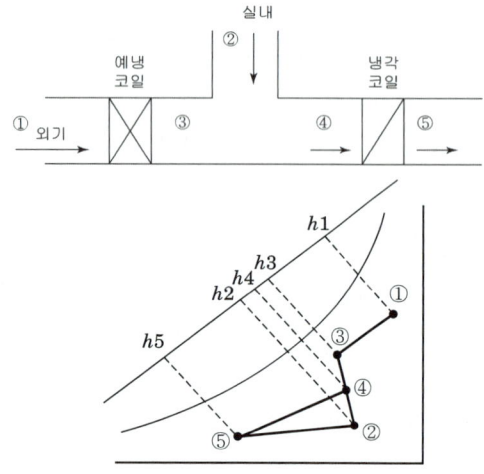

① $G_F(h_1 - h_3) + G_F(h_1 - h_2) + G(h_2 - h_5)$
② $G(h_1 - h_2) - G_F(h_1 - h_3) + G_F(h_2 - h_5)$
③ $G_F(h_1 - h_2) - G_F(h_1 - h_3) + G(h_2 - h_5)$
④ $G(h_1 - h_2) + G_F(h_1 - h_3) + G_F(h_2 - h_5)$

> 장치도에서 냉각코일부하는 $G(h_4 - h_5)$이며
> $G(h_4 - h_5)$ = 외기부하 + 실내부하
> $= G_F(h_1 - h_2) - G_F(h_1 - h_3) + G(h_2 - h_5)$
> 여기서 예냉코일 부하는 포함시키지 않는다.

03 실내 설계온도 26℃인 사무실의 실내유효 현열부하는 20.42kW, 실내유효 잠열부하는 4.27kW이다. 냉각코일의 장치노점온도는 13.5℃, 바이패스 팩터가 0.1일 때, 송풍량(L/s)은? (단, 공기의 밀도는 1.2kg/m³, 정압비열은 1.006kJ/kg·K이다.)

① 1350
② 1503
③ 12530
④ 13532

> 송풍량은 실내현열부하와 취출온도차(취출온도-실내온도)로 구한다.
> 취출온도(t_d)는 환기(26℃)가 코일(장치노점온도 13.5℃, 바이패스 팩터 0.1)을 통과할 때
> $t_d = 13.5 + 0.1(26 - 13.5) = 14.75$
>
> 송풍량(L/s) = 현열부하 / (밀도×비열×취출 온도차)
> $= \dfrac{20,420W}{1.2 \times 1.006(26 - 14.75)} = 1503 L/s$
> 또한 일반적으로 송풍량은 m³/h 단위를 사용하므로
> 1503L/s = 5412m³/h

정답 01 ① 02 ③ 03 ②

04 다음 중 보일러 시운전시 점화전 점검사항으로 가장 거리가 먼 것은?

① 보일러 수주통, 수위감지부, 수면계의 하부드레인 밸브를 통하여 물을 반복 배출하면서 수위가 정상으로 복귀하는지 확인한다.
② 공동연도인 경우 가동하지 않는 타 보일러의 배기가스 댐퍼가 열려있는지 확인한다.
③ 증기헤더 주증기 밸브에서 송기가 필요하지 않은 증기헤더의 분기 배관의 밸브가 닫혀있는지 확인한다.
④ 압력계, 압력제한기에 부착된 차단밸브 등 부속설비의 상태를 확인한다.

> 공동연도인 경우 가동하지 않는 타 보일러의 배기가스 댐퍼가 닫혀있는지 확인한다.

05 A상태에서 B상태로 가는 냉방과정에서 현열비는?

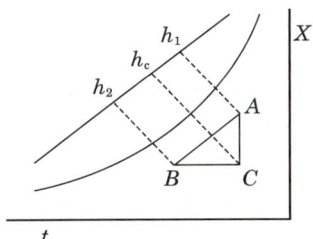

① $\dfrac{h_1 - h_2}{h_1 - h_c}$ ② $\dfrac{h_1 - h_c}{h_1 - h_2}$

③ $\dfrac{h_1 - h_c}{h_c - h_2}$ ④ $\dfrac{h_c - h_2}{h_1 - h_2}$

> 현열비 = $\dfrac{현열}{전열}$ = $\dfrac{h_c - h_2}{h_1 - h_2}$

06 실내 발생열에 대한 설명으로 틀린 것은?

① 벽이나 유리창을 통해 들어오는 전도열은 현열뿐이다.
② 여름철 실내에서 인체로부터 발생하는 열은 잠열뿐이다.
③ 실내의 기구로부터 발생열은 잠열과 현열이다.
④ 건축물의 틈새로부터 침입하는 공기가 갖고 들어오는 열은 잠열과 현열이다.

> 여름철 실내에서 인체로부터 발생하는 열은 현열과 잠열이 있다.

07 냉동기를 구동시키기 위하여 여름에도 보일러를 가동하는 열원방식은?

① 터보냉동기 방식
② 흡수식냉동기 방식
③ 빙축열 방식
④ 열병합 발전 방식

> 흡수식 냉동기는 열원으로 증기나 고온수를 사용하므로 여름에도 보일러를 가동한다.

08 일정한 건구온도에서 습공기의 성질 변화에 대한 설명으로 틀린 것은?

① 비체적은 절대습도가 높아질수록 증가한다.
② 절대습도가 높아질수록 노점온도는 높아진다.
③ 상대습도가 높아지면 절대습도는 높아진다.
④ 상대습도가 높아지면 엔탈피는 감소한다.

> 일정한 건구온도(현열 일정)에서 상대습도가 높아지면(잠열 증가) 엔탈피는 증가한다.

정답 04 ② 05 ④ 06 ② 07 ② 08 ④

09 복사난방에 관한 설명으로 옳은 것은?

① 고온식 복사난방은 강판제 패널 표면의 온도를 100[℃] 이상으로 유지하는 방법이다.
② 파이프 코일의 매설 깊이는 균등한 온도분포를 위해 코일 외경과 동일하게 한다.
③ 온수의 공급 및 환수 온도차는 가열면의 균일한 온도분포를 위해 10[℃] 이상으로 한다.
④ 방이 개방상태에서도 난방효과가 있으나 동일 방열량에 대해 손실량이 비교적 크다.

> 복사난방에서 고온식 복사난방은 패널 표면 온도를 100[℃] 이상으로 유지하며, 파이프 코일의 매설 깊이는 균등한 온도분포를 위해 코일 외경의 1.5배 이상으로 하고, 온수의 공급 및 환수 온도차는 가열면의 균일한 온도분포를 위해 5[℃] 이내로 한다. 복사난방은 방이 개방상태에서도 난방효과가 있으며(고천정, 개방공간에 유리) 동일 방열량에 대해 열손실량이 비교적 적어서 에너지 절약적이다.

10 다음 중 방열기의 종류로 가장 거리가 먼 것은?

① 주철제 방열기   ② 강판제 방열기
③ 컨벡터   ④ 응축기

> 응축기는 냉동기 구성요소이다.

11 지하 주차장 환기설비에서 천정부에 설치되어 있는 고속노즐로부터 취출되는 공기의 유인효과를 이용하여 오염공기를 국부적으로 희석시키는 방식은?

① 제트팬 방식   ② 고속덕트 방식
③ 무덕트환기 방식   ④ 고속노즐 방식

> 고속노즐 방식은 고속노즐로부터 취출되는 공기의 유인효과를 이용한다.

12 인접실, 복도, 상층, 하층이 공조되지 않는 일반 사무실의 남측 내벽(A)의 손실 열량[kJ/h]은? (단, 설계조건은 실내온도 20[℃], 실외온도 0[℃], 내벽 열통과율(k)은 1.6[W/m² K]로 한다.)

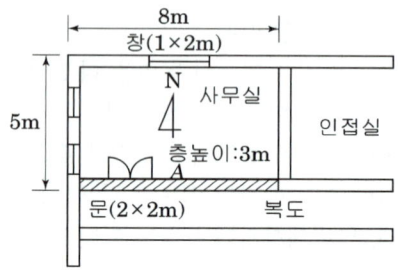

① 320   ② 872
③ 1193   ④ 2937

> 복도가 공조되지 않는 실이면 실내온도와 외기의 중간온도이므로 10[℃]이다.
> $q = KA\Delta t = 1.6 \times [(3 \times 8) - (2 \times 2)] \times (20 - 10)$
> $= 320 [kJ/h]$
> 내벽 부하계산에서 문 부분 부하는 별도 계산한다.

13 다음은 난방부하에 대한 설명이다. ( )에 적당한 용어로써 옳은 것은?

> 겨울철에는 실내의 일정한 온도 및 습도를 유지하기 위하여 실내에서 손실된 (㉠)이나 부족한 (㉡)을 보충하여야 한다.

① ㉠ 수분량,   ㉡ 공기량
② ㉠ 열량,   ㉡ 공기량
③ ㉠ 공기량,   ㉡ 열량
④ ㉠ 열량,   ㉡ 수분량

> 겨울철에는 열량이나 수분량을 공급하기 위하여 가열, 가습한다.

14 고성능의 필터를 측정하는 방법으로 일정한 크기(0.3 μ[m])의 시험입자를 사용하여 먼지의 수를 계측하는 시험법은?

① 중량법
② TETD/TA법
③ 비색법
④ 계수(DOP)법

> 계수(DOP)법은 HEPA나 ULPA등 고성능 필터 효율 측정에 사용된다.

15 실내취득열량 중 현열이 35[kW]일 때, 실내온도를 26[℃]로 유지하기 위해 12.5[℃]의 공기를 송풍하고자 한다. 송풍량[m³/min]은?
(단, 공기의 비열은 1.0[kJ/kg·℃], 공기의 밀도는 1.2[kg/m³]로 한다.)

① 129.6
② 154.3
③ 308.6
④ 617.2

> 송풍량 = $\dfrac{q_S}{C\Delta t} = \dfrac{35}{1.0(26-12.5)}$
> = 2.5926[kg/s] = 155.5[kg/min] = 129.6[m³/min]

16 개방식 냉각탑의 설계 시 유의사항으로 옳은 것은?

① 압축식 냉동기 1[RT]당 냉각열량은 3.26[kW]로 한다.
② 쿨링 어프로치는 일반적으로 10[℃]로 한다.
③ 압축식 냉동기 1[RT]당 수량은 외기습구온도가 27[℃]일 때 8[L/min] 정도로 한다.
④ 흡수식냉동기를 사용할 때 열량은 일반적으로 압축식 냉동기의 약 1.7~2.0배 정도로 한다.

> 압축식 냉동기 1[RT]당 냉각열량은 3.86[kW], 쿨링 어프로치는 일반적으로 5[℃]로 한다. 압축식 냉동기 1[RT] 당 수량은 외기습구온도가 27[℃]일 때 13[L/min] 정도로 한다. 흡수식냉동기를 사용할 때 냉각탑 열량은 일반적으로 압축식 냉동기의 약 1.7~2.0배 정도로 한다.

17 어떤 실내의 취득열량을 구했더니 감열이 40[kW], 잠열이 10[kW]였다. 실내를 건구온도 25[℃], 상대습도 50[%]로 유지하기 위해 취출 온도차 10[℃]로 송풍하고자 한다. 이 때 현열비(SHF)는?

① 0.6
② 0.7
③ 0.8
④ 0.9

> 현열비 = $\dfrac{\text{현열}}{\text{전열}} = \dfrac{40}{40+10} = 0.8$

18 온수난방 배관 시 유의사항으로 틀린 것은?

① 배관의 최저점에는 필요에 따라 배관 중의 물을 완전히 배수할 수 있도록 배수 밸브를 설치한다.
② 배관 내 발생하는 기포를 배출시킬 수 있는 장치를 한다.
③ 팽창관 도중에는 밸브를 설치하지 않는다.
④ 증기배관과는 달리 신축 이음을 설치하지 않는다.

> 온수난방 배관에도 신축 이음을 설치한다.

19 다음 중 천장이나 벽면에 설치하고 기류방향을 자유롭게 조정할 수 있는 취출구는?

① 펑커루버형 취출구
② 베인형 취출구
③ 팬형 취출구
④ 아네모스탯형 취출구

> 펑커루버형 취출구는 고속버스 취출구처럼 기류방향을 자유롭게 조정할 수 있는 취출구이다.

20 수관보일러의 종류가 아닌 것은?

① 노통연관식 보일러
② 관류보일러
③ 자연순환식 보일러
④ 강제순환식 보일러

> 노통연관식 보일러는 연관 보일러에 속한다.

정답 14 ④ 15 ① 16 ④ 17 ③ 18 ④ 19 ① 20 ①

2 냉동냉장 설비

21 다음 그림에서 냉동효과[kJ/kg]는 얼마인가?

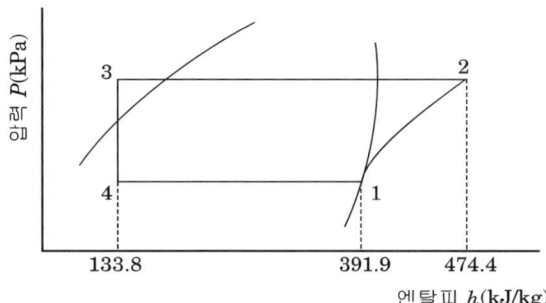

① 340.6 ② 258.1
③ 82.5   ④ 3.13

냉동효과 q_2
냉매 1kg이 증발기에서 흡수하는 열량
$q_2 = h_1 - h_4 = 391.9 - 133.8 = 258.1 [kJ/kg]$

22 다음 중 공비혼합냉매는 무엇인가?

① R401A ② R501
③ R717   ④ R600

복수의 단성분(單成分)냉매(R-22, R-134a 등)을 혼합하여 사용하는 냉매로 비공비혼합냉매(R-404, R-407, R-410A 등의 400번대 냉매)와 공비혼합냉매(R-502, R-507 등 500번대 냉매)가 있다.

23 냉동장치의 냉동능력이 3[RT]이고, 이 때 압축기의 소요동력이 3.7[kW]이였다면 응축기에서 제거하여야 할 열량[kJ/h]은? (단, 1RT=3.86kW)

① 9860   ② 55008
③ 65820 ④ 72140

$Q_1 = Q_2 + W$
$= 3 \times 3.86 + 3.7 = 15.28[kW] = 55008[kJ/h]$

24 냉동장치의 액분리기에 대한 설명으로 바르게 짝지어진 것은?

ⓐ 증발기와 압축기 흡입측 배관 사이에 설치한다.
ⓑ 기동 시 증발기내의 액이 교란되는 것을 방지한다.
ⓒ 냉동부하의 변동이 심한 장치에는 사용하지 않는다.
ⓓ 냉매액이 증발기로 유입되는 것을 방지하기 위해 사용한다.

① ⓐ, ⓑ   ② ⓒ, ⓓ
③ ⓐ, ⓒ   ④ ⓑ, ⓒ

액분리기(Accumulator)
ⓒ 냉동부하의 변동이 심한 장치에는 사용하여 압축기로의 liquid back을 방지한다.
ⓓ 냉매액이 압축기로 유입되는 것을 방지하기 위해 사용한다.

25 프레온 냉동장치에서 냉매배관을 완성하였을 때 행하는 다음 시험의 순서로 올바른 것은?

ⓐ 진공방치시험   ⓑ 누설시험
ⓒ 진공건조   ⓓ 기밀시험

① ⓐ → ⓑ → ⓒ → ⓓ
② ⓓ → ⓑ → ⓐ → ⓒ
③ ⓑ → ⓓ → ⓒ → ⓐ
④ ⓑ → ⓓ → ⓐ → ⓒ

② 냉매배관 완성후 기밀시험과 누설시험으로 기밀상태를 확인하고 진공방치시험과 진공건조한 후 냉매를 충전한다.

26 암모니아 냉동장치에서 압축기의 토출압력이 높아지는 이유로 틀린 것은?

① 장치 내 냉매 충전량이 부족하다.
② 공기가 장치에 혼입되었다.
③ 순환 냉각수 양이 부족하다.
④ 토출 배관 중의 폐쇄밸브가 지나치게 조여져 있다.

> **토출압력이 상승하는 원인**
> ㉠ 공기가 냉매계통에 흡입하였다.
> ㉡ 냉매가 과잉충전되어 있다.
> ㉢ 냉각수 온도가 높거나 유량이 부족하다.
> ㉣ 응축기내 냉매배관 및 전열핀이 오염되었다.
> ㉤ 공기 등의 불응축 가스가 냉동장치 내에 혼입되어 있다.

27 증기압축식 냉동장치에서 응축기의 역할로 옳은 것은?

① 대기 중에서 열을 방출하여 고압의 기체를 액화시킨다.
② 저온, 저압의 냉매기체를 고온, 고압의 기체로 만든다.
③ 대기로부터 열을 흡수하여 열 에너지를 저장한다.
④ 고온, 고압의 냉매기체를 저온, 저압의 기체로 만든다.

> 응축기는 압축기에서 토출한 고온가스를 대기 중에서 열을 방출, 냉각하여 고압의 기체를 액화시킨다.

28 브라인 냉각장치에서 브라인의 부식방지 처리법이 아닌 것은?

① 공기와 접촉시키는 순환방식 채택
② 브라인의 PH를 7.5~8.2 정도로 유지
③ $CaCl_2$ 방청제 첨가
④ NaCl 방청제 첨가

> **브라인의 부식방지 처리법**
> ㉠ 공기와 접촉하면 부식력이 증대하므로 가능한 범위에서 용해도를 크게 하여 공기와 접촉하지 않는 액순환방식을 채택한다.
> ㉡ 암모니아가 브라인 중에 누설되면 강알칼리성으로 인하여 국부적인 부식현상이 발생하므로 주의한다.
> ㉢ 브라인의 PH(페하)는 약 7.5~8.2로 유지해야 한다.
> ㉣ 염화칼슘($CaCl_2$) 브라인 : 브라인 1[L]에 대하여 중크롬산나트륨($Na_2Cr_2O_7$) 1.6[g]을 용해하고 중크롬산나트륨 100[g]마다 가성소다(NaOH) 27[g]을 첨가한다.
> ㉤ 염화나트륨(NaCl)브라인 : 브라인 1[L]에 대하여 중크롬산나트륨 3.2[g]을 용해시키고 중크롬산나트륨 100[g]마다 가성소다 27[g]을 첨가한다.
> ㉥ 방식아연을 사용한다.

29 표준냉동사이클에서 대한 설명으로 옳은 것은?

① 응축기에서 버리는 열량은 증발기에서 취하는 열량과 같다.
② 증기를 압축기에서 단열압축하면 압력과 온도가 높아진다.
③ 팽창밸브에서 팽창하는 냉매는 압력이 감소함과 동시에 열을 방출한다.
④ 증발기 내에서의 냉매증발온도는 그 압력에 대한 포화온도보다 낮다.

> ① 응축기에서 버리는 열량은 증발기에서 취한 열량에 압축일을 더한 것과 같다.
> ③ 팽창밸브에서 냉매의 과정은 단열팽창으로 외부로의 열의 출입은 없다.
> ④ 표준냉동사이클에서 증발기내에서의 증발과정은 등압, 등온과정으로 냉매증발온도는 그 압력에 대한 포화온도와 같다.

30 냉동장치의 운전에 관한 유의사항으로 틀린 것은?

① 운전 휴지 기간에는 냉매를 회수하고, 저압측의 압력은 대기압보다 낮은 상태로 유지한다.
② 운전 정지 중에는 오일 리턴 밸브를 차단시킨다.
③ 장시간 정지 후 시동 시에는 누설여부를 점검 후 기동시킨다.
④ 압축기를 기동시키기 전에 냉각수를 펌프를 기동시킨다.

> ① 운전 휴지 기간에는 펌프다운(pump down)하여 냉매를 회수하고, 저압측의 압력은 대기압 상태로 유지한다.

31 쇠고기(지방이 없는 부분) 5ton을 12시간 동안 30℃에서 −15℃까지 냉각할 때의 냉동능력으로 옳은 것은? (단, 쇠고기의 동결점은 −2℃로, 쇠고기의 동결전 비열(지방이 없는 부분)은 0.88Wh/(kg·K)로, 동결후 비열은 0.49Wh/(kg·K), 동결잠열은 65.14Wh/kg으로 한다.)

① 31.5kW   ② 41.5kW
③ 51.7kW   ④ 61.7kW

> 1) 30℃에서 −2℃까지 냉각현열부하
> $q = mC\Delta t = 5000 \times 0.88 \times 3.6 \times \{30-(-2)\} = 506,880 \text{kJ}$
> (여기서 비열단위
> Wh/(kg·K) = W×3600s/(kg·K) = 3600J/(kg·K)
> = 3.6kJ/(kg·K)이다.)
> 2) −2℃ 동결 시 잠열부하 :
> $q = m\gamma = 5000 \times 65.14 \times 3.6 = 1,172,520 \text{kJ}$
> 3) −2℃에서 −15℃까지 동결 냉각시킬 경우 냉각현열부하
> $q = mC\Delta t = 5000 \times 0.49 \times 3.6 \times \{-2-(-15)\} = 114,660 \text{kJ}$
> 따라서 12시간동안 5ton에 대한 전동결부하(냉동능력)는
> $kW = \dfrac{506,880 + 1,172,520 + 114,660 (\text{kJ})}{12(\text{h})}$
> = 149,505kJ/h = 41.53kW
> (냉동, 냉장 부하 문제는 냉각 시간 동안의 전체 동결부하(kJ)인지 단위시간 동안의 냉동 능력(kW)인지 정확히 구분해야한다.)

32 다음에 설명한 냉동장치의 유지관리에 대한 설명 가운데 가장 옳지 않은 것은?

① 냉동장치에 냉매충전량이 매우 부족하면 증발압력이 저하하고, 흡입증기의 과열도가 크게 되어 토출가스 온도가 높아진다.
② 밀폐형 왕복식 압축기를 사용한 냉동장치의 냉매충전량이 부족하면 흡입증기에 의한 구동용 전동기의 냉각이 불충분하게 되고 심하면 전동기가 손상된다.
③ 흡입배관의 도중에 큰 U 트랩이 있으면 운전정지 중에 응축된 냉매액이나 오일이 고여 있어도 압축기 시동 시 액복귀 현상은 발생하지 않는다.
④ 운전정지 중에 증발기에 냉매액이 다량으로 채류하고 있으면 압축기를 시동할 때에 액복귀가 발생할 수 있다.

> ③ 흡입배관의 도중에 큰 U 트랩이 있으면 운전정지 중에 응축된 냉매액이나 오일이 모여, 압축기 시동 시 액복귀 현상이 발생할 수 있다.

33 냉동설비의 각 시설별 정기검사 항목으로 가장 거리가 먼 것은?

① 가스누출 검지경보장치
② 강제환기시설
③ 용접부 비파괴검사
④ 안전용 접지기기, 방폭전기기기

> 용접부 비파괴검사는 배관 설치시 품질관리 사항이며 정기검사 항목과는 거리가 멀다.

34 2단 압축식 냉동장치에서 증발압력부터 중간압력까지 압력을 높이는 압축기를 무엇이라고 하는가?

① 부스터   ② 에코노마이저
③ 터보   ④ 루트

정답 30 ① 31 ② 32 ③ 33 ③ 34 ①

부스터 압축기(booter compressor)
부스터 압축기란 저온용 냉동기에 사용되는 보조적인 압축기로서 1대의 압축기로 저온을 얻을 수 없을 경우에 증발기에서 발생한 냉매가스를 일단 저압 압축기에 흡입하여 주압축기의 흡입압력까지 압축하여 이것을 중간냉각기를 경유하여 주압축기로 보낸다. 이와 같이 저온을 얻는 것을 목적으로 사용하는 저압압축기를 부스터라 부르고 동력을 절약할 목적으로 사용된다. 일종의 2단 압축식 냉동장치에서 저압측 압축기를 말한다.

37 프레온 냉매를 사용하는 수냉식 응축기의 순환수량이 20[L/min]이며, 냉각수 입·출구 온도차가 5.5[℃]였다면, 이 응축기의 방출열량[kJ/h]은? (단, 냉각수 비열은 4.19kJ/kgK이다)

① 11000　　② 24300
③ 27654　　④ 34562

$Q_1 = m \cdot c \cdot \Delta t = 20 \times 60 \times 4.19 \times 5.5 = 27654 [kJ/h]$

35 엔트로피에 관한 설명으로 틀린 것은?

① 엔트로피는 자연현상의 비가역성을 나타내는 척도가 된다.
② 엔트로피를 구할 때 적분경로는 반드시 가역변화여야 한다.
③ 열기관이 가역사이클이면 엔트로피는 일정하다.
④ 열기관이 비가역사이클이면 엔트로피는 감소한다.

④ 열기관이 비가역사이클이면 엔트로피는 증가한다.

38 냉동장치의 압력스위치에 대한 설명으로 틀린 것은?

① 고압스위치는 이상고압이 될 때 냉동장치를 정지시키는 안전장치이다.
② 저압스위치는 냉동장치의 저압측 압력이 지나치게 저하하였을 때 전기회로를 차단하는 안전장치이다.
③ 고저압스위치는 고압스위치와 저압스위치를 조합하여 고압측이 일정압력 이상이 되거나 저압측이 일정압력보다 낮으면 압축기를 정지시키는 스위치이다.
④ 유압스위치는 윤활유 압력이 어떤 원인으로 일정압력 이상으로 된 경우 압축기의 훼손을 방지하기 위하여 실시하는 보존장치이다.

유압(보호)스위치(OPS)
유압스위치는 윤활유 압력이 어떤 원인으로 일정압력 이하로 된 경우 압축기의 훼손을 방지하기 위하여 설치하는 안전장치이다.

36 R-22 냉매의 압력과 온도를 측정하였더니 압력이 1.55[MPa·abs], 온도가 30[℃]였다. 이 냉매의 상태는 어떤 상태인가? (단, R-22 냉매의 온도기 30[℃]일 때 포화압력은 1.2[MPa·abs]이다.)

① 포화상태
② 과열 상태인 증기
③ 과냉 상태인 액체
④ 응고상태인 고체

측정 냉매의 상태가 30℃의 포화압력보다 높은 압력이므로 냉매의 상태는 과냉 상태의 액체이다.

39 스크롤압축기의 특징에 대한 설명으로 틀린 것은?

① 부품수가 적고 고속회전이 가능하다.
② 소요토크의 영향으로 토출가스의 압력변동이 심하다.
③ 진동 소음이 적다.
④ 스크롤의 설계에 의해 압축비가 결정되는 특징이 있다.

정답　35 ④　36 ③　37 ③　38 ④　39 ②

스크롤압축기의 특징
㉠ 부품수가 적고 높은 압축비로 운전해도 고효율운전이 가능하다.
㉡ 고효율(체적효율, 압축효율 및 기계효율)이고 고속회전에 적합하다.
㉢ 비교적 액압축에 강하고 토크변동, 진동, 소음이 적다.
㉣ 흡입 및 토출변이 필요가 없으나 토출측에 역지변을 부착하는 것이 많다. 역지변은 정지시에 고·저압의 차압에 의한 선회스크롤의 역전방지용이다.
㉤ 스크롤의 설계구조시 내부용적비(압축의 시점과 종점의 용적비)가 정해져 있다. 따라서 스크롤압축기를 설계시 압력비와 크게 다른 운전조건으로 사용할 경우 스크롤을 별도로 설계한 압축기를 사용해야 한다.
㉥ 룸 에어컨, 소용업무용 등에 폭넓게 사용되고 있다.

40 암모니아 냉동장치에서 팽창밸브 직전의 냉매액의 온도가 25[℃]이고, 압축기 흡입가스가 -15[℃]인 건조포화증기이다. 냉동능력 15[RT]가 요구될 때 필요 냉매순환량 [kg/h]은? (단, 냉매순환량 1[kg]당 냉동효과는 1126[kJ]이다.)

① 168   ② 172
③ 185   ④ 212

$Q_2 = G \cdot q_2$ 에서
$G = \dfrac{Q_2}{q_2} = \dfrac{15 \times 3.86 \times 3600}{1126} = 185 [kg/h]$

3 공조냉동 설치·운영

41 온수난방 배관 시공 시 유의사항에 관한 설명으로 틀린 것은?

① 배관은 1/250 이상의 일정기울기로 하고 최고부에 공기빼기 밸브를 부착한다.
② 고장 수리용으로 배관의 최저부에 배수밸브를 부착한다.
③ 횡주배관 중에 사용하는 레듀서는 되도록 편심레듀서를 사용한다.
④ 횡주관의 관말에는 관말 트랩을 부착한다.

온수난방 배관에 관말 트랩은 불필요하며 증기난방에 사용된다.

42 다음중 자동제어 장치(공기식) 점검항목으로 가장 거리가 먼 것은?

① 발신기의 청소, 공기 누설여부 및 압력 점검
② 연산기의 청소, 공기 누설여부 및 압력 점검
③ 검출기의 청소, 단자이완, 출력/지시치 점검
④ 차압 검지관의 점검

차압 검지관은 에어필터 구성요소에 해당한다.

43 보일러 세관공사에서 화학세정에 대한 설명으로 가장 거리가 먼 것은?

① 화학세정은 스케일을 단시간 내에 제거할 수 있어 보일러의 정지시간을 줄일 수 있다.
② 화학세정은 아무리 복잡한 구조의 보일러도 작업이 가능하다
③ 산세중에는 유해가스가 발생하지 않아 안전하고 배출설비도 불필요하다.
④ 산세정후에 보일러 효율이 향상된다.

정답 40 ③ 41 ④ 42 ④ 43 ③

산세중에는 탄산가스, 수소가스, 불산가스등 유해가스가 발생하므로 화기에 주의하고, 적절히 배출시켜야 한다.

44 아래 덕트(저속덕트) 평면도를 보고 0.8t 철판 면적을 산출 하시오.(단, 덕트 장변길이 450mm 이하 : 0.5t, 750mm 이하 : 0.6t, 1500mm 이하 : 0.8t적용 덕트 철판 재료 할증률은 28% 적용)

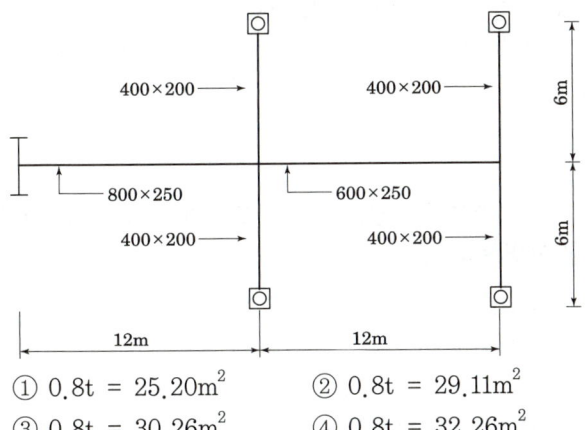

① 0.8t = 25.20m²   ② 0.8t = 29.11m²
③ 0.8t = 30.26m²   ④ 0.8t = 32.26m²

위 평면도에서 0.8t는 1500 이하이며 도면에서 800×250 덕트만 해당된다.
800×250 덕트 총길이는 12m, 1개이므로 12m 이다.
800×250 덕트는 둘레길이가 (0.8+0.25)×2=2.1m 이고 길이가 12m 이므로
덕트 면적=2.1×12=25.2m²
철판 면적은 28% 할증 = 25.2×1.28 = 32.26m²

45 에너지 관리기준에 대한 설명으로 거리가 먼 것은?

① 보일러는 기준 공기비를 기준으로 설비의 성능, 환경보전 등을 감안하여 공기비를 낮게 유지하도록 관리표준을 설정하여 이행한다.
② 보일러는 배가스에 의한 열손실을 최소화하고, 대기환경을 보전하기 위하여 NOx 및 불완전 연소에 의한 그을음, CO 발생이 최소화되도록 최종배기온도 및 CO농도에 대한 관리표준을 설정하여 이행한다.
③ 보일러는 부하의 변동 조건에 관계없이 최고의 성능을 유지할 수 있도록 100% 정상부하 상태에서 운전이 되도록 하여야 한다.
④ 난방 및 급탕설비 점검 및 보수 : 보일러는 본체 및 부속장치, 보온 및 단열부 등의 정기적인 점검 및 보수를 실시하여 양호한 상태를 유지한다.

보일러는 부하조건에 따라 최고의 성능을 유지할 수 있도록 비례제어운전이 되도록 하며, 부하의 변동이 예상되는 경우에는 보일러 설비를 대수 분할하여 대수제어 운전을 하여야 한다.

46 다음은 횡형 셸 튜브 타입 응축기의 구조도이다. 열전달 효율을 고려하여 냉매 가스의 입구 측 배관은 어느 곳에 연결하여야 하는가?

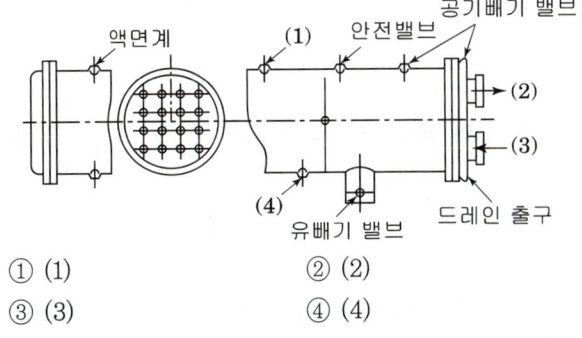

① (1)   ② (2)
③ (3)   ④ (4)

응축기에서
(1) : 냉매가스 입구   (4) : 냉매액 출구
(3) : 냉각수 입구   (2) : 냉각수출구

47 펌프 주변 배관 설치 시 유의사항으로 틀린 것은?

① 흡입관은 되도록 길게 하고 굴곡부분은 적게 한다.
② 펌프에 접속하는 배관의 하중이 직접 펌프로 전달되지 않도록 한다.
③ 배관의 하단부에는 드레인 밸브를 설치한다.
④ 흡입측에는 스트레이너를 설치한다.

> 펌프 주변 배관에서 흡입관은 되도록 짧게 하고 굴곡부분은 적게 한다.

48 급수관의 관 지름 결정 시 유의사항으로 틀린 것은?

① 관 길이가 길면 마찰손실도 커진다.
② 마찰손실은 유량, 유속과 관계가 있다.
③ 가는 관을 여러 개 쓰는 것이 굵은 관을 쓰는 것보다 마찰손실이 적다.
④ 마찰손실은 고저차가 크면 클수록 손실도 커진다.

> 가는 관을 여러 개 쓰는 것이 굵은 관을 쓰는 것보다 마찰손실이 많다.

49 암모니아 냉매 배관에 사용하기 가장 적합한 것은?

① 알루미늄 합금관   ② 동관
③ 아연관   ④ 강관

> 암모니아 냉매 배관은 강관을, 프레온 냉매배관은 동관을 사용한다.

50 증기난방 설비 시공 시 수평주관으로부터 분기 입상시키는 경우 관의 신축을 고려하여 2개 이상의 엘보를 이용하여 설치하는 신축이음은?

① 스위블 이음   ② 슬리브 이음
③ 벨로즈 이음   ④ 플렉시블 이음

> 스위블 이음이란 2개 이상의 엘보를 이용하여 설치하는 신축이음으로 방열기 주변 배관에 주로 쓰인다.

51 동일 규격의 축전지 2개를 병렬로 연결한 경우 옳은 것은?

① 전압과 용량이 각각 2배가 된다.
② 전압은 $\frac{1}{2}$배, 용량은 2배가 된다.
③ 용량은 $\frac{1}{2}$배, 전압은 2배가 된다.
④ 전압은 불변이고, 용량은 2배가 된다.

> $C_P = C_1 + C_2 = C + C = 2C[F]$ 식에서
> ∴ 콘덴서 2개를 병렬로 접속하면 전압은 일정하고 정전용량은 2배가 된다.

52 자기 평형성이 없는 보일러 드럼의 액위제어에 적합한 제어동작은?

① P동작   ② I동작
③ PI동작   ④ PD동작

> 비례동작(P 제어)의 특징
> 편차에 비례한 조작신호를 출력하며 자기 평형성이 없는 보일러 드럼의 액위제어와 같이 입력신호와 파형은 같고 크기만 변화하는 제어동작이다.

53 제벡 효과(Seebeck Effect)를 이용한 센서에 해당하는 것은?

① 저항 변화용   ② 인덕턴스 변화용
③ 용량 변화용   ④ 전압 변화용

> 센서의 종류
> (1) CdS(광 센서) : 빛의 양에 의해 저항값이 변하는 광 가변저항 센서이다.
> (2) 광전형센서 : 광전효과를 이용하여 빛이 직접 전기신호로 바뀌어 동작하게 되는 전압 변화형 센서로서 반도체의 pn 접합 기전력을 이용한다. 포토 다이오드나 포토 TR등이 있다.
> (3) 열기전력형 센서 : 열전효과(제벡효과)를 이용하여 열전대 쌍에 응용되는 철, 콘스탄탄가 같은 금속을 이용하는 전압 변화형 센서로서 열전온도계 등에 이용된다.

54 그림과 같은 유접점 회로를 간단히 한 회로는?

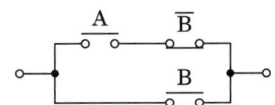

① 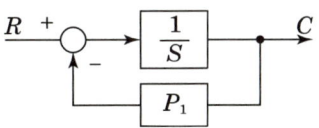 ② ③ ④

출력식 = $A\overline{B} + B = (A+B) \cdot (B+\overline{B})$
      $= (A+B) \cdot 1 = A+B$ 이므로
∴ A와 B의 OR 회로인 ①번이다.

55 농형 유도전동기의 기동법이 아닌 것은?

① 전전압기동법 ② 기동보상기법
③ Y − Δ 기동법 ④ 2차 저항법

구분	종류	특징
농형 유도전동기	전전압 기동법	5.5[kW] 이하의 소형에 적용
	Y−Δ 기동법	5.5[kW]를 초과하고 15[kW] 이하에 적용
	리액터 기동법	15[kW]를 넘는 전동기에 적용
	기동 보상기법	15[kW]를 넘는 전동기에 적용
권선형 유도전동기	2차 저항 기동법	비례추이원리를 이용
	2차 임피던스 기동법	−
	게르게스 기동법	−

유도전동기의 기동법

56 그림과 같이 블록선도와 등가인 것은?

① $R \rightarrow \boxed{\dfrac{S}{P_1}} \rightarrow C$ ② $R \rightarrow \boxed{S+P_1} \rightarrow C$

③ $R \rightarrow \boxed{\dfrac{1}{S+P_1}} \rightarrow C$ ④ $R \rightarrow \boxed{\dfrac{P_1}{S}} \rightarrow C$

$G(s) = \dfrac{\text{전향이득}}{1-\text{루프이득}}$ 식에서

전향이득 $= \dfrac{1}{S}$, 루프이득 $= -\dfrac{P_1}{S}$ 이므로

∴ $G(s) = \dfrac{C}{R} = \dfrac{\dfrac{1}{S}}{1+\dfrac{P_1}{S}} = \dfrac{1}{S+P_1}$

57 다음 중 직류 분권전동기의 용도에 적합하지 않은 것은?

① 압연기 ② 제지기
③ 송풍기 ④ 기중기

직류 분권전동기의 특징과 용도
(1) 특징
 ㉠ 부하전류에 따른 속도 변화가 거의 없는 정속도 특성뿐만 아니라 계자 저항기로 쉽게 속도를 조정할 수 있으므로 가변속도제어가 가능하다.
 ㉡ 무여자 상태에서 위험속도로 운전하기 때문에 계자회로에 퓨즈를 넣어서는 안 된다.
(2) 용도 : 공작기계, 콘베이어, 송풍기
∴ 기중기는 기동토크가 커야하므로 직류 직권전동기의 용도로 적합하다.

58 R-L-C 직렬회로에서 전류가 최대로 되는 조건은?

① $\omega L = \omega C$
② $\dfrac{\omega^2 L}{R} = \dfrac{1}{\omega CR}$
③ $\omega LC = 1$
④ $\omega L = \dfrac{1}{\omega C}$

> 직렬공진
> (1) $X_L - X_C = 0$, $X_L = X_C$, $\omega L = \dfrac{1}{\omega C}$
> (2) 최소 임피던스로 되고 최대전류가 흐르며 소비전력이 최대가 된다.
> (3) 공진주파수는 $f = \dfrac{1}{2\pi \sqrt{LC}}$[Hz]이다.

59 피드백제어에서 반드시 필요한 장치는?

① 안정도를 향상시키는 장치
② 응답속도를 개선시키는 장치
③ 구동장치
④ 입력과 출력을 비교하는 장치

> 피드백 제어계는 입력과 출력을 비교할 수 있는 비교부를 반드시 필요로 한다.

60 그림과 같은 회로에서 저항 R_2에 흐르는 전류 I_2[A]는?

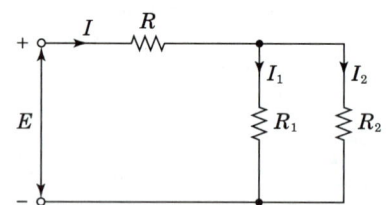

① $\dfrac{I \cdot T(R_1 + R_2)}{R_1}$
② $\dfrac{I \cdot T(R_1 + R_2)}{R_2}$
③ $\dfrac{I \cdot R_2}{R_1 + R_2}$
④ $\dfrac{I \cdot R_1}{R_1 + R_2}$

> $I_1 = \dfrac{R_2 I}{R_1 + R_2}$[A], $I_2 = \dfrac{R_1 I}{R_1 + R_2}$[A] 이므로
> ∴ $I_2 = \dfrac{R_1 I}{R_1 + R_2}$[A]이다.

정답 58 ④ 59 ④ 60 ④

기출문제 제9회 핵심 기출문제

1 공기조화 설비

01 극간풍을 방지하는 방법으로 적합하지 않은 것은?

① 실내를 가압하여 외부보다 압력을 높게 유지한다.
② 건축의 건물 기밀성을 유지한다.
③ 이중문 또는 회전문을 설치한다.
④ 실내외 온도차를 크게 한다.

> 실내외 온도차를 크게 할수록 극간풍은 증가한다.

02 어떤 실내의 전체 취득열량이 9kW, 잠열량이 2.5kW 이다. 이 때 실내를 26[℃], 50[%](RH)로 유지시키기 위해 취출 온도차를 10[℃]로 일정하게 하여 송풍한다면 실내 현열비는 얼마인가?

① 0.28
② 0.68
③ 0.72
④ 0.88

> 현열비 = $\dfrac{현열}{전열} = \dfrac{9-2.5}{9} = 0.72$

03 건구온도(t_1) 5℃, 상대습도 80%인 습공기를 공기 가열기를 사용하여 건구온도(t_2) 43℃가 되는 가열공기 950m³/h을 얻으려고 한다. 이 때 가열에 필요한 열량(kW)은?

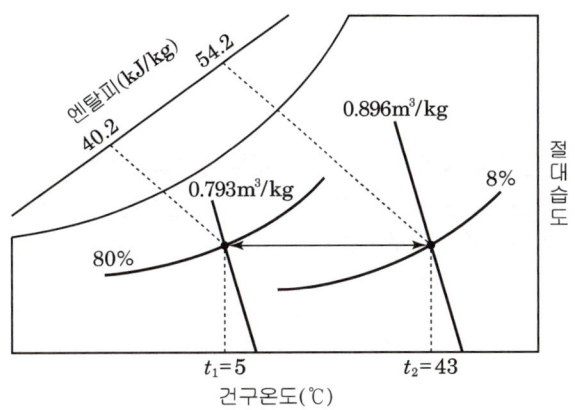

① 2.14
② 4.65
③ 8.97
④ 11.02

> 1) 우선 가열공기 950m³/h이 5℃ 공기라면 질량으로 고치면
> $m = \dfrac{Q}{v} = \dfrac{950}{0.793} = 1,198\text{kg/h}$
> 가열량은 엔탈피를 이용하여 $q = m\triangle h$ 에서
> $q = m\triangle h = 1198(54.2-40.2)$
> $= 16,772\text{kJ/h} = 4.65\text{kW}$
>
> 2) 가열공기 950m³/h이 43℃ 공기일 때, 질량으로 고치면
> $m = \dfrac{Q}{v} = \dfrac{950}{0.896} = 1060\text{kg/h}$
> 가열량은 엔탈피를 이용하여 $q = m\triangle h$ 에서
> $q = m\triangle h = 1060(54.2-40.2)$
> $= 14,840\text{kJ/h} = 4.12\text{kW}$
>
> ※ 문제에서 43℃ 가열공기라 했으므로 2)풀이가 가깝지만 정답에서 구하면 1)풀이가 답이다.

정답 01 ④ 02 ③ 03 ②

04 냉방부하 계산 결과 실내취득열량은 q_R, 송풍기 및 덕트 취득열량은 q_F, 외기부하는 q_O, 펌프 및 배관 취득열량은 q_P일 때, 공조기 부하를 바르게 나타낸 것은?

① $q_R + q_O + q_P$
② $q_F + q_O + q_P$
③ $q_R + q_O + q_F$
④ $q_R + q_P + q_F$

> 공조기부하에 펌프 및 배관 취득열량(q_P)은 포함되지 않는다.
> 공조기부하 = $q_R + q_O + q_F$

05 장방형 덕트(장변 a, 단변 b)를 원형덕트로 바꿀 때 사용하는 식은 아래와 같다. 이 식으로 환산된 장방형 덕트와 원형덕트의 관계는?

$$D_e = 1.3 \left[\frac{(a \cdot b)^5}{(a+b)^2} \right]^{1/8}$$

① 두 덕트의 풍량과 단위 길이당 마찰손실이 같다.
② 두 덕트의 풍량과 풍속이 같다.
③ 두 덕트의 풍속과 단위 길이당 마찰손실이 같다.
④ 두 덕트의 풍량과 풍속 및 단위 길이당 마찰 손실이 모두 같다.

> 위식으로 환산된 장방형 덕트와 원형 덕트는 풍량과 단위 길이당 마찰손실이 같다.

06 덕트를 설계할 때 주의사항으로 틀린 것은?

① 덕트를 축소할 때 각도는 30° 이하로 되게 한다.
② 저속 덕트 내의 풍속은 15[m/s] 이하로 한다.
③ 장방형 덕트의 종횡비는 4:1 이상 되게 한다.
④ 덕트를 확대할 때 확대각도는 15° 이하로 되게 한다.

> 장방형 덕트의 종횡비는 4:1 이하가 되게 한다.

07 날개 격자형 취출구에 대한 설명으로 틀린 것은?

① 유니버설형은 날개를 움직일 수 있는 것이다.
② 레지스터란 풍량조절 셔터가 있는 것이다.
③ 수직 날개형은 실의 폭이 넓은 방에 적합하다.
④ 수평 날개형 그릴이라고도 한다.

> 날개 격자형 취출구는 수평, 수직 날개형 그릴이라고도 한다.

08 다음 중 실내 환경기준 항목이 아닌 것은?

① 부유분진의 양
② 상대습도
③ 탄산가스 함유량
④ 메탄가스 함유량

> 실내 환경기준 항목에 메탄가스 함유량은 없다.

09 공조기 내에 흐르는 냉·온수 코일의 유량이 많아서 코일 내에 유속이 너무 빠를 때 사용하기 가장 적절한 코일은?

① 풀서킷 코일(full circuit coil)
② 더블서킷 코일(double circuit coil)
③ 하프서킷 코일(half circuit coil)
④ 슬로서킷 코일(slow circuit coil)

> 더블서킷 코일은 유량이 2배로 흐를 수 있어서 유속이 낮다.

10 공기여과기의 성능을 표시하는 용어 중 가장 거리가 먼 것은?

① 제거효율
② 압력손실
③ 집진용량
④ 소재의 종류

> 소재의 종류와 공기여과기의 성능은 직접적인 관계가 없다.

정답 04 ③ 05 ① 06 ③ 07 ④ 08 ④ 09 ② 10 ④

11 다음 중 보일러 시운전시 보일러 점화 시 점검사항과 작동 순서에서 가장 거리가 먼 것은?

① 보일러 연소실내 미연소 가스를 송풍기를 통하여 충분히 배출한 후 점화한다.
② 시퀀스 컨트롤에 따라 프리퍼지(미연가스 배출) → 파이롯트 버너점화(점화용 버너점화) → 주연료분사, 주버너 점화의 순으로 진행한다.
③ 소화 후에는 포스트 퍼지(소화 후 미연가스 배출)가 이루어지지만 1차 점화에 실패하면 그 원인을 찾아 보완한 후 재차 점화를 시행하며 2차 점화에도 실패하면 전문업체에 정비를 의뢰하여야 한다.
④ 점화가 안될 경우 반복적인 점화 시도로 점화가 될 때까지 계속 조작한다.

> 점화가 안될 경우 반복적인 점화 시도는 가스 폭발의 원인이 되므로 주의하여야 하며 점화가 안되는 원인을 보완한후 재차 점화를 시행한다.

12 8000[W]의 열을 발산하는 기계실의 온도를 외기 냉방하여 26[℃]로 유지하기 위해 필요한 외기도입량[m³/h]은? (단, 밀도는 1.2[kg/m³], 공기 정압비열은 1.01[kJ/kg·℃], 외기온도는 11[℃]이다.)

① 600.06 ② 1584.16
③ 1851.85 ④ 2160.22

> $Q = \dfrac{q}{\gamma C \Delta t} = \dfrac{8000 \div 1000}{1.2 \times 1.01(26-11)}$
> $= 0.440[m^3/s] = 1584.16[m^3/h]$

13 송풍기의 회전수 변환에 의한 풍량 제어 방법에 대한 설명으로 틀린 것은?

① 극수를 변환한다.
② 유도전동기의 2차측 저항을 조정한다.
③ 전동기에 의한 회전수에 변화를 준다.
④ 송풍기 흡입측에 있는 댐퍼를 조인다.

> 송풍기 흡입측에 있는 댐퍼를 조이는 방법은 회전수 변환에 의한 풍량 제어 방법은 아니다.

14 공기조화방식의 분류 중 전공기 방식에 해당되지 않는 것은?

① 팬코일 유닛 방식 ② 정풍량 단일덕트 방식
③ 2중덕트 방식 ④ 변풍량 단일덕트 방식

> 팬코일 유닛 방식은 전수식에 속한다.

15 증기난방에 대한 설명으로 옳은 것은?

① 부하의 변동에 따라 방열량을 조절하기가 쉽다.
② 소규모 난방에 적당하며 연료비가 적게 든다.
③ 방열면적이 작으며 단시간 내에 실내온도를 올릴 수 있다.
④ 장거리 열수송이 용이하며 배관의 소음 발생이 작다.

> 증기난방은 부하의 변동에 따라 방열량을 조절하기가 어렵고, 대규모 난방에 적당하며 연료비는 적게 드는편이고, 방열면적이 작으며 단시간 내에 실내온도를 올릴 수 있다. 장거리 열수송이 용이하며 배관의 소음 발생이 크다.

16 상당방열면적을 계산하는 식에서 q_o는 무엇을 뜻하는가?

$$EDR = \dfrac{H_r}{q_o}$$

① 상당 증발량 ② 보일러 효율
③ 방열기의 표준 방열량 ④ 방열기의 전방열량

> H_r은 방열기의 전방열량이고, q_o는 방열기의 표준 방열량이다.

정답 11 ④ 12 ② 13 ④ 14 ① 15 ③ 16 ③

17 다음 중 공기조화기 부하를 바르게 나타낸 것은?

① 실내부하+외기부하+덕트통과열부하+송풍기부하
② 실내부하+외기부하+덕트통과열부하+배관통과열부하
③ 실내부하+외기부하+송풍기부하+펌프부하
④ 실내부하+외기부하+재열부하+냉동기부하

> 공기조화기 부하 = 실내부하 + 외기부하 + 덕트통과열부하 + 송풍기부하이며, 배관부하, 펌프부하는 포함되지 않는다.

18 환기의 목적이 아닌 것은?

① 실내공기 정화
② 열의 제거
③ 소음 제거
④ 수증기 제거

> 소음 제거는 환기로 할 수 없다.

19 중앙 공조기의 전열교환기에서는 어떤 공기가 서로 열교환을 하는가?

① 환기와 급기
② 외기와 배기
③ 배기와 급기
④ 환기와 배기

> 전열교환기는 도입하는 외기와 버려지는 배기 사이에 열교환이 이루어진다.

20 일반적인 취출구의 종류가 아닌 것은?

① 라이트-트로퍼(light-troffer)형
② 아네모스탯(annemostat)형
③ 머시룸(mushroom)형
④ 웨이(way)형

> 머시룸(mushroom)형은 바닥에 설치하는 흡입구이다.

2 냉동냉장 설비

21 증기 압축식 사이클과 흡수식 냉동 사이클에 관한 비교 설명으로 옳은 것은?

① 증기 압축식 사이클은 흡수식에 비해 축동력이 적게 소요된다.
② 흡수식 냉동 사이클은 열구동 사이클이다.
③ 흡수식은 증기 압축식의 압축기를 흡수기와 펌프가 대신한다.
④ 흡수식의 성능은 원리상 증기 압축식에 비해 우수하다.

> ① 증기 압축식 사이클은 흡수식에 비해 축동력이 많이 소요된다.
> ③ 흡수식은 증기 압축식의 압축기를 흡수기와 발생기가 대신한다.
> ④ 증기 압축식이 성능은 원리상 흡수식에 비해 우수하다.

22 저온용 냉동기에 사용되는 보조적인 압축기로서 저온을 얻을 목적으로 사용되는 것은?

① 회전 압축기(rotary compressor)
② 부스터(booster)
③ 밀폐식 압축기(hermetic compressor)
④ 터보 압축기(turbo compressor)

> **부스터 압축기(booter compressor)**
> 부스터 압축기란 저온용 냉동기에 사용되는 보조적인 압축기로서 1대의 압축기로 저온을 얻을 수 없을 경우에 증발기에서 발생한 냉매가스를 일단 저압 압축기에 흡입하여 주압축기의 흡입압력까지 압축하여 이것을 중간냉각기를 경유하여 주압축기로 보낸다. 이와 같이 저온을 얻는 것을 목적으로 사용하는 저압압축기를 부스터라 부르고 동력을 절약할 목적으로 사용된다.

정답 17 ① 18 ③ 19 ② 20 ③ 21 ② 22 ②

23 얼음 제조 설비에서 깨끗한 얼음을 만들기 위해 빙관 내로 공기를 송입, 물을 교반시키는 교반장치의 송풍압력[kPa]은 어느 정도인가?

① 2.5~8.5 ② 19.6~34.3
③ 62.8~86.8 ④ 101.3~132.7

제빙관내의 공기 교반(攪拌)장치
제빙관(製氷罐) 속의 물을 정지한 상태로 빙결하면 물속에 용해된 불순물이나 공기가 얼음 속에 포함되기 때문에 얼음이 불투명하게 된다. 따라서 제빙관속에 세관(細管 : drop tube)을 삽입하여 공기 거품을 수중으로 방출하고 계속해서 공기로서 교반시켜 유동상태에서 빙결시킨다. 이때에 공기를 불어넣는 송풍기로 로타리식이 많이 사용되며 송풍압력은 19.6~34.3[kPa]이다.

24 다음 중 무기질 브라인이 아닌 것은?

① 염화칼슘 ② 염화마그네슘
③ 염화나트륨 ④ 트리클로로에틸렌

㉠ 무기질 브라인 : 염화칼슘($CaCl_2$), 염화나트륨($NaCl$), 염화마그네슘($MgCl_2$)
㉡ 유기질 브라인 : 에틸렌글리콜, 프로필렌글리콜, 알코올, 염화메틸(R-11), 메틸렌클로라이드

25 유량 100[L/min]의 물을 15[℃]에서 9[℃]로 냉각하는 수냉각기가 있다. 이 냉동 장치의 냉동효과가 168 [kJ/kg]일 경우 냉매순환량[kg/h]은? (단, 물의 비열은 4.2[kJ/kg·K]로 한다.)

① 700 ② 800
③ 900 ④ 1000

$Q_2 = G \times q_2 = mc\Delta t$ 에서 냉매순환량
$G = \dfrac{mc\Delta t}{q_2} = \dfrac{100 \times 60 \times 4.2 \times (15-9)}{168} = 900[kg/h]$

26 히트 파이프의 특징에 관한 설명으로 틀린 것은?

① 등온성이 풍부하고 온도상승이 빠르다.
② 사용온도 영역에 제한이 없으며 압력손실이 크다.
③ 구조가 간단하고 소형 경량이다.
④ 증발부, 응축부, 단열부로 구성되어 있다.

히트 파이프(heat pipe)
히트 파이프는 작동유체의 온도범위에 따라 극저온, 상온, 고온의 세 가지로 구분된다.
㉠ 극저온(122 K 이하) : 수소, 네온, 질소, 산소, 메탄
㉡ 상온(122~628 K) : 프레온, 메탄올, 암모니아, 물
㉢ 고온(628 K 이상) : 수은, 세슘, 칼륨, 나트륨, 리튬, 은

27 응축 부하계산법이 아닌 것은?

① 냉매순환량×응축기 입·출구 엔탈피차
② 냉각수량×냉각수 비열×응축기 냉각수 입·출구 온도차
③ 냉매순환량×냉동효과
④ 증발부하+압축일량

응축 부하(Q_1)계산법
㉠ $Q_1 = G \cdot \Delta h$
㉡ $Q_1 = Q_2 + W$
㉢ $Q_1 = m \cdot c \cdot \Delta t$
㉣ $Q_1 = K \cdot A \cdot \Delta t_m$
㉤ $Q_1 = C \cdot Q_2$

여기서, G : 냉매순환량
Δh : 응축기 입·출구 엔탈피차
Q_2 : 냉동능력(증발부하)
W : 압축일량
m : 냉각수량
c : 냉각수 비열
Δt : 응축기 냉각수 입·출구온도차
K : 응축기 열통과율
A : 응축기 전열면적
Δt_m : 응축온도와 냉각수 평균온도차
C : 방열계수

정답 23 ② 24 ④ 25 ③ 26 ② 27 ③

28 냉동장치의 운전 중에 냉매가 부족할 때 일어나는 현상에 대한 설명으로 틀린 것은?

① 고압이 낮아진다.
② 냉동능력이 저하한다.
③ 흡입관에 서리가 부착되지 않는다.
④ 저압이 높아진다.

> 냉동장치의 운전 중에 냉매가 부족할 때 일어나는 현상
> ㉠ 고압(토출압력)의 감소
> ㉡ 냉동능력의 감소
> ㉢ 흡입가스의 과열(흡입관에 서리가 부착되지 않는다.)
> ㉣ 토출가스의 온도 상승
> ㉤ 저압강하

29 탱크식 증발기에 관한 설명으로 틀린 것은?

① 제빙용 대형 브라인이나 물의 냉각장치로 사용된다.
② 냉각관의 모양에 따라 헤링본식, 수직관식, 패러럴식이 있다.
③ 물건을 진열하는 선반대용으로 쓰기도 한다.
④ 증발기는 피냉각액 탱크 내의 칸막이 속에 설치되며 피냉각액은 이 속을 교반기에 의해 통과한다.

> **탱크식(헤링본)증발기**
> 일명 헤링본식 증발기라고도 하며 상하의 헤드 사이에 〉자형의 $1\frac{1}{4}''$관 (길이 1.5~2.0[m])을 다수 설치했다. 한쪽에는 어큐뮬레이터가 부착되어 있다. 이 장치를 제빙조의 구획된 트렁크 내에 설치하고, 여기에 브라인을 0.3~0.75[m/sec]의 속도로 흐르게 한다.
> [특징]
> ㉠ 주로 암모니아용 제빙장치에 사용한다.
> ㉡ 만액식이다.
> ㉢ 액순환이 용이하고 기·액의 분리가 쉬워 전열이 양호하다.
> ㉣ 증발기는 피냉각액 탱크 내의 칸막이 속에 설치되며 피냉각액은 이 속을 교반기에 의해 통과한다.
> ㉤ 브라인의 유속이 떨어지면 냉동능력이 급감한다.
> ③ 물건을 진열하는 선반대용으로는 사용되지 않는다.

30 2차 냉매인 브라인이 갖추어야 할 성질에 대한 설명으로 틀린 것은?

① 열용량이 적어야 한다.
② 열전도율이 커야 한다.
③ 동결점이 낮아야 한다.
④ 부식성이 없어야 한다.

> **브라인의 구비조건**
> ㉠ 열용량이 크고 전열이 좋을 것
> ㉡ 점도가 적당할 것
> ㉢ 응고점이 낮을 것
> ㉣ 동결점이 낮을 것
> ㉤ 금속에 대한 부식성이 적고 불연성일 것
> ㉥ 상 변화가 잘 일어나지 않을 것
> ㉦ 비열 및 열전도율이 크고 열전달 특성이 우수할 것

31 냉동 사이클이 -10[℃]와 60[℃] 사이에서 역카르노 사이클로 작동될 때, 성적계수는?

① 2.21
② 2.84
③ 3.76
④ 4.75

> 역카르노 사이클의 성적계수
> $$COP = \frac{Q_2}{W} = \frac{Q_2}{Q_1 - Q_2} = \frac{T_2}{T_1 - T_2}$$
> $$= \frac{(273-10)}{(273+60)-(273-10)} = 3.76$$

32 28[℃]의 원수 9[ton]을 4시간에 5[℃]까지 냉각하는 수냉각장치의 냉동능력은? (단, 1[RT]는 13900[kJ/h]로 한다.)

① 12.5RT
② 15.6RT
③ 17.1RT
④ 20.7RT

> 냉동능력 R
> $$R = \frac{Q_2}{13900} = \frac{9 \times 10^3 \times 4.2 \times (28-5)}{13900 \times 4} = 15.6[RT]$$

33 P-V(압력-체적)선도에서 1에서 2까지 단열 압축하였을 때 압축일량(절대일)은 어느 면적으로 표현되는가?

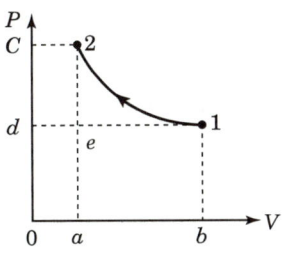

① 면적 12cd 1
② 면적 1d0b 1
③ 면적 12ab 1
④ 면적 aed0 a

> 밀폐계의 일 = 면적 12ab 1
> 개방계의 일 = 면적 12cd 1

34 다음의 기술은 냉동장치의 압력시험 등에 대한 설명이다 가장 옳지 않은 것은?

① 내압시험은 압축기, 압력용기, 냉매액 펌프, 냉동기 오일펌프 등에 대해 실시한다.
② 기밀시험에 사용하는 가스는 일반적으로 건조한 공기, 질소가스, 이산화탄소가 이용되는데 암모니아냉동장치에서는 이산화탄소를 사용할 수 없다.
③ 진공방치시험은 냉동장치내부의 건조를 위해 필요에 따라서 수분이 잔류하기 쉬운 장소를 가열하면 좋다.
④ 내압시험에 사용 되는 압력계의 문자판의 크기는 내압시험에는 정해져 있으나 기밀시험에는 정해져 있지 않다.

> ④ 내압시험에 사용하는 압력계의 문자판 크기는 액체로 행하는 경우에는 75mm (기체로 행하는 경우는 100mm) 이상으로 하고, 기밀시험은 75mm 이상으로 정해져 있다.

35 냉동창고에서 외기온도 32.5℃, 고내온도 -25℃일 때 아래와 같은 구조의 방열재를 사용한 냉동창고 방열벽의 침입열량[W]을 구하시오. 단 방열벽의 면적은 150m², 각 벽 재료의 열전도율은 아래 표와 같고 방열벽 외측 열전달율은 23.26W/(m²·K), 내측 열전달율은 8.14W/(m²·K)로 한다.

재료	열전도율[W/(m·K)]	두께[m]
철근콘크리트	1.4	0.2
폴리스틸렌 폼	0.045	0.2
방수 몰탈	1.3	0.01
라스 몰탈	1.3	0.02

① 약 1600W
② 약 1800W
③ 약 2000W
④ 약 2200W

> 방열벽의 열통과율 K
> $$K = \frac{1}{\frac{1}{8.14}+\frac{0.02}{1.3}+\frac{0.01}{1.3}+\frac{0.2}{0.045}+\frac{0.2}{1.4}+\frac{1}{23.26}}$$
> $\fallingdotseq 0.209 W/(m^2 \cdot K)$
> ∴ 방열벽을 통한 침입열량
> $Q = KA(t_1-t_2) = 0.209 \times 150 \times \{32.5-(-25)\}$
> $\fallingdotseq 1802.63 W$

36 다음에 기술한 냉동장치의 유지관리에 대한 설명 중 옳지 않은 것을 고르시오.

① 공랭식응축기를 사용하는 냉동장치의 응축온도가 운전 중 높게 되는 요인으로 냉동부하의 증대, 냉각공기의 풍량감소나 온도상승이 있다.
② 수냉식응축기의 냉각수량이 감소하면 응축기의 냉매온도와 냉각수온도와의 산술평균온도차가 크게 되어 응축온도가 높게 되므로 냉동장치의 성적계수는 감소한다.
③ 응축기내에 공기가 존재하면 전열작용이 저해되어 냉동장치의 운전 중에는 공기의 분압 상당분 이상으로 응축압력이 높게 된다.
④ 냉동장치에서 냉매공급량이 부족하면 증발압력이 저하되고, 압축기의 흡입증기의 과열도가 적게되어 토출가스압력도 저하하나 토출가스온도가 상승하여 윤활유가 열화 할 우려가 있다.

정답 33 ③ 34 ④ 35 ② 36 ④

④ 냉동장치에서 냉매공급량이 부족하면 증발압력이 저하되고, 압축기의 흡입증기의 과열도가 크게 된다.

37 냉동장치 내 불응축 가스에 관한 설명으로 옳은 것은?

① 불응축 가스가 많아지면 응축압력이 높아지고 냉동능력은 감소한다.
② 불응축 가스는 응축기에 잔류하므로 압축기의 토출가스 온도에는 영향이 없다.
③ 장치에 윤활유를 보충할 때에 공기가 흡입되어도 윤활유에 용해되므로 불응축 가스는 생기지 않는다.
④ 불응축 가스가 장치 내에 침입해도 냉매와 혼합되므로 응축압력은 불변한다.

② 불응축 가스는 응축기에 잔류하므로 압축기의 토출가스가 상승한다.
③ 장치에 냉매나 윤활유를 보충할 때에 공기가 흡입되면 응축기나 수액기 상부 등에 불응축 가스가 체류한다.
④ 불응축 가스가 장치 내에 침입하면 응축압력이 상승하고 냉동능력이 감소하며 소요동력이 증가한다.

38 냉동장치에서 교축작용(throttling)을 하는 부속기기는 어느 것인가?

① 다이아프램 밸브
② 솔레노이드 밸브
③ 아이솔레이트 밸브
④ 팽창 밸브

팽창밸브에서는 냉매의 교축작용에 의해 압력과 온도는 저하되고 엔탈피가 일정한 등엔탈피 작용을 하며 엔트로피는 증가한다.

39 증발잠열을 이용하므로 물의 소비량이 적고, 실외 설치가 가능하며, 송풍기 및 순환 펌프의 동력을 필요로 하는 응축기는?

① 입형 쉘앤 튜브식 응축기
② 횡형 쉘앤 튜브식 응축기
③ 증발식 응축기
④ 공냉식 응축기

증발식 응축기(Evaporative Condenser)
냉매가스가 흐르는 냉각관 코일의 외면에 냉각수를 노즐(Nozzle)에 의해 분사시킨다. 여기에 송풍기를 이용하여 건조한 공기를 3[m/sec]의 속도로 보내 공기의 대류작용 및 물의 증발 잠열로 냉각하는 형식이다. 즉, 수냉식응축기와 공랭식응축기의 작용을 혼합한 형으로 볼 수 있다.

[특징]
㉠ 물의 증발잠열 및 공기, 물의 현열에 의한 냉각방식으로 냉각소비량이 작다.
㉡ 상부에 엘리미네이터(Eliminator)를 설치한다.
㉢ 겨울에는 공랭식으로 사용된다.
㉣ 대기 습구온도 및 풍속에 의하여 능력이 좌우된다.
㉤ 냉각관 내에서 냉매의 압력강하가 크다.
㉥ 냉각탑을 별도로 설치할 필요가 없다.
㉦ 팬(Fen), 노즐(Nozzle), 냉각수 펌프 등 부속설비가 많이 든다.

40 밀폐된 용기의 부압작용에 의하여 진공을 만들어 냉동작용을 하는 것은?

① 증기분사 냉동기
② 왕복동 냉동기
③ 스크류 냉동기
④ 공기압축 냉동기

냉동기의 종류와 원리
㉠ 증기분사식 : 증기를 분사하여 진공(부압작용)에 의한물의 증발잠열로 물 냉각
㉡ 증기압축식(왕복동, 스크류, 원심식 등) : 냉매의 증발잠열
㉢ 공기압축 냉동기 : 공기의 압축과 팽창
㉣ 전자냉동법 : 전류흐름에 의한 흡열작용

정답 37 ① 38 ④ 39 ③ 40 ①

3 공조냉동 설치·운영

41 냉매배관 중 토출측 배관 시공에 관한 설명으로 틀린 것은?

① 응축기가 압축기보다 2.5[m] 이상 높은 곳에 있을 때에는 트랩을 설치한다.
② 수직관이 너무 높으면 2[m]마다 트랩을 1개씩 설치한다.
③ 토출관의 합류는 Y이음으로 한다.
④ 수평관은 모두 끝 내림 구배로 배관한다.

> 수직관이 너무 높으면 5[m]마다 트랩을 1개씩 설치한다.

42 가스배관을 실내에 노출설치할 때의 기준으로 틀린 것은?

① 배관은 환기가 잘 되는 곳으로 노출하여 시공할 것
② 배관은 환기가 잘되지 않는 천정·벽·공동구 등에는 설치하지 아니할 것
③ 배관의 이음매(용접이음매 제외)와 전기 계량기와는 60[cm] 이상 거리를 유지할 것
④ 배관 이음부와 단열조치를 하지 않은 굴뚝과의 거리는 5[cm] 이상의 거리를 유지할 것

> 배관 이음부와 단열조치를 하지 않은 굴뚝과의 거리는 15cm 이상의 거리를 유지할 것

43 배수 배관의 시공상 주의점으로 틀린 것은?

① 배수를 가능한 한 빨리 옥외 하수관으로 유출할 수 있을 것
② 옥외 하수관에서 하수가스나 벌레 등이 건물 안으로 침입하는 것을 방지할 것
③ 배수관 및 통기관은 내구성이 풍부할 것
④ 한랭지에서는 배수 통기관 모두 피복을 하지 않을 것

> 한랭지에서는 배수관은 동파방지를 위하여 피복을 한다.

44 아래 덕트(저속덕트) 평면도에서 0.5t 철판 제작설치에서 조건을 참조하여 직접재료비와 직접인건비(공량 산출시 소수점 2자리까지 계산)를 산출하시오.

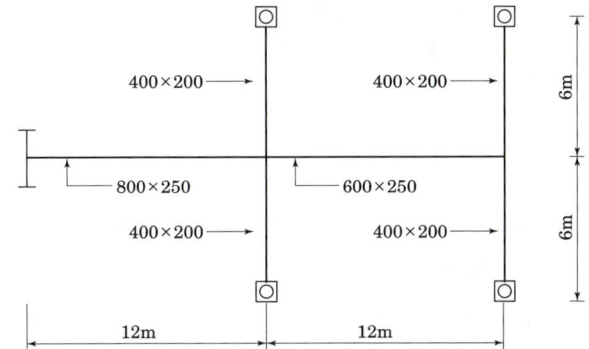

① 직접재료비=159,044 직접 인건비= 584,450
② 직접재료비=179,044 직접 인건비= 584,450
③ 직접재료비=199,044 직접 인건비= 684,450
④ 직접재료비=219,044 직접 인건비= 684,450

- 덕트 금속판의 재료할증률 28% 적용
- 덕트 제작설치의 공량할증률 20% 적용
- 덕트 크기별 철판두께는 저속덕트 기준
- 덕트 제작 설치에 필요한 재료비(철판면적 m^2당)

철판두께(mm)	0.5	0.6	0.8
재료비(원)	5400	6000	6800

- 덕트 제작 설치에 필요한 공량(철판 면적 m^2당)

철판두께(mm)	0.5	0.6	0.8
공량(인)	0.44	0.48	0.50

- 덕트공의 노임단가는 45,000(원) 적용

1) 0.5t는 450 이하이며 도면에서 400×200 덕트만 해당한다. 400×200 덕트 총길이는 6m가 4개이므로 24m 이다. 400×200 덕트는 둘레길이가 (0.4+0.2)×2 = 1.2m이고 길이가 24m 이므로
덕트 면적= 1.2×24 = 28.8m^2
철판 면적은 28% 할증 = 28.8×1.28 = 36.86m^2 재료비는 철판면적(28%할증)과 재료비(5400원/m^2)로 구한다.
직접재료비= 36.86m^2 ×5400 = 199,044

2) 인건비를 구하려면 공량을 산출해야하는데 공량이란 덕트 제작설치를 위한 기능공수이다.
덕트 면적= 1.2×24 = 28.8m^2인데 여기서 주의할점은 덕트 공량산출은 덕트면적(할증전)을 기준한다. 즉 철판면적은 덕트를 제작할 때 손실되는 부분 때문에 할증을 주지만 공량은 손실되는 부분에 인력을 공급하지는 않기 때문에 공량은 덕트 면적만 적용한다.

정답 41 ② 42 ④ 43 ④ 44 ③

단, 공량할증(여기서 20%)은 덕트 설치 위치가 어렵다거나 할 때 주는 할증이다. (공량할증은 줄때만 적용한다. 면적할증과 공량할증을 구분해야한다.)
철판 면적 $28.8m^2$에 대한 공량(20%할증)은
$28.8m^2 \times 0.44 \times 1.2 = 15.21$인
직접인건비 $= 15.21 \times 45000 = 684,450$

45 다음 유지보수공사 목적을 설명한 것으로 가장 거리가 먼 것은?

① 내용 년한의 저하를 방지하고 수명을 연장시킨다.
② 고장 발생을 미연에 방지하고 고장율을 저하시킨다.
③ 유지보수공사 비용을 최소화 하도록 경제적으로 운용한다.
④ 관리요원의 자질을 향상하고 업무를 합리화 시킨다.

유지보수공사는 에너지비용 등 각종 비용을 경제적으로 운용하는 것이 목적이지만 보수공사 비용 자체를 최소화 하는 것은 아니다.

46 보일러 수질관리 대책으로 가장 부적합한 것은?

① 경수연화장치(연수기)를 설치하여 칼슘, 마그네슘 등의 성분을 완전히 제거한다.
② 경수연화장치로 제거되지 않는 실리카는 적절한 약품(청관제)을 사용하여 스케일화 되지 않고 가용성의 규산소다로 변화시켜 배출시킨다.
③ 공업용수, 지하수 등에 유입되는 흙, 먼지 등 부유물은 연수기나 약품으로 처리해야한다.
④ 보일러 용수로는 연수가 바람직하며 적합한 연수장치를 사용한다.

공업용수, 지하수 등에 유입되는 흙, 먼지 등 부유물은 연수기나 약품으로 처리가 어렵고 마이크로 필터를 설치하여 수처리한 물을 사용한다.

47 덕트 이음공법 중에서 겹으로 접은 판사이로 싱글로 접은 판을 끼워 넣고 때려 접은 형식으로 기밀이 좋아서 공조설비 공사 현장에서 주로 사용되는 공법은 무엇인가?

① 보턴펀치 스냅록   ② 피츠버그 스냅록
③ 터닝베인   ④ 다이아몬드 브레이크

피츠버그 스냅록 덕트 조립법은 겹으로 접은 판사이로 싱글로 접은 판을 끼워 넣고 때려 접은 형식으로 기밀이 좋아서 공조설비 공사 현장에서 주로 사용되는 공법이다.

48 일반적으로 관의 지름이 크고 관의 수리를 위해 분해할 필요가 있는 경우 사용되는 파이프 이음에 속하는 것은?

① 신축 이음   ② 엘보 이음
③ 턱걸이 이음   ④ 플랜지 이음

관의 지름이 크고(50A 이상) 관의 수리를 위해 분해할 필요가 있는 곳은 플랜지 이음을 한다.

49 일반적으로 프레온 냉매 배관용으로 사용하기 가장 적절한 배관 재료는?

① 아연도금 탄소강 강관
② 배관용 탄소강 강관
③ 동관
④ 스테인리스 강관

프레온 냉매는 동관을 사용하고 암모니아는 강관을 사용한다.

정답 45 ③ 46 ③ 47 ② 48 ④ 49 ③

50 다음 프레온 냉매 배관에 관한 설명으로 틀린 것은?

① 주로 동관을 사용하나 강관도 사용된다.
② 증발기와 압축기가 같은 위치인 경우 흡입관을 수직으로 세운 다음 압축기를 향해 선단 하향 구배로 배관한다.
③ 동관의 접속은 플레어 이음 또는 용접 이음 등이 있다.
④ 관의 굽힘 반경을 작게 한다.

> 프레온 냉매 배관에서 관의 굽힘 반경을 크게 하여 마찰을 적게 한다.

51 어떤 계기에 장시간 전류를 통전한 후 전원을 OFF시켜도 지침이 0으로 되지 않았다. 그 원인에 해당되는 것은?

① 정전계 영향
② 스프링의 피로도
③ 외부자계 영향
④ 자기가열 영향

> 지시 전기 계기에 장시간 전류를 흘린 후 전류를 끊어도 지침이 0점으로 복구되지 않는 이유는 계기 내부의 스프링 피로도 때문이다.

52 목표치가 정하여져 있으며, 입·출력을 비교하여 신호전달 경로가 반드시 폐루프를 이루고 있는 제어는?

① 비율차동제어
② 조건제어
③ 시퀀스제어
④ 피드백제어

> 피드백 제어계는 입력과 출력을 비교할 수 있는 비교부를 반드시 필요로 한다.

53 5 [Ω]의 저항 5개를 직렬로 연결하면 병렬로 연결했을 때보다 몇 배가 되는가?

① 10
② 25
③ 50
④ 75

> 직렬접속의 합성저항 R_s, 병렬접속의 합성저항 R_p라 하면
> $R_s = nR[\Omega]$, $R_p = \dfrac{R}{n}[\Omega]$ 식에서
> $R = 5[\Omega]$, $n = 5$ 일 때
> $R_s = nR = 5 \times 5 = 25[\Omega]$,
> $R_p = \dfrac{R}{n} = \dfrac{5}{5} = 1[\Omega]$이다.
> ∴ 직렬로 연결할 때가 병렬로 연결할 때의 25배이다.

54 그림과 같은 R-L-C 직렬회로에서 단자전압과 전류가 동상일 되는 조건은?

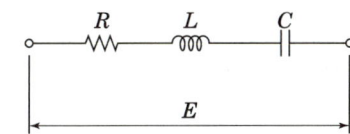

① $\omega = LC$
② $\omega LC = 1$
③ $\omega^2 LC = 1$
④ $\omega L^2 C^2 = 1$

> 직렬공진
> (1) $X_L - X_C = 0$, $X_L = X_C$, $\omega L = \dfrac{1}{\omega C}$
> (2) 최소 임피던스로 되고 최대전류가 흐르며 소비전력이 최대가 된다.
> (3) 공진주파수는 $f = \dfrac{1}{2\pi \sqrt{LC}}$ [Hz]이다.
> ∴ $\omega^2 LC = 1$

55 다음 중 유도전동기의 회전력에 관한 설명으로 옳은 것은?

① 단자전압과는 무관하다.
② 단자전압에 비례한다.
③ 단자전압의 2승에 비례한다.
④ 단자전압의 3승에 비례한다.

> **유도전동기의 토크와 전압 관계**
> 유도전동기의 토크는 출력과 입력에 비례하고, 또한 출력과 입력은 전압의 제곱에 비례하기 때문에 토크는 전압의 제곱에 비례함을 알 수 있다.

56 논리함수 $X = B(A+B)$를 간단히 하면?

① $X = A$ ② $X = B$
③ $X = A \cdot B$ ④ $X = A + B$

> $X = B(A+B) = AB + B = B(A+1) = B \cdot 1 = B$

57 제어계의 응답 속응성을 개선하기 위한 제어동작은?

① D동작   ② I동작
③ PD동작   ④ PI동작

> 비례 미분동작(PD 제어)은 비례동작과 미분동작이 결합된 제어기로서 미분동작의 특성을 지니고 있으며 진동을 억제하여 속응성(응답속도)을 개선할 뿐만 아니라 진상보상요소를 지니고 있다.
> 전달함수는 $G(s) = K(1 + T_d s)$이다.

58 $16[\mu F]$의 콘덴서 4개를 접속하여 얻을 수 있는 가장 작은 정전용량은 몇 $[\mu F]$인가?

① 2   ② 4
③ 8   ④ 16

> 콘덴서는 직렬로 접속할 때 정전용량이 작아지므로 4개의 콘덴서를 모두 직렬로 접속하면 가장 작은 합성 정전용량을 얻을 수 있다. 같은 용량의 콘덴서를 n개 직렬접속할 때 합성 정전용량은 $C_s = \dfrac{C}{n}[F]$ 이므로
> $C = 16[\mu F]$, $n = 4$일 때
> $\therefore C_s = \dfrac{C}{n} = \dfrac{16}{4} = 4[F]$

59 그림과 같은 회로의 전달함수 $\dfrac{C}{R}$는?

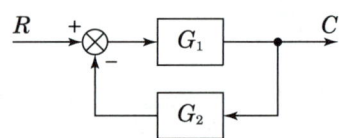

① $\dfrac{G_1}{1 + G_1 G_2}$ ② $\dfrac{G_2}{1 + G_1 G_2}$

③ $\dfrac{G_1}{1 - G_1 G_2}$ ④ $\dfrac{G_2}{1 - G_1 G_2}$

> $G(s) = \dfrac{전향이득}{1 - 루프이득}$ 식에서
> 전향이득 $= G_1$, 루프이득 $= -G_1 G_2$ 이므로
> $\therefore G(s) = \dfrac{C}{R} = \dfrac{G_1}{1 + G_1 G_2}$

정답 55 ③ 56 ② 57 ③ 58 ② 59 ①

60 직류전동기의 속도제어 방법 중 속도제어의 범위가 가장 광범위하며, 운전 효율이 양호한 것으로 워드 레오너드 방식과 정지 레오너드 방식이 있는 제어법은?

① 저항제어법 ② 전압제어법
③ 계자제어법 ④ 2차 여자제어법

> **전압제어법**
> 전압제어법은 정토크 제어로서 전동기의 공급전압 또는 단자전압을 변화시켜 속도를 제어하는 방법으로 광범위한 속도제어가 되고 제어가 원활하며 운전 효율이 좋은 특성을 지니고 있다. 종류는 다음과 같이 구분된다.
> (1) 워드 레오너드 방식 : 광범위한 속도제어가 되며 제철소의 압연기, 고속 엘리베이터 제어 등에 적용된다.
> (2) 일그너 방식 : 워드 레오너드 방식에 플라이 휠 효과를 추가하여 부하변동이 심한 경우에 적용된다.
> (3) 정지 레오너드 방식 : 사이리스터를 이용하여 가변 직류전압을 제어하는 방식이다.
> (4) 초퍼방식 : 트랜지스터와 다이오드 등의 반도체 소자를 이용하여 속도를 제어하는 방식이다.
> (5) 직병렬제어법 : 직권전동기에서만 적용되는 방식으로 전차용 전동기의 속도제어에 적용된다.

정답 60 ②

기출문제 제10회 핵심 기출문제

1 공기조화 설비

01 원심송풍기에서 사용되는 풍량제어 방법 중 풍량과 소요 동력과의 관계에서 가장 효과적인 제어 방법은?

① 회전수 제어 ② 베인 제어
③ 댐퍼 제어   ④ 스크롤 댐퍼 제어

> 원심송풍기에서 사용되는 풍량 제어 방법 중 풍량과 소요 동력과의 관계에서 가장 효과적인 제어 법이란 동력절감 효과가 크다는 의미이며 회전수제어 > 베인제어 > 댐퍼제어 순이다.

02 다음 중 제올라이트(zeolite)를 이용한 제습방법은 어느 것인가?

① 냉각식 ② 흡착식
③ 흡수식 ④ 압축식

> 제올라이트는 고체 제습제로 흡착식 제습이며, 액체 흡수제는 흡수식이고, 냉각 감습법도 있다.

03 습공기선도상에 나타나 있지 않은 것은?

① 상대습도 ② 건구온도
③ 절대습도 ④ 포화도

> 일반적인 습공기선도에 포화도는 선도에 없다.

04 난방부하는 어떤 기기의 용량을 결정하는데 기초가 되는가?

① 공조장치의 공기냉각기
② 공조장치의 공기가열기
③ 공조장치의 수액기
④ 열원설비의 냉각탑

> 난방부하는 가열코일의 용량을 결정하는 기초이며 냉방부하는 냉각코일의 용량 결정 기초가 된다.

05 열회수방식 중 공조설비의 에너지 절약기법으로 많이 이용되고 있으며, 외기 도입량이 많고 운전시간이 긴 시설에서 효과가 큰 것은?

① 잠열교환기 방식 ② 현열교환기 방식
③ 비열교환기 방식 ④ 전열교환기 방식

> 전열교환기는 현열과 잠열을 교환하여 열회수를 하므로 외기 도입량이 많고 운전시간이 긴 시설에서 에너지 절약 효과가 크다.

06 어느 건물 서편의 유리 면적이 40m²이다. 안쪽에 크림색의 베네시언 블라인드를 설치한 유리면으로부터 오후 4시에 침입하는 열량(kW)은? (단, 외기는 33℃, 실내는 27℃, 유리는 1중이며, 유리의 열통과율(K)은 5.9 W/m²·℃, 유리창의 복사량(I_{gr})은 608W/m², 차폐계수(K_s)는 0.56이다.)

① 15   ② 13.6
③ 3.6   ④ 1.4

> 관류열량 $= KA\Delta t = 5.9 \times 40(33-27) = 1416W$
> 일사열량 $= IAk = 608 \times 40 \times 0.56 = 13619W$
> 전체 열량 $= 1416 + 13619 = 15035W = 15kW$

정답 01 ① 02 ② 03 ④ 04 ② 05 ④ 06 ①

07 크기 1000×500mm의 직관 덕트에 35℃의 온풍 18000m³/h이 흐르고 있다. 이 덕트가 −10℃의 실외 부분을 지날 때 길이 20m당 덕트 표면으로부터의 열손실(kW)은?(단, 덕트는 암면 25mm로 보온되어 있고, 이때 1000m당 온도 차 1℃에 대한 온도강하는 0.9℃이다. 공기의 밀도는 1.2kg/m³, 정압비열은 1.01kJ/kg · K 이다.)

① 3.0
② 3.8
③ 4.9
④ 6.0

> 우선 20m 덕트 길이에서 온도 강하를 구하면 1000m당 내외 온도차 1℃당 0.9℃이므로
> $\triangle t = \dfrac{20(35-(-10)\times 0.9}{1000} = 0.81℃$
> 열손실은 q=mC△t 에서
> $q = mC\triangle t = 18000 \times 1.2 \times 1.01 \times 0.81$
> $= 17,670.96 kJ/h = 4.91 kW$

08 다음 중 시운전시 보일러 점화 후 점검사항에서 가장 거리가 먼 것은?

① 보일러수가 일정수량 이상 드레인 되면 수위감지장치(전극봉, 맥도널, 정전용량센서)의 수위 감지로 급수펌프의 작동 여부를 확인한다.
② 안전밸브는 간이테스트를 실시하여 정상작동 여부를 확인한다.
③ 보일러 점화 후 설정된 고압에서 압력차단장치 작동으로 자동으로 소화되고, 저압에서 점화되는지 확인한다.
④ 증기헤더의 모든 증기밸브가 완전히 개방되어 있는지 확인한다

> 증기공급 존을 확인하여 증기헤더의 필요한 증기밸브를 서서히 열고 사용하지 않는 밸브는 잠겨 있는지 확인한다.

09 그림에서 공기조화기를 통과하는 유입공기가 냉각코일을 지날 때의 상태를 나타낸 것은?

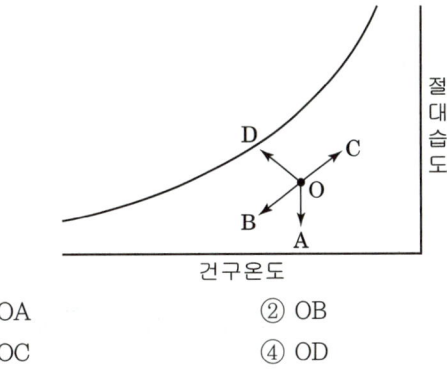

① OA
② OB
③ OC
④ OD

> 냉각코일을 통과할 때 공기는 냉각 감습(OB)된다.

10 복사난방의 특징에 대한 설명으로 틀린 것은?

① 외기온도 변화에 따라 실내의 온도 및 습도조절이 쉽다.
② 방열기가 불필요하므로 가구배치가 용이하다.
③ 실내의 온도분포가 균등하다.
④ 복사열에 의한 난방이므로 쾌감도가 크다.

> 복사난방은 구조체를 가열하므로 외기온도 변화에 따라 실내의 온도 및 습도조절은 어렵다.

11 공기조화방식에서 수-공기방식의 특징에 대한 설명으로 틀린 것은?

① 전공기방식에 비해 반송동력이 많다.
② 유닛에 고성능 필터를 사용할 수가 없다.
③ 부하가 큰 방에 대해 덕트의 치수가 적어질 수 있다.
④ 사무실, 병원, 호텔 등 다실 건물에서 외부 존은 수방식, 내부 존은 공기방식으로 하는 경우가 많다.

> 수공기 방식은 전공기 방식에 비해 반송동력이 작다.

정답 07 ③ 08 ④ 09 ② 10 ① 11 ①

12 다음 중 히트펌프 방식의 열원에 해당되지 않는 것은?

① 수 열원   ② 마찰 열원
③ 공기 열원 ④ 태양 열원

> 히트펌프 방식에서 마찰열원은 없다. 열원은 일반적으로 수, 공기, 지열, 태양열을 이용한다.

13 송풍기의 법칙 중 틀린 것은?(단, 각각의 값은 아래 표와 같다.)

$Q_1(m^3/h)$	초기풍량
$Q_2(m^3/h)$	변화풍량
$P_1(mmAq)$	초기정압
$P_2(mmAq)$	변화정압
$N_1(rpm)$	초기회전수
$N_2(rpm)$	변화회전수
$d_1(mm)$	초기날개직경
$d_2(mm)$	변화날개직경

① $Q_2=(N_2/N_1) \times Q_1$
② $Q_2=(d_2/d_1)^3 \times Q_1$
③ $P_2=(N_2/N_1)^3 \times P_1$
④ $P_2=(d_2/d_1)^2 \times P_1$

> $P_2=(N_2/N_1)^2 \times P_1$
> 정압은 회전수의 제곱에 비례한다.

14 냉수 코일 설계 시 유의사항으로 옳은 것은?

① 대수 평균 온도차(MTD)를 크게 하면 코일의 열수가 많아진다.
② 냉수의 속도는 2m/s 이상으로 하는 것이 바람직하다.
③ 코일을 통과하는 풍속은 2~3m/s 가 경제적이다.
④ 물의 온도 상승은 일반적으로 15℃ 전후로 한다.

> 대수 평균 온도차(MTD)를 크게 하면 코일의 열수는 적어지며, 냉수의 속도는 1m/s 정도로 하고, 코일을 통과하는 풍속은 2~3m/s가 경제적이다. 물의 온도 상승은 일반적으로 5℃ 전후로 한다.

15 다음 그림의 난방 설계도에서 콘벡터(Convector)의 표시 중 F가 가진 의미는?

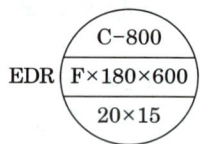

① 케이싱 길이   ② 높이
③ 형식   ④ 방열면적

> C-800은 컨벡터 길이이고, F(강제 대류형)는 형식이다.

16 공기조화 냉방 부하 계산 시 잠열을 고려하지 않아도 되는 경우는?

① 인체에서의 발생열
② 문틈에서의 틈새바람
③ 외기의 도입으로 인한 열량
④ 유리를 통과하는 복사열

> 복사열은 잠열이 없다.

17 공기 중에 분진의 미립자 제거뿐만 아니라 세균, 곰팡이, 바이러스 등까지 극소로 제한시킨 시설로서 병원의 수술실, 식품가공, 제약 공장 등의 특정한 공정이나 유전자 관련 산업 등에 응용되는 설비는?

① 세정실
② 산업용 클린룸(ICR)
③ 바이오 클린룸(BCR)
④ 칼로리미터

> 세균, 곰팡이, 바이러스를 제거하는 클린룸을 바이오 클린룸(BCR)이라하고, 반도체 공장처럼 먼지나 입자를 제거하는 클린룸을 ICR이라한다.

정답 12 ② 13 ③ 14 ③ 15 ③ 16 ④ 17 ③

18 실내온도 25℃이고, 실내 절대습도가 0.0165kg/kg의 조건에서 틈새바람에 의한 침입 외기량이 200L/s 일 때 현열부하와 잠열부하는?(단, 실외온도 35℃, 실외절대습도 0.0321kg/kg, 공기의 비열 1.01kJ/kg·K, 물의 증발잠열 2501kJ/kg이다.)

① 현열부하 2.424kW, 잠열부하 7.803kW
② 현열부하 2.424kW, 잠열부하 9.364kW
③ 현열부하 2.828kW, 잠열부하 7.803kW
④ 현열부하 2.828kW, 잠열부하 9.364kW

> 침입 외기량 $200L/s = 0.2m^3/s$
> 현열부하 $= mC\Delta t = 0.2 \times 1.2 \times 1.01(35-25) = 2.424kW$
> 잠열부하 $= \gamma m \Delta x = 2501 \times 0.2 \times 1.2(0.0321 - 0.0165)$
> $= 9.364kW$

19 건구온도 30℃, 상대습도 60%인 습공기에서 건공기의 분압(mmHg)은? (단, 대기압은 760mmHg, 포화 수증기압은 27.65mmHg 이다.)

① 27.65 ② 376.21
③ 743.41 ④ 700.97

> 상대습도 $= \dfrac{수증기분압}{포화수증기분압}$ 에서 $60\% = \dfrac{p_v}{27.65}$
> 수증기 분압 $= p_v = 27.65 \times 0.6 = 16.59mmAq$
> 대기압 = 건공기분압 + 수증기분압에서
> 건공기분압 = 대기압 - 수증기 분압
> $= 760 - 16.59 = 743.41mmAq$

20 다음 중 보일러의 열효율을 향상시키기 위한 장치가 아닌 것은?

① 저수위 차단기 ② 재열기
③ 절탄기 ④ 과열기

> 저수위 차단기는 보일러 수위가 일정치 이하로 내려 갈 때 보일러를 보호하는 안전장치이다.

2 냉동냉장 설비

21 다음에 기술한 압력시험 및 시운전에 관한 설명 중 가장 옳지 않은 것은?

① 기밀시험은 기밀성능을 확인하기 위한 시험으로 누설을 확인하기 쉽도록 가스압으로 실시 한다.
② 진공시험(진공방치시험)에서 진공압력의 측정은 연성계를 사용한다.
③ 냉동기유 및 냉매를 충전할 때에는 냉동장치내의 공기 및 수분혼입을 피해야 한다.
④ 냉동장치의 압축기에 충전하는 냉동기유로서 저온용에는 일반적으로 유동점이 낮은 것을 선정한다.

> ② 진공압력의 측정에는 진공계를 사용한다.
> (연성계는 정확한 진공을 읽기가 어렵다.

22 쇠고기(지방이 없는 부분) 3ton을 10시간 동안 32℃에서 2℃까지 냉각할 때의 냉동능력으로 옳은 것은? (단, 쇠고기의 동결점은 -2℃로, 쇠고기의 동결전 비열(지방이 없는 부분)은 3.25kJ/(kg·K)로, 동결후 비열은 1.76kJ/(kg·K), 동결잠열 234.5kJ/kg으로 한다.)

① 약 3kW ② 약 5kW
③ 약 6kW ④ 약 8kW

> 이 문제는 동결전까지 냉각하므로 동결전 비열을 적용하여 냉각 현열만 계산한다.
> $Q_2 = m \cdot C \cdot \Delta t = \dfrac{3000 \times 3.25 \times (32-2)}{10h \times 3600} = 8.13kJ/s = 8.13kW$

정답 18 ② 19 ③ 20 ① 21 ② 22 ④

23 아래의 설명은 냉동장치의 유지관리에서 저압압력의 변화에 대한 설명이다. 옳지 않은 것을 고르시오.

① 압축기 흡입압력이 비정상적으로 저하하면 압축기 토출가스온도가 상승하여 압축기가 과열 운전이 된다.
② 플루오르카본(프레온)압축기의 흡입증기의 압력과 온도가 모두 상승하여 흡입증기의 과열도가 크게 되어도 압축기가 과열운전이 되는 것은 아니다.
③ 저압압력 저하의 원인으로서 증발기로의 냉매공급량의 부족, 송풍량의 감소, 증발기의 과대한 착상, 증발기 내의 냉매에 오일의 다량 용해 등을 들 수 있다.
④ 냉매 충전량이 부족하면 증발압력이 저하하여 압축기 흡입증기의 과열도가 크게 된다.

> ② 흡입증기의 과열도가 크게 되면 압축기는 과열 운전된다.

24 아래 선도와 같은 암모니아 냉동기의 이론 성적계수(ⓐ)와 실제 성적계수(ⓑ)는 얼마인가? (단, 팽창밸브 직전의 액온도는 32℃이고, 흡입가스는 건포화 증기이며, 압축효율은 0.85, 기계효율은 0.91로 한다.)

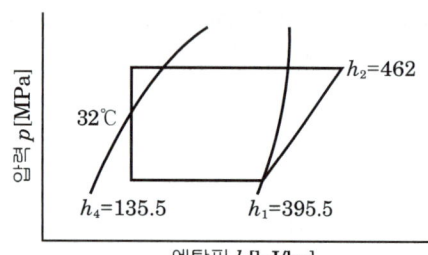

① ⓐ 3.9 ⓑ 3.0
② ⓐ 3.9 ⓑ 2.1
③ ⓐ 4.9 ⓑ 3.8
④ ⓐ 4.9 ⓑ 2.6

> (1) 이론성적계수 $COP = \dfrac{q_2}{w} = \dfrac{395.5 - 135.5}{462 - 395.5} = 3.9$
> (2) 실제적 성적계수 $COP = \dfrac{q_2}{w} \cdot \eta_c \cdot \eta_m$
> $= 3.9 \times 0.85 \times 0.91 = 3.0$

25 축열 시스템의 종류가 아닌 것은?
① 가스축열 방식   ② 수축열 방식
③ 빙축열 방식   ④ 잠열축열 방식

> 축열 시스템의 종류
> ① 수축열 방식 : 열용량이 큰 물을 축열제로 이용하는 방식
> ② 빙축열 방식 : 냉열을 얼음에 저장하여 작은 체적에 효율적으로 냉열을 저장하는 방식
> ③ 잠열축열 방식 : 물질의 융해 및 응고 시 상변화에 따른 잠열을 이용하는 방식
> ④ 토양축열 방식 : 지하의 토양에 축열하는 방식

26 항공기 재료의 내한(耐寒)성능을 시험하기 위한 냉동장치를 설치하려고 한다. 가장 적합한 냉동기는?
① 왕복동식 냉동기
② 원심식 냉동기
③ 전자식 냉동기
④ 흡수식 냉동기

> 항공기 재료의 내한(耐寒)성능을 시험하기 위한 냉동 장치에는 왕복식 냉동기가 사용된다.

27 몰리에르 선도상에서 압력이 증대함에 따라 포화액선과 건조포화 증기선이 만나는 일치점을 무엇이라고 하는가?
① 한계점   ② 임계점
③ 상사점   ④ 비등점

> 임계점(CP : Critical Point)
> 몰리에르 선도상에서 압력이 증대함에 따라 잠열이 감소하게 되고 따라서 포화액선과 건조포화 증기선이 가까워지고 임계점에 도달하면 잠열은 0이 되어 포화액선과 건조포화 증기선이 만나게 된다. 냉동장치에 사용하는 냉매는 임계점이 높아야 응축하기 쉽다.

정답 23 ② 24 ① 25 ① 26 ① 27 ②

28 다음 중 냉동방법의 종류로 틀린 것은?

① 얼음의 융해잠열 이용 방법
② 드라이아이스의 승화열 이용 방법
③ 액체질소의 증발열 이용 방법
④ 기계식 냉동기의 압축열 이용 방법

> 기계식 냉동기는 저온에서 증발한 가스를 압축기로 압축하여 고온으로 이동시키는 냉동법으로 압축열을 이용하는 것이 아니라 저온에서 증발한 증발열을 이용하여 냉동한다.
>
> **참고** 냉동방법
> (1) 자연적인 냉동법
>   ① 얼음의 융해잠열 이용 방법
>   ② 드라이아이스의 승화열 이용 방법
>   ③ 액체질소의 증발열 이용 방법
> (2) 기계적 냉동법(에너지원에 의한 분류)
>   ① 기계에너지를 이용하는 것 - 왕복식, 회전식, 스크류식, 원심식 등
>   ② 열에너지를 직접 이용하는 것 - 흡수식, 흡착식
>   ③ 전기에너지를 직접 이용하는 것 - 전자냉동(열전냉동)

29 저온의 냉장실에서 운전 중 냉각기에 적상(성애)이 생길 경우 이것을 살수로 제상하고자 할 때 주의사항으로 틀린 것은?

① 냉각기용 송풍기는 정지 후 살수 제상을 행한다.
② 제상 수의 온도는 50~60℃정도의 물을 사용한다.
③ 살수하기 전에 냉각(증발)기로 유입되는 냉매액을 차단한다.
④ 분사 노즐은 항상 깨끗이 청소한다.

> 살수식 제상에서 제상 수의 온도는 10~25℃의 물을 사용한다.

30 압축기의 구조에 관한 설명으로 틀린 것은?

① 반밀폐형은 고정식이므로 분해가 곤란하다.
② 개방형에는 벨트 구동식과 직결 구동식이 있다.
③ 밀폐형은 전동기와 압축기가 한 하우징 속에 있다.
④ 기통 배열에 따라 입형, 횡형, 다기통형으로 구분된다.

> 반밀폐형은 볼트로 체결되어 있어 분해, 조립이 가능하다.

31 증기압축 이론 냉동사이클에 대한 설명으로 틀린 것은?

① 압축기에서의 압축과정은 단열 과정이다.
② 응축기에서의 응축과정은 등압, 등엔탈피 과정이다.
③ 증발기에서의 증발과정은 등압, 등온 과정이다.
④ 팽창 밸브에서의 팽창과정은 교축 과정이다.

> 응축기에서의 응축과정은 등압과정이다.
>
> **참고** 증기압축 이론 냉동사이클

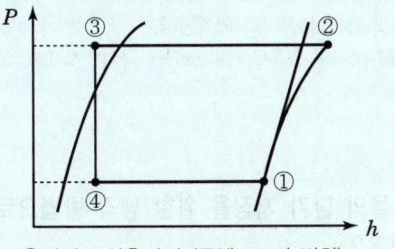

> ① - ②과정 : 압축과정 (등엔트로피 변화)
> ② - ③과정 : 응축과정 (등압 변화)
> ③ - ④과정 : 팽창과정 (등엔탈피 변화)
> ④ - ①과정 : 증발과정 (등압, 등온 변화)

32 냉매가 구비해야 할 조건으로 틀린 것은?

① 임계온도가 높고 응고온도가 낮을 것
② 같은 냉동능력에 대하여 소요동력이 적을 것
③ 전기절연성이 낮을 것
④ 저온에서도 대기압 이상의 압력으로 증발하고 상온에서 비교적 저압으로 액화할 것

> 전기절연성이 클 것
> 기타(냉매의 구비조건)
> ① 비활성이며 부식성이 없을 것
> ② 증발열이 크고 액체 비열이 작을 것
> ③ 증기의 비열비가 작을 것
> ④ 점도와 표면장력이 작을 것
> ⑤ 열전달률이 양호할 것
> ⑥ 증기의 비체적이 적을 것
> ⑦ 비열비가 작을 것

정답 28 ④ 29 ② 30 ① 31 ② 32 ③

33 열에 대한 설명으로 틀린 것은?

① 열전도는 물질 내에서 열이 전달되는 것이기 때문에 공기 중에서는 열전도가 일어나지 않는다.
② 열이 온도차에 의하여 이동되는 현상을 열전달이라 한다.
③ 고온 물체와 저온 물체 사이에서는 복사에 의해서도 열이 전달된다.
④ 온도가 다른 유체가 고체벽을 사이에 두고 있을 때 온도가 높은 유체에서 온도가 낮은 유체로 열이 이동되는 현상을 열통과라고 한다.

> 열전도는 물질 내에서의 열이동을 해석하지만 정지 유체에서도 열전도가 발생한다고 해석한다.
> 정지유체 에서의 열전도도[W/mK] : 공기 : 0.026, 물 : 0.59

34 수산물의 단기 저장을 위한 냉각 방법으로 적합하지 않은 것은?

① 빙온 냉각　　② 염수 냉각
③ 송풍 냉각　　④ 침지 냉각

> 침지 냉각
> 주로 어류의 냉각에 사용되며 주로 염화칼슘브라인 중에 식품을 직접 침지(浸漬)시켜 냉각시키는 방법으로 식품의 대량 동결이나 장기저장을 목적으로 사용된다.

35 2원냉동 사이클에서 중간열교환기인 캐스케이드 열교환기의 구성은 무엇으로 이루어져 있는가?

① 저온측 냉동기의 응축기와 고온측 냉동기의 증발기
② 저온측 냉동기의 증발기와 고온측 냉동기의 응축기
③ 저온측 냉동기의 응축기과 고온측 냉동기의 응축기
④ 저온측 냉동기의 증발기와 고온측 냉동기의 증발기

다음 그림과 같은 특성을 갖고 독립적으로 작동하는 고·저온측 냉동사이클로 구성되며, 저온측 냉동기의 응축기가 고온측 냉동기의 증발기에 의해 냉각되도록 되어있다. 이때 저온측 냉동기의 응축기와 고온측 냉동기의 증발기를 캐스케이드 열교환기라고 한다.

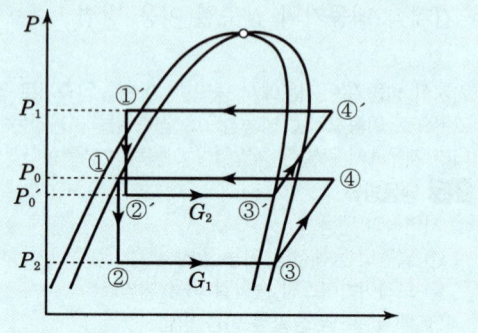

36 흡수식냉동기의 구성품 중 왕복동 냉동기의 압축기와 같은 역할을 하는 것은?

① 발생기　　② 증발기
③ 응축기　　④ 순환펌프

> 흡수식 냉동기는 증발기, 흡수기, 재생기, 응축기, 열교환기 등으로 구성되어 있고, 증기압축식 냉동기의 압축기의 역할을 흡수기와 발생기(재생기)에 의해 이루어진다.

37 아래 조건을 갖는 수냉식 응축기의 전열 면적(m^2)은 얼마인가?(단, 응축기 입구의 냉매가스의 엔탈피는 1806 kJ/kg, 응축기 출구의 냉매액의 엔탈피는 609kJ/kg, 냉매 순환량은 150kg/h, 응축온도는 38℃, 냉각수 평균온도는 32℃, 응축기의 열관류율은 990W/m^2K이다.)

① 7.96　　② 8.40
③ 8.90　　④ 10.05

$Q_1 = Gq_1 = KA\Delta t_m$ 에서

$$A = \frac{Gq_1}{K\Delta t_m} = \frac{\frac{150}{3600} \times (1806-609)}{990 \times 10^{-3} \times (38-32)} = 8.40$$

여기서, Q_1 : 응축부하[kW]
 G : 냉매 순환량[kg/s]
 q_1 : 응축기 방열량[kJ/kg]=응축기입구 냉매액 엔탈피-응축기출구 냉매액 엔탈피
 K : 연관류율[kW/m²·K]
 A : 전열면적[m²]
 Δt_m : 응축온도와 냉각수 평균온도차[℃]

38 어떤 냉동장치의 계기압력이 저압은 60mmHg, 고압은 673kPa이었다면 이 때의 압축비는?

① 5.8   ② 6.0
③ 6.4   ④ 7.1

압축비 = $\frac{\text{고압측 절대압력}}{\text{저압측 절대압력}}$ 에서

$= \frac{774.3}{109.3} = 7.08$

(1) 저압측 절대압력 : $101.3 + 101.3 \times \frac{60}{760} = 109.3$[kPa]

(2) 고압측 절대압력 : $101.3 + 673 = 774.3$[kPa]

39 압축기 실린더 직경 110mm, 행정 80mm, 회전수 900rpm, 기통수가 8기통인 암모니아 냉동장치의 냉동능력(RT)은 얼마인가?(단, 냉동능력은 $R = \frac{V}{C}$로 산출하며, 여기서 R은 냉동능력(RT), V는 피스톤 토출량(m³/h), C는 정수로서 8.4이다.)

① 39.1   ② 47.7
③ 85.3   ④ 234.0

피스톤 토출량 $V = \frac{\pi D^2}{4} LNR60$[m³/h]에서

$= \frac{\pi \times 0.11^2}{4} \times 0.08 \times 8 \times 900 \times 60$

$= 328.4$[m³/h]

∴ 냉동능력은 $R = \frac{V}{C} = \frac{328.4}{8.4} = 39.1$

40 30냉동톤의 브라인 쿨러에서 입구온도가 -15℃ 일 때 브라인 유량이 매 분 0.6m³면 출구온도(℃)는 얼마인가? (단, 브라인의 비중은 1.27, 비열은 2.8 kJ/kgK이고, 1냉동톤은 3.86 kW이다.)

① -11.7℃   ② -15.4℃
③ -20.4℃   ④ -18.3℃

$Q_2 = BSC(t_{b1} - t_{b2})$ 에서

$t_{b2} = t_{b1} - \frac{Q_2}{BSC}$

$= -15 - \frac{30 \times 3.86 \times 60}{0.6 \times 10^3 \times 1.27 \times 2.8} = -18.3$[℃]

여기서, Q_2 : 냉동능력[kW]
 B : 브라인 순환량[L/s]
 S : 브라인 비중
 C : 브라인 비열[kJ/kg·℃]
 t_{b1}, t_{b2} : 브라인 입구 및 브라인 출구온도[℃]

3 공조냉동 설치·운영

41 옥상탱크식 급수방식의 배관계통의 순서로 옳은 것은?

① 저수탱크→양수펌프→옥상탱크→양수관→급수관→수도꼭지
② 저수탱크→양수관→양수펌프→급수관→옥상탱크→수도꼭지
③ 저수탱크→양수관→급수관→양수펌프→옥상탱크→수도꼭지
④ 저수탱크→양수펌프→양수관→옥상탱크→급수관→수도꼭지

정답 38 ④   39 ①   40 ④   41 ④

저수탱크의 물을 양수펌프로 양수관을 통해 옥상탱크로 공급한후 급수관을 통해 수도꼭지로 공급된다.

42 냉매배관 중 토출관을 의미하는 것은?

① 압축기에서 응축기까지의 배관
② 응축기에서 팽창밸브까지의 배관
③ 증발기에서 압축기까지의 배관
④ 응축기에서 증발기까지의 배관

냉매배관 중 토출관은 압축기에서 압축가스가 토출되는 관으로 응축기까지의 배관을 말한다.

43 호칭 지름 20A의 관을 그림과 같이 나사 이음할 때, 중심 간의 길이가 200mm라 하면 강관의 실제 소요되는 절단 길이(mm)는?
(단, 이음쇠의 중심에서 단면까지의 길이는 32mm, 나사가 물리는 최소의 길이는 13mm이다.)

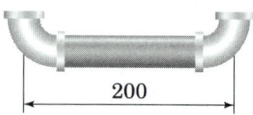

① 136　　　　　　② 148
③ 162　　　　　　④ 200

양쪽으로 이음쇠의 중심에서 단면까지의 길이(32mm)와 나사가 물리는 최소의 길이(13mm)의 차(32-13=19mm)를 빼 준 값이다.
$L = 200 - 2(32-13) = 162mm$

44 펌프 주위의 배관도이다. 각 부품의 명칭으로 틀린 것은?

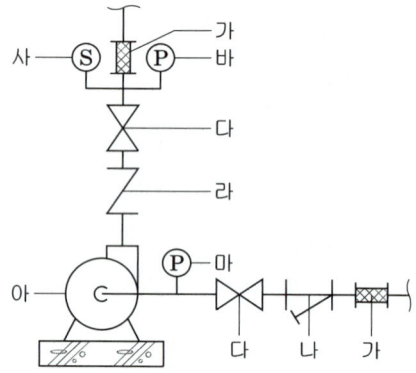

① 나 : 스트레이너
② 가 : 플랙시블조인트
③ 라 : 글로브 밸브
④ 사 : 온도계

라 : 체크 밸브,　다 : 게이트 밸브,　마 : 연성계(진공계)
바 : 압력계,　아 : 펌프

45 급탕배관의 구배에 관한 설명으로 옳은 것은?

① 중력순환식은 1/250 이상의 구배를 준다.
② 강제순환식은 구배를 주지 않는다.
③ 하향식 공급 방식에서는 급탕관 및 복귀관은 모두 선하향 구배로 한다.
④ 상향공급식 배관의 반탕관은 상향구배로 한다.

중력순환식은 1/150, 강제순환식은 1/200의 구배를 주며, 상향 공급식 배관의 반탕관은 하향구배로 한다.

46 덕트 설계법 중에서 가장 많이 사용되는 설계법으로 덕트 단위길이당 마찰손실을 일정하게 하는 덕트 설계법은 무엇인가?

① 등속법　　　　② 정압법
③ 정압 재취득법　④ 전압법

덕트 설계시 정압법은 단위길이당 마찰손실을 일정하게하는 것으로 등마찰법이라고도 하며 덕트 구간의 정압을 계산하기 편리하다.

47 응축기(냉각탑) 냉각수 수질관리에 대한 설명으로 가장 부적합한 내용은?

① 냉각수 수질 관리 문제는 1년중 사계절을 통하여 관리대상인 냉각탑의 설치장소와 주변환경에 따라 보급수의 화학적성질에 따라 적합한 방안을 검토한다.
② 냉각탑은 물이 냉각탑을 통과하여 흐를 때 프로세스의 물 일부가 증발함으로써 냉각이 이루워진다. 물이 증발할 때 함유하고 있던 불순물은 농축되어 용존고형물의 응집은 급속히 증가하여 허용치 이상에 도달할 수 있다.
③ 공기중 불순물이 순환수에 유입되어 문제를 심화시키는 일이 흔히 있다.
④ 냉각수중에 불순물의 과도한 농축을 방지하기 위하여 새로운 물로 바꾸지 말고 사용하던 물만 계속 순환시켜 사용한다.

냉각수중에 불순물의 과도한 농축을 방지하기 위하여 순환수 시스템에서 농축된 물의 일정량을 계속적으로 방출 또는 배수시켜(블로우 다운) 새로운 물로 바꾸어 넣어 주어야 한다.

48 냉동창고의 수량산출에 의한 재료비, 직접노무비가 아래와 같을 때 제경비률을 참조하여 이윤과 총공사금액을 구하시오.

- 재료비 : 175,000,000원
- 노무비 : 직접노무비=80,000,000원,
  간접노무비는 직접노무비의 15%
- 경비 : 23,000,000원
- 일반 관리비는 순공사원가의 5.5%
- 이윤은 관련항목의 15%로 한다.

① 이윤 = 19,642,500   총공사금액 = 325,592,500
② 이윤 = 19,642,500   총공사금액 = 290,000,000
③ 이윤 = 15,950,000   총공사금액 = 325,592,500
④ 이윤 = 15,950,000   총공사금액 = 290,000,000

(1) 이윤=(노무비+경비+일반관리비)에서
일반관리비=(재료비+노무비+경비)5.5%
=순공사비×5.5% − 순공사비
=(175,000,000+80,000,000×1.15+23,000,000)
=290,000,000
일반관리비=290,000,000×0.055=15,950,000
이윤=(노무비+경비+일반관리비)0.15
=(80,000,000×1.15+23,000,000+15,950,000)0.15
=19,648,500원
(2) 총공사원가=순공사비+일반공사비+이윤
=290,000,000+15,950,000+19,642,500
=325,592,500원

49 유지보수공사에서 정기적인 점검과 일상점검에 의해 고장발생을 미연에 방지하도록 하는 유지관리 업무를 무엇이라하는가?

① 사후적 유지관리
② 예방적 유지관리
③ 긴급출동시스템
④ 안전점검

예방적 유지관리는 정기적인 점검과 일상점검에 의해 고장발생을 미연에 방지하도록 하는 유지관리 업무를 말하는데, 그 개념에 있어서도 고장의 발생을 예방하는 소극적인 것 뿐만 아니라 설비의 성능저하, 사고발생시 경제적 손실을 최소화하기 위하여 사전에 선제적으로 수행되는 유지관리를 말하며 설비관리자의 교육과 능력 향상이 요구된다.

정답 47 ④ 48 ① 49 ②

50 중앙식 급탕설비에서 직접 가열식 방법에 대한 설명으로 옳은 것은?

① 열 효율상으로는 경제적이지만 보일러 내부에 스케일이 생길 우려가 크다.
② 탱크 속에 직접 증기를 분사하여 물을 가열하는 방식이다.
③ 탱크는 저장과 가열을 동시에 하므로 탱크히터 또는 스토리지 탱크로 부른다.
④ 가열 코일이 필요하다.

> 직접가열식은 열 효율상으로는 경제적이지만 보일러 내부에 스케일이 생길 우려가 크고, 탱크 속에 직접 증기를 분사하여 가열하는 방식은 기수혼합식이며, 직접가열식은 탱크는 저장만하며, 저장과 가열을 동시에 하여, 가열 코일이 필요한 방식은 간접가열방식이다.

51 소형 전동기의 절연저항 측정에 사용되는 것은?

① 브리지   ② 검류계
③ 메거   ④ 훅크온메터

> 절연저항계(메거) : 절연저항을 측정하여 전기기기 및 전로의 누전 여부를 알 수 있는 계기로서 무전압 상태(정전 상태)에서 측정하여야 한다.

52 PI제어동작은 프로세스제어계의 정상특성 개선에 흔히 사용된다. 이것에 대응하는 보상요소는?

① 동상 보상요소   ② 지상 보상요소
③ 진상 보상요소   ④ 지상 및 진상 보상요소

> 비례 적분동작(PI 제어)은 비례동작과 적분동작이 결합된 제어기로서 적분동작의 특성을 지니고 있으며 정상특성이 개선되어 잔류편차와 사이클링이 없을 뿐만 아니라 지상보상요소를 지니고 있다.

53 발전기의 유기기전력의 방향과 관계가 있는 법칙은?

① 플레밍의 왼손법칙
② 플레밍의 오른손법칙
③ 패러데이의 법칙
④ 암페어의 법칙

> 플레밍의 오른손 법칙
> 자속밀도 $B[\text{Wb/m}^2]$가 균일한 자기장 내에서 도체가 속도 $v[\text{m/s}]$로 운동하는 경우 도체에 발생하는 유기기전력 $e[\text{V}]$의 크기를 구하기 위한 법칙으로서 발전기의 원리에 적용된다.

54 콘덴서만의 회로에서 전압과 전류의 위상관계는?

① 전압이 전류보다 180도 앞선다.
② 전압이 전류보다 180도 뒤진다.
③ 전압이 전류보다 90도 앞선다.
④ 전압이 전류보다 90도 뒤진다.

> 콘덴서에 흐르는 전류의 위상은 전압보다 90° 앞선다.
> 이를 진상전류라 하며 용량성 회로의 특징이다.
> ∴ 전압이 전류보다 90° 뒤진다.

55 회전자가 슬립 s로 회전하고 있을 때 고정자 및 회전자의 실효 권수비를 α라 하면, 고정자 기전력 E_1과 회전자 기전력 E_2와의 비는 어떻게 표현되는가?

① $\dfrac{\alpha}{s}$ ② $s\alpha$
③ $(1-s)\alpha$ ④ $\dfrac{\alpha}{1-s}$

> 유도전동기의 회전시 1, 2차 전압비
> ∴ $\dfrac{E_1}{E_{2s}} = \dfrac{\alpha}{s}$

정답 50 ① 51 ③ 52 ② 53 ② 54 ④ 55 ①

56 그림과 같은 회로에서 해당되는 램프의 식으로 옳은 것은?

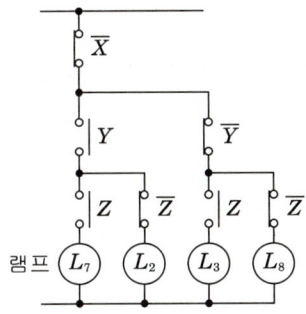

① $L_7 = \overline{X} \cdot Y \cdot Z$ ② $L_2 = \overline{X} \cdot Y \cdot Z$
③ $L_3 = \overline{X} \cdot Y \cdot Z$ ④ $L_8 = \overline{X} \cdot Y \cdot Z$

각 램프의 출력은
(1) $L_2 = \overline{X} \cdot Y \cdot \overline{Z}$
(2) $L_3 = \overline{X} \cdot \overline{Y} \cdot Z$
(3) $L_7 = \overline{X} \cdot Y \cdot Z$
(4) $L_8 = \overline{X} \cdot \overline{Y} \cdot \overline{Z}$

57 그림과 같은 시스템의 등가합성 전달함수는?

① $G_1 + G_2$ ② $G_1 G_2$
③ $G_1 - G_2$ ④ $\dfrac{1}{G_1 G_2}$

$Y = G_1 G_2 X$ 이므로
∴ $G(s) = \dfrac{Y}{X} = G_1 G_2$

별해

$G(s) = \dfrac{전향이득}{1 - 루프이득}$ 식에서

전향이득 $= G_1 G_2$, 루프이득 $= 0$ 이므로
∴ $G(s) = \dfrac{Y}{X} = G_1 G_2$

58 직류 전동기의 속도제어방법이 아닌 것은?

① 계자제어법 ② 직렬저항법
③ 병렬제어법 ④ 전압제어법

직류전동기의 속도제어
직류전동기의 속도공식은 $N = k\dfrac{V - R_a I_a}{\phi}$ [rps] 이므로 공급전압(V)에 의한 제어, 자속(ϕ)에 의한 제어, 전기자저항(R_a)에 의한 제어 3가지 방법이 있다.
(1) 전압제어 (2) 계자제어 (3) 저항제어

59 그림에서 키르히호프법칙의 전류 관계식이 옳은 것은?

① $I_1 = I_2 - I_3 + I_4$
② $I_1 = I_2 + I_3 + I_4$
③ $I_1 = I_2 - I_3 - I_4$
④ $I_1 = I_2 + I_3 - I_4$

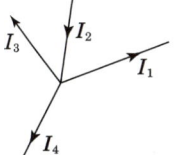

키르히호프의 제1법칙에 의한 식을 먼저 세우면
$\sum I_{in} = \sum I_{out}$ 식에서
$I_2 = I_1 + I_3 + I_4$ 이므로
이 식을 I_1에 대한 식으로 유도하면
∴ $I_1 = I_2 - I_3 - I_4$

60 피드백 제어계의 특징으로 옳은 것은?

① 정확성이 떨어진다.
② 감대폭이 감소한다.
③ 계의 특성 변화에 대한 입력 대 출력비의 감도가 감소한다.
④ 발진이 전혀 없고 항상 안정한 상태로 되어 가는 경향이 있다.

피드백 제어계는 입력과 출력 사이의 오차가 감소하여 입력 대 출력비의 전체 이득 및 감도가 감소한다.

제11회 핵심 기출문제

1 공기조화 설비

01 건축물의 출입문으로부터 극간풍의 영향을 방지하는 방법으로 틀린 것은?

① 회전문을 설치한다.
② 이중문을 충분한 간격으로 설치한다.
③ 출입문에 블라인드를 설치한다.
④ 에어커튼을 설치한다.

> 블라인드는 유리창에 붙이는 차폐장치로 일사를 제어하기 위한 것으로 극간풍과는 거리가 멀다.

02 공조방식 중 송풍온도를 일정하게 유지하고 부하변동에 따라서 송풍량을 변화시킴으로써 실온을 제어하는 방식은?

① 멀티 존 유닛방식
② 이중덕트방식
③ 가변풍량방식
④ 패키지 유닛방식

> 공조방식 중 송풍온도를 일정하게 유지하고 부하변동에 따라서 송풍량을 변화(변풍량)시킴으로써 실온을 제어하는 방식은 가변풍량방식(VAV방식)이며, 부하변동에 따라서 송풍온도를 변화시키면서 송풍량은 일정하게 제어하는 방식은 정풍량방식(CAV)이다.

03 송풍기 회전수를 높일 때 일어나는 현상으로 틀린 것은?

① 정압 감소
② 동압 증가
③ 소음 증가
④ 송풍기 동력 증가

> 송풍기 회전수를 높이면 풍량, 정압, 동압, 소음, 동력이 모두 증가한다.

04 냉방부하의 종류 중 현열만 존재하는 것은?

① 외기의 도입으로 인한 취득열
② 유리를 통과하는 전도열
③ 문틈에서의 틈새바람
④ 인체에서의 발생열

> 냉방부하에는 현열과 잠열부하가 있으며 현열부하는 온도차에 의한 부하이며 잠열부하는 수분에 의한 부하이다. 유리를 통과하는 전도열은 현열부하만 있다.

05 주로 소형 공조기에 사용되며, 증기 또는 전기 가열기로 가열한 온수 수면에서 발생하는 증기로 가습하는 방식은?

① 초음파형
② 원심형
③ 노즐형
④ 가습팬형

> 공조기에서 전기 가열기로 가열한 온수 수면에서 발생하는 증기로 가습하는 방식은 가습팬형이다.

06 31℃의 외기와 25℃의 환기를 1:2의 비율로 혼합하고 바이패스 팩터가 0.16인 코일로 냉각 제습할 때 코일 출구온도(℃)는?(단, 코일표면온도는 14℃이다)

① 14
② 16
③ 27
④ 29

> 혼합온도를 구하면
> $$t_m = \frac{31 \times 1 + 25 \times 2}{1+2} = 27℃$$
> 27℃공기를 14℃코일(BF=0.16)에 통과 시키면
> $$t_o = t_c + BF(t_i - t_c) = 14 + 0.16(27-14) = 16℃$$

정답 01 ③ 02 ③ 03 ① 04 ② 05 ④ 06 ②

07 수증기 발생으로 인한 환기를 계획하고자 할 때, 필요 환기량 $Q(\text{m}^3/\text{h})$의 계산식으로 옳은 것은? (단, q_s: 발생 현열량(kJ/h), W: 수증기 발생량(kg/h), M: 먼지 발생량(m^3/h), $t_i(℃)$: 허용 실내온도, $x_i(\text{kg/kg})$: 허용 실내 절대습도, $t_o(℃)$: 도입 외기온도, $x_o(\text{kg/kg})$: 도입 외기절대습도, K, K_o: 허용 실내 및 도입외기 가스농도, C, C_o: 허용 실내 및 도입외기 먼지농도이다.)

① $Q = \dfrac{q_s}{0.29(t_i - t_o)}$
② $Q = \dfrac{W}{1.2(x_i - x_o)}$
③ $Q = \dfrac{100 \cdot M}{K - K_o}$
④ $Q = \dfrac{M}{C - C_o}$

> 현열기준 $Q = \dfrac{q_s}{1.21(t_i - t_o)}$
> 수증기 기준 $Q = \dfrac{W}{1.2(x_i - x_o)}$
> 가스, 먼지 기준 $Q = \dfrac{M}{C - C_o}$
> 환기량계산식은 위 3가지 식 중에서 실내환경에 적합한 식을 적용하며 이 문제는 수증기 발생을 기준으로 계산식을 찾기 때문에 ②가 답이다.

08 공기 조화방식에서 변풍량 단일덕트 방식의 특징에 대한 설명으로 틀린 것은?

① 송풍기의 풍량제어가 가능하므로 부분 부하시 반송 에너지 소비량을 경감시킬 수 있다.
② 동시사용률을 고려하여 기기용량을 결정할 수 있으므로 설비용량이 커질 수 있다.
③ 변풍량 유닛을 실 별 또는 존 별로 배치함으로써 개별제어 및 존 제어가 가능하다.
④ 부하변동에 따라 실내온도를 유지할 수 있으므로 열원설비용 에너지 낭비가 적다.

> 변풍량 단일덕트 방식은 동시사용률을 고려하여 설비용량이 작아진다.

09 건물의 콘크리트 벽체의 실내측에 단열재를 부착하여 실내측 표면에 결로가 생기지 않도록 하려 한다. 외기온도가 0℃, 실내온도가 20℃, 실내공기의 노점온도가 12℃, 콘크리트 두께가 100 mm일 때, 결로를 막기 위한 단열재의 최소 두께(mm)는? (단, 콘크리트와 단열재 접촉 부분의 열저항은 무시한다.)

	콘크리트	1.63W/m·K
열전도도	단열재	0.17W/m·K
대류	외기	23.3W/m²·K
열전달계수	실내공기	9.3W/m²·K

① 11.7   ② 10.7
③ 9.7   ④ 8.7

> 벽체전체열관류율을 K라 하고
> 실내표면(α_i)에 대하여 열평형을 세우면
> $KA\triangle t = \alpha_i A \triangle t_s$ 에서 A를 1로 보고 표면온도는 결로가 생기지 않게 12도로 잡고 대입하면
> $K(20 - 0) = 9.3(20 - 12)$
> $K = 3.72\text{W/m}^2\text{K}$
> 벽체열통과율을 3.72로 하려면 단열재두께는
> $\dfrac{1}{K} = \dfrac{1}{\alpha_o} + \dfrac{L_1}{\lambda_1} + \dfrac{L_2}{\lambda_2} + \dfrac{1}{\alpha_i}$ 에서
> $\dfrac{1}{3.72} = \dfrac{1}{23.3} + \dfrac{0.1}{1.63} + \dfrac{L_2}{0.17} + \dfrac{1}{9.3}$
> $L_2 = 0.00969\text{m} = 9.7\text{mm}$

10 다음 중 시운전시 보일러 점화 후 수위감지장치 및 급수장치 점검 확인사항으로 가장 거리가 먼 것은?

① 보일러 점화 후 드레인밸브(Drain Valve)를 개방하여 보일러 수를 드레인 시킨다.
② 보일러수가 일정수량 이상 드레인 되면 수위감지장치(전극봉, 맥도널, 정전용량센서)의 수위 감지로 급수펌프의 작동 여부를 확인한다.
③ 급수펌프가 작동되는 것을 확인한 후 급수펌프의 전원을 차단한다.
④ 보일러수를 충분히 채우고 저수위 경보가 울리고 버너가 소화되는지 확인한다.

> 보일러수가 계속적으로 드레인되면 저수위 상태가 되며 이때 저수위 경보가 울리고 버너가 소화되는지 확인한다.

11 냉방부하에 관한 설명으로 옳은 것은?

① 조명에서 발생하는 열량은 잠열로서 외기부하에 해당된다.
② 상당외기온도차는 방위, 시각 및 벽체 재료 등에 따라 값이 정해진다.
③ 유리창을 통해 들어오는 부하는 태양복사열만 계산한다.
④ 극간풍에 의한 부하는 실내외 온도차에 의한 현열만 계산한다.

> 조명에서 발생하는 열량은 현열 부하에 해당하며, 상당외기온도차는 일사에 의한 부하이므로 방위, 시각 및 벽체 재료 등에 따라 값이 정해진다. 유리창을 통해 들어오는 부하는 열관류부하와 태양복사열부하가 있으며, 극간풍에 의한 부하는 현열과 잠열부하가 있다.

12 저속덕트와 고속덕트의 분류기준이 되는 풍속은?

① 10m/s ② 15m/s
③ 20m/s ④ 30m/s

> 덕트에서 풍속 15m/s이하일 때 저속덕트라하고, 이상일때 고속덕트라 한다.

13 에어와셔(공기세정기) 속의 플러딩 노즐(flooding nozzle)의 역할은?

① 균일한 공기흐름 유지
② 분무수의 분무
③ 엘리미네이터 청소
④ 물방울의 기류에 혼입 방지

> 플러딩 노즐은 엘리미네이터에 긴 먼지를 청소하며, 입구루버는 균일한 공기흐름을 유지하고, 스프레이 노즐은 분무수를 분무하며, 엘리미네이터는 에어와셔를 통과한 물방울이 기류와 함께 덕트로 혼입되는것을 방지한다.

14 20℃ 습공기의 대기압이 100kPa이고, 수증기의 분압이 1.5kPa이라면 주어진 습공기의 절대습도(kg/kg′)는?

① 0.0095 ② 0.0112
③ 0.0129 ④ 0.0133

> $x = 0.622 \dfrac{p_v}{p_o - p_v} = 0.622 \dfrac{1.5}{100 - 1.5} = 0.0095 \text{kg/kg}$

15 다음 송풍기 풍량제어법 중 축동력이 가장 많이 소요되는 것은? (단, 모든 조건은 동일하다.)

① 회전수제어 ② 흡인베인제어
③ 흡입댐퍼제어 ④ 토출댐퍼제어

> 송풍기 풍량제어법 중 축동력 소요 순서는 토출댐퍼제어가 가장 많고 토출댐퍼제어 > 흡입댐퍼제어 > 흡인베인제어 > 회전수제어 순이다.

16 덕트 계통의 열손실(취득)과 직접적인 관계로 가장 거리가 먼 것은?

① 덕트 주위 온도 ② 덕트 가공정도
③ 덕트 주위 소음 ④ 덕트 속 공기압력

> 덕트 계통의 열손실(취득)과 덕트 주위 소음은 직접적인 관계가 없다.

17 지역난방의 특징에 관한 설명으로 틀린 것은?

① 연료비는 절감되나 열효율이 낮고 인건비가 증가한다.
② 개별건물의 보일러실 및 굴뚝이 불필요하므로 건물 이용의 효용이 높다.
③ 설비의 합리화로 대기오염이 적다.
④ 대규모 열원기기를 이용하므로 에너지를 효율적으로 이용할 수 있다.

지역난방은 대규모 설비를 중앙집중식으로 이용하므로 열효율이 높고, 연료비는 절감되나 배관 설치비와 인건비가 증가한다.

18 대향류의 냉수코일 설계 시 일반적인 조건으로 틀린 것은?

① 냉수 입출구 온도차는 일반적으로 5~10℃로 한다.
② 관내 물의 속도는 5~15m/s로 한다.
③ 냉수 온도는 5~15℃로 한다.
④ 코일 통과 풍속은 2~3m/s로 한다.

대향류의 냉수코일 설계에서 관내 물의 속도는 1m/s정도로 한다.

19 공기조화 시스템에서 난방을 할 때 보일러에 있는 온수를 목적지인 사용처로 보냈다가 다시 사용하기 위해 되돌아오는 관을 무엇이라 하는가?

① 온수공급관　　② 온수환수관
③ 냉수공급관　　④ 냉수환수관

온수를 목적지인 사용처로 보내는관은 온수공급관, 다시 사용하기 위해 되돌아오는 관을 온수환수관이라한다.

20 습공기 5000m³/h를 바이패스 팩터 0.2인 냉각코일에 의해 냉각시킬 때 냉각코일의 냉각열량(kW)은? (단, 코일 입구공기의 엔탈피는 64.5kJ/kg, 밀도는 1.2kg/m³, 냉각코일 표면온도는 10℃이며, 10℃의 포화습공기 엔탈피는 30kJ/kg이다.)

① 38　　② 46
③ 138　　④ 165

우선 냉각코일출구 엔탈피를 구하면
$h_2 = h_c + BF(h_1 - h_c) = 30 + 0.2(64.5 - 30) = 36.9$
냉각코일 제거열량은
$q = m \triangle h = 5000 \times 1.2(64.5 - 36.9) = 165,600 kJ/h = 46 kW$

2 냉동냉장 설비

21 흡입 관 내를 흐르는 냉매증기의 압력강하가 커지는 경우는?

① 관이 굵고 흡입관 길이가 짧은 경우
② 냉매증기의 비체적이 큰 경우
③ 냉매의 유량이 적은 경우
④ 냉매의 유속이 빠른 경우

달시-바이스바하(Darcy-Weisbach)의 식

압력손실 $p_L = \triangle p = f \cdot \dfrac{l}{d} \cdot \dfrac{v^2}{2}\rho$ [Pa]에서

여기서 f : 관마찰계수
　　　　d : 관경[m]
　　　　l : 길이[m]
　　　　v : 유속[m/s]
　　　　g : 중력가속도[m/s²]
식에서와 같이 압력손실은 관의 길이, 밀도, 유속의 2승에 비례하고, 관 지름에 반비례 한다.

22 이상기체의 압력이 0.5MPa, 온도가 150℃, 비체적이 0.4m³/kg 일 때, 가스상수(J/kg·K)는 얼마인가?

① 11.3　　② 47.28
③ 113　　④ 472.8

이상기체의 상태방정식
$PV = mRT$, $Pv = RT$에서
여기서, P : 압력[Pa]
　　　　V : 체적[m³]
　　　　m : 질량[kg]
　　　　R : 기체상수[J/kg·K]
　　　　v : 비체적[m³/kg]
　　　　T : 온도[K]
$R = \dfrac{Pv}{T} = \dfrac{0.5 \times 10^6 \times 0.4}{273 + 150} = 472.8 [J/kg \cdot k]$

23 다음 중 냉동장치의 압축기와 관계가 없는 효율은?

① 소음효율 ② 압축효율
③ 기계효율 ④ 체적효율

> **압축기의 효율**
> (1) 체적효율 $\eta_v = \dfrac{\text{실제적 피스톤 압출량}[m^3]}{\text{이론적 피스톤 압출량}[m^3]}$
> (2) 압축효율 $\eta_c = \dfrac{\text{이론 단열 압축동력}[kW]}{\text{실제 가스를 압축하는 동력}[kW]}$
> (3) 기계효율 $\eta_m = \dfrac{\text{실제 가스를 압축하는 동력}[kW]}{\text{실제 압축기를 구동하는 축동력}[kW]}$

24 가용전에 대한 설명으로 옳은 것은?

① 저압차단 스위치를 의미한다.
② 압축 토출 측에 설치한다.
③ 수냉응축기 냉각수 출구측에 설치한다.
④ 응축기 또는 고압수액기의 액배관에 설치한다.

> **가용전**
> (1) 가용전은 용기의 온도에 의해 가용합금이 녹아서 내부의 가스를 분출하여 압력의 이상 상승을 방지하기 위해 설치한다.
> (2) 가용전의 용해 온도는 75℃ 이하로 그 구경은 용기 안전밸브의 최소구경의 1/2 이상 이어야 한다.
> (3) 원통형 응축기 및 수액기에는 안전밸브를 부착하지 않으면 안되는데 내용적 500L 미만의 프레온용 원통다관식 응축기나 수액기 등에 있어서는 가용전으로 대체할 수 있다.

25 몰리에르 선도에서 건도(x)에 관한 설명으로 옳은 것은?

① 몰리에르 선도의 포화액선상 건도는 1이다.
② 액체 70%, 증기 30%인 냉매의 건도는 0.7이다.
③ 건도는 습포화증기 구역 내에서만 존재한다.
④ 건도는 과열증기 중증기에 대한 포화액체의 양을 말한다.

① 몰리에르 선도의 포화액선상 건도는 0이다.
② 액체 70%, 증기 30%인 냉매의 건도는 0.30이다.
④ 건도는 습증기 중의 건조포화증기 양을 말한다.

> **건도**
> 건도란 발생 습증기 1kg속에 건조포화증기가 x kg들어 있을 때 이 x를 건도, $(1-x)$를 습도라 하며 포화액의 건도는 0, 포화증기의 건도는 1이다.

26 몰리에르 선도에 대한 설명으로 틀린 것은?

① 과열구역에서 등엔탈피선은 등온선과 거의 직교한다.
② 습증기 구역에서 등온선과 등압선은 평행하다.
③ 포화 액체와 포화 증기의 상태가 동일한 점을 임계점이라고 한다.
④ 등비체적선은 과열 증기구역에서도 존재한다.

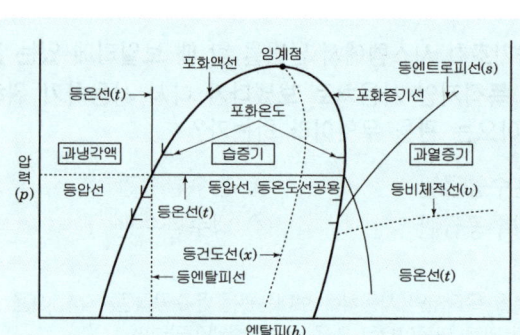

① 과열구역에서 등엔탈피선은 등온선과 거의 나란하다.

27 팽창밸브 직후 냉매의 건도가 0.2이다. 이 냉매의 증발잠열이 1884kJ/kg이라 할 때, 냉동효과(kJ/kg)는 얼마인가?

① 376.8 ② 1324.6
③ 1507.2 ④ 1804.3

> 냉동효과 $q_2 = r \times (1-x) = 1884 \times (1-0.2) = 1507.2$
> 여기서, r : 증발잠열[kJ/kg]
> x : 팽창밸브 직후 건도

정답 23 ① 24 ④ 25 ③ 26 ① 27 ③

28 다음에 기술한 압력시험 및 시운전에 관한 설명 중 가장 옳지 않은 것은?

① 압축기를 방진지지 할 때에는 배관을 통해 다른 진동이 전해지는 것을 방지하기 위해 가요성 배관(플랙시블 튜브)을 삽입한다.
② 압력용기에 대해 실시하는 내압시험은 기밀시험 전에 실시한다.
③ 기밀시험에 압축공기를 사용하는 경우 공기온도는 140℃ 이하로 한다.
④ 중대형 냉동장치에 냉매를 충전하는 경우 수액기의 액 출구밸브를 닫고, 그 앞의 냉매 충전 밸브로부터 증기상태의 냉매를 충전한다.

> ④ 중대형 냉동장치에 냉매를 충전하는 경우 수액기의 액 출구밸브를 닫고, 그 앞의 냉매 충전 밸브로부터 액상의 냉매를 충전한다.

29 액분리기에 대한 설명으로 옳은 것은?

① 장치를 순환하고 남는 여분의 냉매를 저장하기 위해 설치하는 용기를 말한다.
② 액분리기는 흡입관 중의 가스와 액의 혼합물로부터 액을 분리하는 역할을 한다.
③ 액분리기는 암모니아 냉동장치에는 사용하지 않는다.
④ 팽창밸브와 증발기 사이에 설치하여 냉각효율을 상승시킨다.

> **액분리기(Accumulator)**
> 액분리기는 주로 암모니아 냉동장치에서 증발기와 압축기 사이의 흡입배관에 설치하여 냉매액과 냉매증기를 분리하여 압축기의 액압축을 방지하여 압축기를 보호하는 역할을 한다.

30 다음과 같은 조건의 수산물 냉동창고에서 동결부하(kW)를 구하시오.

- 동결 처리량 : 10,000kg/회
- 동결 시간 : 14 h
- 동결 최종 온도 : -20℃
- 동결실 온도 : -30℃
- 입고품 온도 : 15℃(생선)
- 동결점 온도 : -2℃
- 동결 전 비열 : 0.884 Wh/(kg·K)
- 동결 후 비열 : 0.465 Wh/(kg·K)
- 동결 잠열 : 67.44 Wh/kg

① 28.55 kW
② 35.24 kW
③ 55.19 kW
④ 64.88 kW

> 14시간 동안에 10000kg의 생선을 15℃에서 -20℃로 동결하는 냉동 창고의 동결부하를 구하는 문제이다.
> 1) 15℃에서 -2℃로 냉각 현열부하
> $q = mC\Delta t = 10000 \times 0.884 \times 3.6(15+2) = 541,008 kJ$
>   (여기서 비열단위
>   Wh/(kg·K)=W×3600s/(kg·K)=3600J/(kg·K)
>   =3.6kJ/(kg·K)이다.
>   Wh/(kg·K)단위는 잘쓰이지 않는 단위이나 3.6kJ로 환산법을 알아두세요)
> 2) -2℃에서 동결 잠열부하
> $q = m\gamma = 10000 \times 67.44 \times 3.6 = 2,427,840 kJ$
> 3) -2℃에서 최종 동결 온도 -20℃로 냉각 현열부하
> $q = mC\Delta t = 10000 \times 0.465 \times 3.6(-2+20) = 301,320 kJ$
>   동결부하는 14시간 동안에 위 3가지 부하를 제거하므로
> $kW = \dfrac{541008+2427840+301320(kJ)}{14(h)} = 233,583.43 kJ/h$
> $= 64.88 kW$

31 평판을 통해서 표면으로 확산에 의해서 전달되는 열유속(heat flux)이 0.4kW/m²이다. 이 표면과 20℃ 공기흐름과의 대류전열계수가 0.01kW/m²·℃인 경우 평판의 표면온도(℃)는?

① 45
② 50
③ 55
④ 60

정답 28 ④ 29 ② 30 ④ 31 ④

열유속(heat flux) : 열전달량 q
$q = \alpha A(t_s - t_a)$ 에서
$t_s = t_a + \dfrac{q}{\alpha A} = 20 + \dfrac{0.4}{0.01 \times 1} = 60[℃]$

32 다음의 설명은 냉동장치의 액봉 사고에 대한 설명이다. 옳지 않은 것을 고르시오.

① 액봉에 의해 현저하게 압력상승의 우려가 있는 부분은 안전밸브 또는 압력릴리프 장치를 설치할 것
② 액봉의 발생방지에는 배관 밸브의 개폐상태, 압력도피 장치의 유무, 액관에 열침입이 없는지 확인한다.
③ 액봉에 의한 사고가 발생하기 쉬운 개소로는 저압수액기의 냉매 액배관이 있다.
④ 액봉에 의해 현저하게 압력이 상승할 우려가 있는 부분에 설치하는 압력릴리프 장치에는 용전을 이용하면 좋다.

④ 용전(溶栓)은 온도로 작동하는 안전장치이므로 압력릴리프 장치로 사용할 수 없다.

33 암모니아의 증발잠열은 -15℃에서 1310.4kJ/kg이지만, 실제로 냉동능력은 1126.2kJ/kg으로 작아진다. 차이가 생기는 이유로 가장 적절한 것은?

① 체적효율 때문이다.
② 전열면의 효율 때문이다.
③ 실제 값과 이론 값의 차이 때문이다.
④ 교축팽창시 발생하는 플래시 가스 때문이다.

응축기에서 응축액화 된 냉매는 팽창밸브에서 교축팽창을 하게 되는데 이때 액냉매 중의 일부가 증발하여 플래시 가스가 발생한다. 이로 인하여 냉매의 증발잠열이 감소하여 냉동효과가 작아지게 된다.

34 이상적인 냉동사이클과 비교한 실제 냉동사이클에 대한 설명으로 틀린 것은?

① 냉매가 관내를 흐를 때 마찰에 의한 압력손실이 발생한다.
② 외부와 다소의 열 출입이 있다.
③ 냉매가 압축기의 밸브를 지날 때 약간의 교축작용이 이루어진다.
④ 압축기 입구에서의 냉매상태 값은 증발기 출구와 동일하다.

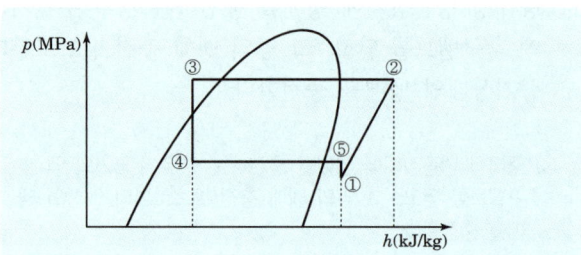

그림에서와 같이 실제 냉동사이클에서는 증발기 출구(5)보다 흡입밸브의 교축에 의해 압축기 입구(1)의 압력이 약간 낮아져 상태값이 달라진다.

35 냉동장치 내에 불응축 가스가 혼입되었을 때 냉동장치의 운전에 미치는 영향으로 가장 거리가 먼 것은?

① 열교환 작용을 방해하므로 응축압력이 낮게 된다.
② 냉동능력이 감소한다.
③ 소비전력이 증가한다.
④ 실린더가 과열되고 윤활유가 열화 및 탄화된다.

냉동장치 내에 불응축가스(주로 공기)가 혼입하면 응축기 내에서는 불응축가스로 인하여 냉매증기의 응축면적이 좁아져서 응축압력과 온도가 상승하게 된다. 따라서 35번 문제 해설에서와 같은 현상이 발생한다.

정답 32 ④ 33 ④ 34 ④ 35 ①

36 흡수식 냉동기의 특징에 대한 설명으로 틀린 것은?

① 용량제어의 범위가 넓어 폭 넓은 용량제어가 가능하다.
② 터보 냉동기에 비하여 소음과 진동이 크다.
③ 부분 부하에 대한 대응성이 좋다.
④ 회전부가 적어 기계적인 마모가 적고 보수 관리가 용이하다.

> **흡수식 냉동기의 특징**
> ① 용량제어의 범위가 넓어 폭 넓은 용량제어가 가능하다.
> ② 여름철 피크전력이 완화된다.
> ③ 부분 부하에 대한 대응성이 좋다.
> ④ 회전부가 적어 기계적인 마모가 적고 보수 관리가 용이하다.
> ⑤ 대기압 이하로 작동하므로 취급에 위험성이 완화된다.
> ⑥ 가스수요의 평준화를 도모할 수 있다.
> ⑦ 증기열원을 사용할 경우 전력수요가 적다.
> ⑧ 소음 및 진동이 적다.
> ⑨ 자동제어가 용이하고 운전경비가 절감된다.
> ⑩ 흡수식 냉동기는 초기 운전에서 정격성능을 발휘하기 까지의 시간(예냉시간)이 길다.
> ⑪ 용액의 부식성이 크므로 기밀성 관리와 부식 억제제의 보충에 엄격한 주의가 필요하다.

37 증발식 응축기에 관한 설명으로 옳은 것은?

① 증발식 응축기의 냉각수는 보충할 필요가 없다.
② 증발식 응축기는 물의 현열을 이용하여 냉각하는 것이다.
③ 내부에 냉매가 통하는 나관이 있고, 그 위에 노즐을 이용하여 물을 산포하는 방식이다.
④ 압력강하가 작으므로 고압측 배관에 적당하다.

> **증발식 응축기**
> ① 보급수가 필요하고 수질을 양호하게 유지하기 위해 조금씩 연속적으로 물을 보충해야 한다. 소비된 냉각수의 보충량은 증발에 의해 소비된 수량, 불순물의 농축을 방지하기 위한 수량, 비산에 의한 수량이 있다.
> ② 주로 물의 증발잠열을 이용하여 냉각하므로 외기 습구온도가 낮을수록 냉매의 응축온도가 낮아진다. 동계에는 공랭식으로 사용한다.
> ④ 증발식 응축기는 냉각관이 긴 관으로 구성되므로 배관에서의 압력강하가 크게 된다.

38 냉동장치의 운전 중 저압이 낮아질 때 일어나는 현상이 아닌 것은?

① 흡입가스 과열 및 압축비 증대
② 증발온도 저하 및 냉동능력 증대
③ 흡입가스의 비체적 증가
④ 성적계수 저하 및 냉매순환량 감소

> 증기압축식 냉동 장치에서 증발온도를 일정하게 유지하고 응축온도가 상승하거나 응축온도가 일정한 상태에서 증발온도가 저하되면 압축비가 증대하여 다음과 같은 현상이 발생한다.
> ① 압축비 증대
> ② 토출가스 온도 상승
> ③ 실린더 과열
> ④ 윤활유의 열화 및 탄화
> ⑤ 체적효율 감소
> ⑥ 냉매순환량 감소
> ⑦ 냉동능력 감소
> ⑧ 소요동력 증대
> ⑨ 성적계수 감소
> ⑩ 플래시 가스 발생량이 증가

39 -20℃의 암모니아 포화액의 엔탈피가 314kJ/kg이며, 동일 온도에서 건조포화 증기의 엔탈피가 1687kJ/kg이다. 이 냉매액이 팽창밸브를 통과하여 증발기에 유입될 때의 냉매의 엔탈피가 679kJ/kg이었다면 중량비로 약 몇 %가 액체 상태인가?

① 16　　② 26
③ 74　　④ 84

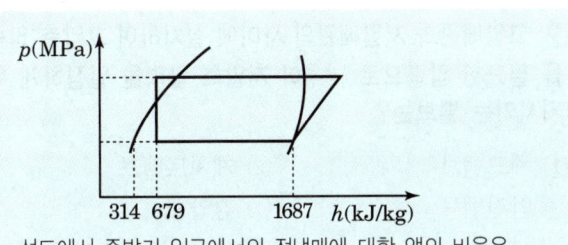

> 선도에서 증발기 입구에서의 전냉매에 대한 액의 비율은
> $\dfrac{1687-679}{1687-314} \times 100 = 73.4\%$ 이다.

정답 36 ② 37 ③ 38 ② 39 ③

40 냉동장치에서 플래시 가스가 발생하지 않도록 하기 위한 방지대책으로 틀린 것은?

① 액관의 직경이 충분한 크기를 갖고 있도록 한다.
② 증발기의 위치를 응축기와 비교해서 너무 높게 설치하지 않는다.
③ 여과기나 필터의 점검 청소를 실시한다.
④ 액관 냉매액의 과냉도를 줄인다.

> 액관에 열교환기를 설치하여 냉매액을 과냉각시켜 과냉각도를 크게하면 플래시 가스의 발생량이 감소한다.

3 공조냉동 설치·운영

41 급수방식 중 고가탱크방식의 특징에 대한 설명으로 틀린 것은?

① 다른 방식에 비해 오염가능성이 적다.
② 저수량을 확보하여 일정 시간동안 급수가 가능하다.
③ 사용자의 수도꼭지에서 항상 일정한 수압을 유지한다.
④ 대규모 급수 설비에 적합하다.

> 고가탱크방식은 물이 탱크에 체류하는 시간이 길어서 다른 방식에 비해 오염가능성이 크다.

42 고압배관과 저압배관의 사이에 설치하여 고압측 압력을 필요한 압력으로 낮추어 저압측 압력을 일정하게 유지시키는 밸브는?

① 체크밸브　　② 게이트밸브
③ 안전밸브　　④ 감압밸브

> 감압밸브는 공기나 물배관에서 고압배관과 저압배관의 사이에 설치하여 고압측 압력을 필요한 압력으로 낮추어 저압측 압력을 일정하게 유지시키는 밸브이다.

43 덕트 설계, 설치시 검토 확인사항으로 가장 부적합한 것은?

① 덕트의 형상은 굴곡, 변형, 확대, 축소, 분기, 합류시 덕트내 공기저항이 최소가 되도록 설계되었는가 확인
② 덕트는 층고를 낮추기위해 종횡비를 8:1 이상으로 하여 덕트 높이를 최소화한다.
③ 덕트길이 최단거리로 연결, 균등한 정압 손실이 되도록 설계, 덕트의 열손실·열획득 경로를 피할 것
④ 소음기, 소음엘보, 소음챔버, 라이닝덕트, 흡음 flexible등 적용으로 덕트의 소음 및 방진 대책 수립

> 덕트는 층고가 허용하는 한 정사각형에 가깝게 하며 층고를 낮추기위해서라도 종횡비를 4:1 이상으로하지 않는 것이 좋다.

44 냉매액관 시공 시 유의사항으로 틀린 것은?

① 긴 입상 액관의 경우 압력의 감소가 크므로 충분한 과냉각이 필요하다.
② 배관 도중에 다른 열원으로부터 열을 받지 않도록 한다.
③ 액관 배관은 가능한 한 길게 한다.
④ 액 냉매가 관내에서 증발하는 것을 방지하도록 한다.

> 액관 배관은 가능한 한 짧게 하여 냉매 이송시 마찰손실을 최소화 한다.

45 다음 중 엘보를 용접이음으로 나타낸 기호는?

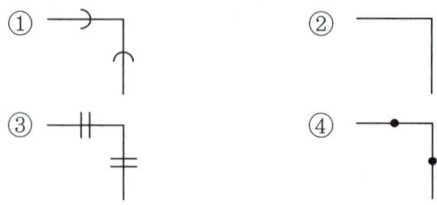

① : 소켓, ③ : 플랜지, ④ : 용접

46 온수난방에서 역귀환방식을 채택하는 주된 이유는?

① 순환펌프를 설치하기 위해
② 배관의 길이를 축소하기 위해
③ 열손실과 발생소음을 줄이기 위해
④ 건물 내 각 실의 온도를 균일하게 하기 위해

> 역귀환방식(역환수방식)은 리버스리턴(Reversed Return)방식으로 배관을 설치하는것으로 각 존별로 배관길이가 균등하도록 하여 온수 순환이 균등하고 각 실의 온도가 균등해진다.

47 허브타입 주철관을 사용하는 배수관 공사에서 자재수량이 아래표와 같을 때 규격별 수구수를 구하시오. (단, 소제구는 배관 수구에 삽입하는 것으로 본다)

	규격	단위	수량
직관	$150\phi \times 160L$	개	5
	$100\phi \times 1000L$	개	3
	$100\phi \times 600L$	개	4
90° 곡관	100ϕ	개	3
45° 곡관	100ϕ	개	2
Y-T관	$150\phi \times 100\phi$	개	1
Y관	100ϕ	개	2
소제구	100ϕ	개	3

① 100ϕ 15개, 150ϕ 5개
② 100ϕ 17개, 150ϕ 6개
③ 100ϕ 20개, 150ϕ 7개
④ 100ϕ 22개, 150ϕ 7개

> 허브타입(소켓형) 주철관 접속법은 전통적인 납코킹 방식과 플랜지 방식이 있으며 최근에는 플랜지 방식이 선호된다. 수구수란 수구(암놈)와 삽구(숫놈)를 끼워맞춤하는 개소를 말하며 소켓방식에서는 수량산출의 기초가 된다. 직관은 1개당 수구 1개소이며, Y관 Y-T관은 1개당 수구 2개소(규격별)로 산출한다. 수구수는 배관길이와는 관계 없다.
> 100ϕ : 직관(3+4개소), 곡관(3+2개소),
> Y-T관(100ϕ 1개소), Y관(2×2개소)
> 150ϕ : 직관(5개소), Y-T관(150ϕ 1개소)
> 그러므로 수구수는
> 100ϕ : $3+4+3+2+1+(2 \times 2) = 17$ 개소
> 150ϕ : $5+1 = 6$ 개소

48 예방적 유지보수공사의 효과로 가장 거리가 먼 것은?

① 예방적 유지보수공사는 고장에 의한 설비의 정지에 따른 손실이 감소한다.
② 예방적 유지보수공사는 내구수명이 연장되어 수리비가 감소한다.
③ 예방적 유지보수공사는 재해등을 미연에 방지할 수 있어서 재산가치의 보존이 가능하다.
④ 예방적 유지보수공사는 예비품관리가 복잡하여 재고량을 최대한으로 확보해야한다.

> 예방적 유지보수공사는 예비품관리가 양호하게 되고 재고량을 최소한으로 억제할 수 있다.

49 응축기(냉각탑) 냉각수 수질관리에 대한 설명으로 가장 부적합한 내용은?

① 냉각탑의 원활하고 장기적인 운전을 가능케하고 동력비(전력비)와 유지관리비를 절약함과 동시에 장비 수명을 연장시키게 한다.
② 스케일(Scale), 부식(Corrosion), 침전물의 누적(Sludge) 및 생물학적인 오염(생물학적 침전물, Biological Deposit) 등과 같은 불순물과 오염물질을 효과적으로 제어하지 않으면 응축기 계통의 열전달 효과를 감소시켜 시스템 운전비용이 증가되는 결과를 초래할 수가 있으므로 세심한 관리가 필요하다.
③ 최적의 열전달 효율과 최대 장비 수명을 확보키 위해서는 순환수질을 순환수 수질기준 이내로 유지하도록 농축사이클(Cycle Of Concentration)을 제어하여야 한다.
④ 스케일, 부식방지를 위한 블로우다운량 조절은 필요하지만 레지오넬라균의 생물학적인 오염은 고려하지 않는다.

> 스케일, 부식방지를 위한 블로우다운량 조절 및 화학적 처리와 별도로 레지오넬라균의 생물학적인 오염을 방지하기 위하여 별도의 화학적 수처리 프로그램을 시행하여야 한다.

정답 46 ④ 47 ② 48 ④ 49 ④

50 다음 조건과 같은 덕트계통에서 전체 마찰저항을 구하시오

【조 건】
덕트 직관길이 50m, 국부저항은 직관저항의 60%로 한다. 덕트경은 정압법(1Pa/m)으로 선정하며, 각형 덕트 단변은 400mm로 한다.

① 50 Pa ② 60 Pa
③ 80 Pa ④ 400 Pa

직관 덕트에 대한 마찰저항은 정압법(1Pa/m)에서 1m당 1Pa 저항이 걸리므로
직관부 저항 = 50 × 1 = 50Pa
국부저항 = 50 × 0.6 = 30Pa
전체마찰저항 = 50 + 30 = 80Pa

51 그림과 같은 회로망에서 전류를 계산하는 데 맞는 식은?

① $I_1 + I_2 + I_3 + I_4 = 0$
② $I_1 + I_2 + I_3 - I_4 = 0$
③ $I_1 + I_2 = I_3 + I_4$
④ $I_1 + I_3 = I_2 + I_4$

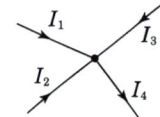

키르히호프의 제1법칙에 의한 식을 먼저 세우면
$\sum I_{in} = \sum I_{out}$ 식에서
$I_1 + I_2 + I_3 = I_4$ 이므로
∴ $I_1 + I_2 + I_3 - I_4 = 0$

52 회로시험기(Multi Meter)로 직접 측정할 수 없는 것은?

① 저항   ② 교류전압
③ 직류전압 ④ 교류전력

계측기의 종류 및 측정 방법
(1) 멀티 테스터(회로시험기) : 직류전압, 직류전류, 교류전압, 교류전류, 저항을 측정할 수 있는 계기
(2) 검류계 : 미소한 전류나 전압의 유무를 검출하는데 사용되는 계기
(3) 절연저항계(메거) : 절연저항을 측정하여 전기기기 및 전로의 누전 여부를 알 수 있는 계기로서 무전압 상태(정전 상태)에서 측정하여야 한다.
(4) 엔코더 : 회전하는 각도를 디지털량으로 출력하는 검출기
(5) 콜라우시 브리지법(또는 코올라시 브리지법) : 축전지의 내부저항을 측정하는 방법
(6) 영위법 : 측정하고자 하는 양을 표준량과 서로 평형을 이루도록 조절하여 측정량을 구하는 방법

53 시퀀스 제어에 관한 설명 중 옳지 않은 것은?

① 조합 논리회로로도 사용된다.
② 전력계통에 연결된 스위치가 일시에 동작한다.
③ 시간 지연요소로도 사용된다.
④ 제어 결과에 따라 조작이 자동적으로 이행된다.

시퀀스 제어계는 미리 정해진 순서 또는 일정의 논리에 의해 정해진 순서에 따라 제어의 각 단계를 순차적으로 진행시켜 가는 제어이다.(예) 무인자판기, 컨베이어, 엘리베이터, 세탁기 등)

54 다음 그림은 무엇을 나타낸 논리연산 회로인가?

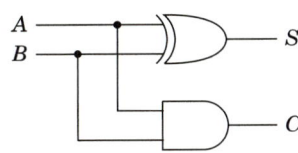

① HALF – ADDER 회로
② FULL – ADDER 회로
③ NAND 회로
④ EXCLUSIVE OR 회로

> **반가산기(HALF – ADDER) 회로**
> AND회로와 Exclusive OR 회로를 이용하여 AND 회로는 두 입력의 합에 대한 자리 올림수(carry)로 출력하고 Exclusive OR 회로는 두 입력의 합(sum)으로 출력하는 회로이다.

55 파형률이 가장 큰 것은?

① 구형파
② 삼각파
③ 정현파
④ 포물선파

파형의 파형율

파형	정현파	반파 정류파	구형파	톱니파	삼각파
파형율	1.11	1.57	1	1.155	1.155

56 회전 중인 3상 유도전동기의 슬립이 1이 되면 전동기 속도는 어떻게 되는가?

① 불변이다.
② 정지한다.
③ 무구속 속도가 된다.
④ 동기속도와 같게 된다.

> **유도전동기의 슬립과 속도**
> (1) 슬립이 1이면 회전자 속도가 $N=0$[rpm]일 때 이므로 유도전동기가 정지되어 있거나 또는 기동할 때임을 의미한다.
> (2) 슬립이 0이면 회전자 속도가 동기속도와 같은 $N=N_s$[rpm]일 때 이므로 유도전동기가 무부하 운전을 하거나 또는 정상속도에 도달하였음을 의미한다.

57 다음 중 미분요소에 해당하는 것은?

① $G(s) = K$
② $G(s) = Ks$
③ $G(S) = \dfrac{K}{s}$
④ $G(s) = \dfrac{K}{Ts+1}$

전달함수의 각종 요소

요소	전달함수
비례요소(P 제어)	$G(s) = K_p$
미분요소(D 제어)	$G(s) = T_d s$
적분요소(I 제어)	$G(s) = \dfrac{1}{T_i s}$
비례 미분요소 (PD 제어)	$G(s) = K_p(1 + T_d s)$
비례 적분요소 (PI 제어)	$G(s) = K_p\left(1 + \dfrac{1}{T_i s}\right)$
비례 미적분요소 (PID 제어)	$G(s) = K_p\left(1 + T_d s + \dfrac{1}{T_i s}\right)$

58 입력으로 단위계단함수 $u(t)$를 가했을 때, 출력이 그림과 같은 동작은?

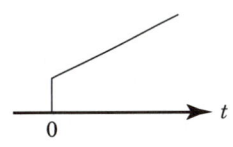

① P 동작
② PD 동작
③ PI 동작
④ 2위치 동작

> 그림은 입력을 단위계단함수로 가했을 때 비례 적분동작(PI 동작)의 출력 곡선이다.

59 전동기의 회전방향과 전자력에 관계가 있는 법칙은?

① 플레밍의 왼손법칙　② 플레밍의 오른손법칙
③ 페러데이의 법칙　　④ 암페어의 법칙

플레밍의 왼손 법칙

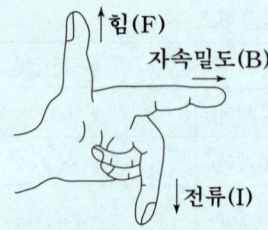

그림. 플레밍의 왼손법칙

자속밀도 $B[\text{Wb/m}^2]$가 균일한 자기장 내에 있는 어떤 도체에 전류(I)를 흘리면 그 도체에는 전자력(또는 힘) $F[\text{N}]$이 작용하게 되는데 이 힘을 구하기 위한 법칙으로서 전동기의 원리에 적용된다.

$$F = \int (I \times B) \cdot dl = IBl\sin\theta\,[\text{N}]$$

여기서 F : 도체에 작용하는 힘(엄지), I : 전류(중지),
　　　B : 자속밀도(검지), l : 도체의 길이

60 직류 전동기의 속도제어 방법이 아닌 것은?

① 전압제어　　② 계자제어
③ 저항제어　　④ 슬립제어

직류전동기의 속도제어

직류전동기의 속도공식은 $N = k\dfrac{V - R_a I_a}{\phi}\,[\text{rps}]$ 이므로 공급전압(V)에 의한 제어, 자속(ϕ)에 의한 제어, 전기자저항(R_a)에 의한 제어 3가지 방법이 있다.
(1) 전압제어　　(2) 계자제어　　(3) 저항제어

정답 59 ①　60 ④

기출문제 제12회 핵심 기출문제

1 공기조화 설비

01 콘크리트로 된 외벽의 실내측에 내장재를 부착했을 때 내장재의 실내측 표면에 결로가 일어나지 않도록 하기 위한 내장두께 L2(mm)는 최소 얼마이어야 하는가? (단, 외기온도 -5℃, 실내온도 20℃, 실내공기의 노점 온도 12℃, 콘크리트의 벽두께 100mm, 콘크리트의 열전도율은 0.0016kW/m·K, 내장재의 열전도율은 0.00017kW/m·K, 실외측 열전달률은 0.023kW/m²·K, 실내측 열전달률은 0.009kW/m²·K이다.)

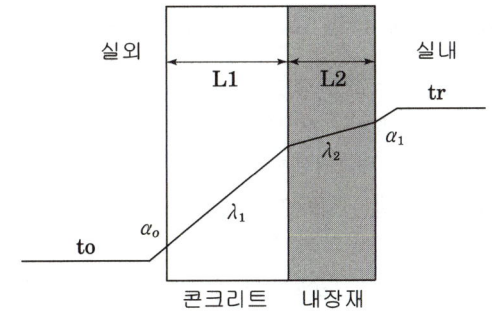

① 19.7 ② 22.1
③ 25.3 ④ 37.2

> 이 문제 유형은 공조냉동산업기사 필기 문제로는 고난이도이고, 풀이에 시간이 많이 소요되므로 시험장에서는 가장 뒤에 푸는게 좋다. 우선 결로가 발생하지 않으려면 표면온도가 노점온도 이상이므로 벽체 전체열관류량과 실내표면 열전달량 사이에 열평형식으로 열관류율(K)을 구하면
> $q = KA\Delta t = \alpha_i A \Delta t_s$ 에서
> $K = \dfrac{\alpha_i \Delta t_s}{\Delta t} = \dfrac{0.009(20-12)}{20-(-5)} = 2.88 \times 10^{-3}$
> 내장재두께를 L_2로 하여 열관류식을 세우면
> $\dfrac{1}{K} = \dfrac{1}{\alpha_o} + \dfrac{L_1}{\lambda_1} + \dfrac{L_2}{\lambda_2} + \dfrac{1}{\alpha_i}$
> $\dfrac{1}{2.88 \times 10^{-3}} = \dfrac{1}{0.023} + \dfrac{0.1}{0.0016} + \dfrac{L_2}{0.00017} + \dfrac{1}{0.009}$
> $L_2 = 0.0221\text{m} = 22.1\text{mm}$
> 위문제에서 전달량 단위를 조심해야한다. 일반적으로는 W/m²·K를 사용하는데 이문제는 kW/m²·K를 사용했다.

02 지하철에 적용할 기계 환기 방식의 기능으로 틀린 것은?

① 피스톤효과로 유발된 열차풍으로 환기효과를 높인다.
② 화재 시 배연기능을 달성한다.
③ 터널 내의 고온의 공기를 외부로 배출한다.
④ 터널 내의 잔류 열을 배출하고 신선외기를 도입하여 토양의 발열효과를 상승시킨다.

> 지하철 환기는 터널 내의 잔류 열을 배출하고 신선외기를 도입하여 토양의 발열효과를 억제하도록 한다.

03 90℃ 고온수 25kg을 100℃의 건조포화액으로 가열하는데 필요한 열량(kJ)은?(단, 물의 비열은 4.2kJ/kg·K 이다.)

① 42   ② 250
③ 525   ④ 1050

> 이 문제에서 건조 포화액이란 그냥 100℃온수를 말한다. 만약 건조 포화증기라면 증발잠열을 알아야 풀 수 있다.
> $q = mC\Delta t = 25 \times 4.2(100-90) = 1050\text{kJ}$

04 쉘 앤 튜브 열교환기에서 유체의 흐름에 의해 생기는 진동의 원인으로 가장 거리가 먼 것은?

① 층류 흐름   ② 음향 진동
③ 소용돌이 흐름 ④ 병류의 와류 형성

> 유체흐름에서 층류는 가장 이상적인 정상흐름으로 진동이나 소음이 거의 발생하지 않는다.

정답 01 ② 02 ④ 03 ④ 04 ①

05 열원방식의 분류는 일반 열원방식과 특수 열원방식으로 구분할 수 있다. 다음 중 일반 열원방식으로 가장 거리가 먼 것은?

① 빙축열 방식
② 흡수식 냉동기 + 보일러
③ 전동 냉동기 + 보일러
④ 흡수식 냉온수 발생기

> 일반 열원방식 : 흡수식 냉동기, 보일러, 냉온수 발생기 등
> 특수 열원방식 : 빙축열 방식, 신재생에너지 등

06 공기조화 계획을 진행하기 위한 순서로 옳은 것은?

① 기본계획 → 기본구상 → 실시계획 → 실시설계
② 기본구상 → 기본계획 → 실시설계 → 실시계획
③ 기본구상 → 기본계획 → 실시계획 → 실시설계
④ 기본계획 → 실시계획 → 기본구상 → 실시설계

> 공기조화 계획은 보통 기본구상 → 기본계획 → 실시계획 → 실시설계 순서로 진행한다.

07 다음 중 흡습성 물질이 도포된 엘리먼트를 적층시켜 원판형태로 만든 로터와 로터를 구동하는 장치 및 케이싱으로 구성되어 있는 전열교환기의 형태는?

① 고정형
② 정지형
③ 회전형
④ 원판형

> 전열교환기에서 가장 대규모에 사용되고 효율이 우수한 회전형은 원판형태로 만든 로터와 로터를 구동하는 장치로 구성된다.

08 지역난방의 특징에 대한 설명으로 틀린 것은?

① 광범위한 지역의 대규모 난방에 적합하며, 열매는 고온수 또는 고압증기를 사용한다.
② 소비처에서 24시간 연속난방과 연속급탕이 가능하다.
③ 대규모화에 따라 고효율 운전 및 폐열을 이용하는 등 에너지 취득이 경제적이다.
④ 순환펌프 용량이 크며 열 수송배관에서의 열손실이 작다.

> 지역난방은 넓은 지역에 걸쳐 배관이 설치되므로 순환펌프 용량이 크고, 열 수송배관에서의 열손실이 크다.

09 증기트랩에 대한 설명으로 틀린 것은?

① 바이메탈 트랩은 내부에 열팽창계수가 다른 두 개의 금속이 접합된 바이메탈로 구성되며, 워터해머에 안전하고, 과열증기에도 사용 가능하다.
② 벨로즈 트랩은 금속제의 벨로즈 속에 휘발성 액체가 봉입되어 있어 주위에 증기가 있으면 팽창되고, 증기가 응축되면 온도에 의해 수축하는 원리를 이용한 트랩이다.
③ 플로트 트랩은 응축수의 온도차를 이용하여 플로트가 상하로 움직이며 밸브를 개폐한다.
④ 버킷 트랩은 응축수의 부력을 이용하여 밸브를 개폐하며 상향식과 하향식이 있다.

> 플로트 트랩은 응축수의 액위에 따라 부력을 이용하여 플로트가 상하로 움직이며 밸브를 개폐하는 기계식 트랩이다.

10 복사난방에 대한 설명으로 틀린 것은?

① 다른 방식에 비해 쾌감도가 높다.
② 시설비가 적게 든다.
③ 실내에 유닛이 노출되지 않는다.
④ 열용량이 크기 때문에 방열량 조절에 시간이 다소 걸린다.

정답 05 ① 06 ③ 07 ③ 08 ④ 09 ③ 10 ②

복사난방은 바닥판에 코일을 매설하거나 복사 판넬을 설치하는 경우로 시설비가 고가인 편이다.

11 주로 대형 덕트에서 덕트의 찌그러짐을 방지하기 위하여 덕트의 옆면 철판에 주름을 잡아주는 것을 무엇이라고 하는가?

① 다이아몬드 브레이크
② 가이드 베인
③ 보강앵글
④ 시임

대형 덕트를 보강하는 방법으로 철판에 다이아몬드 브레이크 주름을 잡거나, 비드보강, 앵글보강을 한다.

12 냉방부하 계산시 유리창을 통한 취득열 부하를 줄이는 방법으로 가장 적절한 것은?

① 얇은 유리를 사용한다.
② 투명 유리를 사용한다.
③ 흡수율이 큰 재질의 유리를 사용한다.
④ 반사율이 큰 재질의 유리를 사용한다.

유리창 취득열을 줄이기 위해서는 불투명 유리를 사용, 흡수율이 작은 재질의 유리를 사용, 반사율이 큰 재질의 유리를 사용한다.

13 다음 중 수-공기 공기조화 방식에 해당하는 것은?

① 2중 덕트 방식
② 패키지 유닛 방식
③ 복사 냉난방 방식
④ 정풍량 단일 덕트 방식

수-공기방식 : 복사 냉난방 방식, FCU(덕트병용), IU(유인 유닛식)

14 두께 150mm, 면적 10m²인 콘크리트 내벽의 외부온도가 30℃, 내부온도가 20℃일 때 8시간 동안 전달되는 열량(kJ)은?
(단, 콘크리트 내벽의 열전도율은 1.5W/m·K이다.)

① 1350
② 8350
③ 13200
④ 28800

벽체전도열량
$q = \frac{\lambda}{L} A \Delta t = \frac{1.5}{0.15} \times 10(30-20) = 1000W$
8시간동안 통과열량은 1000W = 1kW = 1kJ/s
1kJ/s × 3600 × 8 = 28,800kJ

15 습공기의 상태변화에 관한 설명으로 옳은 것은?

① 습공기를 가습하면 상대습도가 내려간다.
② 습공기를 냉각 감습하면 엔탈피는 증가한다.
③ 습공기를 가열하면 절대습도는 변하지 않는다.
④ 습공기를 노점온도 이하로 냉각하면 절대습도는 내려가고, 상대습도는 일정하다.

습공기를 가습하면 상대습도가 올라가며, 습공기를 냉각 감습하면 엔탈피는 감소한다. 습공기를 가열하면 수평으로 온도만 증가하므로 절대습도는 변하지 않으며, 습공기를 노점온도 이하로 냉각하면 절대습도는 내려가고, 상대습도는 증가하여 포화상태(100%)에 가까워진다.

16 공장에 12kW의 전동기로 구동되는 기계 장치 25대를 설치하려고 한다. 전동기는 실내에 설치하고 기계 장치는 실외에 설치한다면 실내로 취득되는 열량(kW)은?
(전동기 가동률 0.78, 전동기 효율 0.87, 전동기 부하율 0.9이다.)

① 242.1
② 210.6
③ 44.8
④ 31.5

실내 취득열량은 실내로 공급되는 총 전력량에서 기계로 나가는 출력을 제한 나머지 에너지가 취득열량으로 된다.
$kW = 12 \times 25 \times 0.78 \times 0.9 \left(\frac{1}{0.87} - 1\right) = 31.5$

정답 11 ① 12 ④ 13 ③ 14 ④ 15 ③ 16 ④

17 압력 1MPa, 건도 0.89인 습증기 100kg을 일정 압력의 조건에서 엔탈피가 3052kJ/kg인 300℃의 과열증기로 되는데 필요한 열량(kJ)은? (단, 1MPa에서 포화액의 엔탈피는 759kJ/kg이다. 증기잠열 2018 kJ/kg)

① 44,208
② 49,698
③ 229,311
④ 103,432

> 건도 0.89인 습증기의 엔탈피를 구하면
> h = 포화액엔탈피 + 건도 × 증발잠열
>   = $759 + 0.89 \times 2018 = 2555.02$ kJ/kg
> 그러므로 h=2555인 습증기를 3052로 만들기 위한 열량은
> $q = m(h_2 - h_1) = 100(3052 - 2555.02) = 49,698$ kJ

18 덕트에 설치하는 가이드 베인에 대한 설명으로 틀린 것은?

① 보통 곡률반지름이 덕트 장변의 1.5배 이내일 때 설치한다.
② 덕트를 작은 곡률로 구부릴 때 통풍저항을 줄이기 위해 설치한다.
③ 곡관부의 내측보다 외측에 설치하는 것이 좋다.
④ 곡관부의 기류를 세분하여 생기는 와류의 크기를 적게 한다.

> 덕트에 설치하는 가이드 베인은 와류가 심한 곡관부의 내측에 설치하는 것이 좋다.

19 아래 습공기 선도에 나타낸 과정과 일치하는 장치도는?

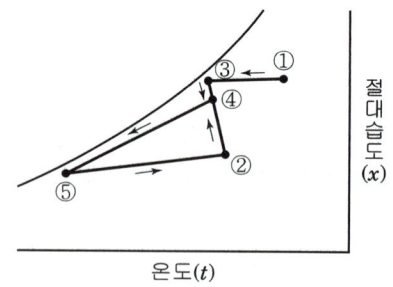

①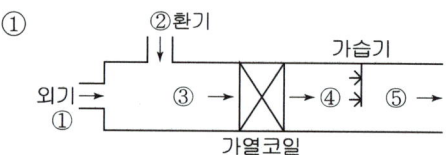

②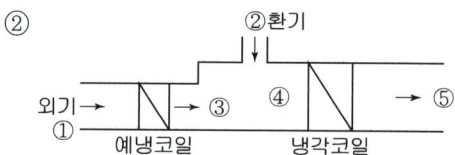

③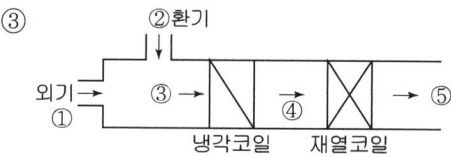

④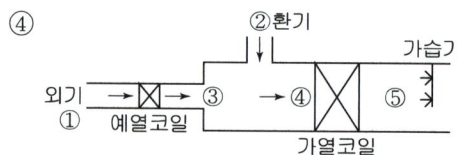

> 위선도에서 외기(①)를 예냉하여(③) 환기(②)와 혼합하여(④) 냉각한후(⑤) 실내에 취출하는 냉방 프로세스이다.
> 장치도는 예냉과 냉각코일로 구성된 ② 이다.

정답 17 ② 18 ③ 19 ②

20 다음 중 공조설비 시운전 전 점검사항에서 가장 거리가 먼 것은?

① 점검구(ACCESS DOOR)가 제대로 닫혀있는지 점검한다.
② 전동기(MOTOR)의 결선상태 점검한다.
③ 댐퍼(SA, RA, OA, EA)의 개방상태 점검한다.
④ 송풍기 런너의 회전방향을 확인한다.

> 송풍기 런너의 회전방향을 확인하는 작업은 시운전중 작동상태에서 수행한다.

2 냉동냉장 설비

21 냉동효과가 1088kJ/kg인 냉동사이클에서 1냉동톤당 압축기 흡입 증기의 체적(m^3/h)은? (단, 압축기 입구의 비체적은 0.5087m^3/kg이고, 1냉동톤은 3.9kW이다.)

① 15.5　　② 6.5
③ 0.258　　④ 0.002

> $Q_2 = G \cdot q_2$ 에서
> $G = \dfrac{Q_2}{q_2} = \dfrac{3.9}{1088} = 3.58 \times 10^{-3}$ [kg/s]
> ∴ $V = G \cdot v \cdot 3600$
> 　　$= 3.58 \times 10^{-3} \times 0.5087 \times 3600 = 6.55$ [m^3/h]
> 여기서, Q_2 : 냉동능력[kW]
> 　　　　G : 냉매순환량[kg/s]
> 　　　　q_2 : 냉동효과[kJ/kg]
> 　　　　v : 압축기 흡입 증기의 비체적[m^3/kg]

22 다음 냉매 중 오존파괴지수(ODP)가 가장 낮은 것은?

① R11　　② R12
③ R22　　④ R134a

> 오존파괴지수(ODP)
>
> | 종류 | 오존파괴지수(ODP) |
> |---|---|
> | R11 | 1 |
> | R12 | 1 |
> | R22 | 0.055 |
> | R134a | 0 |
>
> 오존파괴지수(ODP) = $\dfrac{\text{어떤물질이 1kg이 파괴하는 오존량}}{CFC\text{-11kg이 파괴하는 오존량}}$

23 프레온 냉동기의 흡입 배관에 이중 입상관을 설치하는 주된 목적은?

① 흡입 가스의 과열을 방지하기 위하여
② 냉매액의 흡입을 방지하기 위하여
③ 오일의 회수를 용이하게 하기 위하여
④ 흡입관에서의 압력 강하를 보상하기 위하여

> 프레온냉동장치에서 무부하(Unload) 운전 시(용량제어장치) 오일의 회수를 용이하게 하기 위하여 압축기의 흡입관에 2중 수직 상승관(입상관)을 설치한다.

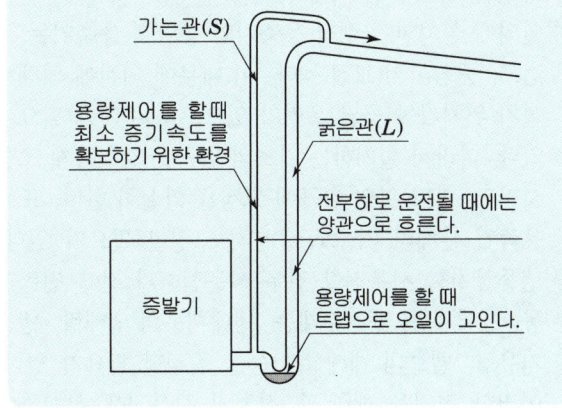

24 냉동장치를 장기간 운전하지 않을 경우 조치방법으로 틀린 것은?

① 냉매의 누설이 없도록 밸브의 패킹을 잘 잠근다.
② 저압측의 냉매는 가능한 한 수액기로 회수한다.
③ 저압측의 냉매를 다른 용기로 회수하고 그 대신 공기를 넣어둔다.
④ 압축기의 워터재킷을 위한 물은 완전히 뺀다.

> 냉동장치를 장기간 운전하지 않을 경우 저압측의 냉매는 가능한 한 응축기나 수액기로 회수하고 냉매의 누설이 없도록 밸브의 패킹을 잘 잠그고 압축기의 워터재킷을 위한 물은 완전히 빼서 보존한다.

25 아래의 기술은 냉동장치 설치 및 시운전에 대한 설명이다 가장 옳지 않은 것은?

① 동상(凍上)은 1층 냉장실 바닥 아래의 토양이 얼어 체적이 팽창하여 바닥면이 부풀어 오르는 현상이다. 바닥의 구조나 토양의 성질은 동상의 발생에 큰 영향이 있고, 바닥의 방열재를 충분한 두께로 하여도 동상을 방지하기 어렵다.
② 실외에 설치한 공랭식 응축기와 증발식 응축기는 무겁고, 중심이 비교적 높다. 이 때문에 지진에 의해서 설치 위치가 어긋날 우려가 있으므로 주의할 필요가 있다. 따라서 설치하는 기초의 철근을 강고하게 조합시키고, 바닥 판의 철근에 고정을 확실히 한다. 또한 응축기 본체와 기초도 충분히 고정할 필요가 있다.
③ 냉동장치를 시운전할 경우 시운전하기 전에 전력계통, 제어계통, 냉각수계통, 냉매계통의 냉매량, 냉동기유량, 밸브의 개폐상태 등을 점검할 필요가 있다. 이러한 점검을 행한 후 장치의 시운전을 실시하여 이상이 없으면 수시간 운전을 계속하여 운전 데이터를 수집한다.
④ 암모니아는 독성이 있기 때문에 다량으로 접하면 죽음에 이를 위험이 있다. 한편 연소성은 없어 암모니아를 냉매로 하는 냉동장치에서는 전기설비에 대하여 방폭성능은 필요가 없다.

④ 암모니아는 독성가스로 지정되어 있고 다량의 암모니아와 접촉하면 동상과 점막, 특히 호흡기에 침입하여 사망에 이를 수 있다. 또한 암모니아는 가연성으로 연소범위가 15~28%이다. 그 하한값이 15%의 농도로 비교적 높기 때문에 전기설비에 대한 방폭성능을 요구하지 않는다.

26 쇠고기(지방이 없는 부분) 10ton을 12시간 동안 35℃에서 5℃까지 냉각할 때의 냉동능력으로 옳은 것은? (단, 쇠고기의 동결점은 -2℃로, 쇠고기의 동결전 비열(지방이 없는 부분)은 0.88Wh/(kg·K)로, 동결후 비열은 0.49Wh/(kg·K), 동결잠열은 65.14Wh/kg으로 한다.)

① 11 kW ② 13 kW
③ 18 kW ④ 22 kW

> 이 문제는 동결전까지 냉각하므로 동결전 비열로 냉각 현열만 계산한다.
> (여기서 비열단위 Wh/(kg·K) = W×3600s/(kg·K)
> = 3600J/(kg·K)
> = 3.6kJ/(kg·K)이다.)
> $Q_2 = m \cdot C \cdot \Delta t = \dfrac{10000 \times 0.88 \times 3.6 \times (35-5)}{12h \times 3600} = 22\text{kJ/s}$
> = 22kW

27 용적형 냉동기에서 고압가스 안전관리법에 의한 수압시험을할 때 수냉각기, 응축기의 수측에 대한 수압시험은 원칙적으로 최고 사용압력의 2배로 하되 최소한 얼마 이상의 압력으로 수압시험을 하는가?

① 약 1MPa ② 약 3MPa
③ 약 5MPa ④ 약 10MPa

> 수압시험은 원칙적으로 최고 사용압력의 2배로 하되 그 값이 1MPa 미만일때는 최소한 1MPa 이상의 압력으로 수압시험을 한다.

정답 24 ③ 25 ④ 26 ④ 27 ①

28 다음 냉동장치의 시운전 및 주의사항에 대한 설명 중 옳은 것은?

① 시운전 시작 전에는 전기계통, 자동제어계통의 점검, 냉매계통·냉각수계통의 배관경로의 접속이나 밸브의 개폐상태, 냉매·윤활유의 종류와 양(量) 등을 충분히 확인할 필요가 있다.
② 저온용 냉동장치의 시운전 시작 전에는 유동점이 높은 냉동기유가 압축기에 충전되어 있는가를 확인한다.
③ 시운전 전에 플루오르카본 냉동장치의 유량을 확인한 결과 약간 부족하여 기존의 냉동기유를 충전하였다.
④ 시운전 시작 전에는 냉매를 과충전하면 응축기 출구 냉매액의 과냉각도가 증가하여 효율 좋은 운전을 할 수 있다.

> ② 저온용 냉동장치의 시운전 시작 전에는 유동점이 낮은 냉동기유가 압축기에 충전되어 있는가를 확인한다.
> ③ 플루오르카본 냉동장치는 수분이나 이물질에 의해 사고를 일으킬 수 있기 때문에 오래된 기름이나 장기간 공기에 노출된 오일의 사용은 피해야 한다.
> ④ 냉매를 과충전하면 고압의 상승 등의 폐해가 발생하므로 규정량 이상을 충전해서는 안된다.

29 냉동장치에서 액봉이 쉽게 발생되는 부분으로 가장 거리가 먼 것은?

① 액펌프 방식의 펌프출구와 증발기 사이의 배관
② 2단압축 냉동장치의 중간냉각기에서 과냉각된 액관
③ 압축기에서 응축기로의 배관
④ 수액기에서 증발기로의 배관

> **액봉 사고(液封事故)**
> 액봉 사고는 액관의 양단이 정지밸브로 폐쇄되어 외부에서 열을 받으면 이상고압이 되어 배관이 파열되거나 밸브가 파손되는 사고를 말한다. 고압액관이나 저압액관 등에서 발생한다. ③의 경우는 고압가스관으로 액이 없어서 액봉사고는 발생하지 않는다.

30 어떤 냉동기로 1시간당 얼음 1ton을 제조하는데 37kW의 동력을 필요로 한다. 이때 사용하는 물의 온도는 10℃이며 얼음은 -10℃이었다. 이 냉동기의 성적계수는? (단, 융해열은 335kJ/kg이고, 물의 비열은 4.19kJ/kg·K, 얼음의 비열은 2.09kJ/kg·K이다.)

① 2.0
② 3.0
③ 4.0
④ 5.0

> 냉동기의 성적계수 COP
>
> $COP = \dfrac{Q_2(냉동능력)}{W(소요능력)}$ 에서
>
> $Q_2 = \dfrac{1000 kg/h \times (4.19 \times 10 + 335 + 2.09 \times 10)}{3600}$
>
> $= 110.5 [kW]$
>
> $\therefore COP = \dfrac{110.5}{37} = 2.99 ≒ 3.0$

31 증발온도(압력)가 감소할 때, 장치에 발생되는 현상으로 가장 거리가 먼 것은? (단, 응축온도는 일정하다.)

① 성적계수(COP) 감소
② 토출가스 온도 상승
③ 냉매 순환량 증가
④ 냉동 효과 감소

> **증발온도(압력)가 감소할 때, 장치에 발생되는 현상**
> ① 압축비 증대
> ② 토출가스 온도 상승
> ③ 실린더 과열
> ④ 윤활유의 열화 및 탄화
> ⑤ 체적효율 감소
> ⑥ 냉매순환량 감소
> ⑦ 냉동능력 감소
> ⑧ 소요동력 증대
> ⑨ 성적계수 감소
> ⑩ 플래시 가스 발생량이 증가

정답 28 ① 29 ③ 30 ② 31 ③

32 다음 중 줄-톰슨 효과와 관련이 가장 깊은 냉동방법은?

① 압축기체의 팽창에 의한 냉동법
② 감열에 의한 냉동법
③ 흡수식 냉동법
④ 2원 냉동법

> **줄-톰슨 효과(Joule-Thomson, 교축효과)**
> 유체가 유동저항이 있는 오리피스나 밸브 등의 관로를 통과하는 교축변화에는 유체는 종류에 따라서 온도가 오르거나 일정하거나 내리거나 한다. 이 교축변화에 의한 온도변화를 Joule-Thomson, 교축효과라 한다.

33 표준냉동사이클에서 냉매 액이 팽창밸브를 지날 때 냉매의 온도, 압력, 엔탈피의 상태변화를 올바르게 나타낸 것은?

① 온도 : 일정, 압력 : 감소, 엔탈피 : 일정
② 온도 : 일정, 압력 : 감소, 엔탈피 : 감소
③ 온도 : 감소, 압력 : 일정, 엔탈피 : 일정
④ 온도 : 감소, 압력 : 감소, 엔탈피 : 일정

> 표준냉동사이클에서 냉매 액이 팽창밸브를 지날 때에 교축변화에 의해 온도, 압력은 감소하고 엔탈피는 일정하다.

34 흡수식 냉동기의 특징에 대한 설명으로 틀린 것은?

① 부분 부하에 대한 대응성이 좋다.
② 용량제어의 범위가 넓어 폭넓은 용량제어가 가능하다.
③ 초기 운전 시 정격 성능을 발휘할 때까지의 도달 속도가 느리다.
④ 압축식 냉동기에 비해 소음과 진동이 크다.

> **흡수식 냉동기의 특징**
> ① 용량제어의 범위가 넓어 폭 넓은 용량제어가 가능하다.
> ② 여름철 피크전력이 완화된다.
> ③ 부분 부하에 대한 대응성이 좋다.
> ④ 회전부가 적어 기계적인 마모가 적고 보수 관리가 용이하다.
> ⑤ 대기압 이하로 작동하므로 취급에 위험성이 완화된다.
> ⑥ 가스수요의 평준화를 도모할 수 있다.
> ⑦ 증기열원을 사용할 경우 전력수요가 적다.
> ⑧ 소음 및 진동이 적다.
> ⑨ 자동제어가 용이하고 운전경비가 절감된다.
> ⑩ 흡수식 냉동기는 초기 운전에서 정격성능을 발휘하기 까지의 시간(예냉시간)이 길다.
> ⑪ 용액의 부식성이 크므로 기밀성 관리와 부식 억제제의 보충에 엄격한 주의가 필요하다.

35 압축기의 클리어런스가 클 경우 상태 변화에 대한 설명으로 틀린 것은?

① 냉동능력이 감소한다.
② 체적 효율이 저하한다.
③ 압축기가 과열 한다.
④ 토출가스의 온도가 감소한다.

> 압축기의 클리어런스가 클 경우 토출가스의 온도가 상승한다.

36 브라인의 구비조건으로 틀린 것은?

① 비열이 크고 동결온도가 낮을 것
② 불연성이며 불활성일 것
③ 열전도율이 클 것
④ 점성이 클 것

> **브라인의 구비조건**
> ① 비등점이 높고, 응고점이 낮을 것
> ② 점도가 낮을 것
> ③ 부식성이 없을 것
> ④ 열전달률이 클 것
> ⑤ 비열이 클 것
> ⑥ 점성이 작을 것
> ⑦ 동결온도가 낮을 것
> ⑧ 불연성이며 독성이 없을 것

정답 32 ① 33 ④ 34 ④ 35 ④ 36 ④

37 다음 중 냉동장치의 운전상태 점검 시 확인해야 할 사항으로 가장 거리가 먼 것은?

① 윤활유의 상태
② 운전 소음 상태
③ 냉동장치 각부의 온도 상태
④ 냉동장치 전원의 주파수 변동 상태

> 냉동장치의 전원의 전압이나 전류는 운전상태 점검 시 확인해야 하지만 주파수 변동 상태는 확인 사항이 아니다.

38 열전달에 대한 설명으로 틀린 것은?

① 열전도는 물체 내에서 온도가 높은 쪽에서 낮은 쪽으로 열이 이동하는 현상이다.
② 대류는 유체의 열이 유체와 함께 이동하는 현상이다.
③ 복사는 떨어져 있는 두 물체 사이의 전열현상이다.
④ 전열에서는 전도, 대류, 복사가 각각 단독으로 일어나는 경우가 많다.

> 전열에서는 전도, 대류, 복사가 서로 복합적으로 일어나는 경우가 많다.

39 암모니아 냉동기에서 유분리기의 설치위치로 가장 적당한 곳은?

① 압축기와 응축기 사이
② 응축기와 팽창밸브 사이
③ 증발기와 압축기 사이
④ 팽창밸브와 증발기 사이

> **유분리기**
> 압축기에서 토출된 냉매가스에는 약간의 냉동기유가 혼합되어 있다. 이 양이 많아지면 압축의 오일이 부족하여 윤활불량을 일으킨다. 또한 냉동기유가 응축기나 증발기에 들어가면 열교환을 저해한다. 이 때문에 압축기의 토출관에 유분리기를 설치하여 토출냉매 가스 중의 윤활유를 분리한다.

40 다음과 같은 [조건]에서 작동하는 냉동장치의 냉매순환량(kg/h)은? (단, 1RT는 3.9kW이다.)

【 조 건 】
(1) 냉동능력 : 5RT
(2) 증발기입구 냉매 엔탈피 : 240kJ/kg
(3) 증발기출구 냉매 엔탈피 : 400kJ/kg

① 325.2　　② 438.8
③ 512.8　　④ 617.3

> $Q_2 = G \cdot q_2$ 에서
> $G = \dfrac{Q_2}{q_2} = \dfrac{3.9 \times 5}{400-240} = 0.121875 \,[\text{kg/s}]$
> ∴ $0.121875 \times 3600 = 438.75 \,[\text{kg/h}]$
> 여기서, Q_2 : 냉동능력[kW]
> G : 냉매순환량[kg/s]
> q_2 : 냉동효과[kJ/kg]

3 공조냉동 설치·운영

41 냉매배관 설계 시 유의사항으로 틀린 것은?

① 2중 입상관 사용 시 트랩을 크게 한다.
② 과도한 압력 강하를 방지 한다.
③ 압축기로 액체 냉매의 유입을 방지한다.
④ 압축기를 떠난 윤활유가 일정 비율로 다시 압축기로 되돌아오게 한다.

> 2중 입상관 사용 시 트랩을 크게하면 트랩에 고인 오일이 일시에 다량 압축기로 유입되므로 되도록 작게한다. 일반 배관의 밴딩부는 곡률반경을 크게하여 저항을 줄인다.

42 고가 탱크식 급수설비에서 급수경로를 바르게 나타낸 것은?

① 수도본관 → 저수조 → 옥상탱크 → 양수관 → 급수관
② 수도본관 → 저수조 → 양수관 → 옥상탱크 → 급수관
③ 저수조 → 옥상탱크 → 수도본관 → 양수관 → 급수관
④ 저수조 → 옥상탱크 → 양수관 → 수도본관 → 급수관

> 수도본관에서 → 저수조로 저수한후 → 양수펌프로 양수관을 통해 → 옥상탱크에 공급한후 → 급수관을 통해 각 수전에 급수한다.

43 증기난방 배관 시공법에 관한 설명으로 틀린 것은?

① 증기 주관에서 가지관을 분기할 때는 증기 주관에서 생성된 응축수가 가지관으로 들어 가지 않도록 상향 분기한다.
② 증기 주관에서 가지관을 분기하는 경우에는 배관의 신축을 고려하여 3개 이상의 엘보를 사용한 스위블 이음으로 한다.
③ 증기 주관 말단에는 관말트랩을 설치한다.
④ 증기관이나 환수관이 보 또는 출입문 등 장애물과 교차할 때는 장애물을 관통하여 배관한다.

> 증기관이나 환수관이 보 또는 출입문 등 장애물과 교차할 때는 장애물을 우회하여 배관한다.

44 건물의 시간당 최대 예상 급탕량이 2000kg/h일 때, 도시가스를 사용하는 급탕용 보일러에서 필요한 가스 소모량(kg/h)은? (단, 급탕온도 60℃, 급수온도 20℃, 도시가스 발열량 60000kJ/kg, 보일러 효율이 95%이며, 열손실 및 예열부하는 무시한다.)

① 5.9   ② 6.6
③ 7.6   ④ 8.6

> 급탕부하와 가스발열량은 같으므로
> $WC\Delta t = GH\eta$에서
> $G = \dfrac{WC\Delta t}{H\eta} = \dfrac{2000 \times 4.2(60-20)}{60000 \times 0.95} = 5.89 \text{kg/h}$

45 다음 특징은 어떤 포집기에 대한 설명인가?

> 영업용(호텔, 레스토랑) 주방 등의 배수 중 함유되어 있는 지방분을 포집하여 제거한다.

① 드럼 포집기   ② 오일 포집기
③ 그리스 포집기   ④ 플라스터 포집기

> 그리스 포집기(트랩)은 동식물성 지방을 제거하여 배수관의 막힘을 방지한다.

46 다음 조건과 같은 덕트계통에서 전체 마찰저항을 구하시오.

【 조 건 】
> 덕트 직관길이 150m, 국부저항은 직관저항의 50%로 한다. 덕트경은 정압법(0.1mmAq/m)으로 선정한다.

① 15 mmAq   ② 22.5 mmAq
③ 75 mmAq   ④ 150 mmAq

> 직관 덕트에 대한 마찰저항은 정압법(0.1mmAq/m)에서 1m당 0.1mmAq저항이 걸리므로
> 직관부 저항 = 150 × 0.1 = 15mmAq
> 국부저항 = 15 × 0.5 = 7.5mmAq
> 전체마찰저항 = 15 + 7.5 = 22.5mmAq

정답: 42 ② 43 ④ 44 ① 45 ③ 46 ②

47 냉동기 냉수·냉각수 수질관리 항목으로 가장 거리가 먼 것은?

① 전기 전도율 ② BOD
③ 칼슘 경도 ④ 포화 지수

> 냉수·냉각수 수질관리 항목으로 BOD는 관계없다.

48 아래 급수 배관 평면도에 대한 부속 명칭으로 가장 거리가 먼 것은?

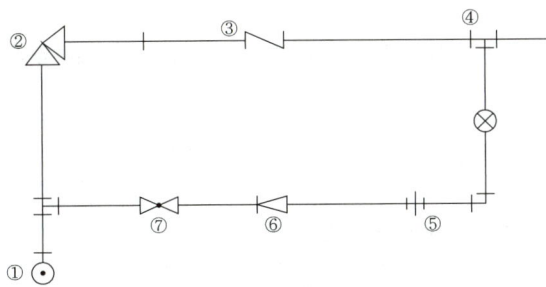

① 엘보 ② 앵글밸브
③ 글로브밸브 ④ 티이

> ③ 체크밸브, ⑤ 유니언, ⑥ 레듀서, ⑦ 글로브밸브

49 냉동기 진공검사 완료후 냉매의 충전 방법으로 가장 부적합한 방식은?

① 압축기 흡입쪽 서비스밸브로 충전하는 방법
② 압축기 토출쪽 서비스밸브로 충전하는 방법
③ 액관으로 충전하는 방법
④ 증발기로 충전하는 방법

> 증발기 충전 방법보다는 수액기로 충전하는 방법을 사용한다.

50 냉동배관 중 액관 시공 시 유의사항으로 틀린 것은?

① 매우 긴 입상 배관의 경우 압력이 증가하게 되므로 충분한 과냉각이 필요하다.
② 배관은 가능한 짧게 하여 냉매가 증발하는 것을 방지한다.
③ 가능한 직선적인 배관으로 하고, 곡관의 곡률반경은 가능한 크게 한다.
④ 증발기가 응축기 또는 수액기보다 높은 위치에 설치되는 경우는 액을 충분히 과냉각시켜 액 냉매가 관내에서 증발하는 것을 방지 하도록 한다.

> 매우 긴 입상 배관의 경우 압력이 감소하게 되므로 충분한 과냉각이 필요하다.

51 변압기 내부 고장 검출용 보호계전기는?

① 차동계전기 ② 과전류계전기
③ 역상계전기 ④ 부족전압계전기

> 변압기 내부고장 검출 계전기
> (1) 차동계전기 또는 비율차동계전기
> (2) 부흐홀츠계전기

52 교류에서 실효값과 최대값의 관계는?

① 실효값 = $\dfrac{최대치}{\sqrt{2}}$ ② 실효값 = $\dfrac{최대치}{\sqrt{3}}$

③ 실효값 = $\dfrac{최대치}{2}$ ④ 실효값 = $\dfrac{최대치}{3}$

정현파의 특성값			
실효값	평균값	파고율	파형률
$\dfrac{I_m}{\sqrt{2}}$	$\dfrac{2I_m}{\pi}$	$\sqrt{2}$	1.11

여기서, I_m은 최대치이다.

정답 47 ② 48 ③ 49 ④ 50 ① 51 ① 52 ①

53 그림과 같은 논리회로의 출력 Y는?

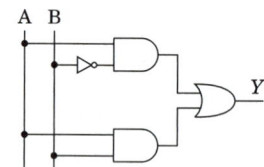

① $Y = AB + A\overline{B}$
② $Y = \overline{A}B + AB$
③ $Y = \overline{A}B + A\overline{B}$
④ $Y = \overline{A}\overline{B} + A\overline{B}$

$Y = A\overline{B} + AB$

54 직류전동기에서 전기자 전도체수 Z, 극수 P, 전기자 병렬 회로수 a, 1극당의 자속 ϕ[Wb], 전기자 전류 I_a[A]일 때 토크는 몇 [N·m]인가?

① $\dfrac{aZ\phi I_a}{2\pi P}$
② $\dfrac{PZ\phi I_a}{2\pi a}$
③ $\dfrac{aPZI_a}{2\pi \phi}$
④ $\dfrac{aPZ\phi}{2\pi I_a}$

직류전동기의 토크
$\tau = \dfrac{EI_a}{\omega} = \dfrac{pZ\phi I_a}{2\pi a} = k\phi I_a \,[\text{N·m}]$

55 저항 100[Ω]의 전열기에 4[A]의 전류를 흘렸을 때 소비되는 전력은 몇 [W]인가?

① 250
② 400
③ 1,600
④ 3,600

$P = VI = I^2R = \dfrac{V^2}{R}$ [W] 식에서
$R = 100[\Omega],\ I = 4[\text{A}]$일 때
$\therefore\ P = I^2R = 4^2 \times 100 = 1,600[\text{W}]$

56 정상편차를 없애고, 응답속도를 빠르게 한 동작은?

① 비례동작
② 비례적분동작
③ 비례미분동작
④ 비례적분미분동작

비례 미적분동작(PID 제어)은 비례동작과 미분·적분동작이 결합된 제어기로서 오버슈트를 감소시키고, 정정시간을 적게 하여 정상편차와 응답속도를 동시에 개선하는 가장 안정한 제어 특성이다.
전달함수는 $G(s) = K\left(1 + T_d s + \dfrac{1}{T_i s}\right)$이다.

57 평행한 왕복도체에 흐르는 전류에 의한 작용력은?

① 반발력
② 흡인력
③ 회전력
④ 정지력

평행 도선 사이의 작용력
왕복도선이란 두 도선에 흐르는 전류의 방향이 반대라는 것을 의미하므로 두 도선간에 작용하는 힘은 반발력이 작용한다.

58 어떤 제어계의 임펄스 응답이 $\sin\omega t$일 때 계의 전달함수는?

① $\dfrac{\omega}{s+\omega}$
② $\dfrac{\omega^2}{s+\omega}$
③ $\dfrac{\omega}{s^2+\omega^2}$
④ $\dfrac{\omega^2}{s^2+\omega^2}$

전달함수는 제어계의 임펄스응답으로 정의하기 때문에 $\sin\omega t$의 라플라스 변환과 같다.
$\therefore\ \mathcal{L}[\sin\omega t] = \dfrac{\omega}{s^2+\omega^2}$

참고 삼각함수의 라플라스 변환

$f(t)$	$F(s)$
$\sin\omega t$	$\dfrac{\omega}{s^2+\omega^2}$
$\cos\omega t$	$\dfrac{s}{s^2+\omega^2}$

정답 53 ① 54 ② 55 ③ 56 ④ 57 ① 58 ③

59 그림과 같이 저항 R을 전류계와 내부저항 20[Ω]인 전압계로 측정하니 15[A]와 30[V]이었다. 저항 R은 몇 [Ω]인가?

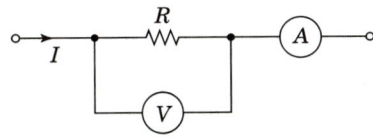

① 1.54
② 1.86
③ 2.22
④ 2.78

전압계 내부에 흐르는 누설전류를 먼저 구해보면
$I_v = \dfrac{V}{r_v} = \dfrac{30}{20} = 1.5[A]$이다.
이 때 저항 R에 흐르는 전류는 전류계의 지시값과 전압계 내부의 누설전류의 차가 되므로
$I_R = I - I_v = 15 - 1.5 = 13.5[A]$ 임을 알 수 있다.
따라서 전압계의 단자전압이 30[V] 이므로
$\therefore R = \dfrac{V}{I_R} = \dfrac{30}{13.5} = 2.22[Ω]$

60 시퀀스 제어에 관한 설명 중 옳지 않은 것은?

① 미리 정해진 순서에 의해 제어된다.
② 일정한 논리에 의해 정해진 순서에 의해 제어된다.
③ 조합논리회로로 사용된다.
④ 입력과 출력을 비교하는 장치가 필수적이다.

보기 ④항은 피드백 제어계의 특징에 해당된다.

기출문제 제13회 핵심 기출문제

1 공기조화 설비

01 실내 난방을 온풍기로 하고 있다. 이때 실내 현열량 6.5kW, 송풍 공기온도 30℃, 외기온도 -10℃, 실내온도 20℃일 때, 온풍기의 풍량(m³/h)은 얼마인가? (단, 공기 비열은 1.005kJ/kg·K, 밀도는 1.2kg/m³이다.)

① 1940.2 ② 1882.1
③ 1324.1 ④ 890.1

> 온풍기로 난방하는 경우 실내현열부하와 취출공기의 공급열량은 열평형을 이루므로
> $q = mC\Delta t = \rho QC\Delta t$에서
> $Q = \dfrac{q}{\rho C \Delta t} = \dfrac{6.5 \times 3600}{1.2 \times 1.005(30-20)} = 1940.3 \text{m}^3/\text{h}$
> ※ 이 문제에서 외기온도는 문제 풀이와 관계가 없는 함정요소 이다. 주의가 필요하다.

02 다음 공기선도 상에서 난방풍량이 25000m³/h인 경우 가열코일의 열량(kW)은? (단, 1은 외기, 2는 실내 상태점을 나타내며, 공기의 비중량은 1.2kg/m³이다.)

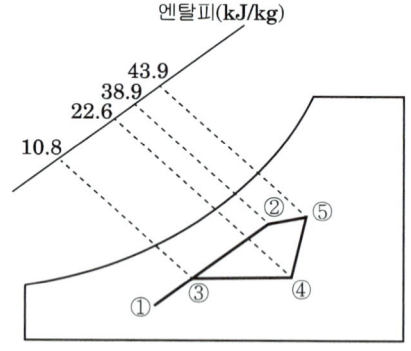

① 98.3 ② 87.1
③ 73.2 ④ 61.4

> 위 공기선도는 외기 ①과 환기 ②를 혼합하여(③) 가열한 후 (④) 증기가습하여(⑤) 취출하면 실내 공기 ②로 환기된다. 그러므로 가열코일에서 공기는 ③에서 ④로 변화하므로 가열 코일 용량은 다음 식으로 구한다.
> $q = mC\Delta t = mC\Delta h = \rho Q \Delta h = \rho Q(h_4 - h_3)$
> $= 1.2 \times 25000(22.6 - 10.8) = 354,000 \text{kJ/h} = 98.3\text{kW}$
> 여기서, 가열코일은 $q = mC\Delta t$로 열량을 구하지만 온도만 변화하는 경우 엔탈피가 곧 가열량과 같다.

03 공조방식 중 변풍량 단일덕트 방식에 대한 설명으로 틀린 것은?

① 운전비의 절약이 가능하다.
② 동시 부하율을 고려하여 기기 용량을 결정하므로 설비용량을 적게 할 수 있다.
③ 시운전시 각 토출구의 풍량조정이 복잡하다.
④ 부하변동에 대하여 제어응답이 빠르기 때문에 거주성이 향상된다.

> 변풍량 단일덕트 방식은 유니트에서 풍량조정이 자동으로 이루어 지므로 시운전시 각 토출구의 풍량조정이 간단하다.

04 풍량이 800m³/h인 공기를 건구온도 33℃, 습구온도 27℃(엔탈피(h_1)는 85.26 kJ/kg)의 상태에서 건구온도 16℃, 상대습도 90% (엔탈피(h_2)는 42kJ/kg)상태까지 냉각할 경우 필요한 냉각열량은(kW)은? (단, 건공기의 비체적은 0.83m³/kg이다.)

① 3.1 ② 5.4
③ 11.6 ④ 22.8

> 냉각열량 $= m\Delta h$
> $= \dfrac{Q}{v}(h_1 - h_2) = \dfrac{800}{0.83}(85.26 - 42)$
> $= 41,696 \text{kJ/h} = 11.6\text{kW}$

정답 01 ① 02 ① 03 ③ 04 ③

05 겨울철 침입외기(틈새바람)에 의한 잠열 부하(qL, kJ/h)를 구하는 공식으로 옳은 것은? (단, Q는 극간풍량(m³/h), $\triangle t$는 실내·외 온도차(℃), $\triangle x$는 실내·외 절대 습도차(kg/kg')이다.)

① $1.212 \times Q \times \triangle t$
② $539 \times Q \times \triangle x$
③ $2501 \times Q \times \triangle x$
④ $3001.2 \times Q \times \triangle x$

> 현열부하 $= mC\triangle t = 1.2Q \times 1.01\triangle t = 1.212Q\triangle t$
> 잠열부하 $= 2501m\triangle x = 2501 \times 1.2Q\triangle x = 3001.2Q\triangle x$

06 공기조화 부하의 종류 중 실내부하와 장치부하에 해당되지 않는 것은?

① 사무기기나 인체를 통해 실내에서 발생하는 열
② 유리 및 벽체를 통한 전도열
③ 급기덕트에서 실내로 유입되는 열
④ 외기로 실내 온·습도를 냉각시키는 열

> 실내 부하란 실내 취득 부하로 벽체, 유리창, 인체, 전열기구, 극간풍등이며, 장치부하란 공조장치 부하로 급기덕트, 팬 등의 부하이다. 외기도입으로 발생하는 외기부하는 공조부하 분류에서 별도 분류한다.

07 에어필터의 포집방법 중 무기질 섬유 공간을 공기가 통과할 때 충돌, 차단, 확산에 의해 큰 분진입자를 포집하는 필터는 무엇인가?

① 정전식 필터
② 여과식 필터
③ 점착식 필터
④ 흡착식 필터

> 여과식 필터는 공조기에 가장 일반적으로 사용되는 필터로 프리F, 미디엄F, 에프터 필터F가 여기에 속한다. 정전식은 전기적인 정전기를 이용하고, 점착식은 기름등의 점착력을 이용하고, 흡착식은 활성탄의 화학적인 흡착 작용을 이용한다.

08 덕트의 부속품에 관한 설명으로 틀린 것은?

① 댐퍼는 통과풍량의 조정 또는 개폐에 사용되는 기구이다.
② 분기 덕트 내의 풍량제어용으로 주로 익형 댐퍼를 사용한다.
③ 방화구획 관통부에는 방화댐퍼 또는 방연 댐퍼를 설치한다.
④ 가이드 베인은 곡부의 기류를 세분해서 와류의 크기를 적게 하는 것이 목적이다.

> 분기 덕트 내의 풍량 제어용으로는 주로 스플릿 댐퍼를 사용한다.

09 열교환기 중 공조기 내부에 주로 설치되는 공기 가열기 또는 공기냉각기를 흐르는 냉·온수의 통로수는 코일의 배열방식에 따라 나뉜다. 이 중 코일의 배열방식에 따른 종류가 아닌 것은?

① 풀 서킷
② 하프 서킷
③ 더블 서킷
④ 플로우 서킷

> 공조기 코일의 배열방식에 풀 서킷, 하프 서킷, 더블 서킷이 있다.

10 다음 가습기 방식 분류 중 기화식이 아닌 것은?

① 모세관식 가습기
② 회전식 가습기
③ 적하식 가습기
④ 원심식 가습기

> 기화식 : 모세관식, 회전식, 적하식
> 수분무식 : 노즐분무, 원심식, 초음파식
> 증기식 : 증기발생식(전열식, 전극식), 증기공급식(증기노즐분무)

정답 05 ④ 06 ④ 07 ② 08 ② 09 ④ 10 ④

11 각 실마다 전기스토브나 기름난로 등을 설치하여 난방하는 방식을 무엇이라고 하는가?

① 온돌난방 ② 중앙난방
③ 지역난방 ④ 개별난방

> 개별난방은 각실마다 가열장치를 둔다.

12 송풍기 특성곡선에서 송풍기의 운전점은 어떤 곡선의 교차점을 의미하는가?

① 압력곡선과 저항곡선의 교차점
② 효율곡선과 압력곡선의 교차점
③ 축동력곡선과 효율곡선의 교차점
④ 저항곡선과 축동력곡선의 교차점

> 송풍기는 덕트 저항에 따라 송풍량이 변화하며, 송풍기 압력곡선(정압, 전압)과 덕트 저항곡선의 교차점이 운전점이다.

13 방열량이 5.25 kW인 방열기에 공급해야 할 온수량(m³/h)은? (단, 방열기의 입구온도는 80℃, 출구온도는 70℃이며, 물의 비열은 4.2kJ/kg·℃, 물의 밀도는 977.5kg/m³이다.)

① 0.34 ② 0.46
③ 0.66 ④ 0.75

> 방열량과 온수공급열량은 같으므로
> $q = WC\Delta t$에서
> $W = \dfrac{q}{C\Delta t} = \dfrac{5.25 \text{kJ/s}}{4.2(80-70)} = 0.125 \text{kg/s}$
> $= 450 \text{kg/h} = \dfrac{450}{977.5} = 0.46 \text{m}^3/\text{h}$

14 송풍기 번호에 의한 송풍기 크기를 나타내는 식으로 옳은 것은?

① 원심송풍기 : No(#)= $\dfrac{\text{회전날개지름mm}}{100\text{mm}}$

축류송풍기 : No(#)= $\dfrac{\text{회전날개지름mm}}{150\text{mm}}$

② 원심송풍기 : No(#)= $\dfrac{\text{회전날개지름mm}}{150\text{mm}}$

축류송풍기 : No(#)= $\dfrac{\text{회전날개지름mm}}{100\text{mm}}$

③ 원심송풍기 : No(#)= $\dfrac{\text{회전날개지름mm}}{150\text{mm}}$

축류송풍기 : No(#)= $\dfrac{\text{회전날개지름mm}}{150\text{mm}}$

④ 원심송풍기 : No(#)= $\dfrac{\text{회전날개지름mm}}{100\text{mm}}$

축류송풍기 : No(#)= $\dfrac{\text{회전날개지름mm}}{100\text{mm}}$

> 팬은 임펠러 직경 사이즈에 따라 번호를 메기는데, 원심팬은 150mm(6인치) 축류팬은 100mm(4인치)를 기준한다.

15 외기와 배기 사이에서 현열과 잠열을 동시에 회수하는 방식으로 외기 도입량이 많고 운전시간이 긴 시설에서 효과가 큰 방식은?

① 전열교환기 방식
② 히트 파이프 방식
③ 콘덴서 리히트 방식
④ 런 어라운드 코일 방식

> 전열교환기는 배기중의 현열과 잠열을 회수하여 에너지를 절약한다. 초기 시설비가 비싸므로 운전시간이 길수록 효과적이다.

정답 11 ④ 12 ① 13 ② 14 ② 15 ①

16 보일러를 안전하고 경제적으로 운전하기 위한 여러 가지 부속기기 중 급수관계 장치와 가장 거리가 먼 것은?

① 증기관　　② 급수 펌프
③ 급수 밸브　④ 자동급수장치

> 보일러에서 증기관은 발생된 증기 공급 장치이다.

17 압력 10000 kPa, 온도 227℃인 공기의 밀도(kg/m³)는 얼마인가? (단, 공기의 기체상수는 287.04 J/kg·K 이다.)

① 57.3　　② 69.6
③ 73.2　　④ 82.9

> 이상기체상태방정식을 이용한다.
> $pv = RT$에서 압력단위가 kPa이면 기체상수(R)도 kJ로 적용한다.
> $v = \dfrac{RT}{p} = \dfrac{0.287 \times (273+227)}{10000} = 0.01435 \text{m}^3/\text{kg} = 69.6 \text{kg/m}^3$

18 다음 공조방식 중 중앙방식이 아닌 것은?

① 단일덕트 방식　　② 2중덕트 방식
③ 팬코일유닛 방식　④ 룸 쿨러 방식

> 룸 쿨러 방식은 가정용이나 사무실에서 1:1로 실내기와 실외기를 설치하는 패케이지 에어컨으로 개별 방식이다.

19 다음중 공조설비 시운전 중 점검사항으로 여과기(필터) 오염여부를 알기위해 사용하는 기기로 가장적합한 것은 무엇인가?

① 드레인밸브　② 차압계
③ 압력계　　　④ 인버터

> 공기 여과기는 필터 차압계를 이용하여 오염여부를 확인할 수 있다.

20 아래 습공기선도에서 습공기의 상태가 1지점에서 2지점을 거쳐 3지점으로 이동하였다. 이 습공기가 거친 과정은? (단, 1, 2의 엔탈피는 같다.)

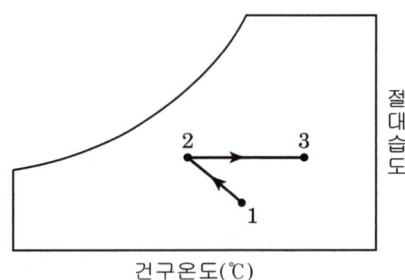

① 냉각 감습 - 가열
② 냉각 - 제습제를 이용한 제습
③ 순환수 가습 - 가열
④ 온수 감습 - 냉각

> 1→2는 엔탈피선을 따라가는 순환수 분무 가습 과정이며 2→3은 온도만 증가하는 가열 과정이다.

2 냉동냉장 설비

21 다음의 냉매가스를 단열압축 하였을 때 온도 상승률이 가장 큰 것부터 순서대로 나열된 것은? (단, 냉매가스는 이상기체로 가정한다.)

① 공기 > 암모니아 > 메틸클로라이드 > R-502
② 공기 > 메틸클로라이드 > 암모니아 > R-502
③ 공기 > R-502 > 메틸클로라이드 > 암모니아
④ R-502 > 공기 > 암모니아 > 메틸클로라이드

> 냉매의 경우 비열비가 클수록 단열압축 후 온도 상승률이 크다.
> 비열비 $K = \dfrac{\text{정압비열}}{\text{정적비열}}$ 로 표시되며
> 단열압축 후의 온도 $T_2 = T_1 \times \left(\dfrac{P_2}{P_1}\right)^{\frac{K-1}{K}}$ 이다.
> ① 공기 ($K=1.4$)　　② NH_3 ($K=1.313$)
> ③ 메틸클로라이드($K=1.20$)　④ R-502($K=1.14$)

정답 16 ①　17 ②　18 ④　19 ②　20 ③　21 ①

22 몰리에르선도 상에서 압력이 증대함에 따라 포화액선과 건포화증기선이 만나는 일치점을 무엇이라 하는가?

① 한계점　　② 임계점
③ 상사점　　④ 비등점

> **임계점(CP : critical point)**
> 압력의 변화에 따라 포화 증기의 잠열이나 전열량 및 포화수의 보유 열량은 변화한다. 그림에서와 같이 포화수의 비엔탈피는 압력의 상승과 함께 증가하나, 증발열(잠열)은 반대로 감소해간다. 그 극한의 22.12MPa(abs)의 압력에 있어서 포화 온도는 374.15℃로 되는데, 포화 증기의 전열량과 포화수의 보유 열량 즉 현열과 같게 된다. 따라서 이 점에 있어서의 잠열은 0으로 된다. 이 극한점을 임계점이라 하며, 임계점에서는 포화수의 비용적과 포화 증기의 비용적은 같고 물과 증기의 구별이 되지 않는다.

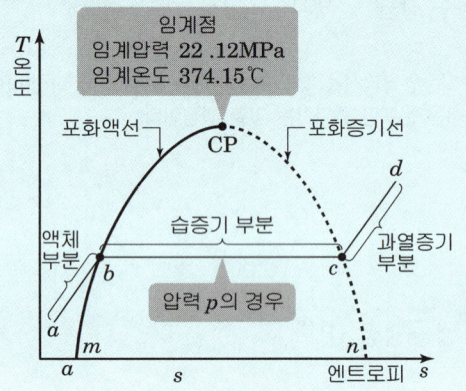

23 아래에 기술된 것은 냉동기 운전 중의 주의사항이다. 옳지 않은 것을 고르시오.

① 압축기가 습증기를 흡입하면 압축기의 토출가스온도가 저하하며, 오일포밍을 발생할 수 있다.
② 압축기의 흡입밸브에서 누설이 있으면 압축기의 토출가스온도는 약간 상승하고, 체적효율이 저하된다.
③ 압축기의 토출밸브에서 누설이 있으면 압축기의 토출가스온도가 상승하고 체적효율 및 단열효율이 크게 저하한다.
④ 압축기운전 중 흡입증기압력이 비정상적으로 저하하면 압축기는 습운전으로 되고, 체적효율 과 단열효율은 모두 저하한다.

④ 압축기운전 중 흡입증기압력이 비정상적으로 저하하면 압축기는 과열운전이 된다.

24 쇠고기(지방이 없는 부분) 5ton을 12시간 동안 30℃에서 -15℃까지 냉각할 때의 냉동능력으로 옳은 것은? (단, 쇠고기의 동결점은 -2℃로, 쇠고기의 동결전 비열(지방이 없는 부분)은 0.88Wh/(kg·K)로, 동결후 비열은 0.49Wh/(kg·K), 동결잠열은 65.14Wh/kg으로 한다.)

① 31.5kW　　② 41.5kW
③ 51.7kW　　④ 61.7kW

> 1) 30℃에서 -2℃까지 냉각현열부하
> $q = mC\Delta t = 5000 \times 0.88 \times 3.6 \times \{30-(-2)\} = 506,880 kJ$
> (여기서 비열단위
> Wh/(kg·K) = W×3600s/(kg·K) = 3600J/(kg·K)
> 　　　　　　= 3.6kJ/(kg·K)이다.)
> 2) -2℃ 동결 시 잠열부하 :
> $q = m\gamma = 5000 \times 65.14 \times 3.6 = 1,172,520 kJ$
> 3) -2℃에서 -15℃까지 동결 냉각시킬 경우 냉각현열부하
> $q = mC\Delta t = 5000 \times 0.49 \times 3.6 \times \{-2-(-15)\} = 114,660 kJ$
> 따라서 12시간동안 5ton에 대한 전동결부하(냉동능력)는
> $KW = \dfrac{506,880 + 1,172,520 + 114,660 (kJ)}{12(h)} = 149,505 kJ/h$
> 　　　$= 41.53 kW$
> (냉동, 냉장 부하 문제는 냉각 시간 동안의 전체 동결부하(kJ)인지 단위시간 동안의 냉동 능력(kW)인지 정확히 구분해야한다)

25 용적형 냉동기 제작설치 검사 일반사항에 대한 설명으로 가장 거리가 먼것은?

① 고압가스안전관리법에 의한 내압시험 및 기밀시험에 합격하여야 한다.
② 수냉각기, 응축기의 수측에 대한 수압시험은 원칙적으로 최고 사용압력의 2배로 하되 그 값이 약1MPa 미만일 때는 1MPa로 한다.
③ 쿨링랜지의 범위내에서 냉각 동작이 확실한 것으로 한다.
④ 소음, 진동에 대한 시험 및 검사에 합격한 것으로 한다.

정답　22 ②　23 ④　24 ②　25 ③

쿨링랜지는 냉각탑 기능과 관련된 사항이다.

26 온도식 팽창밸브(Thermostatic expansion valve)에 있어서 과열도란 무엇인가?

① 팽창밸브 입구와 증발기 출구 사이의 냉매 온도차
② 팽창밸브 입구와 팽창밸브 출구 사이의 냉매 온도차
③ 흡입관내의 냉매가스 온도와 증발기내의 포화온도와의 온도차
④ 압축기 토출가스와 증발기 내 증발가스의 온도차

> 온도식 팽창밸브에서 과열도란 증발기와 압축기사이의 흡입관내의 냉매가스 온도와 증발기내의 포화온도와의 온도차를 의미한다.

27 수냉식 응축기를 사용하는 냉동장치에서 응축압력이 표준압력보다 높게 되는 원인으로 가장 거리가 먼 것은?

① 공기 또는 불응축가스의 혼입
② 응축수 입구온도의 저하
③ 냉각수량의 부족
④ 응축기의 냉각관에 스케일이 부착

> 응축압력(온도)의 상승원인
> (1) 응축기의 냉각수온 및 냉각공기의 온도가 높을 경우
> (2) 냉각수량이 부족할 경우
> (3) 증발부하가 클 경우
> (4) 냉각관에 유막 및 스케일이 생성되었을 경우
> (5) 냉매를 너무 과충전 했을 경우
> (6) 응축기의 용량이 너무 작을 경우
> (7) 증발식 응축기에서 대기습구 온도가 높을 경우
> (8) 불응축 가스가 혼입되었을 경우

28 냉매 충전용 매니폴드를 구성하는 주요밸브와 가장 거리가 먼 것은?

① 흡입밸브
② 자동용량제어밸브
③ 펌프연결밸브
④ 바이패스밸브

> 매니폴드 게이지는 압력계와 밸브를 조합시킨 것으로 충전호스 3본을 접속하여 프레온계의 냉매를 장치에 충전하거나 확인하기 위해 사용하는 계기이다. 일반적으로 매니폴드 게이지는 적색, 청색, 황색 3본의 충전호스 및 충전용 용기의 접속장치가 세트로 되어 있으며 사용방법은 장치의 고압 측에 적색호스를 저압 측에 청색호스, 그리고 황색호스를 진공펌프에 연결하여 진공이 완료된 후 순서에 따라서 충전을 행한다. 매니폴드 게이지는 가정용 냉동장치와 같이 압력계가 없는 냉동장치에 사용하기 편리하다.

29 증기 압축식 냉동법(A)과 전자 냉동법(B)의 역할을 비교한 것으로 틀린 것은?

① (A)압축기 : (B)소대자(P-N)
② (A)압축기 모터 : (B)전원
③ (A)냉매 : (B)전자
④ (A)응축기 : (B)저온측 접합부

> ④ (A)응축기 : (B)고온측 접합부이다.
> [참고]
> (A)증발기 : (B)저온측 접합부

30 다음 중 가스엔진구동형 열펌프(GHP)시스템의 설명으로 틀린 것은?

① 압축기를 구동하는데 전기에너지 대신 가스를 이용하는 내연기관을 이용한다.
② 하나의 실외기에 하나 또는 여러 개의 실내기가 장착된 형태로 이루어진다.
③ 구성요소로서 압축기를 제외한 엔진, 그리고 내·외부열교환기 등으로 구성된다.
④ 연료로는 천연가스, 프로판 등이 이용될 수 있다.

> 열펌프는 압축기를 포함하여 엔진 내·외부 열교환기로 구성된다.

정답 26 ③ 27 ② 28 ② 29 ④ 30 ③

31 다음 그림은 단효용 흡수식 냉동기에서 일어나는 과정을 나타낸 것이다. 각 과정에 대한 설명으로 틀린 것은?

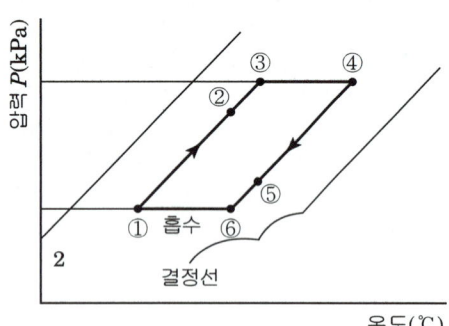

① ①→②과정 : 재생기에서 돌아오는 고온 농용액과 열교환에 의한 희용액의 온도상승
② ②→③과정 : 재생기내에서의 가열에 의한 냉매 응축
③ ④→⑤과정 : 흡수기에서의 저온 희용액과 열교환에 의한 농용액의 온도강하
④ ⑤→⑥과정 : 흡수기에서 외부로부터의 냉각에 의한 농용액의 온도강하

> ②→③과정 : 재생기내에서의 비등점에 이르기까지 가열
> ③→④과정 : 재생기내에서의 가열에 의한 냉매 응축

32 다음 냉동기의 종류와 원리의 연결로 틀린 것은?

① 증기압축식 - 냉매의 증발잠열
② 증기분사식 - 진공에 의한 물 냉각
③ 전자냉동법 - 전류흐름에 의한 흡열작용
④ 흡수식 - 프레온 냉매의 증발잠열

> **흡수식 냉동기**
> 흡수식 냉동기는 증발기, 흡수기, 재생기, 응축기, 열교환기로 구성되어 있고, 증기압축식 냉동기의 압축기의 역할을 흡수기와 재생기에 의해 이루어진다.
> 흡수식 냉동기에서는 증발기에서 고진공하에 물이 증발하여 증발기 내부에 순환하는 냉수로부터 열을 흡수하여 냉각시킨다. 냉매로는 물 이외에 냉동용으로 암모니아(NH_3)가 이용되며 프레온냉매는 사용되지 않는다.

33 다음 중 헬라이드 토치를 이용하여 누설검사를 하는 냉매는?

① R-134a ② R-717
③ R-744 ④ R-729

> 헬라이드 토치는 프레온계 냉매의 누설검지기로 누설 시 불꽃의 색으로 검지한다.
> 헬라이드 토치 사용 시 냉매의 불꽃반응
> 정상-청색, 소량누설-녹색, 다량누설-자색, 과량누설-꺼진다.
> 문제에서 ① R-134a만 프레온 냉매이고 나머지 냉매는 무기물 냉매(700번 냉매)이다.

34 냉동기 속 두 냉매가 아래 표의 조건으로 작동될 때, A 냉매를 이용한 압축기의 냉동능력을 Q_A, B 냉매를 이용한 압축기의 냉동능력을 Q_B 인 경우, Q_A/Q_B의 비는? (단, 두 압축기의 피스톤 압출량은 동일하며, 체적효율도 75%로 동일하다.)

	A	B
냉동효과(kJ/kg)	1130	170
비체적(m^3/kg)	0.509	0.077

① 1.5 ② 1.0
③ 0.8 ④ 0.5

> 냉동능력 $Q_2 = G \times q_2 = \dfrac{V_a \times \eta_v}{v} \times q_2$ 에서
> $Q_A = \dfrac{V_a \times 0.75}{0.509} \times 1130 ≒ 1165.03 V_a$
> $Q_B = \dfrac{V_a \times 0.75}{0.077} \times 170 ≒ 1655.84 V_a$
> $\therefore Q_A/Q_B = \dfrac{1165.03 V_a}{1155.84 V_a} ≒ 1.0$

35 두께 3cm인 석면판의 한 쪽면의 온도는 400℃, 다른 쪽면의 온도는 100℃일 때, 이 판을 통해 일어나는 열전달량(W/m^2)은? (단, 석면의 열전도율은 0.095W/m·℃ 이다.)

① 0.95 ② 95
③ 950 ④ 9500

정답 31 ② 32 ④ 33 ① 34 ② 35 ③

$$q = \frac{\lambda A \Delta t}{d} = \frac{0.095 \times 1 \times (400-100)}{0.03} = 950 [W/m^2]$$

36 R-502를 사용하는 냉동장치의 몰리엘 선도가 다음과 같다. 이 장치의 실제 냉매순환량은 167 kg/h이고, 전동기 출력이 3.5 kW일 때, 실제 성적계수는?

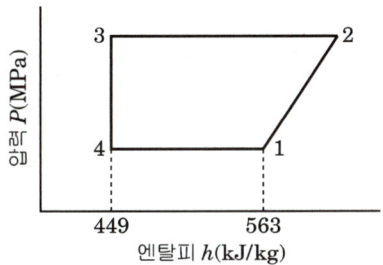

① 1.3
② 1.4
③ 1.5
④ 1.6

$$COP = \frac{Q_2}{W} = \frac{167 \times (563-449)/3600}{3.5} ≒ 1.5$$

37 흡수식 냉동기에 관한 설명으로 옳은 것은?

① 초저온용으로 사용된다.
② 비교적 소용량 보다는 대용량에 적합하다.
③ 열교환기를 설치하여도 효율은 변함없다.
④ 물-LiBr 식인 경우 물이 흡수제가 된다.

① 흡수식 냉동기는 물을 냉매로 사용하는 냉동기로 주로 냉방(공조)용으로 사용되며 초저온 용으로는 사용될 수가 없다.
③ 흡수식 냉동기는 열교환기를 사용하여 효율을 증대 시키고 있다.
④ 물-LiBr 식인 경우 물이 냉매 LiBr가 흡수제이다.

38 냉매와 배관재료의 선택을 바르게 나타낸 것은?

① NH3 : Cu 합금
② 크롤메틸 : Al합금
③ R - 21 : Mg을 함유한 Al합금
④ 이산화탄소 : Fe 합금

배관재료
(1) 암모니아는 동 및 동합금(황동 및 청동)을 부식하기 때문에 압축기의 축(항상 유막이 형성되어 있음) 등의 일부를 제외하고 동 및 동합금을 사용할 수 없다. 일반적으로 암모니아 냉동장치의 브르돈관 압력계 재료로는 연강을 사용한다.
(2) 프레온계(플루오르카본)냉매의 배관재료로는 2%을 초과하는 마그네슘을 함유하는 알루미늄 합금을 사용할 수 없다. 일반적으로 동관을 사용하고 동관, 동합금관은 가능한 한 이음매 없는관을 사용해야 한다.

39 2단압축 사이클에서 증발압력이 계기압력으로 235 kPa이고, 응축압력은 절대압력으로 1225 kPa일 때 최적의 중간 절대압력(kPa)은? (단, 대기압은 101 kPa이다.)

① 514.5
② 536.06
③ 641.56
④ 668.36

중간압력
2단 압축냉동 사이클에서 가장 이상적인 형식은 각 단의 압축비를 동일하게 취하는 것이다.
압축비 $m = \frac{P_m}{P_2} = \frac{P_1}{P_m}$ 에서 $P_m^2 = P_2 \times P_1$
$\therefore P_m = \sqrt{P_1 \cdot P_2} = \sqrt{1225 \times 336} ≒ 641.56 [kPa]$
여기서,
P_1 : 고압측(응축)절대압력 ; [1225kPa · a]
P_2 : 저압측(증발)절대압력 ; 101 + 235 = 336 [kPa · a]

정답 36 ③ 37 ② 38 ④ 39 ③

40 30℃의 공기가 체적 1m³의 용기 내에 압력 600 kPa인 상태로 들어 있을 때 용기 내의 공기 질량(kg)은? (단, 기체상수는 287 J/kg·K이다.)

① 5.9
② 6.9
③ 7.9
④ 4.9

> 이상기체 상태 방정식
> $PV = mRT$ 에서
> $m = \dfrac{PV}{RT} = \dfrac{600 \times 10^3 \times 1}{287 \times (273+30)} ≒ 6.9$

3 공조냉동 설치·운영

41 증기난방 배관에서 증기트랩을 사용하는 주된 목적은?

① 관 내의 온도를 조절하기 위해서
② 관 내의 압력을 조절하기 위해서
③ 배관의 신축을 흡수하기 위해서
④ 관 내의 증기와 응축수를 분리하기 위해서

> 증기트랩은 방열기나 관 내에서 공급되는 증기와 발생한 응축수를 분리하여, 응축수는 배출하고 증기는 잡아두는 선택적 기능을 한다.

42 냉매 배관 시공법에 관한 설명으로 틀린 것은?

① 압축기와 응축기가 동일 높이 또는 응축기가 아래에 있는 경우 배출관은 하향구배로 한다.
② 증발기가 응축기보다 아래에 있을 때 냉매액이 증발기에 흘러내리는 것을 방지하기 위해 역 루프를 만들어 배관한다.
③ 증발기와 압축기가 같은 높이일 때는 흡입관을 수직으로 세운 다음 압축기를 향해 선단 상향구배로 배관한다.
④ 액관 배관 시 증발기 입구에 전자밸브가 있을 때는 루프이음을 할 필요가 없다.

> 증발기와 압축기가 같은 높이일 때는 흡입관을 수직으로 세운 다음 압축기를 향해 선단 하향구배로 배관하여 오일의 순환을 순조롭게 한다.

43 증기배관내의 수격작용을 방지하기 위한 내용으로 가장 적당한 것은?

① 감압밸브를 설치한다.
② 가능한 배관에 굴곡부를 많이 둔다.
③ 가능한 배관의 관경을 크게 한다.
④ 배관내 증기의 유속을 빠르게 한다.

> 수격작용 방지방법은 유속은 느리게, 관경은 키우고, 굴곡부는 적게, 압력변화는 적게한다.

44 냉동장치 배관도에서 다음과 같은 부속기기의 기호는 무엇을 나타내는가?

① 송풍기
② 응축기
③ 펌프
④ 체크밸브

> 펌프 도시기호이다.

45 다음 배관 도시기호 중 레듀서 표시는 무엇인가?

① : 레듀서,
② : 플랜지(비슷),
③ : 슬리브형 신축이음
④ : 슬리브형 신축이음

정답 40 ② 41 ④ 42 ③ 43 ③ 44 ③ 45 ①

46 아래 급수 배관 평면도에 대한 부속 산출에서 엘보는 몇개인가?

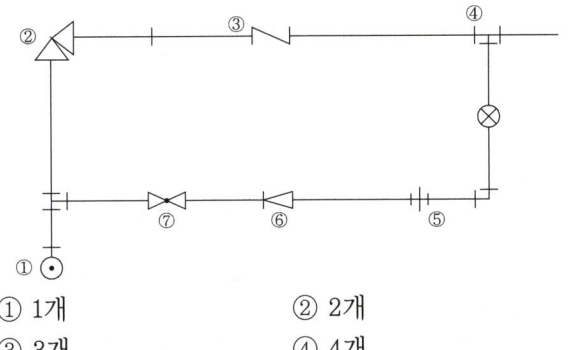

① 1개　　　　　　② 2개
③ 3개　　　　　　④ 4개

> 엘보는 2개(① 1개, ⑤ 유니언 우측에 1개) ② 앵글밸브
> ③ 체크밸브, ④ 티이(2개), ⑥ 레듀서, ⑦ 글로브밸브

47 냉동기 시운전 및 성능시험에서 초기 운전시에 냉장실 내부온도를 소정의 설정온도까지 내리는 것을 무엇이라 하는가?

① 냉각 시운전(cooling down)
② 진공검사
③ 웜업(warm up)
④ 제상온도운전

> 냉동장치의 초기 운전시에 냉장실 내부온도를 소정의 설정온도까지 내리는 것을 냉각시운전(cooling down)이라 한다.

48 실내 공기질 관리법상 실내 공기질 관리 항목에 포함되지 않는 것은?

① 이산화질소(ppm)
② 라돈(Bq/m³)
③ 총휘발성유기화합물(μg/m³)
④ 총용존유기탄소(TOC)

> 실내 공기질 관리 항목에 총용존유기탄소(TOC)는 항목에 없으며 곰팡이(CFU/m³)가 해당된다.

49 냉동기주변 냉온수 배관 도면 검토시 설명으로 가장 거리가 먼 것은?

① 점검, 수리를 위한 배수밸브를 최저부에 설치하고 배관 및 장치의 탈착을 위한 플랜지를 설치할 것
② 공기정체가 쉬운부분에 대한 공기빼기 밸브 설치(입상배관의 최상부, 수온이 올라 가는 곳, 수압이 내려 가는 곳, 물의 방향이 바뀌는 곳 등)
③ 기기 및 유량제어용 밸브 하류측에는 스트레나를 설치할 것
④ 장비 진동의 전달방지를 위한 방진대책 수립(방진상세도와 부분상세도를 일치시킬 것)

> 기기 및 유량제어용 밸브 상류측(입구)에는 스트레나를 설치하여 이물질을 제거 할 것

50 관 이음쇠의 종류에 따른 용도의 연결로 틀린 것은?

① 와이(Y) – 분기할 때
② 벤드 – 방향을 바꿀 때
③ 플러그 – 직선으로 이을 때
④ 유니온 – 분해, 수리, 교체가 필요할 때

> 플러그는 관 말단을 막을 때 사용하며, 배관을 직선으로 이을 때는 소켓이나, 플랜지를 사용한다.

51 저항 R에 100[V]의 전압을 인가하여 10[A]의 전류를 1분간 흘렸다면 이때의 열량은 약 몇 [kJ]인가?

① 60　　　　　　② 600
③ 3600　　　　　④ 7200

> $H = IVt = 10 \times 100 \times 60 = 60,000 W \cdot s$
> $= 60,000 J = 60 kJ$

정답　46 ②　47 ①　48 ④　49 ③　50 ③　51 ①

52 100[V], 10[A], 전기자저항 1[Ω], 회전수 1,800[rpm]인 직류 전동기의 역기전력은 몇 [V]인가?

① 80 ② 90
③ 100 ④ 110

$E = V - R_a I_a = k\phi N [V]$ 식에서
$V = 100[V]$, $I_a = 10[A]$, $R_a = 1[\Omega]$,
$N = 1,800[rpm]$일 때
∴ $E = V - R_a I_a = 100 - 1 \times 10 = 90 [V]$

53 자동제어의 조절기기 중 연속동작이 아닌 것은?

① 비례제어 동작 ② 적분제어 동작
③ 2위치 동작 ④ 미분제어 동작

불연속동작에 의한 분류
(1) 2위치 제어(ON-OFF 제어) : 간단한 단속제어 동작이고 사이클링과 오프-셋을 발생시킨다. 2위치 제어계의 신호는 동작하거나 아니면 동작하지 않도록 2가지로만 결정되기 때문에 2진 신호로 해석한다.
(2) 샘플링 제어

54 전류에 의한 자계의 방향을 결정하는 법칙은?

① 렌츠의 법칙
② 플레밍의 오른손 법칙
③ 플레밍의 왼손 법칙
④ 암페어의 오른나사 법칙

전류와 자계의 관련 법칙
(1) 암페어의 오른나사의 법칙은 전류에 의한 자장의 방향을 알 수 있는 법칙이다.
(2) 비오-사바르의 법칙은 전류에 의해 발생하는 자계의 세기를 구할 수 있는 법칙이다.

55 전달함수를 정의할 때의 조건으로 옳은 것은?

① 모든 초기값을 고려한다.
② 모든 초기값을 0으로 한다.
③ 입력신호만을 고려한다.
④ 주파수 특성만을 고려한다.

전달함수의 정의
(1) 모든 초기값을 0으로 하고 라플라스 변환된 입력 함수와 출력 함수와의 비이다.
(2) 어떤 계에 대한 임펄스응답의 라플라스 변환 값이다.
(3) 전달함수는 선형계에서만 정의된다.
(4) 전달함수의 분모를 0으로 놓으면 계의 특성방정식이 된다.
(5) $t < 0$에서는 제어계가 정지상태에 있음을 의미한다.

56 변압기의 특성 중 규약 효율이란?

① $\dfrac{출력}{출력-손실}$ ② $\dfrac{출력}{출력+손실}$
③ $\dfrac{입력}{입력-손실}$ ④ $\dfrac{입력}{입력+손실}$

변압기의 규약효율(η)
∴ $\eta = \dfrac{출력}{출력+손실} \times 100[\%]$

57 그림과 같은 계전기 접점회로의 논리식으로 알맞은 것은?

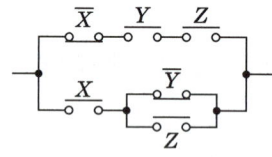

① $(X+\overline{Y}+Z)(\overline{X}+Y+Z)$
② $X(\overline{Y}+Z)+\overline{X}YZ$
③ $(X+\overline{Y}Z)(\overline{X}+Y+Z)$
④ $(X\overline{Y}+Z)(\overline{X}YZ)$

논리식 = $\overline{X}YZ + X(\overline{Y}+Z)$

58 제어량을 어떤 일정한 목표값으로 유지하는 것을 목적으로 하는 제어법은?

① 추종제어 ② 비율제어
③ 정치제어 ④ 프로그램제어

> 정치제어는 목표값이 시간에 관계없이 항상 일정한 경우로 정전압장치, 일정 속도제어, 연속식 압연기 등에 해당하는 제어이다.

59 최대 눈금이 1,000[V], 내부저항은 10[kΩ]인 전압계를 가지고 그림과 같이 전압을 측정하였다. 전압계의 지시가 200[V]일 때 전압 E는 몇 [V]인가?

① 800
② 1,000
③ 1,800
④ 2,000

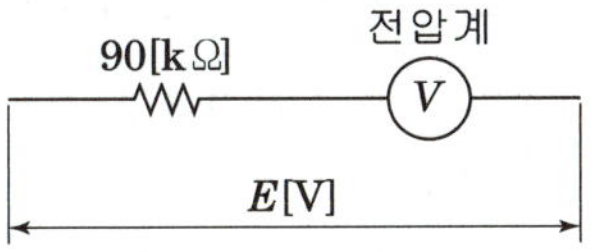

> $m = \dfrac{E}{E_v} = 1 + \dfrac{r_m}{r_v}$ 식에서
> $E_{mv} = 1,000[V]$, $r_v = 10[k\Omega]$, $E_v = 200[V]$,
> $r_m = 90[k\Omega]$일 때
> ∴ $E = \left(1 + \dfrac{r_m}{r_v}\right)E_v = \left(1 + \dfrac{90}{10}\right) \times 200 = 2,000[V]$

60 교류의 크기는 보통 실효값으로 나타내나 실효값으로 파형을 알 수 없으므로 개략을 알기 위한 방법으로 파형률이라는 계수를 쓴다. 다음 중 파형률을 나타내는 것은?

① $\dfrac{실효값}{평균값}$ ② $\dfrac{최대값}{평균값}$

③ $\dfrac{최대값}{실효값}$ ④ $\dfrac{실효값}{최대값}$

> **파고율과 파형율**
> 교류의 최대값과 실효값, 그리고 직류성분인 평균값을 서로 비교하여 나타내는 것으로 공식은 다음과 같다.
>
> 파고율 = $\dfrac{최대값}{실효값}$, 파형률 = $\dfrac{실효값}{평균값}$

정답 58 ③ 59 ④ 60 ①

기출문제 제14회 핵심 기출문제

1 공기조화 설비

01 공기 중의 수증기 분압을 포화압력으로 하는 온도를 무엇이라 하는가?

① 건구온도　　② 습구온도
③ 노점온도　　④ 글로브(globe)온도

> 수증기 분압을 포화압력으로 하는 것은 상대습도 100%인 노점온도를 말한다.

02 외기의 온도가 -10℃이고 실내온도가 20℃이며 벽 면적이 25m²일 때, 실내의 열손실량(kW)은?
(단, 벽체의 열관류율 10W/m²·K, 방위계수는 북향으로 1.2 이다.)

① 7　　② 8
③ 9　　④ 10

> $q = KA\Delta t\,k = 10 \times 25(20-(-10)) \times 1.2 = 9000W = 9kW$

03 공조공간을 작업 공간과 비작업 공간으로 나누어 전체적으로는 기본적인 공조만 하고, 작업공간에서는 개인의 취향에 맞도록 개별 공조하는 방식은?

① 바닥취출 공조방식
② 테스크 엠비언트 공조방식
③ 저온공조방식
④ 축열공조방식

> 테스크 엠비언트 공조방식이란 테스크(task : 작업)공간과 엠비언트(ambient : 주변)공간으로 나누어 공조하는 방식이다.

04 제습장치에 대한 설명으로 틀린 것은?

① 냉각식 제습장치는 처리공기를 노점 온도 이하로 냉각시켜 수증기를 응축시킨다.
② 일반 공조에서는 공조기에 냉각코일을 채용하므로 별도의 제습장치가 없다.
③ 제습방법은 냉각식, 흡수식, 흡착식으로 구분된다.
④ 에어와셔 방식은 냉각식으로 소형이고 수처리가 편리하여 많이 채용된다.

> 에어와셔 방식은 가습에 많이 이용된다.

05 냉각코일의 용량결정 방법으로 옳은 것은?

① 실내취득열량 + 기기로부터의 취득열량 + 재열부하 + 외기부하
② 실내취득열량 + 기기로부터의 취득열량 + 재열부하 + 냉수펌프부하
③ 실내취득열량 + 기기로부터의 취득열량 + 재열부하 + 배관부하
④ 실내취득열량 + 기기로부터의 취득열량 + 재열부하 + 냉수펌프 및 배관부하

> 냉각코일의 용량 = 냉방부하 = 실내취득열량 + 기기로부터의 취득열량 + 재열부하 + 외기부하

06 온풍난방에 관한 설명으로 틀린 것은?

① 예열부하가 거의 없으므로 기동시간이 아주 짧다.
② 온풍을 이용하므로 쾌감도가 좋다.
③ 보수·취급이 간단하여 취급에 자격이 필요하지 않다.
④ 설치면적이 적으며 설치 장소도 제약을 받지 않는다.

> 온풍을 이용하는 온풍난방은 건조하고, 먼지 분산등으로 쾌감도가 나쁘다.

정답　01 ③　02 ③　03 ②　04 ④　05 ①　06 ②

07 난방부하가 10kW인 온수난방 설비에서 방열기의 출·입구 온도차가 12℃이고, 실내·외 온도차가 18℃일 때 온수순환량(kg/s)은 얼마인가?
(단, 물의비열은 4.2kJ/kg·℃이다.)

① 1.3　　② 0.8
③ 0.5　　④ 0.2

> 난방부하와 온수방열량이 열평형을 이루므로
> $q = WC\Delta t$ 에서
> $W = \dfrac{q}{C\Delta t} = \dfrac{10kW}{4.2 \times 12} = 0.198 = 0.2 kg/s$
> ※ 이 문제에서 실내외 온도차는 문제 풀이와 관계가 없는 함정 요소이다. 주의가 필요하다.

08 다음 송풍기의 풍량 제어 방법 중 송풍량과 축동력의 관계를 고려하여 에너지절감 효과가 가장 좋은 제어 방법은? (단, 모두 동일한 조건으로 운전된다.)

① 회전수 제어　　② 흡입 베인 제어
③ 취출 댐퍼 제어　　④ 흡입 댐퍼 제어

> 동일한 풍량 제어를 할 때 에너지 절감효과는 회전수제어방식이 가장 크고 그 순서는 다음과 같다.
> 회전수 제어 > 흡입 베인 제어 > 흡입 댐퍼 제어 > 취출 댐퍼 제어

09 다음 중 공조설비 시운전 중 모터 과열시 원인으로 가장 거리가 먼것은 무엇인가?

① 과부하시
② 모터 냉각핀이 먼지로 오염
③ 결상이 된 경우
④ 과부하 방지기 작동

> 과부하로 모터 과부하 방지기가 작동하면 전원이 차단되어 더 이상 모터가 과열되지 않는다.

10 어떤 단열된 공조기의 장치도가 다음 그림과 같을 때 수분비(U)를 구하는 식으로 옳은 것은? (단, h_1, h_2 : 입구 및 출구 엔탈피(kJ/kg), x_1, x_2 : 입구 및 출구 절대습도(kg/kg), q_s : 가열량(W), L : 가습량(kg/h), h_L : 가습수분(L)의 엔탈피 (kJ/kg), G : 유량(kg/h)이다.)

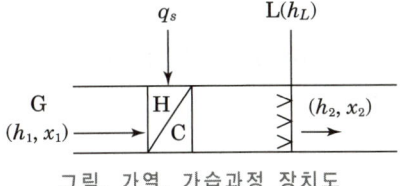

그림. 가열, 가습과정 장치도

① $U = \dfrac{q_s}{G} - h_L$　　② $U = \dfrac{q_s}{L} - h_L$

③ $U = \dfrac{q_s}{L} + h_L$　　④ $U = \dfrac{q_s}{G} + h_L$

> 열수분비(U)는 공급 수분량에 대한 공급열량의 비로
> $U = \dfrac{총\ 가열량}{총\ 가습량} = \dfrac{q_S + L \times h_L}{L} = \dfrac{q_S}{L} + h_L$

11 겨울철 외기조건이 2℃(DB), 50%(RH), 실내조건이 19℃(DB), 50%(RH)이다. 외기와 실내공기를 1:3으로 혼합 할 경우 혼합공기의 최종온도(℃)는?

① 5.3　　② 10.3
③ 14.8　　④ 17.3

> $t = \dfrac{m_1 t_1 + m_2 t_2}{m_1 + m_2} = \dfrac{1 \times 2 + 3 \times 19}{1 + 3} = 14.75$

12 다음 취득 열량 중 잠열이 포함되지 않는 것은?

① 인체의 발열　　② 조명기구의 발열
③ 외기의 취득열　　④ 증기 소독기의 발생열

> 잠열은 수분과 관계하므로 조명기구는 수분 발생이 없다.

정답　07 ④　08 ①　09 ④　10 ③　11 ③　12 ②

13 다음 중 표면 결로 발생 방지조건으로 틀린 것은?

① 실내측에 방습막을 부착한다.
② 다습한 외기를 도입하지 않는다.
③ 실내에서 발생되는 수증기량을 억제한다.
④ 공기와의 접촉면 온도를 노점온도 이하로 유지한다.

> 공기와의 접촉면 온도를 노점온도 이상으로 유지해야 결로를 방지할수있다.

14 다음의 공기선도상에 수분의 증가 없이 가열 또는 냉각되는 경우를 나타낸 것은?

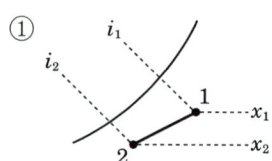 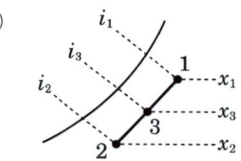
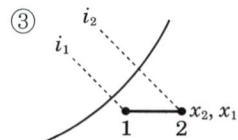 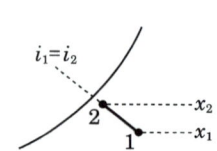

> 가열 냉각만하는 경우는 습공기 선도상에서 상태선이 수평으로 변화한다.

15 다음과 같은 공기선도상의 상태에서 CF(Contact Factor)를 나타내고 있는 것은?

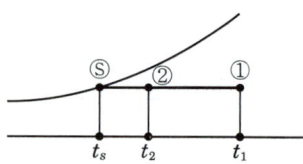

① $\dfrac{t_1 - t_2}{t_1 - t_s}$ ② $\dfrac{t_1 - t_2}{t_2 - t_s}$

③ $\dfrac{t_2 - t_s}{t_1 - t_s}$ ④ $\dfrac{t_2 - t_s}{t_1 - t_2}$

> CF란 접촉비율로 코일표면 (S)에 통과하는 입구공기 (①)가 얼마나 변화했는가 (①-②)비율이다.
>
> 접촉비율 $CF = \dfrac{t_1 - t_2}{t_1 - t_s}$
>
> 바이패스 팩터 $BF = \dfrac{t_2 - t_s}{t_1 - t_s}$

16 대류난방과 비교하여 복사난방의 특징으로 틀린 것은?

① 환기 시에는 열손실이 크다.
② 실의 높이에 따른 온도편차가 크지 않다.
③ 하자가 발생하였을 때 위치확인이 곤란하다
④ 열용량이 크므로 부하에 즉각적인 대응이 어렵다.

> 대류난방과 비교하여 복사난방은 환기 시에도 열손실이 적어서 로비나, 문을 자주 개방하는 곳에 적합하다.

17 덕트의 설계순서로 옳은 것은?

① 송풍량 결정 → 취출구 및 흡입구의 위치 결정 → 덕트경로 결정 → 덕트치수 결정
② 취출구 및 흡입구의 위치 결정 → 덕트경로 결정 → 덕트치수 결정 → 송풍량 결정
③ 송풍량 결정 → 취출구 및 흡입구의 위치 결정 → 덕트치수 결정 → 덕트경로 결정
④ 취출구 및 흡입구의 위치 결정 → 덕트치수 결정 → 덕트경로 결정 → 송풍량 결정

> 덕트의 설계순서는 (부하계산) → 송풍량 결정 → 취출구 및 흡입구의 위치 결정 → 덕트경로 결정 → 덕트치수 결정

정답 13 ④ 14 ③ 15 ① 16 ① 17 ①

18 난방설비에 관한 설명으로 옳은 것은?

① 온수난방은 온수의 현열과 잠열을 이용한 것이다.
② 온풍난방은 온풍의 현열과 잠열을 이용한 직접난방 방식이다.
③ 증기난방은 증기의 현열을 이용한 대류 난방이다.
④ 복사난방은 열원에서 나오는 복사에너지를 이용한 것이다.

> 온수난방은 온수의 현열을 이용하고, 온풍난방은 온풍의 현열을 이용하며, 증기난방은 증기의 잠열을 이용한다.

19 다음 중 축류 취출구의 종류가 아닌 것은?

① 노즐형 ② 펑커루버
③ 베인격자형 ④ 팬형

> 팬형은 아네모스텟과 함께 복류형에 속한다.

20 다음 중 공기조화 설비와 가장 거리가 먼 것은?

① 냉각탑 ② 보일러
③ 냉동기 ④ 압력탱크

> 압력탱크는 급수 급탕설비등에 사용된다.

2 냉동냉장 설비

21 열 이동에 대한 설명으로 틀린 것은?

① 서로 접하고 있는 물질의 구성분자 사이에 정지상태에서 에너지가 이동하는 현상을 열전도라 한다.
② 고온의 유체분자가 고체의 전열면까지 이동하여 열에너지를 전달하는 현상을 열대류라 한다.
③ 물체로부터 나오는 전자파 형태로 열이 전달되는 전열작용을 열복사라 한다.
④ 열관류율이 클수록 단열재로 적당하다.

> 열관류율이 작을수록 단열재로 적합하다. 열관류율이 클 재료인 동이나 알루미늄은 열교환기 재료로 사용된다.

22 [조건]을 참고하여 흡수식 냉동기의 성적계수는 얼마인가?

【 조 건 】
- 응축기 냉각열량 : 5.6 kW
- 흡수기 냉각열량 : 7.0 kW
- 재생기 가열량 : 5.8 kW
- 증발기 냉동열량 : 6.7 kW

① 0.88 ② 1.16
③ 1.34 ④ 1.52

> 흡수식 냉동기의 성적계수
> $COP = \dfrac{냉동능력(증발기\ 냉동열량)}{재생기\ 가열량}$ 에서
> $= \dfrac{6.7}{5.8} = 1.16$

정답 18 ④ 19 ④ 20 ④ 21 ④ 22 ②

23 피스톤 압출량이 500m³/h인 암모니아 압축기가 그림과 같은 조건으로 운전되고 있을 때 냉동능력(kW)은 얼마인가? (단, 체적효율은 0.68이다.)

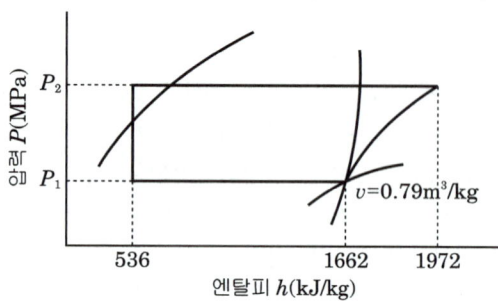

① 101.8 ② 134.6
③ 158.4 ④ 182.1

냉동능력
$$Q_2 = G \cdot q_2 = \frac{V_a \cdot \eta_v}{v} \cdot q_2$$
$$= \frac{\frac{500}{3600} \times 0.68}{0.79} \times (1662 - 536) = 134.6$$

24 표준냉동사이클에 대한 설명으로 옳은 것은?

① 응축기에서 버리는 열량은 증발기에서 취하는 열량과 같다.
② 증기를 압축기에서 단열압축하면 압력과 온도가 높아진다.
③ 팽창밸브에서 팽창하는 냉매는 압력이 감소함과 동시에 열을 방출한다.
④ 증발기 내에서의 냉매증발온도는 그 압력에 대한 포화온도보다 낮다.

① 응축기에서 버리는 열량은 증발기에서 취하는 열량과 압축일량의 합과 같다.
③ 팽창밸브에서 팽창하는 냉매는 압력이 감소하고 엔탈피가 일정한 단열과정이다.
④ 증발기 내에서의 냉매증발온도는 그 압력에 대한 포화온도이다.

25 노즐에서 압력 1764 kPa, 온도 300℃인 증기를 마찰이 없는 이상적인 단열 유동으로 압력 196 kPa 까지 팽창시킬 때 증기의 최종속도(m/s)는? (단, 최초 속도는 매우 작아 무시하고, 입출구의 높이는 같으며 단열 열낙차는 442.3kJ/kg로 한다.)

① 912.1 ② 940.5
③ 946.4 ④ 963.3

$w_2 = \sqrt{2\Delta h}$, 여기서 Δh : 단열 열낙차[J/kg]
$= \sqrt{2 \times 442.3 \times 10^3} = 940.5$

26 방열벽을 통해 실외에서 실내로 열이 전달될 때, 실외측 열전달계수가 0.02093kW/m²·K, 실내측 열전달계수가 0.00814kW/m²·K, 방열벽 두께가 0.2m, 열전도도가 5.8×10^{-5}kW/m·K일 때, 총괄열전달계수(kW/m²·K)는?

① 1.54×10^{-3} ② 2.76×10^{-4}
③ 4.82×10^{-4} ④ 5.04×10^{-3}

열관류율
$$K = \frac{1}{R} = \frac{1}{\frac{1}{0.02093} + \frac{0.2}{5.8 \times 10^{-5}} + \frac{1}{0.00814}} = 2.76 \times 10^{-4}$$

27 냉장고의 증발기에 서리가 생기면 나타나는 현상으로 옳은 것은?

① 압축비 감소 ② 소요동력 감소
③ 증발압력 감소 ④ 냉장고 내부온도 감소

냉장의 증발기에 적상이 형성되었을 때의 현상
• 증발압력 감소   • 압축비 증대
• 토출가스 온도 상승 • 체적효율감소
• 냉매순환량 감소 • 냉동능력 감소
• 소요동력 증대   • 성적계수 감소
• 윤활유 열화 및 탄화

28 다음은 시운전 시 압축기 시동에 대한 주의사항으로 옳지 않은 것을 고르시오.

① 압축기의 시동에 있어서 소형압축기는 고압 측과 저압 측의 압력이 거의 평형상태에서 시동 하는 것이 바람직하다.
② 압축기의 시동에 있어서 용량제어장치가 설치된 다기통압축기는 용량제어장치를 이용하여 시동한다.
③ 다기통압축기의 시동 시에는 토출밸브를 전개해서 행하므로 시동 후, 흡입밸브도 될 수 있는 한 빠르게 전개한다.
④ 압축기를 시동과 정지를 자주 반복하면 구동용 전동기의 권선이 파손될 수 있다.

> ③ 다기통압축기의 시동시에는 흡입밸브는 전폐하여 시동하고 시동 후 서서히 흡입밸브를 연다.

29 냉동창고에서 외기온도 32.5℃, 고내온도 -25℃일 때 아래와 같은 구조의 방열재를 사용한 냉동창고 방열벽의 침입열량[W]을 구하시오. 단 방열벽의 면적은 150m², 각 벽 재료의 열전도율은 아래 표와 같고 방열벽 외측 열전달율은 23.26W/(m²·K), 내측 열전달율은 8.14W/(m²·K)로 한다.

재료	열전도율[W/(m·K)]	두께[m]
철근콘크리트	1.4	0.2
폴리스틸렌 폼	0.045	0.2
방수 몰탈	1.3	0.01
라스 몰탈	1.3	0.02

① 약 1600W ② 약 1800W
③ 약 2000W ④ 약 2200W

> 방열벽의 열통과율 K
> $$K = \cfrac{1}{\cfrac{1}{8.14} + \cfrac{0.02}{1.3} + \cfrac{0.01}{1.3} + \cfrac{0.2}{0.045} + \cfrac{0.2}{1.4} + \cfrac{1}{23.26}}$$
> $\fallingdotseq 0.209 \text{W}/(\text{m}^2 \cdot \text{K})$
> ∴ 방열벽을 통한 침입열량
> $Q = KA(t_1 - t_2) = 0.209 \times 150 \times \{32.5 - (-25)\}$
> $\fallingdotseq 1802.63\text{W}$

30 일반적으로 대용량의 공조용 냉동기에 사용되는 터보식 냉동기의 냉동부하 변화에 따른 용량제어 방식으로 가장 거리가 먼 것은?

① 압축기 회전수 가감법
② 흡입 가이드 베인 조절법
③ 클리어런스 증대법
④ 흡입 댐퍼 조절법

> (1) 왕복동 압축기의 용량제어
>   ① 바이패스법
>   ② 회전수 가감법
>   ③ 클리어런스 증가법
>   ④ unload system(일부 실린더를 놀리는 법)
>   : 고속다통 압축기
> (2) 원심식(turbo) 냉동기의 용량제어
>   ① 압축기 회전수 가감법
>   ② 흡입 가이드 베인 조절법
>   ④ 흡입 댐퍼 조절법

31 냉동효과에 관한 설명으로 옳은 것은?

① 냉동효과란 응축기에서 방출하는 열량을 의미한다.
② 냉동효과는 압축기의 출구 엔탈피와 증발기의 입구 엔탈피 차를 이용하여 구할 수 있다.
③ 냉동효과는 팽창밸브 직전의 냉매 액온도가 높을수록 크며, 또 증발기에서 나오는 냉매증기의 온도가 낮을수록 크다.
④ 냉매의 과냉각도를 증가시키면 냉동효과는 커진다.

> ① 냉동효과란 증발기에서 흡수하는 열량을 의미한다.
> ② 냉동효과는 압축기의 입구(증발기 출구) 엔탈피와 증발기의 입구 엔탈피 차를 이용하여 구할 수 있다.
> ③ 냉동효과는 팽창밸브 직전의 냉매 액온도가 낮을수록 크며, 또 증발기에서 나오는 냉매증기의 온도가 높을수록 크다.

32 냉매의 구비조건으로 틀린 것은?

① 동일한 냉동능력을 내는 경우에 소요동력이 적을 것
② 증발잠열이 크고 액체의 비열이 작을 것
③ 액상 및 기상의 점도는 낮고 열전도도는 높을 것
④ 임계온도가 낮고 응고온도는 높을 것

④ 임계온도가 높고 응고온도는 낮을 것

33 다음 중 증발온도가 저하되었을 때 감소되지 않는 것은? (단, 응축온도는 일정하다.)

① 압축비   ② 냉동능력
③ 성적계수   ④ 냉동효과

증발온도가 저하되었을 때 장치에 미치는 영향
- 압축비 증대
- 토출가스 온도 상승
- 체적효율감소
- 냉매순환량 감소
- 냉동능력 감소(냉동효과 감소)
- 소요동력 증대
- 성적계수 감소
- 윤활유 열화 및 탄화

34 실제기체가 이상기체의 상태식을 근사적으로 만족하는 경우는?

① 압력이 높고 온도가 낮을수록
② 압력이 높고 온도가 높을수록
③ 압력이 낮고 온도가 높을수록
④ 압력이 낮고 온도가 낮을수록

실제기체가 이상기체의 상태식을 근사적으로 만족하는 경우는 압력이 낮고 온도가 높을 경우이다.
(저압, 고온)

35 냉동제조시설의 정밀안전기준 시설기준에 대한 설명으로 가장 거리가 먼 것은?

① 배치기준 : 압축기·유분리기·응축기 및 수액기와 이들 사이의 배관은 화기를 취급하는 곳과 인접하여 설치하지 않을 것
② 냉매설비에는 진동·충격및 부식 등으로 냉매가스가 누출되지 않도록 필요한 조치를 할 것
③ 세로방향으로 설치한 동체의 길이가 5m 이상인 원통형 응축기와 내용적이 5천L 이상인 수액기에는 지진 발생 시 그 응축기 및 수액기를 보호하기 위하여 내진성능확보를 위한 조치를 할 것
④ 가연성 가스설비 중 전기설비는 그 설치장소 및 그 가스의 종류에 따라 적절한 방화성능을 가지는 구조일 것

가연성 가스설비 중 전기설비는 그 설치장소 및 그 가스의 종류에 따라 적절한 방폭성능을 가지는 구조로한다.

36 다음 압축기의 종류 중 압축 방식이 다른 것은?

① 원심식 압축기   ② 스크류 압축기
③ 스크롤 압축기   ④ 왕복동식 압축기

용적(체적)식 : 왕복식 압축기, 회전식 압축기, 스크류식 압축기, 스크롤식 압축기
원심식 : 원심식(turbo)압축기

37 표준 냉동사이클에서 냉매액이 팽창밸브를 지날 때 상태량의 값이 일정한 것은?

① 엔트로피   ② 엔탈피
③ 내부에너지   ④ 온도

팽창밸브에서는 냉매의 교축작용에 의해 압력과 온도는 저하되고 엔탈피가 일정한 등엔탈피작용을 하며 엔트로피는 증가한다.

표준냉동사이클의 각 과정
- 압축기 : 등엔트로피 과정
- 응축기 : 등압과정
- 팽창밸브 : 등엔탈피 과정
- 증발기 : 등온, 등압과정

38 암모니아 냉동기에서 암모니아가 누설되는 곳에 페놀프탈레인 시험지를 대면 어떤 색으로 변하는가?

① 적색　　② 청색
③ 갈색　　④ 백색

NH₃ 냉매의 누설검지
① 취기
② 붉은 리트머스시험지 → 청색(누설시)
③ 유황초나 염산 → 흰색연기(누설시)
④ 페놀프탈레인 → 적(홍)색(누설시)
⑤ 네슬러시약 → 소량 누설(황색),
　다량누설(자색) : 브라인 중에 누설검지

39 1RT(냉동톤)에 대한 설명으로 옳은 것은?

① 0℃ 물 1kg을 0℃ 얼음으로 만드는데 24시간 동안 제거해야 할 열량
② 0℃ 물 1ton을 0℃ 얼음으로 만드는데 24시간 동안 제거해야 할 열량
③ 0℃ 물 1kg을 0℃ 얼음으로 만드는데 1시간 동안 제거해야 할 열량
④ 0℃ 물 1ton을 0℃ 얼음으로 만드는데 1시간 동안 제거해야 할 열량

냉동톤(RT)
(1) 표준(한국) 냉동톤 : 0℃의 물 1ton을 24시간 동안에 0℃의 얼음으로 만드는데 제거해야 할 열량 1RT = 3.86kW 이다.
(2) 미국 냉동톤(usRT) : 32℉의 물 2000Lb을 24시간 동안에 32℉의 얼음으로 만드는데 제거해야 할 열량 1RT = 3.52kW 이다.

40 압축기 직경이 100mm, 행정이 850mm, 회전수 2000 rpm, 기통수 4일 때 피스톤 배출량(m³/h)은?

① 3204.4　　② 3316.2
③ 3458.8　　④ 3567.1

왕복식 압축기의 피스톤 압출량(m³/h)
$$V_a = \frac{\pi d^2}{4} L \cdot N \cdot R \cdot 60 = \frac{\pi \times 0.1^2}{4} \times 0.85 \times 4 \times 2000 \times 60$$
$$= 3204.4$$
여기서, d : 내경[m], L : 행정[m], N : 기통수[개]
　　　R : 분당회전수[rpm]

3 공조냉동 설치·운영

41 다음 그림에서 ㉠과 ㉡의 명칭으로 바르게 설명된 것은?

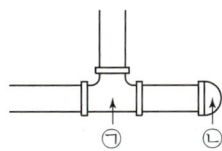

① ㉠ : 크로스,　　㉡ : 트랩
② ㉠ : 소켓,　　　㉡ : 캡
③ ㉠ : 90°Y티,　　㉡ : 트랩
④ ㉠ : 티,　　　　㉡ : 캡

㉠은 분기하는 티이며, ㉡은 관 말단을 막는 캡이다.

정답 38 ①　39 ②　40 ①　41 ④

42 냉온수 배관을 시공할 때 고려해야 할 사항으로 옳은 것은?

① 열에 의한 온수의 체적팽창을 흡수하기 위해 신축이음을 한다.
② 기기와 관의 부식을 방지하기 위해 물을 자주 교체한다.
③ 열에 의한 배관의 신축을 흡수하기 위해 팽창관을 설치한다.
④ 공기체류장소에는 공기빼기밸브를 설치한다.

> 온수의 체적팽창을 흡수하기 위해 팽창탱크를 사용하고, 물을 교체하여 사용하면 용존산소가 계속 공급되어 부식을 촉진시킨다. 배관의 신축을 흡수하기 위해 신축이음을 사용한다.

43 공조 배관 도면 검토시 확인사항으로 가장 부적합한 것은?

① 장비의 배치 및 배관입상의 위치가 건물배치와 동일하도록 계통도를 작성할 것
② 옥외에 노출되거나 외기의 영향을 받기 쉬운 곳에 설치되는 배관은 동파대책과 열화대책을 확보할 것
③ 입상관에 대한 앵카 및 신축이음은 유체별로 신축량을 구분하여 설치
④ 분기부에는 원칙적으로 체크밸브를 설치할 것

> 분기부에는 원칙적으로 분기밸브를 설치할 것

44 실내 공기질 관리법상 실내 공기질 관리 항목에 포함되지 않는 것은?

① 이산화질소(ppm)
② 휘발성유기탄소(VOC)
③ 총휘발성유기화합물($\mu g/m^3$)
④ 라돈(Bq/m^3)

> 실내 공기질 관리 항목에 휘발성유기탄소 (VOC)는 항목에 없으며 곰팡이(CFU/m^3)가 해당 한다.

45 다음과 같은 급수 계통과 조건(상당관표, 동시사용률)을 참조하여 균등관법으로 (e)구간의 급수 관경을 구하시오.

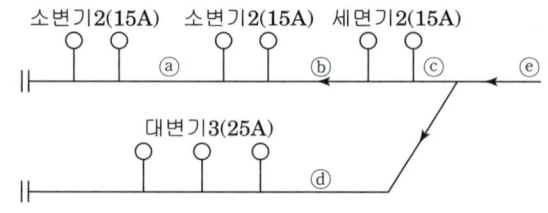

표. 상당관표

관경	15A	20A	25A	32A	40A
15A	1				
20A	2	1			
25A	3.7	1.8	1		
32A	7.2	3.6	2	1	
40A	11	5.3	2.9	1.5	1
50A	20	10	5.5	2.8	1.9
65A	31	15	8.5	4.3	2.9

표. 동시사용률

기구수	2	3	4	5	6	7	8	9	10	17
%	100	80	75	70	65	60	58	55	53	46

① 20A ② 25A
③ 32A ④ 40A

> 균등관(상당관)법은 모든 급수관경을 15A로 환산한다. 대변기 25A는 15A로 3.7개이다. 그러므로 (e)구간 상당수(15A) 합계는 2+2+2+(3×3.7)=17.1
> 동시사용률은 기구수로 구하고 기구는 9개이므로 55% 일때 동시개구수는 상당수 합계와 동시사용률로 구한다.
> 동시개구수=17.1×0.55=9.4
> 다시 상당관표에서 15A, 9.4는 11개항에서 40A를 선정

정답 42 ④ 43 ④ 44 ② 45 ④

46 터보 냉동기의 운전관리 점검항목에서 압축기에 관련한 항목 중 가장 거리가 먼 것은?

① 유온
② 오일히터 써모스타트(OHT)
③ 유압
④ 유량

> 오일히터 써모스타트(OHT)는 오일탱크 부속품이다.

47 배관길이 200m, 관경 100mm의 배관 내 20℃의 물을 80℃로 상승시킬 경우 배관의 신축량(mm)은? (단, 강관의 선팽창계수는 11.5×10^{-6} m/m·℃이다.)

① 138
② 13.8
③ 104
④ 10.4

> $\Delta L = L\alpha\Delta t = 200 \times 11.5 \times 10^{-6}(80-20)$
> $= 0.138m = 138mm$

48 주철관에 관한 설명으로 틀린 것은?

① 압축강도, 인장강도가 크다.
② 내식성, 내마모성이 우수하다.
③ 충격치, 휨강도가 작다.
④ 보통 급수관, 배수관, 통기관에 사용된다.

> 주철관은 충격에 약하고, 인장강도가 작다.

49 평면상의 변위 뿐만 아니라 입체적인 변위까지도 안전하게 흡수하므로 어떤 형상의 신축에도 배관이 안전하며 증기, 물, 기름 등의 2.9MPa 압력과 220℃정도까지 사용할 수 있는 신축 이음쇠는?

① 스위블형 신축 이음쇠
② 슬리브형 신축 이음쇠
③ 볼조인트형 신축 이음쇠
④ 루프형 신축 이음쇠

> 볼조인트형 신축 이음쇠는 입체적인 신축을 흡수할 수 있다.

50 배관이 바닥이나 벽을 관통할 때 설치하는 슬리브(sleeve)에 관한 설명으로 틀린 것은?

① 슬리브의 구경은 관통 배관의 지름보다 충분히 크게 한다.
② 방수층을 관통할 때는 누수 방지를 위해 슬리브를 설치하지 않는다.
③ 슬리브를 설치하여 관을 교체하거나 수리할 때 용이하게 한다.
④ 슬리브를 설치하여 관의 신축에 대응할 수 있다.

> 방수층을 관통할 때는 누수 방지를 위해 방수형 슬리브를 설치한다.

51 변압기의 병렬운전에서 필요하지 않은 조건은?

① 극성이 같을 것
② 1차, 2차 정격전압이 같을 것
③ 출력이 같을 것
④ 권수비가 같을 것

> 변압기의 병렬운전 조건
> (1) 단상 변압기와 3상 변압기 공통 사항
>   ㉠ 극성이 같아야 한다.
>   ㉡ 정격전압이 같고, 권수비가 같아야 한다.
>   ㉢ %임피던스강하가 같아야 한다.
>   ㉣ 저항과 리액턴스의 비가 같아야 한다.
> (2) 3상 변압기에만 적용
>   ㉠ 위상각 변위가 같아야 한다.
>   ㉡ 상회전 방향이 같아야 한다.

52 교류의 실효치에 관한 설명 중 틀린 것은?

① 교류의 진폭은 실효치의 $\sqrt{2}$ 배이다.
② 전류나 전압의 한 주기의 평균치가 실효치이다.
③ 실효치 100[V]인 교류와 직류 100[V]로 같은 전등을 점등하면 그 밝기는 같다.
④ 상용전원이 220[V]라는 것은 실효치를 의미한다.

> 보기 ②번은 평균값의 정의이다.

53 직류발전기의 전기자 반작용의 영향이 아닌 것은?

① 중성축의 이동   ② 자속의 크기 감소
③ 절연내력의 저하   ④ 유기기전력의 감소

> 직류기의 전기자 반작용의 영향
> (1) 주자속이 감소하여 직류 발전기에서는 유기기전력(또는 단자전압)이 감소하고 직류 전동기에서는 토크가 감소하고 속도가 상승한다.
> (2) 편자작용에 의하여 중성축이 직류 발전기에서는 회전방향으로 이동하고 직류 전동기에서는 회전방향의 반대방향으로 이동한다.
> (3) 기전력의 불균일에 의한 정류자 편간전압이 상승하여 브러시 부근의 도체에서 불꽃이 발생하며 정류불량의 원인이 된다.

54 그림과 같이 실린더의 한쪽으로 단위시간에 유입하는 유체의 유량을 $x(t)$라 하고 피스톤의 움직임을 $y(t)$로 한다. t시간이 경과한 후의 전달함수를 구해보면 어떤 요소가 되는가?

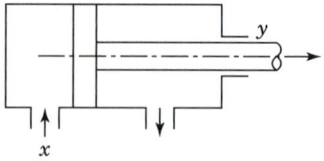

① 비례요소   ② 미분요소
③ 적분요소   ④ 미적분요소

> 적분동작(I 제어)은 오차 발생시간과 오차의 크기로 둘러싸인 면적에 비례하여 동작하는 제어로서 물탱크에 일정 유량의 물을 공급하여 수위를 올려주는 역할을 하는 제어기이다.

55 그림과 같은 계전기 접점회로의 논리식은?

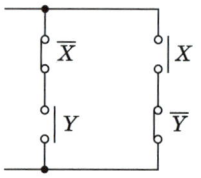

① XY ② $\overline{X}Y + X\overline{Y}$
③ $(\overline{X} + \overline{Y})(X + Y)$ ④ $(\overline{X} + Y)(X + \overline{Y})$

> Exclusive OR회로(=배타적 논리합 회로)
> (1) 유접점
>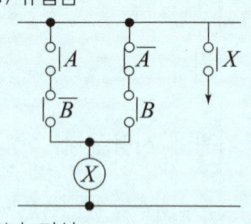
> (2) 논리식
> $X = A \cdot \overline{B} + \overline{A} \cdot B$

56 도선에 흐르는 전류에 의하여 발생되는 자계의 크기가 전류의 크기와 거리에 따라 달라지는 법칙은?

① 암페어의 오른나사 법칙
② 플레밍의 왼손 법칙
③ 비오-사바르의 법칙
④ 렌츠의 법칙

> 전류와 자계의 관련 법칙
> (1) 암페어의 오른나사의 법칙은 전류에 의한 자장의 방향을 알 수 있는 법칙이다.
> (2) 비오-사바르의 법칙은 전류에 의해 발생하는 자계의 세기를 구할 수 있는 법칙이다.

57 1[kW]의 전열기를 1시간 동안 사용한 경우 발생한 열량은 몇 [kJ]인가?

① 360 ② 860
③ 1860 ④ 3600

> $W = P \cdot T = 1kW \times 1hr$
> $= 1kJ/s \times 3600s = 3600kJ$

58 출력의 변동을 조정하는 동시에 목표값에 정확히 추종하도록 설계한 제어계는?

① 추치제어 ② 프로세스제어
③ 자동조정 ④ 정치제어

> 추치제어는 출력의 변동을 조정하는 동시에 목표값에 정확히 추종하도록 설계한 제어로서 다음과 같이 분류된다.
> (1) 추종제어 : 제어량에 의한 분류 중 서보 기구에 해당하는 값을 제어한다.(예 비행기 추적레이더, 유도미사일)
> (2) 프로그램제어 : 목표값이 미리 정해진 시간적 변화를 하는 경우 제어량을 변화시키는 제어로서 무인 운전 시스템이 이에 해당된다.(예 무인 엘리베이터, 무인 자판기, 무인 열차)
> (3) 비율제어 : 목표값이 다른 양과 일정한 비율 관계로 변화하는 제어

59 단위 계단함수 $u(t-a)$를 라플라스변환 하면?

① $\dfrac{e^{as}}{s^2}$ ② $\dfrac{e^{-as}}{s^2}$
③ $\dfrac{e^{-as}}{s}$ ④ $\dfrac{e^{as}}{s}$

> 간추이정리를 이용한 라플라스 변환
> $\mathcal{L}[f(t \pm T)] = F(s) e^{\pm Ts}$
>
> **참고** 단위계단함수의 시간추이정리를 이용한 라플라스 변환
>
> | $f(t)$ | $F(s)$ |
> | --- | --- |
> | $u(t-a)$ | $\dfrac{1}{s}e^{-as}$ |
> | $u(t-b)$ | $\dfrac{1}{s}e^{-bs}$ |

60 그림과 같이 전압계와 전류계를 사용하여 직류 전력을 측정하였다. 가장 정확하게 측정한 전력[W]은? (단, R_i : 전류계의 내부저항, R_e : 전압계의 내부저항이다.)

① $P = EI - \dfrac{E^2}{R_e}$

② $P = EI - \dfrac{2E^2}{R_i}$

③ $P = EI - 4R_e I^2$

④ $P = EI - 2R_e I^2$

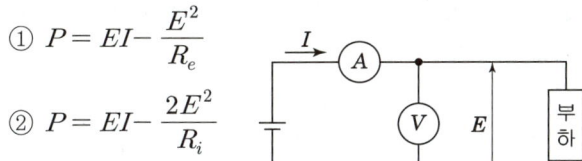

> 부하전력은 전원에서 공급된 전력인 EI[W]에서 전압계로 흐르는 누설전류에 의한 전력인 $\dfrac{E^2}{R_e}$[W]를 뺀 값으로 측정되어야 한다.
> ∴ $P = EI - \dfrac{E^2}{R_e}$ [W]

정답 56 ③ 57 ④ 58 ① 59 ③ 60 ①

기출문제 제15회 핵심 기출문제

1 공기조화 설비

01 통과 풍량이 500m³/min일 때 표준 유닛형 에어필터의 수는 약 몇 개인가? (단, 통과 풍속은 2.5m/s, 유닛 1개당 면적은 0.5m²이며, 유효면적은 80%이다.)

① 4개　　② 6개
③ 9개　　④ 12개

> 유닛 1개당 통과 풍량 = 2.5m/s × 0.5m² × 0.80 = 1.0m³/s
> 에어필터 개수 = $\dfrac{통과 풍량}{1개당 통과 풍량}$ = $\dfrac{500}{60 \times 1.0}$
> = 8.3 ≒ 9개
> (통과 풍량은 시간을 초단위로 환산하며, 필터개수는 반올림하지않고 자리올림한다.)

02 덕트 병용 팬 코일 유닛(fan coil unit)방식의 특징이 아닌 것은?

① 열부하가 큰 실에 대해서도 열부하의 대부분을 수배관으로 처리할 수 있으므로 덕트 치수가 적게 된다.
② 각 실 부하 변동을 용이하게 처리할 수 있다.
③ 덕트 병용 팬 코일 유닛식은 수공기식이다.
④ 청정구역에 많이 사용된다.

> 덕트 병용 팬 코일 유닛방식은 수공기식으로 물을 이용하여 열을 공급하므로 각 실로 공급하는 송풍량은 적어서 청정구역(회의실, 클린룸)에는 부적합하다.

03 여과기를 여과작용에 의해 분류할 때 해당되는 것이 아닌 것은?

① 충돌 점착식　　② 유닛 교환식
③ 건성 여과식　　④ 활성탄 흡착식

> 여과기의 여과작용에 의한 분류는 충돌 점착식, 건성 여과식, 전기식, 활성탄 여과기로 나눈다. 유닛 교환식은 필터의 유지관리 특성에 따른 분류에 속한다.

04 풍량 600m³/min, 정압 60mmAq, 회전수 500rpm의 특성을 갖는 송풍기의 회전수를 600rpm으로 증가시켰을 때 정압과 동력은 약 얼마인가? (단, 정압효율은 60%이다.)

① 약 정압 50mmAq, 동력 12.1kW
② 약 정압 60mmAq, 동력 15.2kW
③ 약 정압 86mmAq, 동력 16.9kW
④ 약 정압 96mmAq, 동력 21.5kW

> 회전수 500rpm일 때 동력은
> 동력(kW) = $\dfrac{Q \cdot \Delta P}{102 \times 60 \times \eta}$ = $\dfrac{600 \times 60}{102 \times 60 \times 0.6}$ = 9.80kW,
> 회전수를 600rpm으로 증가시키면 상사법칙으로
> 정압 = $60 \times \left(\dfrac{600}{500}\right)^2$ = 86.4mmAq
> 동력 = $9.8 \times \left(\dfrac{600}{500}\right)^3$ = 16.93kW

05 기화식(증발식) 가습장치의 종류로 옳은 것은?

① 원심식, 초음파식, 분무식
② 전열식, 전극식, 적외선식
③ 과열증기식, 분무식, 원심식
④ 회전식, 모세관식, 적하식

> 가습장치의 종류
> • 수분무식 : 원심식, 초음파식, 노즐분무식
> • 증기발생식 : 전열식, 전극식, 적외선식
> • 증기공급식 : 노즐분무식, 과열증기식
> • 증발식(기화식) : 회전식, 모세관식, 적하식

정답　01 ③　02 ④　03 ②　04 ③　05 ④

06 중앙식(전공기) 공기조화 방식의 특징에 관한 설명으로 틀린 것은?

① 중앙집중식이므로 운전, 보수관리를 집중화할 수 있다.
② 대형 건물에 적합하며 외기냉방이 가능하다.
③ 덕트가 대형이고 개별식에 비해 설치 공간이 크다.
④ 공기를 이용하므로 송풍 동력이 적고 에너지 절약적이다.

> 전공기 방식은 동일 부하일 때 열부하를 제거하기위한 공급 공기량이 많아서 팬의 소요동력이 냉·온수를 운반하는 펌프 동력보다 커서 에너지가 많이 소요된다.

07 지하상가의 공조방식을 결정 시 고려해야 할 내용으로 틀린 것은?

① 취기를 발산하는 점포는 취기가 주변에 확산되지 않도록 한다.
② 각 점포마다 어느 정도의 온도조절을 할 수 있게 한다.
③ 음식점에서는 배기가 필요하므로 풍량 밸런스를 고려하여 채용한다.
④ 공공지하보도 부분과 점포부분은 동일 계통으로 공조한다.

> 지하상가의 공조방식 결정 시 공공지하보도 부분과 점포 부분은 독립 계통으로 하는 것이 일반적이다.

08 아래의 특징에 해당하는 보일러는 무엇인가?

> 공조용으로 사용하기보다는 편리하게 고압의 증기를 발생하는 경우에 사용하며, 드럼이 없이 수관으로 되어 있다. 보유 수량이 적어 가열시간이 짧고 부하변동에 대한 추종성이 좋다.

① 주철제 보일러 ② 연관 보일러
③ 수관 보일러   ④ 관류 보일러

> 관류 보일러는 드럼이 없이 수관으로 되어 있고, 보유 수량이 적어 가열시간이 짧고 부하변동에 대한 추종성이 좋아서 최근에 중소형에 널리 사용되고 있다. 증기발생기라고도 한다.

09 외기온도 5℃에서 실내온도 20℃로 유지되고 있는 방이 있다. 내벽 열전달계수 $5.8W/m^2 \cdot K$, 외벽 열전달계수 $17.5W/m^2 \cdot K$, 열전도율이 $2.3W/m \cdot K$이고, 벽 두께가 10cm일 때, 이 벽체의 열저항($m^2 \cdot K/W$)은 얼마인가?

① 0.27   ② 0.55
③ 1.37   ④ 2.35

> 벽체 열저항은 열관류의 역수로 다음과 같이 구한다.
> $R = R_1 + R_2 + R_3 = \dfrac{1}{\alpha_o} + \dfrac{L}{\lambda} + \dfrac{1}{\alpha_i}$
> $= \dfrac{1}{17.5} + \dfrac{0.1}{2.3} + \dfrac{1}{5.8} = 0.273 m^2 K/W$

10 아래 그림에 나타낸 장치를 표의 조건으로 냉방운전을 할 때 A실에 필요한 송풍량(m^3/h)은? (단, A실의 냉방부하는 현열부하 8.8kW, 잠열부하 2.8kW이고, 공기의 정압비열은 $1.01kJ/kg \cdot K$, 밀도는 $1.2kg/m^3$이며, 덕트에서의 열손실은 무시한다.)

지점	온도(DB), ℃	습도(RH), %
A	26	50
B	17	–
C	16	85

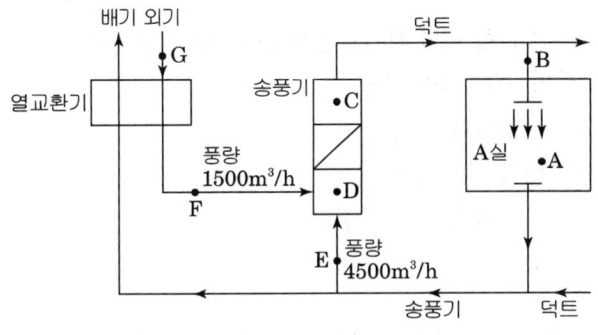

① 924   ② 1847
③ 2904   ④ 3831

> A실의 급기 송풍량은 실내 현열부하와 취출온도차로 구한다.
> $q = mC\triangle t$ 에서
> $m = \dfrac{q}{C\triangle t} = \dfrac{8.8kW \times 3600}{1.01(26-17)} = 3485kg/h = 2904m^3/h$
> $8.8kW = 8.8kJ/s$ 이므로 공기량은 kg/s가 된다.
> 3600은 시간으로 환산한 것이다.
> 급기란 kg/h는 밀도 1.2로 나누면 m^3/h 가 된다.

11 다음 중 공조설비 시운전 중 점검사항에서 가장 적합하지 않은것은 무엇인가?

① 온수코일에서 전외기 공조시스템 같은 영하의 공기를 접하는 경우는 코일 동파방지를 위해 온수량을 조절하여서는 안된다.
② 동파방지를 위해 공조기내에 전기식 가열(히팅)코일을 설치하고 공조기 운전을 멈춘 야간동안 저온 감지 써모스텟을 5℃로 조정하여 그 이하가 되면 히팅코일이 가열하도록 한다.
③ 온수코일에서 송풍기 고장으로 인해 송풍이 안 될 경우에는 유량조절 밸브가 전개가 될 수 있도록 인터록 시킨다.
④ 외기와 환기공기의 혼합이 잘되도록 평행형 댐퍼를 설치하는 것이 좋으며 대향형 댐퍼는 사용하지 않는 것이 좋다.

> 외기와 환기공기의 혼합이 잘되도록 대향형 댐퍼를 설치하는 것이 좋으며 평행형 댐퍼는 사용하지 않는 것이 좋다.

12 지하철 터널 환기의 열부하에 대한 종류중에서 그 비중이 가장 적은것은?

① 열차주행에 의한 발열
② 열차 제동 발생 열량
③ 보조기기에 의한 발열
④ 열차 냉방기에 의한 발열

> 지하철 터널환기의 열부하 종류에서 열차 제동은 전기식 발전 제동장치로 열부하가 가장 적다.

13 실내온도가 27℃이고, 실내 절대습도가 0.016kg/kg'의 조건에서 틈새바람에 의한 침입 외기량이 $12m^3/min$일 때 현열부하와 잠열부하는? (단, 실외온도 34℃, 실외 절대습도 0.0321kg/kg, 공기의 비열 1.01kJ/kg·K, 물의 증발잠열 2501 kJ/kg이다.)

① 현열부하 1.42kW, 잠열부하 7.83kW
② 현열부하 1.70kW, 잠열부하 9.36kW
③ 현열부하 2.85kW, 잠열부하 10.34kW
④ 현열부하 3.25kW, 잠열부하 12.95kW

> 외기량 $12m^3/min = 720m^3/h = 864kg/h$
> 현열부하 $= mC\triangle t = 864 \times 1.01 \times (34-27)$
> $= 6,108.5kJ/h = 1.70kW$
> 잠열부하 $= \gamma m \triangle x = 2,501 \times 864(0.0321 - 0.0165)$
> $= 33,709kJ/h = 9.36kW$

14 공기조화 부하의 종류 중 실내부하와 장치부하에 해당되지 않는 것은?

① 사무기기나 인체를 통해 실내에서 발생하는 열
② 외기가 틈새를 통해 실내로 들어오는 열
③ 덕트에서의 손실 열
④ 냉동기 발생 열

> 사무기기, 인체 발생열, 틈새부하는 실내부하이며, 덕트손실 열은 장치부하에 속하나, 냉동기 발생열은 공기조화 부하와 관계 없다.

15 중앙 기계실에 냉동기를 설치하는 방식과 비교하여 각층마다 덕트 병용 패키지를 설치하는 공조방식에 대한 설명으로 틀린 것은?

① 각층마다 공조실을 두기 때문에 중앙 기계실 공간이 적게 필요하다.
② 대용량 열원장비가 없어서 운전에 필요한 전문 기술자가 필요 없다.
③ 덕트길이가 짧아지므로 설치비가 중앙식에 비해 적게 든다.

정답 11 ④ 12 ② 13 ② 14 ④ 15 ④

④ 실내 설치 시 급기를 위한 수직 덕트 샤프트가 필요하다.

> 덕트 병용 패키지 방식(PAC를 각 층에 설치하고 덕트를 통해 해당 층 각 실로 송풍한다.)은 각층마다 공조기가 설치되므로 수직으로 공급되는 덕트 샤프트는 필요없다.

16 가변풍량(VAV) 방식에 관한 설명으로 틀린 것은?

① 각 방의 온도를 개별적으로 제어할 수 있다.
② 연간 송풍 동력이 정풍량 방식보다 적다.
③ 부하의 증가에 대해서 유연성이 있다.
④ 동시 부하율을 고려하여 용량을 결정하기 때문에 설비 용량이 크다.

> 가변풍량(VAV) 방식은 동시 부하율을 적용하여 용량을 결정하기 때문에 설비 용량이 작다.

17 송풍기 특성곡선에서 송풍기의 운전점에 대한 설명으로 옳은 것은?

① 압력곡선과 저항곡선의 교차점
② 효율곡선과 압력곡선의 교차점
③ 축동력곡선과 효율곡선의 교차점
④ 저항곡선과 축동력곡선의 교차점

> 송풍기 운전점은 송풍기 압력(정압 곡선)과 덕트 저항(저항곡선)이 같은 교차점에서 운전점이 형성된다.

18 실내 냉난방 부하 계산에 관한 내용으로 설명이 부적당한 것은?

① 열부하 구성 요소 중 실내 부하는 유리면 부하, 구조체 부하, 틈새바람 부하, 내부 칸막이 부하 및 실내 발열부하로 구성된다.
② 열부하 계산의 주된 목적은 실내 취출구의 형식을 결정하기 위한 것이다.
③ 최대 난방 부하란 실내에서 발생되는 부하가 1일 중 가장 크게 되는 시각의 부하로서 주로 밤에 발생한다.
④ 냉방 부하란 쾌적한 실내 환경을 유지하기 위하여 여름철 실내 공기를 냉각, 감습시켜 제거하여야 할 열량을 의미한다.

> 열부하 계산의 주된 목적은 공조기기의 용량을 결정하기 위한 것이며 취출구 형식은 실의 용도나 층고등에 따라 기류 분포 형태에 따라 결정한다.

19 축류 취출구로서 노즐을 분기덕트에 접속하여 급기를 취출하는 방식으로 구조가 간단하며 도달거리가 긴 것은?

① 펑커루버   ② 아네모스탯형
③ 노즐형   ④ 팬형

> 노즐형은 축류형 취출구로 소음이 적고 도달거리가 길어서 실내공간이 넓은 경우에 벽면에 설치하여 횡방향으로 취출하는 경우가 많다. 방송국, 대강당 등에 사용된다. 펑커루버는 기류 방향을 조절할 수 있는 축류형 취출구이다.

20 다음 그림의 방열기 도시기호 중 'W-H'가 나타내는 의미는 무엇인가?

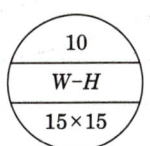

① 방열기 쪽수   ② 방열기 높이
③ 방열기 종류(형식)   ④ 연결배관의 종류

> 방열기 도시기호에서 W-H는 방열기 형식 종류(W : 벽걸이, H : 수평형)이며, 10은 (방열기 쪽수 = 절수), 15×15는 방열기 입구 출구관경이다.

정답 16 ④ 17 ① 18 ② 19 ③ 20 ③

2 냉동냉장 설비

21 열에 대한 설명으로 옳은 것은?

① 온도는 변화하지 않고 물질의 상태를 변화시키는 열은 잠열이다.
② 냉동에는 주로 이용되는 것은 현열이다.
③ 잠열은 온도계로 측정할 수 있다.
④ 고체를 기체로 직접 변화시키는데 필요한 승화열은 감열이다.

> ② 냉동에는 주로 이용되는 것은 냉매의 상태변화에 따른 잠열이다.
> ③ 잠열(Latent heat)은 물질이 온도 변화 없이 상태가 변화할 때 필요한 열이므로 온도계로 측정할 수 없다.
> ④ 고체를 기체로 직접 변화시키는데 필요한 승화열은 잠열이다

22 다음과 같은 대향류 열교환기의 대수 평균 온도차는? (단, t_1 : 40℃, t_2 : 10℃, t_{w1} : 4℃, t_{w2} : 8℃이다.)

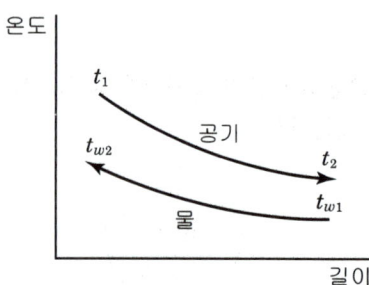

① 약 11.3℃ ② 약 13.5℃
③ 약 15.5℃ ④ 약 19.5℃

> 대수 평균 온도차(대향류)
> $$\Delta tm = \frac{\Delta t_1 - \Delta t_2}{\ln \frac{\Delta t_1}{\Delta t_2}} = \frac{(t_1 - t_{w2}) - (t_2 - t_{w1})}{\ln \frac{(t_1 - t_{w2})}{(t_2 - t_{w1})}}$$
> $$= \frac{(40-8) - (10-4)}{\ln \frac{40-8}{10-4}} \approx 15.5$$

23 왕복동 압축기에서 -30~-70℃정도의 저온을 얻기 위해서는 2단 압축 방식을 채용한다. 그 이유 중 옳지 않은 것은?

① 토출가스의 온도를 높이기 위하여
② 윤활유의 온도 상승을 피하기 위하여
③ 압축기의 효율 저하를 막기 위하여
④ 성적계수를 높이기 위하여

> 증발온도가 대단히 낮거나 응축온도가 높을 경우 냉동효과가 감소하고, 압축일량이 증가하여 성적계수가 감소한다. 그러므로 2단 압축방식을 채택할 때의 장점은 다음과 같다.
> ㉠ 냉동효과의 증대
> ㉡ 압축일량의 감소
> ㉢ 성적계수의 향상
> ㉣ 토출가스온도 강하
> ㉤ 윤활유의 온도 상승방지
> ㉥ 압축기 효율저하 방지

24 쇠고기(지방이 없는 부분) 5ton을 12시간 동안 30℃에서 -15℃까지 냉각할 때의 냉동능력으로 옳은 것은? (단, 쇠고기의 동결점은 -2℃로, 쇠고기의 동결전 비열(지방이 없는 부분)은 0.88Wh/(kg·K)로, 동결후 비열은 0.49Wh/(kg·K), 동결잠열은 65.14Wh/kg으로 한다.)

① 31.5kW ② 41.5kW
③ 51.7kW ④ 61.7kW

> 비열단위를 Wh/(kg·K)로 주면 kJ로 고쳐서 푸는 방법과 Wh그대로 푸는 방법이 있는데 Wh단위로 계산하면 다음과 같으며 kJ로 고치는것보다 계산은 간단하지만 공조 냉동에서는 일반적으로 kJ단위를 사용하기 때문에 kJ단위로 계산하는 것이 익숙하리라 생각합니다. 각자 편한 계산법을 익혀두세요.
> (1) 30℃에서 -2℃까지 냉각현열부하
> $q = mC\Delta t = 5000 \times 0.88 \times \{30-(-2)\} = 140,800$Wh
> (2) -2℃ 동결 시 잠열부하 :
> $q = m\gamma = 5000 \times 65.14 = 325,700$Wh
> (3) -2℃에서 -15℃까지 동결 냉각시킬 경우 냉각현열부하
> $q = mC\Delta t = 5000 \times 0.49 \times \{-2-(-15)\} = 31,850$Wh
>   따라서 12시간동안 5ton에 대한 전동결부하(냉동능력)는
>   kW = $\frac{140,800 + 325,700 + 31,850 \text{(Wh)}}{12\text{(h)}} = 41,529$W
>   = 41.53kW
> (냉동, 냉장 부하 문제는 냉각 시간 동안의 전체 동결부하(kJ)인지 단위시간 동안의 냉동 능력(kW)인지 정확히 구분해야한다)

정답 21 ① 22 ③ 23 ① 24 ②

25 원심식 냉동기 제작설치검사에 관련한 내용으로 가장 거리가 먼 것은?

① 원심식냉동기의 기밀시험은 제작회사의 시험규격에 합격한 것으로 하되 원칙적으로 기내를 진공도 89kPa{600mmHg} 이상으로 하고, 4시간 이상 방치하였을 때 진공도의 저하가 1시간에 0.13kPa {1mmHg} 이하인 것으로 한다.
② 수냉각기 및 응축기에 대한 수측의 수압시험은 최고 사용압력의 2.5배로 가압하여 이에 합격한 것으로 한다.
③ 소정의 운전조건 및 동력소비량에 있어서 소정의 냉동능력 및 용량조절기능을 만족하는 것으로 한다.
④ 안전장치류의 작동시험에 합격한 것으로 한다.

> 냉각기 및 응축기에 대한 수측의 수압시험은 최고사용압력의 1.5배로 가압하여 이에 합격한 것으로 한다.

26 어떤 냉장고의 방열벽 면적이 $500m^2$, 열통과율이 $0.311W/m^2 \cdot K$일 때, 이 벽을 통하여 냉장고 내로 침입하는 열량(kW)은? (단, 이 때 외기온도는 32℃이며, 냉장고 내부온도는 -15℃이다.)

① 12.6 ② 10.4
③ 9.1   ④ 7.3

> $q = KA\Delta t$
> $= 0.311 \times 500 \times \{32-(-15)\} ≒ 7308[W] = 7.3[kW]$

27 냉동기의 압축기에서 일어나는 이상적인 압축과정은 다음 중 어느 것인가?

① 등온변화 ② 등압변화
③ 등엔탈피 변화 ④ 등엔트로피 변화

> **압축과정**
> 냉동기의 압축기에서 일어나는 이상적인 압축과정은 등엔트로피 변화이다.

28 팽창밸브를 통하여 증발기에 유입되는 냉매액의 엔탈피를 F, 증발기 출구 엔탈피를 A, 포화액의 엔탈피를 G라 할 때 팽창밸브를 통과한 곳에서 증기로 된 냉매의 양의 계산식으로 옳은 것은? (단, P : 압력, h : 엔탈피를 나타낸다.)

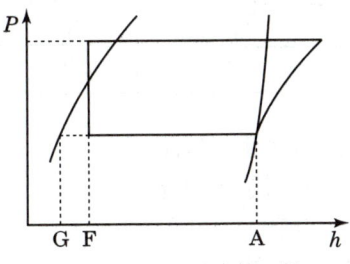

① $\dfrac{A-F}{A-G}$ ② $\dfrac{A-F}{F-G}$
③ $\dfrac{F-G}{A-G}$ ④ $\dfrac{F-G}{A-F}$

> 건조도(증기로 된 냉매의 양) $= \dfrac{F-G}{A-G}$
> 습도(액체 상태의 냉매의 양) $= \dfrac{A-F}{A-G}$

29 암모니아 냉동기의 증발온도 -20℃, 응축온도 35℃일 때 ① 이론 성적계수와 ② 실제 성적계수는 약 얼마인가? (단, 팽창밸브 직전의 액온도는 32℃, 흡입가스는 건포화증기이고, 체적효율은 0.65, 압축효율은 0.80, 기계효율은 0.9로 한다.)

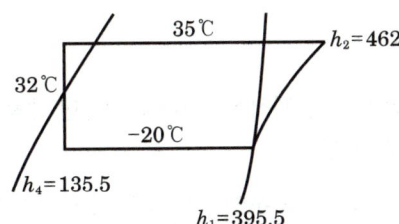

① ① 0.5, ② 3.8   ② ① 3.9, ② 2.8
③ ① 3.5, ② 2.5   ④ ① 4.3, ② 2.8

> (1) 이론 성적계수 $= \dfrac{395.5-135.5}{462-395.5} ≒ 3.9$
> (2) 실제 성적계수 = 이론 성적계수 × 압축효율 × 기계효율
> $= 3.9 \times 0.8 \times 0.9 ≒ 2.8$

정답 25 ② 26 ④ 27 ④ 28 ③ 29 ②

30 다음 그림은 어떤 사이클인가? (단, P=압력, h=엔탈피, T=온도, S=엔트로피이다.)

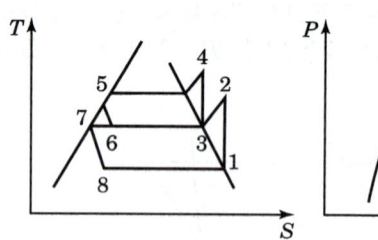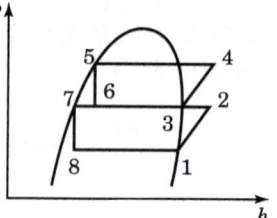

① 2단압축 1단팽창 사이클
② 2단압축 2단팽창 사이클
③ 1단압축 1단팽창 사이클
④ 1단압축 2단팽창 사이클

> 그림은 중간 냉각이 완전한 2단압축 2단팽창 사이클이다.

31 이상 기체를 정압하에서 가열하면 체적과 온도의 변화는 어떻게 되는가?

① 체적증가, 온도상승
② 체적일정, 온도일정
③ 체적증가, 온도일정
④ 체적일정, 온도상승

> **이상기체의 정압변화**
> 정압하에서 이상기체의 체적은 절대온도에 비례($\frac{V}{T}=C$)하므로 정압하에서 이상기체를 가열하면 체적과 온도는 상승한다.

32 개방형 냉각탑 제작설치검사에 관련한 내용으로 가장 거리가 먼 것은?

① 냉각탑 설치완료 후에 수압시험 및 시운전을 하고 이상유무를 확인한다.
② 냉각탑 수분배장치에서 흘러내리는 물은 충진물의 표면을 고르게 흐르게 본체 밖으로 물의 비산이 적은가를 확인한다.
③ 냉각탑소음, 진동에 대한 시험 및 검사를 실시한다.
④ 통풍팬의 작동유무를 확인한다.

> 개방형 냉각탑은 설치완료 후에 만수시험 및 시운전을 하고 이상유무를 확인한다

33 흡수식 냉동기에서 재생기에서의 열량을 Q_G, 응축기에서의 열량을 Q_C, 증발기에서의 열량을 Q_E, 흡수기에서의 열량을 Q_A라고 할 때 전체의 열평형식으로 옳은 것은?

① $Q_G = G_E + Q_C + Q_A$
② $Q_G + G_C = Q_E + Q_A$
③ $Q_G + G_A = Q_C + Q_E$
④ $Q_G + G_E = Q_C + Q_A$

> **흡수식 냉동기의 열평형식**
> 재생기 가열량 + 증발기 흡수열량(냉동능력) = 흡수기 냉각열량 + 응축기 방열량
> $Q_G + G_E = Q_C + Q_A$ 이다.

34 물 5kg을 0℃에서 80℃까지 가열하면 물의 엔트로피 증가는 약 얼마인가? (단, 물의 비열은 4.18kJ/kg·K 이다.)

① 1.17kJ/K
② 5.37kJ/K
③ 13.75kJ/K
④ 26.31kJ/K

> **엔트로피 변화**
> $\triangle s_{12} = mC_p \ln \frac{T_2}{T_1} = 5 \times 4.18 \times \ln \frac{273+80}{273+0} \fallingdotseq 5.37$

35 압축기의 압축방식에 의한 분류 중 용적형 압축기가 아닌 것은?

① 왕복동식 압축기
② 스크류식 압축기
③ 회전식 압축기
④ 원심식 압축기

> **압축기의 분류**
> 용적(체적)식 : 왕복식 압축기, 회전식 압축기, 스크류식 압축기, 스크롤식 압축기
> 원심식 : 원심식(turbo)압축기

36 12kW 펌프의 회전수가 800rpm, 토출량 1.5m³/min인 경우 펌프의 토출량을 1.8m³/min으로 하기 위하여 회전수를 얼마로 변화하면 되는가?

① 850rpm ② 960rpm
③ 1025rpm ④ 1365rpm

> **펌프의 상사법칙**
> $\dfrac{Q_2}{Q_1} = \dfrac{N_2}{N_1}$ 에서
> $N_2 = N_1 \dfrac{Q_2}{Q_1} = 800 \times \dfrac{1.8}{1.5} = 960\,[\text{rpm}]$

37 냉동장치에서 고압측에 설치하는 장치가 아닌 것은?

① 수액기 ② 팽창밸브
③ 드라이어 ④ 액분리기

> **액분리기(Accumulator)**
> 액분리기는 증발기와 압축기 사이에 설치하는 것으로 냉동장치의 저압부에 설치한다.

38 감온식 팽창밸브의 작동에 영향을 미치는 것으로만 짝지어진 것은?

① 증발기의 압력, 스프링 압력, 흡입관의 압력
② 증발기의 압력, 응축기의 압력, 감온통의 압력
③ 스프링 압력, 흡입관의 압력, 압축기 토출 압력
④ 증발기의 압력, 스프링 압력, 감온통의 압력

> 감온 팽창 밸브는 다음 세가지 힘의 평형상태(平衡常態)에 의해서 작동된다.
> ㉠ 감온통에 봉입(封入)된 가스압력 : Pf
> ㉡ 증발기 내의 냉매의 증발 압력 : PO
> ㉢ 과열도 조절나사에 의한 스프링 압력 : PS
> Pf = PO + PS
> Pf > PO + PS : 밸브의 개도가 커지는 상태(과열도 감소)
> Pf < PO + PS : 밸브의 개도가 작아지는 상태(과열도 증가)

39 유량 100L/min의 물을 15℃에서 10℃로 냉각하는 수냉각기가 있다. 이 냉동 장치의 냉동효과가 125kJ/kg일 경우에 냉매 순환량은 얼마인가? (단, 물의 비열은 4.18kJ/kg·K이다.)

① 16.7kg/h ② 1000kg/h
③ 450kg/h ④ 960kg/h

> $Q_2 = G \times q_2 = mc\Delta t$ 에서
> 냉매환량 $G = \dfrac{mc\Delta t}{q_2} = \dfrac{100 \times 60 \times 4.18 \times (15-10)}{125}$
> $= 1003.2 \fallingdotseq 1000\,[\text{kg/h}]$

40 나선모양의 관으로 냉매증기를 통과시키고 이 나선관을 원형 또는 구형의 수조에 넣어 냉매를 응축시키는 방법을 이용한 응축기는?

① 대기식 응축기(atmospheric condenser)
② 지수식 응축기(submerged coil condenser)
③ 증발식 응축기(evaporative condenser)
④ 공랭식 응축기(air cooled condenser)

> **지수식 응축기(submerged coil condenser)**
> 나선모양의 관으로 냉매증기를 통과시키고 이 나선관을 원형 또는 구형의 수조에 넣어 냉매를 응축시키는 방법을 이용한 응축기로 현재는 거의 사용하지 않는다.

정답 36 ② 37 ④ 38 ④ 39 ② 40 ②

3 공조냉동 설치·운영

41 주철관의 특징에 대한 설명으로 틀린 것은?

① 충격에는 강하고 내구성이 크다.
② 주철관 이음법에 소켓이음과 노허브이음이 있다.
③ 동관에 비하여 열팽창계수가 작다.
④ 소음을 흡수하는 성질이 있으므로 옥내배수용으로 적합하다.

> 주철관은 외압이나 충격에는 약하고, 부식에 잘견디어 내구성이 크다.

42 진공환수식 증기난방 배관에 관한 설명으로 옳은 것은?

① 온수 난방 방식에 비해 관 지름이 커진다.
② 주로 소규모 건물의 난방에 많이 사용된다.
③ 환수관 내 유속의 감소로 응축수 배출이 느리다.
④ 환수관의 진공도는 100~200mmHg 정도로 한다.

> 진공환수식은 환수관내 응축수 배출이 빨라서 관 지름이 작아도 되며 주로 중·대규모 난방에 사용된다.

43 다음 중 각 부속 장치의 설치 및 특징에 대한 설명으로 틀린 것은?

① 슬루스 밸브는 유량조절용 보다는 개폐용(ON-OFF용)에 주로 사용된다.
② 슬루스 밸브는 일명 게이트 밸브라고도 한다.
③ 스트레이너는 배관 속 먼지, 흙, 모래 등을 제거하기 위한 부속품이다.
④ 스트레이너는 밸브나 펌프 뒤에 설치한다.

> 스트레이너는 밸브, 펌프등을 보호하기 위하여 기기류 앞에 설치한다.

44 다음과 같은 급수 계통과 조건(상당관표, 동시사용률)을 참조하여 균등관법으로 (d)구간의 급수 관경을 구하시오.

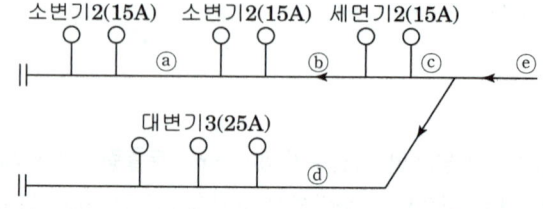

표. 상당관표

관경	15A	20A	25A	32A	40A
15A	1				
20A	2	1			
25A	3.7	1.8	1		
32A	7.2	3.6	2	1	
40A	11	5.3	2.9	1.5	1
50A	20	10	5.5	2.8	1.9
65A	31	15	8.5	4.3	2.9

표. 동시사용률

기구수	2	3	4	5	6	7	8	9	10	17
%	100	80	75	70	65	60	58	55	53	46

① 20A ② 25A
③ 32A ④ 40A

> 균등관(상당관)법은 모든 급수관경을 15A로 환산한다.
> (d)구간의 대변기25A는 15A로 3.7개이다.
> 그러므로 (d)구간 상당수(15A) 합계는 $3 \times 3.7 = 11.1$ 동시사용률은 기구수로 구하고 기구는 3개이므로 80% 일 때 동시개구수는 상당수 합계와 동시사용률로 구한다.
> 동시개구수= $11.1 \times 0.8 = 8.88$
> 다시 상당관표에서 15A, 8.88은 11개항에서 40A를 선정

45 터보 냉동기의 응축기 운전관리 점검항목으로 가장 거리가 먼 것은?

① 냉수입구온도　　② 냉각수 입구온도
③ 냉각수 출구온도　④ 응축압력

> 냉수입구, 출구온도는 증발기 관리항목에 속한다.

46 실내 공기질 관리법상 실내 공기질 관리 항목중 이산화질소(NO_2)는 지하역사, 지하도상가, 철도역사의 대합실, 여객자동차터미널의 대합실에서 권고기준치는 얼마인가?

① 1ppm 이하　　② 0.5ppm 이하
③ 0.3ppm 이하　④ 0.1ppm 이하

> 이산화질소(NO_2)는 권고기준은 지하역사등에서 0.1ppm 이하, 지하주차장에서 0.3ppm 이하, 의료기관등에서 0.05ppm 이하를 권고한다.

47 공조기와 덕트 설치시 검토 사항으로 가장 부적합한 것은?

① 공조기의 형식은 공조실의 면적·높이 등을 고려하여 가장 적절한 형식 선정(수평형, 수직형, 조합형, return fan내장형, 슬림형 등) - 공조기 상세와 일치 여부 확인
② fan의 설치방법 (토출방향 등)은 공조기 위치, 공조실의 높이 등을 고려하여 원활한 덕트가 되도록 설치
③ 여름철 외기냉방이 가능하도록 외기 및 배기덕트 크기 검토
④ 공조실 자체의 플레넘(plenum)챔버 검토

> 외기냉방은 외기조건이 실내조건보다 온도가 낮을 때 사용하므로 중간기(봄, 가을)에 적용한다.

48 공기조화설비에서 덕트 주요 요소인 가이드 베인에 대한 설명으로 옳은 것은?

① 소형 덕트의 풍량 조절용이다.
② 대형 덕트의 풍량 조절용이다.
③ 덕트 분기 부분의 풍량 조절을 한다.
④ 덕트 밴드부에서 기류를 안정시킨다.

> 덕트의 가이드 베인은 덕트 굴곡부(밴드부)에서 기류를 안정시키는 기능을 하며 확대·축소하는 부분의 급격한 기류 변화를 줄이는 기능도 한다. 직각 엘보에서는 성형 가이드베인(터닝베인)을 사용한다.

49 가스설비 배관 시 관의 지름은 폴(pole)식을 사용하여 구한다. 이때 고려할 사항이 아닌 것은?

① 가스의 유량　② 관의 길이
③ 가스의 비중　④ 가스의 온도

> 폴(Pole)식에 의한 관지름(D) 계산식
> $$D = \frac{Q^2 \cdot S \cdot L}{K^2(P_1^2 - P_2^2)} \text{(cm)} \quad \text{또는} \quad Q = K\sqrt{\frac{D^5 \cdot \Delta P}{S \cdot L}}$$
> ※ Q : 가스량
> L : 관의 길이
> P : 가스절대압
> S : 가스비중
> K : 유량계수
> 폴식에서 가스온도는 무시한다.

50 수도 직결식 급수설비에서 수도본관에서 최상층 수전까지 높이가 18m일 때 수도본관의 최저 필요 수압은? (단, 수전의 최저 필요압력은 50kPa, 관내 마찰손실수두는 2mAq으로 한다.)

① 100kPa　　② 150kPa
③ 200kPa　　④ 250kPa

> 급수설비 필요 최저압력(PL)=실양정+마찰손실+수전요구압
> PL = 180 + 20 + 50 = 250kPa
> (실양정 18m = 180kPa, 2mAq = 20kPa)

정답 45 ①　46 ④　47 ③　48 ④　49 ④　50 ④

51 전자유도현상에서 유도기전력의 크기에 관한 법칙은?

① 플레밍의 왼손법칙 ② 페러데이의 법칙
③ 앙페르의 법칙 ④ 쿨롱의 법칙

> **전자유도법칙**
> (1) 패러데이의 법칙
> "코일에 발생하는 유기기전력(e)은 자속 쇄교수($N\phi$)의 시간에 대한 감쇠율에 비례한다."는 것을 의미하며 이 법칙은 "유기기전력의 크기"를 구하는데 적용되는 법칙이다. 패러데이 법칙의 공식은 다음과 같다.
> $$e = -N\frac{d\phi}{dt} = -L\frac{di}{dt} [V]$$
> 여기서, e : 유기기전력, N : 코일 권수,
> $d\phi$: 자속의 변화량, dt : 시간의 변화,
> L : 코일의 인덕턴스, di : 전류의 변화량
>
> (2) 렌츠의 법칙
> "코일에 쇄교하는 자속이 시간에 따라 변화할 때 코일에 발생하는 유기기전력의 방향은 자속의 변화를 방해하는 방향으로 유도된다."는 것을 의미하며 이 법칙은 "유기기전력의 방향"을 알 수 있는 법칙이다. 렌츠 법칙의 공식은 다음과 같다.
> $$e = -N\frac{d\phi}{dt} = -L\frac{di}{dt} [V]$$
> 여기서, e : 유기기전력, N : 코일 권수,
> $d\phi$: 자속의 변화량, dt : 시간의 변화,
> L : 코일의 인덕턴스, di : 전류의 변화량

52 그림에서 V_s는 몇 [V]인가?

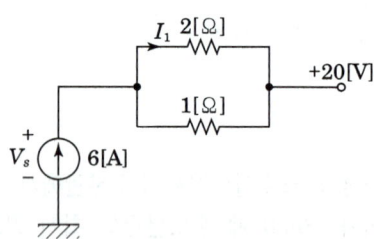

① 8 ② 16
③ 24 ④ 32

> 전류원 전압 V_s와 20[V]단자 사이의 전위차는 병렬로 접속된 저항의 전압강하와 같으므로
> $V_s - 20 = 6 \times \frac{2 \times 1}{2+1}$ [V]임을 알 수 있다.
> $\therefore V_s = 6 \times \frac{2 \times 1}{2+1} + 20 = 24$ [V]

53 변압기를 스코트(Scott) 결선할 때 이용률은 몇 [%]인가?

① 57.7 ② 86.6
③ 100 ④ 173

> **스코트 결선(T 결선)**
> 변압기 스코트 결선은 3상 전원을 2상 전원으로 공급하기 위한 결선으로서 변압기 권선의 86.6[%]인 부분만을 사용하기 때문에 변압기 이용률이 86.6[%]로 운전된다.

54 자동제어를 분류할 때 제어량의 종류에 의한 분류가 아닌 것은?

① 정치제어 ② 서보기구
③ 프로세스제어 ④ 자동조정

> 프로세스 제어는 공정제어라고도 하며 제어량이 피드백 제어계로서 주로 정치제어인 경우이다. 온도, 압력, 유량, 액면, 습도, 밀도, 농도 등을 제어한다.

55 종류가 다른 금속으로 폐회로를 만들어 두 접속점에 온도를 다르게 하면 전류가 흐르게 되는 것은?

① 펠티에 효과 ② 평형현상
③ 제벡 효과 ④ 자화현상

> **제벡효과**
> 서로 다른 두 금속을 접합하여 접합점에 온도차를 주게 되면 기전력이 발생하여 전류가 흐르는 현상이다.

56 그림과 같은 논리회로는?

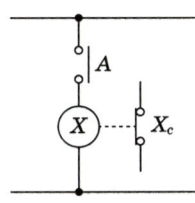

① OR회로 ② AND회로
③ NOT회로 ④ NAND 회로

> **NOT 회로**
> 입력과 출력이 반대로 동작하는 회로로서 입력이 "1"이면 출력은 "0", 입력이 "0"이면 출력이 "1"인 회로이다.

57 목표값이 시간적으로 임의로 변하는 경우의 제어로서 서보기구가 속하는 것은?

① 정치제어 ② 추종제어
③ 프로그램 제어 ④ 마이컴 제어

> 추종제어는 제어량에 의한 분류 중 서보 기구에 해당하는 값을 제어한다.(예) 비행기 추적레이더, 유도미사일)

58 $v = 200\sin\left(120\pi t + \dfrac{\pi}{3}\right)$[V]인 전압의 순시값에서 주파수는 몇 [Hz]인가?

① 50 ② 55
③ 60 ④ 65

> $\omega = 2\pi f = 120\pi[\text{rad/sec}]$ 이므로
> $\therefore f = \dfrac{120\pi}{2\pi} = 60[\text{Hz}]$

59 그림과 같은 그래프에 해당하는 함수를 라플라스 변환하면?

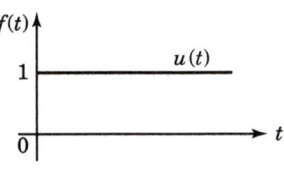

① 1 ② $\dfrac{1}{s}$
③ $\dfrac{1}{s+1}$ ④ $\dfrac{1}{s^2}$

> 단위계단 함수(인디셜 함수)의 라플라스 변환
> 단위계단함수는 $u(t)$로 표시하며 크기가 1인 일정함수로 정의한다.
> $\mathcal{L}[f(t)] = \mathcal{L}[u(t)] = \int_0^\infty u(t)e^{-st}$
> $= \int_0^\infty e^{-st}dt = \left[-\dfrac{1}{s}e^{-st}\right]_0^\infty = \dfrac{1}{s}$

60 직류발전기의 철심을 규소강판으로 성층하여 사용하는 이유로 가장 알맞은 것은?

① 브러시에서의 불꽃 방지 및 정류 개선
② 와류손과 히스테리시스손의 감소
③ 전기자 반작용의 감소
④ 기계적으로 튼튼함

> **직류기의 전기자 철심**
> 전기자 철심은 규소 강판을 사용하여 히스테리시스 손실을 줄이고 또한 성층하여 와류손(=맴돌이손)을 줄인다. 철심 내에서 발생하는 손실을 철손이라 하며 철손은 히스테리시스손과 와류손을 합한 값이다. 따라서 규소 강판을 성층하여 사용하기 때문에 철손이 줄어들게 된다.

정답 56 ③ 57 ② 58 ③ 59 ② 60 ②

2025 공조냉동기계산업기사

부록2 복원 기출문제

CBT 온라인 실전테스트

홈페이지(www.bestbook.co.kr)에서 CBT 온라인 실전테스트를 체험하실 수 있습니다.

1. CBT 필기시험문제 1회(24년 제1회 복원문제)
2. CBT 필기시험문제 2회(24년 제2회 복원문제)
3. CBT 필기시험문제 3회(24년 제3회 복원문제)
4. CBT 필기시험문제 4회(23년 제1회 복원문제)
5. CBT 필기시험문제 5회(23년 제2회 복원문제)
6. CBT 필기시험문제 6회(23년 제3회 복원문제)
7. CBT 필기시험문제 7회(22년 제1회 복원문제)
8. CBT 필기시험문제 8회(22년 제2회 복원문제)
9. CBT 필기시험문제 9회(22년 제3회 복원문제)
10. CBT 필기시험문제 10회(핵심 기출문제 11회)
11. CBT 필기시험문제 11회(핵심 기출문제 12회)
12. CBT 필기시험문제 12회(핵심 기출문제 13회)
13. CBT 필기시험문제 13회(핵심 기출문제 14회)
14. CBT 필기시험문제 14회(핵심 기출문제 15회)

한솔아카데미

02 복원 기출문제

부록

3개년 복원 기출문제
[수험생 기억에 의한 복원 기출문제]

2022년	1회 복원 문제해설	온라인TEST	4
2022년	2회 복원 문제해설	온라인TEST	16
2022년	3회 복원 문제해설	온라인TEST	27
2023년	1회 복원 문제해설	온라인TEST	38
2023년	2회 복원 문제해설	온라인TEST	50
2023년	3회 복원 문제해설	온라인TEST	61
2024년	1회 복원 문제해설	온라인TEST	73
2024년	2회 복원 문제해설	온라인TEST	85
2024년	3회 복원 문제해설	온라인TEST	98

학습전략

22년부터 변경된 출제기준에 따라 공조냉동기계산업기사 필기시험이 진행되고 있으며, 변경 이후 출제된 3개년 복원 기출문제를 풀어봄으로써 스스로를 진단하면서 필기 합격을 위한 실전연습이 될 수 있도록 하였습니다.

기출문제 복원 기출문제 (2022년 1회)

※ 본 기출문제는 수험자의 기억을 바탕으로 하여 복원한 문제이므로 실제 문제와 다를 수 있음을 미리 알려드립니다.

1 공기조화 설비

01 습공기의 성질에서 비교습도를 가장 적합하게 설명한 것은?

① 어떤 건공기의 포화수증기압에 대한 수증기압의 비
② 어떤 건공기의 포화절대습도에 대한 절대습도의 비
③ 어떤 건공기의 습구온도에 대한 건구온도의 비
④ 어떤 건공기의 포화절대습도에 대한 수증기압의 비

> 비교습도 어떤 건공기의 포화절대습도에 대한 절대습도의 비이며, 상대습도는 그 온도의 포화 수증기압에 대한 수증기압의 비(%)로 표시한다.

02 개별 공기조화방식에 사용되는 공기조화기에 대한 설명으로 틀린 것은?

① 사용하는 공기조화기의 냉각코일에는 간접팽창코일을 사용한다.
② 설치가 간편하고 운전 및 조작이 용이하다.
③ 제어대상에 맞는 개별 공조기를 설치하여 최적의 운전이 가능하다.
④ 소음이 크나, 국소운전이 가능하여 에너지 절약적이다.

> 개별 공기조화방식의 공기조화기(가정용 에어컨등)는 냉각코일에 직접팽창코일(코일안에서 냉매가 직접팽창)을 사용한다

03 에어와셔에서 단열분무 할 때 공기의 상태변화에 대한 설명 중 옳지 않은 것은?

① 건구온도는 내려가고, 절대습도는 증가한다.
② 상대습도는 올라가고, 절대습도는 증가한다.
③ 엔탈피는 내려가고, 절대습도는 증가한다.
④ 엔탈피는 일정하고, 절대습도는 증가한다.

> 에어와셔에서 단열분무하면 엔탈피는 일정하고, 건구온도는 내려가고(냉각) 상대습도와 절대습도는 증가(가습)한다.

04 다음 중 클린룸에 사용하는 에어필터의 순서가 적합한 것은?

① 프리필터-미디엄필터-활성탄필터-헤파필터
② 프리필터-헤파필터-미디엄필터-활성탄필터
③ 프리필터-활성탄필터-미디엄필터-헤파필터
④ 프리필터-미디엄필터-헤파필터-활성탄필터

> 활성탄 필터는 탄소분말로 구성되며, 유해가스나 냄새를 제거할 수 있는 필터인데, 필터 파손등으로 탄소분말이 비산되는 경우 제거가 가능하도록 헤파필터를 활성탄필터 후단에 배치하는 것이 일반적이다.

05 일정한 건구온도에서 습공기 성질의 변화에 대한 설명 중 잘못된 것은?

① 비체적은 절대습도가 높아질수록 증가한다.
② 절대습도가 높아질수록 노점온도는 높아진다.
③ 상대습도가 높아지면 절대습도는 높아진다.
④ 상대습도가 높아지면 엔탈피는 감소한다.

> 일정한 건구온도에서 상대습도가 높아지면 엔탈피도 증가한다.

06 단일덕트 재열방식과 공조방식이 같은 방식은 무엇인가?

① 단일덕트 변풍량방식   ② 유인유니트방식(IDU)
③ 패케지방식   ④ 이중덕트방식

> 단일덕트 재열방식은 수공기 방식으로 유인유니트방식과 같다.

정답 01 ② 02 ① 03 ③ 04 ① 05 ④ 06 ②

07 다음 중 냉각탑의 용량제어 방법이 아닌 것은?

① 슬라이드 밸브 조작 방법
② 냉각수 수량 제어 방법(인버터 펌프)
③ 송풍 공기 풍량 제어 방법(송풍기 회전수제어)
④ 냉각탑 대수 분할 운전 방법

> 냉각탑의 용량제어 방법
> ㉠ 공기 풍량변화 방법(인버터, 극수변환 등에 의한 송풍기 의 회전수 제어)
> ㉡ 수량 변화 방법(냉각수의 냉각탑 바이패스제어(2방변 제어, 또는 3방변 제어)
> ㉢ 송풍기 발정 제어(ON-OFF제어)
> ㉣ 분할 운전 방법(냉각탑 대수제어)

08 건구온도 10[℃], 상대습도 60[%]인 습공기를 30[℃]로 가열하였다. 이때의 습공기 상대습도는? (단, 10[℃] 공기의 포화수증기압은 1.21[kPa]이고, 30[℃] 공기의 포화수증기압은 4.20[kPa]이다.)

① 17.3%   ③ 23.6%
② 25.0%   ④ 27.8%

> 상대습도는 그온도의 포화 수증기압에 대한 현재 수증기압의 비이다.
> - 10[℃], 상대습도 60[%]인 습공기의 수증기압은
> $1.21 \times 0.6 = 0.726$[kPa]
> - 30[℃]일 때 상대습도는
> $\% = \dfrac{\text{수증기압}}{30℃ \text{ 포화수증기압}} = \dfrac{0.726}{4.20} \times 100 = 17.3\%$

09 다음 중 습공기 선도 구성로만 짝지어진것은?

① 비체적, 절대습도, 엔탈피, 비열
② 상대습도, 건구온도, 노점온도, 열관류율
③ 절대습도, 수증기분압, 상대습도, 비열
④ 수증기분압, 상대습도, 엔탈피, 절대습도

> 습공기선도는 건구온도, 습구온도, 노점온도, 절대습도, 수증기 분압, 상대습도, 엔탈피, 현열비, 열수분비, 비체적으로 구성된다.

10 어떤 건물의 콘크리트 벽체의 구조가 아래와 같고, 벽체 면적 20m², 외기온도 -10℃, 실내온도 20℃, 콘크리트 두께가 200mm, 단열재 두께가 150mm 일 때, 이벽체를 통한 손실열량(W)을 구하시오
(단, 콘크리트와 단열재 접촉부분의 열저항과 기타저항은 무시한다.)

열전도도	콘크리트	1.63W/m·K
	단열재	0.17W/m·K
대류열전달계수	외기	23.3W/m²·K
	실내공기	9.3W/m²·K

① 117W   ② 217W
③ 457W   ④ 519W

> 벽체 열관류율(K)을 구하면
> $\dfrac{1}{K} = \dfrac{1}{\alpha_o} + \dfrac{L_1}{\lambda_1} + \dfrac{L_2}{\lambda_2} + \dfrac{1}{\alpha_i}$
> $\dfrac{1}{K} = \dfrac{1}{23.3} + \dfrac{0.2}{1.63} + \dfrac{0.15}{0.17} + \dfrac{1}{9.3}$
> $K = 0.865 W/m^2 K$
> 손실열량은
> $q = KA\Delta t = 0.865 \times 20 [20-(-10)] = 519W$

11 온수난방 시스템에서 개방식 팽창탱크의 평상시 수면 아래에 접속되는배관은 무엇인가?

① 오버플로우관   ② 통기관
③ 팽창관   ④ 급수관

> 개방식 팽창탱크의 평상시 수면 아래에 접속되는 배관은 팽창관, 배수관이며 나머지 통기관, 안전관, 급수관, 오버플루우관은 수면위에 위치한다.

12 다음 중 증기 보일러의 상당(환산)증발량(G_e)은? (단, G_s는 실제증발량, G_W는 보일러의 보급수량, h_1은 급수의 엔탈피(kJ/kg), h_2는 발생증기의 엔탈피(kJ/kg)이다.)

① $G_e = \dfrac{G_s h_2 - G_s h_1}{2257}$

② $G_e = \dfrac{G_W h_1 - G_s h_2}{2257}$

③ $G_e = \dfrac{G_s h_2 - G_W h_1}{2257}$

④ $G_e = \dfrac{G_s h_1 - G_W h_2}{2501}$

> 100℃ 증발잠열은 2257kJ/kg이다.
> 환산증발량(G_e) = $\dfrac{\text{보일러출력}}{\text{표준증발잠열}}$ = $\dfrac{G_s h_2 - G_s h_1}{2257}$ (kg/h)
> 여기서, 보일러 출력은 실제증발량에 급수 엔탈피와 증기엔탈피를 적용한다. 보급수량은 발생증기의 부족분을 채워주는 것으로 상당증발량 계산과 무관하다.

13 다음은 송풍기 번호에 의한 크기를 나타내는 식이다. 옳은 것은?

① 원심송풍기 : No(#) = $\dfrac{\text{회전날개지름mm}}{100\text{mm}}$

 축류송풍기 : No(#) = $\dfrac{\text{회전날개지름mm}}{150\text{mm}}$

② 원심송풍기 : No(#) = $\dfrac{\text{회전날개지름mm}}{150\text{mm}}$

 축류송풍기 : No(#) = $\dfrac{\text{회전날개지름mm}}{100\text{mm}}$

③ 원심송풍기 : No(#) = $\dfrac{\text{회전날개지름mm}}{150\text{mm}}$

 축류송풍기 : No(#) = $\dfrac{\text{회전날개지름mm}}{150\text{mm}}$

④ 원심송풍기 : No(#) = $\dfrac{\text{회전날개지름mm}}{100\text{mm}}$

 축류송풍기 : No(#) = $\dfrac{\text{회전날개지름mm}}{100\text{mm}}$

> 송풍기 크기(No)는 원심식은 150mm를 1호로, 축류형은 100mm를 1호로 한다.
> 원심송풍기 : No(#) = $\dfrac{\text{임펠러 지름(mm)}}{150}$
> 축류송풍기 : No(#) = $\dfrac{\text{임펠러 지름(mm)}}{100}$

14 다음 중 건축물의 출입문으로부터 극간풍 영향을 방지하는 방법으로 가장 거리가 먼 것은?

① 회전문을 설치한다.
② 이중문을 충분한 간격으로 설치한다.
③ 출입문에 블라인드를 설치한다.
④ 에어커튼을 설치한다.

> 출입문에 블라인드를 설치하는 것은 일사를 차단하는 효과는 있지만 극간풍 제어효과는 거의 없다.

15 31℃의 외기와 25℃의 환기를 1:2의 비율로 혼합하고 바이패스 팩터가 0.16인 코일로 냉각 제습할 때 코일 출구온도(℃)는?(단, 코일표면온도는 14℃이다)

① 14 ② 16
③ 27 ④ 29

> 혼합온도를 구하면
> $t_m = \dfrac{31 \times 1 + 25 \times 2}{1+2} = 27℃$
> 27℃공기를 14℃코일(BF=0.16)에 통과 시키면
> $t_o = t_c + BF(t_i - t_c) = 14 + 0.16(27-14) = 16℃$

정답 12 ① 13 ② 14 ③ 15 ②

16 수증기 발생으로 인한 환기를 계획하고자 할 때, 필요 환기량 $Q(m^3/h)$의 계산식으로 옳은 것은? (단, q_s: 발생 현열량(kJ/h), W: 수증기 발생량(kg/h), M: 먼지 발생량(m^3/h), t_i(℃): 허용 실내온도, x_i(kg/kg): 허용 실내 절대습도, t_o(℃): 도입 외기온도, x_o(kg/kg): 도입 외기절대습도, K, K_o: 허용 실내 및 도입외기 가스농도, C, C_o: 허용 실내 및 도입외기 먼지농도이다.)

① $Q = \dfrac{q_s}{0.29(t_i - t_o)}$

② $Q = \dfrac{W}{1.2(x_i - x_o)}$

③ $Q = \dfrac{100 \cdot M}{K - K_o}$

④ $Q = \dfrac{M}{C - C_o}$

현열기준 $Q = \dfrac{q_s}{1.21(t_i - t_o)}$

수증기 기준 $Q = \dfrac{W}{1.2(x_i - x_o)}$

가스, 먼지 기준 $Q = \dfrac{M}{C - C_o}$

환기량계산식은 위 3가지 식 중에서 실내환경에 적합한 식을 적용하며 이 문제는 수증기 발생을 기준으로 계산식을 찾기 때문에 ②가 답이다.

17 아래와 같은 1) 공조시스템으로 냉방하는 경우 지하수를 이용하여 예냉한후 냉각코일에서 냉각하여 실내에 취출한다면 2) 공조프로세스와 상태점을 해당하는 점을 연결한 것 중에서 적합하지 않은 것은?

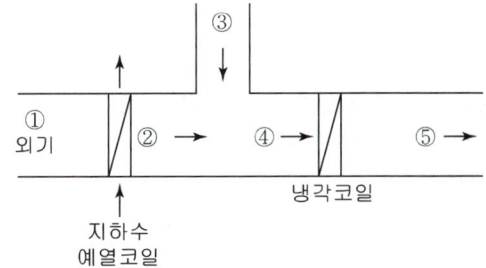

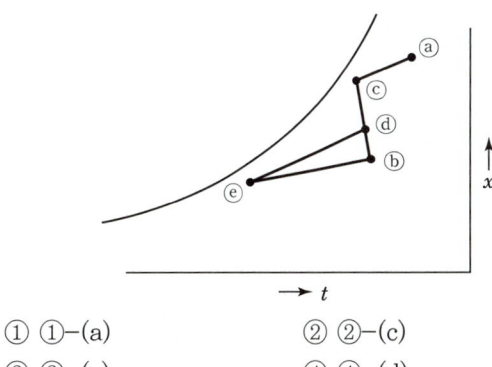

① ①-(a) ② ②-(c)
③ ③-(e) ④ ④-(d)

공조 시스템에서 외기(①-a)를 예냉한후(②-c) 환기(③-b)와 혼합(④-d)하여 냉각한후(⑤-e) 실내(③-b)에 취출하여 냉방하는 시스템이다. 냉각코일 냉각 과정은 (d)->(e)이고 실내에서 냉방하는 과정은 (e)->(b) 이다.

18 덕트 설계방법 중 공기분배계통의 에어 밸런싱(Air Balancing)을 유지하는 데 가장 적합한 방법은?

① 등속법 ② 정압법
③ 개량정압법 ④ 정압재취득법

정압재취득법은 덕트 말단으로 갈수록 동압감소에 따른 정압 상승을 마찰손실로 상쇄시켜 취출구에서의 정압이 대략 일정한 값으로 되어 공기분배계통의 에어 밸런싱(Air Balancing)을 유지하는 데 가장 적합하다.

19 실내 취득 현열량 및 잠열량이 각각 3000W, 1000W, 장치 내 취득열량이 550W이다. 실내 온도를 25℃로 냉방하고자 할 때, 필요한 송풍량은 약 얼마인가? (단, 냉각코일출구와 실내온도차는 10℃이다.)

① 105.6 L/s ② 150.8 L/s
③ 295.8 L/s ④ 346.6 L/s

취출구 온도차를 이용하여 송풍량을 계산할 때는 실내 취득 현열량(3000W)과 장치취득열량(550W)을 고려한다.

$Q = \dfrac{q_s}{\gamma C \Delta t} = \dfrac{3000 + 550}{1.2 \times 1.0 \times 10} = 295.8 \text{L/s}$

현열부하가 kW이면 풍량은 m^3/s이고 W이면 풍량은 L/s이다.

정답 16 ② 17 ③ 18 ④ 19 ③

20 송풍기의 법칙 중 틀린 것은?(단, 각각의 값은 아래 표와 같다.)

$Q_1 (m^3/h)$	초기풍량
$Q_2 (m^3/h)$	변화풍량
$P_1 (mmAq)$	초기정압
$P_2 (mmAq)$	변화정압
$N_1 (rpm)$	초기회전수
$N_2 (rpm)$	변화회전수
$d_1 (mm)$	초기날개직경
$d_2 (mm)$	변화날개직경

① $Q_2 = (N_2/N_1) \times Q_1$
② $Q_2 = (d_2/d_1)^3 \times Q_1$
③ $P_2 = (N_2/N_1)^3 \times P_1$
④ $P_2 = (d_2/d_1)^2 \times P_1$

> $P_2 = (N_2/N_1)^2 \times P_1$
> 정압은 회전수의 제곱에 비례한다.

2 냉동냉장 설비

21 암모니아를 냉매로 사용하는 냉동장치에서 응축압력의 상승 원인으로 가장 거리가 먼 것은?

① 냉각수 온도가 현저히 감소할 때
② 불응축가스가 혼입되었을 때
③ 냉매가 과충전되었을 때
④ 응축기 냉각관에 물 때 및 유막이 형성되었을 때

> 응축압력(온도)의 상승원인
> ㉠ 응축기의 냉각수온 및 냉각공기의 온도가 높을 경우
> ㉡ 불응축가스가 혼입되었을 때, 냉각수량이 부족할 경우
> ㉢ 증발부하가 클 경우
> ㉣ 냉각관에 유막 및 스케일이 생성되었을 경우
> ㉤ 냉매를 너무 과충전 했을 경우

22 증발압력이 저하되면 증발잠열과 비체적은 어떻게 되는가?

① 증발잠열은 커지고 비체적은 작아진다.
② 증발잠열은 작아지고 비체적은 커진다.
③ 증발잠열과 비체적 모두 커진다.
④ 증발잠열과 비체적 모두 작아진다.

> 증발압력이 저하되면 증발잠열과 비체적이 모두 커진다.

23 증발온도(압력)하강의 경우 장치에 발생되는 현상으로 가장 거리가 먼 것은?

① 성적계수(COP) 감소
② 토출가스 온도상승
③ 냉매 순환량 증가
④ 냉동 효과 감소

> 증발압력(온도)강하 시 발생되는 현상
> ㉠ 압축비의 증대 ㉡ 토출가스 온도 상승
> ㉢ 체적 효율 감소 ㉣ 냉매 순환량 감소
> ㉤ 냉동효과 감소 ㉥ 성적계수 감소
> ㉦ 흡입가스 비체적 증가 ㉧ 실린더 과열
> ㉨ 윤활유 열화 및 탄화 ㉩ 소요 동력 증대

24 다음의 응축기 중 열통과율이 가장 나쁜 것은?

① 공랭식
② 횡형 셸 앤드 튜브식
③ 증발식
④ 입형 셸 앤드 튜브식

> 응축기의 열통과율[W/m^2K]
> ① 공랭식 : 23 ② 횡형 셸 앤드 튜브식 : 1047
> ③ 증발식 : 349 ④ 입형 셸 앤드 튜브식 : 872

25 응축기의 냉매 응축온도가 30℃, 냉각수의 입구수온이 25℃, 출구수온이 28℃일 때, 대수평균온도차(LMTD)는?

① 2.27℃
② 3.27℃
③ 4.27℃
④ 5.27℃

정답 20 ③ 21 ① 22 ③ 23 ③ 24 ① 25 ②

대수평균온도차(LMTD)
$$LMTD = \frac{\Delta t_1 - \Delta t_2}{\ln\frac{\Delta t_1}{\Delta t_2}} = \frac{(30-25)-(30-28)}{\ln\frac{30-25}{30-28}} = 3.27℃$$

26 암모니아 냉동장치에서 팽창밸브 직전의 냉매액 온도가 20℃이고 압축기 직전 냉매가스 온도가 −15℃의 건포화 증기이며, 냉매 1kg당 냉동량은 1134kJ이다. 필요한 냉동능력이 14RT일 때, 냉매순환량은? (단, 1RT는 3.86kW이다.)

① 123 kg/h ② 172 kg/h
③ 185 kg/h ④ 212 kg/h

냉매순환량 $G = \frac{Q_2}{q_2} = \frac{14 \times 3.86 \times 3600}{1134} = 172[kg/h]$

27 다음과 같은 냉동기의 냉동능력[RT]은? (단, 응축기 냉각수 입구온도 18[℃], 응축기 냉각수 출구온도 23[℃], 응축기 냉각수 수량 1500[L/min], 압축기 주전동기 축마력은 80[PS], 1[RT]는 3.86kW이다.)

① 135 ② 120
③ 150 ④ 125

냉동능력(RT) $= \frac{Q_2}{3.86} = \frac{Q_1 - W}{3.86} = \frac{525 - 58.8}{3.86} = 120$
여기서
$Q_1 = m \cdot c \cdot \Delta t = \left(\frac{1500}{60}\right) \times 4.2 \times (23-18) = 525[kW]$
$W = 80 \times 0.735 = 58.8[kW]$

28 어떤 왕복동 압축기의 실린더가 내경 300mm, 행정 200mm, 실린더수 2, 회전수 300rpm이라면 이 압축기의 이론적인 피스톤 배출량은 약 얼마인가?

① 348 m³/h ② 479 m³/h
③ 509 m³/h ④ 623 m³/h

단단 압축기(왕복식)의 피스톤 압출량(m³/h)
$$V_a = \frac{\pi d^2}{4} L \cdot N \cdot R \cdot 60$$
$$= \frac{\pi \times 0.3^2}{4} \times 0.2 \times 2 \times 300 \times 60 ≒ 509$$
여기서, d : 내경[m], L : 행정[m], N : 기통수[개], R : 분당회전수[rpm]

29 어떤 냉동장치의 게이지압이 저압은 60mmHgv, 고압은 0.59MPa이었다면 이때의 압축비는 약 얼마인가? (단, 대기압은 0.1MPa로 한다)

① 5.8 ② 6.0
③ 7.5 ④ 8.3

압축비 $m = \frac{P_1}{P_2} = \frac{0.59 + 0.1}{0.0921} ≒ 7.5$
여기서, P_1 : 고압 측 절대압력[MPa·a]
P_2 : 저압 측 절대압력[MPa·a]
$= 0.1 \times \frac{760-60}{760} = 0.0921[MPa \cdot a]$

30 할론(Halon)냉매의 원소에 해당되지 않는 것은?

① 불소(F) ② 수소(H)
③ 염소(Cl) ④ 브롬(Br)

할론(Halon)냉매
할론(Halon)냉매는 프레온(Freon)냉매를 말하며 브롬(Br)은 사용하지 않는다.

31 다음 냉매 중 에탄계 프레온족이 아닌 것은?

① R-22 ② R-113
③ R-123a ④ R-134a

탄화수소계 냉매
프레온족(탄화수소계)냉매는 메탄계와 에탄계가 있으며 메탄계는 십자리수로 에탄계는 백자리수로 표시한다.
예 메탄계 : R11, R12, R22, R32 등
에탄계 : R111, R112, R123, R124, R152a 등

정답 26 ②　27 ②　28 ③　29 ③　30 ④　31 ①

32 다음 중 브라인의 구비조건이 아닌 것은?

① 열용량이 작고 전열이 좋을 것
② 점도가 적당할 것
③ 응고점이 낮을 것
④ 금속에 대한 부식성이 적고 불연성일 것

> 브라인은 열용량이 클수록 열 운반능력이 증대하여 순환량이 적어져 설비비 및 반송동력이 감소한다.

33 냉매가 구비해야 할 이상적인 물리적 성질로 틀린 것은?

① 임계온도가 높고 응고온도가 낮을 것
② 같은 냉동능력에 대하여 소요동력이 적을 것
③ 전기절연성이 낮을 것
④ 저온에서도 대기압 이상의 압력으로 증발하고 상온에서 비교적 저압으로 액화할 것

> 냉매는 전기절연성이 높을수록 누전의 우려가 적고 또한 밀폐식 압축기를 사용 시에는 필수적으로 요구되는 사항이다.

34 2단압축 1단 팽창 냉동사이클에서 중간냉각기의 기능으로 가장 적합한 것은?

① 고단압축기 토출가스를 냉각시키고 팽창밸브로 공급되는 냉매액을 냉각시킨다.
② 불응축가스를 냉각시켜서 응축부하를 감소시킨다.
③ 저단압축기 토출가스를 냉각시키고 팽창밸브로 공급되는 냉매액을 냉각시킨다.
④ 저단압축기 토출가스를 냉각시키고, 팽창밸브로 공급되는 냉매액을 가열한다.

> 2단압축 1단 팽창 냉동사이클에서 중간냉각기의 기능은 저단압축기 토출가스를 냉각시키고 팽창밸브로 공급되는 냉매액을 냉각시켜서 성적계수를 높이고, 냉동능력을 증가시킨다.

35 온도 15℃, 압력 100kPa 상태의 체적이 일정한 용기 안에 어떤 이상 기체 5kg이 들어 있다. 이 기체가 50℃가 될 때까지 가열되었다. 이 과정 동안의 엔트로피 변화는 약 얼마인가? (단, 이 기체의 정압비열과 정적비열은 1.001 kJ/kg·K, 0.7171 kJ/kg·K이다.)

① 0.411 kJ/K 증가   ② 0.411 kJ/K 감소
③ 0.575 kJ/K 증가   ④ 0.575 kJ/K 감소

> 정적과정에서의 엔트로피 변화
> $$\Delta S = mC_v \ln \frac{T_2}{T_1} = 5 \times 0.717 \times \ln \frac{273+50}{273+15} = 0.411$$

36 고압가스 안전관리법에서 냉동기의 제조등록을 하고자 하는자는 냉동기 제조에 필요한 다음설비를 갖추어야 하는데 가장 거리가 먼것은?

① 프레스설비   ② 제관설비
③ 세척설비   ④ 용접설비

> 고압가스 안전관리법 냉동기 제조등록에서 세척설비는 용기 제조자가 갖추어야 할 설비에 속한다.

37 기계설비법에서 사용 전 검사 신청서에 구비서류로 가장 거리가 먼 것은?

① 기계설비공사 준공설계도서 사본
② 관계 법령에 따라 기계설비에 대한 감리업무를 수행한 자가 확인한 기계설비 사용 적합 확인서
③ 에너지이용합리화법 검사대상기기로 합격한경우 그 검사결과서
④ 기계설비법 완성검사에 합격한경우 그 검사결과서

> 기계설비법에서 사용전 검사 신청서의 구비서류로는 기계설비공사 준공설계도서 사본, 관계 법령에 따라 기계설비에 대한 감리업무를 수행한 자가 확인한 기계설비 사용 적합 확인서, 에너지이용합리화법 검사대상기기로 합격한경우 그 검사결과서, 고압가스안전관리법 완성검사에 합격한경우 그 검사결과서 등이다.

정답 32 ① 33 ③ 34 ③ 35 ① 36 ③ 37 ④

38 벽체의 열이동에 대한 설명으로 가장 거리가 먼 것은?

① 열전도는 물질(고체) 내에서 열이 전달되는 것으로 열전도율에 비례하여 고온부에서 저온부로 열전도가 일어난다.
② 벽체를 통한 열이동은 열전도, 열전달, 열복사가 각각 독립적으로 작용하여 발생한다.
③ 벽체 표면과 이에 접하는 유체 사이의 온도차와 대류 현상으로 열이 이동되는 현상을 열전달이라 한다.
④ 고온 물체와 저온 물체 사이에서는 복사에 의해서도 열이 전달된다.

> 벽체를 통한 열이동은 열전도, 열전달, 열복사가 복합적으로 작용하며 이때 그 종합적인 열이동 정도를 열관류(열통과)라 한다.

39 응축기 부하가 116.3kW이고, 응축온도 40℃, 냉각수 입구온도 32℃, 출구온도 37℃, 전열면 열관류율이 570 W/m²K일 때 응축기 전열면적을 구하시오(온도차는 산술평균)

① $27.3m^2$
② $32.3m^2$
③ $37.1m^2$
④ $42.1m^2$

> $q = K A \Delta t_m$ 에서
> $A = \dfrac{q}{K \Delta t_m} = \dfrac{116.3 \times 1000}{570(40-(32+37)/2)} = 37.1m^2$

40 다음과 같은 2단압축 2단 팽창 냉동사이클에서 압축 일을 적합하게 표현한 것은?

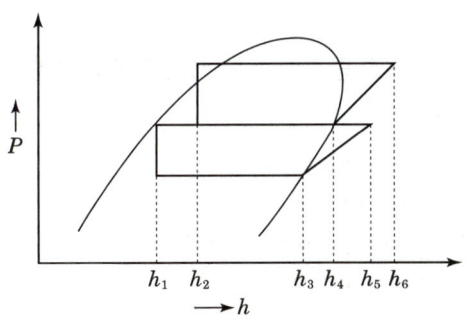

① $(h_2 - h_1) + (h_4 - h_3)$
② $(h_4 - h_3) + (h_6 - h_5)$
③ $(h_5 - h_3) + (h_6 - h_4)$
④ $(h_5 - h_3) + (h_6 - h_5)$

> 2단압축에서 압축일은 저단압축일$[(h_5 - h_3)]$과 고단 압축일 $[(h_6 - h_4)]$을 합한 것$[(h_5 - h_3) + (h_6 - h_4)]$이다. 이때 각각 냉매순환량(저단, 고단)을 곱하여 구한다.

3 공조냉동 설치·운영

41 다음 평면도와 같이 엘보를 이용하여 배관(20A)을 구성하고자 할 때 실제 소요되는 배관길이 A,B를 각각 구하시오 (단, 엘보에 삽입되는 배관길이는 10mm이고, 엘보 중심에서 단면까지 길이는 25mm이다.)

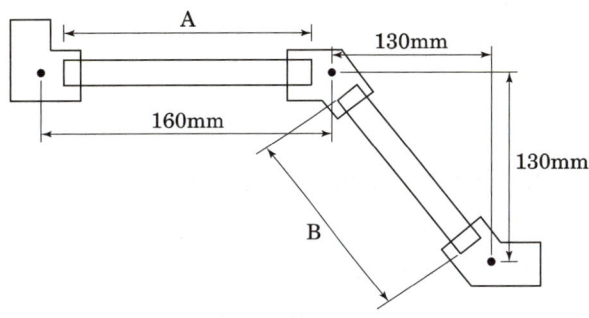

① A : 123mm, B : 145mm
② A : 130mm, B : 183.8mm
③ A : 130mm, B : 158.3mm
④ A : 153mm, B : 165.6mm

> A를 구하기위해 엘보 중심에서 배관끝단 까지길이는
> 25-10=15mm
> 그러므로 배관길이는 A=160-(2×15)=130mm
> B를 구하기위해 엘보 중심에서 중심까지 길이는
> $\sqrt{2} \times 130 = 183.8mm$
> 배관끝단 까지길이는 25-10=15mm
> 그러므로 배관길이는 B=183.8-(2×15)=153.8mm

정답 38 ② 39 ③ 40 ③ 41 ③

42 산업안전 보건법에서 안전보건관리책임자로 가장 거리가 먼 사람은?

① 안전보건관리책임자 ② 안전관리자
③ 안전보건담당자 ④ 품질관리자

> 안전보건관리자로 품질관리담당자는 관계가 없다.

43 온수배관의 시공 시 주의사항으로 옳은 것은?

① 각 방열기에는 필요시에만 공기배출기를 부착한다.
② 배관 최저부에는 배수밸브를 설치하며, 하향구배로 설치한다.
③ 팽창관에는 안전을 위해 반드시 밸브를 설치한다.
④ 배관 도중에 관 지름을 바꿀 때에는 편심이음쇠를 사용하지 않는다.

> 각 방열기에는 공기배출기를 부착하며 팽창관에는 밸브를 설치하지 않는다. 배관 도중에 관 지름을 바꿀 때에는 편심이음쇠를 사용하여 배관 윗면을 일치시켜 공기가 고이지 않게 한다.

44 배수관 설치 기준에 대한 내용 중 틀린 것은?

① 배수관의 최소 관경은 20mm 이상으로 한다.
② 지중에 매설하는 배수관의 관경은 50mm 이상이 좋다.
③ 배수관의 배수의 유하방향(流下方向)으로 관경을 축소해서는 안 된다.
④ 기구배수관의 관경은 이것에 접속하는 위생기구의 트랩구경 이상으로 한다.

> 배수관에서 최소 관경은 32 A 이상으로 한다.

45 어느 실내에 설치된 온수 방열기의 방열면적이 10m² EDR일 때의 방열량(W)은?

① 4500 ② 6500
③ 7558 ④ 5233

> 온수방열기 1EDR=523.3W
> 그러므로 10×523.3=5233W
> 증기방열기 1EDR=755.8W

46 고가수조형 급수방식에서 고가수조의 용량이 V(m³)일때 양수펌프의 용량으로 적합한 것은?

① 1시간동안에 고가수조의 용량 V(m³)만큼 양수할 수 있는 용량
② 30분 동안에 고가수조의 용량 V(m³)만큼 양수할 수 있는 용량
③ 1시간동안에 고가수조의 용량 V(m³)의 2배를 양수할 수 있는 용량
④ 1시간동안에 고가수조의 용량 V(m³)의 3배를 양수할 수 있는 용량

> 양수펌프는 고가수조를 30분 동안에 채울 수 있는 용량으로 한다. 그러므로 1시간 동안에는 고가수조의 용량 V(m³)의 2배를 양수할 수 있는 용량과 같다.

47 가열면의 면적은 2m²이고 가열면 온도는 220℃, 이에 접하는 공기온도는 20℃ 일 때 열전달을 통하여 전달되는 열량은 얼마인가?(가열면의 열전달률은 13.25 W/m²K 이다)

① 2.3kW ② 3.3kW
③ 4.3kW ④ 5.3kW

> $q = \alpha A \Delta t = 13.25 \times 2(220-20) = 5300W = 5.3kW$

48 냉각탑 운전 중 보충수가 필요한데 이때 보충수의 원인은 무엇인가?

① 증발량+비산량+블로우다운
② 응축수량+비산량+블로우다운
③ 증발량+냉각수량+블로우다운
④ 증발량+비산량+응축수량

정답 42 ④ 43 ② 44 ① 45 ④ 46 ③ 47 ④ 48 ①

냉각탑 보충수량은 증발량+비산량+블로우다운량으로 순환수량의 2%정도이다.

49 냉온수 배관에 관한 설명으로 옳은 것은?

① 배관이 보·천장·바닥을 관통하는 개소에는 플렉시블 이음을 한다.
② 수평관의 공기체류부에는 슬리브를 설치한다.
③ 팽창관(도피관)에는 슬루스 밸브를 설치한다.
④ 주관이 굽힘부에는 엘보 대신 벤드(곡관)를 사용한다.

배관이 보·천장·바닥을 관통하는 개소에는 슬리브를 설치하고, 수평관의 공기체류부에는 공기밸브를 설치하며 팽창관(도피관)에는 밸브를 설치하지 않고, 주관의 굽힘부에는 엘보 대신 벤드(곡관)를 사용하여 신축을 흡수한다.

50 다음 조건과 같은 냉온수 배관계통에서 순환펌프 양정(mAq)을 구하시오.

【 조 건 】
냉온수 계통에 공조기 2대 병렬 설치, 가장 먼 공조기까지 배관 직관 순환 길이 160m, 공조기 코일저항 각각 4mAq, 국부저항은 직관저항의 50%로 하며 기타 손실은 무시한다. 배관경 선정시 마찰저항은 50mmAq/m 이하로 한다.

① 8 mAq ② 12 mAq
③ 16 mAq ④ 18 mAq

직관 배관에 대한 마찰저항은 1m당 50mmAq저항이 걸리므로 직관부 저항=160×50 = 8000mmAq=8mAq
국부저항=8×0.5 = 4mAq 공조기저항은 1대(4mAq)만 계산한다.
전체마찰저항=직관+국부+기기= 8+4+4 = 16mAq

51 위생기구의 구비 조건으로 적합하지 않은 것은?

① 흡수성이 적을 것
② 항상 청결하게 유지할 수 있을 것
③ 내식성, 내마모성이 있을 것
④ 위생기구의 재질로 도기질은 제작이 어려워 사용하지 않는 편이다.

대변기, 세면기등 위생기구의 재질로 도기질은 널리 이용되며 복잡한 구조의 형태를 만들기가 쉽다.

52 통기관 말단의 대기 개구부에 관한 설명으로 틀린 것은?

① 외벽면을 관통하여 개구한 통기관은 비막이를 충분히 한다.
② 건물의 돌출부 하부에 통기관의 말단을 개구해서는 안 된다.
③ 통기구는 원칙적으로 하향이 되도록 한다.
④ 지붕이나 옥상을 관통하는 통기관은 지붕면보다 50mm 이상 올려서 대기 중에 개구한다.

통기관은 지붕이나 옥상을 관통하는 경우 150cm 이상 올려서 대기 중에 개구한다.

53 동작신호를 조작량으로 변환하는 요소로서 조절부와 조작부로 이루어진 요소는?

① 기준입력 요소 ② 동작신호 요소
③ 제어 요소 ④ 피드백 요소

제어요소는 조절부와 조작부로 이루어져 있으며 동작신호를 조작량으로 변환하는 장치이다.

정답 49 ④ 50 ③ 51 ④ 52 ④ 53 ③

54 직류발전기의 철심을 규소강판으로 성층하여 사용하는 이유로 가장 알맞은 것은?

① 브러시에서의 불꽃 방지 및 정류 개선
② 철손 감소
③ 전기자 반작용의 감소
④ 기계적으로 튼튼함

> **직류기의 전기자 철심**
> 전기자 철심은 규소 강판을 사용하여 히스테리시스 손실을 줄이고 또한 성층하여 와류손(=맴돌이손)을 줄인다. 철심 내에서 발생하는 손실을 철손이라 하며 철손은 히스테리시스손과 와류손을 합한 값이다. 따라서 규소 강판을 성층하여 사용하기 때문에 철손이 줄어들게 된다.

55 도선에 발생하는 열량의 크기로 가장 알맞은 것은?

① 전류의 세기에 반비례
② 전류의 세기에 비례
③ 전류의 세기의 제곱에 반비례
④ 전류의 세기의 제곱에 비례

> $H = 0.24W = 0.24Pt = 0.24I^2 Rt$ [cal] 식에서
> ∴ 열량은 전류의 세기의 제곱에 비례한다.

56 다음의 논리식 중 다른 값을 나타내는 논리식은?

① $XY + X\overline{Y}$
② $X(X + Y)$
③ $X(\overline{X} + Y)$
④ $X + XY$

> 각 보기의 논리식은 다음과 같다.
> ① $XY + X\overline{Y} = X(Y + \overline{Y}) = X \cdot 1 = X$
> ② $X(X + Y) = X + XY = X(1 + Y) = X \cdot 1 = X$
> ③ $X(\overline{X} + Y) = X\overline{X} + XY = XY$
> ④ $X + XY = X(1 + Y) = X \cdot 1 = X$

57 다음 중 온도 보상용으로 사용되는 것은?

① 다이오드
② 다이악
③ 서미스터
④ SCR

> **바리스터와 서미스터**
> (1) 바리스터 : 비직선적인 전압-전류 특성을 갖는 2단자 반도체 소자로서 불꽃 아크(서지) 소거용으로 이용된다.
> (2) 서미스터 : 열을 감지하는 감열 저항체 소자로서 온도보상용으로 이용된다.

58 자기 인덕턴스 100[mH]의 코일에 10[A]의 전류가 흘렀을 때 코일에 저장되는 에너지는 몇 [J]인가?

① 1.25
② 2.5
③ 5.0
④ 12.05

> $W = \frac{1}{2}LI^2$ [J] 식에서
> $L = 100$[mH], $I = 10$[A]일 때
> ∴ $W = \frac{1}{2}LI^2 = \frac{1}{2} \times 100 \times 10^{-3} \times 10^2 = 5$[J]

59 전기력선의 성질로 틀린 것은?

① 정(+)전하에서 나와 부(-)전하에서 끝난다.
② 전기력선은 전위가 낮은 곳에서 높은 곳으로 향한다.
③ 전기력선은 서로 반발하여 교차하지 않는다.
④ 전기력선의 방향은 그 점에서의 전계의 방향과 같다.

> **전기력선의 특성**
> (1) 전기력선은 정(+)전하에서 시작하여 부(-)전하에서 끝난다.
> (2) 전기력선은 전위가 높은 곳에서 낮은 곳으로 향한다.
> (3) 전기력선은 도체 표면(또는 등전위면)에서 수직으로 나온다.
> (4) 전기력선은 서로 반발하여 교차하지 않는다.
> (5) 전기력선의 방향은 그 점의 전계의 방향과 같고 또한 전기력선의 밀도는 그 점의 전계의 세기와 같다.

정답 54 ② 55 ④ 56 ③ 57 ③ 58 ③ 59 ②

60 그림과 같은 신호 흐름선도에서 $\dfrac{C}{R}$를 구하면?

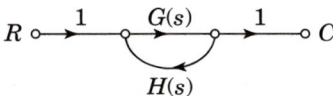

① $\dfrac{G(s)}{1+G(s)H(s)}$ ② $\dfrac{G(s)H(s)}{1-G(s)H(s)}$

③ $\dfrac{G(s)H(s)}{1+G(s)H(s)}$ ④ $\dfrac{G(s)}{1-G(s)H(s)}$

$G(s) = \dfrac{\text{전향이득}}{1-\text{루프이득}}$ 식에서

전향이득 = $G(s)$,
루프이득 = $G(s)H(s)$ 이므로

∴ $G(s) = \dfrac{C}{R} = \dfrac{G(s)}{1-G(s)H(s)}$

정답 60 ④

기출문제 **복원 기출문제** (2022년 2회)

※ 본 기출문제는 수험자의 기억을 바탕으로 하여 복원한 문제이므로 실제 문제와 다를 수 있음을 미리 알려드립니다.

1 공기조화 설비

01 실내 공기 상태에 대한 설명으로 옳은 것은?

① 유리면 등의 표면에 결로가 생기는 것은 그 표면온도가 실내의 노점온도보다 높게 될 때이다.
② 실내 공기 온도가 높으면 절대습도도 높다.
③ 실내 공기의 건구 온도와 그 공기의 노점온도와의 차는 상대습도가 높을수록 작아진다.
④ 건구온도가 낮은 공기일수록 많은 수증기를 함유할 수 있다.

> ① 유리면 등의 표면에 결로가 생기는 것은 그 표면온도가 실내의 노점온도보다 낮게 될 때이다.
> ② 실내 공기 온도와 절대습도는 조건에 따라 달라진다.
> ③ 실내 공기의 건구 온도와 그 공기의 노점온도와의 차는 상대습도가 높을수록 작아진다. 상대습도가 100%일 때 건구 온도와 노점온도와의 차는 0 이다(온도가 서로 같다).
> ④ 건구온도가 낮은 공기일수록 수증기 함유량은 적어진다.

02 에어와셔에서 단열분무 할 때 공기의 상태변화에 대한 설명중 옳지않은 것은?

① 건구온도는 내려가고, 절대습도는 증가한다.
② 상대습도는 올라가고, 절대습도는 증가한다.
③ 엔탈피는 내려가고, 절대습도는 증가한다.
④ 엔탈피는 일정하고, 절대습도는 증가한다.

> 에어와셔에서 단열분무하면 엔탈피는 일정하고, 건구온도는 내려가고(냉각) 상대습도와 절대습도는 증가(가습)한다.

03 열교환기에서 냉수코일 입구 측의 공기와 물의 온도차가 16℃, 냉수코일 출구 측의 공기와 물의 온도차가 8℃이면 대수평균온도차(℃)는 얼마인가?

① 11.5
② 9.25
③ 8.37
④ 8.00

> $$MTD = \frac{\Delta t_1 - \Delta t_2}{\ln(\Delta t_1 / \Delta t_2)} = \frac{16-8}{\ln(16/8)} = 11.5℃$$
> Δt_1 = 코일입구 공기와 물 온도차 = 16
> Δt_2 = 코일출구 공기와 물 온도차 = 8

04 덕트 병용 팬코일 유니트식과 공조방식이 같은 방식은 무엇인가?

① 단일덕트 변풍량방식
② 유인유니트방식(IDU)
③ 패키지방식
④ 이중덕트방식

> 덕트 병용 팬코일 유니트식은 수공기 방식으로 유인 유니트방식과 같은 공조방식이다

05 공기조화를 하고자 하는 어떤 실의 냉방부하를 계산한 결과 현열부하 q_s = 4070W, 잠열부하 q_L = 594W였다. 이때 취출공기의 온도를 17℃, 실내 기온을 26℃로 하면 취출풍량은 약 얼마인가?
(단, 습공기의 정압비열 C_{pa} = 1.01kJ/kgK 이다.)

① 1314(kg/h)
② 1530(kg/h)
③ 1612(kg/h)
④ 1851(kg/h)

> 실내 송풍량 계산(m)는 $q_s = mC\Delta t$ 에서 $m = \dfrac{q_s}{C\Delta t}$
> $$m = \frac{4070 \times 3600}{1000 \times 1.01 \times (26-17)} = 1612 \text{kg/h}$$
> (3600을 곱하는 이유는 W를 J/h로 고치고 1000으로 나누면 kJ/h가 된다)

정답 01 ③ 02 ③ 03 ① 04 ② 05 ③

06 다음 중 습공기 선도 구성요소로만 짝지어진 것은?

① 비체적, 절대습도, 엔탈피, 비열
② 상대습도, 건구온도, 노점온도, 열관류율
③ 절대습도, 수증기분압, 상대습도, 비열
④ 수증기분압, 상대습도, 엔탈피, 절대습도

> 습공기선도는 건구온도, 습구온도, 노점온도, 절대습도, 수증기분압, 상대습도, 엔탈피, 현열비, 열수분비, 비체적으로 구성된다.

07 온수난방 시스템에서 개방식 팽창탱크의 평상시 수면 아래에 접속되는배관은 무엇인가?

① 오버플로우관 ② 통기관
③ 팽창관 ④ 급수관

> 개방식 팽창탱크의 평상시 수면 아래에 접속되는 배관은 팽창관, 배수관이며 나머지 통기관, 안전관, 급수관, 오버플로우관은 수면위에 위치한다.

08 다음 온열환경지표 중 복사의 영향을 고려하지 않는 것은?

① 유효온도(ET) ② 수정유효온도(CET)
③ 예상온결감(PMV) ④ 작용온도(OT)

> 온열환경지표들은 다음의 요소를 종합하여 온냉감을 표현한다.
> ① 유효온도(ET) : 온도, 습도, 기류
> ② 수정유효온도(CET) : 온도, 습도, 기류, 복사열
> ③ 예상온결감(PMV) : 온도, 습도, 기류, 복사열, 대사량(met), 착의량(clo)
> ④ 작용온도(OT) : 온도, 기류, 복사

09 주간 피크(peak)전력을 줄이기 위한 냉방시스템 방식으로 가장 거리가 먼 것은?

① 터보냉동기 방식
② GHP(가스식 히트펌프) 방식
③ 흡수식 냉동기 방식
④ 빙축열 방식

> 주간 피크(peak)전력을 줄이기 위한 냉방시스템 방식으로 수축열, 빙축열 방식, 흡수식 냉동기, GHP 방식등이 있으며 터보냉동기 방식은 주간피크전력을 증가시킨다.

10 일정한 건구온도에서 습공기 성질의 변화에 대한 설명 중 잘못된 것은?

① 비체적은 절대습도가 높아질수록 증가한다.
② 절대습도가 높아질수록 노점온도는 높아진다.
③ 상대습도가 높아지면 절대습도는 높아진다.
④ 상대습도가 높아지면 엔탈피는 감소한다.

> 일정한 건구온도에서 상대습도가 높아지면 엔탈피도 증가한다.

11 습공기를 단열 가습하는 경우 열수분비(u)는 얼마인가?

① 0 ② 0.5
③ 1 ④ ∞

> 열수분비=(열량/수분량)에서 단열가습은 단열상태 즉, 변화열량이 0 이므로 열수분비=0이다.

12 보일러의 급수장치에 대한 설명으로 옳은 것은?

① 보일러 급수의 경도가 낮으면 관내 스케일이 부착되기 쉬우므로 가급적 경도가 높은 물을 급수로 사용한다.
② 보일러 내 물의 광물질이 농축되는 것을 방지하기 위하여 때때로 관수를 배출하여 소량씩 물을 바꾸어 넣는다.
③ 수질에 의한 영향을 받기 쉬운 보일러에서는 경수장치를 사용한다.
④ 증기보일러에서는 보일러 내 수위를 일정하게 유지할 필요는 없다.

정답 06 ④ 07 ③ 08 ① 09 ① 10 ④ 11 ① 12 ②

보일러 급수의 경도가 높으면 관내 스케일이 부착되기 쉬우므로 가급적 경도가 낮은 물을 급수로 사용하며, 보일러 내 물의 광물질이 농축되는 것을 방지하기 위하여 때때로 관수를 배출한다. 또한 수질에 의한 영향을 받기 쉬운 보일러에서는 연수장치를 사용하며 증기보일러에서는 보일러 내 수위를 일정하게 유지할 필요가 있다.

13 다음 중 풍량조절 댐퍼의 설치위치로 가장 적절하지 않은 곳은?

① 송풍기, 공조기의 토출측 및 흡입측
② 연소의 우려가 있는 부분의 외벽 개구부
③ 분기덕트에서 풍량조정을 필요로 하는 곳
④ 덕트계에서 분기하여 사용하는 곳

연소의 우려가 있는 부분의 외벽 개구부에는 풍량조절 댐퍼(VD)대신 방화댐퍼(FD)를 설치한다.

14 수냉식 응축기에서 냉각수 입·출구 온도차가 5℃, 냉각수량이 300LPM인 경우 이 냉각수가 1시간당 응축기에서 흡수하는 열량은 얼마인가? (단, 냉각수의 비열은 4.2kJ/kg·℃ 기타 열손실은 무시한다.)

① 278,000kJ/h   ② 378,000kJ/h
③ 478,000kJ/h   ④ 578,000kJ/h

냉각수흡수열량= $WC\Delta t = 300 \times 60 \times 4.2 \times 5 = 378,000$kJ/h

15 공기 중의 수증기가 응축하기 시작할 때의 온도 즉, 공기가 포화상태로 될 때의 온도를 무엇이라고 하는가?

① 건구온도   ② 노점온도
③ 습구온도   ④ 상당외기온도

공기 중의 수증기가 응축하기 시작할 때(상대습도100%)의 온도를 노점온도라한다.

16 다음 중 일반 사무용 건물의 난방부하 계산 결과에 가장 작은 영향을 미치는 것은?

① 외기온도
② 벽체로부터의 손실열량
③ 인체 부하
④ 틈새바람 부하

난방부하 계산시 인체 부하는 난방부하를 감소시키는 요인이지만 그 영향이 적어서 일반적으로 무시한다.

17 어떤 건물의 콘크리트 벽체의 구조가 아래와 같고, 벽체 면적 20m², 외기온도 -10℃, 실내온도 20℃, 콘크리트 두께가 200mm, 단열재 두께가 150mm 일 때, 이벽체를 통한 손실열량(W)을 구하시오.
(단, 콘크리트와 단열재 접촉부분의 열저항과 기타저항은 무시한다.)

	콘크리트	1.63W/m·K
열전도도	단열재	0.17W/m·K
대류열전달계수	외기	23.3W/m²·K
	실내공기	9.3W/m²·K

① 117W   ② 217W
③ 457W   ④ 519W

벽체 열관류율(K)을 구하면
$$\frac{1}{K} = \frac{1}{\alpha_o} + \frac{L_1}{\lambda_1} + \frac{L_2}{\lambda_2} + \frac{1}{\alpha_i}$$
$$\frac{1}{K} = \frac{1}{23.3} + \frac{0.2}{1.63} + \frac{0.15}{0.17} + \frac{1}{9.3}$$
$K = 0.865$W/m²K
손실열량은
$q = KA\Delta t = 0.865 \times 20[20-(-10)] = 519$W

정답 13 ② 14 ② 15 ② 16 ③ 17 ④

18 다음 용어에 대한 설명으로 틀린 것은?

① 자유면적 : 취출구 혹은 흡입구 구멍 면적의 합계
② 도달거리 : 기류의 중심속도가 0.25m/s에 이르렀을 때, 취출구에서의 수평거리
③ 유인비 : 전공기량에 대한 취출공기량(1차 공기)의 비
④ 강하도 : 수평으로 취출된 기류가 일정 거리만큼 진행한 뒤 기류중심선과 취출구 중심과의 수직거리

> 유인비는 취출공기량(1차 공기)에 대한 전공기량의 비이다.

19 증기난방과 온수난방의 비교 설명으로 틀린 것은?

① 증기난방은 주 이용열이 잠열이고, 온수난방은 현열이다.
② 증기난방에 비하여 온수난방은 방열량을 쉽게 조절할 수 있다.
③ 장거리 수송으로 증기 난방은 발생증기압에 의하여, 온수난방은 자연순환력 또는 펌프 등의 기계력에 의한다.
④ 온수난방에 비하여 증기난방은 예열부하와 시간이 많이 소요된다.

> 온수난방에 비하여 증기난방은 예열부하와 시간이 적게 소요된다. 즉 예열시간이 짧다. 그러므로 증기난방은 간헐난방에 적합하다.

20 원심송풍기에서 사용되는 풍량제어 방법 중 풍량과 소요 동력과의 관계에서 가장 효과적인 제어 방법은?

① 회전수 제어
② 베인 제어
③ 댐퍼 제어
④ 스크롤 댐퍼 제어

> 원심송풍기에서 사용되는 풍량 제어 방법 중 풍량과 소요 동력과의 관계에서 가장 효과적인 제어 법이란 동력절감 효과가 크다는 의미이며 회전수제어 > 베인제어 > 댐퍼제어 순이다.

2 냉동냉장 설비

21 암모니아 냉동장치에서 팽창밸브 직전의 엔탈피가 538kJ/kg, 압축기 입구의 냉매가스 엔탈피가 1667kJ/kg이다. 이 냉동장치의 냉동능력이 12냉동톤일 때, 냉매순환량은? (단, 1냉동톤은 3.86 kW이다.)

① 3320 kg/h
② 3328 kg/h
③ 269 kg/h
④ 148 kg/h

> 냉매순환량 G
> $Q_2 = G \times q_2$ 에서
> $G = \dfrac{Q_2}{q_2} = \dfrac{12 \times 3.86 \times 3600}{1667 - 538} ≒ 148 \,[kg/h]$
> 여기서, Q_2 : 냉동능력[kW]
> q_2 : 냉동효과(압축기출구 냉매 엔탈피 – 압축기입구 냉매 엔탈피)[kJ/kg]

22 냉동사이클에서 응축온도 45℃, 증발온도 –15℃이면 이론적인 최대 성적계수는 얼마인가?

① 3.3
② 4.3
③ 5.3
④ 6.3

> 역카르노사이클에서
> $COP = \dfrac{T_2}{T_1 - T_2} = \dfrac{273 + (-15)}{45 - (-15)} = 4.3$

23 압축기의 체적효율에 대한 설명으로 옳은 것은?

① 간극체적(top clearance)이 작을수록 체적효율은 작다.
② 같은 흡입압력, 같은 증기 과열도에서 압축비가 클수록 체적효율은 작다.
③ 피스톤 링 및 흡입 밸브의 시트에서 누설이 작을수록 체적효율이 작다.
④ 이론적 요구 압축동력과 실제 소요 압축동력의 비이다.

정답 18 ③ 19 ④ 20 ① 21 ④ 22 ② 23 ②

① 간극체적(top clearance)이 작을수록 체적효율은 크다.
② 같은 흡입압력, 같은 증기 과열도에서 압축비가 클수록 체적효율은 작다.
③ 피스톤 링 및 흡입 밸브의 시트에서 누설이 작을수록 체적효율은 크다.
④ 체적효율 $n_v = \dfrac{\text{실제적 피스톤 압출량 } V[m^3/h]}{\text{이론적 피스톤 압출량 } Va[m^3/h]}$

24 냉동장치에서 플래쉬 가스의 발생 원인으로 틀린 것은?

① 액관이 직사광선에 노출되었다.
② 응축기의 냉각수 유량이 갑자기 많아졌다.
③ 액관이 현저하게 입상하거나 지나치게 길다.
④ 관의 지름이 작거나 관 내 스케일에 의해 관경이 작아졌다.

> 플래쉬 가스의 발생 원인은 냉매액이 가열되거나 압력이 낮아질 때 이다. 그러므로 응축기 냉각수 유량이 많아지는건 원인으로 관계가 멀다.

25 다음의 설명은 냉동장치의 운전상태에 관한 것이다. 가장 옳지 않은 것을 고르시오.

① 일정한 응축압력 하에서 압축기의 흡입압력이 저하하면 압축비가 크게 되어 냉동능력은 증대한다.
② 암모니아 냉매의 경우 증발과 응축의 각각의 온도가 동일한 운전상태에서도 플루오르카본 냉매에 비하여 압축기 토출가스온도가 높다.
③ 냉장고의 냉동부하가 감소하면 증발온도는 저하하고 압축기 흡입압력은 저하한다.
④ 냉동장치를 운전개시 할 때에는 응축기의 냉각수 입·출구밸브가 열려있는 것을 확인한다.

> ① 일정한 응축압력 하에서는 압축기의 흡입압력의 저하에 의해 압축비가 증대하므로 압축기의 체적효율이 저하하고 또한 흡입증기의 비체적이 크게 되므로 냉매순환량이 감소하여 냉동능력이 감소한다.

26 프레온 냉동장치에서 가용전에 대한 설명으로 틀린 것은?

① 가용전의 용융온도는 일반적으로 75℃ 이하로 되어 있다.
② 가용전은 Sn, Cd, Bi 등의 합금이다.
③ 온도상승에 따른 이상 고압으로부터 응축기 파손을 방지한다.
④ 가용전의 구경은 안전밸브 최소구경의 1/2 이하이어야 한다.

> 가용전의 구경은 안전밸브 최소구경의 1/2 이상으로한다.

27 매시 30℃의 물 2000 kg을 −10℃의 얼음으로 만드는 냉동장치가 있다. 이 냉동장치의 냉각수 입구온도가 32℃, 냉각수 출구온도가 37℃이며, 냉각수량이 60m³/h일 때, 압축기의 소요동력은?

① 83 kW
② 88 kW
③ 90 kW
④ 117 kW

> 응축부하(Q_1)와 냉동능력(Q_2) 압축동력(W)관계는
> $Q_1 = Q_2 + W$에서
> $W = Q_1 - Q_2 = 350 - 267 = 83$
> 여기서,
> 응축부하 $Q_1 = 60 \times 10^3 \times 4.2 \times (37-32)/3600 = 350[kW]$
> 냉동능력 $Q_2 = 2000 \times (4.2 \times 30 + 334 + 2.1 \times 10)/3600$
> $= 267[kW]$

28 흡수식 냉동기에 사용되는 흡수제의 구비조건으로 틀린 것은?

① 냉매와 비등온도 차이가 작을 것
② 화학적으로 안정하고 부식성이 없을 것
③ 재생에 필요한 열량이 크지 않을 것
④ 점성이 작을 것

> 흡수식 냉동기에 사용되는 흡수제는 냉매와 비등온도 차이가 커야 발생기에서 냉매 분리가 용이하다.

정답 24 ② 25 ① 26 ④ 27 ① 28 ①

29 영화관 냉방부하가 1,512,000 kJ/h일 때, 압축기 소요동력을 1냉동톤당 0.75kW로 가정하면 이 압축기를 구동하는데 약 몇 kW의 전동기가 필요한가?

① 81.6 kW ② 69.8 kW
③ 59.8 kW ④ 49.8 kW

(1) 냉방부하를 냉동톤으로 환산하면
   냉동톤(RT) = $\dfrac{1512000}{3600 \times 3.86}$ = 108.8RT
(2) 1RT당 압축동력 0.75kW이므로
   108.8 × 0.75 = 81.6[kW]

30 클리어런스 포켓이 설치된 압축기에서 클리어런스가 커질 경우에 대한 설명으로 틀린 것은?

① 냉동능력이 감소한다.
② 피스톤의 체적 배출량이 감소한다.
③ 체적효율이 저하한다.
④ 실제 냉매 흡입량이 감소한다.

클리어런스가 커질 경우에 피스톤의 체적 배출량은 그대로이나 체적효율이 감소하여 실제 냉매 토출량(흡입량)은 감소한다.

31 정압식 팽창 밸브는 무엇에 의하여 작동하는가?

① 응축 압력
② 증발기의 냉매 과냉도
③ 응축 온도
④ 증발 압력

정압식 팽창밸브
정압식 팽창밸브는 증발기의 압력으로 작동하고, 증발압력이 상승하면 밸브가 닫히고 압력이 감소하면 밸브가 열려서 냉매유량을 조정하여 증발압력을 항상 일정하게 하는 작용을 하는 팽창 밸브로 증발온도가 일정한 냉장고와 같은 부하변동이 적은 소용량의 것에 적합하다.

32 20℃의 물로부터 0℃의 얼음을 매 시간당 90kg을 만드는 냉동기의 냉동능력(kW)은 얼마인가? (단, 물의 비열 4.2kJ/kg·K, 물의 응고 잠열 335kJ/kg이다.)

① 7.8 ② 8.0
③ 9.2 ④ 10.5

냉동능력 = 제빙(현열+잠열) = 90[4.2(20−0)+335]
= 37,710kJ/h = $\dfrac{37710}{3600}$ kJ/s = 10.5kW

33 액봉발생의 우려가 있는 부분에 설치하는 안전장치가 아닌 것은?

① 가용전 ② 파열관
③ 안전밸브 ④ 압력도피장치

액봉이란 배관내에서 온도 상승등으로 액체가 팽창하여 압력이 상승하는 것이며, 가용전(Fusible plug)은 75℃ 이하에서 용융하는 금속을 채운 것으로 내용적 500L 미만의 압력용기(응축기, 수액기)에 설치하여 용기내의 온도가 이상(異常) 상승 하였을 때 금속이 용융하여 내부의 냉매를 분출시켜 압력용기를 보호하는 안전장치이다.

34 2차 유체로 사용되는 브라인의 구비 조건으로 틀린 것은?

① 비등점이 높고, 응고점이 낮을 것
② 점도가 낮을 것
③ 부식성이 없을 것
④ 열전달률이 작을 것

브라인의 구비 조건에서 열전달률은 클수록 좋다.

35 냉동기에서 고압의 액체냉매와 저압의 흡입증기를 서로 열교환 시키는 열교환기의 주된 설치 목적은?

① 압축기 흡입증기 과열도를 낮추어 압축 효율을 높이기 위함
② 일종의 재생 사이클을 만들기 위함
③ 냉매액을 과냉시켜 플래시 가스 발생을 억제하기 위함
④ 이원냉동 사이클에서의 캐스케이드 응축기를 만들기 위함

> 열교환기의 주된 설치 목적은 고압의 액체냉매와 저압의 흡입증기를 서로 열교환 시켜서 냉매액을 과냉시켜 플래시 가스 발생을 억제하고 냉동효과를 증가시킨다.

36 2단압축 1단 팽창 냉동사이클에서 중간냉각기의 기능으로 가장 적합한 것은?

① 고단압축기 토출가스를 냉각시키고 팽창밸브로 공급되는 냉매액을 냉각시킨다.
② 불응축가스를 냉각시켜서 응축부하를 감소시킨다.
③ 저단압축기 토출가스를 냉각시키고 팽창밸브로 공급되는 냉매액을 냉각시킨다.
④ 저단압축기 토출가스를 냉각시키고, 팽창밸브로 공급되는 냉매액을 가열한다.

> 2단압축 1단 팽창 냉동사이클에서 중간냉각기의 기능은 저단압축기 토출가스를 냉각시키고 팽창밸브로 공급되는 냉매액을 냉각시켜서 성적계수를 높이고, 냉동능력을 증가시킨다.

37 압축기의 흡입 밸브 및 송출 밸브에서 가스누출이 있을 경우 일어나는 현상은?

① 압축일의 감소 ② 체적 효율이 감소
③ 가스의 압력이 상승 ④ 성적계수 증가

> 압축기의 흡입 밸브 및 송출 밸브에서 가스누출이 있을 경우
> ㉠ 체적효율 감소 ㉡ 냉동능력 감소
> ㉢ 소요동력 증대 ㉣ 압축효율 감소
> ㉤ 토출가스온도 상승 ㉥ 압축일 증대

38 기계설비법령에 따라 기계설비 발전 기본계획은 몇 년마다 수립·시행하여야 하는가?

① 1 ② 2
③ 3 ④ 5

> 기계설비법 5조〈국토교통부장관은 기계설비산업의 육성과 기계설비의 효율적인 유지관리 및 성능확보를 위하여 다음 각 호의 사항이 포함된 기계설비 발전 기본계획(이하 "기본계획"이라 한다)을 5년마다 수립·시행하여야 한다.〉

39 고압가스 안전관리법령에서 규정하는 냉동기제조 등록을 해야 하는 냉동기의 기준은 얼마인가?

① 냉동능력 3톤 이상인 냉동기
② 냉동능력 5톤 이상인 냉동기
③ 냉동능력 8톤 이상인 냉동기
④ 냉동능력 10톤 이상인 냉동기

> 1) 냉동기제조 등록대상 : 냉동능력이 3톤 이상인 냉동기를 제조하는 것
> 2) 냉동 제조 허가 대상 : 냉동능력이 20톤 이상
>   냉동 제조 신고대상 : 냉동능력이 3톤 이상 20톤 미만

40 응축기 부하가 116.3kW이고, 응축온도 40℃, 냉각수 입구온도 32℃, 출구온도 37℃, 전열면 열관류율이 570 W/m²K일 때 응축기 전열면적을 구하시오(온도차는 산술평균)

① 27.3m² ② 32.3m²
③ 37.1m² ④ 42.1m²

> $q = KA\Delta t_m$ 에서
> $A = \dfrac{q}{K\Delta t_m} = \dfrac{116.3 \times 1000}{570(40-(32+37)/2)} = 37.1\text{m}^2$

정답 35 ③ 36 ③ 37 ② 38 ④ 39 ① 40 ③

3 공조냉동 설치·운영

41 산업안전 보건법에서 사업주는 다음에 해당하는 위험으로 인한 산업재해를 예방하기 위하여 필요한 안전조치를 해야 하는 위험으로 가장 거리가 먼것은?

① 기계·기구, 그 밖의 설비에 의한 위험
② 폭발성, 발화성 및 인화성 물질 등에 의한 위험
③ 전기, 열, 그 밖의 에너지에 의한 위험
④ 방사선·유해광선·고온·저온·초음파·소음·진동·이상기압 등에 의한 건강위험

> ①,②,③은 안전조치에 해당하고, ④는 보건조치 사항에 해당한다.

42 보온재의 구비조건으로 틀린 것은?

① 표면시공이 좋아야 한다.
② 재질자체의 모세관 현상이 커야 한다.
③ 보냉 효율이 좋아야 한다.
④ 난연성이나 불연성이어야 한다.

> 보온재는 흡수성이 적어야하며 재질자체의 모세관 현상이 적어야 한다.

43 신축 이음쇠의 종류에 해당하지 않는 것은?

① 벨로즈형   ② 플랜지형
③ 루프형   ④ 슬리브형

> 플랜지는 배관 최종 조립 이음쇠이다.

44 고압 증기관에서 권장하는 유속기준으로 가장 적합한 것은?

① 5~10m/s   ② 15~20m/s
③ 30~50m/s   ④ 60~70m/s

> 고압 증기관에서 권장하는 유속 : 30~50m/s
> 저압 증기관에서 권장하는 유속 : 20~30m/s

45 가열면의 면적은 5m²이고 가열면 온도는 200℃, 이에 접하는 공기온도는 30℃ 일 때 열전달을 통하여 전달되는 열량은 얼마인가?(가열면의 열전달률은 13.2 W/m²K 이다)

① 2.2kW   ② 5.2kW
③ 8.2kW   ④ 11.2kW

> $q = \alpha A \triangle t = 13.2 \times 5(200-30) = 11,220W = 11.2kW$

46 냉각탑 운전중 보충수가 필요한데 이때 보충수의 원인은 무엇인가?

① 증발량+비산량+블로우다운
② 응축수량+비산량+블로우다운
③ 증발량+냉각수량+블로우다운
④ 증발량+비산량+응축수량

> 냉각탑 보충수량은 증발량 + 비산량 + 블로우다운량으로 순환수량의 2%정도이다.

47 급수배관 시공 시 수격작용의 방지 대책으로 틀린 것은?

① 세정탱크형 대변기 대신 플러시(세정)밸브를 사용한다.
② 관 지름을 키워서 유속이 2.0~2.5m/s 이내가 되도록 설정한다.
③ 배관 계통에 공기실(Air Chamber)를 설치한다.
④ 급수관에서 분기할 때에는 T 이음을 사용한다.

> 플러시 밸브는 유속의 급변으로 수격작용의 원인이 된다.

정답 41 ④ 42 ② 43 ② 44 ③ 45 ④ 46 ① 47 ①

48 공조설비 중 덕트설계 시 주의사항으로 틀린 것은?

① 소음 및 진동이 적게 설계할 것
② 덕트의 경로는 가능한 최단거리로 할 것
③ 덕트 내 정압손실을 적게 하기위해 풍속을 증가시킨다.
④ 건물의 구조에 맞도록 설계할 것

> 덕트 내 정압손실을 적게 하기위해 풍속을 감소시킨다.

49 다음과 같은 급수 계통과 조건(상당표, 동시사용률)을 참조하여 균등관법으로 (d)구간의 급수 관경을 구하시오.

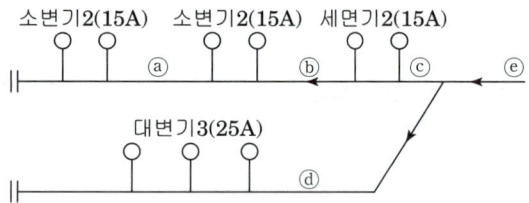

표. 상당관표

관경	15A	20A	25A	32A	40A
15A	1				
20A	2	1			
25A	3.7	1.8	1		
32A	7.2	3.6	2	1	
40A	11	5.3	2.9	1.5	1
50A	20	10	5.5	2.8	1.9
65A	31	15	8.5	4.3	2.9

표. 동시사용률

기구수	2	3	4	5	6	7	9	10	17
%	100	80	75	70	65	60	58	55	53	46

① 20A ② 25A
③ 32A ④ 40A

> 균등관(상당관)법은 모든 급수관경을 15A로 환산한다.
> (d)구간의 대변기25A는 15A로 3.7개이다.
> 그러므로 (d)구간 상당수(15A) 합계는 3×3.7 = 11.1 동시사용률은 기구수로 구하고 기구는 3개이므로 80% 일 때 동시개구수는 상당수 합계와 동시사용률로 구한다.
> 동시개구수 = 11.1×0.8 = 8.88
> 다시 상당관표에서 15A, 8.88은 11개항에서 40A를 선정

50 증기배관 중 냉각 레그(cooling leg)에 관한 내용으로 옳은 것은?

① 트랩으로 완전한 응축수를 회수하기 위함이다.
② 고온증기의 동파 방지설비이다.
③ 열전도 차단을 위한 보온단열 구간이다.
④ 익스팬션 조인트이다.

> 증기배관 중 냉각 레그(cooling leg)는 냉각배관으로 트랩으로 가는 응축수를 냉각시켜 회수하여 트랩의 작동을 확실하게 하기위함이다.

51 증기난방의 환수방법 중 증기의 순환이 가장 빠르며 방열기의 설치위치에 제한을 받지 않고 대규모 난방에 주로 채택되는 방식은?

① 단관식 상향 증기 난방법
② 단관식 하향 증기 난방법
③ 진공환수식 증기 난방법
④ 기계환수식 증기 난방법

> 진공환수식 증기 난방법은 응축수를 진공 펌프로 강제 회수하므로 증기의 순환이 가장 빠르며 방열기의 설치 위치에 제한을 받지 않고 대규모 난방에 주로 채택한다.

정답 48 ③ 49 ④ 50 ① 51 ③

52 온수난방 배관 시 유의사항으로 틀린 것은?

① 온수 방열기마다 반드시 수동식 에어벤트를 부착한다.
② 배관 중 공기가 고일 우려가 있는 곳에는 에어벤트를 설치한다.
③ 수리나 난방 휴지시의 배수를 위한 드레인 밸브를 설치한다.
④ 보일러에서 팽창탱크에 이르는 팽창관에는 밸브를 2개 이상 부착한다.

> 온수난방에서 보일러에서 팽창탱크에 이르는 팽창관에는 밸브를 설치하지 않는다.

53 다음 중 3상 유도전동기의 회전방향을 바꾸려고 할 때 옳은 방법은?

① 3선중 2선의 접속을 바꾼다.
② 기동보상기를 사용한다.
③ 전원 주파수를 변환한다.
④ 전동기의 극수를 변환한다.

> 유도전동기의 역회전 방법
> 3상 유도전동기의 회전방향을 반대로 바꾸기 위해서는 3선 중 임의의 2선의 접속을 바꿔야 한다.

54 그림과 같은 피드백 블록선도의 전달함수는?

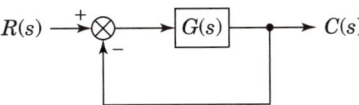

① $\dfrac{G(s)}{1+G(s)}$　② $\dfrac{G(s)}{1+G(s)C(s)}$
③ $\dfrac{G(s)}{1+R(s)}$　④ $\dfrac{C(s)}{1+R(s)}$

> $\dfrac{C(s)}{R(s)} = \dfrac{전향이득}{1-루프이득}$ 식에서
> 전향이득 $= G(s)$, 루프이득 $= -G(s)$ 이므로
> ∴ $\dfrac{C(s)}{R(s)} = \dfrac{G(s)}{1+G(s)}$

55 역률 80[%]인 부하에 전압과 전류의 실효값이 각각 100[V], 5[A]라고 할 때 유효전력[W]은?

① 100　② 200
③ 300　④ 400

> $P = S\cos\theta = VI\cos\theta$[W] 식에서
> $\cos\theta = 0.8$, $V = 100$[V], $I = 5$[A] 이므로
> ∴ $P = VI\cos\theta = 100 \times 5 \times 0.8 = 400$[W]

56 저항 100[Ω]의 전열기에 4[A]의 전류를 흘렸을 때 소비되는 전력은 몇 [W]인가?

① 250　② 400
③ 1,600　④ 3,600

> $P = VI = I^2R = \dfrac{V^2}{R}$[W] 식에서
> $R = 100$[Ω], $I = 4$[A]일 때
> ∴ $P = I^2R = 4^2 \times 100 = 1,600$[W]

57 그림과 같은 논리회로는?

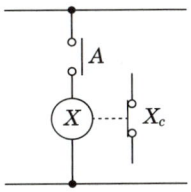

① OR 회로　② AND 회로
③ NOT 회로　④ NAND 회로

정답 52 ④　53 ①　54 ①　55 ④　56 ③　57 ③

NOT 회로
입력과 출력이 반대로 동작하는 회로로서 입력이 "1"이면 출력은 "0", 입력이 "0"이면 출력이 "1"인 회로이다.

58 플레밍(Fleming)의 왼손 법칙에 따라 전자력이 발생하는 원리를 이용한 기기는?

① 교류발전기 ② 교류전동기
③ 교류정류기 ④ 교류용접기

플레밍의 왼손 법칙

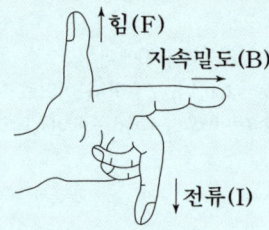

그림. 플레밍의 왼손법칙

자속밀도 $B[Wb/m^2]$가 균일한 자기장 내에 있는 어떤 도체에 전류(I)를 흘리면 그 도체에는 전자력(또는 힘) $F[N]$이 작용하게 되는데 이 힘을 구하기 위한 법칙으로서 전동기의 원리에 적용된다.

$$F = \int (I \times B) \cdot dl = IBl\sin\theta [N]$$

여기서 F : 도체에 작용하는 힘(엄지), I : 전류(중지),
B : 자속밀도(검지), l : 도체의 길이

59 피드백제어에서 반드시 필요한 장치는?

① 안정도를 향상시키는 장치
② 응답속도를 개선시키는 장치
③ 구동장치
④ 입력과 출력을 비교하는 장치

피드백 제어계는 입력과 출력을 비교할 수 있는 비교부를 반드시 필요로 한다.

60 제어부의 제어동작 중 연속동작이 아닌 것은?

① P 동작   ② ON-OFF 동작
③ PI 동작   ④ PID 동작

불연속동작에 의한 분류
(1) 2위치 제어(ON-OFF 제어) : 간단한 단속제어 동작이고 사이클링과 오프-셋을 발생시킨다. 2위치 제어계의 신호는 동작하거나 아니면 동작하지 않도록 2가지로만 결정되기 때문에 2진 신호로 해석한다.
(2) 샘플링 제어

정답 58 ② 59 ④ 60 ②

기출문제 복원 기출문제 (2022년 3회)

※ 본 기출문제는 수험자의 기억을 바탕으로 하여 복원한 문제이므로 실제 문제와 다를 수 있음을 미리 알려드립니다.

1 공기조화 설비

01 아래 그림은 여름철 공기조화기 내부에서의 공기의 변화(외기-㉺)를 나타낸 것이다. 이 중에서 냉각코일에서 나타나는 상태변화는 공기선도상 어느 점을 나타내는가?

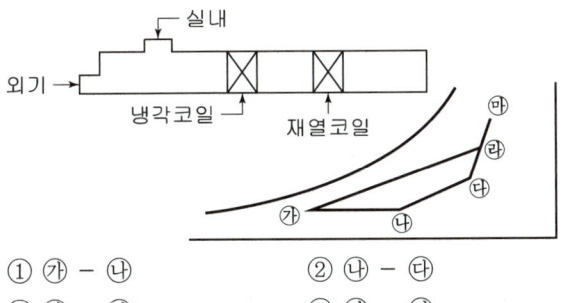

① ㉮ - ㉯
② ㉯ - ㉰
③ ㉱ - ㉮
④ ㉱ - ㉺

> 공기선도상 재열기가 있는 냉방시스템으로 외기(㉺)와 환기(㉰)를 혼합하여 (㉱) 냉각한 후(㉮) 재열하여 (㉺)취출하는 것이다. 냉각코일에서는 혼합공기(㉱) 가 (㉮)로 냉각된다.

02 습공기의 상대습도(ϕ)와 절대습도(ω)와의 관계식으로 옳은 것은?(단, P_a는 건공기 분압, P_s는 습공기와 같은 온도의 포화수증기압력이다.)

① $\phi = \dfrac{\omega}{0.622}\dfrac{P_a}{P_s}$
② $\phi = \dfrac{\omega}{0.622}\dfrac{P_s}{P_a}$
③ $\phi = \dfrac{0.622}{\omega}\dfrac{P_s}{P_a}$
④ $\phi = \dfrac{0.622}{\omega}\dfrac{P_a}{P_s}$

> 절대습도 $(w) = 0.622\dfrac{P_v}{P_a} = 0.622\dfrac{\phi P_s}{P_a}$
> 그러므로 $\phi P_s = \dfrac{wP_a}{0.622}$,
> ∴ $\phi = \dfrac{wP_a}{0.622 P_s}$

03 외기온도 13℃(포화 수증기압 12.83mmHg)이며 절대습도 0.008kg/kg'일 때의 상대습도 RH는? (단, 대기압은 760mmHg이다.)

① 약 37%   ② 약 46%
③ 약 76%   ④ 약 82%

> 절대습도 $x = 0.622(\dfrac{p_v}{p_a}) = 0.622(\dfrac{\phi p_s}{p_o - \phi p_s})$에서 대입하면
> $0.008 = 0.622(\dfrac{\phi \times 12.83}{760 - \phi \times 12.83})$
> $0.01286(760 - \phi \times 12.83) = \phi \times 12.83$
> $9.775 = \phi(12.83 + 0.01286)$
> $\phi = \dfrac{9.775}{12.83 + 0.01286} = 0.76 = 76\%$

04 난방방식 종류별 특징에 대한 설명으로 틀린 것은?

① 저온 복사난방 중 바닥 복사난방은 특히 실내기온의 온도분포가 균일하다.
② 온풍난방은 공장과 같은 난방에 많이 쓰이고 설비비가 싸며 예열시간이 짧다.
③ 온수난방은 배관부식이 크고 워밍업 시간이 증기난방보다 짧으며 관의 동파 우려가 있다.
④ 증기난방은 부하변동에 대응한 조절이 곤란하고 실온분포가 온수난방보다 나쁘다.

> 온수난방은 증기난방에 비하여 배관부식이 적고 열용량이 커서 워밍업 시간이 길다. 관의 동파 우려는 일시적인 추위에는 견딜수있으나 장시간의 추위에는 동파우려가 있다.

05 공조기의 풍량이 45000kg/h, 코일통과 풍속을 2.4 m/s로 할 때 냉수코일의 전면적(m^2)은? (단, 공기의 밀도는 1.2kg/m^3이다.)

① 3.2   ② 4.3
③ 5.2   ④ 10.4

정답 01 ③ 02 ① 03 ③ 04 ③ 05 ②

우선풍량을 구하면
$Q = \dfrac{m}{\rho} = \dfrac{45000}{1.2} = 37,500 \text{m}^3/\text{h}$
코일 전면적 (A)은 $Q = Av$에서
$A = \dfrac{Q}{v} = \dfrac{37500}{3600 \times 2.4} = 4.3 \text{m}^2$

참고 만약 코일 유효면적이 75%라면 겉보기 면적 (A')은
$A' = \dfrac{A}{E} = \dfrac{4.3}{0.75} = 5.7 \text{m}^2$

06 덕트의 경로 중 단면적이 확대되었을 경우 압력변화에 대한 설명으로 틀린 것은?

① 전압이 증가한다.   ② 동압이 감소한다.
③ 정압이 증가한다.   ④ 풍속은 감소한다.

덕트가 확대되면 풍속은 감소하여 동압은 감소하고 전압은 일정(마찰을 무시하면)하거나 감소(마찰손실로 감소)하며, 정압은 증가한다.

07 다음 중 건축물의 출입문으로부터 극간풍 영향을 방지하는 방법으로 가장 거리가 먼 것은?

① 회전문을 설치한다.
② 이중문을 충분한 간격으로 설치한다.
③ 출입문에 블라인드를 설치한다.
④ 에어커튼을 설치한다.

출입문에 블라인드를 설치하는 것은 일사를 차단하는 효과는 있지만 극간풍 제어효과는 거의 없다.

08 습공기의 가습 방법으로 가장 거리가 먼 것은?

① 순환수를 분무하는 방법
② 온수를 분무하는 방법
③ 수증기를 분무하는 방법
④ 외부공기를 가열하는 방법

외부공기를 가열하면 상대습도가 감소하여 오히려 건조해지므로 가습방법으로는 부적합하다.

09 31℃의 외기와 25℃의 환기를 1 : 2의 비율로 혼합하고 바이패스 팩터가 0.16인 코일로 냉각 제습할 때의 코일 출구온도는? (단, 코일의 표면온도는 14℃이다.)

① 약 14℃   ② 약 16℃
③ 약 27℃   ④ 약 29℃

1 : 2로 혼합한 공기 온도 $t = \dfrac{31 \times 1 + 25 \times 2}{1 + 2} = 27$
코일 출구 온도 $= t_c + BF(t - t_c) = 14 + 0.16(27 - 14)$
$= 16.08℃$

10 공기조화설비를 구성하는 열운반장치로서 공조기에 직접 연결되어 사용하는 펌프로 가장 거리가 먼 것은?

① 냉각수 펌프
② 냉수 순환펌프
③ 온수 순환펌프
④ 응축수(진공) 펌프

냉수 순환펌프, 온수 순환펌프, 응축수(진공) 펌프는 공조기 코일에 연결되어 물이나 응축수를 순환시키나, 냉각수 펌프는 냉동기와 냉각탑사이에서 냉각수를 순환시킨다.

11 에어와셔 내에서 물을 가열하지도 냉각하지도 않고 연속적으로 순환 분무시키면서 공기를 통과시켰을 때 공기의 상태변화는 어떻게 되는가?

① 건구온도는 높아지고, 습구온도는 낮아진다.
② 절대습도는 높아지고, 습구온도는 높아진다.
③ 상대습도는 높아지고, 건구온도는 낮아진다.
④ 건구온도는 높아지고, 상대습도는 낮아진다.

정답 06 ① 07 ③ 08 ④ 09 ② 10 ① 11 ③

에어와셔에서 순환수 분무하면 습구온도선(엔탈피선)을따라 변화하므로 건구온도 감소, 상대습도 증가, 습구온도 일정, 절대습도는 증가한다.

12 건물의 11층에 위치한 북측 외벽을 통한 손실열량은? (단, 벽체면적 40m², 열관류율 0.43W/m²·℃, 실내온도 26℃, 외기온도 -5℃, 북측 방위계수 1.2 복사에 의한 외기온도 보정 3℃이다.)

① 약 495.36W   ② 약 525.38W
③ 약 577.92W   ④ 약 639.84W

겨울철 손실열량 계산에서 복사에 의한 외기온도 보정은 3℃를 감한다.
$q = KA\Delta t\, k = 0.43 \times 40(26-(-5)-3) \times 1.2 = 577.92W$

13 어느 실의 냉방장치에서 실내취득 현열부하가 40000W, 잠열부하가 15000W인 경우 송풍공기량은? (단, 실내온도 26℃, 송풍 공기온도 12℃, 외기온도 35℃, 공기밀도 1.2kg/m³, 공기의 정압비열은 1.005kJ/kJ·K이다.

① 1,658m³/s   ② 2,280m³/s
③ 2,369m³/s   ④ 3,258m³/s

현열부하 40000W를 40kW로 환산하여 계산한다.
$Q = \dfrac{q_s}{\rho C \Delta t} = \dfrac{40000 \div 1000}{1.2 \times 1.005(26-12)} = 2,369 m^3/s$

14 습공기 선도상의 공기 (5)를 상태변화 시킬 때 이에 대한 설명으로 틀린 것은?

① 5→1 : 가습
② 5→2 : 현열냉각
③ 5→3 : 냉각가습
④ 5→4 : 가열감습

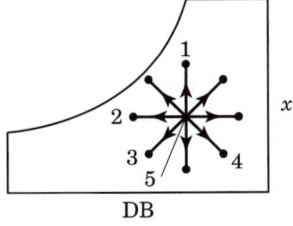

5→1 : 가습(온도일정 절대습도 증가)
5→2 : 현열냉각(온도만 감소),
5→3 : 냉각감습(온도감소, 습도감소)
5→4 : 가열감습(온도증가 습도 감소)

15 다음 중 보온, 보냉, 방로의 목적으로 덕트 전체를 단열해야 하는 것은?

① 급기 덕트
② 배기 덕트
③ 외기 덕트
④ 배열 덕트

급기덕트는 냉풍, 온풍을 공급하므로 덕트 전체를 보온한다.

16 어떤 건물의 콘크리트 벽체의 구조가 아래와 같고, 벽체 면적 20m², 외기온도 -10℃, 실내온도 20℃, 콘크리트 두께가 200mm, 단열재 두께가 150mm 일 때, 이벽체를 통한 손실열량(W)을 구하시오 (단, 콘크리트와 단열재 접촉부분의 열저항과 기타저항은 무시한다.)

열전도도	콘크리트	1.63W/m·K
	단열재	0.17W/m·K
대류열전달계수	외기	23.3W/m²·K
	실내공기	9.3W/m²·K

① 117W   ② 217W
③ 457W   ④ 519W

벽체 열관류율(K)을 구하면
$\dfrac{1}{K} = \dfrac{1}{\alpha_o} + \dfrac{L_1}{\lambda_1} + \dfrac{L_2}{\lambda_2} + \dfrac{1}{\alpha_i}$
$\dfrac{1}{K} = \dfrac{1}{23.3} + \dfrac{0.2}{1.63} + \dfrac{0.15}{0.17} + \dfrac{1}{9.3}$
$K = 0.865 W/m^2 K$
손실열량은
$q = KA\Delta t = 0.865 \times 20[20-(-10)] = 519W$

정답 12 ③ 13 ③ 14 ③ 15 ① 16 ④

17 어느 건물 서편의 유리 면적이 40m²이다. 안쪽에 크림색의 베네시언 블라인드를 설치한 유리면으로부터 침입하는 열량(kW)은 얼마인가? (단, 외기 33℃, 실내공기 27℃, 유리는 1중이며, 유리의 열통과율은 5.9W/m²·℃, 유리창의 복사량(I_{gr})은 608W/m², 차폐계수는 0.56이다.)

① 15.0 ② 13.6
③ 3.6   ④ 1.4

> 유리 침입열량은 관류열과 복사열이다.
> 관류열 = $KA\Delta t$ = 5.9×40(33−27) = 1416W
> 복사열 = $I_{gr}Ak$ = 608×40×0.56 = 13,619W
> 침입열량 = 1416 + 1619 = 15,035W ≒ 15kW

18 난방부하가 7559.5W인 어떤 방에 대해 온수난방을 하고자 한다. 방열기의 상당방열면적(m²)은 얼마인가? (단, 방열량은 표준방열량으로 한다.)

① 6.7   ② 8.4
③ 10.2 ④ 14.4

> 온수난방 표준 방열량 = 523W/m²
> 상당방열면적(EDR) = $\frac{q}{표준방열량}$ = $\frac{7559.5}{523}$ = 14.45m²

19 온수난방과 비교하여 증기난방에 대한 설명으로 옳은 것은?

① 예열시간이 짧다.
② 실내온도의 조절이 용이하다.
③ 방열기 표면의 온도가 낮아 쾌적한 느낌을 준다.
④ 실내에서 상하온도차가 작으며, 방열량의 제어가 다른 난방에 비해 쉽다.

> 증기난방은 예열시간이 짧고, 실내온도의 조절이 어렵고, 방열기 표면의 온도가 높아 불쾌하며, 실내에서 상하 온도차가 크며, 방열량의 제어가 어렵다.

20 온수난방 시스템에서 개방식 팽창탱크의 평상시 수면 아래에 접속되는배관은 무엇인가?

① 오버플로우관   ② 통기관
③ 팽창관   ④ 급수관

> 개방식 팽창탱크의 평상시 수면 아래에 접속되는 배관은 팽창관, 배수관이며 나머지 통기관, 안전관, 급수관, 오버플로우관은 수면위에 위치한다.

2 냉동냉장 설비

21 아래와 같이 운전되어 지고 있는 냉동사이클의 성적계수는?

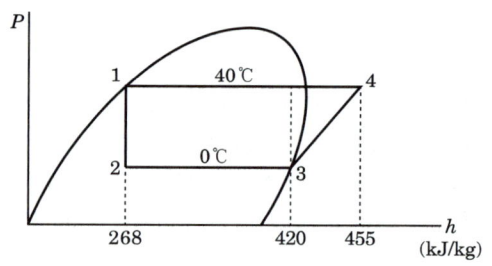

① 2.1   ② 3.3
③ 4.3   ④ 5.9

> 성적계수 COP
> COP = $\frac{q_2}{w}$ = $\frac{420-268}{455-420}$ = 4.3

22 암모니아를 냉매로 사용하는 냉동장치에서 응축압력의 상승원인으로 가장 거리가 먼 것은?

① 냉각수 온도가 현저히 감소할 때
② 불응축가스가 혼입되었을 때
③ 냉매가 과충전되었을 때
④ 응축기 냉각관에 물 때 및 유막이 형성되었을 때

응축압력(온도)의 상승원인
㉠ 응축기의 냉각수온 및 냉각공기의 온도가 높을 경우
㉡ 불응축가스가 혼입되었을 때, 냉각수량이 부족할 경우
㉢ 증발부하가 클 경우
㉣ 냉각관에 유막 및 스케일이 생성되었을 경우
㉤ 냉매를 너무 과충전 했을 경우

23 증발기에 대한 설명으로 틀린 것은?

① 냉각실 온도가 일정한 경우, 냉각실 온도와 증발기내 냉매 증발온도의 차이가 작을수록 압축기 효율은 좋다.
② 동일조건에서 건식 증발기는 만액식 증발기에 비해 충전 냉매량이 적다.
③ 일반적으로 건식 증발기 입구에서는 냉매의 증기가 액 냉매에 섞여있고, 출구에서 냉매는 과열도를 갖는다.
④ 만액식 증발기에서는 증발기 내부에 윤활유가 고일 염려가 없어 윤활유를 압축기로 보내는 장치가 필요하지 않다.

만액식 증발기에서는 증발기 내부에 윤활유가 고일 염려가 있어 윤활유를 압축기로 회수하는 장치가 필요하다.

24 냉동용 스크루 압축기에 대한 설명으로 틀린 것은?

① 왕복동식에 비해 체적효율과 단열효율이 높다.
② 스크루 압축기의 로터와 축은 일체식으로 되어 있고, 구동은 수 로터에 의해 이루어진다.
③ 스크루 압축기의 로터 구성은 다양하나 일반적으로 사용되고 있는 것은 수 로터 4개, 암 로터 4개인 것이다.
④ 흡입, 압축, 토출과정인 3행정으로 이루어진다.

스크루압축기는 깊은 홈이 있는 여러 개의 치형을 갖는 수 로터(male rotor)와 암 로터(female rotor)로 구성되어 있고 최근 널리 사용되고 있는 치형 조합은 수 로터의 잇수 + 암 로터의 잇수 조합이 4+5, 4+6, 5+6, 5+7 Profile등이 있다.

25 다음 중 압력 값이 다른 것은?

① 1 mAq
② 73.56 mmHg
③ 980.665 Pa
④ 0.98 N/cm²

1 mAq=9.8kPa=73.56 mmHg
0.98 N/cm²=9.8 kN/m²=9.8kPa=1 mAq

26 2단압축 사이클에서 증발압력이 계기압력으로 235 kPa이고, 응축압력은 절대압력으로 1225 kPa일 때 최적의 중간 절대압력(kPa)은? (단, 대기압은 101 kPa이다.)

① 514.5
② 536.06
③ 641.56
④ 668.36

중간압력
2단 압축냉동 사이클에서 가장 이상적인 형식은 각 단의 압축비를 동일하게 취하는 것이다.

압축비 $m = \dfrac{P_m}{P_2} = \dfrac{P_1}{P_m}$ 에서 $P_m^2 = P_2 \times P_1$

∴ $P_m = \sqrt{P_1 \cdot P_2} = \sqrt{1225 \times 336} ≒ 641.56$ [kPa]

여기서, P_1 : 고압측(응축)절대압력 ; [1225kPa·a]
P_2 : 저압측(증발)절대압력
; $101+235 = 336$ [kPa·a]

27 냉동기에서 팽창밸브로 가는 고압의 액체냉매와 압축기로 가는 저압의 흡입증기를 서로 열교환 시키는 열교환기의 주된 설치 목적은?

① 압축기 흡입증기 과열도를 낮추어 압축 효율을 높이기 위함
② 일종의 재생 사이클을 만들기 위함
③ 냉매액을 과냉시켜 플래시 가스 발생을 억제하기 위함
④ 이원냉동 사이클에서의 캐스케이드 응축기를 만들기 위함

열교환기의 주된 설치 목적은 고압의 액체냉매와 저압의 흡입증기를 서로 열교환 시켜서 냉매액을 과냉시켜 플래시 가스 발생을 억제하고 냉동효과를 증가시킨다.

28 쇠고기(지방이 없는 부분) 10ton을 10시간 동안 35℃에서 2℃까지 냉각할 때의 냉동능력으로 옳은 것은? (단, 쇠고기의 동결점은 -2℃로, 쇠고기의 동결전 비열(지방이 없는 부분)은 3.25kJ/(kg·K)로, 동결후 비열은 1.76kJ/(kg·K), 동결잠열은 234.5kJ/kg으로 한다.)

① 약 30kW ② 약 35kW
③ 약 37kW ④ 약 42kW

> 이문제는 동결전까지 냉각하므로 동결전 비열로 냉각 현열만 계산한다.
> $Q_2 = m \cdot C \cdot \Delta t = \dfrac{10000 \times 3.25 \times (35-2)}{10h \times 3600}$
> $= 29.79 kJ/s = 30 kW$

29 다음 조건을 이용하여 응축기 설계시 1RT(3.86kW)당 응축면적(m^2)은 얼마인가?(단, 온도차는 산술평균온도차를 적용한다.)

【조 건】
방열계수 : 1.3   응축온도 : 35℃
냉각수 입구온도 : 28℃
냉각수 출구온도 : 32℃
열통과율 : 1.05kW/m^2·℃

① 1.25 ② 0.96
③ 0.74 ④ 0.45

> 방열계수 1.3은 냉동능력의 1.3배가 응축부하이다.
> 응축부하(q_c)는 $q_c = 1.3 \times 3.86 kW$
> 응축기에서 $q_c = KA\Delta t_m$ 이므로
> $A = \dfrac{q_c}{K\Delta t_m} = \dfrac{1.3 \times 3.86}{1.05(35 - \frac{28+32}{2})} = 0.96 m^2$

30 역카르노 사이클로 300K와 240K 사이에서 작동하고 있는 열펌프가 있다. 이 열펌프의 성능계수는 얼마인가?

① 3 ② 4
③ 5 ④ 6

> 열펌프 성적계수 $= \dfrac{T_1}{T_1 - T_2} = \dfrac{300}{300 - 240} = 5$
> 냉동기 성적계수 $= \dfrac{T_2}{T_1 - T_2} = \dfrac{240}{300 - 240} = 4$

31 10냉동톤의 능력을 갖는 역카르노 사이클이 적용된 냉동기관의 고온부 온도가 25℃, 저온부 온도가 -20℃일 때, 이 냉동기를 운전하는데 필요한 동력은? (단, 1RT = 3.86kW이다)

① 1.8kW ② 3.1kW
③ 6.9kW ④ 9.4kW

> $COP = \dfrac{Q_2}{W} = \dfrac{T_2}{T_1 - T_2}$ 에서
> $W = Q_2 \dfrac{T_1 - T_2}{T_2}$
> $= 10 \times 3.86 \times \dfrac{(273+25)-(273-20)}{273-20} \fallingdotseq 6.9[kW]$

32 다음 중 증발기 내 압력을 일정하게 유지하기 위해 설치하는 팽창장치는?

① 모세관
② 정압식 자동 팽창밸브
③ 플로트식 팽창밸브
④ 수동식 팽창밸브

> 정압식 자동 팽창밸브는 증발기내 압력을 감지하여 일정압력이 되도록 팽창밸브를 작동한다.

33 12kW 펌프의 회전수가 800rpm, 토출량 1.5m^3/min인 경우 펌프의 토출량을 1.8m^3/min으로 하기 위하여 회전수를 얼마로 변화하면 되는가?

① 850rpm ② 960rpm
③ 1025rpm ④ 1365rpm

정답 28 ① 29 ② 30 ③ 31 ③ 32 ② 33 ②

펌프의 상사법칙
$\frac{Q_2}{Q_1} = \frac{N_2}{N_1}$ 에서
$N_2 = N_1 \frac{Q_2}{Q_1} = 800 \times \frac{1.8}{1.5} = 960[\text{rpm}]$

34 다음 이상기체에 대한 설명으로 옳은 것은?

① 이상기체의 내부에너지는 압력이 높아지면 증가한다.
② 이상기체의 내부에너지는 온도만의 함수이다.
③ 이상기체의 내부에너지는 항상 일정하다.
④ 이상기체의 내부에너지는 온도와 무관하다.

이상기체의 내부에너지는 온도만의 함수이며 온도에 따라 변화한다.

35 기계설비법령에 따른 기계설비의 착공 전 확인과 사용 전 검사의 대상 건축물 또는 시설물에 해당하지 않는 것은?

① 연면적 1만 제곱미터 이상인 건축물
② 목욕장으로 사용되는 바닥면적 합계가 500제곱미터 이상인 건축물
③ 기숙사로 사용되는 바닥면적 합계가 1천제곱미터 이상인 건축물
④ 판매시설로 사용되는 바닥면적 합계가 3천제곱미터 이상인 건축물

기계설비법 시행령 별표5
기숙사로 사용되는 바닥면적 합계가 2천제곱미터 이상인 건축물

36 고압가스안전관리법령에 따라 일체형 냉동기의 조건으로 틀린 것은?

① 냉매설비 및 압축기용 원동기가 하나의 프레임 위에 일체로 조립된 것
② 냉동설비를 사용할 때 스톱밸브 조작이 필요한 것
③ 응축기 유닛 및 증발유닛이 냉매배관으로 연결된 것으로 하루 냉동능력이 20톤 미만인 공조용 패키지에어컨
④ 사용장소에 분할 반입하는 경우에는 냉매설비에 용접 또는 절단을 수반하는 공사를 하지 않고 재조립하여 냉동제조용으로 사용할 수 있는 것

일체형 냉동기란 냉난방용 패키지에어컨을 말하며 "냉동설비를 사용할 때 스톱밸브 조작이 필요없는 것"

37 냉동장치의 냉동능력이 38.8kW, 소요동력이 10kW이었다. 이 때 응축기 냉각수의 입·출구 온도차가 6℃, 응축온도와 냉각수 온도와의 평균온도차가 8℃일 때 수냉식 응축기의 냉각수량(L/min)은 얼마인가?(단, 물의 정압비열은 4.2kJ/(kg·℃)이다.

① 126.1
② 116.2
③ 97.1
④ 87.1

q(응축부하)=냉동능력+압축동력=38.8+10=48.8kW
$q = WC\Delta t_w$ 에서
$W = \frac{q}{C\Delta t_w} = \frac{48.8}{4.2 \times 6} = 1.9365 \text{kg/s} = 116.2 \text{L/min}$
여기서 응축온도와 냉각수 온도와의 평균온도차 8℃는 열관류량을 구할 때 사용되며 여기서는 일종의 함정이다.

38 열과 일에 대한 설명으로 옳은 것은?

① 열역학적 과정에서 열과 일은 모두 경로에 무관한 상태함수로 나타낸다.
② 일과 열의 단위는 대표적으로 Watt(W)를 사용한다.
③ 열역학 제1법칙은 열과 일의 방향성을 제시한다.
④ 한 사이클 과정을 지나 원래 상태로 돌아왔을 때 시스템에 가해진 전체 열량은 시스템이 수행한 전체 일의 양과 같다.

① 열역학적 과정에서 열과 일은 모두 경로함수이며 ② 일과 열의 단위는 대표적으로 kJ(J)를 사용한다. ③ 열역학 제2법칙은 열과 일의 방향성을 제시하며 ④ 한 사이클 과정을 지나 원래 상태로 돌아왔을 때 시스템에 가해진 전체 열량은 시스템이 수행한 전체 일의 양과 같다.(열역학 1법칙, 에너지 보존법칙)

39 2단압축 1단 팽창 냉동사이클에서 중간냉각기의 기능으로 가장 적합한 것은?

① 고단압축기 토출가스를 냉각시키고 팽창밸브로 공급되는 냉매액을 냉각시킨다.
② 불응축가스를 냉각시켜서 응축부하를 감소시킨다.
③ 저단압축기 토출가스를 냉각시키고 팽창밸브로 공급되는 냉매액을 냉각시킨다.
④ 저단압축기 토출가스를 냉각시키고, 팽창밸브로 공급되는 냉매액을 가열한다.

2단압축 1단 팽창 냉동사이클에서 중간냉각기의 기능은 저단압축기 토출가스를 냉각시키고 팽창밸브로 공급되는 냉매액을 냉각시켜서 성적계수를 높이고, 냉동능력을 증가시킨다.

40 벽체의 열이동에 대한 설명으로 가장 거리가 먼 것은?

① 열전도는 물질(고체) 내에서 열이 전달되는 것으로 열전도율에 비례하여 고온부에서 저온부로 열전도가 일어난다.
② 벽체를 통한 열이동은 열전도, 열전달, 열복사가 각각 독립적으로 작용하여 발생한다.
③ 벽체 표면과 이에 접하는 유체 사이의 온도차와 대류현상으로 열이 이동되는 현상을 열전달이라 한다.
④ 고온 물체와 저온 물체 사이에서는 복사에 의해서도 열이 전달된다.

벽체를 통한 열이동은 열전도, 열전달, 열복사가 복합적으로 작용하며 이때 그 종합적인 열이동 정도를 열관류(열통과)라 한다.

3 공조냉동 설치·운영

41 산업안전보건법령상 냉동·냉장 창고시설 건설공사에 대한 유해위험방지계획서를 제출해야 하는 대상시설의 연면적 기준은 얼마인가?

① 3천제곱미터 이상　② 4천제곱미터 이상
③ 5천제곱미터 이상　④ 6천제곱미터 이상

산업안전보건법령상 냉동·냉장 창고시설 건설공사에 대한 유해위험방지계획서를 제출해야 하는 대상시설의 연면적 기준은 5천제곱미터 이상이다.

42 증기와 응축수의 온도 차이를 이용하여 응축수를 배출하는 트랩은?

① 버킷 트랩
② 디스크 트랩
③ 벨로즈 트랩
④ 플로트 트랩

벨로즈 트랩은 증기와 응축수의 온도 차이를 이용하여 응축수를 배출하는 열동식 증기트랩이다. 버킷트랩과 플로트 트랩은 응축수량에 따라 부력으로 작동하는 기계식이다.

43 실내 공기질 관리법상 실내 공기질 관리 항목중 이산화질소(NO_2)는 지하역사, 지하도상가, 철도역사의 대합실, 여객자동차터미널의 대합실에서 권고기준치는 얼마인가?

① 1ppm 이하　② 0.5ppm 이하
③ 0.3ppm 이하　④ 0.1ppm 이하

이산화질소(NO_2)는 권고기준은 지하역사등에서 0.1ppm 이하, 지하주차장에서 0.3ppm 이하, 의료기관등에서 0.05ppm 이하를 권고한다.

44 배수 배관이 막혔을 때 이것을 점검, 수리하기 위해 청소구를 설치하는데, 다음 중 설치 필요 장소로 적절하지 않은 곳은?

① 배수 수평 주관과 배수 수평 분기관의 분기점에 설치
② 배수관이 45° 이상의 각도로 방향을 전환하는 곳에 설치
③ 길이가 긴 수평 배수관인 경우 관경이 100A 이하일 때 5m 마다 설치
④ 배수 수직관의 제일 밑 부분에 설치

> 길이가 긴 수평 배수관인 경우 관경이 100A 이하일 때 15m 마다 설치, 100A 초과 시 30m 마다 설치

45 정압기의 종류 중 구조에 따라 분류할 때 아닌 것은?

① 피셔식 정압기
② 액셜 플로우식 정압기
③ 가스미터식 정압기
④ 레이놀드식 정압기

> 정압기는 구조에 따라 직동식(레이놀드식 정압기)과 파일럿식(피셔식 정압기, 액셜 플로우식 정압기)가 있다.

46 수도 직결식 급수설비에서 수도본관에서 최상층 수전까지 높이가 18m일 때 수도본관의 최저 필요 수압은? (단, 수전의 최저 필요압력은 50kPa, 관내 마찰손실수두는 2mAq으로 한다.)

① 100kPa   ② 150kPa
③ 200kPa   ④ 250kPa

> 급수설비 필요 최저압력(PL)= 실양정+마찰손실+수전요구압
> PL = 180 + 20 + 50 = 250kPa
> (실양정 18m = 180kPa, 2mAq = 20kPa)

47 슬리브 신축 이음쇠에 대한 설명으로 틀린 것은?

① 신축량이 크고 신축으로 인한 응력이 생기지 않는다.
② 직선으로 이음하므로 설치 공간이 루프형에 비하여 적다.
③ 배관에 곡선부가 있어도 파손이 되지 않는다.
④ 장시간 사용 시 패킹의 마모로 누수의 원인이 된다.

> 슬리브형 신축 이음쇠는 배관 직선부에만 사용할 수 있다.

48 아래 암모니아 냉동 배관(강관-나사식 이음) 평면도를 보고 부속 수량을 구하시오.

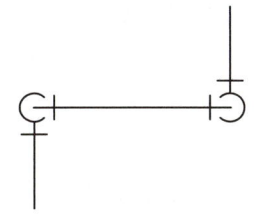

① 엘보 2개, 티이 1개
② 엘보 3개, 티이 2개
③ 엘보 4개
④ 엘보 5개

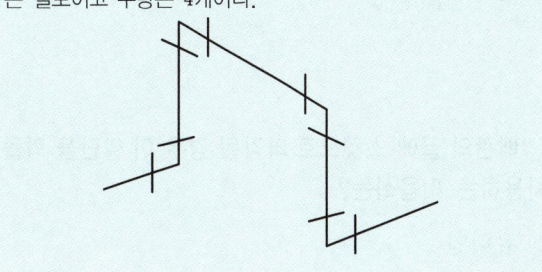

> 위 평면도를 겨냥도(입체도)로 그려보면 아래와 같고 부속류는 엘보이고 수량은 4개이다.

49 증기보일러 배관에서 환수관의 일부가 파손된 경우 보일러 수의 유출로 안전수위 이하가 되어 보일러 수가 빈 상태로 되는 것을 방지하기 위해 하는 접속법은?

① 하트포드 접속법   ② 리프트 접속법
③ 스위블 접속법   ④ 슬리브 접속법

하트포드 접속법은 증기관과 환수관을 균압관(하트포트배관)으로 연결하여 보일러 안전수위를 유지한다.

50 급수배관에서 수격현상을 방지하는 방법으로 가장 적절한 것은?

① 도피관을 설치하여 옥상탱크에 연결한다.
② 수압관을 갑자기 높인다.
③ 밸브는 수도꼭지를 갑자기 열고 닫는다.
④ 급폐쇄형 밸브 근처에 공기실을 설치한다.

급폐쇄형 밸브는 급격한 유속변화로 수격작용 가능성이 큰데 이때 주변에 공기실을 설치하면 완충작용으로 수격작용을 방지할 수 있다.

51 급수배관에서 세정밸브를 사용할 때 크로스 커넥션을 방지하기 위하여 설치하는 기구는?

① 체크밸브 ② 워터햄머 어레스터
③ 신축이음 ④ 버큠브레이커

크로스 커넥션이란 역류등으로 오염된 물이 급수관으로 공급되는 것으로 세정밸브에서 버큠브레이커(진공방지기)를 사용하여 방지할 수 있다.

52 배관의 끝에 소켓으로 마감된 경우 이 말단을 막을 때 사용하는 이음쇠는?

① 유니언
② 니플
③ 플러그
④ 소켓

배관의 끝(숫나사)을 막을 때 사용하는 이음쇠는 캡이며 배관의 끝에 소켓등 부속(암나사)을 막을 때 사용하는 이음쇠는 플러그이다. 통상 배관의 말단은 캡이나 플러그로 막는다고 이해하세요.

53 목표치가 미리 정해진 시간적 변화를 하는 경우 제어량을 변화시키는 제어를 무엇이라고 하는가?

① 정치제어   ② 프로그래밍제어
③ 추종제어   ④ 비율제어

프로그램제어는 목표값이 미리 정해진 시간적 변화를 하는 경우 제어량을 변화시키는 제어로서 무인 운전 시스템이 이에 해당된다.(예) 무인 엘리베이터, 무인 자판기, 무인 열차)

54 주파수 50[Hz]인 교류의 위상차가 $\frac{\pi}{3}$[rad]이다. 이 위상차를 시간으로 나타내면 몇 [sec]인가?

① $\frac{1}{60}$ ② $\frac{1}{120}$
③ $\frac{1}{300}$ ④ $\frac{1}{720}$

$\theta = \omega t = 2\pi f t$[rad] 식에서
$f = 50$[Hz], $\theta = \frac{\pi}{3}$[rad]일 때

$\therefore t = \frac{\theta}{2\pi f} = \frac{\frac{\pi}{3}}{2\pi \times 50} = \frac{1}{300}$[sec]

55 배리스터의 주된 용도는?

① 서지전압에 대한 회로 보호용
② 온도 측정용
③ 출력전류 조절용
④ 전압 증폭용

바리스터와 서미스터
(1) 바리스터 : 비직선적인 전압-전류 특성을 갖는 2단자 반도체 소자로서 불꽃 아크(서지) 소거용으로 이용된다.
(2) 서미스터 : 열을 감지하는 감열 저항체 소자로서 온도보상용으로 이용된다.

정답 50 ④ 51 ④ 52 ③ 53 ② 54 ③ 55 ①

56 그림과 같은 논리회로의 출력 Y는?

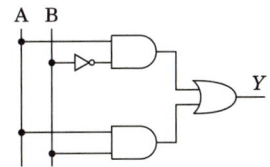

① $Y = AB + A\overline{B}$
② $Y = \overline{A}B + AB$
③ $Y = \overline{A}B + A\overline{B}$
④ $Y = \overline{A}\overline{B} + A\overline{B}$

$Y = A\overline{B} + AB$

57 평형 3상 Y결선에서 상전압 V_p와 선간전압 V_l과의 관계는?

① $V_l = V_p$
② $V_l = \sqrt{3}\, V_p$
③ $V_l = \dfrac{1}{\sqrt{3}} V_p$
④ $V_l = 3 V_p$

Y결선의 특징
(1) $V_L = \sqrt{3}\, V_P$ [V]
(2) $I_L = I_P = \dfrac{V_L}{\sqrt{3}\, Z}$ [A]
(3) $P = \sqrt{3}\, V_L I_L \cos\theta$ [W]
여기서, V_L : 선간전압, V_P : 상전압, I_L : 선전류,
I_P : 상전류, Z : 한 상의 임피던스, $\cos\theta$: 역률

58 2전력계법으로 전력을 측정하였더니 $P_1 = 10$[W], $P_2 = 15$[W]이었다면 부하의 소비전력은 몇 [W]인가?

① 10
② 15
③ 20
④ 25

2전력계법
$P = W_1 + W_2 = \sqrt{3}\, VI\cos\theta$ [W] 식에서
$W_1 = P_1 = 10$[W], $W_2 = P_2 = 15$[W]일 때
∴ $P = W_1 + W_2 = 10 + 15 = 25$[W]

59 전달함수를 정의할 때의 조건으로 옳은 것은?

① 모든 초기값을 고려한다.
② 모든 초기값을 0으로 한다.
③ 입력신호만을 고려한다.
④ 주파수 특성만을 고려한다.

전달함수의 정의
(1) 모든 초기값을 0으로 하고 라플라스 변환된 입력 함수와 출력 함수와의 비이다.
(2) 어떤 계에 대한 임펄스응답의 라플라스 변환 값이다.
(3) 전달함수는 선형계에서만 정의된다.
(4) 전달함수의 분모를 0으로 놓으면 계의 특성방정식이 된다.
(5) $t < 0$에서는 제어계가 정지상태에 있음을 의미한다.

60 제어기기의 대표적인 것으로 검출기, 변환기, 증폭기, 조작기기를 들 수 있는데 서보모터는 어디에 속하는가?

① 검출기
② 변환기
③ 증폭기
④ 조작기기

조작기기의 종류
조작기기는 전기계와 기계계로 구분하여 다음과 같은 종류로 구분한다.

전 기 계	기 계 계
전동밸브 전자밸브 2상 서보 전동기 직류서보 전동기 펄스 전동기	다이어프램 밸브 클러치 밸브 포지셔너 유압식 조작기(안내 밸브, 조작 실린더, 조작 피스톤, 분사관)

기출문제 복원 기출문제 (2023년 1회)

※ 본 기출문제는 수험자의 기억을 바탕으로 하여 복원한 문제이므로 실제 문제와 다를 수 있음을 미리 알려드립니다.

1 공기조화설비

01 송풍량 $600m^3/min$을 공급하여 다음 공기선도와 같이 난방하는 실의 실내부하는? (단, 공기의 비중량은 $1.2 kg/m^3$, 비열은 $1.0kJ/kgK$이다.)

상태점	온도(℃)	엔탈피(kJ/kg)
①	0	2.0
②	20	36.0
③	15	32.0
④	28	40
⑤	29	52

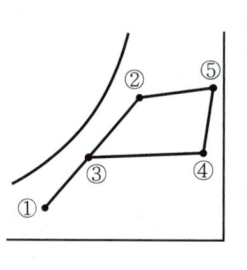

① 192kW
② 451kW
③ 600kJ/h
④ 691.2kW

> 실내점은 ②이고 취출구점은 ⑤이므로 실내부하(전열)는
> $q = m\Delta h = 1.2 \times 600 \times 60(52-36) = 691200 kJ/h = 192kW$

02 불포화상태 공기에 대한 건구온도(t_1), 습구온도(t_2), 노점온도(t_3)의 관계식으로 옳은 것은?

① $t_1 > t_2 > t_3$
② $t_1 < t_2 < t_3$
③ $t_1 \geq t_2 \geq t_3$
④ $t_1 \leq t_2 \leq t_3$

> 1) 불포화상태 공기란 상대습도 100% 미만의 습공기 상태 (0~99%)로 건구온도가 가장크고, 습구온도 노점온도 순 이다. $t_1 > t_2 > t_3$
> 2) 포화상태 공기란 상대습도 100%의 습공기 상태로 건구온도, 습구온도, 노점온도는 같다. $t_1 = t_2 = t_3$
> 3) 그러므로 모든 경우의 습공기 상태에서 건구온도, 습구온도, 노점온도 관계는 $t_1 \geq t_2 \geq t_3$ 이다.

03 보일러의 출력 표기중에서 그 값이 가장 작은것은?

① 상용출력
② 정격출력
③ 과부하출력
④ 정미출력

> 정미출력은 순수부하로 난방부하 + 급탕부하이며 부하중에서 값이 가장 적다.
> 1) 정미출력 = 난방부하 + 급탕부하
> 2) 상용출력 = 난방부하 + 급탕부하 + 배관부하
> 3) 정격출력 = 난방부하 + 급탕부하 + 배관부하 + 예열부하
> 4) 과부하출력 = 난방부하 + 급탕부하 + 배관부하 + 과부하

04 공조기의 풍량이 $3000m^3/min$이고, 코일 통과 풍속을 $2.5m/s$로 할 때 냉수코일의 유효전면적(m^2)은 얼마인가? (단, 공기의 밀도는 $1.2kg/m^3$이다.)

① 1200
② 120
③ 20
④ 0.33

> 코일 유효 전면적 (A)은 $Q = Av$ 에서
> $A = \dfrac{Q}{v} = \dfrac{3000}{60 \times 2.5} = 20m^2$

05 공조시스템에 대한 설명중 가장 거리가 먼 것은?

① 공기조화기에서 처리하는 열부하에는 실내 열취득 부하, 배관취득부하, 환기용 도입 외기부하가 포함된다.
② 실내 송풍량은 실내현열부하와 취출온도차로 구할 수 있다.
③ 여름철 재열 시스템에서 냉각코일부하에는 재열부하가 포함된다.
④ 전열교환기를 사용하면 냉각코일용량을 감소시키고, 냉방에너지를 절약할 수 있다.

> 공기조화기에서 처리하는 열부하에는 실내 열취득 부하, 덕트기기부하, 환기용 도입 외기부하는 포함되지만 배관취득부하는 냉동기부하에 포함된다.

정답 01 ① 02 ③ 03 ④ 04 ③ 05 ①

06 축류형 취출구의 일종으로 도달거리가 길고 소음이 적어 극장등 대공간에 주로 사용하는 취출구 형식으로 가장 알맞은 것은 ?

① 아네모스텃형 ② 팬형
③ 슬롯형 ④ 노즐형

> 노즐형 취출구는 축류형으로 도달거리가 길고 소음이 적어 극장, 로비, 아트리륨등 대공간 취출구로 가장 일반적이다.

07 공기냉각용 냉수코일의 설계 시 유의사항 설명으로 알맞은 것은?

① 코일을 통과하는 공기의 풍속은 5m/s이상으로 한다.
② 코일 내 물의 입출구 온도차는 10℃ 이상으로 한다.
③ 물과 공기의 흐름방향은 역류(대향류)가 되게 한다.
④ 공기와 물의 대수평균온도차는 작을수록 유리하다.

> - 코일을 통과하는 공기의 풍속은 2-3m/s정도로 한다.
> - 코일 내 물의 입출구 온도차는 5℃ 정도로 한다.
> - 물과 공기의 흐름방향은 병류보다 역류(대향류)가 되게 하며, 이때 공기와 물의 대수 평균온도차는 클수록 유리하다.

08 다음의 송풍기에 관한 설명 중 (   ) 안에 알맞은 내용은?

> 동일 송풍기에서 정압은 회전수 비의 (㉠)하고, 소요동력은 회전수 비의 (㉡) 한다.

① ㉠ 2승에 비례   ㉡ 3승에 비례
② ㉠ 2승에 반비례 ㉡ 3승에 반비례
③ ㉠ 3승에 비례   ㉡ 2승에 비례
④ ㉠ 3승에 반비례 ㉡ 2승에 반비례

> 송풍기에서 상사법칙에 따라 정압(전압)은 회전수 비의 2승에 비례하고, 소요동력은 회전수 비의 3승에 비례한다.

09 냉방시 외기상당온도 36℃, 실내온도 26℃일 때 아래와 같은 구조의 벽체에서 침입열량[W]을 구하시오. 단 벽체의 면적은 30m², 각 벽 재료의 열전도율은 아래 표와 같고 벽체 외측 열전달율은 23W/(m²·K), 내측 열전달율은 8.5W/(m²·K)로 한다.

재료	열전도율[W/(m·K)]	두께[m]
철근콘크리트	1.4	0.2
단열재	0.045	0.2
방수 몰탈	1.3	0.01

① 63W ② 180W
③ 200W ④ 220W

> • 방열벽의 열통과율 K
> $$\frac{1}{K} = \frac{1}{8.5} + \frac{0.01}{1.3} + \frac{0.2}{0.045} + \frac{0.2}{1.4} + \frac{1}{23}$$
> $K = 0.21 \text{W/m·K}$
> ∴ 벽체를 통한 침입열량(Q)
> $Q = KA\Delta t = 0.21 \times 30 \times (36-26) = 63\text{W}$
> (※ 여기서 주의사항은 외기상당온도차와 외기상당온도이다. 외기상당온도는 일사영향을 고려한 외기온도를 말하며, 외기상당온도차는 외기상당온도−실내온도를 말한다. 즉 외기상당온도차 36℃, 실내온도 26℃ 조건이라면 온도차는 그냥 36℃가 된다.)

10 31℃의 외기와 25℃의 환기를 1 : 2의 비율로 혼합하고 바이패스 팩터가 0.16인 코일로 냉각 제습할 때의 코일 출구온도는? (단, 코일의 표면온도는 14℃이다.)

① 약 15℃ ② 약 16℃
③ 약 19℃ ④ 약 25℃

> 1 : 2로 혼합한 공기 온도 $t = \frac{31 \times 1 + 25 \times 2}{1+2} = 27$
> 코일 출구 온도 $= t_c + BF(t - t_c) = 14 + 0.16(27 - 14)$
> $= 16.08℃$

정답 06 ④ 07 ③ 08 ① 09 ① 10 ②

11 덕트 SMACNA 이음공법 중에서 세로방향 이음공법에 속하는 공법은 무엇인가?

① 피츠버그 스냅록　② 드라이브 슬립
③ 스탠딩 시임　　　④ 포켓록

> 피츠버그 스냅록이나 보턴펀치 스냅록은 세로방향 덕트 이음법이고 피츠버그 스냅록 이음법은 겹으로 접은 판사이로 싱글로 접은 판을 끼워 넣고 때려 접은 형식으로 기밀이 좋아서 공조설비 덕트 공사 현장에서 주로 사용되는 공법이다.

12 다음 중 수관식 보일러 특성과 가장 가까운 것은?

① 지름이 큰 동체를 몸체로하여 그 내부에 노통과 연관을 동체 축에 평행하게 설치하고, 노통을 지나온 연소가스가 연관을 통해 연도로 빠져나가도록 되어있는 보일러이다.
② 상부 드럼과 하부 드럼 사이에 작은 구경의 많은 수관을 설치한 구조로 고온 및 고압에 적당하고 발생열량이 크며, 용량에 비하여 크기가 작아 설치면적이 적고 전열면적은 넓어서 효율이 매우 높다.
③ 드럼없이 수관만으로 설계한 강제순환식 보일러로 급수가 공급될 때 수관의 예열부→증발부→과열부를 순차적으로 통과하면서 증기가 발생하게 된다.
④ 보일러 내부가 진공상태로 유지되면서 화염으로부터 열을 받아 온수를 가열해 주는 열매체로 물을 사용하며 정상적인 상태에서는 열매의 손실은 없다.

> ① 노통연관 보일러
> ③ 관류보일러
> ④ 진공식 온수 보일러

13 외기온도 13℃이며 절대습도 0.008kg/kg일 때의 이 공기의 상대습도 (RH)는 얼마인가? (단, 대기압은 101.3kPa이며, 온도 13℃ 일 때 포화 수증기압은 1.7kPa이다.)

① 약 37%　② 약 46%
③ 약 76%　④ 약 82%

> 절대습도 $x = 0.622(\dfrac{p_v}{p_a}) = 0.622(\dfrac{\phi p_s}{p_o - \phi p_s})$ 에서 대입하면
>
> $0.008 = 0.622(\dfrac{\phi \times 1.7}{101.3 - \phi \times 1.7})$
>
> $\dfrac{0.008}{0.622}(101.3 - \phi \times 1.7) = \phi \times 1.7$
>
> $0.0129(101.3 - \phi \times 1.7) = \phi \times 1.7$
>
> $1.307 - \phi \times 0.022 = \phi \times 1.7$
>
> $1.307 = \phi(1.7 + 0.022)$
>
> $\phi = \dfrac{1.307}{1.722} = 0.76 = 76\%$

14 증기압축식 냉동기에서 냉동능력 270RT, 냉수 입출구 온도차 5℃, 냉수비열 4.2kJ/kgK, 냉수 밀도 1000kg/m³ 일 때 냉수 순환펌프 유량(L/s)은 얼마인가?(1RT=3.86kW이다)

① 21.4　② 46.5
③ 49.6　④ 91.2

> 냉수량과 냉동능력 관계식 $Q = WC\Delta t$ 에서
> 냉수량 $W = \dfrac{Q}{C\Delta t} = \dfrac{270 \times 3.86}{4.2 \times 5} = 49.6 kg/s = 49.6 L/s$

15 온수난방 설비의 특징에 대한 설명으로 옳은 것은?

① 온수난방은 현열을 이용하므로 열의 운반능력이 증기난방보다 크다.
② 온수난방은 열용량이 커서 예열시간이 증기난방에 비해 짧다.
③ 중앙기계실에서 온수온도를 계절에 따라 조절할 수 있어 실내온도를 용이하게 조절할 수 있다.
④ 온수난방은 연속난방보다 간헐난방에 적합하다.

> 온수난방은 현열을 이용하므로 열의 운반능력이 증기난방(잠열이용)보다 작고, 온수난방은 열용량이 커서 예열시간이 증기난방에 비해 길다. 온수난방은 예열시간과 여열시간이 길어서 연속난방에 적합하다.

정답　11 ①　12 ②　13 ③　14 ③　15 ③

16 증기압축식 냉동장치에서 표준냉동사이클일 때 냉각탑에 대한 설명으로 가장 거리가 먼 것은?

① 냉각탑은 냉동장치가 흡수한 열을 대기중으로 방출하는 설비이다
② 냉각탑에서 쿨링랜지는 5℃정도가 적합하다.
③ 냉각수 입출구 온도는 37℃, 32℃ 정도로 한다.
④ 냉각수 순환량은 23L/minRT 정도가 적합하다.

> 냉각수 순환량은 13L/minRT정도가 적합하다.
> $1RT = 3.86kW$, 냉각탑 부하는 냉동능력의 1.2배 정도이므로
> $Q_c = 3.86 \times 1.2 = 4.63kW$ (냉각수 온도차 5℃로 보면
> $W = \dfrac{Q_c}{C \times \Delta t} = \dfrac{4.63}{4.2 \times 5} = 0.22L/s = 13L/min = 13L/minRT$)
> (증기압축식에서 냉각탑 능력은 성적계수에 따라 달라지므로 냉동능력의 1.2~1.3배정도로 보며 흡수식에서는 1.5~2.0배 정도로 본다)

17 연도를 통과하는 배기가스에 분무수를 접촉시켜 공해물질을 흡수, 융해, 응축작용에 의해 불순물을 제거하는 집진장치는 무엇인가?

① 세정식 집진기   ② 사이클론 집진기
③ 공기 주입식 집진기   ④ 전기 집진기

> 연도를 통과하는 배기가스에 분무수를 접촉시켜 공해물질을 흡수, 융해, 응축작용에 의해 불순물을 제거하는 집진장치는 세정식 집진기이다.

18 배관내에 흐르는 물에 대하여 피토우관으로 측정한 전압이 14.1kPa 이고, 유속은 2m/s일 때 정압은 얼마인가?(단 물의 밀도는 926kg/m³이다.)

① 10.25kPa   ② 11.25kPa
③ 12.25kPa   ④ 13.25kPa

> 동압 $P_v = \dfrac{v^2 \times \rho}{2} = \dfrac{2^2 \times 926}{2} = 1852Pa = 1.85kPa$
> 정압 = 전압-동압 = 14.1-1.85 = 12.25kPa

19 냉방부하 계산시 일사를 받는 외벽으로부터의 침입열량을 계산할 때 일사에 의한 열취득을 고려한 온도를 무엇이라 하는가?

① 설계외기온도   ② 상당외기온도
③ 최고외기온도   ④ TAC외기온도

> 냉방부하 계산시 일사를 받는 벽체 관류열량 계산은 일사에 의한 열취득을 외기온도에 환산한 상당외기온도를 적용하며 이때 계산식은 $q = K \times A \times \Delta t_e$
> (단, Δt_e는 상당외기 온도차=상당외기온도-실내온도)

20 결로현상에 대한 설명중 옳지않은 것은?

① 벽체 온도가 공기 노점온도 이하로 냉각할 때 수증기가 응축되어 결로가 발생한다.
② 결로를 방지하려면 다습한 외기를 도입하지 않도록 한다.
③ 결로를 방지하려면 벽체에 단열재를 부착하여 열관류 저항을 증가시킨다.
④ 노점온도이하에서 결로가 발생하면 공기중의 수증기 분압은 상승한다.

> 노점온도이하에서 결로가 발생하면 공기중의 수증기는 응축되어 절대습도가 감소하므로 수증기분압은 감소한다.

정답 16 ④   17 ①   18 ③   19 ②   20 ④

2 냉동냉장설비

21 쇠고기(지방이 없는 부분) 10ton을 10시간 동안 35℃에서 2℃까지 냉각할 때의 냉동능력으로 옳은 것은? (단, 쇠고기의 동결점은 −2℃로, 쇠고기의 동결전 비열(지방이 없는 부분)은 3.25kJ/(kg·K)로, 동결후 비열은 1.76kJ/(kg·K), 동결잠열은 234.5kJ/kg으로 한다.)

① 약 30kW ② 약 35kW
③ 약 37kW ④ 약 42kW

> 이문제는 동결전까지 냉각하므로 동결전 비열로 냉각 현열만 계산한다.
> $Q_2 = m \cdot C \cdot \Delta t = \dfrac{10\,000 \times 3.25 \times (35-2)}{10h \times 3600} = 29.79 \text{kJ/s} = 30\text{kW}$

22 다음 중 증발기 출구와 압축기 흡입관 사이에 설치하는 저압측 부속장치는?

① 액분리기 ② 수액기
③ 건조기   ④ 유분리기

> **부속장치의 설치 위치**
> ① 액분리기 : 증발기 출구와 압축기 사이 흡입관
> ② 수액기 : 응축기출구와 팽창밸브 입구 사이
> ③ 건조기 : 수액기 출구와 팽창밸브 사이 액관
> ④ 유분리기 : 압축기 출구와 응축기사이
>
> **액분리기(Accumulator)**
> 액분리기는 증발기와 압축기 사이의 흡입배관에 설치하여 냉매액과 냉매증기를 분리하여 압축기의 액압축을 방지하여 압축기를 보호하는 역할을 한다.

23 냉동장치의 만액식 증발기에서 순환펌프를 설치하는 주된 이유는 무엇인가?

① 증발기 내에서 냉매액을 충진하기위해 순환펌프를 사용한다.
② 증발된 가스를 냉매액 중에 확산하기 위해서이다.
③ 냉매액과 접촉하여 열전달 효율을 증대시키기 위해서이다.
④ 냉매액을 압축기로 신속히 회수시키기 위해서이다.

> 만액식 증발기는 증발기 내에 냉매액과 가스의 비율이 75:25 정도로 냉매액이 대부분이며 접촉과 대류작용으로 열전달 효율을 증대 시키기위해서 냉매를 순환시킨다.

24 냉동장치의 증발압력이 너무 낮은 원인으로 가장 거리가 먼 것은?

① 수액기 및 응축기내에 냉매가 충만해 있다.
② 팽창밸브가 너무 조여 있다.
③ 증발기의 냉각풍량이 부족하다.
④ 여과기가 막혀 있다.

> **증발압력(온도)의 저하 원인**
> ㉠ 냉매 충전량이 부족할 때
> ㉡ 팽창밸브가 너무 조여 있을 때
> ㉢ 여과기가 막혔을 때
> ㉣ 증발기의 냉각풍량이 부족할 때
> ㉤ 증발기 냉각관에 유막이나 적상(積霜 : 서리)이 형성되어 있을 때
> ㉥ 액관에서 플래시 가스가 발생하였을 때

25 냉동사이클 중 P-h 선도(압력-엔탈피 선도)로 계산할 수 없는 것은?

① 냉동능력
② 성적계수
③ 냉매순환량
④ 마찰계수

> **냉동사이클 중 P-h 선도(압력-엔탈피 선도)로 계산할 수 있는 것**
> ㉠ 냉동효과   ㉡ 압축일량(소요동력)
> ㉢ 응축기 방열량 ㉣ 성적계수
> ㉤ 냉동능력   ㉥ 냉매순환량
> ㉦ 압축비

정답 21 ① 22 ① 23 ③ 24 ① 25 ④

26 스크류 압축기의 운전 중 로터에 오일을 분사시켜주는 목적으로 가장 거리가 먼 것은?

① 높은 압축비를 허용하면서 토출온도를 유지
② 압축효율 증대로 전력소비 증가
③ 로터의 마모를 줄여 장기간 성능유지
④ 높은 압축비에서도 체적효율 유지

> 스크류 압축기의 운전 중 로터에 오일을 분사시켜주면 압축효율 증대로 전력소비는 감소한다.

27 공조설비 현장에서 주로 사용하는 흡수식 냉동기에서 냉매를 물로 사용한다면 적합한 흡수제는 무엇인가?

① 프레온
② LiBr
③ NH3
④ NaCl

> 흡수식 냉동기에서 냉매가 물일 때 흡수제는 LiBr(리튬브로마이드)를 주로 사용한다.

28 2단압축 냉동장치에서 게이지 압력계의 지시계가 고압 1.47MPa, 저압 100mmHg(vac)진공압을 가리킬 때, 저단압축기와 고단압축기의 압축비는 얼마인가? (단, 저·고단의 압축비는 동일하고, 대기압=0.1MPa이다)

① 3.6
② 3.8
③ 4.0
④ 4.2

> 압축비 $m = \dfrac{P_m}{P_2}$ (저단) $= \dfrac{P_1}{P_m}$ (고단)에서 중간압 Pm은
> $P_m^2 = P_2 \times P_1$
> $\therefore P_m = \sqrt{P_1 \cdot P_2} = \sqrt{1.57 \times 0.087} ≒ 0.370$
> 여기서, P_1 : 고압측(응축) 절대압력[MPa]
> $= 0.1 + 1.47 = 1.57$ (대기압=0.1MPa)
> P_2 : 저압측 절대압력[MPa]
> $= 0.1 \times \dfrac{760-100}{760} = 0.087$
> $\therefore$ 저단 압축비 $m = \dfrac{P_m}{P_2} = \dfrac{0.370}{0.087} = 4.25$
> 고단 압축비 $m = \dfrac{P_1}{P_m} = \dfrac{1.57}{0.370} = 4.24$

29 냉동장치 운전중 증기 상태값이 압력 0.3MPa에서 포화액 엔탈피 368kJ/kg, 포화증기 엔탈피 1614kJ/kg, 일 때 팽창밸브 직전 냉매 엔탈피는 577.8kJ/kg, 팽창밸브 통과후 냉매 압력 0.3MPa일 때 증발기로 들어가는 냉매액 중량비는 얼마인가?

① 16.8%
② 38.5%
③ 78.2%
④ 83.2%

> 팽창밸브에서 등엔탈피 과정으로 통과후 엔탈피는 입구와 같으므로 577.8kJ/kg이며 이때 포화액 엔탈피 368kJ/kg, 포화증기 엔탈피 1614kJ/kg, 그러므로 전체 냉매중에 냉매액 비율은
> 중량비 $= \dfrac{증기\ h - h}{증기\ h - 액h} = \dfrac{1614 - 577.8}{1614 - 368} = 0.832 = 83.2\%$

30 냉동장치 증발기에 대한 핫가스 제상 방법의 특징으로 틀린 것은?

① 압축기 토출가스를 전자변을 통해 증발기로 주입하여 제상한다.
② 전기제상법에 비하여 제상속도가 빠르다.
③ 증발기가 내부에서 가열되기 때문에 냉장 식품으로 전달되는 과잉 열량이 적다.
④ 핫가스 제상후 즉시 정상운전이 가능하다.

> 핫가스 제상은 증발기 전체를 가열하여 제상하기 때문에 제상후 정상 냉동 운전에는 시간이 소요된다.

31 압축기의 체적효율에 대한 설명으로 옳은 것은?

① 이론적 피스톤 압출량을 압축기 흡입직전의 상태로 환산한 흡입가스량으로 나눈 값이다.
② 체적 효율은 압축비가 증가하면 감소한다.
③ 동일 냉매 이용 시 체적효율은 항상 동일하다.
④ 피스톤 격간이 클수록 체적효율은 증가한다.

① 체적효율 $\eta_v = \dfrac{\text{실제적 피스톤 압출량 } V[m^3/h]}{\text{이론적 피스톤 압출량 } V_a[m^3/h]}$

② 압축비가 클수록 체적효율이 감소한다.
③ 같은 냉매를 사용하여도 운전조건에 따라서 체적효율은 변동한다.
④ 피스톤 격간(clearance)이 클수록 체적효율은 감소한다.

증발기에서 냉매가 취득한 열량(냉동효과) q_2
q_2 = 증발기출구냉매엔탈피 - 증발기입구냉매엔탈피
여기서,
증발기출구냉매엔탈피 $= 615.6 + 0.67 \times \{-10 - (-20)\}$
$= 622.3 [kJ/kg]$
∴ $q_2 = 622.3 - 455 = 167.3 [kJ/kg]$

32 다음 중 압축기의 냉동능력(kW)을 산출하는 식은?
(단, V: 피스톤 압출량[m³/min], v: 압축기 흡입 냉매 증기의 비체적[m³/kg], q: 냉매의 냉동효과[KJ/Kg], η: 체적효율)

① $R = \dfrac{v \times q \times \eta \times 60}{3320 \times V}$ ② $R = \dfrac{V \times q}{60 \times \eta \times v}$

③ $R = \dfrac{V \times q \times \eta}{60 \times v}$ ④ $R = \dfrac{V \times q \times v \times 60}{3320 \times \eta}$

냉동능력
$R = Q_2 = G \times q = \dfrac{V(m^3/s) \times \eta \times q}{v} = \dfrac{V(m^3/min) \times \eta \times q}{60 \times v}$

34 냉동장치를 운전할 때 다음 중 가장 먼저 실시하여야 하는 것은?

① 응축기 냉각수 펌프를 기동한다.
② 증발기 팬을 기동한다.
③ 압축기를 기동한다.
④ 압축기의 유압을 조정한다.

냉동장치 운전 순서
(1) 냉수(브라인) 및 냉각수 펌프기동
(2) 냉각탑 운전(공냉식일 경우 응축기 팬 운전)
(3) 압축기 기동

33 어떤 냉동기의 증발기 내 압력이 245kPa이며, 이 압력에서의 포화온도, 포화액 엔탈피 및 건포화증기 엔탈피, 정압비열은 [조건]과 같다. 증발기 입구 측 냉매의 엔탈피가 455kJ/kg이고, 증발기 출구 측 냉매온도가 -10℃의 과열증기일 경우 증발기에서 냉매가 취득한 열량(kJ/kg)은?

【 조 건 】
• 포화온도 : -20℃
• 포화액 엔탈피 : 396kJ/kg
• 건포화증기 엔탈피 : 615.6kJ/kg
• 정압비열 : 0.67kJ/kg · K

① 167.3 ② 152.3
③ 148.3 ④ 112.3

35 아래와 같이 운전되고 있는 냉동사이클의 성적계수는?

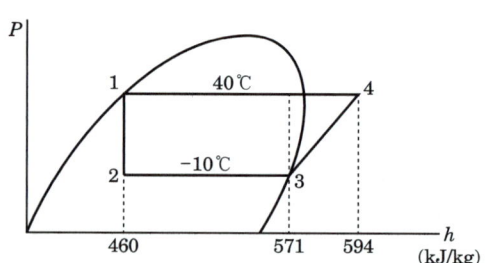

① 2.1 ② 3.3
③ 4.8 ④ 5.9

성적계수 COP
$COP = \dfrac{q_2}{w} = \dfrac{571 - 460}{594 - 571} = 4.8$

36 냉동장치의 압축기 피스톤 압출량이 120m³/h, 압축기 소요동력이 1.1kW, 압축기 흡입가스의 비체적이 0.65m³/kg, 체적효율이 0.81일 때, 냉매 순환량은 얼마인가?

① 100kg/h ② 150kg/h
③ 200kg/h ④ 250kg/h

> 냉매순환량 G[kg/h]
> $$G = \frac{V_a \cdot \eta_v}{v} = \frac{120 \times 0.81}{0.65} ≒ 150$$
> 여기서, V_a : 압축기 피스톤 압출량이 [m³/h]
> η_v : 체적효율
> v : 흡입가스 비체적[m³/kg]

37 냉동능력이 1RT인 냉동장치가 1kW의 압축동력을 필요로 할 때, 응축기에서의 방열량(kW)은 얼마인가? (1RT=3.86kW이다)

① 2   ② 3.3
③ 4.8 ④ 6

> Q_1(방열량)= Q_2(냉동능력)+W(압축동력) 에서
> = 1×3.8+1 = 4.8kW

38 냉동용 스크루 압축기에 대한 설명으로 틀린 것은?

① 왕복동식에 비해 체적효율과 단열효율이 높다.
② 스크루 압축기의 로터와 축은 일체식으로 되어 있고, 구동은 수 로터에 의해 이루어진다.
③ 스크루 압축기의 로터 구성은 다양하나 일반적으로 사용되고 있는 것은 수 로터 4개, 암 로터 4개인 것이다.
④ 흡입, 압축, 토출과정인 3행정으로 이루어진다.

> 스크루압축기는 깊은 홈이 있는 여러 개의 치형을 갖는 수 로터(male rotor)와 암 로터(female rotor)로 구성되어 있고 최근 널리 사용되고 있는 치형 조합은 수 로터의 잇수 + 암 로터의 잇수 조합이 4+5, 4+6, 5+6, 5+7 Profile등이 있다.

39 고압가스안전관리법상 고압가스 제조신고를 받아야 하는 냉동제조 능력에 대한 다음 조건 중 ( )안에 알맞은 것은?

【조 건】
냉동능력이 3톤 이상 ( )미만(가연성가스 또는 독성가스 외의 고압가스를 냉매로 사용하는 것으로서 산업용 및 냉동·냉장용인 경우에는 20톤 이상 50톤 미만, 건축물의 냉·난방용인 경우에는 20톤 이상 100톤 미만)인 설비를 사용하여 냉동을 하는 과정에서 압축 또는 액화의 방법으로 고압가스가 생성되게 하는 것

① 3톤   ② 5톤
③ 10톤 ④ 20톤

> 냉동능력이 3톤 이상 20톤 미만(가연성가스 또는 독성가스 외의 고압가스를 냉매로 사용하는 것으로서 산업용 및 냉동·냉장용인 경우에는 20톤 이상 50톤 미만, 건축물의 냉·난방용인 경우에는 20톤 이상 100톤 미만)인 설비를 사용하여 냉동을 하는 과정에서 압축 또는 액화의 방법으로 고압가스가 생성되게 하는 설비는 고압가스 제조신고를 받아야 한다.

40 기계설비법 중 기계설비의 유지관리 및 점검을 위하여 필요한 유지관리 기준으로 적합하지 않은 것은?

① 기계설비 유지관리 및 점검에 대한 계획 수립
② 기계설비 유지관리 및 점검 참여자의 선발, 근무형태
③ 기계설비 유지관리 및 점검의 종류, 항목, 방법 및 주기
④ 기계설비 유지관리 및 점검의 기록 및 문서보존 방법

> 기계설비의 유지관리 기준에 기계설비 유지관리 및 점검 참여자의 자격, 역할 및 업무내용은 해당하나 선발, 근무형태는 관계없다

3 공조냉동 설치·운영

41 펌프의 흡입 배관 설치에 관한 설명으로 틀린 것은?

① 흡입관은 가급적 길이를 짧게 한다.
② 흡입관의 하중이 펌프에 직접 걸리지 않도록 한다.
③ 흡입관에는 펌프의 진동이나 관의 열팽창이 전달되지 않도록 신축이음을 한다.
④ 흡입 수평관의 관경을 확대시키는 경우 동심 리듀서를 사용한다.

> 흡입 수평관의 관경을 확대시키는 경우 편심 리듀서를 사용하여 배관 윗면을 일치시켜서 공기가 고이지 않게 한다.

42 공조설비 배관에 사용하는 무기질, 유기질 보온재 종류에서 종류가 다른 것은?

① 우모펠트
② 규조토
③ 탄산마그네슘
④ 글래스 울

> 우모펠트는 유기질이고, 규조토, 탄산마그네슘, 글래스 울은 무기질이다.

43 에어벤트 설치 위치로 가장 적합한 곳은?

① 배관 굴곡부 최상단
② 펌프 흡입측
③ 배관 최저부
④ 수평배관 말단

> 에어벤트는 공기배출구로 공기가 고일수 있는 배관 굴곡부 최상단에 설치한다.

44 급탕배관이 벽이나 바닥을 관통할 때 슬리브(sleeve)를 설치하는 이유로 가장 적절한 것은?

① 배관의 진동을 건물 구조물에 전달되지 않도록 하기 위하여
② 배관의 중량을 건물 구조물에 지지하기 위하여
③ 관의 신축이 자유롭고 배관의 교체나 수리를 편리하게 하기 위하여
④ 배관의 마찰저항을 감소시켜 온수의 순환을 균일하게 하기 위하여

> 슬리브(sleeve)는 배관이 콘크리트 벽이나 바닥을 관통할 때 관의 신축이 자유롭고 배관의 교체나 수리를 편리하게 하기 위하여 콘크리트 타설전에 미리 설치하는 덧관이다.

45 공조배관에서 배관계통의 배수(물빼기)기능 확보가 필요한 부분으로 가장 거리가 먼 것은?

① 공조배관 입상관 상부
② 장비주위 및 최저부
③ 냉난방 운전모드 전환에 따른 비사용 배관계통
④ 배관청소 및 보수, 교체를 위한 구획된 부문(층별, 실별)

> 공조배관 입상관 하부에 드레인밸브를 설치한다.

46 증기배관에 사용하는 부력식 증기트랩으로 가장 적합한 것은?

① 버킷트랩
② 벨로즈트랩
③ 바이메탈트랩
④ 써모다이나믹트랩

> 버킷트랩이나 플로트트랩은 응축수 액위에 따라 작동하는 부력식 트랩이다.

정답 41 ④ 42 ① 43 ① 44 ③ 45 ① 46 ①

47 공조설비 동관 작업에서 분기관을 설치하고자 할 때 사용하는 공구로 적합한것은?

① 플레어기구 ② 익스펜더
③ 티뽑기   ④ 사이징 툴

> 플레어기구 : 동관끝을 나팔 모양으로 확대하는 공구
> 익스펜더 : 동관 확관용 공구
> 티뽑기 : 분기관을 낼 때 사용
> 사이징 툴 : 동관 끝부분을 원형으로 가공

48 단관식 증기배관에서 방열기 밸브로 적합한 것은?

① 앵글밸브   ② 글로브밸브
③ 버터플라이밸브 ④ 슬루스밸브

> 증기 입상 분기관과 방열기를 접속하는데는 90도로 접속이 가능한 앵글밸브가 적합하다.

49 배관의 방향을 바꾸는데 적합한 부속류는 무엇인가?

① 게이트밸브 ② 엘보
③ 티   ④ 리듀서

> 배관에서 엘보는 45도 90도 방향 전환용이며, 티는 분기용, 리듀서는 이경관 접속용 부속이다.

50 냉온수 순환펌프 유량은 60m³/h 양정은 50mAq 일때 펌프 축동력은 얼마로 예상되는가?
(단, 물 밀도 1000kg/m³, 펌프 효율 70%)

① 약 7.36kW   ② 약 9.36kW
③ 약 11.67kW ④ 약 15.36kW

> 펌프 축동력 공식에서
> $kW = \dfrac{QH}{102 \times E} = \dfrac{60 \times 1000 \times 50}{3600 \times 102 \times 0.7} = 11.67kW$

51 강관 50A 배관을 수평으로 설치할 때 지지대 간격으로 알맞은 것은?

① 1.8m이내 ② 2m이내
③ 3m이내   ④ 5m이내

> 강관지지대 간격 20A 이하 :1.8m 이내, 25-40A : 2m 이내, 50-80A : 3m 이내, 100-150A : 4m 이내, 200A 이하 : 5m 이내

52 산업안전보건법령상 냉동.냉장 창고시설 건설공사에서 연면적 얼마이상일때 위험 방지 계획서를 제출해야 하는가?

① 1000제곱미터   ② 3000제곱미터
③ 5000제곱미터   ④ 10000제곱미터

> 산업안전보건법령상 냉동.냉장 창고시설 건설공사에서 연면적 5000 제곱미터 이상일때 위험 방지 계획서를 제출해야 한다.

53 서보전동기(Servo Motor)는 다음의 제어기기 중 어디에 속하는가?

① 증폭기   ② 조작기기
③ 변환기   ④ 검출기

> 조작기기
> 조작기기는 전기계와 기계계로 구분하여 다음과 같은 종류로 구분한다.
>
> | 전기계 | 기계계 |
> |---|---|
> | 전동밸브 | 다이어프램 밸브 |
> | 전자밸브 | 클러치 |
> | 2상 서보전동기 | 밸브 포지셔너 |
> | 직류 서보전동기 | 유압식 조작기 |
> | 펄스 전동기 | (안내밸브, 조작실린더, 조작 피스톤, 분사관) |

정답 47 ③ 48 ① 49 ② 50 ③ 51 ③ 52 ③ 53 ②

54 그림과 같은 시퀀스 제어 회로가 나타내는 것은? (단, A와 B는 푸시버튼스위치, R은 전자접촉기, L은 램프이다.)

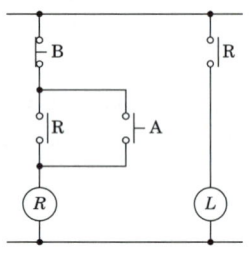

① 인터록 ② 자기유지
③ 3m이내 ④ NAND논리

> **자기유지회로**
> 유접점 시퀀스 회로에서 입력 A를 누른 후에 손을 떼어도 R의 출력이 계속하여 여자상태가 유지되도록 하는 기능을 자기유지 기능이라 하며 이러한 시퀀스 제어 회로를 자기유지 회로라 한다.

55 배리스터의 주된 용도는?

① 서지전압에 대한 회로 보호용
② 온도 측정용
③ 출력전류 조절용
④ 전압 증폭용

> **바리스터와 서미스터**
> (1) 바리스터 : 비직선적인 전압-전류 특성을 갖는 2단자 반도체 소자로서 불꽃 아크(서지) 소거용으로 이용된다.
> (2) 서미스터 : 열을 감지하는 감열 저항체 소자로서 온도보상용으로 이용된다.

56 피드백제어에서 반드시 필요한 장치는?

① 안정도를 향상시키는 장치
② 응답속도를 개선시키는 장치
③ 구동장치
④ 입력과 출력을 비교하는 장치

> **피드백 제어계의 특징**
> 피드백 제어계는 입력과 출력을 비교할 수 있는 비교부를 반드시 필요로 한다.

57 다음 중 3상 유도전동기의 회전방향을 바꾸려고 할 때 옳은 방법은?

① 전원 3선중 2선의 접속을 바꾼다.
② 기동보상기를 사용한다.
③ 전원 주파수를 변환한다.
④ 전동기의 극수를 변환한다.

> **유도전동기의 역회전 방법**
> 3상 유도전동기의 회전방향을 반대로 바꾸기 위해서는 3선 중 임의의 2선의 접속을 바꿔야 한다.

58 절연저항을 측정하기 위해 사용되는 계측기는?

① 메거 ② 휘트스톤 브리지
③ 캘빈 브리지 ④ 저항계

> **절연저항계(메거)**
> 절연저항을 측정하여 전기기기 및 전로의 누전 여부를 알 수 있는 계기로서 무전압 상태에서 측정하여야 한다.

59 잔류편차가 존재하는 제어계는?

① 적분제어계
② 비례제어계
③ 비례적분 제어계
④ 비례적분 미분 제어계

정답 54 ② 55 ① 56 ④ 57 ① 58 ① 59 ②

비례동작(P 제어)의 특징
(1) 편차에 비례한 조작신호를 출력하며 자기 평형성이 없는 보일러 드럼의 액위제어와 같이 입력신호와 파형은 같고 크기만 변화하는 제어동작이다.
(2) off-set(오프셋, 잔류편차, 정상편차, 정상오차)가 발생한다.
(3) 속응성(응답속도)이 나쁘다.

60 교류에서 실효값과 최대값의 관계는?

① 실효값 = $\dfrac{최대치}{\sqrt{2}}$

② 실효값 = $\dfrac{최대치}{\sqrt{3}}$

③ 실효값 = $\dfrac{최대치}{2}$

④ 실효값 = $\dfrac{최대치}{3}$

정현파의 특성값

실효값	평균값	파고율	파형률
$\dfrac{I_m}{\sqrt{2}}$	$\dfrac{2I_m}{\pi}$	$\sqrt{2}$	1.11

여기서, I_m은 최대치이다.

정답 60 ①

복원 기출문제 (2023년 2회)

※ 본 기출문제는 수험자의 기억을 바탕으로 하여 복원한 문제이므로 실제 문제와 다를 수 있음을 미리 알려드립니다.

1 공기조화 설비

01 6인용 입원실이 100실인 병원의 입원실 전체 환기를 위한 최소 신선 공기량(m^3/h)은? (단, 외기 중 CO_2함유량은 300ppm이고 실내 CO_2의 허용온도는 0.1%, 재실자의 CO_2발생량은 1인당 0.015m^3/h이다.)

① 6,857　　② 885.7
③ 10,857　　④ 12,857

> CO_2발생량(M) = $6 \times 100 \times 0.015 = 9m^3/h$
> 환기량 $Q = \dfrac{M}{C_i - C_o} = \dfrac{9}{0.001 - 0.0003} = 12,857m^3/h$
> ($300ppm = 0.0003m^3/m^3$, $0.1\% = 0.001m^3/m^3$)

02 다음과 같이 콘크리트 10cm, 회벽 2cm 로 구성된 벽체에 대하여 외벽체 표면온도 30℃, 실내측 표면온도 26℃일 때 벽체에서 침입열량[W]을 구하시오. 단 벽체의 면적은 10m^2, 각 벽 재료의 열전도율은 아래 표와 같다.

재료	열전도율[W/(m·K)]	두께[m]
콘크리트	0.72	0.1
회벽	1.4	0.002

① 63W　　② 180W
③ 200W　　④ 285W

> 벽체의 열통과저항(R)을 벽체 표면사이(30-26℃)에서 구하면
> $R = \dfrac{L_1}{\lambda_1} + \dfrac{L_2}{\lambda_2} = \dfrac{0.1}{0.72} + \dfrac{0.002}{1.4} = 0.1403$
> ∴ 벽체를 통한 침입열량(Q)은 K = 1/R 이므로
> $Q = KA\Delta t = (1/R)A\Delta t = (1/0.1403) \times 10 \times (30-26)$
> $= 285W$
> (※ 여기서 주의사항은 양 벽체 표면온도를 주었으므로 2벽체 사이의 열통과 저항으로 해석한다.)

03 냉방시 실내 현열부하 1.1kW, 잠열부하 0.28kW, 실내 취출온도차 10℃일 때 실내 송풍량(CMH)을 구하시오 (단 공기비열 1.01kJ/kgK, 공기밀도 1.2kg/m^3)

① 327CMH　　② 527CMH
③ 3270CMH　　④ 4270CMH

> $q = mC\Delta t$ 에서
> $m = \dfrac{q}{C\Delta t} = \dfrac{1.1 \times 3600}{1.01 \times 10} = 392.08$kg/h
> 송풍량 $Q = \dfrac{m}{\rho} = \dfrac{392.08}{1.2} = 327m^3/h = 327$CMH

04 증기난방설비에 대한 설명으로 틀린 것은?

① 증기난방은 증기의 잠열을 이용하므로 열운반능력이 크다.
② 증기난방은 대규모 난방설비에 적합하다.
③ 증기난방에서 보통 저압식은 0.1-0.3MPa, 고압식은 0.5-1.9MPa 증기압을 이용한다.
④ 증기난방은 열용량이 작아서 간헐난방에 적합하다.

> 증기난방에서 저압식은 0.1MPa 미만으로 보통 0.01-0.03 MPa정도로 하며, 고압식은 0.1MPa 이상 증기압을 이용한다.

05 냉각탑에서 냉각수 입구 수온 38℃, 출구 수온 32℃, 냉각탑으로 유입되는 기류 건구온도 33℃, 습구온도 27℃일 때 쿨링랜지(A), 어프로치(B), 냉각효율(C)로 적합한것은?

① A=6℃, B=5℃, C=54.5%
② A=5℃, B=6℃, C=83.3%
③ A=6℃, B=5℃, C=83.3%
④ A=5℃, B=5℃, C=54.5%

정답 01 ④　02 ④　03 ①　04 ③　05 ①

$$A(쿨링랜지) = 입구수온 - 출구수온 = 38 - 32 = 6℃$$
$$B(어프로치) = 출구수온 - 기류입구습구온도 = 32 - 27 = 5℃$$
$$C(냉각효율) = \frac{냉각된\ 온도차}{최대냉각\ 온도차} = \frac{입구수온 - 출구수온}{입구수온 - 기류습구온도}$$
$$= \frac{38-32}{38-27} = 0.545 = 54.5\%$$

06 다음은 공기조화에서 사용되는 용어에 대한 단위, 정의를 나타낸 것으로 틀린 것은?

절대 습도	단위	kg/kg(DA)
	정의	건조한 공기 1kg속에 포함되어 있는 습한 공기중의 수증기량
수증기 분압	단위	Pa
	정의	습공기 중의 수증기 분압
상대 습도	단위	%
	정의	절대습도(x)와 동일온도에서의 포화공기의 절대습도(x_s)와의 비
노점 온도	단위	℃
	정의	습한 공기를 냉각시켜 포화상태로 될 때의 온도

① 절대습도   ② 수증기분압
③ 상대습도   ④ 노점온도

> 상대습도는 어떤 수증기압과 동일 온도에서의 포화공기의 수증기압의 비이다.

07 팬코일유닛 방식의 배관 방법에 따른 특징에 관한 설명으로 틀린 것은?

① 3관식에서는 혼합 손실열량이 4관식에 비하여 거의 없다.
② 2관식에서는 냉·난방의 동시운전이 불가능하다.
③ 4관식은 혼합손실은 없으나 배관의 양이 증가하여 공사비 등이 증가한다.
④ 4관식은 동시에 냉·난방운전이 가능하다.

> 3관식 팬코일유닛은 냉온수가 각각 공급되고 환수는 공통으로 1개 관에서 이루어지므로 혼합 손실이 발생한다.

08 공기냉각용 냉수코일의 설계 시 유의사항 설명으로 알맞은 것은?

① 코일을 통과하는 공기의 풍속은 5m/s이상으로 한다.
② 코일 내 물의 입출구 온도차는 10℃ 이상으로 한다.
③ 물과 공기의 흐름방향은 역류(대향류)가 되게 한다.
④ 공기와 물의 대수평균온도차는 작을수록 유리하다.

> - 코일을 통과하는 공기의 풍속은 2~3m/s정도로 한다.
> - 코일 내 물의 입출구 온도차는 5℃ 정도로 한다.
> - 물과 공기의 흐름방향은 병류보다 역류(대향류)가 되게 하며, 이때 공기와 물의 대수 평균온도차는 클수록 유리하다.

09 공기를 단열가습할 때 열수분비(u)는 얼마인가?

① u=1   ② u=∞
③ u=0.5   ④ u=0

> 단열가습(순환수분무)는 가열량(q)이 0 이므로
> 열수분비 $u = \dfrac{열}{수분} = \dfrac{0}{L} = 0$ 이다.

10 증기설비에서 응축수 환수방식에 의한 분류에 속하는 것은?

① 저압식 증기난방   ② 중력식
③ 리버스리턴방식   ④ 고압식 증기난방

> 증기난방을 응축수 환수방식에 따라 분류할 때 중력식, 기계식, 진공환수식이 있으며 증기 압력에 따라 분류할 때 저압식, 고압식이 있다. 환수관 배관방식에 따라 건식과 습식으로 나눌 수 있다.

11 덕트 설계시 등마찰손실법에 대한 설명으로 틀린것은?

① 등마찰손실법으로 설계하면 덕트 길이당 마찰손실이 같으며 정압법이라고도한다.
② 등마찰손실법은 산업용 분말이나 분진 이송에 적합한 덕트 설계법이다.
③ 등마찰손실법은 덕트 설계가 간단하며 동일 마찰저항일 때 풍량이 클수록 풍속은 커진다.
④ 등마찰 손실법으로 설계하면 덕트 말단으로 갈수록 풍속이 감소하여 정압이 증가한다.

> 덕트설계시 등속법이 산업용 분말이나 분진 이송에 적합한 덕트 설계법이다.

12 송풍기 상사법칙에 관한 설명으로 옳지 않은 것은? (단 임펠러 직경은 동일하다)

① 풍량은 속도비에 비례한다.
② 정압은 속도비의 제곱에 비례한다.
③ 축동력은 속도비의 3제곱에 비례한다.
④ 소음과 진동은 속도비의 제곱에 비례한다.

> 송풍기 상사법칙에서 소음 진동에 관하여는 규정하지 않고 있으며, 실험결과는 소음 진동은 대략 풍량에 비례한다고 본다.

13 복사난방에서 바닥패널의 적당한 온도는 얼마인가?

① 80℃ ② 60℃
③ 50℃ ④ 30℃

> 바닥패널온도는 생활양식의 입식과 좌식에서 다르지만 보통 30℃ 정도로 한다.

14 공기조화설비에서 사람이 거주하는 공간에서 실내환기를 위하여 최소 풍량을 확보하도록 할 필요가 있는 시스템은?

① 단일덕트 정풍량 방식
② 단일덕트 변풍량 방식
③ 이중덕트 방식
④ 유인유니트 방식

> 단일덕트 변풍량방식은 부하에 따라 풍량이 변화하므로 실내 부하가 극히 작을때는 실내 급기량이 현저히 감소하여 환기량이 부족하므로 사람이 거주하는 공간에서는 보통 표준형 VAV유니트(최소풍량이 30%)를 사용한다.

15 덕트 설계시 주의사항으로 틀린 것은?

① 덕트 내 풍속을 허용풍속 이하로 선정하여 소음, 송풍기 동력 등에 문제가 발생하지 않도록 한다.
② 덕트의 단면은 직사각형이 좋으며, 적정 종횡비는 6:1이상으로 한다.
③ 덕트의 확대부는 15° 이하로 하고, 축소부는 30° 이하로 한다.
④ 곡관부는 가능한 크게 구부리며, 내측 곡률반경이 덕트 폭보다 작을 경우는 가이드 베인을 설치한다.

> 덕트의 단면은 원형과 정사각형이 좋으며, 천정고를 낮추기위해 직사각형으로 할때 적정 종횡비는 되도록 4:1이하로 한다.

16 공조설비 열이동의 단위 조합으로 옳은 것은?

① 열통과율 - kW/mK
② 열통과저항 - kW/mK
③ 열전달률 - kW/mK
④ 열전도율 - kW/mK

> 열통과율 - kW/m^2K, 열통과저항 - m^2K/kW, 열전달률 - kW/m^2K

정답 11 ② 12 ④ 13 ④ 14 ② 15 ② 16 ④

17 구조체의 열관류에 대한 설명으로 틀린것은?

① 벽체 재료의 열전도율이 클수록 열관류량은 증가한다.
② 표면 열전달률이 클수록 열관류량은 증가한다.
③ 벽체 열관류량과 표면 풍속과는 상관관계가 없다.
④ 동일한 조건에서 벽체 두께가 두꺼울수록 열관류저항은 증가한다.

벽체 표면 풍속이 클수록 열전달률이 증가하여 벽체 열관류량은 증가한다.

18 습공기의 성질에 대한 설명으로 옳지 않은 것은?

① 건구온도가 증가할수록 공기중 포화절대습도는 증가한다.
② 건구온도와 습구온도가 같을 경우 상대습도는 100%이다.
③ 동일한 절대습도에서 건구온도가 증가할수록 엔탈피는 증가한다.
④ 상대습도는 동일 온도의 포화절대습도에 대한 해당 절대습도의 비로 표현한다.

상대습도는 동일 온도의 포화수증기압에 대한 해당 수증기압으로 표현하며, 동일 온도의 포화절대습도에 대한 해당 절대습도의 비로 표현하는 것은 포화습도이다.

19 다음과 같은 조건에서 상대습도가 20℃, 60%인 습공기의 건공기 분압은 얼마인가?

【조 건】
대기압 101.3kPa, 20℃ 포화수증기압 3.9kPa

① 96.42kPa   ② 97.40kPa
③ 98.34kPa   ④ 98.96kPa

건공기 분압=대기압-수증기분압에서 20℃, 60%인 습공기의 수증기 분압(p)은
$p = p_s \times$상대습도$= 3.9 \times 0.6 = 2.34$kPa
건공기 분압=대기압-수증기분압=101.3-2.34=98.96kPa

20 공조기 에어필터에 대한 설명으로 틀린것은?

① 고성능필터의 효율 측정법은 중량법을 적용한다.
② 에어필터는 오염이 증가할수록 저항이 증가한다.
③ 에어필터 교체주기를 쉽게 알 수 있도록 차압계를 설치한다.
④ 에어필터는 설치 순서가 적합해야하며 보통 (Pre-F)-(Med-F)-(HEPA)순이다

고성능필터의 효율 측정법은 계수법(DOP)을 적용하며 중량법은 프리필터에 적용한다.

2 냉동 냉장설비

21 기계설비법에서 공조냉동기계기사를 취득한 사람이 특급기술자 자격을 갖추려면 몇 년의 경력을 쌓아야하는가?

① 3년   ② 5년
③ 7년   ④ 10년

기계설비법 시행령 [별표 5의 2]
기계설비유지관리자의 자격 및 등급 (제 15조 2항 관련)
기계설비법 특급자격 : 공조냉동기계기사 취득 + 10년 경력.
공조냉동기계산업기사 취득 +13년 경력

22 냉동장치 운전중 팽창밸브 개도를 작게하면 발생하는 현상에서 거리가 먼것은?

① 증발기 냉동능력이 감소한다.
② 증발기에서 액압축이 일어난다.
③ 증발기 온도가 상승한다.
④ 압축기 흡입압력이 감소한다.

팽창밸브 개도가 작아지면 냉매 공급량이 감소하여 증발기내 온도가 상승하므로 액압축의 가능성은 거의 없다.

23 고압가스안전관리법상 일체형냉동기 조건으로 틀린 것은?

【조 건】

㉠ 냉매설비 및 압축기용 원동기가 하나의 프레임위에 일체로 조립된 것
㉡ 냉동설비를 사용할 때 스톱밸브를 조작하도록 조립된것
㉢ 사용장소에 분할·반입하는 경우에는 냉매설비에 용접 또는 절단을 수반하는공사를 하지 않고 재조립하여 냉동제조용으로 사용할 수 있는 것
㉣ 냉동설비의 수리 등을 하는 경우에 냉매설비 부품의 종류, 설치개수, 부착위치및 외형치수와 압축기용 원동기의 정격출력 등이 제조 시 상태와 같도록 설계·수리될 수 있는 것
㉤ 응축기 유닛 및 증발 유닛이 냉매배관으로연결된 것으로 하루 냉동능력이 20톤 미만인 공조용 패키지에어콘 등을 말한다.

① ㉠
② ㉡
③ ㉢
④ ㉣, ㉤

일체형 냉동기는 냉동설비를 사용할 때 스톱밸브 조작이 필요 없는 것을 조건으로 한다.

24 전열면의 면적은 $0.4m^2$ 전열면 양측 온도는 각각 -5℃, 25℃일 때 전열면을 통한 열통과량은 얼마인가?(단, 전열면 열통과율은 $379W/m^2K$)

① 3032W
② 4548W
③ 5458W
④ 6338W

$q = KA\triangle t = 379 \times 0.4(25-(-5)) = 4548W$

25 만액식 증발기에 대한 설명 중 틀린 것은?

① 증발기 내에서는 냉매액이 항상 충만되어 있다.
② 증발된 가스는 냉매액 중에서 기포가 되어 상승하여 액과 분리된다.
③ 피냉각 물체와 전열면적이 거의 냉매액과 접촉하고 있다.
④ 만액식 증발기에서는 냉매 순환펌프를 사용하지 않는다.

만액식 증발기는 증발기 내에 냉매액과 가스의 비율이 75:25 정도이며, 냉매 순환펌프를 이용하여 냉매를 순환시켜서 전열이 양호하다.

26 흡수식냉동기에 대한 설명으로 틀린것은?

① 흡수식 냉동기는 주에너지원을 전기로 사용하지 않는다.
② 흡수식 냉동기는 증기압축식 냉동기에 비하여 소음진동이 크다.
③ 흡수식 냉동기는 냉각탑 용량이 증기압축식보다 크다.
④ 흡수식 냉동기는 물을 냉매로 사용할 수 있다.

흡수식냉동기는 압축기가 없어 소음진동이 적다.

27 표준상태에서 진공압 300mmHg(vac)는 절대압력 몇 kPa에 해당하는가?

① 50.5kPa
② 57.2kPa
③ 61.3kPa
④ 70.3kPa

표준대기압은 101.3kPa=760mmHg이고
절대압력=대기압력-진공압력
760mmHg-300mmHg=460mmHg
760mmHg : 101.3kPa = 460mmHg : x
$x = \dfrac{101.3 \times 460}{760} = 61.3 kPa$

정답 23 ② 24 ② 25 ④ 26 ② 27 ③

28 25℃, 1000kg의 물을 1일동안에 −5℃의 얼음으로 만들고자 한다. 이때 필요한 냉동능력은 약 몇 RT인가? (단, 물의 비열을 4.2kJ/kgK, 얼음의 비열을 2.1kJ/kgK, 물의 응고잠열을 334kJ/kg, 1RT를 3.86kW로 한다.)

① 1.35
② 13.55
③ 15.62
④ 32.35

24시간동안 냉동열량은
① 25℃ 물을 0℃까지 냉각시키는데 필요한 현열량
$q_s = 1000 \times 4.2 \times 25 = 105,000\text{kJ}$
② 0℃ 물을 0℃ 얼음으로 변화시키는데 필요한 잠열량
$q_L = 1000 \times 334 = 334,000\text{kJ}$
③ 0℃ 얼음을 −5℃ 얼음으로 냉각시키는데 필요한 현열량
$q_s = 1000 \times 2.1 \times 5 = 10,500\text{kJ}$
∴ 냉동능력을 kW로 구하려면 열량 kJ을 kJ/s로 고친다.
$냉동능력(RT) = \dfrac{(105,000 + 334,000 + 10,500)}{24 \times 3600 \times 3.86}$
$= 1.35\text{RT}$

29 증기압축식 냉동장치 운전을 위한 준비작업으로 가장 거리가 먼것은?

① 응축기 냉각수 펌프를 기동한다.
② 압축기 기동전류를 확인한다.
③ 냉동장치 밸브를 확인한다.
④ 압축기 유면을 확인한다.

압축기 기동전류는 운전 중에 확인한다.

30 몰리에선도에서 냉매의 상태값을 결정하기위한 2개의 물리량으로 적합한 것은?

① 비체적과 레이놀드수
② 압력과 엔탈피
③ 압력과 온도
④ 마찰계수와 유속

몰리에선도에서 상태점을 결정하려면 압력과 엔탈피, 비엔트로피와 압력, 습증기구역외에서 온도와 압력등으로 결정되며 온도와 압력은 습증기구역안에서는 서로 평행하므로 상태값을 결정할 수 없다.

31 2 열원사이에서 작동하는 히트펌프가 달성할 수 있는 최고 성적계수는 얼마인가? (단, 2열원 온도는 각각 32℃, −12℃이다.)

① 16.5
② 10.2
③ 8.1
④ 6.93

히트펌프의 이론적인 성적계수를 구하면
$COP = \dfrac{Q_1}{W} = \dfrac{T_1}{T_1 - T_2} = \dfrac{273 + 32}{32 - (-12)} = 6.93$

32 전열면적 20m², 냉각수량 300L/min인 수냉식 응축기에서 냉각수 입구수온 32℃, 출구수온 37℃ 일 때 응축온도(℃)는 얼마인가?
(단, 전열면 열통과율은 1140W/m²·K이고, 냉각수의 비열은 4.2kJ/kg·K이다.)

① 39.11℃
② 37.92℃
③ 36.35℃
④ 34.28℃

응축기에서 응축부하는
$Q_1 = KA\Delta t_m = WC\Delta t_w$
(Δt_m : 산술평균온도차, Δt_w : 입출구온도차)
$\Delta t_m = \dfrac{WC\Delta t_w}{KA} = \dfrac{300 \times 4.2(37-32) \times 60}{1140 \times 20 \times 3.6}$
$= 4.61℃$ 에서
응축온도 t_c일 때
$\Delta t_m = t_c - \dfrac{t_{w1} + t_{w2}}{2}$ 대입하면
$t_c = \Delta t_m + \dfrac{t_{w1} + t_{w2}}{2} = 4.61 + \dfrac{32+37}{2} = 39.11℃$

33 흡입관 내를 흐르는 냉매증기의 압력강하가 커지는 경우는?

① 관이 굵고 흡입관 길이가 짧은 경우
② 냉매증기의 비체적이 큰 경우
③ 냉매의 유량이 적은 경우
④ 냉매의 유속이 빠른 경우

> 달시-바이스바하(Darcy-Weisbach)의 식
>
> 압력손실 $p_L = \triangle p = f \cdot \dfrac{l}{d} \cdot \dfrac{v^2}{2}\rho$ [Pa]에서
>
> 여기서 f : 관마찰계수
> d : 관경[m]
> l : 길이[m]
> v : 유속[m/s]
> ρ : 밀도[kg/m³]
>
> 식에서와 같이 압력손실은 관의 길이, 밀도, 유속의 2승에 비례하고, 관 지름에 반비례 한다.

34 이상기체의 압력이 0.5MPa, 온도가 150℃, 비체적이 0.4m³/kg 일 때, 가스상수(J/kg·K)는 얼마인가?

① 11.3　　　　② 47.28
③ 113　　　　④ 472.8

> 이상기체의 상태방정식
> $PV = mRT$, $Pv = RT$에서
> 여기서, P : 압력[Pa], V : 체적[m³]
> 　　　　m : 질량[kg], R : 기체상수[J/kg·K]
> 　　　　v : 비체적[m³/kg], T : 온도[K]
>
> $R = \dfrac{Pv}{T} = \dfrac{0.5 \times 10^6 \times 0.4}{273 + 150} = 472.8$[kJ/kg·k]

35 몰리에르 선도에서 건도(x)에 관한 설명으로 옳은 것은?

① 몰리에르 선도의 포화액선상 건도는 1이다.
② 액체 70%, 증기 30%인 냉매의 건도는 0.7이다.
③ 건도는 습포화증기 구역 내에서만 존재한다.
④ 건도는 과열증기 중 증기에 대한 포화액체의 양을 말한다.

> ① 몰리에르 선도의 포화액선상 건도는 0이다.
> ② 액체 70%, 증기 30%인 냉매의 건도는 0.3이다.
> ④ 건도는 습증기 중의 건조포화증기 양을 말한다.
> ※ 건도란 발생 습증기 1kg속에 건조포화증기가 $x$kg 들어 있을 때 이 x를 건도, $(1-x)$를 습도라 하며 포화액의 건도는 0, 포화증기의 건도는 1이다.

36 팽창밸브 직후 냉매의 건도가 0.2이다. 이 냉매의 증발열이 1884kJ/kg이라 할 때, 표준냉동사이클에서 냉동효과(kJ/kg)는 얼마인가?

① 376.8　　　　② 1324.6
③ 1507.2　　　　④ 1804.3

> 냉동효과는 팽창밸브 출구에서 포화증기점 까지이므로 건도가 x일 때 냉동효과는 $1-x$가 된다.
> 냉동효과 $q_2 = r \times (1-x) = 1884 \times (1-0.2) = 1507.2$
> 여기서, r : 증발잠열[kJ/kg], x : 팽창밸브 직후 건도

37 평판을 통해서 표면으로 확산에 의해서 전달되는 열유속(heat flux)이 0.4kW/m²이다. 이 표면과 20℃ 공기흐름과의 대류전열계수가 0.01kW/m²·℃인 경우 평판의 표면온도(℃)는?

① 45　　　　② 50
③ 55　　　　④ 60

> 열유속(heat flux) : 열전달량 q
> $q = \alpha A(t_s - t_a)$에서
> $t_s = t_a + \dfrac{q}{\alpha A} = 20 + \dfrac{0.4}{0.01 \times 1} = 60$[℃]

38 다음의 설명은 냉동장치의 액봉 사고에 대한 설명이다. 옳지 않은 것을 고르시오.

① 액봉에 의해 현저하게 압력상승의 우려가 있는 부분은 안전밸브 또는 압력릴리프 장치를 설치할 것
② 액봉의 발생방지에는 배관 밸브의 개폐상태, 압력도피 장치의 유무, 액관에 열침입이 없는지 확인한다.
③ 액봉에 의한 사고가 발생하기 쉬운 개소로는 저압수액기의 냉매 액배관이 있다.
④ 액봉에 의해 현저하게 압력이 상승할 우려가 있는 부분에 설치하는 압력릴리프 장치에는 용전을 이용하면 좋다.

> 액봉사고란 냉매액관 일부구간에서 온도상승으로 압력이 상승하는 것을 말한다.
> ④ 용전(溶栓)은 온도로 작동하는 안전장치이므로 압력릴리프 장치로 사용할 수 없다.

정답 34 ④　35 ③　36 ③　37 ④　38 ④

39 냉동장치 내에 불응축 가스가 혼입되었을 때 냉동장치의 운전에 미치는 영향으로 가장 거리가 먼 것은?

① 열교환 작용을 방해하므로 응축압력이 낮게 된다.
② 냉동능력이 감소한다.
③ 소비전력이 증가한다.
④ 실린더가 과열되고 윤활유가 열화 및 탄화된다.

> 냉동장치 내에 불응축가스(주로 공기)가 혼입하면 응축기 내에서는 불응축가스로 인하여 냉매증기의 응축면적이 좁아져서 응축압력과 온도가 상승하게 된다. 따라서 35번 문제 해설에서와 같은 현상이 발생한다.

40 냉동장치의 운전 중 저압이 낮아질 때 일어나는 현상이 아닌 것은?

① 흡입가스 과열 및 압축비 증대
② 증발온도 저하 및 냉동능력 증대
③ 흡입가스의 비체적 증가
④ 성적계수 저하 및 냉매순환량 감소

> 저압이 감소하면 증발온도는 저하하고 냉동능력도 감소한다.
> ※ 증기압축식 냉동 장치에서 증발온도를 일정하게 유지하고 응축온도가 상승되거나 응축온도가 일정한 상태에서 증발온도(저압)가 저하되면 압축비가 증대하여 다음과 같은 현상이 발생한다.
> ① 압축비 증대,
> ② 토출가스 온도 상승
> ③ 실린더 과열,
> ④ 윤활유의 열화 및 탄화
> ⑤ 체적효율 감소
> ⑥ 냉매순환량 감소
> ⑦ 냉동능력 감소,
> ⑧ 소요동력 증대
> ⑨ 성적계수 감소,
> ⑩ 플래시 가스 발생량이 증가

3 공조냉동 설치 운영

41 급수방식 중 옥상탱크 급수방식의 특징으로 옳은 것은?

① 옥상에 탱크를 설치하여 자연수두압을 이용하므로 급수압력이 일정하다.
② 탱크의 압력으로 급수하므로 탱크 설치위치에 제한을 받지 않는다.
③ 양수펌프 용량은 옥상탱크를 1시간동안에 채울 수 있는 용량으로 한다.
④ 부스터(인버터)펌프를 이용하여 급수하므로 시설비가 많이 든다.

> 옥상탱크 방식은 탱크의 압력으로 자연 급수하므로 탱크 설치위치에 제한을 받으며, 양수펌프 용량은 옥상탱크를 30분 동안에 채울 수 있는 용량으로한다. 부스터(인버터)펌프를 이용하는 펌프직송식은 옥상탱크가 필요없으며 시설비가 많이 든다.

42 증기 및 물배관 등에서 조절밸브나 펌프 유입측에 설치하여 찌꺼기를 제거하여 기기를 보호하는 부속품은?

① 유니온   ② P트랩
③ 부싱   ④ 스트레이너

> 스트레이너는 이물질을 제거하여 펌프 임펠러를 보호하고 조절밸브 작동을 돕는다. 형식에 Y형, U형, T형이 있다.

43 급수배관 관경결정법에 대한 설명중 틀린 것은?

① 각각 위생기구에 필요한 수량을 공급할 수 있도록 알맞은 관경을 선정한다.
② 급수배관 지관에서 급수관경 결정은 균등표와 동시사용률을 이용하여 결정한다.
③ 급수배관 본관에서 관경결정시 급수부하단위(FU)를 이용하여 배관선도에서 구한다.
④ 배관선도에서 관경을 구할 때 배관 허용마찰저항(kPa/100m)을 크게할수록 관경은 커진다.

> 배관선도에서 관경을 구할 때 배관 허용마찰저항(kPa/100m)을 크게할수록 관경은 작아진다.

> 주철관의 타이튼 이음(Tyton Joint)은 고무링 하나만으로 이음이 되며 소켓내부 홈에 고무링을 고정시켜 홈 속에 삽입하는 방식이다. 빅토리 이음(Victoric Joint)은 고무링을 압륜(칼라)으로 죄어 볼트로 체결하는 이음방식이다.

44 냉동장치를 운전하면서 안전을 고려하여 감시하는 항목으로 가장 거리가 먼것은?

① 안전밸브 적정여부
② 냉각수 단수 보호장치 작동여부
③ 유압계 작동여부
④ 냉매온도 검지기 작동여부

> 냉동장치 운전 점검항목에서 안전과 가장 거리가 먼 것은 냉매온도 감시이다.

45 보온재 중 사용온도 범위가 가장 높은 것은?

① 규조토 보온재 ② 암면 보온재
③ 탄산마그네슘 보온재 ④ 규산칼슘

> 사용온도 범위 : 규조토(500℃), 암면(400℃), 탄산마그네슘(250℃), 규산칼슘(600℃), 세라믹 파이버(1,300℃)

46 배관의 이음에 관한 설명으로 틀린 것은?

① 동관의 압축 이음(flare joint)은 지름이 작은 관에서 분해·결합이 필요한 경우에 주로 적용하는 이음방식이다.
② 주철관의 타이튼 이음은 고무링을 압륜으로 죄어 볼트로 체결하는 이음방식이다.
③ 스테인리스 강관의 프레스 이음은 고무링이 들어 있는 이음쇠에 관을 넣고 압축공구로 눌러 이음하는 방식이다.
④ 경질염화비닐관의 TS이음은 접착제를 발라 이음관에 삽입하여 이음하는 방식이다.

47 냉온수 배관 유량은 $10m^3/h$, 유속이 $1.5m/s$ 일때 적합한 관경은?

① 25mm ② 32mm
③ 40mm ④ 50mm

> $Q = Av = \dfrac{\pi d^2}{4} v$ 에서
> $d = \sqrt{\dfrac{4Q}{\pi v}} = \sqrt{\dfrac{4 \times 10/3600}{\pi \times 1.5}} = 0.0485m = 48.5mm$
> $= 50mm$ 선정

48 배관에서 역류방지를 위해 사용하는 체크밸브에 대한 설명으로 틀린것은?

① 펌프 토출측에는 체크밸브를 설치하여 정전시 펌프를 보호한다
② 스윙식 체크밸브는 수직배관에 사용이 곤란하며 수평배관에만 사용한다.
③ 리프트식 체크밸브는 수직배관에 사용이 곤란하며 수평배관에만 사용한다.
④ 체크밸브를 설치할때는 유체 흐름방향을 고려하여 설치한다.

> 스윙식 체크밸브는 수평, 수직배관에 모두 이용되고, 리프트식 체크밸브는 수평배관에만 이용된다.

정답 44 ④ 45 ④ 46 ② 47 ④ 48 ②

49 다음 중 엘보를 용접이음으로 나타낸 기호는?

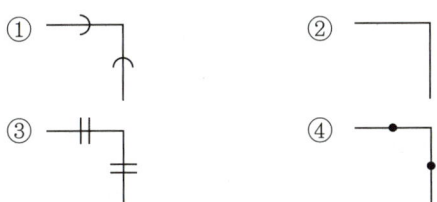

① : 소켓, ③ : 플랜지, ④ : 용접

50 다음 취출구중 풍량 조절은 곤란하고 기류방향을 조절할 수 있는 것은?

① 레지스터형 취출구 ② 그릴형 취출구
③ 아네모스텃형 취출구 ④ 팬형 취출구

그릴형 취출구는 기류방향은 조절할수있으나 풍량조절은 곤란하다.

51 공조 배관 설치를 위해 벽, 바닥 등에 관통 배관 시공을 할 때, 슬리브(sleeve)를 사용하는 이유로 가장 거리가 먼 것은?

① 열팽창에 따른 배관신축에 적응하기 위해
② 관 교체 시 편리하게 하기 위해
③ 고장 시 수리를 편리하게 하기 위해
④ 슬리브와 관통 배관은 견고히 결합하여 이탈하지 않게 한다.

슬리브와 관통배관은 독립적으로하여 배관 신축이 자유롭게 한다.

52 다음 밸브중에서 전개하였을 때 저항이 가장 작아 개폐용밸브로 가장 널리 사용되는 것은?

① 슬루스밸브 ② 글로브밸브
③ 버터플라이밸브 ④ 스윙체크밸브

슬루스밸브는 전개하였을 때 저항이 가장 작아서 개폐용(ON-OFF)밸브로 가장 이상적이다.

53 콘덴서만의 회로에서 전압과 전류의 위상관계는?

① 전압이 전류보다 180도 앞선다.
② 전압이 전류보다 180도 뒤진다.
③ 전압이 전류보다 90도 앞선다.
④ 전압이 전류보다 90도 뒤진다.

콘덴서에 흐르는 전류의 위상은 전압보다 90° 앞선다.
이를 진상전류라 하며 용량성 회로의 특징이다.
∴ 전압이 전류보다 90° 뒤진다.

54 전기로의 온도를 1,000℃로 일정하게 유지시키기 위하여 열전온도계의 지시값을 보면서 전압조정기로 전기로에 대한 인가전압을 조절하는 장치가 있다. 이 경우 열전온도계는 다음 중 어느 것에 해당 되는가?

① 조작부 ② 검출부
③ 제어량 ④ 조작량

(1) 조작부 : 전압조정기 (2) 검출부 : 열전온도계
(3) 제어량 : 온도 (4) 조작량 : 인가전압

55 유도전동기의 고정손에 해당하지 않는 것은?

① 1차 권선의 저항손 ② 철손
③ 베어링 마찰손 ④ 풍손

유도전동기의 손실
(1) 고정손 : 철손, 마찰손, 풍손
(2) 가변손 : 동손(저항손), 표유부하손

정답 49 ④ 50 ② 51 ④ 52 ① 53 ④ 54 ② 55 ①

56 시퀀스 제어에 관한 설명 중 옳지 않은 것은?

① 조합 논리회로로도 사용된다.
② 전력계통에 연결된 스위치가 일시에 동작한다.
③ 시간 지연요소로도 사용된다.
④ 제어 결과에 따라 조작이 자동적으로 이행된다.

> 시퀀스 제어계는 미리 정해진 순서 또는 일정의 논리에 의해 정해진 순서에 따라 제어의 각 단계를 순차적으로 진행시켜 가는 제어이다.(예 무인자판기, 컨베이어, 엘리베이터, 세탁기 등)

57 최대눈금 10[mA], 내부저항 6[Ω]의 전류계로 40[mA]의 전류를 측정하려면 분류기의 저항은 몇 [Ω]인가?

① 2
② 20
③ 40
④ 400

> $m = \dfrac{I_0}{I_a} = 1 + \dfrac{r_a}{r_m}$ 식에서
> $I_a = 10[\text{mA}]$, $r_a = 6[\Omega]$, $I_0 = 40[\text{mA}]$일 때
> $\therefore r_m = \dfrac{r_a}{\dfrac{I_0}{I_a} - 1} = \dfrac{6}{\dfrac{40}{10} - 1} = 2[\Omega]$

58 평형 3상 △결선에서 선전류 I_l와 상전류 I_p과의 관계는?

① $I_l = I_p$
② $I_l = \sqrt{3}\, I_p$
③ $I_l = \dfrac{1}{\sqrt{3}} I_p$
④ $I_l = 3 I_p$

> △결선의 특징
> (1) $V_l = V_p$ [V]
> (2) $I_l = \sqrt{3}\, I_p = \dfrac{\sqrt{3}\, V_L}{Z}$ [A]
> (3) $P = \sqrt{3}\, V_L I_L \cos\theta$ [W]
> 여기서, V_l : 선간전압, V_p : 상전압, I_l : 선전류,
> I_P : 상전류, Z : 한 상의 임피던스,
> P : 소비전력, $\cos\theta$: 역률

59 직류 전동기의 속도제어 방법이 아닌 것은?

① 전압제어
② 계자제어
③ 저항제어
④ 슬립제어

> 직류전동기의 속도제어
> 직류전동기의 속도공식은 $N = k\dfrac{V - R_a I_a}{\phi}$ [rps] 이므로 공급전압(V)에 의한 제어, 자속(ϕ)에 의한 제어, 전기자저항(R_a)에 의한 제어 3가지 방법이 있다.
> (1) 전압제어   (2) 계자제어   (3) 저항제어

60 전동기 정역회로를 구성할 때 기기의 보호와 조작자의 안전을 위하여 필수적으로 구성되어야 하는 회로는?

① 인터록회로
② 플립플롭회로
③ 정지우선 자기유지회로
④ 기동우선 자기유지회로

> 인터록회로
> 출력이 동시에 동작하는 것을 금지하는 회로로서 전동기의 정역운전 회로 또는 전동기 Y-△ 기동회로 등에 적용하여 기기의 보호와 조작자의 안전을 위하여 필수적으로 구성되어야 하는 회로이다.

정답 56 ② 57 ① 58 ② 59 ④ 60 ①

기출문제 복원 기출문제 (2023년 3회)

※ 본 기출문제는 수험자의 기억을 바탕으로 하여 복원한 문제이므로 실제 문제와 다를 수 있음을 미리 알려드립니다.

1 공기조화 설비

01 냉각수 출입구 온도차를 5℃, 냉각탑의 처리 열량을 5.5kW로 하면 필요한 냉각수량(L/min)은 얼마인가? (단, 냉각수의 비열은 4.2kJ/kg·K로 한다.)

① 10.8　　　② 15.7
③ 18.9　　　④ 20.0

$q = WC\Delta t$ 에서
$W = \dfrac{q}{C\Delta t} = \dfrac{5.5 \times 60}{4.2 \times 5} = 15.7 \, L/min$

02 다음 습공기 선도의 공기조화프로세스를 나타낸 공조 장치로 적합한것은?
(단, ① = 외기, ② = 환기, HC = 가열기, CC = 냉각기이다.)

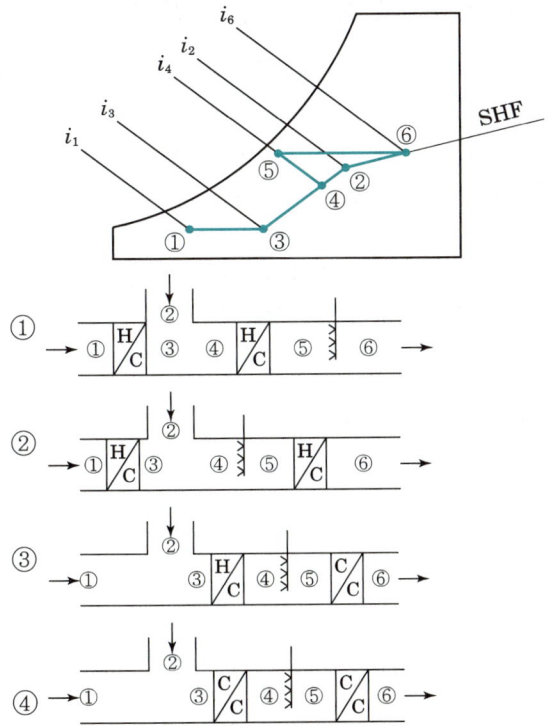

습공기 선도에서 조화과정은 외기 ①을 가열하여 ③ 환기 ②와 혼합 ④ 하고 가습 ⑤ 한후 가열하여 ⑥ 취출하는 난방 프로세스이며, 적합한 장치 계통은 ②번이다.

03 에어와셔 단열 가습시 포화효율은 어떻게 표시하는가? (단, 입구공기의 건구온도 t_1, 출구공기의 건구온도 t_2, 입구공기의 습구온도 t_{w1}, 출구공기의 습구온도 t_{w2} 이다.)

① $\eta = \dfrac{(t_1 - t_2)}{(t_2 - t_{w2})}$　　② $\eta = \dfrac{(t_1 - t_2)}{(t_1 - t_{w1})}$

③ $\eta = \dfrac{(t_2 - t_1)}{(t_{w2} - t_1)}$　　④ $\eta = \dfrac{(t_1 - t_{w1})}{(t_2 - t_1)}$

※ 입구공기(건구)를 최대로 가습할 때 습구온도가 포화상태이므로 에어와셔 포화효율이란 입구공기 건습구온도차에 대한 실제 가습건구온도차이다.

에어와셔 포화효율 = $\dfrac{입구건구-출구건구}{입구건구-입구습구} = \dfrac{(t_1-t_2)}{(t_1-t_{w1})}$

∴ $\eta = \dfrac{(t_1-t_2)}{(t_1-t_{w1})}$

04 복사 냉·난방 방식에 관한 설명으로 틀린 것은?

① 실내 수배관이 필요하며, 결로의 우려가 있다.
② 실내에 방열기를 설치하지 않으므로 바닥이나 벽면을 유용하게 이용할 수 있다.
③ 조명이나 일사가 많은 방에 효과적이며, 천장이 낮은 경우에만 적용된다.
④ 건물의 구조체가 파이프를 설치하여 여름에는 냉수, 겨울에는 온수로 냉·난방을 하는 방식이다.

복사 냉·난방 방식은 복사열을 이용하므로 천장이 높은 경우에 적용하면 효과가 좋다.

정답　01 ②　02 ②　03 ②　04 ③

05 난방부하의 변동에 따른 온도조절이 쉽고, 열용량이 커서 실내의 쾌감도가 좋으며, 방열기 밸브로 유량과 공급온도를 변화시킬 수 있어서 방열량을 조절할 수 있는 난방방식은?

① 온수난방방식 ② 증기난방방식
③ 온풍난방방식 ④ 냉매난방방식

> 온수난방은 온수의 열용량이 커서 난방부하의 변동에 따른 온도조절이 쉽고, 온도가 낮아 실내의 쾌감도가 좋으며, 온수 공급온도를 변화시킬 수 있고, 방열기 밸브로 유량을 조절하여 방열량을 조절할 수 있다.

06 다음 중 개방식 팽창탱크에 반드시 필요한 요소가 아닌 것은?

① 압력계 ② 수면계
③ 안전관 ④ 팽창관

> 개방식 팽창탱크는 대기압상태이므로 압력계는 설치하지 않는다.

07 공기조화 방식에서 변풍량 유닛방식(VAV unit)을 풍량제어 방식에 따라 구분할 때, 공조기에서 오는 1차 공기의 분출에 의해 실내공기인 2차 공기를 취출하는 방식은 어느 것인가?

① 바이패스형 ② 유인형
③ 슬롯형 ④ 교축형

> 변풍량유닛의 가장 일반적인 형태는 슬롯형(교축형, 벤트리형)이며 1차공기에 의한 2차공기의 유인작용을 이용하는 것은 유인형(인덕션형)이다.

08 보일러 동체 내부의 중앙 하부에 파형노통이 길이 방향으로 장착되며 이 노통의 하부 좌우에 연관들을 갖춘 보일러는?

① 노통보일러 ② 노통연관보일러
③ 연관보일러 ④ 수관보일러

> 보일러내부에 파형노통과 연관을 조합한 것은 노통연관 보일러이다.

09 전수식 공조방식으로서 중앙기계실의 열원설비로부터 냉수 또는 온수를 각 실에 있는 유닛에 공급하여 냉난방하는 가장 경제적인 공조방식은 무엇인가?

① 바닥취출 공조방식 ② 단일덕트 재열방식
③ 팬코일 방식 ④ 패키지 유닛방식

> 팬코일 방식은 냉수 온수만 이용하면 전수식이고 여기에 덕트를 병용하면 수공기방식이다.

10 결로현상에 관한 설명으로 틀린 것은?

① 건축 구조물 사이에 두고 양쪽에 수증기의 압력차가 생기면 수증기는 구조물을 통하여 흐르며, 포화온도, 포화압력 이하가 되면 응결하여 발생된다.
② 결로는 습공기의 온도가 노점온도까지 강하하면 공기 중의 수증기가 응결하여 발생된다.
③ 응결이 발생되면 수증기의 압력이 상승한다.
④ 결로방지를 위하여 방습막을 사용한다.

> 결로 현상으로 응결이 발생되면 절대습도가 감소하고 수증기의 압력(분압)도 감소한다.

정답 05 ① 06 ① 07 ② 08 ② 09 ③ 10 ③

11 패널복사 난방에 관한 설명으로 옳은 것은?

① 천정고가 낮은 외기 침입이 없을 때만 난방효과를 얻을 수 있다.
② 실내온도 분포가 균등하고 쾌감도가 높다.
③ 증발잠열(기화열)을 이용하므로 열의 운반능력이 크다.
④ 대류난방에 비해 방열면적이 적다.

> 패널 복사난방은 천정고가 높고 외기 침입이 있어도 난방효과를 얻을 수 있고 실내온도 분포가 균등하고 쾌감도가 높다. 복사난방은 방열면의 온도가 낮아서 대류난방에 비해 방열면적이 크다. 증기난방은 증발잠열(기화열)을 이용하므로 열의 운반능력이 크다.

12 두께 20cm의 콘크리트벽 내면에 두께 15cm의 단열재를 시공하고, 그 내면에 두께 2cm의 나무판자로 내장한 건물 벽체의 열관류율은 약 얼마인가?
(단, 재료별 열전도율(W/mK)은 콘크리트 0.7, 단열재 0.03, 나무판자 0.15이고, 벽면의 표면 열전달률(W/m²K)은 외벽 20, 내벽 8이다.)

① 0.11 W/m²K
② 0.13 W/m²K
③ 0.15 W/m²K
④ 0.18 W/m²K

> $\dfrac{1}{K} = \dfrac{1}{\alpha_o} + \dfrac{l}{\lambda} + \dfrac{1}{\alpha_i}$ 에서
> $\dfrac{1}{K} = \dfrac{1}{20} + \dfrac{0.2}{0.7} + \dfrac{0.15}{0.03} + \dfrac{0.02}{0.15} + \dfrac{1}{8}$
> $K = 0.179 \, W/m^2K$

13 공기설비의 열회수장치인 전열교환기는 주로 무엇을 경감시키기 위한 장치인가?

① 실내부하의 전열　　② 외기부하의 전열
③ 조명부하의 전열　　④ 송풍기부하의 전열

> 전열교환기는 배기의 버려지는 현열과 잠열을 회수하여 외기를 가열 또는 냉각하는 것으로 외기전열부하를 경감시킨다.

14 바이패스 팩터에 관한 설명으로 틀린 것은?

① 공기가 공기조화기를 통과할 경우, 공기의 일부가 변화를 받지 않고 원상태로 지나쳐갈 때 이 공기량과 전체 통과 공기량에 대한 비율을 나타낸 것이다.
② 공기조화기를 통과하는 풍속이 감소하면 바이패스 팩터는 감소한다.
③ 공기조화기의 코일열수 및 코일 표면적이 작을 때 바이패스 팩터는 증가한다.
④ 공기조화기의 이용 가능한 전열 표면적이 감소하면 바이패스 팩터는 감소한다.

> 공기조화기의 이용 가능한 전열 표면적이 감소하면 바이패스 팩터는 증가한다.

15 온도 30℃, 절대습도 0.0271 kg/kg인 습공기의 엔탈피는?(단 공기비열은 1.01kJ/kgK, 0℃ 수증기 증발잠열 2501kJ/kg, 수증기비열은 1.85kJ/kgK)

① 99.58 kJ/kg
② 47.88 kJ/kg
③ 23.73 kJ/kg
④ 11.98 kJ/kg

> $h = C_{pa}t + x(\gamma + C_{pv}t)$
> $= 1.01 \times 30 + 0.0271(2501 + 1.85 \times 30)$
> $= 99.58 \, kJ/kg$

16 공기조화 감습장치에서 염화리튬, 트리에틸렌 글리콜 등의 액체를 사용하여 감습하는 장치는?

① 냉각감습장치　　② 압축감습장치
③ 흡수식감습장치　　④ 세정식감습장치

> 흡수식 감습장치는 염화리튬, 트리에틸렌 글리콜 등의 액체 흡수제를 사용하여 감습한다.

정답　11 ②　12 ④　13 ②　14 ④　15 ①　16 ③

17 수관식 보일러에 관한 설명으로 틀린 것은?

① 보일러의 전열면적이 넓어 증발량이 많다.
② 고압에 적당하다.
③ 비교적 자유롭게 전열 면적을 넓힐 수 있다.
④ 구조가 간단하여 내부 청소가 용이하다.

> 수관식 보일러는 구조가 복잡하여 내부 청소가 어렵고 복잡한 수관에서의 스케일 방지를 위한 고도의 수처리가 필요하다.

18 실내 취득 현열량 및 잠열량이 각각 3kW, 1kW, 장치 내 취득열량이 0.55kW이다. 실내 온도를 25℃로 냉방하고자 할 때, 필요한 송풍량은 약 얼마(m^3/h)인가? (단, 공조기 출구온도는 15℃이다.)

① 0.296 ② 17.76
③ 1,065 ④ 1,278

> 공조기출구와 실내 온도차를 이용하여 송풍량을 계산할 때는 실내 취득 현열량(3kW)과 장치취득열량(0.55kW)을 고려한다. (실내 취출온도차일때는 실내현열부하만 고려한다)
> $Q = \dfrac{q_s}{\gamma C \Delta t} = \dfrac{3 + 0.55}{1.2 \times 1.0 \times 10} = 0.2958 m^3/s = 1,065 m^3/h$
> 현열부하가 kW이면 풍량은 m^3/s이다.

19 축열시스템의 특징에 관한 설명으로 옳은 것은?

① 피크 컷(peak cut)에 의해 열원장치의 용량이 증가한다.
② 부분부하 운전에 쉽게 대응하기가 곤란하다.
③ 도시의 전력수급상태 개선에 공헌한다.
④ 야간운전에 따른 관리 인건비가 절약된다.

> 축열시스템은 피크 컷(peak cut)에 의해 열원장치의 용량이 감소하며, 부분부하 운전에 쉽게 대응하고, 피크부하에 따른 전력소비가 적어 도시의 전력수급상태 개선에 공헌하며 야간운전에 따른 관리 인건비가 증가한다.

20 실내 온도분포가 균일하여 쾌감도가 좋으며 화상의 염려가 없고 방을 개방하여도 난방효과가 있는 난방방식으로 고천정, 로비등에 적합한 것은?

① 증기난방
② 온풍난방
③ 복사난방
④ 대류난방

> 복사난방은 복사열을 이용하므로 쾌감도가 좋으며 화상의 염려가 없고 방을 개방하여도 난방효과가 우수하여 고천장이나 로비등에 쓰인다.

2 냉동 냉장설비

21 외기와 실내 사이에 설치된 콘크리트 벽체 전체 열통과율이 $0.35 W/m^2 \cdot K$이고, 외기와 벽면과의 열전달률이 $20 W/m^2 \cdot K$, 내부공기와 벽면과의 열전달률이 $5.4 W/m^2 \cdot K$이고, 콘크리트의 두께가 200mm일 때, 콘크리트의 열전도율은 얼마인가?

① $0.032 W/m \cdot K$ ② $0.056 W/m \cdot K$
③ $0.067 W/m \cdot K$ ④ $0.076 W/m \cdot K$

> $\dfrac{1}{K} = \dfrac{1}{\alpha_o} + \dfrac{d}{\lambda} + \dfrac{1}{\alpha_i}$ 에서 조건을 대입하면
> $\dfrac{1}{0.35} = \dfrac{1}{20} + \dfrac{0.2}{\lambda} + \dfrac{1}{5.4}$ 에서 λ를 계산하면
> $0.2/\lambda = 2.622$, ∴ $\lambda = 0.076 W/mK$

22 축열장치에서 축열재가 갖추어야 할 조건으로 가장 거리가 먼 것은?

① 열의 저장은 쉬워야 하나 열의 방출은 어려워야 한다.
② 취급하기 쉽고 가격이 저렴해야 한다.
③ 화학적으로 안정해야 한다.
④ 단위체적당 축열량이 많아야 한다.

정답 17 ④ 18 ③ 19 ③ 20 ③ 21 ④ 22 ①

축열재의 구비조건
㉠ 열의 흡수나 방출이 용이 할 것
㉡ 단위체적당 출열량(열용량)이 클 것
㉢ 화학적으로 안정하고 인체에 무해할 것
㉣ 기기나 배관계를 부식하지 않을 것

23 2단압축 사이클에서 증발압력이 계기압력으로 235 kPa이고, 응축압력은 절대압력으로 1225 kPa일 때 최적의 중간 절대압력(kPa)은? (단, 대기압은 101 kPa이다.)

① 514.5
② 536.1
③ 641.6
④ 668.4

2단 압축냉동 사이클에서 가장 이상적인 형식은 각 단의 압축비를 동일하게 취하는 것이다. 그러므로 중간압력(Pm)은
압축비 $m = \dfrac{P_m}{P_2} = \dfrac{P_1}{P_m}$ 에서 $P_m^2 = P_2 \times P_1$
$\therefore P_m = \sqrt{P_1 \cdot P_2} = \sqrt{1225 \times 336} ≒ 641.56 \,[kPa]$
여기서, P_1 : 고압측(응축)절대압력 ; [1225 kPa · a]
P_2 : 저압측(증발)절대압력 ; 101 + 235 = 336 [kPa · a]

24 다음 중 냉각탑의 용량제어 방법이 아닌 것은?

① 슬라이드 밸브 조작 방법
② 수량변화 방법
③ 공기 유량변화 방법
④ 분할 운전 방법

냉각탑의 용량제어 방법
㉠ 공기 유량변화 방법(인버터, 극수변환 등에 의한 송풍기의 회전수 제어)
㉡ 수량변화 방법(냉각수의 냉각탑 바이패스제어(2방변 제어, 또는 3방변 제어)
㉢ 송풍기 발정제어
㉣ 분할 운전 방법(냉각탑 대수제어)

25 다음 중 무기질 브라인이 아닌 것은?

① 염화나트륨
② 염화마그네슘
③ 염화칼슘
④ 에틸렌글리콜

무기질 브라인 : 염화칼슘($CaCl_2$), 염화나트륨(NaCl), 염화마그네슘($MgCl_2$)
유기질 브라인 : 에틸렌글리콜, 프로필렌글리콜, 알코올, 염화메틸렌(R-11), 메틸클로라이드

26 증발식 응축기에 관한 설명으로 옳은 것은?

① 증발식 응축기는 많은 냉각수를 필요로 한다.
② 송풍기, 순환펌프가 설치되지 않아 구조가 간단하다.
③ 대기온도는 동일하지만 습도가 높을 때는 응축압력이 높아진다.
④ 증발식 응축기의 냉각수 보급량은 물의 증발량과는 큰 관계가 없다.

증발식 응축기
① 증발식 응축기는 냉각수가 부족한 곳에서 주로 사용한다.
② 송풍기, 순환펌프가 설치되고 구조가 복잡하다.
③ 증발식 응축기는 외기습구온도의 영향을 받고, 외기습구온도(습도)가 높을 때 응축이 불량하여 응축압력이 높아진다.
④ 공급수의 양은 증발량, 비산수량에 농축을 방지하기 위한 분출량을 합산한 양이다.

27 냉동장치의 저압차단 스위치(LPS)에 관한 설명으로 옳은 것은?

① 유압이 저하되었을 때 압축기를 정지시킨다.
② 토출압력이 저하되었을 때 압축기를 정지시킨다.
③ 장치 내 압력이 일정압력 이상이 되면 압력을 저하시켜 장치를 보호한다.
④ 흡입압력이 저하되었을 때 압축기를 정지시킨다.

저압 차단 스위치 (LPS)는 냉동부하 등의 감소로 인하여 압축기의 흡입압력이 일정 이하가 되면 전기회로를 차단시켜 압축기의 운전을 정지시키거나, 압축비의 상승으로 인한 압축기 소손을 방지하기 위하여 압축기를 보호하는 안전장치의 일종이다.

28 다음 그림은 역카르노 사이클을 절대온도(T)와 엔트로피(S) 선도로 나타내었다. 면적(1-2-2′-1′)이 나타내는 것은?

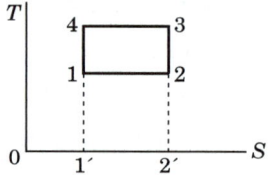

① 저열원으로부터 받는 열량
② 고열원에 방출하는 열량
③ 냉동기에 공급된 열량
④ 고·저열원으로부터 나가는 열량

① 저열원으로부터 받는 열량 : 면적 (1-2-2′-1′)
② 고열원에 방출하는 열량 : 면적(3-4-1-1′-2′-2-3)
③ 냉동기에 공급된 일량(압축일량) : 면적(1-2-3-4-1)

29 압축냉동 사이클에서 엔트로피가 감소하고 있는 과정은?

① 증발과정
② 압축과정
③ 응축과정
④ 팽창과정

압축냉동 사이클에서의 엔트로피 변화
① 증발과정 : 엔트로피 상승
② 압축과정 : 등엔트로피 과정
③ 응축과정 : 엔트로피 감소
④ 팽창과정 : 엔트로피 상승

30 스크루 압축기의 특징에 관한 설명으로 틀린 것은?

① 경부하 운전 시 비교적 동력 소모가 적다.
② 크랭크 샤프트, 피스톤링, 커넥팅 로드 등의 마모 부분이 없어 고장이 적다.
③ 소형으로써 비교적 큰 냉동능력을 발휘할 수 있다.
④ 왕복동식에서 필요한 흡입밸브와 토출밸브를 사용하지 않는다.

스크루(screw) 압축기의 특징
㉠ 경부하운전시 동력소비가 크다.
㉡ 마모 부분(크랭크샤프트, 피스톤링, 커넥팅로드 등)이 없어 고장이 적다.
㉢ 소형으로 대용량의 가스를 처리할 수 있다.
㉣ 흡입 및 토출밸브가 없다.
㉤ 냉매의 압력손실이 적어 체적효율이 향상된다.
㉥ 무단계, 연속적인 용량제어가 가능하다.

31 흡수식 냉동기에 관한 설명으로 옳은 것은?

① 초저온용으로 사용된다.
② 비교적 소용량보다는 대용량에 적합하다.
③ 열교환기를 설치하여도 효율은 변함없다.
④ 물 - LiBr식에서는 물이 흡수제가 된다.

① 흡수식 냉동기는 냉매로 주로 물을 사용하므로 0℃ 이하에서는 사용할 수 없다.
③ 흡수식 냉동기는 효율이 낮은 냉동기로 효율을 높이기 위해 각종 열교환기를 이용하고 있다.
④ 물-LiBr식에서는 물이 냉매, LiBr(취화리튬)이 흡수제이다.

32 내부 균압형 자동팽창밸브에 작용하는 힘이 아닌 것은?

① 스프링 압력
② 감온통 내부압력
③ 냉매의 응축압력
④ 증발기에 유입되는 냉매의 증발압력

정답 28 ① 29 ③ 30 ① 31 ② 32 ③

내부 균압형 감온식 자동 팽창밸브는 다음 세 가지 힘의 평형상태에 의해서 작동된다.
㉠ 감온통에 봉입된 가스압력
㉡ 증발기 내의 냉매의 증발 압력
㉢ 과열도 조절나사에 의한 스프링 압력

33 R-502를 사용하는 냉동장치의 몰리엘 선도가 다음과 같다. 이 장치의 실제 냉매순환량은 167 kg/h이고, 전동기 출력이 3.5 kW일 때, 실제 성적계수는?

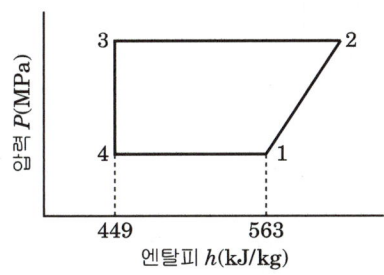

① 1.3 ② 1.4
③ 1.5 ④ 1.6

$$COP = \frac{Q_2}{W} = \frac{167 \times (563-449)/3600}{3.5} ≒ 1.5$$

34 영화관을 냉방하는 데 1,512,000 kJ/h의 열을 제거해야 한다. 소요동력을 1냉동톤당 0.75kW로 가정하면 이 압축기를 구동하는데 약 몇 kW의 전동기가 필요한가?

① 81.6 kW ② 69.8 kW
③ 59.8 kW ④ 49.8 kW

(1) 냉방부하를 냉동톤으로 환산하면
  냉동톤(RT) $= \frac{1512000}{3600 \times 3.86} = 108.81\,RT$
(2) 1RT당 압축동력이 0.75kW로 가정하므로
  $108.81 \times 0.75 = 81.6\,[kW]$

35 증기압축식 냉동장치서 플래시 가스(flash gas)의 발생 원인으로 가장 거리가 먼 것은?

① 관경이 큰 경우
② 수액기에 직사광선이 비쳤을 경우
③ 스트레이너가 막혔을 경우
④ 액관이 현저하게 입상했을 경우

냉동장치의 냉매 액관 일부에서 발생한 플래시 가스는 팽창밸브의 능력을 감퇴시켜 냉매순환량이 줄어들어 냉동능력을 감소시킨다.
플래시 가스 발생원인
㉠ 액관의 입상높이가 매우 높을 때(압력이 감소할 때)
㉡ 냉매순환량에 비하여 액관의 관경이 너무 작을 때
㉢ 배관에 설치된 스트레이너, 필터 등이 막혀 있을 때
㉣ 액관이 열을 받거나 온도가 높은 장소를 통과할 때

36 어떤 냉동장치의 냉동부하는 17.5 kW, 냉매증기 압축에 필요한 동력은 4 kW, 응축기 입구에서 냉각수 온도 32℃, 냉각수량 62 L/min일 때, 응축기 출구에서 냉각수 온도는? (단, 냉각수 비열 4.2 kJ/kgK로 한다)

① 37℃ ② 38℃
③ 42℃ ④ 46℃

$Q_1 = Q_2 + W = WC\Delta t_w$ 에서
$\Delta t_w = \frac{Q_2 + W}{WC} = \frac{17.5+4}{(62/60) \times 4.2} = 5\,[℃]$
그러므로 출구 온도=32+5=37℃
여기서, Q_1 : 응축부하[kW], Q_2 : 냉동능력[kW]
  W : 소요동력[kW], W : 냉각수량[kg/s]
  C : 냉각수 비열[kJ/kgK]
  Δt_w : 냉각수 입구 및 출구 온도차[℃]

37 압축기의 흡입 밸브 및 송출 밸브에서 가스누출이 있을 경우 일어나는 현상은?

① 압축일의 감소 ② 체적 효율이 감소
③ 가스의 압력이 상승 ④ 성적계수 증가

압축기의 흡입 밸브 및 송출 밸브에서 가스누출이 있을 경우
㉠ 체적효율 감소　　㉡ 냉동능력 감소
㉢ 소요동력 증대　　㉣ 압축효율 감소
㉤ 토출가스온도 상승　㉥ 압축일 증대

① ㉠　　　　　　② ㉡
③ ㉢　　　　　　④ ㉣, ㉤

일체형 냉동기는 냉동설비를 사용할 때 스톱밸브 조작이 필요 없는 것을 조건으로 한다.

38 브라인의 구비조건으로 틀린 것은?

① 비열이 크고 동결온도가 낮을 것
② 점성이 클 것
③ 열전도율이 클 것
④ 불연성이며 불활성일 것

브라인의 구비조건
㉠ 열용량이 크고 전열(열전도율이 클 것)이 좋을 것
㉡ 점도가 적당할 것
㉢ 응고점(동결점)이 낮을 것
㉣ 금속에 대한 부식성이 적고 불연성일 것
㉤ 상변화가 잘 일어나지 않을 것
㉥ 비열이 클 것

40 기계설비법령에서 규정하고 있는 기계설비의 범위에 포함되지 않는 것은?

① 오수정화·물재이용 설비
② 우수배수설비
③ 가스설비
④ 플랜트설비

기계설비법 시행령 (별표 1)
기계설비 범위 : 열원설비, 냉난방설비, 공기조화 청정 환기 설비, 위생기구, 급수, 급탕, 오배수, 통기설비, 오수정화, 물재이용, 우수배수, 보온, 덕트, 자동제어, 방음, 방진, 플랜트설비 등이다.

39 고압가스안전관리법상 일체형냉동기 조건으로 틀린 것은?

【조 건】
㉠ 냉매설비 및 압축기용 원동기가 하나의 프레임위에 일체로 조립된 것
㉡ 냉동설비를 사용할 때 스톱밸브를 조작하도록 조립된것
㉢ 사용장소에 분할·반입하는 경우에는 냉매설비에 용접 또는 절단을 수반하는공사를 하지 않고 재조립하여 냉동제조용으로 사용할 수 있는 것
㉣ 냉동설비의 수리 등을 하는 경우에 냉매설비 부품의 종류, 설치개수, 부착위치및 외형치수와 압축기용 원동기의 정격출력 등이 제조 시 상태와 같도록 설계·수리될 수 있는 것
㉤ 응축기 유닛 및 증발 유닛이 냉매배관으로연결된 것으로 하루 냉동능력이 20톤 미만인 공조용 패키지에어콘 등을 말한다.

3 공조냉동 설치·운영

41 산업안전보건법령상 유해·위험 방지를 위한 방호조치가 필요한 기계·기구에 해당하는 것은?

① 응축기　　　　　② 저장 탱크
③ 공기 압축기　　　④ 냉각기

산업안전보건법 시행령 (별표20) 유해·위험 방지를 위한 방호조치가 필요한 기계·기구에는 예초기, 원심기, 공기압축기, 금속절단기, 지게차, 진공포장기, 랩핑기 등이다.

42 파이프 내 흐르는 유체가 "물"임을 표시하는 기호는?

① ─A─ ② ─O─
③ ─S─ ④ ─W─

물 : W, 공기 : A, 오일 : O, 증기 : S

43 냉동장치의 토출배관 시공 시 유의사항으로 틀린 것은?

① 관의 합류는 T이음보다 Y이음으로 한다.
② 압축기 정지 중에도 관내에 응축된 냉매가 압축기로 역류하지 않도록 한다.
③ 압축기에서 입상된 토출관의 수평 부분은 응축기 쪽으로 상향 구배를 한다.
④ 여러 대의 압축기를 병렬 운전할 때는 가스의 충돌로 인한 진동이 없게 한다.

압축기에서 입상된 토출관의 수평 부분은 응축기 쪽으로 하향 구배를 한다.

44 배수 및 통기설비에서 배수 배관의 청소구 설치를 필요로 하는 곳으로 가장 거리가 먼 것은?

① 배수 수직관의 제일 밑부분 또는 그 근처에 설치
② 배수 수평 주관과 배수 수평 분기관의 분기점에 설치
③ 100A 이상의 길이가 긴 배수관의 끝 지점에 설치
④ 배수관이 45° 이상의 각도로 방향을 전환하는 곳에 설치

배수관경이 100A 이상의 길이가 긴 배수관은 30m마다, 100A 이하의 길이가 긴 배수관은 15m마다 중간에 설치한다.

45 다음과 같이 압축기와 응축기가 동일한 높이에 있을 때, 배관 방법으로 가장 적합한 것은?

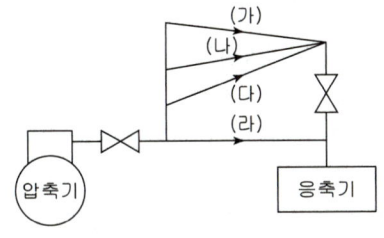

① (가) ② (나)
③ (다) ④ (라)

배관에서 발생하는 응축 냉매가 응축기로 회수 되도록 (가)처럼 배관한다.

46 다음 조건과 같은 냉온수 배관계통에서 순환펌프 양정(mAq)을 구하시오.

【조 건】

냉온수 계통에 공조기 3대 병렬 설치, 가장 먼 공조기까지 배관 직관 순환 길이 120m, 공조기 코일저항 각각 6mAq, 국부저항은 직관저항의 50%로 하며 기타 손실은 무시한다. 배관경 선정시 마찰저항은 30mmAq/m이하로 한다.

① 3.6 mAq ② 5.4 mAq
③ 11.4 mAq ④ 15.8 mAq

직관 배관에 대한 마찰저항은 1m당 30mmAq저항이 걸리므로
직관부 저항=120×30=3600mmAq=3.6mAq
국부저항=3.6×0.5=1.8mAq
공조기저항은 1대(6mAq)만 계산한다.
전체마찰저항=3.6+1.8+6=11.4mAq

47 배수 배관에 관한 설명으로 틀린 것은?

① 배수 수평 주관과 배수 수평 분기관의 분기점에는 청소구를 설치해야 한다.
② 배수관경의 결정방법은 기구 배수 부하 단위나 정상유량을 사용하는 2가지 방법이 있다.
③ 배수관경이 100A 이하일 때는 청소구의 크기를 배수관경과 같게 한다.
④ 배수 수직관의 관경은 수평 분기관의 최소 관경 이하가 되어야 한다.

> 배수 수직관의 관경은 수평 분기관의 최소 관경 이상이 되어야 한다.

48 증기난방에 비해 온수난방의 특징을 설명한 것으로 틀린 것은?

① 예열하는 데 많은 시간이 걸린다.
② 부하 변동에 대응한 온도 조절이 어렵다.
③ 방열면의 온도가 비교적 높지 않아 쾌감도가 좋다.
④ 설비비가 다소 고가이나 취급이 쉽고 비교적 안전하다.

> 온수난방은 부하 변동에 대응하여 온수 유량을 조절하여 온도를 조절할 수 있다.

49 자연순환식으로써 열탕의 탕비기 출구온도를 85℃(밀도 0.96876 kg/L), 환수관의 환탕온도를 65℃(밀도 0.98001 kg/L)로 하면 이 순환계통의 순환수두는 얼마인가? (단, 가장 높이 있는 급탕전의 높이는 10m이다.)

① 11.25 mmAq
② 112.5 mmAq
③ 15.34 mmAq
④ 153.4 mmAq

> $h = H(\rho_1 - \rho_2) = 10(0.98001 - 0.96876)$
> $= 0.1125\,mAq = 112.5\,mmAq$

50 급수관의 직선관로에서 마찰손실에 관한 설명으로 옳은 것은?

① 마찰손실은 관 지름에 정비례한다.
② 마찰손실은 속도수두에 정비례한다.
③ 마찰손실은 배관 길이에 반비례한다.
④ 마찰손실은 관 내 유속에 반비례한다.

> 마찰손실수두 $h = f \dfrac{L \times v^2}{d \times 2g}$ 에서
> 마찰손실은 관 지름에 반비례하며 속도수두($v^2/2g$)에 정비례한다. 마찰손실은 배관 길이에 비례하며 관 내 유속 제곱에 비례한다.

51 덕트 이음공법 중에서 겹으로 접은 판사이로 싱글로 접은 판을 끼워 넣고 때려 접은 형식으로 기밀이 좋아서 공조설비 공사 현장에서 주로 사용되는 공법은 무엇인가?

① 보턴펀치 스냅록 ② 피츠버그 스냅록
③ 터닝베인   ④ 다이아몬드 브레이크

> 직관 배관에 대한 마찰저항은 1m당 30mmAq저항이 걸리므로
> 직관부 저항=120×30=3600mmAq=3.6mAq
> 국부저항=3.6×0.5=1.8mAq
> 공조기저항은 1대(6mAq)만 계산한다.
> 전체마찰저항=3.6+1.8+6=11.4mAq

52 일반적으로 관의 지름이 크고 관의 수리를 위해 분해할 필요가 있는 경우 사용되는 파이프 이음에 속하는 것은?

① 신축 이음   ② 엘보 이음
③ 턱걸이 이음 ④ 플랜지 이음

> 관의 지름이 크고(50A 이상) 관의 수리를 위해 분해할 필요가 있는 곳은 플랜지 이음을 한다. 작은관(50A 이하) 일때 유니언 이음을 사용한다.

53 제어계에서 제어대상의 출력인 제어량이 원하는 값을 갖도록 외부에서 주어지는 값은?

① 동작신호 ② 조작량
③ 목표값 ④ 궤환량

> 목표값은 궤환제어계에 속하지 않는 신호로서 외부에서 제어량이 그 값에 맞도록 제어계에 직접 가해지는 입력신호를 말한다.

54 교류의 크기는 보통 실효값으로 나타내나 실효값으로 파형을 알 수 없으므로 개략을 알기 위한 방법으로 파형률이라는 계수를 쓴다. 다음 중 파형률을 나타내는 것은?

① $\dfrac{실효값}{평균값}$ ② $\dfrac{최대값}{평균값}$
③ $\dfrac{최대값}{실효값}$ ④ $\dfrac{실효값}{최대값}$

> **파고율과 파형율**
> 교류의 최대값과 실효값, 그리고 직류성분인 평균값을 서로 비교하여 나타내는 것으로 공식은 다음과 같다.
> 파고율= $\dfrac{최대값}{실효값}$, 파형률= $\dfrac{실효값}{평균값}$

55 권수비가 2400/240인 변압기 2차측 부하저항이 100[Ω]일 때 변압기 1차측으로 환산한 저항값은 몇 [kΩ]이 되는가?

① 5 ② 10
③ 15 ④ 20

> **변압기 권수비(전압비 : N)**
> $N = \dfrac{N_1}{N_2} = \dfrac{E_1}{E_2} = \dfrac{I_2}{I_1} = \sqrt{\dfrac{Z_1}{Z_2}} = \sqrt{\dfrac{R_1}{R_2}}$ 식에서
> $N = \dfrac{2400}{240} = 10[V]$, $R_1 = 100[\Omega]$일 때
> ∴ $R_1 = N^2 R_2 = 10^2 \times 100 = 10000[\Omega] = 10[k\Omega]$

56 동작신호를 조작량으로 변환하는 요소로서 조절부와 조작부로 이루어진 요소는?

① 기준입력 요소 ② 동작신호 요소
③ 제어 요소 ④ 피드백 요소

> 제어요소는 조절부와 조작부로 이루어져 있으며 동작신호를 조작량으로 변환하는 장치이다.

57 직류발전기의 철심을 규소강판으로 성층하여 사용하는 이유로 가장 알맞은 것은?

① 브러시에서의 불꽃 방지 및 정류 개선
② 와류손과 히스테리시스손의 감소
③ 전기자 반작용의 감소
④ 기계적으로 튼튼함

> **직류기의 전기자 철심**
> 전기자 철심은 규소 강판을 사용하여 히스테리시스 손실을 줄이고 또한 성층하여 와류손(=맴돌이손)을 줄인다. 철심 내에서 발생하는 손실을 철손이라 하며 철손은 히스테리시스손과 와류손을 합한 값이다. 따라서 규소 강판을 성층하여 사용하기 때문에 철손이 줄어들게 된다.

58 회로에 사용되는 계측기를 직류회로용과 교류회로용으로 구분할 때 다음 보기 중 사용 용도가 다른 하나는 무엇인가?

① 정전형 ② 유도형
③ 가동철편형 ④ 가동코일형

> **직류용 계기와 교류용 계기**
> (1) 직류용 계기 : 가동 코일형
> (2) 교류용 계기 : 유도형
> (3) 직류·교류 겸용 계기 : 가동 철편형, 정전형, 열선형, 전류력계형 등
> ∴ 가동코일형 계기는 교류회로에 사용할 수 없다.

정답 53 ③ 54 ① 55 ② 56 ③ 57 ② 58 ④

59 제어계의 진동을 억제하여 응답속도를 개선하기 위한 제어동작은?

① P동작　　　　② I동작
③ PD동작　　　④ PI동작

> 비례 미분동작(PD 제어)은 비례동작과 미분동작이 결합된 제어기로서 미분동작의 특성을 지니고 있으며 진동을 억제하여 속응성(응답속도)을 개선할 뿐만 아니라 진상보상요소를 지니고 있다.
> 전달함수는 $G(s) = K(1 + T_d s)$ 이다.

60 제어계의 제어량에 따른 분류 중 자동조정에 해당하는 제어량은 무엇인가?

① 자세　　　　② 방향
③ 전류　　　　④ 거리

> 제어계의 제어량에 따른 분류
> (1) 서보기구 제어
>   기계적 변위를 제어량으로 해서 목표값의 임의의 변화에 항상 추종되도록 하는 추종제어인 경우이다. 위치, 방향, 자세, 각도, 거리 등을 제어한다.
> (2) 프로세스 제어
>   공정제어라고도 하며 제어량이 피드백 제어계로서 주로 정치제어인 경우이다. 온도, 압력, 유량, 액면, 습도, 밀도, 농도 등을 제어한다.
> (3) 자동조정 제어
>   전압, 전류, 주파수 등의 양을 주로 제어하는 것으로 응답속도가 빨라야 하는 것이 특징이며, 정전압장치나 발전기 및 조속기의 제어 등에 활용하는 제어이다.

정답 59 ③　60 ③

기출문제 복원 기출문제 (2024년 1회)

※ 본 기출문제는 수험자의 기억을 바탕으로 하여 복원한 문제이므로 실제 문제와 다를 수 있음을 미리 알려드립니다.

1 공기조화설비

01 습공기의 성질에 관한 설명 중 틀린 것은?

① 단열가습하면 절대습도와 습구온도가 높아진다.
② 건구온도가 높을수록 포화 수증기량이 많아진다.
③ 동일한 상대습도에서 건구온도가 증가할수록 절대습도 또한 증가한다.
④ 동일한 건구온도에서 절대습도가 증가할수록 상대습도 또한 증가한다.

> 습공기를 단열가습하면 엔탈피선을 따라 가습되며 습구온도는 거의 일정하고 절대습도는 증가하며 건구온도는 감소한다.

02 건구온도 $t_1 = 27℃$, 절대습도 $x_1 = 0.012\,kg/kg'$인 실내공기와 건구온도 $t_2 = 25℃$, 절대습도 $x_2 = 0.002\,kg/kg'$인 외기를 외기 : 환기 = 1 : 2의 비율로 혼합할 때 혼합 후의 공기의 건구온도 $t_3(℃)$는 얼마인가?

① 27.3 ② 26.3
③ 25.6 ④ 24.3

> 혼합공기온도(t_3)
> $t_3 = \dfrac{m_1 t_1 + m_2 t_2}{m_1 + m_2} = \dfrac{25 \times 1 + 27 \times 2}{1 + 2} = 26.3℃$

03 다음 구조체를 통한 손실열량을 구하는 식에서 Rt는 무엇을 나타내는가? (단, H_t : 손실열량, A : 면적, t_r, t_o : 실내외 온도)

$$H_t = \dfrac{1}{Rt} \times (t_r - t_o)\,[kJ/h]$$

① 열관류율 ② 열통과 저항
③ 열전도계수 ④ 열복사율

Rt : 열통과 저항[$m^2 h℃/kcal$, $m^2 K/W$],
열관류(통과)율 $K = \dfrac{1}{Rt}$

04 다음의 표시된 벽체의 열관류율은? (단, 내표면의 열전달률 $\alpha_1 = 8\,W/m^2 K$, 외표면의 열전달률 $\alpha_0 = 20\,W/m^2 K$, 벽돌의 열전도율 $\lambda_a = 0.5\,W/mK$, 단열재의 열전도율 $\lambda_a = 0.03\,W/mK$, 모르타르의 열전도율 $\lambda_c = 0.62\,W/mK$ 이다.)

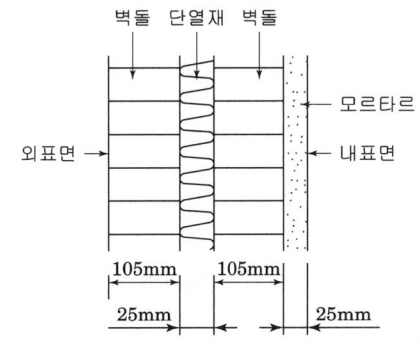

① $0.685\,W/m^2 K$ ② $0.778\,W/m^2 K$
③ $0.813\,W/m^2 K$ ④ $1.460\,W/m^2 K$

> 열관류율(K) = $\dfrac{1}{\dfrac{1}{\alpha_1} + \dfrac{\ell_1}{\lambda_1} + \dfrac{\ell_2}{\lambda_2} + \dfrac{\ell_3}{\lambda_3} + \dfrac{\ell_4}{\lambda_4} + \dfrac{1}{\alpha_2}}$
> = $\dfrac{1}{\dfrac{1}{20} + \dfrac{0.105}{0.5} + \dfrac{0.025}{0.03} + \dfrac{0.105}{0.5} + \dfrac{0.02}{0.62} + \dfrac{1}{8}}$
> = $0.685\,W/m^2 K$

05 바이패스 팩터에 관한 설명으로 옳은 것은?

① 흡입공기 중 온난 공기의 비율이다.
② 송풍공기 중 습공기의 비율이다.
③ 신선한 공기와 순환공기의 밀도 비율이다.
④ 전 공기에 대해 냉·온수코일을 그대로 통과하는 공기의 비율이다.

정답 01 ① 02 ② 03 ② 04 ① 05 ④

바이패스 팩터(BF)란 코일을 통과하는 전 공기에 대해 코일을 접촉하지 않고 그대로 통과하는 공기의 비율이다.

06 현열 및 잠열에 관한 설명으로 옳은 것은?

① 여름철 인체로부터 발생하는 열은 현열뿐이다.
② 공기조화 덕트의 열손실은 현열과 잠열로 구성되어 있다.
③ 여름철 유리창을 통해 실내로 들어오는 열은 현열뿐이다.
④ 조명이나 실내기구에서 발생하는 열은 현열뿐이다.

여름철 인체로부터 발생하는 열은 현열과 잠열이 있으며, 덕트의 열손실은 현열만 고려한다. 여름철 유리창을 통해 실내로 들어오는 열은 현열(관류+일사)뿐이며, 조명에서 발생하는 열은 현열뿐이 실내기구(전열기구)에서 발생하는 열은 현열과 잠열이 있다.

07 다음 중 수관식 보일러 특성과 가장 가까운 것은?

① 지름이 큰 동체를 몸체로하여 그 내부에 노통과 연관을 동체 축에 평행하게 설치하고, 노통을 지나온 연소가스가 연관을 통해 연도로 빠져나가도록 되어있는 보일러이다.
② 상부 드럼과 하부 드럼 사이에 작은 구경의 많은 수관을 설치한 구조로 고온 및 고압에 적당하고 발생열량이 크며, 용량에 비하여 크기가 작아 설치면적이 적고 전열면적은 넓어서 효율이 매우 높다.
③ 드럼없이 수관만으로 설계한 강제순환식 보일러로 급수가 공급될 때 수관의 예열부→증발부→과열부를 순차적으로 통과하면서 증기가 발생하게 된다.
④ 보일러 내부가 진공상태로 유지되면서 화염으로부터 열을 받아 온수를 가열해 주는 열매체로 물을 사용하며 정상적인 상태에서는 열매의 손실은 없다.

① - 노통연관 보일러 ③ - 관류보일러
④ - 진공식 온수 보일러

08 건물의 11층에 위치한 북측 외벽을 통한 손실열량은? (단, 벽체면적 40㎡, 열관류율 0.43W/㎡·℃, 실내온도 26℃, 외기온도 -5℃, 북측 방위계수 1.2, 복사에 의한 외기온도 보정 3℃이다.)

① 약 495.36W   ② 약 525.38W
③ 약 577.92W   ④ 약 639.84W

겨울철 손실열량 계산에서 복사에 의한 외기온도 보정은 3℃를 감한다.
$q = KA\Delta t k = 0.43 \times 40(26-(-5)-3) \times 1.2 = 577.92W$

09 다음 가습방법 중 가습효율이 가장 높은 것은?

① 증발 가습
② 온수 분무 가습
③ 증기 분무 가습
④ 고압수 분무 가습

가습방법 중 증기 분무 가습이 효율이 가장 좋다.

10 냉방부하에 관한 설명이다. 옳은 것은?

① 조명에서 발생하는 열량은 잠열에서 외기부하에 해당된다.
② 상당외기온도는 방위, 시각 및 벽체 재료 등에 따라 값이 정해진다.
③ 유리창을 통해 들어오는 부하는 태양복사열만 계산한다.
④ 극간풍에 의한 부하는 실내외 온도차에 의한 현열만을 계산한다.

조명 부하는 실내취득열량이다.
유리창부하는 열관류와 일사(복사열)의 합이다.
극간풍(틈새바람) 부하는 현열과 잠열의 합이다.

정답 06 ③ 07 ② 08 ③ 09 ③ 10 ②

11 증기트랩에 대한 설명으로 옳지 않은 것은?

① 바이메탈트랩은 내부에 열팽창계수가 다른 두 개의 금속이 접합된 바이메탈로 구성되며, 워터해머에 안전하고, 과열증기에도 사용 가능하다.
② 벨로스트랩은 금속제의 벨로스 속에 휘발성 액체가 봉입되어 있어 주위에 증기가 있으면 팽창되며, 증기가 응축되면 온도에 의해 수축하는 원리를 이용한 트랩이다.
③ 플로트트랩은 응축수의 온도차를 이용하여 플로트가 상하로 움직이며 밸브를 개폐한다.
④ 버킷트랩은 응축수의 부력을 이용하여 밸브를 개폐하며 상향식과 하향식이 있다.

> 플로트트랩은 응축수의 수위에 따라 볼탭이 작동하는 기계식 트랩이다.

12 HEPA 필터에 적합한 효율 측정법은?

① Weight법
② NBS법
③ Dust spot법
④ DOP법

> HEPA(고성능) 필터는 클린룸, 바이오클린룸 등에 사용되며 DOP법으로 성능을 측정한다.

13 열원방식의 분류 중 특수 열원방식으로 분류되지 않는 것은?

① 열회수 방식(전열 교환 방식)
② 흡수식 냉온수기 방식
③ 지역 냉난방 방식
④ 태양열 이용 방식

> 보일러나 냉동기, 흡수식 냉온수기는 일반 열원방식에 속한다.

14 염화리튬, 트리에틸렌 글리콜 등의 액체를 사용하여 감습하는 장치는?

① 냉각감습장치
② 압축감습장치
③ 흡수식 감습장치
④ 세정식 감습장치

> 액체흡수식 감습장치는 흡수제로 염화리튬이나 트리에틸렌 글리콜을 이용한다.

15 외기온도 13℃이며 절대습도 0.008kg/kg일 때의 이 공기의 상대습도(RH)는 얼마인가? (단, 대기압은 101.3kPa이며, 온도 13℃ 일 때 포화 수증기압은 1.7kPa 이다.)

① 약 37%
② 약 46%
③ 약 76%
④ 약 82%

> 절대습도 $x = 0.622(\dfrac{p_v}{p_a}) = 0.622(\dfrac{\phi p_s}{p_o - \phi p_s})$ 에서 대입하면
> $0.008 = 0.622(\dfrac{\phi \times 1.7}{101.3 - \phi \times 1.7})$
> $\dfrac{0.008}{0.622}(101.3 - \phi \times 1.7) = \phi \times 1.7$
> $0.0129(101.3 - \phi \times 1.7) = \phi \times 1.7$
> $1.307 - \phi \times 0.022 = \phi \times 1.7$
> $1.307 = \phi(1.7 + 0.022)$
> $\phi = \dfrac{1.307}{1.722} = 0.76 = 76\%$

16 증기압축식 냉동기에서 냉동능력 270RT, 냉수 입출구 온도차 5℃, 냉수비열 4.2kJ/kgK, 냉수 밀도 1000 kg/m³ 일 때 냉수 순환펌프 유량(L/s)은 얼마인가? (1RT=3.86kW이다)

① 21.4
② 46.5
③ 49.6
④ 91.2

> 냉수량과 냉동능력 관계식 $Q = WC\Delta t$ 에서
> 냉수량 $W = \dfrac{Q}{C\Delta t} = \dfrac{270 \times 3.86}{4.2 \times 5} = 49.6 \text{kg/s} = 49.6 \text{L/s}$

정답 11 ③ 12 ④ 13 ② 14 ③ 15 ③ 16 ③

17 온수난방 설비의 특징에 대한 설명으로 옳은 것은?

① 온수난방은 현열을 이용하므로 열의 운반능력이 증기난방보다 크다.
② 온수난방은 열용량이 커서 예열시간이 증기난방에 비해 짧다.
③ 중앙기계실에서 온수온도를 계절에 따라 조절할 수 있어 실내온도를 용이하게 조절할 수 있다.
④ 온수난방은 연속난방보다 간헐난방에 적합하다.

> 온수난방은 현열을 이용하므로 열의 운반능력이 증기난방(잠열이용)보다 작고, 온수난방은 열용량이 커서 예열시간이 증기난방에 비해 길다. 온수난방은 예열시간과 여열시간이 길어서 연속난방에 적합하다.

18 증기압축식 냉동장치에서 표준냉동사이클일 때 냉각탑에 대한 설명으로 가장 거리가 먼 것은?

① 냉각탑은 냉동장치가 흡수한 열을 대기중으로 방출하는 설비이다
② 냉각탑에서 쿨링랜지는 5℃ 정도가 적합하다.
③ 냉각수 입출구 온도는 37℃, 32℃ 정도로 한다.
④ 냉각수 순환량은 23L/min RT 정도가 적합하다.

> 냉각수 순환량은 13L/min RT 정도가 적합하다.
> $1RT = 3.86$kW, 냉각탑 부하는 냉동능력의 1.2배 정도이므로
> $Q_c = 3.86 \times 1.2 = 4.63$kW (냉각수 온도차 5℃로 보면)
> $W = \dfrac{Q_c}{C \times \Delta t} = \dfrac{4.63}{4.2 \times 5} = 0.22$L/s $= 13$L/min $= 13$L/min RT
> (증기압축식에서 냉각탑 능력은 성적계수에 따라 달라지므로 냉동능력의 1.2~1.3배정도로 보며, 흡수식에서는 1.5~2.0배 정도로 본다.)

19 다수의 전열판을 겹쳐 놓고 볼트로 연결시킨 것으로 판과 판 사이를 유체가 지그재그로 흐르면서 열교환 능력이 매우 높아 필요 설치면적이 좁고 전열관의 증감으로 기기 용량의 변동이 용이한 열교환기는?

① 플레이트형 열교환기
② 스파이럴형 열교환기
③ 원통다관형 열교환기
④ 회전형 전열교환기

> 플레이트형(판형) 열교환기는 판과 판 사이를 유체가 지그재그로 흐르도록 하여 열교환 효율이 높아 최근에 현장에서 주로 쓰이고 있다.

20 공조설비에서 축열시스템의 특징에 관한 설명으로 옳은 것은?

① 피크 컷(peak cut)에 의해 열원장치의 용량이 증가한다.
② 부분부하 운전에 쉽게 대응하기가 곤란하다.
③ 도시의 전력수급상태를 개선하는데 유리하다.
④ 야간운전에 따른 관리 인건비가 절약된다.

> 축열시스템은 피크 컷(peak cut)에 의해 열원장치의 용량이 감소하며, 부분부하 운전에 쉽게 대응하고, 피크부하에 따른 전력소비량이 감소하여 도시의 전력수급상태 개선에 유리하지만, 야간운전에 따른 관리 인건비가 증가한다.

정답 17 ③ 18 ④ 19 ① 20 ③

2 냉동냉장설비

21 아래와 같이 운전되고 있는 냉동사이클의 성적계수는?

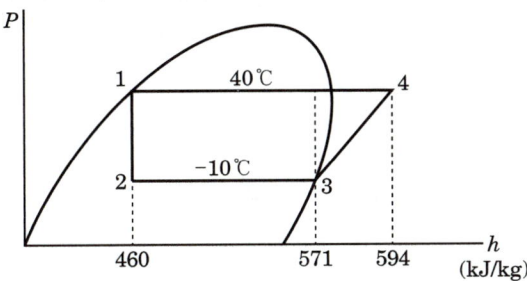

① 2.1　　② 3.3
③ 4.8　　④ 5.9

> 성적계수 COP
> $COP = \dfrac{q_2}{w} = \dfrac{571-460}{594-571} = 4.8$

22 이상 기체를 체적이 일정한 상태에서 가열하면 온도와 압력은 어떻게 변하는가?

① 온도가 상승하고 압력도 높아진다.
② 온도는 상승하고 압력은 낮아진다.
③ 온도는 저하하고 압력은 높아진다.
④ 온도가 저하하고 압력도 낮아진다.

> 이상기체의 정적변화
> 보일-샤를의 법칙($\dfrac{P_1 V_1}{T_1} = \dfrac{P_2 V_2}{T_2}$)에서 정적변화($V_1 = V_2$) 이므로 $\dfrac{P_1}{T_1} = \dfrac{P_2}{T_2}$ 가 된다.
> 따라서 정적 하에서 가열하면 온도는 상승($T_1 \to T_2$)하고 압력도 높아($P_1 \to P_2$)진다.

23 유량 100L/min의 물을 15℃에서 9℃로 냉각하는 수냉각기가 있다. 이 냉동장치의 냉동효과가 168kJ/kg일 때 필요냉매 순환량은 몇 kg/h인가?(단, 물의 비열은 4.2kJ/kgK로 한다.)

① 700kg/h　　② 800kg/h
③ 900kg/h　　④ 1000kg/h

> $Q_2 = G \times q_2 = mc\Delta t$ 에서
> 냉매순환량
> $G = \dfrac{mc\Delta t}{q_2} = \dfrac{100 \times 60 \times 4.2 \times (15-9)}{168} = 900[kg/h]$

24 압축기 및 응축기에서 과도한 온도 상승을 방지하기 위한 대책으로 부적당한 것은?

① 압력 차단 스위치를 설치한다.
② 온도 조절기를 사용한다.
③ 규정된 냉매량보다 적은 냉매를 충진 한다.
④ 많은 냉각수를 보낸다.

> 규정된 냉매량보다 적은 냉매를 충진하면 냉동능력의 감소와 토출가스 과열에 의한 과도한 온도상승의 우려가 있다.

25 전자식 팽창밸브에 관한 설명으로 틀린 것은?

① 응축압력의 변화에 따른 영향을 직접적으로 받지 않는다.
② 온도식 팽창밸브에 비해 초기투자비용이 비싸고 내구성이 떨어진다.
③ 일반적으로 슈퍼마켓, 쇼케이스 등과 같이 운전시간이 길고 부하변동이 비교적 큰 경우 사용하기 적합하다.
④ 전자식 팽창밸브는 응축기의 냉매유량을 전자제어장치에 의해 조절하는 밸브이다.

정답　21 ③　22 ①　23 ③　24 ③　25 ④

전자식 팽창밸브는 온도센서로 검출한 증발기 입·출구의 냉매의 온도차를 2개의 온도센서로 검출한 전기신호를 조절기의 컴퓨터로 연산하여 변의 개도를 폭넓게 제어를 할 수 있다.

특징
㉠ 전자식 팽창밸브는 온도자동팽창밸브에 비해 조절기에 의해서 폭넓은 제어특성을 갖는다.
㉡ 전자식 팽창밸브는 온도센서로 검출한 과열도의 신호를 조절기로 처리하여 밸브의 개폐를 행한다.

26 아래 그림은 브라인 순환식 빙축열 시스템의 개략도를 나타내는 것이다. (A)의 기기 명칭과 (B)의 매체의 명칭으로 맞는 것은?

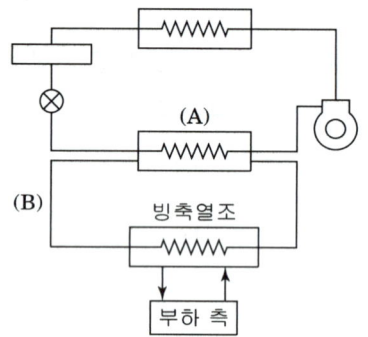

① (A) 증발기, (B) 냉매
② (A) 축냉기, (B) 냉매
③ (A) 증발기, (B) 브라인
④ (A) 축냉기, (B) 냉수

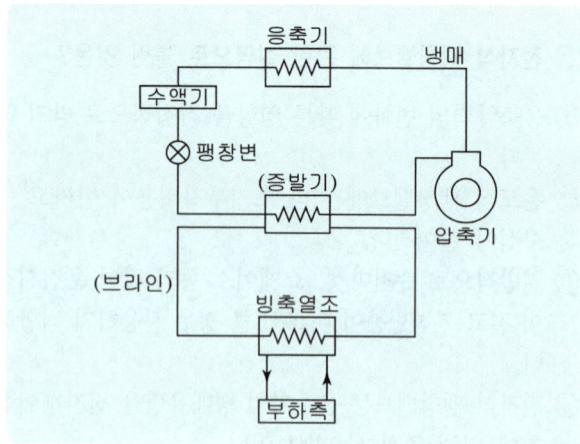

27 흡수식 냉동기에 사용하는 흡수제로써 요구 조건으로 가장 거리가 먼 것은?

① 결정이 생기기 쉬울 것
② 농도의 변화에 의한 증기압의 변화가 적을 것
③ 재생에 많은 열량을 필요로 하지 않을 것
④ 점도가 낮을 것

흡수제의 구비조건
㉠ 냉매와의 비등점차가 클 것
㉡ 냉매의 용해도가 높을 것
㉢ 발생기와 흡수기에서의 용해도 차가 클 것
㉣ 재생에 많은 열량을 필요로 하지 않을 것
㉤ 농도 변화에 의한 증기압의 변화가 작을 것
㉥ 용액의 증기압이 낮을 것
㉦ 점성이 적을 것
㉧ 열전도율이 높을 것
㉨ 결정이 생성되기 어려울 것
㉩ 가격이 싸고 구입이 용이할 것 등

28 쇠고기(지방이 없는 부분) 10ton을 10시간 동안 35℃에서 2℃까지 냉각할 때의 냉동능력으로 옳은 것은? (단, 쇠고기의 동결점은 -2℃로, 쇠고기의 동결전 비열(지방이 없는 부분)은 3.25kJ/(kg·K)로, 동결후 비열은 1.76kJ/(kg·K), 동결잠열은 234.5kJ/kg으로 한다.)

① 약 30kW ② 약 35kW
③ 약 37kW ④ 약 42kW

이 문제는 동결까지 냉각하므로 동결전 비열로 냉각 현열만 계산한다.

$$Q_2 = m \cdot C \cdot \Delta t = \frac{10000 \times 3.25 \times (35-2)}{10h \times 3600} = 29.79 kJ/s = 30 kW$$

29 냉동장치의 증발압력이 너무 낮은 원인으로 가장 거리가 먼 것은?

① 수액기 및 응축기내에 냉매가 충만해 있다.
② 팽창밸브가 너무 조여 있다.
③ 증발기의 풍량이 부족하다.
④ 여과기가 막혀 있다.

증발압력(온도)의 저하 원인
㉠ 냉매 충전량이 부족할 때
㉡ 팽창밸브가 너무 조여 있을 때
㉢ 여과기가 막혔을 때
㉣ 증발기의 풍량이 부족할 때
㉤ 증발기 냉각관에 유막이나 적상(積霜 : 서리)이 형성되어 있을 때
㉥ 액관에서 플래시 가스가 발생하였을 때

30 증기압축식 냉동장치에서 건조기의 설치위치로 올바른 것은?

① 증발기 전   ② 응축기 전
③ 압축기 전   ④ 팽창밸브 전

프레온 냉동장치에서 건조기(dryer)는 수액기와 팽창밸브사이에 설치한다.
수액기 → 사이트글라스 → 건조기(dryer) → 여과기 → 전자밸브 → 팽창밸브

31 다음과 같은 대향류 열교환기의 대수 평균 온도차는? (단, t_1 : 40℃, t_2 : 10℃, t_{w1} : 4℃, t_{w2} : 8℃이다.)

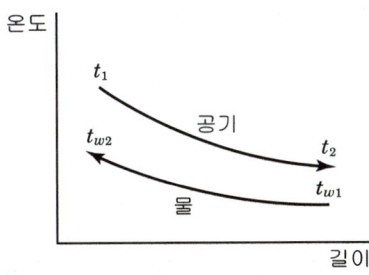

① 약 11.3℃   ② 약 13.5℃
③ 약 15.5℃   ④ 약 19.5℃

대수 평균 온도차(대향류)

$$\Delta tm = \frac{\Delta t_1 - \Delta t_2}{\ln\frac{\Delta t_1}{\Delta t_2}} = \frac{(t_1 - t_{w2}) - (t_2 - t_{w1})}{\ln\frac{(t_1 - t_{w2})}{(t_2 - t_{w1})}}$$

$$= \frac{(40-8) - (10-4)}{\ln\frac{40-8}{10-4}} ≒ 15.5$$

32 증발기에 서리가 생기면 나타나는 현상은?

① 압축비 감소
② 소요동력 감소
③ 증발압력 감소
④ 냉장고 내부온도 감소

증발기에 서리가 생기면 전열저항이 증대되어 증발기 능력이 감소된다. 따라서 냉동기 내의 증발압력은 감소한다.

33 물 10kg을 0℃에서 70℃까지 가열하면 물의 엔트로피 증가는? (단, 물의 비열은 4.18kJ이다.)

① 4.14kJ/K   ② 9.54kJ/K
③ 12.74kJ/K   ④ 52.52kJ/K

엔트로피 변화

$$\Delta s_{12} = mC_p \ln\frac{T_2}{T_1} = 10 \times 4.18 \times \ln\frac{273+70}{273+0} ≒ 9.54$$

34 다음 설명 중 옳지 않은 것은?

① 냉매설비의 내압시험과 기밀시험에 사용하는 압력은 게이지압력이다.
② 암모니아 냉동장치의 기밀시험에는 누설을 용이하게 확인할 수 있도록 이산화탄소(CO_2)로 설계압력까지 승압한다.
③ 압력용기의 기밀시험은 내압시험 후에 행하는 시험이다.
④ 냉매배관 공사를 완료한 냉동장치는 냉매의 충전 전에 냉매계통 전체에 대하여 기밀시험을 행하여야 한다.

② 암모니아 냉동장치의 기밀시험에는 이산화탄소를 사용할 수 없다. 잔류한 이산화탄소와 암모니아가 탄산암모늄의 분말을 생성하기 때문이다.

정답 30 ④ 31 ③ 32 ③ 33 ② 34 ②

35 카르노 사이클을 행하는 열기관에서 1사이클당 790J의 일량을 얻으려고 한다. 고열원의 온도(T_1)를 300℃, 1사이클당 공급되는 열량을 4.2kJ라고 할 때, 저열원의 온도(T_2)와 효율(η)은?

① T_2 = 85℃, η = 0.154
② T_2 = 97℃, η = 0.154
③ T_2 = 192℃, η = 0.188
④ T_2 = 197℃, η = 0.188

> (1) 열효율 $\eta = \dfrac{유효열}{공급열} = \dfrac{W}{Q_1} = 1 - \dfrac{T_2}{T_1}$
> $\eta = \dfrac{790}{4.2 \times 10^3} = 0.188$
> (2) $T_2 = T_1(1-\eta) = (273+300) \times (1-0.188) ≒ 465$ [K]
> $= 192℃$

36 냉매에 대한 설명으로 틀린 것은?

① 응고점이 낮을 것
② 증발열과 열전도율이 클 것
③ R-500은 R-12와 R-152를 합한 공비 혼합냉매라 한다.
④ R-21은 화학식으로 CHCl₂F이고, CClF₂-CClF₂는 R-113이다.

> R-113 : CClF-CClF₂
> R-114 : CClF₂-CClF₂

37 기계설비법에서 사용 전 검사 신청서에 구비서류로 가장 거리가 먼 것은?

① 기계설비공사 준공설계도서 사본
② 관계 법령에 따라 기계설비에 대한 감리업무를 수행한 자가 확인한 기계설비 사용 적합 확인서
③ 에너지이용합리화법 검사대상기기로 합격한경우 그 검사결과서
④ 기계설비법 완성검사에 합격한 경우 그 검사결과서

> 기계설비법에서 사용전 검사 신청서의 구비서류로는 기계설비공사 준공설계도서 사본, 관계 법령에 따라 기계설비에 대한 감리업무를 수행한 자가 확인한 기계설비 사용 적합 확인서, 에너지이용합리화법 검사대상기기로 합격한경우 그 검사결과서, 고압가스안전관리법 완성검사에 합격한경우 그 검사결과서 등이다.

38 스크루 압축기의 특징에 관한 설명으로 틀린 것은?

① 경부하 운전 시 비교적 동력 소모가 적다.
② 크랭크 샤프트, 피스톤링, 커넥팅 로드 등의 마모 부분이 없어 고장이 적다.
③ 소형으로써 비교적 큰 냉동능력을 발휘할 수 있다.
④ 왕복동식에서 필요한 흡입밸브와 토출밸브를 사용하지 않는다.

> 스크루(screw) 압축기의 특징
> ㉠ 소형으로 대용량의 가스를 처리할 수 있다.
> ㉡ 마모 부분(크랭크샤프트, 피스톤링, 커넥팅로드 등)이 없어 고장이 적다.
> ㉢ 1단의 압축비를 크게 할 수 있고 액 압축의 영향도 적다.
> ㉣ 흡입 및 토출밸브가 없다.
> ㉤ 냉매의 압력손실이 적어 체적효율이 향상된다.
> ㉥ 무단계, 연속적인 용량제어가 가능하다.
> ㉦ 고속회전 (3500rpm 이상)에 의한 소음이 크다.
> ㉧ 독립된 유펌프 및 유냉각기가 필요하다.
> ㉨ 경부하운전시 동력소비가 크다.
> ㉩ 유지비가 비싸다.

39 어떤 냉동장치의 게이지압이 저압은 60mmHg v, 고압은 0.59MPa이었다면 이때의 압축비는 약 얼마인가? (단, 대기압은 0.1MPa로 한다)

① 5.8
② 6.0
③ 7.5
④ 8.3

정답 35 ③ 36 ④ 37 ④ 38 ① 39 ③

압축비 $m = \dfrac{P_1}{P_2} = \dfrac{0.59 + 0.1}{0.0921} ≒ 7.5$

여기서, P_1 : 고압 측 절대압력[MPa·a]
P_2 : 저압 측 절대압력[MPa·a]
$= 0.1 \times \dfrac{760-60}{760} = 0.0921$ [MPa·a]

40 2단압축 1단 팽창 냉동사이클에서 중간냉각기의 기능으로 가장 적합한 것은?

① 고단압축기 토출가스를 냉각시키고 팽창밸브로 공급되는 냉매액을 냉각시킨다.
② 불응축가스를 냉각시켜서 응축부하를 감소시킨다.
③ 저단압축기 토출가스를 냉각시키고 팽창밸브로 공급되는 냉매액을 냉각시킨다.
④ 저단압축기 토출가스를 냉각시키고, 팽창밸브로 공급되는 냉매액을 가열한다.

2단압축 1단 팽창 냉동사이클에서 중간냉각기의 기능은 저단 압축기 토출가스를 냉각시키고 팽창밸브로 공급되는 냉매액을 냉각시켜서 성적계수를 높이고, 냉동능력을 증가시킨다.

3 공조냉동 설치·운영

41 탄성이 크고 엷은 산이나 알칼리에는 침해되지 않으나 열이나 기름에 약하며 급수, 배수, 공기 등의 배관에 쓰이는 패킹은?

① 고무 패킹
② 금속 패킹
③ 글랜드 패킹
④ 액상 합성수지

천연고무 패킹은 기름이나 100℃ 이상의 고온배관에서는 부적당하나 신축성이 좋아서 급수나 배수, 공기의 밀폐용에 주로 쓰인다.

42 배관의 이동 및 회전을 방지하기 위하여 지지점의 위치에 완전히 고정하는 장치는?

① 앵커
② 행거
③ 스포트
④ 브레이스

앵커는 배관을 어떤 위치에 완전히 고정하는 것으로 일정 구간의 배관 신축을 신축이음으로 한정한다.

43 관의 보온재로서 구비해야 할 조건으로 부적당한 것은?

① 내식성이 클 것
② 흡습률이 적을 것
③ 열전도율이 클 것
④ 비중이 작고 가벼운 것

보온재는 열전도율이 작아야 한다.

44 감압밸브 주위 배관에 사용되는 부속장치이다. 적당하지 않은 것은?

① 압력계
② 게이트밸브
③ 안전밸브
④ 콕(cook)

감압밸브 주위 배관에 사용되는 부속설비는 게이트밸브, 압력계, 스트레이너, 안전밸브, 글로브밸브 등이다.

45 10세대가 거주하는 아파트에서 필요한 하루의 급수량은? (단, 1세대 거주인원은 4명, 1일 1인당 사용수량은 100L로 한다.)

① 3000L
② 4000L
③ 5000L
④ 6000L

$Q = Nq = 10 \times 4 \times 100 = 4000$ L

정답 40 ③ 41 ① 42 ① 43 ③ 44 ④ 45 ②

46 공조설비에서 배관의 종류에 따른 접합방법으로 가장 거리가 먼 것은?

① 강관 – 나사접합
② 주철관 – 소켓접합
③ 연관 – 플라스턴접합
④ 스텐레스관 – 플레어접합

> 플레어접합은 주로 동관에서 사용한다.

47 증기보일러에서 환수방법을 진공환수 방법으로 할 때 설명이 옳은 것은?

① 증기주관은 선하향 구배로 설치한다.
② 환수관은 습식 환수관을 사용한다.
③ 리프트 피팅의 1단 흡상고는 3m로 설치한다.
④ 리프트 피팅은 펌프부근에 2개 이상 설치한다.

> 진공환수식에서 환수관은 건식 환수관을 사용하고 리프트 피팅의 1단 흡상고는 1.5m 이내로 설치하며, 리프트피딩은 되도록 적게(2개 이하) 설치한다.

48 급탕배관이 벽이나 바닥을 관통할 때 슬리브(sleeve)를 설치하는 이유로 가장 적절한 것은?

① 배관의 진동을 건물 구조물에 전달되지 않도록 하기 위하여
② 배관의 중량을 건물 구조물에 지지하기 위하여
③ 관의 신축이 자유롭고 배관의 교체나 수리를 편리하게 하기 위하여
④ 배관의 마찰저항을 감소시켜 온수의 순환을 균일하게 하기 위하여

> 슬리브(sleeve)는 배관이 콘크리트 벽이나 바닥을 관통할 때 관의 신축이 자유롭고 배관의 교체나 수리를 편리하게 하기 위하여 콘크리트 타설전에 미리 설치하는 덧관이다.

49 냉동 설비에서 고온·고압의 냉매 기체가 흐르는 배관은?

① 증발기와 압축기 사이 배관
② 응축기와 수액기 사이 배관
③ 압축기와 응축기 사이 배관
④ 팽창밸브와 증발기 사이 배관

> 고온·고압의 냉매 기체 : 압축기와 응축기 사이 배관
> 저온·저압의 냉매 기체 : 증발기와 압축기 사이 배관
> 고온·고압의 냉매 액체 : 응축기와 수액기 사이 배관

50 펌프설비와 연결된 공조배관계통에서 수격작용을 방지 또는 경감하는 방법이 아닌 것은?

① 유속을 낮춘다.
② 격막식 에어 챔버를 설치한다.
③ 토출밸브의 개폐시간을 짧게 한다.
④ 플라이 휠을 달아 펌프속도 변화를 완만하게 한다.

> 토출밸브의 개폐시간을 짧게 하면 수격작용이 심해진다. 밸브는 서서히 닫히는 완폐밸브를 사용한다.

51 LPG(액화 천연가스)의 지상 저장탱크에 대한 설명으로 틀린 것은?

① 지상 저장 탱크는 금속 2중벽 탱크가 대표적이다.
② 내부탱크는 약 –162℃ 정도의 초저온에 견딜 수 있어야 한다.
③ 외부 탱크는 일반적으로 연강으로 만들어진다.
④ 증발 가스량이 지하 저장 탱크보다 많고 저렴하며 안전하다.

> 액화 천연가스 지상 저장탱크 방식은 증발 가스량이 지하 저장 탱크보다 많아서 위험하다. 외부 탱크는 일반적으로 연강을 사용하고 내부 탱크는 9% 니켈강이나 스테인리스강을 사용한다.

정답 46 ④ 47 ① 48 ③ 49 ③ 50 ③ 51 ④

52 산업안전보건법령상 냉동·냉장 창고시설 건설공사에 대한 유해위험방지계획서를 제출해야 하는 대상시설의 연면적 기준은 얼마인가?

① 3천제곱미터 이상 ② 4천제곱미터 이상
③ 5천제곱미터 이상 ④ 6천제곱미터 이상

> 산업안전보건법령상 냉동·냉장 창고시설 건설공사에 대한 유해위험방지계획서를 제출해야 하는 대상시설의 연면적 기준은 5천제곱미터 이상이다.

53 10[kVA]의 단상변압기 3대가 있다. 이를 3상 배전선에 V결선했을 때의 출력은 몇 [kVA]인가?

① 11.73 ② 17.32
③ 20   ④ 30

> V결선의 출력
> V결선은 변압기 1대의 용량의 $\sqrt{3}$ 배 곱한 용량을 출력으로 사용할 수 있기 때문에 변압기 1대의 용량이 10[kVA]라 하면 V결선의 출력은
> ∴ $\sqrt{3}P = \sqrt{3} \times 10 = 17.32[kVA]$

54 자동제어에서 미리 정해 놓은 순서에 따라 제어의 각 단계가 순차적으로 진행되는 제어 방식은?

① 프로세스제어 ② 시퀀스제어
③ 서보제어   ④ 되먹임제어

> 시퀀스 제어계의 특징
> (1) 미리 정해진 순서 또는 일정의 논리에 의해 정해진 순서에 따라 제어의 각 단계를 순차적으로 진행시켜 가는 제어이다.(예 무인자판기, 컨베이어, 엘리베이터, 세탁기 등)
> (2) 구성하기 쉽고 시스템의 구성비가 낮다.
> (3) 개루프 제어계로서 유지 및 보수가 간단하다.
> (4) 자체 판단능력이 없기 때문에 원하는 출력을 얻기 위해서는 보정이 필요하다.
> (5) 조합논리회로 및 시간지연요소나 제어용계전기가 사용되며 제어결과에 따라 조작이 자동적으로 이행된다.

55 추종제어에 속하지 않는 제어량은?

① 위치 ② 방위
③ 유량 ④ 자세

> 서보기구 제어는 기계적 변위를 제어량으로 해서 목표값의 임의의 변화에 항상 추종되도록 하는 추종제어인 경우이다. 위치, 방향, 자세, 각도, 거리 등을 제어한다.
> ∴ 유량은 프로세스제어의 제어량이다.

56 다음과 같은 Y결선 회로와 등가인 △결선 회로의 A, B, C 값은 몇 [Ω]인가?

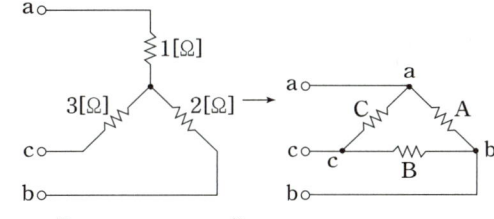

① $A = \dfrac{7}{3}$, $B = 7$, $C = \dfrac{7}{2}$

② $A = 7$, $B = \dfrac{7}{2}$, $C = \dfrac{7}{3}$

③ $A = 11$, $B = \dfrac{11}{2}$, $C = \dfrac{11}{3}$

④ $A = \dfrac{11}{3}$, $B = 11$, $C = \dfrac{11}{2}$

> Y결선에서 △결선으로 변환
> $R_a = 1[\Omega]$, $R_b = 2[\Omega]$, $R_c = 3[\Omega]$이라 하면
> $R_A = \dfrac{R_aR_b + R_bR_c + R_cR_a}{R_c}$
> $= \dfrac{1 \times 2 + 2 \times 3 + 3 \times 1}{3} = \dfrac{11}{3}$
> $R_B = \dfrac{R_aR_b + R_bR_c + R_cR_a}{R_a}$
> $= \dfrac{1 \times 2 + 2 \times 3 + 3 \times 1}{1} = 11$
> $R_C = \dfrac{R_aR_b + R_bR_c + R_cR_a}{R_b}$
> $= \dfrac{1 \times 2 + 2 \times 3 + 3 \times 1}{2} = \dfrac{11}{2}$

정답 52 ③ 53 ② 54 ② 55 ③ 56 ④

57 그림과 같은 회로에서 R의 값은?

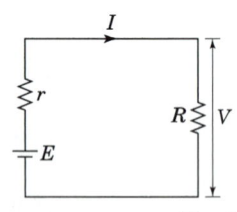

① $\dfrac{E}{E-V}r$ ② $\dfrac{E-V}{E}r$

③ $\dfrac{V}{E-V}r$ ④ $\dfrac{E-V}{V}r$

> 직렬 회로에서는 각 저항에 흐르는 전류가 같기 때문에
> $I=\dfrac{E-V}{r}=\dfrac{V}{R}$[A]임을 알 수 있다.
> $\therefore R=\dfrac{V}{E-V}r[\Omega]$

58 주파수 50[Hz]인 교류의 위상차가 $\dfrac{\pi}{3}$[rad]이다. 이 위상차를 시간으로 나타내면 몇 [sec]인가?

① $\dfrac{1}{60}$ ② $\dfrac{1}{120}$

③ $\dfrac{1}{300}$ ④ $\dfrac{1}{720}$

> $\theta=\omega t=2\pi ft$[rad] 식에서
> $f=50$[Hz], $\theta=\dfrac{\pi}{3}$[rad]일 때
> $\therefore t=\dfrac{\theta}{2\pi f}=\dfrac{\frac{\pi}{3}}{2\pi\times50}=\dfrac{1}{300}$[sec]

59 직류회로에 사용되고 자계와 전류 사이에 작용하는 전자력을 이용한 계측기는?

① 정전형 ② 유도형
③ 가동철편형 ④ 가동코일형

> 직류용 계기와 교류용 계기
> (1) 직류용 계기 : 가동 코일형
> (2) 교류용 계기 : 가동 철편형, 정전형, 유도형, 열선형, 전류력계형 등

60 다음 블록선도의 입력과 출력이 일치하기 위해서 A에 들어갈 전달함수는?

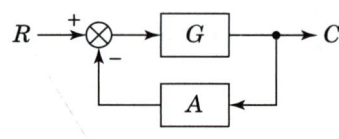

① $\dfrac{1+G}{G}$ ② $\dfrac{G}{G+1}$

③ $\dfrac{G-1}{G}$ ④ $\dfrac{G}{G-1}$

> $G(s)=\dfrac{\text{전향이득}}{1-\text{루프이득}}$ 식에서
> 전향이득$=G$, 루프이득$=-AG$ 이므로
> $G(s)=\dfrac{C}{R}=\dfrac{G}{1+AG}$ 이다.
> 입력과 출력이 일치한다는 것은 전달함수가 1임을 의미한다.
> $G=1+AG$ 식을 만족하기 위한 A 값은
> $\therefore A=\dfrac{G-1}{G}$

정답 57 ③ 58 ③ 59 ④ 60 ③

기출문제 복원 기출문제 (2024년 2회)

※ 본 기출문제는 수험자의 기억을 바탕으로 하여 복원한 문제이므로 실제 문제와 다를 수 있음을 미리 알려드립니다.

1 공기조화 설비

01 냉각수 출입구 온도차를 5℃, 냉각수의 처리 열량을 4.55kW로 하면 냉각수량(L/min)은? (단, 냉각수의 비열은 4.2kJ/kg·℃로 한다.)

① 10 ② 13
③ 18 ④ 20

$q = WC\Delta t$ 에서 (4.55kW=16380kJ/h)
$W = \dfrac{q}{C\Delta t} = \dfrac{16380}{4.2(5)}$
$= 780\text{L/h} = 13\text{L/min}$

02 다음 습공기 선도의 공기조화과정을 나타낸 장치도는? (단, ① = 외기, ② = 환기, HC = 가열기, CC = 냉각기이다.).

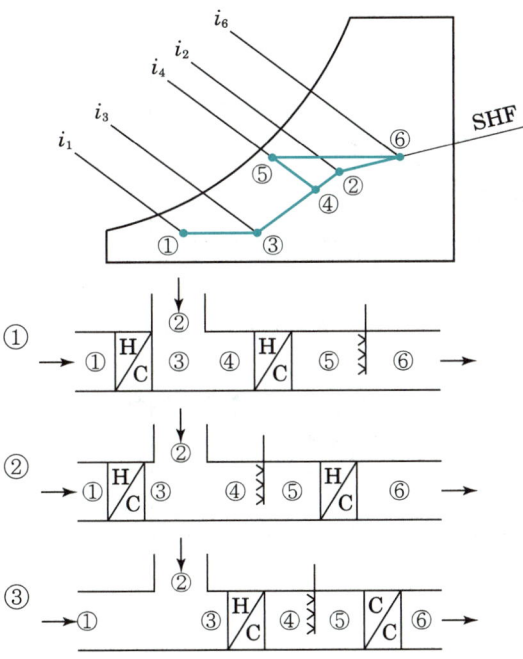

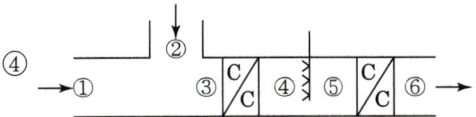

습공기 선도에서 조화과정은 외기 ①을 가열하여 ③ 환기 ②와 혼합 ④ 하고 가습 ⑤ 한후 가열하여 ⑥ 취출한다. 그러므로 ②번이 답이다.

03 에어와셔 단열 가습시 포화효율은 어떻게 표시하는가? (단, 입구공기의 건구온도 t_1, 출구공기의 건구온도 t_2, 입구공기의 습구온도 t_{w1}, 출구공기의 습구온도 t_{w2} 이다.)

① $\eta = \dfrac{(t_1 - t_2)}{(t_2 - t_{w2})}$ ② $\eta = \dfrac{(t_1 - t_2)}{(t_1 - t_{w1})}$

③ $\eta = \dfrac{(t_2 - t_1)}{(t_{w2} - t_1)}$ ④ $\eta = \dfrac{(t_1 - t_{w1})}{(t_2 - t_1)}$

에어와셔 포화효율 = $\dfrac{\text{입구건구온도}-\text{출구건구온도}}{\text{입구건구온도}-\text{출구습구온도}} = \dfrac{t_1 - t_2}{t_1 - t_{w1}}$

∴ $\eta = \dfrac{(t_1 - t_2)}{(t_1 - t_{w1})}$

04 복사 냉·난방 방식에 관한 설명으로 틀린 것은?

① 실내 수배관이 필요하며, 결로의 우려가 있다.
② 실내에 방열기를 설치하지 않으므로 바닥이나 벽면을 유용하게 이용할 수 있다.
③ 조명이나 일사가 많은 방에 효과적이며, 천장이 낮은 경우에만 적용된다.
④ 건물의 구조체가 파이프를 설치하여 여름에는 냉수, 겨울에는 온수로 냉·난방을 하는 방식이다.

정답 01 ② 02 ② 03 ② 04 ③

복사 냉·난방 방식은 복사열을 이용하므로 천장이 높은 경우에 적용하면 효과가 좋다.

05 난방부하의 변동에 따른 온도조절이 쉽고, 열용량이 커서 실내의 쾌감도가 좋으며, 공급온도를 변화시킬 수 있고, 방열기 밸브로 방열량을 조절할 수 있는 난방방식은?

① 온수난방방식 ② 증기난방방식
③ 온풍난방방식 ④ 냉매난방방식

온수난방은 온수의 열용량이 커서 난방부하의 변동에 따른 온도조절이 쉽고, 온도가 낮아 실내의 쾌감도가 좋으며, 온수 공급온도를 변화시킬 수 있고, 방열기 밸브로 유량을 조절하여 방열량을 조절할 수 있다.

06 다음 중 개방식 팽창탱크에 반드시 필요한 요소가 아닌 것은?

① 압력계 ② 수면계
③ 안전관 ④ 팽창관

개방식 팽창탱크에 압력계는 설치하지 않는다.

07 단효용 흡수식 냉동기의 능력이 감소하는 원인이 아닌 것은?

① 냉수 출구온도가 낮아질수록 심하게 감소한다.
② 압축비가 작을수록 감소한다.
③ 사용 증기압이 낮아질수록 감소한다.
④ 냉각수 입구온도가 높아질수록 감소한다.

흡수식 냉동기의 능력은 압축비(고압/저압)가 작을수록 증가한다.

08 다음 중 습공기선도 상에 표시되지 않는 것은?

① 비체적 ② 비열
③ 노점온도 ④ 엔탈피

습공기선도 상에 비열은 없다.

09 32W 형광등 20개를 조명용으로 사용하는 사무실이 있다. 이때 조명기구로부터의 취득 열량은 약 얼마인가? (단, 안정기의 부하는 20%로 한다.)

① 550W ② 640W
③ 660W ④ 768W

$q = 32 \times 20 \times 1.2 = 768W$

10 습공기선도상에서 ①의 공기가 온도가 높은 다량의 물과 접촉하여 가열, 가습되고 ③의 상태로 변화한 경우를 나타내는 것은?

①
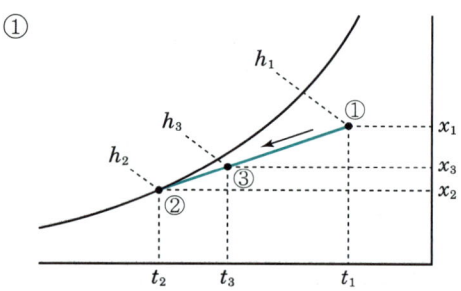

②
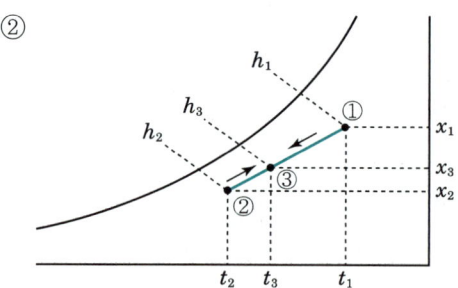

정답 05 ① 06 ① 07 ② 08 ② 09 ④ 10 ③

③
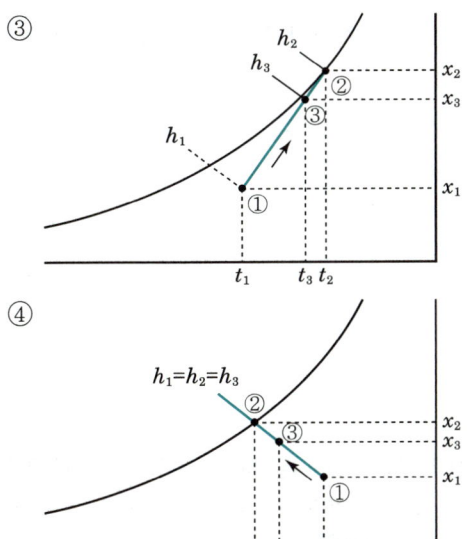
④

①은 ①공기를 ② 코일에 통과 시킬 때 ③의 상태로 냉각 감습되는 공정이고
②는 ①공기와 ②공기를 혼합하여 혼합공기③이 된다.
③은 ①공기를 고온다습한 다량의 ②온수를 가습하면 가열 가습된③공기가 된다.
④는 ①공기를 단열분무하는 것으로 ②상태의 분무수로 가습하면 ③공기가 된다.

11 다음 조건과 같은 특징을 가지는 보일러로 가장 알맞은 것은?

【조 건】

주철을 주조 성형하여 1개의 섹션(쪽)을 각각 만들어 보일러 용량에 맞추어 여러개의 섹션을 조립하여 사용하는 저압 보일러로 복잡한 구조 제작이 가능하고, 전열면적 크고 효율이 높아 주로 난방에 사용되며 증기 보일러와 온수 보일러가 있다.

① 주철제 보일러
② 노통연관식 보일러
③ 수관식 보일러
④ 관류 보일러

주철제 보일러는 섹셔널 보일러(sectional boiler)라고도 하며, 주철을 주조 성형하여 1개의 섹션(쪽)을 각각 만들어 보일러 용량에 맞추어 약 5개내지 18개정도의 섹션을 조립하여 사용하는 저압 보일러로 주물 제작으로 복잡한 구조 제작이 가능하고, 전열면적이 크고 효율이 높아 주로 난방에 사용되며 증기 보일러와 온수 보일러가 있다.

12 그림과 같은 단면을 가진 덕트에서 정압, 동압, 전압의 변화를 나타낸 것으로 옳은 것은? (단, 덕트의 길이는 일정한 것으로 한다.)

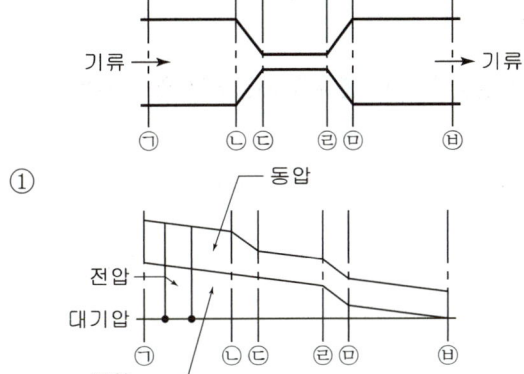

①
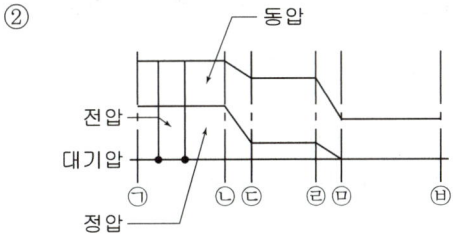

②

③
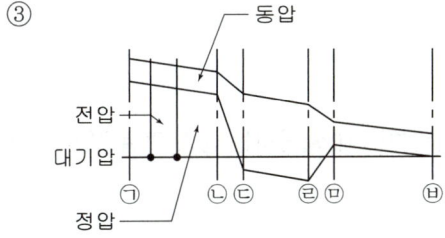

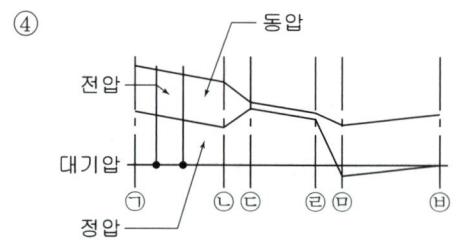

㉠-㉡과 ㉤-㉥구간은 동압이 일정하며 풍속이 작아 동압도 작으며 ㉢-㉣구간은 풍속이 커서 동압도 크다.
그러므로 ③번 항의 그림이 적합하다.

13 온수난방 방식의 분류에 해당되지 않는 것은?

① 복관식　　② 건식
③ 상향식　　④ 중력식

건식이란 증기난방에서 환수관에 응축수가 고이지 않는 방식이다.

14 수관식 보일러의 특징에 관한 설명으로 틀린 것은?

① 드럼이 작아 구조상 고압 대용량에 적합하다.
② 구조가 복잡하여 보수·청소가 곤란하다.
③ 예열시간이 짧고 효율이 좋다.
④ 보유수량이 커서 파열 시 피해가 크다.

수관식 보일러는 보유수량이 작아서 파열시 피해가 적다.

15 공기를 가열하는 데 사용하는 공기 가열코일이 아닌 것은?

① 증기코일　　② 온수코일
③ 전기히터코일　　④ 증발코일

증발코일은 냉각코일의 일종이다.

16 공기조화방식 중 중앙식 전공기방식의 특징에 관한 설명으로 틀린 것은?

① 실내공기의 오염이 적다.
② 외기냉방이 가능하다.
③ 개별제어가 용이하다.
④ 대형의 공조기계실을 필요로 한다.

중앙식 전공기방식은 개별제어는 곤란하다.

17 통과 풍량이 350m³/min일 때 표준 유닛형 에어필터의 수는? (단, 통과 풍속은 1.5m/s, 통과 면적은 0.5m² 이며, 유효면적은 80%이다.)

① 5개　　② 6개
③ 7개　　④ 8개

$$n = \frac{350}{60 \times 1.5 \times 0.5 \times 0.8} = 9.7 = 8개$$

18 냉각코일로 공기를 냉각하는 경우에 코일표면 온도가 공기의 노점온도보다 높으면 공기 중의 수분량 변화는?

① 변화가 없다.　　② 증가한다.
③ 감소한다.　　④ 불규칙적이다.

냉각코일에서 코일표면 온도가 공기의 노점온도보다 높으면 건코일로 결로가 없으며 공기 중의 수분량 변화는 없다.

19 직교류형 및 대향류형 냉각탑에 관한 설명으로 틀린 것은?

① 직교류형은 물과 공기 흐름이 직각으로 교차한다.
② 직교류형은 냉각탑의 충진재 표면적이 크다.
③ 대향류형 냉각탑의 효율이 직교류형보다 나쁘다.
④ 대향류형은 물과 공기 흐름이 서로 반대이다.

대향류형 냉각탑의 효율이 직교류형보다 좋다.

20 어느 실내에 설치된 온수 방열기의 방열면적이 10m² EDR일 때의 방열량(W)은?

① 4500　　② 6500
③ 7558　　④ 5233

> 온수방열기 1EDR=523.3W　그러므로 10×523.3=5233W
> 증기방열기 1EDR=755.8W

2 냉동 냉장설비

21 흡수식 냉동기에 사용되는 냉매와 흡수제의 연결이 잘못된 것은?

① 물(냉매) - 황산(흡수제)
② 암모니아(냉매) - 물(흡수제)
③ 물(냉매) - 가성소다(흡수제)
④ 염화에틸(냉매) - 취화리튬(흡수제)

> 흡수식 냉동기의 냉매와 흡수제의 조합
>
> | 냉매 | 흡수제 |
> |---|---|
> | 암모니아(NH_3) | 물 |
> | 물 | 취화리튬(LiBr) 염화리튬(LiCl) 가성소다(NaOH) 황산(H_2SO_4) |

22 냉동사이클이 다음과 같은 T-S 선도로 표시되었다. T-S 선도 4-5-1의 선에 관한 설명으로 옳은 것은?

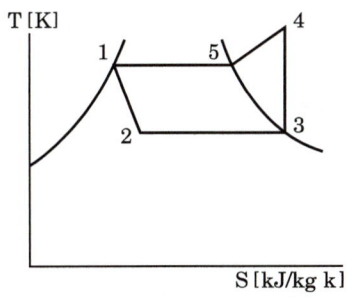

① 4-5-1은 등압선이고 응축과정이다.
② 4-5는 압축기 토출구에서 압력이 떨어지고 5-1은 교축과정이다.
③ 4-5는 불응축 가스가 존재할 때 나타나며, 5-1만이 응축과정이다.
④ 4에서 5로 온도가 떨어진 것은 압축기에서 흡입가스의 영향을 받아서 열을 방출했기 때문이다.

> ㉠ 1-2과정 : 팽창과정(등엔탈피 변화)
> ㉡ 2-3과정 : 증발과정(등압, 등온 변화)
> ㉢ 3-4과정 : 압축과정(등엔트로피 변화)
> ㉣ 4-5-1과정 : 응축과정(등압변화)

23 증발기의 분류 중 액체 냉각용 증발기로 가장 거리가 먼 것은?

① 탱크형 증발기
② 보데로형 증발기
③ 나관코일식 증발기
④ 만액식 셸 엔드 튜브식 증발기

> 공기냉각용 증발기
> ㉠ 나관코일 증발기
> ㉡ 판형 증발기
> ㉢ 핀 튜브식 증발기
> ㉣ 캐스케이드 증발기
> ㉤ 멀티피드 멀티섹션 증발기

24 냉동장치에서 고압측에 설치하는 장치가 아닌 것은?

① 수액기 ② 유분리기
③ 드라이어 ④ 액분리기

> **액분리기(Accumulator)**
> 액분리기는 흡입가스 중의 냉매액을 분리하여 압축기에 액이 흡입되는 것을 방지한다.
> (1) 설치위치
>   증발기와 압축기 사이의 흡입관(냉동장치 저압측)
> (2) 설치용량
>   증발기 내용적의 20~25% 이상의 크기
> (3) 설치의 경우
>   만액식 증발기를 갖는 냉동장치 및 부하변동이 심한 장치
> (4) 액분리기 내에서의 가스의 유속
>   1m/sec 정도

25 다음 설명 중 옳지 않은 것을 고르시오.

① 냉매설비의 내압시험과 기밀시험에 사용하는 압력은 절대압력이다.
② 암모니아 냉동장치의 기밀시험에는 이산화탄소(CO_2)를 사용하면 안된다.
③ 압력용기의 기밀시험은 내압시험 후에 행하는 시험이다.
④ 냉매배관 공사를 완료한 냉동장치는 냉매의 충전 전에 냉매계통 전체에 대하여 기밀시험을 행하여야 한다.

> ① 내압시험과 기밀시험에 사용하는 압력은 게이지 압력이다.

26 자연계에 어떠한 변화도 남기지 않고 일정온도의 열을 계속해서 일로 변환시킬 수 있는 기관은 존재하지 않는다를 의미하는 열역학 법칙은?

① 열역학 제0법칙 ② 열역학 제1법칙
③ 열역학 제2법칙 ④ 열역학 제3법칙

> **열역학 제 2법칙**
> Kelvin-Planck표현 : 자연계에 어떠한 변화도 남기지 않고 일정온도의 열을 계속해서 일로 변환시킬 수 있는 기관은 존재하지 않는다. 즉, 열기관에서 작동유체가 외부에 일을 할 때에는 그 보다 더욱 저온의 물체를 필요로 한다는 것으로 저온의 물체에 열의 일부를 버릴 필요가 있다는 것을 설명하고 있다.

27 하루에 10ton의 얼음을 만드는 제빙장치의 냉동부하 [kJ/h]는? (단, 물의 온도는 20℃, 생산되는 얼음의 온도는 -5℃이며, 이 때 제빙장치의 효율은 80% 이다.)

① 180572 ② 200482
③ 222969 ④ 283009

> (1) 20℃ 물 10ton을 0℃의 물로 만드는 데 제거해야 할 열량
> $q_s = mC\Delta t = 10 \times 10^3 \times 4.2 \times (20-0) = 840000$ [kJ]
> (2) 0℃ 물 10ton을 0℃의 얼음으로 만드는 데 제거해야 할 열량
> $q_L = mr = 10 \times 10^3 \times 333.6 = 3336000$ [kJ]
> (3) 0℃ 얼음 10ton을 -5℃의 얼음으로 만드는 데 제거해야 할 열량
> $q_s = mC\Delta t = 10 \times 10^3 \times 2.1 \times \{0-(-5)\} = 105000$ [kJ]
> ∴ 냉동부하 $= \dfrac{(840000+3336000+105000)}{24 \times 0.8}$
> $= 222969$ [kJ/h]

28 암모니아 냉동장치에서 팽창밸브 직전의 엔탈피가 538kJ/kg, 압축기 입구의 냉매가스 엔탈피가 1667kJ/kg이다. 이 냉동장치의 냉동능력이 12냉동톤일 때, 냉매순환량은? (단, 1냉동톤은 3.86 kW이다.)

① 3320 kg/h ② 3328 kg/h
③ 269 kg/h ④ 148 kg/h

> 냉매순환량 G
> $Q_2 = G \times q_2$ 에서
> $G = \dfrac{Q_2}{q_2} = \dfrac{12 \times 3.86 \times 3600}{1667-538} ≒ 148$ [kg/h]
> 여기서, Q_2 : 냉동능력[kW]
> q_2 : 냉동효과(증발기출구 냉매 엔탈피 - 증발기 입구 냉매 엔탈피)[kJ/kg]

정답 24 ④ 25 ① 26 ③ 27 ③ 28 ④

29 매시 30℃의 물 2000 kg을 −10℃의 얼음으로 만드는 냉동장치가 있다. 이 냉동장치의 냉각수 입구온도가 32℃, 냉각수 출구온도가 37℃이며, 냉각수량이 60m³/h일 때, 압축기의 소요동력은 약 몇 kW 인가?

① 83 kW
② 88 kW
③ 90 kW
④ 117 kW

소요동력 W
$Q_1 = Q_2 + W$에서
$W = Q_1 - Q_2 = 350 - 267 = 83$
여기서,
응축부하 $Q_1 = 60 \times 10^3 \times 4.2 \times (37-32)/3600 = 350[kW]$
냉동능력 $Q_2 = 2000 \times (4.2 \times 30 + 334 + 2.1 \times 10)/3600$
$= 267[kW]$

30 냉동부하가 30RT이고, 냉각장치의 열통과율이 7W/m²K, 브라인의 입·출구 평균온도 10℃, 냉매의 증발온도가 4℃일 때 전열면적은?

① 1825 m²
② 2757 m²
③ 2932 m²
④ 3123 m²

$Q_2 = KA\Delta t_m$ 에서
전열면적 $A = \dfrac{Q_2}{K\Delta t_m} = \dfrac{30 \times 3.86 \times 10^3}{7 \times (10-4)} ≒ 2757 [m^2]$
여기서, Q_2 : 냉동능력[kW]
K : 열통과율[W/m²K]
Δt_m : 브라인 입·출구 평균온도와 증발온도차

31 온도식 팽창밸브에서 흐르는 냉매의 유량에 영향을 미치는 요인으로 가장 거리가 먼 것은?

① 오리피스 구경의 크기
② 고·저압측 간의 압력차
③ 고압측 액상 냉매의 냉매온도
④ 감온통의 크기

온도식 자동팽창밸브(TEV : thermostatic expansion valve)
온도식 자동팽창밸브의 냉매 유량에 영향을 미치는 요인은 오리피스 구경의 크기, 고·저압 측간의 압력차 고압측 액상 냉매의 온도에 의해 영향을 받으며 감온통의 크기에는 영향을 받지 않는다.

32 어떤 냉동기의 증발기 내 포화압력이 245kPa이며, 이 압력에서의 포화온도, 포화액 엔탈피 및 건포화증기 엔탈피, 정압비열은 [조건]과 같다. 증발기 입구 측 냉매의 엔탈피가 455kJ/kg이고, 증발기 출구 측 냉매온도가 −10℃의 과열증기일 경우 증발기에서 냉매가 취득한 열량(kJ/kg)은?

【 조 건 】
• 포화온도 : −20℃
• 포화액 엔탈피 : 396kJ/kg
• 건포화증기 엔탈피 : 615.6kJ/kg
• 정압비열 : 0.67kJ/kg·K

① 167.3
② 152.3
③ 148.3
④ 112.3

증발기에서 냉매가 취득한 열량(냉동효과) q_2
q_2 = 증발기출구냉매엔탈피 − 증발기입구냉매엔탈피
여기서,
증발기출구냉매엔탈피 = $615.6 + 0.67 \times \{-10-(-20)\}$
$= 622.3[kJ/kg]$
∴ $q_2 = 622.3 - 455 = 167.3[kJ/kg]$

33 저온장치 중 얇은 금속판에 브라인이나 냉매를 통하게 하여 금속판의 외면에 식품을 부착시켜 동결하는 장치는?

① 판 송풍 동결장치
② 접촉식 동결장치
③ 송풍 동결장치
④ 터널식 공기 동결장치

정답 29 ① 30 ② 31 ④ 32 ① 33 ②

접촉식 동결장치는 얇은 금속판에 브라인이나 냉매를 통하게 하여 금속판의 외면에 식품을 부착시켜 동결하는 장치이다.

34 아래와 같이 운전되고 있는 냉동사이클의 성적계수는?

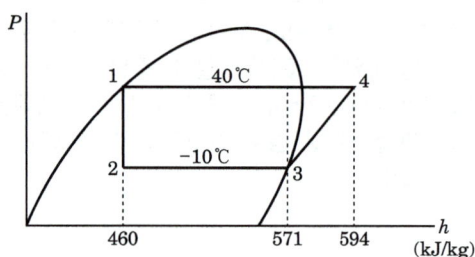

① 2.1 ② 3.3
③ 4.8 ④ 5.9

성적계수 COP

$$COP = \frac{q_2}{w} = \frac{571-460}{594-571} = 4.8$$

35 기계설비법령에서 규정하고 있는 기계설비의 범위에 포함되지 않는 것은?

① 오수정화·물재이용 설비
② 우수배수설비
③ 가스설비
④ 플랜트설비

기계설비법 시행령 (별표 1)
기계설비 범위 : 열원설비, 냉난방설비, 공기조화 청정 환기설비, 위생기구, 급수, 급탕, 오배수, 통기설비, 오수정화, 물재이용, 우수배수, 보온, 덕트, 자동제어, 방음, 방진, 플랜트설비 등이다.

36 냉동사이클에서 증발온도가 일정하고 압축기 흡입가스의 상태가 건포화 증기일 때, 응축온도를 상승시킬 경우 나타나는 현상이 아닌 것은?

① 토출압력 상승
② 압축비 상승
③ 냉동효과 감소
④ 압축일량 감소

증기압축식 냉동 장치에서 증발온도를 일정하게 유지하고 응축온도가 상승되거나 응축온도가 일정한 상태에서 증발온도가 저하되면 다음과 같은 현상이 발생한다.
㉠ 압축비 상승
㉡ 토출가스 온도(압력) 상승
㉢ 실린더 과열
㉣ 윤활유의 열화 및 탄화
㉤ 체적효율 감소
㉥ 냉매순환량 감소
㉦ 냉동능력 감소(냉동효과 감소)
㉧ 소요동력 증대(압축이량 증대)
㉨ 성적계수 감소
㉩ 플래시 가스 발생량이 증가

37 고압가스안전관리법상 고압가스 제조신고를 받아야 하는 냉동제조 능력에 대한 다음 조건 중 ( )안에 알맞은 것은?

【조 건】
냉동능력이 3톤 이상 ( )미만(가연성가스 또는 독성가스 외의 고압가스를 냉매로 사용하는 것으로서 산업용 및 냉동·냉장용인 경우에는 20톤 이상 50톤 미만, 건축물의 냉·난방용인 경우에는 20톤 이상 100톤 미만)인 설비를 사용하여 냉동을 하는 과정에서 압축 또는 액화의 방법으로 고압가스가 생성되게 하는 것

① 3톤 ② 5톤
③ 10톤 ④ 20톤

냉동능력이 3톤 이상 20톤 미만(가연성가스 또는 독성가스 외의 고압가스를 냉매로 사용하는 것으로서 산업용 및 냉동·냉장용인 경우에는 20톤 이상 50톤 미만, 건축물의 냉·난방용인 경우에는 20톤 이상 100톤 미만)인 설비를 사용하여 냉동을 하는 과정에서 압축 또는 액화의 방법으로 고압가스가 생성되게 하는 설비는 고압가스 제조신고를 받아야 한다.

38 2원 냉동사이클의 특징이 아닌 것은?

① 일반적으로 저온측과 고온측에 서로 다른 냉매를 사용한다.
② 초저온의 온도를 얻고자 할 때 이용하는 냉동사이클이다.
③ 보통 저온측 냉매로는 임계점이 높은 냉매를 사용하며, 고온측에는 임계점이 낮은 냉매를 사용한다.
④ 중간열교환기는 저온측에서는 응축기 역할을 하며, 고온측에서는 증발기 역할을 수행한다.

2원 냉동
㉠ 2원 냉동은 -70℃ 이하의 초저온을 얻고자 할 때 사용되며, 일반적으로 저온측에는 비점 및 임계점이 낮은 냉매를, 고온측에는 비점 및 임계점이 높은 냉매를 사용한다.
㉡ 저온냉동장치의 응축기가 고온냉동장치의 증발기에 의해서 냉각되도록 되어 있다.(중간열교환기는 저온측에서는 응축기 역할을 하며, 고온측에서는 증발기 역할을 수행한다.)
㉢ 저온측에 사용하는 냉매는 R-13, R-14, 에틸렌 등이다.
㉣ 고온측에 사용하는 냉매는 R-12, R-22, 프로판 등이다.

39 10[kg]의 산소가 체적 5[m³]로부터 11[m³]로 변화하였다. 이 변화가 일정 압력 하에 이루어졌다면 엔트로피의 변화[kJ/K]는? (단, 산소는 완전가스로 보고, 정압비열은 0.221[kJ/kg·K]로 한다.)

① 3.42   ② 7.33
③ 14.62   ④ 28.33

엔트로피 변화(정압변화)
$\triangle S = m \cdot C_p \cdot \ln \dfrac{V_2}{V_1} = 10 \times 0.93 \times \ln \dfrac{11}{5} = 7.33 \, kJ/K$

40 냉수나 브라인의 동결방지용으로 사용하는 것은?

① 고압차단장치
② 차압제어장치
③ 증발압력제어장치
④ 유압보호스위치

증발압력 조정밸브는 증발압력이 설정압력 이하로 저하되는 것을 방지하여 냉수나 브라인의 동결방지용으로 사용된다.

3 공조냉동 설치 운영

41 냉온수 배관에 관한 설명으로 옳은 것은?

① 배관이 보·천장·바닥을 관통하는 개소에는 플렉시블 이음을 한다.
② 수평관의 공기체류부에는 슬리브를 설치한다.
③ 팽창관(도피관)에는 슬루스 밸브를 설치한다.
④ 주관이 굽힘부에는 엘보 대신 벤드(곡관)를 사용한다.

배관이 보·천장·바닥을 관통하는 개소에는 슬리브를 설치하고, 수평관의 공기체류부에는 공기밸브를 설치하며 팽창관(도피관)에는 밸브를 설치하지 않고, 주관의 굽힘부에는 엘보 대신 벤드(곡관)를 사용하여 신축을 흡수한다.

42 파이프 내 흐르는 유체가 "물"임을 표시하는 기호는?

① ────↙A────
② ────↙O────
③ ────↙S────
④ ────↙W────

물: W, 공기: A, 오일: O, 증기: S

정답 38 ③ 39 ② 40 ③ 41 ④ 42 ④

43 냉동장치의 토출배관 시공 시 유의사항으로 틀린 것은?

① 관의 합류는 T이음보다 Y이음으로 한다.
② 압축기 정지 중에도 관내에 응축된 냉매가 압축기로 역류하지 않도록 한다.
③ 압축기에서 입상된 토출관의 수평 부분은 응축기 쪽으로 상향 구배를 한다.
④ 여러 대의 압축기를 병렬 운전할 때는 가스의 충돌로 인한 진동이 없게 한다.

> 압축기에서 입상된 토출관의 수평 부분은 응축기 쪽으로 하향 구배를 한다.

44 다음 조건과 같은 냉온수 배관계통에서 순환펌프 양정(mAq)을 구하시오

【 조 건 】
냉온수 계통에 공조기 2대 병렬 설치, 가장 먼 공조기까지 배관 직관 순환 길이 160m, 공조기 코일저항 각각 4mAq, 국부저항은 직관저항의 50%로 하며 기타 손실은 무시한다. 배관경 선정시 마찰저항은 50mmAq/m이하로 한다.

① 8 mAq ② 12 mAq
③ 16 mAq ④ 18 mAq

> 직관 배관에 대한 마찰저항은 1m당 50mmAq저항이 걸리므로
> 직관부 저항=160×50=8000mmAq=8mAq
> 국부저항=8×0.5=4mAq
> 공조기저항은 1대(4mAq)만 계산한다.
> 전체마찰저항=직관+국부+기기=8+4+4=16mAq

45 다음중 일반적인 공랭식 히트펌프의 유지관리항목으로 가장 거리가 먼 것은?

① 압축기용 전동기의 전류, 전압의 Check
② 냉온수 코일 출입구의 온도 점검
③ 각종 냉매 배관의 누설 기타 점검
④ 실외기의 점검

> 공랭식 히트펌프는 냉매가 직접 팽창하며 냉각시키는 직팽형으로 냉온수 코일은 구성요소가 아니다.

46 보일러 정비시의 주의사항(안전관리)으로 가장 거리가 먼 것은?

① 작업전에 보일러의 잔압을 완전히 제거하고 충분히 냉각을 시켜야 한다.
② 타보일러와 증기관이 연결이 되어 있을 때는 주증기 발브를 잠근 후 핸들을 떼어 놓거나, 맹판을 삽입하여 증기가 누입되지 않도록 한다.
③ 분출관이 타보일러와 연결이 되어 있을 때는 분출발브 토출측을 떼어놓는다.
④ 보일러내에 들어갈 때는 충돌 방지를 위하여 1인 씩만 작업하는 것이 바람직하다.

> 안전을 위하여 보일러내에 들어갈 때는 2인1조로 하던가, 한 사람은 바깥에서 보일러내의 작업자를 감시하는 것이 바람직하다.

47 증기난방에 비해 온수난방의 특징을 설명한 것으로 틀린 것은?

① 예열하는 데 많은 시간이 걸린다.
② 부하 변동에 대응한 온도 조절이 어렵다.
③ 방열면의 온도가 비교적 높지 않아 쾌감도가 좋다.
④ 설비비가 다소 고가이나 취급이 쉽고 비교적 안전하다.

> 온수난방은 부하 변동에 대응하여 온수 유량을 조절하여 온도를 조절할 수 있다.

정답 43 ③ 44 ③ 45 ② 46 ④ 47 ②

48 덕트 설계, 설치시 검토 확인사항으로 가장 부적합한 것은?

① 덕트의 형상은 굴곡, 변형, 확대, 축소, 분기, 합류시 덕트내 공기저항이 최소가 되도록 설계되었는가 확인
② 덕트는 층고를 낮추기위해 종횡비를 8:1이상으로 하여 덕트 높이를 최소화한다.
③ 덕트길이 최단거리로 연결, 균등한 정압 손실이 되도록 설계, 덕트의 열손실·열획득 경로를 피할 것
④ 소음기, 소음엘보, 소음챔버, 라이닝덕트, 흡음 flexible등 적용으로 덕트의 소음 및 방진 대책 수립

> 덕트는 층고가 허용하는 한 정사각형에 가깝게 하며 층고를 낮추기 위해서라도 종횡비를 4:1이상으로하지 않는 것이 좋다.

49 관경 25A(내경 27.6mm)의 강관에 30L/min의 가스를 흐르게 할 때 유속(m/s)은?

① 0.14　　② 0.34
③ 0.64　　④ 0.84

> $v = \dfrac{Q}{A} = \dfrac{30 \times 10^{-3}}{60 \times \dfrac{\pi (0.0276)^2}{4}} = 0.84 [m/s]$

50 냉온수 배관을 시공할 때 고려해야 할 사항으로 옳은 것은?

① 열에 의한 온수의 체적 팽창을 흡수하기 위해 신축이음을 한다.
② 기기와 관의 부식을 방지하기 위해 물을 자주 교체한다.
③ 열에 의한 배관의 신축을 흡수하기 위해 팽창관을 설치한다.
④ 공기체류장소에는 공기빼기밸브를 설치한다.

> 열에 의한 온수의 체적 팽창을 흡수하기 위해 팽창탱크를, 물을 자주 교체하면 기기와 관의 부식은 심해지고, 열에 의한 배관의 신축을 흡수하기 위해 신축이음을 설치한다. 팽창관은 물의 팽창을 흡수하는 팽창탱크로의 연결관이다.

51 자연순환식으로써 열탕의 탕비기 출구온도를 85℃(밀도 0.96876 kg/L), 환수관의 환탕온도를 65℃(밀도 0.98001 kg/L)로 하면 이 순환계통의 순환수두는 얼마인가? (단, 가장 높이 있는 급탕전의 높이는 10m이다.)

① 11.25 mmAq
② 112.5 mmAq
③ 15.34 mmAq
④ 153.4 mmAq

> $h = H(\rho_1 - \rho_2) = 10(0.98001 - 0.96876)$
> $= 0.1125 \, mAq = 112.5 \, mmAq$

52 산업안전보건법령상 유해·위험 방지를 위한 방호조치가 필요한 기계·기구에 해당하는 것은?

① 응축기　　② 저장 탱크
③ 공기 압축기　　④ 냉각기

> 산업안전보건법 시행령 (별표20) 유해·위험 방지를 위한 방호조치가 필요한 기계·기구에는 예초기, 원심기, 공기압축기, 금속절단기, 지게차, 진공포장기, 랩핑기 등이다.

53 주파수 50[Hz]인 교류의 위상차가 $\dfrac{\pi}{3}$[rad]이다. 이 위상차를 시간으로 나타내면 몇 [sec]인가?

① $\dfrac{1}{60}$　　② $\dfrac{1}{120}$
③ $\dfrac{1}{300}$　　④ $\dfrac{1}{720}$

정답　48 ②　49 ④　50 ④　51 ②　52 ③　53 ③

$\theta = \omega t = 2\pi f t$ [rad] 식에서
$f = 50$[Hz], $\theta = \dfrac{\pi}{3}$ [rad]일 때
$\therefore t = \dfrac{\theta}{2\pi f} = \dfrac{\frac{\pi}{3}}{2\pi \times 50} = \dfrac{1}{300}$ [sec]

54 3상 권선형 유도전동기의 2차 회로에 저항기를 접속시키는 이유가 될 수 없는 것은?

① 속도를 제어하기 위해서
② 기동전류를 제한시키기 위해서
③ 기동토크를 크게 하기 위해서
④ 최대토크를 크게 하기 위해서

비례추이의 원리
(1) 권선형 유도전동기에 적용한다.
(2) 2차 저항을 크게 하면 슬립이 증가하고 기동토크도 증가한다.
(3) 속도가 감소하고 기동전류도 감소한다.
(4) 최대토크는 변하지 않는다.

55 제어량을 어떤 일정한 목표값으로 유지하는 것을 목적으로 하는 제어법은?

① 추종제어 ② 비율제어
③ 정치제어 ④ 프로그램제어

정치제어는 목표값이 시간에 관계없이 항상 일정한 경우로 정전압장치, 일정 속도제어, 연속식 압연기 등에 해당하는 제어이다.

56 그림과 같은 블록선도에서 전달함수 $\dfrac{C}{R}$는?

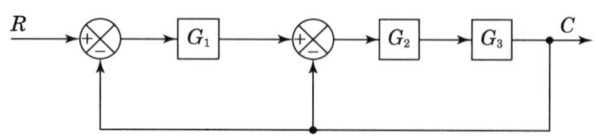

① $\dfrac{G_1 G_2 G_3}{1 + G_1 G_2 + G_1 G_2 G_3}$
② $\dfrac{G_1 G_2 G_3}{1 + G_2 G_3 + G_1 G_2 G_3}$
③ $\dfrac{G_1 G_2 G_3}{1 + G_2 G_3 + G_1 G_3}$
④ $\dfrac{G_1 G_2 G_3}{1 + G_1 G_3 + G_1 G_2 G_3}$

$G(s) = \dfrac{\text{전향이득}}{1 - \text{루프이득}}$ 식에서
전향이득 $= G_1 G_2 G_3$,
루프이득 $= -G_2 G_3 - G_1 G_2 G_3$ 이므로
$\therefore G(s) = \dfrac{C}{R} = \dfrac{G_1 G_2 G_3}{1 + G_2 G_3 + G_1 G_2 G_3}$

57 그림과 같이 저항 R을 전류계와 내부저항 20[Ω]인 전압계로 측정하니 15[A]와 30[V]이었다. 저항 R은 몇 [Ω]인가?

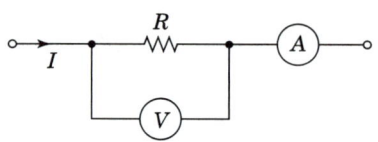

① 1.54 ② 1.86
③ 2.22 ④ 2.78

전압계 내부에 흐르는 누설전류를 먼저 구해보면
$I_v = \dfrac{V}{r_v} = \dfrac{30}{20} = 1.5$[A]이다.
이때 저항 R에 흐르는 전류는 전류계의 지시값과 전압계 내부의 누설전류의 차가 되므로
$I_R = I - I_v = 15 - 1.5 = 13.5$[A] 임을 알 수 있다.
따라서 전압계의 단자전압이 30[V] 이므로
$\therefore R = \dfrac{V}{I_R} = \dfrac{30}{13.5} = 2.22$[Ω]

정답 54 ④ 55 ③ 56 ② 57 ③

58 그림과 같은 논리회로의 출력 Y는?

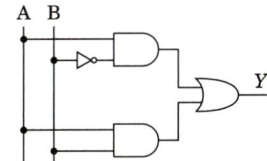

① $Y = AB + A\overline{B}$
② $Y = \overline{A}B + AB$
③ $Y = \overline{A}B + A\overline{B}$
④ $Y = \overline{A}\,\overline{B} + A\overline{B}$

$Y = A\overline{B} + AB$

59 전기력선의 밀도와 같은 것은?

① 정전력
② 유전속밀도
③ 전계의 세기
④ 전하밀도

전기력선의 특성
(1) 전기력선은 정(+)전하에서 시작하여 부(−)전하에서 끝난다.
(2) 전기력선은 전위가 높은 곳에서 낮은 곳으로 향한다.
(3) 전기력선은 도체 표면(또는 등전위면)에서 수직으로 나온다.
(4) 전기력선은 서로 반발하여 교차하지 않는다.
(5) 전기력선의 방향은 그 점의 전계의 방향과 같고 또한 전기력선의 밀도는 그 점의 전계의 세기와 같다.

60 평형 3상 △결선에서 상전류 I_p와 선전류 I_l과의 관계는?

① $I_l = I_p$
② $I_l = \sqrt{3}\, I_p$
③ $I_l = \dfrac{1}{\sqrt{3}} I_p$
④ $I_l = 3I_p$

△결선의 특징
(1) $V_L = V_P$ [V]
(2) $I_L = \sqrt{3}\, I_P = \dfrac{\sqrt{3}\, V_L}{Z}$ [A]
(3) $P = \sqrt{3}\, V_L I_L \cos\theta$ [W]
여기서, V_L : 선간전압, V_P : 상전압, I_L : 선전류, I_P : 상전류, Z : 한 상의 임피던스, $\cos\theta$: 역률

정답 58 ① 59 ③ 60 ②

복원 기출문제 (2024년 3회)

※ 본 기출문제는 수험자의 기억을 바탕으로 하여 복원한 문제이므로 실제 문제와 다를 수 있음을 미리 알려드립니다.

1 공기조화 설비

01 공기조화에서 난방방식과 열매체의 연결로 가장 거리가 먼것은?

① 개별 스토브 – 공기
② 온풍 난방 – 공기
③ 가열 코일 난방 – 공기
④ 저온 복사 난방 – 공기

> 저온 복사 난방은 직접 복사열을 방사하거나, 바닥면을 가열하여 복사열을 방사한다.

02 공기조화계획에서 기류 및 주위벽면에서의 복사열은 무시하고 온도와 습도만으로 쾌적도를 나타내는 지표를 무엇이라고 하는가?

① 쾌적 건강지표
② 불쾌지수
③ 유효온도지수
④ 청정지표

> 온도와 습도의 함수는 불쾌지수이고, 여기에 기류 및 복사열을 고려하면 유효온도지수(수정유효온도)이다.

03 냉·난방 설계 시 열부하에 관한 설명으로 옳은 것은?

① 인체에 대한 냉방부하는 현열만이다.
② 인체에 대한 난방부하는 현열과 잠열이다.
③ 조명에 대한 냉방부하는 현열만이다.
④ 조명에 대한 난방부하는 현열과 잠열이다.

> 인체에 대한 냉방부하는 현열, 잠열이 있고, 인체에 대한 난방부하는 무시하며, 조명에 대한 냉방부하는 현열만 고려한다. 또한 조명에 대한 난방부하도 무시한다(실내 발열이므로 난방부하는 감수부분이지만 보통 무시한다)

04 다음 난방방식 중 자연환기가 많이 일어나도 비교적 난방효율이 좋은 것은?

① 온수난방
② 증기난방
③ 온풍난방
④ 복사난방

> 복사난방은 실내공기를 가열하는 대류난방에 비하여 환기에도 열손실이 적다.

05 원심송풍기에서 사용되는 풍량제어 방법 중 풍량과 소요 동력과의 관계에서 가장 효과적인 제어 방법은?

① 회전수 제어
② 베인 제어
③ 댐퍼 제어
④ 스크롤 댐퍼 제어

> 원심송풍기에서 사용되는 풍량 제어 방법 중 풍량과 소요 동력과의 관계에서 가장 효과적인 제어 법이란 동력절감 효과가 크다는 의미이며 회전수제어＞베인제어＞댐퍼제어 순이다.

06 보일러의 급수장치에 대한 설명으로 옳은 것은?

① 보일러 급수의 경도가 낮으면 관내 스케일이 부착되기 쉬우므로 가급적 경도가 높은 물을 급수로 사용한다.
② 보일러 내 물의 광물질이 농축되는 것을 방지하기 위하여 때때로 관수를 배출하여 소량씩 물을 바꾸어 넣는다.
③ 수질에 의한 영향을 받기 쉬운 보일러에서는 경수장치를 사용한다.
④ 증기보일러에서는 보일러 내 수위를 일정하게 유지할 필요는 없다.

> 보일러 급수의 경도가 높으면 관내 스케일이 부착되기 쉬우므로 가급적 경도가 낮은 물을 급수로 사용하며, 보일러 내 물의 광물질이 농축되는 것을 방지하기 위하여 때때로 관수를 배출한다. 또한 수질에 의한 영향을 받기 쉬운 보일러에서는 연수장치를 사용하며 증기보일러에서는 보일러 내 수위를 일정하게 유지할 필요가 있다.

정답 01 ④ 02 ② 03 ③ 04 ④ 05 ① 06 ②

07 쉘 앤 튜브 열교환기에서 유체의 흐름에 의해 생기는 진동의 원인으로 가장 거리가 먼 것은?

① 층류 흐름
② 음향 진동
③ 소용돌이 흐름
④ 병류의 와류 형성

> 유체흐름에서 층류는 가장 이상적인 정상흐름으로 진동이나 소음이 거의 발생하지 않는다.

08 그림에서 공기조화기를 통과하는 유입공기가 냉각코일을 지날 때의 상태를 나타낸 것은?

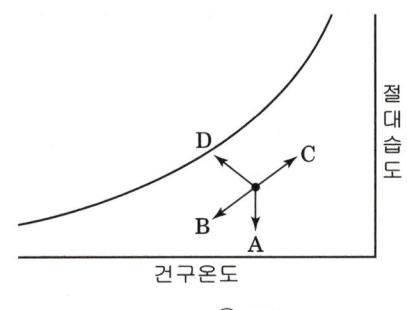

① OA
② OB
③ OC
④ OD

> 냉각코일을 통과할 때 공기는 냉각 감습(OB)된다.

09 공기조화방식에서 수-공기방식의 특징에 대한 설명으로 틀린 것은?

① 전공기방식에 비해 반송동력이 많다.
② 유닛에 고성능 필터를 사용할 수가 없다.
③ 부하가 큰 방에 대해 덕트의 치수가 적어질 수 있다.
④ 사무실, 병원, 호텔 등 다실 건물에서 외부 존은 수방식, 내부 존은 공기방식으로 하는 경우가 많다.

> 수공기 방식은 전공기 방식에 비해 반송동력이 작다.

10 공기조화의 조닝계획 시 부하패턴이 일정하고, 사용시간대가 동일하며, 중간기 외기냉방, 소음방지, CO_2 등의 실내환경을 고려해야 하는 곳은?

① 로비
② 체육관
③ 사무실
④ 식당 및 주방

> 사무실은 부하패턴이 일정하고, 사용시간대가 동일하며(출퇴근 일정), 소음방지, CO_2 등의 실내환경을 고려해야 한다.

11 공기조화 제습공정에서 제올라이트(zeolite)를 이용한 제습방법은 어느 것인가?

① 냉각식
② 흡착식
③ 흡수식
④ 압축식

> 제올라이트는 고체 제습제로 흡착식 제습이며, 액체 흡수제는 흡수식이고, 냉각 감습법도 있다.

12 90℃ 고온수 25kg을 100℃의 건조포화액으로 가열하는데 필요한 열량(kJ)은?(단, 물의 비열은 4.2kJ/kg·K 이다.)

① 42
② 250
③ 525
④ 1050

> 이문제에서 건조 포화액이란 그냥 100℃온수를 말한다. 만약 건조 포화증기라면 증발잠열을 알아야 풀 수 있다.
> $q = mC\Delta t = 25 \times 4.2(100-90) = 1050kJ$

13 복사난방의 특징에 대한 설명으로 틀린 것은?

① 외기온도 변화에 따라 실내의 온도 및 습도조절이 쉽다.
② 방열기가 불필요하므로 가구배치가 용이하다.
③ 실내의 온도분포가 균등하다.
④ 복사열에 의한 난방이므로 쾌감도가 크다.

정답 07 ① 08 ② 09 ① 10 ③ 11 ② 12 ④ 13 ①

> 복사난방은 구조체를 가열하므로 외기온도 변화에 따라 실내의 온도 및 습도조절은 어렵다.

14 다음 중 히트펌프 방식의 열원에 해당되지 않는 것은?

① 수 열원　　② 마찰 열원
③ 공기 열원　④ 태양 열원

> 히트펌프 방식에서 마찰열원은 없다. 열원은 일반적으로 수, 공기, 지열, 태양열을 이용한다.

15 송풍기의 법칙 중 틀린 것은?(단, 각각의 값은 아래 표와 같다.)

$Q_1(m^3/h)$	초기풍량
$Q_2(m^3/h)$	변화풍량
$P_1(mmAq)$	초기정압
$P_2(mmAq)$	변화정압
$N_1(rpm)$	초기회전수
$N_2(rpm)$	변화회전수
$d_1(mm)$	초기날개직경
$d_2(mm)$	변화날개직경

① $Q_2 = (N_2/N_1) \times Q_1$
② $Q_2 = (d_2/d_1)^3 \times Q_1$
③ $P_2 = (N_2/N_1)^3 \times P_1$
④ $P_2 = (d_2/d_1)^2 \times P_1$

> $P_2 = (N_2/N_1)^2 \times P_1$
> 정압은 회전수의 제곱에 비례한다.

16 냉수 코일 설계 시 유의사항으로 옳은 것은?

① 대수 평균 온도차(MTD)를 크게 하면 코일의 열수가 많아진다.
② 냉수의 속도는 2m/s 이상으로 하는 것이 바람직하다.
③ 코일을 통과하는 풍속은 2~3m/s 가 경제적이다.
④ 물의 온도 상승은 일반적으로 15℃ 전후로 한다.

> 대수 평균 온도차(MTD)를 크게 하면 코일의 열수는 적어지며, 냉수의 속도는 1m/s 정도로 하고, 코일을 통과하는 풍속은 2~3m/s가 경제적이다. 물의 온도 상승은 일반적으로 5℃ 전후로 한다.

17 실내온도 25℃이고, 실내 절대습도가 0.0165kg/kg의 조건에서 틈새바람에 의한 침입 외기량이 200L/s 일 때 현열부하와 잠열부하는?(단, 실외온도 35℃, 실외절대습도 0.0321kg/kg, 공기의 비열 1.01kJ/kg·K, 물의 증발잠열 2501kJ/kg이다.)

① 현열부하 2.424kW, 잠열부하 7.803kW
② 현열부하 2.424kW, 잠열부하 9.364kW
③ 현열부하 2.828kW, 잠열부하 7.803kW
④ 현열부하 2.828kW, 잠열부하 9.364kW

> 침입 외기량 200L/s = 0.2m³/s
> 현열부하 = $mC\Delta t = 0.2 \times 1.2 \times 1.01(35-25) = 2.424$kW
> 잠열부하 = $\gamma m \Delta x = 2501 \times 0.2 \times 1.2(0.0321-0.0165)$
> 　　　　　= 9.364kW

18 건구온도 30℃, 상대습도 60%인 습공기에서 건공기의 분압(mmHg)은? (단, 대기압은 760mmHg, 포화 수증기압은 27.65mmHg 이다.)

① 27.65　　② 376.21
③ 743.41　④ 700.97

> 상대습도 = $\dfrac{수증기분압}{포화수증기압}$ 에서 $60\% = \dfrac{p_v}{27.65}$
> 수증기분압 = $p_v = 27.65 \times 0.6 = 16.59$mmAq
> 대기압 = 건공기분압 + 수증기분압에서
> 건공기분압 = 대기압 - 수증기분압
> 　　　　　= 760 - 16.59 = 743.41mmAq

정답 14 ②　15 ③　16 ③　17 ②　18 ③

19 주로 대형 덕트에서 덕트의 찌그러짐을 방지하기 위하여 덕트의 옆면 철판에 주름을 잡아주는 것을 무엇이라고 하는가?

① 다이아몬드 브레이크
② 가이드 베인
③ 보강앵글
④ 시임

> 대형 덕트를 보강하는 방법으로 철판에 다이아몬드 브레이크 주름을 잡거나, 비드보강, 앵글보강을 한다.

20 냉방부하 계산시 유리창을 통한 취득열 부하를 줄이는 방법으로 가장 적절한 것은?

① 얇은 유리를 사용한다.
② 투명 유리를 사용한다.
③ 흡수율이 큰 재질의 유리를 사용한다.
④ 반사율이 큰 재질의 유리를 사용한다.

> 유리창 취득열을 줄이기 위해서는 불투명 유리를 사용, 흡수율이 작은 재질의 유리를 사용, 반사율이 큰 재질의 유리를 사용한다.

2 냉동 냉장설비

21 클리어런스 포켓이 설치된 압축기에서 클리어런스가 커질 경우에 대한 설명으로 틀린 것은?

① 냉동능력이 감소한다.
② 피스톤의 체적 배출량이 감소한다.
③ 체적효율이 저하한다.
④ 실제 냉매 흡입량이 감소한다.

> 클리어런스가 커질 경우에 피스톤의 체적 배출량은 그대로이나 체적효율이 감소하여 실제 냉매 토출량(흡입량)은 감소한다.

22 냉동장치의 압축기와 관계가 없는 효율은?

① 소음효율
② 압축효율
③ 기계효율
④ 체적효율

> (1) 체적효율(η_v)
> $$\eta_v = \frac{V_g}{V_a}$$
> V_a : 이론 피스톤 압출량(이론 가스 흡입체적)
> V_g : 실제 피스톤 압출량(실제 가스 흡입체적)
>
> (2) 압축효율(단열효율) : η_c
> $$\eta_c = \frac{L}{L_c}$$
> L : 이론단열 압축동력(이론동력)
> L_c : 실제로 증기의 압축에 필요한 동력(지시동력)
>
> (3) 기계효율 : η_m
> $$\eta_m = \frac{L_c}{L_s}$$
> L_c : 실제로 증기의 압축에 필요한 동력(지시동력)
> L_s : 실제로 압축기를 구동하는 축동력

23 기통직경 70mm, 행정 60mm, 기통수 8, 매분회전수 1800인 단단 압축기의 피스톤 압출량(m^3/h)은 약 얼마인가?

① 65
② 132
③ 168
④ 199

> 단단 압축기(왕복식)의 피스톤 압출량(m^3/h)
> $$V_a = \frac{\pi d^2}{4} L \cdot N \cdot R \cdot 60$$
> $$= \frac{\pi \times 0.07^2}{4} \times 0.06 \times 8 \times 1800 \times 60 = 199$$
> 여기서, d : 내경[m], L : 행정[m], N : 기통수[개], R : 분당회전수[rpm]

24 기계설비법령에 따라 기계설비 발전 기본계획은 몇 년마다 수립·시행하여야 하는가?

① 1
② 2
③ 3
④ 5

> 기계설비법 5조〈국토교통부장관은 기계설비산업의 육성과 기계설비의 효율적인 유지관리 및 성능확보를 위하여 다음 각 호의 사항이 포함된 기계설비 발전 기본계획(이하 "기본계획"이라 한다)을 5년마다 수립·시행하여야 한다.〉

25 매분 염화칼슘 용액 350l/min를 -5℃에서 -10℃까지 냉각시키는 데 필요한 냉동능력[kW]은 얼마인가? (단, 염화칼슘 용액의 비중은 1.2, 비열은 2.5kJ/kgK이다.)

① 75.8
② 87.5
③ 92.3
④ 102

> 냉동부하
> $Q_2 = mc\Delta t = \left(\dfrac{350}{60}\right) \times 1.2 \times 2.5 \times \{-5-(-10)\}$
> $= 87.5[kW]$

26 냉장고를 보냉하고자 한다. 냉장고의 온도는 -5℃, 냉장고 외부의 온도가 30℃일 때 냉장고 벽 1m²당 42kJ/h의 열손실을 유지하려면 열통과율[W/m²K]을 약 얼마로 하여야 되는가?

① 0.23
② 0.4
③ 0.333
④ 0.5

> $Q_2 = KA\Delta t$ 에서
> 열통과율
> $K = \dfrac{Q_2}{A\Delta t} = \dfrac{42 \times 10^3/3600}{1 \times \{30-(-5)\}} = 0.333 W/m^2 K$

27 냉동장치의 팽창밸브 오리피스가 작을 때 발생하는 현상은?

① 증발기 냉동능력이 증가한다.
② 압축기 흡입가스가 과열된다.
③ 증발기 온도가 상승한다.
④ 압축기 흡입압력이 상승한다.

> 팽창밸브 개도가 작아지면 냉매 공급량이 감소하여 증발기 출구 냉매가스 온도가 과열증기가 되므로 압축기 흡입가스가 과열된다.

28 다음 냉동기의 안전장치와 가장 거리가 먼 것은?

① 가용전
② 안전밸브
③ 핫 가스장치
④ 고·저압 차단스위치

> 고온가스 제상(hot gas defrost)
> 건식 증발기와 같이 냉매 공급량이 적은 증발기에 많이 사용하는 방법으로 고온, 고압의 토출 가스를 증발기에 보내어 응축시킴으로써 그 응축열을 이용하여 제상하는 방법이다.

29 저온용 냉동기에 사용되는 보조적인 압축기로서 저온을 얻을 목적으로 사용되는 것은?

① 회전 압축기(rotary compressor)
② 부스터(booster)
③ 밀폐식 압축기(hermetic compressor)
④ 터보 압축기(turbo compressor)

> 부스터 압축기(booter compressor)
> 부스터 압축기란 저온용 냉동기에 사용되는 보조적인 압축기로서 1대의 압축기로 저온을 얻을 수 없을 경우에 증발기에서 발생한 냉매가스를 일단 저압 압축기에 흡입하여 주압축기의 흡입압력까지 압축하여 이것을 중간냉각기를 경유하여 주압축기로 보낸다. 이와 같이 저온을 얻는 것을 목적으로 사용하는 저압압축기를 부스터라 부르고 동력을 절약할 목적으로 사용된다.

정답 24 ④ 25 ② 26 ③ 27 ② 28 ③ 29 ②

30 응축 부하계산법이 아닌 것은?

① 냉매순환량×응축기 입·출구 엔탈피차
② 냉각수량×냉각수 비열×응축기 냉각수 입·출구 온도차
③ 냉매순환량×냉동효과
④ 증발부하+압축일량

응축 부하(Q_1)계산법
㉠ $Q_1 = G \cdot \Delta h$
㉡ $Q_1 = Q_2 + W$
㉢ $Q_1 = m \cdot c \cdot \Delta t$
㉣ $Q_1 = K \cdot A \cdot \Delta t_m$
㉤ $Q_1 = C \cdot Q_2$
　여기서, G : 냉매순환량
　　　　Δh : 응축기 입·출구 엔탈피차
　　　　Q_2 : 냉동능력(증발부하)
　　　　W : 압축일량
　　　　m : 냉각수량
　　　　c : 냉각수 비열
　　　　Δt : 응축기 냉각수 입·출구온도차
　　　　K : 응축기 열통과율
　　　　A : 응축기 전열면적
　　　　Δt_m : 응축온도와 냉각수 평균온도차
　　　　C : 방열계수

31 P-V(압력-체적)선도에서 1에서 2까지 단열 압축하였을 때 압축일량(절대일)은 어느 면적으로 표현되는가?

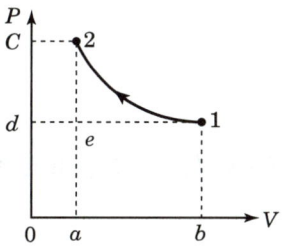

① 면적 12cd 1
② 면적 1d0b 1
③ 면적 12ab 1
④ 면적 aed0 a

밀폐계의 일(절대일) = 면적 12ab 1
개방계의 일(공업일) = 면적 12cd 1

32 아래 선도와 같은 암모니아 냉동기의 이론 성적계수(ⓐ)와 실제 성적계수(ⓑ)는 얼마인가? (단, 팽창밸브 직전의 액온도는 32℃이고, 흡입가스는 건포화 증기이며, 압축효율은 0.85, 기계효율은 0.91로 한다.)

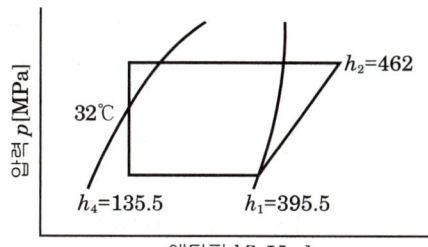

① ⓐ 3.9　ⓑ 3.0
② ⓐ 3.9　ⓑ 2.1
③ ⓐ 4.9　ⓑ 3.8
④ ⓐ 4.9　ⓑ 2.6

(1) 이론성적계수 $COP = \dfrac{q_2}{w} = \dfrac{395.5 - 135.5}{462 - 395.5} = 3.9$

(2) 실제적 성적계수 $COP = \dfrac{q_2}{w} \cdot \eta_c \cdot \eta_m$
　　　　　　　　　　　$= 3.9 \times 0.85 \times 0.91 = 3.0$

33 몰리에르 선도상에서 압력이 증대함에 따라 포화액선과 건조포화 증기선이 만나는 일치점을 무엇이라고 하는가?

① 한계점
② 임계점
③ 상사점
④ 비등점

임계점(CP : Critical Point)
몰리에르 선도상에서 압력이 증대함에 따라 잠열이 감소하게 되고 따라서 포화액선과 건조포화 증기선이 가까워지고 임계점에 도달하면 잠열은 0이 되어 포화액선과 건조포화 증기선이 만나게 된다. 냉동장치에 사용하는 냉매는 임계점이 높아야 응축하기 쉽다.

정답　30 ③　31 ③　32 ①　33 ②

34 저온의 냉장실에서 운전 중 냉각기에 적상(성애)이 생길 경우 이것을 살수로 제상하고자 할 때 주의사항으로 틀린 것은?

① 냉각기용 송풍기는 정지 후 살수 제상을 행한다.
② 제상 수의 온도는 50~60℃정도의 물을 사용한다.
③ 살수하기 전에 냉각(증발)기로 유입되는 냉매액을 차단한다.
④ 분사 노즐은 항상 깨끗이 청소한다.

> 살수식 제상에서 제상 수의 온도는 10~25℃의 물을 사용한다.

35 냉매가 구비해야 할 조건으로 틀린 것은?

① 임계온도가 높고 응고온도가 낮을 것
② 같은 냉동능력에 대하여 소요동력이 적을 것
③ 전기절연성이 낮을 것
④ 저온에서도 대기압 이상의 압력으로 증발하고 상온에서 비교적 저압으로 액화할 것

> 전기절연성이 클 것
> 기타(냉매의 구비조건)
> ① 비활성이며 부식성이 없을 것
> ② 증발열이 크고 액체 비열이 작을 것
> ③ 증기의 비열비가 작을 것
> ④ 점도와 표면장력이 작을 것
> ⑤ 열전달률이 양호할 것
> ⑥ 증기의 비체적이 적을 것
> ⑦ 비열비가 작을 것

36 용적형 냉동기에서 고압가스 안전관리법에 의한 수압시험을 할 때 수냉각기, 응축기의 수측에 대한 수압시험은 원칙적으로 최고 사용압력의 2배로 하되 최소한 얼마 이상의 압력으로 수압시험을 하는가?

① 약 1MPa ② 약 3MPa
③ 약 5MPa ④ 약 10MPa

> 수압시험은 원칙적으로 최고 사용압력의 2배로 하되 그 값이 1MPa 미만일때는 최소한 1MPa 이상의 압력으로 수압시험을 한다.

37 흡입 관 내를 흐르는 냉매증기의 압력강하가 커지는 경우는?

① 관이 굵고 흡입관 길이가 짧은 경우
② 냉매증기의 비체적이 큰 경우
③ 냉매의 유량이 적은 경우
④ 냉매의 유속이 빠른 경우

> 달시-바이스바하(Darcy-Weisbach)의 식
> 압력손실 $p_L = \Delta p = f \cdot \dfrac{l}{d} \cdot \dfrac{v^2}{2}\rho$ [Pa]에서
> 여기서 f : 관마찰계수
> d : 관경[m]
> l : 길이[m]
> v : 유속[m/s]
> g : 중력가속도[m/s^2]
> 식에서와 같이 압력손실은 관의 길이, 밀도, 유속의 2승에 비례하고, 관 지름에 반비례 한다.

38 흡수식 냉동기의 특징에 대한 바르게 설명하고 있는 것은?

① 대기압 이상으로 운전되므로 안전하다.
② 전력피크를 낮출 수 있다.
③ 초기 운전 시 정격 성능을 발휘할 때까지의 도달 속도가 빠르다.
④ 압축식 냉동기에 비해 소음과 진동이 크다.

정답 34 ② 35 ③ 36 ① 37 ④ 38 ②

흡수식 냉동기의 특징
① 용량제어의 범위가 넓어 폭 넓은 용량제어가 가능하다.
② 여름철 피크전력이 완화된다.
③ 부분 부하에 대한 대응성이 좋다.
④ 회전부가 적어 기계적인 마모가 적고 보수 관리가 용이하다.
⑤ 대기압 이하로 작동하므로 취급에 위험성이 완화된다.
⑥ 가스수요의 평준화를 도모할 수 있다.
⑦ 증기열원을 사용할 경우 전력수요가 적다.
⑧ 소음 및 진동이 적다.
⑨ 자동제어가 용이하고 운전경비가 절감된다.
⑩ 흡수식 냉동기는 초기 운전에서 정격성능을 발휘하기 까지의 시간(예냉시간)이 길다.
⑪ 용액의 부식성이 크므로 기밀성 관리와 부식 억제제의 보충에 엄격한 주의가 필요하다.

39 실제기체가 이상기체의 상태식을 근사적으로 만족하는 경우는?

① 압력이 높고 온도가 낮을수록
② 압력이 높고 온도가 높을수록
③ 압력이 낮고 온도가 높을수록
④ 압력이 낮고 온도가 낮을수록

> 실제기체가 이상기체의 상태식을 근사적으로 만족하는 경우는 압력이 낮고 온도가 높을 경우이다. (저압, 고온)

40 다음 중 혼합된 액의 증발온도가 달라 액체로 충전해야하는 비공비혼합냉매는 무엇인가?

① R401A
② R501
③ R717
④ R600

> 복수의 단성분(單成分)냉매(R-22, R-134a 등)을 혼합하여 사용하는 냉매로 비공비혼합냉매(R-404, R-407, R-410A 등의 400번대 냉매)와 공비혼합냉매(R-502, R-507 등 500번대 냉매)가 있다.

3 공조냉동 설치·운영

41 고가 탱크식 급수설비에서 급수경로를 바르게 나타낸 것은?

① 수도본관 → 저수조 → 옥상탱크 → 양수관 → 급수관
② 수도본관 → 저수조 → 양수관 → 옥상탱크 → 급수관
③ 저수조 → 옥상탱크 → 수도본관 → 양수관 → 급수관
④ 저수조 → 옥상탱크 → 양수관 → 수도본관 → 급수관

> 수도본관에서 → 저수조로 저수한후 → 양수펌프로 양수관을 통해 → 옥상탱크에 공급한후 → 급수관을 통해 각 수전에 급수한다.

42 간접 배수관의 관경이 25A일 때 배수구 공간으로 최소 몇 mm가 가장 적절한가?

① 50
② 100
③ 150
④ 200

> 간접 배수관에서 배수구 공간은 관경의 2배 이상(50mm)이 필요하다.

43 공기조화 설비의 구성과 가장 거리가 먼 것은?

① 냉동기 설비
② 보일러 실내기기 설비
③ 위생기구 설비
④ 송풍기, 공조기 설비

> 위생기구 설비(세면기, 대변기, 샤워, 욕조등)는 공조설비에 속하지 않는다.

44 냉매배관 중 토출관을 의미하는 것은?

① 압축기에서 응축기까지의 배관
② 응축기에서 팽창밸브까지의 배관
③ 증발기에서 압축기까지의 배관
④ 응축기에서 증발기까지의 배관

> 냉매배관 중 토출관은 압축기에서 압축가스가 토출되는 관으로 응축기까지의 배관을 말한다.

45 급수설비에서 수격작용 방지를 위하여 설치하는 것은?

① 에어챔버 (air chamber)
② 앵글밸브 (angle valve)
③ 서포트 (support)
④ 볼탭 (ball tap)

> 급수설비에서 수격작용이란 급격한 압력변화를 말하며 에어챔버나 WHC(워터해머쿠션)을 설치하여 방지할 수 있다.

46 펌프 주위의 배관도이다. 각 부품의 명칭으로 틀린 것은?

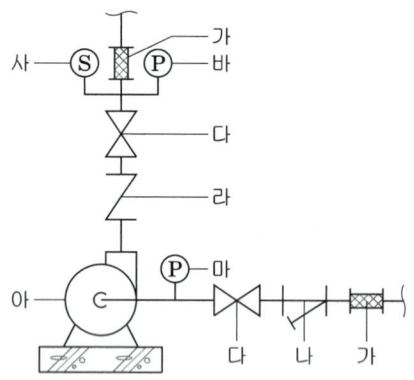

① 나 : 스트레이너
② 가 : 플렉시블조인트
③ 라 : 글로브 밸브
④ 사 : 온도계

라 : 체크 밸브, 다 : 게이트 밸브, 마 : 연성계(진공계)
바 : 압력계, 아 : 펌프

47 급배수 배관 시험 방법 중 물 대신 압축공기를 관 속에 압입하여 이음매에서 공기가 새는 것을 조사하는 시험 방법은?

① 수압시험　　② 기압시험
③ 진공시험　　④ 통기시험

> 기압시험 : 물 대신 압축공기를 관 속에 압입하여 이음매에서 비누방울로 공기가 새는 것을 조사하는 시험 방법

48 냉매배관 설계 시 유의사항으로 틀린 것은?

① 2중 입상관 사용 시 트랩을 크게 한다.
② 과도한 압력 강하를 방지 한다.
③ 압축기로 액체 냉매의 유입을 방지한다.
④ 압축기를 떠난 윤활유가 일정 비율로 다시 압축기로 되돌아오게 한다.

> 2중 입상관 사용 시 트랩을 크게하면 트랩에 고인 오일이 일시에 다량 압축기로 유입되므로 되도록 작게한다. 일반 배관의 밴딩부는 곡률반경을 크게하여 저항을 줄인다.

49 암모니아 냉동설비의 배관으로 사용하기에 가장 부적절한 배관은?

① 이음매 없는 동관
② 저온 배관용 강관
③ 배관용 탄소강 강관
④ 배관용 스테인리스 강관

> 암모니아는 동관과 동부착 현상을 일으키기 때문에 사용을 피한다.

정답　44 ①　45 ①　46 ③　47 ②　48 ①　49 ①

50 건물의 시간당 최대 예상 급탕량이 2000kg/h일 때, 도시가스를 사용하는 급탕용 보일러에서 필요한 가스 소모량(kg/h)은? (단, 급탕온도 60℃, 급수온도 20℃, 도시가스 발열량 60000kJ/kg, 보일러 효율이 95%이며, 열손실 및 예열부하는 무시한다.)

① 5.9
② 6.6
③ 7.6
④ 8.6

급탕부하와 가스발열량은 같으므로
$WC\Delta t = GH\eta$ 에서
$G = \dfrac{WC\Delta t}{H\eta} = \dfrac{2000 \times 4.2(60-20)}{60000 \times 0.95} = 5.89$ kg/h

51 도시가스 배관에서 중압은 얼마의 압력을 의미하는가?

① 0.1MPa 이상 1MPa 미만
② 1MPa 이상 3MPa 미만
③ 3MPa 이상 10MPa 미만
④ 10MPa 이상 100MPa 미만

도시가스 공급방식은 저압공급방식(0.1MPa 이하), 중앙공급방식(0.1~1MPa 이하), 고압공급방식 (1MPa 초과)으로 나눈다.

52 산업안전보건법령상 냉동·냉장 창고시설 건설공사에서 연면적 얼마이상일때 위험 방지 계획서를 제출해야 하는가?

① 1000제곱미터
② 3000제곱미터
③ 5000제곱미터
④ 10000제곱미터

산업안전보건법령상 냉동·냉장 창고시설 건설공사에서 연면적 5000 제곱미터 이상일때 위험 방지 계획서를 제출해야 한다.

53 전류계와 전압계가 측정범위를 확장하기 위하여 저항을 사용하는데, 다음 중 저항의 연결 방법으로 알맞은 것은?

① 전류계에는 저항을 병렬연결하고, 전압계에는 저항을 직렬연결 해야 한다.
② 전류계 및 전압계에 저항을 병렬연결 해야 한다.
③ 전류계에는 저항을 직렬연결하고 전압계에는 저항을 병렬연결 해야 한다.
④ 전류계 및 전압계에 저항을 직렬연결 해야 한다.

전압계와 전류계
(1) 전압계
 ㉠ 전압계는 측정하려는 단자에 병렬로 접속하는 계기로서 내부저항은 크게 설계하여야 한다.
 ㉡ 전압계의 측정범위를 확대하기 위해서는 전압계와 직렬로 배율기를 설치하여야 한다.
(2) 전류계
 ㉠ 전류계는 측정하려는 단자에 직렬로 접속하는 계기로서 내부저항은 작게 설계하여야 한다.
 ㉡ 전류계의 측정범위를 확대하기 위해서는 전류계와 병렬로 분류기를 설치하여야 한다.

54 폐루프 제어계의 장점이 아닌 것은?

① 생산품질이 좋아지고, 균일한 제품을 얻을 수 있다.
② 수동제어에 비해 인건비를 줄일 수 있다.
③ 제어장치의 운전, 수리에 편리하다.
④ 생산속도를 높일 수 있다.

피드백 제어계는 구조가 복잡하여 제어장치의 운전, 수리가 어렵다.

55 전원과 부하가 다 같이 △결선된 3상 평형 회로에서 전원전압이 600[V], 환상 부하 임피던스가 $6+j8[\Omega]$인 경우 선전류는 몇 [A]인가?

① $60\sqrt{3}$
② $\dfrac{60}{\sqrt{3}}$
③ 20
④ 60

$I_L = \dfrac{\sqrt{3}\,V_L}{Z}$ [A] 식에서

$V_L = 600$[V], $Z = 6 + j8$[Ω]일 때

$\therefore I_L = \dfrac{\sqrt{3}\,V_L}{Z} = \dfrac{\sqrt{3} \times 600}{\sqrt{6^2 + 8^2}} = 60\sqrt{3}$ [A]

56 내부장치 또는 공간을 물질로 포위시켜 외부 자계의 영향을 차폐시키는 방식을 자기차폐라 한다. 다음 중 자기차폐에 가장 좋은 물질은?

① 강자성체 중에서 비투자율이 큰 물질
② 강자성체 중에서 비투자율이 작은 물질
③ 비투자율이 1보다 작은 역자성체
④ 비투자율과 관계없이 두께에만 관계되므로 되도록 두꺼운 물질

자성체의 종류
비투자율 μ_s, 자화율 χ_m라 하면
(1) 반자성체 : $\mu_s < 1$, $\chi_m < 0$(구리, 금, 은, 수소, 탄소 등)
(2) 상자성체 : $\mu_s > 1$, $\chi_m > 0$(산소, 칼륨, 백금, 알루미늄 등)
(3) 강자성체 : $\mu_s \gg 1$, $\chi_m \gg 0$(철, 니켈, 코발트)-강자성체는 자기차폐에 가장 좋은 재료이다.

57 60[Hz]에서 회전하고 있는 4극 유도전동기의 출력이 10[kW]일 때 전동기의 토크는 약 몇 [N·m]인가?

① 48   ② 53
③ 63   ④ 84

유도전동기의 토크
$N_s = \dfrac{120f}{p}$ [rpm], $\tau = 9.55\dfrac{P}{N}$ [N·m] 식에서
$f = 60$[Hz], $p = 4$, $P = 10$[kW]일 때
$N_s = \dfrac{120f}{p} = \dfrac{120 \times 60}{4} = 1800$[rpm] 이므로
$\therefore \tau = 9.55\dfrac{P}{N} = 9.55 \times \dfrac{10 \times 10^3}{1800} = 53$[N·m]

58 그림과 같은 계전기 접점회로의 논리식은?

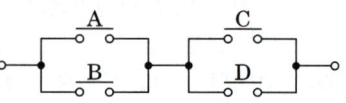

① $(\overline{A} + B) \cdot (C + \overline{D})$
② $(\overline{A} + \overline{B}) \cdot (C + D)$
③ $(A + B) \cdot (C + D)$
④ $(A + B) \cdot (\overline{C} + \overline{D})$

논리식 = $(A + B) \cdot (C + D)$

59 그림과 같은 회로의 전달함수 $\dfrac{C}{R}$는?

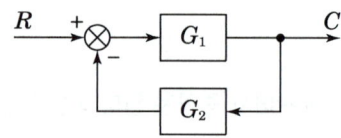

① $\dfrac{G_1}{1 + G_1 G_2}$ ② $\dfrac{G_2}{1 + G_1 G_2}$
③ $\dfrac{G_1}{1 - G_1 G_2}$ ④ $\dfrac{G_2}{1 - G_1 G_2}$

$G(s) = \dfrac{\text{전향이득}}{1 - \text{루프이득}}$ 식에서
전향이득 $= G_1$, 루프이득 $= -G_1 G_2$ 이므로
$\therefore G(s) = \dfrac{C}{R} = \dfrac{G_1}{1 + G_1 G_2}$

60 부하전류가 100[A]일 때 900[rpm]으로 10[N·m]의 토크를 발생하는 직류 직권전동기가 50[A]의 부하전류로 감소되었을 때 발생하는 토크는 약 몇 [N·m]인가?

① 2.5   ② 3.2
③ 4   ④ 5

직류 직권전동기의 토크 특성
$\tau \propto I_a^2$, $\tau \propto \dfrac{1}{N^2}$ 식에서
$I_a = 100$[A], $N = 900$[rpm], $\tau = 10$[N·m],
$I_a' = 50$[A]일 때
$\therefore \tau' = \left(\dfrac{I_a'}{I_a}\right)^2 \tau = \left(\dfrac{50}{100}\right)^2 \times 10 = 2.5$[N·m]

핵심 기출문제+복원문제 무료동영상
공조냉동기계산업기사 필기 下권

定價 36,000원

저 자 조성안 · 이승원
　　　　강희중
발행인 이 종 권

2018年　1月　10日　초 판 발 행
2019年　1月　22日　1차개정발행
2020年　1月　23日　2차개정발행
2021年　1月　21日　3차개정발행
2022年　2月　 9日　4차개정발행
2023年　1月　10日　5차개정발행
2023年　8月　29日　6차개정1쇄발행
2024年　1月　30日　6차개정2쇄발행
2025年　1月　23日　7차개정1쇄발행

發行處　**(주) 한솔아카데미**

(우)06775 서울시 서초구 마방로10길 25 트윈타워 A동 2002호
　　TEL : (02)575-6144/5　　FAX : (02)529-1130
　　　　〈1998. 2. 19 登錄 第16-1608號〉

※ 본 교재의 내용 중에서 오타, 오류 등은 발견되는 대로 한솔아카데미 인터넷 홈페이지를 통해 공지하여 드리며 보다 완벽한 교재를 위해 끊임없이 최선의 노력을 다하겠습니다.
※ 파본은 구입하신 서점에서 교환해 드립니다.
　　　　www.inup.co.kr / www.bestbook.co.kr

ISBN 979-11-6654-606-8 13550

한솔아카데미 발행도서

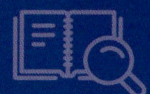

건축기사시리즈
①건축계획
이종석, 이병억 공저
432쪽 | 27,000원

건축기사시리즈
②건축시공
김형중, 한규대, 이명철 공저
570쪽 | 27,000원

건축기사시리즈
③건축구조
안광호, 홍태화, 고길용 공저
796쪽 | 27,000원

건축기사시리즈
④건축설비
오병칠, 권영철, 오호영 공저
564쪽 | 27,000원

건축기사시리즈
⑤건축법규
현정기, 조영호, 한웅규, 김주석 공저
622쪽 | 27,000원

건축기사 필기 10개년
핵심 과년도문제해설
안광호, 백종엽, 이병억 공저
1,028쪽 | 45,000원

건축기사 4주완성
남재호, 송우용 공저
1,412쪽 | 47,000원

건축산업기사 4주완성
남재호, 송우용 공저
1,136쪽 | 43,000원

7개년 기출문제
건축산업기사 필기
한솔아카데미 수험연구회
868쪽 | 37,000원

건축설비기사 4주완성
남재호 저
1,284쪽 | 45,000원

건축설비산업기사
4주완성
남재호 저
824쪽 | 39,000원

10개년 핵심
건축설비기사 과년도
남재호 저
1,148쪽 | 39,000원

건축기사 실기
한규대, 김형중, 안광호, 이병억 공저
1,672쪽 | 52,000원

건축기사 실기
(The Bible)
안광호, 백종엽, 이병억 공저
980쪽 | 40,000원

건축기사 실기 14개년
과년도
안광호, 백종엽, 이병억 공저
688쪽 | 31,000원

건축산업기사 실기
한규대, 김형중, 안광호, 이병억 공저
696쪽 | 33,000원

건축산업기사 실기
(The Bible)
안광호, 백종엽, 이병억 공저
300쪽 | 27,000원

실내건축기사 4주완성
남재호 저
1,320쪽 | 39,000원

실내건축산업기사
4주완성
남재호 저
1,096쪽 | 32,000원

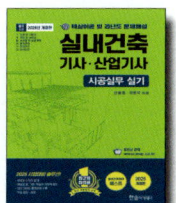
시공실무
실내건축(산업)기사 실기
안동훈, 이병억 공저
422쪽 | 31,000원

Hansol Academy

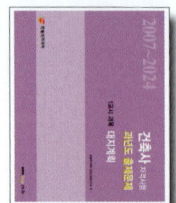
건축사 과년도출제문제
1교시 대지계획
한솔아카데미 건축사수험연구회
346쪽 | 33,000원

건축사 과년도출제문제
2교시 건축설계1
한솔아카데미 건축사수험연구회
192쪽 | 33,000원

건축사 과년도출제문제
3교시 건축설계2
한솔아카데미 건축사수험연구회
436쪽 | 33,000원

건축물에너지평가사
①건물 에너지 관계법규
건축물에너지평가사 수험연구회
852쪽 | 32,000원

건축물에너지평가사
②건축환경계획
건축물에너지평가사 수험연구회
516쪽 | 30,000원

건축물에너지평가사
③건축설비시스템
건축물에너지평가사 수험연구회
708쪽 | 32,000원

건축물에너지평가사
④건물 에너지효율설계·평가
건축물에너지평가사 수험연구회
648쪽 | 32,000원

건축물에너지평가사
2차실기(상)
건축물에너지평가사 수험연구회
940쪽 | 45,000원

건축물에너지평가사
2차실기(하)
건축물에너지평가사 수험연구회
905쪽 | 50,000원

토목기사시리즈
①응용역학
안광호, 김창원, 염창열, 정용욱 공저
540쪽 | 27,000원

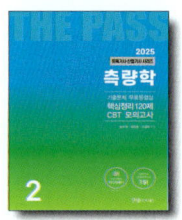
토목기사시리즈
②측량학
남수영, 정경동, 고길용 공저
392쪽 | 27,000원

토목기사시리즈
③수리학 및 수문학
심기오, 노재식, 한웅규 공저
396쪽 | 27,000원

토목기사시리즈
④철근콘크리트 및 강구조
정경동, 정용욱, 고길용, 김지우 공저
464쪽 | 27,000원

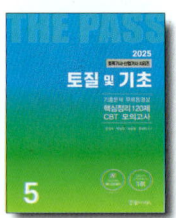
토목기사시리즈
⑤토질 및 기초
안진수, 박광진, 김창원, 홍성협 공저
588쪽 | 27,000원

토목기사시리즈
⑥상하수도공학
노재식, 이상도, 한웅규, 정용욱 공저
544쪽 | 27,000원

10개년 핵심 토목기사
과년도문제해설
김창원 외 5인 공저
1,076쪽 | 46,000원

토목기사 4주완성
핵심 및 과년도문제해설
이상도, 고길용, 안광호, 한웅규, 홍성협, 김지우 공저
1,054쪽 | 44,000원

토목산업기사 4주완성
7개년 과년도문제해설
이상도, 정경동, 고길용, 안광호, 한웅규, 홍성협 공저
752쪽 | 40,000원

토목기사 실기
김태선, 박광진, 홍성협, 김창원, 김상욱, 이상도 공저
1,496쪽 | 52,000원

토목기사 실기
12개년 과년도문제해설
김태선, 이상도, 한웅규, 홍성협, 김상욱, 김지우 공저
708쪽 | 37,000원

www.bestbook.co.kr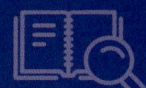

콘크리트기사·산업기사 4주완성(필기)
정용욱, 고길용, 전지현, 김지우 공저
856쪽 | 38,000원

콘크리트기사 14개년 과년도(필기)
정용욱, 고길용, 김지우 공저
644쪽 | 29,000원

콘크리트기사·산업기사 3주완성(실기)
정용욱, 김태형, 이승철 공저
748쪽 | 32,000원

건설재료시험기사 4주완성(필기)
박광진, 이상도, 김지우, 전지현 공저
742쪽 | 38,000원

건설재료시험기사 14개년 과년도(필기)
고길용, 정용욱, 홍성협, 전지현 공저
692쪽 | 31,000원

건설재료시험기사 3주완성(실기)
고길용, 홍성협, 전지현, 김지우 공저
728쪽 | 32,000원

콘크리트기능사 3주완성(필기+실기)
정용욱, 고길용, 염창열, 전지현 공저
538쪽 | 27,000원

지적기능사(필기+실기) 3주완성
염창열, 정병노 공저
640쪽 | 30,000원

측량기능사 3주완성
염창열, 정병노, 고길용 공저
568쪽 | 28,000원

전산응용토목제도기능사 필기 3주완성
김지우, 최진호, 전지현 공저
632쪽 | 28,000원

건설안전기사 4주완성 필기
지준석, 조태연 공저
1,388쪽 | 36,000원

산업안전기사 4주완성 필기
지준석, 조태연 공저
1,560쪽 | 36,000원

공조냉동기계기사 필기
조성안, 이승원, 강희중 공저
1,358쪽 | 41,000원

공조냉동기계산업기사 필기
조성안, 이승원, 강희중 공저
1,236쪽 | 36,000원

공조냉동기계기사 실기
조성안, 강희중 공저
1,040쪽 | 38,000원

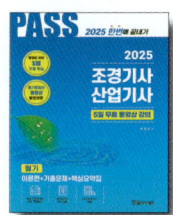
조경기사·산업기사 필기
이윤진 저
1,836쪽 | 49,000원

조경기사·산업기사 실기
이윤진 저
784쪽 | 45,000원

조경기능사 필기
이윤진 저
682쪽 | 29,000원

조경기능사 실기
이윤진 저
360쪽 | 29,000원

조경기능사 필기
한상엽 저
712쪽 | 28,000원

Hansol Academy

조경기능사 실기
한상엽 저
738쪽 | 30,000원

산림기사·산업기사 1권
이윤진 저
888쪽 | 27,000원

산림기사·산업기사 2권
이윤진 저
974쪽 | 27,000원

전기기사시리즈(전6권)
대산전기수험연구회
2,240쪽 | 131,000원

전기기사 5주완성
전기기사수험연구회
1,680쪽 | 42,000원

전기산업기사 5주완성
전기산업기사수험연구회
1,556쪽 | 42,000원

전기공사기사 5주완성
전기공사기사수험연구회
1,608쪽 | 42,000원

전기공사산업기사 5주완성
전기공사산업기사수험연구회
1,606쪽 | 42,000원

전기(산업)기사 실기
대산전기수험연구회
766쪽 | 43,000원

전기기사 실기 20개년 과년도문제해설
대산전기수험연구회
992쪽 | 38,000원

전기기사시리즈(전6권)
김대호 저
3,230쪽 | 136,000원

전기기사 실기 기본서
김대호 저
964쪽 | 38,000원

전기기사 실기 기출문제
김대호 저
1,352쪽 | 43,000원

전기산업기사 실기 기본서
김대호 저
920쪽 | 38,000원

전기산업기사 실기 기출문제
김대호 저
1,076쪽 | 41,000원

전기기사/전기산업기사 실기 마인드 맵
김대호 저
232 | 기본서 별책부록

CBT 전기기사 블랙박스
이승원, 김승철, 윤종식 공저
1,168쪽 | 42,000원

전기(산업)기사 실기 모의고사 100선
김대호 저
296쪽 | 24,000원

전기기능사 필기
이승원, 김승철, 윤종식 공저
532쪽 | 27,000원

소방설비기사 기계분야 필기
김흥준, 윤중오 공저
1,212쪽 | 44,000원

www.bestbook.co.kr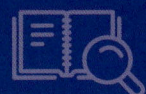

소방설비기사 전기분야 필기
김흥준, 신면순 공저
1,151쪽 | 44,000원

공무원 건축계획
이병억 저
800쪽 | 37,000원

7·9급 토목직 응용역학
정경동 저
1,192쪽 | 42,000원

응용역학개론 기출문제
정경동 저
686쪽 | 40,000원

측량학(9급 기술직/ 서울시·지방직)
정병노, 염창열, 정경동 공저
722쪽 | 27,000원

응용역학(9급 기술직/ 서울시·지방직)
이국형 저
628쪽 | 23,000원

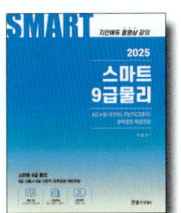
스마트 9급 물리 (서울시·지방직)
신용찬 저
422쪽 | 23,000원

7급 공무원 스마트 물리학개론
신용찬 저
996쪽 | 45,000원

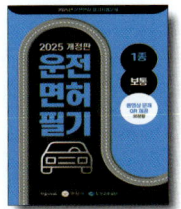
1종 운전면허
도로교통공단 저
110쪽 | 13,000원

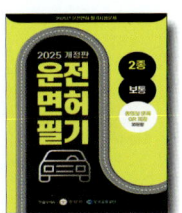
2종 운전면허
도로교통공단 저
110쪽 | 13,000원

1·2종 운전면허
도로교통공단 저
110쪽 | 13,000원

지게차 운전기능사
건설기계수험연구회 편
216쪽 | 15,000원

굴삭기 운전기능사
건설기계수험연구회 편
224쪽 | 15,000원

지게차 운전기능사 3주완성
건설기계수험연구회 편
338쪽 | 12,000원

굴삭기 운전기능사 3주완성
건설기계수험연구회 편
356쪽 | 12,000원

초경량 비행장치 무인멀티콥터
권희준, 김병구 공저
258쪽 | 22,000원

시각디자인 산업기사 4주완성
김영애, 서정술, 이원범 공저
1,102쪽 | 36,000원

시각디자인 기사·산업기사 실기
김영애, 이원범 공저
508쪽 | 35,000원

토목 BIM 설계활용서
김영휘, 박형순, 송윤상, 신현준, 안서현, 박진훈, 노기태 공저
388쪽 | 30,000원

BIM 구조편
(주)알피종합건축사사무소
(주)동양구조안전기술 공저
536쪽 | 32,000원

Hansol Academy

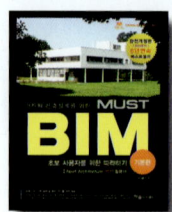
BIM 기본편
(주)알피종합건축사사무소
402쪽 | 32,000원

BIM 기본편 2탄
(주)알피종합건축사사무소
380쪽 | 28,000원

BIM 건축계획설계 Revit 실무지침서
BIMFACTORY
607쪽 | 35,000원

전통가옥에서 BIM을 보며
김요한, 함남혁, 유기찬 공저
548쪽 | 32,000원

BIM 주택설계편
(주)알피종합건축사사무소
박기백, 서창석, 함남혁, 유기찬 공저
514쪽 | 32,000원

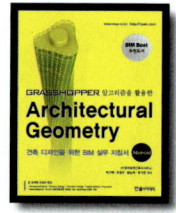
BIM 활용편 2탄
(주)알피종합건축사사무소
380쪽 | 30,000원

BIM 건축전기설비설계
모델링스토어, 함남혁
572쪽 | 32,000원

BIM 토목편
송현혜, 김동욱, 임성순, 유자영, 심창수 공저
278쪽 | 25,000원

디지털모델링 방법론
이나래, 박기백, 함남혁, 유기찬 공저
380쪽 | 28,000원

건축디자인을 위한 BIM 실무 지침서
(주)알피종합건축사사무소
박기백, 오정우, 함남혁, 유기찬 공저
516쪽 | 30,000원

BIM 전문가 건축 2급자격(필기+실기)
모델링스토어
760쪽 | 35,000원

BIM 전문가 토목 2급 실무활용서
채재현, 김영휘, 박준오, 소광영, 김소희, 이기수, 조수연
614쪽 | 35,000원

BE Architect
유기찬, 김재준, 차성민, 신수진, 홍유찬 공저
282쪽 | 20,000원

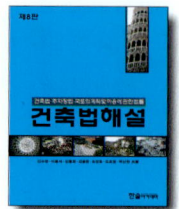
BE Architect 라이노&그래스호퍼
유기찬, 김재준, 조준상, 오주연 공저
288쪽 | 22,000원

BE Architect AUTO CAD
유기찬, 김재준 공저
400쪽 | 25,000원

건축관계법규(전3권)
최한석, 김수영 공저
3,544쪽 | 110,000원

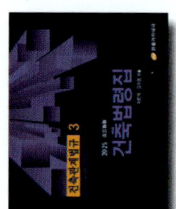
건축법령집
최한석, 김수영 공저
1,490쪽 | 60,000원

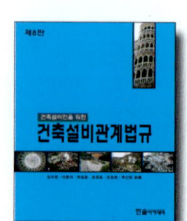
건축법해설
김수영, 이종석, 김동화, 김용환, 조영호, 오호영 공저
918쪽 | 32,000원

건축설비관계법규
김수영, 이종석, 박호준, 조영호, 오호영 공저
790쪽 | 34,000원

건축계획
이순희, 오호영 공저
422쪽 | 23,000원

www.bestbook.co.kr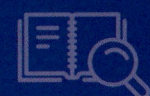

건축시공학
이찬식, 김선국, 김예상, 고성석,
손보식, 유정호, 김태완 공저
776쪽 | 30,000원

**현장실무를 위한
토목시공학**
남기천,김상환,유광호,강보순,
김종민,최준성 공저
1,212쪽 | 45,000원

알기쉬운 토목시공
남기천, 유광호, 류명찬, 윤영철,
최준성, 고준영, 김연덕 공저
818쪽 | 28,000원

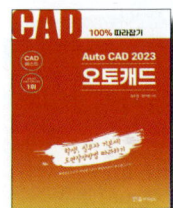
Auto CAD 오토캐드
김수영, 정기범 공저
364쪽 | 25,000원

친환경 업무매뉴얼
정보현, 장동원 공저
352쪽 | 30,000원

**건축시공기술사
기출문제**
배용환, 서갑성 공저
1,146쪽 | 69,000원

**합격의 정석
건축시공기술사**
조민수 저
904쪽 | 67,000원

**건축시공기술사
용어해설**
조민수 저
1,438쪽 | 70,000원

**건축전기설비기술사
(상,하)**
서학범 저
1,532쪽 | 65,000원(각권)

**디테일 기본서 PE
건축시공기술사**
백종엽 저
730쪽 | 62,000원

**디테일 마법지 PE
건축시공기술사**
백종엽 저
504쪽 | 50,000원

**용어설명1000 PE
건축시공기술사(상,하)**
백종엽 저
2,100쪽 | 70,000원(각권)

역학의 정석
김성민, 김성범 공저
788쪽 | 52,000원

**합격의 정석
토목시공기술사**
김무섭, 조민수 공저
874쪽 | 60,000원

건설안전기술사
이태엽 저
748쪽 | 55,000원

소방기술사 上
윤정득, 박견용 공저
656쪽 | 55,000원

소방기술사 下
윤정득, 박견용 공저
730쪽 | 55,000원

**소방시설관리사 1차
(상,하)**
김흥준 저
1,630쪽 | 63,000원

건축에너지관계법해설
조영호 저
614쪽 | 27,000원

ENERGYPULS
이광호 저
236쪽 | 25,000원

Hansol Academy

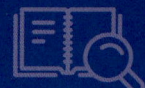

수학의 마술(2권)
아서 벤저민 저, 이경희, 윤미선,
김은현, 성지현 옮김
206쪽 | 24,000원

**스트레스,
과학으로 풀다**
그리고리 L. 프리키온, 애너이브
코비치, 앨버트 S.융 저
176쪽 | 20,000원

행복충전 50Lists
에드워드 호프만 저
272쪽 | 16,000원

지치지 않는 뇌 휴식법
이시카와 요시키 저
188쪽 | 12,800원

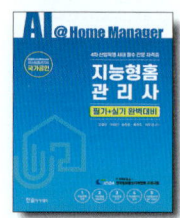
지능형홈관리사
김일진, 이의신, 송한춘, 황준호,
장우성 공저
500쪽 | 35,000원

**스마트 건설,
스마트 시티, 스마트 홈**
김선근 저
436쪽 | 19,500원

**e-Test 엑셀
ver.2016**
임창인, 조은경, 성대근, 강현권
공저
268쪽 | 17,000원

**e-Test 파워포인트
ver.2016**
임창인, 권영희, 성대근, 강현권
공저
206쪽 | 15,000원

**e-Test 한글
ver.2016**
임창인, 이권일, 성대근, 강현권
공저
198쪽 | 13,000원

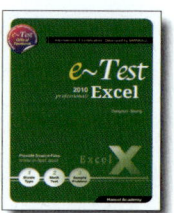
**e-Test 엑셀
2010(영문판)**
Daegeun-Seong
188쪽 | 25,000원

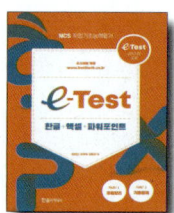
**e-Test
한글+엑셀+파워포인트**
성대근, 유재휘, 강현권 공저
412쪽 | 28,000원

**재미있고 쉽게 배우는
포토샵 CC2020**
이영주 저
320쪽 | 23,000원

공조냉동기계기사 필기

조성안, 이승원, 강희중
1,358쪽 | 41,000원

공조냉동기계기사 실기

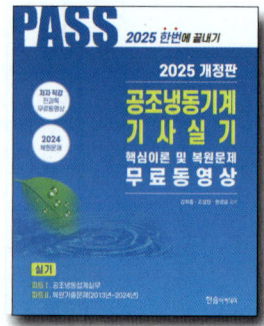

조성안, 강희중
1,040쪽 | 38,000원

※ 구입처는 **전국대형서점**에서 구매하실 수 있습니다.

한솔아카데미가 답이다!
공조냉동기계산업기사 인터넷 강좌

공조냉동기계산업기사 **합격**은
한솔아카데미가 가장
잘하는 일 입니다.

강의수강 중 학습관련 문의사항, 성심성의껏 답변드리겠습니다.

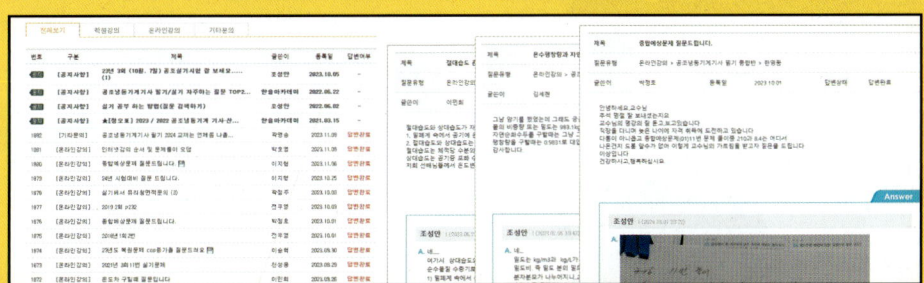

공조냉동기계산업기사 필기 유료 동영상 강의

구 분	과 목	담당강사	강의시간	동영상	교 재
필 기	출제경향분석	조성안	15분		
	공기조화설비	조성안	약 16시간		
	냉동냉장설비	강희중	약 26시간		
	공조냉동설치·운영	조성안, 이승원	약 36시간		
	핵심 기출문제	조성안, 이승원	약 30시간		
	복원 기출문제	과목별 담당교수	약 10시간		

• 할인혜택 : 동일강좌 재수강시 **50%** 할인, 다른 강좌 수강시 **10%** 할인

합격! 한솔아카데미가 답이다
본 도서를 구입시 드리는 통~큰 혜택!

출제·핵심 기출 무료동영상

출제경향분석 및 핵심 기출문제 무료동영상

① 출제분석에 따른 출제경향 오리엔테이션
② 핵심 기출문제 상세해설 1~6회 무료동영상

※ 위 내용의 무료동영상 수강기간은 3개월입니다.

복원 기출문제 무료동영상

3개년 복원 기출문제

① 최근 3개년(24, 23, 22) 기출문제 분석과 변경된 출제기준 (24년 시행)에 맞추어 교재를 구성하고 상세한 해설 강의제공
② 복원 기출문제 자세하게 해설강의

※ 위 내용의 무료동영상 강좌의 수강기간은 3개월입니다.

CBT 온라인 실전테스트

14회 CBT 온라인 실전테스트

① 큐넷(Q-net)홈페이지 실제 컴퓨터 환경과 동일한 시험
② 자가학습진단 모의고사를 통한 실력 향상
③ 장소, 시간에 관계없이 언제든 모바일 접속 이용 가능

학습내용 질의응답

한솔아카데미 홈페이지(www.inup.co.kr)

공조냉동기계(산업)기사 게시판에 질문을 하실 수 있으며 함께 공부하시는 분들의 공통적인 질의응답을 통해 보다 효과적인 학습이 되도록 합니다.

수강신청 방법

도서구매 후 뒷 표지 회원등록 인증번호 확인

홈페이지 회원가입 ▶ 마이페이지 접속 ▶ 쿠폰 등록/내역 ▶ 도서 인증번호 입력 ▶ 나의 강의실에서 수강이 가능합니다.

 # 교재 인증번호 등록을 통한 학습관리 시스템

❶ 공조냉동기계산업기사 출제경향 분석 ❷ 핵심 기출문제 1~6회 무료동영상
❸ 최근 복원 기출문제 무료동영상 ❹ CBT 온라인 실전테스트

01 사이트 접속
인터넷 주소창에 https://www.inup.co.kr 을 입력하여 한솔아카데미 홈페이지에 접속합니다.

02 회원가입 로그인
홈페이지 우측 상단에 있는 **회원가입** 또는 아이디로 **로그인**을 한 후, **공조냉동** 사이트로 접속을 합니다.

03 나의 강의실
나의강의실로 접속하여 왼쪽 메뉴에 있는 [**쿠폰/포인트관리**]-[**쿠폰등록/내역**]을 클릭합니다.

04 쿠폰 등록
도서에 기입된 **인증번호 12자리** 입력(-표시 제외)이 완료되면 [**나의강의실**]에서 학습가이드 관련 응시가 가능합니다.

■ 모바일 동영상 수강방법 안내

❶ QR코드 이미지를 모바일로 촬영합니다.
❷ 회원가입 및 로그인 후, 쿠폰 인증번호를 입력합니다.
❸ 인증번호 입력이 완료되면 [나의강의실]에서 강의 수강이 가능합니다.

※ 인증번호는 상권 표지 뒷면에서 확인하시길 바랍니다.
※ QR코드를 찍을 수 있는 앱을 다운받으신 후 진행하시길 바랍니다.

CBT 시험대비 실전테스트

홈페이지(www.bestbook.co.kr)에서 일부 필기시험 문제를 CBT 모의 TEST로 체험하실 수 있습니다.

CBT 필기시험문제

▶ **공조냉동기계산업기사**

- 2024년 제1회 과년도
- 2024년 제2회 과년도
- 2024년 제3회 과년도
- 2023년 제1회 과년도
- 2023년 제2회 과년도
- 2023년 제3회 과년도
- 2022년 제1회 과년도
- 2022년 제2회 과년도
- 2022년 제3회 과년도
- 핵심 기출문제 11회
- 핵심 기출문제 12회
- 핵심 기출문제 13회
- 핵심 기출문제 14회
- 핵심 기출문제 15회

■ **무료수강 쿠폰번호안내**

회원 쿠폰번호 — 상권 뒷표지에 인증번호 참고

■ **공조냉동기계산업기사 CBT 필기시험문제 응시방법**

① 한솔아카데미 인터넷서점 베스트북 홈페이지(www.bestbook.co.kr) 접속 후 로그인합니다.
② [CBT모의고사] – [공조냉동기계산업기사] 메뉴에서 쿠폰번호를 입력합니다.
③ [내가 신청한 모의고사] 메뉴에서 모의고사 응시가 가능합니다.

※ 쿠폰 사용 유효기간은 2025년 12월 31일까지입니다.

공조냉동기계산업기사 교재를 펴내며...

새로운 출제기준 적용에 따른 일러두기!

　최근의 경제 발전과 기계분야의 고도화로 공조냉동기계산업 분야는 기계화, 고급화, 스마트자동화가 급속히 진행되고 있으며, 에너지절약과 쾌적한 실내환경 조성, 냉동냉장설비의 확대로 기계분야의 대표적인 성장동력산업으로 발전하고 있습니다. 이에 발맞추어 공조냉동기계산업기사 분야의 우수한 기술인력을 배출하고자 공조냉동기계산업기사 자격 제도가 시행되고 있습니다. 특히 2025년부터 새로운 출제기준을 적용하여 그동안의 4과목에서 3과목으로 통폐합하며 새롭게 문제가 출제됩니다. 여기에 발맞추어 이 책은 공조냉동기계산업기사를 준비하는 미래 기술자들이 수험준비를 하는 데 좀 더 짧은 시간에 정확하고, 쉽게 전문지식을 습득하고 시험 준비에 만전을 기할 수 있도록 아래와 같이 새로운 출제기준에 따라 이론과 예상문제를 정리하고 기출문제를 분석, 해설하여 핵심 기출문제 형식으로 꾸며졌으며, 저자들의 강의 경험과 현장 경험을 최대한 살려서 수험생 여러분의 이해와 숙달을 돕고 자격검정 시험에 도움을 주고자 최선을 다해서 교재를 만들었습니다.

본서의 특징을 요약하면

첫째, 2025년부터 적용되는 새로운 출제기준을 분석하여 과목(4과목-3과목 축소)통합에 따라 이론과 예상문제를 추가하고 부록편에 15회분의 핵심 기출문제를 새로운 출제기준에 알맞게 편집 정리 수록하였습니다.

둘째, 기출문제와 출제 예상문제를 해설하면서 관련 내용을 함께 정리하여 문제풀이를 통하여 전체 이론내용이 정리되도록 노력하였습니다.

셋째, 각 편마다 문제 풀이에 필요한 해당 내용을 간결하고 되도록 자세하게 요약 정리하였으며, 특히 새로운 출제기준에 포함된 공조프로세스분석, 냉동냉장부하계산, 설비적산 등은 내용과 문제를 추가로 정리하였습니다.

넷째, 출제기준이 새롭게 변경되었지만 문제 출제 방향은 이전의 기출문제를 반영 할 것이기에 그동안의 기출문제를 근간으로 핵심 기출문제를 해설하면서 수험준비와 최근 공조냉동설비의 경향을 알 수 있도록 하였습니다.

다섯째, 본 교재는 10년간의 기출문제를 분야별로 정리하고 출제기준에 알맞게 편집하여 수험생들의 수험준비가 명확하고 간결하도록 하였습니다. 문제 해설에 있어서 SI단위변경 등 변경된 내용들을 현재를 기준으로 비교 설명하였습니다.

　끝으로 본 교재를 통하여 공조냉동기계산업기사를 준비하는 수험생들의 목적하는 바가 성취되길 기원하며 더욱 더 노력하여 공조냉동기계 분야의 유능한 기술인이 되기를 부탁하는 바입니다. 앞으로의 시대는 실질적인 능력을 가진 자가 경쟁력 있는 인재이며 꾸준히 노력하여 자기 자신을 개발하고 창의력을 키우는 능동적이고 스마트한 사람만이 인정받고 성공할 수 있다는 냉엄한 현실을 직시하시기 바랍니다. 그리고 이 책이 나오기까지 물심양면으로 수고하여 주신 한솔아카데미 편집, 제작자 여러분께 감사의 뜻을 표합니다.

조성안, 이승원, 강희중 씀

2025
단기완성의 신개념 교재
지금부터 시작합니다!!

한솔아카데미 교재
3단계 합격 프로젝트

1단계 단원별 핵심이론

- 각 편마다 학습에 필요한 내용을 간결하고 자세하게 요약 정리
- 문제풀이를 통하여 전체 이론 내용을 정리

2단계 핵심 기출문제

- 출제문제 분석을 토대로 구성한 15회 핵심 기출문제를 통해 실전감각을 키울 수 있도록 구성

3단계 복원 기출문제

- 최근 3개년 복원 기출문제로 필기합격을 위한 마무리

시험정보
공조냉동기계산업기사

공조냉동기계산업기사 시험일정(예정)

	필기시험	필기합격(예정) 발표	실기시험	최종합격 발표일
정기 1회	2025년 2월	2025년 3월	2025년 4월	2025년 6월
정기 2회	2025년 5월	2025년 6월	2025년 7월	2025년 9월
정기 3회	2025년 8월	2025년 9월	2025년 11월	2025년 12월

공조냉동기계산업기사 시험시간 및 합격기준

시험시간	과목당 30분(3과목) 총 1시간 30분
합격기준	100점을 만점으로 하여 과목당 40점 이상, 전 과목 평균 60점 이상

공조냉동기계산업기사 응시자격

① 기능사 등급 이상의 자격을 취득한 후 응시하려는 종목이 속하는 동일 및 유사 직무분야에 1년 이상 실무에 종사한 사람
② 응시하려는 종목이 속하는 동일 및 유사 직무분야의 다른 종목의 산업기사 등급 이상의 자격을 취득한 사람
③ 관련학과의 2년제 또는 3년제 전문대학졸업자 등 또는 그 졸업예정자
④ 관련학과의 대학졸업자 등 또는 그 졸업예정자
⑤ 동일 및 유사 직무분야의 산업기사 수준 기술훈련과정 이수자 또는 그 이수예정자
⑥ 응시하려는 종목이 속하는 동일 및 유사 직무분야에서 2년 이상 실무에 종사한 사람
⑦ 고용노동부령으로 정하는 기능경기대회 입상자
⑧ 외국에서 동일한 종목에 해당하는 자격을 취득한 사람

공조냉동기계산업기사 필기시험 검정현황

연도	공조냉동기계산업기사		
	응시	합격	합격률(%)
2023	10,032	2,341	23.3%
2022	9,698	2,087	21.5%
2021	9,333	3,323	35.6%
2020	6,198	1,968	31.8%
2019	4,765	1,558	32.7%

공조냉동기계산업기사 수행직무

냉동고압가스제조시설, 냉동기제조시설, 냉동기계와 공기조화설비를 운용하는 사업체에서 고압가스 및 냉동기의 제조공정을 관리하며, 위해(危害)예방을 위한 안전관리규정을 시행하거나 또는 공기조화냉동설비를 설치·시공하고 관리유지 및 보수, 점검 등의 업무를 수행한다.

공조냉동기계산업기사 진로 및 전망

- 주로 냉동고압가스 제조·저장·판매업체, 냉난방 및 냉동장치 제조업체, 공조냉동설비관련 업체, 저온유통, 식품냉동업체 등으로 진출하며, 일부는 건설업체, 감리전문업체, 엔지니어링업체 등으로 진출한다. 「고압가스안전관리법」에 의한 냉동제조시설, 냉도기제조시설의 안전관리책임자, 「건설기술관리법」에 의한 감리전문회사의 감리원 등으로 고용될 수 있다.

- 공조냉동기술은 주로 제빙, 식품저장 및 가공분야 외에 경공업, 중화학공업분야, 의학, 축산업, 원자력공업 및 대형건물의 냉난방시설에 이르기까지 광범위한 산업분야에 응용되고 있다. 특히 생활수준의 향상으로 냉난방 설비수요가 증가하고 있다. 이들 요인으로 숙련기능인력에 대한 수요가 증가할 전망이다. 공조냉동분야에 대한 높은 관심은 자격응시인원의 증가로 이어지고 있다.

단기완성의 신개념 교재 구성
공조냉동기계산업기사 필기

1 한 눈에 파악되는 중요내용

한국산업인력공단의 출제 기준에 맞춰 과목별 세부항목을 구성하였으며 단원별 '학습핵심이론'을 요약정리하여 학습에 중심이 되는 목표 내용을 쉽게 파악할 수 있게 하였으며, 필요한 중요한 이론을 요약 정리하여 담았습니다. 또한 시험에 출제되었던 기출문제 중에서 출제빈도가 높고 출제가 예상되는 문제들을 선정하여 종합예상문제로 구성하고 해설을 자세히 달아 본교재를 통하여 혼자서도 쉽게 학습할 수 있도록 하였습니다.

[1단계]

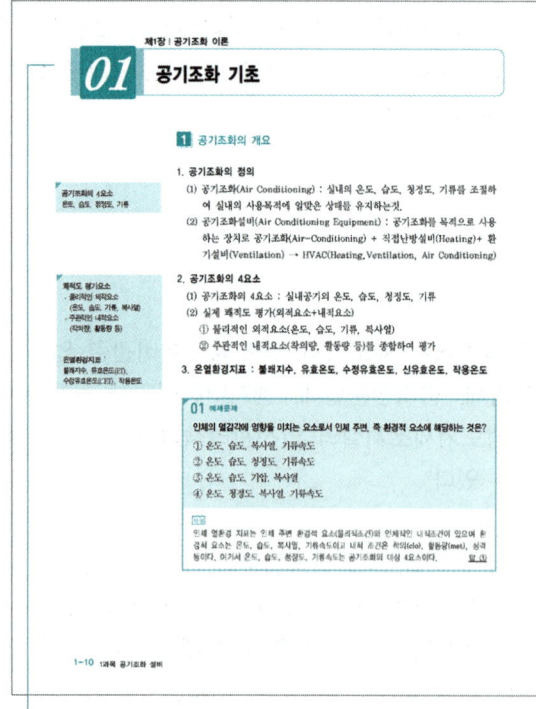

⊙ 학습 목표 내용 및 핵심정리

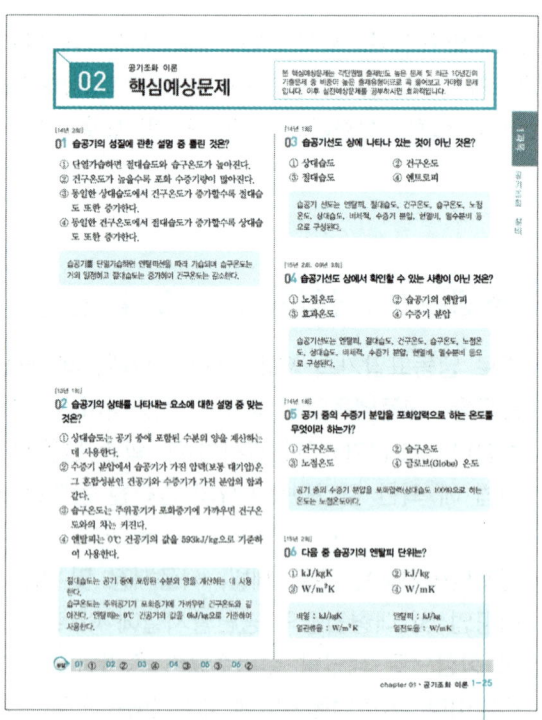

출제빈도 분석에 따른 예상문제 및 해설 ⊙

2 15회 핵심 기출문제로 실전감각 키우고
최근 3개년 복원 기출문제로 합격완성

핵심이론 학습 후 핵심 기출문제를 풀어봄으로써 내용 다지기와 더불어 시험에서 실전감각을 키울 수 있도록 하였고, 왜 정답인지를 문제해설을 통해 바로 확인할 수 있도록 하였습니다. 또한, 공조냉동기계산업기사에 출제되었던 최근 3개년 복원 기출문제를 풀어봄으로써 스스로를 진단하면서 필기합격을 위한 마무리가 될 수 있도록 하였습니다.

[2단계]

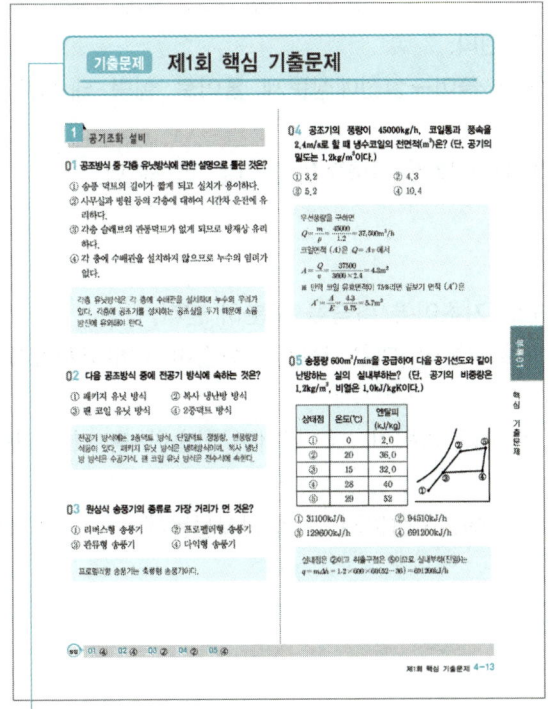

◉ 15회분 핵심 기출문제로 내용다지기 및 실전감각 키우기

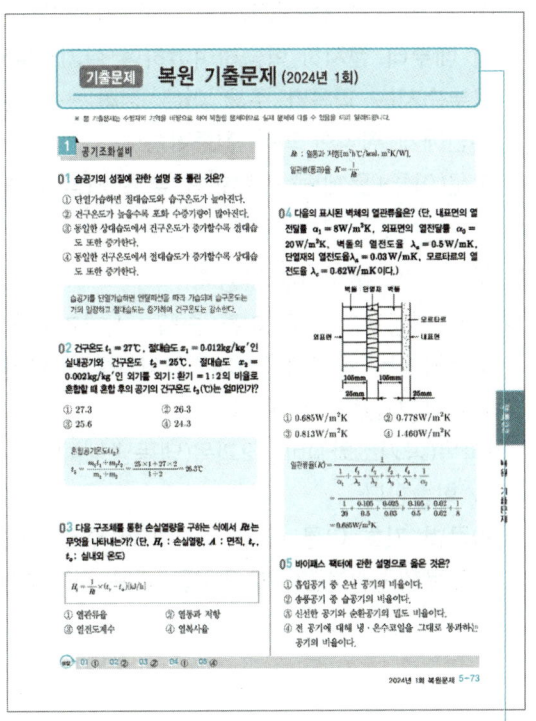

최근 복원 기출문제로 합격완성하기 ◉

2025 공조냉동기계산업기사 학습전략

❶ 전략적 학습순서

1. 공조냉동기계산업기사 출제기준 (25.1.1 ~ 29.12.31)적용 : 3과목 (시험시간 90분)
2. 3과목 공부순서는 각자 조건에 알맞게 하되 1과목부터 대비하여 준비한다.
   - 1과목 : 공기조화설비
   - 2과목 : 냉동냉장설비(냉동공학+기초열역학)
   - 3과목 : 공조냉동 설치 운영(배관일반+전기제어)
3. 1, 2과목은 기초부터 이해위주로 먼저 공부하고 3과목은 상대적으로 암기성 과목으로 후반부에 공부하는 것이 효과적이다.

❷ 개인별 전략 수립

1. **공조냉동 분야 전공자**
   - 전공자라도 1과목(공기조화설비) 2과목(냉동냉장설비)은 가장 중요한 과목이므로 처음 공부 시작할 때부터 철저히 학습하여야하며 실기공부와도 연관된다.
   - 공부순서는 과목별 주요 이론 정리 → 핵심예상문제 풀이→실전예상문제 풀이로 실력 테스트 → 본인에게 취약한 과목 집중학습
   - 본문(이론+문제)을 공부한후 부록 핵심 기출문제와 최근 복원 기출문제 풀이로 접근한다.

2. **공조냉동 분야 비 전공자**
   - 공조 냉동분야 기초 이론 습득 : 1, 2과목을 중심으로 기초이론 학습을 충분히 한다.
     비전공자는 공조냉동기계산업기사를 공부하면서 기초이론에 대한 충분한 학습이 이루어져야하고 상당한 시간을 요구한다.
   - 1과목(공기조화설비), 2과목(냉동냉장설비)은 가장 중요한 과목이므로 철저히 학습한 후 다른 과목을 학습한다.
   - 과목별 기초 이론 습득 → 과목별 주요 이론 정리 → 핵심예상문제 → 실전예상문제 풀이 → 핵심 기출문제 → 본인에게 취약한 과목 집중학습

2025
공조냉동기계산업기사

1과목 공기조화 설비

2025 공조냉동기계산업기사 학습방법

1과목 | 공기조화 설비 학습법

✔ 1과목 이해

- 공조냉동기계산업기사 자격취득에서 냉난방을 위한 부하계산과 공조설비에 대한 종합적인 계획, 설계, 시공에 대한 과목으로 기본적이고 중요한 과목이다.
- 공조설비에 대한 이해와 각종 계산문제를 자유롭게 할 수 있도록 충분한 공부가 필요한 과목이다.
- 공조설비에 대한 기초부터 실기 시험을 대비한 실무적인 부분까지 이해가 필요한 가장 기본적이며 실기시험과 연결되는 중요한 과목

✔ 1과목 공략방법

- 공조냉동기계산업기사 필기시험에서 가장 중요한 과목이자 첫 번째로 학습해야하는 과목
- 공기조화기초부터 부하계산 공조설비 구성과 특징, 각종 설비 용량 계산까지 교재 내용을 중심으로 원리이해와 반복학습이 필요한 과목
- 목표점수는 60점 이상

✔ 1과목 핵심내용

1. 공기조화 이론
2. 공기조화 계획
3. 공조기기 및 덕트
4. 공조프로세스 분석
5. 공조설비운영 관리
6. 보일러설비 운영

✔ 공기조화 설비 출제기준

적용기간 2025.01.01 ~ 2029.12.31

주요항목	중요도	세부항목	세세항목
1. 공기조화의 이론	★★★	공기조화의 기초	공기조화의 개요, 보건공조 및 산업공조, 환경 및 설계조건
		공기의 성질	공기의 성질, 습공기 선도 및 상태변화
2. 공기조화 계획	★★★	공기조화방식	공기조화방식의 개요, 공기조화방식, 열원방식
		공기조화 부하	부하의 개요, 난방부하, 냉방부하
		클린룸	클린룸 방식, 클린룸 구성, 클린룸 장치
3. 공기조화 설비	★★★	공조기기	공기조화기 장치, 송풍기 및 공기정화장치, 공기냉각 및 가열코일, 가습·감습장치, 열교환기
		열원기기	온열원기기, 냉열원기기
		덕트 및 부속설비	덕트, 급·환기설비
4. 공조 프로세스 분석	★★	부하적정성 분석	공조기 및 냉동기 선정
5. 공조설비 운영 관리	★	전열교환기 점검	전열교환기 종류별 특징 및 점검
		공조기 관리	공조기 구성 요소별 관리방법
		펌프 관리	펌프 종류별 특징 및 점검, 펌프 특성, 고장원인과 대책수립, 펌프 운전시 유의사항
		공조기 필터점검	필터 종류별 특성, 실내공기질 기초
6. 보일러설비 운영	★	보일러 관리	보일러 종류 및 특성
		부속장치 점검	부속장치 종류와 기능
		보일러 점검	보일러 점검항목 확인
		보일러 고장시 조치	보일러 고장원인 파악 및 조치

CONTENTS

1과목　공기조화 설비

CHAPTER 01　공기조화 이론

1. 공기조화 기초 　　　　　　　　　1-10
　　핵심예상문제　　　　　　　　　1-15
2. 공기의 성질　　　　　　　　　　1-17
　　핵심예상문제　　　　　　　　　1-25
• 실전예상문제　　　　　　　　　　1-29

CHAPTER 02　공기조화 계획

1. 공기조화 방식　　　　　　　　　1-40
　　핵심예상문제　　　　　　　　　1-58
2. 공기조화 부하　　　　　　　　　1-63
　　핵심예상문제　　　　　　　　　1-70
3. 난방설비　　　　　　　　　　　1-76
　　핵심예상문제　　　　　　　　　1-90
4. 클린룸설비　　　　　　　　　　1-95
　　핵심예상문제　　　　　　　　　1-100
• 실전예상문제　　　　　　　　　　1-101

CHAPTER 03　공조기기 및 덕트

1. 공기조화기기　　　　　　　　　1-128
　　핵심예상문제　　　　　　　　　1-135
2. 열원기기　　　　　　　　　　　1-144
　　핵심예상문제　　　　　　　　　1-152
3. 덕트 및 부속설비　　　　　　　 1-156
　　핵심예상문제　　　　　　　　　1-164
• 실전예상문제　　　　　　　　　　1-169

CHAPTER 04　공조프로세스 분석

1. 공조프로세스 분석　　　　　　　1-198
　　핵심예상문제　　　　　　　　　1-207
• 실전예상문제　　　　　　　　　　1-210

CHAPTER 05　공조설비운영 관리

1. 공조설비운영 관리　　　　　　　1-214
　　핵심예상문제　　　　　　　　　1-224
• 실전예상문제　　　　　　　　　　1-225

CHAPTER 06　보일러설비 운영

1. 보일러설비 시운전　　　　　　　1-228
　　핵심예상문제　　　　　　　　　1-237
• 실전예상문제　　　　　　　　　　1-239

공조냉동기계산업기사

공기조화 설비

01 공기조화 설비

1. 공기조화 이론 9
2. 공기조화 계획 39
3. 공조기기 및 덕트 127
4. 공조프로세스 분석 197
5. 공조설비운영 관리 213
6. 보일러설비 운영 227

공기조화 설비

단원별 출제비중

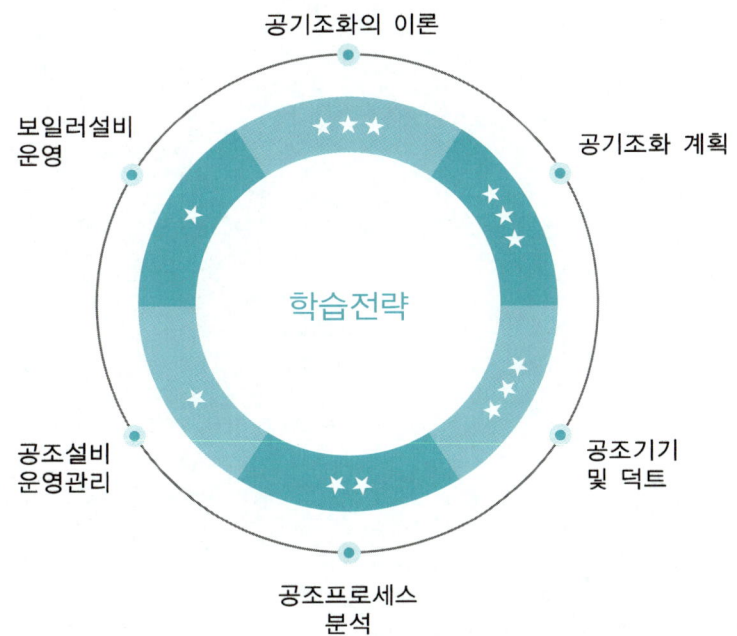

출제경향분석

- 공기조화 설비 과목은 냉난방을 위한 부하계산과 공조설비에 대한 종합적인 계획, 설계, 시공에 대한 과목입니다. 공조설비에 대한 이해와 각종 계산문제를 자유롭게 할 수 있도록 충분한 공부가 필요한 과목입니다.
- 목표점수는 60점 이상입니다.

제1장

공기조화 이론

01 공기조화 기초
02 공기의 성질

제1장 | 공기조화 이론

공기조화 기초

1 공기조화의 개요

1. 공기조화의 정의

> 공기조화의 4요소
> 온도, 습도, 청정도, 기류

(1) 공기조화(Air Conditioning) : 실내의 온도, 습도, 청정도, 기류를 조절하여 실내의 사용목적에 알맞은 상태를 유지하는것.
(2) 공기조화설비(Air Conditioning Equipment) : 공기조화를 목적으로 사용하는 장치로 공기조화(Air-Conditioning) + 직접난방설비(Heating) + 환기설비(Ventilation) → HVAC(Heating, Ventilation, Air Conditioning)

2. 공기조화의 4요소

> 쾌적도 평가요소
> - 물리적인 외적요소
>   (온도, 습도, 기류, 복사열)
> - 주관적인 내적요소
>   (착의량, 활동량 등)

(1) 공기조화의 4요소 : 실내공기의 온도, 습도, 청정도, 기류
(2) 실제 쾌적도 평가(외적요소+내적요소)
 ① 물리적인 외적요소(온도, 습도, 기류, 복사열)
 ② 주관적인 내적요소(착의량, 활동량 등)를 종합하여 평가

> 온열환경지표
> 불쾌지수, 유효온도(ET),
> 수정유효온도(CET), 작용온도

3. 온열환경지표 : 불쾌지수, 유효온도, 수정유효온도, 신유효온도, 작용온도

---

01 예제문제

인체의 열감각에 영향을 미치는 요소로서 인체 주변, 즉 환경적 요소에 해당하는 것은?

① 온도, 습도, 복사열, 기류속도
② 온도, 습도, 청정도, 기류속도
③ 온도, 습도, 기압, 복사열
④ 온도, 청정도, 복사열, 기류속도

해설
인체 열환경 지표는 인체 주변 환경적 요소(물리적조건)와 인체적인 내적조건이 있으며 환경적 요소는 온도, 습도, 복사열, 기류속도이고 내적 조건은 착의(clo), 활동량(met), 성격 등이다. 여기서 온도, 습도, 청정도, 기류속도는 공기조화의 대상 4요소이다. **답 ①**

4. 공기조화설비의 4대 구성요소

구성요소	특징
열원설비	– 온열원장비 : 보일러, 냉온수기, 히트펌프 – 냉열원장비 : 냉동기, 냉온수기, 히트펌프
공기조화기	– 공기조화기(공조기)는 실내로 공급되는 적합한 공기를 만드는 설비로 – 가열코일 + 냉각코일 + 가습기 + 공기여과기 등으로 구성
열수송설비	– 송풍기와 덕트계통 : 공조기에서 만들어진 공기를 실내에 공급 – 냉온수 펌프와 배관계통 : 냉온수를 순환
자동제어설비	– 공조설비를 적합하게 운전하고 실내공기의 상태를 자동으로 유지하고 운전하는 제어설비(디지털제어방식(DDC제어))

> 공기조화설비의 4대 구성요소
> 열원설비, 공기조화기, 열수송설비, 자동제어설비

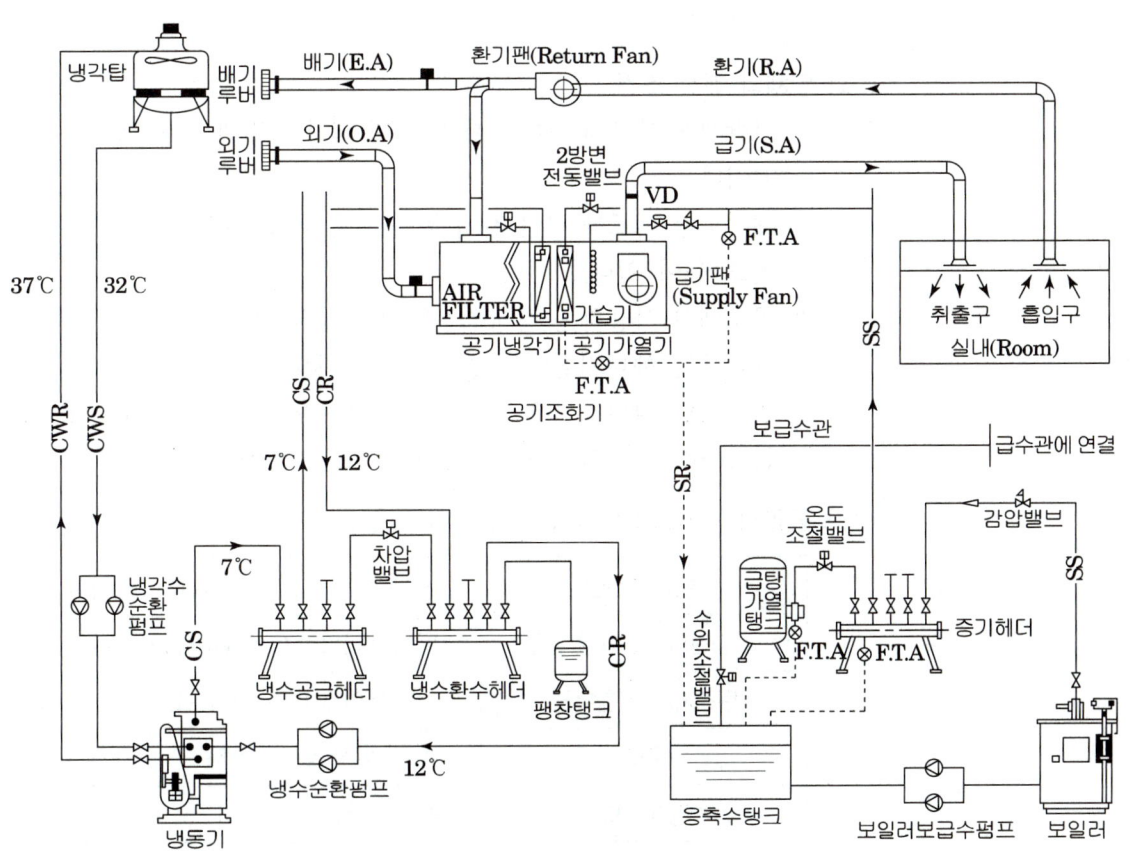

그림. 공기조화설비의 구성

2 보건공조 및 산업공조

공조는 보건공조와 산업공조로 나누어진다.

(1) **보건공조** : 쾌적용 공기조화(Comfort Air conditioning)를 말하며 인간의 생활을 대상으로 하는 보건공조로 일반 건축물에 적용

(2) **산업공조** : 산업의 제조공정 및 원료, 제품의 저장, 포장, 수송 등의 생산관리를 대상으로 하는 공기조화로 클린룸, 냉동창고, 섬유공장 등

> 보건용공기조화
> 인간의 생활을 대상으로 하는 쾌적용 공기조화
>
> 산업용 공기조화
> 산업의 제조공정 및 원료, 제품을 대상

3 환경 및 설계조건

1. 실내 환경과 냉난방의 목적

냉난방의 목적은 보건공조의 거주자 쾌적 상태 유지와 산업공조의 제조공정 상태유지에 있다.

(1) **인체의 쾌적 조건**
 ① 사람에게 가장 쾌적한 상태란 체내 생산 열량과 발산 열량이 평형을 이룰 때이다.
 ② 쾌적도를 지표화 시킨 것에 불쾌지수, 유효 온도, 수정유효 온도, 신유효 온도 등이 있다.
 ③ 공조에서 사용하는 실내조건은 쾌적성과 경제성을 종합하여 결정하는데 최근에는 에너지절약을 중시하는 추세이다.
 ④ 일반적인 실내조건은 여름철에는 26~28℃ DB, 50~60% RH, 겨울철에는 18~20℃ DB, 40~50% RH 정도를 적용한다.

(2) **중앙식 공기조화설비의 실내 환경 기준**

부유 분진량	공기 $1m^3$에 대하여 0.15mg 이하
일산화탄소의 함유율	백만분의 10 이하 (10ppm 이하)
탄산가스의 함유율	백만분의 1,000 이하 (1,000ppm 이하)
온도	17℃ 이상 28℃ 이하
상대습도	40% 이상 70% 이하
기류	0.5m/s 이하

2. 온열환경지표(쾌적지수)

(1) 불쾌지수(DI – Discomfort Index)

불쾌지수 : 건구 온도와 습구 온도로 구한다.

$$DI = 0.72(t+t') + 40.6$$ t : 건구 온도, t' : 습구 온도

   DI 86 이상 : 대부분 불쾌감을 느낌
   DI 75 이상 : 반수 이상 불쾌
   DI 70 이상 : 불쾌감 느끼기 시작
   DI 68 이상 : 쾌적

불쾌지수 값은 개인적 특성에 따라 달라지며 위의 수치는 미국인 평균치이다.

> 불쾌지수는 건구 온도와 습구 온도에 의하여 구한다.

(2) 유효 온도(ET – Effective Temperature)

① 유효 온도(체감 온도)는 건구온도, 습도, 기류의 3요소를 종합
② 인체에 미치는 영향을 100%RH, 풍속 0m/s인 상태의 건구 온도로 환산
③ 유효온도 선도를 일명 야글로우(Yaglou) 선도라고한다.

> 유효 온도는 체감 온도라고도 하며 3요소는 건구온도, 습도, 기류

---

02 예제문제

유효온도(Effective Temperature)에 대한 설명 중 옳은 것은?

① 온도, 습도를 하나로 조합한 상태의 측정온도이다.
② 각기 다른 실내온도에서 습도 및 기류에 따라 실내 환경을 평가하는 척도로 사용된다.
③ 실내 환경요소가 인체에 미치는 영향을 같은 감각으로 얻을 수 있는 기류가 정지된 포화상태의 공기온도로 표시한다.
④ 유효온도 선도는 복사영향을 무시하여 건구온도 대신에 글로브 온도계의 온도를 사용한다.

[해설]
유효온도(ET)는 온도, 습도, 기류를 하나로 조합한 상태의 온도감각을 정지된(풍속 0m/s) 포화상태(상대습도 100%)일 때 느껴지는 온도감각으로 표시한 것이다. 유효온도 선도는 복사영향을 고려하여 건구온도 대신에 흑구 온도계의 온도를 사용한다.

답 ③

---

(3) 수정 유효 온도(CET – Corrected Effective Temperature)

① 수정 유효 온도 : 유효 온도 + 열복사를 고려
② 수정유효온도의 4요소 : 건구온도, 습도, 기류, 복사열

> 수정 유효 온도(CET) 4요소
> 건구온도, 습도, 기류, 복사열

(4) 신 유효 온도(ET*)
    ① 미국 공조협회(ASHRAE)에서 제안한 것으로 물리적 조건과 인체적 조건을 고려한 쾌적지표
    ② 습공기 선도 상에 복사 온도는 기온과 같게 잡고 착의상태 clo 0.6, 상대습도 50%, 기류는 0.25m/s 이하로 한 경우 쾌적도를 나타낸 것이다.

(5) 효과 온도(작용 온도 : OT : Operative Temperature)
    ① 습도의 영향을 무시하고 온도, 기류, 복사열의 영향을 종합한 온도
    ② 복사 냉난방의 열환경 지표로 이용.

> 효과 온도(작용 온도) 3요소
> 온도, 기류, 복사열

3. 공기조화 계획

표. 공기조화 계획의 순서

기 획	기 본 계 획	기 본 설 계	실 시 설 계
• 건물의 목적 기능, 규모 • 구 조 • 예 산 • 공 기	• 공조 범위 • 실내 환경의 정도 • 공조 방식의 검토 • 공조의 개략 예산 • 자료 수집 • 기계실의 위치 • 덕트 • 배관 layout • 기본계획도 • 개략 사양 • 예산서	• 공조방식의 검토와 결정 • 열원방식의 검토와 결정 • 개략 부하 계산 • 각 장치의 배치계획 • 단열, 보의 관통, 방음 • 건축 계획과 조화 • 실시 계획도 • 개략 사양서 • 개략 예산서	• 부하계산 • 풍량산출 • 장치부하산출 • 기기선정 • 덕트 배관설계 • 제도 • 사양서 • 실시 예산서

01 공기조화 기초 핵심예상문제

본 핵심예상문제는 각단원별 출제빈도 높은 문제 및 최근 10년간의 기출문제 중 비중이 높은 출제유형이므로 꼭 풀어보고 가야할 문제입니다. 이후 실전예상문제를 공부하시면 효과적입니다.

[14년 1회, 11년 2회]
01 인체에 작용하는 실내 온열 환경 4대 요소가 아닌 것은?

① 청정도　　② 습도
③ 기류속도　　④ 공기온도

> 인체에 작용하는 실내 온열 환경 4대 요소는 공기온도, 습도, 기류속도, 복사온도 등이며 청정도는 온열 환경 요소는 아니며 공기조화 4대 요소(온도, 습도, 기류, 청정도)에 속한다.

[10년 1회]
02 다음 설명 중 맞지 않는 것은?

① 공기조화란 온도, 습도조정, 청정도, 실내기류 등 항목을 만족시키는 처리과정이다.
② 전자계산실의 공기조화는 산업공조이다.
③ 보건용 공조는 실내인원에 대한 쾌적 환경을 만드는 것을 목적으로 한다.
④ 공조장치에 여유를 두어 여름에 외부 온도차를 크게 하여 실내를 시원하게 해준다.

> 공조장치에 여유를 두고 여름에 외부 온도차가 커지면 냉방부하 증가로 에너지 낭비가 커져서 비경제적이다. 그러므로 TAC 온도를 적용하여 온도차를 작게 하고 경제적인 설비와 효율적인 운전이 되게 한다.

[06년 2회]
03 공기조화에서 다루어야 할 요소가 아닌 것은?

① 습도　　② 온도
③ 순환　　④ 압력

> 공기조화의 4요소는 온도, 습도, 기류(순환), 청정도이다.

[12년 3회]
04 효과적인 공기조화 설비를 계획하기 위해서는 조닝(Zoning)을 실시한다. 이때 고려해야 할 요소로 가장 거리가 먼 것은?

① 실의 방위　　② 실의 사용시간
③ 실의 밝기　　④ 실의 형태

> 조닝 시 고려사항은 실의 방위, 실의 사용시간, 실의 형태, 실의 용도, 부하변동 등이며 실의 밝기는 조닝과 관계없다.

[13년 3회]
05 기류 및 주위 벽면에서의 복사열은 무시하고 온도와 습도만으로 쾌적도를 나타내는 지표를 무엇이라고 부르는가?

① 쾌적 건강지표　　② 불쾌지수
③ 유효온도지수　　④ 청정지표

> 온도와 습도만으로 쾌적도를 나타내는 지표는 불쾌지수이고 기류 및 주위 벽면에서의 복사열까지 고려하는 지표는 수정유효온도(CET)이다.

[22년 2회]
06 다음 온열환경지표 중 복사의 영향을 고려하지 않는 것은?

① 유효온도(ET)　　② 수정유효온도(CET)
③ 예상온결감(PMV)　　④ 작용온도(OT)

> 온열환경지표들은 다음의 요소를 종합하여 온냉감을 표현한다.
> ① 유효온도(ET) : 온도, 습도, 기류
> ② 수정유효온도(CET) : 온도, 습도, 기류, 복사열
> ③ 예상온결감(PMV) : 온도, 습도, 기류, 복사열, 대사량(met), 착의량(clo)
> ④ 작용온도(OT) : 온도, 기류, 복사

정답　01 ①　02 ④　03 ④　04 ③　05 ②　06 ①

제1장 공기조화 이론

[10년 2회, 08년 2회]

07 다음 중 여름철 냉방에 가장 중요한 것은?

① 온도 변화
② 압력 변화
③ 탄산가스량 변화
④ 비체적 변화

> 냉방 시(공기조화) 가장 중요한 변수는 부하계산과 설비 용량 계산인데 이들은 실내외 온도변화의 함수이다.

[09년 2회]

08 다음 설명 중에서 틀리게 표현된 것은?

① 벽이나 유리창을 통해 들어오는 전도열은 현열뿐이다.
② 여름철 실내에서 인체로부터 발생하는 열은 잠열뿐이다.
③ 실내의 기구로부터 발생열은 잠열과 감열이다.
④ 건축물의 틈새로부터 침입하는 공기가 갖고 들어오는 열은 잠열과 감열이다.

> 여름철 실내에서 인체부하는 현열과 잠열이 발생된다.

[11년 3회]

09 결로를 방지하기 위한 방법으로 옳지 않은 것은?

① 벽면을 가열시킨다.
② 벽면을 단열시킨다.
③ 바닥온도를 낮게 해 준다.
④ 강제로 온풍을 공급해 준다.

> 바닥온도가 낮으면 주변온도가 낮아지고 노점온도에 근접하면 결로 발생이 증가한다.

[22년 2회]

10 실내 공기 상태에 대한 설명으로 옳은 것은?

① 유리면 등의 표면에 결로가 생기는 것은 그 표면온도가 실내의 노점온도보다 높게 될 때이다.
② 실내 공기 온도가 높으면 절대습도도 높다.
③ 실내 공기의 건구 온도와 그 공기의 노점온도와의 차는 상대습도가 높을수록 작아진다.
④ 건구온도가 낮은 공기일수록 많은 수증기를 함유할 수 있다.

> ① 유리면 등의 표면에 결로가 생기는 것은 그 표면온도가 실내의 노점온도보다 낮게 될 때이다.
> ② 실내 공기 온도와 절대습도는 조건에 따라 달라진다.
> ③ 실내 공기의 건구 온도와 그 공기의 노점온도와의 차는 상대습도가 높을수록 작아진다. 상대습도가 100%일 때 건구 온도와 노점온도와의 차는 0 이다(온도가 서로 같다).
> ④ 건구온도가 낮은 공기일수록 수증기 함유량은 적어진다.

정답 07 ① 08 ② 09 ③ 10 ③

02 공기의 성질

1 습공기의 성질

1. 공기의 성질

(1) 공기의 성분

지구상에 분포하는 공기는 질소와 산소, 아르곤 수증기를 주성분으로 한다.

구분/성분	질소(N_2)	산소(O_2)	아르곤(Ar)	이산화탄소(CO_2)	수소(H_2)	네온(Ne)	헬륨(He)	기타
체적(%)	78.03	20.99	0.933	0.03	0.01	0.0018	0.0005	-
중량	75.47	23.2	1.28	0.046	0.001	0.0012	0.00007	-

> 건공기 : 수증기가 없는 공기
> 습공기 : 지구상에 존재하는 수증기를 포함한 공기

(2) 건공기와 습공기
  ① 건공기 : 수증기를 함유하지 않은 공기를 건공기(Dry Air)라고 한다.
  ② 습공기 : 자연상태의 수증기를 함유한 공기를 습공기(Moist Air, Humid Air)라고 한다.

(3) 공기의 밀도 : 습공기의 중량과 체적관계는 표준 상태에서 공기 $1\,m^3 = 1.2\,kg$으로 간주한다.

2. 노점온도와 포화공기

(1) 노점온도(이슬점온도) : 습공기가 냉각될 때 응축되는 온도로 이 온도를 노점온도(Dew Point Temp)라고 한다.

(2) 포화공기 : 습공기 중에 수증기가 점차 증가하여 상대습도 100% 상태를 포화공기(Saturated Air)라고 한다.

(3) 안개공기 : 포화공기를 계속 가습하면 미세한 물방울(안개)로 공기 중에 분산하는데 이를 안개공기(Fogged Air)라고 한다.

> 상대습도
> 어떤 공기의 수증기 분압(Pv)과 포화공기의 수증기 분압(Ps) %비
> ϕ (상대습도)=Pv/Ps×100(%)

3. 상대습도(Relative Humidity, R.H.)와 절대습도

습공기의 수증기량을 표현할 때 상대습도와 절대습도를 이용한다.

(1) 상대습도 : 어떤 공기의 수증기 분압(p_v)과 그 온도에 있어서의 포화공기의 수증기 분압(Ps) %비를 상대습도라 한다.

$$\text{상대습도}(\phi) = \frac{\text{수증기 분압}}{\text{포화수증기분압}} = \frac{p_v}{p_s}(\%)$$

> 절대습도(Absolute Humidity)
> 습건공기 1(kg) 중에 포함된 수분질량
>
> 상대습도(ϕ)와 절대습도(x) 관계식
> $x = 0.622\dfrac{p_v}{p_a} = 0.622\dfrac{p_v}{p_o - p_v}$
> $= 0.622\dfrac{\phi p_s}{p_o - \phi p_s}$

(2) 절대습도 (Absolute Humidity) : 습공기 중에 함유되어 있는 수증기의 중량으로 건공기 1(kg)중에 포함된 수분질량을 절대습도라고 한다.

$$절대습도(x) = \frac{수증기중량(x)}{건공기중량}(kg/kg')$$

(3) 상대습도(ϕ)와 절대습도(x) 관계식

$$x = 0.622\frac{p_v}{p_a} = 0.622\frac{p_v}{p_o - p_v} = 0.622\frac{\phi p_s}{p_o - \phi p_s}$$

x : 절대습도, p_o : 대기압, p_a : 건공기분압
p_v : 수증기 분압, p_s : 포화수증기압, ϕ : 상대습도

4. 습공기의 엔탈피 (습공기가 가지는 열량을 엔탈피라 한다.)

습공기의 엔탈피 (h) = 건공기의 엔탈피(ha) + 수증기의 엔탈피(hv)

$$h = ha + x(h_v) = C_{pa} \times t + x(\gamma + C_{pv} \times t)$$
$$= 1.01 \times t + x(2501 + 1.85t) \text{ kJ/kg}$$

---

01 예제문제

습공기의 상태변화에 관한 설명으로 틀린 것은?

① 습공기를 가열하면 건구온도와 상대습도가 상승한다.
② 습공기를 냉각하면 건구온도와 습구온도가 내려간다.
③ 습공기를 노점온도 이하로 냉각하면 절대습도가 내려간다.
④ 냉방할 때 실내로 송풍되는 공기는 일반적으로 실내공기보다 냉각 감습되어 있다.

해설
습공기를 가열하면 건구온도 증가, 습구온도 증가, 상대습도 감소, 노점온도 불변, 절대습도 불변, 엔탈피 증가한다.

답 ①

02 예제문제

습공기의 상태변화에 대한 설명이다. 옳은 것은?
① 현열비를 알면 이 부하를 감당하기 위한 송풍 온도 및 습도를 결정할 수 있다.
② 가습과정에서 열수분비의 값으로 공기상태가 변화되는 방향을 예측할 수 없다.
③ 냉각코일의 표면온도가 코일을 통과하는 공기의 노점보다 높은 경우 제습이 이루어진다.
④ 냉각 제습과정에서는 열평형식만으로 에너지 불변의 법칙을 만족한다.

해설
① 송풍공기는 실내 현열비 선상에 위치한다. 그러므로 현열비를 알면 송풍 온도 및 습도를 결정할 수 있다.
② 가습과정에서 열수분비의 값으로 공기상태가 변화되는 방향을 예측할 수 있다.
③ 냉각코일의 표면온도가 코일을 통과하는 공기의 노점보다 낮은 경우 제습이 이루어진다.
④ 냉각 제습과정에서는 온도와 습도가 동시에 제어되므로 열평형식과 엔탈피 관계식을 합해서 에너지 불변의 법칙을 만족한다.

답 ①

2 습공기 선도 및 상태변화

1. 습공기 선도

일반적으로 $h-x$(엔탈피-절대습도) 선도, $t-x$(건구온도-절대습도) 선도 등이 있으며 $h-x$ 선도를 주로 이용한다.

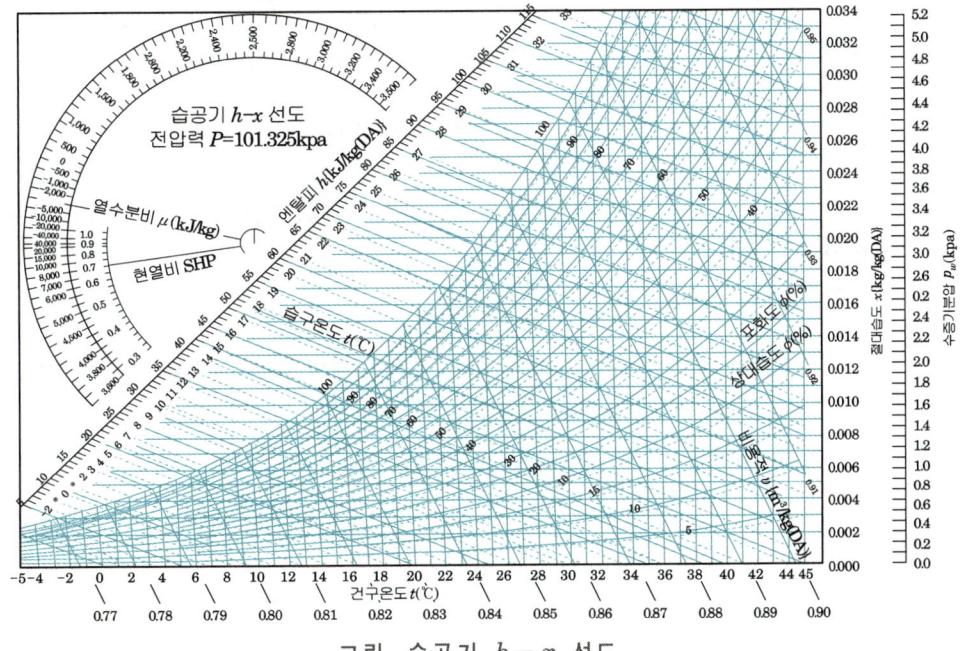

그림. 습공기 $h-x$ 선도

습공기 선도 구성요소
- 건구온도
- 습구온도
- 노점온도
- 상대습도
- 절대습도
- 엔탈피
- 비체적
- 현열비
- 수증기분압
- 열수분비

2. 습공기 선도 구성요소(건구온도, 습구온도, 노점온도, 상대습도, 절대습도, 수증기분압, 엔탈피, 비체적, 현열비, 열수분비)

구성 요소	특징
건구온도	공기온도로 일반온도계로 측정한 온도
습구온도	감온부를 물에 적신 헝겊으로 적셔 증발할 때 잠열에 의한 냉각온도
노점온도	일정한 수분을 함유한 습공기의 온도를 낮추면 어떤 온도에서 포화상태가 되는 온도(일명 : 이슬점 온도)
상대습도	공기 중의 수분량을 포화수증기량에 대한 비율로 표시한 값 상대습도 = $\dfrac{수증기분압}{포화수증기분압}$ (%) (습공기 전압력 = 건공기 분압력 + 수증기 분압력)
절대습도 (kg/kg′)	건공기 1kg′ 중에 함유된 수증기 중량(kg) 절대습도 = $\dfrac{수증기질량}{건공기질량}$ (kg/kg′)
엔탈피	- 엔탈피는 건공기와 수증기의 전열량을 말한다. - 습공기의 엔탈피(kJ/kg) 　= 건공기의 엔탈피(kJ/kg) + 절대습도(x) 　　× 수증기의 엔탈피(kJ/kg) 　= $C_p T + x(\gamma + C_v T)$ = $1.01T + x(2501 + 1.85t)$ (kJ/kg) 이때 C_p : 건공기 비열(1.01 kJ/kgK), 　　C_v : 수증기 비열(1.85 kJ/kgK) 　　2501(kJ/kg) : 0℃에서 수증기 증발잠열
비체적	공기 1kg의 체적으로 밀도와 역수 관계, 표준상태에서 $0.83 \, m^3/kg$
수증기 분압(Pv)	습공기 중의 수증기 분압(kPa)으로 습도를 나타낸다.
현열비 (SHF)	어느 실내의 취득 열량 중 현열의 전열에 대한 비를 현열비(SHF)라 한다. SHF(현열비) = $\dfrac{현열}{전열}$ = $\dfrac{현열}{현열 + 잠열}$
열수분비	공기 중의 증가 수분량에 대한 증가 열량의 비를 열수분비(μ)라 한다. U(열수분비) = $\dfrac{열량}{수분량}$

03 예제문제

단열된 용기에 물을 넣고 건구온도와 상대습도가 일정한 실내에 방치해 두면 실내는 포화상태에 도달하게 된다. 이때 물의 온도는 결국 공기의 어떤 상태에 가까워지는 변화를 하는가?

① 건구온도
② 습구온도
③ 노점온도
④ 절대온도

[해설]
단열용기에 물을 넣고 건구온도와 상대습도가 일정한 실내에 방치하면 포화상태에서 물의 온도는 습구온도와 같아지며, 냉각탑의 출구수온도 입구공기 습구온도에 근접한다. **답 ②**

04 예제문제

표준대기압(101.325 kPa)에서 25℃인 포화공기의 절대습도 x_s(kg/kg′)는 약 얼마인가? (단, 25℃의 포화수증기 분압 Ps는 3.1660 kPa이다.)

① 0.0188
② 0.0201
③ 0.6522
④ 0.6543

[해설]
$$절대습도(x) = 0.622 \left(\frac{수증기분압}{건공기분압} \right) = 0.622 \times \frac{P_w}{P_o - P_w}$$
$$= 0.622 \times \frac{3.1660}{101.325 - 3.1660} = 0.0201 \, \text{kg/kg}′$$

답 ②

3. 습공기 선도에서 공기의 상태 변화

공기의 상태변화는 가열, 냉각, 가습, 감습, 냉각감습, 가열가습, 단열혼합 등이 있다.

공기변화	상태값 변화
가열	온도 증가, 절대습도 일정, 상대습도 감소, 엔탈피 증가
냉각	온도 감소, 절대습도 일정(노점온도 이하 : 감소), 상대습도증가, 엔탈피 감소
가열가습	온도 증가, 절대습도 증가, 상대습도 증가, 엔탈피 증가
냉각감습	온도 감소, 절대습도 감소, 상대습도 증가, 엔탈피 감소

---

05 예제문제

건구온도 15℃의 습공기 300m³/h를 20℃까지 가열하는 데 필요한 열량은 약 몇 kJ/h 인가? (단 공기비열 1.01kJ/kgK, 밀도 1.2kg/m³)

① 435kJ/h
② 948kJ/h
③ 1818kJ/h
④ 2123kJ/h

[해설]
$q = mC\Delta t = 300 \times 1.2 \times 1.01(20-15) = 1818\,kJ/h$

답 ③

4. 공기의 상태변화 관계식

상태변화	관계식
가열	$q = m(h_2 - h_1) = mC_{Pa}(t_2 - t_1)$ q : 가열량(kJ/h), m : 공기량(kg/h), C_{Pa} : 건공기 비열(1.01 kJ/kg·K) h_2 : 가열 후 엔탈피, h_1 : 가열 전 엔탈피 t_2 : 가열 후 온도(℃), t_1 : 가열 전 온도(℃)
냉각(현열)	$q = m(h_1 - h_2) = mC_{Pa}(t_1 - t_2)$
가습	$L = m(x_2 - x_1)$ L : 가습량(kg/h), m : 공기량(kg/h), x_2 : 가습 후 절대습도, x_1 : 가습 전 절대습도
냉각 감습	냉각 코일 제거 열량 $q = m(h_1 - h_2) - L_w \cdot h_w$ 응축수량 $L_w = m(x_1 - x_2)$, h_w : 응축수 엔탈피,
가열 가습 과정	가열 열량 $q = m(h_2 - h_1) + L_w \cdot h_w$ 가습수량 $L_w = m(x_2 - x_1)$, h_w : 가습 엔탈피
단열 혼합	엔탈피 h_1, h_2인 공기를 $m_1 : m_2$로 혼합할때 혼합후 엔탈피 h_3는 $m_1 \cdot h_1 + m_2 \cdot h_2 = (m_1 + m_2)h_3$ $m_1(h_3 - h_1) = m_2(h_2 - h_3)$ $\therefore \dfrac{m_1}{m_2} = \dfrac{(h_2 - h_3)}{(h_3 - h_1)}$
단열 변화 (순환수 분무)	순환수를 계속 분무하면 수온은 입구 공기의 습구 온도와 같아지고 이 수온의 물을 단열 분무(순환수 분무)한다면 냉각, 가습이 이루어진다. 단열분무시 μ(열수분비) $= 0$
현열비 (Sensible Heat Factor)	어느 실내의 취득 열량 중 현열의 전열에 대한 비를 현열비(SHF)라 한다. $SHF = \dfrac{q_s}{q_s + q_L} = \dfrac{q_s}{q_T}$ q_s : 현열, q_L : 잠열, q_T : 전열
열수분비	실내의 증가 수분량에 대한 증가 열량의 비를 열수분비(μ)라 한다. $\mu = \dfrac{m(h_2 - h_1)}{m(x_2 - x_1)} = \dfrac{\Delta h}{\Delta x}$ [열량 : Δh(kJ/kg), 수분량 : Δx(kg/kg)]
바이패스 계수(BF) 와 콘택트 계수(CF)	- BF정의 : 코일에 의해 공기를 조화(가열, 냉각)하는 경우 코일에 접촉하지 않고 통과하는 공기의 비율을 바이패스계수라한다. - BF계산식 : $BF = \dfrac{② - ③}{① - ②}$ [② 공기를 냉각하는 경우 ①의 공기를 ②의 노점온도를 갖는 냉각코일에 통과시킬 때 ③의 출구 공기를 얻을 경우] - 콘택트 계수(CF)는 코일에 접촉하는 비율로 $BF + CF = 1$ 그러므로 위에서 $CF = \dfrac{① - ③}{① - ②}$

가열량
$q = m(h_2 - h_1)$
$= m[C_{Pa}(t_2 - t_1)]$

냉각(현열)열량
$q = m(h_1 - h_2)$
$= m[C_{Pa}(t_1 - t_2)]$

가습량
$L = m(x_2 - x_1)$

냉각 감습 시 제거 열량
$q = m(h_1 - h_2) - L_w \cdot h_w$

바이패스 계수(BF)
코일에 의해 공기를 조화(가열, 냉각)하는 경우 코일에 접촉하지 않고 통과하는 공기의 비율
$BF = \dfrac{② - ③}{① - ②}$
입구공기: ①, 코일온도: ②
출구공기: ③

06 예제문제

다음 선도에서 습공기를 상태 1에서 2로 변화시킬 때 현열비(SHF)의 표현으로 옳은 것은?

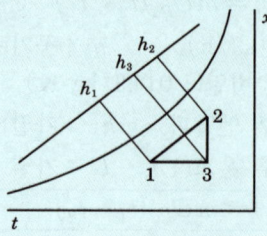

① $\dfrac{h_2 - h_3}{h_2 - h_1}$ ② $\dfrac{h_3 - h_1}{h_2 - h_1}$

③ $\dfrac{h_3 - h_1}{h_2 - h_3}$ ④ $\dfrac{h_2 - h_1}{h_2 - h_3}$

해설

현열비 $= \dfrac{\text{현열}}{\text{전열}} = \dfrac{h_3 - h_1}{h_2 - h_1}$

답 ②

07 예제문제

매시 1,500m³의 공기(건구온도 12℃, 상대습도 60%)를 20℃까지 가열하는 데 필요로 하는 열량은 약 얼마(kJ/h)인가? (단, 처음 공기의 비체적은 v=0.815m³/kg, 가열 전후의 엔탈피 h_1=24.0kJ/kg, h_2=32.0kJ/kg이다.)

① 25,767 kJ/h
② 24,000 kJ/h
③ 14,724 kJ/h
④ 12,324 kJ/h

해설

$q = m \Delta h = \dfrac{Q}{v}(\Delta h) = \dfrac{1500}{0.815}(32 - 24) = 14724 \, \text{kJ/h}$

답 ③

02 공기의 성질 핵심예상문제

> 본 핵심예상문제는 각단원별 출제빈도 높은 문제 및 최근 10년간의 기출문제 중 비중이 높은 출제유형이므로 꼭 풀어보고 가야할 문제입니다. 이후 실전예상문제를 공부하시면 효과적입니다.

[14년 2회]
01 습공기의 성질에 관한 설명 중 틀린 것은?

① 단열가습하면 절대습도와 습구온도가 높아진다.
② 건구온도가 높을수록 포화 수증기량이 많아진다.
③ 동일한 상대습도에서 건구온도가 증가할수록 절대습도 또한 증가한다.
④ 동일한 건구온도에서 절대습도가 증가할수록 상대습도 또한 증가한다.

> 습공기를 단열가습하면 엔탈피선을 따라 가습되며 습구온도는 거의 일정하고 절대습도는 증가하며 건구온도는 감소한다.

[13년 1회]
02 습공기의 상태를 나타내는 요소에 대한 설명 중 맞는 것은?

① 상대습도는 공기 중에 포함된 수분의 양을 계산하는 데 사용한다.
② 수증기 분압에서 습공기가 가진 압력(보통 대기압)은 그 혼합성분인 건공기와 수증기가 가진 분압의 합과 같다.
③ 습구온도는 주위공기가 포화증기에 가까우면 건구온도와의 차는 커진다.
④ 엔탈피는 0℃ 건공기의 값을 593kJ/kg으로 기준하여 사용한다.

> 절대습도는 공기 중에 포함된 수분의 양을 계산하는 데 사용한다.
> 습구온도는 주위공기가 포화증기에 가까우면 건구온도와 같아진다. 엔탈피는 0℃ 건공기의 값을 0kJ/kg으로 기준하여 사용한다.

[14년 1회]
03 습공기선도 상에 나타나 있는 것이 아닌 것은?

① 상대습도　　② 건구온도
③ 절대습도　　④ 엔트로피

> 습공기 선도는 엔탈피, 절대습도, 건구온도, 습구온도, 노점온도, 상대습도, 비체적, 수증기 분압, 현열비, 열수분비 등으로 구성된다.

[15년 2회, 09년 3회]
04 습공기선도 상에서 확인할 수 있는 사항이 아닌 것은?

① 노점온도　　② 습공기의 엔탈피
③ 효과온도　　④ 수증기 분압

> 습공기선도는 엔탈피, 절대습도, 건구온도, 습구온도, 노점온도, 상대습도, 비체적, 수증기 분압, 현열비, 열수분비 등으로 구성된다.

[14년 1회]
05 공기 중의 수증기 분압을 포화압력으로 하는 온도를 무엇이라 하는가?

① 건구온도　　② 습구온도
③ 노점온도　　④ 글로브(Globe) 온도

> 공기 중의 수증기 분압을 포화압력(상대습도 100%)으로 하는 온도는 노점온도이다.

[15년 2회]
06 다음 중 습공기의 엔탈피 단위는?

① kJ/kgK　　② kJ/kg
③ W/m²K　　④ W/mK

> 비열 : kJ/kgK　　엔탈피 : kJ/kg
> 열관류율 : W/m²K　　열전도율 : W/mK

정답　01 ①　02 ②　03 ④　04 ③　05 ③　06 ②

[22년 3회]

07 습공기의 상대습도(ϕ)와 절대습도(ω)와의 관계식으로 옳은 것은?(단, P_a는 건공기 분압, P_s는 습공기와 같은 온도의 포화수증기압력이다.)

① $\phi = \dfrac{\omega}{0.622}\dfrac{P_a}{P_s}$ ② $\phi = \dfrac{\omega}{0.622}\dfrac{P_s}{P_a}$

③ $\phi = \dfrac{0.622}{\omega}\dfrac{P_s}{P_a}$ ④ $\phi = \dfrac{0.622}{\omega}\dfrac{P_a}{P_s}$

> 절대습도 $(w) = 0.622\dfrac{P_v}{P_a} = 0.622\dfrac{\phi P_s}{P_a}$
> 그러므로 $\phi P_s = \dfrac{wP_a}{0.622}$,
> $\therefore \phi = \dfrac{wP_a}{0.622 P_s}$

[22년 3회]

08 외기온도 13℃(포화 수증기압 12.83mmHg)이며 절대습도 0.008kg/kg일 때의 상대습도 RH는? (단, 대기압은 760mmHg이다.)

① 약 37%   ② 약 46%
③ 약 76%   ④ 약 82%

> 절대습도 $x = 0.622\left(\dfrac{p_v}{p_a}\right) = 0.622\left(\dfrac{\phi p_s}{p_o - \phi p_s}\right)$에서 대입하면
> $0.008 = 0.622\left(\dfrac{\phi \times 12.83}{760 - \phi \times 12.83}\right)$
> $0.01286(760 - \phi \times 12.83) = \phi \times 12.83$
> $9.775 = \phi(12.83 + 0.01286)$
> $\phi = \dfrac{9.775}{12.83 + 0.01286} = 0.76 = 76\%$

[07년 3회]

09 비엔탈피 변화와 절대습도 변화의 비율을 무엇이라고 하는가?

① 현열비   ② 포화비
③ 열분수비   ④ 절대비

> 열분수비(μ)란 비엔탈피 변화와 절대습도 변화의 비율이다.
> $\mu = \dfrac{열}{수분} = \dfrac{엔탈피\ 변화량(\Delta h)}{수분의\ 변화량(\Delta x)}$ kJ/kg

[23년 2회]

10 다음과 같은 조건에서 상대습도가 20℃, 60%인 습공기의 건공기 분압은 얼마인가?

【조 건】
대기압 101.3kPa, 20℃ 포화수증기압 3.9kPa

① 96.42kPa   ② 97.40kPa
③ 98.34kPa   ④ 98.96kPa

> 건공기 분압=대기압-수증기분압에서 20℃, 60%인 습공기의 수증기 분압(p)은
> $p = p_s \times$상대습도$= 3.9 \times 0.6 = 2.34$kPa
> 건공기 분압=대기압-수증기분압=101.3-2.34=98.96kPa

[22년 3회]

11 에어와셔 내에서 물을 가열하지도 냉각하지도 않고 연속적으로 순환 분무시키면서 공기를 통과시켰을 때 공기의 상태변화는 어떻게 되는가?

① 건구온도는 높아지고, 습구온도는 낮아진다.
② 절대습도는 높아지고, 습구온도는 높아진다.
③ 상대습도는 높아지고, 건구온도는 낮아진다.
④ 건구온도는 높아지고, 상대습도는 낮아진다.

> 에어와셔에서 순환수 분무하면 습구온도선(엔탈피선)을 따라 변화하므로 건구온도 감소, 상대습도 증가, 습구온도 일정, 절대습도는 증가한다.

[06년 3회]

12 공기 중의 수증기가 응축하기 시작할 때의 온도 즉, 포화상태로 될 때의 온도는?

① 노점온도   ② 관계습도
③ 습구온도   ④ 건구온도

> 노점온도는 공기 중의 수증기가 응축하기 시작할 때의 온도이다.

정답 07 ① 08 ③ 09 ③ 10 ④ 11 ③ 12 ①

[23년 1회]

13 불포화상태 공기에 대한 건구온도(t_1), 습구온도(t_2), 노점온도(t_3)의 관계식으로 옳은 것은?

① $t_1 > t_2 > t_3$
② $t_1 < t_2 < t_3$
③ $t_1 \geq t_2 \geq t_3$
④ $t_1 \leq t_2 \leq t_3$

> 1) 불포화상태 공기란 상대습도 100% 미만의 습공기 상태 (0~99%)로 건구온도가 가장크고, 습구온도 노점온도 순이다. $t_1 > t_2 > t_3$
> 2) 포화상태 공기란 상대습도 100%의 습공기 상태로 건구온도, 습구온도, 노점온도는 같다. $t_1 = t_2 = t_3$
> 3) 그러므로 모든 경우의 습공기 상태에서 건구온도, 습구온도, 노점온도 관계는 $t_1 \geq t_2 \geq t_3$ 이다.

[06년 2회]

14 건구온도 $t_1 = 27℃$, 절대습도 $x_1 = 0.012\,kg/kg'$인 실내공기와 건구온도 $t_2 = 25℃$, 절대습도 $x_2 = 0.002\,kg/kg'$인 외기를 외기 : 환기 = 1 : 2의 비율로 혼합할 때 혼합 후의 공기의 건구온도 t_3(℃)는 얼마인가?

① 27.3
② 26.3
③ 25.6
④ 24.3

> 혼합공기온도(t_3)
> $t_3 = \dfrac{m_1 t_1 + m_2 t_2}{m_1 + m_2} = \dfrac{25 \times 1 + 27 \times 2}{1+2} = 26.3℃$

[23년 3회]

15 온도 30℃, 절대습도 0.0271 kg/kg인 습공기의 엔탈피는?(단 공기비열은 1.01kJ/kgK, 0℃ 수증기 증발잠열 2501kJ/kg, 수증기비열은 1.85kJ/kgK)

① 99.58 kJ/kg
② 47.88 kJ/kg
③ 23.73 kJ/kg
④ 11.98 kJ/kg

> $h = C_{pa}t + x(\gamma + C_{pv}t)$
> $= 1.01 \times 30 + 0.0271(2501 + 1.85 \times 30)$
> $= 99.58\,kJ/kg$

[12년 3회, 07년 1회]

16 상대습도 50%, 냉방의 현열부하가 7,500 W, 잠열부하가 2,500 W일 때 현열비(SHF)는 얼마인가?

① 0.25
② 0.65
③ 0.75
④ 0.85

> 현열비 = $\dfrac{\text{현열부하}}{\text{현열부하+잠열부하}} = \dfrac{7,500}{7,500+2,500} = 0.75$

[15년 1회]

17 엔탈피 15.25kJ/kg인 300m³/h의 공기를 엔탈피 10.5kJ/kg의 공기로 냉각시킬 때 제거 열량은? (단, 공기의 밀도는 1.2kg/m³이다.)

① 1710kJ/h
② 1820kJ/h
③ 1930kJ/h
④ 2010kJ/h

> 제거열량 = $m\Delta h = 300 \times 1.2 \times (15.25 - 10.5) = 1,710\,kJ/h$
> 냉각 전후의 온도를 준다면 제거열량 = $mC\Delta t$ 로 구한다.

[11년 3회, 10년 1회, 06년 3회]

18 1기압, 100℃의 포화수 5kg을 100℃의 건포화증기로 만들기 위해서는 약 몇 kJ의 열량이 필요한가?

① 11,285
② 14,295
③ 15,700
④ 17,800

> 100℃ 포화수를 포화증기로 만드는 데는 증발잠열이 필요하다.
> 100℃ 포화수 증발잠열 : 2257kJ/kg
> ∴ 소요열량(Q) = 5kg × 2257kJ/kg = 11285kJ

[23년 1회]

19 외기온도 13℃이며 절대습도 0.008kg/kg일 때의 이 공기의 상대습도 (RH)는 얼마인가? (단, 대기압은 101.3kPa이며, 온도 13℃ 일 때 포화 수증기압은 1.7kPa이다.)

① 약 37%
② 약 46%
③ 약 76%
④ 약 82%

정답 13 ① 14 ② 15 ① 16 ③ 17 ① 18 ① 19 ③

절대습도 $x = 0.622(\frac{p_v}{p_a}) = 0.622(\frac{\phi p_s}{p_o - \phi p_s})$ 에서 대입하면

$0.008 = 0.622(\frac{\phi \times 1.7}{101.3 - \phi \times 1.7})$

$\frac{0.008}{0.622}(101.3 - \phi \times 1.7) = \phi \times 1.7$

$0.0129(101.3 - \phi \times 1.7) = \phi \times 1.7$

$1.307 - \phi \times 0.022 = \phi \times 1.7$

$1.307 = \phi(1.7 + 0.022)$

$\phi = \frac{1.307}{1.722} = 0.76 = 76\%$

[23년 2회]

20 다음은 공기조화에서 사용되는 용어에 대한 단위, 정의를 나타낸 것으로 틀린 것은?

	단위	
절대 습도	단위	kg/kg(DA)
	정의	건조한 공기 1kg속에 포함되어 있는 습한 공기중의 수증기량
수증기 분압	단위	Pa
	정의	습공기 중의 수증기 분압
상대 습도	단위	%
	정의	절대습도(x)와 동일온도에서의 포화공기의 절대습도(x_s)와의 비
노점 온도	단위	℃
	정의	습한 공기를 냉각시켜 포화상태로 될 때의 온도

① 절대습도　② 수증기분압
③ 상대습도　④ 노점온도

> 상대습도는 어떤 수증기압과 동일 온도에서의 포화공기의 수증기압의 비이다.

[12년 3회]

21 다음의 공기선도 상태에서 상태점 A의 노점온도는 몇 ℃ 인가?

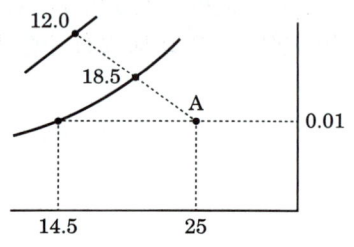

① 12　② 14.5
③ 18.5　④ 25

> A습공기의 건구온도 : 25℃, 습구온도 18.5℃,
> 노점온도 : 14.5℃, 엔탈피 : 12kJ/kg

[13년 1회]

22 A 상태에서 B상태로 가는 냉방과정에서 현열비는?

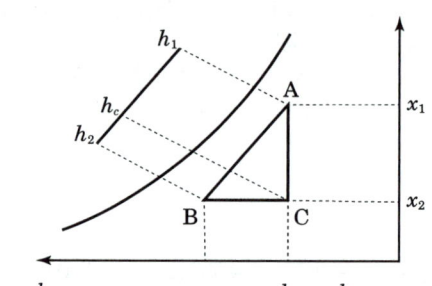

① $\frac{h_1 - h_2}{t_1 - t_2}$　② $\frac{h_1 - h_c}{h_1 - h_2}$

③ $\frac{x_1 - x_2}{t_1 - t_2}$　④ $\frac{h_c - h_2}{h_1 - h_2}$

> 냉방과정 현열비= $\frac{현열}{전열}$ = $\frac{h_c - h_2}{h_1 - h_2}$

[22년 3회]

23 습공기 선도상의 공기 (5)를 상태변화 시킬 때 이에 대한 설명으로 틀린 것은?

① 5→1 : 가습
② 5→2 : 현열냉각
③ 5→3 : 냉각가습
④ 5→4 : 가열감습

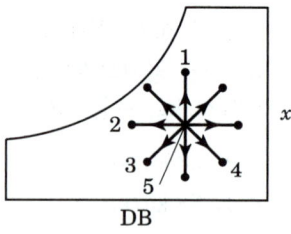

> 5→1 : 가습(온도일정 절대습도 증가)
> 5→2 : 현열냉각(온도만 감소),
> 5→3 : 냉각감습(온도감소, 습도감소)
> 5→4 : 가열감습(온도증가 습도 감소)

정답 20 ③　21 ②　22 ④　23 ③

제1장 공기조화 이론 실전예상문제

본 실전예상문제는 각장 핵심예상문제에서 다루지 못한 실무적이고 난이도가 높은 문제들로 핵심예상문제를 보충해 주는 문제입니다. 핵심예상문제를 충분히 공부한 후 실전예상문제를 공부하면 효과적입니다.

1 공기조화 기초

[10년 1회, 06년 3회]

01 쾌감의 지표로 나타내는 불쾌지수(UI)와 관계가 있는 공기의 상태량은?

① 상대습도와 습구온도
② 현열비와 열수분비
③ 절대습도와 건구온도
④ 건구온도와 습구온도

> 불쾌지수(UI)란 공기의 건구온도와 습구온도를 이용하여 실내 쾌적도를 나타내는 지표(UI : Uncomfort Index)이다.
> UI = 0.72×(t+t′)+40.6
> 여기서, t : 건구온도, t′ : 습구온도

[09년 3회, 09년 1회]

02 인체 활동시의 대사량을 나타내는 단위는?

① clo
② MRT
③ met
④ CET

> • met : 인체 활동 시 대사량 단위(1met : 사람이 의자에 앉아 평온한 상태에서 안정을 취하고 있을 때 인체 대사량)
> • clo : 착의 정도로 겨울철의 두꺼운 신사복은 약 1clo, 여름철의 얇은 신사복은 약 0.6clo 정도이다.
> • MRT : 평균복사온도
> • CET : 수정유효온도

[07년 3회]

03 조용히 앉아 있는 성인 남자의 신체 표면적 $1m^2$에서 1시간 동안에 발산하는 평균 열량으로 대사량을 나타내는 단위는?

① clo
② MRT
③ met
④ CET

> met란 조용히 앉아 있는 성인 남자의 신체 표면적 $1m^2$에서 1시간 동안에 발산하는 평균 열량으로 1met는 쾌적한 상태에서 의자에 앉아 안정을 취하고 있을 때의 활동량으로 1met = $58.2W/m^2$이다.

[14년 1회]

04 실내의 기류분포에 관한 설명으로 옳은 것은?

① 소비되는 열량이 많아져서 추위를 느끼게 되는 현상 또는 인체에 불쾌한 냉감을 느끼게 되는 것을 유효 드래프트라고 한다.
② 실내의 각 점에 대한 EDT를 구하고 전체 점수에 대한 쾌적한 점수의 비율을 T/L비라고 한다.
③ 일반사무실 취출구의 허용풍속은 1.5~2.5m/s이다.
④ 1차 공기와 전 공기의 비를 유인비라 한다.

> 실내의 각 점에 대한 EDT(유효 드래프트 온도)를 구하고 전체 점수에 대한 쾌적한 점수의 비율을 ADPI(공기확산성능계수)라고 한다. 일반사무실 취출구의 허용풍속은 2.5~4m/s정도이고 사람에게 접촉되는 기류는 0.25m/s 이내로 한다. 전 공기와 1차 공기의 비를 유인비(R=전공기/1차공기)라 한다.

[09년 2회]

05 창고의 공기조화에서 온습도 설정 시 고려할 사항이 아닌 것은?

① 식품의 변질이나 건조에 의한 감량
② 금속의 녹방지
③ 제품의 가격변동
④ 곰팡이나 해충의 발생방지

> 공기조화에서 온도, 습도 조절과 제품의 가격변동과는 관련성이 없다.

[09년 2회]

06 공조계획의 조닝(Zoning)에 있어서 내부 존에 해당되지 않는 것은?

① 관리별 조닝
② 부하변동별 조닝
③ 용도별 조닝
④ 방위별 조닝

> 공조계획 조닝에서 방위별 조닝이나 층별 조닝은 외부 존에 대한 조닝계획이다.

정답 01 ④ 02 ③ 03 ③ 04 ① 05 ③ 06 ④

제1장 공기조화 이론

[08년 1회]

07 다음 중 냉난방시 인체에 적당한 공기의 속도는?

① 냉방 : 0.10 ~ 0.25m/sec
　　난방 : 0.13 ~ 0.18m/sec
② 냉방 : 1.12 ~ 1.18m/sec
　　난방 : 1.18 ~ 1.25m/sec
③ 냉방 : 0.10 ~ 0.25m/min
　　난방 : 0.13 ~ 0.18m/min
④ 냉방 : 1.12 ~ 1.18m/min
　　난방 : 1.18 ~ 1.25m/min

> 냉난방시 인체 주변의 적당한 공기속도는
> 냉방 : 0.10 ~ 0.25(m/s),
> 난방 : 0.13 ~ 0.18(m/s) 정도이다.

[13년 2회]

08 공기조화의 분류에서 산업용 공기조화의 적용 범위에 해당하지 않는 것은?

① 반도체 공장에서 제품의 품질 향상을 위한 공조
② 실험실의 실험조건을 위한 공조
③ 양조장에서 술의 숙성온도를 위한 공조
④ 호텔에서 근무하는 근로자의 근무환경 개선을 위한 공조

> 호텔에서 근무하는 근로자의 근무환경 개선은 사람을 대상으로 한 공조이므로 보건용 공기조화에 속한다.

[08년 3회]

09 다음의 산업용 공기조화에서 상대습도가 가장 낮은 분야는 어느 것인가?

① 담배 원료가공실　② 렌즈 연마실
③ 전기 정류기실　　④ 도장 분무실

> 전기 정류기실은 전기 감전, 부식 방지를 위해 상대습도가 낮아야 한다.

[09년 1회]

10 다음 중 산업용 공기조화의 범위라고 볼 수 없는 것은?

① 필름 저장실의 공조　② 맥주 발효실의 공조
③ 초콜릿 포장실의 공조　④ 업무용 사무실의 공조

> 업무용 사무실은 거주자의 쾌적용 공기조화로 보건 공조에 해당한다. 산업용공조는 제품이나 제조공정을 대상으로 한다.

[12년 2회 08년 2회]

11 일반적으로 상대습도(%)가 가장 낮은 사업장은?

① 렌즈 연마실　　② 빵 발효 식품 공장
③ 담배 원료 가공 공장　④ 반도체 공장

> 반도체 공장은 공정상 일반적으로 상대습도를 가장 낮게 유지한다.

[09년 3회]

12 병원 수술실, 제약공장에서 공기조화 시 가장 중요시 해야 할 사항은?

① 온도, 압력조건　② 공기의 청정도
③ 기류 속도　　　④ 공조 소음

> 병원 수술실이나 제약 공장은 공기의 청정도가 중요하며 클린룸 설비가 적용된다.

[12년 1회]

13 구조체의 결로방지에 관한 설명이다. 옳지 않은 것은?

① 표면결로를 방지하기 위해서는 다습한 외기를 도입하지 않는다.
② 내부결로를 방지하기 위해서는 실내 측보다 실외 측에 방습막을 부착하는 것이 바람직하다.
③ 유리창의 경유는 공기층이 밀폐된 2중 유리를 사용한다.
④ 공기와의 접촉면 온도를 노점온도 이상으로 유지한다.

> 내부 결로를 방지하려면 절대습도가 높은 쪽 즉 증기압이 높은 쪽(실내)에 방습막을 설치한다.

정답 07 ①　08 ④　09 ③　10 ④　11 ④　12 ②　13 ②

[06년 1회]

14 다음 중 공기조화 설비와 관계가 없는 것은?

① 냉각탑 ② 보일러
③ 냉동기 ④ 압력탱크

> 압력탱크는 기체를 저장하는 압력용기 및 가스용 탱크로 사용된다. 팽창탱크는 공기조화설비에 속한다.

[23년 3회]

15 결로현상에 관한 설명으로 틀린 것은?

① 건축 구조물 사이에 두고 양쪽에 수증기의 압력차가 생기면 수증기는 구조물을 통하여 흐르며, 포화온도, 포화압력 이하가 되면 응결하여 발생된다.
② 결로는 습공기의 온도가 노점온도까지 강하하면 공기 중의 수증기가 응결하여 발생된다.
③ 응결이 발생되면 수증기의 압력이 상승한다.
④ 결로방지를 위하여 방습막을 사용한다.

> 결로 현상으로 응결이 발생되면 절대습도가 감소하고 수증기의 압력(분압)도 감소한다.

2 공기의 성질

[22년 2회, 07년 1회]

16 일정한 건구온도에서 습공기 성질의 변화에 대한 설명 중 잘못된 것은?

① 비체적은 절대습도가 높아질수록 증가한다.
② 절대습도가 높아질수록 노점온도는 높아진다.
③ 상대습도가 높아지면 절대습도는 높아진다.
④ 상대습도가 높아지면 엔탈피는 감소한다.

> 일정한 건구온도에서 상대습도가 높아지면 엔탈피도 증가한다.

[10년 2회]

17 습공기선도 상의 습구온도에 대한 설명으로 틀린 것은?

① 단열 포화 온도와 같다.
② 습구에 닿는 풍속이 3~5m/s 정도 이다.
③ 아스만 습도계로 측정한 값이다.
④ 모발 습도계로 측정한 값이다.

> 모발 습도계는 모발의 신축을 이용해서 상대습도를 간단하게 측정하나 정밀도는 낮다.

[13년 3회, 10년 3회, 06년 1회]

18 대기의 절대습도가 일정할 때 하루 동안의 상대습도 변화를 설명한 것 중 올바른 것은?

① 절대습도가 일정하므로 상대습도의 변화는 없다.
② 낮에는 상대습도가 높아지고 밤에는 상대습도가 낮아진다.
③ 낮에는 상대습도가 낮아지고 밤에는 상대습도가 높아진다.
④ 낮에는 상대습도가 정해지면 하루 종일 그 상태로 일정하다.

> 공기의 절대습도가 일정할 때 낮에는 온도가 높으므로 상대습도가 낮고 밤에는 온도가 낮으므로 상대습도가 높아진다.

[15년 2회]

19 습공기를 냉각하게 되면 상태가 변화한다. 이때 증가하는 상태 값은?

① 건구온도 ② 습구온도
③ 상대습도 ④ 엔탈피

> 습공기를 냉각하면 상대습도는 증가하고 건구온도, 습구온도, 엔탈피는 감소한다.

[08년 1회]

20 다음 용어 중에서 습공기선도와 관계가 없는 것은?

① 비체적 ② 열용량
③ 노점온도 ④ 엔탈피

정답 14 ④ 15 ③ 16 ④ 17 ④ 18 ③ 19 ③ 20 ②

습공기 선도는 엔탈피, 절대습도, 건구온도, 습구온도, 노점온도, 상대습도, 비체적, 수증기 분압, 현열비, 열수분비 등으로 구성된다.

[14년 3회]

21 건공기 중에 포함되어 있는 수증기의 중량으로 습도를 표시한 것은?

① 비교습도
② 포화도
③ 상대습도
④ 절대습도

절대습도는 건공기 중에 포함되어 있는 수증기의 중량(kg/kg′)으로 습도를 표시하고 상대습도는 그 온도의 포화 수증기압에 대한 수증기압의 비(%)로 표시한다.

[22년 1회]

22 습공기의 성질에서 비교습도를 가장 적합하게 설명한 것은?

① 어떤 건공기의 포화수증기압에 대한 수증기압의 비
② 어떤 건공기의 포화절대습도에 대한 절대습도의 비
③ 어떤 건공기의 습구온도에 대한 건구온도의 비
④ 어떤 건공기의 포화절대습도에 대한 수증기압의 비

비교습도 어떤 건공기의 포화절대습도에 대한 절대습도의 비이며, 상대습도는 그 온도의 포화 수증기압에 대한 수증기압의 비(%)로 표시한다.

[13년 3회]

23 실내에 존재하는 습공기의 전열량에 대한 현열량의 비율을 나타내는 것은?

① 현열비(SHF)
② 잠열비
③ 바이패스비(BF)
④ 열수분비(U)

$$현열비(SHF) = \frac{현열}{전열} = \frac{현열}{현열+잠열}$$

[12년 1회]

24 다음 중 용어와 단위가 잘못 연결된 것은?

① 열수분비 : %
② 음의 강도 : watt/m²
③ 비열 : kJ/kgK
④ 일사강도 : W/m²

열수분비(μ)

$$\mu = \frac{열}{수분} = \frac{엔탈피\ 변화량(\Delta h)}{수분의\ 변화량(\Delta x)} (= kJ/kg)$$

(SI단위) 비열 : kJ/kgK, 일사강도 : W/m²

[06년 2회]

25 공기를 가열했을 때 감소하는 것은?

① 엔탈피
② 절대습도
③ 상대습도
④ 비체적

공기를 가열하면 엔탈피는 증가하고, 상대습도는 감소하며, 절대습도는 일정하다.

[11년 2회]

26 수증기 분압 p_w(mmHg)와 절대습도 x(kg/kg′)와의 관계식으로 맞는 것은?
(단, p : 습공기의 전압(mmHg)이다.)

① $x = 0.622 \dfrac{p_w}{p - p_w}$
② $x = 0.622 \dfrac{p}{p_w}$
③ $x = 0.622 \dfrac{p - p_w}{p_w}$
④ $x = 0.622 \dfrac{p_w}{p}$

$$절대습도(x) = 0.622 \times \frac{수증기분압}{건공기분압}$$
$$= 0.622 \times \frac{수증기분압}{습공기전압-수증기분압}$$
$$= 0.622 \times \frac{p_w}{p - p_w} (kg/kg′)$$

정답 21 ④ 22 ② 23 ① 24 ① 25 ③ 26 ①

[15년 1회, 08년 3회]

27 다음 중 수증기의 분압 표시로 옳은 것은?
(단, P_w : 습공기 중의 수증기 분압, P_s : 동일온도 포화수증기의 분압, ϕ : 상대습도)

① $P_w = \phi - P_s$ 　　② $P_w = \phi P_s$
③ $P_w = \dfrac{\phi}{P_s}$ 　　④ $P_w = \phi + P_s$

> 상대습도(ϕ) = $\dfrac{수증기분압(P_w)}{포화수증기분압(P_s)}$
> 수증기 분압(P_w) = $\phi \times P_s$

[12년 2회]

28 열수분비에 대한 설명 중 옳은 것은?

① 상대습도의 변화량에 대한 전열량의 변화량의 비율
② 상대습도의 변화량에 대한 절대습도의 변화량의 비율
③ 절대습도의 변화량에 대한 전열량의 변화량의 비율
④ 절대습도의 변화량에 대한 상대습도의 변화량의 비율

> 열분수비(μ)란 절대습도의 변화량에 대한 전열량의 변화량의 비율이다.
> $\mu = \dfrac{열}{수분} = \dfrac{전열량(엔탈피) 변화량(\Delta h)}{절대습도의 변화량(\Delta x)}$ kJ/kg

[06년 2회]

29 다음 중 절대 습도를 나타내는 데 관계가 없는 것은?
(단, 습공기를 이상기체로 가정한다.)

① 수증기 분압　　② 수증기 비열
③ 습공기의 전압　　④ 기체상수

> 아래 절대습도 관계식에서 0.622는 공기(0.287)와 수증기(0.462)의 기체상수비이다.
> 절대습도(x) = $0.622 \times \dfrac{수증기분압}{건공기분압}$
> $= 0.622 \times \dfrac{수증기분압}{습공기전압 - 수증기분압}$

[23년 2회]

30 습공기의 성질에 대한 설명으로 옳지 않은 것은?

① 건구온도가 증가할수록 공기중 포화절대습도는 증가한다.
② 건구온도와 습구온도가 같을 경우 상대습도는 100%이다.
③ 동일한 절대습도에서 건구온도가 증가할수록 엔탈피는 증가한다.
④ 상대습도는 동일 온도의 포화절대습도에 대한 해당 절대습도의 비로 표현한다.

> 상대습도는 동일 온도의 포화수증기압에 대한 해당 수증기압으로 표현하며, 동일 온도의 포화절대습도에 대한 해당 절대습도의 비로 표현하는 것은 포화습도이다.

[22년 2회, 23년 2회]

31 습공기를 단열 가습하는 경우 열수분비(u)는 얼마인가?

① 0　　② 0.5
③ 1　　④ ∞

> 단열가습(순환수분무)과정은 가열량(q)이 0 이므로
> 열수분비 u = $\dfrac{열}{수분} = \dfrac{0}{L} = 0$ 이다.

[22년 2회]

32 공기 중의 수증기가 응축하기 시작할 때의 온도 즉, 공기가 포화상태로 될 때의 온도를 무엇이라고 하는가?

① 건구온도　　② 노점온도
③ 습구온도　　④ 상당외기온도

> 공기 중의 수증기가 응축하기 시작할 때(상대습도100%)의 온도를 노점온도라한다.

정답 27 ② 28 ③ 29 ② 30 ④ 31 ① 32 ②

[22년 3회]

33 습공기의 가습 방법으로 가장 거리가 먼 것은?

① 순환수를 분무하는 방법
② 온수를 분무하는 방법
③ 수증기를 분무하는 방법
④ 외부공기를 가열하는 방법

> 외부공기를 가열하면 상대습도가 감소하여 오히려 건조해지므로 가습방법으로는 부적합하다.

[14년 3회]

34 온도 t℃ 의 다량의 물(또는 얼음)과 어떤 상태의 습윤공기가 단열된 용기 속에 있다. 습윤공기 속에 물이 증발하면서 소요되는 열량과 공기로부터 물에 부여되는 열량이 같아지면서 열적 평형을 이루게 되는 이때의 온도를 무엇이라 하는가?

① 열역학적 온도
② 단열포화온도
③ 건구온도
④ 유효온도

> 단열 용기 내에서 습공기 속으로 물이 증발하면서 열적 평형을 이루게 되는 포화온도를 단열 포화 온도라 하며 실제로는 순환수 분무를 무한히 긴 에어와셔를 통과 시킬 때 가능하다.

[15년 2회]

35 전열량의 변화와 절대습도 변화의 비율을 무엇이라고 하는가?

① 현열비
② 포화비
③ 열수분비
④ 절대비

> 열수분비$(u) = \dfrac{전열량}{절대습도} = \dfrac{\Delta h}{\Delta x}$

[06년 3회]

36 다음에서 현열비를 바르게 표시한 것은?

① 현열량 / 전열량
② 잠열량 / 전열량
③ 잠열량 / 현열량
④ 현열량 / 잠열량

> 현열비(SHF) $= \dfrac{현열량}{전열량} = \dfrac{현열}{현열+잠열}$

[09년 1회]

37 우리의 생활주변에 있는 습공기의 성분비를 용적률로 옳게 나타낸 것은?

① 질소 : 78%, 산소 : 21%, 기타 : 1%
② 질소 : 68%, 산소 : 28%, 기타 : 4%
③ 질소 : 52%, 산소 : 41%, 기타 : 7%
④ 질소 : 78%, 산소 : 15%, 기타 : 7%

> 습공기 성분(체적비) : 질소(78%), 산소(21%), 기타(1%)

[14년 3회]

38 26℃인 공기 200kg과 32℃인 공기 300kg을 혼합하면 최종온도는?

① 28.0℃
② 24.8℃
③ 29.0℃
④ 29.6℃

> 혼합평균온도
> $= \dfrac{m_1 t_1 + m_2 t_2}{m_1 + m_2} = \dfrac{26 \times 200 + 32 \times 300}{200 + 300} = 29.6$℃

[12년 1회]

39 온도 30℃ 습공기의 절대습도는 0.00104kg/kg이다. 엔탈피(kJ/kg)는 약 얼마인가?

① 40.2
② 38.4
③ 34.8
④ 33.0

> 습공기 엔탈피(h_w)
> $h_w = 1.01t + x(2501 + 1.85t)$
> $= 1.01 \times 30 + 0.00104 \times (2501 + 1.85 \times 30) = 32.96$
> $= 33.0$ kJ/kg

정답 33 ④ 34 ② 35 ③ 36 ① 37 ① 38 ④ 39 ④

[08년 3회]

40 온도 30℃, 절대습도 $x = 0.0271\,\text{kg/kg}'$인 습공기의 엔탈피 값(kJ/kg)은 약 얼마인가?

① 89.58　　② 92.88
③ 99.58　　④ 105.98

> 습공기 엔탈피(h)
> $h_w = 1.01t + x(2501 + 1.85t)$
> $\quad = 1.01 \times 30 + 0.0271 \times (2501 + 1.85 \times 30)$
> $\quad = 99.58\,\text{kJ/kg}$

[11년 1회]

41 실내의 현열부하를 q_s, 잠열부하를 q_L이라고 할 때 실내의 현열비 계산식으로 올바른 것은?

① $\dfrac{q_L}{q_s + q_L}$　　② $\dfrac{q_s}{q_s + q_L}$
③ $\dfrac{q_s + q_L}{q_s}$　　④ $\dfrac{q_s + q_L}{q_L}$

> 현열비 = $\dfrac{\text{현열}}{\text{현열+잠열}} = \dfrac{q_s}{q_s + q_L}$

[11년 2회]

42 실내의 냉방부하 중에서 현열부하는 2,326W, 잠열부하는 407W일 때 현열비는 약 얼마인가?

① 0.15　　② 0.74
③ 0.85　　④ 6.71

> 현열비 = $\dfrac{\text{현열}}{\text{현열+잠열}} = \dfrac{2,326}{2,326 + 407} = 0.85$

[07년 2회]

43 대기압 760mmHg의 상태에서 어떤 실내공기의 온도가 30℃이다. 이 공기의 수증기 분압이 40.08mmHg일 때 건공기의 분압은 얼마인가?

① 760mmHg　　② 719.92mmHg
③ 727.46mmHg　　④ 717.82mmHg

> 습증기 전압 = 건공기 분압 + 수증기 분압에서
> 건공기분압 = 대기압(습증기전압) − 수증기분압
> $\quad = 760 - 40.08 = 719.92\,\text{mmHg}$

[10년 3회]

44 건구온도 30℃, 상대습도 60%인 습공기에 있어서 건공기의 분압은 약 얼마인가? (단, 대기압은 760mmHg 포화수증기압은 27.65mmHg이다.)

① 27.65mmHg　　② 376mmHg
③ 743mmHg　　④ 700mmHg

> 상대습도 = $\dfrac{\text{수증기분압}}{\text{포화수증기압}}$ 에서
> 수증기분압 = 포화수증기압 × 상대습도
> $\quad = 27.65 \times 0.6 = 16.59\,\text{mmHg}$
> ∴ 건공기분압 = 대기압 − 수증기분압
> $\quad = 760 - 16.59 = 743.41\,\text{mmHg}$

[09년 2회]

45 건구온도 $t_1 = 10℃$, 절대습도 $x = 0.0062\,\text{kg/kg}'$인 1,000 kg/h의 공기를 건구온도 $t_2 = 30℃$까지 가열할 때 가열량은? (단, $h_1 = 25.2\,\text{kJ/kg}$, $h_2 = 45.4\,\text{kJ/kg}$, $C_P = 1.01\,\text{kJ/kgK}$이다.)

① 8800[kJ/h]　　② 10200[kJ/h]
③ 20200[kJ/h]　　④ 30600[kJ/h]

> 공기 가열량은 온도차와 엔탈피차로 구할 수 있다.
> 가열량(Q) = $m \times C_p \times \Delta t = 1,000 \times 1.01 \times (30-10)$
> $\quad = 20200\,\text{kJ/h}$
> 가열량(Q) = $m \times \Delta h = 1,000 \times (45.4 - 25.2) = 20200\,\text{kJ/h}$

[11년 3회]

46 건구온도 32℃, 절대습도 0.02 kg/kg의 공기 5,000 CMH와 건구온도 25℃, 절대습도 0.002 kg/kg의 공기 10,000 CMH가 혼합되었을 때 건구온도는 약 몇 ℃인가?

① 25.6℃　　② 27.3℃
③ 28.3℃　　④ 29.6℃

정답 40 ③　41 ②　42 ③　43 ②　44 ③　45 ③　46 ②

혼합온도$(t) = \dfrac{(32 \times 5,000) + (25 \times 10,000)}{5,000 + 10,000} = 27.3℃$

[22년 1회]

47 건구온도 10[℃], 상대습도 60[%]인 습공기를 30[℃]로 가열하였다. 이때의 습공기 상대습도는? (단, 10[℃] 공기의 포화수증기압은 1.21[kPa]이고, 30[℃] 공기의 포화수증기압은 4.20[kPa]이다.)

① 17.3%   ③ 23.6%
② 25.0%   ④ 27.8%

상대습도는 그온도의 포화 수증기압에 대한 현재 수증기압의 비이다.
- 10[℃], 상대습도 60[%]인 습공기의 수증기압은
  1.21×0.6=0.726[kPa]
- 30[℃]일 때 상대습도는
  $\% = \dfrac{수증기압}{30℃ 포화수증기압} = \dfrac{0.726}{4.20} \times 100 = 17.3\%$

[22년 1회, 22년 2회]

48 다음 중 습공기 선도 구성요소로만 짝지어진 것은?

① 비체적, 절대습도, 엔탈피, 비열
② 상대습도, 건구온도, 노점온도, 열관류율
③ 절대습도, 수증기분압, 상대습도, 비열
④ 수증기분압, 상대습도, 엔탈피, 절대습도

습공기선도는 건구온도, 습구온도, 노점온도, 절대습도, 수증기분압, 상대습도, 엔탈피, 현열비, 열수분비, 비체적으로 구성된다.

[10년 1회, 07년 1회]

49 습공기 선도에서 상태점 A의 노점온도를 읽는 방법으로 맞는 것은?

① 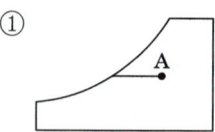   ②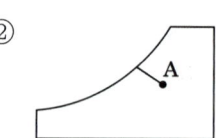

③ 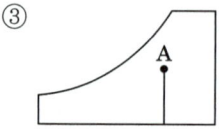   ④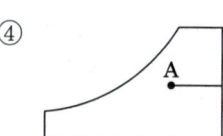

①은 습공기의 노점온도이며 ②는 습공기의 습구온도, ③은 습공기의 건구온도, ④는 습공기의 절대습도이다.

[06년 3회]

50 아래 조건과 같은 외기와 실내공기를 1:4의 비율로 혼합했을 때 혼합공기의 상태는?

| 외　　기 : 건구온도(t) −10℃,
　　　　　 절대습도(X) 0.001kg/kg′
| 실내공기 : 건구온도(t) 20℃,
　　　　　 절대습도(X) 0.008kg/kg′ |

① $t = 14℃$, $X = 0.0066$kg/kg′
② $t = 16℃$, $X = 0.055$kg/kg′
③ $t = 18℃$, $X = 0.045$kg/kg′
④ $t = 18℃$, $X = 0.055$kg/kg′

혼합 공기온도$(t) = \dfrac{1 \times (-10) + 20 \times 4}{1 + 4} = 14℃$

혼합 절대습도$(X) = \dfrac{(0.001 \times 1) + (0.008 \times 4)}{1 + 4}$
　　　　　　　 $= 0.0066$kg/kg′

정답 47 ①　48 ④　49 ①　50 ①

[08년 2회]

51 다음 습공기 선도에서 습공기의 상태가 1지점에서 1′ 지점을 거쳐 2지점으로 이동하였다. 이 습공기는 어떤 과정인가? (단, $h_1 = h_{1'}$이다.)

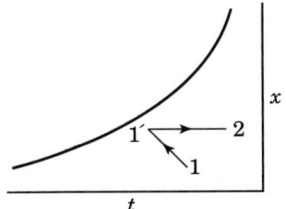

① 냉각 감습 – 가열
② 냉각 – 제습제를 이용한 제습
③ 순환수 가습 –가열
④ 온수 감습 – 냉각

> 1→1′(순환수가습) 1′→2 (가열)

[06년 1회]

52 다음 공기선도 상에서와 같이 온도와 습도가 동시에 변하는 경우 관계식이 알맞은 것은? (단, q_s =현열, q_L =잠열, i =엔탈피, t =건구온도, C_p =정압비열)

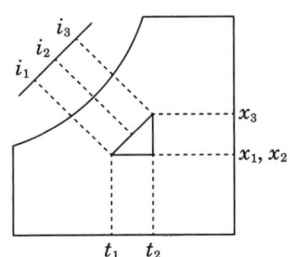

① $q_s = i_3 - i_1$
② $q_L = i_3 - i_2$
③ $q_L = C_p(t_2 - t_1)$
④ $q_L = C_p(x_2 - x_1)$

> $q_s = i_2 - i_1$: 현열은 2점과1점의 엔탈피차이다.
> $q_T = i_3 - i_1$: 3점과1점의 엔탈피 차는 전열이다
> $q_S = C_p(t_2 - t_1)$: $C_p(t_2 - t_1)$ 는 현열이며
> 잠열은 $q_L = \gamma(x_2 - x_1) = i_3 - i_2$이다.

[13년 2회]

53 다음의 습공기 선도에서 현재의 상태를 A라고 할 때 건구온도, 습구온도, 노점온도, 절대습도 그리고 엔탈피를 그림의 각 점과 대응시키면 어느 것인가?

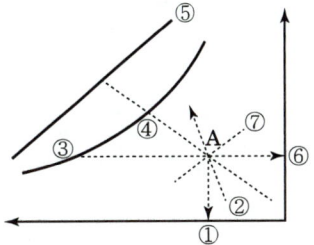

① [④, ③, ①, ⑥, ⑤]
② [③, ①, ④, ⑦, ②]
③ [①, ④, ③, ⑥, ⑤]
④ [②, ③, ①, ⑦, ⑤]

> ① : 건구온도, ④ : 습구온도, ③ : 노점온도,
> ⑥ : 절대습도, ⑤ : 엔탈피

정답 51 ③ 52 ② 53 ③

2025
공조냉동기계산업기사 필기

제2장
공기조화 계획

01 공기조화 방식
02 공기조화 부하
03 난방설비
04 클린룸설비

제2장 | 공기조화 계획

공기조화 방식

1 공기조화방식의 개요

1. 공조설비의 구성

분류	구성요소
열원장치	보일러, 냉동기, 지열, 히트펌프, 지역냉난방등
공기조화기	에어필터, 가열기, 냉각코일, 가습기, 에어와셔 등
운반, 분배장치	팬, 덕트, 배관, 펌프, 취출구 등
자동제어 장치	실내조건을 유지하기 위해 공조설비를 자동으로 조절(DDC제어등)

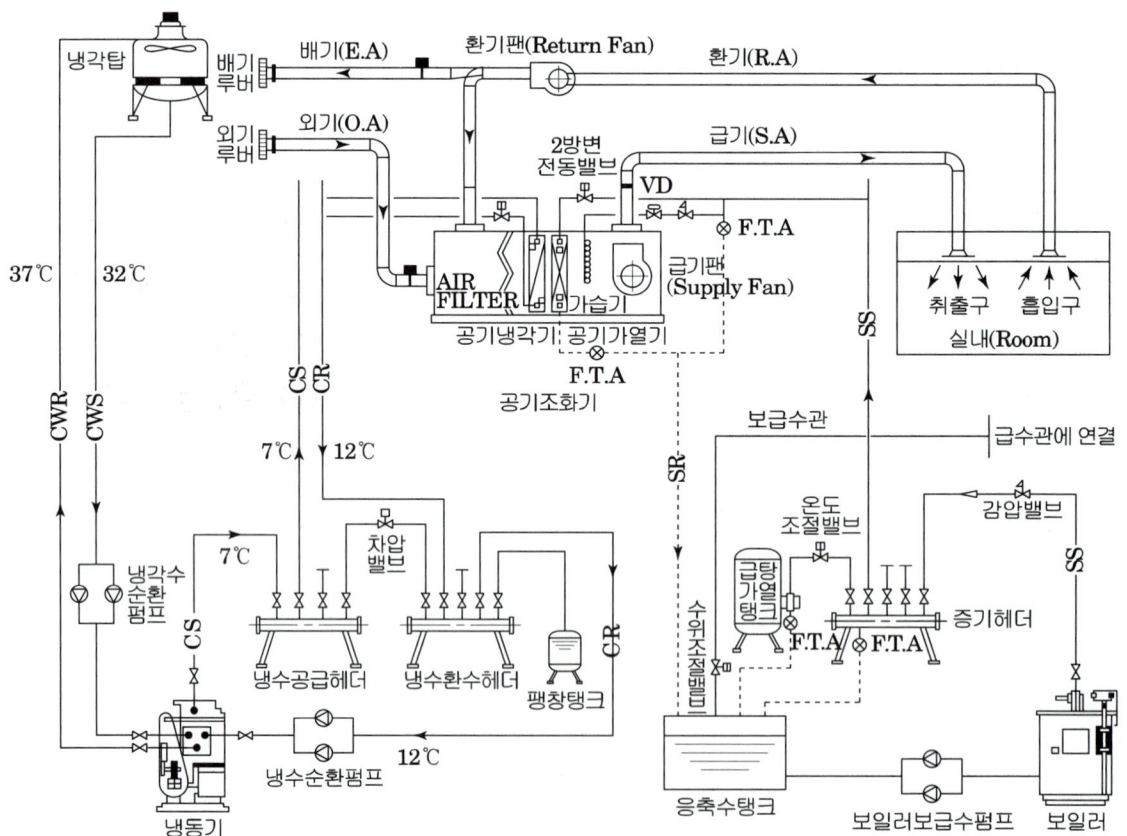

그림. 공조설비 전체 흐름도

2. 공기조화 방식의 분류

공조방식은 열원설비(기계실)에서 각 공조대상실(실내)로 열을 공급하는 열매 종류에 따라 전공기식, 전수식, 수공기식(물공기식)으로 나눈다.

중앙식	전공기식	단일덕트식, 이중덕트식, 멀티존 유닛식
	수공기식	각층 유닛식, FCU(덕트병용), 유인유닛식, 복사패널식(덕트병용)
	전수식	팬코일유닛식(FCU)
개별식		패키지방식(냉매 방식)

> 공조방식은 열원설비(기계실)에서 각 공조대상실(실내)로 열을 공급하는 열매 종류에 따라 전공기식, 전수식, 수공기식(물공기식)으로 나눈다.
> - 전공기식 : 단일덕트식, 이중덕트식, 멀티존 유닛식
> - 수공기식 : 각층 유닛식, FCU(덕트병용), 유인유닛식, 복사패널식(덕트)
> - 전수식 : 팬코일유닛식(FCU)
> - 개별식 : 패키지방식(냉매 방식)

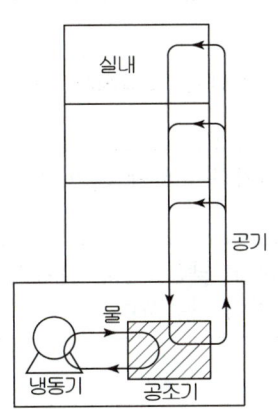
(a) 전공기 방식

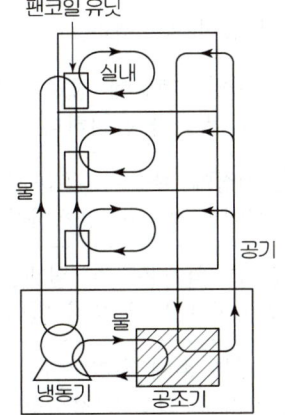
(b) 물·공기 병용식

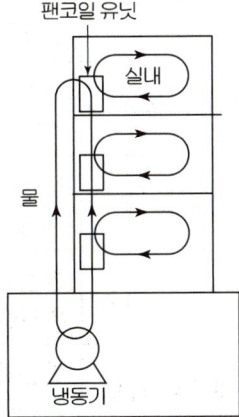
(c) 전수 방식

그림. 공조 방식의 분류

---

01 예제문제

각 공조방식과 열 운반 매체의 연결이 잘못된 것은?

① 단일덕트 방식-공기
② 이중덕트 방식-물, 공기
③ 2관식 팬코일 유닛방식-물
④ 패키지 유닛방식-냉매

해설
이중덕트 방식은 전공기방식에 속한다.   **답 ②**

2 각 공조방식의 특징

1. 전공기식의 특징

> **전공기식의 특징**
> 열운반 소요공간이 크다, 열운반 동력비 증가, 실내 청정도가 양호하다. 관리가 용이하다. 실이용 효율이 증가한다. 외기냉방이 가능하다. 내부 존에 유리하다. 고급 필터(여과기)를 사용할 수 있다.

분류	특징
열운반 소요공간	전공기식은 공기(덕트)에 의한 열운반으로 물(배관)에 비해 덕트 부피가 크며 고층건물에서 층고 증가로 건축비 증가.
열운반 동력비	공기 운반 동력비 증가, 공기는 물보다 가벼우나 상대적 풍량이 커서 동일 열량 운반에서 동력비가 증가.
실내 청정도	전공기식은 신선한 외기를 자유로이 도입할 수 있고, 공조기에서 정화된(공기여과기) 공기를 공급할 수 있어서 실내 기류 분포와 공기 질이 양호하다.
관리가 용이	전공기식은 중앙기계실에 공조기가 집중되고 각실에는 디퓨져만 있으므로 관리가 용이하다.
실 이용 효율	전공기식은 천장에 취출구, 흡입구만 설치되어 바닥 설치 기기가 없어서 실이용 효율이 양호하다.
외기냉방이 가능	환절기(중간기) 외기온도가 실내온도보다 낮은 경우 다량의 외기를 도입하여 냉동기 운전 없이 냉방이 가능하다.
내부존 적용	전공기식은 내부 존에 유리하다. 〈내부존 전공기식+외부존 전수식〉
동파위험	전공기식은 한랭지에서 동파 등의 위험이 없다.
고급필터 사용	공조기에서 고급 필터(여과기)를 사용할 수 있어 실내 청정도가 우수하다.

---

02 예제문제

다음 중 전공기 방식의 특징이 아닌 것은?

① 실내 송풍량이 충분하여 실내오염이 적다.
② 환기용 팬(Fan)을 설치하면 외기냉방이 가능하다.
③ 실내에 노출되는 기기가 없어 마감이 깨끗하다.
④ 천장의 여유 공간이 작을 때 적합하다.

[해설]
전공기방식은 덕트 공간으로 천장의 여유 공간이 클 때 적합하며 건물 층고가 높아지는 원인이 된다.

답 ④

2. 전수식의 특징

전수식은 기본적으로 전공기식과 반대의 특징을 갖는다.

분류	특징
열운반 소요공간	덕트 스페이스가 필요없고 배관 공간만 요구되므로 소요공간이 작다
열운반 동력비	물은 공기보다 비열이 크고 열용량이 커서 상대적 유량이 작아서 동일 열량 운반에서 운송 동력비가 작다.
실내 청정도	공기 공급이 없어서 실내청정도가 떨어지고, 실내에 설치하는 각 유닛 마다 수배관으로 인하여 누수등 유지보수가 곤란하다.
실 이용 효율	바닥 유니트 설치로 유효면적이 감소하며 기기에서 누수 우려, 동력 공급 등이 필요하여 유지관리가 어렵다

> **전수식의 특징**
> 덕트 스페이스가 필요없고, 반송동력이 작다. 실내청정도가 떨어지고, 유닛마다 수배관으로 인하여 누수 우려, 실내에 동력공급 필요. 유지보수관리가 어렵다.

3. 수공기식의 특징

수공기식은 기본적으로 2종류의 열매를 동시에 사용하며, 전공기식과 전수식의 중간적인 특징을 갖는다.

분류	특징
열운반 소요공간	수공기식은 열 공급은 수배관이 담당하고 청정도를 위한 공기 공급은 덕트설비(공기)가 담당하므로 전공기식보다 소요공간이 작다
열운반 동력비	열 공급은 수배관이 담당하고 청정도를 위한 덕트설비가 있어서 동력비는 전공기식보다 적다
시스템 적용	수공기식은 2종류 열매를 동시에 이용하므로 시스템이 복잡해진다 유인유니트식, 덕트병용 팬코일유니트식등

3 공기조화방식

1. 단일덕트 정풍량 방식(CAV 방식)특징

> 정풍량 방식(CAV 방식)특징
> 전공기식 특징, 다수실보다는 1개 대형실에 적합, 변풍량 방식에 비하여 에너지 소비가 많다. 각실 개별 제어 곤란

분류	특징
열운반 소요공간	송풍량이 크므로 덕트 스페이스는 크나, 환기가 용이하다.
열운반 동력비	변풍량 방식에 비하여 송풍량이 커서 연간 송풍동력이 크다.
실내 청정도	고성능의 여과기를 설치할 수 있어 공기 청정도가 높다.
관리가 용이	공조기가 기계실에 집중되어 운전 유지보수가 용이하다.
실 별 온도제어	정풍량을 공급하므로 실이 많은 경우 각 실마다 온도차가 크다.
외기냉방이 가능	환절기(봄, 가을) 냉방부하존에서 외기 냉방이 가능하다.
단일존 적용	각 실마다의 부하 변동에 대응할 수 없어 다수실보다는 단일존(1개 대형실)에 적합한 공조이다.
계통도	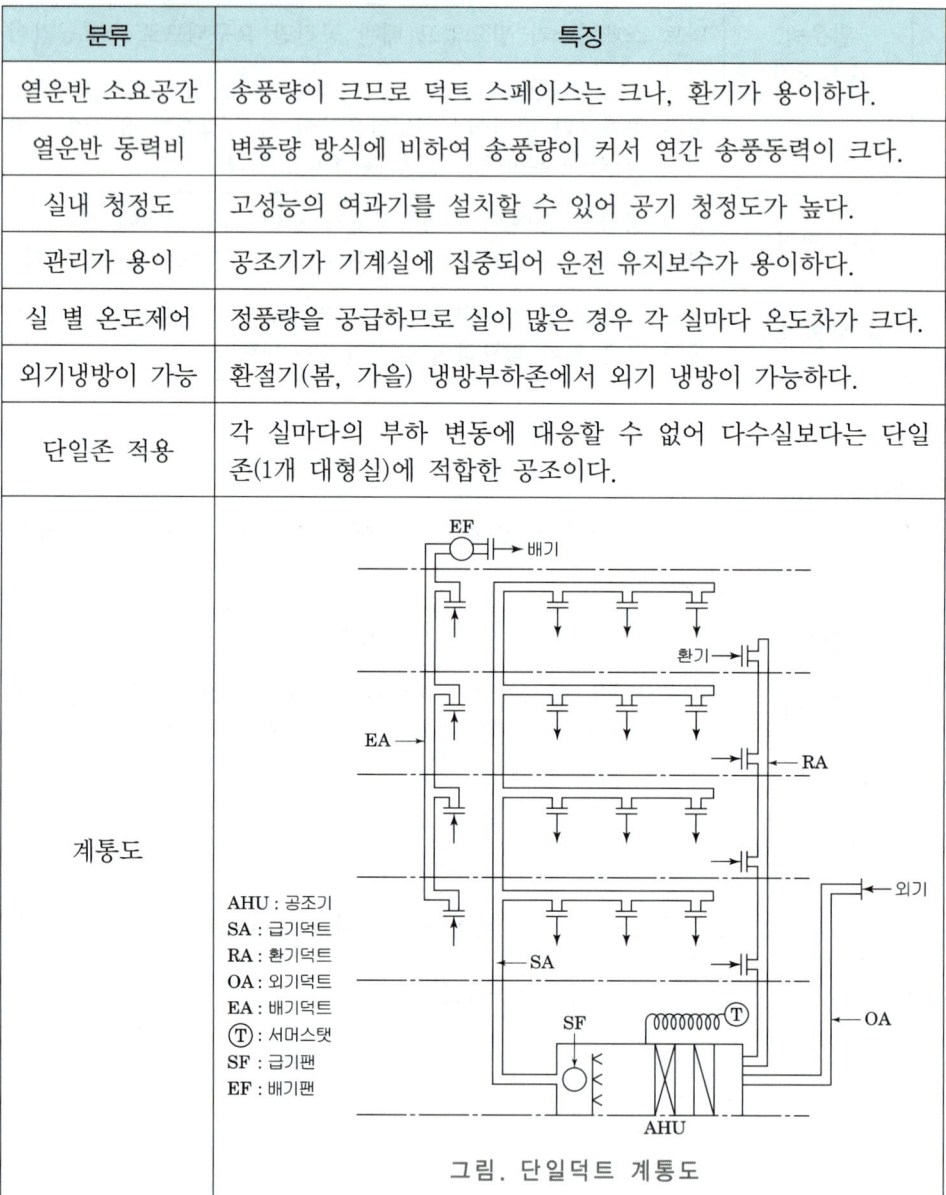 AHU : 공조기 SA : 급기덕트 RA : 환기덕트 OA : 외기덕트 EA : 배기덕트 Ⓣ : 서머스탯 SF : 급기팬 EF : 배기팬 그림. 단일덕트 계통도

> **03 예제문제**
>
> **단일덕트 정풍량 방식의 장점 중에서 옳지 않은 것은?**
>
> ① 각 실의 실온을 개별적으로 제어할 수가 있다.
> ② 공조기가 기계실에 있으므로 운전, 보수가 용이하고 진동, 소음의 전달 염려가 적다.
> ③ 외기의 도입이 용이하여 환기팬 등을 이용하면 외기냉방이 가능하고 전열교환기의 설치도 가능하다.
> ④ 존의 수가 적을 때는 설비비가 다른 방식에 비해서 적게 든다.
>
> **해설**
> 단일덕트 정풍량 방식은 각 실의 실온을 개별적으로 제어하기 어려워서 실이 많은 건물에는 부적합하고 단일실(극장 체육관등)에 적합하다. **답** ①

> 터미널 리히트 방식특징
> 취출구 말단에 온수 가열 장치(말단 재열기)를 설치하여 각실 온도를 조절 개별제어 특성 양호

2. 터미널 리히트 방식(terminal reheated CAV 방식)특징

분류	특징
시스템 원리	터미널리히트 방식은 정풍량 방식 단점을 보완한 것으로 실내 취출구 말단에 온수 가열 장치(말단 재열기)를 설치하여 각실마다 온도를 조절하는 방식이다.
열공급 운전비	열공급 운전비는 재열하는 열량만큼 많이 소요된다.
설비비	설비비는 일반적으로 단일덕트보다 높고 2중덕트보다 작다.
실 별 온도제어	각실마다 말단에 재열기를 설치하여 온도를 조절하므로 각 실마다 온도 제어가 양호하다.
계통도	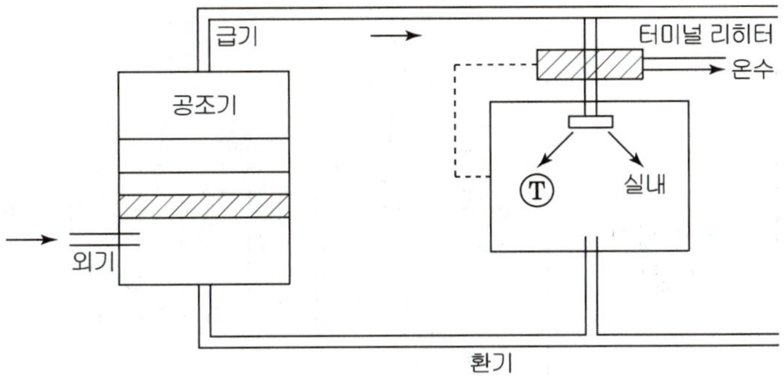 그림. 터미널 리히트 방식 계통도

3. 단일덕트 변풍량 방식(VAV 방식)

① 변풍량 방식 특징

> **단일덕트 변풍량 방식**
> 원리 : 실내의 부하변동에 따라 서모스탯에 의하여 유닛의 전동 댐퍼를 작동시켜 송풍량을 조절.
> 각실 또는 존별 개별제어가 가능, 에너지 절약 효과가 크다.

분류	특징
시스템 원리	변풍량방식은 실내의 부하변동에 따라 온도감지기(서모스탯)에 의하여 VAV유닛을 작동시켜 각실 공급 송풍량을 조절한다. 그러므로 장치가 복잡하여 유지 관리가 어렵다.
열공급 운전비	VAV유닛을 작동시켜 각실에 필요한 송풍량만 공급하므로 송풍동력이 감소하고 에너지 절약 효과가 크다.
설비비	각종 풍량 제어설비(온도센서, VAV유닛등)로 설비비가 정풍량식에 비하여 비싸다.
실내 청정도	대규모인 경우 부하 감소시 정풍량 방식에 비하여 송풍량이 적어져서 실내 청정도가 불량해진다.
실 별 온도제어	각 실 또는 존별 개별제어가 가능하여 온도제어가 우수하다.
계통도	그림. VAV 방식 계통도
자동제어 계통도	그림. 변풍량 방식의 자동제어 계통도

② 변풍량 방식 송풍량 계산식

분류	특징
실내 현열부하 (W일때)	$Q = \dfrac{q_s \times 3.6}{1.01 \times 1.2 \times \Delta t}$ Q : 송풍량(m^3/h), q_s : 실내 현열 부하(W) 공기비열 1.01kJ/kgK, 밀도 1.2kg/m^3 Δt : 취출온도차(송풍공기-실내공기) (현열부하 W를 kJ/h로 환산하려면 3600÷1000 = 3.6을 곱한다.)
실내 현열부하 (kJ/h일때)	$Q = \dfrac{q_s}{1.2 \times 1.01 \times \Delta t}\,[m^3/h]$ q_s : 실내 현열 부하(kJ/h)

04 예제문제

다음 중 에너지 절약에 가장 효과적인 공기조화 방식은?(단, 설비비는 고려하지 않는다.)

① 각층 유닛 방식
② 이중덕트 방식
③ 멀티 존 유닛 방식
④ 가변 풍량 방식

[해설]
운전 시 에너지 절약에 가장 효과적인 공조방식은 가변 풍량 방식(VAV)이며 풍량 조절장치(VAV 유닛 등)로 인하여 설비비는 증가한다. **답 ④**

4. 이중덕트 방식 작동원리와 특징

> **이중덕트 방식**
> 냉풍과 온풍을 동시에 공급하여 혼합상자에서 혼합급기, 냉난방이 자유롭고 개별제어가 양호하다. 덕트 스페이스가 크다. 설비비와 운전비가 고가이다.

분류	특징
작동 원리	아래 계통도와 같이 가열코일, 냉각코일을 별도로 두고 냉풍과 온풍을 만들어 각실마다 혼합상자에서 A1실은 F1의 혼합공기를 취출하고 A2실은 F2의 혼합공기를 취출한다.
계통도	(계통도 그림: OA-B, C, RA, HC, CC, D, E, 온풍, 냉풍, 혼합상자, F_1, F_2, A_1, A_2, A)
열원설비 특징	냉풍과 온풍을 동시에 공급하기 위해 4계절 냉·온 열원설비를 동시에 가동해야한다.
제어특성	4계절 냉난방이 자유롭고 개별제어가 양호하다.
설비비 운전비	전공기 방식이므로 배관, 전기설비 등이 불필요하나 덕트 스페이스가 크고 혼합설비로 인하여 설비비, 운전비가 고가이다.
열손실	온풍과 냉풍의 리턴 시 혼합에 의한 열손실이 커서 비경제적이다.

5. 덕트 병용 FCU 방식

분류	특징
작동 원리	아래 계통도와 같이 대형 건축물에서 외부 존에 FCU를 배치하고 내부 존에 덕트 방식을 적용하여 Skin Load는 FCU가 담당하도록 하고 내부부하와 환기는 덕트시스템이 담당하도록 한다.
계통도	그림. 덕트병용 FCU 방식
열원설비 시스템	배관계통과 덕트계통에 각각 냉온수를 공급하므로 시스템은 복잡한 편이다.
제어특성	각실 FCU는 실내 센서에 의해 자동조절되며 개별제어가 양호하다.
설비비 운전비	시설비, 유지비 등에서 전공기 방식에 비하여 경제적 이점이 크다.
유지관리	실내에 설치된 각 유닛의 누수우려, 환기부족, 필터청소, 팬 소음 등의 문제점도 있다.
열손실	중 대규모 사무소 건물에서 일반적으로 채택되며 외주부의 콜드 드래프트 현상을 줄일 수 있다.

> **덕트병용 FCU 방식**
> 대형 건축물에서 외부 존에 FCU를 배치하고 내부 존에 덕트 방식을 적용하는 대표적인 수공기 방식이다.

6. 유인 유닛방식(IDU)-수공기방식

> **유인 유닛방식(IDU)**
> 중앙 공조기에서 고속덕트를 통해 1차공기로 각실 유인 유닛에 공급하면 유인작용으로 실내공기를 혼합 냉각 가열한다.

분류	특징
작동 원리	중앙 공조기에서 외기를 조화시켜 고속덕트를 통해 각실 유인 유닛에 공급하면 유닛 내부의 노즐을 통해 분출될 때 유인작용으로 실내공기를 유인 혼합하여 분출한다.
계통도	그림. IDU 방식
유인유닛 작동원리	배관계통과 덕트계통에 각각 냉온수를 공급하므로 시스템은 복잡한 편이다. 유니트에 설치된 냉각코일(가열)에 냉온수를 공급하고 코일에서 1차공기에 의해 유인되는 2차공기가 냉각 가열된다.
개별제어특성	실내온도가 유니트에서 자동조절되며 개별제어가 양호하다.
설비비 운전비	수공기식으로 운전비는 경제적이나 설비비는 고가인편이다. 유인 유닛은 주로 외부 존을 커버하므로 내부 존이 깊은 대형건물에서는 내부 존은 별도 단일덕트 방식을 겸용할 수 있다.
유지관리	노즐은 소음 단열된 챔버에 부착한 것으로써 고속덕트에 의한 공기분출로 소음이 큰 편이다. 유닛 내부에 FAN이 없어 고장의 우려가 적다.

7. FCU(팬코일 유닛)-전수식

분류	특징
작동 원리	전수식(FCU)은 공조방식 중에서 가장 경제적인 시스템으로 평가된다. 물을 이용하기 때문에 열 운반능력이 우수하고 동력비가 적다.
설비 스페이스 운전비	배관만으로 구성되므로 공조 스페이스가 작고 열공급 수량이 상대적으로 적어 반송동력이 작다.
개별제어특성	각실마다 유니트가 설치되어 개별제어가 양호하고, 바닥유효면적이 감소하며 실내에서 누수 우려가 있고, 동력공급 등이 필요하다.
시스템 적용	주로 자연환기가 가능한 중급의 건물(중소규모 건물, 학교, 콘도미니엄, 간단한 숙박시설 등)이나 외주부에 적용한다.
실내청정도 유지관리	실내 공급공기가 없으므로 실내청정도가 떨어지고, 실내 유니트가 많아서 보수관리가 곤란하다.

> **FCU(팬코일 유닛)**
> 가장 경제적인 시스템이다. 공조 스페이스가 작고 반송동력이 작다. 실내청정도가 떨어지고, 보수관리가 곤란하다.

---

05 예제문제

팬코일유닛(FCU) 방식과 유인유닛(IDU) 방식은 실내에 설치하는 유닛 외에도 1차 공조기를 사용하여 덕트 방식을 채용할 수도 있다. 이 방식들을 비교한 설명 중 올바르지 못한 것은?

① FCU는 IDU에 비해 운전 중의 소음이 적고, 동일 능력일 때에는 단가가 싸다.
② IDU에는 전용의 덕트계통이 필요하다.
③ FCU에는 내부에 팬(Fan)을 가지고 있어 보수할 필요가 있다.
④ IDU에는 내부 존(Zone)을 합하더라도 하나의 덕트 계통만으로 처리가 가능하다.

[해설]
유인유닛(IDU)식은 노즐로부터 분출하는 1차 공기의 유인작용과 수배관이 필요하다.   답 ④

> 복사 패널, 덕트 병용양식
> (panel air system)
> 복사열과 덕트를 통하여 공기를 공급하는 방식. 쾌감도가 높다. 바닥 이용도가 높다. 천정이 높은 방에서도 난방효과 우수

8. 복사 패널, 덕트 병용양식(panel air system)-수공기방식

분류	특징
작동 원리	복사패널 방식은 벽·천정 등에 코일을 배치하여 냉·온수를 통과시켜 복사열을 이용하고 중앙기계실에서 조화된 공기를 덕트를 통하여 공급하는 수공기방식이다. 실내 잠열 부하는 1차 공기(덕트 송풍 공기)로 처리하고 현열 부하는 패널로 처리한다.
계통도	그림. 덕트병용 복사 패널 방식
개별제어특성	천정이 높은 방에서도 온도 구배가 작아 쾌감도가 높으며, 현열 부하가 큰 스튜디오나 고급사무실에 적합하다.
설비비 운전비	수공기식으로 패널과 물배관, 덕트설비가 병용되므로 설비비가 많이 든다.
유지관리	실내에 유닛이 노출되지 않아 미관상 좋고 바닥 이용도가 높다. 실내 바닥면 코일 매립으로 냉방시 바닥면에서 결로의 우려가 있다.

06 예제문제

공기-수 방식에 의한 공기조화의 설명으로 옳지 않은 것은?

① 유닛 1대로써 구획(Zone)을 구성하므로 개별제어가 가능하다.
② 장치 내 필터의 성능이 나빠 정기적으로 청소할 필요가 있다.
③ 전공기 방식에 비해 반송동력이 크다.
④ 부하가 큰 구획(Zone)에 대해서도 덕트 스페이스가 작다.

[해설]
공기-수 방식은 열부하는 배관을 통한 물로 제거하고 환기에 필요한 공기를 공급하므로 상대적으로 공기량이 적어서 전공기방식에 비해 반송동력이 작다. 동일한 열량의 냉·온풍의 운반에 필요한 송풍기 소요동력이 냉-온수를 운반하는 펌프 동력보다 크다. **답 ③**

9. 덕트병용 패키지 유닛 방식(packaged unit system)

분류	특징
작동 원리	중소규모 정도 건물에서 패키지형 소형 공조기를 실내 혹은 실외에 설치한후 덕트를 이용하여 공기를 분배하는 방식으로 근래에는 원가절감, 시공 간편 등의 요인에 의하여 점차 대형 건물에도 EHP, GHP 형태로 다양하게 응용되고 있는 추세이다.
계통도 (덕트병용)	
개별제어특성	각실별로 패키지가 설치되므로 개별제어는 양호하다. 중소규모에서 국부 공조에 적합하나 실내에 패키지가 설치되므로 소음이 큰편이다.
설비비 운전비	건물 완공후 현장설치가 용이하고, 공기 단축, 시설비가 절감된다. 대규모인 경우 공조기 수가 많아지고, 덕트가 길어지면 송풍이 곤란하고 설비비가 고가이다.
유지관리	실내에 유닛이 노출되어 미관상 불리하고 바닥 이용도가 낮다. 패키지가 분산설치되므로 유지관리가 곤란해진다.

패키지 유닛 방식
추가 현장설치가 용이하고, 공기 단축, 시설비가 절감된다.
국부 공조에 적합하나 소음이 크다.

10. 패키지형 공기조화기(소규모 개별식)

분류	특징
작동 원리	각 실마다 패키지형 공기조화기(PAC)를 설치하는 방식으로 소규모 건물에 주로 적용한다.
계통도	그림. 패키지 개별 공조방식
개별제어특성	각실별로 패키지가 설치되므로 개별제어 특성이 양호하다.
PAC구성항목	패키지에 압축기, 송풍기, 냉각기, 가열기 및 공기여과기 등을 내장한 공기조화기로써 냉매배관, 조작반 등이 필요하다
유지관리	실내에 유닛이 노출되어 미관상 불리하고 바닥 이용도가 낮다. 실내에서 발생하는 결로수 처리가 필요하다.

4 열원방식

열원방식은 지역냉난방식, 중앙식, 개별식, 지열, 태양열, 히트펌프등이 있다.

1. 개별열원공조와 중앙열원공조의 특징비교

분류	특징
원리	개별열원방식은 각 실마다 패키지형 실외기를 설치하는 방식으로 소규모 건물에 주로 적용하며 중앙방식은 기계실에서 열원을 공급하는 방식이다.
계통도	개별 열원방식 / 그림. 중앙열원방식
개별제어 특성	개별방식이 개별제어 특성이 양호하다.
설치비 운전비	여건과 규모에따라 다르나, 소규모에서는 개별식이 유리하나 중대규모에서는 중앙식이 유리한편이다.
유지관리	개별식은 실외기 유닛이 노출되어 유지관리상 불리하고 중앙식은 기계실에 집중되어 유지관리가 편리하다.
기계실	실마다 냉방기를 설치하므로 중앙식에 비하여 기계실면적이 적다.
설비공간	배관, 덕트 스페이스가 적다. 각 실마다 유닛 설치공간이 필요하다.
장비용량	중앙식은 열원장비 1대 용량이 커서 열효율이 크다. 중앙 기계실에 대규모 장비를 설치하고 기술 인력이 상주하여 운전하므로 수명이 길다. 하지만 동시사용률을 고려하면 전체 장비용량은 개별식이 큰 편이다.

07 예제문제

각종 공기조화방식 중에서 개별방식의 특징은?

① 수명은 대형기기에 비하여 짧다.
② 외기냉방이 어느 정도 가능하다.
③ 실 건축구조 변경이 어렵다.
④ 냉동기를 내장하고 있으므로 일반적으로 소음이 작다.

해설
개별공조방식은 기기 수명이 짧은 편이고, 외기냉방은 곤란하며, 실 건축구조 변경이 쉽고, 일반적으로 소음이 크다.

답 ①

2. 히트펌프(Heat Pump)

히트펌프 성적계수

$$E_h = \frac{방열량}{압축일} = \frac{h_2 - h_3}{h_2 - h_1}$$

$$= \frac{h_2 - h_1}{h_2 - h_1} + \frac{h_1 - h_3}{h_2 - h_1}$$

$$= 1 + E$$

냉동기 성적계수 $= E$

분류		특징
작동원리		히트 펌프란 냉난방이 냉방시는 증발기 냉열을 이용하고, 난방시는 냉동기의 응축기 방열을 난방열로 활용하는 것을 말한다. 4방밸브를 절환시켜 냉난방을 실시한다. 증발기에서의 채열과 압축일을 합한 열이 응축기에서 방열하므로 증발기에서 열의 흡수(채열원)가 용이한 구조라야 한다.
열원 시스템	공기(실외)-공기(실내)방식	
	공기(실외)-물(실내) 방식	
	물(실외)-공기(실내) 방식	
	물(실외)-물(실내) 방식	

분류	특징
성적 계수	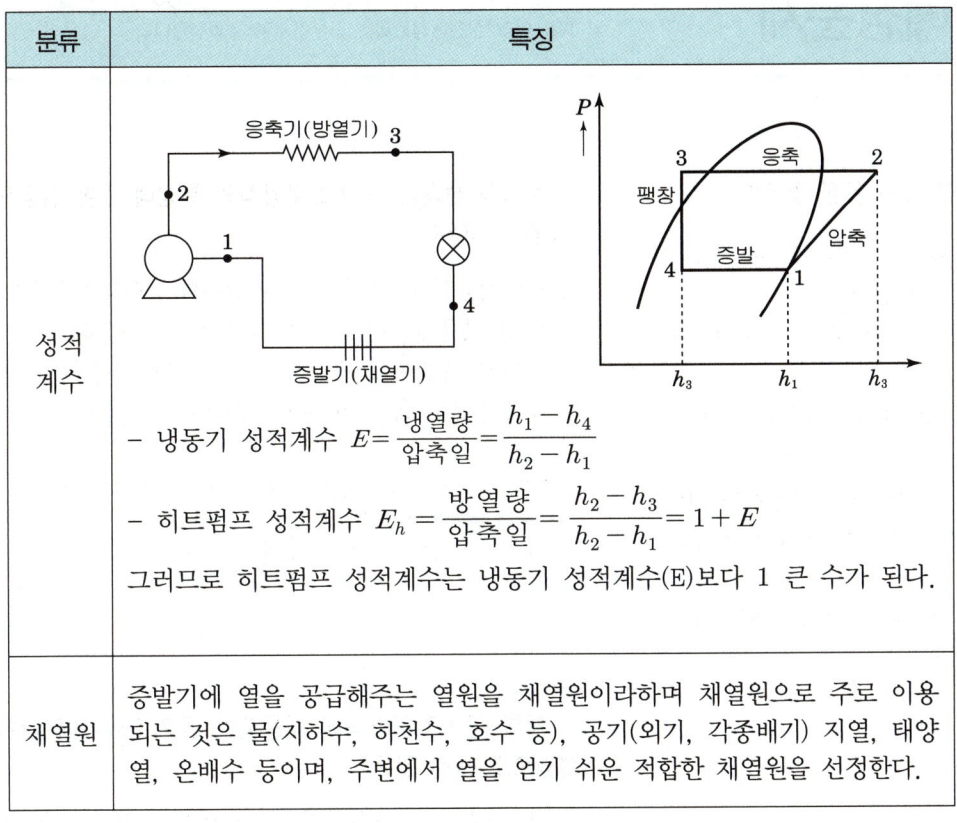 - 냉동기 성적계수 $E = \dfrac{냉열량}{압축일} = \dfrac{h_1 - h_4}{h_2 - h_1}$ - 히트펌프 성적계수 $E_h = \dfrac{방열량}{압축일} = \dfrac{h_2 - h_3}{h_2 - h_1} = 1 + E$ 그러므로 히트펌프 성적계수는 냉동기 성적계수(E)보다 1 큰 수가 된다.
채열원	증발기에 열을 공급해주는 열원을 채열원이라하며 채열원으로 주로 이용되는 것은 물(지하수, 하천수, 호수 등), 공기(외기, 각종배기) 지열, 태양열, 온배수 등이며, 주변에서 열을 얻기 쉬운 적합한 채열원을 선정한다.

01 핵심예상문제
공기조화 방식

본 핵심예상문제는 각단원별 출제빈도 높은 문제 및 최근 10년간의 기출문제 중 비중이 높은 출제유형이므로 꼭 풀어보고 가야할 문제 입니다. 이후 실전예상문제를 공부하시면 효과적입니다.

[13년 2회]
01 공조방식에 관한 특징으로 옳지 못한 것은?

① 전공기방식은 높은 청정도와 정압을 요구하는 병원 수술실, 극장 등에 많이 사용된다.
② 수-공기방식은 부하가 큰 방에서도 덕트의 치수를 적게 할 수 있다.
③ 개별식 유닛을 분산시켜 개별제어 할 때 외기냉방에 효과적이다.
④ 전수방식은 유닛에 물을 공급하여 실내공기를 가열·냉각하는 방식으로 극간풍이 많은 곳에 유리하다.

> 개별식 유닛을 분산시켜 개별 제어하는 개별식은 외기량이 부족하여 외기냉방에는 효과가 적다.

[06년 3회]
02 다음은 공조방식의 사용 설명이다. 적합하지 않은 것은?

① 잠열부하가 많고 현열비가 적은 식당 등에는 단열 덕트 재열방식이 사용된다.
② 냉난방의 부하분포가 복잡한 건물에서는 이중덕트 방식이 사용된다.
③ 온습도 조건이 엄격하고 저소음 레벨의 요구시설에는 팬코일 유닛방식이 사용된다.
④ 환기횟수가 많고 고성능 필터를 사용하는 클린룸 등에는 정풍량 단일덕트 방식을 사용한다.

> 팬코일 유닛방식은 덕트를 병용하지 않는 경우 습도제어가 어렵고 실내에 설치되는 팬 소음으로 저소음레벨에는 부적합하다.

[15년 3회]
03 중앙식(전공기) 공기조화방식의 특징에 관한 설명으로 틀린 것은?

① 중앙집중식이므로 운전, 보수 관리를 집중화할 수 있다.
② 대형 건물에 적합하며 외기냉방이 가능하다.
③ 덕트가 대형이고 개별식에 비해 설치 공간이 크다.
④ 송풍동력이 적고 겨울철 가습하기가 어렵다.

> 전공기 방식은 동일 부하일 때 공기량이 많아서 열매체인 냉·온풍의 운반에 필요한 팬의 소요동력이 냉·온수를 운반하는 펌프동력보다 크고, 중앙 공조기에서 겨울철 가습이 쉽다.

[22년 1회]
04 개별 공기조화방식에 사용되는 공기조화기에 대한 설명으로 틀린 것은?

① 사용하는 공기조화기의 냉각코일에는 간접팽창코일을 사용한다.
② 설치가 간편하고 운전 및 조작이 용이하다.
③ 제어대상에 맞는 개별 공조기를 설치하여 최적의 운전이 가능하다.
④ 소음이 크나, 국소운전이 가능하여 에너지 절약적이다.

> 개별 공기조화방식의 공기조화기(가정용 에어컨등)는 냉각코일에 직접팽창코일(코일안에서 냉매가 직접팽창)을 사용한다

[07년 3회]
05 중간 계절의 외기냉방은 에너지 절약에 효과적이다. 다음 중 외기냉난방에 가장 불리한 공기조화 방식은?

① 2중덕트 방식
② 가변 풍량 방식
③ 각층 유닛 방식
④ 팬코일 유닛 방식

> 외기냉방은 외기를 도입하기위한 큰 덕트가 필요하며 팬코일 유닛 방식은 전수방식이므로 외기를 도입하기에 부적합하다.

정답 01 ③ 02 ③ 03 ④ 04 ① 05 ④

[14년 3회, 10년 1회]
06 에너지 손실이 가장 큰 공조방식은?

① 2중덕트 방식 ② 각층 유닛 방식
③ 팬코일 유닛방식 ④ 유인 유닛 방식

> 2중덕트 방식은 냉·온풍을 동시에 공급하고 리턴은 혼합하는 방식으로 에너지 손실이 크다. 전수식인 팬코일 유닛방식이 에너지가 적게 든다.

[15년 1회]
07 지하상가의 공조방식 결정 시 고려해야 할 내용으로 틀린 것은?

① 취기를 발하는 점포는 확산되지 않도록 한다.
② 각 점포마다 어느 정도의 온도 조절을 할 수 있게 한다.
③ 음식점에서는 배기가 필요하므로 풍량 밸런스를 고려하여 채용한다.
④ 공공지하보도 부분과 점포 부분은 동일 계통으로 한다.

> 지하상가의 공조방식 결정 시 공공지하보도 부분과 점포 부분은 다른 계통으로 하는 것이 일반적이다.

[13년 2회]
08 공기조화방식의 열매체에 의한 분류 중 냉매방식의 특징으로 옳지 않은 것은?

① 유닛에 냉동기를 내장하므로 사용시간에만 냉동기가 작동하여 에너지 절약이 되고, 또 잔업 시의 운전 등 국소적인 운전이 자유롭게 된다.
② 온도조절기를 내장하고 있어 개별제어가 가능하다.
③ 대형의 공조실을 필요로 한다.
④ 취급이 간단하고 대형의 것도 쉽게 운전할 수 있다.

> 냉매방식은 개별식으로 각 실에 유닛을 설치하여 별도의 공조실은 두지 않는다.

[22년 1회]
09 단일덕트 재열방식과 공조방식이 같은 방식은 무엇인가?

① 단일덕트 변풍량방식 ② 유인유니트방식(IDU)
③ 패케지방식 ④ 이중덕트방식

> 단일덕트 재열방식은 수공기 방식으로 유인유니트방식과 같다.

[08년 3회]
10 공기조화방식 분류 중 전공기방식이 아닌 것은?

① 멀티존 유닛 방식 ② 변풍량 2중덕트 방식
③ 유인 유닛 방식 ④ 각층 유닛 방식

> 유인 유닛 방식은 수공기 방식이며 덕트 병용 팬코일 유닛방식, 복사 냉난방(덕트 병용)방식도 여기에 속한다.

[13년 1회]
11 다음은 단일덕트방식에 대한 것이다. 틀린 것은?

① 단일덕트 정풍량방식은 개별제어에 적합하다.
② 중앙기계실에 설치한 공기조화기에서 조화한 공기를 주 덕트를 통해 각 실내로 분배한다.
③ 단일덕트 정풍량방식에서는 재열을 필요로 할 때도 있다.
④ 단일덕트방식에서는 큰 덕트 스페이스를 필요로 한다.

> 단일덕트 정풍량방식은 중앙식 공조 방식으로 대형 단일실(공연장, 체육관등)에 적합하며 개별제어에는 부적합하다.

[15년 3회]
12 가변 풍량(VAV) 방식에 관한 설명으로 틀린 것은?

① 각 방의 온도를 개별적으로 제어할 수 있다.
② 연간 송풍동력이 정풍량 방식보다 적다.
③ 부하의 증가에 대해서 유연성이 있다.
④ 동시 부하율을 고려하여 용량을 결정하기 때문에 설비 용량이 크다.

정답 06 ① 07 ④ 08 ③ 09 ② 10 ③ 11 ① 12 ④

제2장 공기조화 계획

> 가변풍량(변풍량) 방식은 동시 부하율을 적용하여 용량을 결정하기 때문에 설비 용량이 작다.

[07년 2회]

13 변풍량 방식에서 변풍량 유닛을 설명한 것으로 틀린 것은?

① 바이패스형은 송풍공기 중 취출구를 통해 실내에 취출되고 남은 공기를 천장 내를 통하여 환기 덕트로 되돌려 보낸다.
② 유인형은 실내공기인 2차 공기의 분출에 의해 공조기에서 오는 1차 공기를 유인하여 취출한다.
③ 슬롯형은 부하의 감소에 따라 교축기구에 의해 풍량을 조절한다.
④ 슬롯형은 덕트의 정압변화에 대응할 수 있는 정압제어가 필요하다.

> 유인형 변풍량 유닛은 중앙 공조기에서 오는 1차 공기의 분출에 의해 실내공기인 2차 공기를 유인하여 취출한다. 이때
> 유인비$(R) = \dfrac{1차 + 2차공기}{1차공기}$

[23년 3회, 11년 3회]

14 공기조화방식에서 변풍량방식에 사용되는 유닛(VAV Unit) 중 풍량제어 방식에 따라 구분할 때 공조기에서 오는 1차 공기의 분출에 의해 실내공기인 2차 공기를 취출하는 방식은?

① 바이패스형 ② 유인형
③ 슬롯형   ④ 교축형

> 변풍량유닛의 가장 일반적인 형태는 슬롯형(교축형, 벤트리형)이며 1차공기의 분출에 의한 동압으로 주변공기(2차공기)를 유인하여 취출하는것은 유인형(인덕션형)이다.

[09년 1회]

15 멀티존 유닛 공조방식에 대한 설명이다. 이 중 옳은 것은?

① 이중덕트 방식의 덕트 공간을 천장 속에 확보할 수 없는 경우 적합하다.
② 멀티존 방식은 비교적 존 수가 대규모인 건물에 적합하다.
③ 각 실의 부하변동이 심해도 각 실에 대한 송풍량의 균형을 쉽게 맞춘다.
④ 냉풍과 온풍의 혼합 시 댐퍼의 조정은 실내 압력에 의해 제어한다.

> 멀티존 유닛방식은 이중덕트 보다 덕트 공간을 절약할 수 있다. 비교적 존 수가 적은(3-5존) 소규모인 건물에 적합하며, 냉온풍의 혼합비는 조절이 쉬우나 풍량 조절은 어려워서 각 실의 부하변동이 심하면 송풍량의 균형을 맞추기는 어렵다. 냉풍과 온풍의 혼합시 댐퍼의 조정은 실내 온도에 의해 제어한다.

[10년 2회]

16 공기조화 방식 중 유인 유닛 방식에 대한 설명이다. 부적당한 것은?

① 다른 방식에 비해 덕트 스페이스가 적게 소요된다.
② 비교적 높은 운전비로서 개별실 제어가 불가능하다.
③ 각 유닛마다 수배관을 해야 하므로 누수의 염려가 있다.
④ 송풍량이 적어서 외기 냉방효과가 낮다.

> 유인 유닛 방식은 FCU처럼 각 실에 유닛이 설치되므로 개별실 제어가 가능하다.

[10년 1회]

17 공조방식 중 각층 유닛 방식의 특징에 속하지 않는 것은?

① 송풍 덕트의 길이가 짧게 되고 설치가 용이하다.
② 사무실과 병원 등의 각층에 대하여 시간차 운전에 유리하다.
③ 각층 슬래브의 관통 덕트가 없게 되므로 방재상 유리하다.
④ 각 층에 수배관을 하지 않으므로 누수의 염려가 없다.

정답 13 ② 14 ③ 15 ① 16 ② 17 ④

각층 유닛 방식은 각 층에 공조실과 유닛을 설치하고 중앙기계실에서 수배관을 통해 냉온수를 공급하므로 각층 공조실에서 누수의 염려가 있다.

[13년 3회, 06년 3회]

18 유인 유닛(IDU) 방식에 대한 설명 중 틀린 것은?

① 각 유닛마다 제어가 가능하므로 개별실 제어가 가능하다.
② 송풍량이 많아서 외기 냉방효과가 크다.
③ 냉각, 가열을 동시에 하는 경우 혼합손실이 발생한다.
④ 유인 유닛에는 동력배선이 필요 없다.

유인 유닛방식(공기 – 수방식)은 1차 공기량이 적어서 외기 냉방의 효과는 적다.

[14년 1회]

19 공기조화 방식의 분류 중 공기-물 방식이 아닌 것은?

① 유인 유닛방식
② 덕트병용 팬코일 유닛방식
③ 복사 냉난방 방식(패널에어 방식)
④ 멀티존 유닛방식

멀티존 유닛방식은 전공기 방식이다.

[09년 1회, 07년 2회]

20 공기조화 방식의 특징 중 수-공기방식에 해당하는 것은?

① 환기팬을 설치하면 외기냉방이 불가능하다.
② 유닛 1대로서 1개의 소규모 존(Zone)을 구성하므로 조닝이 용이하다.
③ 덕트가 없으므로 덕트 스페이스가 필요하지 않다.
④ 냉동기를 내장하고 있으므로 일반적으로 소음, 진동이 크다.

수-공기방식은 실내 설치된 유닛 1대로서 1개의 존을 담당하므로 조닝이 용이하다. 환기팬을 설치하면 외기냉방도 어느 정도 가능하다.

[23년 3회]

21 전수식 공조방식으로서 중앙기계실의 열원설비로부터 냉수 또는 온수를 각 실에 있는 유닛에 공급하여 냉난방하는 가장 경제적인 공조방식은 무엇인가?

① 바닥취출 공조방식
② 단일덕트 재열방식
③ 팬코일 방식
④ 패키지 유닛방식

팬코일 방식은 냉수 온수만 이용하면 전수식이고 여기에 덕트를 병용하면 수공기방식이다.

[23년 2회]

22 팬코일유닛 방식의 배관 방법에 따른 특징에 관한 설명으로 틀린 것은?

① 3관식에서는 혼합 손실열량이 4관식에 비하여 거의 없다.
② 2관식에서는 냉·난방의 동시운전이 불가능하다.
③ 4관식은 혼합손실은 없으나 배관의 양이 증가하여 공사비 등이 증가한다.
④ 4관식은 동시에 냉·난방운전이 가능하다.

3관식 팬코일유닛은 냉온수가 각각 공급되고 환수는 공통으로 1개 관에서 이루어지므로 혼합 손실이 발생한다.

[11년 3회]

23 공기조화방식 중 복사냉난방식의 설명으로 옳지 않은 것은?

① 다른 방식에 비하여 실내 쾌감도가 높다.
② 잠열부하가 많은 곳에 적당하다.
③ 중간기에 냉동기의 운전이 필요하다.
④ 덕트 스페이스 및 열운반 동력을 줄일 수 있다.

복사냉난방식은 여름철 잠열부하가 많은 실에 적용할 경우 바닥면에 결로 발생으로 부적합하다.

정답 18 ② 19 ④ 20 ② 21 ③ 22 ① 23 ②

[08년 1회]

24 다음 공조방식 중 팬, 펌프 등 동력비가 가장 큰 것은?

① FC 유닛 방식(덕트 병용)
② 멀티존 방식
③ 유인 유닛 방식
④ 패키지 방식

> 공조방식에서 운송 동력비가 큰 것은 전공기방식으로 멀티존 방식이나 단일덕트 이중덕트식이 팬이나 펌프 등 동력비가 가장 크다.

[06년 1회]

25 유량 1,500[m³/h], 양정이 12[m]인 펌프의 축동력 [kW]은 얼마인가? (단, 물의 비중량 1,000[kg/m³], 펌프 효율 $\eta = 0.7$이다.)

① 14.2kW
② 12.1kW
③ 38.5kW
④ 70.1kW

> 펌프의 축동력[kW] = $\dfrac{Q \times H}{102 \times \eta} = \dfrac{1,500 \times 1,000 \times 12}{102 \times 3,600 \times 0.7} = 70.1[kW]$

[13년 1회]

26 직교류형 냉각탑과 대향류형 냉각탑을 비교하였다. 직교류형 냉각탑의 특징으로 틀린 것은?

① 물과 공기의 흐름이 직각으로 교차한다.
② 냉각탑 설치 면적은 크고, 높이는 낮다.
③ 대향류형에 비해 효율이 좋다.
④ 냉각탑 중심부로 갈수록 온도가 높아진다.

> 직교류형은 높이가 낮아 미관은 우수하나 공기와 물의 접촉 시간이 짧아 대향류형에 비해 효율이 낮다.

정답 24 ② 25 ④ 26 ③

02 공기조화 부하

1 부하의 개요

1. 벽체 열관류율

공조부하 계산 시 기본적인 열부하는 벽체 열관류량이며 이때 열관류율이 부하계산의 기초가 된다. 최근에는 에너지 절약을 위해서 벽체 열관류율을 최소화하기 위해 보온재를 강화하는 추세이다.

관류열량과 용어 정의	어떤 벽체를 통한 열손실량(Q)은 $Q = K \cdot A \cdot \Delta t$ 여기서, Q : 관류열량(K), K : 열관류율($W/m^2 K$), A : 벽체 면적(m^2), Δt : 벽체 내외온도차	열전달 : 고체표면과 이에 접촉하는 유체 사이의 대류에 의한 열이동($W/m^2 K$)
		열전도 : 고체내부에서의 열이동(W/mK)
		열관류 : 고체벽을 사이에 둔 양 유체 사이의 열이동, 열전달과 열전도의 조합 ($W/m^2 K$)
		열복사 : 중간 매체 없이 열전자의 직접 이동에 의한 열이동
		열관류저항 : 열관류율 값의 역수($W/m^2 K$)
열관류율(K) 계산식		$\dfrac{1}{K} = \dfrac{1}{\alpha_0} + \dfrac{L_1}{\lambda_1} + \dfrac{L_2}{\lambda_2} + \ldots + \dfrac{1}{\alpha_i} + \dfrac{1}{C}$ K(열관류율)-$W/m^2 K$ λ_1, λ_2(벽체재료의 열전도율)-W/mK L_1, L_2(벽체 재료의 두께)-m a_o, a_i (실내, 실외측 표면 열전달률)-$W/m^2 K$ C(공기층의 열전달률)-$W/m^2 K$
열관류저항(R)	$R = \dfrac{1}{K}$ ($m^2 K/W$)	열관류저항(R)은 열관류율(K)의 역수이며, 벽체에서 열관류율은 작을수록 유리하고 열관류저항은 클수록 유리하다.

> **01 예제문제**
> 다음은 건물의 공조부하를 줄이기 위한 방법이다. 옳지 않은 것은?
> ① 실내의 조명기구 용량을 최소화한다.
> ② 외벽 등에 좋은 성능의 단열재를 삽입한다.
> ③ 유리창과 벽면의 면적비인 창면적비를 최대로 한다.
> ④ 창은 이중창으로 한다.
>
> [해설]
> 일반적으로 유리창은 벽체보다 열관류율이 크므로 공조부하를 줄이기 위해서는 유리창 면적을 적게 하여 창면적비를 최소로 한다. 답 ③

2. 설계조건(실내외 온도설정)

부하계산에서 선결되어야 할 문제가 실내·외 온도 설정 문제이다. 실내 온도는 실의 사용 목적에 따라 적합하게 적용되며 외기온도는 기상데이터를 근거로 설정한다.

(1) 공조부하 계산용 표준 실내 온·습도 조건

구 분	일반조건		에너지절약 조건	
	온도(℃)	습도(%)	온도(℃)	습도(%)
냉방	26	50	28	50-60
난방	20	50	18	40-50

(2) TAC 온도 정의

① TAC온도 : 부하계산시 설비용량을 경제적으로 선정하기 위하여 외기온도를 악조건으로 설정하는 것이다.
② 외기 온도는 TAC 위험률을 몇 %로 잡느냐에 따라 달라진다.
③ 위험률을 크게 할수록 확률적으로 부하는 감소하고 실내조건은 악화될 수 있다.
④ 아래 표는 일반적 실내 온도와 TAC 위험률 1-5%의 설계 외기 조건이다.

> TAC 온도란 외기 온도 설정방법으로 경제적인 용량 선정법이다.
> TAC 위험률을 크게 잡을수록 부하는 감소하여 설비용량은 감소하고 경제적이나 부하가 증가할 때 위험률은 증가한다.

(TAC 온도)

지방	TAC(%)	겨 울		여 름		
		온도	상대습도	온도	상대습도	엔탈피
서울	1	-14.1	65.1	34.2	54.2	19.5
	2.5	-12.7		33.5	57.0	
	5	-11.7		32.6	59.8	

02 예제문제

다음은 냉난방 부하에 대한 설명이다. 이 중 옳지 않은 것은?

① 열부하 계산은 실내부하의 상태, 송풍 공기량과 온도, 냉수 및 온수 또는 증기, 냉각수 소요량, 설비기기의 용량, 덕트나 배관의 크기를 구하기 위한 기초가 된다.
② TAC 온도란 외기 설정온도가 실제 외기온도 밖으로 벗어날 위험률을 의미하며, 부하계산 시 열원 기기의 용량을 늘리고, 에너지 절약 차원에서 사용한다.
③ 최대 난방 부하랑 실내에서 발생되는 부하가 1일 중에서 가장 큰 값으로 시각의 부하로서 주로 새벽에 발생된다.
④ 공조설비 계획 단계에서 개략 견적을 낼 때 건축 구조도 모르는 경우에는 바닥 면적으로만 열원기기의 용량을 추정할 경우에 열부하의 계산 값(단위 면적당 열부하계수)을 사용하면 유용하다.

[해설]
TAC 온도를 적용하여 부하계산 시 열원 기기의 용량은 감소하며 운전효율은 증가하여 에너지 절약이 가능하다. 일반적으로 2.5% TAC온도를 적용한다. **답 ②**

2 난방부하

1. 난방부하의 종류와 특성

난방부하의 종류	부하 특성
벽체, 유리창 전열 손실부하(q)	현열부하
틈새바람부하	현열, 잠열부하
외기부하	현열, 잠열부하
가습부하	잠열부하

벽체 전열손실부하(q)
$q = KA \Delta t \, k (\mathrm{W})$
열관류율 $K : \mathrm{W/m^2 K}$

03 예제문제

다음 중 일반적으로 난방부하계산에 포함되지 않는 것은?

① 벽체의 열손실
② 유리면의 열손실
③ 극간풍에 의한 열손실
④ 조명기구의 발열

[해설]
조명기구나 인체의 발열은 난방부하에서 무시한다. **답 ④**

2. 벽체 전열손실부하(q)

① $q = KA\triangle tk(\text{W})$ 열관류율 $K : \text{W}/\text{m}^2\text{K}$

② 손실열량 $q = K(\text{열관류율}) \times A(\text{면적}) \cdot \triangle t(\text{실내외온도차}) \cdot k(\text{방위계수})$ (W)

3. 틈새바람부하 : 현열, 잠열부하로 구성되지만 난방부하 계산 시 온수, 증기난방인 경우 잠열을 무시하는 경우가 많다.

① $q_S(\text{현열}) = 1.2 \times 1.01 \times Q \times (t_i - t_o)(\text{kJ}/\text{h})$ (공기비열 = 1.01 kJ/kg·K)

② $q_L(\text{잠열}) = 1.2 \times 2501 \times Q \times (x_i - x_o)(\text{kJ}/\text{h})$

   Q : 극간풍량(m^3/h)   (0℃ 증발잠열 : 2501 kJ/kg)

---

04 예제문제

극간풍(틈새바람)에 의한 침입 외기량이 3,000L/s일 때, 현열부하와 잠열부하는 얼마인가? (단, 실내온도 25℃, 절대습도 0.0179kg/kg$_{DA}$, 외기온도 32℃, 절대습도 0.0209kg/kg$_{DA}$, 건공기 정압비열 1.005kJ/kg · K, 0℃ 물의 증발잠열 2,501kJ/kg, 공기밀도 1.2kg/m^3 이다.)

① 현열부하 19.9kW, 잠열부하 20.9kW

② 현열부하 21.1kW, 잠열부하 22.5kW

③ 현열부하 23.3kW, 잠열부하 25.4kW

④ 현열부하 25.3kW, 잠열부하 27.0kW

해설

송풍량 $= 3,000 L/S \times 3,600 \times \dfrac{1}{1,000} = 10,800\,\text{m}^3/\text{h} = 10800 \times 1.2 = 12,960\,\text{kg}/\text{h}$

현열부하 $= mC\triangle t = 12,960 \times 1.005(32-25) = 91.174\,\text{kJ}/\text{h} = 25.3\,\text{kW}$

잠열부하 $= \gamma m \triangle x = 2,501 \times 12,960 \times (0.0209 - 0.0179) = 97239\,\text{kJ}/\text{h} = 27.0\,\text{kW}$

답 ④

---

4. 외기부하 (공조기 이용 공조설비에 적용)

① 외기부하는 실내청정도를 유지하기 위해 공조기에서 외기를 도입할 때 발생하며 틈새부하와 계산식이 같다.

② $Q_F(\text{외기부하}) = Q_{FS}(\text{현열외기부하}) + Q_{FL}(\text{잠열외기부하})$

   $Q_{FS} = 1.01 \times 1.2 \times Q(\text{m}^3/\text{h}) \times \triangle t(\text{온도차})(\text{kJ}/\text{h})$

   $Q_{FL} = 2501 \times 1.2 \times Q(\text{m}^3/\text{h}) \times \triangle x(\text{절대습도차})(\text{kJ}/\text{h})$

5. 가습부하(공조기 이용 가습기에 적용)

① 겨울철 실내습도를 일정하게 유지하기 위하여 공조기에서 가습할 때 발생하며 증기가습과 수 분무(순환수, 온수)가 있다.

② 가습량 $L = \{도입외기량 + 틈새바람(m^3/h)\} \times 1.2 \times \Delta x \,(kg/h)$

　　Δx(실내외 절대습도차 : kg/kg)

③ 가습부하(증기가습) $= L \times 2686 \,(kJ/h)$

(100℃ 증기 엔탈피 $2686\,(kJ/kg)$ 와 100℃에서 증기 증발잠열 $2257\,(kJ/kg)$ 은 구별해야 합니다. 증기가습에서 가습부하는 증기엔탈피를 적용한다.)

6. 난방도일(HDD)

① 난방도일은 기간부하 표시법으로 어느 지방의 추운정도를 표시하는 지표로 건물 에너지 해석이나 난방 기간 동안 연료 소비량을 추정하는 데 사용된다.

② 연료사용량 $(G) = \dfrac{24 \cdot Q \cdot HDD}{\Delta t \cdot F \cdot \eta}$

(HDD : 난방도일, F : 연료저위발열량, η : 보일러 효율, Q : 손실열량)

> 난방도일(HDD)은 기간부하 표시법으로 어느 지방의 추운정도를 표시하는 지표로 연료 소비량을 추정하는 데 사용된다.
>
> 연료사용량 $(G) = \dfrac{24 \cdot Q \cdot HDD}{\Delta t \cdot F \cdot \eta}$

7. 취출공기온도, 송풍량 계산법

① 실내 송풍량은 현열부하와 취출온도차로 구하는 방법

$$m = \frac{q_s}{1.01 \times \Delta t} \,(kg/h)$$

② 실내 송풍량을 전열부하와 엔탈피차로 구하는 방법

$$m = \frac{q_T}{\Delta h} \,(kg/h)$$

　　q_T : 실내 전열 부하(kJ/h)　Δh = 취출공기엔탈피 − 실내엔탈피

③ 공조 시스템에서 취출공기온도(td) 구하는 식

$$\Delta t = \frac{q_s}{1.01 \times m}$$

$$\therefore\ td = tr + \frac{q_s}{1.01m} \qquad tr : 실내온도$$

> 송풍량 계산법
> 실내송풍량은 실내 난방 현열부하와 취출온도차로 구한다.
>
> $m = \dfrac{q_s}{1.01 \times \Delta t} \,(kg/h)$
> m : 실내 취출공기량(kg/h)
> q_s : 실내 현열 부하(kJ/h)
> Δt : 취출온도차
> 　　 = 취출온도 − 실내온도
> $Q = \dfrac{q_s}{1.01 \times 1.2 \times \Delta t} \,(m^3/h)$
> Q : 실내 취출공기량(m^3/h)

> **05 예제문제**
>
> 여름철 외기온도가 30℃일 때 실내의 전열부하가 7,000W, SHF = 0.83인 방을 26℃로 냉방하고자 한다. 이때의 실내 송풍량은 약 몇 m³/h인가? (단, 송풍기의 취출온도는 15℃, 건공기의 정압비열 1.01kJ/kg K, 비중량 1.2kg/m³, 덕트에 의한 열취득은 무시한다.)
>
> ① 1,153 m³/h   ② 1,389 m³/h
> ③ 1,569 m³/h   ④ 1,894 m³/h
>
> **해설**
>
> $$Q = \frac{q_s}{\gamma C \Delta t} = \frac{q_t \times SHF}{\gamma C \Delta t} = \frac{7,000 \times 0.83 \times 3.6}{1.2 \times 1.01(26-15)} = 1,569 \, \text{m}^3/\text{h}$$
>
> 답 ③

3 냉방부하

냉방부하의 종류
① 실내취득열량 : 벽체, 유리, 극간풍, 인체, 기구 등의 취득열량
② 공조기기 부하 : 송풍기, 덕트에 의한 취득열량
③ 재열부하 : 가열코일에 의한 부하
④ 외기부하 : 외기도입 부하

1. 냉방부하의 종류와 특징

(1) 실내취득열량 : 벽체, 유리, 극간풍, 인체, 기구 등의 취득열량
(2) 공조기기 부하 : 송풍기, 덕트에 의한 취득열량
(3) 재열부하 : 가열코일에 의한 부하
(4) 도입외기부하 : 외기도입 부하

냉방부하의 종류	부하 특성
벽체, 유리창 전열 부하(q)	현열부하
틈새바람부하, 외기부하	현열, 잠열부하
인체부하	현열, 잠열부하
조명, 컴퓨터	현열부하
수증기발생 전열기구(커피포트)	현열, 잠열부하

2. 냉방부하와 구성요소

열 종류 분류는 부하요소를 현열과 잠열로 구분하되 수증기가 관련된 틈새바람(극간풍), 외기부하, 인체부하 등은 잠열부하가 있다.

4 공조부하 계산법

① 공조부하 계산법에는 시간최대부하 계산법과 기간부하 계산법으로 나누어지며 공조설비 용량을 결정하는 데는 시간최대부하 계산법이 적용되고 기간부하 계산법은 에너지 소비량 해석에 이용된다.

② 부하계산법 분류와 특징

부하계산법 분류	부하 계산법 종류	특징
시간최대부하 계산법	상당온도차법	외벽일사부하를 상당온도차로 적용
	CLTD법	벽체 축열부하와 시간지연을 CLTD로 적용
	TETD법	벽체 축열부하와 시간지연을 TETD로 적용
기간부하 계산법	동적 열부하계산법	정확한 열부하를 계산하기 위하여 구조체의 축열 성능까지 고려한 모든 변동하는 요소를 대입하여 컴퓨터에 의해 계산
	냉난방도일법	일정기간동안 건물의 공조 온도차와 공조시간의 곱으로 부하계산
	확장도일법	냉난방도일법을 일반화시킨 것으로 평형점 온도를 기준으로 계산
	표준빈(bin) 법	순간 열부하를 계산한 후, 일정한 시간간격의 빈도수(time frequency)에 따라 열부하를 가중 계산

02 공기조화 부하 핵심예상문제

본 핵심예상문제는 각단원별 출제빈도 높은 문제 및 최근 10년간의 기출문제 중 비중이 높은 출제유형이므로 꼭 풀어보고 가야할 문제입니다. 이후 실전예상문제를 공부하시면 효과적입니다.

[06년 1회]
01 열부하 계산 시 적용되는 열관류율(K)에 대한 설명 중 틀리는 것은?

① 열전도와 대류 열전달이 조합된 열전달을 열관류라 한다.
② 단위는 $W/m^2 K$ 이다.
③ 열관류율이 커지면 열부하는 감소한다.
④ 고체벽을 사이에 두고 한쪽 유체에서 반대쪽 유체로 이동하는 열량의 척도로 볼 수 있다.

열관류율(K)이 커지면 열부하(q)가 증가한다. ($q= KA \triangle t$)

[14년 1회]
02 공기조화 부하계산을 할 때 고려하지 않아도 되는 것은?

① 열원방식
② 실내 온·습도의 설정조건
③ 지붕재료 및 치수
④ 실내 발열기구의 사용시간 및 발열량

부하계산은 벽체 종류(열관류율), 면적, 실내외 온도차, 인체 발열량, 기구발열량 등이다.

[11년 1회]
03 다음 설명 중에서 틀리게 표현된 것은?

① 벽이나 유리창을 통해 들어오는 전도열은 감열뿐이다.
② 여름철 실내에서 인체로부터 발생하는 열은 잠열뿐이다.
③ 실내의 기구로부터 발생열은 잠열과 감열이다.
④ 건축물의 틈새로부터 침입하는 공기가 갖고 들어오는 열은 잠열과 감열이다.

인체 발생열은 현열과 잠열이 있다. 실내가 더울수록 잠열부하는 증가한다.

[06년 2회]
04 다음 중 송풍량 결정에 관계없는 부하는?

① 벽체로부터 취득 부하
② 극간풍에 의한 부하
③ 기구로부터의 발생부하
④ 재열기기의 부하

송풍량은 실내 취득 현열량과 취출온도차로 구하며 재열부하는 직접적인 관계가 없다.

[23년 2회]
05 공조설비 열이동의 단위 조합으로 옳은 것은?

① 열통과율 – $kW/m K$
② 열통과저항 – $kW/m K$
③ 열전달률 – $kW/m K$
④ 열전도율 – $kW/m K$

열통과율 – $kW/m^2 K$, 열통과저항 – $m^2 K/kW$,
열전달률 – $kW/m^2 K$

[23년 2회]
06 구조체의 열관류에 대한 설명으로 틀린것은?

① 벽체 재료의 열전도율이 클수록 열관류량은 증가한다.
② 표면 열전달률이 클수록 열관류량은 증가한다.
③ 벽체 열관류량과 표면 풍속과는 상관관계가 없다.
④ 동일한 조건에서 벽체 두께가 두꺼울수록 열관류저항은 증가한다.

벽체 표면 풍속이 클수록 열전달률이 증가하여 벽체 열관류량은 증가한다.

정답 01 ③ 02 ② 03 ② 04 ④ 05 ④ 06 ③

[23년 3회]

07 두께 20cm의 콘크리트벽 내면에 두께 15cm의 단열재를 시공하고, 그 내면에 두께 2cm의 나무판자로 내장한 건물 벽체의 열관류율은 약 얼마인가?
(단, 재료별 열전도율(W/mK)은 콘크리트 0.7, 단열재 0.03, 나무판자 0.15이고, 벽면의 표면 열전달률(W/m²K)은 외벽 20, 내벽 8이다.)

① 0.11 W/m²K
② 0.13 W/m²K
③ 0.15 W/m²K
④ 0.18 W/m²K

$\frac{1}{K} = \frac{1}{\alpha_o} + \frac{l}{\lambda} + \frac{1}{\alpha_i}$ 에서

$\frac{1}{K} = \frac{1}{20} + \frac{0.2}{0.7} + \frac{0.15}{0.03} + \frac{0.02}{0.15} + \frac{1}{8}$

$K = 0.179 \, W/m^2K$

[22년 1회, 22년 3회]

09 어떤 건물의 콘크리트 벽체의 구조가 아래와 같고, 벽체 면적 20m², 외기온도 -10℃, 실내온도 20℃, 콘크리트 두께가 200mm, 단열재 두께가 150mm 일 때, 이벽체를 통한 손실열량(W)을 구하시오
(단, 콘크리트와 단열재 접촉부분의 열저항과 기타저항은 무시한다.)

열전도도	콘크리트	1.63W/m·K
	단열재	0.17W/m·K
대류열전달계수	외기	23.3W/m²·K
	실내공기	9.3W/m²·K

① 117W
② 217W
③ 457W
④ 519W

벽체 열관류율(K)을 구하면
$\frac{1}{K} = \frac{1}{\alpha_o} + \frac{L_1}{\lambda_1} + \frac{L_2}{\lambda_2} + \frac{1}{\alpha_i}$

$\frac{1}{K} = \frac{1}{23.3} + \frac{0.2}{1.63} + \frac{0.15}{0.17} + \frac{1}{9.3}$

$K = 0.865 \, W/m^2K$
손실열량은
$q = KA\Delta t = 0.865 \times 20[20-(-10)] = 519W$

[08년 3회]

08 두께 150[mm], 면적 10[m²]인 콘크리트 내벽의 외부온도가 30℃, 내부온도가 20℃일 때 8시간 동안 전달되는 열량은 약 얼마인가? (단, 콘크리트 내벽의 열전도율은 1.3[W/mK]이다.)

① 866.7kJ
② 3120kJ
③ 693kJ
④ 24960kJ

벽체의 통과열량은 각 구간의 전달열량과 같다.
전달열량$(Q) = \frac{\lambda}{l} \times A(t_2 - t_1) = \frac{1.3}{0.15} \times 10(30-20)$
$= 866.7W = 3120kJ/h$
8시간 동안 전달열량 $= 3120 \times 8 = 24960kJ$

[11년 2회]

10 용량 10[kW]의 전동기에 의해 작동되는 기계가 있다. 전동기는 실외, 기계는 실내에 있는 경우 장치로부터 취득되는 열량은 얼마인가?(단, 전동기의 부하율은 0.85, 전동기의 가동률은 0.7, 전동기의 효율은 0.80이다.)

① 12790kJ/h
② 21420kJ/h
③ 63960kJ/h
④ 86000kJ/h

전동기는 실외, 기계는 실내에 있는 경우 장치로부터 취득되는 열량은 기계로 공급된 에너지 이므로 전동기 장치 취득열량
$(Q) = 10 \times 0.85 \times 0.7 = 5.95kW = 5.95 \times 3600 = 21420kJ/h$

정답 07 ④ 08 ④ 09 ④ 10 ②

제2장 공기조화 계획

[11년 3회]

11 5,000[W]의 열을 발산하는 기계실의 온도를 26℃로 유지하기 위한 환기량은 약 얼마인가?(단, 외기온도 12℃, 공기 정압비열 1.01[kJ/kg℃], 밀도 1.2[kg/m³]이다.)

① 294.67 m³/h
② 353.6 m³/h
③ 1,060.82 m³/h
④ 1,272.98 m³/h

환기량 = $\dfrac{q}{\rho \times C \Delta t} = \dfrac{5000/1000}{1.2 \times 1.01 \times (26-12)}$
= 0.2947 m³/s = 1060.8 m³/h

[12년 3회]

12 어떤 실내공간의 냉방 설계 온습도 조건이 26℃ DB, 50% RH이고, 냉방부하 중 현열부하 q_s = 12600[kJ/h], 잠열부하 q_L = 4200[kJ/h]였다면 공급해야 할 송풍량은 약 얼마인가? (단, 냉풍의 취출온도 16℃, 공기의 정압비열 Cp=1.01[kJ/kgK], 공기의 밀도 r = [1.2kg/m³]이다.)

① 694 m³/h
② 1,040 m³/h
③ 1,389 m³/h
④ 1,426 m³/h

송풍량 = $\dfrac{q_s}{\rho \times C \Delta t} = \dfrac{12600}{1.2 \times 1.01 \times (26-16)} = 1040$ m³/h
송풍량계산은 현열부하와 취출온도차(실내-취출온도)로 구하므로 잠열부하는 관계없다.

[23년 3회]

13 실내 취득 현열량 및 잠열량이 각각 3kW, 1kW, 장치 내 취득열량이 0.55kW이다. 실내 온도를 25℃로 냉방하고자 할 때, 필요한 송풍량은 약 얼마(m³/h)인가? (단, 공조기 출구온도는 15℃이다.)

① 0.296
② 17.76
③ 1,065
④ 1,278

공조기출구와 실내 온도차를 이용하여 송풍량을 계산할 때는 실내 취득 현열량(3kW)과 장치취득열량(0.55kW)을 고려한다. (실내 취출온도차일때는 실내현열부하만 고려한다)
$Q = \dfrac{q_s}{\gamma C \Delta t} = \dfrac{3+0.55}{1.2 \times 1.0 \times 10} = 0.2958$ m³/s = 1,065 m³/h
현열부하가 kW이면 풍량은 m³/s이다.

[13년 3회, 10년 3회, 07년 2회]

14 실내취득 냉방부하가 아닌 것은?

① 재열부하
② 벽체의 축열부하
③ 극간풍에 의한 부하
④ 유리창의 복사열에 의한 부하

재열부하는 공조기에서 재열 시 취득열량이다.

[15년 3회, 13년 1회, 10년 1회]

15 냉방부하 종류 중 현열로만 이루어진 부하는?

① 조명에서의 발생 열
② 인체에서의 발생 열
③ 문틈에서의 틈새 바람
④ 실내기구에서의 발생 열

현열부하는 수증기와 관계없는 부하로서 조명기구(백열등, 형광등), 유리창부하, 공조기기부하 등이다.

[06년 2회]

16 다음 중 현열부하 및 잠열부하를 가지고 있는 것은?

① 유리창을 통한 일사량
② 외벽의 손실열량
③ 인체부하
④ 형광등 발열부하

인체부하는 현열부하와 잠열부하를 모두 포함한다.

[11년 1회]

17 냉방부하 계산 시 상당외기온도차를 이용하는 경우는?

① 유리창의 취득열량
② 외벽의 취득열량
③ 내벽의 취득열량
④ 침입외기 취득열량

상당외기온도차란 일사를 받는 외벽체의 일사에 의한 취득열량을 외기온도로 환산하여 계산하는 것이다.
상당외기온도
= $\dfrac{벽체표면의\ 일사흡수율}{표면열전달률} \times$ 벽체표면 일사량 + 외기온도

정답 11 ③ 12 ② 13 ③ 14 ① 15 ① 16 ③ 17 ②

[22년 2회]

18 주간 피크(peak)전력을 줄이기 위한 냉방시스템 방식으로 가장 거리가 먼 것은?

① 터보냉동기 방식
② GHP(가스식 히트펌프) 방식
③ 흡수식 냉동기 방식
④ 빙축열 방식

> 주간 피크(peak)전력을 줄이기 위한 냉방시스템 방식으로 수축열, 빙축열 방식, 흡수식 냉동기, GHP 방식등이 있으며 터보냉동기 방식은 주간피크전력을 증가시킨다.

[14년 3회]

19 냉방부하의 경감방법으로 틀린 것은?

① 건물의 단열강화로 열전도에 의한 침입을 방지한다.
② 건물의 외피면적에 대한 창면적비를 적게 하여 일사 등, 창을 통한 열의 침입을 최소화한다.
③ 실내조명을 되도록 밝게 하여 시원한 감을 느끼게 한다.
④ 건물은 되도록 기밀을 유지하고 사람 출입이 많은 주 출입구는 회전문을 채용한다.

> 실내조명을 밝게 하면 조명기구에 의하여 냉방부하가 증가한다.

[23년 1회]

20 냉방부하 계산시 일사를 받는 외벽으로부터의 침입열량을 계산할 때 일사에 의한 열취득을 고려한 온도를 무엇이라 하는가?

① 설계외기온도   ② 상당외기온도
③ 최고외기온도   ④ TAC외기온도

> 냉방부하 계산시 일사를 받는 벽체 관류열량 계산은 일사에 의한 열취득을 외기온도에 환산한 상당외기온도를 적용하며 이때 계산식은 $q = K \times A \times \Delta t$
> (단, Δt는 상당외기 온도차=상당외기온도-실내온도)

[13년 1회]

21 냉방 시 침입외기가 200[m³/h]일 때 침입외기에 의한 냉방부하는 약 얼마인가?
(단, 외기는 32[℃ DB], 0.018[kg/kg DA], 실내는 27[℃ DB], 0.013[kg/kg DA]이며, 침입외기 밀도 1.2[kg/m³], 건공기 정압비열 1.01[kJ/kgK]이다.)

① 3,001kJ/h   ② 1,215kJ/h
③ 4,213kJ/h   ④ 5,655kJ/h

> 침입외기열량 $= 200 \times 1.2 = 240$ kg/h
> 현열부하 $= mC\Delta t = 240 \times 1.01 \times (32-27) = 1,212$ kJ/h
> 잠열부하 $= \gamma m\Delta x = 2501 \times 240 \times (0.018 - 0.013)$
> $= 3,001$ kJ/h
> ∴ 냉방부하 $= 1,212 + 3,001 = 4,213$ kJ/h

[22년 3회]

22 어느 실의 냉방장치에서 실내취득 현열부하가 40000W, 잠열부하가 15000W인 경우 송풍공기량은? (단, 실내온도 26℃, 송풍 공기온도 12℃, 외기온도 35℃, 공기밀도 1.2kg/m³, 공기의 정압비열은 1.005kJ/kJ·K이다.

① 1,658m³/s   ② 2,280m³/s
③ 2,369m³/s   ④ 3,258m³/s

> 현열부하 40000W를 40kW로 환산하여 계산한다.
> $Q = \dfrac{q_s}{\rho C \Delta t} = \dfrac{40000 \div 1000}{1.2 \times 1.005(26-12)} = 2,369$ m³/s

[23년 2회]

23 냉방시 실내 현열부하 1.1kW, 잠열부하 0.28kW, 실내 취출온도차 10℃일 때 실내 송풍량(CMH)을 구하시오 (단 공기비열 1.01kJ/kgK, 공기밀도 1.2kg/m³)

① 327CMH   ② 527CMH
③ 3270CMH   ④ 4270CMH

> $q = mC\Delta t$에서
> $m = \dfrac{q}{C\Delta t} = \dfrac{1.1 \times 3600}{1.01 \times 10} = 392.08$ kg/h
> 송풍량은 $Q = \dfrac{m}{\rho} = \dfrac{392.08}{1.2} = 327$ m³/h = 327CMH

정답 18 ① 19 ③ 20 ② 21 ③ 22 ③ 23 ①

[15년 3회, 06년 1회]

24 실내의 현열부하가 31500kJ/h, 실내와 말단장치(Diffuser)의 온도가 각각 27℃, 17℃ 일 때 송풍량은?

① 3,119kg/h   ② 2,586kg/h
③ 2,325kg/h   ④ 2,186kg/h

> 실내 송풍량 계산(m)는 $q_s = mC\Delta t$ 에서 $m = \dfrac{q_s}{C\Delta t}$
>
> $m = \dfrac{31500}{1.01 \times (27-17)} = 3,119 \, kg/h$

[08년 2회]

25 어떤 실내의 전체 취득열량이 7,600W, 잠열량이 2,100W이다. 이때 실내를 26℃, 50%(RH)로 유지시키기 위해 취출 온도차를 10℃로 일정하게 하여 송풍한다면 실내 현열비는 약 얼마인가?

① 0.28   ② 0.68
③ 0.72   ④ 0.88

> 실내 현열량 $= 7,600 - 2,100 = 5,500 \, W$
>
> $\therefore$ 현열비(SHF) $= \dfrac{현열}{전열} = \dfrac{5,500}{7,600} = 0.72$

[11년 2회]

26 난방설계조건에서 실내온도 결정 시 고려해야 할 사항이 아닌 것은?

① 건물의 구조
② 건물의 용도
③ 재실자의 연령, 체질, 활동상태 등의 특성
④ 관련 법정기준(에너지 절약 설계기준 등)

> 난방에서 실내온도 결정 시 건물의 구조는 고려사항이 아니다.

[22년 1회]

27 다음 중 건축물의 출입문으로부터 극간풍 영향을 방지하는 방법으로 가장 거리가 먼 것은?

① 회전문을 설치한다.
② 이중문을 충분한 간격으로 설치한다.
③ 출입문에 블라인드를 설치한다.
④ 에어커튼을 설치한다.

> 출입문에 블라인드를 설치하는 것은 일사를 차단하는 효과는 있지만 극간풍 제어효과는 거의 없다.

[15년 3회, 06년 2회]

28 콜드 드래프트(Cold Draft) 현상이 가중되는 원인으로 가장 거리가 먼 것은?

① 인체 주위의 공기온도가 너무 낮을 때
② 인체 주위의 기류속도가 작을 때
③ 주위 공기의 습도가 낮을 때
④ 주위 공기의 온도가 낮을 때

> 인체 주위의 기류속도가 클수록 콜드 드래프트(Cold Draft) 현상이 심해진다.

[22년 2회]

29 다음 중 일반 사무용 건물의 난방부하 계산 결과에 가장 작은 영향을 미치는 것은?

① 외기온도
② 벽체로부터의 손실열량
③ 인체 부하
④ 틈새바람 부하

> 난방부하 계산시 인체 부하는 난방부하를 감소시키는 요인이지만 그 영향이 적어서 일반적으로 무시한다.

정답   24 ①   25 ③   26 ①   27 ③   28 ②   29 ③

[14년 2회, 06년 2회]

30 겨울철 침입외기(틈새바람)에 의한 잠열 부하(kJ/h)는? (단, Q는 극간풍량(m^3/h)이며, t_0, t_r은 각각 외기, 실내온도(℃), x_0, x_r은 각각 실외, 실내의 절대습도(kg/kg)이다.)

① $q_L = 0.24 \cdot Q \cdot (t_r - t_o)$
② $q_L = 717 \cdot Q \cdot (t_r - t_o)$
③ $q_L = 539 \cdot Q \cdot (x_r - x_o)$
④ $q_L = 3001 \cdot Q \cdot (x_r - x_o)$

> 잠열(q_L) $= \gamma \cdot m(x_r - x_o) = 2501 \times 1.2 Q_1 \cdot (x_r - x_o)$
> $= 3001 Q_1 \cdot (x_r - x_o)$ (0℃ 증발잠열 2501kJ/kg)

[14년 3회, 13년 1회]

32 외기온도 −5℃, 실내온도 20℃, 벽면적 20m^2인 실내의 열손실량은 얼마인가? (단, 벽체의 열관류율 9W/m^2K, 벽체두께 20cm, 방위계수는 1.2이다.)

① 5400W ② 5040W
③ 3900W ④ 2980W

> 손실열량(Q) $= K \times A \times (t_2 - t_1) \times k$
> $= 9 \times 20 \times (20 - (-5)) \times 1.2 = 5400W$

[14년 3회]

31 다음은 난방부하에 대한 설명이다. ( )에 들어 갈 적당한 용어로서 옳은 것은?

> 겨울철 실내는 일정한 온도 및 습도를 유지하여야 한다. 이때 실내에서 손실된 (㉮) 이나 (㉯)를(을) 보충하여야 하며, 이때의 난방부하는 냉방부하 계산보다 (㉰)하게 된다.

① ㉮ 수분, ㉯ 공기, ㉰ 간단
② ㉮ 열량, ㉯ 공기, ㉰ 복잡
③ ㉮ 수분, ㉯ 열량, ㉰ 복잡
④ ㉮ 열량, ㉯ 수분, ㉰ 간단

> 난방시 현열(열량)과 잠열(수분)을 공급해야 하며 난방부하 계산은 냉방부하보다 간단하다.

[15년 2회, 13년 1회]

33 다음 장치도 및 $t-x$ 선도와 같이 공기를 혼합하여 냉각, 재열한 후 실내로 보낸다. 여기서 외기부하를 나타내는 식은? (단, 혼합공기량은 G(kg/h)이다.)

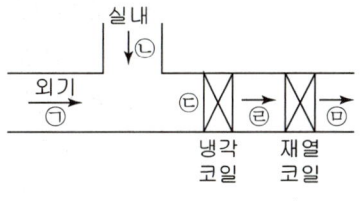

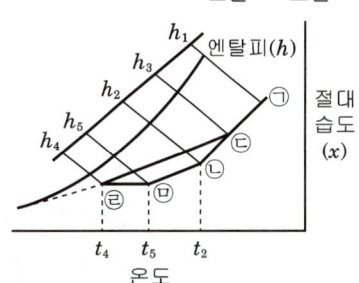

① $q = G(h_3 - h_4)$ ② $q = G(h_1 - h_3)$
③ $q = G(h_5 - h_4)$ ④ $q = G(h_3 - h_2)$

> 외기부하는 외기량(G_o)과 실내외 엔탈피차로 구하며 또는 혼합공기량(G)과 혼합 엔탈피차로도 구한다.
> $q = G_o(h_1 - h_2) = G(h_3 - h_2)$

03 난방설비

1 난방설비 분류

> **난방방식 종류**
> ① 직접난방
>   증기, 온수난방(방열기)
> ② 간접난방
>   덕트를 통해 공기를 실내에 공급하여 난방
> ③ 복사난방
>   코일파이프를 벽체에 매입하여 구조체 가열난방(쾌감도가 좋음)
> ④ 지역난방
>   증기 또는 고온수를 이용 일정지역을 난방

1. 난방의 분류

난방 분류	난방 원리	난방 방법
개별난방	직접난방, 복사난방	히트펌프, 온풍로, 개별보일러
중앙난방	직접난방	증기난방, 온수난방
	간접난방	온풍난방
	복사난방	복사난방

2. 난방방식별 특징

(1) **직접난방** : 증기, 온수난방 등으로 방열기에 열매를 공급하여 실내공기를 직접 가열하여 난방(온도조절 가능, 습도조절 불가능)

(2) **간접난방** : 일정장소에서 외부 공기를 가열하여 덕트를 통해 실내에 공급하여 난방

(3) **복사난방** : 실내의 벽 및 바닥, 천장에 코일파이프를 배관하여 열매공급(쾌감도가 좋음)

(4) **지역난방** : 다량의 고압증기 또는 고온수를 이용하여 어느 한 일정지역을 공급하는 방식

---

01 예제문제

간접난방과 직접난방을 비교한 다음 사항 중 옳지 않은 것은?

① 간접난방은 중앙 공조기에 의해서 공기를 가열해 실내로 공급하는 방식이다.
② 직접난방은 방열기에 의해서 실내공기를 가열하는 방식이다.
③ 간접난방방식은 방열형식에 따라 대류난방과 복사난방으로 나눌 수 있다.
④ 설비비는 일반적으로 직접난방방식이 간접난방방식보다 고가이다.

해설
직접난방방식은 실내공기를 가열하는 방열형식에 따라 대류난방과 복사난방으로 나눌 수 있다.
답 ③

3. 난방방식 비교

(1) **쾌감도** : 복사난방 > 온수난방 > 증기난방
(2) **열용량** : 복사난방 > 온수난방 > 증기난방
(3) **설비비** : 복사난방 > 온수난방 > 증기난방
(4) **제어성** : 온수난방은 비례제어성이 있지만 증기난방은 ON-OFF 제어만 가능

2 중앙난방

1. 증기난방

① 증기난방의 특징

장점	단점
잠열을 이용하므로 열의 운반 능력이 크다	• 쾌감도가 나쁘다. • 스팀소음(스팀 해머)이 많이 난다.
예열 시간이 짧고 증기 순환이 빠르다.	부하 변동에 대응이 곤란하다.
방열 면적과 관경이 작아도 설비비가 싸다.	보일러 취급 시 기술자(자격 소유자)를 요한다.

> 증기난방 특징
> 잠열을 이용 열의 운반 능력이 크다. 예열 시간이 짧고 증기 순환이 빠르다. 설비비가 싸다. 쾌감도가 나쁘다. 스팀소음(스팀 해머)발생

② 증기 난방의 설계 순서

난방부하계산 ⇒ 필요방열면적산출 ⇒ 각실 방열기 배치(layout) ⇒ 배관 관경결정 ⇒ 보일러 용량산출 ⇒ 응축수 펌프 등 부속기기 용량 결정

③ 응축수 환수 방식에 의한 분류

분류	원리와 특징
중력환수식	방열기로부터 배출된 응축수를 응축수 환수관에 기울기를 주어 중력(자연배수)으로 보일러로 직접 환수하는 방식
기계환수식	응축수를 보일러실의 서비스탱크(급수탱크)로 환수한 후, 별도의 급수펌프를 통해 기계적으로 보일러에 급수하는 방식
진공환수식	환수 주관의 밀단부에 진공펌프를 연결하고 증기트랩 이후의 환수관 내의 압력을 진공으로 만들어 응축수를 강제적으로 신속하게 환수하는 방식(입상배관에는 리프트 피팅을 사용)

> 응축수 환수 방식에 의한 분류
> 중력환수식, 기계환수식, 진공환수식

④ 증기압력에 의한 분류

분류	특징
저압증기 난방	소규모에 적용 0.1MPa 이하(일반적 15~35kPa 사용)
고압증기 난방	대규모에 적용 0.1MPa 이상

> **증기압력에 의한 증기난방 분류**
> 저압증기 난방 : 0.1MPa 이하(보통 15~35kPa사용)
> 고압증기 난방 : 0.1MPa 이상

⑤ 증기트랩의 종류와 특징

종류	특징
벨로즈 트랩	방열기에 주로 쓰이며 증기와 응축수 온도차를 감지하여 작동하는 열동식으로 실로폰트랩이라한다.
버킷 트랩	주로 고압용에 사용하며 응축수 유량에따른 버킷의 부력을 이용하여 작동한다.
플로트 트랩	저압증기용에 주로 쓰이며 부력을 이용하여 플로트의 작용으로 다량의 응축수를 처리한다.
써모다이나믹트랩	디스크트랩이라하며 온도와 유체흐름에따라 열유체 역학적으로 작동하며 모든압력에 사용이 가능하다.

> **증기트랩의 종류**
> 벨로즈 트랩, 버킷 트랩, 플로트 트랩, 써모다이나믹트랩

⑥ 증기배관방식 분류

분류	특징
단관식	1개관으로 증기공급과 응축수환수 병용(증기트랩 없음)
복관식	2개관으로 증기공급관 응축수 환수관 분리(증기트랩 설치)

---

02 예제문제

보일러에서 방열기까지 보내는 증기관과 환수관을 따로 배관하는 방식으로서 증기와 응축수가 유동하는 데 서로 방해가 되지 않도록 증기트랩을 설치하는 증기난방 방식은?

① 트랩식 ② 상향급기관
③ 건식환수법 ④ 복관식

해설
증기관과 응축수 환수관을 별도로 설치하는 복관식 증기난방은 단관식에 비하여 증기 유동이 균등하고 원활하다. 답 ④

⑦ 보일러 용량과 상당 증발량(G_e) : 상당 증발량이란 보일러 발생 열량(용량)을 표준상태(100℃ 증기) 발생증기량(kg/h)으로 환산한 값

$$G_e = \frac{G_a(h_2 - h_1)}{2257}$$

G_e : 상당 증발량(kg/h), 100℃ 증기잠열 : 2257(kJ/kg)

G_a : 실제 증발량(kg/h)

h_2 : 발생 증기 엔탈피(kJ/kg)

h_1 : 급수 엔탈피(kJ/kg)

> **보일러 상당 증발량**
> 보일러 발생 열량을 표준상태(100℃ 증기)로 계산하여 발생 증기량(kgh)으로 환산한 값
> $$G_e = \frac{G_a(h_2 - h_1)}{2257}$$
> (100℃ 증발잠열 2257kJ/kg)

03 예제문제

다음 중 증기 보일러의 상당(환산)증발량(G_e)은? (단, G_s는 실제증발량, G_W는 보일러의 보급수량, h_1은 급수의 엔탈피(kJ/kg), h_2는 발생증기의 엔탈피(kJ/kg)이다.)

① $G_e = \dfrac{G_s h_2 - G_s h_1}{2257}$ ② $G_e = \dfrac{G_W h_1 - G_s h_2}{2257}$

③ $G_e = \dfrac{G_s h_2 - G_W h_1}{2257}$ ④ $G_e = \dfrac{G_s h_1 - G_W h_2}{2501}$

해설
100℃ 증발잠열은 2257kJ/kg이다.

환산증발량(G_e) = $\dfrac{\text{보일러출력}}{\text{표준증발잠열}}$ = $\dfrac{G_s h_2 - G_s h_1}{2257}$ (kg/h)

여기서, 보일러 출력은 실제증발량에 급수 엔탈피와 증기엔탈피를 적용한다. 보급수량은 발생증기의 부족분을 채워주는 것으로 상당증발량 계산과 무관하다. **답 ①**

⑧ 보일러 용량과 상당방열 면적(EDR) : 상당방열 면적(EDR)이란 보일러의 능력을 방열기 방열 면적으로 환산한 값

$$EDR = \frac{G_e \times 2257}{3600 \times 0.756}$$

증기방열기 표준방열량 : 0.756kW/m^2

⑨ 보일러 효율(E)은 공급열량에 대한 발생 열량의 비이다.

$$E = \frac{\text{발생열량}}{\text{공급열량}} = \frac{G_a(h_2 - h_1)}{G_f \cdot H_l} = \frac{G_e \cdot 2257}{G_f \cdot H_l}$$

G_f : 연료 소비량(kg/h), H_l : 저위발생량(kJ/kg)

> **상당방열 면적**
> 보일러의 능력을 방열기 방열 면적으로 환산한 값(증기)
> $$EDR = \frac{G_e \times 2257}{3600 \times 0.756}$$
>
> **보일러 효율**
> $$E = \frac{G_a(h_2 - h_1)}{G_f \cdot H_l} = \frac{G_e \cdot 2257}{G_f \cdot H_l}$$

⑩ 정미출력과 상용출력, 정격출력

분류	특징
정미출력	난방부하 + 급탕부하
상용출력	난방부하 + 급탕부하 + 배관부하 = 정미출력×$(1+\alpha)$ (배관부하계수 : α)
정격출력	난방부하 + 급탕부하 + 배관부하 + 예열부하 = 상용출력×$(1+\beta)$ (예열부하계수 : β)

> **정미출력**
> = 난방부하+급탕부하
> **상용출력**
> = 난방부하+급탕부하+배관부하
> **정격출력**
> = 상용출력+예열부하
>   (예열부하계수 : β)
> = 난방부하+급탕부하+배관부하
>   +예열부하
> = 상용출력×$(1+\beta)$

---

04 예제문제

간이계산법에 의한 건평 150m²에 소요되는 보일러의 출력은 얼마인가? (단, 건물의 열손실은 900W/m², 급탕량은 100kg/h, 급수 및 급탕온도는 30℃, 70℃이다. 배관부하는 무시한다. 물의 비열은 4.2kJ/kgK이다.)

① 4.7kW ② 89.7kW
③ 123.7kW ④ 139.7kW

해설
이 문제는 건물의 열손실(난방부하)과 급탕부하를 합하여 출력을 구한다.
난방부하 $q = 150 \times 900 = 135000W = 135kW$
급탕부하 $q = WC\triangle t = 100 \times 4.2(70-30) = 16800kJ/h = 4.7kW$
보일러 출력 $= 135 + 4.7 = 139.7kW$

답 ④

---

⑪ 증기 주관의 관말 트랩과 냉각 레그(cooling leg)

증기 주관의 말단에서 응축수를 제거하기위해 관말트랩을 설치하는데 이때 증기 주관에서부터 트랩에 이르는 배관을 냉각 레그(cooling leg)라하고 보온하지 않으며, 길이는 1.5m 이상으로 한다.

⑫ 보일러 주변의 배관 (하트포드(hartford) 배관)

저압증기 보일러 내의 수위가 안전수위 이하로 내려가지 않도록 보일러 주변 환수주관에 밸런스 관을 설치하는데 이를 하트포드(hartford) 접속법이라고 한다.

⑬ 리프트 피팅 배관

진공 환수식 난방 장치에서 방열기보다 환수관이 높을 때 또는 환수 주관보다 높은 위치에 진공 펌프를 설치할 때는 리프트 이음(lift fittings)을 사용하면 환수관의 응축수를 끌어올릴 수 있다. 리프트피딩 높이는 1.5m 이내이고, 또 2단, 3단 직렬 접속도 가능하다.

> **냉각 레그(cooling leg)**
> 증기 주관의 관말 트랩에 냉각된 응축수를 보내기 위해 길이 1.5m 이상 설치

> **하트포드(hartford) 배관**
> 저압 증기 난방장치의 보일러 주변 배관으로 수면이 안전수위 이하로 내려가지 않도록 막는 밸런스 관

> **리프트 피팅 배관**
> 진공 환수식 증기배관에서 하부의 응축수를 끌어올리는 입상배관으로 높이는 1.5m 이내

⑭ 방열기 주변 배관
- 방열기의 설치 위치는 대류작용을 위하여 벽면과 5 ~ 6cm 정도 띄운다.
- 열팽창에 의한 배관의 신축이 방열기에 미치지 않도록 스위블 이음으로 한다.
- 방열기의 방열 작용이 잘 되도록 배관해야 하며 진공 환수식을 제외하고는 공기빼기 밸브를 부착해야 한다.

> 방열기 주변 배관은 신축을 흡수하기 위해 방열기 지관은 스위블 이음 한다.

⑮ 증기관 응축수와 슬루스밸브
증기 배관에 설치하는 밸브는 응축수 배출을 위해 슬루스 밸브를 사용 (단, 글로브 밸브를 달 때에는 밸브축을 수평으로 하여 응축수가 흐르기 쉽게 하며, 한랭지에서는 동파 방지를 위해 이중 서비스 밸브를 설치)

> 증기관 도중의 밸브는 응축수가 고이지 않도록 슬루스 밸브(sluice valve)를 사용한다.

⑯ 증발 탱크(flash tank) 설치목적 : 고압증기와 저압증기를 동시 사용시 고압 응축수를 증발 탱크에서 재증발시켜, 발생한 저압증기를 회수하는 에너지 절약 목적

> 증발 탱크(flash tank)는 고압증기의 응축수를 저압 증기(생증기)로 발생시켜 회수한다.

⑰ 스팀 헤더(steam header)설치 목적 : 보일러에서 발생한 증기를 각 계통으로 적합하게 분배할 때사용, 스팀 헤더의 관경은 증기관 단면적 합계의 2배 이상의 단면적을 갖게 한다.

> 스팀 헤더(steam header) 보일러에서 발생한 증기를 각 계통으로 적절하게 분배

- 스팀 헤더 설치 방법 : 스팀 헤더에는 압력계, 드레인 포켓, 트랩장치 등을 부착시키며, 밸브류는 조작하기 좋도록 바닥 위 1.5m 정도의 위치에 설치

⑱ 증기 배관 기울기
증기 배관 기울기는 응축수 환수가 잘되도록 충분한 기울기를 둔다.

표. 증기 난방의 배관 기울기

증기관	앞내림배관(선하향) 1/250 이상, 앞올림배관(선상향) 1/50 이상
환수관	앞내림배관 1/250 이상

⑲ 감압 밸브 설치 목적 : 증기는 고압을 1차측에서 공급한후 2차 부하측에서 필요한 저압으로 감압하여 사용하는데 이때 적절한 감압 밸브를 설치 한다.

⑳ 감압 밸브 주변 배관 : 감압밸브 전단에 스트레이너를 설치하고 유지관리를 위하여(고장 수리) 바이패스 배관을 설치한다. 감압밸브 본체에 표시된 화살표 방향과 유체 방향이 일치하도록 설치한다.

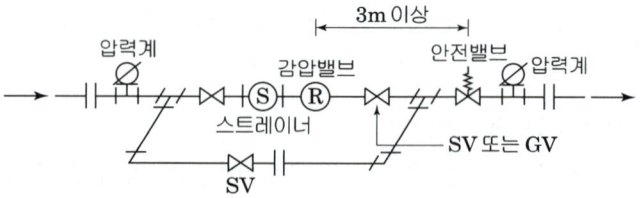

(a) 밸런스 파이프를 필요로 하지 않은 감압장치

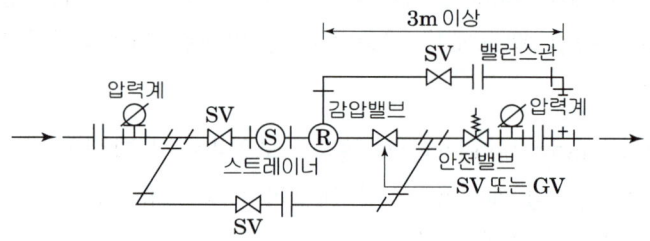

(b) 밸런스 파이프를 필요로 하는 감압장치

※ 주) 바이패스의 관경은 1차측의 관경보다 1~2사이즈 적게 한다.
　　SV : 글로브 밸브, GV : 게이트 밸브

---

05 예제문제

진공환수식 증기난방에 대한 설명으로 틀린 것은?

① 중력환수식, 기계환수식보다 환수관경을 작게 할 수 있다.
② 방열량을 광범위하게 조정할 수 있다.
③ 환수관 도중 입상부를 만들 수 있다.
④ 증기의 순환이 다른 방식에 비해 느리다.

[해설]
진공환수식 증기난방은 보일러 쪽 환수관 말단에서 진공 펌프로 흡입하여 응축수를 환수하므로 순환이 매우 빠르고 배관경도 작아진다.

답 ④

2. 온수난방

① **온수난방 원리** : 온수난방은 방열기에서의 온수의 온도강하 즉 현열에 의한 난방이므로 쾌감도가 좋다.

② **온수난방 장단점**

분류	원리와 특징
장점	- 부하 변동에 따라 온수 온도와 수량을 조절할 수 있다. - 열용량이 커서 난방을 정지하여도 여열이 오래 간다. - 방열기 표면 온도가 낮아 쾌감도가 좋다.
단점	- 열용량이 커서 예열 시간이 길어 간헐난방에 부적합하다. - 방열 면적과 관경이 커져서 설비비가 비싸다. - 한랭지에서 난방 정지 시 동결 우려가 있다. - 대규모 빌딩에서는 수압 때문에 고압 보일러가 필요하다.

온수난방 특징
- 부하 변동에 따라 온수 온도와 수량을 조절가능, 난방을 정지하여도 여열이 오래 간다.
- 방열기 표면 온도가 낮아 쾌감도가 좋다. 방열 면적과 관경이 커져서 설비비가 비싸다.

③ **온수난방 설계순서**

난방 부하 산출 → 강제식, 중력식 선택 → 방열기 입출구 수온 결정, 온수 순환량산출 → 방열기 배치 및 배관 계획 → 관경 결정 → 보일러 용량결정, 부속기기(순환펌프등) 결정

---

06 예제문제

온수난방에 대한 설명으로 틀린 것은?

① 온수의 체적팽창을 고려하여 팽창탱크를 설치한다.
② 보일러가 정지하여도 실내온도의 급격한 강하가 적다.
③ 밀폐식일 경우 배관의 부식이 많아 수명이 짧다.
④ 방열기에 공급되는 온수 온도와 유량 조절이 용이하다.

[해설]
밀폐식일 경우 공기와의 접촉이 적어 배관의 부식이 적다. 밀폐식에서는 팽창탱크가 필요하다.

답 ③

④ 온수순환방식에 의한 분류

분류	특징
중력환수식	온수와 환수 온도차에 의한 밀도차를 이용하여 온수를 순환시키는 방식으로 온수보일러를 방열기 하부에 설치.
기계환수식	온수 순환 펌프를 이용하여 강제 순환하는 방식으로 순환력이 크고 관경이 작아진다. 방열기 설치 위치에 제한이 없으며 대부분 기계순환방식을 채택

> 온수순환방식에 의한 분류
> 중력환수식(소규모)
> 기계환수식(대규모)

⑤ 온수 온도에 따른 분류 (온수난방은 팽창탱크가 필요)

분류	특징
보통온수식	100℃ 이하(60 – 80℃)온수를 사용하고 팽창탱크가 필요하다.
고온수식	100℃ 이상(120 – 180℃)고온수를 사용하고 밀폐형 팽창탱크가 필요하다.

> 온수순환방식에 의한 분류
> 중력환수식(소규모)
> 기계환수식(대규모)

⑥ 배관방식에 의한 분류

분류		특징
단관식		온수공급과 환수가 1개 관으로 구성되며 온수 순환이 불규칙하다.
복관식	직접환수식	공급관과 환수관을 각각 설치하지만 각존별로 배관길이가 달라서 온수 순환이 불균등하다.
	역환수식 (리버스리턴식)	역환수식(리버스 리턴방식)은 공급관과 환수관배관길이를 같게 설치하여 각 존별로 온수 순환이 균등하다. 배관 설비비는 증가한다.

> 배관방식에 의한 분류
> 단관식(소규모), 복관식(직접환수식과 리버스 리턴방식)

⑦ 팽창탱크

온수난방은 온도차에 따른 물의 팽창을 흡수하기 위한 팽창탱크가 필요하며 개방식과 밀폐식이 있으며 최근에는 주로 밀폐형을 적용한다.

분류		특징
온수팽창량 (ΔV)		$\Delta V = \left(\dfrac{1}{\rho_2} - \dfrac{1}{\rho_1}\right) \cdot V$ $\quad V$: 전수량(L) ρ_1 : 가열 전 물의 밀도, ρ_2 : 가열 후 물의 밀도
팽창탱크 용량	개방형 팽창탱크	$V = (1.5 \sim 2.0) \cdot \Delta V$
	밀폐형 팽창탱크	탱크용량 $V = \dfrac{\Delta V}{1-(P_o/P_m)}$ P_o : 팽창탱크 최저 절대압력(MPa) P_m : 최고사용 절대압력(MPa)

> 팽창탱크
> 온수난방은 온도차에 따른 물의 팽창을 흡수하기 위한 팽창탱크가 필요하며 개방식과 밀폐식이 있다.
>
> 온수팽창량(ΔV)
> $\Delta V = \left(\dfrac{1}{\rho_2} - \dfrac{1}{\rho_1}\right) \cdot V$

3. 복사난방

① 복사난방 특징

분류	특징
장점	- 실내 온도 분포가 균등하여 쾌감도가 좋다. - 방을 개방 상태로 하여도 난방 효과가 좋은 편이다. - 바닥 이용도가 높고 실온이 낮기 때문에 열손실이 적다. - 천정이 높은 실(로비, 고천정)에서도 난방 효과가 좋다.
단점	- 열용량이 크기 때문에 예열 시간이 길다. - 코일 매입 시공이 어려워 설비비가 고가이다. - 고장 시 발견이 어렵고 수리가 곤란하다. - 열손실을 막기 위해 단열층이 필요하다.

> **복사난방 특징**
> 실내 온도 분포가 균등하여 쾌감도가 좋다. 고천정, 개방실에서 난방 효과가 좋은 편이다.
> 열손실이 적다. 열용량이 크기 때문에 예열 시간이 길다. 설비비가 고가이다.

② 복사난방 분류

분류	특징
코일매립식	코일을 벽 천정 등에 매입시켜 복사열을 내는 방식으로 온돌바닥에 주로쓰인다.
복사패널식	패널 복사판을 이용하여 직접 복사열을 만드는 방식으로 공장등에 널리쓰인다. 바닥패널(30℃ 이내), 천정패널(50 ~ 100℃까지 가능), 벽패널등이 있다.

③ 평균복사온도(MRT) : 복사면의 평균온도를 말하며 복사면의 면적과 표면온도로 가중평균으로 구한다.

$$\text{MRT} = \frac{\Sigma A \cdot t}{\Sigma A}$$

---

07 예제문제

다음 복사난방에 대한 내용이다. 잘못된 것은?

① 실내 높이에 따른 온도 분포가 균등하고 쾌적하다.
② 대류가 적어서 바닥면의 먼지가 상승하지 않고 실내 바닥 면적의 이용도가 높다.
③ 천장이 높을 경우에 유효하며 개방된 방에서도 난방효과가 있다.
④ 동일 방열량에 대해 손실열량이 크다.

해설
복사난방은 대류난방에 비해 실내온도가 낮으므로 손실열량이 적다. 답 ④

4. 지역냉난방

① **지역냉난방 정의** : 지역냉난방이란 중앙식 냉난방의 일종으로 일정한 장소의 기계실에서 넓은 지역(도시, 단지등) 내의 여러 건물에 증기나 고온수 혹은 냉수를 공급하여 냉난방을 하는 방식이다.

> **지역냉난방 정의**
> 지역냉난방이란 중앙식 냉난방의 일종으로 일정한 장소의 기계실에서 넓은 지역(도시, 단지등) 내의 여러 건물에 증기나 고온수 혹은 냉수를 공급하여 냉난방을 하는 방식

② **지역냉난방 특징**

분류	특징
장점	- 각 건물별로 냉난방 시설을 할 때보다 적은 용량으로 고효율 운전이 가능하여 에너지 비용이 절감되어 경제적이다. - 공해 방지가 용이하다. - 지역냉난방 열을 공급 받는 각 건물의 유효 면적이 증가한다.
단점	- 배관의 길이가 길기 때문에 배관 열손실이 크다. - 대규모 지역냉난방 설비로 초기 시설 투자비가 높다. - 열의 사용량이 적으면 기본요금이 높아진다.

---

08 예제문제

중앙식 난방법의 하나로서, 각 건물마다 보일러 시설 없이 일정 장소에서 여러 건물에 증기 또는 고온수 등을 보내서 난방하는 방식은?

① 복사난방 ② 지역난방
③ 개별난방 ④ 온풍난방

해설
지역난방이란 대규모 중앙식 난방법으로 일정 지역이나 도시에서 증기 또는 고온수 등을 보내서 난방하는 방식이다. **답 ②**

---

5. 방열기

① **방열기 종류**

종류	특징
주형방열기	전통적인 방열기로 2주, 3주, 3세주, 5세주형이 있다
벽걸이형 방열기	판방열기 형태로 세로형, 가로형이 있다.
대류방열기(컨벡터)	대류작용을 촉진시키기 위해 상자(케이싱) 속에 방열기를 넣은 구조

② 표준방열량 정의 : 표준방열량이란 방열기에서 표준상태의 방열량이다.

열매 종류	표준 방열량 Q_c (kW/m²)	표준 상태	
		열매온도(℃)	실내온도(℃)
증기	0.756 (756 W/m²)	102	18.5
온수	0.523 (523 W/m²)	80	18.5

③ 상당방열면적(EDR, m²) : 방열기 방열량(손실열량)을 표준상태의 방열기 면적으로 환산한 값이다.
- 증기난방 EDR = 손실열량 (kW) ÷ 0.756
- 온수난방 EDR = 손실열량 (kW) ÷ 0.523

④ 증기방열기 응축수량 Q(kg/h)

Q = 방열기 방열량(kJ/h) ÷ 증기증발잠열(2257 kJ/kg)

⑤ 주형 방열기 섹션(쪽)수(N : 섹션 수)

분류	계산법
증기 방열기	$N = \dfrac{q}{756 \times a}$ N : 섹션 수(절수), q : 난방부하(W), a : 방열기 섹션당 방열면적(m²)
온수 방열기	$N = \dfrac{q}{523 \times a}$ (방열량을 EDR(m²)면적으로 환산하여 a로 나누면 섹션수가 나온다)

⑥ 방열기 설치 : 방열기는 틈새바람이 많은 창문 아래에 설치하여 콜드드래프트를 방지하고 대류작용을 위하여 벽과 5~6cm 떨어져 설치한다

⑦ 방열기 호칭법

분류	호칭법	
주형방열기	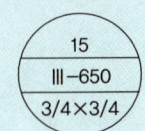	섹션 수 15, 3주형 방열기, 높이 650mm, 유입관과 유출관의 관경 3/4인치 호칭법(3주형 : Ⅲ, 3세주 : 3, 5세주 : 5)
벽걸이형	⊘ 3 W-V 1/2×1/2	섹션 수 3, 벽걸이 세로형 방열기, 유입관과 유출관의 관경 1/2인치 벽걸이 : W, 세로 : V(Vertical), 가로 : H(Horizontal)

⑧ 증기 온수 배관과 신축이음위 종류

온도차에 따른 배관의 신축을 흡수하는 이음쇠(신축이음)를 사용하며 강관은 30m 이내 마다 동관은 20m 이내 마다 신축이음쇠 1개씩(단식) 설치한다.

신축이음 종류	특징
슬리브형	슬리브와 패킹재를 이용하여 미끄러짐으로 신축흡수 누수우려가 있다.
벨로스형	주름진 파형 금속판(벨로즈)의 탄성으로 신축흡수 가장 보편적으로 사용한다.
신축곡관	루프형이라하며 배관 자체를 굴곡시켜 탄성을 이용하며 고압에 잘견디고 누수우려가 없으나 설치공간을 많이 차지한다.
스위블조인트	2개 이상의 엘보를 이용하여 비틀림으로 신축을 흡수
볼조인트	볼조인트를 이용하여 입체적인 신축을 흡수한다.

> **신축이음종류**
> - 슬리브형, 벨로스형, 신축곡관, 스위블조인트, 볼조인트
>
> **신축이음 설치간격**
> - 냉온수관에서 강관은 30m마다 동관은 20m마다 신축이음쇠를 설치한다.

3 개별난방

1. 온풍로 난방

① 중앙식 온풍난방 : 중앙식 온풍난방은 공조기에서 조화된 온풍을 덕트를 이용하여 실내로 공급하는 것으로 온풍로난방과 구분해야한다.

② 온풍로 난방 : 개별식 온풍로 난방은 실내에 온풍기를 설치하여 실내공기를 직접 가열하는 방식이다.

③ 온풍로 난방의 특징
- 예열시간이 필요 없고 송풍온도가 높아 감도가 나쁘며 소음이 많다.
- 외기 덕트를 설치하면 신선공기를 공급할 수 있다.
- 설비비가 싸고, 시공이 간편하며 열효율이 높고 누수동결 우려가 없다.

2. 열펌프(Heat pump)

① 열펌프(히트펌프)의 원리 : 냉동기의 응축기에서 방열하는 열량을 난방으로 이용하는 것으로 냉·난방을 할 수 있다.

② 채열원(난방 시 증발기 흡수열원) : 난방시 채열원으로 공기가 가장 일반적이며, 지하수, 하천수, 태양열, 온배수, 폐열원 등을 이용할 수 있다.

③ 히트펌프성적계수(e_h)

$$e_h = \frac{응축열}{압축일} = \frac{압축일+증발잠열}{압축일} = 1 + e(냉동기성적계수)$$

3. 자연형(Passive) 태양열 시스템과 설비형(Active) 태양열 시스템

① 자연형(Passive) 태양열 시스템의 기본원리 : 자연형 태양열시스템은 주로 건물의 구조물을 이용해서 태양열을 집열 및 축열해서 이용하는 방법

② 자연형(Passive) 태양열 시스템의 종류와 특징

종류	특징
직접 획득형	급탕, 난방용으로 직접 열을 채취하는 방식이다.
간접 획득형	축열벽이나 온실 등을 이용하여 간접적으로 열을 얻는 방식으로 열 취득 방식에 따라 축열벽 방식, 물벽 방식, 온실 방식, 축열지붕 방식이 있다.
분리 획득형	자연대류 방식을 이용하여 열을 얻는다.

③ 설비형(Active) 태양열 시스템의 기본 원리 : 설비형 태양열시스템은 태양열 집열판을 이용하여 태양복사에너지를 열에너지로 변환하여 직접 이용하거나 별도의 축열, 승온장치를 이용하여 온수급탕용이나 냉난방용에 이용

② 설비형(Active) 태양열 시스템의 종류와 특징

종류	특징
설비형 액체 방식	가장 일반적이며 집열판의 열을 물 등의 액체를 열매체를 이용하므로 운송효율이 높다.
설비형 공기 방식	공기를 열매체로 팬과 덕트를 이용하여 열을 운반한다.
설비형 승온방식	집열판에서 모아진 열을 축열장치와 승온장치(히트펌프)를 이용하여 고온으로 이용한다.

> 자연형(Passive) 태양열 시스템
> 건축적인 방법을 이용한 태양열 시스템
>
> 설비형(Active) 태양열 시스템
> 집열기와 배관설비를 이용한 설비적인 방법을 이용한 태양열 시스템

03 난방설비 핵심예상문제

본 핵심예상문제는 각단원별 출제빈도 높은 문제 및 최근 10년간의 기출문제 중 비중이 높은 출제유형이므로 꼭 풀어보고 가야할 문제입니다. 이후 실전예상문제를 공부하시면 효과적입니다.

[08년 2회]
01 다음은 난방설비에 관한 설명이다. 가장 적당한 것은?

① 온수난방은 온수의 현열과 잠열을 이용한 것이다.
② 온풍난방은 온풍의 현열과 잠열을 이용한 것이다.
③ 증기난방은 증기의 현열을 이용한 대류 난방이다.
④ 복사난방은 열원에서 나오는 복사 에너지를 이용한 것이다.

> 온수난방은 현열을 이용하고, 온풍난방도 현열을 이용, 증기난방은 잠열 이용, 복사난방은 복사에너지 이용.

[12년 3회]
02 증기난방에 비해 온수난방에 대한 특징을 설명한 것으로 틀린 것은?

① 난방부하에 따라 열량조절이 용이하다.
② 예열시간이 길지만 가열 후에 냉각시간도 길다.
③ 수격작용이 심하다.
④ 현열을 이용한 난방으로 쾌감도가 높다.

> 증기난방에 비해 온수난방은 수격작용(워터해머)이 발생하지 않는다.

[07년 3회]
03 천장높이가 높은 건물의 난방에 가장 적합한 방식은?

① 온풍난방
② 복사난방
③ 온수난방
④ 증기난방

> 복사난방은 대류 난방에 비하여 천장높이가 높은 건물의 난방에 적합하다.

[13년 1회, 10년 1회, 06년 1회]
04 난방방식 중 낮은 실온에서도 균등한 쾌적감을 얻을 수 있는 방식은?

① 복사난방
② 대류난방
③ 증기난방
④ 온풍로난방

> 복사난방(패널난방)은 실내 공기를 가열하지 않고 복사열을 이용하기 때문에 낮은 실온에서도 균등한 쾌적감을 얻을 수 있는 난방 방식이다.

[14년 2회, 11년 2회, 11년 1회]
05 온수난방의 특징으로 가장 옳지 않은 것은?

① 증기난방보다 상하온도 차가 적고 쾌감도가 크다.
② 온도조절이 용이하고 취급이 간단하다.
③ 예열시간이 짧다.
④ 보일러 정지 후에도 여열에 의한 실내난방이 어느 정도 지속된다.

> 온수난방은 열용량(질량×비열)이 커서 예열 시간과 여열시간이 길어진다. 그러므로 간헐난방에 부적합하다.

[08년 2회]
06 다음의 온수난방에 관한 설명 중 옳지 않은 것은?

① 밀폐식일 경우에는 배관의 부식이 적고 수명이 길다.
② 각 방열기기에 공급되는 온수가 균일하고 양호하게 순환되도록 한다.
③ 온수순환으로 인한 소음이나 진동 등의 장애가 일어나지 않도록 한다.
④ 팽창 탱크의 팽창관에는 밸브를 부착하여 유량을 조절할 수 있도록 한다.

> 팽창관에는 밸브 부착을 제한한다. 그 이유는 밸브가 잠기거나 막힐 경우 시스템의 압력상승으로 피해를 입게 된다.

정답 01 ④ 02 ③ 03 ② 04 ① 05 ③ 06 ④

[07년 3회]

07 온수난방 배관시의 고려할 사항 중 가장 잘못된 것은?

① 배관의 최저점에는 필요에 따라 배관중의 물을 완전히 배수할 수 있도록 배수 밸브를 설치한다.
② 배관 내의 발생되는 기포를 배출시킬 수 있는 장치를 한다.
③ 팽창관 도중에는 밸브를 설치하지 않는다.
④ 증기배관과는 달리 신축이음은 설치하지 않아야 한다.

> 온수난방에서 증기배관과 같이 신축이음을 반드시 설치한다.

[07년 1회]

08 온수 순환량이 560[kg/h]인 난방설비에서 방열기의 입구온도가 80℃, 출구온도가 72℃라고 하면 이때 실내에 발산하는 현열량은 얼마인가?

① 12,350kJ/h ② 15,666kJ/h
③ 17,424kJ/h ④ 18,816kJ/h

> 온수난방에서 실내 현열량은 방열기 입출구 온도차에 비례한다.
> $q = mC(t_1 - t_2) = 560 \times 4.2 \times (80-72) = 18,816\,kJ/h$

[12년 2회]

09 온수난방을 시설한 건물의 설계 열손실이 100,000[kJ/h]이고 도중 배관손실이 10,000[kJ/h]이다. 보일러 출구 및 환수온도를 각각 85℃, 70℃로 하여 펌프에 의한 강제순환을 할 때 펌프 용량은 약 얼마인가?

① 3.65L/s ② 2.76L/s
③ 1.46L/s ④ 1.25L/s

> $q = WC\Delta t$ 에서
> $W = \dfrac{q}{C\Delta t} = \dfrac{100,000+10,000}{4.2 \times (85-70)} = 5,238\,L/h = 1.46\,L/s$

[14년 1회]

10 증기난방에 관한 설명으로 옳지 않은 것은?

① 열매온도가 높아 방열면적이 작아진다.
② 예열시간이 짧다.
③ 부하연동에 따른 방열량의 제어가 곤란하다.
④ 증기의 증발현열을 이용한다.

> 증기난방은 증기의 응축잠열 이용하고 온수난방은 온수의 현열을 이용한다.

[22년 3회]

11 난방방식 종류별 특징에 대한 설명으로 틀린 것은?

① 저온 복사난방 중 바닥 복사난방은 특히 실내기온의 온도분포가 균일하다.
② 온풍난방은 공장과 같은 난방에 많이 쓰이고 설비비가 싸며 예열시간이 짧다.
③ 온수난방은 배관부식이 크고 워밍업 시간이 증기난방보다 짧으며 관의 동파 우려가 있다.
④ 증기난방은 부하변동에 대응한 조절이 곤란하고 실온분포가 온수난방보다 나쁘다.

> 온수난방은 증기난방에 비하여 배관부식이 적고 열용량이 커서 워밍업 시간이 길다. 관의 동파 우려는 일시적인 추위에는 견딜수있으나 장시간의 추위에는 동파우려가 있다.

[23년 2회]

12 증기난방설비에 대한 설명으로 틀린 것은?

① 증기난방은 증기의 잠열을 이용하므로 열운반능력이 크다.
② 증기난방은 대규모 난방설비에 적합하다.
③ 증기난방에서 보통 저압식은 0.1~0.3MPa, 고압식은 0.5~1.9MPa 증기압을 이용한다.
④ 증기난방은 열용량이 작아서 간헐난방에 적합하다.

> 증기난방에서 저압식은 0.1MPa 미만으로 보통 0.01~0.03MPa정도로하며, 고압식은 0.1MPa 이상 증기압을 이용한다.

정답 07 ④ 08 ④ 09 ③ 10 ④ 11 ③ 12 ③

[10년 3회]

13 증기난방과 관련이 없는 장치는?

① 팽창탱크　　② 트랩
③ 응축수 탱크　④ 감압밸브

> 증기난방에서 팽창탱크는 불필요하며 온수난방에서 사용한다.

[예상문제]

14 증기난방의 표준상태에 있어서 상당방열 면적 10[m²]의 표준방열량은?

① 523W　　　② 253W/m²
③ 756W/m²　　④ 7560W

> 표준방열량 증기 : 756W/m², 온수 : 523W/m²이므로
> 증기난방 10[m²]=10×756=7560W

[06년 3회]

15 주철제 방열기의 표준 방열량에 대한 증기 응축수량은 약 얼마인가? (단, 증기의 증발잠열은 2,257[kJ/kg]이다.)

① 0.8kg/m²·h　② 1.0kg/m²·h
③ 1.2kg/m²·h　④ 1.4kg/m²·h

> 증기 표준 방열량(0.756kW)에 대한
> 응축수량 = $\frac{0.756 \times 3600}{2,257}$ = 1.21 kg/m²h

[13년 3회]

16 상당방열면적(EDR)에 대한 설명으로 맞는 것은?

① 표준상태 방열기의 전 방열량을 연료 연소에 따른 방열면적으로 나눈 값
② 표준상태 방열기의 전 방열량을 보일러 수관의 방열면적으로 나눈 값
③ 표준상태 방열기의 전 방열량을 표준 방열량으로 나눈 값
④ 표준상태 방열기의 전 방열량을 실내 벽체에서 방열되는 면적으로 나눈 값

> 상당방열면적(EDR)이란 방열기의 방열량을 면적으로 환산하기 위해 표준방열량으로 나눈다.
> $EDR = \frac{\text{표준상태방열기의 방열량(W)}}{\text{표준방열량 523(증기는 756)W}}$ (m²)

[22년 3회]

17 난방부하가 7560W인 어떤 방에 대해 온수난방을 하고자 한다. 방열기의 상당방열면적(m²)은 얼마인가? (단, 방열량은 표준방열량으로 한다.)

① 6.7　　② 8.4
③ 10.2　④ 14.4

> 온수난방 표준 방열량 = 523W/m²
> 상당방열면적(EDR) = $\frac{q}{\text{표준방열량}}$ = $\frac{7560}{523}$ = 14.45m²

[23년 3회]

18 복사 냉·난방 방식에 관한 설명으로 틀린 것은?

① 실내 수배관이 필요하며, 결로의 우려가 있다.
② 실내에 방열기를 설치하지 않으므로 바닥이나 벽면을 유용하게 이용할 수 있다.
③ 조명이나 일사가 많은 방에 효과적이며, 천장이 낮은 경우에만 적용된다.
④ 건물의 구조체가 파이프를 설치하여 여름에는 냉수, 겨울에는 온수로 냉·난방을 하는 방식이다.

정답   13 ①   14 ④   15 ③   16 ③   17 ④   18 ③

복사 냉·난방 방식은 복사열을 이용하므로 천장이 높은 경우에 적용하면 효과가 좋다.

온풍로 난방은 공기를 가열하여 난방하므로 열용량이 적어서 착화 즉시 난방이 용이한 간헐 난방에 적합하다.

[23년 3회]

19 난방부하의 변동에 따른 온도조절이 쉽고, 열용량이 커서 실내의 쾌감도가 좋으며, 방열기 밸브로 유량과 공급온도를 변화시킬 수 있어서 방열량을 조절할 수 있는 난방방식은?

① 온수난방방식
② 증기난방방식
③ 온풍난방방식
④ 냉매난방방식

온수난방은 온수의 열용량이 커서 난방부하의 변동에 따른 온도조절이 쉽고, 온도가 낮아 실내의 쾌감도가 좋으며, 온수 공급온도를 변화시킬 수 있고, 방열기 밸브로 유량을 조절하여 방열량을 조절할 수 있다.

[15년 3회, 13년 1회]

20 다음 그림의 방열기 도시기호 중 'W-H'가 나타내는 의미는 무엇인가?

① 방열기 쪽수
② 방열기 높이
③ 방열기 종류(형식)
④ 연결배관의 종류

$$\frac{10}{W-H}$$
$$15 \times 15$$

방열기 도시기호에서 방열기 형식 종류
(W : 벽걸이, H : 수평형), 10(방열기 쪽수 = 절수),
15×15 = 방열기 입구 출구관경

[07년 3회]

21 다음 기술 내용 중 온풍로 난방의 특징이 아닌 것은?

① 실내온도분포가 좋지 않아 쾌적성이 떨어진다.
② 보수, 취급이 간단하고, 취급에 자격자를 필요로 하지 않는다.
③ 설치 면적이 적어서 설치장소에 제한이 없다.
④ 열용량이 크므로 착화 즉시 난방이 어렵다.

[23년 2회]

22 복사난방에서 바닥패널의 적당한 온도는 얼마인가?

① 80℃
② 60℃
③ 50℃
④ 30℃

바닥패널온도는 생활양식의 입식과 좌식에서 다르지만 보통 30℃ 정도로 한다.

[10년 3회, 07년 3회]

23 복사난방에 대한 내용으로 옳지 않은 것은?

① 구조체의 예열시간이 길어져 일시적으로 쓰는 방에는 부적합하다.
② 건물의 축열을 기대할 수 없다.
③ 높이에 따른 온도 분포가 균등하고 난방효과가 쾌적하다.
④ 바닥에 기기를 배치하지 않아도 되므로 이용공간이 넓다.

복사난방은 구조체의 축열을 이용하여 난방하는 방식으로 여열시간이 길다.

[23년 3회]

24 실내 온도분포가 균일하여 쾌감도가 좋으며 화상의 염려가 없고 방을 개방하여도 난방효과가 있는 난방방식으로 고천정, 로비등에 적합한 것은?

① 증기난방
② 온풍난방
③ 복사난방
④ 대류난방

복사난방은 복사열을 이용하므로 쾌감도가 좋으며 화상의 염려가 없고 방을 개방하여도 난방효과가 우수하여 고천장이나 로비등에 쓰인다.

정답 19 ① 20 ③ 21 ④ 22 ④ 23 ② 24 ③

[10년 2회, 07년 2회]

25 지역난방의 특징 설명으로 잘못된 것은?

① 연료비는 절감되나 열효율이 낮고 인건비가 증가된다.
② 개별 건물의 보일러실 및 굴뚝이 불필요하므로 건물 이용의 효율이 높다.
③ 설비의 합리화로 대기오염이 적다.
④ 대규모 열원기기를 이용하므로 에너지를 효율적으로 이용할 수 있다.

> 지역난방은 대규모 열원기기를 이용하므로 연료비는 절감되고, 열효율이 높으며, 인건비가 절감된다.

[15년 1회]

26 가스난방에 있어서 실의 총 손실열량이 300,000[kJ/h], 가스의 발열량이 25,200[kJ/m³], 가스소요량이 17[m³/h] 일 때 가스스토브의 효율은?

① 약 70% ② 약 80%
③ 약 85% ④ 약 90%

> $\therefore$ 보일러효율 = $\dfrac{\text{보일러출력}}{\text{가스공급열량}} \times 100 = \dfrac{\text{실손실열량}}{\text{가스공급열량}} \times 100$
> $= \dfrac{300,000}{25200 \times 17} \times 100 = 70\%$

[13년 2회]

27 증기트랩에 대한 설명으로 옳지 않은 것은?

① 바이메탈트랩은 내부에 열팽창계수가 다른 두 개의 금속이 접합된 바이메탈로 구성되며, 워터해머에 안전하고, 과열증기에도 사용 가능하다.
② 벨로스트랩은 금속제의 벨로스 속에 휘발성 액체가 봉입되어 있어 주위에 증기가 있으면 팽창되며, 증기가 응축되면 온도에 의해 수축하는 원리를 이용한 트랩이다.
③ 플로트트랩은 응축수의 온도차를 이용하여 플로트가 상하로 움직이며 밸브를 개폐한다.
④ 버킷트랩은 응축수의 부력을 이용하여 밸브를 개폐하며 상향식과 하향식이 있다.

> 플로트트랩은 응축수의 수위에 따라 볼탭이 작동하는 기계식 트랩이다.

정답 25 ① 26 ① 27 ③

04 클린룸설비

1 클린룸 방식

1. 클린룸의 정의 및 분류

① 클린룸의 정의 : 클린룸(clean room)이란 분진 입자의 크기에 따라 분진수를 측정하여 청정도를 등급별로 체계화한 공간을 말한다.

② 클린룸의 분류 및 특징

분류	특징
산업용 클린룸 (ICR)	주로 공기 중의 미세 먼지를 청정 대상으로한 클린룸으로 반도체산업, 디스플레이 산업, 정밀 측정, 필름 공업 분야에 적용
바이오 클린룸 (BCR)	미세 먼지와 세균, 곰팡이, 바이러스 등도 제한하는 클린룸으로 병원의 수술실 등 무균 병실, 동물 실험실, 제약 공장, 유전 공학 등에 적용한다.

> 클린룸의 분류
> - 산업용 클린룸(ICR) : 미세 먼지
> - 바이오 클린룸(BCR) : 세균

2. 공기 청정도의 등급

① 클린룸의 청정도 : 공간 내의 부유 입자 농도에 따른 청정도 등급(클래스)을 나타낸다.

② 각종 청정도 등급 표기법

분류	특징
미국단위(FS)	class 1-100,000 등급으로 표현하며 예를 들어 클린룸 class 100은 $0.5\mu m$ 먼지 입자가 100개/ft^3 이하라는 의미이다.
국제단위(ISO)	분진 개/m^3 단위를 사용하며 Class 1-Class 9 등급으로 표현한다.
한국단위(KS)	분진 개/m^3 단위를 사용하며 Class M1- Class M10^7으로 표기

> 공기 청정도의 등급
> - 미국단위(FS)
>   class 1-100,000 등급으로 표현,
>   class 100은 $0.5\mu m$ 먼지 100개/ft^3 이하라는 의미
> - 한국단위(KS)
>   분진 개/m^3 단위를 사용하며 Class M1- Class M10^7으로 표기

③ 클린룸 방식(기류방식)분류 및 특징

> 기류 방식에 따른 클린룸 방식
> 난류방식, 수평 층류방식, 수직층류방식, 터널방식, 오픈베이방식, 팬 필터 유닛식

분류	특징
비단일 방향류 방식(난류방식)	실내에 신선한 공기를 넣어 먼지를 희석시켜 실내 청정도를 유지한다. Class 1,000 정도의 클린룸에 적용한다.
수평 단일 방향류 방식(수평 층류)	수평기류를 이용하며 주로 Class100 이하의 청정도가 요구되는 바이오 클린룸방식에 적용된다.
수직 단일 방향류 방식(수직 층류)	수직층류를 이용하여 발생된 먼지가 상승기류에 의해 실내로 부유되는 현상을 억제하여 높은 청정도 유지한다.
터널방식 (Tunnel Type)	클린 터널 모듈(Clean tunnel module)방식으로 작업에 필요한 최소한의 공간만을 국부적으로 고청정도로 유지하는 방식이다.
오픈베이 방식 (Open Bay Type)	전면 수직 층류방식과 터널방식의 단점을 개선한 복합 형태로 반도체 연구시설이나 양산 공정에 적용한다.
팬 필터 유닛 (FFU : Fan Filter Unit)방식	초고성능필터(ULPA), 또는 고성능 필터(HEPA)와 소형순환팬(FAN)을 조합한 FFU가 다수 천장면에 설치되어 공기를 순환시키는 방식이다.

---

01 예제문제

클린룸에 대한 설명 중 잘못된 것은?

① 클린룸이란 분진 입자의 질량에 따라 분진수를 측정하여 청정도를 등급별로 체계화한 공간을 말한다.
② 산업용 클린룸은 공기 중의 미세 먼지, 유해 가스, 미생물 등의 오염 물질까지도 극소로 만든 클린룸으로 반도체산업, 디스플레이 산업, 정밀 측정등에 주로 적용된다.
③ 바이오 클린룸은 실내의 세균, 곰팡이, 바이러스 등도 극소로 제한하는 클린룸으로 병원의 수술실 등 무균 병실 등에 적용되고 있다.
④ 우리나라의 클린룸 등급은 한국단위(KS) Class M1-Class M10^7으로 표기한다.

[해설]
클린룸이란 분진 입자의 크기에 따라 분진수를 측정하여 청정도를 등급별로 체계화한 공간을 말한다.

답 ①

> **02 예제문제**
>
> 클린룸설비에서 기류 방식에 따른 분류 중 초 고성능 필터(ULPA), 또는 고성능 필터(HEPA)와 소형 순환팬(FAN)을 조합한 FFU가 다수 천장면에 설치되어 공기를 순환시키는 방식은 무엇인가?
>
> ① 난류방식(Conventional Flow Type)
> ② 수평 층류(Cross Flow Type)
> ③ 수직 층류(Down Flow Type)
> ④ 팬 필터 유닛(FFU : Fan Filter Unit)방식
>
> **해설**
> 팬 필터 유닛(FFU : Fan Filter Unit)방식은 초고성능필터(ULPA), 또는 고성능 필터(HEPA)와 소형순환팬(FAN)을 조합한 FFU가 다수(여러개) 천장면에 설치되어 공기를 순환시키는 방식으로 기계실 면적이 축소되나 팬 수량의 증가로 유지관리비가 증가하고 실내부(LAY-OUT) 변경이 용이하여 설비 확장성이 우수하며 CLASS 1000 이하에 적용하기 적합하다.   **답 ④**

2 클린룸 에어필터와 계획

1. 클린룸 에어 필터

① 에어 필터의 포집 효과 : 관성 충돌 효과, 확산 효과, 차단 효과
② 에어 필터의 기능 : 에어 필터란 어떠한 유체 (공기, 기름, 연료, 물, 기타)를 적합하게 통과시키면서 분진을 제거하여 필요에 청정 공기를 만든다.
③ 에어 필터의 구조 : 틀(프레임), 여과재, 밀봉재, 분리판, 개스킷 등으로 구성.
④ 에어 필터의 종류

분류	특징
저성능 필터 (PRE-Filter)	중량법(AFI)에 의한 포집효율 85%, 전자부품, 병원, 식품 제조 생산라인의 전처리용으로 적용
중성능 필터 (Midium Filter)	비색법(NBS)에 의한 효율 65~95%가 주로 사용되며 전처리 또는 헤파필터(Hepa Filter) 보호용으로 사용
고성능 필터 (HEPA Filter)	계수법(DOP)에 의한 포집효율($0.3\mu m$ 기준 99.97%) 클린룸 Class : 100 ~ 10,000에 적용
초고성능 필터 (ULPA Filter)	계수법(DOP)에 의한 포집효율($0.12~0.17\mu m$ 기준 99.9999%) Class 1~10 이하에 적용
전기 집진식	미세분진을 전기적 인력으로 대전판에 흡착되어 제거된다.
케미컬필터 (Chemical Filter)	카본필터(Carbon Filter)라고하며 활성탄의 흡착효과로 초미량 가스에 대한 고효율 제거 가능(1 ~ 3ppb)을 가진다. 주로 냄새등을 제거한다.

에어 필터의 종류
저성능 필터(PRE-Filter)
중성능 필터(Midium Filter)
고성능 필터(HEPA Filter)
초고성능 필터(ULPA Filter)
케미컬필터(Chemical Filter)
카본필터(Carbon Filter)

2. 산업용 클린룸(ICR) 계획

분류	특징
평면 계획	- 클린룸 내부는 생산 공정에 작업 영역, 생산 장치 영역, 보수 영역, 통로, 비품 수납장 등 용도별로 분류하여 칸막이 등으로 구획한다. - 청정도가 높은 순서 : 고청정도 영역 → 저청정도 영역 → 전실 → 일반실의 순서로 압력차를 만든다. - 전실·준비실 : 클린룸을 사용함과 동시에 일반실에서 입실과 퇴실, 제품, 부품, 생산
단면 계획	- 클린룸 단면은 기본적으로 하부 플리넘(plenum), 클린룸, 상부 플리넘의 3층 구조로 이루어진다. - 하부 플리넘 : 순환 공기의 반송 경로, 생산 장치 보조 기기의 설치, 각종 유틸리티, 덕트, 배관의 부설 공간으로 사용 - 클린룸(실내)은 단면 구성상 가장 고청정인 공간으로 생산 장치나 보조 기기의 설치 공간으로 사용 용도에 따라 필요한 청정도를 설정한다. - 상부 플리넘 : 순환 공기의 반송 경로, 공조, 유틸리티, 덕트 부설 공간으로 사용한다.

3. 바이오 클린룸(BCR) 계획

분류	특징
공기 청정도	- BCR에서 ISO 등급 5(Class 100, 입자경 $0.5\mu m$)일 때 3,500개/m^3, 공기 중의 부유균은 3.5 CFU/m^3 (CFU : colony forming unit) - 공기 중 부유균의 수는 입자에 비해 1/1,000로 극히 작아 이 정도의 클래스 방을 무균실이라고 한다.
적용 분야 (무균실)	- 의료계, 식품 산업, 의약품 제조, 동물 사육 시설 분야 - 적은 미생물 오염이라도 생명과 건강에 큰 피해를 줄 우려가 있는 작업 공간에 무균실을 적용한다.

3 클린룸 장치와 기기선정

클린룸 설비는 클린룸과 부속 장치, 그리고 각종 공조기기들로 구성된다.

1. 클린룸의 부속장치

분류	특징
에어 샤워 (Air Shower)	클린룸에 들어가는 물품에 깨끗한 AIR를 분사하여 부착되어 있는 먼지와 세균 등 제거
패스 박스 (PASS BOX)	클린룸의 벽면에 설치하여 클린룸 안으로 물품 반입 시 물품만을 통과시키기 위한 것이다.
헤파 박스 유닛 (HEPA Box Unit)	DUCT 접속형으로 별도 설치된 송풍기 또는 공기조화기로부터 공기를 도입하는 장치
팬 필터 유닛 (Fan Filter Unit: FFU)	팬(Fan)과 필터(Filter)를 내장한 유닛으로 클린룸의 천장에 설치하여 공기를 정화 공급하는 역할
블로어 필터 유닛 (Blower Filter Unit)	FFU와 같은 기능을 하며 정압이 높은 소형 Blower가 부착되어 있어 자체적으로 청정한 고압 공기를 공급할 수 있다.
차압 댐퍼	청정도가 서로 다른 여러 개의 실에서 각각의 적합한 실내 압력의 유지하는 기능을 가진 차압댐퍼를 설치한다.
클린 벤치 (CLEAN BENCH)	국부적으로 완전 청정한 환경에 이르게 하는 장치로 비교해 저렴한 시공비로 청정 환경을 만들 수 있다.
클린 부스 (CLEAN BOOTH)	청정공기의 흐름을 DOWN FLOW형으로 만든 간이형 클린룸이다.

> **클린룸의 부속장치**
> 에어 샤워(Air Shower), 패스 박스(PASS BOX), 헤파박스유닛(HEPA Box Unit), 팬 필터 유닛(Fan Filter Unit: FFU), 블로어 필터유닛(Blower Filter Unit), 차압 댐퍼, 클린 벤치(CLEAN BENCH), 클린 부스(CLEAN BOOTH)

2. 각종 클린룸 공조 기기의 선정

분류	선정 방법
외조기	외조기는 도입하는 외기에 포함된 입자의 제거, 열부하 제거등에 알맞게 선정한다.
순환용 공조기	순환용 공조기의 큰 목적은, 환기와 외기를 혼합 처리하여 실내 환경 조건에 대응하여 공급공기를 만드는 것이다.
순환 송풍기	순환 송풍기의 선정 방법은 공조기용 송풍기와 동일하다.
열원 기기	열원 기기의 부속 설비로는 냉동기, 냉각탑, 냉각수 펌프, 보일러, 오일 탱크, 팽창 탱크, 저탕조, 열 교환기 등이 있다.
자동 제어 방식	클린룸에 있어서의 자동 제어의 목적은 환경 조건의 효율적인 유지 보전 및 합리적인 에너지 이용, 에너지 절약, 자원 절약이다.
에너지 절약 대책	클린룸의 냉방 부하는 실내 기기 발열량, 외기 도입량, 공기 반송 동력 등이 크기 때문에 전력 소비가 큰 소비형 시설의 특징을 가지므로 에너지 절약을 충분히 검토한다.

04 클린룸설비 핵심예상문제

본 핵심예상문제는 각단원별 출제빈도 높은 문제 및 최근 10년간의 기출문제 중 비중이 높은 출제유형이므로 꼭 풀어보고 가야할 문제입니다. 이후 실전예상문제를 공부하시면 효과적입니다.

[12년 1회]

01 클린룸 설비에 있어 실내기류에 따른 방식에 해당되지 않는 것은?

① 수직 층류방식　② 수평 층류방식
③ 비층류방식　　④ 직교류 층류방식

> 클린룸(Clean Room)설비는 실내기류에 따라 수직층류, 수평층류, 비층류(난류)방식으로 나눈다.

[13년 2회]

02 클린룸(Clean Room)에 대한 등급을 나타내는 방법으로 미연방규격을 준용하여, $1ft^3$의 체적 내에 들어 있는 불순 미립자의 수를 Class 등급으로 나타내는 방법이 있다. 예를 들어 Class 100이라고 함은 입경이 얼마인 불순 미립자의 수를 100으로 제한한다는 의미인가?

① $0.1\mu m$　② $0.2\mu m$
③ $0.3\mu m$　④ $0.5\mu m$

> 클린룸 Class 100이란 $0.5\mu m$ 미립자의 수를 $1ft^3$ 공기 안에 100개 이하로 제한한다.

[22년 1회]

03 다음 중 클린룸에 사용하는 에어필터의 순서가 적합한 것은?

① 프리필터-미디엄필터-활성탄필터-헤파필터
② 프리필터-헤파필터-미디엄필터-활성탄필터
③ 프리필터-활성탄필터-미디엄필터-헤파필터
④ 프리필터-미디엄필터-헤파필터-활성탄필터

> 활성탄 필터는 탄소분말로 구성되며, 유해가스나 냄새를 제거할 수 있는 필터인데, 필터 파손등으로 탄소분말이 비산되는 경우 제거가 가능하도록 헤파필터를 활성탄필터 후단에 배치하는 것이 일반적이다.

[예상문제]

04 에어 필터의 분류에서 냄새 등 가스상태의 오염물질을 제거할 수 있는 필터는 무엇인가?

① 건식필터
② 카본필터(Carbon Filter)
③ 고성능 공기필터(HEPA)
④ 초고성능필터(ULPA Filter)

> 카본필터(Carbon Filter)는 흡착작용으로 가스 상태의 오염물질을 제거한다. 가정에서 숯을 사용하는데 카본필터가 바로 숯을 원료로 한다.

[예상문제]

05 클린룸에 대한 설명 중 잘못된 것은?

① 클린룸이란 분진 입자의 질량에 따라 분진수를 측정하여 청정도를 등급별로 체계화한 공간을 말한다.
② 산업용 클린룸은 공기 중의 미세 먼지, 유해 가스, 미생물 등의 오염 물질까지도 극소로 만든 클린룸으로 반도체산업, 디스플레이 산업, 정밀 측정 등에 주로 적용된다.
③ 바이오 클린룸은 실내의 세균, 곰팡이, 바이러스 등도 극소로 제한하는 클린룸으로 병원의 수술실 등 무균 병실 등에 적용되고 있다.
④ 우리나라의 클린룸 등급은 한국단위(KS) Class M1- Class $M10^7$으로 표기한다.

> 클린룸이란 분진 입자의 크기에 따라 분진수를 측정하여 청정도를 등급별로 체계화한 공간을 말한다.

정답　01 ④　02 ④　03 ①　04 ②　05 ①

제2장 공기조화 계획 실전예상문제

본 실전예상문제는 각장 핵심예상문제에서 다루지 못한 실무적이고 난이도가 높은 문제들로 핵심예상문제를 보충해 주는 문제입니다. 핵심예상문제를 충분히 공부한 후 실전예상문제를 공부하면 효과적입니다.

1 공기조화 방식

[11년 1회]

01 다음 사항 중 공조방식의 분류가 맞게 연결된 것은?

① 단일덕트-전공기 방식
② 2중덕트방식-수 방식
③ 유인 유닛방식-개별제어 방식
④ 팬코일 유닛방식-수공기방식

> 2중덕트(전공기 방식), 유인 유닛방식(수공기 방식), 팬코일 유닛방식(전수식)

[14년 2회]

02 중앙집중식 공조방식과 비교하여 덕트 병용 패키지 공조방식의 특징이 아닌 것은?

① 기계실 공간이 적다.
② 고장이 적고, 수명이 길다.
③ 설비비가 저렴하다.
④ 운전의 전문기술자가 필요 없다.

> 덕트 병용 패키지 방식은 각 층에 있는 패키지 공조기(PAC)를 설치하여 덕트를 통해 각 실로 송풍한다. 따라서 각 층에 분산 설치된 패키지형 공조기가 고장이 자주 나며, 수명이 짧은 편이다.

[07년 2회]

03 다음의 공기조화 방식 중에 에너지가 가장 많이 소모되는 것은?

① 패키지 유닛 방식
② 가변풍량방식(VAV)
③ 단일덕트 방식
④ 2중덕트 방식

> 2중덕트 방식은 냉·온풍을 동시에 공급하여 혼합손실로 에너지 손실이 크다.

[13년 1회, 08년 3회]

04 인텔리전트 빌딩과 같이 냉방부하가 큰 건물이나 백화점과 같이 잠열부하가 큰 건물에서 송풍량과 덕트 크기를 크게 늘리지 않고자 할 때, 공조방식으로 적합한 것은?

① 바닥취출 공조방식
② 저온공조방식
③ 팬코일 유닛방식
④ 재열코일방식

> 냉방부하가 큰 건물이나 백화점과 같이 사람이 많아서 잠열부하가 큰 건물에서 저온공조방식을 채택하면 취출온도차가 커져서 송풍량이 감소하고 덕트 면적과 설치공간이 감소한다.

[08년 2회]

05 다음 중 개별 공조방식의 특징이 아닌 것은?

① 외기냉방이 용이하다.
② 실내공기 청정도가 나빠지고 소음이 크다.
③ 개별 실내 제어에 적합하다.
④ 기존 설치된 건물에 비교적 용이하게 설치할 수 있다.

> 개별 공조방식은 외기를 도입할 덕트가 없어서 외기냉방이 불가능하다.

[07년 3회]

06 개별 공조방식의 특징으로 적당하지 않은 것은?

① 개별제어가 쉽다.
② 실내에 유닛의 설치면적을 차지한다.
③ 취급이 간단하고 운전이 용이하다.
④ 외기냉방을 할 수 있다.

> 개별 공조방식은 외기냉방이 불가능하다.

정답 01 ① 02 ② 03 ④ 04 ② 05 ① 06 ④

[14년 2회]
07 겨울철 중간기에 건물 내의 난방을 필요로 하는 부분이 생길 때 발열을 효과적으로 회수해서 난방용으로 이용하는 방법을 열회수방식이라고 한다. 다음 중 열회수의 방법이 아닌 것은?

① 고온공기를 직접 난방부분으로 송풍하는 방식
② 런 어라운드(Run Around) 방식
③ 열펌프 방식
④ 축열조 방식

> 축열조 방식은 심야전기등을 이용하여 열을 저장한 후 기타 시간에 이용하는 것으로 열회수 방식은 아니다.

[07년 1회]
08 다음 설명 중 옳은 것은?

① 각 층 유닛 방식은 대규모 건물이며, 다층 건물에 적합하다.
② 멀티존 유닛 방식은 에너지 절약상 유효하다.
③ 이중 덕트 방식은 실내 온습도 제어에 불리하다.
④ 유인 유닛 방식은 덕트 스페이스가 불필요하다.

> 멀티존 유닛 방식은 에너지 절약상 이중덕트 다음으로 불리하며, 이중 덕트 방식은 실내 온습도 제어에 유리하다. 유인 유닛 방식은 1차 공기를 실내에 공급하기 위해 덕트 스페이스가 필요하다.

[06년 1회]
09 온열매를 사용하는 공조방식에 대한 설명 중 틀린 것은?

① 증기 – 보일러의 물을 가열시켜 증발 잠열을 이용하는 방법으로서, 배관을 통해 열교환기 또는 공조기에 수송되어 방열된 후에 응축·환수된다.
② 고온수 – 보일러에 1차측 온수인 고온수를 만들어 열교환기에서 2차측 온수인 중온수로 열교환하여 사용하는 것으로, 대단위 플랜트에 많이 이용된다.
③ 중온수 – 보일러에서 생산된 1차측 온수인 중온수와 유닛을 순환하는 2차측 온수인 저온수를 부하에 따라 혼합하여 순환시키는 것으로, 중규모의 아파트 단지 등에서 많이 이용된다.
④ 저온수 – 순환수의 온도를 60℃ 전후로 유지하여 순환시키는 방법으로 다른 열매에 비해 예열부하 및 예열손실이 적다는 장점으로 소규모 건물이나 개인주택의 난방에 많이 이용된다.

> 고온수 난방에서 2차측 온수는 저온수로 열교환하여 사용한다.

[15년 1회, 08년 1회]
10 전공기 방식의 특징에 관한 설명으로 틀린 것은?

① 송풍량이 충분하므로 실내공기의 오염이 적다.
② 리턴 팬을 설치하면 외기냉방이 가능하다.
③ 중앙집중식이므로 운전, 보수 관리를 집중화할 수 있다.
④ 큰 부하의 실에 대해서도 덕트가 작게 되어 설치공간이 작다.

> 전공기 방식(단일덕트방식, 2중덕트방식 등)은 큰 부하의 실에서 송풍량이 증가하여 덕트가 크게 되어 설치공간이 커지며, 팬의 소요동력이 커서 전수식이나 수공기식에 비하여 경제적이지 못하다.

[15년 2회]
11 전공기식 공기조화에 관한 설명으로 틀린 것은?

① 덕트가 소형으로 되므로 스페이스가 작게 된다.
② 송풍량이 충분하므로 실내공기의 오염이 적다.
③ 중앙집중식이므로 운전, 보수 관리를 집중화할 수 있다.
④ 병원의 수술실과 같이 높은 공기의 청정도를 요구하는 곳에 적합하다.

> 전공기 방식은 송풍량이 많아서 덕트가 크게 되어 설치 공간(스페이스)이 커진다.

정답 07 ④ 08 ① 09 ② 10 ④ 11 ①

[12년 3회]
12 전공기 방식의 특징에 속하는 것은?

① 외기냉방이 가능하다.
② 공조기계실이 적어도 된다.
③ 부하가 큰 실에 대해서도 덕트 크기가 작아진다.
④ 공기-수 방식에 비해 반송동력이 적게 된다.

> 전공기 방식은 풍량이 많아 중간기에 외기냉방이 가능하며, 공조 기계실은 큰 편이고, 부하가 클수록 덕트 크기는 커지며, 동일한 부하일 때 송풍량이 크게 되어 공기-수 방식에 비해 반송동력도 크게 된다.

[11년 1회]
13 다음 중에서 전공기방식이라고 볼 수 없는 것은?

① 정풍량 단일덕트 방식
② 변풍량 단일덕트 방식
③ 이중덕트 방식
④ 팬코일 유닛 방식

> 팬코일 유닛 방식은 전수식이며 냉수 또는 온수를 실내 FCU에 공급하여 실내공기를 가열 냉각하여 공조한다.

[15년 2회, 13년 1회, 11년 3회]
14 공기조화방식 분류 중 전공기방식이 아닌 것은?

① 멀티존 유닛방식   ② 변풍량 재열식
③ 유인유닛방식   ④ 정풍량식

> 유인 유닛 방식은 수공기 방식으로 기계실에서 실내에 설치된 유닛에 1차 공기와 냉온수를 공급하며, 1차 공기(고속덕트)에 의한 유인작용으로 유닛에 공기가 순환되면 코일에서 냉각 가열하여 공기를 조화시킨다.

[10년 3회]
15 공기조화 방식 중에서 덕트 방식이 아닌 것은?

① 팬코일유닛 방식   ② 멀티존 방식
③ 각층유닛 방식   ④ 유인유닛 방식

> 팬코일유닛 방식은 전수식으로 냉수 또는 온수를 각 실에 있는 FCU에 공급하여 실내 공기를 조화 시킨다.

[09년 3회, 06년 1회]
16 단일덕트 정풍량 공조방식에서 존에 해당하는 각 실의 부하변동에 대응하기 위하여 취출온도를 변경시켜 희망하는 설정치로 유지하기 위해 설치하는 것은?

① 댐퍼   ② 공기여과기
③ 팬코일 유닛   ④ 말단재열기

> 단일덕트 정풍량 방식은 각 실마다 개별제어가 곤란하므로 말단 재열기(terminal reheat)를 설치하여 실내온도를 희망 설정치로 유지시킬 수 있는데 이 방식을 단일덕트 재열방식이라 한다.

[12년 1회]
17 변풍량 단일덕트 방식(VAV 방식)에 대한 설명 중 틀린 것은?

① Zone 또는 각 방마다 설치한 변풍량 유닛에 의해 실내기류에 따라 송풍량을 조절하는 방식이다.
② 동시 사용률을 고려하여 기기용량을 결정할 수 있으므로 설비용량을 적게 할 수 있다.
③ 칸막이 변경이나 부하 증감에 대하여 적응성이 좋다.
④ 부분부하 시 송풍기 동력을 절감할 수 있다.

> 변풍량 방식은 각 방마다 설치한 변풍량 유닛에 서모스탯(온도조절기)이 연결되어 실내온도에 따라 취출풍량을 제어한다.

[10년 3회]
18 가변풍량방식에 관한 설명으로 맞는 것은?

① 실내온도제어에서는 부하변동에 따른 송풍온도를 변화시켜 제어한다.
② 송풍기는 동력절감을 위해 리밋로드 팬을 사용하는 것이 좋다.
③ 동시 사용률을 적용할 수 없으므로 설비용량을 줄일 수 없다.
④ 시운전시 토출구의 풍량조정이 복잡하다.

정답 12 ① 13 ④ 14 ③ 15 ① 16 ④ 17 ① 18 ②

실내온도제어는 부하변동에 따른 송풍량을 변화시켜 제어하며, 송풍기는 풍량변화 시 동력절감을 위해 리밋로드 팬을 사용하는 것이 좋고, 동시 사용률을 적용하여 설비용량을 줄일 수 있다. 유닛이 조정되며 풍량을 조절하므로 시운전 시 토출구의 풍량조정은 간단한 편이다.

송풍량 산출은 일반적으로 실내 취득 현열량과 취출온도차로 계산한다.

$$Q = \frac{q_s}{\gamma C \Delta t} [\text{m}^3/\text{h}]$$

q_s : 실내취득현열량[kJ/h] γ : 공기밀도[1.2kg/m³]
C : 공기비열[1.01kJ/kgK] Δt : 취출온도차

[07년 1회]
19 단일덕트 변풍량 방식에서는 VAV 유닛을 사용하여 실내를 제어하는 데 VAV 유닛을 채용하는 가장 큰 이유는?

① 에너지 절약   ② 소음제거
③ 취출공기 온도제어   ④ 냉풍과 온풍의 혼합

단일덕트 변풍량 방식에서 VAV 유닛은 취출 공기량을 제어하여 필요한 공기량만 실내에 공급하므로 정풍량 방식에 비하여 에너지가 절약된다.

[22년 2회]
22 덕트 병용 팬코일 유니트식과 공조방식이 같은 방식은 무엇인가?

① 단일덕트 변풍량방식   ② 유인유니트방식(IDU)
③ 패키지방식   ④ 이중덕트방식

덕트 병용 팬코일 유니트식은 수공기 방식으로 유인 유니트방식과 같은 공조방식이다

[09년 2회]
20 2중 덕트 방식의 특징 중 옳지 않은 것은?

① 실내부하에 따라 개별제어가 가능하다.
② 2중덕트이므로 덕트 스페이스는 적게 된다.
③ 실내온도의 완전한 제어가 어렵다.
④ 냉풍 및 온풍이 열매체이므로 실내온도 변화에 대한 응답이 빠르다.

2중덕트 방식은 냉풍과 온풍을 별도로 급기하므로 덕트 스페이스가 크게 된다.

[23년 2회]
23 공기조화설비에서 사람이 거주하는 공간에서 실내환기를 위하여 최소 풍량을 확보하도록 할 필요가 있는 시스템은?

① 단일덕트 정풍량 방식
② 단일덕트 변풍량 방식
③ 이중덕트 방식
④ 유인유니트 방식

단일덕트 변풍량방식은 부하에 따라 풍량이 변화하므로 실내 부하가 극히 작을때는 실내 급기량이 현저히 감소하여 환기량이 부족하므로 사람이 거주하는 공간에서는 보통 표준형 VAV유니트(최소풍량이 30%)를 사용한다.

[14년 3회]
21 냉방 시 공조기의 송풍량을 산출하는 데 가장 밀접한 부하는?

① 재열부하   ② 외기부하
③ 펌프·배관부하   ④ 실내취득열량

[15년 2회]
24 유인 유닛 공조방식에 대한 설명으로 옳은 것은?

① 실내 환경 변화에 대응이 어렵다.
② 덕트 공간이 비교적 크다.
③ 각 실의 제어가 어렵다.
④ 회전부분이 없어 동력(전기) 배선이 필요 없다.

정답 19 ① 20 ② 21 ④ 22 ② 23 ② 24 ④

유인 유닛 방식은 실내에 유닛이 설치되므로 실내 환경 변화에 대응이 쉽고 각 실의 제어가 쉽다. 전공기 방식에 비하여 덕트 공간이 비교적 작으며, 유닛에 모터가 없어 동력(전기) 배선이 필요 없다. FCU는 팬 가동을 위한 동력 배선이 필요하다.

[06년 1회]

25 유인 유닛 방식의 특징 중 적합하지 않은 것은?

① 중앙공조기는 1차 공기만을 처리한다.
② 전 공기식에 비해 덕트 면적이 적다.
③ 각 유닛마다 조절할 수 있으므로 각 실 조절에 적합하다.
④ 동시에 냉방, 난방이 곤란하다.

유인 유닛은 3관식이나 4관식을 통해 동시에 냉난방도 가능하다.

[06년 1회]

26 유인 유닛 공조방식 특징이 아닌 것은?

① 각실 제어가 용이하다.
② 유닛의 여과기가 막히기 쉽다.
③ 유닛이 실내의 유효공간을 감소시킨다.
④ 덕트 공간이 비교적 크다.

유인 유닛은 1차 공기를 고속덕트로 공급하므로 덕트 공간이 비교적 적은 편이다.

[09년 2회]

27 공기 – 물 공기조화 방식에 해당하는 것은?

① 2중덕트 방식
② 패키지 유닛 방식
③ 복사 냉난방 방식
④ 정풍량 단일덕트 방식

복사 냉난방 방식(덕트 병용)은 공기수 방식이고, 패키지 유닛 방식은 냉매방식이며, 2중덕트 방식과 정풍량 단일덕트 방식은 전공기방식이다.

[06년 3회]

28 다음 공조방식 중에서 공기 – 물 방식이 아닌 것은?

① 복사 냉난방 방식
② 유인 유닛 방식
③ 멀티 유닛 방식
④ 팬코일 유닛 방식(덕트 병용)

멀티 유닛 방식은 냉매방식이며 패키지 유닛 방식, 분리형 패키지 유닛 방식 등이 여기에 속한다.

[12년 3회]

29 공기조화 방식의 특징 중 공기-물 방식(유닛 병용식)의 특징에 해당하는 것은?

① 유닛의 소음이 발생하지 않는다.
② 유닛 1대로써 1개의 소규모 존을 구성하므로 조닝이 용이하다.
③ 덕트가 없으므로 덕트 스페이스가 필요하지 않는다.
④ 개별식이므로 부분운전 및 시간차 운전에 적합하다.

유닛 병용식은 유닛의 소음이 발생하며 덕트가 필요하며 중앙식으로 부분운전 및 시간차 운전에 부적합하다.

[06년 2회]

30 각층 유닛방식은 각 층에 1대 또는 여러 대의 공조기를 배치하는 방법인데, 이 방식을 응용할 수 없는 공조방식은?

① 단일덕트 정풍량 방식
② 단일덕트 변풍량 방식
③ 2중덕트 방식
④ 패키지 방식

각층 유닛방식은 중앙식인데 비하여 패키지 방식은 개별방식으로 응용하기가 곤란하다.

정답 25 ④ 26 ④ 27 ③ 28 ③ 29 ② 30 ④

[15년 3회]

31 덕트 병용 팬코일 유닛(Fan Coil Unit)방식의 특징이 아닌 것은?

① 열부하가 큰 실에 대해서도 열부하의 대부분을 수배관으로 처리할 수 있으므로 덕트치수가 적게 된다.
② 각 실 부하 변동을 용이하게 처리할 수 있다.
③ 각 유닛의 수동제어가 가능하다.
④ 청정구역에 많이 사용된다.

> 덕트 병용 팬코일 유닛방식은 각 실로 공급되는 송풍량이 적어서 청정구역(클린룸)에는 부적합하다.

[08년 2회]

32 다음은 팬코일 유닛 방식의 배관방법에 따른 장단점 및 특징을 기술한 내용이다. 틀린 것은? (단, 2관식, 3관식, 4관식을 비교)

① 3관식에서는 손실열량이 타 방식에 비하여 거의 없다.
② 2관식에서는 냉·난방의 동시운전이 불가능하다.
③ 4관식이 설비비면에서 가장 불리하다.
④ 4관식은 동시에 냉·난방운전이 가능하다.

> 3관식은 냉온수가 각각 공급되므로 동시에 냉난방 운전이 가능하나 냉온수가 혼합되어 환수되므로 혼합손실이 발생하여 2관식이나 4관식에 비하여 손실열량이 있다.

[10년 2회]

33 팬코일 유닛에 대한 설명 중 맞는 것은?

① 고속덕트로 보내져온 1차 공기를 노즐에 분출시켜 주위의 공기를 유인하여 팬코일로 송풍하는 공기조화기이다.
② 송풍기, 냉온수 코일, 에어필터 등을 케이싱 내에 수납할 소형의 실내용 공기조화기이다.
③ 송풍기, 냉동기, 냉온수코일 등을 기내에 조립한 공기조화기이다.
④ 송풍기, 냉동기, 냉온수코일, 에어필터 등을 케이싱 내에 수납한 소형의 실내용 공기조화기이다.

> ① - 유인유닛식이며,
> ② - 팬코일 유닛(FCU)은 팬과 코일을 케이싱에 내장한 소형 공기조화기이다.
> ③, ④ - 패키지 유닛의 특징이다.

[12년 2회]

34 개방식 냉각탑의 설계에 관한 설명으로 맞는 것은?

① 압축식 냉동기 1RT당 냉각열량은 11760kJ/h로 한다.
② 압축식 냉동기 1RT당 풍량은 역류식은 600m³/h 정도, 직교류식에서는 400m³/h 정도로 한다.
③ 압축식 냉동기 1RT당 수량은 외기습구온도 27℃일 때 8L/min 정도로 한다.
④ 흡수식 냉동기를 사용할 때 열량은 일반적으로 압축식 냉동기의 약 1.7~2.0배 정도로 한다.

> ① 압축식 냉동기 1RT당 냉각열량은 16380kJ/h로 하며, 압축식 냉동기 1RT당 수량은 외기습구온도 27℃일 때 13L/min 정도로 한다. 흡수식 냉동기 냉각탑의 크기는 압축식의 1.7~2.0배 정도로 한다.

[15년 2회, 12년 2회]

35 펌프를 작동원리에 따라 분류할 때 왕복펌프에 해당하지 않는 것은?

① 피스톤 펌프   ② 베인 펌프
③ 다이어프램 펌프 ④ 플런저 펌프

> 베인(편심) 펌프는 회전펌프에 속하며 기어 펌프, 나사 펌프도 여기에 속한다.

[07년 1회]

36 배관의 직관부에서 압력손실이 적어질 수 있는 조건은?

① 관의 마찰계수가 클 때
② 관 길이가 길 때
③ 관 지름이 클 때
④ 유속이 클 때

정답 31 ④ 32 ① 33 ② 34 ④ 35 ② 36 ③

압력손실은 배관의 지름이 크면 유속이 작아져서 압력손실이 적어진다.

[13년 3회]
37 냉각수는 배관 내를 통하게 하고 배관 외부에 물을 살수하여 살수된 물의 증발에 의해 배관내 냉각수를 냉각시키는 방식으로 대기오염이 심한 곳 등에서 많이 적용되는 냉각탑 방식은?

① 밀폐식 냉각탑
② 대기식 냉각탑
③ 자연통풍식 냉각탑
④ 강제통풍식 냉각탑

밀폐식 냉각탑은 냉각수는 배관 내를 통하게 하고 배관 외부에 물을 살수하여 살수된 물의 증발에 의해 배관 내 냉각수를 냉각시키며 대기오염이 심한 곳에 적합하다.

2 공기조화 부하

[11년 1회, 09년 1회]
38 열관류율을 계산하는 데 필요하지 않은 것은?

① 벽체의 두께
② 벽체의 열전도율
③ 벽체표면의 열전달률
④ 벽체의 함수율

열관류율(K)식에서
$$\frac{1}{K} = \frac{1}{a_1} + \frac{l_1}{\lambda_1} + \frac{l_2}{\lambda_2} + \frac{1}{a_2}$$
벽체두께, 열전도율, 열전달률을 이용하여 열관류율을 구한다.

[11년 1회]
39 상당외기온도차를 구하기 위한 요소로서 해당되지 않는 것은?

① 일사흡수율
② 열전도율
③ 직달 일사량(kcal/m²h)
④ 외기온도(℃)

아래 상당온도차 식에서
$$t_e = t_o + \frac{I \times \lambda}{\alpha}$$
t_e : 상당외기온도, t_o : 외기온도, I : 일사량,
λ : 일사흡수율, α : 열전달률
- 열전도율은 상당온도차와 직접적인 관계가 없다

[15년 2회]
40 다음 중 현열부하에만 영향을 주는 것은?

① 건구온도
② 절대습도
③ 비체적
④ 상대습도

습공기에서 온도변화(건구온도)에 관여한 열을 현열이라 하며 수증기변화에 관여한 열을 잠열이라 한다. 이 2가지가 관여한 열을 전열(엔탈피)이라 한다.

[15년 3회]
41 실내 냉난방 부하 계산에 관한 내용으로 설명이 부적당한 것은?

① 열부하 구성 요소 중 실내 부하는 유리면 부하, 구조체 부하, 틈새바람 부하, 내부 칸막이 부하 및 실내 발열부하로 구성된다.
② 열부하 계산의 목적은 실내 부하의 상태, 덕트나 배관의 크기 등을 구하기 위한 기초가 된다.
③ 최대 난방부하란 실내에서 발생되는 부하가 1일 중 가장 크게 되는 시각의 부하로서 주로 저녁에 발생한다.
④ 냉방 부하란 쾌적한 실내 환경을 유지하기 위하여 여름철 실내 공기를 냉각, 감습시켜 제거하여야 할 열량을 의미한다.

최대 난방부하란 외부로의 손실열량으로 부하가 1일 중 가장 크게 되는 시각의 부하로서 주로 밤에 발생한다.

정답 37 ① 38 ④ 39 ② 40 ① 41 ③

[13년 1회, 10년 3회]

42 구조체에서의 손실부하 계산 시 내벽이나 중간층 바닥의 손실부하를 구하고자 할 때 적용하는 온도차를 구하는 공식은? (단, t_r : 실내의 온도, t_0 : 실외의 온도)

① $\Delta t = \left(t_r - \dfrac{t_r - t_0}{2}\right)$ ② $\Delta t = \left(t_r + \dfrac{t_r - t_0}{2}\right)$

③ $\Delta t = \left(\dfrac{t_r - t_0}{2}\right)$ ④ $\Delta t = \left(t_r - \dfrac{t_r + t_0}{2}\right)$

> 내벽이나 중간층(실즉 비난방실 손실부하 계산 시 중간실 온도는 실내외 중간온도를 적용하며 온도차 공식(Δt)
> $\Delta t = \left(t_r - \dfrac{t_r + t_0}{2}\right)$

[10년 1회]

43 다음 구조체를 통한 손실열량을 구하는 식에서 Rt는 무엇을 나타내는가? (단, H_t : 손실열량, A : 면적, t_r, t_o : 실내외 온도)

$$H_t = \dfrac{1}{Rt} \times (t_r - t_o)\,[\text{kJ/h}]$$

① 열관류율 ② 열통과 저항
③ 열전도계수 ④ 열복사율

> Rt : 열통과 저항[$m^2h℃/kcal$, m^2K/W],
> 열관류(통과)율 $K = \dfrac{1}{Rt}$

[10년 2회]

44 다음과 같은 조건인 벽체의 열관류율은 얼마인가?
(단, 콜타르 1[cm], 열전도율 1.4[W/mK], 콘크리트 15[cm], 열전도율 1.6[W/mK], 암면 5[cm], 열전도율 0.044[W/mK], 하드텍스 0.6[cm], 열전도율 0.14[W/mK], 내표면 열전달률 $a_1 =$ 9.3[W/m²K], 외표면의 열전달률 $a_0 = 23.3$[W/m²K])

① 0.475W/m²K
② 0.574W/m²K
③ 0.699W/m²K
④ 0.754W/m²K

> 열관류율$(K) = \dfrac{1}{\dfrac{1}{\alpha_1} + \dfrac{\ell_1}{\lambda_1} + \dfrac{\ell_2}{\lambda_2} + \dfrac{\ell_3}{\lambda_3} + \dfrac{\ell_4}{\lambda_4} + \dfrac{1}{\alpha_2}}$
> $= \dfrac{1}{\dfrac{1}{23.3} + \dfrac{0.01}{1.4} + \dfrac{0.15}{1.6} + \dfrac{0.05}{0.044} + \dfrac{0.006}{0.14} + \dfrac{1}{9.3}}$
> $= 0.699\,\text{W/m}^2\text{K}$

[08년 1회]

45 다음과 같은 벽체의 열관류율 K값은 몇 [W/m²K]인가?
내표면 열전달률 8W/m²K
외표면 열전달률 30W/m²K

번 호	재료명	두께 [m]	열전도율 [W/mK]
①	벽돌	0.1	1.2
②	단열재	0.05	0.03
③	콘크리트	0.15	1.40

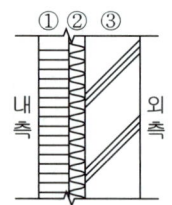

① 0.248 ② 0.363
③ 0.496 ④ 0.521

> 열관류율$(K) = \dfrac{1}{\dfrac{1}{\alpha_1} + \dfrac{\ell}{\lambda} + \dfrac{1}{\alpha_2}}$
> $= \dfrac{1}{\dfrac{1}{8} + \dfrac{0.1}{1.2} + \dfrac{0.05}{0.03} + \dfrac{0.15}{1.4} + \dfrac{1}{30}}$
> $= 0.496\,\text{W/m}^2\text{K}$

정답 42 ④ 43 ② 44 ③ 45 ③

[23년 1회]

46 냉방시 외기상당온도 36℃, 실내온도 26℃일 때 아래와 같은 구조의 벽체에서 침입열량[W]을 구하시오. 단 벽체의 면적은 30m², 각 벽 재료의 열전도율은 아래 표와 같고 벽체 외측 열전달율은 23W/(m²·K), 내측 열전달율은 8.5W/(m²·K)로 한다.

재료	열전도율[W/(m·K)]	두께[m]
철근콘크리트	1.4	0.2
단열재	0.045	0.2
방수 몰탈	1.3	0.01

① 63W ② 180W
③ 200W ④ 220W

> • 방열벽의 열통과율 K
> $$\frac{1}{K} = \frac{1}{8.5} + \frac{0.01}{1.3} + \frac{0.2}{0.045} + \frac{0.2}{1.4} + \frac{1}{23}$$
> $K = 0.21 \text{W/m·K}$
> ∴ 벽체를 통한 침입열량(Q)
> $Q = KA\Delta t = 0.21 \times 30 \times (36-26) = 63W$
> (※ 여기서 주의사항은 외기상당온도차와 외기상당온도이다. 외기상당온도는 일사영향을 고려한 외기온도를 말하며, 외기상당온도차는 외기상당온도-실내온도를 말한다. 즉 외기상당온도차 36℃, 실내온도 26℃ 조건이라면 온도차는 그냥 36℃가 된다.)

[15년 2회]

47 다음의 표시된 벽체의 열관류율은?
(단, 내표면의 열전달률 $\alpha_1 = 8\text{W/m}^2\text{K}$,
외표면의 열전달률 $\alpha_0 = 20\text{W/m}^2\text{K}$,
벽돌의 열전도율 $\lambda_a = 0.5\text{W/mK}$,
단열재의 열전도율 $\lambda_a = 0.03\text{W/mK}$,
모르타르의 열전도율 $\lambda_c = 0.62\text{W/mK}$이다.)

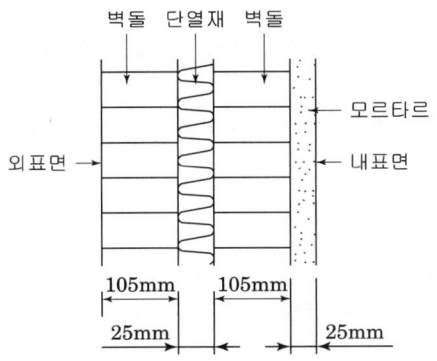

① 0.685W/m²K ② 0.778W/m²K
③ 0.813W/m²K ④ 1.460W/m²K

> $$\text{열관류율}(K) = \frac{1}{\frac{1}{\alpha_1} + \frac{\ell_1}{\lambda_1} + \frac{\ell_2}{\lambda_2} + \frac{\ell_3}{\lambda_3} + \frac{\ell_4}{\lambda_4} + \frac{1}{\alpha_2}}$$
> $$= \frac{1}{\frac{1}{20} + \frac{0.105}{0.5} + \frac{0.025}{0.03} + \frac{0.105}{0.5} + \frac{0.02}{0.62} + \frac{1}{8}}$$
> $= 0.685\text{W/m}^2\text{K}$

[14년 1회]

48 도서관의 체적이 630[m³]이고 공기가 1시간에 2회 비율로 틈새바람에 의해 자연 환기될 때 풍량[m³/min]은 약 얼마인가?

① 12 ② 21
③ 44 ④ 57

> 환기횟수 2회 일 때 환기 총 풍량
> $(V) = NV = 2 \times 630 = 1260\text{m}^3/\text{h}$
> 분당 환기량 $= 1260 \div 60 = 21\text{m}^3/\text{min}$

[12년 2회]

49 어떤 실내의 현열량이 12600[kJ/h], 실내온도 25℃, 송풍기 출구온도 15℃일 때 실내 송풍량은 약 얼마인가? (단, 공기의 비열 1.01[kJ/kgK], 공기의 비중량 1.2[kg/m³]으로 한다.)

① 1010m³/h ② 1020m³/h
③ 1030m³/h ④ 1040m³/h

> $$\text{송풍량} = \frac{q_s}{\rho \times C\Delta t} = \frac{12600}{1.2 \times 1.01 \times (25-15)} = 1040\text{m}^3/\text{h}$$

[15년 3회]

50 지하철 터널환기의 열부하에 대한 종류로 가장 거리가 먼 것은?

① 열차주행에 의한 발열 ② 열차 제동 발생 열량
③ 보조기에 의한 발열 ④ 열차 냉방기에 의한 발열

정답 46 ① 47 ① 48 ② 49 ④ 50 ②

제2장 공기조화 계획

지하철 터널환기의 열부하 종류에서 열차 제동은 전기식 발전 제동장치로 열부하가 가장 적다.

[11년 1회]

51 외기온도 −11℃, 실내온도 18℃, 실내습도 70%(노점온도 12.5℃)일 때 외벽의 내면에 이슬이 생기지 않도록 하려면 외벽의 열통과율을 얼마로 해야 하는가? (단, 내면의 열전달률은 11.6[W/m²K]이다.)

① 2.5W/m²K 이하　② 2.5W/m²K 이상
③ 2.2W/m²K 이하　④ 2.2W/m²K 이상

벽체 열통과량과 내면 열전달량 사이에 열평형식을 세우면
$K A \Delta t = \alpha_i A \Delta t_s$ 에서
$$K = \frac{\alpha_i \Delta t_s}{\Delta t} = \frac{11.6(18-12.5)}{18-(-11)} = 2.2$$
열관류율 K = 2.2W/m²K 이하

[12년 3회]

52 공기조화 부하 중 실내 취득 열량이 아닌 것은?

① 인체 발생 열량　② 벽체로부터의 열량
③ 덕트로부터의 열량　④ 기구 발생 열량

덕트로부터의 열량은 공조하기 위해서 설치한 장치 부하의 일종이다.

[11년 3회]

53 냉방부하 종류 중 실내부하에 해당되지 않는 것은?

① 배관에서의 손실열
② 유리를 통과하는 전도열
③ 지붕을 통과하는 복사열
④ 인체에서의 발생열

배관, 덕트, 펌프, 팬부하는 공조하기 위해서 설치한 장치부하(공조기기 부하)의 일종이며 배관 손실열은 난방부하의 일종이고 배관 취득열이 냉방부하의 일종이다.

[12년 1회]

54 다음 중 실내 발열부하가 아닌 것은?

① 펌프부하　② 조명부하
③ 인체부하　④ 기구부하

펌프부하는 공조하기 위해서 설치한 장치부하(공조기기 부하)의 일종이다.

[13년 3회]

55 냉방부하의 종류 중 현열만 존재하는 것은?

① 외기를 실내 온습도로 냉각, 감습시키는 열량
② 유리를 통과하는 전도열
③ 문틈에서의 틈새바람
④ 인체에서의 발생열

유리를 통과하는 전도열은 수증기와 무관한 현열부하이다.

[12년 1회]

56 냉방부하에 관한 설명이다. 옳은 것은?

① 조명에서 발생하는 열량은 잠열에서 외기부하에 해당된다.
② 상당외기온도는 방위, 시각 및 벽체 재료 등에 따라 값이 정해진다.
③ 유리창을 통해 들어오는 부하는 태양복사열만 계산한다.
④ 극간풍에 의한 부하는 실내외 온도차에 의한 현열만을 계산한다.

조명 부하는 실내취득열량이다.
유리창부하는 열관류와 일사(복사열)의 합이다.
극간풍(틈새바람) 부하는 현열과 잠열의 합이다.

정답　51 ③　52 ③　53 ①　54 ①　55 ②　56 ②

[15년 1회, 11년 2회]

57 공기조화 부하의 종류 중 실내부하와 장치부하에 해당되지 않는 것은?

① 사무기기나 인체를 통해 실내에서 발생하는 열
② 외부의 고온 기류 중 실내로 들어오는 열
③ 덕트에서의 손실열
④ 펌프동력에서의 취득열

> 펌프동력에서의 취득열은 냉각코일에 순환하는 냉수로 부터의 부하로 냉동기 용량에 관계한다.

[07년 2회]

58 다음의 냉방부하 중에서 현열부하와 잠열부하를 모두 포함하고 있는 것은?

① 벽체로부터의 취득열량
② 송풍기로부터의 취득열량
③ 재열기의 취득열량
④ 극간풍에 의한 취득열량

> 극간풍은 공기 중의 수증기로 인하여 현열부하와 잠열부하를 모두 갖고 있다.

[07년 1회]

59 다음 중 현열부하에만 영향을 주는 것은?

① 건구온도   ② 절대습도
③ 비체적   ④ 상대습도

> 건구온도는 현열부하에 영향을 준다.

[06년 3회]

60 다음 취득 열량 중 잠열이 포함되지 않는 것은?

① 인체의 발열   ② 조명기구의 발열
③ 외기의 취득열   ④ 증기 소독기의 발생열

> 조명기구는 수증기 발생이 없어 현열 부하만 발생한다.

[14년 1회, 07년 3회]

61 우리나라에서 오전 중에 냉방 부하가 최대가 되는 존(Zone)은 어느 방향인가?

① 동쪽 방향   ② 서쪽 방향
③ 남쪽 방향   ④ 북쪽 방향

> 오전 중 냉방부하 최대 방위는 동쪽 방향, 오후는 서쪽이다.

[12년 2회]

62 냉방 시 유리를 통한 일사 취득열량을 줄이기 위한 방법으로 옳지 않은 것은?

① 유리창의 입사각을 적게 한다.
② 투과율을 적게 한다.
③ 반사율을 크게 한다.
④ 차폐계수를 적게 한다.

> 유리창의 입사각을 적게 하면(0°) 일사가 유리창에 수직(90°)으로 작용하므로 취득열량은 증가한다.

[22년 3회]

63 어느 건물 서편의 유리 면적이 $40m^2$이다. 안쪽에 크림색의 베네시언 블라인드를 설치한 유리면으로부터 침입하는 열량(kW)은 얼마인가? (단, 외기 33℃, 실내공기 27℃, 유리는 1중이며, 유리의 열통과율은 $5.9W/m^2 \cdot ℃$, 유리창의 복사량(I_{gr})은 $608W/m^2$, 차폐계수는 0.56이다.)

① 15.0   ② 13.6
③ 3.6   ④ 1.4

> 유리 침입열량은 관류열과 복사열이다.
> 관류열 = $KA\Delta t$ = $5.9 \times 40(33-27)$ = 1416W
> 복사열 = $I_{gr}Ak$ = $608 \times 40 \times 0.56$ = 13,619W
> 침입열량 = 1416 + 13619 = 15,035W ≒ 15kW

정답 57 ④ 58 ④ 59 ① 60 ② 61 ① 62 ① 63 ①

[12년 1회]

64 실내취득열량 중 현열이 105000kJ/h일 때, 실내온도를 26℃로 유지하기 위해 14℃의 공기를 송풍하고자 한다. 송풍량은 약 얼마[m³/min])인가?
(단, 공기의 비열은 [1.01kJ/kgK], 공기의 비중량은 [1.2kg/m³]로 한다.)

① 7220　　　　　　② 1042
③ 173.6　　　　　　④ 120.3

> 실내 송풍량 계산(Q)는 $q_s = \rho Q C \Delta t$ 에서 $Q = \dfrac{q_s}{\rho C \Delta t}$
>
> $Q = \dfrac{105000}{1.2 \times 1.01 \times (26-14)} = 7219.5 \text{m}^3/\text{h} = 120.3 \text{m}^3/\text{min}$

[연습문제]

65 실내취득열량 중 현열이 30,000W일 때, 실내온도를 26℃로 유지하기 위해 14℃의 공기를 송풍하고자 한다. 송풍량은 약 얼마(m³/min)인가? (단, 공기의 비열은 1.01kJ/kgK, 공기의 밀도는 1.2kg/m³로 한다.)

① 7.28　　　　　　② 10.46
③ 73.6　　　　　　④ 123.8

> 실내 송풍량 계산(Q)는 $q_s = \rho Q C \Delta t$ 에서 $Q = \dfrac{q_s}{\rho C \Delta t}$
>
> $Q = \dfrac{30,000/1000}{1.2 \times 1.01 \times (26-14)} = 2.063 \text{m}^3/\text{s} = 123.8 \text{m}^3/\text{min}$
>
> 30,000W를 kW로 환산하기 위해 1,000으로 나눈다.

[22년 1회]

66 실내 취득 현열량 및 잠열량이 각각 3000W, 1000W, 장치 내 취득열량이 550W이다. 실내 온도를 25℃로 냉방하고자 할 때, 필요한 송풍량은 약 얼마인가?
(단, 냉각코일출구와 실내온도차는 10℃이다.)

① 105.6 L/s　　　　② 150.8 L/s
③ 295.8 L/s　　　　④ 346.6 L/s

> 취출구 온도차를 이용하여 송풍량을 계산할 때는 실내 취득 현열량(3000W)과 장치취득열량(550W)을 고려한다.
>
> $Q = \dfrac{q_s}{\gamma C \Delta t} = \dfrac{3000 + 550}{1.2 \times 1.0 \times 10} = 295.8 \text{L/s}$
>
> 현열부하가 kW이면 풍량은 m³/s이고 W이면 풍량은 L/s이다.

[22년 2회][10년 2회]

67 공기조화를 하고자 하는 어떤 실의 냉방부하를 계산한 결과 현열부하 q_s = 4070W, 잠열부하 q_L = 594W였다. 이때 취출공기의 온도를 17℃, 실내 기온을 26℃로 하면 취출풍량은 약 얼마인가?
(단, 습공기의 정압비열 $C_{pa} = 1.01 \text{kJ/kgK}$이다.)

① 1314(kg/h)　　　② 1530(kg/h)
③ 1612(kg/h)　　　④ 1851(kg/h)

> 실내 송풍량 계산(m)는 $q_s = m C \Delta t$ 에서 $m = \dfrac{q_s}{C \Delta t}$
>
> $m = \dfrac{4070 \times 3600}{1000 \times 1.01 \times (26-17)} = 1612 \text{kg/h}$
>
> (3600을 곱하는 이유는 W를 J/h로 고치고 1000으로 나누면 kJ/h가 된다)

[09년 1회]

68 어떤 방의 냉방 시 현열 q_s = 50,000 kJ/h, 잠열 q_L = 20,000 kJ/h이고 취출온도와 실내 온도차가 10℃일 때 취출풍량을 구하면 얼마인가? (단, 공기의 비열 1.01kJ/kgK, 비중량 1.2kg/m³이다.)

① 4950kg/h　　　　② 4200kg/h
③ 3800kg/h　　　　④ 3520kg/h

> 실내 송풍량 계산(m)는 $q_s = m C \Delta t$ 에서 $m = \dfrac{q_s}{C \Delta t}$
>
> $m = \dfrac{50,000}{1.01 \times 10} = 4950 \text{kg/h}$

[09년 3회, 07년 3회]

69 어떤 방의 취득 현열량이 23280W로 산출되었다. 실내온도 25℃로 유지하기 위해서 15℃의 공기를 취출한다면 실내로의 송풍량은 약 몇 m³/h인가?
(단, 공기의 비중량은 1.2kg/m³, 정압비열은 1.01kJ/kgK로 한다.)

① 4,164　　　　　　② 4,673
③ 6,121　　　　　　④ 6,915

정답　64 ④　65 ④　66 ③　67 ③　68 ①　69 ④

실내 송풍량 계산(Q)는 $q_s = \rho QC\triangle t$에서 $Q = \dfrac{q_s}{\rho C\triangle t}$

$Q = \dfrac{23280}{1000 \times 1.01 \times (25-15)} = 2.3054$kg/s $= 8298$kg/h
$= 6915$m³/h (W를 1000으로 나누어 kW=kJ/s=kg/s로 환산)

외기량 200L/s $= 0.2$m³/s $= 720$m³/h $= 864$kg/h
현열부하 $= mC\triangle t = 864 \times 1.01 \times (35-25)$
$= 8,726.4$kJ/h $= 2.424$kW
잠열부하 $= \gamma m \triangle x = 2,501 \times 864(0.0321 - 0.0165)$
$= 33,709$kJ/h $= 9.364$kW

[14년 3회]

70 8,000W의 열을 발산하는 기계실의 온도를 외기 냉방하여 26℃로 유지하기 위한 외기도입량은? (단, 밀도 1.2kg/m³, 공기 정압비열 1.0kJ/kg℃, 외기온도 11℃이다.)

① 약 600m³/h   ② 약 1,584m³/h
③ 약 1,851m³/h   ④ 약 2,160m³/h

8,000W = 8kW
실내 송풍량 계산(Q)는 $q_s = \rho QC\triangle t$에서 $Q = \dfrac{q_s}{\rho C\triangle t}$
$Q = \dfrac{8}{1.2 \times 1.01 \times (26-11)} = 0.44$m³/s $= 1584$m³/h

[06년 1회]

73 실내온도 26℃의 사무실에서 일반사무에 종사하고 있는 사람의 발열량으로 가장 적당한 것은 어느 것인가?

	현열	잠열
①	40W,	100W
②	20W,	90W
③	58W,	70W
④	90W,	30W

26℃ 사무실(사람의 발열량) : 현열(58W), 잠열(70W) 정도이다.

[11년 3회, 08년 1회, 06년 3회]

71 40W짜리 형광등 10개를 조명용으로 사용하는 사무실이 있다. 이때 조명기구로부터의 취득 열량은 약 얼마인가?(단, 안정기의 부하는 20%로 한다.)

① 1128kJ/h   ② 1428kJ/h
③ 1728kJ/h   ④ 1928kJ/h

조명기구 취득열량 $= 40$W$\times 10 \times (1+0.2) = 480$W
$= 480$J/s $= 1728$kJ/h

[09년 3회, 08년 2회]

74 공조 부하 계산에서 백열등 1kW당 방열량은?

① 1kJ/h   ② 600kJ/h
③ 3,600kJ/h   ④ 10,000kJ/h

1kW = 1kJ/s = 3600kJ/h

[15년 3회]

72 실내온도가 25℃이고, 실내 절대습도가 0.0165kg/kg의 조건에서 틈새바람에 의한 침입 외기량이 200L/s일 때 현열부하와 잠열부하는?(단, 실외온도 35℃, 실외 절대습도 0.0321kg/kg, 공기의 비열 1.01kJ/kg·K, 물의 증발잠열 2,501kJ/kg이다.)

① 현열부하 2.42kW, 잠열부하 7.803kW
② 현열부하 2.42kW, 잠열부하 9.364kW
③ 현열부하 2.828kW, 잠열부하 10.144kW
④ 현열부하 2.828kW, 잠열부하 10.924kW

[23년 2회]

75 다음과 같이 콘크리트 10cm, 회벽 2cm로 구성된 벽체에 대하여 외벽체 표면온도 30℃, 실내측 표면온도 26℃일 때 벽체에서 침입열량[W]을 구하시오. 단 벽체의 면적은 10m², 각 벽 재료의 열전도율은 아래 표와 같다.

재료	열전도율[W/(m·K)]	두께[m]
콘크리트	0.72	0.1
회벽	1.4	0.002

① 63W   ② 180W
③ 200W   ④ 285W

정답 70 ② 71 ③ 72 ② 73 ③ 74 ③ 75 ④

벽체의 열통과저항(R)을 벽체 양측 표면사이(30-26℃)에서 구조체의 열전도율로 구하면

$R = \dfrac{L_1}{\lambda_1} + \dfrac{L_2}{\lambda_2} = \dfrac{0.1}{0.72} + \dfrac{0.002}{1.4} = 0.1403$

∴ 벽체를 통한 침입열량(Q)은 K = 1/R 이므로
$Q = KA\Delta t = (1/R)A\Delta t = (1/0.1403) \times 10 \times (30-26)$
$= 285W$

(※ 여기서 주의사항은 양 벽체 표면온도를 주었으므로 2벽체 사이의 열통과 저항으로 해석한다.)

[11년 3회]

76 실내 온습도 조건이 26℃, 50%인 어떤 방의 냉방부하를 계산한 결과 현열부하 $q_s = 3{,}000\,\text{kJ/h}$, 잠열부하 $q_L = 1{,}000\,\text{kJ/h}$였다면 이때 현열비는 얼마인가?

① 0.65 ② 0.68
③ 0.75 ④ 0.80

현열비(SHF) = $\dfrac{\text{현열}}{\text{현열}+\text{잠열}} = \dfrac{3{,}000}{1{,}000+3{,}000} = 0.75$

[12년 1회]

77 지붕 구조체의 열관류율 0.48 W/m²℃, 면적 200 m², 냉방부하온도차(CLTD) 34℃, 실내온도 26℃일 때 관류에 의한 냉방부하는 얼마인가?

① 768W ② 2,496W
③ 2,880W ④ 3,264W

열관류량(Q) = $K \times A \times \Delta t = 0.48 \times 200 \times 34 = 3{,}264\,W$

[08년 3회]

78 일사의 영향을 받는 외벽 지붕을 통한 취득열량(qw)을 구하는 식으로 맞는 것은? (단, 시간에 제약받지 않으며 K는 열관류율(W/m²K), A는 벽체의 면적(m²), te는 상당외기온도(℃), tr은 실내온도(℃)이다.)

① $qw = K \cdot A \cdot (te - tr)$
② $qw = \dfrac{K \cdot A}{te - tr}$
③ $qw = \dfrac{te - tr}{K \cdot A}$
④ 취득열량 $(qw) = K \cdot A(tr - te)$

상당온도차를 적용할 때 Δt = 상당외기온도 - 실내온도로 한다.
$qw = K \times A \times \Delta t = K \times A(te - tr)$

[08년 1회]

79 크기가 15m × 5m, 천장고가 2.4m인 어느 실의 틈새 바람에 의한 전열부하(kJ/h)는 약 얼마인가?

【 조 건 】

구분	건구온도 (℃)	상대습도 (%)	엔탈피 (kJ/kg)
실내	26	50	53
외기	31	67	82
환기횟수	2회/h		
공기성질	• 밀도 : 1.2 kg/m³ • 비열 : 1.01kJ/kgK		

① 약 9860 ② 약 12528
③ 약 14746 ④ 약 19496

실체적(V) = $15 \times 5 \times 2.4 = 180\,m^3$,
틈새바람양은 2회 이므로 $2 \times 180\,m^3/h$ 이고
전열부하 = $m\Delta h = 2 \times 180 \times 1.2(82-29) = 12528\,kJ/h$

정답 76 ③ 77 ④ 78 ① 79 ②

[09년 3회]

80 난방부하계산에서 손실부하에 해당되지 않는 것은?

① 외벽, 유리창, 지붕에서의 부하
② 조명기구, 재실자의부하
③ 틈새바람에 의한 부하
④ 내벽, 바닥에서의 부하

> 조명기구, 재실자의 부하는 난방부하에서는 감소 요인이며 일반적으로 무시한다.

[14년 2회, 11년 3회]

81 난방부하 계산 시 온도 측정방법에 대한 설명 중 틀린 것은?

① 외기온도 : 기상대의 통계에 의한 그 지방의 매일 최저 온도의 평균값 보다 다소 높은 온도
② 실내온도 : 바닥 위 1m의 높이에서 외벽으로부터 1m 이내 지점의 온도
③ 지중온도 : 지하실의 난방부하의 계산에서 지표면 10m 아래까지의 온도
④ 천장 높이에 따른 온도 : 천장의 높이가 3m 이상이 되면 직접난방법에 의해서 난방 할 때 방의 윗부분과 밑면과의 평균 온도

> 난방부하 계산 시 실내온도는 바닥 위 1.5m 높이 외벽에서 1m 이상의 지점에서 측정한다.

[15년 2회]

82 극간풍의 풍량을 계산하는 방법으로 틀린 것은?

① 환기 횟수에 의한 방법
② 극간 길이에 의한 방법
③ 창 면적에 의한 방법
④ 재실 인원수에 의한 방법

> 극간풍의 풍량 계산방법에 재실자 인원수에 의한 방법은 없으며 도입 외기량을 결정할 때는 재실자 인원을 고려한다.

[23년 1회]

83 결로현상에 대한 설명중 옳지않은 것은?

① 벽체 온도가 공기 노점온도 이하로 냉각할 때 수증기가 응축되어 결로가 발생한다.
② 결로를 방지하려면 다습한 외기를 도입하지 않도록 한다.
③ 결로를 방지하려면 벽체에 단열재를 부착하여 열관류 저항을 증가시킨다.
④ 노점온도이하에서 결로가 발생하면 공기중의 수증기 분압은 상승한다.

> 노점온도이하에서 결로가 발생하면 공기중의 수증기는 응축되어 절대습도가 감소하므로 수증기분압은 감소한다.

[12년 2회, 07년 3회]

84 극간풍량을 구하는 방법으로 옳지 않은 것은?

① 환기횟수법
② 창문 길이법
③ DOP법
④ 이용 빈도수에 의한 풍량

> DOP법은 고성능 필터 성능 측정방법이다.

[11년 2회, 08년 2회]

85 공기조화를 하고 있는 건축물의 출입구로부터 들어오는 틈새바람을 줄이기 위한 가장 효과적인 방법은?

① 출입구에 자동 개폐되는 문을 사용한다.
② 출입구에 회전문을 사용한다.
③ 출입구에 플로어 힌지를 부착한 자재문을 사용한다.
④ 출입구에 수동문을 사용한다.

> 출입구에 설치되는 회전문은 건축물의 틈새바람을 줄이는 데 가장 효과적이다.

정답 80 ② 81 ② 82 ④ 83 ④ 84 ③ 85 ②

[14년 2회]

86 직접 난방부하 계산에서 고려하지 않은 부하는 어느 것인가?

① 외기도입에 의한 열손실
② 벽체를 통한 열손실
③ 유리창을 통한 열손실
④ 틈새바람에 의한 열손실

> 직접 난방이란 외기도입을 고려하지 않으므로 외기도입에 의한 열손실은 무시한다.

[12년 1회]

87 일반적인 난방부하 계산 시 포함하지 않는 난방부하 경감요인에 해당하는 것은?

① 침입외기 영향
② 일사영향
③ 외기도입 영향
④ 벽체의 관류영향

> 난방 시 외부에서 창을 통해 들어오는 일사의 영향은 난방부하 감소요인이나 일반적으로 무시한다.

[10년 2회]

88 난방부하를 줄일 수 있는 요인이 아닌 것은?

① 극간풍에 의한 잠열
② 태양열에 의한 복사열
③ 인체의 발생열
④ 기계의 발생열

> 태양 복사열이나 실내 발열량(인체, 기계)은 난방부하를 감소시키나 극간풍의 현열이나 잠열은 난방부하를 증가시킨다.

[15년 1회]

89 난방부하 계산 시 침입외기에 의한 열손실로 가장 거리가 먼 것은?

① 공조장치의 공기냉각기
② 공조장치의 공기가열기
③ 공조장치의 수액기
④ 열원설비의 냉각탑

> 열원설비의 냉각탑과 침입외기는 관계가 없다.

[14년 3회, 13년 1회]

90 외기의 온도가 −10℃이고 실내온도가 20℃이며 벽 면적이 25m²일 때, 실내의 열손실량은?(단, 벽체의 열관류율 10W/m²·K, 방위계수는 북향으로 1.2이다.)

① 7kW
② 8kW
③ 9kW
④ 10kW

> 손실열량(Q) = $K \times A \times (t_2 - t_1) \times k$
> = $10 \times 25 \times (20-(-10)) \times 1.2 = 9,000W = 9kW$

[22년 3회]

91 건물의 11층에 위치한 북측 외벽을 통한 손실열량은? (단, 벽체면적 40m², 열관류율 0.43W/m²·℃, 실내온도 26℃, 외기온도 −5℃, 북측 방위계수 1.2 복사에 의한 외기온도 보정 3℃이다.)

① 약 495.36W
② 약 525.38W
③ 약 577.92W
④ 약 639.84W

> 겨울철 손실열량 계산에서 복사에 의한 외기온도 보정은 3℃를 감한다.
> $q = KA\Delta t k = 0.43 \times 40(26-(-5)-3) \times 1.2 = 577.92W$

[08년 3회]

92 인접실, 복도, 상층, 하층이 공조되지 않는 일반 사무실의 남쪽 내벽만의 손실 열량은 얼마인가? (단, 설계조건은 실내온도 20℃, 실외온도 0℃, 내벽 $k = 1.86W/m^2K$으로 한다.)

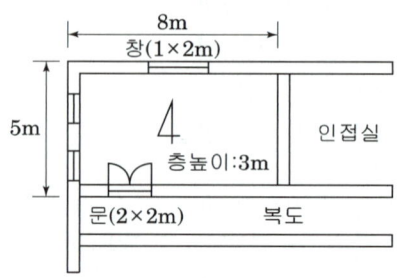

① 1339kJ/h　　　② 1560kJ/h
③ 2080kJ/h　　　④ 3050kJ/h

> 남쪽 벽체 면적 = $(3 \times 8) - (2 \times 2) = 20m^2$
> 인접실 온도는 실내외 중간온도 = $(0+20)/2 = 10$
> 손실열량
> $q = KA\triangle t = 1.86 \times 20(20-10) = 372W = 1339kJ/h$

3 난방설비

[10년 2회]

93 난방설비에 관한 설명으로 가장 적당한 것은?

① 소규모 건물에서는 증기난방보다 온수난방이 흔히 사용된다.
② 증기난방은 실내 상하 온도차가 적어 유리하다.
③ 복사난방은 급격한 외기 온도의 변화에 대한 방열량 조절이 우수하다.
④ 온수난방은 온수의 증발 잠열을 이용한 것이다.

> 소규모 건물에서는 온수난방이 유리하며, 증기난방은 실내 상하 온도차가 크고, 복사난방은 외기 온도의 변화에 대한 방열량 조절이 곤란하며, 온수난방은 온수의 현열을 이용한다.

[09년 2회]

94 난방방식에 관한 설명 중 가장 적당한 것은?

① 증기난방은 복사 열전달이 주로 이용된다.
② 온수난방은 간접난방이다.
③ 직접난방은 대류난방의 한 가지 형식이다.
④ 복사난방은 다른 난방방식에 비교하여 쾌감도가 좋다.

> 증기난방은 직접 대류난방, 온수난방은 직접 대류난방, 대류난방은 직접난방의 한 가지 형식, 복사난방은 쾌감도가 좋다.

[06년 2회]

95 다음 중 연결이 가장 적절치 못한 것은?

① 온수난방 : 방열기
② 증기난방 : 팽창탱크
③ 온풍난방 : 송풍기
④ 복사난방 : 그리드 코일(Grid Coil)

> 증기난방에서 증기는 압축성 기체이므로 팽창탱크가 필요 없으며 온수난방에서 온수는 비압축성 유체로서 팽창탱크를 설치한다. 복사난방에서 코일 매립 방식에 그리드 코일식과 밴드코일 방식이 있다.

[12년 1회]

96 다음 중 용어와 난방방식의 조합이 틀린 것은?

① 리버스 리턴 : 온수난방
② MRT : 복사난방
③ 온도조절식 트랩 : 증기난방
④ 팽창탱크 : 증기난방

> 증기난방에 팽창탱크는 불필요하다.

[11년 2회]

97 난방방식의 분류가 잘못된 것은?

① 복사난방-온돌난방　② 직접난방-증기난방
③ 간접난방-온수난방　④ 지역난방-고온수난방

> 간접난방은 온풍난방이나 공기조화처럼 외부의 가열된 공기가 실내로 공급되는 형식이며, 온수난방은 직접 난방으로 실내의 공기를 직접 가열하는 것이다.

[14년 3회, 07년 1회]

98 온수난방과 비교한 증기난방 방식의 장점으로 가장 거리가 먼 것은?

① 방열면적이 작다.
② 설비비가 저렴하다.
③ 방열량 조절이 용이하다.
④ 예열시간이 짧다.

정답　93 ①　94 ④　95 ②　96 ④　97 ③　98 ③

제2장 공기조화 계획

> 증기난방은 방열량이 조절이 곤란하다.

[07년 3회]

99 다음 난방방식 중 자연환기가 많이 일어나도 비교적 난방효율이 좋은 것은?

① 온수난방　　② 증기난방
③ 온풍난방　　④ 복사난방

> 복사난방은 자연환기가 많은 장소나 천정이 높은 곳에서 비교적 난방효율이 좋다.

[10년 1회]

100 중력환수식 온수난방의 자연 순환수두(H : mmAq)를 올바르게 나타낸 것은? (단, γ_o, γ_i : 방열기 출구, 입구 온수의 비중량[kg/m³], h : 보일러 중심에서 최고위 방열기까지의 높이[m])

① $H = 1,000(\gamma_o - \gamma_i)h$
② $H = 1,000(\gamma_i + \gamma_o)h$
③ $H = (\gamma_o - \gamma_i)h$
④ $H = (\gamma_i + \gamma_o)h$

> 온수난방 자연순환수두는 방열기 높이와 비중량차에 비례한다.
> $(H) = (\gamma_o - \gamma_i)h$ (mmAq)

[15년 3회]

101 온수난방에 대한 설명으로 가장 옳지 않은 것은?

① 온수난방의 주 이용 열은 잠열이다.
② 열용량이 커서 예열시간이 길다.
③ 증기난방에 비해 비교적 높은 쾌감도를 얻을 수 있다.
④ 온수의 온도에 따라 저온수식과 고온수식으로 분류한다.

> 온수난방은 현열 이용, 증기난방은 증기 잠열 이용

[06년 3회]

102 온수난방 방식에 대한 설명 중 가장 옳은 것은?

① 중력순환식은 방열기를 보일러보다 낮은 곳에 설치해야 하므로 주택 등과 같이 소형 건물에 적당하다.
② 역환수식은 2관식으로 각 방열기를 거치는 급수관과 환수관의 총길이가 대체로 동일하도록 배관한다.
③ 2관식 배관방식은 순환력이 극히 좋지 않아서 근래에는 사용되지 않는다.
④ 강제순환식은 온수의 밀도차에 의해 대류작용으로 자연순환하며, 소규모 건물에 대부분 적용된다.

> 중력순환식은 방열기가 보일러보다 높은 곳에 설치되며, 2관식 배관방식은 대부분 순환펌프에 의한 강제 순환식으로 순환력이 좋아서 대규모 건물에 적용된다.

[14년 1회, 10년 2회]

103 온수배관의 시공시 주의할 사항으로 적합한 것은?

① 각 방열기에는 필요시만 공기배출기를 부착한다.
② 배관 최저부에는 배수밸브를 설치하며, 하향 구배로 설치한다.
③ 팽창관에는 안전을 위해 반드시 밸브를 설치한다.
④ 배관 도중에 관 지름을 바꿀 때에는 편심이음쇠를 사용하지 않는다.

> 방열기에는 반드시 공기배출기를 부착하고, 팽창관에는 밸브설치를 금지하며, 배관의 관 지름을 바꿀 때에는 편심이음쇠를 사용하여 배관 상부를 수평으로 하여 공기가 고이지 않도록 한다.

[07년 3회]

104 온수난방에서 공기분리기의 부착요령으로 알맞는 것은?

① 보일러의 입구측에 부착한다.
② 수평배관에 부착한다.
③ 일반적으로 보일러의 하부배관에 부착한다.
④ 수직배관의 높은 곳이나 굴곡부 상부에 부착한다.

> 공기빼기장치는 수직배관의 최상부나 굴곡부 상부(∩)에 부착한다.

[12년 1회]

105 온수난방의 배관방식이 아닌 것은?

① 역환수식　　② 진공환수식
③ 단관식　　　④ 복관식

> 진공환수식은 증기난방에서 낮은 곳의 응축수를 환수하는 방식이다.

[23년 1회]

106 온수난방 설비의 특징에 대한 설명으로 가장 옳은 것은?

① 온수난방은 현열을 이용하므로 열의 운반능력이 증기난방보다 크다.
② 온수난방은 열용량이 커서 예열시간이 증기난방에 비해 짧다.
③ 중앙기계실에서 온수온도를 계절에 따라 조절할 수 있어 실내온도를 용이하게 조절할 수 있다.
④ 온수난방은 연속난방보다 간헐난방에 적합하다.

> 온수난방은 현열을 이용하므로 열의 운반능력이 증기난방(잠열이용)보다 작고, 온수난방은 열용량이 커서 예열시간이 증기난방에 비해 길다. 온수난방은 예열시간과 여열시간이 길어서 연속난방에 적합하다.

[예상문제]

107 온수 순환량이 560[kg/h]인 난방설비에서 방열기의 입구온도가 80℃, 출구온도가 72℃라고 하면 이때 실내에 발산하는 현열량은 약 얼마인가?

① 4,520W　　② 4,250W
③ 5,425W　　④ 5,227W

> 온수난방에서 실내 현열량은 방열기 입출구 온도차에 비례한다.
> $q = mC(t_1 - t_2) = 560 \times 4.2 \times (80-72)$
> $= 18,816 \text{kJ/h} = 5,227\text{W}$

[예상문제]

108 온수난방을 시설한 건물의 설계 열손실이 100,000[W]이고 도중 배관손실이 10,000[W]이다. 보일러 출구 및 환수온도를 각각 85℃, 70℃로 하여 펌프에 의한 강제순환을 할 때 펌프 용량은 약 얼마인가? (단, 물 비열은 4.19[kJ/kgK])

① 0.65L/s　　② 1.75L/s
③ 2.75L/s　　④ 3.65L/s

> $q = WC\triangle t$ 에서
> $W = \dfrac{q}{C\triangle t} = \dfrac{(100,000+10,000)/1000}{4.19 \times (85-70)} = 1.75\text{L/s}$
> 분자 열손실 단위 W를 1000으로 나누어 kW로 고치면 유량은 L/s가된다.

[13년 1회]

109 증기난방의 장점으로 가장 잘못된 것은?

① 열의 운반능력이 크고, 예열시간이 짧다.
② 한랭지에서 동결의 우려가 적다.
③ 환수관의 내부 부식이 지연되어 강관의 수명이 길다.
④ 온수난방에 비하여 방열기의 방열면적이 작아진다.

> 증기난방은 배관 내 공기와의 접촉으로 부식이 심하고 강관의 수명이 짧다.

[09년 1회]

110 증기난방 방식을 분류하는 방법이 아닌 것은?

① 사용 증기압력　　② 증기 배관방식
③ 증기 공급방향　　④ 사용 열매종류

> 사용 증기압력에 따라 고압, 저압 증기난방으로, 배관방식에 따라 단관식, 복관식으로, 공급 방향에 따라 상향식, 하향식 등이 있다.

제2장 공기조화 계획

[23년 2회]

111 증기설비에서 응축수 환수방식에 의한 분류에 속하는 것은?

① 저압식 증기난방 ② 중력식
③ 리버스리턴방식 ④ 고압식 증기난방

> 증기난방을 응축수 환수방식에 따라 분류할 때 중력식, 기계식, 진공환수식이 있으며 증기 압력에 따라 분류할 때 저압식, 고압식이 있다. 환수관 배관방식에 따라 건식과 습식으로 나눌 수 있다.

[08년 1회]

112 다음 중 공급방식에 의한 분류에 해당되는 증기난방 방식은?

① 고압식 증기난방 방식
② 하향 급기식 증기난방 방식
③ 중력식 증기난방 방식
④ 습식 증기난방 방식

> 증기난방은 공급방식에 따라 하향 급기방식과 상향 급기방식으로 나눈다.

[11년 3회]

113 증기난방방식의 분류로 적당하지 않은 것은?

① 고압식, 저압식
② 단관식, 복관식
③ 건식환수식, 습식환수식
④ 개방식, 밀폐식

> 증기난방에서 개방식, 밀폐식 구분은 없으며 온수난방에서 팽창탱크를 개방식과 밀폐식으로 나눈다.

[08년 3회, 06년 2회]

114 증기난방의 표준상태에 있어서 상당방열 면적 1[m²]의 표준방열량은?

① 0.523kW ② 0.756kW
③ 523kW ④ 756kW

> 표준 방열량 : 증기난방(0.756kW/m²)
> 온수난방(0.523kW/m²)

[12년 3회]

115 증기난방 설비를 설계할 때 필요 방열면적(s)의 산출식으로 옳은 것은?

① s = 손실열량(W)/756
② s = (650×손실열량)/539
③ s = 손실열량(W)/539
④ s = 손실열량(W)/450

> (SI단위) 증기난방 방열면적 $S = \dfrac{손실열량(W)}{756}$ m²

[09년 1회]

116 방열기의 설치위치로 적당한 곳은?

① 실내의 중앙 부분
② 실내의 가장 높은 곳
③ 외기에 접하는 창문 반대쪽
④ 외기에 접하는 창문 아래쪽

> 방열기 설치 위치는 외기에 접히는 창문 아래에 설치하여 창문의 극간풍을 조절하여 실내온도를 균등히 하고 콜드드래프트를 방지한다.

[08년 1회]

117 다음 중 방열기기의 종류가 아닌 것은?

① 주철제 방열기 ② 강판제 방열기
③ 컨벡터 ④ 직화 방열기

> 방열기 분류에서 직화 방열기는 없다.

정답 111 ② 112 ② 113 ④ 114 ② 115 ① 116 ④ 117 ④

[09년 3회]

118 다음 방열기 종류 중 자연 대류식이 아닌 것은?

① 컨벡터　　② 핀 튜브
③ 유닛 히터　④ 베이스 보드

> 유닛히터는 증기나 온수코일이 송풍기와 일체화된 난방장치로서 강제 대류식 난방장치이다.

[14년 2회, 06년 2회]

119 다음 난방에 이용되는 주형 방열기의 종류가 아닌 것은?

① 2주형　　② 2세주형
③ 3주형　　④ 3세주형

> 주형 방열기에는 2주형(Ⅱ), 3주형(Ⅲ), 3세주형(3), 5세주형(5)이 있다.

[09년 3회]

120 방열기에 0.5[kg/cm²], 80.8℃ 포화증기를 사용했을 때 1[m²]당 방열량은? (단, 실온은 18℃, 대류형 방열기의 표준 방열량은 756[W/m²], 보정지수 $n=1.4$)

① 507W/m²　　② 532W/m²
③ 650W/m²　　④ 756W/m²

> 증기 표준상태는 증기 102℃, 실내 18.5℃에서 표준 방열량은 756W/m²
> $C = \left(\dfrac{\text{표준 } t_s - t_r}{\text{실제 } t_s - t_r}\right)^n = \left(\dfrac{102-18.5}{80.8-18}\right)^{1.4} = 1.49$
> 방열기 방열량 $(q) = \dfrac{756}{C} = \dfrac{756}{1.49} = 507\,\text{W/m}^2$
> 방열기계산에서 증기온도(80.8℃)가 표준온도(102℃)보다 낮기 때문에 표준방열량(756W)보다 작아야 한다.

[22년 3회]

121 온수난방과 비교하여 증기난방에 대한 설명으로 옳은 것은?

① 예열시간이 짧다.
② 실내온도의 조절이 용이하다.
③ 방열기 표면의 온도가 낮아 쾌적한 느낌을 준다.
④ 실내에서 상하온도차가 작으며, 방열량의 제어가 다른 난방에 비해 쉽다.

> 증기난방은 예열시간이 짧고, 실내온도의 조절이 어렵고, 방열기 표면의 온도가 높아 불쾌하며, 실내에서 상하 온도차가 크며, 방열량의 제어가 어렵다.

[22년 3회]

122 온수난방 시스템에서 개방식 팽창탱크의 평상시 수면 아래에 접속되는 배관은 무엇인가?

① 오버플로우관　② 통기관
③ 팽창관　　　　④ 급수관

> 개방식 팽창탱크의 평상시 수면 아래에 접속되는 배관은 팽창관, 배수관이며 나머지 통기관, 안전관, 급수관, 오버플로우관은 수면위에 위치한다.

[10년 3회]

123 어느 실내에 설치된 온수 방열기의 방열면적이 10[m²] EDR일 때의 방열량은 몇 [W]인가?

① 6,200　　② 1,240
③ 7,560　　④ 5,230

> 온수난방 표준방열량은 방열면적이
> 1m² EDR = 523W이므로
> 방열량 = 10 × 523 = 5,230W

정답　118 ③　119 ②　120 ①　121 ①　122 ③　123 ④

[11년 2회]

124 다음 방열기 기호에서 중간단에 표시된 내용 (5-950)으로 맞는 것은?

① 유입관의 크기
② 유출관의 크기
③ 절(Section) 수
④ 방열기의 종류와 높이

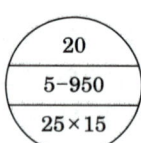

> 방열기 기호에서에서 상단(20 : 절수), 중간(5-950 : 방열기 형식 5세주, 높이 950mm), 하단(25×15 : 유입, 유출관경)

[15년 1회, 12년 1회]

125 각 실마다 전기스토브나 기름난로 등을 설치하여 난방을 하는 방식은?

① 온돌난방 ② 중앙난방
③ 지역난방 ④ 개별난방

> 각 실마다 방열기나 방열장치(전기스토브, 난로)등을 설치하여 난방하는 것을 직접난방, 개별난방이라 한다.

[15년 2회, 10년 3회]

126 다음과 같은 사무실에서 방열기의 설치위치로 가장 적당한 곳은?

① [㉠, ㉡]
② [㉡, ㉢]
③ [㉢, ㉣]
④ [㉣, ㉤]

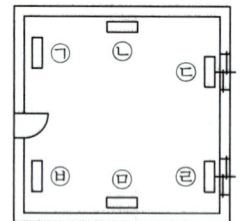

> 난방 시 콜드드래프트를 방지하기위해 방열기는 창문 아래에 설치하는 것이 이상적이므로 ㉢, ㉣의 창문 하부가 적당하다.

[07년 1회]

127 온풍로 난방의 특징이 아닌 것은?

① 방열기는 배관 등의 시설이 필요 없으므로 설비비가 저렴하다.
② 열용량이 크므로 예열시간이 많이 걸린다.
③ 토출 공기온도가 높으므로 쾌적도에서는 떨어진다.
④ 보수 취급이 간단하다.

> 온풍난방은 공기를 직접 가열하므로 열용량이 적어서 예열시간이 적게 걸리며 간헐 난방에 적합하다.

[08년 3회]

128 온풍로 방식 난방의 특징을 설명한 것으로 옳지 않은 것은?

① 예열부하가 거의 없으므로 기동시간이 아주 짧다.
② 연소장치, 송풍장치 등이 일체로 되어 있어 설치가 간단하다.
③ 실내 온도 분포가 고르다.
④ 습도조절장치를 구비하면 습도 조정이 가능하다.

> 온풍로 난방 방식은 강제 대류 작용을 이용하므로 실내 기류 분포가 나쁘고 온도 분포가 고르지 못한 것이 단점이다.

[13년 3회]

129 복사 냉난방 방식에 대한 설명으로 틀린 것은?

① 비교적 쾌감도가 높다.
② 패널 표면온도가 실내 노점온도보다 높으면 결로하게 된다.
③ 배관배설을 위한 시설비가 많이 들며 보수 및 수리가 어렵다.
④ 방열기가 필요치 않아 바닥면의 이용도가 높다.

> 복사 냉난방 방식 중 여름철 패널 표면온도가 실내 노점온도보다 낮으면 결로가 발생하기 쉬워서 잠열부하가 큰 곳에는 부적합하다.

정답 124 ④ 125 ④ 126 ③ 127 ② 128 ③ 129 ②

[09년 1회]

130 다음 중 자연환기가 많이 일어나도 비교적 난방 효율이 좋은 것은?

① 온수난방　　② 증기난방
③ 온풍난방　　④ 복사난방

> 대류난방이 실내공기를 가열하는 방식이라면 복사난방은 복사열을 이용하므로 자연환기가 많이 일어나도 비교적 난방효율이 좋다.

[23년 3회, 14년 3회]

131 패널복사난방에 관한 설명 중 옳은 것은?

① 천장고가 낮고 외기 침입이 없을 때 난방효과를 얻을 수 있다.
② 실내온도 분포가 균등하고 쾌감도가 높다.
③ 증발잠열(기화열)을 이용하므로 열의 운반능력이 크다.
④ 대류난방에 비해 방열면적이 작다.

> 패널복사난방은 복사열을 이용하므로 천장고가 높은 곳에서도 난방효과가 우수하며 실내온도 분포가 균등하고 쾌감도가 높다.

[14년 3회]

132 다음 복사난방에 관한 설명 중 옳은 것은?

① 고온식 복사난방은 강판제 패널 표면의 온도를 100℃ 이상으로 유지하는 방법이다.
② 파이프 코일의 매설 깊이는 균등한 온도분포를 위해 코일 외경의 3배 정도로 한다.
③ 온수의 공급 및 환수 온도차는 가열면의 균일한 온도분포를 위해 10℃ 이상으로 한다.
④ 방이 개방상태에서도 난방효과가 있으나 동일 방열량에 대해 손실량이 비교적 크다.

> 파이프 코일의 매설 깊이는 코일 외경의 1.5~2배 정도로하며, 온수의 공급 및 환수 온도차는 10℃ 이내로 한다. 복사난방은 개방상태에서도 난방효과가 좋으며 동일 방열량에서 실내온도가 낮아서 열손실량이 비교적 작다.

[12년 2회, 09년 2회]

133 복사난방의 특징을 설명한 것 중 맞지 않는 것은?

① 외기온도 변화에 따라 실내의 온도 및 습도조절이 쉽다.
② 방열기가 불필요하므로 가구배치가 용이하다.
③ 실내의 온도분포가 균등하다.
④ 복사열에 의한 난방이므로 쾌감도가 크다.

> 복사난방은 구조체를 가열하여 난방하는 시스템으로 열용량이 커서 외기온도 변화에 따라 실내의 온도 및 습도조절이 어렵다.

[08년 1회, 06년 3회]

134 다음 중 복사난방의 특징이 아닌 것은?

① 낮은 온도에서도 쾌적성이 높다.
② 실내 온도가 균일하다.
③ 설비비가 많이 든다.
④ 간헐난방에 적합하다.

> 복사난방은 구조체의 축열을 이용하여 난방하는 방식으로 예열시간과 여열시간이 길어져서 간헐난방에는 부적합하다.

[07년 1회]

135 다음 중 복사난방의 장점이 아닌 것은?

① 쾌적성이 좋다.
② 방열기나 배관이 작다.
③ 실내의 상하 온도차이가 작다.
④ 바닥에 기기를 배치하지 않아도 되므로 이용공간이 넓다.

> 복사난방은 방열기는 필요 없으나 패널을 가열하기 위한 배관의 길이는 길어진다.

정답 130 ④　131 ②　132 ①　133 ①　134 ④　135 ②

[07년 2회]

136 다음 복사난방 중 시공이 쉬워 널리 사용되지만 표면 온도를 30℃ 이상 올리기 곤란하므로 면적을 크게 하는 것은?

① 천장 패널 ② 바닥 패널
③ 벽 패널   ④ 코일 패널

> 바닥 패널은 복사난방 중 시공이 쉬워 널리 사용되지만 우리나라의 좌식 문화에서 표면 온도를 30℃ 이상 올리기 곤란하므로 면적을 크게 하여야 한다.

[09년 3회]

137 패널(Panel)형은 복사난방의 특징이 아닌 것은?

① 쾌감도가 좋다
② 바닥이나 벽면을 유용하게 이용할 수 있다.
③ 실내 상하의 온도차가 크다.
④ 외기침입이 있는 곳에도 난방감을 얻을 수 있다.

> 패널(Panel)형 복사난방은 실내 상하의 온도차가 적어 고천장에 적합하고 쾌감도가 좋다.

[14년 3회]

138 지역난방에 관한 설명으로 틀린 것은?

① 열매체로 온수 사용 시 일반적으로 100℃ 이상의 고온수를 사용한다.
② 어떤 일정지역 내 한 장소에 보일러실을 설치하여 증기 또는 온수를 공급하여 난방하는 방식이다.
③ 열매체로 온수 사용 시 지형이 고저가 있어도 순환펌프에 의하여 순환이 된다.
④ 열매체로 증기 사용 시 게이지 압력으로 15~30MPa의 증기를 사용한다.

> 지역난방에서 증기압력은 0.1~1.5MPa 압력을 일반적으로 사용한다.

[13년 1회]

139 열동식 증기 트랩에 대한 설명 중 옳은 것은?

① 방열기에 생긴 응축수를 증기와 분리하여 보일러에 환수시키는 역할을 한다.
② 방열기 내에 머무르는 공기만을 분리하여 제거하는 역할을 한다.
③ 열동식 트랩은 열역학적 트랩의 일종이다.
④ 방열기에서 발생하는 응축수는 분리하여 방열기에 오랫동안 머무르게 하고 증기를 배출하는 역할을 한다.

> 열동식 증기트랩(벨로스형, 바이메탈형)은 온도조절식 트랩으로 방열기 등에서 생긴 응축수를 증기와 분리하여 응축수는 보일러로 환수시키고, 증기는 방열기에 머물도록 제어한다.

[예상문제]

140 가스난방에 있어서 실의 총 손실열량이 100,000[W], 가스의 방열량이 6,000[kJ/m³], 가스소요량이 70[m³/h]일 때 가스스토브의 효율은?

① 약 71% ② 약 80%
③ 약 86% ④ 약 90%

> ∴ 보일러효율 = $\frac{보일러출력}{가스공급열량} \times 100 = \frac{실손실열량}{가스공급열량} \times 100$
> $= \frac{100,000 \times 3.6}{6000 \times 70} \times 100 = 86\%$
>
> 위 계산식에서 분자에 3.6을 곱한 것은 100,000W × 3.6 = 360,000kJ/h로 단위 환산을 위해서이다.
> (1W = 1J/s = 3600J/h = 3.6kJ/h)

정답 136 ② 137 ③ 138 ④ 139 ① 140 ③

4 클린룸설비

[예상문제]

141 에어 필터의 성능에 따른 특징으로 잘못된 설명은?

① 저성능 필터(Pre-Filter)는 중량법(AFI)에 의한 포집효율 85% 정도로 생산라인의 전처리용으로 큰 입자를 주로 제거한다.
② 중성능 필터(Midium Filter)는 비색법(NBS)에 의한 효율 65~95%가 주로 사용되며 전처리 또는 헤파필터(Hepa Filter) 보호용으로 사용한다.
③ 고성능 필터(HEPA Filter) : 계수법(DOP)에 의한 포집효율 $0.3\mu m$ 기준 99.97% 정도로 클린룸 Class 100~10,000에 적용한다.
④ 초고성능필터(ULPA Filter)는 계수법(DOP)에 의한 포집효율($0.12~0.17\mu m$ 기준 99.9999%) 정도로 Class 1~10 이하에 적용하며 HEPA Filter의 전처리용으로 적용된다.

> ULPA Filter가 HEPA보다 고성능이므로 HEPA가 앞에 설치된다.

[예상문제]

142 청정도 등급 표기법에서 미국단위에서 class 100의 의미는 무엇인가?

① 클린룸 class 100은 $0.2\mu m$ 먼지 입자가 100개/ft^3 이하라는 의미이다.
② 클린룸 class 100은 $0.2\mu m$ 먼지 입자가 1개/$100ft^3$ 이하라는 의미이다.
③ 클린룸 class 100은 $0.5\mu m$ 먼지 입자가 100개/ft^3 이하라는 의미이다.
④ 클린룸 class 100은 $0.5\mu m$ 먼지 입자가 1개/$100ft^3$ 이하라는 의미이다.

> 미국단위(FS)에서 class 100은 $0.5\mu m$ 먼지 입자가 100개/ft^3 이하라는 의미이다.

[예상문제]

143 클린룸설비에서 기류 방식에 따른 분류 중 초 고성능 필터(ULPA), 또는 고성능 필터(HEPA)와 소형 순환 팬(FAN)을 조합한 FFU가 다수 천장면에 설치되어 공기를 순환시키는 방식은 무엇인가?

① 난류방식(Conventional Flow Type)
② 수평 층류(Cross Flow Type)
③ 수직 층류(Down Flow Type)
④ 팬 필터 유닛(FFU : Fan Filter Unit)방식

> 팬 필터 유닛(FFU : Fan Filter Unit)방식
> 각 초고성능필터(ULPA), 또는 고성능 필터(HEPA)와 소형순환 팬(FAN)을 조합한 FFU가 다수 천장면에 설치되어 공기를 순환시키는 방식으로 기계실 면적이 축소되나 팬 수량의 증가로 유지관리비가 증가하고 실내부(LAY-OUT)변경이 용이하여 설비 확장성이 우수하며 CLASS 1000 이하에 적용하기 적합하다.

[예상문제]

144 에어 필터의 종류 중 초미량 가스에 대한 고효율 제거가 가능한 필터는 무엇인가?

① 저성능 필터(PRE-Filter)
② 중성능 필터(Midium Filter)
③ 초고성능필터(ULPA Filter)
④ 카본필터(Carbon Filter)

> 케미컬필터(Chemical Filter)나 카본필터(Carbon Filter)는 초미량 가스에 대한 고효율 제거가 가능하다.

[예상문제]

145 클린룸의 부속장치 중 클린룸에 가지고 들어가는 물품에 부착되어 있는 먼지와 세균 등이 들어가지 못하도록 입구에서 깨끗한 AIR를 분사하여 먼지와 세균을 제거하여 청정도를 유지하는 장비는 무엇인가?

① 에어 샤워(Air Shower)
② 패스 박스(PASS BOX)
③ 팬 필터 유닛(Fan Filter Unit: FFU)
④ 차압 댐퍼

제2장 공기조화 계획

> **에어 샤워(Air Shower)**
> 클린룸에 가지고 들어가는 물품에 부착되어 있는 먼지와 세균 등이 들어가지 못하도록 입구에서 깨끗한 AIR를 분사하여 먼지와 세균을 제거하여 청정도를 유지하는 장비. 대인용과 대물용이 있다.

[예상문제]

146 클린룸 공조기기 선정에서 각종 기기에 대한 설명 중 잘못된 것은?

① 냉동기를 선정할 때의 조건으로는 냉동기 부하, 냉수 및 냉각수 출입구 온도, 필요 냉수량, 냉동기 동력원 등을 고려한다.
② 보일러를 선정할 때의 조건으로는 난방 및 급탕 부하, 온수 출입구 온도 및 증기 압력, 연료 종류(중유, 등유, 그 외) 등이 있다.
③ 클린룸에 있어서의 자동 제어의 목적은 환경 조건의 효율적인 유지 보전 및 합리적인 에너지 이용, 에너지 절약, 자원 절약이다.
④ 송풍기와 펌프 등 반송계통의 에너지 절약을 위해 회전수제어방식은 적용하지 않는 것이 좋다.

> 송풍기와 펌프 등 반송계통의 에너지 절약을 위해 회전수제어방식을 적극 적용한다.

정답 146 ④

제3장
공조기기 및 덕트

01 공기조화기기
02 열원기기
03 덕트 및 부속설비

제3장 | 공조기기 및 덕트

01 공기조화기기

1 공기조화기 구성

① 공기조화기 구성

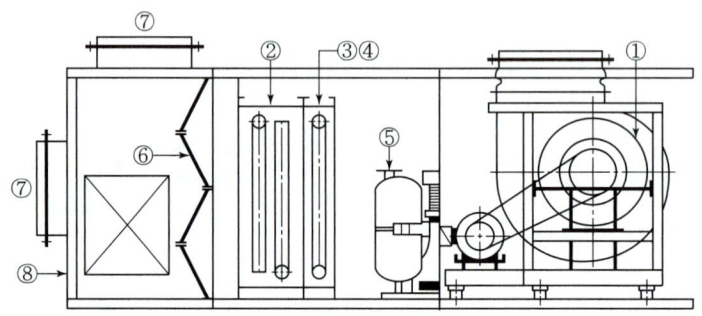

② 공조기 구성기기와 기능(위 그림 참조)

구성기기	기능
① 급기 송풍기 (supply fan)	송풍기는 조화된 공기를 덕트를 통해 실내에 공급한다
② 냉각코일	여름철에 코일에 냉수를 흘려 냉풍(냉각 감습)을 만든다
③ 가열코일	겨울철에 코일에 온수를 흘려 온풍을 만든한다
④ 재열코일	여름철에 심하게 냉각된 경우 적정 취출 온도까지 재열한다.
⑤ 가습기	겨울철에 증기가습 등으로 급기를 가습한다.
⑥ 에어필터	공기중의 먼지를 제거한다
⑦ 댐퍼류 (RA, EA, OA)	댐퍼(RA, EA, OA)를 조작하여 필요한 외기를 도입(OA)하고 오염된 환기(RA)를 배기(EA)한다.
⑧ 케이싱	케이싱안에 기기들이 설치되고 조화된 공기를 만든다.

> 공기조화기(AHU) 주요 구성 기기
> 급기 송풍기 (SF), 냉각코일(CC), 가열코일(HC), 재열코일, 가습기(AW), 에어필터(AF), 댐퍼류(RA, EA, OA), 케이싱 등

01 예제문제

공기조화설비에서 공기의 경로로 옳은 것은?

① 환기덕트 → 공조기 → 급기덕트 → 취출구
② 공조기 → 환기덕트 → 급기덕트 → 취출구
③ 냉각탑 → 공조기 → 냉동기 → 취출구
④ 공조기 → 냉동기 → 환기덕트 → 취출구

해설
공기조화설비에서 공기의 경로 환기덕트 → 공조기 → 급기덕트 → 취출구 → 환기덕트

답 ①

2 송풍기

1. 송풍기 분류와 특징

분류	팬	팬(토출압력 10 kPa(1,000mmAq) 미만)
	블로어	블로어(토출압력 10 kPa – 100 kPa)(1–10mAq)
송풍기 계산식		송풍기전압 $Pa(P_T)$ = 송풍기정압 + 송풍기동압
	송풍기 소요동력	$kW = \dfrac{Q \cdot P_T}{60 \times 1,000 \times y_T}$ ∴ Q : 공기량(m^3/min), y_T : 전압효율 P_T : 송풍기전압(Pa)
	송풍기 상사법칙	$\dfrac{Q_2}{Q_1} = \left(\dfrac{N_2}{N_1}\right)\left(\dfrac{D_2}{D_1}\right)^3$, $\dfrac{P_2}{P_1} = \left(\dfrac{N_2}{N_1}\right)^2\left(\dfrac{D_2}{D_1}\right)^2$, $\dfrac{L_2}{L_1} = \left(\dfrac{N_2}{N_1}\right)^3\left(\dfrac{D_2}{D_1}\right)^5$ Q : 풍량, N : 회전수, D : 직경, P : 정압, L : 동력
송풍기 설치조건	동적 평형	평형시험기에 의하여 정적 평형과 동적 평형이 잘 조정된 것으로서 운전시에 소음과 진동이 적고 소정의 성질을 갖도록 방진설비를 갖추어야 한다.
	적정한 베어링	제작 시의 변형 및 부정형 등이 없고 충분한 강도를 가지며 적정한 베어링을 사용한다.

송풍기 소요동력

$$kW = \dfrac{Q \cdot P_T}{60 \times 1000 \times y_T}$$

송풍기상사법칙

$$\dfrac{Q_2}{Q_1} = \left(\dfrac{N_2}{N_1}\right)\left(\dfrac{D_2}{D_1}\right)^3$$

$$\dfrac{P_2}{P_1} = \left(\dfrac{N_2}{N_1}\right)^2\left(\dfrac{D_2}{D_1}\right)^2$$

$$\dfrac{L_2}{L_1} = \left(\dfrac{N_2}{N_1}\right)^3\left(\dfrac{D_2}{D_1}\right)^5$$

2. 송풍기 종류

원심송풍기	다익형 (시로코 팬, sirocco fan)	전곡익형으로 저압용에 적합하며 소음진동이 적다.
	에어포일 팬 (airfoil fan)	후곡익형으로 중압용 공조기 팬으로 적합하다.
축류 및 사류 송풍기	프로펠러 팬	축류 및 사류 송풍기는 주로 저압 대풍량에 사용되며 소음이 큰편이다.

> **02 예제문제**
>
> 500rpm으로 운전되는 송풍기가 풍량 400m³/min, 전압 40mmAq, 동력 3.5kW의 성능을 나타내고 있다. 회전수를 550rpm으로 상승시키면 동력은 약 몇 kW가 소요되는가?(단, 송풍기 효율은 변화되지 않는 것으로 가정한다.)
>
> ① 3.5kW ② 4.7kW ③ 5.5kW ④ 6.0kW
>
> **해설**
> 상사법칙에서 송풍기 동력 : $L_2 = L_1 \left(\dfrac{N_2}{N_1}\right)^3 = 3.5 \times \left(\dfrac{550}{500}\right)^3 = 4.7 \text{kW}$
>
> 답 ②

3 공기조화기 장치별 특징

1. 에어필터

분류	종류	특징
설치목적		공기 중 매연, 부진, 가스 등 인체에 해로운 물질을 제거하기 위해 설치
집진원리		중력집진, 관성력집진, 원심력집진, 세정집진, 여과집진, 전기집진, 음파집진
여과 방식별 분류	점착식 여과기	기름에 담근 글라스 울(glass wool), 금속 울(metal wool) 등에 풍속 1.5 m/s 정도로 통과시켜 여재표면에 점착되어 제거
	건식 여과기	스펀지, 합성수지섬유 등 건조섬유층을 풍속 1 m/s 정도로 통과시켜 여과
	습식 여과기	공기세정기라 하며 케이싱 안에 물을 분무시키고 공기를 통과시켜 여과(먼지 가스에 효과가 높다.)
	전기 집진식	공기 중의 입자를 대전시켜 다른 전극에 의해 부착 제거
여과효율		여과효율$(y) = \dfrac{C_1 - C_2}{C_1} \times 100(\%)$ C_1 : 여과기 입구 농도 C_2 : 여과기 출구 농도
차압계		필터오염정도를 체크하여 교체 청소시기를 알기 위해 차압계설치
여과 성능별 종류	저성능필터 (프리필터)	효율측정법 : 중량법
	중성능필터 (미디엄필터)	효율측정법 : 비색법(NBS법)
	고성능필터 (HEPA)	효율측정 계수법(DOP법) 고성능필터(HEPA) 초고성능(ULPA)에 적용

2. 공기가열기(가열코일)

분류	특징
원리	공기를 가열하기 위한 열교환 장치로 열매로는 온수와 증기를 사용 (평행류, 향류, 직교류 등)
코일 통과 면적(A)	$A = \dfrac{Q}{V \times 3{,}600} = \dfrac{G}{1.2 \times 3{,}600 \times V} = \dfrac{G}{4{,}320 \times V}$ Q : 풍량(m³/s)　　G : 풍량(kg/h) V : 풍속(m/s) (가열코일 : 3~4m/s, 냉각코일 : 2~3m/s)
공기접촉 형식	- 평행류 : 물과 공기가 같은 방향으로 흐르면서 열교환 - 대향류(향류) : 물과 공기가 반대 방향으로 흐르면서 열교환 - 직교류 : 물과 공기가 수직 방향으로 흐르면서 열교환
코일전열 면적(S)	$S = \dfrac{q(1{,}000/3{,}600)}{K \cdot \Delta t}$ q : 가열량(kJ/h)　K : 열통과율(W/m²K) Δt : 공기-온수온도차 ① 산술 평균 온도차 : 공기 평균온도와 온수 평균온도와의 차 ② 대수평균 온도차 $MTD = \dfrac{\Delta 1 - \Delta 2}{\ln \dfrac{\Delta 1}{\Delta 2}}$ $\Delta 1$: 출구 물의 온도 - 입구 공기 온도 $\Delta 2$: 입구 물의 온도 - 출구 공기 온도
코일열수(N)	$N = \dfrac{q(1{,}000/3{,}600)}{K \cdot A \cdot \Delta t}$ Δt : 공기, 열매의 평균온도차(대수평균온도차) A : 코일 1열당 전면면적(m²) K : 열관류율(W/m²K)-전면면적에 대한 열관류율
코일핀 형상	코일형상은 플레이트(plate)형, 웨이브(wave)형, 또는 슬릿(slit)형의 것을 판상 또는 나선상으로 관(코일)에 부착하는 것으로 하고, 재질은 동판, 알루미늄 및 알루미늄 합금판 등으로 한다.

3. 냉각코일(면적, 코일열수 계산, 핀형상등은 가열코일과 동일)

분류	특징
원리	공기를 냉각하기 위한 열교환 장치로 열매로는 냉수나 냉매를 사용 (평행류, 향류, 직교류 등)
건코일과 습코일	- 건코일 : 코일 표면온도가 공기 노점온도보다 높을 때 결로 없이 냉각 상태변화 할 때 - 습코일 : 코일 표면온도가 공기 노점온도보다 낮을 때 결로 발생으로 냉각 감습 상태변화 할 때 코일에 이슬이 맺힌다.
습면계수	습코일에서 코일표면에 이슬이 맺히면 냉각효과가 상승하는데 이를 고려한 계수로 1.3-1.4정도이다.

---

03 예제문제

공기조화기에 걸리는 열부하 요소에 대한 것으로 적당하지 않은 것은?

① 외기부하 ② 재열부하
③ 덕트계통에서의 열부하 ④ 배관계통에서의 열부하

해설
공조기에는 배관 계통의 부하는 작용하지 않으며 배관계통열부하는 냉동기열부하에 해당한다
답 ④

---

4. 가습기, 감습기

① **가습방법**

가습기종류
- 수분식 가습기 : 가압 수분무식, 원심식, 초음파식
- 증기식 가습기 : 증기 분무식, 증기발생식 전열 증발접시식
- 기화식 : 회전식, 모세관식

분류	종류
수분무식	가압수분무식, 원심식, 초음파식
증기식	증기발생식(전열식, 전극식, 증발접시) 증기공급식(노즐분무식)
기화식	회전식, 모세관식

② **감습방법**

분류	종류
냉각감습식	냉각코일로 냉각 감습(노점온도 이하)
흡착식	고체흡착제(실리카겔, 활성알루미나)
흡수식	액체 흡수제(트리에틸렌글리콜, 염화리튬)

5. 에어와셔(공기세정기)

분류	특징
공기세정기 원리	에어와셔는 분무노즐에서 물방울을 분사 시키고 공기를 통과시키면 습식여과, 가열, 가습, 냉각, 감습 작용을 한다.
구조 및 기능	일리미네이터(eliminator) : 제수판으로 분무한 물방울이 에어와셔 밖(덕트쪽)으로 빠져나가지 않게 한다.
	플러딩노즐(flooding nozzle) : 일리미네이터의 먼지를 씻어낸다.
	입구루버 : 세정기 내의 유입공기(풍속 2.5~3.5 m/s)를 평행류로하여 분무수와 접촉이 잘되게 한다.
	분무노즐 : 분무압력 0.05 MPa 정도로 한다.

에어와셔(공기세정기) 구조
일리미네이터, 플러딩노즐,
입구 루버, 분무노즐

04 예제문제

에어와셔 내에서 물을 가열하지도 냉각하지도 않고 연속적으로 순환 분무 시키면서 공기를 통과시켰을 때 공기의 상태변화는?

① 건구온도가 상승하고, 습구온도는 내려간다.
② 절대온도가 높아지고, 습구온도는 높아진다.
③ 상대습도가 상승하면서 건구온도는 낮아진다.
④ 건구온도는 상승하나 상대습도는 낮아진다.

해설
에어와셔(A/W)에서 물을 단열상태에서 연속적으로 순환 분무하면 엔탈피선에 평행하게 변화한다. 즉 상대습도는 증가, 건구온도 강하, 습구온도 일정, 절대습도 증가   답 ③

6. 공기 전열 교환기(공조기 외기측 설치)

분류	종류
원리	공조기에서 외기 취입 덕트와 배기 덕트 사이에 설치하여 배기의 열을 회수하는 장치로 외기부하를 감소시킬 수 있다. 전열교환기는 열교환기 표면을 특수 흡수제(리튬클로라이드 실리카겔 분말)를 발라서 현열과 잠열을 교환하게 할 수 있다.
엔탈피 효율	$E = \dfrac{\Delta h_o}{\Delta h} = \dfrac{h_{o2} - h_{o1}}{h_{E1} - h_{o1}}$ h_{o1}, h_{o2} : 외기, 급기 엔탈피, h_{E1}, h_{E2} : 환기, 배기 엔탈피
온도 효율	$E = \dfrac{\Delta t_o}{\Delta t} = \dfrac{t_{o2} - t_{o1}}{t_{E1} - t_{o1}}$ t_{o1}, t_{o2} : 외기, 급기 온도, t_{E1}, t_{E2} : 환기, 배기 온도

7. 댐퍼류(damper)와 케이싱

분류	특징
날개 형상에 따라 댐퍼구분	대향류형(counter flow), 평행류형(parallel flow), 복합형(linear flow)으로 대향류형이 가장 일반적이다.
기능에 따라 댐퍼구분	외기댐퍼(OA), 배기댐퍼(EA), 환기댐퍼(RA)는 연동하여 작동한다. 급기댐퍼(SA)는 평상시 전개하며 필요시 조절한다.
케이싱	- 케이싱은 수평형, 수직형, 복합형으로 기계실의 형태 및 크기에 따라 자유롭게 선택할 수 있도록 구성한다. - 케이싱 내부에는 단열과 흡음을 고려하여 글라스 울(glass wool)과 글라스 울의 비산 방지를 위하여 글라스 클로스(glass cloth)를 부착한다. - 차음을 고려하여 타공판을 부착하여 어떤 조건에서도 결로가 생기지 않도록 제작해야 한다.

---

05 예제문제

그림과 같은 공조장치에서 냉방을 할 경우, 공조기 입구 "A"의 온도는 얼마인가?

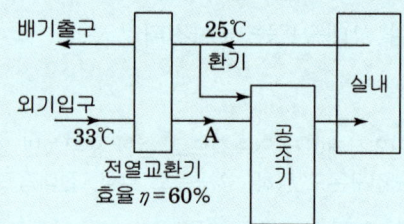

① 20.2℃
② 24.2℃
③ 26.2℃
④ 28.2℃

해설

전열교환기효율 = $\dfrac{외기 - 출구}{외기 - 환기} = \dfrac{33 - A}{33 - 25} = 0.6$

$A = 33 - 0.6(33 - 25) = 28.2℃$

답 ④

01 핵심예상문제

공기조화기기

> 본 핵심예상문제는 각단원별 출제빈도 높은 문제 및 최근 10년간의 기출문제 중 비중이 높은 출제유형이므로 꼭 풀어보고 가야할 문제 입니다. 이후 실전예상문제를 공부하시면 효과적입니다.

[09년 3회]

01 중앙식 공기조화 장치의 특징이 아닌 것은?

① 설치 이동이 용이하므로 이미 건축된 건물에 적합하다.
② 기계실이 별실에 떨어져 있으므로 소음이 적다.
③ 중앙 기계실에 집중되어 있으므로 보수 관리가 용이하다.
④ 규모가 큰 건물에 적합하다.

> 중앙식 공기조화 장치는 설치 이동이 자유롭지 못하다. 건축 과정에서 설계단계에서 계획하고 설치하는 것이 일반적이다.

[14년 2회, 11년 1회]

02 다음 중 공기조화기 부하를 바르게 나타낸 것은?

① 실내 부하 + 외기 부하 + 덕트 통과열 부하 + 송풍기 부하
② 실내 부하 + 외기 부하 + 덕트 통과열 부하 + 배관통과열 부하
③ 실내 부하 + 외기 부하 + 송풍기 부하 + 펌프 부하
④ 실내 부하 + 외기 부하 + 재열 부하 + 냉동기 부하

> 공기조화기(코일) 부하는 공조기로부터 팬과 덕트를 거쳐 실내부하를 제거한다.
> 공기조화기 부하 = 실내 부하 + 외기 부하 + 덕트 열 부하 + 송풍기 부하

[07년 1회]

03 공조장치의 구성 중 공기조화기(AHU) 내에 설치되는 기기와 거리가 먼 것은?

① 에어 필터
② 공기냉각기
③ 보일러
④ 공기가열기

> 보일러는 공조기에 온수를 공급하는 열원장치이다. 공조기는 에어필터, 냉각코일, 가열코일, 가습기, 팬(내장형), 댐퍼등으로 구성된다.

[08년 1회]

04 공기조화기에 관한 다음의 설명 중 부적당한 것은?

① 패키지형 에어컨디셔너는 압축기, 팬 및 코일 등을 내장하고 있다.
② 유닛 히터는 냉동기 및 코일 등을 내장하고 있다.
③ 에어 핸들링 유닛은 팬 및 코일 등을 내장하고 있다.
④ 팬 코일 유닛은 팬과 코일 등을 내장하고 있다.

> 유닛 히터는 코일과 팬으로 구성되며 냉동기는 없다.

[12년 3회]

05 다음 공식 중 관내 마찰손실 수두(h)를 구하는 식은? (단, d : 관의 안지름, L : 관의 길이, g : 중력가속도, V : 유속, f : 마찰계수, r : 물의 비중량)

① $h = f \dfrac{L}{d} \dfrac{V^2}{2g} \rho$
② $h = f \dfrac{V^2}{2g} \rho$
③ $h = \dfrac{V^2}{2g} \rho$
④ $h = \left(\dfrac{1}{f} - 1\right)^2 \dfrac{V^2}{2g} \rho$

> 관내 마찰손실수두(h)
> $h = f \dfrac{L}{d} \times \dfrac{V^2}{2g} \rho (\text{mAq})$

[12년 2회]

06 공조기(AHU)와 덕트의 접속에서 송풍기의 진동이 덕트로 전달되지 않도록 하기 위한 적합한 이음법은?

① 플렉시블 이음
② 캔버스 이음
③ 스위블 이음
④ 루프 이음

정답 01 ① 02 ① 03 ③ 04 ② 05 ① 06 ②

공조기(AHU)와 덕트의 접속부에서 송풍기의 진동이 덕트로 전달되지 않도록 캔버스 이음을 설치한다.

[06년 1회, 12년 2회]

07 동일 송풍기에서 회전수를 2배로 했을 경우의 성능의 변화량에 대하여 옳은 것은?

① 압력 2배, 풍량 4배, 동력 8배
② 압력 8배, 풍량 4배, 동력 2배
③ 압력 4배, 풍량 8배, 동력 2배
④ 압력 4배, 풍량 2배, 동력 8배

송풍기 상사법칙에서
풍량(Q_2) = $Q_1 \times \left(\dfrac{N_2}{N_1}\right) = 1 \times (2) = 2$배
압력(P_2) = $P_1 \times \left(\dfrac{N_2}{N_1}\right)^2 = (2)^2 = 4$배
동력(L_2) = $L_1 \times \left(\dfrac{N_2}{N_1}\right)^3 = (2)^3 = 8$배

[07년 2회]

08 날개(임펠러) 지름이 450mm인 다익형 송풍기의 호칭(번)은 얼마인가?

① 1번 ② 2번
③ 3번 ④ 4번

다익형 송풍기는 원심식이므로 150mm을 1호로 한다.
번호 : No(#) = $\dfrac{회전날개 지름(mm)}{150 mm} = \dfrac{450}{150} = 3$

[15년 1회, 09년 1회]

09 풍량 600m³/min, 정압 60mmAq, 회전수 500rpm의 특성을 갖는 송풍기의 회전수를 600rpm으로 증가시켰을 때 동력은? (단, 정압효율은 50%이다.)

① 약 12.1kW ② 약 18.2kW
③ 약 20.3kW ④ 약 24.5kW

회전수 500rpm일 때 동력은
동력(kW) = $\dfrac{Q \cdot \Delta P}{102 \times 60 \times \eta} = \dfrac{600 \times 60}{102 \times 60 \times 0.5} = 11.76$kW,
회전수를 600rpm으로 증가시키면 상사법칙으로
동력 = $11.76 \times \left(\dfrac{600}{500}\right)^3 = 20.3$kW

[09년 2회]

10 풍량 450m³/min, 정압 50mmAq, 회전수 600rpm인 다익 송풍기의 소요동력(kW)은 약 얼마인가? (단, 정압효율은 50%이다.)

① 3.5kW ② 7.4kW
③ 11kW ④ 15kW

송풍기 소요동력
(kW) = $\dfrac{Q(\text{m}^3/\text{s}) \cdot P(\text{mmAq})}{102 \times \eta} = \dfrac{450 \times 50}{60 \times 102 \times 0.5} = 7.4$kW

[예상문제]

11 풍량 450m³/min, 정압 500Pa, 회전수 600rpm인 다익 송풍기의 소요동력(kW)은 약 얼마인가? (단, 정압효율은 60%이다.)

① 3.5kW ② 7.4kW
③ 11kW ④ 15kW

SI단위에서 송풍기 동력은
(kW) = $\dfrac{Q(\text{m}^3/\text{s}) \cdot P(\text{Pa})}{1000 \times \eta} = \dfrac{450 \times 500}{60 \times 1000 \times 0.5} = 7.4$kW

[15년 3회]

12 송풍기 특성곡선에서 송풍기의 운전점에 대한 설명으로 옳은 것은?

① 압력곡선과 저항곡선의 교차점
② 효율곡선과 압력곡선의 교차점
③ 축동력곡선과 효율곡선의 교차점
④ 저항곡선과 축동력곡선의 교차점

정답 07 ④ 08 ③ 09 ③ 10 ② 11 ② 12 ①

송풍기 운전점은 송풍기 압력(압력곡선)과 덕트 저항(저항곡선)이 같은 교차점에서 운전점이 형성된다.

[07년 2회]
13 다음 중 원심 송풍기에서 사용되는 풍량제어 방법 중 풍량과 소요 동력과의 관계에서 가장 효과적인 제어방법은?

① 회전수 제어 ② 베인 제어
③ 댐퍼 제어 ④ 스크롤 댐퍼 제어

송풍기 풍량제어법에서 회전수 제어가 가장 효율적이며 토출 댐퍼제어가 가장 비효율적이다.

[22년 2회]
14 수냉식 응축기에서 냉각수 입·출구 온도차가 5℃, 냉각수량이 300LPM인 경우 이 냉각수가 1시간당 응축기에서 흡수하는 열량은 얼마인가? (단, 냉각수의 비열은 4.2kJ/kg·℃ 기타 열손실은 무시한다.)

① 278,000kJ/h ② 378,000kJ/h
③ 478,000kJ/h ④ 578,000kJ/h

냉각수흡수열량= $WC\Delta t = 300 \times 60 \times 4.2 \times 5 = 378,000$ kJ/h

[11년 2회]
15 공기 중의 유해가스나 냄새 등을 제거하기 위해 널리 사용되는 공기정화장치는?

① 활성탄 필터
② 세정 가능한 유닛형 에어 필터
③ 여과재 교환형 패널 에어 필터
④ 초고성능 에어 필터

활성탄 필터는 유해가스나 냄새 제거에 적합하다.

[23년 2회]
16 공조기 에어필터에 대한 설명으로 틀린것은?

① 고성능필터의 효율 측정법은 중량법을 적용한다.
② 에어필터는 오염이 증가할수록 저항이 증가한다.
③ 에어필터 교체주기를 쉽게 알 수 있도록 차압계를 설치한다.
④ 에어필터는 설치 순서가 적합해야하며 보통 (Pre-F)-(Med-F)-(HEPA)순이다

고성능필터의 효율 측정법은 계수법(DOP)을 적용하며 중량법은 프리필터에 적용한다.

[13년 1회]
17 HEPA 필터에 적합한 효율 측정법은?

① Weight법 ② NBS법
③ Dust spot법 ④ DOP법

HEPA(고성능) 필터는 클린룸, 바이오클린룸 등에 사용되며 DOP법으로 성능을 측정한다.

[15년 1회, 13년 1회]
18 통과 풍량이 350m³/min일 때 표준 유닛형 에어필터의 수는 약 몇 개인가? (단, 통과풍속은 1.5m/s, 필터 1개당 통과 면적은 0.5m³이며, 유효면적은 85%이다.)

① 4개 ② 6개
③ 8개 ④ 10개

1개당 통과 풍량= $1.5 \text{m/s} \times 0.5 \text{m}^2 \times 0.85 = 0.6375 \text{m}^3/\text{s}$

에어필터 개수= $\dfrac{\text{통과 풍량}}{1\text{개당 통과 풍량}}$

$= \dfrac{350}{60 \times 0.6375} = 9.15 = 10$개

정답 13 ① 14 ② 15 ① 16 ① 17 ④ 18 ④

제3장 공조기기 및 덕트

[15년 2회, 08년 2회]

19 공기조화기의 냉수코일을 설계하고자 할 때의 설명으로 틀린 것은?

① 코일을 통과하는 물의 속도는 1m/s 정도가 되도록 한다.
② 코일 출입구의 수온 차는 대개 5~10℃ 정도가 되도록 한다.
③ 공기와 물의 흐름은 병류(평행류)로 하는 것이 대수평균 온도차가 크게 된다.
④ 코일의 모양은 효율을 고려하여 가능한 한 정방향으로 한다.

> 공기와 물의 흐름은 대항류로 하는 것이 대수평균 온도차가 크게 된다.

[14년 2회]

20 에어필터 입구의 분진농도가 $0.35mg/m^3$, 출구의 분진농도가 $0.14mg/m^3$일 때 에어필터의 여과효율은?

① 33% ② 40%
③ 60% ④ 66%

> 여과효율 = $\dfrac{C_1 - C_2}{C_1} = \dfrac{0.35 - 0.14}{0.35} \times 100 = 60\%$

[14년 1회, 09년 3회]

21 공조기 코일에서 바이패스 팩터(By-pass Factor)에 관한 설명으로 옳지 않은 것은?

① 바이패스 팩터는 공기조화기를 공기가 통과할 경우 공기의 일부가 변화를 받지 않고 원상태로 지나쳐갈 때 이 공기량과 전체 공기량에 대한 비율을 나타낸 것이다.
② 공기조화기를 통과하는 풍속이 감소하면 바이패스 팩터는 감소한다.
③ 공기조화기의 코일열수 및 코일 표면적이 적을 때 바이패스 팩터는 증가한다.
④ 공기조화기의 이용 가능한 전열 표면적이 감소하면 바이패스 팩터는 감소한다.

> 공기조화기의 이용 가능한 전열 표면적이 증가하면(플레이트 핀, 에어로핀) 바이패스 팩터는 감소한다.

[14년 1회]

22 냉수 또는 온수코일의 용량제어를 2방 밸브로 하는 경우 물배관 계통의 특성 중 옳은 것은?

① 코일 내의 수량은 변하나 배관 내의 유량은 부하 변동에 관계없이 정유량(定流量)이다.
② 부하변동에 따라 펌프의 대수제어가 가능하다.
③ 차압제어밸브가 필요 없으므로 펌프의 양정을 낮게 할 수 있다.
④ 코일 내의 수량이 변하지 않으므로 전열효과가 크다.

> 2방 밸브는 코일과 배관 내의 유량은 부하 변동에 따라 변유량이며 부하변동에 따라 유량이 변화하므로 펌프의 대수제어나 회전수제어가 필요하다. 압력이 변화하므로 차압제어밸브가 필요하다. 코일 내의 수량이 변하므로 전열효과가 작다.

[15년 1회, 09년 2회]

23 공조기 내에 흐르는 냉·온수 코일의 유량이 많아서 코일 내의 유속이 너무 클 때 적절한 코일은?

① 풀서킷 코일(Full Circuit Coil)
② 더블서킷 코일(Double Circuit Coil)
③ 하프서킷 코일(Half Circuit Coil)
④ 슬로서킷 코일(Slow Circuit Coil)

> 공조기용 코일수로 형식에 따라 풀서킷, 더블서킷, 하프서킷이 있으며 더블서킷 코일은 많은 유량에 사용한다.

[13년 1회]

24 32℃의 외기와 26℃의 환기를 1:2의 비율로 혼합하고 바이패스 팩터(Bypass Factor)가 0.2인 코일로 냉각 감습할 때의 코일 출구온도는? (단, 코일 표면온도는 20℃이다.)

① 21.6℃ ② 22.5℃
③ 24.7℃ ④ 27.2℃

> 코일 입구 혼합온도
> $$t = \frac{1 \times 32 + 2 \times 26}{1+2} = 28$$
> 코일 출구온도
> $$t = t_c + BF(t_1 - t_c) = 20 + 0.2(28-20) = 21.6℃$$

[22년 2회]

25 열교환기에서 냉수코일 입구 측의 공기와 물의 온도차가 16℃, 냉수코일 출구 측의 공기와 물의 온도차가 8℃이면 대수평균온도차(℃)는 얼마인가?

① 11.5　　　　② 9.25
③ 8.37　　　　④ 8.00

> $$MTD = \frac{\triangle 1 - \triangle 2}{\ln(\triangle 1/\triangle 2)} = \frac{16-8}{\ln(16/8)} = 11.5℃$$
> △1=코일입구 공기와 물 온도차=16
> △2=코일출구 공기와 물 온도차=8

[22년 3회]

26 공조기의 풍량이 45000kg/h, 코일통과 풍속을 2.4 m/s로 할 때 냉수코일의 전면적(m²)은? (단, 공기의 밀도는 1.2kg/m³이다.)

① 3.2　　　　② 4.3
③ 5.2　　　　④ 10.4

> 우선풍량을 구하면
> $$Q = \frac{m}{\rho} = \frac{45000}{1.2} = 37,500 \text{m}^3/\text{h}$$
> 코일 전면적 (A)은 $Q = Av$ 에서
> $$A = \frac{Q}{v} = \frac{37500}{3600 \times 2.4} = 4.3\text{m}^2$$
> **참고** 만약 코일 유효면적이 75%라면 겉보기 면적 (A')은
> $$A' = \frac{A}{E} = \frac{4.3}{0.75} = 5.7\text{m}^2$$

[13년 2회]

27 건구온도 5℃, 습구온도 3℃의 공기를 덕트 중에 재열기로 건구온도가 20℃로 되기까지 가열하고 싶다. 재열기를 통하는 공기량이 1000m³/min인 경우, 재열기에 필요한 열량은 약 얼마인가? (단, 공기의 비체적은 0.849m³/kg, 비열은 1.0kJ/kgK 이다.)

① 254.4kW　　② 264.5kW
③ 284.5kW　　④ 294.5kW

> 재열기 공기 질량 $\frac{Q}{v} = \frac{1,000}{0.849} = 1,177.86 \text{kg/min}$
> 재열열량 $= mC\triangle t = 1,177.86 \times 1 \times (20-5)$
> $= 17,668 kJ/\text{min} = 294.5 kJ/s = 294.5 kW$

[23년 1회]

28 증기압축식 냉동기에서 냉동능력 270RT, 냉수 입출구 온도차 5℃, 냉수비열 4.2kJ/kgK, 냉수 밀도 1000kg/m³ 일 때 냉수 순환펌프 유량(L/s)은 얼마인가?(1RT=3.86kW이다)

① 21.4　　　　② 46.5
③ 49.6　　　　④ 91.2

> 냉수량과 냉동능력 관계식 $Q = WC\triangle t$에서
> 냉수량 $W = \frac{Q}{C\triangle t} = \frac{270 \times 3.86}{4.2 \times 5} = 49.6 \text{kg/s} = 49.6 \text{L/s}$

[23년 1회]

29 배관내에 흐르는 물에 대하여 피토우관으로 측정한 전압이 14.1kPa 이고, 유속은 2m/s일 때 정압은 얼마인가?(단 물의 밀도는 926kg/m³이다.)

① 10.25kPa　　② 11.25kPa
③ 12.25kPa　　④ 13.25kPa

> 동압(물) $P_v = \frac{v^2 \times \rho}{2} = \frac{2^2 \times 926}{2} = 1852 \text{Pa} = 1.85 \text{kPa}$
> 정압 = 전압−동압 = 14.1−1.85 = 12.25kPa

정답 25 ①　26 ②　27 ④　28 ③　29 ③

[23년 2회]

30 냉각탑에서 냉각수 입구 수온 38℃, 출구 수온 32℃, 냉각탑으로 유입되는 기류 건구온도 33℃, 습구온도 27℃일 때 쿨링랜지(A), 어프로치(B), 냉각효율(C)로 적합한것은?

① A=6℃, B=5℃, C= 54.5%
② A=5℃, B=6℃, C= 83.3%
③ A=6℃, B=5℃, C= 83.3%
④ A=5℃, B=5℃, C= 54.5%

A(쿨링랜지)=입구수온-출구수온= 38－32＝6℃
B(어프로치)=출구수온-기류입구습구온도= 32－27＝5℃
$$C(냉각효율) = \frac{냉각된\ 온도차}{최대냉각\ 온도차} = \frac{입구수온-출구수온}{입구수온-기류습구온도}$$
$$= \frac{38-32}{38-27} = 0.545 = 54.5\%$$

[23년 3회]

32 바이패스 팩터에 관한 설명으로 틀린 것은?

① 공기가 공기조화기를 통과할 경우, 공기의 일부가 변화를 받지 않고 원상태로 지나쳐갈 때 이 공기량과 전체 통과 공기량에 대한 비율을 나타낸 것이다.
② 공기조화기를 통과하는 풍속이 감소하면 바이패스 팩터는 감소한다.
③ 공기조화기의 코일열수 및 코일 표면적이 작을 때 바이패스 팩터는 증가한다.
④ 공기조화기의 이용 가능한 전열 표면적이 감소하면 바이패스 팩터는 감소한다.

공기조화기의 이용 가능한 전열 표면적이 감소하면 바이패스 팩터는 증가한다.

[12년 3회, 08년 1회]

31 다음은 냉각 코일에서 공기상태 변화를 나타낸 것이다. 이때 코일의 BF(Bypass Factor)는 어느 것인가?

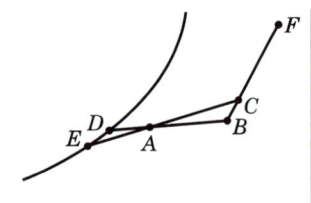

① $\dfrac{BA}{BD}$ ② $\dfrac{AD}{BA}$
③ $\dfrac{AE}{CE}$ ④ $\dfrac{CA}{CE}$

코일 입구 온도는 C, 코일출구는 A, 코일온도는 E이므로
$$BF = \frac{냉각되지\ 못한\ 온도}{냉각되어야\ 하는\ 온도} = \frac{출구온도-코일온도}{입구온도-코일온도} = \frac{AE}{CE}$$

[13년 3회]

33 아래 그림과 같은 병행류형 냉각코일의 대수평균 온도차는 약 얼마인가?

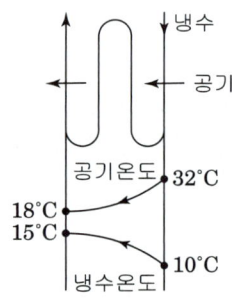

① 8.74℃ ② 9.54℃
③ 12.33℃ ④ 13.10℃

대수평균 온도차(MTD)는
$\Delta 1$=입구공기-입구물, $\Delta 2$=출구공기-출구물
$\Delta 1 = 32-10 = 22$, $\Delta 2 = 18-15 = 3$
$$MTD = \frac{\Delta 1 - \Delta 2}{\ln\left(\frac{\Delta 1}{\Delta 2}\right)} = \frac{22-3}{\ln\left(\frac{22}{3}\right)} = 9.54℃$$

[23년 1회]

34 증기압축식 냉동장치에서 표준냉동사이클일 때 냉각탑에 대한 설명으로 가장 거리가 먼 것은?

① 냉각탑은 냉동장치가 흡수한 열을 대기중으로 방출하는 설비이다
② 냉각탑에서 쿨링랜지는 5℃정도가 적합하다.
③ 냉각수 입출구 온도는 37℃, 32℃ 정도로 한다.
④ 냉각수 순환량은 23L/minRT 정도가 적합하다.

냉각수 순환량은 냉동능력 1RT당 13L/minRT정도가 적합하다. 그 이유를 간단히 설명하면
$1RT = 3.86kW$, 냉각탑부하는 냉동능력의1.2배 정도이므로
$Q_c = 3.86 \times 1.2 = 4.63kW$ (냉각수 온도차 5℃로 보면
$W = \dfrac{Q_c}{C \times \Delta t} = \dfrac{4.63}{4.2 \times 5} = 0.22L/s = 13L/min = 13L/minRT)$
(증기압축식에서 냉각탑 능력은 성적계수에 따라 달라지므로 냉동능력의 1.2~1.3배정도로 보며 흡수식에서는 1.5~2.0배 정도로 본다)

[14년 1회, 23년 3회]

35 공기조화 감습장치에서 염화리튬, 트리에틸렌 글리콜 등의 액체를 사용하여 감습하는 장치는?

① 냉각감습장치　② 압축감습장치
③ 흡수식 감습장치　④ 세정식 감습장치

흡수식 감습장치는 액체 흡수제로 염화리튬이나 트리에틸렌 글리콜을 이용한다.

[10년 3회, 08년 1회]

36 공기의 가습방법으로 맞지 않는 것은?

① 에어와셔에 의해서 단열 가습을 하는 방법
② 얼음을 분무하는 방법
③ 증기를 분무하는 방법
④ 가습팬에 의해 수증기를 사용하는 방법

얼음을 분무하는 가습은 없으며 오히려 감습된다.

[12년 3회]

37 물 또는 온수를 직접 공기 중에 분사하는 방식의 수분무식 가습장치의 종류에 해당되지 않은 것은?

① 원심식　② 초음파식
③ 분무식　④ 가습팬식

수분무식에 원심식, 초음파식, 분무식이 있으며 가습팬식은 증기 발생식에 속한다.

[15년 3회, 13년 1회, 08년 2회]

38 기화식(증발식) 가습장치의 종류로 옳은 것은?

① 원심식, 초음파식, 분무식
② 전열식, 전극식, 적외선식
③ 과열증기식, 분무식, 원심식
④ 회전식, 모세관식, 적하식

가습장치의 종류
- 수분무식 : 원심식, 초음파식, 노즐분무식
- 증기발생식 : 전열식, 전극식, 적외선식
- 증기공급식 : 노즐분무식, 과열증기식
- 증발식(기화) : 회전식, 모세관식, 적하식

[13년 3회]

39 공기량(풍량) 400 kg/h, 절대습도 $x_1 = 0.007$ kg/kg′인 공기를 $x_2 = 0.013$ kg/kg′까지 가습하는 경우 가습에 필요한 공급수량은 얼마인가?

① 2.0kg/h　② 2.4kg/h
③ 3.0kg/h　④ 3.5kg/h

공급수량 = $m\Delta x = 400 \times (0.013 - 0.007) = 2.4kg/h$

[12년 1회]

40 에어와셔의 일리미네이터의 더러워짐을 방지하기 위해 상부에 설치하여 물을 분무하여 청소를 하는 것은?

① 플러딩 노즐　② 루버
③ 분무 노즐　④ 스탠드 파이프

정답　34 ④　35 ③　36 ②　37 ④　38 ④　39 ②　40 ①

에어와셔의 일리미네이터에 먼지가 끼는 것을 막기 위해 상부에 플러딩 노즐을 설치하고 물을 분무하여 청소한다.

[23년 3회]

41 에어와셔 단열 가습시 포화효율은 어떻게 표시하는가? (단, 입구공기의 건구온도 t_1, 출구공기의 건구온도 t_2, 입구공기의 습구온도 t_{w1}, 출구공기의 습구온도 t_{w2}이다.)

① $\eta = \dfrac{(t_1 - t_2)}{(t_2 - t_{w2})}$ ② $\eta = \dfrac{(t_1 - t_2)}{(t_1 - t_{w1})}$

③ $\eta = \dfrac{(t_2 - t_1)}{(t_{w2} - t_1)}$ ④ $\eta = \dfrac{(t_1 - t_{w1})}{(t_2 - t_1)}$

※ 입구공기(건구)를 최대로 가습할 때 습구온도가 포화상태이므로 에어와셔 포화효율이란 입구공기 건습구온도차에 대한 실제 가습건구온도차이다.

에어와셔 포화효율 = $\dfrac{출구건구 - 입구건구}{입구습구 - 입구건구} = \dfrac{t_2 - t_1}{t_{w1} - t_1}$

∴ $\eta = \dfrac{(t_1 - t_2)}{(t_1 - t_{w1})}$

[14년 1회]

42 공기 세정기에 관한 설명으로 옳지 않은 것은?

① 공기 세정기의 통과풍속은 일반적으로 2~3m/s이다.
② 공기 세정기의 가습기는 노즐에서 물을 분무하여 공기에 충분히 접촉시켜 세정과 가습을 하는 것이다.
③ 공기 세정기의 구조는 루버, 분무노즐, 플러딩노즐, 일리미네이터 등이 케이싱 속에 내장되어 있다.
④ 공기 세정기의 분무 수압은 노즐 성능상 20~50 kPa이다.

공기 세정기(에어와셔)의 분무 수압은 150~200kPa 정도이다.

[11년 2회]

43 공기세정기(Air Washer)에는 "입구공기의 흐름을 균일하게 하는 (㉠)를, 출구 측에는 물방울이 공기에 혼입되지 않도록 (㉡)를 설치한다."에서 각 번호의 기기명칭으로 맞는 것은?

① ㉠ 스탠드파이프, ㉡ 플러딩 노즐
② ㉠ 플러딩 노즐, ㉡ 루버
③ ㉠ 루버, ㉡ 일리미네이터
④ ㉠ 일리미네이터, ㉡ 스탠드파이프

세정기 입구에는 공기의 흐름을 평행하게 만들기 위해 루버를 설치하고, 출구 측에는 물방울이 공기와 함께 덕트 쪽으로 유출되지 않도록 일리미네이터(제수판)를 설치한다.

[10년 1회]

44 중앙 공조기의 전열교환기에서 어느 공기가 서로 열교환을 하는가?

① 환기와 급기 ② 외기와 배기
③ 배기와 급기 ④ 환기와 배기

중앙 공조기의 전열교환기에서는 공조기로 유입되는 외기와 공조기 밖으로 버려지는 배기가 서로 열교환하여 버려지는 배기중의 냉·온열(현열)과 수분(잠열)을 열교환한다.

[11년 2회]

45 공기조화설비에 전열교환기와 같은 열회수장치를 설치할 경우 감소시킬 수 있는 부하는?

① 실내부하 ② 외기부하
③ 조명부하 ④ 송풍기부하

전열교환기는 외기와 배기를 열교환하여 버려지는 배기의 열을 회수하여 외기를 냉각, 가열하므로 외기부하를 감소시킬 수 있다.

정답 41 ② 42 ④ 43 ③ 44 ② 45 ②

[14년 2회]

46 밀봉된 용기와 윅(Wick) 구조체 및 증기 공간에 의하여 구성되며, 길이방향으로는 증발부, 응축부, 단열부로 구분되는데 한쪽을 가열하면 작동유체는 증발하면서 잠열을 흡수하고 증발된 증기는 저온으로 이동하여 응축되면서 열교환하는 기기의 명칭은?

① 전열 교환기 ② 플레이트형 열교환기
③ 히트 파이프 ④ 히트 펌프

히트파이프는 길이 방향으로 증발부, 응축부, 단열부로 구분하고 작동유체의 증발잠열을 이용하여 증발부의 열을 응축부로 이송하는 열파이프(히트파이프)이다.

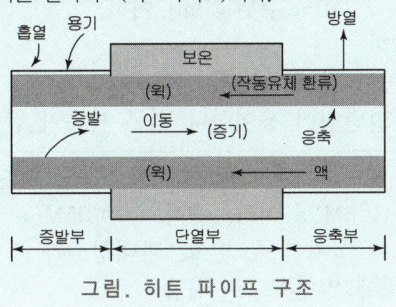

그림. 히트 파이프 구조

[10년 3회]

47 전열 교환기에 대한 설명 중 맞지 않은 것은?

① 전열 교환기는 공기 대 공기 열교환기라고도 한다.
② 회전식과 고정식이 있다.
③ 현열과 잠열을 동시에 교환한다.
④ 외기냉방 시에도 매우 효과적이다.

전열 교환기는 외기냉방 시에는 열교환이 불필요하여 바이패스 덕트를 이용하여 전열교환기를 우회(바이패스)해야 한다.

[12년 3회, 08년 3회]

48 원통다관식 열교환기에 관한 설명으로 맞지 않는 것은?

① 동체 내에 다수의 관을 설치한 형식으로 되어 있다.
② 전열관 내 유속은 1.8m/s 이하가 되도록 하는 것이 바람직하다.
③ 전열관은 일반적으로 직경 25.4mm의 동관이 많이 사용된다.
④ 동관을 전열관으로 사용할 경우 유체의 온도는 150℃ 이상이 좋다.

동관을 전열관으로 사용할 때 150℃ 이하의 유체 온도에 적합하다.

[13년 3회]

49 다수의 전열판을 겹쳐 놓고 볼트로 연결시킨 것으로 판과 판 사이를 유체가 지그재그로 흐르면서 열교환이 이루어지는 것으로 열교환 능력이 매우 높아 설치면적이 적게 필요하고 전열판의 증감으로 기기 용량의 변동이 용이한 열교환기를 무엇이라 하는가?

① 플레이트형 열교환기 ② 스파이럴형 열교환기
③ 원통다관형 열교환기 ④ 회전형 전열교환기

플레이트형(판형) 열교환기는 여러 장의 스테인리스 전열판을 겹쳐 놓고 볼트로 연결시켜 판과 판 사이를 유체가 지그재그로 흐르면서 열교환이 이루어진다.

[13년 2회]

50 공조시스템에서 실내에서 배기되는 배기와 환기용 외기를 열교환하는 에너지 절약 설비로서 설비비는 증가하나 외기의 최대부하를 감소시키므로 보일러나 냉동기의 용량을 줄일 수 있어 중앙 공조시스템에서의 에너지 회수방식으로 많이 사용되는 열교환기의 형식은?

① 증기-물 열교환기
② 공기-공기 열교환기
③ 히트 파이프
④ 이코노마이저

배기와 외기사이에 열교환하는 방식은 공기-공기 전열교환 방식이다.

정답 46 ③ 47 ④ 48 ④ 49 ① 50 ②

제3장 | 공조기기 및 덕트

02 열원기기

1 난방용 보일러

1. 보일러 종류 및 특징

> 보일러 종류
> 주철제보일러, 입형보일러, 노통연관식, 수관식, 관류형

보일러종류	특징
주철제보일러	• 주철제 섹션을 조립하여 보일러 본체를 구성 • 사용압력 : 온수 ⇒ 0.3MPa(수두 30m) 이하, 증기 ⇒ 0.1MPa 이하 • 내식성이 우수, 수명이 길며 가격이 저렴하다. • 취급이 간편하고 분할반입이 용이하나 최근 사용이 감소추세
입형보일러	• 원통의 동체외를 수실로 하고 그 내부에 연소실을 갖춘 보일러 • 사용압력 : 온수 ⇒ 0.3MPa 이하, 증기 ⇒ 0.05MPa 이하 • 입형이라 좁은 장소에 설치할 수 있고, 관내청소가 불편함 • 일반 주택 등 소용량에 일반적으로 사용
노통연관식 보일러	• 횡형의 동체 내를 수실로 하고 그 내부에 파형노통의 연소실과 다수의 연관을 연결하여 내부구조가 복잡한편으로 중규모 건물에 사용됨. • 동체 보유수량이 많아 부하변동에도 안전하며 설치가 간단
수관식 보일러	• 상하부 드럼과 여러 개의 수관으로 구성된 보일러 • 사용압력 : 증기압력 1MPa 내외의 고압, 대규모 건물에 적용 • 수관으로 고압에 잘 견디고 열효율이 좋고 보유수량이 적으므로 증기발생이 빠르며 대용량에 적합 • 고가이고 수관계통이 복잡하여 고도의 수처리(연수처리) 시설 필요
관류형 보일러	• 1개의 관에서 증기를 얻는 구조로 수관보일러와 특징이 유사하며 최근 중소형 보일러로 널리 쓰인다.

2. 보일러 효율과 출력

분류	특징
보일러 효율	효율 $E = \dfrac{출력}{입력} = \dfrac{상당증발량 \times 2257}{연료량 \times 발열량}$
상당증발량 (G_e)	보일러 출력을 100℃ 증기 발생량으로 환산한 값 $G_e = \dfrac{출력}{2257} = \dfrac{G(h_2 - h_1)}{2257}$ G_e : 발생 증기량(kg/h) h_2 : 보일러 발생 증기 엔탈피(kJ/kg) h_1 : 급수 엔탈피 100℃ 증기 증발 잠열 : 2257(kJ/kg)
상당방열면적 (EDR)	증기(EDR) $= \dfrac{방열량(kW)}{0.756}(m^2)$ 온수(EDR) $= \dfrac{방열량(kW)}{0.523}(m^2)$
보일러출력 (kJ/h, kW)	- 정격출력 : 난방부하+급탕부하+배관부하+예열부하 - 상용출력 : 난방부하+급탕부하+배관부하 - 정미출력 : 난방부하+급탕부하
보일러 선정순서	난방부하계산 ⇒ 방열기용량계산 ⇒ 배관열손실계산 ⇒ 상용출력계산 ⇒ 정격출력계산 ⇒ 보일러 선정

> 보일러 종류
> 주철제보일러, 입형보일러, 노통연관식, 수관식, 관류형

2 냉동기

1. 증기압축식 냉동기 특징과 요소별 기능

분류	특징과 기능
4대 구성요소	압축기 → 응축기 → 팽창밸브 → 증발기
압축기	증발된 냉매가스를 고압으로 압축하여 응축기로 보낸다.
응축기	압축된 냉매가스를 냉각시켜 다시 액화한다.
팽창밸브	고압의 냉매액은 팽창밸브를 지나며 증발이 용이한 저온저압의 액체가 되어 증발기로 유입된다.
증발기	저온 저압의 냉매가 주위 열을 흡수하며 증발하여 냉동효과를 얻는다.

> 증기압축식 냉동기 4대 구성요소
> 압축기→응축기→팽창밸브→증발기

2. 흡수식 냉동기 특징과 요소별 기능

> 흡수식 냉동기 구성요소
> 흡수기→발생기(고온, 저온)→
> 응축기→팽창밸브→증발기

분류	특징과 기능
냉동원리	압축기가 없으며 흡수제와 냉매사이의 화학적인 흡수, 분리 원리를 이용한다. 증기나 온수에 의한 가열원이 필요하고, 냉매의 증발잠열을 이용한다.
구성요소	흡수기 → 발생기(고온, 저온) → 응축기 → 팽창밸브 → 증발기
특징	압축기가 없어 전력소비가 적고, 소음진동이 적다. 증기, 고온수 등의 열원공급이 필요하다
냉매	공조용 H_2O(흡수제 LiBr), 산업용 NH_3(흡수제 H_2O)
직화식 흡수냉온수기	직화식 흡수냉온수기는 연소에 의한 열을 직접 가열원으로 사용한다. 증발기, 흡수기, 재생기, 응축기와 연소장치 냉매펌프, 흡수액펌프, 추기장치, 용량조절장치, 안전장치, 열교환기 등의 부속장치로 구성되며, 1중 효용 또는 2중 효용으로 한다.

---

01 예제문제

흡수식 냉동기에 관한 설명으로 옳지 않은 것은?

① 비교적 소용량보다는 대용량에 적합하다.
② 발생기에는 증기에 의한 가열이 이루어진다.
③ 냉매는 브롬화리튬(LiBr), 흡수제는 물(H_2O)의 조합으로 이루어진다.
④ 흡수기에서는 냉각수를 사용하여 냉각시킨다.

[해설]
흡수식 냉동기는 냉매가 H_2O(물) 흡수제가 LiBr(브롬화리튬)인 조합과 냉매가 NH_3(암모니아) 흡수제가 H_2O(물)인 조합이 있다.   답 ③

---

02 예제문제

다음 열원설비 중 하절기 피크전력 감소에 기여할 수 있는 방식으로 가장 거리가 먼 것은?

① GHP 방식
② 빙축열 방식
③ 흡수식 냉동기
④ EHP 방식

[해설]
EHP 방식(전기식 히트펌프)은 하절기 피크전력 증가에 기여한다.   답 ④

03 예제문제

현재 일반 건축물의 냉난방 열원설비로서 많이 사용되고 있는 2중 흡수식 냉온수기의 구성요소로 옳은 것은?

① 응축기, 증발기, 압축기, 저온재생기, 중온재생기
② 응축기, 증발기, 팽창밸브, 저온재생기, 흡수기
③ 고온재생기, 중온재생기, 압축기, 응축기, 흡수기
④ 고온재생기, 저온재생기, 흡수기, 응축기, 증발기

[해설]
2중 효용 흡수식 냉온수기 구성: 고·저온 재생기, 증발기, 흡수기, 응축기
1중 효용 흡수식 냉온수기 구성: 재생기, 증발기, 흡수기, 응축기
3중 효용 흡수식 냉온수기 구성: 고·중·저온 재생기, 증발기, 흡수기, 응축기

답 ④

3 냉각탑 종류와 특징

분류	특징과 기능
냉각 원리	응축기의 냉각수를 분사하여 강제통풍에 의한 증발잠열로 냉각수를 냉각시킨다.
종류	- 물과 공기의 접촉 방법 : 대향류형, 평행류형, 직교류형 - 구조 형태 : 분무식, 충전식(일반적임), 밀폐식이 있다.
냉각탑 용량	- (압축식) 냉각탑 용량 = 냉동부하 + 압축기 동력 - (흡수식) 냉각탑 용량 = 냉동부하 + 발생기부하 ※ 흡수식이 압축식보다 발생기 가열 부하 때문에 냉각탑 용량이 크다.
냉각탑 순환수량	냉각수량은 냉각탑용량(kJ/h)과 온도차로 구한다. $Q_w = \dfrac{냉각탑용량}{60 \times 4.19 \times \Delta t}$ (L/min) ∴ Δt : 냉각탑 입출구 수 온도차(쿨링레인지), 물비열 : 4.19kJ/kg·K
보급수량	증발, 비산, 배출로 냉각수를 보충해야 하며 그 보충수량은 냉각수 순환량의 2% 내외이다.
쿨링레인지	냉각수 입출구의 온도차(약 5℃ 정도)
쿨링어프로치	냉각수 출구온도 - 입구 공기 습구온도
냉각효율	냉각효율 = $\dfrac{냉각수입구수온 - 출구수온}{냉각수 입구수온 - 입구공기습구온도}$

냉각탑 종류
분무식, 충전식(일반적임), 밀폐식,
대향류형, 평행류형, 직교류형

쿨링레인지
냉각수 입출구의 온도 차
(약 5℃ 정도)

쿨링어프로치
냉각수 출구온도 - 입구 외기 습구온도

> **04 예제문제**
>
> 다음 중 냉각탑에 관한 용어 및 특성 설명으로 틀린 것은?
>
> ① 어프로치(approach)는 냉각탑 출구수온과 입구공기 건구온도 차
> ② 레인지(range)는 냉각수의 입구와 출구의 온도차
> ③ 어프로치(approach)를 적게 할수록 설비비 증가
> ④ 레인지(range)는 공기조화에서 5~8℃ 정도로 설정
>
> 해설
> 쿨링 어프로치 = 냉각수 출구온도 − 입구공기 습구온도
> 쿨링 레인지 = 냉각수 입구수온 − 냉각수 출구수온
>
> 답 ①

4 냉온수 배관 관경

분류	특징과 기능
관경결정	온수관경 : 유량과 압력강하를 구하여 유량 관경표에서 결정 - 순환수량(kg/s) : 방열량(kW)÷(4.19×방열기 입출구온도차(Δt)) 　온수 : $1m^2 EDR = 0.523 kW/m^2$ - 압력강하(R)　　$R = \dfrac{H}{L(1+k)}$(kPa/m) 　　H : 순환펌프양정(kPa)　　k : 국부저항 계수 　　L : 보일러에서 최원방열기의 왕복순환 길이 증기관경 : EDR(증기량)과 압력강하로 구한다. - 증기 : $1m^2 EDR = 0.756 kW/m^2$ - 압력강하(R) 　　$R = \dfrac{\Delta P \cdot 100}{L(1+k)}$(kPa/100m) 　　ΔP : 보일러와 최원방열기 사이의 압력차(kPa) 　　　L : 보일러에서 최원방열기까지 거리(m) 　　　k : 국부저항 계수
배관관경 결정요소	유량, 유속, 마찰저항

분류	특징과 기능
기기주변 배관	1) 하트포트배관 : 저압증기 난방의 보일러 주변배관으로 보일러 수면이 안전 수위 이하로 내려가지 않게 하기 위한 안전장치이다. 2) 관말트랩배관 : 증기주관에서 발생하는 응축수를 제거하기 위해 설치(냉각 래그 : 1.5m 이상, 보온하지 않음) 3) 리프트 휘팅 : 진공환수식에서 환수관보다 방열기가 낮은 위치에 있을 때 응축수를 끌어올리기 위하여 설치(1개 높이 : 1.5m 이내) 4) 스위블조인트 : 방열기주변 배관 시 배관의 신축이 방열기에 영향을 주지 않도록 배관(2개 이상 엘보 사용) 5) 감압밸브 : 증기압을 감압시켜 사용코자할 때 사용(벨로스형, 다이어프램형, 피스톤형) 6) 증기트랩 : 공기관내 생긴 응축수만을 보일러에 환수시키기 위해 설치(열교환기 최말단부, 방열기 환수부에 설치) 　- 종류 : 방열기트랩, 버킷트랩, 플로트트랩, 충동식 트랩 등 7) 이중서비스 밸브 : 한랭지에서 하향급기증기관의 경우 입상관내 응축수가 고여 동결하는데 이를 방지하는 밸브(방열기 밸브와 열동트랩을 결합) 8) 공기빼기 밸브 : 배관내부의 공기를 제거하기 위해 배관의 굴곡부 위에 설치 9) 인젝터 : 증기압을 이용한 예비용 급수장치

하트포트배관 : 저압증기 난방의 보일러 주변배관으로 보일러 수면이 안전수위 이하로 내려가지 않게 하기 위한 안전장치이다.

관말트랩배관 : 증기주관에서 발생하는 응축수를 제거하기 위해 설치(냉각 래그 : 1.5m 이상, 보온하지 않음)

리프트 휘팅 : 진공환수식에서 환수관보다 방열기가 낮은 위치에 있을 때 응축수를 끌어올리기 위하여 설치(1개 높이 : 1.5m 이내)

스위블조인트 : 방열기주변 배관 시 배관의 신축이 방열기에 영향을 주지 않도록 배관(2개 이상 엘보 사용)

05 예제문제

열펌프에 관한 설명으로 옳은 것은?

① 열펌프는 펌프를 가동하여 열을 내는 기관이다.
② 난방용의 보일러를 냉방에 사용할 때 이를 열펌프라 한다.
③ 열펌프는 증발기에서 내는 열을 이용한다.
④ 열펌프는 응축기에서의 방열을 난방으로 이용하는 것이다.

[해설]
열펌프는 냉동기의 응축기에서 방열을 난방으로 이용하는 것으로 저열원 증발기의 흡열을 고열원 응축기에서 방열하므로 열을 끌어올리는 펌프라는 의미로 히트펌프(heat pump)라 한다.
답 ④

06 예제문제

배관설비 중 보일러의 안전수면을 유지시키기 위한 설비는 어느 것인가?

① 플랜지 이음　　② 리버스 리턴 배관
③ 하트포드 배관　④ 슬리브 이음

[해설]
하트포드 배관은 증기보일러에서 보일러 안전수위를 유지시키는 증기관과 응축수 환수관을 밸런스 시키는 배관이다.
답 ③

5 펌프 설비 특징

펌프의 소요동력

$$kW = \frac{Q \times \gamma \times H}{60 \times 102 \times y}$$

∴ Q : 유량(m^3/min),
   γ : 비중량(kg/m^3),
   H : 전양정(m),
   y : 펌프효율

분류	특징
펌프의 종류	- 왕복동펌프 : 송수압 변동이 심함, 수량조절이 어렵다, 양수량이 적고 양정이 클 때 적합(피스톤, 플런저, 워싱턴 펌프) - 원심펌프 : 고속회전에 적합, 양수량 조절이 용이, 양수량이 많고 고·저양정에 사용(일반적으로 볼류트 펌프는 저양정에, 터빈펌프는 고양정에 쓰인다).
왕복동 펌프의 양수량	$Q = A \cdot L \cdot N \cdot E_v$ Q : 양수량(m^3/min), A : 피스톤단면적(m^2) L : 행정(m), N : 회전수(rpm), E_v : 용적 효율
펌프의 양정(H)	전양정=흡입양정+토출양정+마찰손실수두+출구측 수압수두
펌프의 소요동력	$kW = \dfrac{Q \times \gamma \times H}{60 \times 102 \times y}$ Q : 유량(m^3/min), γ : 비중량(kg/m^3), H : 전양정(m), y : 펌프효율
비교 회전도	비교 회전도란 그 펌프와 유사한 펌프가 $1\,m^3$/min의 양수량에 대하여 1m의 양정을 가질 때 회전수(rpm)를 말한다. $N_s = N \cdot \dfrac{Q^{1/2}}{H^{3/4}}$ N_s : 비회전도(rpm), N : 회전수(rpm), Q : 유량($1\,m^3$/min), H : 양정(m)
유효흡입 양정 (NPSH)	물은 이론상 0℃에서 10.33 m, 100℃에서 0 m를 흡입 양정으로 할 수 있으며, 캐비테이션(공동 현상)이 일어나지않는 흡입 가능한 높이를 유효 흡입 양정이라 한다. 펌프설비에서 얻어지는 유효 흡입 양정(NPSH) $NPSH = P_0 - (P_v + Z + H_f)$ P_0 : 대기압(kPa), Z : 흡입 양정(kPa), P_v : 수온 포화증기 압력(kPa), H_f : 흡입관 마찰 손실수두(kPa)
펌프 설치시 주의사항	- 펌프와 전동기는 일직선상에 배치 - 되도록 흡입 양정을 낮춘다.(유효흡입양정-NPSH를 크게 한다) - 흡입구는 수면위 관경의 2배 이상 잠기게 한다.

07 예제문제

급수펌프에서 발생하는 캐비테이션 현상의 방지법으로 가장 거리가 먼 것은?

① 펌프설치 위치를 낮춘다.
② 입형펌프를 사용한다.
③ 흡입손실수두를 줄인다.
④ 회전수를 올려 흡입속도를 증가시킨다.

해설
캐비테이션(공동현상)을 방지하기위해서는 펌프의 회전수를 감소시켜 흡입속도를 낮춘다.
답 ④

02 열원기기 핵심예상문제

> 본 핵심예상문제는 각단원별 출제빈도 높은 문제 및 최근 10년간의 기출문제 중 비중이 높은 출제유형이므로 꼭 풀어보고 가야할 문제입니다. 이후 실전예상문제를 공부하시면 효과적입니다.

[10년 3회]

01 공조설비에서 사용되는 보일러에 대한 설명으로 적당하지 않은 것은?

① 보일러효율은 연료의 고위발열량을 사용하여 보일러에서 발생한 열량과 연료의 전 발열량과의 비로 나타낸다.
② 관류보일러는 소요 압력의 증기를 빠른 시간에 발생시킬 수 있다.
③ 증기보일러로의 보급수는 연수화시켜 공급하는 것이 좋다.
④ 증기보일러와 120℃ 이상의 온수보일러의 본체에는 안전장치를 설치하여야 한다.

> 보일러효율 = $\dfrac{\text{유효발생총열량}}{\text{연료의 저위발열량} \times \text{연료소비량}} \times 100(\%)$
> 보일러 효율 계산 시 저위발열량을 적용하나 최근 가스보일러는 고위발열량을 적용하도록 관계법이 개정되었다.

[14년 3회]

02 보일러의 종류에 따른 특성을 설명한 것 중 틀린 것은?

① 주철제 보일러는 분해, 조립이 용이하다.
② 노통연관 보일러는 수질관리가 용이하다.
③ 수관 보일러는 예열시간이 짧고 효율이 좋다.
④ 관류 보일러는 보유수량이 많고 설치면적이 크다.

> 관류보일러는 1개의 수관으로만 구성되어 증기 드럼이 없어서 보유수량이 적고 설치 면적이 작다. 효율은 높고 증기생성이 빠르며 급수처리가 필요하다.

[10년 2회, 08년 3회]

03 수관보일러의 특징으로 틀린 것은?

① 사용압력이 연관식보다 높다.
② 부하변동에 따른 추종성이 높다.
③ 예열시간이 짧고 효율이 좋다.
④ 초기투자비가 적게 들며 급수처리도 용이하다.

> 수관보일러는 고압, 대용량에 적합하고 전열면적이 크지만 가격이 비싸고 고도의 급수처리가 필요하다.

[06년 1회]

04 보일러 동체 내부의 중앙 하부에 파형 노통이 길이방향으로 장착되며 이 노통의 하부 좌우에 연관들을 갖춘 보일러는?

① 노통 보일러　　② 노통연관 보일러
③ 연관 보일러　　④ 수관 보일러

> 노통과 연관의 혼합방식 보일러를 노통연관식 보일러라 한다.

[07년 2회]

05 같은 크기의 다른 보일러에 비해 전열면적이 크고 증기 발생이 빠르며, 고압증기를 만들기 쉬워 대용량의 보일러로서 가장 적당한 것은?

① 입형 보일러　　② 수관 보일러
③ 노통 보일러　　④ 관류 보일러

> 수관 보일러는 전열면적이 크고 증기 발생이 빠르며 고압 대용량에 적합하나 고도의 급수처리가 필요하다.

정답 01 ①　02 ④　03 ④　04 ②　05 ②

[12년 2회]

06 증기보일러의 안전수위를 유지시키기 위한 배관접속 방법으로 적당한 것은?

① 하트포드 접속 ② 신축 이음 접속
③ 리버스리턴 접속 ④ 리턴콕 접속

> 하트포드 루프(접속)는 증기 보일러 주변 배관으로 보일러의 수위가 일정수위 이하로 내려가는 것을 막아주는 안전장치이다.

[22년 1회]

07 온수난방 시스템에서 개방식 팽창탱크의 평상시 수면 아래에 접속되는배관은 무엇인가?

① 오버플로우관 ② 통기관
③ 팽창관 ④ 급수관

> 개방식 팽창탱크의 평상시 수면 아래에 접속되는 배관은 팽창관, 배수관이며 나머지 통기관, 안전관, 급수관, 오버플루우관은 수면위에 위치한다.

[12년 2회]

08 하트포드(Hart Ford) 접속법에 대한 설명으로 틀린 것은?

① 보일러의 물이 환수관에 역류하여 보일러 속의 수위가 저수위 이하로 내려가지 않도록 한다.
② 보일러의 물이 환수관으로 들어가도록 하는 역할을 한다.
③ 균형관(밸런스관)은 보일러 사용수위보다 50mm 아래에 연결해야 한다.
④ 증기관과 환수관 사이에 균형관(밸런스관)을 설치한다.

> 하트포드 접속법은 보일러의 물이 환수관으로 역류하지 않도록 하는 역할을 한다.

[13년 2회]

09 보일러의 용량을 결정하는 정격출력을 나타내는 것으로 적당한 것은?

① 정격출력 = 난방부하 + 급탕부하
② 정격출력 = 난방부하 + 급탕부하 + 배관손실부하
③ 정격출력 = 난방부하 + 급탕부하 + 예열부하
④ 정격출력 = 난방부하 + 급탕부하 + 배관손실부하 + 예열부하

> 정격출력 = 난방부하 + 급탕부하 + 배관손실부하 + 예열부하

[22년 1회]

10 다음 중 증기 보일러의 상당(환산)증발량(G_e)은? (단, G_s는 실제증발량, G_W는 보일러의 보급수량, h_1은 급수의 엔탈피(kJ/kg), h_2는 발생증기의 엔탈피(kJ/kg)이다.)

① $G_e = \dfrac{G_s h_2 - G_s h_1}{2257}$

② $G_e = \dfrac{G_W h_1 - G_s h_2}{2257}$

③ $G_e = \dfrac{G_s h_2 - G_W h_1}{2257}$

④ $G_e = \dfrac{G_s h_1 - G_W h_2}{2501}$

> 100℃ 증발잠열은 2257kJ/kg이다.
> 환산증발량(G_e) = $\dfrac{보일러출력}{표준증발잠열}$ = $\dfrac{G_s h_2 - G_s h_1}{2257}$ (kg/h)
> 여기서, 보일러 출력은 실제증발량에 급수 엔탈피와 증기엔탈피를 적용한다. 보급수량은 발생증기의 부족분을 채워주는 것으로 상당증발량 계산과 무관하다.

[14년 2회]

11 급수온도 10℃이고 증기압력 1.4 MPa, 온도 240℃인 과열증기(비엔탈피 2,914 kJ/kg)를 1시간에 10,000 kg을 발생시키는 증기보일러가 있다. 이 보일러의 상당증발량은 얼마인가? (단, 급수의 비엔탈피는 42 kJ/kg이다.)

① 10,479kg/h ② 11,580kg/h
③ 12,725kg/h ④ 13,702kg/h

보일러 상당증발량$(G_e) = \dfrac{G_s(h_2 - h_1)}{539}$
$= \dfrac{10,000 \times (2,914 - 42)}{2,257}$
$= 12,725 \text{kg/h}$

[13년 2회]

12 흡수식 냉동기의 특징으로 맞지 않는 것은?

① 기기 내부가 진공에 가까우므로 파열의 위험이 적다.
② 기기의 구성요소 중 회전하는 부분이 많아 소음 및 진동이 많다.
③ 흡수식 냉온수기 한 대로 냉방과 난방을 겸용할 수 있다.
④ 예냉 시간이 길어 냉방용 냉수가 나올 때까지 시간이 걸린다.

흡수식 냉동기는 열원을 증기나 직화를 이용하므로 압축기가 없어 소음이 적고 진동이 적다.

[14년 2회]

13 흡수식 냉동기에서 흡수기의 설치 위치는 어디인가?

① 발생기의 팽창밸브 사이
② 응축기와 증발기 사이
③ 팽창밸브와 증발기 사이
④ 증발기와 발생기 사이

흡수식 냉동기 사이클에서 증발기-흡수기-발생기-응축기 순서이다.

[13년 1회]

14 공기조화 설비 방식의 일반 열원방식 중 2중 효용 흡수식 냉동기와 보일러를 사용하여 구성되는 공조방식의 관련된 장치가 아닌 것은?

① 발생기, 흡수기, 입형 보일러
② 응축기, 증발기, 관류보일러
③ 재생기, 응축기, 노통연관보일러
④ 응축기, 압축기, 수관보일러

2중 효용 흡수식 냉동기의 부속장치에서 압축기는 관계없다.

[13년 2회]

15 다음 중 축열 시스템의 특징으로 맞는 것은?

① 피크 컷(Peak Cut)에 의해 열원장치의 용량이 증가한다.
② 부분부하 운전에 쉽게 대응하기가 곤란하다.
③ 도시의 전력수급상태 개선에 공헌한다.
④ 야간운전에 따른 관리 인건비가 절약된다.

축열시스템은 심야전기를 이용하는 냉수 또는 빙축열로 주간에 냉방을 보급하므로 피크 컷(Peak Cut)에 의해 열원장치의 용량이 감소하며, 부분부하 운전에 쉽게 대응 할 수 있고, 도시의 전력수급상태 개선에 공헌하나, 야간운전에 따른 인건비는 증가한다.

[14년 3회]

16 화력발전설비에서 생산된 전력을 이용함과 동시에 전력을 생산하는 과정에서 발생되는 배기열을 냉난방 및 급탕 등에 이용하는 방식이며, 전력과 열을 함께 공급하는 에너지 절약형 발전방식으로 에너지 종합효율이 높고 수요지 부근에 설치할 수 있는 열원 방식은?

① 흡수식 냉온수 방식
② 지역 냉난방 방식
③ 열회수 방식
④ 열병합발전(Co-generation) 방식

열병합발전은 전력생산과 열생산을 동시에 하므로 에너지 종합효율이 높다.

정답 11 ③ 12 ② 13 ④ 14 ④ 15 ③ 16 ④

[13년 3회]

17 기기 1대로 동시에 냉·난방을 해결할 수 있는 장치로 도시가스를 직접 연소시켜 사용할 수 있고 압축기를 사용하지 않는 열원방식은?

① 흡수식 냉온수기 방식
② GHP 설비방식
③ 빙축열 설비방식
④ 전동냉동기+보일러 방식

> 흡수식 냉온수기는 도시가스를 직접 연소시켜 냉-난방이 가능하며, GHP 설비는 가스 엔진을 이용하여 압축기를 구동하는 히트펌프방식이다.

[11년 3회, 09년 2회]

18 축열조 내에 코일을 설치하고 그 주위에 물이 채워져 있어서 제빙 시 코일 내부에 저온의 브라인을 순환시켜 코일 주위에 물이 얼게 되며, 해빙 시에는 코일 외부로 물이 흐르게 되어 얼음을 녹게 하는 원리를 이용하는 빙축열 시스템의 제빙방식은?

① 관외 착빙형
② 캡슐형
③ 빙박리형
④ 관내 착빙형

> 빙축열 방식에서 관외 착빙형(Ice On Coil)은 코일 내부에 저온의 브라인을 순환시켜 코일 주위에 물이 얼게 하는 방식이다. 이외에 아이스 렌즈타입, 캡슐형(아이스바 타입), 하베스트타입(빙박리형)등이 있다.

[07년 2회]

19 유량 1,500 m³/h, 양정이 12 m인 펌프의 축동력(kW)은 약 얼마인가? (단, 물의 비중량 1,000 kg/m³, 펌프 효율 $\mu = 0.7$이다.)

① 12.1kW
② 14.2kW
③ 38.5kW
④ 70.1kW

> 축동력(kW) = $\dfrac{Q \times H}{102 \times E}$ = $\dfrac{1,500 \times 1000 \times 12}{102 \times 3,600 \times 0.7}$ = 70.1 [kW]
> 1시간=3,600초

 17 ① 18 ① 19 ④

제3장 | 공조기기 및 덕트

덕트 및 부속설비

1 덕트의 분류 및 특징

분류	특징
덕트의 용도상 분류	- **간선덕트방식** : 주관과 지관으로 구성되며 설비비가 싸고 덕트 스페이스가 적어지지만 먼 거리 덕트에는 공급이 원활치 못함 - **개별덕트방식** : 설비비가 비싸고 덕트 스페이스도 커지지만 공기 공급이 원활하다. - **환상덕트방식** : 덕트를 환상으로 구성하여 말단 취출구의 압력조절이 용이하다.
덕트의 풍속에 따라 분류	- **저속덕트**(10 ~ 15 m/s 이하) : 소음이 적고 동력 소모가 적다. 덕트 스페이스가 커진다. - **고속덕트**(20 ~ 25 m/s 이상) : 덕트 크기가 적어지고, 분배가 용이 하며 동력소모가 크고 시설비가 증가
덕트의 이음공법	- **피츠버그 스냅로크** : 덕트 각부의 접합 시 겹으로 접은 판 사이에 싱글로 접은판을 끼워 넣고 때려 누른 형식, 견고하고 공기누설을 막음 - **버튼펀치 스냅로크** : 더블로 접은 곳에 싱글로 접은 것을 끼워 넣어서 싱글의 돌출부(펀치)가 더블의 접은 면에 걸리도록 하여 시공이 간편하여 공기 단축효과를 노린다. - **덕트의 보강** : 다이아몬드 브레이크, 리브홈을 두어 강도를 높인다.
덕트의 설계법	1) **정압법(등마찰법)** : 가장 많이 사용되는 설계법으로 덕트 단위 길이당 마찰저항이 같도록 설계하며 단위 길이당 마찰저항이 같으므로 압력손실을 구하기가 용이하다. 2) **등속법** : 풍속이 일정하여 분말류를 이송하는데 적합하며 개략적인 덕트 크기 결정에 유리하다. 3) **정압 재취법** : 취출구에서의 정압이 같도록 경로 압력 손실을 계산하여 설계한다.
덕트 동압(Pv)	(1) 수주단위 $P_v = \dfrac{v^2}{2g}\gamma\,(\mathrm{mmAq})$ γ : 공기 비중량 $1.2\,(\mathrm{kgf/m^3})$ (2) SI 단위 $Pv = \dfrac{v^2}{2}\rho\,(\mathrm{Pa})$ ρ : 공기 밀도 $1.2\,(\mathrm{kg/m^3})$

덕트 마찰손실 (직관)	- mmAq단위와 Pa가 병용된다. 1) 수주단위(mmAq) $$\Delta P = f \cdot \frac{L}{d} \cdot \frac{v^2}{2g} \cdot \gamma \, [\text{mmAq}]$$ γ : 공기 비중량 $1.2\,\text{kgf/m}^3$, v : 풍속, d : 덕트경 2) SI 단위(Pa) $$\Delta P = f \cdot \frac{L}{d} \cdot \frac{v^2}{2} \cdot \rho \, [\text{Pa}]$$ ρ : 공기 밀도 $1.2\,\text{kg/m}^3$, L : 덕트길이
덕트 마찰손실 (국부)	- 공학단위와 SI 단위가 병용된다. 1) 수주단위(mmAq) $$\Delta P = \zeta \frac{v^2}{2g}\gamma = \text{mmAq} \qquad \xi : \text{국부저항계수}$$ 2) SI 단위(Pa) $$\Delta P = \zeta \frac{v^2}{2}\rho = \text{Pa}$$

2 덕트선도와 덕트 설계법

분류	특징
덕트선도 활용법	1) 덕트 설계는 기본적으로 덕트선도를 이용하며 2) 덕트선도는 중량(CMH), 풍속(m/s), 덕트경(cm), 단위마찰손실(Pa/m) 4요소로 구성된다.
덕트 설계법	1) **정압법(등마찰손실법)** : 덕트설계시 마찰 손실이 일정(보통 1Pa/m)하도록 설계 2) **정속법** : 덕트 내 풍속이 일정하도록 설계 3) **정압제 취득법** : 각 취출구의 정압이 일정하도록 말단으로 갈수록 풍속감소에 의한 정압증가를 마찰손실이 상쇄하도록 설계

※ 아래 덕트선도에서 빗금친 부분은 정압법(0.8~1.5Pa/m)과 등속법(7~10m/s) 구간을 예로 든 것이다.

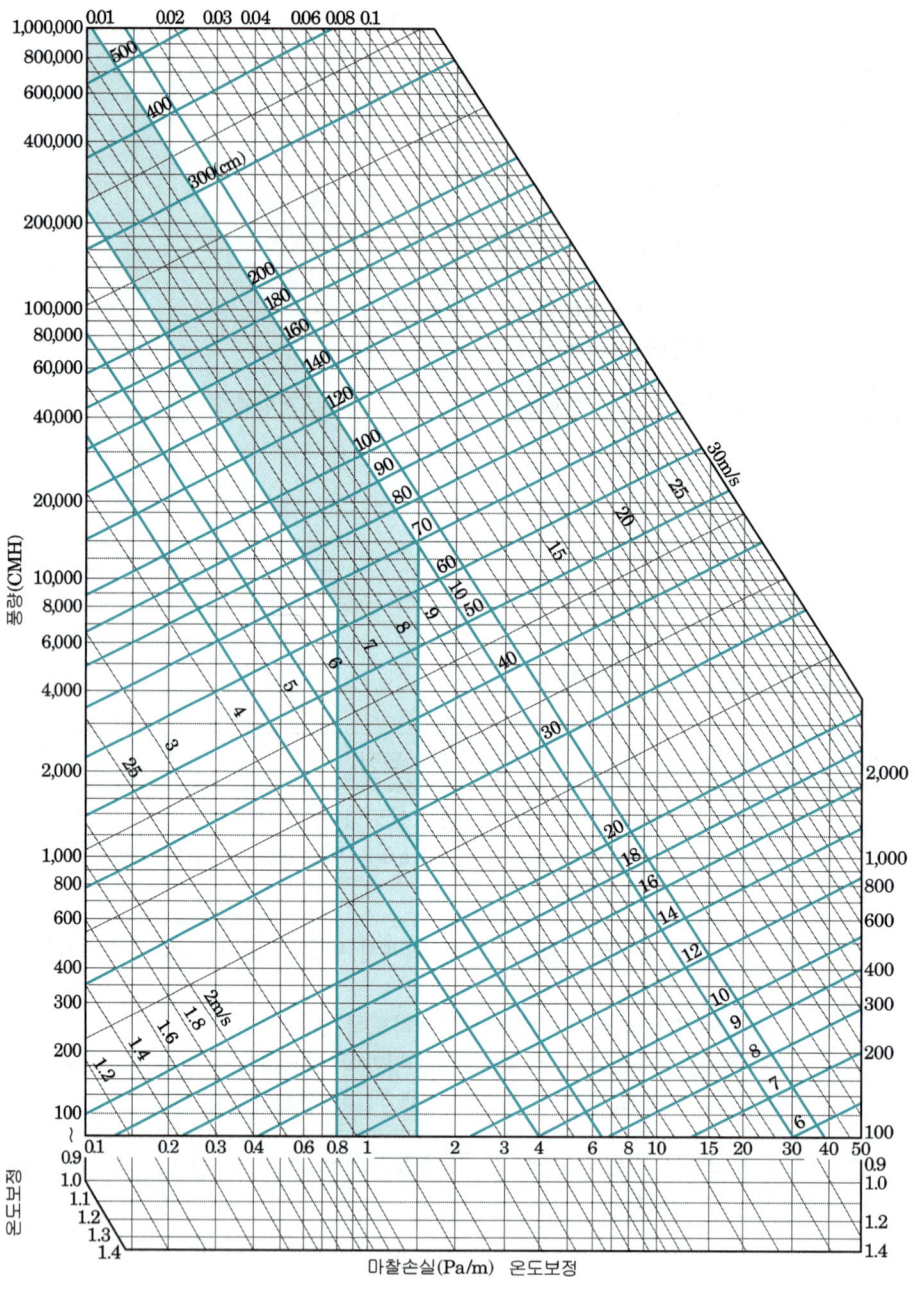

그림. 덕트선도

01 예제문제

덕트에 관한 설명 중 올바르지 못한 것은?

① 덕트의 아스펙트비는 일반적으로 4:1 이하로 하는 것이 좋다.
② 곡부의 저항은 이와 동일한 마찰저항이 생기는 직선덕트의 길이로 표현된다. 이를 국부저항의 상당길이라 한다.
③ 덕트의 국부저항은 국부 및 분기부 등에서 생기는 와류의 에너지 소비에 따르는 압력손실과 마찰에 의한 압력손실을 합한 것이다.
④ 원형덕트와 동일한 풍량, 동일한 단위길이당 마찰저항에서 구한 장방형 덕트의 단면적은 원형덕트의 단면적과 같다.

해설
덕트 단면에서 면적이 동일할 때 저항이 가장 작은 것은 원형덕트이며 장방형 덕트는 종횡비가 커질수록 아래식과 같이 덕트 면적이 증가한다. 원형 직경(d), 단변(a) 장변(b)일 때

$$d = 1.3 \left[\frac{(a \times b)^5}{(a+b)^2} \right]^{\frac{1}{8}}$$

답 ④

02 예제문제

다음 중 일반적인 덕트의 설계 순서로 옳은 것은? (단, ㉠ 송풍량 결정, ㉡ 취출구·흡입구 위치 결정, ㉢ 덕트경로 결정, ㉣ 덕트 치수 결정, ㉤ 송풍기 선정이다.)

① ㉠→㉡→㉢→㉣→㉤
② ㉠→㉢→㉣→㉡→㉤
③ ㉤→㉠→㉢→㉣→㉡
④ ㉤→㉠→㉡→㉢→㉣

해설
덕트의 설계 순서 : ㉠ 송풍량 결정 → ㉡ 취출구·흡입구 위치 결정 → ㉢ 덕트경로 결정 → ㉣ 덕트 치수 결정 → ㉤ 송풍기 선정

답 ①

03 예제문제

덕트 내 풍속을 측정하는 피토관을 이용하여 전압 23.8mmAq, 정압 10mmAq를 측정하였다. 이 경우 풍속은 약 얼마인가?

① 10m/s
② 15m/s
③ 20m/s
④ 25m/s

해설
전압=정압+동압에서 동압=23.8-10=13.8mmAq이고(공기 비중량 $\gamma = 1.2 \text{kg/m}^3$)

동압$(p) = \frac{v^2}{2g} \times \gamma$ 에서 $v = \sqrt{\frac{2gp}{\gamma}} = \sqrt{\frac{2 \times 9.8 \times 13.8}{1.2}} = 15 \text{m/s}$

답 ②

3 환기설비 종류와 환기량

분류	특징
자연환기	- 풍압, 온도차 등에 의한 개구부에서의 급기, 배기로 환기량이 일정치 않음 - 풍압(P_w) : $P_w = C \dfrac{V^2}{2g} \cdot \gamma (\text{mmAg})$ ∴ C : 풍압계수, V : 자유풍속(m/s), γ : 공기비중량($1.2\,\text{kg/m}^3$)
기계환기	① 1종환기 : 송풍기와 배풍기를 사용하여 환기(보일러실, 변전실 등) ② 2종환기 : 송풍기만 설치하고 배기구 설치(소규모 변전실, 창고) ③ 3종환기 : 배풍기만 설치하고 급기구 설치(화장실, 조리장) (a) 제1종 환기 방식 (b) 제2종 방식 (c) 제3종 환기 방식
환기량 계산 $Q\,\text{m}^3/\text{h}$	1) 실내 발열량에 의한 환기량(보일러, 변전실 등에 적용) $Q = \dfrac{Hs}{\rho \cdot Cp \cdot (t_r - t_o)}\,(\text{m}^3/\text{h})$ Hs : 실내 발열량(kJ/h), Cp : 공기정압비열($1.01\,\text{kJ/kgK}$), ρ : 밀도($1.2\,\text{kg/m}^3$), t_r : 실내허용온도, t_o : 신선공기온도 2) 유해가스에 의한 환기량(화학공장 등에 적용) $Q = \dfrac{M}{p_i - p_o}\,(\text{m}^3/\text{h})$ M : 발생유해가스량(m^3/h), p_i : 실내허용농도(농도비로 할 것), p_o : 신선공기농도 3) CO_2 농도에 의한 환기량(많은 사람이 장시간 체류) $Q = \dfrac{K}{C_i - C_o}\,(\text{m}^3/\text{h})$ K : 실내 CO_2 발생량(m^3/h), C_i : 실내 CO_2 농도, C_o : 신선 CO_2 농도 4) 수증기 발생이 있는 경우 $Q = \dfrac{L}{r \cdot (x_i - x_o)}\,(\text{m}^3/\text{h})$ L : 실내 수증기 발생량(kg/h), x_i : 실내허용 절대습도, x_o : 신선공기 절대습도, r : 공기의 비중량

기계환기의 종류
1종환기 : 송풍기와 배풍기를 사용하여 환기
 (보일러실, 변전실 등)
2종환기 : 송풍기만 설치하고 배기구 설치
 (소규모 변전실, 창고)
3종환기 : 배풍기만 설치하고 급기구 설치(화장실, 조리장)

환기량 계산(Q m3/h)
(1) 실내 발열량에 의한 환기량(보일러, 변전실 등에 적용)
$Q = \dfrac{Hs}{\rho \cdot Cp \cdot (t_r - t_o)}\,(\text{m}^3/\text{h})$
(2) CO_2 농도에 의한 환기량(많은 사람이 장시간 체류)
$Q = \dfrac{K}{C_i - C_o}\,(\text{m}^3/\text{h})$
(3) 수증기 발생이 있는 경우
$Q = \dfrac{L}{r \cdot (x_i - x_o)}\,(\text{m}^3/\text{h})$

04 예제문제

환기방식에 관한 설명으로 옳은 것은?

① 제1종 환기는 자연급기와 자연배기 방식이다.
② 제2종 환기는 기계설비에 의한 급기와 자연배기방식이다.
③ 제3종 환기는 기계설비에 의한 급기와 기계설비에 의한 배기방식이다.
④ 제4종 환기는 자연급기와 기계설비에 의한 배기방식이다.

[해설]
제1종 환기 : 급기팬 + 배기팬
제2종 환기 : 급기팬 + 자연배기
제3종 환기 : 자연급기 + 배기팬
제4종환기(중력환기) : 자연급기 + 자연배기

답 ②

4 덕트 부속기기 종류 및 특징

분류	특징
풍량조절 댐퍼(VD)	① 단익댐퍼 : 버터플라이 댐퍼라고도 하며 기류가 불안정, 소형덕트에만 쓰임 ② 다익댐퍼 : 날개가 여러 장으로 루버댐퍼라고도 하며, 기류가 안정되고, 대형덕트에 사용(평행익형, 대향익형) ③ 스플릿댐퍼 : 덕트의 분기부에서 풍량조절에 이용 ④ 슬라이드댐퍼 : 덕트 도중 홈틀을 만들어 1장의 철판을 수직으로 삽입, 주로 개폐용에 이용 ⑤ 클로드댐퍼 : 댐퍼에 철판대신 섬유질 재질을 사용하여 소음감소, 기류를 안정시킨다.

분류	특징
방화댐퍼 (FD)	- 방화댐퍼 (FD): 화재발생시 덕트를 차단 화염이 덕트를 통해 다른 실로 옮겨가는 것을 방지(퓨즈용융온도 72℃) - 방연댐퍼(SD) : 방화댐퍼와 마찬가지로 연기의 이동을 막기 위함(고가) - FSD : 방화방연댐퍼
기타부속 기기	- 가이드베인 : 덕트의 곡부에서 기류안정을 목적으로 부착하는 안내날개 - 터닝베인 : 좁은 날개를 여러 장 붙인 것으로 직각덕트에 쓰인다.
	외기흡입그릴, 배기그릴 : 외기와 배기가 평행류가 되도록 유도하는 날개이며 빗물의 침입을 방지하는 구조로 한다. 소음을 고려하여 통과 풍속을 선정한다.
	플렉시블 조인트(캔버스) : 플렉시블 조인트는 송풍기의 진동이 덕트에 전달되지 않도록 차단하는 접속재이다. 재료는 원칙적으로 글라스 크로스 (glass cloth)로 내열, 방염성능이 우수한 것으로 한다.
	소음기 : 지정된 소음성능을 유지하며, 분진이 날리지 않게 한다.

04 예제문제

주로 덕트의 분기부에 설치하여 분기덕트 내의 풍량조절용으로 사용되는 댐퍼는?

① 방화댐퍼
② 다익댐퍼
③ 방연댐퍼
④ 스플릿댐퍼

해설
스플릿댐퍼 : 분기부 풍량조절용 댐퍼, 다익댐퍼(평행익형, 대향익형) : 풍량조절용 대형댐퍼

답 ④

5 취출구 종류 및 특징

분류	특징
도달거리 강하도	- 도달거리 : 취출구에서 나온 기류가 0.25m/s 정도로 감소할 때까지 이동한 수평거리를 도달거리라 한다. - 강하도 : 취출구에서 나온 기류가 도달거리 지점까지의 수직 이동거리를 강하도(상승도)라 한다.
취출구 종류	- 천장형 : 아네모스탯(anemostat)형, 팬(pan)형, 슬롯(slot)형, 노즐(nozzle)형, 라인디퓨져(line diffuser), 다공판 - 벽면형 : 유니버설(universal)형, 그릴(grill)형, 슬롯(slot)형, 노즐(nozzle)형, 라인디퓨져(line diffuser), 다공판 - 바닥형(머시룸형) : 극장 바닥 등에 설치하는 흡입구
유인비	유인비란 취출구 1차 공기에 대한 송풍공기량(1차+2차)비를 말한다. 유인비 $= \dfrac{1차공기 + 2차공기}{1차공기}$

도달거리
취출구에서 나온 기류가 0.25m/s 정도로 감소할 때까지 이동한 수평거리를 도달거리라 한다.

취출구 종류
천장 : 아네모스탯형, 팬형, 슬롯형, 노즐형, 라인디퓨져, 다공판
벽면 : 유니버설형, 그릴형, 슬롯형, 노즐형, 라인디퓨져, 다공판
머시룸형 : 극장 바닥 등에 설치하는 흡입구

취출구 유인비 $= \dfrac{1차공기 + 2차공기}{1차공기}$

05 예제문제

아네모스탯(Anemostat)형 취출구에서 유인비의 정의로 옳은 것은? (단, 취출구로부터 공급된 조화공기를 1차 공기(PA), 실내공기가 유인되어 1차공기와 혼합한 공기를 2차 공기(SA), 1차와 2차 공기를 모두 합한 것을 전공기(TA)라 한다.)

① $\dfrac{TA}{PA}$ ② $\dfrac{TA}{SA}$

③ $\dfrac{PA}{TA}$ ④ $\dfrac{SA}{TA}$

해설
취출구 유인비
유인비 $= \dfrac{1차공기 + 2차공기}{1차공기} = \dfrac{TA}{PA}$

답 ①

03 핵심예상문제

덕트 및 부속설비

본 핵심예상문제는 각단원별 출제빈도 높은 문제 및 최근 10년간의 기출문제 중 비중이 높은 출제유형이므로 꼭 풀어보고 가야할 문제입니다. 이후 실전예상문제를 공부하시면 효과적입니다.

[08년 1회]

01 다음 중 저속 덕트의 설계방법과 거리가 먼 것은?

① 일반적으로 등압법으로 설계한다.
② 일반적으로 주덕트의 풍속을 20~30m/s로 설계한다.
③ 가장 저항이 큰 경로(주경로)에 대하여 압력손실을 같은 값으로 설계한다.
④ 일반적으로 풍량이 10,000m³/h 이상인 부분은 풍속으로, 그 이하인 부분은 압력강하로 설계한다.

> 저속 덕트의 설계 풍속은 15m/s 이하이다.

[12년 1회]

02 덕트의 설계에서 고려해야 할 사항으로 맞는 것은?

① 취출구 또는 흡입구와 송풍기까지는 가능한 길게 설계한다.
② 덕트의 굴곡이나 변형 등 저항 증가 요소를 많게 하여 송풍 동력을 증가시킨다.
③ 극장, 방송국 스튜디오 등에는 반드시 고속덕트로 설계하여 공기조화목적을 달성할 수 있어야 한다.
④ 덕트 내의 압력손실은 덕트공의 기능도와 접합방법 등에 의하여 달라질 수 있기 때문에 주의하여야 하며 각 덕트가 분기되는 지점에 댐퍼를 설치하여 압력의 평형을 유지할 수 있도록 한다.

> 송풍기와 취출구 흡입구까지는 가능한 짧게 설계하며, 덕트는 굴곡이나 변형은 되도록 적어야 하며, 극장, 방송국 스튜디오에는 소음방지를 위해 저속덕트로 설계한다.

[23년 2회]

03 덕트 설계시 등마찰손실법에 대한 설명으로 틀린 것은?

① 등마찰손실법으로 설계하면 덕트 길이당 마찰손실이 같으며 정압법이라고도한다.
② 등마찰손실법은 산업용 분말이나 분진 이송에 적합한 덕트 설계법이다.
③ 등마찰손실법은 덕트 설계가 간단하며 동일 마찰저항일 때 풍량이 클수록 풍속은 커진다.
④ 등마찰 손실법으로 설계하면 덕트 말단으로 갈수록 풍속이 감소하여 정압이 증가한다.

> 덕트설계시 산업용 분말이나 분진 이송에 적합한 덕트 설계법은 등속법이다.

[07년 2회]

04 다음 공조덕트에 대한 설명 중 틀린 것은?

① 고속 및 저속 덕트의 구분기준 풍속은 15m/s 이다.
② 등속법이란 덕트 내의 풍속을 일정하게 하여 덕트 치수를 결정하는 방법이다.
③ 파이버 글라스 덕트는 내압 70mmAq 이상에서 사용한다.
④ 아연도금 철판 덕트는 부식의 우려가 있고, 흡음성도 떨어진다.

> 파이버 글라스 덕트는 내압 50mmAq 이하에서 사용한다.

[22년 1회, 14년 2회]

05 덕트 설계방법 중 공기분배계통의 에어 밸런싱(Air Balancing)을 유지하는 데 가장 적합한 방법은?

① 등속법
② 정압법
③ 개량정압법
④ 정압재취득법

정답 01 ② 02 ④ 03 ② 04 ③ 05 ④

정압재취득법은 덕트 말단으로 갈수록 동압감소에 따른 정압 상승을 마찰손실로 상쇄시켜 취출구에서의 정압이 대략 일정한 값으로 되어 공기분배계통의 에어 밸런싱(Air Balancing)을 유지하는 데 가장 적합하다.

[09년 1회]

06 원형덕트에서 장방형 덕트로의 환산에 대하여 바르게 설명한 것은? (단, a는 장변, b는 단변이다.)

① 동일한 풍량을 송풍할 때 덕트의 마찰 손실은 단면이 원형인 원형덕트가 가장 크다.

② 상당직경 $d = 1.3 \left\{ \dfrac{(ab)^5}{(a+b)^2} \right\}^{1/8}$ 이다.

③ 아스펙트 비는 보통 4 : 1 이하가 바람직하나, 10 : 1을 넘어도 상관없다.

④ 원형덕트를 장방향 덕트로 변형시키기 위하여 폭 b를 늘이고 높이 a를 줄이면 효과가 아주 크다.

동일한 풍량을 송풍할 때 마찰 손실은 원형덕트가 가장 작고, 아스펙트 비는 보통 4 이하가 바람직하며, 원형덕트를 장방향 덕트로 변형시키기 위하여 폭 b를 줄이고 높이 a를 높이면 효과가 아주 크다.

[15년 2회]

07 덕트의 설계법을 순서대로 나열한 것 중 가장 바르게 연결한 것은?

① 송풍량 결정 – 덕트경로 결정 – 덕트치수 결정 – 취출구 및 흡입구 위치 결정 – 송풍기 선정 – 설계도 작성

② 송풍량 결정 – 취출구 및 흡입구 위치 결정 – 덕트경로 결정 – 덕트치수 결정 – 송풍기 선정 – 설계도 작성

③ 덕트치수 결정 – 송풍량 결정 – 덕트경로 결정 – 취출구 및 흡입구 위치 결정 – 송풍기 선정 – 설계도 작성

④ 덕트치수 결정 – 덕트경로 결정 – 취출구 및 흡입구 위치 결정 – 송풍기 결정 – 송풍기 선정 – 설계도 작성

덕트 설계 순서는 송풍량 결정 → 취출구 및 흡입구 위치 결정 → 덕트경로 결정 → 덕트치수 결정 → 송풍기 선정 → 설계도 작성 이다.

[15년 2회]

08 덕트의 직관부를 통해 공기가 흐를 때 발생하는 마찰 저항에 대한 설명 중 틀린 것은?

① 관의 마찰저항계수에 비례한다.
② 덕트의 지름에 반비례한다.
③ 공기의 평균 속도의 제곱에 비례한다.
④ 중력 가속도의 2배에 비례한다.

직관부의 마찰저항(ΔP) = $\lambda \cdot \dfrac{l}{d} \cdot \dfrac{V^2}{2g} \cdot r$

마찰저항은 중력 가속도의 2배에 반비례한다.

[22년 1회]

09 송풍기의 법칙 중 틀린 것은?(단, 각각의 값은 아래 표와 같다.)

$Q_1(m^3/h)$	초기풍량
$Q_2(m^3/h)$	변화풍량
$P_1(mmAq)$	초기정압
$P_2(mmAq)$	변화정압
$N_1(rpm)$	초기회전수
$N_2(rpm)$	변화회전수
$d_1(mm)$	초기날개직경
$d_2(mm)$	변화날개직경

① $Q_2 = (N_2/N_1) \times Q_1$
② $Q_2 = (d_2/d_1)^3 \times Q_1$
③ $P_2 = (N_2/N_1)^3 \times P_1$
④ $P_2 = (d_2/d_1)^2 \times P_1$

$P_2 = (N_2/N_1)_2 \times P_1$
정압은 회전수의 제곱에 비례한다.

[14년 2회, 11년 1회]

10 시간당 5,000m³의 공기가 지름 70cm의 원형 덕트 내를 흐를 때 풍속은 약 얼마인가?

① 1.4m/s ② 2.6m/s
③ 3.6m/s ④ 7.1m/s

$$풍속(V) = \frac{Q}{A} = \frac{5000}{3{,}600 \times (\frac{\pi}{4}0.7^2)} = 3.61 \text{m/s}$$

[07년 3회]

11 다음 그림과 같은 덕트에서 점 ㉠의 정압 P_1 = 15mmAq, 속도 V_1 = 10m/s일 때 점 ㉡에서의 전압은 몇 mmAq인가? (단, ㉠-㉡ 구간의 전압손실은 2mmAq이고, 공기 비중량은 1kg/m³로 한다.)

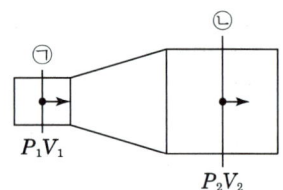

① 15.12 ② 17.12
③ 18.10 ④ 19.12

㉠ 지점의 동압 = $\frac{V_1^2}{2g}\gamma = \frac{10^2 \times 1}{2 \times 9.8} = 5.1$mmAq
㉠ 지점의 전압 = 정압+동압 = 15+5.1 = 20.1mmAq
㉡ 의 전압=㉠점 전압-손실 = (P_T)=전압-손실(損失)
  = 20.1-2 = 18.10mmAq

[22년 3회]

12 덕트의 경로 중 단면적이 확대되었을 경우 압력변화에 대한 설명으로 틀린 것은?

① 전압이 증가한다. ② 동압이 감소한다.
③ 정압이 증가한다. ④ 풍속은 감소한다.

덕트가 확대되면 풍속은 감소하여 동압은 감소하고 전압은 일정(마찰을 무시하면)하거나 감소(마찰손실로 감소)하며, 정압은 증가한다.

[13년 3회, 09년 7년]

13 덕트계 부속품의 기능을 설명한 것으로 옳지 않은 것은?

① 댐퍼 : 풍량을 조정하거나 덕트를 폐쇄하기 위해 설치된다.
② 플렉시블 커플링 : 송풍기와 덕트를 접속할 때 사용하며 진동이 전달되는 것을 방지한다.
③ 취출구 : 덕트로부터 공기를 실내로 공급한다.
④ 후드 : 실내로 광범위하게 공기를 공급한다.

후드는 환기설비에서 특정 부위에서 발생하는 오염된 공기를 모아주는 기능을 한다. 주방 배기 후드처럼 국부환기법에 이용한다.

[15년 3회, 06년 3회]

14 덕트의 분기점에서 풍량을 조절하기 위하여 설치하는 댐퍼는 어느 것인가?

① 방화 댐퍼 ② 스플릿 댐퍼
③ 볼륨 댐퍼 ④ 터닝 베인

• 스플릿 댐퍼(Split Damper) : 분기점에서 풍량조절.
• 방화 댐퍼 : 덕트를 통한 화염의 확산방지(루버형, 피봇형, 슬라이드형)
• 볼륨댐퍼(풍량 조절 댐퍼) : 버터플라이형, 익형(대향익, 평행익)
• 터닝베인 : 직각 엘보에 설치하는 성형 가이드베인

정답 10 ③ 11 ③ 12 ① 13 ④ 14 ②

[22년 2회]

15 다음 중 풍량조절 댐퍼의 설치위치로 가장 적절하지 않은 곳은?

① 송풍기, 공조기의 토출측 및 흡입측
② 연소의 우려가 있는 부분의 외벽 개구부
③ 분기덕트에서 풍량조정을 필요로 하는 곳
④ 덕트계에서 분기하여 사용하는 곳

> 연소의 우려가 있는 부분의 외벽 개구부에는 풍량조절 댐퍼(VD)대신 방화댐퍼(FD)를 설치한다.

18 다음 용어에 대한 설명으로 틀린 것은?

① 자유면적 : 취출구 혹은 흡입구 구멍 면적의 합계
② 도달거리 : 기류의 중심속도가 0.25m/s에 이르렀을 때, 취출구에서의 수평거리
③ 유인비 : 전공기량에 대한 취출공기량(1차 공기)의 비
④ 강하도 : 수평으로 취출된 기류가 일정 거리만큼 진행한 뒤 기류중심선과 취출구 중심과의 수직거리

> 유인비는 취출공기량(1차 공기)에 대한 전공기량 의 비이다.

[07년 3회]

16 가이드 베인에 대한 설명 중 틀린 것은?

① 곡률반지름이 덕트 장변의 1.5배 이내일 때 설치한다.
② 곡관부의 저항을 적게 한다.
③ 곡관부의 내측보다 외측에 설치하는 것이 좋다.
④ 곡관부의 기류를 세분하여 생기는 와류의 크기를 적게 한다.

> 가이드 베인은 덕트 곡관부의 내측에 설치하는 것이 덕트 곡관부 내측의 기류를 안정되게 한다.

[13년 2회, 10년 3회]

19 실내의 거의 모든 부분에서 오염가스가 발생되는 경우 실 전체의 기류분포를 계획하여 실내에서 발생하는 오염물질을 완전히 희석하고 확산시킨 다음에 배기를 행하는 환기방식은?

① 자연 환기   ② 제3종 환기
③ 국부 환기   ④ 전반 환기

> 전반 환기는 실 전체를 환기하는 것으로 실내 전구역에서 오염물질이 발생할 때 적용한다. 희석 환기 방식이라고도 한다. 실의 일부에서 발생하는 오염물을 후드를 이용하여 포집 환기하는 방식을 국부환기라 한다.

[23년 1회]

17 축류형 취출구의 일종으로 도달거리가 길고 소음이 적어 극장등 대공간에 주로 사용하는 취출구 형식으로 가장 알맞은 것은?

① 아네모스텃형   ② 팬형
③ 슬롯형   ④ 노즐형

> 노즐형 취출구는 축류형으로 도달거리가 길고 소음이 적어 극장, 로비, 아트리륨등 대공간 취출구로 가장 일반적이다.

[08년 3회]

20 화장실과 같이 악취가 난다든지 유독가스가 발생하는 실은 항상 부압상태를 유지하여 악취나 유독가스가 인접실로 번지는 일을 방지하여야 한다. 적절한 환기방식은?

① 자연 환기법   ② 제1종 환기법
③ 제2종 환기법   ④ 제3종 환기법

> 제3종 환기는 실을 항상 부압상태를 유지하여 악취나 유독가스가 인접실로 번지는 것을 방지하며 자연급기구와 배기팬을 조합한다.

정답 15 ② 16 ③ 17 ④ 18 ③ 19 ④ 20 ④

[22년 1회]

21 수증기 발생으로 인한 환기를 계획하고자 할 때, 필요 환기량 $Q(m^3/h)$의 계산식으로 옳은 것은? (단, q_s : 발생 현열량(kJ/h), W : 수증기 발생량(kg/h), M : 먼지발생량(m^3/h), t_i(℃) : 허용 실내온도, x_i(kg/kg) : 허용 실내 절대습도, t_o(℃) : 도입 외기온도, x_o(kg/kg) : 도입 외기절대습도, K, K_o : 허용 실내 및 도입외기 가스농도, C, C_o : 허용 실내 및 도입외기 먼지농도이다.)

① $Q = \dfrac{q_s}{0.29(t_i - t_o)}$

② $Q = \dfrac{W}{1.2(x_i - x_o)}$

③ $Q = \dfrac{100 \cdot M}{K - K_o}$

④ $Q = \dfrac{M}{C - C_o}$

> 환기량계산식은 아래 3가지 식 중에서 실내환경에 적합한 식을 적용하며 이 문제는 수증기 발생을 기준으로 계산식을 찾기 때문에 ②가 답이다.
> 1) 현열기준 $Q = \dfrac{q_s}{1.21(t_i - t_o)}$
> 2) 수증기 기준 $Q = \dfrac{W}{1.2(x_i - x_o)}$
> 3) 가스, 먼지 기준 $Q = \dfrac{M}{C - C_o}$

[12년 3회]

22 기계환기 중 송풍기와 배풍기를 이용하여 대규모 보일러실, 변전실 등에 적용하는 환기법은?

① 1종 환기　　② 2종 환기
③ 3종 환기　　④ 4종 환기

> 제1종 환기 (급기 송풍기 + 배기 배풍기)는 대규모 보일러실, 변전실 등에 적용한다.

[12년 3회]

23 지하주차장 환기설비에서 천장부에 설치되어 있는 고속 노즐로부터 취출되는 공기의 유인 효과를 이용하여 오염공기를 국부적으로 희석시키는 방식으로 맞는 것은?

① 제트팬 방식　　② 고속덕트 방식
③ 무덕트환기 방식　　④ 디리벤트 방식

> 디리벤트 방식은 지하주차장 환기설비에서 천장부에 설치되어 있는 고속노즐로부터 취출되는 공기의 유인효과를 이용하여 오염공기를 희석시킨다.

[23년 2회]

24 6인용 입원실이 100실인 병원의 입원실 전체 환기를 위한 최소 신선 공기량(m^3/h)은? (단, 외기 중 CO_2 함유량은 300ppm이고 실내 CO_2의 허용온도는 0.1%, 재실자의 CO_2 발생량은 1인당 $0.015m^3/h$이다.)

① 6,857　　② 885.7
③ 10,857　　④ 12,857

> CO_2 발생량(M) = $6 \times 100 \times 0.015 = 9m^3/h$
> 환기량 $Q = \dfrac{M}{C_i - C_o} = \dfrac{9}{0.001 - 0.0003} = 12,857 m^3/h$
> (300ppm = $0.0003 m^3/m^3$, 0.1% = $0.001 m^3/m^3$)

[11년 1회]

25 도서관의 체적이 $630m^3$이고, 공기가 1시간에 3회 비율로 틈새바람에 의해 자연 환기될 때 틈새바람량(m^3/min)은 약 얼마인가?

① 29.5　　② 31.5
③ 444　　④ 572

> 틈새바람량 = 체적 × 환기회수
> 　　　　　= $630m^3 \times 3회/h = 1890m^3/h = 31.5 m^3/min$

정답　21 ②　22 ①　23 ④　24 ④　25 ②

제3장 공조기기 및 덕트 실전예상문제

공조기기 및 덕트

본 실전예상문제는 각장 핵심예상문제에서 다루지 못한 실무적이고 난이도가 높은 문제들로 핵심예상문제를 보충해 주는 문제입니다. 핵심예상문제를 충분히 공부한 후 실전예상문제를 공부하면 효과적입니다.

1 공기조화기기

[11년 1회]
01 중앙식 공기조화기의 구성요소라고 할 수 없는 것은?

① 재열기　　② 가습기
③ 에어필터　　④ 오일필터

> 공기조화기의 구성 요소는 에어필터, 냉각코일, 가열코일, 가습기, 팬, 댐퍼, 케이싱 등이다. 오일필터는 연료계통에서 불순물로 걸러내는 여과기이다.

[09년 2회]
02 공기조화기(A.H.U)와 관계가 없는 것은?

① 송풍기　　② 냉각탑
③ 에어필터　　④ 냉각코일

> 공기조화기의 구성 요소는 에어필터, 냉각코일, 가열코일, 가습기, 팬, 댐퍼, 케이싱 등이다. 냉각탑은 냉동기와 연계하여 공조기에 냉수를 공급하는 것으로 공조실 외부에 설치한다.

[08년 3회]
03 공조기 내의 각종 기기에 대한 설명으로 틀린 것은?

① 에어 와셔의 분무수를 코일에 뿌리면 핀(fin)이 빨리 부식하므로 증기분무 또는 고압수분무를 사용한다.
② 냉각 코일의 풍속이 2.5m/s 이상일 때에는 일리미네이터를 설치한다.
③ 냉각 코일과 재열 코일을 겸용하면 공조기의 전 길이가 가장 짧게 된다.
④ 송풍기의 치수가 과대하게 될 때에는 단흡입형 송풍기를 사용한다.

> 송풍기의 치수가 과대하게 될 때(대용량 팬)에는 양흡입형 송풍기를 사용한다.

[13년 1회]
04 에어 핸들링 유닛(Air Handling Unit)의 구성요소가 아닌 것은?

① 공기 여과기　　② 송풍기
③ 공기 세정기　　④ 압축기

> 에어 핸들링 유닛은 냉각코일, 가습기, 가열코일, 송풍기, 댐퍼류 등으로 구성된다. 압축기는 냉동기 구성요소로 공조기 외부에 설치된다.

[12년 3회]
05 공조기를 설치하는 공조실에서 바닥 면적은 좁고 층고가 높은 경우에 적합한 공조기(AHU)의 형식은?

① 수직형　　② 수평형
③ 복합형　　④ 멀티존형

> 수직형 공조기는 설치 면적이 좁고 층고가 높은 공조실의 경우에 설치한다.

[11년 3회]
06 증기 또는 전기 가열기로 가열한 온수 수면에서 발생하는 증기로 가습하는 방법으로 소형 공조기에 사용되는 것은?

① 초음파형　　② 원심형
③ 노즐형　　④ 가습팬형

> 가습팬형 가습기는 온수 수면에서 발생하는 증기로 가습하는 방식으로 소형공조기에 주로 이용된다.

정답 01 ④　02 ②　03 ④　04 ④　05 ①　06 ④

[14년 3회]

07 송풍기에 대한 설명 중 틀린 것은?

① 원심팬 송풍기는 다익팬, 리밋로드팬, 후향팬, 익형팬으로 분류된다.
② 블로어 송풍기는 원심블로어, 사류블로어, 축류블로어로 분류된다.
③ 후향팬은 날개의 출구각도를 회전과 역방향으로 향하게 한 것으로 다익팬보다 높은 압력 상승과 효율을 필요로 하는 경우에 사용한다.
④ 축류 송풍기는 저압에서 작은 풍량을 얻고자 할 때 사용하며, 원심식에 비해 풍량이 작고 소음도 작다.

축류형(Axial) 송풍기(베인형, 프로펠러형)는 저압에서 대풍량을 얻기에 적합하며 원심식에 비해 풍량과 소음이 크다.

[12년 1회]

08 송풍기에 관한 설명 중 틀린 것은?

① 압력이 10kPa 이하는 일반적으로 팬(Fan)이라 한다.
② 송풍기의 크기가 일정할 때 압력은 회전속도비의 2제곱에 비례하여 변화한다.
③ 회전속도가 같을 때 동력은 송풍기 임펠러 지름비의 3제곱에 비례하여 변화한다.
④ 일반적으로 원심송풍기에 사용되는 풍량제어 방법에는 회전수제어, 베인제어, 댐퍼제어 등이 있다.

회전속도가 같을 때 송풍기 동력은 임펠러 지름비의 5제곱에 비례한다.

[13년 3회]

09 송풍기의 특성을 나타내는 요소에 해당되지 않는 것은?

① 압력 ② 축동력
③ 재질 ④ 풍량

송풍기의 특성을 하나로 나타낸 것이 특성곡선이며 구성요소는 압력(정압, 전압) 축동력, 풍량, 효율이다.

[14년 2회]

10 송풍기의 특성에서 풍량이 증가하면 정압(靜壓)은 어떻게 되는가?

① 증가한다.
② 감소한다.
③ 변함없이 일정하다.
④ 감소하다가 일정하다.

송풍기 특성곡선에서 풍량이 증가하면 풍속은 감소하므로 동압과 정압은 감소한다.

[22년 1회] [08년 1회]

11 다음은 송풍기 번호에 의한 크기를 나타내는 식이다. 옳은 것은?

① 원심송풍기 : $No(\#) = \dfrac{회전날개지름 mm}{100mm}$

  축류송풍기 : $No(\#) = \dfrac{회전날개지름 mm}{150mm}$

② 원심송풍기 : $No(\#) = \dfrac{회전날개지름 mm}{150mm}$

  축류송풍기 : $No(\#) = \dfrac{회전날개지름 mm}{100mm}$

③ 원심송풍기 : $No(\#) = \dfrac{회전날개지름 mm}{150mm}$

  축류송풍기 : $No(\#) = \dfrac{회전날개지름 mm}{150mm}$

④ 원심송풍기 : $No(\#) = \dfrac{회전날개지름 mm}{100mm}$

  축류송풍기 : $No(\#) = \dfrac{회전날개지름 mm}{100mm}$

송풍기 크기(No)는 원심식은 임펠러 지름 150mm를 1호로, 축류형은 임펠러지름 100mm를 1호로 한다.

원심송풍기 : $No(\#) = \dfrac{임펠러\ 지름(mm)}{150}$

축류송풍기 : $No(\#) = \dfrac{임펠러\ 지름(mm)}{100}$

정답 07 ④ 08 ③ 09 ③ 10 ② 11 ②

[14년 1회, 11년 1회]

12 다음 그림은 송풍기의 특성 곡선이다. 점선으로 표시된 곡선 B는 무엇을 나타내는가?

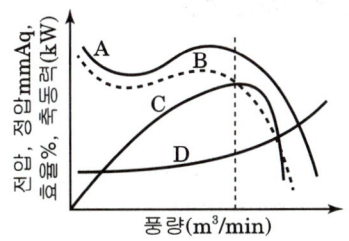

① 축동력   ② 효율
③ 전압   ④ 정압

송풍기의 특성곡선에서
A : 전압, B : 정압, C : 효율, D : 축동력

[13년 2회]

13 다익형 송풍기의 경우 송풍기의 크기(No)에 대한 내용으로 맞는 것은?

① 임펠러의 직경(mm)을 60(mm)으로 나눈 숫자이다.
② 임펠러의 직경(mm)을 100(mm)으로 나눈 숫자이다.
③ 임펠러의 직경(mm)을 120(mm)으로 나눈 숫자이다.
④ 임펠러의 직경(mm)을 150(mm)으로 나눈 숫자이다.

다익형 송풍기는 원심식이므로
원심식 송풍기의 크기 : $No(\#) = \dfrac{회전날개\ 지름(mm)}{150mm}$

[12년 3회, 08년 2회]

14 송풍기를 원심, 축류 및 기타로 크게 나눌 때 원심 송풍기의 종류에 속하지 않는 것은?

① 터보 송풍기   ② 리밋 로드 송풍기
③ 익형 송풍기   ④ 프로펠러 송풍기

원심식 송풍기에는 터보형, 리밋 로드형, 익형 등이 있으며 프로펠러 송풍기는 축류형에 속한다.

[13년 2회]

15 냉각탑에 주로 사용하는 축류식 송풍기의 종류로 맞는 것은?

① 리밋로드형 송풍기
② 프로펠러형 송풍기
③ 크로스 플로형 송풍기
④ 다익형 송풍기

축류형 송풍기에는 프로펠러형, 베인형이 있다.

[11년 2회]

16 냉각탑이나 환기용 등 풍량이 많고 압력이 낮은 경우에 사용되는 것은?

① 다익 송풍기   ② 터보 송풍기
③ 축류 송풍기   ④ 관류 송풍기

축류 송풍기는 낮은 풍압, 다량의 풍량을 공급하기에 적합하여 환기팬등에 주로 쓰이며 프로펠러형, 인라인형 팬등이 여기에 속한다.

[12년 2회, 08년 3회]

17 원심식 송풍기에 사용되는 풍량제어 방법이라고 할 수 없는 것은?

① 댐퍼제어   ② 베인제어
③ 압력제어   ④ 회전수제어

원심식 송풍기 풍량제어법에서 토출댐퍼에 의한 제어 < 흡입댐퍼에 의한 제어 < 흡입베인에 의한 제어 < 회전수제어 순으로 에너지가 절약되며, 가변피치제어는 축류형송풍기 풍량제어법에 속한다.

[22년 2회]

18 원심송풍기에서 사용되는 풍량제어 방법 중 풍량과 소요 동력과의 관계에서 가장 효과적인 제어 방법은?

① 회전수 제어   ② 베인 제어
③ 댐퍼 제어   ④ 스크롤 댐퍼 제어

정답 12 ④ 13 ④ 14 ④ 15 ② 16 ③ 17 ③ 18 ①

원심송풍기에서 사용되는 풍량 제어 방법 중 풍량과 소요 동력과의 관계에서 가장 효과적인 제어 법이란 동력절감 효과가 크다는 의미이며 회전수제어 > 베인제어 > 댐퍼제어 순이다.

[13년 3회, 09년 3회, 07년 3회, 06년 2회]

19 공기 중의 냄새나 아황산가스 등 유해가스의 제거에 가장 적당한 필터는?

① 활성탄 필터
② HEPA 필터
③ 전기 집진기
④ 롤 필터

활성탄 필터는 공기 중의 냄새나 유해가스를 제거할 수 있다.

[10년 3회]

20 에어필터 효율 측정법이 아닌 것은?

① 중량법
② NBS법
③ DOP법
④ NTU법

에어필터 효율 측정법에는 중량법-저성능, 변색법(NBS법)-중성능, 계수법(DOP법)-고성능이 있다.

[23년 1회]

21 연도를 통과하는 배기가스에 분무수를 접촉시켜 공해물질을 흡수, 융해, 응축작용에 의해 불순물을 제거하는 집진장치는 무엇인가?

① 세정식 집진기
② 사이클론 집진기
③ 공기 주입식 집진기
④ 전기 집진기

연도를 통과하는 배기가스에 분무수를 접촉시켜 공해물질을 흡수, 융해, 응축작용에 의해 불순물을 제거하는 집진장치는 세정식 집진기이다.

[07년 2회]

22 먼지의 포집효율의 측정법에서 필터의 상류와 하류에서 흡입한 공기를 각각 여과지에 통과시켜 그 오염도를 광전관으로 측정하는 것은?

① 중량법
② 계수법
③ 비색법
④ DOP법

필터 효율 측정법중 비색법(NBS법)은 필터의 분진 제거 상태를 광투과량을 이용하여 측정한다.

[07년 1회]

23 에어 필터의 설치에 관한 설명이다. 틀린 것은?

① 공조기 내의 에어 필터는 송풍기의 흡입측이면서 코일의 흡입측에 설치한다.
② 유닛형을 여러 개 조합하여 설치할 경우에는 지그재그가 되도록 한다.
③ 필터에 공기흐름방향이 있는 경우는 역방향으로 설치되지 않도록 한다.
④ 고성능 HEPA필터 등은 송풍기의 입구측에 설치한다.

고성능(HEPA)필터나 초고성능(ULPA)필터는 저항이 크므로 송풍기의 출구측에 설치한다.

[15년 1회]

24 공조장치의 공기 여과기에서 에어필터 효율의 측정법이 아닌 것은?

① 중량법
② 변색도법(비색법)
③ 집진법
④ DOP법

에어필터 효율 측정법
중량법, 변색법(NBS법), 계수법(DOP법)

정답 19 ① 20 ④ 21 ① 22 ③ 23 ④ 24 ③

[15년 1회, 10년 2회]
25 여과기를 여과작용에 의해 분류할 때 해당되지 않는 것은?

① 충돌 점착식 ② 자동 재생식
③ 건성 여과식 ④ 활성탄 흡착식

> 여과기의 여과작용에 의한 분류는 충돌 점착식, 건성 여과식, 전기식, 활성탄 여과기로 나눈다.

[14년 3회]
26 공기여과기의 성능을 표시하는 용어 중 가장 거리가 먼 것은?

① 제거효율 ② 압력손실
③ 집진용량 ④ 소재의 종류

> 공기여과기의 성능 표시에는 제거효율, 압력손실, 집진용량 등이다.

[15년 3회]
27 다음 중 필터의 모양에는 패널형, 지그재그형, 바이패스형 등이 있으며, 유해가스나 냄새를 제거할 수 있는 것은?

① 건식 여과기 ② 점성식 여과기
③ 전자식 여과기 ④ 활성탄 여과기

> 활성탄 여과기는 유해가스나 냄새를 제거할 수 있는 필터이다.

[12년 3회]
28 다음 중 냉수코일의 설계법으로 틀린 것은?

① 공기흐름과 냉수흐름의 방향을 평행류로 하고 대수 평균 온도차를 적게 한다.
② 코일의 열수는 일반공기 냉각용에는 4~8열(列)이 많이 사용된다.
③ 냉수 속도는 일반적으로 1m/s 전후로 한다.
④ 코일의 설치는 관이 수평으로 놓이게 한다.

> 냉수코일 설계 시 공기흐름과 냉수흐름을 대향류로 하고 대수 평균온도차를 크게 한다.

[12년 1회, 10년 1회, 08년 1회]
29 냉수 코일 설계에 관한 설명 중 옳은 것은?

① 대수 평균 온도차(MTD)를 크게 하면 코일의 열수가 많아진다.
② 냉수의 속도는 2m/s 이상으로 하는 것이 바람직하다.
③ 코일을 통과하는 풍속은 2~3m/s가 경제적이다.
④ 물의 온도 상승은 일반적으로 15℃ 전후로 한다.

> MTD를 크게 하면 코일의 열수는 적어지고, 냉수속도는 약 1m/s 전후이며, 물의 온도 상승은 5℃ 전후로 한다. 냉수 코일을 통과하는 풍속은 2~3m/s, 가열 코일을 통과하는 풍속은 3~4m/s가 경제적이다.

[14년 2회]
30 다음 부하 중 냉각코일의 용량을 산정하는 데 포함되지 않는 것은?

① 실내 취득 열량
② 도입 외기 부하
③ 송풍기 축동력에 의한 열부하
④ 펌프 및 배관으로부터의 부하

> 냉각코일 용량 산정에 실내 취득 열량이 가장 크며, 도입 외기 부하, 덕트나 송풍기에 의한 열부하 등이 포함된다. 펌프 및 배관으로부터의 부하는 냉동기 부하에 포함된다.

정답 25 ② 26 ④ 27 ④ 28 ① 29 ③ 30 ④

제3장 공조기기 및 덕트

[07년 3회]

31 공기 냉각 코일에 대한 설명 중 옳지 않은 것은?

① 소형 코일에는 일반적으로 외경 9 ~ 13mm 정도의 동관 또는 강관의 외측에 동 또는 알루미늄제의 핀을 붙인다.
② 코일의 관내에는 물 또는 증기, 냉매 등의 열매를 통하고 외측에는 공기를 통과시켜서 열매와 공기 간의 열 교환을 시킨다.
③ 핀의 형상은 관의 외부에 얇은 리본 모양의 금속판을 일정한 간격으로 감아 붙인 것을 에어로핀형이라 한다.
④ 에어로핀 중 감아 붙인 핀이 주름진 것을 스므드 핀, 주름이 없는 평면상의 것을 링클핀이라 한다.

> 공기 냉각 코일에서 에어로핀(aero-fin) 코일은 외주에 평판의 주름을 스파이럴 형상으로 감아 붙인 코일이며, 플레이트 핀(plate fin)은 얇은 리본 모양의 금속판을 일정한 간격으로 감아 붙인 코일이다.

[12년 2회, 09년 2회]

32 실내 냉방시 냉동기용량 중 냉각코일용량에 속하지 않는 것은?

① 송풍기 부하　② 재열부하
③ 배관부하　　④ 외기부하

> 펌프 및 배관으로부터의 부하는 냉각코일용량에는 속하지 않으며 냉동기 부하에 포함된다.

[10년 1회, 06년 2회]

33 냉각코일로 공기를 냉각하는 경우에 코일표면온도가 공기의 노점온도보다 높으면 공기 중의 수분량 변화는?

① 변화가 없다.　② 증가한다.
③ 감소한다.　　④ 불규칙적이다.

> 공기 냉각코일에서 코일 표면온도가 공기의 노점보다 높으면 온도만 감소하며 공기 중의 수분량 변화는 없는 건코일이라 한다.

[06년 1회]

34 공기조화기에서 냉각코일에서의 냉각열량(q_c) 표시가 바른 것은?

① q_c = 외기부하 + 취득열량 + 재열량
② q_c = 외기부하 + 취득열량 − 재열량
③ q_c = 외기부하 − 취득열량 + 재열량
④ q_c = 외기부하 − 취득열량 − 재열량

> 냉각코일 냉각열량(q_c) = 외기부하 + 실내 취득열량 + 재열량

[23년 1회]

35 공조기의 풍량이 3000m³/min이고, 코일 통과 풍속을 2.5m/s로 할 때 냉수코일의 유효전면적(m²)은 얼마인가? (단, 공기의 밀도는 1.2kg/m³이다.)

① 1200　　② 120
③ 20　　　④ 0.33

> 코일 유효 전면적 (A)은 $Q = Av$에서
> $A = \dfrac{Q}{v} = \dfrac{3000}{60 \times 2.5} = 20\text{m}^2$

[14년 3회]

36 공기를 가열하는 데 사용하는 공기가열코일의 종류로 가장 거리가 먼 것은?

① 증기(蒸氣)코일　② 온수(溫水)코일
③ 전열(電熱)코일　④ 증발(蒸發)코일

> 공기가열코일에는 증기코일, 온수코일, 전열코일 등이 있다.

정답　31 ③　32 ③　33 ①　34 ①　35 ③　36 ④

[22년 1회, 22년 3회, 10년 3회]

37 31℃의 외기와 25℃의 환기를 1:2의 비율로 혼합하고 바이패스 팩터가 0.16인 코일로 냉각 제습할 때 코일 출구온도(℃)는?(단, 코일표면온도는 14℃이다)

① 14　　② 16
③ 27　　④ 29

> 혼합온도를 구하면
> $t_m = \dfrac{31 \times 1 + 25 \times 2}{1+2} = 27℃$
> 27℃공기를 14℃코일(BF=0.16)에 통과 시키면
> $t_o = t_c + BF(t_i - t_c) = 14 + 0.16(27-14) = 16℃$

[15년 3회]

38 가열코일을 흐르는 증기의 온도를 t_s, 가열코일 입구 공기온도를 t_1, 출구 공기온도를 t_2라고 할 때 산술 평균 온도식으로 옳은 것은?

① $t_s - (t_1 + t_2)/2$
② $t_2 - t_1$
③ $t_1 + t_2$
④ $[(t_s - t_1) + (t_s - t_2)]/\ln[(t_s - t_1)/(t_s - t_2)]$

> 가열코일 산술평균온도
> 증기온도 증기온도-공기평균온도 = $t_s - \left(\dfrac{t_1+t_2}{2}\right)$
> 대수평균온도 $MTD = \dfrac{(t_s - t_1) + (t_s - t_2)}{\ln[(t_s - t_1)/(t_s - t_2)]}$

[14년 1회]

39 냉수코일의 설계에 있어서 코일 출구온도 10℃, 코일 입구온도 5℃, 전열부하 83,740kJ/h일 때, 코일 내 순환수량(L/min)은 약 얼마인가? (단, 물의 비열은 4.2kJ/kg·K 이다.)

① 55.5L/min　　② 66.5L/min
③ 78.5L/min　　④ 98.7L/min

> 열평형식 $q = WC\Delta t$에서
> $W = \dfrac{q}{C\Delta t} = \dfrac{83,740}{4.2 \times (10-5)} = 3988L/h = 66.5L/min$

[23년 2회, 23년 1회]

40 공기냉각용 냉수코일의 설계 시 유의사항 설명으로 알맞은 것은?

① 코일을 통과하는 공기의 풍속은 5m/s이상으로 한다.
② 코일 내 물의 입출구 온도차는 10℃ 이상으로 한다.
③ 물과 공기의 흐름방향은 역류(대향류)가 되게 한다.
④ 공기와 물의 대수평균온도차는 작을수록 유리하다.

> - 코일을 통과하는 공기의 풍속은 2~3m/s정도로 한다.
> - 코일 내 물의 입출구 온도차는 5℃ 정도로 한다.
> - 물과 공기의 흐름방향은 병류보다 역류(대향류)가 되게 하며, 이때 공기와 물의 대수 평균온도차는 클수록 유리하다.

[23년 3회]

41 냉각수 출입구 온도차를 5℃, 냉각탑의 처리 열량을 5.5kW로 하면 필요한 냉각수량(L/min)은 얼마인가? (단, 냉각수의 비열은 4.2kJ/kg·K로 한다.)

① 10.8　　② 15.7
③ 18.9　　④ 20.0

> $q = WC\Delta t$에서
> $= \dfrac{q}{C\Delta t} = \dfrac{5.5 \times 3600}{4.2(5)} = 942.86 L/h = 15.7 L/min$

[09년 3회]

42 공조기의 냉수 코일 부하가 145,000 kJ/h, 냉수의 출입구 온도차가 5℃라 한다면 필요 냉수량은 얼마인가?

① 372L/min　　② 115L/min
③ 513L/min　　④ 573L/min

> 열평형식 $q = mC\Delta t$
> $m = \dfrac{q}{C\Delta t} = \dfrac{145,000}{4.2 \times 5} = 6905 L/h = 115 L/min$

정답 37 ② 38 ① 39 ② 40 ③ 41 ② 42 ②

[09년 1회]

43 코일의 필요한 열수(N)를 계산하는 식으로 옳은 것은? (단, 코일부하 : q_t, 코일의 유효정면 면적 : F, 열관류율 : K, 습면보정계수 : C_{us}, 대수평균온도차 : MTD이다.)

① $N = \dfrac{q_t \times MTD}{F \times K \times C_{us}}$

② $N = \dfrac{q_t}{F \times K \times C_{us} \times MTD}$

③ $N = \dfrac{q_t \times C_{us}}{F \times K \times MTD}$

④ $N = \dfrac{F \times K \times MTD \times C_{us}}{q_t}$

코일의 열량 $= q_t = N \times F \times K \times C_{us} \times MTD$ 에서
코일의 열수 계산(N) $= \dfrac{q_t}{F \times K \times C_{us} \times MTD}$

[08년 2회]

44 냉각수 출입구 온도차를 5℃, 냉각수의 처리 열량을 16,380 kJ/h·RT로 하면 냉각수량(L/min·RT)은 얼마인가? (단, 냉각수의 비열은 4.2 kJ/kgK로 한다.)

① 10   ② 13
③ 18   ④ 20

열평형식 $q = mC\Delta t$
$m = \dfrac{q}{C\Delta t} = \dfrac{16,380}{4.2 \times 5} = 780 \text{L/hRT} = 13 \text{L/min RT}$

[11년 3회]

45 다음과 같은 공기 선도상의 상태에서 CF(Contact Factor)를 나타내고 있는 것은?

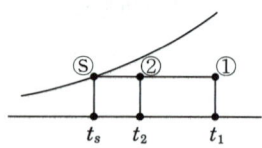

① $\dfrac{t_1 - t_2}{t_1 - t_s}$ ② $\dfrac{t_1 - t_2}{t_2 - t_s}$

③ $\dfrac{t_2 - t_s}{t_1 - t_s}$ ④ $\dfrac{t_2 - t_s}{t_1 - t_2}$

코일 입구 온도는 ①, 코일출구는 ②, 코일온도는 Ⓢ 이므로
$CF = \dfrac{\text{냉각된 온도}}{\text{냉각되어야 하는 온도}} = \dfrac{\text{입구온도-출구온도}}{\text{입구온도-코일온도}}$
$= \dfrac{①-②}{①-S}$

[13년 2회]

46 다음 그림은 냉각코일의 선도 변화를 나타낸 것이다. ① : 입구공정, ② : 출구공정, Ⓢ : 포화공기일 때 노점온도(A)와 바이패스 팩터(B) 구간으로 맞는 것은?

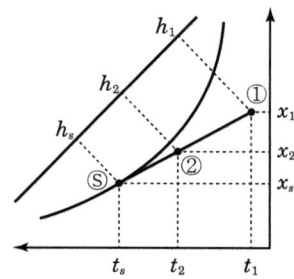

① A : t_s, B : $\dfrac{h_2 - h_s}{h_1 - h_s}$ ② A : t_s, B : $\dfrac{t_2 - t_s}{t_1 - t_s}$

③ A : t_2, B : $\dfrac{t_1 - t_2}{t_2 - t_s}$ ④ A : t_2, B : $\dfrac{h_2 - h_s}{h_1 - h_2}$

코일 입구 온도는 ①, 코일출구는 ②, 코일온도는 Ⓢ 이므로 노점온도는 $S(t_s)$
$BF = \dfrac{\text{냉각되지 못한 온도}}{\text{냉각되어야 하는 온도}} = \dfrac{\text{출구온도-코일온도}}{\text{입구온도-코일온도}}$
$= \dfrac{②-S}{①-S} = \dfrac{t_2 - t_s}{t_1 - t_s}$

정답 43 ② 44 ② 45 ① 46 ②

[07년 3회]

47 다음 그림 중 공기조화기를 통과하는 유입공기(O)가 냉각 코일을 지날 때의 상태를 나타낸 것은?

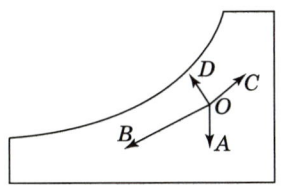

① OA ② OB
③ OC ④ OD

> $O \rightarrow D$: 순환수분무(냉각, 가습)
> $O \rightarrow C$: 증기분무(가열, 가습)
> $O \rightarrow B$: 냉각코일(냉각, 감습)
> $O \rightarrow A$: 감습

[07년 2회]

48 다음 그림은 냉방시의 공기조화 과정을 나타내고 있다. 그림과 같은 조건일 경우 냉각 코일의 바이패스 팩터는 얼마인가? (단, ① 실내공기의 상태점, ② 외기의 상태점, ③ 혼합공기의 상태점, ④ 취출공기의 상태점, ⑤ 코일의 장치노점온도)

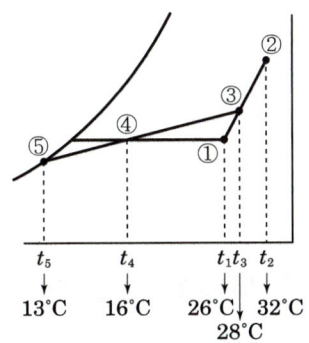

① 0.15   ② 0.20
③ 0.25   ④ 0.30

> 바이패스 팩터 $BF = \dfrac{④-⑤}{③-⑤} = \dfrac{16-13}{28-13} = 0.2$

[11년 1회, 06년 3회]

49 공기를 감습하기 위한 장치의 종류에 해당하지 않는 것은?

① 냉각 감습장치   ② 압축 감습장치
③ 흡수식 감습장치   ④ 전열교환 감습장치

> 감습장치에는 냉각 감습, 압축 감습, 흡수식 감습, 흡착식 감습이 있다.

[13년 2회]

50 흡착식 감습장치에 사용하는 고체흡착제는?

① 실리카겔   ② 염화리튬
③ 트리에틸렌글리콜   ④ 드라이아이스

> 액체 감습(흡수식) : 염화리튬, 트리에틸렌글리콜
> 흡착식 감습(고체 흡착제) : 실리카겔, 활성알루미나

[11년 3회]

51 흡착제습기의 특징으로 맞지 않는 것은?

① -50℃ 정도의 공기도 얻을 수가 있으며 취급도 간단하다.
② 저온저습의 실험실이나 건조실 등 소풍량을 사용하는 데 적용된다.
③ 일정시간 사용 후 재생 시 소량의 열(1kg의 수분을 제거하는데 약 420kJ 정도)로서도 가능하다.
④ 장치 내에 먼지가 차면 흡습능력을 심하게 해친다.

> 흡착식 제습기(고체 제습장치) 사용 후 재생 시 1kg의 수분을 제거하는데 약 2520kJ 정도의 열이 필요하다.

[07년 1회]

52 감습장치에서 재생용 열원이 필요한 것은?

① 냉각식   ② 압축식
③ 흡수식   ④ 에어와셔식

> 흡수식 감습장치나 흡착식은 재생용 열원이 필요하다.

정답 47 ② 48 ② 49 ④ 50 ① 51 ③ 52 ③

제3장 공조기기 및 덕트

[06년 3회]

53 염화리튬(LiCl)을 사용하는 흡수식 감습장치가 냉각식 감습장치보다 유리할 경우는?

① 공조되어 있는 실내의 현열비가 60% 이하일 때
② 공조기 출구의 노점이 7℃ 이상일 때
③ 실내 잠열부하의 변동이 클 때 실내온도를 일정하게 유지시킬 때
④ 온도가 42℃ 이상 또는 5℃ 이하에서 저습도로 할 때

> 염화리튬(흡수식) 감습장치는 냉각식 감습보다 실내의 현열비가 60% 이하일 경우 유리하다.

[15년 1회]

54 제습장치에 대한 설명으로 틀린 것은?

① 냉각식 제습장치는 처리공기를 노점 온도 이하로 냉각시켜 수증기를 응축시킨다.
② 일반 공조에서는 공조기에 냉각코일을 채용하므로 별도의 제습장치가 없다.
③ 제습방법은 냉각식, 압축식, 흡수식, 흡착식이 있으나 대부분 냉각식을 사용한다.
④ 에어와셔방식은 냉각식으로 소형이고 수처리가 편리하여 많이 채용된다.

> 에어와셔(가습장치)방식은 공기에 노점온도 이하의 분무수를 접촉시킴으로써 결로 현상으로 제습하는 것이며 냉각식은 아니다. 에어와셔는 주로 가습에 이용한다.

[15년 1회]

55 가습방식에 따른 분류 중 수분무식에 해당하는 것은?

① 회전식   ② 원심식
③ 모세관식 ④ 적하식

> 수분무식에는 원심식, 초음파식, 분무식등이 있다.

[15년 2회, 12년 2회]

56 공조용 가습장치 중 수분무식에 해당하지 않는 것은?

① 원심식   ② 초음파식
③ 분무식   ④ 적하식

> 증발식 가습장치에 회전식, 모세관식, 적하식이 있다.

[14년 2회, 09년 1회]

57 가습기의 종류에서 증기 취출식에 대한 특징이 아닌 것은?

① 공기를 오염시키지 않는다.
② 응답성이 나빠 정밀한 습도제어가 불가능하다.
③ 공기온도를 저하시키지 않는다.
④ 가습량 제어를 용이하게 할 수 있다.

> 증기취출식 가습기는 응답성이 좋아 습도제어가 용이하여 공조 시스템에서 가습장치로 일반적으로 이용한다.

[06년 3회]

58 다음의 가습장치에 가습형식이 다른 하나는?

① 원심식   ② 초음파식
③ 수분무식 ④ 회전식

> ①, ②, ③의 가습장치는 수분무식이고 회전식은 증발식이다.

[09년 2회]

59 가습방법 중 가습효율이 가장 높은 것은?

① 증발 가습   ② 온수 분무 가습
③ 증기 분무 가습 ④ 고압수 분무 가습

> 증기분무(노즐분무식) 가습방식이 가습효율이 뛰어나서 공조설비에서 일반적으로 채택하고 있다.

정답 53 ① 54 ④ 55 ② 56 ④ 57 ② 58 ④ 59 ③

[10년 2회, 08년 3회]

60 모터로 고속회전반을 돌리고 그 힘으로 물을 빨아올려 회전반에 공급하면 얇은 수막이 형성되어 안개와 같이 비산된 후 공기를 가습하는 것은?

① 스크루식 ② 회전식
③ 원심식   ④ 분무식

> 원심식 가습기는 원심력을 이용하여 수막을 비산시켜 가습한다. 회전식은 원판을 회전시키며 증발작용을 이용한다.

[10년 1회]

61 풍량 10,000kg/h의 공기(절대습도 0.00300kg/kg)를 온수분무로 절대습도 0.00475kg/kg까지 가습할 때의 분무 수량은 약 몇 kg/h인가? (단, 가습효율은 30%라 한다.)

① 58.3   ② 175.2
③ 212.7 ④ 525.3

> 가습량 = $m\triangle x$ = 10000(0.00475 − 0.00300) = 17.5kg/h
> 분무수량 = $\dfrac{가습량}{가습효율}$ = $\dfrac{17.5}{0.3}$ = 58.3kg/h
> 가습량은 공기에 가습되는량이며 분무수량은 노즐에서 분무하는 수량으로 의미가 다르다.

[06년 2회]

62 공기세정기의 주기능은 무엇인가?

① 세정실을 통과한 공기가 흐르는 물을 깨끗하게 정화시킨다.
② 세정실을 통과하면서 흐르는 물과 접촉하여 가습이 이루어진다.
③ 세정실에서 분무되는 온수에 의하여 가열이 주목적이다.
④ 세정실에서 분무되는 냉수에 의하여 냉각·감습이 주목적이다.

> 공기세정기(에어와셔)의 주기능은 분무실(세정실)을 통과하면서 노즐에서 분무된 미세한 물방울과 공기가 접촉하여 가습, 가열, 냉각, 감습, 세정 작용이 이루어지며 주된 기능은 가습이다.

[22년 1회]

63 에어와셔에서 단열분무 할 때 공기의 상태변화에 대한 설명 중 옳지 않은 것은?

① 건구온도는 내려가고, 절대습도는 증가한다.
② 상대습도는 올라가고, 절대습도는 증가한다.
③ 엔탈피는 내려가고, 절대습도는 증가한다.
④ 엔탈피는 일정하고, 절대습도는 증가한다.

> 에어와셔에서 단열분무하면 엔탈피는 일정하고, 건구온도는 내려가고(냉각) 상대습도와 절대습도는 증가(가습)한다.

[15년 1회]

64 에어와셔에서 분무하는 냉수의 온도가 공기의 노점온도보다 높을 경우 공기의 온도와 절대습도의 변화는?

① 온도는 올라가고, 절대습도는 증가한다.
② 온도는 올라가고, 절대습도는 감소한다.
③ 온도는 내려가고, 절대습도는 증가한다.
④ 온도는 내려가고, 절대습도는 감소한다.

> 에어와셔에서 분무수의 냉수(공기온도보다 낮은 냉수)온도가 공기의 노점보다 높으면 온도는 내려가고(냉각) 절대습도는 증가(가습)한다. 냉수온도가 공기의 노점보다 낮으면 온도도 내려가고(냉각) 절대습도도 내려(감습)간다.

[13년 1회, 06년 3회]

65 공기 세정기의 구조에서 앞부분에는 세정실이 있고 물방울의 유출을 방지하기 위해 뒷부분에는 무엇을 설치하는가?

① 배수관   ② 유닛 히트
③ 유량조절밸브 ④ 일리미네이터

> 공기 세정기의 구조에서 앞부분에는 루버를 설치하고 중심부에 세정실(스탠딩 파이프, 분무노즐)이 있고 뒷부분에 물방울의 유출을 방지하기 위해 일리미네이터를 설치한다.

정답 60 ③ 61 ① 62 ② 63 ③ 64 ③ 65 ④

[23년 3회]

66 공기설비의 열회수장치인 전열교환기는 주로 무엇을 경감시키기 위한 장치인가?

① 실내부하의 전열
② 외기부하의 전열
③ 조명부하의 전열
④ 송풍기부하의 전열

> 전열교환기는 배기의 버려지는 현열과 잠열을 회수하여 외기를 가열 또는 냉각하는 것으로 외기전열부하를 경감시킨다.

[23년 3회]

67 축열시스템의 특징에 관한 설명으로 옳은 것은?

① 피크 컷(peak cut)에 의해 열원장치의 용량이 증가한다.
② 부분부하 운전에 쉽게 대응하기가 곤란하다.
③ 도시의 전력수급상태 개선에 공헌한다.
④ 야간운전에 따른 관리 인건비가 절약된다.

> 축열시스템은 피크 컷(peak cut)에 의해 열원장치의 용량이 감소하며, 부분부하 운전에 쉽게 대응하고, 피크부하에 따른 전력소비가 적어 도시의 전력수급상태 개선에 공헌하며 야간운전에 따른 관리 인건비가 증가한다.

[09년 3회]

68 공기세정기에서 가습효율(포화효율) η_s을 바르게 나타낸 것은? (단, t_1, t_2 : 공기세정기 입구 및 출구의 건구 온도[℃], t_1' : 공기 세정기 입구의 습구온도[℃])

① $\eta_s = (t_2 - t_1)/(t_2 - t_1')$
② $\eta_s = (t_1 - t_2)/(t_1 - t_1')$
③ $\eta_s = (t_1' - t_2)/(t_1' - t_1)$
④ $\eta_s = (t_1 - t_1')/(t_1 - t_2)$

> 가습효율(η_s) = 가습 효과/최대가습량 = (입구-출구)/(입구-습구) = $(t_1 - t_2)/(t_1 - t_1')$

[14년 1회, 11년 1회]

69 증기-물 또는 물-물 열교환기의 종류에 해당되지 않는 것은?

① 원통다관형 열교환기
② 전열 교환기
③ 판형 열교환기
④ 스파이럴형 열교환기

> 원통다관형(셸 앤드 튜브)이나 판형 열교환기는 보통 증기-물 또는 물-물 열교환하여 온수를 얻으며, 전열 교환기는 공기-공기를 열교환하여 전열(현열과 잠열)을 회수한다.

[12년 1회]

70 열교환기의 열관류율을 달라지게 하는 인자와 거리가 먼 것은?

① 유체의 유속
② 내구성
③ 전열면의 재질
④ 전열면의 오염 정도

> 열교환기 열관류율은 전열면의 재질, 유체유속, 전열면의 오염 정도의 영향을 받는다.

[09년 1회]

71 열교환기의 전열표면에 오염물질을 제거하는 방법으로 맞지 않는 것은?

① 화학적으로 전열면의 열저항을 증가시키는 방법
② 외부에 필터를 사용하는 방법
③ 오염물질이 전열면에 쉽게 부착되지 않도록 구조적으로 유동을 조절하는 방법
④ 유체 내부에 화학물질을 첨가하여 오염물질의 석출 및 퇴적을 막는 방법

> 열교환기 전열표면에 화학적인 처리를 하면 전열면의 열저항이 감소한다. 필터를 사용하면 분진이 제거되어 전열면의 오염을 막는다.

정답 66 ② 67 ③ 68 ② 69 ② 70 ② 71 ①

[12년 2회]
72 전열교환기의 일종으로 흡습성 물질이 도포된 엘리먼트를 적층시켜 원판형태로 만든 로터와 로터를 구동하는 장치 및 케이싱으로 구성되어 있는 전열교환기는?

① 고정형　　　　② 정지형
③ 회전형　　　　④ 원판형

> 회전형 전열교환기는 엘리먼트(알루미나)를 적층시킨 원판 로터를 회전시켜 외기와 배기를 열교환시킨다.

[14년 3회]
73 스테인리스 강판(두께 1.8 ~ 4.0mm)을 와류형으로 감아 그 끝단을 용접으로 밀봉하고 파이프 플랜지 이외에는 개스킷을 사용하지 않으며 주로 물-물에 주로 사용되는 열교환기는?

① 스파이럴형　　　② 원통 다관식
② 플레이트형　　　④ 관형

> 스파이럴형 열교환기는 스테인리스 강판을 와류형으로 만든 열교환기이다.

[11년 3회, 10년 1회]
74 스파이럴형 열교환기의 구조에 대한 설명으로 맞는 것은?

① 스테인리스 강판을 스파이럴형으로 감아서 용접함으로써 수밀하고 개스킷을 사용한다.
② 수-수 형식에 사용되며 증기-수 형식에는 사용하지 않는다.
③ 형상, 중량이 플레이트식보다 크다.
④ 내압 10atg, 내온 200℃까지 가능하다.

> 스파이럴형 열교환기는 개스킷을 사용하지 않으며 형상이 플레이트식(판형)보다 크다.

[08년 1회]
75 스테인리스 강판에 리브형 홈을 만들어 합성고무의 개스킷으로 수밀(水密)을 기하여, 초고층 건물의 수-수 열교환기로 많이 사용하는 열교환기는?

① 원통다관형　　　② 열사이펀형
③ 스파이럴형　　　④ 플레이트형

> 플레이트형(판형) 열교환기는 스테인리스 강판에 리브형 홈을 만들어 합성고무의 개스킷으로 수밀을 기하여 수-수열교환기로 현장에서 주로 이용되고 있다.

[09년 2회]
76 원통 다관형(Shell & Tube) 열교환기의 특징으로 맞지 않는 것은?

① 응축, 증발, 현열 열전달에 모두 이용 가능
② 허용 압력 강하치가 광범위하고 탄력적임
③ 소재나 수리를 위한 분해가 어려움
④ 크기 및 재료선택이 다양함

> 원통 다관형 열교환기는 소재나 수리 분해가 용이하다.

[10년 2회]
77 공조가 되고 있는 실내에서 배기되는 배기와 환기를 위해 외부에서 도입되는 외기와의 사이에서 현열과 잠열을 동시에 교환시킬 수 있어 공조용 송풍량이 많은 건물에서 에너지 절약을 할 수 있는 전열교환기의 종류로 옳은 것은?

① 흡착식, 대류식　　　② 회전식, 고정식
③ 흡수식, 압축식　　　④ 복사식, 흡착식

> 전열교환기 종류에는 회전식과 고정식이 있다.

정답　72 ③　73 ①　74 ③　75 ④　76 ③　77 ②

[10년 3회]

78 열교환기로서 공기냉각기에는 냉수를 사용하는 냉수 코일과 관내에서 냉매를 증발시키는 직접팽창코일에서 냉매를 각 관에 균일하게 공급하기 위하여 무엇을 사용하는가?

① 온수 헤더
② Distributor
③ 냉수 헤더
④ Reverse Return

> 직접팽창 코일에서 Distributor(디스트리뷰터)는 일종의 헤더로서 유입된 냉매를 각 코일에 고르게 분배시키는 기능을 한다.

[09년 3회]

79 전열 교환기의 이용 시 주의사항에 관한 설명으로 옳지 않은 것은?

① 배기량이 외기량의 40% 이상 확보되도록 한다.
② 배열회수에 이용되는 배기는 주방배기는 사용하지 않는다.
③ 회전형 전열교환기의 로터 구동 모터와 급배기 팬은 인터록 시킨다.
④ 중간기 외기 냉방시에도 열교환 덕트를 구성시킨다.

> 전열 교환기 이용 시 중간기 외기 냉방 시에는 실내외 엔탈피차가 적어서 열교환의 경제성이 떨어지므로 열교환하지 않고 외기를 직접 도입하기 위해 바이패스 덕트를 이용한다.

[08년 2회]

80 열교환기 중 공조기 내부에 주로 설치되는 공기가열기 또는 공기냉각기를 흐르는 냉·온수의 통로수는 코일의 배열방식에 따라 나눌 수 있다. 이 중 코일의 배열방식에 따른 종류가 아닌 것은?

① 풀 서킷
② 하프 서킷
③ 더블 서킷
④ 플로 서킷

> 코일의 배열방식은 풀 서킷, 하프 서킷, 더블 서킷으로 나누며 유량이 클 때 더블 서킷을 사용한다.

[13년 1회]

81 열교환기를 구조에 따라 분류하였을 때 판형 열교환기의 종류에 해당하지 않는 것은?

① 플레이트식 열교환기
② 캐틀형 열교환기
③ 플레이트핀식 열교환기
④ 스파이럴형 열교환기

> 판형 열교환기는 구조에 따라 플레이트식, 플레이트핀식, 스파이럴형으로 나눈다.

2 열원기기

[09년 3회]

82 보일러에 관한 설명 중 틀린 것은?

① 주철보일러는 압력 0.5MPa 이하의 중압 증기용에 사용된다.
② 주철제 보일러는 분할하여 제작이 가능하므로 반입이 용이하다.
③ 노통연관식 보일러는 내분식으로 연소실 크기가 제한을 받는다.
④ 입형 보일러는 수직의 원통형 드럼 내부에 연소실을 구성하고 연관 또는 수관으로 대류전열면을 조합하여 만든 구조이다.

> 주철제 증기 보일러 최고사용압력은 0.1MPa이다. 온수용은 0.5MPa 이하이다.

[10년 2회, 07년 1회]

83 노통 연관식 보일러의 장점이 아닌 것은?

① 비교적 고압의 대용량까지 제작이 가능하다.
② 효율이 낮다.
③ 동일용량의 수관식 보일러보다 가격이 싸다.
④ 부하변동에 따른 압력변동이 크다.

> 노통 연관식 보일러는 보유수량이 많아서 부하변동 시 대응하기가 용이하고 압력변동이 작다.

정답 78 ② 79 ④ 80 ④ 81 ② 82 ① 83 ④

[11년 2회]
84 보일러의 종류 중 수관식 보일러의 분류에 해당되지 않는 것은?

① 관류보일러　　② 연관보일러
③ 자연순환식 보일러　④ 강제순환식 보일러

> 연관 보일러는 노통 보일러나 노통연관 보일러와 같이 원통형 보일러에 속한다.

[07년 2회]
88 다음 중 보일러의 능력과 효율을 표시하는 방법이 아닌 것은?

① 열발생률　　② 전열면적
③ 증발량　　　④ 보일러 중량

> 보일러 중량과 보일러 능력과는 관련성이 없다.

[09년 3회, 06년 2회]
85 겨울철 난방을 위한 열발생 장치로써 사용할 수 없는 것은?

① 히트 펌프　　② 보일러
③ 터보 냉동기　④ 흡수식 냉온수기

> 터보 냉동기는 냉열원만 생산한다.

[08년 1회]
89 보일러에서 이코노마이저(절탄기)의 기능은?

① 급수 예열　　② 연료 가열
③ 급기 예열　　④ 증기 가열

> 절탄기(폐열회수장치)는 배기 가스의 열을 이용하여 급수를 예열하여 열효율을 향상시키는 작용을 한다.

[10년 2회, 06년 2회]
86 보일러의 안전장치에 해당되지 않는 것은?

① 안전밸브　　② 저수위 경보기
③ 화염 검출기　④ 절탄기

> 절탄기는 보일러용 폐열회수장치로 열효율을 향상시키기 위한 장치이다.

[13년 3회]
90 온수난방장치와 관계없는 것은?

① 팽창탱크　　② 보일러
③ 버킷 트랩　　④ 공기빼기 밸브

> 버킷 트랩은 기계식 증기 트랩의 일종으로 증기 난방장치에 이용된다.

[10년 1회]
87 보일러의 열효율을 향상시키기 위한 장치가 아닌 것은?

① 저수위 차단기　② 재열기
③ 절탄기　　　　④ 과열기

> 저수위 차단기는 보일러 운전 시 수위의 급격한 저하를 막는 안전장치이다.

[15년 1회, 12년 2회]
91 보일러의 종류 중 원통보일러의 분류에 해당되지 않는 것은?

① 폐열 보일러　② 입형 보일러
③ 노통 보일러　④ 연관 보일러

> 원통형 보일러에 입형(수직) 보일러, 노통 보일러, 노통연관 보일러, 연관식 보일러가 있다. 폐열 보일러는 특수 보일러에 속한다.

정답　84 ②　85 ③　86 ④　87 ①　88 ④　89 ①　90 ③　91 ①

[06년 1회]

92 보일러 튜브 내에 스케일(Scale) 생성을 방지하기 위한 방법으로 적절하지 못한 것은?

① 급수처리 ② 청정제 주입
③ 블로(Blow) ④ 연소가스 처리

> 연소가스 처리와 보일러 튜브 내의 스케일 생성 방지와는 관계가 없다.

[08년 2회]

93 보일러의 안전장치 중 옳지 않은 것은?

① 보일러는 기기 내에 고압의 증기나 고온의 물을 저장하고 있으므로 안전을 위하여 충분한 강도를 지닌 구조로 되어 있음과 동시에 철저한 관리를 하여야 한다.
② 수온이 120℃가 넘는 온수 보일러의 경우는 릴리프 밸브를, 수온이 120℃ 이하의 온수 보일러에서는 안전밸브가 설치된다.
③ 연소장치에서 압력, 온도의 상한을 제한하는 안전장치와 광전관 등에 의한 착화, 감화의 안전장치가 쓰인다.
④ 잔류 연소가스의 폭발을 방지하기 위하여 시퀀스 제어가 사용되고 있다.

> 수온이 120℃가 넘는 온수 보일러의 경우는 안전밸브, 수온이 120℃ 이하의 온수 보일러에서는 릴리프 밸브를 설치한다.

[12년 2회]

94 보일러연료로 기름을 사용할 때 기름을 저장할 수 있는 탱크가 필요하다. 다음 중 오일탱크의 종류가 아닌 것은?

① 서비스 탱크 ② 옥내 저장탱크
③ 지하 저장탱크 ④ 익스팬션 탱크

> 익스팬션 탱크(팽창탱크)는 온수 시스템의 팽창 탱크이다.

[07년 1회]

95 보일러의 연소량을 일정하게 하고, 소비량에 비해 과잉일 경우 잉여증기를 저장하여 부족할 때 저장증기를 방출하는 장치는?

① 환원기 ② 충진탑
③ 축열기 ④ 절탄기

> 증기축열기(어큐뮬레이터)는 제1종 압력용기로서 잉여증기를 저장하여 과부하시 재사용한다.

[07년 3회]

96 다음 중 보일러의 부속장치가 아닌 것은?

① 급수장치 ② 자동제어장치
③ 통풍장치 ④ 보일러 본체

> 보일러 본체는 보일러 3대 구성요소(본체, 부속장치, 연소장치)에 속하며 부속장치는 아니다.

[12년 1회]

97 보일러에서 연료를 연소하는 데에는 연소에 필요한 산소량을 알면 공기량을 산출할 수 있지만, 이 공기량만으로는 완전연소가 곤란하다. 따라서 연료를 완전연소시키기 위해서는 더 많은 공기가 필요한데, 실제로 필요한 공기량과 이론적인 공기량의 비를 무엇이라 하는가?

① 실제공기계수 ② 연소공기계수
③ 공기과잉계수 ④ 필요공기계수

> 공기과잉계수(공기비) $m = \dfrac{\text{실제소요공기량}}{\text{이론소요공기량}}$
> 실제로 필요한 공기량과 이론적인 공기량의 비는 공기과잉계수로 공기비라고도 한다.

정답 92 ④ 93 ② 94 ④ 95 ③ 96 ④ 97 ③

[14년 1회]

98 보일러의 출력표시에서 난방부하와 급탕부하를 합한 용량으로 표시되는 것은?

① 과부하출력 ② 정격출력
③ 정미출력 ④ 상용출력

> 정미출력(순부하) = 난방부하 + 급탕부하
> 상용출력 = 난방부하 + 급탕부하 + 배관부하
> 정격출력 = 난방부하 + 급탕부하 + 배관부하 + 예열부하

[15년 3회, 12년 2회, 06년 1회]

101 급수온도 35℃에서 증기압력 1.5 MPa, 온도 400℃의 증기를 40 kg/h 발생시키는 보일러의 상당증발량은? (단, 1.5 MPa, 400℃에서 과열증기 엔탈피는 3,294 kJ/kg이다.)

① 55.8kg/h ② 65.8kg/h
③ 75.8kg/h ④ 85.8kg/h

> 상당증발량 = $\dfrac{G_s(h_2-h_1)}{2,257} = \dfrac{40(3,294-35\times 4.2)}{2,257}$
> $= 55.8\text{kg/h}$

[13년 2회]

99 가스난방에 있어서 실의 총손실열량이 840,000 kJ/h, 가스의 발열량이 21,000 kJ/m³, 가스소요량이 60 m³/h일 때 가스스토브의 효율은 약 얼마인가?

① 67% ② 80%
③ 85% ④ 90%

> 효율 = $\dfrac{\text{유효율}}{\text{가스공급열}} \times 100 = \dfrac{840,000}{60\times 21,000}\times 100 = 67\%$

[15년 1회]

102 온수보일러의 상당방열면적이 110m²일 때, 환산증발량은?

① 약 91.8kg/h ② 약 112.2kg/h
③ 약 132.6kg/h ④ 약 153.0kg/h

> 100℃ 물의 증발잠열 = 2,257kJ/kg
> 온수방열기 방열량 = 523W/m² = 523×3.6kJ/m²·h
> ∴ 환산(상당)증발량 = $\dfrac{\text{방열량}}{2,257} = \dfrac{523\times 3.6\times 110}{2,257} = 91.8\text{kg/h}$

[13년 2회]

100 상당 증발량이 2,500kg/h이고, 급수온도가 30℃, 발생증기 엔탈피가 2,662kJ/kg일 때 실제 증발량은 약 얼마인가? (물의 비열 4.2kJ/kgK)

① 2,225kg/h ② 2,249kg/h
③ 2,149kg/h ④ 2,048kg/h

> 상당증발량 = $\dfrac{\text{실제증발량(증기엔탈피-급수엔탈피)}}{2,257}$
> $2,500 = \dfrac{G_s\times(2,662-30\times 4.2)}{2,257}$
> 실제 증발량(G_s) = $\dfrac{2,500\times 2,257}{2,662-30\times 4.2} = 2,225\text{kg/h}$

[11년 2회]

103 증기압축식 냉동기 중 대규모 건축물의 공조용으로 사용되는 대용량 냉동기 형식으로 맞는 것은?

① 원심식 ② 왕복동식
③ 스크루식 ④ 흡수식

> 공조용 대용량 냉동기에는 보통 원심식(터보형)냉동기를 사용한다.

정답 98 ③ 99 ① 100 ① 101 ① 102 ① 103 ①

제3장 공조기기 및 덕트

[10년 3회, 08년 3회]

104 흡수식 냉온수기에 대한 설명이다. ( ) 안에 들어갈 명칭으로 가장 알맞은 것은?

> "흡수식 냉온수기는 여름철에는 (①)에서 나오는 냉수를 이용하여 냉방을 행하며 겨울철에는 (②)에서 나오는 열을 이용하여 온수를 생산하여 냉방과 난방을 동시에 해결할 수 있는 기기로서 현재 일반 건축물에서 많이 사용되고 있다."

① ① 증발기, ② 응축기
② ① 재생기, ② 증발기
③ ① 증발기, ② 재생기
④ ① 발생기, ② 방열기

> 흡수식 냉온수기는 여름철에는 증발기에서 나오는 냉수를 이용하며 겨울철에는 재생기에서 나오는 온수를 사용한다.

[09년 2회]

105 흡수식 냉온수기를 이용하는 열원시스템의 설명으로 맞지 않은 것은?

① 1대로 냉방과 난방을 겸용하므로 기계실의 스페이스를 적게 차지한다.
② 냉각탑을 포함하는 열원장치의 건설비는 전동 냉동기와 보일러 병용방식에 비해 비싸다.
③ 병원과 같이 고압증기를 필요로 할 때에는 1중 효용식과 보일러 조합방식을 사용한다.
④ 사용 연료로서는 도시가스가 이상적이고 직화식 버너를 사용한다.

> 고압증기가 필요한 곳은 2중 효용식과 보일러 조합방식을 사용하고 보일러 고압증기를 2중 효용식의 고온재생기에 투입시킨다.

[08년 2회]

106 공조용 열원기기 중 흡수식 냉동기에 관한 다음 설명 중 옳지 않은 것은?

① 부분 부하에 대한 대응성이 나쁘다.
② 압축장치가 없어 진동이 작다.
③ 가열원으로 증기나 가스 등이 이용된다.
④ 증기 압축식에 비해서 냉각탑 용량이 커진다.

> 흡수식 냉동기는 부분부하에 대한 적응성이 좋은 편이다.

[10년 2회]

107 다음 중 흡수식 냉동기의 결점에 해당하지 않는 것은?

① 압축식 냉동기에 비해 설치면적, 높이, 중량이 크다.
② 냉각탑, 기타 부속설비가 압축식에 비해 큰 용량을 필요로 한다.
③ 압축식에 비해 예냉시간이 약간 길다.
④ 부하가 규정용량을 초과하면 사고발생 우려가 크다.

> 흡수식 냉동기는 진공상태에서 운전되므로 부하 용량 초과시 사고발생 우려가 적다.

[08년 3회]

108 흡수식 냉동기의 종류에 해당되지 않는 것은?

① 단효용 흡수식 냉동기
② 2중효용 흡수식 냉동기
③ 직화식 냉온수기
④ 증기압축식 냉온수기

> 증기압축식은 압축기(전기공급)를 이용한 냉동기로 흡수식 냉동기와 구분된다.

정답 104 ③ 105 ③ 106 ① 107 ④ 108 ④

[12년 3회, 09년 1회]
109 압축식 냉동기에 비해 흡수식 냉동기 냉각탑의 열처리용량과 냉각수량은 몇 배 정도로 하는가?

① 처리용량 2배, 냉각수량 1.5배
② 처리용량 4, 냉각수량 2배
③ 처리용량 1.5배, 냉각수량 4배
④ 처리용량 2배, 냉각수량 4배

> 흡수식 냉동기는 압축식에 비해 냉각탑 처리용량은 2배, 냉각수량은 1.5배 정도가 소요된다.

[13년 3회]
110 공조용으로 사용되는 냉동기의 종류가 아닌 것은?

① 원심식 냉동기
② 자흡식 냉동기
③ 왕복동식 냉동기
④ 흡수식 냉동기

> 공조용 냉동기에는 증기 압축식에 원심식, 왕복동식, 스크류식, 회전식이 있으며 흡수식 냉동기가 있다.

[15년 1회]
111 중앙에 냉동기를 설치하는 방식과 비교하여 덕트병용 패키지 공조방식에 대한 설명으로 틀린 것은?

① 기계실 공간이 작게 필요하다.
② 운전에 필요한 전문 기술자가 필요 없다.
③ 설치비가 중앙식에 비해 적게 든다.
④ 실내 설치 시 급기를 위한 덕트 샤프트가 필요하다.

> 덕트 병용 패키지 방식(PAC를 각 층에 설치하고 덕트를 통해 해당 층 각 실로 송풍한다.)은 수직으로 공급되는 덕트 샤프트는 필요없다.

[12년 1회]
112 열원방식의 특징으로 맞는 것은?

① 흡수식 냉동기 : 피크전력부하 경감
② 축열방식 : 심야전력 이용곤란
③ 지역냉난방방식 : 대기오염 심각
④ 열펌프 : 폐열발생

> 흡수식은 피크전력부하 경감에 유리하고, 축열방식은 심야전력 사용이 가능하며 지역냉난방은 대기오염이 감소하고, 열펌프는 폐열을 사용할 수 있다.

[11년 1회]
113 축냉식(빙축열) 설비를 흡수식 설비와 비교했을 때 장점으로 틀린 것은?

① 심야 전력을 사용하므로 운전비를 대폭 절감할 수 있다.
② 수전설비 규모를 일반 전기식의 0 ~ 60% 수준으로 줄일 수 있다.
③ 고장 시 축열조나 냉동기의 분리운전으로 신뢰성이 확보된다.
④ 진동 및 소음이 적고 타 방식에 비해 설치면적이 적게 소요된다.

> 축냉식은 축열조 때문에 설치면적을 크게 하여야 한다.

[08년 1회]
114 공조용 열원 시스템에서 토털 에너지방식에 사용하는 구동기관으로 맞지 않는 것은?

① 전동기   ② 가스 엔진
③ 디젤 엔진   ④ 가스 터빈

> 토털 에너지 방식이란 일종의 열병합발전으로 구동기관은 가스 엔진, 디젤 엔진, 가스 터빈등이다.

정답 109 ① 110 ② 111 ④ 112 ① 113 ④ 114 ①

[11년 1회]
115 열원방식 중에서 토털 에너지방식(Total Energy System)에 해당되지 않는 것은?

① 가스터빈 방식　② 연료전지 방식
③ 엔진 열펌프 방식　④ 빙축열 방식

> 토털에너지 방식은 전기와 열을 동시에 사용하는 것으로 빙축열 방식은 해당없다.

[11년 2회]
116 수열원 히트펌프의 열원으로 이용할 수 없는 것은?

① 지하수(地下水)　② 하수(下水)
③ 공기(空氣)　④ 해수(海水)

> 수열원 히트펌프(물 사용 히트펌프)에서 공기는 열원으로 사용하지 않는다.

[08년 2회]
117 열원방식의 분류 중 특수 열원방식으로 분류되지 않는 것은?

① 열회수 방식(전열 교환방식)
② 흡수식 냉온수기 방식
③ 지역 냉난방 방식
④ 태양열 이용 방식

> 흡수식 냉온수기의 열원은 증기, 중온수, 가스 연소열을 이용하며 냉동기, 보일러와 함께 일반적인 열원방식이다.

[10년 1회]
118 열원방식의 한 종류 중 심야전력을 이용한 빙축열 시스템 설비를 구성하는 장치에 해당하지 않는 것은?

① 축열조　② 냉각수 펌프
③ 열교환기　④ 이코노마이저

> 이코노마이저(급수가열기)는 보일러 등에서 배기가스 열로 급수를 가열하여 열을 회수하는 장치이다.

[09년 1회]
119 다음 중 히트펌프 방식의 열원에 해당되지 않는 것은?

① 수 열원　② 마찰 열원
③ 공기 열원　④ 태양 열원

> 히트펌프 열원은 물이나 공기, 태양열등을 이용한다.

3 덕트 및 부속설비

[14년 1회, 10년 3회]
120 덕트 설계 시 고려하지 않아도 되는 사항은?

① 덕트로부터의 소음
② 덕트로부터의 열손실
③ 공기의 흐름에 따른 마찰 저항
④ 덕트 내를 흐르는 공기의 엔탈피

> 공기의 엔탈피는 덕트 설계 시 고려사항이 아니다.

[08년 2회, 06년 3회]
121 덕트 설계시 주의할 사항 중 옳은 것은?

① 곡관부는 될 수 있는 대로 곡률 지름을 크게 한다.
② 확대부분의 각도는 가능한 한 45° 이상으로 한다.
③ 축소부분의 각도는 가능한 60° 이내로 한다.
④ 덕트 단면의 아스펙트 비는 가능한 6보다 크게 한다.

> 곡관부는 될 수 있는 대로 곡률 지름을 크게 할수록 저항이 적어서 유리하며, 덕트 설계시 확대의 경우 15° 이하, 축소의 경우 30° 이하, 아스펙트 비는 4:1 이하 정도로 한다.

정답 115 ④　116 ③　117 ②　118 ④　119 ②　120 ④　121 ①

[15년 3회, 12년 3회]

122 덕트의 치수 결정법에 대한 설명으로 옳은 것은?

① 등속법은 각 구간마다 압력손실이 같다.
② 등마찰 손실법에서 풍량이 10,000m³/h 이상이 되면 정압재취득법으로 하기도 한다.
③ 정압재취득법은 취출구 직전의 정압이 대략 일정한 값으로 된다.
④ 등마찰 손실법에서 각 구간마다 압력손실을 같게 해서는 안 된다.

> 덕트치수에서 정압재취득법은 덕트 말단으로 갈수록 동압감소에 따른 정압상승을 마찰손실로 상쇄시켜 취출구에서의 정압이 대략 일정한 값으로 된다. 등속법은 각 구간마다 풍속이 같고, 등마찰 손실법은 각 구간마다 압력손실을 같게하며, 등마찰 손실법에서 풍량이 10,000m³/h 이상이 되면 등속법으로 하기도 한다.

[09년 3회]

123 덕트 설계에 있어서 등마찰 손실법에 관한 설명으로 틀린 것은?

① 보건용 공조의 경우에 흔히 적용된다.
② 덕트 말단으로 갈수록 풍속이 빨라지므로 소음처리가 어렵다.
③ 가장 저항이 큰 경로(주경로)에 대해서 압력손실을 같은 값으로 설계한다.
④ 단위 길이당 마찰손실이 일정한 상태가 되도록 덕트 마찰손실 선도에서 직경을 구한다.

> 등마찰 손실(저항)법은 덕트 단위 길이당 마찰저항이 일정한 상태가 되므로 덕트 말단으로 갈수록 풍속이 감소하므로 정압이 증가한다.

[11년 3회]

124 공조용 덕트의 재료로서 현재 일반적으로 가장 많이 사용되는 것은?

① 알루미늄판
② 일반탄소강판
③ 동판
④ 아연도금강판

> 공조용 덕트의 대표적인 재료는 아연도금강판이다.

[10년 2회]

125 고속덕트와 저속덕트는 주덕트 내에서 최대 풍속 몇 m/s를 경계로 하여 구분되는가?

① 5m/s
② 15m/s
③ 30m/s
④ 55m/s

> 저속덕트는 풍속이 15m/s 이하, 고속덕트는 풍속이 15m/s 이상으로 한다.

[13년 3회, 06년 2회]

126 덕트계통에서 풍량은 다르더라도 단위길이당 마찰손실이 일정하게 되도록 덕트경을 정하는 방법은?

① 균등법
② 균압법
③ 등마찰법
④ 등속법

> 등마찰법이란 덕트계통에서 풍량은 다르더라도 단위길이당 마찰손실이 일정하게 되도록 덕트경을 정하는 방법이다.

[23년 2회]

127 덕트 설계시 주의사항으로 틀린 것은?

① 덕트 내 풍속을 허용풍속 이하로 선정하여 소음, 송풍기 동력 등에 문제가 발생하지 않도록 한다.
② 덕트의 단면은 직사각형이 좋으며, 적정 종횡비는 6:1 이상으로 한다.
③ 덕트의 확대부는 15° 이하로 하고, 축소부는 30° 이하로 한다.
④ 곡관부는 가능한 크게 구부리며, 내측 곡률반경이 덕트 폭보다 작을 경우는 가이드 베인을 설치한다.

> 덕트의 단면은 원형과 정사각형이 좋으며, 천정고를 낮추기 위해 직사각형으로 할 때 적정 종횡비는 되도록 4:1이하로 한다.

정답 122 ③ 123 ② 124 ④ 125 ② 126 ③ 127 ②

[07년 2회]
128 다음의 덕트 중 보온을 필요로 하는 것은?

① 보온효과가 있는 흡음재를 부착한 덕트 및 챔버
② 공조가 되고 있는 실 및 그 천장 속의 환기 덕트
③ 외기 도입용 덕트
④ 급기 덕트

> 급기 덕트는 덕트 내외 온도차가 크므로 열손실 방지(에너지 절약)를 위해 보온이 필요하다.

[23년 1회]
131 덕트 SMACNA 이음공법 중에서 세로방향 이음공법에 속하는 공법은 무엇인가?

① 피츠버그 스냅록
② 드라이브 슬립
③ 스탠딩 시임
④ 포켓록

> 피츠버그 스냅록이나 보턴펀치 스냅록은 세로방향 덕트 이음법이고, 특히 피츠버그 스냅록 이음법은 겹으로 접은 판사이로 싱글로 접은 판을 끼워 넣고 때려 접은 형식으로 기밀이 좋아서 공조설비 덕트 공사 현장에서 주로 사용되는 공법이다.

[07년 3회]
129 고속 덕트의 특징으로 옳지 않은 것은?

① 마찰에 의한 압력손실이 크다.
② 소음이 작다.
③ 운전비가 증대한다.
④ 장방형 대신에 스파이럴관이나 원형 덕트를 사용하는 경우가 많다.

> 고속 덕트(15~20m/s 이상)는 소음이 크다.

[11년 3회]
132 덕트설계 시에는 송풍기에서 필요한 정압을 계산하여야 한다. 송풍기의 정압이란 무엇인가?

① 송풍기의 전압에서 송풍기 토출측 동압을 뺀 값
② 송풍기의 흡입측 전압과 송풍기 토출측 동압을 더한 값
③ 송풍기의 토출측 전압에서 송풍기 흡입측 동압을 뺀 값
④ 송풍기의 전압과 송풍기 흡입측 동압을 더한 값

> 송풍기 정압 = 토출전압 - 토출동압
> 송풍기 전압 = 송풍기정압 + 토출동압

[07년 1회]
130 덕트의 이음법 중에서 주로 직각방향의 이음에 사용되는 방법은?

① 피치버그 록
② S슬림
③ 드라이브 슬림
④ 스텐딩 심

> 덕트의 이음법에서 주로 직각방향(세로방향)으로 90도로 꺾이는 부위 이음에 사용되는 것은 피츠버그로크(Pittsburgh-Lock)나 버튼펀치스냅로크 방법이다. S슬림, 드라이브 슬림, 스텐딩 심등은 덕트길이방향(가로방향)이음에 사용된다.

[07년 2회]
133 각 층에 패키지 공조기(PAC)로 냉온풍을 만들어 덕트를 통해 각실로 송풍하는 방식은?

① 2중 덕트 방식
② 각층 유닛 방식
③ 팬코일 유닛 방식
④ 덕트 병용 패키지 방식

> 덕트 병용 패키지 방식은 각층에서 PAC로 냉·온풍을 만들어서 해당층의 각실로 덕트를 통해 송풍한다.

정답 128 ④ 129 ② 130 ① 131 ① 132 ① 133 ④

[06년 1회]

134 다음 덕트의 풍량조절 댐퍼 중 2개 이상의 날개를 가진 것으로 대형 덕트에 사용되며 일명 루버 댐퍼라고 하는 것은?

① 다익 댐퍼
② 스플릿 댐퍼
③ 단익 댐퍼
④ 클로드 댐퍼

> 루버 댐퍼는 다익 댐퍼라 하며 평형익형과 대향익형이 있다.

[10년 1회]

135 날개차 직경이 450mm인 다익형 송풍기의 호칭(번)은?

① 1번
② 2번
③ 3번
④ 4번

> 다익형 송풍기는 원심식으로 호칭 1번은 날개차(임펠라)지름 150mm이다.
> 호칭 = $\dfrac{\text{날개차 지름(mm)}}{150} = \dfrac{450}{150} = 3$번

[23년 1회]

136 다음의 송풍기에 관한 설명 중 ( ) 안에 알맞은 내용은?

> 동일 송풍기에서 정압은 회전수 비의 (㉠)하고, 소요동력은 회전수 비의 (㉡) 한다.

① ㉠ 2승에 비례   ㉡ 3승에 비례
② ㉠ 2승에 반비례 ㉡ 3승에 반비례
③ ㉠ 3승에 비례   ㉡ 2승에 비례
④ ㉠ 3승에 반비례 ㉡ 2승에 반비례

> 송풍기에서 상사법칙에 따라 정압(전압)은 회전수 비의 2승에 비례하고, 소요동력은 회전수 비의 3승에 비례한다.

[23년 2회]

137 송풍기 상사법칙에 관한 설명으로 옳지 않은 것은? (단, 임펠러 직경은 동일하다)

① 풍량은 속도비에 비례한다.
② 정압은 속도비의 제곱에 비례한다.
③ 축동력은 속도비의 3제곱에 비례한다.
④ 소음과 진동은 속도비의 제곱에 비례한다.

> 송풍기 상사법칙에서 소음 진동에 관하여는 규정하지 않고 있으며, 실험결과는 소음 진동은 대략 풍량에 비례한다고 본다.

[10년 1회]

138 덕트 내의 정압을 측정하고자 할 때 적당한 기기는?

① 벤투리관   ② 사이폰관
③ 서모스탯   ④ 마노미터

> 마노미터는 액주식 U자관 압력계로 동압, 정압등을 측정한다. 벤투리관은 유량측정에, 사이폰관은 상하부 탱크사이의 유체수송에, 서모스탯은 온도조절기이다.

[06년 3회]

139 그림과 같은 단면을 가진 덕트에서 정압, 동압, 전압의 변화를 가장 잘 나타낸 것은? (단, 덕트의 길이는 일정한 것으로 한다.)

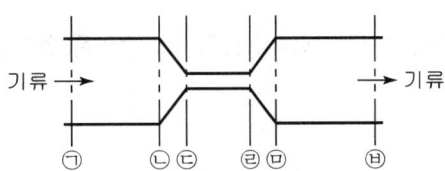

①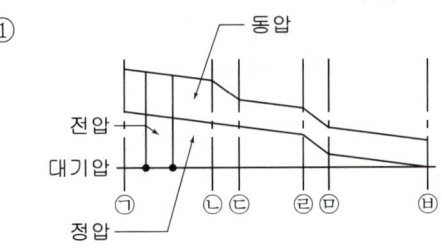

정답 134 ① 135 ③ 136 ① 137 ④ 138 ④ 139 ③

제3장 공조기기 및 덕트

②
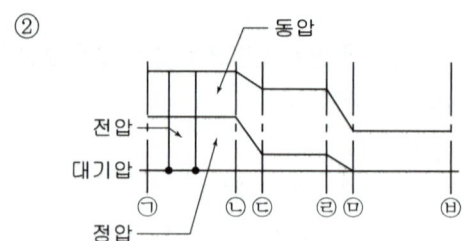

③
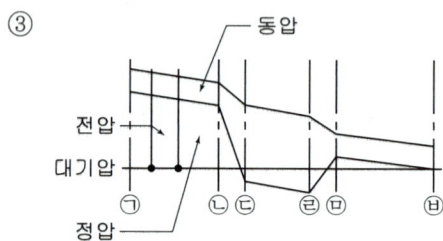

④
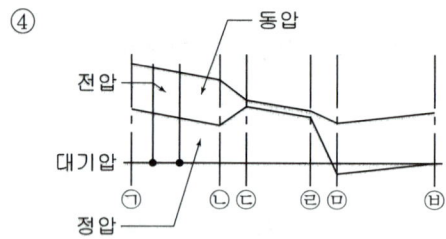

그림과 같은 덕트에서 동압, 정압, 전압사이의 관계는 ㉠, ㉡사이와 ㉢, ㉥사이는 풍속이 같으므로 동압이 일정하다. 또한 ㉢, ㉣사이는 덕트가 좁으므로 풍속은 증가하여 동압이 크다. 그러므로 가장 잘 나타낸 압력분포도는 ③이다.

[07년 1회]
140 다음의 덕트계에서 송풍기의 전압은 얼마인가?

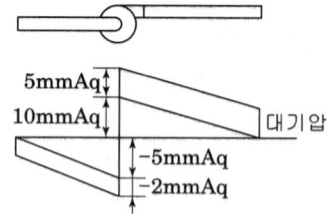

① 5mmAq ② 17mmAq
③ 20mmAq ④ 22mmAq

송풍기 전압=송풍기 정압+토출측 동압(토출정압=10, 흡입정압=-5)
= (토출정압-흡입정압)+토출동압(토출동압=5)
= (10-(-5))+(5) = 20mmAq

[08년 3회]
141 덕트 도중에 설치하여 풍량조절 및 유체 흐름의 개폐 등에 사용하는 부속기기는?

① 송풍기 ② 댐퍼
③ 가이드 베인 ④ 시임

댐퍼는 덕트 도중에 설치하여 풍량 조절(VD), 자폐 댐퍼(FD, SD)로 사용된다.

[10년 3회]
142 노즐형 취출구로서 취출구의 방향을 좌우상하로 바꿀 수 있는 것은?

① 유니버설형 취출구
② 펑커루버
③ 팬(Pan)형 취출구
④ T라인(T-Line)형 취출구

축류형 취출구 중에서 Punkah Louver(펑커루버)형은 취출구의 방향을 좌우상하로 바꿀 수 있다.

[15년 3회]
143 다음 중 라인형 취출구의 종류가 아닌 것은?

① 캄라인형 ② T-바형
③ 펑커루버형 ④ 슬롯형

펑커루버형은 축류형에 속한다.

정답 140 ③ 141 ② 142 ② 143 ③

[15년 3회]
144 다음 중 천장형으로서 취출기류의 확산성이 가장 큰 취출구는?

① 펑커루버　　　② 아네모스탯
③ 에어커튼　　　④ 고정날개 그릴

> 아네모스탯형은 천장형 취출구로 몇 개의 콘(Cone)이 조합되어 복류형 취출구로 유인성능이 좋다. 원형과 각형이 있으며 확산성능이 우수하다.

[13년 2회]
145 다음 중 축류식 취출구에 해당되는 것은?

① 팬형　　　② 펑커루버형
③ 머시룸형　　　④ 아네모스탯형

> 팬형과 아네모스탯형은 복류형으로 천장에 많이 설치하며 축류식에는 노즐형과 펑커루버형이 있고 머시룸형은 바닥형 흡입구이다.

[11년 1회]
146 다음 중 일반적인 취출구의 종류가 아닌 것은?

① 라이트 – 트로퍼형　　　② 아네모스탯형
③ 머시룸형　　　④ 웨이형

> 머시룸(Mushroom)형은 바닥형 흡입구(吸入口)이다.

[15년 1회]
147 축류 취출구로서 노즐을 분기덕트에 접속하여 급기를 취출하는 방식으로 구조가 간단하며 도달거리가 긴 것은?

① 펑커루버　　　② 아네모스탯형
③ 노즐형　　　④ 팬형

> 노즐형은 축류형 취출구로 소음이 적고 도달거리가 길어서 실내공간이 넓은 경우에 벽면에 설치하여 횡방향으로 취출하는 경우가 많다. 방송국, 대강당 등에 사용된다.

[15년 2회]
148 다음 분류 중 천장 취출방식이 아닌 것은?

① 아네모스탯형　　　② 브리즈 라인형
③ 팬형　　　④ 유니버설형

> 유니버설형은 보통 벽에 설치하며 천장 취출구에 아네모스탯형, 브리즈 라인형, 팬형 등이 있다.

[11년 2회]
149 다음 용어의 설명이 잘못된 것은?

① 다이아몬드 브레이크(Diamond Break) : 덕트 굴곡부 기류 안내
② 벨마우스(Bell Mouth) : 송풍기 흡입덕트 와류방지 입구
③ 이즈먼트(Easement) : 덕트 내 유동저항 완화 커버
④ 스머징(Smudging) : 취출구 주위 천장면이 더러워짐

> 다이아몬드 브레이크는 덕트 보강법으로 주름을 잡아주는 것이며, 덕트의 굴곡부에는 베인(가이드베인)을 설치하여 굴곡부의 국부손실을 감소시킨다.

[10년 2회]
150 식당의 주방이나 화장실과 같은 장소에 적합한 환기방식으로 자연급기와 기계배기로 조합된 환기방식은?

① 제1종 환기방식　　　② 제2종 환기방식
③ 제3종 환기방식　　　④ 제4종 환기방식

> 식당의 주방이나 화장실과 같이 오염된 가스가 발생하는 실은 주변 공간에 가스가 확산되는 것을 막기 위해 제3종 환기방식(실내가 부압)을 적용하는데 자연급기구와 배기팬을 조합한다.

정답　144 ②　145 ②　146 ③　147 ③　148 ④　149 ①　150 ③

제3장 공조기기 및 덕트

[09년 2회]
151 자연환기에 관한 다음의 설명 중 틀린 것은?
① 주로 풍력과 건물 내외의 온도차에 의해 생긴다.
② 환기량은 급기구 및 배기구의 위치에 무관하다.
③ 환기횟수는 1시간당의 환기량을 방의 체적으로 나눈 값이다.
④ 모니터는 공장 등에서 다량의 환기량을 얻고자 할 때 지붕 등에 설치한다.

> 자연환기에서 환기량은 급기구 및 배기구의 위치에 영향을 받는다.

[15년 2회, 09년 1회]
152 환기와 배연에 관한 설명으로 틀린 것은?
① 환기란 실내의 공기를 차거나 따뜻하게 만들기 위한 것이다.
② 환기는 급기 또는 배기를 통하여 이루어진다.
③ 환기는 자연적인 방법, 기계적인 방법이 있다.
④ 배연설비란 화재 초기에 발생하는 연기를 제거하기 위한 설비이다.

> 환기(Ventilation)는 실내 공기의 오염을 막기 위하여 청정한 외부 공기를 공급하여 오염공기를 교환 또는 희석시키는 것이다.

[14년 2회, 08년 2회]
153 지하철에 적용할 기계환기방식의 기능으로 틀린 것은?
① 피스톤효과로 유발된 열차풍으로 환기효과를 높인다.
② 터널 내의 고온의 공기를 외부로 배출한다.
③ 터널 내의 잔류 열을 배출하고 신선외기를 도입하여 토양의 발열효과를 상승시킨다.
④ 화재 시 배연기능을 달성한다.

> 지하철 기계환기방식은 토양의 발열효과를 감소시키도록 한다.

[06년 1회]
154 주방의 환기계획에 대한 설명 중 틀린 것은?
① 인접실에 냄새가 누설되지 않도록 실내를 부압으로 한다.
② 환기방식은 제2종 환기방식으로 한다.
③ 기름을 사용하는 후드에는 그리스 필터를 설치한다.
④ 연기, 취기, 증기 등의 발생이 많은 곳의 후드 면 풍속은 0.5m/s 이상으로 한다.

> 주방시설은 인접실에 냄새가 누설되지 않도록 실내를 부압으로 하는 제3종 환기법으로 한다.

[10년 1회]
155 지하상가 환기량의 부족 원인으로 맞지 않는 것은?
① 송풍구 및 환기구의 위치 불량
② 외기 흡입구의 위치 불량
③ 환기설비 운전시간 부족
④ 상주인원 및 이용객 감소

> 지하상가에서 상주인원 및 이용객이 예상치보다 증가할 때 환기량이 부족하게 된다.

[14년 1회, 08년 1회]
156 환기방식 중에서 송풍기를 이용하여 실내에 공기를 공급하고, 배기구나 건축물의 틈새를 통하여 자연적으로 배기하는 방법은?
① 제1종 환기   ② 제2종 환기
③ 제3종 환기   ④ 제4종 환기

> 제2종 환기는 급기팬과 자연배기구를 조합하여 실내를 양압으로 유지하여 외부에서 오염가스가 유입되지 못하도록 하는 환기법으로 클린룸에 적용한다.

정답 151 ② 152 ① 153 ③ 154 ② 155 ④ 156 ②

[07년 1회]

157 기계환기에서 실내압을 정압(+) 또는 부압(-)으로 유지할 수 있는 환기법은?

① 제1종 ② 제2종
③ 제3종 ④ 제4종

> 제1종 환기법은 급기팬과 배기팬을 설치하여 팬 풍량을 조절하여 급기량 변화에 의해 실내압을 정압 또는 부압으로 조절할 수 있다.

[06년 1회]

158 다음 중 환기량과 단위의 조합이 부적당한 것은?

① 환기횟수 : (회/h)
② 1인당 환기량 : $(m^3/h \cdot P)$
③ 단위시간당 환기량 : (m^3/h)
④ 단위체적당 환기량 : $(m^3/h \cdot m^2)$

> 단위체적당 환기량은 $(m^3/h \cdot m^3)$로 표기한다.

[11년 2회]

159 소규모 변전실, 보일러실, 창고 등의 환기방식으로 적합한 것은?

① 압입 흡출 병용 환기 ② 압입식 환기
③ 흡출식 환기 ④ 풍력 환기

> 소규모 변전실, 보일러실, 창고에서의 환기는 압입식 환기방식(2종 환기)을 적용한다.

[10년 2회]

160 일명 무덕트 방식으로 중형 축류팬으로부터 취출된 공기의 유인 효과를 이용하여 급기관으로부터 공급된 외기를 주차장 전역으로 이송시켜 오염가스를 희석시킨 후 배기팬으로 배출하는 방식의 주차장 희석환기방식은?

① 제트팬 방식 ② 고속노즐방식
③ 디리벤트 방식 ④ 무덕트 벤틸레이터 방식

> 주차장에 주로 적용하는 제트팬 방식은 중형 축류팬과 무덕트 방식으로 희석 환기 방식이다.

정답 157 ① 158 ④ 159 ② 160 ①

2025
공조냉동기계산업기사 필기

제4장

공조프로세스 분석

제4장 | 공조프로세스 분석

01 공조프로세스 분석

1 공조프로세스

구분	특징
개요	공조프로세스란 공기조화설비에서 공기를 가열, 가습등 변화 시킬 때 공기의 상태변화 과정을 습공기선도에 표기하여 각 상태점의 공기 상태량(온도, 절대습도, 엔탈피, 현열비등)을 시각적으로 해석하는 것을 말한다.
1. 가열	습공기를 가열만 하면 절대습도가 일정한 상태에서 건구온도가 증가한다. 따라서 상대습도는 감소한다. (1) 가열량은 수분량의 열량값이 작으므로 일반적으로 가열량으로 구하는 것이 보통이다. $q = h_2 - h_1 = C_{Pa}(t_2 - t_1) + x \cdot C_{Pv}(t_2 - t_1)$ q : 가열량(kJ/kg) C_{Pa} : 건공기비열(1.0kJ/kgk) C_{Pv} : 수증기비열(1.85kJ/kgK) t_2 : 가열 후 온도(℃) t_1 : 가열 전 온도(℃) x : 절대습도 h_1, h_2 : 가열전후 엔탈피 (2) 수분량의 열량값(잠열)이 작으므로 일반적으로 아래 현열식으로 구하는 것이 보통이다. 현열 $q_s = C(t_2 - t_1) = 1.01(t_2 - t_1)$ (kJ/kg) 전체 현열량 $q = m \cdot C(t_2 - t_1) = m \, 1.01(t_2 - t_1)$ (kJ/h) m : 공기량(kg/h)　C : 공기비열  a) 가열 계통도　　b) 가열 선도 그림. 가열 계통도 및 선도

구분	특징
2. 냉각 (현열)	습공기를 냉각하면 포화상태에 도달하기 전까지는 절대습도가 일정하고 건구온도가 감소하지만 포화상태에 도달한 후부터는 절대습도도 감소한다. 이때 절대습도가 일정하고 냉각만 시키는 코일을 건코일이라 하고 응축에 의한 감습이 일어나는 경우 습코일이라 한다. 냉각현열량은 q는 가열 시와 같이 구한다. $q = h_1 - h_2 = C_{Pa}(t_1 - t_2) + x \cdot C_{Pv}(t_1 - t_2)$, 전열량 $q = G_a(h_1 - h_2)$ 일반적으로 현열만일 경우 $q = 1.01(t_1 - t_2)(\text{kJ/kg})$를 사용한다. a) 냉각(현열) 계통도 b) 냉각 선도 그림. 냉각 계통도 및 선도

3. 가습	온도가 일정한 상태에서 가습만 하는 경우는 실제상으로는 거의 이용하지 않으며 가열·가습 또는 냉각가습이 되며 이론상 가습량(L)은
	$L = G_a(x_2 - x_1)$
	  L : 가습량(kg/h), G_a : 공기량(kg/h), x_2 : 가습 후 절대 습도,
	  x_1 : 가습 전 절대습도

4. 냉각 감습	노점온도 이하로 냉각하면 감습도 이루어진다. 결로가 발생하므로 이러한 코일을 습코일이라 한다. 제거열량 $q = G_a(h_2 - h_1) - G_w \cdot h_w$ h_w : 응축수 엔탈피, 응축수량 $G_w = G_w(x_1 - x_2)$ 그림. 냉각 감습

구분	특징
5. 가열 가습 과정	(1) 가열기+온수분무 시스템을 사용하는 경우 　가열량 $q = G_a(h_2 - h_1) = G_a \cdot 1.01(t_2 - t_1)$ 　온수 분무량 $G_w = G_a(x_3 - x_2)$ 그림. 가열 가습(온수 분무) (2) 가열기+증기분무 사(증기분무 단독 사용도 가능) 　가열량 $q = G_a(h_2 - h_1) = G_a \cdot 1.01(t_2 - t_1)$ 　증기분무량 $G_w = G_a(x_3 - x_2)$ 　열평형식 $G_a \cdot h_1 + q + G_w \cdot h_w = G_a \cdot h_3$　　h_w : 증기엔탈피 그림. 가열 가습(증기 분무)
6. 단열 혼합	성질이 다른 공기를 열의 출입이 없이 혼합할 때 혼합 공기 상태는 다음과 같다. 그림. 단열 혼합 (1) 물질 평형식 $G_{a1} + G_{a2} = G_{a3}$ ……………… (a) 　열평형식 $G_{a1} \cdot h_1 + G_{a2} \cdot h_2 = G_{a3} \cdot h_3$ ……… (b) 　식 (a)를 식 (b)에 　대입하면 $G_{a1} \cdot h_1 + G_{a2} \cdot h_2 = G_{a3} \cdot h_3$ 　$G_{a1}(h_3 - h_1) = G_{a2}(h_2 - h_3)$ 　$\therefore \dfrac{G_{a1}}{G_{a2}} = \dfrac{(h_2 - h_3)}{(h_3 - h_1)}$ 　그러므로 $G_{a1} : G_{a2} = m : n$ 이라면 ②~③ : ③~① $= m : n$ (2) 물질 평형식 $G_{a1} + G_{a2} = G_{a3}$ ……………… (a) 　수분평형식 $G_{a1} \cdot x_1 G_{a2} \cdot x_2 = G_{a3} \cdot x_3$ ……… (b) 　위에 동일한 방법으로 $\dfrac{G_{a1}}{G_{a2}} = \dfrac{(x_2 - x_3)}{(x_3 - x_1)}$

구분	특징
7. 단열 변화 (순환무 분무)	순환수를 계속 분무하면 수온은 입구 공기의 습구온도와 같아지고 이 수온의 물을 단열 분무(순환수 분무)한다면 냉각가습이 이루어진다. 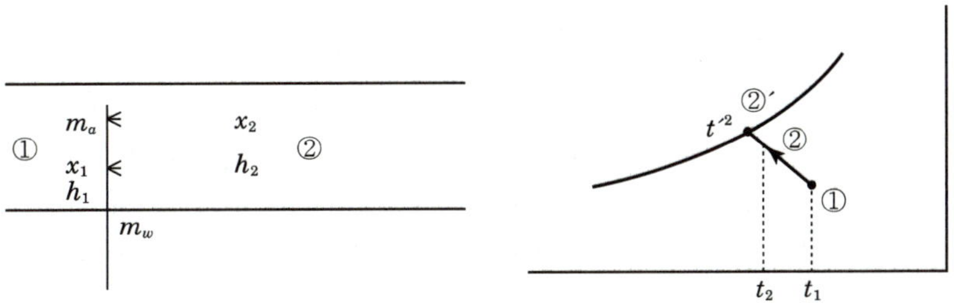 그림. 단열 변화 위 그림과 같이 단열 분무하는 경우 ①의 공기 상태로부터 습구온도 선을 따라 ②까지 변한다. 이때 완전 포화상태일 때 ②′까지 변할 수 있다. 그러나 실제로는 ②까지 변화한다. 그러므로 에어와셔의 바이패스 계수(BF), 콘택계수(CF)는 다음과 같다. $$\mathrm{BF} = \frac{②\ ②'}{①\ ②'},\ \mathrm{CF} = \frac{①\ ②}{①\ ②'}$$ 분수량 $m_w = m_a(x_2 - x_1)$, 이때에 ②′까지 변화한다면 단열포화 변화라 한다. 무한히 긴 에어와셔 속에서 단열 분무시키면 포화상태가 된다.
8. 현열비 (Sensible Heat Factor)	어느 실내의 취득 열량 중 현열의 전열에 대한 비를 현열비(Shf)라 한다. $$\mathrm{SHF} = \frac{q_s}{q_s + q_L} = \frac{q_s}{q_T}$$ 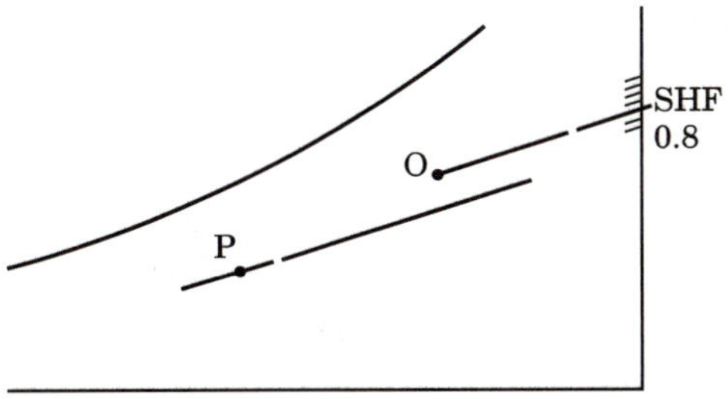 그림. SHF 사용법 어느 상태점 P로부터 현열비 0.8인 상태 선을 구하자면 기준점(O)에서 SHF 0.8을 긋고 여기에 평행한 선을 P로부터 긋는다. q_s : 현열, q_L : 잠열, q_T : 전열

구분	특징
9. 열수분비	실내의 변화 수분량에 대한 변화 열량의 비를 열수분비(μ)라 한다. $$\mu = \frac{G(h_2 - h_1)}{G(x_2 - x_1)} = \frac{\Delta h}{\Delta x}$$ 열량 : Δh(kJ/kg), 수분량 : Δx(kg/kg) 에어와셔 내를 통과하는 공기의 열수분비 $\mu = \frac{\Delta h}{\Delta x}$에서 μ가 구해지면 공기의 상태 변화 선을 구하는 방법은 다음과 같다. 기준점(O)으로부터 열수분비 μ를 연결한 선에 평행선을 입구 공기 상태(①)로 긋는다. 이때 ②점이 포화상태의 에어와셔 출구상태이다.(100℃ 증기 μ=2,686kJ/kg) 그림. 열수분비
10. 바이패스 계수 (BF)와 콘택 계수 (CF)	BF란 코일에 의해 공기를 조화(가열, 냉각)하는 경우 코일에 접촉하지 않고 통과하는 공기의 비율을 말하며 이것은 비효율(1-효율)과 같은 의미이다. 공기를 냉각하는 경우 ①의 공기를 ②의 노점온도를 갖는 냉각코일에 통과시킬 때 ③의 출구 공기를 얻었다면 BF = $\frac{②③}{①②}$ ※ 콘택 계수(CF)는 접촉하는 비율로 BF+CF=1 그러므로 위에서 CF = $\frac{①③}{①②}$ 그림. 바이패스 계수

2 송풍량 코일용량 계산법

구분	특징
개요	실내 송풍량은 냉난방 부하로부터 계산하며 일반적으로 냉방시를 기준하여 송풍량을 산정하면 난방시에도 만족하는 편이다.
1. 송풍량 계산	(1) 실내 송풍량(냉방, 난방) $G(\text{kg/s})$, $Q(m^3/h)$ 계산식 $$G = \frac{q_s}{1.01 \times \triangle t}(\text{kg/s}), \quad Q = \frac{G}{\rho} = \frac{kg/h}{1.2}(m^3/h)$$ q_s : 실내 현열부하(kW) $\triangle T$: 취출 온도차=취출온도-실내온도 (2) 취출 공기온도(냉방기준) t_d 계산식 $$G = \frac{q_s}{1.01 \times \triangle t}(\text{kg/s}) \text{에서} \quad \triangle t = \frac{q_s}{1.01 \times G}$$ $$\therefore t_d = t_r - \frac{q_s}{1.01 G} (t_d : \text{취출온도}, t_r : \text{실내온도})$$
2. 공조기 냉각, 가열 코일 용량계산	(1) 원리 공기를 가열하기 위한 장치로 온수와 증기를 사용(평행류, 향류, 직교류 등) 일반적으로 향류 이용 (a) 평행류 (b) 향류 (c) 직교류 (2) 코일 통과 면적(A) $$A = \frac{Q}{3{,}600 \times V} = \frac{G}{1.2 \times 3600 \times V}$$ Q : 풍량(m^3/s), G : 풍량(kg/h) V : 풍속(m/s)(가열코일 : 3~4m/s, 냉각코일 : 2~3m/s) (3) 코일 전열 면적(s) $$S = \frac{q(1{,}000/3{,}600)}{K \cdot \triangle t}$$ q : 가열량(kJ/h), K : 열통과율(W/m^2K) $\triangle t$: 공기-온수 온도차

구분	특징
2. 공조기 냉각, 가열 코일 용량계산	• 위 계산식에서 가열량(kJ/h)을 W로 환산하기 위해(1000/3600)을 곱한다. ① 산술 평균 온도차 : 공기 평균온도와 온수 평균온도와의 차 ② 대수평균 온도차(MTD) $$\text{MTD} = \frac{\triangle 1 - \triangle 2}{\ln(\triangle 1/\triangle 2)}$$ $\triangle 1$: 출구 물의 온도−입구 공기온도$= t_{w2} - t_1$ $\triangle 2$: 입구 물의 온도−출구 공기온도$= t_{w1} - t_2$ (4) 코일 열수(N) $$N = \frac{q(1,000/3,600)}{K \cdot A \cdot \triangle t}$$ $\triangle t$: 공기, 열매의 평균온도차(대수평균온도차) A : 코일 1열당 전열면적(m^2) K : 열관류율($W/m^2 K$)−전열면적에 대한 열관류율

3 펌프 용량 계산

구분	특징
1. 펌프 특성	1) 왕복동 펌프 : 송수압 변동이 심함, 수량조절이 어렵다, 양수량이 적고 양정이 클 때 적합(피스톤, 플런저, 워싱턴 펌프) 2) 원심 펌프 : 고속쇠전에 적합, 양수량 조절이 용이, 양수량이 많고 고저양정에 사용(일반적으로 볼류트 펌프는 저양정에, 터빈 펌프는 고양정에 쓰인다)
2. 왕복동 펌프의 양수량 (Q)	$Q = A \cdot L \cdot N \cdot E_v$ Q : 양수량(m³/min), A : 피스톤 단면적(m²), L : 행정(m) N : 회전수(rpm), E_v : 용적 효율
3. 펌프의 전양정	전양정 = 흡입양정 + 토출양정 + 마찰손실수두 + 출구 측 토출압수두
4. 펌프의 소요동력 (kW)	$\text{kW} = \dfrac{Q \times \gamma \times H}{60 \times 102 \times y} = \dfrac{Q \times \gamma \times g \times H}{60 \times 1,000 \times y}$ ∴ Q : 유량(m³/min), γ : 비중량(kg/m³), H : 전양정(m), y : 펌프효율
5. 비교 회전도	비교 회전도란 그 펌프와 유사한 펌프가 1m³/min의 양수량에 대하여 1m의 양정을 가질 때 회전수(rpm)를 말한다. $N_s = N \cdot \dfrac{Q^{1/2}}{H^{3/4}}$ N_s : 비회전도(rpm), N : 회전수(rpm), Q : 유량(m³/min), H : 양정(m)
6. 유효 흡입 양정 (NPSH)	물은 이론상 0℃에서 10.33m, 100℃에서 0m를 흡입양정으로 할 수 있지만 실제 상온에서 6~7m 밖에 흡입할 수 없다. 그 이상에서는 캐비테이션(공동 현상)이 일어나 양수 할 수 없다. 이때 유효한 흡입수두를 유효흡입양정이라 한다. (1) 펌프설비에서 얻어지는 유효흡입양정(NPSH) $\text{NPSH} = \dfrac{P_0}{\gamma} - \left(\dfrac{P_v}{\gamma} + Z + H_f\right)$ P_0 : 대기압(kg/m³), γ : 비중량(kg/m³) P_v : 수온 포화증기 압력(kg/m³), Z : 흡입양정(m) H_f : 흡입관 마찰 손실수두(m) (2) 캐비테이션을 막기 위해서는 설비에서 얻어지는 유효 NPSH가 펌프의 필요 NPSH보다 커야 한다. ※ 유효 NPSH ≥ 1.3 필요 NPSH

4 배관관경 결정

구분	특징
개요	배관관경 결정은 배관내의 유량, 유속, 마찰저항의 상관관계에서 유효관경을 계산한다.
1. 온수 관경	유량과 압력강하를 구하여 유량 관경표에서 결정 1) 순환수량(kg/s) 　방열량(kJ/s)÷(4.19×방열기입출구온도차(Δt)) 　• 온수 : $1m^2$EDR = $0.523kW/m^2$ ($0.523 = 450 \times 4.19/3600$) 2) 압력강하($R$) $$R = \frac{H}{L(1+k)}(\text{Pa/m})$$ 　H : 순환펌프양정(Pa) 　L : 보일러에서 최원방열기의 왕복순환길이(m) 　k : 국부저항 계수
2. 증기 관경	증기관경은 EDR(증기량)과 배관허용 압력강하로 구한다. 1) 증기량 　$1m^2$EDR = $0.756kW/m^2$ 　증기 EDR(상당방열면적) = $\dfrac{\text{방열량(kJ/s)}}{0.756}(m^2)$ 2) 압력강하(R) $$R = \frac{\Delta P \cdot 100}{L(1+k)}(\text{kPa/100m})$$ 　ΔP : 보일러와 최원방열기 사이의 압력차(kPa) 　L : 보일러에서 최원방열기까지 거리(m) 　k : 국부저항 계수

01 핵심예상문제

공조프로세스 분석

본 핵심예상문제는 각단원별 출제빈도 높은 문제 및 최근 10년간의 기출문제 중 비중이 높은 출제유형이므로 꼭 풀어보고 가야할 문제입니다. 이후 실전예상문제를 공부하시면 효과적입니다.

[23년 1회]

01 송풍량 600m³/min을 공급하여 다음 공기선도와 같이 난방하는 실의 실내부하는? (단, 공기의 비중량은 1.2 kg/m³, 비열은 1.0kJ/kgK이다.)

상태점	온도(℃)	엔탈피 (kJ/kg)
①	0	2.0
②	20	36.0
③	15	32.0
④	28	40.0
⑤	29	52.0

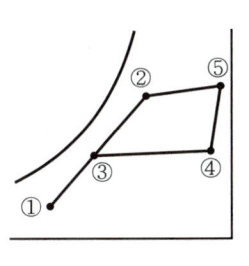

① 192kW
② 451kW
③ 600kJ/h
④ 691.2kW

실내점은 ②이고 취출구점은 ⑤이므로 실내부하(전열)는 취출공기(⑤)가 실내공기(②)가 되는 과정의 엔탈피량이다
$q = m\Delta h = 1.2 \times 600 \times 60(52-36) = 691200 \text{kJ/h} = 192 \text{kW}$

[08년 3회]

02 다음 그림(가) - (라)는 습공기선도 상에 나타낸 공기조화 과정의 기본형이다. 다음의 보기를 그림의 상태와 맞추어 연결한 것은?

【보 기】
① 가열 ② 가습 ③ 가열, 가습 ④ 냉각, 가습

㉮ 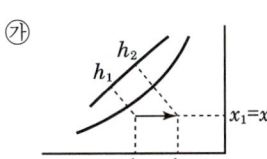 ㉯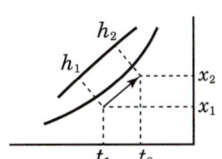

㉰ 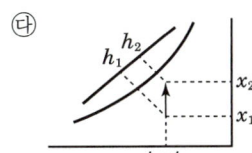 ㉱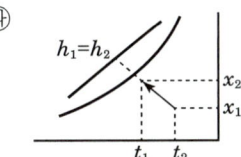

① (가) - ①, (나) - ②, (다) - ③, (라) - ④
② (가) - ①, (나) - ③, (다) - ②, (라) - ④
③ (가) - ④, (나) - ③, (다) - ②, (라) - ①
④ (가) - ②, (나) - ③, (다) - ④, (라) - ①

(가) : 가열, (나) : 가열, 가습,
(다) : 가습, (라) : 냉각, 가습(순환수 분무)

[09년 1회]

03 다음 그림에 표시된 장치로서 공기조화를 행하는 경우 습공기선도에서의 $\overrightarrow{④⑤}$와 $\dfrac{③④}{③④'}$는 무엇을 나타내는가?

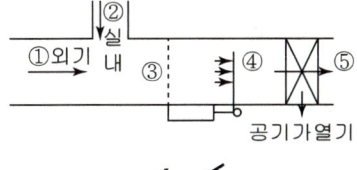

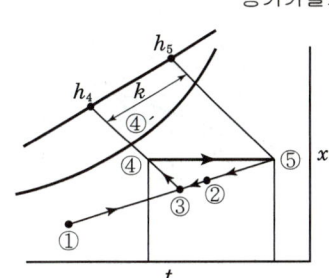

① $\overrightarrow{④⑤}$: 히터 가열량, $\dfrac{③④}{③④'}$: BF(Bypass Factor)

② $\overrightarrow{④⑤}$: 가습량, $\dfrac{③④}{③④'}$: BF(Bypass Factor)

③ $\overrightarrow{④⑤}$: 히터 가열량, $\dfrac{③④}{③④'}$: CF(Contact Factor)

④ $\overrightarrow{④⑤}$: 가습량, $\dfrac{③④}{③④'}$: CF(Contact Factor)

정답 01 ① 02 ② 03 ③

선도는 난방시스템으로 환기(②)와 외기(①)를 혼합(③)하여 순환수 가습한 후(④)가열하여 송풍공기(⑤)를 얻는 것으로 $\overrightarrow{④⑤}$는 히터 가열량이고, $\dfrac{\overrightarrow{③④}}{\overrightarrow{③④'}}$는 가습기의 콘택트 팩터(CF)이다.

[22년 1회]

05 아래와 같은 1) 공조시스템으로 냉방하는 경우 지하수를 이용하여 예냉한후 냉각코일에서 냉각하여 실내에 취출한다면 2) 공조프로세스와 상태점을 해당하는 점을 연결한 것 중에서 적합하지 않은 것은?

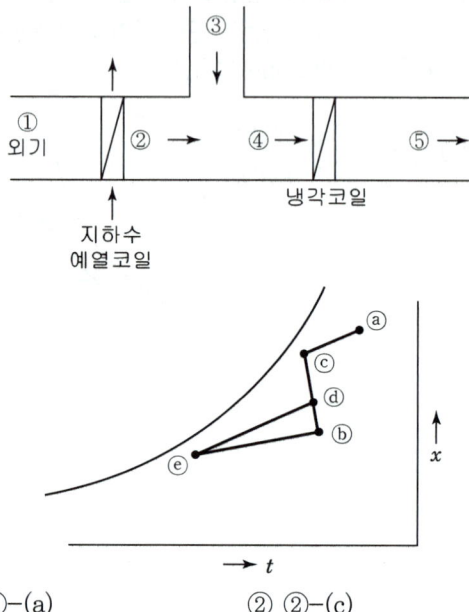

[09년 2회]

04 다음 장치도 및 $t-x$선도와 같이 공기를 혼합하여 냉각, 재열한 후 실내로 보낸다. 여기서 외기부하를 나타내는 식은? (단, 혼합공기량은 $G\,\text{kg/h}$이다.)

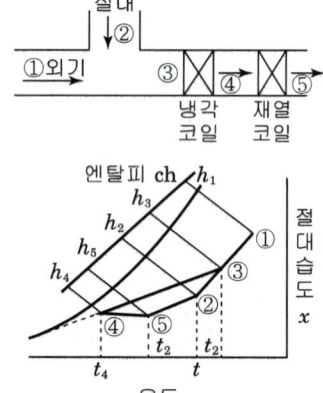

① $q = G(h_3 - h_4)$ ② $q = G(h_1 - h_3)$
③ $q = G(h_5 - h_4)$ ④ $q = G(h_3 - h_2)$

① ①-(a)   ② ②-(c)
③ ③-(e)   ④ ④-(d)

공조 시스템에서 외기(①-a)를 예냉한후(②-c) 환기(③-b)와 혼합(④-d)하여 냉각한후(⑤-e) 실내(③-b)에 취출하여 냉방하는 시스템이다. 냉각코일 냉각 과정은 (d)->(e)이고 실내에서 냉방하는 과정은 (e)->(b) 이다.

외기부하는 외기량이 G_O일 때 $q = G_O(h_1 - h_2)$로 표현하지만 혼합공기량(G)을 주어질 때는 $q = G(h_3 - h_2)$로 외기부하를 표현한다. 또한 $q = G(h_3 - h_4)$는 냉각코일부하이고, $q = G(h_5 - h_4)$는 재열코일부하이다.

정답 04 ④ 05 ③

[23년 3회]

06 다음 습공기 선도의 공기조화프로세스를 나타낸 공조장치로 적합한것은?
(단, ① = 외기, ② = 환기, HC = 가열기, CC = 냉각기이다.)

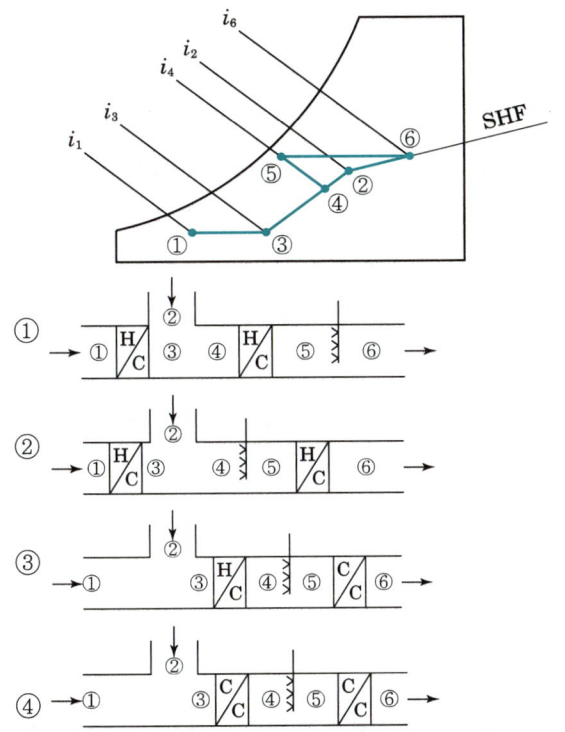

습공기 선도에서 조화과정은 외기 ①을 가열하여 ③ 환기 ②와 혼합 ④ 하고 가습 ⑤ 한후 가열하여 ⑥ 취출하는 난방 프로세스이며, 적합한 장치 계통은 ②번이다.

[예상문제]

07 겨울철 손실 열량이 20kW인 경우 실내를 20℃로 유지하기 위한 송풍 공기량(kg/h)은 (단, 외기온도 3℃, 송풍 공기온도 34℃)

① 2,778kg/h   ② 4,960kg/h
③ 5,092kg/h   ④ 5,952kg/h

$$Q = \frac{q_s}{1.01 \cdot \Delta t} = \frac{20 \times 3,600}{1.01(34-20)} = 5,092$$

Δt : 취출온도차, 이문제에서 외기온도는 계산에 관계없는 상태값이다.

[예상문제]

08 다음과 같은 조건의 단일덕트 변풍량 방식에서 송풍량(m³/h)은?

- 실내 현열 취득 열량 : 100,000kJ/h
- 실내온도 : 27℃
- 송풍 공기 온도 : 16℃
- 정압비열 : 1.01kJ/kgK
- 용적비열 : 1.21kJ/m³K

① 11,360m³/h   ② 9,015m³/h
③ 7,513m³/h   ④ 6,260m³/h

$$Q = \frac{q_s}{C \cdot \Delta t} = \frac{100,000}{1.21(27-16)} = 7,513 \text{m}^3/\text{h}$$

용적(체적) 비열을 이용하여 송풍량(m³/h)을 구한다.

정답 06 ② 07 ③ 08 ③

제4장 공조프로세스 분석 실전예상문제

본 실전예상문제는 각장 핵심예상문제에서 다루지 못한 실무적이고 난이도가 높은 문제들로 핵심예상문제를 보충해 주는 문제입니다. 핵심예상문제를 충분히 공부한 후 실전예상문제를 공부하면 효과적입니다.

[15년 2회]

01 다음의 습공기 선도 상에서 E - F는 무엇을 나타내는 것인가?

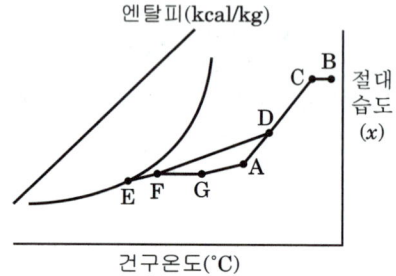

① 가습
② 재열
③ CF(Contact Factor)
④ BF(By-pass Factor)

> D 혼합공기(A실내환기와 예냉한 외기 C의 혼합공기)를 E코일(장치노점온도)에 통과 시킬 때 FE/DE 를 바이패스 팩터(By-pass Factor)라 하며 DF/DE를 전공기에 비해 코일과 접촉한 비율로 콘택트 팩터(Contact Factor)라 한다.

[09년 2회]

02 아래 그림은 겨울철 환기(RA)와 외기(OA)를 혼합한 후 가습하고 이 공기를 다시 가열하는 과정을 공기선도 상에 표시한 것이다. 가습과정은 어느 구간인가?

① $\overline{ED}$
② $\overline{DC}$
③ $\overline{DA}$
④ $\overline{CB}$

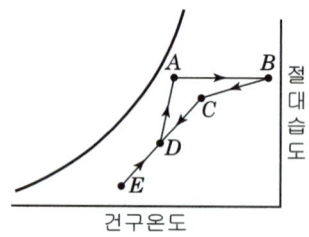

> 외기(E)와 환기(C)를 혼합(D)하여 $D \to A$는 증기 가습이며 $A \to B$는 가열과정이고, $\overline{CB}$ 기울기는 실내 현열비이다.

[09년 2회]

03 건구온도 $t_1 = 10℃$ ℃, 절대습도 $x = 0.0062$kg/kg′인 1,000kg/h의 공기를 건구온도 $t_2 = 30℃$ 까지 가열할 때 가열량(kJ/h)은? (단, $h_1 = 24.8$kJ/kg, $h_2 = 45$kJ/kg, 정압비열 $C_P = 1.01$kJ/kgK)

① 16,260[kJ/h]
② 20,200[kJ/h]
③ 48,220[kJ/h]
④ 71,220[kJ/h]

> 공기 가열량은 온도차와 엔탈피차로 구할 수 있다.
> 1) 온도가열량 $(Q) = m \times C_p \times \Delta t = 1,000 \times 1.01 \times (30-10)$
> $= 20,200$[kJ/h]
> 2) 엔탈피가열량 (Q)
> $= m \times \Delta h = 1,000 \times (45-24.8) = 20,200$[kJ/h]

[예상문제]

04 ㉠ 상태에서 ㉡ 상태로 냉각되는 과정에서 현열비는?

① $\dfrac{x_1 - x_2}{t_1 - t_2}$

② $\dfrac{h_1 - h_3}{h_1 - h_2}$

③ $\dfrac{h_3 - h_2}{h_1 - h_2}$

④ $\dfrac{x_1 - x_2}{h_1 - h_2}$

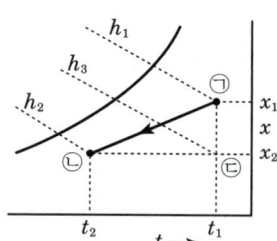

> 현열비 $= \dfrac{현열}{전열} = \dfrac{h_3 - h_2}{h_1 - h_2}$
> ㉠ → ㉡ 변화 중의 전열은 $(h_1 - h_2)$ 현열은 ㉢ → ㉡ $(h_3 - h_2)$이고, 잠열은 ㉠ → ㉢ $(h_1 - h_3)$이다.

정답 01 ④ 02 ③ 03 ② 04 ③

[예상문제]

05 다음 그림 (A)~(D)는 습공기 선도상에 나타낸 공기조화 과정의 기본형이다. 다음 보기를 그림의 상태에 맞게 나열한 것은?

| ㉠ 가열 | ㉡ 가습 |
| ㉢ 가열가습 | ㉣ 단열변화 |

(A) 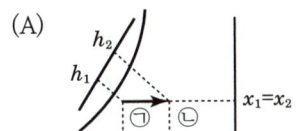 (B)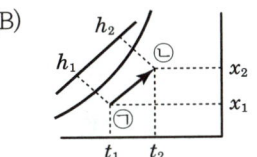

(C) 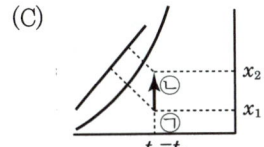 (D)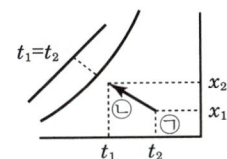

① (A)-㉠, (B)-㉡, (C)-㉢, (D)-㉣
② (A)-㉠, (B)-㉢, (C)-㉡, (D)-㉣
③ (A)-㉣, (B)-㉢, (C)-㉡, (D)-㉠
④ (A)-㉡, (B)-㉢, (C)-㉣, (D)-㉠

(A) 가열, (B) 가열가습, (C) 가습, (D) 단열변화

[예상문제]

06 어느 실의 실내 취득 현열량이 24000kJ/h인 경우, 공조 기계의 용량부족으로 15℃의 냉풍을 1670m³/h씩 송풍하고 있다. 실내온도를 몇 ℃로 유지할 수 있는가? (단, 공기 비중량 1.2kg/m³, 최초 설계 시 실내온도는 25℃이였다.)

① 25.88℃ ② 26.88℃
③ 27.88℃ ④ 28.88℃

취출 온도차
$$\Delta t = \frac{q_s}{1.01 \cdot \gamma \cdot Q} = \frac{24,000}{1.21 \times 1,670} = 11.88℃$$
실내온도 $t_r = 15 + \Delta t = 15 + 11.88 = 26.88℃$
설계온도 25℃를 유지하지 못하고 실내온도 26.88℃를 유지하고 있다.

[예상문제]

07 어느 실의 냉방 시 현열부하가 36,000kJ/h인 경우 송풍 공기량은 몇 m³/h인가? (단, 실내 온도 27℃, 송풍기 온도 15℃, 공기 비중량 1.2kg/m³, 외기온도 32℃)

① 12500m³/h ② 12000m³/h
③ 10912m³/h ④ 2475m³/h

$$Q = \frac{q_s}{\gamma \cdot C_{pa} \cdot \Delta t} = \frac{36,000}{1.2 \times 1.01 \times (27-15)} 2,475 m^3/h$$

송풍기공기량은 외기온도와 무관하며(실내-취출) 온도차로 구한다.

[22년 3회]

08 아래 그림은 여름철 공기조화기 내부에서의 공기의 변화(외기-㉺)를 나타낸 것이다. 이 중에서 냉각코일에서 나타나는 상태변화는 공기선도상 어느 점을 나타내는가?

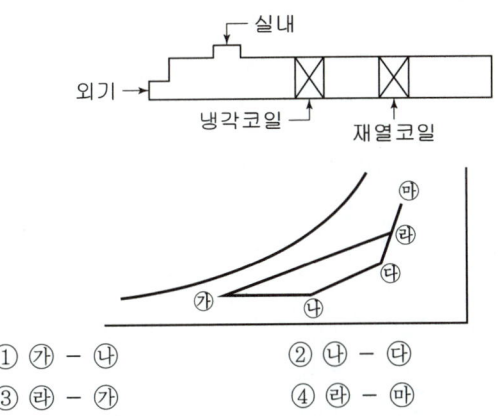

① ㉮ - ㉯ ② ㉯ - ㉰
③ ㉱ - ㉮ ④ ㉱ - ㉺

공기선도상 재열기가 있는 냉방시스템으로 외기(㉺)와 환기(㉰)를 혼합하여(㉱) 냉각한 후(㉮) 재열하여 (㉯)취출하는 것이다. 냉각코일에서는 혼합공기(㉱)가 (㉮)로 냉각된다.

정답 05 ② 06 ② 07 ④ 08 ③

제5장
공조설비운영 관리

01 공조설비운영 관리

1 전열교환기 점검

분류	관련내용
1. 전열교환기 구성과 원리	전열교환기는 공기대 공기에서 공기의 현열(온도차)과 잠열(수증기)을 회수하는 것으로 열교환 엘리먼트, 케이싱 및 부속품으로 구성되며, 배기 측 공기의 전열을 급기 측 공기에 회수시키는 기능을 가지는 열회수 장치로 에너지 절약이 주 목적이다.
2. 전열교환기 종류 및 특징	(1) 전열교환기 종류 　① 회전식 전열교환기 : 허니콤상 로터(엘리먼트)를 회전시켜 배기중의 전열을 도입하는 외기가 회수하도록하는 구조이다. 이때 흡습제는 보통 염화리튬 침투판을 사용한다. 　② 고정식 전열교환기 : 석면, 박판소재 엘리먼트는 고정식이며, 흡습제로 염화리튬판 소재를 교대로 배열하고 배기와 외기가 엘리먼트 사이를 흐르면서 전열을 교환한다. (2) 전열 열교환기는 도입하는 외기가 배기하는 공기의 전열을 회수하므로 외기도입시 외기Peak부하를 감소시켜 열원기기 용량이 감소하고, 열원설비 초기 설비비 감소와 운전비 절약 효과가 있다. (3) 전열교환기 엔탈피 효율 $$E_h = \frac{실제\ 회수엔탈피}{이론\ 최대회수가능\ 엔탈피} = \frac{외기-급기}{외기-실내}$$ 겨울철에는 외기가 엔탈피가 낮으므로 (실내)배기열을 회수하고(Heating 열취득) 여름에는 외기 엔탈피가 높으므로 도입 외기를 냉각시켜 냉열량을 회수(Cooling 열취득)한다. (4) 고정식, 회전식은 서로 장단점 있으나 고정식은 크기 크고 입출구 덕트 연결이 복잡하고 설비공간 커지나 회전부분이 없어 유지관리는 간단하다. 설치공간과 효율을 고려하여 회전식이 주로 사용되고 있다.
3. 회전형 전열교환기	(1) 회전형 전열교환기 구성 요소는 허니콤상 로터(엘리먼트)와 구동장치(전동기, 감속기, 구동 전달부)로 구성되며 필터를 부착하여 엘리먼트 오염을 막는다. 이때 엘리먼트(흡습제)는 난연성, 내수성이 우수하고 형상변화 및 압력손실이 적은 구조로 한다. (2) 열교환을 하면서 오염된 배기와 도입되는 외기는 직간접적으로 교류를 하게 되는데 이때 세균이나 악취가 배기 측으로부터 급기 측에 전달되지 않는 누기율이 낮은 구조로 한다.

분류	관련내용
4. 정지형 (고정형) 전열 교환기	(1) 열교환기 구성요소는 급배기 팬과 열교환 엘리먼트, 케이싱 및 부속품으로 구성되며 적합한 성능을 갖추어야 한다. (2) 열교환 엘리먼트는 석면, 박판 소재로 하며, 흡습제로 염화리튬판 소재를 교대로 배열하고 배기와 외기가 엘리먼트 사이를 흐르면서 전열을 교환한다. (3) 케이싱 내부에 필터 및 송풍기모터가 내장된 경우는 탈착, 부착이 편리한 구조로 한다. (4) 공기 여과기를 각 흡입 측에 설치하여 열 교환기의 오염을 최소화 한다. 공기여과재는 교환이 쉽도록 탈착이 가능하고 공기누설이 적은 구조로 한다.

2 공조기 점검관리

분류	관련내용
1. 공조기 구성	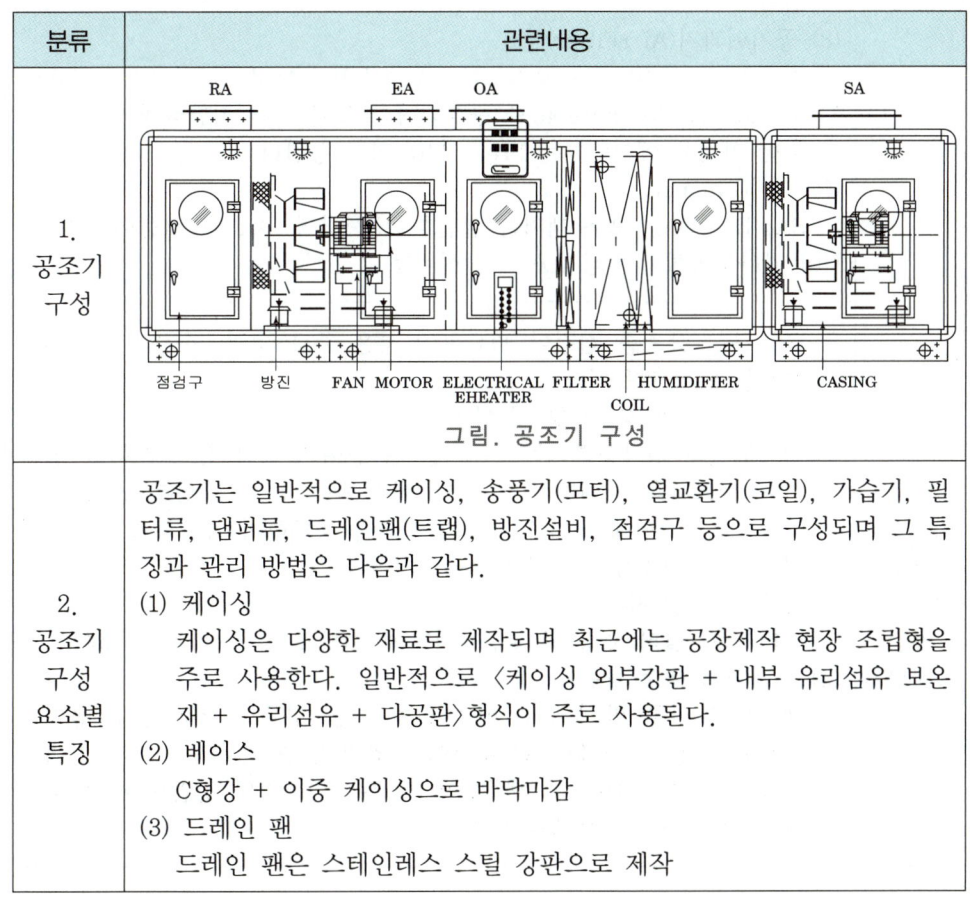 그림. 공조기 구성
2. 공조기 구성 요소별 특징	공조기는 일반적으로 케이싱, 송풍기(모터), 열교환기(코일), 가습기, 필터류, 댐퍼류, 드레인팬(트랩), 방진설비, 점검구 등으로 구성되며 그 특징과 관리 방법은 다음과 같다. (1) 케이싱 　케이싱은 다양한 재료로 제작되며 최근에는 공장제작 현장 조립형을 주로 사용한다. 일반적으로 〈케이싱 외부강판 + 내부 유리섬유 보온재 + 유리섬유 + 다공판〉형식이 주로 사용된다. (2) 베이스 　C형강 + 이중 케이싱으로 바닥마감 (3) 드레인 팬 　드레인 팬은 스테인레스 스틸 강판으로 제작

분류	관련내용
2. 공조기 구성 요소별 특징	(4) 프레임 　철제 프레임 형강 또는 각형관(Square Pipe) 사용, 프레임 알루미늄 압출물(Sash) + 모서리 마감재(Conner)사용 (5) 송풍기 　원심식로 다익형(Forward Curved 송풍기), 후곡익형(Backward Curved 송풍기) 익형(Air Foil 송풍기)을 주로 사용하고 축류식으로 고정익형이나 가변익형 송풍기를 사용한다. (6) 열교환기(Coil) 　냉수코일(Cooling Water Coil), 직팽코일(Direct Expasion Coil), 온수코일(Hot Water Coil), 증기코일(Steam Coil), 전기코일(Electric Coil)을 사용한다. 대부분 플레이트핀 코일형 열교환기를 사용하며, 동관 또는 강관에 알루미늄 박판을 압착한 것이다. 냉각과 가열을 병용하는 냉·온수 코일을 주로 사용한다. (7) 가습기(Humidifier) 　증기분사식, 인젝션형(Steam Injection), 그리드형(Steam Grid)증발식, 기화식(Glass-Fiber),물분무식이 있으나 주로 증기분사식을 사용한다. (8) 공기여과기(Ai rFilter) 　전처리 Filter(Pre)는 부직포를, 중간 Filter(Medium)는 Glass Fiber를, 고효율 Filter(Hepa)로 구성되며 필요에 따라 적합하게 조합한다. 일반 가정용 에어컨에는 Pre- Filter만 적용한다. (9) 댐퍼(Damper) 　SA, RA, OA, EA용 댐퍼는 일반형, 정풍량형, Air Tight등이 있다. (10) 기타부속설비 : 점검구, 방진설비등
3. 공조기 구성 요소별 점검 사항	공조기 구성 요소중 점검이 필요한 부분은 주로 코일, 송풍기, 댐퍼류, 드레인팬 배수불량등이다. (1) 냉·온 코일의 정비사항 및 방법 　냉각코일의 냉각능력 감소는 코일 내 잔여 공기가 유체 흐름을 방해하여 열교환을 저해하거나, 헤더 배관 구성상 튜브 상부 공기 잔류 또는 코일 전면에 오염으로 공기 통과를 방해하여 국부적으로 코일의 전열 효율 감소등으로 점검하여 조치한다. (2) 송풍기 풍량 저하 　필터 막힘(필터 세정 및 교환) 벨트 이완(벨트 장력 조정 및 교환) (3) 드레인팬 배수 불량 　배수트랩 역류 및 응축수 배출이 안 되는 경우 트랩의 봉수 높이가 확보되지 않아, 드레인 팬 부분이 부압인 경우 외부의 공기가 기내로 역류하는 경우 배수 팬 배수구의 배관은 송풍기의 정압보다 큰 봉수를 가지는 배수용 트랩을 설치한다.

분류	관련내용
3. 공조기 구성 요소별 점검 사항	(4) 수격현상 발생 관내를 물의 유속이 급격히 변화하여 워터해머 영향으로 코일파손 우려되는 경우 배관내 유속을 낮추거나 수격압 흡수장치를 급수배관 내에 설치한다. (5) 기타 코일 핀 오염(핀 세정), 배관 내 스트레이너 막힘(점검 후 청소), 증기 코일 능력저하(공기가 우회(By-Pass) 될 경우 차단판 설치), 이상소음 발생(베어링 결함, 벨트 결함, 베어링부 구리스 주입 및 교환, 장력 조정) 베어링의 과열(정격하중과 한계회전속도 초과 시-정격베어링으로 교체, 정렬되지 않은 베어링 사용-정렬된 베어링 사용과 축의 평형도 확인)

3 펌프 점검관리

분류	관련내용
1. 펌프 종류별 특징	펌프는 크게 2종류로 나누어지며 양수용의 급수펌프와 순환용의 순환펌프(라인펌프)로 나누어진다. 양수용(위생용 급수펌프, 보일러 급수펌프등)은 양정이 큰편이고 순환펌프(급탕 순환, 냉온수순환등)는 양정이 작은편이다.
2. 급수용 원심 펌프 구조와 특징	(1) 수평형 및 수직형 원심펌프는 베드의 휨 또는 처짐이 발생하지 않도록 주의하여 기초 위에 수평 또는 수직으로 고정하고 기초볼트의 조임은 균일 하여야 한다. (2) 펌프와 모터와의 직결 주축은 정확하게 직선이 되도록 조정한다. (3) 펌프는 지지대 위에 수평으로 설치하고 필요에 따라 방진기초를 한다. (4) 라인형 원심펌프는 제조회사 설치기준에 따라 펌프축이 상호 수평 또는 수 직이 되도록 설치하며 펌프 양단에 플랜지를 접속하는 배관은 강재 베드 등으로 지지한다. (5) 펌프에 밸브 및 관을 부착할 때는 그 하중이 직접 펌프에 걸리지 않도록 충분히 지지한다. (6) 펌프는 흡입수면 바닥 및 옆 벽면과 충분한 거리를 두어 공기흡입과 소용 돌이 발생을 방지한다. 단, 거리는 펌프의 크기, 형식 등에 따라 달라지므 로 펌프 제조회사와 사전에 충분히 협의하여야 한다. (7) 토출관에 설치하는 게이트밸브 및 체크밸브는 조작이 용이한 위치에 부착한다. (8) 펌프와 양수관은 플랜지 이음을 하여 분리하기 쉽게 한다.

분류	관련내용
3. 급수 펌프 구성 부속품	표. 보일러 급수펌프 부속품 	명칭	적용	수량
---	---	---
압력계		1개
공기빼기 콕		각 1개
배수용 콕		1개
축이음		1조
보호용덮개(강판제)	볼트, 너트, 패킹	1식
상대플랜지	붙임.	1식
방진장치	특기에 따른다.	1식
기초볼트			
4. 순환 펌프 구조 및 특징	(1) 펌프는 전동기와 축이음으로 직결하여, 주철제 또는 강제의 공통 베드에 설치한 것으로서 케이싱은 회 주철품, 임펠러 및 안내깃은 청동 주물 또는 회 주철품에 따른다. (2) 펌프는 서어징이 없고 유류가 혼입되지 않는 구조로 하고, 운전이 원활히 되도록 하며, 각부의 진동은 경미하고 소음이 적으며, 물에 유류가 혼입되지 않는 것으로 한다. 그리고 온수 순환펌프의 축 받침 부분은 온수 온도에 의한 영향을 받지 않는 것으로 한다. (3) 전동기와 펌프가 일체구조로 된 것으로 축봉부에 공기가 고이는 것을 방지하는 기능을 갖추고 수리 시에는 배관을 떼어내지 않고 분해 조립할 수 있도록 플랜지이음 등을 사용 한다.
5. 순환 펌프 부속품	(펌프 용량과 특징에 따라 추가, 생략될 수 있다) | 명칭	적용	수량 개방회로	수량 밀폐냉각수
---	---	---	---
게이트밸브		2개	2개
첵 밸브		1개	1개
스트레이너		1개	1개
압력계 또는 연성계		2개	2개
공기빼기 콕		1개	-
배수용콕(주철제 또는 강판제)		1개	1개
흡입구 덮개(주철제 또는 강판제)		1조	1조
축이음 보호덮개(강판제)		1조	-
상대 플랜지		1식	1조
방진 이음	볼트, 너트, 패킹 붙임.	2개	1식
방진 장치		1식	2개
기초볼트	특기에 따른다.	1식	1식	

분류	관련내용

6. 펌프 설치 운영시 점검 사항	(1) 흡입 foot valve strainer의 설치 깊이 검토
	   - 바닥면의 이물질 흡입방지를 위해 바닥면에서 최소 200mm 이격
	   - 소용돌이 등으로 인한 공기의 유입을 방지하기위해 벽면에서는 3D(관경)이상 이격시킬 것
	(2) 흡입 배관은 부압이 형성되지 않는지 NPSH를 확인할것
	(3) 흡입배관은 펌프를 향해 1/50 ~ 1/100 상향구배를 유지하여 공기가 정체하지 않게할 것
	(4) 흡입배관 레듀샤는 편심레듀서를 상부가 수평으로 설치 (저항은 가능한 한 적게 되도록 하고 필요시 한 치수 크게 할 것
	(5) 펌프의 맥동에 의한 진동, 소음이 우려될 경우 펌프 토출측 배관 부분의 0.5 ~ 1.0m 정도 길이를 2치수 큰 배관으로 설치 검토
	(6) 펌프 토출구로부터 15m까지는 방진 행가 설치

7. 펌프의 고장 원인과 대책

고장 내용	고장 원인	조치 사항
씰 누수	a. 공회전에 의한 누수	물탱크의 적정수위 유지, 흡입밸브개폐 학인.
	b. 고형물질로 의한 누수 (결정이 발생되는 유체)	흡입 스트레이너 청결유지, 저수조 탱크 청결유지
	c. 씰 선정 오류로 인한 누수	사용율 확인 후 씰 선정 (고무 재질 및 씰 타입)
	d. 씰 파손	현장설치 시 충격주의
소 음	a. 저양정을 인한 소음	토출밸브 조작(토출압력 확인)
	b. 캐비테이션(Cavitation)	흡입수위조절, 낙차에 의한 기포 제거, NPSHa값 개선
	c. 커플링 조립 불량	커플링 재조립, 커플링 교체
유량, 양정부족	a. 전기 결선 오류(역회전)	MCC판넬 전기 결선 확인, 펌프 회전방향 확인
	b. 토출측 밸브 개도율 불량	설비 사용 압력 확인 및 토출 밸브 조절
	c. 흡입 유량 부족	저수조확인, 펌프내 Air 제거 작업
	d. 흡입측 스트레이너 막힘 현상	흡입측스트레이너 청소 작업
	f. 캐비테이션(Cavitation)	흡입수위조절, 낙차에 의한 기포 제거, NPSHa값 개선

분류	관련내용		
7. 펌프의 고장 원인과 대책	고장 내용	고장 원인	조치 사항
	내부 부품 파손	a. 저양정 운전에 의한 소음 (펌프 베어링 파손)	토출밸브 조작(토출압력 확인)
		b. 이물질 침투에 의한 소손	흡입망 청결유지, 저수조탱크 청결유지
		c. 캐비테이션	흡입수위조절, 낙차에 의한 기포 제거, NPSHa값 개선
	진동	a. 저양정	토출밸브 조작(토출압력 확인)
		b. 캐비테이션	흡입수위조절, 낙차에 의한 기포 제거, NPSHa값 개선
		c. 모터베어링 상태 불량	모터 베어링 그리스 주입 및 교체
		d. 커플링 조립 불량	커플링 재조립, 커플링 교체

4 공조기 필터 점검관리

분류	관련내용
1. 공조기 필터 구비 조건	공조기 공기여과기(에어필터)는 압력손실이 적고 미세한 먼지를 많이 수용할 수 있는 것으로 여과재는 다음과 같은 특성이 있어야 한다. (1) 먼지의 재비산이 적을 것 (2) 부식 및 곰팡이의 발생이 적을 것 (3) 난연성일 것 (4) 흡습성이 적을 것 (5) 분진포집율은 기준에 따를 것
2. 패널형 공기 여과기	패널형 공기여과기는 가장 보편적으로 이용되며 유닛형으로 구성된 필터유닛을 프레임(설치틀)에 끼워 맞추는 형식으로 유닛의 세정이나 교환이 용이하다. (1) 유닛 사이의 공기누설이 적은 구조로 해야 한다. (2) 여과재의 포집율, 분진보유용량 및 최종압력손실 등은 기준에 적합한 값으로 한다. (3) 여과재유닛은 방청처리한 냉간압연 및 강판 및 강대 또는 알루미늄 및 알루미늄합금판압출형재의 틀 내부에 여과재를 충진하는 구조로 한다. (4) 설치틀은 방청처리한 냉간압연 강판 및 강대의 강판, 아연철판의 강판제를 주로 사용한다.

분류	관련내용
3. 백(bag)형 공기 여과기	(1) 패널형보다 설치 및 유지관리는 복잡한 편이나 공기누설이 적고 포집효율이 좋은 편이다. (2) 여과재의 특성은 패널형과 유사하다. (3) 여과재 유닛은 방청 처리한 냉간압연 강판 및 강대, 알루미늄 및 알루미늄 합금판의 틀내부에 여과재를 백(주머니) 형태로 넣은 것으로 한다. (4) 설치틀은 패널형과 유사하다.
4. 자동감기형 (롤형) 공기 여과기	(1) 케이싱, 여과재, 감기기구(상부 하부 롤과 모터) 및 제어반으로 구성되며, 전동장치에 의해 일정 속도로 자동으로 여과재를 감는다. (2) 여과재, 케이싱은 패널형과 유사하다. (3) 감기기구는 타이머스위치 또는 차압스위치에 의한 자동감기 방식으로 한다. 여과면의 집진상태를 감시하는 미세차압계를 설치한다. (4) 제어반의 부속품은 전원표시등, 감기끝남 표시등, 이상표시등, 전원스위치 및 감기스위치를 갖춘다.
5. 정전식 (전기식) 공기 집진기	(1) 전리부, 집진부, 케이싱 및 제어반으로 구성되며, 공기중의 먼지를 양이온(+)으로 대전시킨뒤 음극판(-) 집진부에 먼지를 부착하게하여 제거한다. 집진부의 청소 및 각부의 점 검, 보수가 용이하며 안전한 구조로 한다. (2) 전리부는 방전선 및 접지극으로 구성되며, 방전선에 고전압을 가하여 접지극과의 사이에 전리영역을 형성하여 먼지입자를 양이온으로 대전시킨다. (3) 집진부는 고전위 극판, 접지극판 및 여과기로 구성된다. (4) 고압 전원부에는 자동복귀식 단락 보호장치를 갖춘다. (5) 전원표시등, 하전(荷電)표시등, 이상표시등, 전원스위치, 하전(荷電)스위치, 안전스위치를 갖춘다.

5 실내공기질 기준

다중이용시설에서 다음 표와 같은 실내 공기질 유지기준에 따라 환기방식이나 에어필터를 사용하여 실내 공기질을 관리한다.

1) 실내공기질 오염물질 종류

■ 실내공기질 관리법 시행규칙 [별표 1]

실내공기질 오염물질 종류(제2조 관련)
1. 미세먼지(PM-10),
2. 이산화탄소(CO_2;Carbon Dioxide)
3. 폼알데하이드(Formaldehyde),
4. 총부유세균(TAB;Total Airborne Bacteria)
5. 일산화탄소(CO;Carbon Monoxide)
6. 이산화질소(NO_2;Nitrogen dioxide)
7. 라돈(Rn;Radon)
8. 휘발성유기화합물(VOCs;Volatile Organic Compounds)
9. 석면(Asbestos)
10. 오존(O_3;Ozone)
11. 초미세먼지(PM-2.5)
12. 곰팡이(Mold)
13. 벤젠(Benzene)
14. 톨루엔(Toluene)
15. 에틸벤젠(Ethylbenzene)
16. 자일렌(Xylene)
17. 스티렌(Styrene)

2) 실내공기질 유지기준

■ 실내공기질 관리법 시행규칙 [별표 2]

실내공기질 유지기준(제3조 관련)

오염물질 항목 다중이용시설	미세먼지 (PM-10) ($\mu g/m^3$)	미세먼지 (PM-2.5) ($\mu g/m^3$)	이산화탄소 (ppm)	폼알데하이드 ($\mu g/m^3$)	총부유세균 (CFU/m^3)	일산화탄소 (ppm)
가. 지하역사, 지하도상가, 철도역사의 대합실, 여객자동차터미널의 대합실, 항만시설 중 대합실, 공항시설 중 여객터미널, 도서관·박물관 및 미술관, 대규모 점포, 장례식장, 영화상영관, 학원, 전시시설, 인터넷컴퓨터게임시설제공업의 영업시설, 목욕장업의 영업시설	100 이하	50 이하	1,000 이하	100 이하	—	10 이하
나. 의료기관, 산후조리원, 노인요양시설, 어린이집, 실내 어린이놀이시설	75 이하	35 이하		80 이하	800 이하	
다. 실내주차장	200 이하	—		100 이하	—	25 이하
라. 실내 체육시설, 실내 공연장, 업무시설, 둘 이상의 용도에 사용되는 건축물	200 이하	—	—	—	—	—

비고
1. 도서관, 영화상영관, 학원, 인터넷컴퓨터게임시설제공업 영업시설 중 자연환기가 불가능하여 자연환기설비 또는 기계환기설비를 이용하는 경우에는 이산화탄소의 기준을 1,500ppm 이하로 한다.
2. 실내 체육시설, 실내 공연장, 업무시설 또는 둘 이상의 용도에 사용되는 건축물로서 실내 미세먼지(PM-10)의 농도가 200$\mu g/m^3$에 근접하여 기준을 초과할 우려가 있는 경우에는 실내공기질의 유지를 위하여 다음 각 목의 실내공기정화시설(덕트) 및 설비를 교체 또는 청소하여야 한다.
    가. 공기정화기와 이에 연결된 급·배기관(급·배기구를 포함한다)
    나. 중앙집중식 냉·난방시설의 급·배기구
    다. 실내공기의 단순배기관
    라. 화장실용 배기관
    마. 조리용 배기관

2) 실내공기질 권고기준

오염물질 항목 다중이용시설	이산화질소 (ppm)	라돈 (Bq/㎥)	총휘발성 유기화합물 (μg/㎥)	곰팡이 (CFU/㎥)
가. 지하역사, 지하도상가, 철도역사의 대합실, 여객자동차터미널의 대합실, 항만시설 중 대합실, 공항시설 중 여객터미널, 도서관·박물관 및 미술관, 대규모 점포, 장례식장, 영화상영관, 학원, 전시시설, 인터넷컴퓨터게임시설제공업의 영업시설, 목욕장업의 영업시설	0.1 이하	148 이하	500 이하	-
나. 의료기관, 산후조리원, 노인요양시설, 어린이집, 실내 어린이놀이시설	0.05 이하		400 이하	500 이하
다. 실내주차장	0.30 이하		1,000 이하	-

01 핵심예상문제

공조설비운영 관리

본 핵심예상문제는 각단원별 출제빈도 높은 문제 및 최근 10년간의 기출문제 중 비중이 높은 출제유형이므로 꼭 풀어보고 가야할 문제입니다. 이후 실전예상문제를 공부하시면 효과적입니다.

[22년 3회]

01 공기조화설비를 구성하는 열운반장치로서 공조기에 직접 연결되어 사용하는 펌프로 가장 거리가 먼 것은?

① 냉각수 펌프
② 냉수 순환펌프
③ 온수 순환펌프
④ 응축수(진공) 펌프

> 냉수 순환펌프, 온수 순환펌프, 응축수(진공) 펌프는 공조기에 연결되어 물이나 응축수를 순환시키나, 냉각수 펌프는 냉동기와 냉각탑사이에서 냉각수를 순환시킨다.

[22년 3회]

02 다음 중 보온, 보냉, 방로의 목적으로 덕트 전체를 단열해야 하는 것은?

① 급기 덕트
② 배기 덕트
③ 외기 덕트
④ 배열 덕트

> 급기덕트는 냉풍, 온풍을 공급하므로 덕트 전체를 보온한다.

[예상문제]

03 덕트 설계, 설치시 검토 확인사항으로 가장 부적합한 것은?

① 덕트의 형상은 굴곡, 변형, 확대, 축소, 분기, 합류시 덕트내 공기저항이 최소가 되도록 설계되었는가 확인한다.
② 덕트는 층고를 낮추기위해 종횡비를 8:1 이상으로 하여 덕트 높이를 최소화한다.
③ 덕트길이 최단거리로 연결, 균등한 정압 손실이 되도록 설계, 덕트의 열손실·열획득 경로를 피할 것
④ 소음기, 소음엘보, 소음챔버, 라이닝덕트, 흡음 flexible등 적용으로 덕트의 소음 및 방진 대책을 수립한다.

> 덕트는 층고가 허용하는 한 정사각형에 가깝게 하며 층고를 낮추기 위해서라도 종횡비를 4:1 이상으로 하지 않는 것이 좋다.

[23년 1회]

04 공조시스템에 대한 설명중 가장 거리가 먼 것은?

① 공기조화기에서 처리하는 열부하에는 실내 열취득 부하, 배관취득부하, 환기용 도입 외기부하가 포함된다.
② 실내 송풍량은 실내현열부하와 취출온도차로 구할 수 있다.
③ 여름철 재열 시스템에서 냉각코일부하에는 재열부하가 포함된다.
④ 전열교환기를 사용하면 냉각코일용량을 감소시키고, 냉방에너지를 절약할 수 있다.

> 공기조화기에서 처리하는 열부하에는 실내 열취득 부하, 덕트기기부하, 환기용 도입 외기부하는 포함되지만 배관취득부하는 냉동기부하에 포함된다.

[22년 1회]

05 다음 중 냉각탑의 용량제어 방법이 아닌 것은?

① 슬라이드 밸브 조작 방법
② 냉각수 수량 제어 방법(인버터 펌프)
③ 송풍 공기 풍량 제어 방법(송풍기 회전수제어)
④ 냉각탑 대수 분할 운전 방법

> **냉각탑의 용량제어 방법**
> ㉠ 공기 풍량변화 방법(인버터, 극수변환 등에 의한 송풍기 의 회전수 제어)
> ㉡ 수량 변화 방법(냉각수의 냉각탑 바이패스제어(2방변 제어, 또는 3방변 제어)
> ㉢ 송풍기 발정 제어(ON-OFF제어)
> ㉣ 분할 운전 방법(냉각탑 대수제어)

정답 01 ① 02 ① 03 ② 04 ① 05 ①

제5장 공조설비운영 관리 실전예상문제

본 실전예상문제는 각장 핵심예상문제에서 다루지 못한 실무적이고 난이도가 높은 문제들로 핵심예상문제를 보충해 주는 문제입니다. 핵심예상문제를 충분히 공부한 후 실전예상문제를 공부하면 효과적입니다.

[예상문제]

01 다음과 같은 펌프 배관도에 대하여 유효흡입양정(NPSHav)를 구하시오.

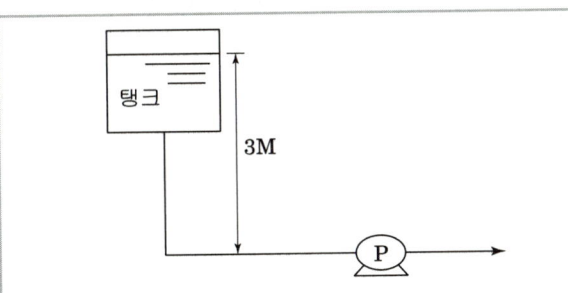

- 대기압 : 760mmHg
- 물의 밀도 : 1000kg/m³
- 물의 포화증기압 : 8.4kPa
- 흡입 배관 손실수도 : 1.5mAq
- 1mAq = 9.8kPa

① 5.96mAq ② 10.97mAq
③ 12.62mAq ④ 15.62mAq

유효흡입수도($NPSHav$)는 다음 식으로 표현된다.
$NPSHav$ = 대기압-(흡입양정+흡입배관마찰손실수도+포화증기압)

$$= \frac{P_O}{\gamma} - (\gamma_S + h_L + \frac{P_v}{\gamma})$$

P_O = 대기압 = 760mmHg = 101325Pa
 = 101.325kPa = 10.33mAq
h_S = 흡입양정 = -3m(흡상이면 +, 압입이면 -를 취한다.)
h_L = 흡입관 손실수두 = 1.5mAq
P_v = 물의 포화증기압 = 8.4kPa = 8.4/9.8 = 0.86mAq

$$NPSHav = \frac{P_O}{\gamma} - (h_S + h_L + \frac{P_v}{\gamma})$$
$$= 10.33 - (03 + 1.5 + 0.86) = 10.97mAq$$

∴ $NPSHav$는 10.97mAq

[예상문제]

02 공조배관에 냉온수가 400L/min로 흐를 경우 아래조건과 배관선도를 참조하여 적합한 관경을 구하시오.

〈조건〉
- 순환펌프 양정 10m,
- 냉온수 최원 배관 순환길이(직관) : 100m
- 국부저항은 직관길이 60%를 적용하며 배관선도 이용(단 배관선도에서 마찰저항은 실선만 이용)

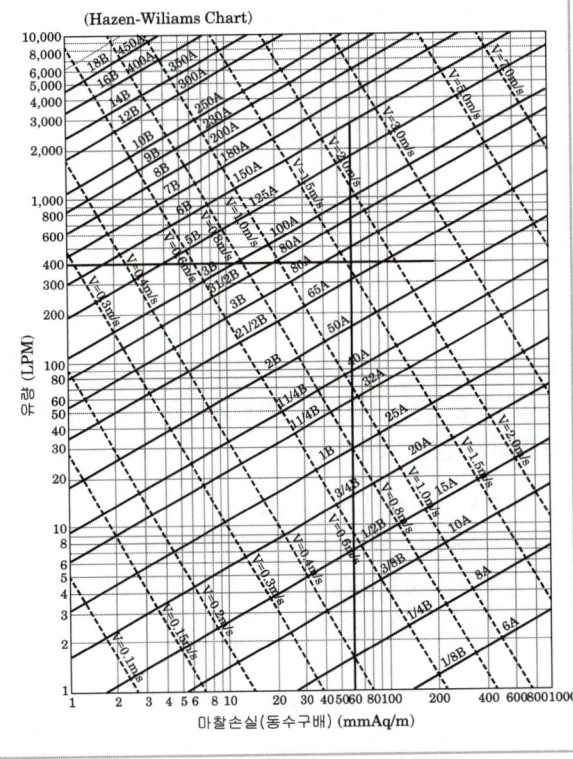

① 40A ② 50A
③ 65A ④ 80A

우선 배관 허용 마찰저항을 구하면(펌프양정을 배관길이로 나누어 계산)

$$R = \frac{H}{L+L'} = \frac{10000mm}{100 \times 1.6} = 62.5mmAq/m$$

아래 선도에서 마찰저항은 62.5 보다 작은 실선 60mmAq/m를 선정하여 유량 400과 교점을 구하면 65A 조금 위쪽에 위치한다. 그러므로 관경은 80A를 선정한다.

정답 01 ② 02 ④

제5장 공조설비운영 관리

[예상문제]

03 공조기와 덕트 설치시 검토 사항으로 가장 부적합한 것은?

① 공조기의 형식은 공조실의 면적·높이 등을 고려하여 가장 적절한 형식 선정(수평형, 수직형, 조합형, return fan내장형, 슬림형 등) - 공조기 상세와 일치 여부를 확인한다.
② fan의 설치방법 (토출방향 등)은 공조기 위치, 공조실의 높이 등을 고려하여 원활한 덕트가 되도록 설치한다.
③ 여름철 외기냉방이 가능하도록 외기 및 배기덕트 크기를 검토한다.
④ 공조실 자체의 플레넘(plenum)챔버 설치를 검토한다.

> 외기냉방은 외기조건이 실내조건보다 온도가 낮을 때 사용하므로 중간기(봄, 가을)에 적용한다.

[예상문제]

04 실내 공기질 관리법상 실내 공기질 유지기준 항목에 포함되지 않는 것은?

① 미세먼지(PM-10)($\mu g/m^3$)
② 이산화탄소(ppm) 총부유세균(CFU/m^3)
③ 폼알데하이드($\mu g/m^3$)
④ 총용존유기탄소(TOC)

> 실내 공기질 유지기준 항목에 미세먼지(PM-10)($\mu g/m^3$), 미세먼지(PM-2.5)($\mu g/m^3$), 이산화탄소(ppm), 폼알데하이드($\mu g/m^3$), 총부유세균(CFU/m^3), 일산화탄소(ppm)등이 있다.

[23년 3회]

05 다음 중 개방식 팽창탱크에 반드시 필요한 요소가 아닌 것은?

① 압력계　② 수면계
③ 안전관　④ 팽창관

> 개방식 팽창탱크는 대기압상태이므로 압력계는 설치하지 않는다.

[22년 2회]

06 증기난방과 온수난방의 비교 설명으로 틀린 것은?

① 증기난방은 주 이용열이 잠열이고, 온수난방은 현열이다.
② 증기난방에 비하여 온수난방은 방열량을 쉽게 조절할 수 있다.
③ 장거리 수송으로 증기 난방은 발생증기압에 의하여, 온수난방은 자연순환력 또는 펌프 등의 기계력에 의한다.
④ 온수난방에 비하여 증기난방은 예열부하와 시간이 많이 소요된다.

> 온수난방에 비하여 증기난방은 예열부하와 시간이 적게 소요된다. 즉 예열시간이 짧다. 그러므로 증기난방은 간헐난방에 적합하다.

정답　03 ③　04 ④　05 ①　06 ④

제6장

보일러설비 운영

제6장 | 보일러설비 운영

 보일러설비 시운전

1 보일러 관리(보일러 종류 및 특성)

1. 보일러 설비의 구성

보일러는 재질에 따라 강판재와 주철재로 나누며, 형식으로 분류하면 동체 축 방향에 따라 입형과 횡형으로 나눌 수 있고, 연소실 구조에 따라 원통형, 수관식으로 나누고, 본체 구조에 따라 노통식, 연관식으로 나누어진다.

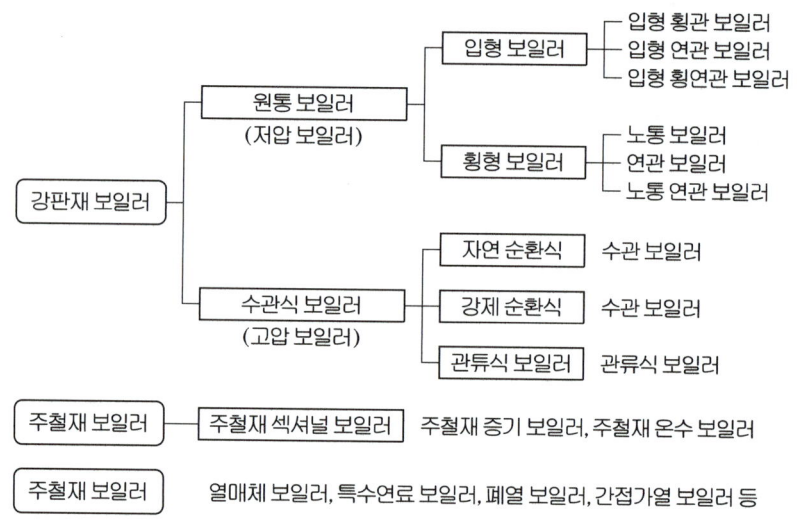

2. 보일러의 종류 및 특징

일반적으로 건축물에 사용되는 산업용 보일러는 노통연관 보일러 및 수관식 보일러(수관 보일러, 관류식 보일러)가 주로 쓰이고 등이며, 가정용 소형 보일러는 입형 관류식보일러(가스사용)가 주로 쓰인다.

종류	특징
가정용 보일러	① 아파트나 일반 가정에서는 주택의 난방과 급탕 사용을 위해 지역난방이 보급되는 일부 지역을 제외하고는 대부분 소형보일러(입형 관류보일러)를 설치하여 사용한다. ② 가정용 보일러는 대부분 가스보일러가 주를 이루고, 일부 지역에서는 기름보일러나 심야전기를 이용한 전기 온수보일러를 사용한다.

종류	특징
노통 연관 보일러	① 지름이 큰 동체를 몸체로 하여 그 내부에 노통과 연관을 동체 축에 평행하게 설치하고, 노통을 지나온 연소가스가 연관을 통해 연도로 빠져나가도록 되어있는 보일러이다. ② 노통보일러와 연관보일러를 조합한 형태로 연소실에서 화염은 1차로 노통 내부를 거쳐 2차로 연관 속으로 흘러가면서 열전달을 한다. ③ 보통 중-소형 보일러에서 가장 많이 사용되고 있으며, 노통연관식 보일러는 노통 내부에 보유수량이 많아 급격한 부하 변동에도 안정적인 보일러 운전이 가능하나, 가동 초기에 예열과 증기 발생까지의 소요시간이 많이 필요하다. ④ 노통연관식 보일러는 전열면적이 증가되므로 효율이 가장 높은 편이지만, 구조가 복잡하므로 청소 및 수리, 점검이 불리하고, 급수처리가 까다롭다. ⑤ 증기 보일러에서 고압보일러와 저압보일러의 구분은 0.1MPa을 기준하며 현장에서 고압보일러는 보통 0.4~0.7MPa 정도가 주로 사용되고 있다.
수관식 보일러	① 수관식 보일러는 상부 드럼과 하부 드럼 사이에 작은 구경의 많은 수관을 설치한 구조로, 관 내부에 물이 흐르고 관 외부를 연소가스로 가열해 증기를 발생시키는 구조로 제작된다. ② 물이 수관 내에만 채워지는 구조이기 때문에 가격도 고가이고, 대용량 고압용 보일러로 주로 사용된다. ③ 수관식 보일러는 내부의 구조가 복잡하고 스케일로 인해 과열되기 쉬우므로 급수의 철저한 수질관리(연수장치)가 필요하다. ④ 고온 및 고압에 적당하고 발생열량이 크며, 용량에 비하여 크기가 작아 설치면적이 적고 전열면적은 넓어서 효율이 매우 높다. ⑤ 보유수량이 적어서 증기 발생 시간이 빠르며, 파열 시 피해가 적다.
관류 보일러	① 관류보일러는 수관식 보일러에서 드럼 없이 수관만으로 설계한 강제순환식 보일러로 급수가 공급될 때 수관의 예열부 → 증발부 → 과열부를 순차적으로 통과하면서 증기가 발생된다. ② 연소실 주위에 다수의 수관이 병렬로 연결되어 헤더에서 분류 또는 합류되는 구조로 이루어져있어 다관식 보일러라고도 불린다. ③ 수관만으로 이루어져 있기 때문에 고압에 잘 견디고 관을 자유로이 배치할 수 있어 전체를 소형화하여 제작할 수 있다. ④ 중 소규모의 건물 난방, 급탕용이나 식당의 주방, 상가의 증기 공급용으로 주로 사용되고 있다. ⑤ 관류 보일러는 작은 구경의 관내에서 물을 증발시키기 때문에 불순물이 관 내에 부착하기 쉽기 때문에 수질관리가 매우 중요하다.

종류	특징
진공식 온수 보일러	① 진공식 온수 보일러는 보일러 내부가 진공상태로 유지되면서 화염으로부터 열을 받아 온수를 가열해 주는 열매체로 물을 사용하며 정상적인 상태에서는 열매의 손실은 없다. ② 보일러 내부가 진공상태로 새로운 보충수의 공급이 거의 필요없고 외부의 공기와도 완전히 차단되어 있기 때문에 스케일이나 부식의 발생이 매우 적어 수명이 가장 긴 편이다.
무압식 온수 보일러	① 무압식 온수 보일러는 동체 내부가 대기압의 압력에서 운전되는 보일러로, 대기개방형 보일러라고도 불린다. ② 무압식 보일러는 내부를 열매체인 물로 완전히 채워져 있는데, 보일러 운전 시 자연대류만으로는 열교환기 내의 온수와 충분한 전열을 기대하기 어렵기 때문에 대부분 순환펌프를 설치하여 보일러 내부의 물을 강제 순환시킨다. ③ 무압식 온수 보일러는 새로운 보충수가 소량이고 연수 처리되어 공급되기 때문에 증기보일러에 비해 부식이나 스케일이 적게 발생하여 수명이 긴 편이다.
열매체 보일러	① 열매체 보일러는 노통연관식이나 수관식 보일러와는 달리 특수한 열적 성질을 가지고 있는 전열 열매유를 열매체로 이용하기 때문에 저압력(1~3대기압)에서도 200℃ 이상의 높은 온도로 2차측 유체를 가열하는 것이 가능하다. ② 열원이 고온이므로 부하 대응성이 좋고 열교환기가 소형화되어도 되며, 운전압력이 저압력이어서 장비의 구조적 안정성측면에서 유리하기 때문에 보일러의 설계와 제작이 용이하다.
캐스케이드 보일러	① 캐스케이드 보일러는 여러 대의 소형 온수보일러를 병렬로 조합하여 필요한 용량에 대응하도록 구성한다. ② 난방이나 급탕 부하의 변동에 따라 대수제어를 하여 고효율의 운전이 가능하도록 패키지 형태로 만든 보일러다. ③ 보통 가정용으로 사용되는 콘덴싱 보일러를 병렬로 조합하여 중대형 용량을 구현하도록 한 경우가 많다.
주철제 보일러	① 섹셔널 보일러(sectional boiler)라고도 하며, 주철을 주조 성형하며 여러 개의 섹션(쪽)을 조립하여 제작하므로 용량 조절이 가능하다. ② 저압 보일러로 전열면적이 크고 효율이 높아 주로 난방에 사용되며 증기 보일러와 온수 보일러가 있다. ③ 저압으로 사고 시 피해가 적고, 섹션별 조립식이어서 조립 해체가 용이하여 좁은 기계실에 반입 또는 반출이 용이하다. ④ 주철제 특성상 인장강도 및 충격에는 약하고, 고압 대용량에는 부적합하다.

2 부속장치 점검(부속장치 종류와 기능)

1. 보일러 부속품
보일러의 기능 달성과 안전을 위하여 다음의 부속품을 갖춘다(예).

명칭		적용	수량
증기 보일러	온수 보일러		
주증기밸브	온수출구밸브	밸브의 개폐를 외부에서 알 수 있는 것	1개
급수밸브 및 체크밸브	온수입구밸브		각1개
안전밸브	안전밸브 또는 릴리프밸브	KS B 6216 (증기용 스프링 안전밸브)	1식
블로(분출)밸브 및 블로콕	블로밸브 및 블로콕		1식
압력계	압력계 또는 수주계	KS B 5305 (부르돈관 압력계)	1식
수면계	-	KS B 6208 (보일러용 수면계유리)	1식
-	온도계		1식
공기빼기밸브	공기빼기밸브		1개
고저수위경보장치	-		1식
연도댐퍼 및 도어류	연도댐퍼 및 도어류		1식
맨홀, 검사 및 청소구	맨홀, 검사 및 청소구		1식
검사창	검사창		1식
비계 및 베드	비계 및 베드		1식
공구류	공구류		1식
예비품	예비품	특수분해공구	1식
		수면계용 유리 및 패킹 1대분, 맨홀 및 검사 청소구용 패킹 1대분	

※ 주) 이 밖에 필요에 따라 기수분리창지, 블로(blow)장치, 탈기장치와 매연 분출장치를 추가한다.

3 보일러 점검(보일러 점검항목 확인)

보일러 시운전은 크게 3단계로 이루어지는데 점화전 점검사항 확인 → 점화 시 점검사항과 작동 순서 → 점화 후 점검사항 확인 순서로 이루어지며 그 내용은 다음과 같다.

1. 보일러 시운전시 점화전 점검사항

분류	점검사항
수 드럼	보일러로부터 수주통(수 드럼), 수주통으로부터 수면계, 수위 감지부(전극봉)에 연결된 수부측 연락관에 물의 흐름이 막히지 않았는지 확인
드레인밸브	하부의 드레인밸브 또는 트랩의 바이패스밸브를 통하여 하부에 고인물을 배출시킨다.
배기가스 댐퍼	보일러의 배기가스 출구의 댐퍼가 열렸는지 확인하며, 공동연도인 경우 가동하지 않는 타 보일러의 배기가스 댐퍼가 닫혀있는지 확인.
압력계,	압력계, 압력제한기에 부착된 차단밸브등 부속설비의 상태를 확인.
증기헤더	증기헤더 주증기 밸브에서 송기가 필요하지 않은 증기헤더의 분기 배관의 밸브가 닫혀있는지 확인.
연소	연소 및 환경 유지에 충분한 환기와 급기가 이루어지는지 확인한다.

2. 보일러 점화 시 점검사항과 작동 순서

순서	점검사항
1) 미연소 가스 배출	보일러 연소실내 미연소 가스를 송풍기를 통하여 충분히 배출한 후 점화한다.
2) 시퀀스 컨트롤	시퀀스 컨트롤에 따라 프리퍼지(미연가스 배출) → 파이롯트 버너 점화 (점화용 버너점화) → 주연료분사, 주버너 점화의 순으로 진행한다.
3) 점화 실패	소화 후에는 포스트 퍼지(소화 후 미연가스 배출)가 이루어지지만 1차 점화에 실패하면 보완한 후 재차 점화를 시행
4) 점화 시도	반복적인 점화 시도는 가스 폭발의 원인이 되므로 주의한다.
※ 점화실패 원인	일반적인 점화 실패 원인 : 화염검출장치의 감지부 오염, 점화봉의 탄화 및 전압강하, 점화용 연료의 공급 불량, 송풍량의 부적절등

3. 보일러 점화 후 점검사항(안전대책)

보일러 점화후 수위감지장치 및 급수장치 확인 → 배기가스온도 상한스위치 확인 → 안전밸브 확인 → 압력차단장치 확인 → 발생증기의 송기 순서로 작동상태를 확인한다.

분류	점검사항(안전대책)
1) 수위감지 장치 및 급수장치	① 보일러 점화 후 드레인밸브(Drain Valve)를 개방하여 보일러 수를 드레인 시킨다. ② 보일러수가 일정수량 이상 드레인 되면 수위감지장치(전극봉, 맥도널, 정전용량센서)의 수위 감지로 급수펌프의 작동 여부를 확인한다. ③ 급수펌프가 작동되는 것을 확인한 후 급수펌프의 전원을 차단한다. ④ 보일러수가 계속적으로 드레인되면 저수위 상태가 되며 동시에 경보가 울리고 버너가 소화되는지 확인한다. ⑤ 경보 울림 즉시 드레인밸브를 잠그고, 이때 수위가 보일러 수면계 하부에 위치하여야 한다. ⑥ 수위 확인 후 급수펌프의 전원을 연결하여 급수를 공급한다. ⑦ 이상의 절차가 순차적으로 이루어지지 않으면 재 시운전 또는 필요한 경우 정비를 다시 한다.
2) 배기가스 온도	① 보통 보일러 배기가스온도 상한 스위치 셋팅 온도는 300℃ 정도로 되어 있다. ② 보일러 점화 후 드레인밸브(Drain Valve)를 개방하여 보일러 수를 드레인 시킨다. ③ 배기가스온도 상한 스위치 셋팅 온도를 150℃으로 조정한후 일정시간 연소 후 배기가스 온도계가 150℃를 지시할 때 경보음과 함께 보일러가 소화되는지 확인한다. ④ 경보음 및 소화 상태를 확인하면 배기가스온도 상한스위치의 셋팅온도를 초기셋팅 정도로 복원한다. ⑤ 이상의 절차가 순차적으로 이루어지지 않으면 재 시운전 또는 필요한 경우 정비를 다시 한다.
3) 안전밸브	① 안전밸브는 간이테스트를 실시하여 정상작동 여부를 확인한다. ② 보일러 점화 후 압력이 약 0.3MPa이 될 때까지 가동 ③ 이때 장갑을 끼고, 안전밸브의 레버를 2~3회 당겨준다 ④ 안전밸브에서 증기가 지속적으로 누설될 경우에는 안전밸브에 이물질이 부착된 경우가 대부분이므로 재정비한다.
4) 압력 차단장치	① 압력차단장치는 설정된 압력범위 내에서 보일러가 가동 및 정지되도록 하는 장치이므로 보일러를 점화 후 확인할 수 있다. ② 보일러 점화 후 설정된 고압에서 자동으로 소화되고, 저압에서 점화되는지 확인한다.
5) 발생증기	① 증기헤더 하부의 드레인 밸브를 열어 증기만 나올 때까지 배수한다. ② 증기공급 존을 확인하여 증기헤더의 필요한 증기밸브를 서서히 열고 사용하지 않는 밸브는 잠겨 있는지 확인한다.

4 보일러 정비계획 (보일러 정비와 오버홀)

분류	점검사항
보일러 정비 계획	- 보일러를 효율적으로 보전하기 위해서는 종합적인 정비계획을 수립한다. - 오랫동안 보일러를 사용하게 되면 여러 가지 고장이나 손상이 생기며 이런 것들을 미연에 방지하거나 또는 고장이나 손상을 사전에 보수하여 항상 보일러를 정상상태로 유지시키는 것을 유지관리(보전)라 한다.
보일러의 정비	1) 보일러를 오래 사용하면 내외부에 스켈, 슬러지, 재나 그을음 부착 및 연소장치 이상, 벽돌파손 등 여러 가지문제에 대한 정비계획을 수립(1년에 2회 이상 보일러의 운전을 정지시킨 후 정비) 2) 보일러 정비시의 주의사항(안전관리) ① 작업 전에 보일러의 잔압을 완전히 제거하고 충분히 냉각을 시켜야 한다. ② 타보일러와 증기관이 연결이 되어 있을 때는 주중기 발브를 잠근 후 핸들을 떼어 놓거나, 맹판을 삽입하여 증기가 누입되지 않도록 한다. ③ 분출관이 타보일러와 연결이 되어 있을 때는 분출발브 토출측을 떼어놓는다. ④ 보일러내는 충분히 환기시킨 후 들어가도록 하고 이때 건전지용 전등을 사용하고, 일반전등을 사용시는 누전이 되지 않는 기구를 사용해야 한다. ⑤ 보일러내에 들어갈 때는 2인1조로 하던가, 한사람은 바깥에서 보일러내의 작업자를 감시하는 것이 바람직하다.
보일러 오버홀 방법	1) 오버홀 작업 착수전에 보일러 취급책임자가 내부에 들어가 스케일 및 슬러지의 상태, 급수내관이나 기수분리기 등 내부 구성 부속품의 상황이나 동, 드럼, 연관, 스테이 같은 각부의 상황을 점검 기록 한다 2) 동내부의 비수방지판이나 기수분리기, 급수내관, 안전장치나 수면계 등을 본체에서 분리하여 정비하도록 한다. 3) 물때만 낀 것은 고압세정기로 불어낼 수 있으나 스켈부착이 심하고 단단한 것은 기계세관이나 화학세관으로 처리하여야 한다. 4) 부착된 그을음은 와이어브러쉬나 스크래퍼 등을 사용하여 제거하고, 연도내에 쌓여 있는 그을음과 재 등을 제거한다.

5 보일러 세관공사와 그을름 제거

분류	점검사항
보일러의 화학세관	① 스케일을 제거하기 위한 화학세정법은 염산등 산류와 그 억제제를 혼합한 화학약품을 보일러내를 순환시킴으로써 스케일과 화학적인 반응을 일으켜 제거시키는 방법이며 복잡한 구조의 보일러에서 효과적이다. ② 산세정에 사용되는 산으로는 염산(HCl)과 황산(H_2SO_4)이 사용되는데 특히 스케일이 많은 곳은 염산이 널리 사용된다.
화학세정의 장점	① 스케일을 단시간 내에 제거할 수 있고, 산세정후에 보일러 효율이 향상되며, 보일러의 정지시간을 줄일 수 있다. ② 아무리 복잡한 구조의 보일러도 작업이 가능하며, 산에 의한 보일러재의 용해는 거의 없는 편이다. ③ 스케일제거로 손상된 부위 확인으로 수리 및 조치를 확실히 할 수 있다.
화학세정의 단점	① 산세정을 하기 전에 스케일과 화학반응을 위한 샘플링과 예비진단이 필요하다. 진단결과에 따라 가장 적합한 약액투입이 필요하다. ② 산세정의 조합액은 보일러내를 만수로 해서 공간부가 없도록 하고, 산의 증기로 인한 부식되지 않도록 주의가 필요하다. ③ 산세중에는 탄산가스, 수소가스, 불산가스 등 유해가스가 발생하므로 화기에 주의하고, 적절히 배출시켜야 한다. ④ 산세정후에 폐수처리를 철저히 하여야 한다.
산세정의 작업순서	① 산세정시에 염산의 농도는 5%~10%, 부식억제제의 농도는 산액량의 0.6%, 세정액의 온도는 60℃~75℃로 보일러내를 순환시키면서 스케일 용해를 확인한다. ② 산처리가 정지되면 액의 순환을 중지하고 탱크의 액을 빼낸 후에, 보일러를 청수로 2회가량 만수로 해서 물로 세정한다. ③ 그리고 다시 농도가 1%~1.5%정도의 가성소오다 또는 탄산소오다 용액으로 중화 방청처리를 한다. ④ 알카리용액은 중화가 끝나면 냉각시켜 배출하고 그 후에 필요에 따라 물세정을 하면 산세정은 완료된다. ⑤ 산세정시 주의할 사항은 산세정후 취출해 놓은 세정액은 반드시 후처리를 철저히 하여야 하며 이로 인한 환경문제를 유발시켜서는 안된다.

분류	점검사항
그을음 제거 작업	1) 보일러에 부착된 그을음 제거 주기는 일반적으로 유류보일러는 6개월에 1회, 가스보일러는 년1회 해주며 상황에 따라 조정 할 수 있다. 2) 그을음이 1mm 부착시에 12%의 열손실을 초래하므로 에너지절약과 안전측면에서 제거를 정기적으로 하여야 한다. 3) 그을음제거방법은 증기나 압축공기이용, 샌드브라스트법, 수세법, 수작업에 의한 방법 등이 있다. 4) 그을음제거 작업시 주의 사항 ① 노내나 연도내를 충분히 환기시킬 것. ② 작업시에는 안전화, 방진마스크 등 보호장구를 철저히 해야한다. ③ 관리자는 작업 전에 상황을 점검하고 안전관리에 충분한 교육을 시킨 후에 작업을 하도록 한다. ④ 작업시는 2인 1조가 되어 하도록 하고, 특히 전등사용시 감전에 주의.

6 보일러의 휴지시 보존방법

분류	점검사항
보존 기본개념	1) 보일러는 휴지하고 있는 경우 부식이 심해지고 수명을 단축시키는 경우가 있어, 휴지시 보일러 보존에 유의한다. 2) 보일러를 부식시키는 요인은 물과 산소이므로 보일러 휴지 물이 전혀 없는 상태로 하던지, 아니면 만수상태로 한 후 산소를 전혀 함유하지 않도록 한다.
보일러의 휴지 장기보전법	① 장기보존법은 정지기간이 2~3개월 이상일 때 사용하는 방법으로, 건조보존과 만수보존이 있으며 건조보존으로는 석회밀폐와 질소봉입의 2가지가 있다. ② 석회밀폐 보존법 : 보일러 내외부를 깨끗이 정비한 후 노내를 충분히 건조시킨 후 생석회나 실리카켈등을 보일러내에 집어넣는다. ③ 질소가스봉입법 : 질소가스를 보일러내에 주입하여 압력을 60kPa 정도 유지하는 것으로 전문적인 기술이 필요하다. ④ 만수보존법 : 보일러내에 물을 만수시킨 후에 소오다등의 약제를 투입하여 일정이상의 농도를 유지시키는 방법이다.
보일러의 휴지 단기 보전법	① 휴지기간이 3주에서 1개월이내일 때 실시하는 보존법으로 건조법과 만수법이 있다. ② 건조법 및 만수법은 위에 기술한 장기보존법과 유사하나 보일러를 깨끗이 정비하지 않은 상태에서 시행한다.
응급보존법	휴지기간이 길지 않고 언제든지 사용할 수 있도록 준비해 놓은 상태로서 보일러내의 PH를 10.5~11.0정도로 유지시키고, 4~5일마다 보일러를 배수하여 수위를 조절하여 일정수위가 되지 않도록 한다.

01 핵심예상문제

보일러설비 시운전

본 핵심예상문제는 각단원별 출제빈도 높은 문제 및 최근 10년간의 기출문제 중 비중이 높은 출제유형이므로 꼭 풀어보고 가야할 문제입니다. 이후 실전예상문제를 공부하시면 효과적입니다.

[23년 1회]

01 다음 중 수관식 보일러 특성에 가장 알맞는 것은?

① 지름이 큰 동체를 몸체로하여 그 내부에 노통과 연관을 동체 축에 평행하게 설치하고, 노통을 지나온 연소가스가 연관을 통해 연도로 빠져나가도록 되어있는 보일러이다.
② 상부 드럼과 하부 드럼 사이에 작은 구경의 많은 수관을 설치한 구조로 고온 및 고압에 적당하고 발생열량이 크며, 용량에 비하여 크기가 작아 설치면적이 적고 전열면적은 넓어서 효율이 매우 높다.
③ 드럼없이 수관만으로 설계한 강제순환식 보일러로 급수가 공급될 때 수관의 예열부 → 증발부 → 과열부를 순차적으로 통과하면서 증기가 발생하게 된다.
④ 보일러 내부가 진공상태로 유지되면서 화염으로부터 열을 받아 온수를 가열해 주는 열매체로 물을 사용하며 정상적인 상태에서는 열매의 손실은 없다.

① 노통연관 보일러 ③ 관류보일러
④ 진공식 온수 보일러

[예상문제]

02 고압가스 안전관리법에 의한 냉동기 관리에 대한 설명 중 가장 거리가 먼것은?

① 냉동설비의 운전시 안전성 및 작동성을 확보하기 위해 안전밸브 또는 방출밸브에 설치된 스톱밸브는 완전히 닫혀 있어야 한다.
② 냉동설비 설치공사가 완공된 때에는 산소외의 가스를 사용하여 시운전 또는 기밀시험을 실시한다.
③ 가연성가스 또는 독성가스의 냉매 설비를 수리·청소 철거하는 때에는 작업안전수칙에 따라 실시한다.
④ 독성가스 설비 수리·청소시에는 내부가스를 그압력이 대기압이 될 때까지 다른 저장탱크에 회수한 후 잔류가스를 제해시킨다.

냉동설비의 운전시 안전밸브 또는 방출밸브의 스톱밸브는 완전히 열어 놓는다.

[22년 2회]

03 온수난방 시스템에서 개방식 팽창탱크의 평상시 수면 아래에 접속되는배관은 무엇인가?

① 오버플로우관 ② 통기관
③ 팽창관 ④ 급수관

개방식 팽창탱크의 평상시 수면 아래에 접속되는 배관은 팽창관, 배수관이며 나머지 통기관, 안전관, 급수관, 오버플루우관은 수면위에 위치한다.

[22년 2회]

04 보일러의 급수장치에 대한 설명으로 옳은 것은?

① 보일러 급수의 경도가 낮으면 관내 스케일이 부착되기 쉬우므로 가급적 경도가 높은 물을 급수로 사용한다.
② 보일러 내 물의 광물질이 농축되는 것을 방지하기 위하여 때때로 관수를 배출하여 소량씩 물을 바꾸어 넣는다.
③ 수질에 의한 영향을 받기 쉬운 보일러에서는 경수장치를 사용한다.
④ 증기보일러에서는 보일러 내 수위를 일정하게 유지할 필요는 없다.

보일러 급수의 경도가 높으면 관내 스케일이 부착되기 쉬우므로 가급적 경도가 낮은 물을 급수로 사용하며, 보일러 내 물의 광물질이 농축되는 것을 방지하기 위하여 때때로 관수를 배출한다. 또한 수질에 의한 영향을 받기 쉬운 보일러에서는 연수장치를 사용하며 증기보일러에서는 보일러 내 수위를 일정하게 유지할 필요가 있다.

정답 01 ② 02 ① 03 ③ 04 ②

[예상문제]

05 보일러 정비시의 주의사항(안전관리)으로 가장 거리가 먼 것은?

① 작업전에 보일러의 잔압을 완전히 제거하고 충분히 냉각을 시켜야 한다.
② 타보일러와 증기관이 연결이 되어 있을 때는 주증기 밸브를 잠근 후 핸들을 떼어 놓거나, 맹판을 삽입하여 증기가 누입되지 않도록 한다.
③ 분출관이 타보일러와 연결이 되어 있을 때는 분출밸브 토출측을 떼어놓는다.
④ 보일러내에 들어갈 때는 충돌 방지를 위하여 1인 씩만 작업하는 것이 바람직하다.

> 안전을 위하여 보일러내에 들어갈 때는 2인1조로 하던가, 한 사람은 바깥에서 보일러내의 작업자를 감시하는 것이 바람직하다.

제6장 보일러설비 운영 실전예상문제

본 실전예상문제는 각장 핵심예상문제에서 다루지 못한 실무적이고 난이도가 높은 문제들로 핵심예상문제를 보충해 주는 문제입니다. 핵심예상문제를 충분히 공부한 후 실전예상문제를 공부하면 효과적입니다.

[예상문제]

01 기계설비법에서 이정규모 이상의 건축물은 관리주체가 유지관리 기준을 작성하고 그 기준을 준수하여야 한다. 이 때 관리주체로 가장 알맞는 자는 누구인가?

① 공조냉동기계산업기사 자격 취득자
② 기계설비 유지 관리자
③ 기계설비의 소유자 또는 관리자
④ 기계설비 설계 또는 시공자

> 기계설비법에서 관리 주체란 기계설비 소유자 또는 관리자를 말한다.

[예상문제]

02 다음 중 보일러 부속품으로 가장 거리가 먼 것은?

① 압력계　　　　② 수면계
③ 고저수위경보장치　④ 차압계

> 차압계는 공조기에서 필터 오염에 따른 차압을 측정하여 필터 교체(세정) 시기를 알 수 있는 계기이다.

[예상문제]

03 다음 중 보일러 시운전시 점화전 점검사항으로 가장 거리가 먼 것은?

① 보일러 수주통, 수위감지부, 수면계의 하부드레인 밸브를 통하여 물을 반복 배출하면서 수위가 정상으로 복귀하는지 확인한다.
② 공동연도인 경우 가동하지 않는 타 보일러의 배기가스 댐퍼가 열려있는지 확인한다.
③ 증기헤더 주증기 밸브에서 송기가 필요하지 않은 증기헤더의 분기 배관의 밸브가 닫혀있는지 확인한다.
④ 압력계, 압력제한기에 부착된 차단밸브등 부속설비의 상태를 확인한다.

> 공동연도인 경우 가동하지 않는 타 보일러의 배기가스 댐퍼가 닫혀있는지 확인한다.

[23년 1회]

04 보일러의 출력 표기중에서 그 값이 가장 작은것은?

① 상용출력　　　② 정격출력
③ 과부하출력　　④ 정미출력

> 정미출력은 순수부하로 난방부하 + 급탕부하이며 부하중에서 값이 가장 적다.
> 1) 정미출력 = 난방부하 + 급탕부하
> 2) 상용출력 = 난방부하 + 급탕부하 + 배관부하
> 3) 정격출력 = 난방부하 + 급탕부하 + 배관부하 + 예열부하
> 4) 과부하출력 = 난방부하 + 급탕부하 + 배관부하 + 과부하

[23년 3회]

05 보일러 동체 내부의 중앙 하부에 파형노통이 길이 방향으로 장착되며 이 노통의 하부 좌우에 연관들을 갖춘 보일러는?

① 노통보일러　　② 노통연관보일러
③ 연관보일러　　④ 수관보일러

> 보일러내부에 파형노통과 연관을 조합한 것은 노통연관 보일러이다.

[23년 3회]

06 수관식 보일러에 관한 설명으로 틀린 것은?

① 보일러의 전열면적이 넓어 증발량이 많다.
② 고압에 적당하다.
③ 비교적 자유롭게 전열 면적을 넓힐 수 있다.
④ 구조가 간단하여 내부 청소가 용이하다.

> 수관식 보일러는 구조가 복잡하여 내부 청소가 어렵고 복잡한 수관에서의 스케일 방지를 위한 고도의 수처리가 필요하다.

정답　01 ③　02 ④　03 ②　04 ④　05 ②　06 ④

제6장 보일러설비 운영

[예상문제]

07 다음 중 보일러 시운전시 보일러 점화 시 점검사항과 작동 순서에서 가장 거리가 먼 것은?

① 보일러 연소실내 미연소 가스를 송풍기를 통하여 충분히 배출한 후 점화한다.
② 시퀀스 컨트롤에 따라 프리퍼지(미연가스 배출) → 파이롯트 버너점화(점화용 버너점화) → 주연료분사, 주버너 점화의 순으로 진행한다.
③ 소화 후에는 포스트 퍼지(소화 후 미연가스 배출)가 이루어지지만 1차 점화에 실패하면 그 원인을 찾아 보완한 후 재차 점화를 시행하며 2차 점화에도 실패하면 전문업체에 정비를 의뢰하여야 한다.
④ 점화가 안될 경우 반복적인 점화 시도로 점화가 될 때까지 계속 조작한다.

> 점화가 안될 경우 반복적인 점화 시도는 가스 폭발의 원인이 되므로 주의하여야 하며 점화가 안되는 원인을 보완한후 재차 점화를 시행한다.

[예상문제]

08 다음 중 시운전시 보일러 점화 후 점검사항에서 가장 거리가 먼 것은?

① 보일러수가 일정수량 이상 드레인 되면 수위감지장치(전극봉, 맥도널, 정전용량센서)의 수위 감지로 급수펌프의 작동 여부를 확인한다.
② 안전밸브는 간이테스트를 실시하여 정상작동 여부를 확인한다.
③ 보일러 점화 후 설정된 고압에서 압력차단장치 작동으로 자동으로 소화되고, 저압에서 점화되는지 확인한다.
④ 증기헤더의 모든 증기밸브가 완전히 개방되어 있는지 확인한다.

> 증기공급 존을 확인하여 증기헤더의 필요한 증기밸브를 서서히 열고 사용하지 않는 밸브는 잠겨 있는지 확인한다.

[예상문제]

09 보일러 세관공사에서 화학세정에 대한 설명으로 가장 거리가 먼 것은?

① 화학세정은 스케일을 단시간 내에 제거할 수 있어 보일러의 정지시간을 줄일 수 있다.
② 화학세정은 아무리 복잡한 구조의 보일러도 작업이 가능하다.
③ 산 세정에는 유해가스가 발생하지 않아 안전하고 배출설비도 불필요하다.
④ 산 세정 후에 보일러 효율이 향상된다.

> 세정에는 탄산가스, 수소가스, 불산가스등 유해가스가 발생하므로 화기에 주의하고, 적절히 배출시켜야 한다.

[예상문제]

10 보일러의 장기보전법에 대한 설명으로 가장 부적합한 것은?

① 정지기간이 2~3개월 이상일 때 사용하는 방법으로, 만수보존은 만수 후 소오다를 넣어 보존하는 방법이다.
② 석회밀폐 보존법은 보일러 내외부를 깨끗이 정비한 후 외부에서 습기가 스며들지 않게 조치한 후, 노내에 장작불등을 피워 충분히 건조시킨 후 생석회나 실리카켈등을 보일러내에 집어넣는다.
③ 질소가스봉입법 : 질소가스를 보일러내에 주입하여 압력을 60kPa 정도 유지하는 것으로서 효과가 좋고 간단하여 일반적으로 이용한다.
④ 만수보존법은 동절기에는 동파가 될 수가 있으므로 겨울철에는 이 방법을 해서는 안된다.

> 질소가스봉입법은 질소가스를 보일러내에 주입하여 압력을 60kPa 정도 유지하는 것으로서 효과는 좋으나 작업기법이나 압력유지등 전문적인 기술이 필요하여 일반적으로 이용하지는 않는 편이다.

2025
공조냉동기계산업기사

2과목 냉동냉장 설비

2025 공조냉동기계산업기사 학습방법

2과목 | 냉동냉장 설비 학습법

✔ 2과목 이해

- 냉동공학을 위한 열역학과 냉동설비에 대한 종합적인 계획, 설계, 시공에 대한 과목
- 냉동공학에 대한 이해와 각종 계산문제를 자유롭게 풀이할수있도록 충분한 공부가 필요한 과목
- 냉동공학에 대한 기초부터 실기 시험을 대비한 실무적인 부분까지 이해가 필요한 가장 기본적이며 중요한 과목으로 실기시험과도 연결된다.

✔ 2과목 공략방법

- 공조냉동기계산업기사 필기시험에서 1과목과 함께 가장 중요한 과목이자 충분한 이해가 필요한 과목
- 냉동이론부터 냉동장치 구성과 특징 각종 설비 용량 계산까지 교재 내용을 중심으로 원리이해와 반복 학습이 필요한 과목
- 냉동이론에서 열역학 부분은 필기시험에서 중요도가 적으므로 비전공자들은 목표점수 60점을 얻기에 필요한정도로 간단하게 정리하면서 공부하는 전략이 필요하다.
- 목표점수는 60점 이상

✔ 2과목 핵심내용

1. 냉동이론
2. 냉동장치의 구조
3. 냉동장치의 응용과 안전관리
4. 냉동냉장 부하계산
5. 냉동설비의 설치
6. 냉방설비운영

✔ 냉동냉장 설비 출제기준

적용기간 2025.01.01 ~ 2029.12.31

주요항목	중요도	세부항목	세세항목
1. 냉동이론	★★★	냉동의 기초 및 원리	단위 및 용어, 냉동의 원리, 냉매, 신냉매 및 천연냉매, 브라인 및 냉동유
		냉매선도와 냉동 사이클	모리엘선도와 상 변화, 냉동사이클
		기초열역학	기체상태변화, 열역학법칙, 열역학의 일반관계식
2. 냉동장치의 구조	★★★	냉동장치 구성 기기	압축기, 응축기, 증발기, 팽창밸브, 장치 부속기기, 제어기기
3. 냉동장치의 응용과 안전관리	★★	냉동장치의 응용	제빙 및 동결장치, 열펌프 및 축열장치, 흡수식 냉동장치, 기타 냉동의 응용
4. 냉동냉장 부하	★	냉동냉장부하 계산	냉동부하 계산, 냉장부하 계산
5. 냉동설비 설치	★	냉동설비 설치	냉동·냉각설비의 개요
		냉방설비 설치	냉방설비 방식 및 설치
6. 냉동설비 운영	★	냉동기 관리	냉동기 유지보수
		냉동기부속장치 점검	냉동기·부속장치 유지보수
		냉각탑 점검	냉각탑 종류 및 특성, 수질관리

CONTENTS

2과목 냉동냉장 설비

CHAPTER 01 냉동이론

1. 냉동의 기초와 원리 — 2-10
   핵심예상문제 — 2-18
2. 냉매와 브라인 — 2-22
   핵심예상문제 — 2-32
3. 냉매선도와 냉동 사이클 — 2-37
   핵심예상문제 — 2-44
4. 각종 냉동 사이클 — 2-48
   핵심예상문제 — 2-60
5. 기초열역학 — 2-64
   핵심예상문제 — 2-74
6. 열역학의 법칙 — 2-76
   핵심예상문제 — 2-84
- 실전예상문제 — 2-87

CHAPTER 02 냉동장치의 구조

1. 압축기 구성 기기와 특징 — 2-112
   핵심예상문제 — 2-127
2. 응축기 구성 기기와 특징 — 2-132
   핵심예상문제 — 2-142
3. 증발기 구성 기기와 특징 — 2-147
   핵심예상문제 — 2-158
4. 냉동장치 구성 기기(팽창밸브) — 2-162
   핵심예상문제 — 2-168
5. 냉동장치 구성 기기(부속기기) — 2-172
   핵심예상문제 — 2-178
6. 냉동장치 구성 기기(제어기기) — 2-185
   핵심예상문제 — 2-190
- 실전예상문제 — 2-192

CHAPTER 03 냉동장치의 응용과 안전관리

1. 냉동장치의 응용(제빙 및 동결장치) — 2-218
   핵심예상문제 — 2-222
2. 냉동장치의 응용(열펌프 및 축열장치) — 2-224
   핵심예상문제 — 2-230
3. 냉동장치의 응용(흡수식 냉동장치) — 2-232
   핵심예상문제 — 2-234
4. 운영 안전관리(관련법규 발췌) — 2-237
   핵심예상문제 — 2-256
- 실전예상문제 — 2-258

CHAPTER 04 냉동냉장 부하계산

1. 냉동냉장부하 계산 — 2-270
   핵심예상문제 — 2-272
- 실전예상문제 — 2-273

CHAPTER 05 냉동설비의 설치

1. 냉동설비의 설치 — 2-276
   핵심예상문제 — 2-279

CHAPTER 06 냉방설비운영

1. 냉방설비의 설치 — 2-282
- 실전예상문제 — 2-286

공조냉동기계산업기사

냉동냉장 설비

02 냉동냉장 설비

1. 냉동이론   9
2. 냉동장치의 구조   111
3. 냉동장치의 응용과 안전관리   217
4. 냉동냉장 부하계산   269
5. 냉동설비의 설치   275
6. 냉방설비운영   281

냉동냉장 설비

단원별 출제비중

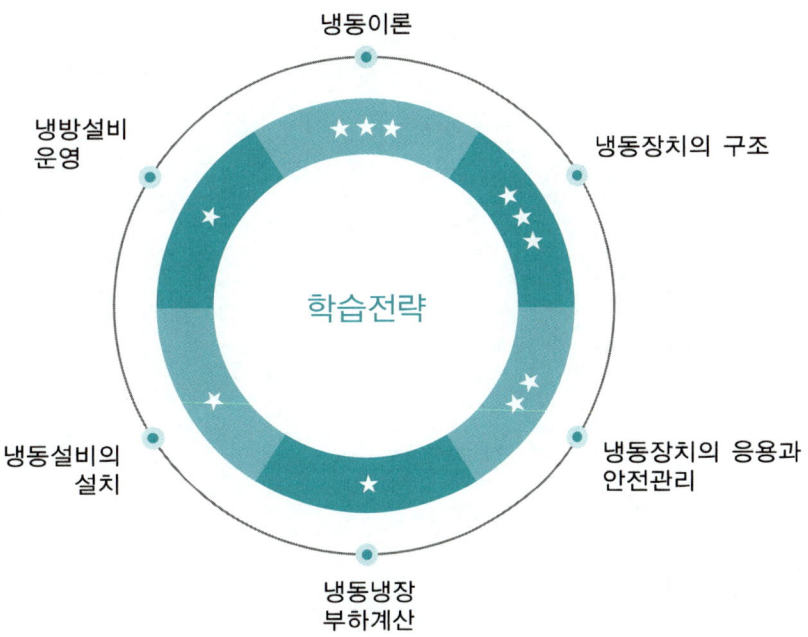

출제경향분석

- 냉동냉장 설비 과목은 냉동기를 이용하여 냉동냉장 설비를 설계, 시공, 계획, 운영하는 과목으로 냉동이론과 냉동장치의 구성에 대한 출제 비중이 크고 가장 중요한 부분이다.
- 목표점수는 60점 이상입니다.

2025
공조냉동기계산업기사 필기

제1장
냉동이론

01 냉동의 기초와 원리
02 냉매와 브라인
03 냉매선도와 냉동 사이클
04 각종 냉동 사이클
05 기초열역학
06 열역학의 법칙

제1장 | 냉동이론

냉동의 기초와 원리

1 단위(힘과 에너지의 단위)

분류	설명
힘의 단위	SI단위에서는 kg은 질량의 단위이고 힘 또는 중량을 나타내는 단위는 N(Newton)이 사용된다.(힘은 질량에 가속도를 내게하는 것) $1\,\text{N} = 1\,\text{kg} \times 1\,\text{m/s}^2$ (※ $1\,\text{kgf} = 1\,\text{kg} \times 9.8\,\text{m/s}^2 = 9.8\,\text{N}$)
에너지의 단위	SI단위에서는 에너지인 일과 열의 단위를 모두 J를 사용한다. (에너지는 힘으로 일정거리를 이동하는 것) $1\,\text{J} = 1\,\text{N} \times 1\,\text{m}$
동력의 단위	동력은 단위 시간당 일량을 말하는 것으로 일률이라고도 한다. 일률 $1\,\text{kW} = 1\,\text{kJ/s} = 1{,}000\,\text{W} = 1{,}000\,\text{J/s} = 102\,\text{kgf}\cdot\text{m/s}$ 일량 $1\,\text{kWh} = 3{,}600\,\text{kW}\cdot\text{s} = 3{,}600\,\text{kJ}$ $1\,\text{W} = 1\,\text{J/s}$
각종 물리량	1) 밀도(ρ) : 단위체적당 질량으로 정의 　밀도(ρ)= 질량/체적 $[\text{kg/m}^3]$ 2) 비체적(v) : 단위질량당 체적으로 정의 　비체적(v)= 체적/질량 $[\text{m}^3/\text{kg}] = \dfrac{1}{\rho}$ 3) 비중량(γ) : 단위체적당 중량으로 정의 　비중량(γ) = 중량/체적 $[\text{N/m}^3] = \rho g$ 　　여기서 g는 중력가속도($9.8\,\text{m/s}^2$) 4) 비중(S) : 대기압 하에서 어떤 물질의 밀도(또는 비중량)와 4℃ 물의 밀도(또는 비중량)와의 비로 정의 　$s = \dfrac{\rho}{\rho_w} = \dfrac{\gamma}{\gamma_w}$　　여기서, ρ_w = 물의 밀도($1{,}000\,\text{kg/m}^3$) 　　　　　　　　　　　　　γ_w = 물의 비중량($9{,}800\,\text{N/m}^3$) 5) 비열(C) : 물질 1kg을 1K(℃)변화시키는 데 필요한 열량 $[\text{kJ/kg}\cdot\text{K}]$ 　기체경우의 비열 　• 정압비열(C_P) : 압력을 일정하게 유지하고 가열할 때의 비열. 　• 정적비열(C_v) : 체적을 일정하게 유지하고 가열할 때의 비열. 　• 비열비 $k = C_P/C_v$, $C_P - C_v = R$, $C_P > C_v$, $k > 1$ 6) 열용량 : 물체의 온도를 1K 변화 시키는데 필요한 열량 $[\text{kJ/K}]$ 　열용량 = 비열 × 질량

7) 절대온도 : 섭씨 −273.15℃을 절대 0도(0K)로 하여 나타낸 온도.
   절대온도[K]＝섭씨온도[℃]＋273.15
8) 절대압력 : 완전진공을 기준으로 측정한 압력
   - 압력은 (국지)대기압과의 차로서 압력을 표시하는데 대기압을 기준으로 대기압보다 높은 압력은 게이지압력, 대기압보다 낮은 압력을 진공압이라 한다.

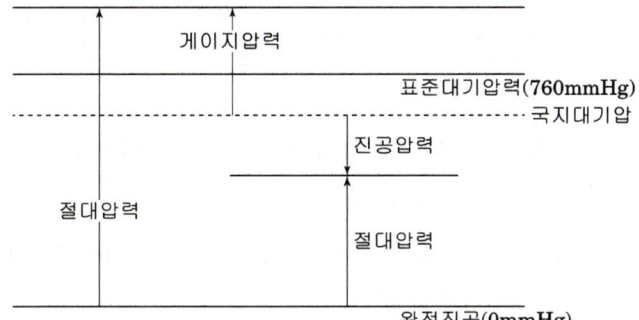

   - 절대압력[MPa]＝게이지압력[MPa]＋대기압[0.1MPa]
   - 절대압력[MPa]＝대기압[MPa]−진공압[MPa]
   - 게이지압력[MPa]＝절대압력[MPa]−대기압[0.1MPa]
   - 진공도[%]＝$\frac{진공압}{대기압}\times 100$

01 예제문제

냉동기의 저압측 연성계가 10cmHgV를 가리키고 있다. 절대압력(MPa)은 얼마인가?
(단, 대기압은 750mmHg이다.)

해설
절대압력＝대기압−진공압
$= 750 - 100 = 650 \,\mathrm{mmHg(abs)} = 0.101325 \times \frac{650}{760} = 0.087 \,[\mathrm{MPa}]$

※ 위 대기압 750mmHg는 냉동기가 설치된 곳의 국지대기압을 말하며 표준대기압은 760mmHg(0.101325MPa)이다.

답 : 0.087[KPa]

2 냉동톤과 물질의 상태

분류	설명
물질의 상태	- 모든 물질은 3개의 상(고체, 액체, 기체)으로 존재한다. 고체 —융해→ 액체 —증발→ 기체 → 흡열적 반응 고체 ←응고— 액체 ←응축— 기체 ← 발열적 반응 승화(고체↔기체)
현열, 잠열	1) 현열(q_s) : 물질의 상태변화 없이 온도변화에 이용되는 열량 $$q_s = m \cdot c \cdot \Delta t$$ 2) 잠열(q_L) : 물질의 온도변화 없이 상태변화에 이용되는 열량 $$q_L = m \cdot r$$ 여기서, c : 비열[kJ/kg·K], m : 질량[kg] Δt : 온도차[℃], r : 잠열[kJ/kg] 3) 전열량(q_t) = $q_s + q_L$ = 현열+잠열 그림. 물에 대한 열량과 온도의 변화
냉동톤 (RT)	1) 미터제(MKS, 한국냉동톤, RT) 정의 : 냉동톤(RT)이란 표준대기압 하에서 0℃의 순수 1톤(ton)을 24시간에 0℃의 얼음으로 만들 때 제거해야 할 이론적인 열량 $$1RT = \frac{1,000 \times 333.6}{24} = 13900[kJ/h] = \frac{13900}{3600}[kJ/s] ≒ 3.86[kW]$$ (물응고 잠열 : 333.6 kJ/kg) 2) USRT(미국RT) 정의 : USRT란 표준대기압 하에서 24시간에 32℉의 순수 1톤(2,000lb)을 32℉의 얼음으로 만들 때 제거해야 할 이론적인 열량 1 USRT = 12,660[kJ/h] ≒ 3.52[kW]

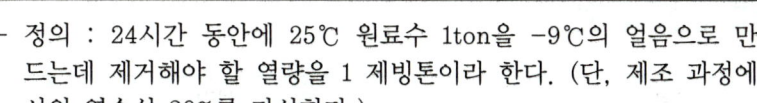

| 제빙톤 | - 정의 : 24시간 동안에 25℃ 원료수 1ton을 -9℃의 얼음으로 만드는데 제거해야 할 열량을 1 제빙톤이라 한다. (단, 제조 과정에서의 열손실 20%를 가산한다.)
1) 25℃의 물 1ton을 0℃ 물로 만드는데 제거할 열량
$Q_1 = CG\Delta T = 4.18 \times 1,000 \times 25 = 104,500 \text{kJ}/24\text{h}$
2) 0℃의 물 1톤을 0℃ 얼음으로 만드는데 제거할 열량
$Q_2 = G \cdot r = 1,000 \times 333.6 = 333,600 \text{kJ}/24\text{h}$
3) 0℃의 얼음 1톤을 -9℃ 얼음으로 만드는데 제거할 열량
$Q_1 = CG\Delta T = 2.04 \times 1,000 \times \{0-(-9)\} = 18,360 \text{kJ}/24\text{h}$
4) 1 제빙톤 $= Q_1 + Q_2 + Q_3 = 104,500 + 333,600 + 18,360$
   $= 456,460 \text{kJ}/24\text{h}$
5) 제빙톤 $= \dfrac{456,460}{24 \times 3600} \times 1.2 ≒ 6.34[\text{kW}]$
- 물의 비열 : 4.18kJ/kg·K, 얼음의 비열 : 2.04kJ/kg·K
  0℃ 물의 응고잠열 : 333.6kJ/kg·K |

02 예제문제

15℃의 물을 0℃의 얼음으로 매시 50kg 만드는 냉동기의 냉동능력은 몇 냉동톤인가?
(단, 물의 비열 : 4.2 kJ/kg·K, 물의 응고열(0℃) : 333.5 kJ/kg, 1 RT=3.86kW이다.)

해설
$Q = 50 \times (4.2 \times 15 + 333.5)/3,600 = 5.5069 [\text{kW}]$

냉동기의 능력 $= \dfrac{5.5069}{3.86} = 1.43$냉동톤

답 1.43냉동톤

3 냉동의 원리

분류	설명
정의	냉동이라 함은 어느 특정 공간 또는 물체로부터 열을 흡수하여 그 온도를 현재의 온도보다 낮게 하고 그 낮게 한 온도를 계속 유지시켜 나가는 기술을 말한다. 즉, 물체의 열의 결핍(缺乏)을 냉동(冷凍)이라 한다.
자연적인 냉동법	1) 얼음의 융해 잠열을 이용하는 방법 2) 승화열을 이용하는 방법 3) 증발열을 이용하는 방법 4) 기한제(期限劑)를 이용하는 방법
기계적인 냉동법	냉동기를 그 구동에너지로 구분하면 다음과 같다. 1) 기계적 에너지를 이용하는 것(증기압축식) - 왕복동식, 회전식, 원심식, 스크루식 등 2) 열에너지를 이용하는 것 - 흡수식, 흡착식 3) 전기에너지를 이용하는 것 - 전자냉동
증기 압축 냉동기	1) 원리 : 증기 압축 냉동기는 물질의 잠열을 이용한 것으로 낮은 압력 하에서 증발한 가스(Gas)를 압축하여 액화한후 증발을 반복시킴으로서 냉동 목적을 달성시킨다. 2) 구성과 계통도 : 압축기, 응축기, 팽창밸브, 증발기로 구성. 3) 구성요소별 기능 - 압축기 (Compressor) : 증발기에서 증발한 저온 저압의 냉매 증기를 동력을 가하여 압축하여 응축하기 쉽도록 고온, 고압의 가스로 하는 기계를 압축기라고 한다.

기한제란 결합력이 강한 두 종류 이상의 물질을 혼합하여 0℃ 이하의 저온을 얻을 수 있는 혼합물질로 한제(寒劑)라고도 한다. 이것은 두 물질을 혼합하였을 때 결합력이 신속하여 주위로부터 잠열을 흡수할 시간적 여유가 없어 자기 자신으로부터 열을 취하여 그 물질 자체의 온도가 저하하는 것이다.

자연적인 냉동법의 특징
㉠ 초기 설치비용이 적게 든다.
㉡ 취급이 용이하다.
㉢ 연속적인 냉동효과를 얻을 수 없다.
㉣ 온도 조절이 어렵다.

	- 응축기(Condenser) : 압축기에서 배출한 고온, 고압의 가스를 외부에서 물이나 공기를 가하여 냉각하며 응축시키는 장치이다. - 팽창밸브(Expansion valve) : 응축기 또는 수액기(receiver)에서 오는 고온 고압의 액화 냉매를 증발기에서 증발이 쉽도록 저압의 상태로 교축해주는 밸브. - 증발기(Evaporator) : 팽창밸브를 나온 저온, 저압의 냉매액이 증발하며 주위로부터 열을 흡수하여 물질을 냉각하여 냉동작용을 한다.
흡수식 냉동기	1) 원리 : 증기 압축 냉동기와 같이 냉매 가스를 압축할 때 기계적인 압축기가 필요 없는 방식으로 이 방법은 서로 흡수력을 가지는 두 물체의 용해 및 유리작용을 이용한 화학적 방법을 이용하며 1중효용과 2중효용이 있다. 2) 흡수식 냉동장치의 5대 구성요소와 증기 압축 냉동기와의 비교 | 흡수식	증기 압축식
흡수기 발생기(재생기)	압축기
응축기	응축기
팽창변	팽창변
증발기	증발기 | 3) 냉매와 흡수제 | 냉매	흡수제
물(H_2O)	LiBr
물(H_2O)	LiCl
암모니아(NH_3)	물(H_2O) | 4) 계통도 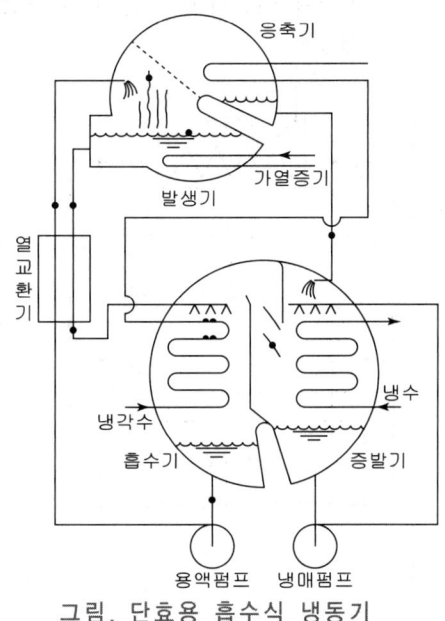 그림. 단효용 흡수식 냉동기

증기 분사 냉동기	1) 원리 : 증기 분사식 냉동기는 압축기나 대규모의 진공 펌프 대신 그림의 이젝터(Ejector)와 같이 노즐(Nozzle)을 쓰고 이 노즐을 통하여 증기를 고속으로 분사시키면 동압으로 주변이 진공이 된다. 이때 증발기 내의 물(냉매)은 진공압에서 증발 됨으로써 그 증발잠열로 물(냉매액) 자신을 냉각하여 냉동작 용을 한다. 2) 계통도 그림. 증기 분사식 냉동기
공기 냉동 사이클	1) 원리 : 공기압축 냉동기는 공기를 냉매로 하여 역(逆) 줄(Joule) (또는 역(逆) 브레이튼) 사이클로서 작동하는 냉동기로 한 번 사용한 공기를 다시 사용하지 않는 개방식과 같은 공기를 반 복해서 사용하는 밀폐식이 있다. 이 장치는 공기를 단열 압축시키면 온도는 상승되고 이 압축 공기를 팽창시키면 공기 자신의 온도가 강하한다. 이 냉각된 공기를 이용하여 직접 또는 간접으로 냉동효과를 얻는다. 2) 계통도 그림. 공기압축식 냉동기

공기 사이클 냉동기의 특징
① 환경 친화적이다.(냉매↔공기)
② 냉동톤당 소요마력이 크다.
③ 기계적 증기 액체장치에 비하여 장 치가 크고 무겁게 되었다.
④ 초저온 이외는 효율이 나쁘다.
⑤ 개량된 공기 사이클 냉동기는 항공 기의 공기조화용으로 이용된다.

열전 냉동기	1) 원리 : 종류가 다른 2개의 금속을 서로 접합시켜 주 접점에서 온도차를 두면 이에 비례하여 직류 전류가 발생한다. 이런 현상을 열전효과라 한다. 이와 반대로 전류를 통하면 양 접점에 온도차가 생겨 열의 흡수 또는 발생이 일어나는데 이것을 펠티에 효과(Peltier effect)라 한다. 이 효과를 이용한 것이 열전 냉동기이다. 표. 열전 냉동기와 증기압축 냉동기의 비교 | 증기 압축 냉동기	열전 냉동기
압축기	발전기
응축기	고온 접합부
팽창변	저온 접합부
증발기	저온 흡열부
냉매 (NH_3 플루오르카본냉매 등)	전류(전자)
냉매 배관	도선 | 3) 구성 : 그림은 열전냉동기의 계통도로서 N에서 P로 전류가 흐르는 접합부에서 열을 흡수하고 P에서 N으로 흐르는 접합부에서 발열한다. 열전쌍의 소자(Element)로서는 전류가 잘 흐르고 열전도가 나쁜 반도체인 비스무스 텔구르, 안티몬 텔구르, 비스무스 텔구르 셀렌 등이 사용된다. 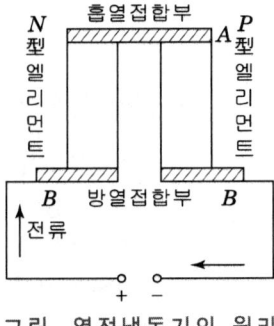 그림. 열전냉동기의 원리

01 냉동의 기초와 원리
핵심예상문제

> 본 핵심예상문제는 각단원별 출제빈도 높은 문제 및 최근 10년간의 기출문제 중 비중이 높은 출제유형이므로 꼭 풀어보고 가야할 문제입니다. 이후 실전예상문제를 공부하시면 효과적입니다.

[11년 3회]

01 냉동장치의 고압 측 게이지압력이 1.23MPa을 가리키고 있다. 이때 절대압력 [MPa]은 얼마인가? (단, 대기압은 0.1MPa이다.)

① 0.12
② 0.75
③ 1.02
④ 1.33

> 절대압력은 대기압과 게이지압의 합이다.
> 절대압력 = 대기압 + 게이지압력 = 1.23+0.1 = 1.33

[12년 1회]

02 진공압력 200mmHg를 절대압력으로 환산하면 약 얼마인가? (단, 대기압은 101.3kPa이다.)

① 52kPa
② 74.6kPa
③ 84.2kPa
④ 94.8kPa

> 표준상태에서 대기압=101.3kPa=760mmHg이고
> 절대압력 = 대기압 - 진공압력
> = 101.3kPa - 200mmHg
> = $101.3 - 101.3 \times \frac{200}{760}$ = 74.6kPa

[22년 3회]

03 다음 중 압력 값이 다른 것은?

① 1mAq
② 73.56mmHg
③ 980.6Pa
④ 0.98N/cm²

> 1mAq = 9.8kPa = 73.56mmHg = 9800Pa
> 0.98N/cm² = 9.8kN/m² = 9.8kPa = 1mAq

[15년 2회]

04 열에 대한 설명으로 옳은 것은?

① 온도는 변화하지 않고 물질의 상태를 변화시키는 열은 잠열이다.
② 냉동에는 주로 이용되는 것은 현열이다.
③ 잠열은 온도계로 측정할 수 있다.
④ 고체를 기체로 직접 변화시키는데 필요한 승화열은 감열이다.

> ② 냉동에는 주로 이용되는 것은 냉매의 상태변화에 따른 잠열이다.
> ③ 잠열(Latent heat)은 물질이 온도 변화 없이 상태가 변화할 때 필요한 열이므로 온도계로 측정할 수 없다.
> ④ 고체를 기체로 직접 변화시키는데 필요한 승화열은 잠열이다.

[22년 1회]

05 벽체의 열이동에 대한 설명으로 가장 거리가 먼 것은?

① 열전도는 물질(고체) 내에서 열이 전달되는 것으로 열전도율에 비례하여 고온부에서 저온부로 열전도가 일어난다.
② 벽체를 통한 열이동은 열전도, 열전달, 열복사가 각각 독립적으로 작용하여 발생한다.
③ 벽체 표면과 이에 접하는 유체 사이의 온도차와 대류현상으로 열이 이동되는 현상을 열전달이라 한다.
④ 고온 물체와 저온 물체 사이에서는 복사에 의해서도 열이 전달된다.

> 벽체를 통한 열이동은 열전도, 열전달, 열복사가 복합적으로 작용하며 이때 그 종합적인 열이동 정도를 열관류(열통과)라 한다.

정답 01 ④ 02 ② 03 ③ 04 ① 05 ②

[09년 2회]

06 0℃의 얼음 1kg을 100℃의 수증기로 바꾸는데 필요한 열은 약 얼마인가?
(단, 0℃의 얼음의 융해잠열 : 333.6kJ/kg, 물의 비열 4.2kJ/kg·K, 100℃ 물의 증발잠열 : 2256kJ/kg)

① 820kJ ② 2540kJ
③ 3010kJ ④ 3510kJ

(1) 0℃ 얼음 1kg을 0℃의 물로 만드는 데 필요한 열량
$q_L = m \cdot r = 1 \times 333.6 = 333.6$ [kJ]
(2) 0℃ 물 1kg을 100℃의 물(포화수)로 만드는 데 필요한 열량
$q_s = m \cdot c \cdot \Delta t = 1 \times 4.2 \times (100-0) = 420$ [kJ]
(3) 100℃ 물 1kg을 100℃의 증기로 만드는 데 필요한 열량
$q_L = m \cdot r = 1 \times 2256 = 2256$ [kJ]
∴ 0℃ 얼음 1kg을 100℃의 증기로 만드는 데 필요한 열량 q는
$q = 333.6 + 420 + 2256 ≒ 3010$ [kJ]

[12년 2회]

07 20℃의 물 1ton이 들어있는 용기에 100℃ 건조포화증기(엔탈피 2676kJ/kg)를 혼합시켜 60℃의 물을 만들려면 약 몇 kg이 필요한가? (단, 용기의 전열량은 무시한다.)

① 337kg ② 49kg
③ 59kg ④ 69kg

증기x(kg)이 잃은 열량 = 물이 1ton이 얻은 열량
$x(2676-4.2\times60) = 1000\times4.2\times(60-20)$
$x = \dfrac{1000\times4.2\times(60-20)}{2676-4.2\times60} ≒ 69$

[14년 2회]

08 1냉동톤을 바르게 설명한 것은?

① 1시간에 8℃의 물 1톤을 냉동하여 0℃의 얼음으로 만들 때의 열량
② 1일에 4℃의 물 1톤을 냉동하여 0℃의 얼음으로 만들 때의 열량
③ 1시간에 4℃의 물 1톤을 냉동하여 0℃의 얼음으로 만들 때의 열량
④ 1일에 0℃의 물 1톤을 냉동하여 0℃의 얼음으로 만들 때의 열량

냉동톤(RT)
(1) 표준(한국, 일본) 냉동톤 : 0℃의 물 1톤을 24시간 동안에 0℃의 얼음으로 만드는 데 필요한 냉동능력으로 1RT=3.86kW이다.
(2) 미국 냉동톤(US RT) : 32℉의 물 2000Lb를 24시간 동안에 32℉의 얼음으로 만드는 데 필요한 냉동능력으로 1USRT=3.52kW이다.

[16년 2회]

09 다음 열 및 열펌프에 관한 설명으로 옳은 것은?

① 1W는 3.6kJ/h와 같은 일률이다.
② 응축온도가 일정하고 증발온도가 내려가면 일반적으로 토출 가스온도가 높아지기 때문에 열펌프의 능력이 상승된다.
③ 비열 0.5kJ/kg·℃, 비중량 1.2kg/L의 액체 2L를 온도 1℃ 상승시키기 위해서는 2kJ의 열량을 필요로 한다.
④ 냉매에 대해서 열의 출입이 없는 과정을 등온압축이라 한다.

① 1W = 1J/s = 3600J/h = 3.6kJ/h
② 응축온도가 일정하고 증발온도가 내려가면 압축기의 소요동력이 커지기 때문에 열펌프의 능력은 감소한다.
③ 열량 $q = mc\Delta t = 1.2\times2\times0.5\times1 = 2.4$kJ의 열량이 필요하다.
④ 냉매에 대해서 열의 출입이 없는 과정을 단열압축 및 단열팽창과정이다.

정답 06 ③ 07 ④ 08 ④ 09 ①

제1장 냉동이론

[16년 3회]

10 비열에 관한 설명으로 옳은 것은?

① 비열이 큰 물질일수록 빨리 식거나 빨리 더워진다.
② 비열의 단위는 kJ/kg이다.
③ 비열이란 어떤 물질 1kg을 1℃ 높이는 데 필요한 열량을 말한다.
④ 비열비는 $\dfrac{정압비열}{정적비열}$로 표시되며 그 값은 R-22가 암모니아 가스보다 크다.

> ① 비열이 작은 물질일수록 빨리 식거나 빨리 더워진다.
> ② 비열의 단위는 kJ/kg K 이다.
> ④ 비열비= $\dfrac{정압비열}{정적비열}$로 표시되며 암모니아는 1.313, R-22는 1.186으로 암모니아 가스가 크다.

[14년 3회]

11 다음과 같은 대향류 열교환기의 대수 평균 온도차는?
(단, t_1 : 40℃, t_2 : 10℃, t_{w1} : 4℃, t_{w2} : 8℃이다.)

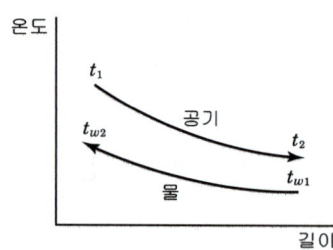

① 약 11.3℃ ② 약 13.5℃
③ 약 15.5℃ ④ 약 19.5℃

> 대수평균온도차(LMTD)
> $LMTD = \dfrac{\Delta t_1 - \Delta t_2}{\ln\dfrac{\Delta t_1}{\Delta t_2}} = \dfrac{(40-8)-(10-4)}{\ln\dfrac{40-8}{10-4}} ≒ 15.5$

[09년 2회]

12 수증기를 열원으로 하여 냉방에 적용시킬 수 있는 냉동기는 어느 것인가?

① 원심식 냉동기 ② 왕복식 냉동기
③ 흡수식 냉동기 ④ 터보식 냉동기

> 흡수식 냉동기
> 흡수식 냉동기는 증기압축식에서와 같은 기계적 에너지를 이용하지 않고 열에너지를 이용하여 저온에서 고온으로 열을 이동시키는 장치로 재생기에서 고온의 물이나 수증기를 열원으로 이용한다.

[10년 3회]

13 다음 냉동기의 종류와 원리가 잘못 연결된 것은?

① 증기압축식 - 냉매의 증발잠열
② 증기분사식 - 진공에 의한 물 냉각
③ 전자냉동법 - 전류흐름에 의한 흡열작용
④ 흡수식 - 프레온냉매의 증발잠열

> 흡수식 냉동기
> 흡수식 냉동기는 증발기, 흡수기, 재생기, 응축기, 열교환기로 구성되어 있고, 증기압축식 냉동기의 압축기의 역할을 흡수기와 재생기에 의해 이루어진다.
> 흡수식 냉동기에서는 증발기에서 고진공하에 물이 증발하여 증발기 내부에 순환하는 냉수로부터 열을 흡수하여 냉각시킨다. 냉매로는 물 이외에 냉동용으로 암모니아(NH_3)가 이용되며 프레온냉매는 사용되지 않는다.

[10년 2회]

14 증기 분사식 냉동기를 설명한 것 중 옳지 않은 것은?

① 회전부가 없어 조용하고, 기밀이 잘 유지된다.
② 물을 냉매로 이용한 것이다.
③ 증발기에서 증발된 냉매는 디퓨저를 통해 감압되어 복수기로 유입된다.
④ 한 개의 이젝터에 여러 개의 노즐을 설치한다.

> 증기 분사식 냉동기에서는 증발기에서 증발된 냉매(수증기)는 디퓨저를 통해 가압되어 복수기로 유입된다.

정답 10 ③ 11 ③ 12 ③ 13 ④ 14 ③

[15년 2회]

15 2원냉동 사이클에서 중간열교환기인 캐스케이드 열교환기의 구성은 무엇으로 이루어져 있는가?

① 저온 측 냉동기의 응축기와 고온 측 냉동기의 증발기
② 저온 측 냉동기의 증발기와 고온 측 냉동기의 응축기
③ 저온 측 냉동기의 응축기와 고온 측 냉동기의 응축기
④ 저온 측 냉동기의 증발기와 고온 측 냉동기의 증발기

캐스케이드 열교환기
캐스케이드 열교환기는 2원냉동 사이클에서 저온 측 냉동기의 응축기와 고온 측 냉동기의 증발기를 조합하여 구성한 것으로 저온 측 냉동기의 응축열을 고온 측 냉동기의 증발기를 이용하여 냉각하는 방식의 열교환기이다.

[14년 1회]

16 2단압축 2단팽창 냉동장치에서 중간냉각기가 하는 역할이 아닌 것은?

① 저단 압축기의 토출가스 과열도를 낮춘다.
② 고압 냉매액을 과냉시켜 냉동효과를 증대시킨다.
③ 저단 토출가스를 재압축하여 압축비를 증대시킨다.
④ 흡입가스 중의 액을 분리하여 리퀴드 백을 방지한다.

2단압축 2단팽창 냉동장치의 중간냉각기의 역할
㉠ 저단 압축기의 토출가스 과열도를 낮춘다.
㉡ 고압 냉매액을 과냉시켜 냉동효과를 증대시킨다.
㉢ 흡입가스 중의 액을 분리하여 리퀴드 백을 방지한다.

02 냉매와 브라인

제1장 | 냉동이론

1 냉매

냉매와 압축기의 토출가스 온도

냉매의 종류	토출가스 온도[℃]
R22	72
R134a	56
R404A	57
R407C	67
R410A	73
R717	116

응축온도 50[℃], 과냉각도 0[K], 증발온도 0[℃], 과열도 0[K]에서의 값이다.

분류	특징
정의	냉매는 증발하기 쉬운 액체로서, 냉동공간 또는 냉동물질로부터 열을 흡수하며 다른 공간 또는 다른 물질로 열을 운반하는 작업유체이다.
기능	냉매는 냉동장치, 열펌프, 공기조화장치 및 소온도차 열에너지 이용기관 등의 내부를 순환하면서 저온부(증발기)에서 열을 흡수하고 고온부(응축기)에서 열을 방출시키는 동작유체(動作流體)이다.
종류	• 1차 냉매(직접냉매) : 냉동장치 안을 순환하면서 온도 또는 상태 변화에 의하여 잠열 상태로 열을 운반하는 냉매를 말한다. (예 NH_3, R-22, R-134a, R-404 등) • 2차 냉매(간접냉매) : 간접 팽창식 냉동장치의 브라인 배관을 순환하면서 온도변화에 의한 감열 상태로 열을 운반하는 냉매를 말한다. (예 NaCl, $CaCl_2$, $MgCl_2$, H_2O 등)

2 냉매의 구비조건

- 비점이 낮은 냉매는 압력이 높다.
- 비점이 낮은 냉매는 저온 냉동장치에 적합하다.
- 비점이 낮은 냉매는 단위 체적당의 냉동능력이 크다.
- 비점이 낮은 냉매는 증발온도가 낮게 되어도 진공이 되기 어렵다.
- 비점이 낮은 냉매는 압축기 피스톤 압출량이 작다.

분류	특징
물리적 조건	① 저온인 경우에도 대기압 이상의 압력에서 증발하고 또한 상온에서도 비교적 저압에서 쉽게 응축 할 것. ② 임계온도가 높고 응고 온도가 낮을 것. ③ 증기의 비열 및 증발 잠열은 크고, 액체의 비열은 작을 것. ④ 같은 냉동능력에 대하여 소요 동력이 적을 것. ⑤ 증기의 비열비가 적을 것. ⑥ 증기 및 액체의 밀도가 작을 것. ⑦ 같은 냉동 능력에 대하여 냉매 가스의 체적이 작을 것. ⑧ 윤활유와 냉매가 작용하여 냉동작용에 미치는 일이 없을 것. ⑨ 점도가 적고 전열작용이 양호하며 표면장력이 적을 것. ⑩ 누설되기 어렵고 누설시 발견이 용이할 것. ⑪ 수분이 냉매 중에 혼입하여도 냉매의 작용에 지장이 없을 것. ⑫ 절연내력(絶緣耐力)이 크고 전기 절연물을 침식하지 않을 것. ⑬ 패킹(Packing) 재료에 대하여 냉매가 영향을 미치지 않을 것. ⑭ 터보 냉동기의 경우에는 냉매가스의 비중이 클 것.
생화학적 조건	① 화학적으로 안정하고 고온에서 분해하여 냉매 가스 외의 다른 가스가 발생되지 않을 것.

	② 금속을 부식하지 않고, 압축기의 윤활유를 열화시키지 않을 것. ③ 독성이 없고, 인화성 및 폭발성이 없을 것. ④ ODP(오존파괴지수), GWP(지구온난화지수)가 적을 것. ⑤ 인체에 무해하고 누설하여도 냉장품에 손상을 주지 않을 것.
경제적 조건	① 가격이 싸고, 자동 운전이 쉬울 것. ② 동일 냉동 능력에 대하여 소요 동력이 적게 들 것. ③ 동일 냉동 능력에 대하여 압축해야 할 냉매가스의 체적이 적을 것. (단, 가정용 냉장고, 터보 냉동기의 경우는 제외 한다.)

3 냉매의 종류

분류	특징
화학적 분류	① 무기화합물(無機化合物) : 암모니아(NH_3), 물(H_2O), CO_2, SO_2 등 ② 탄화수소(炭火水素) : 프로판, 이소부탄, 메탄, 에탄 등. ③ 플루오르 카본냉매 : CFC냉매, HCFC냉매, HFC냉매
플루오르 카본 냉매 (프레온)	① CFC(클로로 플루오르 카본)냉매, HCFC(하이드로 클로로 플루오르 카본)냉매: 오존파괴지수가 높아서 현재는 사용 폐지된 냉매. ② HFC(하이드로 플루오르 카본)냉매 : CFC, HCFC의 대체 냉매로서 냉동장치 및 공조 장치에 사용되고 있다. 그러나 HFC냉매는 ODP는 0이나 GWP가 높은 결점이 있다.
혼합냉매와 비공비 혼합냉매	① 단일 냉매로 원하는 시스템특성을 얻을 수 없는 경우 2개 이상의 순수냉매를 혼합한 혼합냉매를 적용하여 열역학적 물성치를 얻을 수 있다. 혼합냉매는 크게 비공비 혼합냉매와 공비혼합냉매로 구분한다. ② 비공비 혼합냉매 : 비공비 혼합냉매는 서로 다른 2성분냉매를 혼합한 것으로 액상이나 기상에서 각각 냉매 성분이 차이가 나며, 등압의 증발 및 응축과정에서 조성비가 변하고 온도가 증가 또는 감소되는 온도구배를 나타내는 냉매다. • R404 : R125 + R143a + R134a (질량비 44%, 52%, 4%) • R407 : R32 + R125 + R134a (질량비 23%, 25%, 52%) • R410 : R32 + R125 (질량비 50%, 50%)
공비 혼합 냉매	① 공비 혼합냉매(Azeotrope) : 프레온계 냉매 중 서로 다른 2종의 냉매를 적당한 질량비로 혼합한 냉매로 액상 또는 기상에서 처음 냉매와 전혀 다른 하나의 새로운 특성을 가지게되어 서로 결점이 보완되는 냉매다.

공비 냉매	조합 냉매		혼합비(질량)	비등점(℃)		
				냉매 1	냉매 2	공비냉매
R500	R152	R12	26.2 : 78.3	-24.2	-29.8	-33.3
R503	R23	R13	40.1 : 59.9	-82.1	-81.5	-53.6

동부착 현상(Copper plating)
프레온계 냉매를 사용하는 냉동장치에서 수분이 침입할 경우 수분과 프레온이 반응하여 산이 생성되고 여기에 침입한 산소와 동이 반응하여 석출된 동가루가 냉매와 함께 냉동장치 내를 순환하면서 온도가 높고 잘 연마된 금속부(압축기의 실린더벽, 피스톤, 밸브 등 활동부)에 도금되는 현상을 말한다.

[원인]
· 윤활유 중에 왁스(wax)분이 많을 때
· 장치 내에 수분이 많고 온도가 높을 때
· 수소 원자가 많은 냉매일 때 (R-12 < R-22 < R-30)
· 냉매와 오일의 용해가 클수록

[영향]
· 활동부의 간극이 적어져 작동 불량이 되거나 동력손실이 크게 되어 장치의 수명이 단축된다.
· 장치가 과열된다.

4 냉매의 성질

- 암모니아는 가연성이며 독성가스이다.
- 암모니아 냉매는 토출가스 온도가 높다.
- 암모니아 냉매는 동 또는 동합금을 사용할 수 없다.
- 암모니아 냉매는 오일보다 가볍다.
- 암모니아는 광유와 용해할 수 없다.
- 암모니아는 소량의 수분에는 영향을 받지 않는다.
- 다량의 수분이 혼입되면 증발압력 저하, 윤활유가 유화한다.(유탁액 현상)

분류	특징
암모니아 (NH_3) R-717	① 표준 대기압 하에서 응고점이 $-77.7℃$로 냉매로서는 비교적 높은 온도이므로 극저온용으로 곤란하다. ② 암모니아는 가연성이며 독성가스이다. ③ 암모니아 가스의 비중은 공기보다 작아서 누설 시 가스는 천정부근에 체류한다. ④ 동 또는 그 합금을 부식시킨다. ⑤ 표준 대기압 하에서 비등점이 $-33.3℃$로서 그 이하의 온도를 얻으려면 증발기의 압력을 진공으로 유지해야 한다. ⑥ 비열비의 값이 냉매 중에 가장 크므로, 압축 후 토출가스 온도가 높아져서 윤활유를 변질시키기 쉽다. 따라서 워터재킷(water jacket)을 설치하여 실린더를 수냉각 시킨다. 그리고 저온냉동($-35℃$ 이하)을 시키려면 2단 압축을 할 필요가 있다. ⑦ 전열 작용이 냉매 중에서 가장 좋고 냉동능력도 우수하다. ⑧ 임계온도 : $133℃$, 임계압력 : $11.4MPa$으로 상온에서 응축능력이 양호하다. ⑨ 냉동장치에 침입한 수분이 다량이면 증발압력이 저하하고 윤활유가 유화(乳化)하여 나쁜 영향을 미친다. ⑩ 암모니아액은 윤활유에 용해되기 어렵고, 윤활유보다 가벼워서 윤활유는 하부에 체류하므로 유 제거는 하부에서 행한다. ⑪ 암모니아 냉매는 체적능력[kJ/m^3]이 크고 배관에서의 압력손실이 적다.
플루오르 카본 냉매	① 장기간 사용하여도 분해나 변질이 잘 일어나지 않는 안정적인 냉매이다. ② 독성이 적으나 누설 시 산소 결핍에 의한 질식사고의 우려가 있다. ③ 가스의 비중이 공기보다 커서 누설 시 바닥면에 체류 한다. ④ 직접 화염에 접하거나 고온이 되면 유독가스(포스겐 가스)가 발생한다. ⑤ 낮은 압력에서 액화하고, 증발잠열이 크다. ⑥ 동 및 동합금을 사용할 수 있으나 2% 이상의 마그네슘을 함유한 알루미늄합금을 사용할 수 없다. ⑦ 수분이 혼입되면 가수분해하여 금속을 부식하고, 저온부에서 빙결현상(팽창변 동결폐쇄현상)을 일으킨다. ⑧ 안정성이 매우 높고, 전기절연성이 양호하다.

냉매의 여러 가지 특성	1) 독성 비교 　① 암모니아 냉매는 가연성 및 독성이 있다. 　② 플루오르카본 냉매는 대부분 독성이 없지만 화염에 의해 고온이 되면 열분해나 화학 변화에 의해 유독가스가 발생할 수 있다. 2) 금속재료에 대한 영향 비교 　① 암모니아는 동 및 동합금을 부식하기 때문에 압축기의 축(항상 유막이 형성되어 있음)등의 일부를 제외하고 동 및 동합금을 사용할 수 없다. 　② 플루오르카본 냉매는 2%를 초과하는 마그네슘을 함유하는 알루미늄 합금을 사용할 수 없다. 3) 수분과의 관계 　① 암모니아 냉매는 물을 잘 용해(물은 상온에서 약 900배의 암모니아를 흡수)하므로 소량의 수분이 냉매에 혼입하여도 냉동장치에 큰 영향은 없다. 　② 증발기내의 암모니아 냉매 액에 다량의 수분이 혼입되면, 비등점이 높아지고 증발압력 저하→압축기 흡입증기의 비체적 증가→냉매순환량 감소→냉동능력저하로 된다. 　③ 수분의 혼입은 냉동기유의 유화(emulsion현상)나 금속재료의 부식의 원인이 된다. 　④ 플루오르카본 냉매는 수분의 용해도가 적다. 　⑤ 냉매에 수분이 혼입하면 냉매나 냉동기유가 가수분해를 일으켜 부식의 원인이 된다. 　⑥ 용해도 이상의 수분이 혼입될 경우 수분이 유리된다. 그 때문에 저온에서는 이 수분이 동결하여 팽창변을 막아서(팽창변 동결폐쇄현상) 냉동작용을 방해한다.
냉매의 누설 검지	1) 암모니아 　① 전기식 검지기 　② 유황초(유황을 연소시켜 발생한 아황산가스와 암모니아를 반응시켜 백색연기 발생 유무로 확인) 　③ 취기 　④ 리트머스 시험지 및 페놀프탈레인 지시약에 의한 검지 2) 플루오르 카본냉매 　① 전기식 검지기(할로겐 전자누설 검지기) 　② 헬라이드 토치(halide torch) 　③ 발포액 도포에 의한 검지(거품 발생 유무로 확인)

5 NH₃와 플루오르카본(Freon)냉매의 일반적 성질 비교

> **유탁액(Emulsion) 현상**
> NH₃ 냉동장치에서 크랭크 케이스(Crank case) 내에 다량의 수분이 혼입되면 NH₃와 작용하여 수산화암모늄(NH_4OH)을 생성하게 되고 NH_4OH는 오일을 미립자로 만들어 윤활유의 색이 우윳빛으로 변하고 윤활유의 점도가 저하된다. 이러한 현상을 유탁액 현상이라 한다.

중요사항 \ 냉매	NH₃	플루오르카본(Freon)냉매
윤활유관계	유탁액(Emulsion)현상	오일 포밍(Oil foaming)현상
전열작용	양호	불량
수분관계	용해가 크다(제습기 불필요)	용해도가 적다(제습기 설치)
비열비	크다(1.313 : 워터자켓 설치)	작다
절연내력	작다	크다
금속부식성	동 및 동합금 부식(연강(Fe) 사용)	Mg 및 Mg 2% 이상 함유된 Al 합금부식
인화성 및 폭발성	있다	없다
독성	있다	없다
취기	심하다	없다
열분해	-	800℃에서 $COCl_2$ 가스발생
패킹재로	천연고무+아스베스토스	인조고무
유(oil)와의 비중	가볍다(유분리기가 꼭 필요)	무겁다
압축기 토출가스 온도와 과열도	암모니아는 비열비가 커서 상당히 높은 토출가스온도가 되므로 과열도 없이 압축한다.	플루오르카본냉매는 비열비가 작아서 토출가스온도가 낮으므로 과열도 5~10℃에서 압축한다.

01 예제문제

다음 냉매에 관한 설명 가운데 가장 옳지 않은 것은?

① 암모니아 냉동장치의 응축기나 증발기내에서는 냉매와 오일은 분리되어 오일은 하부에 고이게 된다.
② 왕복식 냉동기용 냉매로 탄산가스도 사용된다.
③ 플루오르카본 냉매는 일반적으로 금속에 대한 부식성은 적으나 수분 및 공기와 함께 있으면 부식성이 커진다.
④ 장치내에 공기가 0.05 MPa의 분압에 상당한 양의 공기가 함유되어 있을 경우 그 장치를 운전하면 고압압력이 0.05 MPa만큼 높게 된다.

[해설]
① 오일의 비중은 암모니아보다 크기 때문에 하부에 고인다.
② 탄산가스는 선박용 왕복식 냉동기의 냉매로 사용된다.
④ 장치 내에 공기가 침입하면 전열작용을 방해하고 온도가 높게 되어 압력은 공기의 분압 이상으로 높아진다.
답 ④

02 예제문제

다음 설명 가운데 가장 옳지 않은 것을 고르시오.

① 암모니아 및 물은 흡수식 냉동기의 냉매로 사용된다.
② 프레온 냉동장치에 수분이 침입하면 장치를 부식시키기 때문에 주의하여야 한다.
③ 같은 높이의 높은 장소에 증발기로의 송액관에서는 R22 냉매가 암모니아보다 플래시가스가 발생하기 쉽다.
④ 플루오르카본냉매는 물에 잘 용해하므로 어떤 경우라도 유 회수 장치는 필요가 없다.

[해설]
③ 30℃에서의 R22와 암모니아의 밀도는 1.18과 0.6으로 R22의 경우가 무겁다. 이 때문에 같은 높이의 증발기의 송액관에서의 압력손실은 R22가 크다. 따라서 플래시가스 발생이 쉽다.
④ 플루오르카본냉매는 오일을 잘 용해하기 때문에 증발기에 오일의 유입이 많다. 그래서 냉매가 증발하면 오일이 증발기내에 고이게 되므로 유 회수 장치나 오일이 고이지 않는 구조로 해야 한다.
답 ④

6 신냉매 및 천연냉매(신 대체냉매 및 자연냉매)

분류	특징				
천연냉매	천연냉매란 본래 자연계에 존재하고 자연환경에 나쁜 영향이 없다고 추정되는 탄화수소, 암모니아, 물, 탄산가스 등을 말한다. 최근 공기나 탄산가스, 물도 훌륭한 냉매로 공기사이클 냉동기, 탄산가스냉매 히트펌프 급탕기, 흡수식냉동기의 냉매로서 실용화되어 있다.				
신냉매의 종류		냉매종류		ODP	GWP	용도
	(특정냉매) 오존층을 파괴하는 염소를 함유한 냉매로 오존파괴지수가 높아서 1995년에 폐지된 냉매	CFC	R-11	1	4,600	터보냉동기(금지)
			R-12	1	10,600	증기 압축식 소형 냉동기 일반(금지)
	(대체냉매) 오존층의 파괴는 없으나, GWP가 크므로 COP3의 GWG 규제대상, 현재의 주류 냉매로 EU등이 R-134a, R-410a, R-407 등의 금지를 검토 중이다.	HFC	R-32	0	650	저 GWP로 에어컨용 전환후보
			R-134a	0	1,300	터보 냉동기 (히트 펌프) 카 에어컨 (EU 금지방향)
	(자연냉매) 자연계에 오래 전부터 존재하고 ODP=0, GWP=0인 지구 환경적으로 이상적인 냉매	CO_2	R-744	0	1	급탕용 히트펌프 저온 냉동기 (2차 냉매)
		NH_3	R-717	0	0	저온 증기 압축식 냉동기
		물	R-718	0	0	흡수식 냉동기, 흡착식 냉동기

7 브라인 성질

분류	특징
정의	브라인은 증발기에서 증발하는 냉매의 냉동력에 의해 냉각된 후 다시 피냉각 물질을 냉각하는데 쓰이는 2차 냉매로서 일종의 부동액(不凍液)이다. 상(相)의 변화 없이 현열(顯熱)의 형태로 열을 운반하는 냉매로 간접냉매라고 하며 브라인을 사용하는 냉동장치를 간접팽창식 또는 브라인식이라고 한다.
브라인의 구비 조건	① 비열이 클 것(현열에 의한 열의 전달이므로 열용량이 커야한다.) ② 열전달에 대한 특성이 좋고, 전달률이 클 것 ③ 점성이 적고 순환 펌프의 동력 소비가 적을 것 ④ 냉동점(공정점)이 낮을 것(냉매의 증발온도보다 5~6℃ 낮을 것) ⑤ 냉동장치의 구성부분을 부식시키지 않을 것 ⑥ 각 온도에서 액체상태일 것 ⑦ 화학적으로 안전성이 있을 것 ※ 공정점(空晶點) : 두 물질을 용해시키면 농도가 짙을수록 응고점이 낮아지게 되나 어느 일정한 농도 이상이 되면 다시 응고점은 높아진다. 이때 최저동결온도(응고점)을 공정점이라 한다.
브라인의 종류	1) 무기질 브라인 ① 염화칼슘($CaCl_2$) : 제빙용등 공업용으로 가장 많이 이용되며 공정점(-55℃)이 낮아 저온용으로 적합하고 부식성이 적다. ② 염화나트륨(NaCl) : 식품 냉장용으로 적당하나 금속에 대한 부식력이 크고, 가격이 싸다. ③ 염화마그네슘($MgCl_2$) : 공정점 : -33.6℃, 부식성이 $CaCl_2$보다 강하다. 2) 유기질 브라인 ① 에틸렌글리콜: 부식성이 거의 없어 모든 금속에 사용이 가능하다. ② 프로필렌글리콜: 부식성이 적고 독성이 없으며 냉동식품의 동결용에 사용된다. ③ 메틸렌 클로라이드 : 초 저온용으로 사용된다. ④ 염화에틸렌(R-11) : 초 저온용으로 사용된다. 표. 무기질 브라인과 유기질 브라인의 비교 | 무기질 브라인 | 유기질 브라인 | |---|---| | C(탄소)가 포함되지 않은 브라인 | C(탄소)가 포함된 브라인 | | 부식성이 강하다 | 부식성이 적다 | | 가격이 싸다 | 가격이 비싸다 |

- 브라인은 0℃ 이하의 액체로 현열을 이용하여 물질을 냉각한다.
- 브라인은 부식억제제의 첨가기 필요하다.
- 염화칼슘브라인, 염화나트륨브라인, 염화마그네슘브라인은 무기질 브라인이다.
- 프로필렌글리콜브라인은 무해하여 식품의 냉각용에 사용된다.

브라인의 방식 처리	① 브라인은 공기와 접촉하면 부식력이 증대하므로 가능한 범위에서 용해도를 크게 하여 공기와 접촉하지 않는 액 순환방식을 채택한다. ② 암모니아가 브라인 중에 누설되면 강알칼리성으로 인하여 국부적인 부식현상이 발생하므로 주의한다. ③ 브라인의 PH(페하)는 약 7.5~8.2로 유지해야 한다.
브라인의 동결 방지법	① 동결방지용 T.C(temperature Control : 온도제어)을 사용한다. ② 부동액(不凍液)을 첨가한다. ③ EPR(Evaporator pressure regulator : 증발압력 조정밸브)를 사용한다. ④ 단수 릴레이를 설치한다. ⑤ 브라인 펌프와 압축기 모터를 인터록(interlock)시킨다.

03 예제문제

다음 중 가장 옳지 않은 것을 고르시오.

① 브라인은 현열을 이용하여 냉각한다.
② 염화칼슘브라인은 용해되고 있는 산소량이 많을수록 부식성이 크다.
③ 염화칼슘브라인보다 염화나트륨브라인 쪽이 더 낮은 온도로 내릴 수 있다.
④ 염화칼슘브라인을 사용할 경우 방식제로서 중크롬산나트륨을 사용할 수 있다.

해설
공정점이 낮을수록 저온에서 사용할 수가 있다.
공정점이 낮은 순서
염화칼슘 < 염화마그네슘 < 염화나트륨   답 ③

8 압축기 냉동기유(윤활유) 성질

- HFC냉매를 사용하는 압축기는 합성유가 사용된다.
- HFC냉매는 극성이 있으므로 광유(무극성)는 사용할 수 없다.
- HFC냉매는 흡습성이 크다.
- 저온용 냉동기는 점도가 낮은 냉동유를 사용한다.

분류	특징
냉동유의 역할	냉동기유(광유, 합성유)는 냉동장치의 압축기에 사용하는 윤활유로 다음과 같은 중요한 3가지 역할을 행한다. ① 마찰저항 및 마모방지 ② 밀봉작용 ③ 방청작용
냉동유의 구비조건	① 응고점이 낮을 것. ② 인화점이 높을 것. ③ 적정한 유동성이 있을 것. ④ 전기절연성이 높을 것.(밀폐식 압축기일 경우) ⑤ 냉매와 화학반응을 일으키지 않을 것.

냉동유의 구비조건	① 응고점이 낮을 것. ② 인화점이 높을 것. ③ 적정한 유동성이 있을 것. ④ 전기절연성이 높을 것.(밀폐식 압축기일 경우) ⑤ 냉매와 화학반응을 일으키지 않을 것.
냉매와 냉동유와 의 관계	1) 암모니아 냉매와 냉동기유 　① 암모니아는 냉동기유로 광유를 사용하는데 광유와는 서로 잘 용해하지 않는다. 　② 암모니아는 오일보다 가벼워서 오일이 하부에 고이게 되므로 배유관(드레인)을 하부에 설치한다. 압축기의 토출측에 유분리기를 설치하여 오일을 분리한다. 2) 플루오르카본 냉매와 냉동기유 　① 플루오르카본 냉매액과 냉동기유는 서로 잘 용해하기 때문에 압축기에서 토출된 냉동기유는 냉매와 함께 장치 내를 순환한다. 　② 냉매와 냉동유가 용해되는 비율은 압력이 높고, 온도가 낮을수록 크기 때문에 압축기 정지 시에는 크랭크케이스 히터를 사용하여 냉동기유를 20~40℃로 유지하여 시동 시에 오일 포밍 현상이 발생하지 않도록 하여 윤활불량이 되지 않도록 한다. 　※ 오일 포밍(Oil foaming) 현상 　　플루오르카본(프레온) 냉동장치에서 압축기 정지 시 냉매가스가 크랭크 케이스 내의 오일 중에 용해되어 있다가 압축기 가동 시 크랭크케이스 내의 압력이 갑자기 낮아져 오일 중에 용해되어 있던 냉매가 급격히 증발하게 되어 유면이 약동하면서 거품이 발생하는데 이러한 현상을 오일 포밍이라 한다.

- 암모니아 냉매는 광유와 용해하기 어렵다.
- 암모니아액은 오일보다 가볍다.
- 용기에 체류하는 오일은 용기의 하부에서 배출한다.
- 암모니아는 토출가스 온도가 높으므로 토출된 오일은 재사용하지 않는다.

02 냉매와 브라인 핵심예상문제

본 핵심예상문제는 각단원별 출제빈도 높은 문제 및 최근 10년간의 기출문제 중 비중이 높은 출제유형이므로 꼭 풀어보고 가야할 문제입니다. 이후 실전예상문제를 공부하시면 효과적입니다.

[08년 3회]
01 냉매가 구비해야 할 조건 중 틀린 것은?

① 증발 잠열이 클 것
② 응고점이 낮을 것
③ 전기 저항이 클 것
④ 증기의 비열비가 클 것

> 냉매의 구비조건
> ④의 경우 비열비가 작은 냉매일수록 압축일량이 적어진다.

[13년 2회]
02 냉매로서 구비해야 할 이상적인 성질이 아닌 것은?

① 임계온도가 상온보다 높아야 한다.
② 증발잠열이 커야 한다.
③ 윤활유에 대한 용해도가 클수록 좋다.
④ 전열이 양호하여야 한다.

> 냉매가 윤활유에 대한 용해도가 클수록 오일 포밍(oil foaming)의 우려가 크다.

[22년 1회] [14년 1회]
03 냉매가 구비해야 할 이상적인 물리적 성질로 틀린 것은?

① 임계온도가 높고 응고온도가 낮을 것
② 같은 냉동능력에 대하여 소요동력이 적을 것
③ 전기절연성이 낮을 것
④ 저온에서도 대기압 이상의 압력으로 증발하고 상온에서 비교적 저압으로 액화할 것

> 냉매는 전기절연성이 높을수록 누전의 우려가 적고 또한 밀폐식 압축기를 사용 시에는 필수적으로 요구되는 사항이다.

[16년 1회, 11년 1회]
04 냉매에 대한 설명으로 부적당한 것은?

① 응고점이 낮을 것
② 증발열과 열전도율이 클 것
③ R-21는 화학식으로 $CHCl_2F$이고, $CClF_2-CClF_2$는 R-113이다.
④ R-500는 R-12와 R-152를 합한 공기 혼합냉매라 한다.

> R-113 : $CCl_2F-CClF_2$
> R-114 : $CClF_2-CClF_2$

[15년 2회]
05 암모니아 냉매의 특성이 아닌 것은?

① 수분을 함유한 암모니아는 구리와 그 합금을 부식시킨다.
② 대규모 냉동장치에 널리 사용되고 있다.
③ 물과 윤활유에 잘 용해된다.
④ 독성이 강하고, 강한 자극성을 가지고 있다.

> 암모니아 냉매는 물에는 잘 용해되지만 윤활유에는 잘 용해되지 않는다.

[13년 1회]
06 프레온 냉동장치에 수분이 혼입됐을 때 일어나는 현상이라고 볼 수 있는 것은?

① 수분과 반응하는 양이 매우 적어 뚜렷한 영향을 나타내지 않는다.
② 수분이 혼입되면 황산이 생성된다.
③ 고온부의 냉동장치에 동 부착(도금)현상이 나타난다.
④ 유탁액(emulsion)현상을 일으킨다.

정답 01 ④ 02 ③ 03 ③ 04 ③ 05 ③ 06 ③

동부착(도금) 현상(Copper plating)
프레온계(플루오르카본) 냉매를 사용하는 냉동장치에서 수분이 침입할 경우 수분과 프레온이 반응하여 산(HF, HCl)이 생성되고 여기에 침입한 산소와 동이 반응하여 석출된 동가루가 냉매와 함께 냉동 장치 내를 순환하면서 온도가 높고 잘 연마된 금속부(압축기의 실린더벽, 피스톤, 밸브 등 활동부)에 도금되는 현상을 말한다.

[08년 3회]
07 다음 중 HFC 냉매의 구성 원소가 아닌 것은?

① 염소　　　　　② 수소
③ 불소　　　　　④ 탄소

플루오르카본(Freon) 냉매의 분류
- CFC(Chloro fluoro carbon) : 특정냉매
  분자 중에 염소를 포함하고 있으며 안정된 물질로서 성층권까지 확산하여 오존층을 파괴하며 지구온난화 계수도 대단히 높다.
- HCFC(Hydro chloro fluoro carbon) : 지정냉매
  분자 중에 염소를 포함하고 있지만 수소를 포함하고 있어 분해되기 쉬워 성층권까지 도달하기 어렵기 때문에 오존층 파괴 능력이 CFC 냉매에 비해서 낮다.
- HFC(Hydro fluoro carbon) : 대체냉매
  분자 중에 염소를 포함하고 있지 않아서 오존층을 파괴하지 않는다. 그러나 지구 온난화 계수는 높다.

[12년 2회]
08 냉매 중에서 성층권의 오존층을 가장 많이 파괴시키는 냉매는 어느 것인가?

① R-22　　　　　② R-152
③ R-125　　　　④ R-134a

R-22는 HCFC(지정냉매)냉매로 분자 중에 염소를 포함하고 있어서 오존층 파괴의 우려가 있다. 그렇지만 R-152, R-125, R-134a 냉매는 HFC(대체냉매)냉매로 분자 중에 염소를 포함하고 있지 않아서 오존층을 파괴하지 않는다.

[22년 1회] [09년 1회]
09 할론(Halon)냉매의 원소에 해당되지 않는 것은?

① 불소(F)　　　　② 수소(H)
③ 염소(Cl)　　　　④ 브롬(Br)

할론(Halon)냉매는 프레온(Freon)냉매를 말하며 불소(F) 수소(H), 탄소(C), 염소(Cl)로 구성되며 브롬(Br)은 사용하지 않는다.

[13년 3회]
10 냉매가스를 단열 압축하면 온도가 상승한다. 다음 가스를 같은 조건에서 단열 압축할 때 온도 상승률이 가장 큰 것은?

① 공기　　　　　② R-12
③ R-22　　　　　④ NH_3

냉매의 경우 비열비가 클수록 단열압축 후 온도 상승률이 크다.

이유 : $\dfrac{T_2}{T_1} = \left(\dfrac{P_2}{P_1}\right)^{\frac{K-1}{K}}$

각 물질의 비열비 K
① 공기($K=1.4$)　　　② R-12($K=1.136$)
③ R-22($K=1.184$)　　④ NH_3($K=1.313$)

[09년 3회]
11 다음 냉매 중 화염에 접촉되었을 때 포스겐을 발생하는 냉매는 어느 것인가?

① 메틸클로라이드
② 암모니아
③ R-12
④ 아황산가스

염소(Cl)가 포함되어 있는 프레온계 냉매는 화염과 접촉 시 포스겐($COCl_2$) 가스가 발생할 수 있다.

정답 07 ①　08 ①　09 ④　10 ①　11 ③

제1장 냉동이론

[15년 3회]

12 다음과 같은 성질을 갖는 냉매는 어느 것인가?

> • 증기의 밀도가 크기 때문에 증발기 관의 길이는 짧아야 한다.
> • 물을 함유하면 Al 및 Mg합금을 침식하고, 전기 저항이 크다.
> • 천연고무는 침식되지만 합성고무는 침식되지 않는다.
> • 응고점(약 −158℃)이 극히 낮다.

① NH_3 ② R − 12
③ R − 21 ④ H_2O

> R−12냉매의 특성을 나타낸다.

[13년 3회]

13 할로겐 탄화수소계 냉매의 누설을 탐지하는 방법으로 가장 적합한 것은?

① 유황을 묻힌 심지를 이용한다.
② 헬라이드 토치를 이용한다.
③ 네슬러 시약을 이용한다.
④ 페놀프탈렌 시험지를 이용한다.

> 할로겐 탄화수소계(플루오르카본계) 냉매의 누설을 탐지하는 방법으로 가장 적합한 것은 헬라이드 토치를 이용하는 것이다.

[16년 2회]

14 헬라이드 토치를 이용한 누설검사로 적절하지 않은 냉매는?

① R−717 ② R−123
③ R−22   ④ R−114

> 헬라이드 토치는 프레온계 냉매의 누설검지기이다. 따라서 R−717(NH_3)는 검지할 수 없다.

[15년 2회]

15 간접 냉각 냉동장치에 사용하는 2차 냉매인 브라인이 갖추어야 할 성질로 틀린 것은?

① 열전달 특성이 좋아야 한다.
② 부식성이 없어야 한다.
③ 비등점이 높고, 응고점이 낮아야 한다.
④ 점성이 커야 한다.

> ④의 점성은 작아야 순환펌프의 동력소비가 적어진다.
> 기타 "비열이 크고 동결온도가 낮을 것" 또한 "불연성이며 독성이 없을 것" 등이다.

[23년 3회]

16 브라인의 구비조건으로 틀린 것은?

① 비열이 크고 동결온도가 낮을 것
② 점성이 클 것
③ 열전도율이 클 것
④ 불연성이며 불활성일 것

> **브라인의 구비조건**
> ㉠ 열용량이 크고 전열(열전도율이 클 것)이 좋을 것
> ㉡ 점도가 적당할 것
> ㉢ 응고점(동결점)이 낮을 것
> ㉣ 금속에 대한 부식성이 적고 불연성일 것
> ㉤ 상변화가 잘 일어나지 않을 것
> ㉥ 비열이 클 것

[09년 2회]

17 간접 냉각식 냉동장치에 사용하는 2차 냉매로서 brine을 사용한다. 이 brine에 필요한 성질 중 틀린 것은?

① 비열과 열전도율이 적고 열전달에 대한 특성이 없을 것
② 점성이 적고 순환 pump의 동력 소비가 적을 것
③ 동결점이 낮을 것
④ 냉동장치의 구성부분을 부식시키지 않을 것

> 브라인은 비열 및 열전도율이 크고 열전달 특성이 우수해야 한다.

정답 12 ② 13 ② 14 ① 15 ④ 16 ② 17 ①

[14년 3회]

18 다음 중 무기질 브라인이 아닌 것은?

① 식염수 ② 염화마그네슘
③ 염화칼슘 ④ 에틸렌글리콜

> 무기질 브라인 : 염화칼슘($CaCl_2$), 염화나트륨(NaCl), 염화마그네슘($MgCl_2$)
> 유기질 브라인 : 에틸렌글리콜, 프로필렌글리콜, 알코올, 염화메틸렌(R-11), 메틸렌클로라이드

[09년 1회]

19 브라인에 대한 설명 중 옳은 것은?

① 브라인 중에 용해하고 있는 산소량이 증가하면 부식이 심해진다.
② 브라인의 pH(페하)는 보통 5로 유지한다.
③ 유기질 브라인은 무기질에 비해 부식성이 크다.
④ 염화칼슘용액, 식염수, 프로필렌글리콜은 무기질은 브라인이다.

> ② 브라인의 pH(페하)는 보통 7.5~8.2로 유지한다.
> ③ 유기질 브라인은 무기질에 비해 부식성이 적다.
> ④ 무기질 브라인 : 염화칼슘($CaCl_2$), 염화나트륨(NaCl), 염화마그네슘($MgCl_2$)
>   유기질 브라인 : 에틸렌글리콜, 프로필렌글리콜, 알코올, 염화메틸렌(R-11), 메틸렌 클로라이드

[15년 2회, 10년 1회, 08년 3회]

20 냉동용 압축기에 사용되는 윤활유를 냉동기유라고 한다. 냉동기유의 역할과 거리가 먼 것은?

① 윤활작용
② 냉각작용
③ 제습작용
④ 밀봉작용

> 냉동유의 역할
> ㉠ 마찰저항 및 마모방지(윤활작용)
> ㉡ 밀봉작용 ㉢ 방청작용 ㉣ 냉각작용

[10년 3회]

21 다음은 냉동기 윤활유의 구비조건이다. 틀린 것은?

① 저온도에서 응고하지 않고 왁스(wax)를 석출하지 않을 것
② 인화점이 낮고 고온에서 열화하지 않을 것
③ 냉매에 의하여 윤활유가 용해되지 않을 것
④ 전기 절연도가 클 것

> 냉동유의 구비조건
> ㉠ 응고점이 낮고 왁스(wax)를 석출하지 않을 것.
> ㉡ 인화점이 높고 열화하지 않을 것.
> ㉢ 적정한 유동성이 있을 것.
> ㉣ 전기절연성이 높을 것.(밀폐식 압축기일 경우)
> ㉤ 냉매와 화학반응을 일으키지 않을 것.

[12년 1회, 10년 1회]

22 다음 보기의 내용 중 맞는 것으로 짝지어진 것은?

【보기】
㉠ 냉동기유는 NH_3액보다 가볍다.
㉡ NH_3는 냉동기유에 용해하기 어렵지만 R-12는 기름에 잘 용해한다.
㉢ R-22는 일정한 고온에서는 냉동기유에 잘 용해되며 저온에서는 잘 용해되지 않는다.
㉣ 증발기 중에서 냉동기유는 R-12의 액 위에 분리하여 뜬다.

① ㉠, ㉡
② ㉡, ㉢
③ ㉠, ㉣
④ ㉠, ㉢

> (1) 암모니아와 윤활유와의 관계
>   - 암모니아냉매는 광유(윤활유)와 용해하기 어렵다.
>   - 암모니아액은 오일보다 가볍다. 따라서 용기에 체류하는 오일은 용기의 하부에서 배출한다.
> (2) R-12의 경우 오일에 대한 용해성이 크므로 분리되지 않는다.

정답 18 ④ 19 ① 20 ③ 21 ② 22 ②

[16년 1회]

23 왕복동 압축기의 유압이 운전 중 저하되었을 경우에 대한 원인을 분류한 것으로 옳은 것을 모두 고른 것은?

> ㉠ 오일 스트레이너가 막혀 있다.
> ㉡ 유온이 너무 낮다.
> ㉢ 냉동유가 과충전되었다.
> ㉣ 크랭크실내의 냉동유에 냉매가 너무 많이 섞여 있다.

① ㉠, ㉡ ② ㉢, ㉣
③ ㉠, ㉣ ④ ㉡, ㉢

유압저하의 원인
- 유온이 높을 경우
- 흡입압력이 극도로 저하하여 크랭크실내가 고진공상태인 경우
- liquid back을 일으켜 oil foaming 현상이 발생한 경우(크랭크실내의 냉동유에 냉매가 너무 많이 섞여 있다)
- 오일여과기가 막혔을 경우

정답 23 ③

03 냉매선도와 냉동 사이클

1 몰리에르 선도와 이용

분류	특성
선도 구성	몰리에르 선도(Mollier diagram, P-h선도)의 구성 냉동장치 내의 냉매는 여러 가지 상태변화를 하기 때문에 냉동사이클을 표시하는데 선도를 사용하면 실용적으로 편리하다. 일반적으로 이용하는 선도가 P-h선도이다. P-h선도는 아래 그림과 같이 구성되어 있다. 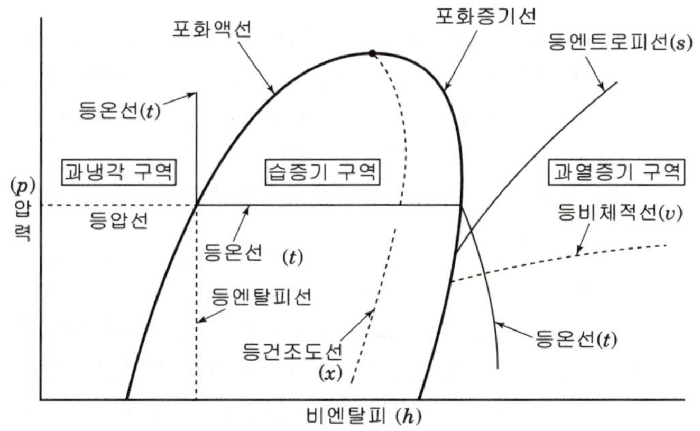 그림. 몰리에르 선도의 구성
선도의 특성	① 단위 냉매에 대한 작업 과정(상태변화)을 선도로 나타낸다. ② 냉매 순환량, 압축기 흡입량, 응축부하, 압축일량 등 이론적 계산에 많이 쓰인다. ③ 종축에 절대압력 P를 대수(log) 눈금으로 횡축에 엔탈피 h를 취한다.
선도의 이용	① 냉동능력과 냉동기의 크기 결정 ② 압축일과 전동기의 크기 결정 ③ 성적계수와 냉동능력판단 ④ 냉동 장치의 운전상태 양부 ⑤ 합리적이고 능률적인 운전에 필요

2 몰리에르 선도의 6대 구성요소

분류	특성
등압선	등압선 단위는 MPa(kPa)이며 ① 횡축과 나란하며 절대압력이 대수 눈금으로 표시되어 있다. ② 증발 및 응축압력을 알 수 있다. ③ 압축비를 구할 수 있다.
등엔탈피선	등엔탈피선 단위는 kJ/kg이며 ① 종축과 평행하며 횡축에 취한 눈금으로 엔탈피를 표시한다. ② 냉매 단위량(1kg)에 대한 엔탈피를 구할 수 있다. ③ 냉동효과, 압축열량, 응축열량 및 플래시 가스(flash gas) 발생량을 알 수 있다.
등온선	등온선 온도는 ℃이며 ① 과냉각 구역에서는 P(압력)에 나란하고 습포화 증기 구역에서는 h(엔탈피)에 평행하며 과열증기 구역에서는 건조 포화 선상에서 오른쪽으로 약간 구부러지면서 급히 하향한다. ② 이 등온선상의 온도는 모두 같다. ③ 토출가스 온도, 증발온도, 응축온도 및 팽창변 직전의 냉매 온도를 알 수 있다.
등비체적선	등비체적선($v : m^3/kg$) ① 습포화 증기구역과 과열증기 구역에서만 존재하는 선으로 수평선에서 오른쪽으로 비스듬히 올라간 선으로 그어져있다. ② 압축기로 흡입되는 냉매 1kg의 체적을 구할 때 쓰인다.
등건조도선	등건조도선(x) ① 포화액선과 포화증기선 사이(습포화 증기구역)를 10등분하여 표시하고 있다. ② 포화액의 건조도는 0이며 건조포화 증기의 건조도는 1이다. ③ 냉매 1kg이 포함하고 있는 증기량을 알 수 있다.
등엔트로피선	등 엔트로피선($S : kJ/kgK(kcal/kgK)$) ① 엔트로피가 같은 점을 이은 선으로 왼쪽 아래에서 급경사를 이루면서 상향한 곡선이다. ② 습증기 구역과 과열증기 구역에만 존재한다. ③ 압축기에서의 압축은 단열변화이므로 등엔트로피 선을 따라 압축된다.

- 임계점이상에서는 냉매가 응축액화 할 수 없다.
- 포화액선에서의 냉매의 건도는 0이다.
- 포화증기선에서의 냉매의 건도는 1이다.
- 저압이 되면 냉매의 비체적이 증대하여 냉매 순환량이 감소한다.
- 압축기 입구의 냉매가스 과열도가 크게 되면 냉매의 비체적이 크게 된다.

건조도
습포화 증기는 건조포화증기와 냉매액의 혼합물이라고 볼 수 있다. 이때 그 증기 속에 함유 된 냉매액의 혼용률을 나타내기 위한 것으로 지금 증기 1kg 속에 건조 증기가 x kg 있다고 하면 이때 x를 건조도 또는 건도라 한다.
(예)
$x = 0.6$은 습증기 중 60%는 건조 포화증기이고 나머지 40%는 포화액인 것을 나타낸다.

3 냉동 사이클선도의 6대 구성요소

분류	특성
계통도	그림. P-h 선도상에 표시한 냉매 변화의 상태
흡입	①점 : 증발기에서 증발 완료한 건조 포화증기가 압축기에 흡입되는 지점
토출	②점 : 압축된 냉매가스가 압축기를 나와 응축기에 들어가는 지점
응축 시작	②´점 : 응축기 입구를 지나서 고온 냉매의 과열이 제거된 건조포화 증기
응축 완료	③´점 : 응축기에서 냉각수 또는 공기로 냉각된 포화액으로 응축기 출구를 지나서 혹은 수액기에서의 지점
과냉각	③점 : 포화액이 과냉각되어 팽창밸브 입구까지 도달된 액
팽창	④점 : 팽창밸브를 지나 감압, 감온 된 냉매가 증발기에 들어가는 습 포화 증기

4 냉동 사이클의 변화와 사이클 종류

증발 및 응축온도가 일정하고 과냉각도가 없는 냉동 사이클에 있어서 압축기에 흡입되는 가스의 상태가 변화했을 경우에 사이클의 변화이다.

분류	특성
건(포화) 압축 사이클	- 압축기에 흡입되는 냉매가 증발기에서 증발을 완료하여 건조포화 증기 상태로 압축하는 사이클이다.
과열 압축 사이클	- 부하가 증대하거나 냉매순환량이 감소되면, 증발기 출구에 이르기 전에 이미 냉매의 증발이 완료되고 계속 열을 흡수하여 등압 하에서 온도가 상승된 과열증기 상태로 압축기에 흡입된다. - 일반적으로 습압축을 방지할 목적으로 압축기에 흡입되는 증기를 열교환기로 과열시켜 압축하는 사이클이다. 〈과열도 = 과열증기 온도 - 포화증기온도〉
습압축 사이클	- 부하의 감소나 냉매 순환량의 증가로 증발기에서 완전히 증발하지 못한 습증기 상태로 압축기에 흡입되는 사이클을 의미한다.

과열 증기를 흡입할 때
㉠ 냉매 순환량 감소
㉡ 토출 가스 온도 상승
㉢ 체적 효율 감소
㉣ 소요 동력 증대
㉤ 실린더 과열
㉥ 윤활유 탄화
㉦ 냉동능력 감소

습포화 증기를 흡입할 때
㉠ 액 압축 위험
㉡ 성적계수 감소
㉢ 냉동능력 감소
㉣ 소요 동력증대

5 각종 온도(증발 응축) 변화 사이클

증발 및 응축온도, 과냉각도가 변화할때 냉동 사이클도 변화한다.

분류	특성
응축온도 (압력)의 변화	압축기의 흡입가스는 건조포화증기이고, 증발압력이 일정할 때 응축온도가 변화한 경우에 대한 사이클의 변화이다. (단, 과냉각은 없는 것으로 한다.)  그림. 응축온도의 변화 냉동 사이클(a→b→c→d) 상태에서 응축기의 냉각이 불량하면 응축 압력이 P에서 P′로 높아진다. 이로 인하여 냉동 사이클을 (a→b′→c′→d′)의 상태로 변화한다. 이와 반대로 응축기의 냉각 상태가 좋아지면 응축압력이 P에서 P″로 낮아진다. 따라서 사이클은 (a→b″→c″→d″)의 상태로 변화한다. 이 세 가지의 사이클을 비교할 때 응축 온도가 높아지면 응축압력의 상승으로 다음과 같은 결과를 초래한다. ※ 응축온도가 높은 때 현상 ㉮ 압축비의 증대　　㉯ 토출가스 온도 상승 ㉰ 냉동 효과 감소　　㉱ 성적 계수 감소 ㉲ 실린더 과열　　　㉳ 윤활유의 탄화 ㉴ 소요 동력 증대　　㉵ 체적 효율 감소 ㉶ 피스톤 압출량 감소 ㉷ 냉매 순환량 감소 ※ 응축압력은 가능한 한 낮게 하는 것이 좋다.

분류	특성
증발 온도(압력) 의 변화	응축온도가 일정하고 과냉각이 없을 때, 증발 온도가 변화했을 경우에 대한 몰리에르 선도상의 변화이다. 단, 압축기의 흡입가스 상태는 건조 포화증기로 한다. 그림. 증발압력의 변화 냉동 사이클(a→b→c→d)의 운전 중에 피냉각 물질의 온도 저하 등으로 인하여 증발기의 냉각 상태가 변화했을 경우 그에 비례하여 증발온도가 저하하고 증발 압력은 P에서 P″로 변화한다. 그리하여 냉동 사이클을 (a→b″→c→d″)의 상태로 된다. ※ 증발 온도가 낮을 때 현상 ㉮ 압축비의 증대 ㉯ 토출가스 온도 상승 ㉰ 체적 효율 감소 ㉱ 냉매 순환량 감소 ㉲ 냉동 효과 저하 ㉳ 성적계수 저하 ㉴ 피스톤 압출량 감소 ㉵ 실린더 과열 ㉶ 윤활유 탄화 ㉷ 소요 동력 증대 ※ 증발압력은 가능한 한 높게 하는 것이 좋다.

분류	특성
과냉각의 변화	응축, 증발 온도가 일정하고, 압축기 흡입가스는 건조 포화 증기이고 응축기 출구의 냉매액 상태가 변화했을 경우에 대한 사이클의 변화이다. 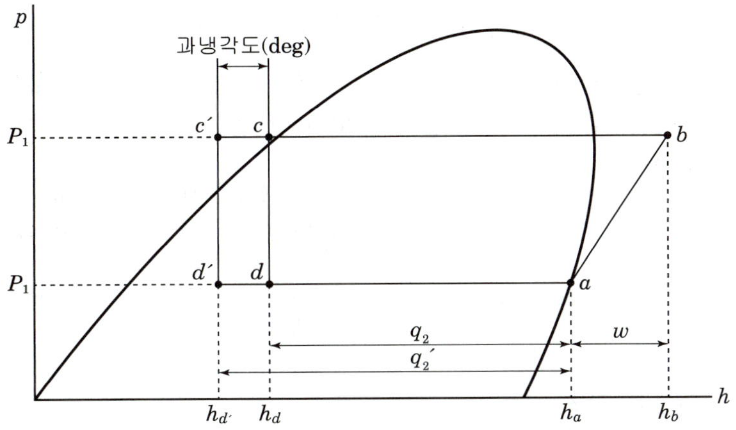 그림. 과냉각의 변화 냉동 사이클 (a→b→c→d)상태에서 응축기의 냉각 능력이 증가하여 응축기 출구의 냉매액 온도가 저하된 것으로 하면 사이클은 (a→b→c′→d′)로 변화 한다. 이 두 냉동 사이클을 위 그림을 보고 비교하면 과 냉각도가 크게 되면 냉동효과의 증가로 성적계수가 증대하는 것을 알 수 있다.

03 냉매선도와 냉동 사이클
핵심예상문제

본 핵심예상문제는 각단원별 출제빈도 높은 문제 및 최근 10년간의 기출문제 중 비중이 높은 출제유형이므로 꼭 풀어보고 가야할 문제입니다. 이후 실전예상문제를 공부하시면 효과적입니다.

[15년 2회]

01 몰리에르 선도에 대한 설명 중 틀린 것은?

① 과열구역에서 등엔탈피선은 등온선과 거의 직교한다.
② 습증기 구역에서 등온선과 등압선은 평행하다.
③ 습증기 구역에서만 등건조도선이 존재한다.
④ 등비체적선은 과열 증기구역에서도 존재한다.

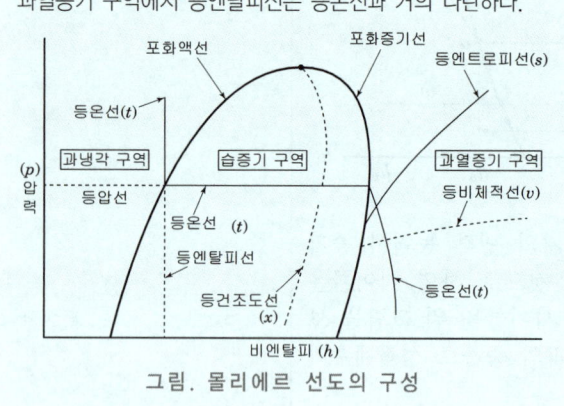

과열증기 구역에서 등엔탈피선은 등온선과 거의 나란하다.

그림. 몰리에르 선도의 구성

[15년 3회]

02 몰리에르 선도 상에서 건조도(X)에 관한 설명으로 옳은 것은?

① 몰리에르 선도의 포화액선상 건조도는 1이다.
② 액체가 70%, 증기 30%인 냉매의 건조도는 0.7이다.
③ 건조도는 습포화증기 구역 내에서만 존재한다.
④ 건조도라 함은 과열증기 중 증기에 대한 포화액체의 양을 말한다.

① 몰리에르 선도의 포화액선상 건조도는 0이다. 포화증기선 상의 건조도가 1이다.
② 액체가 70%, 증기 30%인 냉매의 건조도는 0.30이다.
④ 건조도란 습증기 속에 포함되어 있는 건조한 증기의 양을 의미한다.

[23년 1회, 16년 1회, 10년 3회]

03 냉동사이클 중 P-h 선도(압력-엔탈피 선도)로 계산할 수 없는 것은?

① 냉동능력   ② 성적계수
③ 냉매순환량   ④ 마찰계수

냉동사이클 중 P-h 선도(압력-엔탈피 선도)로 계산할 수 있는 것
㉠ 냉동효과   ㉡ 압축일량(소요동력)
㉢ 응축기 방열량   ㉣ 성적계수
㉤ 냉동능력   ㉥ 냉매순환량
㉦ 압축비

[11년 3회]

04 표준 냉동사이클(기준 냉동사이클)에서 응축온도와 팽창밸브 직전의 과냉각온도는 일반적으로 몇 도로 하는가?

① 3℃   ② 5℃
③ 10℃   ④ 15℃

표준 냉동사이클에서 응축온도(30℃)와 팽창밸브 직전(25℃)의 과냉각온도는 5℃(30-25=5)이다.

[16년 1회]

05 표준냉동사이클에 대한 설명으로 옳은 것은?

① 응축기에서 버리는 열량은 증발기에서 취하는 열량과 같다.
② 증기를 압축기에서 단열압축하면 압력과 온도가 높아진다.
③ 팽창밸브에서 팽창하는 냉매는 압력이 감소함과 동시에 열을 방출한다.
④ 증발기내에서의 냉매증발온도는 그 압력에 대한 포화온도보다 낮다.

정답 01 ① 02 ③ 03 ④ 04 ② 05 ②

① 응축기에서 버리는 열량은 증발기에서 취한 열량에 압축일을 더한 것과 같다.
③ 팽창밸브에서 냉매의 과정은 단열팽창으로 외부로의 열의 출입은 없다.
④ 표준냉동사이클에서 증발기내에서의 증발과정은 등압, 등온과정으로 냉매증발온도는 그 압력에 대한 포화온도와 같다.

[23년 2회]
08 몰리에선도에서 냉매의 상태값을 결정하기위한 2개의 물리량으로 적합한 것은?

① 비체적과 레이놀드수
② 압력과 엔탈피
③ 압력과 온도
④ 마찰계수와 유속

> 몰리에선도에서 상태점을 결정하려면 압력과 엔탈피, 비엔트로피와 압력, 습증기구역외에서 온도와 압력등으로 결정되며 온도와 압력은 습증기구역안에서는 서로 평행하므로 상태값을 결정할 수 없다.

[13년 2회, 11년 3회]
06 증기 압축식 이론 냉동사이클에서 엔트로피가 감소하고 있는 과정은 다음 중 어느 과정인가?

① 팽창과정
② 응축과정
③ 압축과정
④ 증발과정

> 증기 압축식 이론 냉동사이클에서 응축과정은 등압과정으로 엔탈피 및 엔트로피가 감소하는 과정이다. 증발과정은 엔트로피가 증가한다.

[15년 1회]
09 냉동사이클에서 등엔탈피 과정이 이루어지는 곳은?

① 압축기
② 증발기
③ 수액기
④ 팽창밸브

> ① 압축기 : 등엔트로피 과정(이론적으로)
> ② 증발기 : 등압과정(표준냉동 사이클에서는 등온, 등압과정)
> ④ 팽창밸브 : 등엔탈피 과정

[16년 1회]
10 냉동사이클이 다음과 같은 T-S 선도로 표시되었다. T-S 선도 4-5-1의 선에 관한 설명으로 옳은 것은?

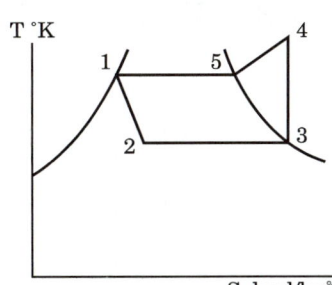

① 4-5-1은 등압선이고 응축과정이다.
② 4-5는 압축기 토출구에서 압력이 떨어지고 5-1은 교축과정이다.
③ 4-5는 불응축 가스가 존재할 때 나타나며, 5-1만이 응축과정이다.
④ 4에서 5로 온도가 떨어진 것은 압축기에서 흡입가스의 영향을 받아서 열을 방출했기 때문이다.

[16년 1회]
07 표준 냉동장치에서 단열팽창과정의 온도와 엔탈피 변화로 옳은 것은?

① 온도 상승, 엔탈피 변화 없음
② 온도 상승, 엔탈피 높아짐
③ 온도 하강, 엔탈피 변화 없음
④ 온도 하강, 엔탈피 낮아짐

> 표준 냉동장치에서 단열팽창과정은 등엔탈피 과정으로 온도는 하강하고 엔트로피는 상승한다.

정답 06 ② 07 ③ 08 ② 09 ④ 10 ①

제1장 냉동이론

㉠ 1-2과정 : 팽창과정(등엔탈피 변화)
㉡ 2-3과정 : 증발과정(등압, 등온 변화)
㉢ 3-4과정 : 압축과정(등엔트로피 변화)
㉣ 4-5-1과정 : 응축과정(등압변화)

[16년 2회]

11 냉동효과에 대한 설명으로 옳은 것은?

① 증발기에서 단위 중량의 냉매가 흡수하는 열량
② 응축기에서 단위 중량의 냉매가 방출하는 열량
③ 압축 일을 열량의 단위로 환산한 것
④ 압축기 출·입구 냉매의 엔탈피 차

> 냉동효과란 단위중량의 냉매가 증발기에서 흡수한 열량으로 다음 식으로 나타낸다.
> 냉동효과 = (증발기 출구 냉매엔탈피) − (증발기 입구 냉매엔탈피)

[09년 2회]

12 증기 압축식 냉동 사이클에서 팽창 밸브를 통과하여 증발기에 유입되는 냉매의 엔탈피를 A, 증발기 출구 건조증기 상태 엔탈피를 B, 포화액의 엔탈피를 C라 할 때 팽창밸브를 통과한 후 직후 증기로 된 냉매의 양은?

① $\dfrac{B-A}{B-C}$
② $\dfrac{A-C}{B-A}$
③ $\dfrac{B-C}{A-C}$
④ $\dfrac{A-C}{B-C}$

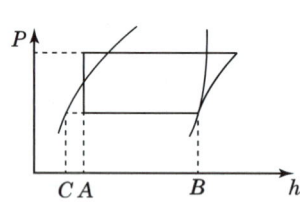

> 건조도(증기로 된 냉매의 양) = $\dfrac{A-C}{B-C}$
> 습도(액체 상태의 냉매의 양) = $\dfrac{B-A}{B-C}$

[16년 2회, 12년, 2회, 08년 1회]

13 −20℃의 암모니아 포화액의 엔탈피가 315kJ/kg이며, 동일 온도에서 건조포화증기의 엔탈피가 1693kJ/kg이다. 이 냉매액이 팽창밸브를 통과하여 증발기에 유입될 때의 냉매의 엔탈피가 672kJ/kg이었다면 중량비로 약 몇 %가 액체 상태인가?

① 16%
② 26%
③ 74%
④ 84%

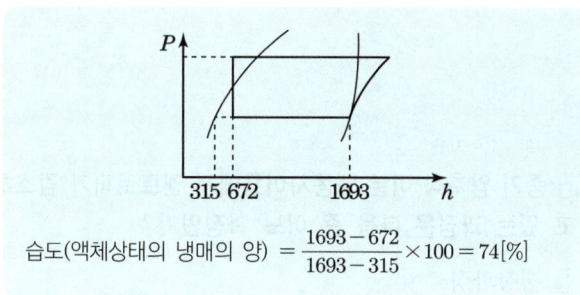

> 습도(액체상태의 냉매의 양) = $\dfrac{1693-672}{1693-315}\times 100 = 74[\%]$

[14년 1회, 10년 3회]

14 팽창밸브 입구에서 410kJ/kg의 엔탈피를 갖고 있는 냉매가 팽창밸브를 통과하여 압력이 내려가고 포화액과 포화증기의 혼합물, 즉 습증기가 되었다. 습증기 중의 포화액의 유량이 7kg/min일 때 전 유출 냉매의 유량은 약 얼마인가? (단, 팽창밸브를 지난 후의 포화액의 엔탈피는 216kJ/kg, 건포화증기의 엔탈피는 2000kJ/kg이다.)

① 6kg/min
② 7kg/min
③ 8kg/min
④ 9kg/min

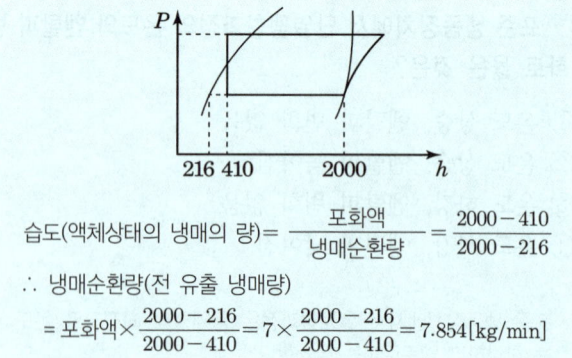

> 습도(액체상태의 냉매의 량) = $\dfrac{\text{포화액}}{\text{냉매순환량}} = \dfrac{2000-410}{2000-216}$
> ∴ 냉매순환량(전 유출 냉매량)
> = 포화액 × $\dfrac{2000-216}{2000-410}$ = 7 × $\dfrac{2000-216}{2000-410}$ = 7.854[kg/min]

정답 11 ① 12 ④ 13 ③ 14 ③

[09년 3회]

15 다음 그림의 선도와 같이 운전하고 있는 NH_3 냉동장치에서 냉매 순환량이 230kg/h일 때 냉동능력은 몇 RT인가? (단, 1RT=3.86kW이다)

① 5RT
② 10RT
③ 15RT
④ 20RT

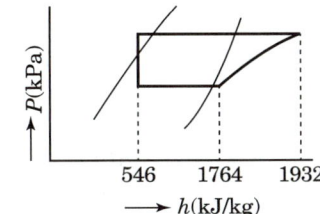

$$RT = \frac{Q_2}{3.86} = \frac{G \times q_2}{3.86} = \frac{\left(\frac{230}{3600}\right) \times (1764 - 546)}{3.86} = 20$$

여기서 Q_2 : 냉동능력[kJ/h]
G : 냉매순환량[kg/h], q_2 : 냉동효과[kJ/kg]

[10년 1회]

16 다음 그림과 같은 냉동 사이클에서 냉동능력 1RT (3.86kW)당 응축기의 방열량은 약 몇 kW인가? (단, h_1=563kJ/kg, h_3=1667kJ/kg, h_4=1903kJ/kg)

① 2.72
② 3.3
③ 4.68
④ 5.20

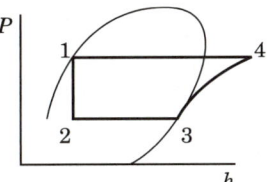

해설 1) 응축기 방열량(응축부하) Q_1
$Q_1 = G \times q_1 = 3.496 \times 10^{-3} \times (1903 - 563) = 4.68$kW
여기서 1RT당 냉매순환량 G[kg/h]는
$G = \frac{Q_2}{q_2} = \frac{3.86}{1667 - 563} = 3.496 \times 10^{-3}$[kg/s]
해설 2) 응축부하(4-1)는 냉동능력(3-2)의 일정비율이므로
$Q_1 = Q_2 \left(\frac{h_4 - h_1}{h_3 - h_2}\right) = 3.86 \left(\frac{1903 - 563}{1667 - 563}\right) = 4.68$kW

[15년 3회]

17 다음의 압력-엔탈피 선도를 이용한 압축냉동 사이클의 성적계수는?

① 2.36
② 4.71
③ 9.42
④ 18.84

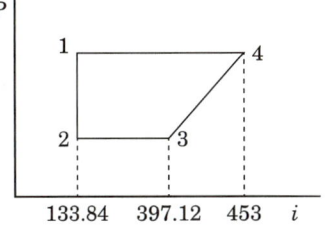

성적계수 COP
$$COP = \frac{q_2}{w} = \frac{397.12 - 133.84}{453 - 397.12} = 4.71$$

[10년 2회, 08년 2회]

18 냉동 사이클에서 응축온도가 32℃, 증발온도가 -10℃이면 성적계수는 약 얼마인가? (단, 냉동 사이클은 가역 사이클로 본다)

① 9.73   ② 8.45
③ 7.26   ④ 6.26

가역냉동 사이클 성적계수 COP
$$COP = \frac{T_2}{T_1 - T_2} = \frac{273 - 10}{(273 + 32) - (273 - 10)} = 6.26$$

[22년 2회]

19 2단압축 1단 팽창 냉동사이클에서 중간냉각기의 기능으로 가장 적합한 것은?

① 고단압축기 토출가스를 냉각시키고 팽창밸브로 공급되는 냉매액을 냉각시킨다.
② 불응축가스를 냉각시켜서 응축부하를 감소시킨다.
③ 저단압축기 토출가스를 냉각시키고 팽창밸브로 공급되는 냉매액을 냉각시킨다.
④ 저단압축기 토출가스를 냉각시키고, 팽창밸브로 공급되는 냉매액을 가열한다.

2단압축 1단 팽창 냉동사이클에서 중간냉각기의 기능은 저단압축기 토출가스를 냉각시키고 팽창밸브로 공급되는 냉매액을 냉각시켜서 성적계수를 높이고, 냉동능력을 증가시킨다.

정답 15 ④ 16 ③ 17 ② 18 ④ 19 ③

제1장 | 냉동이론

04 각종 냉동 사이클

1 이상 냉동 사이클과 실제 냉동 사이클

분류	특징
역 카르노 사이클	역카르노 사이클은 외부에서 일을 가하여 저열원에서 고열원으로 열을 운반하는 장치로 냉동기의 이상 사이클이다. 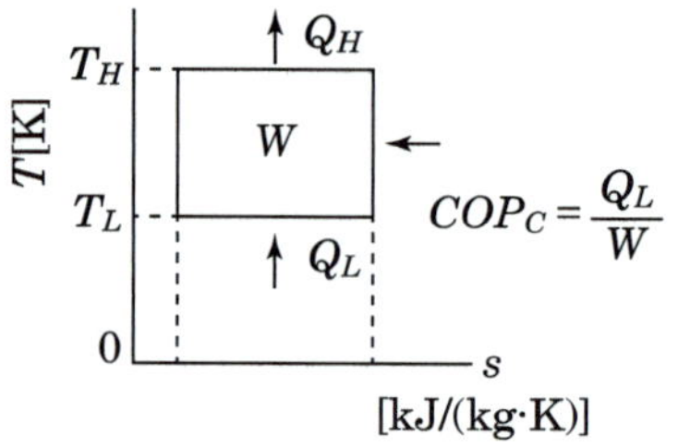 냉동기 성적계수 $COP_C = \dfrac{T_L}{T_H - T_L}$ 히트펌프 성적계수 $COP_H = \dfrac{T_H}{T_H - T_L}$ $COP_C = \dfrac{Q_L}{W}$
실제 사이클	아래 그림에서 T-S 선도의 경우 ①-ⓐ-②의 부분이 교축팽창에 의하여 일부 엔트로피가 증가하며, ①-②-③으로 이상 사이클(역카르노사이클)보다 외부동력이 증가하여 실제 사이클의 성적계수는 감소하게 된다. 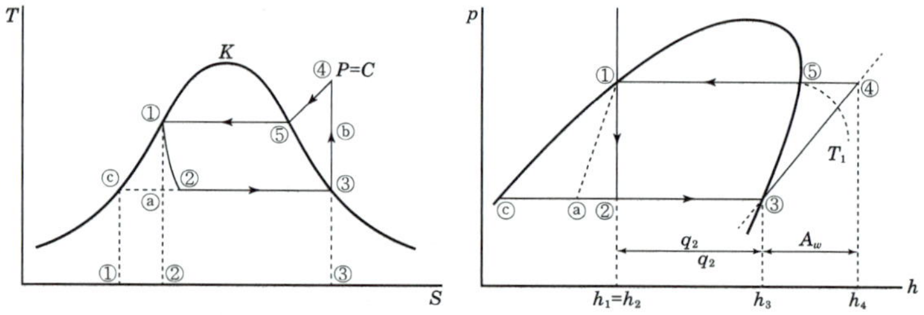 그림. 실제 냉동사이클
이상 사이클과 실제 사이클 비교	**이상냉동 사이클**: 팽창기(단열팽창), 증발기(등온증발), 압축기(단열압축), 응축기(등온응축) ⇒ **실제냉동 사이클**: 팽창밸브(교축팽창), 증발기(정압증발), 압축기(단열압축), 응축기(정압응축)

2 증기압축(단단 압축) 냉동사이클

분류	특징
원리	대표적인 증기압축식 냉동기는 플루오르카본(프레온), 암모니아 등의 냉매를 작동유체로 하고 있다. 냉동기는 압축기, 응축기, 팽창변, 증발기로 구성되어 그 사이에 냉매는 압축 → 응축 → 팽창 → 증발 의 상태변화를 반복한다.
냉동사이클과 P-h선도	그림. 냉매의 상태변화 ① → ② : 압축기에서 냉매의 단열압축과정 ② → ③ : 응축기에서 냉매의 등압냉각과정 ③ → ④ : 팽창변에서 냉매의 교축팽창과정 ④ → ① : 증발기에서 냉매의 등압증발과정
P-h선도 상의 여러 가지 열량	① 냉동효과 (증발기에서 냉매1kg이 흡수하는 열량) q_2 $q_2 = h_1 - h_4 [\text{kJ/kg}]$ ② 압축일의 열당량(압축에 요하는 일량) w $w = h_2 - h_1 [\text{kJ/kg}]$ ③ 응축기 방열량 q_1 $q_1 = h_2 - h_3 [\text{kJ/kg}]$ ④ 압축비 m $m = \dfrac{\text{토출가스 절대압력}}{\text{흡입가스 절대압력}} = \dfrac{P_2}{P_1}$
냉매순환량 G	$G = \dfrac{V_a}{v_1} \eta_v [\text{kg/s}]$ 여기서, V_a : 이론 냉매흡입량 $[\text{m}^3/\text{s}]$ v_1 : 흡입가스 비체적 $[\text{m}^3/\text{kg}]$, η_v : 압축기 체적효율
냉동능력 Q_2	$Q_2 = G \cdot q_2 = G(h_1 - h_4) [\text{kW}]$ G : 냉매순환량 $[\text{kg/s}]$
소요동력 W	$W = G \cdot w = G(h_2 - h_1) [\text{kW}]$

교축작용 (Throttling)
유체가 밸브(valve) 기타 저항이 큰 곳을 통과할 때에 마찰이나 흐름의 흩어짐으로 인하여 압력과 온도 강하가 일어난다. 이와 같이 좁혀진 부분에 있어서의 압력강하를 교축작용이라 한다. 이러한 목적으로 사용하는 변을 교축변이라 하고 냉동장치에서 이런 역할을 하는 장치는 증발기 입구의 팽창변이 있다.

플래시 가스(Flash gas)
교축 작용 시 자체 내에서 증발 잠열에 의해 냉매가 증발되어 발생하는 기체를 말한다. 이는 이미 기화되었으므로 다시 기화되어 냉동 목적을 달성할 수 없다. 따라서 플래시 가스 발생을 억제하기 위하여 팽창밸브 직전의 냉매를 과냉각 시켜준다.

- 응축부하는 냉동능력에 압축기 축동력을 더한 값이다.
- 이론성적계수는 $p-h$ 선도 상에 냉동사이클을 도시하고 있으면 냉매 순환량을 몰라도 구할 수 있다.
- 열펌프 사이클은 응축부하를 이용한다.
- 열펌프 사이클의 성적계수는 압축효율(η_c), 기계효율(η_m)의 값에 따라서 변한다.

응축부하 Q_1	$Q_1 = G \cdot q_1 = G(h_2 - h_3)[\text{kW}]$
이론 성적계수	① 냉동기 성적계수(COP_C) $= \dfrac{h_1 - h_4}{h_2 - h_1}$ ② 히트펌프 성적계수(COP_H) $= \dfrac{h_2 - h_4}{h_2 - h_1} = (COP_C) + 1$
실제 성적계수	실제 성적계수 COP', $COP_H{'}$는 이론성적계수에 효율을 반영 ① $(COP_C)' = \dfrac{h_1 - h_4}{h_2 - h_1} \times \eta_c \times \eta_m$ ② $(COP_H)' = \dfrac{h_2 - h_4}{h_2 - h_1} \times \eta_c \times \eta_m = (COP_C)' + 1$ 여기서, η_c : 압축효율, η_m : 기계효율
기준 냉동 사이클 특징	냉동기의 냉동능력은 증발온도·응축온도·과냉각도·과열도에 따라서 다르다. 따라서 냉동능력의 비교는 일정한 온도조건으로 할 필요가 있다. 이 정해진 온도 조건에 의한 표준 냉동 사이클을 기준냉동 사이클이라 하며 다음과 같다. ① 응축온도(응축 압력에 대한 포화온도) : 30℃ ② 과냉각도 : 5℃ ③ 증발온도(흡입 압력에 대한 포화온도) : −15℃ ④ 압축기 흡입가스 : 과열도 : 0℃, (미국의 경우 : 과열도 5℃)

01 예제문제

R134a 냉동장치의 이론 냉동 사이클이 아래와 같은 조건일 때 냉동능력이 96kW이었다. 다음 물음에 답하시오. (단, 압축기의 압축효율(η_c)은 0.7, 기계효율(η_m)은 0.9로 한다.)

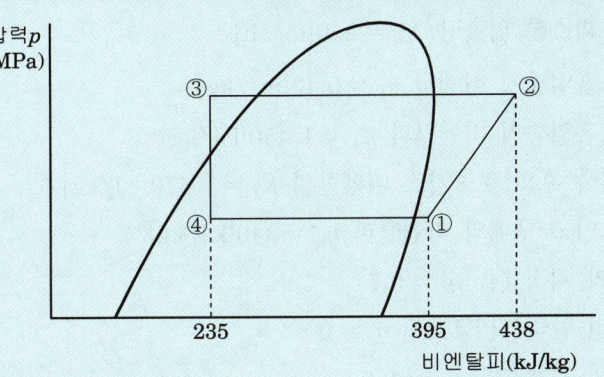

(1) 냉매 순환량을 구하시오.[kg/s]
(2) 실제축동력을 구하시오.[kW]
(3) 응축부하를 구하시오.[kW]
(4) 실제 성적계수를 구하시오.

해설

(1) 냉매 순환량
  냉동능력 $Q_2 = G\cdot(h_1 - h_4)$에서
  $$G = \frac{Q_2}{h_1 - h_4} = \frac{96}{395 - 235} = 0.6$$

(2) 실제축동력
  $$L_s = \frac{G(h_2 - h_1)}{\eta_c \cdot \eta_m} = \frac{0.6 \times (438 - 395)}{0.7 \times 0.9} = 40.95$$

(3) 응축부하
  $$Q_1 = Gq_1 = G(h_2 - h_3) = 0.6 \times (438 - 235) = 121.8$$

(4) 실제 성적계수
  $$COP = \frac{Q_2}{W} = \frac{96}{40.95} = 2.344$$

  답 (1) 0.6[kg/s], (2) 40.95[kW], (3) 121.8[kW], (4) 2.344

02 예제문제

암모니아 냉동장치가 아래의 조건으로 운전되고 있다. 물음에 답하시오.

> 압축기 피스톤 압출량 $V_a = 250 [\text{m}^3/\text{h}]$
> 압축기 흡입증기 비체적 $v_1 = 0.43 [\text{m}^3/\text{kg}]$
> 압축기 흡입증기 비엔탈피 $h_1 = 1,450 [\text{kJ/kg}]$
> 단열 압축 후의 토출가스 비엔탈피 $h_2 = 1,670 [\text{kJ/kg}]$
> 증발기 입구 냉매의 비엔탈피 $h_4 = 340 [\text{kJ/kg}]$
> 압축기의 체적효율 $\eta_v = 0.7$
> 압축기의 압축(단열)효율 $\eta_c = 0.8$
> 압축기의 기계효율 $\eta_m = 0.9$

(1) 냉동효과를 구하시오. [kJ/kg]
(2) 냉매순환량을 구하시오. [kg/s]
(3) 실제성적계수를 구하시오.

해설

(1) 냉동효과 q_2
$q_2 = h_1 - h_4 = 1,450 - 340 = 1,110$

(2) 냉매순환량
$$G = \frac{V_a}{v_1}\eta_v = \frac{250 \times 0.7}{0.43 \times 3,600} = 0.113$$

(3) 실제성적계수
$$COP = \frac{q_2}{w}\eta_c \cdot \eta_m = \frac{1,110}{1,670 - 1,450} \times 0.8 \times 0.9 = 3.63$$

답 (1) 1110 [kJ/kg], (2) 0.113 [kg/s], (3) 3.63

3 증기압축(2단 압축) 냉동사이클

분류	특징
원리	냉매를 2단으로 압축 하는 것을 2단 압축방식이라고 한다. 1대의 압축기로 -30℃ 이하의 저온을 얻기 위해서는 증발압력이 낮아지고 낮은증발압력으로부터 응축압력까지 냉매를 압축하면 압축비가 커지고 이때 압축기의 토출가스온도가 높아지고 체적 효율이 떨어져 냉동능력이 감소되고 압축효율이 저하되므로 단위 능력당 동력의 증가를 가져와 비경제적이다. 이런 경우 2단압축을 사용한다.
압축비	$\dfrac{P_2}{P_1} > 6$ 일 경우 P_2 : 응축압력[MPa], P_1 : 증발압력[MPa]
중간 압력	중간압력 선정(P_m) $P_m = \sqrt{P_1 \cdot P_2}$ (압력단위 : 절대압)
2단 압축 1단 팽창 사이클	이 사이클은 그림에서와 같이 응축기를 나온 액냉매 중의 일부의 냉매가 저압 압축기에서 나오는 토출가스를 냉각시키기 위해 중간냉각기에서 증발한다. 또한 팽창 밸브로 보내지는 냉매액의 과냉각도를 크게 하여 냉동효과를 증대시킨다. 그림. 2단 압축1단 팽창냉동사이클 그림. 2단 압축 1단 팽창 계통
2단 압축 2단 팽창 사이클	이 사이클은 1단 팽창과 다른 점은 응축기에서 액화한 고압의 냉매를 제1팽창밸브를 거쳐서 전부 중간냉각기로 보내어 중간압력 p_m까지 압력을 저하시켜 다시 중간냉각기에서 분리된 포화액을 제2팽창밸브를 지나서 증발압력까지 감압하여 증발기로 보내는 방식이다. 그림. 2단 압축 2단 팽창식 냉동사이클 그림. 2단 압축 2단 팽창계통

4 증기압축(2단 압축) 냉동사이클 성능

분류	특징
냉동효과 q_2	$q_2 = h_1 - h_8$
저단측 냉매순환량 G_L	$G_L = \dfrac{V_L \times \eta_{vL}}{v_L}, \qquad G_L = \dfrac{Q_2}{q_2}$ 여기서, V_L : 저단압축기 흡입가스체적[m³/s] 　　　　η_{vL} : 저단압축기의 체적효율 　　　　Q_2 : 냉동능력[kW] 　　　　v_L : 저단 압축기의 흡입가스 비체적[m³/kg]
중간냉각기 냉매순환량 G_m	중간냉각기에 대한 열평형식에 의해 $G_m(h_3 - h_6) = G_L\{(h_2 - h_3) + (h_5 - h_7)\}$ $G_m = G_L \dfrac{(h_2 - h_3) + (h_5 - h_7)}{h_3 - h_6}$ ※ 중간 냉각기의 기능 　㉠ 저압 압축기의 토출가스 온도를 낮춘다. 　㉡ 증발기에 공급되는 냉매액을 과냉각시켜 냉동효과를 증대시킨다. 　㉢ 고압 압축기에 흡입되는 냉매가스와 액을 분리시킨다.
고단압축기 냉매순환량 G_H	1) 순환비 : $\dfrac{G_H}{G_L} = \dfrac{h_2 - h_7}{h_3 - h_6}$ 2) 저단 압축기의 압축효율 η_{cL}이 주어졌을 경우 　$h_{2'} = h_1 + \dfrac{h_2 - h_1}{\eta_{cL}}, \qquad \dfrac{G_H}{G_L} = \dfrac{h_{2'} - h_7}{h_3 - h_6}$
압축일량	• 저단압축기 축동력 　$L_{SL} = \dfrac{G_L(h_2 - h_1)}{\eta_{cL} \cdot \eta_{mL}}$ • 고단압축기 축동력 　$L_{SH} = \dfrac{G_H(h_4 - h_3)}{\eta_{cH} \cdot \eta_{mH}}$
성적계수 COP	$COP = \dfrac{Q_2}{W_L + W_H} = \dfrac{G_L(h_1 - h_8)}{G_L(h_2 - h_1) + G_H(h_4 - h_3)}$ $= \dfrac{(h_1 - h_8)}{(h_2 - h_1) + \dfrac{h_2 - h_7}{h_3 - h_6}(h_4 - h_3)}$

5 기타 증기압축 냉동사이클

분류	특징
부스터 냉동사이클	냉동장치에서 저압축이 현저하게 낮아지거나 응축온도가 높아 저압가스를 응축압력까지 1단으로 압축하기 힘들 경우에 저압 압축기를 일반 냉동기의 보조로 사용하도록 한 것이다. 즉, 저압 압축기를 설치하여 증발기에서 나온 냉매가 주 압축기에 흡입되기 전에 중간압력까지 압축하는 압축기를 부스터라고 한다.
2원 냉동사이클	1) 정의 : 2원 냉동 방식은 극히 낮은 저온(-70℃ 이하)을 얻고자 할 경우 냉동기는 저온용, 고온용으로 나눈 2개의 독립된 냉동기로 되어있다. 2) 이 방식에는 고온 쪽과 저온 쪽(초저온 장치의 증발기)은 서로 다른 종류의 냉매가 사용되는 것이 보통이다. 3) 따라서 저온측 냉동기의 응축기와 고온측의 증발기를 조합(카스케이트콘덴서)시켜 열교환을 하게 함으로써 고온 냉동기의 증발기에 의한 저온 쪽 냉동기의 응축기를 냉각시키도록 한다. 그림. 2원 냉동장치 계통 그림. 2원 냉동사이클

4) 2원 냉동사이클 방식의 특징
   ① 냉매의 선택이 자유롭다.
   ② 다단 압축방식보다 저온에서 효율이 좋다.
   ③ -70℃ 이하의 초저온을 얻을 수 있다.
      (-100℃ 이하일 경우에는 3원 냉동방식 사용)
   ④ 저온측 응축부하는 고온측 증발부하가 된다.
5) 고온 측 냉동사이클의 냉매순환량을 G_h[kg/s], 저온 측 냉동사이클의 냉매순환량을 G_L[kg/s]로 하면, 고온 측 흡열량과 저온 측 방열량은 같으므로 $G_h(h_5 - h_8) = G_L(h_2 - h_3)$

   $\therefore \dfrac{G_h}{G_L} = \dfrac{h_2 - h_3}{h_5 - h_8}$ 이다.

6) 냉동열량 Q_L(저온 측 흡열량)은
   $Q_L = G_L \cdot q_2 = G_L(h_1 - h_4)$ 이다.
   한편 고온 측 흡열량(=저온 측 방열량) Q_h은
   $Q_h = G_h \cdot q_2' = G_h(h_5 - h_8) = G_L \cdot q_1 = G_L(h_2 - h_3)$

   $\therefore \dfrac{Q_h}{Q_L} = \dfrac{h_2 - h_3}{h_5 - h_8}$ 이 된다.

7) 성적계수 : 고온측 및 저온측 냉동기의 성적계수는

   고온측 냉동기의 성적계수 $COP_h = \dfrac{q_2'}{w_h} = \dfrac{h_5 - h_8}{h_6 - h_5}$

   저온측 냉동기의 성적계수 $COP_L = \dfrac{q_2}{w_L} = \dfrac{h_1 - h_4}{h_2 - h_1}$ 이므로

   종합 성적계수 $COP = \dfrac{G_L \cdot q_2}{G_L w_L + G_h w_h}$ 이다.

   $\dfrac{G_L(h_1 - h_4)}{G_L(h_2 - h_1) + G_h(h_6 - h_5)}$

   $= \dfrac{COP_L \cdot COP_h}{COP_L + COP_h + 1}$

03 예제문제

2원 냉동사이클로 작동하는 냉동기가 아래 P-h 선도와 같은 조건으로 운전될 경우 물음에 답하시오.

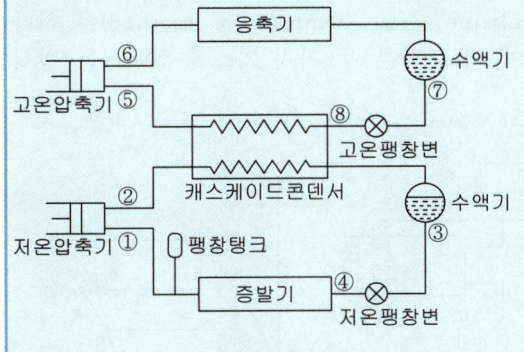

그림. 2원 냉동장치

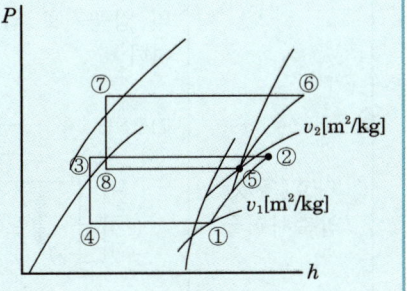

그림. 2원 냉동사이클

$h_3 = h_4 = 374.61 [\text{kJ/kg}]$, $h_1 = 476.58 [\text{kJ/kg}]$, $h_2 = 516.13 [\text{kJ/kg}]$

$h_7 = h_8 = 451.08 [\text{kJ/kg}]$, $h_5 = 604.46 [\text{kJ/kg}]$, $h_6 = 674.36 [\text{kJ/kg}]$

(1) 성적계수를 구하시오.

(2) 냉동톤당의 냉매순환량[kg/h]을 구하시오.

해설

(1) 저온측 냉동기 성적계수 $COP_L = \dfrac{h_1 - h_4}{h_2 - h_1} = \dfrac{476.58 - 374.61}{516.13 - 476.58} = 2.58$

고온측 냉동기 성적계수 $COP_h = \dfrac{h_5 - h_8}{h_6 - h_5} = \dfrac{604.46 - 451.08}{674.36 - 604.46} = 2.19$

∴ 종합 성적계수 $COP = \dfrac{COP_L \cdot COP_h}{COP_L + COP_h + 1} = \dfrac{2.58 \times 2.19}{2.58 + 2.19 + 1} = 0.98$

(2) 저온측 냉매순환량 $G_L = \dfrac{Q_L}{q_2} = \dfrac{3.86 \times 3,600}{476.58 - 374.61} = 136.28 [\text{kg/h}]$

고온측 냉매순환량 $G_h = G_L \dfrac{h_2 - h_3}{h_5 - h_8} = 136.28 \times \dfrac{516.13 - 374.61}{604.46 - 451.08} = 125.74 [\text{kg/h}]$

답 (1) 0.98, (2) G_L : 136.28[kg/h], G_h : 125.74[kg/h]

6 기타 냉동사이클

분류	특징
다효(多效) 압축사이클	다효 압축 방식(Multiple effect compression method)은 하나의 압축기로 압력이 서로 다른 두 가지 가스를 압축하는 방식이다. 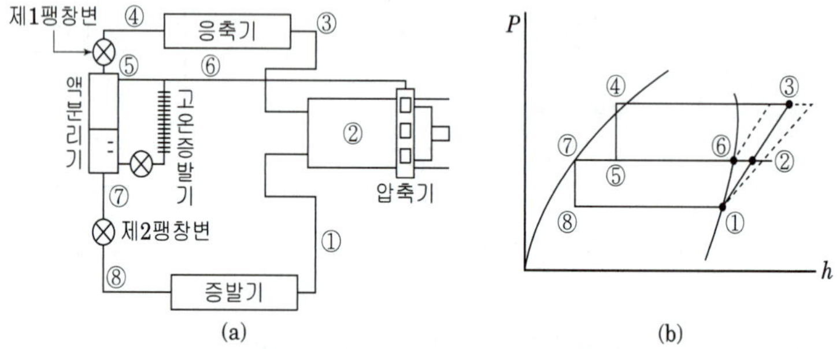 (a) 사이클 구성도 (b) P-h 선도 그림. 다효 압축사이클
추가 압축사이클 (Plank cycle)	이산화탄소(CO_2)와 같이 임계압력이 낮은 냉매에 대하여, 냉각수온도가 높을 때에는 임계압력 이상의 압축사이클이 되는데 응축기를 나온 냉매를 그림과 같이 추가 압축하여 다시 냉각하면 증발기로 들어가는 냉매의 건조도가 작게 되어 냉동능력이 향상된다. 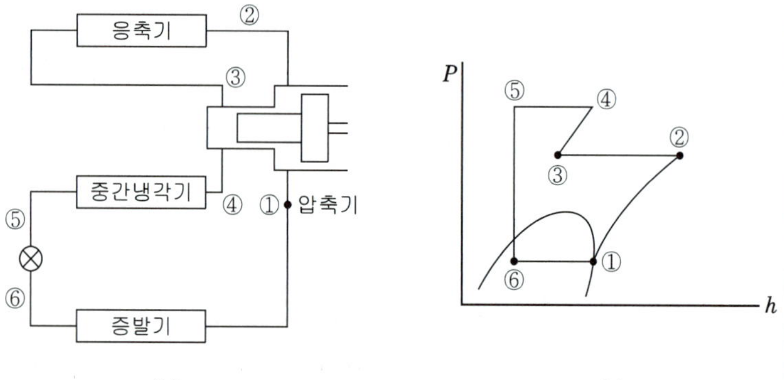 (a) 사이클 구성도 (b) P-h 선도 그림. 추가 압축사이클 냉동효과 $q_2 = (h_1 - h_6)$ 압축일 w = 제1단 압축일(w_1) + 제2단 압축일(w_2) $\quad\quad\quad = (h_2 - h_1) + (h_4 - h_3)$ 성적계수 $COP = \dfrac{q_2}{w} = \dfrac{h_1 - h_6}{(h_2 - h_1) + (h_4 - h_3)}$ 응축기 방열량 $q_1 = (h_2 - h_3)$ 중간냉각기 방열량 $q_m = (h_4 - h_5)$

7 흡수식 냉동사이클

분류	특징
원리	냉매증기의 압축과정을 압축기로 행하는 대신에 냉매와 흡수용액의 농도의 차이로 화학적으로 압축작용을 행하는 사이클을 흡수식 냉동사이클이라 한다.
구성요소와 냉매	흡수식 냉동 사이클의 구성요소는 증발기, 응축기, 팽창변, 흡수기 및 발생기로 구성되어 있다. 이 사이클은 냉매 이외에 흡수제가 사용되고 현재 일반적으로 사용되고 있는 냉매와 흡수제의 조합으로는 암모니아+물, 물+LiBr계가 있다.
흡수식 사이클과 듀링선도	LiBr 수용액의 듀링선도 상에 작동 사이클을 나타내면 그림과 같다. 그림 중에 6254가 이 사이클이다. 그림의 6→2, 5→4는 각각 물(냉매)의 증발압력, 응축압력 하에서의 정압변화를 나타낸다. 점 2, 4의 온도는 각각 흡수기의 용액출구, 발생기의 용액출구온도를 나타낸다. 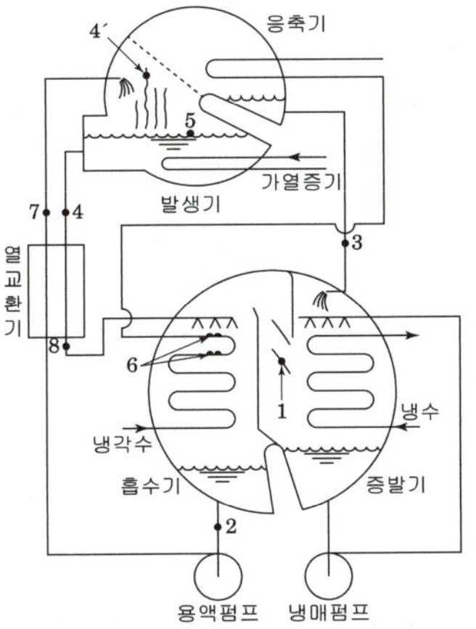 그림. 단효용 흡수식 냉동기 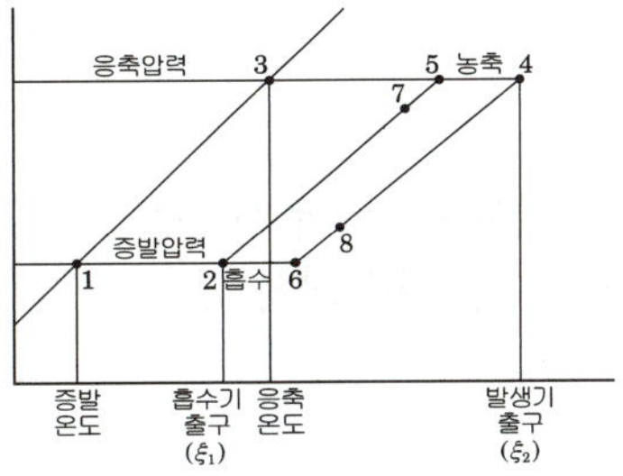 그림. 듀링선도(흡수사이클) ξ_1, ξ_2는 각각 흡수기출구의 희용액, 발생기출구의 농용액의 농도(중량%)를 표시한다.
냉매와 흡수제	※ 단효용(single effect)방식의 흡수사이클 동작 6-2 : 흡수기의 흡수작용 2-7 : 고온 농용액과의 열교환에 의한 흡수기 희용액의 온도상승 7-5 : 발생기내에서의 비등점에 이르기 까지 가열 5-4 : 발생기내에서 용액의 농축 4-8 : 흡수기에서 저온 희용액과의 열교환에 의한 농용액의 온도강하 8-6 : 흡수기 외부로 부터의 냉각에 의한 농용액의 온도강하

04 각종 냉동 사이클
핵심예상문제

본 핵심예상문제는 각단원별 출제빈도 높은 문제 및 최근 10년간의 기출문제 중 비중이 높은 출제유형이므로 꼭 풀어보고 가야할 문제입니다. 이후 실전예상문제를 공부하시면 효과적입니다.

[12년 1회]

01 0℃와 100℃ 사이의 물을 열원으로 역카르노 사이클로 작동되는 냉동기(e_C)와 히트펌프(e_H)의 성적계수는 각각 얼마인가?

① $e_C = 1.00$, $e_H = 2.00$
② $e_C = 3.54$, $e_H = 4.54$
③ $e_C = 2.12$, $e_H = 3.12$
④ $e_C = 2.73$, $e_H = 3.73$

(1) 가역 냉동사이클 성적계수 e_C
$$e_C = \frac{T_2}{T_1 - T_2} = \frac{273+0}{(273+100)-(273+0)} = 2.73$$
(2) 가역 히트펌프의 성적계수 e_H
$$e_H = e_C + 1 = 2.73 + 1 = 3.73$$

[14년 3회]

02 이상적 냉동사이클에서 어떤 응축온도로 작동 시 성능계수가 가장 높은가? (단, 증발온도는 일정하다.)

① 20℃ ② 25℃
③ 30℃ ④ 35℃

가역 냉동사이클 성적계수 COP
$$COP = \frac{T_2}{T_1 - T_2}$$ 에서 증발온도 T_2가 일정할 때 응축온도 T_1가 낮을수록 성적계수가 좋아진다.

[15년 1회, 12년 2회, 09년 3회]

03 이상적 냉동사이클로 작동되는 냉동기의 성적계수가 6.84일 때 증발온도가 -15℃이다. 응축온도는 약 몇 ℃ 인가?

① 18 ② 23
③ 27 ④ 32

가역 냉동사이클 성적계수 COP
$$COP = \frac{T_2}{T_1 - T_2}$$ 에서
$$T_1 = T_2 + \frac{T_2}{COP} = (273-15) + \frac{273-15}{6.84} = 296 [K] = 23[℃]$$
여기서 T_1 : 응축온도[K] T_2 : 증발온도[K]

[16년 1회]

04 10냉동톤의 냉동능력을 갖는 역 카르노 사이클이 적용된 냉동기관의 고온부 온도가 25℃, 저온부 온도가 -20℃ 일 때, 이 냉동기를 운전하는데 필요한 동력은?
(단, 1RT=3.9kW)

① 1.8kW ② 3.1kW
③ 6.9kW ④ 9.4kW

$$COP = \frac{Q_2}{W} = \frac{T_2}{T_1 - T_2}$$ 에서
$$W = Q_2 \left(\frac{T_1 - T_2}{T_2}\right) = (10 \times 3.9) \times \frac{(273+25)-(273-20)}{273-20}$$
$$= 6.9 kW$$

[11년 2회]

05 다음은 R-22냉동장치의 냉동사이클을 P-h선도에 나타낸 것이다. 설명 중 옳지 않은 것은?

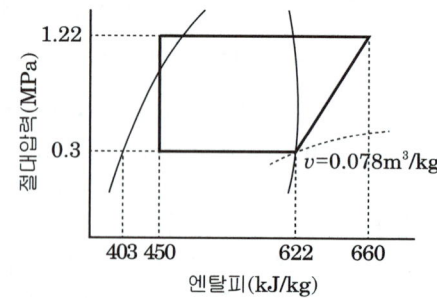

① 1냉동톤(3.86kW)당 소요냉매순환량은 약 81kg/h이다.
② 압축기의 체적효율을 0.75라 하면 1냉동 톤당 소요 피스톤 토출량은 약 8.42m³/h이다.

정답 01 ④ 02 ① 03 ② 04 ③ 05 ③

③ 성적계수는 약 5.56이다.
④ 팽창밸브 출구에 있어서 냉매의 건조도는 약 0.21이다.

> ① 1냉동톤(3.86kW)당 소요냉매순환량
> $$G = \frac{Q_2}{q_2} = \frac{3.86 \times 3600}{622-450} = 81 \text{ [kg/h]}$$
> ② 1냉동톤당 소요 피스톤 토출량
> $$V = \frac{G \times v}{\eta_v} = \frac{81 \times 0.078}{0.75} = 8.42$$
> ③ 성적계수 $COP = \frac{q_2}{w} = \frac{622-450}{660-622} = 4.53$
> ④ 건조도 $x = \frac{450-403}{622-403} = 0.21$

[11년 3회]

06 소형 냉동기의 브라인 순환량이 10kg/min이고 출입구 온도차는 10℃이다. 압축기의 실제 소요동력이 2.2kW일 때 이 냉동기의 실제 성적계수는 약 얼마인가? (단, 브라인의 비열은 3.35kJ/1kg·K이다.)

① 1.53　　　　② 2.54
③ 3.53　　　　④ 4.53

> 실제 성적계수 COP
> $$COP = \frac{Q_2(냉동능력)}{W(실제압축일)} = \frac{mC\Delta t}{W} = \frac{\left(\frac{10}{60}\right) \times 3.35 \times 10}{2.2} = 2.54$$

[15년 2회]

07 그림과 같은 이론 냉동 사이클이 적용된 냉동장치의 성적계수는? (단, 압축기의 압축효율 80%, 기계효율 85%로 한다.)

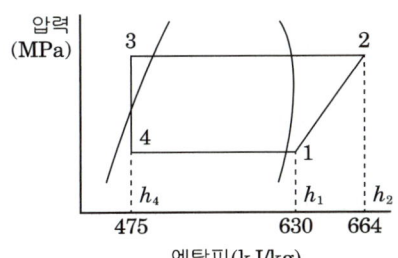

① 2.4　　　　② 3.1
③ 4.4　　　　④ 5.1

> 실제 성적계수
> $$COP = \frac{q_2}{w}(\eta_c \times \eta_m) = \frac{630-475}{664-630} \times 0.8 \times 0.85 = 3.1$$

[13년 3회]

08 역카르노 사이클로 작동되는 냉동기에서 성능계수(COP)가 가장 큰 응축온도(t_c) 및 증발온도(t_e)는?

① $t_c = 20℃$,　$t_e = -10℃$
② $t_c = 30℃$,　$t_e = 0℃$
③ $t_c = 30℃$,　$t_e = -10℃$
④ $t_c = 20℃$,　$t_e = -20℃$

> 가역 냉동사이클 성적계수 COP
> ① $COP = \frac{T_2}{T_1-T_2} = \frac{273-10}{(273+20)-(273-10)} = 8.77$
> ② $COP = \frac{T_2}{T_1-T_2} = \frac{273+0}{(273+30)-(273+0)} = 9.1$
> ③ $COP = \frac{T_2}{T_1-T_2} = \frac{273-10}{(273+30)-(273-10)} = 6.58$
> ④ $COP = \frac{T_2}{T_1-T_2} = \frac{273-20}{(273+20)-(273-20)} = 6.33$

[14년 3회]

09 냉동기 속 두 냉매가 아래 표의 조건으로 작동될 때, A 냉매를 이용한 압축기의 냉동능력을 R_A, B 냉매를 이용한 압축기의 냉동능력을 R_B인 경우 R_A/R_B의 비는? (단, 두 압축기의 피스톤 압출량은 동일하며, 체적효율도 75%로 동일하다.)

	A	B
냉동효과(kJ/kg)	1130	170
비체적(m³/kg)	0.509	0.077

① 1.5
② 1.0
③ 0.8
④ 0.5

정답　06 ②　07 ②　08 ②　09 ②

냉동능력 RT
$$RT = \frac{V_a \times \eta_v \times q_2}{v \times 3.86} \text{에서}$$

(1) $R_A = \dfrac{V_a \times \eta_v \times 1130}{0.509 \times 3.86} ≒ 575\, V_a \eta_v$

(2) $R_B = \dfrac{V_a \times \eta_v \times 170}{0.077 \times 3.86} ≒ 572\, V_a \eta_v$

∴ $R_A / R_B = \dfrac{575\, V_a \eta_v}{572\, V_a \eta_v} ≒ 1.0$

① $(h_2 - h_1) + (h_4 - h_3)$
② $(h_4 - h_3) + (h_6 - h_5)$
③ $(h_5 - h_3) + (h_6 - h_4)$
④ $(h_5 - h_3) + (h_6 - h_5)$

2단압축에서 압축일은 저단압축일 $[(h_5 - h_3)]$과 고단 압축일 $[(h_6 - h_4)]$을 합한 것 $[(h_5 - h_3) + (h_6 - h_4)]$이다. 이때 각각 냉매순환량(저단, 고단)을 곱하여 구한다.

[15년 3회, 08년 1회]

10 다음의 몰리에르 선도는 어떤 냉동장치를 나타낸 것인가?

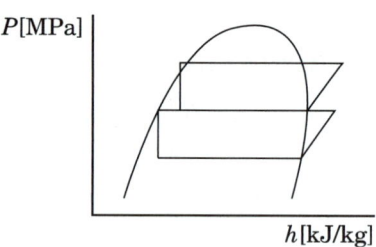

① 1단압축 1단팽창 냉동시스템
② 1단압축 2단팽창 냉동시스템
③ 2단압축 1단팽창 냉동시스템
④ 2단압축 2단팽창 냉동시스템

그림은 중간 냉각이 완전한 2단압축 2단팽창 사이클이다.

[22년 1회]

11 다음과 같은 2단압축 2단 팽창 냉동사이클에서 압축일을 적합하게 표현한 것은?

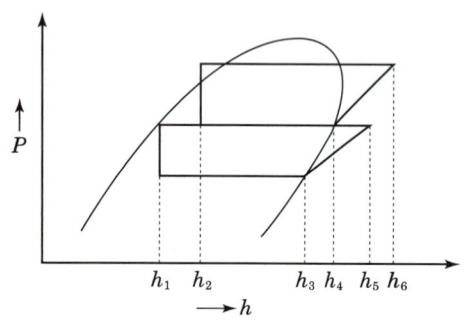

[15년 3회]

12 냉동사이클에서 응축온도를 일정하게 하고 증발온도를 상승시키면 어떤 결과가 나타는가?

① 냉동효과 증가
② 압축일량 증가
③ 압축비 증가
④ 토출가스 온도 증가

응축온도를 일정하게 하고 증발온도를 상승시켰을 경우
① 냉동효과 증대(플래시 가스 발생량 감소)
② 압축비 감소
③ 압축일량 감소
④ 토출가스 온도 저하

[15년 3회]

13 어떤 냉동장치에서 응축기용의 냉각수 유량이 7000kg/h이고 응축기 입구 및 출구 온도가 각각 15℃와 28℃이었다. 압축기로 공급한 동력이 5.4×10^4 kJ/h이라면 이 냉동기의 냉동능력은? (단, 냉각수의 비열은 4.185kJ/kg · K이다.)

① 2.27×10^5 kJ/h
② 3.27×10^5 kJ/h
③ 4.67×10^5 kJ/h
④ 5.67×10^5 kJ/h

냉동능력 Q_2(kJ/h)
$Q_1 = Q_2 + W$에서
$Q_2 = Q_1 - W = 7000 \times 4.185 \times (28-15) - 5.4 \times 10^4$
  ≒ 3.27×10^5 [kJ/h]
여기서 Q_1 : 응축부하[kJ/h]
       W : 소요동력[kJ/h]

[22년 1회]

14 암모니아 냉동장치에서 팽창밸브 직전의 냉매액 온도가 20℃이고 압축기 직전 냉매가스 온도가 -15℃의 건포화 증기이며, 냉매 1kg당 냉동량은 1134kJ이다. 필요한 냉동능력이 14RT일 때, 냉매순환량은?
(단, 1RT는 3.86kW이다.)

① 123 kg/h ② 172 kg/h
③ 185 kg/h ④ 212 kg/h

> 냉매순환량 $G = \dfrac{Q_2}{q_2} = \dfrac{14 \times 3.86 \times 3600}{1134} = 172\,[\text{kg/h}]$

[22년 2회]

15 암모니아 냉동장치에서 팽창밸브 직전의 엔탈피가 538kJ/kg, 압축기 입구의 냉매가스 엔탈피가 1667kJ/kg이다. 이 냉동장치의 냉동능력이 12냉동톤일 때, 냉매순환량은? (단, 1냉동톤은 3.86 kW이다.)

① 3320 kg/h ② 3328 kg/h
③ 269 kg/h   ④ 148 kg/h

> 냉매순환량 G
> $Q_2 = G \times q_2$ 에서
> $G = \dfrac{Q_2}{q_2} = \dfrac{12 \times 3.86 \times 3600}{1667 - 538} ≒ 148\,[\text{kg/h}]$
> 여기서, Q_2 : 냉동능력[kW]
> q_2 : 냉동효과(압축기출구 냉매 엔탈피 - 압축기입구 냉매 엔탈피)[kJ/kg]

[23년 3회, 22년 3회]

16 2단압축 사이클에서 증발압력이 계기압력으로 235 kPa이고, 응축압력은 절대압력으로 1225 kPa일 때 최적의 중간 절대압력(kPa)은? (단, 대기압은 101 kPa이다.)

① 514.5   ② 536.1
③ 641.6   ④ 668.4

> 2단 압축냉동 사이클에서 가장 이상적인 형식은 각 단의 압축비를 동일하게 취하는 것이다. 그러므로 중간압력(Pm)은
> 압축비 $m = \dfrac{P_m}{P_2} = \dfrac{P_1}{P_m}$ 에서 $P_m^2 = P_2 \times P_1$
> ∴ $P_m = \sqrt{P_1 \cdot P_2} = \sqrt{1225 \times 336} ≒ 641.56\,[\text{kPa}]$
> 여기서, P_1 : 고압측(응축)절대압력 ; [1225kPa·a]
> P_2 : 저압측(증발)절대압력 ; $101 + 235 = 336$ [kPa·a]

[23년 2회]

17 몰리에르 선도에서 건도(x)에 관한 설명으로 옳은 것은?

① 몰리에르 선도의 포화액선상 건도는 1이다.
② 액체 70%, 증기 30%인 냉매의 건도는 0.7이다.
③ 건도는 습포화증기 구역 내에서만 존재한다.
④ 건도는 과열증기 중증기에 대한 포화액체의 양을 말한다.

> ① 몰리에르 선도의 포화액선상 건도는 0이다.
> ② 액체 70%, 증기 30%인 냉매의 건도는 0.3이다.
> ④ 건도는 습증기 중의 건조포화증기 양을 말한다.
> ※ 건도란 발생 습증기 1kg속에 건조포화증기가 x kg 들어 있을 때 이 x를 건도, $(1-x)$를 습도라 하며 포화액의 건도는 0, 포화증기의 건도는 1이다.

정답 14 ② 15 ④ 16 ③ 17 ③

제1장 | 냉동이론

05 기초열역학

1 열역학 기본사항

분류	관련내용
열역학의 정의	열역학(thermodynamics)은 일과 열을 포함한 에너지의 변환과 에너지 변환에 관련되는 물질의 물리적 성질을 취급하는 학문이다. ① 공업열역학 : 공업열역학은 모든 종류의 열기관, 공기조화, 연소, 액체의 압축과 팽창, 그리고 이런 응용에 관련된 물질의 물리적 성질을 취급하는 과학의 한 분야이다. ② 계(系 : system) : 열역학에서는 해석의 대상이 되는 물질의 일정량이나 범위를 명확하게 할 필요가 있는데 이 물질량이나 범위를 계라 한다. • 밀폐계(closed system) : 계의 경계를 통하여 물질의 이동이 없는 계이다. • 개방계(open system) : 계의 경계를 통하여 물질의 이동이 있는 계이다. • 고립계(isolated system) : 계의 경계를 통하여 물질이나 에너지의 전달이 없는 계이다. • 단열계(adiabatic system) : 계의 경계를 통하여 열의 이동이 없는 계이다.

물질의 상태와 상태량	계를 관찰할 때 계측이 가능한 양(量)으로서 계의 상태(state)를 규정하는 양을 상태량(property)이라 하고, 상태량은 계의 상태만으로 정하여지는 것으로서 그 상태가 되기까지의 과정(process)나 경로(path)에는 무관하다. 상태량을 성질, 상태함수(state function), 또는 점함수(point function)라 한다.
	(1) 강도성 상태량(intensive property)
	    계의 질량에 관계없는 성질을 말한다.
	    (예 온도, 압력, 밀도 등)
	(2) 용량성 상태량(extensive property)
	    물질의 질량에 따라 변화하는 성질을 말한다.
	    (예 질량, 체적, 에너지 등)

분류	관련내용
과정과 사이클	과정(process) : 계 내의 물질이 한 상태에서 다른 상태로 변화할 때 연속된 상태 변화의 경로(path)를 과정이라 한다. ① 가역 과정(reversible process) 　한 계가 임의의 과정을 거쳐서 한 상태로부터 다른 상태로 변화할 경우 주위에 어떤 변화도 남기지 않고 그 변화를 반대 방향으로 원래의 상태로 되돌아 갈 수 있는 과정 ② 비가역 과정(irreversible process) 　계가 경계를 통하여 이동할 때 변화를 남기는 과정, 즉 평형이 유지되지 않는 과정 ③ 준평형(정적) 과정(quasi-static process) 　과정 간에 상태변화가 아주 작아서 평형 상태에서 벗어나는 정도가 매우 작아서 그 과정 간에 상태를 평형상태로 생각할 수 있는 과정 ④ 등(정)적 과정 　과정 간에 체적 또는 비체적이 일정한 과정 ⑤ 등(정)압 과정 　과정 간에 압력이 일정한 과정 ⑥ 등(정)온 과정 　과정 간에 온도가 일정한 과정 ⑦ 단열 과정 　과정 간에 열의 출입이 없는 과정 ⑧ 정상유동과정 　과정 간에 계의 각 점에서 시간에 따라서 성질이 변하지 않는 과정 　$\dfrac{df}{dt}=0 \rightarrow \dfrac{d\rho}{dt}=0, \dfrac{dp}{dt}=0, \dfrac{dT}{dt}=0$ 　과정 간에 계의 각 점에서 시간에 따라서 성질이 변하는 과정 　$\dfrac{df}{dt}\neq 0 \rightarrow \dfrac{d\rho}{dt}\neq 0, \dfrac{dp}{dt}\neq 0, \dfrac{dT}{dt}\neq 0$
사이클 (cycle)	사이클 : 계가 과정이 시작되기 전의 상태로 돌아오는 과정을 사이클(cycle)이라 하고, 사이클 간의 계의 상태는 변하지만 사이클이 완성되면 계가 원래의 상태로 돌아오기 때문에 모든 성질은 최초의 값을 갖는다. ① 가역 사이클(reversible cycle) 　한 사이클이 가역 과정만으로 이루어진 사이클 ② 비가역 사이클(irreversible cycle) 　한 사이클 중에 비가역과정이 들어있는 사이클

검사체적(control volumes) 연구대상(관심영역)으로 선택한 검사면(control surface)으로 구분된 일정한 체적이나 공간을 말하며 시간에 변하지 않는 공간 즉, 부피만이 고정된 것이며 다른 상태량(질량, 운동량, 에너지 등)은 유동적인 공간을 가리킨다. 검사체적은 공간상에서 유동상태에서는 등속 운동을 한다.

01 예제문제

시스템의 열역학적 상태를 기술하는데 열역학적 상태량(또는 성질)이 사용된다. 다음 중 열역학적 상태량으로 올바르게 짝지어진 것은?

① 열, 일
② 엔탈피, 엔트로피
③ 열, 엔탈피
④ 일, 엔트로피

해설
일과 열은 경로 함수이므로 열역학적 상태량이 아니다.
경로함수 : 일, 열
점 함수 : 온도 압력, 밀도, 체적, 에너지 등

답 : ②

2 일과 열

분류	관련내용
일 (Work)	일은 계(system)와 그 주위(surroundings)와의 하나의 상호작용이며, 일(work)이란 어떤 물체에 힘이 작용하여 그 물체를 이동 시켰을 때 힘×거리 로 나타내며 SI단위에서는 Joule[J]로 표시한다. 1[J]이란 1[N]의 힘으로 힘을 가하여 힘의 방향으로 1[m]만큼 이동 시켰을 때 일로 정의한다. $$1[\text{J}] = 1[\text{N}] \times 1[\text{m}] = 1[\text{N} \cdot \text{m}]$$
동력 (Power)	동력이란 단위 시간당의 일량(에너지)을 나타내는 것으로 동력과 그 작용한 시간과의 곱은 일량 즉, 전달된 에너지 양을 표시한다. ① SI단위에서는 W[watt], kW, J/s를 사용하며 1W는 1초 사이에 1[J] 일을 하는 경우의 동력이다. $$1[\text{W}] = 1[\text{J/s}] = 1[\text{N} \cdot \text{m/s}]$$ $1[\text{kW}] = 1000[\text{J/s}] = 3.6 \times 10^6 [\text{J/h}]$ 한편 일은 동력×시간이므로 $1[\text{kWh}] = 3600[\text{kW} \cdot \text{s}] = 3600[\text{kJ}]$ ② 힘 $F[\text{N}]$이 작용하여 시간 $t[\text{s}]$사이에 $S[\text{m}]$이동할 때 발생하는 동력 $P[\text{W}]$는 다음과 같다. $$P = \frac{F \times S}{t} = F \times v\,[\text{W}]$$
열의 정의	온도가 다른 두 개의 물체를 다른 물체들과 고립된 상태에서 접촉을 시킨다면 이들은 서로 상호작용(interaction)을 통해 두 물체의 온도는 동일하게 된다. 이러한 상호작용은 두 물체사이의 온도차 때문에 일어난 것이며 이러한 상호작용을 열(heat)이라 한다. 일과 마찬가지로 열도 계 또는 계로부터 전달되는 에너지의 한 형태로 열의 단위는 일의 단위와 같다.
일과 열의 비교	① 일과 열은 모두 과도적인(transient) 현상이며, 계는 일과 열을 지닐 수 없으나 계가 상태 변화를 할 때 이들 중 하나 혹은 모두가 계의 경계를 통과한다. ② 일과 열은 모두 경계현상이다. 모두가 계의 경계에서만 식별되며, 계의 경계를 통과하는 에너지의 일종이다. ③ 일과 열은 모두 도정함수이며 불완전미분이다.

3 이상기체(ideal gas)

이상기체(ideal gas, perfect gas)
작동유체(가스 및 증기)는 다수의 분자로 구성되어 있으나 ①분자 사이의 분자력이 작용하지 않고 ②분자의 크기(체적)도 무시할 수 있다는 가정을 따르는 유체를 이상기체라 부른다.
엄밀한 의미에서 이상기체는 존재하지 않지만 액화하기 어려운 공기, 수소, 산소, 헬륨, 등은 밀도가 적고, 따라서 분자사이의 거리도 멀기 때문에 분자의 크기도 무시하고 또한 분자력도 극히 적으므로 이런 가스를 실용적으로 이상기체로 취급할 수 있다.

실제기체(또는 증기)
간단히 액화할 수 있는 수증기, 암모니아, 플루오르카본냉매 등은 증발열이나 응축열을 이용할 수 있는 이점이 있으나 분자력이나 분자의 크기를 무시할 수 없으므로 증기(vapor)로서 취급한다. 그러나 증기도 고온, 저압으로 되면 이상기체에 가까워진다.

절대온도와 열역학적온도
일반적으로 가역사이클의 열효율 $\eta = 1 - \dfrac{T_L}{T_H}$ 이다. 이 관계에서 가역사이클의 열효율에 의해서 역으로 열원의 온도비를 정의하고 있다고 본다면 이 온도 척도를 열역학적 온도(thermodynamic temperature)라 하고 열역학적 온도는 절대온도(absolute temperature)라 부르며 이상기체의 온도와 일치한다.

분류	관련내용
이상 기체와 실제 기체	이상기체란 분자가 존재하는 공간에 비하여 체적이 거의 무시될 수 있고 또 분자 상호 간에 인력이 작용하지 않는다고 가정할 수 있는 가스로서 보일의 법칙, 샤를의 법칙에 따르는 이상적인 가스를 말한다. ※ 실제 기체를 이상기체로 간주할 수 있는 조건 ① 분자량이 작을수록 ② 압력이 낮을수록 ③ 온도가 높을수록 ④ 비체적이 클수록
보일(Boyle)의 법칙	일정한 온도에서 일정량의 기체의 부피(V)은 그 압력(P)에 반비례한다. 즉, $PV = k$(일정) 또는 $P_1 V_1 = P_2 V_2$ 여기서 k는 기체의 온도, 질량, 성질에 따라 다르며 동일한 기체의 동일한 양에 대해서는 온도에만 관계되는 상수이다.
샤를(Charles 또는 Gay-Lussac)의 법칙	일정한 압력 하에서 일정량의 기체의 부피(V)은 절대온도(T)에 정비례한다. 즉, $V/T = $ 일정 $= k$ 또는 $V_1/T_1 = V_2/T_2$

분류	관련내용
보일-샤를의 법칙	일정량의 기체의 부피(V)는 압력(P)에 반비례하고 절대온도(T)에 비례한다. 즉, $\dfrac{PV}{T}=$ 일정 또는 $\dfrac{P_1V_1}{T_1}=\dfrac{P_2V_2}{T_2}$

02 예제문제

이상기체에 대한 설명으로 옳은 것은?

① 이상기체 상태방정식은 충분히 낮은 밀도를 갖는 기체에 대해 적용할 수 있다.
② 실제기체에 대해서 이상기체 상태방정식을 적용할 수 없다.
③ 압축성 계수가 0일 경우는 이상기체로 간주할 수 있다.
④ 공기는 항상 이상기체로 간주할 수 있다.

해설

② 실체기체도 분자량이 작고 밀도가 작은 기체인 경우 저압·고온 상태에서는 이상기체 방정식을 적용 할 수 있다.
③ 압축계수 $\left(Z=\dfrac{Pv}{RT}\right)$가 "1"일 때 이상기체로 간주할 수 있다.
④ 공기는 실제기체이다.

답 ①

4 이상기체의 상태 방정식

분류	관련내용
아보가드로(Avogadro)의 법칙	표준상태 (온도 0℃, 압력 760mmHg)의 기체 1mol 이 갖는 체적은 22.4L로 그 속에 함유되어 있는 분자수 N_A를 아보가드로수라 말한다. 즉, 아보가드로(Avogadro)의 법칙은 「압력과 온도가 같을 때, 모든 기체는 같은 체적 속에 같은 수의 분자를 갖는다.」 아보가드로수 $N_A=6.023\times 10^{23}/\text{mol}$
이상기체의 상태방정식	보일·샤를의 법칙에 아보가드로(Avogadro)의 법칙을 적용하면 동일한 온도 및 압력 하에서 기체가 차지하는 용적은 분자 수가 같은 경우 기체의 종류와 관계없이 동일하다. 따라서 일정량의 기체의 부피(V) 압력(P) 절대온도(T) 사이에는 다음과 같은 관계가 있다. $\dfrac{PV}{T}=$ 일정의 보일·샤를의 법칙의 변형식으로 표현된다.

분류	관련내용
일반·기체상수	기체상수는 기체에 따라 서로 다른 값을 가지나 Avogadro 법칙을 이용하면 하나의 대푯값으로 표현할 수 있다. 표준상태 (0℃, 760mmHg)에서 분자량 M인 기체 1[Kmol]의 체적을 $22.4[m^3]$이라 하면 가스의 질량은 $M[kg]$이라 할 수 있으므로, 이상기체 질량은 $PV = MRT$로 표현할 수 있다. $MR = \overline{R}$ 라 하면 (일반기체 정수) $\overline{R} = \dfrac{PV}{T} = \dfrac{101.325[kpa] \times 22.4[m^3]}{273.15[k]} = 8.314[kJ/kmol \cdot K]$ 가스정수 $R = \dfrac{\overline{R}}{M} = \dfrac{8.314}{M}[kJ/kg \cdot K]$
이상기체의 비열간의 관계식	① 정압비열 및 정적비열 이상기체의 정적비열 C_v는 내부에너지 변화로, 정압비열 C_p는 엔탈피의 변화로 표현된다. 즉 $$C_v = \dfrac{du}{dT} \qquad C_p = \dfrac{dh}{dT}$$ ② 정적비열 및 정압비열의 상호 관계식 열역학 제1법칙과 미분한 엔탈피의 정의식 관계로부터 $dq = du + Pdv = C_v dT + Pdv$ $dq = dh - vdP = C_p dT - vdP$ 여기에서 이상기체의 상태방정식에 의해 $(C_p - C_v)dT - (Pdv + vdP) = 0$ $(C_p - C_v)dT = d(Pv) = d(RT) = RdT$ $\therefore C_p - C_v = R$ 따라서 이상기체의 정압비열과 정적비열의 차는 가스정수이다. 또 정압비열과 정적비열의 비를 비열비(ratio of specific heat)를 $k = \dfrac{C_p}{C_v}$ 라 하면 $$C_p = \dfrac{k}{k-1}R \qquad C_v = \dfrac{1}{k-1}R$$ 로 나타낸다. k(비열비)의 값은 1원자 기체 : $k = 5/3$, 2원자 기체 : $k = 7/5$, 3원자 기체 : $k = 4/3$

03 예제문제

정압비열이 209.5 J/kg·K이고, 정적비열이 159.6 J/kg·K인 이상기체의 기체상수는?

① 11.7 J/kg·K
② 27.4 J/kg·K
③ 32.6 J/kg·K
④ 49.9 J/kg·K

해설

기체상수 R

$$\boxed{C_P - C_v = R}$$

$R = 209.5 - 159.6 = 49.9\,\text{J/kg}\cdot\text{K}$

답 ④

04 예제문제

정압비열이 0.912 kJ/kgK이고, 정적비열이 0.653 kJ/kgK인 기체를 압력 392 kPa, 온도 20℃로써 0.25 kg을 담은 용기의 체적은 몇 m³인가?

① 0.02471
② 0.04839
③ 0.05976
④ 0.09123

해설

$R = C_p - C_v = 0.912 - 0.653 = 0.259\,\text{kJ/kgK}$

$PV = GRT$ 에서

$V = \dfrac{GRT}{P} = \dfrac{0.25 \times 0.259 \times (273 + 20)}{392} = 0.04839$

답 ②

5 이상기체의 상태변화

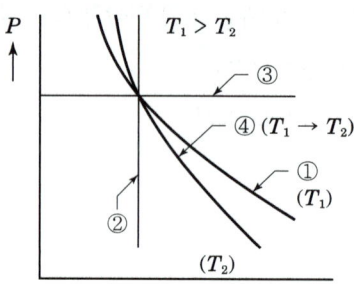

① 등온변화 $PV=$일정
② 등적변화 $P/T=$일정
③ 등압변화 $V/T=$일정
④ 단열변화 $PV^K=$일정
　　$K=C_p/C_v>1$

변화	등적과정	등압과정	등온과정	단열과정	폴리트로픽 과정
P,v,T관계	$v=C$ $\dfrac{P_1}{T_1}=\dfrac{P_2}{T_2}$	$P=C$ $\dfrac{v_1}{T_1}=\dfrac{v_2}{T_2}$	$T=C$ $P_1v_1=P_2v_2$	$Pv^k=C$ $\dfrac{T_2}{T_1}=\left(\dfrac{v_1}{v_2}\right)^{k-1}$ $=\left(\dfrac{P_2}{P_1}\right)^{\frac{k-1}{k}}$	$Pv^n=C$ $\dfrac{T_2}{T_1}=\left(\dfrac{v_1}{v_2}\right)^{n-1}$ $=\left(\dfrac{P_2}{P_1}\right)^{\frac{n-1}{n}}$
폴리트로픽 지수 n	∞	0	1	k	$-\infty<n<\infty$
비열(C)	C_v	C_P	∞	0	$C_n=C_v\dfrac{n-k}{n-1}$
내부 에너지 변화(Δu)	$C_v(T_2-T_1)$ $=\dfrac{R}{k-1}(T_2-T_1)$	$C_v(T_2-T_1)$ $=\dfrac{1}{k-1}P(v_2-v_1)$	0	$C_v(T_2-T_1)=-W_{12}$	$C_v(T_2-T_1)$ $=-\dfrac{n-1}{k-1}W_{12}$
엔탈피 변화 (Δh)	$C_P(T_2-T_1)$ $=\dfrac{K}{k-1}R(T_2-T_1)$	$C_p(T_2-T_1)$	0	$C_P(T_2-T_1)=-W_t$	$C_P(T_2-T_1)$ $=-\dfrac{k}{k-1}(n-1)W_t$
엔트로피 변화(Δs)	$C_v\ln\dfrac{T_2}{T_1}$ $=C_v\ln\dfrac{P_2}{P_1}$	$C_P\ln\dfrac{T_2}{T_1}$ $=C_P\ln\dfrac{v_2}{v_1}$	$R\ln\dfrac{v_2}{v_1}$ $=R\ln\dfrac{P_1}{P_2}$	0	$C_n\ln\dfrac{T_2}{T_1}$ $=C_v\dfrac{n-k}{n-1}(T_2-T_1)$
절대일 (팽창일) $W_{12}=\int Pdv$	0	$P(v_2-v_1)$ $=R(T_2-T_1)$	$P_1v_1\ln\dfrac{v_2}{v_1}$ $=P_1v_1\ln\dfrac{P_1}{P_2}$ $=RT\ln\dfrac{P_1}{P_2}$	$\dfrac{1}{k-1}(P_1v_1-P_2v_2)$ $=\dfrac{R}{k-1}(T_1-T_2)$	$\dfrac{1}{n-1}(P_1v_1-P_2v_2)$
공업일 (압축일) $W_t=-\int vdP$	$v(P_1-P_2)$ $=R(T_1-T_2)$	0	W_{12}	kW_{12}	nW_{12}
가열량 q	$\Delta u=u_2-u_1$ $=C_v(T_2-T_1)$	$\Delta h=h_2-h_1$ $=C_P(T_2-T_1)$	$W_{12}=W_t$	0	$C_n(T_2-T_1)$

05 예제문제

압력 1 [MPa], 온도 200℃의 공기 2 [kg]이 압력 0.2 [MPa]까지 등온변화 하였다. 다음 (1)~(4)을 구하시오. (단, 공기의 기체상수 $R=287.0$ [J/kg·K]로 한다.)

(1) 가열량 Q_{12}
(2) 절대일 W_{12}
(3) 공업일 W_t
(4) 엔트로피 변화량 $\triangle s$

해설

(1) 가열량 Q_{12}

$$Q_{12} = mRT\ln\frac{P_1}{P_2} \text{에서}$$
$$= 2 \times 287.0 \times 10^{-3} \times (273+200)\ln\frac{1}{0.2} = 436.97 [\text{kJ}]$$

(2) 절대일 W_{12}, (3) 공업일 W_t

등온변화에서는 $W_{12} = W_t = Q_{12}$ 이므로
$W_{12} = W_t = 436.97 [\text{kJ}]$ 이다.

(4) 엔트로피 변화량 $\triangle s$

$$\triangle s = mR\ln\frac{P_1}{P_2} = 2 \times 287.0 \times 10^{-3} \times \ln\frac{1}{0.2} = 0.924 [\text{kJ/K}]$$

단열지수가 1.4, 폴리트로픽 지수가 1.3일 때 정적비열 $C_v = 0.653$ [kJ/kg·K]이면 이 가스의 폴리트로픽 비열은 몇 [kJ/kg·K]인가?

(해설)

$$C_n = C_v \frac{n-k}{n-1}$$
$$= 0.653 \times \frac{1.3-1.4}{1.3-1}$$
$$= -0.2176$$

---

06 예제문제

압력 0.1 [MPa], 온도 20 [℃]의 공기 5 [kg]을 가역단열 변화에 의해 압력 1.2 [MPa] 까지 압축하였다. 다음 (1)~(4)을 구하시오. (단, 공기의 기체상수 $R=287.0$ [J/kg·K], 비열비 $k=1.4$로 한다.)

(1) 가열량 Q_{12}
(2) 엔트로피 변화량 $\triangle s$
(3) 절대일 W_{12}
(4) 공업일 W_t

해설

(1) 및 (2)의 경우는 단열변화 이므로
$Q_{12} = \triangle s = 0$

(3) 절대일

㉠ 가열단열압축 후의 온도 T_2 는

$$T_2 = T_1\left(\frac{P_2}{P_1}\right)^{\frac{k-1}{k}} = (273+20)\left(\frac{1.2}{0.1}\right)^{\frac{1.4-1}{1.4}} = 308.67 [\text{K}]$$

㉡ $W_{12} = m\dfrac{R}{k-1}(T_1 - T_2)$

$$= 5 \times \frac{287 \times 10^{-3}}{1.4-1}(293-308.67) = -56.22 [\text{kJ}]$$

(4) 공업일 W_t

$W_t = kW_{12} = 1.4 \times (-56.22) = -78.71 [\text{kJ}]$

05 핵심예상문제
기초열역학

> 본 핵심예상문제는 각단원별 출제빈도 높은 문제 및 최근 10년간의 기출문제 중 비중이 높은 출제유형이므로 꼭 풀어보고 가야할 문제입니다. 이후 실전예상문제를 공부하시면 효과적입니다.

[15년 2회, 08년 2회]

01 이상 기체를 체적이 일정한 상태에서 가열하면 온도와 압력은 어떻게 변하는가?

① 온도가 상승하고 압력도 높아진다.
② 온도는 상승하고 압력은 낮아진다.
③ 온도는 저하하고 압력은 높아진다.
④ 온도가 저하하고 압력도 낮아진다.

> **이상기체의 정적변화**
> 보일-샤를의 법칙($\frac{P_1 V_1}{T_1} = \frac{P_2 V_2}{T_2}$)에서 정적변화($V_1 = V_2$)이므로 $\frac{P_1}{T_1} = \frac{P_2}{T_2}$가 된다.
> 따라서 정적 하에서 가열하면 온도는 상승($T_1 \rightarrow T_2$)하고 압력도 높아($P_1 \rightarrow P_2$)진다.

[09년 2회]

02 다음 중 실제기체가 이상기체의 상태식을 근사적으로 만족하는 경우는?

① 압력이 높고 온도가 낮을수록
② 압력이 높고 온도가 높을수록
③ 압력이 낮고 온도가 높을수록
④ 압력이 낮고 온도가 낮을수록

> **실제 기체를 이상기체로 간주할 수 있는 조건**
> ㉠ 분자량이 작을수록   ㉡ 압력이 낮을수록
> ㉢ 온도가 높을수록   ㉣ 비체적이 클수록

[13년 2회]

03 다음 상태변화에 대한 기술 내용 중 옳은 것은?

① 단열변화에서 엔트로피는 증가한다.
② 등적변화에서 가해진 열량은 엔탈피 증가에 사용된다.
③ 등압변화에서 가해진 열량은 엔탈피 증가에 사용된다.
④ 등온변화에서 절대일은 0이다.

> ① 단열변화에서는 가열량 $dq=0$이므로 $\frac{dq}{T}=0$, 따라서 엔트로피 변화는 없다.
> ② 등적변화에서 열역학 제1기초식 $dq=du+Pdv$에서 $dv=0$이므로 $Pdv=0$, 따라서 $dq=du$로 가열량은 내부에너지 증가에 사용된다.
> ③ 등압변화에서 열역학 제2기초식 $dq=dh-vdP$에서 $dP=0$이므로 $vdP=0$, 따라서 $dq=dh$로 가열량은 엔탈피 증가에 사용된다.
> ④ 등온변화에서 절대일 $W_{12}=RT\ln\frac{P_1}{P_2}$이다.

[08년 2회]

04 다음 이상 기체의 등온 과정 설명으로 옳은 것은? (단, S : 엔트로피, Q : 열량, W : 일, U : 내부에너지)

① $ds=0$ ② $dQ=0$
③ $dW=0$ ④ $dU=0$

> **등온과정**
> ㉠ 엔트로피 $\triangle s = R\ln\frac{v_2}{v_1} = R\ln\frac{P_1}{P_2}$
> ㉡ 열량 $\triangle Q = P_1 v_1 \ln\frac{v_2}{v_1} = P_1 v_1 \ln\frac{P_1}{P_2} = RT\ln\frac{P_1}{P_2}$
> ㉢ 일 $W = P_1 v_1 \ln\frac{v_2}{v_1} = P_1 v_1 \ln\frac{P_1}{P_2} = RT\ln\frac{P_1}{P_2}$

정답 01 ① 02 ③ 03 ③ 04 ④

[16년 3회]

05 상태 A에서 B로 가역 단열변화를 할 때 상태변화로 옳은 것은? (단, S : 엔트로피, h : 엔탈피, T : 온도, P : 압력이다.)

① $\Delta S = 0$
② $\Delta h = 0$
③ $\Delta T = 0$
④ $\Delta P = 0$

> **단열변화**
> ① 엔트로피 $\Delta S = \dfrac{\Delta Q}{T}$ 에서 $dQ = 0$이므로 $\Delta S = 0$이다.
> ② 엔탈피 $\Delta h = C_P(T_2 - T_1) = -W_t$
> ③ 온도 $\Delta T =$ 상승 또는 하강
> ④ 압력 $\Delta P =$ 상승 또는 하강

[22년 3회]

07 열과 일에 대한 설명으로 옳은 것은?

① 열역학적 과정에서 열과 일은 모두 경로에 무관한 상태함수로 나타낸다.
② 일과 열의 단위는 대표적으로 Watt(W)를 사용한다.
③ 열역학 제1법칙은 열과 일의 방향성을 제시한다.
④ 한 사이클 과정을 지나 원래 상태로 돌아왔을 때 시스템에 가해진 전체 열량은 시스템이 수행한 전체 일의 양과 같다.

> ①열역학적 과정에서 열과 일은 모두 경로함수이며 ②일과 열의 단위는 대표적으로 kJ(J)를 사용한다.
> ③열역학 제2법칙은 열과 일의 방향성을 제시하며 ④한 사이클 과정을 지나 원래 상태로 돌아왔을 때 시스템에 가해진 전체 열량은 시스템이 수행한 전체 일의 양과 같다.(열역학 1법칙, 에너지 보존법칙)

[15년 3회]

06 30℃의 공기가 체적 1m³의 용기에 게이지 압력 500kPa의 상태로 들어 있다. 용기 내에 있는 공기의 무게는?

① 약 2.6kg
② 약 6.9kg
③ 약 69kg
④ 약 298kg

> **이상기체 상태 방정식**
> $PV = mRT$에서
> $m = \dfrac{PV}{RT} = \dfrac{(500+100) \times 1}{\dfrac{8.314}{29} \times (273+30)} \fallingdotseq 6.9$

[23년 2회, 11년 1회, 09년 1회]

08 이상기체의 압력이 0.5MPa, 온도가 150℃, 비체적이 0.4m³/kg 일 때, 가스상수(J/kg·K)는 얼마인가?

① 11.3
② 47.28
③ 113
④ 472.8

> **이상기체의 상태방정식**
> $PV = mRT$, $Pv = RT$에서
> 여기서, P : 압력[Pa], V : 체적[m³]
> m : 질량[kg], R : 기체상수[J/kg·K]
> v : 비체적[m³/kg], T : 온도[K]
> $R = \dfrac{Pv}{T} = \dfrac{0.5 \times 10^6 \times 0.4}{273+150} = 472.8 [kJ/kg \cdot k]$

제1장 | 냉동이론

06 열역학의 법칙

1 열역학의 법칙

- 열역학 제0법칙 : 열평형의 법칙 (온도계의 원리)
- 열역학 제1법칙 : 에너지 보존의 법칙(엔탈피의 법칙, 제1종 영구기관 제작 불가능의 법칙)
- 열역학 제2법칙 : 냉동기(히트펌프)의 원리, 에너지의 방향성, 가역과 비가역, 엔트로피의 원리, 제2종 영구기관 제작 불가능의 법칙
- 열역학 제3법칙 : 네른스트의 법칙 (엔트로피의 절댓값, 절대온도 0[K]의 원리)

분류	관련내용
열역학 제0, 1의 법칙	1) 열역학 제0의 법칙 열역학 제0의 법칙은 열평형의 법칙으로 "2개의 물체가 접촉하지 않고도 동일한 온도이면 그것은 열평형에 있다"라는 것으로 이 법칙에 의거 우리는 온도계를 매개로 객관적으로 온도를 측정하고 있다. 2) 열역학 제1의 법칙 에너지 보존의 법칙 중에서 열과 일의 관계를 나타낸 것이다. 이 법칙은 1843년에 J·P Joule에 의해서 실험적으로 확인된 법칙으로 "열도 일도 에너지의 한 형태로 열과 일은 서로 교환할 수 있다"라고 한다. ※ 제1종영구기관 : 열역학 제1법칙을 위반하는 기관을 말하는 것으로 외부로부터 에너지를 공급하지 않고 영구히 운동을 계속하는 장치
내부에너지 (Internal Energy)	내부에너지란 그 물체 내에 보유하고 있는 에너지를 말한다. 즉, 물체에 저장된 전에너지에서 역학적 에너지를 뺀 값으로 열역학 제1의 법칙의 내용을 식의 형태로 나타내기 위한 값이라 할 수 있다. 물체를 가열 하면 내부에너지는 증가하고 물체는 온도가 상승함과 더불어 팽창한다. 여기서 가열량 dq를 가하면 내부에너지 증가량은 dU, 압력 P하에서 체적을 dV만큼 증가하게 된다. 이로 인하여 외부에 대해서 팽창에 의한 기계적 일량을 dW라 하면 열량 = 내부에너지 증가량 + 팽창에 의한 기계적 일량 ↓ $dQ = dU + dW\,[\text{J}]$ → $dq = du + dw\,[\text{J/kg}]$ → $\boxed{dq = du + pdv}$ → 열역학 제1 기초식이 된다.

분류	관련내용
엔탈피 (Enthalpy)	개방계에서 압력 P인 유체가 임의 단면을 통하여 체적 V로 흐를 때 유체는 하류의 유동에 대하여 PV의 일을 하게 되는데 이를 유동일 이라고 한다. 계를 유체가 통과할 때 세 가지 부분으로 나눌 수 있다. 즉, 유체 자체의 역학적 에너지(위치에너지, 운동에너지), 내부에너지, 그리고 유체 자체가 보유하지 않고 흐름에 의해서 생기는 유동에너지(유동일)로 나눌 수 있다. 공업상 응용에는 항상 내부에너지와 유동일이 결합하여 나오고 있어서 $U+PV$를 새로운 물리량 H라 정의하고 엔탈피라 한다. 즉, $H = U + PV\,[\text{kJ}]$ $h = u + Pv\,[\text{kJ/kg}]$ $dh = du + d(P \cdot v) = du + Pdv + vdP = dq + vdP$ $\boxed{\therefore\ dq = dh - vdP\,[\text{kJ/kg}]}$ → 열역학 기초 2식이 된다. H : 엔탈피[kJ], U : 내부에너지[kJ], P : 압력[kPa], V : 체적[m³], h : 비엔탈피[kJ/kg], u : 비내부에너지[kJ/kg], v : 비체적[m³/kg]
절대일, 공업일	① 절대일(Absolute Work) 밀폐계가 주위와 역학적 평형을 유지하면서 체적변화가 일어날 때의 일을 절대 일이라 한다. $dW = Pdv$ $\boxed{{}_1W_2 = \int_1^2 Pdv\,[\text{kJ}]}$ ② 공업일(Technical work) 동작물질이 개방계를 통과할 때 생기는 계의 외부일을 공업일 이라 한다. $\boxed{W_t = \int_2^1 vdp = -\int_1^2 vdp\,[\text{kJ}]}$

분류	관련내용
정상류의 에너지 방정식	정상유동(steady flow)이란 동작 유체의 출입이 있는 개방계에서 유체의 유출, 입 등의 과정에서 시간에 따라 모든 성질들이 불변인 과정을 말한다. 그림. 정상유동계 단면 1에서 유체의 에너지 : $u_1 + \dfrac{w_1^2}{2}$ [kJ/kg] 단면 2에서 유체의 에너지 : $u_2 + \dfrac{w_2^2}{2}$ [kJ/kg] $$u_1 + p_1v_1 + \dfrac{w_1^2}{2} + gz_1 + q = u_2 + p_2v_2 + \dfrac{w_2^2}{2} + gz_2 + w \,[\text{kJ/kg}]$$ $$h_1 + \dfrac{w_1^2}{2} + gz_1 + q = h_2 + \dfrac{w_2^2}{2} + gz_2 + w \,[\text{kJ/kg}]$$ 위 식은 정상 유동계의 에너지 방정식으로 불린다. 위식에서 내부 에너지를 무시하면 베르누이(Bernoulli) 방정식이 된다. 또한 위식에서 역학적 에너지를 무시하면 다음 식으로 된다. $$q = (h_2 - h_1) + w$$

01 예제문제

다음 중 열역학 제0법칙의 설명이 맞는 것은?

① 열은 고온에서 저온으로 한 방향으로만 전달된다.
② 인위적은 방법으로 어떤 계를 절대온도 0도에 이르게 할 수 없다.
③ 전체 사이클에 걸친 열의 합이 전체 사이클의 일의 합과 같다는 것을 의미한다.
④ 두 물체의 온도가 제3의 물체의 온도와 같으면 두 물체의 온도는 동일하다.

해설
①은 열역학 제2법칙, ②는 열역학 제3법칙, ③은 열역학 제1법칙

답 ④

02 예제문제

왕복동식 압축기의 실린더 내에 0.2kg의 기체가 들어있고, 압축 시에 12000 N·m의 일을 소비하였다. 이때 방열량은 2kJ이었다면 (1) 내부에너지 증가량 (2) 비내부에너지 증가량을 구하시오.

해설
(1) 내부에너지 증가량
 $\triangle Q = \triangle U + \triangle W$ 에서
 $\triangle U = \triangle Q - \triangle W = -2000 - (-12000) = 10000 [J] = 10 [kJ]$
 여기서 (−)부호는 일을 소비, 방열을 의미한다.
(2) 비내부에너지 증가량
 $\triangle u = \triangle U/m = 10/0.2 = 50 [kJ/kg]$

03 예제문제

밀폐계(密閉系) 안에서 기체의 압력이 500kPa로 일정하게 유지되면서 체적이 0.2m³에서 0.7m³로 팽창하였다. 이 과정 동안에 내부에너지의 증가가 60kJ이었다면 계(系)가 한 일은 얼마인가?

① 450 kJ ② 350 kJ
③ 250 kJ ④ 150 kJ

해설

팽창일 W_{12}

$$W_{12} = P \cdot \Delta V$$

$W_{12} = 500 \times (0.7 - 0.2) = 250 \, [\text{kJ}]$

※ 계가 한 일은 압력과 체적함수이며 내부 에너지 증가와는 무관하다.

답 ③

04 예제문제

밀폐시스템의 압력이 $P = (5 - 15V)$의 관계에 따라 변한다. 체적(V)이 0.1m³에서 0.3m³로 변하는 동안 이 시스템이 하는 일은? (단, P와 V의 단위는 각각 kPa과 m³이다.)

① 200 J ② 400 J
③ 800 J ④ 1,004 J

해설

팽창일 W_{12}

$$W_{12} = \int_{V_1}^{V_2} P dV \, [\text{kJ}]$$

$W_{12} = \int_{0.1}^{0.3} (5 - 15V) dV$

$= \left[5V - \frac{15}{2} V^2 \right]_{0.1}^{0.3}$

$= \left(5 \times 0.3 - \frac{15}{2} \times 0.3^2 \right) - \left(5 \times 0.1 - \frac{15}{2} \times 0.1^2 \right)$

$= 0.4 \text{kJ} = 400 \text{J}$

답 ②

05 예제문제

그림과 같은 노즐(nozzle)에서의 출구 유속 w_2을 구하시오.

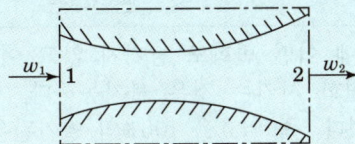

해설

위치에너지, 열의 출입 및 외부일도 없으므로

$q=0$, $w_t=0$, $g(z_2-z_1)=0$에 의해 → $h_1+\dfrac{w_1^2}{2}=h_2+\dfrac{w_2^2}{2}$

∴ $w_2=\sqrt{2(h_1-h_2)+w_1^2}$

06 예제문제

그림과 같이 상부 댐으로부터 하부의 댐으로 $m=50\times10^3$ [kg/s]의 물을 $z_1-z_2=100$ [m] 낙하시켜서 수차로 부터 W_t의 동력을 얻고 있다. 관로 입구 및 출구의 압력은 모두 1atm으로 하고 주위의 열의 출입은 없는 것으로 하여 수차에서의 발생 동력 W_t[MW]을 구하시오.

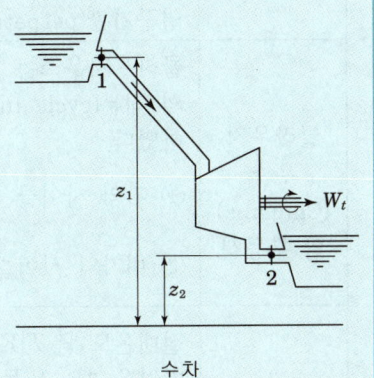

해설

$Q=0$, $(w_2^2-w_1^2)/2=0$, $h_2-h_1=0$ 이므로
$W_t=mg(z_1-z_2)=50\times10^3\times9.8\times100=49\times10^6$ [W] $=49$ [MW]

답 49[MW]

2 열역학 제2의 법칙(second of thermodynamics)

> 내부에너지, 엔탈피, 엔트로피와 같은 용어에 관해서는 모두 계산문제가 필수적으로 시험문제에 나오므로 확실하게 공부해 놓아야 한다.

분류	관련내용
정의	① 자연계에 어떤 변화도 남기지 않고 어느 열원의 열을 계속하여 일로 변화 시키는 것은 불가능하다. 열을 전부 일로 변화시킬 수는 없다. 즉 열효율 100%의 열기관은 없다.(Kelvin Plank) ② 열은 고온물체로부터 저온 물체로 이동하는데 그 자체로 외부에서 어떤 일이나 열에너지를 가하지 않고 저온부에서 고온부로 열을 이동시킬 수 없다.(Clausius) 열역학 제1의 법칙은 열과 일은 에너지로서 등가·동등이고 서로 변환할 수 있다는 것을 설명한 법칙이지만 열역학 제2법칙은 열과 일 사이의 변환에는 제한이 있다는 것을 설명한다.
제2종 영구기관	어느 고열원에서 열을 흡수하여 그 모두를 연속적으로 일로 변환하여, 다른 어떤 변화도 남기지 않도록 한 열기관으로 열역학 제2법칙을 위반한 기관을 말한다. 즉, 열효율 100%의 열기관을 제2종 영구기관(perpetual motion of the second kind)이라 부른다.
클라우지우스(Clausius)의 부등식	클라우지우스는 "계(系)가 사이클을 이룰 때 사이클을 연한 dQ/T의 적분(cycle integral of dQ/T)은 0과 같거나 0보다 적다"라고 하였다. ① 가역 사이클 : $\oint \dfrac{dQ}{T} = 0$ ② 비가역 사이클 : $\oint \dfrac{dQ}{T} < 0$
엔트로피(Entropy)	절대온도가 T[K]인 물체가 가역변화 하는 사이에 열량 dQ[J]을 받았을 때 그 물체의 엔트로피(entropy) 및 비엔트로피의 증가량 dS, ds는 각각 다음 식으로 정의된다. $dS = \dfrac{dQ}{T}$ [J/K] 및 $ds = \dfrac{dq}{T}$ [J/kg·K] $\Delta S = \dfrac{\Delta Q}{T}$ [J/K] 및 $\Delta s = \dfrac{\Delta q}{T}$ [J/kg·K] 일반적으로 $\dfrac{\Delta Q}{T}$, $\dfrac{\Delta q}{T}$을 환산열량(reduced heat quantity)라 부르는데 가역변화시의 환산열량이 엔트로피 및 비엔트로피이다. 그림과 같이 A에서 B로 열이 이동할 때 A가 잃은 엔트로피를 $\Delta q/T_1$, B가 얻은 엔트로피는 $\Delta q/T_2$로 하면 열역학 제 2법칙은 T_1(고온) > T_2(저온)로 되어 $\dfrac{\Delta q}{T_2} - \dfrac{\Delta q}{T_1} > 0$, ∴ $ds_2 > ds_1$로 된다. 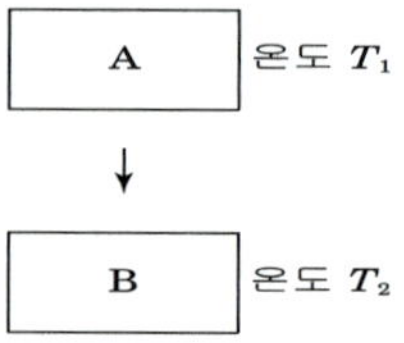

> 엔트로피
> 엔트로피는 성질이므로 계의 상태에만 관계된다. 단지 같은 상태에서 만약 단열 과정으로 다른 압력까지 변한다면 가역일 때와 비가역일 때의 최종상태가 달라지며 따라서 엔트로피의 변화량은 달라진다. 그러나 엔트로피의 변화량은 최초와 최종 상태에서만 관계되며 과정에는 관계가 없다.

분류	관련내용
엔트로피 (Entropy)	이 때문에 「자연계에서 물질의 엔트로피는 증대하는 방향으로 변화가 진행된다.」 고 말하는 것이다. 즉, 엔트로피는 가역변화에서는 일정하게 유지되며, 비가역변화에서는 증가한다. $$\text{엔트로피 변화 } \Delta S = S_2 - S_1 \geq 0 [kJ/k]$$
열역학 제3의 법칙	한 계(系)내에서 물체의 상태를 변화시키지 않고 절대 온도, 즉, '0[K]'로 도달 할 수 없다. 절대온도 0[K]에서는 모든 완전한 결정 물질의 절대 엔트로피는 0 이다.' 라는 법칙이 Nernst에 의하여 수립된 열역학3법칙이다.

07 예제문제

온도 15℃, 압력 100kPa 상태의 체적이 일정한 용기 안에 어떤 이상 기체 5kg이 들어 있다. 이 기체가 50℃가 될 때까지 가열되었다. 이 과정 동안의 엔트로피 변화는 약 얼마인가? (단, 이 기체의 정압비열과 정적비열은 1.001 kJ/kg·K, 0.7171 kJ/kg·K이다.)

① 0.411 kJ/K 증가 ② 0.411 kJ/K 감소
③ 0.575 kJ/K 증가 ④ 0.575 kJ/K 감소

해설
정적과정에서의 엔트로피 변화
$$\Delta S = m C_v \ln \frac{T_2}{T_1} = 5 \times 0.717 \times \ln \frac{273+50}{273+15} = 0.411$$

답 ①

08 예제문제

1kg의 헬륨이 100kPa 하에서 정압 가열되어 온도가 300K에서 350K로 변하였을 때 엔트로피의 변화량은 몇 kJ/K인가? (단, $h = 5.238\,T$의 관계를 갖는다. 엔탈피 h의 단위는 kJ/kg 온도 T의 단위는 K이다.)

① 0.694 ② 0.756
③ 0.807 ④ 0.968

해설
정압변화에서의 엔트로피변화
$$ds = \frac{dq}{T} = \frac{dh}{T} = 5.238 \frac{dT}{T} \quad (\text{정압이면 } dq = dh)$$
$$\therefore \Delta S = 5.238 \int_{300}^{350} \frac{dT}{T} = 5.238 \times \ln \frac{350}{300} = 0.807$$

답 ③

06 열역학의 법칙 핵심예상문제

본 핵심예상문제는 각단원별 출제빈도 높은 문제 및 최근 10년간의 기출문제 중 비중이 높은 출제유형이므로 꼭 풀어보고 가야할 문제입니다. 이후 실전예상문제를 공부하시면 효과적입니다.

[11년 2회]
01 열과 일 사이의 에너지 보존의 원리를 표현한 것은?

① 열역학 제1법칙
② 열역학 제2법칙
③ 보일샤를의 법칙
④ 열역학 제0의 법칙

> **열역학 제 1의 법칙(first law of thermodynamics)**
> 에너지 보존의 법칙으로 열과 일의 관계를 나타낸 것이다. 이 법칙은 1843년에 J·P Joule에 의해서 실험적으로 확인된 법칙으로 "열도 일도 에너지의 한 형태로 열과 일은 서로 교환할 수 있다"라고 한다.
> ㉠ 열역학 제 0법칙 : 열평형의 법칙(온도계의 원리)
> ㉡ 열역학 제 1법칙 : 에너지 보존의 법칙(엔탈피의 법칙, 제1종 영구기관 제작 불가능의 법칙)
> ㉢ 열역학 제 2법칙 : 냉동기(히트펌프)의 원리, 가역과 비가역, 엔트로피의 원리, 제2종 영구기관 제작 불가능의 법칙
> ㉣ 열역학 제 3법칙 : 네른스트의 법칙(엔트로피의 절댓값, 절대온도0[K]의 원리)

[12년 2회]
02 열역학 제 2법칙을 바르게 설명한 것은?

① 열은 에너지의 하나로서 일을 열로 변환하거나 또는 열을 일로 변환시킬 수 있다.
② 온도계의 원리를 제공한다.
③ 절대 0도에서의 엔트로피 값을 제공한다.
④ 열은 스스로 고온물체로부터 저온물체로 이동되나 그 과정은 비가역이다.

> ① 열역학 제 1법칙
> ② 열역학 제 0법칙
> ③ 열역학 제 3법칙

[10년 2회, 09년 1회]
03 열에너지의 흐름에 대한 방향성을 말해주는 법칙은?

① 제0법칙
② 제1법칙
③ 제2법칙
④ 제3법칙

> **열역학 제 2법칙**
> Clausius의 표현 : "열은 그 자신만으로는 저온물체에서 고온 물체로 이동할 수 없다."고 설명하였다. 즉, Clausius는 열의 이동 방향성을 설명하였다.

[13년 3회, 11년 1회]
04 어떤 변화가 가역인지 비가역인지 알려면 열역학 몇 법칙을 적용하면 되는가?

① 제0법칙
② 제1법칙
③ 제2법칙
④ 제3법칙

> **열역학 제 2법칙**
> 열역학 제 2법칙에 따르면 일을 열로 변화하기는 쉬우나 열을 일로 변화시키는 데는 어려움이 따른다는 비가역성(irreversibility)에 대한 법칙이다.

[16년 3회, 09년 3회]
05 자연계에 어떠한 변화도 남기지 않고 일정온도의 열을 계속해서 일로 변환시킬 수 있는 기관은 존재하지 않는다를 의미하는 열역학 법칙은?

① 열역학 제0법칙
② 열역학 제1법칙
③ 열역학 제2법칙
④ 열역학 제3법칙

> **열역학 제2법칙**
> Kelvin-Planck표현 : 자연계에 어떠한 변화도 남기지 않고 일정온도의 열을 계속해서 일로 변환시킬 수 있는 기관은 존재하지 않는다. 즉, 열기관에서 작동유체가 외부에 일을 할 때에는 그보다 더욱 저온의 물체를 필요로 한다는 것으로 저온의 물체에 열의 일부를 버릴 필요가 있다는 것을 설명하고 있다.

정답 01 ① 02 ④ 03 ③ 04 ③ 05 ③

[15년 2회]

06 밀폐계에서 실린더 내에 0.2kg의 가스가 들어있다. 이것을 압축하기 위하여 12kJ의 일을 소비할 때, 4kJ의 열을 주위에 방출한다면 가스 1kg당 내부에너지의 증가는? (단, 위치 및 운동에너지는 무시한다.)

① 32kJ/kg ② 37kJ/kg
③ 40kJ/kg ④ 45kJ/kg

> 에너지식
> (1) $\Delta Q = \Delta U + W$에서
> $-4 = \Delta U - 12$
> $\therefore \Delta U = -4 + 12 = 8kJ$
>   부호는 일을 소비, 방열은 (−)로 된다.
> (2) $\Delta u = \Delta U/m = \dfrac{8}{0.2} = 40 kJ/kg$

[22년 1회]

07 온도 15℃, 압력 100kPa 상태의 체적이 일정한 용기 안에 어떤 이상 기체 5kg이 들어 있다. 이 기체가 50℃가 될 때까지 가열되었다. 이 과정 동안의 엔트로피 변화는 약 얼마인가? (단, 이 기체의 정압비열과 정적비열은 1.001 kJ/kg · K, 0.7171 kJ/kg · K이다.)

① 0.411 kJ/K 증가 ② 0.411 kJ/K 감소
③ 0.575 kJ/K 증가 ④ 0.575 kJ/K 감소

> 정적과정에서의 엔트로피 변화
> $\Delta S = mC_v \ln \dfrac{T_2}{T_1} = 5 \times 0.717 \times \ln \dfrac{273+50}{273+15} = 0.411$

[14년 2회]

08 다음 엔트로피에 관한 설명 중 틀린 것은?

① 엔트로피는 자연현상의 비가역성을 나타내는 척도가 된다.
② 엔트로피를 구할 때 적분경로는 반드시 가역변화이어야 한다.
③ 열기관이 가역사이클이면 엔트로피는 일정하다.
④ 열기관이 비가역사이클이면 엔트로피는 감소한다.

> 엔트로피
> 가역 사이클 = 엔트로피 일정
> 비가역 사이클 = 엔트로피 증가

[13년 1회]

09 10kW의 모터를 1시간 동안 작동시켜 어떤 물체를 정지시켰다. 이때 사용된 에너지는 모두 마찰열로 되어 $t = 20℃$의 주위에 전달되었다면 엔트로피의 증가는 약 얼마인가?

① 122.9kJ/K ② 222.9kJ/K
③ 322.9kJ/K ④ 422.9kJ/K

> 엔트로피 변화
> $dS = \dfrac{dQ}{T} = \dfrac{10 \times 3600}{273+20} \fallingdotseq 122.9 \; kJ/K$

[13년 2회]

10 5kg의 산소가 체적 2m³로부터 4m³로 변화하였다. 이 변화가 압력 일정하에서 이루어졌다면 엔트로피의 변화는 얼마인가? (단, 산소는 완전가스로 보고, $C_p = 0.925 kJ/kg \; K$로 한다.)

① 0.33(kJ/K) ② 0.67(kJ/K)
③ 3.2(kJ/K) ④ 4.8(kJ/K)

> 엔트로피 변화(정압변화)
> $\Delta s_{12} = mC_p \ln \dfrac{V_2}{V_1} = 5 \times 0.925 \times \ln \dfrac{4}{2} \fallingdotseq 3.2$

[12년 1회, 10년 3회]

11 카르노 사이클(carnot cycle)의 가역과정 순서를 올바르게 나타낸 것은?

① 등온팽창 → 단열팽창 → 등온압축 → 단열압축
② 등온팽창 → 단열압축 → 단열팽창 → 등온압축
③ 등온팽창 → 등온압축 → 단열압축 → 단열팽창
④ 등온팽창 → 단열팽창 → 단열압축 → 등온압축

정답 06 ③ 07 ① 08 ④ 09 ① 10 ③ 11 ①

제1장 냉동이론

카르노 사이클(carnot cycle)
카르노 사이클은 이상적인 열기관 사이클로 아래 그림과 같이
등온팽창 → 단열팽창 → 등온압축 → 단열압축의 4과정으로
되어있다.

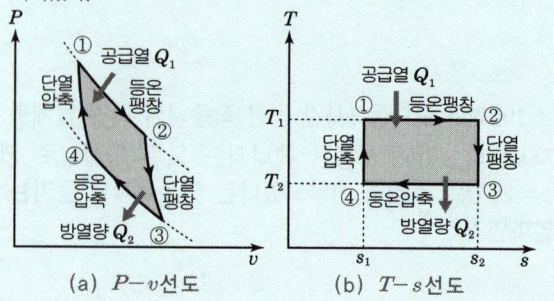

(a) $P-v$ 선도   (b) $T-s$ 선도

[13년 2회]

13 온도가 500℃인 열용량이 큰 열원으로부터 18000kJ/h 열이 공급된다. 이때 저열원은 대기(20℃)이며, 이 두 열원 간에 가역사이클을 형성하는 열기관이 운전된다면 사이클의 열효율은?

① 0.53   ② 0.62
③ 0.74   ④ 0.81

열효율 $\eta = 1 - \dfrac{T_2}{T_1}$ 에서

$\eta = 1 - \dfrac{273+20}{273+500} ≒ 0.62$

[14년 2회]

12 압력 1.8MPa, 온도 300℃인 증기를 마찰이 없는 이상적인 단열 유동으로 압력 0.2MPa까지 팽창시킬 때 증기의 최종속도는 약 얼마인가? (단, 최초 속도는 매우 작으므로 무시한다. 또한 단열 열낙차는 440.8kJ/kg로 한다.)

① 912.1m/sec   ② 938.9m/sec
③ 946.4m/sec   ④ 963.3m/sec

단열유동
SI단위
$w_2 = \sqrt{2\Delta h} = \sqrt{2 \times 440.8 \times 10^3} = 938.9 \text{m/s}$
Δh : 단열 열낙차[J/kg]

[23년 3회]

14 외기와 실내 사이에 설치된 콘크리트 벽체 전체 열통과율이 0.35W/m²·K이고, 외기와 벽면과의 열전달률이 20W/m²·K, 내부공기와 벽면과의 열전달률이 5.4W/m²·K이고, 콘크리트의 두께가 200mm일 때, 콘크리트의 열전도율은 얼마인가?

① 0.032 W/m·K   ② 0.056 W/m·K
③ 0.067 W/m·K   ④ 0.076 W/m·K

$\dfrac{1}{K} = \dfrac{1}{\alpha_o} + \dfrac{d}{\lambda} + \dfrac{1}{\alpha_i}$ 에서 조건을 대입하면

$\dfrac{1}{0.35} = \dfrac{1}{20} + \dfrac{0.2}{\lambda} + \dfrac{1}{5.4}$ λ를 계산하면

$0.2/\lambda = 2.622, \quad \therefore \lambda = 0.076 \text{W/mK}$

정답 12 ②   13 ②   14 ④

제1장 냉동이론 실전예상문제

본 실전예상문제는 각장 핵심예상문제에서 다루지 못한 실무적이고 난이도가 높은 문제들로 핵심예상문제를 보충해 주는 문제입니다. 핵심예상문제를 충분히 공부한 후 실전예상문제를 공부하면 효과적입니다.

1 냉동의 기초와 원리

[08년 1회]

01 다음 압력 중 크기가 다른 것은?

① 0.5 atm
② 380mmHg
③ 5,166 mmAq
④ 30,663Pa

> 1atm = 760mmHg= 10.332mAq =10,332mmAq = 101,325Pa
> 0.5 atm= 380mmHg =5.166mAq=5,166 mmAq= 50,663Pa

[13년 1회]

02 주위압력이 750mmHg인 냉동기의 저압 gauge가 100mmHgv 진공압을 나타내었다. 절대압력은 약 몇 kPa인가?

① 55.2
② 73
③ 86.6
④ 96.4

> 절대압력 = 대기압 − 진공압력
>   = 750 − 100 = 650mmHg
> 단위환산하면 $101.3 \times \dfrac{650}{760} = 86.6$kPa

[23년 2회]

03 표준상태에서 진공압 300mmHg(vac)는 절대압력 몇 kPa에 해당하는가? (단, 대기압은 101.3kPa이다.)

① 50.5kPa
② 57.2kPa
③ 61.3kPa
④ 70.3kPa

> 표준상태에서 101.3kPa=760mmHg이고
> 진공압 300mmHg=절대압 460mmHg(760−300=460)
> $460\text{mmHg} = \dfrac{460}{760} \times 101.3 = 61.3$kPa

[13년 2회]

04 깊이 5m인 밀폐 탱크에 물이 5m 차 있다. 수면에는 0.3MPa의 증기압이 작용하고 있을 때 탱크밑면에 작용하는 압력 [kPa]은 얼마인가? (단, 물의 비중량은 9.8kN/m^3이다)

① 149
② 249
③ 349
④ 449

> 탱크밑면에 작용하는 압력 = 증기압 + 액주의 압력
>   = $0.3 \times 10^3 + 9.8 \times 5 = 349$[kPa]

[14년 2회]

05 감열(sensible heat)에 대해 설명한 것으로 옳은 것은?

① 물질이 상태 변화 없이 온도가 변화할 때 필요한 열
② 물질이 상태, 압력, 온도 모두 변화할 때 필요한 열
③ 물질이 압력은 변화하고 상태가 변하지 않을 때 필요한 열
④ 물질이 온도만 변하고 압력이 변화하지 않을 때 필요한 열

> 감열(현열 sensible heat) : 물질이 상태 변화 없이 온도가 변화할 때 필요한 열
> 잠열(Latent heat) : 물질이 온도 변화 없이 상태가 변화할 때 필요한 열

[16년 2회]

06 −10℃의 얼음 10kg을 100℃의 증기로 변화하는데 필요한 전열량은? (단, 얼음의 비열은 2.1kJ/kg·K이고 융해잠열은 333.6kJ/kg, 물의 증발잠열은 2256kJ/kg이다.)

① 18500kJ
② 25450kJ
③ 30306kJ
④ 35306kJ

정답 01 ④ 02 ③ 03 ③ 04 ③ 05 ① 06 ③

제1장 냉동이론

(1) −10℃ 얼음 10kg을 0℃의 얼음으로 만드는 데 필요한 열량
$q_s = mc\Delta t = 10 \times 2.1 \times \{0-(-10)\} = 210$ [KJ]

(2) 0℃ 얼음 10kg을 0℃의 물로 만드는 데 필요한 열량
$q_L = mr = 10 \times 333.6 = 3336$ [KJ]

(3) 0℃ 물 10kg을 100℃의 물(포화수)로 만드는 데 필요한 열량
$q_s = mc\Delta t = 10 \times 4.2 \times (100-0) = 4200$ [KJ]

(4) 100℃ 물 10kg을 100℃의 증기로 만드는 데 필요한 열량
$q_L = mr = 10 \times 2256 = 22560$ [KJ]

∴ −15℃ 얼음 10g을 100℃의 증기로 만드는 데 필요한 열량 q는
$g_L = 210 + 3336 + 4200 + 22560 = 30306$ [KJ]

액체를 가열하여 과열증기를 만들 경우 단위열량을 공급할 때 온도상승을 살펴보면
㉠ 과냉액체를 포화액으로 변화시키는 데 필요한 열량(현열량)
㉡ 포화액을 건조포화증기로 변화시키는 데 필요한 열량 (잠열량=온도불변)
㉢ 건조포화증기를 과열증기로 변화시키는 데 필요한 열량 (현열량)
여기서, ㉡의 경우는 온도변화가 없으므로 ㉠, ㉢의 경우를 비교하면 동일한 물질의 경우 액체보다 기체의 비열이 적으므로 같은 열량을 공급할 경우 증기의 경우가 온도상승이 가장 크다.

[12년 1회]

07 20℃의 물 1kg을 냉각하여 −9℃의 얼음으로 만들고자 할 때 제빙에 필요한 냉동능력을 구하고자 한다. 이때 필요한 값이 아닌 것은?

① 얼음의 비체적
② 물의 비열
③ 물의 응고잠열
④ 얼음의 비열

(1) 20℃의 물 1kg을 냉각하여 0℃의 물로 만들고자 할 때 제거해야할 열량(현열량)
(2) 0℃ 물 1kg을 0℃의 얼음으로 만드는데 제거해야할 열량 (잠열량)
(3) 0℃의 얼음 1kg을 냉각하여 −9℃의 얼음으로 만들고자 할 때 제거해야할 열량(현열량)
∴ 현열량 = 비열(물 또는 얼음)×질량×온도차
  잠열량 = 질량×잠열(응고)

[13년 1회]

08 액체 냉매를 가열하면 증기가 되고 더 가열하면 과열증기가 된다. 단위열량을 공급할 때 온도상승이 가장 큰 것은?

① 과냉액체
② 습증기
③ 과열증기
④ 포화증기

[13년 3회]

09 다음 냉동 관련 용어의 설명 중 잘못된 것은?

① 제빙톤 : 25℃의 원수 1톤을 24시간 동안에 −9℃의 얼음으로 만드는데 제거할 열량을 냉동능력으로 표시한다.
② 동결점 : 물질 내에 존재하는 수분이 열기 시작하는 온도를 말한다.
③ 냉동톤 : 0℃의 물 1톤을 24시간 동안에 −10℃의 얼음으로 만드는데 필요한 냉동능력으로 1RT=2.86kW이다.
④ 결빙시간 : 얼음을 얼리는데 소요되는 시간은 얼음두께의 제곱에 비례하고, 브라인의 온도에는 반비례한다.

냉동톤(RT)
(1) 표준(한국, 일본) 냉동톤 : 0℃의 물 1톤을 24시간 동안에 0℃의 얼음으로 만드는 데 필요한 냉동능력으로 1RT=3.86kW이다.
(2) 미국 냉동톤(US RT) : 32℉의 물 2000Lb를 24시간 동안에 32℉의 얼음으로 만드는 데 필요한 냉동능력으로 1USRT=3.52kW이다.

정답 07 ① 08 ③ 09 ③

[11년 1회]
10 다음 중 냉동 관련 용어 설명 중 잘못된 것은?

① 제빙톤 : 25℃의 원수 1톤을 24시간 동안에 -9℃의 얼음으로 만드는 데 제거할 열량을 냉동능력으로 표시한다.
② 호칭냉동능력 : 고압가스안전관리법에 규정된 냉동능력으로 환산한 능력이 100RT 이상은 허가 후 제조, 설치, 가동을 해야 한다.
③ 냉동톤 : 0℃의 물 1톤을 24시간 동안에 0℃의 얼음으로 만드는 데 필요한 냉동능력으로 1RT=3.86kW이다.
④ 결빙시간 : 얼음을 얼리는 데 소요되는 시간은 얼음 두께의 제곱에 비례하고, 브라인의 온도에는 반비례한다.

호칭냉동능력(용어설명)
고압가스안전관리법에 규정된 냉동 능력으로 환산한 1일 냉동능력이 20톤 이상(가연성가스 또는 독성가스 외의 고압가스를 냉매로 사용하는 것으로서 산업용 및 냉동·냉장용인 경우에는 50톤 이상, 건축물의 냉·난방용인 경우에는 100톤 이상)은 허가 후 제조, 설치, 가동을 해야 한다.

[16년 2회]
11 저온유체 중에서 1기압에서 가장 낮은 비등점을 갖는 유체는 어느 것인가?

① 아르곤 ② 질소
③ 헬륨   ④ 네온

초저온 물질의 비등점
① 아르곤 : -185.86℃   ② 질소 : -195.82℃
③ 헬륨 : -268.8℃   ④ 네온 : -246.08℃

[09년 3회]
12 다음 중 액체 질소를 이용한 냉동방법과 관계있는 것은?

① 융해열 ② 증발열
③ 승화열 ④ 기한제

액체 질소를 이용한 냉동방법
액체질소 1kg은 대기압 하에서 -196℃에서 증발하면서 약 200kJ의 잠열을 주위에서 빼앗아 간다. 액체질소는 무미, 무취, 무독하고 반응성(화학적으로 불활성, 비연소성)이 없으므로 식품의 급속동결, 저온수송차 내의 저온유지용 및 각종 식품의 동결분쇄의 냉매로 이용되고 있다.

[10년 3회]
13 일반 물(순수 H_2O) 1kg을 0℃ 얼음으로 만들 때 동결잠열은 얼마인가?

① 333.6 kJ/kg   ② 333.6 kJ/g
③ 333.6 J/kg   ④ 2257 kJ/kg

0℃ 물의 동결(응고)잠열 : 333.5kJ/kg

[10년 2회]
14 드라이아이스의 승화 잠열로 맞는 것은?

① 573 kJ/kg   ② 673 kJ/kg
③ 840 kJ/kg   ④ 940 kJ/kg

고체 CO_2(Dry ice)
드라이아이스는 고체로 된 이산화탄소이다. 일반적으로 다방면의 냉각재로 사용된다. 드라이아이스는 승화하며 기압 상태에서 바로 기체로 변화한다. 승화점은 -78.5℃(-109.3℉)이다. -78.5℃에서의 기화열은 573kJ/kg이다. 기체로의 승화와 낮은 온도가 갖춰지면 얼음보다 차갑고 상태 변화 시 수분을 남기지 않아 드라이아이스는 효과적인 냉각제가 된다.

[09년 3회]
15 다음 중 냉동을 이용하는 영역으로 볼 때 거리가 먼 것은?

① 가정용 룸 에어컨
② 농축산물의 수송
③ 제철공장에서의 철판냉각
④ 공기의 액화

제철공장에서의 철판냉각은 상온보다 아주 높은 온도에서의 냉각이므로 냉동을 이용하는 영역으로 볼 때 거리가 멀다고 할 수 있다.

정답 10 ② 11 ③ 12 ② 13 ① 14 ① 15 ③

제1장 냉동이론

[12년 3회]

16 소량의 냉장화물 수송이나 해상수송이 필요할 때에는 냉동 컨테이너를 이용하는 것이 편리하다. 냉동 컨테이너의 냉각방식의 조합으로 적당하지 않은 것은?

① 얼음 : 융해열
② 드라이아이스 : 승화열
③ 액체질소 : 증발열
④ 기계식 냉동기 : 압축열

> 냉동 컨테이너의 냉각방식
> (1) 자연적 냉동방식
>   ① 얼음 : 융해열
>   ② 드라이아이스 : 승화열
>   ③ 액체질소 : 증발열
> (2) 기계적 냉동방식
>   기계식(증기 압축식) 냉동기 : 증발열
>   공기압축식 : 공기의 현열
>   증기분사식 : 물의 현열
>   흡수식 : 증발열

[16년 2회]

17 기계적인 냉동방법 중 물을 냉매로 쓸 수 있는 냉동방식이 아닌 것은?

① 증기분사식   ② 공기압축식
③ 흡수식   ④ 진공식

> 공기압축식 냉동방법은 공기의 압축과 팽창을 이용한 냉동법으로 공기를 냉매로 사용한다.

[08년 3회]

18 증기 분사식 냉동기의 특징으로 옳지 않은 것은?

① 냉매로 사용하는 수증기는 인체에 무해하고 값이 싸며 증발잠열이 크다.
② 가동 부분이 많아서 윤활이 요구된다.
③ 증기의 분사압력은 3~10kgf/cm² 정도이다.
④ 구조가 비교적 간단하고 진동의 발생이 없다.

> 증기 분사식 냉동기
> 증기분사식 냉동기는 열에너지를 이용한 압축방식을 채용한 방식으로 증기 ejector에서 nozzle로부터 고속으로 분출하는 증기에 의하여 부압을 발생시켜 증발기에서 저온증기를 끌어오고, 다음에 양자의 혼합체를 diffuser에서 압축하여 응축기로 송출하여 사이클을 행한다. 이와 같이 증기분사식 냉동기는 열에너지를 먼저 운동에너지로 바꾸고, 이것을 이용하여 냉매증기의 압축을 행하는 것이다. 또한 압축기와 같은 가동부분(회전부)이 없어 윤활이 요구되지 않는다.

[11년 2회]

19 스팀 이젝터(Steam ejector)와 관계있는 냉동기는?

① 증기압축 냉동기   ② 회전 냉동기
③ 증기분사 냉동기   ④ 흡수 냉동기

> 증기 ejector는 nozzle로부터 증기를 고속으로 분사하여 다른 유체를 끌어들여서 저압을 얻는 장치로 증기분사식 냉동기에서의 핵심부에 속한다.

[11년 3회]

20 증기분사식 냉동장치에서 사용되는 냉매는?

① 프레온   ② 물
③ 암모니아   ④ 염화칼슘

> 증기분사식 냉동장치에서 사용되는 냉매는 물이다.

[13년 3회]

21 부압작용에 의하여 진공을 만들어 냉동작용을 하는 것은?

① 증기분사 냉동기   ② 왕복동 냉동기
③ 스크루 냉동기   ④ 공기압축 냉동기

정답 16 ④ 17 ② 18 ② 19 ③ 20 ② 21 ①

증기분사식 냉동기는 열에너지를 이용한 압축방식을 채용한 방식으로 증기 ejector에서 nozzle로부터 고속으로 분출하는 증기에 의하여 부압을 발생시켜 증발기에서 저온증기를 끌어오고, 다음에 양자의 혼합체를 diffuser에서 압축하여 응축기로 송출하여 사이클을 행한다.

[16년 2회, 13년 3회]

24 왕복동 압축기에서 -30 ~ -70℃ 정도의 저온을 얻기 위해서는 2단 압축 방식을 채용한다. 그 이유 중 옳지 않은 것은?

① 토출가스의 온도를 높이기 위하여
② 윤활유의 온도 상승을 피하기 위하여
③ 압축기의 효율 저하를 막기 위하여
④ 성적계수를 높이기 위하여

증발온도가 대단히 낮거나 응축온도가 높을 경우 냉동효과가 감소하고, 압축 일량이 증가하여 성적계수가 감소한다. 그러므로 2단 압축방식을 채택할 때의 장점은 다음과 같다.
㉠ 냉동효과의 증대   ㉡ 압축 일량의 감소
㉢ 성적계수의 향상   ㉣ 토출가스온도 강하
㉤ 윤활유의 온도 상승방지   ㉥ 압축기 효율저하 방지

[12년 1회]

22 저온측 응축기를 고온 측 냉동기로 냉각하는 것은?

① 흡수식 냉동   ② 터보 냉동
③ 로터리 냉동   ④ 2원 냉동

2원 냉동기의 특징은
㉠ 2원 냉동은 -70℃ 이하의 초저온을 얻고자 할 때 사용되며, 일반적으로 저온 측에는 비점 및 임계점이 낮은 냉매를, 고온 측에는 비점 및 임계점이 높은 냉매를 사용한다.
㉡ 저온냉동장치의 응축기가 고온냉동장치의 증발기에 의해서 냉각되도록 되어 있다.
㉢ 저온 측에 사용하는 냉매는 R-13, R-14, 에틸렌 등이다.
㉣ 고온 측에 사용하는 냉매는 R-12, R-22, 프로판 등이다.

2 냉매와 브라인

[22년 1회, 08년 2회]

25 다음 냉매 중 에탄계 프레온족이 아닌 것은?

① R-22   ② R-113
③ R-123a   ④ R-134a

탄화수소계 냉매
프레온족(탄화수소계)냉매는 메탄계와 에탄계가 있으며 메탄계는 십자리수로 에탄계는 백자리수로 표시한다.
㉮ 메탄계 : R11, R12, R22, R32 등
   에탄계 : R111, R112, R123, R124, R152a 등

[14년 1회]

23 2원 냉동장치의 저온측 냉매로 적합하지 않은 것은?

① R-22   ② R-14
③ R-13   ④ 에틸렌

2원냉동기는 저온 측에 사용하는 냉매는 R-13, R-14, 에틸렌 등이고, 고온 측에 사용하는 냉매는 R-12, R-22, 프로판 등이다.

[12년 3회]

26 냉매의 구비조건이 아닌 것은?

① 응고점이 낮을 것
② 증기의 비열비가 작을 것
③ 증발열이 클 것
④ 임계온도는 상온보다 낮을 것

정답 22 ④   23 ①   24 ①   25 ①   26 ④

제1장 냉동이론

⊙ 임계온도가 높을 것(임계온도가 높아야 응축이 잘된다.)
ⓒ 비열비가 작을 것(비열비가 작아야 압축 일량이 적다.)
ⓒ 증발열이 클 것(증발열이 클수록 냉매순환량이 적어서 냉동기의 크기를 작게 할 수 있다.)
④의 경우 임계온도가 높을수록 냉매는 상온에서 액화하기 쉽다.

암모니아는 표준대기압에서 증발온도가 -33.3℃, 응고점이 -77.7℃로 초저온을 요하는 냉동에는 부적합하다.

[13년 1회]
27 다음 중 냉매의 구비조건으로 틀린 것은?

① 전기저항이 클 것
② 불활성이고 부식성이 없을 것
③ 응축 압력이 가급적 낮을 것
④ 증기의 비체적이 클 것

가스의 비체적이 작을 것(왕복식 압축기의 경우 비체적이 작을수록 압축기의 크기가 작아진다.)

[13년 2회]
30 암모니아 냉동장치의 부르돈관 압력계 재질은?

① 황동   ② 연강
③ 청동   ④ 아연

암모니아는 동 및 동합금(황동 및 청동)을 부식하기 때문에 압축기의 축(항상 유막이 형성되어 있음) 등의 일부를 제외하고 동 및 동합금을 사용할 수 없다. 일반적으로 암모니아 냉동장치의 부르돈관 압력계 재료로는 연강을 사용한다.

[10년 3회]
28 다음 중 암모니아 냉매를 대형장치에서 많이 사용하고 있는 원인으로 생각될 수 없는 것은?

① 냉동효과가 크기 때문
② 가격이 싸기 때문
③ 폭발의 위험이 없기 때문
④ 증발잠열이 크기 때문

암모니아 냉매는 가연성이며 독성가스이다. 따라서 항상 폭발의 위험이 있다.

[14년 2회]
31 다음 냉매 중 구리 도금 현상이 일어나지 않는 것은?

① CO_2 ② CCl_3F
③ R-12   ④ R-22

구리 도금 현상(동 부착(도금)현상)은 프레온계(플루오르카본) 냉매를 사용하는 냉동장치에서 발생하는 현상으로 CO_2 냉매를 사용하는 경우에는 발생하지 않는다.

[11년 1회]
29 다음 중 암모니아 냉매의 특성이 아닌 것은?

① 수분을 함유한 암모니아는 구리와 그 합금을 부식시킨다.
② 대규모 냉동장치에 널리 사용되고 있다.
③ 초저온을 요하는 냉동에 사용된다.
④ 독성이 강하고 강한 자극성을 가지고 있다.

[14년 2회]
32 냉매에 관한 설명 중 틀린 것은?

① 초저온 냉매로는 프레온 13과 프레온 14가 적합하다.
② 암모니아액은 R-12보다 무겁다.
③ R-12의 분자식은 CCl_2F_2이다.
④ 흡수식 냉동기에 냉매로는 물이 적합하다.

액비중이 큰 순서
프레온 > 물 > 오일 > 암모니아

정답   27 ④   28 ③   29 ③   30 ②   31 ①   32 ②

[15년 2회]
33 프레온계 냉동장치의 배관재료로 가장 적당한 것은?

① 철　　　　　② 강
③ 동　　　　　④ 마그네슘

> **배관재료**
> 프레온계(플루오르카본)냉매의 배관재료로는 2%를 초과하는 마그네슘을 함유하는 알루미늄 합금을 사용할 수 없다. 일반적으로 동관을 사용하고 동관, 동합금관은 가능한 한 이음매 없는 관을 사용해야 한다.

[14년 1회]
34 할로겐 원소에 해당되지 않는 것은?

① 불소[F]　　　② 수소[H]
③ 염소[Cl]　　　④ 브롬[Br]

> **할로겐 원소**
> ① 불소[F]　② 염소[Cl]　③ 브롬[Br]　④ 요오드[I]

[12년 2회]
35 다음 냉매 중 -15℃에서의 포화압력(증발압력)이 큰 것부터 순서대로 된 것은?

① R-22 → R-113 → NH_3 → R-500
② R-22 → NH_3 → R-500 → R-113
③ NH_3 → R-500 → R-22 → R-113
④ NH_3 → R-22 → R-500 → R-113

> **-15℃에서의 포화압력(증발압력)**
> R-22($3.03kg/cm^3$) → NH_3($2.41kg/cm^3$)
> → R-500($2.19kg/cm^3$) → R-113($0.07kg/cm^3$)

[11년 3회]
36 NH_3, R-114, R-22의 냉매특성을 비교할 때 증발 잠열이 큰 것부터 나열한 순서가 옳은 것은?

① NH_3 > R-114 > R-22
② NH_3 > R-22 > R-114
③ R-114 > NH_3 > R-22
④ R-22 > NH_3 > R-114

> **-15℃에서의 증발잠열**
> ㉠ NH_3 : 1,312kJ/kg
> ㉡ R-22 : 216kJ/kg
> ㉢ R-114 : 144kJ/kg

[09년 2회]
37 동부착 현상이 일어나기 쉬운 순서대로 나열된 것은?

① R-12 → R-22 → CH_3Cl
② R-22 → R-12 → CH_3Cl
③ CH_3Cl → R-22 → R-12
④ CH_3Cl → R-12 → R-22

> 동부착현상은 냉매 속에 수소(H)가 많을수록 일어나기 쉽다.
> R-22 : $CHClF_2$, R-12 : CCl_2F_2

[14년 3회, 11년 1회, 10년 2회]
38 암모니아 냉동기에서 암모니아가 누설되는 곳에 리트머스 시험지를 대면 어떤 색으로 변하는가?

① 홍색　　　　② 청색
③ 갈색　　　　④ 백색

> **NH_3 냉매의 누설검지**
> ㉠ 취기
> ㉡ 붉은 리트머스시험지 → 청색(누설 시)
> ㉢ 유황초나 염산 → 흰색연기(누설 시)
> ㉣ 페놀프탈레인 → 홍색(누설 시)
> ㉤ 네슬러시약 → 소량 누설(황색), 다량누설(자색): 브라인 중에 누설 검지

정답 33 ③　34 ②　35 ②　36 ②　37 ③　38 ②

[14년 1회]

39 다음 냉매 중 아황산가스에 접했을 때 흰 연기를 내는 가스는?

① 프레온 12
② 크로메틸
③ R-410A
④ 암모니아

> 암모니아 냉매는 누설 시 유황초를 태우면 아황산가스가 발생하여 암모니아와 반응하여 흰색연기가 발생한다.

[12년 3회]

42 헬라이드 토치로 누설검사가 불가능한 냉매는?

① NH_3 ② R-504
③ R-22   ④ R-114

> 헬라이드 토치는 프레온계 (플루오르카본계)냉매의 누설검지기이다. 따라서 암모니아(NH_3)는 검지할 수 없다.

[13년 1회]

40 헬라이드 토치로 누설을 탐지할 때 누설이 있는 곳에서는 토치의 불꽃색깔이 어떻게 되는가?

① 흑색   ② 파란색
② 노란색   ④ 녹색

> 냉매의 누설검지
> 헬라이드 토치 사용 시 냉매의 불꽃반응
> 정상-청색, 소량누설-녹색, 다량누설-자색, 과량누설-꺼진다.

[08년 1회]

43 전자 누설 탐지기는 냉매가 새는 경우 어떤 반응을 보이는가?

① 불꽃의 색깔이 변한다.
② 눈금을 나타내거나 빛 또는 소리가 난다.
③ 관에 있는 색깔이 변한다.
④ 바이메탈을 이용하여 굽어지는 정도로써 눈금을 나타낸다.

> 프레온 냉매(플루오르카본계)를 사용하는 냉동장치에서 사용하는 전자 누설 탐지기는 냉매가 새는 경우 눈금을 나타내거나 빛 또는 소리가 난다.

[16년 2회, 12년 2회]

41 헬라이드 토치는 프레온계 냉매의 누설검지기이다. 누설 시 식별방법은?

① 불꽃의 크기   ② 연료의 소비량
③ 불꽃의 온도   ④ 불꽃의 색깔

> 헬라이드 토치 사용 시 플루오르카본계 냉매의 불꽃반응
> 정상-청색, 소량누설-녹색, 다량누설-자색, 과량누설-꺼진다.

[14년 1회]

44 냉매와 화학분자식이 옳게 짝지어진 것은?

① $R-500 \rightarrow CCl_2F_4 + CH_2CHF_2$
② $R-502 \rightarrow CHClF_2 + CClF_2CF_3$
③ $R-22 \rightarrow CCl_2F_2$
④ $R-717 \rightarrow NH_4$

> ① $R-500 \rightarrow CCl_2F_2 + CH_3CHF_2$ (R-12 + R-152)
> ② $R-502 \rightarrow CHClF_2 + CClF_2CF_3$ (R-22 + R-115)
> ③ $R-22 \rightarrow CHClF_2$
> ④ $R-717 \rightarrow NH_3$

정답 39 ④ 40 ④ 41 ④ 42 ① 43 ② 44 ②

[14년 2회]

45 다음 냉매 중 독성이 큰 것부터 나열된 것은?

> ㉠ 아황산(SO_2)　㉡ 탄산가스(CO_2)
> ㉢ R-12(CCl_2F_2)　㉣ 암모니아(NH_3)

① ㉣-㉡-㉠-㉢　② ㉣-㉠-㉡-㉢
③ ㉠-㉣-㉡-㉢　④ ㉠-㉡-㉣-㉢

> **독성 순위**
> 아황산(SO_2)가스 > 암모니아(NH_3) > 탄산가스(CO_2) > R-12(CCl_2F_2)

[15년 3회]

46 브라인의 구비조건으로 틀린 것은?

① 상 변화가 잘 일어나서는 안 된다.
② 응고점이 낮아야 한다.
③ 비열이 적어야 한다.
④ 열전도율이 커야 한다.

> 비열이 클수록 열 운반능력이 증대하여 브라인 순환량이 감소하므로 설비비 및 반송동력이 감소한다.

[22년 2회]

47 2차 유체로 사용되는 브라인의 구비 조건으로 틀린 것은?

① 비등점이 높고, 응고점이 낮을 것
② 점도가 낮을 것
③ 부식성이 없을 것
④ 열전달률이 작을 것

> 브라인의 구비 조건에서 열전달률은 클수록 좋다.

[22년 1회]

48 다음 중 브라인의 구비조건이 아닌 것은?

① 열용량이 작고 전열이 좋을 것
② 점도가 적당할 것
③ 응고점이 낮을 것
④ 금속에 대한 부식성이 적고 불연성일 것

> 브라인은 열용량이 클수록 열 운반능력이 증대하여 순환량이 적어져 설비비 및 반송동력이 감소한다.

[13년 1회, 10년 3회, 08년 2회]

49 염화나트륨 브라인의 공정점은 몇 ℃인가?

① -55℃　② -42℃
③ -36℃　④ -21℃

> **무기질 브라인의 공정점**
> 식염수(염화나트륨) : -21.2℃
> 염화마그네슘 : -33.6℃
> 염화칼슘 : -55℃

[13년 2회, 09년 3회]

50 염화칼슘 브라인의 공정점(共晶點)은?

① -15℃　② -21℃
③ -33.6℃　④ -55℃

> 염화칼슘 : -55℃

정답 45 ③　46 ③　47 ④　48 ①　49 ④　50 ④

[12년 1회, 07년 2회]

51 다음 무기질 브라인 중에 동결점이 제일 낮은 것은?

① $MgCl_2$ ② $CaCl_2$
③ H_2O ④ $NaCl$

> 공정점
> NaCl(염화나트륨) : −21.2℃
> $MgCl_2$(염화마그네슘) : −33.6℃
> $CaCl_2$(염화칼슘) : −55℃
> H_2O(물) : 0℃

[12년 1회]

52 브라인에 대한 설명으로 옳은 것은?

① 브라인은 그 감열을 이용하여 냉각한다.
② 염화칼슘 브라인보다 염화나트륨 브라인 쪽이 온도를 더 내릴 수 있다.
③ 일반적으로 유기질브라인은 무기질브라인에 비해 부식성이 크다.
④ 브라인은 비등점이 낮아도 상관없다.

> ② 염화칼슘 브라인이 염화나트륨 브라인 보다 공정점이 낮아서 온도를 더 내릴 수 있다.
> ③ 일반적으로 유기질브라인은 무기질브라인에 비해 부식성이 작다.
> ④ 브라인은 현열에 의해 열을 운반하기 때문에 증발이 쉽게 되지 않도록 비등점이 높아야 한다.

[14년 3회]

53 브라인의 금속에 대한 특징으로 틀린 것은?

① 암모니아가 브라인 중에 누설하면 알칼리성이 대단히 강해져 국부적인 부식이 발생한다.
② 유기질 브라인은 일반적으로 부식성이 강하나 무기질 브라인은 부식성이 적다.
③ 브라인 중에 산소량이 증가하면 부식량이 증가하므로 가능한 공기와 접촉하지 않도록 한다.
④ 방청제를 사용하며, 방청제로는 중크롬산소다를 사용한다.

> 유기질 브라인이 무기질 브라인에 비하여 부식성이 적다.

[11년 1회]

54 브라인의 부식방지를 위한 pH 값으로 가장 적당한 것은?

① 5.5~6.5
② 7.5~8.2
③ 9.5~11.0
④ 11.5~15.5

> 브라인의 pH(페하)는 보통 7.5~8.2로 유지한다.

[15년 1회]

55 브라인에 대한 설명으로 옳은 것은?

① 브라인 중에 용해하고 있는 산소량이 증가하면 부식이 심해진다.
② 구비조건으로 응고점은 높아야 한다.
③ 유기질 브라인은 무기질에 비해 부식성이 크다.
④ 염화칼슘용액, 식염수, 프로필렌글리콜은 무기질 브라인이다.

> ② 응고점이 낮아야 한다.
> ③ 유기질 브라인이 무기질 브라인에 비하여 부식성이 적다.
> ④ 무기질 브라인 : 염화칼슘($CaCl_2$), 염화나트륨(NaCl), 염화마그네슘($MgCl_2$)
> 유기질 브라인 : 에틸렌글리콜, 프로필렌글리콜, 알코올, 염화메틸렌(R−11), 메틸클로라이드

[23년 3회]

56 다음 중 무기질 브라인이 아닌 것은?

① 염화나트륨 ② 염화마그네슘
③ 염화칼슘 ④ 에틸렌글리콜

> 무기질 브라인 : 염화칼슘($CaCl_2$), 염화나트륨(NaCl), 염화마그네슘($MgCl_2$)
> 유기질 브라인 : 에틸렌글리콜, 프로필렌글리콜, 알코올, 염화메틸렌(R−11), 메틸클로라이드

정답 51 ② 52 ① 53 ② 54 ② 55 ① 56 ④

[16년 1회]

57 냉동장치에서 윤활의 목적으로 가장 거리가 먼 것은?

① 마모 방지
② 기밀 작용
③ 열의 축적
④ 마찰동력 손실방지

> **냉동유의 역할**
> ㉠ 마찰저항 및 마모방지(윤활작용)
> ㉡ 밀봉작용　㉢ 방청작용　㉣ 냉각작용

[14년 3회]

58 냉동기에 사용하는 윤활유의 구비조건으로 틀린 것은?

① 불순물이 함유되어 있지 않을 것
② 전기 절연내력이 클 것
③ 응고점이 낮을 것
④ 인화점이 낮을 것

> 냉동기에 사용하는 윤활유는 인화점이 높아야 한다.

[16년 2회, 11년 2회]

59 냉동기유에 대한 냉매의 용해성이 가장 큰 것은? (단, 동일한 조건으로 가정한다.)

① R-113
② R-22
③ R-115
④ R-717

> **냉동기유에 대한 냉매의 용해성**
> - 용해도가 큰 냉매 : R-11, R-12, R-21, R-113, R-500
> - 용해도가 중간인 냉매 ; R-22, R-114
> - 용해도가 작은 냉매 : R-13, R-14, R-502, R-717(NH$_3$)

[15년 3회]

60 압축기 기동 시 윤활유가 심한기포현상을 보일 때 주된 원인은?

① 냉동능력이 부족하다.
② 수분이 다량 침투했다.
③ 응축기의 냉각수가 부족하다.
④ 냉매가 윤활유에 다량 녹아있다.

> **오일 포밍(Oil foaming) 현상**
> 플루오르카본(프레온) 냉동장치에서 압축기 정지 시 냉매가스가 크랭크 케이스 내의 오일 중에 용해되어 있다가 압축기 가동 시 크랭크케이스 내의 압력이 갑자기 낮아져 오일 중에 용해되어 있던 냉매가 급격히 증발하게 되어 유면이 약동하면서 거품이 발생하는데 이러한 현상을 오일 포밍이라 한다.

3 냉매선도와 냉동 사이클

[15년 3회, 14년 2회, 08년 2회]

61 몰리에르 선도 상에서 압력이 커짐에 따라 포화액선과 건조포화 증기선이 만나는 일치점을 무엇이라고 하는가?

① 임계점
② 한계점
③ 상사점
④ 비등점

> **임계점(CP : critical point)**
> 압력의 변화에 따라 포화 증기의 잠열이나 전열량 및 포화수의 보유 열량은 변화한다. 그림에서와 같이 포화수의 비엔탈피는 압력의 상승과 함께 증가하나, 증발열(잠열)은 반대로 감소해간다. 그 최고점을 임계점이라며 22.12MPa의 압력에 포화 온도는 374.15℃로 되는데, 이임계점에서의 잠열은 0으로 된다.

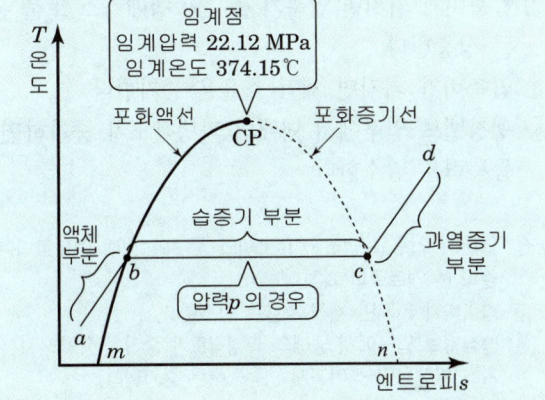

정답 57 ③　58 ④　59 ①　60 ④　61 ①

제1장 냉동이론

[09년 1회]

62 P(압력)$-h$(엔탈피) 선도에서 포화증기선상의 건조도는 얼마인가?

① 2 ② 1
③ 0.5 ④ 0

> P(압력)$-h$(엔탈피) 선도에서 포화증기선상의 건조도(건도)는 1이고, 포화액선의 건도는 0 이다.

[12년 2회]

63 냉동기의 성능을 표시하기 위해 정한 기준(표준) 냉동사이클의 운전 조건으로 잘못된 것은?

① 증발온도 : $-15℃$
② 응축온도 : $30℃$
③ 압축기 흡입가스 상태 = 건조포화증기
④ 팽창밸브 직전온도 : $45℃$(과냉각도 $5℃$)

> 표준 냉동사이클
> ① 증발온도 = $-15℃$
> ② 응축온도 = $30℃$
> ③ 압축기 흡입가스 상태 = 건조포화증기
> ④ 팽창밸브 직전온도 = $25℃$(과냉각도 $5℃$)

[15년 1회]

64 표준냉동사이클이 적용된 냉동기에 관한 설명으로 옳은 것은?

① 압축기 입구의 냉매 엔탈피와 출구의 냉매 엔탈피는 같다.
② 압축비가 커지면 압축기 출구의 냉매가스 토출 온도는 상승한다.
③ 압축비가 커지면 체적 효율은 증가한다.
④ 팽창밸브 입구에서 냉매의 과냉각도가 증가하면 냉동능력은 감소한다.

> ① 압축기 입구의 냉매 엔트로피와 출구의 냉매 엔트로피는 같다.(등엔트로피 과정)
> ③ 압축비가 커지면 체적 효율은 감소한다.
> ④ 팽창밸브 입구에서 냉매의 과냉각도가 증가하면 플래시 가스 발생량이 적어서서 냉동능력은 증가한다.

[09년 3회]

65 냉동기의 압축기에서 일어나는 이상적인 압축과정은 다음 중 어느 것인가?

① 등온변화
② 등압변화
③ 등엔탈피 변화
④ 등엔트로피 변화

> 냉동기의 압축기에서 일어나는 이상적인 압축과정은 등엔트로피 변화이다. 하지만 실제압축과정은 엔트로피가 약간 증가한다.

[16년 2회, 09년 3회]

66 표준냉동사이클에서 팽창밸브를 냉매가 통과하는 동안 변하되지 않는 것은?

① 냉매의 온도 ② 냉매의 압력
③ 냉매의 엔탈피 ④ 냉매의 엔트로피

> 표준 냉동장치에서 단열팽창과정은 등엔탈피 과정(엔탈피 일정)으로 온도는 하강하고 엔트로피는 상승한다.

[11년 3회]

67 $-15℃$에서 건조도 0인 암모니아 가스를 교축 팽창시켰을 때 변화가 없는 것은?

① 비체적 ② 압력
③ 엔탈피 ④ 온도

> 교축팽창 = 등엔탈피 변화, 교축팽창에서 압력과 온도는 감소한다.

정답 62 ② 63 ④ 64 ② 65 ④ 66 ③ 67 ③

[09년 3회]

68 다음 중 그 값이 1보다 크지 않은 것은?

① 폴리트로픽 지수 ② 성적 계수
③ 건조도 ④ 비열비

> **건조도**
> 건조도는 발생증기(습증기) 속에 포함되어 있는 건조한 증기의 양으로 지금 발생증기 1kg속에 포함되어 있는 건조포화증기의 양이 $x$kg이라면 이때의 x를 건조도, $(1-x)$를 습도라 한다. 따라서 건조도 x는 항상 1보다 작은 값(0~1)이 된다.

[16년 3회, 08년 3회]

69 다음 냉동기의 T-S선도 중 습압축 사이클에 해당되는 것은?

① 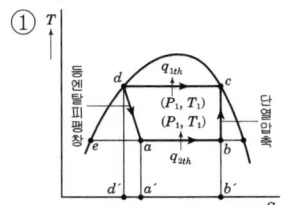 ②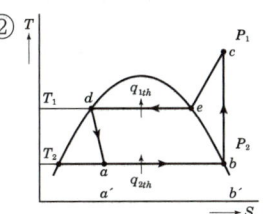

③ 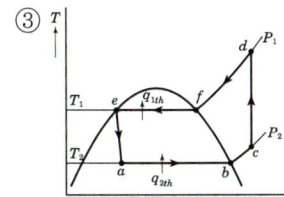 ④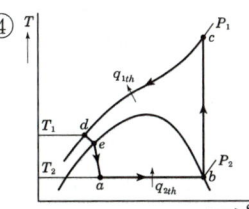

① 습압축(압축기 입구 b에서 습증기 상태이다)
② 건압축 사이클(압축기 입구 b에서 포화증기 상태이다)
③ 과열압축 사이클(압축기 입구 b에서 과열증기 상태이다)
④ 임계압력 이상의 압축 사이클

[16년 2회, 09년 1회]

70 팽창밸브를 통하여 증발기에 유입되는 냉매액의 엔탈피를 F, 증발기 출구 엔탈피를 A, 포화액의 엔탈피를 G라 할 때 팽창밸브를 통과한 곳에서 증기로 된 냉매의 양의 계산식으로 옳은 것은? (단, P : 압력, h : 엔탈피를 나타낸다.)

① $\dfrac{A-F}{A-G}$

② $\dfrac{A-F}{F-G}$

③ $\dfrac{F-G}{A-G}$

④ $\dfrac{F-G}{A-F}$

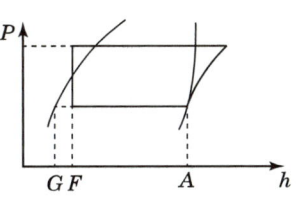

> 팽창밸브를 통과한 습증기(액+증기)에서
> 건조도(증기로 된 냉매의 양) = $\dfrac{증기량}{습증기량}$ = $\dfrac{F-G}{A-G}$
> 습도(액체 상태의 냉매의 양) = $\dfrac{액량}{습증기량}$ = $\dfrac{A-F}{A-G}$

[12년 1회, 06년 2회]

71 기준 냉동사이클에서 냉매 R-22의 냉동효과(kJ/kg)는 암모니아의 약 몇 %정도인가?

① 5% ② 9%
③ 15% ④ 26%

> 기준 냉동사이클에서의 냉동효과(kJ/kg)
> - R-22 : 168
> - 암모니아(NH_3) : 1126
> ∴ $\dfrac{168}{1126} \times 100 ≒ 15\%$

정답 68 ③ 69 ① 70 ③ 71 ③

[09년 2회]

72 다음과 같이 증발온도 -30℃, 냉동능력 3RT인 냉장실과 증발온도 0℃, 냉동능력 1.5RT인 냉장실은 준비실을 1대의 R12 냉동장치로서 냉각한다. 각 실의 증발기 출구의 과열도는 5℃이고, 응축온도는 35℃이며, 팽창변 직전 액의 과냉각도를 5℃라고 한다면, 필요 냉매순환량은 얼마인가? (단, 1RT=3.8kW이다)

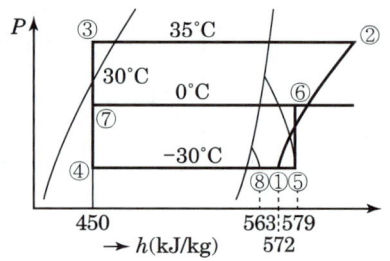

① 254.5kg/h ② 494.5kg/h
③ 503.0kg/h ④ 518.4kg/h

(1) -30℃, 냉동능력 3RT인 냉장실
　냉매순환량 $G_1 = \dfrac{Q_2}{q_2} = \dfrac{3 \times 3.8}{563-450} = 0.1\text{kg/s}$

(2) 0℃, 냉동능력 1.5RT인 냉장실
　냉매순환량 $G_2 = \dfrac{Q_2}{q_2} = \dfrac{1.5 \times 3.8}{579-450} = 0.044\text{kg/s}$

∴ 전냉매순환량
　$G = G_1 + G_2 = 0.1 + 0.044 = 0.144\text{kg/s} = 518.4\text{kg/h}$

[08년 2회]

73 피스톤 압출량이 $48\text{m}^3/\text{h}$인 압축기를 사용하는 냉동장치가 있다. 1, 2, 3점에서의 냉매의 엔탈피 및 비체적은 그림에 나타난 것과 같다. 이 운전상태에서 압축기의 체적효율 $\eta_v = 0.75$이고, 배관에서의 열손실을 무시할 경우, 이 냉동장치의 냉동능력은 몇 냉동톤인가?

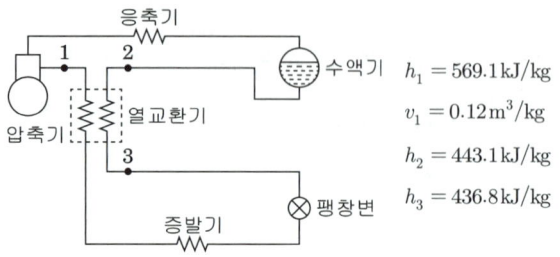

① 5.06냉동톤 ② 4.82냉동톤
③ 2.72냉동톤 ④ 2.58냉동톤

(1) 냉매순환량 G(kg/h)
　$G = \dfrac{V_a \cdot \eta_v}{v_1} = \dfrac{48 \times 0.75}{0.12} = 300$

(2) 증발기 출구 냉매증기 엔탈피
　$h'_1 = h_1 - (h_2 - h_3)$
　　$= 569.1 - (443.1 - 436.8) = 562.8$

∴ $RT = \dfrac{G(h'_1 - h_3)}{3.86} = \dfrac{\left(\dfrac{300}{3600}\right) \times (562.8 - 436.8)}{3.86} = 2.72$

[13년 1회, 10년 1회]

74 암모니아 냉동기의 증발온도 -20℃, 응축온도 35℃일 때 ㉠ 이론 성적계수와 ㉡ 실제 성적계수는 약 얼마인가? (단, 팽창밸브 직전의 액온도는 32℃, 흡인가스는 건포화증기이고, 체적효율은 0.65, 압축효율은 0.80, 기계효율은 0.9로 한다.)

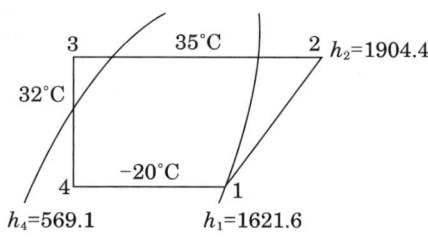

① ㉠ 0.5, ㉡ 3.8
② ㉠ 3.7, ㉡ 2.7
③ ㉠ 3.5, ㉡ 2.5
④ ㉠ 4.3, ㉡ 2.8

(1) 이론 성적계수 $= \dfrac{1621.6 - 569.1}{1904.4 - 1621.6} = 3.7$

(2) 실제 성적계수 = 이론 성적계수 × 압축효율 × 기계효율
　$= 3.7 \times 0.8 \times 0.9 = 2.7$

[14년 3회]

75 다음과 같은 냉동기의 이론적인 성적계수는?

① 4.8
② 5.8
③ 6.5
④ 8.9

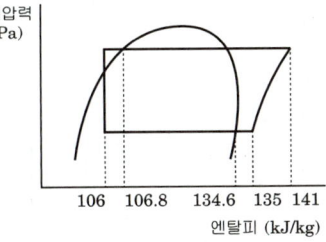

성적계수 COP
$$COP = \frac{q_2}{w} = \frac{135-106}{141-135} ≒ 4.8$$

[22년 3회, 16년 2회]

76 아래와 같이 운전되고 있는 냉동사이클의 성적계수는?

① 2.1
② 3.3
③ 4.8
④ 5.9

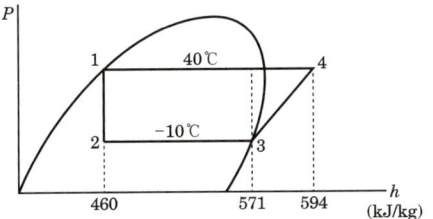

성적계수 COP
$$COP = \frac{q_2}{w} = \frac{571-460}{594-571} = 4.8$$

[22년 2회]

77 20℃의 물로부터 0℃의 얼음을 매 시간당 90kg을 만드는 냉동기의 냉동능력(kW)은 얼마인가? (단, 물의 비열 4.2kJ/kg·K, 물의 응고 잠열 335kJ/kg이다.)

① 7.8   ② 8.0
③ 9.2   ④ 10.5

냉동능력=제빙(현열+잠열)=90[4.2(20-0)+335]
$$=37,710 kJ/h = \frac{37710}{3600} kJ/s = 10.5 kW$$

[22년 2회]

78 냉동기에서 고압의 액체냉매와 저압의 흡입증기를 서로 열교환 시키는 열교환기의 주된 설치 목적은?

① 압축기 흡입증기 과열도를 낮추어 압축 효율을 높이기 위함
② 일종의 재생 사이클을 만들기 위함
③ 냉매액을 과냉시켜 플래시 가스 발생을 억제하기 위함
④ 이원냉동 사이클에서의 캐스케이드 응축기를 만들기 위함

열교환기의 주된 설치 목적은 고압의 액체냉매와 저압의 흡입증기를 서로 열교환 시켜서 냉매액을 과냉시켜 플래시 가스 발생을 억제하고 냉동효과를 증가시킨다.

[09년 2회]

79 가역 냉동기의 냉동능력이 100RT이며, -5℃와 +20℃ 사이에서 작동하고 있다. 이 냉동기의 성적 계수는 얼마인가?

① 10.7
② 11.7
③ 13.4
④ 12.4

가역 냉동사이클 성적계수 COP
$$COP = \frac{T_2}{T_1-T_2} = \frac{273-5}{(273+20)-(273-5)} = 10.72$$

4 각종 냉동 사이클

[12년 2회, 09년 1회]

80 냉동 사이클이 0℃와 100℃ 사이에서 역 카르노 사이클로 작동될 때 성적계수는 얼마인가?

① 0.19
② 1.37
③ 2.73
④ 3.73

가역 냉동사이클 성적계수 COP

$$COP = \frac{T_2}{T_1 - T_2} = \frac{273+0}{(273+100)-(273+0)} = 2.73$$

[14년 1회]

81 10℃와 85℃ 사이의 물을 열원으로 역 카르노 사이클로 작동되는 냉동기(ϵ_C)와 히트펌프(ϵ_H)의 성적계수는 각각 얼마인가?

① $\epsilon_C = 1.00$, $\epsilon_H = 2.00$
② $\epsilon_C = 2.12$, $\epsilon_H = 3.12$
③ $\epsilon_C = 2.93$, $\epsilon_H = 3.93$
④ $\epsilon_C = 3.77$, $\epsilon_H = 4.77$

(1) 가역 냉동사이클 성적계수 e_C

$$e_C = \frac{T_2}{T_1 - T_2} = \frac{273+10}{(273+85)-(273+10)} = 3.77$$

(2) 가역 히트펌프의 성적계수 e_H

$$e_H = e_C + 1 = 3.77 + 1 = 4.77$$

[11년 2회]

82 다음과 같이 냉동사이클을 행하는 냉동장치에서 냉매 순환량이 450kg/h, 전동기 출력 3.0kW일 경우 실제 성적계수는 얼마인가?

① 5.25
② 4.83
③ 4.14
④ 3.75

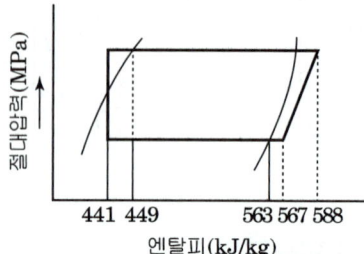

실제 성적계수 COP

$$COP = \frac{냉동능력}{압축일} = \frac{Q_2}{W} = \frac{G \times q_2}{W}$$

$$= \frac{\left(\frac{450}{3600}\right) \times (567-441)}{3.0} = 5.25$$

[15년 1회]

83 어느 냉동기가 2PS의 동력을 소모하여 5.9kW의 열을 저열원에서 제거한다면 이 냉동기의 성적계수는 약 얼마인가? (단 1PS=0.735kW)

① 4
② 5
③ 6
④ 7

실제 성적계수 COP

$$COP = \frac{Q_2}{W} = \frac{5.9}{2 \times 0.735} = 4$$

정답 80 ③ 81 ④ 82 ① 83 ①

[23년 3회]

84 R-502를 사용하는 냉동장치의 몰리엘 선도가 다음과 같다. 이 장치의 실제 냉매순환량은 167 kg/h이고, 전동기 출력이 3.5 kW일 때, 실제 성적계수는?

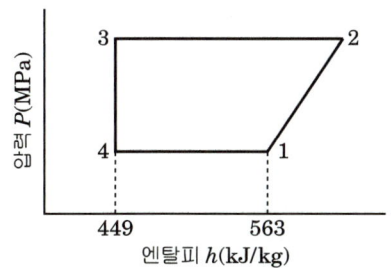

① 1.3 ② 1.4
③ 1.5 ④ 1.6

$$COP = \frac{Q_2}{W} = \frac{m \times q_r}{W} = \frac{167 \times (563-449)/3600}{3.5} ≒ 1.5$$

[23년 1회]

85 아래와 같이 운전되고 있는 냉동사이클의 성적계수는?

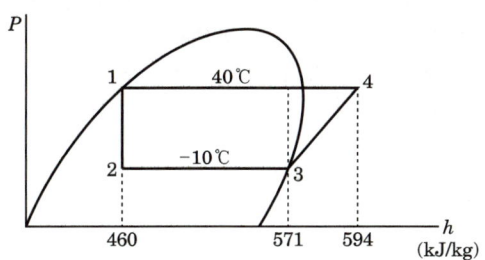

① 2.1 ② 3.3
③ 4.8 ④ 5.9

성적계수 COP

$$COP = \frac{q_2}{w} = \frac{571-460}{594-571} = 4.8$$

[23년 3회]

86 다음 그림은 역카르노 사이클을 절대온도(T)와 엔트로피(S) 선도로 나타내었다. 면적(1-2-2′-1′)이 나타내는 것은?

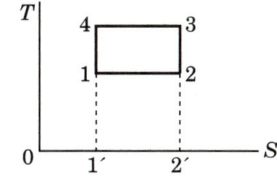

① 저열원으로부터 받는 열량
② 고열원에 방출하는 열량
③ 냉동기에 공급된 열량
④ 고·저열원으로부터 나가는 열량

역카르노사이클 T-S선도에서
① 저열원으로부터 받는 열량 : 면적 (1-2-2′-1′)
② 고열원에 방출하는 열량 : 면적(3-4-1-1′-2′-2-3)
③ 냉동기에 공급된 일량(압축일량) : 면적(1-2-3-4-1)

[23년 3회]

87 압축냉동 사이클에서 엔트로피가 감소하고 있는 과정은?

① 증발과정
② 압축과정
③ 응축과정
④ 팽창과정

압축냉동 사이클에서의 엔트로피 변화
① 증발과정 : 엔트로피 상승
② 압축과정 : 등엔트로피 과정
③ 응축과정 : 엔트로피 감소
④ 팽창과정 : 엔트로피 상승

정답 84 ③ 85 ③ 86 ① 87 ③

[14년 3회]

88 다음 그림은 어떤 사이클인가? (단, P=압력, h=엔탈피, T=온도, S=엔트로피이다.)

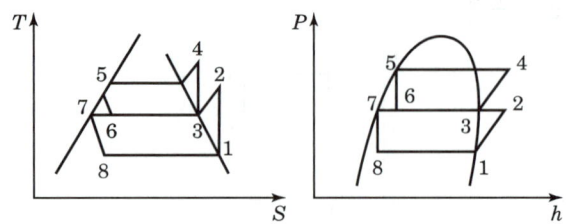

① 2단압축 1단팽창 사이클
② 2단압축 2단팽창 사이클
③ 1단압축 1단팽창 사이클
④ 1단압축 2단팽창 사이클

> 그림은 중간 냉각이 완전한 2단압축 2단팽창 사이클이다.

[22년 1회]

89 2단압축 1단 팽창 냉동사이클에서 중간냉각기의 기능으로 가장 적합한 것은?

① 고단압축기 토출가스를 냉각시키고 팽창밸브로 공급되는 냉매액을 냉각시킨다.
② 불응축가스를 냉각시켜서 응축부하를 감소시킨다.
③ 저단압축기 토출가스를 냉각시키고 팽창밸브로 공급되는 냉매액을 냉각시킨다.
④ 저단압축기 토출가스를 냉각시키고, 팽창밸브로 공급되는 냉매액을 가열한다.

> 2단압축 1단 팽창 냉동사이클에서 중간냉각기의 기능은 저단압축기 토출가스를 냉각시키고 팽창밸브로 공급되는 냉매액을 냉각시켜서 성적계수를 높이고, 냉동능력을 증가시킨다.

[17년 1회, 08년 3회]

90 어떤 영화관을 냉방하는데 1512000kJ/h의 열을 제거해야 한다. 소요동력은 1냉동톤당 0.75kW로 가정하면 이 압축기를 구동하는데 약 몇 kW의 전동기를 필요로 하는가?

① 81.6
② 69.8
③ 59.8
④ 49.8

> (1) 냉동톤으로 환산
> 냉동능력 = $\dfrac{1512000}{3600}$ = 420kW
> 냉동톤(RT) = $\dfrac{420}{3.86}$ = 108.81RT
> (2) 1RT당 압축일은 0.75kW로 가정한다고 하였으므로
> kW = 108.81 × 0.75 = 81.6[kW]

[22년 1회]

91 다음과 같은 냉동기의 냉동능력[RT]은? (단, 응축기 냉각수 입구온도 18[℃], 응축기 냉각수 출구온도 23[℃], 응축기 냉각수 수량 1500[L/min], 압축기 주전동기 축마력은 80[PS], 단 1[RT]는 3.86kW이고, 1PS=0.735kW이다)

① 135
② 120
③ 150
④ 125

> 냉동능력(RT) = $\dfrac{Q_2}{3.86} = \dfrac{Q_1 - W}{3.86} = \dfrac{525 - 58.8}{3.86} = 120$
> 여기서
> 응축일 $Q_1 = m \cdot c \cdot \Delta t$ [kW]
> $= \left(\dfrac{1500}{60}\right) \times 4.2 \times (23-18) = 525$
> 압축일 $W = 80 \times 0.735 = 58.8$[kW]

정답 88 ② 89 ③ 90 ① 91 ②

[11년 3회]

92 응축온도가 일정하고 증발온도가 높아짐에 따라 커지는 것은?

① 압축일의 열당량
② 응축기의 방출열량
③ 냉동효과
④ RT당 냉매순환량

> 응축온도를 일정하게 하고 증발온도를 상승시켰을 경우
> ㉠ 냉동효과 증대(플래시 가스 발생량 감소)
> ㉡ 압축비 감소
> ㉢ 압축일량 감소
> ㉣ 토출가스 온도 저하

[15년 1회]

93 응축온도는 일정한데 증발온도가 저하되었을 때 감소되지 않는 것은?

① 압축비   ② 냉동능력
③ 성적계수   ④ 냉동효과

> 압축비 = $\dfrac{\text{고압측(응축)절대압력}}{\text{저압측(증발)절대압력}}$ 에서
> 증발온도(압력)가 저하되면 압축비는 증가한다.

[23년 1회]

94 2단압축 냉동장치에서 게이지 압력계의 지시계가 고압 1.47MPa, 저압 100mmHg(vac)진공압을 가리킬 때, 저단압축기와 고단압축기의 압축비는 각각 얼마인가? (단, 저·고단의 압축비는 동일하고, 대기압=0.1MPa이다)

① 3.6   ② 3.8
③ 4.0   ④ 4.2

> 압축비 $m = \dfrac{P_m}{P_2}$ (저단) $= \dfrac{P_1}{P_m}$ (고단)에서 중간압 P_m은
> $P_m^2 = P_2 \times P_1$
> $\therefore P_m = \sqrt{P_1 \cdot P_2} = \sqrt{1.57 \times 0.087} \fallingdotseq 0.370$
> 여기서, P_1 : 고압측(응축) 절대압력[MPa]
> $\qquad = 0.1 + 1.47 = 1.57$ (대기압=0.1MPa)
> $\qquad P_2$: 저압측 절대압력[MPa]
> $\qquad = 0.1 \times \dfrac{760-100}{760} = 0.087$
> $\therefore$ 저단 압축비 $m = \dfrac{P_m}{P_2} = \dfrac{0.370}{0.087} = 4.25$
> $\quad$ 고단 압축비 $m = \dfrac{P_1}{P_m} = \dfrac{1.57}{0.370} = 4.24$

[23년 2회]

95 팽창밸브 직후 냉매의 건도가 0.2이다. 이 냉매의 증발열이 1884kJ/kg이라 할 때, 표준냉동사이클에서 냉동효과(kJ/kg)는 얼마인가?

① 376.8   ② 1324.6
③ 1507.2   ④ 1804.3

> 냉동효과는 팽창밸브 출구에서 포화증기점 까지이므로 건도가 x일 때 냉동효과는 $1-x$가 된다.
> 냉동효과 $q_2 = r \times (1-x) = 1884 \times (1-0.2) = 1507.2$
> 여기서, r : 증발잠열[kJ/kg], x : 팽창밸브 직후 건도

정답 92 ③ 93 ① 94 ④ 95 ③

5 기초열역학

[예상문제]

96 주위와 에너지는 교환할 수 있으나 물질은 교환할 수 없는 계를 열역학에서는 무엇이라 하는가?

① 개방계　　　　② 밀폐계
③ 고립계　　　　④ 상태계

> **계(系 : system)**
> 열역학에서는 해석의 대상이 되는 물질의 일정량이나 범위를 명확하게 할 필요가 있는데 이 물질량이나 범위를 계라 한다.
> ㉠ 밀폐계(closed system) : 계의 경계를 통하여 물질의 이동이 없는 계이다.
> ㉡ 개방계(open system) : 계의 경계를 통하여 물질의 이동이 있는 계이다.
> ㉢ 고립계(isolated system) : 계의 경계를 통하여 물질이나 에너지의 전달이 없는 계이다.
> ㉣ 단열계(adiabatic system) : 계의 경계를 통하여 열의 이동이 없는 계이다.

[14년 1회]

97 다음 열역학적 설명으로 옳지 않은 것은?

① 물체의 순간(현재) 상태만에 관계하는 양을 상태량이라 하며 열량과 일 등은 상태량이다.
② 평형을 유지하면서 조용히 상태변화가 일어나는 과정은 준 정적변화이며 가역변화라고 할 수 있다.
③ 내부에너지는 그 물질의 분자가 임의 온도하에서 갖는 역학적 에너지의 총합이라고 할 수 있다.
④ 온도는 내부에너지에 비례하여 증가한다.

> 일과 열은 경로 함수이므로 열역학적 상태량이 아니다.
> 경로함수 : 일, 열
> 상태량(점함수) : 온도 압력, 밀도, 체적, 에너지 등

[15년 3회, 13년 1회, 11년 3회]

98 이상 기체를 정압 하에서 가열하면 체적과 온도의 변화는 어떻게 되는가?

① 체적증가, 온도상승　　② 체적일정, 온도일정
③ 체적증가, 온도일정　　④ 체적일정, 온도상승

> **이상기체의 정압변화**
> 정압 하에서 이상기체의 체적은 절대온도에 비례($\frac{V}{T}=C$)하므로 정압 하에서 이상기체를 가열하면 체적과 온도는 상승한다.

[10년 3회]

99 단열압축에 대한 설명 중 옳지 않은 것은?

① 공급되는 열량은 0이다.
② 공급된 일은 기체의 엔탈피 증가로 보존된다.
③ 단열 압축전 보다 온도, 비체적이 증가한다.
④ 단열 압축전 보다 압력이 증가한다.

> **단열압축**
> • 엔탈피 증가
> • 온도 상승
> • 압력 상승
> • 엔트로피 일정
> • 비체적 감소

[예상문제]

100 다음은 냉동장치의 열역학에 관한 기술이다. 옳게 설명된 것은?

① 온도 및 압력조건이 동일하면 열펌프 사이클의 성적계수와 냉동사이클의 성적계수는 동일하다.
② 가스의 압축에 있어서 압축 전후의 압력을 P_1, P_2라 하고 체적을 V_1, V_2라 할 때 등온 압축에서는 $P_1 V_1 = P_2 V_2$가 성립한다.
③ 팽창밸브 전의 액온이 변하여도 압축기의 흡입압력, 토출압력, 흡입증기 온도가 변하지 않으면 냉동능력은 변하지 않는다.
④ 팽창밸브에서는 냉매액의 압력, 온도가 저하하고 엔탈피가 감소한다.

정답 96 ② 97 ① 98 ① 99 ③ 100 ②

① 온도 및 압력조건이 동일하면 열펌프 사이클의 성적계수가 냉동사이클의 성적계수보다 1만큼 크다.
③ 팽창밸브 전의 액온이 낮을수록 압축기의 흡입압력, 토출압력, 흡입증기 온도가 변하지 않으면 플래시 가스 발생량이 감소하여 냉동능력은 커진다.
④ 팽창밸브에서는 냉매액의 압력, 온도가 저하하고 엔탈피가 변하지 않는다.

등온과정

열량 $\triangle Q = P_1 v_1 \ln \dfrac{P_1}{P_2} = (20 \times 10^5) \times (10 \times 10^{-3}) \times \ln \dfrac{20}{1}$

$\fallingdotseq 60000[J] = 60[kJ]$

[11년 3회]

101 폴리트로픽(polytropic)변화의 일반식 $PV^n = C$ (상수)에 대한 설명으로 옳은 것은?

① $n = K$일 때 등온변화
② $n = 1$일 때 정적변화
③ $n = \infty$일 때 단열변화
④ $n = 0$일 때 정압변화

이상기체의 상태변화
① $n = K$일 때 단열변화
② $n = 1$일 때 등온변화
③ $n = \infty$일 때 정적변화
④ $n = 0$일 때 정압변화

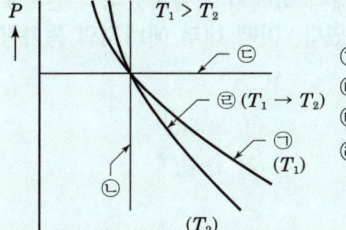

㉠ 등온변화 PV=일정
㉡ 등적변화 P/T=일정
㉢ 등압변화 V/T=일정
㉣ 단열변화 PV^K=일정
$K = C_p/C_v > 1$

[16년 3회]

102 절대압력 20bar의 가스 10L가 일정한 온도 10℃에서 절대압력 1bar까지 팽창할 때의 출입한 열량은? (단, 가스는 이상기체로 간주한다.)

① 55kJ
② 60kJ
③ 65kJ
④ 70kJ

[22년 3회]

103 다음 이상기체에 대한 설명으로 옳은 것은?

① 이상기체의 내부에너지는 압력이 높아지면 증가한다.
② 이상기체의 내부에너지는 온도만의 함수이다.
③ 이상기체의 내부에너지는 항상 일정하다.
④ 이상기체의 내부에너지는 온도와 무관하다.

이상기체의 내부에너지는 온도만의 함수이며 온도에 따라 변화한다.

6 열역학의 법칙

[08년 3회]

104 다음 중에서 열역학 제 0법칙에 관해 정의한 것은?

① 두 물체가 제3의 물체와 온도의 동등성을 가질 때 두 물체도 역시 서로 온도의 동등성을 갖는다.
② 두 물체가 제3의 물체와 압력의 동등성을 가질 때 두 물체도 역시 서로 압력의 동등성을 갖는다.
③ 두 물체가 제3의 물체와 무게의 동등성을 가질 때 두 물체도 역시 서로 무게의 동등성을 갖는다.
④ 두 물체가 제3의 물체와 질량의 동등성을 가질 때 두 물체도 역시 서로 질량의 동등성을 갖는다.

열역학 제0법칙
두 물체가 제3의 물체와 온도의 동등성을 가질 때 두 물체도 역시 서로 온도의 동등성을 갖는다. 즉, 열평형의 법칙을 말하며 온도계의 원리를 나타낸 법칙이다.

정답 101 ④ 102 ② 103 ② 104 ①

[13년 3회]

105 내부에너지에 대한 설명 중 잘못된 것은?

① 계(系)의 총에너지에서 기계적 에너지를 뺀 나머지를 내부에너지라 한다.
② 내부에너지 변화가 없다면 가열량은 일로 변환된다.
③ 온도의 변화가 없으면 내부에너지는 상승한다.
④ 내부에너지는 물체가 갖고 있는 열에너지이다.

> ① 계(系)의 총에너지에서 기계적(역학적)에너지를 뺀 나머지를 내부에너지라 한다.
> ② 에너지식 $dq = du + Pdv$에서 $du = 0$이면, $dq = Pdv = dw$로 내부에너지 변화가 없다면 가열량은 일로 변환된다.
> ③ $du = c_v dT$에서 $dT = 0$이면 $du = 0$로 내부에너지의 변화도 없다.
> ④ 내부에너지는 물체의 원자·분자가 갖는 위치에너지 및 운동에너지로 물체가 갖고 있는 열에너지로 볼 수 있다.

[12년 3회, 10년 2회]

107 $P-V$선도에서 1에서 2까지 단열 압축하였을 때의 압축일량은 다음 중 어느 것으로 표현되는가?

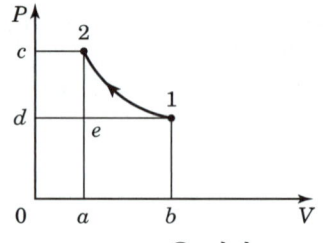

① 면적 12cd1   ② 면적 1d0b1
③ 면적 12ab1   ④ 면적 aed0a

> 밀폐계의 일 = 면적 12ab1
> 개방계의 일 = 면적 12cd1

[13년 1회, 09년 2회]

106 0.02kg의 기체에 100J의 일을 가하여 단열 압축하였을 때 기체 내부에너지 변화는 약 얼마인가?

① 1kJ/kg
② 2kJ/kg
③ 3kJ/kg
④ 5kJ/kg

> 단열압축은 단열 변화이므로
> 에너지식 $\triangle Q = \triangle U + W$에서 단열 압축($\triangle Q = 0$)
> 따라서 $\triangle U = -W$ 이고 단위 내부에너지(kg당)를 구하면
> $\triangle U = -\dfrac{전체일}{질량} = \dfrac{W}{m} = -\dfrac{100 \times 10^{-3}}{0.02} = -5$
> 여기서, – 부호는 외부에서 받은 일을 의미한다.

[11년 2회]

108 온도 10℃의 공기($C_U = 0.72$kJ/kg·K) 3kg를 내압용기에 넣고 일정체적 하에서 가열하였더니 엔트로피가 1.05kJ/K 증가하였다. 이때 내부 에너지의 증가량은 약 얼마인가?

① 354kJ   ② 386kJ
③ 415kJ   ④ 452kJ

> (1) 엔트로피(정적변화)
> $\triangle s = m C_v \ln \dfrac{T_2}{T_1}$ 에서
> $1.05 = 3 \times 0.72 \times \ln \dfrac{T_2}{273 + 10}$
> $\dfrac{T_2}{273 + 10} = e^{0.49}$
> $\therefore T_2 = e^{0.49} \times (273 + 10) ≒ 462$ K
> (2) 내부에너지 증가량
> $\triangle U = m C_v (T_2 - T_1) = 3 \times 0.72 \times (462 - 283) = 386.64$[kJ]

정답 105 ③ 106 ④ 107 ③ 108 ②

[15년 2회]

109 액체나 기체가 갖는 모든 에너지를 열량의 단위로 나타낸 것을 무엇이라고 하는가?

① 엔탈피　　② 외부에너지
③ 엔트로피　④ 내부에너지

> 엔탈피 = 내부에너지 + 유동일(외부에너지)
> 엔탈피 = 물질이 갖는 전에너지

[08년 1회]

110 다음 열역학에 이용되고 있는 식 중 잘못된 것은? (단, q : 열량, C_v : 정적비열, C_p : 정압비열, u : 내부에너지, h : 엔탈피, T : 절대온도, v : 비체적, p : 압력)

① $\Delta u = C_v(T_2 - T_1)$
② $\Delta h = C_p(T_2 - T_1)$
③ $\delta q = \delta u + p\delta v$
④ $\delta h = \delta q + p\delta v$

> ④ $dh = du + d(Pv) = du + Pdv + vdP = dq + vdP$

[13년 3회]

111 물 5kg을 0℃에서 80℃까지 가열하면 물의 엔트로피 증가는 약 얼마인가? (단, 물의 비열은 4.18kJ/kg·K이다.)

① 1.17kJ/K　　② 5.37kJ/K
③ 13.75kJ/K　④ 26.31kJ/K

> 엔트로피 변화
> $\Delta s_{12} = mC_p \ln\frac{T_2}{T_1} = 5 \times 4.18 \times \ln\frac{273+80}{273+0} \fallingdotseq 5.37$

[15년 1회]

112 물 10kg을 0℃로부터 100℃까지 가열하면 엔트로피의 증가는 얼마인가? (단, 물의 비열은 4.2kJ/kg·K이다.)

① 12.1kJ/K　　② 13.1kJ/K
③ 14.2kJ/K　　④ 15.2kJ/K

> 엔트로피 변화
> $\Delta s_{12} = mC_p \ln\frac{T_2}{T_1} = 10 \times 4.2 \times \ln\frac{273+100}{273+0} \fallingdotseq 13.1$

[16년 1회]

113 물 10kg을 0℃에서 70℃까지 가열하면 물의 엔트로피 증가는? (단, 물의 비열은 4.18kJ/kg·K이다.)

① 4.14kJ/K　　② 9.54kJ/K
③ 12.74kJ/K　④ 52.52kJ/K

> 엔트로피 변화
> $\Delta s_{12} = mC_p \ln\frac{T_2}{T_1} = 5 \times 4.18 \times \ln\frac{273+70}{273+0} \fallingdotseq 9.54$

[09년 1회]

114 다음 기체 동력 사이클 중 가열량, 초기온도, 초기압력, 압축비가 동일할 때 열효율이 높은 순서로 나열된 것은?

① 복합사이클 → 오토사이클 → 디젤사이클
② 디젤사이클 → 복합사이클 → 오토사이클
③ 오토사이클 → 복합사이클 → 디젤사이클
④ 복합사이클 → 디젤사이클 → 오토사이클

정답 109 ①　110 ④　111 ②　112 ②　113 ②　114 ③

제1장 냉동이론

아래의 $P-v$, $T-s$에서와 같이 열량, 초기온도, 초기압력, 압축비가 동일할 때 열효율이 높은 순서는
오토 사이클 → 복합 사이클 → 디젤 사이클 이다.
오토 사이클 : $123o4o1$ 디젤 사이클 : 123_D4_D1
복합(사바테) 사이클 : $123'3_M4_M1$

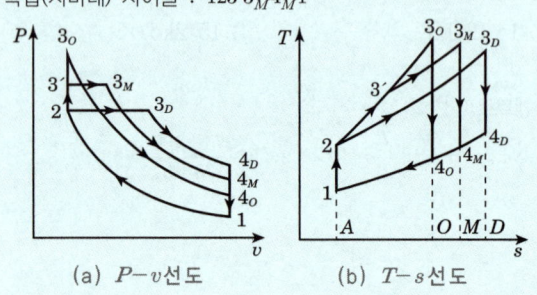

(a) $P-v$선도   (b) $T-s$선도

[14년 2회]

116 단면 확대 노즐 내를 건포화증기가 단열적으로 흐르는 동안 엔탈피가 494kJ/kg만큼 감소하였다. 이때의 노즐 출구의 속도는 약 얼마인가? (단, 입구의 속도는 무시한다.)

① 828m/s   ② 886m/s
③ 924m/s   ④ 994m/s

단열유동
$$w_2 = \sqrt{2\Delta h} = \sqrt{2 \times 494 \times 10^3} = 994 [m/s]$$
여기서, h_1 : 노즐 입구 엔탈피[kJ/kg]
h_2 : 노즐 출구 엔탈피[kJ/kg]
Δh : 단열 열낙차[kJ/kg]

[15년 2회, 11년 1회]

115 카르노 사이클의 기관에서 25℃와 300℃ 사이에서 작동하는 열기관의 열효율은?

① 약 42%   ② 약 48%
③ 약 52%   ④ 약 58%

열효율(η) = $\dfrac{공급열 - 손실열}{공급열}$ = $\dfrac{유효열}{공급열}$
$= \dfrac{W}{Q_1} = \dfrac{Q_1 - Q_2}{Q_1} = 1 - \dfrac{Q_2}{Q_1} = 1 - \dfrac{T_2}{T_1}$ 에서
$\eta = 1 - \dfrac{273+25}{273+300} ≒ 48\%$

[22년 3회]

117 벽체의 열이동에 대한 설명으로 가장 거리가 먼 것은?

① 열전도는 물질(고체) 내에서 열이 전달되는 것으로 열전도율에 비례하여 고온부에서 저온부로 열전도가 일어난다.
② 벽체를 통한 열이동은 열전도, 열전달, 열복사가 각각 독립적으로 작용하여 발생한다.
③ 벽체 표면과 이에 접하는 유체 사이의 온도차와 대류현상으로 열이 이동되는 현상을 열전달이라 한다.
④ 고온 물체와 저온 물체 사이에서는 복사에 의해서도 열이 전달된다.

벽체를 통한 열이동은 열전도, 열전달, 열복사가 복합적으로 작용하며 이때 그 종합적인 열이동 정도를 열관류(열통과)라 한다.

제2장

냉동장치의 구조

01 압축기 구성 기기와 특징
02 응축기 구성 기기와 특징
03 증발기 구성 기기와 특징
04 냉동장치 구성 기기(팽창밸브)
05 냉동장치 구성 기기(부속기기)
06 냉동장치 구성 기기(제어기기)

제2장 | 냉동장치의 구조

압축기 구성 기기와 특징

1 압축기(Compressor)개론

분류	특징
정의	압축기란 증발기에서 발생한 저압의 냉매 가스를 흡입하여 응축기에서 쉽게 응축할 수 있도록 그 압력을 응축압력까지 높이는 작용을 하며 또한 냉매를 전장치내로 순환시켜 주는 역할을 한다.
구분	압축기는 냉매증기의 압축방식에 의해 용적식과 원심식으로 구분한다. 그리고 용적식에는 왕복식, 스크루식, 회전식, 및 스크롤식 등의 형식이 있다. 또한 밀폐구조에 의해 구동용 전동기(모터)와 압축기를 별도로 설치하는 개방형과 일체로 되어있는 밀폐식으로 나눈다.
종류와 압축 원리	(아래 표 참조)
구조에 의한 분류	1) 개방형 (Open type) 전동기와 압축기가 별개로 설치되며 그것들을 직결한 벨트나 커플링에 의해서 구동된다. • 벨트 구동식(Belt driven) • 직결 구동(Direct driven coupling) 2) 밀폐형 (Hermetic type) 전동기와 압축기가 한 하우징(Housing)내에 있어 외부와 밀폐되어 있고 직결구동 되고 있다. • 반밀폐형 • 전밀폐형

압축기의 종류		밀폐구조	원리
용적식	왕복식	개방	실린더 내의 피스톤의 왕복운동에 의한 실린더의 용적변화에 의해 압축한다.
		반밀폐	
		전밀폐	
	회전식	개방	실린더 내의 피스톤의 회전운동에 의한 실린더의 용적변화에 의해 압축한다.
		전밀폐	
	스크루식	개방	수로터와 암로터의 스크루형 치형공간 내 용적변화에 의해서 압축하는 형식이다.
		반밀폐	
	스크롤식	개방	1쌍의 동일 형상의 인벌류트 곡선으로 구성된 고정스크롤과 선회스크롤 사이 압축공간의 체적변화에 의해 압축한다.
		밀폐	
원심식		개방	고속 회전하는 임펠러의 회전운동에 의한 원심력에 의해 압축한다.
		반밀폐	

구분	내용
구조에 의한 분류	그림. 밀폐형 압축기의 구조 (토출관, 실린더, 피스톤, 스테이터, 로터, 냉동기유)
개방형 밀폐형 장단점	1) 개방형 압축기의 장점 ① 회전수를 변경할 수 있어 사용조건에 적합한 운전이 가능하다. ② 보수, 점검 및 취급이 용이하다. ③ 전동기와 압축기가 별개로 되어 있어 교환사용이 가능하다. ④ 전력배선이 불가능한 곳에 엔진 구동이 가능하다. 2) 개방형 압축기의 단점 ① 유닛(Unit)으로 한 경우 외형이 크므로 설치면적이 크다. ② 축이 외부와 관통하므로 냉매, 오일의 누설 및 외기침입의 우려가 있다. 따라서 반드시 축봉장치가 필요하다. ③ 대량 생산일 경우 밀폐, 반밀폐형에 비해 제작비가 많이 든다. 3) 밀폐형 압축기의 장점 ① 소형이며 경량이다. ② 냉매의 누설이 없다. ③ 소음이 적다. ④ 과부하 운전이 가능하다. 4) 밀폐형 압축기의 단점 ① 전동기가 직결식이므로 회전수를 임의로 변경시킬 수 없다. ② 전원이 없는 곳에서는 사용할 수 없다.

2 왕복동식 압축기

왕복압축기
- 왕복압축기는 흡입밸브 및 토출밸브가 있다.
- 왕복압축기는 냉동기유가 흡입 측의 저압부에 있으므로 압축기 기동이나 액 복귀로 오일 포밍을 일으키기 쉽다.
- 다기통 압축기의 용량제어장치(un-load)는 능력을 몇 단계로 제어할 수 있다.
- 용량제어장치는 부하 감소 시, 흡입압력의 이상저하를 방지할 수 있다.
- 용량제어장치는 압축기 기동시의 부하경감장치로서도 사용할 수 있다.
- 컴파운드 압축기는 1대의 압축기로 저단과 고단의 실린더를 배치하고 있다.
- 2단압축의 중간냉각기는 냉매액의 과냉각을 증가시키고, 저단 압축기의 압축가스의 과열도를 낮춘다.

분류	특징
압축 방식	왕복 압축기의 압축작용은 실린더 내에서 피스톤의 왕복운동에 의하여 냉매가스를 흡입하여 압축하고 압축된 냉매가스는 응축기로 보내진다. 그림. 왕복동 압축기의 압축방식 (흡입개시 → 흡입 → 흡입종료 압축개시 → 압축)
횡형 압축기	왕복동 압축기의 시조로 실린더가 수평으로 설치된 압축기이다. 주로 대형 단기통식이며, 피스톤의 양면에서 압축작용을 하는 복동식 압축기이다. 1) 주로 NH$_3$용이며 중량 및 설치면적이 크고, 진동이 심하여 대형 이외에는 사용되지 않는다. 2) 냉매가스의 누설을 방지하기 위하여 축봉장치(Stuffing box type)를 설치한다.
입형 압축기	압축기의 실린더를 수직으로 세워서 설치한 압축기로 크랭크 실은 일반적으로 밀폐되어 있고 크랭크 축에 따라서 가스의 누설이 생기지 않도록 제작되고 있다. 1) NH$_3$용은 단동형으로 기통 수는 2기통이 많이 사용된다. 　• 톱 클리어런스는 0.8~1mm로 적어서 체적효율이 좋다. 　• 실린더 상부에 안전두(safety head)가 설치되어 있다. 　• 워터 재킷(Water jacket)을 설치하여 실린더를 수냉각 시킨다. 2) Freon용은 주로 5HP 정도의 소형에 사용된다. 　• 실린더는 공랭식이며 흡입 및 토출밸브는 실린더 상부에 설치한다. 　• 피스톤은 플러그 형(Plug type)이 채용된다.
고속 다기통 압축기	1) 기존의 입형 압축기를 개량하여 그 형상을 작게 하고 중량을 경감시키면서 동시에 용량을 크게 할 수 있도록 회전의 고속화 와 실린더 수의 증가(다기통)를 실현시킬 수 있었다. 2) 설계상 특징 　• 실린더의 직경이 적고 실린더의 수가 많다. (4~16개) 　• 실린더의 배열방법에는 V형, W형, VV형, 성형 등이 있다. 　• 축봉장치는 활윤식(Mechanical shaft seal)이 쓰인다. 　• 윤활방식은 오일 펌프(Oil pump)에 의한 강제 윤활 방식이다.

	3) 고속다기통 압축기의 장·단점 ① 소형이고 경량이며 용량제어가 용이하다. ② 실린더 직경이 작아 정적(靜的) 및 동적(動的) 균형이 양호하며 진동이 적다. (기초가 간단해도 된다) ③ 기동 시 무부하로 기동이 가능하고 자동운전이 용이하다. ④ 압축기의 체적효율의 나빠서 냉동능력이 감소하고, 동력손실이 많아진다.
컴파 운드	2단압축 냉동 사이클에서는 저단과 고단의 2대의 압축기가 필요하다. 이 2대의 압축기를 1대의 압축기로 한 압축기를 컴파운드 압축기라고 한다.

01 예제문제

다음 고속다기통 압축기에 대한 설명 가운데 가장 부적당한 것은?

① 압축기의 언로드(unload)장치는 부하변동에 대한 용량제어장치로 기동 시에는 무부하기동을 행한다.
② 압축기의 토출변에서 냉매의 누설이 있으면 토출압력은 상승한다.
③ 플루오르카본(프레온) 냉매를 사용하는 압축기에서 액백(liquid back) 현상이 있으면 유압은 저하한다.
④ 응축압력이 일정하여도 증발압력이 낮아지면 냉매순환량은 감소한다.

해설
① 고속다기통압축기는 unload system에 의해 부하변동에 대한 용량제어 및 이동시 무부하 기동을 할 수 있다.
② 압축기의 토출변에서 냉매의 누설이 있으면 토출가스온도는 상승하나 토출압력은 상승하지 않는다.
③ 액백(liquid back) 현상이 있으면 오일 포밍 현상이 발생하여 유압이 저하한다.
④ 증발압력이 저하하면 압축기 흡입증기의 비체적이 증가하여 냉매순환량이 감소한다.

답 ②

3 왕복동식 압축기의 부품 구성 및 특징

분류	특징
실린더 및 본체	실린더는 치밀한 특수 주철을 사용하여 만든 원통형 용기로 압축기의 중요부이며 실린더의 배치모양에 따라 입형, 횡형, V형, W형 등이 있고 이 실린더 내를 피스톤이 왕복하여 소요의 일을 한다.
실린더 라이너	실린더 내벽이 마모했을 때 용이하게 교환하기 위하여 실린더 내에 삽입하는 원통형의 부품으로 강인하고, 내마멸성이 우수한 특수 주철로 만든다.
피스톤 (Piston)	① 실린더 내를 왕복운동을 하며 가스를 압축하여 압력을 증가시켜주는 부품으로 주로 내마멸성의 특수 주철로 가볍게 만든다. ② 플러그 형(Plug type): 소형 프레온 냉동기(가정용)에 많이 사용된다. ③ 싱글 트렁크 형 : 주로 NH_3용에 많이 사용한다. ④ 더블 트렁크 형: 고속다기통의 NH_3용에 많이 쓰인다.
피스톤링	① 역할 : 윤활작용 및 오일과 냉매와의 혼합방지, 냉매 가스의 누설 방지 ② 재료 : 고급주철, 청동 ③ 종류: 오일링(Oil ring), 압축링(Compression ring) ④ 링과 피스톤 사이는 0.03mm(0.05 ~ 0.09mm)의 간극을 둔다. ⑤ 링의 조립 시 절단 부분이 일치하지 않도록 한다.
피스톤 핀	피스톤과 연결봉(Connecting rod)을 이어주는 역할을 한다.
연결봉	크랭크축의 회전운동을 피스톤의 왕복운동으로 바꾸어주는 역할을 하는 부품으로 내부에 유로가 설치되어 윤활유가 피스톤 핀까지 마치도록 한다.
크랭크 축	전동기의 동력을 피스톤에 전달하는 것으로 크랭크 암부분에 밸런스 웨이트를 붙여서 정적, 동적인 균형을 조정한다.
크랭크 케이스	케이스 내에 축과 오일이 들어 있고 내부의 유면을 감시할 수 있도록 유면계가 설치된다.
축봉장치	개방형 압축기에서 크랭크 케이스 내의 압력은 저압(흡입압력) 상태 이므로 크랭크축이 크랭크 케이스를 관통하는 곳에서 냉매나 오일의 누설 및 공기 침입을 방지하기 위하여 고안 된 장치이다.
서비스 밸브	냉동장치를 새로이 설치 또는 수리한 경우 냉동장치 내의 공기를 배출하거나 냉매 오일의 충전 및 회수용으로 2방(Two way) 또는 3방(Three way)형태로 압축기의 흡입구 및 토출구에 부착하는 밸브다.

4 압축기 윤활장치

분류	특징
목적	냉동장치의 활동부분의 마찰로 인한 마모방지 및 냉동체계 내에서 유막을 형성하여 냉매, 오일 등의 누설방지와 동력소모를 적게 해주며 패킹 등을 보호해 준다.
윤활유 종류	① 광물성유 - 냉동유로 주로사용하며 파라핀계와 나프탈렌계가 있다. ② 동물성유 ③ 식물성유
윤활유 구비 조건	① 응고점이 낮을 것 ② 인화점이 높고 고온에서 열화하지 않을 것 ③ 전기 절연내력이 클 것
윤활 부분	① 실린더와 피스톤 ② 메인베어링 ③ 피스톤과 핀 ④ 크랭크축과 연결봉 ⑤ 축봉장치
윤활 방식	① 비말식 : 크랭크 암에 부착된 밸런스 웨이트 및 오일 디퍼(Oil dipper)를 이용하여 축의 회전에 의해 오일을 비산시켜 급유하는 방식으로 주로 소형에 많이 사용되고 있다. ② 강제 급유식 : 크랭크축의 한쪽 끝에 장착된 기어펌프(Gear pump)에 의하여 크랭크 케이스 내의 오일을 장치내로 압송 순환시켜 주는 방식으로 고속 다기통 압축기에 많이 사용한다.
유압 상승 감소	① 유압상승 원인 : 유압 조정변의 개도 과소, 유온이 너무 낮을 때 (점도 상승), 오일의 과충전 ② 영향 : 전열 방해, 응축 압력 상승, 냉동 능력 감소 ③ 유압저하 원인 : 밸브 개도 과대, 유온이 높을 때, 오일 중 냉매의 혼입 ④ 영향 : 활동부의 마모 및 소손, 실린더 과열, 토출가스 온도 상승 ⑤ 유온이 높은 원인 : 오일 쿨러의 불량, 압축기의 과열 운전

5 회전식 압축기(Rotary compressor)

회전식 압축기
- 회전식 압축기는 토출가스에 의해서 전동기를 냉각하는 구조로 전동기는 토출가스보다 고온이 된다.
- 흡입측에 어큐뮬레이터를 설치하여 액압축을 방지하고 있다.
- 흡입밸브는 필요 없으나 토출밸브는 필요하다.

분류	특징
원리	회전식 압축기는 왕복운동 대신에 회전운동을 하는 회전자(Rotor)에 의해 가스를 흡입 배출 하는 형식이다. (a) 고정익형　　(b) 회전익형 그림. 회전식 압축기
종류	1) 회전익형(Vane type): 회전자(Rotor)의 홈에 2개 이상의 날개(Vane)가 삽입되어 있어 이 날개가 실린더 내벽면에 밀착되어 회전자에 따라 날개 사이에 냉매가스가 흡입되어 압축된다. 2) 고정익형(Squeeze type): 편심축의 회전에 의하여 회전자가 실린더 벽면을 밀착하면서 압축하는 형식으로 고압부와 저압부를 차단하는 블레이드(Blade)에 의해서 작용한다.
특징	① 왕복동 압축기에 비하여 부품이 적고 구조가 간단하다. ② 가스의 흡입과 배출이 연속적이다. ③ 진동 및 소음이 적고 용량에 비하여 몸체가 작다. ④ 일반적으로 소용량에 많이 쓰이며 흡입밸브가 없다.
회전식과 왕복식의 비교	<table><tr><th>항목</th><th>회전식</th><th>왕복식</th></tr><tr><td>압축</td><td>연속적</td><td>단속적</td></tr><tr><td>하우징 내 압력</td><td>고압</td><td>저압</td></tr><tr><td>소음</td><td>적다</td><td>크다</td></tr><tr><td>용량에 대한 몸체</td><td>적다</td><td>크다</td></tr><tr><td>크기(용량)</td><td>적다</td><td>크다</td></tr><tr><td>극저온</td><td>가능</td><td>불가능</td></tr><tr><td>능력발생시간</td><td>30~60분</td><td>10~15분</td></tr><tr><td>운전비</td><td>싸다</td><td>비싸다</td></tr></table>

6 스크루(Screw type) 압축기

분류	특징
원리	스크루 압축기는 암(Female) 및 수(Male) 두 개의 치형을 갖는 각각의 로터(Rotor)의 맞물림에 의하여 가스를 압축하는 형식으로 냉매가스를 축방향으로 흡입, 압축, 토출한다.
구조 작동 원리	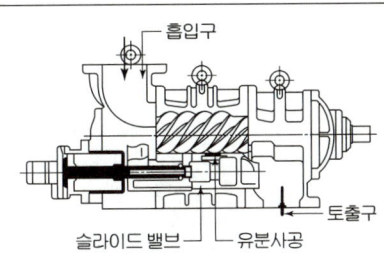 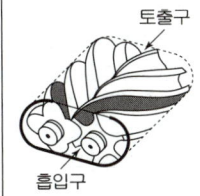    (a) 흡입완료　(b) 압축중　(c) 압축완료　(d) 토출중 그림. 스크루 압축기의 구조 및 작동원리
특징	① 소형으로 대용량의 가스를 처리할 수 있다. ② 흡입 및 토출밸브가 없고 마모 부분이 적다. ③ 1단의 압축비를 크게 할 수 있고 액압축의 영향도 적다. ④ 냉매의 압력손실이 적어 체적효율이 향상된다. ⑤ 무단계, 연속적인 용량제어가 가능하다. ⑥ 고속회전(3,500rpm 이상)에 의한 소음이 크다. ⑦ 독립된 유 펌프 및 유 냉각기가 필요하다. ⑧ 경부하운전시 동력소비가 크다. ⑨ 유지비가 비싸다.

> **스크루 압축기**
> - 스크루 압축기는 흡입밸브 및 토출밸브는 필요 없으나 토출 측에 역지 밸브가 필요하다.
> - 스크루 압축기는 오일을 다량으로 분사하며 냉매를 압축하므로 토출가스온도가 낮다.
> - 스크루 압축기는 유분리기와 오일 냉각기가 필요하다.
> - 용량제어는 slide valve에 의하여 무단계 연속용량 제어를 할 수 있다.

7. 스크롤 압축기(scroll compressor)

스크롤 압축기
- 스크롤 압축기는 흡입밸브나 토출밸브는 필요하지 않으나 토출측에 역지변을 설치하는 경우가 많다.
- 비교적 액압축에 강하고 토크(torque)변동이나 진동이 적고, 소음이 적다.

분류	특징
원리	스크롤 압축기는 나이테 형상(또는 인벌류트 곡선)의 곡선으로 구성된 고정스크롤과 선회스크롤을 조합하여 양스크롤로 형성된 압축공간용적을 선회에 의해서 압축이 중심부로 이동하고 중심부에 있는 토출구로 압축된 가스를 토출한다.
구조 작동 원리	그림. 압축작용의 원리 ① 고정스크롤 외측의 흡입구에서 가스를 흡입한다. ② 압축공간에 봉입된 가스는 선회에 따라 축소되고 소용돌이 중심을 향하여 압축된다. ③ 압축공간은 중심부에서 최소로 되어 가스는 최고로 압축되어서 중심부에 있는 토출구를 통하여 토출된다. ④ 이 흡입 → 압축 → 토출운동이 연속적으로 반복된다.
특징	스크롤식은 왕복동 압축기나 회전식 압축기에 비해 ① 부품수가 적고 높은 압축비로 운전해도 고효율운전이 가능하다. ② 고효율(체적효율, 압축효율 및 기계효율)이고 고속회전에 적합하다. ③ 비교적 액압축에 강하고 토크변동, 진동, 소음이 적다. ④ 흡입 및 토출변이 필요가 없으나 토출측에 역지변을 부착하는 것이 많다. 역지변은 정지 시에 고·저압의 차압에 의한 선회스크롤의 역전방지용이다. ⑤ 룸 에어컨, 소형 업무용 등에 폭넓게 사용되고 있다.

8 원심 압축기(Centrifugal compressor)

분류	특징
원리	왕복동 압축기는 피스톤과 회전자에 의하여 가스를 흡입하여 압축하는데 원심식 압축기는 벌류트 펌프(volute pump)가 원심력에 의해 물을 보내는 원리와 같은 형식으로 압축하며 일명 터보(Turbo) 압축기라고 한다.
구조 작동 원리	(그림: 응축기, 압축기, 전동기, 증발기, 냉각수 출구·입구, 냉수 출구·입구, 오일냉각기, 펌프로 구성된 원심 압축기 계통도)
특징	① 터보 압축기(원심식)는 임펠러(impeller)회전에 의하여 냉매가스에 원심력(속도에너지)을 주고 임펠러 주위에 고정된 디퓨저(Diffuser)에 의해 속도에너지를 압력에너지로 변화시켜 압축하는 방식을 취하고 있다. ② 왕복운동이 아닌 회전운동이므로 동적인 밸런스를 잡기 쉽고 진동이 적다. ③ 마찰부분이 적어 고장이 적고 수명이 길다. ④ 단위 냉동능력당 중량 및 설치면적이 적어 모든 설비비가 적다. ⑤ 저압의 냉매를 사용하므로 위험이 적고 운전이 쉽다. ⑥ 용량제어가 쉽고 정밀한 제어를 하기 쉽다. ⑦ 소용량의 것은 제작이 곤란하고 제작비가 많이 든다. ⑧ 소음이 크며, 대용량의 공기조화용으로 많이 사용한다.

원심압축기
- 원심압축기는 터보압축기이다.
- 원심압축기의 용량제어는 흡입측에 있는 베인에 의해서 행한다.
- 냉매가 저유량이 되면 서징을 일으켜 소음이나 진동이 발생한다.

서징(Surging) 현상이란?
터보 압축기에서 흡입가스 유량을 감소하면 응축압력이 점차 상승하여 가스의 유량이 감소 어떤 일정 유량에 이르러 급격히 압력과 흐름에 격심한 맥동(脈動)과 진동이 일어나 운전이 불안정하게 되는데 이러한 현상을 서징 현상이라 한다.

02 예제문제

다음 원심식 냉동기에 대한 설명 중 가장 옳지 않은 것은?

① 원심식 압축기의 용량제어는 흡입측에 있는 베인에 의해서 행하는 데 저유량이 되면 운전이 불안정하게 되는 서징형상이 발생할 수 있다.
② 회전식 압축기나 스크롤 압축기는 모두 원심력에 의해 냉매를 압축하므로 원심식이다.
③ 용량이 클수록 장치가 작아져서 대용량에 유리하다.
④ 회전운동이므로 동적 밸런스를 잡기 쉽고 진동이 적다.

해설
②의 경우 회전식 압축기나 스크롤 압축기는 용적식 압축기이다.   답 ②

9 압축기의 성능과 효율

- 클리어런스 용적이 적을수록 체적효율 및 냉동기 성능이 좋다.
- 피스톤 압출량은 실린더 용적(실린더 지름, 행정, 기통수)과 회전수에 의해서 결정된다.

- 체적효율은 압축비가 클수록 적게 된다.
- 체적효율은 클리어런스 용적이 클수록 적게 된다.
- 체적효율이 적으면 냉매순환량이 감소하고 냉동능력이 저하한다.
- 압축비는 절대압력으로 계산한다.
- 비체적은 흡입압력이 저하할 경우, 과열도가 큰 경우 크게 된다.
- 비체적이 크게 되면 냉매순환량이 감소하여 냉동능력이 저하한다.

분류	특징
압축 작용	압축기는 증발기에서 증발한 냉매증기를 흡입하여 증발기내의 압력을 저압으로 유지하는 작용과 흡입한 증기를 압축하여 응축기 내에서 용이하게 응축할 수 있도록 응축압력까지 압력을 높이는 작용의 2가지 역할을 한다. 냉매는 이 작용에 의해 냉동사이클 내를 순환하면서 냉동목적을 달성한다.
압축기 피스톤 압출량 (냉매 순환량)	– 압축기 크기에 따른 피스톤 압출량(이론압출량) • 왕복동 압축기 $$V_1 = \frac{\pi D^2}{4} \cdot L \cdot N \cdot R \cdot 60 = \frac{\pi D^2}{4} \cdot L \cdot N \cdot R \cdot \frac{1}{60} \,[\text{m}^3/\text{s}]$$ 여기서, V_1, V_2 : 이론적 피스톤 압출량(m^3/h) 　　　　　D : 피스톤의 직경(m)　L : 피스톤 행정(m) 　　　　　N : 기통수　　　　　　R : 분당회전수(rpm) • 회전식 압축기 $$V_2 = \frac{\pi(D^2-d^2)}{4} \cdot t \cdot n \cdot 60$$ 여기서, t : 가스압축부의 두께(m)　n : 분당회전수(rpm) 　　　　　D : 실린더 내경(m)　　d : 피스톤 외경(m)
체적 효율	1) 정의: 체적효율(η_v)이란 피스톤의 토출가스 용적과 흡입가스 용적과의 비 2) $\eta_v = \dfrac{V_g}{V_a} = \dfrac{V_a - V_b}{V_a}$ 　　　V_a : 이론 피스톤 압출량(이론 가스 흡입체적) 　　　V_g : 실제 피스톤 압출량(실제 가스 흡입체적) 　　　V_b : 재팽창 체적 3) η_v의 값은 항상 1보다 작다.　　$\eta_v < 1$ 4) 체적효율이 1보다 적은 이유 　• 간극(클리어런스)에 의한 영향 : 클리어런스내의 압축가스 재팽창 　• 흡입변의 교축저항과 흡입가스 팽창에 의한 영향 　• 밸브 또는 피스톤 링에서의 누설 　• 압축가스가 토출할 때 토출변의 교축저항 5) 체적효율을 좋게 하는 방법 　• 간극을 가능한 한 적게 한다. 　• 실린더의 과열운전을 피한다. 　• 기통 1개의 체적을 크게 한다.

냉매 순환량 G	1) 압축기에서 압출하는 가스량을 냉매 순환량 $G[\text{kg/s}]$로 표현 2) 1초당 냉매 순환량 $G[\text{kg/s}]$는 피스톤 압출량 $V[\text{m}^3/\text{s}]$, 압축기흡입증기 비체적 $v[\text{m}^3/\text{kg}]$ 및 체적효율 η_v에 의해 다음 식으로 표현된다. $$G = \frac{V \times \eta_v}{v}[\text{kg/s}]$$ 3) 냉동능력 $Q_2[\text{kW}]$는 냉매순환량 $G[\text{kg/s}(\text{kg/h})]$와 냉동효과 $q_2[\text{kJ/kg}]$의 곱으로 나타내므로 다음 식이 된다. $$Q_2 = G \cdot q_2 = \frac{V \cdot \eta_v}{v}(h_a - h_b)$$ h_a = 증발기 출구 냉매 엔탈피$[\text{kJ/kg}]$ h_b = 증발기 입구 냉매 엔탈피$[\text{kJ/kg}]$
압축비	1) 압축비(C.R : Compression Ratio) $$C.R = \frac{\text{토출가스의 절대압력}}{\text{흡입증기의 절대압력}} = \frac{\text{고압게이지 압력} + \text{대기압}}{\text{저압게이지 압력} + \text{대기압}}$$ 2) 압축비는 기준 사이클의 한계치를 항상 유지해야 한다. 어느 한계 이상이나 이하에서는 냉동장치에 미치는 영향이 매우 좋지 않다. 3) 압축비가 증대하는 이유 ㉮ 저압 강하 ㉯ 고압 상승 ㉰ 저압, 고압 동시발생 4) 압축비가 증대하여 장치에 미치는 영향 ㉮ 체적효율 감소 ㉯ 압축효율 감소 ㉰ 냉매 순환량 감소 ㉱ 냉동능력 감소 ㉲ 실린더 과열 ㉳ 윤활유 탄화 ㉴ 토출가스 온도 상승 ㉵ 소요동력 증대 5) 압축비에 가장 큰 영향을 받는 것은 체적효율이며 체적효율과 압축비는 서로 반비례한다.
압축 효율 (단열 효율) (η_c)	1) 정의 : 압축효율(단열효율 η_c)이란 냉매가스를 압축할 때 흡입밸브나 토출밸브 등의 저항이나 작동지연 등으로 필요로 하는 실제 동력은 이론적인 동력보다 더 많은 동력이 소요된다. 그 비를 압축효율이라 한다. 2) $\eta_c = \dfrac{L}{L_c}$ L : 이론단열 압축동력(이론동력) L_C : 실제로 증기의 압축에 필요한 동력(지시동력)
기계 효율 (η_m)	1) 정의 : 기계효율(η_m)이란 압축기를 구동할 때 압축기의 운전에 따른 기계적 마찰손실이 있기 때문에 실제로 압축기를 구동하는 축동력 L_s은 실제로 증기를 압축하는 동력 L_c보다 크게 된다. 2) $\eta_m = \dfrac{L_c}{L_s}$

- 압축비가 크게 되면 기계효율은 약간 감소한다.
- 기계효율이 감소하면 압축동력이 증가한다.
- 기계효율이 감소하면 성적계수가 감소한다.

제2장 냉동장치의 구조

- 전단열효율은 단열효율과 기계효율을 곱한 값이다.
- 전단열효율이 적게 되면 압축에 필요한 동력이 증대된다.
- 전단열효율이 적게 되면 성적계수가 적게 된다.

전단열 효율	전단열효율(η_t)이란 단열효율과 기계효율의 곱을 전단열효율이라 하고 다음 식으로 나타낸다. $\eta_t = \eta_c \times \eta_m$	
소요 동력 (축동력)	1) 압축기 소요동력은 압축작용을 위하여 가해진 일량은 압축기에 흡입되는 냉매가스의 엔탈피와 토출되는 냉매가스 엔탈피와의 차이로 나타낸다. 2) 이론소요 동력(L) $$L = G \cdot w = \frac{V \cdot \eta_v}{v}(h_2 - h_1) \, [\text{kW}]$$ h_1 : 압축기 흡입가스 엔탈피[kJ/kg] h_2 : 압축기 토출가스 엔탈피[kJ/kg] 3) 압축기 축동력(실제 소요 동력)(L_s) $$L_S = \frac{L}{\eta_c \cdot \eta_m} = \frac{L}{\eta_t} \, [\text{kW}]$$	
냉동 능력	※ 고압가스 안전 관리법에 규정된 냉동능력 산정기준 1) 원심식 압축기 : 압축기 원동기 정격출력 1.2kW를 냉동능력 1톤(RT)로 본다. 2) 흡수식 냉동설비 : 발생기 가열량 7.72kW를 냉동능력 1톤(RT)로 본다.	
압축기 용량 제어 장치	1) 냉동기의 냉동부하는 계절의 변화 및 여러 가지 조건에 따라 변화하므로 부하에 따라서 압축기의 능력을 조절해주는 것을 용량제어라 말한다. 2) 용량제어 목적 ① 부하변동에 의해서 조절하므로 경제적인 운전을 할 수 있다. ② 부하변동에 따라서 예상되는 사고를 미연에 방지하여 안전 운전을 한다. ③ 부하 감소로 인한 습압축 방지 및 압축비 상승을 막아준다. ④ 기동 시 무부하 상태로 기동할 수 있다. ⑤ 일정한 온도를 얻을 수 있다. 3) 왕복동 압축기의 제어방법 ① 압축기 회전수를 가감하는 방법 인버터에 의해 압축기의 전원주파수를 변화시켜 회전속도를 제어한다. 이 방식은 에너지 절약효과가 가장 큰 방식이다. ② 격간체적(클리어런스 포켓)을 증가시키는 법 실린더 상부에 있는 탑 클리어런스를 조절하여 용량을 조절하는 방법이며 이때 체적 효율이 감소한다. 또한 압축비가 클 경우 체적감소가 크고 압축비가 적으면 체적 감소가 적다. ③ 바이패스(By-pass)법 실린더 벽의 행정 1/2위치에 바이패스 변을 설치하여 압축 가스의 일부를 바이패스 시켜 저압 축으로 흘려 나머지 가스만 압축되는 방식이다.	

용량제어
- 부하변동이 큰 냉동장치에서는 압축기의 용량제어를 행하지 않으면 운전이 불안정하거나 비경제적인 운전이 된다.
- 인버터방식은 무단계 용량제어를 할 수 있으나 회전속도가 크게 변하면 체적효율이 감소하여 회전속도와 능력이 비례하지 않게 된다.
- 다기통 압축기는 흡입밸브를 개방(un-load)하는 것에 의해 단계적인 용량제어를 할 수 있다.
- 스크루압축기는 슬라이드 밸브에 의해 어느 범위 내에서 무단계 용량제어를 할 수 있다.
- 원심압축기는 흡입 측에 있는 베인(vane)에 의해 어느 범위 내에서 무단계 용량제어를 할 수 있다.

압축기 용량 제어 장치	④ 고속다기통 압축기의 용량제어(Unload system) 　고속 다기통 압축기에서 여러 개의 실린더 중에 유압을 이용하여 압축기의 흡입밸브를 개방하므로 압축효과를 없게 하는 방법(언로드법)이다. ⑤ 발정(發停)제어(on – off control) 　고내에 설치된 서모스탯이나 저압압력스위치로 압축기를 on/off 한다. 　단점으로는 빈번한 on/off는 전동기 손상의 원인이 된다. ⑥ 운전 대수제어 　2대 이상의 압축기로 구성된 냉동장치에서는 저압압력스위치로 압축기를 순차적으로 발정(on/off)시켜 단계제어 한다. ⑦ 흡입압력제어 　증발압력조정밸브나 흡입압력조정밸브로 흡입압력을 떨어 트리는 것에 의해 용량제어를 행한다.

4) 스크루 압축기의 용량제어
　스크루 압축기는 슬라이드(Slide) 밸브로 압축하는 길이를 변화시켜 압축량을 조절한다. 어느 범위 내에서는 무단계로 용량제어를 할 수 있다.
5) 원심압축기의 용량제어
　① 회전수 제어　　　　② 흡입 베인 제어
　③ 바이패스 제어　　　④ 냉각수량 제어
6) 흡수식 냉동기
　① 발생기에 공급하는 용액량 제어
　② 발생기 가열량 제어
　③ ①, ②를 병행하는 방법

---

03 예제문제

원심식 압축기의 용량제어 방법이 아닌 것은?

① 회전수 제어　　　　② 흡입 베인 제어
③ 언로드법　　　　　　④ 바이패스법

[해설]
원심압축기의 용량 제어
　① 회전수 제어　② 흡입 베인 제어
　③ 바이패스 제어　④ 냉각수량 제어
언로드법은 왕복동 압축기의 용량제어 방법이다.

답 : ③

04 예제문제

다음 중 가장 적절하지 않은 것은?

① 압축비가 클수록 체적효율은 적다.
② 압축비가 클수록 단위 냉매당 압축일이 크다.
③ 클리어런스가 클수록 체적효율은 적어진다.
④ 체적효율이 클수록 냉동능력은 감소한다.

해설

① 및 ③의 경우는 $\eta_v = 1 - C\left[\left(\dfrac{p_2}{p_1}\right)^{\frac{1}{n}} - 1\right]$ 에 의해 C : 간극비, $\dfrac{p_2}{p_1}$: 압축비가 클수록 체적효율은 적어진다.

④의 경우 체적효율이 크면 냉매순환량이 증대하여 냉동능력은 증가한다. **답 ④**

01 핵심예상문제
압축기 구성 기기와 특징

본 핵심예상문제는 각단원별 출제빈도 높은 문제 및 최근 10년간의 기출문제 중 비중이 높은 출제유형이므로 꼭 풀어보고 가야할 문제입니다. 이후 실전예상문제를 공부하시면 효과적입니다.

[09년 3회]

01 개방형 압축기에서 크랭크축으로부터 냉매가스가 외부로 누설되지 않도록 하기 위하여 사용되는 장치를 무엇이라고 하는가?

① 축봉장치
② 크랭크 장치
③ 피스톤링
④ 크랭크로드 장치

축봉장치(Shaft seal system)
개방형 압축기에서 크랭크축이 크랭크 케이스를 관통하고 있는 구조이므로 관통하는 곳에서 냉매나 오일의 누설 및 공기 침입을 방지하기 위하여 사용되는 장치이다.

[15년 1회]

02 밀폐형 압축기에 대한 설명으로 옳은 것은?

① 회전수 변경이 불가능하다.
② 외부와 관통으로 누설이 발생한다.
③ 전동기 이외의 구동원으로 작동이 가능하다.
④ 구동방법에 따라 직결구동과 벨트구동 방법으로 구분한다.

②, ③, ④의 경우는 개방형 압축기에 대한 설명이다.

밀폐형 압축기의 장점 및 단점
• 장점
  ㉠ 소형이며 경량이다.   ㉡ 냉매의 누설이 없다.
  ㉢ 소음이 적다.   ㉣ 과부하 운전이 가능하다.
• 단점
  ㉠ 전동기가 직결식이므로 회전수를 임의로 변경시킬 수 없다.
  ㉡ 전원이 없는 곳에서는 사용할 수 없다.

[22년 1회] [11년 1회]

03 어떤 왕복동 압축기의 실린더가 내경 300mm, 행정 200mm, 실린더수 2, 회전수 300rpm이라면 이 압축기의 이론적인 피스톤 배출량은 약 얼마인가?

① $348m^3/h$
② $479m^3/h$
③ $509m^3/h$
④ $623m^3/h$

단단 압축기(왕복식)의 피스톤 압출량(m^3/h)
$$V_a = \frac{\pi d^2}{4} L \cdot N \cdot R \cdot 60$$
$$= \frac{\pi \times 0.3^2}{4} \times 0.2 \times 2 \times 300 \times 60 = 509$$

여기서, d : 내경[m], L : 행정[m], N : 기통수[개],
R : 분당회전수[rpm]

[23년 1회, 16년 1회]

04 냉동장치의 압축기 피스톤 압출량이 120 m^3/h, 압축기 소요동력이 1.1kW, 압축기 흡입가스의 비체적이 0.65 m^3/kg, 체적효율이 0.81일 때, 냉매 순환량은?

① 100kg/h
② 150kg/h
③ 200kg/h
④ 250kg/h

냉매순환량 G[kg/h]
$$G = \frac{V_a \cdot \eta_v}{v} = \frac{120 \times 0.81}{0.65} = 150$$

여기서, V_a : 압축기 피스톤 압출량이 [m^3/h]
η_v : 체적효율
v : 흡입가스 비체적[m^3/kg]

정답 01 ① 02 ① 03 ③ 04 ②

[12년 3회, 10년 2회]

05 고속다기통 압축기의 특성 중 틀린 것은?

① 윤활유의 소비가 많다.
② 능력에 비해 소형이며 가볍다.
③ 기통수가 많아 용량제어가 곤란하다.
④ 무부하 기동이 가능하다.

> 고속다기통 압축기는 Unload system에 의해 용량제어가 용이하며 장·단점은
> • 장점
>   ㉠ 소형이며 경량이다.
>   ㉡ 실린더 직경이 적어더 정적(靜的) 및 동적(動的) 균형이 양호하며 진동이 적다. (기초가 간단해도 된다)
>   ㉢ 용량제어가 용이하다.(Unload system)
> • 단점
>   ㉠ 윤활유의 소비량이 많다.
>   ㉡ 윤활유의 온도가 높아지기 쉬우며(NH₃용) 열화 및 탄화가 빠르다.
>   ㉢ 클리어런스가 크고(1.5mm) 압축비의 체적효율의 감소가 많아 냉동능력이 감소하고, 동력손실이 많아진다.

[16년 3회, 10년 3회, 10년 2회, 10년 1회]

06 압축기의 클리어런스가 클 때 나타나는 현상으로 가장 거리가 먼 것은?

① 냉동능력이 감소한다.
② 체적효율이 저하한다.
③ 토출가스 온도가 낮아진다.
④ 윤활유가 열화 및 탄화된다.

> 압축기의 톱 클리어런스가 크면 압축가스의 재 팽창 및 압축에 의해 토출가스온도가 상승한다.

[23년 1회, 16년 1회]

07 압축기의 체적효율에 대한 설명으로 옳은 것은?

① 이론적 피스톤 압출량을 압축기 흡입직전의 상태로 환산한 흡입가스량으로 나눈 값이다.
② 체적 효율은 압축비가 증가하면 감소한다.
③ 동일 냉매 이용 시 체적효율은 항상 동일하다.
④ 피스톤 격간이 클수록 체적효율은 증가한다.

> ① 체적효율 $\eta_v = \dfrac{\text{실제적 피스톤 압출량}\, V[m^3/h]}{\text{이론적 피스톤 압출량}\, V_a[m^3/h]}$
> ② 압축비가 클수록 체적효율이 감소한다.
> ③ 같은 냉매를 사용하여도 운전조건에 따라서 체적효율은 변동한다.
> ④ 피스톤 격간(clearance)이 클수록 체적효율은 감소한다.

[11년 1회]

08 왕복동 압축기의 토출밸브에 누설이 있을 경우에 대한 설명이다. 맞는 것은?

> ① 체적효율이 증가한다.
> ② 냉동능력이 감소한다.
> ③ 소요동력이 증가한다.
> ④ 압축효율이 증가한다.

① ①, ③   ② ②, ③
③ ③, ④   ④ ②, ④

> 왕복동 압축기의 토출밸브에 누설이 있을 경우
> ㉠ 체적효율 감소   ㉡ 냉동능력 감소
> ㉢ 소요동력 증대   ㉣ 압축효율 감소
> ㉤ 토출가스온도 상승 ㉥ 압축일 증대

[09년 1회]

09 다음 중 회전식 압축기에 관한 설명으로 옳지 않은 것은?

① 용량제어의 범위가 크다.
② 베인식, 회전자식 두 가지 형식이 있다.
③ 유압펌프를 사용하지 않으므로 윤활에 주위를 요한다.
④ 압축비에 비하여 체적효율이 높다.

특징
㉠ 용량제어가 어렵다.(발정제어 외에는 할 수 없다.)
㉡ 베인식, 회전자식 두 가지 형식이 있다.
㉢ 유압펌프를 사용하지 않으므로 윤활에 주위를 요한다.
㉣ 잔류가스의 재팽창에 의한 체적효율 저하가 적어서 압축식에 비해 체적효율이 높다.

[16년 3회]
10 다음 중 스크롤 압축기에 관한 설명으로 틀린 것은?

① 인벌류트 치형의 두 개의 맞물린 스크롤의 부품이 선회운동을 하면서 압축하는 용적형 압축기이다.
② 토그변동이 적고 압축요소의 미끄럼 속도가 늦다.
③ 용량제어 방식으로 슬라이드 밸브방식, 리프트밸브 방식 등이 있다.
④ 고정스크롤, 선회스크롤, 자전방지 커플링, 크랭크 축 등으로 구성되어 있다.

스크롤 압축기의 용량제어방식은 회전식과 같이 발정(on-off)제어 이외의 방식은 하기 힘들다. 슬라이드 밸브방식은 스크루 압축기의 용량제어방식이고 리프트밸브 방식은 고속다기통 압축기에서 행하는 방식이다.

[12년 3회]
11 스크루(screw) 압축기의 특징을 설명한 것으로 틀린 것은?

① 부품의 수가 적고 수명이 길다.
② 흡입밸브와 토출밸브가 없어 밸브의 마모, 손실이 없다.
③ 압축이 연속적이며, 진동이 크다.
④ 무단계 용량제어가 가능하며 자동운전에 적합하다.

스크루(screw) 압축기는 압축이 연속적이며, 소음이 크지만 진동은 적다.

[23년 1회]
12 스크류 압축기의 운전 중 로터에 오일을 분사시켜주는 목적으로 가장 거리가 먼 것은?

① 높은 압축비를 허용하면서 토출온도를 유지
② 압축효율 증대로 전력소비 증가
③ 로터의 마모를 줄여 장기간 성능유지
④ 높은 압축비에서도 체적효율 유지

스크류 압축기의 운전 중 로터에 오일을 분사시켜주면 압축효율 증대로 전력소비는 감소한다.

[16년 1회]
13 터보 압축기의 특징으로 틀린 것은?

① 부하가 감소하면 서징 현상이 일어난다.
② 압축되는 냉매증기 속에 기름방울이 함유되지 않는다.
③ 회전운동을 하므로 동적균형을 잡기 좋다.
④ 모든 냉매에서 냉매회수장치가 필요 없다.

④ 냉매회수장치가 필요하다.

[15년 1회]
14 원심식 압축기의 특징이 아닌 것은?

① 체적식 압축기이다.
② 저압의 냉매를 사용하고 취급이 쉽다.
③ 대용량에 적합하다.
④ 서징현상이 발생할 수 있다.

원심식 압축기의 특징
㉠ 왕복동 및 회전식은 용적식(체적식) 압축 방식이나 터보 압축기는 임펠러(impeller)에 속도에너지를 압력에너지로 변환시켜 압축하는 원심식 방식이다.
㉡ 왕복운동이 아닌 회전운동이므로 동적인 밸런스를 잡기 쉽고 진동이 적다.
㉢ 저압의 냉매를 사용하므로 위험이 적고 취급이 쉽다.
㉣ 용량제어가 쉽고 대용량의 공기조화용으로 많이 사용한다.
㉤ 부하가 감소하면 서징(surging)현상이 발생할 수 있다.

정답 10 ③ 11 ③ 12 ② 13 ④ 14 ①

[13년 1회]

15 압축기의 용량제어 방법 중 왕복동 압축기와 관계가 없는 것은?

① 바이패스법
② 회전수 가감법
③ 흡입 베인 조절법
④ 클리어런스 증가법

> 흡입 베인 조절법의 경우는 원심식 냉동기의 용량제어 방법이며, 왕복동 압축기의 용량제어에 바이패스법, 회전수 가감법, 클리어런스 증가법, unload system(일부 실린더를 놀리는 법, 고속다기통 압축기)이있다.

중간압력
2단 압축냉동 사이클에서 가장 이상적인 형식은 각 단의 압축비를 동일하게 취하는 것이다.

압축비 $m = \dfrac{P_m}{P_2} = \dfrac{P_1}{P_m}$ 에서 $P_m^2 = P_2 \times P_1$

$\therefore P_m = \sqrt{P_1 \cdot P_2} = \sqrt{1300 \times 340} = 664.8[kPa]$

여기서, P_1 : 고압측(응축) 절대압력[kPa·a]
$\qquad = 1.2 \times 10^3 + 100 = 1300 kPa$
$\quad\;\; P_2$: 저압측(증발) 절대압력[kPa·a]
$\qquad = 240 + 100 = 340 kPa$

[11년 2회]

16 주로 대용량의 공조용 냉동기에 사용되는 터보식 냉동기의 냉동부하 변화에 따른 용량제어 방식이 아닌 것은?

① 압축기 회전수 가감법
② 흡입 가이드 베인 조절법
③ 클리어런스 증대법
④ 흡입 댐퍼 조절법

> 원심식(turbo) 냉동기의 용량제어
> ① 압축기 회전수 가감법
> ② 흡입 가이드 베인 조절법
> ④ 흡입 댐퍼 조절법

[14년 3회]

18 냉동장치의 운전 중 압축기의 토출압력이 높아지는 원인으로 가장 거리가 먼 것은?

① 장치 내에 냉매를 과잉 충전하였다.
② 응축기의 냉각수가 과다하다.
③ 공기 등의 불응축 가스가 응축기에 고여 있다.
④ 냉각관이 유막이나 물 때 등으로 오염되어 있다.

> 응축기에 냉각수가 많으면 응축이 잘되고 응축압력은 감소하여 토출압력은 낮아진다.

[10년 1회]

17 2단 압축 사이클에서 증발압력이 240kPa이고 응축압력이 1.2MPa일 때 최적의 중간 압력은 약 얼마인가? (단, 대기압은 100kPa)

① 517.15kPa·a
② 543kPa·a
③ 612.22kPa·a
④ 664.8kPa·a

[23년 3회, 22년 2회]

19 영화관 냉방부하가 1,512,000 kJ/h일 때, 압축기 소요동력을 1냉동톤당 0.75kW로 가정하면 이 압축기를 구동하는데 약 몇 kW의 전동기가 필요한가?

① 81.6 kW
② 69.8 kW
③ 59.8 kW
④ 49.8 kW

> (1) 냉방부하를 냉동톤으로 환산하면
> 냉동톤(RT) $= \dfrac{1512000}{3600 \times 3.86} = 108.8 RT$
> (2) 1RT당 압축동력 0.75kW이므로
> $108.8 \times 0.75 = 81.6[kW]$

정답 15 ③ 16 ③ 17 ④ 18 ② 19 ①

[23년 1회]

20 다음 중 압축기의 냉동능력(kW)을 산출하는 식은?
(단, V : 피스톤 압출량[m³/min], v : 압축기 흡입 냉매 증기의 비체적[m³/kg], q : 냉매의 냉동효과[KJ/Kg], η : 체적효율)

① $R = \dfrac{v \times q \times \eta \times 60}{3320 \times V}$
② $R = \dfrac{V \times q}{60 \times \eta \times v}$
③ $R = \dfrac{V \times q \times \eta}{60 \times v}$
④ $R = \dfrac{V \times q \times v \times 60}{3320 \times \eta}$

> **냉동능력**
> $R = Q_2 = G \times q = \dfrac{V(\text{m}^3/\text{s}) \times \eta \times q}{v} = \dfrac{V(\text{m}^3/\text{min}) \times \eta \times q}{60 \times v}$

정답 20 ③

02 응축기 구성 기기와 특징

1 응축기 종류 및 특징

> **Shell and Tube식 응축기**
> - shell and tube 응축기는 관내에 냉각수, 관외에 냉매가 흐른다.
> - 수냉 응축기의 냉매의 응축온도는 냉각수출구온도+5℃이다.
> - 플루오르카본용 shell and tube 응축기의 냉각관의 외표면에 핀(fin)을 부착한 것을 로우 핀 튜브라 하고 핀이 부착된 곳에 냉매가 있다.
> - 로우 핀 튜브(low finned tube)의 내면과 외면의 비를 유효내외면적비라 하고 그 비는 3.5~4.2 정도 이다.
> - 냉각관 내의 수속은 2m/s정도 이고 수속이 빠르면 펌프 동력이 크게 되고 부식을 일으키며, 늦으면 응축온도가 상승한다.
> - 수냉 응축기의 냉각관에 물때(scale)가 부착하면 열관류율은 감소되고 응축온도는 상승한다.
> - 물때의 저항은 오염계수 f로 표시한다.

분류	특징
응축기의 작용	1) 응축기는 압축기에서 토출된 고온 고압의 냉매가스를 외부에서 공기나 물을 이용하여 열을 제거하여 액화 시키는 기기이다.
냉각방식에 따른 분류	1) 수랭식 : 응축 액화시키는데 물을 사용 ① 입형 셸 앤드 튜브식 응축기 ② 횡형 셸 앤드 튜브식 응축기 ③ 셸 앤 코일식 ④ 2중관식 ⑤ 7통로식 ⑥ 대기식응축기 2) 증발식 : 응축 전열관 상부에 물을 살포하여 증발잠열로 응축 액화 3) 공랭식 : 응축하는데 공기 현열을 사용
입형 셸앤드 튜브식 응축기 (vertical shell & tube condenser)	1) 원리 : 원통을 세로로 설치하고 상하 구리판에 다수의 냉각관을 설치하며 냉각관 내면에 냉각수를 흐르게 하여 응축시키는 형식으로 입형 원통 다관식 응축기 라고도 한다. 대형 암모니아 냉동기에 사용 된다. 2) 특징 • 원통(Shell) 내부에는 냉매가, 관(Tube)에는 냉각수가 흐른다. • 대형 암모니아 냉동기에 주로 사용된다. • 충분한 냉각수가 있고 수질이 우수한 곳에서 사용 • 구조가 간단하고 설치면적이 적다. • 실·내외 어느 곳이든지 설치가 가능하고 운전 중에 청소 및 보수를 할 수 있다. • 응축기 상부와 수액기 상부는 균압관으로 연결되어 있다.

분류	특징
횡형 셸 앤드 튜브식 응축기 (Horizontal shell & Tube condenser)	1) 원리 : 원통을 가로로 설치하고 양쪽 마구리판에 다수의 냉각관을 설치하여 그 내부에 냉각수가 흐르게 한다. 외부에 냉매가스가 흘러 열교환을 하면서 응축하는 형식이다. 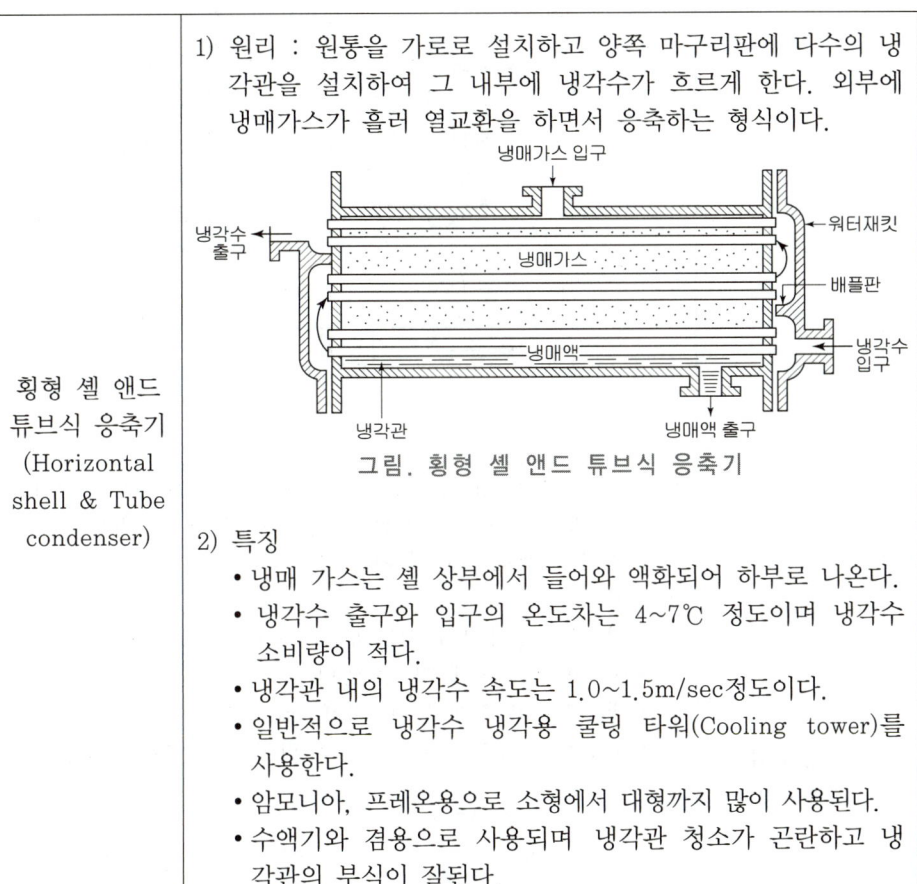 그림. 횡형 셸 앤드 튜브식 응축기 2) 특징 • 냉매 가스는 셸 상부에서 들어와 액화되어 하부로 나온다. • 냉각수 출구와 입구의 온도차는 4~7℃ 정도이며 냉각수 소비량이 적다. • 냉각관 내의 냉각수 속도는 1.0~1.5m/sec정도이다. • 일반적으로 냉각수 냉각용 쿨링 타워(Cooling tower)를 사용한다. • 암모니아, 프레온용으로 소형에서 대형까지 많이 사용된다. • 수액기와 겸용으로 사용되며 냉각관 청소가 곤란하고 냉각관의 부식이 잘된다.

분류	특징
셸 앤 코일식 응축기	1) 구조 : 횡형으로 설치된 셸 안에 코일형태 냉각관이 장착된 형식의 응축기이다. 2) 특징 • 냉각관 내에는 냉각수가 셸 내에는 냉매가 흘러서 냉각관의 청소가 곤란하다. • 소형 프레온용으로 사용되나 현재는 거의 사용하지 않는다.
2중관식 응축기	1) 2중관식 응축기 (Double pipe condenser) 관을 2중으로 설치하고 내관으로 냉각수가 흐르며 외관에는 냉매가 흐르게 한다. 이렇게 서로 향류(Counter flow) 접촉시킴으로서 냉매가스를 냉각 응축시킨다. 2) 특징 • 냉매는 위에서 아래로 냉각수는 아래에서 위로 흐른다. • 냉각수의 입출구 온도차는 8~10℃정도이다.

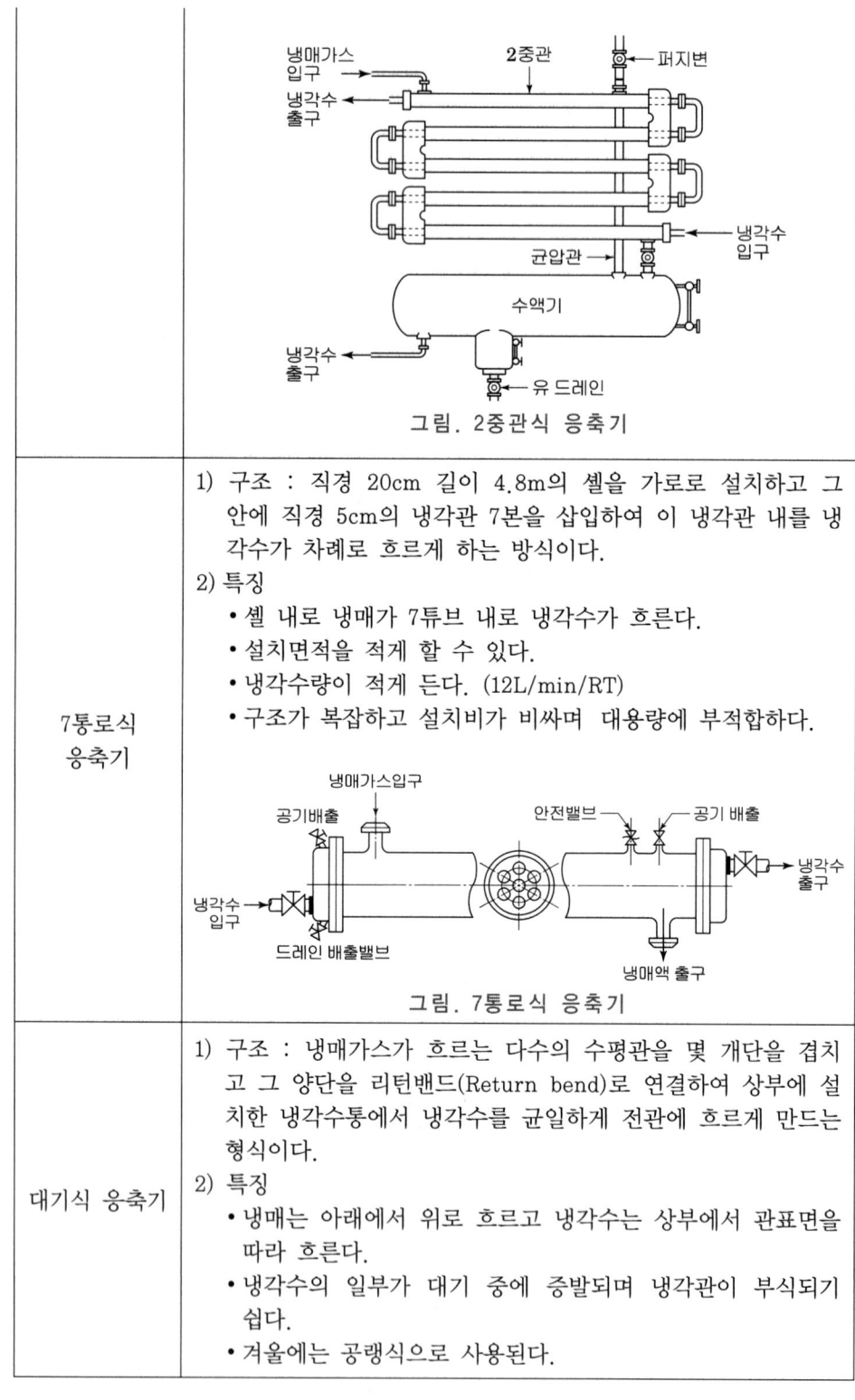

그림. 2중관식 응축기

7통로식 응축기	1) 구조 : 직경 20cm 길이 4.8m의 셸을 가로로 설치하고 그 안에 직경 5cm의 냉각관 7본을 삽입하여 이 냉각관 내를 냉각수가 차례로 흐르게 하는 방식이다. 2) 특징 • 셸 내로 냉매가 7튜브 내로 냉각수가 흐른다. • 설치면적을 적게 할 수 있다. • 냉각수량이 적게 든다. (12L/min/RT) • 구조가 복잡하고 설치비가 비싸며 대용량에 부적합하다. 그림. 7통로식 응축기
대기식 응축기	1) 구조 : 냉매가스가 흐르는 다수의 수평관을 몇 개단을 겹치고 그 양단을 리턴밴드(Return bend)로 연결하여 상부에 설치한 냉각수통에서 냉각수를 균일하게 전관에 흐르게 만드는 형식이다. 2) 특징 • 냉매는 아래에서 위로 흐르고 냉각수는 상부에서 관표면을 따라 흐른다. • 냉각수의 일부가 대기 중에 증발되며 냉각관이 부식되기 쉽다. • 겨울에는 공랭식으로 사용된다.

분류	특징	
증발식 응축기 (Evaporative Condenser)	1) 구조 : 증발식 응축기는 냉매가스가 흐르는 냉각관 코일의 외면에 냉각수를 노즐(Nozzle)에 의해 분사시킨다. 여기에 송풍기를 이용하여 건조한 공기를 3m/sec의 속도로 보내 공기의 대류 작용 및 물의 증발 잠열로 냉각하는 형식이다. 2) 특징 • 물의 증발잠열 및 공기, 물의 현열에 의한 냉각 방식으로 냉각수 소비량이 작다. • 상부에 일리미네이터(Eliminator)를 설치한다. • 겨울에는 공랭식으로 사용된다. • 외기 습구온도 및 풍속에 의하여 능력이 좌우된다. • 냉각탑을 별도로 설치할 필요가 없다. • 팬(Fan), 노즐(Nozzle), 냉각수 펌프 등 부속설비가 많이 든다. ※ 일리미네이터(Eliminator) : 냉각관에 분무되는 냉각수 일부가 공기와 같이 외부로 비산(飛散) 되는 것을 방지하기 위해 응축기 상부에 설치하는 장치	그림. 증발식 응축기 **증발식 응축기** • 증발식 응축기는 주로 암모니아 냉동장치에서 사용한다. • 외기의 습구온도에 영향을 받는다.(습구온도가 낮으면 응축온도도 낮아진다.) • 증발식 응축기는 물의 증발잠열을 이용하여 냉매를 응축액화 시킨다. • 증발식 응축기는 겨울철 응축압력이 낮을 때 냉각수를 정지하고 공랭식 응축기로 사용할 수 있다. • 증발식 응축기의 냉매 응축온도는 외기습구온도+8℃(암모니아 냉매의 경우) 정도이다.
공랭식 응축기	1) 구조 : 외경 3/8~1/2″의 동관에 핀(Fin)을 부착하여 코일을 형성하고 여기에 냉각공기를 2~3m/sec의 속도로 이송하여 관의 표면에서 열전달로 냉각시킨다. 2) 공랭식 응축기는 응축온도가 외기온도보다 15~20℃정도 높아 효율이 불량하나 냉각수 사용에 비하여 매우 간편하고 경제적인 이점이 있어 점차 대용량화 되고 있다. 3) 특징 • 냉각수를 사용하지 않으므로 여기에 필요한 냉각수 배관, 펌프, 배수시설 등이 불필요하다. • 설치가 간단하고 부식이 잘 되지 않는다. • 응축기가 옥외에 설치되어 고압 냉매 배관이 길어진다. • 기온에 따라 응축 압력의 변화가 심하므로 응축압력을 제어해야 한다. • 송풍형식에 따라 자연대류식과 강제 대류식으로 구분된다. • 공기는 냉각수에 비해 전열이 불량하여 넓히기 위해 플레이트 핀 튜브(plate finned tube)를 사용한다. • 최근 소형 프레온 냉동기에서 대형에까지 널리 이용된다.	**공랭식 응축기** • 공랭식 응축기는 공기의 현열을 이용한다. • 공랭식 응축기는 건구온도의 영향을 받고 습구온도에는 영향을 받지 않는다. 외기온도가 높게 되면 응축온도도 높게 되며 압축동력도 크게 된다. • 공랭식 응축기의 냉매의 응축온도는 외기온도+15℃정도 이다. • 공랭식 응축기에서는 겨울철 응축압력이 저하하면 냉동장치의 냉각능력이 저하하므로 응축압력조정 밸브로 응축압력을 높여야 한다. • 공랭식 응축기의 핀(fin)은 공기측에 부착한다. • 공랭식 응축기의 전열면적은 증발식 응축기보다 크게 된다.

- 냉각탑 냉각수 출구수온과 외기의 습구온도차를 어프로치라 하고 차는 5℃이다.
- 냉각탑 입구수온과 출구수온의 차를 쿨링 레인지라 하고 그 차도 5℃이다.
- 냉각탑에 보급수가 필요한 이유는 증발수량, 비산수량, 농축을 방지하기 위한 보충수량이 있다.

분류	특징
냉각탑 (Cooling tower)	1) 구조 및 원리 : 냉각탑은 수랭식 응축기에서 냉각작용을 하고 나온 출구 냉각수를 공기로 다시 증발 냉각하여 응축기로 순환시킴으로써 응축기 열을 대기중에 배출한다. 2) 냉각 원리 : 물과 공기와의 온도차와 증발에 의한 냉각작용 그림. 냉각탑 3) 종류

대기형	공기와 냉각수의 열전달로 냉각	
자연통풍형	자연 통풍으로 냉각수 냉각(증발과 열전달)	
강제통풍형 (보편적으로 사용)	공기와 물의 접촉에 의한 분류	향류형(Counter flow) : 공기와 물의 흐름이 반대 방향
		직교류형(Cross flow) : 공기와 물의 접촉이 직각방향
	송풍기 설치위치에 따라 분류	흡입식 : 송풍기로 냉각탑에서 공기를 흡입 배출하는 방식
		압입식 : 송풍기로 냉각탑안에 공기를 압입 주입하는 방식

4) 냉각탑의 냉각능력
- 냉각탑 냉각능력(kJ/h)=냉각수 순환량(L/h)×비열×쿨링 레인지
- 쿨링 레인지(Cooling range)=냉각수입구온도(℃)-냉각수 출구온도(℃)
- 쿨링 어프로치(Cooling approach)=냉각수출구온도(℃)-입구 공기의 습구온도(℃)

5) 냉각능력 : 쿨링 레인지가 클수록 쿨링 어프로치가 작을수록 냉각탑의 능력은 커진다. 그 이유는 냉각탑의 냉각능력은 입구공기의 습구온도에 영향을 받으므로 쿨링 어프로치가 크다는 것은 냉각탑에서 냉각된 냉각수온이 그만큼 높아져 응축기에 유입된다는 것이므로 냉각탑의 냉각능력은 불량해진다.

6) 냉각탑 설치 시 유의사항
- 냉각탑 설치 위치는 급수가 용이하고 공기유통이 좋고 취출공기 재순환을 최소화 할 것
- 고온의 배기가스에 의한 영향을 받지 않는 장소일 것
- 냉각탑에서 비산되는 물방울에 의한 주의 환경 및 소음 방지를 고려할 것
- 2대 이상의 냉각탑을 같은 장소에 설치할 경우에는 상호 2m 이상의 간격을 유지할 것
- 냉동장치로부터의 거리가 되도록 가깝고 보수 점검이 용이한 장소일 것

01 예제문제

다음의 증발식 응축기에 대한 설명 가운데 가장 옳지 못한 것은?

① 냉각작용은 물의 잠열 및 현열 공기의 냉각에 의해서 이루어진다.
② 보급수량은 물의 증발수량, 비산수량, 농축을 방지하기위한 배출수량이다.
③ 외기가 오염되지 않는 곳에는 일리미네이터를 부착하지 않는다.
④ 습구온도가 낮을수록 응축온도는 낮아진다.

[해설]
③의 경우 Eliminator는 물의 비산을 방지하는 것으로 공기의 청정도와는 관계가 없다.

답 ③

02 예제문제

다음 응축기에 대한 설명 중 가장 부적당한 것은?

① 수냉각기의 관내의 냉각수 유속이 빠르면 전열작용은 좋으나 너무 빠르면 부식이 촉진된다.
② 증발식 응축기는 물의 잠열로 냉매를 응축하기 때문에 공기의 습구온도는 영향을 받지 않는다.
③ 공랭식 응축기는 공기의 현열을 이용한 응축기이므로 공기의 습구온도의 영향을 받지 않는다.
④ 응축기에 불응축 가스가 존재하면 응축압력이 상승한다.

[해설]
② 증발식 응축기는 물의 증발잠열을 이용하는 것으로 공기 중의 습도에 큰 영향에 받고 습도가 높으면 증발하기 어렵게 되어 응축온도가 높아진다.

답 ②

2 응축기 용량계산

셸 앤드 튜브 응축기의 전열계산 플루오르카본용 shell and tube 응축기의 냉각관의 외표면에 핀(fin)을 부착한 것을 로우 핀 튜브(low finned tube)라 하고 핀이 부착된 곳에 냉매가 있다. 로우 핀 튜브의 내면과 외면의 비를 유효내외면적비라 하고 그 비는 3.5~4.2 정도이다.
이때 열관류율 K는 냉매측 전열면적 기준으로 하고 또한 전열면적도 냉매측 전열면적을 이용하여 응축부하를 구한다.

$$K = \dfrac{1}{\dfrac{1}{\alpha_r} + m\left(\dfrac{1}{\alpha_w} + f\right)} \ [kW/m^2 \cdot K]$$

분류	특징
응축기 방열량	응축기 방열량 $q_1 = h_b - h_e [kJ/kg]$ h_b : 응축기 입구에서 냉매증기 엔탈피[kJ/kg] h_e : 응축기 출구에서 냉매액 엔탈피[kJ/kg]
응축 부하	응축부하 $Q_1[kW]$는 $Q_1 = G \cdot q_1 = Q_2 + W$ G : 냉매순환량[kg/s], Q_2 : 냉동능력[kW], W : 압축일[kW]
응축기의 전열작용 (수랭식)	1) $Q_1 = KA\Delta t_m \ [kW]$ 　　K : 열관류율[kW/m²K], A : 전열면적[m²], 　　Δt_m : 평균온도차[℃] 　여기서 α_r : 냉매측 열전달률[kW/m² · K] 　　　　α_w : 수측 열전달률[kW/m² · K] 　　　　m : 유효 내외면적비(A_r/A_w) 　　　　(A_r : 냉매측 전열면적[m²], A_w : 수측 전열면적[m²]) 　　　　f : 오염계수[m² · K/kW] 2) Δt_m : 평균온도차(대수 평균과 산술평균) 　① 대수평균 온도 $\Delta t_m = \dfrac{\Delta t_1 - \Delta t_2}{\ln \dfrac{\Delta t_1}{\Delta t_2}}$ 　여기서, $\Delta t_1 : t_r - t_{w1}$, $\Delta t_2 : t_r - t_{w2}$ 　② 산술평균 온도 $\Delta t_m = t_r - \left(\dfrac{t_{w1} + t_{w2}}{2}\right)$ 　③ 응축온도 t_r 　　　$Q_1 = KA\Delta t_m = KA\left(t_r - \dfrac{t_{w1} + t_{w2}}{2}\right)$ 에서 　응축온도 $t_r = \dfrac{Q_1}{KA} + \dfrac{t_{w1} + t_{w2}}{2}$ 로 구한다. 3) 응축부하를 냉각수의 온도차로 구하면 아래식과 같다. 　$Q_1 = WC_w(t_{w2} - t_{w1})[kW, \ kJ/h]$ 　　W : 냉각수량[kg/s (kg/h)], C_w : 냉각수 비열[kJ/kgK] 　　t_{w1} : 냉각수 입구온도[℃], t_{w2} : 냉각수 출구온도[℃] 4) 응축기에서 전열량과 냉각열량은 같으므로 　$Q_1 = WC_w(t_{w2} - t_{w1}) = KA\Delta t_m [kW, \ kJ/h]$

응축기의
전열작용
(공랭식)
	1) 공랭식 응축기에서 $Q_1 = G \cdot q_1$
	    Q_1 : 응축부하[kW], G : 냉매순환량[kg/s],
	    q_1 : 응축기 방열량[kJ/kg]
	2) $Q_1 = C_p \rho V(t_{a2} - t_{a1})$ C_p : 공기평균 정압비열[kJ/kg·K]
	    ρ : 공기의 밀도[kg/m³], V : 공기유량[m³/s]
	3) $Q_1 = KA\Delta t_m = K \cdot A(t_r - \dfrac{t_{a1} + t_{a2}}{2})$
	    K : 열관류율[kW/m²K], A : 전열면적[m²]
	    Δt_m : 평균온도차[℃], t_r : 응축온도[℃],
	    t_{a1}, t_{a2} : 냉각공기입출구온도[℃]

응축압력 (온도)의 상승원인	① 응축기의 냉각수온 및 냉각공기의 온도가 높을 경우 ② 냉각수량이 부족할 경우 ③ 증발부하가 클 경우 ④ 냉각관에 유막 및 스케일이 생성되었을 경우 ⑤ 냉매를 너무 과충전 했을 경우 ⑥ 응축기의 용량이 너무 작을 경우 ⑦ 증발식 응축기에서 대기습구 온도가 높을 경우 ⑧ 불응축 가스가 혼입되었을 경우

불응축
가스
	1) 정의 : 불응축 가스란 공기나 탄화된 오일의 증기 등의 혼합물로 냉매와 같이 냉동장치 내를 순환하다가 응축되지 않고 가스상태로 응축기 또는 수액기 상부에 모여서 있는 가스이다. 일반적으로 공기를 말한다.
	2) 발생원인
	  ① 냉매의 충전 시 공기유입
	  ② 윤활유의 충전 시 공기유입
	  ③ 진공 시험 시(저압부의 누설)
	  ④ 오일 포밍 현상의 발생 및 오일의 열화, 탄화 시
	  ⑤ 장치의 신설이나 휴지 후 완전 진공을 하지 못하여 남아있는 공기
	3) 영향
	  ① 응축 압력 상승으로 소요동력 증대
	  ② 토출가스 온도 상승
	  ③ 냉매와 냉각관의 열전달의 저해로 응축능력 감소

불응축 가스
불응축 가스란 공기나 탄화된 오일의 증기 등의 혼합물로 냉매와 같이 냉동장치 내를 순환하다가 응축기 또는 수액기 상부에 모여서 액화되지 않고 남아있는 가스이다. 일반적으로 공기를 말한다.

(1) 발생원인
 ① 냉매의 충전 시
 ② 윤활유의 충전 시
 ③ 진공 시험 시(저압부의 누설)
 ④ 오일 포밍 현상의 발생 및 오일의 열화, 탄화 시
 ⑤ 장치의 신설이나 휴지 후 완전 진공을 하지 못하여 남아있는 공기
 ⑥ 응축기와 수액기 사이의 균압관이 잘 작용하지 못하여 응축기내에 액이 고여 있는 경우

(2) 영향
 ① 응축 압력 상승
 ② 토출가스 온도 상승
 ③ 응축능력 감소
 ④ 냉매와 냉각관의 열전달의 저해
 ⑤ 소요동력 증대
 ⑥ 암모니아 냉매인 경우 폭발위험 초래

03 예제문제

냉매측 전열면적 $A_r = 40[\mathrm{m}^2]$, 수측 전열면적 $A_w = 10[\mathrm{m}^2]$의 로우 핀 튜브를 이용한 셸 앤드 튜브 응축기에서 냉매측 열전달률 $\alpha_r = 3.0[\mathrm{kW/m^2 \cdot K}]$, 냉각수측 열전달률 $\alpha_w = 9.0[\mathrm{kW/m^2 \cdot K}]$, 냉각수측의 오염계수 $f = 0.15[\mathrm{m^2 \cdot K/kW}]$일 경우 물음에 답하시오. (단, 냉매와 냉각수의 온도차 $\Delta t_m = 5℃$로 한다.)

(1) 이 응축기의 열관류율을 구하시오. $[\mathrm{kW/m^2 \cdot K}]$
(2) 응축부하를 구하시오. [kW]

해설

(1) 열관류율 $K = \dfrac{1}{\dfrac{1}{\alpha_r} + m\left(\dfrac{1}{\alpha_w} + f\right)} = \dfrac{1}{\dfrac{1}{3.0} + \dfrac{40}{10}\left(\dfrac{1}{9.0} + 0.15\right)} = 0.726$

(2) 응축부하 $Q_1 = KA\Delta t_m = 0.726 \times 40 \times 5 = 145.2$
   여기서, m은 내외면적비 (A_r/A_w)

답 (1) 0.726[kW²·K] (2) 145.2[kW]

04 예제문제

R134a를 냉매로 하는 공랭식 응축기에서 압축기의 토출가스의 비엔탈피 $h_2 = 446.5[\mathrm{kJ/kg}]$, 응축온도 40℃, 응축기 출구 냉매액 비엔탈피 $h_3 = 249.0[\mathrm{kJ/kg}]$(과냉각도 5℃), 냉매순환량 $G = 0.060[\mathrm{kg/s}]$로 하고, 응축기 공기 입구온도 $25[℃]$, 풍량 $2.0[\mathrm{m^3/s}]$, 밀도 $[1.2\mathrm{kg/m^3}]$, 비열 $1.0[\mathrm{kJ/kg \cdot K}]$, 평균열관류율 $0.020[\mathrm{kW/m^2 \cdot K}]$로 할 경우 물음에 답하시오. (단, 냉매와 공기의 온도차는 산술평균온도차로 한다.)

(1) 응축부하를 구하시오. [kW]
(2) 응축기 공기 출구온도를 구하시오. [℃]
(3) 냉매와 공기의 평균온도차를 구하시오. [℃]
(4) 전열면적을 구하시오. $[\mathrm{m^2}]$

해설

(1) 응축부하
   $Q_1 = G(h_2 - h_1) = 0.060 \times (446.5 - 249.0) = 11.85$

(2) 응축기 공기 출구온도
   $Q_1 = C_p \rho V(t_{a2} - t_{a1})$에서
   $t_{a2} = \dfrac{Q_1}{C_p \rho V} + t_{a1} = \dfrac{11.85}{1.0 \times 1.2 \times 2.0} + 25 = 29.94$

(3) $\Delta t_m = \dfrac{\Delta t_1 + \Delta t_2}{2} = \dfrac{(40-25) + (40-29.94)}{2} = 12.53$

(4) 전열면적
   $Q_1 = KA\Delta t_m$에서
   $A = \dfrac{Q_1}{K\Delta t_m} = \dfrac{11.85}{0.020 \times 12.53} = 47.29$

답 (1) 11.85[kW] (2) 29.94[℃] (3) 12.53[℃] (4) 47.29[m²]

> **05** 예제문제
>
> **다음 중 응축압력이 상승하는 원인에 들지 않는 것은?**
>
> ① 응축기와 수액기 사이의 균압관이 잘 작용하지 못하여 응축기내에 액이 고여 있는 경우
> ② 증발기의 증발온도가 저하한 경우
> ③ 과열압축운전이 계속된 경우
> ④ 증발식 응축기의 사용 중에 비가 내려서 기온은 변하지 않았으나 습구온도가 상승한 경우
>
> [해설]
> ①의 경우 균압관이 제 작용을 하지 못하면 응축기내에 액이 고이게 되어 유효전열면적의 감소로 응축압력이 상승한다.
> ②의 증발온도가 저하하면 냉동능력은 저하하지만 응축압력의 상승은 일어나지 않는다.
>
> 답 ②

02 응축기 구성 기기와 특징 핵심예상문제

본 핵심예상문제는 각단원별 출제빈도 높은 문제 및 최근 10년간의 기출문제 중 비중이 높은 출제유형이므로 꼭 풀어보고 가야할 문제입니다. 이후 실전예상문제를 공부하시면 효과적입니다.

[15년 2회]

01 수냉식 응축기에 대한 설명 중 옳은 것은?

① 냉각수량이 일정한 경우 냉각수 입구온도가 높을수록 응축기내의 냉매는 액화하기 쉽다.
② 종류에는 입형 셀 튜브식, 7통로식, 지수식 응축기 등이 있다.
③ 이중관식 응축기는 냉매증기와 냉각수를 평행류로 함으로써 냉각수량이 많이 필요하다.
④ 냉각수의 증발잠열을 이용해 냉매가스를 냉각한다.

① 냉각수량이 일정한 경우 냉각수 입구온도가 낮을수록 응축기내의 냉매는 액화하기 쉽다.
③ 이중관식 응축기는 냉매증기와 냉각수를 대향류로 함으로써 냉각수량이 적게 필요하다.
④ 수냉식 응축기는 냉각수의 현열을 이용해 냉매가스를 응축시킨다.

[16년 3회, 12년 3회]

02 냉매가 암모니아일 경우는 주로 소형, 프레온일 경우에는 대용량까지 광범위하게 사용되는 응축기로 전열이 양호하고, 설치면적이 적어도 되나 냉각관이 부식되기 쉬운 응축기는?

① 2중관식 응축기
② 입형 셀 앤드 튜브식 응축기
③ 횡형 셀 앤드 튜브식 응축기
④ 7통로식 횡형 셀 앤드식 응축기

횡형 쉘 앤드 튜브식 응축기
㉠ 암모니아, 프레온용으로 소형에서 대형까지 많이 사용된다.
㉡ 냉각수 소비량이 비교적 적다.(증발식 응축기 다음으로 1RT당 12L가 소비된다.)
㉢ 전열이 양호하고, 설치면적이 비교적 적다.
㉣ 과부하 운전이 곤란하고 냉각관의 부식이 잘 된다.

[08년 2회]

03 수냉식 응축기를 사용하는 냉동장치에서 응축압력이 표준 압력보다 높게 되는 원인이라고 할 수 없는 것은?

① 공기 또는 불응축가스의 혼입
② 응축수 입구온도의 저하
③ 냉각수량의 부족
④ 응축기의 냉각관계에 스케일이 부착

수냉식 응축기에서 응축압력이 표준 압력보다 높게 되는 원인은 어떤 원인으로 응축불량이 되었을 경우이다.

응축압력(온도)상승 원인
㉠ 응축기의 냉각수온 및 냉각공기의 온도가 높을 경우
㉡ 냉각수량이 부족할 경우
㉢ 증발부하가 클 경우
㉣ 냉각관에 유막 및 스케일이 생성되었을 경우
㉤ 냉매를 너무 과충전 했을 경우
㉥ 응축기의 용량이 너무 작을 경우
㉦ 증발식 응축기에서 대기습구 온도가 높을 경우
㉧ 불응축 가스가 혼입되었을 경우

[08년 3회]

04 응축기에 관한 설명으로 옳은 것은?

① 수냉 응축기의 냉각관의 두께를 1/2로 하면 그 정도 열저항이 감소하므로 두께에 비례하여 좋게 된다.
② 수냉식 응축기의 냉각수량 및 입구수온이 일정하여도 냉각관에 물때가 부착하면 응축압력은 상승한다.
③ 증발식 응축기는 외기의 습구온도 영향을 거의 받지 않는다.
④ 냉매계통 중에서 공기 등 불응축 가스가 혼입되면 응축압력은 저하한다.

정답 01 ② 02 ③ 03 ② 04 ②

① 수냉 응축기의 냉각관의 두께를 1/2로 하면 그 정도 열저항이 감소하므로 두께에 반비례하여 좋게 된다.
② 수냉식 응축기의 냉각수량 및 입구수온이 일정하여도 냉가관에 물때가 부착하면 전열성능의 저하로 응축압력은 상승한다.
③ 증발식 응축기는 물의 증발잠열 및 공기, 물의 현열에 의한 냉각방식으로 외기의 습구온도 영향을 받는다.
④ 냉매계통 중에서 공기 등 불응축 가스가 혼입되면 응축압력은 상승한다.

[09년 3회]
05 냉동장치에 이용되는 공랭식 및 수냉식 응축기에 관한 설명 중 틀린 것은?

① 수냉식은 설치 유지비가 공랭식에 비해 많이 소요된다.
② 공랭식은 통풍이 잘되고 신선한 곳에 설치해야 한다.
③ 수냉식은 공랭식보다 전열 효과가 작다.
④ 공랭식은 응축온도 및 압력이 높아 동력소비가 크다.

> 수냉식은 공랭식보다 전열 효과가 크다.

[14년 3회, 08년 2회]
06 핀튜브관을 사용한 공랭식 응축관에 있어서 자연대류식 수평, 수직 및 강제대류식의 전열계수를 비교했을 때 옳은 것은?

① 자연대류 수평형 > 자연대류 수직형 > 강제대류식
② 자연대류 수직형 > 자연대류 수평형 > 강제대류식
③ 강제대류식 > 자연대류 수평형 > 자연대류 수직형
④ 자연대류 수평형 > 강제대류식 > 자연대류 수직형

> 공랭식 응축기의 전열계수 비교
> 강제대류식 > 자연대류 수평형 > 자연대류 수직형
> (1) 강제대류식 : 1/8마력 이상의 냉동기에 사용하며 전열계수는 약 23~29W/m²K 정도이다.
> (2) 자연대류식 : 1/8마력 이하의 소형 냉동기에 사용하며 전열계수는 약 6W/m²K 정도이다. 수평형의 경우가 수직형보다 전열효과가 좋다.

[23년 3회]
07 증발식 응축기에 관한 설명으로 옳은 것은?

① 증발식 응축기는 많은 냉각수를 필요로 한다.
② 송풍기, 순환펌프가 설치되지 않아 구조가 간단하다.
③ 대기온도는 동일하지만 습도가 높을 때는 응축압력이 높아진다.
④ 증발식 응축기의 냉각수 보급량은 물의 증발량과는 큰 관계가 없다.

> 증발식 응축기
> ① 증발식 응축기는 냉각수가 부족한 곳에서 주로 사용한다.
> ② 송풍기, 순환펌프가 설치되고 구조가 복잡하다.
> ③ 증발식 응축기는 외기습구온도의 영향을 받고, 외기습구온도(습도)가 높을 때 응축이 불량하여 응축압력이 높아진다.
> ④ 공급수의 양은 증발량, 비산수량에 농축을 방지하기 위한 분출량을 합산한 양이다.

[15년 3회]
08 증발식 응축기에 관한 설명으로 틀린 것은?

① 수냉식응축기와 공랭식응축의 작용을 혼합한 형이다.
② 외형과 설치면적이 작으며 값이 비싸다.
③ 겨울철에는 공랭식으로 사용할 수 있으며 연간운전에 특히 우수하다.
④ 냉매가 흐르는 관에 노즐로부터 물을 분무시키고 송풍기로 공기를 보낸다.

> 증발식 응축기는 외형과 설치면적이 수냉식에 비해 크다.

[16년 2회]
09 암모니아를 냉매로 사용하는 냉동장치에서 응축압력의 상승원인으로 가장 거리가 먼 것은?

① 냉매가 과냉각 되었을 때
② 불응축가스가 혼입되었을 때
③ 냉매가 과충전되었을 때
④ 응축기 냉각관에 물 때 및 유막이 형성되었을 때

응축압력(온도)의 상승원인
㉠ 응축기의 냉각수온 및 냉각공기의 온도가 높을 경우
㉡ 냉각수량이 부족할 경우
㉢ 증발부하가 클 경우
㉣ 냉각관에 유막 및 스케일이 생성되었을 경우
㉤ 냉매를 너무 과충전 했을 경우
㉥ 응축기의 용량이 너무 작을 경우
㉦ 증발식 응축기에서 대기습구 온도가 높을 경우
㉧ 불응축 가스가 혼입되었을 경우

[10년 2회]

10 응축압력이 현저하게 상승한 원인으로 옳은 것은?

① 냉각면적이 용량에 비해 크다.
② 응축부하가 크게 감소하였다.
③ 수냉식일 경우 냉각수량이 증가하였다.
④ 유분리기의 기능이 불량하고 응축기에 물때가 많이 부착되어 있다.

응축압력 상승원인은
① 냉각면적이 용량에 비해 적을 때
② 응축부하가 크게 증대 했을 때
③ 냉각수량이 부족할 때
④ 응축기에 유막이나 스케일(물 때)가 많이 부착되었을 때

[10년 3회]

11 냉동 능력 1RT이며, 압축할 때 1kW의 동력이 소요되는 냉동장치가 있다. 응축기에서 방출량은 몇 kW인가? (단, 1RT=3.86kW이다)

① 2.64   ② 3.32
③ 4.86   ④ 5.78

응축기 방열량 Q_1
$Q_1 = Q_2 + W = 1 \times 3.86 + 1 = 4.86$
여기서, Q_2 : 냉동능력[kW]
W : 압축일(소요동력)[kW]

[11년 2회]

12 어떤 냉동장치의 냉동능력이 3RT이고 이때의 압축기 소요 동력이 3.7kW이었다면 응축기에서 제거하여야 할 열량은 약 몇 kW인가? (단, 1RT=3.9kW이다)

① 7.5   ② 9.8
③ 12.3   ④ 15.4

응축기 방열량 Q_1
$Q_1 = Q_2 + W = 3 \times 3.9 + 3.7 = 15.4$
여기서, Q_2 : 냉동능력[kW]
W : 압축일(소요동력)[kW]

[13년 1회]

13 다음 조건을 갖는 수냉식 응축기의 전열 면적은 약 얼마인가? (단, 응축기 입구의 냉매가스의 엔탈피는 1890 kJ/kg, 응축기 출구의 냉매액의 엔탈피는 630 kJ/kg, 냉매 순환량은 100 kg/h, 응축온도는 40℃, 냉각수 평균온도는 33℃, 응축기의 열관류율은 930 W/m²K이다.)

① $3.86 m^2$ ② $4.56 m^2$
③ $5.38 m^2$ ④ $6.76 m^2$

응축기 방열량 Q_1
$Q_1 = G \cdot q_1 = KA\Delta t_m$ 에서
$A = \dfrac{G \cdot q_1}{K\Delta t_m} = \dfrac{\left(\dfrac{100}{3600}\right) \times (1890-630)}{0.93 \times (40-33)} = 5.38$
여기서, G : 냉매순환량[kg/s]
q_1 : 응축기 입·출구 엔탈피 차[kJ/kg]

[22년 3회]

14 다음 조건을 이용하여 응축기 설계시 1RT(3.86kW)당 응축면적(m^2)은 얼마인가?(단, 온도차는 산술평균온도차를 적용한다.)

【조 건】
방열계수 : 1.3   응축온도 : 35℃
냉각수 입구온도 : 28℃
냉각수 출구온도 : 32℃
열통과율 : 1.05kW/m^2·℃

① 1.25   ② 0.96
③ 0.74   ④ 0.45

방열계수 1.3은 냉동능력의 1.3배가 응축부하이다.
응축부하(q_c)는 $q_c = 1.3 \times 3.86$kW
응축기에서 $q_c = KA\Delta t_m$ 이므로
$$A = \frac{q_c}{K\Delta t_m} = \frac{1.3 \times 3.86}{1.05(35 - \frac{28+32}{2})} = 0.96 \text{m}^2$$

[22년 1회]

15 응축기의 냉매 응축온도가 30℃, 냉각수의 입구수온이 25℃, 출구수온이 28℃일 때, 대수평균온도차(LMTD)는?

① 2.27℃   ② 3.27℃
③ 4.27℃   ④ 5.27℃

대수평균온도차(LMTD)
$$LMTD = \frac{\Delta t_1 - \Delta t_2}{\ln\frac{\Delta t_1}{\Delta t_2}} = \frac{(30-25)-(30-28)}{\ln\frac{30-25}{30-28}} = 3.27℃$$

[17년 1회, 11년 3회]

16 어떤 냉동장치에 있어서 냉동부하는 63000kJ/h, 냉매증기 압축에 필요한 동력은 4kW, 압축기 입구에 있어서 냉각수 온도 32℃, 냉각수량 62L/min일 때 응축기 출구에 있어서 냉각수 온도는 약 몇 도가 되는가? (단, 냉각수 비열은 4.2kJ/kg·K로 한다)

① 35℃   ② 36℃
③ 37℃   ④ 38.5℃

응축기 방열량 Q_1
$Q_1 = mc(t_{w2} - t_{w1}) = Q_2 + W$ 에서
응축기 출구온도 $t_{w2} = t_{w1} + \frac{Q_2 + W}{mc}$
$$= 32 + \frac{\left(\frac{63000}{3600}\right) + 4}{\left(\frac{62}{60}\right) \times 4.2} \fallingdotseq 37$$

[12년 1회]

17 1RT 냉동기의 수냉식 응축기에 있어서 냉각수 입구 및 출구 온도를 10℃, 20℃로 하기 위하여 약 얼마의 냉각수가 필요한가? (단, 공기조화용이며 응축기방열량은 20% 추가하고, 1RT=3.86kW로 한다)

① 5.5L/min   ② 6.6L/min
③ 332L/min   ④ 400L/min

응축기 방열량 Q_1
$Q_1 = mc(t_{w2} - t_{w1})/60 = C \cdot Q_2$ 에서
냉각수량 $m = \frac{C \cdot Q_2}{c(t_{w2} - t_{w1})} = \frac{1.2 \times 3.86 \times 60}{4.2 \times (20-10)} = 6.62$
여기서, C : 방열계수(Q_1/Q_2)

[23년 3회]

18 어떤 냉동장치의 냉동부하는 17.5 kW, 냉매증기 압축에 필요한 동력은 4 kW, 응축기 입구에서 냉각수 온도 32℃, 냉각수량 62 L/min일 때, 응축기 출구에서 냉각수 온도는? (단, 냉각수 비열 4.2 kJ/kgK로 한다)

① 37℃   ② 38℃
③ 42℃   ④ 46℃

정답 14 ② 15 ② 16 ③ 17 ② 18 ①

$Q_1 = Q_2 + W = WC\Delta t_w$ 에서

$\Delta t_w = \dfrac{Q_2 + W}{WC} = \dfrac{17.5 + 4}{(62/60) \times 4.2} = 5[℃]$

그러므로 출구 온도=32+5=37℃

여기서, Q_1 : 응축부하[kW], Q_2 : 냉동능력[kW]

W : 소요동력[kW], W : 냉각수량[kg/s]

C : 냉각수 비열[kJ/kgK]

Δt_w : 냉각수 입구 및 출구 온도차[℃]

[22년 1회]

19 응축기 부하가 116.3kW이고, 응축온도 40℃, 냉각수 입구온도 32℃, 출구온도 37℃, 전열면 열관류율이 570 W/m²K일 때 응축기 전열면적을 구하시오(온도차는 산술평균)

① 27.3m² ② 32.3m²
③ 37.1m² ④ 42.1m²

$q = KA\Delta t_m$ 에서

$A = \dfrac{q}{K\Delta t_m} = \dfrac{116.3 \times 1000}{570(40 - (32+37)/2)} = 37.1 m^2$

[22년 3회]

20 냉동장치의 냉동능력이 38.8kW, 소요동력이 10kW이었다. 이 때 응축기 냉각수의 입·출구 온도차가 6℃, 응축온도와 냉각수 온도와의 평균온도차가 8℃일 때 수냉식 응축기의 냉각수량(L/min)은 얼마인가?(단, 물의 정압비열은 4.2kJ/(kg·℃)이다.

① 126.1 ② 116.2
③ 97.1   ④ 87.1

q(응축부하)=냉동능력+압축동력=38.8+10=48.8kW

$q = WC\Delta t_w$ 에서

$W = \dfrac{q}{C\Delta t_w} = \dfrac{48.8}{4.2 \times 6} = 1.9365 kg/s = 116.2 L/min$

여기서 응축온도와 냉각수 온도와의 평균온도차 8℃는 열관류량을 구할 때 사용되며 여기서는 일종의 함정이다.

정답 19 ③ 20 ②

03 증발기 구성 기기와 특징

1 증발기 종류와 특징

분류	특징
증발기의 작용	증발기는 팽창밸브를 통해서 들어오는 저온저압의 냉매액이 증발잠열로 피 냉동물체 또는 특정 공간으로부터 열을 흡수하여 냉동목적을 달성하는 열흡수장치이다.
증발기의 분류	1) 용도에 의한 분류 　① 액체 냉각용　② 공기 냉각용　③ 고체 냉각용 2) 증발기 내의 냉매상태에 따른 분류 　① 건식증발기　② 만액식증발기　③ 액순환식 증발기
건식 증발기	1) 건식 증발기 (Dry expansion type evaporator)는 팽창 밸브로부터 냉매가 직접 증발기로 들어가 증발관을 순환하는 사이에 전부 증기로 되어 압축기로 흡입 된다. 2) 특징 • 증발기 내의 냉매액 25%, 냉매가스가 75%정도로 운영된다. • 전열작용이 없는 냉매가스가 많아(75%) 전열이 불량하다. • 냉동유의 회수가 용이하다. • 냉각관에 핀(Pin)을 붙여 주로 공기 냉각용으로 사용한다. • 암모니아일 경우 하부로 냉매를 공급하는데 이와 같이 냉매를 하부로 공급하는 방식을 반만액식 증발기 (semi-flooded expansion type evaporator)라 하며 증발기 내에 냉매액이 50%, 가스가 50% 정도이다. 그림. 건식 증발기
만액식 증발기	1) 만액식 증발기 (Flooded expansion type evaporator)는 팽창 밸브가 증발기 사이에 어큐뮬레이터(Accumulator)를 설치하여, 팽창 밸브를 나온 습증기 중에서 냉매액과 가스를 분리시켜 액만을 증발기로 흐르게 하는 형식이다. 2) 특징 • 증발기내 냉매액이 75%, 냉매가스가 25% 정도 이다. • 증발기내에 항상 일정한 액이 충만되어 전열작용이 양호하다. 그림. 만액식 증발기

	• 건식에 비하여 냉매량이 많이 소요된다. • 프레온 냉매일 경우에는 유회수 장치가 필요하다. (오일이 증발기 내에 고일 우려가 있다.) • 주로 액체 냉각용으로 사용된다. • 증발기 입구에 역지변을 설치하여 가스의 역류를 막는다. • 어큐뮬레이터(액분리기)의 설치위치는 증발기보다 높은 위치에 설치해야 하고 그 용량은 증발기 용량의 20% 정도여야 한다.
액순환식 증발기	액순환식 증발기 (Liquid circulating type evaporator)는 만액식과 같은 원리이며 냉매액을 펌프를 사용하여 강제적으로 냉각관 내를 순환시키는 방법으로 냉각관 벽은 전부 냉매액으로 차있어 전열이 양호하다.

2 증발기 구조에 의한 분류와 특징

분류	특징
관 코일식 증발기	1) 구조 : 강, 또는 동으로 만든 지름 $1/2''\sim2''$의 긴관을 각종 코일(Coil) 모양으로 하여 냉장고, 냉동, 냉장용 진열대의 냉각관 등에 많이 이용된다. 2) 특징 • 냉각관에는 나관이 사용되며 제상(除霜)이 쉽고 구조가 간단하다. • 암모니아는 만액식에도 사용되나 플루오르카본냉매는 주로 건식이다. • 공기 냉각용에서는 표면적이 적기 때문에 관이 길어져 압력강하를 유발시키며 열전달률은 나쁜편이다.
판형 증발기	1) 구조 : 판형 증발기는 관 코일식 증발기의 변형으로 2매의 금속판을 압접하여 만들고, 판 사이의 공간으로 냉매액이 흐르고 그 외면에 접촉하는 공기, 물, 브라인 등을 냉각하는 증발기이다. 그림. 판형증발기 2) 특징 • 주로 프레온용 건식 증발기로 사용된다. • 알루미늄판 등을 이용하므로 전열성능은 좋으나 재질이 약하다. • 알루미늄판의 경우 누설 시 에폭시 등 화학 접착제로 밀봉한다.

핀-튜브식 증발기	1) 구조 : 핀-튜브식 증발기는 나관의 증발관 표면에 핀(fin)을 부착시켜 그 표면적을 증가시키고 전열량을 증대시킨 증발기이다. 2) 특징 • 주로 건식으로 사용되며 소형 냉장고, 냉장용 진열장, 공기 조화용에 사용되고, 소형으로 냉동능력이 크다. • 사용하는 핀은 암모니아는 강 또는 알루미늄, 플루오르카본(프레온)은 동 또는 알루미늄을 사용한다. • 자연 대류식과 강제 대류식이 있다.
캐스케이드 증발기	1) 구조 : 캐스케이드 증발기는 액헤더와 가스헤더를 설치하고 여기에 냉각관 코일을 연결하여 액냉매를 액헤더로 공급한다. 증발관 내에서 발생한 가스는 가스헤더에서 액을 분리한 후 어큐뮬레이터를 통하여 압축기 흡입관에 흡입되는 형식이다. 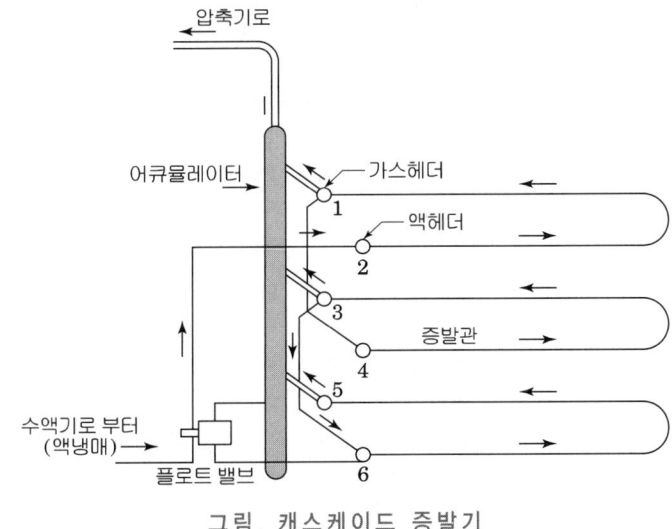 그림. 캐스케이드 증발기 2) 특징 • 암모니아용으로 벽코일 및 동결선반에 이용한다. • 액냉매를 공급하고 가스를 분리하는 형식이다. • 액냉매의 순환과정 2→1→4→3→6→5 • 증발관에 냉매가 균일하게 분배되어 전열이 양호하다. • 구조가 복잡하고 다량의 냉매액이 필요하며 헤더에서 액이 되돌아오기 쉽다.

분류	특징
멀티피드 멀티섹션 증발기	멀티피드 멀티섹션 증발기는 캐스케이드 증발기와 동일한 형식으로 암모니아를 냉매로 사용하며 공기 동결실의 동결선반에 이용된다.
원통 코일식 증발기	1) 원통 코일식 증발기는 원통(Shell) 내부의 1 또는 2중의 코일관 내로 냉매가 흐르고 관외면에 접촉하는 물 또는 브라인을 냉각하는 형식이다. 2) 특징 • 주로 음료수 냉각장치로 많이 이용된다. • 플루오르카본(프레온)용으로 건식 증발기이다. • 냉매량이 적고 자동팽창밸브를 사용할 수 있다. • 열전달률은 만액식의 경우보다 나쁘다. 그림. 원통 코일식 증발기
만액식 원통 다관식 증발기	1) 구조 : 만액식 원통 다관식 증발기는 횡형 셸 앤드 튜브식 응축기와 거의 같은 구조이며 냉각관 내에 물 또는 브라인을 흐르게 한다. 냉매는 냉각관 외부에서 증발하여 브라인을 냉각시키는 형식이다. 2) 암모니아 만액식 원통 다관식 냉각기의 특징 • 냉각용, 제빙용, 화학 공업용의 브라인 냉각, 냉방의 냉수용에 사용된다. • 열전달률이 양호하다. • 냉각액의 동결로 냉각관 파손의 우려가 있다. 3) 플루오르카본(프레온) 원통 다관식 냉각기의 특징 • 공기조화장치, 화학공업, 식품공업 등에서 물, 브라인의 냉각기로 사용된다. • 냉매측에 핀(Fin)을 부착하여 전열률을 상승시켰다. • 열교환기를 설치하여 냉매의 과냉각 및 리퀴드 백(Liquid back)을 방지한다. • 유회수장치가 필요하다.
건식 원통 다관식 증발기	건식 원통 다관식 증발기는 원통(Shell) 내에 다수의 냉각관을 U형으로 하여 입구와 출구를 같은 방향으로 하고 원통 내에 물 또는 브라인이 순환하며 열교환하는 형식이다.
탱크형 증발기	1) 탱크형 증발기는 일명 헤링본식 증발기라고도 하며 상하의 헤더 사이에 〉자형의 냉각관(길이 1.5~2.0m)을 다수 설치했다. 한쪽에는 어큐뮬레이터가 부착되어 있다. 2) 이 장치를 제빙조의 구획된 탱크 내에 설치하고, 여기에 브라인을 0.3~0.75m/sec의 속도로 흐르게 한다.
보데로 증발기	보데로 증발기는 대기식 응축기와 동일한 구조를 갖는 증발기로 그 작용은 반대이다. 횡형으로 설치된 냉각관 상부 통에서 냉각액이 들어오고 냉매는 횡형으로 설치된 냉각관 내를 흐른다.

01 예제문제

다음 증발기에 대한 설명 가운데 가장 옳지 않은 것은?

① 액관 중에 플래시가스가 발생하면 증발기의 냉동능력이 감소한다.
② 증발관에서 냉매가 과열하고 있는 부분의 열관류율은 냉매액이 있는 곳보다 적다.
③ 수냉각기로써 플루오르카본 건식증발기를 이용하면 물이 동결할 우려가 없으므로 적당하다.
④ 증발기의 표면에 적상이 형성되면 열관류율이 적게 되어 증발온도가 상승한다.

해설
④ 증발기의 표면에 서리가 많이 쌓이면 열관류율이 적게 되어 증발온도가 저하되어 소비동력이 증가한다.
답 ④

3 직접팽창식과 브라인식(간접팽창식)증발기

분류	특징
직접팽창 증발기	1) 구조 : 직접팽창식증발기는 냉각해야 할 장소 즉, 냉동 공간에 냉각관을 설치하여 여기에 냉매를 직접 흐르게 하고 그 잠열로 열을 흡수하여 냉각하는 냉동방식이다. (a) 직접팽창식 　　(b) 간접팽창식 그림. 직접팽창식과 간접팽창식 2) 장점 　• 동일한 냉동효과를 유지하기 위한 냉매의 증발 온도가 높다. 　• 시설이 간단하고 소요동력이 적게 든다. 3) 단점 　• 냉매 누설에 의한 냉장품의 손상을 가져온다. 　• 냉장실이 여러 개인 경우 팽창밸브의 설치개수가 많아진다.

브라인식 증발기	1) 구조 : 간접팽창식증발기는 냉매에 의하여 냉각된 브라인이 다시 피 냉동물체로부터 감열 형태로 열을 흡수하는 냉동방식으로 브라인식이라고도 한다. 이때 냉각된 브라인이 통하는 냉각코일을 냉각기라고 하며 증발기 속의 냉매를 1차 냉매, 냉각기 속의 냉매를 2차 냉매라 한다. 2) 장점 • 냉매 누설에 의한 냉장품 손실이 적다. • 냉장실이 여러 개일 경우에도 효율적인 운전이 가능하다. • 운전이 정지되더라도 온도상승이 느리다. 3) 단점 • 설비가 복잡하고 설치비가 많이 든다. • 소요동력이 크다. • 유지비가 많이 든다.
C.A 냉장고	C.A 냉장고(Controlled atmosphere storage room)는 냉장고 내의 산소농도를 3~5% 감소시키거나 탄소가스(CO_2)의 농도를 3~5% 증가시켜 냉장고 내의 청과물의 호흡을 억제하여 신선한 청과물을 냉장하는 방법이다.

4 제상장치(除霜裝置)

분류	특징
제상개요	1) 정의 : 공랭식 증발기는 코일의 표면 온도가 0℃ 이하가 되면 공기 중의 습기가 서리로 되어 냉각관 표면에 부착된다. 이 현상을 적상(Frosting)이라 한다. 이것이 축적되면 장치에 미치는 영향이 크므로 정한시간을 두고 제거해야 하는데 이 작업을 제상(Defrost)라 한다. 2) 적상시 증발기에 미치는 영향 ① 공기의 흐름이 저해된다. ② 전열작용이 불량해진다. ③ 냉동효과가 감소되고, 소요동력이 증대된다. ④ 증발이 감소하여 습압축의 우려가 있다. 3) 제상시기 ① 핀코일식(Fin coil type) : 적상의 두께 : 10~15mm ② 벽코일식(Wall coil type) : 적상의 두께 : 15~20mm ③ 헤어 핀 코일식 (Hairpin coil type) : 적상의 두께 : 25~30mm

고압가스 제상 (핫가스 제상)	1) 제상방법 　제상은 설비비, 경상비, 보수 등을 고려해야 하고 또한 액백(Liquid back), 응축기의 동결현상, 방열제의 수분침입, 제상 중 냉장실 온도상승, 열손실 기타 여러 가지 상황을 고려하여 가능한 한 단시간 내에 소요의 제상을 할 수 있는 방법을 선택한다. 2) 고압가스 제상(Hot gas defrost) 　건식 증발기와 같이 냉매 공급량이 적은 증발기에 많이 사용하는 방법으로 고온 고압의 압축기 토출 가스를 증발기에 보내어 그 응축열을 이용하여 제상하는 방법이다. 이 경우 제상 중 증발기에 응축 액화한 냉매를 처리하는 방법이 고려되어야 한다. 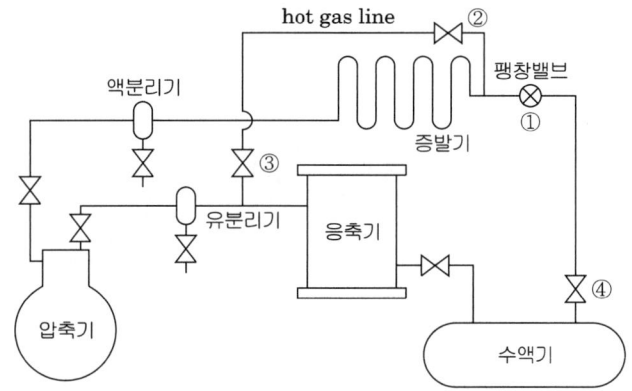 그림. 핫가스 제상(Hot Gas Defrost) 3) 증발기가 1대인 경우 핫가스 제상 　① 수액기 출구 ④를 닫아 액관 중의 액을 회수한 후 　② 팽창밸브 ①을 닫아 증발기 내의 냉매를 압축기로 흡입시킨다. 　③ 고압가스 제상밸브 ② 및 ③을 서서히 열어 고온가스를 증발기로 보낸다. 　④ 제상이 시작되면 고온 가스는 열을 방출하고 압축기로 흡입된다. 　⑤ 제상이 완료되면 제상밸브 ③ 및 ②를 닫고 　⑥ 수액기 출구밸브 ④ 및 팽창밸브 ①을 열어 정상운전에 들어간다. 　⑦ 이때 증발기에서 제상 후 발생한 냉매액은 액분리기에서 분리되어 액회수장치를 통해 수액기로 회수된다.
고압가스 제상 (증발기 2대)	• 증발기가 2대인 경우(1대의 경우와 제상 원리는 같으며 제상시 발생하는 응축냉매를 회수할수있다.) ① 팽창밸브 ① 및 증발기 출구 밸브 ②를 닫는다. ② 고압가스 제상 밸브 ③ 및 ④를 열어 증발기 중에 고온 가스를 유입하여 이곳에서 액화시킨다. ③ 제상이 시작되어 액화된 냉매가 냉각관에 충만할 때 수액기 출구 밸브 ⑤를 닫고 밸브 ⑥을 열면 냉각관 중의 응축액화 한 냉매는 증발기[Ⅱ]로 유입된다.

④ 제상이 완료되면 ④ 및 ③을 닫고 ⑥을 닫은 후 ⑤를 열고 ②를 연후 팽창밸브 ①을 조정하여 정상운전을 행한다.

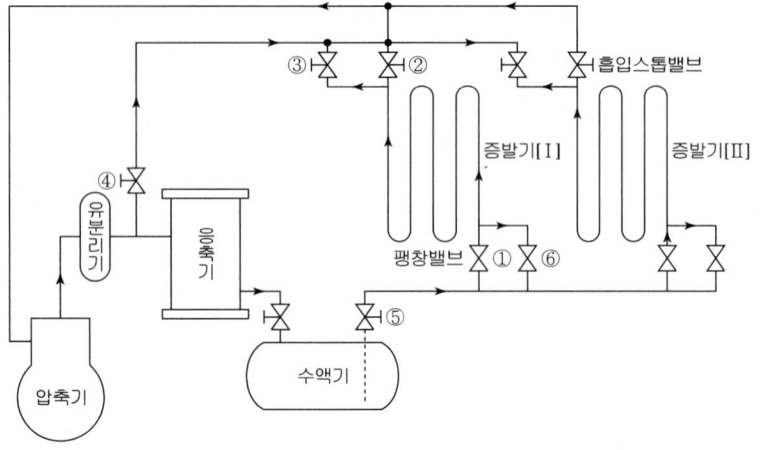

그림. 고압가스제상 (증발기가 2대인 경우)

• 제상용 수액기가 설치된 경우

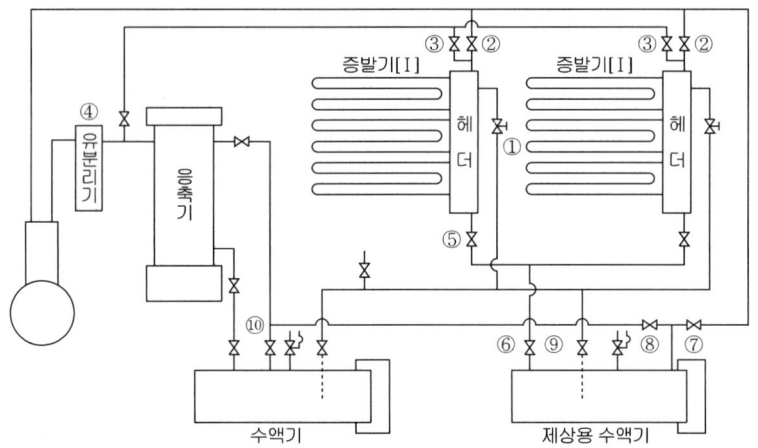

그림. Hot Gas Defrost(고압가스제상) (제상용수액기가 설치된 경우)

증발기 중의 액화 냉매를 제상용 수액기에 저장하는 방법으로 정상 운전 중 열려있는 밸브 ①, ②이다.
먼저 증발기 [I]의 제상을 하는 경우
① 팽창밸브 ① 및 증발기 출구 밸브 ②를 닫는다.
② 고압가스 제상지변 ③ 및 ④를 열어 증발기 중에 고온가스를 유입시켜 제상을 시작한다. 제상용 수액기로 액이 유입하게 되며 동시에 제상 중에 응축액화 한 액화냉매도 유입한다.
③ 제상이 완료되면 밸브 ⑧을 열어 제상용 수액기를 고압으로 만든다.
④ 액이 출구밸브 ⑨를 열어 제상용 수액기의 액냉매를 각 증발기로 유입시킨다.

고압가스 제상 (제상용 수액기가 설치된 경우)

분류	특징
살수식 제상	살수(撒水)식 제상(Water defrost) : 증발기 냉각관 표면에 온수(10~25℃)를 다량 일시에 살포하여 온수에 의하여 서리를 녹이는 방법이다. 고압가스 제상장치와 함께 사용된다.
전열식 제상	전열(電熱)식 제상(Electric defrost) : 증발기 냉각관에 전열기(Heater)를 삽입하여 공기를 가열하여 제상하는 방법으로 응결수 배관도 상수의 동결을 방지하기 위해 가열된다. 자동제어가 용이하나 열손실 및 제상의 불균형을 초래하는 경우가 많다.
브라인 분무제상	브라인 분무제상(Brine spray defrost) : 브라인 및 부동액을 증발기 냉각관 표면에 분무하여 제상하는 방법으로 저온용 분무 코일과 거의 같은 형식이다.
온 브라인 제상	온 브라인 제상(Hot brine defrost) : 브라인식 냉각관에 한하여 사용하는 방식으로 순환하고 있는 냉 브라인을 주기적으로 온 브라인으로 교환하여 제상하는 방법이다. 조작이 쉽고 효율적이나 온 브라인 탱크(Tank) 등 설비비가 많이 들고 열손실량이 크다. 브라인은 20℃ 이상으로 한다.
온공기 제상	온공기 제상 (Warm air defrost) : 냉동기의 운전시간 1일 16~18시간인 경우 나머지 시간을 기계를 정지하고 팬을 돌려 코일을 통과하는 공기로 제상하는 방법이다.
냉동기 정지제상	냉동기를 정지하는 제상방법 : 냉장실 내의 온도가 0℃ 이상인 경우에는 냉동기를 정지시키면 자동적으로 냉각관 표면의 서리가 녹게 된다. 일종의 온 공기제상법이다.

- hot gas제상은 압축기에서 토출된 고온의 냉매가스의 잠열 및 현열을 이용하여 제상한다.
- 살수제상방식은 서리가 부착된 증발기 냉각관 표면에 10~25℃정도의 온수를 살수하여 제상하는 방식이다.
- 살수제상의 경우에는 송풍기를 정지 시킨다.
- 브라인분무제상의 경우에는 브라인의 농도가 저하하므로 농도조정이 필요하다.

02 예제문제

증발기에 관한 다음 설명 가운데 가장 옳지 않은 것은?

① 증발기에서 제상을 한 후의 냉매순환량은 증가한다.
② 증발기가 2대 이상인 경우 핫가스 제상은 제상하려고 하는 증발기에 압축기의 토출가스를 보내서 제상한다.
③ 살수식 제상 시에는 증발기의 송풍기를 운전하면서 제상을 행한다.
④ 건식 공기냉각기의 제상방식에는 오프사이클 방식은 송풍기를 운전하며 제상하고, 전기히터방식과 핫가스 제상방식은 송풍기를 정지하고 작업한다.

해설
③ 살수식 제상운전에는 송풍기를 정지한다. 　　　　　　　　답 ③

5 증발기의 운전상태

분류	특징
증발기의 운전상태	증발기의 상태가 정상이 아닌 경우에는 증발압력(온도)의 저하하거나 냉매액이 압축기로 흡입되어 액압축이 되는 경우가 있다.
증발온도 저하의 원인	증발온도 저하의 원인 ① 증발기에 적상 및 유막 형성 ② 냉매 충전량 감소 ③ 팽창변 개도 과소 ④ 증발기 핀(fin)의 오염 ⑤ 액관에 플래시가스(flash gas) 발생 ⑥ 공기냉각 증발기 등에서 필터의 오염 ⑦ 송풍기 고장 냉동기에서 증발압력이 저하하면 냉매의 비체적이 커지기 때문에 냉매순환량이 감소하여 냉동능력이 떨어지고 성적계수는 감소한다.
압축기로의 액복귀 원인	압축기로의 액복귀(액압축) 원인 ① 온도자동팽창변의 용량이 클 경우 ② 증발기 핀(fin)에 적상이 형성된 경우 ③ 온도자동팽창변의 감온통이 배관에 완전 밀착되지 않은 경우 ④ 증발기 부하가 급격히 감소한 경우 ⑤ 증발기에 다량의 액이 체류한 그대로 냉동장치의 운전을 정지한 상태에서 재기동시 ⑥ 증발기 팬(fan)의 풍량감소 또는 정지한 경우

6 증발기 전열 성능 계산

분류	특징
증발기의 전열작용	증발기의 전열량은 증발기에 있어서 냉동능력(Q_2[kW])과 같으며 다음 식으로 나타낸다. $Q_2 = K \cdot A \cdot \Delta t_m$ K : 열관류율[kW/m²K] A : 전열면적[m²] Δt_m : 평균온도차[℃]
건식 플레이트 핀 증발기의 전열	평판형 건식 플레이트 핀 증발기의 열관류율은 핀을 포함한 냉각관 외표면적의 공기측 전열면을 기준으로 서리 등의 전열저항을 고려하여 다음 식으로 나타낸다. $K = \dfrac{1}{\dfrac{1}{\alpha_a} + \dfrac{d}{\lambda} + \dfrac{1}{\alpha_r}}$ [kW/m²K] K : 열관류율[kW/m²K], α_a : 공기측 열전달률[kW/m²K] λ : 서리의 열전도율[kW/mK], d : 서리의 두께[m] α_r : 냉매측 열전달률[kW/m²K]
건식 셸 앤드 튜브식 증발기의 전열	건식 셸 앤드 튜브식(관형) 증발기의 전열 건식 셸 앤드 튜브식 증발기는 냉각관 내면에 핀을 부착한 inner fin tube를 사용하는 것이 많으므로 관외표면을 기준으로 열관류율 K[kW/m² · K]는 다음과 같이 나타낸다. $K = \dfrac{1}{\dfrac{1}{m\alpha_r} + f + \dfrac{1}{\alpha_w}}$ m : inner fin tube의 유효 내외면적비(m=2.2~3.4) α_r : 내측(냉매측) 열전달률[kW/m² · K] α_w : 피냉각물(브라인, 물)측 열전달률[kW/m² · K] f : 피냉각물측의 오염계수[m² · K/kW]

03 증발기 구성 기기와 특징 — 핵심예상문제

본 핵심예상문제는 각단원별 출제빈도 높은 문제 및 최근 10년간의 기출문제 중 비중이 높은 출제유형이므로 꼭 풀어보고 가야할 문제입니다. 이후 실전예상문제를 공부하시면 효과적입니다.

[08년 2회]

01 만액식 증발기의 특징을 설명한 것으로 맞지 않는 것은?

① 전열작용이 건식보다 나쁘다.
② 냉매순환량이 건식에 비해 많아진다.
③ 암모니아의 경우 액분리기를 설치한다.
④ 증발기 내에 오일이 고일 염려가 있으므로 프레온의 경우 유회수장치가 필요하다.

만액식 증발기
• 특징
㉠ 증발기내에 항상 일정한 액이 충만(액이 75%)되어 전열작용이 양호하다.
㉡ 건식에 비하여 냉매량이 많아진다.
㉢ 암모니아의 경우 액분리기를, 프레온 냉매일 경우에는 유회수 장치가 필요하며 어큐뮬레이터(액분리기)의 설치 위치는 증발기보다 높은 위치에 설치해야 한다.

[23년 1회]

02 냉동장치의 만액식 증발기에서 순환펌프를 설치하는 주된 이유는 무엇인가?

① 증발기 내에서 냉매액을 충진하기 위해 순환펌프를 사용한다.
② 증발된 가스를 냉매액 중에 확산하기 위해서이다.
③ 냉매액과 접촉하여 열전달 효율을 증대시키기 위해서이다.
④ 냉매액을 압축기로 신속히 회수시키기 위해서이다.

만액식 증발기는 증발기 내에 냉매액과 가스의 비율이 75:25 정도로 냉매액이 대부분이며 접촉과 대류작용으로 열전달 효율을 증대 시키기위해서 냉매를 순환시킨다.

[09년 2회]

03 대용량의 저온 냉장실이나 급속동결장치에 사용하기에 가장 적당한 증발기 형식은?

① 건식 증발기   ② 반만액식 증발기
③ 만액식 증발기   ④ 액순환식 증발기

액순환식 증발기는 냉매액을 펌프를 사용하여 강제적으로 냉각관 안을 순환시키는 방법으로 냉각관 벽은 전부 냉매액으로 차이어 전열이 양호하여 대용량의 저온 냉장실이나 급속동결장치에 많이 사용한다.

[09년 3회, 08년 1회]

04 냉각관 상부에 피냉각액의 저장조를 설치하여 피냉각액을 작은 구멍을 통해 흘러내리게 하면 피냉각액이 냉각관 외벽에 막상을 이루며 냉매와 열교환을 하는 증발기는?

① 냉매살포식 증발기
② 원통코일형 증발기
③ 보델로 증발기
④ 이중관식 증발기

보델로(Baudelot)형 증발기
대기식 응축기와 비슷한 구조로 냉각관 상부에 피냉각액(물, 우유 등)의 저장조를 설치하여 피냉각액을 관의 외측에 흐르게 하여 관내에서 증발하는 냉매에 의해 냉각하는 형식의 냉각기로 만액식 증발기의 일종이다.

[08년 3회]

05 다음은 증발기의 구조와 작용에 대해 설명한 것이다. 이 중 옳지 않은 것은?

① 만액식 증발기는 리퀴드백을 방지하기 위해 액분리기를 설치한다.
② 액순환식 증발기는 액펌프에 의해 액을 순환시키므로 타 증발기에 비해 전열이 양호하다.

정답 01 ① 02 ③ 03 ④ 04 ③ 05 ③

③ 공기의 흐름과 냉매의 흐름은 직교류보다 평행류일 때 전열작용이 좋다.
④ 건식 증발기가 만액식 증발기에 비해 충전냉매량이 적다.

> 응축기나 증발기와 같은 열교환기의 열교환 능력을 증대시키기 위해서는 평행류보다는 직교류형이나 향류형이 전열작용이 좋다.
> 향류형 > 직교류형 > 평행류(병류)형

[23년 1회][16년 1회, 11년 2회]

06 냉동장치의 증발압력이 너무 낮은 원인으로 적당하지 않은 것은?

① 수액기 및 응축기내에 냉매가 충만해 있다.
② 팽창밸브가 너무 조여 있다.
③ 여과기가 막혀있다.
④ 증발기의 풍량이 부족하다.

> **증발압력(온도)의 저하 원인**
> ㉠ 냉매 충전량이 부족할 때
> ㉡ 팽창밸브가 너무 조여 있을 때
> ㉢ 여과기가 막혀을 때
> ㉣ 증발기의 풍량이 부족할 때
> ㉤ 증발기 냉각관에 유막이나 적상(積霜 : 서리)이 형성되어 있을 때
> ㉥ 액과에서 플래시 가스가 발생하였을 때

[16년 3회]

07 냉동장치의 운전 중에 저압이 낮아질 때 일어나는 현상이 아닌 것은?

① 흡입가스 과열 및 압축비 증대
② 증발온도 저하 및 냉동능력 증대
③ 흡입가스의 비체적 증가
④ 성적계수 저하 및 냉매순환량 감소

> **증발압력(온도)강하 = 저압이 낮아질 때**
> ㉠ 흡입가스 과열, 압축비의 증대
> ㉡ 증발온도저하, 냉동능력 감소   토출가스 온도 상승
> ㉢ 흡입가스 비체적 증가 ,체적 효율 감소
> ㉣ 성적계수 감소 ,냉매 순환량 감소, 소요 동력 증대

[22년 1회][08년 3회]

08 증발압력이 저하되면 증발잠열과 비체적은 어떻게 되는가?

① 증발잠열은 커지고 비체적은 작아진다.
② 증발잠열은 작아지고 비체적은 커진다.
③ 증발잠열과 비체적 모두 커진다.
④ 증발잠열과 비체적 모두 작아진다.

> 증발압력이 저하되면 증발잠열과 비체적이 모두 커진다.

[22년 3회]

09 증발기에 대한 설명으로 틀린 것은?

① 냉각실 온도가 일정한 경우, 냉각실 온도와 증발기내 냉매 증발온도의 차이가 작을수록 압축기 효율은 좋다.
② 동일조건에서 건식 증발기는 만액식 증발기에 비해 충전 냉매량이 적다.
③ 일반적으로 건식 증발기 입구에서는 냉매의 증기가 액냉매에 섞여있고, 출구에서 냉매는 과열도를 갖는다.
④ 만액식 증발기에서는 증발기 내부에 윤활유가 고일 염려가 없어 윤활유를 압축기로 보내는 장치가 필요하지 않다.

> 만액식 증발기에서는 증발기 내부에 윤활유가 고일 염려가 있어 윤활유를 압축기로 회수하는 장치가 필요하다.

[10년 2회]

10 증발기의 제상법으로 제상시간이 짧고 용이하게 설비할 수 있어 소형의 전기냉장고, 쇼 케이스 등에 많이 사용하는 방식은?

① 고압가스 제상   ② 압축기 정지 제상
③ 온수 브라인 제상   ④ 살수식 제상

> **고압가스 제상(Hot gas defrost)**
> 건식 증발기(소형 전기냉장고, 쇼 케이스 등)와 같이 냉매 공급량이 적은 증발기에 많이 사용하는 방법으로 고온 고압의 토출 가스를 증발기에 보내어 응축시킴으로써 그 응축열을 이용하여 제상하는 방법이다. 이 경우 제상 중 증발기에 응축액화한 냉매를 처리하는 방법이 고려되어야 한다.

정답 06 ① 07 ② 08 ③ 09 ④ 10 ①

[12년 1회]

11 팽창밸브 직전 냉매의 온도가 낮아짐에 따라 증발기의 능력은 어떻게 되는가?

① 냉매의 온도가 낮아지면 냉매 조절장치가 동작할 것이므로 증발기의 능력에 변화가 없다.
② 냉매의 온도가 낮아지면 증발기의 능력도 감소한다.
③ 냉매온도가 낮아짐에 따라 증발기의 능력은 증가한다.
④ 증발기의 능력은 크기와 과열도 등에 관계되므로 증발기의 능력에는 변화가 없다.

> **냉매의 과냉각도**
> 팽창밸브 직전 냉매의 온도가 낮아짐에 따라 냉매의 과냉각도가 커져서 플래시 가스 발생량이 감소되어 증발기 능력(냉동효과)이 증대된다.

[14년 3회, 11년 1회]

12 유량 100L/min의 물을 15℃에서 9℃로 냉각하는 수냉각기가 있다. 이 냉동장치의 냉동효과가 168kJ/kg일 때 필요냉매 순환량은 몇 kg/h인가?(단, 물의 비열은 4.2kJ/kgK로 한다.)

① 700kg/h ② 800kg/h
③ 900kg/h ④ 1000kg/h

> $Q_2 = G \times q_2 = mc\Delta t$에서
> 냉매순환량
> $G = \dfrac{mc\Delta t}{q_2} = \dfrac{100 \times 60 \times 4.2 \times (15-9)}{168} = 900 [kg/h]$

[12년 3회]

13 냉매 1kg당 냉동량이 1260kJ인 어떤 냉동장치가 냉동능력 18RT를 내기 위해서 냉매 순환량은 약 얼마이어야 하는가? (단, 1RT=3.9kW로 한다)

① 200kg/h ② 250kg/h
③ 300kg/h ④ 350kg/h

> $Q_2 = G \times q_2$에서
> 냉매순환량 $G = \dfrac{Q_2}{q_2} = \dfrac{18 \times 3.9 \times 3600}{1260} ≒ 200 [kg/h]$

[14년 2회]

14 냉동장치의 증발기 냉각능력이 18900kJ/h, 증발관의 열통과율이 814W/m²K, 유체의 입·출구 평균온도와 냉매의 증발온도와의 차가 6℃인 증발기의 전열면적은 약 얼마인가?

① $1.07m^2$
② $3.07m^2$
③ $5.18m^2$
④ $7.18m^2$

> $Q_2 = KA\Delta t_m$에서
> 전열면적 $A = \dfrac{Q_2}{K\Delta t_m} = \dfrac{\left(\dfrac{18900}{3600}\right)}{0.814 \times 6} ≒ 1.07[m^2]$

[13년 1회]

15 50RT의 브라인 쿨러에서 입구온도 −15℃일 때 브라인의 유량이 0.5m³/min이라면 출구의 온도는 약 몇 ℃인가? (단, 브라인의 비중은 1.27, 비열은 2.77kJ/kgK, 1RT는 3.86kW이다.)

① −20.3℃
② −21.6℃
③ −11℃
④ −18.3℃

> $Q_2 = BSC(t_{b1} - t_{b2})$에서
> $t_{b2} = t_{b1} - \dfrac{Q_2}{BSC} = -15 - \dfrac{50 \times 3.86}{\left(\dfrac{0.5}{60}\right) \times 10^3 \times 1.27 \times 2.77}$
> $= -21.6[℃]$
> 여기서, Q_2 : 냉동부하[kW]
> B : 브라인 순환량[L/s]
> S : 브라인 비중
> C : 브라인 비열[kJ/kgK]
> t_{b1} : 브라인 쿨러 입구온도
> t_{b2} : 브라인 쿨러 출구온도

정답 11 ③ 12 ③ 13 ① 14 ① 15 ②

[23년 1회]

16 어떤 냉동기의 증발기 내 압력이 245kPa이며, 이 압력에서의 포화온도, 포화액 엔탈피 및 건포화증기 엔탈피, 정압비열은 [조건]과 같다. 증발기 입구 측 냉매의 엔탈피가 455kJ/kg이고, 증발기 출구 측 냉매온도가 -10℃의 과열증기일 경우 증발기에서 냉매가 취득한 열량(kJ/kg)은?

【 조 건 】
- 포화온도 : -20℃
- 포화액 엔탈피 : 396kJ/kg
- 건포화증기 엔탈피 : 615.6kJ/kg
- 정압비열 : 0.67kJ/kg·K

① 167.3 ② 152.3
③ 148.3 ④ 112.3

> 증발기에서 냉매가 취득한 열량(냉동효과) q_2
> q_2 = 증발기출구냉매엔탈피 - 증발기입구냉매엔탈피
> 여기서,
> 증발기출구냉매엔탈피 = 615.6 + 0.67 × {-10-(-20)}
> = 622.3[kJ/kg]
> ∴ q_2 = 622.3 - 455 = 167.3[kJ/kg]

[23년 2회]

17 흡입관 내를 흐르는 냉매증기의 압력강하가 커지는 경우는?

① 관이 굵고 흡입관 길이가 짧은 경우
② 냉매증기의 비체적이 큰 경우
③ 냉매의 유량이 적은 경우
④ 냉매의 유속이 빠른 경우

> 달시-바이스바하(Darcy-Weisbach)의 식
> 압력손실 $p_L = \Delta p = f \cdot \dfrac{l}{d} \cdot \dfrac{v^2}{2} \rho$ [Pa]에서
> 여기서 f : 관마찰계수
> d : 관경[m]
> l : 길이[m]
> v : 유속[m/s]
> ρ : 밀도[kg/m³]
> 식에서와 같이 압력손실은 관의 길이, 밀도, 유속의 2승에 비례하고, 관 지름에 반비례 한다.

 16 ① 17 ④

04 냉동장치 구성 기기(팽창밸브)

1 팽창밸브 작용과 원리

분류	특징
팽창밸브 교축작용	팽창(膨脹) 밸브는 수액기 또는 응축기로부터 보내진 고온·고압의 액냉매를 교축작용(Throttling)에 의하여 저온·저압의 상태로 단열팽창시켜 증발기로 유입시키고 동시에 증발기의 부하에 따라 유량을 적절하게 조절한다. 팽창밸브의 교축작용 : 냉매액이 팽창밸브를 통과할 때에 마찰저항 및 흐름의 변형으로 온도 및 압력이 강하하게 되는데 이와 같이 좁혀진 부분에서의 압력강하를 교축작용이라 한다. 교축팽창은 외부와의 열이나 일의 수수가 없는 단열팽창 현상이다. 따라서 냉매는 팽창밸브 전후에 있어서, 엔탈피의 변화가 없고 압력 및 온도의 강하 현상만이 발생하게 된다.
팽창밸브 유량제어	1) 팽창밸브의 개도가 적합할 경우 　증발기의 부하에 대하여 팽창밸브의 개도가 적합할 경우에는 증발기 내에서 냉매가 완전 증발하여 건조포화증기가 압축기에 흡입되어 이상적인 토출가스 온도를 얻을 수 있다. 2) 팽창밸브의 개도가 과대한 경우 　팽창밸브의 개도가 너무 과대하거나 증발기의 냉각부하가 감소하게 되면, 냉매가 증발기 내에서 완전히 증발하지 못하고 액이 그대로 압축기에 흡입되어 액백(liquid back) 및 액압축(liquid hammer)을 일으켜 흡입배관 및 실린더의 적상 현상이 발생하고 압축기 밸브의 손상 및 압축기 파손의 우려가 있다. 3) 팽창밸브의 개도가 과소한 경우 　팽창밸브의 개도가 너무 적거나 증발기의 냉각부하가 너무 증대된 경우 액냉매는 증발기 출구에 이르기 전에 완전히 증발하여 냉매증기는 과열증기가 되고 이때 정도(과열도)가 너무 커지면 압축기의 토출가스 온도 상승, 실린더의 과열 및 윤활유의 열화, 탄화 소요동력 증대, 냉동력 감소 등의 영향이 나타난다.

2 팽창밸브의 종류와 특징

분류	특징
수동 팽창밸브	수동 팽창밸브 (Manual expansion valve) 수동 팽창밸브는 수동으로 냉매유량을 조절하는 밸브로 부하변동이 큰 NH₃ 냉동기의 바이패스(by-pass)용 보조 팽창밸브 등으로 고장에 대비한 예비용이다. 자동 팽창 밸브와 병용되어 많이 사용된다. 수동에 의해 유량이 제어되는 밸브로 일반 스톱 밸브(stop valve)와 다른, 니들 밸브(Needle valve)가 사용된다.
모세관	1) 모세관 (Capillary tube) 고압과 저압의 압력차를 모세관에 의해 형성시킨다. 가정용 전기냉장고, 소형룸 에어컨 또는 쇼 케이스 등 소형 밀폐형 냉장고와 같이 항상 일정량의 냉매가 통과하는 경우, 지름 0.7~2.5mm, 길이 0.6~6m(보통 1m 내외) 정도의 관으로 응축기와 증발기를 연결하여 냉매를 감압 팽창시킨다. 이 관을 모세관(毛細管)이라 한다. 2) 특징 ① 수액기를 설치하지 않는다. (냉동기 정지 중 수액기의 냉매액이 증발기에 유입되어 액백(Liquid Back)의 우려가 있다) ② 냉동부하 증발온도, 응축온도가 일정한 경우에 적합하다. ③ 모세관 내부에 먼지 등 이물질의 혼입에 의한 폐쇄 및 변형을 방지하도록 취급에 유의해야 한다. ④ 냉매 충진량은 될 수 있는 한 소량으로 한다. ⑤ 저압부의 냉매량은 압축기 정지 시 최대량이며, 정상 운전 시 최소량이 된다. ⑥ 고압이 상승하면 냉매량이 많아져서 습운전이 된다. ⑦ 모세관은 고저압이 압력차에 의해 유량이 변화하므로 냉동장치에 적합한 것을 선정(選定)하여 사용해야 한다.
정압식 팽창밸브	1) 원리 : 정압팽창밸브는 증발기의 압력으로 작동하여 증발기내의 압력(온도)을 항상 일정하게 유지한다. 2) 특징 ① 증발기내의 압력(온도)을 항상 일정하게 유지한다. ② 부하변동에 따른 냉매제어가 불가능하다. ③ 부하변동이 적은 소용량 냉동장치에 적합하다. ④ 냉수 및 브라인의 동결 방지용으로 사용된다. ⑤ 정압 팽창밸브는 과열도 제어는 할 수 없다. (과열도를 제어할 수 있는 것은 온도자동팽창변이다.) ⑥ 내부 균압형과 외부 균압형이 있다.

모세관(Capillary tube)
- 모세관(Capillary tube)은 유량조절기능이 없다.
- 모세관 (Capillary tube)은 소형냉동 및 공조장치에 이용된다.
- 모세관의 압력강하는 길이에 비례하고 지름에 반비례 한다.

온도자동 팽창밸브

- 온도자동 팽창밸브는 건식증발기에 사용한다.
- 온도자동 팽창밸브는 증발기출구 냉매의 과열도를 일정하게 한다.
- 감온통 방식에는 내부 균압형과 외부 균압형이 있다.
- 외부 균압형은 증발기 내의 압력강하가 큰 경우에 사용한다.
- 냉매분배기(distributor)가 설치된 경우에는 외부 균압형 TEV을 사용한다.
- 감온통에는 액 충전방식, 가스충전방식, 크로스충전방식이 있다.
- 가스충전방식은 밸브본체(수압부)의 온도를 감온통 온도보다 높게 한다.
- 감온통이 배관에 완전 밀착하지 않으면 액복귀의 우려가 있다.
- 감온통내의 냉매가 누설하면 냉동작용을 할 수 없다.
- 외부 균압형 TEV의 균압관은 감온통보다 아래(압축기 쪽)에 부착한다.
- 감온통의 부착은 흡입관의 직경이 20mm 이하인 경우에는 흡입관 상부에 부착시키고 20mm 이상인 경우에는 수평에서 45° 아래에 장착시킨다.

분류	특징
온도식 자동 팽창밸브	1) 온도식 자동 팽창밸브(TEV : Thermostatic Expansion Valve) 온도식 자동 팽창밸브는 건식 증발기에 사용하여 증발기 출구에 부착한 감온통에 의하여 증발기에서 부하변동이 있을 때 감온통의 부착위치에서 과열도(過熱度)가 일정하게 되도록 항상 적정(適正)한 밸브의 개도를 유지하여 일정한 냉매액의 유량을 제어하는 작용을 한다. 2) 내부 균압형과 외부 균압형 온도 자동 팽창 밸브에는 그림과 같이 내부 균압형과 외부 균압형의 두 가지가 있다. 내부 균압형은 증발기 출구에서의 압력이 입구 압력과 대체로 같은 것이다. 그래서 일정한 과열도를 얻도록 조정되어 있다. 그러나 냉매가 증발기를 통과할 때 유동저항에 의한 압력 강하가 심할 때는 증발기 출구의 압력에 대응시키는 편이 과열도를 일정하게 하기 쉽기 때문에 외부 균압형이 쓰인다. 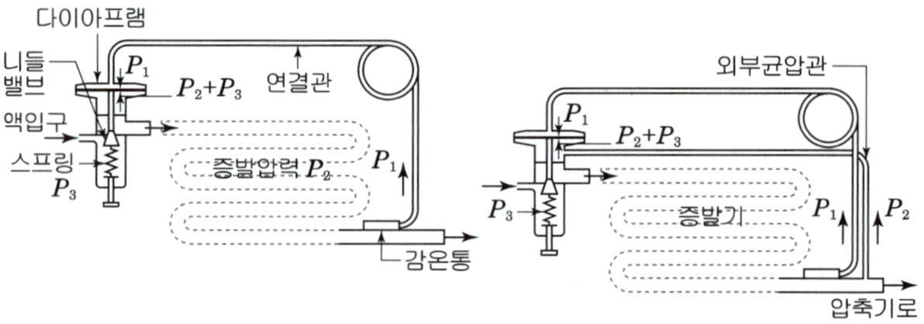 (a) 내부 균압식 (b) 외부 균압식 그림. 온도식 자동 팽창변의 개도 3) 특성 • 주로 건식 증발기(플루오르 카본(프레온)냉매)에 사용한다. • 증발기 출구 냉매의 과열도를 일정하게 하고 부하변동에 따라 냉매 유량을 제어한다. • 감온통의 냉매 충전방식에 따라 액충전 방식, 가스충전 방식, 크로스 충전방식이 있다. • 본체구조에 따라 다이어프램식과 벨로스식이 있다. • 감온 팽창밸브는 세 가지 힘(감온통에 봉입 가스압력, 증발기 내의 냉매 압력, 스프링 압력)의 평형상태에 의해서 작동된다. • 이 밸브에서의 과열도란 증발온도와 흡입가스 온도와의 차를 말한다. • 일반적인 과열도는 3~8℃ 정도를 유지한다. • 증발기 코일 내의 압력강하가 140kPa 이상일 때에는 외부 균압식을 채택한다.

온도식 자동 팽창밸브

4) 감온통 내의 냉매 충전 방식
- 액체 충전 방식 : 감온통 냉매는 장치 내의 냉매와 동일하다.
- 가스 충전 방식 : 냉동장치의 냉매와 동일한 가스를 소량으로 충전한다.
- 크로스 충전 방식 : 감온통 내에는 냉동장치 냉매와 다른 액 또는 가스가 충전 된다.

5) 팽창 밸브의 설치
- 될 수 있는 한 증발기 가까이에 설치한다.
- 팽창밸브 직전에 여과기(Strainer)를 설치하여 먼지 등을 제거한다.
- 정지 시 감온통 설치위치의 온도보다 밸브 본체의 설치위치 온도가 높아야 한다. (가스 충전 방식)

6) 외부 균압관 설치
   ㉠ 감온통을 지나 압축기 가까이에 배관한다.
   ㉡ 관은 흡입관 상부에 연락한다. (오일 침입 방지)

7) 분배기(Distributer) : 직접 팽창 증발기에 사용하며 각 냉각관에 냉매를 균등하게 흐르도록 분배해 준다. 종류에는 벤투리 형(Venturi type), 압력강하형, 원심형이 있다.

8) 감온통의 설치
- 증발기 출구의 흡입관의 수평부분에 밀착시킨다.
- 감온통과 관의 접촉부분은 잘 닦아내고 요철이 없는 위치에 밴드, 동대(銅帶), 동선 등으로 확실하게 접촉시킨다.
- 흡입관의 직경이 20mm 이하인 경우에는 흡입관 상부에 부착시키고 20mm 이상인 경우에는 수평에서 45° 아래에 장착시킨다.

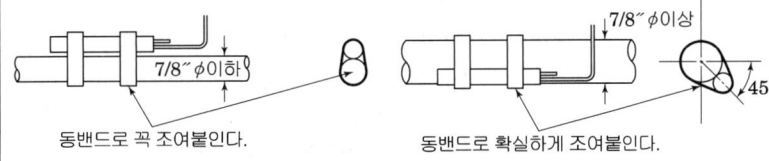

(a) 20mm이하의 흡입관의 경우   (b) 20mm를 넘는 흡입관의 경우

- 감온통이 공기의 흐름이나 주위 온도에 의한 영향이 있는 경우에는 흡습성이 없는 방열제로 보온해야 한다.
- 흡입관 내에 포켓(Pocket)을 만들어 감온통을 삽입하여 보다 정확한 감지를 하는 경우도 있다.(내경 50mm 이상의 흡입관에는 대부분 설치한다)
- 어떤 경우라도 감온통을 부착한 흡입관 내에는 트랩(Trap)이 될 것 같은 곳에는 부적당하다.
- 흡입관이 증발기 출구에서 입상해야 할 경우에는 그림과 같이 액 트랩을 설치하여 감온통 부착부분의 흡입관 내에 액 냉매나 오일이 고이지 않도록 한다.

그림. 흡입관 입상시 감온통 부착

- 각각의 온도식 자동 팽창 밸브를 사용한 2대 이상의 증발기의 경우에는 하나의 증발기의 냉매가스가 다른 증발기의 팽창밸브의 감온통에 영향이 미치지 않도록 설치해야 한다.

분류	특징
파일럿식 온도자동 팽창밸브	파일럿(Pilot)식 온도자동 팽창 밸브 : 대형 냉동장치(100~270RT) 정도의 대용량에 사용되는 팽창밸브이다. 증발기 출구의 냉매가스의 과열도가 상승하면 감온통 내의 가스가 팽창하여 파일럿 밸브가 열리며 개도가 커지고 냉매 공급량이 증가한다.

플로트 밸브
- 저압 측 플로트 밸브는 만액식 증발기의 액면을 제어한다.
- 고압 측 플로트 밸브는 터보냉동기(원심냉동기)에서 사용한다.

분류	특징
플로트 밸브 (Float valve)	1) 원리 : 플로트 밸브 (Float valve)는 만액식 증발기, 저압 수액기 등의 액면제어에 쓰이며, 증발기와 통해 있는 플로트 실내의 부자(Float)의 위치에 의해 만액식 증발기 또는 수액 내의 냉매 액면을 검지하여 부하에 알맞은 공급 냉매의 유량을 제어한다. 2) 저압 측 플로트 밸브 : 부하 변동에 대응하여 증발기 속에서 일정한 액면을 유지하는 일을 하며, 주로 만액식 증발기 또는 액펌프 방식의 저압수액기에 사용한다. 3) 고압 측 플로트 밸브 : 증발기에 걸리는 부하변동에 관계없이 플로트가 작동하는 것으로 냉동기의 고압냉매 액관에 설치되어 고압 측 냉매 액면에 의하여 작동된다. 4) 플로트 스위치와 전자밸브 : 플로트실 내의 냉매 액면에 따라 플로트가 상하로 움직여 전기회로를 개폐하는 스위치로 냉동기의 전기적 액면제어 장치로 많이 이용된다. 5) 파일럿 플로트 밸브(Pilot float valve): 대용량의 만액식 증발기에는 플로트 밸브의 단독 용량에 한계가 있어 그 자체로는 제어가 곤란하다. 따라서 파일럿 주 팽창밸브를 작동시켜 조절하여 용량제어를 용이하게 한다.

온도식 액면제어	온도식 액면제어는 약 15W 정도의 저용량 전열 히터(Heater)를 감온통에 감아 만든 액면 감지통에 의하여 밸브를 개폐하는 방식이다. 액면이 저하되면 팽창밸브가 열려 액이 공급되고 액이 액면 감지통에 접촉하면 감온통 내의 냉매가 냉각되어 닫히게 된다. 이 액면 감지통의 히터는 감온통에 인공적인 과열도를 주기 위한 수단으로 사용된다.
전자팽창 밸브 (솔레노이드 방식)	1) 전자팽창밸브(Solenoid expansion valve) : 전자(電磁)팽창 밸브는 온도센서로 검출된 증발기출입구 냉매의 온도차(과열도)의 전기신호를 조절기로 연산 처리하여 밸브의 개도를 폭넓게 제어하는 방식이다. 2) 특징 • 전기적인 조작에 의해서 밸브를 자동적으로 조정한다. • 조절기에 의해서 폭넓은 제어가 가능하다. • 온도센서로 검출된 과열도의 신호를 조절기에서 처리하여 밸브의 개폐를 한다.

전자팽창밸브
· 전자팽창밸브는 온도자동팽창밸브에 비하여 조절기에 의해서 폭넓은 제어성이 있다.
· 전자팽창밸브는 온도센서로 검출한 증발기출입구 냉매의 과열도의 전기신호를 조절기로 처리하여 밸브의 개폐를 행한다.

---

01 예제문제

냉동장치의 자동제어기기에 관한 다음 설명 중 옳은 것은?

① 캐필러리 튜브는 팽창밸브와 같이 고압냉매액을 교축 팽창시키는 기구의 일종으로 용량이 큰 냉동장치나 부하변동이 큰 냉동장치에 이용되고 있다.
② 온도자동팽창밸브의 감온통의 충전방식 중에 가스충전방식은 냉동장치의 시동시 리퀴드백 방지나 압축기 구동용전동기의 과부하방지에 유용하다.
③ 외부 균압형 온도자동팽창밸브의 냉매 유량제어는 증발기 입구의 냉매증기 과열도에 의해서 행한다.
④ 정압자동팽창밸브는 압력센서에서 전기적신호를 조절기로 처리하여 전기적 구동력에 의해 밸브의 개폐조작을 하기 때문에 폭넓은 제어가 가능하다.

해설
① Capillary Tube는 내경 0.6~2mm의 가는 동관으로 고압 냉매액을 교축 팽창시킨다. 주로 소용량의 가정용 냉장고나 룸 에어컨 등의 열부하변동이 적은 냉동장치에 이용된다.
③ 외부 균압형 온도자동팽창밸브의 냉매유량 제어는 증발기 출구의 냉매증기 과열도에 의해서 행한다.
④의 경우는 전자팽창변에 대한 설명이다.

답 ②

04 핵심예상문제
팽창밸브

본 핵심예상문제는 각단원별 출제빈도 높은 문제 및 최근 10년간의 기출문제 중 비중이 높은 출제유형이므로 꼭 풀어보고 가야할 문제입니다. 이후 실전예상문제를 공부하시면 효과적입니다.

[08년 1회]

01 냉동사이클에서 등엔탈피 과정이 이루어지는 곳은?

① 압축기　　② 증발기
③ 수액기　　④ 팽창밸브

> 냉동사이클의 각 과정
> ㉠ 압축기 : 등엔트로피 과정
> ㉡ 응축기(수액기 포함) : 등압 과정
> ㉢ 팽창밸브 : 등엔탈피 과정
> ㉣ 증발기 : 등압과정(표준냉동사이클의 경우에는 등온, 등압 과정)

[13년 2회, 08년 1회]

02 다음 설명 중 옳은 것은?

① 냉동능력을 크게 하려면 압축비를 높게 운전하여야 한다.
② 팽창밸브 통과 전후의 냉매 엔탈피는 변하지 않는다.
③ 암모니아 압축기용 냉동유는 암모니아보다 가볍다.
④ 암모니아는 수분이 있어도 아연을 침식시키지 않는다.

> ① 냉동장치에서 압축비가 높게 운전되면 압축일량의 증가로 냉동능력은 감소한다.
> ③ 암모니아 압축기용 냉동유는 암모니아보다 무거워 저부에 체류한다.
> ④ 암모니아 냉동장치에 수분이 있으면 아연 및 구리 등과 반응하여 착이온의 형성으로 침식 이 진행된다.

[13년 3회]

03 감압장치에 관한 내용 중 틀린 것은?

① 감압장치에는 교축밸브를 사용하는데 냉동기에서는 이것을 보통 팽창밸브라고 한다.
② 플로트 밸브식 팽창밸브를 일명 정압식 팽창밸브라고 한다.
③ 자동식 팽창밸브는 증발기내의 압력을 항상 일정하게 유지해 준다.
④ 온도조절식 팽창밸브는 주로 직접팽창식 증발기에 쓰이는데, 종류는 내부 균압관형과 외부 균압관형이 있다.

> 플로트(float) 팽창밸브
> 플로트 팽창밸브는 액면에 의해 작동되는 부자식 자동팽창밸브로 저압 측(증발기)냉매액면에 따라 작동하는 저압 측 플로트 팽창밸브와 고압 측(응축기) 냉매액면에 따라서 작동하는 고압 측 플로트 팽창밸브가 있다.

[09년 3회]

04 팽창밸브 선정시 고려해야 할 사항 중 관계가 없는 것은?

① 냉동능력
② 응축온도
③ 사용냉매 종류
④ 증발기의 형식 및 크기

> 팽창밸브 선정 시 고려해야 할 사항
> ㉠ 냉동능력
> ㉡ 사용냉매 종류
> ㉢ 증발기의 형식 및 크기

정답 01 ④　02 ②　03 ②　04 ②

[10년 2회, 08년 3회]
05 정압식 팽창밸브에 대한 설명 중 옳은 것은?

① 증발 압력을 일정하게 유지하기 위해 사용한다.
② 부하 변동에 따른 유량제어를 용이하게 할 수 있다.
③ 주로 대용량에 사용되며 증발부하가 큰 곳에 사용한다.
④ 증발기내 압력이 높아지면 밸브가 열리고 낮아지면 닫힌다.

정압식 팽창밸브
증발압력을 항상 일정하게 하는 작용을 하는 팽창 밸브로 증발온도가 일정한 냉장고와 같은 부하변동이 적은 소용량의 것에 적합하다.

[14년 1회, 06년 3회]
06 팽창기구 중 모세관의 특징에 대한 설명으로 맞는 것은?

① 모세관 저항이 설계치보다 작게 되면 증발기의 열교환 효율이 증가한다.
② 냉동부하에 따른 냉매의 유량조절이 쉽다.
③ 압축기를 가동할 때 기동동력이 적게 소요된다.
④ 냉동부하가 큰 경우 증발기 출구 과열도가 낮게 된다.

모세관 팽창변
㉠ 모세관 저항이 설계치보다 작게 되면 증발기의 열교환 효율이 감소한다.
㉡ 모세관은 조절장치가 없어 냉동부하에 따른 냉매의 유량조절이 어렵다.
㉢ 모세관을 사용하는 냉동장치는 정지 시 고·저압이 균압을 이루므로 압축기를 가동할 때 기동동력이 적게 소요된다.
㉣ 냉동부하가 큰 경우 증발기 출구 과열도가 크게 된다.

[13년 2회]
07 증발기 내의 압력을 일정하게 유지할 목적으로 사용되는 팽창밸브는?

① 정압식 팽창밸브
② 유량 제어 팽창밸브
③ 응축압력 제어 팽창밸브
④ 유압 제어 팽창밸브

정압식 팽창밸브
증발압력을 항상 일정하게 하는 작용을 하는 팽창 밸브로 증발온도가 일정한 냉장고와 같은 부하변동이 적은 소용량의 것에 적합하다.

[15년 3회, 10년 3회, 08년 1회]
08 증발기에서 나오는 냉매가스의 과열도를 일정하게 유지하기 위해 설치하는 밸브는?

① 모세관
② 플로트형 밸브
③ 정압식 팽창 밸브
④ 온도식 자동팽창 밸브

온도식 자동 팽창밸브는 증발기 출구에 부착한 감온통에 의하여 증발기에서 부하변동이 있을 때 과열도가 일정하도록 밸브의 개도를 유지하여 유량을 제어한다.

[13년 1회, 09년 2회]
09 온도식 팽창밸브(thermostatic expansion valve)에 있어서 과열도란 무엇인가?

① 고압측 압력이 너무 높아져서 액냉매의 온도가 충분히 낮아지지 못할 때 정상시와의 온도차
② 팽창밸브가 너무 오랫동안 작동하면 밸브 시이트가 뜨겁게 되어 오동작 할 때 정상시와 의 온도차
③ 흡입관내의 냉매가스 온도와 증발기내의 포화온도와의 온도차
④ 압축기와 증발기속의 온도보다 1℃ 정도 높게 설정되어 있는 온도와의 온도차

온도식 팽창밸브(thermostatic expansion valve)에 있어서 과열도
과열도 = 압축기 흡입가스온도 − 증발(포화)온도

[15년 1회]

10 감온식 팽창밸브의 작동에 영향을 미치는 것으로만 짝지어진 것은?

① 증발기의 압력, 스프링 압력, 흡입관의 압력
② 증발기의 압력, 응축기의 압력, 감온통의 압력
③ 스프링 압력, 흡입관의 압력, 압축기 토출 압력
④ 증발기의 압력, 스프링 압력, 감온통의 압력

> 감온(온도식) 팽창 밸브는 다음 세 가지 힘의 평형상태에 의해서 작동된다.
> ㉠ 감온통에 봉입(封入)된 가스압력 : Pf
> ㉡ 증발기 내의 냉매의 증발 압력 : PO
> ㉢ 과열도 조절나사에 의한 스프링 압력 : PS
> Pf = PO + PS
> Pf > PO + PS : 밸브의 개도가 커지는 상태 (과열도 감소)
> Pf < PO + PS : 밸브의 개도가 작아지는 상태 (과열도 증가)

[15년 1회, 09년 1회]

11 팽창밸브를 너무 닫았을 때에 일어나는 현상이 아닌 것은?

① 증발압력이 높아지고 증발기 온도가 상승한다.
② 압축기의 흡입가스가 과열된다.
③ 능력당 소요동력이 증가한다.
④ 압축기의 토출가스 온도가 높아진다.

> 냉동장치 운전 중 팽창밸브의 열림이 적을 때 발생하는 현상
> ㉠ 증발압력(온도) 저하   ㉡ 압축비 상승
> ㉢ 토출가스온도 상승   ㉣ 실린더 과열
> ㉤ 체적효율, 냉동능력감소   ㉥ 냉매 순환량 감소
> ㉦ 냉동능력당 소요동력증대 ㉧ 성적계수 감소

[14년 1회]

12 온도식 팽창밸브에서 흐르는 냉매의 유량에 영향을 미치는 요인이 아닌 것은?

① 오리피스 구경의 크기
② 고·저압 측간의 압력차
③ 고압측 액상 냉매의 냉매온도
④ 감온통의 크기

> 온도식 자동팽창밸브(TEV:thermostatic expansion valve)
> 온도식 자동팽창밸브의 냉매 유량에 영향을 미치는 요인은 오리피스 구경의 크기, 고·저압 측간의 압력차 고압측 액상 냉매의 온도에 의해 영향을 받으며 감온통의 크기에는 영향을 받지 않는다.

[10년 1회]

13 온도식 팽창밸브에 관한 설명 중 잘못된 것은?

① 사용용도에 따라 내부 균압형과 외부 균압형이 있다.
② 증발기 출구의 냉매온도에 대하여 자동적으로 밸브의 개폐도를 조절한다.
③ 감온통은 트랩부의 수평 또는 수직배관에 설치한다.
④ 과열도를 설정하는 스프링 압력을 강하게 하면 작동 최고압력이 증가한다.

> 감온통 설치 위치
> 온도식 팽창밸브에서 감온통 설치 위치는 액이 고이기 쉬운 부분(trap)을 피하여 설치한다. 액이 고이기 쉬운 곳에 감온통을 위치시키면 감온통 부근이 급냉되어 팽창밸브의 동작이 불안정하게 되고 액백(liquid back)의 위험성이 있다.

[14년 2회]

14 감온 팽창밸브에 대한 설명 중 옳은 것은?

① 팽창밸브의 감온부는 냉각되는 물체의 온도를 감지한다.
② 강관에 감온통을 사용할 때는 부식 및 열전도율의 불량을 막기 위해 알루미늄 칠을 한다.
③ 암모니아 냉동장치 수분이 있으면 냉매에서 수분이 분리되어 팽창밸브를 폐쇄시킨다.
④ R-12를 사용하는 냉동장치에서 R-22용의 팽창밸브를 사용할 수 있다.

정답 10 ④ 11 ① 12 ④ 13 ③ 14 ②

① 팽창밸브의 감온부(감온통)는 증발기 출구의 냉매의 과열도 상태를 감지한다.
③ 암모니아는 수분과 잘 용해하므로 팽창변 동결폐쇄현상이 발생하지 않는다. 플루오르 카본(프레온)냉매는 수분과의 용해력이 적어서 팽창변 동결폐쇄현상이 발생의 우려가 있으므로 건조기를 설치하여 수분을 제거해야 한다.
④ R-12를 사용하는 냉동장치에서 R-22용의 팽창밸브를 사용할 수 없다.

[22년 2회]

15 정압식 팽창 밸브는 무엇에 의하여 작동하는가?

① 응축 압력
② 증발기의 냉매 과냉도
③ 응축 온도
④ 증발 압력

정압식 팽창밸브는 증발기의 압력으로 작동하고, 증발압력이 상승하면 밸브가 닫히고 압력이 감소하면 밸브가 열려서 냉매유량을 조정하여 증발압력을 항상 일정하게 하는 작용을 하는 팽창 밸브로 증발온도가 일정한 냉장고와 같은 부하변동이 적은 소용량의 것에 적합하다.

[23년 1회]

16 냉동장치 운전중 증기 상태값이 압력 0.3MPa에서 포화액 엔탈피 368kJ/kg, 포화증기 엔탈피 1614kJ/kg,일 때 팽창밸브 직전 냉매 엔탈피는 577.8kJ/kg, 팽창밸브 통과후 냉매 압력 0.3MPa일 때 증발기로 들어가는 냉매액 중량비는 얼마인가?

① 16.8%
② 38.5%
③ 78.2%
④ 83.2%

팽창밸브에서 등엔탈피 과정으로 통과후 엔탈피는 입구와 같으므로 577.8kJ/kg이며 이때 포화액 엔탈피 368kJ/kg, 포화증기 엔탈피 1614kJ/kg, 그러므로 전체 냉매중에 냉매액 비율은

중량비 $= \dfrac{증기\ h''-h}{증기\ h''-h'} = \dfrac{1614-577.8}{1614-368} = 0.832 = 83.2\%$

여기서 h'' : 포화증기 엔탈피
h' : 포화액 엔탈피
h : 팽창밸브 직전 엔탈피

 15 ④ 16 ④

05 냉동장치 구성 기기(부속기기)

1 장치 부속기기

분류	특징
고압 수액기	1) 설치 목적 : 고압수액기는 응축기에서 응축한 냉매액을 일시 저장하는 용기로 증발기의 부하변동에 대응할 수 있도록 필요한 냉매를 팽창밸브로 공급한다. 2) 수액기 구비조건 • 수액기가 2개 이상으로 그 직경이 다를 때는 수액기의 상단에 일치시킨다. • 수액기 액면계의 파손 방지용 금속제 커버를 사용하며 수액기와 접속하는 배관에는 볼밸브(Ball valve)를 설치한다. • 수액기의 위치는 응축기보다 낮은 곳에 설치한다. • 수액기에 직사광선(直射光線)은 닿지 않게 하고 화기의 접근을 피할 것 • 안전밸브 원변은 항상 열어둘 것 3) 균압관 : 균압관은 충분한 직경의 관을 사용하여야 하며 관의 상부에 에어 퍼저(Air purger)를 설치한다. • 균압관 설치목적 : 응축기에서 액화된 냉매액은 수액기에 흘러 들어오지만 수액기 내의 압력이 높아지면 응축기의 액이 수액기에 유입하지 못하므로 수액기 상부와 응축기 상부를 균압관으로 연결하여 수액기 내의 압력이 상승하여도 수액기로의 액유입을 원활하게 하는 역할을 한다.
저압 수액기	1) 저압 수액기 기능 : 액순환식 증발기를 갖는 냉동장치에서 팽창변을 나온 냉매액을 받는 기능과 저압측(증발기)에서 저온 저압의 냉매액을 일시적으로 저장하는 기능을 한다.

- 고압 수액기는 부하변동이 발생할 경우 수액기에서 대응한다.
- 수액기로 회수하는 냉매액은 내용적의 75% 이내로 한다.

저압 수액기
- 저압 수액기는 액순환식의 증발기에서 사용한다.
- 저압 수액기는 플로트 밸브 또는 플로트 스위치로 액면제어를 한다.
- 저압 수액기는 액회수의 기능도 있다.
- 저압 수액기에서 증발기로는 증발량의 3~5배의 냉매가 순환한다.
- 저압 수액기는 액분리기의 기능도 병행한다.

그림. 저압 수액기를 갖는 냉동장치

2) 원리 : 저압 수액기는 응축기 또는 고압수액기로부터 냉매액을 유입하고 각 증발기에서 되돌아온 냉매액과 같이 플로트 밸브 등에 의해 용기내의 액면을 일정하게 유지한다.

분류	특징
유 분리기	1) 기능 : 압축기의 윤활유가 미세한 입자로 되어 토출가스 중에 함유되어 응축기에 유입되면 전열을 방해하고, 팽창변에서 동결 우려, 증발기에 유막을 형성하고 냉매의 순환을 나쁘게 한다. 그러므로 토출가스 중의 유입자를 분리하기 위하여 유분리기를 설치한다. 2) 설치위치 유분리기는 압축기와 응축기 사이에 설치한다. (NH_3의 경우 압축기에서의 토출가스 온도는 낮을수록 오일의 점도가 커져서 분리가 용이함으로 분리기는 가능한 한 응축기 입구에 접근시키는 것이 좋다. 프레온은 압축기에서 토출된 냉매가스가 응축이 안 되고 윤활유를 쉽게 분리할 수 있는 곳에 설치한다.) 3) 유분리기를 설치하는 경우 ① 암모니아 냉동장치 ② 만액식 증발기를 사용하는 경우 ③ 다량의 유를 포함한 냉매가 토출되는 경우 ④ 토출 배관이 긴 경우 ⑤ 저온용 냉동기의 경우(프레온계 냉매에서도 저온 대형 냉동기에서는 유분리기를 설치한다.) 4) 분리된 오일의 처리 ① 프레온 : 유분리기의 저부(低部)에 플로트 변(Float valve)을 부착시켜 자동적으로 압축기 크랭크실내에 유입하도록 배관한다. ② 암모니아 : 암모니아는 토출가스가 고온임으로 오일이 탄화(炭火)하기 때문에 외부로 배유시킨다. 5) 유분리기 작동원리 ① 냉매가스의 속도 변화(1m/sec 이하로 한다.) ② 냉매가스의 방향 전환 ③ 표면장력(表面張力) 이용 6) 종류 ① 관성력(慣性力)식 : 오일을 동반한 냉매가 용기 내의 방해판에 충돌하여 급격한 방향 전환을 일으켜 입자의 관성력에 의하여 분리하는 형식이다. ② 배플(Baffle)식 : 용기 내에 다수의 소공(小孔)이 있는 배플 판을 부착하고 냉매가 이 판에 의하여 흐름의 방향을 급변시켜 그 중력으로 분리한다. ③ 금망(金網)식 : 용기 내에 금속망판을 조합하여 설치한 것으로 냉매가스가 이 금망을 통과 시 표면장력에 의해 오일과 냉매가 분리된다.

유회수 장치	1) 암모니아 유회수 장치 : 분리된 오일을 회수할때 암모니아는 오일보다 비중이 작기 때문에 오일이 증발기 밑 부분에 고이게 되면 수동으로 외부로 유출할 수가 있다. 2) 프레온은 오일보다 비중이 커서 오일이 냉매 상부에 고이게 되고 또한 오일과 잘 용해하므로 오일 리턴(Oil return) 장치를 설치하여 자동 운전을 할 수 있게 한다. ① 소형 냉동기는 증발기에서 흡입관에 가는 액관으로 연결하고 액관에 흐르는 오일의 혼합액은 흡입관에 들어가 액은 증발하고 가스와 함께 유를 압축기로 회수한다. ② 대형 냉동기는 흡입관만으로 액과 오일의 분리가 어려우므로 열교환의 원리를 이용한 유회수기를 설치하여 가열함으로 냉매액을 가스 상태의 압축기로 흡입시키고 오일은 액상 그대로 별도로 압축기 크랭크 케이스로 돌려보낸다. 가열방법은 토출가스 이용, 전열기 이용, 온수 또는 증기 이용, 열교환기 사용법등이 있다.

분류	특징
유류	1) 유류(油留 : Oil receiver)는 암모니아 냉동장치에서 고압부에서 분리된 오일을 외부로 배출시킬 때 안전하게 배출하는 탱크이다. 2) 동절기에 유류 내의 냉매가 증발이 어려울 경우에 용기를 가열한다. 3) 유회수 장치가 있는 경우나 복잡한 배관으로 오일의 회수가 어려운 경우를 제외하고 일반적으로 잘 설치하지 않는다.
열교환기	1) 열교환기(Heat exchange)설치목적 ① 프레온 냉동장치에서 흡입가스의 과열과 증발기에 공급하는 액의 과냉으로 냉동사이클의 효율을 상승시킨다. ② 증발기에 공급되는 액을 과냉각시켜 플래시 가스의 발생을 방지한다. ③ 흡입가스의 과열로 액압축을 방지한다. ④ 액의 리턴(Return)이 있을 경우에 액분리기의 역할과 여기서 액을 증발하는 목적이 있다. ⑤ 만액식 증발기나 저압수액기로부터 유회수장치 역할을 한다. 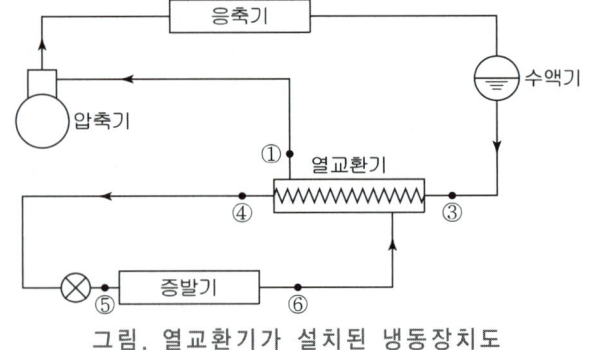 그림. 열교환기가 설치된 냉동장치도

열교환기
- 액가스 액 냉매의 과냉각도를 크게 하여 플래시가스(flash gas)의 발생을 억제한다.
- 토출가스의 과열도를 크게 하여 액압축을 방지한다.
- 암모니아 냉매는 비열비가 커서 사용할 수 없다.
- 입상관이 높고, 배관이 고온의 장소를 통하거나 배관길이가 길 경우 유효하다.

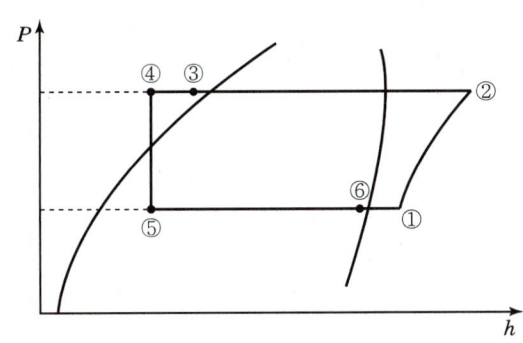

그림. 열교환기의 선도 상의 변화

	2) 열교환기는 종류 　① 관접촉식 　② 2중관식 　③ 셸 앤드 튜브식 (Shell and tube type) 　④ 액체의 흡입가스의 열교환기
액 분 리 기	1) 설치목적 : 액분리기(Accumulator)는 압축기에 액화냉매가 흡입되면 습압축을 함으로 체적효율이 저하되어 효율이 떨어지고 냉매액이 급격히 흡입되면 액해머(Liquid hammer)를 일으켜 토출밸브 및 실린더 헤더 등 손상시킬 우려가 있다. 따라서 액분리기는 증발기 출구에 설치하여 흡입가스 중의 냉매액을 분리하여 압축기에 액이 흡입되는 것을 방지한다. 2) 설치위치 　증발기와 압축기 사이의 흡입관(모든 액분리기는 증발기보다 상부에 위치한다.) 3) 액분리기 용량 　증발기 내용적의 20~25% 이상의 크기 4) 설치하는 경우 : 만액식 증발기를 갖는 냉동장치 및 부하변동이 심한 장치 5) 액분리기 내에서의 가스의 유속: 1m/sec 정도
액회수 장치	1) 기능 : 액회수장치는 액분리기에서 분리된 액냉매를 처리하는 장치 2) 종류 및 특징 　① 증발기로 재순환 시키는 방법 　② 압축기로 흡입시키는 방법: 열교환 방법등을 통하여 냉매액을 증발시켜 압축기로 흡입시키는 방법. 　③ 수액기에 복귀(復歸)시키는 방법

액분리기
- 액분리기는 증발기와 압축기 사이의 흡입배관에 설치하여 냉매액과 냉매가스를 분리한다.
- 액분리기는 냉동장치의 부하변동이 있을 경우나 언로더 작동시 압축기 흡입증기 속에 혼입되어 있는 냉매액을 분리한다.
- 소형 플루오르카본 냉동장치에서는 조금씩 압축기로 회수하는 방식을 쓰고 있다.
- 암모니아냉매의 액분리는 증기속도를 1m/s 이하로 하여 액과 가스를 분리한다.
- 분리된 냉매액을 회수하는 방식에는 고압수액기로 회수하는 방법, 증발기로 회수하는 방법, 압축기로 소량씩 회수하는 방법이 있다.

분류	특징
액압축 (Liquid back)	1) 정의 : 액압축(Liquid back)은 액복귀라하며 압축기로 냉매액이 유입 압축되는 것으로 압축기 파손의 우려가 있다. 2) 액압축 원인 • 팽창 밸브의 개도를 크게 했을 경우 • 증발부하의 급격한 변동이 있을 경우 • 증발기에 적상 및 유막이 과대 형성이 되었을 경우 • 액분리기의 기능이 불량한 경우 • 증발기 용량이 작을 경우 • 감온식 팽창밸브 사용 시 감온통의 부착위치가 부적합한 경우 • 기동 조작에 잘못이 있을 경우 3) 영향 • 흡입관 및 실린더에 서리(霜)가 붙는다. • 토출밸브 및 실린더 헤더의 손상우려가 있다. • 토출가스 온도가 저하된다. • 압축기 이상음이 발생한다. • 소요동력 증대, 냉동능력 감소, 성적계수 감소 4) 대책 • 현상이 미세할 경우 : 흡입밸브, 팽창밸브를 조절한다. • 현상이 심할 경우 : 압축기 정지, 흡입밸브를 차단한 후 조치한다.
건조기 (Dryer or Drier)	1) 기능 : 건조기(Dryer)는 수액기와 팽창밸브 사이에 설치하여 고압 냉매액중의 수분을 제거한다. 2) 원리 : NH_3 냉매는 수분과 친화력이 있어 용해됨으로 건조기를 설치할 필요가 없지만 프레온계 냉매와 클로르 메틸(CH_3Cl) 냉매는 수분에 대한 용해도가 극히 적어서 유리된 수분이 팽창밸브의 니들 밸브(Needle valve) 구멍에서 동결하여 냉매순환을 저해하고 가수분해(加水分解)에 의하여 산성물질을 만들어 금속을 부식시키고 윤활유를 열화(劣化)시킨다. 3) 건조재의 종류 ① 실리카겔(Silica gel) ② 활성(活性) 알루미나(Activated alumina) ③ 제올라이트, 몰레큘러시브, 리튬 브로마이드(Lithium bromide) 4) 건조재의 구비조건 ① 건조효율이 좋을 것 ② 냉매 및 오일과의 화학반응이 없을 것 ③ 다량의 수분 및 오일을 함유해도 분말화 되지 않을 것 5) 건조기의 설치위치 : 액관에서 응축기나 수액기 가까운 곳에 설치한다. 6) 설치순서 : 수액기 → 투시경(Sight glass) → 건조기(Dryer) → 전자밸브 → 팽창밸브 7) 건조기의 종류 ① 오픈타입 (Open type) ② 밀폐형 ※ 일반적으로 건조기는 여과기와 겸용하는 형식이 많다.

> 건조기(Dryer)
> • 드라이어는 냉매 액관에 설치한다.
> • 암모니아 냉매에는 사용하지 않는다.
> • 드라이어나 필터의 입구와 출구에 온도차가 있는 경우는 장치가 이물질로 막혀있다.(온도차는 압력강하가 있기 때문)
> • 드라이어나 필터드라이어 속에 건조제(실리카겔, 제올라이트)가 봉입되어 있다.

	8) 수분 침입의 원인 ① 흡입 압력이 진공상태일 때 누설부분에서의 외기의 침입 ② 냉매 및 오일 중에 수분이 함유될 경우 9) 수분 침입 시 장치에 미치는 영향 ① 프레온계 냉매 : 팽창 밸브의 동결폐쇄 현상, 동부착현상 촉진, 흡입압력 저하 ② 암모니아 냉매 : 장치의 부식, 유탁액 현상, 증발온도 상승, 흡입 압력 저하 10) 건조제 종류 표. 건조재의 종류 및 성상(性狀) | 성분		실리카겔 SiO_2nH_2O	알루미나겔 $Al_2O_3nH_2O$
---	---	---	---
외관	흡착전	무색반투명	백색
	흡착후	변화 없음	변화 없음
독성, 연소성, 위험성		없음	없음	
여과기	1) 기능 : 여과기는 냉동장치 내에 먼지, 모래, 금속편(金屬片) 등 이물질이 존재하면 팽창 밸브, 전자 밸브 및 압축기, 기타 밸브 등의 작동에 장해(障害)를 초래함으로 그 기기들의 전방에 여과기를 설치하여 제거한다. 2) 여과기의 구조 ① Y형 : 가스 및 액관에 사용, ② L형(Angle type) : 곡관에 사용 ③ T형 ④ -형(Finger type) : 팽창밸브 및 압축기 흡입관 등에 사용 3) 여과재의 종류 금망(金網), 펠트(Felt), 글라스 울(Glass wool) 등을 사용한다. 4) 팽창 밸브, 플로트 밸브, 전자 밸브 등은 특히 이 물질에 의한 영향이 크므로 120~200mesh 정도의 여과제를 사용한다. 5) 여과기 및 건조기가 막혔을 경우 장치에 미치는 영향 ① 저압이 저하된다.　② 흡입가스 과열 ③ 토출가스 온도 상승　④ 실린더 과열 ⑤ 피스톤 마모 ⑥ 윤활유 열화 및 탄화로 인한 윤활불량 초래
사이트 글라스	1) 기능 : 사이트 글라스(Sight glass)는 액관 중에 설치하여 액의 상태를 눈으로 볼 수 있도록 하면 냉매 부족 등을 판단할 수 있다. 압축기를 기동하면 처음에 기포가 보이다가 점차로 기포가 적어지고 점차로 기포가 소멸되어 액만으로 된다. 2) 드라이아이 : 냉동사이클에 적당한 냉매량을 표시한다. 또한 사이트 글라스는 수분지시기(인디케이터)가 부착되어 액 중의 수분함량을 식별할 수 있도록 한 것도 있는데 이러한 사이트 글라스를 드라이 아이(Dry eye)라 한다.

05 부속기기 핵심예상문제

> 본 핵심예상문제는 각단원별 출제빈도 높은 문제 및 최근 10년간의 기출문제 중 비중이 높은 출제유형이므로 꼭 풀어보고 가야할 문제입니다. 이후 실전예상문제를 공부하시면 효과적입니다.

[10년 1회]
01 수액기의 안전관리상 주의할 점으로 틀린 것은?

① 안전 밸브의 원 밸브는 항상 열어 둘 것
② 직사광선을 피할 것
③ 액이 완전히 차도록 할 것
④ 화기를 엄금하고 충격을 가하지 말 것

수액기 설치 시 주의사항
㉠ 수액기에 직사광선(直射光線)은 닿지 않게 할 것
㉡ 수액기의 냉매량은 3/4(75%) 이상 만액시키지 말 것
㉢ 화기의 접근을 피할 것
㉣ 안전밸브의 원변은 항상 열어둘 것
㉤ 용접 부분에는 배관 및 기타 기기를 접속하지 말 것
㉥ 인접한 용접부의 상호거리는 판 두께의 10배 이상 떨어져 있을 것

[12년 3회, 10년 2회, 09년 1회]
02 액분리기(Accumulator)의 설명이 잘못된 것은?

① 압축기에 액이 흡입되지 않게 한다.
② 응축기와 압축기 사이에 설치한다.
③ 압축기의 파손을 방지한다.
④ 장치 기동 시 증발기 내에서의 냉매의 교란을 방지한다.

액분리기(Accumulator)
액분리기는 흡입가스 중의 냉매액을 분리하여 압축기에 액이 흡입되는 것을 방지한다.
(1) 설치위치
  증발기와 압축기 사이의 흡입관(모든 액분리기는 증발기보다 상부에 위치한다.)
(2) 설치용량
  증발기 내용적의 20~25% 이상의 크기
(3) 설치의 경우
  만액식 증발기를 갖는 냉동장치 및 부하변동이 심한 장치
(4) 액분리기 내에서의 가스의 유속
  1m/sec 정도

[13년 1회]
03 냉동장치의 액분리기에 대한 설명 중 맞는 것으로만 짝지어진 것은?

㉠ 증발기와 압축기의 흡입측 배관 사이에 설치한다.
㉡ 기동 시 증발기내의 액이 교란되는 것을 방지한다.
㉢ 냉동부하의 변동이 심한 장치에는 사용하지 않는다.
㉣ 냉매액이 증발기로 유입되는 것을 방지하기 위해 사용한다.

① ㉠, ㉡
② ㉢, ㉣
③ ㉠, ㉢
④ ㉡, ㉢

액분리기(Accumulator)
㉢ 냉동부하의 변동이 심한 장치에는 사용하여 압축기로의 liquid back을 방지한다.
㉣ 냉매액이 압축기로 유입되는 것을 방지하기 위해 사용한다.

[16년 2회, 10년 1회]
04 냉동장치에서 고압측에 설치하는 장치가 아닌 것은?

① 수액기
② 팽창밸브
③ 드라이어
④ 액분리기

액분리기(Accumulator)
액분리기는 증발기와 압축기 사이에 설치하는 것으로 냉동장치의 저압부에 설치한다.

[15년 3회]
05 액분리기(Accumulator)에서 분리된 냉매의 처리방법이 아닌 것은?

① 가열시켜 액을 증발 후 응축기로 순환시키는 방법
② 증발기로 재순환시키는 방법
③ 가열시켜 액을 증발 후 압축기로 순환시키는 방법
④ 고압측 수액기로 회수하는 방법

정답 01 ③ 02 ② 03 ① 04 ④ 05 ①

액분리기(Accumulator)에서 분리된 냉매의 처리방법
㉠ 증발기로 재순환시키는 방법
㉡ 가열시켜 액을 증발 후 압축기로 순환시키는 방법
㉢ 고압측 수액기로 회수하는 방법

[11년 3회]
06 냉동장치에서 펌프다운의 목적이 아닌 것은?

① 냉동장치의 저압 측을 수리할 때
② 가동 시 액해머 방지 및 경부하 가동을 위하여
③ 프레온 냉동장치에서 오일 포밍(oil foaming)을 방지하기 위하여
④ 저장고내 급격한 온도저하를 위하여

㉠ 펌프다운(pump down) : 냉동기의 저압 측의 수리나 장기간 휴지 때에 냉매를 응축기(고압측)에 회수하기 위한 운전
㉡ 펌프아웃(pump out) : 냉동설비 고압 측의 이상으로 냉매를 증발기나 용기(저압측)에 회수할 경우에 행하는 운전

[15년 2회]
07 프레온 냉동장치에서 유분리기를 설치하는 경우가 아닌 것은?

① 만액식 증발기를 사용하는 장치의 경우
② 증발온도가 높은 냉동장치의 경우
③ 토출가스 배관이 긴 경우
④ 토출가스에 다량의 오일이 섞여나가는 경우

유분리기를 설치하는 경우
㉠ 만액식 증발기를 사용하는 경우
㉡ 증발온도가 낮은 경우
㉢ 토출가스 배관이 길어지는 경우
㉣ 토출가스에 다량의 오일이 섞여나가는 경우
㉤ 암모니아 냉동장치

[13년 1회]
08 암모니아 냉동기에서 유분리기의 설치위치로 가장 적당한 곳은?

① 압축기와 응축기 사이
② 응축기와 팽창변 사이
③ 증발기와 압축기 사이
④ 팽창변과 증발기 사이

유분리기의 설치위치 : 압축기와 응축기 사이

[09년 1회]
09 냉동장치내에 불응축가스가 존재하고 있는 것이 판단되었다. 그 혼입의 원인으로 볼 수 없는 것은?

① 냉매충전 전에 장치내를 진공 건조시키기 위하여 상온에서 진공 750mmHg까지 몇 시간 동안 진공 펌프를 운전하였기 때문이다.
② 냉매와 윤활유의 충전작업이 불량했기 때문이다.
③ 냉매와 윤활유가 분해하기 때문이다.
④ 팽창밸브에서 수분이 동결하고 흡입가스 압력이 대기압 이하가 되기 때문이다.

불응축가스 발생원인
㉠ 냉매의 충전 시 부주의
㉡ 윤활유의 충전 시 부주의
㉢ 진공 시험 시 저압부의 누설
㉣ 오일 포밍 현상의 발생 및 오일의 열화, 탄화 시
㉤ 장치의 신설이나 휴지 후 완전 진공을 하지 못하여 남아 있는 공기

[15년 1회]
10 냉동장치내의 불응축 가스에 관한 설명으로 옳은 것은?

① 불응축 가스가 많아지면 응축압력이 높아지고 냉동능력은 감소한다.
② 불응축 가스는 응축기에 잔류하므로 압축기의 토출가스온도에는 영향이 없다.
③ 장치에 윤활유를 보충할 때 공기가 흡입되어도 윤활유에 용해되므로 불응축 가스는 생기지 않는다.
④ 불응축 가스가 장치내에 침입해도 냉매와 혼합되므로 응축압력은 불변한다.

② 불응축 가스가 응축기에 잔류하면 압축기의 토출가스온도가 상승한다.
③ 냉매 및 윤활유 충전 시 부주의로 공기(불응축 가스)가 혼입될 수 있다.
④ 불응축 가스가 장치 내에 침입하면 냉매와 응축압력은 상승한다.

[13년 3회]

11 냉동장치에서 일반적으로 가스퍼지(Gas purger)를 설치할 경우 설치위치로 적당한 곳은?

① 수액기와 팽창밸브의 액관
② 응축기와 수액기의 액관
③ 응축기와 수액기의 균압관
④ 응축기 직전의 토출관

가스 퍼저(Gas purger)
가스 퍼저는 불응축 가스 분리기라고도 하며 응축기 및 수액기 상부에 잔류하는 불응축 가스(주로 공기)를 냉매와 분리하여 장치 밖으로 배출하는 장치이다. 설치 장소로는 응축기와 수액기 균압관에 주로 설치한다.

[22년 2회]

12 냉동장치에서 플래쉬 가스의 발생 원인으로 틀린 것은?

① 액관이 직사광선에 노출되었다.
② 응축기의 냉각수 유량이 갑자기 많아졌다.
③ 액관이 현저하게 입상하거나 지나치게 길다.
④ 관의 지름이 작거나 관 내 스케일에 의해 관경이 작아졌다.

플래쉬 가스의 발생 원인은 냉매액이 가열되거나 압력이 낮아질 때 이다. 그러므로 응축기 냉각수 유량이 많아지는건 원인으로 관계가 멀다.

[15년 3회]

13 플래시 가스(flash gas)는 무엇을 말하는가?

① 냉매 조절 오리피스를 통과할 때 즉시 증발하여 기화하는 냉매이다.
② 압축기로부터 응축기에 새로 들어오는 냉매이다.
③ 증발기에서 증발하여 기화하는 새로운 냉매이다.
④ 압축기에서 응축기에 들어오자마자 응축하는 냉매이다.

플래시 가스(flash gas)
교축 작용(냉매가 팽창밸브와 같은 오리피스를 통과할 때) 시 자체 내에서 증발 잠열에 의해 냉매가 증발되어 발생하는 기체를 말한다. 이는 이미 기화되었으므로 다시 기화되어 냉동 목적을 달성할 수 없다. 따라서 플래시 가스 발생을 억제하기 위하여 팽창밸브 직전의 냉매를 과냉각 시켜준다.

[22년 2회]

14 액봉발생의 우려가 있는 부분에 설치하는 안전장치가 아닌 것은?

① 가용전
② 파열관
③ 안전밸브
④ 압력도피장치

액봉이란 배관내에서 온도 상승등으로 액체가 팽창하여 압력이 상승하는 것이며, 가용전(Fusible plug)은 75℃ 이하에서 용융하는 금속을 채운 것으로 내용적 500L 미만의 압력용기(응축기, 수액기)에 설치하여 용기내의 온도가 일정이상 상승 하였을 때 금속이 용융하여 내부의 냉매를 분출시켜 압력용기를 보호하는 안전장치이다.

 11 ③ 12 ② 13 ① 14 ①

[16년 3회, 09년 3회]

15 냉동장치의 냉매 액관 일부에서 발생한 플래시 가스가 냉동장치에 미치는 영향으로 옳은 것은?

① 냉매의 일부가 증발하면서 냉동유를 압축기로 재순환시켜 윤활이 잘된다.
② 압축기에 흡입되는 가스에 액체가 혼입되어서 흡입 체적효율을 상승시킨다.
③ 팽창밸브를 통과하는 냉매의 일부가 기체이므로 냉매의 순환량이 적어져 냉동능력을 감소시킨다.
④ 냉매의 증발이 왕성해짐으로서 냉동능력을 증가시킨다.

> **플래시 가스**
> 냉동장치의 냉매 액관 일부에서 발생한 플래시 가스는 팽창밸브의 능력을 감퇴시켜 냉매순환량이 줄어들어 냉동능력을 감소시킨다.

[09년 3회, 08년 1회]

17 히트 파이프의 특징을 설명한 것으로 틀린 것은?

① 등온성이 풍부하고 온도상승이 빠르다.
② 사용온도 영역에 제한이 없으며 압력손실이 크다.
③ 국부 부하의 변동이 강하고 열 유속의 변동이 가능하다.
④ 적은 온도차에서 장거리 열수송이 가능하다.

> **히트 파이프(heat pipe)**
> 히트 파이프는 작동유체의 온도범위에 따라 극저온, 상온, 고온의 세 가지로 구분된다.
> ㉠ 극저온(122K 이하) : 수소, 네온, 질소, 산소, 메탄
> ㉡ 상온(122K ~ 628K) : 프레온, 메탄올, 암모니아, 물
> ㉢ 고온(628K 이상) : 수은, 세슘, 칼륨, 나트륨, 리튬, 은

[11년 3회]

16 다음과 같은 대향류열교환기의 대수 평균 온도차는 약 얼마인가? (단, t_1 : 27℃, t_2 : 13℃, t_{w1} : 5℃, t_{w2} : 10℃이다.)

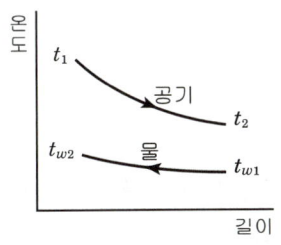

① 9.0℃ ② 11.9℃
③ 13.7℃ ④ 15.5℃

> **대수 평균 온도차(대향류)**
> $$\Delta tm = \frac{\Delta t_1 - \Delta t_2}{\ln \frac{\Delta t_1}{\Delta t_2}} = \frac{(t_1 - t_{w2}) - (t_2 - t_{w1})}{\ln \frac{(t_1 - t_{w2})}{(t_2 - t_{w1})}}$$
> $$= \frac{(27-10)-(13-5)}{\ln \frac{27-10}{13-5}} ≒ 11.9℃$$

[16년 3회]

18 냉동장치의 부속기기에 관한 설명으로 옳은 것은?

① 드라이어 필터는 프레온 냉동장치의 흡입배관에 설치해 흡입증기 중의 수분과 찌꺼기를 제거한다.
② 수액기의 크기는 장치내의 냉매순환량만으로 결정한다.
③ 운전 중 수액기의 액면계에 기포가 발생하는 경우는 다량의 불응축가스가 들어있기 때문이다.
④ 프레온 냉매의 수분 용해도는 작으므로 액 배관 중에 건조기를 부착하면 수분제거에 효과가 있다.

> ① 드라이어 필터는 프레온 냉동장치의 냉매 액관에 설치해 냉매 중의 수분과 찌꺼기를 제거한다.
> ② 수액기의 크기는 장치내의 냉매 충전량으로 결정하고 수리할 때에 냉매액의 대부분을 회수할 수 있는 크기로 하고, 회수하는 용량은 내용적의 80% 이내로 한다.
> ③ 운전 중 수액기의 액면계에 기포가 발생하는 경우는 냉매의 일부의 증발현상 때문이다.

정답 15 ③ 16 ② 17 ② 18 ④

[14년 3회]

19 증발압력 조정밸브(EPR)의 부착위치로 옳은 곳은?

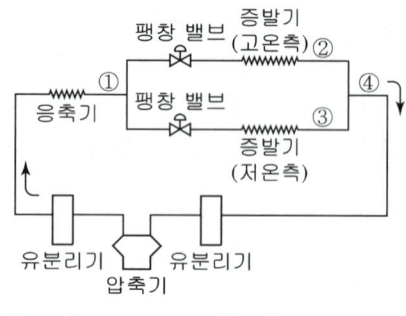

① ①　　　　　　② ②
③ ③　　　　　　④ ④

증발압력 조정밸브(EPR)의 부착위치
증발온도가 다른 2대 이상의 증발기가 있을 경우 가장 낮은 증발기를 기준으로 하여 운전하므로 온도가 높은 쪽의 증발기출구(②)에 증발압력 조정밸브를 부착하여 고온 측 증발기의 증발온도를 규정온도 이하가 되지 않도록 한다.

[13년 3회]

20 증발압력 조정밸브(EPR)에 대한 설명 중 틀린 것은?

① 냉수 브라인 냉각 시 동결 방지용으로 설치한다.
② 증발기내의 압력을 일정압력 이하가 되지 않게 한다.
③ 증발기 출구 밸브입구 측의 압력에 의해 작동한다.
④ 한 대의 압축기로 증발온도가 다른 2대 이상의 증발기 사용 시 저온측 증발기에 설치한다.

증발압력 조정밸브(EPR)
㉠ 증발압력이 일정 압력 이하가 되어 브라인, 수냉각기에서 지나치게 냉각되어 동결되는 것을 방지한다.
㉡ 조정밸브(EPR)의 입구 압력에 의해 작동한다.
㉢ 한 대의 압축기로 증발온도가 다른 2대 이상의 증발기 사용 시 고온 측 증발기출구에 설치한다.

[15년 2회]

21 냉매의 압축, 응축, 팽창, 증발과정으로 구성되어 있는 냉동사이클에서 저압측 압력조정밸브가 아닌 것은?

① 응축압력조정밸브　　② 증발압력조정밸브
③ 흡입압력조정밸브　　④ 정압밸브

응축압력 조정밸브는 응축압력이 저하되었을 때 밸브를 조여서 밸브를 흐르는 냉매를 제한하여 응축기내의 냉매 액면을 상승시켜 유효 응축면적을 감소시키므로 응축압력(고압측)이 설정압력을 유지하도록 작동하는 조정밸브이다.

[11년 2회]

22 냉동장치에서 안전밸브의 설치 위치로 적당하지 않은 것은?

① 압축기 토출관　　② 수액기
③ 증발기 출구　　　④ 응축기 출구

안전밸브는 냉동능력이 20톤 이상의 압축기, 내용적 500L 이상의 압력용기(응축기, 수액기 등)에 설치가 의무화 되어있다. 이 안전밸브는 고압측(토출관, 수액기, 응축기) 압력이 설정압력 이상으로 상승했을 경우 밸브를 열어 압력을 분출하여 압력초과로 인한 사고를 방지하는 밸브이다.

[15년 1회, 09년 2회]

23 프레온 냉동장치에서 가용전(Fusible plug)을 주로 어디에 설치하는가?

① 열교환기　　② 증발기
③ 수액기　　　④ 팽창밸브

가용전(Fusible plug)은 75℃ 이하에서 용융하는 금속을 채운 것으로 내용적 500L 미만의 압력용기(응축기, 수액기)에 설치하여 용기내의 온도가 이상(異常)상승 하였을 때 금속이 용융하여 내부의 냉매를 분출시켜 압력용기를 보호하는 안전장치이다.

정답　19 ②　20 ④　21 ①　22 ③　23 ③

[12년 1회, 09년 2회]

24 제어기기와 안전장치에 대한 설명이다. 옳은 것은?

① 유압보호 스위치는 유압계의 지시가 일정압력보다 내려갔을 때 압축기가 작동하도록 조정한다.
② 압축기에 안전밸브와 고압차단 장치를 설치했을 때 안전밸브의 작동압력은 고압차단 장치의 작동압력보다 높게 조정하는 것이 좋다.
③ 압축기의 토출압력이 올라가면 전동기의 부하도 커짐으로 전동기의 과부하차단장치(오바로드 릴레이)가 있으면 냉매계통의 안전장치는 없어도 된다.
④ 절수밸브는 증발압력을 검지하여 냉각수량을 가감하는 조정밸브이므로 안전장치로 간주한다.

> ① 유압보호 스위치(OPS)는 유압과 저압의 차압에 의하여 작동하는 안전장치로 압축기에서 유압이 일정 압력 이하가 되었을 때 압축기를 정지시켜 압축기를 보호하는 스위치이다.
> ③ 전동기의 과부하차단장치(오버 로드 릴레이)가 있어도 냉매계통의 안전장치는 반드시 필요하다.
> ④ 절수밸브는 응축기 냉각수 입구 측에 설치하여 압축기의 토출압력에 의해서 응축기에 공급하는 냉각수량을 증감시킨다. 따라서 응축기의 응축압력을 안정시키고 응축압력에 대응한 냉각수량의 조절로 소비수량을 절감한다.

[16년 3회, 13년 3회]

25 고온가스에 의한 제상 시 고온가스의 흐름을 제어하는 것으로 적당한 것은?

① 모세관
② 자동팽창밸브
③ 전자밸브
④ 사방밸브(4-way 밸브)

> **고온가스 제상(hot gas defrost)**
> 핫가스(Hot gas)제상을 하는 소형 냉동장치에 있어서 핫가스의 흐름을 제어하는 것은 솔레노이드밸브(전자밸브)이다.

[09년 3회]

26 냉동장치의 압력스위치에 대한 설명으로 틀린 것은?

① 고압스위치는 이상고압이 될 때 냉동장치를 정지시키는 안전장치이다.
② 저압스위치는 냉동기의 저압측 압력이 너무 저하하였을 때 전기회로를 차단하는 안전장치이다.
③ 고저압스위치는 고압스위치와 저압스위치를 조합하여 고압측이 일정압력이상이 되거나 저압측이 일정압력보다 낮으면 압축기를 정지시키는 스위치이다.
④ 유압스위치는 윤활유 압력이 어떤 원인으로 일정압력 이상으로 된 경우 압축기의 훼손을 방지하기 위하여 설치하는 보조장치이다.

> **유압(보호)스위치**
> 유압스위치는 윤활유 압력이 어떤 원인으로 일정압력 이하로 된 경우 압축기의 훼손을 방지하기 위하여 설치하는 안전장치이다.

[09년 2회]

27 다음 설명 중 옳지 못한 것은?

① 불응축가스는 응축기에 모이기 쉽다.
② 액압축은 과열도가 클 때 일어나기 쉽다.
③ 불응축가스는 진공건조의 불충분이 원인인 것이 많다.
④ 밀폐형 압축기는 누설의 염려가 적으나 전기 절연도가 좋은 냉매를 사용하여야 한다.

> 부하의 감소나 냉매 순환량의 증가로 증발기에서 완전히 증발하지 못한 습증기 상태로 압축기에 흡입되는 것을 의미한다. 그러므로 액압축은 과열도가 없을 때 발생한다.

정답 24 ② 25 ③ 26 ④ 27 ②

[16년 2회, 10년 3회]

28 냉동장치에서 사용되는 각종 제어동작에 대한 설명으로 올바르지 않은 것은?

① 2위치 동작은 스위치의 온, 오프 신호에 의한 동작이다.
② 3위치 동작은 상, 중, 하 신호에 따른 동작이다.
③ 비례동작은 입력신호의 양에 대응하여 제어량을 구하는 것이다.
④ 다위치 동작은 여러 대의 제어기기를 단계적으로 운전 또는 정지시키기 위한 것이다.

> 3위치 동작이란 자동 제어계에서 동작 신호가 어느 값을 경계로 하여 조작량이 세 값으로 단계적으로 변화하는 제어 동작이다.

[13년 1회]

29 자동제어의 목적이 아닌 것은?

① 냉동장치 운전상태의 안정을 도모한다.
② 냉동장치의 안전을 유지한다.
③ 경제적인 운전을 꾀한다.
④ 냉동장치의 냉매 소비를 절감한다.

> 냉동장치의 자동제어의 목적
> ① 냉동장치 운전상태의 안정을 도모한다.
> ② 냉동장치의 안전을 유지한다.
> ③ 경제적인 운전을 꾀한다.

[16년 1회]

30 냉동장치에서 흡입배관이 너무 작아서 발생되는 현상으로 가장 거리가 먼 것은?

① 냉동능력 감소
② 흡입가스의 비체적 증가
③ 소비동력 증가
④ 토출가스온도 강하

> 흡입배관이 너무 작으면 저항의 커져서 ①, ②, ③ 이외에 압축비의 증대현상이 발생하여 토출가스온도가 상승한다.

[22년 3회]

31 냉동기에서 팽창밸브로 가는 고압의 액체냉매와 압축기로 가는 저압의 흡입증기를 서로 열교환 시키는 열교환기의 주된 설치 목적은?

① 압축기 흡입증기 과열도를 낮추어 압축 효율을 높이기 위함
② 일종의 재생 사이클을 만들기 위함
③ 냉매액을 과냉시켜 플래시 가스 발생을 억제하기 위함
④ 이원냉동 사이클에서의 캐스케이드 응축기를 만들기 위함

> 열교환기의 주된 설치 목적은 고압의 액체냉매와 저압의 흡입증기를 서로 열교환 시켜서 냉매액을 과냉시켜 플래시 가스 발생을 억제하고 냉동효과를 증가시킨다.

정답 28 ② 29 ④ 30 ④ 31 ③

제2장 | 냉동장치의 구조

06 냉동장치 구성 기기(제어기기)

1 제어기기

분류	특징
증발압력 조정 밸브 (EPR)	1) 증발압력 조정 밸브(EPR) : 일반적으로 EPR이라 하며 압축기의 ON-OFF 또는 전자변의 개폐로는 증발압력을 일정하게 유지하기가 어려워서 피냉각 물질의 온도를 일정하게 유지할 수 없어 고정도의 제어가 어렵다. 또한 1대의 압축기로 2대 이상의 증발기에 연결하여 사용할 때 각각의 증발온도가 다를 경우 그 압력 이하로 되지 않도록 제어하는 밸브(EPR : 압력이 높은쪽에 설치)이다. 2) 특징 • 증발압력이 설정압력 이하가 되는 것을 방지한다. • 밸브의 입구 압력에 의해 작동한다. • 브라인, 수냉각기에서 지나치게 냉각되어 동결되는 것을 방지한다. • 피냉각 물체(야채, 과일 등)의 동결을 방지하기 위해 증발온도를 높게 유지한다. • 냉장고 등에서 냉각코일에 의한 과도한 제습(除濕)을 방지하기 위해 증발온도를 높게 유지 한다. • 증발온도가 다른 2대 이상의 증발기가 있을 경우 가장 낮은 증발기를 기준으로 하여 운전하므로 온도(압력)가 높은 쪽의 증발기를 규정온도 이하가 되지 않도록 한다. 3) 종류 • 직동식 증발압력 조정 밸브 • 파일럿식 증발압력 조정밸브

> 증발압력 조정 밸브(EPR)
> • EPR은 증발압력이 설정압력 이하가 되는 것을 방지한다.
> • EPR은 증발기 출구압력에 의해서 작동된다.
> • EPR은 증발온도가 다른 2대 이상의 증발기를 1대의 압축기로 운전할 수 있다.
> • EPR은 온도가 높은 증발기의 출구 배관에 부착한다.
> • EPR의 압력조정 스프링을 조이면 증발압력이 높게 된다.
> • EPR은 팽창밸브의 감온통, 균압관보다 아래에 부착한다.

그림. 증발압력조정변의 사용 예

제2장 냉동장치의 구조

흡입압력 조정 밸브
- SPR은 흡입압력이 설정 값보다 높게 되지 않도록 제어한다.
- SPR은 압축기 전동기의 과부하를 방지한다.
- SPR은 압축기 흡입관에 부착한다.

분류	특징
흡입압력 조정 밸브 (SPR)	1) 흡입압력 조정 밸브(SPR)는 압축기의 흡입압력이 설정압력 이상이 되면 전동기는 과부하로 되고 경우에 따라서 소손이 된다. 이런 경우에 SPR은 증발기와 압축기 흡입관 도중에 설치되어 압축기의 흡입압력이 일정한 조정압력의 이상이 되는 것을 방지하여 전동기(Motor)의 과부하를 방지한다. 그림. 흡입압력 조정변의 사용 예 2) SPR을 설치하는 경우 • 높은 흡입 압력으로 기동되는 경우 • 고압가스 제상(Hot gas defrost)으로 흡입압력이 상승하는 경우 • 높은 흡입압력으로 장시간 운전되는 경우 • 압축기로의 액백(Liquid back)을 방지하기 위해 • 흡입압력의 변동이 심한 경우 3) EPR과 SPR의 비교 | 비교사항 \\ 구분 | EPR | SPR | |---|---|---| | 역할 | 증발압력의 일정 이하 방지 | 흡입압력의 일정 이상 방지 | | 설치위치 | 흡입관(증발기 출구측) | 흡입관(압축기 입구측) | | 작동압력 | 입구압력(밸브 전 압력) | 출구압력(밸브 후 압력) | | 작동원리 | 증발압력 상승 → 열림 저하 → 닫힘 | 흡입압력 상승 → 닫힘 저하 → 열림 | | 보호대상 | 냉각관 동파 방지 | 전동기 소손 방지 |

분류	특징
응축 압력 조정 밸브	1) 응축압력 조정밸브(고압 압력 조정변)는 공랭식 응축기의 겨울철 운전에 있어서 압력강하를 방지하여 냉동장치의 정상운전을 행하기 위한 밸브이다. 2) 고압 저하를 방지하기 위한 방법에는 팬의 회전수제어, 팬의 대수제어, 응축기의 대수제어 등이 있다.
각종 압력 스위치	1) 기능 : 압력 스위치는 규정된 압력에 변화가 생기면 전기회로를 차단하여 압축기의 운전을 정지하거나, 또는 압축기 언 로드(Un-load)의 작동 및 압축기의 유압 확보 등을 목적으로 냉동장치에서 중요한 안전장치로 많이 사용된다. 2) 종류 　• 고압 차단 스위치(High pressure cut out switch : HPS) 　• 저압 차단 스위치(Low pressure cut out switch : LPS) 　• 고저압 차단 스위치(Dual pressure cut out switch : DPS) 　• 유압보호 스위치(Oil protection switch : OPS) 3) 고압 차단 스위치(HPS) 고압측 압력의 이상 상승 시 전기적인 접점을 차단하여 압축기를 정지시키는 안전장치로 고압차단 장치라고도 한다. 이 장치의 작동압력은 안전밸브의 작동압력 이하를 취하여 2중의 안전보호 역할을 행하도록 한다. 4) 저압 차단 스위치 (LPS) 냉동부하 등의 감소로 인하여 압축기의 흡입 압력이 일정 이하가 되면 전기회로를 차단시켜 압축기의 운전을 정지시키거나 전자밸브와 조합시켜 고속 다기통 압축기의 언로드 기구를 작동시키는 데 사용된다. 5) 고저압차단 스위치(DPS) 고압 차단 스위치와 저압차단 스위치를 조합시킨 것으로 냉동기의 고압이 설정치 이상이 되거나 저압이 소정압력 이하로 내려간 경우, 전기 회로가 차단되어 압축기를 정지시킨다. 6) 유압보호 스위치(OPS) 유압보호 스위치는 압축기의 활동부분에 오일(Oil) 공급이 부족하거나 급유장치의 고장으로 인하여 압축기의 손상을 방지하는 보호 장치로서 주로 고속압축기에 사용한다. 흡입압력과 오일펌프 출구의 유압과의 차가 일정시간(60~90초) 지속되면 이 유압보호 스위치가 작동하여 압축기의 운전을 정지시킨다.
온도 제어 (서모스탯)	1) 온도제어 (Temperature control) : 냉장실 내의 브라인 냉수의 온도를 일정한 온도로 유지하기 위한 제어용 장치가 필요하며, 이에 의하여 압축기의 발정(發停 : ON-OFF), 팽창밸브 앞의 전자밸브를 개폐시킨다. 2) 서모스탯 (Thermostat) : 일명 항온기라고도 하며 이것에 의하여 전류를 개폐하여 냉각작용을 ON-OFF 시키는 것으로 냉동장치에 가장 널리 이용된다. 3) 종류 ① 바이메탈식, ② 증기 압력식(감온통), ③ 전기 저항식

HPS, LPS
- HPS는 안전밸브가 작동하기 전에 압축기를 정지시킨다.
- HPS는 수동복귀형이다.(단, 플루오르카본냉매는 10톤 미만의 유닛형의 경우 자동복귀로 할 수 있다.)
- HPS는 설정압력보다 고압이 되면 압축기를 정지한다.
- LPS는 설정압력보다 저압이 되면 압축기를 정지한다.
- LPS는 자동복귀형이다.

습도 조절기	1) 냉동실 내의 온도의 유지와 함께 습도의 유지가 필요할 때 사용한다. 2) 종류 : ① 모발식 ② 듀셀(Dewcel)식 ③ 전기 저항식
냉각수 및 냉수량 제어	1) 압력자동 급수밸브(절수변, 냉각수 조정밸브): 수냉응축기 냉각수 입구 측에 설치하여 압축기의 토출압력에 의해서 응축기에 공급하는 냉각수량을 증감시킨다. 2) 온도 자동수량 조정 밸브:냉수(브라인) 냉각기의 냉수면 또는 브라인 출구에 감온통을 설치하여 냉수, 브라인의 출구온도 (냉각온도)에 따라 밸브의 개도를 변화시켜 수량을 조절한다. 3) 단수 릴레이 수냉각기에서 수량의 감소로 인한 동파방지 및 수냉응축기, 증발식 응축기의 냉각수량의 부족이나 냉각수 펌프의 정지로 인한 응축압력의 이상상승을 방지하는 역할을 한다. 단압식 릴레이와 차압식 단수 릴레이와 수류식(유량식) 단수 릴레이(Flow switch)가 있다.

단수릴레이
- 단수릴레이는 수냉응축기나 증발식 응축기에서 냉각수가 부족하거나 펌프 정지시 압축기를 정지 시킨다.
- 단수릴레이에는 압력식과 수류식이 있다.
- 수류식 단수릴레이에는 플로스위치(Flow switch)를 이용한다.
- 수냉각기에는 단수에 의한 동결의 우려가 크므로 반듯이 단수릴레이가 필요하다.

01 예제문제

다음 자동제어기기에 대한 설명 중 가장 옳지 않은 것은?

① 흡입압력조정밸브는 압축기 흡입압력이 상승하면 밸브의 개도는 축소된다.
② 증발압력조정밸브는 증발압력이 설정압력 이하가 되는 것을 방지한다.
③ 온도자동팽창밸브는 건식증발기출구의 냉매의 과열도가 크게 되면 밸브의 개도는 크게 된다.
④ 냉각수조정밸브(절수변)는 응축압력이 저하하면 냉각수 유량을 적게 하므로 냉각탑을 이용하는 응축기에는 사용할 수 없다.

해설
① 흡입압력조정밸브는 흡입압력이 높게 되어 압축기가 과부하로 인한 전동기의 소손을 방지하기 위한 밸브로 흡입압력이 상승하면 밸브의 개도가 축소된다.
③ 온도자동팽창밸브는 증발기출구의 과열도를 일정하게 유지할 수 있도록 조정하는 밸브로 과열도가 크게 되면 밸브의 개도를 확대시켜 냉매순환량을 많게 하여 과열도를 감소시킨다.
④ 냉각수조정변은 냉각탑을 이용하는 응축기에도 사용할 수 있다.

답 ④

02 예제문제

다음의 자동제어기기의 작용에 관한 설명 중 가장 옳지 않은 것은?

① 고압차단스위치는 고압측 압력이 설정값 이상으로 되면 전기회로를 차단하여 안전장치로서의 기능을 한다. 이 설정값은 안전밸브의 작동압력이하로 한다.
② 유압보호스위치는 압축기의 토출압력과 유압의 차압에 의해서 작동한다.
③ 수냉응축기의 냉각수조정밸브(절수변)는 압축기의 고압측 압력을 검지하여 그 압력에 의해서 냉각수량을 조절하여 절수를 행한다.
④ 전자변은 전류가 흐르면 열리고 차단되면 닫히는 작용을 한다.

[해설]
② 유압보호스위치(OPS)는 유압이 저하하였을 때 이 상태에서 설정시간(60~90초) 내에 회복하지 않을 경우 압축기를 정지시켜서 압축기를 보호하는 장치로 압축기 흡입압력과 유압과의 차압에 의해서 작동한다.

답 ②

06 제어기기 핵심예상문제

본 핵심예상문제는 각단원별 출제빈도 높은 문제 및 최근 10년간의 기출문제 중 비중이 높은 출제유형이므로 꼭 풀어보고 가야할 문제입니다. 이후 실전예상문제를 공부하시면 효과적입니다.

[11년 1회]

01 냉동장치의 제어기기에 관한 설명 중 올바르게 서술된 것은?

① 만액식 증발기에 저압 측 플로트식 팽창밸브를 설치하여 증발온도를 거의 일정하게 제어할 수 있다.
② 냉장고용 냉동장치에서 겨울철에 응축온도가 낮아지면 팽창밸브 전후의 압력차가 커지기 때문에 팽창밸브가 작동하지 않는다.
③ 일반적인 증발압력조정밸브는 증발기 입구 측에 설치하여 냉매의 유량을 조절하고 증발기 내 냉매의 압력을 일정하게 유지하는 조정밸브이다.
④ R-22를 냉매로 하는 냉방기에서 증발기 출구의 과열도가 커지면 감온통 내의 가스압력이 높아져 온도식 자동팽창밸브가 닫힌다.

② 냉장고용 냉동장치에서 겨울철에 응축온도가 낮아지면 팽창밸브 전후의 압력차가 작아지기 때문에 팽창밸브가 작동하지 않는다.
③ 증발압력조정밸브는 증발기 출구 측에 설치하여 증발기압력이 설정압력 이하가 되지 않도록 하는 조정밸브이다.
④ R-22를 냉매로 하는 냉방기에서 증발기 출구의 과열도가 커지면 감온통 내의 가스압력이 높아져 온도식 자동팽창밸브가 열린다.

[08년 1회]

02 다음 중 고압차단스위치가 하는 역할은?

① 유압의 이상고압을 자동으로 감소시킨다.
② 수액기 내의 이상고압을 자동으로 감소시킨다.
③ 증발기 내의 이상고압을 자동으로 감소시킨다.
④ 압력이 이상고압이 되었을 때 압축기를 정지시킨다.

고압차단스위치는 고압압력이 설정된 압력이 되면 압축기를 정지시켜서 압력상승을 방지한다. 또한 고압차단스위치는 안전밸브의 작동압력보다 낮은 압력에서 작동하도록 설정하며 고압차단스위치는 원칙적으로 수동복귀형을 사용한다.

[12년 2회, 10년 1회]

03 냉동장치의 제어에 관한 설명 중 올바른 것은?

① 온도식 자동팽창밸브는 증발기 입구의 냉매가스온도가 일정한 과열도로 유지되도록 냉매유량을 조절하는 팽창밸브이다.
② 증발온도가 다른 2대의 증발기를 1대의 압축기로 운전할 때 증발압력조정밸브는 증발온도가 높은 쪽의 증발기 출구 측에 설치한다.
③ 흡입압력조정밸브는 증발기 입구 측에 설치하여 기동 시 과부하 등으로 인해 압축기용 전동기가 손상되기 쉬운 것을 방지한다.
④ 저압 측 플로트식 팽창밸브는 주로 건식증발기의 액면 높이에 따라 냉매의 유량을 조절하는 것이다.

① 온도식 자동팽창밸브는 증발기 출구의 냉매가스온도가 일정한 과열도로 유지되도록 냉매유량을 조절하는 팽창밸브이다.
③ 흡입압력조정밸브는 증발기 출구(압축기 입구) 측에 설치하여 기동 시 과부하 등으로 인해 압축기용 전동기가 손상되기 쉬운 것을 방지한다.
④ 저압 측 플로트식 팽창밸브는 주로 만액식증발기의 액면 높이에 따라 냉매의 유량을 조절하는 것이다.

[06년 1회]

04 플로트 스위치를 설치할 장소로 옳은 것은?

① LPS와 조합하여 Unloder용으로 설치
② 수액기 출구 스톱밸브와 팽창밸브 사이의 액관
③ 냉매유량 확보를 위한 응축기에 설치
④ 액분리기에 설치

플로트 스위치는 액회수장치의 액분리기나 액류기, 유회수장치의 유분리기, 유류기 등에 설치한다.

 정답 01 ① 02 ④ 03 ② 04 ④

[13년 1회]

05 프레온 냉매의 경우 흡입배관에 이중 입상관을 설치하는 목적으로 적합한 것은?

① 오일의 회수를 용이하게 하기 위하여
② 흡입가스의 과열을 방지하기 위하여
③ 냉매액의 흡입을 방지하기 위하여
④ 흡입관에서의 압력강하를 줄이기 위하여

> 프레온 냉매의 경우 흡입배관에 이중 입상관을 설치하는 목적은 오일의 회수를 용이하게 하기 위해서 이다.

[08년 1회]

06 프레온 냉동장치에 배관공사 중에 수분이 장치 내에 잔류했을 경우 이 수분에 의한 문제점으로 옳지 않은 것은?

① 프레온 냉매와 수분은 거의 융합되지 않으므로 냉동장치 내가 0℃ 이하가 되면 수분은 빙결한다.
② 수분은 냉동장치 내에서 철재 재료 등을 부식시킨다.
③ 증발기 전열기능을 저하시키고 흡입관 내 냉매 흐름을 방해한다.
④ 프레온 냉매와 수분은 화합 반응하여 알칼리를 생성시킨다.

> 프레온 냉매의 구성원소인 염소(Cl), 불소(F)가 수분과 화합 반응을 하면 염산(HCl), 불화수소산(HF) 등 산을 생성시킨다.

[14년 2회]

07 냉매배관의 토출관경 결정 시 주의사항이 아닌 것은?

① 토출관에 의해 발생하는 전 마찰손실은 $0.2\,kgf/cm^2$를 넘지 않도록 할 것
② 지나친 압력손실 및 소음이 발생하지 않을 정도로 속도를 억제할 것($25\,m/s$ 이하)
③ 압축기와 응축기가 같은 높이에 있을 경우에는 일단 수평관으로 설치하고 상향구배를 할 것
④ 냉매가스 중에 녹아 있는 냉동기유가 확실하게 운반될만한 속도(수평관 $3.5\,m/s$ 이상, 상승관 $6\,m/s$ 이상)가 확보될 것

> 압축기와 응축기가 같은 높이에 있을 경우 또는 압축기가 응축기보다 아래에 있을 경우에는 그림과 같이 일단 수평관으로 설치하고 하향구배를 한다.

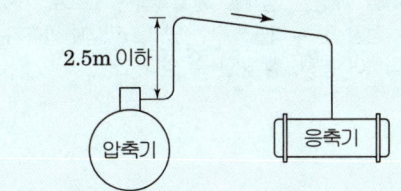

그림. 압축기와 응축기가 같은 높이에 설치된 경우

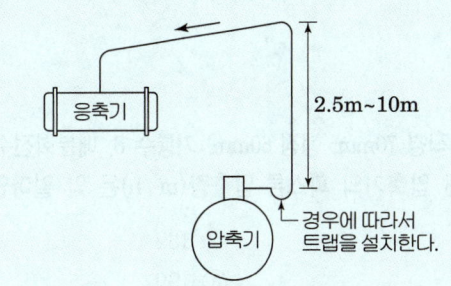

그림. 압축기가 응축기보다 아래에 설치된 경우

제2장 냉동장치의 구조 실전예상문제

본 실전예상문제는 각장 핵심예상문제에서 다루지 못한 실무적이고 난이도가 높은 문제들로 핵심예상문제를 보충해 주는 문제입니다. 핵심예상문제를 충분히 공부한 후 실전예상문제를 공부하면 효과적입니다.

1 압축기 구성 기기와 특징

[08년 1회]

01 다음은 압축기의 구조에 대해 설명한 것이다. 틀린 것은?

① 반 밀폐형은 고정식이므로 분해가 곤란하다.
② 개방형에는 벨트 구동식과 직결 구동식이 있다.
③ 밀폐형은 전동기와 압축기가 한 하우징 속에 있다.
④ 기통 배열에 따라 입형, 횡형, 다기통형으로 구분된다.

> **밀폐식 압축기**
> 밀폐식 압축기는 반밀폐식과 전밀폐식으로 나눈다. 모두 전동기(motor)를 내장한 형태로 반밀폐식은 볼트로 체결되어 있어 분해, 점검 및 수리를 할 수 있고, 전밀폐 압축기는 케이싱을 용접하여 분해, 점검 할 수 없다.

[09년 2회]

02 기통직경 70mm, 행정 60mm, 기통수 8, 매분회전수 1800인 단단 압축기의 피스톤 압출량(m³/h)은 약 얼마인가?

① 65 ② 132
③ 168 ④ 199

> 단단 압축기(왕복식)의 피스톤 압출량(m³/h)
> $$V_a = \frac{\pi d^2}{4} L \cdot N \cdot R \cdot 60$$
> $$= \frac{\pi \times 0.07^2}{4} \times 0.06 \times 8 \times 1800 \times 60 = 199$$
> 여기서, d : 내경[m], L : 행정[m], N : 기통수[개], R : 분당회전수[rpm]

[14년 1회]

03 압축기 직경이 100 mm, 행정이 850 mm, 회전수 2000 rpm, 기통수 4일 때 피스톤 배출량은?

① 3204 m³/h ② 3316 m³/h
③ 3458 m³/h ④ 3567 m³/h

> 단단 압축기(왕복식)의 피스톤 압출량(m³/h)
> $$V_a = \frac{\pi d^2}{4} L \cdot N \cdot R \cdot 60$$
> $$= \frac{\pi \times 0.1^2}{4} \times 0.85 \times 4 \times 2000 \times 60 = 3204$$
> 여기서, d : 내경[m], L : 행정[m], N : 기통수[개], R : 분당회전수[rpm]

[22년 2회]

04 클리어런스 포켓이 설치된 압축기에서 클리어런스가 커질 경우에 대한 설명으로 틀린 것은?

① 냉동능력이 감소한다.
② 피스톤의 체적 배출량이 감소한다.
③ 체적효율이 저하한다.
④ 실제 냉매 흡입량이 감소한다.

> 클리어런스가 커질 경우에 피스톤의 체적 배출량은 그대로이나 체적효율이 감소하여 실제 냉매 토출량(흡입량)은 감소한다.

정답 01 ① 02 ④ 03 ① 04 ②

[15년 1회]

05 압축기의 체적효율에 대한 설명으로 틀린 것은?

① 압축기의 압축비가 클수록 커진다.
② 틈새가 작을수록 커진다.
③ 실제로 압축기에 흡입되는 냉매증기의 체적과 피스톤이 배출한 체적과의 비를 나타낸다.
④ 비열비 값이 적을수록 증가한다.

> 체적효율이란 실제로 압축기에 흡입되는 냉매증기의 체적과 피스톤이 배출한 체적(이론 압출량)과의 비를 말하며
> ㉠ 압축비가 클수록 체적효율은 작아지고
> ㉡ 간극(Clearance-틈새)이 작을수록 체적효율은 커지며
> ㉢ 냉매 비열비가 적을수록 체적효율은 증가한다

[16년 3회]

06 압축기에서 축마력이 400kW이고, 도시마력은 350kW일 때 기계효율은?

① 75.5%   ② 79.5%
③ 83.5%   ④ 87.5%

> 기계효율 = 도시마력(실제로 가스를 압축하는 데 필요한 동력) / 축마력(실제로 압축기를 구동하는 축동력)
> $= \dfrac{350}{400} \times 100 = 87.5\%$

[10년 2회]

07 냉동장치의 압축기와 관계가 없는 효율은?

① 소음효율   ② 압축효율
③ 기계효율   ④ 체적효율

> (1) 체적효율(η_v)
> $\eta_v = \dfrac{V_g}{V_a}$
> V_a : 이론 피스톤 압출량(이론 가스 흡입체적)
> V_g : 실제 피스톤 압출량(실제 가스 흡입체적)
> (2) 압축효율(단열효율) : η_c
> $\eta_c = \dfrac{L}{L_c}$
> L : 이론단열 압축동력(이론동력)
> L_c : 실제로 증기의 압축에 필요한 동력(지시동력)
> (3) 기계효율 : η_m
> $\eta_m = \dfrac{L_c}{L_s}$
> L_c : 실제로 증기의 압축에 필요한 동력(지시동력)
> L_s : 실제로 압축기를 구동하는 축동력

[14년 2회]

08 압축기의 흡입 밸브 및 송출 밸브에서 가스누출이 있을 경우 일어나는 현상은?

① 압축일의 감소   ② 체적 효율이 감소
③ 가스의 압력이 상승   ④ 가스의 온도가 하강

> 압축기의 흡입 밸브 및 송출 밸브에서 가스누출이 있을 경우
> ㉠ 체적효율 감소   ㉡ 냉동능력 감소
> ㉢ 소요동력 증대   ㉣ 압축효율 감소
> ㉤ 토출가스온도 상승   ㉥ 압축일 증대

정답 05 ① 06 ④ 07 ① 08 ②

제2장 냉동장치의 구조

[12년 3회]

09 왕복동 압축기의 흡입밸브와 토출밸브의 필요조건으로 틀린 것은?

① 가스가 통과할 때 유동저항이 적을 것
② 밸브가 닫혔을 때 누설이 없을 것
③ 밸브의 관성력이 크고 개폐작동이 원활할 것
④ 밸브가 파손되거나 고장이 없을 것

> **밸브의 구비 조건**
> ㉠ 작동이 확실하고 경쾌할 것
> ㉡ 가스의 흐름에 저항이 적을 것
> ㉢ 누설이 없을 것
> ㉣ 변의 개폐 시 압력차 및 관성이 적을 것

[15년 2회]

10 왕복동식과 비교하여 스크롤 압축기의 특징으로 틀린 것은?

① 흡입밸브나 토출밸브가 있어 압축효율이 낮다.
② 토크 변동이 적다.
③ 압축실 사이의 작동가스의 누설이 적다.
④ 부품수가 적고 고효율 저소음, 저진동, 고신뢰성을 기대할 수 있다.

> **스크롤압축기 특징(왕복동 압축기나 회전식 압축기에 비해)**
> ㉠ 흡입 및 토출변이 없으며, 부품수가 적고 높은 압축비로 운전해도 고효율운전이 가능하다.
> ㉡ 비교적 액압축에 강하고 토크변동, 작동가스의 누설, 진동, 소음이 적다.
> ㉢ 고효율(체적효율, 압축효율 및 기계효율)이고 고속회전에 적합하다.

[08년 2회]

11 다음 압축기 중 그 원리가 다른 것은?

① 왕복동식 압축기   ② 스크루식 압축기
③ 스크롤식 압축기   ④ 원심식 압축기

> **압축기의 분류**
> 1) 용적(체적)식 : 왕복식 압축기, 회전식 압축기, 스크루식 압축기, 스크롤식 압축기
> 2) 원심식 : 원심식(turbo)압축기

[23년 1회, 22년 3회, 16년 2회]

12 냉동용 스크루 압축기에 대한 설명으로 틀린 것은?

① 왕복동식에 비해 체적효율과 단열효율이 높다.
② 스크루 압축기의 로터와 축은 일체식으로 되어 있고, 구동은 숫 로터에 의해 이루어진다.
③ 스크루 압축기의 로터 구성은 다양하나 일반적으로 사용되고 있는 것은 숫 로터 4개, 암로터 4개인 것이다.
④ 흡입, 압축, 토출과정인 3행정으로 이루어진다.

> 스크루압축기는 깊은 홈이 있는 여러 개의 치형을 갖는 수로터(male rotor)와 암로터(female rotor)로 구성되어 있고 최근 널리 사용되고 있는 치형 조합은 수로터의 잇수 + 암로터의 잇수 조합이 4+5, 4+6, 5+6, 5+7 Profile 등이 있다.

[23년 3회, 10년 3회]

13 스크루 압축기의 특징에 관한 설명으로 틀린 것은?

① 경부하 운전 시 비교적 동력 소모가 적다.
② 크랭크 샤프트, 피스톤링, 커넥팅 로드 등의 마모 부분이 없어 고장이 적다.
③ 소형으로써 비교적 큰 냉동능력을 발휘할 수 있다.
④ 왕복동식에서 필요한 흡입밸브와 토출밸브를 사용하지 않는다.

> **스크루(screw) 압축기의 특징**
> ㉠ 경부하운전시 동력소비가 크다.
> ㉡ 마모 부분(크랭크샤프트, 피스톤링, 커넥팅로드 등)이 없어 고장이 적다.
> ㉢ 소형으로 대용량의 가스를 처리할 수 있다.
> ㉣ 흡입 및 토출밸브가 없다.
> ㉤ 냉매의 압력손실이 적어 체적효율이 향상된다.
> ㉥ 무단계, 연속적인 용량제어가 가능하다.

정답 09 ③ 10 ① 11 ④ 12 ③ 13 ①

[10년 2회]

14 압축기의 압축방식에 의한 분류 중 용적형 압축기가 아닌 것은?

① 왕복동식 압축기　② 스크루식 압축기
③ 회전식 압축기　　④ 원심식 압축기

> 압축기의 분류
> 용적(체적)식 : 왕복식 압축기, 회전식 압축기, 스크루식 압축기, 스크롤식 압축기
> 원심식 : 원심식(turbo)압축기

[14년 3회]

15 왕복동식 압축기와 비교하여 터보 압축기의 특징으로 가장 거리가 먼 것은?

① 고압의 냉매를 사용하므로 취급이 다소 어렵다.
② 회전 운동을 하므로 동적 균형을 잡기 좋다.
③ 흡입 밸브, 토출 밸브 등의 마찰 부분이 없으므로 고장이 적다.
④ 마모에 의한 손상이 적어 성능 저하가 없고 구조가 간단하다.

> 터보압축기는 저압의 냉매를 사용하므로 위험이 적고 취급이 쉽다.

[22년 2회]

16 압축기의 체적효율에 대한 설명으로 옳은 것은?

① 간극체적(top clearance)이 작을수록 체적효율은 작다.
② 같은 흡입압력, 같은 증기 과열도에서 압축비가 클수록 체적효율은 작다.
③ 피스톤 링 및 흡입 밸브의 시트에서 누설이 작을수록 체적효율이 작다.
④ 이론적 요구 압축동력과 실제 소요 압축동력의 비이다.

① 간극체적(top clearance)이 작을수록 체적효율은 크다.
② 같은 흡입압력, 같은 증기 과열도에서 압축비가 클수록 체적효율은 작다.
③ 피스톤 링 및 흡입 밸브의 시트에서 누설이 작을수록 체적효율은 크다.
④ 체적효율은 실제로 압축기에 흡입되는 냉매증기의 체적과 피스톤이 배출한 체적과의 비를 나타낸다.

[12년 1회, 09년 1회]

17 왕복동식 냉동기의 기동부하를 경감시키는 방법이 아닌 것은?

① 바이패스 법　　　② 클리어런스 증대법
③ 언로더 시스템법　④ 흡입 댐퍼 조절법

> 흡입 댐퍼 조절법은 원심식 냉동기의 용량제어 방식이다.

[13년 2회]

18 원심 압축기의 용량 조정법에 대한 설명으로 틀린 것은?

① 회전수 변화
② 안내익의 경사도 변화
③ 냉매의 유량 조절
④ 흡입구의 댐퍼 조정

> 원심식(turbo) 냉동기의 용량제어
> ① 압축기 회전수 가감법(회전수 변화)
> ② 흡입 가이드 베인 조절법(안내익의 경사도 변화)
> ④ 흡입 댐퍼 조절법

[08년 3회]

19 터보 압축기에서 속도에너지를 압력으로 변화시키는 장치는?

① 임펠러　② 베인
③ 증속기어　④ 디퓨져

정답　14 ④　15 ①　16 ②　17 ④　18 ③　19 ④

제2장 냉동장치의 구조

> **디퓨져(diffuser)**
> 유체가 갖는 운동(속도)에너지를 압력에너지로 변환시키기 위해 하류 방향으로 단면적이 점차로 확대된 관로를 디퓨져라 한다.

[08년 2회]

20 2단 압축식 냉동장치에서 증발압력부터 중간압력까지 압력을 높이는 압축기를 무엇이라고 하는가?

① 부스터
② 에코노마이저
③ 터보
④ 루트

> **부스터 압축기(booter compressor)**
> 부스터 압축기란 2단 압축식 냉동장치에서 증발압력부터 중간압력까지 압력을 높이는 압축기를 말한다.

[22년 1회, 10년 2회]

21 어떤 냉동장치의 게이지압이 저압은 60mmHg v, 고압은 0.59MPa이었다면 이때의 압축비는 약 얼마인가? (단, 대기압은 0.1MPa로 한다)

① 5.8
② 6.0
③ 7.5
④ 8.3

> 압축비 $m = \dfrac{P_1}{P_2} = \dfrac{0.59+0.1}{0.0921} = 7.5$
> 여기서, P_1 : 고압 측 절대압력[MPa·a]
> P_2 : 저압 측 절대압력[MPa·a]
> $= 0.1 \times \dfrac{760-60}{760} = 0.0921 [\text{MPa}\cdot\text{a}]$

[16년 1회]

22 2단압축 냉동장치에서 게이지 압력계의 지시계가 고압 1.5MPa, 저압 100mmHg v을 가리킬 때, 저단압축기와 고단압축기의 압축비는? (단, 저·고단의 압축비는 동일하다.)

① 3.6
② 3.8
③ 4.0
④ 4.3

> 압축비 $m = \dfrac{P_m}{P_2} = \dfrac{P_1}{P_m}$ 에서 $P_m^2 = P_2 \times P_1$
> $\therefore P_m = \sqrt{P_1 \cdot P_2} = \sqrt{1.601325 \times 0.088} = 0.375$
> 여기서, P_1 : 고압 측(응축) 절대압력[MPa·a]
> $= 0.101325 + 1.5 = 1.601325 [\text{MPa}\cdot\text{a}]$
> P_2 : 저압 측 절대압력[MPa·a]
> $= 0.101325 \times \dfrac{760-100}{760} = 0.088 [\text{MPa}\cdot\text{a}]$
> $\therefore$ 압축비 $m = \dfrac{0.375}{0.088} = 4.3$

[10년 3회]

23 암모니아 냉동장치에서 압축기의 토출압력이 높아지는 이유로 틀린 것은?

① 흡입변과 변좌 간에 이물질이 끼었다.
② 냉매 중에 공기가 섞여있기 때문이다.
③ 응축기와 압축기를 순환하는 냉각수가 부족했기 때문이다.
④ 장치 내에 냉매가 과잉충진 되었기 때문이다.

> **토출압력이 상승하는 원인**
> ㉠ 공기가 냉매계통에 흡입하였다.
> ㉡ 냉매가 과잉충전 되어있다.
> ㉢ 냉각수 온도가 높거나 유량이 부족하다.
> ㉣ 응축기내 냉매배관 및 전열핀이 오염되었다.
> ㉤ 공기 등의 불응축 가스가 냉동장치 내에 혼입되어 있다.

정답 20 ① 21 ③ 22 ④ 23 ①

[13년 2회]
24 압축기 과열의 원인이 아닌 것은?

① 증발기의 부하가 감소했을 때
② 윤활유가 부족했을 때
③ 압축비가 증대했을 때
④ 냉매량이 부족했을 때

> 압축기 과열의 원인
> ㉠ 증발기의 부하 증대
> ㉡ 윤활유 부족
> ㉢ 압축비 증대
> ㉣ 냉매충전량 부족
> ㉤ 냉각수량 부족(워터재킷 기능 불량)
> ㉥ 압축기 흡입밸브 및 토출밸브 누설

[23년 3회, 22년 2회]
25 압축기의 흡입 밸브 및 송출 밸브에서 가스누출이 있을 경우 일어나는 현상은?

① 압축일의 감소   ② 체적 효율이 감소
③ 가스의 압력이 상승   ④ 성적계수 증가

> 압축기의 흡입 밸브 및 송출 밸브에서 가스누출이 있을 경우
> ㉠ 체적효율 감소   ㉡ 냉동능력 감소
> ㉢ 소요동력 증대   ㉣ 압축효율 감소
> ㉤ 토출가스온도 상승 ㉥ 압축일 증대

2 응축기 구성 기기와 특징

[08년 1회]
26 다음 입형 셸 앤드 튜브식 응축기의 설명으로 맞는 것은?

① 설치 면적이 큰데 비해 응축 용량이 적다.
② 냉각수 소비량이 비교적 적고 설치장소가 부족한 경우에 설치한다.
③ 냉각수의 배분이 불균등하고 유량을 많이 함유하므로 과부하를 처리할 수 없다.
④ 설치면적이 작고 운전 중에도 냉각관 청소가 용이하다.

> 입형 셸 앤드 튜브식 응축기
> ① 입형 셸 튜브 응축기는 설치면적이 작고 전열이 양호하며 운전 중에도 냉각관의 청소가 가능하다.
> ② 충분한 냉각수가 있고 수질이 우수한 곳에서 사용된다.
> ③ 대형 암모니아 냉동기에 사용되며 과부하 처리를 할 수 있다.

[16년 1회]
27 응축기에서 고온 냉매가스의 열이 제거되는 과정으로 가장 적합한 것은?

① 복사와 전도   ② 승화와 증발
③ 복사와 기화   ④ 대류와 전도

> 응축기에서 고온 냉매가스의 열이 제거되는 과정은 주로 대류와 전도에 의해 이루어진다.

[16년 3회]
28 응축기에 대한 설명으로 틀린 것은?

① 응축기는 압축기에서 토출한 고온가스를 냉각시킨다.
② 냉매는 응축기에서 냉각수에 의하여 냉각되어 압력이 상승한다.
③ 응축기에는 불응축 가스가 잔류하는 경우가 있다.
④ 응축기 냉각관의 수측에 스케일이 부착되는 경우가 있다.

> ② 냉매는 응축기에서 냉각수에 의하여 냉각되며 압력은 일정하다. 다만 어떤 원인으로 응축 불량이 되었을 경우에는 응축압력은 상승한다.

[14년 3회]
29 나선모양의 관으로 냉매증기를 통과시키고 이 나선관을 원형 또는 구형의 수조에 넣어 냉매를 응축시키는 방법을 이용한 응축기는?

① 대기식 응축기(atmospheric condenser)
② 지수식 응축기(submerged coil condenser)
③ 증발식 응축기(evaporative condenser)
④ 공랭식 응축기(air cooled condenser)

정답 24 ① 25 ② 26 ④ 27 ④ 28 ② 29 ②

지수식 응축기(submerged coil condenser)
나선모양의 관으로 냉매증기를 통과시키고 이 나선관을 원형 또는 구형의 수조에 넣어 냉매를 응축시키는 방법을 이용한 응축기로 현재는 거의 사용하지 않는다.

[12년 3회]

30 응축기에서 수액기로 액이 떨어지지 않을 때가 있다. 그 대책에 관한 설명 중 옳지 않은 것은?

① 낙하관의 관경을 크게 한다.
② 균압관을 설치한다.
③ 낙하관에 트랩을 설치한다.
④ 낙하관에 체크밸브를 설치한다.

응축기에서 수액기로 냉매액을 원활하게 유입하려고 할 경우에는 다음과 같은 대책이 필요하다.
① 낙하관의 관경을 크게 하여 저항을 감소시킨다.
② 응축기 상부와 수액기 상부에 균압관을 설치한다.
③ 낙하관에 트랩을 설치한다.

[10년 1회]

31 응축기의 냉각 방법에 따른 분류에 속하지 않는 것은?

① 수냉식   ② 증발식
③ 증류식   ④ 공랭식

응축기의 냉각 방법에는 수냉식, 증발식, 공랭식이 있다.

[15년 3회]

32 응축기의 냉각 방법에 따른 분류로서 가장 거리가 먼 것은?

① 공랭식   ② 노냉식
③ 증발식   ④ 수냉식

응축기의 냉각 방법에는 수냉식, 증발식, 공랭식이 있다.

[14년 1회]

33 공랭식 응축기에 있어서 냉매가 응축하는 온도는 어떻게 결정하는가?

① 대기의 온도보다 30℃(54°F) 높게 잡는다.
② 대기의 온도보다 19℃(35°F) 높게 잡는다.
③ 대기의 온도보다 10℃(18°F) 높게 잡는다.
④ 증발기 속의 냉매 증기를 과열도에 따라 높인 온도로 잡는다.

공랭식 응축기
공랭식 응축기는 소형 냉동기(프레온계)에 사용되면서 냉각수용 배관 및 배수 설비가 필요하지 않는 응축기로 응축온도가 외기온도보다 15~20℃ 정도 높아 효율이 불량하나 냉각수 사용에 비하여 매우 간편하고 경제적인 이점이 있어 점차 대용량화 되고 있다.

[11년 1회]

34 공랭식 응축기의 특징으로 틀린 것은?

① 수냉식에 비하여 전열작용이 나쁘다.
② 응축온도가 낮아진다.
③ 겨울에 사용할 때는 응축온도를 조절해야 한다.
④ 냉각수 배관설비가 필요 없다.

특징
㉠ 냉각수를 사용하지 않으므로 여기에 필요한 냉각수 배관, 펌프, 배수시설 등이 불필요하다.
㉡ 설치가 간단하고 부식이 잘 되지 않는다.
㉢ 응축기가 옥외에 설치되어 고압 냉매 배관이 길어진다.
㉣ 기온에 따라 응축 압력의 변화가 심하고 응축압력이 높아진다.
㉤ 송풍형식에 따라 자연대류식과 강제 대류식으로 구분된다.
㉥ 냉각수에 비해 전열이 불량하여 전열면적을 넓히기 위해 플레이트 핀 튜브(Plate finned tube)를 사용한다.

정답 30 ④ 31 ③ 32 ② 33 ② 34 ②

[11년 2회]
35 소형 냉동기(프레온계)에 사용되면서 냉각수용 배관 및 배수 설비가 필요하지 않는 응축기는?

① 횡형 원통다관식 응축기 ② 대기식 응축기
③ 증발식 응축기 ④ 공랭식 응축기

> **공랭식 응축기**
> 공랭식 응축기는 소형 냉동기(프레온계)에 사용되면서 냉각 수용 배관 및 배수 설비가 필요하지 않는 응축기로 응축온도가 외기온도보다 15~20℃ 정도 높아 효율이 불량하나 냉각수 사용에 비하여 매우 간편하고 경제적인 이점이 있어 점차 대용량화 되고 있다.

[22년 1회, 09년 1회]
36 다음의 응축기 중 열통과율이 가장 나쁜 것은?

① 공랭식 ② 횡형 셸 앤드 튜브식
③ 증발식 ④ 입형 셸 앤드 튜브식

> **응축기의 열통과율[W/m²K]**
> ① 공랭식 : 23
> ② 횡형 셸 앤드 튜브식 : 1047
> ③ 증발식 : 349
> ④ 입형 셸 앤드 튜브식 : 872

[16년 1회]
37 다음 중 증발식 응축기의 구성요소로서 가장 거리가 먼 것은?

① 송풍기
② 응축용 핀-코일
③ 물분무 펌프 및 분배장치
④ 일리미네이터, 수공급장치

> **증발식 응축기(Evaporative Condenser)**
> 냉매가스가 흐르는 냉각관 코일의 외면에 냉각수를 노즐(Nozzle)에 의해 분사시켜 증발 잠열로 냉각하는 형식이다.
> ㉠ 물의 증발잠열 및 공기, 물의 현열에 의한 냉각방식으로 냉각소비량이 작다.
> ㉡ 상부에 일리미네이터(Eliminator)를 설치한다.
> ㉢ 팬(Fan), 노즐(Nozzle), 냉각수 펌프 등 부속설비가 많이 든다.
> 응축용 핀코일은 공랭식등에서 사용한다

[12년 1회, 09년 2회]
38 다음은 증발식 응축기에 관한 설명이다. 잘못된 것은?

① 구조가 간단하고 압력강하가 작다.
② 일반 수냉식에 비하여 전열 작용이 나쁘다.
③ 대기의 습구온도 영향을 많이 받는다.
④ 물의 증발 잠열을 이용하여 냉각하므로 냉각수가 적게 든다.

> 증발식 응축기는 구조가 복잡하고 냉각관 내에서 냉매의 압력강하가 크다.

[14년 2회]
39 다음 응축기에 대한 설명 중 옳은 것은?

① 증발식 응축기는 주로 물의 증발에 의하여 냉각되는 것이다.
② 횡형 응축기의 관내 유속은 5m/sec가 표준이다.
③ 공랭식 응축기는 공기의 잠열로 냉각된다.
④ 입형 암모니아 응축기는 운전 중에 냉각관의 소제를 할 수 없으므로 불편하다.

> ② 횡형 응축기의 냉각수 출구와 입구의 온도차는 4~7℃ 이며, 냉각관 내의 냉각수 속도는 1.0~1.5m/sec이다.
> ③ 공랭식 응축기는 공기의 현열에 의해 냉각된다.
> ④ 입형 셸 튜브 응축기는 설치면적이 작고 전열이 양호하며 운전 중에도 냉각관의 청소가 가능하다.

[22년 1회]
40 암모니아를 냉매로 사용하는 냉동장치에서 응축압력의 상승 원인으로 가장 거리가 먼 것은?

① 냉각수 온도가 현저히 감소할 때
② 불응축가스가 혼입되었을 때
③ 냉매가 과충전되었을 때
④ 응축기 냉각관에 물 때 및 유막이 형성되었을 때

> **응축압력(온도)의 상승원인**
> ㉠ 응축기의 냉각수온 및 냉각공기의 온도가 높을 경우
> ㉡ 불응축가스가 혼입되었을 때, 냉각수량이 부족할 경우
> ㉢ 증발부하가 클 경우
> ㉣ 냉각관에 유막 및 스케일이 생성되었을 경우
> ㉤ 냉매를 너무 과충전 했을 경우

정답 35 ④ 36 ① 37 ② 38 ① 39 ① 40 ①

[12년 2회]

41 냉동장치의 운전 중 냉각수 펌프 이상으로 인하여 응축기 냉각수량이 부족하였다. 이때 발생할 수 있는 현상이 아닌 것은?

① 응축온도의 상승
② 압축일량 증가
③ 압축기 흡입가스 체적증가
④ 고압 상승

> 냉동장치의 운전 중 냉각수 펌프 이상으로 인하여 응축기 냉각수량이 부족할 경우 응축능력 감소로 인하여 응축온도(압력) 상승, 압축일 증가, 토출가스온도 상승, 윤활유 열화 및 탄화, 체적효율 감소, 냉동능력 감소, 성적계수 감소 등의 원인이 된다.

[14년 2회, 11년 3회]

42 압축기 및 응축기에서 과도한 온도 상승을 방지하기 위한 대책으로 부적당한 것은?

① 압력 차단 스위치를 설치한다.
② 온도 조절기를 사용한다.
③ 규정된 냉매량보다 적은 냉매를 충진 한다.
④ 많은 냉각수를 보낸다.

> 규정된 냉매량보다 적은 냉매를 충진하면 냉동능력의 감소와 토출가스 과열에 의한 과도한 온도상승의 우려가 있다.

[12년 3회, 10년 2회]

43 냉동능력 41700kJ/h인 냉동기에서 냉매를 압축할 때 3.2kW의 동력이 소모되었다. 응축기 방열량은 몇 kJ/h 인가?

① 37240
② 49280
③ 53220
④ 58640

> 응축기 방열량 Q_1
> $Q_1 = Q_2 + W = 41700 + 3.2 \times 3600 = 53220$
> 여기서, Q_2 : 냉동능력[kJ/h]
> W : 압축일(소요동력)[kJ/h]

[11년 1회]

44 횡형 수냉응축기의 열통과율이 872W/m²K, 냉각수량 450L/min, 냉각수 입구온도 28℃, 냉각수 출구온도 33℃ 응축온도와 냉각수 온도와의 평균온도차가 5℃일 때, 이 응축기의 전열면적은 얼마인가?

① 46m²
② 40m²
③ 36m²
④ 30m²

> 응축기 방열량 Q_1
> $Q_1 = mc\Delta t/60 = KA\Delta t_m$ 에서
> $A = \dfrac{mc\Delta t/60}{K\Delta t_m} = \dfrac{\left(\dfrac{450}{60}\right) \times 4.2 \times (33-28)}{0.872 \times 5} = 36$
> 여기서, m : 냉각수량[L/min]
> c : 냉각수 비열 4.2[kJ/kgK]
> Δt : 냉각수 입·출구 온도차[℃]
> K : 열통과율[kW/m²K]
> A : 전열면적[m²]
> Δt_m : 응축온도와 냉각수 온도와의 평균온도차[℃]

[22년 2회]

45 매시 30℃의 물 2000 kg을 -10℃의 얼음으로 만드는 냉동장치가 있다. 이 냉동장치의 냉각수 입구온도가 32℃, 냉각수 출구온도가 37℃이며, 냉각수량이 60m³/h 일 때, 압축기의 소요동력은?

① 83 kW
② 88 kW
③ 90 kW
④ 117 kW

> 응축부하(Q_1)와 냉동능력(Q_2) 압축동력(W)관계는
> $Q_1 = Q_2 + W$ 에서
> 소요동력 $W = Q_1 - Q_2 = 350 - 267 = 83[kW]$
> 여기서,
> 응축부하 $Q_1 = 60 \times 10^3 \times 4.2 \times (37-32)/3600 = 350[kW]$
> 냉동능력 $Q_2 = 2000 \times (4.2 \times 30 + 334 + 2.1 \times 10)/3600$
> $= 267[kW]$

정답 41 ③ 42 ③ 43 ③ 44 ③ 45 ①

[16년 2회]

46 냉동능력 20 RT, 축동력 12.6 kW인 냉동장치에 사용되는 수냉식 응축기의 열통과율 786 W/m²K 전열량의 외표면적 15 m², 냉각수량 279 L/min, 냉각수 입구온도 30℃일 때, 응축온도는? (단, 냉매와 물의 온도차는 산술평균 온도차를 사용하고, 냉각수비열은 4.2kJ/kg·K 1RT= 3.86kW를 사용한다.)

① 35℃ ② 40℃
③ 45℃ ④ 50℃

> 응축기 방열량 Q_1
> $Q_1 = mc(t_{w2} - t_{w1})/60 = Q_2 + W$ 에서
> 응축기 출구온도
> $t_{w2} = t_{w1} + \dfrac{Q_2 + W}{mc/60} = 30 + \dfrac{20 \times 3.86 + 12.6}{\left(\dfrac{279}{60}\right) \times 4.2} ≒ 34.6℃$
> $Q_1 = KA\left(t_c - \dfrac{t_{w1} + t_{w2}}{2}\right) = Q_2 + W$ 에서
> ∴ 응축온도
> $t_c = \dfrac{Q_2 + W}{KA} + \dfrac{t_{w1} + t_{w2}}{2}$
> $= \dfrac{20 \times 3.86 + 12.6}{0.786 \times 15} + \dfrac{30 + 34.6}{2} ≒ 40℃$

[12년 3회]

47 냉매의 응축온도 50℃, 응축기 냉각수 입구온도 25℃, 출구온도 35℃일 때 대수평균 온도차는 약 얼마인가?

① 22.6℃ ② 19.6℃
③ 16.6℃ ④ 12.6℃

> $\Delta tm = \dfrac{\Delta t_1 - \Delta t_2}{\ln \dfrac{\Delta t_1}{\Delta t_2}} = \dfrac{(50-25)-(50-35)}{\ln \dfrac{50-25}{50-35}} = 19.6℃$

[10년 3회]

48 역카르노 사이클로 작동하는 냉동기가 35마력의 일을 받아서 저온체로부터 105 kJ/s의 일을 흡수한다면 고온체로 방출하는 열량은 약 얼마인가?
(단, 1마력은 0.735 kW로 한다.)

① 87kW ② 131kW
③ 141kW ④ 152kW

> $Q_1 = Q_2 + W = 105 + 35 \times 0.735 ≒ 131 \text{ kW}$

[23년 1회]

49 냉동능력이 1RT인 냉동장치가 1kW의 압축동력을 필요로 할 때, 응축기에서의 방열량(kW)은 얼마인가?
(1RT=3.86kW 이다.)

① 2 ② 3.3
③ 4.8 ④ 6

> Q_1(방열량)$= Q_2$(냉동능력)$+W$(압축동력) 에서
> $= 1 \times 3.8 + 1 = 4.8 \text{kW}$

[11년 1회]

50 냉각탑의 능력산정 중 쿨링 레인지의 설명으로 맞는 것은?

① 냉각수 입구수온 × 냉각수 출구수온
② 냉각수 입구수온 − 냉각수 출구수온
③ 냉각수 출구온도 × 입구공기 습구온도
④ 냉각수 출구온도 − 입구공기 습구온도

> 냉각탑의 냉각능력
> (1) 쿨링 레인지(Cooling range)
>   = 냉각수 입구온도(℃)−냉각수 출구온도(℃)
> (2) 쿨링 어프로치(Cooling approach)
>   = 냉각수 출구온도(℃)−입구공기의 습구온도(℃)

정답 46 ② 47 ② 48 ② 49 ③ 50 ②

[23년 2회]

51 전열면적 20m², 냉각수량 300L/min인 수냉식 응축기에서 냉각수 입구수온 32℃, 출구수온 37℃일 때 응축온도(℃)는 얼마인가?
(단, 전열면 열통과율은 1140W/m²·K이고, 냉각수의 비열은 4.2kJ/kg·K이다.)

① 39.11℃   ② 37.92℃
③ 36.35℃   ④ 34.28℃

응축기에서 응축부하는
$Q_1 = KA\Delta t_m = WC\Delta t_w$
(Δt_m : 산술평균온도차, Δt_w : 입출구온도차)
$\Delta t_m = \dfrac{WC\Delta t_w}{KA} = \dfrac{300 \times 4.2(37-32) \times 10^3}{1140 \times 20 \times 60}$
$= 4.61℃$ 에서
응축온도 t_c일 때
$\Delta t_m = t_c - \dfrac{t_{w1} + t_{w2}}{2}$ 대입하면
$t_m = \Delta t_m + \dfrac{t_{w1} + t_{w2}}{2} = 4.61 + \dfrac{32+37}{2} = 39.11℃$

3 증발기 구성 기기와 특징

[15년 2회]

52 건식 증발기의 종류에 해당되지 않는 것은?

① 셸 코일식 냉각기   ② 핀 코일식 냉각기
③ 보델로 냉각기   ④ 플레이트 냉각기

보델로(Baudelot)형 증발기
대기식 응축기와 비슷한 구조로 냉각관 상부에 피냉각액(물, 우유 등)의 저장조를 설치하여 피냉각액을 관의 외측에 흐르게 하여 관내에서 증발하는 냉매에 의해 냉각하는 형식의 냉각기로 만액식 증발기의 일종이다.

[15년 2회]

53 만액식 증발기의 특징으로 가장 거리가 먼 것은?

① 전열작용이 건식보다 나쁘다.
② 증발기 내에 액을 가득 채우기 위해 액면제어 장치가 필요하다.
③ 액과 증기를 분리시키기 위해 액분리기를 설치한다.
④ 증발기 내에 오일이 고일 염려가 있으므로 프레온의 경우 유회수장치가 필요하다.

만액식 증발기는 증발기 내에 냉매액과 가스의 비율이 75:25로 냉매 순환량이 건식 증발기보다 많아 전열이 양호하다.

[23년 2회]

54 만액식 증발기에 대한 설명 중 틀린 것은?

① 증발기 내에서는 냉매액이 항상 충만되어 있다.
② 증발된 가스는 냉매액 중에서 기포가 되어 상승하여 액과 분리된다.
③ 피냉각 물체와 전열면적이 거의 냉매액과 접촉하고 있다.
④ 만액식 증발기에서는 냉매 순환펌프를 사용하지 않는다.

만액식 증발기는 증발기 내에 냉매액과 가스의 비율이 75:25 정도이며, 냉매 순환펌프를 이용하여 냉매를 순환시켜서 전열이 양호하다.

[12년 1회]

55 원통다관식 암모니아 만액식 증발기의 원통(셸)내의 냉매액은 어느 정도 차도록 하는 것이 적당한가?

① 원통높이의 1/4~1/2   ② 원통길이의 1/4~1/2
③ 원통높이의 1/2~3/4   ④ 원통길이의 1/2~3/4

횡형 원통다관식 암모니아 만액식 증발기
셸(shell)내부에 냉매가 튜브(냉각관)에 순환하는 브라인을 냉각하는 공업용 브라인 냉각장치의 표준형으로 원통(셸)내의 냉매액은 원통높이의 1/2~3/4까지 차도록 하는 것이 일반적이다.

정답 51 ① 52 ③ 53 ① 54 ④ 55 ③

[12년 2회]
56 증발기의 종류와 그 용도가 적정하지 않은 것은?

① 나관코일식 : 공기냉각용
② 헤링본식 : 음료수 냉각용
③ 셸튜브식 : 브라인 냉각용
④ 보델로 : 유류, 우유 등의 냉각용

> 헤링본 증발기는 일명 탱크식 증발기라고도 하며 만액식으로 액순환이 용이하고 기액의 분리가 쉬워 전열이 양호하고, 주로 암모니아용 제빙장치에 사용한다.

[09년 1회]
59 다음 중 공기 냉각용 증발기에 속하는 것은?

① 보데로 증발기
② 탱크형 증발기
③ 캐스케이드 증발기
④ 셸 앤 코일 증발기

> 공기냉각용 증발기
> ㉠ 나관코일 증발기 ㉡ 판형 증발기 ㉢ 핀 튜브식 증발기
> ㉣ 캐스케이드(cascade) 증발기
> ㉤ 멀티피드 멀티섹션(multi feed multi suction) 증발기

[15년 1회, 10년 3회]
57 다음 증발기의 종류 중 전열효과가 가장 좋은 것은? (단, 동일 용량의 증발기로 가정한다.)

① 플레이트형 증발기
② 팬 코일식 증발기
③ 나관 코일식 증발기
④ 셸 튜브식 증발기

> 증발기 열통과율[W/m²K]
> ① 플레이트형 증발기 : 11.5~14
> ② 팬 코일식 증발기(자연대류 : 5.8, 강제대류 : 15~20)
> ③ 나관 코일식 증발기 : 8~15
> ④ 셸 튜브식 증발기 : 465~580

[22년 1회][16년 1회]
60 증발온도(압력)하강의 경우 장치에 발생되는 현상으로 가장 거리가 먼 것은?

① 성적계수(COP) 감소
② 토출가스 온도상승
③ 냉매 순환량 증가
④ 냉동 효과 감소

> 증발압력(온도)강하 시 발생되는 현상
> ㉠ 압축비의 증대   ㉡ 토출가스 온도 상승
> ㉢ 체적 효율 감소   ㉣ 냉매 순환량 감소
> ㉤ 냉동효과 감소   ㉥ 성적계수 감소
> ㉦ 흡입가스 비체적 증가 ㉧ 실린더 과열
> ㉨ 윤활유 열화 및 탄화 ㉩ 소요 동력 증대

[16년 2회]
58 증발기의 분류 중 액체 냉각용 증발기로 가장 거리가 먼 것은?

① 탱크형 증발기
② 보데로형 증발기
③ 나관코일식 증발기
④ 만액식 셸 앤드 튜브식 증발기

> 공기냉각용 증발기
> ㉠ 나관코일 증발기 ㉡ 판형 증발기 ㉢ 핀 튜브식 증발기
> ㉣ 캐스케이드 증발기 ㉤ 멀티피드 멀티섹션 증발기

[14년 2회]
61 증발기에 서리가 생기면 나타나는 현상은?

① 압축비 감소
② 소요동력 감소
③ 증발압력 감소
④ 냉장고 내부온도 감소

> 증발기에 서리가 생기면 전열저항이 증대되어 증발기 능력이 감소된다. 따라서 냉동기 내의 증발압력은 감소한다.

정답 56 ② 57 ④ 58 ③ 59 ③ 60 ③ 61 ③

[23년 1회]

62 냉동장치 증발기에 대한 핫가스 제상 방법의 특징으로 틀린 것은?

① 압축기 토출가스를 전자변을 통해 증발기로 주입하여 제상한다.
② 전기제상법에 비하여 제상속도가 빠르다.
③ 증발기가 내부에서 가열되기 때문에 냉장 식품으로 전달되는 과잉 열량이 적다.
④ 핫가스 제상 후 즉시 정상운전이 가능하다.

> 핫가스 제상은 증발기 전체를 가열하여 제상하기 때문에 제상후 정상 냉동 운전에는 시간이 소요된다.

[11년 2회]

63 저온의 냉장실에서 운전 중 냉각기에 적상(성애)이 생길 경우 이것을 살수로 제상(defrost)하고자 할 때 주의할 사항으로 옳지 않은 것은?

① 냉각기용 송풍기는 정지 후 살수 제상을 행한다.
② 제상수의 온도는 30~40℃정도의 물을 사용한다.
③ 살수하기 전에 냉각(증발)기로 유입되는 냉매액을 차단한다.
④ 분사 노즐은 항상 깨끗이 청소한다.

> 살수(撒水)식 제상(Water defrost)
> 증발기 냉각관 표면에 온수(10~25℃)를 다량 일시에 살포하여 온수에 의하여 서리를 녹이는 방법이다. 고압가스 제상장치와 함께 사용된다. 제상시에는 팬(Fan), 냉동기는 정지하고 가능한 공기의 출입구도 막는 것이 좋다.

[14년 1회]

64 매분 염화칼슘 용액 350l/min를 -5℃에서 -10℃까지 냉각시키는 데 필요한 냉동능력[kW]은 얼마인가? (단, 염화칼슘 용액의 비중은 1.2, 비열은 2.5kJ/kgK이다.)

① 75.8 ② 87.5
③ 92.3 ④ 102

> 냉동부하
> $Q_2 = mc\Delta t = \left(\dfrac{350}{60}\right) \times 1.2 \times 2.5 \times \{-5-(-10)\}$
> $= 87.5 [kW]$

[13년 3회, 08년 1회]

65 30℃의 원수 5ton을 3시간에 2℃까지 냉각하는 수냉각장치의 냉동 능력은 약 얼마인가?

① 8RT ② 11RT
③ 14RT ④ 26RT

> 냉동 능력 RT
> $RT = \dfrac{냉동부하[kW]}{3.86} = \dfrac{\left(\dfrac{5 \times 10^3}{3 \times 3600}\right) \times 4.2 \times (30-2)}{3.86} \fallingdotseq 14\,RT$
> 여기서, 냉동부하 $Q_2 = mc\Delta t [kW]$

[13년 3회]

66 유량 100L/min의 물을 15℃에서 10℃로 냉각하는 수냉각기가 있다. 이 냉동 장치의 냉동효과가 125kJ/kg일 경우에 냉매 순환량은 얼마인가? (단, 물의 비열은 4.19kJ/kg·K이다.)

① 16.7kg/h ② 1006kg/h
③ 450kg/h ④ 960kg/h

> SI단위
> $Q_2 = G \times q_2 = mc\Delta t$ 에서
> 냉매순환량
> $G = \dfrac{mc\Delta t}{q_2} = \dfrac{100 \times 60 \times 4.19 \times (15-10)}{125}$
> $= 1005.6 \fallingdotseq 1006 [kg/h]$

[14년 2회]

67 프레온 냉동기의 냉동능력이 79380kJ/h이고, 성적계수가 4, 압축일량이 189kJ/kg일 때 냉매순환량은 얼마인가?

① 96kg/h ② 105kg/h
③ 108kg/h ④ 116kg/h

> (1) 성적계수 COP
> $COP = \dfrac{q_2}{w}$ 에서,
> 냉동효과 $q_2 = COP \times w = 4 \times 189 = 756 [kJ/kg]$
> (2) 냉매순환량
> 냉매순환량 $G = \dfrac{Q_2}{q_2} = \dfrac{79380}{756} = 105 [kg/h]$

정답 62 ④ 63 ② 64 ② 65 ③ 66 ② 67 ②

[14년 3회]

68 냉동부하가 50냉동톤인 냉동기의 압축기 출구 엔탈피가 1920kJ/kg, 증발기 출구 엔탈피가 1550kJ/kg, 증발기 입구 엔탈피가 538kJ/kg일 때, 냉매 순환량은? (단, 1냉동톤 = 3.9kW이다.)

① 약 694kg/h
② 약 504kg/h
③ 약 325kg/h
④ 약 178kg/h

$Q_2 = G \times q_2$에서
냉매순환량 $G = \dfrac{Q_2}{q_2} = \dfrac{50 \times 3.9 \times 3600}{1550 - 538} ≒ 694\,[kg/h]$

[13년 2회]

69 냉장고를 보냉하고자 한다. 냉장고의 온도는 −5℃, 냉장고 외부의 온도가 30℃일 때 냉장고 벽 1m²당 42kJ/h의 열손실을 유지하려면 열통과율[W/m²K]을 약 얼마로 하여야 되는가?

① 0.23
② 0.4
③ 0.333
④ 0.5

$Q_2 = KA \triangle t_m$에서
열통과율
$K = \dfrac{Q_2}{A \triangle t_m} = \dfrac{42 \times 10^3 / 3600}{1 \times \{30-(-5)\}} = 0.333\,W/m^2K$

[23년 2회]

70 전열면의 면적은 0.4m² 전열면 양측 온도는 각각 −5℃, 25℃일 때 전열면을 통한 열통과량은 얼마인가? (단, 전열면 열통과율은 379W/m²K)

① 3032W
② 4548W
③ 5458W
④ 6338W

$q = KA \triangle t = 379 \times 0.4 (25-(-5)) = 4548W$

4 냉동장치 구성 기기(팽창밸브)

[14년 1회]

71 교축작용과 관계가 적은 것은?

① 등엔탈피 변화
② 팽창밸브에서의 변화
③ 엔트로피의 증가
④ 등적 변화

팽창밸브에서는 냉매의 교축작용에 의해 압력과 온도는 저하되고 엔탈피가 일정한 등엔탈피작용을 하며 엔트로피는 증가한다.

[16년 3회]

72 냉매액이 팽창밸브를 지날 때 냉매의 온도, 압력, 엔탈피의 상태변화를 순서대로 올바르게 나타낸 것은?

① 일정, 감소, 일정
② 일정, 감소, 감소
③ 감소, 일정, 일정
④ 감소, 감소, 일정

팽창밸브에서는 냉매의 교축작용에 의해 압력과 온도는 저하되고 엔탈피가 일정한 등엔탈피작용을 한다.

[10년 3회]

73 다음 중 팽창밸브로 모세관 사용 시 주의점으로 틀린 것은?

① 가능한 고압측 액부분에 설치할 것
② 수냉식 콘덴싱 유니트에는 사용하지 말 것
③ 규격은 장치에 적합한 것을 사용할 것
④ 냉매 충전량을 가능한 적게 할 것

> **모세관(capillary tube)팽창밸브 사용 시 주의점**
> ㉠ 수액기를 설치하지 않는다. (냉동기 정지 중 수액기의 냉매액이 증발기에 유입되어 액백의 우려가 있어 가능한 액관으로 저압부에 설치한다.)
> ㉡ 냉매 충진량은 될 수 있는 한 소량으로 하며, 냉동부하 증발온도, 응축온도가 일정한 경우에 적합하다.
> ㉢ 모세관 내부에 먼지 등 이물질의 혼입에 의한 폐쇄 및 변형을 방지하도록 취급에 유의해야 한다.
> ㉣ 수냉식 콘덴싱 유닛에는 사용하지 않는다. 모세관은 고저압이 압력차에 의해 유량이 변화하므로 냉동장치에 적합한 것을 선정(選定)하여 사용해야 한다.

[15년 2회]

74 팽창밸브로 모세관을 사용하는 냉동장치에 관한 설명 중 틀린 것은?

① 교축 정도가 일정하므로 증발부하 변동에 따라 유량 조절이 불가능하다.
② 밀폐형으로 제작되는 소형 냉동장치에 적합하다.
③ 내경이 크거나 길이가 짧을수록 유체저항의 감소로 냉동능력은 증가한다.
④ 감압정도가 크면 냉매 순환량이 적어 냉동능력을 감소시킨다.

> **모세관 팽창밸브**
> 모세관은 고저압이 압력차에 의해 유량이 변화하므로 냉동장치에 적합한 것을 선정하여 사용해야 한다.
> ㉠ 내경이 크거나 길이가 짧을 경우 : 냉매의 과량 순환 및 액백을 일으킨다.
> ㉡ 내경이 작거나 길이가 길 경우 : 냉동능력 감소 및 토출가스 온도 상승
> 즉, 모세관 팽창밸브는 내경이 크거나 길이가 짧다고 해서 냉동능력은 증가하지 않는다.

[14년 3회]

75 증발온도와 압축기 흡입가스의 온도차를 적정 값으로 유지하는 것은?

① 온도조절식 팽창밸브
② 수동식 팽창밸브
③ 플로트 타입 팽창밸브
④ 정압식 자동 팽창밸브

> **온도식 자동 팽창밸브**
> 온도식 자동 팽창밸브는 건식 증발기에 사용하여 증발기 출구에 부착한 감온통에 의하여 증발기에서 부하변동이 있을 때 감온통의 부착위치에서 과열도(過熱度)가 일정하게 되도록 항상 적정(適正)한 밸브의 개도를 유지하여 일정한 냉매액의 유량을 제어하는 작용을 한다.
> ※ 과열도 = 압축기 흡입가스온도 − 증발온도

[14년 3회, 08년 2회]

76 온도식 팽창밸브(TEV)의 작동과 관계없는 압력은?

① 증발기 압력
② 스프링의 압력
③ 감온통의 압력
④ 응축 압력

> 감온(온도식) 팽창 밸브는 감온통압력, 증발기 압력, 과열도 조절나사에 의한 스프링 압력으로 작동한다.

[14년 1회]

77 팽창밸브가 과도하게 닫혔을 때 생기는 현상이 아닌 것은?

① 증발기의 성능 저하
② 흡입가스의 과열
③ 냉동능력 증가
④ 토출가스의 온도 상승

> 팽창밸브를 과도하게 닫으면 냉매순환량이 감소하여 냉동능력이 감소한다.

정답 74 ③ 75 ① 76 ④ 77 ③

[15년 3회]

78 팽창밸브 개도가 냉동 부하에 비하여 너무 작을 때 일어나는 현상으로 가장 거리가 먼 것은?

① 토출가스 온도상승
② 압축기 소비동력 감소
③ 냉매순환량 감소
④ 압축기 실린더 과열

> 팽창밸브를 과도하게 닫으면 냉동능력당 소요동력은 증가한다.

[23년 2회]

79 냉동장치 운전중 팽창밸브 개도를 작게하면 발생하는 현상에서 거리가 먼 것은?

① 증발기 냉동능력이 감소한다.
② 증발기에서 액압축이 일어난다.
③ 증발기 온도가 상승한다.
④ 압축기 흡입압력이 감소한다.

> 팽창밸브 개도가 작아지면 냉매 공급량이 감소하여 증발기내 온도가 상승하므로 액압축의 가능성은 거의 없다.

[13년 1회]

80 온도식 자동팽창밸브 감온통의 냉매충전 방법이 아닌 것은?

① 액충전
② 벨로스충전
③ 가스충전
④ 크로스충전

> 온도식 자동팽창밸브 감온통의 냉매충전 방법
> ㉠ 액 충전 방식(Liquid charge type)
> ㉡ 가스 충전 방식(Gas charge type)
> ㉢ 크로스 충전 방식(Cross charge type)

[23년 3회]

81 내부 균압형 자동팽창밸브에 작용하는 힘이 아닌 것은?

① 스프링 압력
② 감온통 내부압력
③ 냉매의 응축압력
④ 증발기에 유입되는 냉매의 증발압력

> 내부 균압형 감온식 자동 팽창밸브는 다음 세 가지 힘의 평형상태에 의해서 작동된다.
> ㉠ 감온통에 봉입된 가스압력
> ㉡ 증발기 내의 냉매의 증발 압력
> ㉢ 과열도 조절나사에 의한 스프링 압력

[22년 3회]

82 다음 중 증발기 내 압력을 일정하게 유지하기 위해 설치하는 팽창장치는?

① 모세관
② 정압식 자동 팽창밸브
③ 플로트식 팽창밸브
④ 수동식 팽창밸브

> 정압식 자동 팽창밸브는 증발기내 압력을 감지하여 일정압력이 되도록 팽창밸브를 작동한다.

[15년 1회]

83 전자식 팽창밸브에 관한 설명으로 틀린 것은?

① 응축압력의 변화에 따른 영향을 직접적으로 받지 않는다.
② 온도식 팽창밸브에 비해 초기투자비용이 비싸고 내구성이 떨어진다.
③ 일반적으로 슈퍼마켓, 쇼케이스 등과 같이 운전시간이 길고 부하변동이 비교적 큰 경우 사용하기 적합하다.
④ 전자식 팽창밸브는 응축기의 냉매유량을 전자제어장치에 의해 조절하는 밸브이다.

정답 78 ② 79 ② 80 ② 81 ③ 82 ② 83 ④

전자식 팽창밸브는 온도센서로 검출한 증발기 입·출구의 냉매의 온도차를 2개의 온도센서로 검출한 전기신호를 조절기의 컴퓨터로 연산하여 변의 개도를 폭넓게 제어를 할 수 있다.
• 특징
㉠ 전자식 팽창밸브는 온도자동팽창밸브에 비해 조절기에 의해서 폭넓은 제어특성을 갖는다.
㉡ 전자식 팽창밸브는 온도센서로 검출한 과열도의 신호를 조절기로 처리하여 밸브의 개폐를 행한다.

5 냉동장치 구성 기기(부속기기)

[13년 3회]

84 액 흡입으로 인해 발생하는 압축기 소손을 방지하기 위한 부속장치는?

① 저압차단 스위치
② 고압차단 스위치
③ 어큐뮬레이터
④ 유압보호 스위치

액분리기(Accumulator)
액분리기는 흡입가스 중의 냉매액을 분리하여 압축기에 액이 흡입되는 것을 방지하는 것으로 액 흡입으로 인해 발생하는 압축기 소손을 방지하기 위한 부속장치이다.

[23년 1회]

85 다음 중 증발기 출구와 압축기 흡입관 사이에 설치하는 저압측 부속장치는?

① 액분리기   ② 수액기
③ 건조기   ④ 유분리기

부속장치의 설치 위치
① 액분리기 : 증발기 출구와 압축기 사이 흡입관
② 수액기 : 응축기출구와 팽창밸브 입구 사이
③ 건조기 : 수액기 출구와 팽창밸브 사이 액관
④ 유분리기 : 압축기 출구와 응축기사이

액분리기(Accumulator)는 증발기와 압축기 사이의 흡입배관에 설치하여 냉매액과 냉매증기를 분리하여 압축기의 액압축을 방지하여 압축기를 보호하는 역할을 한다.

[13년 2회]

86 냉동장치에서 펌프다운을 하는 목적으로 틀린 것은?

① 장치의 저압 측을 수리하기 위하여
② 장시간 정지 시 저압 측으로부터 냉매누설을 방지하기 위하여
③ 응축기나 수액기를 수리하기 위하여
④ 기동시 액해머 방지 및 경부하 기동을 위하여

펌프다운(pump down)은 저압측 수리를 위하여 고압측으로 냉매를 회수하는것이며 ③의 경우는 저압측에 냉매를 회수하는 것으로 펌프아웃(pump out)이다.

[08년 1회]

87 다음은 프레온 장치에서 유분리기를 사용해야 될 경우의 설명이다. 옳지 않은 것은?

① 만액식 증발기를 사용하는 경우에 사용한다.
② 다량의 기름이 토출가스에 혼입될 때 사용한다.
③ 증발온도가 높은 경우에 사용한다.
④ 토출가스 배관이 길어지는 경우에 사용한다.

유분리기는 만액식 증발기나 증발온도가 낮은 저온의 냉동장치 등에 설치되어 압축기로부터 토출된 가스로부터 윤활유를 분리하여 응축기나 증발기에서 전열작용이 오일에 의해서 저해되는 것을 방지한다.

[11년 1회]

88 냉동장치 내에 공기가 침입하였을 때의 현상은?

① 토출압력 저하   ② 체적효율 증가
③ 토출온도 저하   ④ 냉동능력 감소

불응축 가스(공기) 존재 시의 영향은 응축불량으로 인하여
㉠ 응축(토출) 압력 상승
㉡ 토출가스 온도 상승
㉢ 체적효율 감소
㉣ 냉매와 냉각관의 열전달의 저해
㉤ 소요동력 증대, 냉동능력 감소

 84 ③ 85 ① 86 ③ 87 ③ 88 ④

[12년 1회]

89 프레온 냉동장치에 공기가 유입되면 어떠한 현상이 일어나는가?

① 고압이 공기의 분압만큼 낮아진다.
② 고압이 높아지므로 냉매 순환량이 많아지고 냉동능력도 증가한다.
③ 토출가스의 온도가 상승하므로 응축기의 열통과율이 높아지고 방출열량도 증가한다.
④ 냉동톤당 소요동력이 증가한다.

> ① 고압이 공기의 분압 이상으로 높아진다.
> ② 고압이 높아지므로 체적효율이 감소하여 냉동능력도 감소한다.
> ③ 토출가스의 온도가 상승하여도 응축기의 열통과율은 높아지지 않는다.

[15년 3회]

90 냉동장치 내의 불응축 가스가 혼입되었을 때 냉동장치의 운전에 미치는 영향으로 가장 거리가 먼 것은?

① 열교환 작용을 방해하므로 응축압력이 낮게 된다.
② 냉동능력이 감소한다.
③ 소비전력이 증가한다.
④ 실린더가 과열되고 윤활유가 열화 및 탄화된다.

> 냉동장치 내에 불응축 가스가 혼입하면 불응축 가스는 응축기에 체류하여 응축기내의 유효응축면적을 감소시켜 불응축 가스의 분압 상당 분 이상의 응축압력이 상승한다.

[14년 3회, 08년 3회]

91 냉동장치의 액관 중 발생하는 플래시 가스의 발생 원인으로 가장 거리가 먼 것은?

① 액관의 입상높이가 매우 작을 때
② 냉매 순환량에 비하여 액관의 관경이 너무 작을 때
③ 배관에 설치된 스트레이너, 필터 등이 막혀 있을 때
④ 액관이 직사광선에 노출될 때

> 플래시 가스 발생원인
> ① 액관의 입상높이가 매우 높을 때
> ② 냉매 순환량에 비하여 액관의 관경이 너무 작을 때
> ③ 배관에 설치된 스트레이너, 필터 등이 막혀 있을 때
> ④ 액관이 직사광선에 노출될 때
> ⑤ 액간이 냉매액 온도보다 높은 장소를 통과할 때

[11년 2회, 09년 1회]

92 냉동장치에서 액관의 어떤 부분에 플래시 가스가 나타났을 때 그 원인에 해당되는 것은?

① 액관이 냉매액 온도보다 낮은 장소를 통과하기 때문이다.
② 액가스 열교환기를 설치하여 냉매액을 과냉각 시켰기 때문이다.
③ 냉매의 저항을 적게 하기 위하여 액관을 과도하게 굵게 했기 때문이다.
④ 액관 중의 스트레이너가 오물로 막혔기 때문이다.

> 냉매 액관에 설치된 스트레이너, 필터 등이 막혀 있을 때 압력강하로 플래시가스가 발생한다.

[13년 1회]

93 프레온 냉동장치에서 압축기 흡입배관과 응축기 출구 배관을 접촉시켜 열교환시킬 때가 있다. 이때 장치에 미치는 영향으로 옳은 것은?

① 압축기 운전 소요동력이 다소 증가한다.
② 냉동 효과가 증가한다.
③ 액백(liquid back)이 일어난다.
④ 성적계수가 다소 감소한다.

> **열교환기(Heat exchange)의 설치 목적**
> ㉠ 증발기에 공급되는 액을 과냉각시켜 플래시 가스의 발생을 방지하여 냉동효과를 증대시킨다.
> ㉡ 흡입가스의 과열로 액백(liquid back)을 방지한다.
> ㉢ 액의 리턴(Return)이 있을 경우에 액분리기의 역할과 여기서 액을 증발하는 목적이 있다.

정답 89 ④ 90 ① 91 ① 92 ④ 93 ②

[14년 3회]

94 다음과 같은 대향류 열교환기의 대수 평균 온도차는?
(단, t_1 : 40℃, t_2 : 10℃, t_{w1} : 4℃, t_{w2} : 8℃이다.)

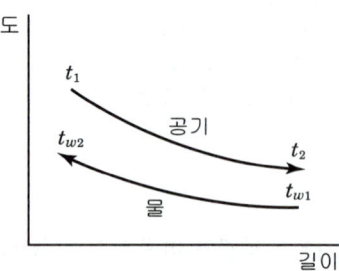

① 약 11.3℃ ② 약 13.5℃
③ 약 15.5℃ ④ 약 19.5℃

> 대수 평균 온도차(대향류)
> $$\Delta tm = \frac{\Delta t_1 - \Delta t_2}{\ln\frac{\Delta t_1}{\Delta t_2}} = \frac{(t_1-t_{w2})-(t_2-t_{w1})}{\ln\frac{(t_1-t_{w2})}{(t_2-t_{w1})}}$$
> $$= \frac{(40-8)-(10-4)}{\ln\frac{40-8}{10-4}} ≒ 15.5$$

[08년 1회]

95 R12 열교환기에서 고압액과 저압증기가 병류로 흐르고 있을 때 고압액은 입구에서 80℃, 출구에서 6.5℃이고 저압증기는 입구에서 -20℃, 출구에서 -13.5℃가 된다면 이때 대수 평균 온도차는 얼마인가?

① -16.7℃ ② 13.2℃
③ 49.7℃ ④ 60℃

> 대수 평균 온도차(병류)
> $$\Delta tm = \frac{\Delta t_1 - \Delta t_2}{\ln\frac{\Delta t_1}{\Delta t_2}} = \frac{(t_1-t_{w1})-(t_2-t_{w2})}{\ln\frac{(t_1-t_{w1})}{(t_2-t_{w2})}}$$
> $$= \frac{\{80-(-20)\}-\{6.5-(-13.5)\}}{\ln\frac{80+20}{6.5+13.5}} ≒ 49.7℃$$

[11년 1회]

96 증기압축식 냉동장치에서 건조기의 설치위치로 올바른 것은?

① 증발기 전 ② 응축기 전
③ 압축기 전 ④ 팽창밸브 전

> 프레온 냉동장치에서 건조기(dryer)는 수액기와 팽창밸브 사이에 설치한다.
> 수액기 → 사이트글라스 → 건조기(dryer) → 여과기
> → 전자밸브 → 팽창밸브

[14년 2회]

97 다음 설명 중 옳은 것은?

① 암모니아 냉동장치에서는 토출가스 온도가 높기 때문에 윤활유의 변질이 일어나기 쉽다.
② 프레온 냉동장치에서 사이트글라스는 응축기 전에 설치한다.
③ 액순환식 냉동장치에서 액펌프는 저압수액기 액면보다 높게 설치해야 한다.
④ 액관 중에 플래시 가스가 발생하면 냉매의 증발온도가 낮아지고 압축기 흡입 증기 과열도는 작아진다.

> ② 프레온 냉동장치에서 사이트글라스는 응축기와 팽창밸브 사이의 냉매 액관에 설치한다.
> ③ 액순환식 냉동장치에서 액펌프는 저압수액기 액면보다 낮게 설치해야 한다.
> ④ 액관 중에 플래시 가스가 발생하면 냉매의 증발온도가 낮아지고 압축기 흡입 증기 과열도는 커진다.

[14년 1회]

98 암모니아 냉동 장치에 대한 설명 중 옳은 것은?

① 압축비가 증가하면 체적효율도 증가한다.
② 표준 냉동 사이클로 운전할 경우 R-12에 비해 토출가스의 온도가 낮다.
③ 기밀시험에 산소가스를 이용하는 것은 폭발의 가능성이 없기 때문이다.
④ 증발압력 조정밸브를 설치하는 것은 냉매의 증발압력을 일정 이상으로 유지하기 위해서이다.

정답 94 ③ 95 ③ 96 ④ 97 ① 98 ④

① 압축비가 증가하면 체적 효율이 감소한다.
② 표준 냉동 사이클로 운전할 경우 토출가스의 온도(R-12 : 37.8℃, NH₃ : 98℃)
③ 암모니아는 가연성 가스이므로 기밀시험에 산소가스를 사용하면 폭발의 우려가 커서 사용하지 않는다.

[13년 1회, 10년 1회]

99 냉동장치의 안전장치 중 압축기로의 흡입압력이 소정의 압력 이상이 되었을 경우 과부하에 의한 압축기용 전동기의 위험을 방지하기 위하여 설치되는 기기는?

① 증발압력 조정밸브(EPR)
② 흡입압력 조정밸브(SPR)
③ 고압 스위치
④ 저압 스위치

흡입압력 조절밸브(S.P.R)
S.P.R은 증발기와 압축기 흡입관 도중에 설치되어 압축기의 흡입압력이 일정한 조정압력의 이상이 되는 것을 방지하여 전동기(Motor)의 과부하를 방지한다.

[15년 2회, 09년 3회]

100 다음 중 브라인의 동결방지 목적으로 사용하는 기기가 아닌 것은?

① 온도 스위치
② 단수 릴레이
③ 흡입압력 조절밸브
④ 증발압력 조절밸브

흡입압력 조절밸브는 압축기의 전동기 과부하 방지장치이다.

[12년 1회, 09년 2회]

101 냉동장치의 안전장치가 아닌 것은?

① 안전밸브
② 가용전, 파열판
③ 고압차단스위치
④ 응축압력 조절밸브

응축압력 조절밸브는 응축압력을 유지하여 냉동장치의 효율을 증대시키는 장치이지 안전장치는 아니다.

[23년 3회, 13년 3회, 08년 3회]

102 냉동장치의 저압차단 스위치(LPS)에 관한 설명으로 맞는 것은?

① 유압이 저하했을 때 압축기를 정지시킨다.
② 토출압력이 저하했을 때 압축기를 정지시킨다.
③ 장치내 압력이 일정압력 이상이 되면 압력을 저하시켜 장치를 보호한다.
④ 흡입압력이 저하했을 때 압축기를 정지시킨다.

저압 차단 스위치 (LPS)는 냉동부하 등의 감소로 인하여 압축기의 흡입압력이 일정 이하가 되면 전기회로를 차단시켜 압축기의 운전을 정지시키거나 전자밸브와 조합시켜 고속 다기통 압축기의 언로드 기구를 작동시키는데 사용된다. 즉 저압이 현저하게 낮아졌을 경우 압축비의 상승으로 인한 압축기 소손을 방지하기 위하여 압축기를 보호하는 안전장치의 일종이다.

[10년 1회]

103 프레온 냉동장치에서 가용전의 설치위치와 용융온도에 대해 올바르게 나타낸 것은?

① 팽창밸브, 95℃ 이상
② 팽창밸브 75℃ 이하
③ 수액기, 75℃ 이하
④ 수액기, 95℃ 이상

가용전(Fusible plug)은 75℃ 이하에서 용융하는 금속으로 고압측(응축기, 수액기)에 설치하여 용기내의 온도가 이상상승 하였을 때 압력용기를 보호하는 안전장치이다.

[08년 2회]

104 핫가스(Hot gas)제상을 하는 소형 냉동장치에 있어서 핫가스의 흐름을 제어하는 것은?

① 캐필러리 튜브(모세관)
② 자동팽창 밸브(AEV)
③ 솔레노이드 밸브(전자 밸브)
④ 4방향 밸브

정답 99 ② 100 ③ 101 ④ 102 ④ 103 ③ 104 ③

제2장 냉동장치의 구조

> **고온가스 제상(hot gas defrost)**
> 건식 증발기와 같이 냉매 공급량이 적은 증발기에 많이 사용하는 방법으로 고온, 고압의 토출 가스를 증발기에 보내어 응축시킴으로써 그 응축열을 이용하여 제상하는 방법이다.
> 핫가스(Hot gas)제상을 하는 소형 냉동장치에 있어서 핫가스의 흐름을 제어하는 것은 솔레노이드 밸브(전자 밸브)이다.

[16년 3회]

105 다음 냉동기의 안전장치와 가장 거리가 먼 것은?

① 가용전
② 안전밸브
③ 핫 가스장치
④ 고, 저압 차단스위치

> **고온가스 제상(hot gas defrost)**
> 건식 증발기와 같이 냉매 공급량이 적은 증발기에 많이 사용하는 방법으로 고온, 고압의 토출 가스를 증발기에 보내어 응축시킴으로써 그 응축열을 이용하여 제상하는 방법이다.

[09년 2회]

106 냉동장치의 운전상태 점검시 중요하지 않은 것은?

① 운전소음 상태
② 윤활유의 상태
③ 냉동장치의 각부의 온도 상태
④ 냉동장치 전원의 주파수 변동 상태

> 냉동장치의 운전중 상태 점검시 냉동장치 전원의 주파수 변동 상태는 상대적으로 중요하지 않다.

[11년 2회, 09년 2회]

107 전자밸브를 설치할 때 주의사항으로 틀린 것은?

① 전압과 용량에 맞추어 설치되었는지 확인한다.
② 코일부분이 하부로 오도록 수평하게 설치되었는지 확인한다.
③ 본체의 유체 방향에 맞추어 설치되었는지 확인한다.
④ 밸브 입구에 여과기가 설치되었는지 확인한다.

> 전자밸브(solenoid valve)를 설치할때 코일부분이 상부로 오도록 하고 수평부분에 설치한다.

[12년 1회, 10년 2회]

108 냉동장치의 온도를 일정하게 유지하기 위하여 사용되는 온도제어기(thermostat)의 방식으로 적당하지 않은 것은?

① 바이메탈식
② 건습구식
③ 증기 압력식
④ 전기 저항식

> 서모스탯 (Thermostat)는 일명 온도조절기라고도 하며 이것에 의하여 전류를 개폐하여 냉각작용을 조절시키는 방법으로 냉동장치에 가장 널리 이용된다. 종류로는 바이메탈식, 증기 압력식, 전기 저항식이 있다.

[11년 1회]

109 시퀀스제어에 사용되는 제어기기는 전기식과 전자식으로 구분되는데, 이 중 전자식에 관한 설명 중 틀린 것은?

① 다이오드, 트랜지스터, 레지스터 등으로 구성된다.
② 소형이며 신뢰성이 높다.
③ 응답시간이 빠르며 열에 강하다.
④ 약한 전류에도 회로의 접속점에서 장해를 일으키기 쉽다.

> 제어기기에서 전자식은 열(온도 변화)에 약하다.

[13년 2회]

110 냉동장치를 자동운전하기 위하여 사용되는 자동제어 방법 중 먼저 정해진 제어동작의 순서에 따라 진행되는 제어방법은?

① 시퀀스제어
② 피드백제어
③ 2위치제어
④ 미분제어

 105 ③ 106 ④ 107 ② 108 ② 109 ③ 110 ①

(1) 시퀀스제어(Sequence Control) : 미리 정해진 순서에 따라서 각 단계가 순차적으로 진행되는 제어방식
(2) 피드백제어(Feed Back Control) : 피드백제어 시스템은 적응성이 있는 제어를 하기 위하여 제어 시스템의 출력이 기준입력과 일치하는가를 항상 비교하여 일치하도록 하는 기억과 판단기구 및 검출기를 가진 제어방식

[16년 1회]

111 1단 압축 1단 팽창 냉동장치에서 흡입증기가 어느 상태일 때 성적계수가 제일 큰가?

① 습증기 ② 과열증기
③ 과냉각액 ④ 건포화증기

응축압력과 증발압력이 동일한 조건에서는 과열증기의 경우가 성적계수가 제일 크다.

6 냉동장치 구성 기기(제어기기)

[14년 3회]

112 냉동장치의 제어기기 중 전기식 액면제어기에 대한 설명으로 틀린 것은?

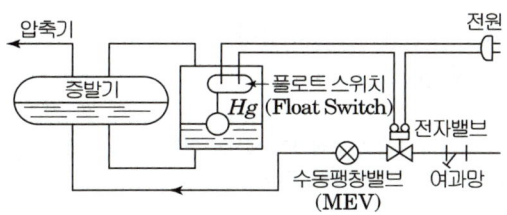

① 플로트 스위치(Float Switch)와 전자밸브를 사용한다.
② 만액식 증발기의 액면 제어에 사용한다.
③ 부하 변동에 의한 유면 제어가 불가능하다.
④ 증발기 내 액면 유동을 방지하기 위해 수동팽창밸브(MEV)를 설치한다.

전기식 액면제어기는 부하 변동에 의한 액면 제어가 가능하다.

[07년 1회]

113 다음 중 제어기기에 대한 설명으로 올바른 것은?

① 증발압력 조정밸브는 증발기 내의 압력이 설정치보다 감소하면 밸브는 열리고 밸브에 흐르는 냉매가스량은 증가한다.
② 증발압력 조정밸브는 피냉각물의 온도를 검출해서 밸브의 개도를 증감하고 밸브에 흐르는 냉매 가스량을 조정한다.
③ 흡입압력 조정밸브는 압축기의 흡입 측에 설치해서 시동시 압축기의 과부하 운전을 방지한다.
④ 흡입압력 조정밸브는 입구 측 압력에 의해 작동한다.

증발압력조정밸브(EPR)와 흡입압력조절밸브(SPR)의 비교

	증발압력조정밸브 (EPR)	흡입압력조정밸브 (SPR)
역할	증발압력의 설정압력이하 방지	흡입압력의 설정압력이상 방지
설치위치	흡입관 (증발기 출구측)	흡입관 (압축기 입구측)
작동압력 (밸브기준)	입구압력 (밸브전의 압력)	출구압력 (밸브후의 압력)
작동원리	증발압력 상승 → 열림 저하 → 닫힘	흡입압력 상승 → 닫힘 저하 → 열림
보호대상	냉각관 동파방지	전동기 소손 방지

[08년 2회]

114 냉장고 내 유지온도에 따라 저압압력이 낮아지는 원인이 아닌 것은?

① 고내 공기가 냉각되므로 증발기에 서리가 두껍게 부착한다.
② 냉매가 장치에 과충전되어 있다.
③ 냉장고의 부하가 작다.
④ 냉매 액관 중에 플래시 가스(Flash Gas)가 발생하고 있다.

냉매가 장치에 과충전되어 있으면 고압측 압력이 상승한다.

[06년 1회]

115 다음 압력 스위치 중 연결부위의 압력이 소정의 압력 이하가 되었을 때 작동되는 것은?

① 고압 스위치 ② 플로트 스위치
③ 저압 스위치 ④ 고액면 스위치

> 저압차단스위치는 냉동부하 등의 감소로 인하여 압축기의 흡입압력이 일정 이하가 되면 전기회로를 차단하여 압축기를 정지시켜 압력저하를 방지하는 장치로 자동복귀식이다.

[12년 1회, 08년 2회]

116 다음은 냉동장치에 사용되는 자동제어기기에 대하여 설명한 것이다. 이 중 옳은 것은?

① 고압차단스위치는 토출압력이 이상 저압이 되었을 때 작동하는 스위치이다.
② 온도조절스위치는 냉장고 등의 온도가 일정범위가 되도록 작용하는 스위치이다.
③ 저압차단스위치(정지용)는 냉동기의 고압측 압력이 너무 저하하였을 때 차단하는 스위치이다.
④ 유압보호스위치는 유압이 올라간 경우에 유압을 내리기 위한 스위치이다.

> ① 고압차단스위치는 토출압력(고압압력)이 설정압력보다 높게 되면 작동하는 스위치이다.
> ③ 저압차단스위치(정지용)는 냉동기의 저압측 압력이 설정압력보다 낮게 되면 차단하는 스위치이다.
> ④ 유압보호스위치는 압축기의 급유압력이 설정압력 이하로 저하하면 압축기를 정지시켜 압축기를 보호하는 스위치이다.

[15년 1회]

117 냉수나 브라인의 동결방지용으로 사용하는 것은?

① 고압차단장치
② 차압제어장치
③ 증발압력제어장치
④ 유압보호스위치

> 증발압력 조정밸브는 증발압력이 설정압력 이하로 저하되는 것을 방지하여 냉수나 브라인의 동결방지용으로 사용된다.

[09년 1회]

118 다음 냉동기기에 관한 설명 중 옳은 것은?

① 온도 자동 팽창밸브는 증발기의 온도를 일정하게 유지 제어한다.
② 흡입압력 조정밸브는 압축기의 흡입압력이 설정치 이상이 되지 않도록 제어한다.
③ 전자밸브를 설치할 경우 흐름방향을 생각할 필요는 없다.
④ 고압측 플로트(Float) 밸브는 냉매액의 속도로써 제어한다.

> ① 온도 자동 팽창밸브는 증발기출구의 냉매가스 과열도를 일정하게 유지 제어한다.
> ③ 전자밸브를 설치할 경우 흐름방향에 주의하여 설치하여야 한다.
> ④ 고압측 플로트(Float) 밸브는 응축기나 수액기의 고압측에 설치하여 고압측의 액면위치에 의해 제어하며 주로 터보(원심식)냉동기에 사용한다.

[11년 3회]

119 암모니아 냉동기의 배관재료로서 부적절한 것은 어느 것인가?

① 배관용 탄소강 강관
② 동합금관
③ 압력배관용 탄소강 강관
④ 스테인리스 강관

> 암모니아가 수분과 결합하여 생성된 암모니아수는 동 및 동합금을 부식하므로 배관재료로 부적절하다.

[13년 3회, 11년 1회]

120 용량조절장치가 있는 프레온 냉동장치에서 무부하(Unload) 운전 시 냉동유 반송을 위한 압축기의 흡입관 배관방법은?

① 압축기를 증발기 밑에 설치한다.
② 2중 수직 상승관을 사용한다.
③ 수평관에 트랩을 설치한다.
④ 흡입관을 가능한 길게 배관한다.

정답 115 ③ 116 ② 117 ③ 118 ② 119 ② 120 ②

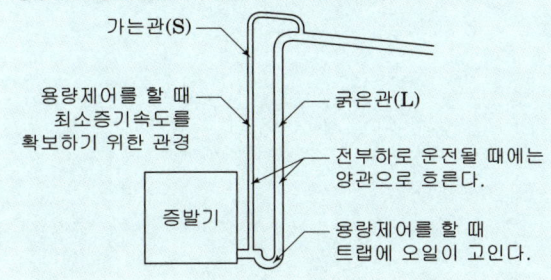

프레온 냉동장치에서 무부하(Unload) 운전 시(용량제어장치) 냉동유 반송을 위한 압축기의 흡입관 배관방법은 2중 수직 상승관(이중입상관)을 설치하여 사용한다.

[09년 2회]

121 흡입배관에서 냉매가스 중에 섞여 있는 오일이 확실하게 운반될 수 있는 유속으로 적합한 것은?

① 수평관 : 3.5m/s 이상, 입상관 : 3.5m/s 이상
② 수평관 : 3.5m/s 이상, 입상관 : 6m/s 이상
③ 수평관 : 6m/s 이상, 입상관 : 3.5m/s 이상
④ 수평관 : 6m/s 이상, 입상관 : 6m/s 이상

흡입배관에서는 배관의 압력강하는 될 수 있는 한 적게한다. 그러나 프레온 냉동장치에서는 증발기에서 오일을 압축기로 확실하게 회수될 수 있도록 다음과 같은 증기속도를 확보해야 한다.
수평관 : 3.5m/s 이상, 입상관 : 6.0m/s 이상

[06년 3회]

122 냉동장치의 보수관리에 대한 설명 중 옳지 않은 것은?

① 수냉응축기를 청소하면 냉각수 출입구의 온도차가 작아지고, 고압측 압력도 내려간다.
② 증발기를 제상하면 압축기의 저압측 압력은 상승한다.
③ 암모니아 냉동장치에 혼입된 공기는 가스퍼지의 방출관을 수조에 넣어 방출시킨다.
④ 암모니아 냉동장치의 유분리기에서 분리된 오일은 다시 사용하지 않고 폐유시킨다.

수냉응축기를 청소하면 전열효과가 좋아져서 냉각수 출입구의 온도차가 커지고 고압측 압력도 내려간다.

정답 121 ② 122 ①

2025
공조냉동기계산업기사 필기

제3장
냉동장치의 응용과 안전관리

01 냉동장치의 응용(제빙 및 동결장치)
02 냉동장치의 응용(열펌프 및 축열장치)
03 냉동장치의 응용(흡수식 냉동장치)
04 운영 안전관리(관련법규 발췌)

제3장 | 냉동장치의 응용과 안전관리

 냉동장치의 응용(제빙 및 동결장치)

1 제빙 및 동결장치

분류	특징
제빙	1) 제빙(Ice making) : 제빙이란 청수를 냉각시켜 얼음을 제조하는 것으로 주로 빙괴를 생산하여 목적에 따라 쇄빙하여 수개의 블록으로 나누어 이용되고 있다. 2) 얼음은 형상에 따라 플래이크(flake), 플레이트(plate), 튜브(tube), 셸(shell) 등으로 다양하다. 3) 제빙장치는 제빙관(ice can) 및 저온 브라인조(제빙조:ice tank)를 이용한 각빙 제조장치와 결빙면에 유수 또는 살수하여 그 표면을 냉매로 직접 냉각하는 자동제빙장치로 나눈다. 4) 각빙(사각형 빙) 제조장치 현재 제빙설비의 주류로서 제빙조(ice tank)내에 청수를 충만 시킨 제빙관(ice can)을 나란히 넣어서 빙결시키는 것이다. 5) 제빙에 필요한 냉동능력 제빙에 필요한 냉동능력은 원료수의 온도 및 브라인온도, 기타 조건에 따라서 다르나 크게 다음의 3가지 항목으로 되어있다. 얼음 1kg을 제조할 때 냉각해야 할 정미의 제빙부하 q_o q_o=현열(물 → 0도)+잠열(응고)+현열(0도 → 얼음최종온도) $= c_w(t_w - 0) + r + c_i(0 - t_i)$ 여기서, c_w(물 비열) : 4.2[kJ/kgK] r (얼음 응고 잠열) : 333.6[kJ/kg] c_i(얼음 비열) : 2.1[kJ/kgK] 6) 결빙시간 : 결빙에 필요한 시간은 조건에 따라 다르나 대표적으로 사용하는 식은 다음과 같다. $$결빙시간\ h = \frac{(0.53 \sim 0.6)t^2}{-(tb)}$$ 여기서, t : 얼음의 두께(cm), t_b : 브라인 온도(℃)
제빙기 종류	① 플래이크 아이스 제빙기(flake ice machine) 이 제빙장치는 두께 0.5~3mm 정도의 판유리를 낸듯한 얼음을 생산하는 장치이다. ② 튜브 아이스 제빙기(tube ice machine) 입형 원통관내에 결빙용의 직경 50mm 정도의 튜브를 다수 내장시켜 관내에 냉매를 공급하여 튜브 내의 원료수를 냉각하면 봉상의 얼음층이 형성된다.

③ 플레이트 아이스 제빙기(plate ice machine)

이 제빙장치는 가장 보급이 많이 된 기종으로 결빙판(plate ice)을 다수 경사로 설치하여 상부에서 양면 또는 한쪽 면에 원료수를 흐르게 하여 결빙시킨 후 예정 두께가 되었을 때 냉매의 핫 가스로 탈빙시켜 절단하는 형식이다.

이 외에도 팩 아이스(pack ice) 제빙기, 쉘 아이스(shell ice) 제빙기, 스케일 아이스(scale ice)제빙기 및 래피드 아이스(rapid ice) 제빙기 등이 개발되어 있다.

동결장치

1) 동결방법

① 냉각방식에 의한 분류

공기식	자연 대류식, 강제 대류식(반송풍식 포함)
접촉식	수평식, 수직식
브라인식	침지식, 스프레이식

② 피동결물의 반송방법에 의한 분류

배치(batch)식	급속동결식, 브라인 침지식, 접촉식
연속터널식	부동식, 랙(rack)식, 컨베이어식, 네트(net)식, 나선식
1회전 드럼식	행어(hanger)식

2) 동결에 관한 용어

① 동결점, 공정점, 동결률
- 동결점 : 물질 내에 존재하는 수분이 동결을 시작하는 온도
- 공정점 : 액상의 물질이 동결에 의해서 완전이 고체로 될 때의 온도
- 동결률 : 동결점에서 공정점에 이르기까지 수분 또는 액체의 동결비율

② 동결시간, 동결속도
- 동결시간 : 동결에 걸리는 시간
- 동결속도 : 단위시간에 동결이 진행하는 거리(cm/h)

③ 급속(急速)동결, 완만(緩慢)동결
- 급속동결(quick freezing) : 동결속도가 0.6~2.5cm/h이상일 때, 최대빙결정생성대(-1~-5℃)의 통과시간이 25~35분 이내이거나 결빙층의 이동속도(v)≥5~20cm/h일 때
- 중속동결(semi freezing) : $v = 1 \sim 5 \text{cm/h}$
- 완만동결(slow freezing) : 동결속도가 $v = 0.1 \sim 1 \text{cm/h}$일 때

액화질소(LN_2)에 의한 초저온 동결
- 동결시간이 단축되어 연속작업이 가능하다.
- 증발온도가 낮아서 급속동결이 가능하다.
- 화학적으로 안정한 질소가스 중에서 동결되므로 산화에 의한 품질 변화를 억제할 수 있다.
- 동일능력의 냉동설비에 비하여 설비비가 적게 들고 보수관리가 냉동기에 비해 간편하다.
- 식품의 온도가 순식간에 낮아지므로 동결건조(凍結乾燥)가 일어나지 않는다.
- 발생되는 질소가스를 다시 사용할 수 없으므로 액체질소의 소모량이 많아 냉동기 전력비에 비해 운전경비가 많이 들게 되며 제품에 균열이 생긴다.

동결장치의 종류

1) 공기식 동결장치 종류 및 특징

공기식 (자연 대류식)	방열(放熱)한 실내의 천정이나 벽에 설치된 증발관에 의해서 식품을 동결시키는 장치로 동결속도가 매우 완만하고 오래전부터 사용되어온 동결장치이다.
반송풍식 동결장치	자연 대류식의 천정 또는 선반 끝에 송풍기를 부착하여 강제적으로 공기를 순환 또는 교반시킨다.
송풍식 동결장치	실내벽에 증발기를 설치하여 냉풍을 순환시켜 대차 또는 펠릿에 놓인 물체를 동결하는 방식이다. 가장 널리 사용되고 있는 동결장치이다.
유동식 동결장치	작은 입자(완두콩 등)의 식품동결에 사용되며 트레이(Tray)의 아래쪽에 부착된 팬을 사용하여 $-35℃$ 이하의 냉풍을 윗방향으로 순환시키면서 동결을 행하는 방식이다.
컨베이어식 연속 동결장치	정형한 식품을 컨베이어나 벨트를 사용하여 연속적으로 동결 처리할 수 있는 장치로 종류에는 네트 컨베이어식, 슬롯 컨베이어식, 벨트 컨베이어식, 유니버설 컨베이어식 등이 있다.

2) 액체 침지식 동결장치(liquid immersion freezer)
주로 어류의 동결에 사용되며 염화칼슘브라인 중에 식품을 직접 침지시켜 동결하는 방법으로 전열작용이 우수하고 장치가 간단하여 대량동결에 적합하다.

3) 접촉식 동결장치 : 동결판을 상하 또는 수직으로 배열하여 판 사이에 피 동결물을 접촉·압착시킴으로써 동결 시간을 단축시키는 방식이다.

4) 초저온 동결장치(cryogenic freezer)
초저온 동결은 $-77.33℃(-100℉)$ 이하의 동결매체를 사용하는 방식으로 동결매체로는 액화질소(LN_2)와 액화탄산가스(LCO_2)가 사용된다.

5) 동결부하
동결부하 Q의 계산식은 제빙부하 계산과 같다.
$$Q = mc_1(t_1 - t_o) + mr + mc_2(t_o - t_2)$$
여기서, m : 동결물질의 질량[kg],
c_1, c_2 : 동결전후의 동결물질의 비열[kJ/kgK]

01 예제문제

쇠고기 10ton을 아래의 조건에서 동결하여 -21℃로 유지하기 위해서 필요한 냉각열량(kJ)을 구하시오. (단, 쇠고기의 조건은 다음과 같다.(SI 단위))

【조 건】
- 초기온도= 19[℃]
- 비열(동결전)= 2.85[kJ/kg·K]
- 비열(동결후)= 1.59[kJ/kg·K]
- 동결잠열= 200[kJ/kg]
- 동결온도= -1[℃]

해설

$$Q = mc_1(t_1 - t_o) + mr + mc_2(t_o - t_2) = m\{c_1(t_1 - t_0) + r + c_2(t_0 - t_2)\}$$
$$= 10 \times 10^3 \times \{2.85 \times (19 + 1) + 200 + 1.59 \times (-1 + 21)\}$$
$$= 2,888,000[kJ]$$

답 2,888,000[kJ]

02 예제문제

어느 냉장고에 사과 200상자(1상자 18kg)를 저장하려고 한다. 24시간 동안에 0℃까지 냉각시키기 위해서 필요한 냉동기의 용량(W)을 구하시오. 단, 냉장고의 벽에서 침입하는 열량과 사과를 냉각시키는 열량외의 열부하는 무시하는 것으로 한다.
(단, 창고의 표면적=200m², 평균 열관류율= 0.35[W/m²·K] 외기온도=15℃ 사과의 비열=3.64[kJ/kg·K]로 한다.)

해설

(1) 벽을 통하여 침입하는 열량 Q_1[W]
$$Q_1 = KA\triangle t = 0.35 \times 200 \times (15 - 0) = 1,050[W]$$

(2) 사과를 냉각하기 위하여 제거해야 할 열량 Q_2
$$Q_2 = mc\triangle t = 200 \times 18 \times 3.64 \times (15 - 0)/24 = 8190[kJ/h] = 2,275[W]$$

따라서 필요한 냉각열량 Q
$$Q = Q_1 + Q_2 = 1,050 + 2,275 = 3,325[W]$$

답 3,325[W]

01 제빙 및 동결장치 핵심예상문제

> 본 핵심예상문제는 각단원별 출제빈도 높은 문제 및 최근 10년간의 기출문제 중 비중이 높은 출제유형이므로 꼭 풀어보고 가야할 문제입니다. 이후 실전예상문제를 공부하시면 효과적입니다.

[13년 2회]

01 제빙공장에서는 어획량이나 계절에 따라 얼음의 수요가 갑자기 증가하기도 하는데, 이런 경우 설비의 확장이나 생산비를 높이지 않고 일정 기간만 얼음을 증산할 수 있는 방법으로 적당하지 않은 것은?

① 빙관에 있는 모든 물이 완전히 얼음으로 될 때까지 동결하는 방법
② 빙관을 일정 두께까지 동결시킨 후 공간을 둔 채 동결을 중지하는 방법
③ 빙관을 일정 두께까지 동결시킨 후 중앙부의 공간에 얼음조각과 물을 넣어서 완전동결하는 방법
④ 빙관을 일정 두께까지 동결시킨 후 중앙부의 공간에 설빙을 넣어서 완전동결하는 방법

> ①의 방법은 설비의 확장이나 생산비를 높이지 않고 일정 기간만 얼음을 증산할 수 있는 방법으로 적당하지 않다.

[16년 3회]

02 하루에 10 ton의 얼음을 만드는 제빙장치의 냉동부하는? (단, 물의 온도는 20℃, 생산되는 얼음의 온도는 -5℃이며, 이 때 제빙장치의 효율은 0.8이다.)

① 180572 kJ/h　　② 200482 kJ/h
③ 222969 kJ/h　　④ 283009 kJ/h

> (1) 20℃ 물 10ton을 0℃의 물로 만드는데 제거해야할 열량
> $q_s = mc\Delta t = 10 \times 10^3 \times 4.2 \times (20-0) = 840000$ [kJ]
> (2) 0℃ 물 10ton을 0℃의 얼음으로 만드는데 제거해야할 열량
> $q_L = mr = 10 \times 10^3 \times 333.6 = 3336000$ [kJ]
> (3) 0℃ 얼음 10ton을 -5℃의 얼음으로 만드는데 제거해야 할 열량
> $q_s = mc\Delta t = 10 \times 10^3 \times 2.1 \times \{0-(-5)\} = 105000$ [kJ]
> ∴ 냉동부하 = $\dfrac{(840000+3336000+105000)/24}{0.8}$
> ≒ 222969 [kJ/h]

[15년 2회]

03 제빙능력기 50ton/day, 제빙원수 온도가 5℃, 제빙된 얼음의 평균온도가 -6℃일 때, 제빙조에 설치된 증발기의 냉동부하[kW]는? (단, 물의 비열은 4.2kJ/kgK, 얼음의 비열은 2.1kJ/kg·K, 물의 응고잠열은 334kJ/kg이다.)

① 162　　② 213
③ 245　　④ 272

> (1) 5℃ 물 50ton을 0℃의 물로 만드는 데 제거해야할 열량
> $q_s = mc\Delta t = 50 \times 10^3 \times 4.2 \times (5-0) = 1050000$ [kJ/24h]
> (2) 0℃ 물 50ton을 0℃의 얼음으로 만드는 데 제거해야할 열량
> $q_L = mr = 50 \times 10^3 \times 334 = 16700000$ [kJ/24h]
> (3) 0℃ 얼음 50ton을 -6℃의 얼음으로 만드는 데 제거해야 할 열량
> $q_s = mc\Delta t = 50 \times 10^3 \times 2.1 \times \{0-(-6)\}$
> $= 630000$ [kJ/24h]
> ∴ 냉동부하 = $\dfrac{1050000+16700000+630000}{24 \times 3600} = 213$ [kW]

[12년 2회]

04 초저온 동결에 액체질소를 사용할 때의 장점으로 적당하지 않은 것은?

① 산화에 의한 품질변화를 억제할 수 있다.
② 동일능력의 냉동설비에 비해 설비비가 적게 든다.
③ 식품의 온도가 순식간에 낮아진다.
④ 식품에 직접 분사하므로 제품표면에 손상이 없다.

> **액화질소(LN_2)에 의한 초저온동결방식의 특징**
> ㉠ 화학적으로 안정한 질소가스 중에서 동결되므로 산화에 의한 품질 변화를 억제할 수 있다.
> ㉡ 동일능력의 냉동설비에 비하여 설비비가 적게 들고 보수 관리가 냉동기에 비해 간편하다.
> ㉢ 증발온도가 낮아서 식품온도가 순식간에 낮아지는 급속동결이 가능하다.
> ㉣ 액화 질소를 식품에 직접 분사하므로 제품에 균열이 생긴다.

정답　01 ①　02 ③　03 ②　04 ④

[13년 3회]

05 냉동식품의 생산공장에 많이 설치되는 동결장치로 설치면적이 작고 출입구의 레이아웃을 비교적 자유롭게 하여 생산공정의 연속화, 라인화에 쉽게 연결할 수 있는 방식은?

① 스파이럴식 동결장치
② 송풍 동결장치
③ 공기 동결장치
④ 액체질소 동결장치

> **나선(spiral)식 동결장치**
> 연속 터널식 동결장치로 송풍식 동결장치의 대표적인 방식이다. 설치면적이 작고 출입구의 레이아웃이 비교적 자유로워 생산공정의 연속화, 라인화에 쉽게 연결할 수 있는 방식이다.

정답 05 ①

02 냉동장치의 응용(열펌프 및 축열장치)

1 열펌프 사이클

분류	특징
열펌프 개요	외부에서 일이나 열을 가하여 저온열원에서 고온열원으로 열을 이동하는 장치를 열펌프(Heat Pump)라 한다. 냉동기에서 저온부에서 열을 빼앗는 것을 목적으로 하는 장치를 냉동기, 고온측에 열을 공급하는 장치를 열펌프라 한다.
열펌프의 사이클	열펌프 사이클(Heat Pump Cycle)을 p-h 선도상에 나타낸 것이 그림과 같다. 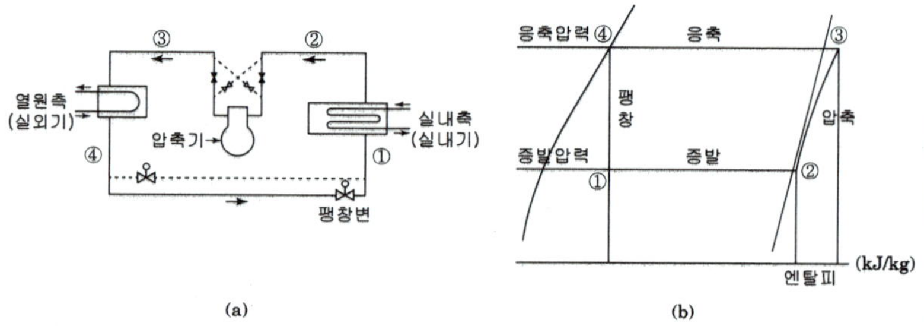 그림. 히트펌프 냉방사이클 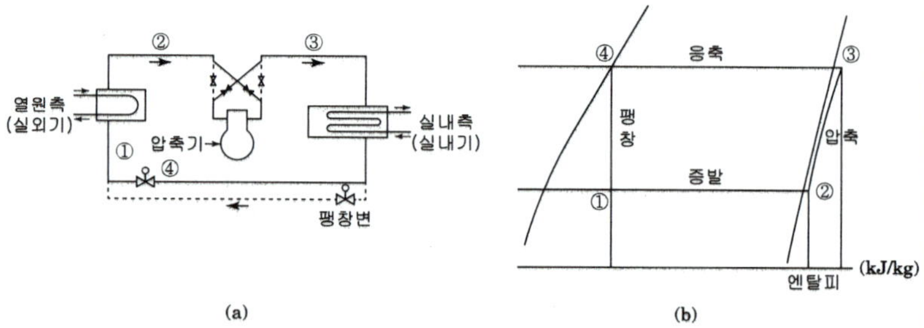 그림. 히트펌프 난방사이클
열펌프 성능 계수 (COP)	열펌프의 성능계수(COP_H ; Coefficient of Performance) 히트펌프의 성능은 응축기에서의 방열량과 압축일의 비로 나타낸다. • 냉동기 성적계수 $COP = \dfrac{q_2}{w} = \dfrac{h_2 - h_1}{h_3 - h_2}$ • 히트펌프 성적계수 $COP_H = \dfrac{h_3 - h_4}{h_3 - h_2} = \dfrac{q_1}{w} = \dfrac{q_2 + w}{w} = COP + 1$

히트 펌프 채열원	히트펌프의 채열원(heat source) 열펌프는 응축기의 방열을 이용하는 것으로 증발기에서는 채열(採熱)하기 위한 열원이 필요하다. 열원으로서 일반적으로 사용하고 있는 것은 공기, 물, 지열, 태양열, 미이용 에너지 활용(하천수, 해수), 도시 여열이나 배열이용(하수열, 변전소 배열, 지하철 배열)등이 이용되고 있다. ※ 채열원의 구비조건 　① 구입이 용이하고, 온도가 높고, 열량이 풍부할 것 　② 시간적으로 온도 및 열량이 변화가 없을 것 　③ 겨울철에는 채열원, 여름철에는 방열원으로서 사용할 수 있을 것

2 히트펌프 방식

분류	특징
히트 펌프 방식	• 열원 열매의 종류에 따른 분류 　공기 - 공기방식, 공기-수 방식, 수-공기 방식, 수-수 방식 • 축열방식에 따른 분류 　수축열 방식, 빙축열 방식, 잠열축열 방식 • 열회수 방식에 의한 분류 　열회수 히트펌프 방식, GHP방식, 태양열이용방식, 지열이용방식
공기 - 공기 방식	그림. 공기-공기방식(냉매회로 전환방식)

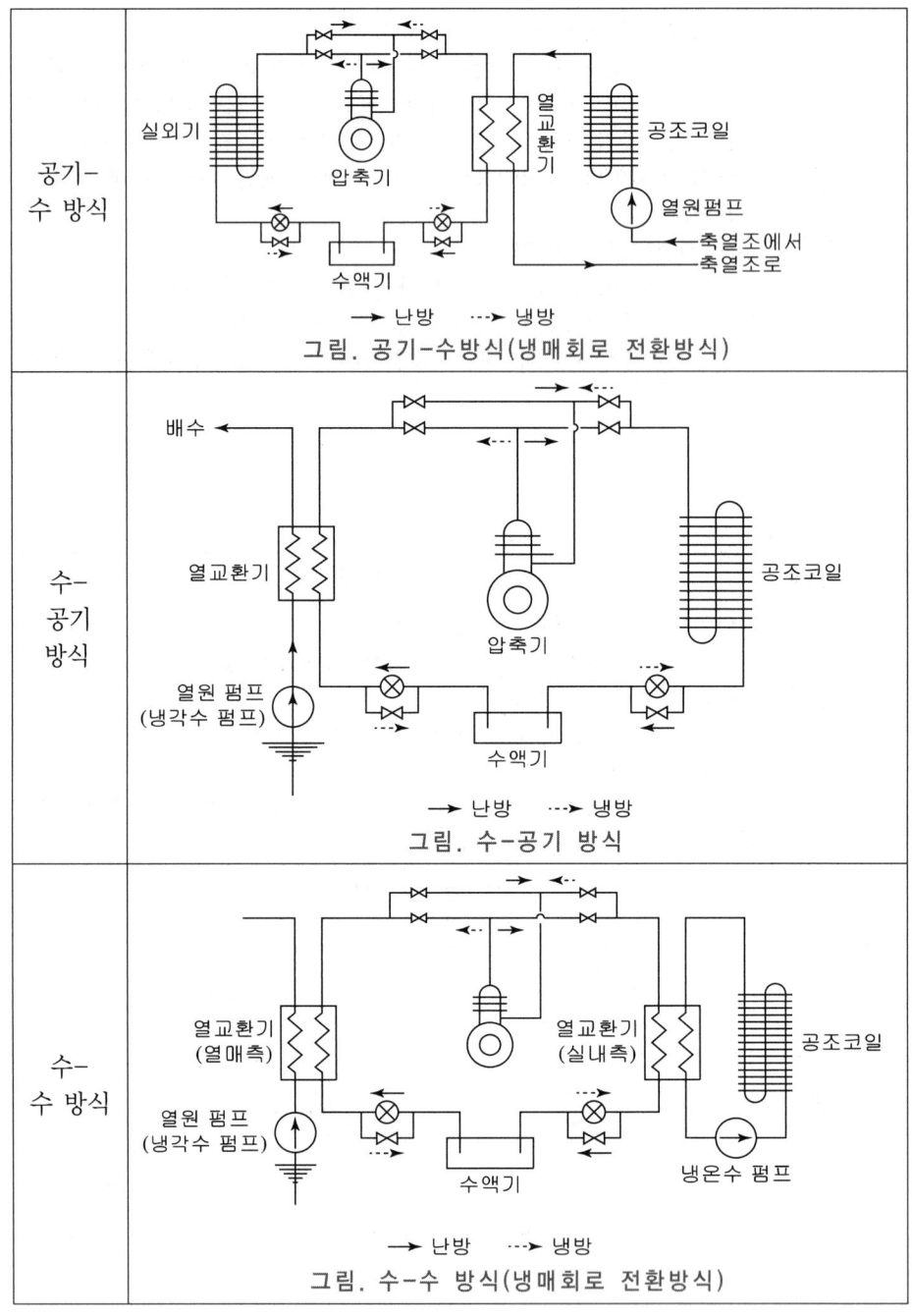

3 축열방식과 열회수방식

분류	특징
축열방식 히트펌프	축열방식에 의한 히트펌프 분류(수축열 방식, 빙축열 방식, 잠열축열 방식) 물 등의 축열체에 미리 야간에 냉열이나 온열을 저장하여 놓고 주간 등의 냉난방이 필요할 때 그 열을 취출하여 사용하는 시스템이다. 그림. 축열식 히트펌프 방식(개방식의 예) ※ 축열식 히트펌프 방식의 이점 • 피크 컷(peak-cut)에 의한 열원기기용량을 크게 감소시킬 수 있다. • 안정된 운전과 고효율 운전이 가능하다. • 심야운전에 의한 전력비가 저렴하다. • 전력부하의 평준화에 기여한다.
열회수 방식에 의한 분류	• 열회수 히트펌프 방식 냉동기의 운전에 따른 응축열은 일반적으로 대기 등의 히트싱크(heat sink)에 버리는데 이것을 버리지 않고 난방이나 급탕의 열원으로서 유효하게 이용하는 방식이 열회수 히트펌프 방식이다. 그림. 열회수 히트펌프 방식(double bundle system)

가스 엔진 히트 펌프	가스엔진 히트펌프(GHP : Gas Engine Heat Pump)방식 1) 원리 : 히트펌프의 구동원으로 전동기(motor)대신에 엔진의 축출력에 의해 히트펌프를 구동하는 시스템을 가스엔진 히트펌프 방식이라 한다. 이 방식은 엔진의 구동에 따른 냉각수나 배기가스의 배열을 회수하여 난방이나 급탕, 풀(pool)가열 등의 가열원으로 이용하여 종합열효율을 향상시킬 수 있는 방식이다. 그림. 가스엔진 히트펌프(GHP)방식 2) 특징 • 전력소비의 절감 　GHP의 소비전력은 같은 능력의 EHP의 약 1/10정도이다. 　따라서 수전설비용량을 저감시킬 수 있다. • 운전비 절감 　GHP는 상대적으로 가격이 싼 가스를 주 에너지원으로 하기 때문에 같은 능력의 EHP에 대하여 운전비를 20~30% 저감할 수 있다. • 난방 시 예열운전시간 단축 　난방시 GHP는 가스엔진의 배열을 이용하기 때문에 외기온도의 영향을 적게 받아 정격운전에 도달하는데 시간이 적게 걸린다. • 제상운전을 할 필요가 없어 연속운전이 가능하다. • 초기 설비비가 높다.
태양열 이용히트 펌프방식	1) 원리 : 열원으로서 태양에너지를 이용하는 방식으로 태양열집열기, 집열펌프, 집열탱크 등으로 구성되어 집열기로 집열한 태양열을 히트펌프로 승온시켜 급탕이나 냉난방을 한다. 2) 특징 : 급탕이나 난방에는 비교적 저온의 온수가 사용되며 냉방에는 냉각탑이 필요하다. 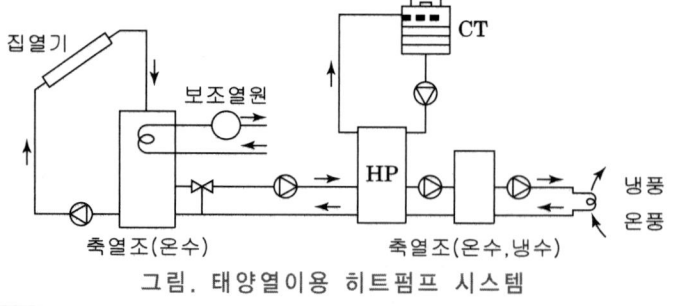 그림. 태양열이용 히트펌프 시스템

지열 이용 방식	1) 지열 히트펌프(GSHP : Ground Source Heat Pump System)란 지중 또는 호수에 설치된 열교환기를 이용한 간접형(Closed type)과 지하수, 호수 등의 표층수를 열원으로 이용하는 직접형(Open type)을 포함하여 부르는 명칭이다. 호수, 연못 / 호수, 연못 수평형 지열 열교환기 (Horizontal Ground Heat Exchanger) 수직형 지열 열교환기 (Vertical Ground Heat Exchanger) 주입정 (Injection Well) 채수정 (Production Well) 그림. 지열 히트펌프(GSHP) 2) 지열 히트펌프의 특징 • 운전비(running cost) 절감, CO_2 배출량 저감 • 피크(peak) 전력 저감(계약전력 저감) • 안정성이 높고 이용 장소를 가리지 않는 것
하수열 이용 히트 펌프 방식	하수열 이용방식 저열원으로 안정된 공급량을 갖는 하수처리수 (온도차 에너지)를 이용하여 난방기간에는 난방열원으로 회수하고 히트펌프로 승온하여 난방과 급탕에 이용한다. 냉방용HP : 증발기 / 압축기 / 응축기 난방용HP : 응축기 / 압축기 / 증발기 축열조, 공조기, 방류구, 세척장치, 여과장치, 펌프, 하수 방수구 그림. 하수열 이용 히트펌프 시스템 계통도

02 핵심예상문제

열펌프 및 축열장치

본 핵심예상문제는 각단원별 출제빈도 높은 문제 및 최근 10년간의 기출문제 중 비중이 높은 출제유형이므로 꼭 풀어보고 가야할 문제입니다. 이후 실전예상문제를 공부하시면 효과적입니다.

[10년 1회]
01 축열 시스템의 종류가 아닌 것은?

① 가스축열방식 ② 수축열 방식
③ 빙축열 방식   ④ 잠열축열 방식

> 축열 방식
> 축열 방식에는 수축열, 빙축열, 잠열축열 방식이 있다.

[12년 3회]
02 최근 여름철 주간 전력부하를 야간으로 이전하고 에너지를 효율적으로 사용하자는 측면에서 빙축열시스템이 보급되고 있다. 다음 중 빙축열시스템의 분류에 대한 조합으로 적당하지 않은 것은?

① 정적형 : 관내착빙형
② 정적형 : 캡슐형
③ 동적형 : 관외착빙형
④ 동적형 : 과냉각아이스형

> 빙축열 시스템
> 정적형 : 관외착빙(ice on coil)형, 관내착빙(ice in coil)형, 캡슐(capsule)형
> 동적형 : 빙 박리(Harvester)형, 아이스슬러리(ice slurry)형

[14년 2회]
03 지열을 이용하는 열펌프의 종류에 해당되지 않는 것은?

① 지하수 이용 열펌프
② 폐수 이용 열펌프
③ 지표수 이용 열펌프
④ 지중열 이용 열펌프

> 지열 이용 열펌프의 종류 : 지중열, 지하수, 지표수 이용의 열펌프
> 폐열 이용 열펌프의 종류 : 폐수, 기계실 및 변전실의 배열 이용 열펌프

[16년 3회]
04 역카르노 사이클에서 고열원을 T_H, 저열원을 T_L이라 할 때 성능계수를 나타내는 식으로 옳은 것은?

① $\dfrac{T_H}{T_H - T_L}$ ② $\dfrac{T_L}{T_H - T_L}$
③ $\dfrac{T_H - T_L}{T_H}$ ④ $\dfrac{T_H - T_L}{T_L}$

> 가역 냉동사이클 성적계수 COP
> $COP = \dfrac{Q_L}{Q_H - Q_L} = \dfrac{T_L}{T_H - T_L}$
> 여기서 역카르노 사이클에서 열펌프라는 조건이 없으면 가역 냉동사이클로 풀이해야 합니다.

[22년 2회]
05 냉동사이클에서 응축온도 45℃, 증발온도 −15℃이면 이론적인 최대 성적계수는 얼마인가?

① 3.3   ② 4.3
③ 5.3   ④ 6.3

> 역카르노사이클에서
> $COP = \dfrac{T_2}{T_1 - T_2} = \dfrac{273 + (-15)}{45 - (-15)} = 4.3$

[22년 3회]
06 10냉동톤의 능력을 갖는 역카르노 사이클이 적용된 냉동기관의 고온부 온도가 25℃, 저온부 온도가 −20℃일 때, 이 냉동기를 운전하는데 필요한 동력은? (단, 1RT= 3.86kW이다)

① 1.8kW   ② 3.1kW
③ 6.9kW   ④ 9.4kW

 정답 01 ① 02 ③ 03 ② 04 ② 05 ② 06 ③

$$\text{COP} = \frac{Q_2}{W} = \frac{T_2}{T_1 - T_2} \text{에서}$$
$$W = Q_2 \frac{T_1 - T_2}{T_2}$$
$$= 10 \times 3.86 \times \frac{(273+25)-(273-20)}{273-20} ≒ 6.9[\text{kW}]$$

[15년 1회]

07 열펌프(heat pump)의 성적계수를 높이기 위한 방법으로 적당하지 못한 것은?

① 응축온도를 높인다.
② 증발온도를 높인다.
③ 응축온도와 증발온도와의 차를 줄인다.
④ 압축기 소요동력을 감소시킨다.

> 열펌프(heat pump)에서 응축온도를 높이면 압축일량(소요동력)이 증대하므로 성적계수가 감소한다.

[11년 1회, 09년 1회]

08 축열장치의 장점이 아닌 것은?

① 축열조 및 단열공사비 축소
② 냉동장치의 용량감소 효과
③ 수전설비 축소로 기본전력비 감소
④ 부하 변동시도 안정적 열 공급

> 축열시스템 특징은
> ㉠ 전부하 연속운전에 의한 고효율 정격운전 가능
> ㉡ 냉동장치의 용량감소 효과
> ㉢ 수전설비 축소로 기본전력비 감소
> ㉣ 부하 변동시도 안정적 열 공급
> ㉤ 축열조 및 단열공사로 인한 추가비용 소요
> ㉥ 열손실 증가, 배관설비 및 반송 동력비 증가

[10년 3회]

09 축열시스템에 대한 설명이 잘못된 것은?

① 수축열방식 : 열용량이 큰 물을 축열제로 이용하는 방식
② 빙축열방식 : 냉열을 얼음에 저장하여 작은 체적에 효율적으로 냉열을 저장하는 방식
③ 잠열축열방식 : 물질의 융해, 응고시 상변화에 따른 잠열을 이용하는 방식
④ 토양축열방식 : 심해의 해수온도 및 해양의 축열성을 이용하는 방식

> 토양축열방식은 현열 축열방식으로 물체의 온도변화를 이용하여 열량을 저장하는 것으로 일반적으로 모래, 자갈, 쇄석, 콘크리트블록, 벽돌 등 고체의 토양이 이용되기도 한다. 지중열 교환 온실은 토양을 이용한 것이다.

[11년 2회]

10 수축열 방식에서 축열재의 구비조건으로 잘못된 것은?

① 단위체적당 축열량이 많을 것
② 취급이 용이하고 가격이 낮을 것
③ 화학적으로 안정되고 열 출입이 용이할 것
④ 축열조에서 열손실 및 반송동력(펌프)이 클 것

> 축열조에서 열손실이 적고 반송동력이 작아야 경제적이다.

[12년 2회]

11 빙축열방식에 대한 설명 중 잘못된 것은?

① 제빙을 위한 냉동기 운전은 냉수 취출을 위한 운전보다 증발온도가 낮기 때문에 성능계수(COP)가 높아 20~30% 정도의 소비동력이 감소한다.
② 냉매를 직접 제빙부에 공급하는 직접 팽창식과 냉동기에서 냉각된 브라인을 제빙부에 공급하는 브라인 방식으로 나눈다.
③ 제빙방식은 정적제빙방식과 동적제빙방식으로 나눈다.
④ 주로 심야전력을 이용하는 잠열축열 방식이다.

> ①의 경우 빙축열 방식은 수축열 방식에 비해 증발온도가 낮기 때문에 소비동력이 증가하고 냉동기 성능계수가 낮아진다.

정답 07 ① 08 ① 09 ④ 10 ④ 11 ①

제3장 | 냉동장치의 응용과 안전관리

03 냉동장치의 응용(흡수식 냉동장치)

1 흡수식 냉동장치

분류	특징
흡수식 냉동기 원리	흡수식 냉동기는 저열원에서 고열원으로 열을 이동시키는 데 있어 압축식 냉동기는 기계적에너지를 사용하나, 흡수식 냉동기는 열에너지를 사용한다. 현재 실용화 되고 있는 냉매와 흡수제의 조합은 물-LiBr, 암모니아-물의 2종류이다. 전자는 공조냉수용, 후자는 냉동용에 사용되고 있다.
단효용 흡수식 냉동기	1) 원리 : 단효용 흡수식 냉동기는 저압증기(0.1MPa 정도) 또는 80~90℃의 온수로 구동되는 흡수식 냉동기의 기본형으로 그림은 작동 설명도이다. 2) 구성 : 증발기, 흡수기, 재생기, 응축기 및 용액열교환기로 구성되어 있다. 3) 작동순서 : 흡수기 중에 산포된 진한 흡수용액(LiBr 수용액)의 강한 흡습성이 증발기에서 산포된 냉매의 증발을 촉진시켜 그때의 증발잠열로 전열관 내의 냉수를 냉각시킨다. 흡수기에서 냉매 증기를 흡수하여 희석된 흡수용액은 재생기에서 가열되어 농축된다. 재생기에서 흡수용액으로부터 증발 분리한 증기는 응축기에서 냉각되어 응축한 후 다시 증발기에서 산포된다. 또한 재생기에서 농축된 흡수용액은 다시 흡수기내에 산포되어 냉동사이클을 계속하게 된다. 그림. 단효용 흡수식 냉동기

1) 원리 : 2중효용 흡수식 냉동기는 고압증기(0.8MPa 정도) 또는 가스 직화 구동하는 2중효용 흡수식 냉동기의 작동원리는 그림과 같다.
2) 구성과 작동순서 : 냉매증기를 흡수하여 희석된 흡수용액은 고온 재생기에서 제1단 농축이 되고 저온재생기에서 다시 제2단의 농축된 후 흡수기에 산포된다. 한편 고온재생기에서 흡수용액으로부터 증발 분리된 증기는 저온재생기의 가열원으로 이용된다. 제1단의 고온재생기의 가열에너지는 고온재생기와 저온재생기의 2단으로 이용되므로 가열원의 소비량은 큰 폭으로 절감된다.

2중효용 흡수식 냉동기

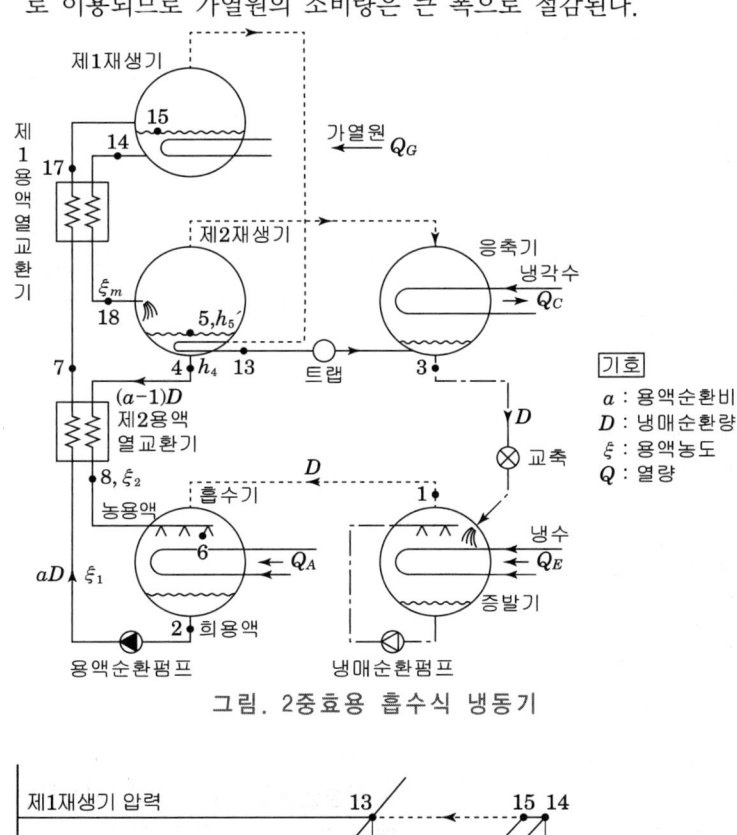

그림. 2중효용 흡수식 냉동기

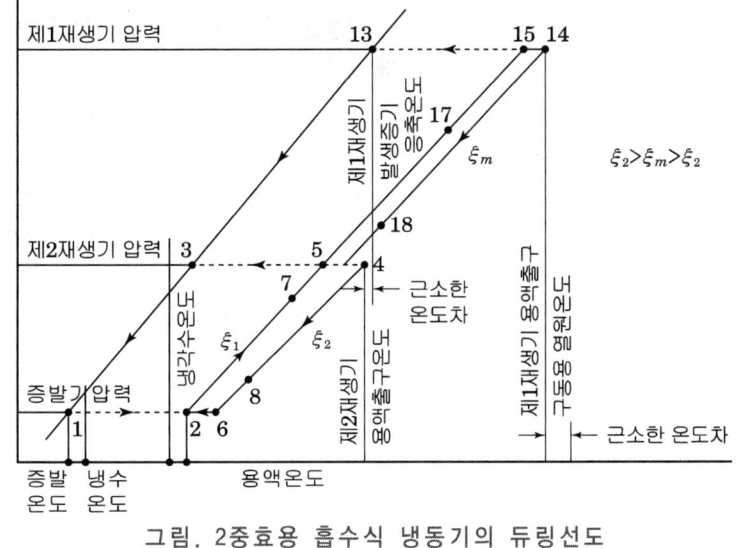

그림. 2중효용 흡수식 냉동기의 듀링선도

03 흡수식 냉동장치 핵심예상문제

본 핵심예상문제는 각단원별 출제빈도 높은 문제 및 최근 10년간의 기출문제 중 비중이 높은 출제유형이므로 꼭 풀어보고 가야할 문제입니다. 이후 실전예상문제를 공부하시면 효과적입니다.

[12년 1회]

01 흡수식 냉동시스템에서 냉매의 순환방향으로 올바른 것은?

① 압축기 → 응축기 → 증발기 → 열교환기 → 압축기
② 증발기 → 흡수기 → 발생기(재생기) → 응축기 → 증발기
③ 압축기 → 응축기 → 팽창장치 → 증발기 → 압축기
④ 증발기 → 열교환기 → 발생기(재생기) → 흡수기 → 증발기

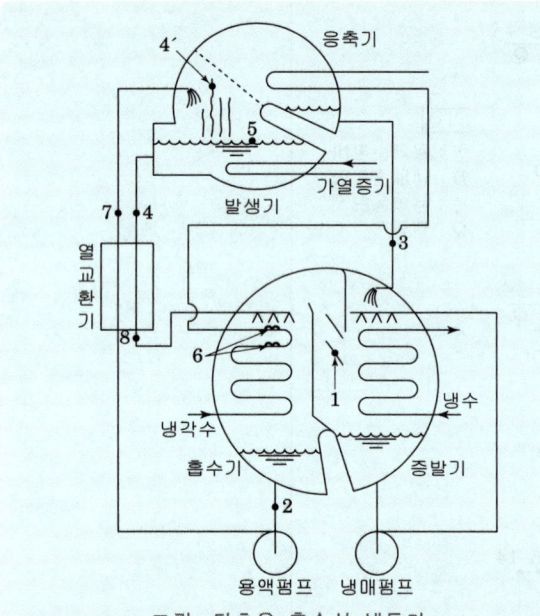

그림. 단효용 흡수식 냉동기

(1) 냉매의 순환
 증발기 → 흡수기 → 발생기(재생기) → 응축기 → 증발기
(2) 흡수제의 순환
 흡수기 → 발생기 → 흡수기

[13년 3회]

02 흡수식 냉동기에서 냉매와 흡수용액을 분리하는 기기는?

① 발생기   ② 흡수기
③ 증발기   ④ 응축기

① 발생기 : 흡수기에서 넘어온 희용액을 외부가열에 의해 냉매와 흡수용액의 분리
② 흡수기 : 흡수용액에 의해 증발기에서 넘어온 냉매증기를 흡수
③ 증발기 : 증발기 내부의 냉각관에 흐르는 냉수로부터 열을 흡수하여 냉매의 증발
④ 응축기 : 응축기 내부의 냉각수관에 흐르는 냉각수에 의해 발생기에서 넘어온 냉매가스의 응축

[14년 2회]

03 작동물질로 H_2O-$LiBr$을 사용하는 흡수식 냉동사이클에 관한 설명 중 틀린 것은?

① 열교환기는 흡수기와 발생기 사이에 설치
② 발생기에서는 냉매 $LiBr$이 증발
③ 흡수기의 압력은 저압이며 발생기는 고압임
④ 응축기 내에서는 수증기가 응축됨

발생기에서는 냉매인 물(H_2O)이 증발한다.

정답 01 ② 02 ① 03 ②

[08년 1회]

04 다음은 흡수식 냉동장치에 관한 설명이다. 옳지 않은 것은 어느 것인가?

① 흡수식 냉동기에서는 증기압축식 냉동기에서의 압축기 역할을 흡수기와 발생기가 대신하고 있다.
② 흡수식 냉동기는 가열원으로 천연가스, LPG 등을 사용할 수 있으나 효율이 나쁘므로 고온의 폐열을 얻을 수 있는 곳에 적합하다.
③ 흡수식 냉동기의 냉매로는 LiBr, 흡수제로서는 물로 사용하는 흡수식 냉동기가 현재 많이 사용되고 있다.
④ 흡수식 냉동기는 용량제어의 범위가 넓어 폭 넓은 용량 제어가 가능하다.

> 흡수식 냉동기는 냉매로 물(H_2O), 흡수제로 LiBr을 사용하는 냉동기가 대부분이다.

[12년 1회]

05 흡수식 냉온수기에서 기내로 유입된 공기와 기내에서 발생한 불응축가스를 기외로 방출하는 장치는?

① 흡수장치　　② 재생장치
③ 압축장치　　④ 추기장치

> **추기회수장치**
> 흡수식 냉온수기(or 냉동기)에서는 장치 내를 항상 고진공으로 유지해야 하기 때문에 진공을 방해하는 불응축 가스(공기, 부식억제제 분해가스 등)를 추기회수장치를 이용하여 기외로 방출해야 한다.

[16년 1회]

06 흡수식 냉동기에 사용되는 냉매와 흡수제의 연결이 잘못된 것은?

① 물(냉매) - 황산(흡수제)
② 암모니아(냉매) - 물(흡수제)
③ 물(냉매) - 가성소다(흡수제)
④ 염화에틸(냉매) - 취화리튬(흡수제)

흡수식 냉동기의 냉매와 흡수제의 조합

냉매	흡수제
암모니아(NH_3)	물
물	취화리튬(LiBr) 염화리튬(LiCl) 가성소다(NaOH) 황산(H_2SO_4)

[22년 2회]

07 흡수식 냉동기에 사용되는 흡수제의 구비조건으로 틀린 것은?

① 냉매와 비등온도 차이가 작을 것
② 화학적으로 안정하고 부식성이 없을 것
③ 재생에 필요한 열량이 크지 않을 것
④ 점성이 작을 것

> 흡수식 냉동기에 사용되는 흡수제는 냉매와 비등온도 차이가 커야 발생기에서 냉매 분리가 용이하다.

[13년 3회]

08 흡수식 냉동기에서 재생기에서의 열량을 Q_G, 응축기에서의 열량을 Q_C, 증발기에서의 열량을 Q_E, 흡수기에서의 열량을 Q_A라고 할 때 전체의 열평형식으로 옳은 것은?

① $Q_G = G_E + Q_C + Q_A$
② $Q_G + G_C = Q_E + Q_A$
③ $Q_G + G_A = Q_C + Q_E$
④ $Q_G + Q_E = Q_C + Q_A$

> **흡수식 냉동기의 열평형식**
> 재생기 가열량 + 증발기 흡수열량(냉동능력)
> = 흡수기 냉각열량 + 응축기 방열량
> $Q_G + G_E = Q_C + Q_A$ 이다.

정답　04 ③　05 ④　06 ④　07 ①　08 ④

제3장 냉동장치의 응용과 안전관리

[08년 3회]

09 이중 효용 흡수식 냉동기에 대한 설명 중 옳지 않은 것은?

① 일중 효용 흡수식 냉동기에 비해 효율이 높다.
② 2개의 재생기를 갖고 있다.
③ 2개의 증발기를 갖고 있다.
④ 이중 효용 흡수식 냉동기에서 일중 효용 흡수식 냉동기와 같은 양의 냉매액을 얻기 위해서는 가열량이 일중 효용보다 작다.

> 이중 효용 흡수식 냉동기는 2개의 재생기를 갖고 제1단의 고온재생기의 가열에너지는 고온재생기와 저온재생기의 2단으로 이용되므로 가열원의 소비량이 큰 폭으로 절감할 수 있어 일중 효용 흡수식 냉동기에 비해 효율이 높다.

[13년 2회]

10 CA(Controled Atmosphere)냉장고에서 청과물 저장 시 보다 좋은 저장성을 얻기 위하여 냉장고의 산소를 몇 % 탄산가스로 치환하는가?

① 3~5% ② 5~8%
③ 8~10% ④ 10~12%

> CA 냉장고(controlled atmosphere storage)
> 청과물을 냉장 및 저장하는 데 있어 저장성을 증진하기 위하여 냉장고 내의 공기를 치환하는 데, 산소를 3~5% 감소하고 탄산가스를 3~5% 증가시켜 냉장고 내의 청과물의 호흡 작용을 억제하면서 냉장하는 냉장고이다.

[14년 1회, 08년 2회]

11 CA 냉장고(Controlled Atmosphere storage room)의 용도로 가장 적당한 것은?

① 가정용 냉장고로 쓰인다.
② 제빙용으로 주로 쓰인다.
③ 청과물 저장에 쓰인다.
④ 공조용으로 철도, 항공에 주로 쓰인다.

> CA 냉장고(controlled atmosphere storage)
> 청과물을 냉장 및 저장하는 데 있어 저장성을 증진하기 위하여 냉장고 내의 공기를 치환하는 데, 산소를 3~5% 감소하고 탄산가스를 3~5% 증가시켜 냉장고 내의 청과물의 호흡 작용을 억제하면서 냉장하는 냉장고이다.

[23년 3회]

12 증기압축식 냉동장치서 플래시 가스(flash gas)의 발생 원인으로 가장 거리가 먼 것은?

① 관경이 큰 경우
② 수액기에 직사광선이 비쳤을 경우
③ 스트레이너가 막혔을 경우
④ 액관이 현저하게 입상했을 경우

> 냉동장치의 냉매 액관 일부에서 발생한 플래시 가스는 팽창밸브의 능력을 감퇴시켜 냉매순환량이 줄어들어 냉동능력을 감소시킨다.
> 플래시 가스 발생원인
> ㉠ 액관의 입상높이가 매우 높을 때(압력이 감소할 때)
> ㉡ 냉매순환량에 비하여 액관의 관경이 너무 작을 때
> ㉢ 배관에 설치된 스트레이너, 필터 등이 막혀 있을 때
> ㉣ 액관이 열을 받거나 온도가 높은 장소를 통과할 때

[15년 2회]

13 12kW 펌프의 회전수가 800rpm, 토출량 1.5m³/min인 경우 펌프의 토출량을 1.8m³/min으로 하기 위하여 회전수를 얼마로 변화하면 되는가?

① 850rpm ② 960rpm
③ 1025rpm ④ 1365rpm

> 펌프의 상사법칙
> $\frac{Q_2}{Q_1} = \frac{N_2}{N_1}$ 에서 $N_2 = N_1 \frac{Q_2}{Q_1} = 800 \times \frac{1.8}{1.5} = 960 [rpm]$

정답 09 ③ 10 ① 11 ③ 12 ① 13 ②

제3장 | 운영 안전관리

04 운영 안전관리(관련법규 발췌)

1 고압가스 안전관리법에 의한 냉동기 관리

분류	관련내용
가스 냉동 설비 유지 관리	냉동설비의 안전성 및 작동성을 확보하고 냉매설비 주위에서의 위해요소 발생을 방지하기 위하여 다음기준에 따라 필요한 조치를 강구한다. 1) 안전밸브 또는 방출밸브에 설치된 스톱밸브는 항상 완전히 열어 놓는다. 2) 냉동설비의 설치공사 또는 변경공사가 완공된 때에는 산소외의 가스를 사용하여 시운전 또는 기밀시험을 실시(공기를 사용하는 때에는 미리 냉매설비중의 가연성가스를 방출한 후에 실시 한다)하여 정상인 것을 확인한 후에 사용한다. 3) 가연성가스의 냉동설비부근에는 작업에 필요한양 이상의 연소하기 쉬운 물질을 두지 아니한다.
수리 · 청소	가연성가스 또는 독성가스의 냉매설비를 수리 · 청소 및 철거하는 때에는 그 작업의 안전확보와 그 설비의 작동성 유지를 위하여 다음 작업 안전수칙에 따라 수리 · 청소 및 철거를 한다. 1) 수리 · 청소 및 철거준비가스설비의 수리 · 청소 및 철거(이하 "수리 등"이라 한다)를 할 때에는 작업계획을 미리 해당 작업의 책임자 및 관계자에게 주지시키는 동시에 그 작업계획에 따라 해당책임자의 감독하에 실시한다. 2) 가스의 치환, 가연성가스 또는 독성가스 설비의 수리 등을 할때에는 다음 기준에 따라 미리 그 내부의 가스를 불활성가스 또는 물 등 해당 가스와 반응하지 아니하는 가스 또는 액체로 치환한다.
독성 가스 가스 설비	1) 가스설비의 내부가스를 그 압력이 대기압 가까이 될 때까지 다른 저장탱크 등에 회수한 후 잔류가스를 대기압이 될 때까지 제해설비로 유도하여 제해시킨다. 2) 해당가스와 반응하지 아니하는 불활성가스 또는 물 그 밖의 액체 등으로 서서히 치환한다. 이 경우 방출하는 가스는 제해설비에 유도하여 제해시킨다. 3) 치환결과를 가스 검지기 등으로 측정하고 해당 독성가스의 농도가 TLV-TWA 기준 농도(작업에 영향을 주지 않는 유해물질 평균농도) 이하로 될 때까지 치환을 계속한다.

수리· 청소 및 철거 작업 (독성 가스 설비)	1) 독성 가스설비의 재치환 작업은 가스설비 내부에 남아있는 가스 또는 액체가 공기와 충분히 혼합되어 혼합된 가스가 방출관, 맨홀 등으로부터 대기 중에 방출되어도 유해한 영향을 끼칠 염려가 없는 것을 확인한 후 치환방법에 따라 실시한다. 2) 공기로 재치환 한 결과를 산소측정기 등으로 측정하여 산소의 농도가 18% 부터 22%까지로 된 것이 확인 될 때까지 공기로 반복하여 치환한다. 이 경우 가스검지기 등으로 해당 독성가스의 농도가 TLV-TWA 기준 농도 이하인 것을 재확인한다.
수리 및 청소 사후 조치	가스설비의 수리등을 완료한때에는 다음 기준에 따라 그 가스설비가 정상으로 작동하는지를 확인한다. 1) 내압강도에 관계가 있는 부분으로서 용접에 따른 보수실시 또는 부식 등으로 내압강도가 저하되었다고 인정될 경우에는 비파괴검사, 내압시험 등으로 내압강도를 확인한다. 2) 기밀시험을 실시하여 누출이 없는지 확인한다. 3) 계기류가 소정의 위치에서 정상으로 작동하는지 확인한다. 4) 수리 등을 위하여 개방된 부분의 밸브 등은 개폐상태가 정상으로 복구되고 설치한 맹판 및 표시등이 제거되어 있는지 확인한다. 5) 안전밸브·역류방지밸브 및 긴급차단장치 그 밖의 과압 안전장치가 소정의 위치에서 이상 없이 작동하는지 확인한다. 6) 회전기계 내부에 이물질이 없고 구동상태의 정상여부 및 이상 진동, 이상음이 없는지 확인한다. 7) 가연성가스의 가스설비는 그 내부가 불활성가스 등으로 치환되어 있는지 확인한다.

2 고압가스 안전관리법 발췌(출제빈도 높음)

분류	관련내용
제1조 (목적)	이 법은 고압가스의 제조·저장·판매·운반·사용과 고압가스의 용기·냉동기·특정설비 등의 제조와 검사 등에 관한 사항 및 가스안전에 관한 기본적인 사항을 정함으로써 고압가스 등으로 인한 위해(危害)를 방지하고 공공의 안전을 확보함을 목적으로 한다.
고압 가스 종류	- 이 법의 적용을 받는 고압가스의 종류와범위 1) 상용의 온도에서 압력(게이지압력을 말한다. 이하 같다)이 1MPa 이상이 되는 압축가스로서 실제로 그 압력이 1MPa 이상이 되는 것 또는 섭씨 35도의 온도에서 압력이 1MPa 이상이 되는 압축가스(아세틸렌가스는 제외한다) 2) 섭씨 15도의 온도에서 압력이 0 Pa을 초과하는 아세틸렌가스

	3) 상용의 온도에서 압력이 0.2 MPa 이상이 되는 액화가스로서 실제로 그 압력이 0.2 MPa 이상이 되는 것 또는 압력이 0.2MPa이 되는 경우의 온도가 섭씨 35도 이하인 액화가스 4) 섭씨 35도의 온도에서 압력이 0 Pa을 초과하는 액화가스 중 액화시안화수소·액화브롬화메탄 및 액화산화에틸렌가스

제3조
(정의)
	1) "저장소"란 산업통상자원부령으로 정하는 일정량 이상의 고압가스를 용기나 저장탱크로 저장하는 일정한 장소를 말한다.
	2) "용기(容器)"란 고압가스를 충전(充塡)하기 위한 것(부속품을 포함한다)으로서 이동할 수 있는 것을 말한다.
	  2의2. "차량에 고정된 탱크"란 고압가스의 수송·운반을 위하여 차량에 고정 설치된 탱크를 말한다.
	3) "저장탱크"란 고압가스를 저장하기 위한 것으로서 일정한 위치에 고정(固定) 설치된 것을 말한다.
	4) "냉동기"란 고압가스를 사용하여 냉동을 하기 위한 기기(機器)로서 산업통상자원부령으로 정하는 냉동능력 이상인 것을 말한다.
	〈"산업통상자원부령으로 정하는 냉동능력"이란 냉동능력 산정기준에 따라 계산된 냉동능력 3톤을 말한다.〉
	  4의2. "안전설비"란 고압가스의 제조·저장·판매·운반 또는 사용시설에서 설치·사용하는 가스검지기 등의 안전기기와 밸브 등의 부품으로서 산업통상자원부령으로 정하는 것(제5호에 따른 특정설비는 제외한다)을 말한다.
	5) "특정설비"란 저장탱크와 산업통상자원부령으로 정하는 고압가스 관련 설비를 말한다.
	6) "정밀안전검진"이란 대형(大型) 가스사고를 방지하기 위하여 오래되어 낡은 고압가스 제조시설의 가동을 중지한 상태에서 가스안전관리 전문기관이 정기적으로 첨단장비와 기술을 이용하여 잠재된 위험요소와 원인을 찾아내고 그 제거방법을 제시하는 것을 말한다.

기본
계획
수립
	- 가스안전관리에 관한 기본계획의 수립
	① 산업통상자원부장관은 가스로 인한 위해 방지 및 체계적인 가스안전관리를 위하여 5년마다 가스안전관리에 관한 기본계획(이하 "기본계획"이라 한다)을 수립·시행하여야 한다.
	② 기본계획에는 다음 각 호의 사항이 포함되어야 한다.
	  1) 고압가스, 「액화석유가스의 안전관리 및 사업법」 제2조제1호에 따른 액화석유가스 및 「도시가스사업법」 제2조제1호에 따른 도시가스(이하 "고압가스등"이라 한다)에 대한 중기·장기 안전관리 정책에 관한 사항
	  2) 고압가스등 안전관리 제도의 개선에 관한 사항
	  3) 고압가스등으로 인한 사고를 예방하기 위한 교육·홍보 및 검사·진단에 관한 사항
	  4) 고압가스등의 안전관리를 위한 정책 및 기술 등의 연구·개발에 관한 사항
	  5) 그 밖에 고압가스등의 안전관리를 위하여 필요한 사항

고압 가스 제조 허가 대상	냉동제조 허가대상 : 1일의 냉동능력(이하 "냉동능력"이라 한다)이 20톤 이상(가연성가스 또는 독성가스 외의 고압가스를 냉매로 사용하는 것으로서 산업용 및 냉동·냉장용인 경우에는 50톤 이상, 건축물의 냉·난방용인 경우에는 100톤 이상)인 설비를 사용하여 냉동을 하는 과정에서 압축 또는 액화의 방법으로 고압가스가 생성되게 하는 것.
고압 가스 제조 신고 대상	냉동제조 신고대상 : 냉동능력이 3톤 이상 20톤 미만(가연성가스 또는 독성가스 외의 고압가스를 냉매로 사용하는 것으로서 산업용 및 냉동·냉장용인 경우에는 20톤 이상 50톤 미만, 건축물의 냉·난방용인 경우에는 20톤 이상 100톤 미만)인 설비를 사용하여 냉동을 하는 과정에서 압축 또는 액화의 방법으로 고압가스가 생성되게 하는 것. 다만, 다음 각 목의 어느 하나에 해당하는 자가 그 허가받은 내용에 따라 냉동 제조를 하는 것은 제외한다.
용기	- 용기등의 제조등록 대상범위는 냉동능력이 3톤 이상인 냉동기를 제조하는 것
제조 등록 기준	- 냉동기의 제조등록기준: 냉동기 제조에 필요한 프레스설비·제관설비·건조설비·용접설비 또는 조립설비 등을 갖출 것

안전
관리
자의
종류
	안전관리자의 종류 및 자격 등
	① 법 따른 안전관리자의 종류는 다음 각 호와 같다.
	  1) 안전관리 총괄자
	  2) 안전관리 부총괄자
	  3) 안전관리 책임자
	  4) 안전관리원

정밀 안전 검진 실시 기관	- 정밀안전검진의 실시기관(대통령령에서 정하는 기관)이란 1) 한국가스안전공사 2) 한국산업안전보건공단

3 고압가스 안전관리법(냉동기 제조의 시설·기술·검사기준)

분류	관련내용
시설 기준	가) 냉동기를 제조하려는 자는 이 별표의 기술기준에 따라 냉동기를 제조하기 위하여 필요한 제조설비를 갖출 것. 다만, 규칙 제5조 제2항제3호에 따른 기술검토 결과 부품생산 전문업체의 설비를 이용하거나 그로부터 부품을 공급받더라도 품질관리에 지장이 없다고 인정된 경우에는 그 부품생산에 필요한 설비를 갖추지 않을 수 있다. 나) 냉동기를 제조하려는 자는 이 별표의 검사기준에 따라 냉동기를 검사하기 위하여 필요한 검사설비를 갖출 것
	가) 냉동기의 설계는 그 냉동기의 안전성을 확보하기 위하여 사용하는 고압가스의 종류·압력·온도 및 사용환경에 따라 적합하도록 할 것. 나) 냉동기의 재료는 그 냉동기의 안전성을 확보하기 위하여 사용하는 고압가스의 종류·압력·온도 및 사용환경에 적절한 것일 것 다) 냉동기의 두께는 그 냉동기의 안전성을 확보하기 위하여 그 냉동기에 사용한 재료, 그 냉동기 내의 고압가스의 종류·압력·온도 및 사용환경에 적합한 것일 것 라) 냉동기의 구조는 그 냉동기의 안전성 및 편리성을 확보하기 위하여 그 냉동기 내의 고압가스의 종류·압력·온도 및 사용환경에 적합한 것일 것 마) 냉동기의 가공은 그 냉동기의 기계적 강도 및 안전성을 확보하기 위하여 그 냉동기의 재료·두께 및 구조에 따라 적절한 방법으로 할 것 바) 냉동기의 용접은 그 냉동기 이음매의 기계적 강도를 확보하기 위하여 그 냉동기의 재료·구조 및 냉동기 내의 가스의 종류에 따라 적절한 방법으로 할 것 사) 냉동기의 열처리는 그 냉동기의 안전성을 확보하기 위하여 필요한 경우 그 냉동기의 재료·두께 및 가공방법에 따라 적절한 방법으로 할 것 아) 냉동기는 그 냉동기의 재료, 사용하는 가스의 종류 및 사용하는 환경에 따라 그 냉동기의 안전성을 확보하기 위하여 필요한 적절한 성능을 가지는 것일 것
검사 기준	가) 제조시설 완성검사기준 제조시설 완성검사는 이 별표의 시설기준에 따라 제조설비 및 검사설비를 갖추었는지 확인하기 위하여 필요한 항목에 대하여 적절한 방법으로 할 것 나) 냉동기 검사기준 1) 가스히트펌프 냉·난방기 : 냉동기 중 액화석유가스 또는 도시가스를 연료로 하는 엔진으로 증기압축식 냉동사이클의 압축기를 구동하는 히트펌프식 냉·난방기(이하 "가스히트펌프 냉·

난방기라 한다)의 신규검사는 설계단계검사와 생산단계검사로 구분하여 할 것
(가) 설계단계검사
① 설계단계검사는 가스히트펌프 냉·난방기의 엔진 및 엔진 관련 부분(이하 "엔진등"이라 한다)이 다음의 어느 하나에 해당하는 경우에 할 것
  ㉮ 제조사업자가 그 제조소에서 일정형식의 엔진등을 처음 제조하는 경우
  ㉯ 수입업자가 일정형식의 엔진등을 처음 수입하는 경우
  ㉰ 설계단계검사를 받은 형식의 엔진등 중 성능의 변경을 수반하는 재료 및 구조 등이 변경된 경우
② 설계단계검사는 가스히트펌프 냉·난방기의 엔진등이 안전하게 설계되었는지를 명확하게 판정할 수 있도록 이 별표에 따른 기술기준과 다음의 성능 중 필요한 항목에 대하여 적절한 방법으로 할 것
  ㉮ 구조성능   ㉯ 재료성능
  ㉰ 안전장치 작동성능   ㉱ 절연저항성능
  ㉲ 그 밖에 엔진등의 안전 확보에 필요한 성능
(나) 생산단계검사
① 생산단계검사는 설계단계검사에 합격한 가스히트펌프 냉·난방기에 대하여 실시할 것.
② 생산단계검사는 가스히트펌프 냉·난방기가 안전하게 제조되었는지를 명확하게 판정할 수 있도록 이 별표에 따른 기술기준과 다음의 성능 중 필요한 항목에 대하여 적절한 방법으로 할 것
  ㉮ 재료의 기계적·화학적 성능
  ㉯ 용접부의 기계적 성능
  ㉰ 내압성능
  ㉱ 기밀성능
  ㉲ 구조성능
  ㉳ 안전장치 작동성능
  ㉴ 절연저항성능
  ㉵ 그 밖에 가스히트펌프 냉·난방기의 안전 확보에 필요한 성능
2) 냉동기(가스히트펌프 냉·난방기는 제외한다)
냉동기의 검사는 그 냉동기가 안전하게 제조되었는지를 명확하게 판정할 수 있도록 이 별표에 따른 기술기준과 다음의 성능 중 필요한 항목에 대하여 적절한 방법으로 실시할 것
가) 재료의 기계적·화학적 성능
나) 용접부의 기계적 성능
다) 내압성능
라) 기밀성능
마) 그 밖에 냉동기의 안전 확보에 필요한 성능

그 밖의 사항	가) 기술개발에 따른 새로운 냉동기의 제조 및 검사방법이 이 별표에 따른 시설·기술·검사기준에는 적합하지 않으나 안전관리를 해치지 않는다고 산업통상자원부장관의 인정을 받은 경우에는 그 냉동기의 제조 및 검사방법을 그 냉동기로 한정하여 적용할 수 있다.
	나) 제2조제5항제6호에 따른 "일체형 냉동기"란 아래의 1)부터 4)까지의 모든 조건 또는 5)의 조건에 적합한 것과 응축기 유닛 및 증발 유닛이 냉매배관으로 연결된 것으로 하루 냉동능력이 20톤 미만인 공조용 패키지에어콘 등을 말한다.
	  1) 냉매설비 및 압축기용 원동기가 하나의 프레임위에 일체로 조립된 것
	  2) 냉동설비를 사용할 때 스톱밸브 조작이 필요 없는 것
	  3) 사용장소에 분할·반입하는 경우에는 냉매설비에 용접 또는 절단을 수반하는 공사를 하지 않고 재조립하여 냉동제조용으로 사용할 수 있는 것
	  4) 냉동설비의 수리 등을 하는 경우에 냉매설비 부품의 종류, 설치개수, 부착위치 및 외형치수와 압축기용 원동기의 정격 출력 등이 제조 시 상태와 같도록 설계·수리될 수 있는 것
	  5) 1)부터 4)까지 외에 산업통상자원부장관이 일체형 냉동기로 인정하는 것
	다) 제38조제4항제4호에서 "산업통상자원부장관이 인정하는 외국의 검사기관"이란 산업통상자원부장관이 승인한 기준에서 정한 국가별 인정기준과 그에 따른 공인검사기관을 말한다.

4 고압가스 냉동제조의 시설·기술·검사 및 정밀안전검진 기준

분류	관련내용

시설 기준	가. 배치기준
	  압축기·기름분리기·응축기 및 수액기와 이들 사이의 배관은 인화성물질 또는 발화성물질(작업에 필요한 것은 제외한다)을 두는 곳이나 화기를 취급하는 곳과 인접하여 설치하지 않을 것
	나. 가스설비기준
	  1) 냉매설비(제조시설 중 냉매가스가 통하는 부분을 말한다. 이하 같다)에는 진동·충격 및 부식 등으로 냉매가스가 누출되지 않도록 필요한 조치를 할 것
	  2) 냉매설비의 성능은 가스를 안전하게 취급할 수 있는 적절한 것일 것
	  3) 세로방향으로 설치한 동체의 길이가 5m 이상인 원통형 응축기와 내용적이 5천L 이상인 수액기에는 지진 발생 시 그 응축기 및 수액기를 보호하기 위하여 내진성능 확보를 위한 조치를 할 것

다. 사고예방설비기준
1) 냉매설비에는 그 설비 안의 압력이 상용압력을 초과하는 경우 즉시 그 압력을 상용압력 이하로 되돌릴 수 있는 안전장치를 설치하는 등 필요한 조치를 마련할 것
2) 독성가스 및 공기보다 무거운 가연성가스를 취급하는 제조시설 및 저장설비에는 가스가 누출될 경우 이를 신속히 검지하여 효과적으로 대응할 수 있도록 하기 위하여 필요한 조치를 마련할 것
3) 가연성가스(암모니아, 브롬화메탄 및 공기 중에서 자기 발화하는 가스는 제외한다)의 가스설비 중 전기설비는 그 설치장소 및 그 가스의 종류에 따라 적절한 방폭성능을 가지는 것일 것
4) 가연성가스 또는 독성가스를 냉매로 사용하는 냉매설비의 압축기·기름분리기·응축기 및 수액기와 이들 사이의 배관을 설치한 곳에는 냉매가스가 누출될 경우 그 냉매가스가 체류하지 않도록 필요한 조치를 마련할 것
5) 냉매설비에는 긴급사태가 발생하는 것을 방지하기 위하여 자동제어장치를 설치할 것

라. 피해저감설비기준
1) 독성가스를 사용하는 내용적이 1만L 이상인 수액기 주위에는 액상의 가스가 누출될 경우에 그 유출을 방지하기 위한 조치를 마련할 것
2) 독성가스를 제조하는 시설에는 그 시설로부터 독성가스가 누출될 경우 그 독성가스로 인한 피해를 방지하기 위하여 필요한 조치를 마련할 것

마. 부대설비기준
냉동제조시설에는 이상사태가 발생하는 것을 방지하고 이상사태 발생 시 그 확대를 방지하기 위하여 압력계·액면계 등 필요한 설비를 설치할 것

바. 표시기준
냉동제조시설의 안전을 확보하기 위하여 필요한 곳에는 고압가스를 취급하는 시설 또는 일반인의 출입을 제한하는 시설이라는 것을 명확하게 알아볼 수 있도록 경계표지, 식별표지 및 위험표지 등 적절한 표지를 하고, 외부인의 출입을 통제할 수 있도록 경계책을 설치할 것

사. 그 밖의 기준
냉동제조시설에 설치·사용하는 제품이 법 제17조에 따라 검사를 받아야 하는 경우에는 그 검사에 합격한 것일 것

기술기준	가. 안전유지기준
	1) 안전밸브 또는 방출밸브에 설치된 스톱밸브는 그 밸브의 수리 등을 위하여 특별히 필요한 때를 제외하고는 항상 완전히 열어 놓을 것
	2) 냉동설비의 설치공사 또는 변경공사가 완공되어 기밀시험이나 시운전을 할 때에는 산소 외의 가스를 사용하고, 공기를 사용

하는 때에는 미리 냉매설비 중의 가연성가스를 방출한 후에 실시해야 하며, 그 냉동설비의 상태가 정상인 것을 확인한 후에 사용할 것

3) 가연성가스의 냉동설비 부근에는 작업에 필요한 양 이상의 연소하기 쉬운 물질을 두지 않을 것

나. 점검기준

안전장치(액체의 열팽창으로 인한 배관의 파열방지용 안전밸브는 제외한다. 이하 나목에서 같다) 중 압축기의 최종단에 설치한 안전장치는 1년에 1회 이상, 그 밖의 안전밸브는 2년에 1회 이상 조정을 하여 고압가스설비가 파손되지 않도록 적절한 압력 이하에서 작동이 되도록 할 것. 다만, 법 제4조에 따라 고압가스특정제조허가를 받아 설치된 안전밸브의 조정주기는 4년(압력용기에 설치된 안전밸브는 그 압력용기의 내부에 대한 재검사 주기)의 범위에서 연장할 수 있다.

다. 수리·청소 및 철거기준

가연성가스 또는 독성가스의 냉매설비를 수리·청소 및 철거할 때에는 그 작업의 안전 확보를 위하여 필요한 안전수칙을 준수하고, 수리 및 청소 후에는 그 설비의 성능유지와 작동성 확인 등 안전 확보를 위하여 필요한 조치를 마련할 것

검사기준

가. 중간검사·완성검사·정기검사 및 수시검사의 검사항목은 시설이 적합하게 설치 또는 유지·관리되고 있는지 확인하기 위하여 다음의 검사항목으로 할 것

검사종류	검사항목
중간검사	제1호나목의 시설기준에 규정된 항목 중 2)(가스설비의 설치가 끝나고 기밀 또는 내압 시험을 할 수 있는 상태의 공정으로 한정함), 3)(내진설계 대상 설비의 기초설치 공정에 한정함)
완성검사	제1호 시설기준에 규정된 항목. 다만, 중간검사에서 확인된 검사항목은 제외할 수 있다.
정기검사	① 제1호 시설기준에 규정된 항목[나목의 2)(내압시험에 한정함), 나3) 제외] 중 해당사항 ② 제2호 기술기준에 규정된 항목 중 가목1)·3), 나목
수시검사	각 시설별 정기검사 항목 중에서 다음에서 열거한 안전장치의 유지·관리 상태 중 필요한 사항과 법 제11조에 따른 안전관리규정 이행 실태 ① 안전밸브 ② 긴급차단장치 ③ 독성가스 제해설비 ④ 가스누출 검지경보장치 ⑤ 물분무장치(살수장치포함) 및 소화전 ⑥ 긴급이송설비 ⑦ 강제환기시설 ⑧ 안전제어장치 ⑨ 운영상태감시장치 ⑩ 안전용 접지기기, 방폭전기기기 ⑪ 그 밖에 안전관리상 필요한 사항

	나. 중간검사·완성검사·정기검사 및 수시검사는 시설이 검사항목에 적합한지 여부를 명확하게 판정할 수 있는 방법으로 실시할 것	
정밀 안전 검진 기준	검진분야	검진항목
	일반분야	안전장치 관리 실태, 공장안전 관리 실태, 냉동기 운영 실태, 계측설비 유지·관리 실태
	장치분야	외관검사, 배관두께 및 부식 상태, 회전기기 진동분석, 보온·보랭 상태
	전기· 계장분야	가스시설과 관련된 전기설비의 운전 중 열화상·절연 저항 측정, 방폭설비 유지관리 실태, 방폭지역 구분의 적정성
	가. 정밀안전검진은 제33조에 따른 정밀안전검진 대상 시설이 적절하게 유지·관리되고 있는지 확인하기 위해 검진분야별로 검진항목에 대해 실시할 것 나. 정밀안전검진은 검진항목을 명확하게 측정할 수 있는 방법으로 할 것 다. 사업자는 정밀안전검진을 실시하기 전에 그 시설의 안전확보를 위하여 가동중단에 따른 현장여건 등을 고려한 위험성 검토 및 안전대책을 사전에 마련할 것	

5 기계설비법 발췌

분류	관련내용
제1조 (목적)	법은 기계설비산업의 발전을 위한 기반을 조성하고 기계설비의 안전하고 효율적인 유지관리를 위하여 필요한 사항을 정함으로써 국가경제의 발전과 국민의 안전 및 공공복리 증진에 이바지함을 목적으로 한다.
제2조 (정의)	법에서 사용하는 용어의 뜻은 다음과 같다. 1. "기계설비"란 건축물, 시설물 등(이하 "건축물등"이라 한다)에 설치된 기계·기구·배관 및 그 밖에 건축물등의 성능을 유지하기 위한 설비로서 대통령령으로 정하는 설비를 말한다. 2. "기계설비산업"이란 기계설비 관련 연구개발, 계획, 설계, 시공, 감리, 유지관리, 기술진단, 안전관리 등의 경제활동을 하는 산업을 말한다. 3. "기계설비사업"이란 기계설비 관련 활동을 수행하는 사업을 말한다. 4. "기계설비사업자"란 기계설비사업을 경영하는 자를 말한다. 5. "기계설비기술자"란「국가기술자격법」,「건설기술 진흥법」또는 대통령령으로 정하는 법령에 따라 기계설비 관련 분야의 기술자격을 취득하거나 기계설비에 관한 기술 또는 기능을 인정받은 사람을 말한다.

	6. "기계설비유지관리자"란 기계설비 유지관리(기계설비의 점검 및 관리를 실시하고 운전·운용하는 모든 행위를 말한다)를 수행하는 자를 말한다.
기본계획의 수립)	(기계설비 발전 기본계획의 수립) ① 국토교통부장관은 기계설비산업의 육성과 기계설비의 효율적인 유지관리 및 성능확보를 위하여 다음 각 호의 사항이 포함된 기계설비 발전 기본계획(이하 "기본계획"이라 한다)을 5년마다 수립·시행하여야 한다. 1. 기계설비산업의 발전을 위한 시책의 기본방향 2. 기계설비산업의 부문별 육성시책에 관한 사항 3. 기계설비산업의 기반조성 및 창업지원에 관한 사항 4. 기계설비의 안전 및 유지관리와 관련된 정책의 기본목표 및 추진방향 5. 기계설비의 안전 및 유지관리를 위한 법령·제도의 마련 등 기반조성 6. 기계설비기술자 등 기계설비 전문인력(이하 "전문인력"이라 한다)의 양성에 관한 사항 7. 기계설비의 성능 및 기능향상을 위한 사항 8. 기계설비산업의 국제협력 및 해외시장 진출 지원에 관한 사항 9. 기계설비기술의 연구개발 및 보급에 관한 사항 10. 그 밖에 기계설비산업의 발전과 기계설비의 안전 및 유지관리를 위하여 대통령령으로 정하는 사항 ② 국토교통부장관은 기본계획을 수립하는 경우 관계 중앙행정기관의 장과 협의를 거쳐야 한다.
착공 전 확인과 사용 전 검사	(기계설비의 착공 전 확인과 사용 전 검사) ① 대통령령으로 정하는 기계설비 공사를 발주한 자는 해당 공사를 시작하기 전에 전체 설계도서 중 기계설비에 해당하는 설계도서를 특별자치시장·특별자치도지사·시장·군수·구청장 (자치구의 구청장을 말한다. 이하 같다)에게 제출하여 기술기준에 적합한지를 확인받아야 하며, 그 공사를 끝냈을 때에는 특별자치시장·특별자치 도지사· 시장·군수·구청장의 사용 전 검사를 받고 기계설비를 사용하여야 한다.
유지관리에 대한 점검 및 확인	제17조(기계설비 유지관리에 대한 점검 및 확인 등) ① 대통령령으로 정하는 일정 규모 이상의 건축물등에 설치된 기계설비의 소유자 또는 관리자(이하 "관리주체"라 한다)는 유지관리기준을 준수하여야 한다. ② 관리주체는 유지관리기준에 따라 기계설비의 유지관리에 필요한 성능을 점검(이하 "성능점검"이라 한다)하고 그 점검기록을 작성하여야 한다. 이 경우 관리주체는 제21조 제2항에 따른 기계설비성능점검업자에게 성능점검 및 점검기록의 작성을 대행하게 할 수 있다. ③ 관리주체는 제2항에 따라 작성한 점검기록을 대통령령으로 정하는 기간 동안 보존하여야 하며, 특별자치시장·특별자치도지사·시장·군수·구청장이 그 점검기록의 제출을 요청하는 경우 이에 따라야 한다.

	제18조(유지관리업무의 위탁) 관리주체는 시설물 관리를 전문으로 하는 자로서 기계설비유지관리자를 보유하고 있는 자에게 기계설비 유지관리업무를 위탁할 수 있다. 제19조(기계설비유지관리자 선임 등) ① 관리주체는 국토교통부령으로 정하는 바에 따라 기계설비유지관리자를 선임하여야 한다. 다만, 제18조에 따라 기계설비유지관리업무를 위탁한 경우 기계설비유지관리자를 선임한 것으로 본다.
성능점검업의 등록	제21조(기계설비성능점검업의 등록 등) ① 제17조 제2항에 따른 성능점검과 관련된 업무를 하려는 자는 자본금, 기술인력의 확보 등 대통령령으로 정하는 요건을 갖추어 특별시장·광역시장·특별자치시장·도지사 또는 특별자치도지사(이하 "시·도지사"라 한다)에게 등록하여야 한다. ② 기계설비성능점검업을 등록한 자(이하 "기계설비성능점검업자"라 한다)는 제1항에 따라 등록한 사항 중 대통령령으로 정하는 사항이 변경된 경우에는 변경 사유가 발생한 날부터 30일 이내에 변경등록을 하여야 한다. ③ 시·도지사가 제1항 및 제2항에 따라 기계설비성능점검업의 등록 또는 변경등록을 받은 경우에는 등록신청자에게 등록증을 발급하여야 한다.
기계설비 발전 기본계획	(기계설비 발전 기본계획의 수립) ① 법 제5조 제1항 제10호에서 "대통령령으로 정하는 사항"이란 다음 각 호의 사항을 말한다. 1. 기계설비산업의 국내외 시장 전망에 관한 사항 2. 법 제5조 제1항에 따른 기계설비 발전 기본계획(이하 "기본계획"이라 한다)의 추진 성과에 관한 사항 3. 기계설비산업의 생산성 향상에 관한 사항 ② 국토교통부장관은 기본계획을 수립하기 위하여 필요한 경우 관계 중앙행정기관의 장 및 지방자치단체의 장에게 자료제출을 요청할 수 있다. ③ 국토교통부장관은 법 제5조 제1항에 따라 기본계획을 수립했을 때에는 관계 중앙행정기관의 장에게 통보해야 한다.
착공 전 확인과 사용 전 검사	(기계설비의 착공 전 확인과 사용 전 검사 대상 공사) 법 제15조 제1항 본문에서 "대통령령으로 정하는 기계설비공사"란 별표 5에 해당하는 건축물(「건축법」 제11조에 따른 건축허가를 받으려거나 같은 법 제14조에 따른 건축신고를 하려는 건축물로 한정하며, 다른 법령에 따라 건축허가 또는 건축신고가 의제되는 행정처분을 받으려는 건축물을 포함한다) 또는 시설물에 대한 기계설비공사를 말한다. (기계설비의 착공 전 확인) ① 법 제15조 제1항 본문에 따라 기계설비에 해당하는 설계도서가 법 제14조 제1항에 따른 기술기준(이하 "기술기준"이라 한다)에 적합한지를 확인받으려는 자는 국토교통부령으로 정하는 기계설비공사 착공 전 확인신청서를 해당 기계설비공사를 시작

하기 전에 특별자치시장·특별자치도지사·시장·군수·구청장(구청장은 자치구의 구청장을 말하며, 이하 "시장·군수·구청장"이라 한다)에게 제출해야 한다.
② 시장·군수·구청장은 제1항에 따른 기계설비공사 착공 전 확인신청서를 받은 경우에는 해당 설계도서의 내용이 기술기준에 적합한지를 확인해야 한다.
③ 시장·군수·구청장은 제2항에 따른 확인을 마친 경우에는 국토교통부령으로 정하는 기계설비공사 착공 전 확인 결과 통보서에 검토의견 등을 적어 해당 신청인에게 통보해야 하며, 해당 설계도서의 내용이 기술기준에 미달하는 등 시공에 부적합하다고 인정하는 경우에는 보완이 필요한 사항을 함께 적어 통보해야 한다.
④ 시장·군수·구청장은 제3항에 따라 기계설비공사 착공 전 확인 결과를 통보한 경우에는 그 내용을 기록하고 관리해야 한다.

(기계설비의 사용 전 검사) ① 법 제15조 제1항 본문에 따라 사용 전 검사를 받으려는 자는 국토교통부령으로 정하는 기계설비 사용 전 검사신청서를 시장·군수·구청장에게 제출해야 한다. 이 경우 해당 기계설비가 다음 각 호의 어느 하나에 해당하는 경우에는 그 검사 결과를 함께 제출할 수 있다.
1. 「에너지이용 합리화법」 제39조 제2항에 따른 검사대상기기 검사에 합격한 경우
2. 「고압가스 안전관리법」 제16조 제3항 본문에 따른 완성검사에 합격한 경우(같은 항 단서에 따라 감리적합판정을 받은 경우를 포함한다)

(기계설비 유지관리에 대한 점검 및 확인 등) ① 법 제17조 제1항에서 "대통령령으로 정하는 일정 규모 이상의 건축물등"이란 다음 각 호의 건축물, 시설물 등(이하 "건축물등"이라 한다)을 말한다.
1. 「건축법」 제2조 제2항에 따라 구분된 용도별 건축물(이하 "용도별 건축물"이라 한다) 중 연면적 1만제곱미터 이상의 건축물(같은 항 제2호 및 제18호에 따른 공동주택 및 창고시설은 제외한다)
2. 「건축법」 제2조 제2항 제2호에 따른 공동주택(이하 "공동주택"이라 한다) 중 다음 각 목의 어느 하나에 해당하는 공동주택
  가. 500세대 이상의 공동주택
  나. 300세대 이상으로서 중앙집중식 난방방식(지역난방방식을 포함한다)의 공동주택
3. 다음 각 목의 건축물등 중 해당 건축물등의 규모를 고려하여 국토교통부장관이 정하여 고시하는 건축물등
  가. 「시설물의 안전 및 유지관리에 관한 특별법」 제2조 제1호에 따른 시설물
  나. 「학교시설사업 촉진법」 제2조 제1호에 따른 학교시설
  다. 「실내공기질 관리법」 제3조 제1항 제1호에 따른 지하역사(이하 "지하역사"라 한다) 및 같은 항 제2호에 따른 지하도상가(이하 "지하도상가"라 한다)

> 라. 중앙행정기관의 장, 지방자치단체의 장 및 그 밖에 국토교통부장관이 정하는 자가 소유하거나 관리하는 건축물등
> ② 법 제17조 제3항에서 "대통령령으로 정하는 기간"이란 10년을 말한다.
>
> 제15조(기계설비유지관리자의 선임 등) ① 법 제19조 제2항에서 "대통령령으로 정하는 일정 횟수"란 2회를 말한다.
> ② 법 제19조 제7항에 따른 기계설비유지관리자의 자격 및 등급(같은 조 제11항에 따른 기계설비유지관리자의 등급 조정에 관한 사항을 포함한다)은 별표 5의2와 같다.
> ③ 국토교통부장관은 법 제19조 제12항에 따라 다음 각 호의 업무를 기계설비와 관련된 업무를 수행하는 협회 중 국토교통부장관이 해당 업무에 대한 전문성이 있다고 인정하여 고시하는 협회에 위탁한다.

6 기계설비의 범위 [별표 1]

구분	내용
열원설비	건축물등에서 에너지를 이용하여 열매체를 가열, 냉각하기 위하여 설치된 기계·기구·배관 및 그 밖에 성능을 유지하기 위한 설비
냉난방설비	건축물등에서 일정한 실내온도 유지를 위하여 설치된 기계·기구·배관 및 그 밖에 성능을 유지하기 위한 설비
공기조화·공기청정·환기설비	건축물등에서 온도, 습도, 청정도, 기류 등을 조절하기 위하여 설치된 기계·기구·배관 및 그 밖에 성능을 유지하기 위한 설비
위생기구·급수·급탕·오배수·통기설비	건축물등에서 위생과 냉수·온수 공급, 오배수(汚排水), 오배수관 통기(通氣) 등을 위하여 설치된 기계·기구·배관 및 그 밖에 성능을 유지하기 위한 설비
오수정화·물재이용설비	건축물등에서 오수를 정화하여 배출하거나 정화된 물을 재이용하기 위하여 설치된 기계·기구·배관 및 그 밖에 성능을 유지하기 위한 설비
우수배수설비	건축물등에서 빗물을 외부로 배출하기 위하여 설치된 기계·기구·배관 및 그 밖에 성능을 유지하기 위한 설비
보온설비	건축물등에 설치된 기계·기구·배관 및 그 밖에 성능을 유지하기 위한 설비의 보온, 보냉, 결로 및 동결 방지 등을 위하여 설치된 설비
덕트(duct)설비	건축물등에 설치된 기계·기구·배관 및 그 밖에 성능을 유지하기 위한 설비의 풍량 등을 조절하고 급기(給氣)·배기 및 환기 등을 위하여 설치된 설비

자동제어설비	건축물등에 설치된 기계·기구·배관 및 그 밖에 성능을 유지하기 위한 설비의 감시, 제어·관리 및 통제 등을 위하여 설치된 설비
방음·방진·내진설비	건축물등에 설치된 기계·기구·배관 및 그 밖에 성능을 유지하기 위한 설비의 소음, 진동, 전도 및 탈락 등을 방지하기 위하여 설치된 설비
플랜트설비	건축물등에서 생산물의 제조·생산·이송 및 저장이나 오염물질의 제거 및 저장 등을 위하여 설치된 기계·기구·배관 및 그 밖에 성능을 유지하기 위한 설비
특수설비	가. 건축물등에서 냉동·냉장, 항온항습(온도와 습도를 일정하게 유지시키는 것), 특수청정(세균 또는 먼지 등을 제거하는 것), 생활폐기물 집하 및 이송, 전자파 차단 등을 위하여 설치된 기계·기구·배관 및 그 밖에 성능을 유지하기 위한 설비 나. 청정실(실내공간의 오염물질 등을 없애거나 줄이기 위하여 공기정화시설 등의 설비가 설치된 방), 자동창고(물건이 나가고 들어오는 모든 일을 컴퓨터가 자동적으로 제어하고 관리하는 창고), 집진기(먼지를 모으는 기기), 무대기계장치, 기송관(氣送管 : 압축 공기를 써서 물건을 운반하는 기계) 등의 설비와 그 설비를 위하여 설치된 기계·기구·배관 및 그 밖에 성능을 유지하기 위한 설비

7 기계설비기술자의 범위(제3조제2항 관련)

1. 다음 각 목의 어느 하나에 해당하는 기계설비 관련 자격을 취득한 사람
   가. 「국가기술자격법」 제9조제1호에 따른 기술·기능 분야의 국가기술자격 중 다음 표의 구분에 따른 국가기술자격을 취득한 사람

등급	기술기능 분야
기술사	건축기계설비·기계·건설기계·공조냉동기계·산업기계설비·용접·소음진동
기능장	배관·에너지관리·판금제관·용접
기사	일반기계·건축설비·건설기계설비·공조냉동기계·설비보전·메카트로닉스·용접·소음진동·에너지관리·신재생에너지발전설비(태양광)
산업기사	건축설비·배관·정밀측정·건설기계설비·공조냉동기계·생산자동화·판금제관·용접·소음진동·에너지관리·신재생에너지발전설비(태양광)

| 기능사 | 온수온돌·배관·전산응용기계제도·정밀측정·공조냉동기계·설비보전·생산자동화·판금제관·용접·특수용접·에너지관리·신재생에너지발전설비(태양광) |

나. 「건설기술 진흥법 시행령」 별표 1에 따른 기계 직무분야의 건설기술인 자격
다. 「엔지니어링산업 진흥법 시행령」 별표 1에 따른 설비부문의 설비 전문분야의 엔지니어링기술자 자격
라. 그 밖에 「건설산업기본법」 및 「자격기본법」에 따른 자격으로서 국토교통부장관이 정하여 고시하는 기계설비 관련 자격을 갖춘 사람

2. 다음 각 목의 어느 하나에 해당하게 된 후 별표 6에 따른 유지관리교육의 교육과정 중 신규교육 또는 보수교육을 이수한 사람
   가. 「고등교육법」 제2조 각 호의 어느 하나에 해당하는 학교에서 국토교통부장관이 정하여 고시하는 기계설비 관련 학과의 학사, 석사 또는 박사 학위를 취득한 사람
   나. 「초·중등교육법 시행령」 제90조에 따른 특수목적고등학교 또는 같은 영 제91조에 따른 특성화고등학교에서 국토교통부장관이 정하여 고시하는 기계설비 관련 교육과정이나 학과를 이수하거나 졸업한 사람
   다. 그 밖에 관계 법령에 따라 국내 또는 외국에서 가목과 같은 수준 이상의 학력이 있다고 인정되는 사람

8 기계설비성능점검업의 등록 요건[별표 7]

구분	요건
1. 자본금	1억원 이상일 것

2. 기술인력	다음 각 목의 기술인력을 모두 갖출 것
	가. 다음의 어느 하나에 해당하는 분야의 특급 책임기계설비유지관리자 1명
	   1) 「국가기술자격법」에 따른 건축설비 분야
	   2) 「국가기술자격법」에 따른 공조냉동기계 분야 또는 「건설기술 진흥법 시행령」 별표 1에 따른 공조냉동 및 설비 전문분야
	   3) 「국가기술자격법」에 따른 에너지관리 분야
	나. 고급 이상인 책임기계설비유지관리자 1명
	다. 중급 이상인 책임기계설비유지관리자 2명

3. 장비	다음 각 목의 장비를 모두 갖출 것 가. 적외선 열화상카메라　나. 초음파유량계 다. 디지털압력계　　　　라. 데이터기록계 마. 연소가스분석기　　　바. 건습구온도계(乾濕球溫度計) 사. 표준온도계(標準溫度計)　아. 적외선온도계 자. 디지털풍속계　　　　차. 디지털풍압계 카. 교류전력측정계　　　타. 조도계 파. 회전계(R.P.M측정기)　하. 초음파두께측정기 거. 아들자캘리퍼스(아들자calipers : 아들자가 달려 두께나 지름을 재는 기구) 너. 이산화탄소(CO_2) 측정기　더. 일산화탄소(CO) 측정기 러. 미세먼지측정기　　　머. 누수탐지기 버. 배관 내시경카메라　　서. 수질분석기

비고
1. "자본금"이란 법인인 경우에는 기계설비성능점검업을 경영하기 위한 납입자본금 또는 출자금을 말하고, 개인인 경우에는 영업용 자산평가액을 말한다.
2. "기술인력"이란 상시 근무하는 사람을 말하며, 「국가기술자격법」, 「건설기술 진흥법」 등 자격 관련 법령에 따라 자격이 정지된 사람은 제외한다.
3. 위 표 제3호 각 목의 장비 중 두 가지 이상의 기능을 함께 가지고 있는 장비를 갖춘 경우에는 각각의 장비를 갖춘 것으로 본다.

9 기계설비법 제출서류

분류	관련내용
착공전 확인신 청서	(착공 전 확인 등) ① 영 제12조 제1항에 따른 기계설비공사 착공 전 확인신청서는 별지 제4호서식에 따르며, 신청인은 이를 제출할 때에는 다음 각 호의 서류를 첨부해야 한다. 1. 기계설비공사 설계도서 사본 2. 기계설비설계자 등록증 사본 3. 「건축법」 등 관계 법령에 따라 기계설비에 대한 감리업무를 수행하는 자가 확인한 기계설비 착공 적합 확인서 ② 영 제12조 제3항에 따른 기계설비공사 착공 전 확인 결과 통보서는 별지 제5호서식에 따른다. ③ 특별자치시장·특별자치도지사·시장·군수·구청장(구청장은 자치구의 구청장을 말하며, 이하 "시장·군수·구청장"이라 한다)은 영 제12조 제4항에 따라 기계설비공사 착공 전 확인 결과의 내용을 기록하고 관리하는 경우에는 별지 제6호서식의 기계설비공사 착공 전 확인업무 관리대장에 일련번호 순으로 기록해야 한다.

사용전 검사신 청서	(사용 전 검사 등) ① 영 제13조 제1항 각 호 외의 부분 전단에 따른 기계설비 사용 전 검사신청서는 별지 제7호서식에 따르며, 신청인은 이를 제출할 때에는 다음 각 호의 서류를 첨부해야 한다. 1. 기계설비공사 준공설계도서 사본 2. 「건축법」 등 관계 법령에 따라 기계설비에 대한 감리업무를 수행한 자가 확인한 기계설비 사용 적합 확인서 3. 영 제13조 제1항 각 호에 대한 검사 결과서(해당하는 검사 결과가 있는 경우로 한정한다) ② 영 제13조 제3항에 따른 기계설비 사용 전 검사 확인증은 별지 제8호서식에 따른다. ③ 시장·군수·구청장은 영 제13조 제3항에 따라 기계설비 사용 전 검사 확인증을 발급한 경우에는 별지 제9호서식의 기계설비 사용 전 검사 확인증 발급대장에 일련번호 순으로 기록해야 한다.
유지관 리기준	(기계설비 유지관리기준의 내용 및 방법 등) ① 법 제16조 제1항에 따른 기계설비의 유지관리 및 점검을 위하여 필요한 유지관리 기준(이하 "유지관리기준"이라 한다)에는 다음 각 호의 사항이 반영되어야 한다. 〈개정 2022. 2. 25.〉 1. 기계설비 유지관리 및 점검에 대한 계획 수립 2. 기계설비 유지관리 및 점검 참여자의 자격, 역할 및 업무내용 3. 기계설비 유지관리 및 점검의 종류, 항목, 방법 및 주기 4. 기계설비 유지관리 및 점검의 기록 및 문서보존 방법 5. 그 밖에 유지관리기준의 관리, 운영, 조사, 연구 및 개선업무에 관한 사항 ② 국토교통부장관은 유지관리기준을 정하려는 경우에는 관계 중앙행정기관, 지방자치단체의 장 또는 기계설비산업 관련 단체 및 기관의 장에게 유지관리기준 관련 자료 등의 제출을 요청할 수 있다. ③ 국토교통부장관은 유지관리기준을 정하기 위한 업무를 효율적으로 수행하기 위하여 국내외 관련 자료의 수집, 조사 및 연구 등을 실시할 수 있다. 다만, 전문성이 요구되는 시험·조사·연구가 필요한 경우 그 업무의 일부를 관련 전문연구기관 등에 의뢰할 수 있다.

10 에너지 관리기준 법규

(1) 보일러의 효율, 급수·배가스 성분 및 공기비는 사용연료별로 열사용기자재 검사기준 이상이어야 한다.
(2) 보일러는 기준 공기비를 기준으로 설비의 성능, 환경보전 등을 감안하여 공기비를 낮게 유지하도록 관리표준을 설정하여 이행한다.

(3) 보일러는 배가스에 의한 열손실을 최소화하고, 대기환경을 보전하기 위하여 NOX 및 불완전 연소에 의한 그을음, CO 발생이 최소화되도록 최종배기온도 및 CO농도에 대한 관리표준을 설정하여 이행한다.

(4) 보일러는 부하조건에 따라 최고의 성능을 유지할 수 있도록 비례제어운전이 되도록 하며, 부하의 변동이 예상되는 경우에는 보일러 설비를 대수 분할하여 대수제어 운전을 하여야 한다.

(5) 보일러 수 및 보일러 급수에 관한 사항은 제10조 4항 (보일러 급수 및 보일러 수는 KS 기준 「보일러 급수 및 보일러수의 수질」에 따라 수질관리 기준을 수립하고, 그에 따라 보일러 급수처리 및 보일러 수의 블로 다운 등을 실시하여 전열관의 스케일 부착 및 슬러지 등의 침적을 예방한다)에 따른다.

(6) 난방 및 급탕설비 계측 및 기록 : 보일러설비 계측 및 기록에 관련된 사항은 기준에 따른다.

(7) 난방을 실시하는 구획마다 온도를 정기적으로 측정하고 그 결과를 기록하여 적정 실내온도를 유지할 수 있도록 한다.

(8) 급탕설비는 급수량, 급탕온도, 기타 급탕의 효율개선에 필요한 사항을 정기적으로 계측하고 그 결과를 기록한다.

(9) 난방 및 급탕설비 점검 및 보수 : 보일러는 본체 및 부속장치, 보온 및 단열부 등의 정기적인 점검 및 보수를 실시하여 양호한 상태를 유지한다.

(10) 과열방지를 위한 유류저장온도, 누설과 손상감지, 유류탱크 단열상태 및 가스연료의 누설경보, 차단제어설비 등을 점검한다.

(11) 열전달 표면, 필터와 급기경로, 유인유니트(Induction Unit), 팬코일유니트(Fan Coil Unit) 등의 청결을 유지한다.

04 핵심예상문제

운영 안전관리

본 핵심예상문제는 각단원별 출제빈도 높은 문제 및 최근 10년간의 기출문제 중 비중이 높은 출제유형이므로 꼭 풀어보고 가야할 문제입니다. 이후 실전예상문제를 공부하시면 효과적입니다.

[22년 1회]

01 고압가스 안전관리법에서 냉동기의 제조등록을 하고자 하는 자는 냉동기 제조에 필요한 다음설비를 갖추어야하는데 가장 거리가 먼 것은?

① 프레스설비 ② 제관설비
③ 세척설비   ④ 용접설비

> 고압가스 안전관리법 냉동기 제조등록에서 세척설비는 용기 제조자가 갖추어야할 설비에 속한다.

[22년 3회]

02 고압가스안전관리법령에 따라 일체형 냉동기의 조건으로 틀린 것은?

① 냉매설비 및 압축기용 원동기가 하나의 프레임 위에 일체로 조립된 것
② 냉동설비를 사용할 때 스톱밸브 조작이 필요한 것
③ 응축기 유닛 및 증발유닛이 냉매배관으로 연결된 것으로 하루 냉동능력이 20톤 미만인 공조용 패키지에어콘
④ 사용장소에 분할 반입하는 경우에는 냉매설비에 용접 또는 절단을 수반하는 공사를 하지 않고 재조립하여 냉동제조용으로 사용할 수 있는 것

> 일체형 냉동기란 냉난방용 패키지에어컨을 말하며 "냉동설비를 사용할 때 스톱밸브 조작이 필요없는 것"

[22년 2회]

03 기계설비법령에 따라 기계설비 발전 기본계획은 몇 년마다 수립·시행하여야 하는가?

① 1 ② 2
③ 3 ④ 5

> 기계설비법 5조〈국토교통부장관은 기계설비산업의 육성과 기계설비의 효율적인 유지관리 및 성능확보를 위하여 다음 각 호의 사항이 포함된 기계설비 발전 기본계획(이하 "기본계획"이라 한다)을 5년마다 수립·시행하여야 한다.〉

[22년 2회]

04 고압가스 안전관리법령에서 규정하는 냉동기제조 등록을 해야 하는 냉동기의 기준은 얼마인가?

① 냉동능력 3톤 이상인 냉동기
② 냉동능력 5톤 이상인 냉동기
③ 냉동능력 8톤 이상인 냉동기
④ 냉동능력 10톤 이상인 냉동기

> 1) 냉동기제조 등록대상 : 냉동능력이 3톤 이상인 냉동기를 제조하는 것
> 2) 냉동 제조 허가 대상 : 냉동능력이 20톤 이상
>   냉동 제조 신고대상 : 냉동능력이 3톤 이상 20톤 미만

[23년 3회]

05 기계설비법령에서 규정하고 있는 기계설비의 범위에 포함되지 않는 것은?

① 오수정화·물재이용 설비
② 우수배수설비
③ 가스설비
④ 플랜트설비

> 기계설비법 시행령 (별표 1)
> 기계설비 범위 : 열원설비, 냉난방설비, 공기조화 청정 환기설비, 위생기구, 급수, 급탕, 오배수, 통기설비, 오수정화, 물재이용, 우수배수, 보온, 덕트, 자동제어, 방음, 방진, 플랜트설비 등이다.

정답 01 ③ 02 ② 03 ④ 04 ① 05 ③

[23년 1회]

06 고압가스안전관리법상 고압가스 제조신고를 받아야 하는 냉동제조 능력에 대한 다음 조건 중 ( )안에 알맞은 것은?

【조 건】
냉동능력이 3톤 이상 ( )미만(가연성가스 또는 독성가스 외의 고압가스를 냉매로 사용하는 것으로서 산업용 및 냉동·냉장용인 경우에는 20톤 이상 50톤 미만, 건축물의 냉·난방용인 경우에는 20톤 이상 100톤 미만)인 설비를 사용하여 냉동을 하는 과정에서 압축 또는 액화의 방법으로 고압가스가 생성되게 하는 것

① 3톤 ② 5톤
③ 10톤 ④ 20톤

냉동능력이 3톤 이상 20톤 미만(가연성가스 또는 독성가스 외의 고압가스를 냉매로 사용하는 것으로서 산업용 및 냉동·냉장용인 경우에는 20톤 이상 50톤 미만, 건축물의 냉·난방용인 경우에는 20톤 이상 100톤 미만)인 설비를 사용하여 냉동을 하는 과정에서 압축 또는 액화의 방법으로 고압가스가 생성되게 하는 설비는 고압가스 제조신고를 받아야 한다.

[23년 2회]

07 다음의 설명은 냉동장치의 액봉 사고에 대한 설명이다. 옳지 않은 것을 고르시오.

① 액봉에 의해 현저하게 압력상승의 우려가 있는 부분은 안전밸브 또는 압력릴리프 장치를 설치할 것
② 액봉의 발생방지에는 배관 밸브의 개폐상태, 압력도피 장치의 유무, 액관에 열침입이 없는지 확인한다.
③ 액봉에 의한 사고가 발생하기 쉬운 개소로는 저압수액기의 냉매 액배관이 있다.
④ 액봉에 의해 현저하게 압력이 상승할 우려가 있는 부분에 설치하는 압력릴리프 장치에는 용전을 이용하면 좋다.

액봉사고란 냉매액관 일부구간에서 온도상승으로 압력이 상승하는 것을 말한다.
④ 용전(溶栓)은 온도로 작동하는 안전장치이므로 압력릴리프 장치로 사용할 수 없다.

[23년 2회]

08 냉동장치 내에 불응축 가스가 혼입되었을 때 냉동장치의 운전에 미치는 영향으로 가장 거리가 먼 것은?

① 열교환 작용을 방해하므로 응축압력이 낮게 된다.
② 냉동능력이 감소한다.
③ 소비전력이 증가한다.
④ 실린더가 과열되고 윤활유가 열화 및 탄화된다.

냉동장치 내에 불응축가스(주로 공기)가 혼입하면 응축기 내에서는 불응축가스로 인하여 냉매증기의 응축면적이 좁아져서 응축압력과 온도가 상승하게 된다.

[예상문제]

09 기계설비법령에 따라 기계설비 유지관리교육에 관한 업무를 위탁받아 시행하는 기관은?

① 한국기계설비건설협회
② 대한기계설비건설협회
③ 한국공작기계산업협회
④ 한국건설기계산업협회

기계설비법 영 16조〈기계설비 유지관리교육 위탁기관 : 대한기계설비건설협회〉

정답 06 ④ 07 ④ 08 ① 09 ②

제3장 냉동장치의 응용과 안전관리
실전예상문제

본 실전예상문제는 각장 핵심예상문제에서 다루지 못한 실무적이고 난이도가 높은 문제들로 핵심예상문제를 보충해 주는 문제입니다. 핵심예상문제를 충분히 공부한 후 실전예상문제를 공부하면 효과적입니다.

1 냉동장치의 응용(제빙 및 동결장치)

[12년 2회, 09년 1회]

01 제빙장치의 설명으로 틀린 것은?

① 용빙탱크 : 빙관과 얼음의 접촉면을 녹이는 장치
② 주수탱크 : 결빙시간을 단축하기 위한 장치
③ 탈빙기 : 얼음과 빙관을 분리시키는 장치
④ 양빙기 : 결빙된 얼음을 빙관에 든 채로 이동시키는 장치

② 주수탱크 : 빙관에 원류수를 일정하게 공급하는 장치

[12년 3회]

02 제빙장치에서 깨끗한 얼음을 만들기 위해 빙관내로 공기를 송입하여 물을 교반시킨다. 이때 어떤 종류의 송풍기가 많이 사용되는가?

① 프로펠러식 송풍기
② 임펠러식 송풍기
③ 로터리식 송풍기
④ 스크루식 송풍기

제빙관속의 물을 정지한 상태로 빙결하면 물속에 용해된 불순물이나 공기가 얼음속에 포함되기 때문에 얼음이 불투명하게 된다. 따라서 제빙관속에 세관을 삽입하여 공기 거품을 수중으로 방출하고 계속해서 공기로서 교반시켜 유동상태에서 빙결시키는데 이때에 공기를 불어넣는 송풍기로 로터리식이 많이 사용된다.

[11년 3회, 09년 3회]

03 제빙 장치에서 브라인의 온도가 -10℃이고, 얼음의 두께가 20㎝인 관빙의 결빙 소요시간은 얼마인가? (단, 결빙계수는 0.56이다.)

① 25.4시간
② 22.4시간
③ 20.4시간
④ 18.4시간

결빙시간과 얼음두께 식

$$결빙시간(h) = \frac{0.56 t^2}{-(t_b)}$$

여기서, t : 얼음의 두께 (cm)
t_b : 브라인 온도 (℃)

$$\therefore h = \frac{0.56 \times 20^2}{-(-10)} = 22.4 시간$$

[15년 3회]

04 어떤 냉동기로 1시간당 얼음 1ton을 제조하는데 35kW의 동력을 필요로 한다. 이때 사용하는 물의 온도는 10℃이며 얼음은 -10℃이었다. 이 냉동기의 성적계수는? (단, 0℃ 융해열은 335kJ/kg이고, 물의 비열은 4.2kJ/kg·K, 얼음의 비열은 2.09kJ/kg·K이다.

① 2.23
② 3.16
③ 4.16
④ 5.56

냉동기 성적계수 COP

$$COP = \frac{냉동능력}{압축일} = \frac{Q_2}{W}$$

$$= \frac{1 \times 10^3 \{4.2 \times (10-0) + 335 + 2.09 \times (0-(-10))\}}{35 \times 3600}$$

$$= 3.16$$

[11년 3회, 10년 1회]

05 저온장치 중 얇은 금속판에 브라인이나 냉매를 통하게 하여 금속판의 외면에 식품을 부착시켜 동결하는 장치는 무엇인가?

① 반 송풍 동결장치
② 접촉식 동결장치
③ 송풍 동결장치
④ 터널식 공기 동결장치

(1) 반 송풍 동결장치 : 자연 대류식의 천정 또는 선반 끝에 송풍기를 부착하여 강제적으로 공기를 순환 또는 교반시켜 동결하는 방식
(2) 송풍 동결장치 : 방열(放熱)한 실내벽에 증발기를 설치하여 2.5~5m/s의 냉풍을 순환시켜 대차(臺車) 또는 팰릿(pallet)에 놓인 물체를 동결하는 방식
(3) 터널식 공기 동결장치 : 방열(放熱)한 터널형의 동결실에 냉각된 공기를 송풍하여 동결하는 방식

정답 01 ② 02 ③ 03 ② 04 ② 05 ②

[11년 3회]

06 냉동 운송설비 중 냉동자동차를 냉각장치 및 냉각방법에 따라 분류할 때 종류에 해당되지 않는 것은?

① 기계식 냉동차   ② 액체질소식 냉동차
③ 헬륨냉동식 냉동차   ④ 축냉식 냉동차

> 냉동자동차 종류 : 기계식, 액체질소식, 축냉식

[11년 3회]

07 동결속도에 따라 동결방법을 구분하면 급속동결과 완만동결로 구분할 수 있는 기준은 무엇인가?

① 동결두께
② 동결온도
③ 최대 빙결정 생성대의 통과시간
④ 동결장치의 구조

> 급속동결과 완만동결은 최대빙결정생성대의 통과시간으로 구분한다.(급속: 25~35분 이내, 완만:25~35분 초과)

2 냉동장치의 응용(열펌프 및 축열장치)

[14년 1회]

08 열원에 따른 열펌프의 종류가 아닌 것은?

① 물-공기 열펌프   ② 태양열 이용 열펌프
③ 현열 이용 열펌프   ④ 지중열 이용 열펌프

> 열원에 따른 열펌프의 종류
> ㉠ 물-공기 열펌프
> ㉡ 태양열 이용 열펌프
> ㉢ 하천수 이용 열펌프
> ㉣ 지중열 이용 열펌프
> ㉤ 폐열 이용 열펌프
> ㉥ GHP(가스엔진 히트펌프): 배열 이용 열펌프 등

[11년 3회]

09 그림과 같은 이론냉동사이클에서 열펌프의 성적계수를 나타낸 것으로 올바른 것은?

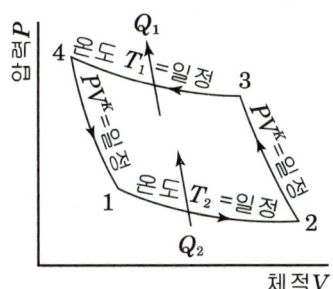

① $\dfrac{Q_2}{Q_1 - Q_2}$ ② $\dfrac{Q_1 - Q_2}{Q_2}$
③ $\dfrac{T_1}{T_1 - T_2}$ ④ $\dfrac{T_1 - T_2}{T_1}$

> 가역 열펌프 사이클 성적계수 COP_H
> $COP_H = \dfrac{Q_1}{Q_1 - Q_2} = \dfrac{T_1}{T_1 - T_2}$

[22년 3회]

10 역카르노 사이클로 300K와 240K 사이에서 작동하고 있는 열펌프가 있다. 이 열펌프의 성능계수는 얼마인가?

① 3   ② 4
③ 5   ④ 6

> 열펌프 성적계수 $= \dfrac{T_1}{T_1 - T_2} = \dfrac{300}{300-240} = 5$
> 냉동기 성적계수 $= \dfrac{T_2}{T_1 - T_2} = \dfrac{240}{300-240} = 4$

[23년 2회]

11 열원사이에서 작동하는 히트펌프가 달성할 수 있는 최고 성적계수는 얼마인가? (단, 2열원 온도는 각각 32℃, -12℃이다.)

① 16.5   ② 10.2
③ 8.1   ④ 6.93

정답 06 ③ 07 ③ 08 ③ 09 ③ 10 ③ 11 ④

제3장 냉동장치의 응용과 안전관리

히트펌프의 이론적인 성적계수를 구하면
$$COP = \frac{Q_1}{W} = \frac{T_1}{T_1 - T_2} = \frac{273+32}{32-(-12)} = 6.93$$

축열재의 구비조건
① 축열재는 열의 저장 및 방출이 용이해야 한다.
② 취급하기 쉽고 가격이 저렴해야 한다.
③ 화학적으로 안정해야 한다.
④ 단위체적당 축열량이 많아야 한다.

[14년 3회, 11년 1회]
12 축열 장치의 장점으로 거리가 먼 것은?

① 수처리가 필요 없고 단열공사비 감소
② 용량 감소 등으로 부속 설비를 축소 가능
③ 수전설비 축소로 기본전력비 감소
④ 부하 변동이 큰 경우에도 안정적인 열 공급 가능

축열장치의 단점으로 수처리가 필요하고 단열공사비로 인한 추가비용이 소요된다.

[13년 2회]
15 아래 그림은 브라인 순환식 빙축열 시스템의 개략도를 나타내는 것이다. (A)의 기기 명칭과 (B)의 매체의 명칭으로 맞는 것은?

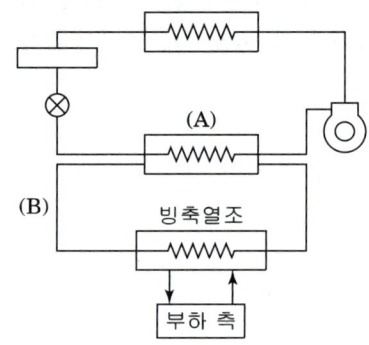

① (A) 증발기, (B) 냉매
② (A) 축냉기, (B) 냉매
③ (A) 증발기, (B) 브라인
④ (A) 축냉기, (B) 냉수

[09년 2회]
13 냉방용 축열장치의 종류가 아닌 것은?

① 수축열 방식
② 빙축열 방식
③ 잠열 축열 방식
④ 유 축열 방식

냉방용 축열방식에는 수축열 방식, 빙축열 방식, 잠열 축열 방식, 토양 축열 방식 등이 있다.

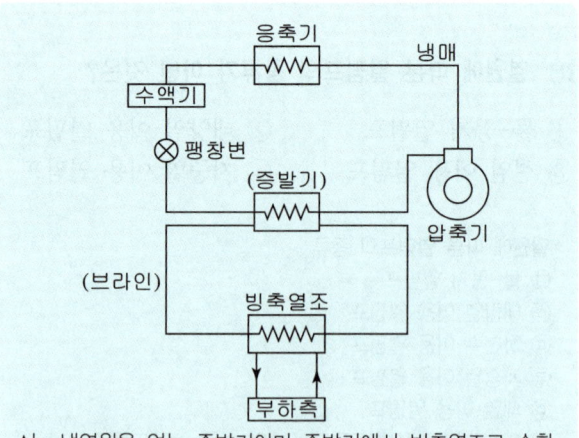

A는 냉열원을 얻는 증발기이며 증발기에서 빙축열조로 순환되는 냉매(B)는 브라인(2차냉매)이다.

[15년 1회]
14 축열장치에서 축열재가 갖추어야 할 조건으로 가장 거리가 먼 것은?

① 열의 저장은 쉬워야 하나 열의 방출은 어려워야 한다.
② 취급하기 쉽고 가격이 저렴해야 한다.
③ 화학적으로 안정해야 한다.
④ 단위체적당 축열량이 많아야 한다.

정답 12 ① 13 ④ 14 ① 15 ③

3 냉동장치의 응용(흡수식 냉동장치)

[13년 1회]

16 흡수식냉동기의 구성품 중 왕복동 냉동기의 압축기와 같은 역할을 하는 것은?

① 발생기
② 증발기
③ 응축기
④ 순환펌프

> 왕복동 냉동기의 압축기와 같은 역할을 하는 장치는 흡수기와 발생기(재생기)이다.

[10년 2회]

17 흡수식 냉동기의 주요부품이 아닌 것은?

① 흡수기
② 압축기
③ 발생기
④ 증발기

> 흡수식 냉동기의 구성요소는 증발기, 흡수기, 재생기, 응축기, 열교환기 등이다.
> 압축기는 증기압축식 냉동장치의 구성요소이다.

[14년 3회, 08년 2회]

18 흡수식 냉동기에 사용하는 흡수제로써 요구 조건으로 가장 거리가 먼 것은?

① 용액의 증발압력이 높을 것
② 농도의 변화에 의한 증기압의 변화가 적을 것
③ 재생에 많은 열량을 필요로 하지 않을 것
④ 점도가 낮을 것

> 흡수제의 구비조건
> ㉠ 용액의 증기압(증발압력)이 낮을 것
> ㉡ 농도 변화에 의한 증기압의 변화가 작을 것
> ㉢ 재생에 많은 열량을 필요로 하지 않을 것
> ㉣ 점성이 적을 것

[12년 3회]

19 흡수식 냉동기용 흡수제의 구비조건으로 틀린 것은?

① 재생에 많은 열량을 필요로 하지 않을 것
② 열전도율이 높을 것
③ 부식성이 없을 것
④ 용액의 증기압이 높을 것

> 용액의 증기압이 낮을 것

[15년 1회]

20 흡수식 냉동기의 특징에 대한 설명으로 틀린 것은?

① 부분 부하에 대한 대응성이 좋다.
② 용량제어의 범위가 넓어 폭넓은 용량제어가 가능하다.
③ 초기 운전 시 정격 성능을 발휘할 때까지 도달 속도가 느리다.
④ 압축식 냉동기에 비해 소음과 진동이 크다.

> 흡수식 냉동기의 특징
> ㉠ 부분 부하 시의 운전 특성이 우수하다.
> ㉡ 용량제어의 범위가 넓어 폭넓은 용량 제어가 가능하다.
> ㉢ 초기 운전 시 정격 성능을 발휘할 때까지 도달 속도가 느리다.
> ㉣ 압축식이나 터보식 냉동기에 비하여 소음과 진동이 적다.
> ㉤ 자동제어가 용이하고 운전경비가 적게 소요 된다
> ㉥ 4℃ 이하의 낮은 냉수를 얻기 어렵다.

[12년 2회, 09년 3회]

21 흡수식 냉동기의 특징이 아닌 것은?

① 부분 부하에 대한 대응성이 좋다.
② 용량제어의 범위가 넓어 폭넓은 용량제어가 가능하다.
③ 초기 운전시 정격 성능을 발휘할 때까지의 도달 속도가 느리다.
④ 냉동기의 성능계수(COP)가 높다.

> 흡수식 냉동기는 증기압축식에 비해 열효율(성능계수)이 나쁘며 설치면적을 많이 차지한다.

정답 16 ① 17 ② 18 ① 19 ④ 20 ④ 21 ④

제3장 냉동장치의 응용과 안전관리

[23년 2회]

22 흡수식냉동기에 대한 설명으로 틀린것은?

① 흡수식 냉동기는 주에너지원을 전기를 사용하지 않는다.
② 흡수식 냉동기는 증기압축식 냉동기에 비하여 소음 진동이 크다.
③ 흡수식 냉동기는 냉각탑 용량이 증기압축식보다 크다.
④ 흡수식 냉동기는 물을 냉매로 사용할 수 있다.

> 흡수식냉동기는 압축기가 없어 소음진동이 적다.

[11년 2회]

25 암모니아(NH_3)를 냉매로 사용하는 흡수식 냉동기의 흡수제는 어느 것인가?

① 질소   ② 프레온
③ 염화나트륨   ④ 물

> 암모니아(NH_3)를 냉매로 사용하는 흡수식 냉동기의 흡수제는 물이다.

[13년 1회]

23 흡수식 냉동기에 관한 설명 중 옳은 것은?

① 초저온용으로 사용된다.
② 비교적 소용량 보다는 대용량에 적합하다.
③ 열 교환기를 설치하여도 효율은 변함없다.
④ 물-LiBr식에서는 물이 흡수제가 된다.

> ① 흡수식 냉동기는 냉매로 주로 물을 사용하므로 0℃ 이하에서는 사용할 수 없다. 암모니아(NH_3)를 냉매로 사용하는 공업용 흡수식 냉동기도 암모니아의 대기압에서의 비등점이 -33.3℃로 초저온용으로는 사용할 수 없다.
> ③ 흡수식 냉동기는 효율이 낮은 냉동기로 효율을 높이기 위해 각종 열교환기를 이용하고 있다.
> ④ 물-LiBr식에서는 물이 냉매, LiBr(취화리튬)이 흡수제이다.

[23년 3회]

26 흡수식 냉동기에 관한 설명으로 옳은 것은?

① 초저온용으로 사용된다.
② 비교적 소용량보다는 대용량에 적합하다.
③ 열교환기를 설치하여도 효율은 변함없다.
④ 물 - LiBr식에서는 물이 흡수제가 된다.

> ① 흡수식 냉동기는 냉매로 주로 물을 사용하므로 0℃ 이하에서는 사용할 수 없다.
> ③ 흡수식 냉동기는 효율이 낮은 냉동기로 효율을 높이기 위해 각종 열교환기를 이용하고 있다.
> ④ 물-LiBr식에서는 물이 냉매, LiBr(취화리튬)이 흡수제이다.

[09년 1회]

24 흡수식 냉동기의 냉매와 흡수제 조합으로 적당하지 않은 것은?

① 냉매-암모니아, 흡수제-물
② 냉매-암모니아, 흡수제-프레온
③ 냉매-물, 흡수제-염화리튬
④ 냉매-물, 흡수제-취화리튬

> 냉매-암모니아, 흡수제-프레온 조합은 사용하지 않는다.

[23년 1회]

27 공조설비 현장에서 주로 사용하는 흡수식 냉동기에서 냉매를 물로 사용한다면 적합한 흡수제는 무엇인가?

① 프레온   ② LiBr
③ NH3   ④ NaCl

> 흡수식 냉동기에서 냉매가 물일 때 흡수제는 LiBr(리튬브로마이드)를 주로 사용한다.

정답 22 ② 23 ② 24 ② 25 ④ 26 ② 27 ②

[14년 1회]

28 흡수식 냉동기에 대한 설명 중 옳은 것은?

① $H_2O+LiBr$계에서는 응축측에서 비체적이 커지므로 대용량은 공랭식화가 곤란하다.
② 압축기는 없으나 발생기 등에서 사용되는 전력량은 압축식 냉동기보다 많다.
③ $H_2O+LiBr$계나 H_2O+NH_3계에서는 흡수제가 H_2O이다.
④ 공기조화용으로 많이 사용되나, $H_2O+LiBr$계는 0℃ 이하의 저온을 얻을 수 있다.

> ② 흡수식 냉동기는 열에너지를 이용하여 냉동작용을 하는 냉동기로 사용전력은 냉매순환 펌프나 용액순환 펌프에 사용하는 정도로 증기 압축식 냉동기보다 사용전력량이 적다.
> ③ $H_2O+LiBr$계에서는 물(H_2O)이 냉매, $LiBr$이 흡수제이고, H_2O+NH_3계에서는 NH_3냉매, 흡수제가 H_2O이다.
> ④ 공기조화용으로 많이 사용되나, $H_2O+LiBr$계는 물이 냉매로 대기압 하에서 빙점(어는점) 0℃로 0℃ 이하의 저온을 얻을 수 없다.

[08년 2회]

29 태양열을 이용하여 냉방을 하고자 할 때 적당한 냉동기는?

① 터보 냉동기
② 공기 냉동기
③ 흡수식 냉동기
④ 고속 다기통 냉동기

> 압축식 냉동기인 터보냉동기, 공기 냉동기, 고속 다기통 냉동기는 모두 압축기 기동에 전력을 이용한 냉동기로 태양열을 이용할 수 없으나 흡수식 냉동기는 열에너지를 이용하는 냉동기이므로 발생기 가열원으로 태양열을 이용하여 냉방할 수 있다.

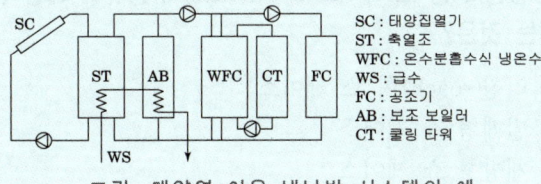

그림. 태양열 이용 냉난방 시스템의 예

[11년 2회]

30 이중 효용 흡수식 냉동기에 대한 설명 중 옳지 않은 것은?

① 일중 효용 흡수식 냉동기에 비해 효율이 높다.
② 2개의 재생기를 갖고 있다.
③ 2개의 증발기를 갖고 있다.
④ 2개의 열교환기를 갖고 있다.

> 이중 효용 흡수식 냉동기는 2개의 재생기를 갖고 2개의 열교환기(저온열교환기, 고온열교환기)을 갖는다. 재생기 가열원으로 고온의 증기를 이용하는 경우에는 드레인 열교환기가 더 추가되기도 한다.

[08년 3회]

31 냉동용 운송설비 중 냉동차에 대한 설명으로 적당하지 않은 것은?

① 보냉동차 : 차체에 단열시공이 되어 있는 자동차
② 보냉차 : 내부공간을 냉각할 어떤 장비 없이 보냉하고자 하는 자체만 있는 자동차
③ 냉동차 : 내부공간을 냉각할 어떤 설비를 장착한 자동차
④ 냉장차 : 차체에 단열시공이 되어 있고, 얼음만을 운반하기 위한 자동차

> ④ 냉장차 : 차체에 단열시공이 되어 있고, 얼음만을 운반하기 위한 자동차는 아니다.

[09년 1회]

32 식품동결용으로 사용되는 저온액화가스로 가장 적당한 것은?

① 액화수소, 액화이산화탄소
② 액화산소, 액화천연가스
③ 액화질소, 액화이산화탄소
④ 액화질소, 액화암모니아

> **초저온 동결장치(cryogenic freezer)**
> 초저온 동결은 -77.33℃(-100℉) 이하의 동결매체를 사용하는 방식으로 동결매체로는 액화질소(LN_2)와 액화이산화탄소(LCO_2)가 사용된다.

제3장 냉동장치의 응용과 안전관리

[16년 3회]

33 일반적으로 냉동 운송설비 중 냉동자동차를 냉각장치 및 냉각방법에 따라 분류할 때 그 종류로 가장 거리가 먼 것은?

① 기계식 냉동차
② 액체질소식 냉동차
③ 헬륨냉동식 냉동차
④ 축냉식 냉동차

> 냉동 운송설비 중 냉동자동차에 헬륨냉동식 냉동차는 일반적으로 사용되지 않는다.

[11년 2회]

34 냉장수송장치에서 수송온도에 따라 분류한 것 중 올바르지 못한 것은?

① 냉동수송 : -18℃
② 저온수송 : -5~-8℃
③ 냉장수송 : 0℃
④ 상온수송 : 10~20℃

> 수송온도에 따른 분류
> ① 냉동수송 : -18℃
> ② 저온수송 : -18℃이하
> ③ 냉장수송 : 상온 이하의 수송(10℃~0℃)
> ④ 상온수송 : 10℃~20℃

[09년 2회]

35 식품냉동에서의 T.T.T란 무엇인가?

① 시간(Time), 내성(Tolerance), 맛(Taste)
② 시간(Time), 온도(Temperature), 내성(Tolerance)
③ 온도(Temperature), 내성(Tolerance), 맛(Taste)
④ 온도(Temperature), 맛(Taste), 기간(Term)

> 식품냉동에서의 T.T.T란 시간(Time), 온도(Temperature), 내성(Tolerance)을 말한다.

[10년 1회]

36 식품의 동결부하에 해당되지 않는 것은?

① 기초온도에서 동결점까지 냉각하는데 필요한 열량
② 식품을 동결하는 데 필요한 열량
③ 동결식품을 동결 최종온도까지 내리는데 필요한 열량
④ 냉동장치의 안정상태 도달까지의 필요열량

> 동결부하(동결점까지 냉각+동결부하+최종온도까지 냉각)
> 동결부하 Q의 계산식은 다음과 같다.
> $Q = mc_1(t_1 - t_o) + mr + mc_2(t_o - t_2)$
> 여기서, m : 동결물질의 질량[kg]
> c_1, c_2 : 동결전후의 동결물질의 비열
>   [kg/kgK(kJ/kg K)]
> r : 동결잠열[kJ/kg]
> t_1 : 동결물질의 초기온도[℃]
> t_2 : 과냉각된 온도[℃]
> t_o : 동결온도[℃]

[16년 2회]

37 LNG(액화천연가스) 냉열이용 방법 중 직접이용방식에 속하지 않는 것은?

① 공기액화분리   ② 염소액화장치
③ 냉열발전   ④ 액체탄산가스 제조

> LNG(액화천연가스) 냉열 직접이용에는 냉열발전, 공기액화분리(심냉 분리에 의한 산소, 질소제조), 액화탄산/드라이아이스제조, 냉동 창고이용 등이 있다.

[12년 1회]

38 냉장고 중 쇼 케이스(show case)의 종류에 해당되지 않는 것은?

① 리칭(reach)형 쇼 케이스
② 밀폐형 쇼 케이스
③ 개방형 쇼 케이스
④ 유닛소형 쇼 케이스

> 쇼 케이스(show case)의 종류
> (1) 냉동기 내장형
> (2) 냉동기 별치형 : 개방형 쇼 케이스, 밀폐형 쇼 케이스, 리칭(reach)형 쇼 케이스

정답 33 ③ 34 ② 35 ② 36 ④ 37 ② 38 ④

[11년 1회]

39 냉장 쇼 케이스는 수용품을 적정 온도와 습도로 유지하면서 최종 수요자에게 직접 판매하기 위한 장치로 이 쇼 케이스가 만족해야 할 조건이라 할 수 없는 것은?

① 수용물의 품질을 가장 효과적으로 유지할 수 있는 것이 좋다.
② 소비자가 구매의욕을 느낄 수 있는 구조인 것이 좋다.
③ 점포의 구조 및 판매양식에 적합한 것이 좋다.
④ 최적의 온도를 유지할 수 있도록 하기 위하여 운전조작은 복잡한 것이 좋다.

> ④의 경우 최적의 온도를 유지할 수 있도록 하기 위하여 운전조작은 간단한 것이 좋다.

[14년 2회]

40 일반적으로 초저온냉동장치(super chilling unit)로 적당하지 않은 냉동장치는 어느 것인가?

① 다단압축식(multi-stage)
② 다원압축식(multi-stage cascade)
③ 2원압축식(cascade system)
④ 단단압축식(single-stage)

> ④ 단단압축식(single-stage)은 초저온용으로는 적합하지 않다.

[11년 2회, 10년 1회, 08년 1회]

41 항공기 재료의 내한(耐寒)성능을 시험하기 위한 냉동장치를 설치하려고 한다. 가장 적합한 냉동기는?

① 왕복동 압축식 냉동기
② 원심 압축식 냉동기
③ 축류 압축식 냉동기
④ 흡수식 냉동기

> 항공기 재료의 내한(耐寒)성능을 시험하기 위한 냉동장치로는 고압을 얻기에 적합한 왕복동 압축식 냉동기가 가장 적합하다.

4 운영 안전관리(관련법규 발췌)

[22년 1회]

42 기계설비법에서 사용 전 검사 신청서에 구비서류로 가장 거리가 먼 것은?

① 기계설비공사 준공설계도서 사본
② 관계 법령에 따라 기계설비에 대한 감리업무를 수행한 자가 확인한 기계설비 사용 적합 확인서
③ 에너지이용합리화법 검사대상기기로 합격한 경우 그 검사결과서
④ 기계설비법 완성검사에 합격한 경우 그 검사결과서

> 기계설비법에서 사용전 검사 신청서의 구비서류로는 기계설비공사 준공설계도서 사본, 관계 법령에 따라 기계설비에 대한 감리업무를 수행한 자가 확인한 기계설비 사용 적합 확인서, 에너지이용합리화법 검사대상기기로 합격한경우 그 검사결과서, 고압가스안전관리법 완성검사에 합격한경우 그 검사결과서 등이다.

[22년 3회]

43 기계설비법령에 따른 기계설비의 착공 전 확인과 사용 전 검사의 대상 건축물 또는 시설물에 해당하지 않는 것은?

① 연면적 1만 제곱미터 이상인 건축물
② 목욕장으로 사용되는 바닥면적 합계가 500제곱미터 이상인 건축물
③ 기숙사로 사용되는 바닥면적 합계가 1천제곱미터 이상인 건축물
④ 판매시설로 사용되는 바닥면적 합계가 3천제곱미터 이상인 건축물

> **기계설비법 시행령 별표5**
> 기숙사로 사용되는 바닥면적 합계가 2천제곱미터 이상인 건축물

정답 39 ④ 40 ④ 41 ① 42 ④ 43 ③

제3장 냉동장치의 응용과 안전관리

[23년 1회]

44 냉동장치를 운전할 때 다음 중 가장 먼저 실시하여야 하는 것은?

① 응축기 냉각수 펌프를 기동한다.
② 증발기 팬을 기동한다.
③ 압축기를 기동한다.
④ 압축기의 유압을 조정한다.

> 냉동장치 운전 순서
> (1) 냉수(브라인) 및 냉각수 펌프기동
> (2) 냉각탑 운전(공냉식일 경우 응축기 팬 운전)
> (3) 압축기 기동

[23년 1회]

45 기계설비법 중 기계설비의 유지관리 및 점검을 위하여 필요한 유지관리 기준으로 적합하지 않은 것은?

① 기계설비 유지관리 및 점검에 대한 계획 수립
② 기계설비 유지관리 및 점검 참여자의 선발, 근무형태
③ 기계설비 유지관리 및 점검의 종류, 항목, 방법 및 주기
④ 기계설비 유지관리 및 점검의 기록 및 문서보존 방법

> 기계설비의 유지관리 기준에 기계설비 유지관리 및 점검 참여자의 자격, 역할 및 업무내용은 해당하나 선발, 근무형태는 관계없다.

[23년 2회]

46 기계설비법에서 공조냉동기계기사를 취득한 사람이 특급기술자 자격을 갖추려면 몇 년의 경력을 쌓아야하는가?

① 3년
② 5년
③ 7년
④ 10년

> 기계설비법 특급자격 : 공조냉동기계기사 취득+10년경력, 공조냉동기계산업기사 취득+13년경력

[23년 3회, 23년 2회]

47 고압가스안전관리법상 일체형냉동기 조건으로 틀린 것은?

【 조 건 】

㉠ 냉매설비 및 압축기용 원동기가 하나의 프레임위에 일체로 조립된 것
㉡ 냉동설비를 사용할 때 스톱밸브를 조작하도록 조립된것
㉢ 사용장소에 분할·반입하는 경우에는 냉매설비에 용접 또는 절단을 수반하는공사를 하지 않고 재조립하여 냉동제조용으로 사용할 수 있는 것
㉣ 냉동설비의 수리 등을 하는 경우에 냉매설비 부품의 종류, 설치개수, 부착위치및 외형치수와 압축기용 원동기의 정격출력 등이 제조 시 상태와 같도록 설계·수리될 수 있는 것
㉤ 응축기 유닛 및 증발 유닛이 냉매배관으로연결된 것으로 하루 냉동능력이 20톤 미만인 공조용 패키지에어콘 등을 말한다.

① ㉠
② ㉡
③ ㉢
④ ㉣, ㉤

> 일체형 냉동기는 냉동설비를 사용할 때 스톱밸브 조작이 필요 없는 것을 조건으로 한다.

[예상문제]

48 냉동장치의 내압시험에 사용하는 가스로 가장 적합한 것은?

① 물
② 질소
③ 알곤
④ 산소

> 내압시험
> 고압가스 안전관리법에 의해 배관이외의 부분 즉, 압축기, 냉매펌프(흡수식 냉동기에서는 흡수용액펌프), 윤활유펌프, 압력용기 등은 조립품 또는 부품마다 내압시험을 해야 한다. 내압시험은 원칙적으로 액(물이나 오일 등)압으로 시험한다. 액체로 행하는 이유는 고압을 얻기 쉽고, 피시험품이 파손하여도 위험성이 적은 이유이다. 다만 액체를 사용하기 어려운 경우에는 공기(140℃ 이하), 질소, 이산화탄소(암모니아 냉동설비에는 사용할 수 없음) 등을 사용할 수 있다.

정답 44 ① 45 ② 46 ④ 47 ② 48 ②

[예상문제]

49 고압가스안전관리법령에 따라 "냉매로 사용되는 가스 등 대통령령으로 정하는 종류의 고압가스"는 품질기준을 고시하여야 하는데, 목적 또는 용량에 따라 고압가스에서 제외할 수 있다. 이러한 제외 기준에 해당되는 경우로 모두 고른 것은?

> 가. 수출용으로 판매 또는 인도되거나 판매 또는 인도될 목적으로 저장·운송 또는 보관되는 고압가스
> 나. 시험용 또는 연구개발용으로 판매 또는 인도되거나 판매 또는 인도될 목적으로 저장·운송 또는 보관되는 고압가스(해당 고압가스를 직접 시험하거나 연구개발하는 경우만 해당한다.)
> 다. 1회 수입되는 양이 400킬로그램 이하인 고압가스

① 가, 나　　② 가, 다
③ 나, 다　　④ 가, 나, 다

고압가스 안전관리법 18조2
1회 수입되는 양이 40킬로그램 이하인 고압가스

정답 49 ①

2025
공조냉동기계산업기사 필기

제4장

냉동냉장부하 계산

제4장 | 냉동냉장부하 계산

01 냉동냉장부하 계산

1 동결부하 인자와 동결부하계산

	특징
냉각 저장 동결 저장	1) 냉각저장(cold storage) : 식품의 경우 동결로 인하여 상품의 가치를 잃어버리는 식품 등의 저장방법으로 식품을 동결점 이상에서 얼리지 않는 범위의 저온, 즉 빙결점 부근(-2~-3℃)의 온도 대에서 미 동결상태로 저장하는 것을 말한다. 2) 동결저장(frozen storage) : 식품을 냉각저장의 경우보다 더욱 장기간 안정하게 저장하기 위해서는 식품의 온도를 동결점 이하(일반적으로 -18℃ 이하)로 내려서 동결상태로 저장하여야 한다. 식품의 온도를 -18℃ 또는 그 이하로 유지하여 식품의 품질을 유지할 수 있는 동결상태로 저장하는 것을 동결저장이라 한다.
동결 부하	1) 정의 : 초기온도가 t_1인 제품을 냉각하여 제품온도를 동결온도 t_f까지 내리고 이어서 동결시켜 제품온도를 최종온도인 t_3까지 내리는 경우 제품으로부터 제거해야 할 열량을 동결부하라고 한다. 2) 동결부하의 계산식 ① 식품을 동결온도까지 냉각하는데 필요한 열량 q_1[W] 　　$q_1 = G C_1 (t_1 - t_f)$ 　　여기서, G : 식품의 질량 [kg] 　　　　　　C_1 : 식품의 동결전 비열[J/kg℃], 　　　　　　t_1 : 식품의 초기온도[℃] 　　　　　　t_f : 식품의 동결온도[℃] ② 식품을 동결하는데 필요한 열량 q_2[W] 　　$q_2 = G \cdot r$, 　　r : 동결잠열[kJ/kg] ③ 동결한 식품을 동결 최종온도까지 내리는데 필요한 열량 q_3[W] 　　$q_3 = G C_2 (t_f - t_3)$ 　　t_3 : 식품의 최종온도 ④ 동결부하(총제거해야 할 열량) $q = q_1 + q_2 + q_3$ 　　$q = G C_1 (t_1 - t_f) + G \cdot r + G C_2 (t_f - t_3)$

냉각 부하	1) 정의 : 과일이나 야채와 같은 생체식품의 냉각부하의 계산에서는 비생채식품 에서는 고려하지 않아도 좋은 호흡열을 계산해야 하며, 비생체식품의 냉각부하 에서 호흡열이 합쳐진 것이 생채식품의 냉각부하가 된다. 2) 냉각부하(식품을 동결온도까지 냉각하는데 필요한 열량) q_1[W] $$q_1 = GC_1(t_1 - t_2)$$ 여기서, G : 식품의 질량 [kg] C_1 : 식품의 동결전 비열[J/kg℃], t_1 : 식품의 초기온도[℃] t_2 : 식품의 최종냉각온도[℃], 3) 호흡열 q_4[W] $$q_4 = G \cdot n \cdot q$$ 여기서, G : 1회 입고량(kg) n : 입고 횟수 q : 주요 농산물의 호흡열량(W/kg)
냉동 냉장 부하 인자	1) 냉동냉장의 부하인자 ① 주위의 구조체(벽체)로부터의 침입열량 ② 입고품의 냉각열량 ③ 환기에 의한 침입열량 ④ 청과물의 호흡열에 의한 열량 ⑤ 저장고내 발생열량(팬, 작업원, 조명부하, 지게차등) 2) 냉동냉장의 부하계산 ① 주위의 구조체(벽체)로부터의 침입열량 q_1[W] $$q_1 = KA(t_1 - t_2)$$ ② 입고품의 냉각열량 q_2[W] $$q_2 = GC_P(t_3 - t_4) \times 10^3 / (24 \times 3{,}600) \text{ (저장시)}$$ ③ 환기에 의한 침입열량 q_3[W] $$q_3 = \rho(nV)(h_a - h_r) \times 10^3 / (t \times 3{,}600) \text{(냉각시)}$$ ④ 청과물의 호흡열에 의한 열량 q_4[W] $$q_4 = G \cdot n \cdot q$$ ⑤ 저장고내 발생열량 q_5[W] ⑥ 안전율을 고려한 총 부하 일반적으로 안전율을 10%라 할 때, 안전율을 대한 부하 q_6는 다음과 같다. $$q_6 = (q_1 + q_2 + q_3 + q_4 + q_5) \times 0.1$$

01 핵심예상문제

냉동냉장부하 계산

본 핵심예상문제는 각단원별 출제빈도 높은 문제 및 최근 10년간의 기출문제 중 비중이 높은 출제유형이므로 꼭 풀어보고 가야할 문제입니다. 이후 실전예상문제를 공부하시면 효과적입니다.

[23년 2회]

01 25℃, 1000kg의 물을 1일동안에 −5℃의 얼음으로 만들고자 한다. 이때 필요한 냉동능력은 약 몇 RT인가? (단, 물의 비열을 4.2kJ/kgK, 얼음의 비열을 2.1kJ/kgK, 물의 응고잠열을 334kJ/kg, 1RT를 3.86kW로 한다.)

① 1.35　　② 13.55
③ 15.62　　④ 32.35

24시간동안 냉동열량은
① 25℃ 물을 0℃까지 냉각시키는데 필요한 현열량
$q_s = 1000 \times 4.2 \times 25 = 105{,}000\,\text{kJ}$
② 0℃ 물을 0℃ 얼음으로 변화시키는데 필요한 잠열량
$q_L = 1000 \times 334 = 334{,}000\,\text{kJ}$
③ 0℃ 얼음을 −5℃ 얼음으로 냉각시키는데 필요한 현열량
$q_s = 1000 \times 2.1 \times 5 = 10{,}500\,\text{kJ}$
∴ 냉동능력을 kW로 구하려면 열량 kJ을 kJ/s로 고친다.
$$\text{냉동능력}(RT) = \frac{(105{,}000 + 334{,}000 + 10{,}500)}{24 \times 3600 \times 3.86}$$
$$= 1.35\,\text{RT}$$

[예상문제]

02 1kg의 쇠고기(지방이 없는 부분)를 20℃에서 −15℃까지 동결시킬 경우 동결부하[kJ]를 구한 것으로 옳은 것은? (단, 쇠고기(지방이 없는 부분)의 동결전 비열은 3.25kJ/(kg·K), 동결 후 비열은 1.76kJ/(kg·K), 동결 잠열은 234.5kJ/kg으로 쇠고기의 동결점은 −2℃로 한다.)

① 285.5　　② 315.4
③ 328.9　　④ 376.3

- 20℃에서 −2℃까지 냉각부하 :
$1 \times 3.25 \times \{20 - (-2)\} = 71.5\,\text{kJ}$
- 동결 시 잠열부하 : $1 \times 234.5 = 234.5\,\text{kJ}$
- −2℃에서 −15℃까지 동결시킬 경우 동결부하 :
$1 \times 1.76 \times \{-2 - (-15)\} = 22.88\,\text{kJ}$
따라서 1kg에 대한 전동결부하(냉동능력)는
$71.5 + 234.5 + 22.8 = 328.88\,\text{kJ}$

[예상문제]

03 외기온도 32.5℃, 고내온도 −25℃일 때 아래와 같은 구조의 방열재를 사용한 방열벽의 침입열량[W]을 구하시오. (단, 방열벽의 면적은 150m², 각 벽 재료의 열전도율은 아래 표와 같고 방열벽 외측 열전달율은 23.26W/(m²·K), 내측 열전달율은 8.14W/(m²·K)로 한다.)

재료	열전도율[W/(m·K)]	두께[m]
철근콘크리트	1.4	0.2
폴리스틸렌 폼	0.045	0.2
방수 몰탈	1.3	0.01
라스 몰탈	1.3	0.02

① 1803 W　　② 2090 W
③ 3134 W　　④ 3568 W

- 방열벽의 열통과율 K
$$K = \frac{1}{\dfrac{1}{8.14} + \dfrac{0.02}{1.3} + \dfrac{0.01}{1.3} + \dfrac{0.2}{0.045} + \dfrac{0.2}{1.4} + \dfrac{1}{23.26}}$$
$\approx 0.209\,\text{W/(m}^2\cdot\text{K)}$
- ∴ 방열벽을 통한 침입열량
$Q = KA(t_1 - t_2) = 0.209 \times 150 \times \{32.5 - (-25)\} \approx 1802.63\,\text{W}$

정답 01 ①　02 ③　03 ①

제4장 냉동냉장부하 계산 실전예상문제

본 실전예상문제는 각장 핵심예상문제에서 다루지 못한 실무적이고 난이도가 높은 문제들로 핵심예상문제를 보충해 주는 문제입니다. 핵심예상문제를 충분히 공부한 후 실전예상문제를 공부하면 효과적입니다.

[22년 3회]

01 쇠고기(지방이 없는 부분) 10ton을 10시간 동안 35℃에서 2℃까지 냉각할 때의 냉동능력으로 옳은 것은? (단, 쇠고기의 동결전 비열(지방이 없는 부분)은 3.25kJ/(kg·K)로 한다.

① 30kW ② 35kW
③ 37kW ④ 42kW

$Q_2 = m \cdot C \cdot \Delta t = 10\,000 \times 3.25 \times (35-2)/(10 \times 3600)$
$\fallingdotseq 30\text{kW}$
(10시간 동안 냉각능력을 kJ/s로 계산한다.)

[23년 2회]

02 평판을 통해서 표면으로 확산에 의해서 전달되는 열유속(heat flux)이 0.4kW/m²이다. 이 표면과 20℃ 공기흐름과의 대류전열계수가 0.01kW/m²·℃인 경우 평판의 표면온도(℃)는?

① 45 ② 50
③ 55 ④ 60

열유속(heat flux) : 열전달량 q
$q = \alpha A(t_s - t_a)$ 에서
$t_s = t_a + \dfrac{q}{\alpha A} = 20 + \dfrac{0.4}{0.01 \times 1} = 60[℃]$

정답 01 ① 02 ④

제5장

냉동설비의 설치

냉동설비의 설치

1 냉동기기의 기초

기초와 냉동기계와의 공진을 방지하기 위해 기초의 고유진동수와 기계가 발생하는 진동수가 20% 이상의 차이가 나도록 할 필요가 있다. 그 방법으로 일반적으로 기초의 질량은 그 위에 올려지는 기기의 질량보다 크게 한다. 예를 들면 다기통압축기를 설치하는 콘크리트기초의 질량은 압축기 질량의 2~3배정도로 한다.

2 냉동기기의 설치

분류	관련내용
냉동기기 설치	1) 압축기나 콘덴싱 유닛을 설치할 경우 콘크리트기초에 고정할 때나 방진 지지를 할 때에는 수평으로 설치한다. ※ 콘덴싱 유닛(condensing unit) : 압축기, 응축기 등을 동일한 가대(구조물)에 설치한 유닛을 말한다. 2) 방진가대의 기초위에 설치된 압축기는 운전개시 또는 정지할 때 크게 흔들릴 수가 있으므로 압축기 가까이에 있는 배관은 가요성 배관(flexible tube)으로 하여 배관의 파손을 방지 한다. 3) 응축기, 수액기 등은 수평으로 설치한다. 옥외에 설치하는 공랭식 응축기와 증발식 응축기는 무겁고 중심이 비교적 높으므로 지진에 의해서 영향을 받을 수 있다. 따라서 옥외에 설치하는 기초 철근을 강고하게 하고 옥상 바닥의 철근에 견고하게 설치한다. 4) 천정형 유닛 쿨러는 팬의 회전에 의해 진동하지 않도록 하고, 유닛쿨러지용 앙카볼트는 충분한 크기로 철근 또는 철골에 용접한다. 5) 저온 때문에 냉장실 바닥의 토양이 빙결하여 바닥면이 솟아오를 수가 있다. 이러한 동상(凍上 : 바닥솟아오름)을 피하기 위해 특히 바닥면적이 넓은 저온냉장고에서는 동상방지계획을 실시한다.

3 냉동기의 설치

분류	관련내용
일반 냉동기	1) 냉동기의 설치는 「고압가스 안전관리법」 및 그 외의 관련 법규에 준하여 운전, 유지관리, 안전상에 지장이 없도록 시공한다. 2) 콘크리트 기초 또는 강제기초 위에 기초판을 수평으로 설치한다. 방진장치를 하는 경우에도 같다. 3) 냉동기에 접속하는 냉각수, 냉수배관에는 플렉시블이음을 설치한다. 4) 냉동기용 보호계전기함 등 진동에 의하여 작동이 저해될 염려가 있는 것은 방진을 고려해서 설치한다. 5) 냉수 조건에는 냉수 입·출구온도, 순환유량, 손실수두 및 최고사용압력을 명기하고, 냉동기 입·출구온도와 2차 측 장비의 출·입구온도가 일치하도록 하며, 증발기 손실수두는 순환펌프 양정에 반영한다. 6) 냉각수 조건에는 냉각수 입·출구온도, 순환유량, 손실수두 및 최고사용압력을 명기하고, 냉동기 입·출구온도와 냉각탑의 출·입구온도가 일치하도록 하며, 응축기 손실수두는 순환펌프 양정에 반영한다. 7) 압축식 냉동기는 사용동력, 기동방식, 전원을 기입하고, 흡수식 냉동기는 사용열원에 대한 조건을 기입하고, 용액펌프와 냉매펌프는 비상전원을 연결한다. 8) 물 이외의 열매를 사용할 경우에는 열매의 밀도와 비열을 기준하여 냉동기의 유량과 온도차를 정한다. 수용액의 혼합비는 동결점이나 폭발점 등을 고려하여 결정한다.
흡수식 냉· 온수기	1) 냉·온수 조건에는 냉·온수 입·출구온도, 순환유량, 손실수두 및 최고사용압력을 명기하고, 냉온수기 입·출구온도와 2차 측 장비의 출·입구 온도가 일치하도록 하고 열교환기 손실수두는 순환펌프 양정에 반영한다. 2) 냉방 운전 시 냉수 순환량과 난방 운전 시 온수 순환량은 같게 한다. 3) 냉각수 조건에는 냉각수 입·출구온도, 순환유량, 손실수두 및 최고사용압력을 명기하고, 냉온수기 입·출구온도와 냉각탑의 출·입구온도가 일치해야 하며 응축기 손실수두는 순환펌프 양정에 반영한다. 4) 버너에는 형식, 사용연료, 사용압력, 표준발열량을 기입하고, 도시가스 공급 시 지역의 공급압력을 확인해야 하며, 연료는 공급형식, 대기오염, 경제성, 취급자격 등을 고려하여 결정한다. 5) 냉매펌프 및 용액펌프는 부하조절과 흡수기에서 냉각수에 의한 열손실을 최소화하기 위하여 유량을 조절할 수 있도록 회전수제어장치 설치를 검토해야 한다.
열펌프	1) 공랭식 실외기는 냉방전용과 냉난방 겸용, 냉난방 동시형, 실내기와의 조합비율, 배관길이, 고저 차, 실내외 온도조건 및 난방 시 제상 운전에 따른 능력변화 등을 고려하여 선정한다.

	2) 냉각·가열 능력은 실내 냉난방부하에 도입외기부하를 가산한다. 3) 압축기는 냉난방 능력, 소비전력, 전원을 기입한다.
냉각탑	냉각탑은 송풍방식, 공기흐름방향, 충전재 종류, 형상 등을 고려하여 선정한다. 1) 냉각탑은 표면을 모르타르로 마감한 콘크리트기초 또는 형강제 받침대 위에 자중, 적설, 풍압, 지진 기타의 진동에 대하여 안전하게 설치한다. 2) 냉각탑의 설치 위치는 풍향 및 장해물을 고려하여 선정하고, 냉각탑에서의 배기 및 소음이 해당지역의 「환경정책기본법」에 따른 환경기준을 준수할 수 있도록 한다. 3) 냉각탑의 증발량과 비산량을 냉각탑 보충수로 산정하여 시수 사용량에 반영하고, 시간당 냉각탑 보급수량은 급수가압펌프 용량에 반영한다. 4) 냉각탑의 용량산정에는 외기 습구온도를 고려하여 냉각탑 용량을 산정한다. 5) 냉각탑 냉각수가 용해 고형물질로 인한 농축이나 주변의 오염공기로 인해 냉각수 수질 오염 발생이 예상되는 경우 냉각탑 수처리설비를 계획하여 냉동기 성능저하를 방지해야 한다. 6) 레지오넬라균의 번식을 방지하기 위한 조치를 한다.

01 핵심예상문제 — 냉동설비의 설치

본 핵심예상문제는 각단원별 출제빈도 높은 문제 및 최근 10년간의 기출문제 중 비중이 높은 출제유형이므로 꼭 풀어보고 가야할 문제 입니다. 이후 실전예상문제를 공부하시면 효과적입니다.

[22년 3회]

01 2단압축 1단 팽창 냉동사이클에서 중간냉각기의 기능으로 가장 적합한 것은?

① 고단압축기 토출가스를 냉각시키고 팽창밸브로 공급되는 냉매액을 냉각시킨다.
② 불응축가스를 냉각시켜서 응축부하를 감소시킨다.
③ 저단압축기 토출가스를 냉각시키고 팽창밸브로 공급되는 냉매액을 냉각시킨다.
④ 저단압축기 토출가스를 냉각시키고, 팽창밸브로 공급되는 냉매액을 가열한다.

> 2단압축 1단 팽창 냉동사이클에서 중간냉각기의 기능은 저단 압축기 토출가스를 냉각시키고 팽창밸브로 공급되는 냉매액을 냉각시켜서 성적계수를 높이고, 냉동능력을 증가시킨다.

[22년 2회]

02 다음의 설명은 냉동장치의 운전상태에 관한 것이다. 가장 옳지 않은 것을 고르시오.

① 일정한 응축압력 하에서 압축기의 흡입압력이 저하하면 압축비가 크게 되어 냉동능력은 증대한다.
② 암모니아 냉매의 경우 증발과 응축의 각각의 온도가 동일한 운전상태에서도 플루오르카본 냉매에 비하여 압축기 토출가스온도가 높다.
③ 냉장고의 냉동부하가 감소하면 증발온도는 저하하고 압축기 흡입압력은 저하한다.
④ 냉동장치를 운전개시 할 때에는 응축기의 냉각수 입·출구밸브가 열려있는 것을 확인한다.

> ① 일정한 응축압력 하에서는 압축기의 흡입압력의 저하에 의해 압축비가 증대하므로 압축기의 체적효율이 저하하고 또한 흡입증기의 비체적이 크게 되므로 냉매순환량이 감소하여 냉동능력이 감소한다.

[13년 2회]

03 냉동장치 운전 중 주의해야 할 사항으로 옳지 않은 것은?

① 액을 흡입하지 않도록 주의한다.
② 압력계 및 전류계 지시를 점검한다.
③ 이상음 및 진동 유, 무를 점검한다.
④ 오일의 오염 및 냉각수 통수상태를 점검한다.

> ④의 경우는 냉동장치 운전 전에 주의해야 할 사항이다.

[23년 2회]

04 냉동장치의 운전 중 저압이 낮아질 때 일어나는 현상이 아닌 것은?

① 흡입가스 과열 및 압축비 증대
② 증발온도 저하 및 냉동능력 증대
③ 흡입가스의 비체적 증가
④ 성적계수 저하 및 냉매순환량 감소

> 저압이 감소하면 증발온도는 저하하고 냉동능력도 감소한다.
> ※ 증기압축식 냉동 장치에서 증발온도를 일정하게 유지하고 응축온도가 상승되거나 응축온도가 일정한 상태에서 증발온도(저압)가 저하되면 압축비가 증대하여 다음과 같은 현상이 발생한다.
> ① 압축비 증대,
> ② 토출가스 온도 상승
> ③ 실린더 과열,
> ④ 윤활유의 열화 및 탄화
> ⑤ 체적효율 감소,
> ⑥ 냉매순환량 감소
> ⑦ 냉동능력 감소,
> ⑧ 소요동력 증대
> ⑨ 성적계수 감소,
> ⑩ 플래시 가스 발생량이 증가

정답 03 ③   04 ①   05 ④   06 ②

제5장 냉동설비의 설치

[22년 2회]
05 프레온 냉동장치에서 가용전에 대한 설명으로 틀린 것은?

① 가용전의 용융온도는 일반적으로 75℃ 이하로 되어 있다.
② 가용전은 Sn, Cd, Bi 등의 합금이다.
③ 온도상승에 따른 이상 고압으로부터 응축기 파손을 방지한다.
④ 가용전의 구경은 안전밸브 최소구경의 1/2 이하이어야 한다.

> 가용전의 구경은 안전밸브 최소구경의 1/2 이상으로 한다.

[23년 3회]
06 축열장치에서 축열재가 갖추어야 할 조건으로 가장 거리가 먼 것은?

① 열의 저장은 쉬워야 하나 열의 방출은 어려워야 한다.
② 취급하기 쉽고 가격이 저렴해야 한다.
③ 화학적으로 안정해야 한다.
④ 단위체적당 축열량이 많아야 한다.

> **축열재의 구비조건**
> ㉠ 열의 흡수나 방출이 용이 할 것
> ㉡ 단위체적당 출열량(열용량)이 클 것
> ㉢ 화학적으로 안정하고 인체에 무해할 것
> ㉣ 기기나 배관계를 부식하지 않을 것

정답 01 ④ 02 ①

제6장

냉방설비운영

01 냉방설비의 설치

1 냉방설비의 설치

분류	관련내용
개요	냉방설비의 설치대상 및 설비규모 건축물의 설비기준 등에 관한 규정에 의거 다음 각호에 해당하는 건축물에 중앙집중냉방설비를 설치할 때에는 해당 건축물에 소요되는 주간최대냉방부하의 60% 이상을 수용할 수 있는 용량의 축냉식 또는 가스를 이용한 중앙집중냉방방식으로 설치하여야 한다. ① 연면적의 합계가 3천제곱미터 이상인 업무시설·판매시설 또는 연구소 ② 연면적의 합계가 2천제곱미터 이상인 숙박시설·기숙사·유스호스텔 또는 병원 ③ 연면적의 합계가 1천제곱미터 이상인 일반목욕장·특수목욕장 또는 실내수영장 ④ 연면적의 합계가 1만제곱미터 이상인 건축물로서 중앙집중식 공기조화설비 또는 냉·난방설비를 설치하는 건축물

2 축냉식 냉방설비

분류	관련내용
축냉식 전기냉방설비	1) 축냉식 전기냉방으로 설치할 때에는 전체축냉방식 또는 40% 이상인 부분축냉방식으로 설치하여야 한다. 2) 축냉식 전기냉방설비란 심야시간에 전기를 이용하여 축냉재(물, 얼음 또는 포접화합물과 공융염등의 상변화물질)에 냉열을 저장하였다가 이를 심야시간이외의 시간(이하 "기타시간"이라 한다)에 냉방에 이용하는 설비로서 이러한 냉열을 저장하는 설비(이하 "축열조"라 한다), 냉동기·브라인펌프·냉각수펌프 또는 냉각탑등의 부대설비(축열조 2차측 설비는 제외한다)를 포함하며, 다음 각목과 같이 구분한다.
종류	1) **빙축열식 냉방설비** 심야시간에 얼음을 제조(제빙)하여 축열조에 저장하였다가 기타시간에 이를 녹여(해빙) 냉방에 이용하는 잠열이용 냉방설비 2) **수축열식 냉방설비** 심야시간에 물을 냉각시켜 축열조에 저장하였다가 기타시간에 이를 냉방에 이용하는 현열이용 냉방설비

분류	관련내용
종류	3) **잠열축열식 냉방설비** 포접화합물(Clathrate)이나 공융염(Eutectic Salt) 등의 상변화물질을 심야시간에 냉각시켜 동결한 후 기타시간에 이를 녹여 냉방에 이용하는 잠열이용 냉방설비를 말한다.
냉방 설비 관련 용어	① "심야시간"이라 함은 22:00부터 익일 08:00까지를 말한다. ② "2차측설비"라 함은 저장된 냉열을 냉방에 이용할 경우에만 가동되는 냉수순환펌프, 공조용순환펌프등의 설비를 말한다. ③ "전체축냉방식"이라 함은 기타시간에 필요한 냉방열량의 전부를 심야시간에 생산하여 축열조에 저장하였다가 이를 이용하는 냉방방식을 말한다. ④ "부분축냉방식"이라 함은 기타시간에 필요한 냉방열량의 일부를 심야시간에 생산하여 축열조에 저장하였다가 이를 이용하는 냉방방식을 말한다. ⑤ "축열율"이라 함은 통계적으로 년 중 최대냉방부하를 갖는 날을 기준으로 기타시간에 필요한 냉방열량 중에서 이용이 가능한 냉열량이 차지하는 비율을 말하며 백분율(%)로 표시한다. $$축열율(\%) = \frac{이용 가능한 냉열량(kW)}{기타 시간에 필요한 냉방열량(kW)} \times 100$$ 여기서 "이용이 가능한 냉열량"이라 함은 축열조에 저장된 냉열량 중에서 열손실등 차감하고 실제로 냉방에 이용할 수 있는 열량을 말한다.
GHP	가스를 이용한 냉방방식은 냉열원을 얻기위해 전기대신 가스(유류포함)를 사용하는 냉방방식으로 GHP, 흡수식 냉동기 및 냉·온수기를 말한다.

> 포접화합물(clathrate compound) 물 이외의 저온잠열을 저장할 수 있는 물질 중에서 포접화합물(clathrate compound)은 수소결합의 물분자(host)가 공동(cage)을 형성하여 그 안으로 기체분자(guest)가 포접되어 클러스터(cluster) 형태로 응고되는 물질이다.

3 공조설비 설치

분류	관련내용
1. 공기 조화기	(1) 배수판의 물은 간접배수를 하며 연결 배수트랩은 봉수 유지와 응축수의 배출이 용이하도록 한다. (2) 진동 및 소음이 적고 풍량, 정압, 냉각, 가열 등 소정의 능력을 충분히 발휘하는 것으로 설치한다. (3) 조립 설치 시 연결부분의 기밀과 단열성능이 유지되도록 해야 한다.
2. 터미널 유닛	(1) 바닥 설치형은 벽 또는 바닥에 견고하게 설치한다. (2) 천장걸이형은 걸이철물 등으로 수평으로 견고하게 설치한다. 은폐 설치할 때에는 보수 및 점검이 쉽도록 설치한다.
3. 방열기	(1) 바닥설치형 방열기는 벽면으로부터 60 mm 이상의 간격을 두고 설치한다. (2) 벽걸이 방열기 ① 벽걸이 방열기에 사용하는 걸이철물의 개수는 KCS기준을 적용한다. ② 벽걸이철물 설치 위치는 양쪽 끝으로 두 번째와 세 번째 쪽 사이로 한다. 중간용이 필요한 경우에는 그 사이를 등분한 위치로 한다.
4. 온수 온돌 난방	(1) 설계에서 요구하는 배관간격이 유지되도록 하고, 온도변화에 따른 관의 신축을 고려하여 시공해야 한다. (2) 관의 굽힌 부분은 관의 변형 및 단면적 축소가 없도록 한다. (3) 공기체류가 예상되는 부분에는 공기빼기밸브를 설치한다. (4) 축열재 충진 등의 작업 시 방열관이 변형되거나 밀리지 않도록 해야 하며, 방열관 및 단열층이 충격 등에 의하여 변형 또는 손상되지 않도록 한다. (5) 온수분배기 주위 등 코일배관 조밀지역에는 과열방지 조치를 한다.

4 송풍기 설치

분류	관련내용
송풍기	(1) 바닥설치형 송풍기일 때에는 콘크리트기초 또는 형강제 베드 위에 직접 고정하거나 방진재를 사용하여 방진구조 위에 설치한다. (2) 천장걸이형 송풍기일 때에는 송풍기의 운전중량에 충분히 견딜 수 있는 구조와 강도를 가진 형강제 철물을 이용하여 건물 구조물에 견고히 고정시키고, 필요시 방진재를 사용하여 진동의 전달을 방지한다. (3) 덕트와 접속하는 송풍기의 흡입측과 토출 측에는 플렉시블 이음을 한다. (4) 환기 및 제연겸용으로 사용하는 송풍기(지하주차장 등)는 필요에 따라 풍량을 자동조절하거나, 대수제어가 가능하도록 환기시스템을 구성한다.
열회수형 환기장치 (전열교환기)	(1) 창문형 열회수형 환기장치는 창문틀 또는 벽에 설치하며, 보수와 점검 등이 쉽도록 설치한다. (2) 덕트형 열회수형 환기장치는 공기여과재 및 송풍기모터의 교체가 쉽도록 점검구를 설치한다. (3) 덕트형 열회수형 환기장치에 분배기를 설치하는 경우는 그 하부에 점검구를 설치한다. (4) 덕트형 열회수형 환기장치 가동에 의한 실내허용소음기준을 초과하지 않도록 한다. (5) 덕트형 및 창문형 열회수형 환기장치가 정지할 때에는 자동으로 공기 유입 및 배출을 차단하는 댐퍼를 설치한다. (6) 열회수형 환기장치 급배기 디퓨저는 주방 및 화장실 배기시스템에서 배출되는 오염물질이 원활하게 배출될 수 있도록 간섭이 없게 설치한다.

제6장 냉방설비운영 실전예상문제

본 실전예상문제는 각장 핵심예상문제에서 다루지 못한 실무적이고 난이도가 높은 문제들로 핵심예상문제를 보충해 주는 문제입니다. 핵심예상문제를 충분히 공부한 후 실전예상문제를 공부하면 효과적입니다.

[22년 3회]

01 12kW 펌프의 회전수가 800rpm, 토출량 $1.5m^3/min$인 경우 펌프의 토출량을 $1.8m^3/min$으로 하기 위하여 회전수를 얼마로 변화하면 되는가?

① 850rpm
② 960rpm
③ 1025rpm
④ 1365rpm

> **펌프의 상사법칙**
> $\frac{Q_2}{Q_1} = \frac{N_2}{N_1}$ 에서
> $N_2 = N_1 \frac{Q_2}{Q_1} = 800 \times \frac{1.8}{1.5} = 960[rpm]$

[23년 3회]

02 다음 중 냉각탑의 용량제어 방법이 아닌 것은?

① 슬라이드 밸브 조작 방법
② 수량변화 방법
③ 공기 유량변화 방법
④ 분할 운전 방법

> **냉각탑의 용량제어 방법**
> ㉠ 공기 유량변화 방법(인버터, 극수변환 등에 의한 송풍기의 회전수 제어)
> ㉡ 수량변화 방법(냉각수의 냉각탑 바이패스제어(2방변 제어, 또는 3방변 제어)
> ㉢ 송풍기 발정제어
> ㉣ 분할 운전 방법(냉각탑 대수제어)

[예상문제]

03 다음 중 공기조화설비 설치에 대한 내용 중 가장 거리가 먼 것은?

① 공기조화기 배수판의 물은 간접배수를 하며 연결 배수트랩은 봉수 유지와 응축수의 배출이 용이하도록 한다.
② 공기조화기는 진동 및 소음이 적고 풍량, 정압, 냉각, 가열 등 소정의 능력을 충분히 발휘하는 것으로 설치한다.
③ 조립 설치 시 연결부분의 기밀과 단열성능이 유지되도록 해야 한다.
④ 공기조화기 토출측과 급기덕트 연결은 견고하게 설치하여 움직임이 없도록한다.

> 공기조화기와 급기덕트사이 연결은 공조기 팬의 진동 전달을 막기 위해 플랙시블 이음(캔버스이음)으로 한다.

[예상문제]

04 다음 중 공기조화설비 설치에 대한 내용 중 가장 거리가 먼 것은?

① 천장걸이형 터미널 유닛은 걸이철물 등으로 수평으로 견고하게 설치한다. 은폐 설치할 때에는 기밀상태를 유지하도록 밀폐하여 설치한다.
② 바닥설치형 방열기는 벽면으로부터 50~60 mm 정도의 간격을 두고 설치한다.
③ 벽걸이 방열기에 사용하는 걸이철물의 개수는 KCS 기준을 적용한다.
④ 방열기 설치시에 수평관의 신축이 방열기에 영향을 주지 않도록 신축이음을 고려한다.

> 터미널유닛을 은폐 설치할 때에는 보수 점검이 용이하도록 점검구등을 설치하도록한다.

정답 01 ② 02 ① 03 ④ 04 ①

[예상문제]

05 다음 중 송풍기 설치에 대한 내용 중 가장 거리가 먼 것은?

① 바닥설치형 송풍기일 때에는 콘크리트기초 또는 형강제 베드 위에 직접 고정하거나 방진재를 사용하여 방진구조 위에 설치한다.
② 천장걸이형 송풍기일 때에는 송풍기의 운전중량에 충분히 견딜 수 있는 구조와 강도를 가진 형강제 철물을 이용하여 건물 구조물에 견고히 고정시키고, 필요시 방진재를 사용하여 진동의 전달을 방지한다.
③ 덕트와 접속하는 송풍기의 흡입측과 토출 측에는 플렉시블 이음을 한다.
④ 환기 및 제연겸용으로 사용하는 송풍기(지하주차장 등)는 최대 풍량으로 고정하여 환기시스템을 구성한다.

> 환기 및 제연겸용으로 사용하는 송풍기(지하주차장 등)는 필요에 따라 풍량을 자동조절하거나, 대수제어가 가능하도록 환기시스템을 구성한다.

[예상문제]

06 다음 중 전열교환기(열회수형 환기장치) 설치에 대한 내용 중 가장 거리가 먼 것은?

① 창문형 열회수형 환기장치는 창문틀 또는 벽에 설치하며, 보수와 점검 등이 쉽도록 설치한다.
② 덕트형 열회수형 환기장치는 공기여과재 및 송풍기 모터의 교체가 쉽도록 점검구를 설치한다.
③ 덕트형 열회수형 환기장치에 분배기를 설치하는 경우는 그 하부에 점검구를 설치한다.
④ 덕트형 및 창문형 열회수형 환기장치가 정지할 때에는 자동으로 공기가 출입하도록 개방상태를 유지하게 한다.

> 덕트형 및 창문형 열회수형 환기장치가 정지할 때에는 자동으로 공기 유입 및 배출을 차단하는 댐퍼를 설치한다.

정답 05 ④　06 ④

핵심 기출문제+복원문제 무료동영상

공조냉동기계산업기사 필기 上권

저 자 조성안 · 이승원
　　　　강희중

발행인 이 종 권

2018年　1月　10日　초 판 발 행
2019年　1月　22日　1차개정발행
2020年　1月　23日　2차개정발행
2021年　1月　21日　3차개정발행
2022年　2月　 9日　4차개정발행
2023年　1月　10日　5차개정발행
2023年　8月　29日　6차개정1쇄발행
2024年　1月　30日　6차개정2쇄발행
2025年　1月　23日　7차개정1쇄발행

發行處　(주) 한솔아카데미

(우)06775 서울시 서초구 마방로10길 25 트윈타워 A동 2002호
TEL : (02)575-6144/5　　FAX : (02)529-1130
〈1998. 2. 19 登錄 第16-1608號〉

※ 본 교재의 내용 중에서 오타, 오류 등은 발견되는 대로 한솔아카데미 인터넷 홈페이지를 통해 공지하여 드리며 보다 완벽한 교재를 위해 끊임없이 최선의 노력을 다하겠습니다.
※ 파본은 구입하신 서점에서 교환해 드립니다.
www.inup.co.kr / www.bestbook.co.kr

ISBN 979-11-6654-606-8　13550